Hans H. Maurer, Karl Pfleger, Armin A. Weber

Mass Spectral and GC Data

of Drugs, Poisons, Pesticides, Pollutants
and Their Metabolites

1807–2007 Knowledge for Generations

Each generation has its unique needs and aspirations. When Charles Wiley first opened his small printing shop in lower Manhattan in 1807, it was a generation of boundless potential searching for an identity. And we were there, helping to define a new American literary tradition. Over half a century later, in the midst of the Second Industrial Revolution, it was a generation focused on building the future. Once again, we were there, supplying the critical scientific, technical, and engineering knowledge that helped frame the world. Throughout the 20th Century, and into the new millennium, nations began to reach out beyond their own borders and a new international community was born. Wiley was there, expanding its operations around the world to enable a global exchange of ideas, opinions, and know-how.

For 200 years, Wiley has been an integral part of each generation's journey, enabling the flow of information and understanding necessary to meet their needs and fulfill their aspirations. Today, bold new technologies are changing the way we live and learn. Wiley will be there, providing you the must-have knowledge you need to imagine new worlds, new possibilities, and new opportunities.

Generations come and go, but you can always count on Wiley to provide you the knowledge you need, when and where you need it!

William J. Pesce
President and Chief Executive Officer

Peter Booth Wiley
Chairman of the Board

Hans H. Maurer, Karl Pfleger, Armin A. Weber

Mass Spectral and GC Data

of Drugs, Poisons, Pesticides, Pollutants and Their Metabolites

Volume 2: Mass Spectra

Third, Revised and Enlarged Edition

WILEY-VCH Verlag GmbH & Co. KGaA

The Authors

Prof. Dr. Hans H. Maurer
Prof. Dr. Karl Pfleger
Armin A. Weber
Department of Experimental and Clinical Toxicology
Saarland University
66421 Homburg (Saar)
Germany

All books published by Wiley-VCH are carefully produced. Nevertheless, authors, editors, and publisher do not warrant the information contained in these books, including this book, to be free of errors. Readers are advised to keep in mind that statements, data, illustrations, procedural details or other items may inadvertently be inaccurate.

Library of Congress Card No.:
applied for

British Library Cataloguing-in-Publication Data
A catalogue record for this book is available from the British Library.

Bibliographic information published by the Deutsche Nationalbibliothek
Die Deutsche Nationalbibliothek lists this publication in the Deutsche Nationalbibliografie; detailed bibliographic data are available in the Internet at <http://dnb.d-nb.de>.

© 2007 WILEY-VCH Verlag GmbH & Co. KGaA, Weinheim

All rights reserved (including those of translation into other languages). No part of this book may be reproduced in any form – by photoprinting, microfilm, or any other means – nor transmitted or translated into a machine language without written permission from the publishers. Registered names, trademarks, etc. used in this book, even when not specifically marked as such, are not to be considered unprotected by law.

Printing: Strauss GmbH, Mörlenbach
Bookbinding: Litges & Dopf Buchbinderei GmbH, Heppenheim
Wiley Bicentennial Logo: Richard J. Pacifico

Printed in the Federal Republic of Germany
Printed on acid-free paper

ISBN: 978-3-527-31538-3

Contents of Volume 2 (Mass Spectra)

1   **Explanatory Notes**   1
1.1   Arrangement of spectra   1
1.2   Lay-out of spectra   1

2   **Abbreviations**   3

3   **Compound Index**   7

Mass Spectra   89

Contents of Volume 1 (Methods, Tables)

Methods

1   **Introduction**   3

2   **Experimental Section**   4
2.1   **Origin and choice of samples**   4
2.2   **Sample preparation**   4
2.2.1   Standard extraction procedures   4
2.2.1.1   Standard liquid-liquid extraction (LLE) for plasma, urine or gastric contents (P, U, G)   4
2.2.1.2   STA procedure (hydrolysis, extraction and microwave-assisted acetylation) for urine (U+UHYAC)   5
2.2.1.3   Extraction of urine after cleavage of conjugates by glucuronidase and arylsulfatase (UGLUC)   5
2.2.1.4   Extractive methylation procedure for urine or plasma (UME, PME)   5
2.2.1.5   Solid-phase extraction for plasma or urine (PSPE, USPE)   5
2.2.1.6   LLE of plasma for determination of drugs for brain death diagnosis   6
2.2.1.7   Extraction of ethylene glycol and other glycols from plasma or urine followed by microwave-assisted pivalylation (PEGPIV or UEGPIV)   6
2.2.2   Derivatization procedures   6
2.2.2.1   Acetylation (AC)   7
2.2.2.2   Methylation (ME)   7
2.2.2.3   Ethylation (ET)   7
2.2.2.4   tert.-Butyldimethylsilylation (TBDMS)   7
2.2.2.5   Trimethylsilylation (TMS)   7
2.2.2.6   Trimethylsilylation followed by trifluoroacetylation (TMSTFA)   7
2.2.2.7   Trifluoroacetylation (TFA)   7
2.2.2.8   Pentafluoropropionylation (PFP)   7
2.2.2.9   Pentafluoropropylation (PFPOL)   7
2.2.2.10   Heptafluorobutyrylation (HFB)   7
2.2.2.11   Pivalylation (PIV)   8
2.2.2.12   Heptafluorobutyrylprolylation (HFBP)   8
2.3   **GC-MS Apparatus**   8

2.3.1	Apparatus and operation conditions 8	
2.3.2	Quality assurance of the apparatus performance 8	
2.4	**Determination of retention indices 10**	
2.5	**Systematic toxicological analysis (STA) of several classes of drugs and their metabolites by GC-MS 10**	
2.5.1	Screening for 200 drugs in blood plasma after LLE 10	
2.5.2	Screening for most of the basic and neutral drugs in urine after acid hydrolysis, LLE and acetylation 10	
2.5.3	Systematic toxicological analysis procedures for the detection of acidic drugs and/or their metabolites 14	
2.5.4	General screening procedure for zwitterionic compounds after SPE and silylation 14	
2.6	**Application of the electronic version of this handbook 15**	
2.7	**Quantitative determination 15**	

3   **Correlation between Structure and Fragmentation 16**
3.1   **Principle of electron-ionization mass spectrometry (EI-MS) 16**
3.2   **Correlation between fundamental structures or side chains and fragment ions 16**

4   **Formation of Artifacts 17**
4.1   **Artifacts formed by oxidation during extraction with diethyl ether 17**
4.1.1   N-Oxidation of tertiary amines 17
4.1.2   S-Oxidation of phenothiazines 17
4.2   **Artifacts formed by thermolysis during GC (GC artifact) 17**
4.2.1   Decarboxylation of carboxylic acids 17
4.2.2   Cope elimination of N-oxides (-$(CH_3)_2NOH$, -$(C_2H_5)_2NOH$, -$C_6H_{14}N_2O_2$) 17
4.2.3   Rearrangement of bis-deethyl flurazepam (-H_2O) 17
4.2.4   Elimination of various residues 17
4.2.5   Methylation of carboxylic acids in methanol ((ME), ME in methanol) 18
4.2.6   Formation of formaldehyde adducts using methanol as solvent (GC artifact in methanol) 18
4.3   **Artifacts formed by thermolysis during GC and during acid hydrolysis (GC artifact, HY artifact) 18**
4.3.1   Dehydration of alcohols (-H_2O) 18
4.3.2   Decarbamoylation of carbamates 18
4.3.3   Cleavage of morazone to phenmetrazine 18
4.4   **Artifacts formed during acid hydrolysis 18**
4.4.1   Cleavage of the ether bridge in beta-blockers and alkanolamine antihistamines (HY) 18
4.4.2   Cleavage of 1,4-benzodiazepines to aminobenzoyl derivatives (HY) 18
4.4.3   Cleavage and rearrangement of N-demethyl metabolites of clobazam to benzimidazole derivatives (HY) 19
4.4.4   Cleavage and rearrangement of bis-deethyl flurazepam (HY -H_2O) 19
4.4.5   Cleavage and rearrangement of tetrazepam and its metabolites 19
4.4.6   Dealkylation of ethylenediamine antihistamines (HY) 19
4.4.7   Hydration of a double bond (+H_2O) 19

5   **Table of Atomic Masses 20**

6   **Abbreviations 21**

7   **References 24**

Tables

8   **Table of Compounds in Order of Names**   **35**
8.1   **Explanatory notes**   35
8.2   **Table of compounds in order of cames**   37

9   **Table of Compounds in Order of Categories**   **189**
9.1   **Explanatory notes**   189
9.2   **Table of compounds in order of categories**   189

1 Explanatory Notes

1.1 Arrangement of spectra

Volume 2 contains 7840 different mass spectra. These are arranged in ascending molecular mass or, if not known, the pseudo molecular mass. For each nominal mass value the spectra are arranged in order of name.

1.2 Lay-out of spectra

For easier visualization of the data, the mass spectra are presented as bar graphs, in which the abscissa represents the mass to charge ratio (m/z) in atomic mass units (u), and the ordinate indicates the relative intensities of the ion currents of the various fragment ions. Predominant ions are labeled with their m/z value.

Some spectra contain molecular ions with a relative intensity of less than 1 %. In these cases, the M^+ is labeled, although it cannot be seen in the spectrum. In our experience, the detection of this low-intensity M^+ can be necessary for the identification of the compound, when the other fragment ions are not typical.

Fig. 2-1-1 explains the information provided with each spectrum, and the abbreviations used are listed in Table 2-2-1.

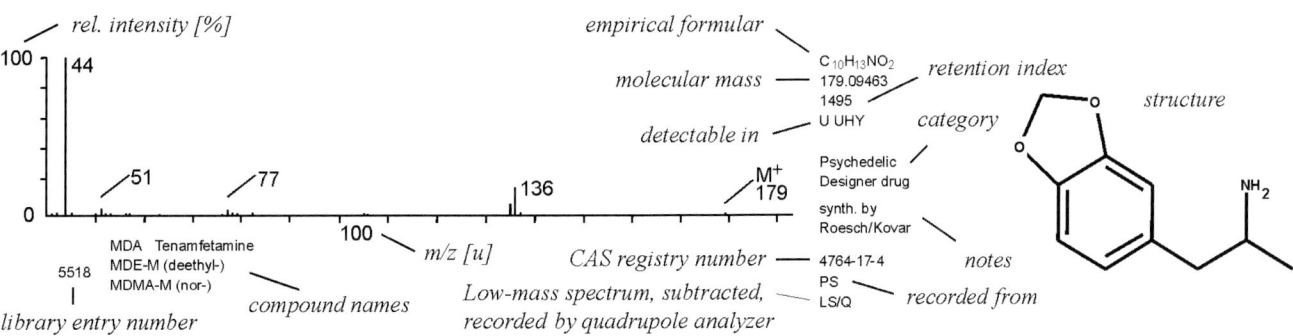

Fig. 2-1-1: Sample spectrum with explanations

Library entry number:
Entry number of the spectrum in the electronic versions.

Compound names:
The international non-proprietary names for drugs (INN), the common names for pesticides and the chemical names for chemicals are used. If necessary, a synonym index, [138-141] should be consulted. If the compound is a common metabolite or derivative of several parent compounds, then all known parent compounds are given.

Structure:
The formulas are redrawn in the molefile format allowing their use in electronic databases. They are zoomed to fit the available space. Formulas of metabolites or artifacts are those of their probable structures (cf. Section 1-3). If the position of a substituent is unknown, the substituent is fixed with a tilde. Unknown substituents are named 'R'.

Empirical formula:
The empirical formulas are given to facilitate the identification of new metabolites or derivatives.

Molecular mass:
The molecular masses were calculated from the atomic masses of the most abundant isotopes as given in Table 1-5-1.

Retention index:
The RIs were measured by GC-MS on methyl silicone capillary columns using a temperature program (Section 1-2.4). The RIs of compounds with an asterisk (*) are not detectable by nitrogen-selective flame-ionization detection (N-FID).

Detected:
The compound could be detected in the given samples after the given sample preparation (abbreviations in Table 2-2-1). These data have been evaluated from about 80 000 clinical and forensic cases.

CAS Registry Number:
The *Registry Number* of the Chemical Abstracts Services (CAS) is given here. If only derivatives or metabolites of a compound were included in this handbook, the CAS number of the corresponding parent compound with the prefix '#' is given.

Recorded from:
Type of sample from which the spectrum was recorded (abbreviations in Table 2-2-1). If the spectrum was recorded from samples of biological origin, it should be taken into consideration that fragment ions from sample impurities may be present in the spectrum. With experience, it is possible to decide whether these ions can be ignored.

LM/Q or LS/Q:
This indicates whether the low-resolution mass spectrum recorded by a quadrupole mass spectrometer (LM/Q) was background-subtracted (LS/Q). Relative ion intensities can be falsified by background-subtraction. This should be taken into account when comparing the spectra. Such variations do not impair the use of the library in our experience. With some experience, it is possible to decide whether the variation is acceptable within two spectra of the same compound. If in doubt, investigators should record a reference spectrum of the suspected compound on their own GC-MS.

Categories:
The major pharmacological category is given.

Notes:
If necessary, notes have been added (abbreviations in Table 2-2-1).

2 Abbreviations

The abbreviations used in this handbook and library are listed in Table 2-2-1. The given Sections correspond to those of Volume 1.

Table 2-2-1: Abbreviations.

Abbreviation	Meaning	see Section (Volume 1)
A	Artifact	4
AC	Acetylated	2.2.2.1
(AC)	Possibly acetylated	
ACE	Angiotensin converting enzyme	
ALHY	Extract after alkaline hydrolysis	
Altered during HY	Altered compound detectable in UHY	4
Artifact ( )	( ) artifact	4
BPH	Benzophenone	
BZP	N-Benzylpiperazine	2.5.2
CI	Chemical ionization	
$-CH_3Br$	Artifact formed by elimination of methyl bromide	4.2.4
$-CHNO$	Artifact formed by decarbamoylation	4.3.2
$-C_2H_3NO$	Artifact formed by N-methyl decarbamoylation	4.3.2
$-C_3H_5NO$	Artifact formed by N,N-dimethyl decarbamoylation	4.3.2
$-C_5H_9NO$	Artifact formed by N-isobutyl decarbamoylation	4.3.2
$-(CH_3)_2NOH$	Artifact formed by Cope elimination of the N-oxide	4.2.2
$-(C_2H_5)_2NOH$	Artifact formed by Cope elimination of the N-oxide	4.2.2
$-C_6H_{14}N_2O_2$	Artifact formed by Cope elimination of the N-oxide	4.2.2
$-CH_2O$	Artifact formed by elimination of formaldehyde	4.2.4
$-C_2H_2O_2$	Artifact formed by decarboxylation after hydrolysis of methyl carboxylate	4.2.1
$-C_3H_4O_2$	Artifact formed by decarboxylation after hydrolysis of ethyl carboxylate	4.2.1
$-CO_2$	Artifact formed by decarboxylation	4.2.1
mCPP	1-(3-Chlorophenyl)piperazine	2.5.2
DIS	Direct insert system used for recording the spectrum	
EG	Ethylene glycol	
EI	Electron ionization	3.1
ET	Ethylated	2.2.2.3
FID	Flame-ionization detector	
G	Standard extract of gastric contents	2.2.1.1
GC	Gas chromatographic, -graph, -graphy	2.3
GC artifact	Artifact formed during GC	4.2-3
GC artifact in methanol	Artifact (of beta-adrenergic blocking agents) formed by reaction with methanol during GC	4.2.6
-HCl	Artifact formed by elimination of hydrogen chloride	4.2.4
-HCN	Artifact formed by elimination of hydrogen cyanide	4.2.4
HFB	Heptafluorobutyrylated	2.2.2.10
HFBP	Heptafluorobutyrylprolylated	2.2.2.12
HO-	Hydroxy	

Abbreviation	Meaning	see Section (Volume 1)
$+H_2O$	Artifact formed by hydration (of an alkene)	4.4.7
$-H_2O$	Artifact formed by dehydration (of an alcohol or with rearrangement of an amino oxo compound)	4.3.1 4.4.4
HOOC-	Carboxy	
HY	Acid-hydrolyzed or acid hydrolysis	2.2.1.2
HY artifact	Artifact formed during acid hydrolysis	4.4
-I	Intoxication; this compound is only detectable after a toxic dosage	
I.D.	Internal diameter	
INN	International non-proprietary name (WHO)	
IS	Internal standard	
iso	Isomer	
LLE	Liquid-liquid extraction	2.2
LM	Low-resolution mass spectrum	
LM/Q	Low-resolution mass spectrum recorded on a quadrupole MS	
LOD	Limit of detection	
LS	Background subtracted low-resolution mass spectrum	
LS/Q	Background subtracted low-resolution mass spectrum recorded on a quadrupole MS	
M	1 mol/L	
M^+	Molecular ion	
-M	Metabolite	
-M ( )	( ) metabolite	
-M (HO-)	Hydroxy metabolite	
-M (HOOC-)	Carboxylated metabolite	
-M (nor-)	N-Demethyl metabolite	
-M (ring)	Ring compound as metabolite (e.g., of phenothiazines)	
-M artifact	Artifact of a metabolite	
-M/artifact	Metabolite or artifact	
m/z	Mass to charge ratio	3.1
MBTFA	N-methyl-bis-trifluoroacetamide	2.2.2.6-7
MDBP	1-(3,4-Methylenedioxybenzyl)piperazine	2.5.2
MDPPP	R,S-3',4'-Methylenedioxy-α-pyrrolidinopropiophenone	2.5.4
ME	Methylated	2.2.2.2
(ME)	Methylated by methanol during GC	4.2.5
ME in methanol	Methylated by methanol during GC	4.2.5
MeOPP	1-(4-Methoxyphenyl)piperazine	2.5.2
MOPPP	R,S-4'-Methoxy-α-pyrrolidinopropiophenone	2.5.4
MPBP	4'-Methyl-α-pyrrolidinobutyrophenone	2.5.4
MPHP	R,S-4'-Methyl-α-pyrrolidinohexanophenone	2.5.4
MPPP	R,S-4'-Methyl-α-pyrrolidinopropiophenone	2.5.4
MS	Mass spectrometric, -meter, -metry, mass spectrum	
MSTFA	N-Methyl-N-trimethylsilyl-trifluoroacetamide	2.2.2.5
MTBSTFA	N-Methyl-N-(tert.-butyldimethylsilyl)-trifluoroacetamide	2.2.2.4
N-FID	Nitrogen-sensitive flame-ionization detector	
$-NH_3$	Artifact formed by elimination of ammonia	4.2.4
NICI	Negative-ion chemical ionization	
NIST	National Institute of Standards and Technology	2.6
Not detectable after HY	Compound destroyed during acid hydrolysis	2.2.1.2

Abbreviation	Meaning	see Section (Volume 1)
P	Standard extract of plasma	2.2.1.1
PEGPIV	Pivalylated extract of plasma for determination of glycols	2.2.1.7
PFP	Pentafluoropropionylated	2.2.2.8
PFPA	Pentafluoropropionic anhydride	2.2.2.8
PFPOH	Pentafluoropropanol	2.2.2.9
PIV	Pivalylated	2.2.2.11
PPP	R,S-α-Pyrrolidinopropiophenone	2.5.4
PS	Pure substance	
PSPE	Solid-phase extract of plasma	2.2.1.5
PTHCME	Extract of plasma for detection of tetrahydrocannabinol metabolites [134]	
PVP	α-Pyrrolidinovalerophenone	2.5.4
R	Any unknown substituent	
Rat	Compound found in the urine of rats	2.1
RI	Retention index	2.4
-SO$_2$NH	Artifact formed by elimination of a sulfonamide group	4.2.4
SIM	Selected ion mode	
SPE	Solid phase extraction	2.2.1.5
STA	Systematic toxicological analysis	2.5
TBDMS	Tertiary butyl dimethyl silylated	2.2.2.4
TFA	Trifluoroacetylated	2.2.2.7
TFMPP	1-(3-Trifluoromethylphenyl)piperazine	2.5.2
THC	Tetrahydrocannabinol	
THC-COOH	11-Nor-delta-9-tetrahydrocannabinol-9-carboxylic acid	
TM	Trade mark	
TMS	Trimethylsilylated	2.2.2.5
TMSTFA	Trimethylsilylated followed by trifluoroacetylation	2.2.2.6
u	(Atomic mass) Unit, 1/12 of the mass of the nuclide ^{12}C (*SI* unit)	5
U	Standard extract of urine	2.2.1.1
UA	Extract of urine for detection of amphetamines [42]	
UCO	Extract of urine for detection of cocaine [135]	
UGLUC	Extract of urine after cleavage of conjugates by glucuronidase and arylsulfatase	2.2.1.3
UHY	Extract of urine after acid hydrolysis	2.2.1.2
ULSD	Extract of urine for detection of lysergide (LSD) [136]	
UMAM	Extract of urine for detection of 6-monoacteyl morphine [137]	
USPE	Solid-phase extract of urine	2.2.1.5
UTHCME	Extract of urine for detection of tetrahydrocannabinol metabolites after methylation [134]	
U+UHYAC	Extract of urine with and without acid hydrolysis and acetylation	2.2.1.2
*	Compound contains no nitrogen and cannot be detected by N-FID	
----	RI not determined	
9999	RI > 4000, compound not detectable by GC (-MS).	

3 Compound Index

Compound	Page	Compound	Page
Abacavir	544	Acenocoumarol-M (amino-dihydro-) 3ME	910
Abacavir AC	750	Acenocoumarol-M (HO-) iso-1 2ET	1069
Abacavir 2AC	920	Acenocoumarol-M (HO-) iso-1 2ME	1009
Abacavir 2HFB	1201	Acenocoumarol-M (HO-) iso-2 2ET	1069
Abacavir 2PFP	1191	Acenocoumarol-M (HO-) iso-2 2ME	1009
Abacavir 2TMS	1081	Acephate	181
Abacavir 3HFB	1205	Acephate -C2H2O TFA	331
Acebutolol	789	Acepromazine	740
Acebutolol 2TMSTFA	1167	Acepromazine-M (dihydro-) AC	920
Acebutolol 3TMS	1185	Acepromazine-M (dihydro-) -H2O	667
Acebutolol 4TMS	1197	Acepromazine-M (HO-) AC	967
Acebutolol formyl artifact	839	Acepromazine-M (HO-dihydro-) 2AC	1076
Acebutolol -H2O	704	Acepromazine-M (nor-) AC	861
Acebutolol -H2O AC	885	Acepromazine-M (nor-dihydro-) -H2O AC	797
Acebutolol -H2O HY	371	Acepromazine-M (ring)	346
Acebutolol -H2O HY2AC	769	Aceprometazine	740
Acebutolol HY	452	Aceprometazine-M (dihydro-) AC	920
Acebutolol-M/artifact (phenol)	276	Aceprometazine-M (HO-) AC	967
Acebutolol-M/artifact (phenol) HY	128	Aceprometazine-M (methoxy-dihydro-) AC	1018
Acebutolol-M/artifact (phenol) HYAC	199	Aceprometazine-M (methoxy-dihydro-) -H2O	808
Acecarbromal	505	Aceprometazine-M (nor-) AC	861
Acecarbromal artifact	137	Aceprometazine-M (nor-HO-) 2AC	1046
Acecarbromal artifact-1	173	Aceprometazine-M (ring)	346
Acecarbromal artifact-2	282	Acetaldehyde	90
Acecarbromal artifact-3	146	Acetaminophen	129
Acecarbromal-M (carbromal)	327	Acetaminophen AC	199
Acecarbromal-M (desbromo-carbromal)	138	Acetaminophen HFB	833
Acecarbromal-M/artifact (carbromide)	199	Acetaminophen ME	147
Aceclidine	156	Acetaminophen PFP	601
Aceclofenac ME	907	Acetaminophen TFA	365
Aceclofenac-M (diclofenac)	588	Acetaminophen 2AC	323
Aceclofenac-M (diclofenac) ME	658	Acetaminophen 2TMS	592
Aceclofenac-M (diclofenac) TMS	907	Acetaminophen Cl-artifact AC	296
Aceclofenac-M (diclofenac) 2ME	725	Acetaminophen HY	102
Aceclofenac-M (diclofenac) -H2O	498	Acetaminophen HYME	108
Aceclofenac-M (diclofenac) -H2O ET	637	Acetaminophen-M (HO-) 3AC	383
Aceclofenac-M (diclofenac) -H2O ME	567	Acetaminophen-M (HO-methoxy-) AC	339
Aceclofenac-M (diclofenac) -H2O TMS	841	Acetaminophen-M (methoxy-) AC	283
Aceclofenac-M (HO-diclofenac) -H2O	578	Acetaminophen-M (methoxy-) Cl-artifact AC	409
Aceclofenac-M (HO-diclofenac) -H2O ME	647	Acetaminophen-M 2AC	428
Aceclofenac-M (HO-diclofenac) -H2O iso-1 AC	782	Acetaminophen-M 3AC	632
Aceclofenac-M (HO-diclofenac) -H2O iso-2 AC	782	Acetaminophen-M conjugate 2AC	1004
Aceclofenac-M/artifact	863	Acetaminophen-M conjugate 3AC	1094
Acemetacin ET	1105	Acetaminophen-M iso-1 3AC	637
Acemetacin ME	1077	Acetaminophen-M iso-2 3AC	637
Acemetacin artifact-1 ME	315	Acetanilide	115
Acemetacin artifact-1 2ME	367	Acetazolamide ME	326
Acemetacin artifact-2 ME	568	Acetazolamide 3ME	438
Acemetacin-M (chlorobenzoic acid)	136	Acetic acid	91
Acemetacin-M/artifact (HO-indometacin) 2ME	1020	Acetic acid ET	98
Acemetacin-M/artifact (indometacin)	871	Acetic acid ME	94
Acemetacin-M/artifact (indometacin) ET	969	Acetic acid anhydride	101
Acemetacin-M/artifact (indometacin) ME	922	Acetochlor	465
Acemetacin-M/artifact (indometacin) TMS	1078	Acetone	91
Acenaphthene	133	Acetonitrile	89
Acenaphthylene	131	N-Acetyl-2-amino-octanoic acid ME	258
Acenocoumarol AC	1001	Acetylmethadol	859
Acenocoumarol ET	955	N-Acetyl-proline ME	158
Acenocoumarol ME	908	Acetylsalicylic acid	173
Acenocoumarol TMS	1069	Acetylsalicylic acid ME	203
Acenocoumarol-M (acetamido-) ME	947	Acetylsalicylic acid-M	206
Acenocoumarol-M (acetamido-) 2ET	1063	Acetylsalicylic acid-M (deacetyl-)	118
Acenocoumarol-M (acetamido-) 2ME	994	Acetylsalicylic acid-M (deacetyl-) ET	149
Acenocoumarol-M (amino-) 2ET	949	Acetylsalicylic acid-M (deacetyl-) ME	130
Acenocoumarol-M (amino-) 2ME	848	Acetylsalicylic acid-M (deacetyl-) 2ME	150
Acenocoumarol-M (amino-) 3ET	1034	Acetylsalicylic acid-M (deacetyl-) 2TMS	526
Acenocoumarol-M (amino-) 3ME	900	Acetylsalicylic acid-M (deacetyl-) artifact (trimer)	883
Acenocoumarol-M (amino-dihydro-) 3ET	1039	Acetylsalicylic acid-M (deacetyl-3-HO-) 3ME	210

Compound	Page
Acetylsalicylic acid-M (deacetyl-5-HO-) 3ME	210
Acetylsalicylic acid-M (deacetyl-HO-) 2ME	179
Acetylsalicylic acid-M ME	240
Acetylsalicylic acid-M MEAC	383
Acetylsalicylic acid-M 2ME	283
Acetyltriethylcitrate	703
Adeptolon	834
Adeptolon-M (HO-)	894
Adeptolon-M (HO-) AC	1030
Adeptolon-M (N-dealkyl-)	429
Adeptolon-M (N-dealkyl-) AC	632
Adeptolon-M (N-dealkyl-HO-)	504
Adeptolon-M (N-dealkyl-HO-) AC	714
Adeptolon-M (N-deethyl-) AC	886
Adeptolon-M (N-deethyl-HO-) 2AC	1060
Adeptolon-M (nor-) AC	935
Adeptolon-M (nor-HO-) 2AC	1086
Adinazolam	847
Adiphenine	673
Adiphenine-M/artifact (HOOC-) (ME)	294
Air	89
Air with Helium and Water	89
Ajmaline	741
Ajmaline 2AC	1042
Ajmaline 2TMS	1139
Ajmaline-M (dihydro-) 3AC	1120
Ajmaline-M (HO-) iso-1 3AC	1136
Ajmaline-M (HO-) iso-2 3AC	1137
Ajmaline-M (HO-methoxy-) 3AC	1162
Ajmaline-M (nor-) 3AC	1095
Alachlor	465
Albendazole ME	510
Albendazole artifact (decarbamoyl-)	233
Albendazole artifact (decarbamoyl-) AC	374
Aldicarb	193
Aldrin	889
Alfentanil	1055
Alimemazine	607
Alimemazine-M (bis-nor-) AC	675
Alimemazine-M (HO-)	685
Alimemazine-M (HO-) AC	869
Alimemazine-M (nor-)	535
Alimemazine-M (nor-) AC	740
Alimemazine-M (nor-HO-) 2AC	967
Alimemazine-M (ring)	216
Alimemazine-M AC	409
Alimemazine-M 2AC	688
Alimemazine-M/artifact (sulfoxide)	686
Alizapride	690
Alizapride AC	873
Alizapride ME	755
Alizapride TMS	977
Allethrin	625
Allidochlor	161
Allobarbital	237
Allobarbital 2ME	329
Allopurinol	116
Allylestrenol	617
Aloe-emodin	467
Aloe-emodin AC	674
Aloe-emodin ME	531
Aloe-emodin TMS	816
Aloe-emodin 2AC	860
Aloe-emodin -2H	458
Aloe-emodin 2ME	605
Aloe-emodin 2TMS	1050
Aloe-emodin 3TMS	1154
Alphamethrin	1052
Alprazolam	654
Alprazolam-M (HO-)	730
Alprazolam-M (HO-) AC	903
Alprazolam-M (HO-) artifact HYAC	1013
Alprazolam-M (HO-) -CH2O	584
Alprazolam-M/artifact HY	810
Alprenolol	378
Alprenolol AC	571
Alprenolol TFATMS	1057
Alprenolol TMS	720
Alprenolol 2AC	775
Alprenolol 2TMS	997
Alprenolol-M (deamino-di-HO-) +H2O 4AC	1041
Alprenolol-M (deamino-di-HO-) 3AC	845
Alprenolol-M (deamino-HO-) +H2O 3AC	854
Alprenolol-M (deamino-HO-) 2AC	575
Alprenolol-M (HO-) 2AC	843
Alprenolol-M (HO-) 3AC	989
Alprenolol-M/artifact (phenol) AC	163
Amantadine	130
Amantadine AC	202
Amantadine TMS	286
Ambroxol	938
Ambroxol AC	1058
Ambroxol TMS	1110
Ambroxol 2AC	1127
Ambroxol 2TMS	1175
Ambroxol 3AC	1165
Ambroxol formyl artifact	978
Ambroxol -H2O	875
Ambroxol -H2O 2AC	1102
Ambroxol-M (HO-) 4AC	1187
Ambroxol-M (HOOC-) ME	646
Ambroxol-M/artifact AC	695
Ambucetamide	577
Ametryne	298
Amfebutamone	340
Amfebutamone AC	521
Amfebutamone formyl artifact	384
Amfebutamone-M (3-chlorobenzoic acid)	136
Amfebutamone-M (3-chlorobenzyl alcohol)	121
Amfebutamone-M (HO-)	401
Amfebutamone-M (HO-) AC	602
Amfebutamone-M (HO-) TMS	744
Amfepramone	229
Amfepramone-M (deethyl-)	165
Amfepramone-M (deethyl-) AC	270
Amfepramone-M (deethyl-) HFB	930
Amfepramone-M (deethyl-dihydro-) TMS	387
Amfepramone-M (deethyl-dihydro-) 2AC	435
Amfepramone-M (deethyl-dihydro-) 2HFB	1189
Amfepramone-M (deethyl-hydroxy-) HFB	982
Amfepramone-M (deethyl-hydroxy-) 2AC	501
Amfepramone-M (deethyl-hydroxy-) 2HFB	1192
Amfepramone-M (deethyl-hydroxy-methoxy-) HFB	1060
Amfepramone-M (deethyl-hydroxy-methoxy-) 2AC	648
Amfepramone-M (deethyl-hydroxy-methoxy-) 2HFB	1196
Amfepramone-M (dihydro-)	235
Amfepramone-M (dihydro-) AC	378
Amfepramone-M (dihydro-) HFB	1026
Amfepramone-M (dihydro-) TMS	515
Amfetamine	115
Amfetamine	115
Amfetamine AC	165
Amfetamine AC	165
Amfetamine HFB	762
Amfetamine PFP	521
Amfetamine TFA	309

Compound	Page
Amfetamine TMS	235
Amfetamine formyl artifact	125
Amfetamine intermediate	142
Amfetamine precursor (phenylacetone)	114
Amfetamine precursor (phenylacetone)	114
Amfetamine R-(-)-enantiomer HFBP	1075
Amfetamine S-(+)-enantiomer HFBP	1076
Amfetamine-D5 AC	181
Amfetamine-D5 HFB	787
Amfetamine-D5 PFP	543
Amfetamine-D5 TFA	330
Amfetamine-D5 TMS	251
Amfetamine-D11 PFP	575
Amfetamine-D11 TFA	353
Amfetamine-D11 R-(-)-enantiomer HFBP	1097
Amfetamine-D11 S-(+)-enantiomer HFBP	1097
Amfetamine-M (3-HO-) TMSTFA	708
Amfetamine-M (3-HO-) 2AC	324
Amfetamine-M (3-HO-) 2HFB	1182
Amfetamine-M (3-HO-) 2PFP	1104
Amfetamine-M (3-HO-) 2TFA	819
Amfetamine-M (3-HO-) 2TMS	594
Amfetamine-M (3-HO-) formyl artifact ME	165
Amfetamine-M (4-HO-)	129
Amfetamine-M (4-HO-) AC	201
Amfetamine-M (4-HO-) ME	148
Amfetaminil-M (4-HO-) ME	148
Amfetamine-M (4-HO-) TFA	366
Amfetamine-M (4-HO-) 2AC	324
Amfetamine-M (4-HO-) 2HFB	1182
Amfetamine-M (4-HO-) 2PFP	1104
Amfetamine-M (4-HO-) 2TFA	819
Amfetamine-M (4-HO-) 2TMS	594
Amfetamine-M (4-HO-) formyl art.	142
Amfetamine-M (4-HO-) formyl artifact ME	166
Amfetamine-M (deamino-oxo-di-HO-) 2AC	379
Amfetamine-M (deamino-oxo-HO-methoxy-)	175
Amfetamine-M (deamino-oxo-HO-methoxy-) ME	204
Amfetamine-M (di-HO-) 3AC	579
Amfetamine-M (HO-methoxy-)	178
Amfetamine-M (HO-methoxy-deamino-HO-) 2AC	450
Amfetamine-M (norephedrine) TMSTFA	708
Amfetamine-M (norephedrine) 2AC	325
Amfetamine-M (norephedrine) 2HFB	1183
Amfetamine-M (norephedrine) 2PFP	1104
Amfetamine-M (norephedrine) 2TFA	819
Amfetamine-M AC	280
Amfetamine-M ME	208
Amfetamine-M 2AC	445
Amfetamine-M 2HFB	1189
Amfetamine-N-formyl	143
Amfetaminil	381
Amfetaminil-M/artifact (AM)	115
Amfetaminil-M/artifact (AM)	115
Amfetaminil-M/artifact (AM) AC	165
Amfetaminil-M/artifact (AM) AC	165
Amfetaminil-M/artifact (AM) HFB	762
Amfetaminil-M/artifact (AM) PFP	521
Amfetaminil-M/artifact (AM) TFA	309
Amfetaminil-M/artifact (AM) TMS	235
Amfetaminil-M/artifact (AM) formyl artifact	125
Amfetaminil-M/artifact-D5 AC	181
Amfetaminil-M/artifact-D5 HFB	787
Amfetaminil-M/artifact-D5 PFP	543
Amfetaminil-M/artifact-D5 TFA	330
Amfetaminil-M/artifact-D5 TMS	251
Amfetaminil-M/artifact-D11 PFP	575
Amfetaminil-M/artifact-D11 TFA	353
Amidithion	480
Amidotrizoic acid 2ME	1198
Amidotrizoic acid 3ME	1199
Amidotrizoic acid -CO2 ME	1192
Amidotrizoic acid -CO2 2ME	1194
Amiloride-M/artifact (HOOC-) ME	221
Amiloride-M/artifact (HOOC-) 2ME	259
Amiloride-M/artifact (HOOC-) 3ME	306
Amineptine (ME)AC	997
Amineptine ME	851
Amineptine TMS	1040
Amineptine TMSTFA	1168
Amineptine 2ME	902
Amineptine artifact (ring)	205
Amineptine HY(ME)	285
Amineptine-M (dealkyl-) ME	285
Amineptine-M (N-pentanoic acid) ME	729
Amineptine-M (N-pentanoic acid) 2ME	795
Amineptine-M (N-pentanoic acid) -H2O	570
Amineptine-M (N-propionic acid) (ME)AC	793
Amineptine-M (N-propionic acid) ME	593
Amineptine-M (N-propionic acid) 2ME	662
2-Aminobenzoic acid ME	128
4-Aminobenzoic acid AC	169
4-Aminobenzoic acid ET	147
4-Aminobenzoic acid ETAC	233
4-Aminobenzoic acid ME	128
4-Aminobenzoic acid MEAC	199
4-Aminobenzoic acid 2TMS	522
Aminocarb	238
Aminocarb TFA	634
Aminocarb -C2H3NO	129
Aminoethanol	92
4-(1-Aminoethyl-)phenol	117
4-(1-Aminoethyl-)phenol TFA	314
4-(1-Aminoethyl-)phenol TMS	242
4-(1-Aminoethyl-)phenol 2AC	276
4-(1-Aminoethyl-)phenol 2HFB	1178
4-(1-Aminoethyl-)phenol 2PFP	1077
4-(1-Aminoethyl-)phenol 2TFA	752
4-(1-Aminoethyl-)phenol 2TMS	524
Aminoglutethimide	312
Aminoglutethimide AC	485
Aminoglutethimide ME	363
Aminoglutethimide MEAC	553
Aminophenazone	310
Aminophenazone-M (bis-nor-)	224
Aminophenazone-M (bis-nor-) AC	359
Aminophenazone-M (bis-nor-) 2AC	547
Aminophenazone-M (bis-nor-) artifact	173
Aminophenazone-M (deamino-HO-)	226
Aminophenazone-M (deamino-HO-) AC	362
Aminophenazone-M (nor-)	261
Aminophenazone-M (nor-) AC	416
3-Aminophenol	102
3-Aminophenol AC	128
4-Aminophenol	102
4-Aminophenol 2AC	199
4-Aminophenol 3AC	323
4-Aminophenol ME	108
Aminorex	141
Aminorex iso-1 2AC	362
Aminorex iso-2 2AC	362
4-Aminosalicylic acid ME	152
4-Aminosalicylic acid 2ME	177
4-Aminosalicylic acid acetyl conjugate ME	240
4-Aminosalicylic acid-M (3-aminophenol)	102
4-Aminosalicylic acid-M acetyl conjugate	128

Compound	Page
4-Aminothiophenol	109
Amiodarone artifact	1183
Amiodarone artifact AC	1193
Amiodarone artifact HFB	1204
Amiodarone artifact PFP	1202
Amiodarone artifact TFA	1198
Amiodarone artifact TMS	1196
Amiodarone-M (N-deethyl-) artifact AC	1193
Amiodarone-M (N-deethyl-) artifact HFB	1204
Amiodarone-M (N-deethyl-) artifact PFP	1202
Amiodarone-M (N-deethyl-) artifact TFA	1198
Amiodarone-M (N-deethyl-) artifact TMS	1196
Amiphenazole	194
Amiphenazole 2AC	488
Amiphenazole 2ME	269
Amisulpride	917
Amisulpride PFP	1172
Amisulpride TFA	1133
Amisulpride TMS	1101
Amisulpride 2TMS	1172
Amisulpride-M (O-demethyl-)	865
Amitraz artifact-1	141
Amitraz artifact-2	387
Amitriptyline	503
Amitriptyline-M (bis-nor-HO-) -H2O AC	558
Amitriptyline-M (di-HO-N-oxide) -H2O -(CH3)2NOH	363
Amitriptyline-M (di-HO-N-oxide) -H2O -(CH3)2NOH AC	552
Amitriptyline-M (HO-)	582
Amitriptyline-M (HO-) AC	784
Amitriptyline-M (HO-) -H2O	492
Amitriptyline-M (HO-N-oxide) -(CH3)2NOH AC	564
Amitriptyline-M (HO-N-oxide) -H2O -(CH3)2NOH	307
Amitriptyline-M (nor-)	436
Amitriptyline-M (nor-) AC	640
Amitriptyline-M (nor-) HFB	1126
Amitriptyline-M (nor-) PFP	1038
Amitriptyline-M (nor-) TFA	880
Amitriptyline-M (nor-) TMS	785
Amitriptyline-M (nor-)-D3	453
Amitriptyline-M (nor-)-D3 AC	657
Amitriptyline-M (nor-)-D3 HFB	1130
Amitriptyline-M (nor-)-D3 PFP	1047
Amitriptyline-M (nor-)-D3 TFA	891
Amitriptyline-M (nor-)-D3 TMS	800
Amitriptyline-M (nor-HO-)	513
Amitriptyline-M (nor-HO-) -H2O	427
Amitriptyline-M (nor-HO-) -H2O AC	629
Amitriptyline-M (N-oxide) -(CH3)2NOH	313
Amitriptylinoxide -(CH3)2NOH	313
Amitriptylinoxide-M (deoxo-bis-nor-HO-) -H2O AC	558
Amitriptylinoxide-M (deoxo-HO-)	582
Amitriptylinoxide-M (deoxo-HO-) AC	784
Amitriptylinoxide-M (deoxo-HO-) -H2O	492
Amitriptylinoxide-M (deoxo-nor-HO-) -H2O	427
Amitriptylinoxide-M (deoxo-nor-HO-) -H2O AC	629
Amitriptylinoxide-M (di-HO-) -H2O -(CH3)2NOH	363
Amitriptylinoxide-M (di-HO-) -H2O -(CH3)2NOH AC	552
Amitriptylinoxide-M (HO-) -(CH3)2NOH AC	564
Amitriptylinoxide-M (HO-) -H2O -(CH3)2NOH	307
Amitrole	96
Amitrole AC	110
Amitrole 2ME	103
Amlodipine AC	1113
Amlodipine ME	1065
Amlodipine TMS	1148
Amlodipine 2ME	1092
Amlodipine 2TMS	1185
Amlodipine-M (deamino-COOH) ME	1093
Amlodipine-M (deethyl-deamino-COOH) 2ME	1065
Amlodipine-M (dehydro-2-HOOC-) ME	987
Amlodipine-M (dehydro-deamino-HOOC-) ME	1090
Amlodipine-M (dehydro-deethyl-O-dealkyl-) -H2O	695
Amlodipine-M/artifact (dehydro-) AC	1110
Amlodipine-M/artifact (dehydro-) 2ME	1088
Amlodipine-M/artifact (dehydro-) 2TMS	1184
Amobarbital	295
Amobarbital 2ME	400
Amobarbital 2TMS	920
Amobarbital-M (HO-)	352
Amobarbital-M (HO-) 2ME	471
Amobarbital-M (HO-) -H2O	289
Amobarbital-M (HOOC-)	406
Amobarbital-M (HOOC-) 3ME	607
Amodiaquine AC	1010
Amodiaquine ME	916
Amodiaquine TMS	1074
Amodiaquine TMS	1163
Amodiaquine 2AC	1096
Amodiaquine artifact	531
Amodiaquine artifact AC	737
Amodiaquine artifact ME	595
Amoxicilline-M/artifact ME2AC	443
Amoxicilline-M/artifact ME2AC	684
Amoxicilline-M/artifact ME2TFA	1064
Amoxicilline-M/artifact ME3AC	648
Amoxicilline-M/artifact MEAC	478
Amoxicilline-M/artifact MEPFP	939
Amoxicilline-M/artifact 4TMS	1121
Amperozide artifact (methylpiperazine)	826
Amperozide-M (deamino-carboxy-)	496
Amperozide-M (deamino-carboxy-) ME	563
Amperozide-M (deamino-HO-) AC	635
Amperozide-M (N-dealkyl-) AC	928
Amylnitrite	105
Ancymidol	407
Androst-4-ene-3,17-dione	544
Androst-4-ene-3,17-dione enol 2TMS	1081
Androstane-3,17-dione	555
Androstane-3,17-dione enol 2TMS	1085
Androsterone	566
Androsterone AC	771
Androsterone enol 2TMS	1089
Androsterone -H2O	480
Anilazine	483
Aniline	98
Aniline AC	115
4-Anisic acid ET	174
4-Anisic acid ME	150
p-Anisidine	108
p-Anisidine AC	147
p-Anisidine HFB	706
p-Anisidine TFA	269
p-Anisidine TMS	207
p-Anisidine formyl artifact	115
Antazoline	446
Antazoline +H2O AC	736
Antazoline AC	650
Antazoline TMS	795
Antazoline artifact AC	402
Antazoline HY	182
Antazoline HYAC	291
Antazoline-M (HO-) AC	728
Antazoline-M (HO-) HY	217
Antazoline-M (HO-) HY2AC	528
Antazoline-M (HO-) HYAC	347
Antazoline-M (HO-methoxy-) HY2AC	680

Compound	Page
Antazoline-M (HO-methoxy-) HYAC	474
Antazoline-M (methoxy-) HYAC	402
Anthracene	167
Anthranilic acid ME	128
Anthraquinone	236
ANTU 3ME	356
Apomorphine	454
Apomorphine 2AC	848
Apomorphine 2TMS	1046
Aprindine	724
Aprindine-M (4-aminophenol)	102
Aprindine-M (4-aminophenol) 2AC	199
Aprindine-M (aniline) AC	115
Aprindine-M (deethyl-HO-) 2AC	1000
Aprindine-M (deindane) AC	373
Aprindine-M (deindane-HO-) 2AC	646
Aprindine-M (dephenyl-) AC	555
Aprindine-M (dephenyl-HO-) 2AC	833
Aprindine-M (HO-) AC	954
Aprindine-M (HO-methoxy-) AC	1042
Aprindine-M (N-dealkyl-)	242
Aprindine-M (N-dealkyl-HO-) 2AC	454
Aprobarbital	245
Aprobarbital 2ME	337
Aprobarbital 2TMS	862
Aprobarbital-M (HO-)	293
Arabinose 4AC	702
Arabinose 4HFB	1206
Arabinose 4PFP	1203
Arabinose 4TFA	1180
Arachidonic acid-M (15-HETE) METFA	1080
Arachidonic acid-M (15-HETE) -H2O ME	694
Aramite	779
Aramite -C2H3ClSO2	239
Arecaidine	120
Arecaidine ME	135
Arecaidine TMS	252
Arecoline	135
Arecoline-M/artifact (HOOC-)	120
Arecoline-M/artifact (HOOC-) TMS	252
Aripiprazole	1110
Aripiprazole-M (N-dealkyl-) AC	477
Articaine	534
Articaine AC	740
Articaine artifact	598
Articaine -CO2 AC	461
Articaine-M (HO-) 2AC	967
Artifact of roasted food (cyclo (Phe-Pro))	356
Artifact of roasted food (cyclo (Phe-Pro)) AC	544
Ascorbic acid	162
Ascorbic acid 2AC	419
Ascorbic acid 2ME	225
Ascorbic acid iso-1 3ME	264
Ascorbic acid iso-2 3ME	264
Astemizole	1125
Astemizole-M (N-dealkyl-) AC	905
Astemizole-M (N-dealkyl-) 2AC	1037
Astemizole-M/artifact (N-dealkyl-)	347
Astemizole-M/artifact (N-dealkyl-) AC	528
Asulam -C2H2O2	159
Asulam -COOCH3 4ME	300
Atenolol	452
Atenolol TMSTFA	1088
Atenolol 2TMS	1042
Atenolol 3TMS (amide/amide/HO-)	1150
Atenolol 3TMS (amide/amine/HO-)	1150
Atenolol 4TMS	1185
Atenolol artifact (formyl-HOOC-) ME	581
Atenolol artifact (HOOC-) ME	523
Atenolol formyl artifact	508
Atenolol -H2O	371
Atenolol -H2O AC	565
Atomoxetine	403
Atomoxetine	403
Atomoxetine AC	603
Atomoxetine HFB	1114
Atomoxetine ME	466
Atomoxetine PFP	1021
Atomoxetine TFA	848
Atomoxetine TMS	746
Atomoxetine -H2O HYAC	192
Atomoxetine -H2O HYHFB	820
Atomoxetine -H2O HYPFP	578
Atomoxetine -H2O HYTMS	271
Atomoxetine HY2AC	375
Atomoxetine HY2HFB	1186
Atomoxetine HY2PFP	1123
Atomoxetine HY2TFA	871
Atomoxetine-D6 HY2PFP	1131
Atomoxetine-M (nor-) HY2PFP	1104
Atracurium-M (O-bisdemethyl-)/artifact 2AC	1048
Atracurium-M (O-bisdemethyl-)/artifact 2AC	1074
Atracurium-M (O-demethyl-)/artifact AC	970
Atracurium-M (O-demethyl-)/artifact AC	1015
Atracurium-M/artifact	874
Atrazine	257
Atrazine-M (deethyl-)	189
Atrazine-M (deethyl-deschloro-methoxy-)	182
Atrazine-M (deisopropyl-)	160
Atropine	559
Atropine AC	765
Atropine TMS	888
Atropine -CH2O	417
Atropine -H2O	475
Atropine-M/artifact (tropine) AC	183
Azamethiphos artifact	183
Azaperone	745
Azaperone enol TMS	1016
Azaperone-M (dihydro-)	756
Azaperone-M (dihydro-) AC	925
Azaperone-M (dihydro-) -H2O	672
Azapropazone	616
Azatadine	565
Azatadine-M (di-HO-aryl-) 2AC	1032
Azatadine-M (HO-alkyl-) AC	839
Azatadine-M (HO-alkyl-) -H2O	554
Azatadine-M (HO-alkyl-HO-aryl-) 2AC	1033
Azatadine-M (HO-aryl-) AC	839
Azatadine-M (nor-) AC	704
Azatadine-M (nor-HO-alkyl-) 2AC	940
Azatadine-M (nor-HO-alkyl-) -H2O AC	694
Azelastine	956
Azidocilline-M/artifact ME2AC	684
Azidocilline-M/artifact ME2TFA	1064
Azidocilline-M/artifact MEAC	478
Azidocilline-M/artifact MEPFP	939
Azinphos-ethyl	826
Azinphos-methyl	695
Aziprotryne	290
Azosemide-M (N-dealkyl-) -SO2NH ME	239
Azosemide-M (thiophenecarbox. acid) glycine conj. ME	216
Azosemide-M (thiophenecarboxylic acid)	110
Azosemide-M (thiophenylmethanol)	104
Baclofen ME	297
Baclofen -H2O	206
Baclofen -H2O AC	332

Compound	Page
Bambuterol	911
Bambuterol AC	1039
Bambuterol TFA	1131
Bambuterol TMS	1097
Bambuterol -C2H8 AC	783
Bambuterol formyl artifact	949
Bambuterol HY2AC	953
Bambuterol HY3AC	849
Bamethan 3AC	784
Bamethan 3TMS	1071
Bamethan formyl artifact	278
Bamethan -H2O 2AC	490
Bamipine	519
Bamipine-M (HO-)	600
Bamipine-M (HO-) AC	799
Bamipine-M (N-dealkyl-)	182
Bamipine-M (N-dealkyl-) AC	291
Bamipine-M (N-dealkyl-HO-)	217
Bamipine-M (N-dealkyl-HO-) 2AC	528
Bamipine-M (nor-) AC	657
Bamipine-M (nor-HO-) 2AC	905
Barban ME	472
Barban-M/artifact (chloroaniline) AC	155
Barban-M/artifact (chloroaniline) HFB	724
Barban-M/artifact (chloroaniline) ME	120
Barban-M/artifact (chloroaniline) TFA	282
Barban-M/artifact (chloroaniline) 2ME	134
Barban-M/artifact (HOOC-) ME	185
Barbital	184
Barbital ME	215
Barbital 2ME	249
Barbituric acid 3ME	157
Barnidipine	1158
2,3-BDB	200
2,3-BDB AC	323
2,3-BDB HFB	982
2,3-BDB PFP	801
2,3-BDB TFA	556
2,3-BDB TMS	445
2,3-BDB formyl artifact	228
BDB	201
BDB AC	324
BDB HFB	982
BDB PFP	801
BDB TFA	557
BDB formyl artifact	228
BDB intermediate-1 (1-(1,3-benzodioxol-5-yl)-butan-1-ol)	205
BDB intermediate-1 AC	328
BDB intermediate-2	163
BDB intermediate-3 (1-(1,3-benzodioxol-5-yl)-butan-2-one)	197
BDB precursor (piperonal)	127
BDB-M (demethylenyl-) 3AC	649
BDB-M (demethylenyl-methyl-) 2AC	512
BDMPEA	415
BDMPEA AC	617
BDMPEA HFB	1120
BDMPEA PFP	1029
BDMPEA TFA	864
BDMPEA TMS	761
BDMPEA 2AC	819
BDMPEA 2TMS	1025
BDMPEA formyl artifact	473
BDMPEA formyl artifact	473
BDMPEA intermediate-1	240
BDMPEA intermediate-2	177
BDMPEA intermediate-2	178
BDMPEA intermediate-2	284
BDMPEA intermediate-2 formyl artifact	200
BDMPEA intermediate-2 formyl artifact	200
BDMPEA precursor (2,5-dimethoxybenzaldehyde)	150
BDMPEA-M (deamino-COOH) ME	550
BDMPEA-M (deamino-di-HO-) 2AC	882
BDMPEA-M (deamino-di-HO-) 2TFA	1136
BDMPEA-M (deamino-HO-) AC	622
BDMPEA-M (deamino-HO-) TFA	867
BDMPEA-M (deamino-oxo-)	411
BDMPEA-M (O-demethyl- N-acetyl-) iso-1 TFA	961
BDMPEA-M (O-demethyl- N-acetyl-) iso-2 TFA	961
BDMPEA-M (O-demethyl-) iso-1 2AC	752
BDMPEA-M (O-demethyl-) iso-1 2TFA	1092
BDMPEA-M (O-demethyl-) iso-2 2AC	752
BDMPEA-M (O-demethyl-) iso-2 2TFA	1092
BDMPEA-M (O-demethyl-deamino-COOH) MEAC	691
BDMPEA-M (O-demethyl-deamino-COOH) METFA	918
BDMPEA-M (O-demethyl-deamino-COOH) -H2O	349
BDMPEA-M (O-demethyl-deamino-di-HO-) 3AC	978
BDMPEA-M (O-demethyl-deamino-HO-) 2TFA	1094
BDMPEA-M (O-demethyl-deamino-HO-) iso-1 2AC	757
BDMPEA-M (O-demethyl-deamino-HO-) iso-2 2AC	757
BDMPEA-M (O-demethyl-deamino-HO-oxo-) 2AC	823
BDMPEA-M (O-demethyl-N-acetyl-) iso-1 AC	752
BDMPEA-M (O-demethyl-N-acetyl-) iso-2 AC	752
Beclamide	212
Beclamide TMS	464
Beclamide artifact (-HCl)	139
Beclamide artifact (-HCl) TMS	316
Beclobrate	832
Befunolol	569
Befunolol TMSTFA	1126
Befunolol formyl artifact	628
Befunolol -H2O AC	689
Behenic acid ME	863
Bemegride	135
Bemetizide 2ME	1077
Bemetizide 3ME	1104
Bemetizide 4ME	1123
Bemetizide -SO2NH ME	787
Benactyzine	745
Benactyzine TMS	1016
Benactyzine-M (HOOC-) ME	351
Benazepril ET	1117
Benazepril ME	1095
Benazepril TMS	1162
Benazepril 2ET	1148
Benazepril 2ME	1117
Benazepril isopropylester	1134
Benazeprilate 2ET	1117
Benazeprilate 2ME	1068
Benazeprilate 2TMS	1181
Benazeprilate 3ET	1148
Benazeprilate 3ME	1095
Benazeprilate-M (HO-) iso-1 2ET	1162
Benazeprilate-M (HO-) iso-1 3ME	1119
Benazeprilate-M (HO-) iso-2 2ET	1162
Benazeprilate-M (HO-) iso-2 3ME	1119
Benazeprilate-M (HO-) iso-2 4ME	1137
Benazepril-M (HO-) iso-1 2ET	1162
Benazepril-M (HO-) iso-1 4ME	1137
Benazepril-M (HO-) iso-2 2ET	1162
Benazepril-M/artifact (deethyl-) 2ET	1117
Benazepril-M/artifact (deethyl-) 2ME	1068
Benazepril-M/artifact (deethyl-) 2TMS	1181
Benazepril-M/artifact (deethyl-) 3ET	1148
Benazepril-M/artifact (deethyl-) 3ME	1095
Benazepril-M/artifact (deethyl-HO-) iso-1 3ET	1162
Benazepril-M/artifact (deethyl-HO-) iso-1 3ME	1119

Compound	Page
Benazepril-M/artifact (deethyl-HO-) iso-1 4ME	1137
Benazepril-M/artifact (deethyl-HO-) iso-2 3ET	1162
Benazepril-M/artifact (deethyl-HO-) iso-2 3ME	1119
Benazepril-M/artifact (deethyl-HO-) iso-2 4ME	1137
Benazolin	353
Benazolin ME	408
Benazolin-ethyl	472
Bencyclane	561
Bencyclane-M (bis-nor-) AC	631
Bencyclane-M (bis-nor-HO-) iso-1 2AC	889
Bencyclane-M (bis-nor-HO-) iso-2 2AC	889
Bencyclane-M (deamino-di-HO-) iso-1 2AC	892
Bencyclane-M (deamino-di-HO-) iso-2 2AC	892
Bencyclane-M (deamino-HO-) AC	636
Bencyclane-M (deamino-HO-oxo-) iso-1 2AC	704
Bencyclane-M (deamino-HO-oxo-) iso-2 2AC	704
Bencyclane-M (HO-) iso-1	642
Bencyclane-M (HO-) iso-1 AC	837
Bencyclane-M (HO-) iso-2	642
Bencyclane-M (HO-) iso-2 AC	837
Bencyclane-M (HO-oxo-) -H2O HYAC	414
Bencyclane-M (HO-oxo-) HY	320
Bencyclane-M (HO-oxo-) HY2AC	703
Bencyclane-M (HO-oxo-) HYAC	496
Bencyclane-M (nor-)	493
Bencyclane-M (nor-) AC	700
Bencyclane-M (nor-HO-) iso-1 2AC	937
Bencyclane-M (nor-HO-) iso-2 2AC	937
Bencyclane-M (oxo-) iso-1	631
Bencyclane-M (oxo-) iso-1 HY	265
Bencyclane-M (oxo-) iso-1 HYAC	422
Bencyclane-M (oxo-) iso-2	631
Bencyclane-M (oxo-) iso-2 HY	265
Bencyclane-M (oxo-) iso-2 HYAC	422
Bendiocarb	284
Bendiocarb TFA	706
Bendiocarb -C2H3NO	150
Bendiocarb -C2H3NO TFA	429
Bendroflumethiazide 3ME	1130
Bendroflumethiazide 4ME	1145
Benfluorex	848
Benfluorex AC	994
Benfluorex ME	900
Benfluorex-M (-COOH) MEAC	697
Benfluorex-M (deamino-oxo-HO-) enol 2AC	623
Benfluorex-M (hippuric acid)	169
Benfluorex-M (hippuric acid) ME	199
Benfluorex-M (hippuric acid) TMS	383
Benfluorex-M (hippuric acid) 2TMS	727
Benfluorex-M (N-dealkyl-) AC	358
Benfluorex-M/artifact (alcohol) 2AC	764
Benfluorex-M/artifact (benzoic acid)	107
Benfluorex-M/artifact (benzoic acid) ME	116
Benfluorex-M/artifact (benzoic acid) TBDMS	330
Benomyl artifact (desbutylcarbamoyl-) 2ME	270
Benomyl-M/artifact (aminobenzimidazole) 3ME	162
Benoxaprofen	618
Benoxaprofen ME	688
Benoxaprofen-M (HO-) ME	761
Benperidol	957
Benperidol-M	174
Benperidol-M (N-dealkyl-)	261
Benperidol-M (N-dealkyl-) AC	417
Benperidol-M (N-dealkyl-) ME	310
Benperidol-M (N-dealkyl-) 2AC	620
Benproperine	663
Bentazone	342
Bentazone ME	397
Bentazone artifact	168
Benzaldehyde	101
Benzalkonium chloride compound-1 -C7H8Cl	253
Benzalkonium chloride compound-1 -CH3Cl	561
Benzalkonium chloride compound-2 -C7H8Cl	349
Benzalkonium chloride compound-2 -CH3Cl	700
Benzamide	107
Benzarone	448
Benzarone AC	654
Benzarone-M (di-HO-) 3AC	1067
Benzarone-M (di-HO-) -H2O 2AC	896
Benzarone-M (HO-) iso-1 2AC	903
Benzarone-M (HO-) iso-2 2AC	904
Benzarone-M (HO-) iso-3 2AC	904
Benzarone-M (HO-) iso-4 2AC	904
Benzarone-M (HO-ethyl-) -H2O AC	644
Benzarone-M (HO-methoxy-) iso-1 2AC	1005
Benzarone-M (HO-methoxy-) iso-2 2AC	1005
Benzarone-M (HO-methoxy-) iso-3 2AC	1005
Benzarone-M (HO-methoxy-) iso-4 2AC	1005
Benzarone-M (methoxy-) AC	797
Benzarone-M (oxo-) AC	721
Benzatropine	651
Benzatropine HY	184
Benzatropine HYAC	294
Benzatropine HYME	215
Benzbromarone	1064
Benzbromarone AC	1132
Benzbromarone ET	1113
Benzbromarone ME	1091
Benzbromarone-M (HO-aryl-) iso-1 2AC	1175
Benzbromarone-M (HO-aryl-) iso-2 2AC	1175
Benzbromarone-M (HO-ethyl-) -H2O AC	1130
Benzbromarone-M (HO-methoxy-) 2AC	1184
Benzbromarone-M (methoxy-) AC	1160
Benzbromarone-M (oxo-) AC	1146
Benzene	95
1,4-Benzenediamine	102
1,4-Benzenediamine ME	108
1,4-Benzenediamine 2AC	198
1,4-Benzenediamine 2HFB	1164
1,4-Benzenediamine 2ME	116
1,4-Benzenediamine 2PFP	1017
1,4-Benzenediamine 2TFA	613
Benzene-M (hydroquinone)	103
Benzene-M (hydroquinone) 2AC	203
Benzene-M (hydroquinone) 2ME	118
Benzene-M (hydroxyhydroquinone)	110
Benzene-M (hydroxyhydroquinone) 3AC	388
Benzene-M (methoxyhydroquinone) 2AC	287
Benzene-M (phenol)	98
Benzhydrol	184
Benzhydrol AC	294
Benzhydrol ME	215
Benzil	244
Benzilic acid ME	351
Benzil-M (HO-) AC	459
Benzil-M (HO-) ME	342
Benzo[a]anthracene	300
Benzo[a]pyrene	389
Benzo[b]fluoranthene	389
Benzo[g,h,i]perylene	495
Benzo[k]fluoranthene	389
Benzocaine	147
Benzocaine AC	233
Benzocaine TMS	334
Benzocaine-M (PABA) AC	169
Benzocaine-M (PABA) ME	128

Compound	Page
Benzocaine-M (PABA) MEAC	199
Benzocaine-M (PABA) 2TMS	522
Benzoctamine	377
Benzoctamine AC	570
Benzoctamine TMS	720
Benzoctamine-M (deamino-di-HO-) 2AC	787
Benzoctamine-M (deamino-di-HO-methoxy-) 2AC	904
Benzoctamine-M (deamino-HO-) AC	507
Benzoctamine-M (HO-) 2AC	843
Benzoctamine-M (nor-) AC	501
Benzoctamine-M (nor-HO-) iso-1 2AC	783
Benzoctamine-M (nor-HO-) iso-2 2AC	783
Benzoctamine-M (nor-HO-methoxy-) 2AC	901
Benzoflavone	478
Benzofluorene	260
Benzoic acid	107
Benzoic acid anhydride	293
Benzoic acid butylester	167
Benzoic acid ethylester	127
Benzoic acid glycine conjugate	169
Benzoic acid glycine conjugate TMS	383
Benzoic acid glycine conjugate 2TMS	727
Benzoic acid methylester	116
Benzoic acid TBDMS	330
Benzoic acid-M (glycine conjugate ME)	199
Benzophenone	180
Benzoresorcinol	255
Benzoresorcinol 2AC	605
Benzquinamide	1029
Benzquinamide artifact	800
Benzquinamide HY	892
Benzquinamide-M (N-deethyl-)	940
Benzquinamide-M (O-demethyl-)	985
Benzthiazuron 2ME	323
Benzydamine	662
Benzydamine-M (deamino-HO-) AC	731
Benzydamine-M (HO-) AC	911
Benzydamine-M (nor-) AC	794
Benzydamine-M (nor-HO-) 2AC	1003
Benzydamine-M (O-dealkyl-) AC	449
Benzylacetamide	126
Benzylacetamide AC	195
Benzylalcohol	102
Benzylamine	102
Benzylamine AC	126
Benzylamine HFB	626
Benzylamine TFA	223
Benzylamine 2AC	195
Benzylamine artifact	207
Benzylbenzoate	248
Benzylbutanoate	168
Benzylbutylphthalate	676
Benzylether	215
N-Benzylethylenediamine 3TMS	906
N-Benzylidenebenzylamine	207
Benzylnicotinate	252
2-Benzylphenol	184
4-Benzylphenol	184
Benzylpiperazine	164
Benzylpiperazine AC	266
Benzylpiperazine HFB	926
Benzylpiperazine PFP	722
Benzylpiperazine TFA	479
Benzylpiperazine TMS	372
Benzylpiperazine-M (benzylamine)	102
Benzylpiperazine-M (benzylamine) AC	126
Benzylpiperazine-M (benzylamine) HFB	626
Benzylpiperazine-M (benzylamine) TFA	223
Benzylpiperazine-M (benzylamine) 2AC	195
Benzylpiperazine-M (deethylene-) HFB	831
Benzylpiperazine-M (deethylene-) 2AC	320
Benzylpiperazine-M (deethylene-) 2HFB	1182
Benzylpiperazine-M (deethylene-) 2PFP	1102
Benzylpiperazine-M (deethylene-) 2TFA	816
Benzylpiperazine-M (deethylene-) 3AC	497
Benzylpiperazine-M (HO-) iso-1 2AC	497
Benzylpiperazine-M (HO-) iso-1 2HFB	1192
Benzylpiperazine-M (HO-) iso-1 2TFA	966
Benzylpiperazine-M (HO-) iso-2 2AC	497
Benzylpiperazine-M (HO-) iso-2 2HFB	1192
Benzylpiperazine-M (HO-) iso-2 2TFA	966
Benzylpiperazine-M (HO-methoxy-) AC	440
Benzylpiperazine-M (HO-methoxy-) HFB	1058
Benzylpiperazine-M (HO-methoxy-) TFA	703
Benzylpiperazine-M (HO-methoxy-) 2AC	645
Benzylpiperazine-M (piperazine) 2AC	157
Benzylpiperazine-M (piperazine) 2HFB	1146
Benzylpiperazine-M (piperazine) 2TFA	505
Betahistine AC	168
Betahistine impurity/artifact-1 AC	197
Betahistine impurity/artifact-2 AC	230
Betamethasone	992
Betamethasone -2H2O	870
Betaxolol	652
Betaxolol TMS	951
Betaxolol TMSTFA	1144
Betaxolol 2AC	990
Betaxolol 2TMS	1115
Betaxolol formyl artifact	712
Betaxolol -H2O	560
Betaxolol -H2O AC	766
Betaxolol-M (O-dealkyl-) 3AC	949
Betaxolol-M (O-dealkyl-) -H2O 2AC	709
Bezafibrate	886
Bezafibrate ME	936
Bezafibrate -CO2	697
Bezafibrate-M (chlorobenzoic acid)	136
Bifenox	809
Bifonazole	667
Binapacryl	722
Bioallethrin	625
Bioresmethrin	799
Biperiden	673
Biperiden TMS	965
Biperiden-M (HO-)	746
Biperiden-M (HO-) AC	918
Biphenyl	134
Biphenylol	157
Biphenylol AC	248
Biphenylol ME	185
Biphenylol-M (HO-) 2AC	468
2,2'-Bipyridine	136
Bisacodyl	887
Bisacodyl HY	500
Bisacodyl HY2ME	639
Bisacodyl-M (bis-deacetyl-)	500
Bisacodyl-M (bis-deacetyl-) 2ME	639
Bisacodyl-M (bis-methoxy-bis-deacetyl-)	792
Bisacodyl-M (bis-methoxy-bis-deacetyl-) 2AC	1063
Bisacodyl-M (bis-methoxy-bis-deacetyl-) 2ME	901
Bisacodyl-M (bis-methoxy-deacetyl-)	948
Bisacodyl-M (deacetyl-)	707
Bisacodyl-M (methoxy-bis-deacetyl-)	648
Bisacodyl-M (methoxy-bis-deacetyl-) 2AC	988
Bisacodyl-M (methoxy-bis-deacetyl-) 2ME	783
Bisacodyl-M (methoxy-deacetyl-)	842

Bisacodyl-M (trimethoxy-bis-deacetyl-) 2AC	1114	Bromantane PFP	1114
Bisoctylphenylamine	998	Bromantane TFA	1019
Bisoprolol	737	Bromazepam	687
Bisoprolol AC	911	Bromazepam TMS	975
Bisoprolol TMSTFA	1160	Bromazepam artifact-3	617
Bisoprolol 2AC	1040	Bromazepam HY	494
Bisoprolol formyl artifact	796	Bromazepam HYAC	701
Bisoprolol -H2O	652	Bromazepam iso-1 ME	751
Bisoprolol -H2O AC	844	Bromazepam iso-2 ME	751
Bisoprolol N-AC	912	Bromazepam-M (3-HO-)	761
Bisoprolol-M (phenol)	245	Bromazepam-M (3-HO-) 2TMS	1143
Bisphenol A	301	Bromazepam-M (3-HO-) artifact-1	537
Bisphenol A 2AC	676	Bromazepam-M (3-HO-) artifact-2	609
Bitertanol	794	Bromazepam-M (3-HO-) HY	494
Bornaprine	756	Bromazepam-M (3-HO-) HYAC	701
Bornaprine-M (deethyl-HO-) iso-1 2AC	1021	Bromazepam-M (HO-) HYAC	778
Bornaprine-M (deethyl-HO-) iso-2 2AC	1022	Bromazepam-M (HO-) HYME	643
Bornaprine-M (deethyl-HO-) iso-3 2AC	1022	Bromazepam-M/artifact	691
Bornaprine-M (HO-) iso-1 AC	978	Bromazepam-M/artifact	851
Bornaprine-M (HO-) iso-2 AC	978	Bromazepam-M/artifact AC	705
Bornaprine-M (HO-) iso-3 AC	978	Bromhexine	932
Bornyl salicylate	486	Bromhexine-M (HO-)	984
Bornyl salicylate ME	554	Bromhexine-M (HO-) 2AC	1142
Brallobarbital	541	Bromhexine-M (HOOC-) ME	646
Brallobarbital (ME)	613	Bromhexine-M (nor-HO-)	938
Brallobarbital 2ET	815	Bromhexine-M (nor-HO-)	978
Brallobarbital 2ME	683	Bromhexine-M (nor-HO-) TMS	1110
Brallobarbital-M (desbromo-HO-)	287	Bromhexine-M (nor-HO-) 2TMS	1175
Brallobarbital-M (dihydro-)	550	Bromhexine-M (nor-HO-) -H2O	875
Brallobarbital-M (HO-)	622	Bromhexine-M (nor-HO-) iso-1 2AC	1127
Brassidic acid ME	856	Bromhexine-M (nor-HO-) iso-2 2AC	1127
Brofaromine AC	846	Bromhexine-M (nor-HO-) iso-3 2AC	1127
Brofaromine-M (HO-) 2AC	1037	Bromisoval	280
Brofaromine-M (O-demethyl-) 2AC	947	Bromisoval artifact	116
Brofaromine-M/artifact (pyridyl-)AC	761	Bromisoval-M (Br-isovalerianic acid)	172
Brolamfetamine	480	Bromisoval-M (HO-isovalerianic acid)	105
Brolamfetamine	480	Bromisoval-M (isovalerianic acid carbamide)	123
Brolamfetamine AC	688	Bromisoval-M/artifact (bromoisovalerianic acid)	173
Brolamfetamine AC	688	Bromobenzene	135
Brolamfetamine HFB	1137	3-Bromo-d-camphor	306
Brolamfetamine PFP	1059	2-Bromo-4-cyclohexylphenol	397
Brolamfetamine TFA	914	2-Bromo-4-cyclohexylphenol AC	596
Brolamfetamine TMS	827	2-Bromo-4-cyclohexylphenol ME	458
Brolamfetamine formyl artifact	537	Bromofenoxim artifact-1	183
Brolamfetamine precursor	150	Bromofenoxim artifact-2	487
Brolamfetamine-M (bis-O-demethyl-) 3AC	921	Bromofenoxim artifact-2 ME	555
Brolamfetamine-M (bis-O-demethyl-) artifact 2AC	670	5-Bromonicotinic acid	220
Brolamfetamine-M (deamino-HO-) AC	692	5-Bromonicotinic acid ME	256
Brolamfetamine-M (deamino-oxo-)	477	4-Bromophenol	159
Brolamfetamine-M (HO-) 2AC	929	Bromophos	896
Brolamfetamine-M (HO-) -H2O	473	Bromophos-ethyl	991
Brolamfetamine-M (HO-) -H2O AC	678	Bromopride	820
Brolamfetamine-M (O-demethyl-) iso-1 AC	617	Bromopride AC	969
Brolamfetamine-M (O-demethyl-) iso-1 2AC	819	Bromopropylate	1071
Brolamfetamine-M (O-demethyl-) iso-2 AC	618	3-Bromoquinoline	232
Brolamfetamine-M (O-demethyl-) iso-2 2AC	819	5-Bromosalicylic acid	258
Brolamfetamine-M (O-demethyl-deamino-oxo-) AC	612	5-Bromosalicylic acid ME	305
Brolamfetamine-M (O-demethyl-deamino-oxo-) iso-1	411	5-Bromosalicylic acid MEAC	476
Brolamfetamine-M (O-demethyl-deamino-oxo-) iso-2	411	5-Bromosalicylic acid 2ET	477
Brolamfetamine-M (O-demethyl-HO-) 3AC	1019	5-Bromosalicylic acid 2ME	354
Brolamfetamine-M (O-demethyl-HO-) -H2O 2AC	809	5-Bromosalicylic acid -CO2	159
Brolamfetamine-M (O-demethyl-HO-deamino-HO-) 3AC	1022	Bromothiophene	140
Bromacil	419	Bromoxynil	487
Bromadiolone artifact	412	Bromoxynil ME	555
Bromantane	638	Bromperidol	1060
Bromantane AC	834	Bromperidol TMS	1158
Bromantane HFB	1164	Bromperidol 2TMS	1188
Bromantane ME	706	Bromperidol -H2O	1019

Compound	Page
Bromperidol-M	174
Bromperidol-M	453
Bromperidol-M (N-dealkyl-) AC	601
Bromperidol-M (N-dealkyl-oxo-) -2H2O	314
Bromperidol-M 4 AC	577
Brompheniramine	702
Brompheniramine-M (bis-nor-) AC	767
Brompheniramine-M (nor-) AC	830
Brotizolam	991
Brotizolam-M (HO-) AC	1113
Brotizolam-M (HO-) -CH2O	944
Brucine	999
BSTFA	409
Bucetin	285
Bucetin AC	444
Bucetin HYAC	171
Bucetin-M	102
Bucetin-M (deethyl-) HYME	108
Bucetin-M (HO-) HY2AC	333
Bucetin-M (O-deethyl-) 2AC	510
Bucetin-M (p-phenetidine)	117
Bucetin-M HY2AC	199
Buclizine	1085
Buclizine artifact-1	222
Buclizine HY	314
Buclizine HYAC	487
Buclizine-M	515
Buclizine-M (carbinol)	263
Buclizine-M (carbinol) AC	420
Buclizine-M (Cl-benzophenone)	258
Buclizine-M (HO-Cl-benzophenone)	311
Buclizine-M (HO-Cl-BPH) iso-1 AC	484
Buclizine-M (HO-Cl-BPH) iso-2 AC	484
Buclizine-M (N-dealkyl-)	543
Buclizine-M (N-dealkyl-) AC	749
Buclizine-M (N-dealkyl-HO-) AC-conj.	566
Buclizine-M (N-dealkyl-HO-) 2AC	770
Buclizine-M/artifact HYAC	515
Budipine	583
Bufexamac ME	334
Bufexamac 2ME	386
Bufexamac artifact (deoxo-)	234
Bufexamac artifact (deoxo-formyl-)	270
Bufexamac-M/artifact (HOOC-) ME	282
Buflomedil	650
Buflomedil TMS	950
Buflomedil-M (O-demethyl-)	582
Buflomedil-M (O-demethyl-) AC	784
Bulbocapnine	735
Bulbocapnine AC	908
Bumadizone	741
Bumadizone ME	808
Bumadizone artifact (azobenzene)	180
Bumadizone artifact (hexanilide)	195
Bumatizone artifact AC	903
Bumetanide 2ME	992
Bumetanide 2MEAC	1087
Bumetanide 3ME	1032
Bumetanide 3MEAC	1111
Bumetanide -SO2NH ME	611
Bumetanide -SO2NH MEAC	812
Bunazosin	932
Bunitrolol	372
Bunitrolol AC	565
Bunitrolol TMS	716
Bunitrolol formyl artifact	422
Bunitrolol-M (deisobutyl-) 2AC	496
Bunitrolol-M (HO-) 2AC	839
Bunitrolol-M (HO-) artifact AC	704
Bunitrolol-M (HO-methoxy-) 2AC	946
Buphanamine	619
Buphenine	612
Bupirimate	694
Bupivacaine	555
Bupranolol	475
Bupranolol AC	680
Bupranolol TMS	822
Bupranolol formyl artifact	529
Bupranolol-M (HO-) AC	754
Bupranolol-M (HO-) 2AC	923
Bupranolol-M (HO-) formyl artifact AC	812
Bupranolol-M (HO-methoxy-) 2AC	1021
Buprenorphine	1135
Buprenorphine AC	1169
Buprenorphine HFB	1201
Buprenorphine ME	1149
Buprenorphine PFP	1195
Buprenorphine TFA	1188
Buprenorphine TMS	1180
Buprenorphine 2HFB	1205
Buprenorphine 2PFP	1204
Buprenorphine 2TFA	1199
Buprenorphine -CH3OH HFB	1198
Buprenorphine -CH3OH TFA	1179
Buprenorphine -H2O	1113
Buprenorphine -H2O AC	1159
Buprenorphine -H2O HFB	1199
Buprenorphine -H2O PFP	1194
Buprenorphine -H2O TFA	1183
Buprenorphine-D4 ME	1153
Buprenorphine-M (nor-)	1049
Buprenorphine-M (nor-) ME	1075
Buprenorphine-M (nor-) 2AC	1162
Buprenorphine-M (nor-) 2ME	1102
Buprenorphine-M (nor-)-D3	1055
Buprenorphine-M (nor-)-D3 AC	1125
Buprenorphine-M (nor-)-D3 ME	1082
Buprenorphine-M (nor-)-D3 TMS	1156
Buprenorphine-M (nor-)-D3 2AC	1164
Buprenorphine-M (nor-)-D3 2ME	1107
Buprenorphine-M (nor-)-D3 2TMS	1187
Buprenorphine-M (nor-)-D3 -H2O 2TFA	1194
Bupropion	340
Bupropion AC	521
Bupropion formyl artifact	384
Bupropion-M (3-chlorobenzoic acid)	136
Bupropion-M (3-chlorobenzyl alcohol)	121
Bupropion-M (HO-)	401
Bupropion-M (HO-) AC	602
Bupropion-M (HO-) TMS	744
Buspirone	971
Butabarbital	250
Butabarbital 2ME	345
Butabarbital-M (HO-)	300
Butabarbital-M (HO-) -H2O	245
Butalamine	694
Butalbital	289
Butalbital (ME)	337
Butalbital 2ME	391
Butalbital 2TMS	913
Butalbital-M (HO-)	344
Butallylonal	622
Butane	91
1,2-Butane diol dibenzoate	606
1,2-Butane diol dipivalate	414
1,2-Butane diol phenylboronate	163

Compound	Page
1,3-Butane diol dibenzoate	606
1,3-Butane diol dipivalate	414
1,3-Butane diol phenylboronate	163
1,4-Butane diol dibenzoate	606
1,4-Butane diol dipivalate	414
1,4-Butane diol phenylboronate	163
Butanilicaine	399
1-Butanol	94
2-Butanol	94
Butaperazine	1039
Butaperazine-M (nor-) AC	1093
1-Butene	90
2-Butene	90
Butethamate	437
Butethamate-M/artifact (HOOC-)	145
Butethamate-M/artifact (HOOC-) ME	168
Butinoline	570
Butinoline artifact-1	275
Butinoline artifact-2	327
Butinoline-M (benzophenone)	180
Butinoline-M/artifact	239
Butinoline-M/artifact	632
Butizide 2ME	955
Butizide 3ME	1000
Butizide 4ME	1037
Butobarbital	250
Butobarbital 2ME	345
Butobarbital 2TMS	870
Butobarbital-M (HO-)	301
Butobarbital-M (HO-) AC	470
Butobarbital-M (oxo-)	294
Butocarboxim	193
Butoxycarboxim	280
Butoxycarboxim artifact	125
Buturon	327
1-Butylamine	93
2-Butylamine	93
tert-Butylamine	94
Butyl-2-ethylhexylphthalate	781
Butylhexadecanoate	677
Bis-tert-Butyl-methoxymethylphenol	382
Bis-tert.-Butylmethylenecyclohexanone	266
Butyl-2-methylpropylphthalate	507
Butyloctadecanoate	809
Butyloctylphthalate	781
Butylparaben	205
Bis-tert-Butylquinone	274
Butylscopolaminium bromide-M/art. (scopolamine) -H2O	540
Butyl stearate	809
gamma-Butyrolactone	97
BZP	164
BZP AC	266
BZP HFB	926
BZP PFP	722
BZP TFA	479
BZP TMS	372
BZP-M (piperazine) 2AC	157
BZP-M (piperazine) 2HFB	1146
BZP-M (piperazine) 2TFA	505
Cafedrine TMS	1079
Cafedrine -H2O	803
Cafedrine -H2O AC	957
Cafedrine -H2O PFP	1152
Cafedrine-M (cathinone) AC	195
Cafedrine-M (cathinone) HFB	827
Cafedrine-M (cathinone) PFP	588
Cafedrine-M (cathinone) TFA	358
Cafedrine-M (cathinone) TMS	278
Cafedrine-M (etofylline)	288
Cafedrine-M (etofylline) AC	448
Cafedrine-M (etofylline) TMS	599
Cafedrine-M (N-dealkyl-) AC	443
Cafedrine-M (norpseudoephedrine)	129
Cafedrine-M (norpseudoephedrine) TMSTFA	707
Cafedrine-M (norpseudoephedrine) 2AC	324
Cafedrine-M (norpseudoephedrine) 2HFB	1182
Cafedrine-M (norpseudoephedrine) formyl artifact	143
Caffeic acid ME2AC	505
Caffeic acid ME2HFB	1192
Caffeic acid ME2PFP	1153
Caffeic acid ME2TMS	797
Caffeic acid 2AC	438
Caffeic acid 2ME	236
Caffeic acid 3ME	281
Caffeic acid 3TMS	1006
Caffeic acid artifact (dihydro-)	179
Caffeic acid artifact (dihydro-) ME	210
Caffeic acid artifact (dihydro-) ME2HFB	1193
Caffeic acid artifact (dihydro-) ME2PFP	1155
Caffeic acid artifact (dihydro-) ME2TMS	807
Caffeic acid artifact (dihydro-) MEAC	516
Caffeic acid artifact (dihydro-) METFA	574
Caffeic acid artifact (dihydro-) 3TMS	1012
Caffeic acid artifact (dihydro-) -CO2	118
Caffeic acid -CO2	116
Caffeine	204
Caffeine-M (1-nor-)	174
Caffeine-M (1-nor-) TMS	390
Caffeine-M (7-nor-)	174
Caffeine-M (7-nor-) TMS	391
Caffeine-M (HO-) ME	288
Californine	725
Californine-M (bis-(demethylene-methyl-)) iso-1	744
Californine-M (bis-(demethylene-methyl-)) iso-1 2AC	1044
Californine-M (bis-(demethylene-methyl-)) iso-2 2AC	1045
Californine-M (bis-(demethylene-methyl-)) iso-3 2AC	1045
Californine-M (demethylene-) AC	857
Californine-M (demethylene-) 2AC	1002
Californine-M (demethylene-methyl-) iso-1	735
Californine-M (demethylene-methyl-) iso-1 AC	908
Californine-M (demethylene-methyl-) iso-2	735
Californine-M (demethylene-methyl-) iso-2 AC	909
Californine-M (nor-)	659
Californine-M (nor-) AC	847
Californine-M (nor-demethylene-) 3AC	1066
Californine-M (nor-demethylene-methyl-) 2AC	1002
Californine-M/artifact (reframidine)	726
Camazepam	922
Camazepam HY	358
Camazepam HYAC	546
Camazepam-M	542
Camazepam-M (temazepam)	614
Camazepam-M (temazepam) AC	816
Camazepam-M (temazepam) ME	684
Camazepam-M (temazepam) TMS	926
Camazepam-M (temazepam) artifact-1	405
Camazepam-M (temazepam) artifact-2	468
Camazepam-M TMS	876
Camazepam-M 2TMS	1080
Camazepam-M HY	308
Camazepam-M HYAC	480
Camylofine	716
Cannabidiol	687
Cannabidiol AC	870
Cannabidiol 2AC	1013
Cannabidiol 2TMS	1125

Cannabidivarol	544	Carbidopa 3MEAC	732
Cannabidivarol 2AC	921	Carbidopa iso-1 3MEAC	667
Cannabielsoic acid -CO2	760	Carbidopa iso-2 3MEAC	668
Cannabielsoic acid -CO2 2AC	1051	Carbidopa-M (di-HO-phenylacetone) 2AC	379
Cannabigerol	694	Carbidopa-M (HO-methoxy-phenylacetone) AC	280
Cannabigerol 2AC	1018	Carbidopa-M (HO-methoxy-phenylacetone) ME	204
Cannabinol	668	Carbimazole	187
Cannabinol AC	855	Carbimazole-M/artifact (thiamazole)	104
Cannabinol TMS	960	Carbimazole-M/artifact (thiamazole) AC	136
Cannabispirol AC	565	Carbimazole-M/artifact (thiamazole) ME	111
Cannabispirone AC	553	Carbimazole-M/artifact (thiamazole) TMS	188
Canrenoic acid	878	Carbinoxamine	564
Canrenoic acid -H2O	808	Carbinoxamine-M (bis-nor-) AC	634
Canrenoic acid -H2O ME	862	Carbinoxamine-M (carbinol)	268
Canrenone	808	Carbinoxamine-M (carbinol) AC	424
Capric acid	160	Carbinoxamine-M (Cl-benzoylpyridine)	261
Capric acid ET	220	Carbinoxamine-M (deamino-HO-) AC	638
Capric acid ME	189	Carbinoxamine-M (nor-)	496
Caprylic acid ET	160	Carbinoxamine-M (nor-) AC	703
Caprylic acid ME	138	Carbinoxamine-M/artifact	221
Caprylic acid cetylester	914	Carbinoxamine-M/artifact	338
Capsaicine	641	Carbochromene	887
Capsaicine AC	836	Carbofuran	276
Captafol	833	Carbofuran -C2H3NO	146
Captafol artifact-1 (cyclohexenedicarboxylic acid) 2ME	214	Carbon disulfide	95
Captafol artifact-2 (cyclohexenedicarboximide)	129	Carbophenothion	815
Captan	608	Carboxin	322
Captan artifact-1 (cyclohexenedicarboxylic acid) 2ME	214	Carbromal	327
Captan artifact-2 (cyclohexenedicarboximide)	129	Carbromal artifact	137
Captopril	261	Carbromal artifact	158
Captopril ME	309	Carbromal artifact	169
Captopril 2ME	358	Carbromal artifact	194
Captopril artifact (disulfide) 2ME	1128	Carbromal artifact	282
Carazolol	607	Carbromal-M	103
Carazolol ME	676	Carbromal-M (cyamuric acid)	111
Carazolol TMSTFA	1133	Carbromal-M (desbromo-)	138
Carazolol 2TMSTFA	1180	Carbromal-M (desbromo-HO-) -H2O	136
Carazolol formyl artifact	668	Carbromal-M (ethyl-HO-butyric acid) ME	124
Carazolol -H2O AC	723	Carbromal-M (HO-carbromide)	239
Carazolol-M (deamino-di-HO-) 2AC	811	Carbromal-M/artifact (carbromide)	199
Carazolol-M (deamino-tri-HO-) 3AC	1014	Carisoprodol	423
Carbamazepine	328	Carisoprodol artifact	221
Carbamazepine TMS	656	Carisoprodol-M (dealkyl-)	265
Carbamazepine-M (acridine)	170	Carisoprodol-M (dealkyl-) artifact-1	96
Carbamazepine-M (formyl-acridine)	232	Carisoprodol-M (dealkyl-) artifact-2	160
Carbamazepine-M (HO-methoxy-ring)	339	Carphedone	264
Carbamazepine-M (HO-methoxy-ring) AC	521	Carphedone TMS	564
Carbamazepine-M (HO-ring)	241	Carphedone 2TMS	891
Carbamazepine-M (HO-ring) AC	383	Carprofen	481
Carbamazepine-M (HO-ring) 2AC	579	Carprofen ME	546
Carbamazepine-M AC	805	Carprofen 2ME	618
Carbamazepine-M cysteine-conjugate (ME)	739	Carprofen -CO2	303
Carbamazepine-M/artifact (ring)	200	Carprofen-M (HO-) iso-1 2ME	696
Carbamazepine-M/artifact AC	323	Carprofen-M (HO-) iso-1 3ME	763
Carbaryl	221	Carprofen-M (HO-) iso-2 2ME	696
Carbaryl TFA	601	Carprofen-M (HO-) iso-2 3ME	763
Carbaryl-M/artifact (1-naphthol)	123	Carteolol	576
Carbaryl-M/artifact (1-naphthol) AC	188	Carteolol AC	780
Carbaryl-M/artifact (1-naphthol) HFB	806	Carteolol formyl artifact	636
Carbaryl-M/artifact (1-naphthol) PFP	562	Carteolol-M (deisobutyl-) -H2O AC	421
Carbaryl-M/artifact (1-naphthol) TMS	260	Carteolol-M (HO-) 2AC	992
Carbendazim -C2H2O2	113	Carvedilol TMSTFA	1190
Carbetamide	329	Carzenide 2ME	303
Carbetamide TFA	768	Carzenide 3ME	354
Carbetamide 2ME	440	Catechol 2TMS	399
Carbidopa 2ME	399	Cathine	129
Carbidopa 2MEAC	599	Cathine TMSTFA	707
Carbidopa 3ME	461	Cathine 2AC	324

Compound	Page
Cathine 2HFB	1182
Cathine formyl artifact	143
Cathinone AC	195
Cathinone HFB	827
Cathinone PFP	588
Cathinone TFA	358
Cathinone TMS	278
Caulophyllin	227
2C-B	415
2C-B AC	617
2C-B HFB	1120
2C-B PFP	1029
2C-B TFA	864
2C-B TMS	761
2C-B 2AC	819
2C-B 2TMS	1025
2C-B formyl artifact	473
2C-B formyl artifact	473
2C-B intermediate-1 (dimethoxyphenylnitroethene)	240
2C-B intermediate-2 (dimethoxyphenethylamine)	177
2C-B intermediate-2 (dimethoxyphenethylamine)	178
2C-B intermediate-2 (dimethoxyphenethylamine) AC	284
2C-B intermediate-2 (dimethoxyphenethylamine) formyl art.	200
2C-B intermediate-2 (dimethoxyphenethylamine) formyl art.	200
2C-B precursor (2,5-dimethoxybenzaldehyde)	150
2C-B-M (deamino-COOH) ME	550
2C-B-M (deamino-di-HO-) 2AC	882
2C-B-M (deamino-di-HO-) 2TFA	1136
2C-B-M (deamino-HO-) AC	622
2C-B-M (deamino-HO-) TFA	867
2C-B-M (deamino-oxo-)	411
2C-B-M (O-demethyl- N-acetyl-) iso-1 AC	752
2C-B-M (O-demethyl- N-acetyl-) iso-1 TFA	961
2C-B-M (O-demethyl- N-acetyl-) iso-2 AC	752
2C-B-M (O-demethyl- N-acetyl-) iso-2 TFA	961
2C-B-M (O-demethyl-) iso-1 2AC	752
2C-B-M (O-demethyl-) iso-1 2TFA	1092
2C-B-M (O-demethyl-) iso-2 2AC	752
2C-B-M (O-demethyl-) iso-2 2TFA	1092
2C-B-M (O-demethyl-deamino-COOH) MEAC	691
2C-B-M (O-demethyl-deamino-COOH) METFA	918
2C-B-M (O-demethyl-deamino-COOH) -H2O	349
2C-B-M (O-demethyl-deamino-di-HO-) 3AC	978
2C-B-M (O-demethyl-deamino-HO-) 2TFA	1094
2C-B-M (O-demethyl-deamino-HO-) iso-1 2AC	757
2C-B-M (O-demethyl-deamino-HO-) iso-2 2AC	757
2C-B-M (O-demethyl-deamino-HO-oxo-) 2AC	823
2C-D	208
2C-D AC	334
2C-D HFB	987
2C-D PFP	810
2C-D TFA	568
2C-D TMS	456
2C-D 2AC	511
2C-D 2TMS	805
2C-D formyl artifact	234
2C-D-M (deamino-COOH) ME	288
2C-D-M (deamino-HO-) AC	336
2C-D-M (deamino-oxo-)	205
2C-D-M (HO-) 2AC	591
2C-D-M (HO-) 2TFA	1025
2C-D-M (HO-) 3AC	793
2C-D-M (O-demethyl- N-acetyl-) 2AC	648
2C-D-M (O-demethyl- N-acetyl-) iso-1 AC	444
2C-D-M (O-demethyl- N-acetyl-) iso-1 TFA	707
2C-D-M (O-demethyl- N-acetyl-) iso-2 AC	444
2C-D-M (O-demethyl- N-acetyl-) iso-2 TFA	707
2C-D-M (O-demethyl-) 3AC	648
2C-D-M (O-demethyl-) iso-1 2AC	444
2C-D-M (O-demethyl-) iso-1 2TFA	929
2C-D-M (O-demethyl-) iso-2 2AC	444
2C-D-M (O-demethyl-) iso-2 2TFA	929
2C-D-M (O-demethyl-deamino-COOH) iso-1 MEAC	389
2C-D-M (O-demethyl-deamino-COOH) iso-2 MEAC	389
2C-D-M (O-demethyl-deamino-HO-) iso-1 2AC	450
2C-D-M (O-demethyl-deamino-HO-) iso-2 2AC	450
2C-E	243
2C-E AC	386
2C-E HFB	1031
2C-E PFP	864
2C-E TFA	639
2C-E TMS	524
2C-E 2AC	581
2C-E 2TMS	859
2C-E formyl artifact	278
2C-E-M (-COOH N-acetyl-) ME	591
2C-E-M (-COOH) MEAC	591
2C-E-M (deamino-COOH) ME	337
2C-E-M (deamino-HO-) AC	391
2C-E-M (deamino-HO-) TFA	644
2C-E-M (deamino-oxo-)	237
2C-E-M (HO- N-acetyl-) 2TFA	1125
2C-E-M (HO- N-acetyl-) -H2O	375
2C-E-M (HO- N-acetyl-) iso-1 TMS	804
2C-E-M (HO- N-acetyl-) iso-1 propionylated	728
2C-E-M (HO- N-acetyl-) iso-2 TMS	804
2C-E-M (HO- N-acetyl-) iso-2 propionylated	728
2C-E-M (HO-) 2TFA	1056
2C-E-M (HO-) -H2O AC	375
2C-E-M (HO-) -H2O TFA	627
2C-E-M (HO-) iso-1 AC	661
2C-E-M (HO-) iso-2 AC	661
2C-E-M (HO-) iso-3 AC	661
2C-E-M (HO-) iso-3 3AC	849
2C-E-M (HO-deamino-COOH) iso-1 AC	598
2C-E-M (HO-deamino-COOH) iso-2 AC	598
2C-E-M (O-demethyl- N-acetyl-) iso-1 TFA	772
2C-E-M (O-demethyl- N-acetyl-) iso-1 2TFA	1077
2C-E-M (O-demethyl- N-acetyl-) iso-2 TFA	773
2C-E-M (O-demethyl- N-acetyl-) iso-2 2TFA	1077
2C-E-M (O-demethyl-) iso-1 2AC	511
2C-E-M (O-demethyl-) iso-1 2TFA	975
2C-E-M (O-demethyl-) iso-2 AC	511
2C-E-M (O-demethyl-) iso-2 2TFA	976
2C-E-M (O-demethyl-deamino-COOH) -H2O	197
2C-E-M (O-demethyl-deamino-COOH) iso-1 MEAC	450
2C-E-M (O-demethyl-deamino-COOH) iso-1 METFA	714
2C-E-M (O-demethyl-deamino-COOH) iso-2 MEAC	460
2C-E-M (O-demethyl-deamino-COOH) iso-2 METFA	714
2C-E-M (O-demethyl-deamino-HO-) iso-1 2AC	517
2C-E-M (O-demethyl-deamino-HO-) iso-1 2TFA	979
2C-E-M (O-demethyl-deamino-HO-) iso-2 2AC	517
2C-E-M (O-demethyl-deamino-HO-) iso-2 2TFA	979
2C-E-M (O-demethyl-HO- N-acetyl-) 2AC	793
2C-E-M (O-demethyl-HO- N-acetyl-) iso-1 -H2O AC	500
2C-E-M (O-demethyl-HO- N-acetyl-) iso-1 -H2O TFA	763
2C-E-M (O-demethyl-HO- N-acetyl-) iso-2 -H2O AC	500
2C-E-M (O-demethyl-HO- N-acetyl-) iso-2 -H2O TFA	763
2C-E-M (O-demethyl-HO-) 3AC	793
2C-E-M (O-demethyl-HO-) 3TFA	1163
2C-E-M (O-demethyl-HO-) -H2O 2TFA	969
2C-E-M (O-demethyl-HO-) iso-1 -H2O 2AC	500
2C-E-M (O-demethyl-HO-) iso-2 -H2O 2AC	500
2C-E-M (O-demethyl-oxo- N-acetyl-)	384
2C-E-M (O-demethyl-oxo- N-acetyl-) AC	579
2C-E-M (O-demethyl-oxo- N-acetyl-) TFA	834

Compound	Page
2C-E-M (O-demethyl-oxo-) AC	384
2C-E-M (oxo-deamino-COOH) ME	390
Cefadroxil-M/artifact ME2AC	443
Cefadroxil-M/artifact ME3AC	648
Cefadroxil-M/artifact 4TMS	1121
Cefalexine artifact MEAC	233
Cefazoline artifact	113
Cefazoline artifact ME	123
Celecoxib	955
Celiprolol	951
Celiprolol AC	1064
Celiprolol artifact-1	771
Celiprolol artifact-2	567
Celiprolol artifact-3	724
Celiprolol artifact-3 AC	898
Cetirizine ME	1024
Cetirizine artifact	222
Cetirizine artifact	311
Cetirizine-M	515
Cetirizine-M (amino-) AC	415
Cetirizine-M (amino-HO-) 2AC	696
Cetirizine-M (carbinol)	263
Cetirizine-M (carbinol) AC	420
Cetirizine-M (Cl-benzophenone)	258
Cetirizine-M (HO-Cl-benzophenone)	311
Cetirizine-M (HO-Cl-BPH) iso- AC	484
Cetirizine-M (HO-Cl-BPH) iso-2 AC	484
Cetirizine-M (N-dealkyl-)	543
Cetirizine-M (N-dealkyl-) AC	749
Cetirizine-M (piperazine) 2AC	157
Cetirizine-M (piperazine) 2HFB	1146
Cetirizine-M (piperazine) 2TFA	505
Cetirizine-M/artifact	616
Cetirizine-M/artifact HYAC	515
Cetobemidone	368
Cetobemidone AC	559
Cetobemidone HFB	1105
Cetobemidone ME	427
Cetobemidone PFP	994
Cetobemidone TFA	821
Cetobemidone TMS	711
Cetobemidone-M (methoxy-) AC	709
Cetobemidone-M (nor-) 2AC	698
Chavicine	539
Chelerythrine artifact (dihydro-)	842
Chelerythrine artifact (N-demethyl-)	772
Chenodeoxycholic acid ME2AC	1157
Chenodeoxycholic acid -2H2O ME	921
Chloral hydrate	144
Chloral hydrate-M (trichloroethanol)	125
Chloralose 3AC	1087
Chloralose artifact	841
Chloralose-M/artifact (destrichloroethylidenyl-) 5HFB	1207
Chloralose-M/artifact (destrichloroethylidenyl-) 5PFP	1205
Chloralose-M/artifact (destrichloroethylidenyl-) 5TFA	1200
Chloramben ME	267
Chloramben iso-1 2ME	314
Chloramben iso-2 2ME	314
Chlorambucil	626
Chlorambucil ME	696
Chloramphenicol 2AC	1032
Chlorazanil	275
Chlorazepate artifact	532
Chlorbenside	457
Chlorbenzoxamine	1088
Chlorbenzoxamine artifact-1	498
Chlorbenzoxamine artifact-2	567
Chlorbenzoxamine artifact-2 HY	321
Chlorbenzoxamine HY	263
Chlorbenzoxamine HYAC	420
Chlorbenzoxamine-M (HO-phenyl-) HY	318
Chlorbenzoxamine-M (HO-phenyl-) HY2AC	701
Chlorbenzoxamine-M (N-dealkyl-)	194
Chlorbenzoxamine-M (N-dealkyl-) AC	313
Chlorbenzoxamine-M (N-dealkyl-HO-methyl-) AC-conj.	372
Chlorbenzoxamine-M (N-dealkyl-HO-methyl-) 2AC	565
Chlorbromuron 2ME	643
Chlorbufam	283
Chlorbufam TFA	706
Chlorcarvacrol	184
Chlorcarvacrol AC	293
Chlorcyclizine	616
Chlorcyclizine-M (nor-)	543
Chlorcyclizine-M (nor-) AC	749
Chlordecone	1153
Chlordiazepoxide	610
Chlordiazepoxide artifact (deoxo-)	528
Chlordiazepoxide HY	308
Chlordiazepoxide HYAC	480
Chlordimeform	211
Chlordimeform artifact-1 (chloromethylbenzamine)	120
Chlordimeform artifact-1 (chloromethylbenzamine) AC	181
Chlordimeform artifact-2	155
Chlorfenson	621
Chlorfenvinphos	875
Chlorfenvinphos-M/artifact	280
Chlorflurenol ME	484
Chlorflurenol impurity (deschloro-) ME	343
Chloridazone TFA	695
Chlormadinone AC	1029
Chlormadinone -H2O	825
Chlormephos	317
Chlormezanone	480
Chlormezanone artifact	132
Chlormezanone-M (chlorobenzoic acid)	136
Chlormezanone-M/A (N-methyl-4-chlorobenzamide)	155
3-Chloroaniline AC	155
3-Chloroaniline HFB	724
3-Chloroaniline ME	120
3-Chloroaniline TFA	282
3-Chloroaniline 2ME	134
4-Chlorobenzaldehyde	119
Chlorobenzilate	730
Chlorobenzilate-M/artifact (HOOC-) ME	665
3-Chlorobenzoic acid	136
4-Chlorobenzoic acid	136
3-Chlorobenzyl alcohol	121
4-Chlorobenzyl alcohol	121
4-Chlorobenzylchloride	138
4-Chlorobiphenyl	190
Chlorocresol	121
Chlorocresol AC	183
Chlorocresol-M (HO-) 2AC	349
2-Chloro-4-cyclohexylphenol	244
2-Chloro-4-cyclohexylphenol AC	389
2-Chloro-4-cyclohexylphenol ME	288
Chloroform	105
Chlorophacinone	933
2-Chlorophenol	110
3-Chlorophenol	111
4-Chlorophenol	111
4-Chlorophenoxyacetic acid	187
4-Chlorophenoxyacetic acid ME	218
m-Chlorophenylpiperazine	211
m-Chlorophenylpiperazine AC	336
m-Chlorophenylpiperazine HFB	991

Compound	Page
m-Chlorophenylpiperazine ME	244
m-Chlorophenylpiperazine TFA	574
m-Chlorophenylpiperazine TMS	461
m-Chlorophenylpiperazine-M (chloroaniline) AC	155
m-Chlorophenylpiperazine-M (chloroaniline) HFB	724
m-Chlorophenylpiperazine-M (chloroaniline) ME	120
m-Chlorophenylpiperazine-M (chloroaniline) TFA	282
m-Chlorophenylpiperazine-M (chloroaniline) 2ME	134
m-Chlorophenylpiperazine-M (deethylene-) 2AC	398
m-Chlorophenylpiperazine-M (deethylene-) 2HFB	1188
m-Chlorophenylpiperazine-M (deethylene-) 2TFA	890
m-Chlorophenylpiperazine-M (HO-) TFA	653
m-Chlorophenylpiperazine-M (HO-) iso-1 AC	398
m-Chlorophenylpiperazine-M (HO-) iso-1 2AC	597
m-Chlorophenylpiperazine-M (HO-) iso-1 2TFA	1028
m-Chlorophenylpiperazine-M (HO-) iso-2 AC	398
m-Chlorophenylpiperazine-M (HO-) iso-2 2AC	597
m-Chlorophenylpiperazine-M (HO-) iso-2 2HFB	1195
m-Chlorophenylpiperazine-M (HO-) iso-2 2TFA	1028
m-Chlorophenylpiperazine-M (HO-Cl-aniline N-acetyl-) HFB	954
m-Chlorophenylpiperazine-M (HO-Cl-aniline N-acetyl-) TFA	520
m-Chlorophenylpiperazine-M (HO-Cl-aniline) 2HFB	1180
m-Chlorophenylpiperazine-M (HO-Cl-aniline) iso-1 2AC	297
m-Chlorophenylpiperazine-M (HO-Cl-aniline) iso-1 2TFA	781
m-Chlorophenylpiperazine-M (HO-Cl-aniline) iso-1 3AC	463
m-Chlorophenylpiperazine-M (HO-Cl-aniline) iso-2 2AC	297
m-Chlorophenylpiperazine-M (HO-Cl-aniline) iso-2 2TFA	781
m-Chlorophenylpiperazine-M (HO-Cl-aniline) iso-2 3AC	463
Bis-(4-Chlorophenyl-)sulfone	541
Chloropicrin	142
Chloropropham	251
Chloropropylate	796
Chloropropylate-M/artifact (HOOC-) ME	665
Chloropyramine	558
Chloropyramine-M (bis-nor-) AC	628
Chloropyramine-M (HO-) AC	835
Chloropyramine-M (N-dealkyl-)	263
Chloropyramine-M (N-dealkyl-) AC	420
Chloropyramine-M (nor-)	490
Chloropyramine-M (nor-) AC	697
Chloroquine	711
Chloroquine-M (deethyl-) AC	774
Chlorothalonil	437
8-Chlorotheophylline	254
8-Chlorotheophylline ET	350
8-Chlorotheophylline ME	298
8-Chlorotheophylline TMS	542
Chlorothiazide artifact 3ME	800
Chlorothiazide artifact 5ME	864
4-Chlorotoluene	110
Chlorotrimethoxyhippuric acid ME	695
Chloroxuron	563
Chloroxuron ME	634
Chloroxylenol	136
Chloroxylenol AC	213
Chlorphenamine	485
Chlorphenamine-M (bis-nor-) AC	552
Chlorphenamine-M (deamino-HO-) AC	556
Chlorphenamine-M (HO-) AC	768
Chlorphenamine-M (nor-) AC	624
Chlorphenesin	222
Chlorphenesin AC	355
Chlorphenesin 2AC	542
Chlorphenethazine	633
Chlorphenoxamine	628
Chlorphenoxamine artifact	254
Chlorphenoxamine HY	312
Chlorphenoxamine HYAC	485
Chlorphenoxamine-M (HO-)	708
Chlorphenoxamine-M (HO-) -H2O HY	306
Chlorphenoxamine-M (HO-) iso-1 -H2O HYAC	477
Chlorphenoxamine-M (HO-) iso-2 -H2O HYAC	478
Chlorphenoxamine-M (HO-methoxy-) -H2O HYAC	623
Chlorphenoxamine-M (HO-methoxy-carbinol) -H2O	420
Chlorphenoxamine-M (nor-) AC	764
Chlorphenphos-methyl	311
Chlorphenphos-methyl -HCl	210
Chlorphentermine	182
Chlorphentermine AC	291
Chlorphentermine HFB	947
Chlorphentermine PFP	752
Chlorphentermine TFA	509
Chlorphentermine TMS	402
Chlorpromazine	702
Chlorpromazine chloro artifact iso-1	851
Chlorpromazine chloro artifact iso-2	852
Chlorpromazine-M (bis-nor-) AC	767
Chlorpromazine-M (HO-) ME	838
Chlorpromazine-M (nor-) AC	830
Chlorpromazine-M (ring)	314
Chlorpromazine-M/artifact (sulfoxide)	779
Chlorpropamide ME	562
Chlorpropamide TMS	838
Chlorpropamide 2ME	633
Chlorpropamide artifact-1	260
Chlorpropamide artifact-2	194
Chlorpropamide artifact-2 ME	228
Chlorpropamide artifact-2 2ME	268
Chlorpropamide artifact-3 ME	216
Chlorpropamide artifact-4 ME	369
Chlorpropamide artifact-4 2ME	429
Chlorprothixene	688
Chlorprothixene artifact (dihydro-)	697
Chlorprothixene-M (bis-nor-) AC	753
Chlorprothixene-M (bis-nor-dihydro-) AC	762
Chlorprothixene-M (bis-nor-HO-) iso-1 2AC	975
Chlorprothixene-M (bis-nor-HO-) iso-2 2AC	975
Chlorprothixene-M (bis-nor-HO-dihydro-) iso-1 2AC	982
Chlorprothixene-M (bis-nor-HO-dihydro-) iso-2 2AC	982
Chlorprothixene-M (bis-nor-HO-methoxy-) 2AC	1056
Chlorprothixene-M (bis-nor-HO-methoxy-dihydro-) 2AC	1060
Chlorprothixene-M (HO-) iso-1 AC	929
Chlorprothixene-M (HO-) iso-2 AC	929
Chlorprothixene-M (HO-dihydro-) iso-1	772
Chlorprothixene-M (HO-dihydro-) iso-1 AC	935
Chlorprothixene-M (HO-dihydro-) iso-2	772
Chlorprothixene-M (HO-dihydro-) iso-2 AC	935
Chlorprothixene-M (HO-methoxy-) AC	1025
Chlorprothixene-M (HO-methoxy-dihydro-)	894
Chlorprothixene-M (HO-methoxy-dihydro-) AC	1030
Chlorprothixene-M (HO-N-oxide) iso-1 -(CH3)2NOH AC	747
Chlorprothixene-M (HO-N-oxide) iso-2 -(CH3)2NOH AC	747
Chlorprothixene-M (nor-) AC	820
Chlorprothixene-M (nor-dihydro-) AC	827
Chlorprothixene-M (nor-HO-) iso-1 2AC	1020
Chlorprothixene-M (nor-HO-) iso-2 2AC	1020
Chlorprothixene-M (nor-HO-dihydro-) iso-1 2AC	1025
Chlorprothixene-M (nor-HO-dihydro-) iso-2 2AC	1025
Chlorprothixene-M (nor-HO-methoxy-) 2AC	1082
Chlorprothixene-M (nor-HO-methoxy-dihydro-) 2AC	1086
Chlorprothixene-M (nor-sulfoxide) AC	879
Chlorprothixene-M (N-oxide) -(CH3)2NOH	467
Chlorprothixene-M (N-oxide-sulfoxide) -(CH3)2NOH	541
Chlorprothixene-M / artifact (Cl-thioxanthenone)	361
Chlorprothixene-M/artifact (sulfoxide)	762
Chlorpyrifos	841

Compound	Page	Compound	Page
Chlorpyrifos HY	212	Cicloprofen	336
Chlorpyrifos HYAC	338	Cicloprofen ME	391
Chlorpyrifos-methyl	717	Cilazapril ET	1108
Chlortalidone 3ME	951	Cilazapril ME	1084
Chlortalidone 4ME	998	Cilazapril METMS	1167
Chlortalidone artifact 3ME	893	Cilazapril TMS	1157
Chlorthal-methyl	756	Cilazapril 2ET	1142
Chlorthiamid	227	Cilazapril 2ME	1108
Chlorthiamid artifact	157	Cilazaprilate 2ET	1108
Chlorthiophos iso-1	882	Cilazaprilate 2ME	1057
Chlorthiophos iso-2	882	Cilazaprilate 2TMS	1179
Chlorthiophos iso-3	882	Cilazaprilate 3ET	1142
Chlortoluron ME	293	Cilazaprilate 3ME	1084
Chlorzoxazone	155	Cilazapril-M/artifact (deethyl-) 2ET	1108
Chlorzoxazone AC	245	Cilazapril-M/artifact (deethyl-) 2ME	1057
Chlorzoxazone ME	181	Cilazapril-M/artifact (deethyl-) 2TMS	1179
Chlorzoxazone artifact Me	220	Cilazapril-M/artifact (deethyl-) 3ET	1142
Chlorzoxazone HY2AC	296	Cilazapril-M/artifact (deethyl-) 3ME	1084
Chlorzoxazone HY3AC	463	Cinchocaine	822
Cholesta-3,5-dien-7-one	961	Cinchonidine	586
Cholestenone	969	Cinchonidine AC	789
Cholesterol	974	Cinchonine	586
Cholesterol TMS	1125	Cinchonine AC	789
Cholesterol -H2O	914	Cinnamolaurine	602
Chrysene	300	Cinnamolaurine-M (nor-)	529
Chrysophanol	397	Cinnamolaurine-M (nor-) 2AC	909
Chrysophanol ME	459	Cinnamoylcocaine iso-1	754
Chrysophanol 2ME	526	Cinnamoylcocaine iso-2	755
2C-I	647	Cinnarizine	913
2C-I AC	841	Cinnarizine-M (benzophenone)	180
2C-I HFB	1166	Cinnarizine-M (carbinol)	184
2C-I PFP	1117	Cinnarizine-M (carbinol) AC	294
2C-I TFA	1024	Cinnarizine-M (carbinol) ME	215
2C-I TMS	947	Cinnarizine-M (HO-BPH) iso-1	214
2C-I 2AC	987	Cinnarizine-M (HO-BPH) iso-1 AC	343
2C-I 2ME	782	Cinnarizine-M (HO-BPH) iso-2	214
2C-I deuteroformyl artifact	717	Cinnarizine-M (HO-BPH) iso-2 AC	343
2C-I formyl artifact	706	Cinnarizine-M (HO-methoxy-BPH)	299
2C-I intermediate-2 (2,5-dimethoxyphenethylamine)	177	Cinnarizine-M (HO-methoxy-BPH) AC	468
2C-I intermediate-2 (2,5-dimethoxyphenethylamine) AC	284	Cinnarizine-M (HO-methoxy-BPH) AC	533
2C-I-M (deamino-HO-)	652	Cinnarizine-M (N-dealkyl-) AC	356
2C-I-M (deamino-HO-) AC	844	Cinnarizine-M (N-dealkyl-HO-) 2AC	624
2C-I-M (deamino-HO-) TFA	1027	Cinnarizine-M (norcyclizine) AC	586
2C-I-M (deamino-HOOC-) ME	786	Cinnarizine-M (piperazine) 2AC	157
2C-I-M (deamino-HOOC-O-demethyl-) ME	721	Cinnarizine-M (piperazine) 2HFB	1146
2C-I-M (deamino-HOOC-O-demethyl-) MEAC	896	Cinnarizine-M (piperazine) 2TFA	505
2C-I-M (deamino-HOOC-O-demethyl-) METFA	1058	Cinnarizine-M/artifact	298
2C-I-M (deamino-HOOC-O-demethyl-) -H2O	561	Cinnarizine-M/artifact AC	467
2C-I-M (deamino-HO-O-demethyl-) iso-1 2AC	944	Cisapride	1133
2C-I-M (deamino-HO-O-demethyl-) iso-1 2TFA	1153	Cisapride AC	1168
2C-I-M (deamino-HO-O-demethyl-) iso-2 2AC	944	Cisapride-M (N-dealkyl-) -CH3OH 2AC	900
2C-I-M (deamino-HO-O-demethyl-) iso-2 2TFA	1153	Cisapride-M -CH3OH 2AC	900
2C-I-M (deamino-oxo-)	642	Citalopram	732
2C-I-M (O-demethyl- N-acetyl-) TFA	1082	Citalopram-M (bis-nor-) AC	797
2C-I-M (O-demethyl- N-acetyl-) iso-1	782	Citalopram-M (nor-)	667
2C-I-M (O-demethyl- N-acetyl-) iso-1 AC	941	Citalopram-M (nor-) AC	854
2C-I-M (O-demethyl- N-acetyl-) iso-2	782	Citric Acid 3ETAC	703
2C-I-M (O-demethyl- N-acetyl-) iso-2 AC	941	Citric Acid 3ME	319
2C-I-M (O-demethyl-) iso-1 TFA	981	Citric Acid 4ME	370
2C-I-M (O-demethyl-) iso-1 2AC	941	Citric Acid 4TMS	1148
2C-I-M (O-demethyl-) iso-1 2TFA	1152	Clemastine	821
2C-I-M (O-demethyl-) iso-2 TFA	981	Clemastine artifact	254
2C-I-M (O-demethyl-) iso-2 2AC	941	Clemastine HY	312
2C-I-M (O-demethyl-) iso-2 2TFA	1152	Clemastine HYAC	485
2C-I-M (O-demethyl-deamino-di-HO-) 3AC	1092	Clemastine-M (di-HO-) -H2O HY2AC	758
2C-I-M (O-demethyl-deamino-HO-oxo-) 2AC	991	Clemastine-M (HO-) -H2O HY	306
Cianidanol 5TMS	1199	Clemastine-M (HO-) iso-1 -H2O HYAC	477
Cianidanol -H2O 4AC	1097	Clemastine-M (HO-) iso-2 -H2O HYAC	478

Compound	Page
Clemastine-M (HO-methoxy-) -H2O HYAC	623
Clemastine-M (HO-methoxy-carbinol) -H2O	420
Clemizole	735
Clemizole artifact	350
Clemizole-M (di-HO-) 2AC	1100
Clemizole-M (di-HO-) artifact 2AC	876
Clemizole-M (di-HO-methoxy-) 2AC	1139
Clemizole-M (di-HO-methoxy-) -H2O AC	1043
Clemizole-M (HO-) artifact-1 AC	613
Clemizole-M (HO-) artifact-2 AC	684
Clemizole-M (HO-deamino-HO-) 2AC	926
Clemizole-M (HO-methoxy-deamino-HO-) 2AC	1022
Clemizole-M (HO-methoxy-oxo-) AC	1073
Clemizole-M (HO-oxo-) AC	1009
Clemizole-M (oxo-)	801
Clemizole-M/artifact	856
Clenbuterol	495
Clenbuterol AC	702
Clenbuterol formyl artifact	551
Clenbuterol -H2O	413
Clenbuterol -H2O AC	614
Climbazole	574
Clindamycin	1067
Clindamycin 3AC	1184
Clindamycin-M (nor-) 4AC	1191
Clionasterol	1052
Clionasterol -H2O	1008
Clobazam	613
Clobazam HY	485
Clobazam-M (HO-)	692
Clobazam-M (HO-) AC	876
Clobazam-M (HO-methoxy-)	830
Clobazam-M (HO-methoxy-) HY	715
Clobazam-M (nor-)	541
Clobazam-M (nor-) HY	350
Clobazam-M (nor-HO-) HY	412
Clobazam-M (nor-HO-) HYAC	614
Clobazam-M (nor-HO-methoxy-) HY	551
Clobazam-M (nor-HO-methoxy-) HYAC	758
Clobenzorex	416
Clobenzorex AC	618
Clobenzorex HFB	1120
Clobenzorex PFP	1030
Clobenzorex TFA	864
Clobenzorex-M	178
Clobenzorex-M (4-HO-amfetamine)	129
Clobenzorex-M (4-HO-amfetamine) AC	201
Clobenzorex-M (4-HO-amfetamine) TFA	366
Clobenzorex-M (4-HO-amfetamine) 2AC	324
Clobenzorex-M (4-HO-amfetamine) 2HFB	1182
Clobenzorex-M (4-HO-amfetamine) 2PFP	1104
Clobenzorex-M (4-HO-amfetamine) 2TFA	819
Clobenzorex-M (4-HO-amfetamine) 2TMS	594
Clobenzorex-M (4-HO-amfetamine) formyl art.	142
Clobenzorex-M (AM)	115
Clobenzorex-M (AM)	115
Clobenzorex-M (AM) AC	165
Clobenzorex-M (AM) AC	165
Clobenzorex-M (AM) HFB	762
Clobenzorex-M (AM) PFP	521
Clobenzorex-M (AM) TFA	309
Clobenzorex-M (AM) TMS	235
Clobenzorex-M (AM) formyl artifact	125
Clobenzorex-M (AM)-D5 AC	181
Clobenzorex-M (AM)-D5 HFB	787
Clobenzorex-M (AM)-D5 PFP	543
Clobenzorex-M (AM)-D5 TFA	330
Clobenzorex-M (AM)-D5 TMS	251
Clobenzorex-M (AM)-D11 TFA	353
Clobenzorex-M (AM)-D11PFP	575
Clobenzorex-M (di-HO-) 3AC	1056
Clobenzorex-M (HO-) iso-1 2AC	880
Clobenzorex-M (HO-) iso-2 2AC	880
Clobenzorex-M (HO-Cl-benzyl-) 2AC	880
Clobenzorex-M (HO-HO-alkyl-) 3AC	1057
Clobenzorex-M (HO-HO-Cl-benzyl-) iso-1 3AC	1057
Clobenzorex-M (HO-HO-Cl-benzyl-) iso-2 3AC	1057
Clobenzorex-M (HO-HO-Cl-benzyl-) iso-3 3AC	1057
Clobenzorex-M (HO-HO-Cl-benzyl-) iso-4 3AC	1057
Clobenzorex-M (HO-methoxy-) 2AC	983
Clobenzorex-M (norephedrine) TMSTFA	708
Clobenzorex-M (norephedrine) 2AC	325
Clobenzorex-M (norephedrine) 2HFB	1183
Clobenzorex-M (norephedrine) 2PFP	1104
Clobenzorex-M (norephedrine) 2TFA	819
Clobenzorex-M 2AC	445
Clobenzorex-M 2AC	450
Clobenzorex-M 2HFB	1189
Clobutinol	403
Clobutinol AC	603
Clofedanol	557
Clofedanol AC	764
Clofedanol -H2O	474
Clofedanol-M (2-Cl-benzophenone)	259
Clofedanol-M (aldehyde)	350
Clofedanol-M (HO-) artifact	306
Clofedanol-M (HO-) -H2O	546
Clofedanol-M (HO-) -H2O AC	753
Clofedanol-M (nor-) -H2O	410
Clofedanol-M (nor-) -H2O AC	610
Clofedanol-M (nor-HO-) -H2O 2AC	872
Clofedanol-M/artifact	255
Clofedanol-M/artifact	355
Clofibrate	351
Clofibrate-M (clofibric acid)	254
Clofibrate-M (clofibric acid) ME	298
Clofibrate-M (clofibric acid) artifact	154
Clofibrate-M/artifact (4-chlorophenol)	111
Clofibric acid	254
Clofibric acid ME	298
Clofibric acid artifact	154
Clofibric acid-M/artifact (4-chlorophenol)	111
Clomethiazole	139
Clomethiazole-M (1-HO-ethyl-)	164
Clomethiazole-M (1-HO-ethyl-) AC	268
Clomethiazole-M (1-HO-ethyl-) TMS	373
Clomethiazole-M (2-HO-)	164
Clomethiazole-M (2-HO-) AC	268
Clomethiazole-M (deschloro-2-HO-)	122
Clomethiazole-M (deschloro-2-HO-ethyl-)	122
Clomethiazole-M (deschloro-2-HO-ethyl-) AC	186
Clomethiazole-M (deschloro-di-HO-)	138
Clomethiazole-M (deschloro-di-HO-) -H2O AC	181
Clomethiazole-M (deschloro-HOOC-)	137
Clomethiazole-M (deschloro-HOOC-2-HO-)	134
Clomiphene	1031
Clomipramine	686
Clomipramine-D3	698
Clomipramine-M (bis-nor-) AC	749
Clomipramine-M (bis-nor-HO-) 2AC	972
Clomipramine-M (HO-) iso-1	759
Clomipramine-M (HO-) iso-1 AC	927
Clomipramine-M (HO-) iso-2	759
Clomipramine-M (HO-) iso-2 AC	928
Clomipramine-M (HO-ring) AC	546
Clomipramine-M (nor-)	616

Compound	Page	Compound	Page
Clomipramine-M (nor-) AC	818	Clostebol AC	898
Clomipramine-M (nor-) HFB	1161	Clostebol acetate	898
Clomipramine-M (nor-) PFP	1109	Clostebol acetate TMS	1092
Clomipramine-M (nor-) TFA	1005	Clostebol enol 2TMS	1134
Clomipramine-M (nor-) TMS	928	Clostebol -HCl AC	750
Clomipramine-M (nor-) TMS	928	Clostebol -HCl TMS	878
Clomipramine-M (nor-HO-) 2AC	1018	Clostebol -HCl enol 2TMS	1081
Clomipramine-M (N-oxide) -(CH3)2NOH	464	Clotiapine	820
Clomipramine-M (ring)	303	Clotiapine artifact (desulfo-)	671
Clonazepam	688	Clotiapine-M (HO-) AC	1020
Clonazepam TMS	975	Clotiapine-M (nor-) AC	922
Clonazepam HY	495	Clotiapine-M (nor-) artifact AC	801
Clonazepam iso-1 ME	752	Clotiapine-M (nor-HO-) 2AC	1077
Clonazepam iso-2 ME	752	Clotiapine-M (oxo-)	871
Clonazepam-M (amino-)	538	Clotiapine-M (oxo-) artifact	734
Clonazepam-M (amino-) AC	743	Clotiazepam	701
Clonazepam-M (amino-) HY	362	Clotiazepam artifact	483
Clonazepam-M (amino-) HY2AC	758	Clotiazepam-M (di-HO-) 2AC	1087
Clonazepam-M (amino-HO-)	618	Clotiazepam-M (HO-)	779
Clonazepam-M (amino-HO-) artifact	401	Clotiazepam-M (HO-) AC	939
Clonidine	303	Clotiazepam-M (oxo-)	767
Clonidine AC	473	Clotrimazole	824
Clonidine TMS	618	Clotrimazole artifact-1	506
Clonidine 2AC	678	Clotrimazole artifact-2	585
Clonidine 2TMS	930	Clotrimazole artifact-3	654
Clonidine artifact (dehydro-) AC	463	Cloxazolam	838
Clonidine artifact (dichloroaniline) AC	223	Cloxazolam HY	441
Clonidine artifact (dichlorophenylisocyanate)	189	Cloxazolam HYAC	647
Clonidine artifact (dichlorophenylmethylcarbamate)	266	Cloxiquine	169
Clonidine artifact-5	527	Cloxiquine AC	275
Clopamide	827	Clozapine	739
Clopamide ME	879	Clozapine AC	913
Clopamide 2ME	930	Clozapine TMS	1012
Clopamide 3ME	976	Clozapine-M (HO-) AC	967
Clopamide -SO2NH	451	Clozapine-M (HO-) 2AC	1072
Clopenthixol (cis)	1017	Clozapine-M (nor-)	675
Clopenthixol (cis) AC	1102	Clozapine-M (nor-) AC	861
Clopenthixol (cis) TMS	1140	Clozapine-M (nor-) 2AC	1006
Clopenthixol (trans)	1017	Clozapine-M/artifact	945
Clopenthixol (trans) AC	1103	Clozapine-M/artifact AC	1062
Clopenthixol (trans) TMS	1140	CN gas (chloroacetophenone)	133
Clopenthixol-M (dealkyl-) AC	1011	Cocaethylene	698
Clopenthixol-M (dealkyl-dihydro-) AC	1018	Cocaethylene-M (ethylecgonine) AC	403
Clopenthixol-M (N-oxide) -C6H14N2O2	467	Cocaethylene-M (ethylecgonine) TFA	660
Clopenthixol-M (N-oxide-sulfoxide) -C6H14N2O2	541	Cocaethylene-M (ethylecgonine) TMS	540
Clopenthixol-M / artifact (Cl-thioxanthenone)	361	Cocaethylene-M (ethylecgonine) TBDMS	746
Clopidogrel	717	Cocaethylene-M (nor-)	628
Clopyralide ME	227	Cocaethylene-M (nor-) AC	829
Clorazepate -H2O -CO2	468	Cocaethylene-M (nor-) TFA	1014
Clorazepate -H2O -CO2 TMS	817	Cocaine	628
Clorazepate -H2O -CO2 enol AC	674	Cocaine-D3	645
Clorazepate -H2O -CO2 enol ME	532	Cocaine-M (benzoylecgonine)	558
Clorazepate HY	308	Cocaine-M (benzoylecgonine) ET	698
Clorazepate HYAC	480	Cocaine-M (benzoylecgonine) ME	628
Clorazepate-M	542	Cocaine-M (benzoylecgonine) PFP	1063
Clorazepate-M (HO-) artifact AC	674	Cocaine-M (benzoylecgonine) TMS	887
Clorazepate-M (HO-) -H2O -CO2	541	Cocaine-M (benzoylecgonine) TBDMS	1027
Clorazepate-M (HO-) -H2O -CO2 AC	747	Cocaine-M (benzoylecgonine)-D3 ME	645
Clorazepate-M (HO-) HY	365	Cocaine-M (benzoylecgonine)-D3 TMS	898
Clorazepate-M (HO-) HYAC	556	Cocaine-M (cocaethylene)	698
Clorazepate-M (HO-) iso-1 HY2AC	762	Cocaine-M (ecgonine) ACTMS	611
Clorazepate-M (HO-) iso-2 HY2AC	762	Cocaine-M (ecgonine) TMSTFA	858
Clorazepate-M (HO-methoxy-) HY2AC	886	Cocaine-M (ecgonine) 2TBDMS	1049
Clorazepate-M TMS	876	Cocaine-M (ecgonine) 2TMS	755
Clorazepate-M 2TMS	1080	Cocaine-M (ecgonine) TBDMS	612
Clorazepate-M/artifact AC	868	Cocaine-M (ecgonine)-D3 2TMS	770
Clorofene	263	Cocaine-M (ethylecgonine) AC	403
Clorofene AC	420	Cocaine-M (ethylecgonine) TFA	660

Cocaine-M (ethylecgonine) TMS	540	Codeine-D3 AC	825
Cocaine-M (ethylecgonine) TBDMS	746	Codeine-M (hydrocodone)	611
Cocaine-M (HO-)	708	Codeine-M (hydrocodone) Cl-artifact	936
Cocaine-M (HO-) ME	774	Codeine-M (hydrocodone) enol AC	813
Cocaine-M (HO-benzoylecgonine) ACTBDMS	1129	Codeine-M (hydrocodone) enol TMS	925
Cocaine-M (HO-benzoylecgonine) ACTMS	1061	Codeine-M (nor-) 2AC	916
Cocaine-M (HO-benzoylecgonine) 2TBDMS	1179	Codeine-M (O-demethyl-)	539
Cocaine-M (HO-benzoylecgonine) 2TMS	1112	Codeine-M (O-demethyl-) TFA	955
Cocaine-M (HO-di-methoxy-) AC	1063	Codeine-M (O-demethyl-) 2AC	915
Cocaine-M (HO-di-methoxy-) HFB	1190	Codeine-M (O-demethyl-) 2HFB	1201
Cocaine-M (HO-di-methoxy-) ME	995	Codeine-M (O-demethyl-) 2PFP	1191
Cocaine-M (HO-di-methoxy-) PFP	1177	Codeine-M (O-demethyl-) 2TFA	1145
Cocaine-M (HO-di-methoxy-) TFA	1144	Codeine-M (O-demethyl-) 2TMS	1079
Cocaine-M (HO-di-methoxy-) TMS	1115	Codeine-M (O-demethyl-) Cl-artifact 2AC	1026
Cocaine-M (HO-methoxy-)	842	Codeine-M (O-demethyl-)-D3 TFA	967
Cocaine-M (HO-methoxy-) AC	988	Codeine-M (O-demethyl-)-D3 2HFB	1202
Cocaine-M (HO-methoxy-) HFB	1183	Codeine-M (O-demethyl-)-D3 2PFP	1192
Cocaine-M (HO-methoxy-) ME	894	Codeine-M (O-demethyl-)-D3 2TFA	1148
Cocaine-M (HO-methoxy-) PFP	1161	Codeine-M (O-demethyl-)-D3 2TMS	1085
Cocaine-M (HO-methoxy-) TFA	1107	Codeine-M 2PFP	1188
Cocaine-M (HO-methoxy-) TMS	1064	Codeine-M 3AC	1010
Cocaine-M (HO-methoxy-benzoylecgonine) ACTMS	1112	Codeine-M 3PFP	1203
Cocaine-M (nor-)	558	Codeine-M 3TMS	1155
Cocaine-M (nor-) AC	764	Colchicine	1014
Cocaine-M (nor-) TFA	970	Colecalciferol	969
Cocaine-M (nor-benzoylecgonine) ET	628	Colecalciferol AC	1072
Cocaine-M (nor-benzoylecgonine) ME	558	Colecalciferol -H2O	906
Cocaine-M (nor-benzoylecgonine) MEAC	764	Coniine	110
Cocaine-M (nor-benzoylecgonine) METFA	970	Coniine AC	156
Cocaine-M (nor-benzoylecgonine) TFATBDMS	1152	Cotinine	163
Cocaine-M (nor-benzoylecgonine) TBDMS	983	Coumachlor ET	919
Cocaine-M (nor-cocaethylene)	628	Coumachlor ME	868
Cocaine-M (nor-cocaethylene) AC	829	Coumachlor TMS	1049
Cocaine-M (nor-cocaethylene) TFA	1014	Coumachlor artifact	173
Cocaine-M/artifact (anhydroecgonine) TMS	341	Coumachlor enol 2TMS	1154
Cocaine-M/artifact (anhydroecgonine) TBDMS	524	Coumachlor iso-1 AC	965
Cocaine-M/artifact (anhydromethylecgonine)	178	Coumachlor iso-2 AC	966
Cocaine-M/artifact (benzoic acid)	107	Coumachlor-M (di-HO-) 3ME	1054
Cocaine-M/artifact (benzoic acid) ME	116	Coumachlor-M (HO-) 2TMS	1165
Cocaine-M/artifact (benzoic acid) TBDMS	330	Coumachlor-M (HO-) enol 3TMS	1190
Cocaine-M/artifact (ecgonine) ACTBDMS	814	Coumachlor-M (HO-) iso-1 2ET	1049
Cocaine-M/artifact (ecgonine) ETAC	403	Coumachlor-M (HO-) iso-1 2ME	972
Cocaine-M/artifact (ecgonine) ETPFP	880	Coumachlor-M (HO-) iso-2 2ET	1050
Cocaine-M/artifact (ecgonine) MEAC	348	Coumachlor-M (HO-) iso-2 2ME	972
Cocaine-M/artifact (ecgonine) MEHFB	1001	Coumachlor-M (HO-dihydro-) 2ME	980
Cocaine-M/artifact (ecgonine) MEPFP	828	Coumachlor-M (HO-dihydro-) 3TMS	1190
Cocaine-M/artifact (ecgonine) METBDMS	682	Coumachlor-M (HO-methoxy-) 2ET	1105
Cocaine-M/artifact (ecgonine) METFA	589	Coumachlor-M (HO-methoxy-) 2ME	1054
Cocaine-M/artifact (ecgonine) METMS	476	Coumaphos	889
Cocaine-M/artifact (ecgonine) TFATBDMS	1003	m-Coumaric acid	145
Cocaine-M/artifact (ecgonine) -H2O TMS	341	m-Coumaric acid AC	230
Cocaine-M/artifact (ecgonine) -H2O TBDMS	524	m-Coumaric acid HFB	883
Cocaine-M/artifact (methylecgonine)	218	m-Coumaric acid ME	167
Cocaine-M/artifact (methylecgonine) AC	348	m-Coumaric acid MEAC	273
Cocaine-M/artifact (methylecgonine) HFB	1001	m-Coumaric acid MEHFB	933
Cocaine-M/artifact (methylecgonine) PFP	828	m-Coumaric acid MEPFP	730
Cocaine-M/artifact (methylecgonine) TFA	589	m-Coumaric acid METMS	380
Cocaine-M/artifact (methylecgonine) TMS	476	m-Coumaric acid PFP	665
Cocaine-M/artifact (methylecgonine) -H2O	178	m-Coumaric acid 2TMS	656
Cocaine-M/artifact (methylecgonine) TBDMS	682	p-Coumaric acid	145
Codeine	611	p-Coumaric acid AC	231
Codeine AC	812	p-Coumaric acid HFB	883
Codeine HFB	1161	p-Coumaric acid ME	167
Codeine PFP	1107	p-Coumaric acid MEAC	273
Codeine TFA	1001	p-Coumaric acid MEHFB	933
Codeine TMS	924	p-Coumaric acid METFA	484
Codeine Cl-artifact AC	936	p-Coumaric acid METMS	380
Codeine-D3	625	p-Coumaric acid PFP	665

Compound	Page
p-Coumaric acid TFA	419
p-Coumaric acid 2TMS	656
p-Coumaric acid -CO2	106
Coumarin	124
Coumarin-M (HO-)	140
Coumarin-M (HO-) AC	225
Coumarin-M (HO-) HFB	875
Coumarin-M (HO-) ME	162
Coumarin-M (HO-) PFP	653
Coumarin-M (HO-) TFA	412
Coumarin-M (HO-) TMS	319
Coumatetralyl	575
Coumatetralyl AC	780
Coumatetralyl TMS	897
Coumatetralyl HY	451
Coumatetralyl HYAC	657
Coumatetralyl HYME	518
Coumatetralyl iso-1 ET	715
Coumatetralyl iso-1 ME	645
Coumatetralyl iso-2 ET	715
Coumatetralyl iso-2 ME	645
Coumatetralyl-M (di-HO-) 3ET	1037
Coumatetralyl-M (di-HO-) iso-1 2ME	853
Coumatetralyl-M (di-HO-) iso-1 3TMS	1181
Coumatetralyl-M (di-HO-) iso-2 2ME	853
Coumatetralyl-M (di-HO-) iso-2 3TMS	1181
Coumatetralyl-M (di-HO-) iso-3 3ME	904
Coumatetralyl-M (HO-) iso-1 ET	788
Coumatetralyl-M (HO-) iso-1 ME	722
Coumatetralyl-M (HO-) iso-1 2TMS	1116
Coumatetralyl-M (HO-) iso-2 2ET	897
Coumatetralyl-M (HO-) iso-2 2ME	788
Coumatetralyl-M (HO-) iso-2 2TMS	1116
Coumatetralyl-M (HO-) iso-3 2ET	897
Coumatetralyl-M (HO-) iso-3 2ME	788
Coumatetralyl-M (HO-) iso-3 2TMS	1116
Coumatetralyl-M (HO-) iso-4 2ET	897
Coumatetralyl-M (HO-) iso-4 2ME	788
Coumatetralyl-M (HO-methoxy-) 2ET	999
Coumatetralyl-M (HO-methoxy-) 2ME	904
Coumatetralyl-M (tri-HO-) -H2O 2ET	946
Coumatetralyl-M (tri-HO-) -H2O 2ME	845
2C-P	286
2C-P AC	446
2C-P HFB	1061
2C-P PFP	915
2C-P TFA	708
2C-P TMS	595
2C-P 2AC	650
2C-P 2TMS	912
2C-P formyl artifact	325
p-Cresol	102
p-Cresol AC	127
m-Cresol TMS	175
Crimidine	158
Crinosterol	1013
Crinosterol -H2O	954
Croconazole	665
Cropropamide	346
Crotamiton (cis)	224
Crotamiton (trans)	224
Crotamiton-M (4-HO-crotyl-) (cis)	270
Crotamiton-M (4-HO-crotyl-) (trans)	270
Crotamiton-M (4-HO-crotyl-) (trans) AC	426
Crotamiton-M (4-HO-crotyl-) (trans) TMS	571
Crotamiton-M (di-HO-) 2AC	708
Crotamiton-M (di-HO-) 2TMS	949
Crotamiton-M (di-HO-dihydro-)	334
Crotamiton-M (di-HO-dihydro-) 2AC	718
Crotamiton-M (HO-ethyl-) (cis)	271
Crotamiton-M (HO-ethyl-) (trans)	271
Crotamiton-M (HO-ethyl-) (trans) AC	426
Crotamiton-M (HO-ethyl-HOOC-) MEAC	639
Crotamiton-M (HO-methyl-disulfide)	610
Crotamiton-M (HO-methyl-disulfide) AC	811
Crotamiton-M (HO-methylthio-)	455
Crotamiton-M (HO-methylthio-) AC	661
Crotamiton-M (HOOC-)	315
Crotamiton-M (HOOC-) (cis) TMS	639
Crotamiton-M (HOOC-) (trans) TMS	639
Crotamiton-M (HOOC-) ME	367
Crotamiton-M (HOOC-dihydro-)	324
Crotamiton-M (HOOC-dihydro-) ME	375
Crotamiton-M (HOOC-methyl-thio-) ME	590
Crotamiton-M (HOOC-thio-)	453
Crotamiton-M (HO-thio-)	393
Crotamiton-M (HO-thio-) AC	590
Crotamiton-M (HO-thio-) 2AC	792
Crotamiton-M (N-deethyl-)	161
Crotamiton-M (N-deethyl-HO-methyl-)	195
Crotamiton-M (N-deethyl-HO-methyl-) AC	315
Crotamiton-M/artifact (methyl-thio-chloro-)	538
Crotethamide	296
Crotylbarbital	245
Crotylbarbital-M (HO-) -H2O	237
CS gas (o-chlorobenzylidenemalonitrile)	190
2C-T-2	347
2C-T-2 AC	529
2C-T-2 HFB	1092
2C-T-2 PFP	976
2C-T-2 TFA	791
2C-T-2 TMS	681
2C-T-2 2AC	735
2C-T-2 2TMS	970
2C-T-2 deuteroformyl artifact	402
2C-T-2-M (aryl-HOOC-)	350
2C-T-2-M (aryl-HOOC-) ME	405
2C-T-2-M (deamino-HO-)	352
2C-T-2-M (deamino-HO-) AC	534
2C-T-2-M (deamino-HOOC-)	405
2C-T-2-M (deamino-HOOC-) ME	469
2C-T-2-M (deamino-HOOC-) TMS	749
2C-T-2-M (deamino-oxo-)	343
2C-T-2-M (HO- N-acetyl-) TFA	1073
2C-T-2-M (HO- sulfone) AC	763
2C-T-2-M (HO- sulfone) 2AC	930
2C-T-2-M (O-demethyl- N-acetyl-) TFA	899
2C-T-2-M (O-demethyl- N-acetyl-) 2TFA	1129
2C-T-2-M (O-demethyl- sulfone) 2AC	820
2C-T-2-M (O-demethyl-) 2AC	671
2C-T-2-M (O-demethyl-) 2TFA	1060
2C-T-2-M (O-demethyl-) 3AC	858
2C-T-2-M (O-demethyl-sulfone N-acetyl-) TFA	1008
2C-T-2-M (S-deethyl-) AC	401
2C-T-2-M (S-deethyl-) 3AC	802
2C-T-2-M (S-deethyl-) iso-1 2AC	602
2C-T-2-M (S-deethyl-) iso-2 2AC	602
2C-T-2-M (S-deethyl-methyl- N-acetyl-)	465
2C-T-2-M (S-deethyl-methyl- sulfone) AC	618
2C-T-2-M (S-deethyl-methyl- sulfoxide) AC	538
2C-T-2-M (sulfone N-acetyl-) TFA	1043
2C-T-2-M (sulfone) AC	689
2C-T-2-M (sulfone) TFA	915
2C-T-2-M (sulfone) 2AC	873
2C-T-7	403
2C-T-7 AC	603

Compound	Page
2C-T-7 HFB	1114
2C-T-7 PFP	1020
2C-T-7 TFA	847
2C-T-7 2AC	803
2C-T-7 2TMS	1016
2C-T-7 deuteroformyl artifact	466
2C-T-7 formyl artifact	454
2C-T-7-M (deamino-HO-)	407
2C-T-7-M (deamino-HO-) AC	606
2C-T-7-M (deamino-HOOC-)	469
2C-T-7-M (deamino-HOOC-) ME	534
2C-T-7-M (deamino-oxo-)	399
2C-T-7-M (HO- N-acetyl-)	680
2C-T-7-M (HO- N-acetyl-) TFA	1038
2C-T-7-M (HO- sulfone N-acetyl-)	828
2C-T-7-M (HO- sulfone) 2AC	976
2C-T-7-M (HO-) 2AC	865
2C-T-7-M (HO-) 2TFA	1130
2C-T-7-M (HO-) 3AC	1010
2C-T-7-M (S-depropyl-) AC	401
2C-T-7-M (S-depropyl-) iso-1 2AC	602
2C-T-7-M (S-depropyl-) iso-2 2AC	602
2C-T-7-M (S-depropyl-methyl- N-acetyl-)	465
2C-T-7-M (S-depropyl-methyl- sulfone) AC	618
2C-T-7-M (S-depropyl-methyl- sulfoxide) AC	538
Cyamemazine	727
Cyamemazine-M (bis-nor-) AC	791
Cyamemazine-M (bis-nor-HO-) 2AC	1001
Cyamemazine-M (HO-) AC	956
Cyamemazine-M (HO-methoxy-) AC	1044
Cyamemazine-M (nor-) AC	847
Cyamemazine-M (nor-HO-) 2AC	1038
Cyamemazine-M (nor-HO-methoxy-) 2AC	1096
Cyamemazine-M (nor-sulfoxide) AC	908
Cyamemazine-M (sulfoxide)	802
Cyamemazine-M/artifact (ring)	286
Cyamemazine-M/artifact (ring) TMS	596
Cyamemazine-M/artifact (ring-COOH) METMS	753
Cyanazine	343
Cyanophenphos	626
Cyanophos	353
Cyanuric acid	112
Cyclamate 2TMS	727
Cyclamate-M AC	120
Cyclandelate	497
Cyclandelate AC	704
Cyclandelate-M/artifact (mandelic acid)	131
Cyclandelate-M/artifact (mandelic acid)	149
Cyclizine	452
Cyclizine-M (benzophenone)	180
Cyclizine-M (carbinol)	184
Cyclizine-M (carbinol) AC	294
Cyclizine-M (carbinol) ME	215
Cyclizine-M (HO-BPH) iso-1	214
Cyclizine-M (HO-BPH) iso-1 AC	343
Cyclizine-M (HO-BPH) iso-2	214
Cyclizine-M (HO-BPH) iso-2 AC	343
Cyclizine-M (HO-methoxy-BPH)	299
Cyclizine-M (HO-methoxy-BPH) AC	468
Cyclizine-M (nor-)	392
Cyclizine-M (nor-) AC	586
Cyclizine-M/artifact	298
Cyclizine-M/artifact AC	467
Cycloate	257
Cyclobarbital	329
Cyclobarbital (ME)	380
Cyclobarbital 2ME	440
Cyclobarbital 2TMS	953
Cyclobarbital-M (di-HO-) -2H2O	312
Cyclobarbital-M (di-HO-) -2H2O ME	363
Cyclobarbital-M (di-HO-) -2H2O 2ME	421
Cyclobarbital-M (di-HO-) -2H2O 2TMS	939
Cyclobarbital-M (di-oxo-)	439
Cyclobarbital-M (di-oxo-) 2ME	574
Cyclobarbital-M (HO-) 3TMS	1137
Cyclobarbital-M (HO-) -H2O	319
Cyclobarbital-M (oxo-)	379
Cyclobarbital-M (oxo-) 2ME	506
Cyclobarbital-M (oxo-) 2TMS	999
Cyclobenzaprine	492
Cyclobenzaprine-M (bis-nor-) AC	558
Cyclobenzaprine-M (HO-N-oxide) -(CH3)2NOH	363
Cyclobenzaprine-M (HO-N-oxide) -(CH3)2NOH AC	552
Cyclobenzaprine-M (nor-)	427
Cyclobenzaprine-M (nor-) AC	629
Cyclobenzaprine-M (N-oxide) -(CH3)2NOH	307
Cyclocumarol	722
Cyclofenil	897
Cyclofenil artifact (deacetyl-)	723
Cyclofenil HY	518
Cyclohexadecane	290
Cyclohexane	96
Cyclohexanol	100
Cyclohexanol -H2O	96
Cyclohexanone	99
Cyclohexene	96
2-Cyclohexylphenol	164
2-Cyclohexylphenol AC	265
2-Cyclohexylphenol ME	194
4-Cyclohexylphenol	164
4-Cyclohexylphenol AC	265
Cyclopentamine	121
Cyclopentamine AC	183
Cyclopentaphenanthrene	193
Cyclopenthiazide 4ME	1090
Cyclopentobarbital	319
Cyclopentobarbital 2ME	430
Cyclopentolate	571
Cyclopentolate -H2O	482
Cyclophosphamide	419
Cyclophosphamide -HCl	287
Cyclotetradecane	211
Cyclothiazide 4ME	1107
Cycloxydim	736
Cycloxydim ME	804
Cycluron	216
Cycluron ME	251
Cyfluthrin	1086
Cypermethrin	1052
Cypermethrin-M/artifact (deacyl-) ME	340
Cypermethrin-M/artifact (deacyl-) -HCN	214
Cypermethrin-M/artifact (HOOC-) ME	280
Cyphenothrin	937
Cyprazepam artifact	441
Cyprazepam artifact (deoxo-)	726
Cyprazepam HY	308
Cyprazepam HYAC	480
Cyproheptadine	549
Cyproheptadine-M (HO-)	629
Cyproheptadine-M (nor-)	481
Cyproheptadine-M (nor-) AC	689
Cyproheptadine-M (nor-HO-) AC	764
Cyproheptadine-M (nor-HO-) 2AC	931
Cyproheptadine-M (nor-HO-) -H2O	475
Cyproheptadine-M (nor-HO-) -H2O AC	680
Cyproheptadine-M (nor-HO-aryl-) 2AC	931

Compound	Page	Compound	Page
Cyproheptadine-M (oxo-)	620	Deltamethrin-M/artifact (deacyl-) -HCN	214
Cyproterone AC	1055	Deltamethrin-M/artifact (HOOC-) ME	664
Cyproterone -H2O	869	Demedipham TFA	1005
Cyproterone-M/artifact-1 AC	932	Demedipham-M/artifact (phenol)	177
Cyproterone-M/artifact-2 AC	926	Demedipham-M/artifact (phenol) TFA	499
Cytisine	194	Demedipham-M/artifact (phenol) 2ME	241
Cytisine AC	312	Demedipham-M/artifact (phenol) 3ME	207
Cytisine HFB	972	Demedipham-M/artifact (phenylcarbamic acid) ME	129
Cytisine PFP	787	Demedipham-M/artifact (phenylcarbamic acid) 2ME	147
Cytisine TFA	542	Demeton-S-methyl	305
Cytisine TMS	431	Demeton-S-methylsulfone	429
Cytosine 2TMS	402	Demeton-S-methylsulfoxide	361
Danazole	795	Demetryn	252
Danazole AC	950	Deoxycholic acid -H2O ME	981
Danthron	341	Deoxycortone	760
Danthron AC	526	Deoxycortone AC	928
Danthron ET	459	Deoxycortone acetate	928
Danthron ME	397	Desipramine	453
Danthron TMS	675	Desipramine AC	657
Danthron 2AC	730	Desipramine HFB	1130
Danthron 2ET	597	Desipramine PFP	1047
Danthron 2ME	459	Desipramine TFA	891
Danthron 2TMS	966	Desipramine TMS	800
Dantrolene	683	Desipramine-M (di-HO-) 3AC	1068
Dantrolene artifact	183	Desipramine-M (di-HO-ring)	297
Dapsone	370	Desipramine-M (di-HO-ring) 2AC	670
Dapsone 2AC	768	Desipramine-M (HO-) 2AC	906
Dapsone 2HFB	1198	Desipramine-M (HO-methoxy-ring)	347
Dapsone 2PFP	1181	Desipramine-M (HO-methoxy-ring) AC	529
Dapsone 2TFA	1097	Desipramine-M (HO-ring)	246
Dazomet	140	Desipramine-M (HO-ring) AC	393
o,p'-DDD	700	Desipramine-M (nor-) AC	586
o,p'-DDD -HCl	525	Desipramine-M (nor-HO-) 2AC	855
o,p'-DDD-M (dichlorophenylmethane)	327	Desipramine-M (ring)	207
o,p'-DDD-M (HO-) -2HCl	438	Desipramine-M (ring) ME	242
o,p'-DDD-M (HO-HOOC-)	595	Desloratadine AC	853
o,p'-DDD-M (HOOC-) ME	584	Detajmium bitartrate artifact -H2O	1094
o,p'-DDD-M/artifact (dehydro-)	691	Detajmium bitartrate artifact -H2O AC	1147
p,p'-DDD	700	Dextro-Methorphan	476
p,p'-DDD -HCl	525	Dextro-Methorphan-M (bis-demethyl-) 2AC	745
o,p'-DDE	691	Dextro-Methorphan-M (nor-) AC	612
p,p'-DDE	691	Dextro-Methorphan-M (O-demethyl-)	411
o,p'-DDT	851	Dextro-Methorphan-M (O-demethyl-) AC	612
p,p'-DDT	851	Dextro-Methorphan-M (O-demethyl-) HFB	1118
Decamethrin	1166	Dextro-Methorphan-M (O-demethyl-) PFP	1027
Decamethrin-M/artifact (deacyl-) ME	340	Dextro-Methorphan-M (O-demethyl-) TFA	858
Decamethrin-M/artifact (deacyl-) -HCN	214	Dextro-Methorphan-M (O-demethyl-) TMS	756
Decamethrin-M/artifact (HOOC-) ME	664	Dextro-Methorphan-M (O-demethyl-HO-) 2AC	874
Decamethyltetrasiloxane	666	Dextro-Methorphan-M (O-demethyl-methoxy-) AC	756
Decane	122	Dextro-Methorphan-M (O-demethyl-oxo-) AC	681
Decyldodecylphthalate	1143	Dextromoramide	993
Decylhexylphthalate	986	Dextromoramide-M (HO-)	1037
Decyloctylphthalate	1059	Dextromoramide-M (HO-) AC	1113
Decyltetradecylphthalate	1166	Dextropropoxyphene	805
DEET	196	Dextropropoxyphene artifact	238
Dehydroabietic acid	616	Dextropropoxyphene-M (HY)	520
Dehydroepiandrosterone	555	Dextropropoxyphene-M (nor-) -H2O	387
Dehydroepiandrosterone enol 2TMS	1085	Dextropropoxyphene-M (nor-) -H2O AC	583
Dehydroepiandrosterone -H2O	472	Dextropropoxyphene-M (nor-) -H2O N-prop.	651
1-Dehydrotestosterone	544	Dextropropoxyphene-M (nor-) N-prop.	736
1-Dehydrotestosterone AC	750	Dextrorphan	411
1-Dehydrotestosterone TMS	878	Dextrorphan AC	612
1-Dehydrotestosterone enol 2TMS	1081	Dextrorphan HFB	1118
Deiquate artifact	136	Dextrorphan PFP	1027
Delorazepam HY	441	Dextrorphan TFA	858
Delorazepam HYAC	647	Dextrorphan TMS	756
Deltamethrin	1166	Dextrorphan-M (methoxy-) AC	756
Deltamethrin-M/artifact (deacyl-) ME	340	Dextrorphan-M (nor-) 2AC	745

Dextrorphan-M (oxo-) AC	681	1,2-Dichlorobenzene	123
Dialifos	993	1,3-Dichlorobenzene	123
Diallate	463	p,p'-Dichlorobenzophenone (DCBP)	378
Diazepam	532	Dichlorodifluoromethane	106
Diazepam HY	358	Dichloromethane	96
Diazepam HYAC	546	2,5-Dichloromethoxybenzene	162
Diazepam-D5	557	Dichlorophen 2AC	851
Diazepam-M	468	Dichlorophen 2ET	730
Diazepam-M	542	Dichlorophen 2ME	596
Diazepam-M (3-HO-)	614	2,4-Dichlorophenol	140
Diazepam-M (3-HO-) AC	816	2,4-Dichlorophenoxyacetic acid (D)	272
Diazepam-M (3-HO-) ME	684	2,4-Dichlorophenoxyacetic acid (D) ME	317
Diazepam-M (3-HO-) TMS	926	2,4-Dichlorophenoxyacetic acid -M (dichlorophenol)	140
Diazepam-M (3-HO-) artifact-1	405	2,4-Dichlorophenoxybutyric acid ME	429
Diazepam-M (3-HO-) artifact-2	468	p,p'-Dichlorophenylacetate ME	584
Diazepam-M (HO-)	614	p,p'-Dichlorophenylethanol	447
Diazepam-M (HO-) AC	816	o,p'-Dichlorophenylmethane	327
Diazepam-M (HO-) HY	424	p,p'-Dichlorophenylmethane	327
Diazepam-M (HO-) HYAC	626	p,p'-Dichlorophenylmethanol	388
Diazepam-M (nor-HO-)	541	Dichloroquinolinol	251
Diazepam-M (nor-HO-) AC	747	Dichlorprop	318
Diazepam-M (nor-HO-) HY	365	Dichlorprop ME	369
Diazepam-M (nor-HO-) HYAC	556	Dichlorprop-M (2,4-dichlorophenol)	140
Diazepam-M (nor-HO-) iso-1 HY2AC	762	Dichlorvos	272
Diazepam-M (nor-HO-) iso-2 HY2AC	762	Diclofenac	588
Diazepam-M (nor-HO-methoxy-) HY2AC	886	Diclofenac ET	725
Diazepam-M TMS	817	Diclofenac ME	658
Diazepam-M TMS	876	Diclofenac TMS	907
Diazepam-M 2TMS	1080	Diclofenac 2ME	725
Diazepam-M artifact-3	342	Diclofenac -H2O	498
Diazepam-M artifact-4	397	Diclofenac -H2O ET	637
Diazepam-M HY	308	Diclofenac -H2O ME	567
Diazepam-M HYAC	480	Diclofenac -H2O TMS	841
Diazinon	634	Diclofenac-M (di-HO-) 3ME	914
Diazinon artifact-1	151	Diclofenac-M (di-HO-) -H2O 2AC	993
Diazinon artifact-2	213	Diclofenac-M (glycine conjugate) ME	903
Diazinon artifact-3	132	Diclofenac-M (HO-) ME	733
Dibenzepin	593	Diclofenac-M (HO-) 2ME	801
Dibenzepin-M (bis-nor-)	455	Diclofenac-M (HO-) -H2O	578
Dibenzepin-M (bis-nor-) AC	661	Diclofenac-M (HO-) -H2O ME	647
Dibenzepin-M (HO-) iso-1 AC	859	Diclofenac-M (HO-) -H2O iso-1 AC	782
Dibenzepin-M (HO-) iso-2 AC	859	Diclofenac-M (HO-) -H2O iso-2 AC	782
Dibenzepin-M (N5-demethyl-)	523	Diclofenac-M (HO-methoxy-) 2ME	914
Dibenzepin-M (N5-demethyl-HO-) iso-1 AC	803	Diclofenac-M (HO-methoxy-) 2ME	915
Dibenzepin-M (N5-demethyl-HO-) iso-2 AC	803	Diclofenac-M (HO-methoxy-) -H2O	724
Dibenzepin-M (nor-) AC	728	Diclofenac-M (HO-methoxy-) iso-1 -H2O AC	899
Dibenzepin-M (nor-HO-) iso-1 2AC	956	Diclofenac-M (HO-methoxy-) iso-2 -H2O AC	899
Dibenzepin-M (nor-HO-) iso-2 2AC	956	Diclofenac-M/artifact	863
Dibenzepin-M (ter-nor-)	394	Diclofenac-M/artifact AC	833
Dibenzepin-M (ter-nor-) AC	591	Diclofenac-M/artifact AC	1047
Dibenzo[a,h]anthracene	506	Diclofenamide 4ME	882
Dibenzofuran	154	Diclofop-methyl	806
Dibutyladipate	414	Dicloxacillin artifact-1	157
Dibutylpentylpyridine	428	Dicloxacillin artifact-2	302
Dicamba	272	Dicloxacillin artifact-3	378
Dicamba ME	318	Dicloxacillin artifact-4	447
Dicamba TMS	573	Dicloxacillin artifact-5	322
Dicamba -CO2	162	Dicloxacillin artifact-5 AC	498
4,4'-Dicarbonitrile-1,1'-biphenyl	226	Dicloxacillin artifact-6	646
Dichlobenil	157	Dicloxacillin artifact-7	896
Dichlobenil-M (HO-)	189	Dicloxacillin artifact-8 HY	958
Dichlobenil-M (HO-) AC	302	Dicloxacillin artifact-8 HYAC	1067
Dichlofenthion	682	Dicloxacillin artifact-9 HY	1033
Dichlofluanid	766	Dicloxacillin artifact-10 HYAC	584
Dichloran	230	Dicloxacillin artifact-11 HYAC	664
2,3-Dichloroaniline	139	Dicloxacillin artifact-12 HYAC	781
3,4-Dichloroaniline	139	Dicloxacillin artifact-13 HYAC	860
3,4-Dichloroaniline AC	223	Dicloxacillin artifact-14 HYAC	912

Compound	Page	Compound	Page
Dicloxacillin artifact-15 HYAC	971	Dihydrocodeine-M (N,O-bis-demethyl-) 3AC	1014
Dicloxacillin artifact-16 HYAC	1011	Dihydrocodeine-M (nor-)	547
Dicloxacillin artifact-17 HYAC	1134	Dihydrocodeine-M (nor-) AC	755
Dicloxacillin-M (HO-) artifact-1 AC	653	Dihydrocodeine-M (nor-) 2AC	924
Dicloxacillin-M (HO-) artifact-2 AC	730	Dihydrocodeine-M (nor-) Cl-artifact 2AC	1031
Dicloxacillin-M/artifact-1 HY	272	Dihydrocodeine-M (O-demethyl-)	547
Dicloxacillin-M/artifact-10 HYAC	1065	Dihydrocodeine-M (O-demethyl-) AC	755
Dicloxacillin-M/artifact-2 HY	387	Dihydrocodeine-M (O-demethyl-) TFA	963
Dicloxacillin-M/artifact-3 HY	483	Dihydrocodeine-M (O-demethyl-) 2AC	924
Dicloxacillin-M/artifact-4 HYAC	267	Dihydrocodeine-M (O-demethyl-) 2HFB	1202
Dicloxacillin-M/artifact-5 HYAC	545	Dihydrocodeine-M (O-demethyl-) 2PFP	1191
Dicloxacillin-M/artifact-6 HYAC	844	Dihydrocodeine-M (O-demethyl-) 2TFA	1147
Dicloxacillin-M/artifact-7 HYAC	860	Dihydrocodeine-M (O-demethyl-) 2TMS	1083
Dicloxacillin-M/artifact-8 HYAC	1008	Dihydrocodeine-M (O-demethyl-dehydro-)	539
Dicloxacillin-M/artifact-9 HYAC	1111	Dihydrocodeine-M (O-demethyl-dehydro-) AC	745
Dicofol	912	Dihydroergotamine artifact-1	356
Dicofol artifact (DCBP)	378	Dihydroergotamine artifact-1 AC	544
Dicrotophos	332	Dihydroergotamine artifact-2	683
Dicycloverine	663	Dihydromorphine	547
Diethylallylacetamide	135	Dihydromorphine AC	755
Diethylallylacetamide-M	160	Dihydromorphine TFA	963
Diethylallylacetamide-M AC	256	Dihydromorphine 2AC	924
Diethylamine	93	Dihydromorphine 2HFB	1202
Diethyldithiocarbamic acid ME	142	Dihydromorphine 2PFP	1191
Diethylene glycol dibenzoate	684	Dihydromorphine 2TFA	1147
Diethylene glycol dipivalate	487	Dihydromorphine 2TMS	1083
Diethylene glycol monoethylether pivalate	266	Dihydromorphine-M (nor-) 3AC	1014
Diethylether	94	Dihydrotestosterone	566
Diethylphthalate	281	Dihydrotestosterone AC	771
Diethylstilbestrol	461	Dihydrotestosterone TMS	893
Diethylstilbestrol 2AC	854	Dihydrotestosterone enol 2TMS	1089
Diethylstilbestrol 2ME	599	Dihydroxybenzoic acid 3ME	210
Difenzoquate -C2H6SO4	320	3,4-Dihydroxybenzoic acid ME2AC	388
Diflubenzuron 2ME	796	3,4-Dihydroxybenzylamine 3AC	442
Diflufenicam	998	3,4-Dihydroxycinnamic acid ME2AC	505
Diflunisal	379	3,4-Dihydroxycinnamic acid ME2HFB	1192
Diflunisal ME	438	3,4-Dihydroxycinnamic acid ME2PFP	1153
Diflunisal MEAC	644	3,4-Dihydroxycinnamic acid ME2TMS	797
Diflunisal 2ME	505	3,4-Dihydroxycinnamic acid 2AC	438
Diflunisal -CO2	230	3,4-Dihydroxycinnamic acid 3TMS	1006
Digitoxigenin -2H2O	800	3,4-Dihydroxycinnamic acid -CO2	116
Digitoxigenin -H2O AC	1013	Dihydroxynorcholanoic acid -H2O MEAC	1055
Digitoxin -2H2O HY	800	3,4-Dihydroxyphenethylamine 3AC	510
Digitoxin -H2O HYAC	1013	3,4-Dihydroxyphenethylamine 4AC	718
Dihexylamine	186	3,4-Dihydroxyphenylacetic acid	154
Dihydrobrassicasterol	1019	3,4-Dihydroxyphenylacetic acid ME	179
Dihydrobrassicasterol -H2O	961	3,4-Dihydroxyphenylacetic acid ME2AC	448
Dihydrocapsaicine	652	3,4-Dihydroxyphenylacetic acid ME2HFB	1189
Dihydrocapsaicine AC	844	3,4-Dihydroxyphenylacetic acid ME2PFP	1142
Dihydrocapsaicine HFB	1167	3,4-Dihydroxyphenylacetic acid ME2TFA	932
Dihydrocapsaicine ME	720	3,4-Dihydroxyphenylacetic acid ME2TMS	740
Dihydrocapsaicine MEAC	895	3,4-Dihydroxyphenylacetic acid MEHFB	945
Dihydrocapsaicine PFP	1118	3,4-Dihydroxyphenylacetic acid MEPFP	747
Dihydrocapsaicine TFA	1027	3,4-Dihydroxyphenylacetic acid 3TMS	968
Dihydrocapsaicine TMS	951	Diisodecylphthalate	1109
Dihydrocapsaicine 2TMS	1115	Diisohexylphthalate	781
Dihydrocodeine	620	Diisononylphthalate	1059
Dihydrocodeine AC	822	Diisooctylphthalate	986
Dihydrocodeine HFB	1162	Diisopropylidene-fructopyranose	421
Dihydrocodeine PFP	1109	Diisopropylidene-fructopyranose TMS	769
Dihydrocodeine TFA	1010	Dilaurylthiodipropionate	1172
Dihydrocodeine TMS	932	Dilazep-M/artifact (trimethoxybenzoic acid)	248
Dihydrocodeine Br-artifact	947	Dilazep-M/artifact (trimethoxybenzoic acid) ET	344
Dihydrocodeine Cl-artifact AC	942	Dilazep-M/artifact (trimethoxybenzoic acid) ME	293
Dihydrocodeine-M (dehydro-)	611	Diltiazem	1050
Dihydrocodeine-M (dehydro-) enol AC	813	Diltiazem-M (deacetyl-)	927
Dihydrocodeine-M (dehydro-) enol TMS	925	Diltiazem-M (deacetyl-) TMS	1106
Dihydrocodeine-M (dehydro-) enol Cl-artifact AC	936	Diltiazem-M (deamino-HO-) AC	1078

Compound	Page
Diltiazem-M (deamino-HO-) -H2O	915
Diltiazem-M (deamino-HO-) HY	828
Diltiazem-M (O-demethyl-) AC	1103
Diltiazem-M (O-demethyl-) HY	877
Diltiazem-M (O-demethyl-deamino-HO-) 2AC	1124
Diltiazem-M (O-demethyl-deamino-HO-) -H2O AC	1009
Dimefuron +H2O 3ME	1012
Dimefuron ME	852
Dimetacrine	587
Dimetacrine-M (N-oxide) -(CH3)2NOH	377
Dimetacrine-M (ring)	242
Dimetamfetamine	143
Dimetamfetamine-M (nor-)	127
Dimetamfetamine-M (nor-) AC	196
Dimetamfetamine-M (nor-) HFB	827
Dimetamfetamine-M (nor-) PFP	589
Dimetamfetamine-M (nor-) TFA	358
Dimetamfetamine-M (nor-) TMS	279
Dimethachlor	401
Dimethoate	302
Dimethoate-M (HO-)	357
Dimethoate-M (HOOC-) ME	305
Dimethoate-M (oxo-)	251
2,5-Dimethoxybenzaldehyde	149
Dimethoxyethane	98
3,4-Dimethoxyhydrocinnamic acid ME	288
2,5-Dimethoxyphenethylamine-M (O-demethyl-N-acetyl-)	240
3,4-Dimethoxyphenethylamine	178
3,4-Dimethoxyphenethylamine AC	284
3,4-Dimethoxyphenethylamine HFB	942
3,4-Dimethoxyphenethylamine PFP	743
3,4-Dimethoxyphenethylamine TFA	500
3,4-Dimethoxyphenethylamine TMS	395
3,4-Dimethoxyphenethylamine 2AC	444
3,4-Dimethoxyphenethylamine 2TMS	736
3,4-Dimethoxyphenethylamine formyl artifact	200
Dimethoxyphthalic acid 2ME	398
1,2-Dimethyl-3-phenyl-aziridine	125
N,N-Dimethyl-4-aminophenol	117
N,N-Dimethyl-4-aminophenol AC	171
N,N-Dimethyl-4-aminophenol-M	102
N,N-Dimethyl-4-aminophenol-M (nor-) 2AC	233
N,N-Dimethyl-4-aminophenol-M 2AC	199
N,N-Dimethyl-5-methoxy-tryptamine	266
N,N-Dimethyl-5-methoxy-tryptamine-M (HO-)	321
N,N-Dimethyl-5-methoxy-tryptamine-M 2AC	635
Dimethylamine	90
2,6-Dimethylaniline	107
2,6-Dimethylaniline AC	142
Dimethylbromophenol	218
2,2-Dimethylbutane	97
1,3-Dimethylcyclopentane	99
1,2-Dimethylcyclopropane	92
Dimethylformamide	93
1,5-Dimethylnaphthalene	136
2,6-Dimethylphenol	107
2,6-Dimethylphenol AC	145
Dimethylphenylthiazolanimin	231
Dimethylphthalate	203
Dimethylsulfoxide	95
Dimetindene	576
Dimetindene-M (nor-) AC	716
Dimetindene-M (nor-HO-) 2AC	946
Dimetotiazine	988
Dimetotiazine-M (bis-nor-) AC	1031
Dimetotiazine-M (HO-) AC	1112
Dimetotiazine-M (nor-)	942
Dimetotiazine-M (nor-) AC	1061
Dimpylate	634
Dimpylate artifact-1	151
Dimpylate artifact-2	213
Dimpylate artifact-3	132
2,4-Dinitrophenol	183
Dinobuton	739
Dinocap	897
Dinoseb	342
Dinoterb	342
Dioctylphthalate	986
Dioctylsebacate	1072
Dioxacarb	284
Dioxacarb -C2H3NO	149
Dioxane	97
Dioxathion	1122
Dioxethedrine ME3AC	849
Dioxethedrine 4AC	948
Dioxethedrine -H2O 2AC	501
Dioxethedrine -H2O 3AC	708
Diphenhydramine	403
Diphenhydramine HY	184
Diphenhydramine HYAC	294
Diphenhydramine HYME	215
Diphenhydramine-M (benzophenone)	180
Diphenhydramine-M (bis-nor-) AC	465
Diphenhydramine-M (deamino-HO-)	301
Diphenhydramine-M (deamino-HO-) AC	470
Diphenhydramine-M (di-HO-)	356
Diphenhydramine-M (HO-)	475
Diphenhydramine-M (HO-) HY2AC	533
Diphenhydramine-M (HO-BPH) iso-1	214
Diphenhydramine-M (HO-BPH) iso-1 AC	343
Diphenhydramine-M (HO-BPH) iso-2	214
Diphenhydramine-M (HO-BPH) iso-2 AC	343
Diphenhydramine-M (HO-methoxy-BPH)	299
Diphenhydramine-M (HO-methoxy-BPH) AC	468
Diphenhydramine-M (methoxy-)	540
Diphenhydramine-M (methoxy-) HY	255
Diphenhydramine-M (methoxy-) HYAC	406
Diphenhydramine-M (nor-)	348
Diphenhydramine-M (nor-) AC	529
Diphenhydramine-M/artifact	239
Diphenhydramine-M/artifact	298
Diphenhydramine-M/artifact AC	467
Diphenoxylate	1117
Diphenylamine	155
1,1-Diphenyl-1-butene	238
2,2-Diphenylethylamine HFB	993
2,2-Diphenylethylamine PFP	820
2,2-Diphenylethylamine TFA	578
2,2-Diphenylethylamine TMS	466
2,2-Diphenylethylamine 2TMS	814
2,2-Diphenylethylamine formyl artifact	242
Diphenyloctylamine	524
Diphenylprolinol	395
Diphenylprolinol AC	593
Diphenylprolinol HFB	1111
Diphenylprolinol ME	456
Diphenylprolinol PFP	1014
Diphenylprolinol TFA	842
Diphenylprolinol 2TMS	1011
Diphenylprolinol -H2O	325
Diphenylprolinol -H2O AC	501
Diphenylprolinol -H2O HFB	1082
Diphenylprolinol -H2O PFP	955
Diphenylprolinol -H2O TFA	763
Diphenylprolinol-M/artif. (benzophenone)	180
Diphenylpyraline	524

Compound	Page	Compound	Page
Diphenylpyraline HY	184	Ditazol-M (HO-benzil) ME	342
Diphenylpyraline HYAC	294	Diuron ME	362
Diphenylpyraline HYME	215	Diuron-M (3,4-dichloroaniline)	139
Diphenylpyraline-M (benzophenone)	180	Diuron-M (3,4-dichloroaniline) AC	223
Diphenylpyraline-M (HO-BPH) iosmer-2 AC	343	Diuron-M/artifact (3,4-dichlorocarbanilic acid) ME	267
Diphenylpyraline-M (HO-BPH) iso-1	214	Diuron-M/artifact (dichlorophenylisocyanate)	189
Diphenylpyraline-M (HO-BPH) iso-1 AC	343	Dixyrazine	1075
Diphenylpyraline-M (HO-BPH) iso-2	214	Dixyrazine AC	1138
Diphenylpyraline-M (HO-methoxy-BPH)	299	Dixyrazine-M (amino-) AC	675
Diphenylpyraline-M (HO-methoxy-BPH) AC	468	Dixyrazine-M (N-dealkyl-) AC	957
Diphenylpyraline-M/artifact	298	Dixyrazine-M (O-dealkyl-) AC	1070
Diphenylpyraline-M/artifact AC	467	Dixyrazine-M (ring)	216
Dipivefrin TFATMS	1174	Dixyrazine-M AC	409
Dipivefrin 2AC	1090	Dixyrazine-M 2AC	688
Dipivefrin 2TMS	1161	DMA	208
Dipivefrin -H2O	775	DMA	208
Dipivefrin -H2O AC	937	DMA AC	334
Diprophylline 2AC	797	DMA AC	334
Dipropylbarbital	250	DMA formyl artifact	234
Dipropylbarbital 2ME	345	DMA intermediate (dimethoxyphenylnitropropene)	284
Dipropylbarbital-M (HO-) iso-1	301	DMA precursor (2,5-dimethoxybenzaldehyde)	150
Dipropylbarbital-M (HO-) iso-1 AC	470	DMCC	132
Dipropylbarbital-M (HO-) iso-2	301	DNOC	213
Dipropylbarbital-M (HO-) iso-2 AC	470	DOB	480
Dipropylbarbital-M (oxo-)	294	DOB	480
Dipyrone	670	DOB AC	688
Dipyrone-M (bis-dealkyl-)	224	DOB AC	688
Dipyrone-M (bis-dealkyl-) AC	359	DOB HFB	1137
Dipyrone-M (bis-dealkyl-) 2AC	547	DOB PFP	1059
Dipyrone-M (bis-dealkyl-) artifact	173	DOB TFA	914
Dipyrone-M (dealkyl-)	261	DOB TMS	827
Dipyrone-M (dealkyl-) AC	416	DOB formyl artifact	537
Dipyrone-M (dealkyl-) ME artifact	310	DOB precursor (2,5-dimethoxybenzaldehyde)	150
Disopyramide	805	DOB-M (bis-O-demethyl-) 3AC	921
Disopyramide artifact	198	DOB-M (bis-O-demethyl-) artifact 2AC	670
Disopyramide -CHNO	600	DOB-M (deamino-HO-) AC	692
Disopyramide-M (bis-dealkyl-) -NH3	336	DOB-M (deamino-oxo-)	477
Disopyramide-M (N-dealkyl-) AC	804	DOB-M (HO-) 2AC	929
Disopyramide-M (N-dealkyl-) ME	673	DOB-M (HO-) -H2O	473
Disopyramide-M (N-dealkyl-) TMS	917	DOB-M (HO-) -H2O AC	678
Disopyramide-M (N-dealkyl-) TMS	917	DOB-M (O-demethyl-) iso-1 AC	617
Disopyramide-M (N-dealkyl-) 2TMS	1102	DOB-M (O-demethyl-) iso-1 2AC	819
Disopyramide-M (N-dealkyl-) -CHNO AC	600	DOB-M (O-demethyl-) iso-2 AC	618
Disopyramide-M (N-dealkyl-) -H2O	514	DOB-M (O-demethyl-) iso-2 2AC	819
Disopyramide-M (N-dealkyl-) -H2O AC	719	DOB-M (O-demethyl-deamino-oxo-) AC	612
Disopyramide-M (N-dealkyl-) -H2O HFB	1144	DOB-M (O-demethyl-deamino-oxo-) iso-1	411
Disopyramide-M (N-dealkyl-) -H2O PFP	1069	DOB-M (O-demethyl-deamino-oxo-) iso-2	411
Disopyramide-M (N-dealkyl-) -H2O TFA	936	DOB-M (O-demethyl-HO-) 3AC	1019
Disopyramide-M (N-dealkyl-) -NH3	518	DOB-M (O-demethyl-HO-) -H2O 2AC	809
Disugram	318	DOB-M (O-demethyl-HO-deamino-HO-) 3AC	1022
Disulfiram	596	Dobutamine 3TMS	1174
Disulfiram-M/artifact (di-oxo-)	439	Dobutamine 3TMSTFA	1195
Disulfoton	483	Dobutamine 4AC	1138
Ditalimfos	609	Dobutamine 4TMS	1194
Ditazol	732	Dobutamine-M (N-dealkyl-O-methyl-) AC	241
Ditazol 2AC	1036	Dobutamine-M (N-dealkyl-O-methyl-) 2AC	384
Ditazol-M (benzil)	244	Dobutamine-M (O-methyl-)	690
Ditazol-M (bis-dealkyl-)	328	Dobutamine-M (O-methyl-) 2AC	1015
Ditazol-M (bis-dealkyl-) AC	506	Dobutamine-M (O-methyl-) 3AC	1101
Ditazol-M (bis-dealkyl-HO-) MEAC	654	Docosane	669
Ditazol-M (bis-dealkyl-HO-) 2AC	787	Dodecane	157
Ditazol-M (dealkyl-) 2AC	896	Dodemorph	525
Ditazol-M (dealkyl-HO-) ME2AC	999	DOET	286
Ditazol-M (dealkyl-HO-) 3AC	1064	DOET	286
Ditazol-M (deamino-HO-)	332	DOET AC	446
Ditazol-M (HO-) ME2AC	1094	DOET AC	446
Ditazol-M (HO-) 3AC	1133	DOET formyl artifact	326
Ditazol-M (HO-benzil) AC	459	DOET precursor (2,5-dimethoxyacetophenone)	175

Compound	Page	Compound	Page
DOET precursor (2,5-dimethoxyacetophenone)	175	Doxepin-M (nor-) HFB	1129
DOI	717	Doxepin-M (nor-) PFP	1043
DOI AC	893	Doxepin-M (nor-) TFA	887
DOI HFB	1173	Doxepin-M (nor-) TMS	794
DOI PFP	1135	Doxepin-M (nor-HO-)	523
DOI TFA	1056	Doxepin-M (nor-HO-) iso-1 2AC	901
DOI 2AC	1030	Doxepin-M (nor-HO-) iso-2 2AC	901
DOI 2ME	841	Doxepin-M (N-oxide) -(CH3)2NOH	320
DOI 2TFA	1171	Doxylamine	471
DOI formyl artifact	772	Doxylamine HY	218
DOI-M (bis-O-demethyl-) 3AC	1059	Doxylamine-M	182
DOI-M (bis-O-demethyl-) artifact 2AC	879	Doxylamine-M (bis-nor-) AC	535
DOI-M (O-demethyl-) iso-1 2AC	987	Doxylamine-M (bis-nor-HO-) 2AC	818
DOI-M (O-demethyl-) iso-2 2AC	987	Doxylamine-M (carbinol) -H2O	177
DOM	243	Doxylamine-M (deamino-HO-) AC	539
DOM	243	Doxylamine-M (HO-) AC	750
DOM AC	386	Doxylamine-M (HO-carbinol) AC	410
DOM AC	386	Doxylamine-M (HO-carbinol) -H2O	212
DOM PFP	865	Doxylamine-M (HO-carbinol) -H2O AC	340
DOM 2AC	582	Doxylamine-M (HO-methoxy-) AC	878
DOM formyl artifact	278	Doxylamine-M (HO-methoxy-carbinol) AC	546
DOM intermediate (2,5-dimethoxytoluene)	131	Doxylamine-M (HO-methoxy-carbinol) -H2O AC	464
DOM precursor-1 (hydroquinone dimethylether)	118	Doxylamine-M (nor-) AC	607
DOM precursor-2 (2-methylhydroquinone)	109	Doxylamine-M (nor-HO-) 2AC	870
DOM precursor-2 (2-methylhydroquinone) 2AC	236	Drofenine	700
DOM precursor-2 (2-methylhydroquinone) 2AC	236	Dronabinol	687
DOM-M (deamino-oxo-HO-) 2AC	655	Dronabinol AC	870
DOM-M (deamino-oxo-HO-) 2PFP	1173	Dronabinol ET	818
DOM-M (HO-) 2AC	662	Dronabinol ME	751
DOM-M (HO-) 2PFP	1173	Dronabinol TMS	974
DOM-M (O-demethyl-) 2PFP	1155	Dronabinol iso-1 PFP	1128
Donepezil	950	Dronabinol iso-2 PFP	1128
Donepezil-M (O-demethyl-)	902	Dronabinol-D3	700
Dopamine 3AC	510	Dronabinol-D3 AC	882
Dopamine 4AC	718	Dronabinol-D3 ME	766
Dopamine-M (O-methyl-) AC	241	Dronabinol-D3 TMS	984
Dopamine-M (O-methyl-) 2AC	384	Dronabinol-D3 iso-1 PFP	1131
Dorzolamide	730	Dronabinol-D3 iso-1 TFA	1048
Dorzolamide ME	796	Dronabinol-D3 iso-2 PFP	1132
Dorzolamide 2TMS	1136	Dronabinol-D3 iso-2 TFA	1049
Dorzolamide iso-1 2ME	852	Dronabinol-M (11-HO-) 2ME	879
Dorzolamide iso-2 2ME	852	Dronabinol-M (11-HO-) 2PFP	1197
Dosulepin	591	Dronabinol-M (11-HO-) 2TFA	1175
Dosulepin-M (bis-nor-) AC	660	Dronabinol-M (11-HO-) 2TMS	1143
Dosulepin-M (HO-)	671	Dronabinol-M (11-HO-) -H2O AC	863
Dosulepin-M (HO-) iso-1 AC	858	Dronabinol-M (HO-)	760
Dosulepin-M (HO-) iso-2 AC	858	Dronabinol-M (HO-nor-delta-9-HOOC-) 2ME	981
Dosulepin-M (HO-N-oxide) -(CH3)2NOH	448	Dronabinol-M (nor-delta-9-HOOC-) 2ME	929
Dosulepin-M (HO-N-oxide) -(CH3)2NOH AC	654	Dronabinol-M (nor-delta-9-HOOC-) 2PFP	1197
Dosulepin-M (nor-)	522	Dronabinol-M (nor-delta-9-HOOC-) 2TMS	1156
Dosulepin-M (nor-) AC	726	Dronabinol-M (nor-delta-9-HOOC-)-D3 2ME	938
Dosulepin-M (nor-HO-) iso-1 2AC	955	Dronabinol-M (nor-delta-9-HOOC-)-D3 2PFP	1197
Dosulepin-M (nor-HO-) iso-2 2AC	955	Dronabinol-M (nor-delta-9-HOOC-)-D3 2TMS	1159
Dosulepin-M (N-oxide) -(CH3)2NOH	379	Dronabinol-M (oxo-nor-delta-9-HOOC-) 2ME	974
Doxepin	513	Droperidol	949
Doxepin artifact	244	Droperidol ME	995
Doxepin-M (HO-) iso-1	593	Droperidol 2TMS	1176
Doxepin-M (HO-) iso-1 AC	794	Droperidol-M	174
Doxepin-M (HO-) iso-2	593	Droperidol-M (benzimidazolone)	114
Doxepin-M (HO-) iso-2 AC	794	Droperidol-M (benzimidazolone) 2AC	263
Doxepin-M (HO-dihydro-)	603	Dropropizine	331
Doxepin-M (HO-dihydro-) AC	804	Dropropizine AC	508
Doxepin-M (HO-methoxy-) iso-1 AC	910	Dropropizine 2AC	716
Doxepin-M (HO-methoxy-) iso-2 AC	910	Dropropizine-M (HO-) 3AC	946
Doxepin-M (HO-N-oxide) -(CH3)2NOH	380	Dropropizine-M (HO-phenylpiperazine) 2AC	430
Doxepin-M (HO-N-oxide) -(CH3)2NOH AC	575	Dropropizine-M (phenylpiperazine) AC	227
Doxepin-M (nor-)	445	Drostanolone	637
Doxepin-M (nor-) AC	649	Drostanolone AC	833

Compound	Page	Compound	Page
Drostanolone TMS	941	Emetine ET	1169
Drostanolone enol 2TMS	1111	Emetine ME	1160
Drostanolone propionate	885	Emtricitabine	365
Duloxetine	602	Emtricitabine 2AC	762
Duloxetine ME	671	Emtricitabine 2TFA	1095
Duloxetine 2AC	956	Emtricitabine 2TMS	988
Duloxetine 2HFB	1202	Enalapril ET	1029
Duloxetine 2PFP	1193	Enalapril ME	986
Duloxetine iosmer-1 TFA	993	Enalapril METMS	1130
Duloxetine iosmer-2 TFA	993	Enalapril TMS	1111
Duloxetine iso-1 AC	802	Enalapril 2ET	1085
Duloxetine iso-1 HFB	1159	Enalapril 2ME	1029
Duloxetine iso-1 PFP	1105	Enalapril 2TMS	1175
Duloxetine iso-1 TMS	916	Enalapril -H2O	878
Duloxetine iso-1 2TMS	1101	Enalapril-M/artifact (deethyl-) METMS	1089
Duloxetine iso-2 AC	802	Enalapril-M/artifact (deethyl-) 2ET	1029
Duloxetine iso-2 HFB	1159	Enalapril-M/artifact (deethyl-) 2ME	940
Duloxetine iso-2 PFP	1105	Enalapril-M/artifact (deethyl-) 2TMS	1159
Duloxetine iso-2 TMS	916	Enalapril-M/artifact (deethyl-) 3ET	1085
Duloxetine iso-2 2TMS	1101	Enalapril-M/artifact (deethyl-) 3ME	986
Duloxetine-M (1-naphthol)	123	Enalapril-M/artifact (deethyl-) -H2O ME	825
Duloxetine-M (1-naphthol) AC	188	Enalapril-M/artifact (deethyl-HOOC-) 2ME	512
Duloxetine-M (1-naphthol) HFB	806	Enalapril-M/artifact (deethyl-HOOC-) 3ET	785
Duloxetine-M (1-naphthol) PFP	562	Enalapril-M/artifact (deethyl-HOOC-) 3ME	582
Duloxetine-M (1-naphthol) TMS	260	Enalapril-M/artifact (HOOC-) ET	651
Duloxetine-M (4-HO-1-naphthol) 2AC	355	Enalapril-M/artifact (HOOC-) ME	582
Duloxetine-M/artifact -H2O AC	207	Enalapril-M/artifact (HOOC-) 2ET	785
Duloxetine-M/artifact -H2O HFB	841	Enalapril-M/artifact (HOOC-) 2ME	651
Duloxetine-M/artifact -H2O PFP	609	Enalaprilate METMS	1089
Duloxetine-M/artifact -H2O TFA	373	Enalaprilate 2ET	1029
2,3-EBDB	278	Enalaprilate 2ME	940
2,3-EBDB AC	435	Enalaprilate 2TMS	1159
2,3-EBDB HFB	1056	Enalaprilate 3ET	1085
2,3-EBDB PFP	908	Enalaprilate 3ME	986
2,3-EBDB TFA	697	Enalaprilate -H2O ME	825
2,3-EBDB TMS	583	Enalaprilate-M/artifact (HOOC-) 2ET	651
ECC -HCN	109	Enalaprilate-M/artifact (HOOC-) 2ME	512
ECC -HCN	110	Enalaprilate-M/artifact (HOOC-) 3ET	785
Ecgonidine ME	178	Enalaprilate-M/artifact (HOOC-) 3ME	582
Ecgonidine TMS	341	Endogenous biomolecule	169
Ecgonidine TBDMS	524	Endogenous biomolecule	197
Ecgonine ACTMS	611	Endogenous biomolecule	218
Ecgonine TMSTFA	858	Endogenous biomolecule	458
Ecgonine 2TMS	755	Endogenous biomolecule	504
Ecgonine-D3 2TMS	770	Endogenous biomolecule	550
Econazole	951	Endogenous biomolecule	584
EDDP	503	Endogenous biomolecule	664
EDDP-M (HO-) AC	785	Endogenous biomolecule	713
EDDP-M (nor-) AC	640	Endogenous biomolecule (ME)	388
EDDP-M (nor-HO-) 2AC	895	Endogenous biomolecule AC	134
EDTA 3ME1ET	891	Endogenous biomolecule AC	236
EDTA 4ME	839	Endogenous biomolecule AC	438
Eicosane	527	Endogenous biomolecule AC	687
Eicosanoic acid ME	742	Endogenous biomolecule AC	757
Elemicin	238	Endogenous biomolecule AC	918
Elemicin-M (1-HO-) AC	450	Endogenous biomolecule AC	1142
Elemicin-M (1-HO-) ME	337	Endogenous biomolecule ME	573
Elemicin-M (bisdemethyl-) 2AC	439	Endogenous biomolecule ME	595
Elemicin-M (demethyl-) iso-1 AC	328	Endogenous biomolecule ME	643
Elemicin-M (demethyl-) iso-2 AC	328	Endogenous biomolecule 2AC	199
Elemicin-M (demethyl-dihydroxy-) iso-1 3AC	861	Endogenous biomolecule 2AC	322
Elemicin-M (demethyl-dihydroxy-) iso-2 3AC	861	Endogenous biomolecule 2AC	365
Elemicin-M (dihydroxy-) 2AC	740	Endogenous biomolecule 2AC	433
Eletriptan	959	Endogenous biomolecule 2AC	450
Eletriptan HFB	1191	Endogenous biomolecule 2AC	573
Eletriptan TFA	1146	Endogenous biomolecule 2AC	595
Eletriptan TMS	1120	Endogenous biomolecule 2AC	886
Emetine	1148	Endogenous biomolecule 2AC	998

Compound	Page
Endogenous biomolecule 2AC	1016
Endogenous biomolecule 3AC	322
Endogenous biomolecule 3AC	338
Endogenous biomolecule 3AC	494
Endogenous biomolecule 3AC	637
Endogenous biomolecule -H2O AC	806
Endogenous biomolecule iso-1 AC	806
Endogenous biomolecule iso-1 2AC	737
Endogenous biomolecule iso-2 AC	851
Endogenous biomolecule iso-2 2AC	737
Endosulfan	1027
Endosulfan sulfate	1062
Endothal	188
Endrin	944
Enilconazole	596
Enoximone	370
Enoximone AC	563
Enoximone 2AC	768
Ephedrine	148
Ephedrine TMSTFA	773
Ephedrine 2AC	375
Ephedrine 2HFB	1186
Ephedrine 2PFP	1123
Ephedrine 2TFA	872
Ephedrine 2TMS	663
Ephedrine formyl artifact	165
Ephedrine -H2O AC	192
Ephedrine-M (HO-)	178
Ephedrine-M (HO-) ME2AC	513
Ephedrine-M (HO-) 3AC	649
Ephedrine-M (HO-) formyl artifact	201
Ephedrine-M (HO-) -H2O 2AC	367
Ephedrine-M (nor-)	130
Ephedrine-M (nor-) TMSTFA	708
Ephedrine-M (nor-) 2AC	325
Ephedrine-M (nor-) 2HFB	1183
Ephedrine-M (nor-) 2PFP	1104
Ephedrine-M (nor-) 2TFA	819
Ephedrine-M (nor-) 2TMS	594
Ephedrine-M (nor-) formyl artifact	143
Ephedrine-M (nor-HO-) 3AC	580
Epiandrosterone	567
Epiandrosterone AC	771
Epiandrosterone TMS	893
Epiandrosterone enol 2TMS	1090
Epinastine	375
Epinastine AC	569
Epinastine HFB	1107
Epinastine ME	435
Epinastine PFP	1001
Epinastine TFA	828
Epinastine TMS	719
Epinastine 2TMS	996
Epinephrine artifact (dihydroxybenzoic acid) ME2AC	388
Epitestosterone enol 2TMS	1085
Eplerenone	1050
Eplerenone HFB	1195
Eplerenone PFP	1187
Eplerenone TFA	1170
Eplerenone TMS	1154
Eprazinone	954
Eprosartan 2ME	1116
Eprosartan 2TMS	1189
EPTC	192
Ergometrine	736
Ergost-3,5-ene	961
Ergost-5-en-3-ol	1019
Ergost-5-en-3-ol -H2O	961
Ergosta-3,5,22-triene	954
Ergosta-5,22-dien-3-ol	1013
Ergosta-5,22-dien-3-ol -H2O	954
Ergosterol	1008
Ergotamine artifact-1	356
Ergotamine artifact-1 AC	544
Ergotamine artifact-2	683
Erucic acid ME	856
Erythritol 4AC	563
Esmolol	594
Esmolol TMSTFA	1131
Esmolol 2AC	949
Esmolol 2HFB	1202
Esmolol 2PFP	1193
Esmolol 2TFA	1155
Esmolol formyl artifact	651
Esmolol -H2O AC	709
Estazolam	584
Estradiol	479
Estradiol 2AC	870
Estradiol undecylate	1099
Estriol	554
Estriol 3AC	1051
Estriol-M (HO-) 4AC	1140
Estrone	471
Estrone AC	676
Estrone ME	536
Etacrinic acid ET	758
Etacrinic acid ME	691
Etafenone	736
Etafenone-M (di-HO-) 2AC	1101
Etafenone-M (HO-) iso-1	814
Etafenone-M (HO-) iso-1 AC	964
Etafenone-M (HO-) iso-2	814
Etafenone-M (HO-) iso-2 AC	965
Etafenone-M (HO-methoxy-)	925
Etafenone-M (HO-methoxy-) AC	1048
Etafenone-M (O-dealkyl-)	294
Etafenone-M (O-dealkyl-) AC	460
Etafenone-M (O-dealkyl-di-HO-) 2AC	817
Etafenone-M (O-dealkyl-HO-) 2AC	739
Etafenone-M (O-dealkyl-HO-) iso-1	351
Etafenone-M (O-dealkyl-HO-) iso-1 AC	533
Etafenone-M (O-dealkyl-HO-) iso-2	351
Etafenone-M (O-dealkyl-HO-) iso-2 AC	533
Etafenone-M (O-dealkyl-HO-) iso-3 AC	533
Etafenone-M (O-dealkyl-HO-methoxy-)	479
Etafenone-M (O-dealkyl-HO-methoxy-) iso-1 AC	685
Etafenone-M (O-dealkyl-HO-methoxy-) iso-2 AC	685
Etambutol 4AC	878
Etamiphylline	514
Etamiphylline-M (deethyl-) AC	581
Etamivan	285
Etamivan AC	444
Ethacridine	394
Ethadione	137
Ethanol	90
Ethaverine	1003
Ethaverine-M (bis-deethyl-) iso-1 2AC	1066
Ethaverine-M (bis-deethyl-) iso-2 2AC	1066
Ethaverine-M (HO-) AC	1118
Ethaverine-M (HO-) ME	1070
Ethaverine-M (O-deethyl-) iso-1	910
Ethaverine-M (O-deethyl-) iso-1 AC	1039
Ethaverine-M (O-deethyl-) iso-1 ME	957
Ethaverine-M (O-deethyl-) iso-2	910
Ethaverine-M (O-deethyl-) iso-2 AC	1039
Ethaverine-M (O-deethyl-) iso-2 ME	957

Compound	Page
Ethaverine-M (O-deethyl-HO-) 2AC	1135
Ethaverine-M (O-deethyl-HO-) 2ME	1046
Ethchlorvynol	122
Ethenzamide	147
Ethenzamide-M (deethyl-)	117
Ethenzamide-M (deethyl-) AC	170
Ethenzamide-M (deethyl-) 2ME	148
Ethenzamide-M (deethyl-) 2TMS	522
Ethinamate	153
Ethinylestradiol	599
Ethinylestradiol AC	799
Ethinylestradiol -HCCH	471
Ethinylestradiol -HCCH AC	676
Ethinylestradiol -HCCH ME	536
Ethiofencarb	291
Ethiofencarb-M/artifact (decarbamoyl-)	154
Ethion	965
Ethirimol	243
Ethofumesate	542
Ethoprofos	350
Ethosuximide	120
Ethosuximide ME	135
Ethosuximide-M (3-HO-)	137
Ethosuximide-M (3-HO-) AC	217
Ethosuximide-M (HO-ethyl-)	137
Ethosuximide-M (HO-ethyl-) AC	217
Ethosuximide-M (oxo-)	134
7-Ethoxycoumarin	193
Ethoxyphenyldiethylphenyl butyramine	737
Ethoxyquin	261
Ethylacetate	98
Ethylamine	90
N-Ethylcarboxamido-adenosine 2AC	992
N-Ethylcarboxamido-adenosine -2H2O	478
N-Ethylcarboxamido-adenosine 3AC	1088
Ethyldimethylbenzene	114
Ethylene glycol	92
Ethylene glycol 2AC	124
Ethylene glycol dibenzoate	469
Ethylene glycol dipivalate	308
Ethylene glycol monomethylether	95
Ethylene glycol phenylboronate	125
Ethylene oxide	90
Ethylene thiourea	100
Ethylenediaminetetraacetic acid 3ME1ET	891
Ethylenediaminetetraacetic acid 4ME	839
2-Ethylhexyldiphenylphosphate	891
Ethylhexylmethylphthalate	576
Ethylloflazepate artifact	477
Ethylloflazepate -C3H4O2	551
Ethylloflazepate -C3H4O2 TMS	883
Ethylloflazepate HY	373
Ethylloflazepate HYAC	567
Ethylloflazepate-M (HO-) artifact-1	758
Ethylloflazepate-M (HO-) artifact-2	692
Ethylloflazepate-M (HO-) HY2AC	841
1-Ethyl-2-methylbenzene	106
1-Ethyl-4-methylbenzene	106
2-Ethyl-3-methyl-1-butene	99
2-Ethyl-5-methyl-3,3-diphenyl-1-pyrroline (EMDP)	436
Ethylmethylphthalate	237
Ethylmorphine	681
Ethylmorphine AC	866
Ethylmorphine PFP	1126
Ethylmorphine TFA	1038
Ethylmorphine TMS	971
Ethylmorphine-M (nor-) 2AC	964
Ethylmorphine-M (O-deethyl-)	539
Ethylmorphine-M (O-deethyl-) TFA	955
Ethylmorphine-M (O-deethyl-) 2AC	915
Ethylmorphine-M (O-deethyl-) 2HFB	1201
Ethylmorphine-M (O-deethyl-) 2PFP	1191
Ethylmorphine-M (O-deethyl-) 2TFA	1145
Ethylmorphine-M (O-deethyl-) 2TMS	1079
Ethylmorphine-M (O-deethyl-) Cl-artifact 2AC	1026
Ethylmorphine-M (O-deethyl-)-D3 TFA	967
Ethylmorphine-M (O-deethyl-)-D3 2HFB	1202
Ethylmorphine-M (O-deethyl-)-D3 2PFP	1192
Ethylmorphine-M (O-deethyl-)-D3 2TFA	1148
Ethylmorphine-M (O-deethyl-)-D3 2TMS	1085
Ethylmorphine-M 2PFP	1188
Ethylmorphine-M 3AC	1010
Ethylmorphine-M 3PFP	1203
Ethylmorphine-M 3TMS	1155
Ethylparaben	150
Ethylparaben-M (4-hydroxyhippuric acid) ME	240
1-Ethylpiperidine	104
Ethyltolylbarbital 2ET	624
Eticyclidine	225
Eticyclidine intermediate (ECC) -HCN	109
Eticyclidine intermediate (ECC) -HCN	110
Eticyclidine precursor (ethylamine)	90
Etidocaine	498
Etifelmin	335
Etifelmin AC	513
Etilamfetamine	143
Etilamfetamine AC	229
Etilamfetamine HFB	880
Etilamfetamine PFP	659
Etilamfetamine TFA	416
Etilamfetamine-M	178
Etilamfetamine-M (AM)	115
Etilamfetamine-M (AM)	115
Etilamfetamine-M (AM) AC	165
Etilamfetamine-M (AM) AC	165
Etilamfetamine-M (AM) HFB	762
Etilamfetamine-M (AM) PFP	521
Etilamfetamine-M (AM) TFA	309
Etilamfetamine-M (AM) TMS	235
Etilamfetamine-M (AM) formyl artifact	125
Etilamfetamine-M (AM)-D5 AC	181
Etilamfetamine-M (AM)-D5 HFB	787
Etilamfetamine-M (AM)-D5 PFP	543
Etilamfetamine-M (AM)-D5 TFA	330
Etilamfetamine-M (AM)-D5 TMS	251
Etilamfetamine-M (AM)-D11 PFP	575
Etilamfetamine-M (AM)-D11 TFA	353
Etilamfetamine-M (AM-4-HO-)	129
Etilamfetamine-M (AM-4-HO-) AC	201
Etilamfetamine-M (AM-4-HO-) TFA	366
Etilamfetamine-M (AM-4-HO-) 2AC	324
Etilamfetamine-M (AM-4-HO-) 2HFB	1182
Etilamfetamine-M (AM-4-HO-) 2PFP	1104
Etilamfetamine-M (AM-4-HO-) 2TFA	819
Etilamfetamine-M (AM-4-HO-) 2TMS	594
Etilamfetamine-M (AM-4-HO-) formyl art.	142
Etilamfetamine-M (AM-HO-methoxy-) ME	208
Etilamfetamine-M (deamino-oxo-HO-methoxy-)	175
Etilamfetamine-M (di-HO-) 3AC	718
Etilamfetamine-M (HO-) ME	202
Etilamfetamine-M (HO-) MEAC	326
Etilamfetamine-M (HO-) MEHFB	983
Etilamfetamine-M (HO-) MEPFP	802
Etilamfetamine-M (HO-) METFA	557
Etilamfetamine-M (HO-) METMS	447
Etilamfetamine-M (HO-) 2AC	435

Etilamfetamine-M (HO-) 2ME	235	Etoloxamine	530
Etilamfetamine-M (HO-methoxy-)	242	Etomidate	356
Etilamfetamine-M (HO-methoxy-) AC	386	Etomidate-M (HOOC-) ME	307
Etilamfetamine-M (HO-methoxy-) ME	286	Etonitazene	1007
Etilamfetamine-M (HO-methoxy-) 2AC	582	Etonitazene intermediate-1	527
Etilamfetamine-M AC	280	Etonitazene intermediate-2	392
Etilamfetamine-M ME	204	Etonitazene intermediate-2 2AC	789
Etilamfetamine-M 2AC	379	Etoricoxib	876
Etilamfetamine-M 2AC	445	Etozoline	534
Etilamfetamine-M 2AC	450	Etridiazole	361
Etilamfetamine-M 2HFB	1189	Etridiazole artifact (deschloro-)	247
Etilefrine	178	Etrimfos	574
Etilefrine ME2AC	512	Etryptamine	191
Etilefrine 3AC	649	Etryptamine AC	308
Etilefrine 3TMS	1011	Etryptamine ACPFP	939
Etilefrine formyl artifact	201	Etryptamine HFB	966
3-alpha-Etiocholanolone	566	Etryptamine PFP	780
3-alpha-Etiocholanolone AC	770	Etryptamine TFA	534
3-alpha-Etiocholanolone 2TMS	1089	Etryptamine 2HFB	1191
3-beta-Etiocholanolone	566	Etryptamine 2PFP	1147
3-beta-Etiocholanolone AC	770	Etryptamine 2TFA	952
3-beta-Etiocholanolone TMS	893	Etryptamine 2TMS	770
3-beta-Etiocholanolone 2TMS	1089	Etryptamine formyl artifact	219
Etiroxate artifact ME	1017	Exemestane	599
Etiroxate artifact-1	1053	Exemestane TMS	913
Etiroxate artifact-1 2AC	1187	Famciclovir	718
Etiroxate artifact-2 AC	1199	Famciclovir AC	894
Etiroxate artifact-3	1168	Famciclovir HFB	1173
Etiroxate artifact-4 AC	1205	Famciclovir PFP	1135
Etizolam	816	Famciclovir TFA	1056
Etodolac ME	620	Famciclovir TMS	995
Etodolac TMS	881	Famciclovir artifact (deacetyl) HFB	1144
Etodroxizine	1059	Famciclovir artifact (deacetyl) ME	581
Etodroxizine AC	1128	Famciclovir artifact (deacetyl) PFP	1069
Etodroxizine artifact	311	Famciclovir artifact (deacetyl) TFA	935
Etodroxizine artifact-1	222	Famciclovir artifact (deacetyl) TMS	850
Etodroxizine-M	515	Famciclovir artifact (deacetyl) 2TMS	1067
Etodroxizine-M (carbinol)	263	Famotidine artifact (sulfurylamine)	98
Etodroxizine-M (carbinol) AC	420	Famotidine artifact (sulfurylamine) ME	103
Etodroxizine-M (Cl-benzophenone)	258	Famotidine artifact (sulfurylamine) 2ME	109
Etodroxizine-M (HO-Cl-benzophenone)	311	Famprofazone	944
Etodroxizine-M (HO-Cl-BPH) iso-1 AC	484	Famprofazone-M (AM)	115
Etodroxizine-M (HO-Cl-BPH) iso-2 AC	484	Famprofazone-M (AM)	115
Etodroxizine-M (N-dealkyl-)	543	Famprofazone-M (AM) AC	165
Etodroxizine-M (N-dealkyl-) AC	749	Famprofazone-M (AM) AC	165
Etodroxizine-M/artifact	616	Famprofazone-M (AM) HFB	762
Etodroxizine-M/artifact 2AC	625	Famprofazone-M (AM) PFP	521
Etodroxizine-M/artifact HYAC	515	Famprofazone-M (AM) TFA	309
Etofenamate	915	Famprofazone-M (AM) TMS	235
Etofenamate AC	1043	Famprofazone-M (HO-metamfetamine)	148
Etofenamate-M/artifact (flufenamic acid) ME	589	Famprofazone-M (HO-metamfetamine) TFA	425
Etofenamate-M/artifact (HO-flufenamic acid) 2ME	734	Famprofazone-M (HO-metamfetamine) TMSTFA	773
Etofenamate-M/artifact (oxoethyl-)	725	Famprofazone-M (HO-metamfetamine) 2AC	376
Etofibrate	893	Famprofazone-M (HO-metamfetamine) 2HFB	1186
Etofibrate-M (clofibric acid)	254	Famprofazone-M (HO-metamfetamine) 2PFP	1123
Etofibrate-M (clofibric acid) ME	298	Famprofazone-M (HO-metamfetamine) 2TFA	872
Etofibrate-M artifact	154	Famprofazone-M (HO-metamfetamine) 2TMS	663
Etofibrate-M/artifact (denicotinyl-)	413	Famprofazone-M (HO-propyphenazone)	364
Etofylline	288	Famprofazone-M (HO-propyphenazone) AC	553
Etofylline AC	448	Famprofazone-M (metamfetamine)	127
Etofylline TMS	599	Famprofazone-M (metamfetamine) AC	196
Etofylline clofibrate	1062	Famprofazone-M (metamfetamine) HFB	827
Etofylline clofibrate-M (clofibric acid)	254	Famprofazone-M (metamfetamine) PFP	589
Etofylline clofibrate-M (clofibric acid) ME	298	Famprofazone-M (metamfetamine) TFA	358
Etofylline clofibrate-M (etofylline)	288	Famprofazone-M (metamfetamine) TMS	279
Etofylline clofibrate-M (etofylline) AC	448	Felbamate -C2H3NO2	147
Etofylline clofibrate-M (etofylline) TMS	599	Felbamate -CH3NO2	165
Etofylline clofibrate-M artifact	154	Felbamate-M/artifact (bis-decarbamoyl-) -H2O	114

Compound	Page
Felbamate-M/artifact (bis-decarbamoyl-) -H2O AC	163
Felbinac ET	344
Felbinac ME	294
Felodipine	962
Felodipine ME	1008
Felodipine HY	396
Felodipine-M (dehydro-COOH) ET	1096
Felodipine-M (dehydro-COOH) ME	1068
Felodipine-M (dehydro-COOH) TMS	1150
Felodipine-M (dehydro-deethyl-COOH) 2ME	1043
Felodipine-M (dehydro-deethyl-HO-) -H2O	846
Felodipine-M (dehydro-demethyl-COOH) 2ET	1118
Felodipine-M (dehydro-demethyl-HO-) -H2O	899
Felodipine-M (dehydro-HO-)	1008
Felodipine-M/A (dehydrodemethyldeethyl-) -CO2 TMS	907
Felodipine-M/artifact (dehydro-)	954
Felodipine-M/artifact (dehydro-deethyl-) ME	907
Felodipine-M/artifact (dehydro-deethyl-) TMS	1069
Felodipine-M/artifact (dehydro-deethyl-) -CO2	658
Felodipine-M/artifact (dehydro-demethyl-) ET	1000
Fenamiphos	627
Fenarimol	757
Fenazepam	837
Fenazepam TMS	1062
Fenazepam artifact-1	701
Fenazepam artifact-2	766
Fenazepam HY	658
Fenazepam HYAC	846
Fenazepam iso-1 ME	889
Fenazepam iso-2 ME	889
Fenazepam-M HY	658
Fenazepam-M HYAC	846
Fenbendazole ME	679
Fenbendazole 2ME	743
Fenbendazole artifact (decarbamoyl-) AC	527
Fenbendazole artifact (decarbamoyl-) AC	601
Fenbendazole artifact (decarbamoyl-) ME	401
Fenbendazole artifact (decarbamoyl-) 2ME	464
Fenbuconazole	787
Fenbufen	398
Fenbufen ME	460
Fenbufen-M (acetic acid HO-) 2ME	406
Fenbufen-M (dihydro-) ME	470
Fenbutrazate	911
Fencamfamine	258
Fencamfamine AC	411
Fencamfamine HFB	1044
Fencamfamine PFP	887
Fencamfamine TFA	671
Fencamfamine TMS	549
Fencamfamine-M (deethyl-) AC	304
Fencamfamine-M (deethyl-HO-) 2AC	547
Fencarbamide	750
Fenchlorphos	713
Fendiline	691
Fendiline AC	874
Fendiline-M (deamino-HO-) -H2O	205
Fendiline-M (HO-)	766
Fendiline-M (HO-) 2AC	1053
Fendiline-M (HO-methoxy-)	888
Fendiline-M (HO-methoxy-) 2AC	1108
Fendiline-M (N-dealkyl-) AC	395
Fendiline-M (N-dealkyl-HO-) 2AC	672
Fendiline-M (N-dealkyl-HO-methoxy-) 2AC	812
Fenetylline	814
Fenetylline AC	964
Fenetylline HFB	1180
Fenetylline PFP	1155
Fenetylline TFA	1093
Fenetylline-M (AM)	115
Fenetylline-M (AM)	115
Fenetylline-M (AM) AC	165
Fenetylline-M (AM) AC	165
Fenetylline-M (AM) HFB	762
Fenetylline-M (AM) PFP	521
Fenetylline-M (AM) TFA	309
Fenetylline-M (AM) TMS	235
Fenetylline-M (AM)-D5 AC	181
Fenetylline-M (AM)-D5 HFB	787
Fenetylline-M (AM)-D5 PFP	543
Fenetylline-M (AM)-D5 TFA	330
Fenetylline-M (AM)-D5 TMS	251
Fenetylline-M (AM)-D11 PFP	575
Fenetylline-M (AM)-D11 TFA	353
Fenetylline-M (etofylline)	288
Fenetylline-M (etofylline) AC	448
Fenetylline-M (etofylline) TMS	599
Fenetylline-M (N-dealkyl-) AC	443
Fenfluramine	309
Fenfluramine AC	481
Fenfluramine HFB	1073
Fenfluramine PFP	942
Fenfluramine TFA	743
Fenfluramine-M (deethyl-) AC	358
Fenfluramine-M (deethyl-HO-) 2AC	627
Fenfluramine-M (di-HO-) 3AC	983
Fenfluramine-M (HO-) 2AC	764
Fenfuram	221
Fenitrothion	498
Fenitrothion-M/artifact (3-methyl-4-nitrophenol)	132
Fenitrothion-M/artifact (3-methyl-4-nitrophenol) AC	206
Fenofibrate	884
Fenofibrate-M (HOOC-) ME	767
Fenofibrate-M (O-dealkyl-)	311
Fenofibrate-M (O-dealkyl-) AC	484
Fenoprofen	352
Fenoprofen ME	406
Fenoprofen artifact	247
Fenoprofen-M (HO-) 2ME	543
Fenoprop	457
Fenoprop ME	525
Fenoprop-M (2,4,5-trichlorophenol)	209
Fenoterol -H2O 4AC	1118
Fenoxaprop-ethyl	886
Fenoxaprop-ethyl-M/artifact (phenol)	244
Fenpipramide	724
Fenpipramide TMS	1000
Fenpropathrin	843
Fenpropemorph	632
Fenproporex	191
Fenproporex AC	308
Fenproporex HFB	966
Fenproporex PFP	780
Fenproporex TFA	534
Fenproporex-M	178
Fenproporex-M (AM)	115
Fenproporex-M (AM)	115
Fenproporex-M (AM) AC	165
Fenproporex-M (AM) AC	165
Fenproporex-M (AM) HFB	762
Fenproporex-M (AM) PFP	521
Fenproporex-M (AM) TFA	309
Fenproporex-M (AM) TMS	235
Fenproporex-M (AM) formyl artifact	125
Fenproporex-M (di-HO-) 3AC	832
Fenproporex-M (HO-) iso-1 2AC	553

Fenproporex-M (HO-) iso-2 2AC	553	Fipexide-M (piperazine) 2HFB	1146
Fenproporex-M (HO-methoxy-) 2AC	703	Fipexide-M (piperazine) 2TFA	505
Fenproporex-M (N-dealkyl-3-HO-) TMSTFA	708	Fipexide-M/artifact (HOOC-)	187
Fenproporex-M (N-dealkyl-3-HO-) 2AC	324	Fipexide-M/artifact (HOOC-) ME	218
Fenproporex-M (N-dealkyl-3-HO-) 2HFB	1182	Fipexide-M/artifcat (MDBP)	274
Fenproporex-M (N-dealkyl-3-HO-) 2PFP	1104	Fipexide-M/artifcat (MDBP) AC	431
Fenproporex-M (N-dealkyl-3-HO-) 2TFA	819	Fipexide-M/artifcat (MDBP) TMS	576
Fenproporex-M (N-dealkyl-3-HO-) 2TMS	594	Flamprop-isopropyl	894
Fenproporex-M (N-dealkyl-4-HO-)	129	Flamprop-methyl	782
Fenproporex-M (N-dealkyl-4-HO-) AC	201	Flecainide	1050
Fenproporex-M (N-dealkyl-4-HO-) TFA	366	Flecainide AC	1122
Fenproporex-M (N-dealkyl-4-HO-) 2AC	324	Flecainide 2TMS	1187
Fenproporex-M (N-dealkyl-4-HO-) 2HFB	1182	Flecainide formyl artifact	1071
Fenproporex-M (N-dealkyl-4-HO-) 2PFP	1104	Flecainide-M (HO-) 2AC	1172
Fenproporex-M (N-dealkyl-4-HO-) 2TFA	819	Flecainide-M (O-dealkyl-) 2AC	1054
Fenproporex-M (N-dealkyl-4-HO-) 2TMS	594	Fluanisone	870
Fenproporex-M (N-dealkyl-di-HO-) 3AC	579	Fluanisone-M	174
Fenproporex-M (N-dealkyl-HO-methoxy-) 2HFB	1189	Fluanisone-M (N,O-bis-dealkyl-) 2AC	431
Fenproporex-M (norephedrine) TMSTFA	708	Fluanisone-M (O-demethyl-)	818
Fenproporex-M (norephedrine) 2AC	325	Fluanisone-M (O-demethyl-) AC	968
Fenproporex-M (norephedrine) 2HFB	1183	Fluanisone-M/artifact AC	576
Fenproporex-M (norephedrine) 2PFP	1104	Fluazifop-butyl	963
Fenproporex-M (norephedrine) 2TFA	819	Flubenzimine	1053
Fenproporex-M 2AC	445	Fluchloralin	864
Fenproporex-M 2AC	450	Fluconazole	644
Fenproporex-M formyl art.	142	Fludiazepam	623
Fenproporex-M-D5 AC	181	Fludiazepam HY	433
Fenproporex-M-D5 HFB	787	Fludiazepam-M (nor-)	551
Fenproporex-M-D5 PFP	543	Fludiazepam-M (nor-) TMS	883
Fenproporex-M-D5 TFA	330	Fludiazepam-M (nor-) artifact	477
Fenproporex-M-D5 TMS	251	Fludiazepam-M (nor-) HY	373
Fenproporex-M-D11 PFP	575	Fludiazepam-M (nor-) HYAC	567
Fenproporex-M-D11 TFA	353	Flufenamic acid	520
Fenson	457	Flufenamic acid ME	589
Fensulfothion	653	Flufenamic acid MEAC	790
Fensulfothion impurity	574	Flufenamic acid TMS	857
Fentanyl	790	Flufenamic acid 2ME	659
Fentanyl-D5	815	Flufenamic acid-M (HO-) 2ME	734
Fenthion	505	Flumazenil	626
Fenticonazole	1119	Flumazenil-M (HOOC-) ME	556
Fenuron ME	168	Flumazenil-M (HOOC-) -CO2	309
Fenvalerate iso-1	1060	Flunarizine	1029
Fenvalerate iso-2	1061	Flunarizine-M (carbinol)	273
Ferulic acid ME	236	Flunarizine-M (carbinol) AC	430
Ferulic acid MEAC	379	Flunarizine-M (difluoro-benzophenone)	263
Ferulic acid 2ME	281	Flunarizine-M (HO-difluoro-benzophenone)	318
Ferulic acid 2TMS	797	Flunarizine-M (HO-difluoro-benzophenone) AC	495
Ferulic acid -CO2	127	Flunarizine-M (HO-methoxy-difluoro-benzophenone) AC	644
Ferulic acid glycine conjugate ME	443	Flunarizine-M (N-dealkyl-) AC	356
Ferulic acid glycine conjugate 2ME	510	Flunarizine-M (N-dealkyl-HO-) 2AC	624
Ferulic acid glycine conjugate 3TMS	1135	Flunarizine-M (N-desciannamyl-) AC	759
Fexofenadine 2TMS	1199	Flunitrazepam	679
Fexofenadine -H2O 2TMS	1197	Flunitrazepam HY	484
Fexofenadine -H2O -CO2	1097	Flunitrazepam-D7	715
Fexofenadine-M (benzophenone)	180	Flunitrazepam-D7 HY	522
Fexofenadine-M (N-dealkyl-oxo-) -2H2O	359	Flunitrazepam-M (amino-)	528
Fipexide	980	Flunitrazepam-M (amino-) AC	734
Fipexide Cl-artifact	156	Flunitrazepam-M (amino-) TMS	865
Fipexide-M (deethylene-MDBP) 2AC	506	Flunitrazepam-M (amino-) formyl artifact	590
Fipexide-M (deethylene-MDBP) 2HFB	1193	Flunitrazepam-M (amino-) HY	355
Fipexide-M (deethylene-MDBP) 2TFA	972	Flunitrazepam-M (amino-) HY2AC	749
Fipexide-M (HO-methoxy-BZP) AC	440	Flunitrazepam-M (nor-)	610
Fipexide-M (HO-methoxy-BZP) HFB	1058	Flunitrazepam-M (nor-) TMS	922
Fipexide-M (HO-methoxy-BZP) TFA	703	Flunitrazepam-M (nor-) HY	420
Fipexide-M (HO-methoxy-BZP) 2AC	645	Flunitrazepam-M (nor-) HYAC	623
Fipexide-M (N-dealkyl-) AC	597	Flunitrazepam-M (nor-amino-)	464
Fipexide-M (N-dealkyl-deethylene-) AC	468	Flunitrazepam-M (nor-amino-) AC	670
Fipexide-M (piperazine) 2AC	157	Flunitrazepam-M (nor-amino-) HY	307

Compound	Page
Flunitrazepam-M (nor-amino-) HY2AC	684
Fluocortolone	940
Fluocortolone AC	1059
Fluocortolone 2AC	1128
Fluoranthene	222
Fluorene	151
4-Fluorophenylacetic acid	133
4-Fluorophenylacetic acid ME	154
Fluorouracil	112
Fluoxetine	660
Fluoxetine	660
Fluoxetine AC	848
Fluoxetine HFB	1167
Fluoxetine ME	727
Fluoxetine PFP	1121
Fluoxetine TFA	1030
Fluoxetine TMS	957
Fluoxetine -H2O HYAC	192
Fluoxetine -H2O HYHFB	820
Fluoxetine -H2O HYPFP	578
Fluoxetine -H2O HYTMS	271
Fluoxetine HY2AC	375
Fluoxetine HY2HFB	1186
Fluoxetine HY2PFP	1123
Fluoxetine HY2TFA	871
Fluoxetine-D6	690
Fluoxetine-D6 AC	874
Fluoxetine-D6 HFB	1170
Fluoxetine-D6 TFA	1044
Fluoxetine-D6 TMS	977
Fluoxetine-D6 HY2PFP	1131
Fluoxetine-M (nor-) AC	792
Fluoxetine-M (nor-) HFB	1157
Fluoxetine-M (nor-) TFA	987
Fluoxetine-M (nor-) TMS	909
Fluoxetine-M (nor-) 2TMS	1096
Fluoxetine-M (nor-) formyl artifact	648
Fluoxetine-M (nor-) HY2AC	324
Fluoxetine-M (nor-) HY2PFP	1104
Fluoxymesterone	790
Fluoxymesterone AC	947
Fluoxymesterone TMS	1037
Fluoxymesterone enol 3TMS	1185
Flupentixol	1088
Flupentixol AC	1145
Flupentixol TMS	1168
Flupentixol-M (dealkyl-dihydro-) AC	1088
Flupentixol-M (dihydro-) AC	1146
Flupentixol-M/artifact (N-oxide) -C6H14N2O2	633
Fluphenazine	1093
Fluphenazine AC	1147
Fluphenazine TMS	1169
Fluphenazine-M (amino-) AC	903
Fluphenazine-M (dealkyl-) AC	1090
Fluphenazine-M (ring)	453
Flupirtine	635
Flupirtine 2AC	980
Flupirtine -C2H5OH	413
Flupirtine -C2H5OH AC	614
Flupirtine -C2H5OH 2AC	817
Flupirtine -C2H5OH 2TMS	1024
Flupirtine -C2H5OH 3TMS	1143
Flupirtine-M (decarbamoyl-) 3AC	877
Flupirtine-M (decarbamoyl-) formyl artifact 3AC	920
Flupirtine-M (decarbamoyl-) -H2O 2AC	807
Flurazepam	976
Flurazepam HY	838
Flurazepam-M (bis-deethyl-) AC	930
Flurazepam-M (bis-deethyl-) -H2O	679
Flurazepam-M (bis-deethyl-) -H2O HY	484
Flurazepam-M (bis-deethyl-) -H2O HYAC	692
Flurazepam-M (dealkyl-)	551
Flurazepam-M (dealkyl-) ME	623
Flurazepam-M (dealkyl-) TMS	883
Flurazepam-M (dealkyl-) artifact	477
Flurazepam-M (dealkyl-) HY	373
Flurazepam-M (dealkyl-) HYAC	567
Flurazepam-M (dealkyl-HO-)	633
Flurazepam-M (deethyl-) AC	1020
Flurazepam-M (HO-ethyl-)	767
Flurazepam-M (HO-ethyl-) AC	933
Flurazepam-M (HO-ethyl-) HY	578
Flurazepam-M (HO-ethyl-) HYAC	782
Flurazepam-M/artifact	683
Flurazepam-M/artifact AC	545
Flurbiprofen	355
Flurbiprofen ME	413
Flurbiprofen-M (di-HO-) 3ME	703
Flurbiprofen-M (HO-) 2ME	553
Flurbiprofen-M (HO-methoxy-) 2ME	703
Flurenol ME	343
Flurenol artifact	174
Flurochloridone	669
Flurodifen	747
Fluroxypyr ME	457
Fluroxypyr 2ME	525
Flusilazole	688
Fluspirilene	1144
Fluspirilene AC	1174
Fluspirilene-M (deamino-carboxy-)	496
Fluspirilene-M (deamino-carboxy-) ME	563
Fluspirilene-M (deamino-HO-)	430
Fluspirilene-M (deamino-HO-) AC	635
Fluspirilene-M (N-dealkyl-) ME	360
Fluspirilene-M (N-dealkyl-oxo-)	359
Fluspirilene-M (N-dealkyl-oxo-) AC	547
Fluspirilene-M (N-dealkyl-oxo-) ME	417
Flutazolam	939
Flutazolam AC	1058
Flutazolam artifact	415
Flutazolam HY	578
Flutazolam HYAC	782
Fluvoxamine	703
Fluvoxamine AC	885
Fluvoxamine HFB	1172
Fluvoxamine PFP	1132
Fluvoxamine TFA	1050
Fluvoxamine TMS	985
Fluvoxamine artifact	751
Fluvoxamine artifact (imine)	416
Fluvoxamine artifact (ketone)	421
Fluvoxamine-M (HO-HOOC-) (ME)2AC	1084
Fluvoxamine-M (HOOC-) (ME)AC	933
Fluvoxamine-M (HOOC-) artifact (ketone)	420
Fluvoxamine-M (HOOC-) artifact (ketone) (ME)	485
Fluvoxamine-M (O-demethyl-) 2AC	980
Fluvoxamine-M (O-demethyl-) artifact (ketone) AC	552
Fluvoxate	989
Fluvoxate artifact (dehydro-)	983
Fluvoxate artifact (dihydro-)	995
Fluvoxate-M/artifact (alcohol)	112
Fluvoxate-M/artifact (alcohol) AC	158
Fluvoxate-M/artifact (HOOC-)	516
Fluvoxate-M/artifact (HOOC-) ET	654
Fluvoxate-M/artifact (HOOC-) ME	585
Fluvoxate-M/artifact (HOOC-) isopropylester	722

Compound	Page	Compound	Page
Folpet	588	Galantamine-M (nor-) HYAC	802
Fonofos	361	Gallopamil	1151
Formaldehyde	89	Gallopamil-M (N-bis-dealkyl-) AC	840
Formetanate	277	Gallopamil-M (N-dealkyl-)	716
Formetanate -C2HNO	152	Gallopamil-M (N-dealkyl-) AC	892
Formoterol HY	148	Gallopamil-M (N-dealkyl-bis-O-demethyl-) 2AC	940
Formoterol HY	148	Gallopamil-M (N-dealkyl-O-demethyl-) 2AC	986
Formoterol HY AC	234	Gallopamil-M (nor-)	1139
Formoterol HY AC	235	Gallopamil-M (nor-) AC	1171
Formoterol HY -2H	143	Gallopamil-M (O-demethyl-) AC	1171
Formoterol HY formyl artifact	166	GC septum bleed	1166
Formoterol HYHFB	886	GC stationary phase (methylsilicone)	1076
Formoterol HYPFP	670	GC stationary phase (OV-101)	863
Formoterol HYTFA	425	GC stationary phase (OV-17)	1115
Formothion	408	GC stationary phase (UCC-W-982)	1077
Formothion -CO	302	Gemfibrozil ME	441
4-Formyl-phenazone	259	Gepefrine TMSTFA	708
Fosazepam	883	Gepefrine 2AC	324
Frangula-emodin	468	Gepefrine 2HFB	1182
Frangula-emodin AC	674	Gepefrine 2PFP	1104
Frangula-emodin 2ME	605	Gepefrine 2TFA	819
Frangula-emodin 3ME	675	Gepefrine 2TMS	594
Frigen 11	116	Gepefrine formyl artifact ME	165
Frigen 12	106	Gestonorone caproate	1051
Frovatriptan	354	Gestonorone -H2O	608
Frovatriptan ME	411	GHB -H2O	97
Frovatriptan TMS	690	GHB 2TMS	371
Frovatriptan iso-1 2TMS	977	Glibenclamide artifact-1	290
Frovatriptan iso-1 3TMS	1127	Glibenclamide artifact-2	556
Frovatriptan iso-2 2TMS	978	Glibenclamide artifact-3 ME	958
Frovatriptan iso-2 3TMS	1127	Glibenclamide artifact-3 2ME	1004
Fructose 5AC	984	Glibenclamide artifact-4 ME	1136
Fructose 5HFB	1207	Glibornuride AC	1036
Fructose 5PFP	1205	Glibornuride 2TMS	1170
Fructose 5TFA	1200	Glibornuride artifact-1	156
Fuberidazole	184	Glibornuride artifact-1 2AC	395
Furalaxyl	619	Glibornuride artifact-1 2TMS	682
Furmecyclox	387	Glibornuride artifact-1 -H2O AC	202
Furosemide ME	823	Glibornuride artifact-2	176
Furosemide 2ME	876	Glibornuride artifact-3	212
Furosemide 2TMS	1142	Glibornuride artifact-4	158
Furosemide 3ME	926	Glibornuride artifact-4 AC	332
Furosemide 3TMS	1184	Glibornuride artifact-4 ME	186
Furosemide -SO2NH	382	Glibornuride artifact-4 TMS	354
Furosemide -SO2NH ME	441	Glibornuride artifact-4 2ME	217
Furosemide -SO2NH 2ME	509	Glibornuride artifact-5	208
Furosemide-M (N-dealkyl-) ME	437	Glibornuride artifact-5 ME	243
Furosemide-M (N-dealkyl-) MEAC	643	Glibornuride artifact-6 ME	247
Furosemide-M (N-dealkyl-) 2ME	505	Glibornuride -H2O ME	891
Furosemide-M (N-dealkyl-) 2MEAC	714	Glibornuride-M (HO-) artifact AC	303
Furosemide-M (N-dealkyl-) -SO2NH ME	186	Glibornuride-M (HO-) artifact ME	220
Furosemide-M (N-dealkyl-) -SO2NH MEAC	297	Glibornuride-M (HO-) artifact 2ME	257
Furosemide-M (N-dealkyl-) -SO2NH 2ME	216	Glibornuride-M (HO-) artifact 3TMS	1026
Gabapentin -H2O	133	Glibornuride-M (HO-bornyl-) artifact	247
Gabapentin -H2O AC	208	Glibornuride-M (HO-bornyl-) artifact 2TMS	867
Gabapentin -H2O ME	153	Glibornuride-M (HOOC-) artifact 2ME	303
Galactose 5AC	984	Glibornuride-M (HOOC-) artifact 3ME	354
Galactose 5HFB	1207	Gliclazide	726
Galactose 5PFP	1205	Gliclazide artifact-1 ME	185
Galactose 5TFA	1200	Gliclazide artifact-2	212
Galantamine	547	Gliclazide artifact-3	156
Galantamine AC	755	Gliclazide artifact-4	158
Galantamine HFB	1150	Gliclazide artifact-4 ME	186
Galantamine PFP	1086	Gliclazide artifact-4 TMS	354
Galantamine TFA	963	Gliclazide artifact-4 2ME	217
Galantamine TMS	881	Gliclazide artifact-5 AC	243
Galantamine -H2O	465	Gliclazide-M (HO-) artifact AC	303
Galantamine HYAC	672	Gliclazide-M (HO-) artifact ME	220

Compound	Page
Gliclazide-M (HO-) artifact 2ME	257
Gliclazide-M (HO-) artifact 3TMS	1026
Gliclazide-M (HOOC-) artifact 2ME	303
Gliclazide-M (HOOC-) artifact 3ME	354
Glimepiride artifact-1 ME	158
Glimepiride artifact-2 ME	182
Glimepiride artifact-3	109
Glimepiride artifact-3 TMS	213
Glimepiride artifact-4	392
Glimepiride artifact-5 ME	342
Glimepiride artifact-5 2ME	398
Glimepiride-M (HO-) artifact ME	190
Glimepiride-M (HOOC-) artifact 2ME	257
Glipizide artifact-1	290
Glipizide artifact-2 ME	779
Glipizide artifact-2 TMS	991
Glipizide artifact-2 TMS	992
Glipizide artifact-2 2ME	838
Gliquidone artifact-1	269
Gliquidone artifact-2	290
Gliquidone artifact-3	728
Gliquidone artifact-4	1023
Gliquidone artifact-4 ME	1054
Gliquidone artifact-4 TMS	1143
Gliquidone artifact-4 2ME	1080
Gliquidone artifact-5 ME	1165
Glisoxepide artifact-1 ME	160
Glisoxepide artifact-3 ME	725
Glisoxepide artifact-3 2ME	791
Gluconic acid ME5AC	1062
Glucose 5AC	985
Glucose 5HFB	1207
Glucose 5PFP	1206
Glucose 5TFA	1200
Glucose 5TMS	1181
Glutethimide	261
Glutethimide TMS	559
Glutethimide 2TMS	888
Glutethimide-M (HO-ethyl-)	315
Glutethimide-M (HO-ethyl-) AC	489
Glutethimide-M (HO-phenyl-)	315
Glutethimide-M (HO-phenyl-) AC	489
Glycerol 3AC	264
Glycerol 3TMS	657
Glyceryl dimyristate -H2O	1161
Glyceryl monomyristate	625
Glyceryl monooleate 2AC	1099
Glyceryl monopalmitate	760
Glyceryl monopalmitate 2AC	1051
Glyceryl monopalmitate 2TMS	1143
Glyceryl monostearate 2AC	1104
Glyceryl monostearate 2TMS	1166
Glyceryl triacetate	264
Glyceryl tridecanoate	1186
Glyceryl trioctanoate	1139
Glycophen	752
Glyphosate 3ME	246
Glyphosate 4ME	290
Granisetron	677
Grepafloxacin ME	931
Grepafloxacin TMS	1083
Grepafloxacin 2ME	977
Grepafloxacin -CO2	690
Grepafloxacin -CO2 ME	756
Grepafloxacin -CO2 TMS	977
Guaifenesin	215
Guaifenesin AC	344
Guaifenesin 2AC	526
Guaifenesin 2TMS	818
Guaifenesin-M (HO-) 3AC	807
Guaifenesin-M (HO-methoxy-) 2AC	748
Guaifenesin-M (HO-methoxy-) 3AC	919
Guaifenesin-M (O-demethyl-)	184
Guaifenesin-M (O-demethyl-) 3AC	666
Guanfacine	357
Guanfacine AC	545
Guanfacine HFB	1099
Guanfacine PFP	986
Guanfacine TFA	809
Guanfacine artifact (-COONH2)	223
Guanfacine artifact (-COONH2) TMS	488
Guanfacine artifact (-COONH2) 2AC	545
Guanfacine artifact (-COONH2) 2TMS	834
Guanfacine artifact (HOOC-) ME	262
Guanfacine artifact (HOOC-) TMS	494
Guanfacine artifact (-NH3) TMS	613
Halazepam	852
Halazepam HY	678
Halazepam-M (HO-) iso-1 HYAC	921
Halazepam-M (HO-) iso-2 HYAC	921
Halazepam-M (HO-methoxy-) HYAC	1019
Halazepam-M (N-dealkyl-HO-)	541
Halazepam-M (N-dealkyl-HO-) AC	747
Halazepam-M (N-dealkyl-HO-) HY	365
Halazepam-M (N-dealkyl-HO-) HYAC	556
Halazepam-M (N-dealkyl-HO-) iso-1 HY2AC	762
Halazepam-M (N-dealkyl-HO-) iso-2 HY2AC	762
Halazepam-M (N-dealkyl-HO-methoxy-) HY2AC	886
Halazepam-M artifact	342
Halazepam-M HYAC	480
Haloperidol	936
Haloperidol TMS	1110
Haloperidol 2TMS	1174
Haloperidol -H2O	873
Haloperidol-D4	948
Haloperidol-D4 TMS	1115
Haloperidol-D4 2TMS	1176
Haloperidol-D4 -H2O	887
Haloperidol-M	174
Haloperidol-M	282
Haloperidol-M	339
Haloperidol-M (N-dealkyl-)	246
Haloperidol-M (N-dealkyl-) AC	393
Haloperidol-M (N-dealkyl-) -H2O AC	322
Haloperidol-M (N-dealkyl-oxo-) -2H2O	191
Halothane	209
Harmaline	256
Harmaline AC	407
Harmaline HFB	1040
Harmaline PFP	884
Harmaline TFA	665
Harmaline 2AC	606
Harmaline -2H	249
Harmaline -2H AC	399
Harmaline artifact (dihydro-)	260
Harmaline-M (O-demethyl-) -2H	214
Harmaline-M (O-demethyl-) -2H AC	343
Harmine	249
Harmine AC	399
Harmine-M (O-demethyl-)	214
Harmine-M (O-demethyl-) AC	343
Heptabarbital	381
Heptabarbital (ME)	440
Heptabarbital 2ME	508
Heptabarbital 2TMS	999
Heptabarbital-M (HO-)	451

Compound	Page
Heptabarbital-M (HO-) -H2O	371
Heptachlor	918
Heptachlorepoxide	971
2,2',3,4,4',5,5'-Heptachlorobiphenyl	990
Heptadecane	346
Heptadecane	346
Heptadecanoic acid ET	608
Heptadecanoic acid ME	537
Heptafluorobutanoic acid	253
Heptafluorobutanoic acid	253
Heptaminol	123
Heptaminol 2AC	305
Heptane	100
Heptenophos	379
Heroin	915
Heroin Cl-artifact	1026
Heroin-D3	928
Heroin-M (3-acetyl-morphine)	744
Heroin-M (3-acetyl-morphine) PFP	1141
Heroin-M (3-acetyl-morphine) TMS	1015
Heroin-M (6-acetyl-morphine)	744
Heroin-M (6-acetyl-morphine) HFB	1176
Heroin-M (6-acetyl-morphine) PFP	1141
Heroin-M (6-acetyl-morphine) TFA	1065
Heroin-M (6-acetyl-morphine) TMS	1015
Heroin-M (6-acetyl-morphine)-D3	760
Heroin-M (6-acetyl-morphine)-D3 HFB	1177
Heroin-M (6-acetyl-morphine)-D3 PFP	1145
Heroin-M (6-acetyl-morphine)-D3 TFA	1072
Heroin-M (6-acetyl-morphine)-D3 TMS	1024
Heroin-M (morphine)	539
Heroin-M (morphine) TFA	955
Heroin-M (morphine) 2HFB	1201
Heroin-M (morphine) 2PFP	1191
Heroin-M (morphine) 2TFA	1145
Heroin-M (morphine) 2TMS	1079
Heroin-M (morphine)-D3 TFA	967
Heroin-M (morphine)-D3 2HFB	1202
Heroin-M (morphine)-D3 2PFP	1192
Heroin-M (morphine)-D3 2TFA	1148
Heroin-M (morphine)-D3 2TMS	1085
Heroin-M 2PFP	1188
Heroin-M 3AC	1010
Heroin-M 3PFP	1203
Heroin-M 3TMS	1155
Hexachlorobenzene	525
2,2',3,4,4',5'-Hexachlorobiphenyl	875
2,2',4,4',5,5'-Hexachlorobiphenyl	875
alpha-Hexachlorocyclohexane (HCH)	549
delta-Hexachlorocyclohexane (HCH)	549
gamma-Hexachlorocyclohexane (HCH)	550
1,2,3,4,7,8-Hexachlorodibenzofuran (HXCDF)	925
1,2,3,6,7,8-Hexachlorodibenzofuran (HXCDF)	925
2,3,4,6,7,8-Hexachlorodibenzofuran (HXCDF)	926
Hexachlorophene	1027
Hexacosane	907
Hexadecane	296
Hexamid	766
Hexamid-M (bis-deethyl-) AC	697
Hexamid-M (deethyl-)	629
Hexamid-M (deethyl-) AC	829
Hexamid-M (deethyl-HO-) 2AC	1027
Hexamid-M (phenobarbital)	312
Hexamid-M (phenobarbital) 2TMS	939
Hexane	97
Hexazinone	392
Hexethal	345
Hexethal 2ME	462
Hexobarbital	330
Hexobarbital ME	381
Hexobarbital-M (HO-) -H2O	320
Hexobarbital-M (nor-)	281
Hexobarbital-M (oxo-)	380
Hexobarbital-M (oxo-) ME	439
Hexobendine-M/A (trimethoxybenzoic acid) ET	344
Hexobendine-M/A (trimethoxybenzoic acid) ME	293
Hexobendine-M/artifact (trimethoxybenzoic acid)	248
Hexyloctylphthalate	893
Hexylresorcinol	206
Hexylresorcinol AC	330
Hexylresorcinol 2AC	507
Hippuric acid	169
Hippuric acid ME	199
Hippuric acid TMS	383
Hippuric acid 2TMS	727
Histapyrrodine	519
Histapyrrodine-M (HO-)	600
Histapyrrodine-M (HO-) AC	799
Histapyrrodine-M (N-dealkyl-)	182
Histapyrrodine-M (N-dealkyl-) AC	291
Histapyrrodine-M (N-debenzyl-)	194
Histapyrrodine-M (N-debenzyl-oxo-)	227
Histapyrrodine-M (N-debenzyl-oxo-) AC	363
Histapyrrodine-M (N-dephenyl-) AC	364
Histapyrrodine-M (N-dephenyl-HO-) -H2O	260
Histapyrrodine-M (N-dephenyl-oxo-) AC	422
Histapyrrodine-M (oxo-)	587
Homatropine	490
Homatropine AC	698
Homatropine TMS	836
Homatropine-M (mandelic acid)	131
Homatropine-M (mandelic acid) ME	149
Homatropine-M (nor-) 2AC	829
Homatropine-M/artifact (tropine) AC	183
Homofenazine	1115
Homofenazine AC	1159
Homofenazine-M (amino-) AC	903
Homofenazine-M (dealkyl-) AC	1112
Homofenazine-M (ring)	453
Homovanillic acid	179
Homovanillic acid HFB	945
Homovanillic acid ME	210
Homovanillic acid MEAC	336
Homovanillic acid MEHFB	991
Homovanillic acid MEPFP	815
Homovanillic acid METMS	461
Homovanillic acid PFP	747
Homovanillic acid 2ME	244
Homovanillic acid 2TMS	740
Hydrocaffeic acid	179
Hydrocaffeic acid ME	210
Hydrocaffeic acid ME2AC	516
Hydrocaffeic acid ME2HFB	1193
Hydrocaffeic acid ME2PFP	1155
Hydrocaffeic acid ME2TMS	807
Hydrocaffeic acid METFA	574
Hydrocaffeic acid 3TMS	1012
Hydrocaffeic acid -CO2	118
Hydrochlorothiazide	600
Hydrochlorothiazide 4ME	856
Hydrochlorothiazide artifact ME	272
Hydrochlorothiazide -SO2NH ME	311
Hydrocodone	611
Hydrocodone enol AC	813
Hydrocodone enol TMS	925
Hydrocodone enol Cl-artifact AC	936

Compound	Page
Hydrocodone-M (dihydro-) 6-beta isomer TMS	932
Hydrocodone-M (N,O-bisdemethyl-) enol 3TMS	1155
Hydrocodone-M (N,O-bis-demethyl-dihydro-) 3AC	1014
Hydrocodone-M (N,O-bisdemethyl-dihydro-) 6-beta iso. 3TMS	1157
Hydrocodone-M (N-demethyl-) enol 2TMS	1079
Hydrocodone-M (N-demethyl-dihydro-) iso. 2TMS	1083
Hydrocodone-M (nor-) AC	744
Hydrocodone-M (nor-dihydro-)	547
Hydrocodone-M (nor-dihydro-) AC	755
Hydrocodone-M (nor-dihydro-) 2AC	924
Hydrocodone-M (O-demethyl-) TMS	873
Hydrocodone-M (O-demethyl-) enol 2AC	916
Hydrocodone-M (O-demethyl-) enol 2TFA	1145
Hydrocodone-M (O-demethyl-) enol 2TMS	1079
Hydrocodone-M (O-demethyl-dihydro-)	547
Hydrocodone-M (O-demethyl-dihydro-) AC	755
Hydrocodone-M (O-demethyl-dihydro-) TFA	963
Hydrocodone-M (O-demethyl-dihydro-) 2AC	924
Hydrocodone-M (O-demethyl-dihydro-) 2HFB	1202
Hydrocodone-M (O-demethyl-dihydro-) 2PFP	1191
Hydrocodone-M (O-demethyl-dihydro-) 2TFA	1147
Hydrocodone-M (O-demethyl-dihydro-) 6-alpha isomer 2TMS	1083
Hydrocodone-M (O-demethyl-dihydro-) 6-beta isomer 2TMS	1083
Hydrocortisone	892
Hydrocotarnine	276
Hydromorphone	539
Hydromorphone AC	745
Hydromorphone HFB	1149
Hydromorphone PFP	1082
Hydromorphone TMS	873
Hydromorphone 2HFB	1201
Hydromorphone enol 2AC	916
Hydromorphone enol 2PFP	1191
Hydromorphone enol 2TFA	1145
Hydromorphone enol 2TMS	1079
Hydromorphone-M (dihydro-)	547
Hydromorphone-M (dihydro-) AC	755
Hydromorphone-M (dihydro-) TFA	963
Hydromorphone-M (dihydro-) 2AC	924
Hydromorphone-M (dihydro-) 2HFB	1202
Hydromorphone-M (dihydro-) 2PFP	1191
Hydromorphone-M (dihydro-) 2TFA	1147
Hydromorphone-M (dihydro-) 6-alpha isomer 2TMS	1083
Hydromorphone-M (dihydro-) 6-beta isomer 2TMS	1083
Hydromorphone-M (N-demethyl-) enol 3TMS	1155
Hydromorphone-M (N-demethyldihydro-) iso. 3TMS	1157
Hydroquinone	103
Hydroquinone 2AC	203
Hydroquinone 2ME	118
Hydroquinone-M (2-HO-)	110
Hydroquinone-M (2-HO-) 3AC	388
Hydroquinone-M (2-methoxy-) 2AC	287
N-Hydroxy-Amfetamine	129
N-Hydroxy-Amfetamine AC	201
N-Hydroxy-Amfetamine TFA	366
N-Hydroxy-Amfetamine 2AC	325
Hydroxyandrostanedione	636
Hydroxyandrostanedione AC	833
Hydroxyandrostene	487
Hydroxyandrostene AC	695
11-Hydroxyandrosterone	646
11-Hydroxyandrosterone AC	840
11-Hydroxyandrosterone enol 3TMS	1175
3-Hydroxybenzoic acid	118
3-Hydroxybenzoic acid AC	173
3-Hydroxybenzoic acid ME	130
3-Hydroxybenzoic acid MEAC	203
3-Hydroxybenzoic acid 2ME	149
3-Hydroxybenzoic acid 2TMS	526
4-Hydroxybenzoic acid 2ME	150
3-Hydroxybenzylalcohol	109
Bis(2-Hydroxy-3-tert-butyl-5-ethylphenyl)methane	914
4-Hydroxybutyric acid 2TMS	371
gamma-Hydroxybutyric acid 2TMS	371
Bis-(Hydroxy-dimethylphenyl-)methylpropane	608
15-Hydroxy-5,8,11,13-eicosatetraenoic acid METFA	1080
15-Hydroxy-5,8,11,13-eicosatetraenoic acid -H2O ME	694
Hydroxyethylsalicylate	179
Hydroxyethylsalicylate 2AC	448
Hydroxyethylurea	101
11-Hydroxyetiocholanolone	646
11-Hydroxyetiocholanolone AC	840
11-Hydroxyetiocholanolone enol 3TMS	1176
4-Hydroxyhippuric acid ME	240
5-Hydroxyindole	113
5-Hydroxyindole AC	161
5-Hydroxyindoleacetic acid 2ME	269
5-Hydroxyindolepropanoic acid 2ME	315
N-Hydroxy-MDA 2AC	510
N-Hydroxy-MDA TFA	568
Hydroxy-methoxy-acetophenone AC	236
4-Hydroxy-3-methoxy-benzylamine 2AC	333
4-Hydroxy-3-methoxy-cinnamic acid ME	236
4-Hydroxy-3-methoxy-cinnamic acid MEAC	379
4-Hydroxy-3-methoxy-cinnamic acid 2ME	281
4-Hydroxy-3-methoxy-cinnamic acid 2TMS	797
4-Hydroxy-3-methoxy-cinnamic acid -CO2	127
4-Hydroxy-3-methoxy-cinnamic acid glycine conj.	443
4-Hydroxy-3-methoxy-cinnamic acid glycine conj. 2ME	510
4-Hydroxy-3-methoxy-cinnamic acid glycine conj. 3TMS	1135
4-Hydroxy-3-methoxyhydrocinnamic acid ME	244
4-Hydroxy-3-methoxyhydrocinnamic acid MEAC	390
4-Hydroxy-3-methoxyhydrocinnamic acid 2TMS	807
4-Hydroxy-3-methoxy-phenethylamine	152
Hydroxymethoxyflavone	459
Hydroxymethoxyflavone AC	665
Hydroxymethoxyflavone ME	526
Hydroxypethidine AC	640
3-Hydroxyphenylacetic acid 2TMS	598
4-Hydroxyphenylacetic acid	130
4-Hydroxyphenylacetic acid AC	203
4-Hydroxyphenylacetic acid HFB	837
4-Hydroxyphenylacetic acid ME	150
4-Hydroxyphenylacetic acid MEAC	236
4-Hydroxyphenylacetic acid MEHFB	890
4-Hydroxyphenylacetic acid MEPFP	674
4-Hydroxyphenylacetic acid METFA	429
4-Hydroxyphenylacetic acid METMS	336
4-Hydroxyphenylacetic acid TFA	369
4-Hydroxyphenylacetic acid 2ME	175
4-Hydroxyphenylacetic acid 2PFP	1079
4-Hydroxyphenylacetic acid 2TMS	599
Hydroxyprogesterone -H2O	677
Hydroxyproline ME2AC	303
Hydroxyproline MEAC	189
2-Hydroxyquinoxaline	124
2-Hydroxyquinoxaline ME	138
3-Hydroxytyramine 3AC	510
3-Hydroxytyramine 4AC	718
Hydroxyzine	934
Hydroxyzine AC	1055
Hydroxyzine artifact	222
Hydroxyzine artifact	311
Hydroxyzine-M	515
Hydroxyzine-M (carbinol)	263
Hydroxyzine-M (carbinol) AC	420

Compound	Page
Hydroxyzine-M (Cl-benzophenone)	258
Hydroxyzine-M (HO-Cl-benzophenone)	311
Hydroxyzine-M (HO-Cl-BPH) iso-1 AC	484
Hydroxyzine-M (HO-Cl-BPH) iso-2 AC	484
Hydroxyzine-M (HOOC-) ME	1024
Hydroxyzine-M (N-dealkyl-)	543
Hydroxyzine-M (N-dealkyl-) AC	749
Hydroxyzine-M AC	609
Hydroxyzine-M/artifact	616
Hydroxyzine-M/artifact 2AC	414
Hydroxyzine-M/artifact HYAC	515
Hymecromone	162
Hymecromone AC	263
Hymexazol	99
Hyoscyamine	559
Hyoscyamine AC	765
Hyoscyamine TMS	888
Hyoscyamine -H2O	475
Ibuprofen	231
Ibuprofen ME	274
Ibuprofen TMS	508
Ibuprofen-M (HO-) MEAC	508
Ibuprofen-M (HO-) -H2O	226
Ibuprofen-M (HO-) -H2O ME	265
Ibuprofen-M (HO-) iso-1 ME	330
Ibuprofen-M (HO-) iso-2 ME	331
Ibuprofen-M (HO-) iso-3 ME	331
Ibuprofen-M (HO-) iso-4 ME	331
Ibuprofen-M (HO-HOOC-) -H2O 2ME	430
Ibuprofen-M (HOOC-) 2ME	439
Idobutal	289
Idobutal 2ME	391
Imazalil	596
Imidapril ME	1061
Imidapril TMS	1146
Imidapril artifact	318
Imidaprilate 2ME	1031
Imidaprilate 2TMS	1175
Imidaprilate 3ME	1061
Imidapril-M (deethyl-) 2ME	1031
Imidapril-M (deethyl-) 2TMS	1175
Imidapril-M (deethyl-) 3ME	1061
2,2'-Iminodibenzyl	207
2,2'-Iminodibenzyl ME	242
Imipramine	519
Imipramine-M (bis-nor-) AC	586
Imipramine-M (bis-nor-HO-) 2AC	855
Imipramine-M (di-HO-ring)	297
Imipramine-M (di-HO-ring) 2AC	670
Imipramine-M (HO-)	600
Imipramine-M (HO-) AC	799
Imipramine-M (HO-) ME	668
Imipramine-M (HO-methoxy-ring)	347
Imipramine-M (HO-methoxy-ring) AC	529
Imipramine-M (HO-ring)	246
Imipramine-M (HO-ring) AC	393
Imipramine-M (nor-)	453
Imipramine-M (nor-) AC	657
Imipramine-M (nor-) HFB	1130
Imipramine-M (nor-) PFP	1047
Imipramine-M (nor-) TFA	891
Imipramine-M (nor-) TMS	800
Imipramine-M (nor-di-HO-) 3AC	1068
Imipramine-M (nor-HO-) 2AC	906
Imipramine-M (ring)	207
Imipramine-M (ring) ME	242
Impurity	166
Impurity	373
Impurity	1099
Impurity AC	176
Impurity AC	203
Impurity AC	206
Impurity AC	267
Impurity AC	267
Impurity AC	267
Impurity AC	267
Impurity AC	268
Impurity AC	341
Impurity TMS	1151
Indanavir	1196
Indanavir TFA	1203
Indanavir artifact	139
Indanavir artifact -H2O AC	161
Indanavir artifact -H2O HFB	742
Indanavir artifact -H2O PFP	499
Indanavir artifact -H2O TFA	297
Indanazoline AC	354
Indapamide -2H 3ME	1030
Indapamide 3ME	1033
Indapamide artifact (ME)	318
Indapamide-M/artifact (H2N-)	125
Indapamide-M/artifact (HOOC-) 3ME	499
Indeloxazine	309
Indeloxazine AC	481
Indeloxazine ME	359
Indeloxazine TFA	743
Indeloxazine TMS	630
Indene	105
Indeno[1,2,3-c,d]pyrene	496
Indole	105
Indole acetic acid ME	192
Indole propionic acid ME	224
Indometacin	871
Indometacin ET	969
Indometacin ME	922
Indometacin TMS	1078
Indometacin artifact ME	315
Indometacin artifact 2ME	367
Indometacin-M (chlorobenzoic acid)	136
Indometacin-M (HO-) 2ME	1020
Inositol 6AC	1084
Instillagel (TM) ingredient	313
Iodofenphos	1046
Ionol	275
Ionol-4	382
Ionol-acetamide	503
Ioxynil ME	969
IPCC	152
IPCC	152
IPCC -HCN	119
IPCC -HCN	119
Irbesartan ME	1104
Irganox	1178
Isoaminile	357
Isoaminile-M (nor-)	308
Isobutylbenzene	114
Isocarbamide 2ME	253
Isocitric acid 3ME	319
Isoconazole	1049
Isofenphos	828
Isofenphos-M/artifact (HOOC-) ME	696
Iso-LSD TMS	1075
Iso-Lysergide (iso-LSD) TMS	1075
Isoniazid	117
Isoniazid AC	170
Isoniazid 2AC	276

Compound	Page
Isoniazid acetone derivate	165
Isoniazid artifact (HOOC-) TMS	207
Isoniazid formyl artifact	126
Isoniazid formyl artifact AC	195
Isoniazid-M glycine conjugate	174
Isonicotinic acid TMS	207
Isooctane	104
Isoprenaline 4AC	948
Isopropanol	92
N-Isopropyl-BDB	326
N-Isopropyl-BDB AC	502
N-Isopropyl-BDB TFA	764
Isopropylbenzene	107
Isoproturon ME	274
Isopyrin	360
Isopyrin AC	548
Isopyrin-M (nor-) 2AC	689
Isopyrin-M (nor-HO-) -H2O 2AC	680
Isosteviol	705
Isosteviol ME	771
Isothipendyl	538
Isothipendyl-M (bis-nor-)	410
Isothipendyl-M (bis-nor-) AC	610
Isothipendyl-M (HO-)	619
Isothipendyl-M (HO-) AC	821
Isothipendyl-M (HO-ring)	259
Isothipendyl-M (HO-ring) AC	412
Isothipendyl-M (nor-)	474
Isothipendyl-M (nor-) AC	679
Isothipendyl-M (nor-HO-) 2AC	923
Isothipendyl-M (nor-sulfone) AC	828
Isothipendyl-M (nor-sulfoxide) AC	753
Isothipendyl-M (ring)	219
Isovanillic acid MEAC	287
Isoxaben	769
Isradipine	923
Isradipine ME	970
Isradipine-M (dehydro-demethyl-HO-) -H2O	856
Isradipine-M/artifact (dehydro-)	915
Isradipine-M/artifact (dehydro-deisopropyl-) ME	810
Isradipine-M/artifact (dehydro-deisopropyl-) TMS	1014
Isradipine-M/artifact (dehydro-demethyl-) TMS	1073
Isradipine-M/artifact (deisopropyl-) ME	821
Isradipine-M/artifact (deisopropyl-) 2ME	873
Kadethrin	1006
Karbutilate -C3H5NO	238
Karbutilate -C5H9NO	175
Kavain	307
Kavain -CO2	188
Kavain-M (O-demethyl-) -CO2	159
Kebuzone	723
Kebuzone artifact	449
Kebuzone enol ME	789
Kebuzone-M (HO-) enol 2ME	905
Kelevan	1197
Kelevan artifact	1153
Ketamine	333
Ketamine AC	510
Ketamine TMS	660
Ketamine isomer	333
Ketamine-D4	348
Ketamine-D4 AC	529
Ketamine-D4 HFB	1093
Ketamine-D4 ME	403
Ketamine-D4 TFA	791
Ketamine-D4 TMS	681
Ketamine-M (nor-)	283
Ketamine-M (nor-) AC	442
Ketamine-M (nor-di-HO-) -2H2O	268
Ketamine-M (nor-di-HO-) -2H2O AC	424
Ketamine-M (nor-HO-) -H2O	275
Ketamine-M (nor-HO-) -H2O AC	433
Ketamine-M (nor-HO-) -NH3	280
Ketamine-M (nor-HO-) -NH3 -H2O	225
Ketamine-M (nor-HO-) -NH3 -H2O AC	362
Ketamine-M/artifact	191
Ketanserin-M/artifact	221
Ketazolam artifact	532
Ketazolam HY	358
Ketazolam HYAC	546
Ketazolam-M	468
Ketazolam-M	532
Ketazolam-M	542
Ketazolam-M TMS	817
Ketazolam-M TMS	876
Ketazolam-M 2TMS	1080
Ketazolam-M artifact-1	342
Ketazolam-M artifact-2	397
Ketazolam-M HY	308
Ketazolam-M HYAC	480
Ketoprofen	398
Ketoprofen ME	460
Ketoprofen-M (HO-) ME	533
Ketoprofen-M (HO-) iso-1 2ME	606
Ketoprofen-M (HO-) iso-2 2ME	606
Ketorolac ME	464
Ketotifen	660
Ketotifen-M (dihydro-) -H2O	579
Ketotifen-M (nor-)	589
Ketotifen-M (nor-) AC	791
LAAM	859
Labetalol 2TMS	1140
Labetalol 3AC	1119
Labetalol 3TMS	1183
Labetalol artifact	126
Labetalol artifact AC	196
Labetalol-M (HO-) iso-1 artifact 2AC	375
Labetalol-M (HO-) iso-2 artifact 2AC	376
Lacidipine	1121
Lactose 8AC	1202
Lactose 8HFB	1208
Lactose 8PFP	1208
Lactose 8TFA	1207
Lactose 8TMS	1206
Lactylphenetidine	241
Lactylphenetidine AC	384
Lactylphenetidine HYAC	171
Lactylphenetidine-M	102
Lactylphenetidine-M (deethyl-) HYME	108
Lactylphenetidine-M (HO-) HY2AC	333
Lactylphenetidine-M (O-deethyl-) 2AC	443
Lactylphenetidine-M (p-phenetidine)	117
Lactylphenetidine-M HY2AC	199
Lamotrigine	400
Lamotrigine AC	601
Lamotrigine 2AC	800
LAMPA TMS	1003
Laudanosine	874
Laudanosine-M (O-bisdemethyl-) 2AC	1048
Laudanosine-M (O-bisdemethyl-) 2AC	1074
Laudanosine-M (O-demethyl-) AC	970
Laudanosine-M (O-demethyl-) AC	1015
Lauric acid	220
Lauric acid ET	302
Lauric acid ME	256
Lauric acid TMS	480

Lauroscholtzine	812	Levomepromazine-M (nor-HO-) AC	927
Lauroscholtzine AC	964	Levomepromazine-M (nor-HO-) 2AC	1050
Lauroscholtzine ME	866	Levomepromazine-M (nor-O-demethyl-) 2AC	967
Lauroscholtzine artifact (dehydro-)	803	Levomepromazine-M (O-demethyl-)	685
Lauroscholtzine artifact (dehydro-) AC	956	Levomepromazine-M (O-demethyl-) AC	869
Lauroscholtzine artifact (dehydro-) ME	858	Levomepromazine-M/artifact (sulfoxide)	825
Lauroscholtzine-M (bis-O-demethyl-) 3AC	1096	Levorphanol	411
Lauroscholtzine-M (O-demethyl-) iso-1 2AC	1045	Levorphanol AC	612
Lauroscholtzine-M (O-demethyl-) iso-2 2AC	1045	Levorphanol HFB	1118
Lauroscholtzine-M (seco-O-demethyl-) 3AC	1118	Levorphanol PFP	1027
Lauroscholtzine-M/artifact (nor-seco-) AC	916	Levorphanol TFA	858
Lauroscholtzine-M/artifact (nor-seco-) 2AC	1045	Levorphanol TMS	756
Lauroscholtzine-M/artifact (seco-) AC	964	Levorphanol-M (HO-) 2AC	874
Lauroscholtzine-M/artifact (seco-) ME	866	Levorphanol-M (methoxy-) AC	756
Lauroscholtzine-M/artifact (seco-) MEAC	1011	Levorphanol-M (nor-) 2AC	745
Lauroscholtzine-M/artifact (seco-) 2AC	1070	Levorphanol-M (oxo-) AC	681
Lauroscholtzine-M/artifact (seco-) 2ME	917	Lidocaine	321
Laurylmethylthiodipropionate	885	Lidocaine AC	498
Leflunomide HYAC	223	Lidocaine TMS	646
Lenacil	321	Lidocaine artifact	313
Lenacil ME	372	Lidocaine-M (deethyl-)	231
Lenacil 2ME	432	Lidocaine-M (deethyl-) AC	372
Lercanidipine-M (N-dealkyl-) AC	395	Lidocaine-M (dimethylaniline)	107
Lercanidipine-M/artifact (alcohol)	603	Lidocaine-M (dimethylaniline) AC	142
Lercanidipine-M/artifact (alcohol) AC	805	Lidocaine-M (dimethylhydroxyaniline)	117
Lercanidipine-M/artifact (alcohol) -H2O	515	Lidocaine-M (dimethylhydroxyaniline) 2AC	277
Lercanidipine-M/artifact -CO2	542	Lidocaine-M (dimethylhydroxyaniline) 3AC	434
Letrozole	538	Lidocaine-M (HO-)	382
Levacetylmethadol	859	Lidocaine-M (HO-) AC	576
Levallorphan	530	Lidoflazine	1158
Levallorphan AC	737	Lidoflazine-M (deamino-carboxy-)	496
Levallorphan HFB	1147	Lidoflazine-M (deamino-carboxy-) ME	563
Levallorphan PFP	1078	Lidoflazine-M (deamino-HO-) AC	635
Levallorphan TFA	949	Lidoflazine-M (N-dealkyl-) AC	928
Levallorphan TMS	867	Lignoceric acid ME	961
Levetiracetam	157	Lincomycin -H2O (4)AC	1190
Levetiracetam AC	250	Lincomycin -H2O (4)AC	1190
Levetiracetam HFB	903	Lincomycin -H2O (4)AC	1190
Levetiracetam PFP	693	Lindane	550
Levetiracetam TFA	448	Lindane-M (dichloro-HO-thiophenol)	202
Levetiracetam TMS	353	Lindane-M (dichlorothiophenol)	166
Levetiracetam 2HFB	1188	Lindane-M (tetrachlorocyclohexene)	262
Levetiracetam 2TFA	890	Lindane-M (2,3,4,5-tetrachlorophenol)	305
Levetiracetam 2TMS	686	Lindane-M (2,4,5-trichlorophenol)	209
Levobunolol	571	Lindane-M (2,4,6-trichlorophenol)	209
Levobunolol AC	775	Lindane-M (trichlorothiophenol)	247
Levobunolol formyl artifact	630	Linezolide	792
Levobunolol -H2O AC	690	Linezolide TMS	1039
Levodopa 3ME	341	Linezolide artifact	579
Levodopa-M (homovanillic acid)	179	Linezolide artifact (deacetyl-) HFB	1158
Levodopa-M (homovanillic acid) HFB	945	Linezolide artifact (deacetyl-) PFP	1100
Levodopa-M (homovanillic acid) ME	210	Linezolide artifact (deacetyl-) TFA	988
Levodopa-M (homovanillic acid) MEAC	336	Linoleic acid	519
Levodopa-M (homovanillic acid) MEHFB	991	Linoleic acid ET	658
Levodopa-M (homovanillic acid) MEPFP	815	Linoleic acid ME	587
Levodopa-M (homovanillic acid) METMS	461	Linolenic acid ME	577
Levodopa-M (homovanillic acid) PFP	747	Linuron ME	429
Levodopa-M (homovanillic acid) 2ME	244	Lisinopril 3TMS	1197
Levodopa-M (homovanillic acid) 2TMS	740	Lisinopril 4TMS	1203
Levodopa-M (O-methyl-dopamine) AC	241	Lisofylline	518
Levodopa-M (O-methyl-dopamine) 2AC	384	Lisofylline AC	723
Levomepromazine	750	Lisofylline -H2O	431
Levomepromazine-M (di-HO-) 2AC	1106	Lobeline	795
Levomepromazine-M (HO-)	825	Lobeline artifact	262
Levomepromazine-M (HO-) AC	973	Lobeline artifact AC	417
Levomepromazine-M (nor-)	686	Lodoxamide artifact	152
Levomepromazine-M (nor-) AC	869	Lodoxamide artifact AC	239
Levomepromazine-M (nor-HO-)	759	Lodoxamide artifact 2AC	382

Compound	Page	Compound	Page
Lodoxamide artifact 3AC	578	Losartan 2ME	1113
Lofepramine-M (dealkyl-)	453	Lovastatin -H2O -C5H10O2	536
Lofepramine-M (dealkyl-) AC	657	Loxapine	744
Lofepramine-M (dealkyl-) HFB	1130	Loxapine-M (HO-) AC	970
Lofepramine-M (dealkyl-) PFP	1047	Loxapine-M (nor-HO-) 2AC	1047
Lofepramine-M (dealkyl-) TFA	891	LSD	729
Lofepramine-M (dealkyl-) TMS	800	LSD TMS	1003
Lofepramine-M (dealkyl-HO-) 2AC	906	LSD-M (2-oxo-3-HO-) 2TMS	1163
Lofepramine-M (di-HO-ring)	297	LSD-M (nor-) TMS	958
Lofepramine-M (di-HO-ring) 2AC	670	LSD-M (nor-) 2TMS	1119
Lofepramine-M (HO-methoxy-ring)	347	Lupanine	373
Lofepramine-M (HO-methoxy-ring) AC	529	Lynestrenol	536
Lofepramine-M (HO-ring)	246	Lynestrenol AC	742
Lofepramine-M (HO-ring) AC	393	Lysergic acid N,N-methylpropylamine TMS	1003
Lofepramine-M (ring)	207	Lysergide	729
Lofepramine-M (ring) ME	242	Lysergide TMS	1003
Lofexidine	412	Lysergide alpha isomer (iso-LSD) TMS	1075
Lofexidine AC	613	Lysergide-M (2-oxo-3-HO-) 2TMS	1163
Lonazolac	674	Lysergide-M (nor-) TMS	958
Lonazolac ET	806	Lysergide-M (nor-) 2TMS	1119
Lonazolac ME	738	Mafenide	187
Lonazolac -CO2	459	Mafenide AC	299
Lonazolac-M (HO-) 2ME	868	Mafenide MEAC	351
Loperamide AC	1174	Mafenide 2ME	255
Loperamide artifact	1021	Mafenide 3ME	300
Loperamide -H2O	1124	Mafenide 4ME	352
Loperamide-M (N-dealkyl-)	246	Malaoxon	683
Loperamide-M (N-dealkyl-) AC	393	Malathion	758
Loperamide-M (N-dealkyl-oxo-) -2H2O	191	Malathion-M (malaoxon)	683
Loprazolam HY	495	Maleic acid 2TMS	421
Loratadine	959	Maleic hydrazide (MH)	103
Loratadine-M/artifact (-COOCH2CH3) AC	853	Mandelic acid	131
Lorazepam	714	Mandelic acid ME	149
Lorazepam 2AC	1028	Mannitol 6AC	1087
Lorazepam 2TMS	1132	Mannitol 6HFB	1208
Lorazepam artifact-1	550	Mannitol 6PFP	1206
Lorazepam artifact-2	483	Mannitol 6TFA	1204
Lorazepam artifact-3	562	Mannose 5AC	985
Lorazepam HY	441	Mannose 5HFB	1208
Lorazepam HYAC	647	Mannose 5PFP	1206
Lorazepam iso-1 2ME	838	Mannose 5TFA	1200
Lorazepam iso-2 2ME	757	Mannose iso-1 5TMS	1182
Lorazepam-M (HO-) artifact	632	Mannose iso-2 5TMS	1182
Lorazepam-M (HO-) artifact AC	830	Maprotiline	503
Lorazepam-M (HO-) HY	520	Maprotiline (ME)	572
Lorazepam-M (HO-) HY2AC	899	Maprotiline AC	711
Lorazepam-M (HO-methoxy-) HY	669	Maprotiline HFB	1142
Lorcainide	920	Maprotiline PFP	1066
Lorcainide-M (deacyl-)	391	Maprotiline TFA	931
Lorcainide-M (deacyl-) AC	586	Maprotiline TMS	844
Lorcainide-M (HO-) AC	1076	Maprotiline-M (deamino-di-HO-)	518
Lorcainide-M (HO-di-methoxy-) AC	1156	Maprotiline-M (deamino-di-HO-) 2AC	897
Lorcainide-M (HO-methoxy-) AC	1124	Maprotiline-M (deamino-HO-propyl-) AC	645
Lorcainide-M (N-dealkyl-deacyl-) 2AC	585	Maprotiline-M (deamino-tri-HO-) 3AC	1065
Lormetazepam	778	Maprotiline-M (HO-anthryl-) AC	784
Lormetazepam AC	939	Maprotiline-M (HO-anthryl-) 2AC	943
Lormetazepam artifact-1	483	Maprotiline-M (HO-ethanediyl-) 2AC	943
Lormetazepam artifact-2	556	Maprotiline-M (nor-) AC	640
Lormetazepam artifact-3	632	Maprotiline-M (nor-di-HO-anthryl-) 3AC	1063
Lormetazepam artifact-4	778	Maprotiline-M (nor-HO-anthryl-) AC	719
Lormetazepam HY	509	Maprotiline-M (nor-HO-anthryl-) 2AC	894
Lormetazepam iso-1 TMS	1032	Maprotiline-M (nor-HO-ethanediyl-) 2AC	895
Lormetazepam iso-2 TMS	1032	Mazindol AC	738
Lormetazepam-M (HO-) HY	588	Mazindol -H2O	448
Lormetazepam-M (nor-)	714	2,3-MBDB	234
Lormetazepam-M (nor-) 2TMS	1132	2,3-MBDB AC	375
Lormetazepam-M (nor-) HY	441	2,3-MBDB HFB	1025
Lormetazepam-M (nor-) HYAC	647	2,3-MBDB PFP	857

Compound	Page	Compound	Page
2,3-MBDB TFA	627	2,3-MDA AC	276
2,3-MBDB TMS	514	2,3-MDA HFB	935
2,3-MBDB-M (nor-)	200	2,3-MDA PFP	733
2,3-MBDB-M (nor-) AC	323	2,3-MDA TFA	488
2,3-MBDB-M (nor-) HFB	982	2,3-MDA TMS	385
2,3-MBDB-M (nor-) PFP	801	2,3-MDA formyl artifact	195
2,3-MBDB-M (nor-) TFA	556	MDA	170
2,3-MBDB-M (nor-) formyl artifact	228	MDA	171
MBDB	234	MDA AC	277
MBDB AC	376	MDA AC	277
MBDB HFB	1026	MDA HFB	935
MBDB PFP	857	MDA PFP	733
MBDB TFA	627	MDA TFA	488
MBDB intermediate-1	163	MDA TMS	385
MBDB intermediate-2 (benzodioxolylbutanone)	197	MDA formyl artifact	195
MBDB intermediate-3 (benzodioxolylbutanol)	205	MDA precursor-1 (piperonal)	127
MBDB intermediate-3 AC	328	MDA precursor-2 (isosafrole)	141
MBDB precursor (piperonal)	127	MDA precursor-3 (piperonylacetone)	167
MBDB-M (demethylenyl-) 3AC	718	MDA R-(-)-enantiomer HFBP	1140
MBDB-M (demethylenyl-methyl-) 2AC	582	MDA S-(+)-enantiomer HFBP	1140
MBDB-M (nor-)	201	MDA-D5 AC	295
MBDB-M (nor-) AC	324	MDA-D5 HFB	952
MBDB-M (nor-) HFB	982	MDA-D5 2AC	462
MBDB-M (nor-) PFP	801	MDA-D5 R-(-)-enantiomer HFBP	1145
MBDB-M (nor-) TFA	557	MDA-D5 S-(+)-enantiomer HFBP	1145
MBDB-M (nor-) formyl artifact	228	MDA-M	175
MBDB-M (nor-demethylenyl-) 3AC	649	MDA-M (deamino-HO-) AC	281
MBDB-M (nor-demethylenyl-methyl-) 2AC	512	MDA-M (deamino-oxo-)	167
MCC	206	MDA-M (deamino-oxo-demethylenyl-) 2AC	379
MCC -HCN	153	MDA-M (deamino-oxo-demethylenyl-methyl-) AC	280
MCPA	218	MDA-M (deamino-oxo-demethylenyl-methyl-) ME	204
MCPA ME	254	MDA-M (demethylenyl-) 3AC	579
MCPB	299	MDA-M (demethylenyl-methyl-)	178
MCPB ME	351	MDA-M (demethylenyl-methyl-) ME	208
mCPP	211	MDA-M (demethylenyl-methyl-) 2AC	445
mCPP AC	336	MDA-M (demethylenyl-methyl-) 2HFB	1189
mCPP HFB	991	MDA-M (HO-methoxy-hippuric acid) ME	339
mCPP ME	244	MDA-M (methylenedioxy-hippuric acid) ME	332
mCPP TFA	574	MDA-M 2AC	450
mCPP TMS	461	MDBP	274
mCPP-M (chloroaniline) AC	155	MDBP AC	431
mCPP-M (chloroaniline) HFB	724	MDBP HFB	1053
mCPP-M (chloroaniline) ME	120	MDBP TFA	693
mCPP-M (chloroaniline) TFA	282	MDBP TMS	576
mCPP-M (chloroaniline) 2ME	134	MDBP artifact (piperonylacetate)	204
mCPP-M (deethylene-) 2AC	398	MDBP Cl-artifact	156
mCPP-M (deethylene-) 2HFB	1188	MDBP-M (deethylene-) 2AC	506
mCPP-M (deethylene-) 2TFA	890	MDBP-M (deethylene-) 2HFB	1193
mCPP-M (HO-) TFA	653	MDBP-M (deethylene-) 2TFA	972
mCPP-M (HO-) iso-1 AC	398	MDBP-M (demethylene-methyl-) Cl-artifact	159
mCPP-M (HO-) iso-1 2AC	597	MDBP-M (demethylenyl-methyl-) AC	440
mCPP-M (HO-) iso-1 2TFA	1028	MDBP-M (demethylenyl-methyl-) HFB	1058
mCPP-M (HO-) iso-2 AC	398	MDBP-M (demethylenyl-methyl-) TFA	703
mCPP-M (HO-) iso-2 2AC	597	MDBP-M (demethylenyl-methyl-) 2AC	645
mCPP-M (HO-) iso-2 2HFB	1195	MDBP-M (piperonylamine) AC	199
mCPP-M (HO-) iso-2 2TFA	1028	MDBP-M (piperonylamine) HFB	834
mCPP-M (HO-Cl-aniline N-acetyl-) HFB	954	MDBP-M (piperonylamine) PFP	601
mCPP-M (HO-Cl-aniline N-acetyl-) TFA	520	MDBP-M (piperonylamine) TFA	365
mCPP-M (HO-Cl-aniline) 2HFB	1180	MDBP-M (piperonylamine) 2AC	323
mCPP-M (HO-Cl-aniline) iso-1 2AC	297	MDBP-M (piperonylamine) 2TMS	592
mCPP-M (HO-Cl-aniline) iso-1 2TFA	781	MDBP-M (piperonylamine) formyl artifact	142
mCPP-M (HO-Cl-aniline) iso-1 3AC	463	MDBP-M/artifact (piperazine) 2AC	157
mCPP-M (HO-Cl-aniline) iso-2 2AC	297	MDBP-M/artifact (piperazine) 2HFB	1146
mCPP-M (HO-Cl-aniline) iso-2 2TFA	781	MDBP-M/artifact (piperazine) 2TFA	505
mCPP-M (HO-Cl-aniline) iso-2 3AC	463	2,3-MDE-M (deethyl-)	170
2,3-MDA	170	2,3-MDE-M (deethyl-)	170
2,3-MDA	170	2,3-MDE-M (deethyl-) AC	276
2,3-MDA AC	276	2,3-MDE-M (deethyl-) AC	276

Compound	Page
2,3-MDE-M (deethyl-) HFB	935
2,3-MDE-M (deethyl-) PFP	733
2,3-MDE-M (deethyl-) TFA	488
2,3-MDE-M (deethyl-) TMS	385
2,3-MDE-M (deethyl-) formyl artifact	195
MDE	234
MDE AC	376
MDE HFB	1026
MDE PFP	857
MDE TFA	627
MDE TMS	514
MDE precursor-1 (piperonal)	127
MDE precursor-2 (isosafrole)	141
MDE precursor-3 (piperonylacetone)	167
MDE R-(-)-enantiomer HFBP	1164
MDE S-(+)-enantiomer HFBP	1164
MDE-D5	250
MDE-D5 HFB	1036
MDE-D5 PFP	877
MDE-D5 TFA	656
MDE-D5 TMS	536
MDE-D5 R-(-)-enantiomer HFBP	1167
MDE-D5 S-(+)-enantiomer HFBP	1168
MDE-M	175
MDE-M	178
MDE-M (deamino-HO-) AC	281
MDE-M (deamino-oxo-)	167
MDE-M (deethyl-)	170
MDE-M (deethyl-)	171
MDE-M (deethyl-) AC	277
MDE-M (deethyl-) AC	277
MDE-M (deethyl-) HFB	935
MDE-M (deethyl-) PFP	733
MDE-M (deethyl-) TFA	488
MDE-M (deethyl-) TMS	385
MDE-M (deethyl-) R-(-)-enantiomer HFBP	1140
MDE-M (deethyl-) S-(+)-enantiomer HFBP	1140
MDE-M (deethyl-)-D5 AC	295
MDE-M (deethyl-)-D5 2AC	462
MDE-M (deethyl-demethylenyl-) 3AC	579
MDE-M (deethyl-demethylenyl-methyl-) 2AC	445
MDE-M (demethylenyl-) 3AC	718
MDE-M (demethylenyl-methyl-)	242
MDE-M (demethylenyl-methyl-) AC	386
MDE-M (demethylenyl-methyl-) ME	286
MDE-M (demethylenyl-methyl-) 2AC	582
MDE-M (HO-methoxy-hippuric acid) ME	339
MDE-M (methylenedioxy-hippuric acid) ME	332
MDE-M AC	280
MDE-M ME	204
MDE-M ME	208
MDE-M 2AC	379
MDE-M 2AC	450
MDE-M 2HFB	1189
2,3-MDMA-M (nor-)	170
2,3-MDMA-M (nor-)	170
2,3-MDMA-M (nor-) AC	276
2,3-MDMA-M (nor-) AC	276
2,3-MDMA-M (nor-) HFB	935
2,3-MDMA-M (nor-) PFP	733
2,3-MDMA-M (nor-) TFA	488
2,3-MDMA-M (nor-) TMS	385
2,3-MDMA-M (nor-) formyl artifact	195
MDMA	201
MDMA AC	324
MDMA HFB	982
MDMA PFP	801
MDMA TFA	557
MDMA TMS	445
MDMA intermediate	232
MDMA precursor-1 (piperonal)	127
MDMA precursor-2 (isosafrole)	141
MDMA precursor-3 (piperonylacetone)	167
MDMA R-(-)-enantiomer HFBP	1153
MDMA S-(+)-enantiomer HFBP	1153
MDMA-D5	216
MDMA-D5 AC	345
MDMA-D5 HFB	998
MDMA-D5 PFP	824
MDMA-D5 TFA	585
MDMA-D5 TMS	471
MDMA-D5 R-(-)-enantiomer HFBP	1158
MDMA-D5 S-(+)-enantiomer HFBP	1158
MDMA-M	175
MDMA-M	178
MDMA-M (deamino-HO-) AC	281
MDMA-M (deamino-oxo-)	167
MDMA-M (demethylenyl-) 3AC	649
MDMA-M (demethylenyl-methyl-)	208
MDMA-M (demethylenyl-methyl-) 2HFB	1193
MDMA-M (demethylenyl-methyl-) iso-1 2AC	512
MDMA-M (demethylenyl-methyl-) iso-2 2AC	512
MDMA-M (HO-methoxy-hippuric acid) ME	339
MDMA-M (methylenedioxy-hippuric acid) ME	332
MDMA-M (nor-)	170
MDMA-M (nor-)	171
MDMA-M (nor-) AC	277
MDMA-M (nor-) AC	277
MDMA-M (nor-) HFB	935
MDMA-M (nor-) PFP	733
MDMA-M (nor-) TFA	488
MDMA-M (nor-) TMS	385
MDMA-M (nor-) R-(-)-enantiomer HFBP	1140
MDMA-M (nor-) S-(+)-enantiomer HFBP	1140
MDMA-M (nor-)-D5 AC	295
MDMA-M (nor-)-D5 2AC	462
MDMA-M (nor-demethylenyl-) 3AC	579
MDMA-M (nor-demethylenyl-methyl-) 2AC	445
MDMA-M (nor-demethylenyl-methyl-) 2HFB	1189
MDMA-M AC	280
MDMA-M ME	204
MDMA-M ME	208
MDMA-M 2AC	379
MDMA-M 2AC	450
MDPPP	367
MDPPP-M (4-HO-3-methoxy-benzoic acid) 2ET	288
MDPPP-M (deamino-oxo-)	197
MDPPP-M (demethylene-) 2ET	571
MDPPP-M (demethylene-deamino-oxo-) 2ET	328
MDPPP-M (demethylene-methyl-) ET	502
MDPPP-M (demethylene-methyl-) HFB	1107
MDPPP-M (demethylene-methyl-) ME	436
MDPPP-M (demethylene-methyl-) TMS	719
MDPPP-M (demethylene-methyl-deamino-oxo-) ET	281
MDPPP-M (demethylene-methyl-oxo-) ET	569
MDPPP-M (demethylene-oxo-) 2ET	640
MDPPP-M (dihydro-)	376
MDPPP-M (dihydro-) AC	569
MDPPP-M (dihydro-) TMS	719
MDPPP-M (oxo-)	425
Mebendazole ME	659
Mebendazole artifact (amine) 3ME	511
Mebendazole artifact (amine) iso-1 2ME	444
Mebendazole artifact (amine) iso-2 2ME	444
Mebendazole iso-1 2ME	726
Mebendazole iso-2 2ME	726

Mebeverine	1079	Medazepam-M	468
Mebeverine-M (3,4-dihydroxybenzoic acid) ME2AC	388	Medazepam-M (nor-)	405
Mebeverine-M (HO-phenyl-alcohol) 2AC	902	Medazepam-M (nor-) AC	605
Mebeverine-M (HO-phenyl-O-demethyl-alcohol) 3AC	996	Medazepam-M (nor-HO-) 2AC	868
Mebeverine-M (isovanillic acid) MEAC	287	Medazepam-M (oxo-)	532
Mebeverine-M (N-dealkyl-)	202	Medazepam-M (oxo-) HY	358
Mebeverine-M (N-dealkyl-) AC	326	Medazepam-M (oxo-) HYAC	546
Mebeverine-M (N-dealkyl-) HFB	983	Medazepam-M TMS	817
Mebeverine-M (N-dealkyl-) ME	235	Medazepam-M HY	308
Mebeverine-M (N-dealkyl-) PFP	802	Medazepam-M HYAC	480
Mebeverine-M (N-dealkyl-) TFA	557	Medroxyprogesterone AC	974
Mebeverine-M (N-dealkyl-) TMS	447	Medroxyprogesterone -H2O	742
Mebeverine-M (N-dealkyl-N-deethyl-) AC	234	Medrylamine	540
Mebeverine-M (N-dealkyl-N-deethyl-) AC	235	Medrylamine HY	255
Mebeverine-M (N-dealkyl-O-demethyl-) 2AC	435	Medrylamine HYAC	406
Mebeverine-M (N-deethyl-alcohol) 2AC	720	Medrylamine-M (HO-benzophenone) AC	343
Mebeverine-M (N-deethyl-O-demethyl-alcohol) 3AC	843	Medrylamine-M (methoxy-benzophenone)	249
Mebeverine-M (O-demethyl-alcohol) AC	583	Medrylamine-M (nor-) AC	681
Mebeverine-M (O-demethyl-alcohol) 2AC	785	Medrylamine-M (O-demethyl-) HY2AC	533
Mebeverine-M (vanillic acid) ME	180	Mefenamic acid	347
Mebeverine-M (vanillic acid) MEAC	287	Mefenamic acid ET	465
Mebeverine-M/artifact (alcohol)	447	Mefenamic acid ME	402
Mebeverine-M/artifact (alcohol) AC	652	Mefenamic acid MEAC	602
Mebeverine-M/artifact (veratric acid)	179	Mefenamic acid TMS	681
Mebeverine-M/artifact (veratric acid) ME	211	Mefenamic acid 2ME	465
Mebhydroline	497	Mefenamic acid-M (HO-) ME	474
Mebhydroline-M (nor-) AC	635	Mefenamic acid-M (HO-) 2ME	539
Mebhydroline-M (nor-HO-) 2AC	891	Mefenorex	246
MECC	118	Mefenorex AC	394
MECC -HCN	103	Mefenorex HFB	1033
Meclofenamic acid	588	Mefenorex PFP	872
Meclofenamic acid AC	790	Mefenorex TFA	647
Meclofenamic acid ME	658	Mefenorex -HCl	162
Meclofenamic acid TMS	908	Mefenorex-M (AM)	115
Meclofenamic acid 2ME	725	Mefenorex-M (AM)	115
Meclofenamic acid -CO2	382	Mefenorex-M (AM) AC	165
Meclofenoxate	409	Mefenorex-M (AM) AC	165
Meclofenoxate-M (HOOC-)	187	Mefenorex-M (AM) HFB	762
Meclofenoxate-M (HOOC-) ME	218	Mefenorex-M (AM) PFP	521
Mecloxamine	698	Mefenorex-M (AM) TFA	309
Mecloxamine artifact	254	Mefenorex-M (AM) TMS	235
Mecloxamine HY	312	Mefenorex-M (AM) formyl artifact	125
Mecloxamine HYAC	485	Mefenorex-M (HO-) -HCl	196
Mecloxamine-M (HO-) -H2O HY	306	Mefenorex-M (HO-) -HCl AC	316
Mecloxamine-M (HO-) iso-1 -H2O HYAC	477	Mefenorex-M (HO-) iso-1 2AC	671
Mecloxamine-M (HO-) iso-2 -H2O HYAC	478	Mefenorex-M (HO-methoxy-)	410
Mecloxamine-M (HO-methoxy-) -H2O HYAC	623	Mefenorex-M (HO-methoxy-) AC	611
Mecloxamine-M (HO-methoxy-carbinol) -H2O	420	Mefenorex-M (HO-methoxy-) -HCl	278
Mecloxamine-M (nor-)	628	Mefenorex-M-D5 AC	181
Mecloxamine-M (nor-) AC	829	Mefenorex-M-D5 HFB	787
Meclozine	985	Mefenorex-M-D5 PFP	543
Meclozine artifact	222	Mefenorex-M-D5 TFA	330
Meclozine artifact	311	Mefenorex-M-D5 TMS	251
Meclozine-M (carbinol)	263	Mefenorex-M-D11 PFP	575
Meclozine-M (carbinol) AC	420	Mefenorex-M-D11 TFA	353
Meclozine-M (Cl-benzophenone)	258	Mefexamide	519
Meclozine-M (HO-Cl-benzophenone)	311	Mefloquine	946
Meclozine-M (HO-Cl-BPH) iso-1 AC	484	Mefloquine -H2O	884
Meclozine-M (HO-Cl-BPH) iso-2 AC	484	Mefloquine -H2O AC	1023
Meclozine-M (N-dealkyl-)	543	Mefruside ME	1004
Meclozine-M (N-dealkyl-) AC	749	Mefruside 2ME	1040
Meclozine-M AC	609	Mefruside -SO2NH	626
Meclozine-M/artifact	616	Melatonin	312
Meclozine-M/artifact AC	313	Melatonin HFB	1075
Meconin	204	Melatonin PFP	945
Mecoprop	254	Melatonin TFA	748
Mecoprop ME	299	Melatonin TMS	635
Medazepam	469	Melatonin 2TFA	1067

Compound	Page
Melatonin 2TMS	940
Melatonin artifact (deacetyl-) 2HFB	1192
Melatonin artifact (deacetyl-) 2PFP	1149
Melatonin artifact (deacetyl-) 2TFA	958
Melatonin artifact-1 HFB	1041
Melatonin artifact-1 PFP	884
Melatonin artifact-1 TFA	666
Melatonin artifact-2 HFB	1040
Melatonin artifact-2 PFP	884
Melatonin artifact-2 TFA	665
Melitracene	572
Melitracene-M (nor-) AC	711
Melitracene-M (nor-HO-dihydro-) 2AC	950
Melitracene-M (ring)	238
Meloxicam artifact-1 AC	246
Meloxicam artifact-2 AC	393
Melperone	436
Melperone-M	174
Melperone-M (dihydro-) AC	652
Melperone-M (dihydro-) -H2O	369
Melperone-M (dihydro-oxo-) -H2O	427
Melperone-M (HO-) -H2O	427
Memantine	172
Memantine AC	280
Memantine-M (4-HO-)	209
Memantine-M (7-HO-)	209
Memantine-M (deamino-HO-)	176
Memantine-M (HO-) AC	335
Memantine-M (HO-) 2AC	514
Memantine-M (HO-methyl-)	209
Memantine-M (HO-methyl-) 2AC	515
Menthol	137
MeOPP	198
MeOPP AC	321
MeOPP HFB	979
MeOPP ME	232
MeOPP TFA	552
MeOPP TMS	441
MeOPP-M (4-aminophenol N-acetyl-) HFB	833
MeOPP-M (4-aminophenol N-acetyl-) TFA	365
MeOPP-M (4-aminophenol)	102
MeOPP-M (4-aminophenol) 2AC	199
MeOPP-M (4-methoxyaniline) HFB	706
MeOPP-M (4-methoxyaniline) TFA	269
MeOPP-M (aminophenol) 2HFB	1164
MeOPP-M (aminophenol) 2TFA	617
MeOPP-M (deethylene-) 2AC	381
MeOPP-M (deethylene-) 2HFB	1187
MeOPP-M (deethylene-) 2TFA	876
MeOPP-M (methoxyaniline) AC	147
MeOPP-M (O-demethyl-) 2AC	430
MeOPP-M (O-demethyl-) 2HFB	1189
MeOPP-M (O-demethyl-) 2TFA	918
Mephenesin	180
Mephenesin 2AC	450
Mephenesin 2TMS	741
Mephentermine	144
Mephentermine AC	229
Mephentermine TFA	416
Mephenytoin	264
Mephenytoin-M (HO-)	320
Mephenytoin-M (HO-) iso-1 AC	496
Mephenytoin-M (HO-) iso-2 AC	496
Mephenytoin-M (HO-methoxy-)	439
Mephenytoin-M (HO-methoxy-) 2AC	838
Mephenytoin-M (nor-)	226
Mephenytoin-M (nor-) AC	362
Mephenytoin-M (nor-HO-) 2AC	635
Mepindolol	432
Mepindolol TMS	781
Mepindolol TMSTFA	1080
Mepindolol 2AC	832
Mepindolol 2TMSTFA	1165
Mepindolol formyl artifact	486
Mepindolol -H2O AC	544
Mepivacaine	364
Mepivacaine TMS	705
Mepivacaine-M (HO-)	432
Mepivacaine-M (HO-) AC	636
Mepivacaine-M (HO-piperidyl-) AC	636
Mepivacaine-M (nor-) AC	487
Mepivacaine-M (oxo-)	422
Mepivacaine-M (oxo-HO-piperidyl-) AC	704
Meprobamate	265
Meprobamate artifact-1	96
Meprobamate artifact-2	160
Meptazinol	317
Meptazinol AC	492
Meptazinol HFB	1078
Meptazinol PFP	948
Meptazinol TFA	754
Meptazinol TMS	642
Meptazinol-M (nor-)	271
Meptazinol-M (nor-) 2AC	630
Meptazinol-M (oxo-)	368
Meptazinol-M (oxo-) AC	559
Mepyramine	540
Mepyramine HY	239
Mepyramine-M (N-dealkyl-)	256
Mepyramine-M (N-dealkyl-) AC	407
Mepyramine-M (N-demethoxybenzyl-)	148
Mequitazine	723
Mequitazine-M (HO-sulfoxide) AC	1006
Mequitazine-M (ring)	216
Mequitazine-M (sulfone)	861
Mequitazine-M (sulfoxide)	798
Mequitazine-M AC	409
Mequitazine-M 2AC	688
Mercaptodimethur	291
Mercaptodimethur-M/artifact (decarbamoyl-)	154
Mesalazine ME2AC	383
Mesalazine MEAC	240
Mescaline	247
Mescaline AC	394
Mescaline HFB	1033
Mescaline PFP	872
Mescaline TFA	648
Mescaline TMS	530
Mescaline 2AC	592
Mescaline 2TMS	867
Mescaline formyl artifact	285
Mescaline precursor (trimethoxyphenylacetonitrile)	233
Mescaline-D9	275
Mescaline-D9 AC	432
Mescaline-D9 HFB	1054
Mescaline-D9 PFP	905
Mescaline-D9 TFA	694
Mescaline-D9 TMS	577
Mescaline-D9 2AC	636
Mescaline-D9 2TMS	898
Mescaline-D9 formyl artifact	314
Mescaline-M (deamino-COOH) ME	344
Mesoridazine	973
Mesoridazine-M (side chain sulfone)	1023
Mesterolone	637
Mesterolone enol 2TMS	1111

Compound	Page
Mestranol	668
Mestranol AC	856
Mesulphen	355
Mesulphen-M (di-HO-) 2AC	883
Mesulphen-M (di-HOOC-) 2ME	767
Mesulphen-M (di-HOOC-) -CO2 ME	483
Mesulphen-M (HO-)	419
Mesulphen-M (HO-) AC	622
Mesulphen-M (HO-aryl-sulfoxide)	494
Mesulphen-M (HO-aryl-sulfoxide) ME	562
Mesulphen-M (HO-di-sulfoxide)	574
Mesulphen-M (HO-di-sulfoxide) AC	779
Mesulphen-M (HO-HOOC-) MEAC	830
Mesulphen-M (HO-HOOC-di-sulfoxide) MEAC	945
Mesulphen-M (HO-HOOC-sulfoxide) MEAC	890
Mesulphen-M (HOOC-) ME	551
Mesulphen-M (HOOC-) -CO2	306
Mesulphen-M (HOOC-di-sulfoxide) ME	714
Mesulphen-M (HOOC-sulfoxide) ME	633
Mesulphen-M (HO-sulfoxide)	495
Mesulphen-M (HO-sulfoxide) AC	701
Mesulphen-M (sulfoxide)	419
Mesuximide	224
Mesuximide-M (di-HO-) 2AC	707
Mesuximide-M (HO-)	269
Mesuximide-M (HO-) iso-1 AC	425
Mesuximide-M (HO-) iso-2 AC	426
Mesuximide-M (nor-)	192
Mesuximide-M (nor-) TMS	426
Mesuximide-M (nor-HO-)	228
Mesuximide-M (nor-HO-) iso-1 AC	366
Mesuximide-M (nor-HO-) iso-2 AC	366
Metaclazepam	991
Metaclazepam-M (amino-Br-Cl-benzophenone)	658
Metaclazepam-M (amino-Br-Cl-benzophenone) AC	846
Metaclazepam-M (amino-Br-Cl-HO-benzophenone) AC	907
Metaclazepam-M (amino-Br-Cl-HO-benzophenone) 2AC	1037
Metaclazepam-M (nor-)	945
Metaclazepam-M (O-demethyl-)	945
Metaclazepam-M (O-demethyl-) AC	1062
Metaclazepam-M/artifact-1	701
Metaclazepam-M/artifact-2	766
Metaclazepam-M/artifact-3	778
Metalaxyl	512
Metaldehyde	164
Metamfepramone	166
Metamfepramone iso-1 TMS	377
Metamfepramone iso-2 TMS	377
Metamfepramone-M (dihydro-)	172
Metamfepramone-M (dihydro-) AC	279
Metamfepramone-M (dihydro-) TFA	489
Metamfepramone-M (dihydro-) TMS	387
Metamfepramone-M (HO-norephedrine) 3AC	580
Metamfepramone-M (nor-)	143
Metamfepramone-M (nor-) AC	228
Metamfepramone-M (nor-) HFB	879
Metamfepramone-M (nor-) PFP	659
Metamfepramone-M (nor-) TFA	416
Metamfepramone-M (nor-) TMS	325
Metamfepramone-M (nor-dihydro-)	148
Metamfepramone-M (nor-dihydro-) TMSTFA	773
Metamfepramone-M (nor-dihydro-) 2AC	375
Metamfepramone-M (nor-dihydro-) 2HFB	1186
Metamfepramone-M (nor-dihydro-) 2PFP	1123
Metamfepramone-M (nor-dihydro-) 2TFA	872
Metamfepramone-M (nor-dihydro-) 2TMS	663
Metamfepramone-M (nor-dihydro-) formyl artifact	165
Metamfepramone-M (nor-dihydro-) -H2O AC	192
Metamfepramone-M (norephedrine) TMSTFA	708
Metamfepramone-M (norephedrine) 2AC	325
Metamfepramone-M (norephedrine) 2HFB	1183
Metamfepramone-M (norephedrine) 2PFP	1104
Metamfepramone-M (norephedrine) 2TFA	819
Metamfepramone-M (nor-HO-) 2AC	434
Metamfetamine	127
Metamfetamine AC	196
Metamfetamine HFB	827
Metamfetamine PFP	589
Metamfetamine TFA	358
Metamfetamine TMS	279
Metamfetamine R-(-)-enantiomer HFBP	1103
Metamfetamine S-(+)-enantiomer HFBP	1103
Metamfetamine-D5	134
Metamfetamine-D5 HFB	845
Metamfetamine-D5 TFA	381
Metamfetamine-D5 TMS	296
Metamfetamine-D5 R-(-)-enantiomer HFBP	1110
Metamfetamine-D5 S-(+)-enantiomer HFBP	1110
Metamfetamine-M (4-HO-) ME	172
Metamfetamine-M (4-HO-) MEAC	279
Metamfetamine-M (4-HO-) MEHFB	935
Metamfetamine-M (4-HO-) MEPFP	734
Metamfetamine-M (4-HO-) METFA	489
Metamfetamine-M (deamino-oxo-di-HO-) 2AC	379
Metamfetamine-M (deamino-oxo-HO-methoxy-)	175
Metamfetamine-M (deamino-oxo-HO-methoxy-) AC	280
Metamfetamine-M (deamino-oxo-HO-methoxy-) ME	204
Metamfetamine-M (di-HO-) 3AC	649
Metamfetamine-M (HO-)	148
Metamfetamine-M (HO-) TFA	425
Metamfetamine-M (HO-) TMSTFA	773
Metamfetamine-M (HO-) 2AC	376
Metamfetamine-M (HO-) 2HFB	1186
Metamfetamine-M (HO-) 2PFP	1123
Metamfetamine-M (HO-) 2TFA	872
Metamfetamine-M (HO-) 2TMS	663
Metamfetamine-M (HO-methoxy-)	208
Metamfetamine-M (HO-methoxy-) 2HFB	1193
Metamfetamine-M (HO-methoxy-) iso-1 2AC	512
Metamfetamine-M (HO-methoxy-) iso-2 2AC	512
Metamfetamine-M (nor-)	115
Metamfetamine-M (nor-)	115
Metamfetamine-M (nor-) AC	165
Metamfetamine-M (nor-) AC	165
Metamfetamine-M (nor-) HFB	762
Metamfetamine-M (nor-) PFP	521
Metamfetamine-M (nor-) TFA	309
Metamfetamine-M (nor-) TMS	235
Metamfetamine-M (nor-) formyl artifact	125
Metamfetamine-M (nor-)-D5 AC	181
Metamfetamine-M (nor-)-D5 HFB	787
Metamfetamine-M (nor-)-D5 PFP	543
Metamfetamine-M (nor-)-D5 TFA	330
Metamfetamine-M (nor-)-D5 TMS	251
Metamfetamine-M (nor-)-D11 PFP	575
Metamfetamine-M (nor-)-D11 TFA	353
Metamfetamine-M (nor-3-HO-) TMSTFA	708
Metamfetamine-M (nor-3-HO-) 2AC	324
Metamfetamine-M (nor-3-HO-) 2HFB	1182
Metamfetamine-M (nor-3-HO-) 2PFP	1104
Metamfetamine-M (nor-3-HO-) 2TFA	819
Metamfetamine-M (nor-3-HO-) 2TMS	594
Metamfetamine-M (nor-3-HO-) formyl artifact ME	165
Metamfetamine-M (nor-4-HO-)	129
Metamfetamine-M (nor-4-HO-) AC	201
Metamfetamine-M (nor-4-HO-) ME	148

Compound	Page	Compound	Page
Metamfetamine-M (nor-4-HO-) ME	148	Methadone-M (nor-HO-EDDP) 2AC	895
Metamfetamine-M (nor-4-HO-) TFA	366	Methadone-M (N-oxide) artifact	238
Metamfetamine-M (nor-4-HO-) 2AC	324	Methadone-M/artifact	445
Metamfetamine-M (nor-4-HO-) 2HFB	1182	Methadone-M/artifact	498
Metamfetamine-M (nor-4-HO-) 2PFP	1104	Methadone-M/artifact AC	711
Metamfetamine-M (nor-4-HO-) 2TFA	819	Methamidophos	120
Metamfetamine-M (nor-4-HO-) 2TMS	594	Methanol	89
Metamfetamine-M (nor-4-HO-) formyl art.	142	Methaqualone	380
Metamfetamine-M (nor-4-HO-) formyl artifact ME	166	Methaqualone HFB	1108
Metamfetamine-M (nor-HO-methoxy-)	178	Methaqualone PFP	1004
Metamfetamine-M (nor-HO-methoxy-) ME	208	Methaqualone TFA	831
Metamfetamine-M 2AC	445	Methaqualone-M (2-carboxy-)	516
Metamfetamine-M 2AC	450	Methaqualone-M (2-carboxy-) -CO2	328
Metamfetamine-M 2HFB	1189	Methaqualone-M (2-formyl-)	439
Metamitron	222	Methaqualone-M (2'-HO-methyl-)	449
Metamizol	670	Methaqualone-M (2-HO-methyl-)	449
Metamizol-M (bis-dealkyl-)	224	Methaqualone-M (2'-HO-methyl-) AC	655
Metamizol-M (bis-dealkyl-) AC	359	Methaqualone-M (2-HO-methyl-) AC	655
Metamizol-M (bis-dealkyl-) 2AC	547	Methaqualone-M (3'-HO-)	449
Metamizol-M (bis-dealkyl-) artifact	173	Methaqualone-M (3'-HO-) AC	655
Metamizol-M (dealkyl-)	261	Methaqualone-M (4'-HO-)	449
Metamizol-M (dealkyl-) AC	416	Methaqualone-M (4'-HO-) AC	655
Metamizol-M (dealkyl-) ME artifact	310	Methaqualone-M (4'-HO-5'-methoxy-)	597
Metamizol-M/artifact (ME)	129	Methaqualone-M (5'-HO-) AC	655
Metandienone	617	Methaqualone-M (6-HO-)	449
Metandienone enol 2TMS	1106	Methaqualone-M (HO-methoxy-) AC	797
Metaraminol	153	Metharbital	215
Metaraminol 3AC	579	Metharbital ME	249
Metaraminol formyl artifact	171	Metharbital-M (HO-)	255
Metaraminol -H2O 2AC	315	Metharbital-M (HO-) AC	406
Metazachlor	500	Metharbital-M (nor-)	184
Metenolone	625	Methcathinone	143
Metenolone TMS	934	Methcathinone AC	228
Metenolone acetate	826	Methcathinone HFB	879
Metenolone enantate	1051	Methcathinone PFP	659
Metenolone enol 2TMS	1109	Methcathinone TFA	416
Metformine HFB	733	Methcathinone TMS	325
Metformine PFP	489	Methcathinone-M (HO-) 2AC	434
Metformine TFA	291	Methenamine	119
Metformine 2PFP	1063	Methidathion	621
Metformine 2TFA	717	Methiomeprazine	824
Metformine artifact-1	133	Methitural	552
Metformine artifact-1 AC	207	Methocarbamol	347
Metformine artifact-2	134	Methocarbamol AC	528
Metformine artifact-3	181	Methocarbamol -CHNO AC	344
Metformine artifact-4	153	Methocarbamol-M (guaifenesin)	215
Metformine artifact-4 propionylated	285	Methocarbamol-M (guaifenesin) 2AC	526
Methabenzthiazuron ME	323	Methocarbamol-M (guaifenesin) 2TMS	818
Methacrylic acid methylester	99	Methocarbamol-M (HO-) 2AC	810
Methadol	673	Methocarbamol-M (HO-guaifensin) 3AC	807
Methadol AC	859	Methocarbamol-M (HO-methoxy-) 2AC	922
Methadone	663	Methocarbamol-M (HO-methoxy-guaifensin) 3AC	919
Methadone TMS	958	Methocarbamol-M (O-demethyl-) 2AC	670
Methadone intermediate-1	200	Methocarbamol-M (O-demethyl-guaifensin) 3AC	666
Methadone intermediate-2	509	Methohexital	431
Methadone intermediate-3	509	Methohexital ME	497
Methadone intermediate-3 artifact	396	Methohexital-D5	456
Methadone-D9	705	Methohexital-M (HO-)	506
Methadone-M (bis-nor-) -H2O	436	Methomyl	140
Methadone-M (bis-nor-) -H2O AC	640	Methoprotryne	475
Methadone-M (bis-nor-HO-) -H2O AC	719	Methorphan	476
Methadone-M (bis-nor-HO-) -H2O 2AC	895	Methorphan-M (bis-demethyl-) 2AC	745
Methadone-M (EDDP)	503	Methorphan-M (nor-) AC	612
Methadone-M (HO-) AC	911	Methorphan-M (O-demethyl-)	411
Methadone-M (HO-EDDP) AC	785	Methorphan-M (O-demethyl-) AC	612
Methadone-M (nor-) -H2O	503	Methorphan-M (O-demethyl-) HFB	1118
Methadone-M (nor-EDDP) AC	640	Methorphan-M (O-demethyl-) PFP	1027
Methadone-M (nor-HO-) -H2O AC	785	Methorphan-M (O-demethyl-) TFA	858

Compound	Page
Methorphan-M (O-demethyl-) TMS	756
Methorphan-M (O-demethyl-HO-) 2AC	874
Methorphan-M (O-demethyl-methoxy-) AC	756
Methorphan-M (O-demethyl-oxo-) AC	681
p-Methoxyamfetamine	148
p-Methoxyamfetamine	148
p-Methoxyamfetamine HFB	886
p-Methoxyamfetamine PFP	670
p-Methoxyamfetamine TFA	425
Methoxyaniline AC	147
4-Methoxyaniline HFB	706
4-Methoxyaniline TFA	269
4-Methoxybenzoic acid ET	174
4-Methoxybenzoic acid ME	150
3-Methoxybenzoic acid methylester	149
Methoxychlor	823
Methoxychlor -HCl	653
p-Methoxyetilamfetamine	202
p-Methoxyetilamfetamine AC	326
p-Methoxyetilamfetamine HFB	983
p-Methoxyetilamfetamine ME	235
p-Methoxyetilamfetamine PFP	802
p-Methoxyetilamfetamine TFA	557
p-Methoxyetilamfetamine TMS	447
Methoxyhydroxyphenylglycol (MHPG) 3AC	666
p-Methoxymetamfetamine	172
p-Methoxymetamfetamine AC	279
p-Methoxymetamfetamine ET	235
p-Methoxymetamfetamine HFB	935
p-Methoxymetamfetamine PFP	734
p-Methoxymetamfetamine TFA	489
2-Methoxyphenylpiperazine 2AC	320
2-Methoxyphenylpiperazine-M (O-demethyl-) 2AC	431
4-Methoxyphenylpiperazine	198
4-Methoxyphenylpiperazine HFB	979
4-Methoxyphenylpiperazine ME	232
4-Methoxyphenylpiperazine TFA	552
4-Methoxyphenylpiperazine TMS	441
4-Methoxyphenylpiperazine 2AC	321
4-Methoxyphenylpiperazine-M (aminophenol) 2HFB	1164
4-Methoxyphenylpiperazine-M (aminophenol) 2TFA	617
4-Methoxyphenylpiperazine-M (deethylene-) 2AC	381
4-Methoxyphenylpiperazine-M (deethylene-) 2HFB	1187
4-Methoxyphenylpiperazine-M (deethylene-) 2TFA	876
4-Methoxyphenylpiperazine-M (methoxyaniline) HFB	706
4-Methoxyphenylpiperazine-M (methoxyaniline) TFA	269
4-Methoxyphenylpiperazine-M (O-demethyl-) 2AC	430
4-Methoxyphenylpiperazine-M (O-demethyl-) 2HFB	1189
4-Methoxyphenylpiperazine-M (O-demethyl-) 2TFA	918
3-Methoxytyramine 2AC	384
N-Methyl-1-phenylethylamine	115
N-Methyl-1-phenylethylamine AC	166
2-Methyl-1-propanol (isobutanol)	94
2-Methyl-2-propanol	94
Methylacetate	94
Methylamine	89
17-Methylandrostane-ol-3-one	636
17-Methylandrostane-ol-3-one TMS	941
17-Methylandrostane-ol-3-one enol TMS	941
17-Methylandrostane-ol-3-one enol 2TMS	1111
4-Methylbenzoic acid ET	145
4-Methylbenzoic acid ME	127
2-Methylbutane	93
2-Methyl-2-butene	92
3-Methyl-1-butene	92
4-Methylcatechol	109
4-Methylcatechol HFB	714
4-Methylcatechol PFP	467
4-Methylcatechol TFA	272
4-Methylcatechol 2AC	236
4-Methylcatechol 2HFB	1173
4-Methylcatechol 2PFP	1053
4-Methylcatechol 2TMS	461
N-Methylcytisine	227
4-Methyldibenzofuran	180
N-Methyl-DOB	545
N-Methyl-DOB AC	753
N-Methyl-DOB-M (bisdemethyl-HO-deamino-oxo-) 3AC	1022
N-Methyl-DOB-M (HO-) 2AC	975
N-Methyl-DOB-M (N,O-bisdemethyl-) iso-1 AC	617
N-Methyl-DOB-M (N,O-bisdemethyl-) iso-1 2AC	819
N-Methyl-DOB-M (N,O-bisdemethyl-) iso-2 AC	618
N-Methyl-DOB-M (N,O-bisdemethyl-) iso-2 2AC	819
N-Methyl-DOB-M (N,O-bisdemethyl-deamino-oxo-) AC	612
N-Methyl-DOB-M (N,O-bisdemethyl-deamino-oxo-) iso-1	411
N-Methyl-DOB-M (N,O-bisdemethyl-deamino-oxo-) iso-2	411
N-Methyl-DOB-M (N,O-bisdemethyl-HO-) 3AC	1019
N-Methyl-DOB-M (N,O-bisdemethyl-HO-) -H2O 2AC	809
N-Methyl-DOB-M (N-demethyl-)	480
N-Methyl-DOB-M (N-demethyl-)	480
N-Methyl-DOB-M (N-demethyl-)	537
N-Methyl-DOB-M (N-demethyl-) AC	688
N-Methyl-DOB-M (N-demethyl-) AC	688
N-Methyl-DOB-M (N-demethyl-) HFB	1137
N-Methyl-DOB-M (N-demethyl-) PFP	1059
N-Methyl-DOB-M (N-demethyl-) TFA	914
N-Methyl-DOB-M (N-demethyl-) TMS	827
N-Methyl-DOB-M (N-demethyl-deamino-HO-) AC	692
N-Methyl-DOB-M (N-demethyl-deamino-oxo-)	477
N-Methyl-DOB-M (N-demethyl-HO-) 2AC	929
N-Methyl-DOB-M (N-demethyl-HO-) -H2O	473
N-Methyl-DOB-M (N-demethyl-HO-) -H2O AC	678
N-Methyl-DOB-M (O,O-bisdemethyl-) 3AC	969
N-Methyl-DOB-M (O-demethyl-) iso-1 2AC	871
N-Methyl-DOB-M (O-demethyl-) iso-2 2AC	871
N-Methyl-DOB-M (O-demethyl-HO-) 3AC	1052
N-Methyl-DOB-M (tridemethyl-) 3AC	921
N-Methyl-DOB-M (tridemethyl-) artifact 2AC	670
Methyldopa ME3AC	847
Methyldopa ME4AC	994
Methyldopa 2ME	341
Methyldopa 3ME	394
Methyldopa 3ME	394
Methyldopa 4ME	455
Methyldopa 4ME	455
Methyldopa 5ME	523
Methyldopa artifact (acetic acid adduct -2H2O) AC	500
Methyldopa artifact (acetic acid adduct -2H2O) 2AC	707
Methyldopa impurity 2AC	379
Methyldopa-M	178
Methyldopa-M (decarboxy-) 2AC	445
Methyldopa-M (decarboxy-deamino-oxo-)	175
Methyldopa-M AC	280
Methyldopa-M ME	204
Methyldopa-M ME	208
Methyldopa-M 2HFB	1189
Methylene blue artifact	539
2,2'-Methylene-bis-(4-methyl-6-tert.-butylphenol)	809
3,4-Methylenedioxybenzoic acid ET	203
3,4-Methylenedioxybenzoic acid ME	173
3,4-Methylenedioxybenzylalcohol	131
3,4-Methylenedioxybenzylalcohol HFB	837
3,4-Methylenedioxybenzylalcohol PFP	604
3,4-Methylenedioxybenzylalcohol TFA	370
3,4-Methylenedioxybenzylalcohol TMS	287
3,4-Methylenedioxymethylnitrostyrene	232

Compound	Page
Methylenedioxypyrrolidinopropiophenone	367
Methylephedrine	172
Methylephedrine AC	279
Methylephedrine TFA	489
Methylephedrine TMS	387
Methylephedrine-M (nor-)	148
Methylephedrine-M (nor-) TMSTFA	773
Methylephedrine-M (nor-) 2AC	375
Methylephedrine-M (nor-) 2HFB	1186
Methylephedrine-M (nor-) 2PFP	1123
Methylephedrine-M (nor-) 2TFA	872
Methylephedrine-M (nor-) 2TMS	663
Methylephedrine-M (nor-) formyl artifact	165
Methylephedrine-M (nor-) -H2O AC	192
1-Methylethenylcyclopropane	95
2-Methylhexane	100
3-Methylhexane	100
5-Methyl-1-hexene	99
1-Methylnaphthalene	121
2-Methylnaphthalene	121
Methylnitrostyrene	142
Methylparaben	131
Methylparaben AC	204
Methylparaben ME	149
Methylparaben-M (4-hydroxyhippuric acid) ME	240
Methylparaben-M (HO-) AC	243
Methylparaben-M (methoxy-)	180
2-Methylpentane	97
3-Methylpentane	97
2-Methyl-1-pentene	96
Methylpentynol	99
1-Methylphenanthrene	198
Methylphenidate	316
Methylphenidate AC	490
Methylphenidate TFA	753
Methylphenobarbital	363
Methylphenobarbital ET	486
Methylphenobarbital ME	421
Methylphenobarbital-M (HO-)	430
Methylphenobarbital-M (HO-) AC	635
Methylphenobarbital-M (HO-) 2ME	564
Methylphenobarbital-M (HO-methoxy-)	575
Methylphenobarbital-M (HO-methoxy-) 2ME	715
Methylphenobarbital-M (nor-)	312
Methylphenobarbital-M (nor-) 2TMS	939
Methylphenobarbital-M (nor-HO-)	370
Methylphenobarbital-M (nor-HO-) AC	563
Methylphenobarbital-M (nor-HO-) 3ME	564
Methylphenobarbital-M (nor-HO-methoxy-) 3ME	715
2-Methylphenoxyacetic acid	150
1-Methylpiperazine	100
Methylprednisolone	934
Methylprednisolone 2AC	1124
Methylprednisolone -C2H4O2	686
2-Methylpropane	91
Methylpseudoephedrine	172
Methylpseudoephedrine AC	279
Methylpseudoephedrine TFA	489
Methylpseudoephedrine TMS	387
Methylpseudoephedrine-M (nor-)	148
Methylpsychotrine	1146
1-Methylpyrene	260
Methylsalicylate	130
Methylstearate	608
17-Methyltestosterone	625
17-Methyltestosterone AC	826
17-Methyltestosterone TMS	934
17-Methyltestosterone enol 2TMS	1109
Methylthalidomide	478
Methylthalidomide ME	543
4-Methylthiobenzoic acid	154
Methylthionium chloride artifact	539
N-Methyl-trimethylsilyl-trifluoroacetamide	217
Methyprylone	182
Methyprylone enol AC	291
Methyprylone-M (HO-) AC	348
Methyprylone-M (HO-) -H2O	178
Methyprylone-M (HO-) -H2O enol AC	285
Methyprylone-M (oxo-)	212
Metipranolol	662
Metipranolol AC	850
Metipranolol TMS	958
Metipranolol TMSTFA	1146
Metipranolol 2AC	996
Metipranolol formyl artifact	720
Metipranolol -H2O AC	775
Metipranolol-M (deamino-HO-) 2AC	854
Metipranolol-M/artifact (deacetyl-)	457
Metipranolol-M/artifact (phenol) AC	329
Metixene	661
Metixene-M (nor-) AC	793
Metobromuron	412
Metobromuron ME	477
Metobromuron-M/artifact (HOOC-) ME	302
Metoclopramide	611
Metoclopramide AC	812
Metoclopramide TMS	924
Metoclopramide 2TMS	1105
Metoclopramide-M (deethyl-)	473
Metoclopramide-M (deethyl-) 2AC	865
Metofenazate-M/artifact (deacyl-)	1026
Metofenazate-M/artifact (deacyl-) AC	1108
Metofenazate-M/artifact (trimethoxybenzoic acid)	248
Metofenazate-M/artifact (trimethoxybenzoic acid) ET	344
Metofenazate-M/artifact (trimethoxybenzoic acid) ME	293
Metolazone 2ME	993
Metolazone 3ME	1033
Metolazone artifact ME	941
Metolazone artifact 2ME	987
Metonitazene	960
Metoprolol	457
Metoprolol TMS	805
Metoprolol TMSTFA	1090
Metoprolol 2AC	850
Metoprolol 2TMS	1046
Metoprolol formyl artifact	515
Metoprolol -H2O AC	572
Metoprolol-M	588
Metoprolol-M (HO-) 3AC	1039
Metoprolol-M (HO-) artifact	594
Metoprolol-M (O-demethyl-) 3AC	949
Metoxuron ME	351
Metoxuron artifact (HOOC-)	220
Metoxuron artifact (HOOC-) ME	256
Metribuzin	255
Metronidazole	158
Metronidazole AC	252
Metronidazole TMS	354
Metronidazole-M (HO-methyl-)	189
Metronidazole-M (HO-methyl-) AC	303
Metronidazole-M (HO-methyl-) 2AC	473
Metronidazole-M (HOOC-) ME	217
Metyrapone	295
Mevinphos	286
Mexazolam	890
Mexazolam artifact AC	886

Compound	Page
Mexazolam HY	441
Mexazolam HYAC	647
Mexiletine	172
Mexiletine AC	279
Mexiletine-M (deamino-di-HO-) iso-1 2AC	517
Mexiletine-M (deamino-di-HO-) iso-2 2AC	517
Mexiletine-M (deamino-di-HO-) iso-3 2AC	517
Mexiletine-M (deamino-HO-) AC	282
Mexiletine-M (deamino-oxo-)	168
Mexiletine-M (deamino-oxo-HO-) iso-1 AC	329
Mexiletine-M (deamino-oxo-HO-) iso-2 AC	329
Mexiletine-M (deamino-oxo-HO-) iso-3 AC	329
Mexiletine-M (HO-) iso-1 2AC	512
Mexiletine-M (HO-) iso-2 2AC	513
Mexiletine-M (HO-) iso-3 2AC	513
Mezlocilline-M/artifact	144
Mezlocilline-M/artifact AC	230
Mezlocilline-M/artifact ME2AC	684
Mezlocilline-M/artifact ME2TFA	1064
Mezlocilline-M/artifact MEAC	478
Mezlocilline-M/artifact MEPFP	939
Mezlocilline-M/artifact TFA	418
Mezlocilline-M/artifact TMS	327
Mianserin	440
Mianserin-D3	456
Mianserin-M (HO-)	518
Mianserin-M (HO-) AC	723
Mianserin-M (HO-methoxy-)	668
Mianserin-M (HO-methoxy-) AC	855
Mianserin-M (nor-)	381
Mianserin-M (nor-) AC	576
Mianserin-M (nor-HO-) 2AC	845
Miconazole	1049
Midazolam	734
Midazolam-M (di-HO-) 2AC	1099
Midazolam-M (HO-)	810
Midazolam-M (HO-) AC	962
Midazolam-M/artifact	373
Midazolam-M/artifcat AC	567
Midodrine TMSTFA	1065
Midodrine 2AC	798
Midodrine 3TMS	1138
Minaprine	608
Minaprine AC	808
Mirex	1181
Mirtazapine	446
Mirtazapine-M (HO-)	523
Mirtazapine-M (HO-) AC	728
Mirtazapine-M (nor-)	385
Mirtazapine-M (nor-) AC	581
Mirtazapine-M (nor-HO-) 2AC	849
Mirtazapine-M (nor-HO-methoxy-) 2AC	956
Mirtazapine-M (oxo-)	511
Mitotane	700
Mitotane -HCl	525
Mitotane-M (dichlorophenylmethane)	327
Mitotane-M (HO-) -2HCl	438
Mitotane-M (HO-HOOC-)	595
Mitotane-M (HOOC-) ME	584
Mitotane-M/artifact (dehydro-)	691
Mizolastine ME	1109
Mizolastine TMS	1167
2,3-MMBDB	278
2,3-MMBDB-M (demethylenyl-methyl-) AC	446
MMDA	241
MMDA	241
MMDA AC	384
MMDA AC	384
MMDA formyl artifact	277
Moclobemide	460
Moclobemide TMS	807
Moclobemide-M/artifact (chlorobenzoic acid)	136
Moclobemide-M/artifact (N-oxide) -C4H9NO	176
Moexipril ME	1171
Moexipril TMS	1189
Moexipril 2ME	1177
Moexipril -H2O	1148
Moexiprilate 2ME	1163
Moexiprilate 3ME	1171
Moexiprilate -H2O ME	1133
Moexiprilate -H2O TMS	1176
Moexiprilate-M/artifact (HOOC-) 2ET	651
Moexiprilate-M/artifact (HOOC-) 2ME	512
Moexiprilate-M/artifact (HOOC-) 3ME	582
Moexipril-M/artifact (deethyl-) 2ME	1163
Moexipril-M/artifact (deethyl-) 3ME	1171
Moexipril-M/artifact (deethyl-) -H2O ME	1133
Moexipril-M/artifact (deethyl-) -H2O TMS	1176
Moexipril-M/artifact (deethyl-HOOC-) 2ME	512
Moexipril-M/artifact (deethyl-HOOC-) 3ME	582
Moexipril-M/artifact (HOOC-) ET	651
Moexipril-M/artifact (HOOC-) ME	582
Moexipril-M/artifact (HOOC-) 2ME	651
Mofebutazone	312
Mofebutazone AC	486
Mofebutazone 2AC	693
Mofebutazone 2ME	422
Mofebutazone-M (4-HO-) AC	564
Mofebutazone-M (4-HO-) ME	431
Mofebutazone-M (4-HO-) 2AC	768
Mofebutazone-M (4-HO-) 2ME	497
Mofebutazone-M (HOOC-)	381
Mofebutazone-M (HOOC-) ME	440
Mofebutazone-M (HOOC-) MEAC	645
Mofebutazone-M (HOOC-) 2ME	508
Mofebutazone-M (HOOC-) -CO2	232
Monalazone artifact 2ME	303
Monalazone artifact 3ME	354
Monalide	340
Monocrotophos	283
Monocrotophos TFA	706
Monoisooctyladipate	415
Monolinuron	254
Monolinuron ME	299
Monolinuron-M/artifact (HOOC-) ME	186
Monuron ME	248
Moperone	867
Moperone -H2O	794
Moperone-M	174
Moperone-M	751
Moperone-M (N-dealkyl-) -H2O AC	257
Moperone-M (N-dealkyl-oxo-) -2H2O	156
Moperone-M (N-dealkyl-oxo-HO-) -2H2O	186
Moperone-M (N-dealykl-oxo-HO-) -2H2O AC	298
MOPPP	316
MOPPP-M (deamino-oxo-)	167
MOPPP-M (demethyl-)	271
MOPPP-M (demethyl-) ET	368
MOPPP-M (demethyl-) HFB	1052
MOPPP-M (demethyl-) TMS	571
MOPPP-M (demethyl-3-HO-) 2ET	571
MOPPP-M (demethyl-3-methoxy-) ET	502
MOPPP-M (demethyl-3-methoxy-) HFB	1107
MOPPP-M (demethyl-3-methoxy-) ME	436
MOPPP-M (demethyl-3-methoxy-) TMS	719
MOPPP-M (demethyl-3-methoxy-deamino-oxo-) ET	281

Compound	Page
MOPPP-M (demethyl-deamino-oxo-) ET	197
MOPPP-M (dihydro-)	326
MOPPP-M (dihydro-) AC	502
MOPPP-M (dihydro-) TMS	652
MOPPP-M (oxo-)	367
MOPPP-M (parahydroxybenzoic acid) ET	151
MOPPP-M (parahydroxybenzoic acid) 2ET	205
Morazone	943
Morazone-M (carboxy-phenazone) -CO2	190
Morazone-M/artifact (HO-methoxy-phenmetrazine)	285
Morazone-M/artifact (HO-methoxy-phenmetrazine) 2AC	649
Morazone-M/artifact (HO-phenmetrazine) iso-1	201
Morazone-M/artifact (HO-phenmetrazine) iso-1 2AC	501
Morazone-M/artifact (HO-phenmetrazine) iso-2	202
Morazone-M/artifact (HO-phenmetrazine) iso-2 2AC	501
Morazone-M/artifact (phenmetrazine)	166
Morazone-M/artifact (phenmetrazine) AC	271
Morazone-M/artifact (phenmetrazine) TFA	481
Morazone-M/artifact (phenmetrazine) TMS	377
Morazone-M/artifact-1	225
Morazone-M/artifact-2	190
Morazone-M/artifact-2 AC	306
Morazone-M/artifact-3	222
Morphine	539
Morphine ME	611
Morphine TFA	955
Morphine 2AC	915
Morphine 2HFB	1201
Morphine 2PFP	1191
Morphine 2TFA	1145
Morphine 2TMS	1079
Morphine Cl-artifact 2AC	1026
Morphine-D3 ME	625
Morphine-D3 MEAC	825
Morphine-D3 TFA	967
Morphine-D3 2AC	928
Morphine-D3 2HFB	1202
Morphine-D3 2PFP	1192
Morphine-D3 2TFA	1148
Morphine-D3 2TMS	1085
Morphine-M (nor-) 2PFP	1188
Morphine-M (nor-) 3AC	1010
Morphine-M (nor-) 3PFP	1203
Morphine-M (nor-) 3TMS	1155
Morpholine	97
Moxaverine	650
Moxaverine-M (demethyl-HO-methoxy-phenyl-) iso-1 2AC	1066
Moxaverine-M (O-demethyl-) iso-1	580
Moxaverine-M (O-demethyl-) iso-1 AC	784
Moxaverine-M (O-demethyl-) iso-2	580
Moxaverine-M (O-demethyl-) iso-2 AC	784
Moxaverine-M (O-demethyl-di-HO-) iso-1 3AC	1114
Moxaverine-M (O-demethyl-di-HO-) iso-2 3AC	1114
Moxaverine-M (O-demethyl-di-HO-methoxy-) 3AC	1149
Moxaverine-M (O-demethyl-HO-ethyl-) -H2O iso-1	568
Moxaverine-M (O-demethyl-HO-ethyl-) -H2O iso-1 AC	773
Moxaverine-M (O-demethyl-HO-ethyl-) -H2O iso-2 AC	773
Moxaverine-M (O-demethyl-HO-ethyl-) -H2O iso-2	568
Moxaverine-M (O-demethyl-HO-ethyl-) iso-1 AC	848
Moxaverine-M (O-demethyl-HO-ethyl-) iso-1 2AC	994
Moxaverine-M (O-demethyl-HO-ethyl-) iso-2 AC	849
Moxaverine-M (O-demethyl-HO-ethyl-) iso-2 2AC	994
Moxaverine-M (O-demethyl-HO-methyl-) iso-2 2AC	1066
Moxaverine-M (O-demethyl-HO-phenyl-) iso-1 2AC	994
Moxaverine-M (O-demethyl-HO-phenyl-) iso-2 2AC	995
Moxaverine-M (O-demethyl-oxo-ethyl-) iso-1 AC	842
Moxaverine-M (O-demethyl-oxo-ethyl-) iso-2 AC	842
Moxonidine AC	528
Moxonidine 2AC	734
MPBP	310
MPBP impurity-1	298
MPBP impurity-2	304
MPBP-M (carboxy-) ET	559
MPBP-M (carboxy-) ME	490
MPBP-M (carboxy-) TMS	774
MPBP-M (carboxy-deamino-oxo-) ET	319
MPBP-M (carboxy-deamino-oxo-) ME	273
MPBP-M (carboxy-dihydro-) 2TMS	1035
MPBP-M (carboxy-oxo-) ET	629
MPBP-M (carboxy-oxo-) ME	558
MPBP-M (carboxy-oxo-) TMS	835
MPBP-M (carboxy-oxo-dihydro-) ET	640
MPBP-M (carboxy-oxo-dihydro-) ETAC	835
MPBP-M (carboxy-oxo-dihydro-) ME	569
MPBP-M (carboxy-oxo-dihydro-) 2TMS	1064
MPBP-M (HO-) AC	559
MPBP-M (HO-) TMS	711
MPBP-M (oxo-)	359
MPCP	482
MPHP	418
MPHP-M (carboxy-)	560
MPHP-M (carboxy-) ET	699
MPHP-M (carboxy-) ME	630
MPHP-M (carboxy-) TMS	888
MPHP-M (carboxy-HO-alkyl-) ET	775
MPHP-M (carboxy-HO-alkyl-) ME	709
MPHP-M (carboxy-HO-alkyl-) MEAC	888
MPHP-M (carboxy-HO-alkyl-) iso-1 2TMS	1112
MPHP-M (carboxy-HO-alkyl-) iso-2 2TMS	1113
MPHP-M (di-HO-) 2AC	937
MPHP-M (di-HO-) 2TMS	1091
MPHP-M (dihydro-)	428
MPHP-M (dihydro-) AC	631
MPHP-M (dihydro-) TMS	778
MPHP-M (HO-alkyl-) iso-1 AC	699
MPHP-M (HO-alkyl-) iso-2 AC	699
MPHP-M (HO-tolyl-)	492
MPHP-M (HO-tolyl-) AC	699
MPHP-M (HO-tolyl-) TFA	924
MPHP-M (oxo-)	482
MPHP-M (oxo-carboxy-) ET	765
MPHP-M (oxo-carboxy-) ME	698
MPHP-M (oxo-carboxy-) TMS	937
MPHP-M (oxo-carboxy-dihydro-) ET	776
MPHP-M (oxo-carboxy-dihydro-) ME	710
MPHP-M (oxo-carboxy-dihydro-) MEAC	888
MPHP-M (oxo-carboxy-dihydro-) 2ME	775
MPHP-M (oxo-carboxy-HO-alkyl-) ET	835
MPHP-M (oxo-carboxy-HO-alkyl-) ME	774
MPHP-M (oxo-carboxy-HO-alkyl-) MEAC	936
MPHP-M (oxo-carboxy-HO-alkyl-) 2TMS	1131
MPHP-M (oxo-HO-alkyl-) AC	765
MPHP-M (oxo-HO-tolyl-) AC	765
MPHP-M (oxo-HO-tolyl-) HFB	1152
MPPP	262
MPPP-M (carboxy-)	367
MPPP-M (carboxy-) ET	490
MPPP-M (carboxy-) ME	426
MPPP-M (carboxy-) TMS	709
MPPP-M (carboxy-deamino-oxo-) ET	273
MPPP-M (carboxy-deamino-oxo-) ME	230
MPPP-M (carboxy-oxo-) ET	558
MPPP-M (dihydro-)	272
MPPP-M (dihydro-) AC	427
MPPP-M (dihydro-) TMS	573
MPPP-M (HO-)	316

Compound	Page	Compound	Page
MPPP-M (HO-) AC	491	Naftidrofuryl-M/artifact (HOOC-) ME	607
MPPP-M (HO-) TMS	641	Nalbuphine	874
MPPP-M (oxo-)	309	Nalbuphine AC	1016
MPPP-M (p-dicarboxy-) ET	204	Nalbuphine 2AC	1101
MPPP-M (p-dicarboxy-) ETME	237	Nalbuphine 2HFB	1204
MPPP-M (p-dicarboxy-) 2ET	281	Nalbuphine 2PFP	1199
MSTFA	217	Nalbuphine 3AC	1151
4-MTA	177	Nalbuphine 3PFP	1205
4-MTA	177	Nalbuphine 3TMS	1189
4-MTA AC	284	Nalbuphine-M (N-dealkyl-)	558
4-MTA HFB	941	Nalbuphine-M (N-dealkyl-) 2AC	931
4-MTA PFP	743	Nalbuphine-M (N-dealkyl-) 3AC	1052
4-MTA TFA	499	Naled	944
4-MTA TMS	394	Nalorphine	672
4-MTA 2AC	443	Nalorphine AC	859
4-MTA formyl artifact	200	Nalorphine 2AC	1002
4-MTA-M (deamino-HO-) AC	288	Nalorphine 2TMS	1122
4-MTA-M (deamino-HO-) PFP	747	Naloxone	745
4-MTA-M (deamino-oxo-)	174	Naloxone AC	916
4-MTA-M (HO-) iso-1 2PFP	1156	Naloxone ME	813
4-MTA-M (HO-) iso-2 2AC	521	Naloxone MEAC	964
4-MTA-M (HO-) iso-2 2PFP	1157	Naloxone PFP	1141
4-MTA-M (methylthiobenzoic acid)	154	Naloxone TMS	1015
4-MTA-M (methylthiobenzoic acid) ME	179	Naloxone 2AC	1045
4-MTA-M (methylthiobenzoic acid) TMS	342	Naloxone 2ET	965
4-MTA-M (ring-HO-) 2AC	521	Naloxone 2ME	866
4-MTA-M (ring-HO-) 2PFP	1157	Naloxone 2PFP	1196
4-MTA-M/artifact (Sulfone) AC	401	Naloxone 2TMS	1139
4-MTA-M/artifact (Sulfoxide) AC	340	Naloxone enol 2AC	1045
Muzolimine	473	Naloxone enol 2PFP	1196
Muzolimine ME	537	Naloxone enol 2TMS	1139
Muzolimine MEAC	743	Naloxone enol 3AC	1118
Muzolimine METFA	954	Naloxone enol 3PFP	1204
Muzolimine TMS	819	Naloxone enol 3TMS	1183
Muzolimine 2AC	864	Naloxone-M (dihydro-) 2AC	1048
Muzolimine 2ME	609	Naloxone-M (dihydro-) 3AC	1121
Muzolimine 2TFA	1130	Naltrexol (beta-) 3TMS	1187
Muzolimine 2TMS	1052	Naltrexone	813
Muzolimine 3ME	679	Naltrexone AC	964
Mycophenolic acid	715	Naltrexone 2AC	1070
Mycophenolic acid ME	780	Naltrexone 2TMS	1152
Mycophenolic acid 2ME	839	Naltrexone enol 2AC	1070
Myristic acid	302	Naltrexone enol 3AC	1135
Myristic acid ET	408	Naltrexone enol 3TMS	1186
Myristic acid ME	353	Naltrexone-M (dihydro-) 3AC	1138
Myristic acid TMS	617	Naltrexone-M (dihydro-) 3TMS	1187
Myristic acid glycerol ester	625	Naltrexone-M (dihydro-methoxy-) 3AC	1163
Myristic acid isopropyl ester	472	Naltrexone-M (methoxy-)	924
Myristicin	197	Naltrexone-M (methoxy-) AC	1048
Myristicin-M (1-HO-) AC	379	Naltrexone-M (methoxy-) 2AC	1121
Myristicin-M (demethyl-) AC	273	Naltrexone-M (methoxy-) enol 2AC	1121
Myristicin-M (demethylenyl-) 2AC	439	Naltrexone-M (methoxy-) enol 3AC	1162
Myristicin-M (demethylenyl-methyl-) AC	328	Nandrolone	487
Myristicin-M (di-HO-) 2AC	666	Nandrolone TMS	833
Nabumetone	301	Naphazoline	245
Nabumetone-M/artifact (O-demethyl-)	256	Naphthalene	111
Nabumetone-M/artifact (O-demethyl-) AC	407	1-Naphthaleneacetic acid	188
Nadolol	663	1-Naphthaleneacetic acid ME	219
Nadolol 3AC	1091	Naphthoflavone (alpha-)	478
Nadolol 3TMS	1177	1-Naphthol	123
Nadolol formyl artifact	720	1-Naphthol AC	188
Nadolol-M/artifact (deisobutyl-) -2H2O 2AC	619	1-Naphthol HFB	806
Naftidrofuryl	965	1-Naphthol PFP	562
Naftidrofuryl-M (deethyl-)	867	1-Naphthol TMS	260
Naftidrofuryl-M (di-oxo-HOOC-) ME	739	Naphthoxyacetic acid methylester	259
Naftidrofuryl-M (HO-HOOC-) MEAC	869	N-1-Naphthylphthalimide	481
Naftidrofuryl-M (HO-oxo-HOOC-) MEAC	919	Napropamide	475
Naftidrofuryl-M (oxo-HOOC-) ME	676	Naproxen	307

Compound	Page
Naproxen ET	413
Naproxen ME	356
Naproxen TMS	624
Naproxen -CO2	185
Naproxen-M (HO-) 2ME	485
Naproxen-M (O-demethyl-) MEAC	479
Naproxen-M (O-demethyl-) 2ME	356
Naproxen-M (O-demethyl-) -CH2O2 AC	249
Naptalam -H2O	481
Naratriptan	784
Naratriptan HFB	1178
Naratriptan TFA	1083
Naratriptan TMS	1034
Naratriptan 2TMS	1147
Narceine ME	1126
Narceine artifact 2ME	398
Narceine -H2O	1074
Narcobarbital	622
Narconumal	289
Narconumal ME	337
Nealbarbital	337
Nealbarbital 2ME	452
Nebivolol 2TMSTFA	1198
Nebivolol 3AC	1178
Neburon ME	551
NECA 2AC	992
NECA -2H2O	478
NECA 3AC	1088
Nefazodone	1138
Nefazodone-M (deamino-HO-)	570
Nefazodone-M (deamino-HO-) AC	774
Nefazodone-M (HO-ethyl-deamino-HO-) 2AC	989
Nefazodone-M (HO-phenyl-) AC	1177
Nefazodone-M (HO-phenyl-deamino-HO-) 2AC	989
Nefazodone-M (N-dealkyl-)	211
Nefazodone-M (N-dealkyl-) AC	336
Nefazodone-M (N-dealkyl-) HFB	991
Nefazodone-M (N-dealkyl-) ME	244
Nefazodone-M (N-dealkyl-) TFA	574
Nefazodone-M (N-dealkyl-) TMS	461
Nefazodone-M (N-dealkyl-HO-) TFA	653
Nefazodone-M (N-dealkyl-HO-) iso-1 AC	398
Nefazodone-M (N-dealkyl-HO-) iso-1 2AC	597
Nefazodone-M (N-dealkyl-HO-) iso-1 2TFA	1028
Nefazodone-M (N-dealkyl-HO-) iso-2 AC	398
Nefazodone-M (N-dealkyl-HO-) iso-2 2AC	597
Nefazodone-M (N-dealkyl-HO-) iso-2 2HFB	1195
Nefazodone-M (N-dealkyl-HO-) iso-2 2TFA	1028
Nefopam	395
Nefopam-M (HO-) iso-1 AC	672
Nefopam-M (HO-) iso-2 AC	672
Nefopam-M (nor-) AC	523
Nefopam-M (nor-di-HO-) -H2O iso-1 2AC	792
Nefopam-M (nor-di-HO-) -H2O iso-2 2AC	792
Nevirapine	451
Nevirapine AC	656
Nevirapine TMS	798
Nicardipine	1147
Nicardipine ME	1160
Nicardipine-M	693
Nicardipine-M	768
Nicardipine-M (deamino-HOOC-) ME	1028
Nicardipine-M (deamino-HOOC-) 2ME	1058
Nicardipine-M (dehydro-deamino-HO-)	933
Nicardipine-M (dehydro-deamino-HOOC-) ME	1022
Nicardipine-M -H2O	748
Nicardipine-M -H2O TMS	972
Nicardipine-M/A (debenzylmethylaminoethyl-) ME	832
Nicardipine-M/A (debenzylmethylaminoethyl-) 2ME	884
Nicardipine-M/A TMS	1023
Nicardipine-M/artifact ME	824
Nicardipine-M/artifact 2TMS	1128
Nicardipine-M/artifact -CO2	542
Nicergoline-M/artifact (alcohol)	616
Nicergoline-M/artifact (alcohol) AC	818
Nicergoline-M/artifact (HOOC-)	220
Nicergoline-M/artifact (HOOC-) ME	256
Nicethamide	168
Niclosamide ME	806
Nicomorphine	1161
Nicomorphine HY	539
Nicomorphine HY2AC	915
Nicotinamide	107
Nicotine	142
Nicotine-M (cotinine)	163
Nicotinic acid ME	117
Nifedipine	832
Nifedipine ME	885
Nifedipine-M (dehydro-2-HOOC-) ME	979
Nifedipine-M (dehydro-demethyl-HO-) -H2O	748
Nifedipine-M (dehydro-HO-)	884
Nifedipine-M (dehydro-HO-HOOC-)	830
Nifedipine-M (dehydro-HO-HOOC-) AC	979
Nifedipine-M (dehydro-HO-HOOC-) -H2O -C2H2O2	468
Nifedipine-M (dehydro-HOOC-) TMS	1108
Nifedipine-M/artifact (dehydro-)	824
Nifedipine-M/artifact (dehydro-demethyl-)	758
Nifedipine-M/artifact (dehydro-demethyl-) TMS	1023
Nifedipine-M/artifact (dehydro-demethyl-) -CO2	543
Nifenalol	289
Nifenalol TMSTFA	992
Nifenalol 2AC	656
Nifenalol formyl artifact	330
Nifenalol -H2O AC	371
Nifenazone	656
Nifenazone-M (deacyl-)	224
Nifenazone-M (deacyl-) AC	359
Nifenazone-M (deacyl-) artifact	173
Nifenazone-M (dealkyl-) 2AC	547
Niflumic acid	526
Niflumic acid ME	596
Niflumic acid MEAC	796
Niflumic acid TMS	861
Niflumic acid -CO2	335
Niflumic acid-M (di-HO-) 3ME	868
Niflumic acid-M (HO-) iso-1 2ME	738
Niflumic acid-M (HO-) iso-2 2ME	738
Nilvadipine	970
Nilvadipine ME	1014
Nilvadipine-M (dehydro-deisopropyl-HO-) ME	922
Nilvadipine-M/artifact (dehydro-)	962
Nilvadipine-M/artifact (dehydro-deisopropyl-) ME	864
Nilvadipine-M/artifact (dehydro-deisopropyl-) TMS	1047
Nimesulide	653
Nimesulide AC	844
Nimesulide ME	721
Nimesulide TMS	952
Nimesulide artifact (-SO2CH2) AC	478
Nimetazepam	589
Nimetazepam HY	406
Nimetazepam-M (nor-)	520
Nimetazepam-M (nor-) TMS	857
Nimetazepam-M (nor-) HY	350
Nimetazepam-M (nor-) HYAC	532
Nimodipine	1059
Nimodipine ME	1084

Compound	Page
Nimodipine-M (dehydrodeisopropyldemethyl-HOOC-) 2ME	1022
Nimodipine-M (dehydro-deisopropyl-O-demethyl-) ME	933
Nimodipine-M (dehydro-demethoxyethyl-HO-) -H2O	868
Nimodipine-M (dehydro-O-demethyl-HOOC-) ME	1080
Nimodipine-M -H2O ME	748
Nimodipine-M -H2O TMS	972
Nimodipine-M/artifact (dehydro-)	1054
Nimodipine-M/artifact (dehydro-deisopropyl-) ME	980
Nimodipine-M/artifact (dehydro-demethoxyethyl-) ME	927
Nimodipine-M/artifact (deisopropyl-demethoxyethyl-) 2ME	832
Nimodipine-M/artifact (deisopropyl-demethoxyethyl-) 3ME	884
Nimodipine-M/artifact 2ME	824
Nimodipine-M/artifact 2TMS	1128
Nimodipine-M/artifact -CO2 ME	542
Nisoldipine	980
Nisoldipine ME	1024
Nisoldipine-M (dehydro-deisobutyl-2-HOOC-) 2ME	979
Nisoldipine-M (dehydro-deisobutyl-HO-) -H2O	748
Nisoldipine-M (dehydro-demethyl- di-HO-) -H2O	972
Nisoldipine-M (dehydro-HO-)	1023
Nisoldipine-M (dehydro-HO-demethyl-) -H2O	919
Nisoldipine-M (dehydro-HOOC-) ME	1080
Nisoldipine-M (HO-)	1029
Nisoldipine-M/artifact (dehydro-)	973
Nisoldipine-M/artifact (dehydro-deisobutyl-) ME	824
Nisoldipine-M/artifact (dehydro-deisobutyl-) TMS	1023
Nisoldipine-M/artifact (dehydro-deisobutyl-) -CO2	543
Nisoldipine-M/artifact (deisobutyl-) ME	832
Nitrazepam	520
Nitrazepam TMS	857
Nitrazepam HY	350
Nitrazepam HYAC	532
Nitrazepam iso-1 ME	589
Nitrazepam iso-2 ME	494
Nitrazepam-M (amino-)	384
Nitrazepam-M (amino-) AC	579
Nitrazepam-M (amino-) HY	249
Nitrazepam-M (amino-) HY2AC	598
Nitrendipine	885
Nitrendipine ET	980
Nitrendipine ME	933
Nitrendipine-M (dehydro-deethyl-HO-) -H2O	748
Nitrendipine-M (dehydro-demethyl-) -CO2	615
Nitrendipine-M (dehydrodemethyldeethyl-HO-) -H2O TMS	972
Nitrendipine-M (dehydro-demethyl-HO-) -H2O	816
Nitrendipine-M/A (dehydrodeethyldemethyl-) 2TMS	1128
Nitrendipine-M/artifact (deethyl-) ME	832
Nitrendipine-M/artifact (deethyl-) 2ME	884
Nitrendipine-M/artifact (dehydro-)	877
Nitrendipine-M/artifact (dehydro-deethyl-) ME	824
Nitrendipine-M/artifact (dehydro-deethyl-) TMS	1023
Nitrendipine-M/artifact (dehydro-deethyl-) -CO2	542
Nitrendipine-M/artifact (dehydro-demethyl-) ET	927
Nitrendipine-M/artifact (dehydro-demethyl-) TMS	1054
Nitrofen	527
Nitrofurantoin ME	388
4-Nitrophenol	119
4-Nitrophenol AC	176
4-Nitrophenol ME	132
Nitrothal-isopropyl	590
Nitroxoline	193
NMPEA	115
NMPEA AC	166
Nomifensine	338
Nomifensine AC	518
Nomifensine TMS	668
Nomifensine-M (HO-)	400
Nomifensine-M (HO-) iso-1 2AC	798
Nomifensine-M (HO-) iso-2 2AC	798
Nomifensine-M (HO-methoxy-) 2AC	913
Nomifensine-M (HO-methoxy-) iso-1	535
Nomifensine-M (HO-methoxy-) iso-2	535
Nonadecane	462
Nonadecanoic acid ME	678
Nonane	111
Nonivamide	583
Nonivamide AC	785
Nonivamide HFB	1157
Nonivamide PFP	1096
Nonivamide TFA	983
Nonivamide TMS	902
Nonivamide 2TMS	1093
Norcinnamolaurine	529
Norcinnamolaurine 2AC	909
Norcodeine 2AC	916
Norcodeine-M (O-demethyl-) 2PFP	1188
Norcodeine-M (O-demethyl-) 3AC	1010
Norcodeine-M (O-demethyl-) 3PFP	1203
Norcodeine-M (O-demethyl-) 3TMS	1155
Nordazepam	468
Nordazepam TMS	817
Nordazepam enol AC	674
Nordazepam enol ME	532
Nordazepam HY	308
Nordazepam HYAC	480
Nordazepam-D5	489
Nordazepam-M (HO-)	541
Nordazepam-M (HO-) AC	747
Nordazepam-M (HO-) HY	365
Nordazepam-M (HO-) HYAC	556
Nordazepam-M (HO-) iso-1 HY2AC	762
Nordazepam-M (HO-) iso-2 HY2AC	762
Nordazepam-M (HO-methoxy-) HY2AC	886
Norephedrine	130
Norephedrine TMSTFA	708
Norephedrine 2AC	325
Norephedrine 2HFB	1183
Norephedrine 2PFP	1104
Norephedrine 2TFA	819
Norephedrine 2TMS	594
Norephedrine formyl artifact	143
Norephedrine-M (HO-) 3AC	580
Norepinephrine-A (3,4-dihydroxybenzoic acid) ME2AC	388
Norethisterone AC	808
Norethisterone acetate	808
Norethisterone -H2O	519
Norfenefrine	132
Norfenefrine 3AC	511
Norfenefrine 3TMS	917
Norfenefrine formyl artifact	147
Norfenefrine-M (deamino-HO-) 3AC	516
Norgestrel	677
Norgestrel AC	863
Norgestrel -H2O	587
Normethadone	594
Normethadone-M (HO-) AC	859
Normethadone-M (nor-) enol 2AC	902
Normethadone-M (nor-) -H2O	436
Normethadone-M (nor-dihydro-) -H2O AC	651
d-Norpseudoephedrine	129
d-Norpseudoephedrine TMSTFA	707
d-Norpseudoephedrine 2AC	324
d-Norpseudoephedrine 2HFB	1182
d-Norpseudoephedrine formyl artifact	143
Nortriptyline	436
Nortriptyline AC	640

Compound	Page	Compound	Page
Nortriptyline HFB	1126	Orlistat-M/artifact (alcohol) -H2CO3	577
Nortriptyline PFP	1038	Orlistat-M/artifact (alcohol) -H2O	790
Nortriptyline TFA	880	Ornidazole	268
Nortriptyline TMS	785	Ornidazole AC	424
Nortriptyline-D3	453	Ornidazole -HCl	181
Nortriptyline-D3 AC	657	Orphenadrine	466
Nortriptyline-D3 HFB	1130	Orphenadrine HY	215
Nortriptyline-D3 PFP	1047	Orphenadrine HYAC	345
Nortriptyline-D3 TFA	891	Orphenadrine-M	180
Nortriptyline-D3 TMS	800	Orphenadrine-M (methyl-benzophenone)	211
Nortriptyline-M (HO-)	513	Orphenadrine-M (nor-)	404
Nortriptyline-M (HO-) -H2O	427	Orphenadrine-M HYAC	339
Nortriptyline-M (HO-) -H2O AC	629	Oryzalin	831
Nortriptyline-M (nor-HO-) -H2O AC	558	Oryzalin -SO2NH	454
Noscapine	1048	Oseltamivir AC	862
Noscapine artifact	204	Oseltamivir HFB	1169
Noxiptyline	587	Oseltamivir PFP	1124
Noxiptyline-M (HO-dibenzocycloheptanone) -H2O	231	Oseltamivir TFA	1036
Noxiptyline-M (nor-di-HO-) -H2O 2AC	946	Oseltamivir 2TMS	1123
Noxiptyline-M (nor-HO-) -H2O AC	715	Oseltamivir formyl artifact	733
Noxiptyline-M/artifact (dibenzocycloheptanone)	237	Oseltamivir formyl artifact ME	800
Nuarimol	683	Oxabolone	565
Octacosane	1000	Oxabolone AC	770
Octadecane	400	Oxabolone 2TMS	1089
2-Octadecyloxyethanol	687	Oxabolone cipionate	1051
Octamethyldiphenylbicyclohexasiloxane	1185	Oxabolone cipionate TMS	1154
Octamylamine AC	349	Oxaceprol ME	189
Octane	105	Oxaceprol MEAC	303
Octanoic acid hexadecylester	914	Oxadiazon	823
Octodrine AC	159	Oxadixyl	507
Octopamine	133	Oxamyl -C2H3NO	140
Octopamine 3AC	511	Oxapadol	506
Ofloxacin ME	936	Oxatomide	1072
Ofloxacin -CO2	697	Oxatomide-M (carbinol)	184
Olanzapine	676	Oxatomide-M (carbinol) AC	294
Olanzapine AC	862	Oxatomide-M (carbinol) ME	215
Olanzapine-M (nor-) 2AC	959	Oxatomide-M (HO-BPH) iso-1	214
Oleamide	525	Oxatomide-M (HO-BPH) iso-1 AC	343
Oleic acid ET	669	Oxatomide-M (HO-BPH) iso-2	214
Oleic acid ME	600	Oxatomide-M (HO-BPH) iso-2 AC	343
Oleic acid TMS	863	Oxatomide-M (N-dealkyl-)	392
Oleic acid glycerol ester 2AC	1099	Oxatomide-M (norcyclizine) AC	586
Omethoate	251	Oxazepam	542
Omoconazole	1064	Oxazepam TMS	876
Omoconazole HY	458	Oxazepam 2TMS	1080
Omoconazole HYAC	665	Oxazepam artifact-1	342
Opipramol	895	Oxazepam artifact-2	397
Opipramol AC	1032	Oxazepam artifact-3	604
Opipramol TMS	1091	Oxazepam HY	308
Opipramol-M (HO-) 2AC	1132	Oxazepam HYAC	480
Opipramol-M (HO-methoxy-ring)	339	Oxazepam iso-1 2ME	684
Opipramol-M (HO-methoxy-ring) AC	521	Oxazepam iso-2 -H2O 2ME	596
Opipramol-M (HO-ring)	241	Oxazepam-M	468
Opipramol-M (HO-ring) AC	383	Oxazepam-M (HO-) artifact AC	674
Opipramol-M (HO-ring) 2AC	579	Oxazepam-M (HO-) HYAC	556
Opipramol-M (N-dealkyl-) AC	889	Oxazepam-M TMS	817
Opipramol-M (N-dealkyl-) ME	778	Oxazolam	748
Opipramol-M (N-dealkyl-di-HO-oxo-) 2AC	1112	Oxazolam HYAC	480
Opipramol-M (N-dealkyl-HO-oxo-) AC	989	Oxazolam-M	542
Opipramol-M (ring)	200	Oxazolam-M TMS	876
Opipramol-M (ring) AC	323	Oxazolam-M 2TMS	1080
Opipramol-M/artifact (acridine)	170	Oxazolam-M HY	308
Orciprenaline TMSTFA	948	Oxcarbazepine	388
Orciprenaline 2TMSTFA	1115	Oxcarbazepine artifact (acridinecarbox. acid) (ME)	333
Orciprenaline 3TMS	1075	Oxcarbazepine enol AC	585
Orciprenaline 3TMSTFA	1176	Oxcarbazepine-M/artifact (ring) AC	383
Orciprenaline 4AC	948	Oxedrine 3AC	580
Orciprenaline 4TMS	1163	Oxeladin	786

Compound	Page
Oxetacaine AC	1169
Oxiconazole	1073
Oxilofrine (erythro-)	178
Oxilofrine (erythro-) ME2AC	513
Oxilofrine (erythro-) 3AC	649
Oxilofrine (erythro-) formyl artifact	201
Oxilofrine (erythro-) -H2O 2AC	367
Oxomemazine	759
Oxomemazine-M (bis-nor-)	623
Oxomemazine-M (bis-nor-) AC	824
Oxomemazine-M (nor-)	693
Oxomemazine-M (nor-) AC	877
Oxprenolol	447
Oxprenolol TMS	795
Oxprenolol TMSTFA	1086
Oxprenolol 2AC	843
Oxprenolol 2TMS	1040
Oxprenolol formyl artifact	502
Oxprenolol -H2O AC	560
Oxprenolol-M (deamino-HO-) 2AC	655
Oxprenolol-M (deamino-HO-dealkyl-)	184
Oxprenolol-M (deamino-HO-dealkyl-) 3AC	666
Oxprenolol-M (HO-) -H2O iso-1 2AC	835
Oxprenolol-M (HO-) -H2O iso-2 2AC	836
Oxprenolol-M (HO-) iso-1 3AC	1034
Oxprenolol-M (HO-) iso-2 3AC	1034
Oxybenzone	300
Oxybenzone AC	469
Oxybenzone-M (O-demethyl-)	255
Oxybenzone-M (O-demethyl-) 2AC	605
Oxyberberine	847
Oxybuprocaine	658
Oxybuprocaine AC	846
Oxybuprocaine-M (HOOC-) AC	385
Oxybuprocaine-M (HOOC-) MEAC	445
Oxybutynine	874
Oxycodone	689
Oxycodone AC	873
Oxycodone HFB	1170
Oxycodone PFP	1129
Oxycodone TFA	1043
Oxycodone TMS	977
Oxycodone enol 2AC	1015
Oxycodone enol 2TMS	1127
Oxycodone-D6	720
Oxycodone-D6 TMS	996
Oxycodone-M (dihydro-) 2AC	1021
Oxycodone-M (nor-) enol 3AC	1074
Oxycodone-M (nor-dihydro-) 2AC	976
Oxycodone-M (nor-dihydro-) 3AC	1078
Oxycodone-M (O-demethyl-)	619
Oxycodone-M (O-demethyl-) AC	821
Oxycodone-M (O-demethyl-) TMS	931
Oxycodone-M (O-demethyl-) 2AC	970
Oxycodone-M (O-demethyl-) 2TMS	1108
Oxycodone-M (O-demethyl-) 3TMS	1174
Oxydemeton-S-Methyl	361
Oxyfedrine-M (N-dealkyl-)	129
Oxyfedrine-M (N-dealkyl-) TMSTFA	707
Oxyfedrine-M (N-dealkyl-) 2AC	324
Oxyfedrine-M (N-dealkyl-) 2HFB	1182
Oxyfedrine-M (N-dealkyl-) formyl artifact	143
Oxymetazoline	424
Oxymetazoline 2AC	826
Oxymetholone	771
Oxymetholone enol 3TMS	1184
Oxymorphone	619
Oxymorphone AC	821
Oxymorphone TMS	931
Oxymorphone 2AC	970
Oxymorphone 2TMS	1108
Oxymorphone 3TMS	1174
Oxypertine	950
Oxypertine-M (HO-phenylpiperazine) 2AC	430
Oxypertine-M (phenylpiperazine) AC	227
Oxyphenbutazone	732
Oxyphenbutazone AC	905
Oxyphenbutazone artifact (phenyldiazophenol)	214
Oxyphenbutazone artifact (phenyldiazophenol) ME	249
Oxyphenbutazone iso-1 2ME	855
Oxyphenbutazone iso-2 2ME	855
Oxyphencyclimine -H2O	741
Oxyphencyclimine-M/artifact (HOOC-) ME	371
Palmitamide	404
Palmitic acid	408
Palmitic acid ET	537
Palmitic acid ME	472
Palmitic acid TMS	751
Palmitic acid glycerol ester	760
Palmitic acid glycerol ester 2AC	1051
Palmitic acid glycerol ester 2TMS	1143
Palmitoleic acid TMS	742
Pangamic acid-M/artifact (gluconic acid) ME5AC	1062
Panthenol	229
Panthenol 3AC	765
Panthenol artifact	191
Papaverine	803
Papaverine-M (bis-demethyl-) iso-1 2AC	1002
Papaverine-M (bis-demethyl-) iso-2 2AC	1002
Papaverine-M (bis-demethyl-) iso-3 2AC	1002
Papaverine-M (bis-demethyl-) iso-4 2AC	1002
Papaverine-M (O-demethyl-)	735
Papaverine-M (O-demethyl-) iso-1 AC	909
Papaverine-M (O-demethyl-) iso-2 AC	909
Papaverine-M (O-demethyl-) iso-3 AC	909
Papaverine-M (O-demethyl-) iso-4 AC	909
Paracetamol	129
Paracetamol AC	199
Paracetamol HFB	833
Paracetamol ME	147
Paracetamol PFP	601
Paracetamol TFA	365
Paracetamol 2AC	323
Paracetamol 2TMS	592
Paracetamol Cl-artifact AC	296
Paracetamol HY	102
Paracetamol HYME	108
Paracetamol-D4 AC	212
Paracetamol-D4 HFB	847
Paracetamol-D4 ME	156
Paracetamol-D4 PFP	601
Paracetamol-D4 TFA	382
Paracetamol-D4 2TMS	612
Paracetamol-M (HO-) 3AC	383
Paracetamol-M (HO-methoxy-) AC	339
Paracetamol-M (methoxy-) AC	283
Paracetamol-M (methoxy-) Cl-artifact AC	409
Paracetamol-M 2AC	428
Paracetamol-M 3AC	632
Paracetamol-M conjugate 2AC	1004
Paracetamol-M conjugate 3AC	1094
Paracetamol-M iso-1 3AC	637
Paracetamol-M iso-2 3AC	637
Parafluorofentanyl	862
Parahydroxybenzoic acid ET	151
Parahydroxybenzoic acid 2ET	205

Paraldehyde	113	PCEPA-M (3'-HO-) TFA	931
Paramethadione	138	PCEPA-M (4'-HO-) TFA	932
Paraoxon	488	PCEPA-M (4'-HO-) -H2O	418
Parathion-ethyl	567	PCEPA-M (4'-HO-) iso-1 AC	712
Parathion-ethyl-M (4-nitrophenol)	119	PCEPA-M (4'-HO-) iso-2 AC	712
Parathion-ethyl-M (4-nitrophenol) AC	176	PCEPA-M (carboxy-) TMS	712
Parathion-ethyl-M (4-nitrophenol) ME	132	PCEPA-M (carboxy-) -H2O	304
Parathion-ethyl-M (amino-)	425	PCEPA-M (carboxy-2''-HO-) 2TMS	1035
Parathion-ethyl-M (paraoxon)	488	PCEPA-M (carboxy-2''-HO-) -H2O AC	547
Parathion-methyl	433	PCEPA-M (carboxy-2''-HO-) -H2O TFA	811
Parathion-methyl-M (4-nitrophenol)	119	PCEPA-M (carboxy-3'-HO-) 2TMS	1035
Parathion-methyl-M (4-nitrophenol) AC	176	PCEPA-M (carboxy-3'-HO-) iso-1 -H2O AC	548
Parathion-methyl-M (4-nitrophenol) ME	132	PCEPA-M (carboxy-3'-HO-) iso-1 -H2O TFA	811
Paroxetine	754	PCEPA-M (carboxy-3'-HO-) iso-2 -H2O AC	548
Paroxetine AC	923	PCEPA-M (carboxy-3'-HO-) iso-2 -H2O TFA	811
Paroxetine HFB	1177	PCEPA-M (carboxy-4'-cis-HO-) 2TMS	1035
Paroxetine ME	821	PCEPA-M (carboxy-4'-HO-) 2TMS	1035
Paroxetine PFP	1144	PCEPA-M (carboxy-4'-HO-) iso-1 -H2O AC	548
Paroxetine TFA	1069	PCEPA-M (carboxy-4'-HO-) iso-1 -H2O TFA	811
Paroxetine TMS	1021	PCEPA-M (carboxy-4'-HO-) iso-2 -H2O AC	548
Paroxetine-M (demethylenyl-3-methyl-) 2AC	1053	PCEPA-M (carboxy-4'-HO-) iso-2 -H2O TFA	811
Paroxetine-M (demethylenyl-4-methyl-) 2AC	1053	PCEPA-M (carboxy-4'-trans-HO-) 2TMS	1035
Paroxetine-M/artifact (dephenyl-) 2AC	581	PCEPA-M (carboxy-HO-phenyl-) 2TMS	1161
PCC	198	PCEPA-M (HO-phenyl-) AC	713
PCC -HCN	149	PCEPA-M (N-dealkyl-) AC	262
PCDI	225	PCEPA-M (N-dealkyl-) TFA	474
PCDI intermediate (DMCC)	132	PCEPA-M (N-dealkyl-3'-HO-) iso-1 2AC	491
PCDI precursor (dimethylamine)	90	PCEPA-M (N-dealkyl-3'-HO-) iso-1 2TFA	962
PCE AC	360	PCEPA-M (N-dealkyl-3'-HO-) iso-2 2AC	491
PCE artifact (phenylcyclohexene)	138	PCEPA-M (N-dealkyl-3'-HO-) iso-2 2TFA	962
PCEEA	369	PCEPA-M (N-dealkyl-4'-HO-) -H2O AC	257
PCEEA AC	561	PCEPA-M (N-dealkyl-4'-HO-) iso-1 2AC	491
PCEEA-M (carboxy-) TMS	641	PCEPA-M (N-dealkyl-4'-HO-) iso-1 2TFA	962
PCEEA-M (carboxy-3'-HO-) 2TMS	996	PCEPA-M (N-dealkyl-4'-HO-) iso-2 2AC	491
PCEEA-M (carboxy-4'-cis-HO-) 2TMS	996	PCEPA-M (N-dealkyl-4'-HO-) iso-2 2TFA	962
PCEEA-M (carboxy-4'-trans-HO-) 2TMS	996	PCEPA-M (O-deethyl-) AC	492
PCEEA-M (N-dealkyl-) AC	262	PCEPA-M (O-deethyl-) TFA	754
PCEEA-M (N-dealkyl-) TFA	474	PCEPA-M (O-deethyl-) TMS	642
PCEEA-M (N-dealkyl-3'-HO-) iso-1 2AC	491	PCEPA-M (O-deethyl-) 2AC	699
PCEEA-M (N-dealkyl-3'-HO-) iso-1 2TFA	962	PCEPA-M (O-deethyl-3'-HO-) 2AC	776
PCEEA-M (N-dealkyl-3'-HO-) iso-2 2AC	491	PCEPA-M (O-deethyl-3'-HO-) 2TFA	1100
PCEEA-M (N-dealkyl-3'-HO-) iso-2 2TFA	962	PCEPA-M (O-deethyl-3'-HO-) 2TMS	997
PCEEA-M (N-dealkyl-4'-HO-) -H2O AC	257	PCEPA-M (O-deethyl-3'-HO-HO-phenyl-) 3AC	989
PCEEA-M (N-dealkyl-4'-HO-) iso-1 2AC	491	PCEPA-M (O-deethyl-4'-cis-HO-) 2TMS	997
PCEEA-M (N-dealkyl-4'-HO-) iso-1 2TFA	962	PCEPA-M (O-deethyl-4'-HO-) 2TFA	1100
PCEEA-M (N-dealkyl-4'-HO-) iso-2 2AC	491	PCEPA-M (O-deethyl-4'-HO-) -H2O AC	482
PCEEA-M (N-dealkyl-4'-HO-) iso-2 2TFA	962	PCEPA-M (O-deethyl-4'-HO-) -H2O TFA	744
PCEEA-M (O-deethyl-) AC	428	PCEPA-M (O-deethyl-4'-HO-) iso-1 2AC	776
PCEEA-M (O-deethyl-) TFA	689	PCEPA-M (O-deethyl-4'-HO-) iso-2 2AC	776
PCEEA-M (O-deethyl-) TMS	573	PCEPA-M (O-deethyl-4'-HO-HO-phenyl-) 3AC	990
PCEEA-M (O-deethyl-3'-HO-) 2AC	710	PCEPA-M (O-deethyl-4'-trans-HO-) 2TMS	997
PCEEA-M (O-deethyl-3'-HO-) 2TFA	1073	PCEPA-M (O-deethyl-HO-phenyl-) 2AC	776
PCEEA-M (O-deethyl-3'-HO-) 2TMS	950	PCEPA-M (O-deethyl-HO-phenyl-) 2TMS	997
PCEEA-M (O-deethyl-3'-HO-HO-phenyl-) 3AC	942	PCM	360
PCEEA-M (O-deethyl-4'-cis-HO-) 2TMS	950	PCM intermediate (MCC)	206
PCEEA-M (O-deethyl-4'-HO-) 2TFA	1073	PCM intermediate (MCC) -HCN	153
PCEEA-M (O-deethyl-4'-HO-) -H2O AC	417	PCM precursor (morpholine)	97
PCEEA-M (O-deethyl-4'-HO-) -H2O TFA	680	PCME	193
PCEEA-M (O-deethyl-4'-HO-) iso-1 2AC	710	PCME AC	310
PCEEA-M (O-deethyl-4'-HO-) iso-2 2AC	710	PCME artifact (phenylcyclohexene)	138
PCEEA-M (O-deethyl-4'-HO-HO-phenyl-) 3AC	943	PCME intermediate (MECC)	118
PCEEA-M (O-deethyl-4'-trans-HO-) 2TMS	951	PCME intermediate (MECC) -HCN	103
PCEEA-M (O-deethyl-HO-phenyl-) 2AC	710	PCME precursor (methylamine)	89
PCEEA-M (O-deethyl-HO-phenyl-) 2TMS	951	PCMEA	317
PCEPA	428	PCMEA AC	492
PCEPA AC	631	PCMEA TFA	754
PCEPA TFA	874	PCMPA	369
PCEPA-M (3'-HO-) AC	712	PCMPA AC	561

PCMPA TFA	822	Pentachloroaniline	432
PCPIP	415	Pentachlorobenzene	369
PCPIP artifact (phenylcyclohexene)	138	2,2',4,5,5'-Pentachlorobiphenyl	729
PCPIP intermediate (PICC)	235	1,2,3,7,8-Pentachlorodibenzo-p-dioxin (PCDD)	860
PCPIP intermediate (PICC) -HCN	176	Pentachlorophenol	437
PCPIP precursor (1-methylpiperazine)	100	Pentachlorophenol ME	504
PCPR	262	Pentadecane	251
PCPR AC	418	Pentadecanoic acid ET	472
PCPR artifact (phenylcyclohexene)	138	Pentadecanoic acid ME	408
PCPR intermediate (PRCC) -HCN	119	Pentafluoropropionic acid	144
PCPR intermediate (PRCC) -HCN	119	Pentafluoropropionic acid	144
PCPR precursor (propylamine)	91	Pentamidine	808
PCPR-M (2"-HO-) AC	492	Pentane	93
PCPR-M (2"-HO-3'-HO-) 2AC	776	Pentanochlor	340
PCPR-M (2"-HO-4'-HO-) iso-1 2AC	776	Pentazocine	540
PCPR-M (2"-HO-4'-HO-) iso-2 2AC	777	Pentazocine AC	746
PCPR-M (2"-HO-4'-HO-HO-phenyl-) 3AC	990	Pentazocine PFP	1083
PCPR-M (3'-HO-) iso-1 AC	493	Pentazocine TFA	957
PCPR-M (3'-HO-) iso-2 AC	493	Pentazocine TMS	875
PCPR-M (3'-HO-HO-phenyl-) iso-1 2AC	777	Pentazocine artifact (+H2O)	631
PCPR-M (3'-HO-HO-phenyl-) iso-2 2AC	777	Pentazocine artifact (+H2O) AC	829
PCPR-M (4'-HO-) iso-1 AC	493	Pentazocine-M (dealkyl-) 2AC	620
PCPR-M (4'-HO-) iso-2 AC	493	Pentazocine-M (HO-)	621
PCPR-M (4'-HO-HO-phenyl-) iso-1 2AC	777	Pentazocine-M AC	729
PCPR-M (4'-HO-HO-phenyl-) iso-2 2AC	777	Pentetrazole	118
PCPR-M (HO-phenyl-) AC	493	Pentifylline	440
PCPR-M (N-dealkyl-) AC	262	Pentifylline-M (di-HO-) -H2O	507
PCPR-M (N-dealkyl-) TFA	474	Pentifylline-M (di-HO-) iso-1 2AC	953
PCPR-M (N-dealkyl-3'-HO-) iso-1 2AC	491	Pentifylline-M (di-HO-) iso-2 2AC	953
PCPR-M (N-dealkyl-3'-HO-) iso-1 2TFA	962	Pentifylline-M (HO-)	518
PCPR-M (N-dealkyl-3'-HO-) iso-2 2AC	491	Pentifylline-M (HO-) AC	723
PCPR-M (N-dealkyl-3'-HO-) iso-2 2TFA	962	Pentobarbital	295
PCPR-M (N-dealkyl-4'-cis-HO-) 2TMS	786	Pentobarbital (ME)	345
PCPR-M (N-dealkyl-4'-HO-) -H2O AC	257	Pentobarbital 2ME	400
PCPR-M (N-dealkyl-4'-HO-) iso-1 2AC	491	Pentobarbital 2TMS	921
PCPR-M (N-dealkyl-4'-HO-) iso-1 2TFA	962	Pentobarbital-D5	311
PCPR-M (N-dealkyl-4'-HO-) iso-2 2AC	491	Pentobarbital-D5 2TMS	938
PCPR-M (N-dealkyl-4'-HO-) iso-2 2TFA	962	Pentobarbital-M (HO-)	352
PCPR-M (N-dealkyl-4'-trans-HO-) 2TMS	786	Pentobarbital-M (HO-) (ME)	407
Pecazine	667	Pentobarbital-M (HO-) 2ME	471
Pecazine-M (HO-) AC	913	Pentobarbital-M (HO-) -H2O	289
Pecazine-M (nor-) AC	798	Pentobarbital-M (HO-) -H2O (ME)	337
Pecazine-M (nor-HO-) 2AC	1006	Pentorex	144
Pecazine-M (ring)	216	Pentorex AC	229
Pecazine-M AC	409	Pentoxifylline	507
Pecazine-M 2AC	688	Pentoxifylline TMS	846
Pemoline 2ME	226	Pentoxifylline-M (dihydro-)	518
Pemoline-M (mandelic acid)	131	Pentoxifylline-M (dihydro-) AC	723
Pemoline-M (mandelic acid) ME	149	Pentoxifylline-M (dihydro-) -H2O	431
Penbutolol	573	Pentoxifylline-M (dihydro-HO-) 2AC	953
Penbutolol TMS	896	Pentoxyverine	778
Penbutolol 2AC	938	Pentoxyverine-M (deethyl-) AC	836
Penbutolol formyl artifact	631	Pentoxyverine-M (deethyl-di-HO-) 3AC	1131
Penbutolol-M (deisobutyl-HO-) -H2O 2AC	698	Pentoxyverine-M (deethyl-HO-) 2AC	1031
Penbutolol-M (di-HO-) 3AC	1112	Pentoxyverine-M (HO-) AC	990
Penbutolol-M (HO-) 2AC	990	Pentoxyverine-M/artifact (alcohol) AC	225
Penbutolol-M (HO-) artifact	713	Pentoxyverine-M/artifact (HOOC-)	193
Pencycuron ME	818	Pentoxyverine-M/artifact (HOOC-) ME	226
Penfluridol	1176	Perazine	804
Penfluridol-M	567	Perazine-M (aminoethyl-aminopropyl-) 2AC	963
Penfluridol-M (deamino-carboxy-)	496	Perazine-M (aminopropyl-) AC	605
Penfluridol-M (deamino-carboxy-) ME	563	Perazine-M (aminopropyl-HO-) 2AC	869
Penfluridol-M (deamino-HO-)	430	Perazine-M (di-HO-) 2AC	1121
Penfluridol-M (deamino-HO-) AC	635	Perazine-M (HO-)	866
Penfluridol-M (N-dealkyl-)	509	Perazine-M (HO-) AC	1010
Penfluridol-M (N-dealkyl-) AC	718	Perazine-M (HO-methoxy-) AC	1074
Penfluridol-M (N-dealkyl-oxo-) -2H2O	409	Perazine-M (N-deethyl-) 2AC	1011
Penoxalin	522	Perazine-M (nor-) AC	910

Compound	Page
Perazine-M (nor-HO-) 2AC	1070
Perazine-M (ring)	216
Perazine-M AC	409
Perazine-M 2AC	688
Perfluorotributylamine (PFTBA)	1201
Pergolide	686
Pergolide HFB	1169
Pergolide PFP	1128
Pergolide TFA	1041
Pergolide TMS	974
Perhexiline	504
Perhexiline AC	713
Perhexiline-M (di-HO-)	664
Perhexiline-M (di-HO-) 3AC	1091
Perhexiline-M (di-HO-) -H2O	573
Perhexiline-M (di-HO-) -H2O 2AC	938
Perhexiline-M (HO-)	584
Perhexiline-M (HO-) 2AC	944
Periciazine	900
Periciazine AC	1034
Periciazine TMS	1093
Periciazine-M/artifact (-COOH) METMS	1138
Periciazine-M/artifact (ring)	286
Periciazine-M/artifact (ring) TMS	596
Periciazine-M/artifact (ring-COOH) METMS	753
Perindopril ET	1008
Perindopril ME	961
Perindopril METMS	1120
Perindopril TMS	1099
Perindopril 2ET	1068
Perindopril 2ME	1007
Perindopril 2TMS	1171
Perindoprilate 2ET	1008
Perindoprilate 2ME	913
Perindoprilate 2TMS	1151
Perindoprilate 3ET	1068
Perindoprilate 3ME	961
Perindoprilate -H2O isopropylate	898
Perindoprilate-M/artifact -H2O ME	790
Perindoprilate-M/artifact -H2O TMS	1000
Perindopril-M/artifact (deethyl-) 2ET	1008
Perindopril-M/artifact (deethyl-) 2ME	913
Perindopril-M/artifact (deethyl-) 2TMS	1151
Perindopril-M/artifact (deethyl-) 3ET	1068
Perindopril-M/artifact (deethyl-) 3ME	961
Perindopril-M/artifact (deethyl-) -H2O ME	790
Perindopril-M/artifact (deethyl-) -H2O TMS	1000
Perindopril-M/artifact (deethyl-) -H2O isopropylate	898
Perindopril-M/artifact -H2O	846
Permethrin iso-1	984
Permethrin iso-2	984
Perphenazine	1026
Perphenazine AC	1108
Perphenazine TMS	1144
Perphenazine-M (amino-) AC	767
Perphenazine-M (dealkyl-) AC	1020
Perphenazine-M (ring)	314
Perthane	644
Perthane -HCl	469
Pethidine	368
Pethidine-M (deethyl-) (ME)	317
Pethidine-M (HO-) AC	640
Pethidine-M (nor-)	317
Pethidine-M (nor-) AC	491
Pethidine-M (nor-) HFB	1078
Pethidine-M (nor-) PFP	947
Pethidine-M (nor-) TFA	754
Pethidine-M (nor-) TMS	641
Pethidine-M (nor-HO-) 2AC	774
Phenacetin	171
Phenacetin TMS	385
Phenacetin-M	102
Phenacetin-M (deethyl-)	129
Phenacetin-M (deethyl-) ME	147
Phenacetin-M (deethyl-) 2TMS	592
Phenacetin-M (deethyl-) Cl-artifact AC	296
Phenacetin-M (deethyl-) HYME	108
Phenacetin-M (HO-) AC	333
Phenacetin-M (hydroquinone)	103
Phenacetin-M (hydroquinone) 2AC	203
Phenacetin-M (p-phenetidine)	117
Phenacetin-M AC	199
Phenacetin-M HFB	833
Phenacetin-M PFP	601
Phenacetin-M TFA	365
Phenalenone	174
Phenallymal	355
Phenanthrene	167
Phenazone	190
Phenazone artifact	981
Phenazone-M (HO-)	226
Phenazone-M (HO-) iso-1 AC	362
Phenazone-M (HO-) iso-2 AC	363
Phenazopyridine	252
Phenazopyridine AC	402
Phencyclidine	354
Phencyclidine artifact (phenylcyclohexene)	138
Phencyclidine intermediate (PCC)	198
Phencyclidine intermediate (PCC) -HCN	149
Phencyclidine precursor (piperidine)	96
Phencyclidine-M (3'HO-4''HO-) 2AC	881
Phencyclidine-M (4'HO-4''HO-) iso-1 2AC	881
Phencyclidine-M (4'HO-4''HO-) iso-2 2AC	881
Phendimetrazine	196
Phendimetrazine-M (nor-)	166
Phendimetrazine-M (nor-) AC	271
Phendimetrazine-M (nor-) TFA	481
Phendimetrazine-M (nor-) TMS	377
Phendimetrazine-M (nor-HO-) iso-1	201
Phendimetrazine-M (nor-HO-) iso-1 2AC	501
Phendimetrazine-M (nor-HO-) iso-2	202
Phendimetrazine-M (nor-HO-) iso-2 2AC	501
Phendimetrazine-M (nor-HO-methoxy-)	285
Phendimetrazine-M (nor-HO-methoxy-) 2AC	649
Phendipham-M/artifact (phenol) TFA	433
p-Phenetidine	117
p-Phenetidine AC	171
Phenglutarimide	555
Phenglutarimide-M (deethyl-)	422
Phenglutarimide-M (deethyl-) AC	624
Phenindamine	427
Phenindamine-M (HO-)	502
Phenindamine-M (HO-) AC	709
Phenindamine-M (nor-)	367
Phenindamine-M (nor-) AC	559
Phenindamine-M (nor-HO-)	435
Phenindamine-M (nor-HO-) 2AC	835
Phenindamine-M (N-oxide)	502
Pheniramine	346
Pheniramine-M (nor-)	295
Pheniramine-M (nor-) AC	462
Phenkapton	938
Phenmedipham-M/artifact (HOOC-) ME	147
Phenmedipham-M/artifact (phenol)	152
Phenmedipham-M/artifact (phenol) 2ME	207
Phenmedipham-M/artifact (tolylcarbamic acid) 2ME	171

Compound	Page
Phenmetrazine	166
Phenmetrazine AC	271
Phenmetrazine TFA	481
Phenmetrazine TMS	377
Phenmetrazine-M (HO-) iso-1	201
Phenmetrazine-M (HO-) iso-1 2AC	501
Phenmetrazine-M (HO-) iso-2	202
Phenmetrazine-M (HO-) iso-2 2AC	501
Phenmetrazine-M (HO-methoxy-)	285
Phenmetrazine-M (HO-methoxy-) 2AC	649
Phenobarbital	312
Phenobarbital ME	363
Phenobarbital 2ET	553
Phenobarbital 2ME	421
Phenobarbital 2TMS	939
Phenobarbital-D5	333
Phenobarbital-D5 2TMS	958
Phenobarbital-M (HO-)	370
Phenobarbital-M (HO-) AC	563
Phenobarbital-M (HO-) 3ME	564
Phenobarbital-M (HO-methoxy-) 3ME	715
Phenol	98
Phenolphthalein 2AC	1022
Phenolphthalein 2ME	832
Phenolphthalein-M (methoxy-) 2AC	1084
Phenopyrazone 2AC	787
Phenothiazine	216
Phenothiazine-M (di-HO-) 2AC	688
Phenothiazine-M AC	409
Phenothrin	846
Phenoxyacetic acid methylester	151
Phenoxybenzamine	628
Phenoxybenzamine artifact-1	458
Phenoxybenzamine artifact-2	458
1-Phenoxy-2-propanol	131
Phenprocoumon	516
Phenprocoumon AC	722
Phenprocoumon TMS	854
Phenprocoumon HY	400
Phenprocoumon HYAC	599
Phenprocoumon HYME	462
Phenprocoumon iso-1 ME	585
Phenprocoumon iso-2 ME	586
Phenprocoumon-M (di-HO-) 3ET	1007
Phenprocoumon-M (di-HO-) 3ME	862
Phenprocoumon-M (di-HO-) 3TMS	1178
Phenprocoumon-M (HO-) iso-1 2ET	854
Phenprocoumon-M (HO-) iso-1 2ME	731
Phenprocoumon-M (HO-) iso-1 2TMS	1098
Phenprocoumon-M (HO-) iso-2 2ET	855
Phenprocoumon-M (HO-) iso-2 2ME	731
Phenprocoumon-M (HO-) iso-2 2TMS	1098
Phenprocoumon-M (HO-) iso-3 2ET	855
Phenprocoumon-M (HO-) iso-3 2ME	731
Phenprocoumon-M (HO-methoxy-) 2ME	862
Phentermine	127
Phentermine AC	196
Phentermine HFB	828
Phentermine PFP	589
Phentermine TFA	358
Phentermine TMS	279
Phentolamine ME	593
Phentolamine 2ME	662
Phentolamine artifact AC	682
Phentolamine-M/artifact (N-alkyl-)	218
Phentolamine-M/artifact (N-alkyl-) AC	347
Phentolamine-M/artifact (N-alkyl-) ME	252
Phentolamine-M/artifact (N-alkyl-) 2AC	529
Phenylacetaldehyde	106
Phenylacetamide	115
Phenylacetic acid	116
Phenylacetic acid ET	146
Phenylacetic acid ME	128
Phenylacetone	114
Phenylacetone	114
Phenylalanine MEAC	277
N-Phenylalphanaphthylamine	270
N-Phenylbetanaphthylamine	270
N-Phenylbetanaphthylamine AC	426
Phenylbutazone	657
Phenylbutazone ME	724
Phenylbutazone TMS	953
Phenylbutazone artifact	732
Phenylbutazone artifact AC	903
Phenylbutazone artifact TMS	1006
Phenylbutazone-M (HO-)	732
Phenylbutazone-M (HO-) AC	905
Phenylbutazone-M (HO-) artifact (phenyldiazophenol)	214
Phenylbutazone-M (HO-) artifact (phenyldiazophenol) ME	249
Phenylbutazone-M (HO-) iso-1 2ME	855
Phenylbutazone-M (HO-) iso-2 2ME	855
Phenylbutazone-M (HO-alkyl-) ME	799
Phenylbutazone-M (HOOC-) 2ME	905
Phenylbutazone-M (oxo-) ME	789
p-Phenylenediamine	102
p-Phenylenediamine ME	108
p-Phenylenediamine 2AC	198
p-Phenylenediamine 2HFB	1164
p-Phenylenediamine 2ME	116
p-Phenylenediamine 2PFP	1017
p-Phenylenediamine 2TFA	613
Phenylephrine	153
Phenylephrine TFA	434
Phenylephrine 2TFA	879
Phenylephrine 2TMSTFA	1034
Phenylephrine 3AC	580
Phenylephrine 3TMS	965
Phenylephrine formyl artifact	171
Phenylethanol	108
Phenylethanol AC	146
Phenylethanol-M (acid)	116
Phenylethanol-M (acid) ET	146
Phenylethanol-M (acid) ME	128
Phenylethanol-M (aldehyde)	106
Phenylethanol-M (homovanillic acid)	179
Phenylethanol-M (homovanillic acid) HFB	945
Phenylethanol-M (homovanillic acid) ME	210
Phenylethanol-M (homovanillic acid) MEAC	336
Phenylethanol-M (homovanillic acid) MEHFB	991
Phenylethanol-M (homovanillic acid) MEPFP	815
Phenylethanol-M (homovanillic acid) METMS	461
Phenylethanol-M (homovanillic acid) PFP	747
Phenylethanol-M (homovanillic acid) 2ME	244
Phenylethanol-M (homovanillic acid) 2TMS	740
Phenylethanol-M (HO-phenylacetic acid)	130
Phenylethanol-M (HO-phenylacetic acid) AC	203
Phenylethanol-M (HO-phenylacetic acid) HFB	837
Phenylethanol-M (HO-phenylacetic acid) ME	150
Phenylethanol-M (HO-phenylacetic acid) MEAC	236
Phenylethanol-M (HO-phenylacetic acid) MEHFB	890
Phenylethanol-M (HO-phenylacetic acid) MEPFP	674
Phenylethanol-M (HO-phenylacetic acid) METFA	429
Phenylethanol-M (HO-phenylacetic acid) METMS	336
Phenylethanol-M (HO-phenylacetic acid) TFA	369
Phenylethanol-M (HO-phenylacetic acid) 2ME	175
Phenylethanol-M (HO-phenylacetic acid) 2PFP	1079

Compound	Page
Phenylethanol-M (HO-phenylacetic acid) 2TMS	599
Phenylethanol-M (phenylacetamide)	115
N-Phenylisopropyl-adenosine 3AC	1170
Phenylmercuric acetate	796
Phenylmethylbarbital	264
Phenylmethylbarbital 2ME	363
2-Phenyl-2-oxazoline	124
Phenylpropanolamine	130
Phenylpropanolamine (HO-) 3AC	580
Phenylpropanolamine TMSTFA	708
Phenylpropanolamine 2AC	325
Phenylpropanolamine 2HFB	1183
Phenylpropanolamine 2PFP	1104
Phenylpropanolamine 2TFA	819
Phenylpropanolamine 2TMS	594
Phenylpropanolamine formyl artifact	143
Phenyltoloxamine	404
Phenyltoloxamine-M (deamino-HO-)	301
Phenyltoloxamine-M (deamino-HO-) AC	471
Phenyltoloxamine-M (HO-) iso-1	476
Phenyltoloxamine-M (HO-) iso-1 AC	681
Phenyltoloxamine-M (HO-) iso-2	476
Phenyltoloxamine-M (HO-) iso-2 AC	682
Phenyltoloxamine-M (HO-methoxy-)	620
Phenyltoloxamine-M (HO-methoxy-) AC	822
Phenyltoloxamine-M (nor-)	348
Phenyltoloxamine-M (nor-) AC	530
Phenyltoloxamine-M (nor-HO-) iso-1	410
Phenyltoloxamine-M (nor-HO-) iso-1 2AC	813
Phenyltoloxamine-M (nor-HO-) iso-2	410
Phenyltoloxamine-M (nor-HO-) iso-2 2AC	813
Phenyltoloxamine-M (nor-HO-methoxy-) 2AC	924
Phenyltoloxamine-M (N-oxide) -(CH3)2NOH	245
Phenyltoloxamine-M (O-dealkyl-)	185
Phenyltoloxamine-M (O-dealkyl-) AC	295
Phenyltoloxamine-M (O-dealkyl-HO-) iso-1 2AC	533
Phenyltoloxamine-M (O-dealkyl-HO-) iso-2	219
Phenyltoloxamine-M (O-dealkyl-HO-) iso-2 2AC	533
Phenytoin	389
Phenytoin AC	585
Phenytoin ME	450
Phenytoin 2ME (2,3)	517
Phenytoin 2ME (N,N)	517
Phenytoin 2TMS	1006
Phenytoin-M (3'-HO-) 3ME	666
Phenytoin-M (4'-HO-) 3ME	667
Phenytoin-M (HO-)	460
Phenytoin-M (HO-) (ME)2AC	904
Phenytoin-M (HO-) AC	666
Phenytoin-M (HO-) 2AC	852
Phenytoin-M (HO-) 2ME	598
Phenytoin-M (HO-methoxy-)	605
Phenytoin-M (HO-methoxy-) (ME)2AC	1005
Phenytoin-M (HO-methoxy-) 2AC	959
Phenytoin-M (HO-methoxy-) 2ME	739
Phenytoin-M (HO-methoxy-) 3ME (2,3)	807
Phenytoin-M (HO-methoxy-) 3ME (N,N)	807
Phloroglucinol ME2AC	287
Phloroglucinol 2MEAC	211
Phloroglucinol 3AC	388
Phloroglucinol 3ME	155
Pholcodine	1012
Pholcodine AC	1098
Pholcodine HFB	1194
Pholcodine PFP	1183
Pholcodine TFA	1160
Pholcodine TMS	1139
Pholcodine-M (demorpholino-HO-) 2AC	1048
Pholcodine-M (demorpholino-HO-) 2PFP	1196
Pholcodine-M (demorpholino-HO-) 2TMS	1142
Pholcodine-M (demorpholino-HO-) -H2O AC	859
Pholcodine-M (HO-) -H2O AC	1095
Pholcodine-M (nor-) AC	1072
Pholcodine-M (nor-) PFP	1178
Pholcodine-M (nor-) 2AC	1137
Pholcodine-M (nor-) 2PFP	1201
Pholcodine-M (nor-) 2TMS	1178
Pholcodine-M (nor-demorpholino-HO-) 3AC	1100
Pholcodine-M (nor-demorpholino-HO-) 3PFP	1204
Pholcodine-M (nor-demorpholino-HO-) 3TMS	1179
Pholcodine-M (nor-HO-) -H2O 2AC	1134
Pholcodine-M (nor-oxo-) 2AC	1149
Pholcodine-M (nor-oxo-) 2TMS	1182
Pholcodine-M (O-dealkyl-) TFA	955
Pholcodine-M (O-dealkyl-) 2AC	915
Pholcodine-M (O-dealkyl-) 2TFA	1145
Pholcodine-M (O-dealkyl-)-D3 TFA	967
Pholcodine-M (O-dealkyl-)-D3 2TFA	1148
Pholcodine-M (oxo-) AC	1120
Pholcodine-M (oxo-) TMS	1151
Pholcodine-M/artifact (O-dealkyl-)	539
Pholcodine-M/artifact (O-dealkyl-) 2HFB	1201
Pholcodine-M/artifact (O-dealkyl-) 2PFP	1191
Pholcodine-M/artifact (O-dealkyl-) 2TMS	1079
Pholcodine-M/artifact (O-dealkyl-) Cl-artifact 2AC	1026
Pholcodine-M/artifact (O-dealkyl-)-D3 2HFB	1202
Pholcodine-M/artifact (O-dealkyl-)-D3 2PFP	1192
Pholcodine-M/artifact (O-dealkyl-)-D3 2TMS	1085
Pholcodine-M/artifact 2PFP	1188
Pholcodine-M/artifact 3AC	1010
Pholcodine-M/artifact 3PFP	1203
Pholcodine-M/artifact 3TMS	1155
Pholedrine	148
Pholedrine TFA	425
Pholedrine TMSTFA	773
Pholedrine 2AC	376
Pholedrine 2HFB	1186
Pholedrine 2PFP	1123
Pholedrine 2TFA	872
Pholedrine 2TMS	663
Phorate	419
Phosalone	907
Phosalone impurity	253
Phosalone impurity	317
Phosalone impurity	965
Phosalone impurity (dichloro-)	1019
Phosalone-M (thiol) AC	408
Phosalone-M/artifact	155
Phosalone-M/artifact AC	245
Phosalone-M/artifact ME	181
Phosalone-M/artifact HY2AC	296
Phosalone-M/artifact HY3AC	463
Phosdrin	286
Phosmet	695
Phosphamidon iso-1	609
Phosphamidon iso-2	609
Phosphine	89
Phosphoric acid 3TMS	684
Phoxim	604
Phoxim artifact-1	213
Phoxim artifact-2	643
Phoxim-M/artifact	124
Phoxim-M/artifact	210
Phthalic acid butyl-2-ethylhexyl ester	781
Phthalic acid butyl-2-methylpropyl ester	507
Phthalic acid butyloctyl ester	781

Compound	Page
Phthalic acid decyldodecyl ester	1143
Phthalic acid decylhexyl ester	986
Phthalic acid decyloctyl ester	1059
Phthalic acid decyltetradecyl ester	1166
Phthalic acid diisodecyl ester	1109
Phthalic acid diisohexyl ester	781
Phthalic acid diisononyl ester	1059
Phthalic acid diisooctyl ester	986
Phthalic acid dimethyl ester	203
Phthalic acid dioctyl ester	986
Phthalic acid ethyl methyl ester	237
Phthalic acid ethylhexyl methyl ester	576
Phthalic acid hexyloctyl ester	893
Physcion	532
Physcion ME	605
Physcion 2AC	912
Physcion 2ME	675
Physostigmine	492
Physostigmine-M/artifact	266
Physostigmine-M/artifact AC	423
Phytanic acid	678
Phytanic acid ME	742
PIA 3AC	1170
PICC	235
PICC -HCN	176
Picloram ME	396
Picloram -CO2	209
Picosulfate-M (bis-methoxy-bis-phenol)	792
Picosulfate-M (bis-methoxy-bis-phenol) 2AC	1063
Picosulfate-M (bis-methoxy-bis-phenol) 2ME	901
Picosulfate-M (bis-phenol)	500
Picosulfate-M (bis-phenol) 2AC	887
Picosulfate-M (bis-phenol) 2ME	639
Picosulfate-M (methoxy-bis-phenol)	648
Picosulfate-M (methoxy-bis-phenol) 2AC	988
Picosulfate-M (methoxy-bis-phenol) 2ME	783
Pilocarpine	238
Pilocarpine-M (1-HO-ethyl-) AC	451
Pilocarpine-M (2-HO-ethyl-) AC	451
Pimozide	1129
Pimozide TMS	1179
Pimozide-M (benzimidazolone)	114
Pimozide-M (benzimidazolone) 2AC	263
Pimozide-M (deamino-carboxy-)	496
Pimozide-M (deamino-carboxy-) ME	563
Pimozide-M (deamino-HO-)	430
Pimozide-M (deamino-HO-) AC	635
Pimozide-M (N-dealkyl-)	261
Pimozide-M (N-dealkyl-) AC	417
Pimozide-M (N-dealkyl-) ME	310
Pimozide-M (N-dealykl-) 2AC	620
Pinaverium bromide artifact-1	524
Pinaverium bromide artifact-2	664
Pinaverium bromide artifact-3	447
Pinaverium bromide artifact-4	418
Pinaverium bromide artifact-5	305
Pinazepam	653
Pinazepam HY	463
Pinazepam HYAC	670
Pinazepam-M	468
Pinazepam-M TMS	817
Pinazepam-M HY	308
Pindolol	372
Pindolol TMSTFA	1055
Pindolol 2AC	769
Pindolol 2TMSTFA	1156
Pindolol formyl artifact	423
Pindone	307
Pipamperone	937
Pipamperone 2TMS	1174
Pipamperone artifact	145
Pipamperone-M	174
Pipamperone-M (dihydro-) -H2O	881
Pipamperone-M (HO-)	990
Pipamperone-M (HO-) AC	1086
Pipamperone-M (N-dealkyl-) AC	396
Pipazetate-M (alcohol)	161
Pipazetate-M (alcohol) AC	258
Pipazetate-M (HO-alcohol) AC	310
Pipazetate-M (HO-ring)	259
Pipazetate-M (HO-ring) AC	412
Pipazetate-M (ring-sulfone)	311
Pipazetate-M/artifact (ring)	219
Piperacilline TMS	1193
Piperacilline 2TMS	1200
Piperacilline-M/artifact AC	557
Piperacilline-M/artifact 2AC	763
Piperazine 2AC	157
Piperazine 2HFB	1146
Piperazine 2TFA	505
Piperidine	96
Piperonol	131
Piperonol AC	204
Piperonol HFB	837
Piperonol PFP	604
Piperonol TFA	370
Piperonol TMS	287
Piperonyl butoxide	799
Piperonylacetate	204
Piperonylic acid ET	203
Piperonylic acid ME	173
Piperonylpiperazine	274
Piperonylpiperazine AC	431
Piperonylpiperazine HFB	1053
Piperonylpiperazine TFA	693
Piperonylpiperazine TMS	576
Piperonylpiperazine Cl-artifact	156
Piperonylpiperazine-M (deethylene-) 2AC	506
Piperonylpiperazine-M (deethylene-) 2HFB	1193
Piperonylpiperazine-M (deethylene-) 2TFA	972
Piperonylpiperazine-M (piperonylamine) AC	199
Piperonylpiperazine-M (piperonylamine) HFB	834
Piperonylpiperazine-M (piperonylamine) PFP	601
Piperonylpiperazine-M (piperonylamine) TFA	365
Piperonylpiperazine-M (piperonylamine) TMS	592
Piperonylpiperazine-M (piperonylamine) 2AC	323
Piperonylpiperazine-M (piperonylamine) formyl art.	142
Pipradol-M (BPH)	180
Pipradol-M (HO-BPH) iso-1	214
Pipradol-M (HO-BPH) iso-1 AC	343
Pipradol-M (HO-BPH) iso-2	214
Pipradol-M (HO-BPH) iso-2 AC	343
Pipradol	456
Pipradol TMS	805
Pipradol 2AC	850
Pipradol -H2O AC	570
Pipradol -H2O HFB	1107
Pipradol -H2O PFP	1001
Pipradol -H2O TFA	829
Pipradol-M (HO-) -H2O 2AC	843
Piracetam	121
Piracetam 2TMS	544
Pirbuterol 2TMS	968
Pirbuterol 3AC	905
Pirbuterol 3TMS	1122
Pirbuterol artifact 2AC	380

Compound	Page	Compound	Page
Pirenzepin	850	PMMA ET	235
Piretanide (ME)AC	1058	PMMA HFB	935
Piretanide 2ME	985	PMMA PFP	734
Piretanide 2MEAC	1084	PMMA TFA	489
Piretanide 3ME	1028	PMMA-M (bis-demethyl-)	129
Piretanide -SO2NH ME	602	PMMA-M (bis-demethyl-) AC	201
Pirimicarb	338	PMMA-M (bis-demethyl-) ME	148
Pirimiphos-methyl	638	PMMA-M (bis-demethyl-) ME	148
Piritramide	1082	PMMA-M (bis-demethyl-) TFA	366
Pirlindole	296	PMMA-M (bis-demethyl-) 2AC	324
Pirlindole AC	462	PMMA-M (bis-demethyl-) 2HFB	1182
Pirlindole ME	346	PMMA-M (bis-demethyl-) 2PFP	1104
Pirlindole TMS	608	PMMA-M (bis-demethyl-) 2TFA	819
Piroxycam ME	827	PMMA-M (bis-demethyl-) 2TMS	594
Piroxycam 2ME	879	PMMA-M (bis-demethyl-) formyl art.	142
Piroxycam artifact	212	PMMA-M (bis-demethyl-methoxy-)	178
Pirprofen	383	PMMA-M (bis-demethyl-methoxy-) ME	208
Pirprofen ET	510	PMMA-M (nor-) AC	234
Pirprofen ME	442	PMMA-M (nor-) AC	235
Pirprofen artifact	742	PMMA-M (O-demethyl-)	148
Pirprofen artifact ME	251	PMMA-M (O-demethyl-) TFA	425
Pirprofen artifact 2ME	297	PMMA-M (O-demethyl-) TMSTFA	773
Pirprofen -CO2	232	PMMA-M (O-demethyl-) 2AC	376
Pirprofen-M (diol) ET	679	PMMA-M (O-demethyl-) 2HFB	1186
Pirprofen-M (diol) ME	610	PMMA-M (O-demethyl-) 2PFP	1123
Pirprofen-M (diol) ME2AC	963	PMMA-M (O-demethyl-) 2TFA	872
Pirprofen-M (diol) MEAC	810	PMMA-M (O-demethyl-) 2TMS	663
Pirprofen-M (epoxide) ET	589	PMMA-M (O-demethyl-HO-alkyl-)	178
Pirprofen-M (epoxide) ME	520	PMMA-M (O-demethyl-HO-alkyl-) (erythro) 3AC	649
Pirprofen-M (HO-) -H2O ME	434	PMMA-M (O-demethyl-HO-alkyl-) (threo-) 3AC	649
Pirprofen-M (pyrrole) artifact	322	PMMA-M (O-demethyl-HO-alkyl-) ME2AC	513
Pirprofen-M/artifact (pyrrole)	373	PMMA-M (O-demethyl-HO-alkyl-) formyl artifact	201
Pirprofen-M/artifact (pyrrole) ET	499	PMMA-M (O-demethyl-HO-alkyl-) -H2O 2AC	367
Pirprofen-M/artifact (pyrrole) ME	434	PMMA-M (O-demethyl-HO-aryl-) 3AC	649
Pirprofen-M/artifact (pyrrole) -CH2O2	223	PMMA-M (O-demethyl-methoxy-)	208
Pirprofen-M/artifact (pyrrole) -CO2	228	PMMA-M (O-demethyl-methoxy-) 2HFB	1193
Pitofenone	910	PMMA-M (O-demethyl-methoxy-) iso-1 2AC	512
Pivalic acid anhydride	188	PMMA-M (O-demethyl-methoxy-) iso-2 2AC	512
Pizotifen	591	PMMA-M 2AC	445
PMA	148	PMMA-M 2HFB	1189
PMA	148	Polychlorinated biphenyl (3Cl)	405
PMA AC	234	Polychlorinated biphenyl (4Cl)	561
PMA AC	235	Polychlorinated biphenyl (5Cl)	729
PMA HFB	886	Polychlorinated biphenyl (6Cl)	875
PMA PFP	670	Polychlorinated biphenyl (6Cl)	875
PMA TFA	425	Polychlorinated biphenyl (7Cl)	990
PMA formyl artifact	166	Polychlorocamphene	1040
PMA precursor (4-methoxyphenylacetone)	146	Polyethylene glycol (PEG 300)	527
PMA-M (O-demethyl-)	129	Polyethylene glycol (PEG 300) AC	433
PMA-M (O-demethyl-) AC	201	Polythiazide 3ME	1149
PMA-M (O-demethyl-) 2AC	324	Potasan (E838) HY	162
PMA-M (O-demethyl-) 2HFB	1182	Potasan (E838) HYAC	263
PMA-M (O-demethyl-) 2PFP	1104	PPP	224
PMA-M (O-demethyl-) 2TFA	819	PPP-M (4-HO-)	271
PMA-M (O-demethyl-) 2TMS	594	PPP-M (4-HO-) ET	368
PMA-M (O-demethyl-methoxy-)	178	PPP-M (4-HO-) HFB	1052
PMA-M (O-demethyl-methoxy-) ME	208	PPP-M (4-HO-) TMS	571
PMA-M 2AC	445	PPP-M (cathinone) AC	195
PMA-M 2HFB	1189	PPP-M (cathinone) HFB	827
PMEA	202	PPP-M (cathinone) PFP	588
PMEA AC	326	PPP-M (cathinone) TFA	358
PMEA HFB	983	PPP-M (cathinone) TMS	278
PMEA ME	235	PPP-M (dihydro-)	230
PMEA PFP	802	PPP-M (dihydro-) AC	368
PMEA TFA	557	PPP-M (dihydro-) TMS	503
PMEA TMS	447	PPP-M (norephedrine)	130
PMMA	172	PPP-M (norephedrine) 2TMS	594
PMMA AC	279	PPP-M (oxo-)	261

Compound	Page
PPP-M TMSTFA	708
PPP-M 2AC	325
PPP-M 2HFB	1183
PPP-M 2PFP	1104
PPP-M 2TFA	819
Prajmaline artifact	914
Prajmaline artifact AC	1042
Prajmaline artifact HFB	1188
Prajmaline artifact PFP	1172
Prajmaline artifact TFA	1133
Prajmaline artifact TMS	1099
Prajmaline artifact 2AC	1117
Prajmaline artifact 2TMS	1171
Prajmaline-M (HO-) artifact	968
Prajmaline-M (HO-) artifact 2AC	1137
Prajmaline-M (HO-methoxy-) artifact	1051
Prajmaline-M (HO-methoxy-) artifact 2AC	1163
Prajmaline-M (methoxy-) artifact	1013
Prajmaline-M (methoxy-) artifact AC	1098
Pramipexole	247
Pramipexole 2AC	591
Pramipexole 2HFB	1195
Pramipexole 2PFP	1166
Pramipexole 2TFA	1025
Pramipexole 2TMS	867
Pramiverine	584
Pramiverine AC	786
Pratol	459
Pratol AC	665
Pratol ME	526
Prazepam	731
Prazepam HY	538
Prazepam HYAC	480
Prazepam-M	468
Prazepam-M (dealkyl-HO-)	541
Prazepam-M (dealkyl-HO-) AC	747
Prazepam-M (dealkyl-HO-) HY	365
Prazepam-M (dealkyl-HO-) HYAC	556
Prazepam-M (dealkyl-HO-) iso-1 HY2AC	762
Prazepam-M (dealkyl-HO-) iso-2 HY2AC	762
Prazepam-M (dealkyl-HO-methoxy-) HY2AC	886
Prazepam-M (HO-) AC	959
Prazepam-M (HO-) HYAC	820
Prazepam-M TMS	817
Prazepam-M HY	308
PRCC -HCN	119
PRCC -HCN	119
Prednisolone	885
Prednisolone 3AC	1154
Prednisolone acetate	1024
Prednisone	878
Prednisone -C2H4O2	607
Prednylidene	928
Prednylidene artifact	673
Pregabaline 2TMS	630
Pregabaline -H2O	120
Pregabaline -H2O AC	182
Pregabaline -H2O PFP	546
Pregabaline -H2O TFA	333
Pregabaline -H2O TMS	253
Pregnandiol -H2O AC	826
Prenalterol	292
Prenalterol 3AC	850
Prenalterol formyl artifact	335
Prenalterol -H2O 2AC	569
Prenylamine	756
Prenylamine AC	925
Prenylamine-M (AM)	115
Prenylamine-M (AM)	115
Prenylamine-M (AM) AC	165
Prenylamine-M (AM) AC	165
Prenylamine-M (AM) HFB	762
Prenylamine-M (AM) PFP	521
Prenylamine-M (AM) TFA	309
Prenylamine-M (AM) TMS	235
Prenylamine-M (AM) formyl artifact	125
Prenylamine-M (AM)-D5 AC	181
Prenylamine-M (AM)-D5 HFB	787
Prenylamine-M (AM)-D5 PFP	543
Prenylamine-M (AM)-D5 TFA	330
Prenylamine-M (AM)-D5 TMS	251
Prenylamine-M (AM)-D11 TFA	353
Prenylamine-M (AM)-D11 TFA	575
Prenylamine-M (deamino-HO-) -H2O	205
Prenylamine-M (HO-) 2AC	1079
Prenylamine-M (HO-methoxy-) 2AC	1127
Prenylamine-M (N-dealkyl-) AC	395
Prenylamine-M (N-dealkyl-HO-) 2AC	672
Prenylamine-M (N-dealkyl-HO-methoxy-) 2AC	812
Pridinol	594
Pridinol -H2O	503
Pridinol-M (amino-) -H2O AC	385
Pridinol-M (amino-HO-) -H2O 2AC	660
Pridinol-M (di-HO-) -H2O 2AC	995
Pridinol-M (HO-) -H2O AC	785
Prilocaine	274
Prilocaine AC	432
Prilocaine TMS	577
Prilocaine 2TMS	898
Prilocaine artifact	313
Prilocaine-M (deacyl-) AC	126
Prilocaine-M (HO-)	331
Prilocaine-M (HO-) 2AC	716
Prilocaine-M (HO-deacyl-)	108
Prilocaine-M (HO-deacyl-) 2AC	233
Prilocaine-M (HO-deacyl-) 3AC	374
Primidone	265
Primidone AC	421
Primidone 2ME	363
Primidone-M (diamide)	231
Primidone-M (HO-methoxy-phenobarbital) 3ME	715
Primidone-M (HO-phenobarbital)	370
Primidone-M (HO-phenobarbital) AC	563
Primidone-M (HO-phenobarbital) 3ME	564
Primidone-M (phenobarbital)	312
Primidone-M (phenobarbital) 2ET	553
Primidone-M (phenobarbital) 2ME	421
Primidone-M (phenobarbital) 2TMS	939
Probarbital	215
Probarbital 2ME	295
Probenecide ET	680
Probenecide ME	611
Probucol	1173
Probucol artifact AC	1102
Probucol artifact-1	504
Probucol artifact-2	1040
Probucol artifact-3	1102
Procainamide	326
Procainamide AC	503
Procaine	331
Procaine AC	508
Procaine-M (PABA) AC	169
Procaine-M (PABA) ME	128
Procaine-M (PABA) MEAC	199
Procaine-M (PABA) 2TMS	522
Procarterol 2TMS	1089

Compound	Page
Procarterol 3TMS	1168
Procarterol -H2O AC	686
Prochloraz	934
Prochlorperazine	930
Prochlorperazine-M (amino-) AC	767
Prochlorperazine-M (nor-) AC	1020
Prochlorperazine-M (ring)	314
Procyclidine	549
Procyclidine TMS	882
Procyclidine artifact (dehydro-)	541
Procyclidine artifact (dehydro-) TMS	875
Procyclidine -H2O	466
Procyclidine-M (amino-HO-) iso-1 -H2O 2AC	690
Procyclidine-M (amino-HO-) iso-2 -H2O 2AC	691
Procyclidine-M (HO-) -H2O	541
Procyclidine-M (HO-) iso-1 -H2O AC	746
Procyclidine-M (HO-) iso-2 -H2O AC	746
Procyclidine-M (oxo-) -H2O	530
Procymidone	527
Procymidone artifact (deschloro-)	374
Profenamine	676
Profenamine-M (bis-deethyl-) AC	605
Profenamine-M (bis-deethyl-HO-) 2AC	869
Profenamine-M (deethyl-) AC	741
Profenamine-M (deethyl-HO-) 2AC	967
Profenofos	926
Profluralin	834
Progesterone	687
Proglumetacin artifact ME	315
Proglumetacin artifact 2ME	367
Proglumetacin-M/artifact (HO-indometacin) 2ME	1020
Proglumetacin-M/artifact (HOOC-) ME	840
Proglumetacin-M/artifact (indometacin)	871
Proglumetacin-M/artifact (indometacin) ET	969
Proglumetacin-M/artifact (indometacin) ME	922
Proglumetacin-M/artifact (indometacin) TMS	1078
Proglumetacin-M/artifact -H2O iso-1 AC	250
Proglumetacin-M/artifact -H2O iso-2 AC	250
Proline MEAC	158
Proline-M (HO-) ME2AC	303
Proline-M (HO-) MEAC	189
Prolintane	262
Prolintane-M (di-HO-phenyl-) 2AC	777
Prolintane-M (HO-methoxy-phenyl-) AC	641
Prolintane-M (HO-phenyl-)	317
Prolintane-M (HO-phenyl-) AC	493
Prolintane-M (oxo-)	310
Prolintane-M (oxo-di-HO-) 2AC	836
Prolintane-M (oxo-di-HO-methoxy-) 2AC	943
Prolintane-M (oxo-di-HO-phenyl-)	436
Prolintane-M (oxo-di-HO-phenyl-) 2AC	836
Prolintane-M (oxo-di-HO-phenyl-) 2ME	572
Prolintane-M (oxo-HO-alkyl-)	368
Prolintane-M (oxo-HO-alkyl-) AC	560
Prolintane-M (oxo-HO-methoxy-phenyl-)	502
Prolintane-M (oxo-HO-methoxy-phenyl-) AC	710
Prolintane-M (oxo-HO-phenyl-) AC	560
Prolintane-M (oxo-tri-HO-) 3AC	1031
Promazine	535
Promazine-M (bis-nor-) AC	605
Promazine-M (bis-nor-HO-) 2AC	869
Promazine-M (HO-)	615
Promazine-M (HO-) AC	817
Promazine-M (nor-)	470
Promazine-M (nor-) AC	675
Promazine-M (nor-HO-) 2AC	919
Promazine-M (ring)	216
Promazine-M (sulfoxide)	615
Promazine-M AC	409
Promazine-M 2AC	688
Promecarb	235
Promecarb-M/artifact (decarbamoyl-)	128
Promethazine	535
Promethazine-M (bis-nor-) AC	605
Promethazine-M (bis-nor-HO-) 2AC	869
Promethazine-M (di-HO-) 2AC	1018
Promethazine-M (HO-)	616
Promethazine-M (HO-) AC	817
Promethazine-M (HO-methoxy-) AC	927
Promethazine-M (nor-)	470
Promethazine-M (nor-) AC	675
Promethazine-M (nor-di-HO-) 3AC	1076
Promethazine-M (nor-HO-)	543
Promethazine-M (nor-HO-) AC	749
Promethazine-M (nor-HO-) 2AC	919
Promethazine-M (nor-sulfoxide) AC	749
Promethazine-M (ring)	216
Promethazine-M AC	409
Promethazine-M 2AC	688
Promethazine-M/artifact (sulfoxide)	616
Prometryn	348
Propachlor	246
Propafenone	814
Propafenone 2AC	1071
Propafenone 2TMS	1152
Propafenone 3TMS	1186
Propafenone artifact	860
Propafenone -H2O	729
Propafenone -H2O AC	902
Propafenone-M (deamino-di-HO-) 3AC	1103
Propafenone-M (deamino-HO-) 2AC	968
Propafenone-M (HO-) -H2O	804
Propafenone-M (HO-) -H2O 2AC	1066
Propafenone-M (O-dealkyl-)	294
Propafenone-M (O-dealkyl-) AC	460
Propafenone-M (O-dealkyl-HO-) iso-1	351
Propafenone-M (O-dealkyl-HO-) iso-1 AC	533
Propafenone-M (O-dealkyl-HO-) iso-2	351
Propafenone-M (O-dealkyl-HO-) iso-2 AC	533
Propafenone-M (O-dealkyl-HO-methoxy-)	479
Propafenone-M (O-dealkyl-HO-methoxy-) AC	685
Propallylonal	550
Propallylonal 2ME	692
Propallylonal-M (desbromo-)	245
Propallylonal-M (desbromo-) 2TMS	862
Propallylonal-M (desbromo-dihydro-HO-) 2ME	408
Propallylonal-M (desbromo-HO-)	294
Propallylonal-M (desbromo-oxo-) 2ME	399
Propamocarb	191
Propamocarb TFA	535
1,2-Propane diol	95
1,2-Propane diol dibenzoate	532
1,2-Propane diol dipivalate	357
1,2-Propane diol phenylboronate	141
1,3-Propane diol dibenzoate	532
1,3-Propane diol dipivalate	357
1,3-Propane diol phenylboronate	141
1-Propanol	91
Propazine	304
Propetamphos	521
Propetamphos-M/artifact (HOOC-) ME	393
Propham	171
Propiconazole	810
Propiconazole artifact (dichlorophenylethanone)	190
Propionic acid anhydride	112
Propiophenone	114

Propivan	504	Propyphenazone-M (HO-methyl-)	364
Propiverine	911	Propyphenazone-M (HO-methyl-) AC	553
Propiverine-M/artifact (carbinol)	736	Propyphenazone-M (HOOC-) ME	486
Propiverine-M/artifact (carbinol) AC	911	Propyphenazone-M (HO-phenyl-)	364
Propofol	169	Propyphenazone-M (HO-phenyl-) AC	554
Propofol AC	274	Propyphenazone-M (HO-phenyl-) ME	423
Propofol ME	198	Propyphenazone-M (HO-propyl-)	364
Propofol TMS	382	Propyphenazone-M (HO-propyl-) AC	554
Propoxur	241	Propyphenazone-M (isopropanolyl-)	364
Propoxur TFA	638	Propyphenazone-M (isopropenyl-)	302
Propoxur HYAC	205	Propyphenazone-M (nor-)	260
Propoxur HYME	151	Propyphenazone-M (nor-) AC	414
Propoxur impurity-M (HO-)	187	Propyphenazone-M (nor-) ME	308
Propoxur impurity-M (HO-) AC	299	Propyphenazone-M (nor-) TMS	554
Propoxur impurity-M (HO-) ME	219	Propyphenazone-M (nor-di-HO-)	371
Propoxur impurity-M (O-dealkyl-HO-)	122	Propyphenazone-M (nor-di-HO-) AC	564
Propoxur-M (HO-) HY	155	Propyphenazone-M (nor-di-HO-) 2AC	769
Propoxur-M (HO-) HY2AC	390	Propyphenazone-M (nor-di-HO-) 3ME	565
Propoxur-M (O-dealkyl-) HY	103	Propyphenazone-M (nor-HO-)	312
Propoxur-M/artifact (isopropoxyphenol)	132	Propyphenazone-M (nor-HO-) AC	486
Propoxyphene	805	Propyphenazone-M (nor-HO-) AC	486
Propoxyphene artifact	238	Propyphenazone-M (nor-HO-phenyl-)	313
Propoxyphene-M (HY)	520	Propyphenazone-M (nor-HO-phenyl-) 2AC	693
Propoxyphene-M (nor-) -H2O	387	Propyphenazone-M (nor-HO-phenyl-) iso-1 2ME	423
Propoxyphene-M (nor-) -H2O AC	583	Propyphenazone-M (nor-HO-phenyl-) iso-2 2ME	423
Propoxyphene-M (nor-) -H2O N-prop.	651	Propyphenazone-M (nor-HO-propyl-) 2AC	693
Propoxyphene-M (nor-) N-prop.	736	Propyzamide	401
Propranolol	417	Propyzamide artifact (deschloro-)	275
Propranolol TMSTFA	1074	Proquazone	507
Propranolol 2AC	822	Prothiofos	822
Propranolol formyl artifact	474	Prothipendyl	539
Propranolol -H2O	349	Prothipendyl-M (bis-nor-) AC	610
Propranolol -H2O AC	530	Prothipendyl-M (bis-nor-HO-) 2AC	872
Propranolol-M (1-naphthol)	123	Prothipendyl-M (HO-)	619
Propranolol-M (1-naphthol) AC	188	Prothipendyl-M (HO-) AC	821
Propranolol-M (1-naphthol) HFB	806	Prothipendyl-M (HO-ring)	259
Propranolol-M (1-naphthol) PFP	562	Prothipendyl-M (HO-ring) AC	412
Propranolol-M (1-naphthol) TMS	260	Prothipendyl-M (nor-) AC	679
Propranolol-M (4-HO-1-naphthol) 2AC	355	Prothipendyl-M (nor-HO-) 2AC	923
Propranolol-M (deamino-di-HO-) 3AC	884	Prothipendyl-M (ring)	219
Propranolol-M (deamino-HO-)	264	Prothipendyl-M (sulfoxide)	619
Propranolol-M (deamino-HO-) 2AC	623	Protocatechuic acid ME2AC	388
Propranolol-M (HO-) 3AC	1021	Protopine	858
Propranolol-M (HO-) -H2O iso-1 2AC	813	Protopine-M (demethylene-methyl-) iso-1	865
Propranolol-M (HO-) -H2O iso-2 2AC	813	Protopine-M (demethylene-methyl-) iso-1 AC	1010
4-Propyl-2,5-dimethoxyphenethylamine	286	Protopine-M (demethylene-methyl-) iso-2	865
4-Propyl-2,5-dimethoxyphenethylamine AC	446	Protopine-M (demethylene-methyl-) iso-2 AC	1010
4-Propyl-2,5-dimethoxyphenethylamine HFB	1061	Protriptyline	436
4-Propyl-2,5-dimethoxyphenethylamine PFP	915	Protriptyline AC	641
4-Propyl-2,5-dimethoxyphenethylamine TFA	708	Protriptyline TMS	785
4-Propyl-2,5-dimethoxyphenethylamine TMS	595	Protriptyline-M (HO-) 2AC	895
4-Propyl-2,5-dimethoxyphenethylamine 2AC	650	Protriptyline-M (nor-) AC	570
4-Propyl-2,5-dimethoxyphenethylamine 2TMS	912	Proxyphylline	336
4-Propyl-2,5-dimethoxyphenethylamine formyl artifact	325	Proxyphylline AC	516
Propylamine	91	Proxyphylline TMS	667
Propylbenzene	107	Proxyphylline-M (HO-) 2AC	797
Propylene glycol dipivalate	357	Pseudoephedrine	148
Propylhexedrine	135	Pseudoephedrine TMSTFA	773
Propylhexedrine AC	213	Pseudoephedrine 2AC	376
Propylhexedrine HFB	848	Pseudoephedrine 2PFP	1123
Propylhexedrine PFP	620	Pseudoephedrine 2TFA	872
Propylhexedrine TFA	386	Pseudoephedrine 2TMS	663
Propylhexedrine-M (HO-)	159	Pseudoephedrine formyl artifact	166
Propylhexedrine-M (HO-) 2AC	404	Pseudotropine AC	183
Propylparaben	175	Pseudotropine benzoate	360
Propylparaben AC	281	Psilocine	227
Propyphenazone	308	Psilocine AC	364
Propyphenazone-M (di-HO-) 2AC	832	Psilocine HFB	1017

Psilocine PFP	845	Pyrene	222
Psilocine TFA	615	Pyridate	946
Psilocine 2AC	554	Pyridine	95
Psilocine 2TMS	840	Pyridostigmine bromide -CH3Br	151
Psilocine-M (4-hydroxyindoleacetic acid) MEAC	366	Pyridoxic acid lactone	146
Psilocine-M (4-hydroxytryptophol) 2AC	426	Pyridoxine	590
Psilocybin artifact	227	Pyrilamine	540
Psilocybin artifact AC	364	Pyrilamine HY	239
Psilocybin artifact HFB	1017	Pyrilamine-M (N-dealkyl-)	256
Psilocybin artifact PFP	845	Pyrilamine-M (N-dealkyl-) AC	407
Psilocybin artifact TFA	615	Pyrilamine-M (N-demethoxybenzyl-)	148
Psilocybin artifact 2AC	554	Pyrimethamine	370
Psilocybin artifact 2TMS	840	Pyrimethamine AC	563
Psilocybin-M (4-hydroxyindoleacetic acid) MEAC	366	Pyrithyldione	153
Psilocybin-M (4-hydroxytryptophol) 2AC	426	Pyritinol	912
PVP	310	Pyritinol 3ME	1041
PVP-M (carboxy-oxo-) AC	709	Pyritinol-M	217
PVP-M (carboxy-oxo-) HFB	1141	Pyritinol-M	232
PVP-M (carboxy-oxo-) ME	569	Pyrocatechol	103
PVP-M (carboxy-oxo-) TMS	843	Pyrrobutamine	671
PVP-M (carboxy-oxo-) 2TFA	930	Pyrrobutamine-M (oxo-)	734
PVP-M (di-HO-) 2AC	836	Pyrrocaine	313
PVP-M (di-HO-) iso-1 2TMS	1035	Pyrrolidine	92
PVP-M (di-HO-) iso-2 2TMS	1036	Pyrrolidine AC	104
PVP-M (HO-alkyl-) AC	560	Pyrrolidinopropiophenone	224
PVP-M (HO-alkyl-) TMS	712	Pyrrolidinopropiophenone-M (oxo-)	261
PVP-M (HO-alkyl-oxo-) AC	629	Pyrrolidinovalerophenone	310
PVP-M (HO-alkyl-oxo-) TMS	774	Pyrrolidinovalerophenone-M (carboxy-oxo-) AC	709
PVP-M (HO-phenyl-) AC	560	Pyrrolidinovalerophenone-M (carboxy-oxo-) HFB	1141
PVP-M (HO-phenyl-) ME	428	Pyrrolidinovalerophenone-M (carboxy-oxo-) ME	569
PVP-M (HO-phenyl-) TMS	712	Pyrrolidinovalerophenone-M (carboxy-oxo-) TMS	843
PVP-M (HO-phenyl-carboxy-oxo-) MEAC	842	Pyrrolidinovalerophenone-M (carboxy-oxo-) 2TFA	930
PVP-M (HO-phenyl-carboxy-oxo-) 2AC	942	Pyrrolidinovalerophenone-M (di-HO-) 2AC	836
PVP-M (HO-phenyl-carboxy-oxo-) 2ME	719	Pyrrolidinovalerophenone-M (di-HO-) iso-1 2TMS	1035
PVP-M (HO-phenyl-N,N-bisdealkyl-) MEAC	376	Pyrrolidinovalerophenone-M (di-HO-) iso-2 2TMS	1036
PVP-M (HO-phenyl-N,N-bisdealkyl-) 2AC	501	Pyrrolidinovalerophenone-M (HO-alkyl-) AC	560
PVP-M (HO-phenyl-N,N-bisdealkyl-) 2TMS	795	Pyrrolidinovalerophenone-M (HO-alkyl-) TMS	712
PVP-M (HO-phenyl-oxo-) AC	629	Pyrrolidinovalerophenone-M (HO-alkyl-oxo-) AC	629
PVP-M (HO-phenyl-oxo-) ME	491	Pyrrolidinovalerophenone-M (HO-alkyl-oxo-) TMS	774
PVP-M (HO-phenyl-oxo-) TMS	775	Pyrrolidinovalerophenone-M (HO-phenyl-) AC	560
PVP-M (N,N-bisdealkyl-) AC	271	Pyrrolidinovalerophenone-M (HO-phenyl-) ME	428
PVP-M (N,N-bisdealkyl-) TMS	378	Pyrrolidinovalerophenone-M (HO-phenyl-) TMS	712
PVP-M (oxo-)	359	Pyrrolidinovalerophenone-M (HO-phenyl-oxo-) AC	629
PYCC	169	Pyrrolidinovalerophenone-M (HO-phenyl-oxo-) ME	491
PYCC -HCN	130	Pyrrolidinovalerophenone-M (HO-phenyl-oxo-) TMS	775
Pyranocoumarin	722	Pyrrolidinovalerophenone-M (N,N-bisdealkyl-) AC	271
Pyranocoumarin-M (demethyl-HO-dihydro-) iso-1 -H2O 2ME	788	Pyrrolidinovalerophenone-M (N,N-bisdealkyl-) TMS	378
Pyranocoumarin-M (demethyl-HO-dihydro-) iso-2 -H2O 2ME	788	Pyrrolidinovalerophenone-M (oxo-)	359
Pyranocoumarin-M (demethyl-HO-dihydro-) iso-3 -H2O 2ME	789	Pyrrolidinovalerophenone-M MEAC	376
Pyranocoumarin-M (di-HO-) 2ET	1041	Pyrrolidinovalerophenone-M MEAC	842
Pyranocoumarin-M (O-demethyl-) artifact ME	723	Pyrrolidinovalerophenone-M 2AC	501
Pyranocoumarin-M (O-demethyl-) artifact TMS	952	Pyrrolidinovalerophenone-M 2AC	942
Pyranocoumarin-M (O-demethyl-) artifact enol 2TMS	1116	Pyrrolidinovalerophenone-M 2ME	719
Pyranocoumarin-M (O-demethyl-di-HO-) artifact 3ME	959	Pyrrolidinovalerophenone-M 2TMS	795
Pyranocoumarin-M (O-demethyl-dihydro-) artifact ME	731	Quazepam	971
Pyranocoumarin-M (O-demethyl-dihydro-) artifact 2TMS	1119	Quazepam HY	761
Pyranocoumarin-M (O-demethyl-dihydro-) -H2O	575	Quazepam-M (dealkyl-oxo-)	551
Pyranocoumarin-M (O-demethyl-HO-) art. enol 3TMS	1181	Quazepam-M (dealkyl-oxo-) TMS	883
Pyranocoumarin-M (O-demethyl-HO-) artifact 2TMS	1136	Quazepam-M (dealkyl-oxo-) HY	373
Pyranocoumarin-M (O-demethyl-HO-) iso-1 art. 2ET	952	Quazepam-M (dealkyl-oxo-) HYAC	567
Pyranocoumarin-M (O-demethyl-HO-) iso-1 art. 2ME	853	Quazepam-M (HO-) HYAC	981
Pyranocoumarin-M (O-demethyl-HO-) iso-1 art. 2TMS	1136	Quazepam-M (oxo-)	918
Pyranocoumarin-M (O-demethyl-HO-) iso-2 art. 2ET	952	Quazepam-M (oxo-) HY	761
Pyranocoumarin-M (O-demethyl-HO-) iso-2 art. 2ME	853	Quazepam-M/artifact	1017
Pyranocoumarin-M (O-demethyl-HO-) iso-3 art. 2ET	953	Quercetin 4AC	1138
Pyranocoumarin-M (O-demethyl-HO-) iso-3 art. 2ME	853	Quercetin 4ME	877
Pyrazinamide	108	Quercetin 5TMS	1201
Pyrazophos	929	Quetiapine	963

Compound	Page
Quetiapine AC	1070
Quetiapine artifact (desulfo-) AC	995
Quetiapine-M (-COOH) ME	1044
Quetiapine-M (N-CH2-COOH) ME	908
Quetiapine-M (N-dealkyl-)	590
Quetiapine-M (N-dealkyl-) AC	792
Quetiapine-M (N-dealkyl-) artifact (desulfo-)	435
Quetiapine-M (N-dealkyl-) artifact (desulfo-) AC	639
Quetiapine-M (N-dealkyl-HO-) 2AC	1001
Quinalphos	604
Quinalphos HY	124
Quinalphos HYME	138
Quinapril ET	1134
Quinapril ME	1117
Quinapril TMS	1170
Quinapril 2ET	1160
Quinapril 2ME	1134
Quinapril -H2O	1062
Quinaprilate 2ET	1134
Quinaprilate 2ME	1095
Quinaprilate 2TMS	1185
Quinaprilate 3ET	1160
Quinaprilate 3ME	1117
Quinaprilate -H2O ME	1033
Quinaprilate -H2O TMS	1132
Quinaprilate-M/artifact (HOOC-) 2ET	651
Quinaprilate-M/artifact (HOOC-) 2ME	512
Quinaprilate-M/artifact (-HOOC-) 3ME	582
Quinapril-M/artifact (deethyl-) 2ET	1134
Quinapril-M/artifact (deethyl-) 2ME	1095
Quinapril-M/artifact (deethyl-) 2TMS	1185
Quinapril-M/artifact (deethyl-) 3ET	1160
Quinapril-M/artifact (deethyl-) 3ME	1117
Quinapril-M/artifact (deethyl-) -H2O ME	1033
Quinapril-M/artifact (deethyl-) -H2O TMS	1132
Quinapril-M/artifact (deethyl-HOOC-) 2ME	512
Quinapril-M/artifact (deethyl-HOOC-) 3ME	582
Quinapril-M/artifact (HOOC-) ET	651
Quinapril-M/artifact (HOOC-) ME	582
Quinapril-M/artifact (HOOC-) 2ME	651
Quinestrol	898
Quinethazone 4ME	827
Quinidine	732
Quinidine AC	906
Quinidine TMS	1007
Quinidine-M	796
Quinidine-M (di-HO-dihydro-) 3AC	1151
Quinidine-M (HO-) 2AC	1068
Quinidine-M (N-oxide)	808
Quinidine-M (N-oxide) AC	960
Quinine	732
Quinine AC	906
Quinine TMS	1007
Quinine-M (di-HO-dihydro-) 3AC	1151
Quinine-M (HO-) 2AC	1068
Quinine-M (N-oxide) AC	960
Quinomethionate	318
Quintozene	577
Ramifenazone	360
Ramifenazone AC	548
Ramifenazone-M (nor-) 2AC	689
Ramifenazone-M (nor-HO-) -H2O 2AC	680
Ramipril ET	1106
Ramipril ME	1081
Ramipril METMS	1165
Ramipril TMS	1156
Ramipril 2ET	1141
Ramipril 2ME	1106
Ramiprilate 2ET	1106
Ramiprilate 2ME	1055
Ramiprilate 2TMS	1179
Ramiprilate 3ET	1141
Ramiprilate 3ME	1081
Ramiprilate-M/artifact -H2O ME	968
Ramiprilate-M/artifact -H2O TMS	1103
Ramipril-M (deethyl-) artifact 2TMS	1179
Ramipril-M/artifact (deethyl-) 2ET	1106
Ramipril-M/artifact (deethyl-) 2ME	1055
Ramipril-M/artifact (deethyl-) 3ET	1141
Ramipril-M/artifact (deethyl-) 3ME	1081
Ramipril-M/artifact (deethyl-) -H2O ME	968
Ramipril-M/artifact (deethyl-) -H2O TMS	1103
Ramipril-M/artifact (HOOC-) ME	582
Ramipril-M/artifact (HOOC-) 2ME	651
Ramipril-M/artifact -H2O	1012
Ranitidine	685
Reboxetine	682
Reboxetine AC	866
Reboxetine HFB	1169
Reboxetine ME	745
Reboxetine PFP	1126
Reboxetine TFA	1038
Reboxetine TMS	971
Reframidine	726
Remifentanil	940
Remoxipride	918
Repaglinide	1134
Repaglinide TMS	1177
Repaglinide 2TMS	1194
Reserpine	1195
Reserpine-M (trimethoxybenzoic acid)	248
Reserpine-M (trimethoxybenzoic acid) ET	344
Reserpine-M (trimethoxybenzoic acid) ME	293
Reserpine-M (trimethoxyhippuric acid)	464
Reserpine-M (trimethoxyhippuric acid) ME	528
Resmethrin	799
Rhein	531
Rhein ME	604
Rhein MEAC	806
Rhein 2ME	674
Rhein 3ME	738
Ribavarine 3AC	748
Ribavarine 4TMS	1179
Ribavarine -H2O 3TMS	1103
Ricinoleic acid ME	677
Ricinoleic acid -H2O	519
Ricinoleic acid -H2O ET	658
Ricinoleic acid -H2O ME	587
Ritodrine 3TMS	1167
Ritodrine 3TMSTFA	1195
Ritodrine -H2O 2HFB	1200
Ritodrine -H2O 2PFP	1188
Ritodrine -H2O 3AC	1003
Ritodrine -H2O 3TFA	1186
Ritodrine-M/artifact (N-dealkyl-) 2AC	277
Rizatriptan	466
Rizatriptan TFA	900
Rizatriptan TMS	815
Rizatriptan-M (deamino-HO-) PFP	979
Rizatriptan-M (deamino-HO-) 2PFP	1180
Rizatriptan-M (deamino-HO-) 2TFA	1087
Rizatriptan-M (deamino-HO-) 2TMS	973
Rizatriptan-M (deamino-HOOC-) ME	469
Rizatriptan-M (deamino-HOOC-) 2TMS	1018
RO 15-4513	739
RO 15-4513 artifact	615

Compound	Page
Rofecoxib	683
Rofecoxib -SO2CH2	327
Rolicyclidine	305
Rolicyclidine intermediate	169
Rolicyclidine intermediate (PYCC) -HCN	130
Rolicyclidine precursor (pyrrolidine)	92
Ropinirole	424
Ropinirole AC	625
Ropivacaine	487
Rosiglitazone	873
Rosiglitazone ME	923
Rosiglitazone 2TMS	1165
Rosiglitazone artifact	283
Rosiglitazone artifact ME	332
Rosiglitazone artifact 3TMS	1096
Rotenone	998
Roxatidine	646
Roxatidine AC	840
Roxatidine PFP	1116
Roxatidine TFA	1024
Roxatidine acetate	840
Roxatidine artifact (phenol)	196
Roxatidine HY PFP	999
Roxatidine HY TFA	825
Roxatidine HY formyl artifact	424
Roxatidine HYAC	566
Rutin-M/artifact (quercetin) 4AC	1138
Rutin-M/artifact (quercetin) 4ME	877
Rutin-M/artifact (quercetin) 4TMS	1201
Rutin-M/artifact (rutinose) 7AC	1196
Rutinose 7AC	1196
Saccharin ME	212
Saccharose 8AC	1202
Saccharose 8HFB	1208
Saccharose 8PFP	1208
Saccharose 8TFA	1207
Saccharose 8TMS	1206
Safrole	141
Safrole-M (1-HO-) AC	273
Safrole-M (demethylenyl-) 2AC	319
Safrole-M (demethylenyl-methyl-) AC	231
Safrole-M (di-HO-) 2AC	516
Safrole-M (HO-) AC	273
Safrole-M (HO-demethylenyl-methyl-) 2AC	439
Salacetamide	170
Salbutamol 2AC	728
Salbutamol 3AC	901
Salbutamol 3TMS	1122
Salbutamol -H2O	279
Salicylamide	117
Salicylamide AC	170
Salicylamide 2ME	148
Salicylamide 2TMS	522
Salicylamide glycolic acid ether ME	240
Salicylamide-M (HO-) 2AC	332
Salicylic acid	118
Salicylic acid AC	173
Salicylic acid ET	149
Salicylic acid ME	130
Salicylic acid MEAC	203
Salicylic acid 2ME	150
Salicylic acid 2TMS	526
Salicylic acid artifact (trimer)	883
Salicylic acid glycine conjugate	206
Salicylic acid glycine conjugate ME	240
Salicylic acid glycine conjugate MEAC	383
Salicylic acid glycine conjugate 2ME	283
Salicylic acid-M (3-HO-) 3ME	210
Salicylic acid-M (5-HO-) 3ME	210
Salicylic acid-M (HO-) 2ME	179
Salsalate ME	478
Sanguinarine artifact (dihydro-)	772
Sanguinarine artifact (N-demethyl-)	696
Scopolamine	629
Scopolamine AC	829
Scopolamine -H2O	540
Scopolamine-M/artifact (deacyl-)	135
Scopolamine-M/artifact (deacyl-) AC	213
Scopolamine-M/artifact (HOOC-) -H2O ME	141
Sebaic acid bisoctyl ester	1072
Sebuthylazine	304
Secobarbital	338
Secobarbital (ME)	391
Secobarbital 2ME	452
Secobarbital 2TMS	960
Secobarbital-M (deallyl-)	215
Secobarbital-M (HO-) -H2O	330
Selegiline	190
Selegiline-M (4-HO-amfetamine)	129
Selegiline-M (4-HO-amfetamine) AC	201
Selegiline-M (4-HO-amfetamine) 2AC	324
Selegiline-M (4-HO-amfetamine) 2HFB	1182
Selegiline-M (4-HO-amfetamine) 2PFP	1104
Selegiline-M (4-HO-amfetamine) 2TFA	819
Selegiline-M (4-HO-amfetamine) 2TMS	594
Selegiline-M (bis-dealkyl-)	115
Selegiline-M (bis-dealkyl-)	115
Selegiline-M (bis-dealkyl-) AC	165
Selegiline-M (bis-dealkyl-) AC	165
Selegiline-M (bis-dealkyl-) HFB	762
Selegiline-M (bis-dealkyl-) PFP	521
Selegiline-M (bis-dealkyl-) TFA	309
Selegiline-M (bis-dealkyl-) TMS	235
Selegiline-M (bis-dealkyl-)-D5 AC	181
Selegiline-M (bis-dealkyl-)-D5 HFB	787
Selegiline-M (bis-dealkyl-)-D5 PFP	543
Selegiline-M (bis-dealkyl-)-D5 TFA	330
Selegiline-M (bis-dealkyl-)-D5 TMS	251
Selegiline-M (bis-dealkyl-)-D11 TFA	353
Selegiline-M (bis-dealkyl-)-D11 TFA	575
Selegiline-M (bis-dealkyl-4-HO-) TFA	366
Selegiline-M (bis-dealkyl-4-HO-) formyl art.	142
Selegiline-M (dealkyl-)	127
Selegiline-M (dealkyl-) AC	196
Selegiline-M (dealkyl-) HFB	827
Selegiline-M (dealkyl-) PFP	589
Selegiline-M (dealkyl-) TFA	358
Selegiline-M (dealkyl-) TMS	279
Selegiline-M (dealkyl-HO-)	148
Selegiline-M (dealkyl-HO-) TFA	425
Selegiline-M (dealkyl-HO-) TMSTFA	773
Selegiline-M (dealkyl-HO-) 2AC	376
Selegiline-M (dealkyl-HO-) 2HFB	1186
Selegiline-M (dealkyl-HO-) 2PFP	1123
Selegiline-M (dealkyl-HO-) 2TFA	872
Selegiline-M (dealkyl-HO-) 2TMS	663
Selegiline-M (HO-)	224
Selegiline-M (HO-) AC	359
Selegiline-M (nor-)	161
Selegiline-M (nor-) AC	257
Selegiline-M (nor-HO-)	192
Selegiline-M (nor-HO-) 2AC	481
Serotonin 3ME	266
Sertraline	638
Sertraline AC	834
Sertraline HFB	1164

Sertraline PFP	1114	Stearic acid TMS	871
Sertraline TFA	1019	Stearic acid glycerol ester 2AC	1104
Sertraline TMS	942	Stearic acid glycerol ester 2TMS	1166
Sertraline -CH5N	483	Stearyl alcohol	472
Sertraline-M (di-HO-ketone) -H2O enol 2AC	978	Steviol	705
Sertraline-M (HO-) 2AC	1030	Steviol ME	771
Sertraline-M (HO-ketone) AC	837	Steviol MEAC	934
Sertraline-M (HO-ketone) -H2O enol AC	757	Stevioside artifact (isosteviol)	705
Sertraline-M (ketone)	562	Stevioside artifact (isosteviol) ME	771
Sertraline-M (ketone) enol AC	767	Stevioside-M (steviol)	705
Sertraline-M (nor-)	568	Stevioside-M (steviol) ME	771
Sertraline-M (nor-) AC	772	Stevioside-M (steviol) MEAC	934
Sertraline-M (nor-) HFB	1154	Stigma-3,5-dien-7-one	1042
Sertraline-M (nor-) PFP	1092	Stigmast-3,5-ene	1008
Sertraline-M (nor-) TFA	975	Stigmast-5-en-3-ol	1052
Sertraline-M (nor-) TMS	894	Stigmast-5-en-3-ol -H2O	1008
Sertraline-M/artifact	477	Stigmasterol	1047
Sethoxydim	745	Stigmasterol -H2O	1000
Sibutramine	514	Strychnine	780
Sibutramine-M (bis-nor-)	386	Sublimate	476
Sibutramine-M (bis-nor-) AC	581	Sufentanil	974
Sibutramine-M (bis-nor-) HFB	1126	Sufentanil HY	760
Sibutramine-M (bis-nor-) PFP	1009	Sulazepam	613
Sibutramine-M (bis-nor-) TFA	835	Sulazepam HY	358
Sibutramine-M (bis-nor-) TMS	729	Sulazepam HYAC	546
Sibutramine-M (bis-nor-) formyl artifcat	435	Sulfabenzamide AC	702
Sibutramine-M (nor-)	446	Sulfabenzamide ME	563
Sibutramine-M (nor-) AC	650	Sulfabenzamide MEAC	768
Sibutramine-M (nor-) HFB	1129	Sulfabenzamide 2ME	634
Sibutramine-M (nor-) PFP	1044	Sulfabenzamide 2MEAC	831
Sibutramine-M (nor-) TFA	887	Sulfabenzamide-M	159
Sibutramine-M (nor-) TMS	795	Sulfabenzamide-M AC	254
Sigmodal	692	Sulfabenzamide-M ME	187
Sigmodal 2ME	823	Sulfabenzamide-M MEAC	299
Sildenafil	1143	Sulfabenzamide-M 4ME	300
Sildenafil ME	1156	Sulfadiazine ME	438
Sildenafil TMS	1184	Sulfadiazine MEAC	644
Simazine	221	Sulfadimethoxine 2TMS	1119
Simazine-M (deethyl-)	160	Sulfaethidole	531
Skatole	113	Sulfaethidole AC	737
Skatole-M (HO-)	125	Sulfaethidole ME	604
Sorbitol 6AC	1087	Sulfaethidole 2ME	675
Sorbitol 6HFB	1208	Sulfaethidole 2MEAC	860
Sorbitol 6PFP	1207	Sulfaethidole-M	159
Sorbitol 6TFA	1204	Sulfaethidole-M AC	254
Sotalol	479	Sulfaethidole-M ME	187
Sotalol TMSTFA	1098	Sulfaethidole-M MEAC	299
Sotalol -H2O AC	598	Sulfaethidole-M 4ME	300
Sotalol-M/artifact (amino-) -H2O 2AC	423	Sulfaguanole ME	725
Sparfloxacin	992	Sulfaguanole-M	159
Sparfloxacin -CO2	839	Sulfaguanole-M AC	254
Sparteine	321	Sulfaguanole-M ME	187
Sparteine-M (oxo-)	373	Sulfaguanole-M MEAC	299
Sparteine-M (oxo-HO-)	441	Sulfaguanole-M 4ME	300
Sparteine-M (oxo-HO-) enol 2AC	840	Sulfamerazine	438
Sparteine-M (oxo-HO-) -H2O	365	Sulfamethizole ME	531
Spirapril ET	1160	Sulfamethizole-M	159
Spirapril ME	1148	Sulfamethizole-M AC	254
Spirapril -H2O	1110	Sulfamethizole-M ME	187
Spironolactone -CH3COSH	808	Sulfamethizole-M MEAC	299
Squalene	1043	Sulfamethizole-M 4ME	300
Stanozolol	751	Sulfamethoxazole ME	453
Stanozolol AC	921	Sulfamethoxazole MEAC	658
Stanozolol 2TMS	1141	Sulfamethoxazole 2ME	521
Stearamide	531	Sulfamethoxazole 2TMS	1009
Stearic acid	537	Sulfamethoxazole impurity	109
Stearic acid ET	678	Sulfamethoxazole-M	159
Stearic acid ME	608	Sulfamethoxazole-M AC	254

Compound	Page
Sulfamethoxazole-M ME	187
Sulfamethoxazole-M MEAC	299
Sulfamethoxazole-M 4ME	300
Sulfametoxydiazine MEAC	845
Sulfametoxydiazine 3ME	721
Sulfametoxydiazine-M	159
Sulfametoxydiazine-M AC	254
Sulfametoxydiazine-M ME	187
Sulfametoxydiazine-M MEAC	299
Sulfametoxydiazine-M 4ME	300
Sulfanilamide	159
Sulfanilamide AC	254
Sulfanilamide ME	187
Sulfanilamide MEAC	299
Sulfanilamide 4ME	300
Sulfaperin 2MEAC	779
Sulfaperin 3ME	645
Sulfaperin-M	159
Sulfaperin-M AC	254
Sulfaperin-M ME	187
Sulfaperin-M MEAC	299
Sulfaperin-M 4ME	300
Sulfapyridine	374
Sulfaquinoxaline	614
Sulfaquinoxaline AC	816
Sulfathiourea-M	159
Sulfathiourea-M AC	254
Sulfathiourea-M ME	187
Sulfathiourea-M MEAC	299
Sulfathiourea-M 4ME	300
Sulfinpyrazone	1028
Sulfinpyrazone ME	1058
Sulforidazine	1023
Sulforidazine-M (nor-) AC	1080
Sulforidazine-M (ring)	499
Sulfotep	721
Sulfur mole	404
Sulfuric acid 2TMS	349
Sulfurylamine	98
Sulfurylamine ME	103
Sulfurylamine 2ME	109
Sulindac	868
Sulindac ME	919
Sulpiride ME	866
Sulpiride 2ME	917
Sulpiride -SO2NH	432
Sulprofos	721
Sultiame	562
Sultiame ME	633
Sultiame 2ME	702
Sultiame -SO2NH	246
Sumatriptan	591
Sumatriptan AC	793
Sumatriptan HFB	1158
Sumatriptan ME	661
Sumatriptan PFP	1100
Sumatriptan TFA	988
Sumatriptan 2TMS	1097
Suxibuzone ME	1116
Suxibuzone artifact	657
Suxibuzone artifact TMS	953
Suxibuzone-M/artifact (HO-alkyl-phenylbutazone) ME	799
Suxibuzone-M/artifact (HOOC-phenylbutazone) 2ME	905
Suxibuzone-M/artifact (oxo-phenylbutazone) ME	789
Suxibuzone-M/artifact (phenylbutazone) ME	724
Swep	267
Synephrine 3AC	580
Synephrine formyl artifact	172
Synephrine formyl artifact ME	202
Synephrine -H2O 2AC	316
Talbutal	290
Talbutal 2ME	392
Talinolol	895
Talinolol AC	1032
Talinolol TMS	1091
Talinolol formyl artifact	938
Tamoxifen	925
Tartaric acid 4TMS	1094
TCDI	242
TCDI artifact/impurity	145
TCDI intermediate (DMCC)	132
TCDI precursor (bromothiophene)	140
TCDI precursor (dimethylamine)	90
TCM	385
TCM artifact/impurity	145
TCM intermediate (MCC)	206
TCM intermediate (MCC) -HCN	153
TCM precursor (bromothiophene)	140
TCM precursor (morpholine)	97
TCPY	325
TCPY artifact/impurity	145
TCPY intermediate	169
TCPY intermediate (PYCC) -HCN	130
TCPY precursor (bromothiophene)	140
TCPY precursor (pyrrolidine)	92
Tebuthiuron ME	352
Tebuthiuron -C2H3NO ME	186
Tecnazene	415
Temazepam	614
Temazepam AC	816
Temazepam ME	684
Temazepam TMS	926
Temazepam artifact-1	405
Temazepam artifact-2	468
Temazepam HY	358
Temazepam HYAC	546
Temazepam-M (HO-) HY	424
Temazepam-M (HO-) HYAC	626
Temazepam-M (nor-)	542
Temazepam-M TMS	876
Temazepam-M 2TMS	1080
Temazepam-M artifact-1	342
Temazepam-M HY	308
Temazepam-M HYAC	480
Temephos	1133
Tenamfetamine	170
Tenamfetamine	171
Tenamfetamine AC	277
Tenamfetamine AC	277
Tenamfetamine HFB	935
Tenamfetamine PFP	733
Tenamfetamine TFA	488
Tenamfetamine TMS	385
Tenamfetamine formyl artifact	195
Tenamfetamine R-(-)-enantiomer HFBP	1140
Tenamfetamine S-(+)-enantiomer HFBP	1140
Tenamfetamine-D5 AC	295
Tenamfetamine-D5 HFB	952
Tenamfetamine-D5 2AC	462
Tenamfetamine-D5 R-(-)-enantiomer HFBP	1145
Tenamfetamine-D5 S-(+)-enantiomer HFBP	1145
Tenamfetamine-M (deamino-HO-) AC	281
Tenamfetamine-M 2 HFB	1189
Tenocyclidine	378
Tenocyclidine artifact/impurity	145
Tenocyclidine intermediate (PCC)	198

Compound	Page
Tenocyclidine intermediate (PCC) -HCN	149
Tenocyclidine precursor (bromothiophene)	140
Tenocyclidine precursor (piperidine)	96
Tenoxicam 2ME	899
TEPP	562
Terbacil	259
Terbinafine	572
Terbufos	551
Terbumeton	292
Terbutaline	292
Terbutaline 2ME	395
Terbutaline 2TMS	917
Terbutaline 3AC	850
Terbutaline 3TMS	1101
Terbutaline artifact 2ME	447
Terbutaline -H2O 2AC	570
Terbutaline-M/artifact (N-dealkyl-) 3AC	500
Terbutryn	348
Terbutylazine	304
Terephthalic acid diethyl ester	281
Terephthalic acid ethyl methyl ester	237
Terephthalic acid monoethyl ester	204
Terfenadine	1140
Terfenadine AC	1172
Terfenadine -2H2O	1091
Terfenadine-M (benzophenone)	180
Terfenadine-M (N-dealkyl-) -H2O	377
Terfenadine-M (N-dealkyl-) -H2O AC	571
Terfenadine-M (N-dealkyl-oxo-) -2H2O	359
Tertatolol	593
Tertatolol AC	794
Tertatolol TMSTFA	1131
Tertatolol formyl artifact	650
Testosterone	555
Testosterone AC	760
Testosterone acetate	760
Testosterone dipropionate	1018
Testosterone enol 2TMS	1085
Testosterone propionate	826
Testosterone propionate enol AC	974
Tetrabenazine	699
Tetrabenazine-M (O-bis-demethyl-) AC	765
Tetrabenazine-M (O-bis-demethyl-HO-) 2AC	983
Tetrabenazine-M (O-demethyl-HO-)	710
Tetrabenazine-M (O-demethyl-HO-) AC	888
Tetrabromo-o-cresol	1061
Tetrabromo-o-cresol AC	1129
Tetrabromo-o-cresol ME	1087
Tetracaine	441
Tetracaine-M/artifact (HOOC-) ME	235
1,2,3,5-Tetrachlorobenzene	253
2,2',5,5'-Tetrachlorobiphenyl	561
2,3,7,8-Tetrachlorodibenzofuran (TCDF)	632
2,3,7,8-Tetrachlorodibenzo-p-dioxin (TCDD)	713
Tetrachloroethylene	144
Tetrachloromethane	130
2,3,4,5-Tetrachlorophenol	305
Tetrachlorvinphos	896
Tetrachlorvinphos-M/artifact	405
Tetradecane	216
Tetradifon	860
Tetraethylene glycol dipivalate	892
Tetrahexylammoniumhydrogensulfate artifact-1	186
Tetrahexylammoniumhydrogensulfate artifact-2	467
Tetrahydrocannabinol	687
Tetrahydrocannabinol AC	870
Tetrahydrocannabinol ET	818
Tetrahydrocannabinol ME	751
Tetrahydrocannabinol TMS	974
Tetrahydrocannabinol iso-1 PFP	1128
Tetrahydrocannabinol iso-2 PFP	1128
Tetrahydrocannabinol-D3	700
Tetrahydrocannabinol-D3 AC	882
Tetrahydrocannabinol-D3 ME	766
Tetrahydrocannabinol-D3 TMS	984
Tetrahydrocannabinol-D3 iso-1 PFP	1131
Tetrahydrocannabinol-D3 iso-1 TFA	1048
Tetrahydrocannabinol-D3 iso-2 PFP	1132
Tetrahydrocannabinol-D3 iso-2 TFA	1049
Tetrahydrocannabinolic acid 2TMS	1166
Tetrahydrocannabinol-M (11-HO-)	760
Tetrahydrocannabinol-M (11-HO-) 2ME	879
Tetrahydrocannabinol-M (11-HO-) 2PFP	1197
Tetrahydrocannabinol-M (11-HO-) 2TFA	1175
Tetrahydrocannabinol-M (11-HO-) 2TMS	1143
Tetrahydrocannabinol-M (11-HO-) -H2O AC	863
Tetrahydrocannabinol-M (HO-nor-delta-9-HOOC-) 2ME	981
Tetrahydrocannabinol-M (nor-delta-9-HOOC-) 2ME	929
Tetrahydrocannabinol-M (nor-delta-9-HOOC-) 2PFP	1197
Tetrahydrocannabinol-M (nor-delta-9-HOOC-) 2TMS	1156
Tetrahydrocannabinol-M (nor-delta-9-HOOC-)-D3 2ME	938
Tetrahydrocannabinol-M (nor-delta-9-HOOC-)-D3 2PFP	1197
Tetrahydrocannabinol-M (nor-delta-9-HOOC-)-D3 2TMS	1159
Tetrahydrocannabinol-M (oxo-nor-delta-9-HOOC-) 2ME	974
Tetrahydrofuran	93
Tetrahydrogestrinone	677
Tetrahydrogestrinone TMS	968
Tetramethrin	765
Tetramethylbenzene	115
Tetramethylcitrate	370
Tetrasul	721
Tetrazepam	552
Tetrazepam +H2O iso-1 ALHY	454
Tetrazepam +H2O iso-1 ALHYAC	659
Tetrazepam +H2O iso-2 ALHY	454
Tetrazepam +H2O iso-2 ALHYAC	659
Tetrazepam AC	759
Tetrazepam iso-1 HY	374
Tetrazepam iso-2 HY	374
Tetrazepam-M (di-HO-) -2H2O HY	358
Tetrazepam-M (di-HO-) -2H2O HYAC	546
Tetrazepam-M (di-HO-) iso-1 HY2AC	899
Tetrazepam-M (di-HO-) iso-2 HY2AC	900
Tetrazepam-M (HO-) -H2O	542
Tetrazepam-M (HO-) -H2O HY	366
Tetrazepam-M (HO-) iso-1	634
Tetrazepam-M (HO-) iso-1 AC	831
Tetrazepam-M (HO-) iso-1 HY	442
Tetrazepam-M (HO-) iso-1 HYAC	647
Tetrazepam-M (HO-) iso-2	634
Tetrazepam-M (HO-) iso-2 AC	831
Tetrazepam-M (HO-) iso-2 HY	442
Tetrazepam-M (HO-) iso-2 HYAC	647
Tetrazepam-M (HO-) iso-3 HY	442
Tetrazepam-M (HO-) iso-3 HYAC	647
Tetrazepam-M (HO-) iso-4 HY	442
Tetrazepam-M (HO-) iso-4 HYAC	648
Tetrazepam-M (HO-oxo-) -H2O	614
Tetrazepam-M (nor-)	485
Tetrazepam-M (nor-) +H2O iso-1 ALHY2AC	791
Tetrazepam-M (nor-) +H2O iso-2 ALHY2AC	791
Tetrazepam-M (nor-) ALHY	322
Tetrazepam-M (nor-) HY	323
Tetrazepam-M (nor-HO-) HY2AC	783
Tetrazepam-M (oxo-)	623
Tetrazepam-M (oxo-) HY	434

Compound	Page
Tetrazepam-M (tri-HO-) -2H2O	614
Tetrazepam-M (tri-HO-) -2H2O AC	816
Tetrazepam-M (tri-HO-) -2H2O HY	424
Tetrazepam-M (tri-HO-) -2H2O HYAC	626
Tetroxoprim	780
Tetryzoline	219
Tetryzoline AC	353
Tetryzoline 2AC	536
TFMPP	307
TFMPP AC	479
TFMPP HFB	1071
TFMPP PFP	939
TFMPP TFA	738
TFMPP TMS	624
TFMPP-M (deethylene-) 2AC	552
TFMPP-M (deethylene-) 2HFB	1194
TFMPP-M (deethylene-) 2TFA	1004
TFMPP-M (HO-) 2AC	759
TFMPP-M (HO-) 2HFB	1198
TFMPP-M (HO-) 2TFA	1094
TFMPP-M (HO-deethylene-) 3AC	831
TFMPP-M (HO-glucuronide) 4TMS	1203
TFMPP-M (HO-trifluoromethylaniline N-acetyl-) TFA	687
TFMPP-M (HO-trifluoromethylaniline) 2TFA	914
TFMPP-M (HO-trifluoromethylaniline) iso-1 2AC	425
TFMPP-M (HO-trifluoromethylaniline) iso-2 AC	269
TFMPP-M (HO-trifluoromethylaniline) iso-2 2AC	425
TFMPP-M (trifluoromethylaniline) AC	223
TFMPP-M (trifluoromethylaniline) HFB	871
TFMPP-M (trifluoromethylaniline) TFA	409
Thalidomide	412
Thebacone	813
Thebacone TMS	925
Thebacone Cl-artifact	936
Thebacone-M (dihydro-) AC	822
Thebacone-M (dihydro-) 6-beta isomer TMS	932
Thebacone-M (N-demethyl-) 2TMS	1079
Thebacone-M (nor-dihydro-)	547
Thebacone-M (nor-dihydro-) AC	755
Thebacone-M (nor-dihydro-) 2AC	924
Thebacone-M (O-demethyl-) AC	916
Thebacone-M (O-demethyl-) TMS	1079
Thebacone-M (O-demethyl-dihydro-) AC	755
Thebacone-M (O-demethyl-dihydro-) TFA	963
Thebacone-M (O-demethyl-dihydro-) 2AC	924
Thebacone-M (O-demethyl-dihydro-) 2HFB	1202
Thebacone-M (O-demethyl-dihydro-) 2PFP	1191
Thebacone-M (O-demethyl-dihydro-) 2TFA	1147
Thebacone-M (O-demethyl-dihydro-) 6-alpha iso. 2TMS	1083
Thebacone-M (O-demethyl-dihydro-) 6-beta iso. 2TMS	1083
Thebaine	672
Thebaol	399
Thebaol AC	597
Theobromine	174
Theobromine TMS	390
Theophylline	174
Theophylline TMS	391
THG	677
THG TMS	968
Thiamazole	104
Thiamazole AC	136
Thiamazole ME	111
Thiamazole TMS	188
Thiamine artifact-1	122
Thiamine artifact-2 2ME	133
Thiazafluron ME	397
Thiethylperazine	1015
Thiethylperazine-M (nor-) AC	1074
Thiethylperazine-M (ring)	415
Thiethylperazine-M (sulfone)	1083
Thiobutabarbital	300
Thiobutabarbital-M (butabarbital)	250
Thiocyclam	176
Thiocyclam -S	126
Thiofanox -C2H3NO	140
Thiometon	361
Thionazine	370
Thiopental	352
Thiopental (ME)	407
Thiopental 2ME	471
Thiopental iso-1 2TMS	973
Thiopental iso-2 2TMS	973
Thiopental-M (HO-)	413
Thiopental-M (HO-) AC	615
Thiopental-M (HOOC-) 3ME	685
Thiopental-M (HO-pentobarbital)	352
Thiopental-M (HO-pentobarbital) (ME)	407
Thiopental-M (HO-pentobarbital) 2ME	471
Thiopental-M (HO-pentobarbital) -H2O	289
Thiopental-M (pentobarbital)	295
Thiopental-M (pentobarbital) (ME)	345
Thiopental-M (pentobarbital) 2ME	400
Thiopental-M (pentobarbital) 2TMS	921
Thiophanate 4ME	1072
Thiophanate-methyl 4ME	1011
Thiophenecarboxylic acid	110
Thiophenylmethanol	104
Thiopropazate	1108
Thiopropazate-M (amino-) AC	767
Thiopropazate-M (deacetyl-)	1026
Thiopropazate-M (deacetyl-) TMS	1144
Thiopropazate-M (dealkyl-) AC	1020
Thiopropazate-M (ring)	314
Thioproperazine	1109
Thioproperazine-M (ring)	643
Thioridazine	920
Thioridazine-M	1028
Thioridazine-M (HO-) AC	1076
Thioridazine-M (HO-methoxy-piperidyl-) AC	1124
Thioridazine-M (HO-piperidyl-) AC	1076
Thioridazine-M (nor-) AC	1012
Thioridazine-M (nor-HO-piperidyl-) 2AC	1122
Thioridazine-M (oxo-)	966
Thioridazine-M (oxo-/side chain sulfone)	1054
Thioridazine-M (ring sulfone)	1023
Thioridazine-M (ring)	357
Thioridazine-M (side chain sulfone)	1023
Thioridazine-M/artifact (sulfoxide)	973
Thiram	341
Tiabendazole	220
Tiapride	749
Tiapride-M (deethyl-) AC	817
Tiapride-M (O-demethyl-)	685
Tiapride-M (O-demethyl-N-oxide) -(C2H5)2NOH	346
Tiaprofenic acid ME	484
Tiaprofenic acid 2ME	551
Tiaprofenic acid artifact	306
Tiaprofenic acid -CO2	259
Tiaprofenic acid -CO2 HYAC	413
Tiaprofenic acid HYAC	622
Tiaprofenic acid-M (HO-) AC	701
Tibolone	677
Tibolone AC	863
Tibolone TFA	1036
Tibolone enol 2TMS	1123
Tibolone -H2O	587

Compound	Page
Ticlopidine	433
Ticlopidine-M (HO-) iso-1 AC	717
Ticlopidine-M (HO-) iso-2 AC	717
Ticlopidine-M (N-dealkyl-) AC	177
Tienilic acid ME	823
Tienylic acid ME	823
Tienylic acid TMS	1022
Tiletamine	284
Tiletamine AC	443
Tiletamine HFB	1060
Tiletamine ME	334
Tiletamine TFA	706
Tiletamine TMS	592
Tilidine	482
Tilidine-M (bis-nor-)	360
Tilidine-M (bis-nor-) AC	548
Tilidine-M (bis-nor-HO-)	427
Tilidine-M (bis-nor-oxime-)	416
Tilidine-M (nitro-)	490
Tilidine-M (nor-)	417
Tilidine-M (nor-) AC	621
Tilidine-M (phenylcyclohexenone)	160
Tilidine-M/artifact AC	249
Tilidine-M/artifact 2AC	474
Timolol	694
Timolol AC	877
Timolol TMS	981
Timolol formyl artifact	750
Timolol-M (deisobutyl-) 2AC	824
Timolol-M (deisobutyl-) -H2O AC	532
Tinidazole	365
Tinox iso-1	258
Tinox iso-2	258
Tioclomarole -H2O	1075
Tioconazole	971
Tiotixene	1105
Tiotixene artifact (ring)	637
Tiotropium-M/artifact (HOOC-) ME	396
Tiotropium-M/artifact (HOOC-) MEAC	595
Tiotropium-M/artifact (HOOC-) 2ME	458
Tiropramide	1135
Tizanidine	393
Tizanidine AC	588
Tizanidine ME	453
Tizanidine TMS	733
Tizanidine 2AC	790
Tizanidine 2TMS	1009
Tizanidine artifact AC	296
Tizanidine artifact HFB	954
Tizanidine artifact PFP	761
Tizanidine artifact TFA	520
Tizanidine artifact 2AC	463
Tizanidine-M (dehydro-) AC	578
TMA	292
TMA	292
TMA AC	455
TMA AC	455
TMA formyl artifact	335
TMA intermediate (trimethoxyphenylnitroethene)	339
TMA intermediate (trimethoxyphenylnitropropene)	393
TMA precursor (trimethoxybenzaldehyde)	211
TMA-2	292
TMA-2	292
TMA-2 AC	456
TMA-2 HFB	1063
TMA-2 PFP	922
TMA-2 TFA	718
TMA-2 TMS	603
TMA-2 2AC	662
TMA-2 formyl artifact	335
TMA-2-M (deamino-HO-) AC	461
TMA-2-M (O-bisdemethyl-) artifact 2AC	434
TMA-2-M (O-bisdemethyl-) iso-1 3AC	726
TMA-2-M (O-bisdemethyl-) iso-2 3AC	727
TMA-2-M (O-bisdemethyl-) iso-3 3AC	727
TMA-2-M (O-deamino-oxo-)	289
TMA-2-M (O-demethyl-) iso-1 2AC	592
TMA-2-M (O-demethyl-) iso-2 2AC	592
TMA-2-M (O-demethyl-) iso-2 3AC	793
TMA-2-M (O-demethyl-) iso-3 2AC	592
TMA-2-M (O-demethyl-deamino-oxo-) iso-1 AC	390
TMA-2-M (O-demethyl-deamino-oxo-) iso-2 AC	390
TMA-2-M (O-demethyl-deamino-oxo-) iso-3 AC	390
Tocainide	198
Tocainide AC	321
Tocainide-M (HO-) 2AC	575
gamma-Tocopherol	1056
Tocopherol	1082
Tocopherol AC	1141
Tofisopam	960
Tolazamide ME	735
Tolazamide 2ME	803
Tolazamide artifact-1 ME	160
Tolazamide artifact-1 2ME	188
Tolazamide artifact-2	212
Tolazamide artifact-3	158
Tolazamide artifact-3 ME	186
Tolazamide artifact-3 TMS	354
Tolazamide artifact-3 2ME	217
Tolazamide artifact-4 ME	247
Tolazamide-M (HO-) artifact AC	303
Tolazamide-M (HO-) artifact ME	220
Tolazamide-M (HO-) artifact 2ME	257
Tolazamide-M (HO-) artifact 3TMS	1026
Tolazamide-M (HOOC-) artifact 2ME	303
Tolazamide-M (HOOC-) artifact 3ME	354
Tolazoline-M (HO-dihydro-) 2AC	431
Tolbutamide ME	534
Tolbutamide TMS	817
Tolbutamide 2ME	607
Tolbutamide artifact-1	212
Tolbutamide artifact-2	158
Tolbutamide artifact-2 ME	186
Tolbutamide artifact-2 TMS	354
Tolbutamide artifact-2 2ME	217
Tolbutamide artifact-3 ME	247
Tolbutamide-M (HO-) ME	615
Tolbutamide-M (HO-) 2ME	685
Tolbutamide-M (HO-) artifact AC	303
Tolbutamide-M (HO-) artifact ME	220
Tolbutamide-M (HO-) artifact 2ME	257
Tolbutamide-M (HO-) artifact 3TMS	1026
Tolbutamide-M (HOOC-) 2ME	748
Tolbutamide-M (HOOC-) artifact 2ME	303
Tolbutamide-M (HOOC-) artifact 3ME	354
Tolclophos-methyl	612
Tolfenamic acid ME	488
Tolfenamic acid MEAC	696
Toliprolol TMSTFA	989
Toliprolol 2AC	651
Toliprolol formyl artifact	326
Toliprolol -H2O AC	368
Toliprolol-M (deamino-di-HO-) 3AC	731
Toliprolol-M (deamino-HO-) 2AC	451
Toliprolol-M (HO-) 2AC	729
Toliprolol-M (HO-) 3AC	902

Compound	Page
Toliprolol-M (HO-) -H2O 2AC	640
Tolmetin	410
Tolmetin ET	540
Tolmetin ME	475
Tolmetin-M (HOOC-) 2ME	689
Tolmetin-M (oxo-) ME	538
Tolmetin-M (oxo-HOOC-) 2ME	753
Tolperisone	360
Tolperisone artifact	139
Tolperisone-M (dihydro-) AC	561
Tolperisone-M (dihydro-HO-) 2AC	837
Tolperisone-M (HO-) AC	630
Tolpropamine	396
Tolpropamine-M (bis-nor-) AC	456
Tolpropamine-M (bis-nor-HO-alkyl-) -H2O AC	445
Tolpropamine-M (HO-)	466
Tolpropamine-M (HO-alkyl-) AC	673
Tolpropamine-M (HO-phenyl-) AC	673
Tolpropamine-M (nor-)	341
Tolpropamine-M (nor-) AC	524
Tolpropamine-M (nor-HO-)	404
Tolpropamine-M (nor-HO-alkyl-) -H2O AC	514
Tolpropamine-M (N-oxide) -(CH3)2NOH	239
Toluene	98
4-Toluenesulfonic acid ET	219
4-Toluenesulfonic acid ethylester	219
o-Toluidine AC	126
p-Toluidine	102
p-Toluidine AC	126
p-Toluidine-M (carbamoyl-)	128
p-Toluidine-M (carbamoyl-) ME	146
p-Toluidine-M (carbamoyl-HO-)	151
p-Toluidine-M (HO-)	108
p-Toluidine-M (HO-) 2AC	233
p-Toluidine-M (HO-) 3AC	374
Tolylfluanid	830
p-Tolylpiperazine	164
p-Tolylpiperazine AC	266
p-Tolylpiperazine HFB	927
p-Tolylpiperazine PFP	722
p-Tolylpiperazine TFA	479
p-Tolylpiperazine TMS	372
Topiramate	801
Topiramate ME	857
Topiramate TMS	1044
Topiramate 2TMS	1150
Topiramate artifact (-SO2NH)	421
Topiramate artifact (-SO2NH) TMS	769
Torasemide AC	985
Torasemide ME	890
Torasemide artifact ME	499
Torasemide artifact TMS	783
Torasemide artifact 2ME	568
Torasemide artifact 3ME	638
Toxaphene (TM)	1040
Tramadol	437
Tramadol AC	641
Tramadol TMS	786
Tramadol artifact	191
Tramadol -H2O	361
Tramadol-M (bis-demethyl-) 2AC	711
Tramadol-M (bis-demethyl-) -H2O 2AC	621
Tramadol-M (HO-)	515
Tramadol-M (HO-) 2 AC	895
Tramadol-M (HO-) -H2O	428
Tramadol-M (N-demethyl-) AC	572
Tramadol-M (N-demethyl-) -H2O AC	482
Tramadol-M (O-demethyl-)	378
Tramadol-M (O-demethyl-) 2Ac	777
Tramadol-M (O-demethyl-) 2TMS	997
Tramadol-M (O-demethyl-) Ac	572
Tramadol-M (O-demethyl-) -H2O	311
Tramadol-M (O-demethyl-) -H2O AC	482
Tramazoline AC	411
Trandolapril ET	1125
Trandolapril ME	1106
Trandolapril METMS	1173
Trandolapril TMS	1165
Trandolapril 2ET	1154
Trandolapril 2ME	1125
Trandolapril -H2O	1047
Trandolaprilate 2ET	1125
Trandolaprilate 2ME	1081
Trandolaprilate 2TMS	1184
Trandolaprilate 3ET	1154
Trandolaprilate 3ME	1106
Trandolaprilate-M/artifact 2ET	651
Trandolaprilate-M/artifact 2ME	512
Trandolaprilate-M/artifact 3ME	582
Trandolaprilate-M/artifact -H2O ME	1013
Trandolaprilate-M/artifact -H2O TMS	1122
Trandolapril-M/artifact (deethyl-) 2ET	1125
Trandolapril-M/artifact (deethyl-) 2ME	1081
Trandolapril-M/artifact (deethyl-) 2TMS	1184
Trandolapril-M/artifact (deethyl-) 3ET	1154
Trandolapril-M/artifact (deethyl-) 3ME	1106
Trandolapril-M/artifact (deethyl-) -H2O ME	1013
Trandolapril-M/artifact (deethyl-) -H2O TMS	1122
Trandolapril-M/artifact (deethyl-HOOC-) 2ME	512
Trandolapril-M/artifact (deethyl-HOOC-) 3ME	582
Trandolapril-M/artifact (HOOC-) ET	651
Trandolapril-M/artifact (HOOC-) ME	582
Trandolapril-M/artifact (HOOC-) 2ME	651
Tranexamic acid ME	159
Tranexamic acid MEAC	252
Tranexamic acid 2TMS	621
Tranylcypromine	113
Tranylcypromine AC	162
Tranylcypromine TMS	229
Tranylcypromine-M (HO-) 2AC	316
Trapidil	229
Trazodone	923
Trazodone-M (4-amino-2-Cl-phenol) 2AC	297
Trazodone-M (4-amino-2-Cl-phenol) 2TFA	781
Trazodone-M (4-amino-2-Cl-phenol) 3AC	463
Trazodone-M (deamino-HO-) AC	323
Trazodone-M (HO-)	976
Trazodone-M (HO-) AC	1078
Trazodone-M (N-dealkyl-)	211
Trazodone-M (N-dealkyl-) AC	336
Trazodone-M (N-dealkyl-) HFB	991
Trazodone-M (N-dealkyl-) ME	244
Trazodone-M (N-dealkyl-) TFA	574
Trazodone-M (N-dealkyl-) TMS	461
Trazodone-M (N-dealkyl-HO-) TFA	653
Trazodone-M (N-dealkyl-HO-) iso-1 AC	398
Trazodone-M (N-dealkyl-HO-) iso-1 2AC	597
Trazodone-M (N-dealkyl-HO-) iso-1 2TFA	1028
Trazodone-M (N-dealkyl-HO-) iso-2 AC	398
Trazodone-M (N-dealkyl-HO-) iso-2 2AC	597
Trazodone-M (N-dealkyl-HO-) iso-2 2HFB	1195
Trazodone-M (N-dealkyl-HO-) iso-2 2TFA	1028
Tremulone	1042
Triacontane	1065
Triadimefon	578
Triadimenol	590

Compound	Page
Triallate	626
Triamcinolone	999
Triamiphos	586
Triamterene ME	454
Triazolam	815
Triazolam-M (HO-)	876
Triazolam-M (HO-) AC	1017
Triazolam-M (HO-) -CH2O	746
Triazolam-M HY	761
Triazophos	678
Tribenzylamine	549
Tributoxyethylphosphate	1013
Tributylamine	187
Tributylphosphate	452
Trichlorfon	405
Trichlorfon ME	467
Trichlormethiazide 4ME	1090
2,4,6-Trichloroaniline	206
2,4,4'-Trichlorobiphenyl	405
Trichloroethane	113
Trichloroethanol	125
Trichloroethylene	112
Trichlorofluoromethane	116
Trichloroisobutyl salicylate	595
Trichloroisobutyl salicylate ME	664
Trichloromethoxypropionamide	227
Trichloronat	766
2,4,5-Trichlorophenol	209
2,4,6-Trichlorophenol	209
2,4,5-Trichlorophenoxyacetic acid (T)	396
2,4,5-Trichlorophenoxyacetic acid (T) ME	457
2,4,5-Trichlorophenoxyacetic acid isobutylester	664
2,4,5-Trichlorophenoxyacetic acid octylester	903
2,4,5-Trichlorophenoxyacetic acid-M (tri-Cl-phenol)	209
Triclopyr ME	462
Triclosan	550
Triclosan AC	757
Tricosane	733
Tridecane	185
Tridemorph	604
Trietazine	304
Triethylamine	100
Triethylcitrate AC	703
Triethylene glycol dipivalate	705
Triflubazam	779
Triflubazam HY	495
Trifluoperazine	1034
Trifluoperazine-M (amino-) AC	903
Trifluoperazine-M (nor-) AC	1090
Trifluoperazine-M (ring)	453
Trifluoroacetaldehyde	98
Trifluoroacetic acid	104
Trifluoroacetic acid	104
4-Trifluoromethylaniline AC	223
Trifluperidol	1038
Trifluperidol TMS	1149
Trifluperidol 2TMS	1185
Trifluperidol-M	174
Trifluperidol-M	409
Trifluperidol-M (N-dealkyl-)	358
Trifluperidol-M (N-dealkyl-) AC	546
Trifluperidol-M (N-dealkyl-oxo-) -2H2O	283
Triflupromazine	852
Triflupromazine-M (bis-nor-) AC	903
Triflupromazine-M (bis-nor-HO-) 2AC	1067
Triflupromazine-M (bis-nor-HO-methoxy-) AC	1046
Triflupromazine-M (HO-)	912
Triflupromazine-M (HO-) AC	1041
Triflupromazine-M (HO-methoxy-)	1012
Triflupromazine-M (HO-methoxy-) AC	1098
Triflupromazine-M (nor-) AC	952
Triflupromazine-M (nor-HO-) 2AC	1094
Triflupromazine-M (nor-HO-methoxy-) AC	1071
Triflupromazine-M (nor-HO-methoxy-) 2AC	1136
Triflupromazine-M (ring)	453
Trifluralin	783
Trihexylamine	467
Trihexyphenidyl	621
Trihexyphenidyl-M (amino-HO-) iso-1 -H2O 2AC	690
Trihexyphenidyl-M (amino-HO-) iso-2 -H2O 2AC	691
Trihexyphenidyl-M (di-HO-) -H2O iso-1 2AC	1016
Trihexyphenidyl-M (di-HO-) -H2O iso-2 2AC	1016
Trihexyphenidyl-M (HO-)	700
Trihexyphenidyl-M (HO-) AC	881
Trihexyphenidyl-M (HO-) -H2O AC	815
Trihexyphenidyl-M (tri-HO-) -H2O 3AC	1124
Trihexyphenidyl-M -2H2O -CO2 AC	353
Trimebutine	977
Trimebutine-M (TMBA)	248
Trimebutine-M (TMBA) ME	293
Trimebutine-M/artifact (alcohol)	202
Trimethadion	122
Trimethadion-M (nor-)	112
Trimethoprim	564
Trimethoprim 2AC	934
Trimethoprim 2TMS	1088
Trimethoprim 3TMS	1168
Trimethoprim iso-1 AC	769
Trimethoprim iso-2 AC	769
2,3,5-Trimethoxyamfetamine	291
2,3,5-Trimethoxyamfetamine AC	455
2,3,5-Trimethoxyamfetamine 2ME	395
2,3,5-Trimethoxyamfetamine intermediate	237
2,4,5-Trimethoxyamfetamine AC	456
2,4,5-Trimethoxyamfetamine 2AC	662
3,4,5-Trimethoxyamfetamine	292
3,4,5-Trimethoxyamfetamine	292
3,4,5-Trimethoxyamfetamine AC	455
3,4,5-Trimethoxyamfetamine AC	455
3,4,5-Trimethoxyamfetamine formyl artifact	335
3,4,5-Trimethoxyamfetamine intermediate-1	393
3,4,5-Trimethoxyamfetamine intermediate-2	339
3,4,5-Trimethoxybenzaldehyd	211
Trimethoxybenzoic acid	248
Trimethoxybenzoic acid ET	344
Trimethoxybenzoic acid ME	293
Trimethoxybenzoic acid-M (glycine conjugate) ME	528
3,4,5-Trimethoxybenzyl alcohol	214
3,4,5-Trimethoxybenzyl alcohol AC	343
Trimethoxycocaine	995
Trimethoxyhippuric acid ME	528
2,3,5-Trimethoxymetamfetamine AC	523
3,4,5-Trimethoxyphenyl-2-nitroethene	339
3,4,5-Trimethoxyphenyl-2-nitropropene	393
Trimethylamine	91
1,2,3-Trimethylbenzene	106
1,2,4-Trimethylbenzene	106
Trimethylcitrate	319
Bis-(Trimethylsilyl-)trifluoroacetamide	409
Trimetozine	522
Trimipramine	587
Trimipramine artifact	325
Trimipramine-D3	603
Trimipramine-D3 artifact	377
Trimipramine-M (bis-nor-) AC	657
Trimipramine-M (bis-nor-di-HO-) 3AC	1068

Compound	Page
Trimipramine-M (bis-nor-HO-) 2AC	906
Trimipramine-M (bis-nor-HO-methoxy-) 2AC	1007
Trimipramine-M (di-HO-) 2AC	1042
Trimipramine-M (di-HO-ring)	297
Trimipramine-M (di-HO-ring) 2AC	670
Trimipramine-M (HO-)	669
Trimipramine-M (HO-) AC	856
Trimipramine-M (HO-methoxy-)	809
Trimipramine-M (HO-methoxy-) AC	960
Trimipramine-M (HO-methoxy-ring)	347
Trimipramine-M (HO-methoxy-ring) AC	529
Trimipramine-M (HO-ring)	246
Trimipramine-M (HO-ring) AC	393
Trimipramine-M (nor-)	519
Trimipramine-M (nor-) AC	724
Trimipramine-M (nor-di-HO-) 3AC	1095
Trimipramine-M (nor-HO-) 2AC	953
Trimipramine-M (nor-HO-) -H2O AC	716
Trimipramine-M (nor-HO-methoxy-) 2AC	1042
Trimipramine-M (N-oxide) -(CH3)2NOH	377
Trimipramine-M (ring)	207
Trimipramine-M (ring) ME	242
Tripelenamine	404
Tripelenamine-M (benzylpyridylamine)	185
Tripelenamine-M (HO-)	476
Tripelenamine-M (HO-) AC	682
Tripelenamine-M (nor-)	349
Tripelenamine-M (nor-) AC	530
Tripelenamine-M (nor-HO-) 2AC	814
Tripelenamine-M/artifact-1	248
Tripelenamine-M/artifact-2	339
Triphenylphosphate	738
Triphenylphosphine oxide	505
Triprolidine	509
TRIS 4AC	557
Tris-(2-chloroethyl-)phosphate	531
Trisalicyclide	883
Tritoqualine artifact-1	522
Tritoqualine artifact-1 AC	727
Tritoqualine artifact-1 2AC	900
Tritoqualine artifact-2	669
Tritoqualine artifact-2 AC	669
Trometamol 4AC	557
Tropacocaine	360
Tropicamide	536
Tropicamide AC	741
Tropicamide -CH2O	400
Tropicamide -H2O	452
Tropine AC	183
Tropisetrone	536
Tropisetrone AC	741
Trovafloxacine TMS	1155
Tryptamine	139
Tryptamine AC	222
Tryptamine 2AC	356
Tryptophan ME2AC	624
Tryptophan MEAC	421
Tryptophan-M (HO-skatole)	125
Tryptophan-M (hydroxy indole acetic acid) ME	228
Tryptophan-M (indole acetic acid) ME	192
Tryptophan-M (indole formic acid) ME	161
Tryptophan-M (indole formic acid) 2ME	192
Tryptophan-M (indole lactic acid) ME	269
Tryptophan-M (indole pyruvic acid) 2ME	309
Tryptophan-M (tryptamine)	139
Tryptophan-M (tryptamine) AC	222
Tryptophan-M (tryptamine) 2AC	356
Tyramine	118
Tyramine 2AC	277
Umbelliferone	140
Umbelliferone AC	225
Umbelliferone HFB	875
Umbelliferone ME	162
Umbelliferone PFP	653
Umbelliferone TFA	412
Umbelliferone TMS	319
Undecane	137
Urapidil-M (N-dealkyl-) 2AC	320
Urea AC	101
Urea 2TMS	226
Urea artifact	112
Valganciclovir 4TMS	1198
Valganciclovir 5TMS	1203
Valproic acid	123
Valpromide	122
Valsartan 2ET	1159
Valsartan 2ME	1132
Vamidothion	545
Vanillic acid ME	180
Vanillic acid MEAC	287
Vanillin	131
Vanillin AC	204
Vanillin mandelic acid	213
Vanillin mandelic acid ME	248
Vanillin mandelic acid ME2AC	597
Vanillin mandelic acid 2ME	293
Vanillin mandelic acid 2MEAC	460
Venlafaxine	504
Venlafaxine AC	713
Venlafaxine TMS	844
Venlafaxine -H2O	418
Venlafaxine-M (HO-) iso-1	583
Venlafaxine-M (HO-) iso-1 AC	786
Venlafaxine-M (HO-) iso-2	583
Venlafaxine-M (nor-)	437
Venlafaxine-M (nor-) AC	642
Venlafaxine-M (nor-) -H2O HFB	1100
Venlafaxine-M (nor-) -H2O PFP	988
Venlafaxine-M (nor-) -H2O TFA	812
Venlafaxine-M (nor-HO-) -H2O AC	630
Venlafaxine-M (O-demethyl-)	437
Venlafaxine-M (O-demethyl-) AC	642
Venlafaxine-M (O-demethyl-) 2TMS	1036
Venlafaxine-M (O-demethyl-) -H2O AC	549
Venlafaxine-M (O-demethyl-) -H2O HFB	1126
Venlafaxine-M (O-demethyl-) -H2O PFP	1038
Venlafaxine-M (O-demethyl-) -H2O TFA	880
Venlafaxine-M (O-demethyl-) -H2O TMS	699
Venlafaxine-M (O-demethyl-oxo-HO-) iso-1 2AC	943
Venlafaxine-M (O-demethyl-oxo-HO-) iso-2 2AC	943
Verapamil	1120
Verapamil-M (N-bis-dealkyl-) AC	705
Verapamil-M (N-dealkyl-)	566
Verapamil-M (N-dealkyl-) AC	770
Verapamil-M (nor-)	1098
Verapamil-M (nor-) AC	1150
Verapamil-M (nor-O-demethyl-) 2AC	1170
Verapamil-M (O-demethyl-) AC	1150
Veratric acid	179
Veratric acid ME	211
Vigabatrine	112
Viloxazine	335
Viloxazine AC	513
Viloxazine HFB	1086
Viloxazine PFP	963
Viloxazine TFA	773

Compound	Page
Viloxazine TMS	662
Viloxazine-M (di-oxo-)	443
Viloxazine-M (HO-) 2AC	793
Viloxazine-M (O-deethyl-) 2AC	580
Viminol	892
Viminol -H2O	825
Viminol-M/artifact AC	998
Vinbarbital	290
Vinbarbital 2ME	392
Vinbarbital-M (HO-)	344
Vinbarbital-M (HO-) -H2O	282
Vinclozolin	537
Vinylbital	290
Vinylbital (ME)	338
Vinylbital 2ME	392
Vinylbital-M (devinyl-)	215
Vinylbital-M (HO-)	344
Vinylbital-M (HO-) -H2O	282
Vinyltoluene	105
Viquidil AC	906
Vitamin B1 artifact-2 2ME	133
Vitamin B6	590
Warfarin	654
Warfarin AC	845
Warfarin ET	788
Warfarin ME	723
Warfarin TMS	952
Warfarin artifact (phenylbutenone)	124
Warfarin enol 2TMS	1116
Warfarin-M (di-HO-) 3ET	1067
Warfarin-M (di-HO-) 3ME	959
Warfarin-M (dihydro-) ET	798
Warfarin-M (dihydro-) ME	731
Warfarin-M (dihydro-) 2TMS	1119
Warfarin-M (dihydro-) -H2O	575
Warfarin-M (HO-) 2TMS	1136
Warfarin-M (HO-) enol 3TMS	1181
Warfarin-M (HO-) iso-1 2ET	952
Warfarin-M (HO-) iso-1 2ME	853
Warfarin-M (HO-) iso-1 2TMS	1136
Warfarin-M (HO-) iso-2 2ET	952
Warfarin-M (HO-) iso-2 2ME	853
Warfarin-M (HO-) iso-3 2ET	953
Warfarin-M (HO-) iso-3 2ME	853
Warfarin-M (HO-dihydro-) iso-1 -H2O 2ME	788
Warfarin-M (HO-dihydro-) iso-2 -H2O 2ME	788
Warfarin-M (HO-dihydro-) iso-3 -H2O 2ME	789
Xanthinol 2AC	1003
Xipamide 2ME	959
Xipamide 4ME	1041
Xipamide iso-1 3ME	1004
Xipamide iso-2 3ME	1004
Xipamide -SO2NH	488
Xipamide -SO2NH ME	556
Xipamide -SO2NH 2ME	627
Xipamide-M (HO-) 4ME	1071
Xipamide-M (HO-) -SO2NH 2ME	707
Xylazine	274
Xylazine AC	430
m-Xylene	101
o-Xylene	101
p-Xylene	101
Xylitol 5AC	890
Xylometazoline	357
Xylometazoline AC	545
Xylose 4AC	702
Xylose 4HFB	1206
Xylose 4PFP	1203
Xylose 4TFA	1180
Yohimbine	862
Yohimbine AC	1007
Zaleplone	639
Zaleplone-M/artifact (deacetyl-)	434
Zidovudine TMS	802
Zidovudine 2TMS	1046
Zimelidine	692
Zinophos	370
Zolazepam	543
Zolmitriptan	548
Zolmitriptan AC	755
Zolpidem	650
Zolpidem-M (4'-HO-) AC	901
Zolpidem-M (4'-HO-) -C2H6N MEAC	853
Zolpidem-M (6-HO-) AC	901
Zolpidem-M (6-HO-) -C2H6N MEAC	854
Zolpidem-M (4'-HOOC-) ME	849
Zolpidem-M (6-HOOC-) ME	849
Zomepirac ME	638
Zomepirac -CO2	366
Zonisamide	248
Zonisamide AC	397
Zonisamide ME	293
Zonisamide MEAC	459
Zonisamide 2TMS	869
Zopiclone	979
Zopiclone-M (amino-chloro-pyridine)	111
Zopiclone-M (amino-chloro-pyridine) AC	157
Zopiclone-M (HO-amino-chloro-pyridine) AC	187
Zopiclone-M (HO-amino-chloro-pyridine) 2AC	298
Zopiclone-M (piperazine) 2AC	157
Zopiclone-M (piperazine) 2HFB	1146
Zopiclone-M (piperazine) 2TFA	505
Zopiclone-M/artifact	361
Zopiclone-M/artifact (alcohol) AC	633
Zopiclone-M/artifact (alcohol) ME	495
Zotepine	762
Zotepine artifact (desulfo-) HYAC	467
Zotepine HY	418
Zotepine HYAC	622
Zotepine-M (bis-nor-) HY	418
Zotepine-M (bis-nor-) HYAC	622
Zotepine-M (bis-nor-HO) HY2AC	883
Zotepine-M (bis-nor-HO-) HYAC	701
Zotepine-M (bis-nor-HO-) iso-2 HY	494
Zotepine-M (bis-nor-HO-methoxy-) HY	643
Zotepine-M (bis-nor-HO-methoxy-) HY2AC	984
Zotepine-M (HO-) AC	982
Zotepine-M (HO-) HY2AC	883
Zotepine-M (HO-) HYAC	701
Zotepine-M (HO-) iso-1 HY	494
Zotepine-M (HO-) iso-2 HY	494
Zotepine-M (HO-methoxy-) HY	643
Zotepine-M (HO-methoxy-) HY2AC	984
Zotepine-M (nor-) HY	418
Zotepine-M (nor-) HYAC	622
Zotepine-M (nor-HO-) HY2AC	883
Zotepine-M (nor-HO-) HYAC	701
Zotepine-M (nor-HO-) iso-1 HY	494
Zotepine-M (nor-HO-) iso-2 HY	494
Zotepine-M (nor-HO-methoxy-) HY	643
Zotepine-M (nor-HO-methoxy-) HY2AC	984
Zuclopenthixol	1017
Zuclopenthixol AC	1102
Zuclopenthixol TMS	1140
Zuclopenthixol-M (dealkyl-) AC	1011
Zuclopenthixol-M (dealkyl-dihydro-) AC	1018

Mass Spectra

30

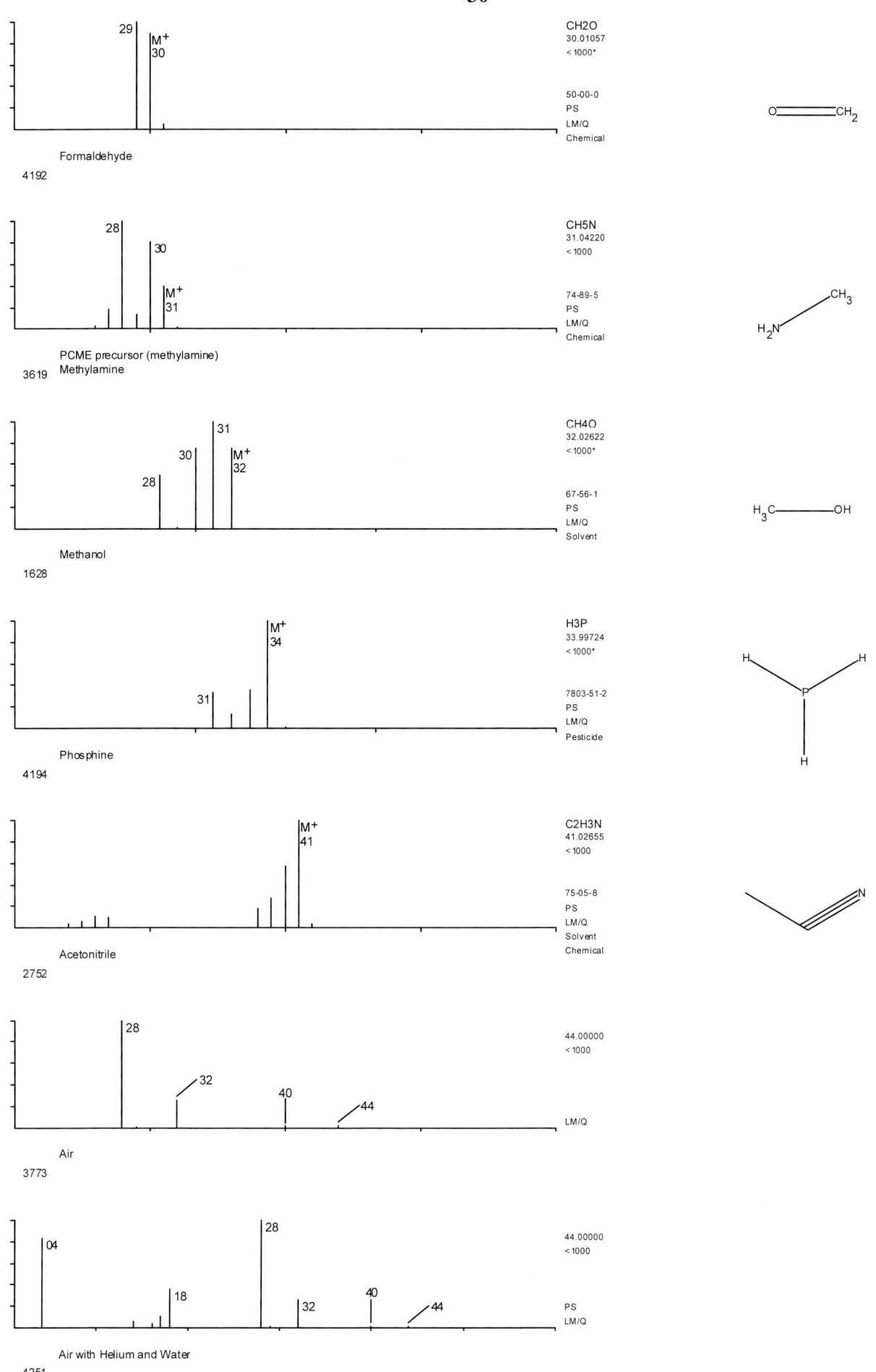

Formaldehyde 4192	CH2O 30.01057 < 1000* 50-00-0 PS LM/Q Chemical

PCME precursor (methylamine) 3619 Methylamine	CH5N 31.04220 < 1000 74-89-5 PS LM/Q Chemical

Methanol 1628	CH4O 32.02622 < 1000* 67-56-1 PS LM/Q Solvent

Phosphine 4194	H3P 33.99724 < 1000* 7803-51-2 PS LM/Q Pesticide

Acetonitrile 2752	C2H3N 41.02655 < 1000 75-05-8 PS LM/Q Solvent Chemical

Air 3773	44.00000 < 1000 LM/Q

Air with Helium and Water 4251	44.00000 < 1000 PS LM/Q

89

44

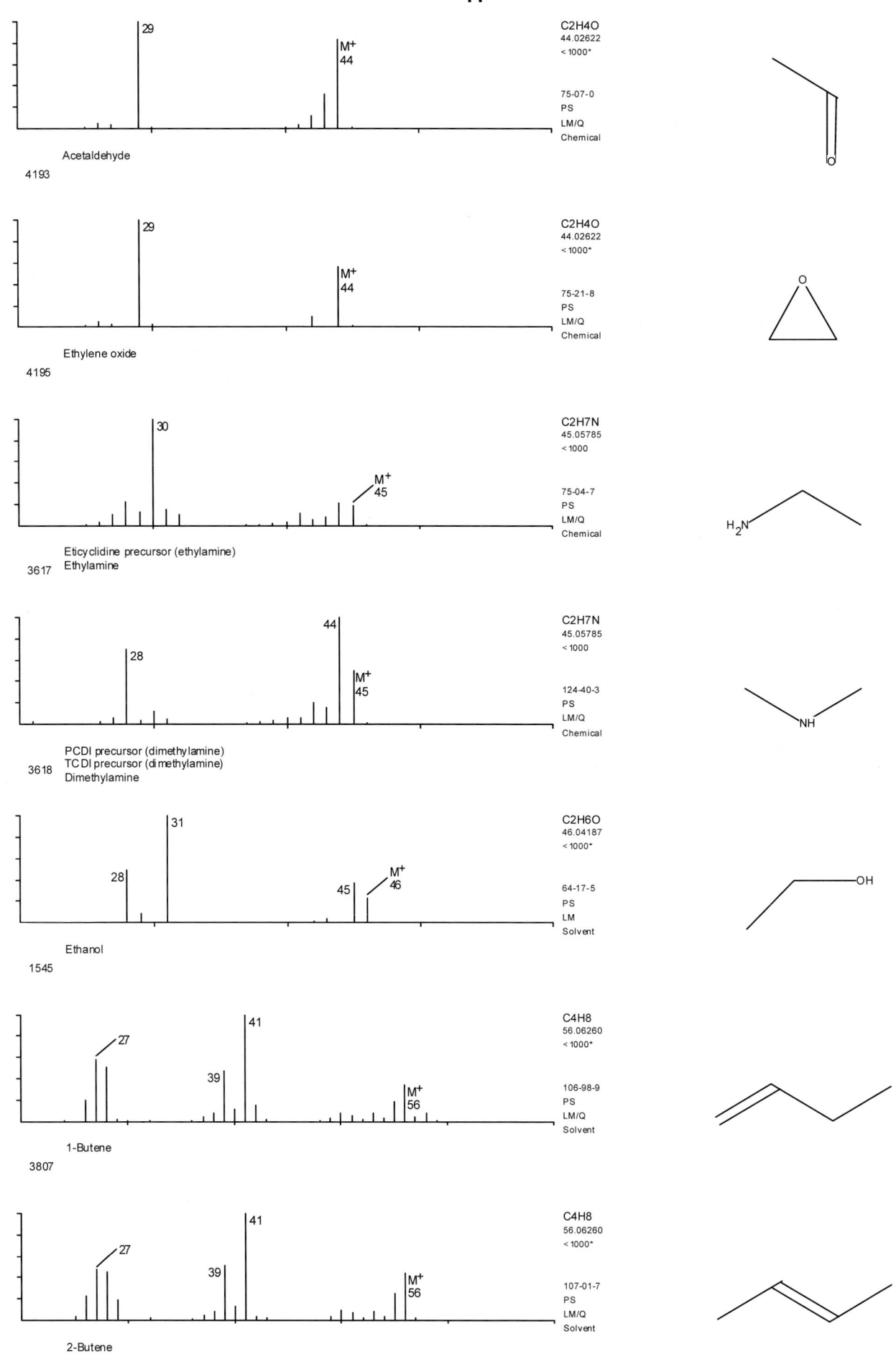

Acetaldehyde
C2H4O
44.02622
< 1000*
75-07-0
PS
LM/Q
Chemical

Peaks: 29, M+ 44

4193

Ethylene oxide
C2H4O
44.02622
< 1000*
75-21-8
PS
LM/Q
Chemical

Peaks: 29, M+ 44

4195

Eticyclidine precursor (ethylamine)
Ethylamine
C2H7N
45.05785
< 1000
75-04-7
PS
LM/Q
Chemical

Peaks: 30, M+ 45

3617

PCDI precursor (dimethylamine)
TCDI precursor (dimethylamine)
Dimethylamine
C2H7N
45.05785
< 1000
124-40-3
PS
LM/Q
Chemical

Peaks: 28, 44, M+ 45

3618

Ethanol
C2H6O
46.04187
< 1000*
64-17-5
PS
LM
Solvent

Peaks: 28, 31, 45, M+ 46

1545

1-Butene
C4H8
56.06260
< 1000*
106-98-9
PS
LM/Q
Solvent

Peaks: 27, 39, 41, M+ 56

3807

2-Butene
C4H8
56.06260
< 1000*
107-01-7
PS
LM/Q
Solvent

Peaks: 27, 39, 41, M+ 56

3806

58

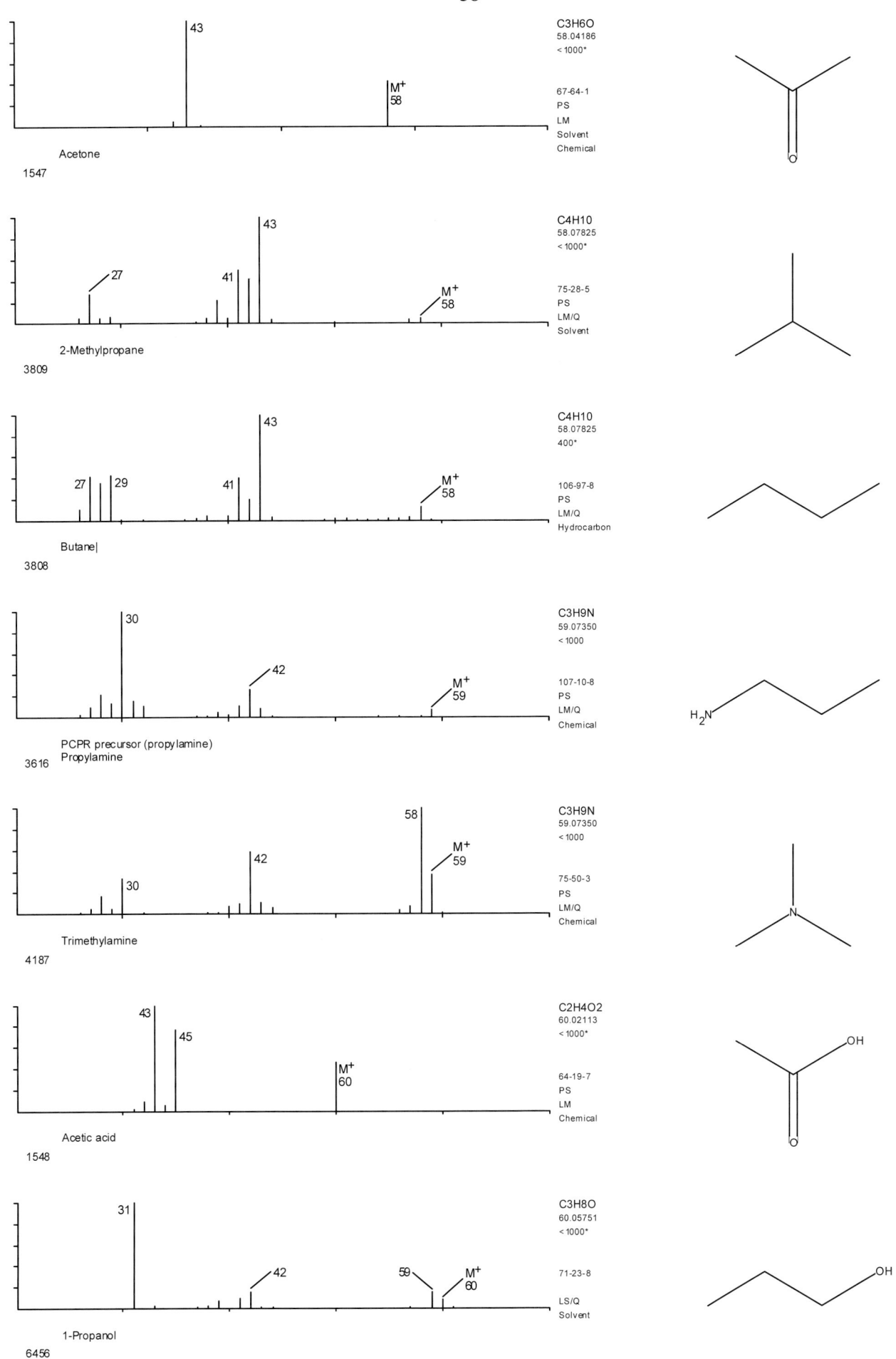

Acetone
1547
C3H6O
58.04186
< 1000*
67-64-1
PS
LM
Solvent
Chemical

2-Methylpropane
3809
C4H10
58.07825
< 1000*
75-28-5
PS
LM/Q
Solvent

Butane
3808
C4H10
58.07825
400*
106-97-8
PS
LM/Q
Hydrocarbon

PCPR precursor (propylamine)
Propylamine
3616
C3H9N
59.07350
< 1000
107-10-8
PS
LM/Q
Chemical

Trimethylamine
4187
C3H9N
59.07350
< 1000
75-50-3
PS
LM/Q
Chemical

Acetic acid
1548
C2H4O2
60.02113
< 1000*
64-19-7
PS
LM
Chemical

1-Propanol
6456
C3H8O
60.05751
< 1000*
71-23-8
LS/Q
Solvent

60

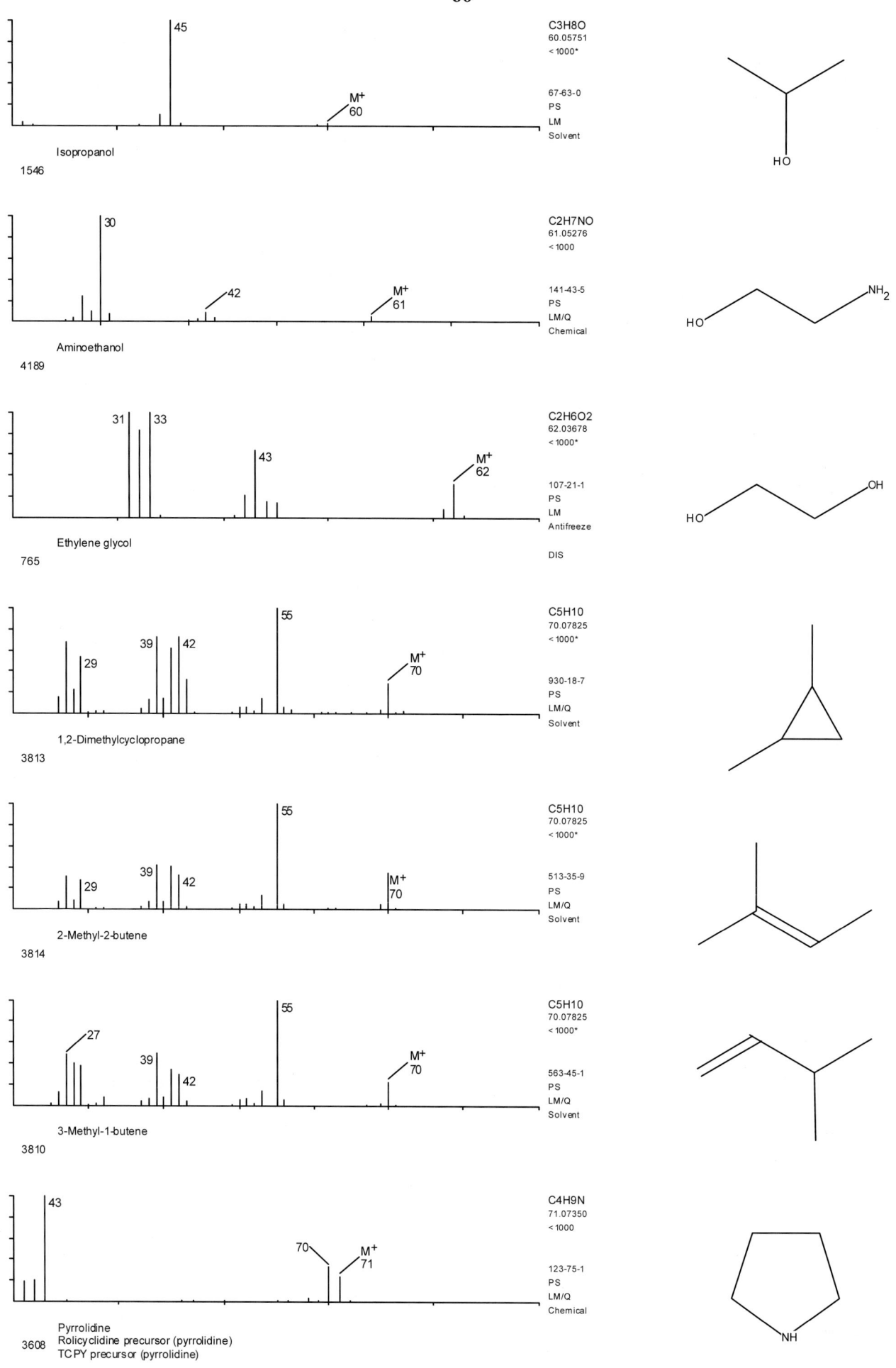

Isopropanol
C3H8O
60.05751
< 1000*

67-63-0
PS
LM
Solvent

Peaks: 45, M+ 60

1546

Aminoethanol
C2H7NO
61.05276
< 1000

141-43-5
PS
LM/Q
Chemical

Peaks: 30, 42, M+ 61

4189

Ethylene glycol
C2H6O2
62.03678
< 1000*

107-21-1
PS
LM
Antifreeze
DIS

Peaks: 31, 33, 43, M+ 62

765

1,2-Dimethylcyclopropane
C5H10
70.07825
< 1000*

930-18-7
PS
LM/Q
Solvent

Peaks: 29, 39, 42, 55, M+ 70

3813

2-Methyl-2-butene
C5H10
70.07825
< 1000*

513-35-9
PS
LM/Q
Solvent

Peaks: 29, 39, 42, 55, M+ 70

3814

3-Methyl-1-butene
C5H10
70.07825
< 1000*

563-45-1
PS
LM/Q
Solvent

Peaks: 27, 39, 42, 55, M+ 70

3810

Pyrrolidine
Rolicyclidine precursor (pyrrolidine)
TCPY precursor (pyrrolidine)

C4H9N
71.07350
< 1000

123-75-1
PS
LM/Q
Chemical

Peaks: 43, 70, M+ 71

3608

72

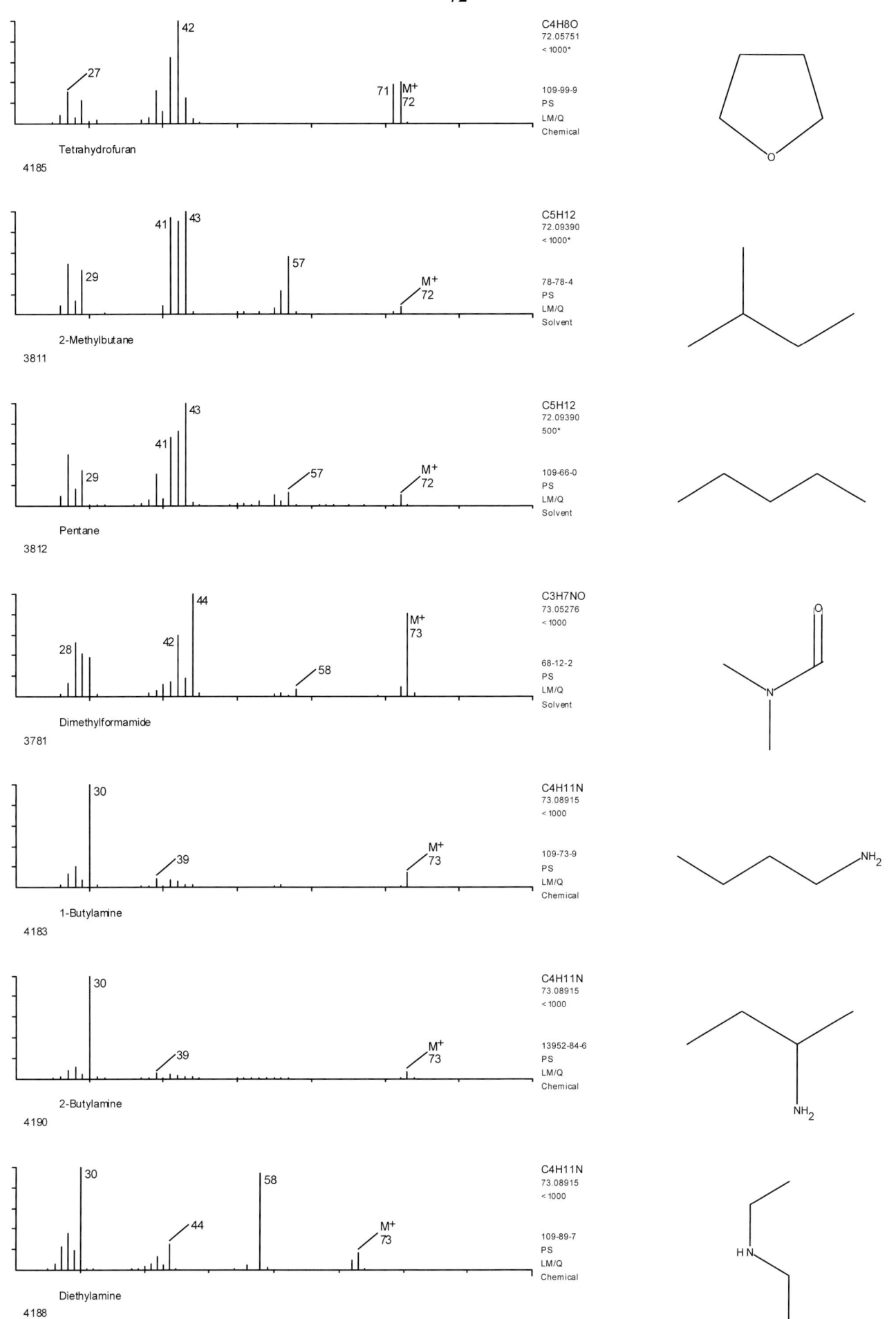

Tetrahydrofuran
4185
27, 42, 71, M+ 72
C4H8O
72.05751
< 1000*
109-99-9
PS
LM/Q
Chemical

2-Methylbutane
3811
29, 41, 43, 57, M+ 72
C5H12
72.09390
< 1000*
78-78-4
PS
LM/Q
Solvent

Pentane
3812
29, 41, 43, 57, M+ 72
C5H12
72.09390
500*
109-66-0
PS
LM/Q
Solvent

Dimethylformamide
3781
28, 42, 44, 58, M+ 73
C3H7NO
73.05276
< 1000
68-12-2
PS
LM/Q
Solvent

1-Butylamine
4183
30, 39, M+ 73
C4H11N
73.08915
< 1000
109-73-9
PS
LM/Q
Chemical

2-Butylamine
4190
30, 39, M+ 73
C4H11N
73.08915
< 1000
13952-84-6
PS
LM/Q
Chemical

Diethylamine
4188
30, 44, 58, M+ 73
C4H11N
73.08915
< 1000
109-89-7
PS
LM/Q
Chemical

73

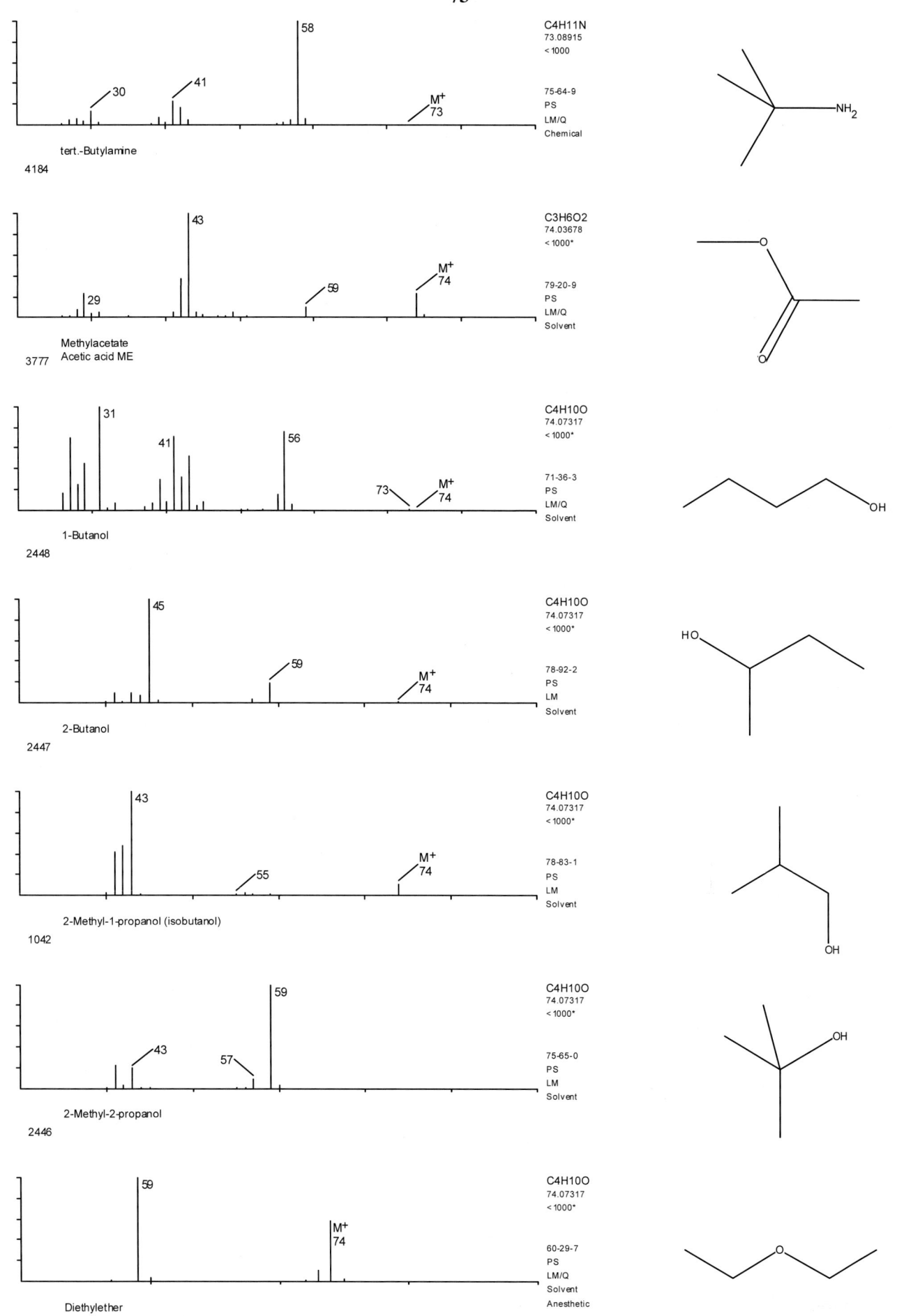

tert.-Butylamine
Peaks: 30, 41, 58, M+ 73
C4H11N
73.08915
< 1000
75-64-9
PS
LM/Q
Chemical
4184

Methylacetate / Acetic acid ME
Peaks: 29, 43, 59, M+ 74
C3H6O2
74.03678
< 1000*
79-20-9
PS
LM/Q
Solvent
3777

1-Butanol
Peaks: 31, 41, 56, 73, M+ 74
C4H10O
74.07317
< 1000*
71-36-3
PS
LM/Q
Solvent
2448

2-Butanol
Peaks: 45, 59, M+ 74
C4H10O
74.07317
< 1000*
78-92-2
PS
LM
Solvent
2447

2-Methyl-1-propanol (isobutanol)
Peaks: 43, 55, M+ 74
C4H10O
74.07317
< 1000*
78-83-1
PS
LM
Solvent
1042

2-Methyl-2-propanol
Peaks: 43, 57, 59
C4H10O
74.07317
< 1000*
75-65-0
PS
LM
Solvent
2446

Diethylether
Peaks: 59, M+ 74
C4H10O
74.07317
< 1000*
60-29-7
PS
LM/Q
Solvent
Anesthetic
2755

94

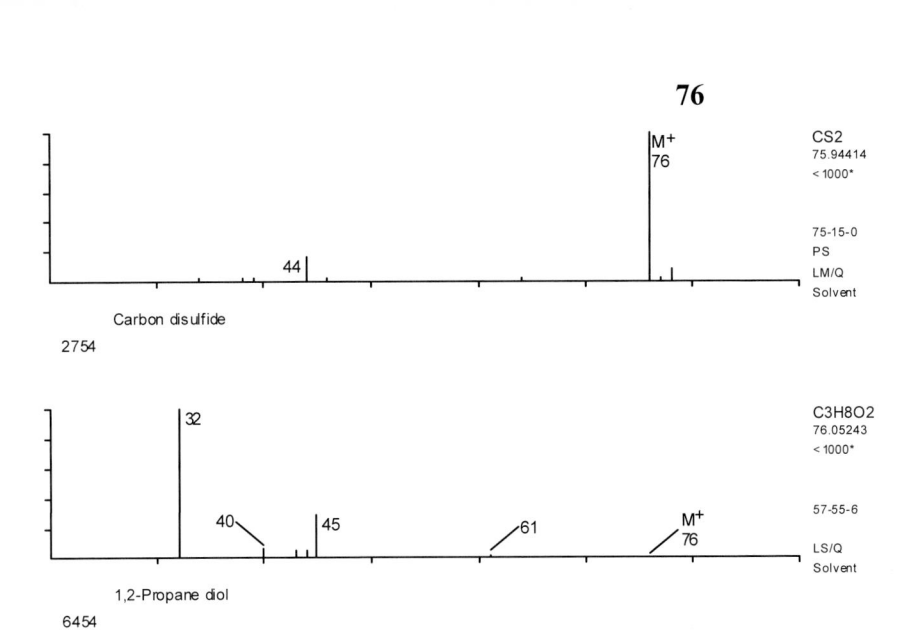

76

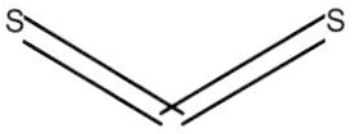

Carbon disulfide
2754
CS2
75.94414
< 1000*
75-15-0
PS
LM/Q
Solvent

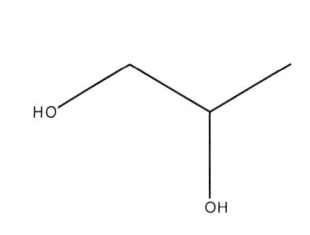

1,2-Propane diol
6454
C3H8O2
76.05243
< 1000*
57-55-6
LS/Q
Solvent

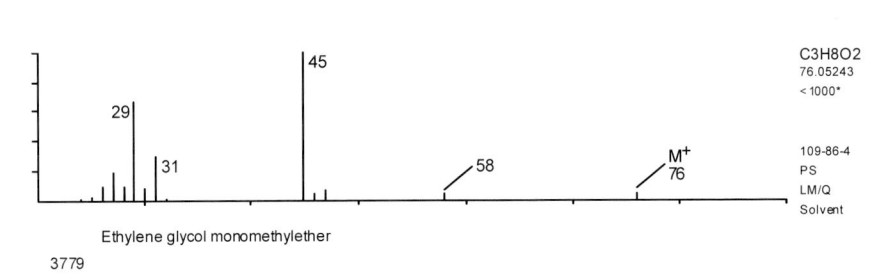

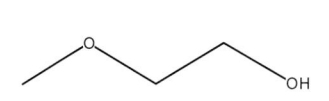

Ethylene glycol monomethylether
3779
C3H8O2
76.05243
< 1000*
109-86-4
PS
LM/Q
Solvent

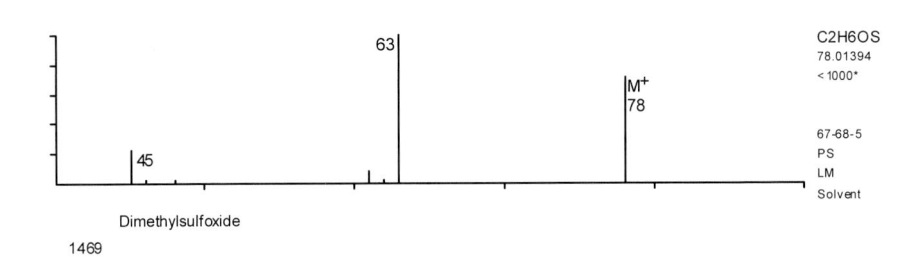

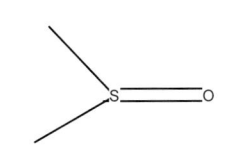

Dimethylsulfoxide
1469
C2H6OS
78.01394
< 1000*
67-68-5
PS
LM
Solvent

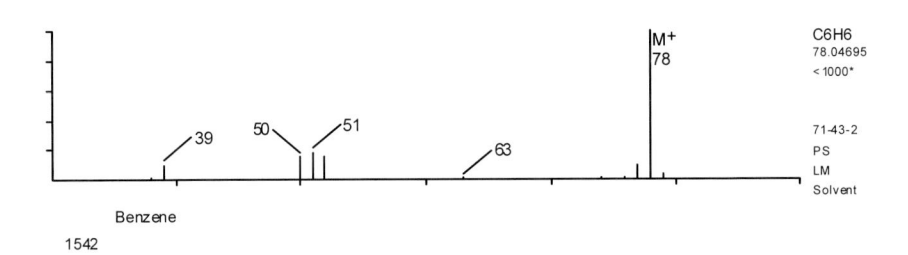

Benzene
1542
C6H6
78.04695
< 1000*
71-43-2
PS
LM
Solvent

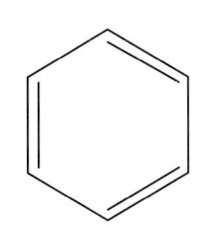

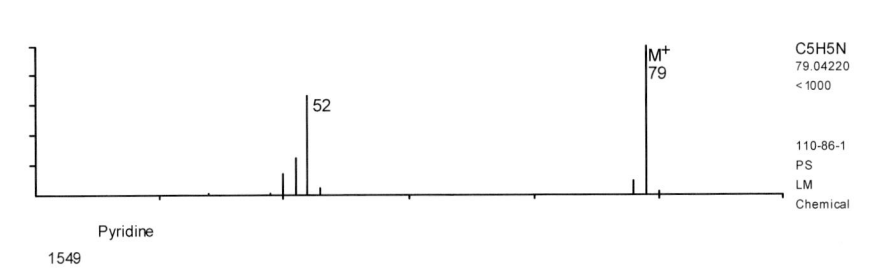

Pyridine
1549
C5H5N
79.04220
< 1000
110-86-1
PS
LM
Chemical

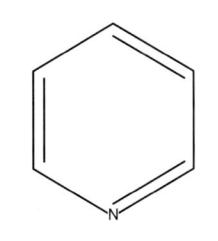

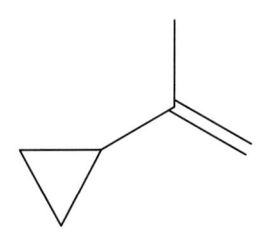

1-Methylethenyl cyclopropane
3818
C6H10
82.07825
< 1000*
4663-22-3
PS
LM/Q
Solvent

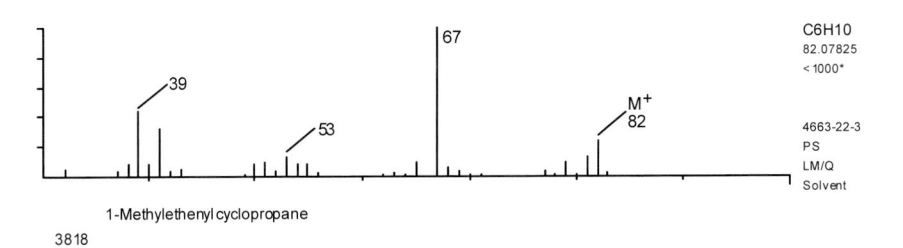

95

82

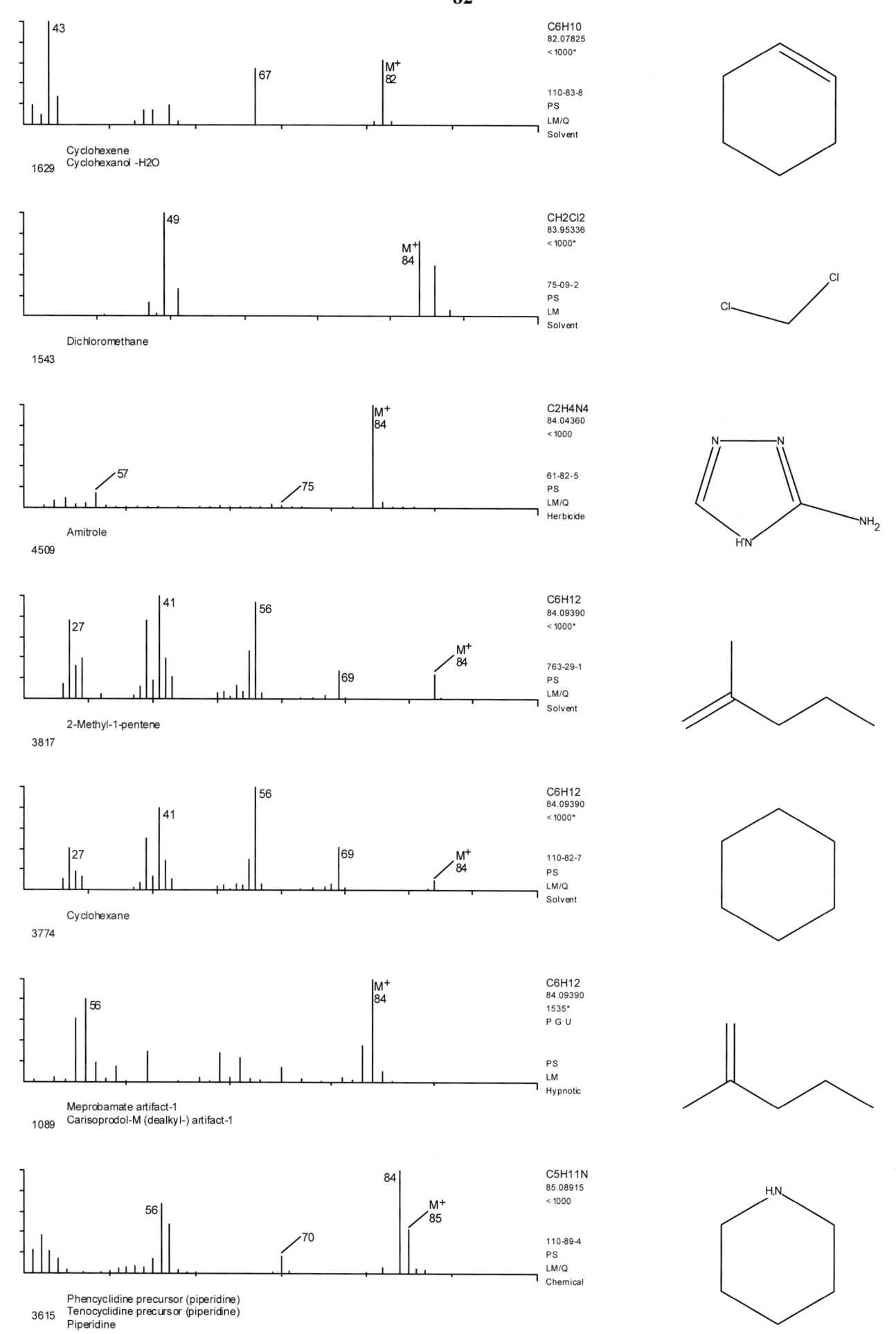

Cyclohexene	C6H10
Cyclohexanol -H2O	82.07825
1629	< 1000*
	110-83-8
	PS
	LM/Q
	Solvent

Peaks: 43, 67, M+ 82

Dichloromethane	CH2Cl2
1543	83.95336
	< 1000*
	75-09-2
	PS
	LM
	Solvent

Peaks: 49, M+ 84

Amitrole	C2H4N4
4509	84.04360
	< 1000
	61-82-5
	PS
	LM/Q
	Herbicide

Peaks: 57, 75, M+ 84

2-Methyl-1-pentene	C6H12
3817	84.09390
	< 1000*
	763-29-1
	PS
	LM/Q
	Solvent

Peaks: 27, 41, 56, 69, M+ 84

Cyclohexane	C6H12
3774	84.09390
	< 1000*
	110-82-7
	PS
	LM/Q
	Solvent

Peaks: 27, 41, 56, 69, M+ 84

Meprobamate artifact-1	C6H12
Carisoprodol-M (dealkyl-) artifact-1	84.09390
1089	1535*
	P G U
	PS
	LM
	Hypnotic

Peaks: 56, M+ 84

Phencyclidine precursor (piperidine)	C5H11N
Tenocyclidine precursor (piperidine)	85.08915
Piperidine	< 1000
3615	110-89-4
	PS
	LM/Q
	Chemical

Peaks: 56, 70, 84, M+ 85

86

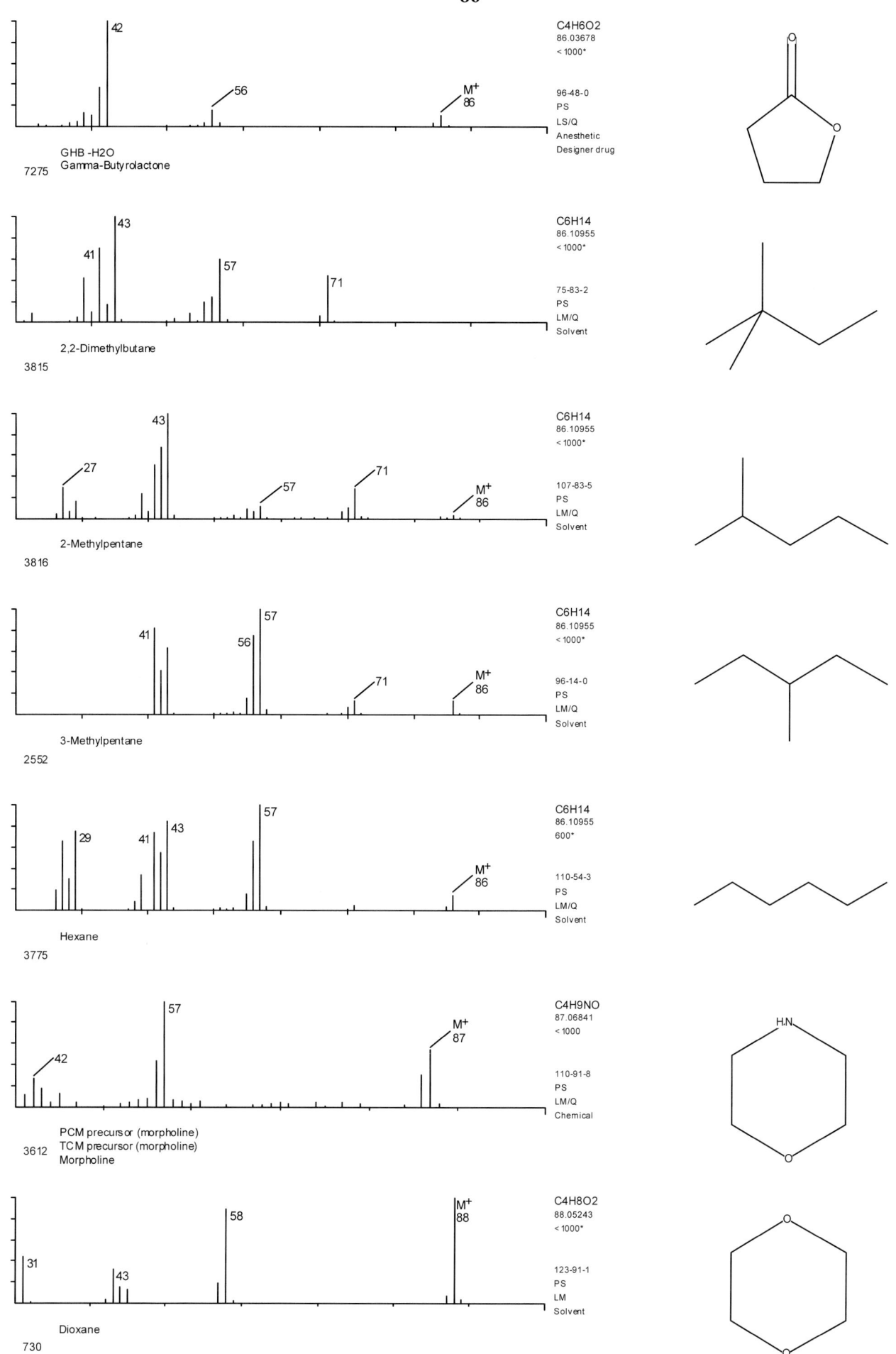

GHB -H2O
Gamma-Butyrolactone
7275

C4H6O2
86.03678
< 1000*

96-48-0
PS
LS/Q
Anesthetic
Designer drug

2,2-Dimethylbutane
3815

C6H14
86.10955
< 1000*

75-83-2
PS
LM/Q
Solvent

2-Methylpentane
3816

C6H14
86.10955
< 1000*

107-83-5
PS
LM/Q
Solvent

3-Methylpentane
2552

C6H14
86.10955
< 1000*

96-14-0
PS
LM/Q
Solvent

Hexane
3775

C6H14
86.10955
600*

110-54-3
PS
LM/Q
Solvent

PCM precursor (morpholine)
TCM precursor (morpholine)
Morpholine
3612

C4H9NO
87.06841
< 1000

110-91-8
PS
LM/Q
Chemical

Dioxane
730

C4H8O2
88.05243
< 1000*

123-91-1
PS
LM
Solvent

88

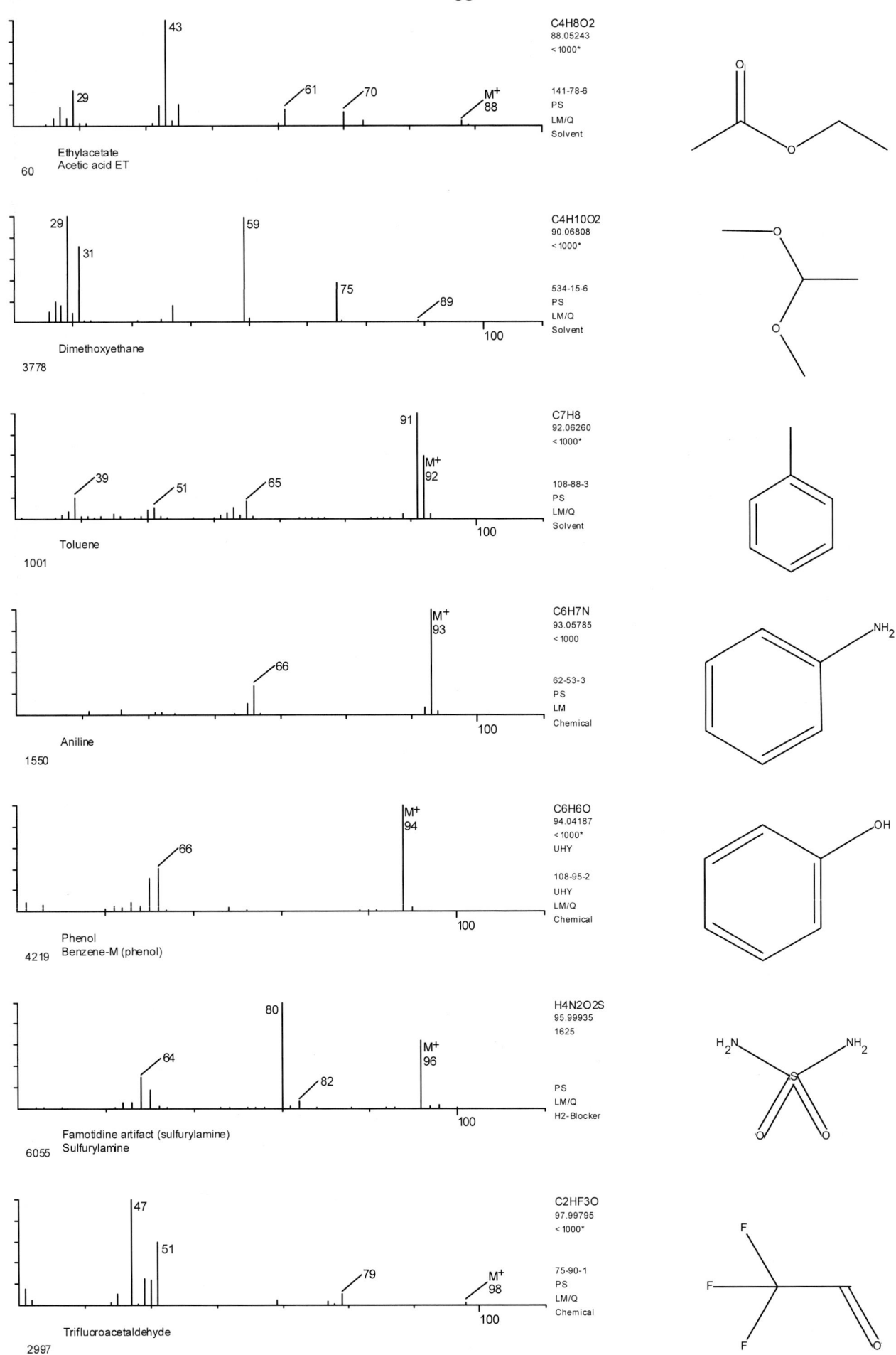

Ethylacetate Acetic acid ET 60	C4H8O2 88.05243 < 1000* 141-78-6 PS LM/Q Solvent
Peaks: 29, 43, 61, 70, M+ 88	

Dimethoxyethane 3778	C4H10O2 90.06808 < 1000* 534-15-6 PS LM/Q Solvent
Peaks: 29, 31, 59, 75, 89	

Toluene 1001	C7H8 92.06260 < 1000* 108-88-3 PS LM/Q Solvent
Peaks: 39, 51, 65, 91, M+ 92	

Aniline 1550	C6H7N 93.05785 < 1000 62-53-3 PS LM Chemical
Peaks: 66, M+ 93	

Phenol Benzene-M (phenol) 4219	C6H6O 94.04187 < 1000* UHY 108-95-2 UHY LM/Q Chemical
Peaks: 66, M+ 94	

Famotidine artifact (sulfurylamine) Sulfurylamine 6055	H4N2O2S 95.99935 1625 PS LM/Q H2-Blocker
Peaks: 64, 80, 82, M+ 96	

Trifluoroacetaldehyde 2997	C2HF3O 97.99795 < 1000* 75-90-1 PS LM/Q Chemical
Peaks: 47, 51, 79, M+ 98	

98

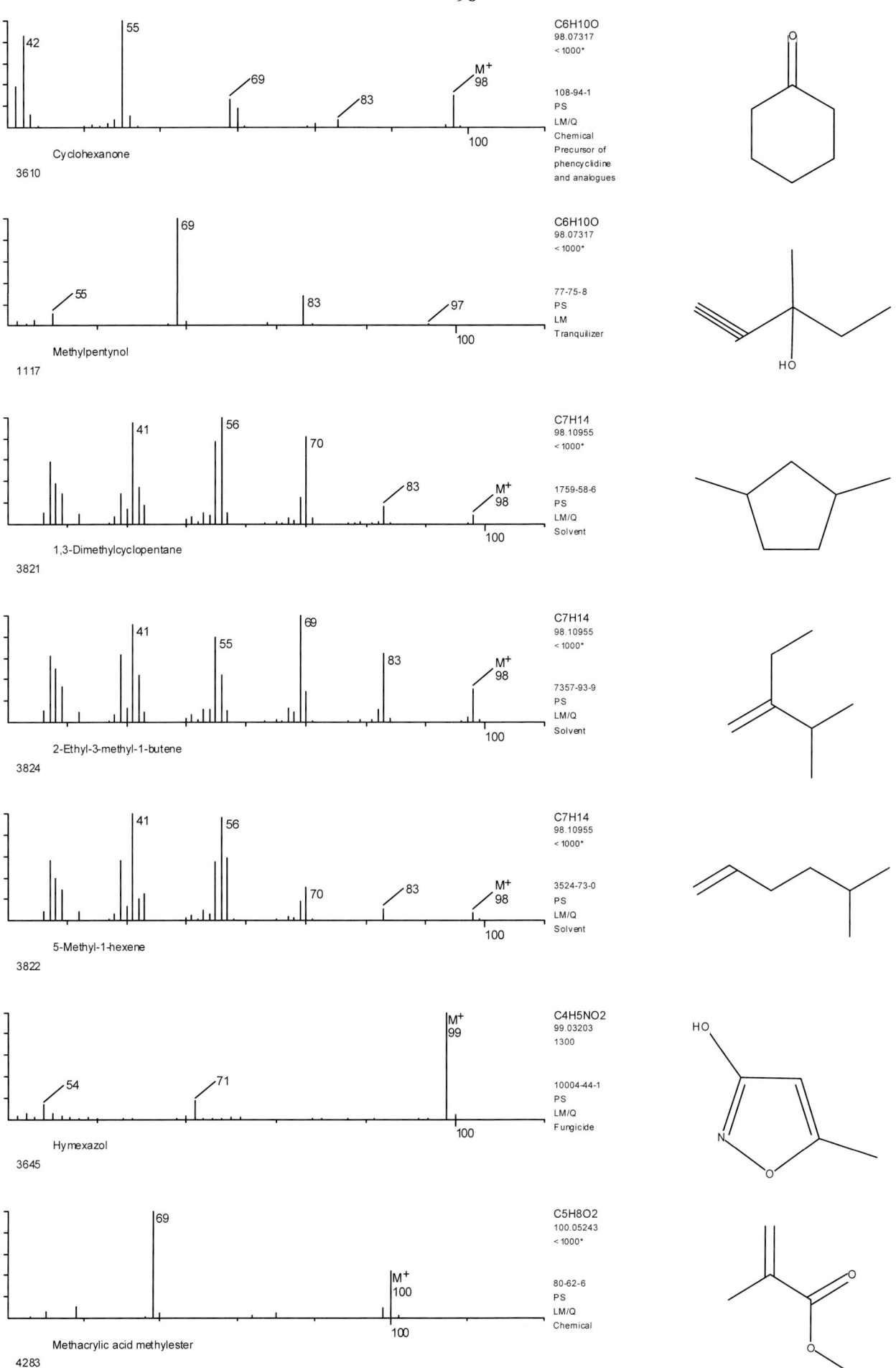

Cyclohexanone
3610

C6H10O
98.07317
< 1000*

108-94-1
PS
LM/Q
Chemical
Precursor of phencyclidine and analogues

Methylpentynol
1117

C6H10O
98.07317
< 1000*

77-75-8
PS
LM
Tranquilizer

1,3-Dimethylcyclopentane
3821

C7H14
98.10955
< 1000*

1759-58-6
PS
LM/Q
Solvent

2-Ethyl-3-methyl-1-butene
3824

C7H14
98.10955
< 1000*

7357-93-9
PS
LM/Q
Solvent

5-Methyl-1-hexene
3822

C7H14
98.10955
< 1000*

3524-73-0
PS
LM/Q
Solvent

Hymexazol
3645

C4H5NO2
99.03203
1300

10004-44-1
PS
LM/Q
Fungicide

Methacrylic acid methylester
4283

C5H8O2
100.05243
< 1000*

80-62-6
PS
LM/Q
Chemical

Cyclohexanol

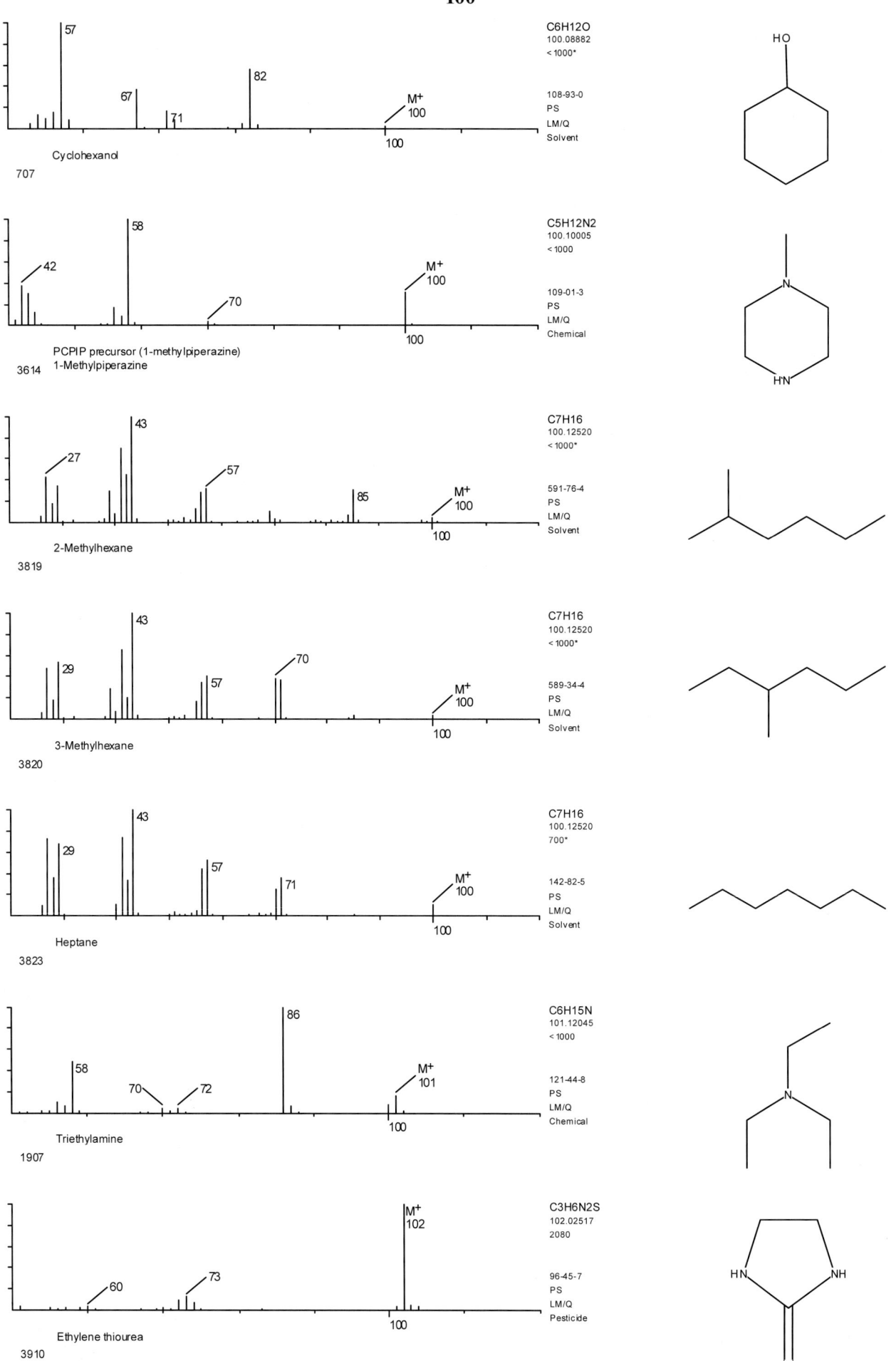

C6H12O
100.08882
< 1000*

108-93-0
PS
LM/Q
Solvent

707

1-Methylpiperazine

PCPIP precursor (1-methylpiperazine)

C5H12N2
100.10005
< 1000

109-01-3
PS
LM/Q
Chemical

3614

2-Methylhexane

C7H16
100.12520
< 1000*

591-76-4
PS
LM/Q
Solvent

3819

3-Methylhexane

C7H16
100.12520
< 1000*

589-34-4
PS
LM/Q
Solvent

3820

Heptane

C7H16
100.12520
700*

142-82-5
PS
LM/Q
Solvent

3823

Triethylamine

C6H15N
101.12045
< 1000

121-44-8
PS
LM/Q
Chemical

1907

Ethylene thiourea

C3H6N2S
102.02517
2080

96-45-7
PS
LM/Q
Pesticide

3910

102

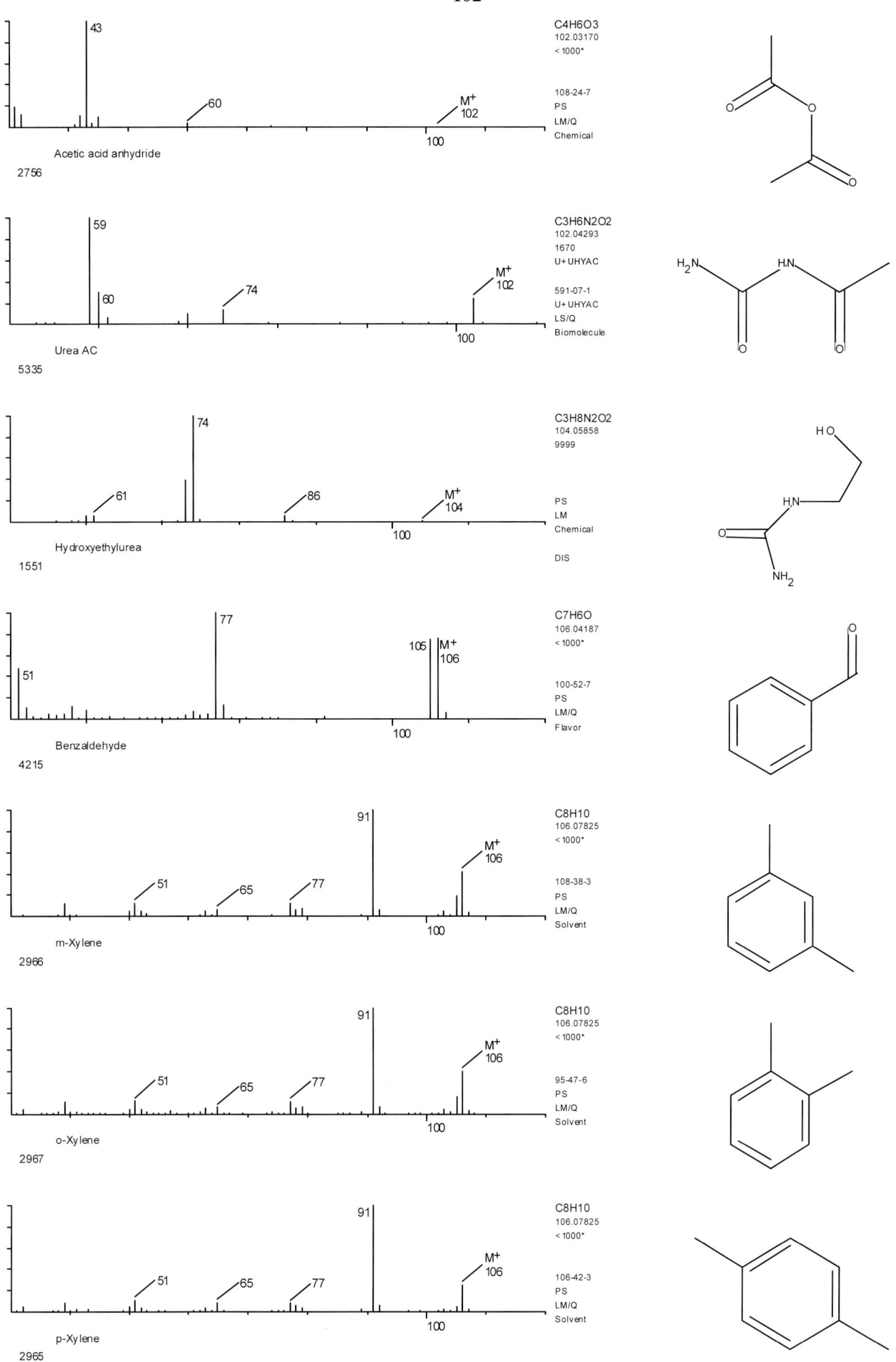

C4H6O3
102.03170
< 1000*

108-24-7
PS
LM/Q
Chemical

Acetic acid anhydride
2756

C3H6N2O2
102.04293
1670
U+ UHYAC

591-07-1
U+ UHYAC
LS/Q
Biomolecule

Urea AC
5335

C3H8N2O2
104.05858
9999

PS
LM
Chemical
DIS

Hydroxyethylurea
1551

C7H6O
106.04187
< 1000*

100-52-7
PS
LM/Q
Flavor

Benzaldehyde
4215

C8H10
106.07825
< 1000*

108-38-3
PS
LM/Q
Solvent

m-Xylene
2966

C8H10
106.07825
< 1000*

95-47-6
PS
LM/Q
Solvent

o-Xylene
2967

C8H10
106.07825
< 1000*

106-42-3
PS
LM/Q
Solvent

p-Xylene
2965

107

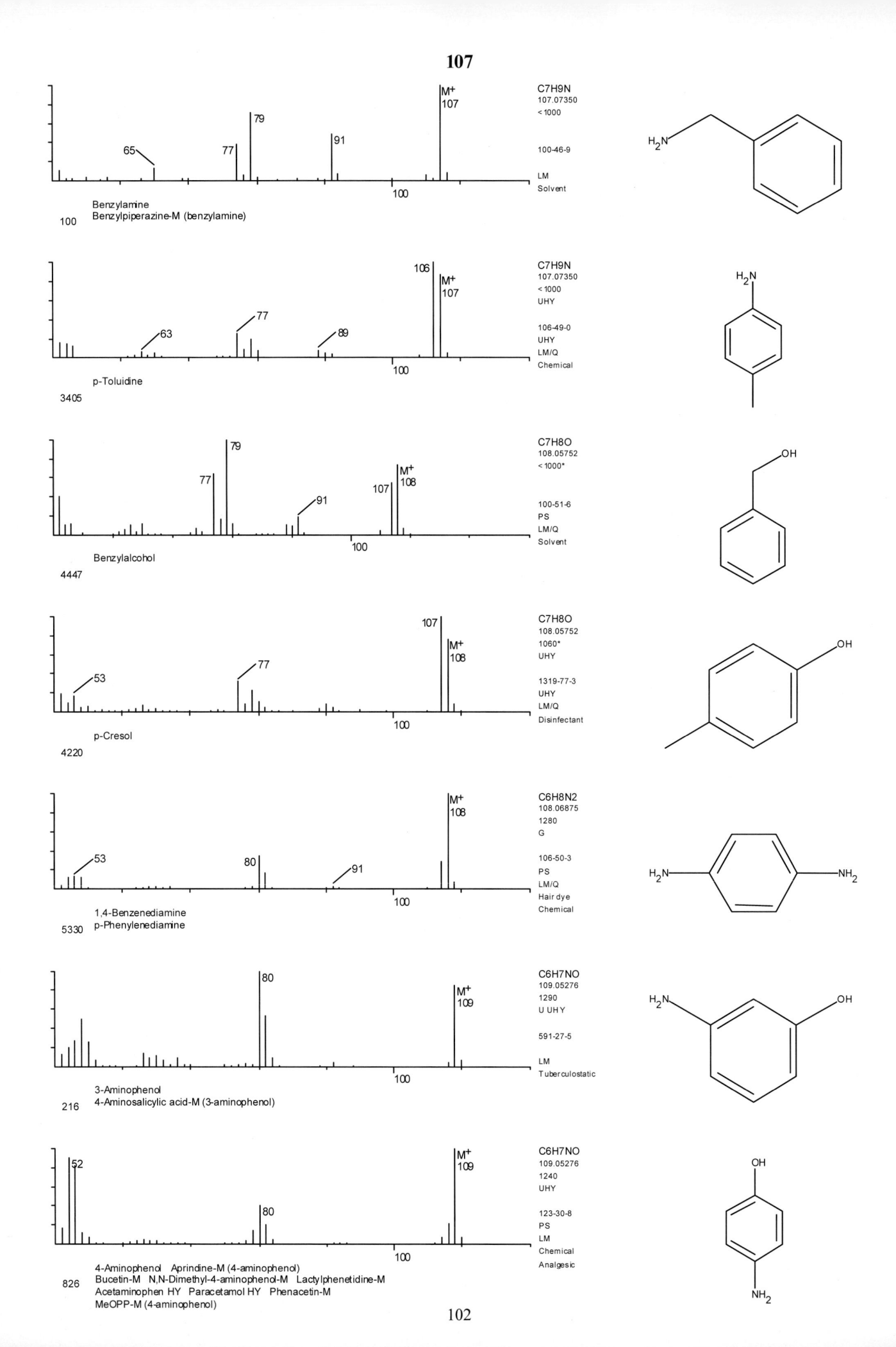

Benzylamine
Benzylpiperazine-M (benzylamine)
100

C7H9N
107.07350
< 1000

100-46-9

LM
Solvent

Peaks: 65, 77, 79, 91, M+ 107

---

p-Toluidine
3405

C7H9N
107.07350
< 1000
UHY

106-49-0
UHY
LM/Q
Chemical

Peaks: 63, 77, 89, 106, M+ 107

Benzylalcohol
4447

C7H8O
108.05752
< 1000*

100-51-6
PS
LM/Q
Solvent

Peaks: 77, 79, 91, 107, M+ 108

---

p-Cresol
4220

C7H8O
108.05752
1060*
UHY

1319-77-3
UHY
LM/Q
Disinfectant

Peaks: 53, 77, 107, M+ 108

1,4-Benzenediamine
p-Phenylenediamine
5330

C6H8N2
108.06875
1280
G

106-50-3
PS
LM/Q
Hair dye
Chemical

Peaks: 53, 80, 91, M+ 108

3-Aminophenol
4-Aminosalicylic acid-M (3-aminophenol)
216

C6H7NO
109.05276
1290
U UHY

591-27-5

LM
Tuberculostatic

Peaks: 80, M+ 109

4-Aminophenol Aprindine-M (4-aminophenol)
Bucetin-M N,N-Dimethyl-4-aminophenol-M Lactylphenetidine-M
Acetaminophen HY Paracetamol HY Phenacetin-M
MeOPP-M (4-aminophenol)
826

C6H7NO
109.05276
1240
UHY

123-30-8
PS
LM
Chemical
Analgesic

Peaks: 52, 80, M+ 109

102

110

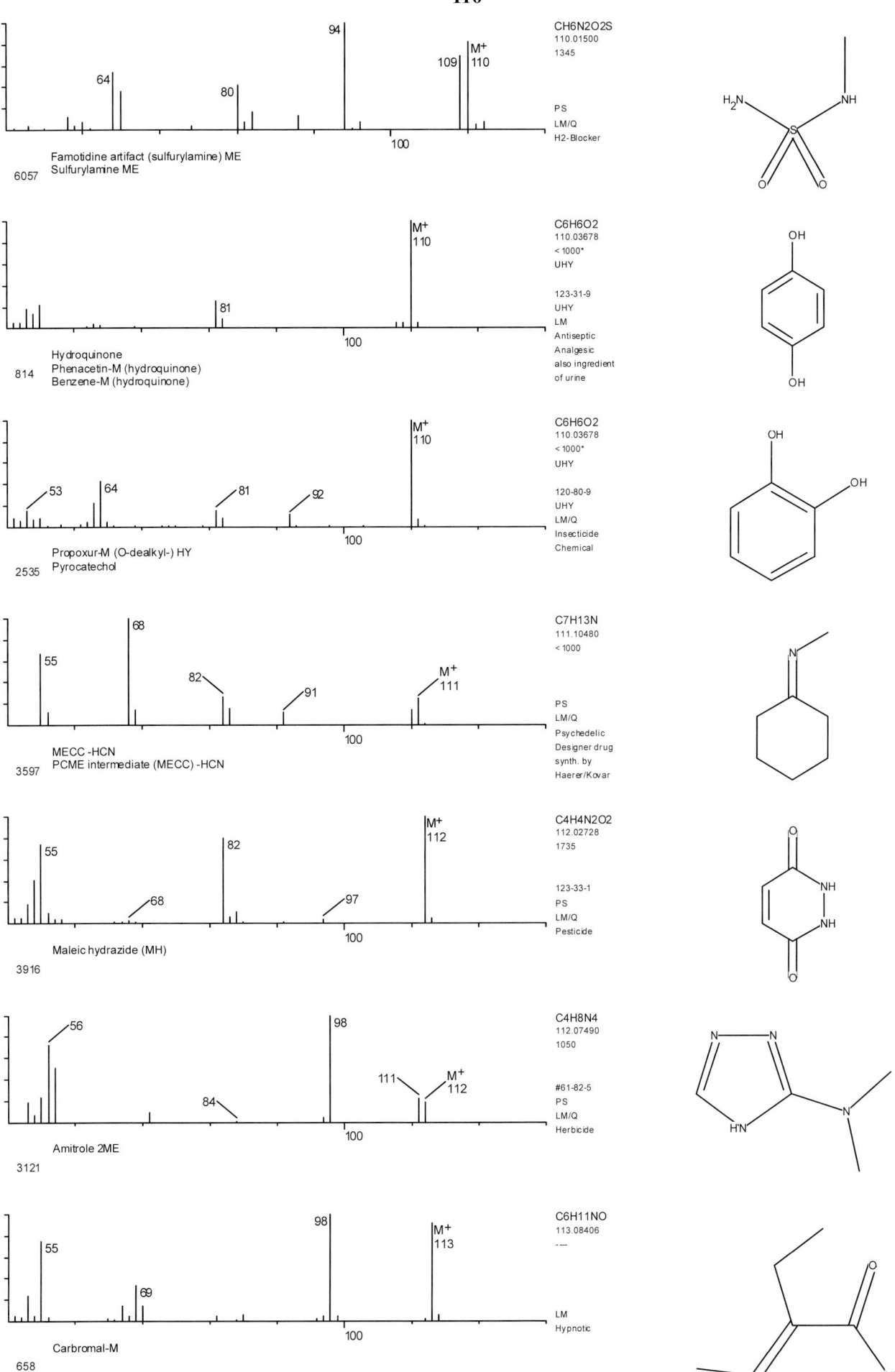

6057	Famotidine artifact (sulfurylamine) ME Sulfurylamine ME Peaks: 64, 80, 94, 109, M+ 110	CH6N2O2S 110.01500 1345 PS LM/Q H2-Blocker

814	Hydroquinone Phenacetin-M (hydroquinone) Benzene-M (hydroquinone) Peaks: 81, M+ 110	C6H6O2 110.03678 < 1000* UHY 123-31-9 UHY LM Antiseptic Analgesic also ingredient of urine

2535	Propoxur-M (O-dealkyl-) HY Pyrocatechol Peaks: 53, 64, 81, 92, M+ 110	C6H6O2 110.03678 < 1000* UHY 120-80-9 UHY LM/Q Insecticide Chemical

3597	MECC -HCN PCME intermediate (MECC) -HCN Peaks: 55, 68, 82, 91, M+ 111	C7H13N 111.10480 < 1000 PS LM/Q Psychedelic Designer drug synth. by Haerer/Kovar

3916	Maleic hydrazide (MH) Peaks: 55, 68, 82, 97, M+ 112	C4H4N2O2 112.02728 1735 123-33-1 PS LM/Q Pesticide

3121	Amitrole 2ME Peaks: 56, 84, 98, 111, M+ 112	C4H8N4 112.07490 1050 #61-82-5 PS LM/Q Herbicide

658	Carbromal-M Peaks: 55, 69, 98, M+ 113	C6H11NO 113.08406 --- LM Hypnotic

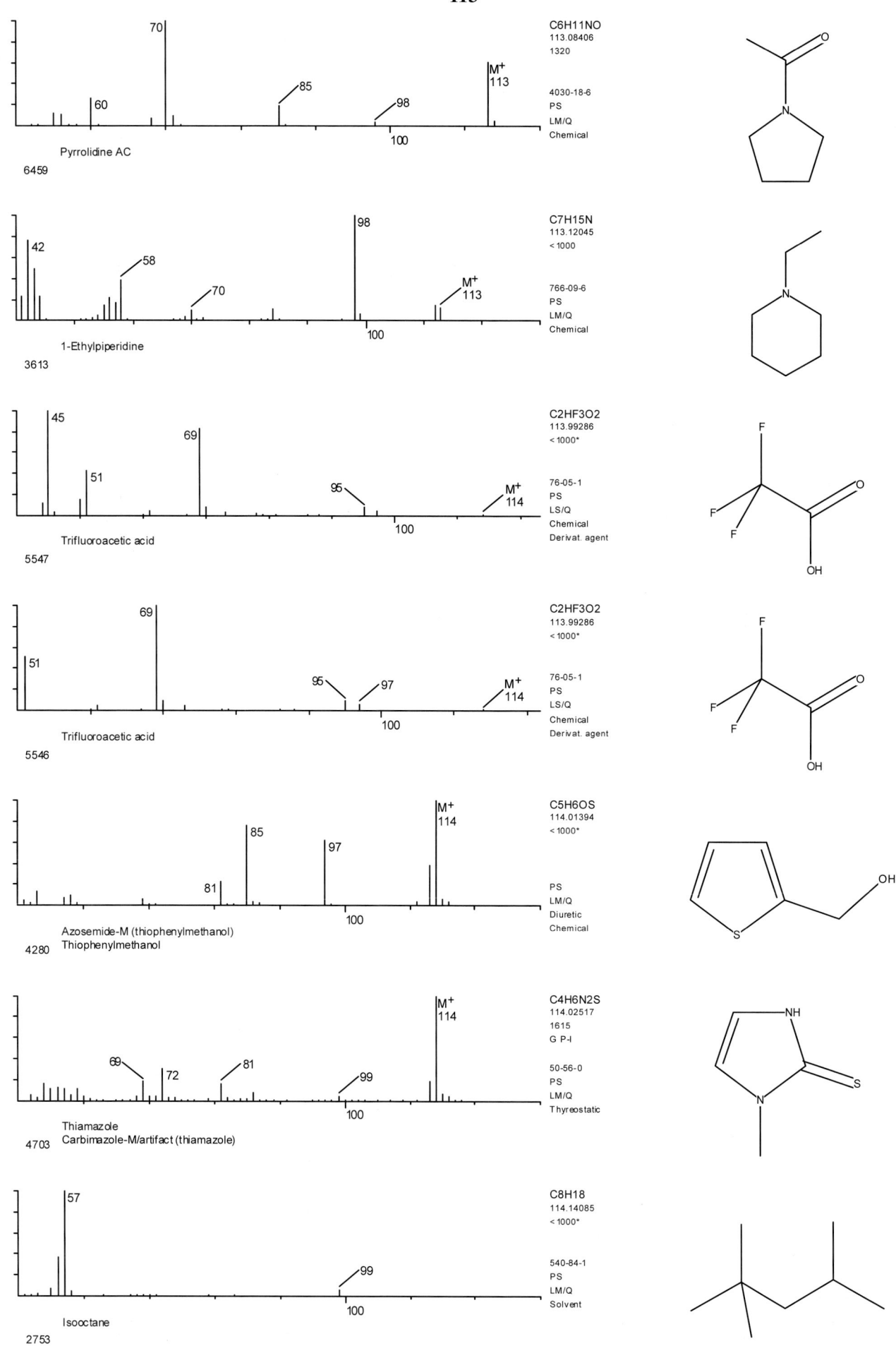

113

Pyrrolidine AC 6459	C6H11NO 113.08406 1320 4030-18-6 PS LM/Q Chemical
Peaks: 60, 70, 85, 98, 100, M+ 113	

1-Ethylpiperidine 3613	C7H15N 113.12045 < 1000 766-09-6 PS LM/Q Chemical
Peaks: 42, 58, 70, 98, 100, M+ 113	

Trifluoroacetic acid 5547	C2HF3O2 113.99286 < 1000* 76-05-1 PS LS/Q Chemical Derivat. agent
Peaks: 45, 51, 69, 95, 100, M+ 114	

Trifluoroacetic acid 5546	C2HF3O2 113.99286 < 1000* 76-05-1 PS LS/Q Chemical Derivat. agent
Peaks: 51, 69, 95, 97, 100, M+ 114	

Azosemide-M (thiophenylmethanol) Thiophenylmethanol 4280	C5H6OS 114.01394 < 1000* PS LM/Q Diuretic Chemical
Peaks: 81, 85, 97, 100, M+ 114	

Thiamazole Carbimazole-M/artifact (thiamazole) 4703	C4H6N2S 114.02517 1615 G P-I 50-56-0 PS LM/Q Thyreostatic
Peaks: 69, 72, 81, 99, 100, M+ 114	

Isooctane 2753	C8H18 114.14085 < 1000* 540-84-1 PS LM/Q Solvent
Peaks: 57, 99, 100	

114

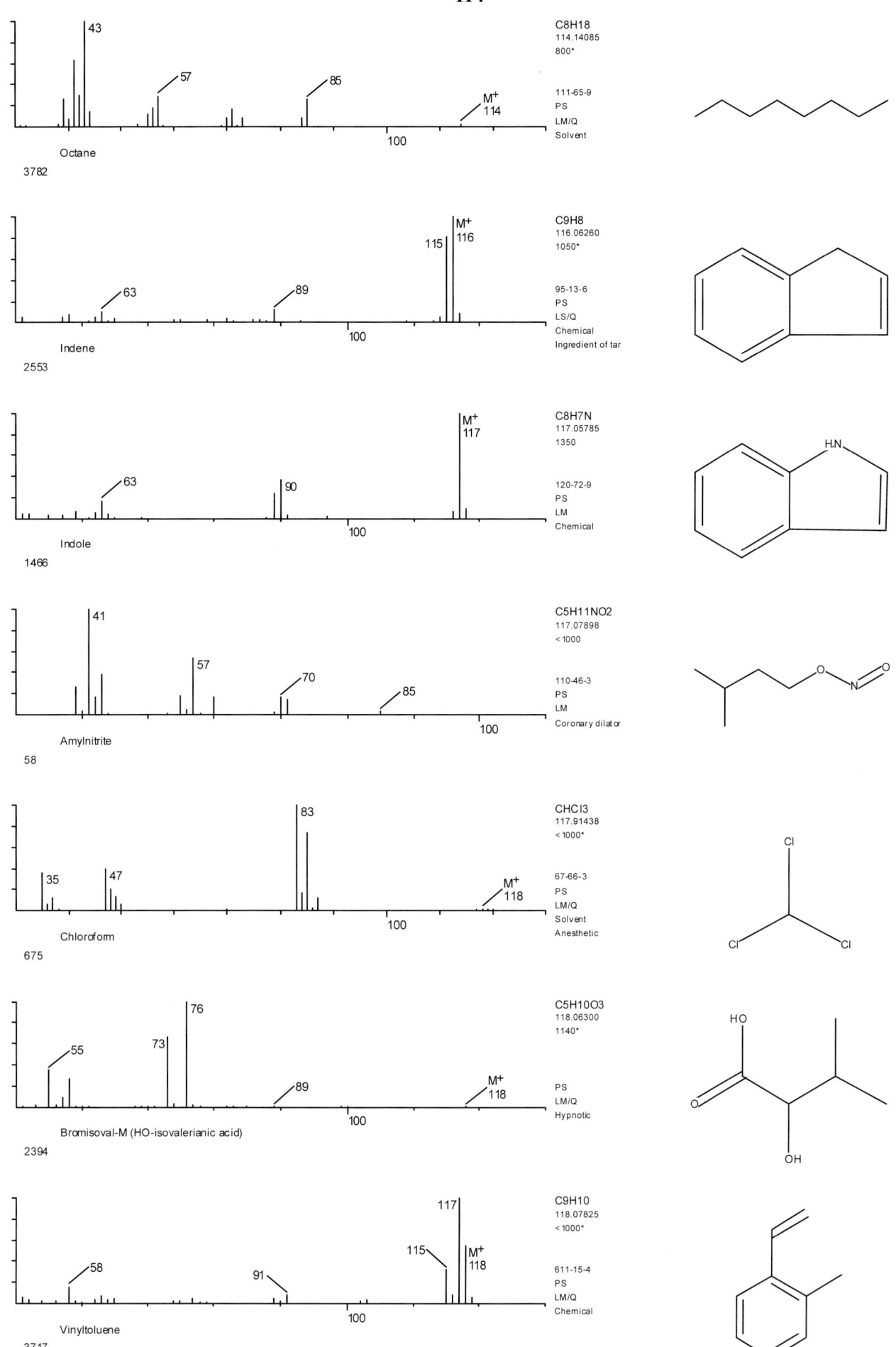

Octane — C8H18, 114.14085, 800*, 111-65-9, PS, LM/Q, Solvent
3782

Indene — C9H8, 116.06260, 1050*, 95-13-6, PS, LS/Q, Chemical, Ingredient of tar
2553

Indole — C8H7N, 117.05785, 1350, 120-72-9, PS, LM, Chemical
1466

Amylnitrite — C5H11NO2, 117.07898, <1000, 110-46-3, PS, LM, Coronary dilator
58

Chloroform — CHCl3, 117.91438, <1000*, 67-66-3, PS, LM/Q, Solvent, Anesthetic
675

Bromisoval-M (HO-isovalerianic acid) — C5H10O3, 118.06300, 1140*, PS, LM/Q, Hypnotic
2394

Vinyltoluene — C9H10, 118.07825, <1000*, 611-15-4, PS, LM/Q, Chemical
3717

105

120

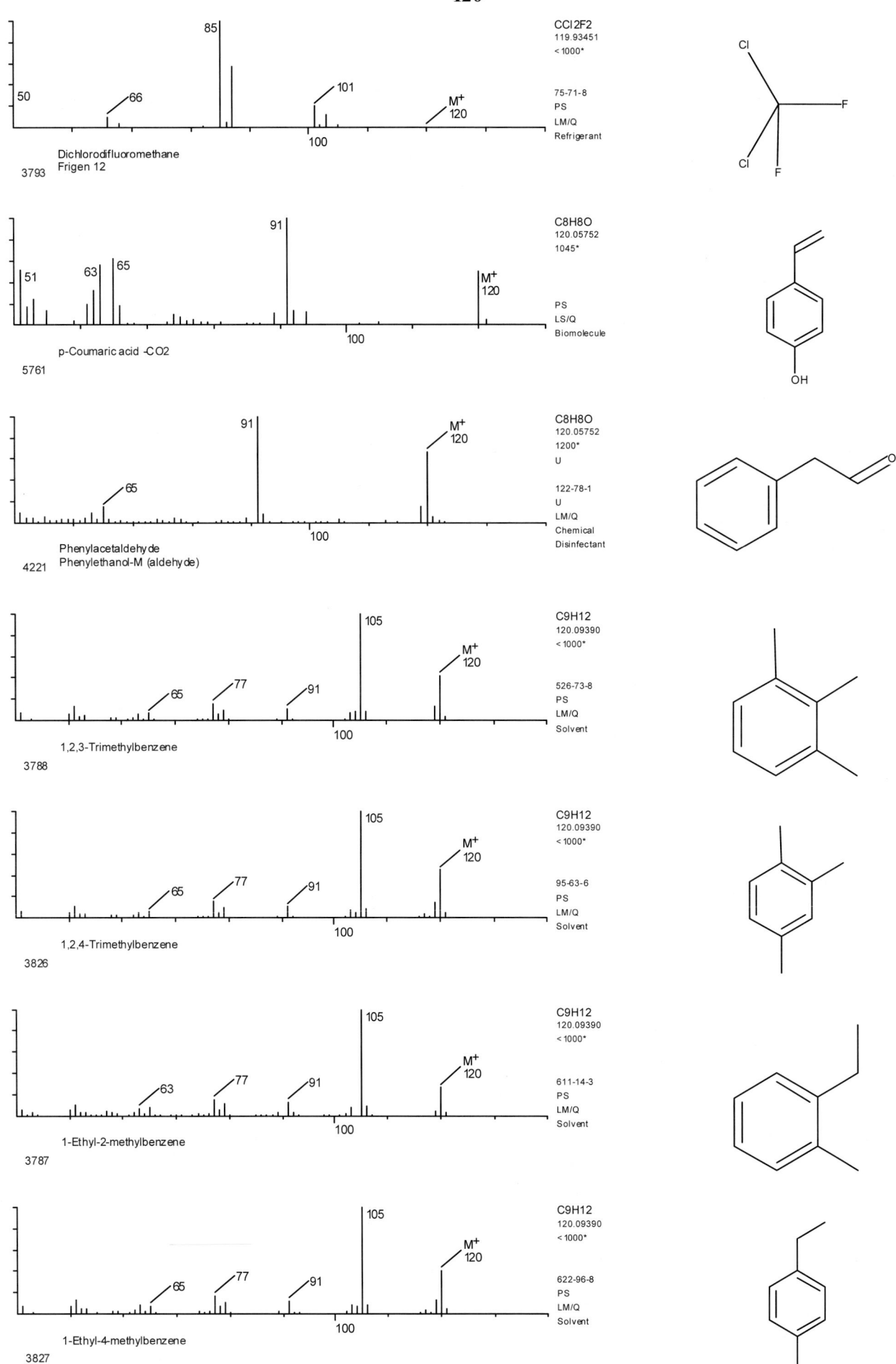

50, 66, 85, 101, M⁺ 120	CCl2F2 119.93451 <1000* 75-71-8 PS LM/Q Refrigerant	
Dichlorodifluoromethane Frigen 12 3793		

51, 63, 65, 91, M⁺ 120	C8H8O 120.05752 1045* PS LS/Q Biomolecule	
p-Coumaric acid -CO2 5761		

65, 91, M⁺ 120	C8H8O 120.05752 1200* U 122-78-1 U LM/Q Chemical Disinfectant	
Phenylacetaldehyde Phenylethanol-M (aldehyde) 4221		

65, 77, 91, 105, M⁺ 120	C9H12 120.09390 <1000* 526-73-8 PS LM/Q Solvent	
1,2,3-Trimethylbenzene 3788		

65, 77, 91, 105, M⁺ 120	C9H12 120.09390 <1000* 95-63-6 PS LM/Q Solvent	
1,2,4-Trimethylbenzene 3826		

63, 77, 91, 105, M⁺ 120	C9H12 120.09390 <1000* 611-14-3 PS LM/Q Solvent	
1-Ethyl-2-methylbenzene 3787		

65, 77, 91, 105, M⁺ 120	C9H12 120.09390 <1000* 622-96-8 PS LM/Q Solvent	
1-Ethyl-4-methylbenzene 3827		

120

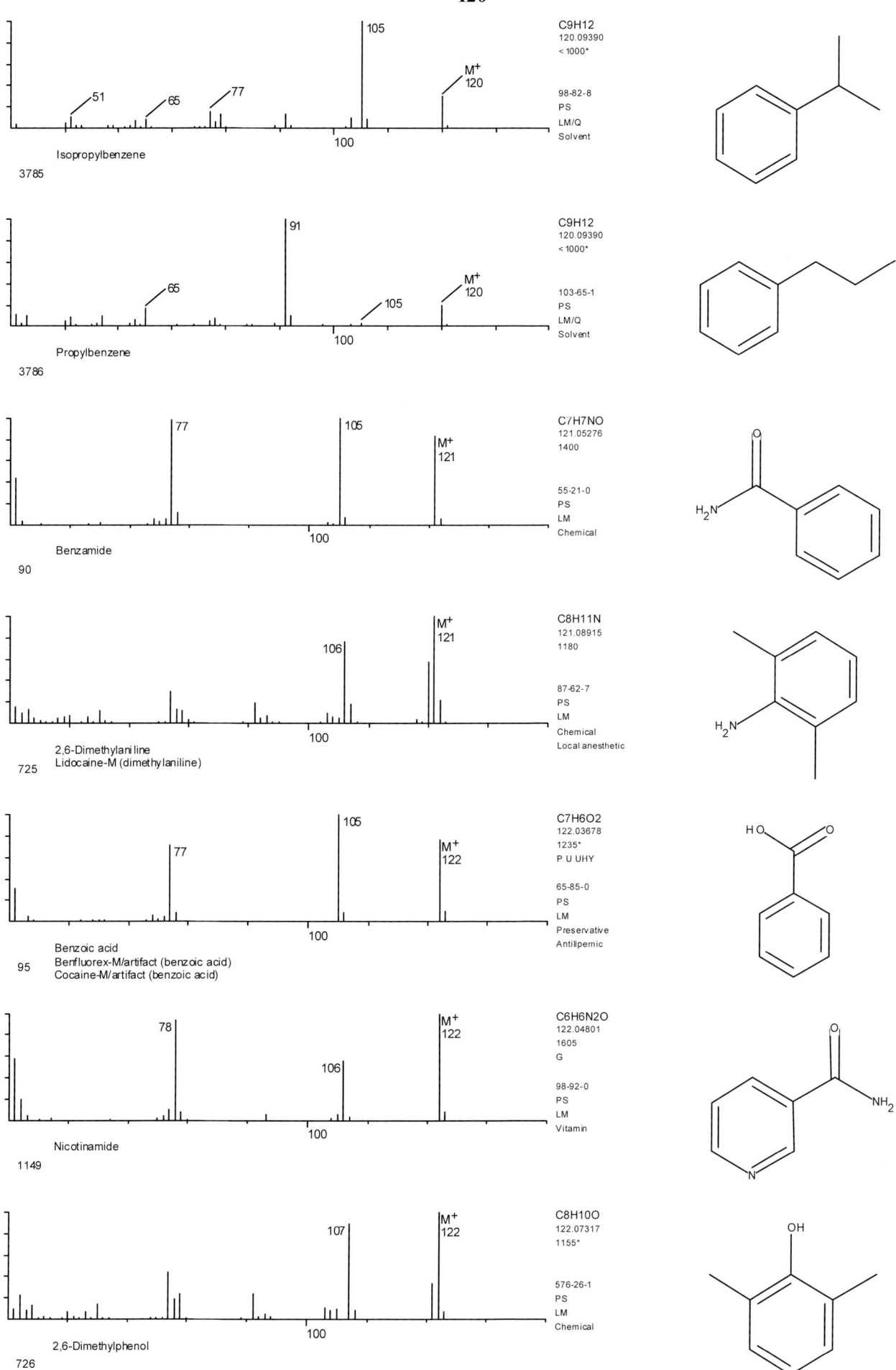

Isopropylbenzene
3785
C9H12
120.09390
< 1000*
98-82-8
PS
LM/Q
Solvent

Propylbenzene
3786
C9H12
120.09390
< 1000*
103-65-1
PS
LM/Q
Solvent

Benzamide
90
C7H7NO
121.05276
1400
55-21-0
PS
LM
Chemical

2,6-Dimethylaniline
Lidocaine-M (dimethylaniline)
725
C8H11N
121.08915
1180
87-62-7
PS
LM
Chemical
Local anesthetic

Benzoic acid
Benfluorex-M/artifact (benzoic acid)
Cocaine-M/artifact (benzoic acid)
95
C7H6O2
122.03678
1235*
P U UHY
65-85-0
PS
LM
Preservative
Antilipemic

Nicotinamide
1149
C6H6N2O
122.04801
1605
G
98-92-0
PS
LM
Vitamin

2,6-Dimethylphenol
726
C8H10O
122.07317
1155*
576-26-1
PS
LM
Chemical

107

122

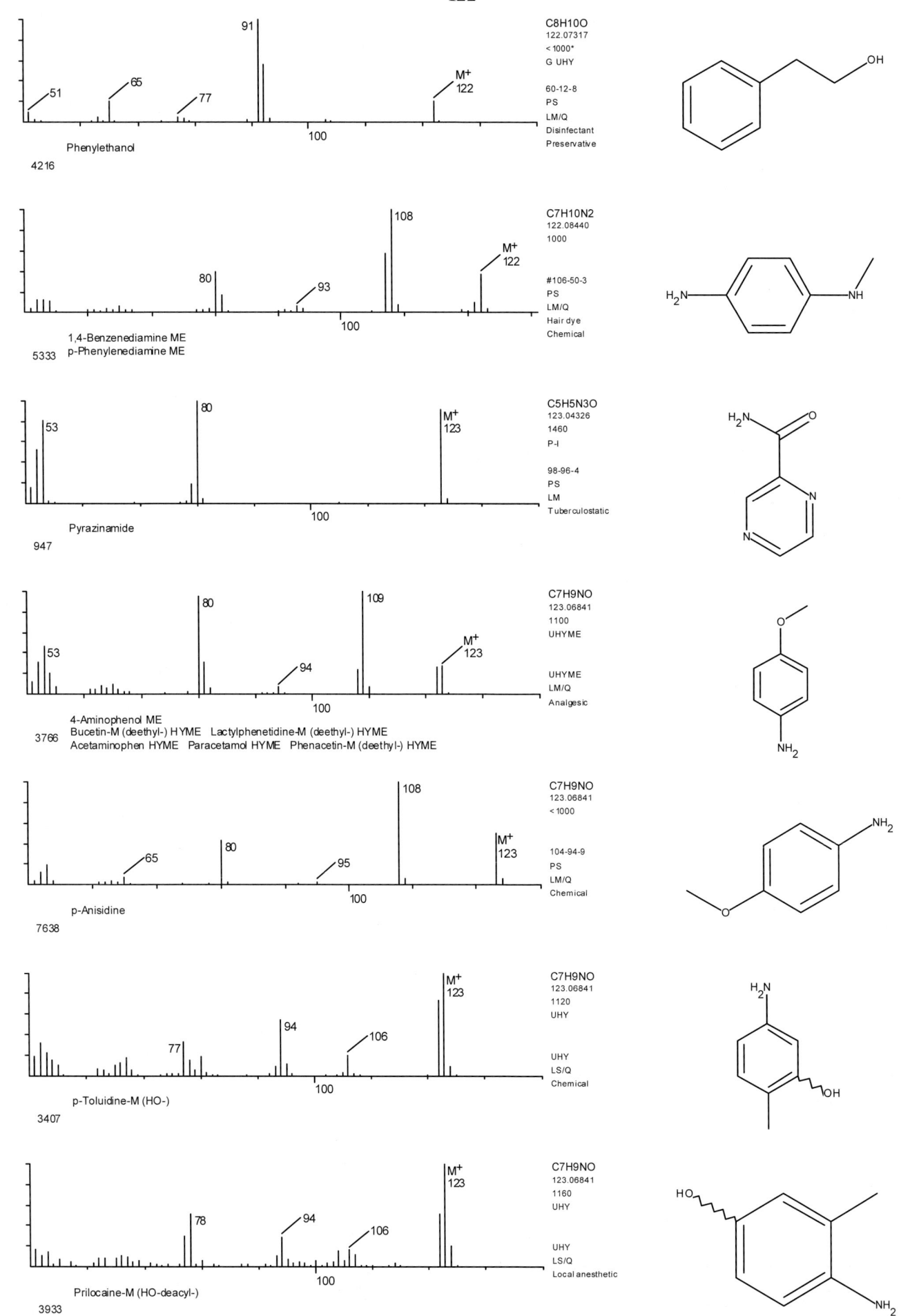

Phenylethanol
4216
C8H10O
122.07317
< 1000*
G UHY
60-12-8
PS
LM/Q
Disinfectant
Preservative

1,4-Benzenediamine ME
p-Phenylenediamine ME
5333
C7H10N2
122.08440
1000
#106-50-3
PS
LM/Q
Hair dye
Chemical

Pyrazinamide
947
C5H5N3O
123.04326
1460
P-I
98-96-4
PS
LM
Tuberculostatic

4-Aminophenol ME
Bucetin-M (deethyl-) HYME   Lactylphenetidine-M (deethyl-) HYME
Acetaminophen HYME   Paracetamol HYME   Phenacetin-M (deethyl-) HYME
3766
C7H9NO
123.06841
1100
UHYME
UHYME
LM/Q
Analgesic

p-Anisidine
7638
C7H9NO
123.06841
< 1000
104-94-9
PS
LM/Q
Chemical

p-Toluidine-M (HO-)
3407
C7H9NO
123.06841
1120
UHY
UHY
LS/Q
Chemical

Prilocaine-M (HO-deacyl-)
3933
C7H9NO
123.06841
1160
UHY
UHY
LS/Q
Local anesthetic

124

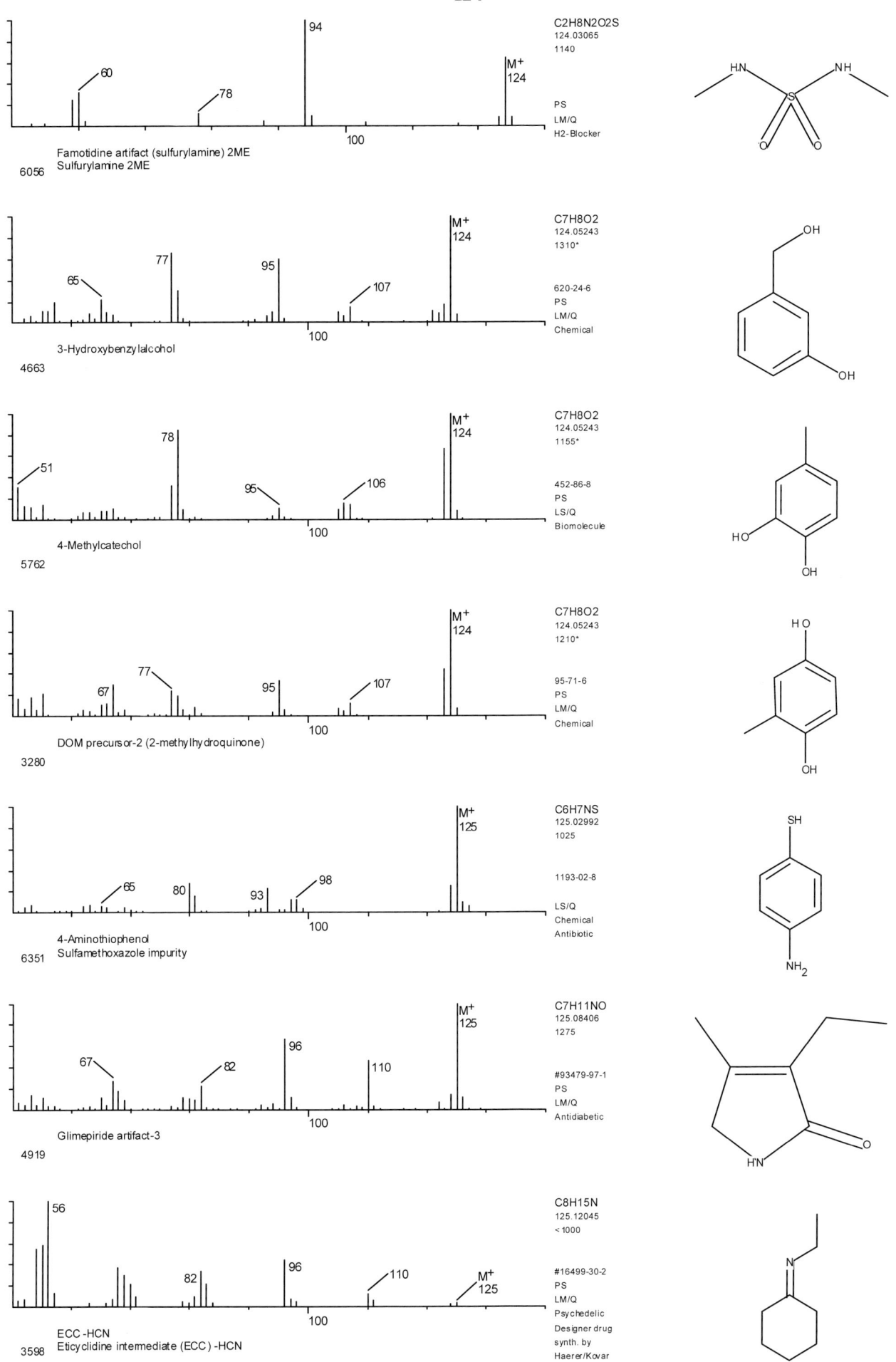

C2H8N2O2S
124.03065
1140

PS
LM/Q
H2-Blocker

Famotidine artifact (sulfurylamine) 2ME
Sulfurylamine 2ME
6056

C7H8O2
124.05243
1310*

620-24-6
PS
LM/Q
Chemical

3-Hydroxybenzylalcohol
4663

C7H8O2
124.05243
1155*

452-86-8
PS
LS/Q
Biomolecule

4-Methylcatechol
5762

C7H8O2
124.05243
1210*

95-71-6
PS
LM/Q
Chemical

DOM precursor-2 (2-methylhydroquinone)
3280

C6H7NS
125.02992
1025

1193-02-8
LS/Q
Chemical
Antibiotic

4-Aminothiophenol
Sulfamethoxazole impurity
6351

C7H11NO
125.08406
1275

#93479-97-1
PS
LM/Q
Antidiabetic

Glimepiride artifact-3
4919

C8H15N
125.12045
<1000

#16499-30-2
PS
LM/Q
Psychedelic
Designer drug
synth. by
Haerer/Kovar

ECC -HCN
Eticyclidine intermediate (ECC) -HCN
3598

109

125

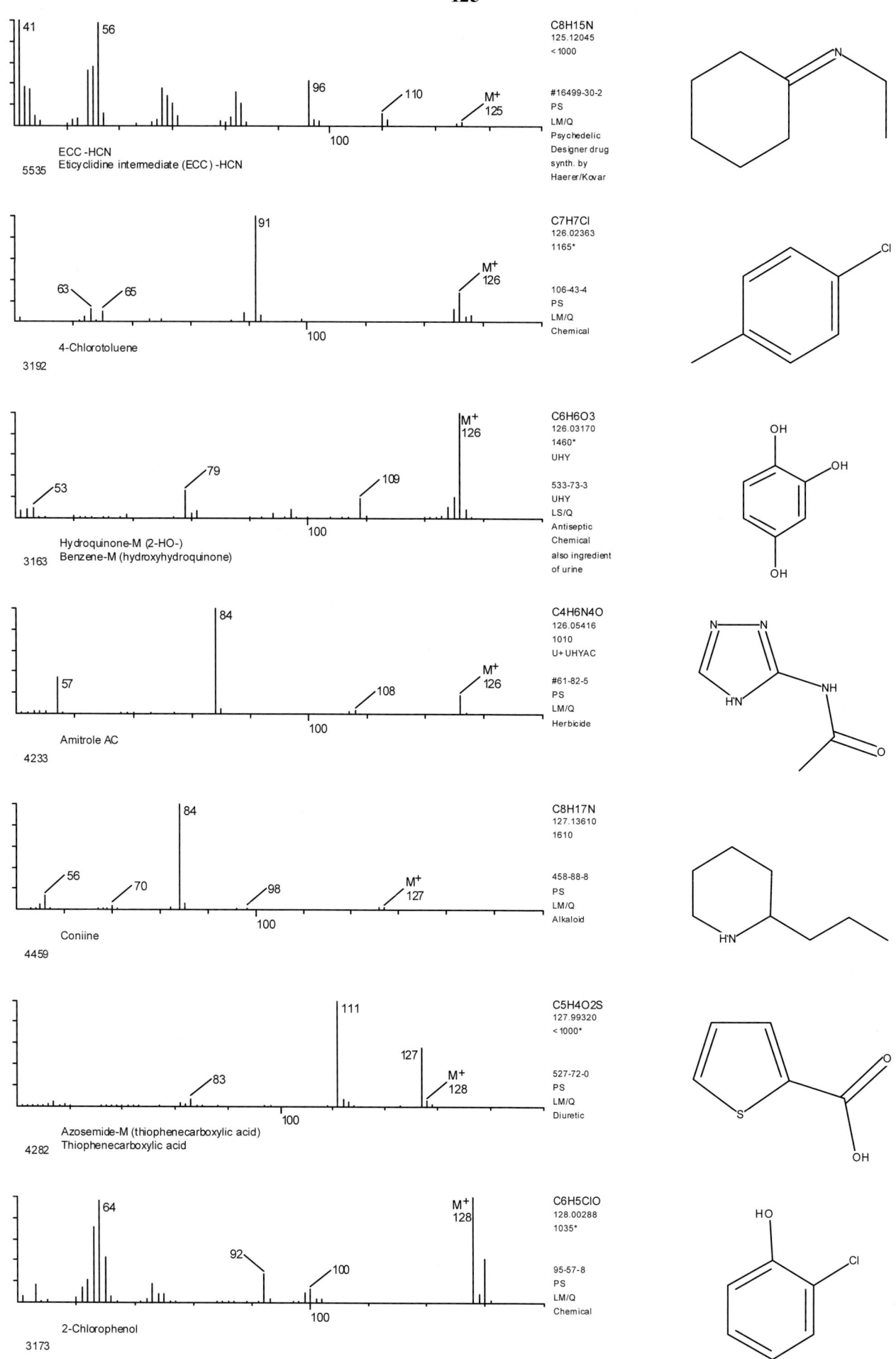

5535 ECC -HCN / Eticyclidine intermediate (ECC) -HCN	C8H15N 125.12045 <1000 #16499-30-2 PS LM/Q Psychedelic Designer drug synth. by Haerer/Kovar
3192 4-Chlorotoluene	C7H7Cl 126.02363 1165* 106-43-4 PS LM/Q Chemical
3163 Hydroquinone-M (2-HO-) / Benzene-M (hydroxyhydroquinone)	C6H6O3 126.03170 1460* UHY 533-73-3 UHY LS/Q Antiseptic Chemical also ingredient of urine
4233 Amitrole AC	C4H6N4O 126.05416 1010 U+ UHYAC #61-82-5 PS LM/Q Herbicide
4459 Coniine	C8H17N 127.13610 1610 458-88-8 PS LM/Q Alkaloid
4282 Azosemide-M (thiophenecarboxylic acid) / Thiophenecarboxylic acid	C5H4O2S 127.99320 <1000* 527-72-0 PS LM/Q Diuretic
3173 2-Chlorophenol	C6H5ClO 128.00288 1035* 95-57-8 PS LM/Q Chemical

128

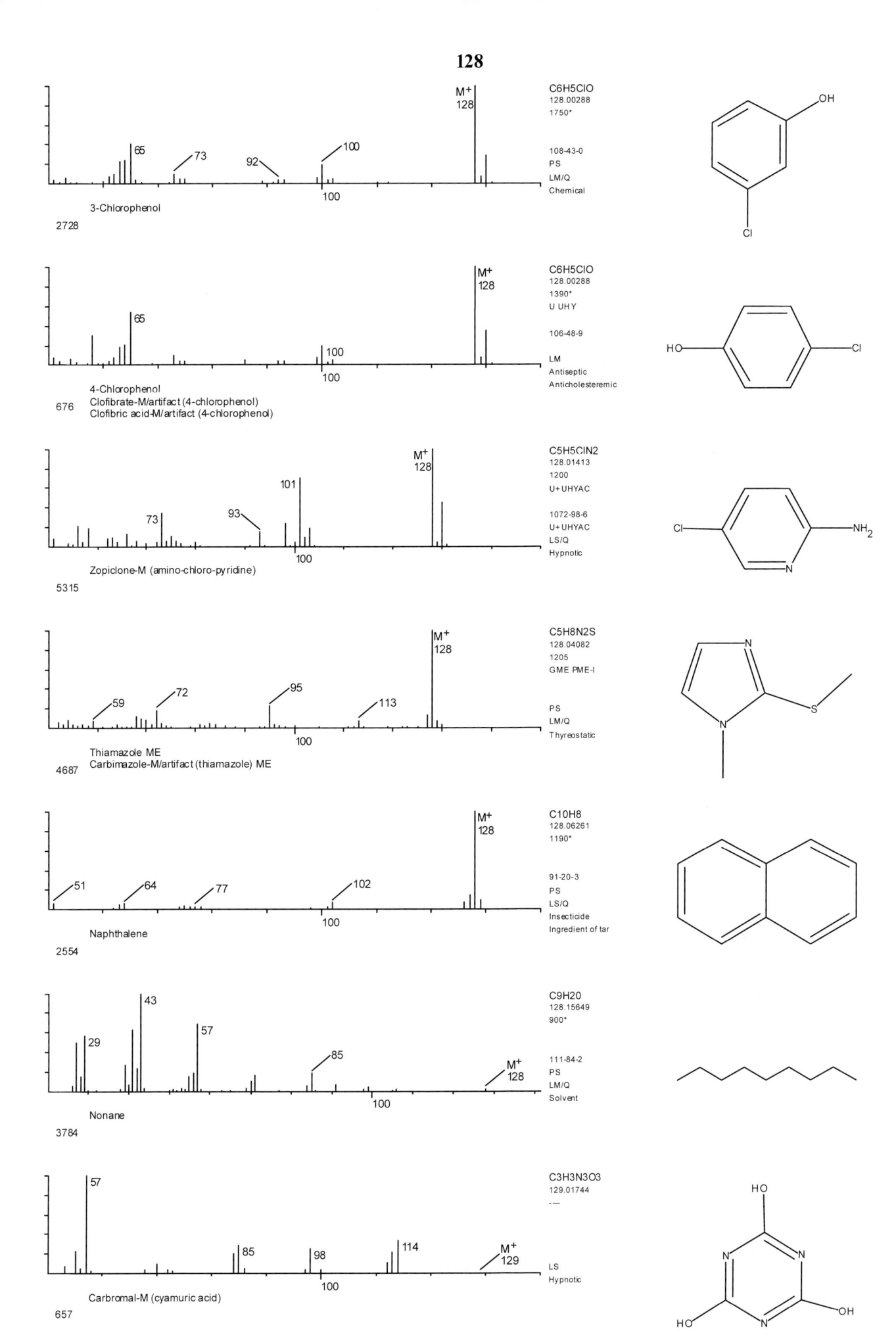

	M+ 128	C6H5ClO 128.00288 1750* 108-43-0 PS LM/Q Chemical

3-Chlorophenol

	M+ 128	C6H5ClO 128.00288 1390* U UHY 106-48-9 LM Antiseptic Anticholesteremic

4-Chlorophenol
Clofibrate-M/artifact (4-chlorophenol)
Clofibric acid-M/artifact (4-chlorophenol)

	M+ 128	C5H5ClN2 128.01413 1200 U+ UHYAC 1072-98-6 U+ UHYAC LS/Q Hypnotic

Zopiclone-M (amino-chloro-pyridine)

	M+ 128	C5H8N2S 128.04082 1205 GME PME-I PS LM/Q Thyreostatic

Thiamazole ME
Carbimazole-M/artifact (thiamazole) ME

	M+ 128	C10H8 128.06261 1190* 91-20-3 PS LS/Q Insecticide Ingredient of tar

Naphthalene

	M+ 128	C9H20 128.15649 900* 111-84-2 PS LM/Q Solvent

Nonane

	M+ 129	C3H3N3O3 129.01744 --- LS Hypnotic

Carbromal-M (cyamuric acid)

111

129

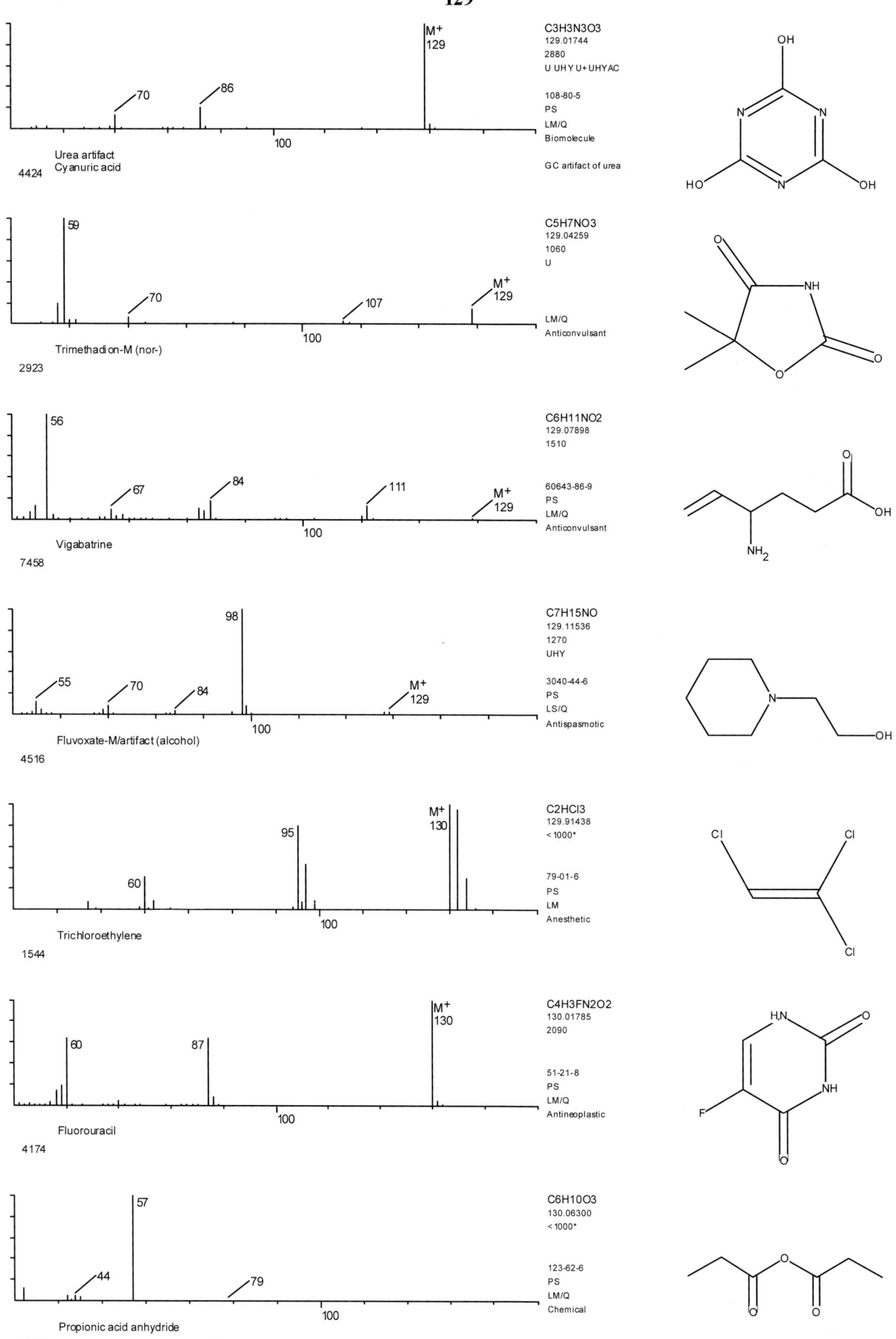

Urea artifact
Cyanuric acid
4424
C3H3N3O3
129.01744
2880
U UHY U+ UHYAC
108-80-5
PS
LM/Q
Biomolecule
GC artifact of urea

Trimethadion-M (nor-)
2923
C5H7NO3
129.04259
1060
U
LM/Q
Anticonvulsant

Vigabatrine
7458
C6H11NO2
129.07898
1510
60643-86-9
PS
LM/Q
Anticonvulsant

Fluvoxate-M/artifact (alcohol)
4516
C7H15NO
129.11536
1270
UHY
3040-44-6
PS
LS/Q
Antispasmotic

Trichloroethylene
1544
C2HCl3
129.91438
< 1000*
79-01-6
PS
LM
Anesthetic

Fluorouracil
4174
C4H3FN2O2
130.01785
2090
51-21-8
PS
LM/Q
Antineoplastic

Propionic acid anhydride
2757
C6H10O3
130.06300
< 1000*
123-62-6
PS
LM/Q
Chemical

131

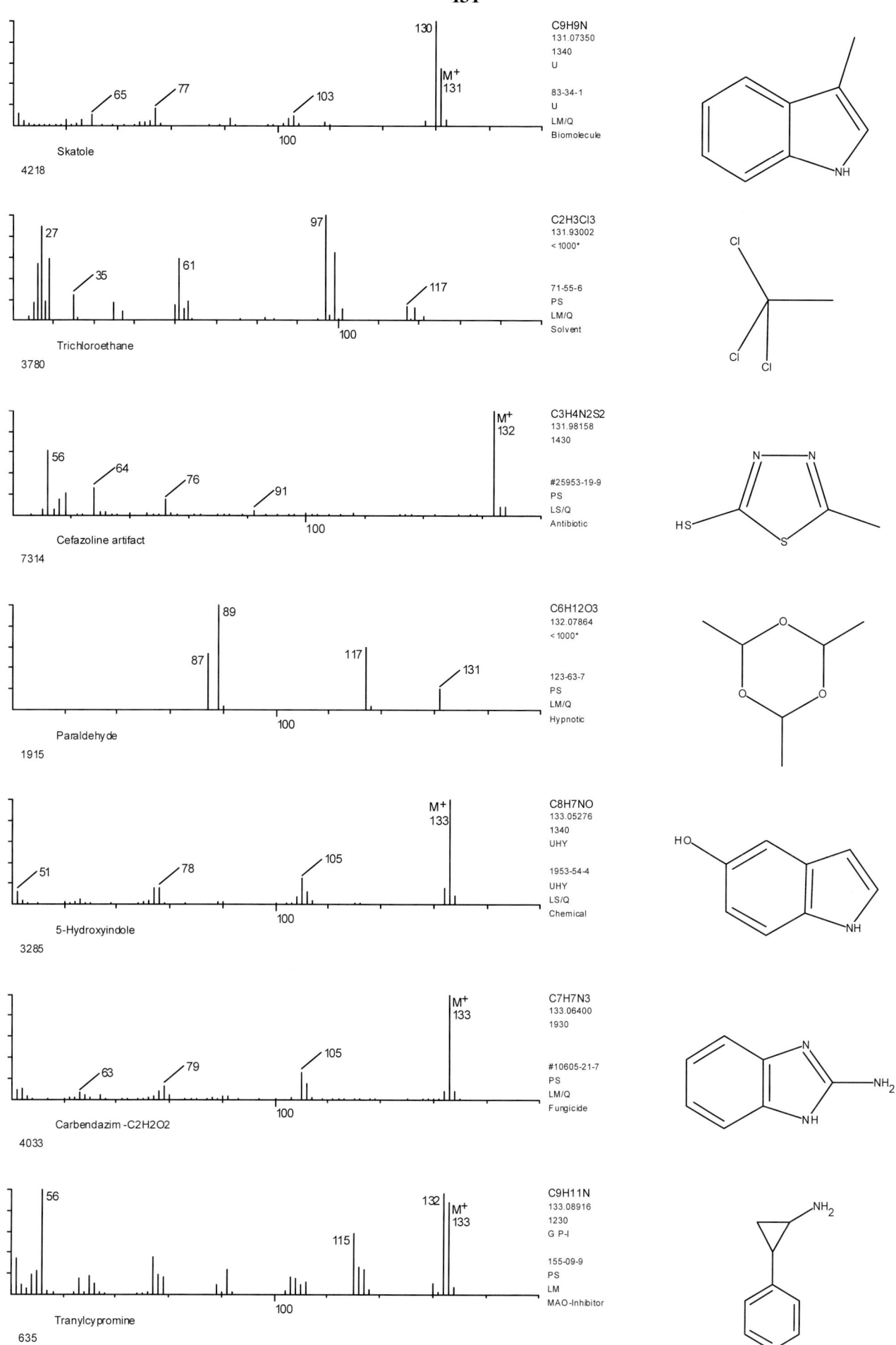

Skatole — C9H9N, 131.07350, 1340, U; 83-34-1; U; LM/Q; Biomolecule
4218

Trichloroethane — C2H3Cl3, 131.93002, <1000*; 71-55-6; PS; LM/Q; Solvent
3780

Cefazoline artifact — C3H4N2S2, 131.98158, 1430; #25953-19-9; PS; LS/Q; Antibiotic
7314

Paraldehyde — C6H12O3, 132.07864, <1000*; 123-63-7; PS; LM/Q; Hypnotic
1915

5-Hydroxyindole — C8H7NO, 133.05276, 1340, UHY; 1953-54-4; UHY; LS/Q; Chemical
3285

Carbendazim -C2H2O2 — C7H7N3, 133.06400, 1930; #10605-21-7; PS; LM/Q; Fungicide
4033

Tranylcypromine — C9H11N, 133.08916, 1230, G P-I; 155-09-9; PS; LM; MAO-Inhibitor
635

113

134

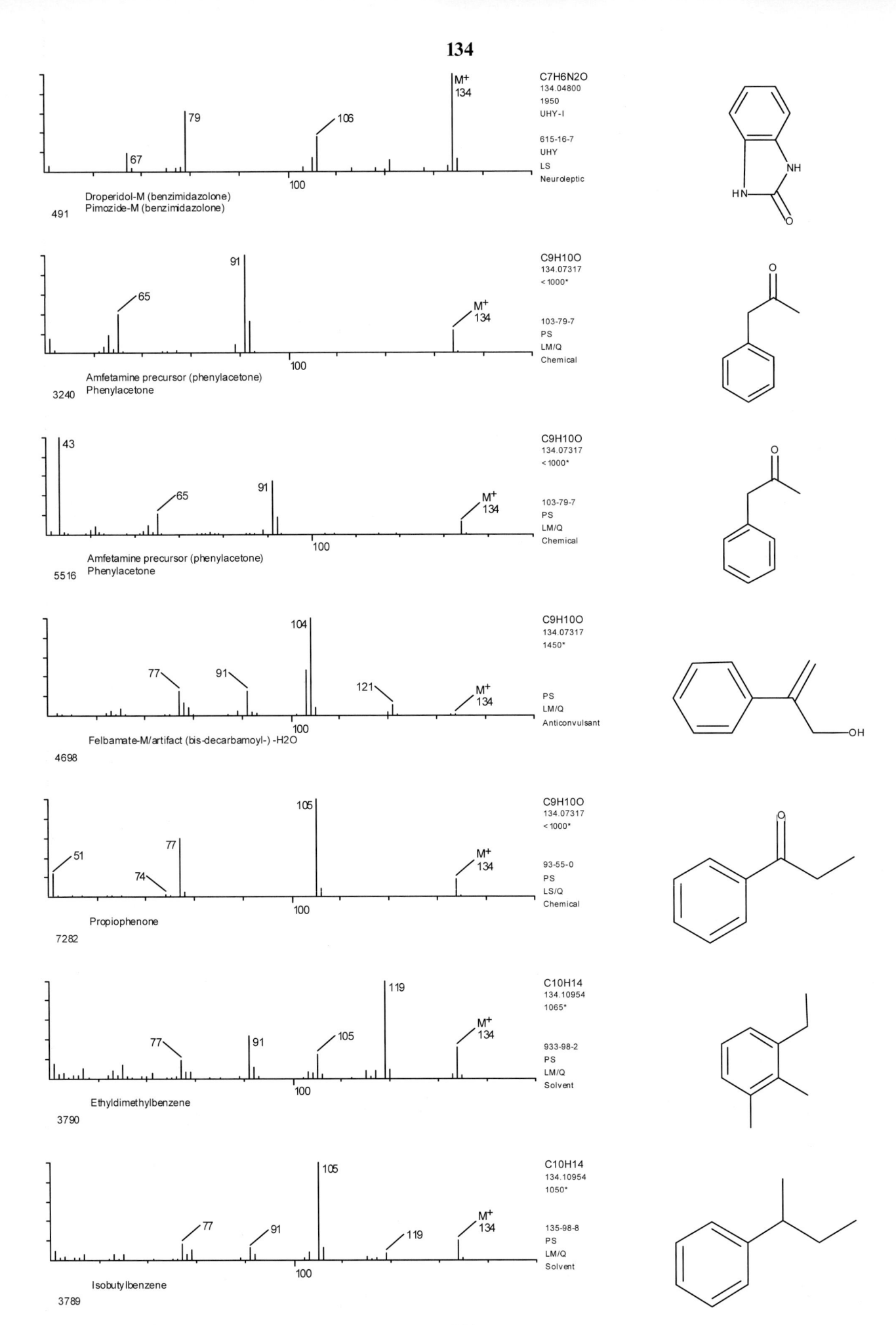

Droperidol-M (benzimidazolone)	C7H6N2O
Pimozide-M (benzimidazolone)	134.04800
491	1950
	UHY-I
	615-16-7
	UHY
	LS
	Neuroleptic

Peaks: 67, 79, 106, M+ 134

Amfetamine precursor (phenylacetone)	C9H10O
Phenylacetone	134.07317
3240	< 1000*
	103-79-7
	PS
	LM/Q
	Chemical

Peaks: 65, 91, M+ 134

Amfetamine precursor (phenylacetone)	C9H10O
Phenylacetone	134.07317
5516	< 1000*
	103-79-7
	PS
	LM/Q
	Chemical

Peaks: 43, 65, 91, M+ 134

Felbamate-M/artifact (bis-decarbamoyl-) -H2O	C9H10O
4698	134.07317
	1450*
	PS
	LM/Q
	Anticonvulsant

Peaks: 77, 91, 104, 121, M+ 134

Propiophenone	C9H10O
7282	134.07317
	< 1000*
	93-55-0
	PS
	LS/Q
	Chemical

Peaks: 51, 74, 77, 105, M+ 134

Ethyldimethylbenzene	C10H14
3790	134.10954
	1065*
	933-98-2
	PS
	LM/Q
	Solvent

Peaks: 77, 91, 105, 119, M+ 134

Isobutylbenzene	C10H14
3789	134.10954
	1050*
	135-98-8
	PS
	LM/Q
	Solvent

Peaks: 77, 91, 105, 119, M+ 134

134

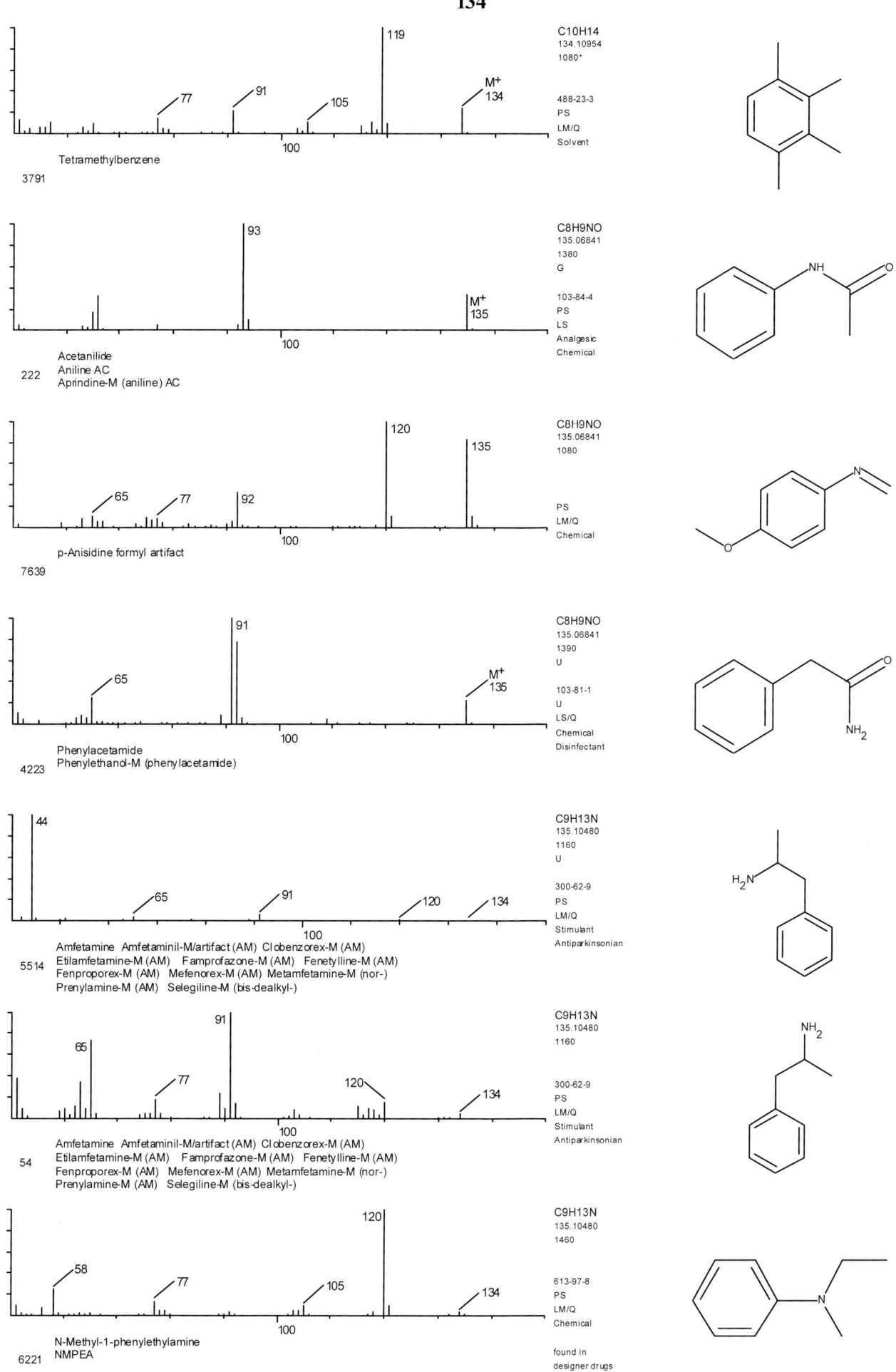

Tetramethylbenzene
3791

C10H14
134.10954
1080*

488-23-3
PS
LM/Q
Solvent

Acetanilide
Aniline AC
Aprindine-M (aniline) AC
222

C8H9NO
135.06841
1380
G

103-84-4
PS
LS
Analgesic
Chemical

p-Anisidine formyl artifact
7639

C8H9NO
135.06841
1080

PS
LM/Q
Chemical

Phenylacetamide
Phenylethanol-M (phenylacetamide)
4223

C8H9NO
135.06841
1390
U

103-81-1
U
LS/Q
Chemical
Disinfectant

Amfetamine Amfetaminil-M/artifact (AM) Clobenzorex-M (AM)
Etilamfetamine-M (AM)   Famprofazone-M (AM)   Fenetylline-M (AM)
Fenproporex-M (AM)   Mefenorex-M (AM) Metamfetamine-M (nor-)
Prenylamine-M (AM)   Selegiline-M (bis-dealkyl-)
5514

C9H13N
135.10480
1160
U

300-62-9
PS
LM/Q
Stimulant
Antiparkinsonian

Amfetamine Amfetaminil-M/artifact (AM) Clobenzorex-M (AM)
Etilamfetamine-M (AM)   Famprofazone-M (AM)   Fenetylline-M (AM)
Fenproporex-M (AM)   Mefenorex-M (AM) Metamfetamine-M (nor-)
Prenylamine-M (AM)   Selegiline-M (bis-dealkyl-)
54

C9H13N
135.10480
1160

300-62-9
PS
LM/Q
Stimulant
Antiparkinsonian

N-Methyl-1-phenylethylamine
NMPEA
6221

C9H13N
135.10480
1460

613-97-8
PS
LM/Q
Chemical

found in
designer drugs

115

136

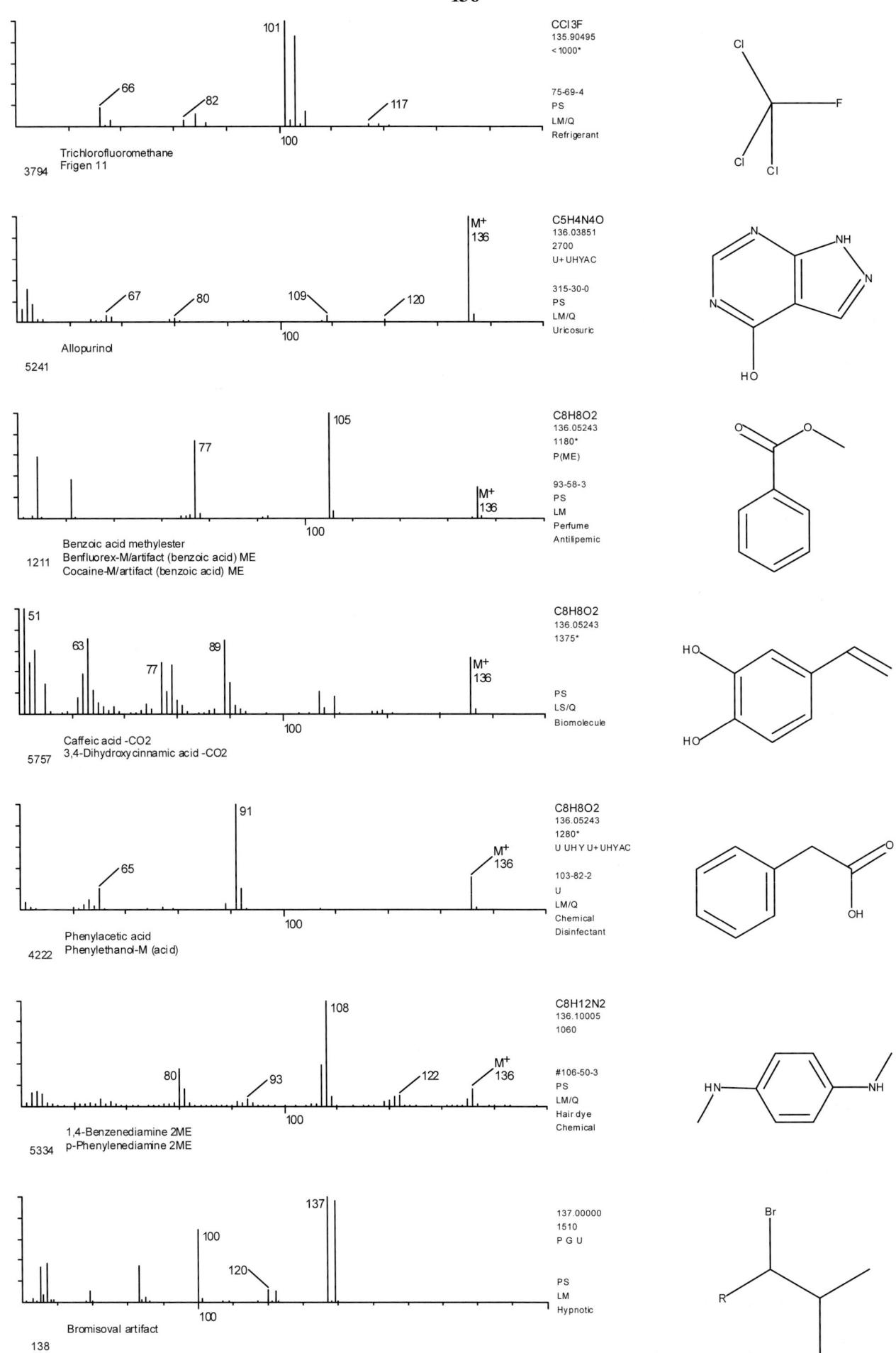

CCl3F
135.90495
< 1000*

75-69-4
PS
LM/Q
Refrigerant

Trichlorofluoromethane
Frigen 11
3794

C5H4N4O
136.03851
2700
U+ UHYAC

315-30-0
PS
LM/Q
Uricosuric

Allopurinol
5241

C8H8O2
136.05243
1180*
P(ME)

93-58-3
PS
LM
Perfume
Antilipemic

Benzoic acid methylester
Benfluorex-M/artifact (benzoic acid) ME
Cocaine-M/artifact (benzoic acid) ME
1211

C8H8O2
136.05243
1375*

PS
LS/Q
Biomolecule

Caffeic acid -CO2
3,4-Dihydroxycinnamic acid -CO2
5757

C8H8O2
136.05243
1280*
U UH Y U+ UHYAC

103-82-2
U
LM/Q
Chemical
Disinfectant

Phenylacetic acid
Phenylethanol-M (acid)
4222

C8H12N2
136.10005
1060

#106-50-3
PS
LM/Q
Hair dye
Chemical

1,4-Benzenediamine 2ME
p-Phenylenediamine 2ME
5334

137.00000
1510
P G U

PS
LM
Hypnotic

Bromisoval artifact
138

116

137

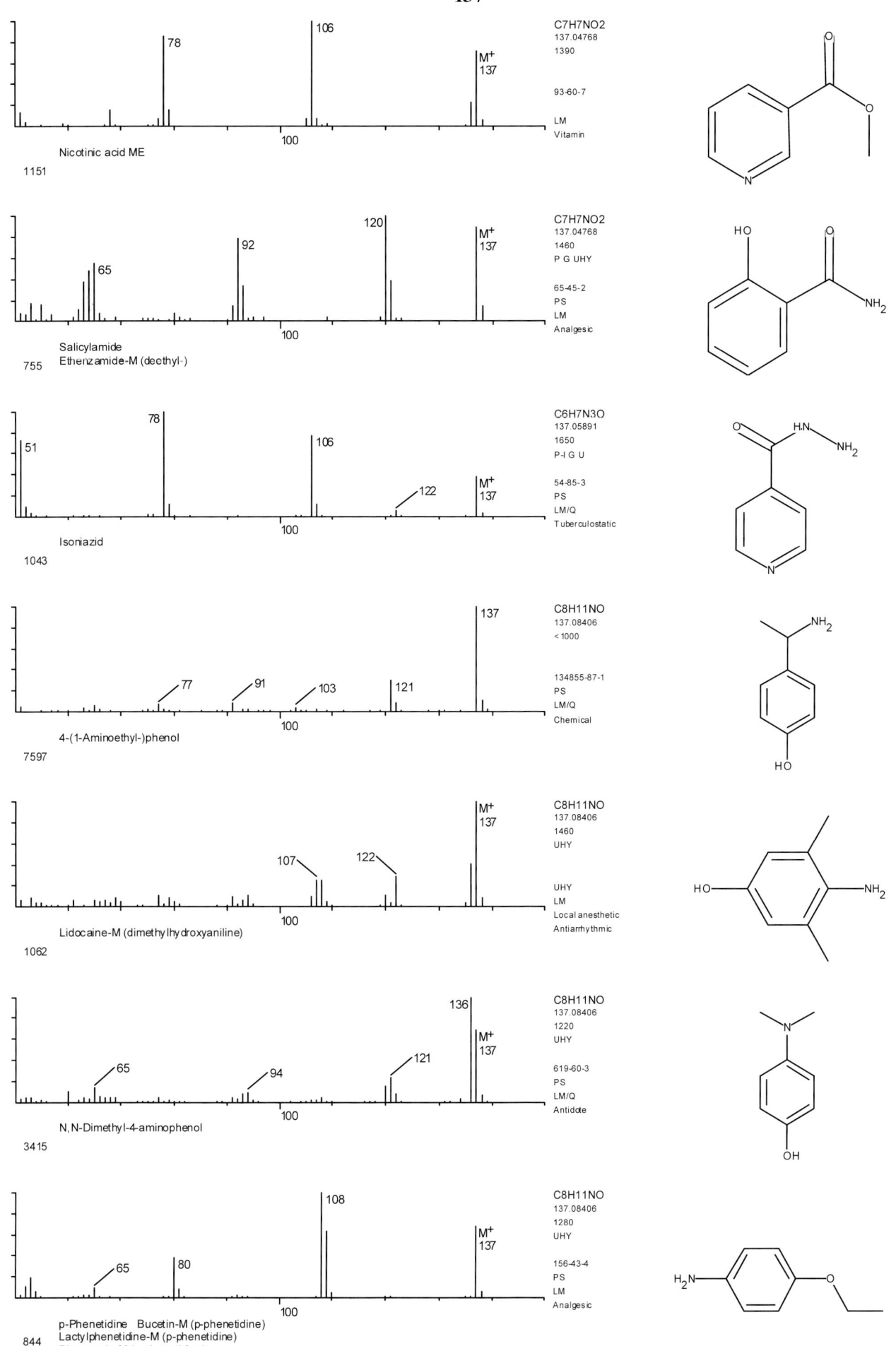

Nicotinic acid ME	C7H7NO2 137.04768 1390 93-60-7 LM Vitamin
Salicylamide / Ethenzamide-M (deethyl-)	C7H7NO2 137.04768 1460 P G UHY 65-45-2 PS LM Analgesic
Isoniazid	C6H7N3O 137.05891 1650 P-I G U 54-85-3 PS LM/Q Tuberculostatic
4-(1-Aminoethyl-)phenol	C8H11NO 137.08406 <1000 134855-87-1 PS LM/Q Chemical
Lidocaine-M (dimethylhydroxyaniline)	C8H11NO 137.08406 1460 UHY UHY LM Local anesthetic Antiarrhythmic
N,N-Dimethyl-4-aminophenol	C8H11NO 137.08406 1220 UHY 619-60-3 PS LM/Q Antidote
p-Phenetidine Bucetin-M (p-phenetidine) Lactylphenetidine-M (p-phenetidine) Phenacetin-M (p-phenetidine)	C8H11NO 137.08406 1280 UHY 156-43-4 PS LM Analgesic

117

137

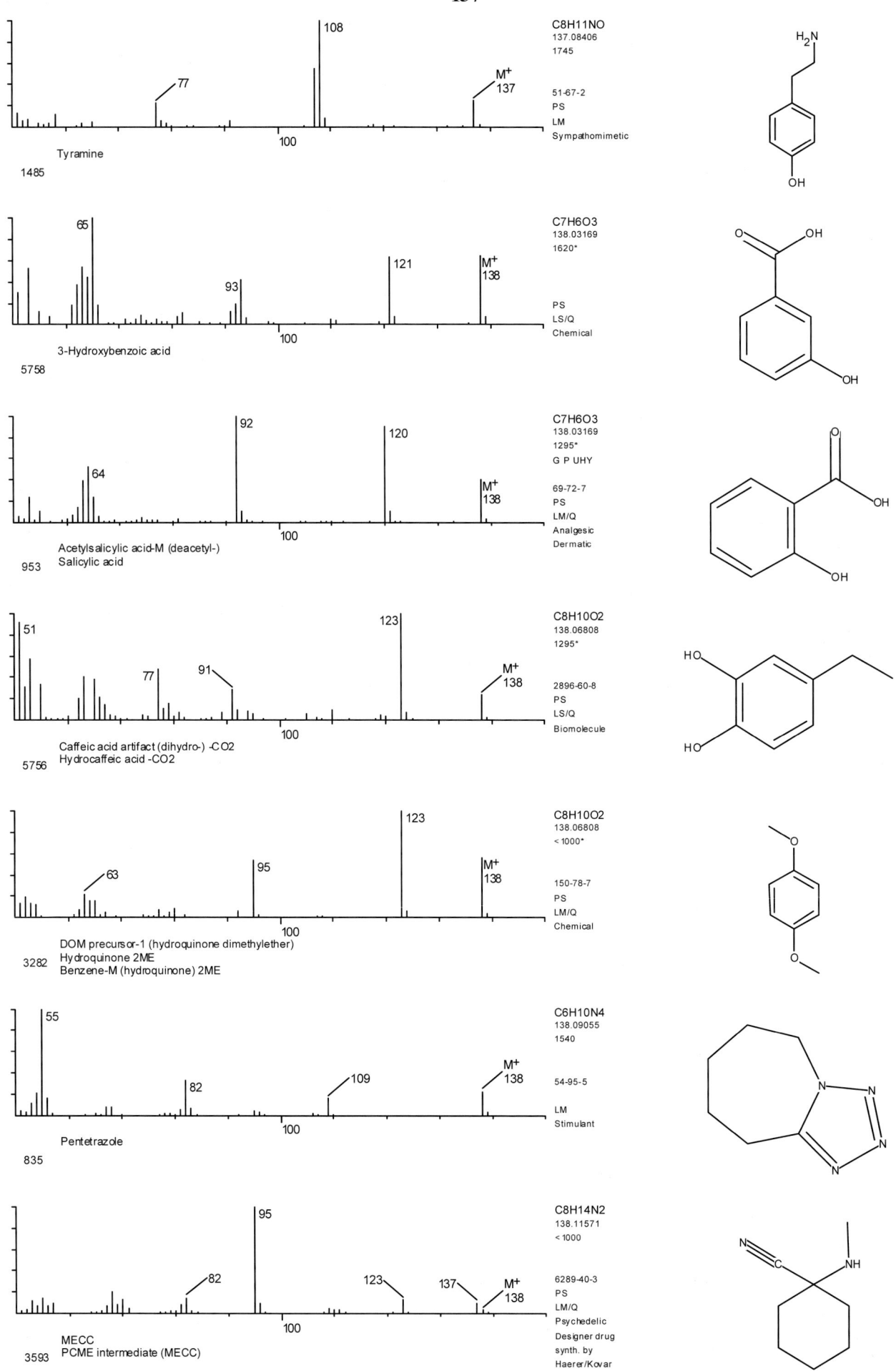

Tyramine
C8H11NO
137.08406
1745
51-67-2
PS
LM
Sympathomimetic

Peaks: 77, 108, M+ 137

3-Hydroxybenzoic acid
C7H6O3
138.03169
1620*
PS
LS/Q
Chemical

Peaks: 65, 93, 121, M+ 138

Acetylsalicylic acid-M (deacetyl-)
Salicylic acid
C7H6O3
138.03169
1295*
G P UHY
69-72-7
PS
LM/Q
Analgesic
Dermatic

Peaks: 64, 92, 120, M+ 138

Caffeic acid artifact (dihydro-) -CO2
Hydrocaffeic acid -CO2
C8H10O2
138.06808
1295*
2896-60-8
PS
LS/Q
Biomolecule

Peaks: 51, 77, 91, 123, M+ 138

DOM precursor-1 (hydroquinone dimethylether)
Hydroquinone 2ME
Benzene-M (hydroquinone) 2ME
C8H10O2
138.06808
<1000*
150-78-7
PS
LM/Q
Chemical

Peaks: 63, 95, 123, M+ 138

Pentetrazole
C6H10N4
138.09055
1540
54-95-5
LM
Stimulant

Peaks: 55, 82, 109, M+ 138

MECC
PCME intermediate (MECC)
C8H14N2
138.11571
<1000
6289-40-3
PS
LM/Q
Psychedelic
Designer drug
synth. by
Haerer/Kovar

Peaks: 82, 95, 123, 137, M+ 138

139

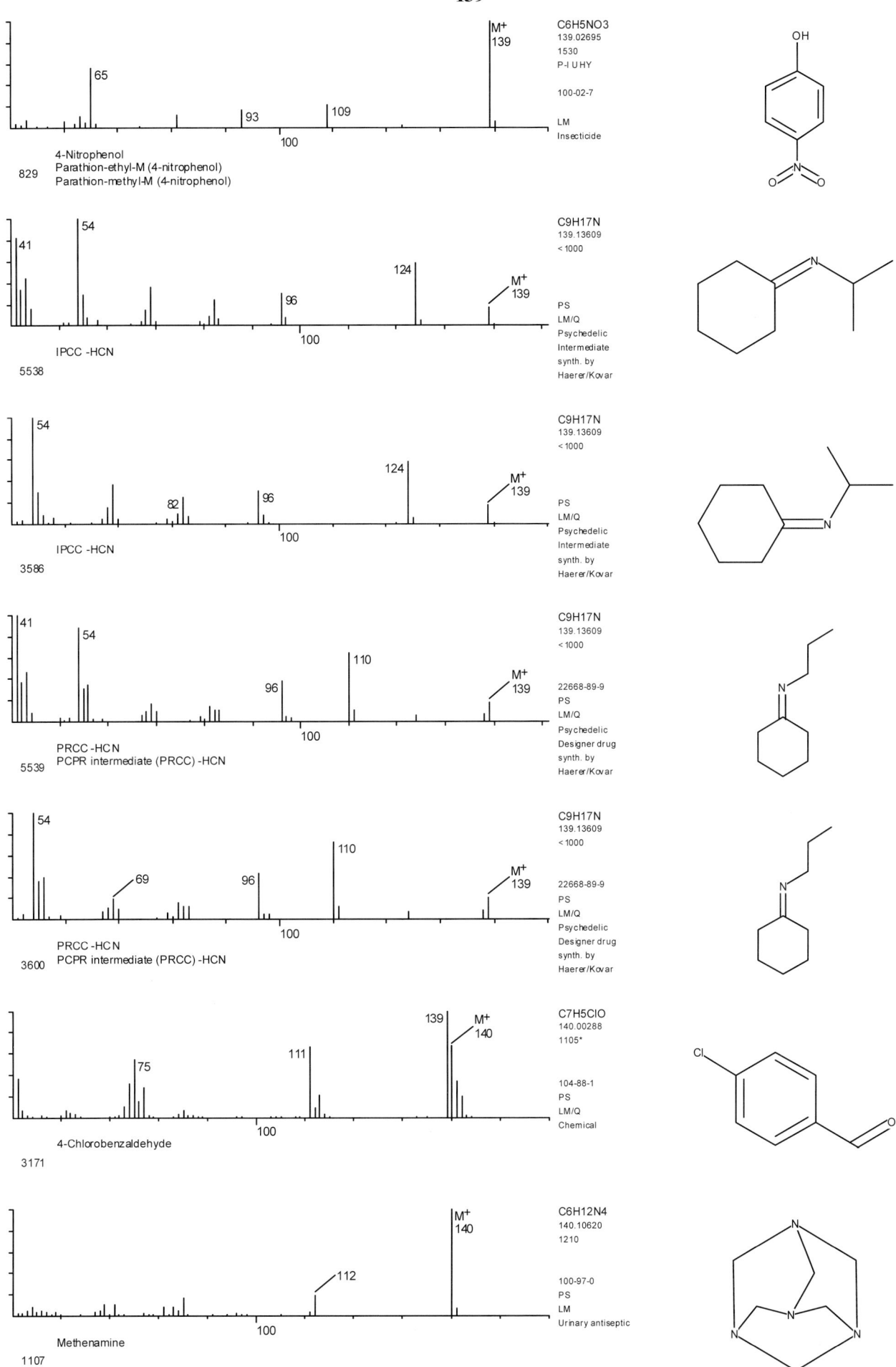

4-Nitrophenol Parathion-ethyl-M (4-nitrophenol) Parathion-methyl-M (4-nitrophenol) 829	Peaks: 65, 93, 109, M+ 139	C6H5NO3 139.02695 1530 P-I U HY 100-02-7 LM Insecticide
IPCC -HCN 5538	Peaks: 41, 54, 96, 124, M+ 139	C9H17N 139.13609 < 1000 PS LM/Q Psychedelic Intermediate synth. by Haerer/Kovar
IPCC -HCN 3586	Peaks: 54, 82, 96, 124, M+ 139	C9H17N 139.13609 < 1000 PS LM/Q Psychedelic Intermediate synth. by Haerer/Kovar
PRCC -HCN PCPR intermediate (PRCC) -HCN 5539	Peaks: 41, 54, 96, 110, M+ 139	C9H17N 139.13609 < 1000 22668-89-9 PS LM/Q Psychedelic Designer drug synth. by Haerer/Kovar
PRCC -HCN PCPR intermediate (PRCC) -HCN 3600	Peaks: 54, 69, 96, 110, M+ 139	C9H17N 139.13609 < 1000 22668-89-9 PS LM/Q Psychedelic Designer drug synth. by Haerer/Kovar
4-Chlorobenzaldehyde 3171	Peaks: 75, 111, 139, M+ 140	C7H5ClO 140.00288 1105* 104-88-1 PS LM/Q Chemical
Methenamine 1107	Peaks: 112, M+ 140	C6H12N4 140.10620 1210 100-97-0 PS LM Urinary antiseptic

119

141

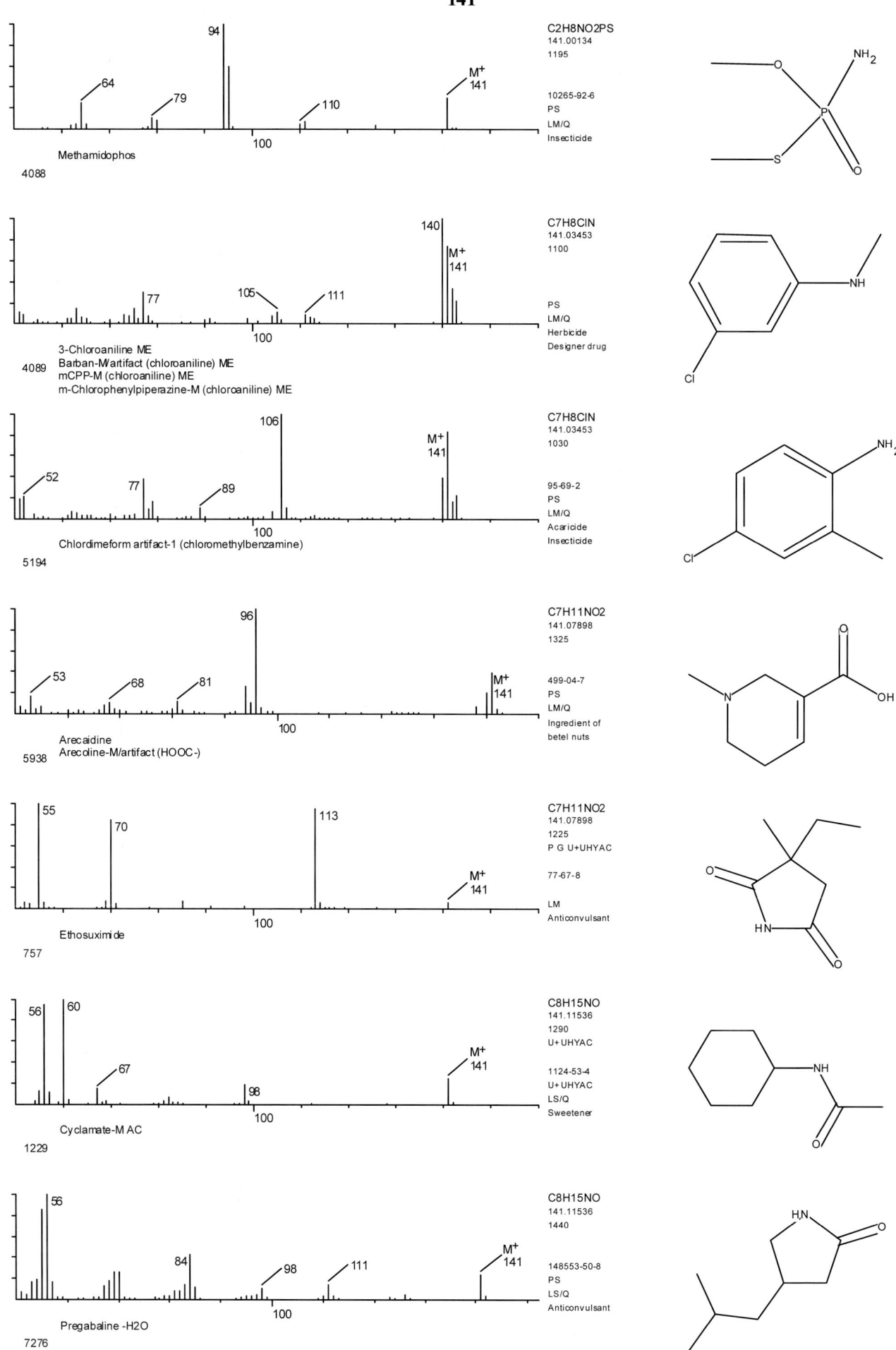

Methamidophos
C2H8NO2PS
141.00134
1195
10265-92-6
PS
LM/Q
Insecticide
4088

3-Chloroaniline ME
Barban-M/artifact (chloroaniline) ME
mCPP-M (chloroaniline) ME
m-Chlorophenylpiperazine-M (chloroaniline) ME
C7H8ClN
141.03453
1100
PS
LM/Q
Herbicide
Designer drug
4089

Chlordimeform artifact-1 (chloromethylbenzamine)
C7H8ClN
141.03453
1030
95-69-2
PS
LM/Q
Acaricide
Insecticide
5194

Arecaidine
Arecoline-M/artifact (HOOC-)
C7H11NO2
141.07898
1325
499-04-7
PS
LM/Q
Ingredient of betel nuts
5938

Ethosuximide
C7H11NO2
141.07898
1225
P G U+UHYAC
77-67-8
LM
Anticonvulsant
757

Cyclamate-M AC
C8H15NO
141.11536
1290
U+UHYAC
1124-53-4
U+UHYAC
LS/Q
Sweetener
1229

Pregabaline -H2O
C8H15NO
141.11536
1440
148553-50-8
PS
LS/Q
Anticonvulsant
7276

141

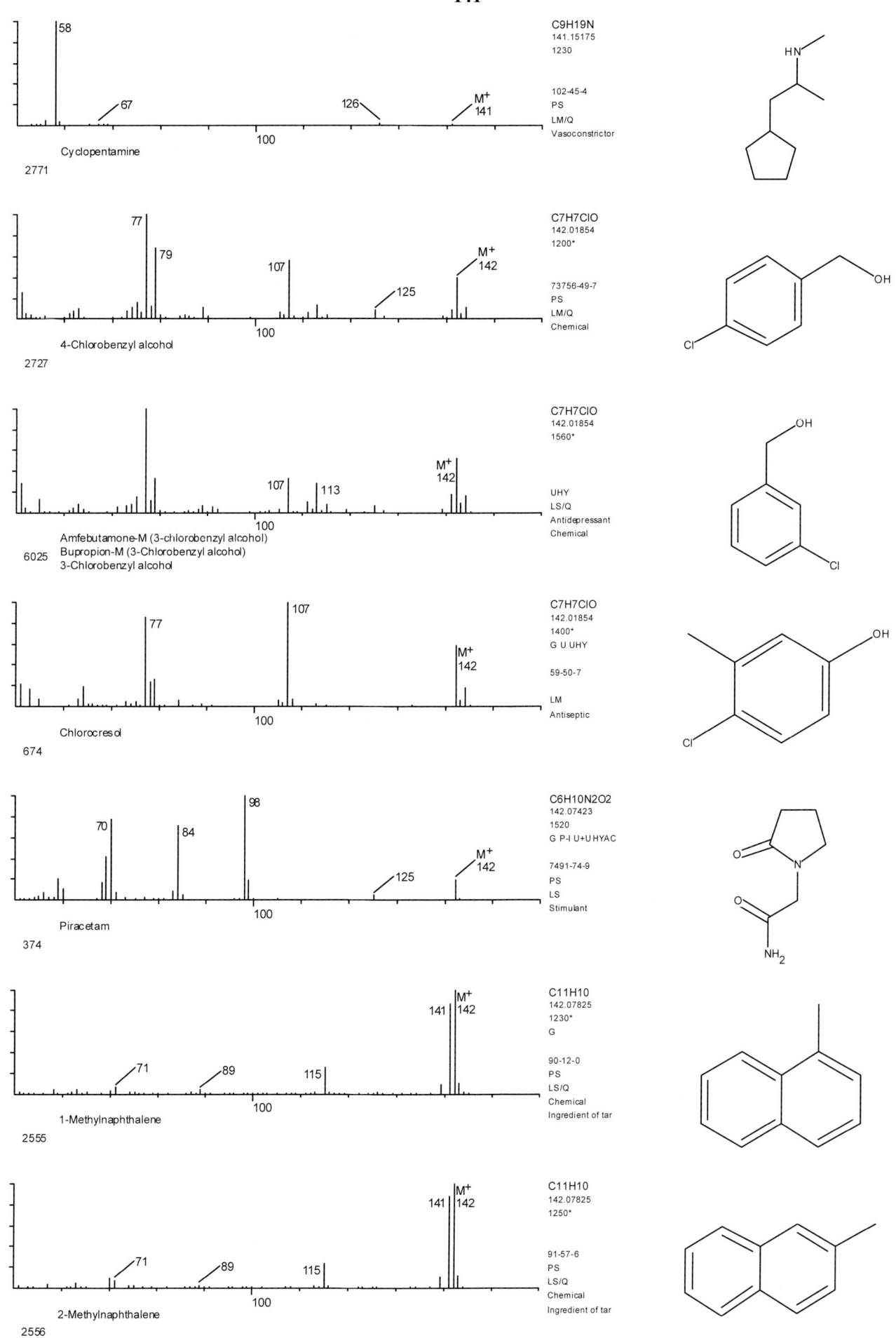

Cyclopentamine
2771
C9H19N
141.15175
1230
102-45-4
PS
LM/Q
Vasoconstrictor

4-Chlorobenzyl alcohol
2727
C7H7ClO
142.01854
1200*
73756-49-7
PS
LM/Q
Chemical

Amfebutamone-M (3-chlorobenzyl alcohol)
Bupropion-M (3-Chlorobenzyl alcohol)
3-Chlorobenzyl alcohol
6025
C7H7ClO
142.01854
1560*
UHY
LS/Q
Antidepressant
Chemical

Chlorocresol
674
C7H7ClO
142.01854
1400*
G U UHY
59-50-7
LM
Antiseptic

Piracetam
374
C6H10N2O2
142.07423
1520
G P-I U+U HYAC
7491-74-9
PS
LS
Stimulant

1-Methylnaphthalene
2555
C11H10
142.07825
1230*
G
90-12-0
PS
LS/Q
Chemical
Ingredient of tar

2-Methylnaphthalene
2556
C11H10
142.07825
1250*
91-57-6
PS
LS/Q
Chemical
Ingredient of tar

142

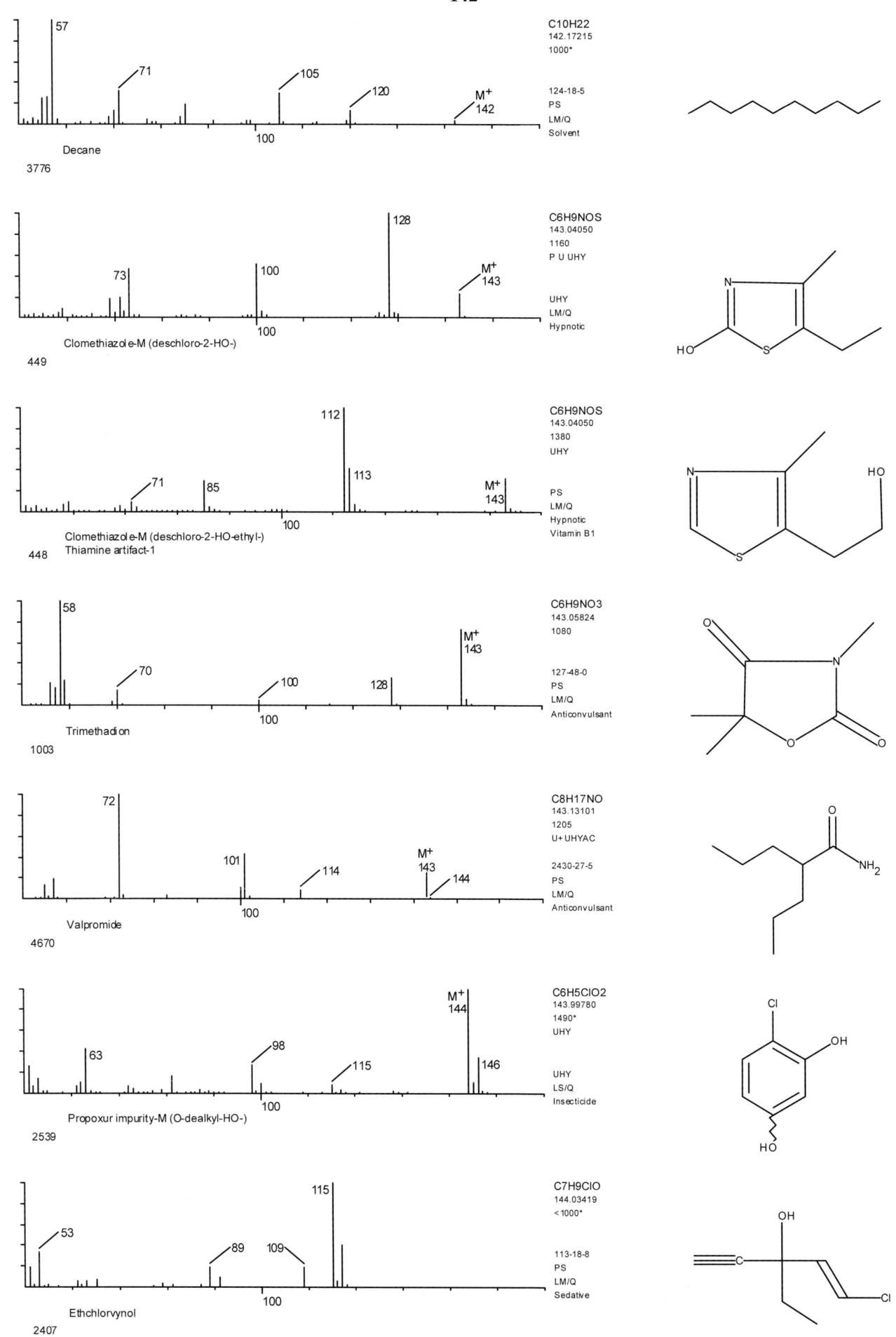

Decane — C10H22, 142.17215, 1000*, 124-18-5, PS, LM/Q, Solvent
Peaks: 57, 71, 105, 120, M+ 142
3776

Clomethiazole-M (deschloro-2-HO-) — C6H9NOS, 143.04050, 1160, P U UHY, UHY, LM/Q, Hypnotic
Peaks: 73, 100, 128, M+ 143
449

Clomethiazole-M (deschloro-2-HO-ethyl-) Thiamine artifact-1 — C6H9NOS, 143.04050, 1380, UHY, PS, LM/Q, Hypnotic, Vitamin B1
Peaks: 71, 85, 112, 113, M+ 143
448

Trimethadion — C6H9NO3, 143.05824, 1080, 127-48-0, PS, LM/Q, Anticonvulsant
Peaks: 58, 70, 100, 128, M+ 143
1003

Valpromide — C8H17NO, 143.13101, 1205, U+ UHYAC, 2430-27-5, PS, LM/Q, Anticonvulsant
Peaks: 72, 101, 114, M+ 143, 144
4670

Propoxur impurity-M (O-dealkyl-HO-) — C6H5ClO2, 143.99780, 1490*, UHY, UHY, LS/Q, Insecticide
Peaks: 63, 98, 115, M+ 144, 146
2539

Ethchlorvynol — C7H9ClO, 144.03419, <1000*, 113-18-8, PS, LM/Q, Sedative
Peaks: 53, 89, 109, 115
2407

122

144

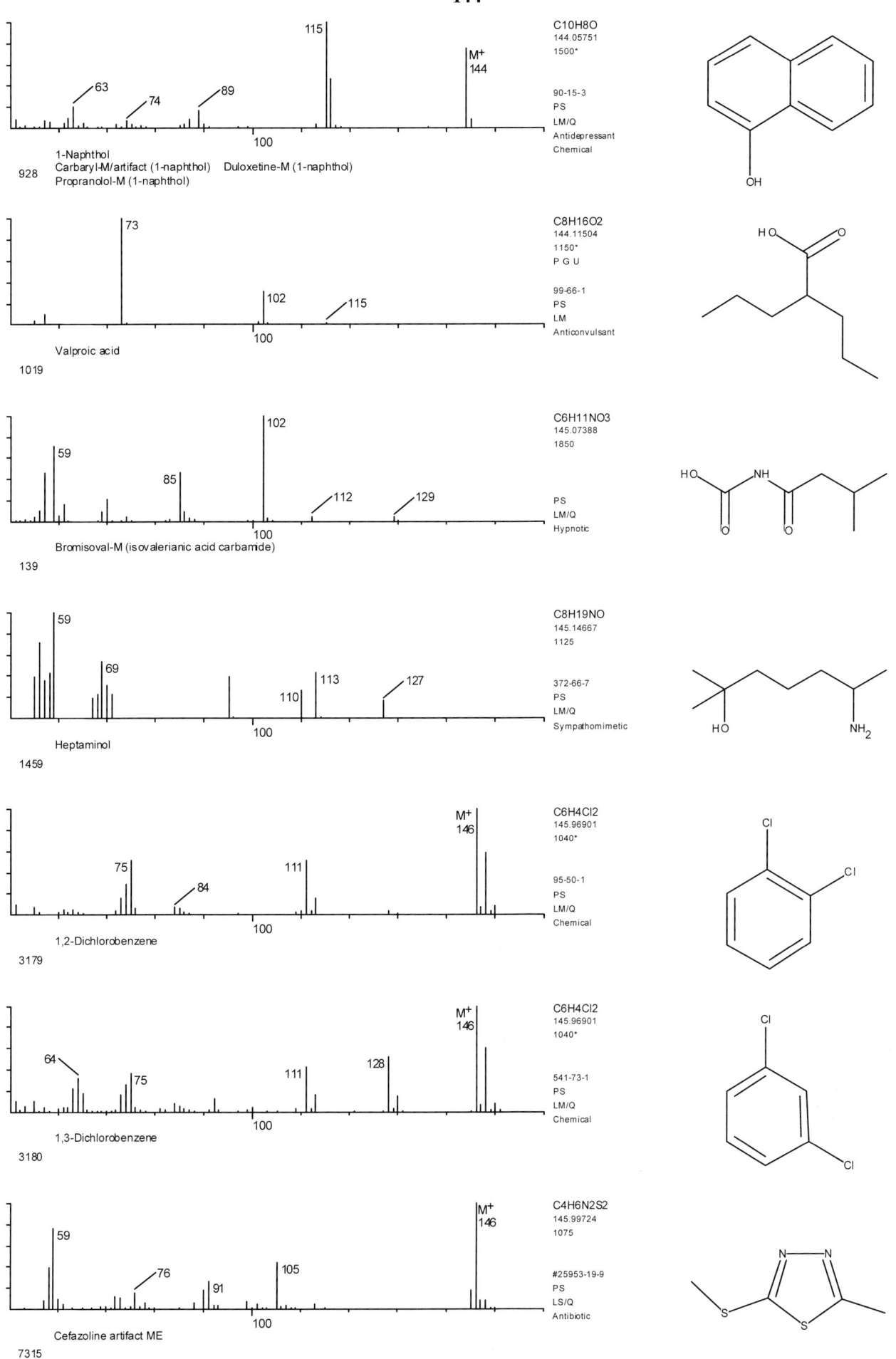

C10H8O
144.05751
1500*

90-15-3
PS
LM/Q
Antidepressant
Chemical

1-Naphthol
Carbaryl-M/artifact (1-naphthol)   Duloxetine-M (1-naphthol)
928   Propranolol-M (1-naphthol)

C8H16O2
144.11504
1150*
P G U

99-66-1
PS
LM
Anticonvulsant

Valproic acid
1019

C6H11NO3
145.07388
1850

PS
LM/Q
Hypnotic

Bromisoval-M (isovalerianic acid carbamide)
139

C8H19NO
145.14667
1125

372-66-7
PS
LM/Q
Sympathomimetic

Heptaminol
1459

C6H4Cl2
145.96901
1040*

95-50-1
PS
LM/Q
Chemical

1,2-Dichlorobenzene
3179

C6H4Cl2
145.96901
1040*

541-73-1
PS
LM/Q
Chemical

1,3-Dichlorobenzene
3180

C4H6N2S2
145.99724
1075

#25953-19-9
PS
LS/Q
Antibiotic

Cefazoline artifact ME
7315

146

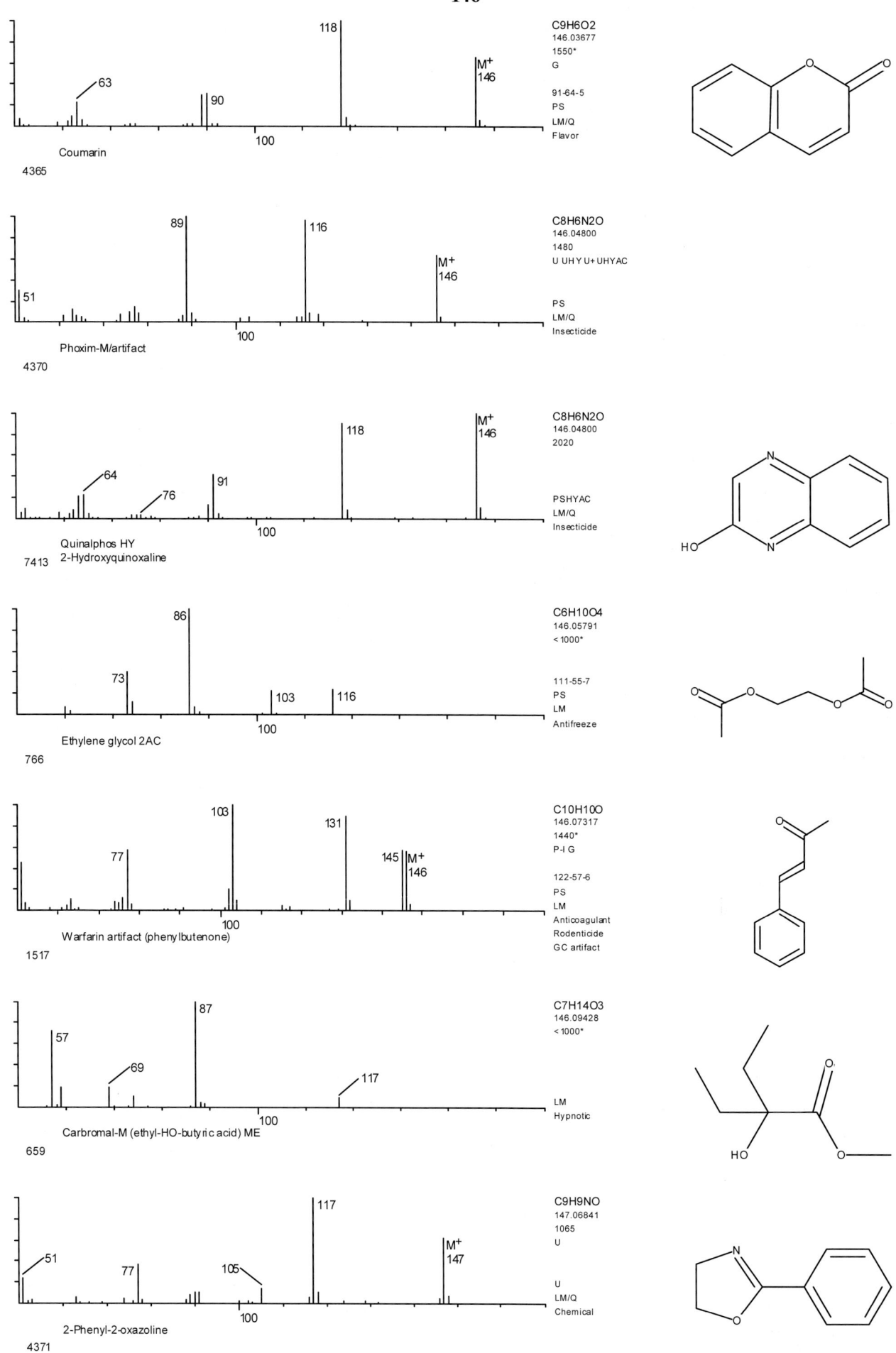

Coumarin
4365
C9H6O2
146.03677
1550*
G

91-64-5
PS
LM/Q
Flavor

Phoxim-M/artifact
4370
C8H6N2O
146.04800
1480
U UH Y U+ UHYAC

PS
LM/Q
Insecticide

Quinalphos HY
2-Hydroxyquinoxaline
7413
C8H6N2O
146.04800
2020

PSHYAC
LM/Q
Insecticide

Ethylene glycol 2AC
766
C6H10O4
146.05791
<1000*

111-55-7
PS
LM
Antifreeze

Warfarin artifact (phenylbutenone)
1517
C10H10O
146.07317
1440*
P-I G

122-57-6
PS
LM
Anticoagulant
Rodenticide
GC artifact

Carbromal-M (ethyl-HO-butyric acid) ME
659
C7H14O3
146.09428
<1000*

LM
Hypnotic

2-Phenyl-2-oxazoline
4371
C9H9NO
147.06841
1065
U

U
LM/Q
Chemical

147

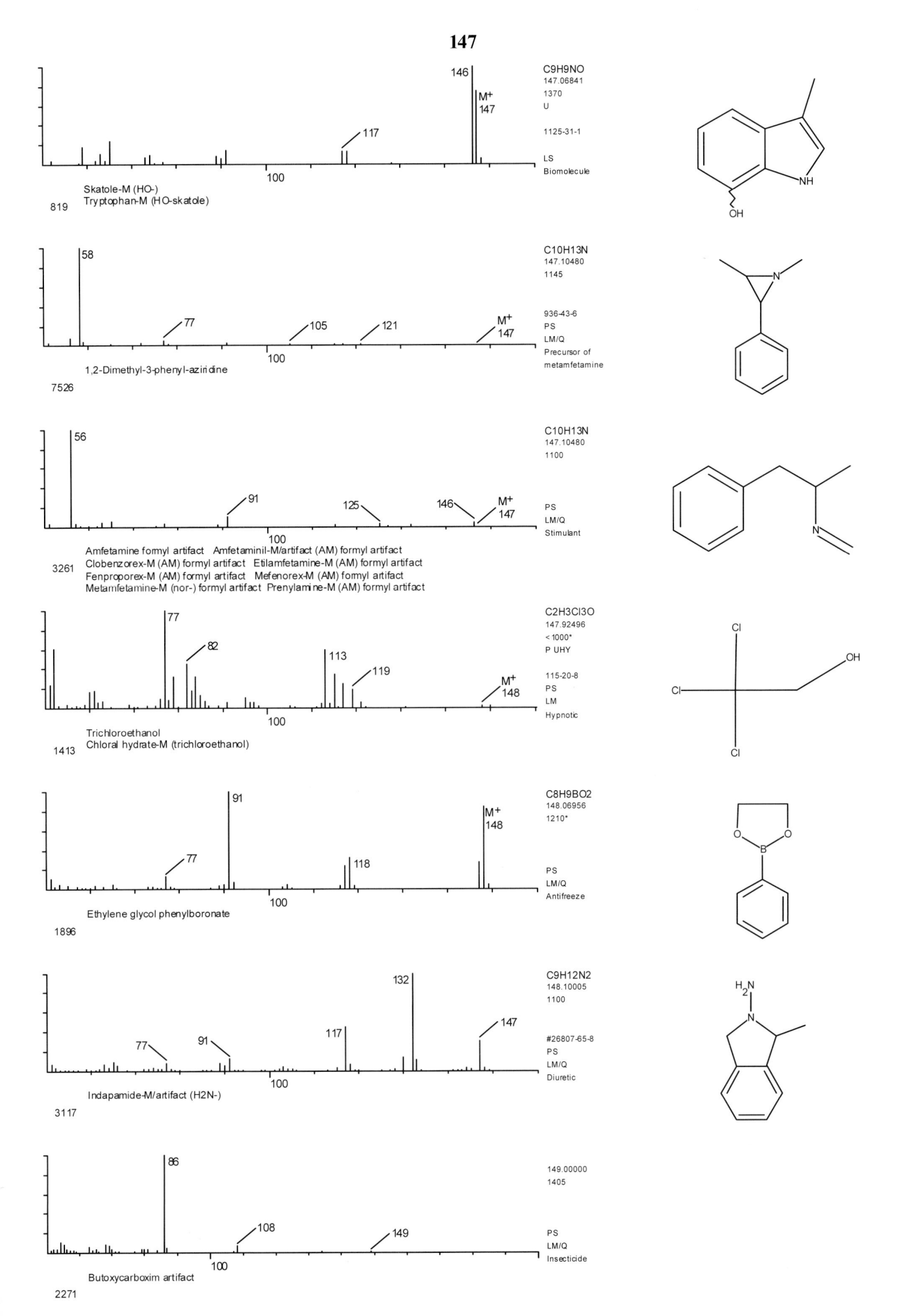

Skatole-M (HO-)
Tryptophan-M (HO-skatole)

C9H9NO
147.06841
1370
U
1125-31-1
LS
Biomolecule

1,2-Dimethyl-3-phenyl-aziridine

C10H13N
147.10480
1145
936-43-6
PS
LM/Q
Precursor of metamfetamine

Amfetamine formyl artifact   Amfetaminil-M/artifact (AM) formyl artifact
Clobenzorex-M (AM) formyl artifact   Etilamfetamine-M (AM) formyl artifact
Fenproporex-M (AM) formyl artifact   Mefenorex-M (AM) formyl artifact
Metamfetamine-M (nor-) formyl artifact   Prenylamine-M (AM) formyl artifact

C10H13N
147.10480
1100
PS
LM/Q
Stimulant

Trichloroethanol
Chloral hydrate-M (trichloroethanol)

C2H3Cl3O
147.92496
< 1000*
P UHY
115-20-8
PS
LM
Hypnotic

Ethylene glycol phenylboronate

C8H9BO2
148.06956
1210*
PS
LM/Q
Antifreeze

Indapamide-M/artifact (H2N-)

C9H12N2
148.10005
1100
#26807-65-8
PS
LM/Q
Diuretic

Butoxycarboxim artifact

149.00000
1405
PS
LM/Q
Insecticide

149

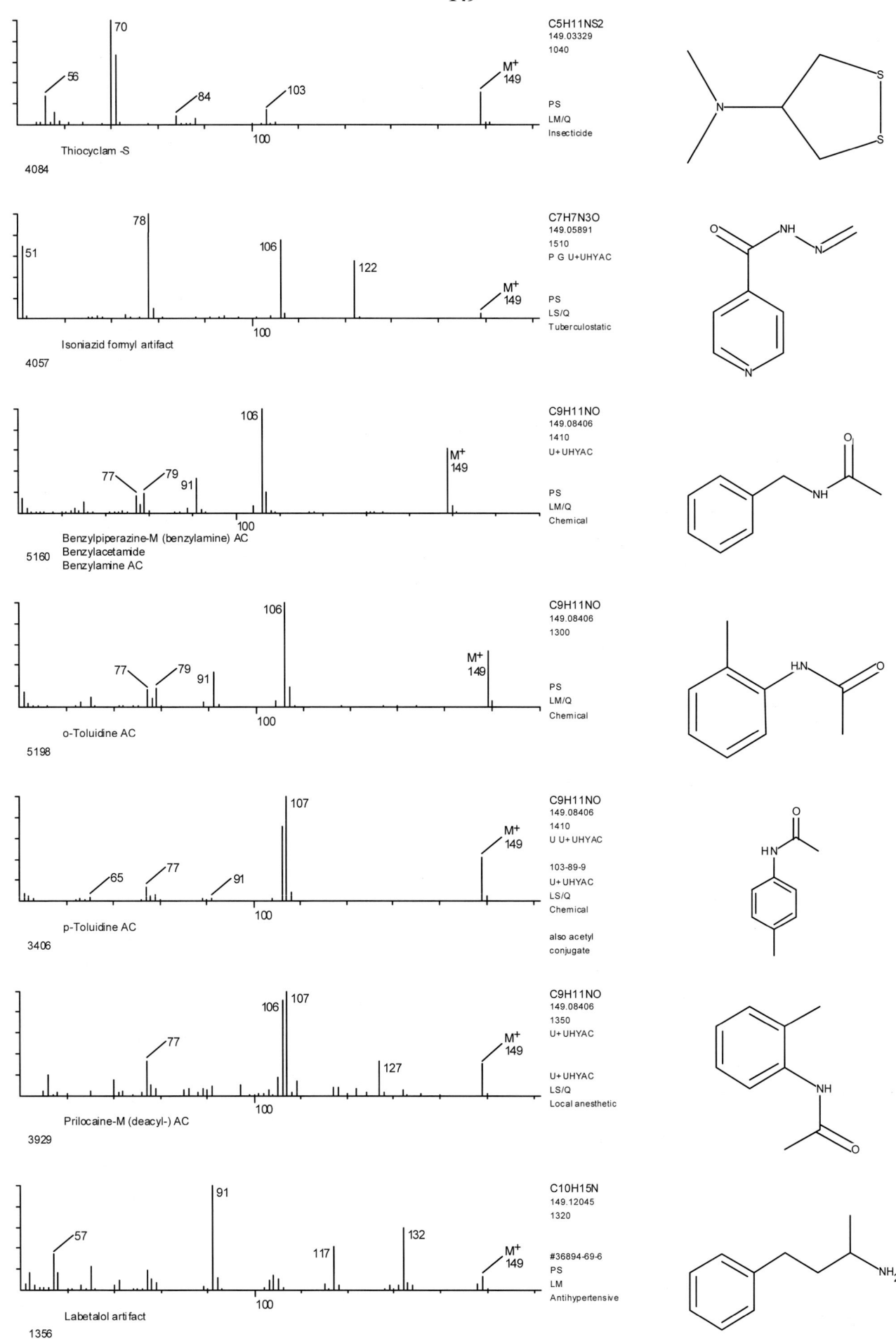

Thiocyclam -S
4084
C5H11NS2
149.03329
1040
PS
LM/Q
Insecticide

Isoniazid formyl artifact
4057
C7H7N3O
149.05891
1510
P G U+UHYAC
PS
LS/Q
Tuberculostatic

Benzylpiperazine-M (benzylamine) AC
Benzylacetamide
Benzylamine AC
5160
C9H11NO
149.08406
1410
U+UHYAC
PS
LM/Q
Chemical

o-Toluidine AC
5198
C9H11NO
149.08406
1300
PS
LM/Q
Chemical

p-Toluidine AC
3406
C9H11NO
149.08406
1410
U U+UHYAC
103-89-9
U+UHYAC
LS/Q
Chemical
also acetyl conjugate

Prilocaine-M (deacyl-) AC
3929
C9H11NO
149.08406
1350
U+UHYAC
U+UHYAC
LS/Q
Local anesthetic

Labetalol artifact
1356
C10H15N
149.12045
1320
#36894-69-6
PS
LM
Antihypertensive

126

149

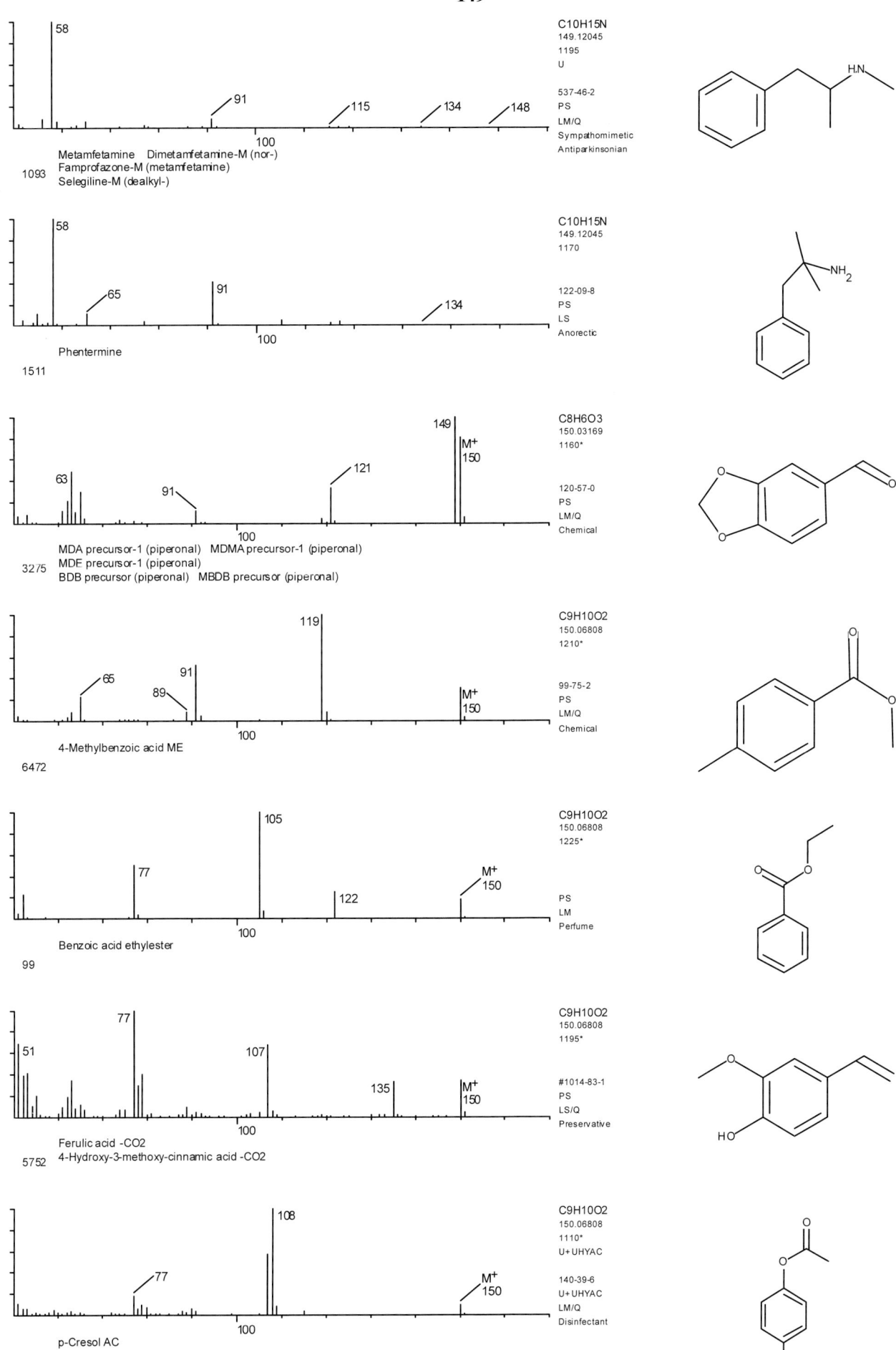

Metamfetamine   Dimetamfetamine-M (nor-)
Famprofazone-M (metamfetamine)
Selegiline-M (dealkyl-)
1093

C10H15N
149.12045
1195
U

537-46-2
PS
LM/Q
Sympathomimetic
Antiparkinsonian

Phentermine
1511

C10H15N
149.12045
1170

122-09-8
PS
LS
Anorectic

MDA precursor-1 (piperonal)   MDMA precursor-1 (piperonal)
MDE precursor-1 (piperonal)
BDB precursor (piperonal)   MBDB precursor (piperonal)
3275

C8H6O3
150.03169
1160*

120-57-0
PS
LM/Q
Chemical

4-Methylbenzoic acid ME
6472

C9H10O2
150.06808
1210*

99-75-2
PS
LM/Q
Chemical

Benzoic acid ethylester
99

C9H10O2
150.06808
1225*

PS
LM
Perfume

Ferulic acid -CO2
4-Hydroxy-3-methoxy-cinnamic acid -CO2
5752

C9H10O2
150.06808
1195*

#1014-83-1
PS
LS/Q
Preservative

p-Cresol AC
4225

C9H10O2
150.06808
1110*
U+UHYAC

140-39-6
U+UHYAC
LM/Q
Disinfectant

150

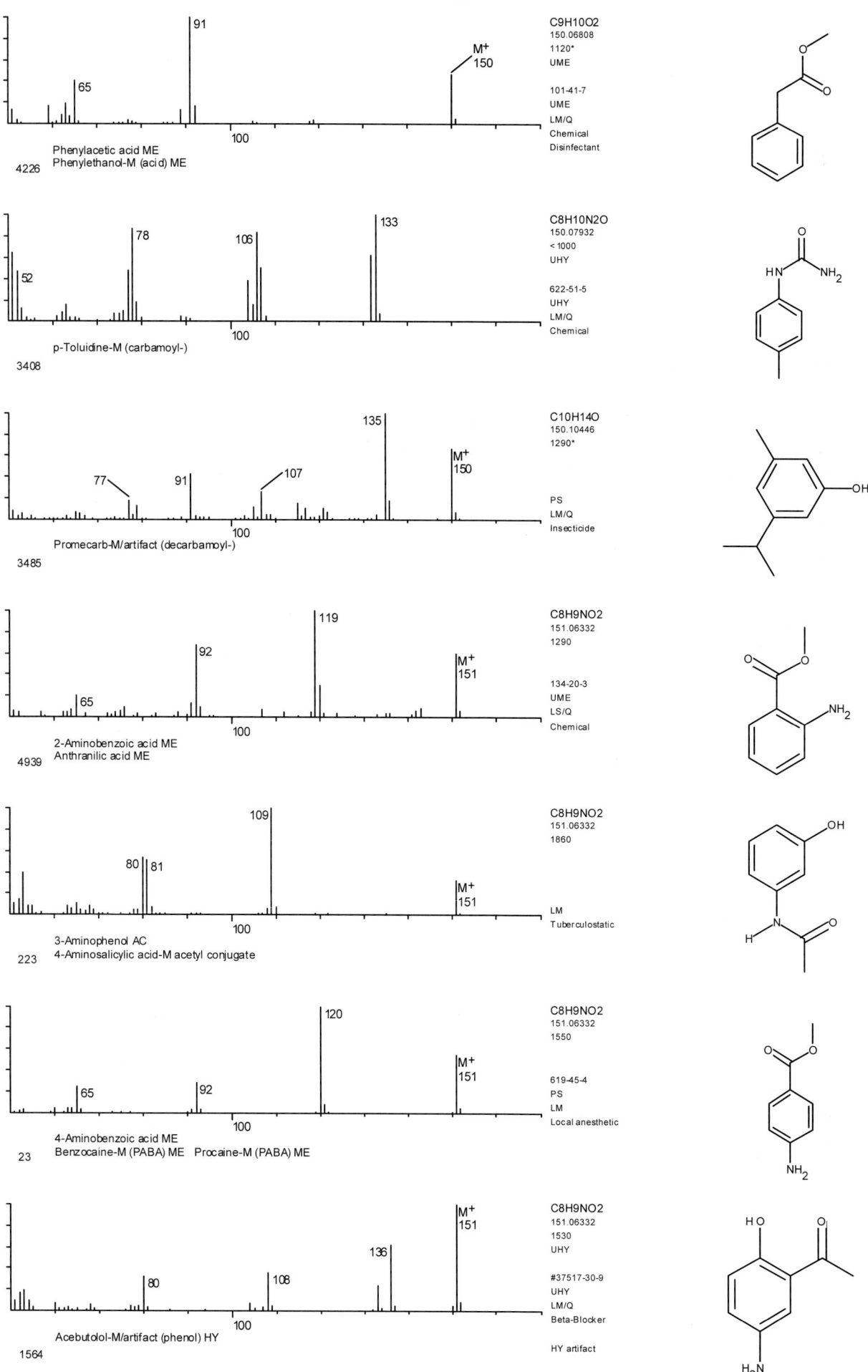

Phenylacetic acid ME / Phenylethanol-M (acid) ME — 4226	C9H10O2 150.06808 1120* UME 101-41-7 UME LM/Q Chemical Disinfectant
p-Toluidine-M (carbamoyl-) — 3408	C8H10N2O 150.07932 <1000 UHY 622-51-5 UHY LM/Q Chemical
Promecarb-M/artifact (decarbamoyl-) — 3485	C10H14O 150.10446 1290* PS LM/Q Insecticide
2-Aminobenzoic acid ME / Anthranilic acid ME — 4939	C8H9NO2 151.06332 1290 134-20-3 UME LS/Q Chemical
3-Aminophenol AC / 4-Aminosalicylic acid-M acetyl conjugate — 223	C8H9NO2 151.06332 1860 LM Tuberculostatic
4-Aminobenzoic acid ME / Benzocaine-M (PABA) ME / Procaine-M (PABA) ME — 23	C8H9NO2 151.06332 1550 619-45-4 PS LM Local anesthetic
Acebutolol-M/artifact (phenol) HY — 1564	C8H9NO2 151.06332 1530 UHY #37517-30-9 UHY LM/Q Beta-Blocker HY artifact

128

151

C8H9NO2
151.06332
1780
G p U

103-90-2
PS
LM
Analgesic

Acetaminophen Paracetamol
Phenacetin-M (deethyl-)
825

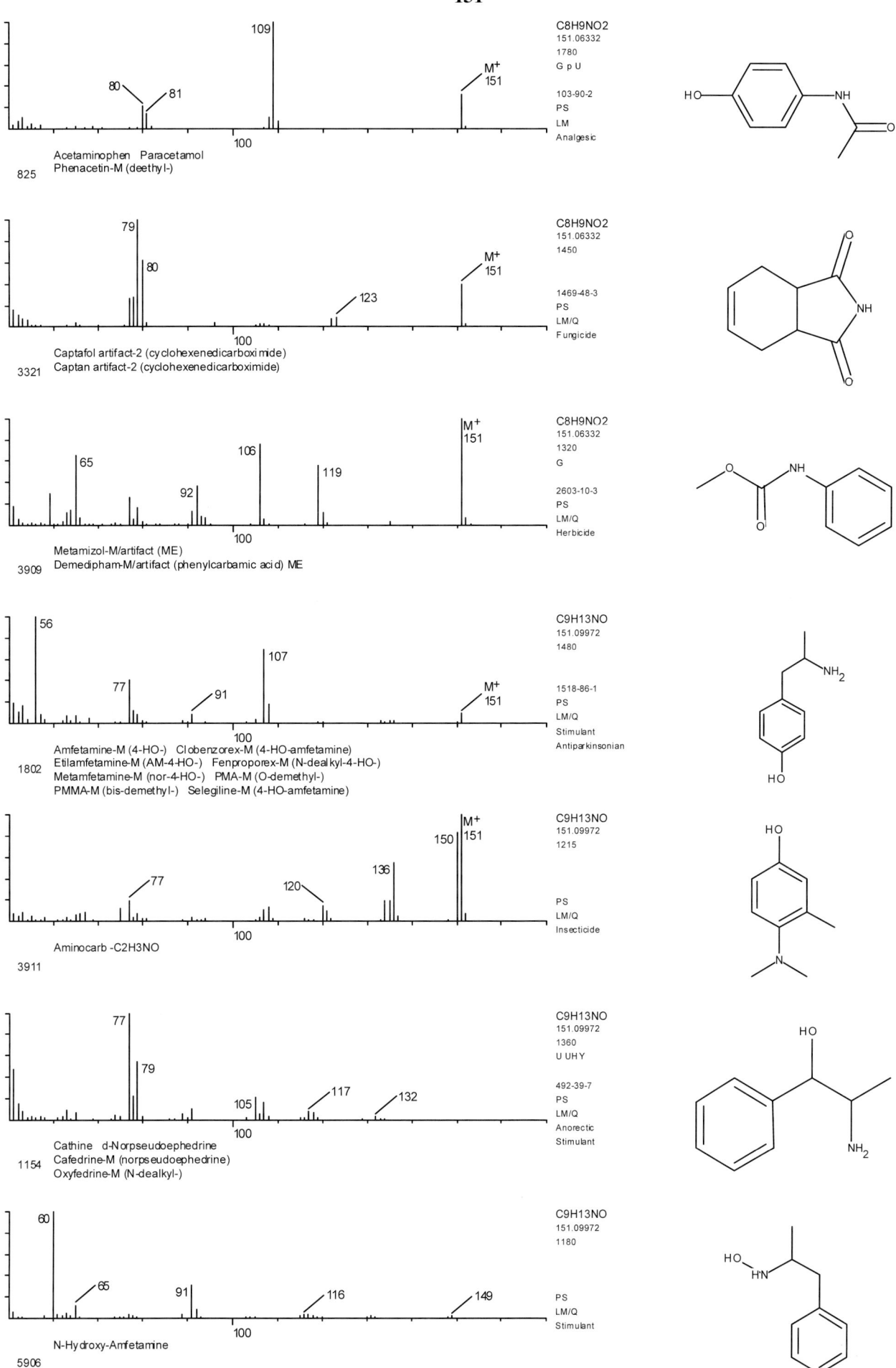

C8H9NO2
151.06332
1450

1469-48-3
PS
LM/Q
Fungicide

Captafol artifact-2 (cyclohexenedicarboximide)
Captan artifact-2 (cyclohexenedicarboximide)
3321

C8H9NO2
151.06332
1320
G

2603-10-3
PS
LM/Q
Herbicide

Metamizol-M/artifact (ME)
Demedipham-M/artifact (phenylcarbamic acid) ME
3909

C9H13NO
151.09972
1480

1518-86-1
PS
LM/Q
Stimulant
Antiparkinsonian

Amfetamine-M (4-HO-)   Clobenzorex-M (4-HO-amfetamine)
Etilamfetamine-M (AM-4-HO-)   Fenproporex-M (N-dealkyl-4-HO-)
Metamfetamine-M (nor-4-HO-)   PMA-M (O-demethyl-)
PMMA-M (bis-demethyl-)   Selegiline-M (4-HO-amfetamine)
1802

C9H13NO
151.09972
1215

PS
LM/Q
Insecticide

Aminocarb -C2H3NO
3911

C9H13NO
151.09972
1360
U U H Y

492-39-7
PS
LM/Q
Anorectic
Stimulant

Cathine d-Norpseudoephedrine
Cafedrine-M (norpseudoephedrine)
Oxyfedrine-M (N-dealkyl-)
1154

C9H13NO
151.09972
1180

PS
LM/Q
Stimulant

N-Hydroxy-Amfetamine
5906

129

151

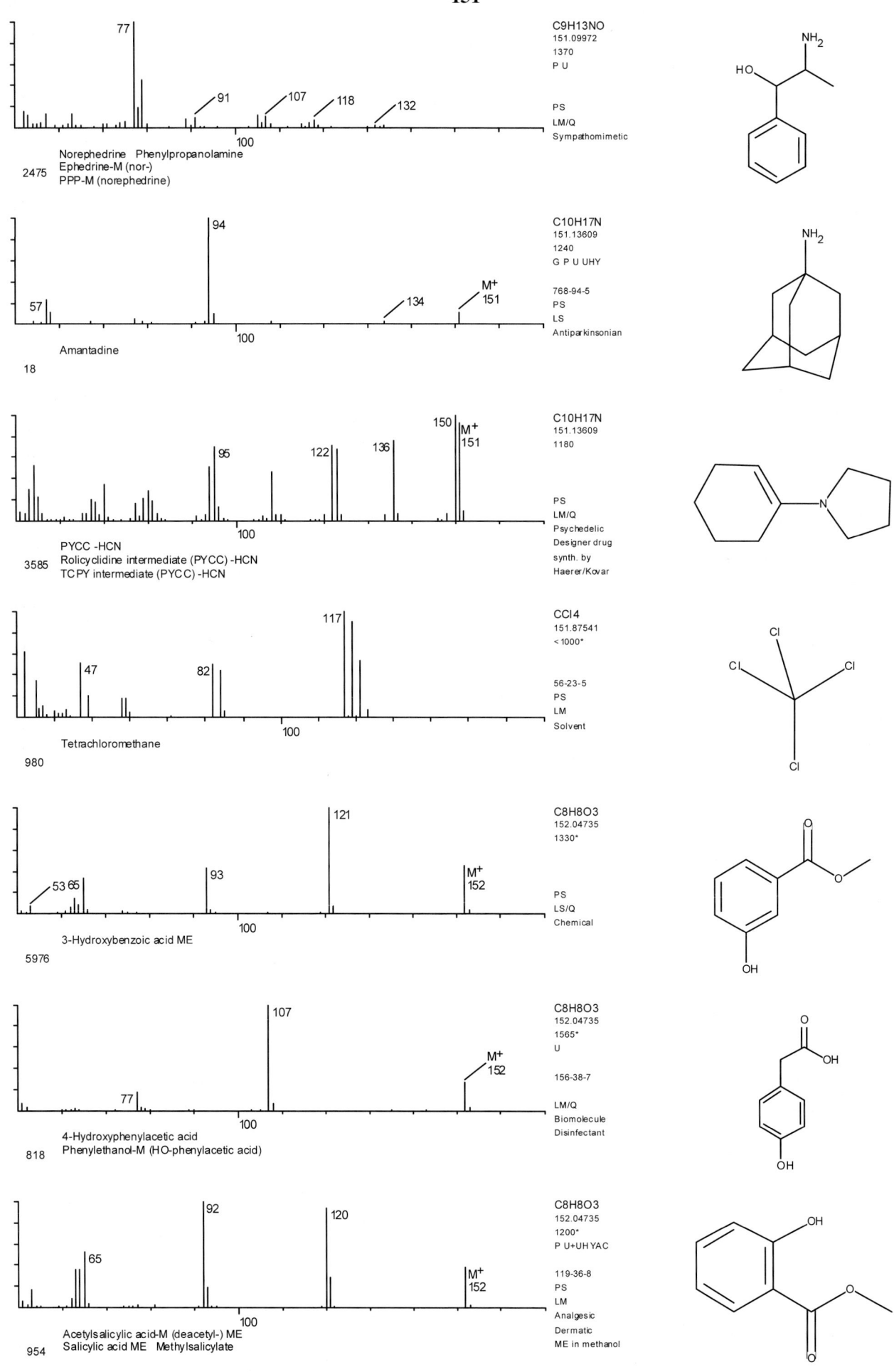

Spectrum 2475
Norephedrine   Phenylpropanolamine
Ephedrine-M (nor-)
PPP-M (norephedrine)
Peaks: 77, 91, 107, 118, 132
C9H13NO
151.09972
1370
P U
PS
LM/Q
Sympathomimetic

Spectrum 18
Amantadine
Peaks: 57, 94, 134, M+ 151
C10H17N
151.13609
1240
G P U UHY
768-94-5
PS
LS
Antiparkinsonian

Spectrum 3585
PYCC -HCN
Rolicyclidine intermediate (PYCC) -HCN
TCPY intermediate (PYCC) -HCN
Peaks: 95, 122, 136, 150, M+ 151
C10H17N
151.13609
1180
PS
LM/Q
Psychedelic
Designer drug
synth. by
Haerer/Kovar

Spectrum 980
Tetrachloromethane
Peaks: 47, 82, 117
CCl4
151.87541
<1000*
56-23-5
PS
LM
Solvent

Spectrum 5976
3-Hydroxybenzoic acid ME
Peaks: 53, 65, 93, 121, M+ 152
C8H8O3
152.04735
1330*
PS
LS/Q
Chemical

Spectrum 818
4-Hydroxyphenylacetic acid
Phenylethanol-M (HO-phenylacetic acid)
Peaks: 77, 107, M+ 152
C8H8O3
152.04735
1565*
U
156-38-7
LM/Q
Biomolecule
Disinfectant

Spectrum 954
Acetylsalicylic acid-M (deacetyl-) ME
Salicylic acid ME   Methylsalicylate
Peaks: 65, 92, 120, M+ 152
C8H8O3
152.04735
1200*
P U+UH YAC
119-36-8
PS
LM
Analgesic
Dermatic
ME in methanol

152

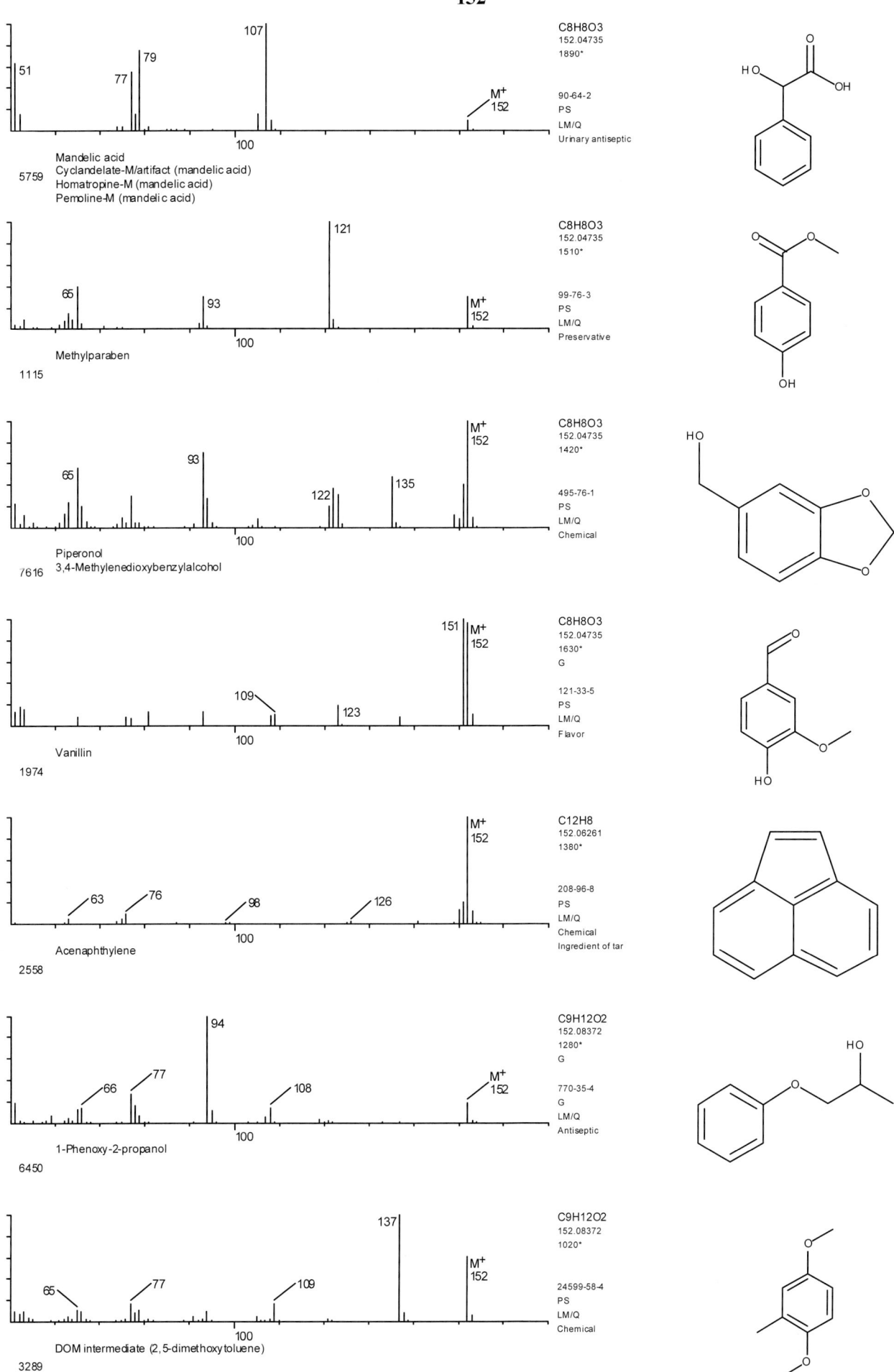

Mandelic acid
Cyclandelate-M/artifact (mandelic acid)
Homatropine-M (mandelic acid)
Pemoline-M (mandelic acid)
5759

C8H8O3
152.04735
1890*

90-64-2
PS
LM/Q
Urinary antiseptic

Methylparaben
1115

C8H8O3
152.04735
1510*

99-76-3
PS
LM/Q
Preservative

Piperonol
3,4-Methylenedioxybenzylalcohol
7616

C8H8O3
152.04735
1420*

495-76-1
PS
LM/Q
Chemical

Vanillin
1974

C8H8O3
152.04735
1630*
G

121-33-5
PS
LM/Q
Flavor

Acenaphthylene
2558

C12H8
152.06261
1380*

208-96-8
PS
LM/Q
Chemical
Ingredient of tar

1-Phenoxy-2-propanol
6450

C9H12O2
152.08372
1280*
G

770-35-4
G
LM/Q
Antiseptic

DOM intermediate (2,5-dimethoxytoluene)
3289

C9H12O2
152.08372
1020*

24599-58-4
PS
LM/Q
Chemical

152

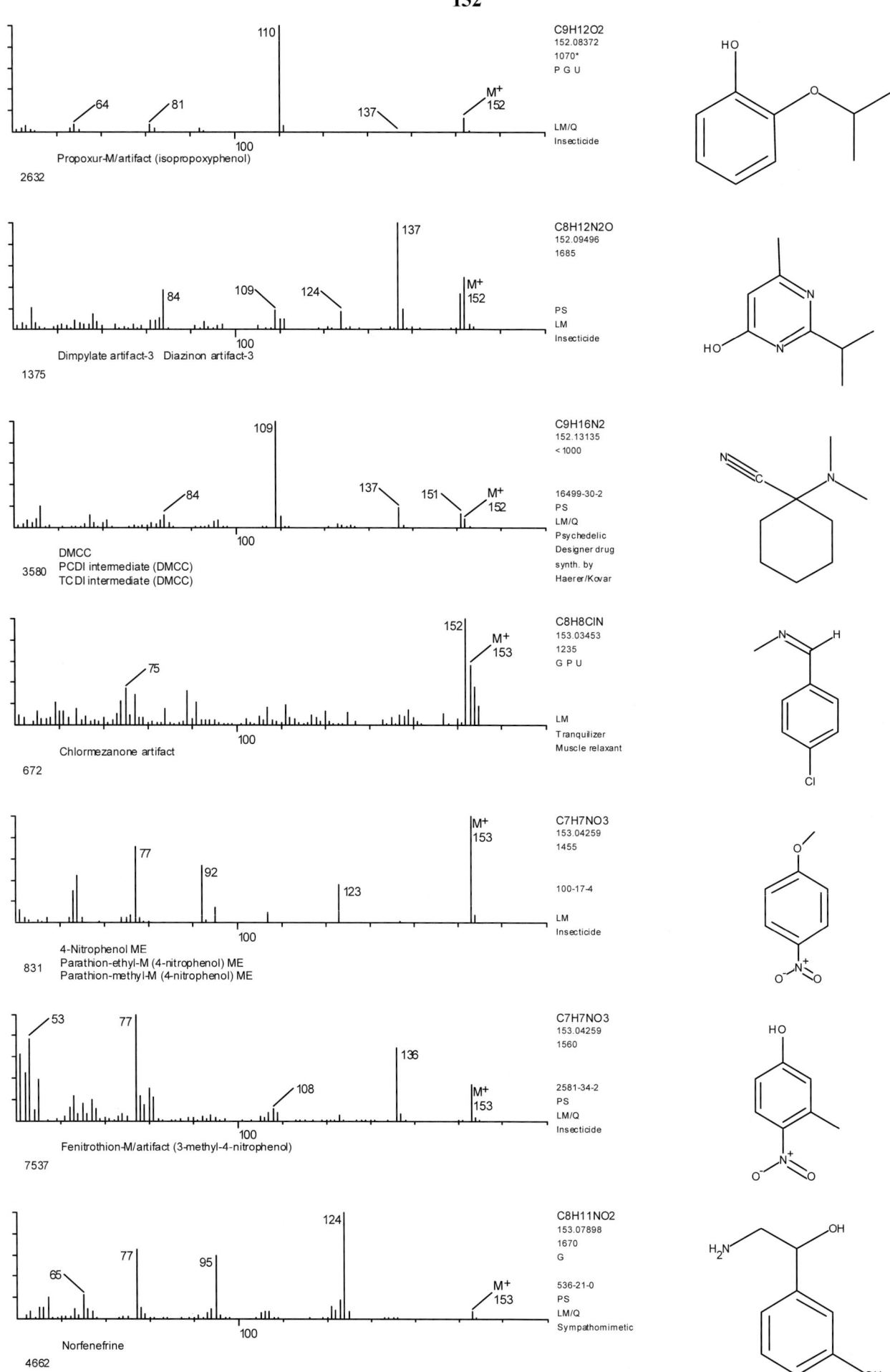

Propoxur-M/artifact (isopropoxyphenol)
2632
C9H12O2
152.08372
1070*
P G U
LM/Q
Insecticide

Dimpylate artifact-3   Diazinon artifact-3
1375
C8H12N2O
152.09496
1685
PS
LM
Insecticide

DMCC
PCDI intermediate (DMCC)
TCDI intermediate (DMCC)
3580
C9H16N2
152.13135
< 1000
16499-30-2
PS
LM/Q
Psychedelic
Designer drug
synth. by
Haerer/Kovar

Chlormezanone artifact
672
C8H8ClN
153.03453
1235
G P U
LM
Tranquilizer
Muscle relaxant

4-Nitrophenol ME
Parathion-ethyl-M (4-nitrophenol) ME
Parathion-methyl-M (4-nitrophenol) ME
831
C7H7NO3
153.04259
1455
100-17-4
LM
Insecticide

Fenitrothion-M/artifact (3-methyl-4-nitrophenol)
7537
C7H7NO3
153.04259
1560
2581-34-2
PS
LM/Q
Insecticide

Norfenefrine
4662
C8H11NO2
153.07898
1670
G
536-21-0
PS
LM/Q
Sympathomimetic

153

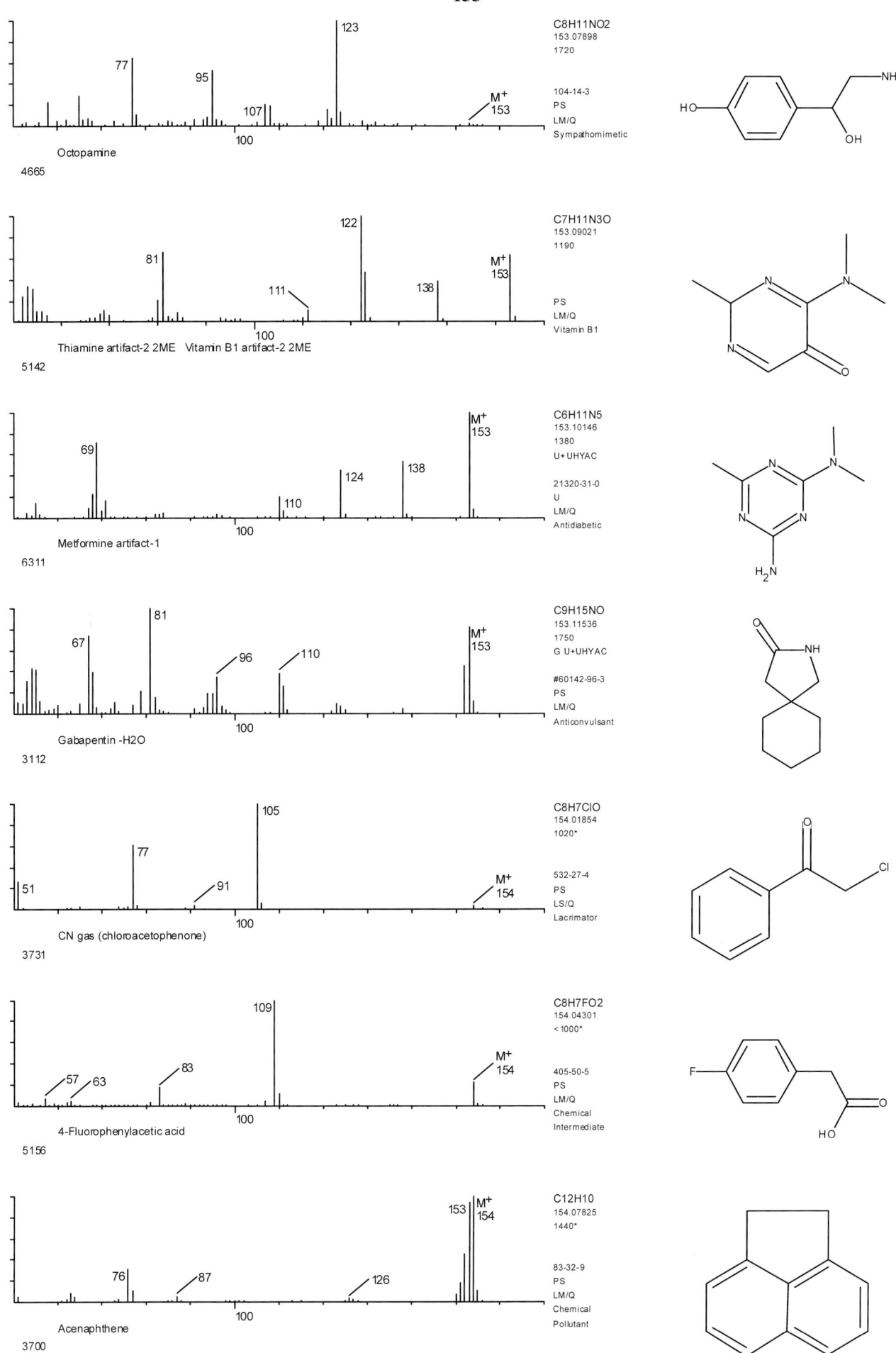

Octopamine
C8H11NO2
153.07898
1720

104-14-3
PS
LM/Q
Sympathomimetic

4665

Thiamine artifact-2 2ME   Vitamin B1 artifact-2 2ME
C7H11N3O
153.09021
1190

PS
LM/Q
Vitamin B1

5142

Metformine artifact-1
C6H11N5
153.10146
1380
U+UHYAC

21320-31-0
U
LM/Q
Antidiabetic

6311

Gabapentin -H2O
C9H15NO
153.11536
1750
G U+UHYAC

#60142-96-3
PS
LM/Q
Anticonvulsant

3112

CN gas (chloroacetophenone)
C8H7ClO
154.01854
1020*

532-27-4
PS
LS/Q
Lacrimator

3731

4-Fluorophenylacetic acid
C8H7FO2
154.04301
<1000*

405-50-5
PS
LM/Q
Chemical Intermediate

5156

Acenaphthene
C12H10
154.07825
1440*

83-32-9
PS
LM/Q
Chemical Pollutant

3700

133

154

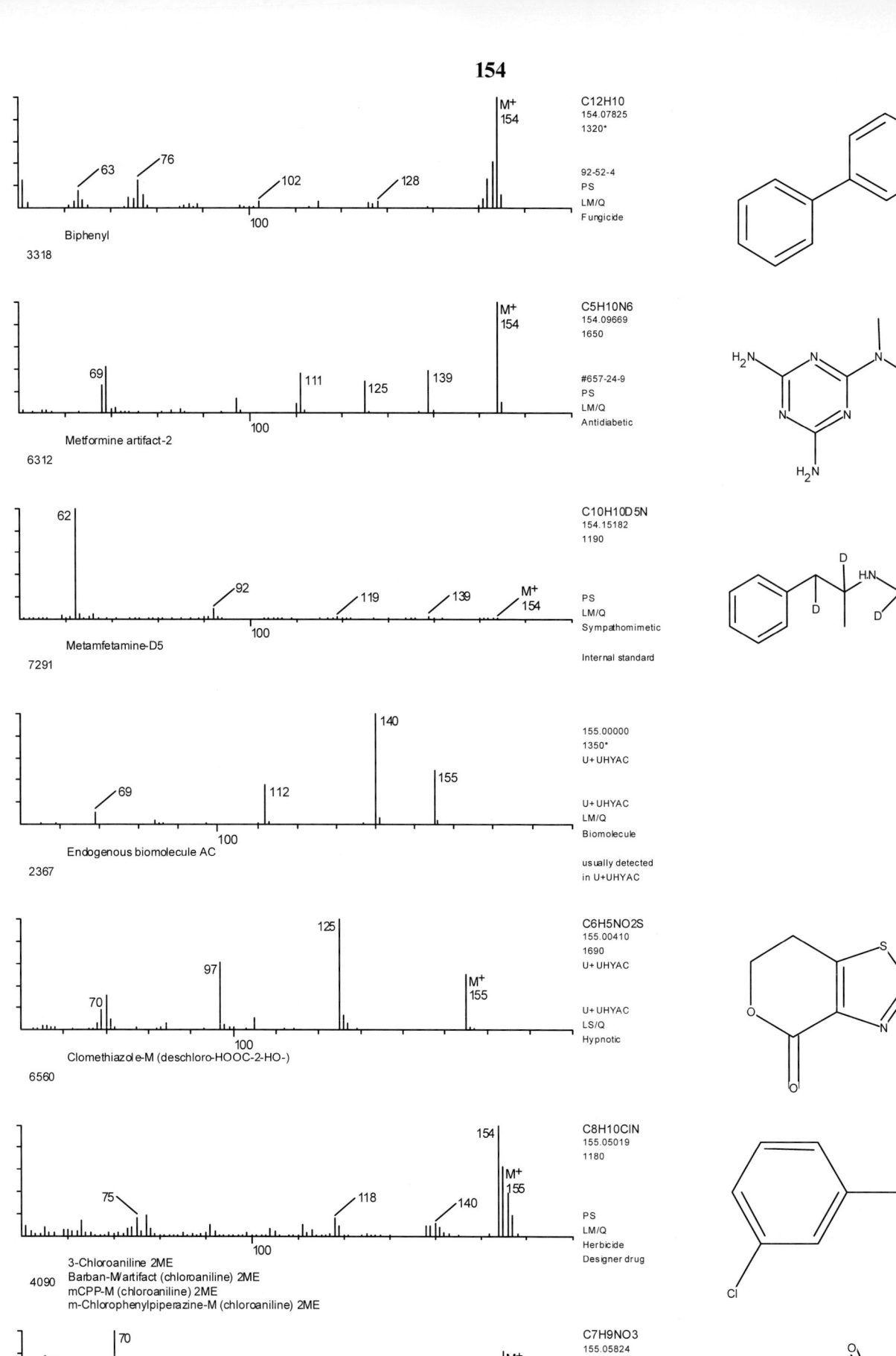

Biphenyl
3318
C12H10
154.07825
1320*
92-52-4
PS
LM/Q
Fungicide
63, 76, 102, 128, M+ 154

Metformine artifact-2
6312
C5H10N6
154.09669
1650
#657-24-9
PS
LM/Q
Antidiabetic
69, 111, 125, 139, M+ 154

Metamfetamine-D5
7291
C10H10D5N
154.15182
1190
PS
LM/Q
Sympathomimetic
Internal standard
62, 92, 119, 139, M+ 154

Endogenous biomolecule AC
2367
155.00000
1350*
U+ UHYAC
U+ UHYAC
LM/Q
Biomolecule
usually detected in U+UHYAC
69, 112, 140, 155

Clomethiazole-M (deschloro-HOOC-2-HO-)
6560
C6H5NO2S
155.00410
1690
U+ UHYAC
U+ UHYAC
LS/Q
Hypnotic
70, 97, 125, M+ 155

3-Chloroaniline 2ME
Barban-M/artifact (chloroaniline) 2ME
mCPP-M (chloroaniline) 2ME
m-Chlorophenylpiperazine-M (chloroaniline) 2ME
4090
C8H10ClN
155.05019
1180
PS
LM/Q
Herbicide
Designer drug
75, 118, 140, 154, M+ 155

Ethosuximide-M (oxo-)
2913
C7H9NO3
155.05824
1270
U+ UHYAC
LM/Q
Anticonvulsant
55, 70, 98, 113, M+ 155

155

Arecoline / Arecaidine ME
5870
C8H13NO2
155.09464
<1000
63-75-2
PS
LM/Q
Anthelmintic

Bemegride
77
C8H13NO2
155.09464
1350
64-65-3
PS
LM/Q
Stimulant

Ethosuximide ME
2922
C8H13NO2
155.09464
1130
13861-99-9
PS
LM/Q
Anticonvulsant

Scopolamine-M/artifact (deacyl-)
3194
C8H13NO2
155.09464
1210
LM/Q
Parasympatholytic

Diethylallylacetamide
719
C9H17NO
155.13101
1285
P G U
512-48-1
PS
LM/Q
Hypnotic

Propylhexedrine
940
C10H21N
155.16740
1170
U U H Y
101-40-6
PS
LM
Anorectic

Bromobenzene
3611
C6H5Br
155.95746
<1000*
108-86-1
PS
LM/Q
Chemical
Precursor of
phencyclidine
and analogues

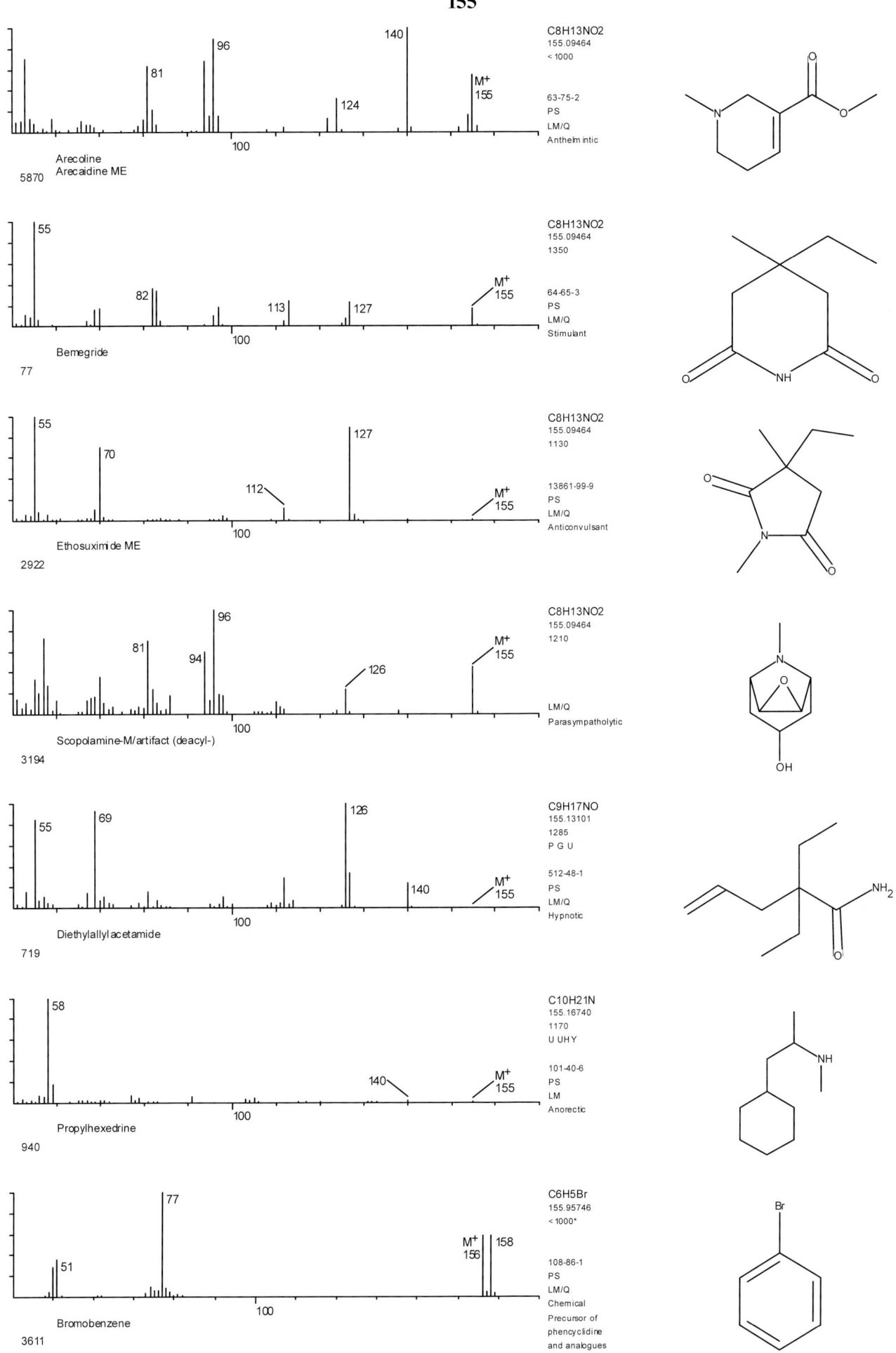

156

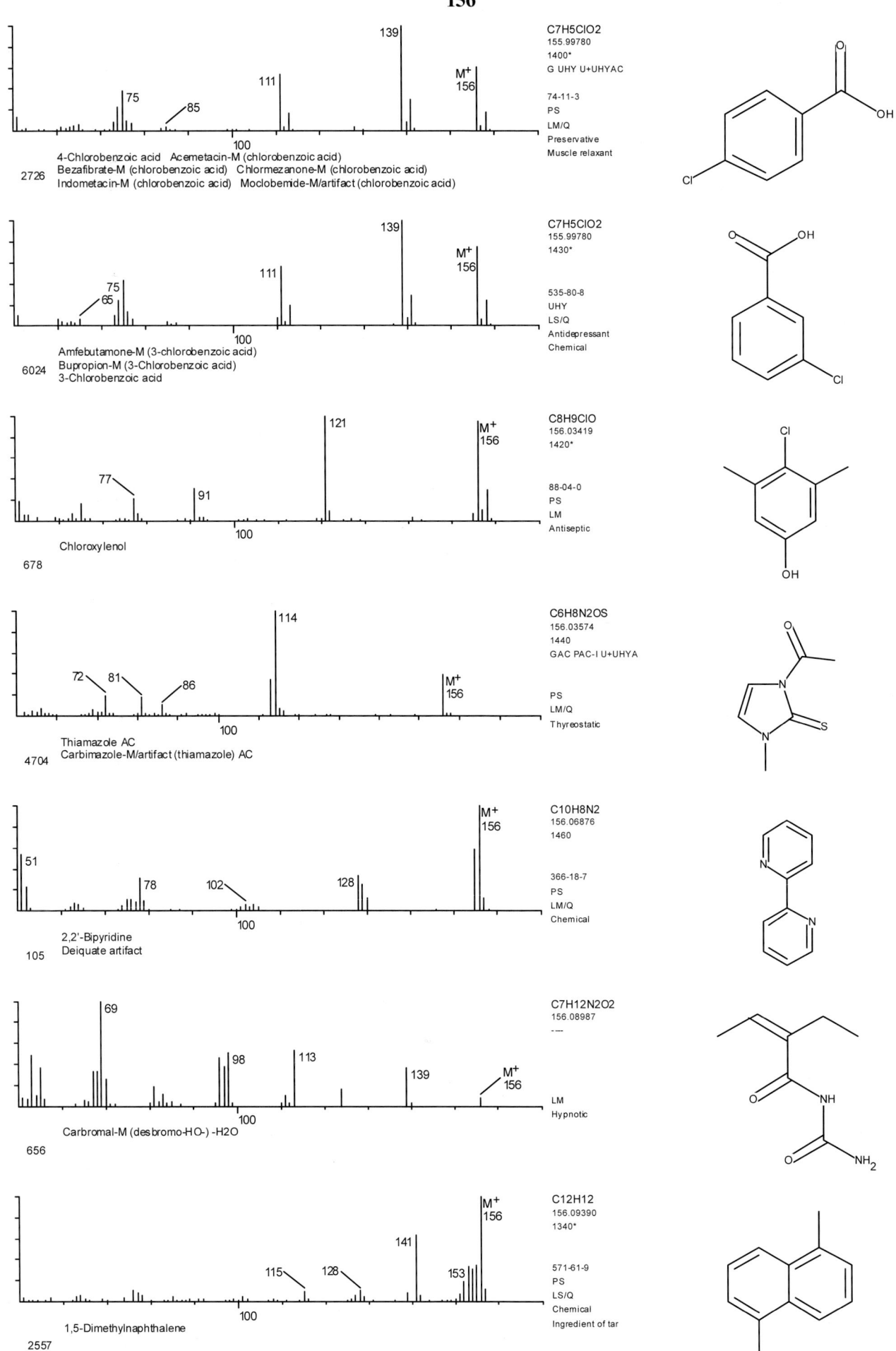

C7H5ClO2
155.99780
1400*
G UHY U+UHYAC

74-11-3
PS
LM/Q
Preservative
Muscle relaxant

4-Chlorobenzoic acid   Acemetacin-M (chlorobenzoic acid)
Bezafibrate-M (chlorobenzoic acid)   Chlormezanone-M (chlorobenzoic acid)
2726   Indometacin-M (chlorobenzoic acid)   Moclobemide-M/artifact (chlorobenzoic acid)

C7H5ClO2
155.99780
1430*

535-80-8
UHY
LS/Q
Antidepressant
Chemical

Amfebutamone-M (3-chlorobenzoic acid)
Bupropion-M (3-Chlorobenzoic acid)
6024   3-Chlorobenzoic acid

C8H9ClO
156.03419
1420*

88-04-0
PS
LM
Antiseptic

Chloroxylenol
678

C6H8N2OS
156.03574
1440
GAC PAC-I U+UHYA

PS
LM/Q
Thyreostatic

Thiamazole AC
4704   Carbimazole-M/artifact (thiamazole) AC

C10H8N2
156.06876
1460

366-18-7
PS
LM/Q
Chemical

2,2'-Bipyridine
105   Deiquate artifact

C7H12N2O2
156.08987

LM
Hypnotic

Carbromal-M (desbromo-HO-) -H2O
656

C12H12
156.09390
1340*

571-61-9
PS
LS/Q
Chemical
Ingredient of tar

1,5-Dimethylnaphthalene
2557

136

156

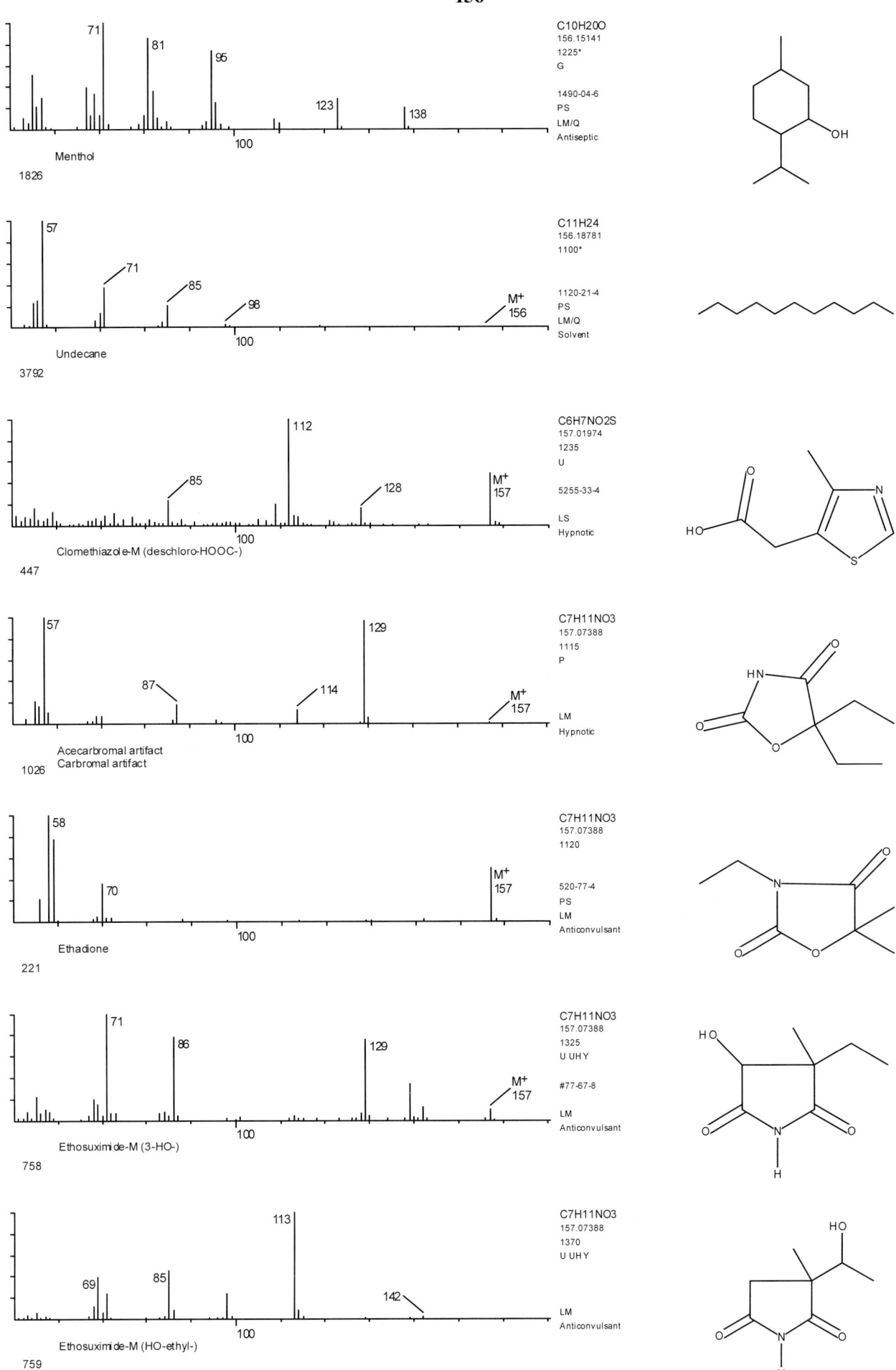

Menthol — C10H20O, 156.15141, 1225*, G, 1490-04-6, PS, LM/Q, Antiseptic
Peaks: 71, 81, 95, 123, 138
1826

Undecane — C11H24, 156.18781, 1100*, 1120-21-4, PS, LM/Q, Solvent
Peaks: 57, 71, 85, 98, M+ 156
3792

Clomethiazole-M (deschloro-HOOC-) — C6H7NO2S, 157.01974, 1235, U, 5255-33-4, LS, Hypnotic
Peaks: 85, 112, 128, M+ 157
447

Acecarbromal artifact / Carbromal artifact — C7H11NO3, 157.07388, 1115, P, LM, Hypnotic
Peaks: 57, 87, 114, 129, M+ 157
1026

Ethadione — C7H11NO3, 157.07388, 1120, 520-77-4, PS, LM, Anticonvulsant
Peaks: 58, 70, M+ 157
221

Ethosuximide-M (3-HO-) — C7H11NO3, 157.07388, 1325, U UHY, #77-67-8, LM, Anticonvulsant
Peaks: 71, 86, 129, M+ 157
758

Ethosuximide-M (HO-ethyl-) — C7H11NO3, 157.07388, 1370, U UHY, LM, Anticonvulsant
Peaks: 69, 85, 113, 142
759

137

157

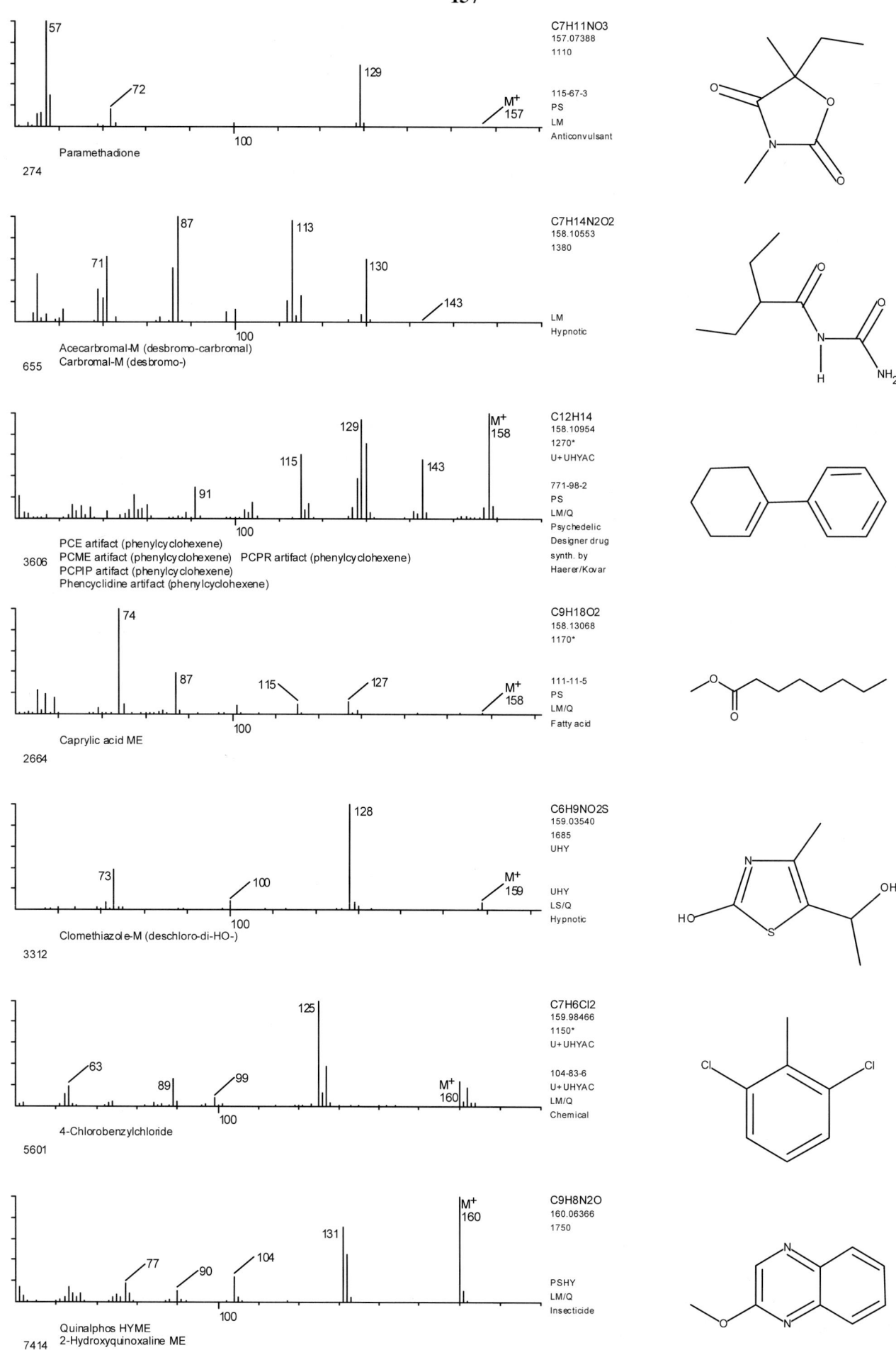

Paramethadione — C7H11NO3, 157.07388, 1110, 115-67-3, PS, LM, Anticonvulsant
Peaks: 57, 72, 129, M+ 157
274

Acecarbromal-M (desbromo-carbromal)
Carbromal-M (desbromo-) — C7H14N2O2, 158.10553, 1380, LM, Hypnotic
Peaks: 71, 87, 113, 130, 143
655

PCE artifact (phenylcyclohexene)
PCME artifact (phenylcyclohexene)   PCPR artifact (phenylcyclohexene)
PCPIP artifact (phenylcyclohexene)
Phencyclidine artifact (phenylcyclohexene) — C12H14, 158.10954, 1270*, U+UHYAC, 771-98-2, PS, LM/Q, Psychedelic Designer drug synth. by Haerer/Kovar
Peaks: 91, 115, 129, 143, M+ 158
3606

Caprylic acid ME — C9H18O2, 158.13068, 1170*, 111-11-5, PS, LM/Q, Fatty acid
Peaks: 74, 87, 115, 127, M+ 158
2664

Clomethiazole-M (deschloro-di-HO-) — C6H9NO2S, 159.03540, 1685, UHY, UHY, LS/Q, Hypnotic
Peaks: 73, 100, 128, M+ 159
3312

4-Chlorobenzylchloride — C7H6Cl2, 159.98466, 1150*, U+UHYAC, 104-83-6, U+UHYAC, LM/Q, Chemical
Peaks: 63, 89, 99, 125, M+ 160
5601

Quinalphos HYME
2-Hydroxyquinoxaline ME — C9H8N2O, 160.06366, 1750, PSHY, LM/Q, Insecticide
Peaks: 77, 90, 104, 131, M+ 160
7414

138

160

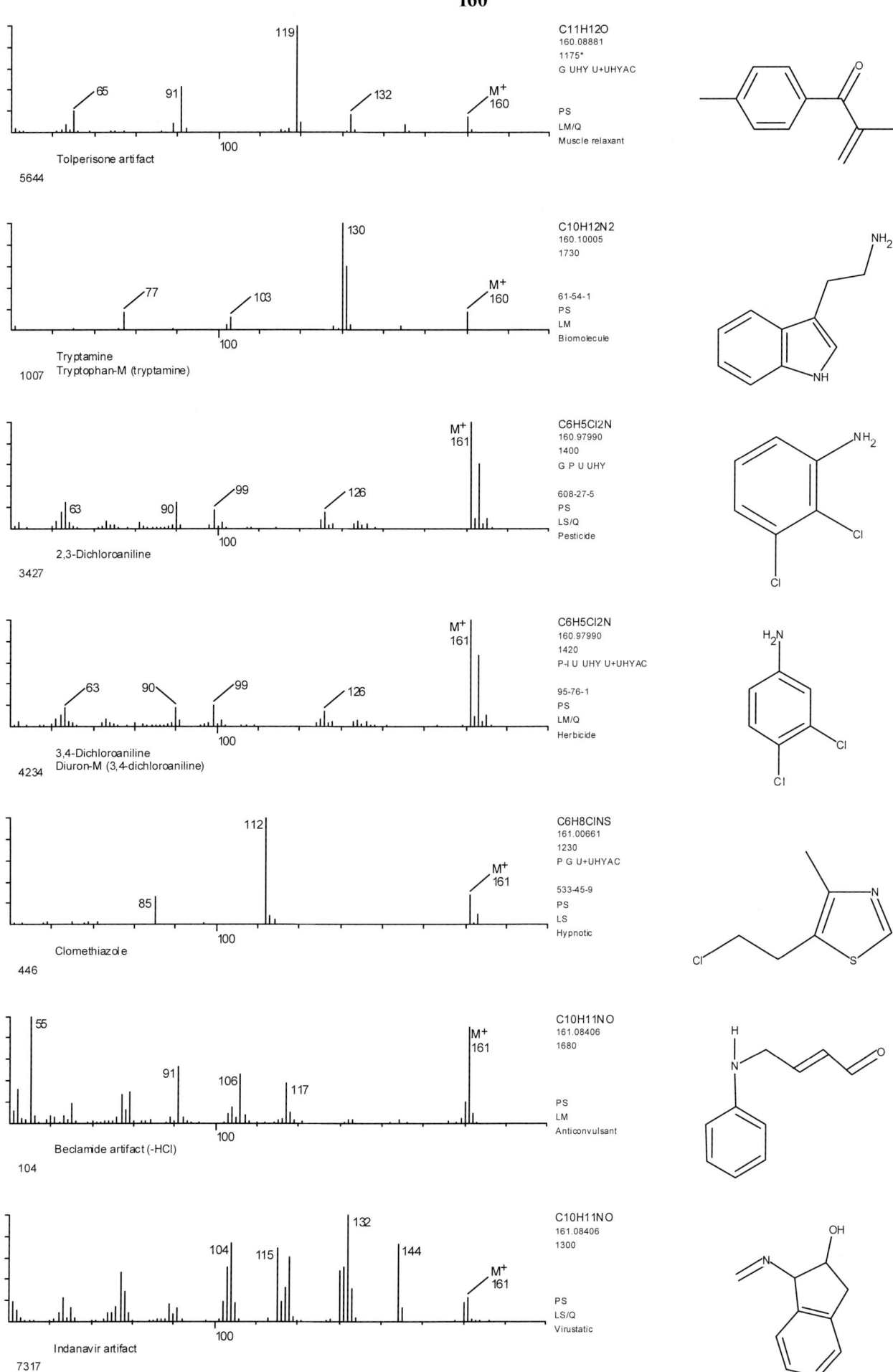

Tolperisone artifact
5644

C11H12O
160.08881
1175*
G UHY U+UHYAC
PS
LM/Q
Muscle relaxant

Tryptamine
Tryptophan-M (tryptamine)
1007

C10H12N2
160.10005
1730

61-54-1
PS
LM
Biomolecule

2,3-Dichloroaniline
3427

C6H5Cl2N
160.97990
1400
G P U UHY

608-27-5
PS
LS/Q
Pesticide

3,4-Dichloroaniline
Diuron-M (3,4-dichloroaniline)
4234

C6H5Cl2N
160.97990
1420
P-I U UHY U+UHYAC

95-76-1
PS
LM/Q
Herbicide

Clomethiazole
446

C6H8ClNS
161.00661
1230
P G U+UHYAC

533-45-9
PS
LS
Hypnotic

Beclamide artifact (-HCl)
104

C10H11NO
161.08406
1680

PS
LM
Anticonvulsant

Indanavir artifact
7317

C10H11NO
161.08406
1300

PS
LS/Q
Virustatic

139

161

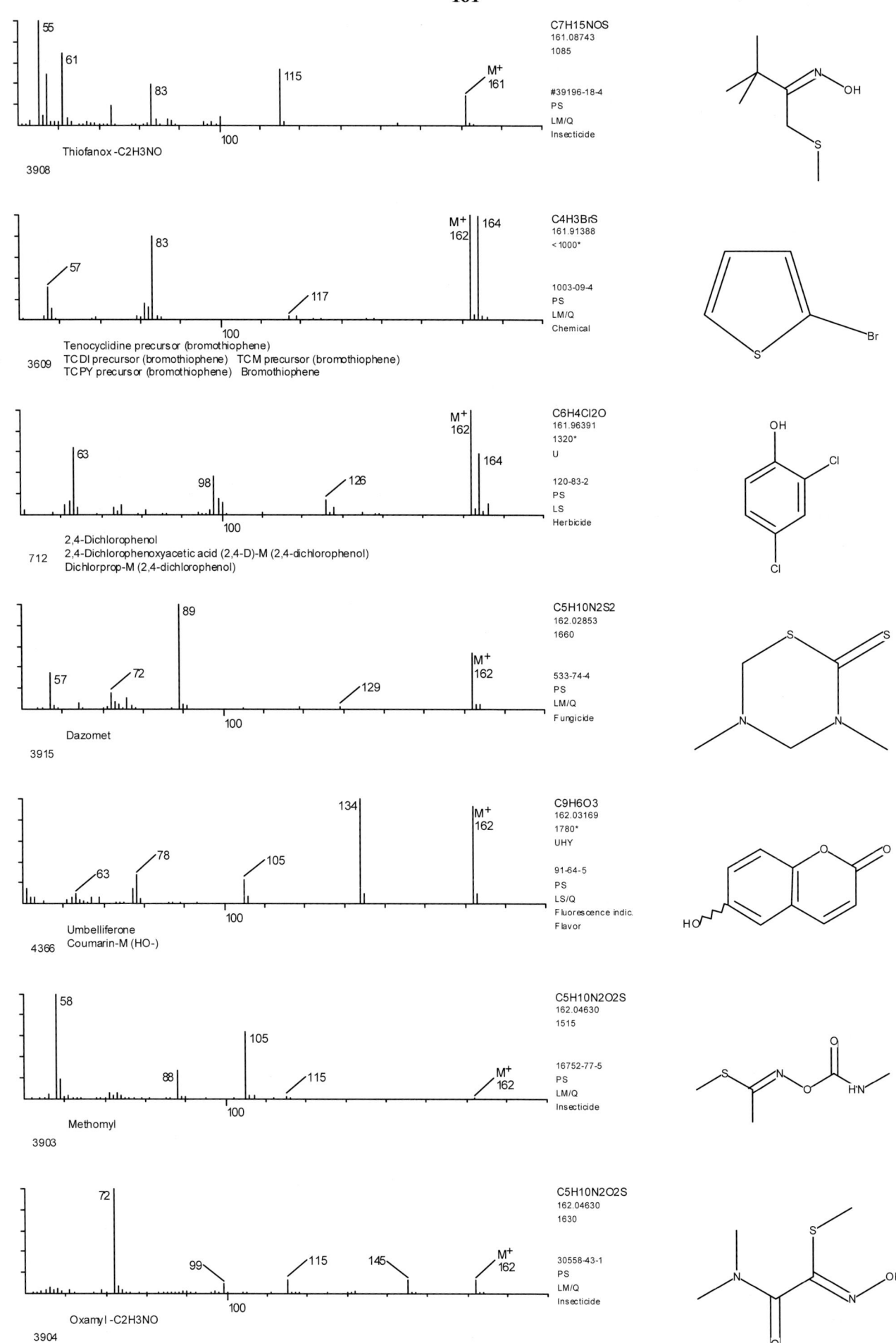

Thiofanox -C2H3NO 3908 Peaks: 55, 61, 83, 115, M+ 161	C7H15NOS 161.08743 1085 #39196-18-4 PS LM/Q Insecticide
Tenocyclidine precursor (bromothiophene) TCDI precursor (bromothiophene) TCM precursor (bromothiophene) TCPY precursor (bromothiophene) Bromothiophene 3609 Peaks: 57, 83, 117, M+ 162, 164	C4H3BrS 161.91388 < 1000* 1003-09-4 PS LM/Q Chemical
2,4-Dichlorophenol 2,4-Dichlorophenoxyacetic acid (2,4-D)-M (2,4-dichlorophenol) Dichlorprop-M (2,4-dichlorophenol) 712 Peaks: 63, 98, 126, M+ 162, 164	C6H4Cl2O 161.96391 1320* U 120-83-2 PS LS Herbicide
Dazomet 3915 Peaks: 57, 72, 89, 129, M+ 162	C5H10N2S2 162.02853 1660 533-74-4 PS LM/Q Fungicide
Umbelliferone Coumarin-M (HO-) 4366 Peaks: 63, 78, 105, 134, M+ 162	C9H6O3 162.03169 1780* UHY 91-64-5 PS LS/Q Fluorescence indic. Flavor
Methomyl 3903 Peaks: 58, 88, 105, 115, M+ 162	C5H10N2O2S 162.04630 1515 16752-77-5 PS LM/Q Insecticide
Oxamyl -C2H3NO 3904 Peaks: 72, 99, 115, 145, M+ 162	C5H10N2O2S 162.04630 1630 30558-43-1 PS LM/Q Insecticide

162

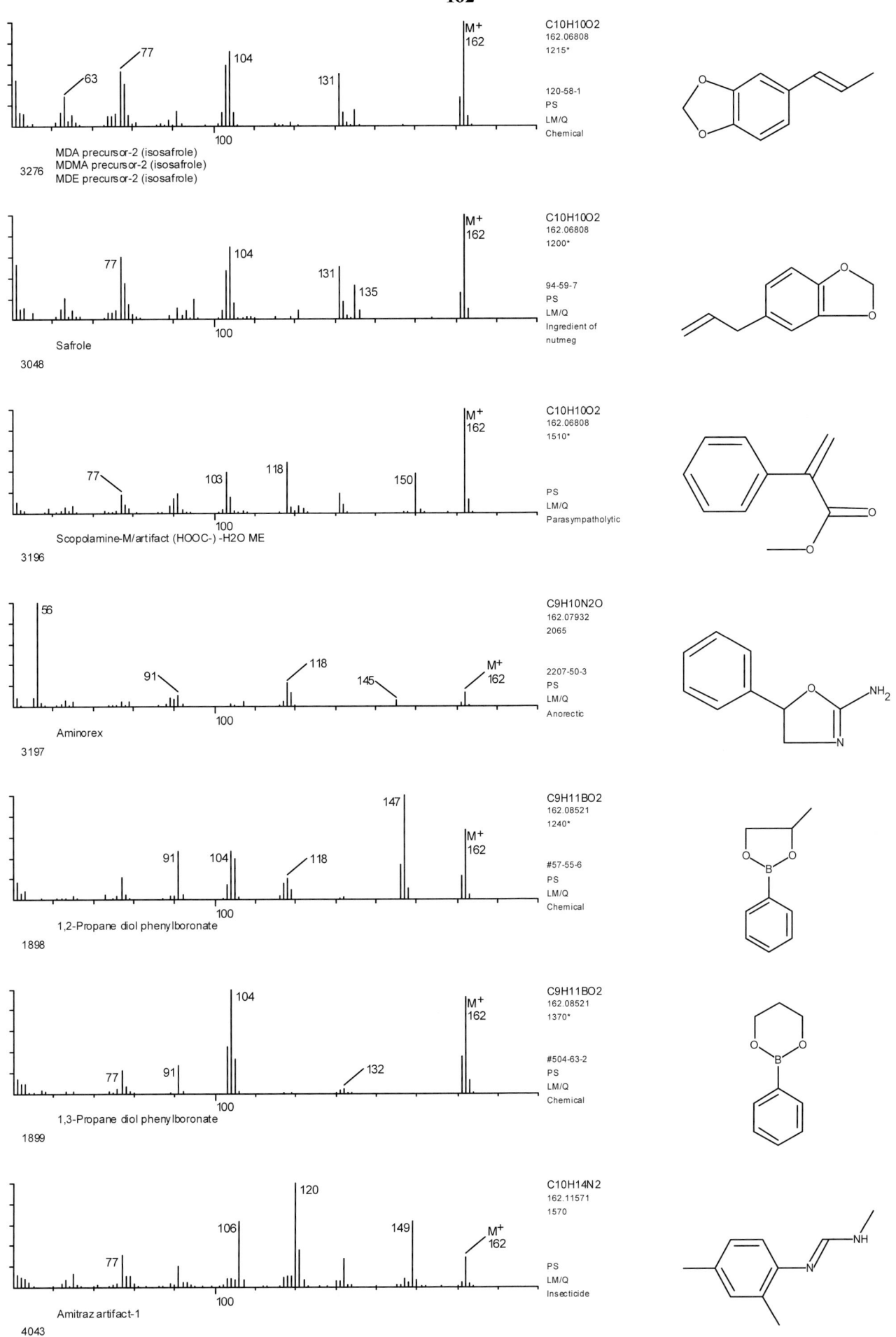

3276	MDA precursor-2 (isosafrole) MDMA precursor-2 (isosafrole) MDE precursor-2 (isosafrole) Peaks: 63, 77, 104, 131, M+ 162	C10H10O2 162.06808 1215* 120-58-1 PS LM/Q Chemical
3048	Safrole Peaks: 77, 100, 104, 131, 135, M+ 162	C10H10O2 162.06808 1200* 94-59-7 PS LM/Q Ingredient of nutmeg
3196	Scopolamine-M/artifact (HOOC-) -H2O ME Peaks: 77, 100, 103, 118, 150, M+ 162	C10H10O2 162.06808 1510* PS LM/Q Parasympatholytic
3197	Aminorex Peaks: 56, 91, 100, 118, 145, M+ 162	C9H10N2O 162.07932 2065 2207-50-3 PS LM/Q Anorectic
1898	1,2-Propane diol phenylboronate Peaks: 91, 100, 104, 118, 147, M+ 162	C9H11BO2 162.08521 1240* #57-55-6 PS LM/Q Chemical
1899	1,3-Propane diol phenylboronate Peaks: 77, 91, 100, 104, 132, M+ 162	C9H11BO2 162.08521 1370* #504-63-2 PS LM/Q Chemical
4043	Amitraz artifact-1 Peaks: 77, 100, 106, 120, 149, M+ 162	C10H14N2 162.11571 1570 PS LM/Q Insecticide

162

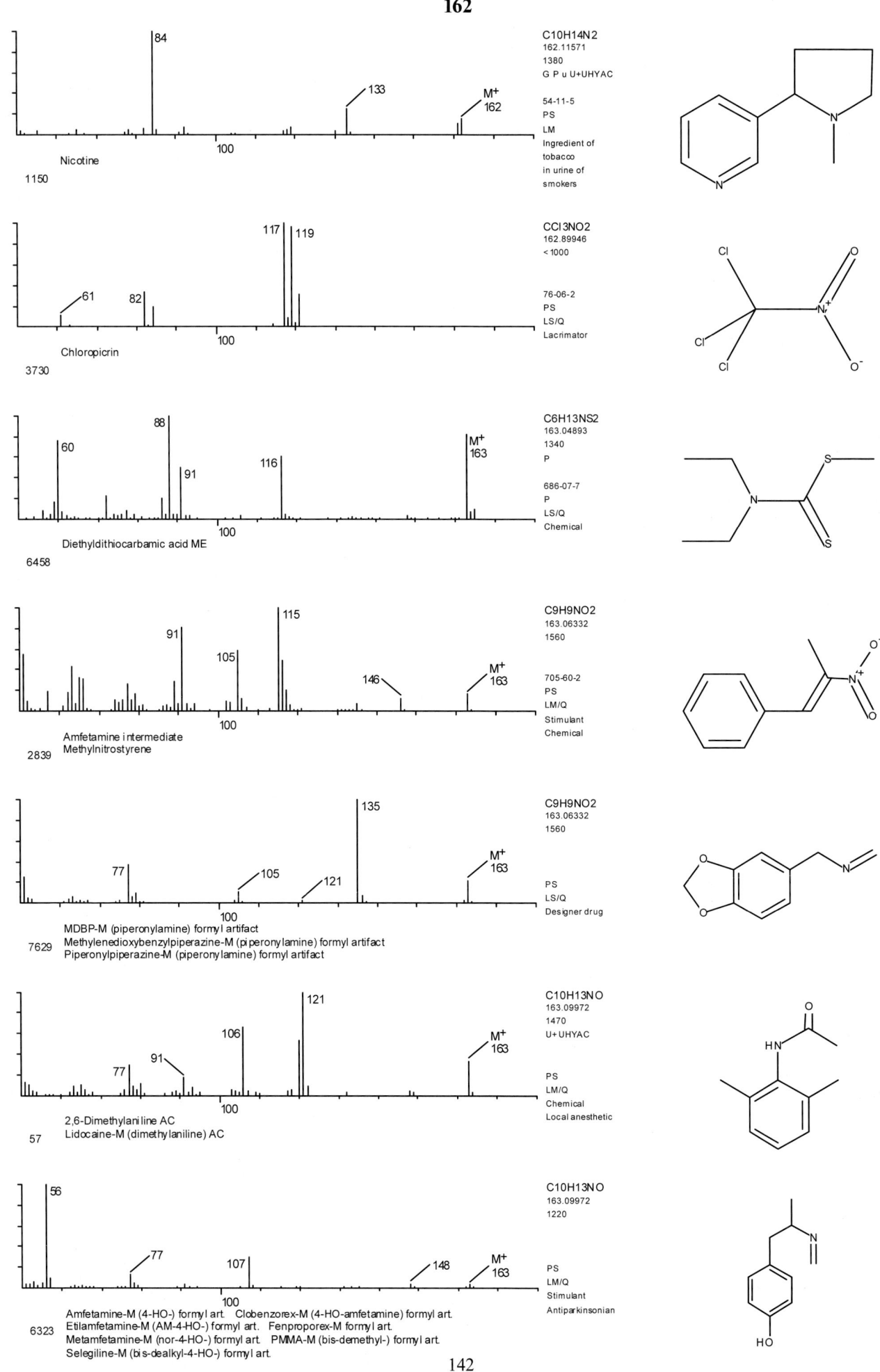

Nicotine — 1150
84, 133, M+ 162
C10H14N2
162.11571
1380
G P u U+UHYAC
54-11-5
PS
LM
Ingredient of tobacco in urine of smokers

Chloropicrin — 3730
61, 82, 117, 119
CCl3NO2
162.89946
< 1000
76-06-2
PS
LS/Q
Lacrimator

Diethyldithiocarbamic acid ME — 6458
60, 88, 91, 116, M+ 163
C6H13NS2
163.04893
1340
P
686-07-7
P
LS/Q
Chemical

Amfetamine intermediate
Methylnitrostyrene — 2839
91, 105, 115, 146, M+ 163
C9H9NO2
163.06332
1560
705-60-2
PS
LM/Q
Stimulant
Chemical

MDBP-M (piperonylamine) formyl artifact
Methylenedioxybenzylpiperazine-M (piperonylamine) formyl artifact
Piperonylpiperazine-M (piperonylamine) formyl artifact — 7629
77, 105, 121, 135, M+ 163
C9H9NO2
163.06332
1560
PS
LS/Q
Designer drug

2,6-Dimethylaniline AC
Lidocaine-M (dimethylaniline) AC — 57
77, 91, 106, 121, M+ 163
C10H13NO
163.09972
1470
U+ UHYAC
PS
LM/Q
Chemical
Local anesthetic

Amfetamine-M (4-HO-) formyl art.   Clobenzorex-M (4-HO-amfetamine) formyl art.
Etilamfetamine-M (AM-4-HO-) formyl art.   Fenproporex-M formyl art.
Metamfetamine-M (nor-4-HO-) formyl art.   PMMA-M (bis-demethyl-) formyl art.
Selegiline-M (bis-dealkyl-4-HO-) formyl art. — 6323
56, 77, 107, 148, M+ 163
C10H13NO
163.09972
1220
PS
LM/Q
Stimulant
Antiparkinsonian

163

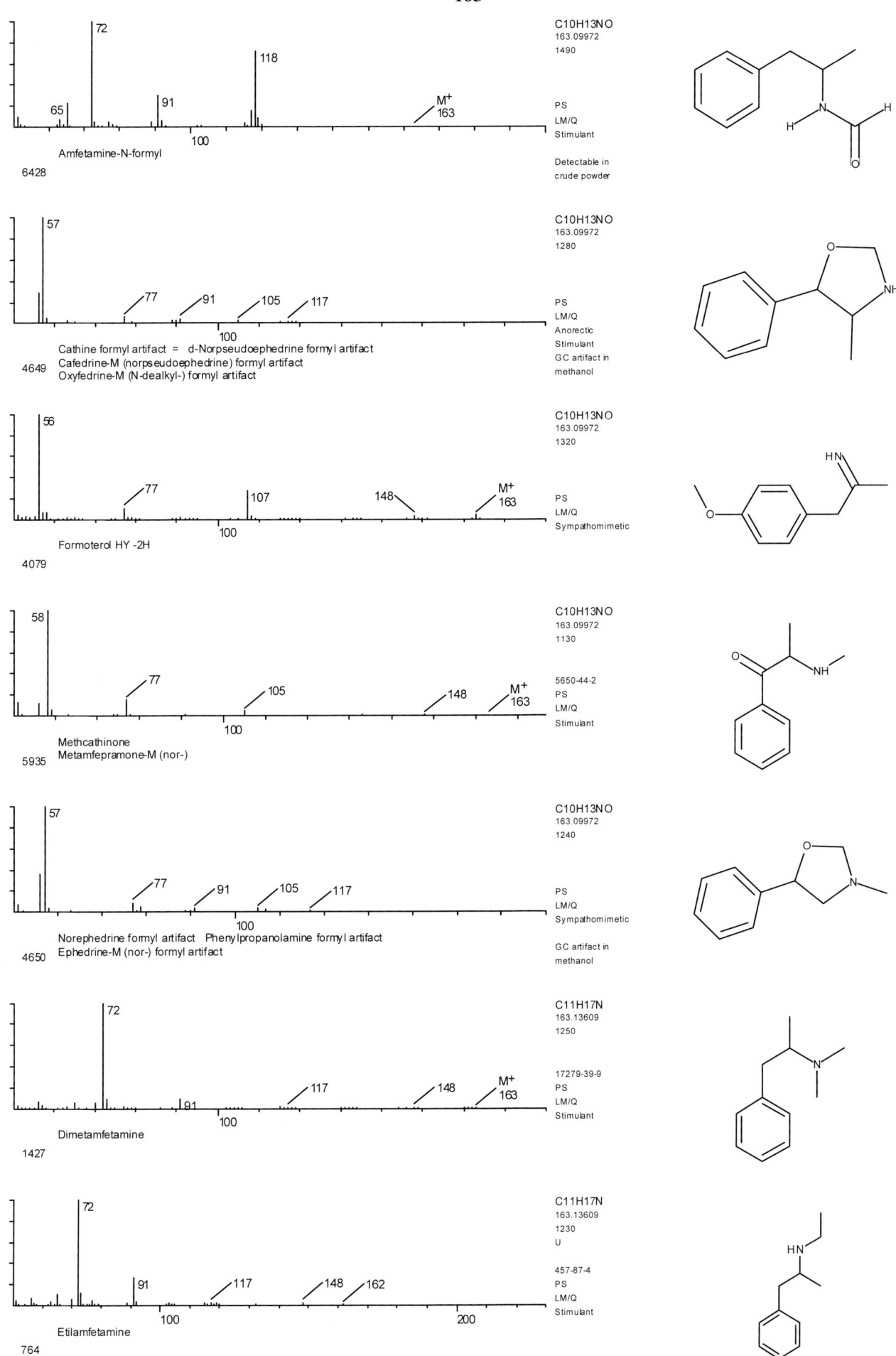

Amfetamine-N-formyl
6428

C10H13NO
163.09972
1490

PS
LM/Q
Stimulant

Detectable in crude powder

Cathine formyl artifact = d-Norpseudoephedrine formyl artifact
Cafedrine-M (norpseudoephedrine) formyl artifact
Oxyfedrine-M (N-dealkyl-) formyl artifact
4649

C10H13NO
163.09972
1280

PS
LM/Q
Anorectic
Stimulant
GC artifact in methanol

Formoterol HY -2H
4079

C10H13NO
163.09972
1320

PS
LM/Q
Sympathomimetic

Methcathinone
Metamfepramone-M (nor-)
5935

C10H13NO
163.09972
1130

5650-44-2
PS
LM/Q
Stimulant

Norephedrine formyl artifact   Phenylpropanolamine formyl artifact
Ephedrine-M (nor-) formyl artifact
4650

C10H13NO
163.09972
1240

PS
LM/Q
Sympathomimetic

GC artifact in methanol

Dimetamfetamine
1427

C11H17N
163.13609
1250

17279-39-9
PS
LM/Q
Stimulant

Etilamfetamine
764

C11H17N
163.13609
1230
U

457-87-4
PS
LM/Q
Stimulant

143

163

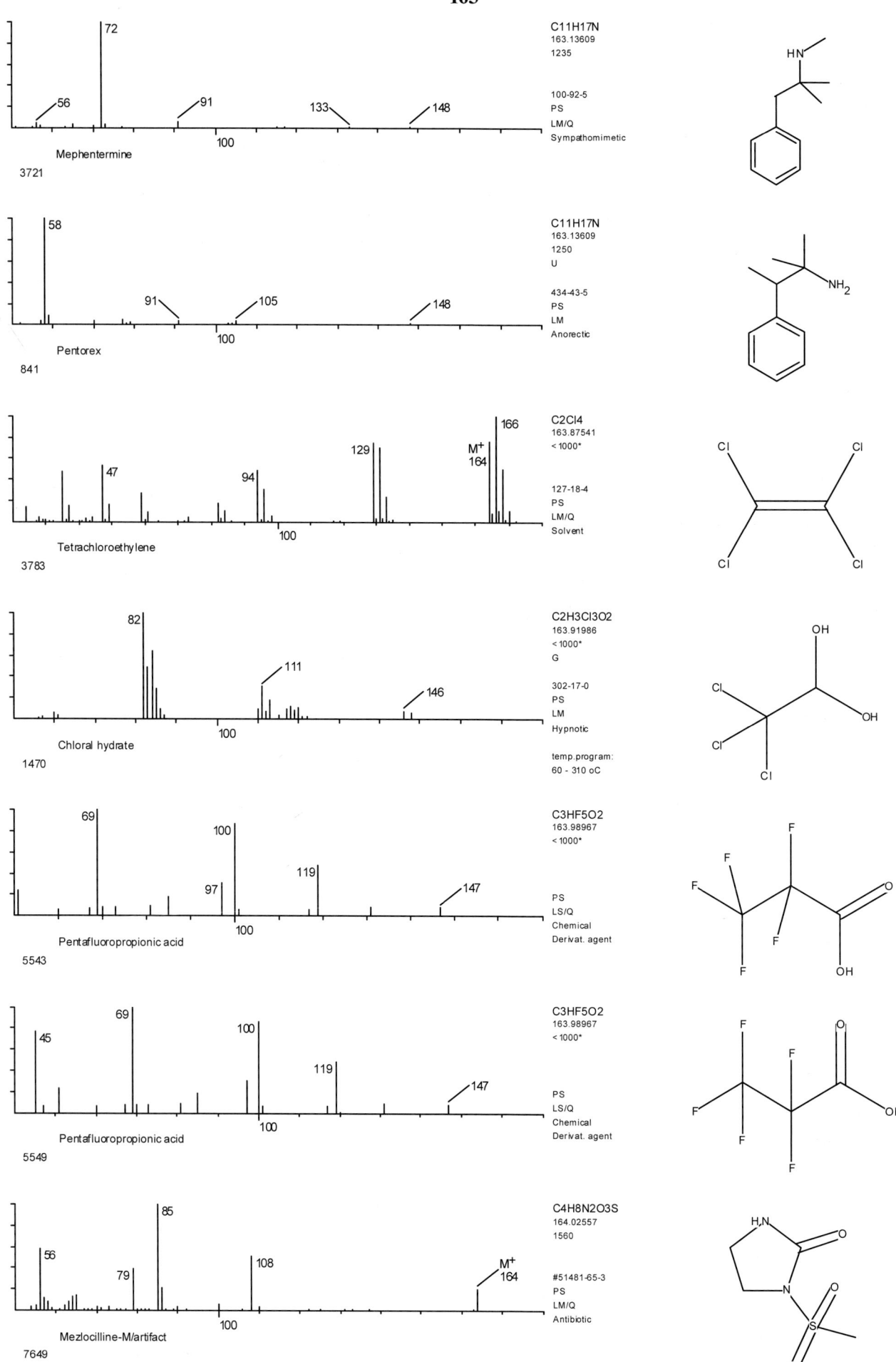

Mephentermine
3721
peaks: 56, 72, 91, 133, 148
C11H17N
163.13609
1235
100-92-5
PS
LM/Q
Sympathomimetic

Pentorex
841
peaks: 58, 91, 105, 148
C11H17N
163.13609
1250
U
434-43-5
PS
LM
Anorectic

Tetrachloroethylene
3783
peaks: 47, 94, 129, M+ 164, 166
C2Cl4
163.87541
< 1000*
127-18-4
PS
LM/Q
Solvent

Chloral hydrate
1470
peaks: 82, 111, 146
C2H3Cl3O2
163.91986
< 1000*
G
302-17-0
PS
LM
Hypnotic
temp.program: 60 - 310 oC

Pentafluoropropionic acid
5543
peaks: 69, 97, 100, 119, 147
C3HF5O2
163.98967
< 1000*
PS
LS/Q
Chemical Derivat. agent

Pentafluoropropionic acid
5549
peaks: 45, 69, 100, 119, 147
C3HF5O2
163.98967
< 1000*
PS
LS/Q
Chemical Derivat. agent

Mezlocilline-M/artifact
7649
peaks: 56, 79, 85, 108, M+ 164
C4H8N2O3S
164.02557
1560
#51481-65-3
PS
LM/Q
Antibiotic

144

164

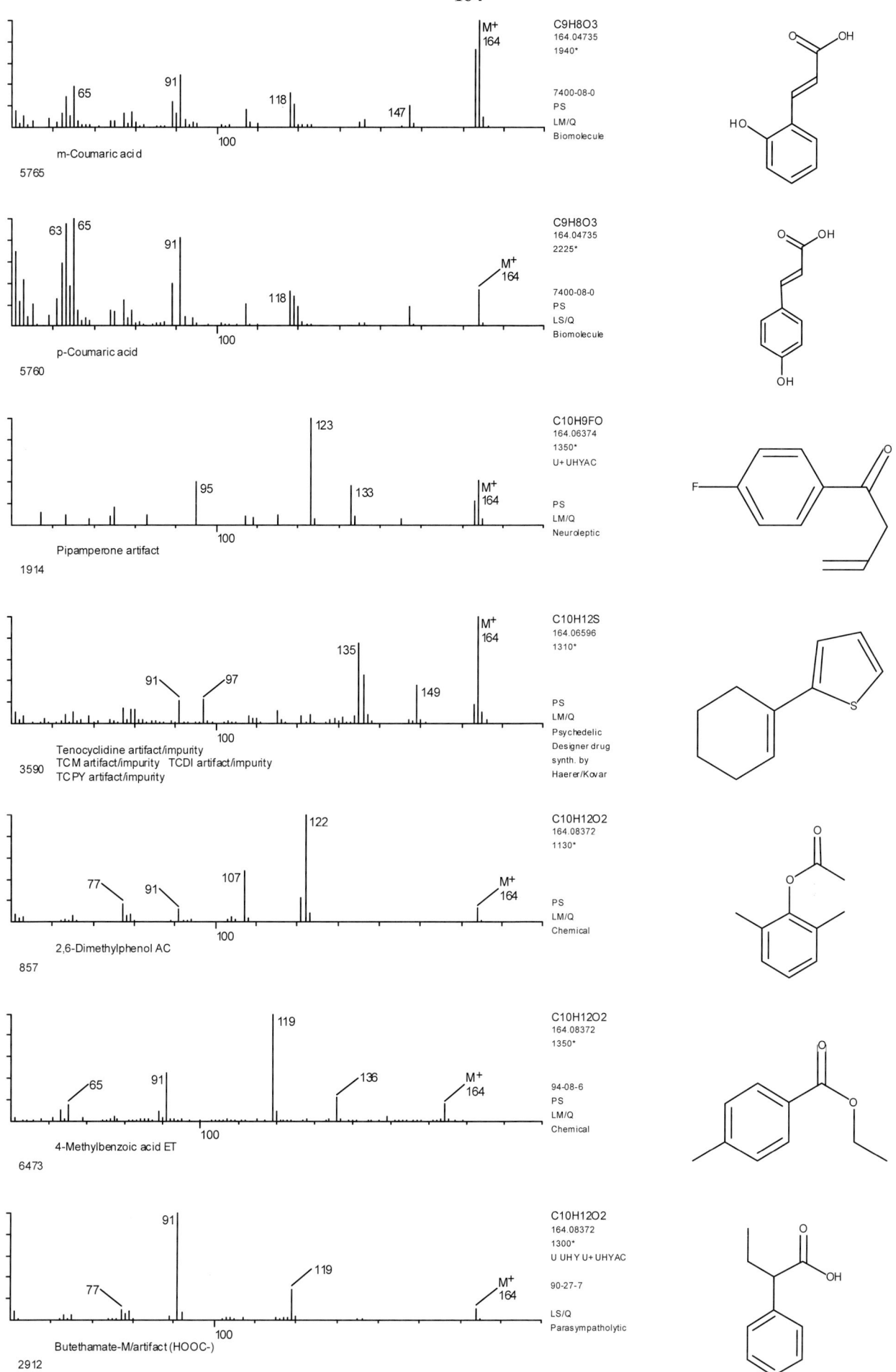

m-Coumaric acid
5765

C9H8O3
164.04735
1940*

7400-08-0
PS
LM/Q
Biomolecule

p-Coumaric acid
5760

C9H8O3
164.04735
2225*

7400-08-0
PS
LS/Q
Biomolecule

Pipamperone artifact
1914

C10H9FO
164.06374
1350*
U+ UHYAC

PS
LM/Q
Neuroleptic

Tenocyclidine artifact/impurity
TCM artifact/impurity   TCDI artifact/impurity
TCPY artifact/impurity
3590

C10H12S
164.06596
1310*

PS
LM/Q
Psychedelic
Designer drug
synth. by
Haerer/Kovar

2,6-Dimethylphenol AC
857

C10H12O2
164.08372
1130*

PS
LM/Q
Chemical

4-Methylbenzoic acid ET
6473

C10H12O2
164.08372
1350*

94-08-6
PS
LM/Q
Chemical

Butethamate-M/artifact (HOOC-)
2912

C10H12O2
164.08372
1300*
U UHY U+ UHYAC

90-27-7

LS/Q
Parasympatholytic

164

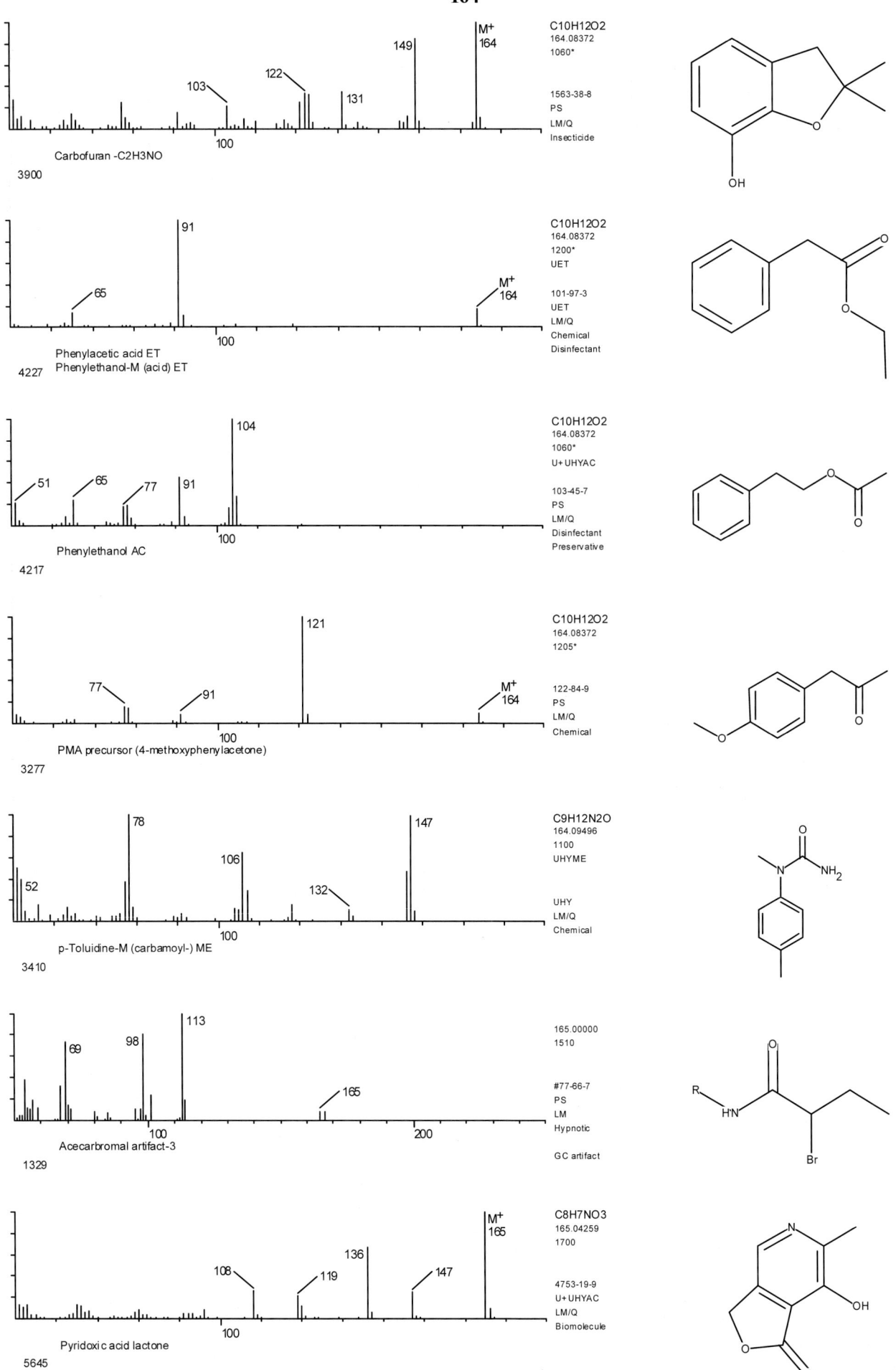

Carbofuran -C2H3NO
peaks: 103, 122, 131, 149, M+ 164
C10H12O2
164.08372
1060*
1563-38-8
PS
LM/Q
Insecticide
3900

Phenylacetic acid ET
Phenylethanol-M (acid) ET
peaks: 65, 91, M+ 164
C10H12O2
164.08372
1200*
UET
101-97-3
UET
LM/Q
Chemical
Disinfectant
4227

Phenylethanol AC
peaks: 51, 65, 77, 91, 104
C10H12O2
164.08372
1060*
U+ UHYAC
103-45-7
PS
LM/Q
Disinfectant
Preservative
4217

PMA precursor (4-methoxyphenylacetone)
peaks: 77, 91, 121, M+ 164
C10H12O2
164.08372
1205*
122-84-9
PS
LM/Q
Chemical
3277

p-Toluidine-M (carbamoyl-) ME
peaks: 52, 78, 106, 132, 147
C9H12N2O
164.09496
1100
UHYME
UHY
LM/Q
Chemical
3410

Acecarbromal artifact-3
peaks: 69, 98, 113, 165
165.00000
1510
#77-66-7
PS
LM
Hypnotic
GC artifact
1329

Pyridoxic acid lactone
peaks: 108, 119, 136, 147, M+ 165
C8H7NO3
165.04259
1700
4753-19-9
U+ UHYAC
LM/Q
Biomolecule
5645

165

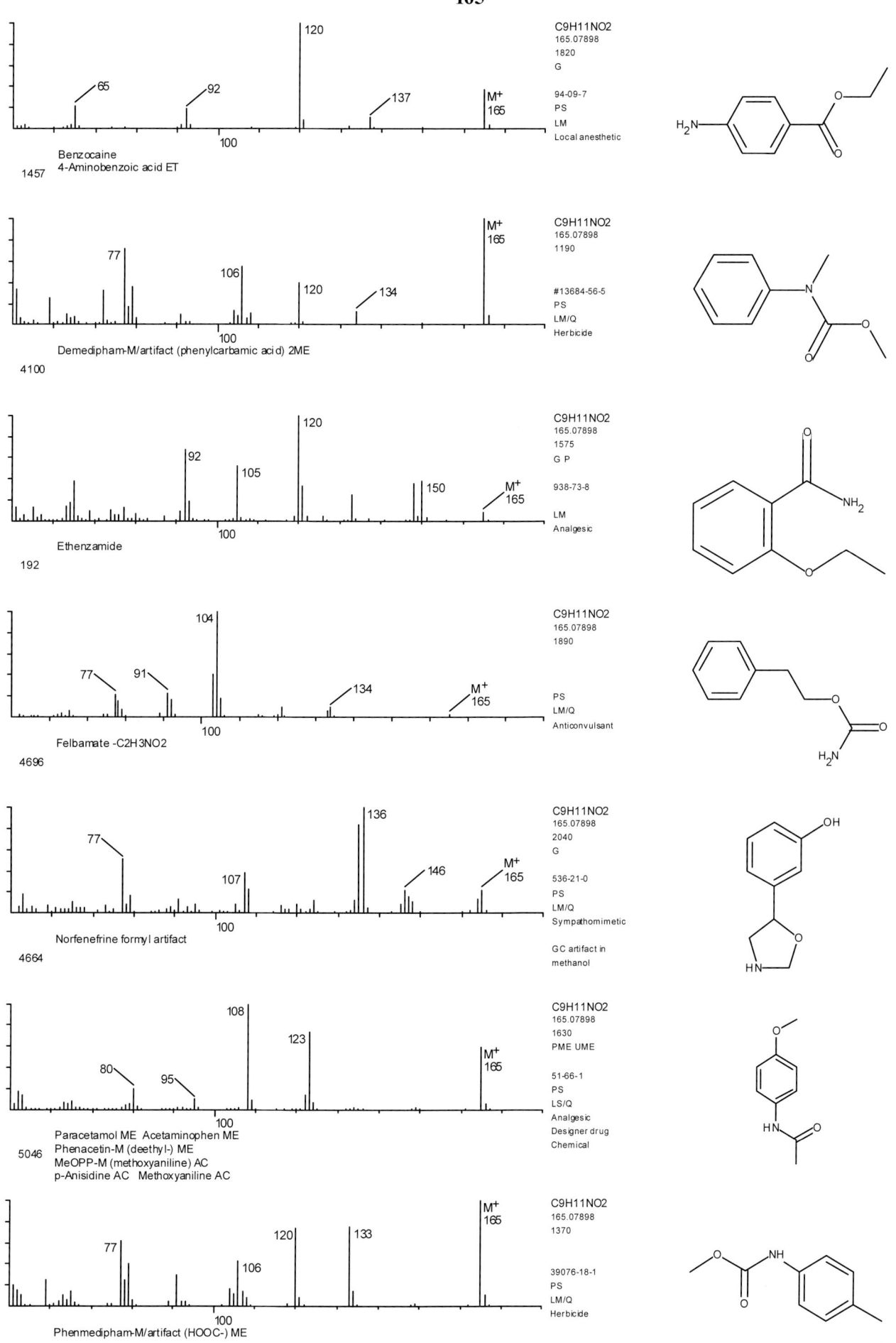

Benzocaine 4-Aminobenzoic acid ET 1457	Peaks: 65, 92, 120, 137, M+ 165	C9H11NO2 165.07898 1820 G 94-09-7 PS LM Local anesthetic
Demedipham-M/artifact (phenylcarbamic acid) 2ME 4100	Peaks: 77, 106, 120, 134, M+ 165	C9H11NO2 165.07898 1190 #13684-56-5 PS LM/Q Herbicide
Ethenzamide 192	Peaks: 92, 105, 120, 150, M+ 165	C9H11NO2 165.07898 1575 G P 938-73-8 LM Analgesic
Felbamate -C2H3NO2 4696	Peaks: 77, 91, 104, 134, M+ 165	C9H11NO2 165.07898 1890 PS LM/Q Anticonvulsant
Norfenefrine formyl artifact 4664	Peaks: 77, 107, 136, 146, M+ 165	C9H11NO2 165.07898 2040 G 536-21-0 PS LM/Q Sympathomimetic GC artifact in methanol
Paracetamol ME Acetaminophen ME Phenacetin-M (deethyl-) ME MeOPP-M (methoxyaniline) AC p-Anisidine AC Methoxyaniline AC 5046	Peaks: 80, 95, 108, 123, M+ 165	C9H11NO2 165.07898 1630 PME UME 51-66-1 PS LS/Q Analgesic Designer drug Chemical
Phenmedipham-M/artifact (HOOC-) ME 3905	Peaks: 77, 106, 120, 133, M+ 165	C9H11NO2 165.07898 1370 39076-18-1 PS LM/Q Herbicide

165

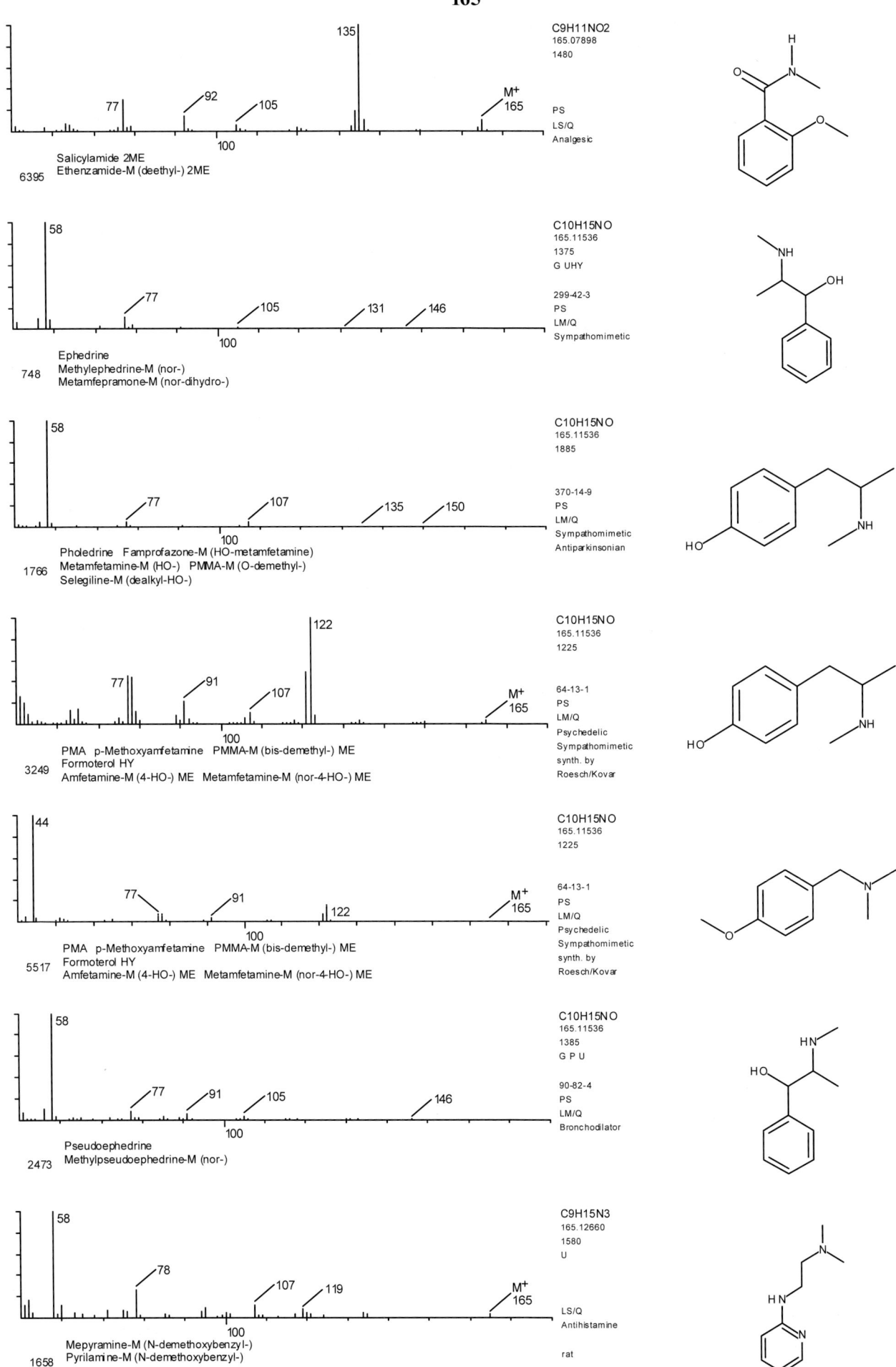

6395	Salicylamide 2ME Ethenzamide-M (deethyl-) 2ME	C9H11NO2 165.07898 1480 PS LS/Q Analgesic

748	Ephedrine Methylephedrine-M (nor-) Metamfepramone-M (nor-dihydro-)	C10H15NO 165.11536 1375 G UHY 299-42-3 PS LM/Q Sympathomimetic

1766	Pholedrine Famprofazone-M (HO-metamfetamine) Metamfetamine-M (HO-) PMMA-M (O-demethyl-) Selegiline-M (dealkyl-HO-)	C10H15NO 165.11536 1885 370-14-9 PS LM/Q Sympathomimetic Antiparkinsonian

3249	PMA p-Methoxyamfetamine PMMA-M (bis-demethyl-) ME Formoterol HY Amfetamine-M (4-HO-) ME Metamfetamine-M (nor-4-HO-) ME	C10H15NO 165.11536 1225 64-13-1 PS LM/Q Psychedelic Sympathomimetic synth. by Roesch/Kovar

5517	PMA p-Methoxyamfetamine PMMA-M (bis-demethyl-) ME Formoterol HY Amfetamine-M (4-HO-) ME Metamfetamine-M (nor-4-HO-) ME	C10H15NO 165.11536 1225 64-13-1 PS LM/Q Psychedelic Sympathomimetic synth. by Roesch/Kovar

2473	Pseudoephedrine Methylpseudoephedrine-M (nor-)	C10H15NO 165.11536 1385 G P U 90-82-4 PS LM/Q Bronchodilator

1658	Mepyramine-M (N-demethoxybenzyl-) Pyrilamine-M (N-demethoxybenzyl-)	C9H15N3 165.12660 1580 U LS/Q Antihistamine rat

148

165

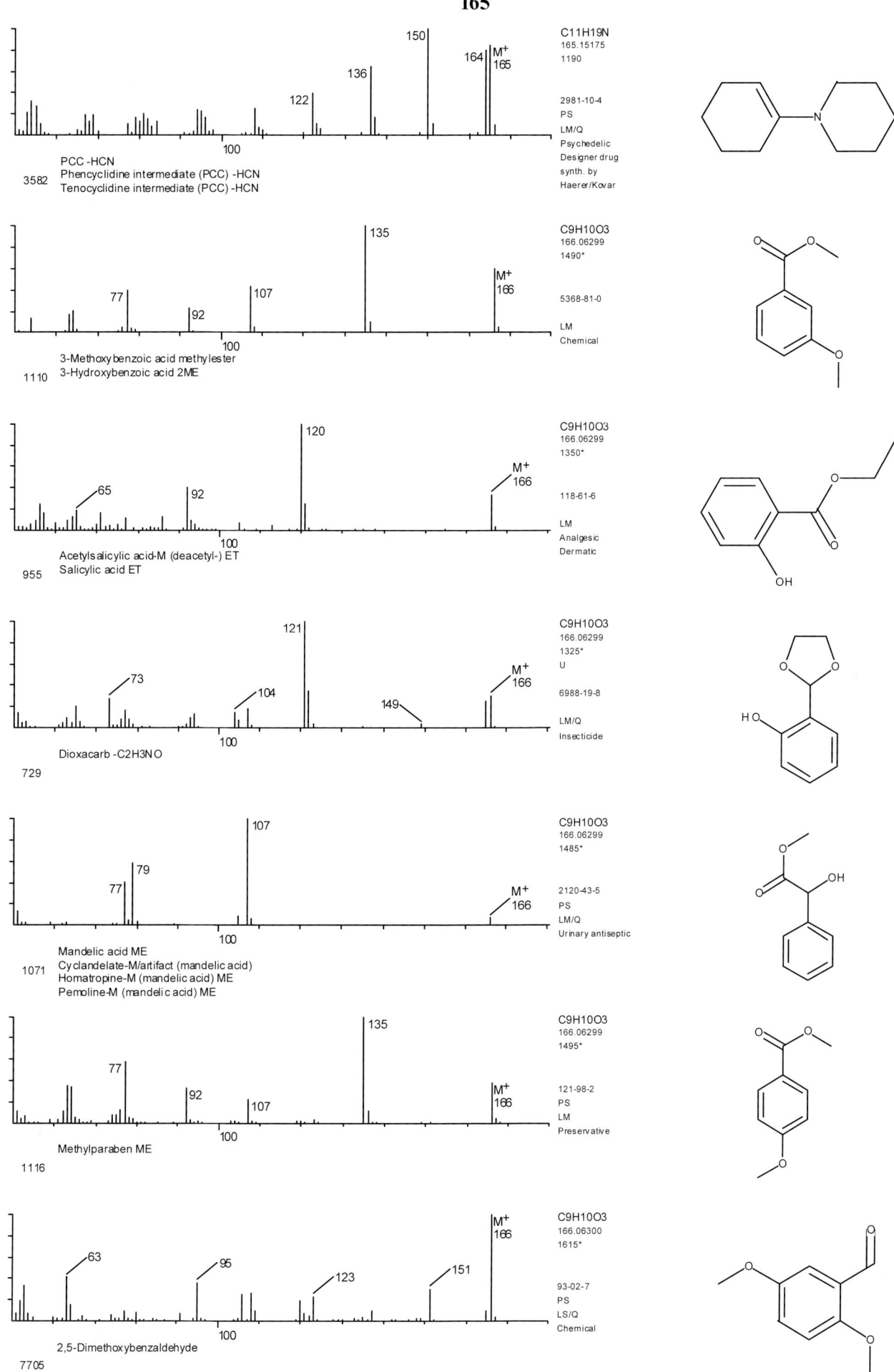

PCC -HCN
Phencyclidine intermediate (PCC) -HCN
Tenocyclidine intermediate (PCC) -HCN
3582

C11H19N
165.15175
1190

2981-10-4
PS
LM/Q
Psychedelic
Designer drug
synth. by
Haerer/Kovar

3-Methoxybenzoic acid methylester
3-Hydroxybenzoic acid 2ME
1110

C9H10O3
166.06299
1490*

5368-81-0
LM
Chemical

Acetylsalicylic acid-M (deacetyl-) ET
Salicylic acid ET
955

C9H10O3
166.06299
1350*

118-61-6
LM
Analgesic
Dermatic

Dioxacarb -C2H3NO
729

C9H10O3
166.06299
1325*
U

6988-19-8
LM/Q
Insecticide

Mandelic acid ME
Cyclandelate-M/artifact (mandelic acid)
Homatropine-M (mandelic acid) ME
Pemoline-M (mandelic acid) ME
1071

C9H10O3
166.06299
1485*

2120-43-5
PS
LM/Q
Urinary antiseptic

Methylparaben ME
1116

C9H10O3
166.06299
1495*

121-98-2
PS
LM
Preservative

2,5-Dimethoxybenzaldehyde
7705

C9H10O3
166.06300
1615*

93-02-7
PS
LS/Q
Chemical

149

166

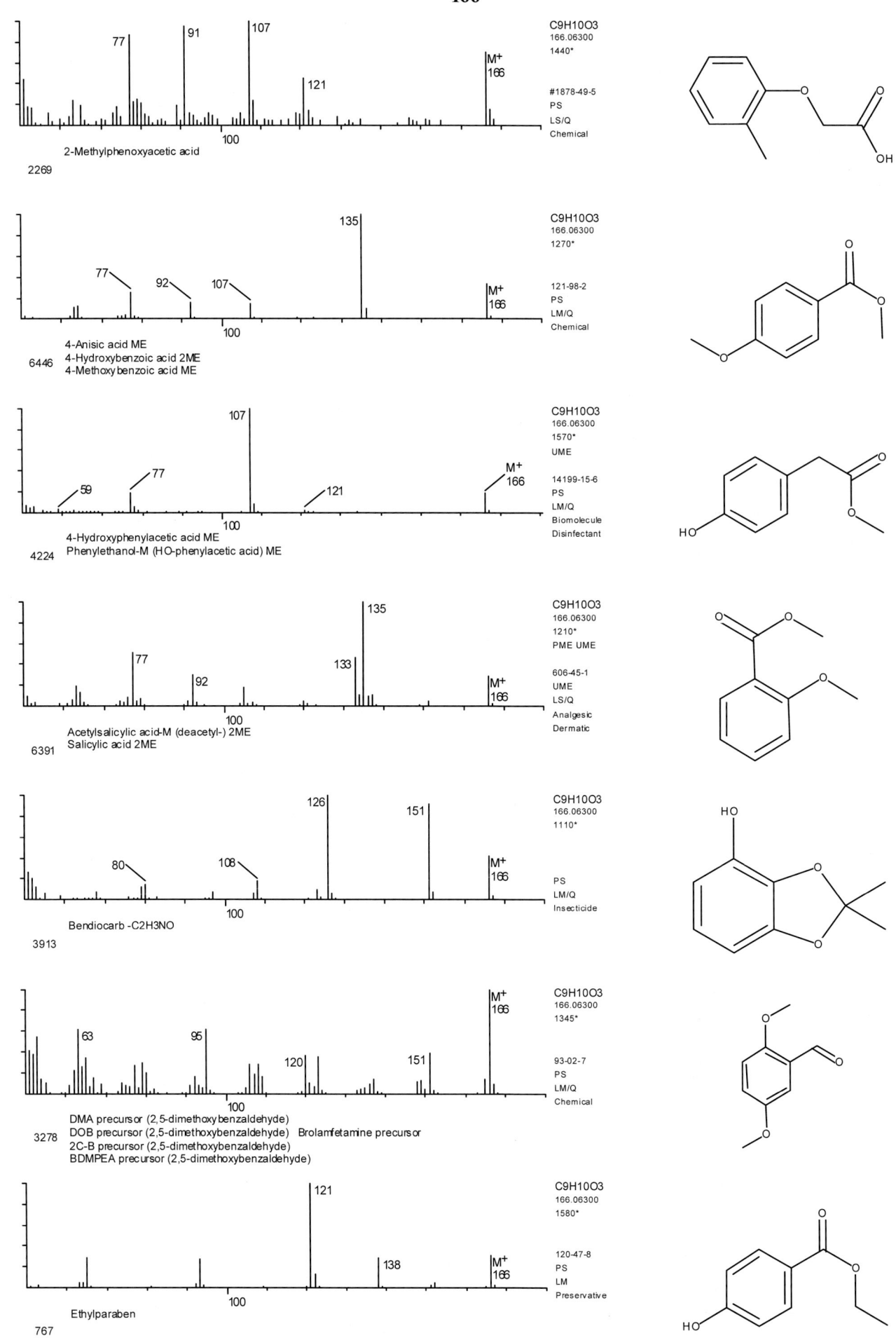

2-Methylphenoxyacetic acid
2269

C9H10O3
166.06300
1440*

#1878-49-5
PS
LS/Q
Chemical

4-Anisic acid ME
4-Hydroxybenzoic acid 2ME
4-Methoxybenzoic acid ME
6446

C9H10O3
166.06300
1270*

121-98-2
PS
LM/Q
Chemical

4-Hydroxyphenylacetic acid ME
Phenylethanol-M (HO-phenylacetic acid) ME
4224

C9H10O3
166.06300
1570*
UME

14199-15-6
PS
LM/Q
Biomolecule
Disinfectant

Acetylsalicylic acid-M (deacetyl-) 2ME
Salicylic acid 2ME
6391

C9H10O3
166.06300
1210*
PME UME

606-45-1
UME
LS/Q
Analgesic
Dermatic

Bendiocarb -C2H3NO
3913

C9H10O3
166.06300
1110*

PS
LM/Q
Insecticide

DMA precursor (2,5-dimethoxybenzaldehyde)
DOB precursor (2,5-dimethoxybenzaldehyde)   Brolamfetamine precursor
2C-B precursor (2,5-dimethoxybenzaldehyde)
BDMPEA precursor (2,5-dimethoxybenzaldehyde)
3278

C9H10O3
166.06300
1345*

93-02-7
PS
LM/Q
Chemical

Ethylparaben
767

C9H10O3
166.06300
1580*

120-47-8
PS
LM
Preservative

166

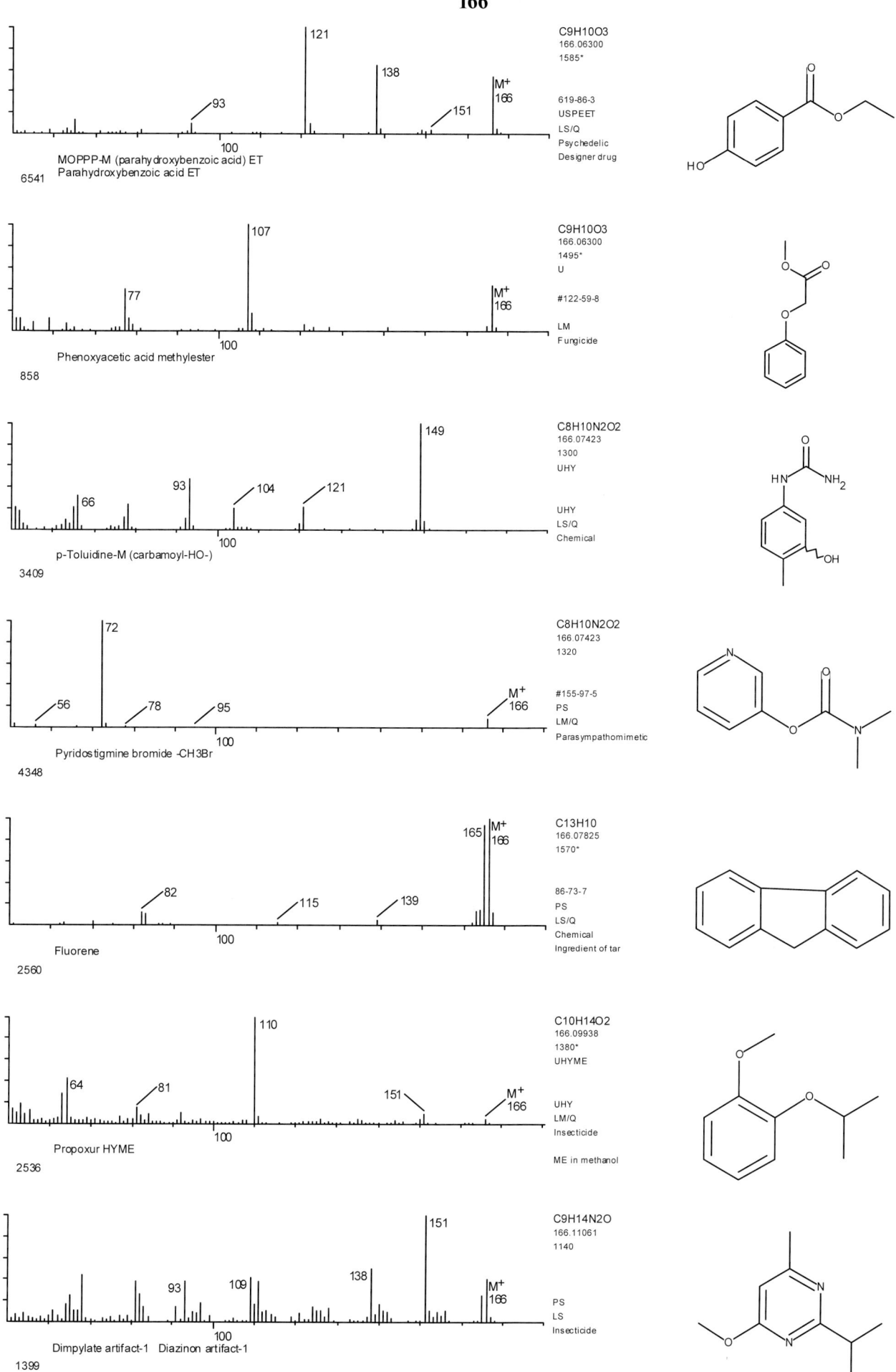

MOPPP-M (parahydroxybenzoic acid) ET
Parahydroxybenzoic acid ET
6541

C9H10O3
166.06300
1585*
619-86-3
USPEET
LS/Q
Psychedelic
Designer drug

Peaks: 93, 121, 138, 151, M+ 166

Phenoxyacetic acid methylester
858

C9H10O3
166.06300
1495*
U
#122-59-8
LM
Fungicide

Peaks: 77, 107, M+ 166

---

p-Toluidine-M (carbamoyl-HO-)
3409

C8H10N2O2
166.07423
1300
UHY
UHY
LS/Q
Chemical

Peaks: 66, 93, 104, 121, 149

Pyridostigmine bromide -CH3Br
4348

C8H10N2O2
166.07423
1320
#155-97-5
PS
LM/Q
Parasympathomimetic

Peaks: 56, 72, 78, 95, M+ 166

Fluorene
2560

C13H10
166.07825
1570*
86-73-7
PS
LS/Q
Chemical
Ingredient of tar

Peaks: 82, 115, 139, 165, M+ 166

Propoxur HYME
2536

C10H14O2
166.09938
1380*
UHYME
UHY
LM/Q
Insecticide
ME in methanol

Peaks: 64, 81, 110, 151, M+ 166

Dimpylate artifact-1   Diazinon artifact-1
1399

C9H14N2O
166.11061
1140
PS
LS
Insecticide

Peaks: 93, 109, 138, 151, M+ 166

166

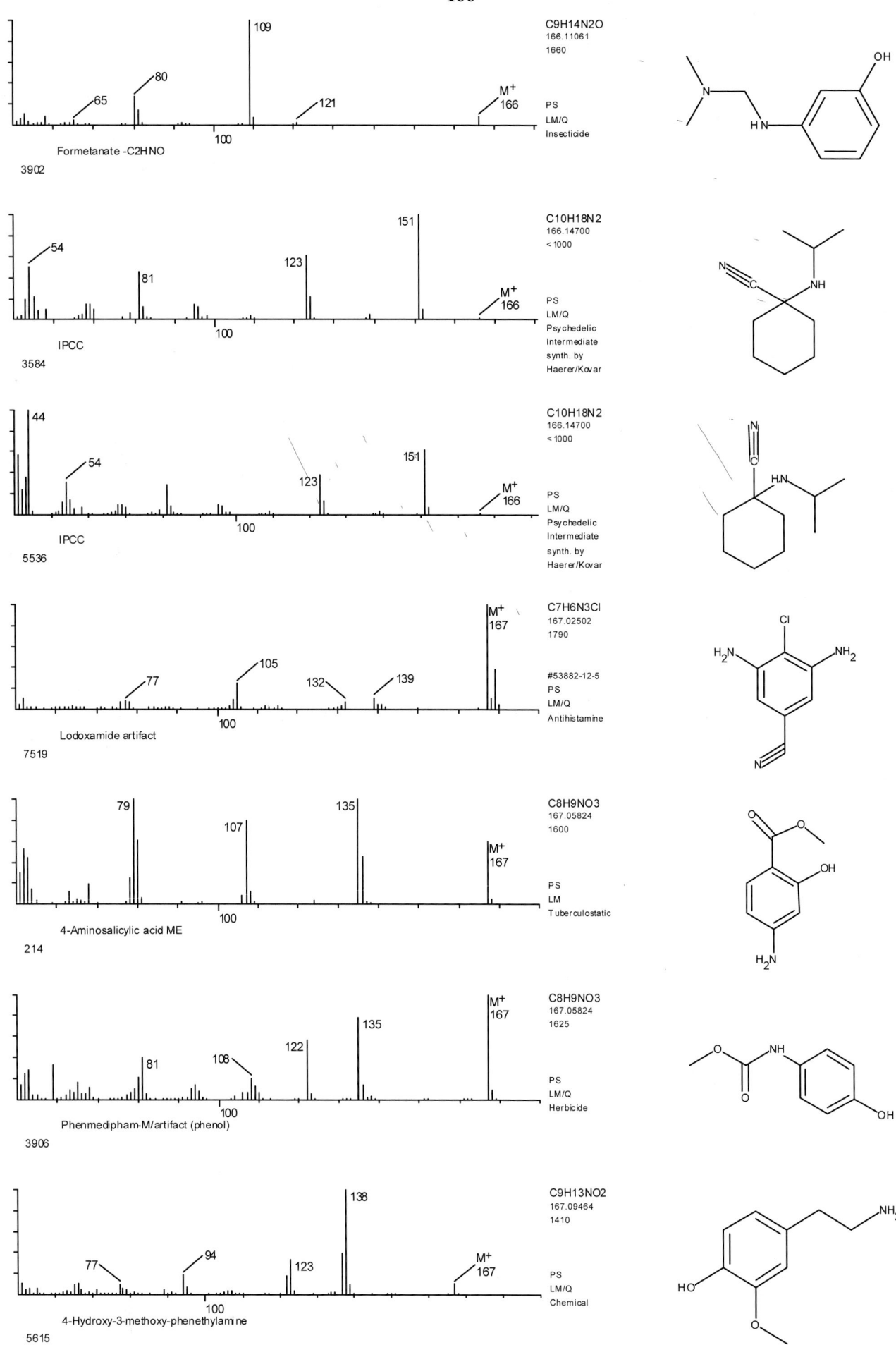

Formetanate -C2HNO — 3902
C9H14N2O
166.11061
1660
PS
LM/Q
Insecticide
Peaks: 65, 80, 109, 121, 166 (M+)

IPCC — 3584
C10H18N2
166.14700
< 1000
PS
LM/Q
Psychedelic
Intermediate
synth. by
Haerer/Kovar
Peaks: 54, 81, 123, 151, 166 (M+)

IPCC — 5536
C10H18N2
166.14700
< 1000
PS
LM/Q
Psychedelic
Intermediate
synth. by
Haerer/Kovar
Peaks: 44, 54, 123, 151, 166 (M+)

Lodoxamide artifact — 7519
C7H6N3Cl
167.02502
1790
#53882-12-5
PS
LM/Q
Antihistamine
Peaks: 77, 105, 132, 139, 167 (M+)

4-Aminosalicylic acid ME — 214
C8H9NO3
167.05824
1600
PS
LM
Tuberculostatic
Peaks: 79, 107, 135, 167 (M+)

Phenmedipham-M/artifact (phenol) — 3906
C8H9NO3
167.05824
1625
PS
LM/Q
Herbicide
Peaks: 81, 108, 122, 135, 167 (M+)

4-Hydroxy-3-methoxy-phenethylamine — 5615
C9H13NO2
167.09464
1410
PS
LM/Q
Chemical
Peaks: 77, 94, 123, 138, 167 (M+)

167

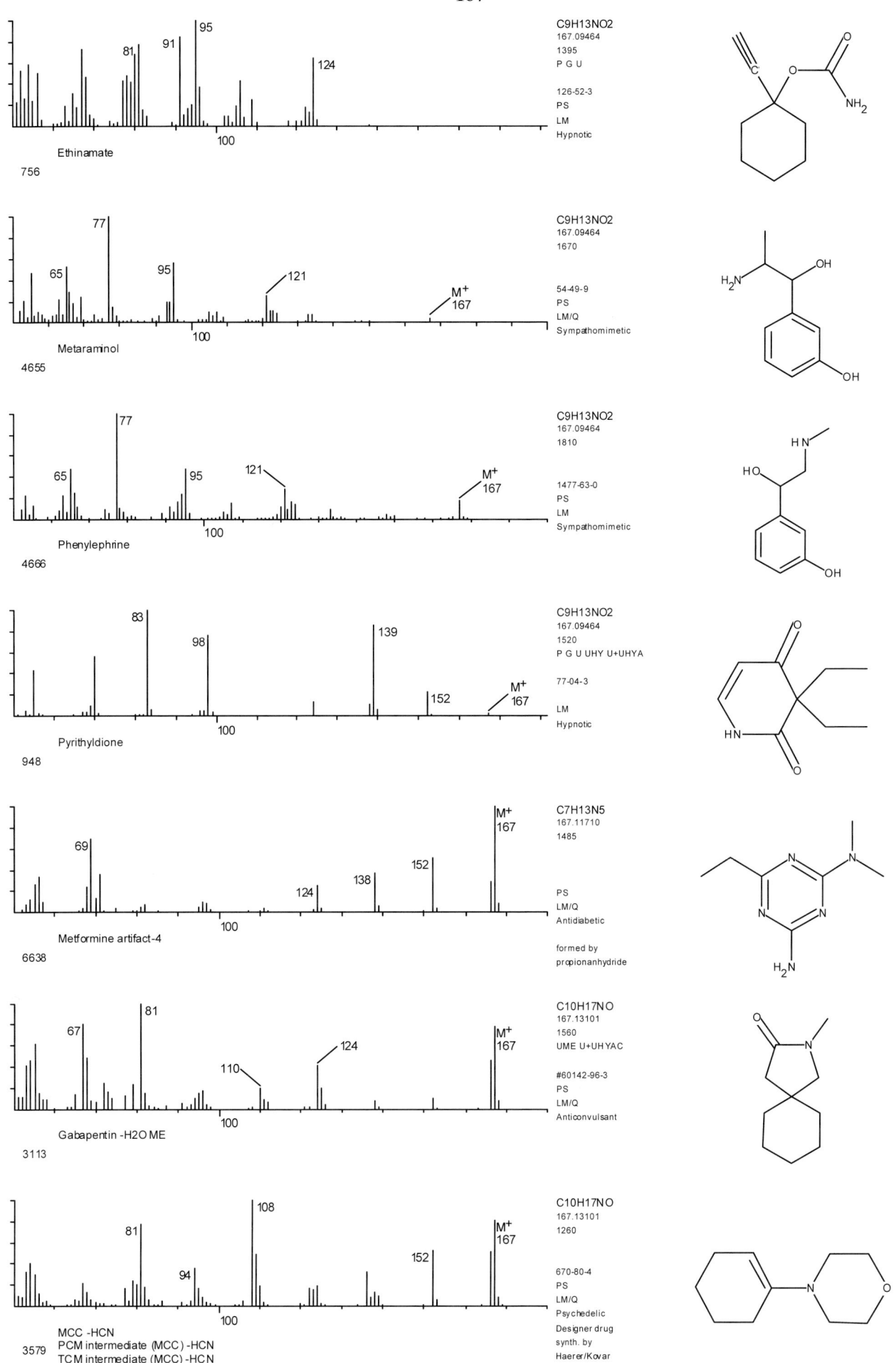

Spectrum	Details
Ethinamate (756)	C9H13NO2, 167.09464, 1395, P G U, 126-52-3, PS, LM, Hypnotic
Metaraminol (4655)	C9H13NO2, 167.09464, 1670, 54-49-9, PS, LM/Q, Sympathomimetic
Phenylephrine (4666)	C9H13NO2, 167.09464, 1810, 1477-63-0, PS, LM, Sympathomimetic
Pyrithyldione (948)	C9H13NO2, 167.09464, 1520, P G U UHY U+UHYA, 77-04-3, LM, Hypnotic
Metformine artifact-4 (6638)	C7H13N5, 167.11710, 1485, PS, LM/Q, Antidiabetic, formed by propionanhydride
Gabapentin -H2O ME (3113)	C10H17NO, 167.13101, 1560, UME U+UHYAC, #60142-96-3, PS, LM/Q, Anticonvulsant
MCC -HCN / PCM intermediate (MCC) -HCN / TCM intermediate (MCC) -HCN (3579)	C10H17NO, 167.13101, 1260, 670-80-4, PS, LM/Q, Psychedelic, Designer drug synth. by Haerer/Kovar

153

168

7313
4-Methylthiobenzoic acid
4-Methylthio-amfetamine-M (methylthiobenzoic acid)
4-MTA-M (methylthiobenzoic acid)

C8H8O2S
168.02451
1995*
13205-48-6
PS
LS/Q
Chemical
Designer drug

1373
Clofibric acid artifact
Clofibrate-M (clofibric acid) artifact
Etofibrate-M artifact   Etofylline clofibrate-M artifact

C9H9ClO
168.03419
1580*
U+ UHYAC
PS
LM
Anticholesteremic

5754
3,4-Dihydroxyphenylacetic acid

C8H8O4
168.04227
2440*
PS
LS/Q
Biomolecule

2559
Dibenzofuran

C12H8O
168.05751
1520*
132-64-9
PS
LS/Q
Chemical
Ingredient of tar

5157
4-Fluorophenylacetic acid ME

C9H9FO2
168.05865
1005*
#405-50-5
PS
LM/Q
Chemical
Intermediate

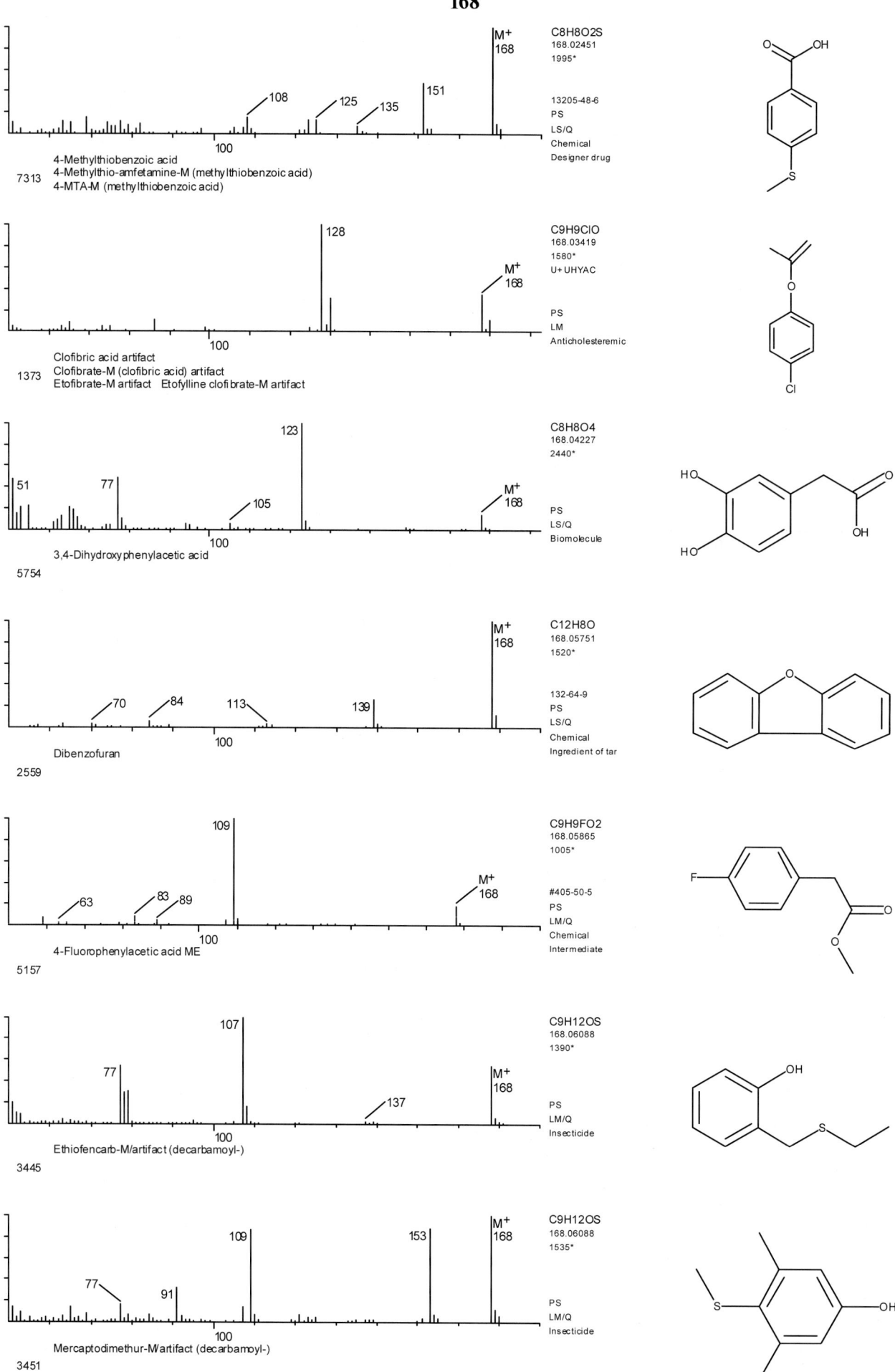

3445
Ethiofencarb-M/artifact (decarbamoyl-)

C9H12OS
168.06088
1390*
PS
LM/Q
Insecticide

3451
Mercaptodimethur-M/artifact (decarbamoyl-)

C9H12OS
168.06088
1535*
PS
LM/Q
Insecticide

168

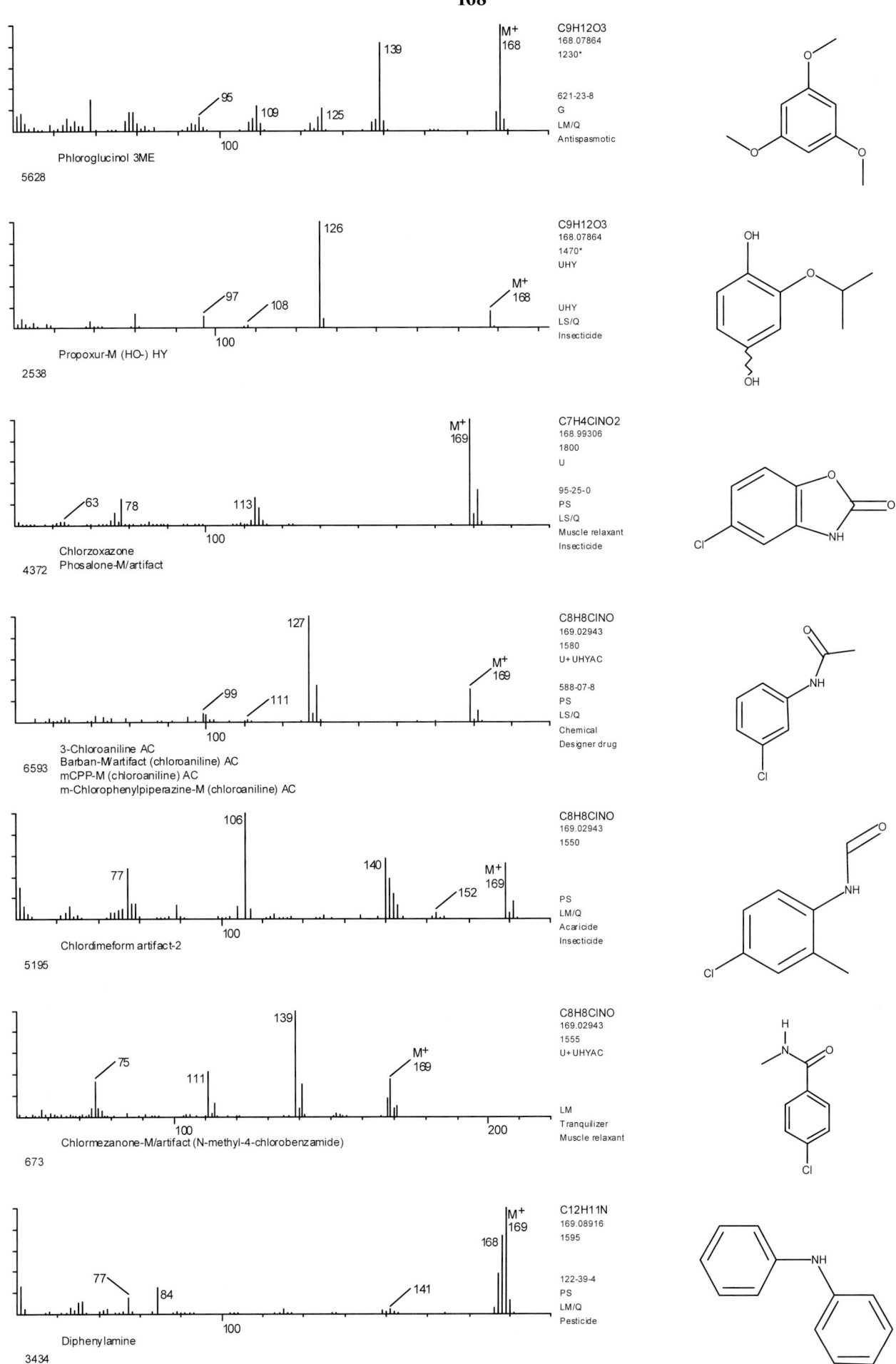

Phloroglucinol 3ME
5628
- C9H12O3
- 168.07864
- 1230*
- 621-23-8
- G
- LM/Q
- Antispasmotic

Propoxur-M (HO-) HY
2538
- C9H12O3
- 168.07864
- 1470*
- UHY
- UHY
- LS/Q
- Insecticide

Chlorzoxazone
Phosalone-M/artifact
4372
- C7H4ClNO2
- 168.99306
- 1800
- U
- 95-25-0
- PS
- LS/Q
- Muscle relaxant
- Insecticide

3-Chloroaniline AC
Barban-M/artifact (chloroaniline) AC
mCPP-M (chloroaniline) AC
m-Chlorophenylpiperazine-M (chloroaniline) AC
6593
- C8H8ClNO
- 169.02943
- 1580
- U + UHYAC
- 588-07-8
- PS
- LS/Q
- Chemical
- Designer drug

Chlordimeform artifact-2
5195
- C8H8ClNO
- 169.02943
- 1550
- PS
- LM/Q
- Acaricide
- Insecticide

Chlormezanone-M/artifact (N-methyl-4-chlorobenzamide)
673
- C8H8ClNO
- 169.02943
- 1555
- U + UHYAC
- LM
- Tranquilizer
- Muscle relaxant

Diphenylamine
3434
- C12H11N
- 169.08916
- 1595
- 122-39-4
- PS
- LM/Q
- Pesticide

155

169

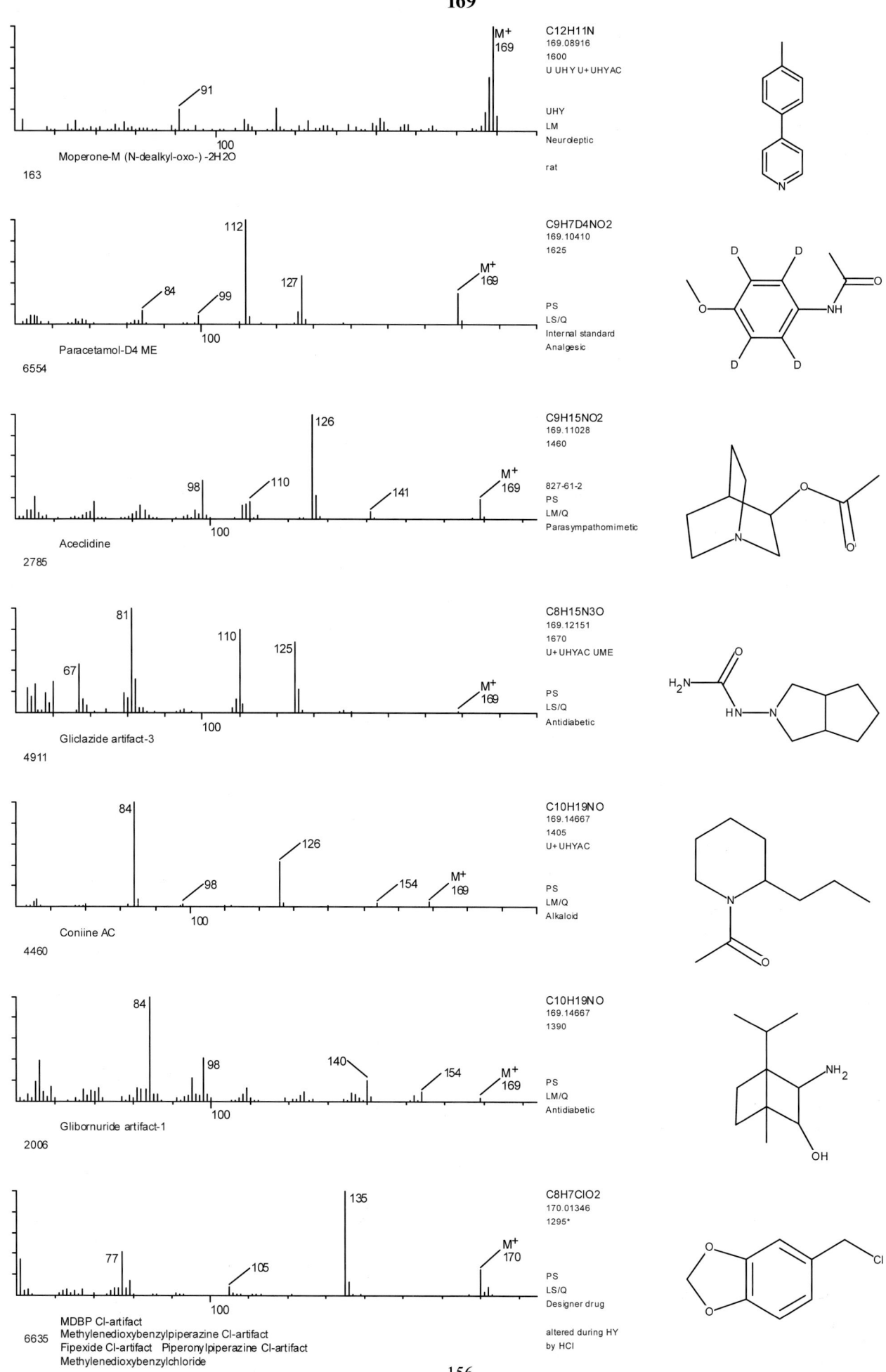

Moperone-M (N-dealkyl-oxo-) -2H2O
163

C12H11N
169.08916
1600
U UHY U+ UHYAC

UHY
LM
Neuroleptic
rat

Paracetamol-D4 ME
6554

C9H7D4NO2
169.10410
1625

PS
LS/Q
Internal standard
Analgesic

Aceclidine
2785

C9H15NO2
169.11028
1460
827-61-2
PS
LM/Q
Parasympathomimetic

Gliclazide artifact-3
4911

C8H15N3O
169.12151
1670
U+ UHYAC UME

PS
LS/Q
Antidiabetic

Coniine AC
4460

C10H19NO
169.14667
1405
U+ UHYAC

PS
LM/Q
Alkaloid

Glibornuride artifact-1
2006

C10H19NO
169.14667
1390

PS
LM/Q
Antidiabetic

MDBP Cl-artifact
Methylenedioxybenzylpiperazine Cl-artifact
Fipexide Cl-artifact   Piperonylpiperazine Cl-artifact
Methylenedioxybenzylchloride
6635

C8H7ClO2
170.01346
1295*

PS
LS/Q
Designer drug

altered during HY
by HCl

156

170

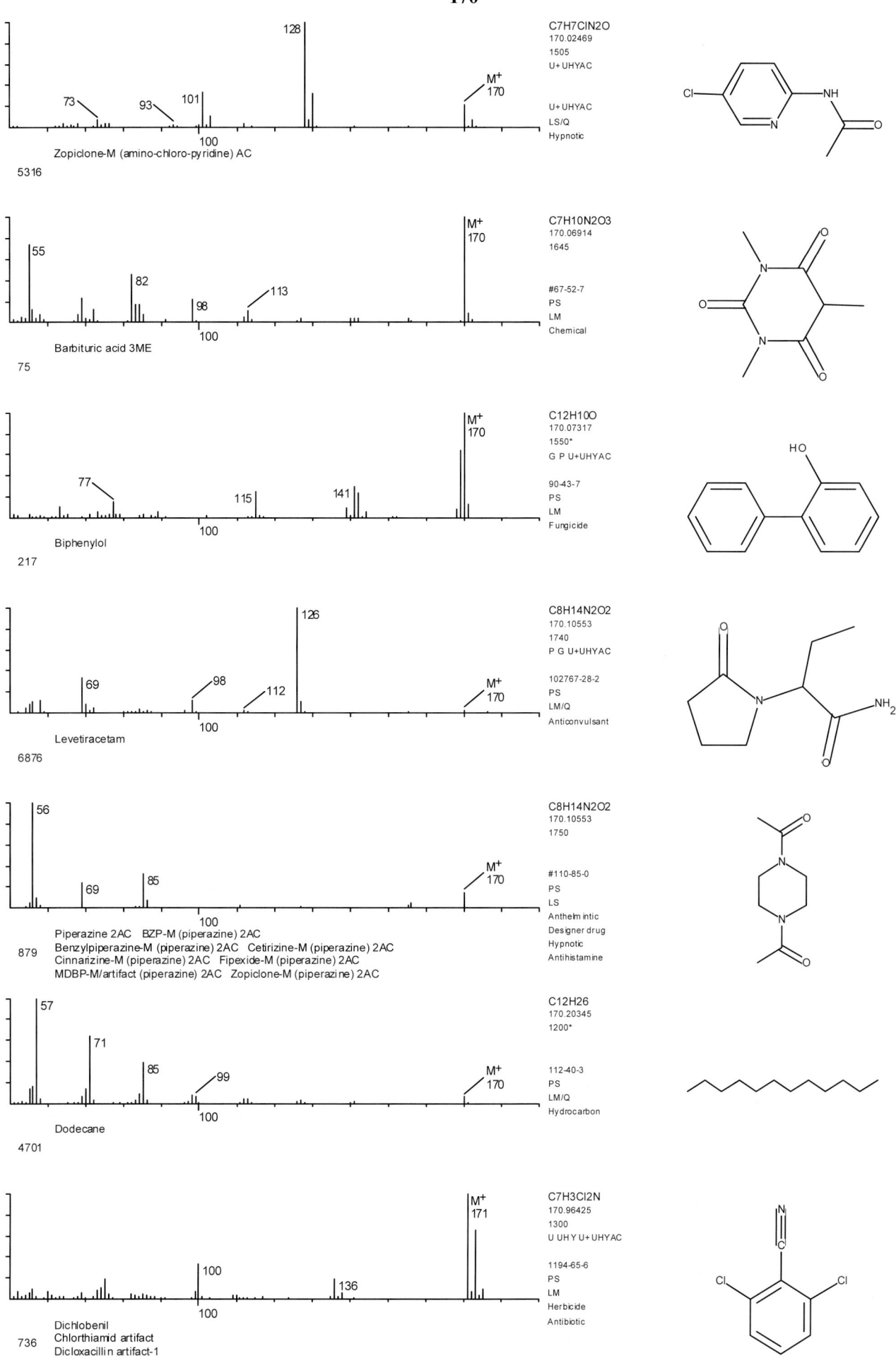

C7H7ClN2O
170.02469
1505
U+ UHYAC

U+ UHYAC
LS/Q
Hypnotic

Zopiclone-M (amino-chloro-pyridine) AC
5316

C7H10N2O3
170.06914
1645

#67-52-7
PS
LM
Chemical

Barbituric acid 3ME
75

C12H10O
170.07317
1550*
G P U+ UHYAC

90-43-7
PS
LM
Fungicide

Biphenylol
217

C8H14N2O2
170.10553
1740
P G U+ UHYAC

102767-28-2
PS
LM/Q
Anticonvulsant

Levetiracetam
6876

C8H14N2O2
170.10553
1750

#110-85-0
PS
LS
Anthelmintic
Designer drug
Hypnotic
Antihistamine

Piperazine 2AC   BZP-M (piperazine) 2AC
Benzylpiperazine-M (piperazine) 2AC   Cetirizine-M (piperazine) 2AC
Cinnarizine-M (piperazine) 2AC   Fipexide-M (piperazine) 2AC
MDBP-M/artifact (piperazine) 2AC   Zopiclone-M (piperazine) 2AC
879

C12H26
170.20345
1200*

112-40-3
PS
LM/Q
Hydrocarbon

Dodecane
4701

C7H3Cl2N
170.96425
1300
U UH Y U+ UHYAC

1194-65-6
PS
LM
Herbicide
Antibiotic

Dichlobenil
Chlorthiamid artifact
Dicloxacillin artifact-1
736

157

171

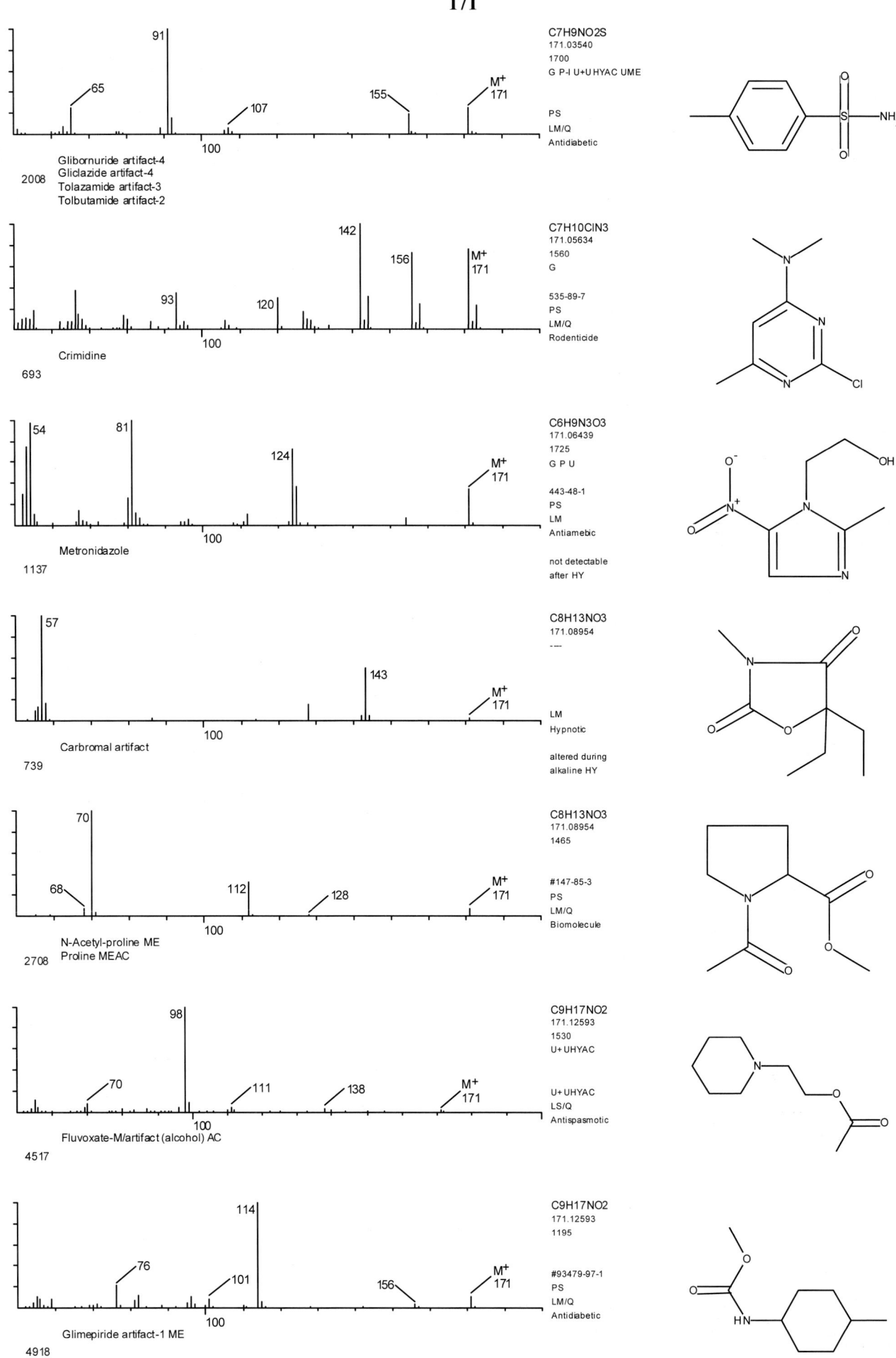

C7H9NO2S
171.03540
1700
G P-I U+U HYAC UME

PS
LM/Q
Antidiabetic

Glibornuride artifact-4
Gliclazide artifact-4
Tolazamide artifact-3
Tolbutamide artifact-2
2008

C7H10ClN3
171.05634
1560
G

535-89-7
PS
LM/Q
Rodenticide

Crimidine
693

C6H9N3O3
171.06439
1725
G P U

443-48-1
PS
LM
Antiamebic

not detectable
after HY

Metronidazole
1137

C8H13NO3
171.08954

LM
Hypnotic

altered during
alkaline HY

Carbromal artifact
739

C8H13NO3
171.08954
1465

#147-85-3
PS
LM/Q
Biomolecule

N-Acetyl-proline ME
Proline MEAC
2708

C9H17NO2
171.12593
1530
U+ UHYAC

U+ UHYAC
LS/Q
Antispasmotic

Fluvoxate-M/artifact (alcohol) AC
4517

C9H17NO2
171.12593
1195

#93479-97-1
PS
LM/Q
Antidiabetic

Glimepiride artifact-1 ME
4918

171

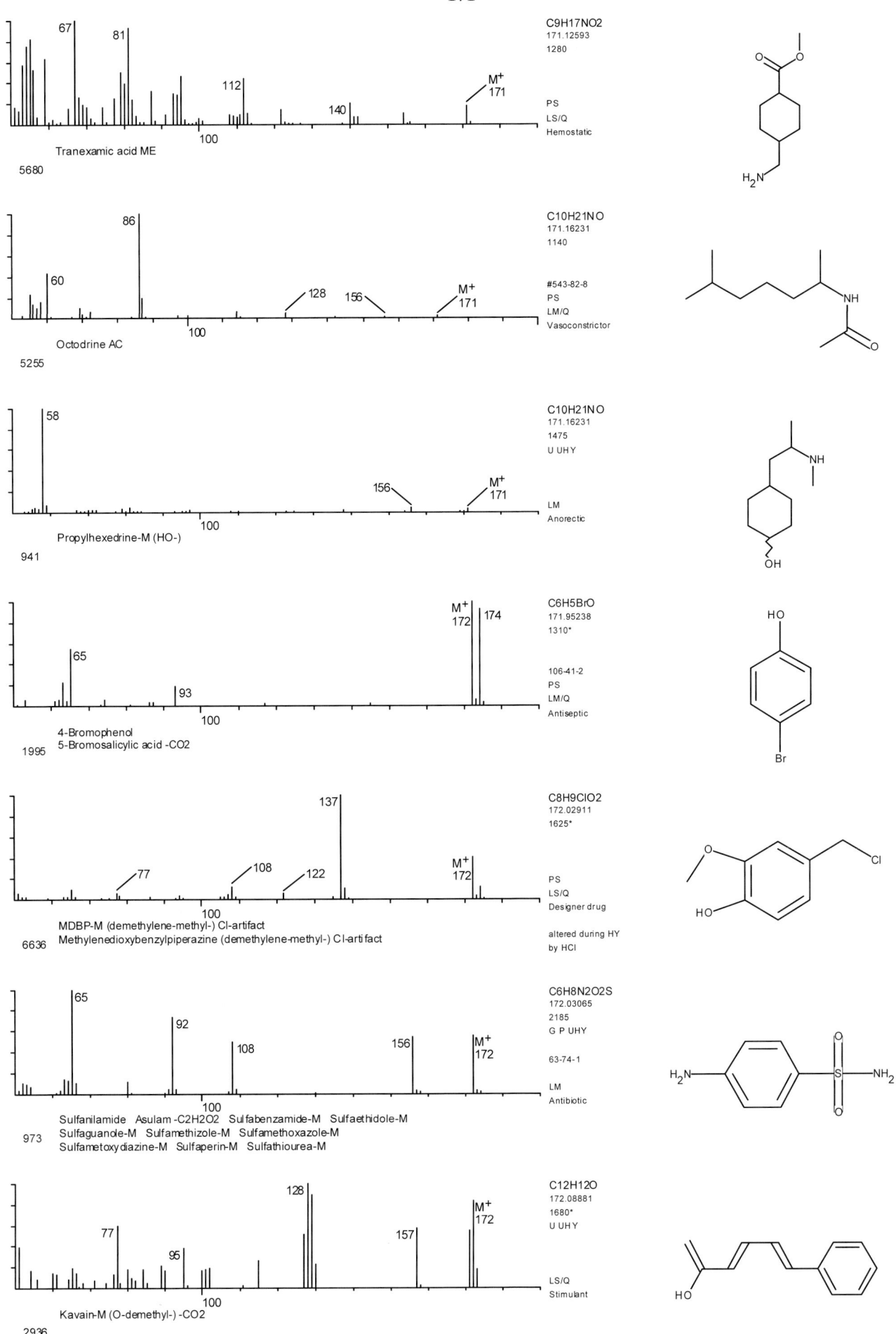

Tranexamic acid ME — 5680
C9H17NO2
171.12593
1280
PS
LS/Q
Hemostatic

Octodrine AC — 5255
C10H21NO
171.16231
1140
#543-82-8
PS
LM/Q
Vasoconstrictor

Propylhexedrine-M (HO-) — 941
C10H21NO
171.16231
1475
U UHY
LM
Anorectic

4-Bromophenol
5-Bromosalicylic acid -CO2 — 1995
C6H5BrO
171.95238
1310*
106-41-2
PS
LM/Q
Antiseptic

MDBP-M (demethylene-methyl-) Cl-artifact
Methylenedioxybenzylpiperazine (demethylene-methyl-) Cl-artifact — 6636
C8H9ClO2
172.02911
1625*
PS
LS/Q
Designer drug
altered during HY by HCl

Sulfanilamide Asulam -C2H2O2 Sulfabenzamide-M Sulfaethidole-M
Sulfaguanole-M Sulfamethizole-M Sulfamethoxazole-M
Sulfametoxydiazine-M Sulfaperin-M Sulfathiourea-M — 973
C6H8N2O2S
172.03065
2185
G P UHY
63-74-1
LM
Antibiotic

Kavain-M (O-demethyl-) -CO2 — 2936
C12H12O
172.08881
1680*
U UHY
LS/Q
Stimulant

172

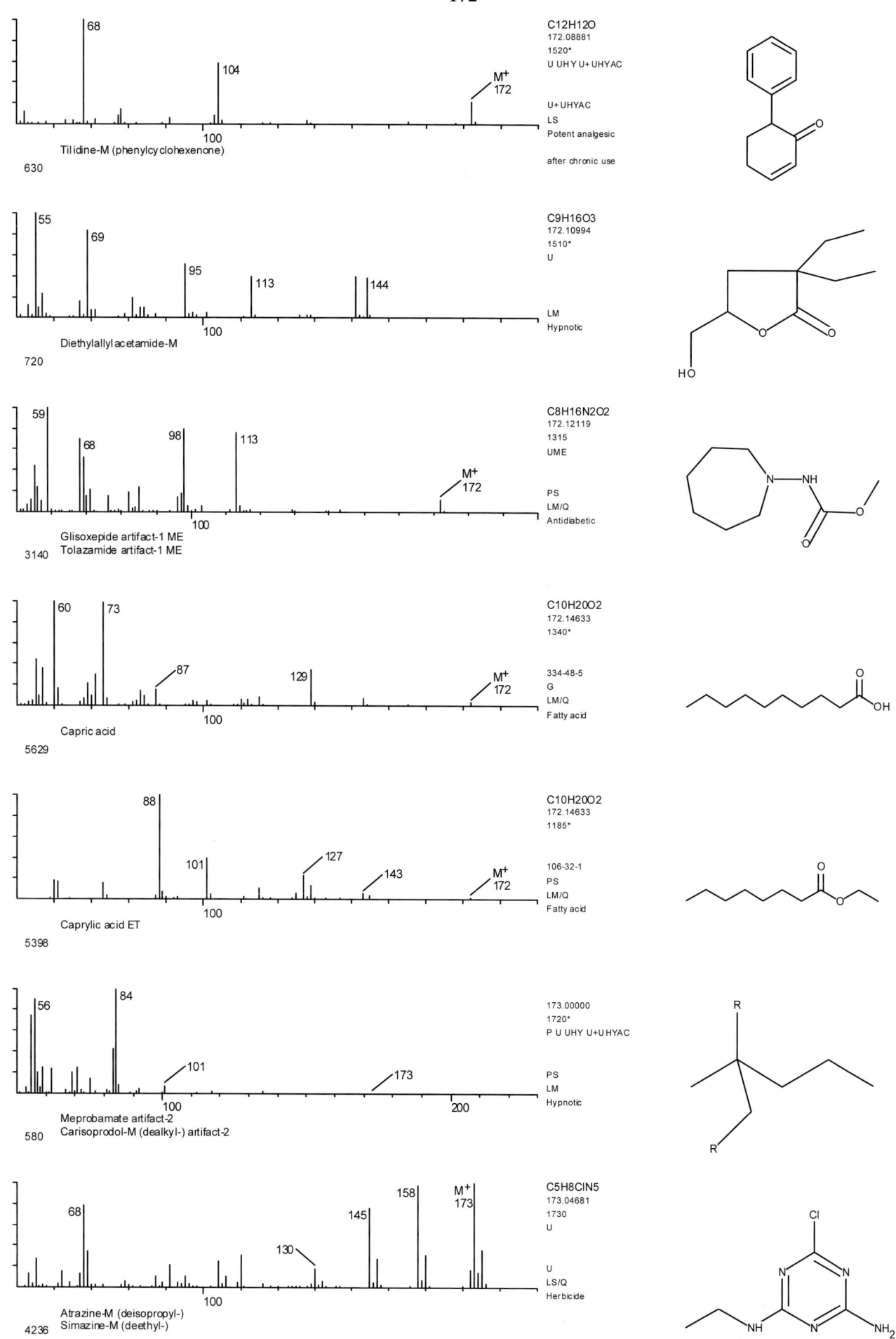

C12H12O
172.08881
1520*
U UHY U+UHYAC

U+UHYAC
LS
Potent analgesic

after chronic use

Tilidine-M (phenylcyclohexenone)
630

C9H16O3
172.10994
1510*
U

LM
Hypnotic

Diethylallylacetamide-M
720

C8H16N2O2
172.12119
1315
UME

PS
LM/Q
Antidiabetic

Glisoxepide artifact-1 ME
Tolazamide artifact-1 ME
3140

C10H20O2
172.14633
1340*
334-48-5
G
LM/Q
Fatty acid

Capric acid
5629

C10H20O2
172.14633
1185*
106-32-1
PS
LM/Q
Fatty acid

Caprylic acid ET
5398

173.00000
1720*
P U UHY U+UHYAC

PS
LM
Hypnotic

Meprobamate artifact-2
Carisoprodol-M (dealkyl-) artifact-2
580

C5H8ClN5
173.04681
1730
U

U
LS/Q
Herbicide

Atrazine-M (deisopropyl-)
Simazine-M (deethyl-)
4236

160

173

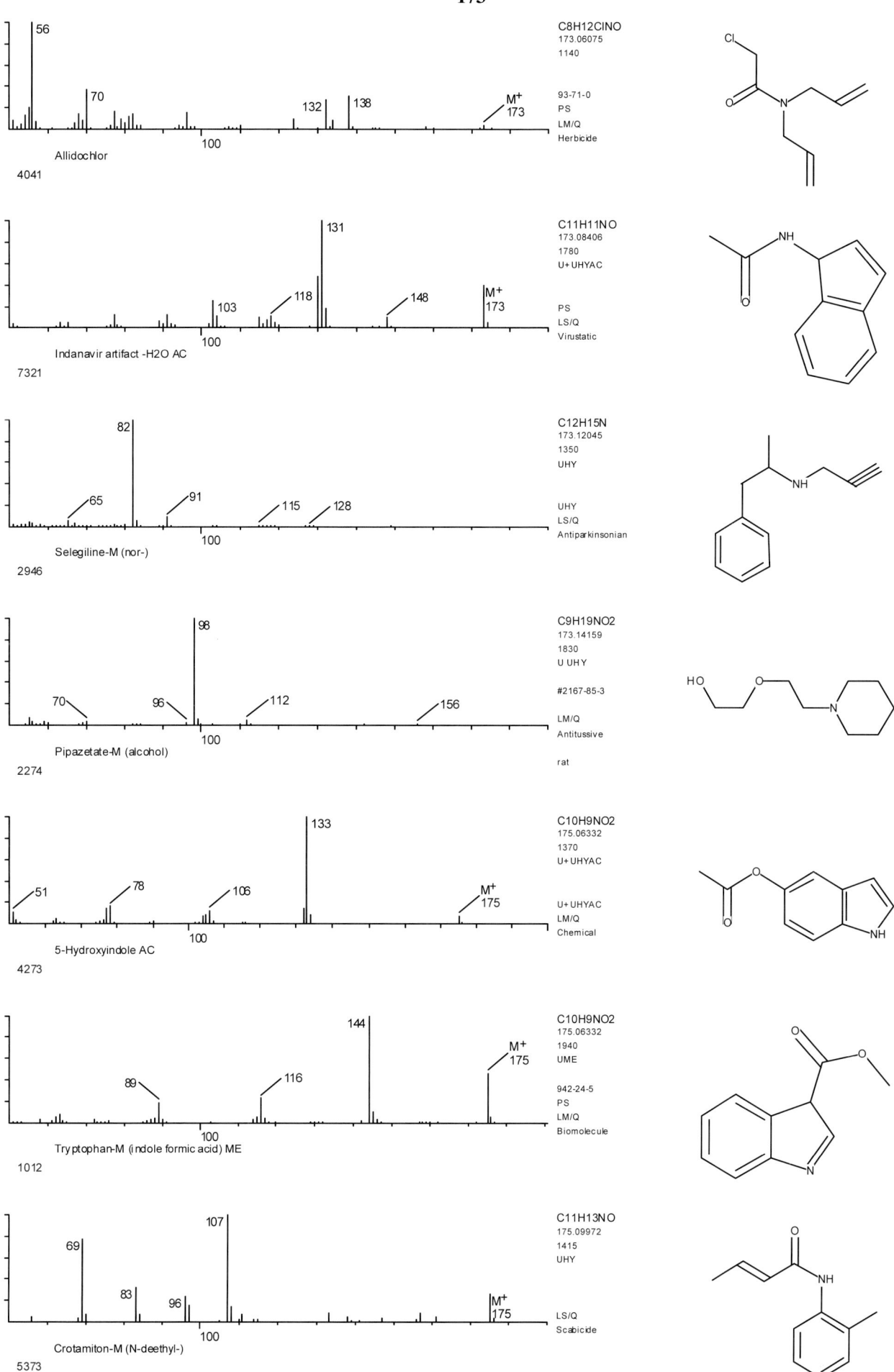

Allidochlor — C8H12ClNO, 173.06075, 1140, 93-71-0, PS, LM/Q, Herbicide
Peaks: 56, 70, 132, 138, M+ 173
4041

Indanavir artifact -H2O AC — C11H11NO, 173.08406, 1780, U+ UHYAC, PS, LS/Q, Virustatic
Peaks: 103, 118, 131, 148, M+ 173
7321

Selegiline-M (nor-) — C12H15N, 173.12045, 1350, UHY, UHY, LS/Q, Antiparkinsonian
Peaks: 65, 82, 91, 115, 128
2946

Pipazetate-M (alcohol) — C9H19NO2, 173.14159, 1830, U UHY, #2167-85-3, LM/Q, Antitussive, rat
Peaks: 70, 96, 98, 112, 156
2274

5-Hydroxyindole AC — C10H9NO2, 175.06332, 1370, U+ UHYAC, U+ UHYAC, LM/Q, Chemical
Peaks: 51, 78, 106, 133, M+ 175
4273

Tryptophan-M (indole formic acid) ME — C10H9NO2, 175.06332, 1940, UME, 942-24-5, PS, LM/Q, Biomolecule
Peaks: 89, 116, 144, M+ 175
1012

Crotamiton-M (N-deethyl-) — C11H13NO, 175.09972, 1415, UHY, LS/Q, Scabicide
Peaks: 69, 83, 96, 107, M+ 175
5373

175

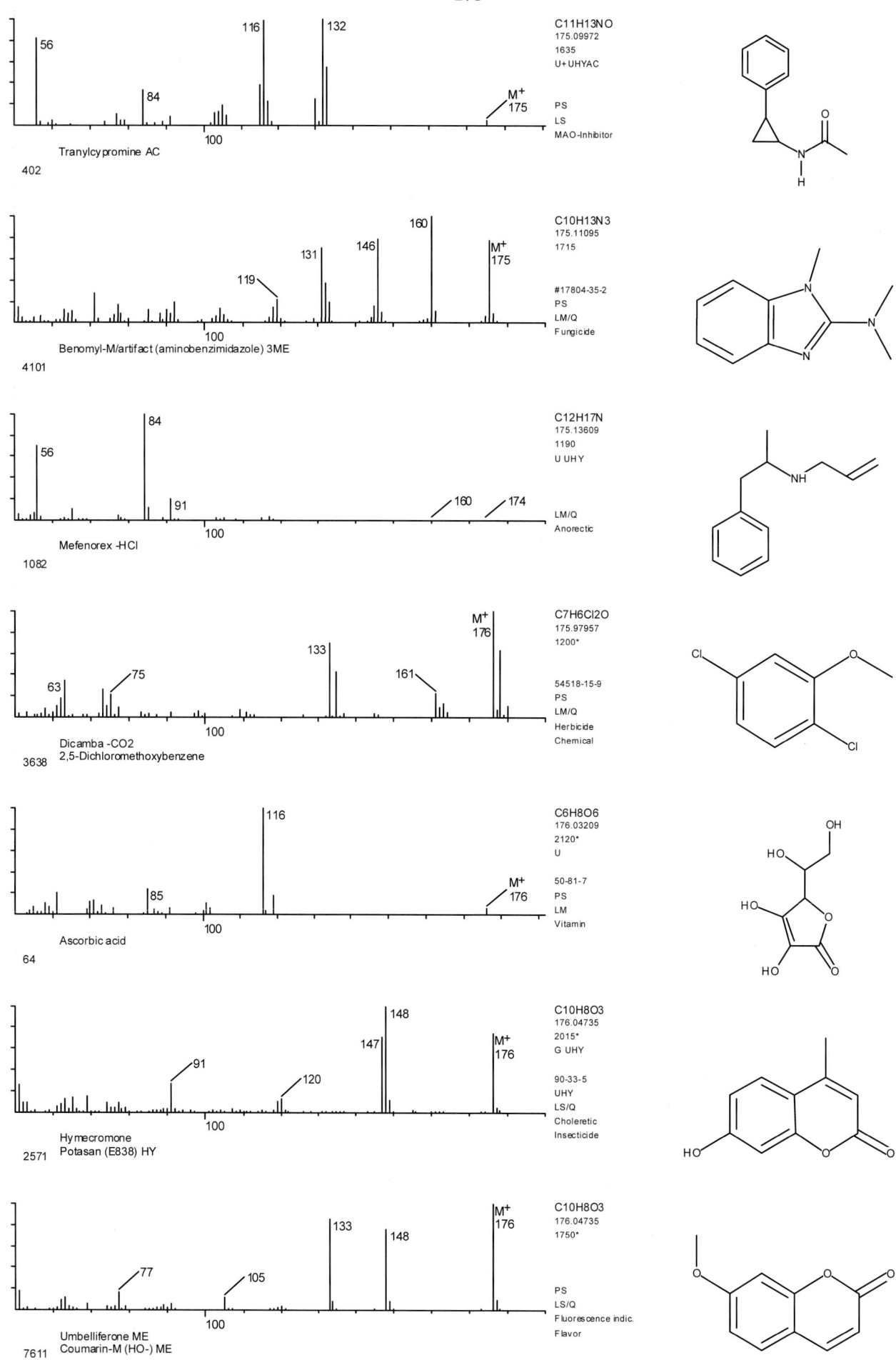

C11H13NO
175.09972
1635
U+ UHYAC

PS
LS
MAO-Inhibitor

Tranylcypromine AC
402

C10H13N3
175.11095
1715

#17804-35-2
PS
LM/Q
Fungicide

Benomyl-M/artifact (aminobenzimidazole) 3ME
4101

C12H17N
175.13609
1190
U UHY

LM/Q
Anorectic

Mefenorex -HCl
1082

C7H6Cl2O
175.97957
1200*

54518-15-9
PS
LM/Q
Herbicide
Chemical

Dicamba -CO2
2,5-Dichloromethoxybenzene
3638

C6H8O6
176.03209
2120*
U

50-81-7
PS
LM
Vitamin

Ascorbic acid
64

C10H8O3
176.04735
2015*
G UHY

90-33-5
UHY
LS/Q
Choleretic
Insecticide

Hymecromone
Potasan (E838) HY
2571

C10H8O3
176.04735
1750*

PS
LS/Q
Fluorescence indic.
Flavor

Umbelliferone ME
Coumarin-M (HO-) ME
7611

176

Alprenolol-M/artifact (phenol) AC
1571
C11H12O2
176.08372
1520*
U+UHYAC
4125-54-6
U+UHYAC
LM/Q
Beta-Blocker
rat

BDB intermediate-2
MBDB intermediate-1
3291
C11H12O2
176.08372
1385*
PS
LM/Q
Chemical

Felbamate-M/artifact (bis-decarbamoyl-) -H2O AC
4697
C11H12O2
176.08372
2010*
PS
LM/Q
Anticonvulsant

Cotinine Nicotine-M (cotinine)
692
C10H12N2O
176.09496
1715
P U+UHYAC
486-56-6
LS
Stimulant

1,2-Butane diol phenylboronate
1900
C10H13BO2
176.10086
1350*
PS
LM/Q
Chemical

1,3-Butane diol phenylboronate
1901
C10H13BO2
176.10086
1390*
PS
LM/Q
Chemical

1,4-Butane diol phenylboronate
1902
C10H13BO2
176.10086
1420*
PS
LM/Q
Chemical

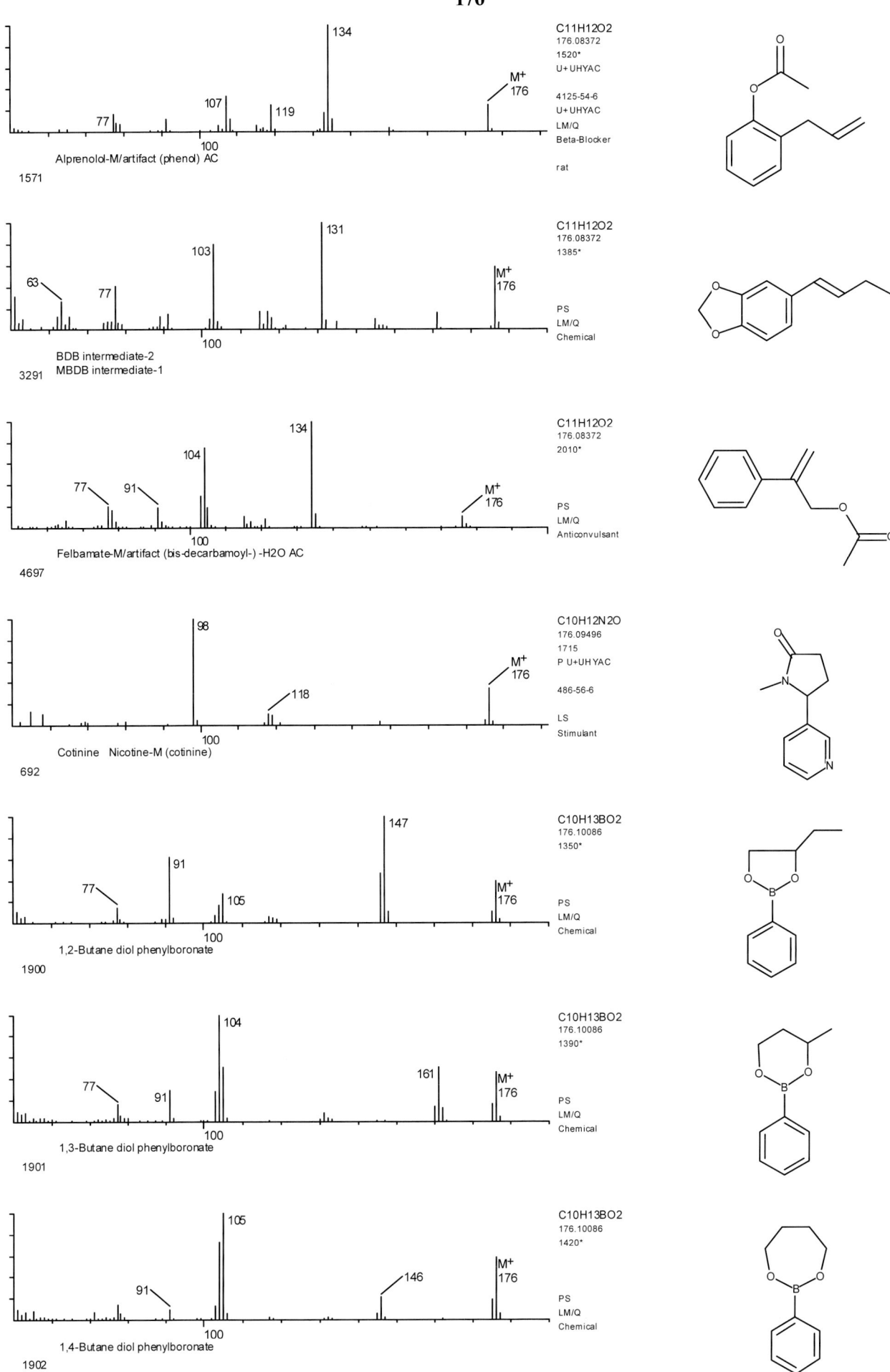

176

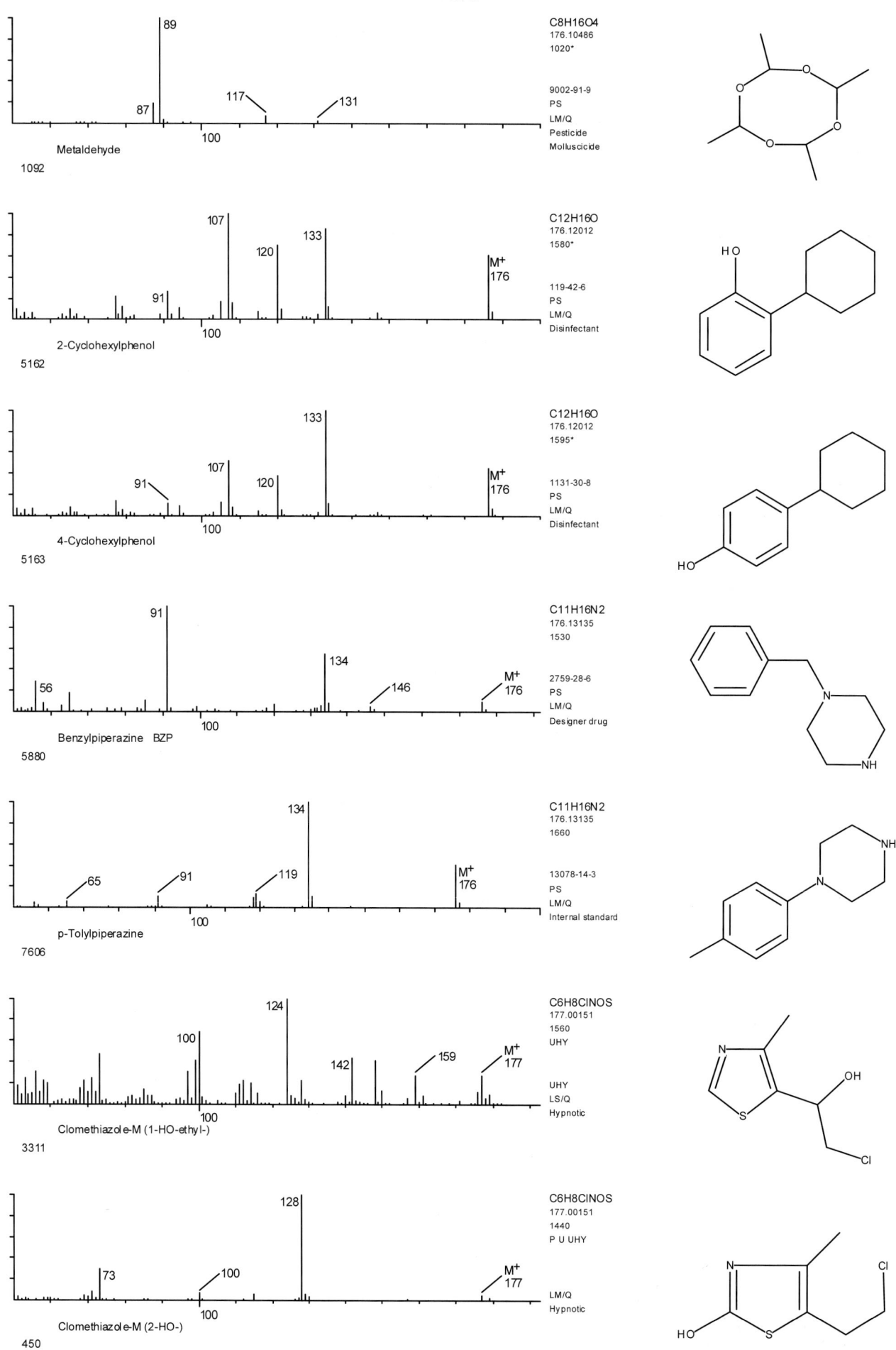

Metaldehyde	C8H16O4 176.10486 1020* 9002-91-9 PS LM/Q Pesticide Molluscicide	peaks: 89, 87, 117, 131
2-Cyclohexylphenol	C12H16O 176.12012 1580* 119-42-6 PS LM/Q Disinfectant	peaks: 91, 107, 120, 133, M+ 176
4-Cyclohexylphenol	C12H16O 176.12012 1595* 1131-30-8 PS LM/Q Disinfectant	peaks: 91, 107, 120, 133, M+ 176
Benzylpiperazine BZP	C11H16N2 176.13135 1530 2759-28-6 PS LM/Q Designer drug	peaks: 56, 91, 134, 146, M+ 176
p-Tolylpiperazine	C11H16N2 176.13135 1660 13078-14-3 PS LM/Q Internal standard	peaks: 65, 91, 119, 134, M+ 176
Clomethiazole-M (1-HO-ethyl-)	C6H8ClNOS 177.00151 1560 UHY UHY LS/Q Hypnotic	peaks: 100, 124, 142, 159, M+ 177
Clomethiazole-M (2-HO-)	C6H8ClNOS 177.00151 1440 P U UHY LM/Q Hypnotic	peaks: 73, 100, 128, M+ 177

164

177

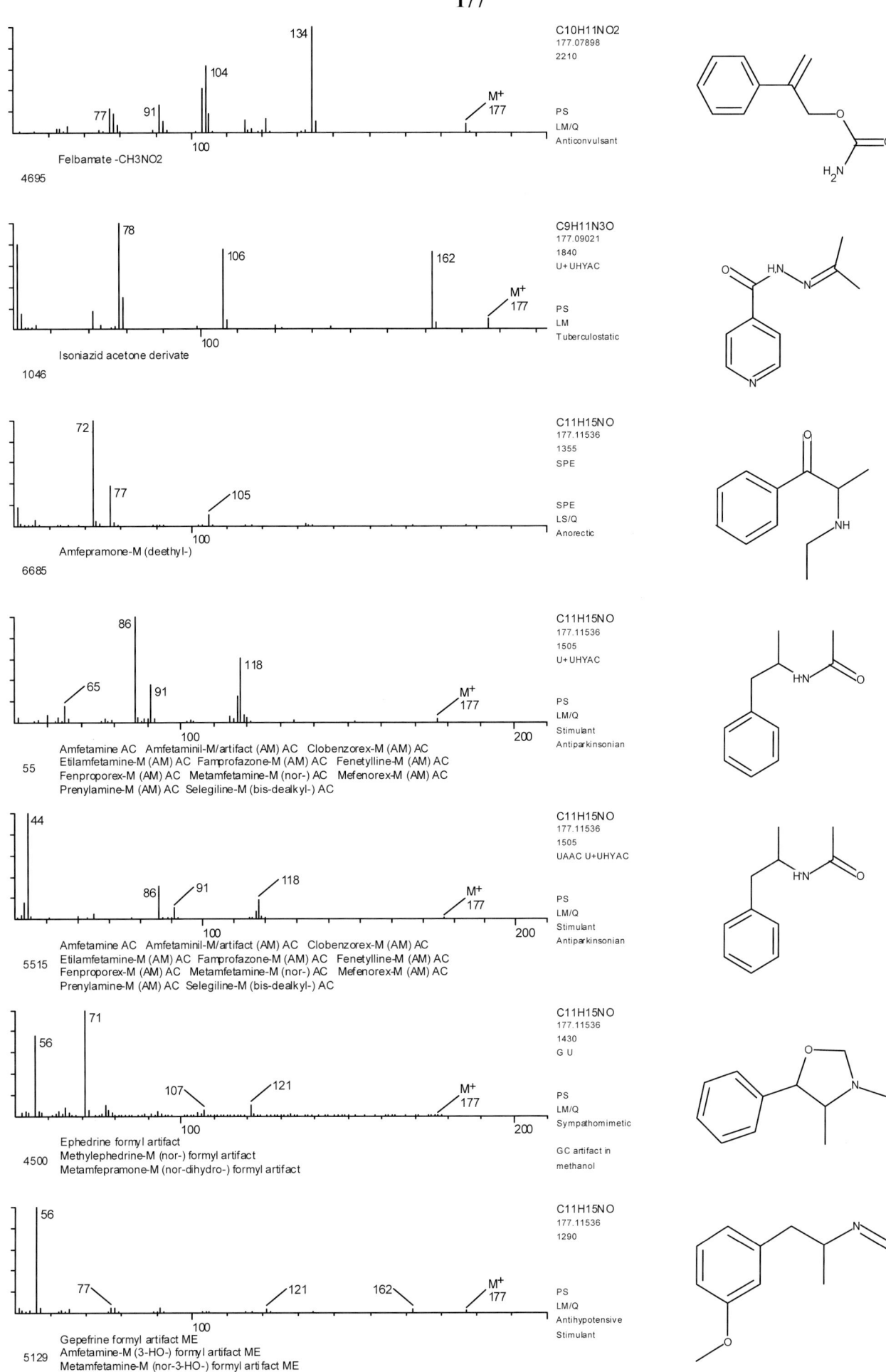

Felbamate -CH3NO2
4695
C10H11NO2
177.07898
2210
PS
LM/Q
Anticonvulsant

Isoniazid acetone derivate
1046
C9H11N3O
177.09021
1840
U+ UHYAC
PS
LM
Tuberculostatic

Amfepramone-M (deethyl-)
6685
C11H15NO
177.11536
1355
SPE
SPE
LS/Q
Anorectic

Amfetamine AC   Amfetaminil-M/artifact (AM) AC   Clobenzorex-M (AM) AC
Etilamfetamine-M (AM) AC   Famprofazone-M (AM) AC   Fenetylline-M (AM) AC
Fenproporex-M (AM) AC   Metamfetamine-M (nor-) AC   Mefenorex-M (AM) AC
Prenylamine-M (AM) AC   Selegiline-M (bis-dealkyl-) AC
55
C11H15NO
177.11536
1505
U+ UHYAC
PS
LM/Q
Stimulant
Antiparkinsonian

Amfetamine AC   Amfetaminil-M/artifact (AM) AC   Clobenzorex-M (AM) AC
Etilamfetamine-M (AM) AC   Famprofazone-M (AM) AC   Fenetylline-M (AM) AC
Fenproporex-M (AM) AC   Metamfetamine-M (nor-) AC   Mefenorex-M (AM) AC
Prenylamine-M (AM) AC   Selegiline-M (bis-dealkyl-) AC
5515
C11H15NO
177.11536
1505
UAAC U+UHYAC
PS
LM/Q
Stimulant
Antiparkinsonian

Ephedrine formyl artifact
Methylephedrine-M (nor-) formyl artifact
Metamfepramone-M (nor-dihydro-) formyl artifact
4500
C11H15NO
177.11536
1430
G U
PS
LM/Q
Sympathomimetic
GC artifact in methanol

Gepefrine formyl artifact ME
Amfetamine-M (3-HO-) formyl artifact ME
Metamfetamine-M (nor-3-HO-) formyl artifact ME
5129
C11H15NO
177.11536
1290
PS
LM/Q
Antihypotensive
Stimulant

177

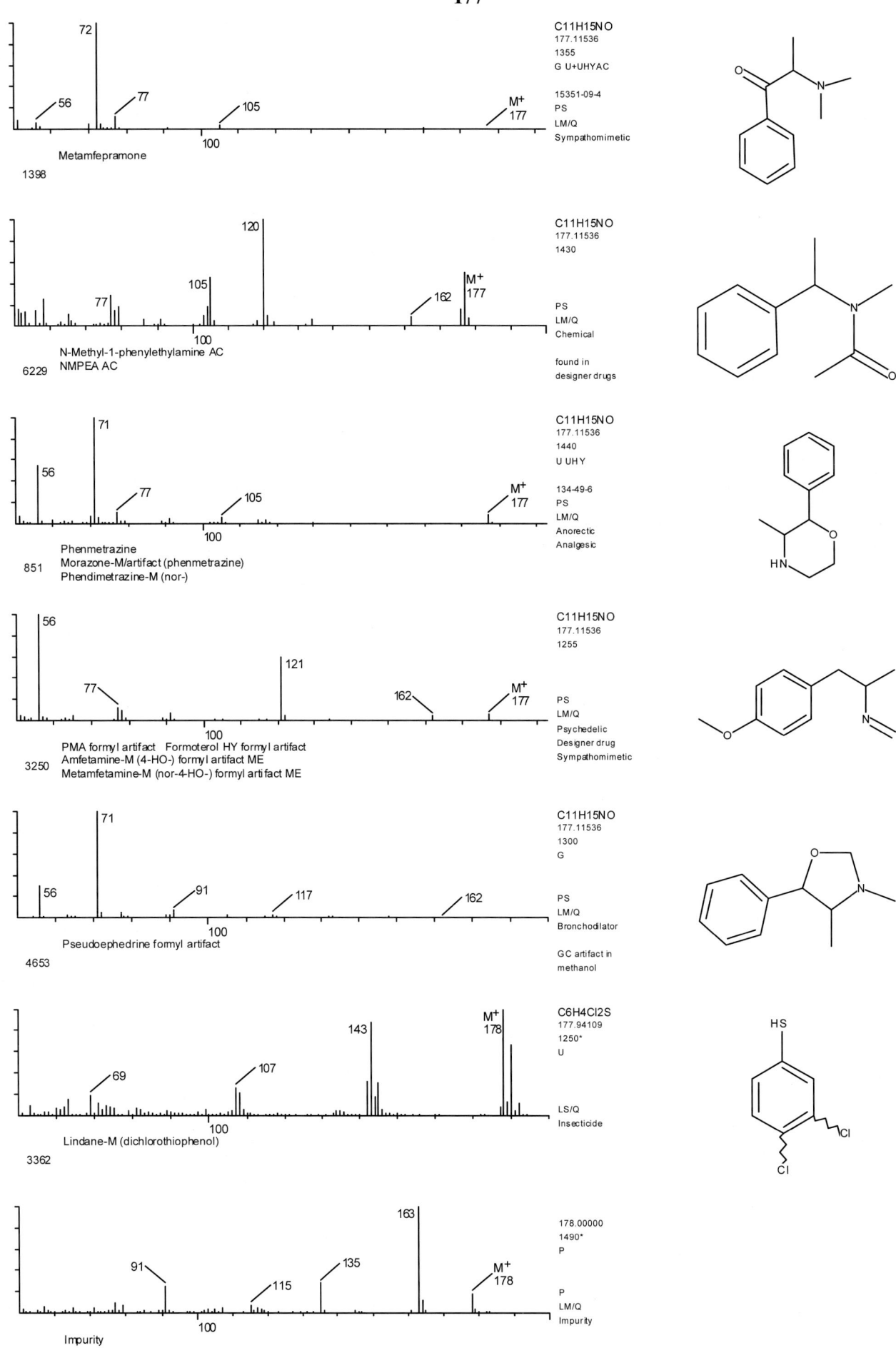

Metamfepramone
72, 56, 77, 105, M+ 177
C11H15NO
177.11536
1355
G U+UHYAC
15351-09-4
PS
LM/Q
Sympathomimetic
1398

N-Methyl-1-phenylethylamine AC
NMPEA AC
120, 105, 77, 162, M+ 177
C11H15NO
177.11536
1430
PS
LM/Q
Chemical
found in
designer drugs
6229

Phenmetrazine
Morazone-M/artifact (phenmetrazine)
Phendimetrazine-M (nor-)
71, 56, 77, 105, M+ 177
C11H15NO
177.11536
1440
U UH Y
134-49-6
PS
LM/Q
Anorectic
Analgesic
851

PMA formyl artifact   Formoterol HY formyl artifact
Amfetamine-M (4-HO-) formyl artifact ME
Metamfetamine-M (nor-4-HO-) formyl artifact ME
56, 77, 121, 162, M+ 177
C11H15NO
177.11536
1255
PS
LM/Q
Psychedelic
Designer drug
Sympathomimetic
3250

Pseudoephedrine formyl artifact
71, 56, 91, 117, 162
C11H15NO
177.11536
1300
G
PS
LM/Q
Bronchodilator
GC artifact in
methanol
4653

Lindane-M (dichlorothiophenol)
143, 69, 107, M+ 178
C6H4Cl2S
177.94109
1250*
U
LS/Q
Insecticide
3362

Impurity
163, 91, 115, 135, M+ 178
178.00000
1490*
P
P
LM/Q
Impurity
6953

166

178

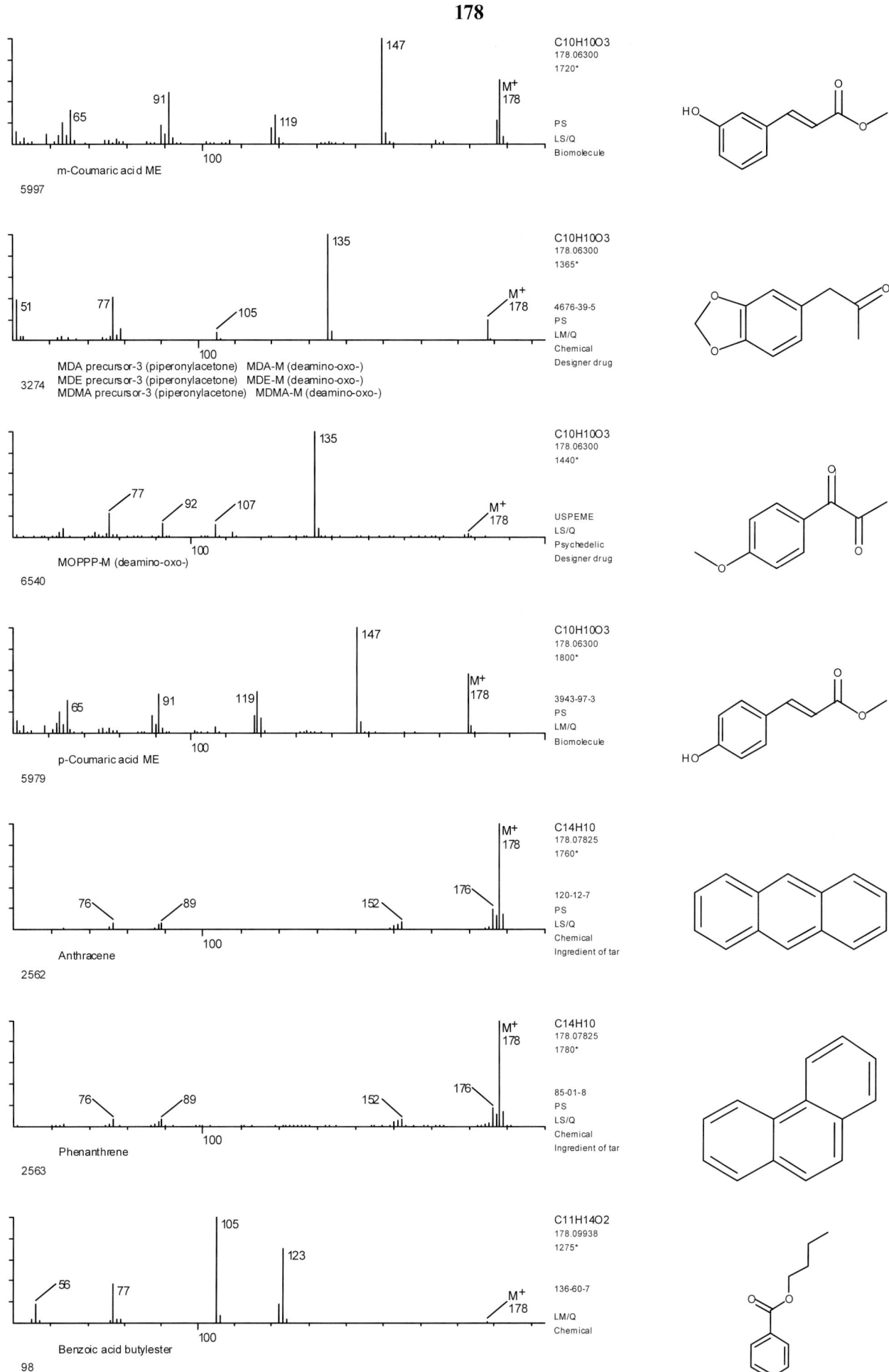

m-Coumaric acid ME
C10H10O3
178.06300
1720*
PS
LS/Q
Biomolecule

MDA precursor-3 (piperonylacetone)   MDA-M (deamino-oxo-)
MDE precursor-3 (piperonylacetone)   MDE-M (deamino-oxo-)
MDMA precursor-3 (piperonylacetone) MDMA-M (deamino-oxo-)
C10H10O3
178.06300
1365*
4676-39-5
PS
LM/Q
Chemical
Designer drug

MOPPP-M (deamino-oxo-)
C10H10O3
178.06300
1440*
USPEME
LS/Q
Psychedelic
Designer drug

p-Coumaric acid ME
C10H10O3
178.06300
1800*
3943-97-3
PS
LM/Q
Biomolecule

Anthracene
C14H10
178.07825
1760*
120-12-7
PS
LS/Q
Chemical
Ingredient of tar

Phenanthrene
C14H10
178.07825
1780*
85-01-8
PS
LS/Q
Chemical
Ingredient of tar

Benzoic acid butylester
C11H14O2
178.09938
1275*
136-60-7
LM/Q
Chemical

178

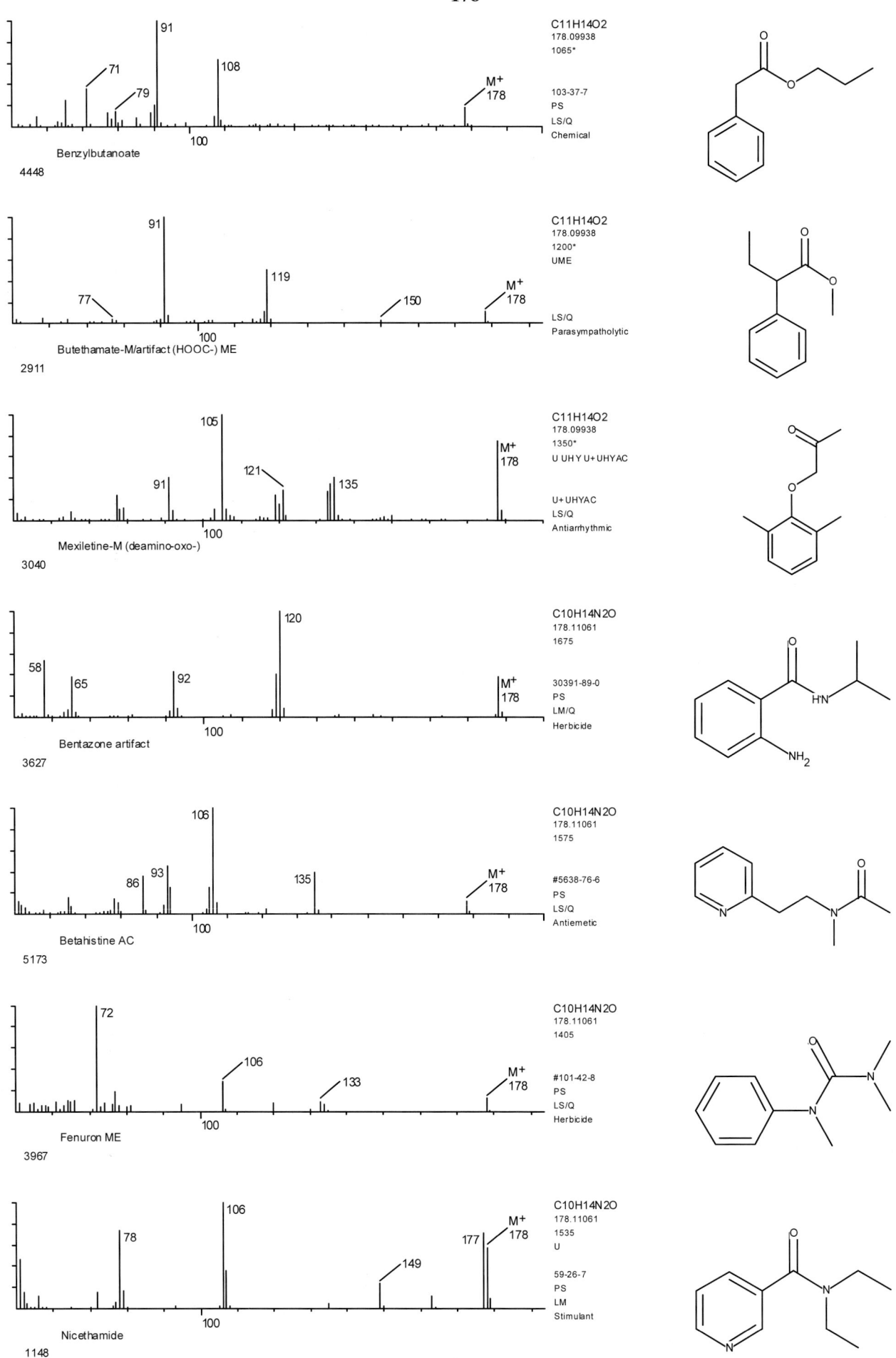

Benzylbutanoate
4448
C11H14O2
178.09938
1065*
103-37-7
PS
LS/Q
Chemical

Butethamate-M/artifact (HOOC-) ME
2911
C11H14O2
178.09938
1200*
UME
LS/Q
Parasympatholytic

Mexiletine-M (deamino-oxo-)
3040
C11H14O2
178.09938
1350*
U UH Y U+ UHYAC
U+ UHYAC
LS/Q
Antiarrhythmic

Bentazone artifact
3627
C10H14N2O
178.11061
1675
30391-89-0
PS
LM/Q
Herbicide

Betahistine AC
5173
C10H14N2O
178.11061
1575
#5638-76-6
PS
LS/Q
Antiemetic

Fenuron ME
3967
C10H14N2O
178.11061
1405
#101-42-8
PS
LS/Q
Herbicide

Nicethamide
1148
C10H14N2O
178.11061
1535
U
59-26-7
PS
LM
Stimulant

178

Propofol
3305
C12H18O
178.13577
1320*
G P U
2078-54-8
PS
LM/Q
Anesthetic

PYCC
Rolicyclidine intermediate
TCPY intermediate
3583
C11H18N2
178.14700
1255
22912-25-0
PS
LM/Q
Psychedelic
Designer drug
synth. by
Haerer/Kovar

Carbromal artifact
1878
179.00000
1450
PS
LM/Q
Hypnotic
GC artifact

Endogenous biomolecule
4951
179.00000
1640*
UME
UME
LS/Q
Biomolecule

Cloxiquine
2003
C9H6ClNO
179.01379
1565
130-16-5
PS
LM/Q
Antimycotic

4-Aminobenzoic acid AC
Benzocaine-M (PABA) AC
Procaine-M (PABA) AC
3298
C9H9NO3
179.05824
2145
U+ UHYAC
#59-46-1
PS
LM/Q
Local anesthetic

Benzoic acid glycine conjugate
Benfluorex-M (hippuric acid)
Hippuric acid
96
C9H9NO3
179.05824
1745
U
495-69-2
PS
LM/Q
Biomolecule
Antilipemic

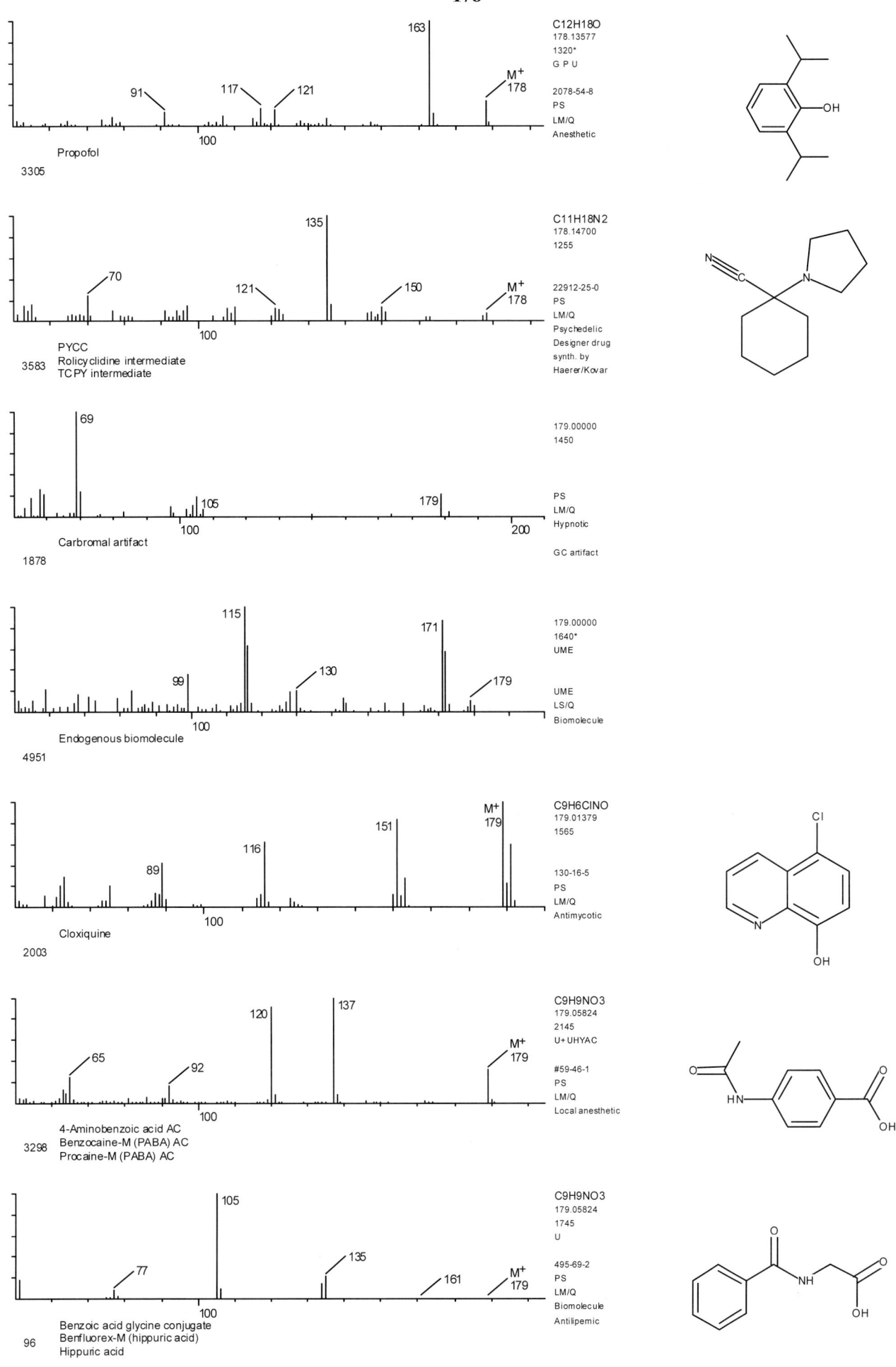

169

179

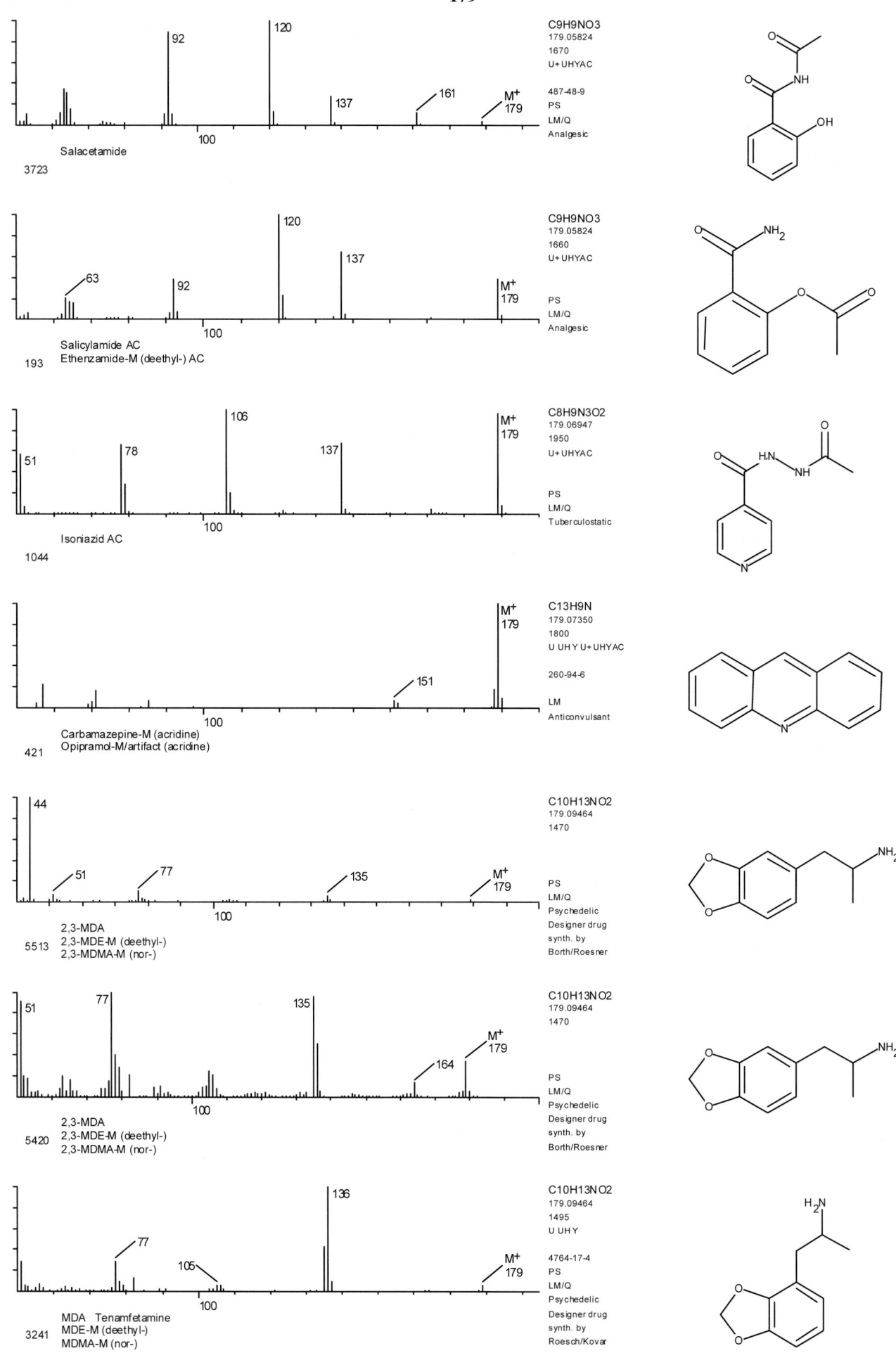

Salacetamide
C9H9NO3
179.05824
1670
U+ UHYAC
487-48-9
PS
LM/Q
Analgesic
3723

Peaks: 92, 120, 137, 161, M+ 179

Salicylamide AC
Ethenzamide-M (deethyl-) AC
C9H9NO3
179.05824
1660
U+ UHYAC
PS
LM/Q
Analgesic
193

Peaks: 63, 92, 120, 137, M+ 179

Isoniazid AC
C8H9N3O2
179.06947
1950
U+ UHYAC
PS
LM/Q
Tuberculostatic
1044

Peaks: 51, 78, 106, 137, M+ 179

Carbamazepine-M (acridine)
Opipramol-M/artifact (acridine)
C13H9N
179.07350
1800
U UH Y U+ UHYAC
260-94-6
LM
Anticonvulsant
421

Peaks: 151, M+ 179

2,3-MDA
2,3-MDE-M (deethyl-)
2,3-MDMA-M (nor-)
C10H13NO2
179.09464
1470
PS
LM/Q
Psychedelic
Designer drug
synth. by
Borth/Roesner
5513

Peaks: 44, 51, 77, 135, M+ 179

2,3-MDA
2,3-MDE-M (deethyl-)
2,3-MDMA-M (nor-)
C10H13NO2
179.09464
1470
PS
LM/Q
Psychedelic
Designer drug
synth. by
Borth/Roesner
5420

Peaks: 51, 77, 135, 164, M+ 179

MDA Tenamfetamine
MDE-M (deethyl-)
MDMA-M (nor-)
C10H13NO2
179.09464
1495
U UH Y
4764-17-4
PS
LM/Q
Psychedelic
Designer drug
synth. by
Roesch/Kovar
3241

Peaks: 77, 105, 136, M+ 179

179

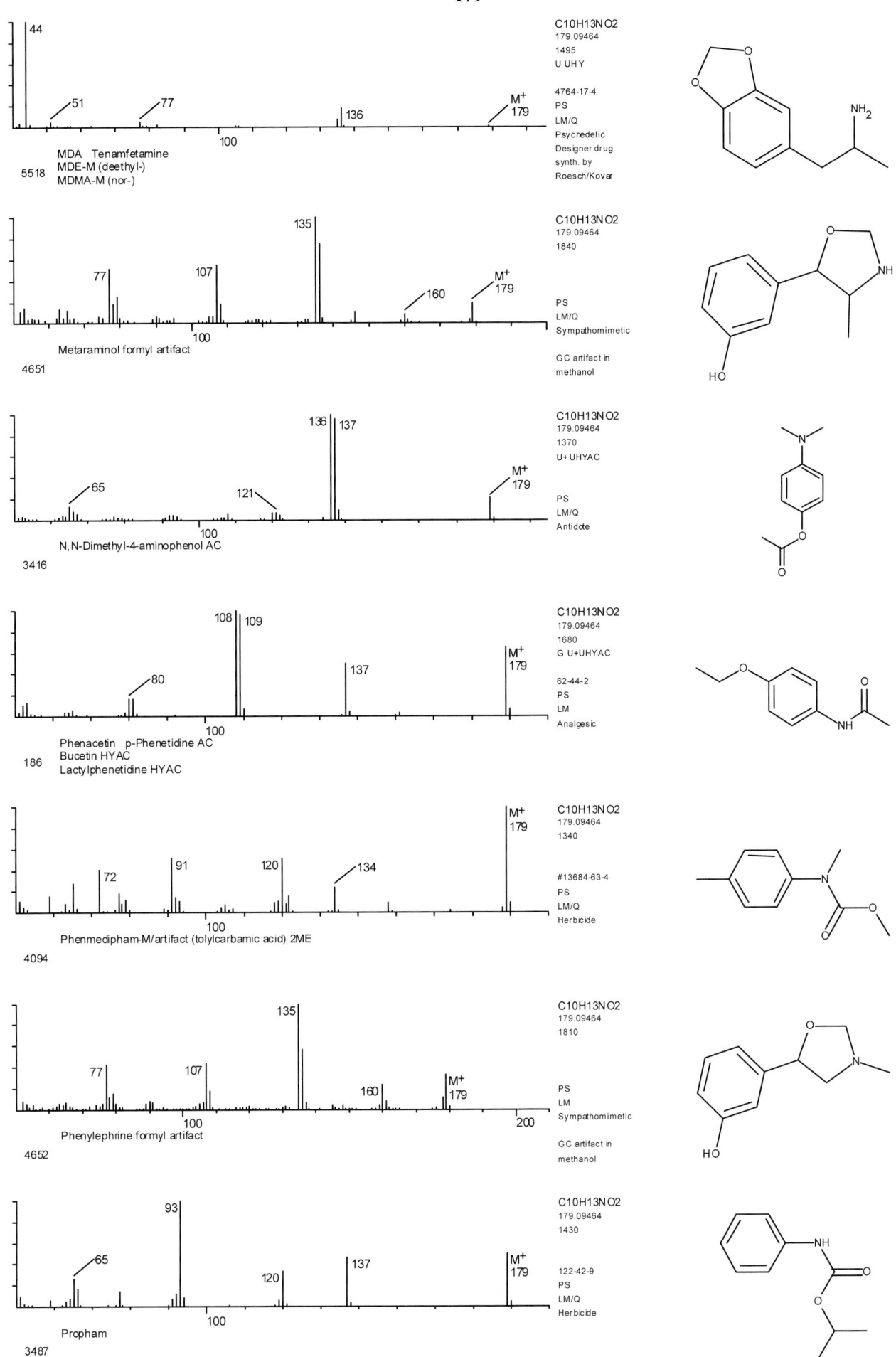

C10H13NO2
179.09464
1495
U UHY

4764-17-4
PS
LM/Q
Psychedelic
Designer drug
synth. by
Roesch/Kovar

MDA Tenamfetamine
MDE-M (deethyl-)
MDMA-M (nor-)
5518

C10H13NO2
179.09464
1840

PS
LM/Q
Sympathomimetic

GC artifact in methanol

Metaraminol formyl artifact
4651

C10H13NO2
179.09464
1370
U+ UHYAC

PS
LM/Q
Antidote

N,N-Dimethyl-4-aminophenol AC
3416

C10H13NO2
179.09464
1680
G U+UHYAC

62-44-2
PS
LM
Analgesic

Phenacetin p-Phenetidine AC
Bucetin HYAC
Lactylphenetidine HYAC
186

C10H13NO2
179.09464
1340

#13684-63-4
PS
LM/Q
Herbicide

Phenmedipham-M/artifact (tolylcarbamic acid) 2ME
4094

C10H13NO2
179.09464
1810

PS
LM
Sympathomimetic

GC artifact in methanol

Phenylephrine formyl artifact
4652

C10H13NO2
179.09464
1430

122-42-9
PS
LM/Q
Herbicide

Propham
3487

179

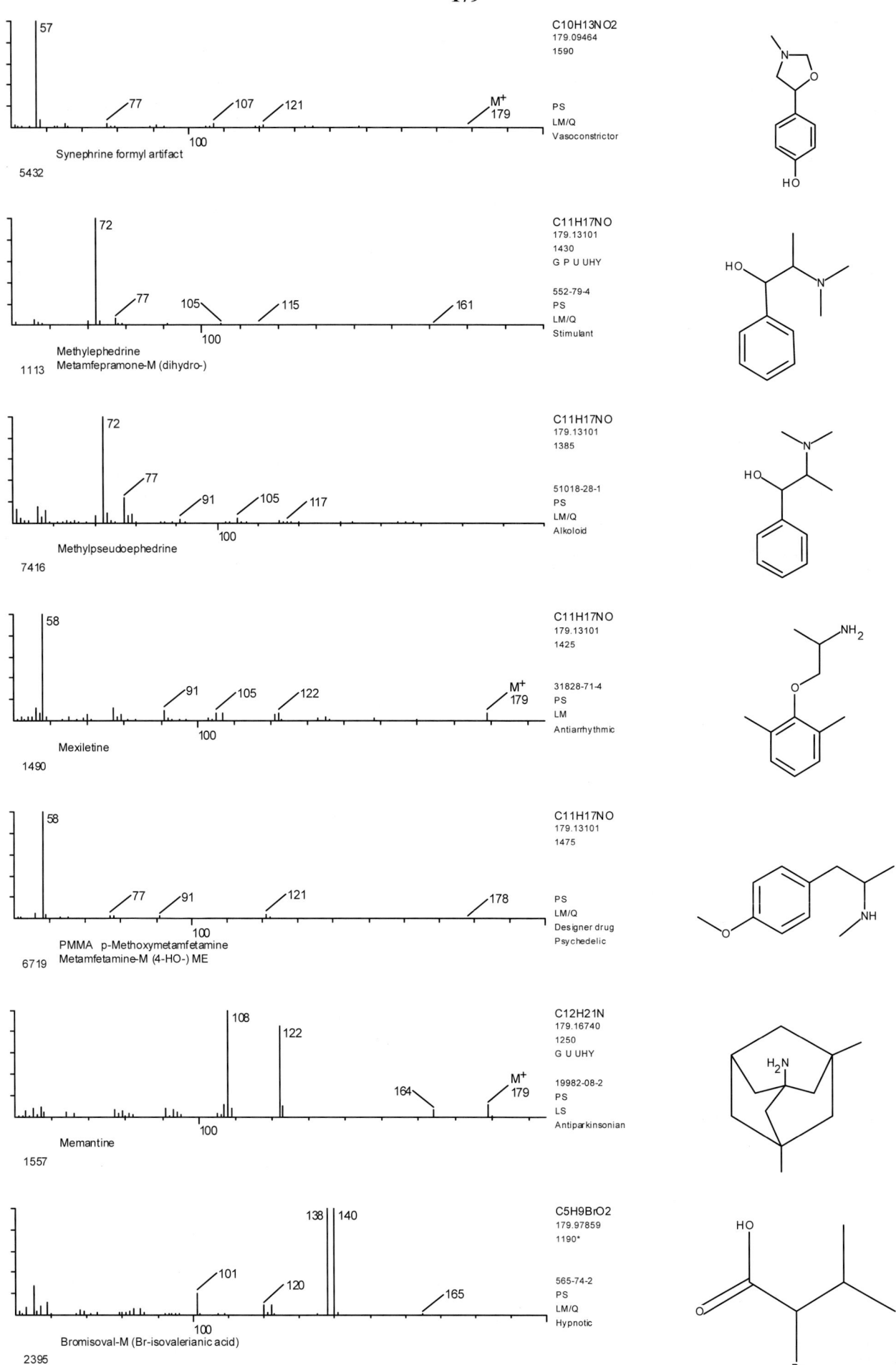

57, 77, 107, 121, M+ 179	C10H13NO2 179.09464 1590 PS LM/Q Vasoconstrictor	
Synephrine formyl artifact 5432		
72, 77, 105, 115, 161	C11H17NO 179.13101 1430 G P U UHY 552-79-4 PS LM/Q Stimulant	
Methylephedrine / Metamfepramone-M (dihydro-) 1113		
72, 77, 91, 105, 117	C11H17NO 179.13101 1385 51018-28-1 PS LM/Q Alkoloid	
Methylpseudoephedrine 7416		
58, 91, 105, 122, M+ 179	C11H17NO 179.13101 1425 31828-71-4 PS LM Antiarrhythmic	
Mexiletine 1490		
58, 77, 91, 121, 178	C11H17NO 179.13101 1475 PS LM/Q Designer drug Psychedelic	
PMMA p-Methoxymetamfetamine / Metamfetamine-M (4-HO-) ME 6719		
108, 122, 164, M+ 179	C12H21N 179.16740 1250 G U UHY 19982-08-2 PS LS Antiparkinsonian	
Memantine 1557		
101, 120, 138, 140, 165	C5H9BrO2 179.97859 1190* 565-74-2 PS LM/Q Hypnotic	
Bromisoval-M (Br-isovalerianic acid) 2395		

180

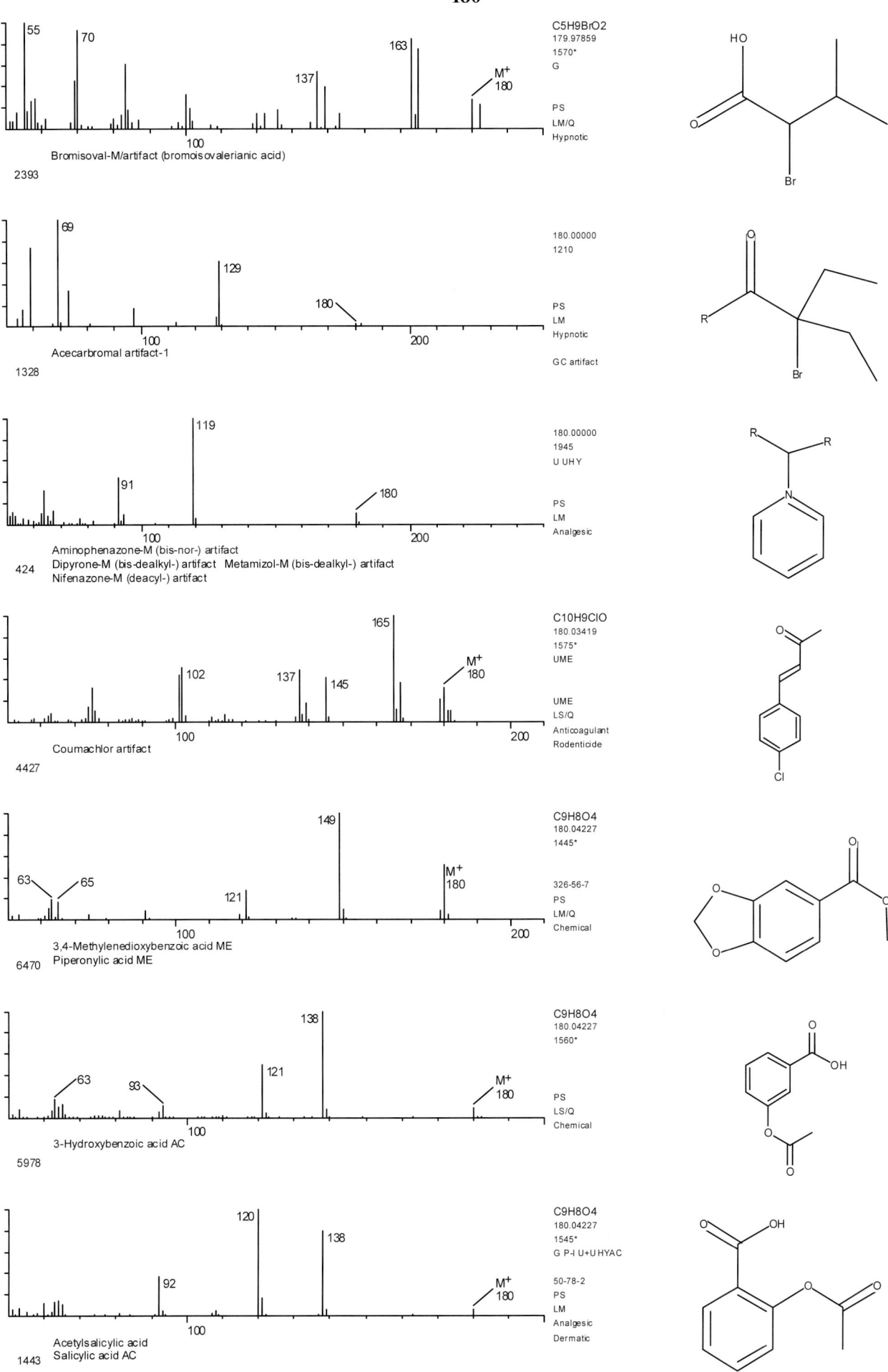

C5H9BrO2
179.97859
1570*
G

PS
LM/Q
Hypnotic

Bromisoval-M/artifact (bromoisovalerianic acid)
2393

180.00000
1210

PS
LM
Hypnotic
GC artifact

Acecarbromal artifact-1
1328

180.00000
1945
U UHY

PS
LM
Analgesic

Aminophenazone-M (bis-nor-) artifact
Dipyrone-M (bis-dealkyl-) artifact   Metamizol-M (bis-dealkyl-) artifact
Nifenazone-M (deacyl-) artifact
424

C10H9ClO
180.03419
1575*
UME

UME
LS/Q
Anticoagulant
Rodenticide

Coumachlor artifact
4427

C9H8O4
180.04227
1445*

326-56-7
PS
LM/Q
Chemical

3,4-Methylenedioxybenzoic acid ME
Piperonylic acid ME
6470

C9H8O4
180.04227
1560*

PS
LS/Q
Chemical

3-Hydroxybenzoic acid AC
5978

C9H8O4
180.04227
1545*
G P-I U+U HYAC

50-78-2
PS
LM
Analgesic
Dermatic

Acetylsalicylic acid
Salicylic acid AC
1443

180

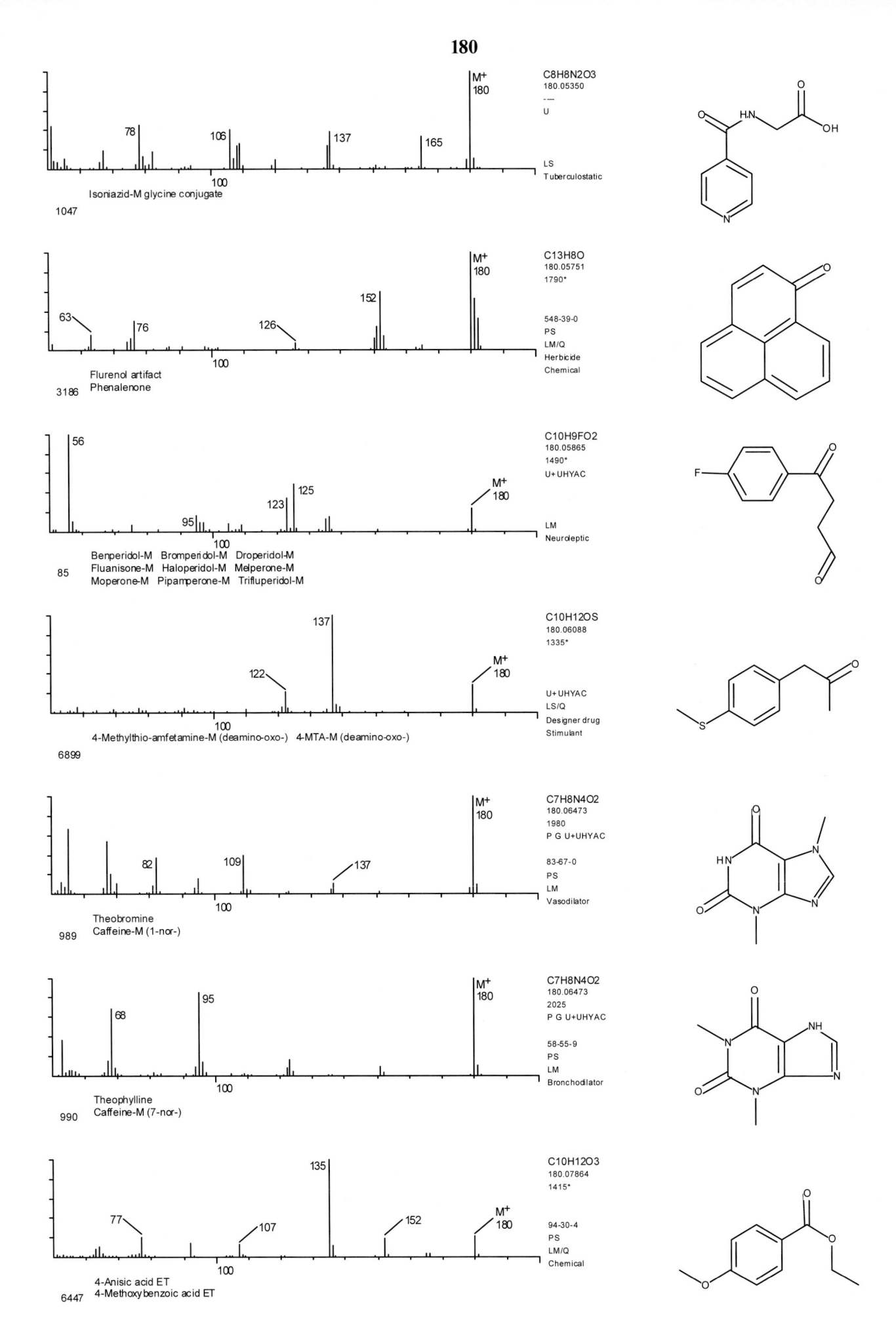

78, 106, 137, 165, M+ 180	C8H8N2O3 180.05350 --- U LS Tuberculostatic	
1047 Isoniazid-M glycine conjugate		
63, 76, 126, 152, M+ 180	C13H8O 180.05751 1790* 548-39-0 PS LM/Q Herbicide Chemical	
3186 Flurenol artifact / Phenalenone		
56, 95, 123, 125, M+ 180	C10H9FO2 180.05865 1490* U+ UHYAC LM Neuroleptic	
85 Benperidol-M Bromperidol-M Droperidol-M Fluanisone-M Haloperidol-M Melperone-M Moperone-M Pipamperone-M Trifluperidol-M		
122, 137, M+ 180	C10H12OS 180.06088 1335* U+ UHYAC LS/Q Designer drug Stimulant	
6899 4-Methylthio-amfetamine-M (deamino-oxo-) 4-MTA-M (deamino-oxo-)		
82, 109, 137, M+ 180	C7H8N4O2 180.06473 1980 P G U+UHYAC 83-67-0 PS LM Vasodilator	
989 Theobromine / Caffeine-M (1-nor-)		
68, 95, M+ 180	C7H8N4O2 180.06473 2025 P G U+UHYAC 58-55-9 PS LM Bronchodilator	
990 Theophylline / Caffeine-M (7-nor-)		
77, 107, 135, 152, M+ 180	C10H12O3 180.07864 1415* 94-30-4 PS LM/Q Chemical	
6447 4-Anisic acid ET / 4-Methoxybenzoic acid ET		

174

180

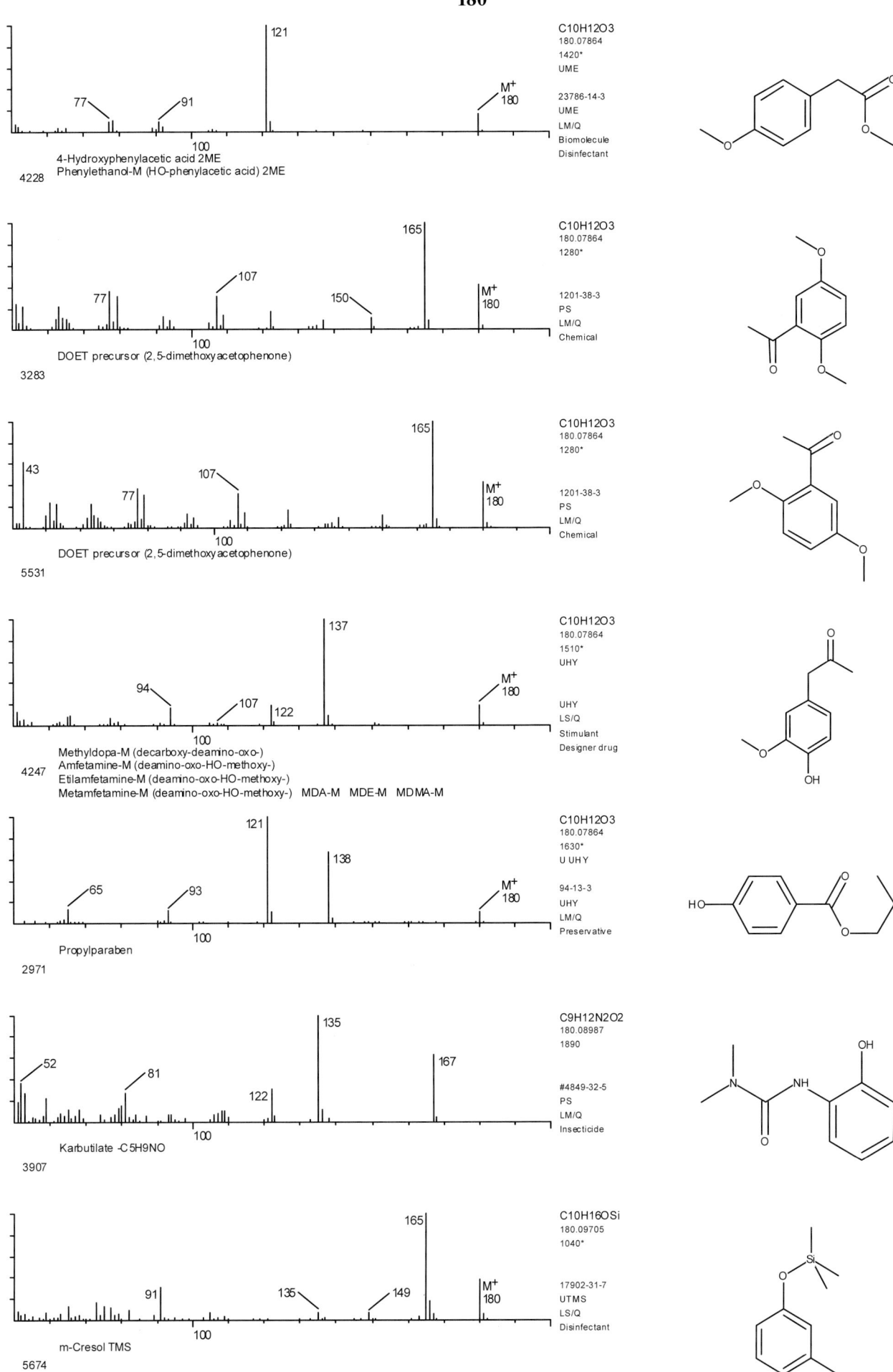

4228
4-Hydroxyphenylacetic acid 2ME
Phenylethanol-M (HO-phenylacetic acid) 2ME

C10H12O3
180.07864
1420*
UME

23786-14-3
UME
LM/Q
Biomolecule
Disinfectant

3283
DOET precursor (2,5-dimethoxyacetophenone)

C10H12O3
180.07864
1280*

1201-38-3
PS
LM/Q
Chemical

5531
DOET precursor (2,5-dimethoxyacetophenone)

C10H12O3
180.07864
1280*

1201-38-3
PS
LM/Q
Chemical

4247
Methyldopa-M (decarboxy-deamino-oxo-)
Amfetamine-M (deamino-oxo-HO-methoxy-)
Etilamfetamine-M (deamino-oxo-HO-methoxy-)
Metamfetamine-M (deamino-oxo-HO-methoxy-) MDA-M MDE-M MDMA-M

C10H12O3
180.07864
1510*
UHY

UHY
LS/Q
Stimulant
Designer drug

2971
Propylparaben

C10H12O3
180.07864
1630*
U UHY

94-13-3
UHY
LM/Q
Preservative

3907
Karbutilate -C5H9NO

C9H12N2O2
180.08987
1890

#4849-32-5
PS
LM/Q
Insecticide

5674
m-Cresol TMS

C10H16OSi
180.09705
1040*

17902-31-7
UTMS
LS/Q
Disinfectant

175

180

C12H20O
180.15141
1525*
U UHY

LS
Antiparkinsonian
rat

Memantine-M (deamino-HO-)
1558

C11H20N2
180.16264
1380

PS
LM/Q
Psychedelic
Designer drug
synth. by
Haerer/Kovar

PICC -HCN
PCPIP intermediate (PICC) -HCN
3588

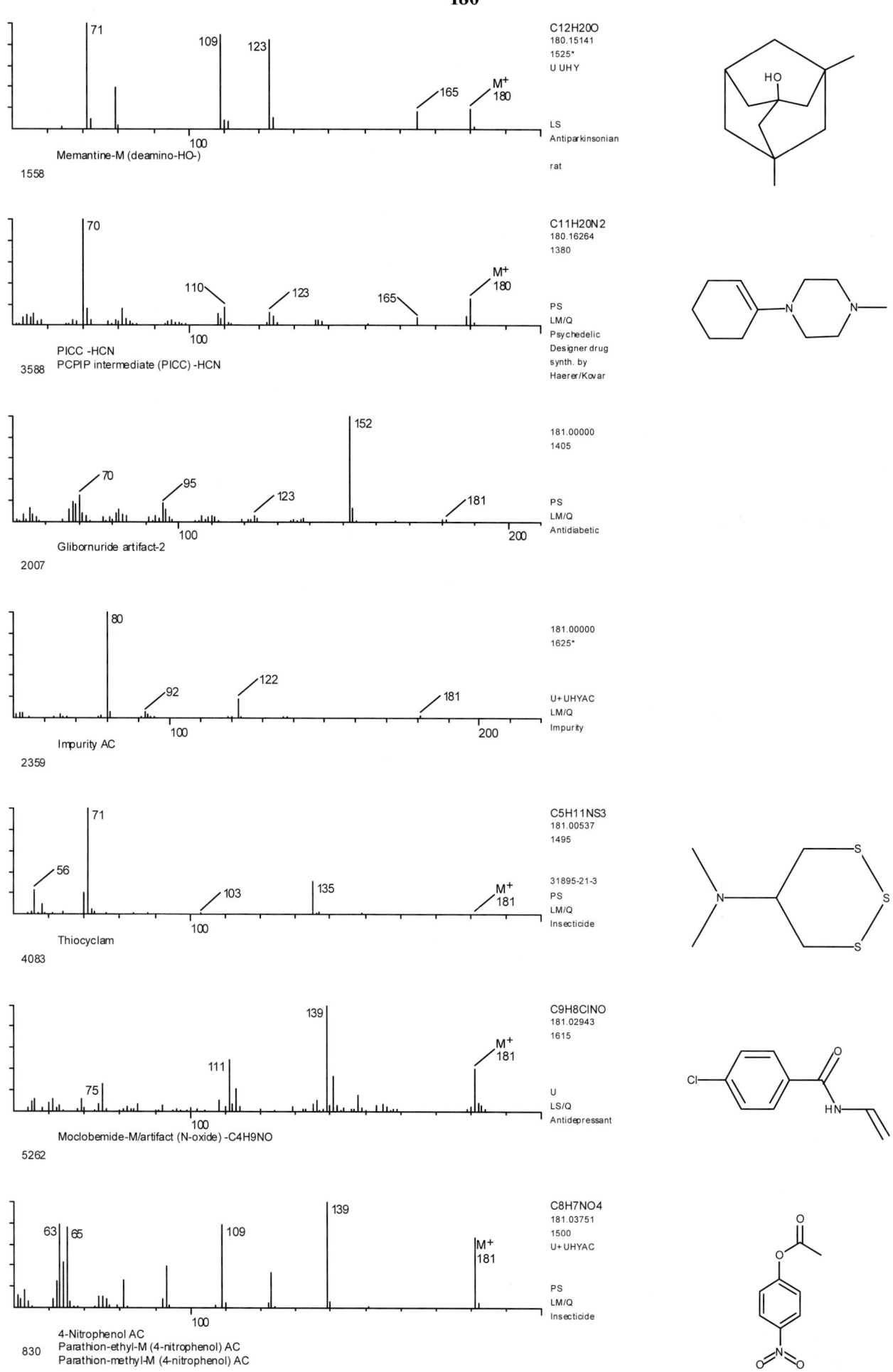

181.00000
1405

PS
LM/Q
Antidiabetic

Glibornuride artifact-2
2007

181.00000
1625*

U+ UHYAC
LM/Q
Impurity

Impurity AC
2359

C5H11NS3
181.00537
1495

31895-21-3
PS
LM/Q
Insecticide

Thiocyclam
4083

C9H8ClNO
181.02943
1615

U
LS/Q
Antidepressant

Moclobemide-M/artifact (N-oxide) -C4H9NO
5262

C8H7NO4
181.03751
1500
U+ UHYAC

PS
LM/Q
Insecticide

4-Nitrophenol AC
Parathion-ethyl-M (4-nitrophenol) AC
Parathion-methyl-M (4-nitrophenol) AC
830

181

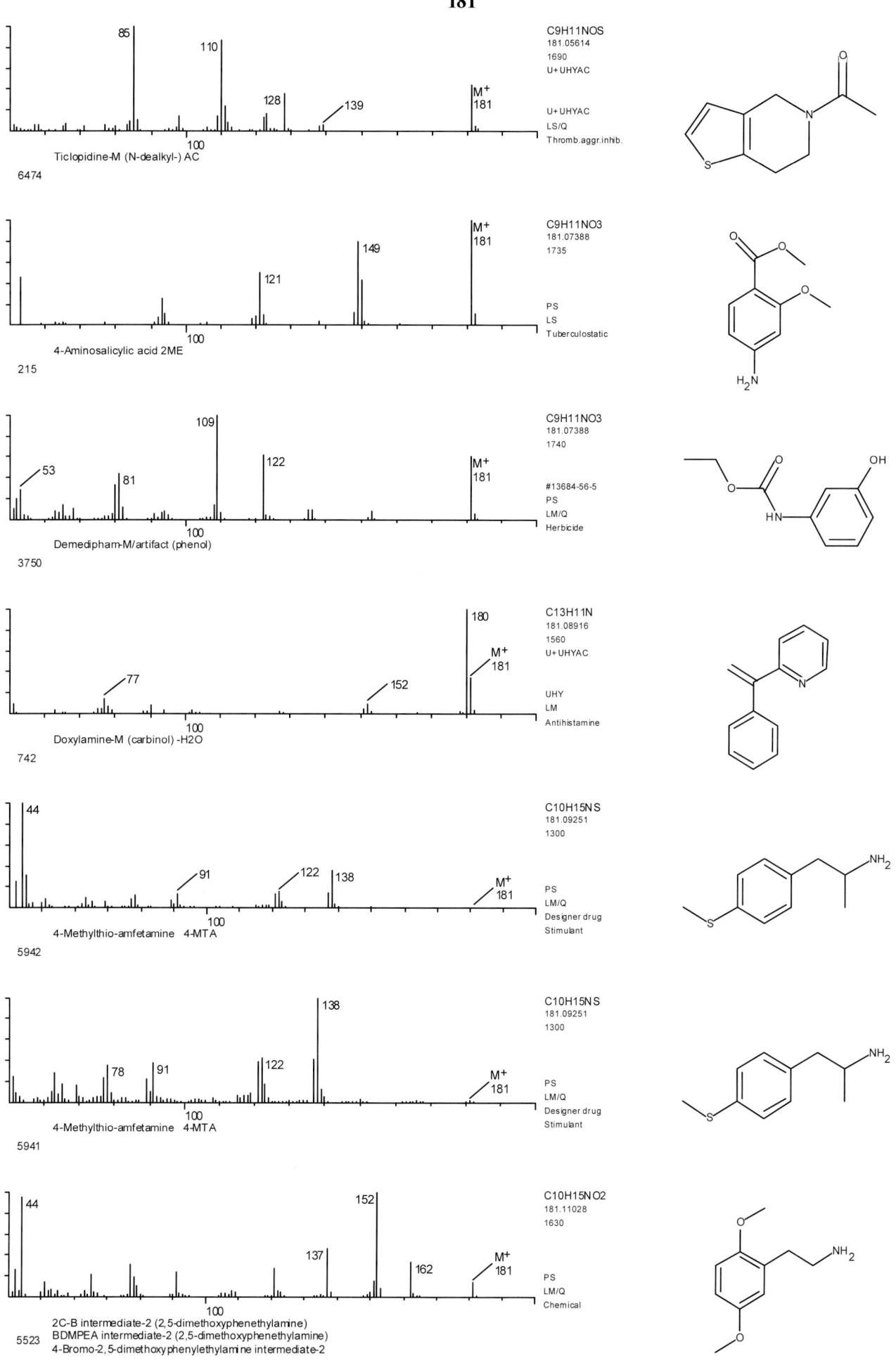

Ticlopidine-M (N-dealkyl-) AC
6474
85, 110, 128, 139, M+ 181
C9H11NOS
181.05614
1690
U+UHYAC
U+UHYAC
LS/Q
Thromb.aggr.inhib.

4-Aminosalicylic acid 2ME
215
121, 149, M+ 181
C9H11NO3
181.07388
1735
PS
LS
Tuberculostatic

Demedipham-M/artifact (phenol)
3750
53, 81, 109, 122, M+ 181
C9H11NO3
181.07388
1740
#13684-56-5
PS
LM/Q
Herbicide

Doxylamine-M (carbinol) -H2O
742
77, 152, 180, M+ 181
C13H11N
181.08916
1560
U+UHYAC
UHY
LM
Antihistamine

4-Methylthio-amfetamine 4-MTA
5942
44, 91, 122, 138, M+ 181
C10H15NS
181.09251
1300
PS
LM/Q
Designer drug
Stimulant

4-Methylthio-amfetamine 4-MTA
5941
78, 91, 122, 138, M+ 181
C10H15NS
181.09251
1300
PS
LM/Q
Designer drug
Stimulant

2C-B intermediate-2 (2,5-dimethoxyphenethylamine)
BDMPEA intermediate-2 (2,5-dimethoxyphenethylamine)
4-Bromo-2,5-dimethoxyphenylethylamine intermediate-2
5523
44, 137, 152, 162, M+ 181
C10H15NO2
181.11028
1630
PS
LM/Q
Chemical

181

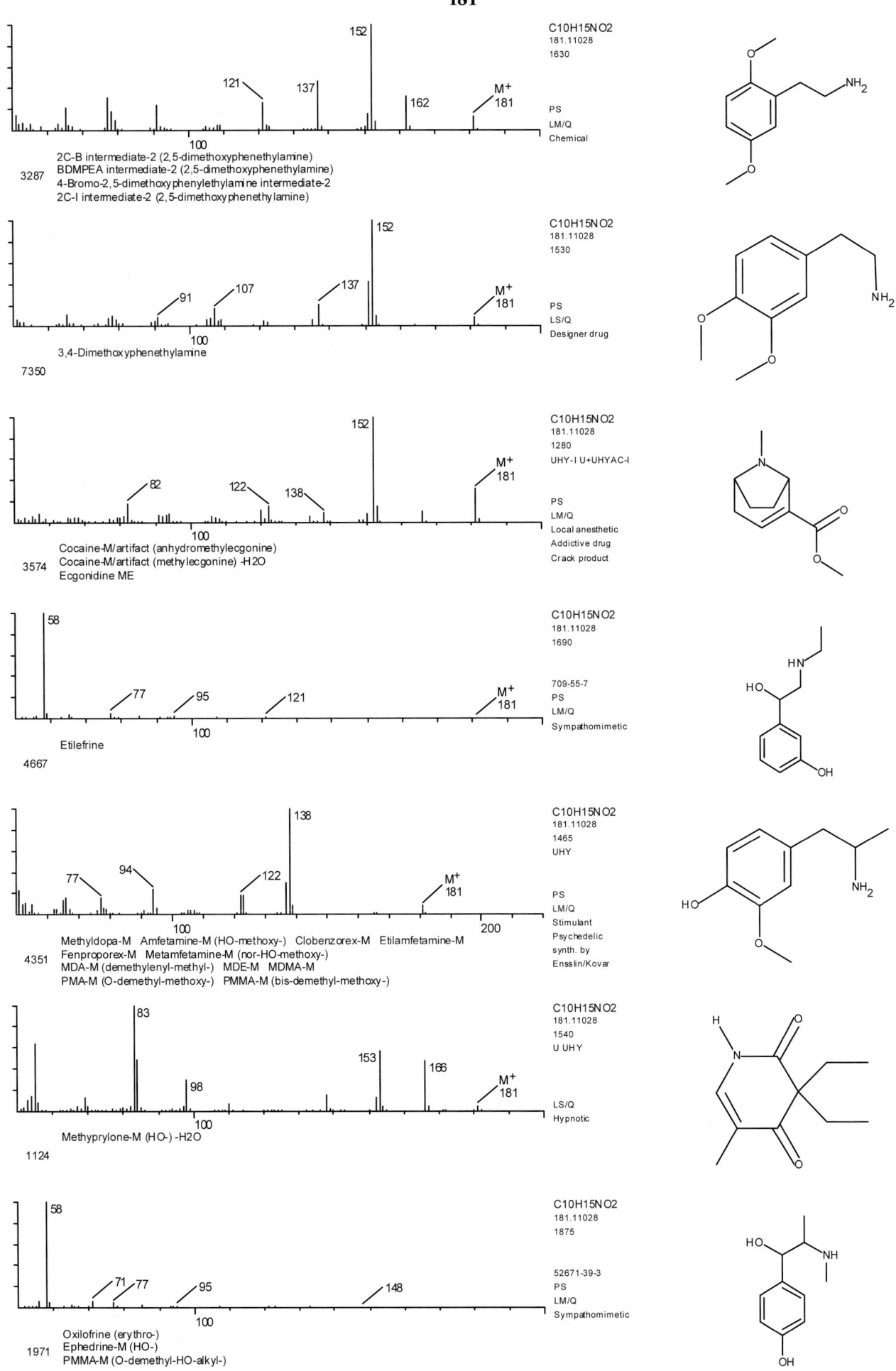

C10H15NO2
181.11028
1630

PS
LM/Q
Chemical

3287
2C-B intermediate-2 (2,5-dimethoxyphenethylamine)
BDMPEA intermediate-2 (2,5-dimethoxyphenethylamine)
4-Bromo-2,5-dimethoxyphenylethylamine intermediate-2
2C-I intermediate-2 (2,5-dimethoxyphenethylamine)

C10H15NO2
181.11028
1530

PS
LS/Q
Designer drug

7350
3,4-Dimethoxyphenethylamine

C10H15NO2
181.11028
1280
UHY-I U+UHYAC-I

PS
LM/Q
Local anesthetic
Addictive drug
Crack product

3574
Cocaine-M/artifact (anhydromethylecgonine)
Cocaine-M/artifact (methylecgonine) -H2O
Ecgonidine ME

C10H15NO2
181.11028
1690

709-55-7
PS
LM/Q
Sympathomimetic

4667
Etilefrine

C10H15NO2
181.11028
1465
UHY

PS
LM/Q
Stimulant
Psychedelic
synth. by
Ensslin/Kovar

4351
Methyldopa-M   Amfetamine-M (HO-methoxy-)   Clobenzorex-M   Etilamfetamine-M
Fenproporex-M   Metamfetamine-M (nor-HO-methoxy-)
MDA-M (demethylenyl-methyl-)   MDE-M   MDMA-M
PMA-M (O-demethyl-methoxy-)   PMMA-M (bis-demethyl-methoxy-)

C10H15NO2
181.11028
1540
U UHY

LS/Q
Hypnotic

1124
Methyprylone-M (HO-) -H2O

C10H15NO2
181.11028
1875

52671-39-3
PS
LM/Q
Sympathomimetic

1971
Oxilofrine (erythro-)
Ephedrine-M (HO-)
PMMA-M (O-demethyl-HO-alkyl-)

182

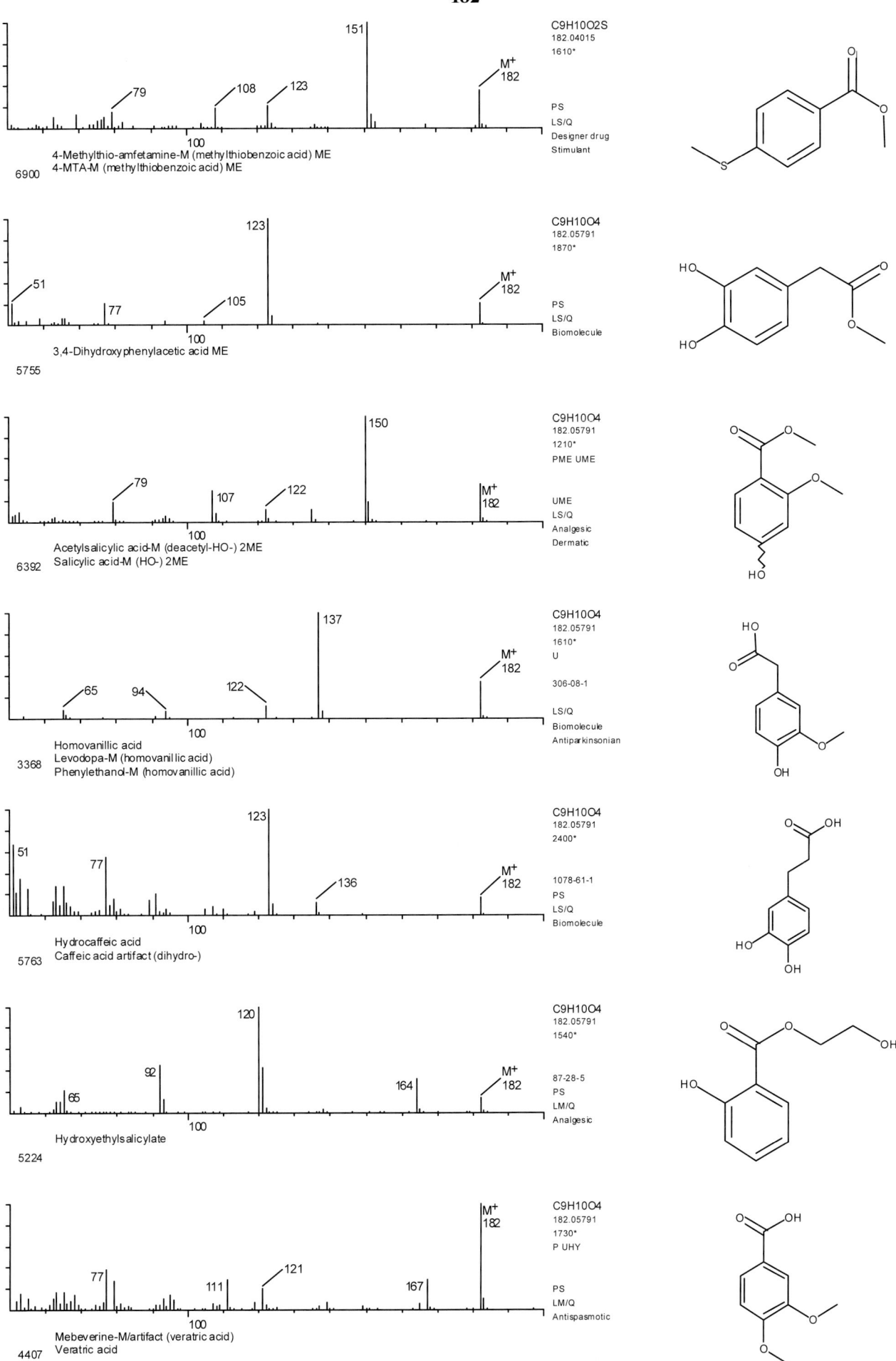

4-Methylthio-amfetamine-M (methylthiobenzoic acid) ME 4-MTA-M (methylthiobenzoic acid) ME 6900	C9H10O2S 182.04015 1610* PS LS/Q Designer drug Stimulant
3,4-Dihydroxyphenylacetic acid ME 5755	C9H10O4 182.05791 1870* PS LS/Q Biomolecule
Acetylsalicylic acid-M (deacetyl-HO-) 2ME Salicylic acid-M (HO-) 2ME 6392	C9H10O4 182.05791 1210* PME UME UME LS/Q Analgesic Dermatic
Homovanillic acid Levodopa-M (homovanillic acid) Phenylethanol-M (homovanillic acid) 3368	C9H10O4 182.05791 1610* U 306-08-1 LS/Q Biomolecule Antiparkinsonian
Hydrocaffeic acid Caffeic acid artifact (dihydro-) 5763	C9H10O4 182.05791 2400* 1078-61-1 PS LS/Q Biomolecule
Hydroxyethylsalicylate 5224	C9H10O4 182.05791 1540* 87-28-5 PS LM/Q Analgesic
Mebeverine-M/artifact (veratric acid) Veratric acid 4407	C9H10O4 182.05791 1730* P UHY PS LM/Q Antispasmotic

182

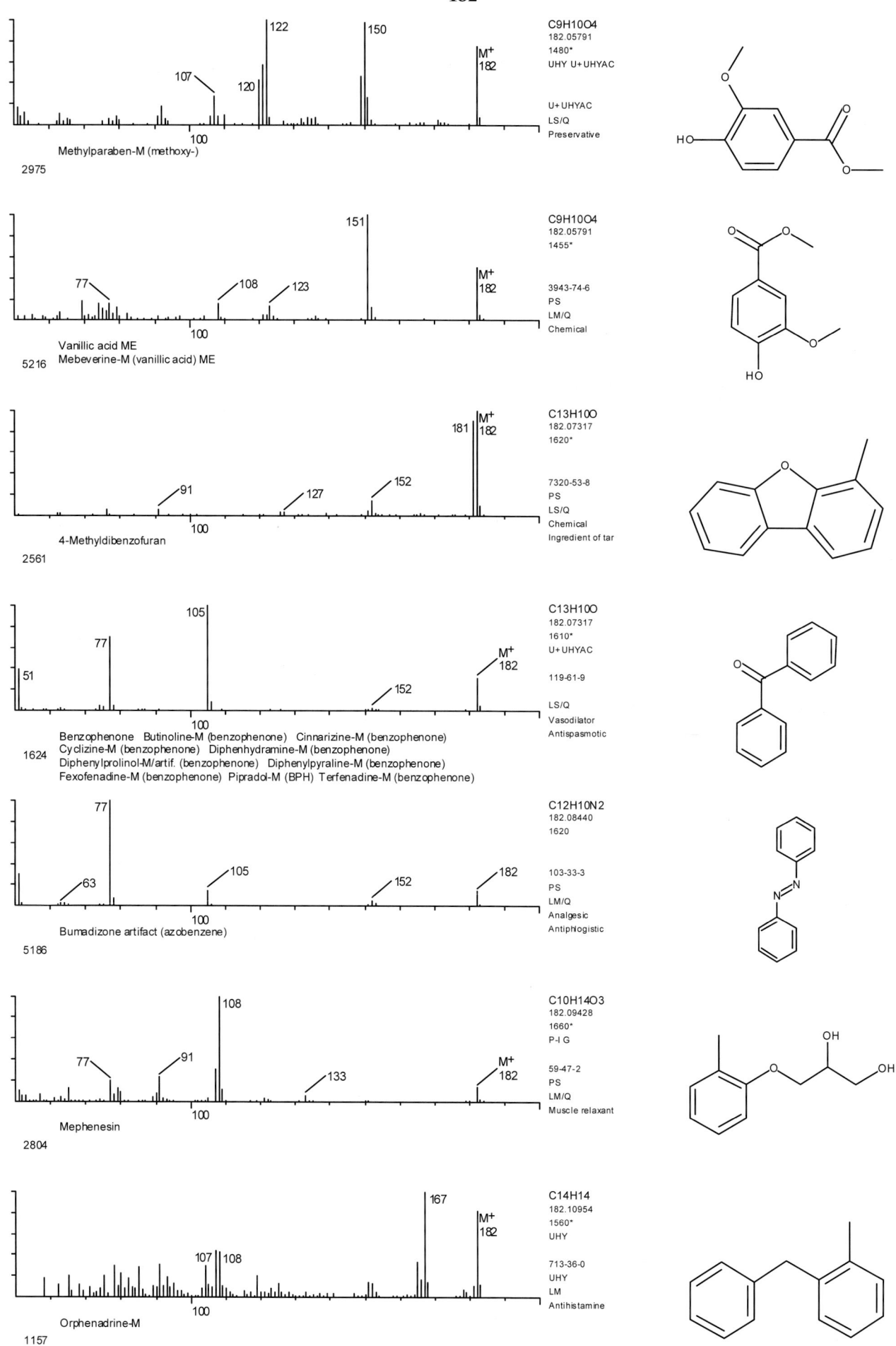

Methylparaben-M (methoxy-) 2975	Peaks: 107, 120, 122, 150, M+ 182	C9H10O4 / 182.05791 / 1480* / UHY U+UHYAC / U+UHYAC / LS/Q / Preservative
Vanillic acid ME / Mebeverine-M (vanillic acid) ME 5216	Peaks: 77, 108, 123, 151, M+ 182	C9H10O4 / 182.05791 / 1455* / 3943-74-6 / PS / LM/Q / Chemical
4-Methyldibenzofuran 2561	Peaks: 91, 127, 152, 181, M+ 182	C13H10O / 182.07317 / 1620* / 7320-53-8 / PS / LS/Q / Chemical / Ingredient of tar
Benzophenone Butinoline-M (benzophenone) Cinnarizine-M (benzophenone) Cyclizine-M (benzophenone) Diphenhydramine-M (benzophenone) Diphenylprolinol-M/artif. (benzophenone) Diphenylpyraline-M (benzophenone) Fexofenadine-M (benzophenone) Pipradol-M (BPH) Terfenadine-M (benzophenone) 1624	Peaks: 51, 77, 105, 152, M+ 182	C13H10O / 182.07317 / 1610* / U+UHYAC / 119-61-9 / LS/Q / Vasodilator / Antispasmotic
Bumadizone artifact (azobenzene) 5186	Peaks: 63, 77, 105, 152, 182	C12H10N2 / 182.08440 / 1620 / 103-33-3 / PS / LM/Q / Analgesic / Antiphlogistic
Mephenesin 2804	Peaks: 77, 91, 108, 133, M+ 182	C10H14O3 / 182.09428 / 1660* / P-I G / 59-47-2 / PS / LM/Q / Muscle relaxant
Orphenadrine-M 1157	Peaks: 107, 108, 167, M+ 182	C14H14 / 182.10954 / 1560* / UHY / 713-36-0 / UHY / LM / Antihistamine

182

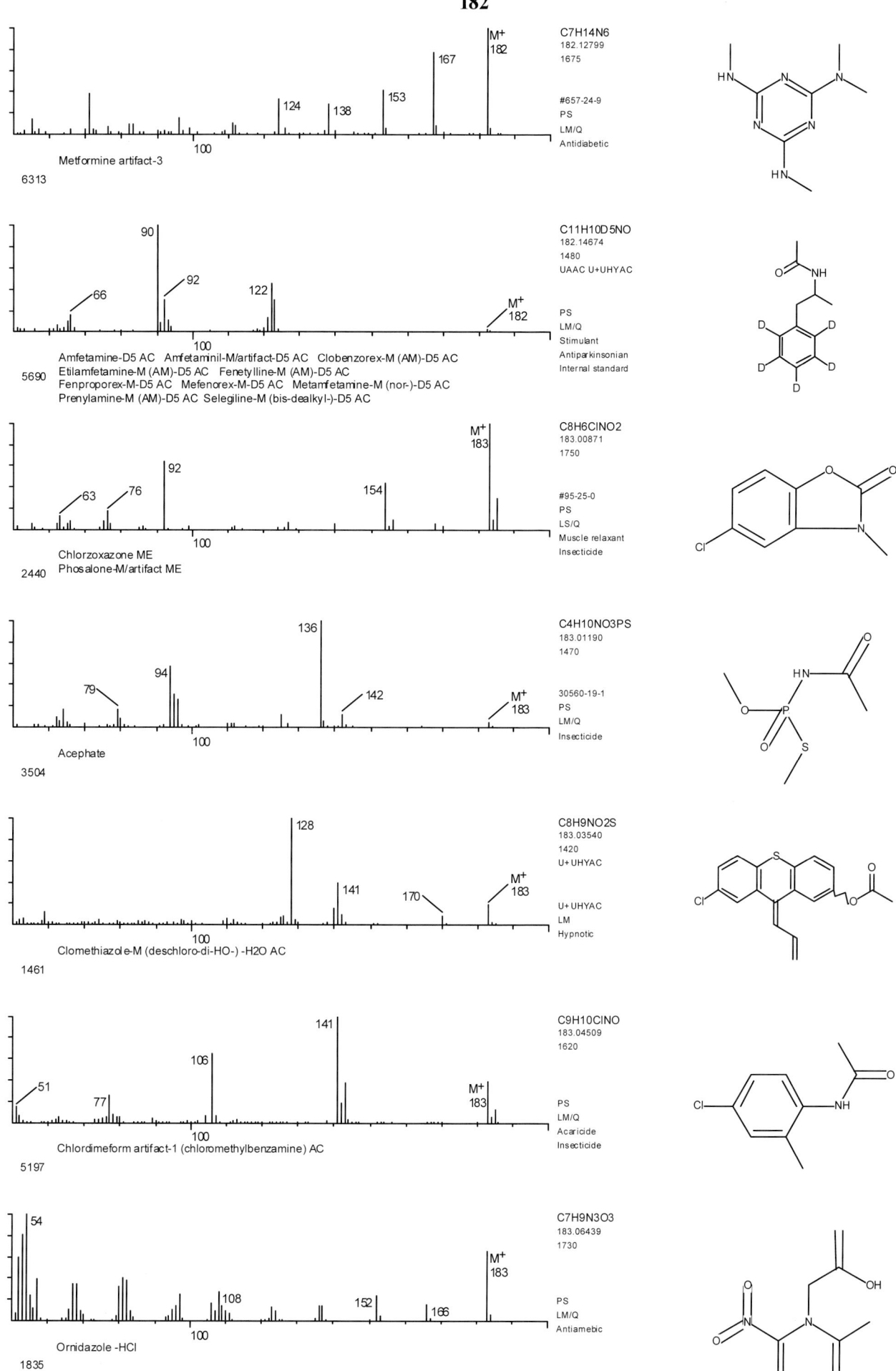

Metformine artifact-3
C7H14N6
182.12799
1675
#657-24-9
PS
LM/Q
Antidiabetic

Amfetamine-D5 AC   Amfetaminil-M/artifact-D5 AC   Clobenzorex-M (AM)-D5 AC
Etilamfetamine-M (AM)-D5 AC   Fenetylline-M (AM)-D5 AC
Fenproporex-M-D5 AC   Mefenorex-M-D5 AC   Metamfetamine-M (nor-)-D5 AC
Prenylamine-M (AM)-D5 AC   Selegiline-M (bis-dealkyl-)-D5 AC
C11H10D5NO
182.14674
1480
UAAC U+UHYAC
PS
LM/Q
Stimulant
Antiparkinsonian
Internal standard

Chlorzoxazone ME
Phosalone-M/artifact ME
C8H6ClNO2
183.00871
1750
#95-25-0
PS
LS/Q
Muscle relaxant
Insecticide

Acephate
C4H10NO3PS
183.01190
1470
30560-19-1
PS
LM/Q
Insecticide

Clomethiazole-M (deschloro-di-HO-) -H2O AC
C8H9NO2S
183.03540
1420
U+UHYAC
U+UHYAC
LM
Hypnotic

Chlordimeform artifact-1 (chloromethylbenzamine) AC
C9H10ClNO
183.04509
1620
PS
LM/Q
Acaricide
Insecticide

Ornidazole -HCl
C7H9N3O3
183.06439
1730
PS
LM/Q
Antiamebic

181

183

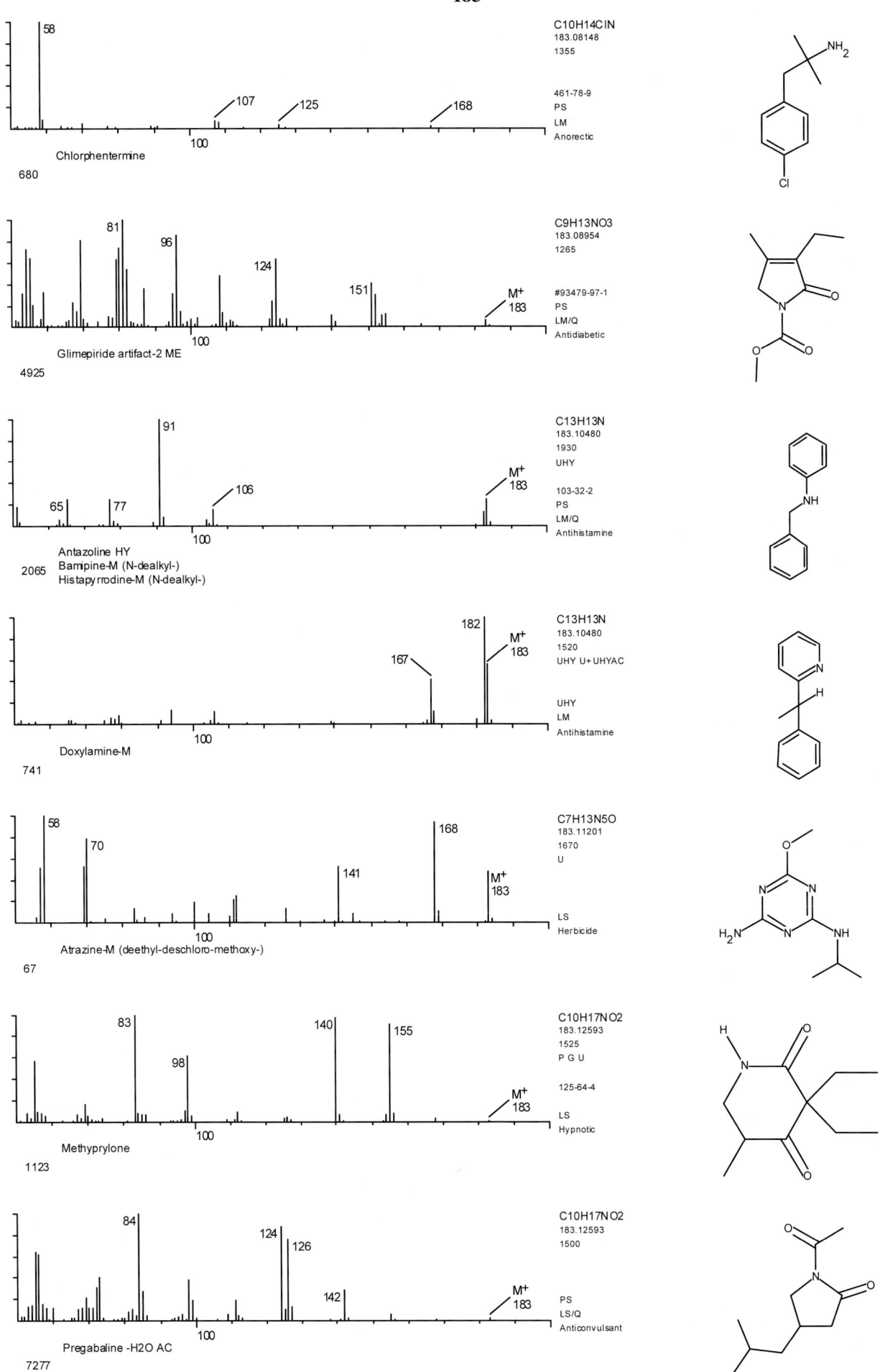

Chlorphentermine
680
peaks: 58, 107, 125, 168
C10H14ClN
183.08148
1355
461-78-9
PS
LM
Anorectic

Glimepiride artifact-2 ME
4925
peaks: 81, 96, 124, 151, M+ 183
C9H13NO3
183.08954
1265
#93479-97-1
PS
LM/Q
Antidiabetic

Antazoline HY
Bamipine-M (N-dealkyl-)
Histapyrrodine-M (N-dealkyl-)
2065
peaks: 65, 77, 91, 106, M+ 183
C13H13N
183.10480
1930
UHY
103-32-2
PS
LM/Q
Antihistamine

Doxylamine-M
741
peaks: 167, 182, M+ 183
C13H13N
183.10480
1520
UHY U+ UHYAC
UHY
LM
Antihistamine

Atrazine-M (deethyl-deschloro-methoxy-)
67
peaks: 58, 70, 141, 168, M+ 183
C7H13N5O
183.11201
1670
U
LS
Herbicide

Methyprylone
1123
peaks: 83, 98, 140, 155, M+ 183
C10H17NO2
183.12593
1525
P G U
125-64-4
LS
Hypnotic

Pregabaline -H2O AC
7277
peaks: 84, 124, 126, 142, M+ 183
C10H17NO2
183.12593
1500
PS
LS/Q
Anticonvulsant

182

183

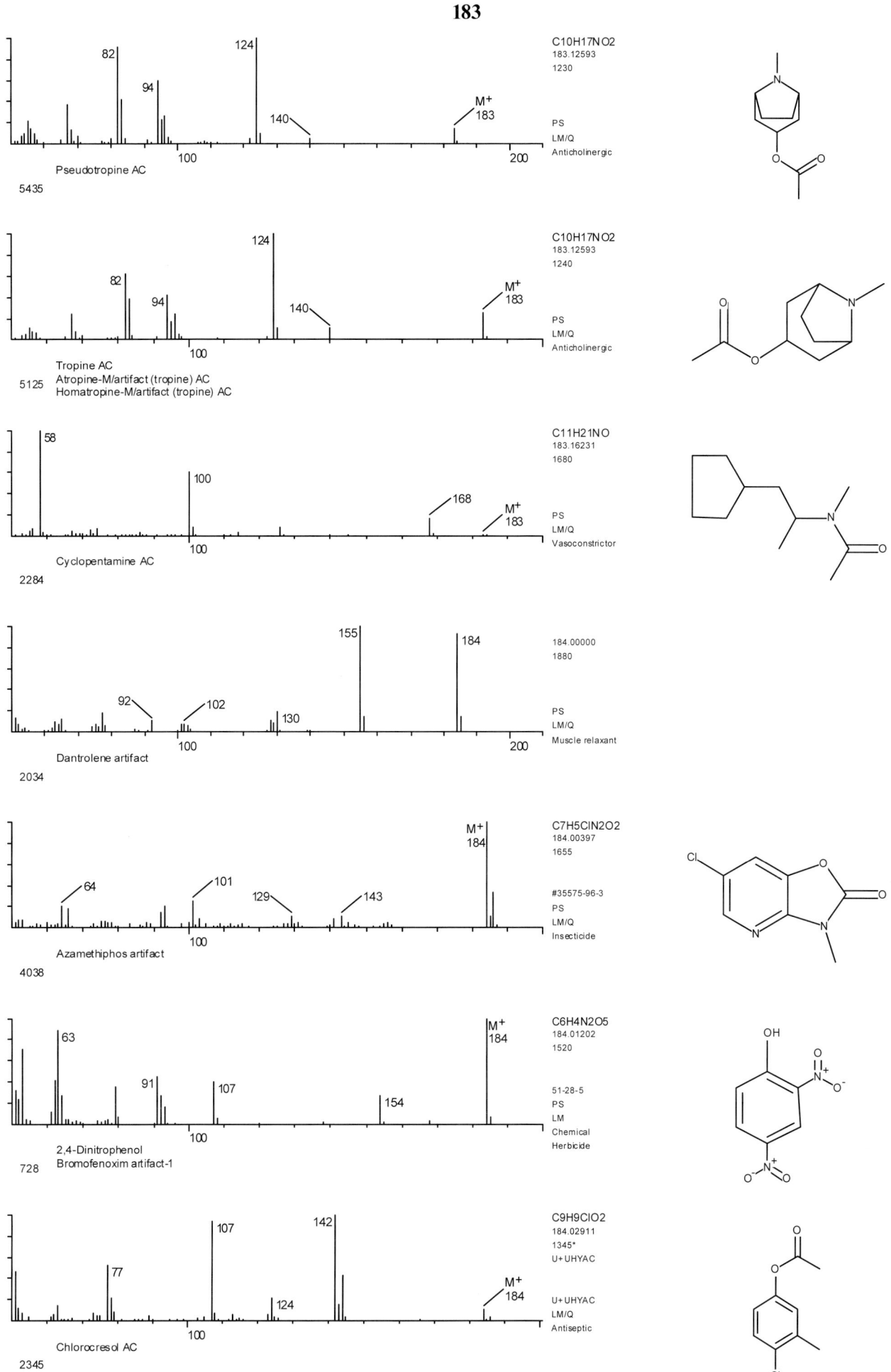

Pseudotropine AC
5435
C10H17NO2
183.12593
1230
PS
LM/Q
Anticholinergic

Tropine AC
Atropine-M/artifact (tropine) AC
Homatropine-M/artifact (tropine) AC
5125
C10H17NO2
183.12593
1240
PS
LM/Q
Anticholinergic

Cyclopentamine AC
2284
C11H21NO
183.16231
1680
PS
LM/Q
Vasoconstrictor

Dantrolene artifact
2034
184.00000
1880
PS
LM/Q
Muscle relaxant

Azamethiphos artifact
4038
C7H5ClN2O2
184.00397
1655
#35575-96-3
PS
LM/Q
Insecticide

2,4-Dinitrophenol
Bromofenoxim artifact-1
728
C6H4N2O5
184.01202
1520
51-28-5
PS
LM
Chemical
Herbicide

Chlorocresol AC
2345
C9H9ClO2
184.02911
1345*
U+UHYAC
U+UHYAC
LM/Q
Antiseptic

183

184

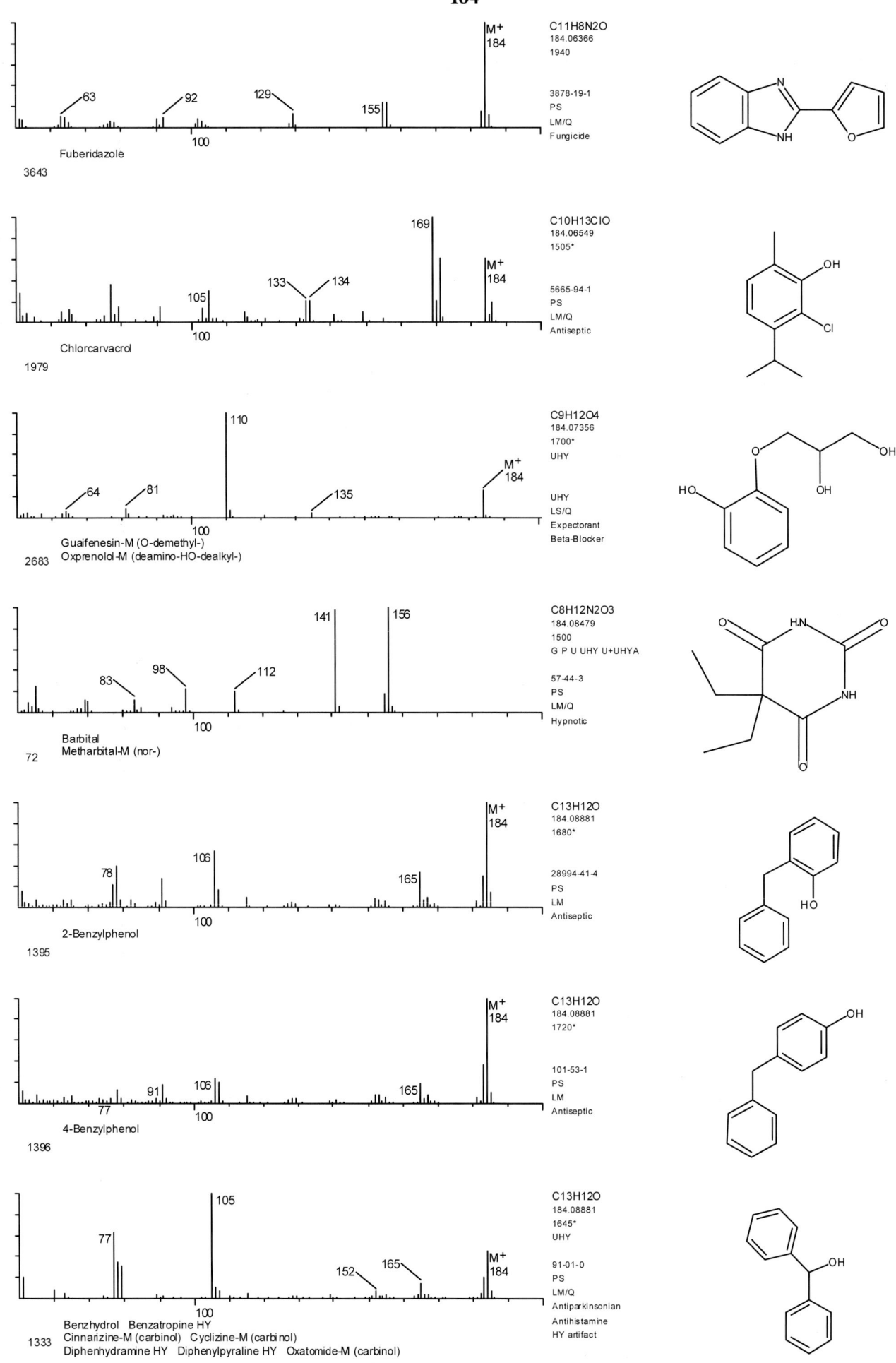

Fuberidazole
63, 92, 129, 155, M+ 184
C11H8N2O
184.06366
1940
3878-19-1
PS
LM/Q
Fungicide
3643

Chlorcarvacrol
105, 133, 134, 169, M+ 184
C10H13ClO
184.06549
1505*
5665-94-1
PS
LM/Q
Antiseptic
1979

Guaifenesin-M (O-demethyl-)
Oxprenolol-M (deamino-HO-dealkyl-)
64, 81, 110, 135, M+ 184
C9H12O4
184.07356
1700*
UHY
UHY
LS/Q
Expectorant
Beta-Blocker
2683

Barbital
Metharbital-M (nor-)
83, 98, 112, 141, 156
C8H12N2O3
184.08479
1500
G P U UHY U+UHYA
57-44-3
PS
LM/Q
Hypnotic
72

2-Benzylphenol
78, 106, 165, M+ 184
C13H12O
184.08881
1680*
28994-41-4
PS
LM
Antiseptic
1395

4-Benzylphenol
77, 91, 106, 165, M+ 184
C13H12O
184.08881
1720*
101-53-1
PS
LM
Antiseptic
1396

Benzhydrol Benzatropine HY
Cinnarizine-M (carbinol) Cyclizine-M (carbinol)
Diphenhydramine HY Diphenylpyraline HY Oxatomide-M (carbinol)
77, 105, 152, 165, M+ 184
C13H12O
184.08881
1645*
UHY
91-01-0
PS
LM/Q
Antiparkinsonian
Antihistamine
HY artifact
1333

184

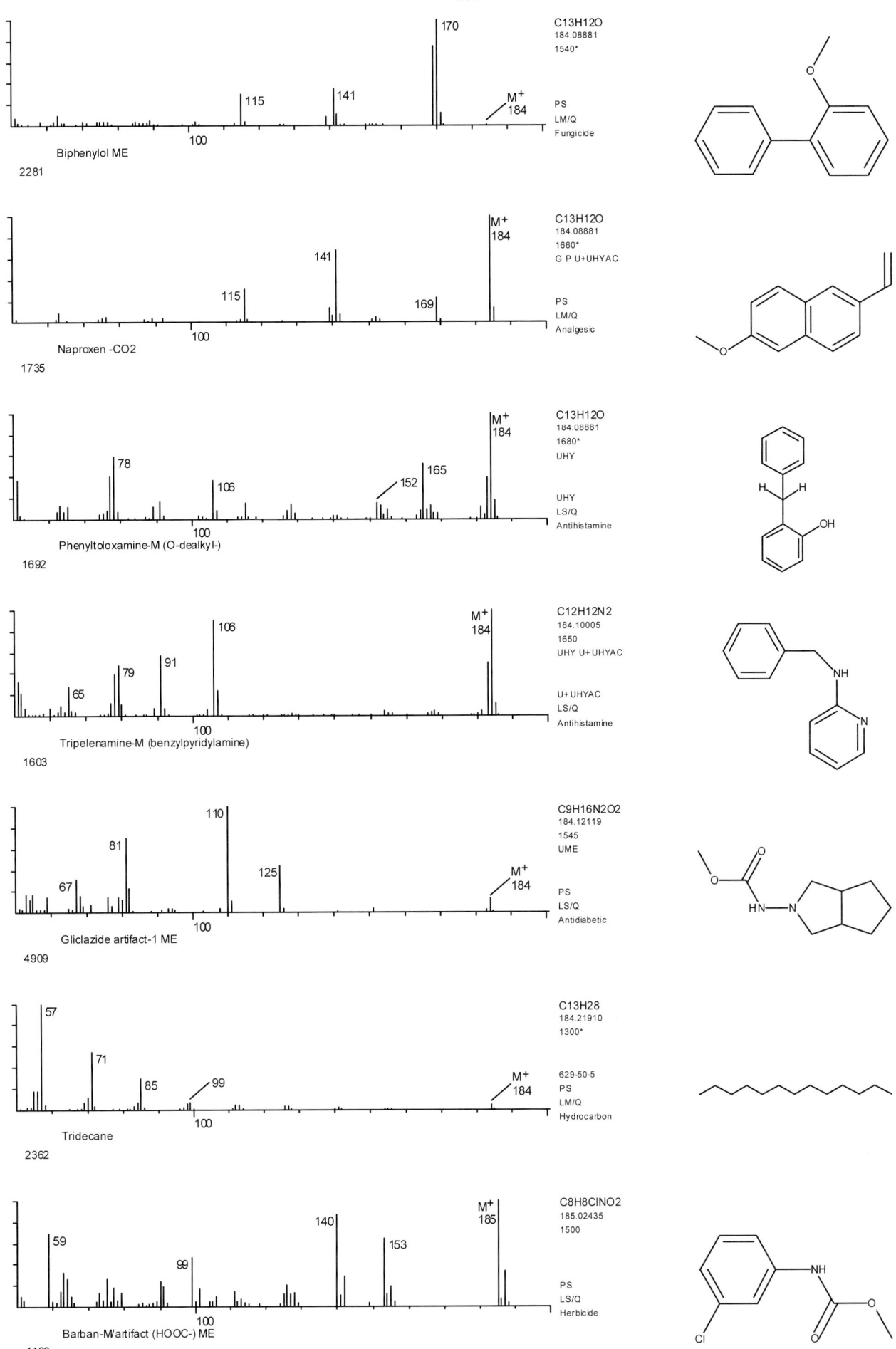

Biphenylol ME — C13H12O, 184.08881, 1540*, PS, LM/Q, Fungicide
Peaks: 115, 141, 170, M+ 184
2281

Naproxen -CO2 — C13H12O, 184.08881, 1660*, G P U+UHYAC, PS, LM/Q, Analgesic
Peaks: 115, 141, 169, M+ 184
1735

Phenyltoloxamine-M (O-dealkyl-) — C13H12O, 184.08881, 1680*, UHY, UHY, LS/Q, Antihistamine
Peaks: 78, 106, 152, 165, M+ 184
1692

Tripelenamine-M (benzylpyridylamine) — C12H12N2, 184.10005, 1650, UHY U+UHYAC, U+UHYAC, LS/Q, Antihistamine
Peaks: 65, 79, 91, 106, M+ 184
1603

Gliclazide artifact-1 ME — C9H16N2O2, 184.12119, 1545, UME, PS, LS/Q, Antidiabetic
Peaks: 67, 81, 110, 125, M+ 184
4909

Tridecane — C13H28, 184.21910, 1300*, 629-50-5, PS, LM/Q, Hydrocarbon
Peaks: 57, 71, 85, 99, M+ 184
2362

Barban-M artifact (HOOC-) ME — C8H8ClNO2, 185.02435, 1500, PS, LS/Q, Herbicide
Peaks: 59, 99, 140, 153, M+ 185
4123

185

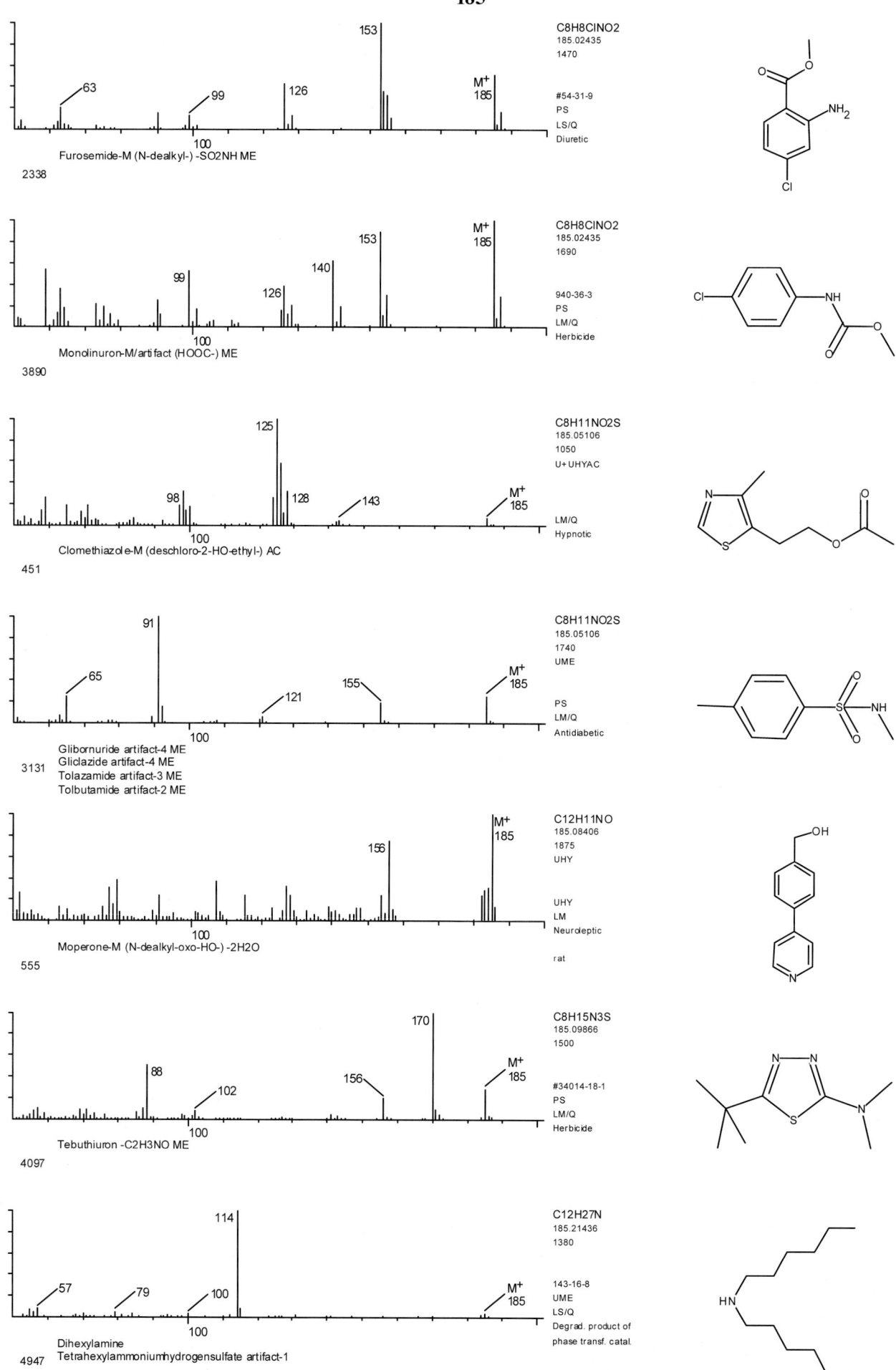

Furosemide-M (N-dealkyl-) -SO2NH ME
2338
C8H8ClNO2
185.02435
1470
#54-31-9
PS
LS/Q
Diuretic

Monolinuron-M/artifact (HOOC-) ME
3890
C8H8ClNO2
185.02435
1690
940-36-3
PS
LM/Q
Herbicide

Clomethiazole-M (deschloro-2-HO-ethyl) AC
451
C8H11NO2S
185.05106
1050
U+ UHYAC
LM/Q
Hypnotic

Glibornuride artifact-4 ME
Gliclazide artifact-4 ME
Tolazamide artifact-3 ME
Tolbutamide artifact-2 ME
3131
C8H11NO2S
185.05106
1740
UME
PS
LM/Q
Antidiabetic

Moperone-M (N-dealkyl-oxo-HO-) -2H2O
555
C12H11NO
185.08406
1875
UHY
UHY
LM
Neuroleptic
rat

Tebuthiuron -C2H3NO ME
4097
C8H15N3S
185.09866
1500
#34014-18-1
PS
LM/Q
Herbicide

Dihexylamine
Tetrahexylammoniumhydrogensulfate artifact-1
4947
C12H27N
185.21436
1380
143-16-8
UME
LS/Q
Degrad. product of
phase transf. catal.

185

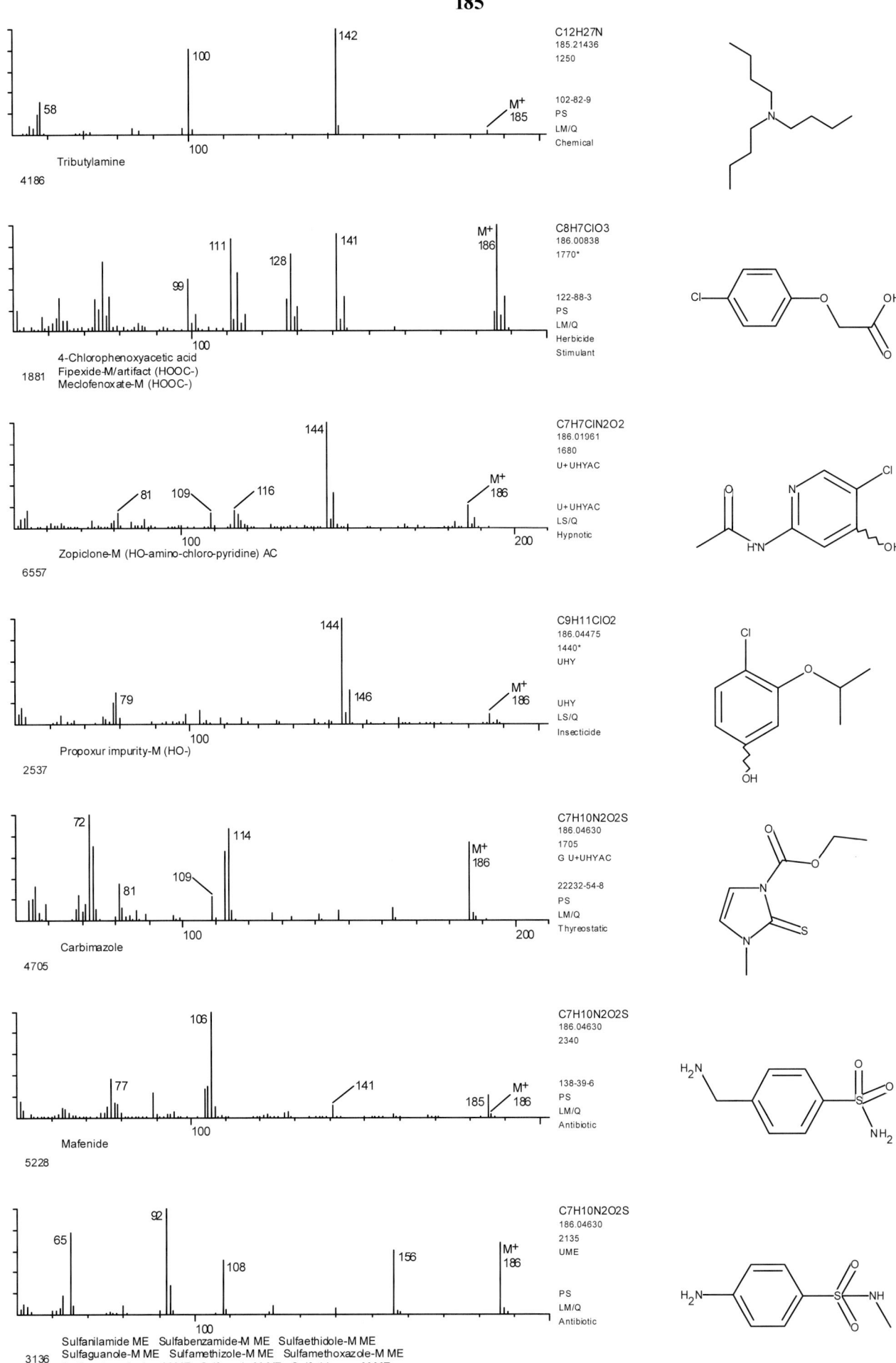

Tributylamine
4186
C12H27N
185.21436
1250
102-82-9
PS
LM/Q
Chemical

4-Chlorophenoxyacetic acid
Fipexide-M/artifact (HOOC-)
Meclofenoxate-M (HOOC-)
1881
C8H7ClO3
186.00838
1770*
122-88-3
PS
LM/Q
Herbicide
Stimulant

Zopiclone-M (HO-amino-chloro-pyridine) AC
6557
C7H7ClN2O2
186.01961
1680
U+UHYAC
U+UHYAC
LS/Q
Hypnotic

Propoxur impurity-M (HO-)
2537
C9H11ClO2
186.04475
1440*
UHY
UHY
LS/Q
Insecticide

Carbimazole
4705
C7H10N2O2S
186.04630
1705
G U+UHYAC
22232-54-8
PS
LM/Q
Thyreostatic

Mafenide
5228
C7H10N2O2S
186.04630
2340
138-39-6
PS
LM/Q
Antibiotic

Sulfanilamide ME   Sulfabenzamide-M ME   Sulfaethidole-M ME
Sulfaguanole-M ME   Sulfamethizole-M ME   Sulfamethoxazole-M ME
Sulfametoxydiazine-M ME   Sulfaperin-M ME   Sulfathiourea-M ME
3136
C7H10N2O2S
186.04630
2135
UME
PS
LM/Q
Antibiotic

187

186

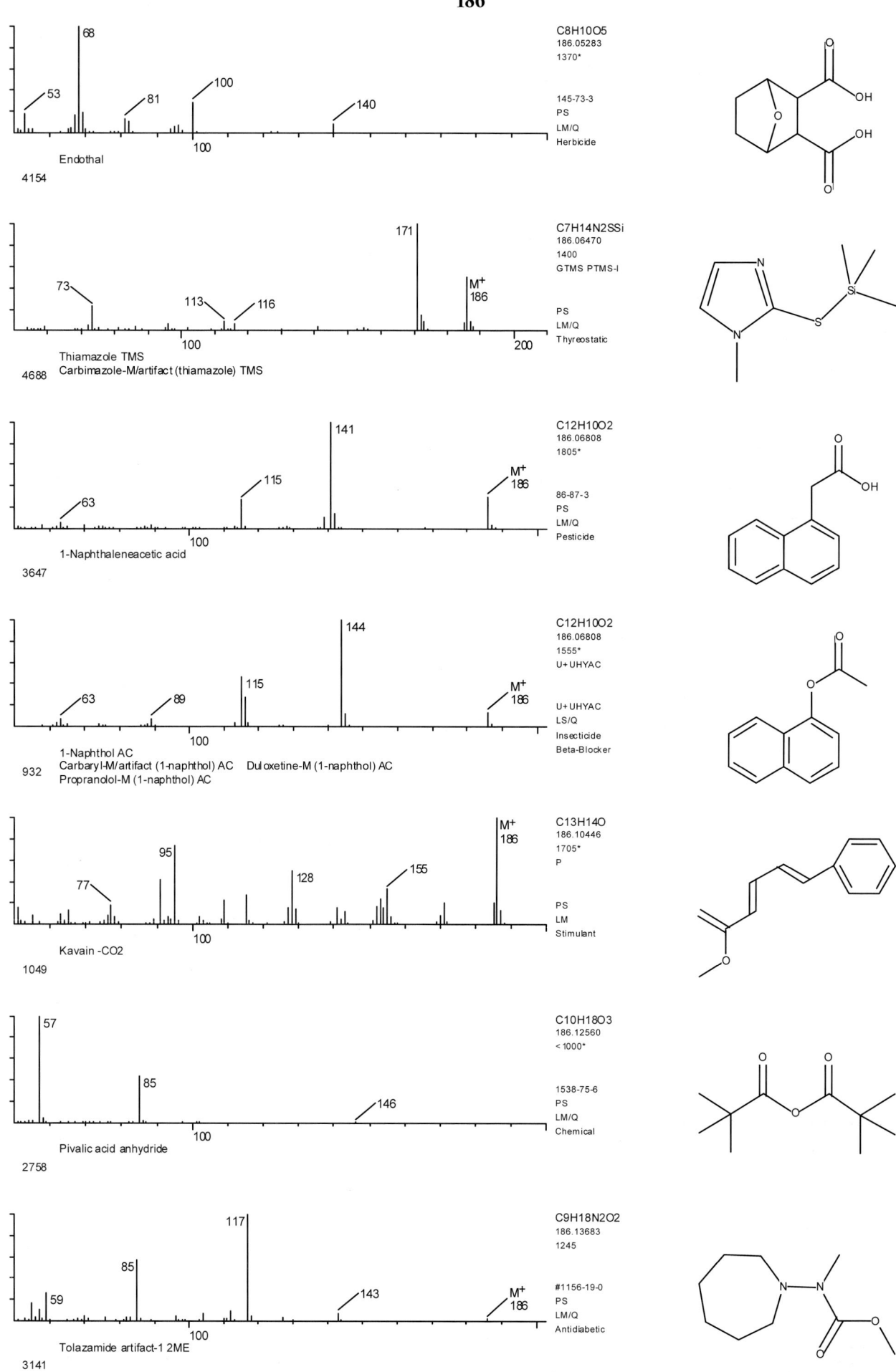

Mass spectrum peaks: 53, 68, 81, 100, 140
C8H10O5
186.05283
1370*
145-73-3
PS
LM/Q
Herbicide
Endothal
4154

Mass spectrum peaks: 73, 113, 116, 171, M+ 186
C7H14N2SSi
186.06470
1400
GTMS PTMS-I
PS
LM/Q
Thyreostatic
Thiamazole TMS
Carbimazole-M/artifact (thiamazole) TMS
4688

Mass spectrum peaks: 63, 115, 141, M+ 186
C12H10O2
186.06808
1805*
86-87-3
PS
LM/Q
Pesticide
1-Naphthaleneacetic acid
3647

Mass spectrum peaks: 63, 89, 115, 144, M+ 186
C12H10O2
186.06808
1555*
U+ UHYAC
U+ UHYAC
LS/Q
Insecticide
Beta-Blocker
1-Naphthol AC
Carbaryl-M/artifact (1-naphthol) AC   Duloxetine-M (1-naphthol) AC
Propranolol-M (1-naphthol) AC
932

Mass spectrum peaks: 77, 95, 128, 155, M+ 186
C13H14O
186.10446
1705*
P
PS
LM
Stimulant
Kavain -CO2
1049

Mass spectrum peaks: 57, 85, 146
C10H18O3
186.12560
< 1000*
1538-75-6
PS
LM/Q
Chemical
Pivalic acid anhydride
2758

Mass spectrum peaks: 59, 85, 117, 143, M+ 186
C9H18N2O2
186.13683
1245
#1156-19-0
PS
LM/Q
Antidiabetic
Tolazamide artifact-1 2ME
3141

186

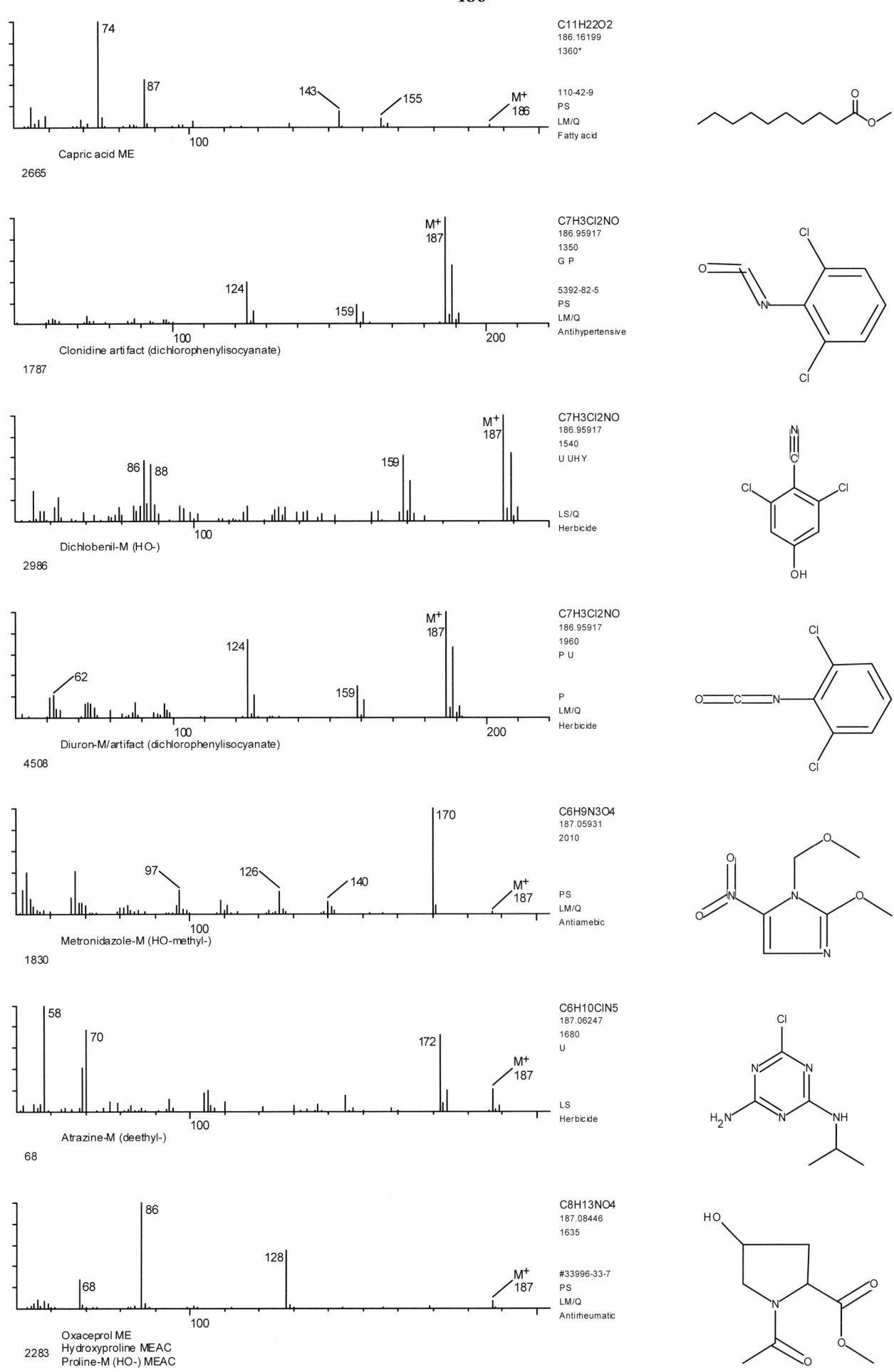

Capric acid ME — 2665
- 74, 87, 143, 155, M+ 186
- C11H22O2
- 186.16199
- 1360*
- 110-42-9
- PS LM/Q
- Fatty acid

Clonidine artifact (dichlorophenylisocyanate) — 1787
- 124, 159, M+ 187
- C7H3Cl2NO
- 186.95917
- 1350
- G P
- 5392-82-5
- PS LM/Q
- Antihypertensive

Dichlobenil-M (HO-) — 2986
- 86, 88, 159, M+ 187
- C7H3Cl2NO
- 186.95917
- 1540
- U UH Y
- LS/Q
- Herbicide

Diuron-M/artifact (dichlorophenylisocyanate) — 4508
- 62, 124, 159, M+ 187
- C7H3Cl2NO
- 186.95917
- 1960
- P U
- P LM/Q
- Herbicide

Metronidazole-M (HO-methyl-) — 1830
- 97, 126, 140, 170, M+ 187
- C6H9N3O4
- 187.05931
- 2010
- PS LM/Q
- Antiamebic

Atrazine-M (deethyl-) — 68
- 58, 70, 172, M+ 187
- C6H10ClN5
- 187.06247
- 1680
- U
- LS
- Herbicide

Oxaceprol ME
Hydroxyproline MEAC
Proline-M (HO-) MEAC — 2283
- 68, 86, 128, M+ 187
- C8H13NO4
- 187.08446
- 1635
- #33996-33-7
- PS LM/Q
- Antirheumatic

187

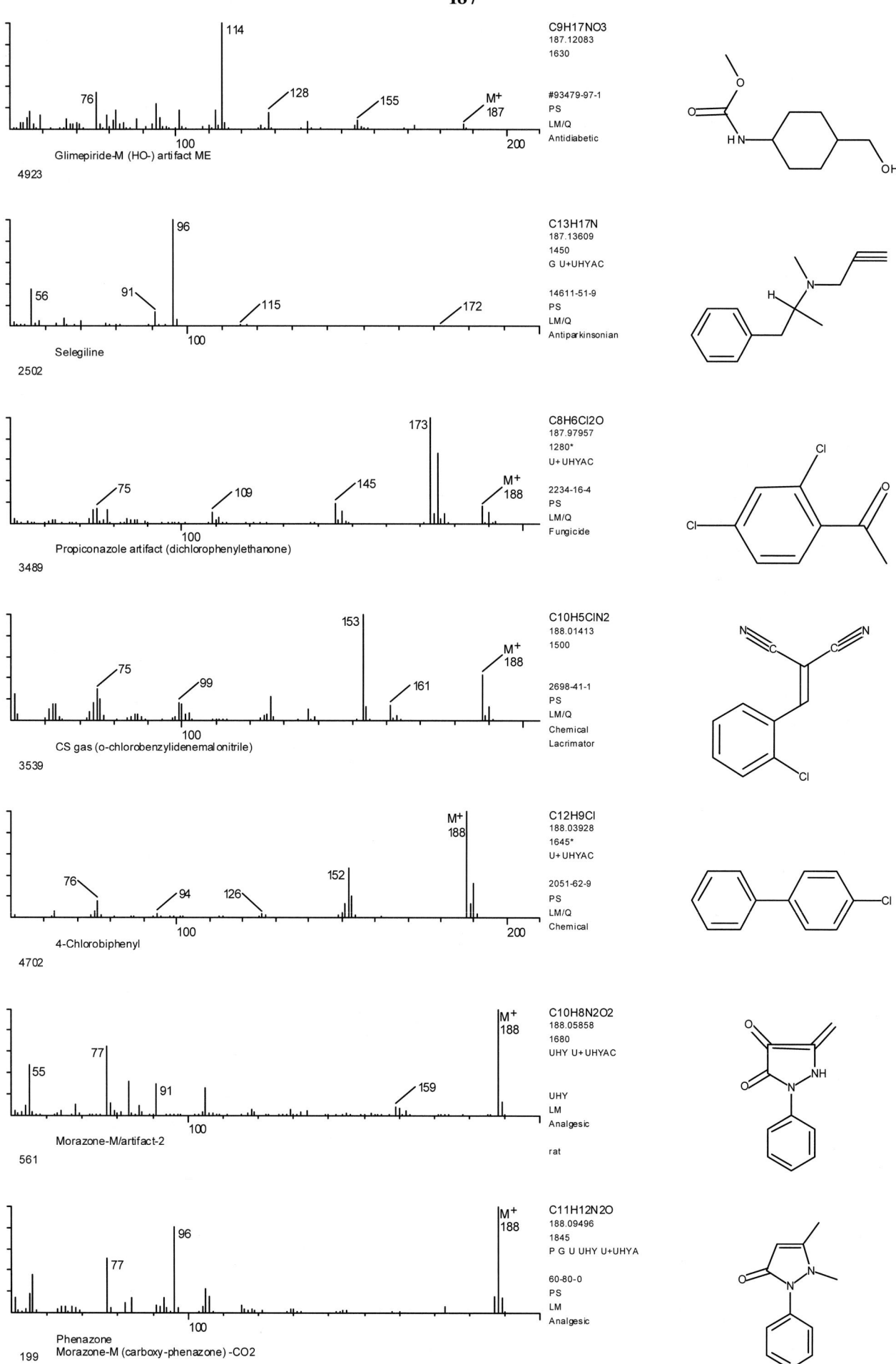

C9H17NO3
187.12083
1630

#93479-97-1
PS
LM/Q
Antidiabetic

Glimepiride-M (HO-) artifact ME

C13H17N
187.13609
1450
G U+UHYAC

14611-51-9
PS
LM/Q
Antiparkinsonian

Selegiline

C8H6Cl2O
187.97957
1280*
U+UHYAC

2234-16-4
PS
LM/Q
Fungicide

Propiconazole artifact (dichlorophenylethanone)

C10H5ClN2
188.01413
1500

2698-41-1
PS
LM/Q
Chemical
Lacrimator

CS gas (o-chlorobenzylidenemalonitrile)

C12H9Cl
188.03928
1645*
U+UHYAC

2051-62-9
PS
LM/Q
Chemical

4-Chlorobiphenyl

C10H8N2O2
188.05858
1680
UHY U+UHYAC

UHY
LM
Analgesic
rat

Morazone-M/artifact-2

C11H12N2O
188.09496
1845
P G U UHY U+UHYA

60-80-0
PS
LM
Analgesic

Phenazone
Morazone-M (carboxy-phenazone) -CO2

188

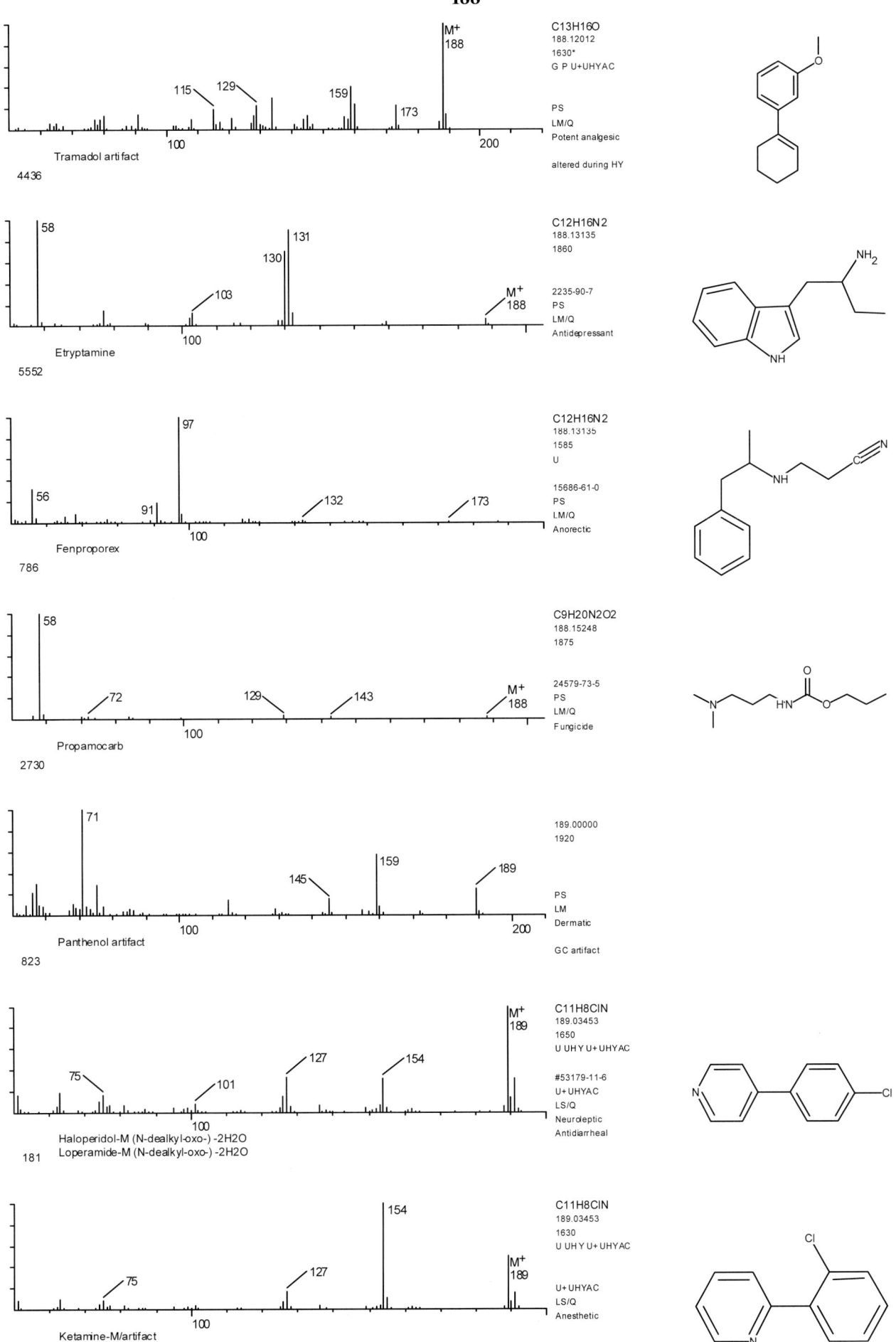

C13H16O
188.12012
1630*
G P U+UHYAC
PS
LM/Q
Potent analgesic

altered during HY

Tramadol artifact
4436

C12H16N2
188.13135
1860

2235-90-7
PS
LM/Q
Antidepressant

Etryptamine
5552

C12H16N2
188.13135
1585
U

15686-61-0
PS
LM/Q
Anorectic

Fenproporex
786

C9H20N2O2
188.15248
1875

24579-73-5
PS
LM/Q
Fungicide

Propamocarb
2730

189.00000
1920

PS
LM
Dermatic

GC artifact

Panthenol artifact
823

C11H8ClN
189.03453
1650
U UH Y U+ UHYAC

#53179-11-6
U+ UHYAC
LS/Q
Neuroleptic
Antidiarrheal

Haloperidol-M (N-dealkyl-oxo-) -2H2O
Loperamide-M (N-dealkyl-oxo-) -2H2O
181

C11H8ClN
189.03453
1630
U UH Y U+ UHYAC

U+ UHYAC
LS/Q
Anesthetic

Ketamine-M/artifact
3683

191

189

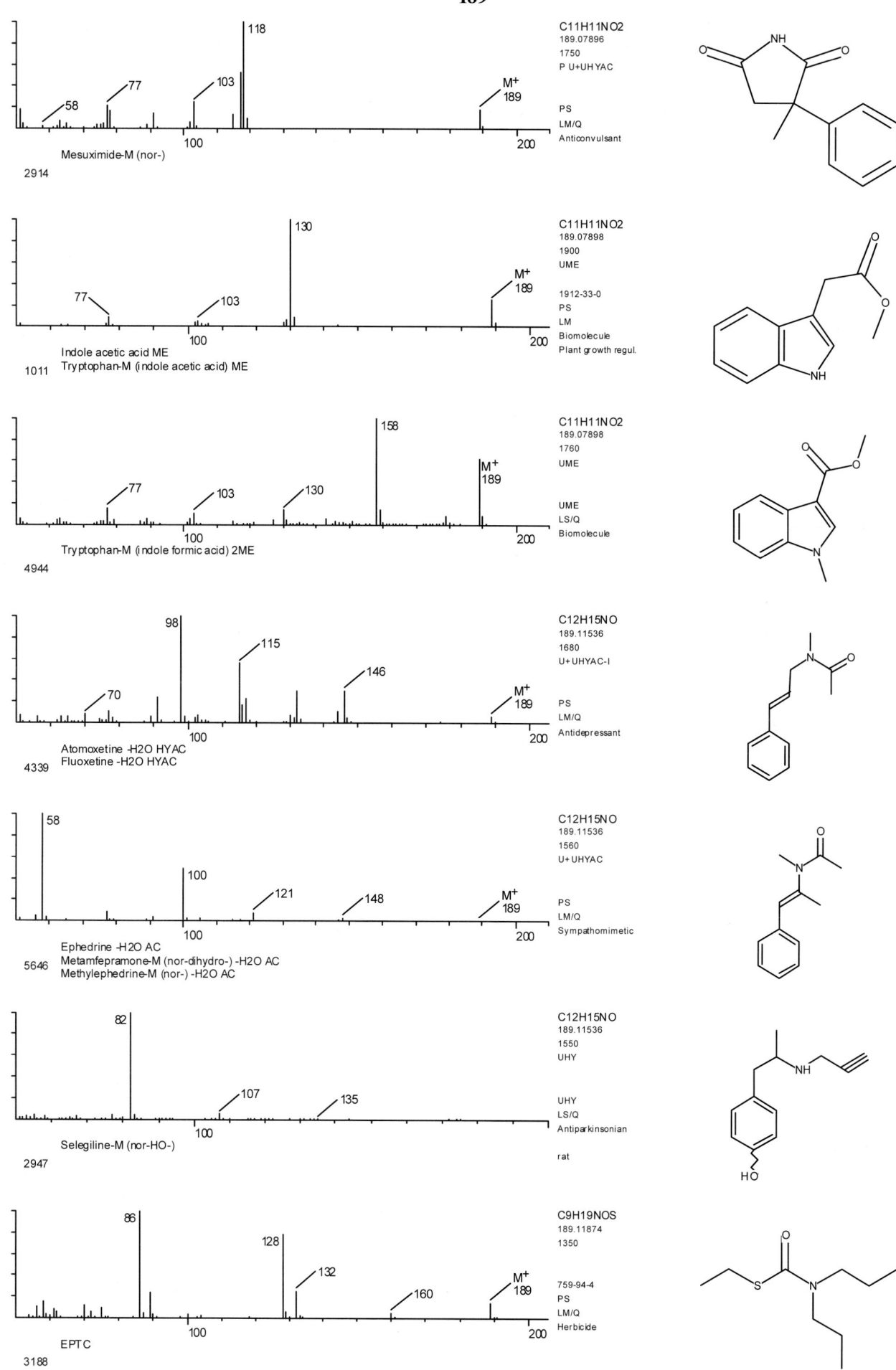

Mesuximide-M (nor-) 2914	C11H11NO2 189.07896 1750 P U+UHYAC PS LM/Q Anticonvulsant
Peaks: 58, 77, 103, 118, M+ 189	

Indole acetic acid ME Tryptophan-M (indole acetic acid) ME 1011	C11H11NO2 189.07898 1900 UME 1912-33-0 PS LM Biomolecule Plant growth regul.
Peaks: 77, 103, 130, M+ 189	

Tryptophan-M (indole formic acid) 2ME 4944	C11H11NO2 189.07898 1760 UME UME LS/Q Biomolecule
Peaks: 77, 103, 130, 158, M+ 189	

Atomoxetine -H2O HYAC Fluoxetine -H2O HYAC 4339	C12H15NO 189.11536 1680 U+UHYAC-I PS LM/Q Antidepressant
Peaks: 70, 98, 115, 146, M+ 189	

Ephedrine -H2O AC Metamfepramone-M (nor-dihydro-) -H2O AC Methylephedrine-M (nor-) -H2O AC 5646	C12H15NO 189.11536 1560 U+UHYAC PS LM/Q Sympathomimetic
Peaks: 58, 100, 121, 148, M+ 189	

Selegiline-M (nor-HO-) 2947	C12H15NO 189.11536 1550 UHY UHY LS/Q Antiparkinsonian rat
Peaks: 82, 107, 135	

EPTC 3188	C9H19NOS 189.11874 1350 759-94-4 PS LM/Q Herbicide
Peaks: 86, 128, 132, 160, M+ 189	

189

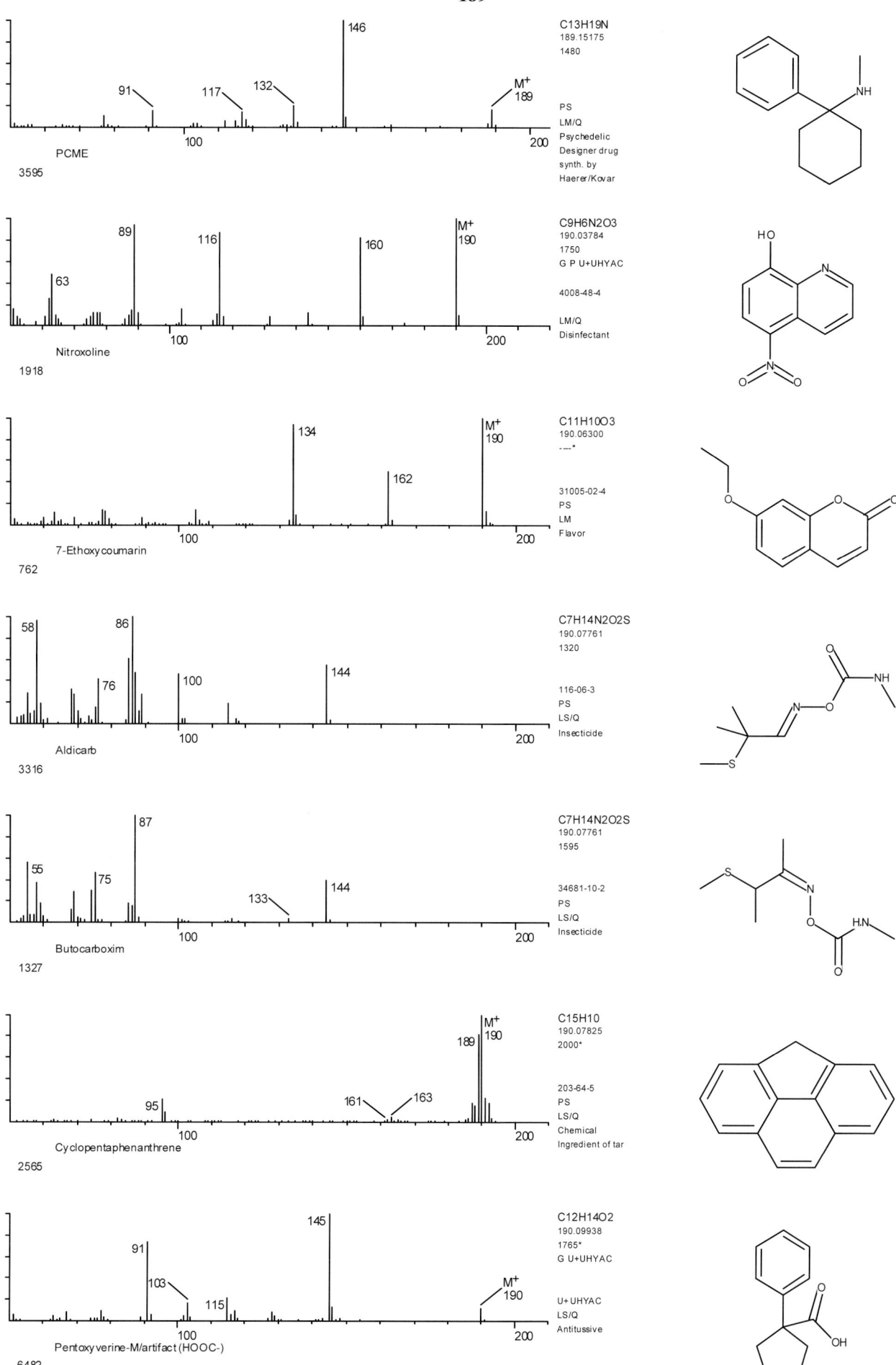

C13H19N
189.15175
1480

PS
LM/Q
Psychedelic
Designer drug
synth. by
Haerer/Kovar

PCME
3595

C9H6N2O3
190.03784
1750
G P U+UHYAC

4008-48-4
LM/Q
Disinfectant

Nitroxoline
1918

C11H10O3
190.06300
-—-*

31005-02-4
PS
LM
Flavor

7-Ethoxycoumarin
762

C7H14N2O2S
190.07761
1320

116-06-3
PS
LS/Q
Insecticide

Aldicarb
3316

C7H14N2O2S
190.07761
1595

34681-10-2
PS
LS/Q
Insecticide

Butocarboxim
1327

C15H10
190.07825
2000*

203-64-5
PS
LS/Q
Chemical
Ingredient of tar

Cyclopentaphenanthrene
2565

C12H14O2
190.09938
1765*
G U+UHYAC

U+UHYAC
LS/Q
Antitussive

Pentoxyverine-M/artifact (HOOC-)
6482

190

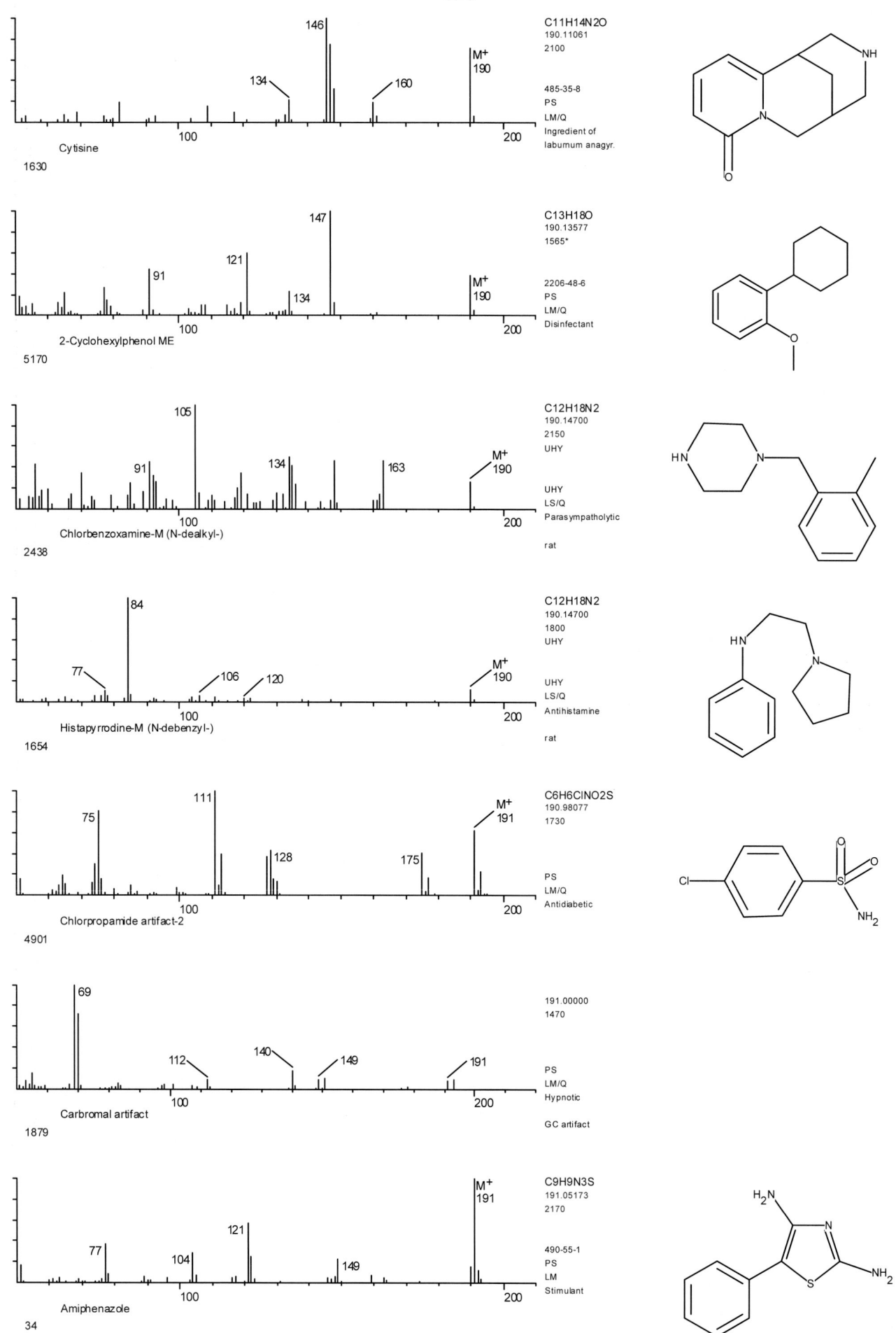

Cytisine
C11H14N2O
190.11061
2100
485-35-8
PS
LM/Q
Ingredient of laburnum anagyr.
Peaks: 134, 146, 160, M+ 190
1630

2-Cyclohexylphenol ME
C13H18O
190.13577
1565*
2206-48-6
PS
LM/Q
Disinfectant
Peaks: 91, 121, 134, 147, M+ 190
5170

Chlorbenzoxamine-M (N-dealkyl-)
C12H18N2
190.14700
2150
UHY
UHY
LS/Q
Parasympatholytic
rat
Peaks: 91, 105, 134, 163, M+ 190
2438

Histapyrrodine-M (N-debenzyl-)
C12H18N2
190.14700
1800
UHY
UHY
LS/Q
Antihistamine
rat
Peaks: 77, 84, 106, 120, M+ 190
1654

Chlorpropamide artifact-2
C6H6ClNO2S
190.98077
1730
PS
LM/Q
Antidiabetic
Peaks: 75, 111, 128, 175, M+ 191
4901

Carbromal artifact
191.00000
1470
PS
LM/Q
Hypnotic
GC artifact
Peaks: 69, 112, 140, 149, 191
1879

Amiphenazole
C9H9N3S
191.05173
2170
490-55-1
PS
LM
Stimulant
Peaks: 77, 104, 121, 149, M+ 191
34

191

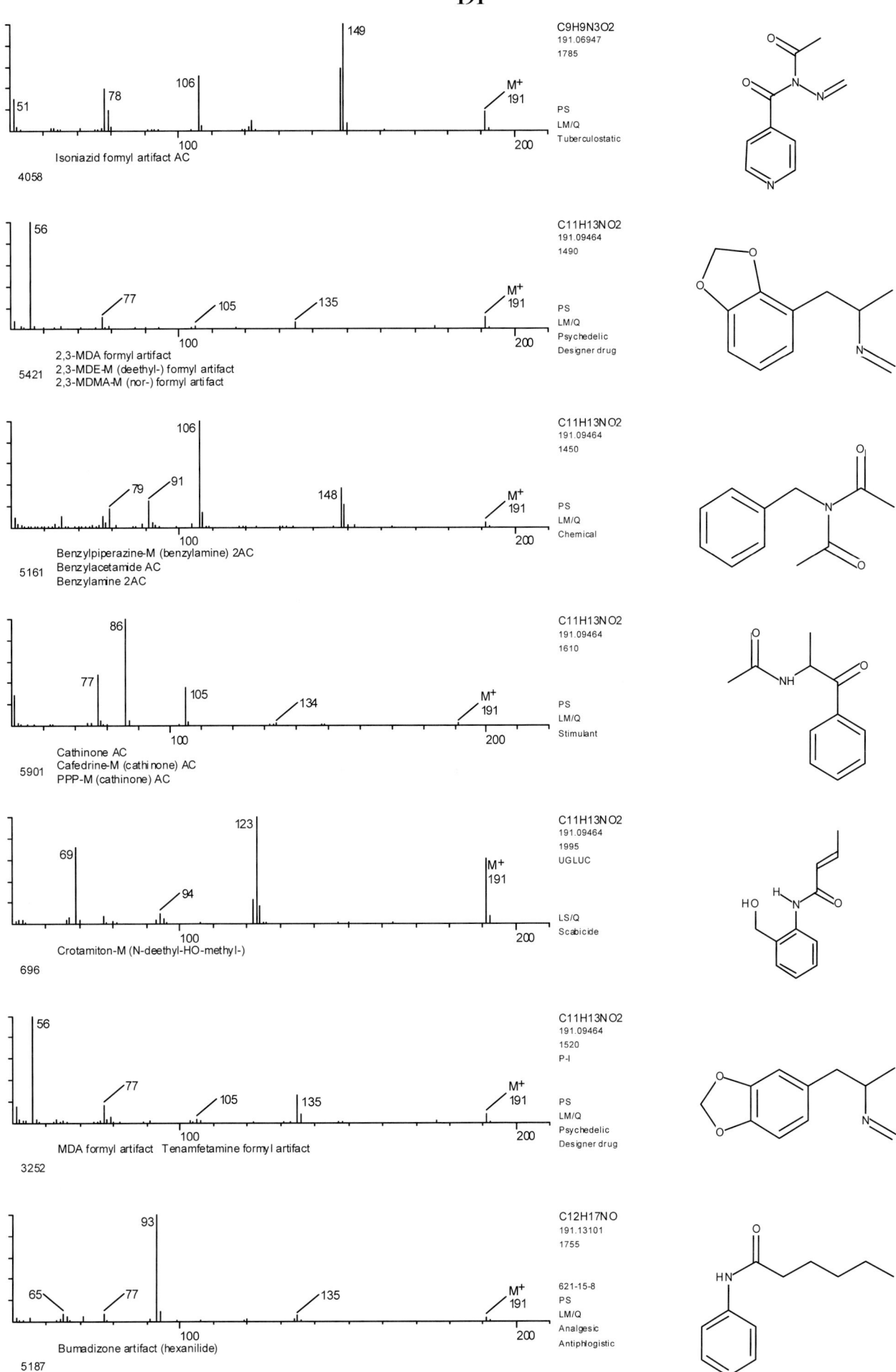

Isoniazid formyl artifact AC
C9H9N3O2
191.06947
1785
PS
LM/Q
Tuberculostatic
4058

2,3-MDA formyl artifact
2,3-MDE-M (deethyl-) formyl artifact
2,3-MDMA-M (nor-) formyl artifact
C11H13NO2
191.09464
1490
PS
LM/Q
Psychedelic
Designer drug
5421

Benzylpiperazine-M (benzylamine) 2AC
Benzylacetamide AC
Benzylamine 2AC
C11H13NO2
191.09464
1450
PS
LM/Q
Chemical
5161

Cathinone AC
Cafedrine-M (cathinone) AC
PPP-M (cathinone) AC
C11H13NO2
191.09464
1610
PS
LM/Q
Stimulant
5901

Crotamiton-M (N-deethyl-HO-methyl-)
C11H13NO2
191.09464
1995
UGLUC
LS/Q
Scabicide
696

MDA formyl artifact   Tenamfetamine formyl artifact
C11H13NO2
191.09464
1520
P-I
PS
LM/Q
Psychedelic
Designer drug
3252

Bumadizone artifact (hexanilide)
C12H17NO
191.13101
1755
621-15-8
PS
LM/Q
Analgesic
Antiphlogistic
5187

195

191

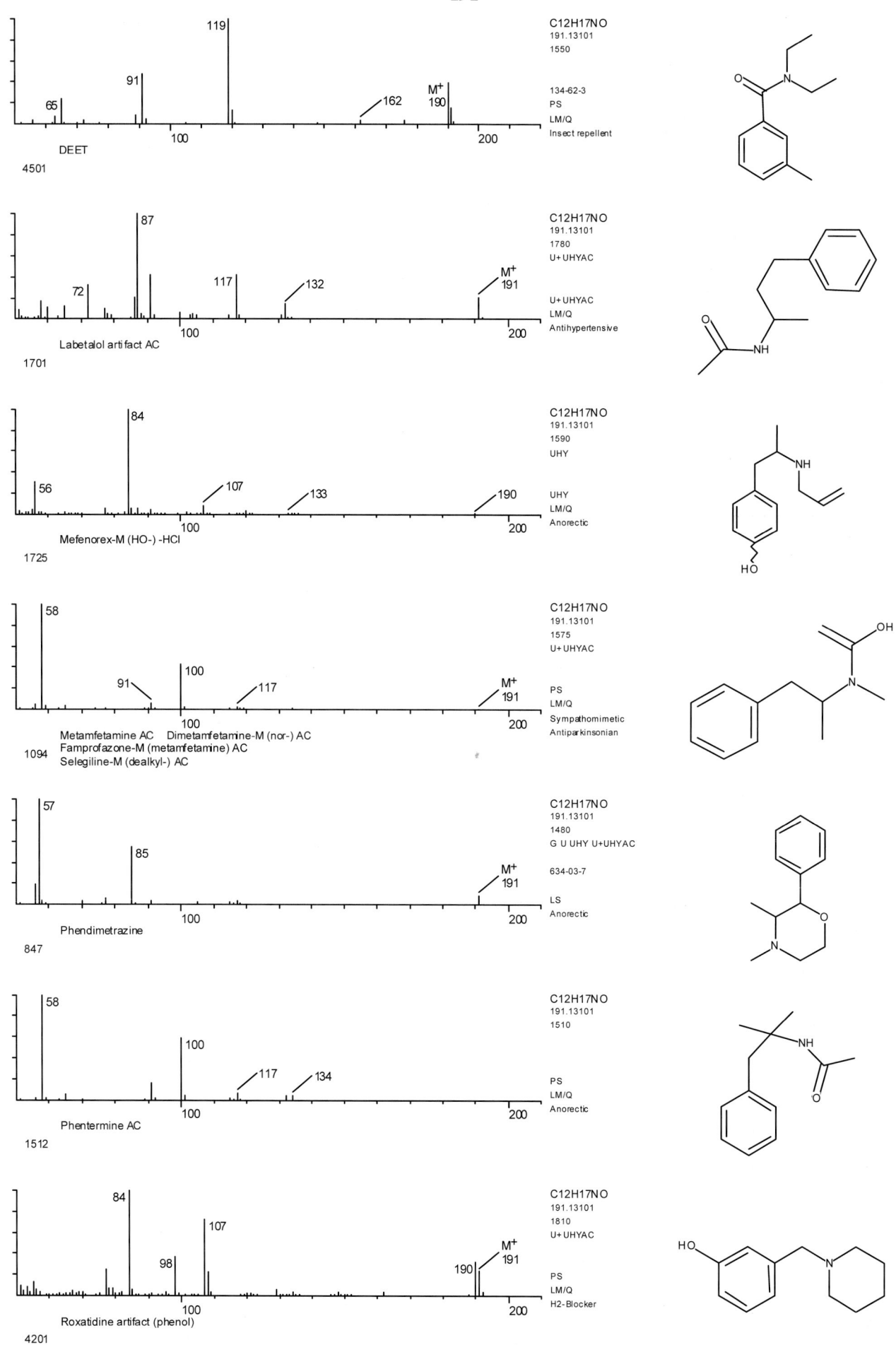

DEET 4501	C12H17NO 191.13101 1550 134-62-3 PS LM/Q Insect repellent	65, 91, 119, 162, 190, M+ 191

Labetalol artifact AC 1701	C12H17NO 191.13101 1780 U+ UHYAC U+ UHYAC LM/Q Antihypertensive	72, 87, 117, 132, M+ 191

Mefenorex-M (HO-) -HCl 1725	C12H17NO 191.13101 1590 UHY UHY LM/Q Anorectic	56, 84, 107, 133, 190

Metamfetamine AC Dimetamfetamine-M (nor-) AC Famprofazone-M (metamfetamine) AC Selegiline-M (dealkyl-) AC 1094	C12H17NO 191.13101 1575 U+ UHYAC PS LM/Q Sympathomimetic Antiparkinsonian	58, 91, 100, 117, M+ 191

Phendimetrazine 847	C12H17NO 191.13101 1480 G U UHY U+UHYAC 634-03-7 LS Anorectic	57, 85, M+ 191

Phentermine AC 1512	C12H17NO 191.13101 1510 PS LM/Q Anorectic	58, 100, 117, 134

Roxatidine artifact (phenol) 4201	C12H17NO 191.13101 1810 U+ UHYAC PS LM/Q H2-Blocker	84, 98, 107, 190, M+ 191

196

192

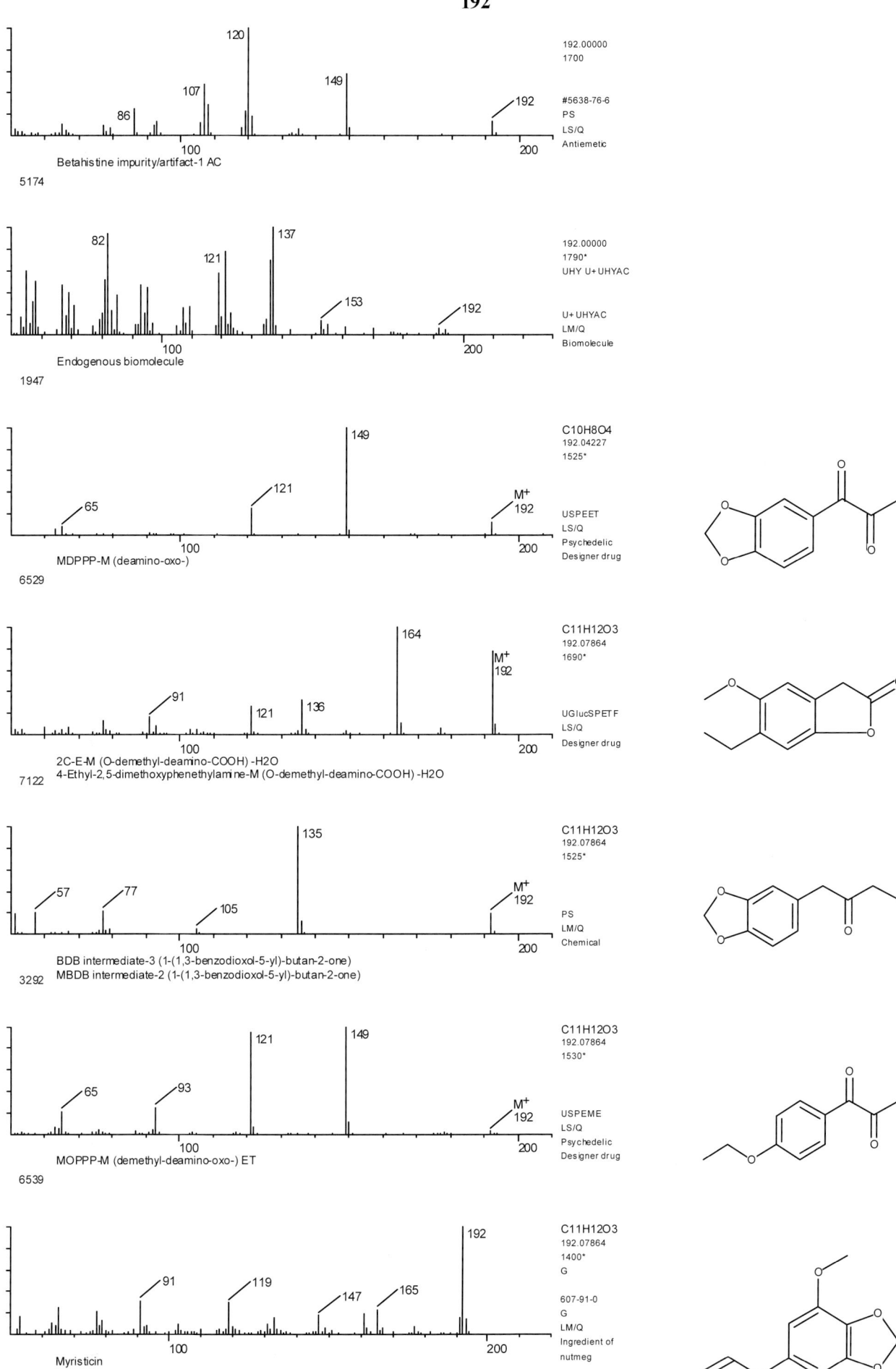

Betahistine impurity/artifact-1 AC
192.00000
1700
#5638-76-6
PS
LS/Q
Antiemetic

Endogenous biomolecule
192.00000
1790*
UHY U+ UHYAC
U+ UHYAC
LM/Q
Biomolecule

MDPPP-M (deamino-oxo-)
C10H8O4
192.04227
1525*
USPEET
LS/Q
Psychedelic
Designer drug

2C-E-M (O-demethyl-deamino-COOH) -H2O
4-Ethyl-2,5-dimethoxyphenethylamine-M (O-demethyl-deamino-COOH) -H2O
C11H12O3
192.07864
1690*
UGlucSPETF
LS/Q
Designer drug

BDB intermediate-3 (1-(1,3-benzodioxol-5-yl)-butan-2-one)
MBDB intermediate-2 (1-(1,3-benzodioxol-5-yl)-butan-2-one)
C11H12O3
192.07864
1525*
PS
LM/Q
Chemical

MOPPP-M (demethyl-deamino-oxo-) ET
C11H12O3
192.07864
1530*
USPEME
LS/Q
Psychedelic
Designer drug

Myristicin
C11H12O3
192.07864
1400*
G
607-91-0
G
LM/Q
Ingredient of nutmeg

192

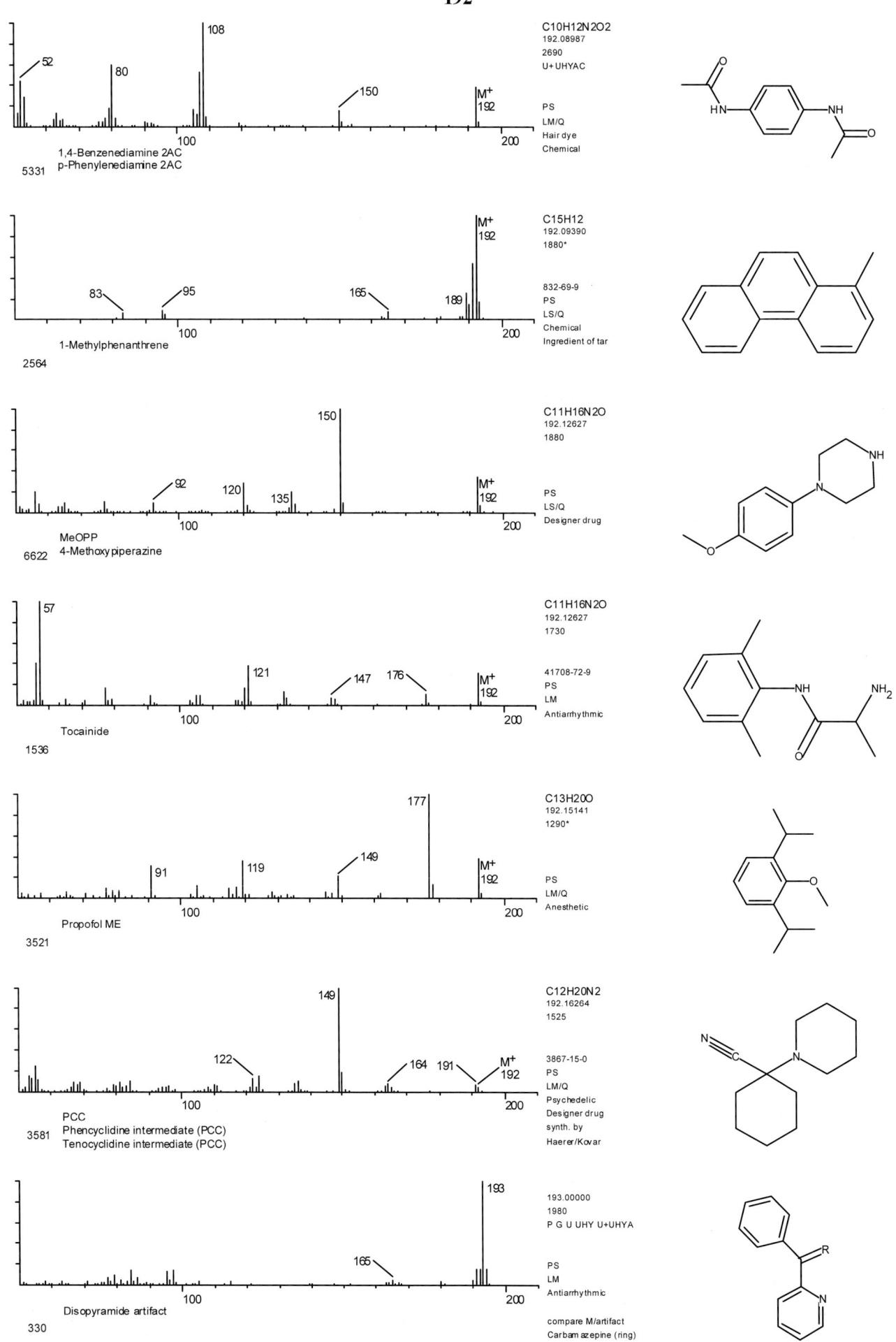

1,4-Benzenediamine 2AC
p-Phenylenediamine 2AC
5331

C10H12N2O2
192.08987
2690
U+ UHYAC

PS
LM/Q
Hair dye
Chemical

1-Methylphenanthrene
2564

C15H12
192.09390
1880*

832-69-9
PS
LS/Q
Chemical
Ingredient of tar

MeOPP
4-Methoxypiperazine
6622

C11H16N2O
192.12627
1880

PS
LS/Q
Designer drug

Tocainide
1536

C11H16N2O
192.12627
1730

41708-72-9
PS
LM
Antiarrhythmic

Propofol ME
3521

C13H20O
192.15141
1290*

PS
LM/Q
Anesthetic

PCC
Phencyclidine intermediate (PCC)
Tenocyclidine intermediate (PCC)
3581

C12H20N2
192.16264
1525

3867-15-0
PS
LM/Q
Psychedelic
Designer drug
synth. by
Haerer/Kovar

Disopyramide artifact
330

193.00000
1980
P G U UHY U+UHYA

PS
LM
Antiarrhythmic

compare M/artifact
Carbamazepine (ring)

193

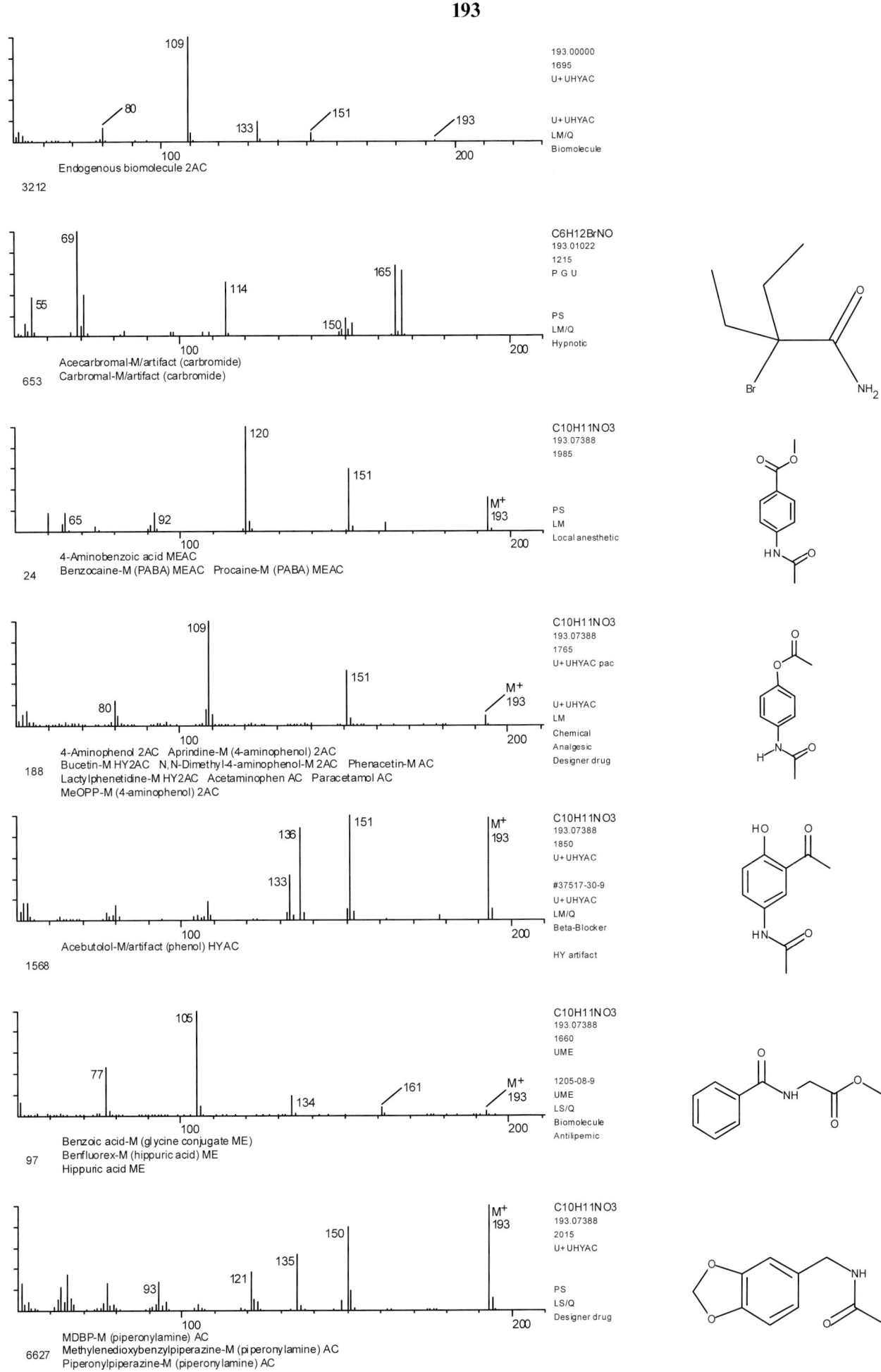

193.00000
1695
U+ UHYAC

U+ UHYAC
LM/Q
Biomolecule

Endogenous biomolecule 2AC

C6H12BrNO
193.01022
1215
P G U

PS
LM/Q
Hypnotic

Acecarbromal-M/artifact (carbromide)
Carbromal-M/artifact (carbromide)

C10H11NO3
193.07388
1985

PS
LM
Local anesthetic

4-Aminobenzoic acid MEAC
Benzocaine-M (PABA) MEAC   Procaine-M (PABA) MEAC

C10H11NO3
193.07388
1765
U+ UHYAC pac

U+ UHYAC
LM
Chemical
Analgesic
Designer drug

4-Aminophenol 2AC   Aprindine-M (4-aminophenol) 2AC
Bucetin-M HY2AC   N,N-Dimethyl-4-aminophenol-M 2AC   Phenacetin-M AC
Lactylphenetidine-M HY2AC   Acetaminophen AC   Paracetamol AC
MeOPP-M (4-aminophenol) 2AC

C10H11NO3
193.07388
1850
U+ UHYAC

#37517-30-9
U+ UHYAC
LM/Q
Beta-Blocker

HY artifact

Acebutolol-M/artifact (phenol) HYAC

C10H11NO3
193.07388
1660
UME

1205-08-9
UME
LS/Q
Biomolecule
Antilipemic

Benzoic acid-M (glycine conjugate ME)
Benfluorex-M (hippuric acid) ME
Hippuric acid ME

C10H11NO3
193.07388
2015
U+ UHYAC

PS
LS/Q
Designer drug

MDBP-M (piperonylamine) AC
Methylenedioxybenzylpiperazine-M (piperonylamine) AC
Piperonylpiperazine-M (piperonylamine) AC

193

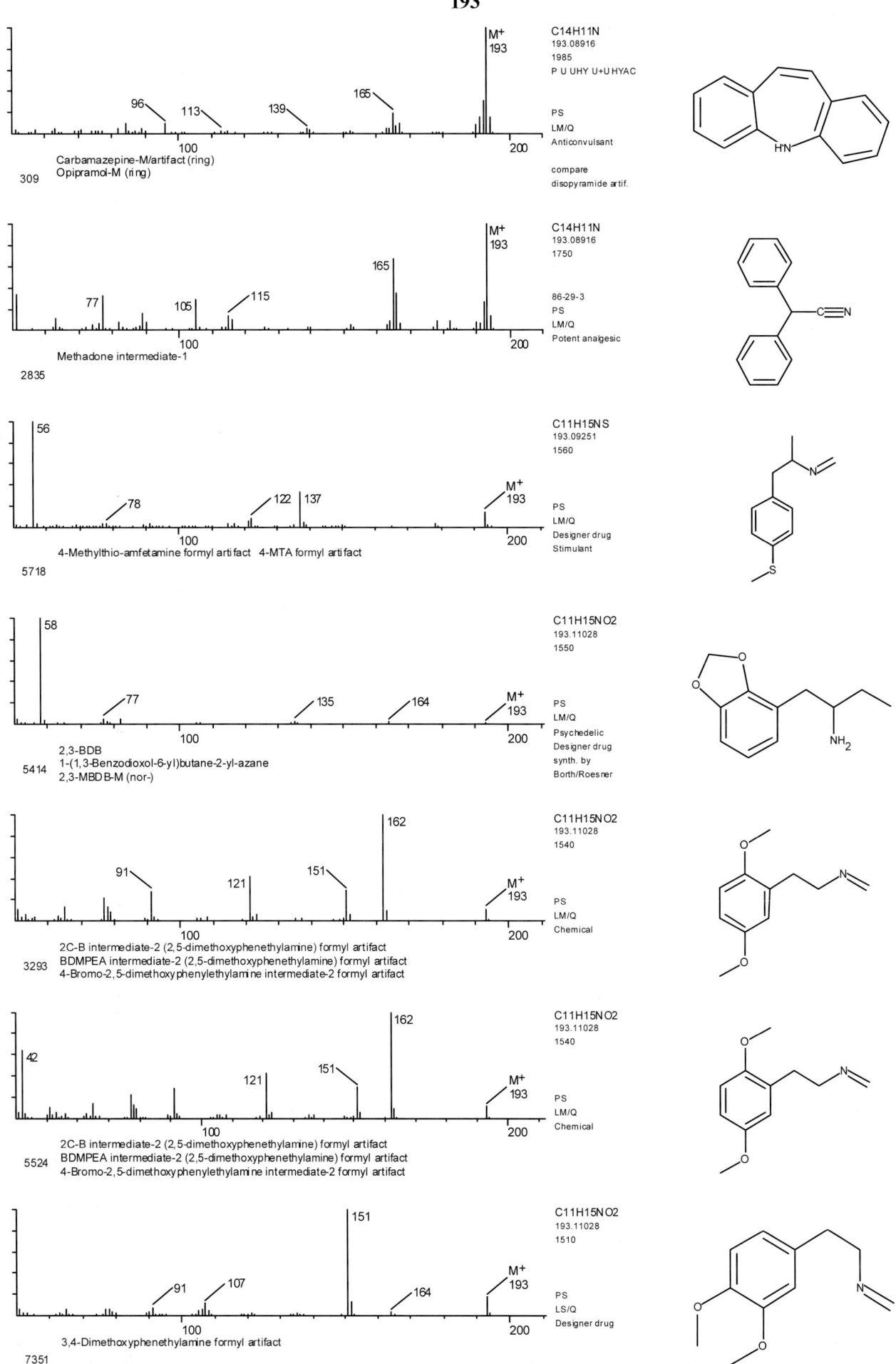

Spectrum label	Formula / info
Carbamazepine-M/artifact (ring); Opipramol-M (ring) — 309	C14H11N, 193.08916, 1985, P U UHY U+U HYAC, PS, LM/Q, Anticonvulsant, compare disopyramide artif.
Methadone intermediate-1 — 2835	C14H11N, 193.08916, 1750, 86-29-3, PS, LM/Q, Potent analgesic
4-Methylthio-amfetamine formyl artifact 4-MTA formyl artifact — 5718	C11H15NS, 193.09251, 1560, PS, LM/Q, Designer drug, Stimulant
2,3-BDB; 1-(1,3-Benzodioxol-6-yl)butane-2-yl-azane; 2,3-MBDB-M (nor-) — 5414	C11H15NO2, 193.11028, 1550, PS, LM/Q, Psychedelic, Designer drug synth. by Borth/Roesner
2C-B intermediate-2 (2,5-dimethoxyphenethylamine) formyl artifact; BDMPEA intermediate-2 (2,5-dimethoxyphenethylamine) formyl artifact; 4-Bromo-2,5-dimethoxyphenylethylamine intermediate-2 formyl artifact — 3293	C11H15NO2, 193.11028, 1540, PS, LM/Q, Chemical
2C-B intermediate-2 (2,5-dimethoxyphenethylamine) formyl artifact; BDMPEA intermediate-2 (2,5-dimethoxyphenethylamine) formyl artifact; 4-Bromo-2,5-dimethoxyphenylethylamine intermediate-2 formyl artifact — 5524	C11H15NO2, 193.11028, 1540, PS, LM/Q, Chemical
3,4-Dimethoxyphenethylamine formyl artifact — 7351	C11H15NO2, 193.11028, 1510, PS, LS/Q, Designer drug

193

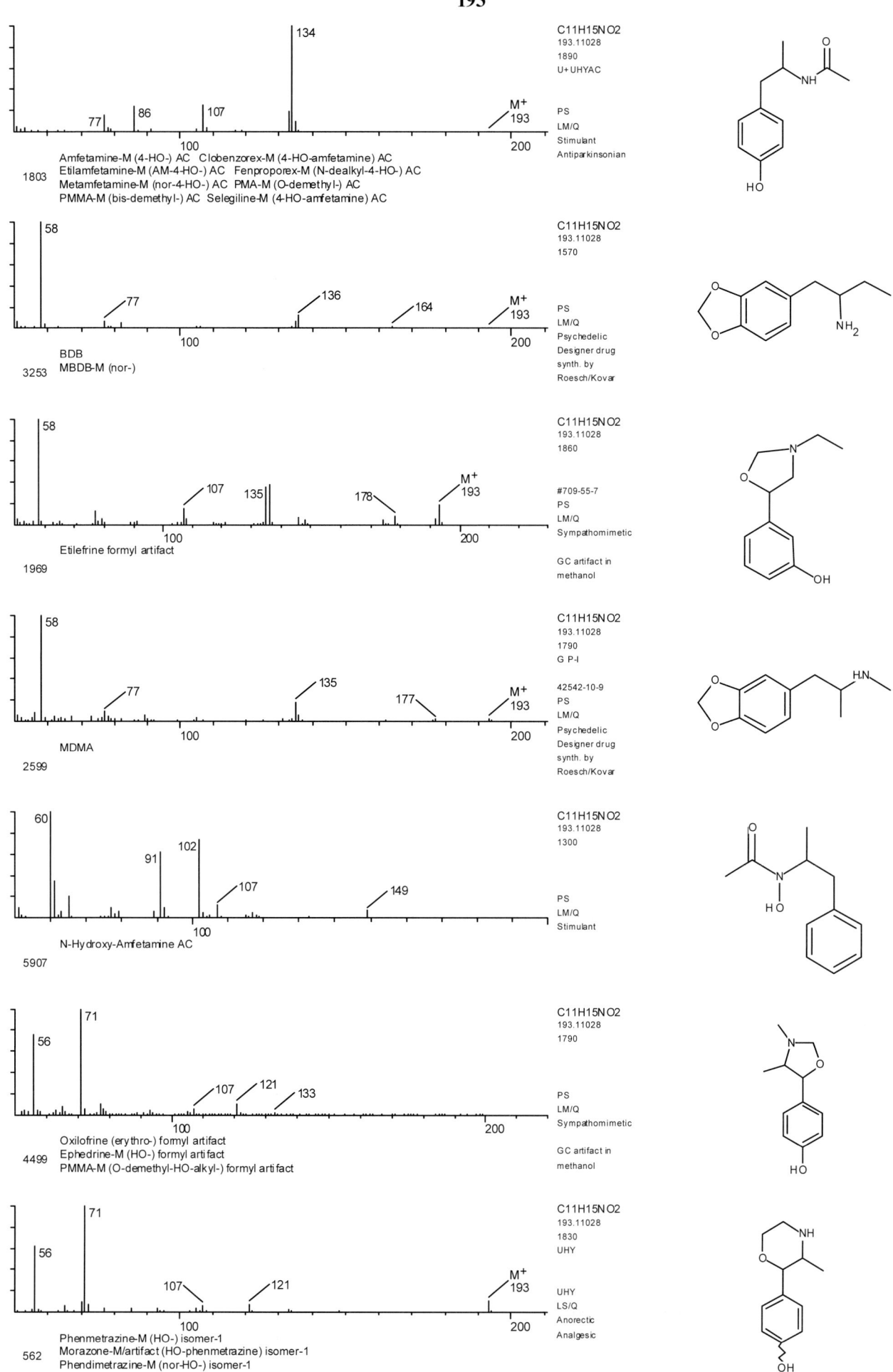

134, 77, 86, 107, M+ 193	C11H15NO2 193.11028 1890 U+ UHYAC PS LM/Q Stimulant Antiparkinsonian

1803 Amfetamine-M (4-HO-) AC Clobenzorex-M (4-HO-amfetamine) AC
Etilamfetamine-M (AM-4-HO-) AC Fenproporex-M (N-dealkyl-4-HO-) AC
Metamfetamine-M (nor-4-HO-) AC PMA-M (O-demethyl-) AC
PMMA-M (bis-demethyl-) AC Selegiline-M (4-HO-amfetamine) AC

58, 77, 136, 164, M+ 193	C11H15NO2 193.11028 1570 PS LM/Q Psychedelic Designer drug synth. by Roesch/Kovar

3253 BDB
MBDB-M (nor-)

58, 107, 135, 178, M+ 193	C11H15NO2 193.11028 1860 #709-55-7 PS LM/Q Sympathomimetic GC artifact in methanol

1969 Etilefrine formyl artifact

58, 77, 135, 177, M+ 193	C11H15NO2 193.11028 1790 G P-I 42542-10-9 PS LM/Q Psychedelic Designer drug synth. by Roesch/Kovar

2599 MDMA

60, 91, 102, 107, 149	C11H15NO2 193.11028 1300 PS LM/Q Stimulant

5907 N-Hydroxy-Amfetamine AC

56, 71, 107, 121, 133	C11H15NO2 193.11028 1790 PS LM/Q Sympathomimetic GC artifact in methanol

4499 Oxilofrine (erythro-) formyl artifact
Ephedrine-M (HO-) formyl artifact
PMMA-M (O-demethyl-HO-alkyl-) formyl artifact

56, 71, 107, 121, M+ 193	C11H15NO2 193.11028 1830 UHY UHY LS/Q Anorectic Analgesic

562 Phenmetrazine-M (HO-) isomer-1
Morazone-M/artifact (HO-phenmetrazine) isomer-1
Phendimetrazine-M (nor-HO-) isomer-1

193

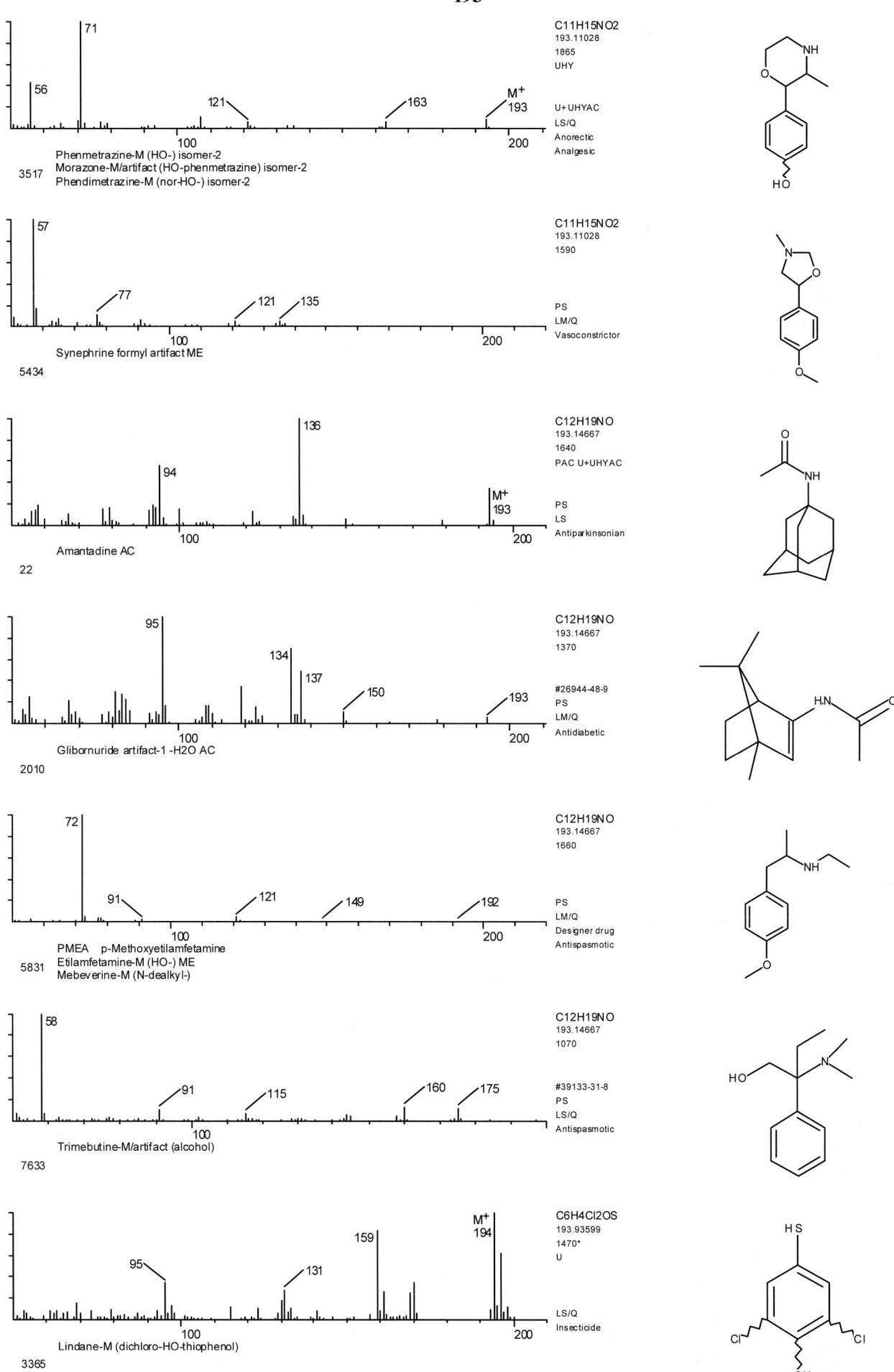

C11H15NO2
193.11028
1865
UHY
U+UHYAC
LS/Q
Anorectic
Analgesic

Phenmetrazine-M (HO-) isomer-2
Morazone-M/artifact (HO-phenmetrazine) isomer-2
Phendimetrazine-M (nor-HO-) isomer-2
3517

C11H15NO2
193.11028
1590
PS
LM/Q
Vasoconstrictor

Synephrine formyl artifact ME
5434

C12H19NO
193.14667
1640
PAC U+UHYAC
PS
LS
Antiparkinsonian

Amantadine AC
22

C12H19NO
193.14667
1370
#26944-48-9
PS
LM/Q
Antidiabetic

Glibornuride artifact-1 -H2O AC
2010

C12H19NO
193.14667
1660
PS
LM/Q
Designer drug
Antispasmotic

PMEA   p-Methoxyetilamfetamine
Etilamfetamine-M (HO-) ME
Mebeverine-M (N-dealkyl-)
5831

C12H19NO
193.14667
1070
#39133-31-8
PS
LS/Q
Antispasmotic

Trimebutine-M/artifact (alcohol)
7633

C6H4Cl2OS
193.93599
1470*
U
LS/Q
Insecticide

Lindane-M (dichloro-HO-thiophenol)
3365

194

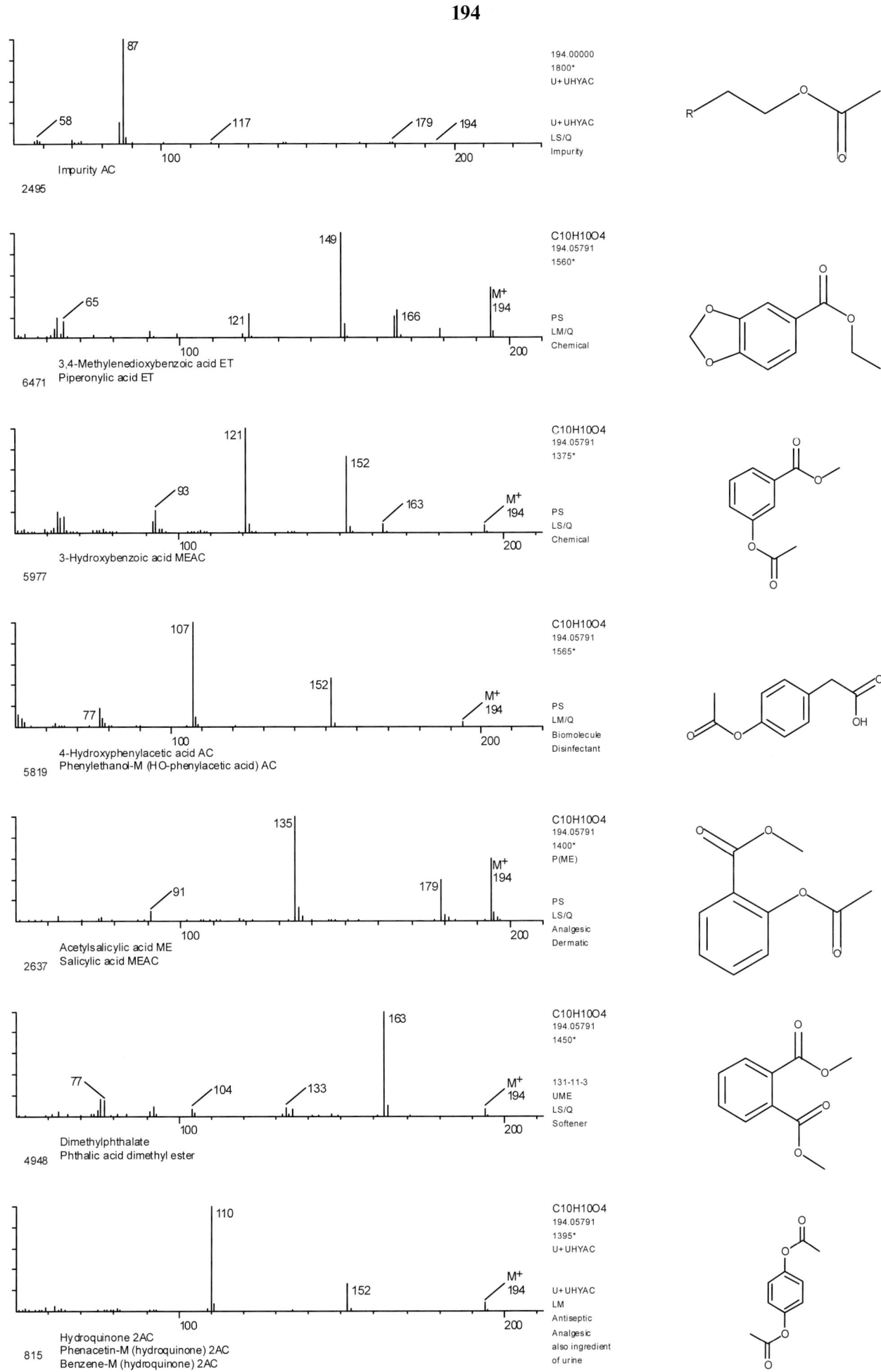

194.00000
1800*
U+UHYAC

U+UHYAC
LS/Q
Impurity

Impurity AC
2495

C10H10O4
194.05791
1560*

PS
LM/Q
Chemical

3,4-Methylenedioxybenzoic acid ET
Piperonylic acid ET
6471

C10H10O4
194.05791
1375*

PS
LS/Q
Chemical

3-Hydroxybenzoic acid MEAC
5977

C10H10O4
194.05791
1565*

PS
LM/Q
Biomolecule
Disinfectant

4-Hydroxyphenylacetic acid AC
Phenylethanol-M (HO-phenylacetic acid) AC
5819

C10H10O4
194.05791
1400*
P(ME)

PS
LS/Q
Analgesic
Dermatic

Acetylsalicylic acid ME
Salicylic acid MEAC
2637

C10H10O4
194.05791
1450*

131-11-3
UME
LS/Q
Softener

Dimethylphthalate
Phthalic acid dimethyl ester
4948

C10H10O4
194.05791
1395*
U+UHYAC

U+UHYAC
LM
Antiseptic
Analgesic
also ingredient
of urine

Hydroquinone 2AC
Phenacetin-M (hydroquinone) 2AC
Benzene-M (hydroquinone) 2AC
815

203

194

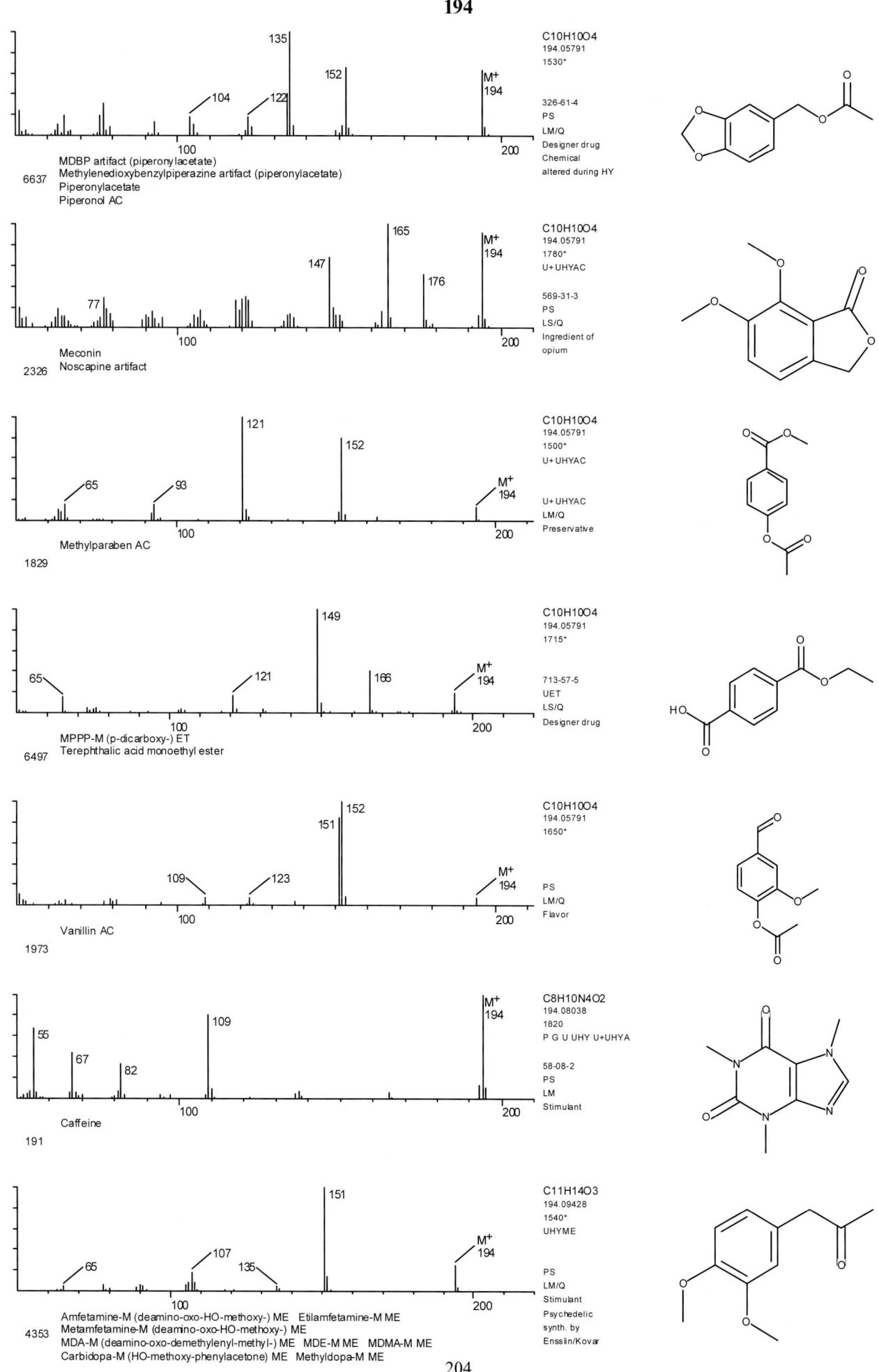

6637
MDBP artifact (piperonylacetate)
Methylenedioxybenzylpiperazine artifact (piperonylacetate)
Piperonylacetate
Piperonol AC

C10H10O4
194.05791
1530*

326-61-4
PS
LM/Q
Designer drug
Chemical altered during HY

2326 Meconin
Noscapine artifact

C10H10O4
194.05791
1780*
U+ UHYAC

569-31-3
PS
LS/Q
Ingredient of opium

1829 Methylparaben AC

C10H10O4
194.05791
1500*
U+ UHYAC

U+ UHYAC
LM/Q
Preservative

6497 MPPP-M (p-dicarboxy-) ET
Terephthalic acid monoethyl ester

C10H10O4
194.05791
1715*

713-57-5
UET
LS/Q
Designer drug

1973 Vanillin AC

C10H10O4
194.05791
1650*

PS
LM/Q
Flavor

191 Caffeine

C8H10N4O2
194.08038
1820
P G U UHY U+UHYA

58-08-2
PS
LM
Stimulant

4353
Amfetamine-M (deamino-oxo-HO-methoxy-) ME   Etilamfetamine-M ME
Metamfetamine-M (deamino-oxo-HO-methoxy-) ME
MDA-M (deamino-oxo-demethylenyl-methyl-) ME   MDE-M ME   MDMA-M ME
Carbidopa-M (HO-methoxy-phenylacetone) ME   Methyldopa-M ME

C11H14O3
194.09428
1540*
UHYME

PS
LM/Q
Stimulant
Psychedelic
synth. by
Ensslin/Kovar

204

194

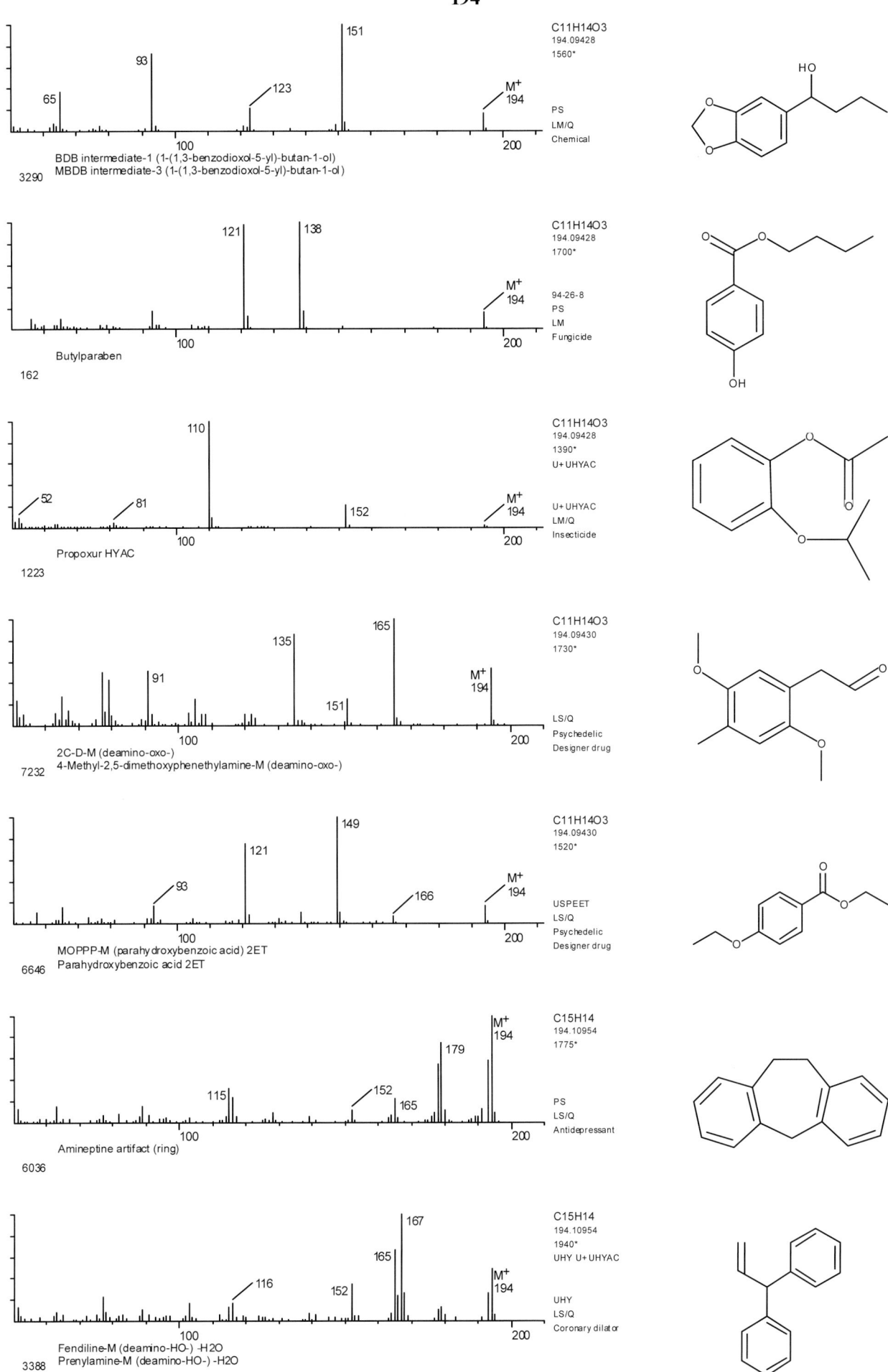

C11H14O3
194.09428
1560*

PS
LM/Q
Chemical

BDB intermediate-1 (1-(1,3-benzodioxol-5-yl)-butan-1-ol)
MBDB intermediate-3 (1-(1,3-benzodioxol-5-yl)-butan-1-ol)
3290

C11H14O3
194.09428
1700*

94-26-8
PS
LM
Fungicide

Butylparaben
162

C11H14O3
194.09428
1390*
U+ UHYAC

U+ UHYAC
LM/Q
Insecticide

Propoxur HYAC
1223

C11H14O3
194.09430
1730*

LS/Q
Psychedelic
Designer drug

2C-D-M (deamino-oxo-)
4-Methyl-2,5-dimethoxyphenethylamine-M (deamino-oxo-)
7232

C11H14O3
194.09430
1520*

USPEET
LS/Q
Psychedelic
Designer drug

MOPPP-M (parahydroxybenzoic acid) 2ET
Parahydroxybenzoic acid 2ET
6646

C15H14
194.10954
1775*

PS
LS/Q
Antidepressant

Amineptine artifact (ring)
6036

C15H14
194.10954
1940*
UHY U+ UHYAC

UHY
LS/Q
Coronary dilator

Fendiline-M (deamino-HO-) -H2O
Prenylamine-M (deamino-HO-) -H2O
3388

194

Hexylresorcinol — 1981
C12H18O2, 194.13068, 1830*, P, 136-77-6, PS, LM/Q, Antiseptic
Peaks: 77, 95, 123, M+ 194

PCM intermediate (MCC) / TCM intermediate (MCC) — 3578
MCC
C11H18N2O, 194.14191, 1560, PS, LM/Q, Psychedelic Designer drug synth. by Haerer/Kovar
Peaks: 56, 124, 151, 164, M+ 194

2,4,6-Trichloroaniline — 2642
C6H4Cl3N, 194.94093, 1470, U, 634-93-5, LS/Q, Chemical
Peaks: 97, 124, 159, M+ 195, 197

Impurity AC — 2358
195.00000, 1430*, U+ UHYAC, U+ UHYAC, LM/Q, Impurity
Peaks: 80, 92, 122, 152, 195

Baclofen -H2O — 4456
C10H10ClNO, 195.04509, 1990, U, 1134-47-0, PS, LM/Q, Muscle relaxant
Peaks: 63, 77, 103, 138, M+ 195

Acetylsalicylic acid-M / Salicylic acid glycine conjugate — 956
C9H9NO4, 195.05316, 1825, U, 487-54-7, LM, Analgesic, Dermatic
Peaks: 92, 120, 121, 177, M+ 195

Fenitrothion-M/artifact (3-methyl-4-nitrophenol) AC — 7538
C9H9NO4, 195.05316, 1455, PS, LM/Q, Insecticide
Peaks: 77, 108, 136, 153, M+ 195

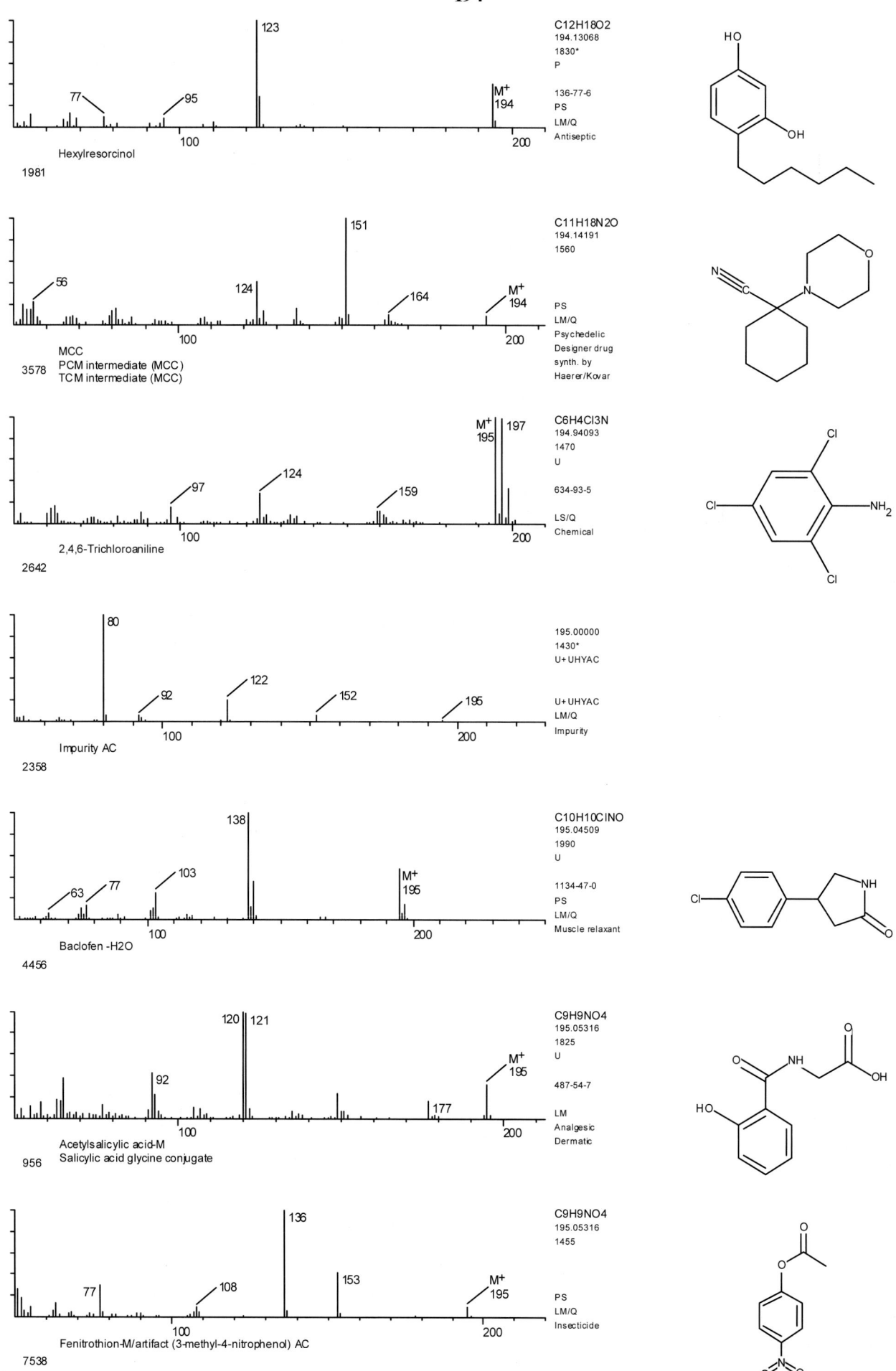

195

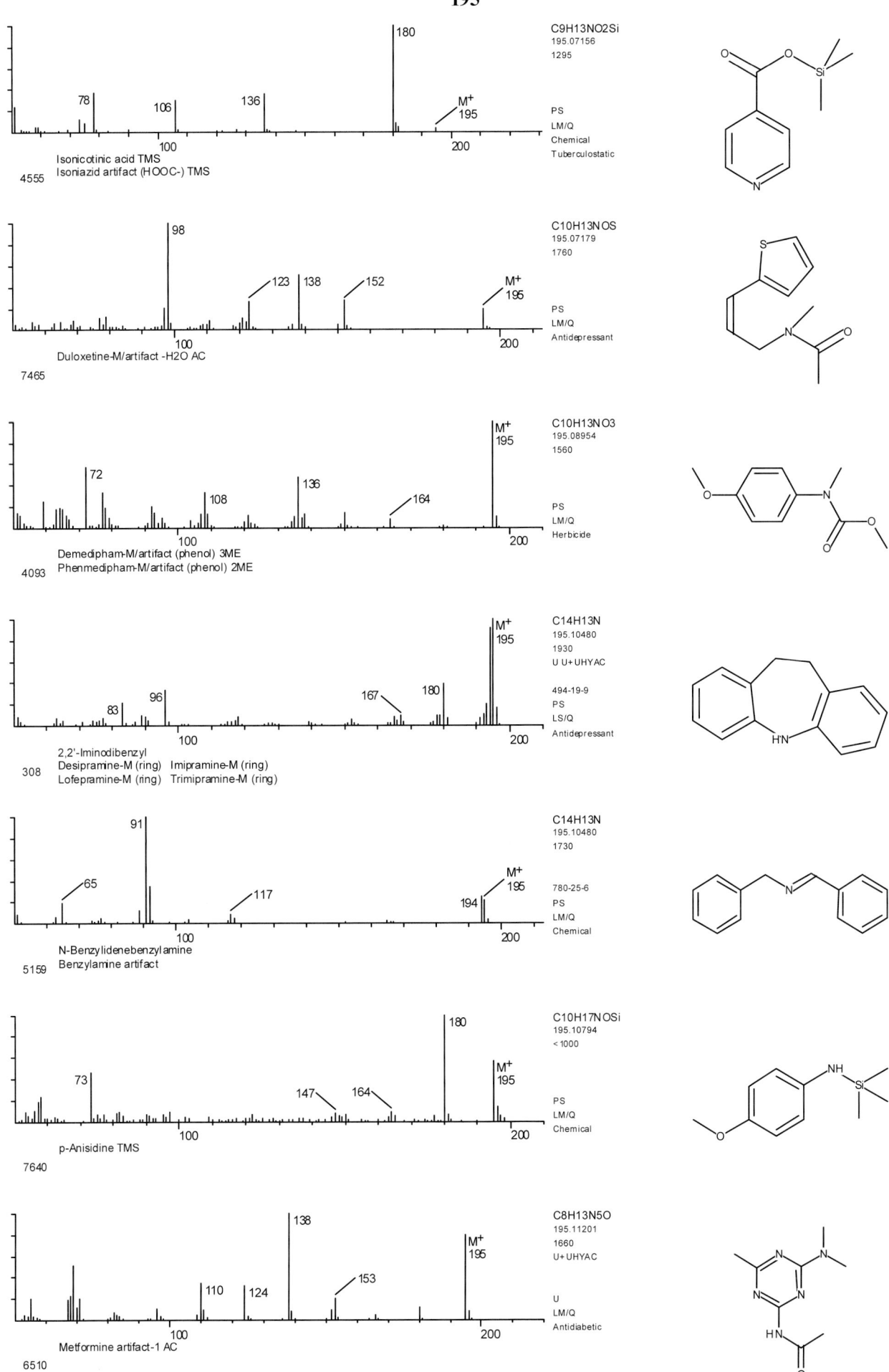

C9H13NO2Si
195.07156
1295

PS
LM/Q
Chemical
Tuberculostatic

Isonicotinic acid TMS
Isoniazid artifact (HOOC-) TMS
4555

C10H13NOS
195.07179
1760

PS
LM/Q
Antidepressant

Duloxetine-M/artifact -H2O AC
7465

C10H13NO3
195.08954
1560

PS
LM/Q
Herbicide

Demedipham-M/artifact (phenol) 3ME
Phenmedipham-M/artifact (phenol) 2ME
4093

C14H13N
195.10480
1930
U U+UHYAC

494-19-9
PS
LS/Q
Antidepressant

2,2'-Iminodibenzyl
Desipramine-M (ring)   Imipramine-M (ring)
Lofepramine-M (ring)   Trimipramine-M (ring)
308

C14H13N
195.10480
1730

780-25-6
PS
LM/Q
Chemical

N-Benzylidenebenzylamine
Benzylamine artifact
5159

C10H17NOSi
195.10794
< 1000

PS
LM/Q
Chemical

p-Anisidine TMS
7640

C8H13N5O
195.11201
1660
U+UHYAC

U
LM/Q
Antidiabetic

Metformine artifact-1 AC
6510

207

195

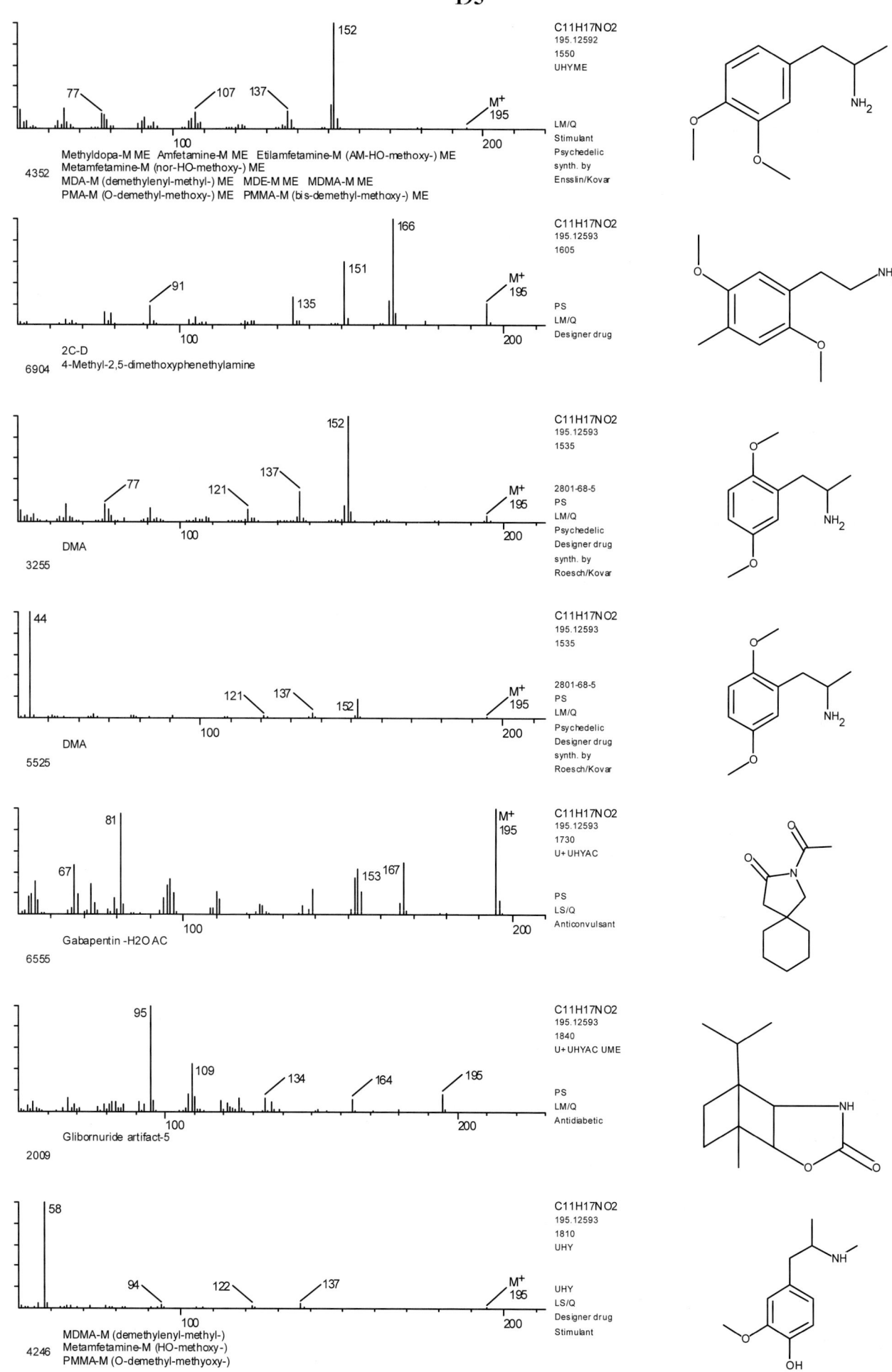

C11H17NO2
195.12592
1550
UHYME

LM/Q
Stimulant
Psychedelic
synth. by
Ensslin/Kovar

Methyldopa-M ME   Amfetamine-M ME   Etilamfetamine-M (AM-HO-methoxy-) ME
Metamfetamine-M (nor-HO-methoxy-) ME
MDA-M (demethylenyl-methyl-) ME   MDE-M ME   MDMA-M ME
PMA-M (O-demethyl-methoxy-) ME   PMMA-M (bis-demethyl-methoxy-) ME
4352

C11H17NO2
195.12593
1605

PS
LM/Q
Designer drug

2C-D
4-Methyl-2,5-dimethoxyphenethylamine
6904

C11H17NO2
195.12593
1535

2801-68-5
PS
LM/Q
Psychedelic
Designer drug
synth. by
Roesch/Kovar

DMA
3255

C11H17NO2
195.12593
1535

2801-68-5
PS
LM/Q
Psychedelic
Designer drug
synth. by
Roesch/Kovar

DMA
5525

C11H17NO2
195.12593
1730
U+ UHYAC

PS
LS/Q
Anticonvulsant

Gabapentin -H2O AC
6555

C11H17NO2
195.12593
1840
U+ UHYAC UME

PS
LM/Q
Antidiabetic

Glibornuride artifact-5
2009

C11H17NO2
195.12593
1810
UHY

UHY
LS/Q
Designer drug
Stimulant

MDMA-M (demethylenyl-methyl-)
Metamfetamine-M (HO-methoxy-)
PMMA-M (O-demethyl-methyoxy-)
4246

195

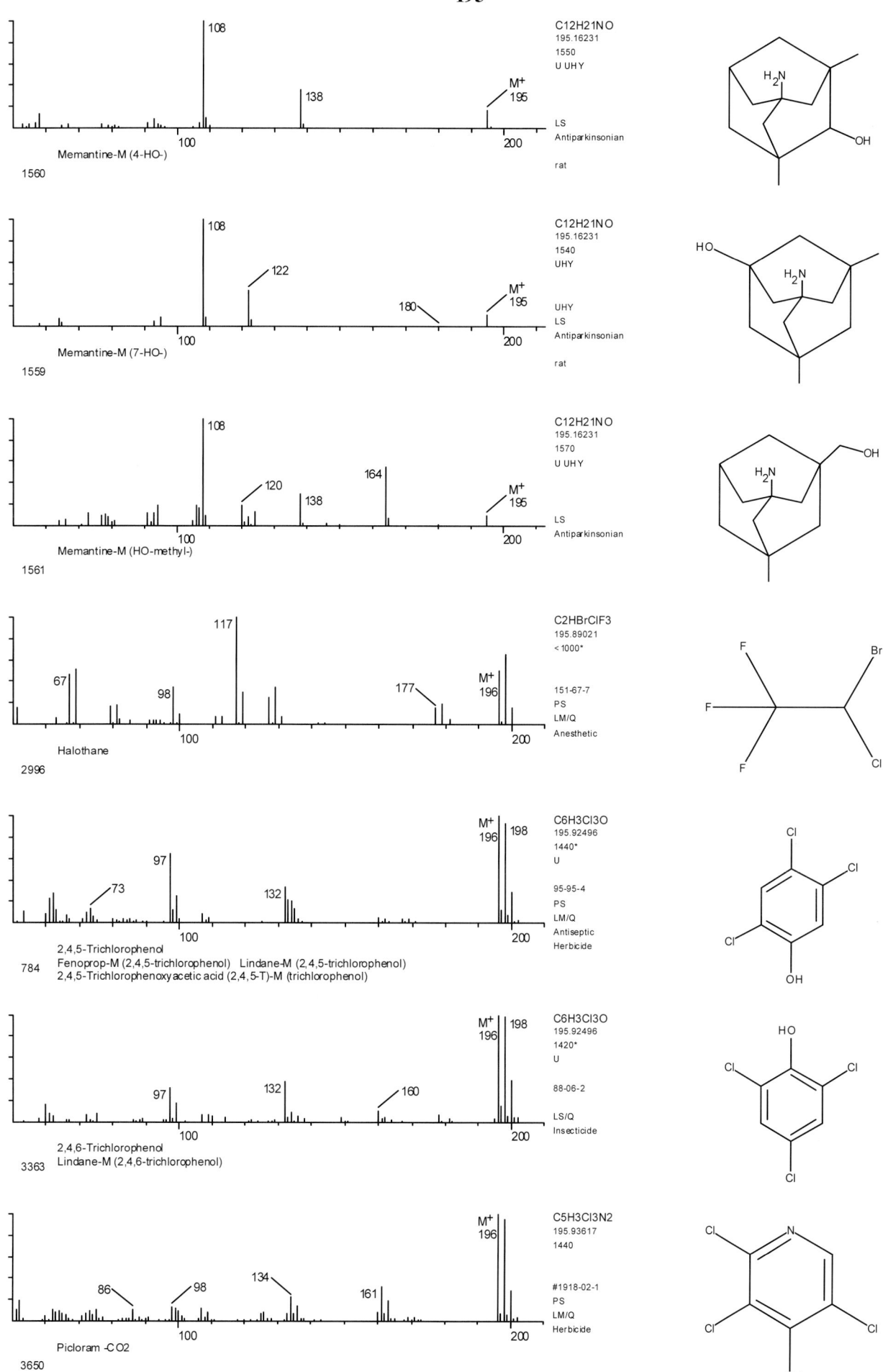

Memantine-M (4-HO-)
1560
108, 138, M+ 195
C12H21NO
195.16231
1550
U UHY
LS
Antiparkinsonian
rat

Memantine-M (7-HO-)
1559
108, 122, 180, M+ 195
C12H21NO
195.16231
1540
UHY
UHY
LS
Antiparkinsonian
rat

Memantine-M (HO-methyl-)
1561
108, 120, 138, 164, M+ 195
C12H21NO
195.16231
1570
U UHY
LS
Antiparkinsonian

Halothane
2996
67, 98, 117, 177, M+ 196
C2HBrClF3
195.89021
< 1000*
151-67-7
PS
LM/Q
Anesthetic

2,4,5-Trichlorophenol
Fenoprop-M (2,4,5-trichlorophenol) Lindane-M (2,4,5-trichlorophenol)
2,4,5-Trichlorophenoxyacetic acid (2,4,5-T)-M (trichlorophenol)
784
73, 97, 132, M+ 196, 198
C6H3Cl3O
195.92496
1440*
U
95-95-4
PS
LM/Q
Antiseptic
Herbicide

2,4,6-Trichlorophenol
Lindane-M (2,4,6-trichlorophenol)
3363
97, 132, 160, M+ 196, 198
C6H3Cl3O
195.92496
1420*
U
88-06-2
LS/Q
Insecticide

Picloram -CO2
3650
86, 98, 134, 161, M+ 196
C5H3Cl3N2
195.93617
1440
#1918-02-1
PS
LM/Q
Herbicide

209

196

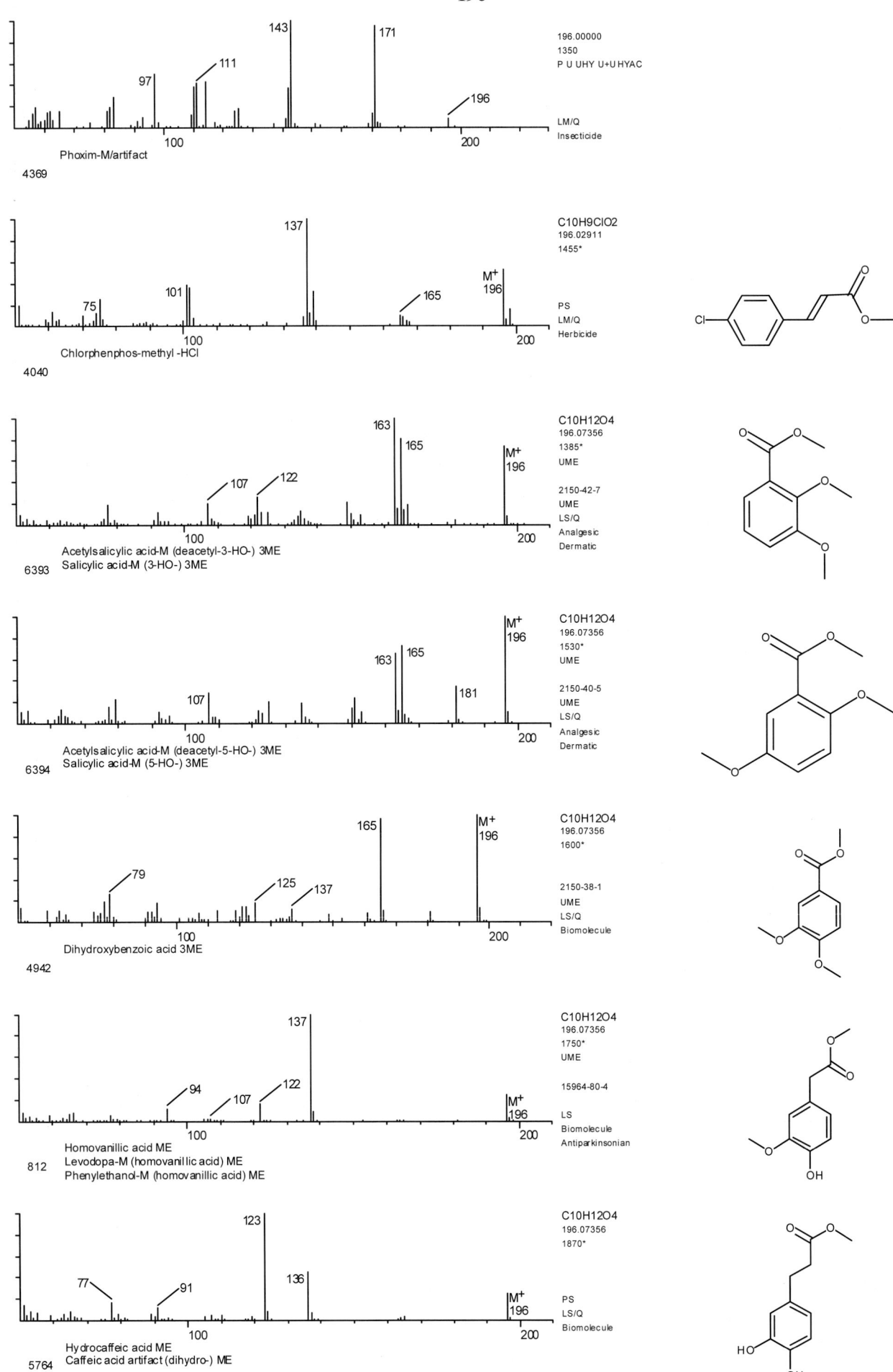

Phoxim-M/artifact
4369
196.00000
1350
P U UHY U+U HYAC
LM/Q
Insecticide

Chlorphenphos-methyl -HCl
4040
C10H9ClO2
196.02911
1455*
PS
LM/Q
Herbicide

Acetylsalicylic acid-M (deacetyl-3-HO-) 3ME
Salicylic acid-M (3-HO-) 3ME
6393
C10H12O4
196.07356
1385*
UME
2150-42-7
UME
LS/Q
Analgesic
Dermatic

Acetylsalicylic acid-M (deacetyl-5-HO-) 3ME
Salicylic acid-M (5-HO-) 3ME
6394
C10H12O4
196.07356
1530*
UME
2150-40-5
UME
LS/Q
Analgesic
Dermatic

Dihydroxybenzoic acid 3ME
4942
C10H12O4
196.07356
1600*
2150-38-1
UME
LS/Q
Biomolecule

Homovanillic acid ME
Levodopa-M (homovanillic acid) ME
Phenylethanol-M (homovanillic acid) ME
812
C10H12O4
196.07356
1750*
UME
15964-80-4
LS
Biomolecule
Antiparkinsonian

Hydrocaffeic acid ME
Caffeic acid artifact (dihydro-) ME
5764
C10H12O4
196.07356
1870*
PS
LS/Q
Biomolecule

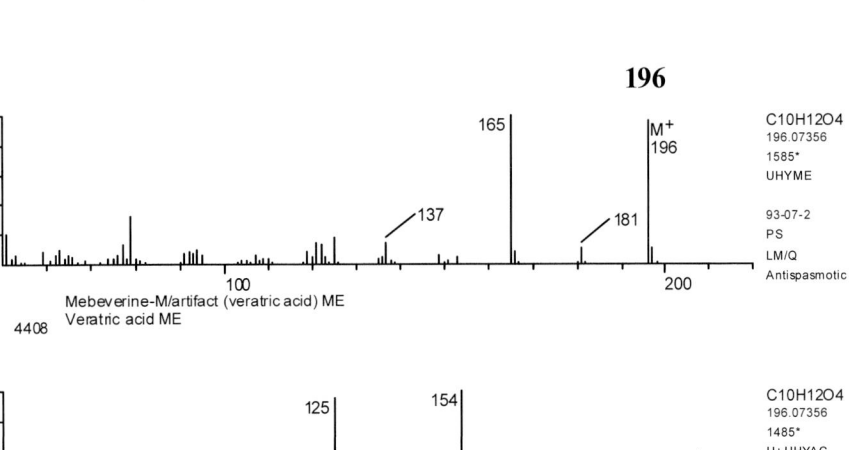

196

Mebeverine-M/artifact (veratric acid) ME
Veratric acid ME
4408

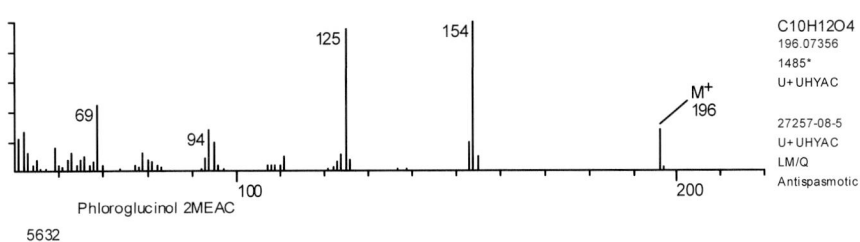

C10H12O4
196.07356
1585*
UHYME

93-07-2
PS
LM/Q
Antispasmotic

Phloroglucinol 2MEAC
5632

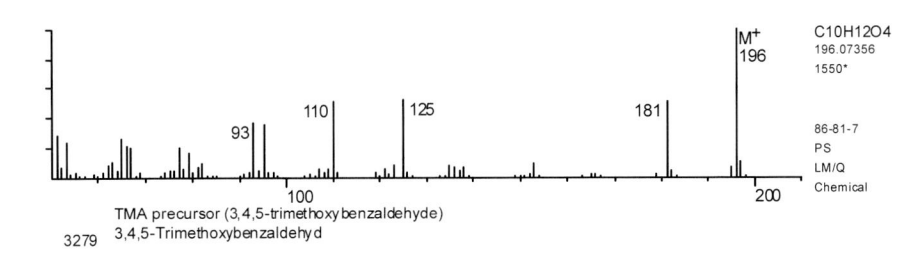

C10H12O4
196.07356
1485*
U+ UHYAC

27257-08-5
U+ UHYAC
LM/Q
Antispasmotic

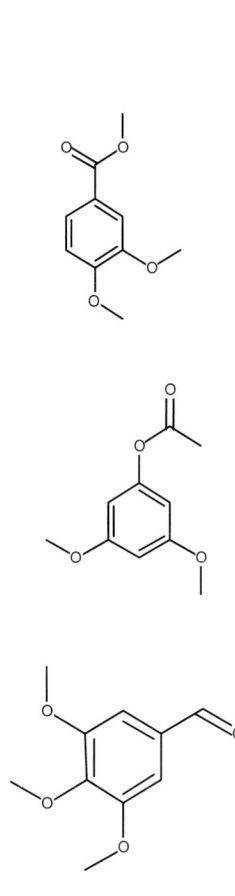

TMA precursor (3,4,5-trimethoxybenzaldehyde)
3,4,5-Trimethoxybenzaldehyd
3279

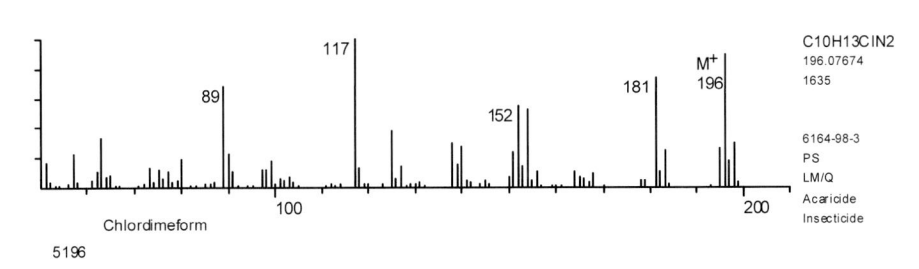

C10H12O4
196.07356
1550*

86-81-7
PS
LM/Q
Chemical

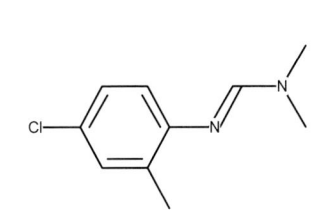

Chlordimeform
5196

C10H13ClN2
196.07674
1635

6164-98-3
PS
LM/Q
Acaricide
Insecticide

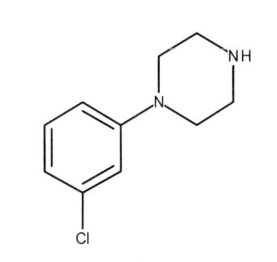

mCPP
m-Chlorophenylpiperazine
Nefazodone-M (N-dealkyl-)
Trazodone-M (N-dealkyl-)
6885

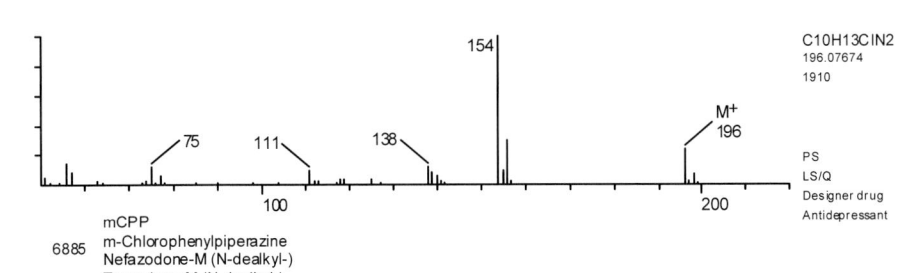

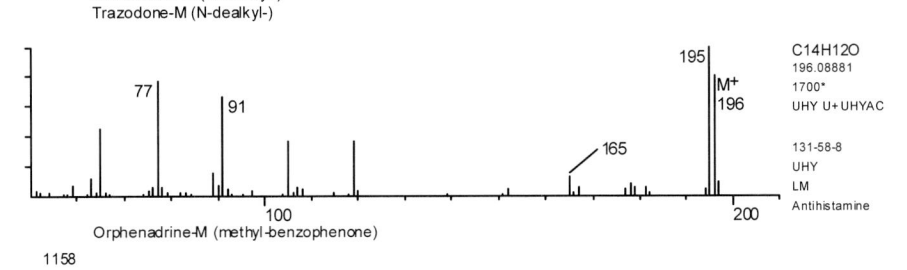

C10H13ClN2
196.07674
1910

PS
LS/Q
Designer drug
Antidepressant

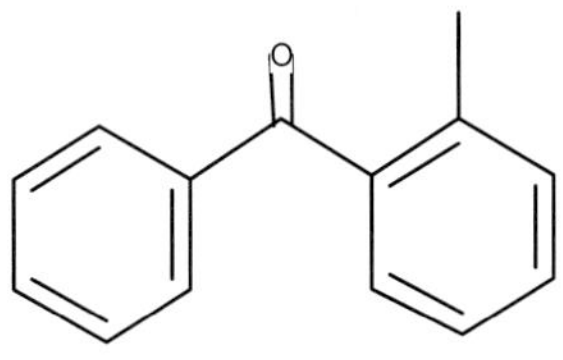

Orphenadrine-M (methyl-benzophenone)
1158

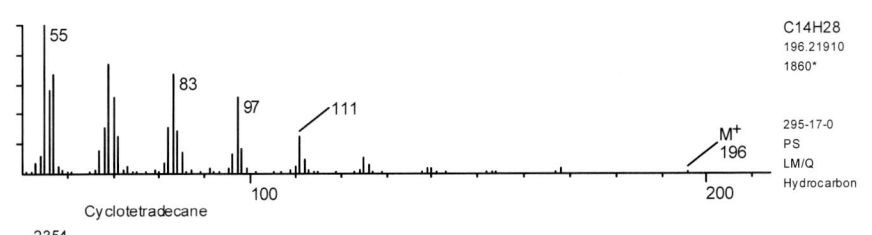

C14H12O
196.08881
1700*
UHY U+ UHYAC

131-58-8
UHY
LM
Antihistamine

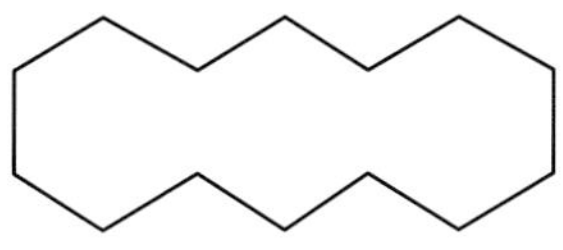

Cyclotetradecane
2354

C14H28
196.21910
1860*

295-17-0
PS
LM/Q
Hydrocarbon

211

197

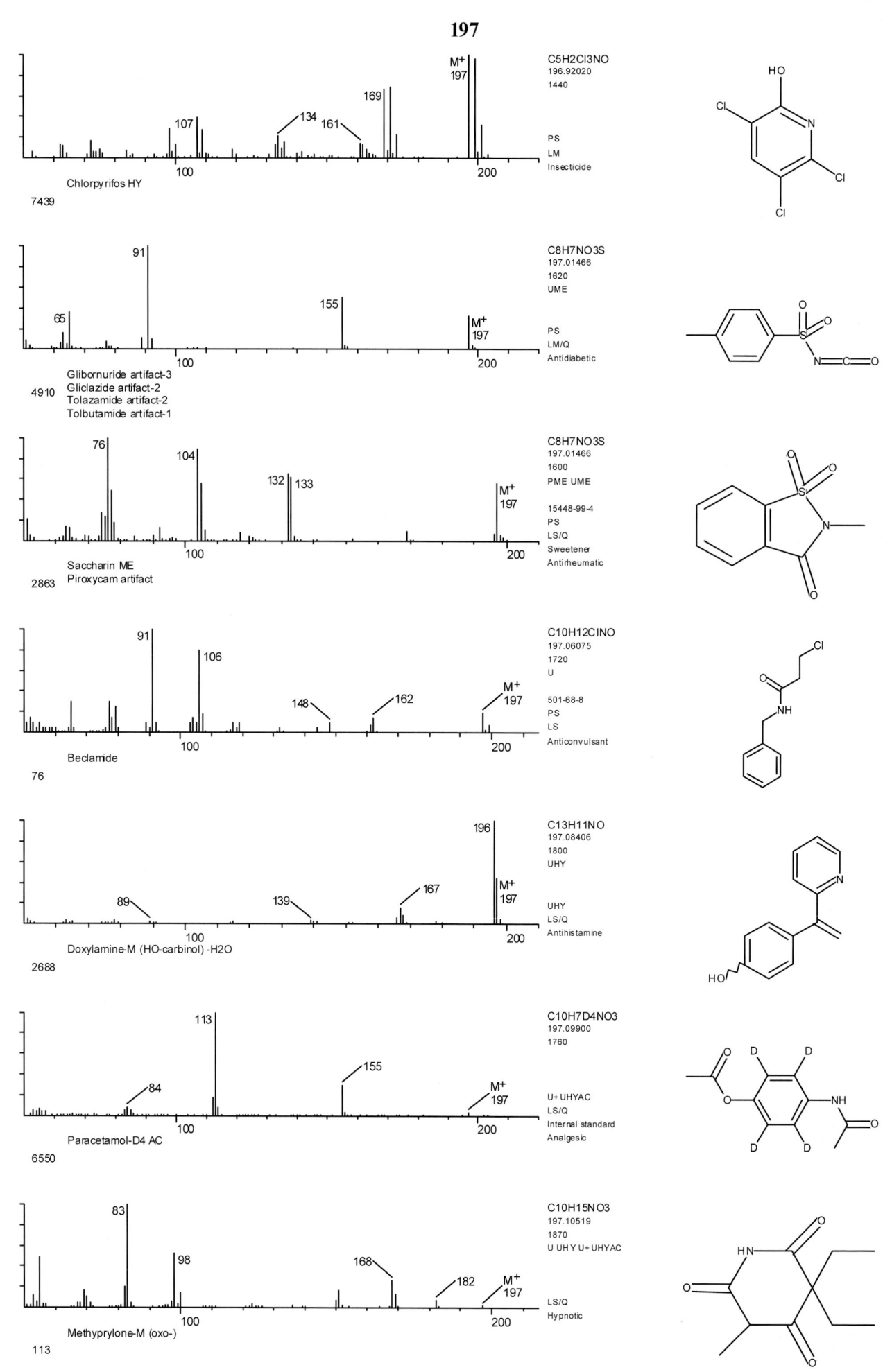

Chlorpyrifos HY
7439

C5H2Cl3NO
196.92020
1440

PS
LM
Insecticide

M+ 197, 169, 161, 134, 107

Glibornuride artifact-3
Gliclazide artifact-2
Tolazamide artifact-2
Tolbutamide artifact-1
4910

C8H7NO3S
197.01466
1620
UME

PS
LM/Q
Antidiabetic

91, 65, 155, M+ 197

Saccharin ME
Piroxycam artifact
2863

C8H7NO3S
197.01466
1600
PME UME

15448-99-4
PS
LS/Q
Sweetener
Antirheumatic

76, 104, 132, 133, M+ 197

Beclamide
76

C10H12ClNO
197.06075
1720
U

501-68-8
PS
LS
Anticonvulsant

91, 106, 148, 162, M+ 197

Doxylamine-M (HO-carbinol) -H2O
2688

C13H11NO
197.08406
1800
UHY

UHY
LS/Q
Antihistamine

196, M+ 197, 167, 139, 89

Paracetamol-D4 AC
6550

C10H7D4NO3
197.09900
1760

U+ UHYAC
LS/Q
Internal standard
Analgesic

113, 84, 155, M+ 197

Methyprylone-M (oxo-)
113

C10H15NO3
197.10519
1870
U UHY U+ UHYAC

LS/Q
Hypnotic

83, 98, 168, 182, M+ 197

212

197

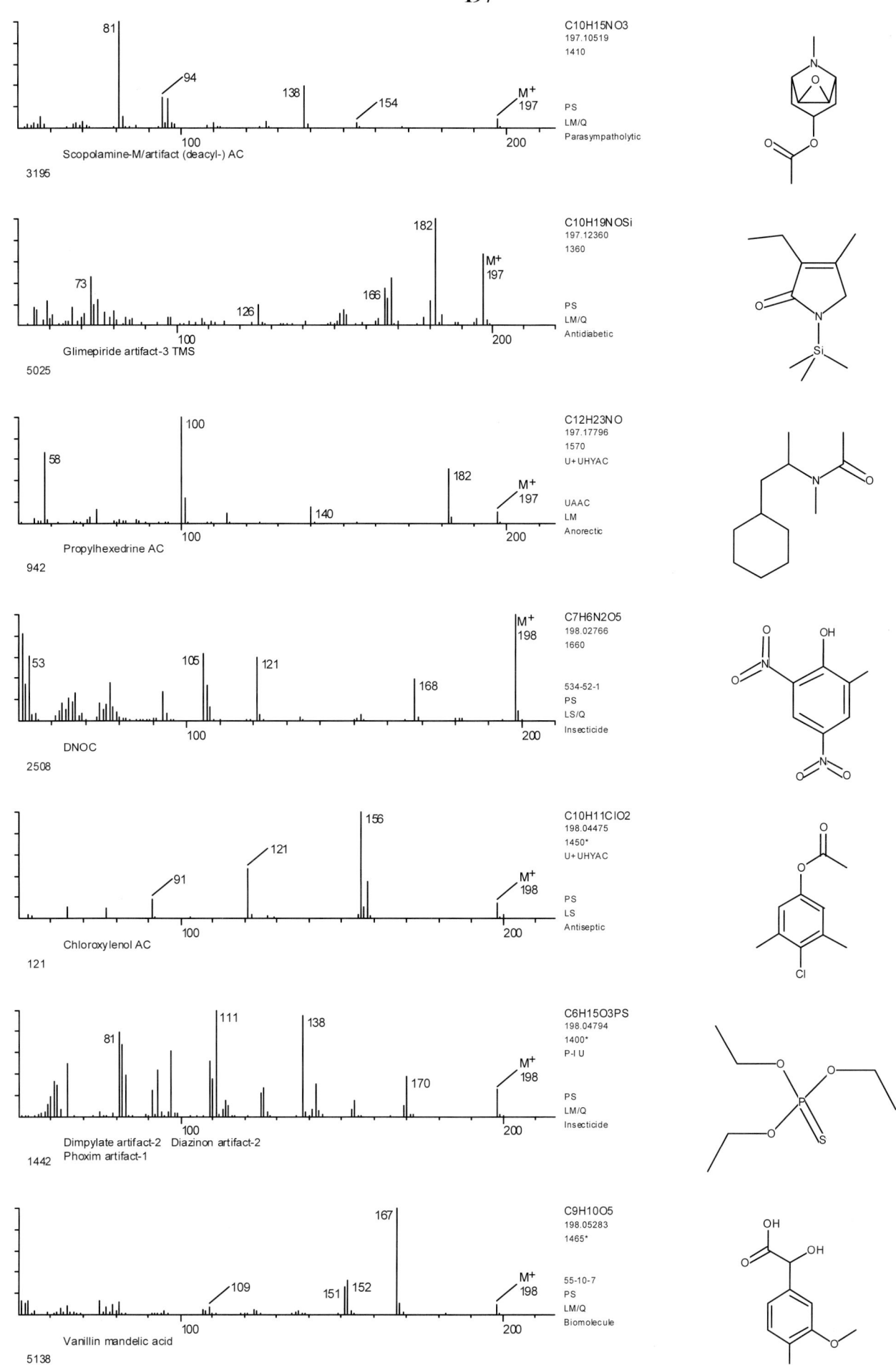

Scopolamine-M/artifact (deacyl-) AC
3195
Peaks: 81, 94, 138, 154, M+ 197
C10H15NO3
197.10519
1410
PS
LM/Q
Parasympatholytic

Glimepiride artifact-3 TMS
5025
Peaks: 73, 126, 166, 182, M+ 197
C10H19NOSi
197.12360
1360
PS
LM/Q
Antidiabetic

Propylhexedrine AC
942
Peaks: 58, 100, 140, 182, M+ 197
C12H23NO
197.17796
1570
U+ UHYAC
UAAC
LM
Anorectic

DNOC
2508
Peaks: 53, 105, 121, 168, M+ 198
C7H6N2O5
198.02766
1660
534-52-1
PS
LS/Q
Insecticide

Chloroxylenol AC
121
Peaks: 91, 121, 156, M+ 198
C10H11ClO2
198.04475
1450*
U+ UHYAC
PS
LS
Antiseptic

Dimpylate artifact-2 Diazinon artifact-2
Phoxim artifact-1
1442
Peaks: 81, 111, 138, 170, M+ 198
C6H15O3PS
198.04794
1400*
P-I U
PS
LM/Q
Insecticide

Vanillin mandelic acid
5138
Peaks: 109, 151, 152, 167, M+ 198
C9H10O5
198.05283
1465*
55-10-7
PS
LM/Q
Biomolecule

213

198

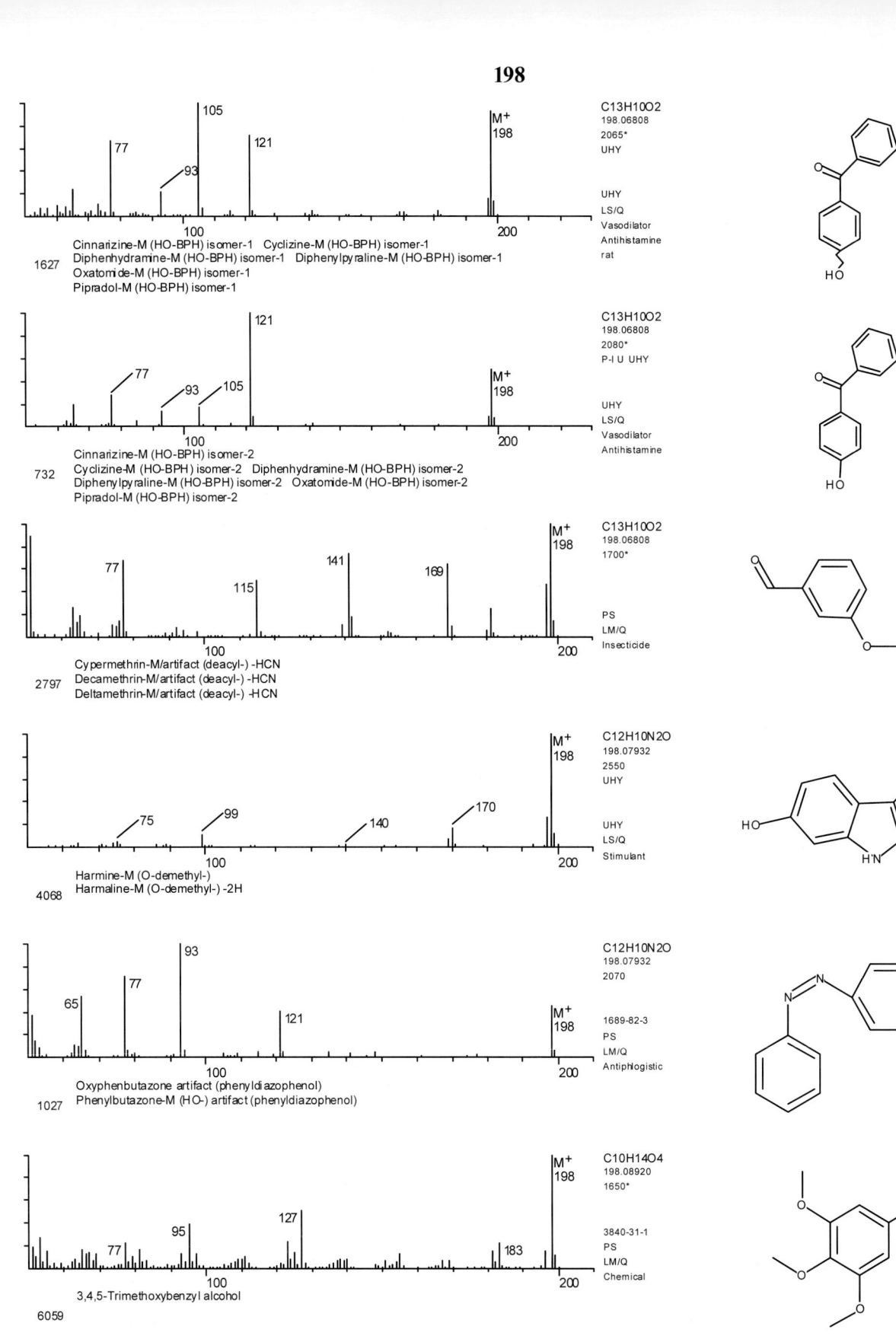

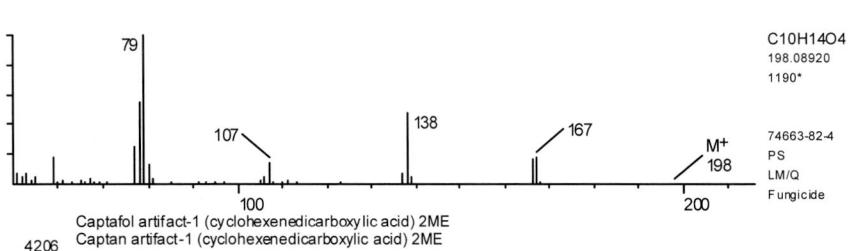

1627	Cinnarizine-M (HO-BPH) isomer-1 Cyclizine-M (HO-BPH) isomer-1 Diphenhydramine-M (HO-BPH) isomer-1 Diphenylpyraline-M (HO-BPH) isomer-1 Oxatomide-M (HO-BPH) isomer-1 Pipradol-M (HO-BPH) isomer-1	C13H10O2 198.06808 2065* UHY UHY LS/Q Vasodilator Antihistamine rat
732	Cinnarizine-M (HO-BPH) isomer-2 Cyclizine-M (HO-BPH) isomer-2 Diphenhydramine-M (HO-BPH) isomer-2 Diphenylpyraline-M (HO-BPH) isomer-2 Oxatomide-M (HO-BPH) isomer-2 Pipradol-M (HO-BPH) isomer-2	C13H10O2 198.06808 2080* P-I U UHY UHY LS/Q Vasodilator Antihistamine
2797	Cypermethrin-M/artifact (deacyl-) -HCN Decamethrin-M/artifact (deacyl-) -HCN Deltamethrin-M/artifact (deacyl-) -HCN	C13H10O2 198.06808 1700* PS LM/Q Insecticide
4068	Harmine-M (O-demethyl-) Harmaline-M (O-demethyl-) -2H	C12H10N2O 198.07932 2550 UHY UHY LS/Q Stimulant
1027	Oxyphenbutazone artifact (phenyldiazophenol) Phenylbutazone-M (HO-) artifact (phenyldiazophenol)	C12H10N2O 198.07932 2070 1689-82-3 PS LM/Q Antiphlogistic
6059	3,4,5-Trimethoxybenzyl alcohol	C10H14O4 198.08920 1650* 3840-31-1 PS LM/Q Chemical
4206	Captafol artifact-1 (cyclohexenedicarboxylic acid) 2ME Captan artifact-1 (cyclohexenedicarboxylic acid) 2ME	C10H14O4 198.08920 1190* 74663-82-4 PS LM/Q Fungicide

198

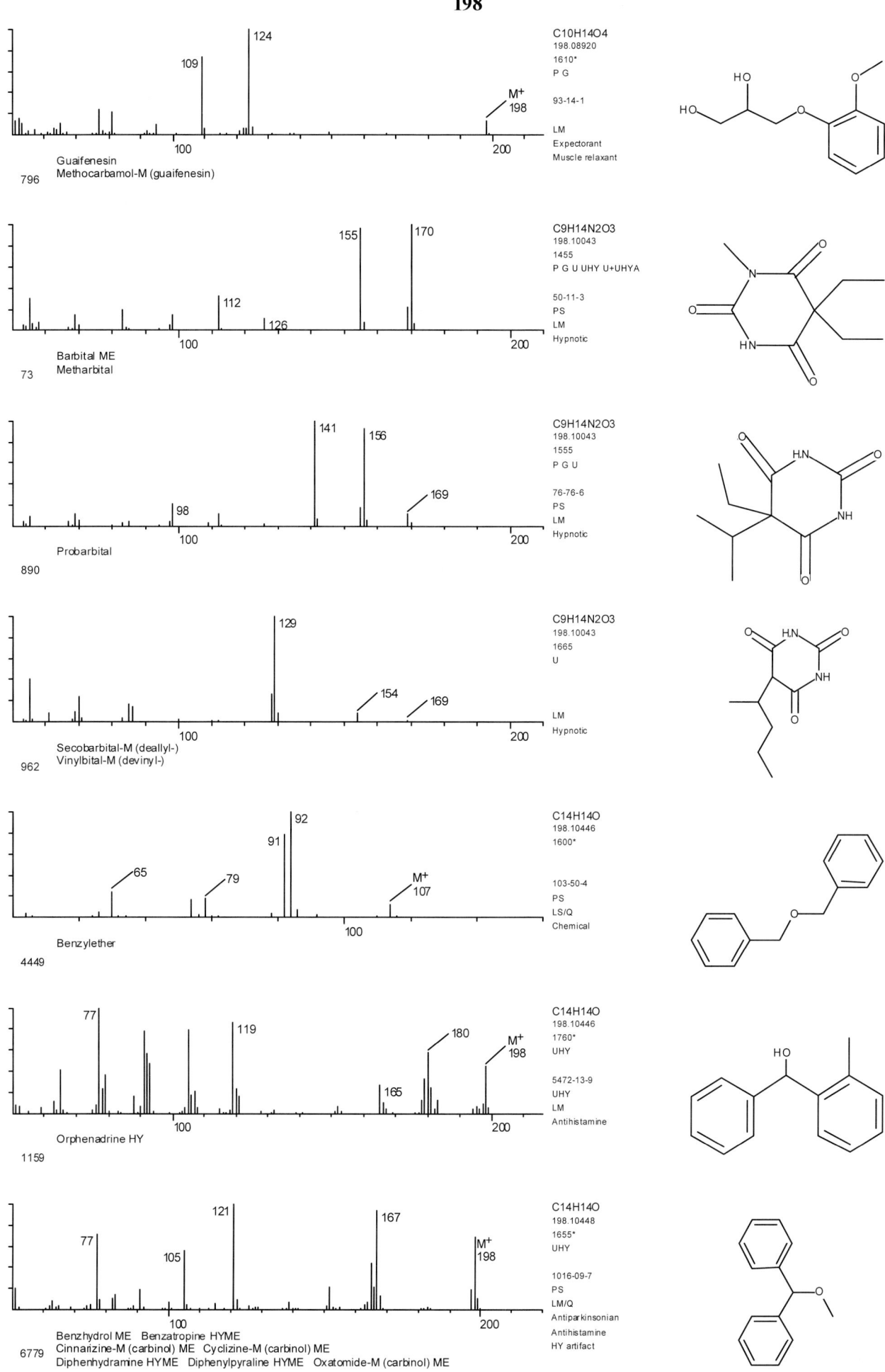

	C10H14O4 198.08920 1610* P G	
M+ 198	93-14-1	
124, 109	LM Expectorant Muscle relaxant	

Guaifenesin
Methocarbamol-M (guaifenesin)
796

	C9H14N2O3 198.10043 1455 P G U UHY U+UHYA
170, 155, 112, 126	50-11-3 PS LM Hypnotic

Barbital ME
Metharbital
73

	C9H14N2O3 198.10043 1555 P G U
141, 156, 98, 169	76-76-6 PS LM Hypnotic

Probarbital
890

	C9H14N2O3 198.10043 1665 U
129, 154, 169	LM Hypnotic

Secobarbital-M (deallyl-)
Vinylbital-M (devinyl-)
962

	C14H14O 198.10446 1600*
92, 91, 65, 79, M+ 107	103-50-4 PS LS/Q Chemical

Benzylether
4449

	C14H14O 198.10446 1760* UHY
77, 119, 180, 165, M+ 198	5472-13-9 UHY LM Antihistamine

Orphenadrine HY
1159

	C14H14O 198.10448 1655* UHY
121, 167, 77, 105, M+ 198	1016-09-7 PS LM/Q Antiparkinsonian Antihistamine HY artifact

Benzhydrol ME   Benzatropine HYME
Cinnarizine-M (carbinol) ME   Cyclizine-M (carbinol) ME
Diphenhydramine HYME   Diphenylpyraline HYME   Oxatomide-M (carbinol) ME
6779

198

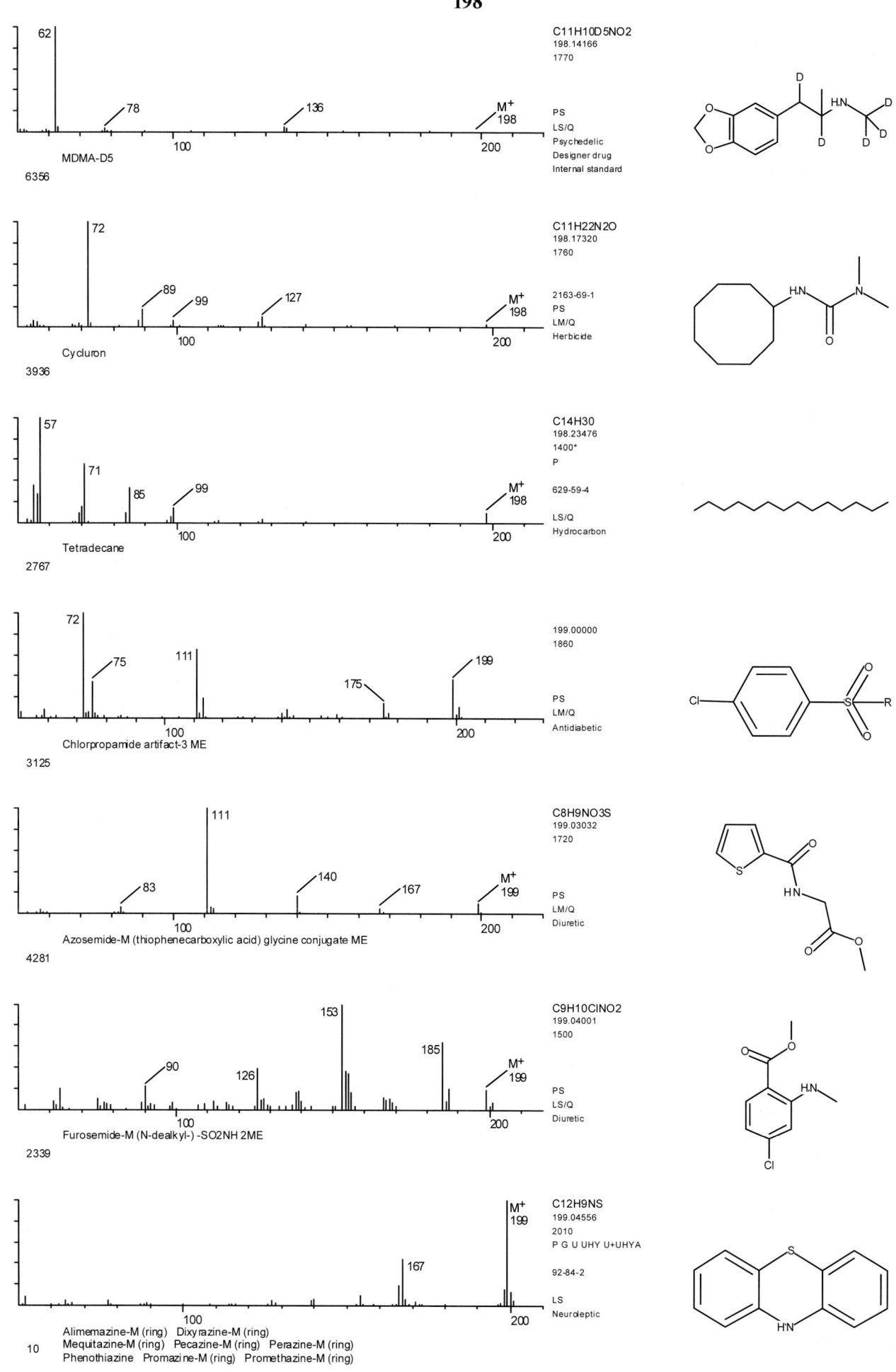

C11H10D5NO2
198.14166
1770

M+ 198
PS
LS/Q
Psychedelic
Designer drug
Internal standard

MDMA-D5
6356

C11H22N2O
198.17320
1760

2163-69-1
PS
LM/Q
Herbicide

Cycluron
3936

C14H30
198.23476
1400*
P

629-59-4
LS/Q
Hydrocarbon

Tetradecane
2767

199.00000
1860

PS
LM/Q
Antidiabetic

Chlorpropamide artifact-3 ME
3125

C8H9NO3S
199.03032
1720

PS
LM/Q
Diuretic

Azosemide-M (thiophenecarboxylic acid) glycine conjugate ME
4281

C9H10ClNO2
199.04001
1500

PS
LS/Q
Diuretic

Furosemide-M (N-dealkyl-) -SO2NH 2ME
2339

C12H9NS
199.04556
2010
P G U UHY U+UHYA

92-84-2

LS
Neuroleptic

Alimemazine-M (ring)   Dixyrazine-M (ring)
Mequitazine-M (ring)   Pecazine-M (ring)   Perazine-M (ring)
Phenothiazine   Promazine-M (ring)   Promethazine-M (ring)
10

216

199

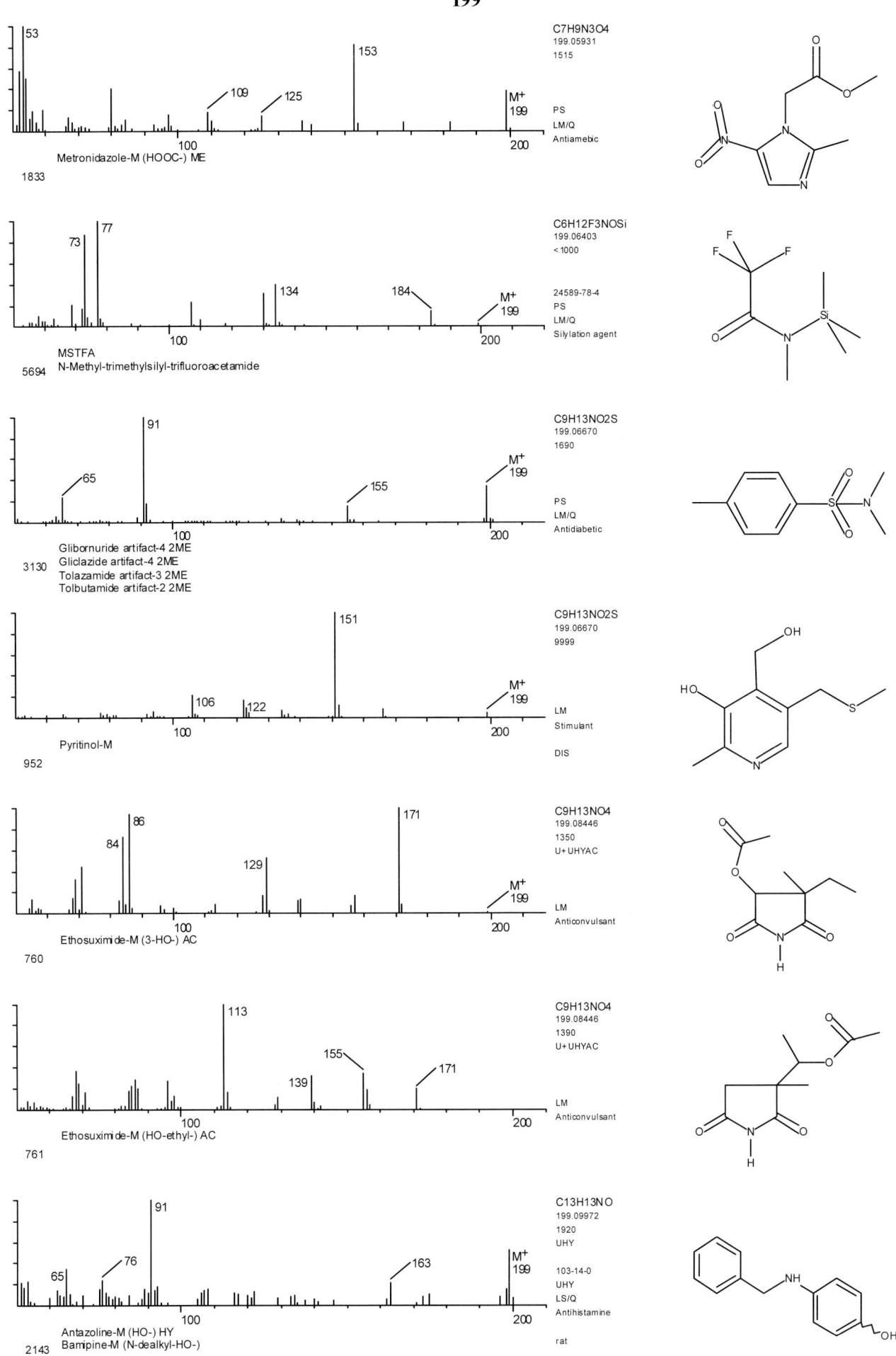

Metronidazole-M (HOOC-) ME
1833
53, 109, 125, 153, M+ 199
C7H9N3O4
199.05931
1515
PS
LM/Q
Antiamebic

MSTFA
N-Methyl-trimethylsilyl-trifluoroacetamide
5694
73, 77, 134, 184, M+ 199
C6H12F3NOSi
199.06403
< 1000
24589-78-4
PS
LM/Q
Silylation agent

Glibornuride artifact-4 2ME
Gliclazide artifact-4 2ME
Tolazamide artifact-3 2ME
Tolbutamide artifact-2 2ME
3130
65, 91, 155, M+ 199
C9H13NO2S
199.06670
1690
PS
LM/Q
Antidiabetic

Pyritinol-M
952
106, 122, 151, M+ 199
C9H13NO2S
199.06670
9999
LM
Stimulant
DIS

Ethosuximide-M (3-HO-) AC
760
84, 86, 129, 171, M+ 199
C9H13NO4
199.08446
1350
U+ UHYAC
LM
Anticonvulsant

Ethosuximide-M (HO-ethyl-) AC
761
113, 139, 155, 171, M+ 199
C9H13NO4
199.08446
1390
U+ UHYAC
LM
Anticonvulsant

Antazoline-M (HO-) HY
Bamipine-M (N-dealkyl-HO-)
2143
65, 76, 91, 163, M+ 199
C13H13NO
199.09972
1920
UHY
103-14-0
UHY
LS/Q
Antihistamine
rat

199

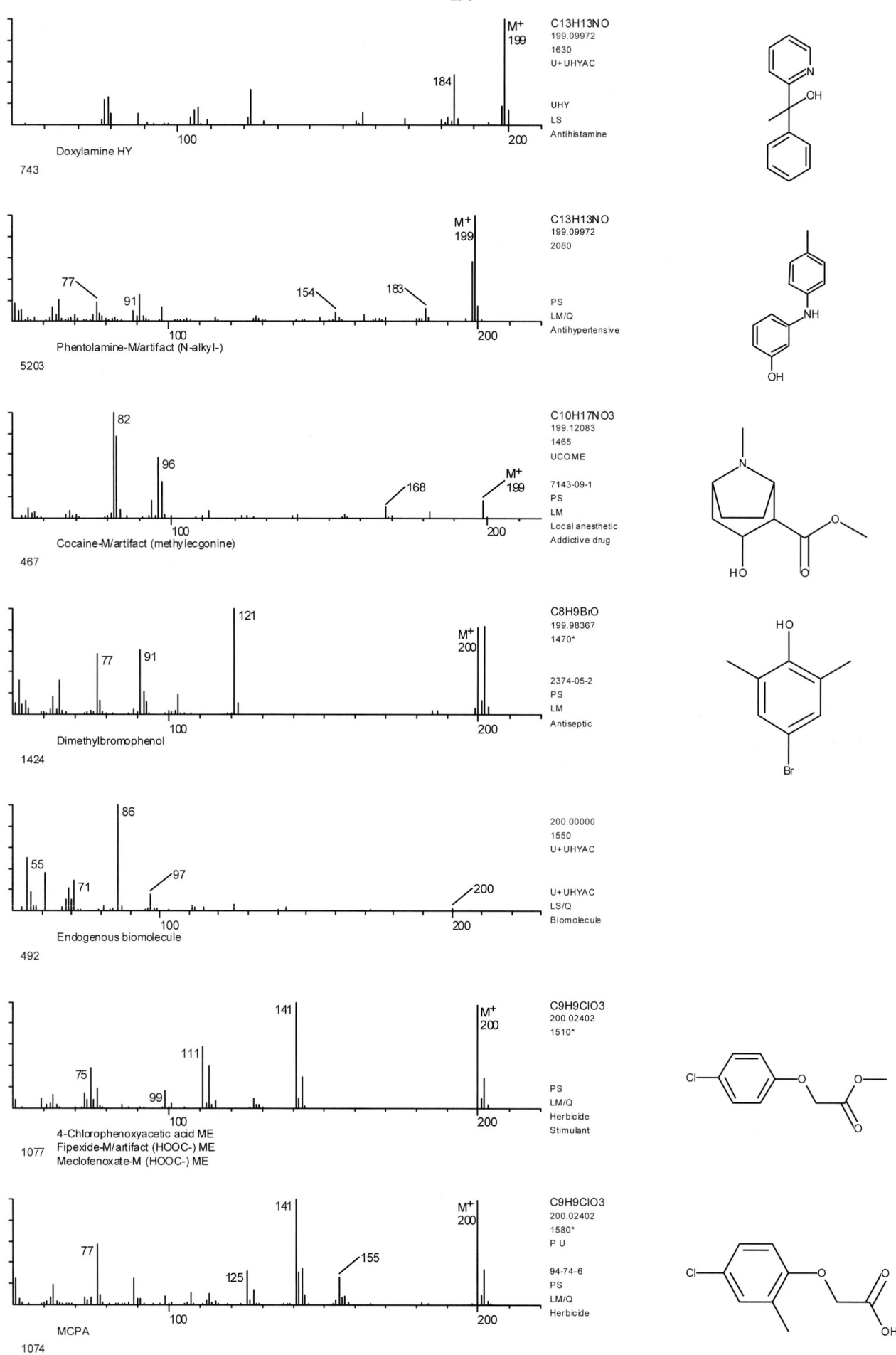

Doxylamine HY
743
C13H13NO
199.09972
1630
U+ UHYAC
UHY
LS
Antihistamine

Phentolamine-M/artifact (N-alkyl-)
5203
C13H13NO
199.09972
2080
PS
LM/Q
Antihypertensive

Cocaine-M/artifact (methylecgonine)
467
C10H17NO3
199.12083
1465
UCOME
7143-09-1
PS
LM
Local anesthetic
Addictive drug

Dimethylbromophenol
1424
C8H9BrO
199.98367
1470*
2374-05-2
PS
LM
Antiseptic

Endogenous biomolecule
492
200.00000
1550
U+ UHYAC
U+ UHYAC
LS/Q
Biomolecule

4-Chlorophenoxyacetic acid ME
Fipexide-M/artifact (HOOC-) ME
Meclofenoxate-M (HOOC-) ME
1077
C9H9ClO3
200.02402
1510*
PS
LM/Q
Herbicide
Stimulant

MCPA
1074
C9H9ClO3
200.02402
1580*
P U
94-74-6
PS
LM/Q
Herbicide

200

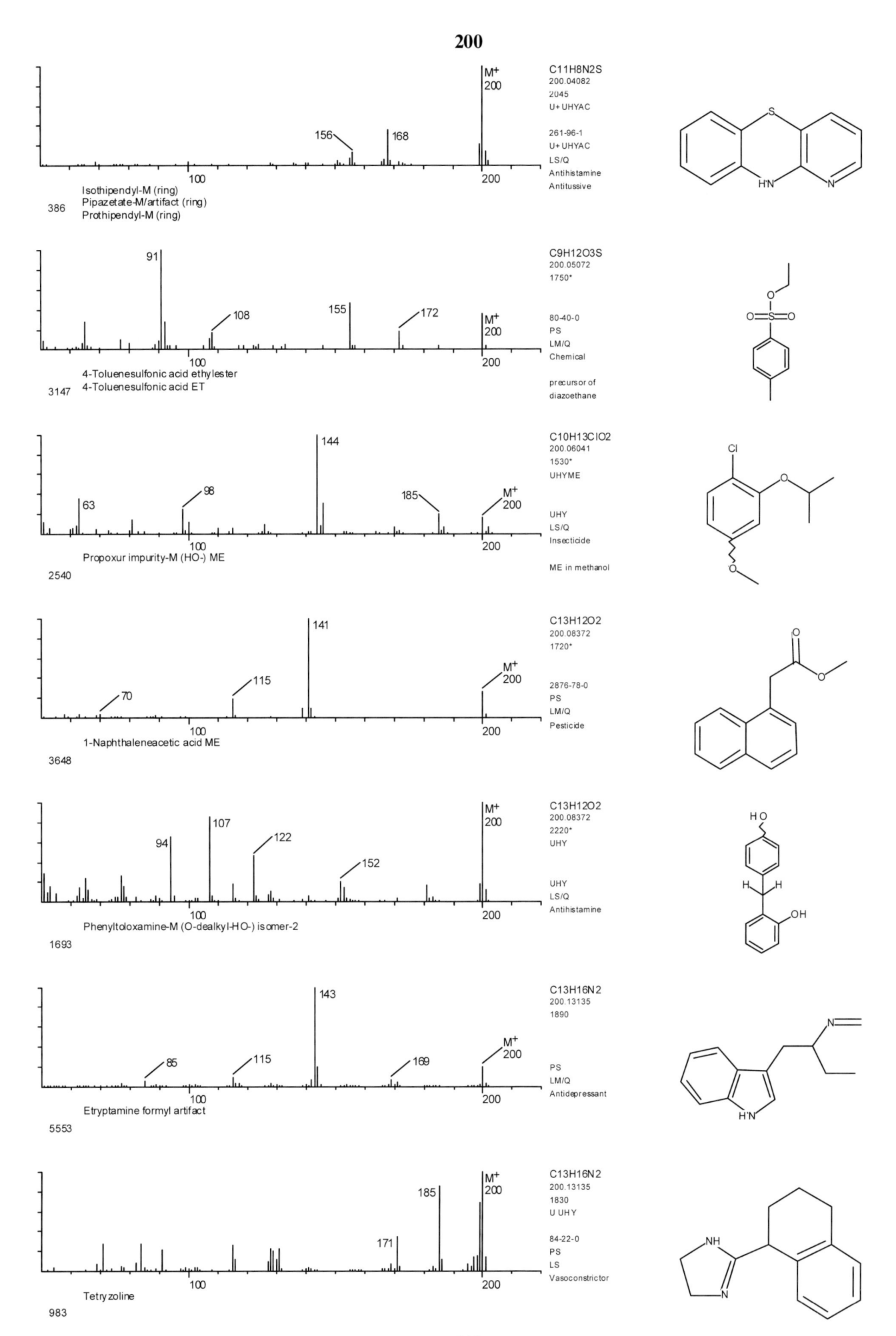

C11H8N2S
200.04082
2045
U+ UHYAC

261-96-1
U+ UHYAC
LS/Q
Antihistamine
Antitussive

Isothipendyl-M (ring)
Pipazetate-M/artifact (ring)
Prothipendyl-M (ring)
386

C9H12O3S
200.05072
1750*

80-40-0
PS
LM/Q
Chemical

precursor of diazoethane

4-Toluenesulfonic acid ethylester
4-Toluenesulfonic acid ET
3147

C10H13ClO2
200.06041
1530*
UHYME

UHY
LS/Q
Insecticide

ME in methanol

Propoxur impurity-M (HO-) ME
2540

C13H12O2
200.08372
1720*

2876-78-0
PS
LM/Q
Pesticide

1-Naphthaleneacetic acid ME
3648

C13H12O2
200.08372
2220*
UHY

UHY
LS/Q
Antihistamine

Phenyltoloxamine-M (O-dealkyl-HO-) isomer-2
1693

C13H16N2
200.13135
1890

PS
LM/Q
Antidepressant

Etryptamine formyl artifact
5553

C13H16N2
200.13135
1830
U UHY

84-22-0
PS
LS
Vasoconstrictor

Tetryzoline
983

219

200

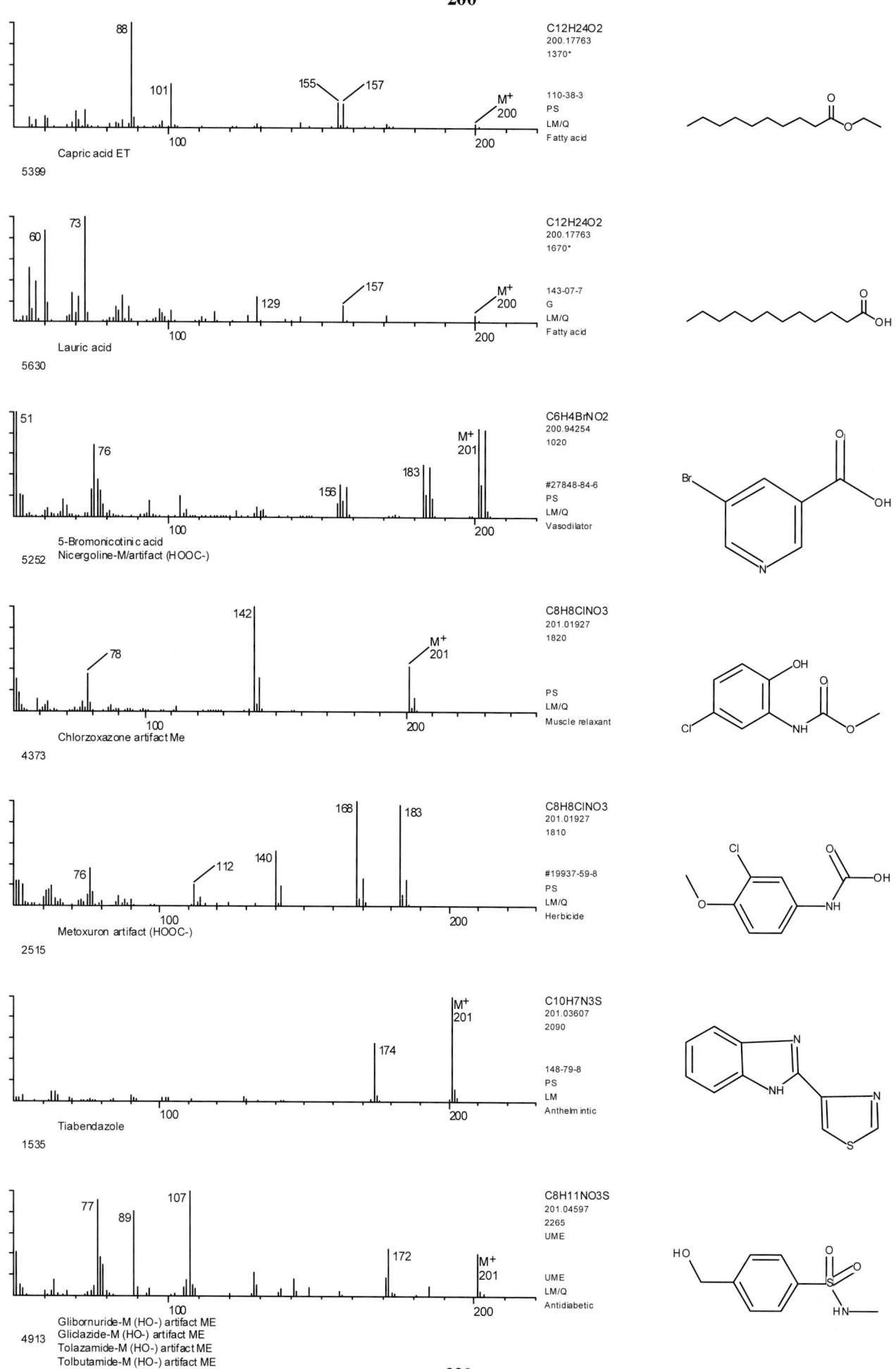

Capric acid ET
C12H24O2
200.17763
1370*
110-38-3
PS
LM/Q
Fatty acid

Lauric acid
C12H24O2
200.17763
1670*
143-07-7
G
LM/Q
Fatty acid

5-Bromonicotinic acid
Nicergoline-M/artifact (HOOC-)
C6H4BrNO2
200.94254
1020
#27848-84-6
PS
LM/Q
Vasodilator

Chlorzoxazone artifact Me
C8H8ClNO3
201.01927
1820
PS
LM/Q
Muscle relaxant

Metoxuron artifact (HOOC-)
C8H8ClNO3
201.01927
1810
#19937-59-8
PS
LM/Q
Herbicide

Tiabendazole
C10H7N3S
201.03607
2090
148-79-8
PS
LM
Anthelmintic

Glibornuride-M (HO-) artifact ME
Gliclazide-M (HO-) artifact ME
Tolazamide-M (HO-) artifact ME
Tolbutamide-M (HO-) artifact ME
C8H11NO3S
201.04597
2265
UME
UME
LM/Q
Antidiabetic

220

201

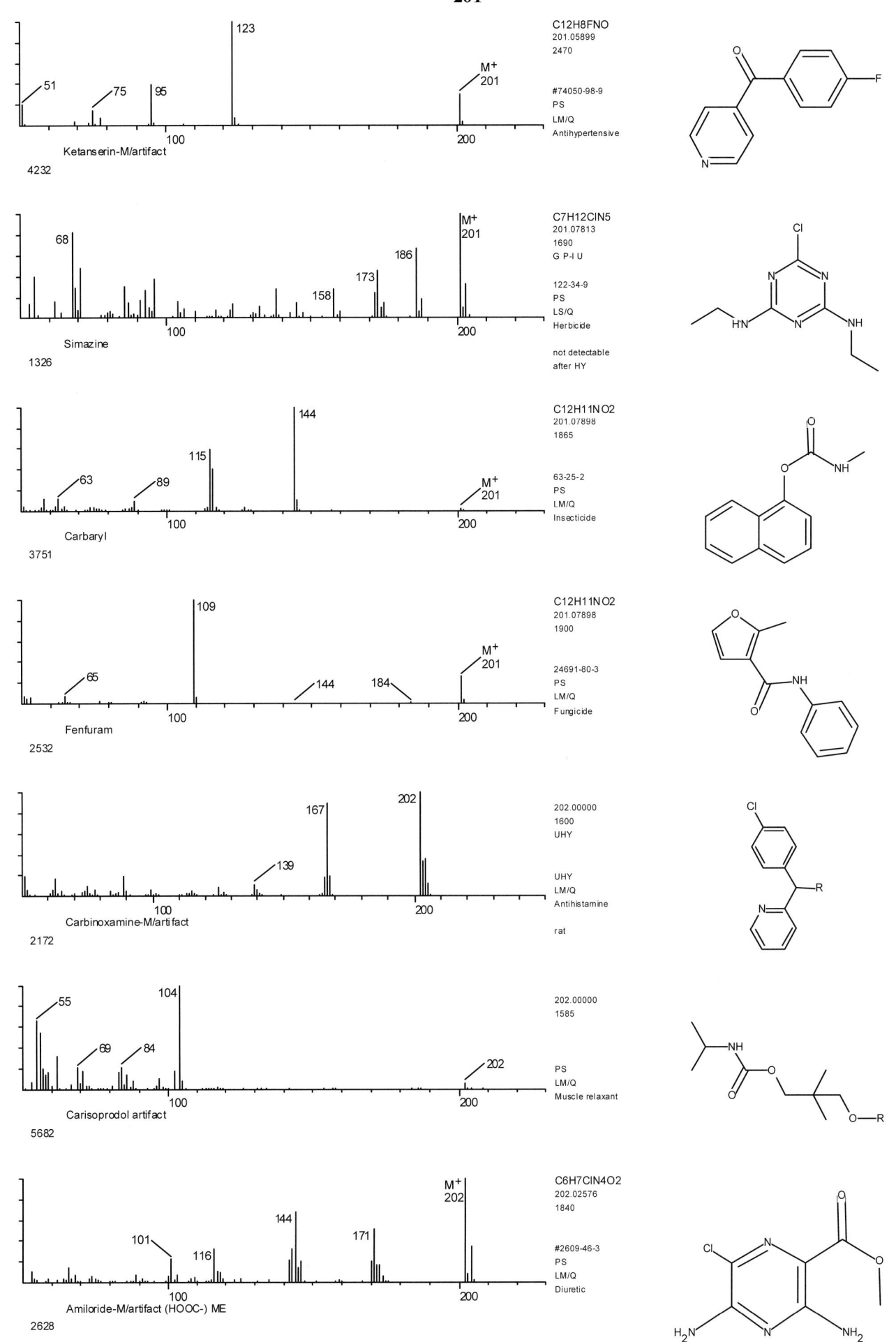

Ketanserin-M/artifact — 51, 75, 95, 123, M+ 201
4232
C12H8FNO
201.05899
2470
#74050-98-9
PS
LM/Q
Antihypertensive

Simazine — 68, 158, 173, 186, M+ 201
1326
C7H12ClN5
201.07813
1690
G P-I U
122-34-9
PS
LS/Q
Herbicide
not detectable after HY

Carbaryl — 63, 89, 115, 144, M+ 201
3751
C12H11NO2
201.07898
1865
63-25-2
PS
LM/Q
Insecticide

Fenfuram — 65, 109, 144, 184, M+ 201
2532
C12H11NO2
201.07898
1900
24691-80-3
PS
LM/Q
Fungicide

Carbinoxamine-M/artifact — 139, 167, 202
2172
202.00000
1600
UHY
UHY
LM/Q
Antihistamine
rat

Carisoprodol artifact — 55, 69, 84, 104, 202
5682
202.00000
1585
PS
LM/Q
Muscle relaxant

Amiloride-M/artifact (HOOC-) ME — 101, 116, 144, 171, M+ 202
2628
C6H7ClN4O2
202.02576
1840
#2609-46-3
PS
LM/Q
Diuretic

221

202

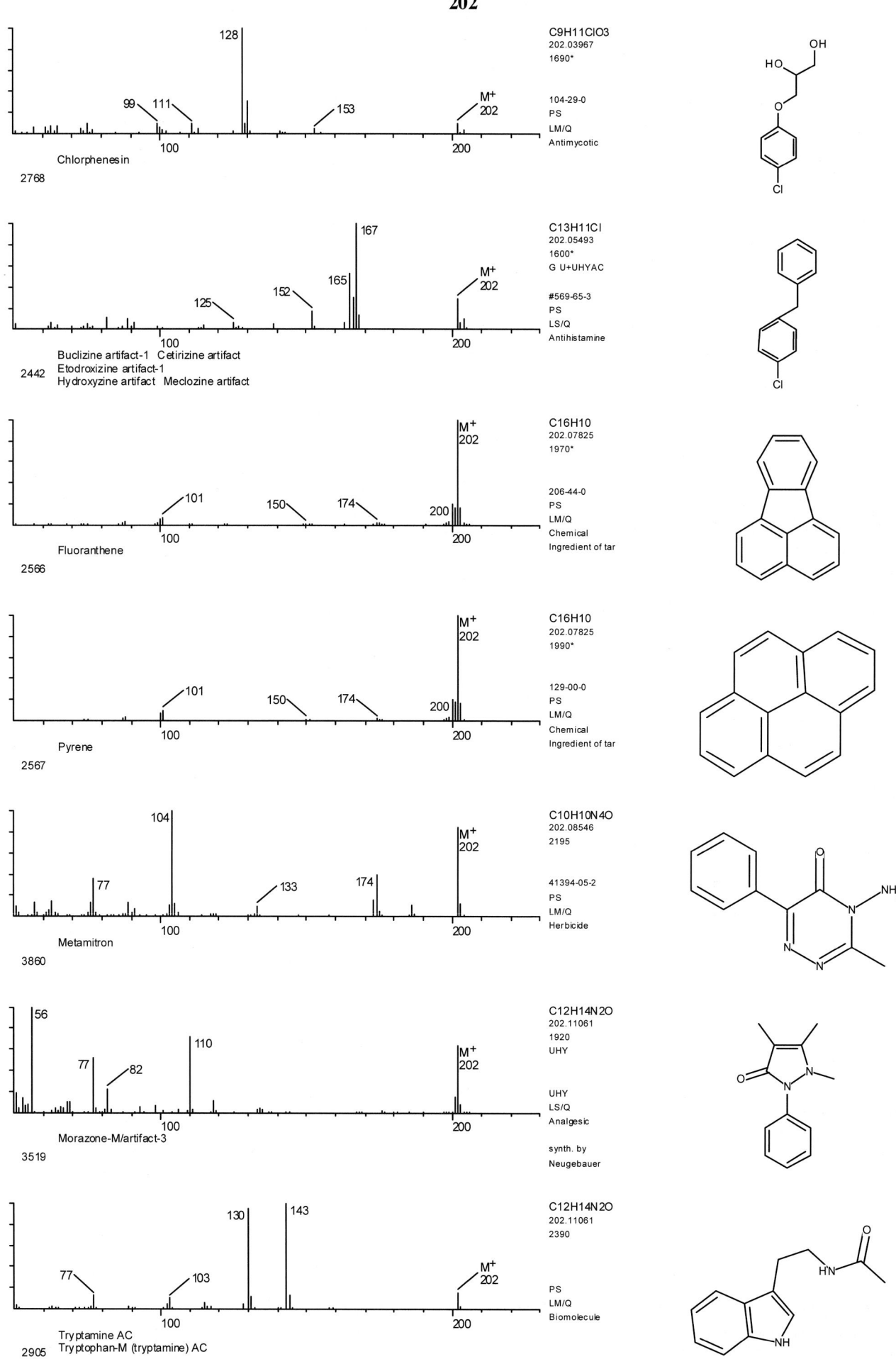

Chlorphenesin
2768
C9H11ClO3
202.03967
1690*
104-29-0
PS
LM/Q
Antimycotic

Buclizine artifact-1   Cetirizine artifact
Etodroxizine artifact-1
Hydroxyzine artifact   Meclozine artifact
2442
C13H11Cl
202.05493
1600*
G U+UHYAC
#569-65-3
PS
LS/Q
Antihistamine

Fluoranthene
2566
C16H10
202.07825
1970*
206-44-0
PS
LM/Q
Chemical
Ingredient of tar

Pyrene
2567
C16H10
202.07825
1990*
129-00-0
PS
LM/Q
Chemical
Ingredient of tar

Metamitron
3860
C10H10N4O
202.08546
2195
41394-05-2
PS
LM/Q
Herbicide

Morazone-M/artifact-3
3519
C12H14N2O
202.11061
1920
UHY
UHY
LS/Q
Analgesic
synth. by Neugebauer

Tryptamine AC
Tryptophan-M (tryptamine) AC
2905
C12H14N2O
202.11061
2390
PS
LM/Q
Biomolecule

222

203

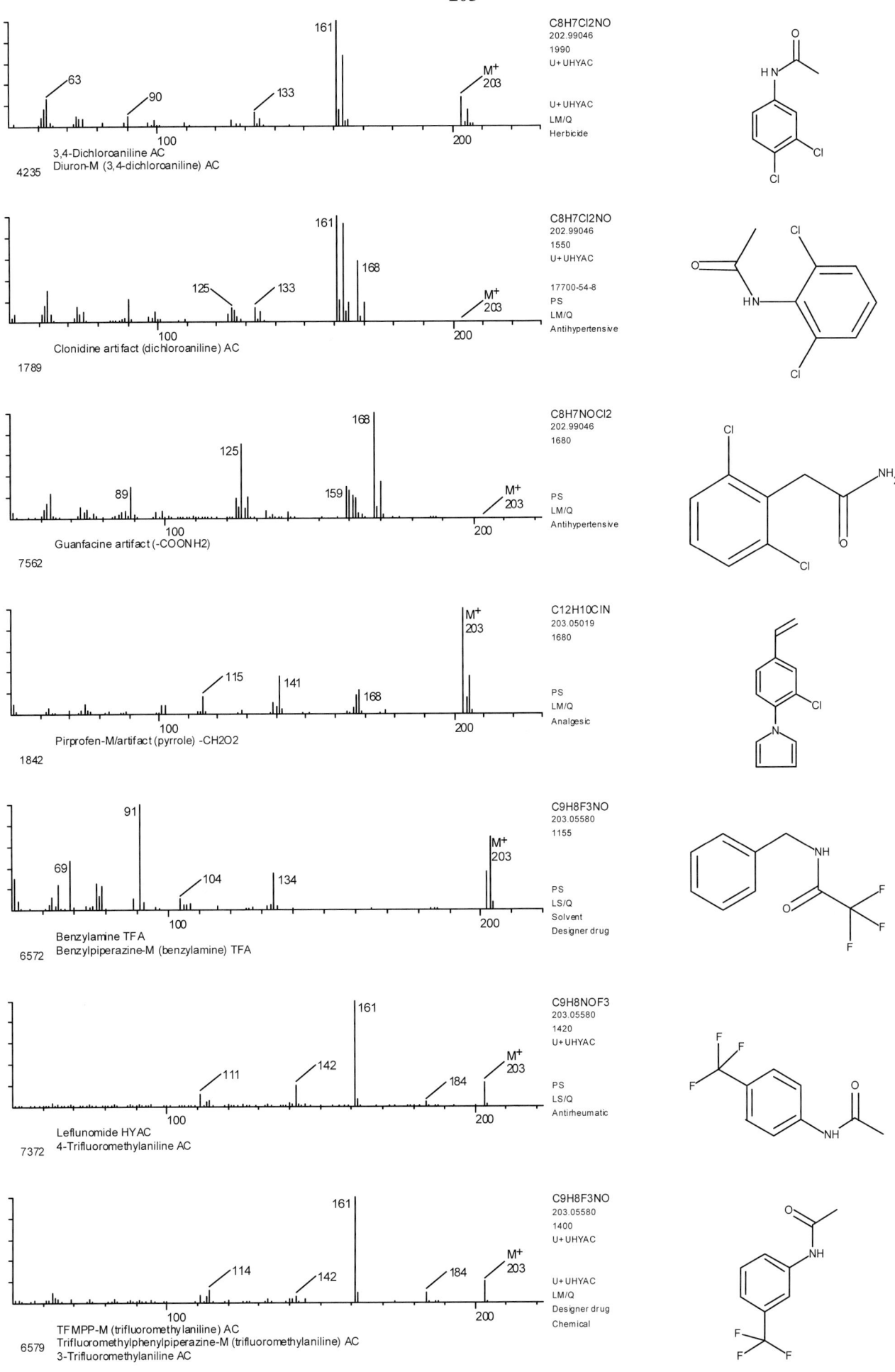

3,4-Dichloroaniline AC
Diuron-M (3,4-dichloroaniline) AC

C8H7Cl2NO
202.99046
1990
U+ UHYAC

U+ UHYAC
LM/Q
Herbicide

Clonidine artifact (dichloroaniline) AC

C8H7Cl2NO
202.99046
1550
U+ UHYAC

17700-54-8
PS
LM/Q
Antihypertensive

Guanfacine artifact (-COONH2)

C8H7NOCl2
202.99046
1680

PS
LM/Q
Antihypertensive

Pirprofen-M/artifact (pyrrole) -CH2O2

C12H10ClN
203.05019
1680

PS
LM/Q
Analgesic

Benzylamine TFA
Benzylpiperazine-M (benzylamine) TFA

C9H8F3NO
203.05580
1155

PS
LS/Q
Solvent
Designer drug

Leflunomide HYAC
4-Trifluoromethylaniline AC

C9H8NOF3
203.05580
1420
U+ UHYAC

PS
LS/Q
Antirheumatic

TFMPP-M (trifluoromethylaniline) AC
Trifluoromethylphenylpiperazine-M (trifluoromethylaniline) AC
3-Trifluoromethylaniline AC

C9H8F3NO
203.05580
1400
U+ UHYAC

U+ UHYAC
LM/Q
Designer drug
Chemical

203

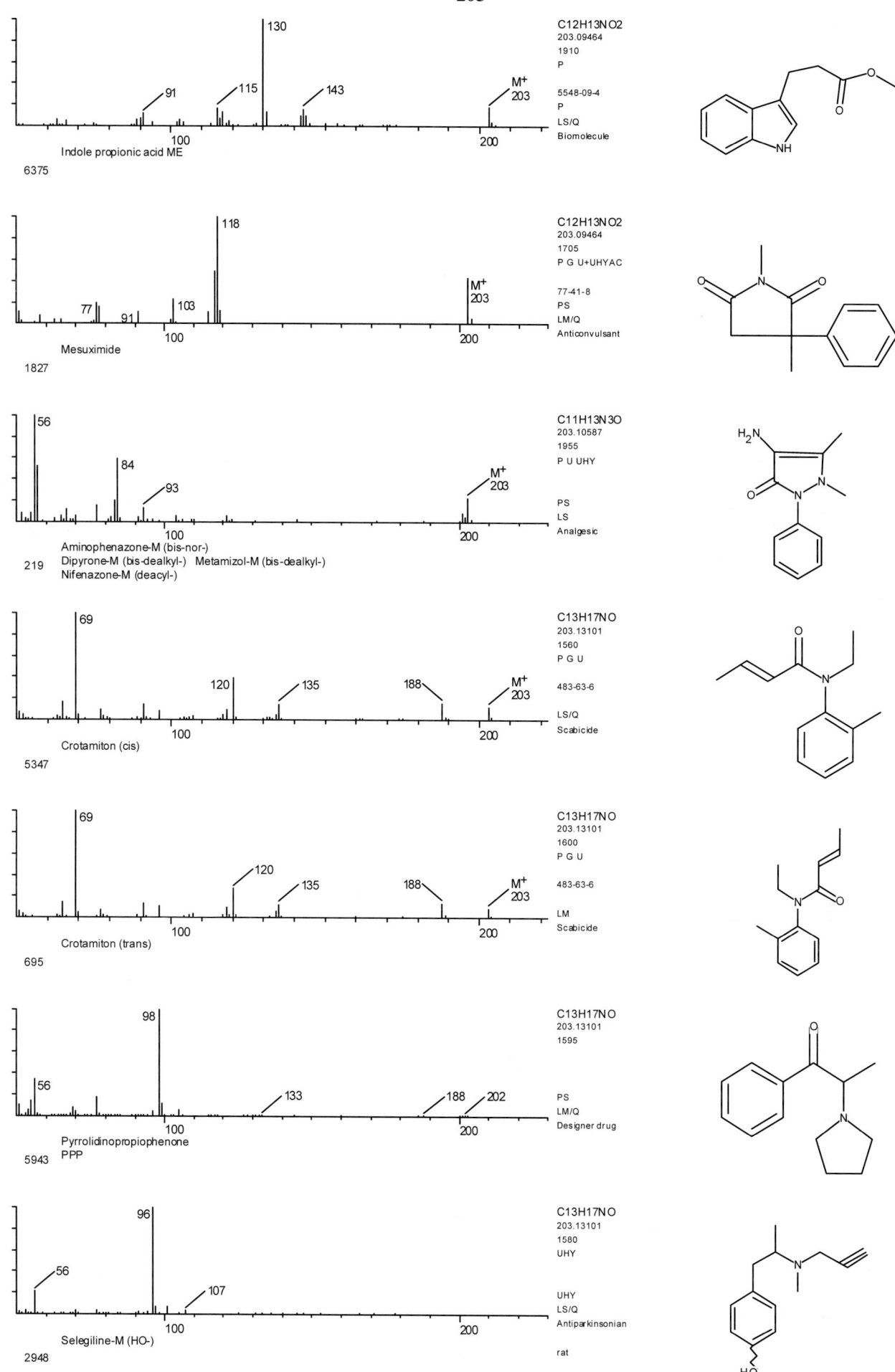

Indole propionic acid ME
6375

C12H13NO2
203.09464
1910
P
5548-09-4
P
LS/Q
Biomolecule

Mesuximide
1827

C12H13NO2
203.09464
1705
P G U+UHYAC
77-41-8
PS
LM/Q
Anticonvulsant

Aminophenazone-M (bis-nor-)
Dipyrone-M (bis-dealkyl-) Metamizol-M (bis-dealkyl-)
Nifenazone-M (deacyl-)
219

C11H13N3O
203.10587
1955
P U UHY

PS
LS
Analgesic

Crotamiton (cis)
5347

C13H17NO
203.13101
1560
P G U
483-63-6
LS/Q
Scabicide

Crotamiton (trans)
695

C13H17NO
203.13101
1600
P G U
483-63-6
LM
Scabicide

Pyrrolidinopropiophenone PPP
5943

C13H17NO
203.13101
1595

PS
LM/Q
Designer drug

Selegiline-M (HO-)
2948

C13H17NO
203.13101
1580
UHY

UHY
LS/Q
Antiparkinsonian
rat

224

203

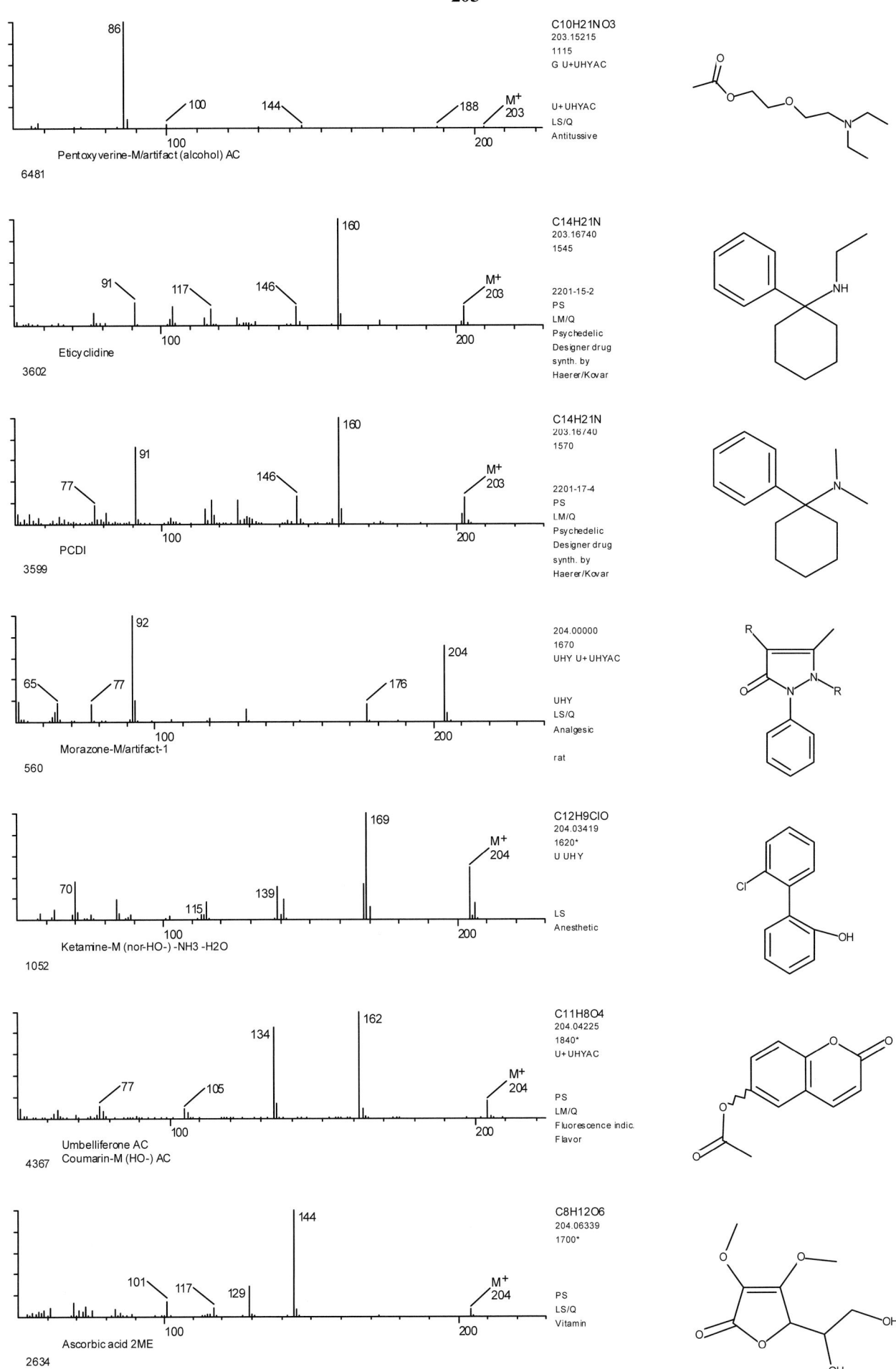

86, 100, 144, 188, M+ 203	C10H21NO3 203.15215 1115 G U+UHYAC U+UHYAC LS/Q Antitussive	
Pentoxyverine-M/artifact (alcohol) AC 6481		
91, 117, 146, 160, M+ 203	C14H21N 203.16740 1545 2201-15-2 PS LM/Q Psychedelic Designer drug synth. by Haerer/Kovar	
Eticyclidine 3602		
77, 91, 146, 160, M+ 203	C14H21N 203.16740 1570 2201-17-4 PS LM/Q Psychedelic Designer drug synth. by Haerer/Kovar	
PCDI 3599		
65, 77, 92, 176, 204	204.00000 1670 UHY U+UHYAC UHY LS/Q Analgesic rat	
Morazone-M/artifact-1 560		
70, 115, 139, 169, M+ 204	C12H9ClO 204.03419 1620* U UHY LS Anesthetic	
Ketamine-M (nor-HO-) -NH3 -H2O 1052		
77, 105, 134, 162, M+ 204	C11H8O4 204.04225 1840* U+UHYAC PS LM/Q Fluorescence indic. Flavor	
Umbelliferone AC Coumarin-M (HO-) AC 4367		
101, 117, 129, 144, M+ 204	C8H12O6 204.06339 1700* PS LS/Q Vitamin	
Ascorbic acid 2ME 2634		

225

204

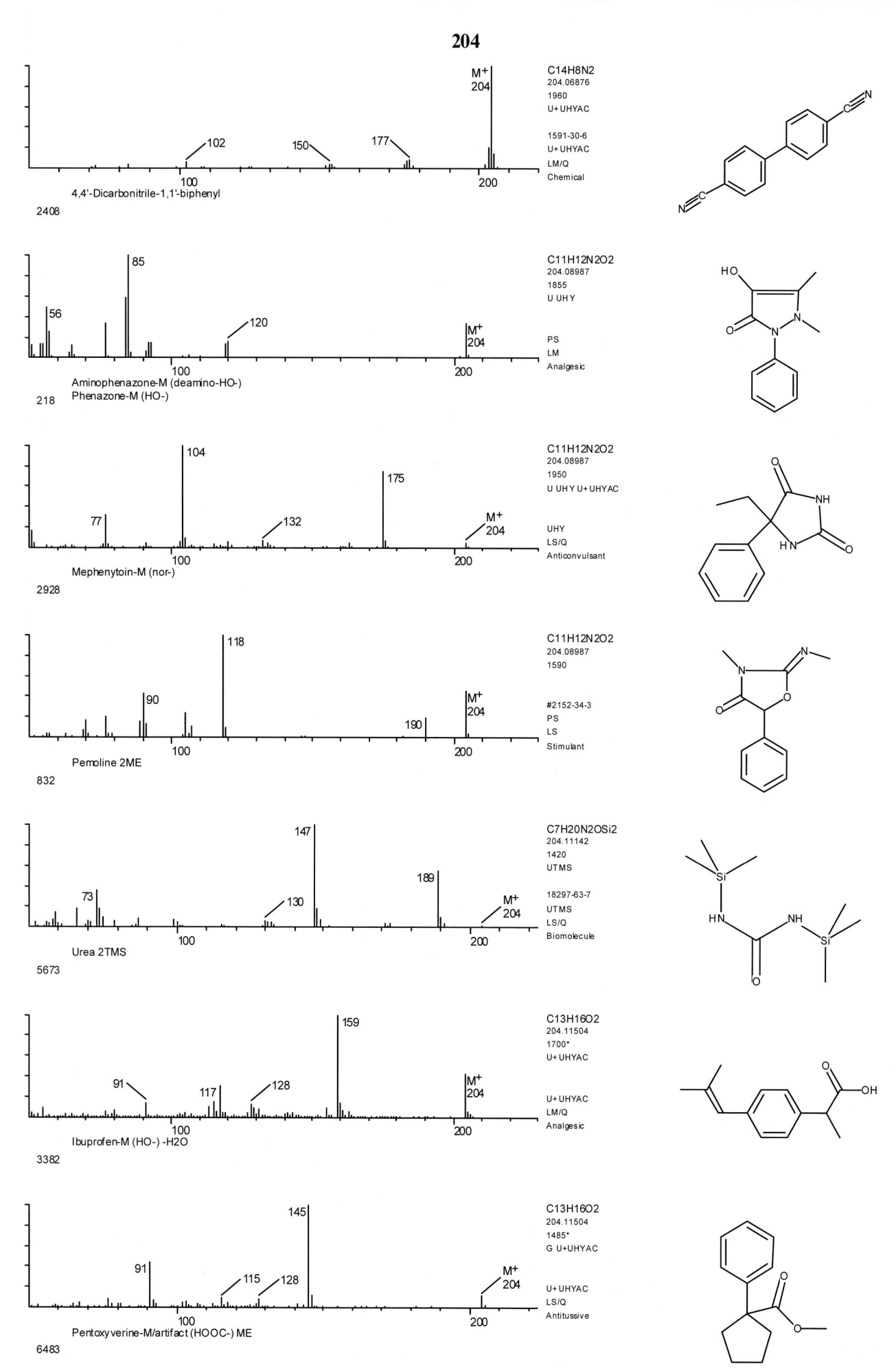

4,4'-Dicarbonitrile-1,1'-biphenyl
2408
M+ 204, 177, 150, 102
C14H8N2
204.06876
1960
U+ UHYAC
1591-30-6
U+ UHYAC
LM/Q
Chemical

Aminophenazone-M (deamino-HO-)
Phenazone-M (HO-)
218
85, 56, 120, M+ 204
C11H12N2O2
204.08987
1855
U UHY
PS
LM
Analgesic

Mephenytoin-M (nor-)
2928
104, 77, 132, 175, M+ 204
C11H12N2O2
204.08987
1950
U UHY U+ UHYAC
UHY
LS/Q
Anticonvulsant

Pemoline 2ME
832
118, 90, 190, M+ 204
C11H12N2O2
204.08987
1590
#2152-34-3
PS
LS
Stimulant

Urea 2TMS
5673
147, 73, 130, 189, M+ 204
C7H20N2OSi2
204.11142
1420
UTMS
18297-63-7
UTMS
LS/Q
Biomolecule

Ibuprofen-M (HO-) -H2O
3382
159, 91, 117, 128, M+ 204
C13H16O2
204.11504
1700*
U+ UHYAC
U+ UHYAC
LM/Q
Analgesic

Pentoxyverine-M/artifact (HOOC-) ME
6483
145, 91, 115, 128, M+ 204
C13H16O2
204.11504
1485*
G U+ UHYAC
U+ UHYAC
LS/Q
Antitussive

226

204

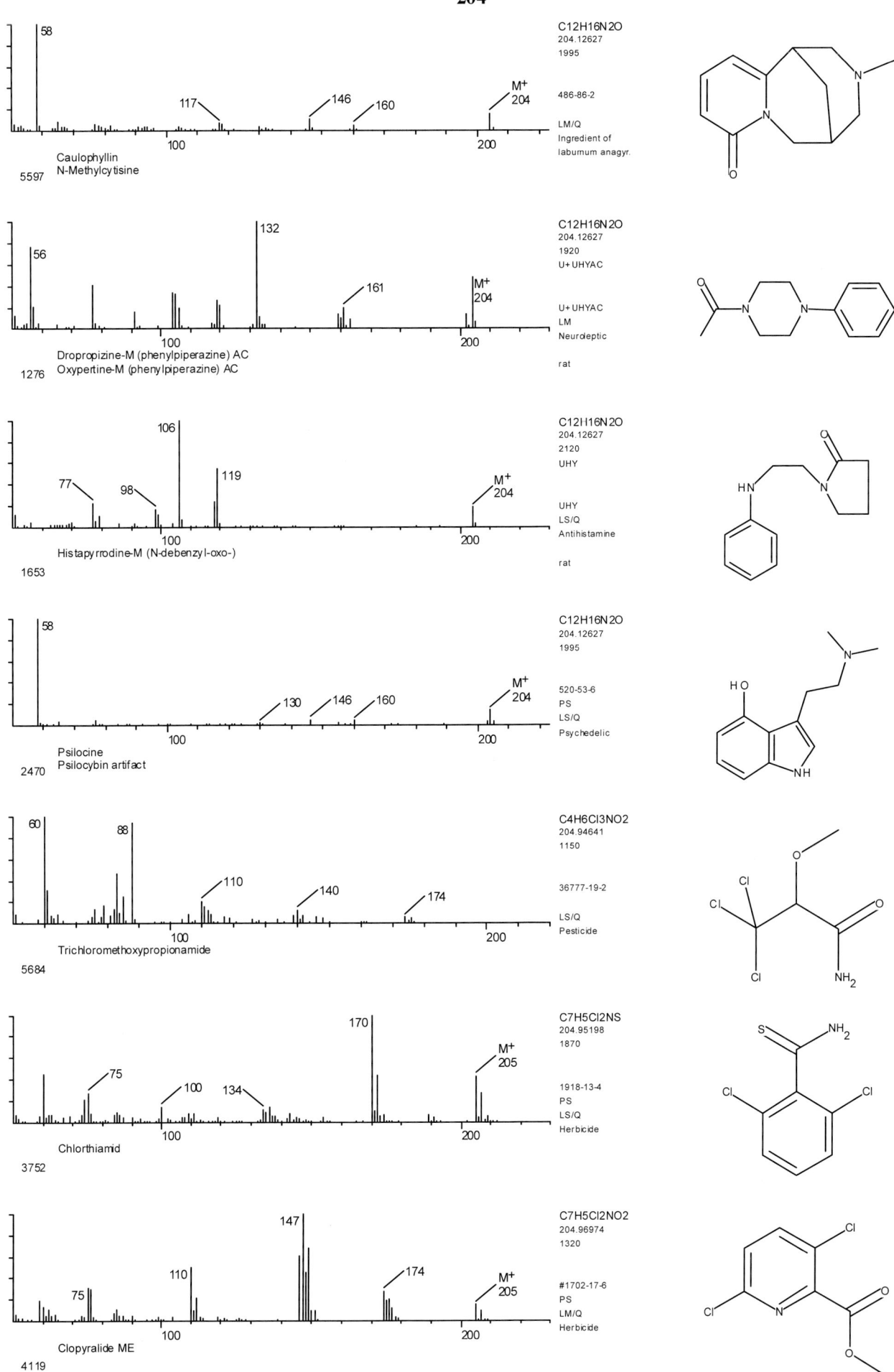

Spectrum	Details
5597 Caulophyllin / N-Methylcytisine	58, 117, 146, 160, M+ 204; C12H16N2O; 204.12627; 1995; 486-86-2; LM/Q; Ingredient of labumum anagyr.
1276 Dropropizine-M (phenylpiperazine) AC / Oxypertine-M (phenylpiperazine) AC	56, 132, 161, M+ 204; C12H16N2O; 204.12627; 1920; U+ UHYAC; U+ UHYAC; LM; Neuroleptic; rat
1653 Histapyrrodine-M (N-debenzyl-oxo-)	77, 98, 106, 119, M+ 204; C12H16N2O; 204.12627; 2120; UHY; UHY; LS/Q; Antihistamine; rat
2470 Psilocine / Psilocybin artifact	58, 130, 146, 160, M+ 204; C12H16N2O; 204.12627; 1995; 520-53-6; PS; LS/Q; Psychedelic
5684 Trichloromethoxypropionamide	60, 88, 110, 140, 174; C4H6Cl3NO2; 204.94641; 1150; 36777-19-2; LS/Q; Pesticide
3752 Chlorthiamid	75, 100, 134, 170, M+ 205; C7H5Cl2NS; 204.95198; 1870; 1918-13-4; PS; LS/Q; Herbicide
4119 Clopyralide ME	75, 110, 147, 174, M+ 205; C7H5Cl2NO2; 204.96974; 1320; #1702-17-6; PS; LM/Q; Herbicide

205

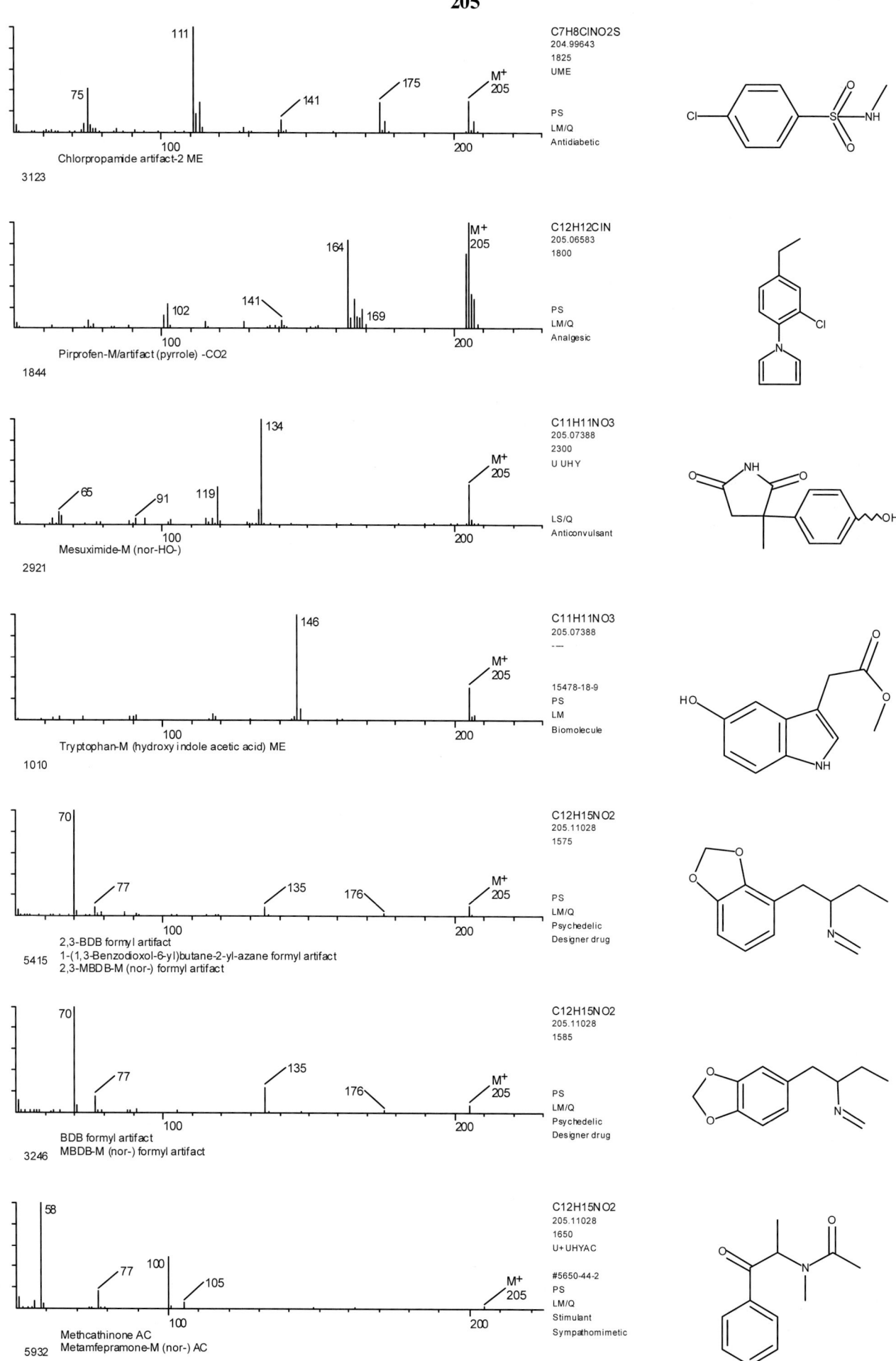

C7H8ClNO2S
204.99643
1825
UME

PS
LM/Q
Antidiabetic

Chlorpropamide artifact-2 ME
3123

C12H12ClN
205.06583
1800

PS
LM/Q
Analgesic

Pirprofen-M/artifact (pyrrole) -CO2
1844

C11H11NO3
205.07388
2300
U UHY

LS/Q
Anticonvulsant

Mesuximide-M (nor-HO-)
2921

C11H11NO3
205.07388
-.--

15478-18-9
PS
LM
Biomolecule

Tryptophan-M (hydroxy indole acetic acid) ME
1010

C12H15NO2
205.11028
1575

PS
LM/Q
Psychedelic
Designer drug

2,3-BDB formyl artifact
1-(1,3-Benzodioxol-6-yl)butane-2-yl-azane formyl artifact
5415   2,3-MBDB-M (nor-) formyl artifact

C12H15NO2
205.11028
1585

PS
LM/Q
Psychedelic
Designer drug

BDB formyl artifact
MBDB-M (nor-) formyl artifact
3246

C12H15NO2
205.11028
1650
U+ UHYAC

#5650-44-2
PS
LM/Q
Stimulant
Sympathomimetic

Methcathinone AC
Metamfepramone-M (nor-) AC
5932

205

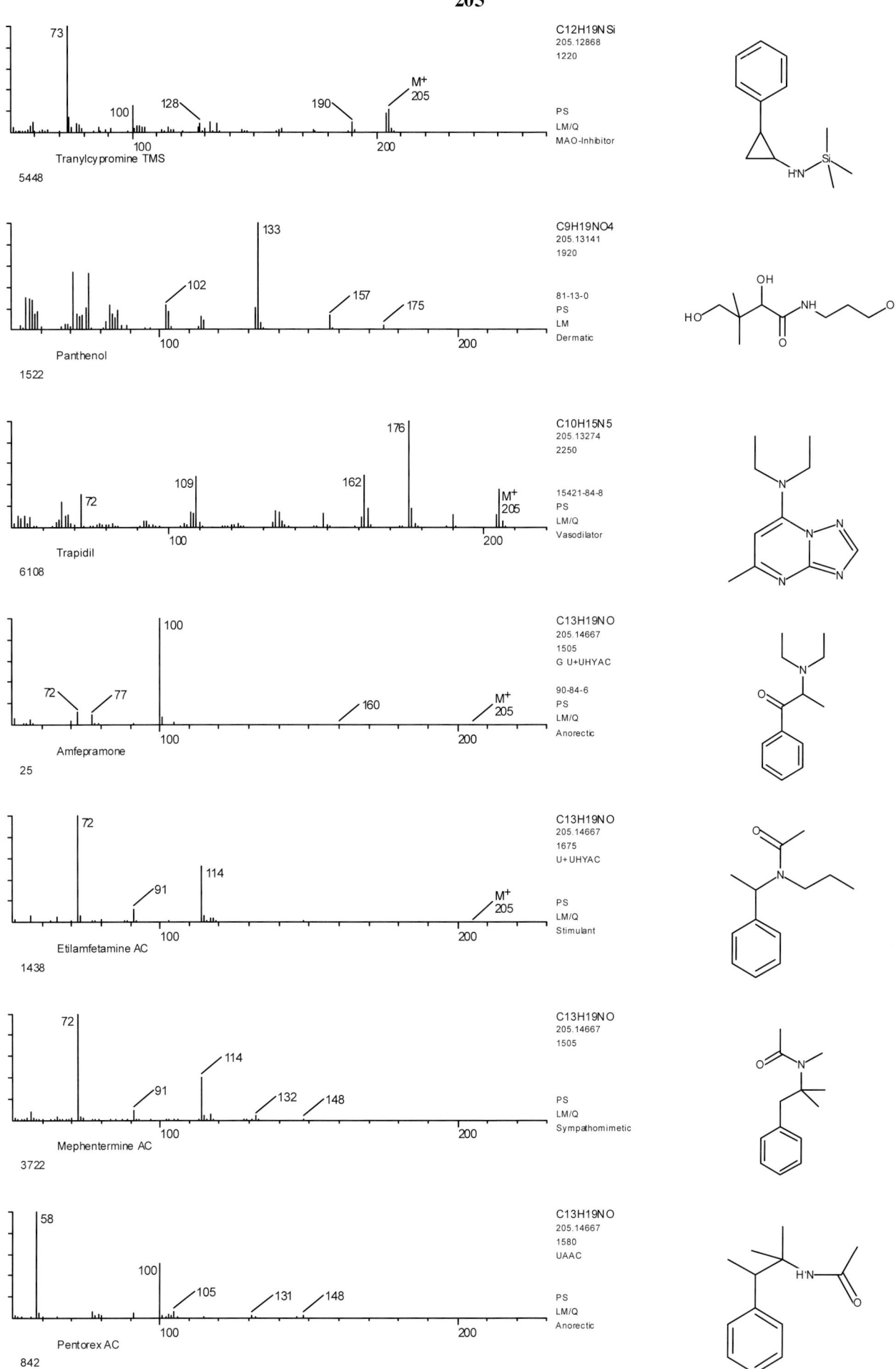

Tranylcypromine TMS — C12H19NSi, 205.12868, 1220, PS, LM/Q, MAO-Inhibitor
Peaks: 73, 100, 128, 190, M+ 205
5448

Panthenol — C9H19NO4, 205.13141, 1920, 81-13-0, PS, LM, Dermatic
Peaks: 102, 133, 157, 175
1522

Trapidil — C10H15N5, 205.13274, 2250, 15421-84-8, PS, LM/Q, Vasodilator
Peaks: 72, 109, 162, 176, M+ 205
6108

Amfepramone — C13H19NO, 205.14667, 1505, G U+UHYAC, 90-84-6, PS, LM/Q, Anorectic
Peaks: 72, 77, 100, 160, M+ 205
25

Etilamfetamine AC — C13H19NO, 205.14667, 1675, U+UHYAC, PS, LM/Q, Stimulant
Peaks: 72, 91, 114, M+ 205
1438

Mephentermine AC — C13H19NO, 205.14667, 1505, PS, LM/Q, Sympathomimetic
Peaks: 72, 91, 114, 132, 148
3722

Pentorex AC — C13H19NO, 205.14667, 1580, UAAC, PS, LM/Q, Anorectic
Peaks: 58, 100, 105, 131, 148
842

229

205

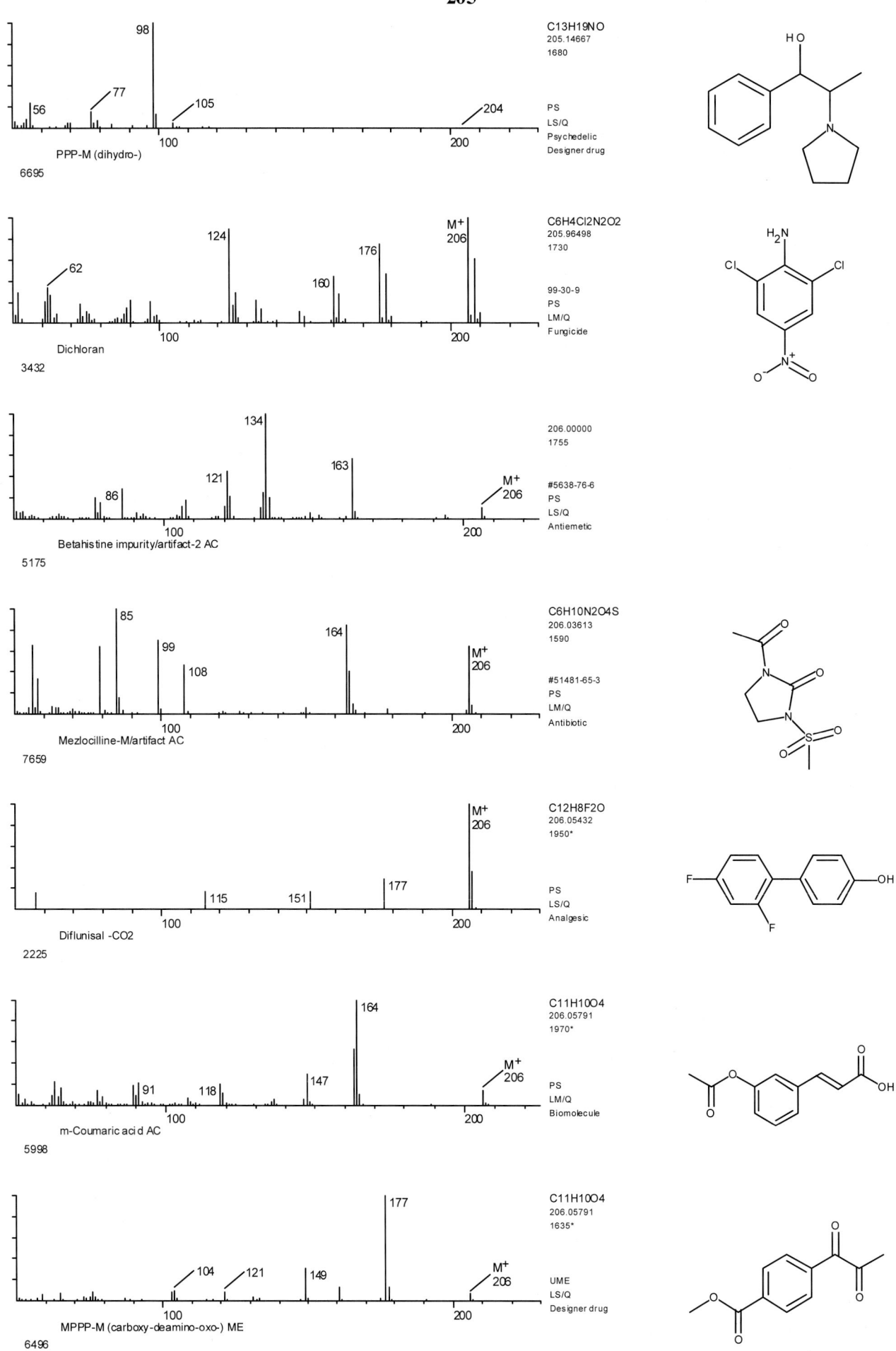

PPP-M (dihydro-) — C13H19NO, 205.14667, 1680, PS, LS/Q, Psychedelic, Designer drug
6695

Dichloran — C6H4Cl2N2O2, 205.96498, 1730, 99-30-9, PS, LM/Q, Fungicide
3432

Betahistine impurity/artifact-2 AC — 206.00000, 1755, #5638-76-6, PS, LS/Q, Antiemetic
5175

Mezlocilline-M/artifact AC — C6H10N2O4S, 206.03613, 1590, #51481-65-3, PS, LM/Q, Antibiotic
7659

Diflunisal -CO2 — C12H8F2O, 206.05432, 1950*, PS, LS/Q, Analgesic
2225

m-Coumaric acid AC — C11H10O4, 206.05791, 1970*, PS, LM/Q, Biomolecule
5998

MPPP-M (carboxy-deamino-oxo-) ME — C11H10O4, 206.05791, 1635*, UME, LS/Q, Designer drug
6496

206

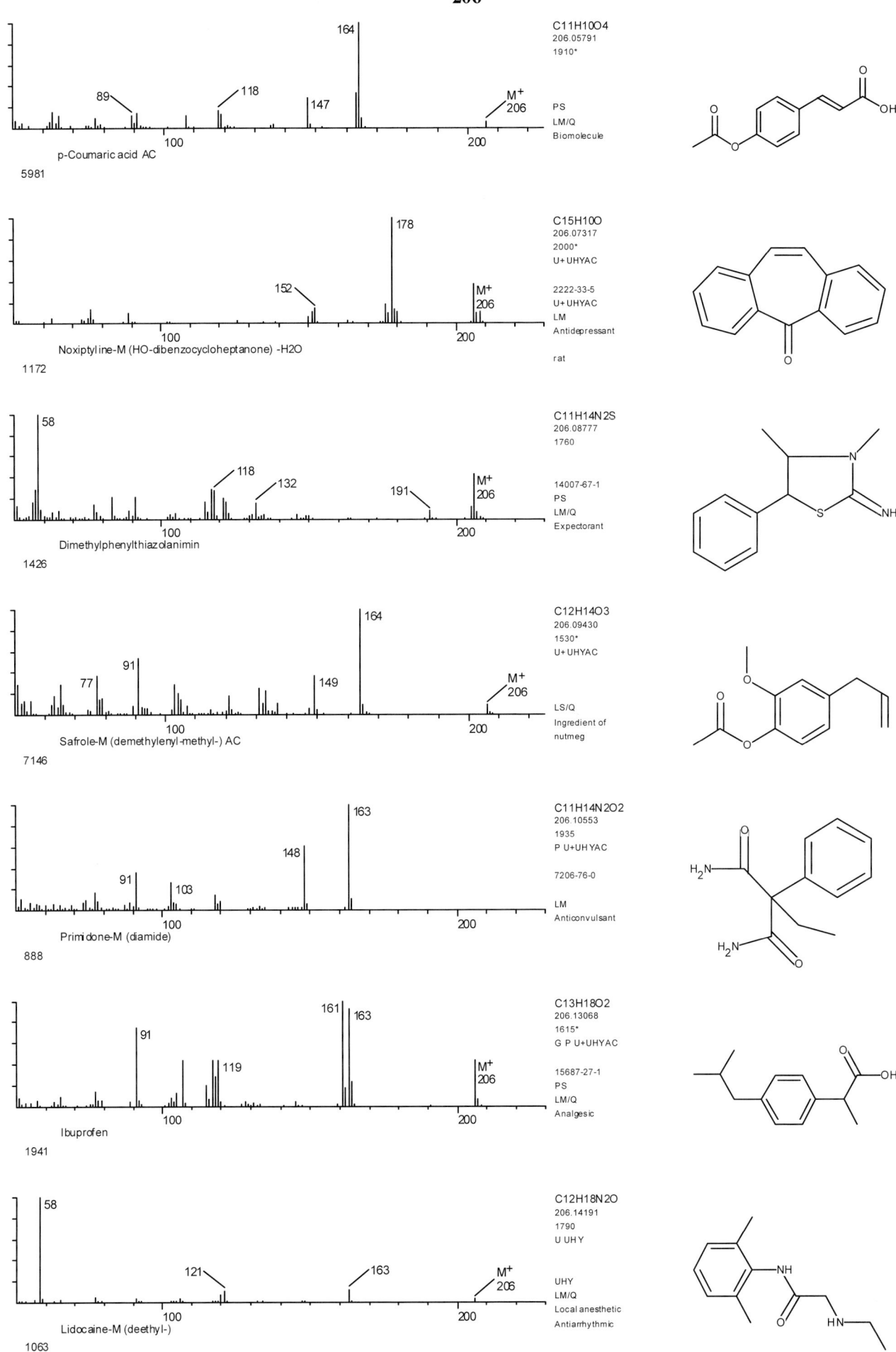

89, 118, 147, 164, M+ 206	C11H10O4 206.05791 1910* PS LM/Q Biomolecule	
p-Coumaric acid AC 5981		

152, 178, M+ 206	C15H10O 206.07317 2000* U+ UHYAC 2222-33-5 U+ UHYAC LM Antidepressant rat	
Noxiptyline-M (HO-dibenzocycloheptanone) -H2O 1172		

58, 118, 132, 191, M+ 206	C11H14N2S 206.08777 1760 14007-67-1 PS LM/Q Expectorant	
Dimethylphenylthiazolanimin 1426		

77, 91, 149, 164, M+ 206	C12H14O3 206.09430 1530* U+ UHYAC LS/Q Ingredient of nutmeg	
Safrole-M (demethylenyl-methyl-) AC 7146		

91, 103, 148, 163	C11H14N2O2 206.10553 1935 P U+UHYAC 7206-76-0 LM Anticonvulsant	
Primidone-M (diamide) 888		

91, 119, 161, 163, M+ 206	C13H18O2 206.13068 1615* G P U+UHYAC 15687-27-1 PS LM/Q Analgesic	
Ibuprofen 1941		

58, 121, 163, M+ 206	C12H18N2O 206.14191 1790 U UHY UHY LM/Q Local anesthetic Antiarrhythmic	
Lidocaine-M (deethyl-) 1063		

231

206

MeOPP ME
4-Methoxypiperazine ME
6623

C12H18N2O
206.14191
1840

PS
LS/Q
Designer drug
ME in methanol

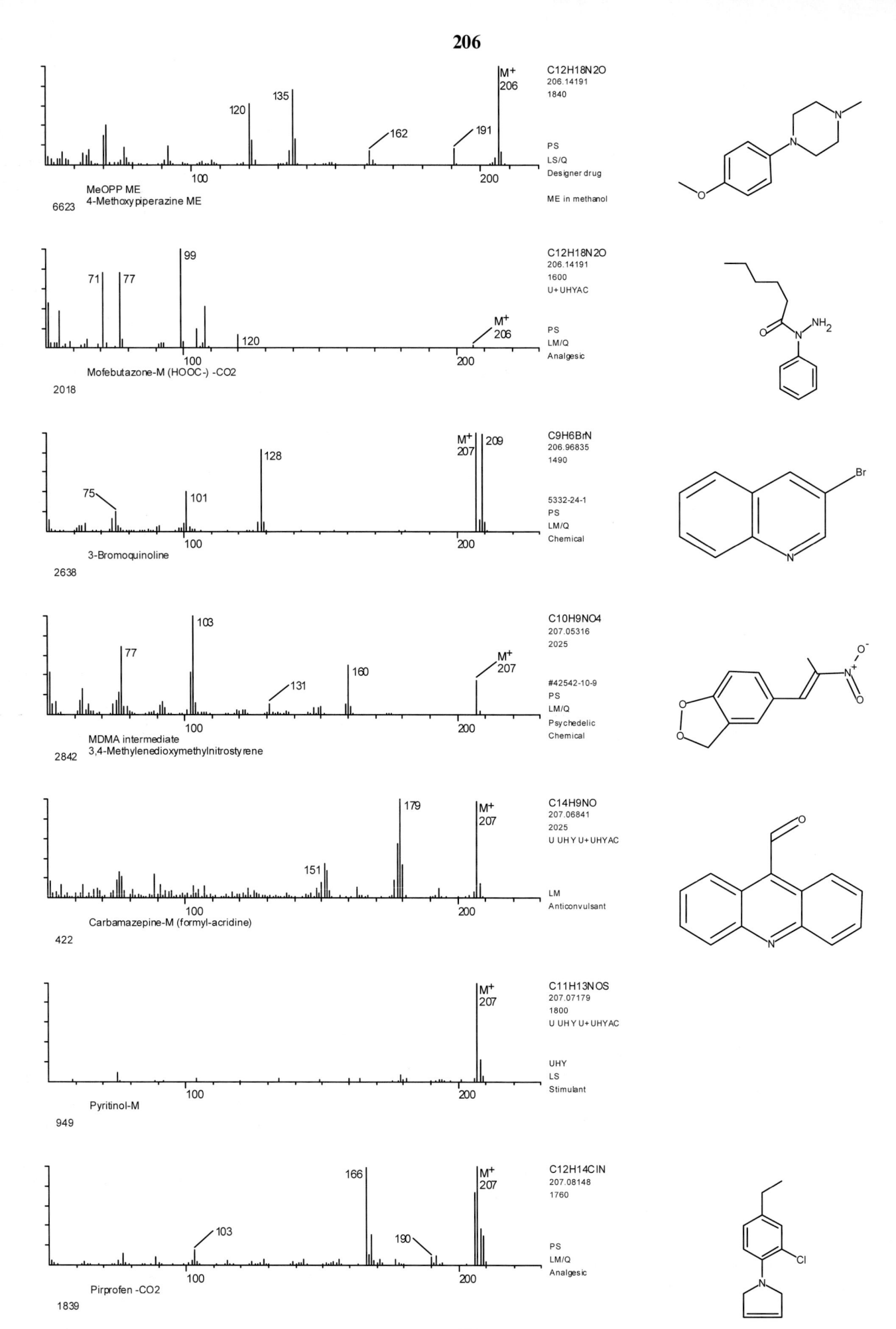

Mofebutazone-M (HOOC-) -CO2
2018

C12H18N2O
206.14191
1600
U+ UHYAC

PS
LM/Q
Analgesic

3-Bromoquinoline
2638

C9H6BrN
206.96835
1490

5332-24-1
PS
LM/Q
Chemical

MDMA intermediate
3,4-Methylenedioxymethylnitrostyrene
2842

C10H9NO4
207.05316
2025

#42542-10-9
PS
LM/Q
Psychedelic
Chemical

Carbamazepine-M (formyl-acridine)
422

C14H9NO
207.06841
2025
U UH Y U+ UHYAC

LM
Anticonvulsant

Pyritinol-M
949

C11H13NOS
207.07179
1800
U UH Y U+ UHYAC

UHY
LS
Stimulant

Pirprofen -CO2
1839

C12H14ClN
207.08148
1760

PS
LM/Q
Analgesic

207

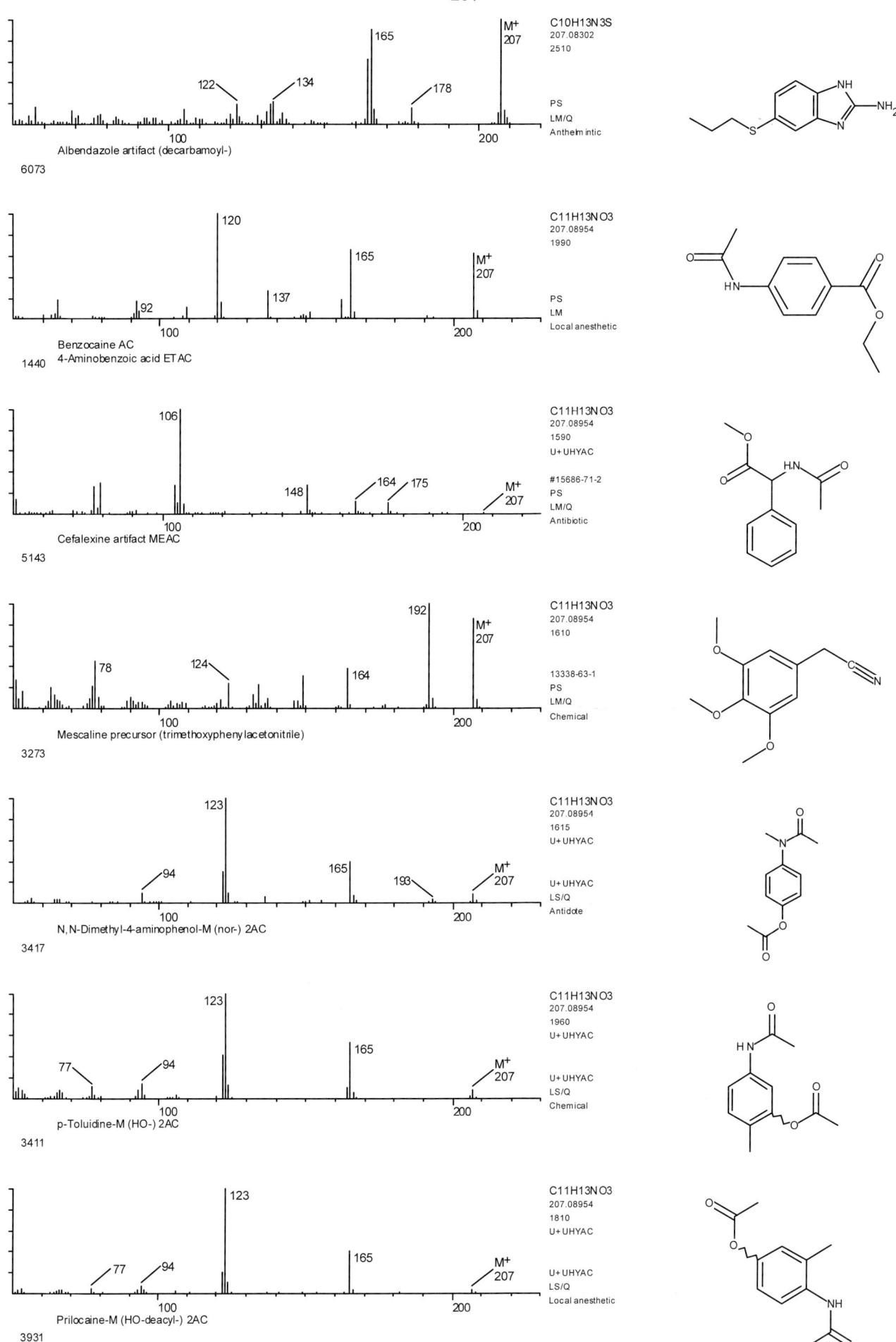

Albendazole artifact (decarbamoyl-) 6073	C10H13N3S 207.08302 2510 PS LM/Q Anthelmintic
Benzocaine AC 4-Aminobenzoic acid ETAC 1440	C11H13NO3 207.08954 1990 PS LM Local anesthetic
Cefalexine artifact MEAC 5143	C11H13NO3 207.08954 1590 U+ UHYAC #15686-71-2 PS LM/Q Antibiotic
Mescaline precursor (trimethoxyphenylacetonitrile) 3273	C11H13NO3 207.08954 1610 13338-63-1 PS LM/Q Chemical
N,N-Dimethyl-4-aminophenol-M (nor-) 2AC 3417	C11H13NO3 207.08954 1615 U+ UHYAC U+ UHYAC LS/Q Antidote
p-Toluidine-M (HO-) 2AC 3411	C11H13NO3 207.08954 1960 U+ UHYAC U+ UHYAC LS/Q Chemical
Prilocaine-M (HO-deacyl-) 2AC 3931	C11H13NO3 207.08954 1810 U+ UHYAC U+ UHYAC LS/Q Local anesthetic

207

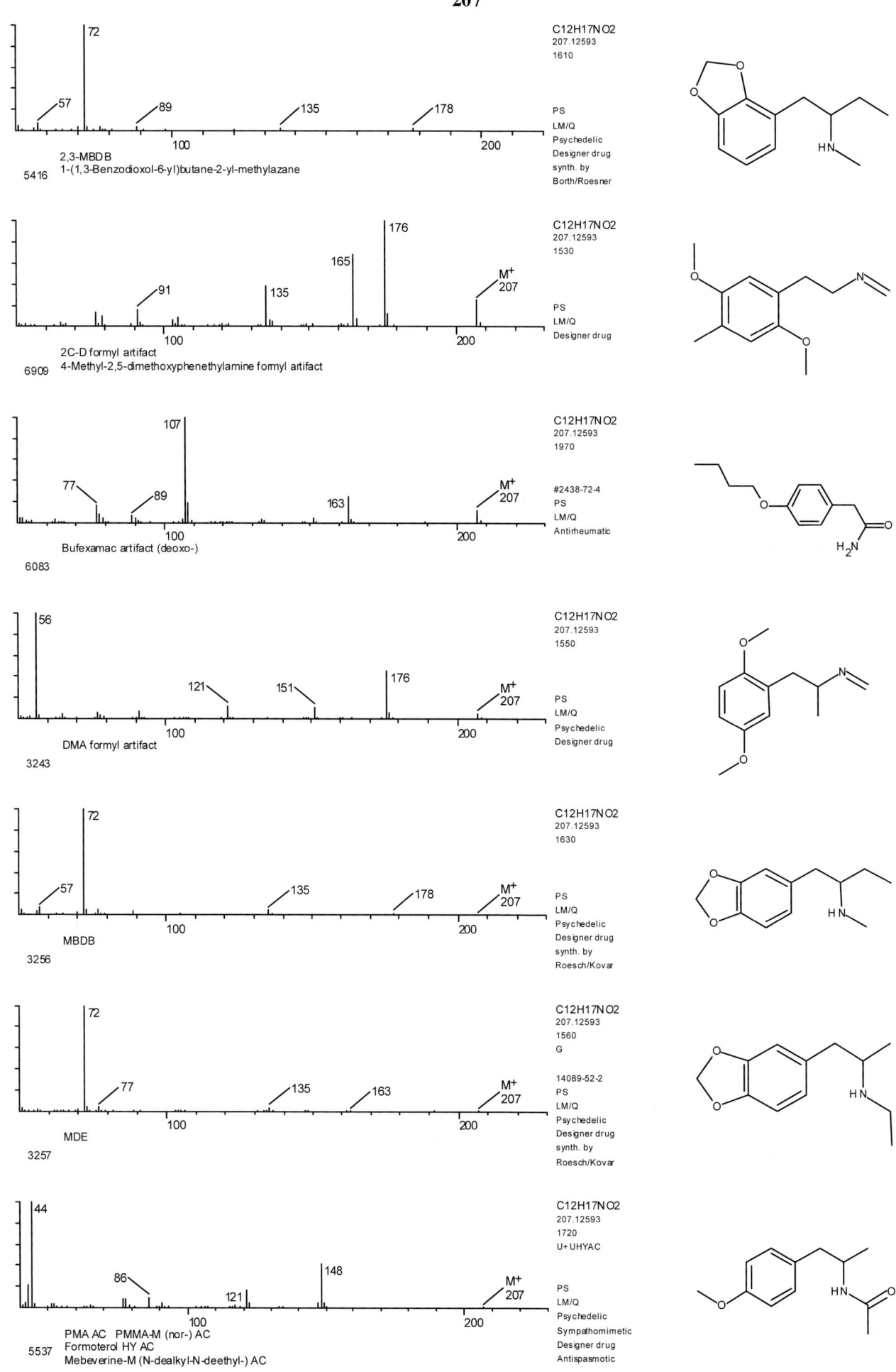

Spectrum	Peaks	Formula/Info
5416	57, 72, 89, 135, 178	C12H17NO2 207.12593 1610 PS LM/Q Psychedelic Designer drug synth. by Borth/Roesner

2,3-MBDB
1-(1,3-Benzodioxol-6-yl)butane-2-yl-methylazane

| 6909 | 91, 135, 165, 176, M+ 207 | C12H17NO2 207.12593 1530 PS LM/Q Designer drug |

2C-D formyl artifact
4-Methyl-2,5-dimethoxyphenethylamine formyl artifact

| 6083 | 77, 89, 107, 163, M+ 207 | C12H17NO2 207.12593 1970 #2438-72-4 PS LM/Q Antirheumatic |

Bufexamac artifact (deoxo-)

| 3243 | 56, 121, 151, 176, M+ 207 | C12H17NO2 207.12593 1550 PS LM/Q Psychedelic Designer drug |

DMA formyl artifact

| 3256 | 57, 72, 135, 178, M+ 207 | C12H17NO2 207.12593 1630 PS LM/Q Psychedelic Designer drug synth. by Roesch/Kovar |

MBDB

| 3257 | 72, 77, 135, 163, M+ 207 | C12H17NO2 207.12593 1560 G 14089-52-2 PS LM/Q Psychedelic Designer drug synth. by Roesch/Kovar |

MDE

| 5537 | 44, 86, 121, 148, M+ 207 | C12H17NO2 207.12593 1720 U+ UHYAC PS LM/Q Psychedelic Sympathomimetic Designer drug Antispasmotic |

PMA AC   PMMA-M (nor-) AC
Formoterol HY AC
Mebeverine-M (N-dealkyl-N-deethyl-) AC

207

3265	PMA AC PMMA-M (nor-) AC Formoterol HY AC Mebeverine-M (N-dealkyl-N-deethyl-) AC	C12H17NO2 207.12593 1720 U+ UHYAC PS LM/Q Psychedelic Sympathomimetic Designer drug Antispasmotic

Peaks: 86, 91, 121, 148, M+ 207

3484 Promecarb — C12H17NO2, 207.12593, 1665, 2631-37-0, PS, LM/Q, Insecticide
Peaks: 58, 91, 135, 150, M+ 207

1869 Tetracaine-M/artifact (HOOC-) ME — C12H17NO2, 207.12593, 2015, PS, LM/Q, Local anesthetic
Peaks: 105, 120, 164, 176, M+ 207

5581 Amfetamine TMS   Amfetaminil-M/artifact (AM) TMS   Clobenzorex-M (AM) TMS
Etilamfetamine-M (AM) TMS   Famprofazone-M (AM) TMS   Fenetylline-M (AM) TMS
Fenproporex-M (AM) TMS   Mefenorex-M (AM) TMS   Metamfetamine-M (nor-) TMS
Prenylamine-M (AM) TMS   Selegiline-M (bis-dealkyl-) TMS
C12H21NSi, 207.14433, 1190, 14629-65-3, PS, LM/Q, Stimulant, Antiparkinsonian
Peaks: 73, 91, 100, 116, 192

6683 Amfepramone-M (dihydro-) — C13H21NO, 207.16231, 1565, SPE, SPE, LS/Q, Anorectic
Peaks: 72, 77, 100, 105, 206

5835 PMEA ME   p-Methoxyetilamfetamine ME
PMMA ET   p-Methoxymetamfetamine ET
Etilamfetamine-M (HO-) 2ME   Mebeverine-M (N-dealkyl-) ME
C13H21NO, 207.16231, 1780, PS, LM/Q, Designer drug, Antispasmotic
Peaks: 58, 72, 86, 121, 206

3587 PICC   PCPIP intermediate (PICC) — C12H21N3, 207.17355, 1680, PS, LM/Q, Psychedelic, Designer drug synth. by Haerer/Kovar
Peaks: 70, 99, 123, 180, M+ 207

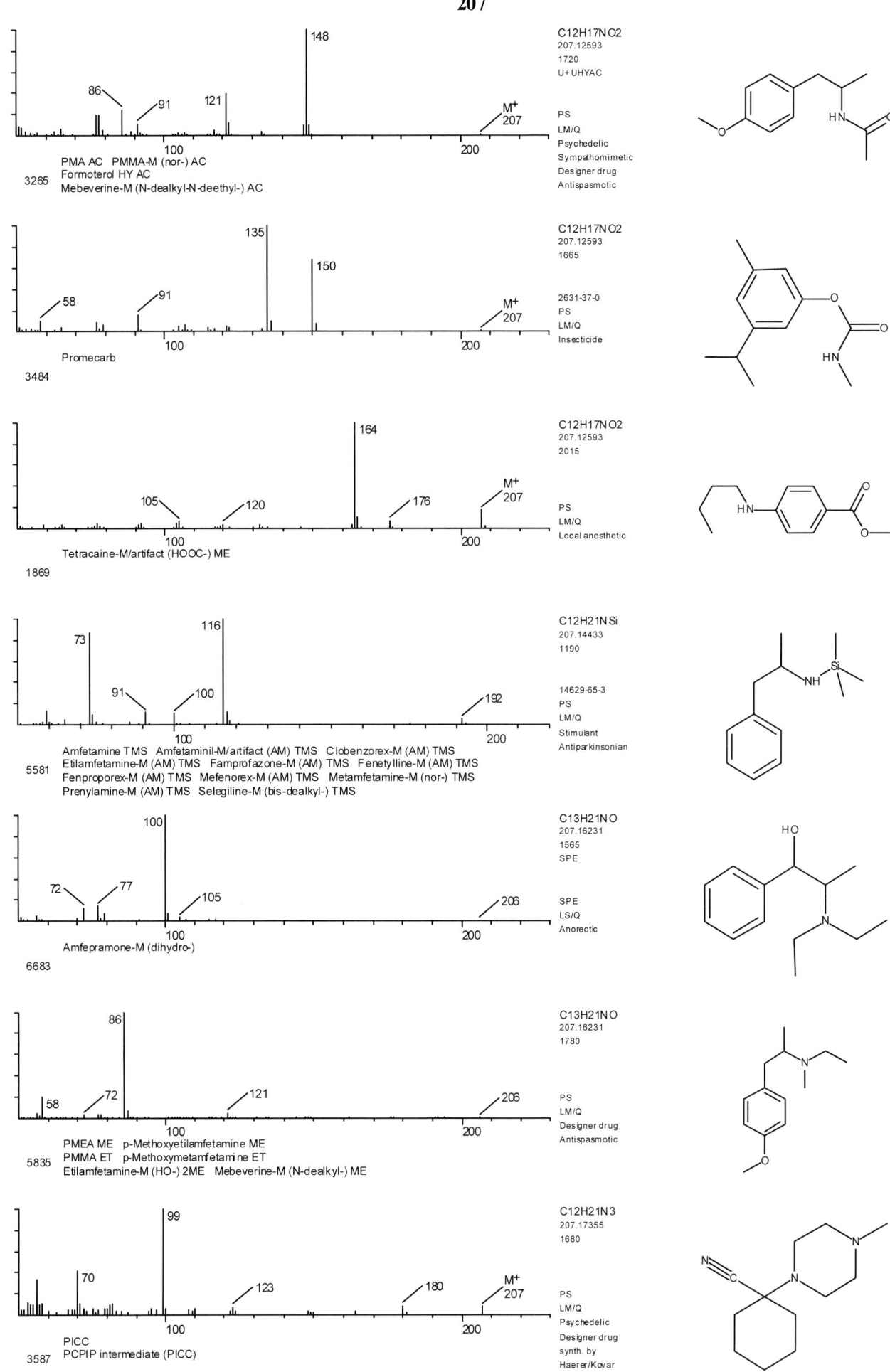

235

208

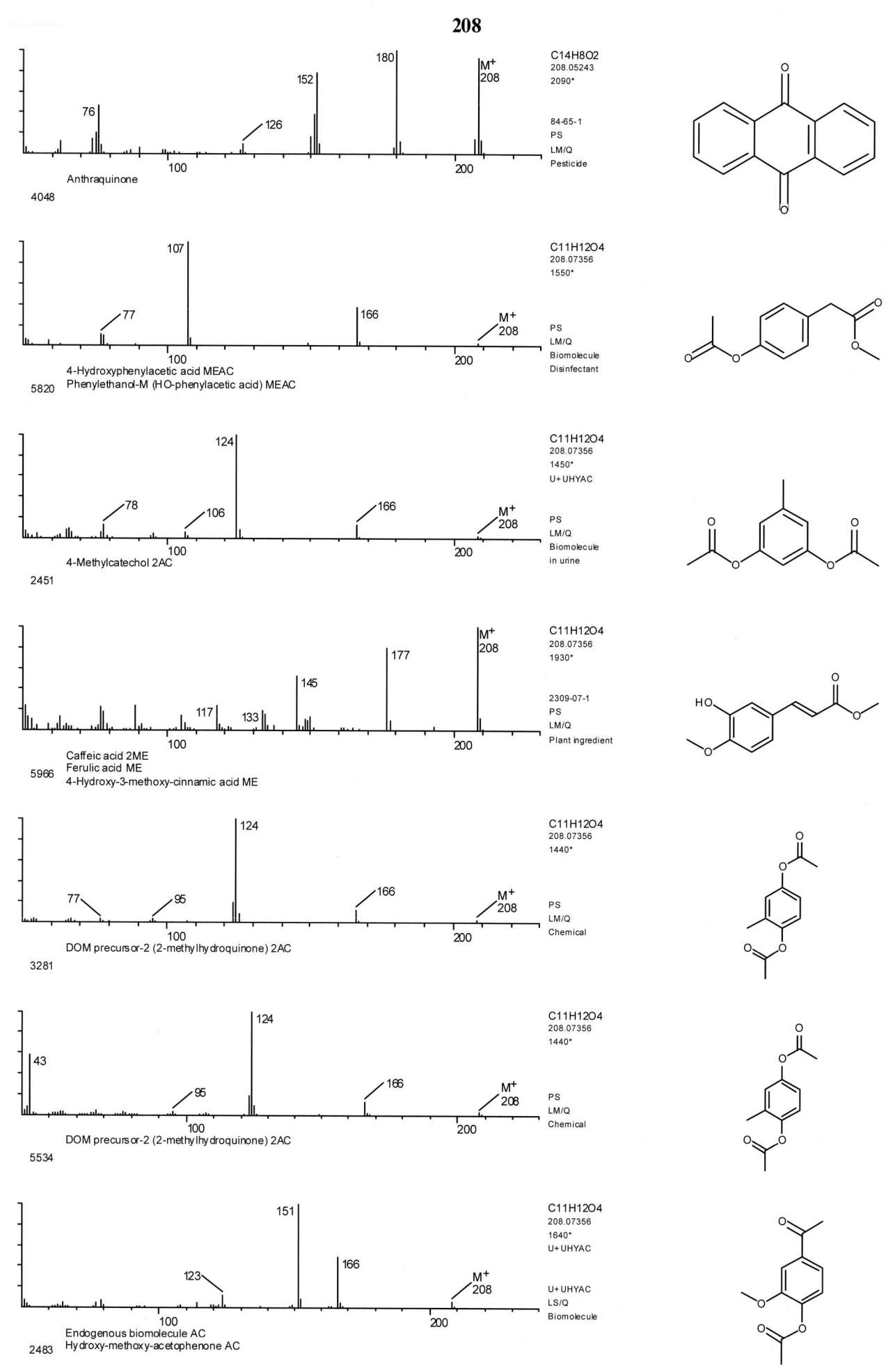

Anthraquinone
4048
C14H8O2
208.05243
2090*
84-65-1
PS
LM/Q
Pesticide

4-Hydroxyphenylacetic acid MEAC
Phenylethanol-M (HO-phenylacetic acid) MEAC
5820
C11H12O4
208.07356
1550*
PS
LM/Q
Biomolecule
Disinfectant

4-Methylcatechol 2AC
2451
C11H12O4
208.07356
1450*
U+UHYAC
PS
LM/Q
Biomolecule
in urine

Caffeic acid 2ME
Ferulic acid ME
4-Hydroxy-3-methoxy-cinnamic acid ME
5966
C11H12O4
208.07356
1930*
2309-07-1
PS
LM/Q
Plant ingredient

DOM precursor-2 (2-methylhydroquinone) 2AC
3281
C11H12O4
208.07356
1440*
PS
LM/Q
Chemical

DOM precursor-2 (2-methylhydroquinone) 2AC
5534
C11H12O4
208.07356
1440*
PS
LM/Q
Chemical

Endogenous biomolecule AC
Hydroxy-methoxy-acetophenone AC
2483
C11H12O4
208.07356
1640*
U+UHYAC
U+UHYAC
LS/Q
Biomolecule

208

4940	Ethylmethylphthalate Phthalic acid ethyl methyl ester C11H12O4 208.07356 1520* UME LS/Q Softener
6493	MPPP-M (p-dicarboxy-) ETME Terephthalic acid ethyl methyl ester C11H12O4 208.07356 1560* 22163-52-6 UET LS/Q Designer drug
16	Allobarbital C10H12N2O3 208.08479 1595 G P U UHY U+UHYA 52-43-7 PS LS/Q Hypnotic
700	Crotylbarbital-M (HO-) -H2O C10H12N2O3 208.08479 1600 U UH Y U+ UHYAC LS Hypnotic
1171	Noxiptyline-M/artifact (dibenzocycloheptanone) C15H12O 208.08881 1850* G U+UHYAC 1210-35-1 PS LM/Q Antidepressant rat
2626	2,3,5-Trimethoxyamfetamine intermediate (propenyltrimethoxybenzene) C12H16O3 208.10995 1620* LS/Q Stimulant
7704	2C-E-M (deamino-oxo-) 4-Ethyl-2,5-dimethoxyphenethylamine-M (deamino-oxo-) C12H16O3 208.10995 1745* Incubate LS/Q Designer drug

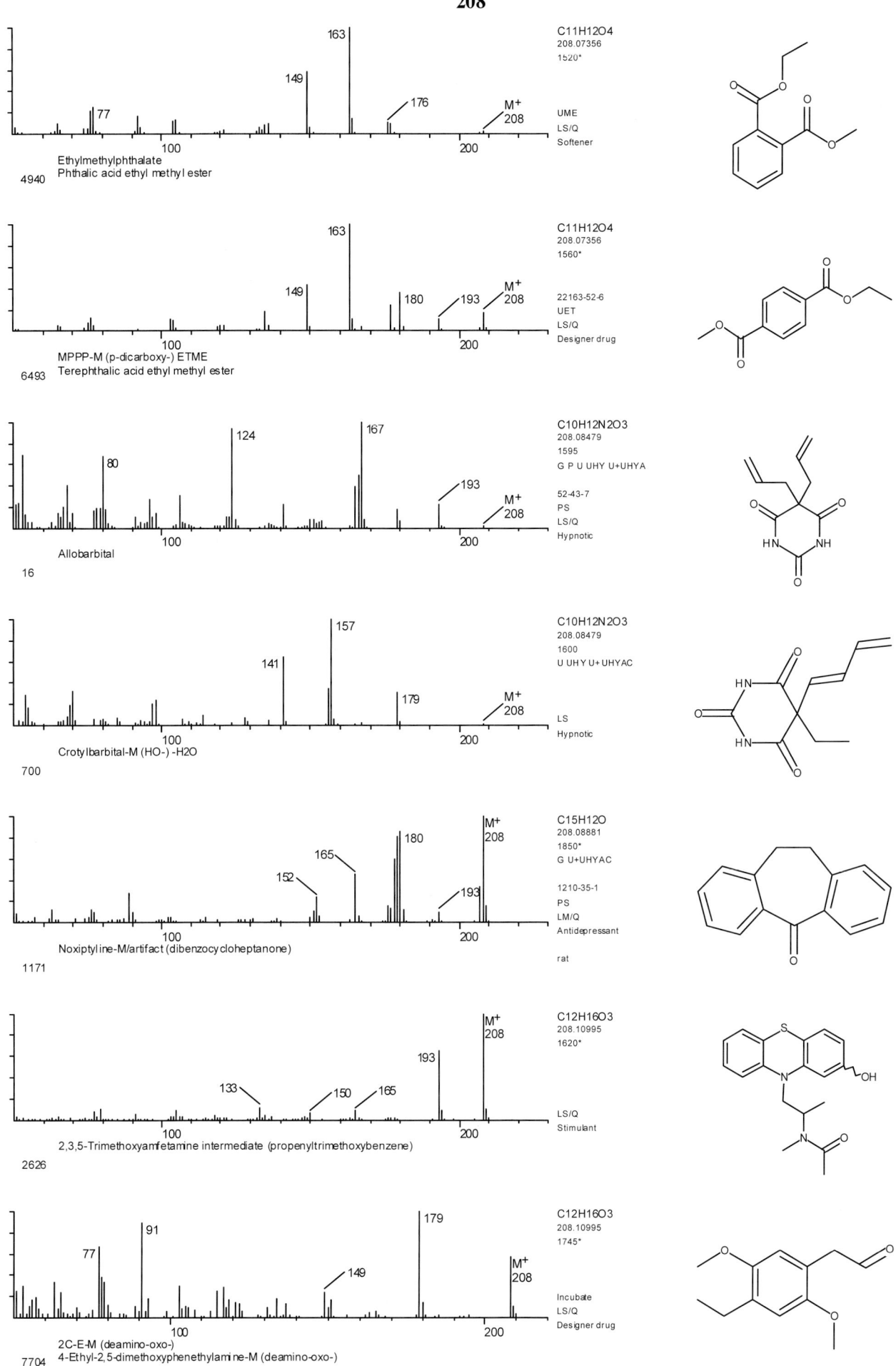

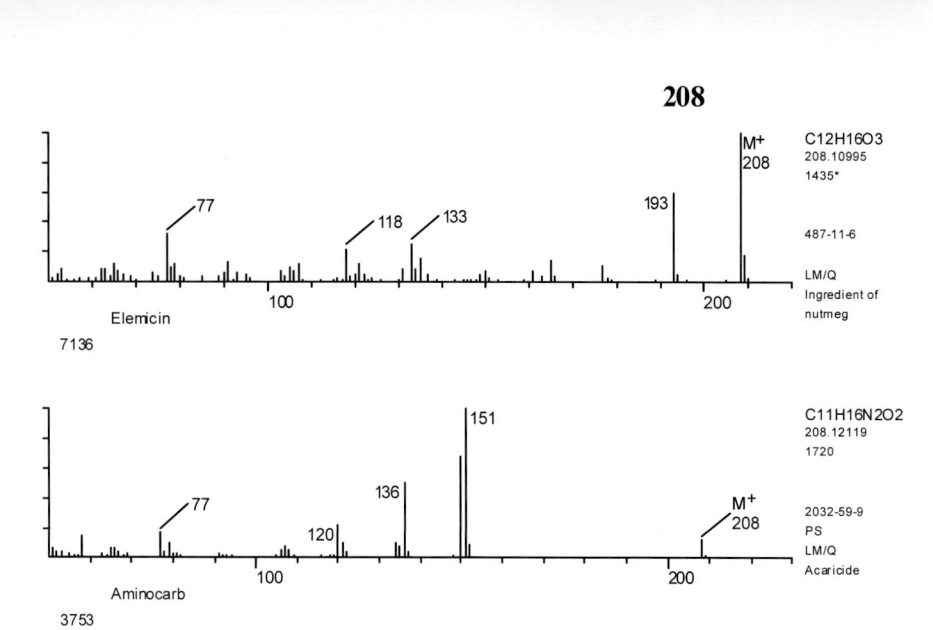

208

Elemicin — C12H16O3, 208.10995, 1435*, 487-11-6, LM/Q, Ingredient of nutmeg
Peaks: 77, 118, 133, 193, M+ 208
7136

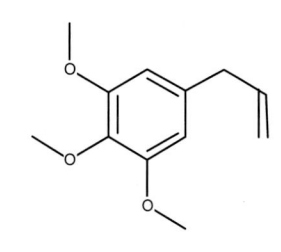

Aminocarb — C11H16N2O2, 208.12119, 1720, 2032-59-9, PS, LM/Q, Acaricide
Peaks: 77, 120, 136, 151, M+ 208
3753

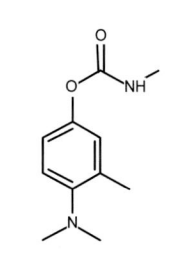

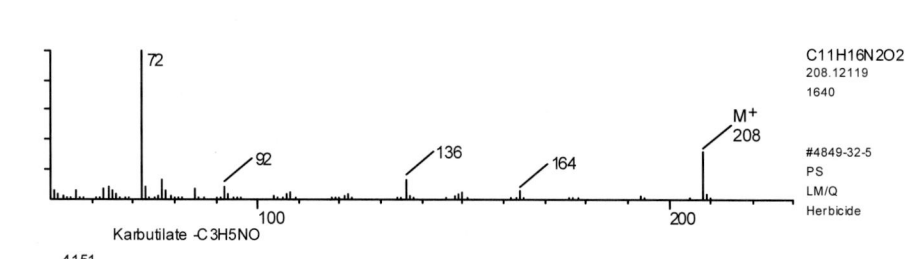

Karbutilate -C3H5NO — C11H16N2O2, 208.12119, 1640, #4849-32-5, PS, LM/Q, Herbicide
Peaks: 72, 92, 136, 164, M+ 208
4151

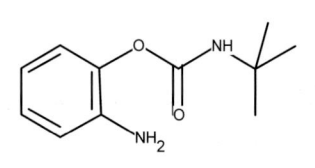

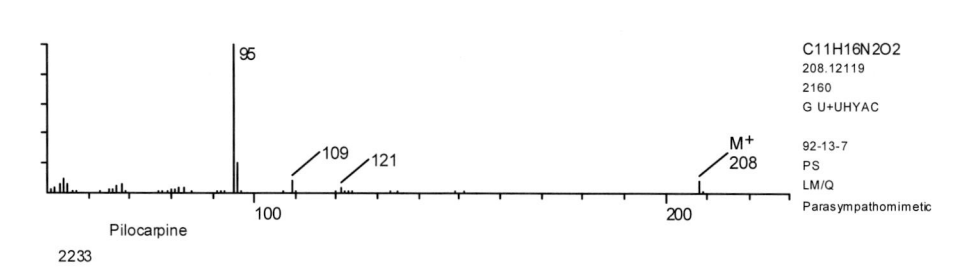

Pilocarpine — C11H16N2O2, 208.12119, 2160, G U+UHYAC, 92-13-7, PS, LM/Q, Parasympathomimetic
Peaks: 95, 109, 121, M+ 208
2233

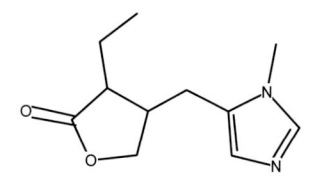

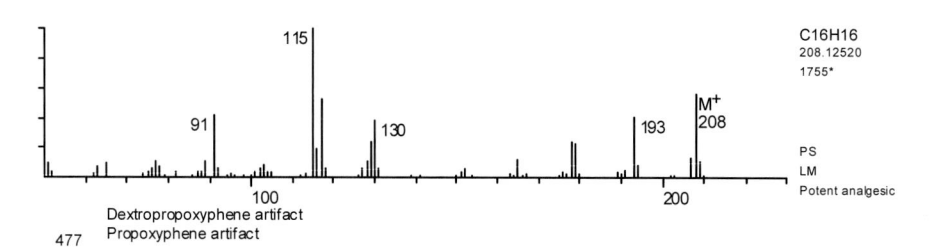

Dextropropoxyphene artifact / Propoxyphene artifact — C16H16, 208.12520, 1755*, PS, LM, Potent analgesic
Peaks: 91, 115, 130, 193, M+ 208
477

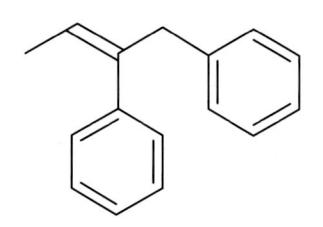

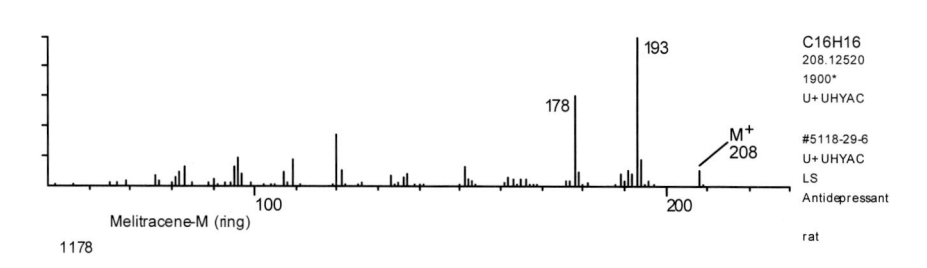

Melitracene-M (ring) — C16H16, 208.12520, 1900*, U+UHYAC, #5118-29-6, U+UHYAC, LS, Antidepressant, rat
Peaks: 178, 193, M+ 208
1178

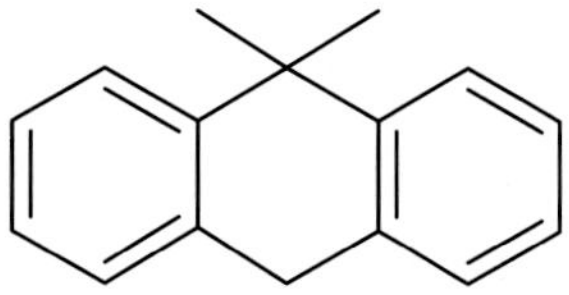

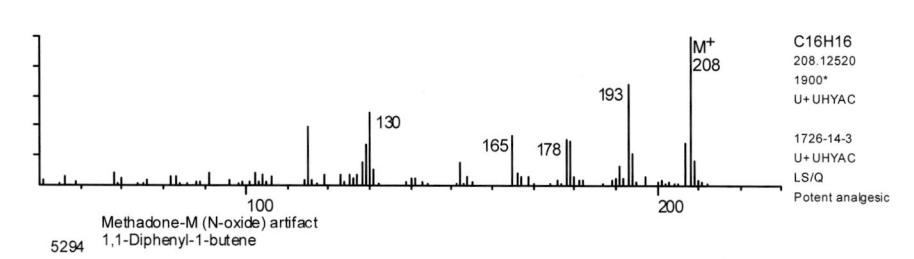

Methadone-M (N-oxide) artifact / 1,1-Diphenyl-1-butene — C16H16, 208.12520, 1900*, U+UHYAC, 1726-14-3, U+UHYAC, LS/Q, Potent analgesic
Peaks: 130, 165, 178, 193, M+ 208
5294

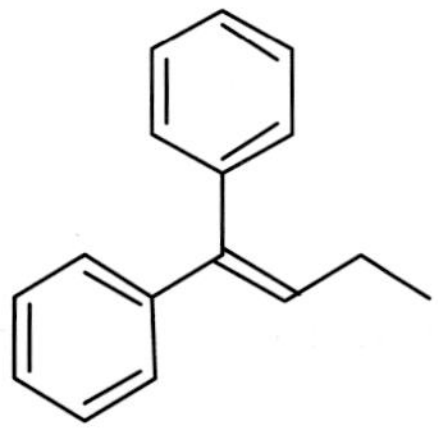

208

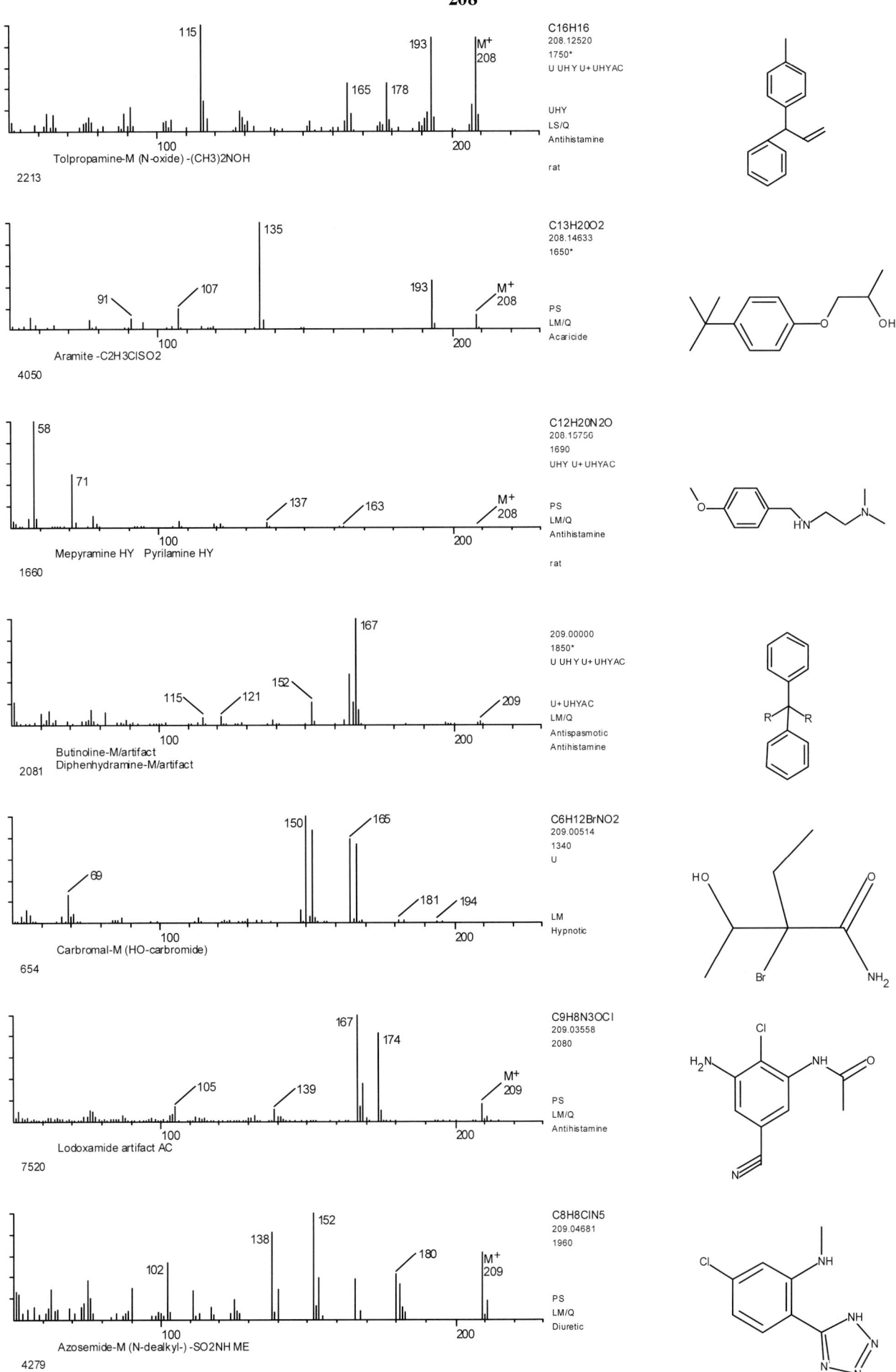

C16H16
208.12520
1750*
U UHY U+ UHYAC

UHY
LS/Q
Antihistamine
rat

Tolpropamine-M (N-oxide) -(CH3)2NOH
2213

C13H20O2
208.14633
1650*

PS
LM/Q
Acaricide

Aramite -C2H3ClSO2
4050

C12H20N2O
208.15756
1690
UHY U+ UHYAC

PS
LM/Q
Antihistamine
rat

Mepyramine HY Pyrilamine HY
1660

209.00000
1850*
U UHY U+ UHYAC

U+ UHYAC
LM/Q
Antispasmotic
Antihistamine

Butinoline-M/artifact
Diphenhydramine-M/artifact
2081

C6H12BrNO2
209.00514
1340
U

LM
Hypnotic

Carbromal-M (HO-carbromide)
654

C9H8N3OCl
209.03558
2080

PS
LM/Q
Antihistamine

Lodoxamide artifact AC
7520

C8H8ClN5
209.04681
1960

PS
LM/Q
Diuretic

Azosemide-M (N-dealkyl-) -SO2NH ME
4279

239

209

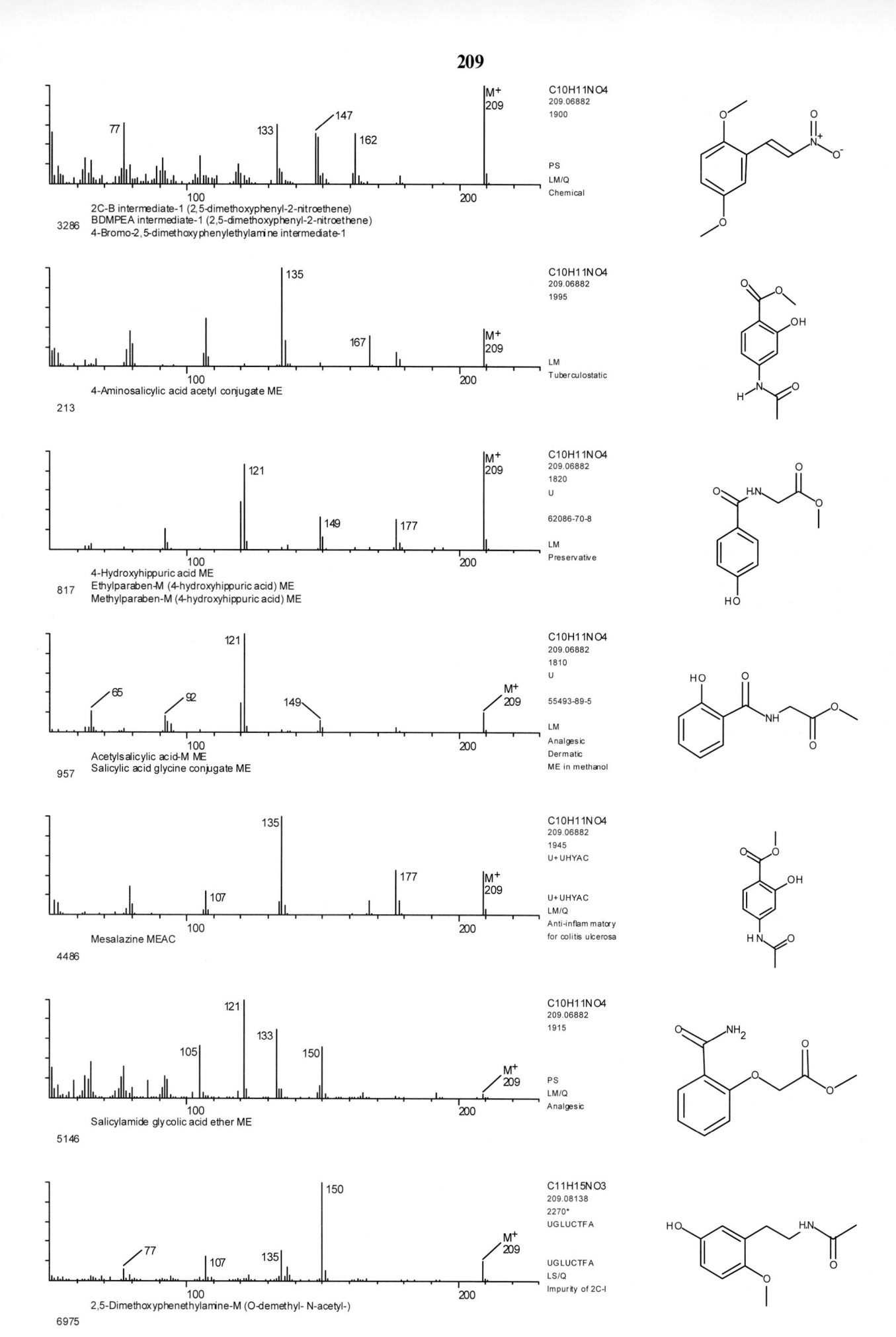

C10H11NO4
209.06882
1900

PS
LM/Q
Chemical

2C-B intermediate-1 (2,5-dimethoxyphenyl-2-nitroethene)
BDMPEA intermediate-1 (2,5-dimethoxyphenyl-2-nitroethene)
4-Bromo-2,5-dimethoxyphenylethylamine intermediate-1
3286

C10H11NO4
209.06882
1995

LM
Tuberculostatic

4-Aminosalicylic acid acetyl conjugate ME
213

C10H11NO4
209.06882
1820
U

62086-70-8

LM
Preservative

4-Hydroxyhippuric acid ME
Ethylparaben-M (4-hydroxyhippuric acid) ME
Methylparaben-M (4-hydroxyhippuric acid) ME
817

C10H11NO4
209.06882
1810
U

55493-89-5

LM
Analgesic
Dermatic
ME in methanol

Acetylsalicylic acid-M ME
Salicylic acid glycine conjugate ME
957

C10H11NO4
209.06882
1945
U+UHYAC

U+UHYAC
LM/Q
Anti-inflammatory
for colitis ulcerosa

Mesalazine MEAC
4486

C10H11NO4
209.06882
1915

PS
LM/Q
Analgesic

Salicylamide glycolic acid ether ME
5146

C11H15NO3
209.08138
2270*
UGLUCTFA

UGLUCTFA
LS/Q
Impurity of 2C-I

2,5-Dimethoxyphenethylamine-M (O-demethyl- N-acetyl-)
6975

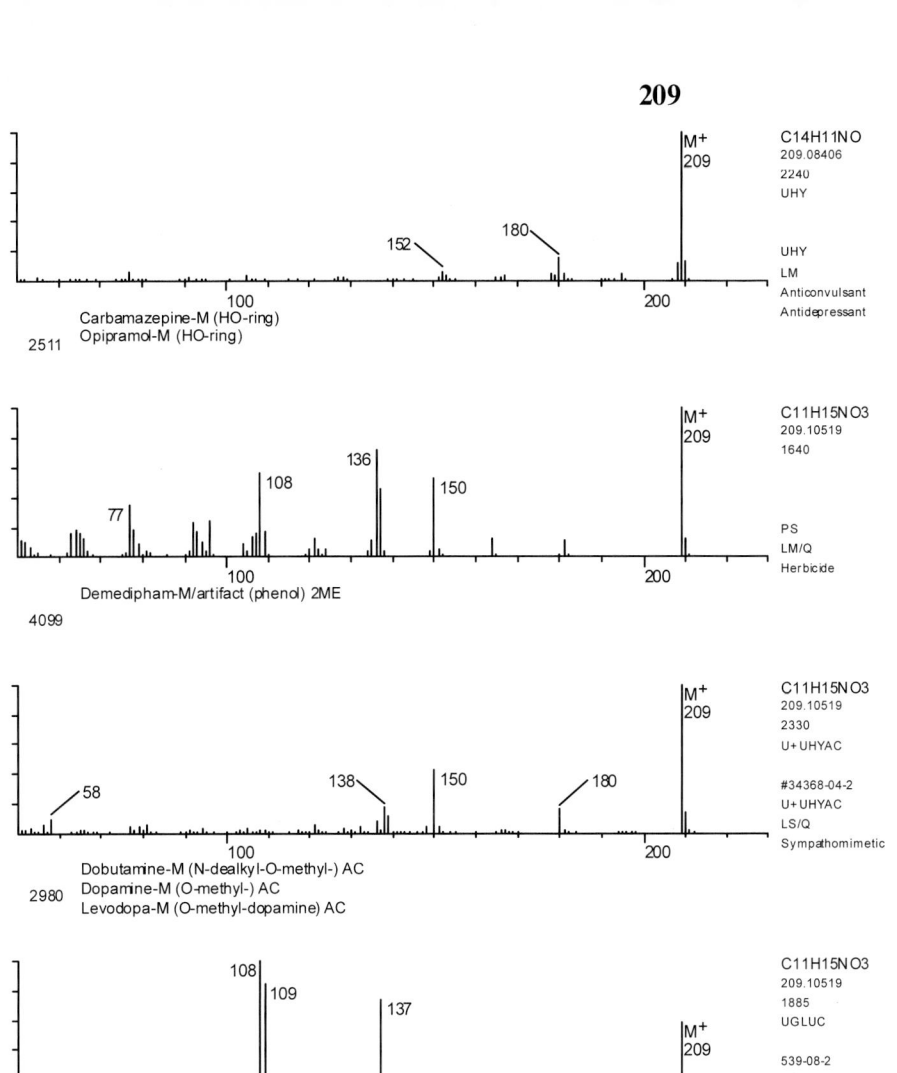

209

Carbamazepine-M (HO-ring)
Opipramol-M (HO-ring)
2511

C14H11NO
209.08406
2240
UHY

UHY
LM
Anticonvulsant
Antidepressant

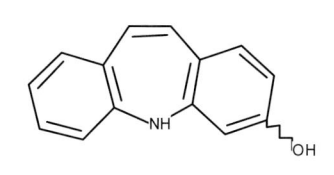

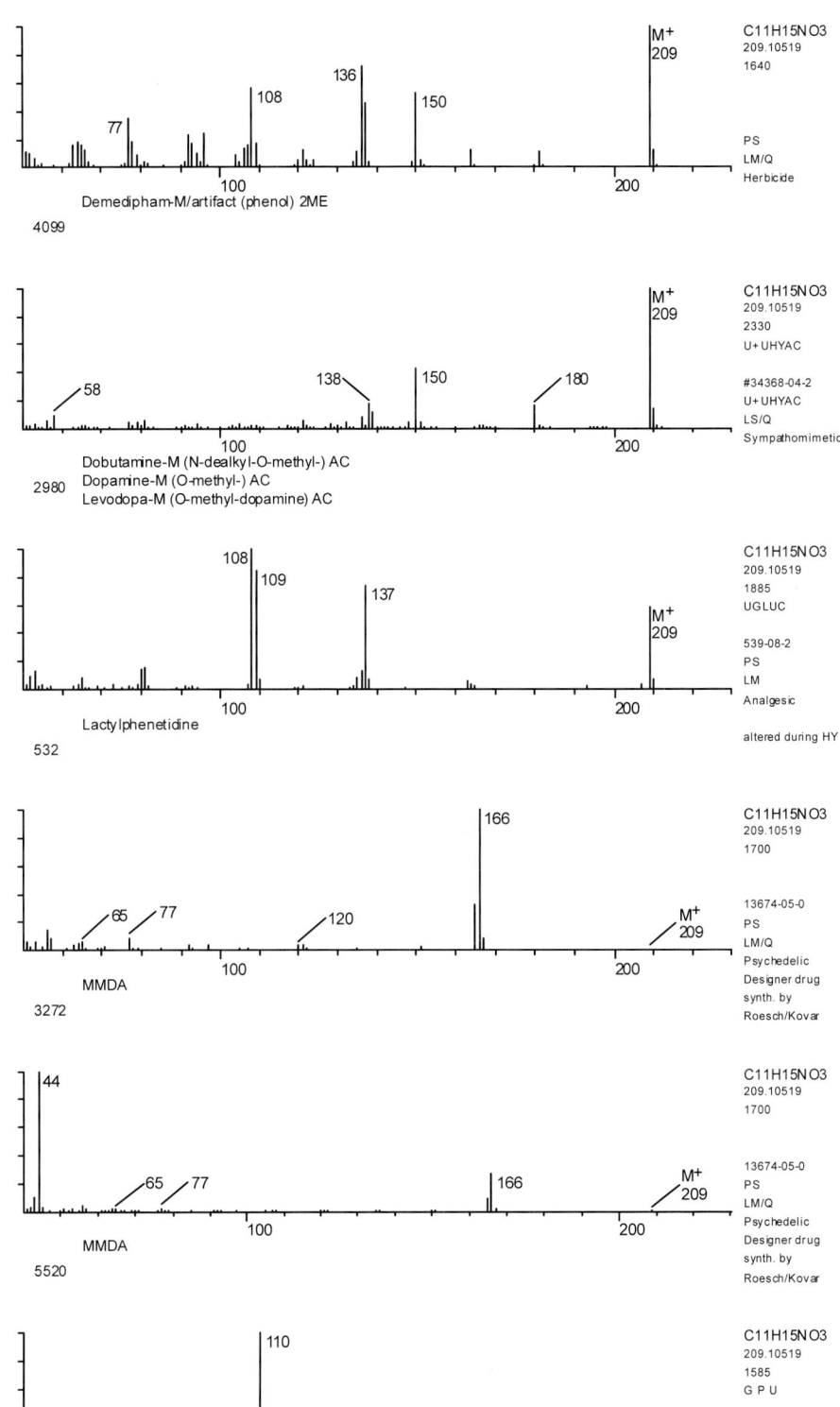

Demedipham-M/artifact (phenol) 2ME
4099

C11H15NO3
209.10519
1640

PS
LM/Q
Herbicide

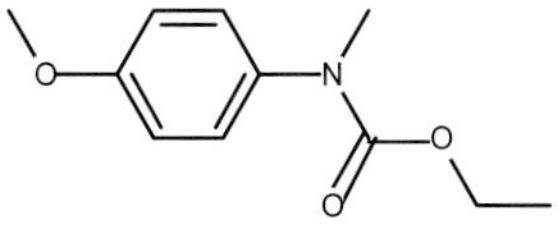

Dobutamine-M (N-dealkyl-O-methyl-) AC
Dopamine-M (O-methyl-) AC
Levodopa-M (O-methyl-dopamine) AC
2980

C11H15NO3
209.10519
2330
U+ UHYAC

#34368-04-2
U+ UHYAC
LS/Q
Sympathomimetic

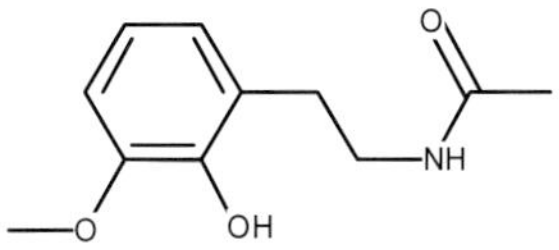

Lactylphenetidine
532

C11H15NO3
209.10519
1885
UGLUC

539-08-2
PS
LM
Analgesic

altered during HY

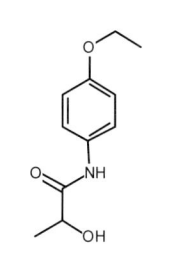

MMDA
3272

C11H15NO3
209.10519
1700

13674-05-0
PS
LM/Q
Psychedelic
Designer drug
synth. by
Roesch/Kovar

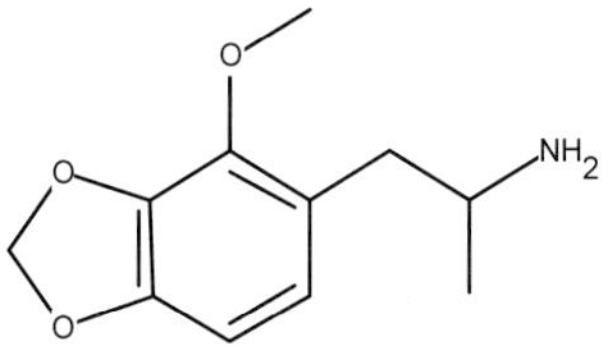

MMDA
5520

C11H15NO3
209.10519
1700

13674-05-0
PS
LM/Q
Psychedelic
Designer drug
synth. by
Roesch/Kovar

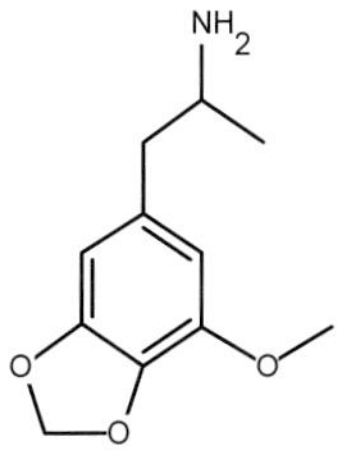

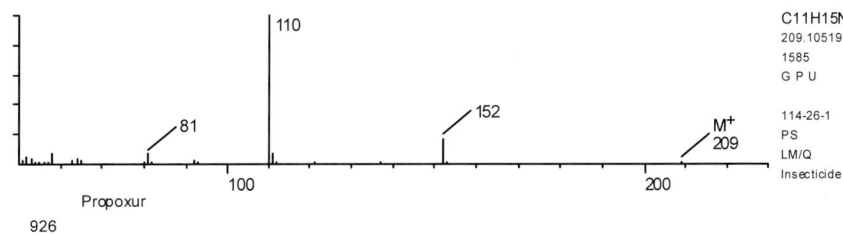

Propoxur
926

C11H15NO3
209.10519
1585
G P U

114-26-1
PS
LM/Q
Insecticide

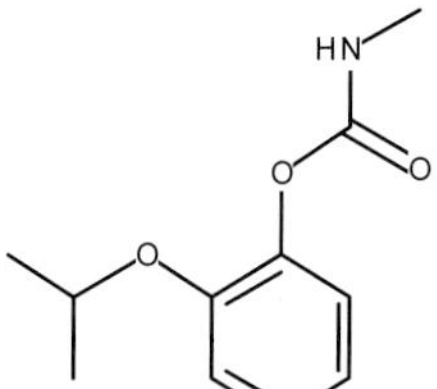

209

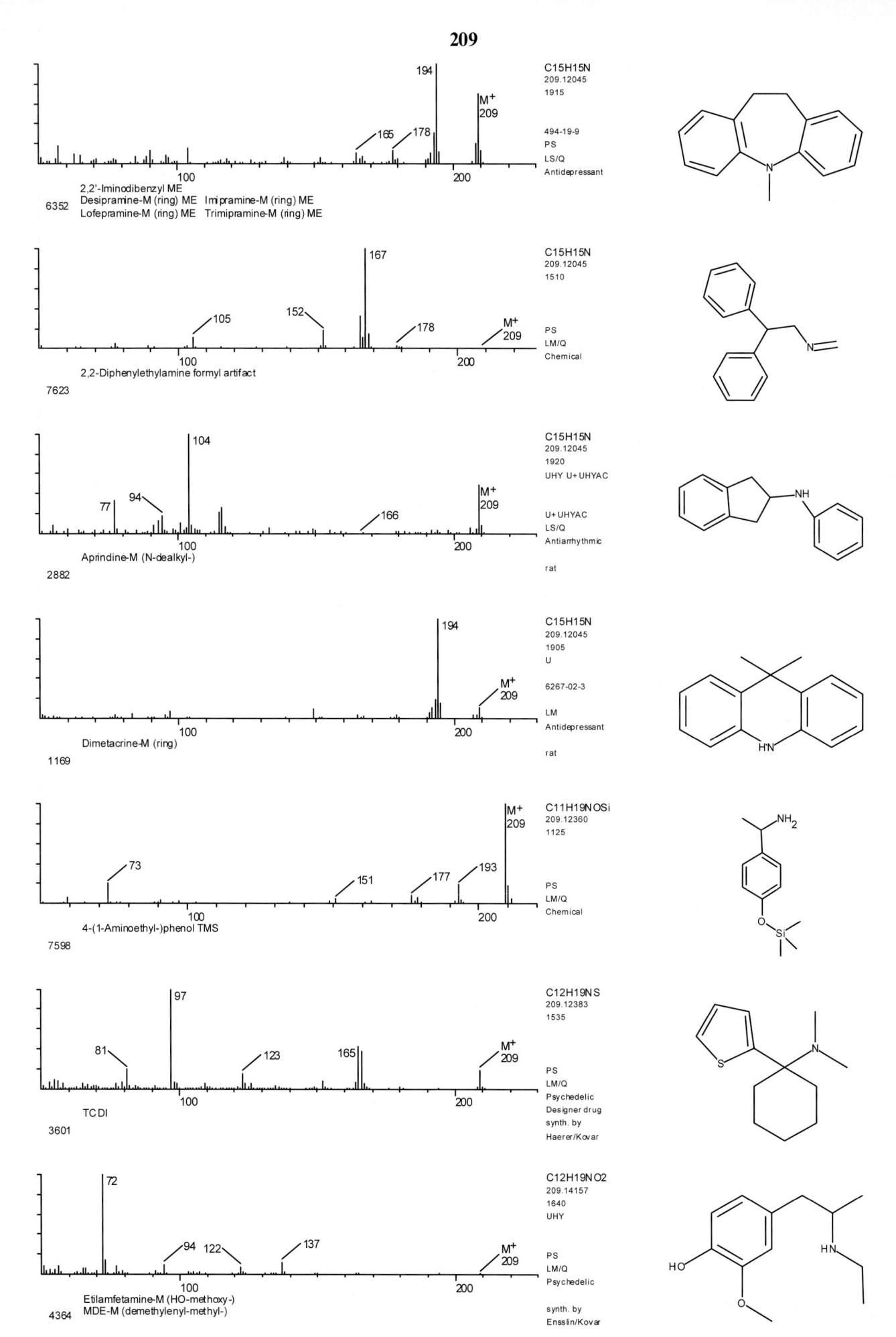

m/z	Compound	Formula
194, 178, 165	2,2'-Iminodibenzyl ME Desipramine-M (ring) ME Imipramine-M (ring) ME Lofepramine-M (ring) ME Trimipramine-M (ring) ME 6352	C15H15N 209.12045 1915 494-19-9 PS LS/Q Antidepressant
167, 152, 105, 178	2,2-Diphenylethylamine formyl artifact 7623	C15H15N 209.12045 1510 PS LM/Q Chemical
104, 94, 77, 166	Aprindine-M (N-dealkyl-) 2882	C15H15N 209.12045 1920 UHY U+ UHYAC U+ UHYAC LS/Q Antiarrhythmic rat
194	Dimetacrine-M (ring) 1169	C15H15N 209.12045 1905 U 6267-02-3 LM Antidepressant rat
73, 151, 177, 193	4-(1-Aminoethyl-)phenol TMS 7598	C11H19NOSi 209.12360 1125 PS LM/Q Chemical
97, 81, 123, 165	TCDI 3601	C12H19NS 209.12383 1535 PS LM/Q Psychedelic Designer drug synth. by Haerer/Kovar
72, 94, 122, 137	Etilamfetamine-M (HO-methoxy-) MDE-M (demethylenyl-methyl-) 4364	C12H19NO2 209.14157 1640 UHY PS LM/Q Psychedelic synth. by Ensslin/Kovar

242

209

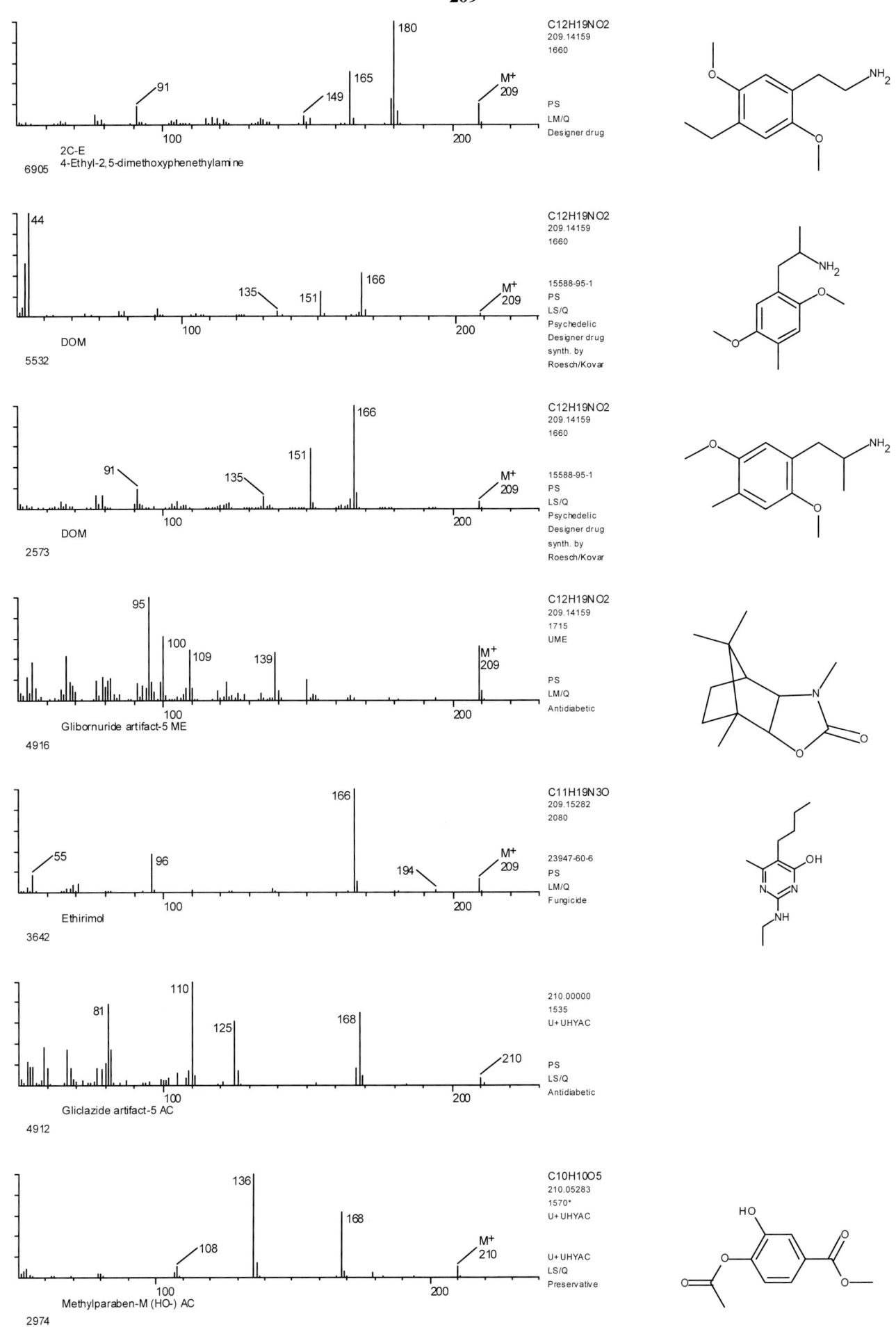

2C-E
4-Ethyl-2,5-dimethoxyphenethylamine
6905

C12H19NO2
209.14159
1660

PS
LM/Q
Designer drug

DOM
5532

C12H19NO2
209.14159
1660
15588-95-1
PS
LS/Q
Psychedelic
Designer drug
synth. by
Roesch/Kovar

DOM
2573

C12H19NO2
209.14159
1660
15588-95-1
PS
LS/Q
Psychedelic
Designer drug
synth. by
Roesch/Kovar

Glibornuride artifact-5 ME
4916

C12H19NO2
209.14159
1715
UME

PS
LM/Q
Antidiabetic

Ethirimol
3642

C11H19N3O
209.15282
2080

23947-60-6
PS
LM/Q
Fungicide

Gliclazide artifact-5 AC
4912

210.00000
1535
U+UHYAC

PS
LS/Q
Antidiabetic

Methylparaben-M (HO-) AC
2974

C10H10O5
210.05283
1570*
U+UHYAC

U+UHYAC
LS/Q
Preservative

243

210

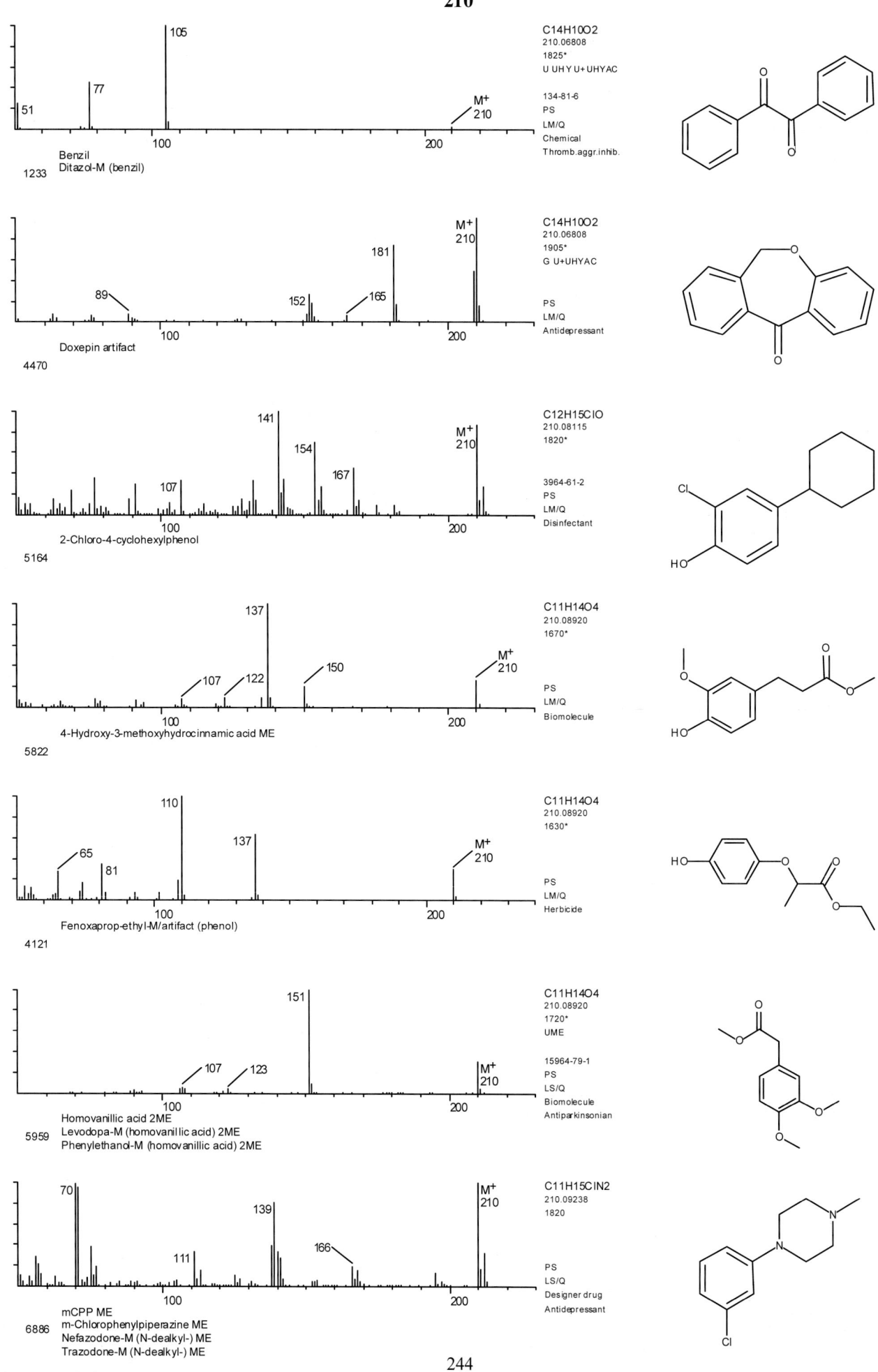

Benzil
Ditazol-M (benzil)
1233

C14H10O2
210.06808
1825*
U UHY U+ UHYAC
134-81-6
PS
LM/Q
Chemical
Thromb.aggr.inhib.

Doxepin artifact
4470

C14H10O2
210.06808
1905*
G U+UHYAC
PS
LM/Q
Antidepressant

2-Chloro-4-cyclohexylphenol
5164

C12H15ClO
210.08115
1820*
3964-61-2
PS
LM/Q
Disinfectant

4-Hydroxy-3-methoxyhydrocinnamic acid ME
5822

C11H14O4
210.08920
1670*
PS
LM/Q
Biomolecule

Fenoxaprop-ethyl-M/artifact (phenol)
4121

C11H14O4
210.08920
1630*
PS
LM/Q
Herbicide

Homovanillic acid 2ME
Levodopa-M (homovanillic acid) 2ME
Phenylethanol-M (homovanillic acid) 2ME
5959

C11H14O4
210.08920
1720*
UME
15964-79-1
PS
LS/Q
Biomolecule
Antiparkinsonian

mCPP ME
m-Chlorophenylpiperazine ME
Nefazodone-M (N-dealkyl-) ME
Trazodone-M (N-dealkyl-) ME
6886

C11H15ClN2
210.09238
1820
PS
LS/Q
Designer drug
Antidepressant

210

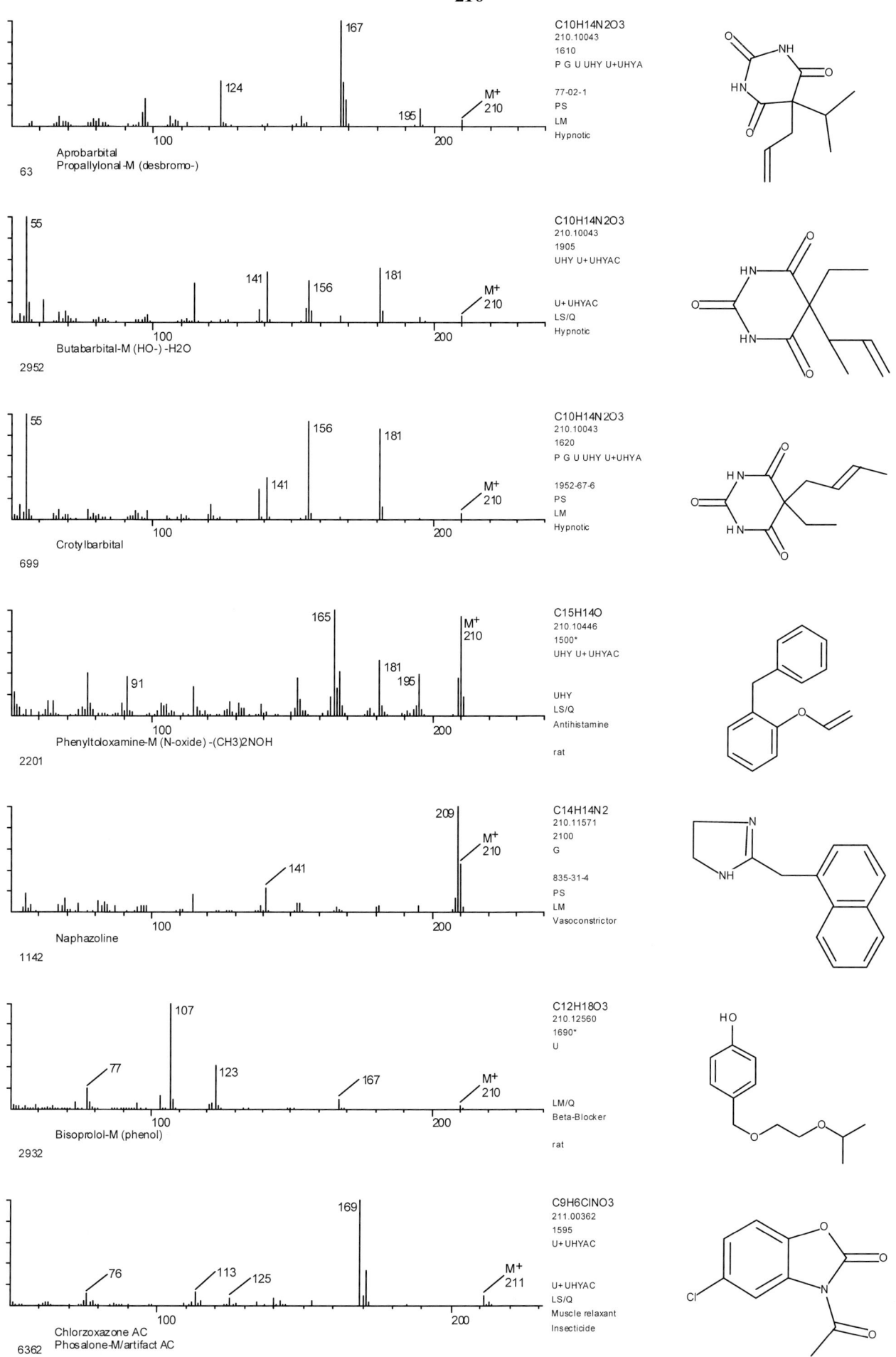

C10H14N2O3
210.10043
1610
P G U UHY U+UHYA

77-02-1
PS
LM
Hypnotic

Aprobarbital
Propallylonal-M (desbromo-)

C10H14N2O3
210.10043
1905
UHY U+UHYAC

U+UHYAC
LS/Q
Hypnotic

Butabarbital-M (HO-) -H2O

C10H14N2O3
210.10043
1620
P G U UHY U+UHYA

1952-67-6
PS
LM
Hypnotic

Crotylbarbital

C15H14O
210.10446
1500*
UHY U+UHYAC

UHY
LS/Q
Antihistamine

rat

Phenyltoloxamine-M (N-oxide) -(CH3)2NOH

C14H14N2
210.11571
2100
G

835-31-4
PS
LM
Vasoconstrictor

Naphazoline

C12H18O3
210.12560
1690*
U

LM/Q
Beta-Blocker

rat

Bisoprolol-M (phenol)

C9H6ClNO3
211.00362
1595
U+UHYAC

U+UHYAC
LS/Q
Muscle relaxant
Insecticide

Chlorzoxazone AC
Phosalone-M/artifact AC

211

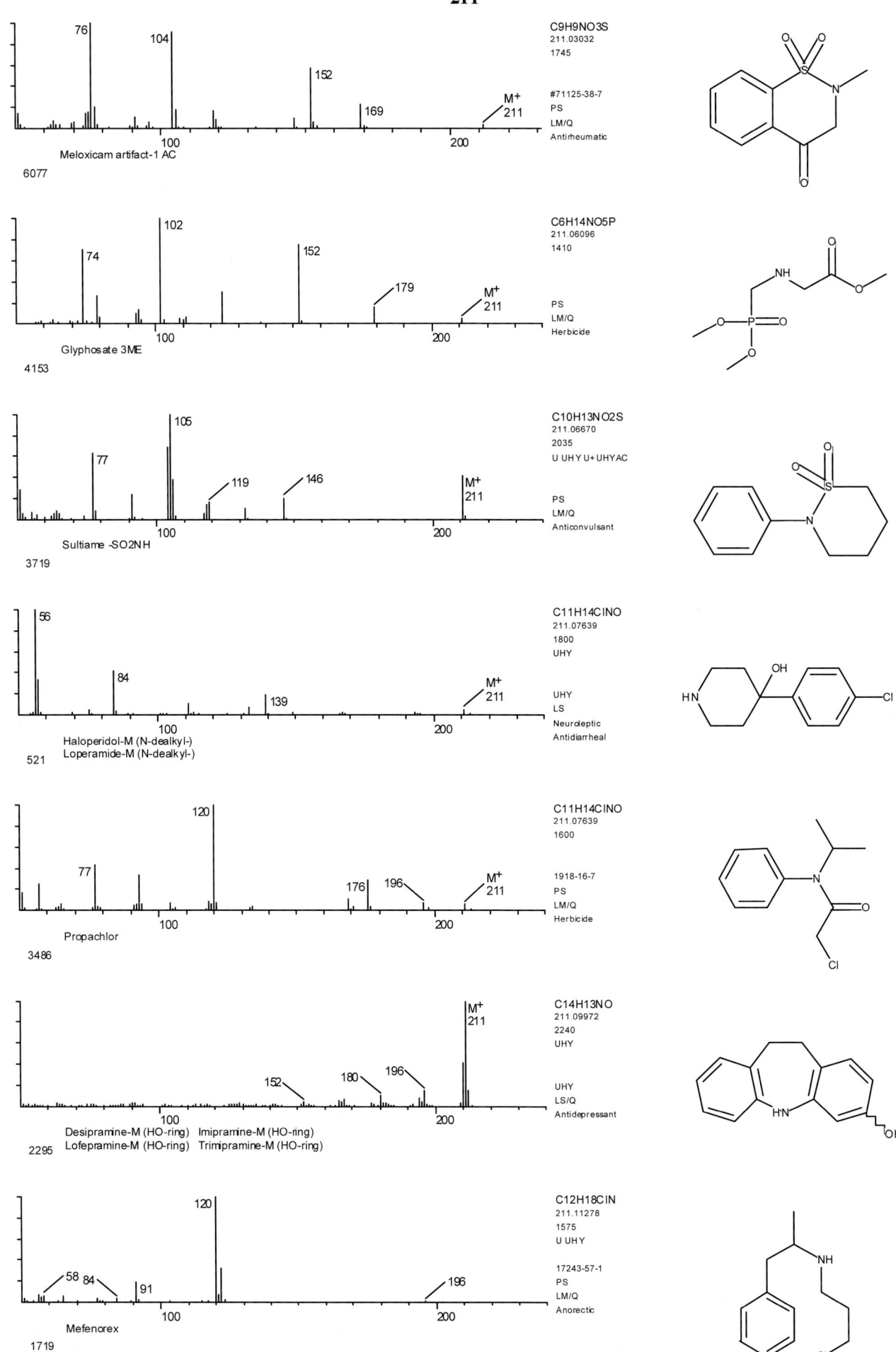

C9H9NO3S
211.03032
1745
#71125-38-7
PS
LM/Q
Antirheumatic

Meloxicam artifact-1 AC
6077

C6H14NO5P
211.06096
1410

PS
LM/Q
Herbicide

Glyphosate 3ME
4153

C10H13NO2S
211.06670
2035
U UHY U+ UHYAC

PS
LM/Q
Anticonvulsant

Sultiame -SO2NH
3719

C11H14ClNO
211.07639
1800
UHY

UHY
LS
Neuroleptic
Antidiarrheal

Haloperidol-M (N-dealkyl-)
Loperamide-M (N-dealkyl-)
521

C11H14ClNO
211.07639
1600

1918-16-7
PS
LM/Q
Herbicide

Propachlor
3486

C14H13NO
211.09972
2240
UHY

UHY
LS/Q
Antidepressant

Desipramine-M (HO-ring)   Imipramine-M (HO-ring)
Lofepramine-M (HO-ring)   Trimipramine-M (HO-ring)
2295

C12H18ClN
211.11278
1575
U UHY

17243-57-1
PS
LM/Q
Anorectic

Mefenorex
1719

246

211

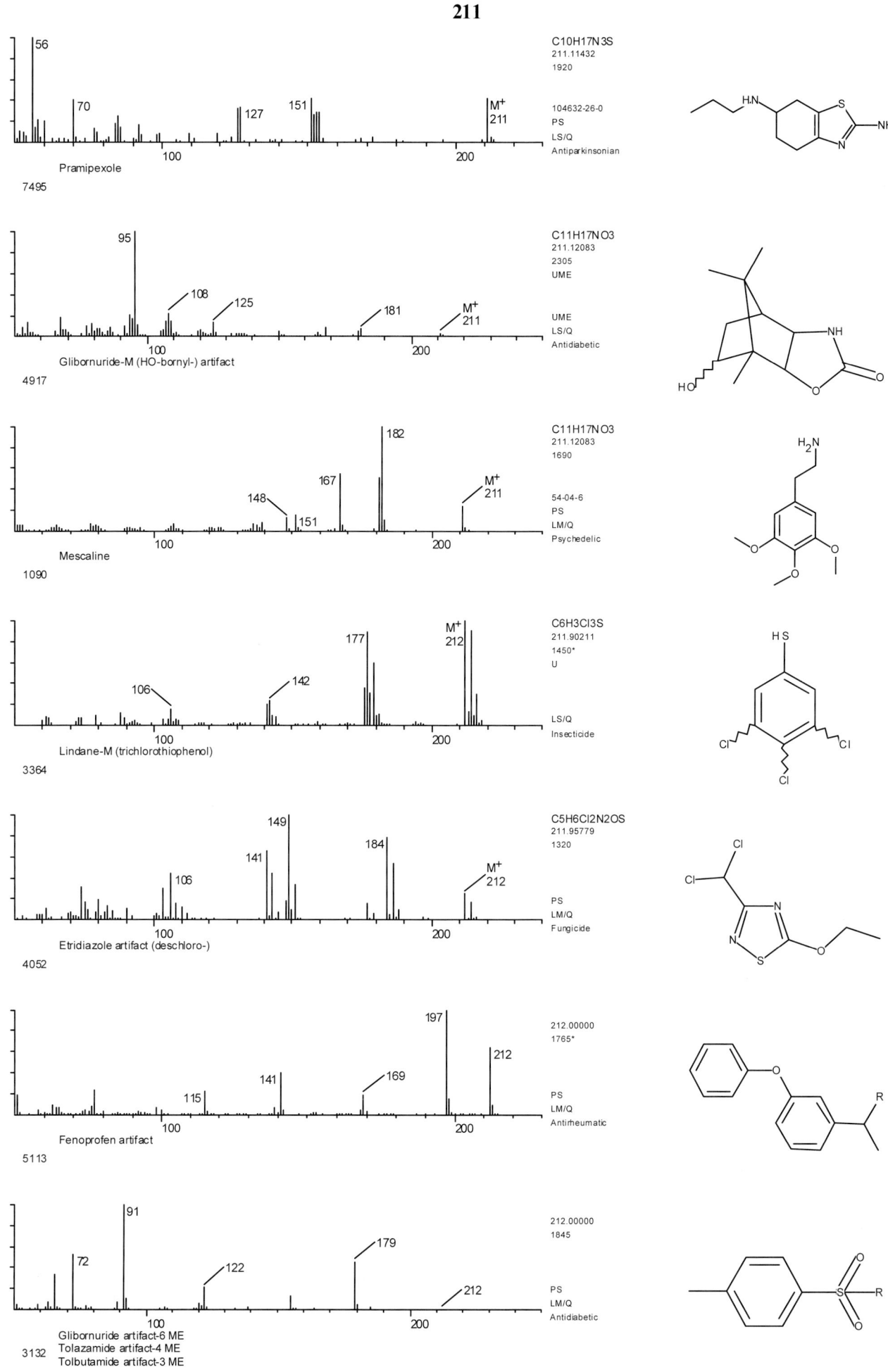

Pramipexole — C10H17N3S, 211.11432, 1920, 104632-26-0, PS, LS/Q, Antiparkinsonian
Peaks: 56, 70, 127, 151, M+ 211

Glibornuride-M (HO-bornyl-) artifact — C11H17NO3, 211.12083, 2305, UME, LS/Q, Antidiabetic
Peaks: 95, 108, 125, 181, M+ 211

Mescaline — C11H17NO3, 211.12083, 1690, 54-04-6, PS, LM/Q, Psychedelic
Peaks: 148, 151, 167, 182, M+ 211

Lindane-M (trichlorothiophenol) — C6H3Cl3S, 211.90211, 1450*, U, LS/Q, Insecticide
Peaks: 106, 142, 177, M+ 212

Etridiazole artifact (deschloro-) — C5H6Cl2N2OS, 211.95779, 1320, PS, LM/Q, Fungicide
Peaks: 106, 141, 149, 184, M+ 212

Fenoprofen artifact — 212.00000, 1765*, PS, LM/Q, Antirheumatic
Peaks: 115, 141, 169, 197, 212

Glibornuride artifact-6 ME / Tolazamide artifact-4 ME / Tolbutamide artifact-3 ME — 212.00000, 1845, PS, LM/Q, Antidiabetic
Peaks: 72, 91, 122, 179, 212

247

212

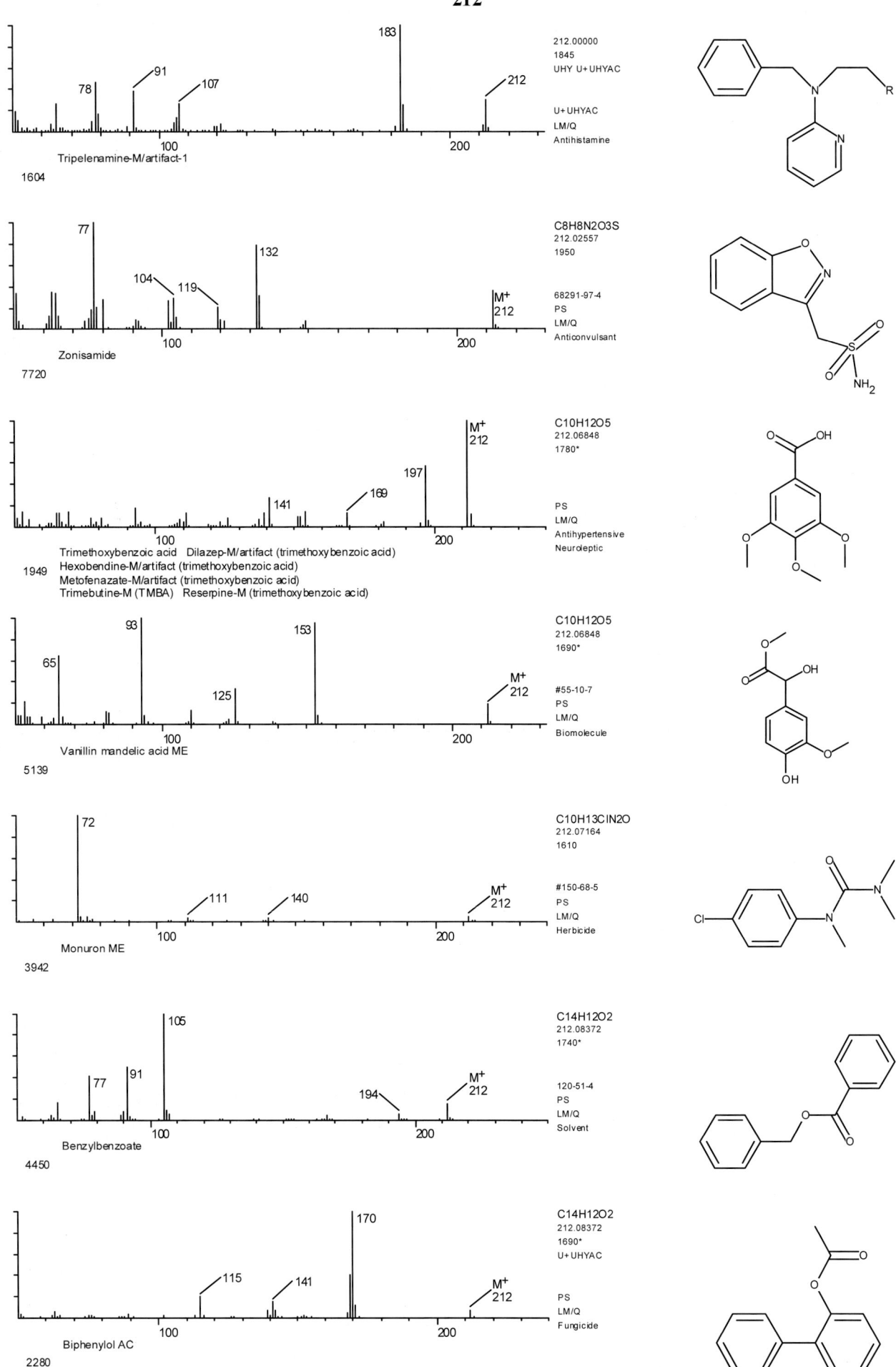

Tripelenamine-M/artifact-1
1604
- 78, 91, 107, 183, 212
- 212.00000
- 1845
- UHY U+ UHYAC
- U+ UHYAC
- LM/Q
- Antihistamine

Zonisamide
7720
- 77, 104, 119, 132, M+ 212
- C8H8N2O3S
- 212.02557
- 1950
- 68291-97-4
- PS
- LM/Q
- Anticonvulsant

Trimethoxybenzoic acid   Dilazep-M/artifact (trimethoxybenzoic acid)
Hexobendine-M/artifact (trimethoxybenzoic acid)
Metofenazate-M/artifact (trimethoxybenzoic acid)
Trimebutine-M (TMBA)   Reserpine-M (trimethoxybenzoic acid)
1949
- 141, 169, 197, M+ 212
- C10H12O5
- 212.06848
- 1780*
- PS
- LM/Q
- Antihypertensive
- Neuroleptic

Vanillin mandelic acid ME
5139
- 65, 93, 125, 153, M+ 212
- C10H12O5
- 212.06848
- 1690*
- #55-10-7
- PS
- LM/Q
- Biomolecule

Monuron ME
3942
- 72, 111, 140, M+ 212
- C10H13ClN2O
- 212.07164
- 1610
- #150-68-5
- PS
- LM/Q
- Herbicide

Benzylbenzoate
4450
- 77, 91, 105, 194, M+ 212
- C14H12O2
- 212.08372
- 1740*
- 120-51-4
- PS
- LM/Q
- Solvent

Biphenylol AC
2280
- 115, 141, 170, M+ 212
- C14H12O2
- 212.08372
- 1690*
- U+ UHYAC
- PS
- LM/Q
- Fungicide

212

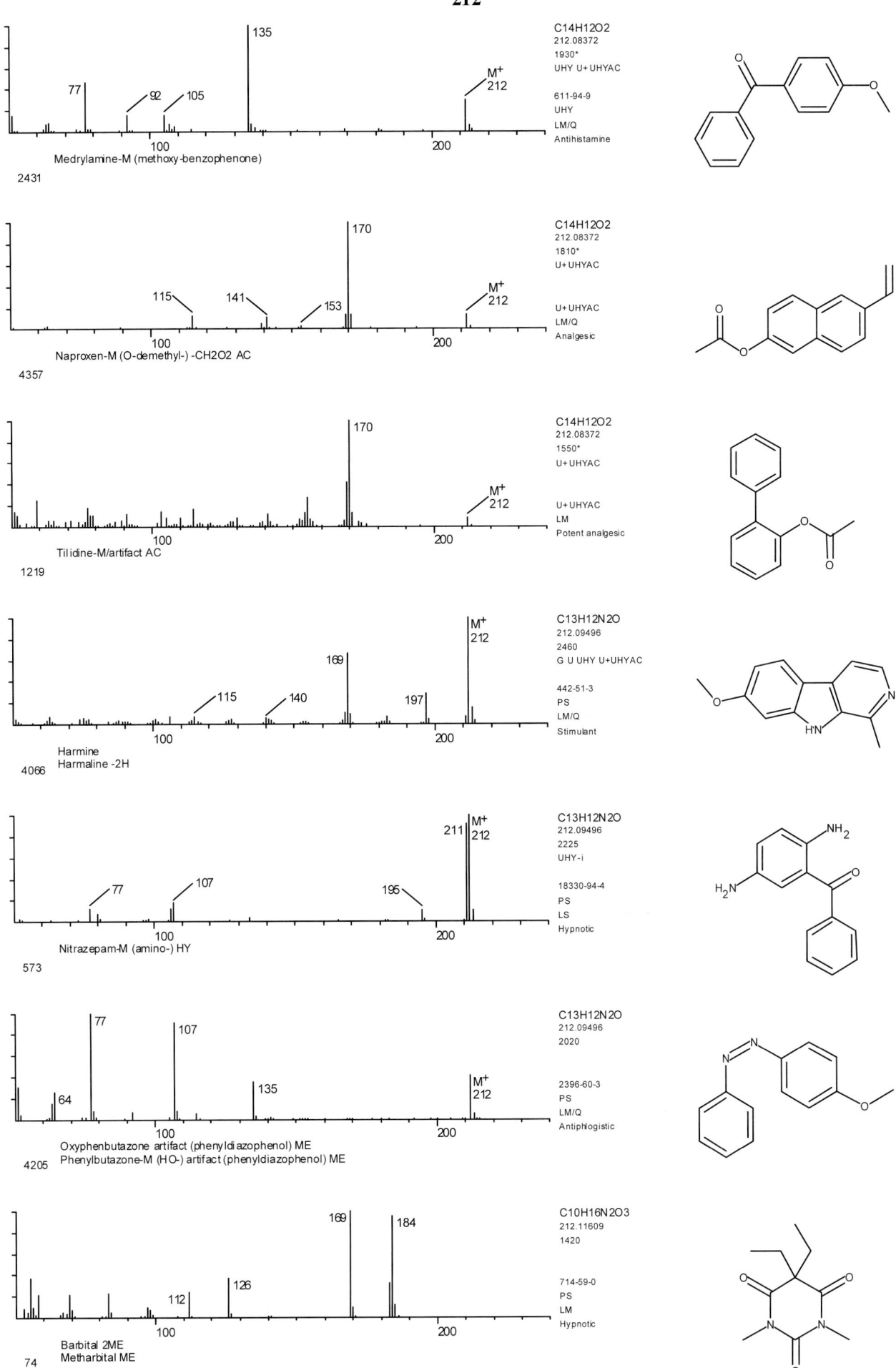

C14H12O2
212.08372
1930*
UHY U+ UHYAC

611-94-9
UHY
LM/Q
Antihistamine

Medrylamine-M (methoxy-benzophenone)

C14H12O2
212.08372
1810*
U+ UHYAC

U+ UHYAC
LM/Q
Analgesic

Naproxen-M (O-demethyl-) -CH2O2 AC

C14H12O2
212.08372
1550*
U+ UHYAC

U+ UHYAC
LM
Potent analgesic

Tilidine-M/artifact AC

C13H12N2O
212.09496
2460
G U UHY U+ UHYAC

442-51-3
PS
LM/Q
Stimulant

Harmine
Harmaline -2H

C13H12N2O
212.09496
2225
UHY-i

18330-94-4
PS
LS
Hypnotic

Nitrazepam-M (amino-) HY

C13H12N2O
212.09496
2020

2396-60-3
PS
LM/Q
Antiphlogistic

Oxyphenbutazone artifact (phenyldiazophenol) ME
Phenylbutazone-M (HO-) artifact (phenyldiazophenol) ME

C10H16N2O3
212.11609
1420

714-59-0
PS
LM
Hypnotic

Barbital 2ME
Metharbital ME

249

212

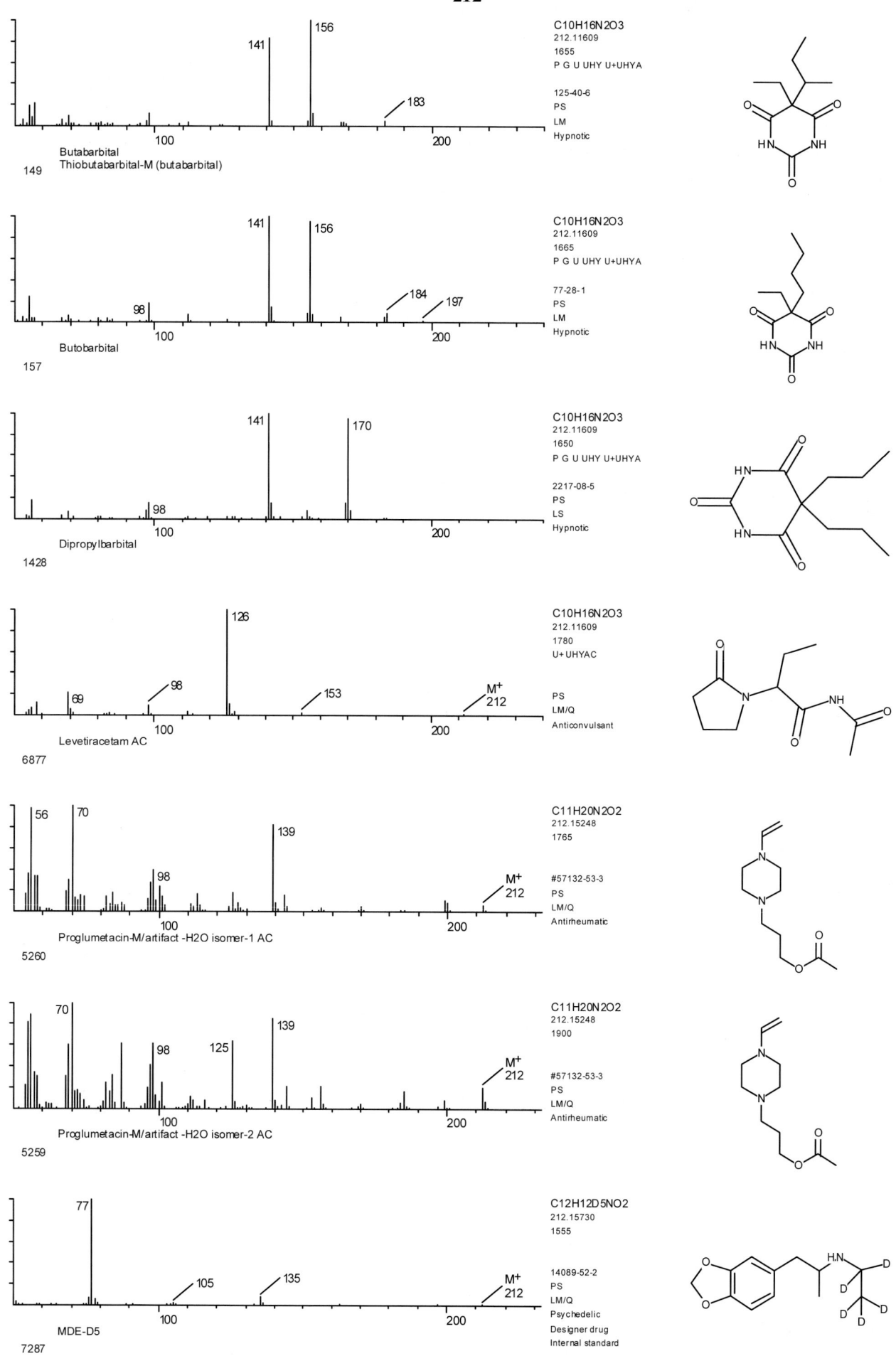

Butabarbital
Thiobutabarbital-M (butabarbital)
149

C10H16N2O3
212.11609
1655
P G U UHY U+UHYA
125-40-6
PS
LM
Hypnotic

Butobarbital
157

C10H16N2O3
212.11609
1665
P G U UHY U+UHYA
77-28-1
PS
LM
Hypnotic

Dipropylbarbital
1428

C10H16N2O3
212.11609
1650
P G U UHY U+UHYA
2217-08-5
PS
LS
Hypnotic

Levetiracetam AC
6877

C10H16N2O3
212.11609
1780
U+ UHYAC
PS
LM/Q
Anticonvulsant

Proglumetacin-M/artifact -H2O isomer-1 AC
5260

C11H20N2O2
212.15248
1765
#57132-53-3
PS
LM/Q
Antirheumatic

Proglumetacin-M/artifact -H2O isomer-2 AC
5259

C11H20N2O2
212.15248
1900
#57132-53-3
PS
LM/Q
Antirheumatic

MDE-D5
7287

C12H12D5NO2
212.15730
1555
14089-52-2
PS
LM/Q
Psychedelic
Designer drug
Internal standard

212

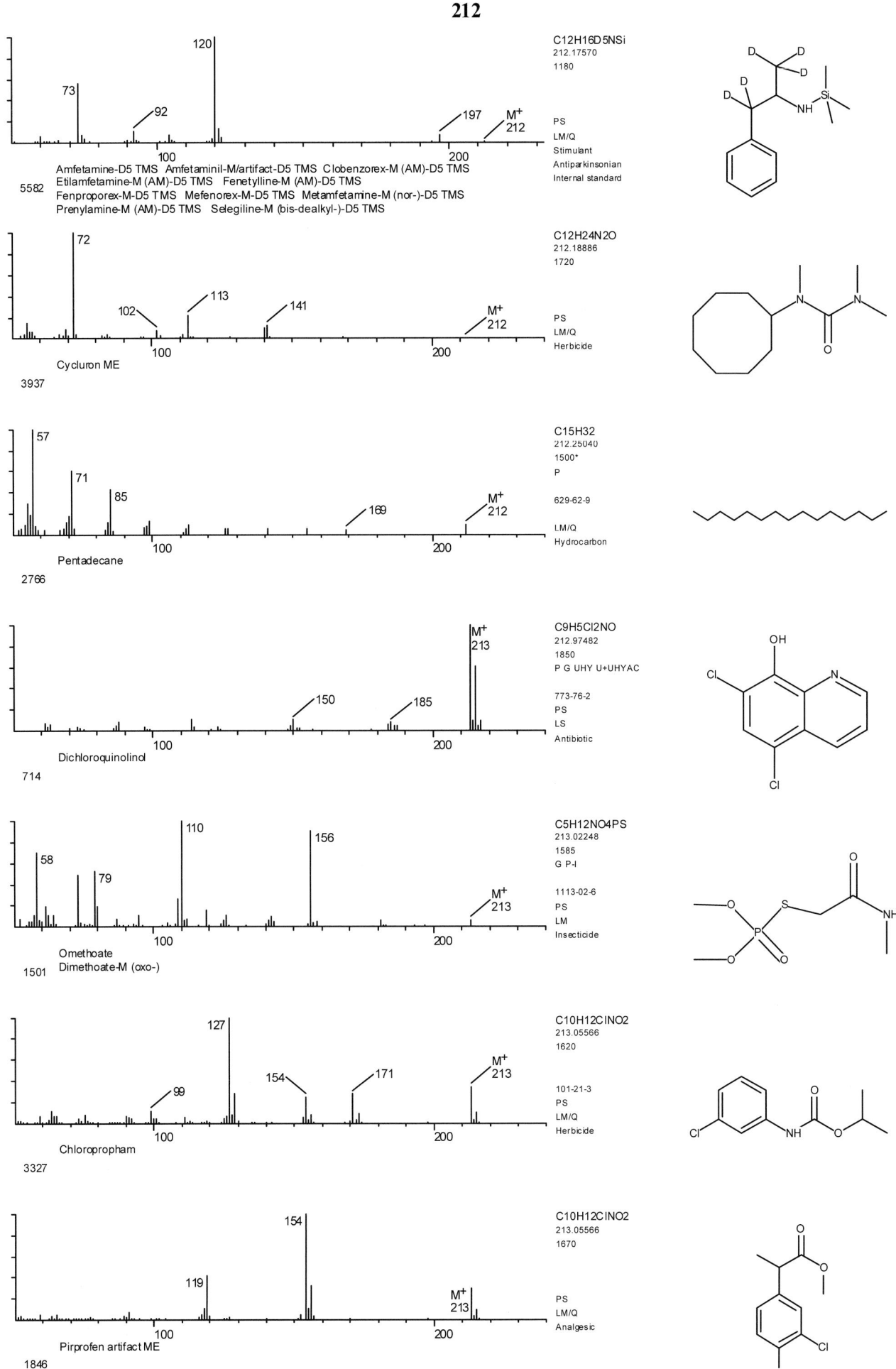

Amfetamine-D5 TMS Amfetaminil-M/artifact-D5 TMS Clobenzorex-M (AM)-D5 TMS Etilamfetamine-M (AM)-D5 TMS Fenetylline-M (AM)-D5 TMS Fenproporex-M-D5 TMS Mefenorex-M-D5 TMS Metamfetamine-M (nor-)-D5 TMS Prenylamine-M (AM)-D5 TMS Selegiline-M (bis-dealkyl-)-D5 TMS	C12H16D5NSi 212.17570 1180 PS LM/Q Stimulant Antiparkinsonian Internal standard

5582

Cycluron ME — C12H24N2O 212.18886 1720 PS LM/Q Herbicide

3937

Pentadecane — C15H32 212.25040 1500* P 629-62-9 LM/Q Hydrocarbon

2766

Dichloroquinolinol — C9H5Cl2NO 212.97482 1850 P G UHY U+UHYAC 773-76-2 PS LS Antibiotic

714

Omethoate Dimethoate-M (oxo-) — C5H12NO4PS 213.02248 1585 G P-I 1113-02-6 PS LM Insecticide

1501

Chloropropham — C10H12ClNO2 213.05566 1620 101-21-3 PS LM/Q Herbicide

3327

Pirprofen artifact ME — C10H12ClNO2 213.05566 1670 PS LM/Q Analgesic

1846

251

213

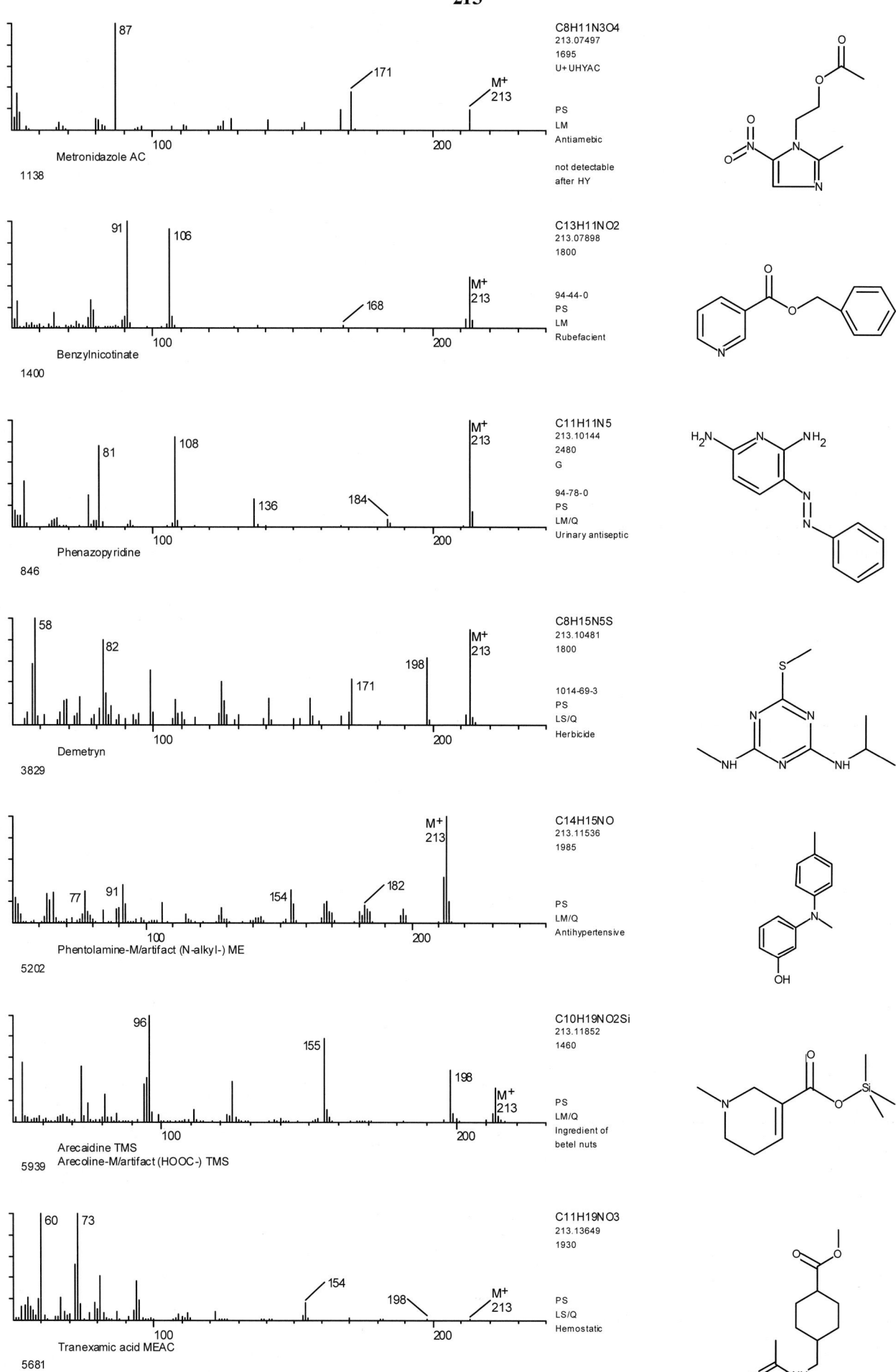

Metronidazole AC — peaks 87, 171, M+ 213	C8H11N3O4 213.07497 1695 U+ UHYAC PS LM Antiamebic not detectable after HY	
Benzylnicotinate — peaks 91, 106, 168, M+ 213	C13H11NO2 213.07898 1800 94-44-0 PS LM Rubefacient	
Phenazopyridine — peaks 81, 108, 136, 184, M+ 213	C11H11N5 213.10144 2480 G 94-78-0 PS LM/Q Urinary antiseptic	
Demetryn — peaks 58, 82, 171, 198, M+ 213	C8H15N5S 213.10481 1800 1014-69-3 PS LS/Q Herbicide	
Phentolamine-M/artifact (N-alkyl-) ME — peaks 77, 91, 154, 182, M+ 213	C14H15NO 213.11536 1985 PS LM/Q Antihypertensive	
Arecaidine TMS / Arecoline-M/artifact (HOOC-) TMS — peaks 96, 155, 198, M+ 213	C10H19NO2Si 213.11852 1460 PS LM/Q Ingredient of betel nuts	
Tranexamic acid MEAC — peaks 60, 73, 154, 198, M+ 213	C11H19NO3 213.13649 1930 PS LS/Q Hemostatic	

252

213

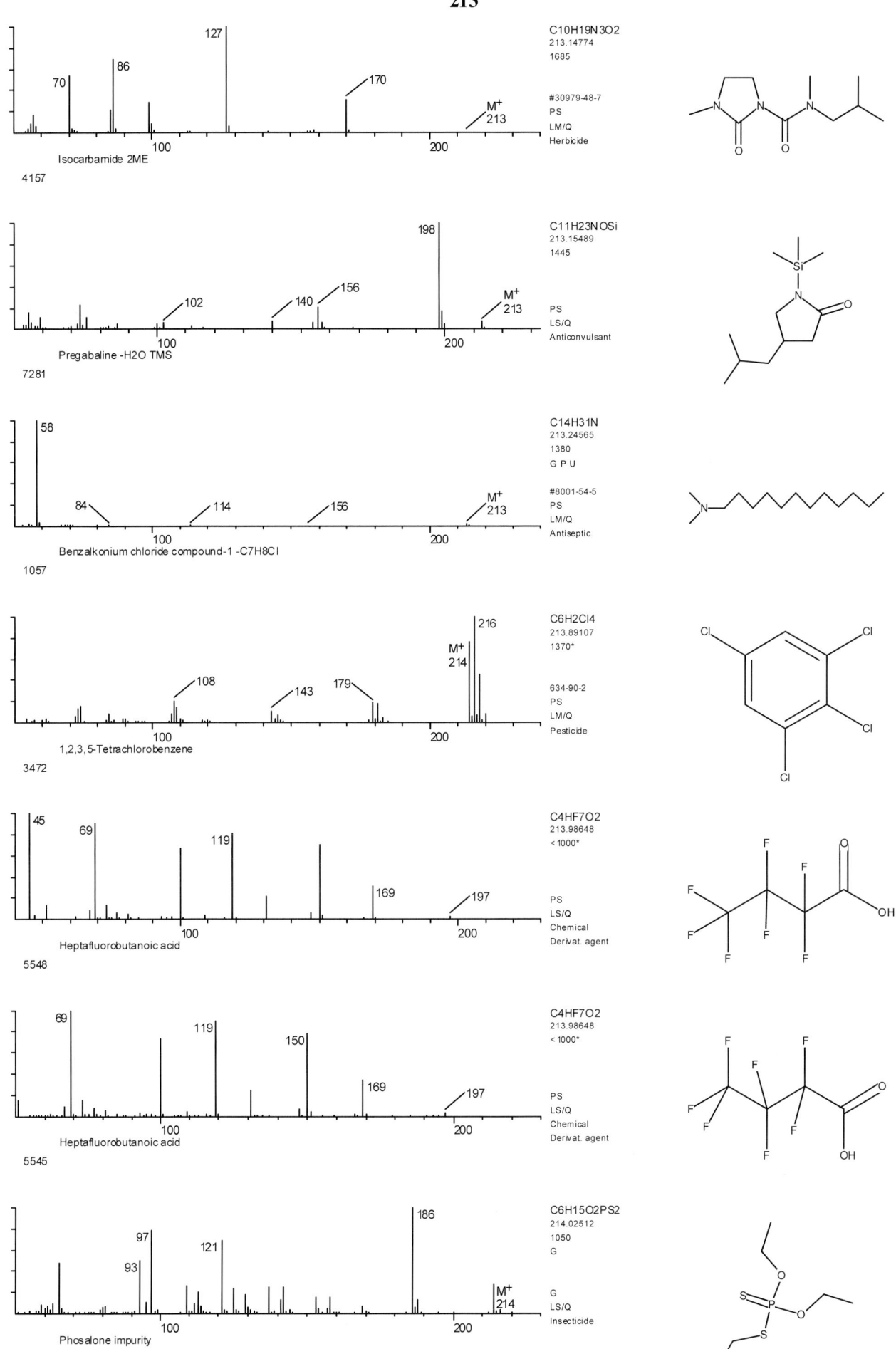

Isocarbamide 2ME
4157
C10H19N3O2
213.14774
1685
#30979-48-7
PS
LM/Q
Herbicide

Pregabaline -H2O TMS
7281
C11H23NOSi
213.15489
1445
PS
LS/Q
Anticonvulsant

Benzalkonium chloride compound-1 -C7H8Cl
1057
C14H31N
213.24565
1380
G P U
#8001-54-5
PS
LM/Q
Antiseptic

1,2,3,5-Tetrachlorobenzene
3472
C6H2Cl4
213.89107
1370*
634-90-2
PS
LM/Q
Pesticide

Heptafluorobutanoic acid
5548
C4HF7O2
213.98648
< 1000*
PS
LS/Q
Chemical
Derivat. agent

Heptafluorobutanoic acid
5545
C4HF7O2
213.98648
< 1000*
PS
LS/Q
Chemical
Derivat. agent

Phosalone impurity
6361
C6H15O2PS2
214.02512
1050
G
G
LS/Q
Insecticide

214

8-Chlorotheophylline
681

Peaks: 68, 129, 157, M+ 214

C7H7ClN4O2
214.02576
2500
P G U

85-18-7
PS
LM
Sedative

not detectable after HY

Clofibric acid   Etofibrate-M (clofibric acid)
Clofibrate-M (clofibric acid)
Etofylline clofibrate-M (clofibric acid)
686

Peaks: 65, 86, 128, 168, M+ 214

C10H11ClO3
214.03967
1640*
U

882-09-7
PS
LM
Anticholesteremic

MCPA ME
2266

Peaks: 125, 141, 155, 182, M+ 214

C10H11ClO3
214.03967
1525*
P U PME UME

PS
LM/Q
Herbicide

Mecoprop
1081

Peaks: 77, 107, 142, 169, M+ 214

C10H11ClO3
214.03967
1540*
U

7085-19-0
PS
LS/Q
Herbicide

Sulfanilamide AC   Sulfabenzamide-M AC   Sulfaethidole-M AC
Sulfaguanole-M AC   Sulfamethizole-M AC   Sulfamethoxazole-M AC
Sulfametoxydiazine-M AC   Sulfaperin-M AC   Sulfathiourea-M AC
974

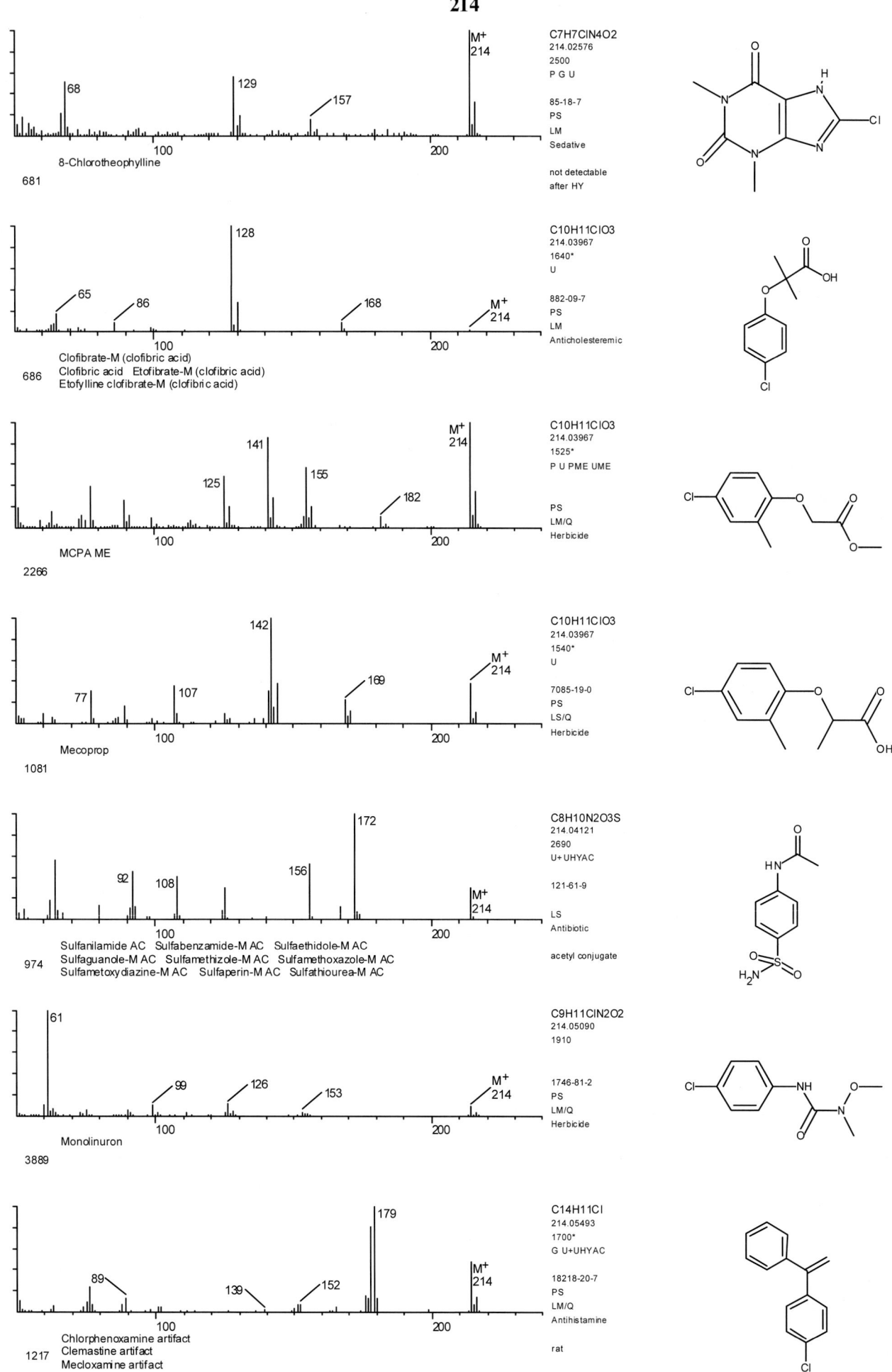

Peaks: 92, 108, 156, 172, M+ 214

C8H10N2O3S
214.04121
2690
U+ UHYAC

121-61-9
LS
Antibiotic

acetyl conjugate

Monolinuron
3889

Peaks: 61, 99, 126, 153, M+ 214

C9H11ClN2O2
214.05090
1910

1746-81-2
PS
LM/Q
Herbicide

Chlorphenoxamine artifact
Clemastine artifact
Mecloxamine artifact
1217

Peaks: 89, 139, 152, 179, M+ 214

C14H11Cl
214.05493
1700*
G U+UHYAC

18218-20-7
PS
LM/Q
Antihistamine

rat

214

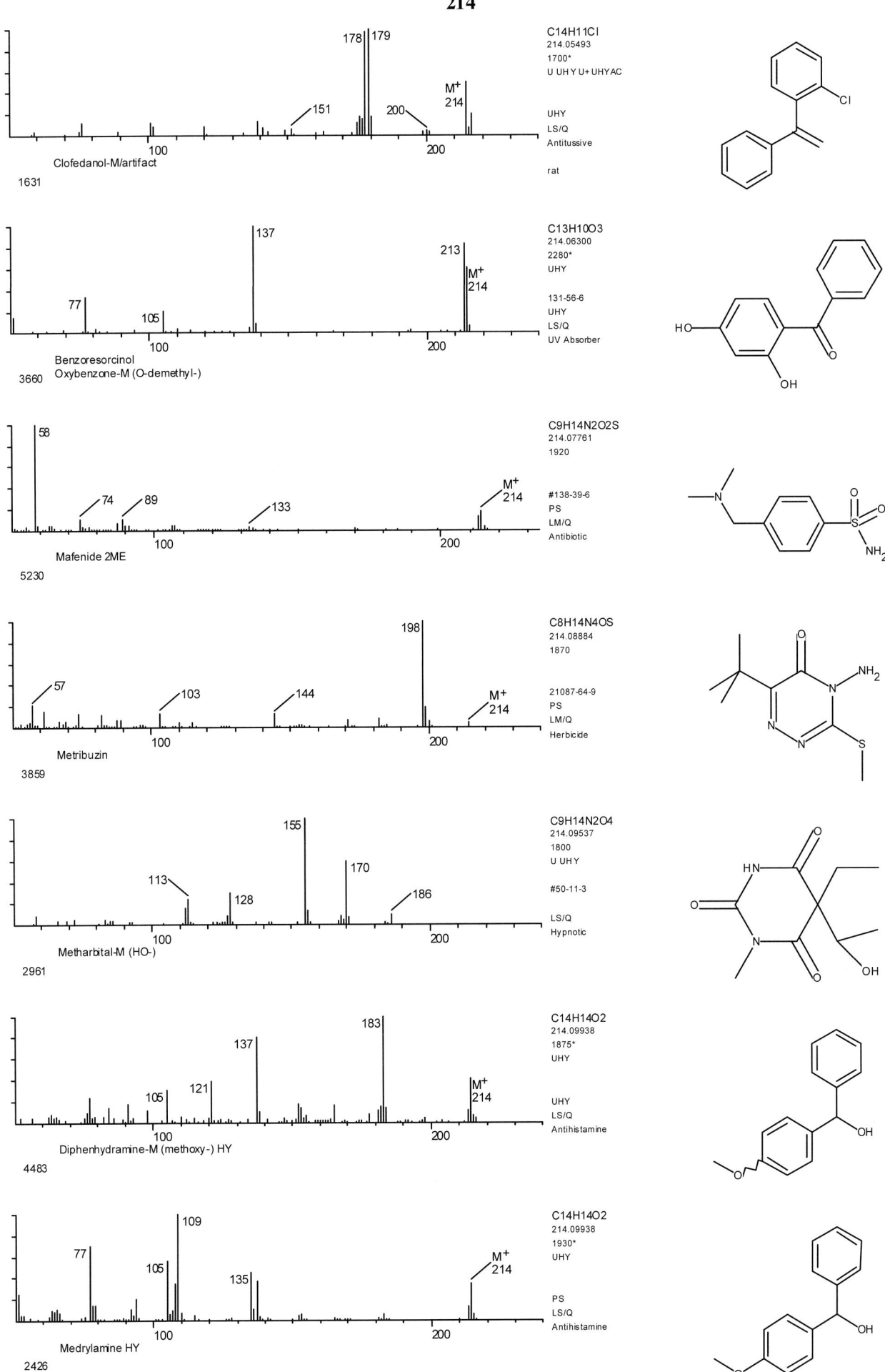

C14H11Cl
214.05493
1700*
U UHY U+ UHYAC

UHY
LS/Q
Antitussive
rat

Clofedanol-M/artifact
1631

C13H10O3
214.06300
2280*
UHY

131-56-6
UHY
LS/Q
UV Absorber

Benzoresorcinol
Oxybenzone-M (O-demethyl-)
3660

C9H14N2O2S
214.07761
1920

#138-39-6
PS
LM/Q
Antibiotic

Mafenide 2ME
5230

C8H14N4OS
214.08884
1870

21087-64-9
PS
LM/Q
Herbicide

Metribuzin
3859

C9H14N2O4
214.09537
1800
U UHY

#50-11-3
LS/Q
Hypnotic

Metharbital-M (HO-)
2961

C14H14O2
214.09938
1875*
UHY

UHY
LS/Q
Antihistamine

Diphenhydramine-M (methoxy-) HY
4483

C14H14O2
214.09938
1930*
UHY

PS
LS/Q
Antihistamine

Medrylamine HY
2426

255

214

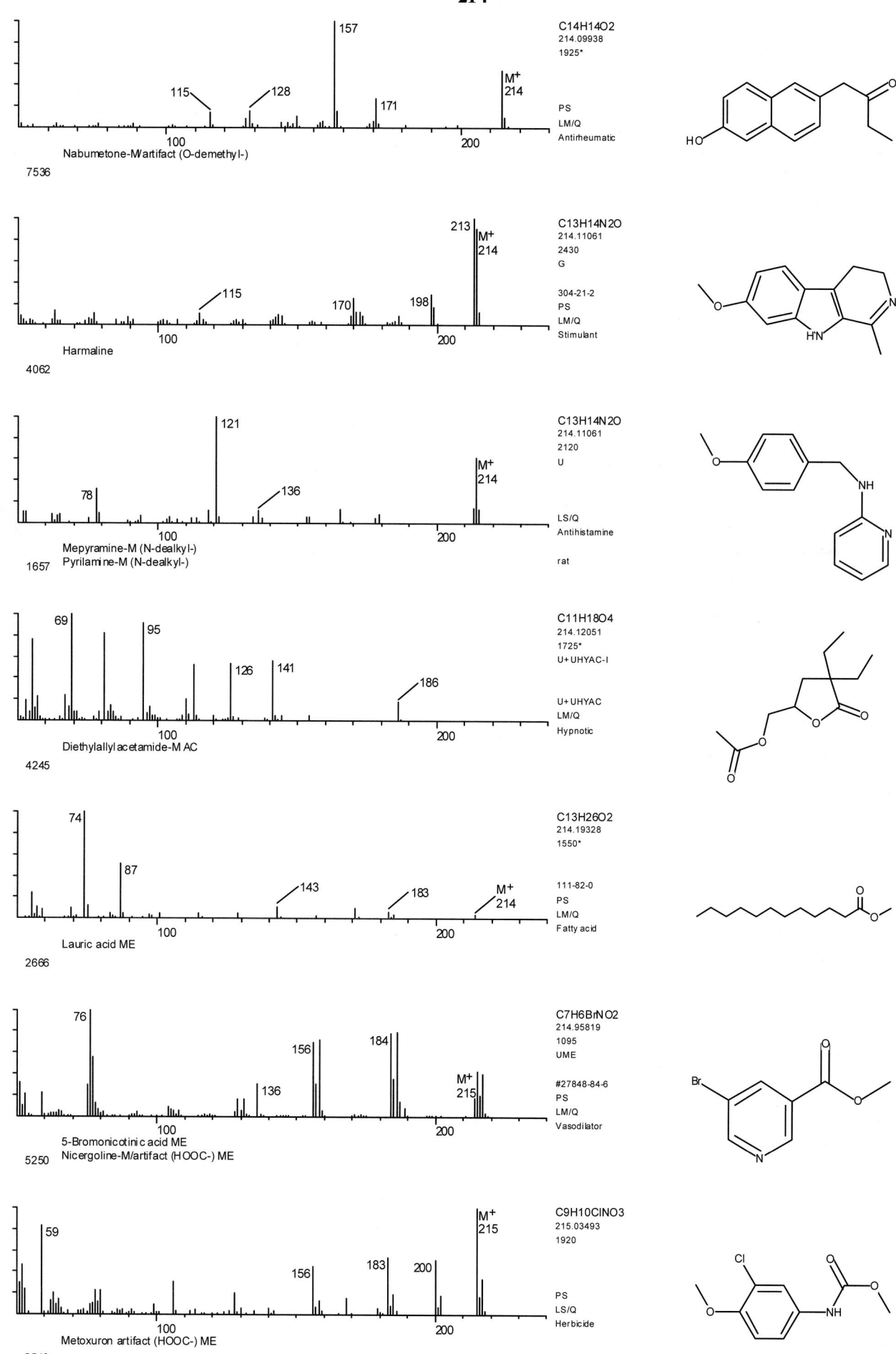

Nabumetone-M/artifact (O-demethyl-)
C14H14O2
214.09938
1925*
PS
LM/Q
Antirheumatic
7536

Harmaline
C13H14N2O
214.11061
2430
G
304-21-2
PS
LM/Q
Stimulant
4062

Mepyramine-M (N-dealkyl-)
Pyrilamine-M (N-dealkyl-)
C13H14N2O
214.11061
2120
U
LS/Q
Antihistamine
rat
1657

Diethylallylacetamide-M AC
C11H18O4
214.12051
1725*
U+UHYAC-I
U+UHYAC
LM/Q
Hypnotic
4245

Lauric acid ME
C13H26O2
214.19328
1550*
111-82-0
PS
LM/Q
Fatty acid
2666

5-Bromonicotinic acid ME
Nicergoline-M/artifact (HOOC-) ME
C7H6BrNO2
214.95819
1095
UME
#27848-84-6
PS
LM/Q
Vasodilator
5250

Metoxuron artifact (HOOC-) ME
C9H10ClNO3
215.03493
1920
PS
LS/Q
Herbicide
2516

256

215

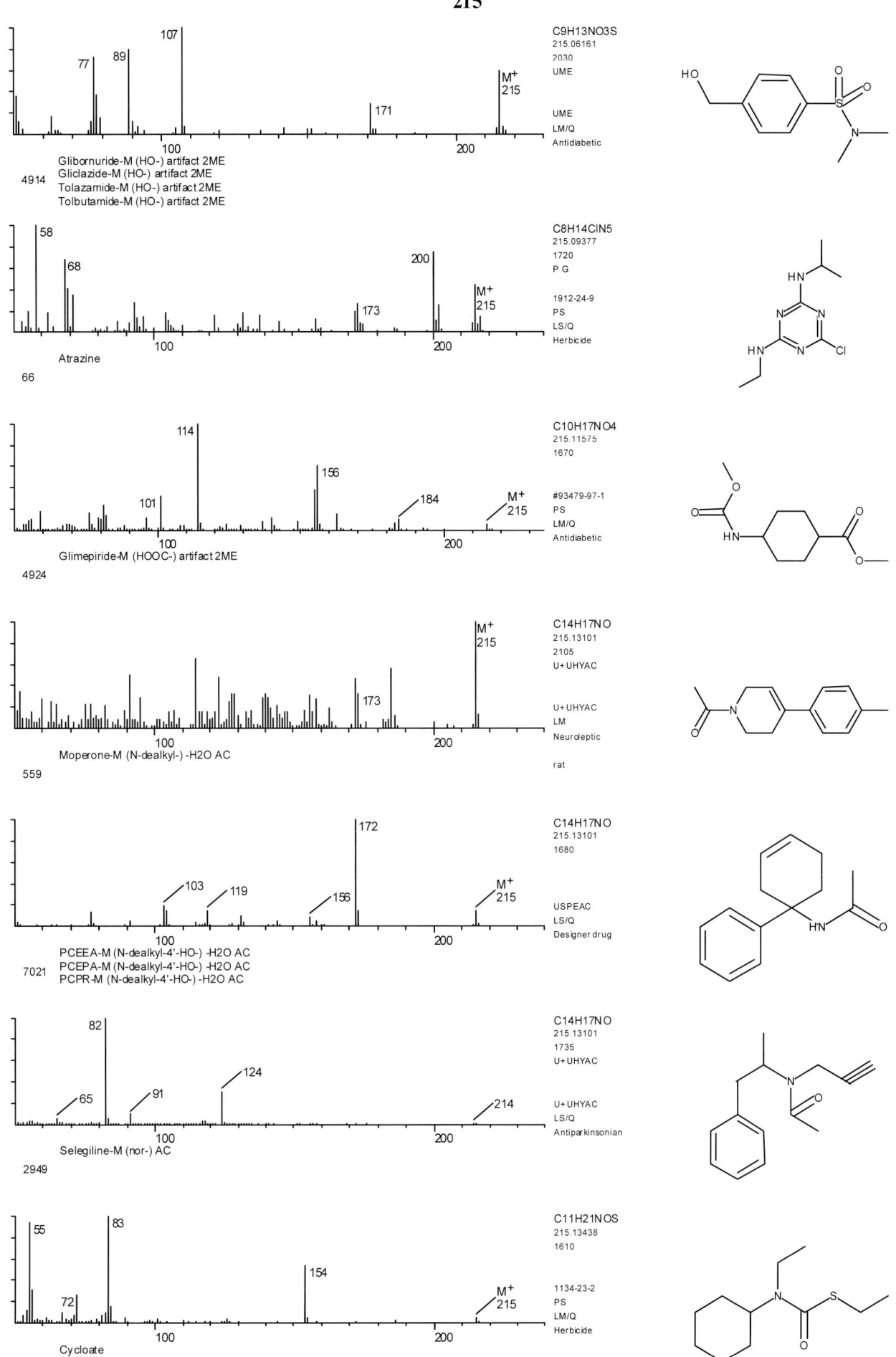

Glibornuride-M (HO-) artifact 2ME Gliclazide-M (HO-) artifact 2ME Tolazamide-M (HO-) artifact 2ME Tolbutamide-M (HO-) artifact 2ME	C9H13NO3S 215.06161 2030 UME UME LM/Q Antidiabetic
4914	

Peaks: 77, 89, 107, 171, M+ 215

Atrazine	C8H14ClN5 215.09377 1720 P G 1912-24-9 PS LS/Q Herbicide
66	

Peaks: 58, 68, 173, 200, M+ 215

Glimepiride-M (HOOC-) artifact 2ME	C10H17NO4 215.11575 1670 #93479-97-1 PS LM/Q Antidiabetic
4924	

Peaks: 101, 114, 156, 184, M+ 215

Moperone-M (N-dealkyl-) -H2O AC	C14H17NO 215.13101 2105 U+ UHYAC U+ UHYAC LM Neuroleptic rat
559	

Peaks: 173, M+ 215

PCEEA-M (N-dealkyl-4'-HO-) -H2O AC PCEPA-M (N-dealkyl-4'-HO-) -H2O AC PCPR-M (N-dealkyl-4'-HO-) -H2O AC	C14H17NO 215.13101 1680 USPEAC LS/Q Designer drug
7021	

Peaks: 103, 119, 156, 172, M+ 215

Selegiline-M (nor-) AC	C14H17NO 215.13101 1735 U+ UHYAC U+ UHYAC LS/Q Antiparkinsonian
2949	

Peaks: 65, 82, 91, 124, 214

Cycloate	C11H21NOS 215.13438 1610 1134-23-2 PS LM/Q Herbicide
3174	

Peaks: 55, 72, 83, 154, M+ 215

257

215

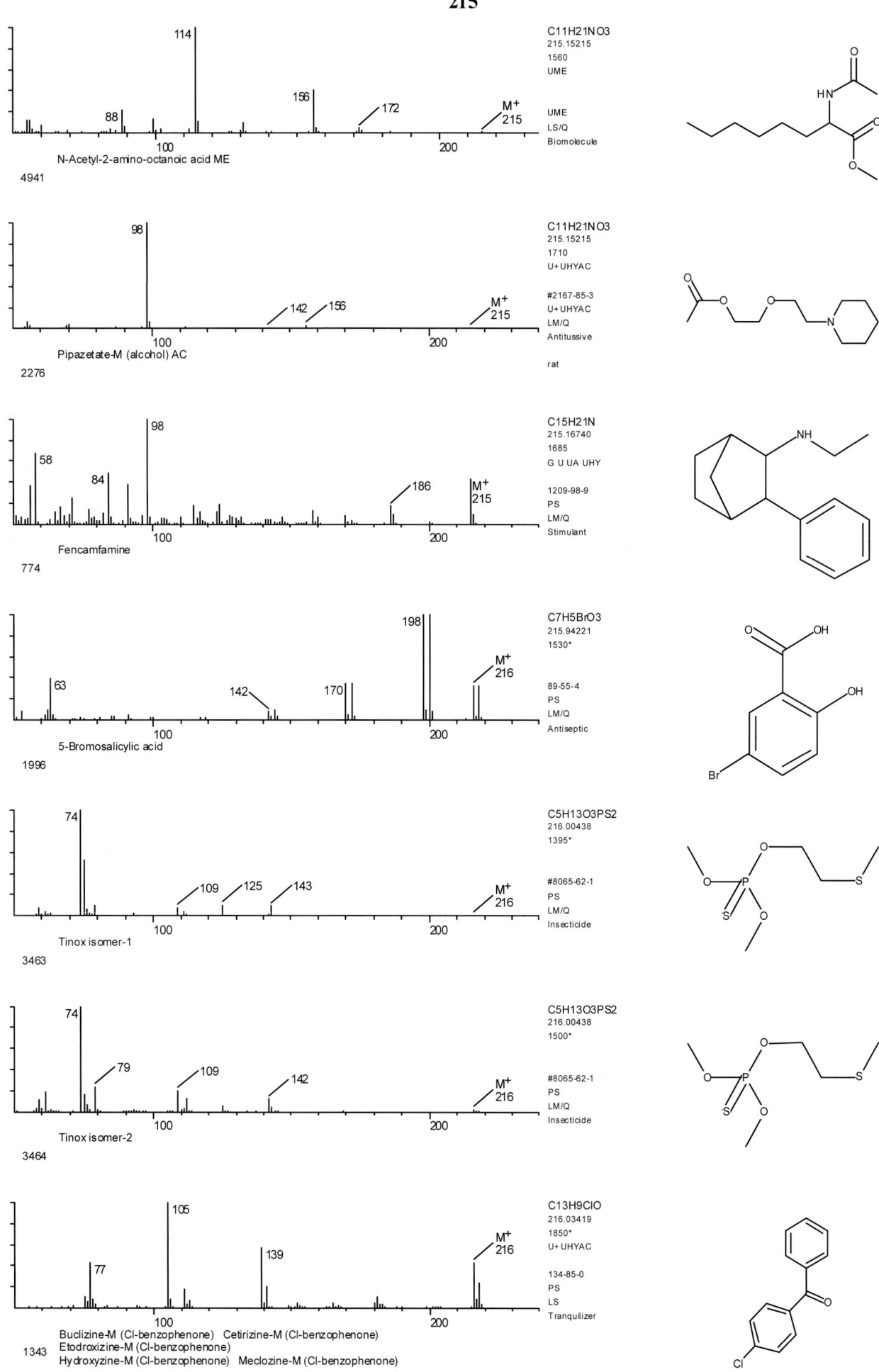

N-Acetyl-2-amino-octanoic acid ME (4941)	C11H21NO3 215.15215 1560 UME UME LS/Q Biomolecule
Pipazetate-M (alcohol) AC (2276)	C11H21NO3 215.15215 1710 U+ UHYAC #2167-85-3 U+ UHYAC LM/Q Antitussive rat
Fencamfamine (774)	C15H21N 215.16740 1685 G U UA UHY 1209-98-9 PS LM/Q Stimulant
5-Bromosalicylic acid (1996)	C7H5BrO3 215.94221 1530* 89-55-4 PS LM/Q Antiseptic
Tinox isomer-1 (3463)	C5H13O3PS2 216.00438 1395* #8065-62-1 PS LM/Q Insecticide
Tinox isomer-2 (3464)	C5H13O3PS2 216.00438 1500* #8065-62-1 PS LM/Q Insecticide
Buclizine-M (Cl-benzophenone) Cetirizine-M (Cl-benzophenone) Etodroxizine-M (Cl-benzophenone) Hydroxyzine-M (Cl-benzophenone) Meclozine-M (Cl-benzophenone) (1343)	C13H9ClO 216.03419 1850* U+ UHYAC 134-85-0 PS LS Tranquilizer

258

216

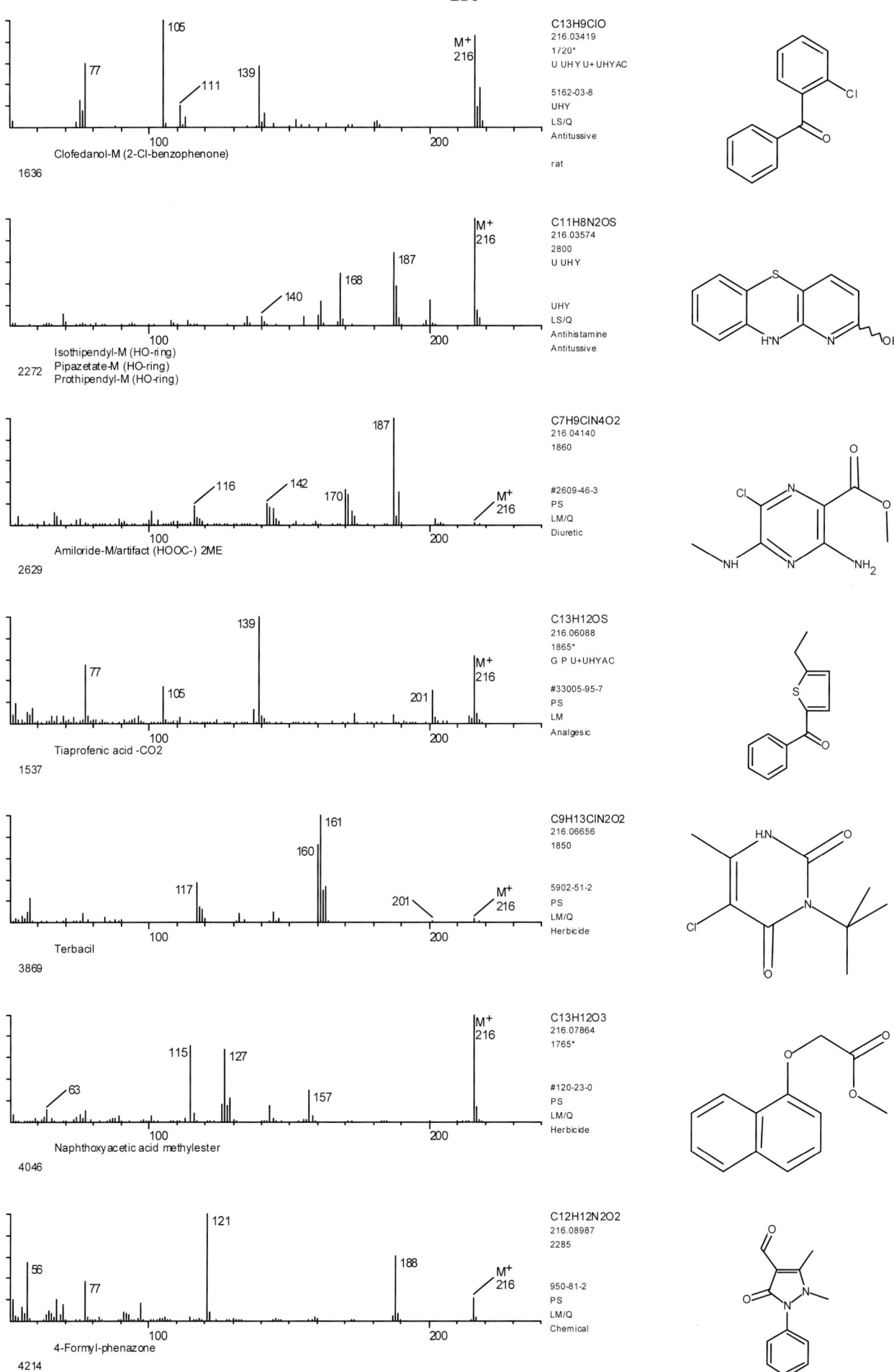

Clofedanol-M (2-Cl-benzophenone)
1636

C13H9ClO
216.03419
1/20*
U UH Y U+ UHYAC

5162-03-8
UHY
LS/Q
Antitussive

rat

Isothipendyl-M (HO-ring)
Pipazetate-M (HO-ring)
Prothipendyl-M (HO-ring)
2272

C11H8N2OS
216.03574
2800
U UH Y

UHY
LS/Q
Antihistamine
Antitussive

Amiloride-M/artifact (HOOC-) 2ME
2629

C7H9ClN4O2
216.04140
1860

#2609-46-3
PS
LM/Q
Diuretic

Tiaprofenic acid -CO2
1537

C13H12OS
216.06088
1865*
G P U+UHYAC

#33005-95-7
PS
LM
Analgesic

Terbacil
3869

C9H13ClN2O2
216.06656
1850

5902-51-2
PS
LM/Q
Herbicide

Naphthoxyacetic acid methylester
4046

C13H12O3
216.07864
1765*

#120-23-0
PS
LM/Q
Herbicide

4-Formyl-phenazone
4214

C12H12N2O2
216.08987
2285

950-81-2
PS
LM/Q
Chemical

259

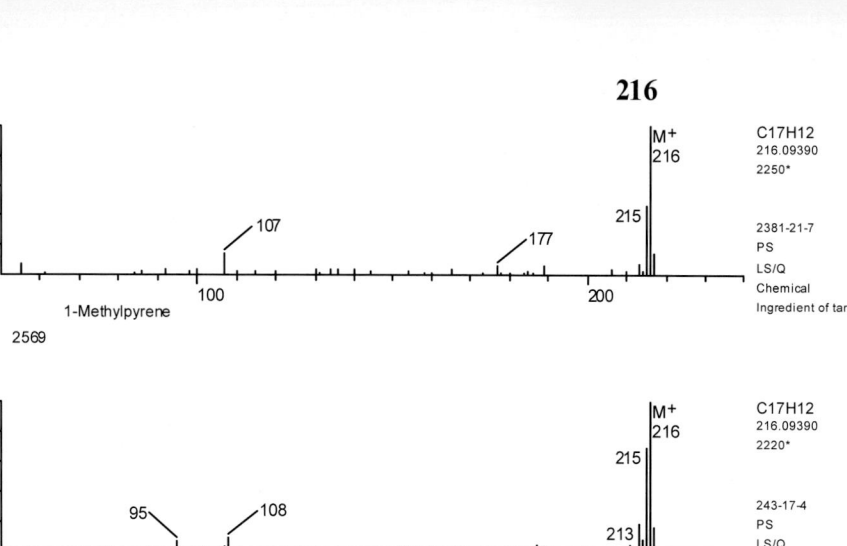

216

C17H12
216.09390
2250*

2381-21-7
PS
LS/Q
Chemical
Ingredient of tar

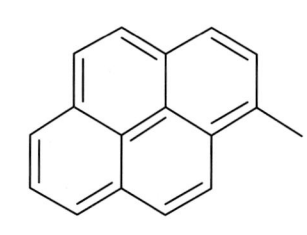

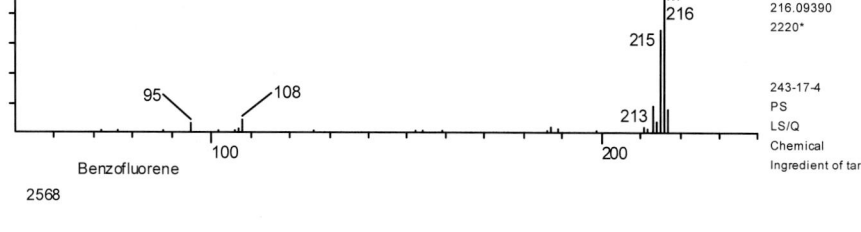

1-Methylpyrene
2569

C17H12
216.09390
2220*

243-17-4
PS
LS/Q
Chemical
Ingredient of tar

Benzofluorene
2568

C13H16OSi
216.09705
1525*

PS
LM/Q
Antidepressant
Chemical

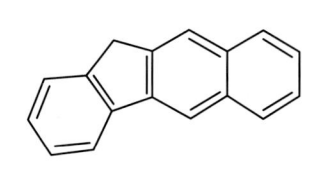

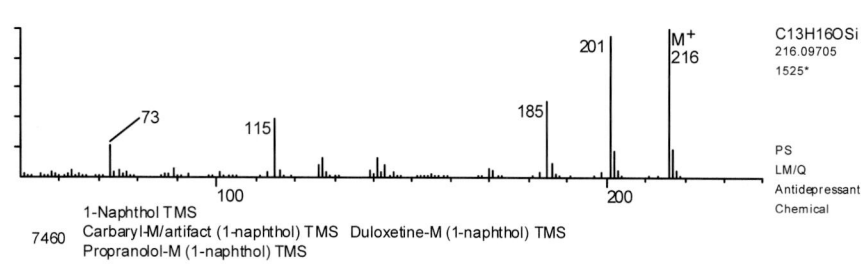

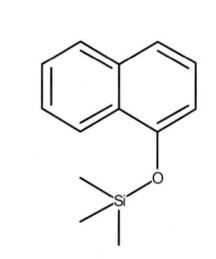

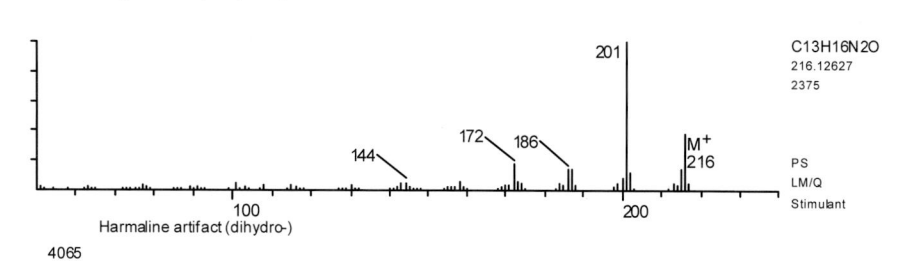

1-Naphthol TMS
Carbaryl-M/artifact (1-naphthol) TMS Duloxetine-M (1-naphthol) TMS
7460 Propranolol-M (1-naphthol) TMS

C13H16N2O
216.12627
2375

PS
LM/Q
Stimulant

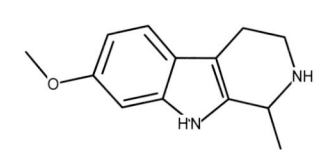

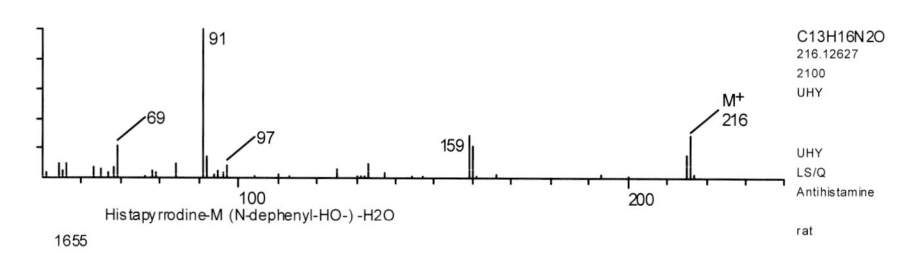

Harmaline artifact (dihydro-)
4065

C13H16N2O
216.12627
2100
UHY

UHY
LS/Q
Antihistamine
rat

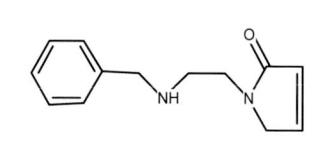

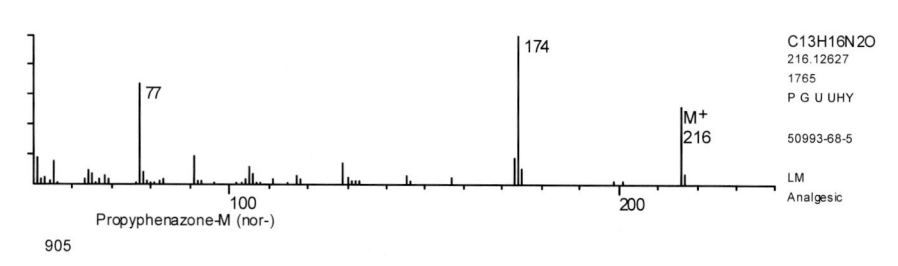

Histapyrrodine-M (N-dephenyl-HO-) -H2O
1655

C13H16N2O
216.12627
1765
P G U UHY

50993-68-5

LM
Analgesic

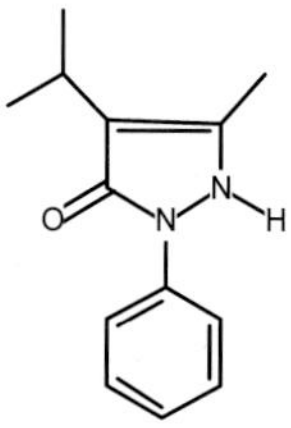

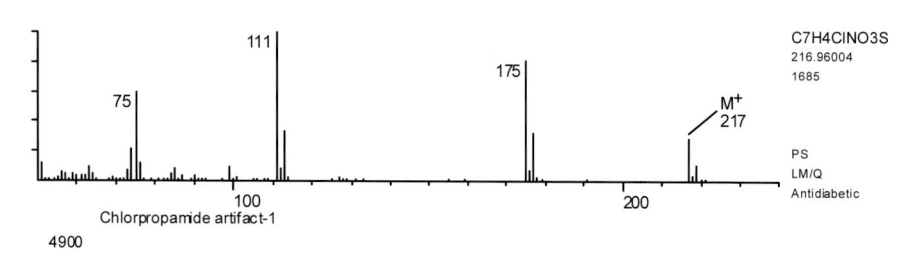

Propyphenazone-M (nor-)
905

C7H4ClNO3S
216.96004
1685

PS
LM/Q
Antidiabetic

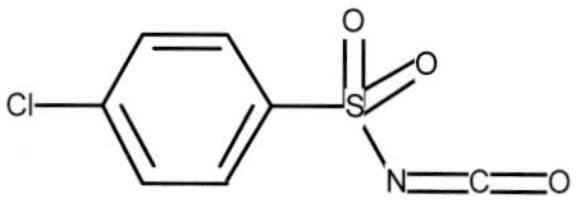

Chlorpropamide artifact-1
4900

260

217

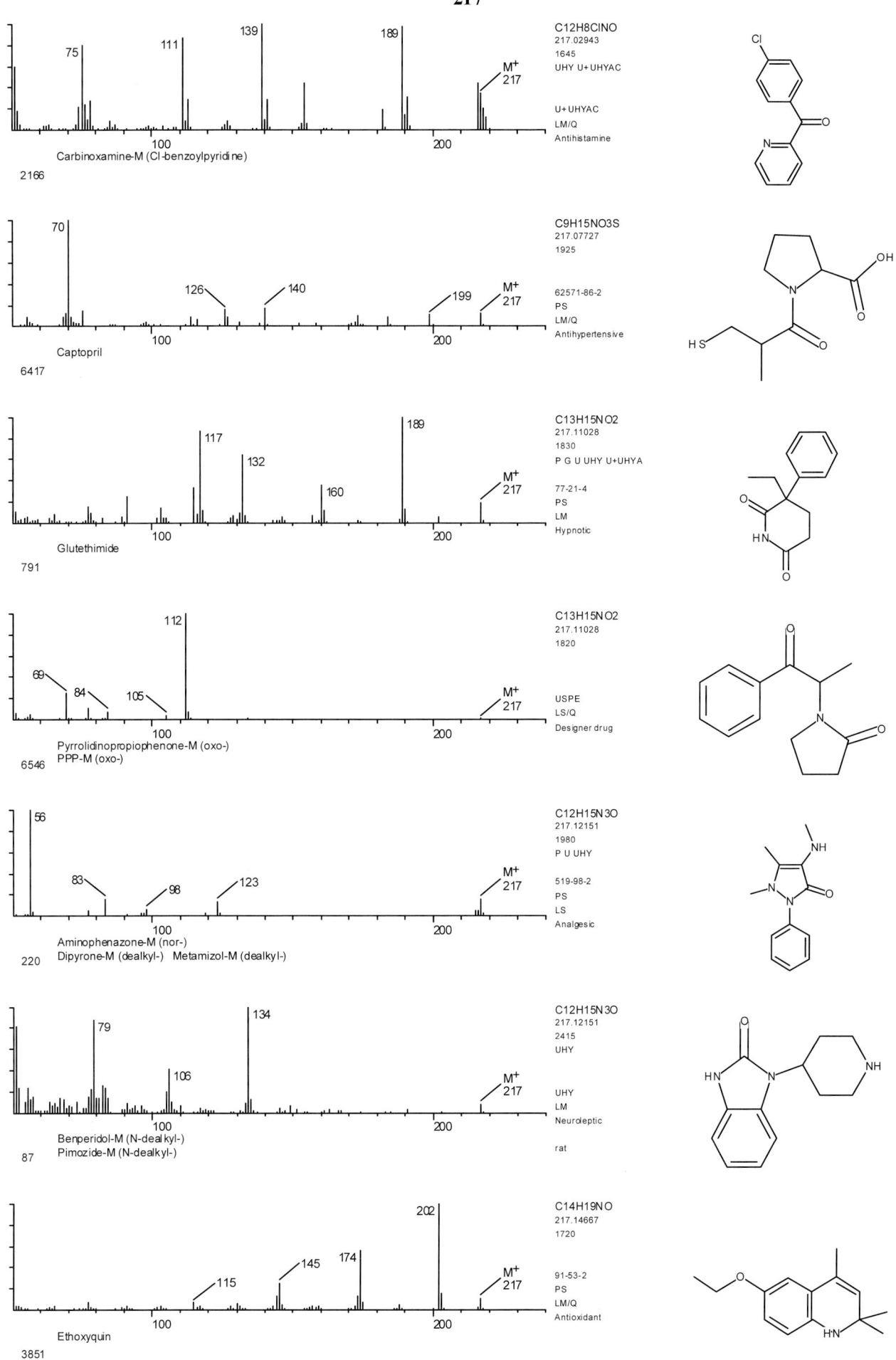

Carbinoxamine-M (Cl-benzoylpyridine)
C12H8ClNO
217.02943
1645
UHY U+UHYAC

U+UHYAC
LM/Q
Antihistamine

Captopril
C9H15NO3S
217.07727
1925
62571-86-2
PS
LM/Q
Antihypertensive

Glutethimide
C13H15NO2
217.11028
1830
P G U UHY U+UHYA
77-21-4
PS
LM
Hypnotic

Pyrrolidinopropiophenone-M (oxo-)
PPP-M (oxo-)
C13H15NO2
217.11028
1820

USPE
LS/Q
Designer drug

Aminophenazone-M (nor-)
Dipyrone-M (dealkyl-)   Metamizol-M (dealkyl-)
C12H15N3O
217.12151
1980
P U UHY
519-98-2
PS
LS
Analgesic

Benperidol-M (N-dealkyl-)
Pimozide-M (N-dealkyl-)
C12H15N3O
217.12151
2415
UHY

UHY
LM
Neuroleptic
rat

Ethoxyquin
C14H19NO
217.14667
1720
91-53-2
PS
LM/Q
Antioxidant

261

217

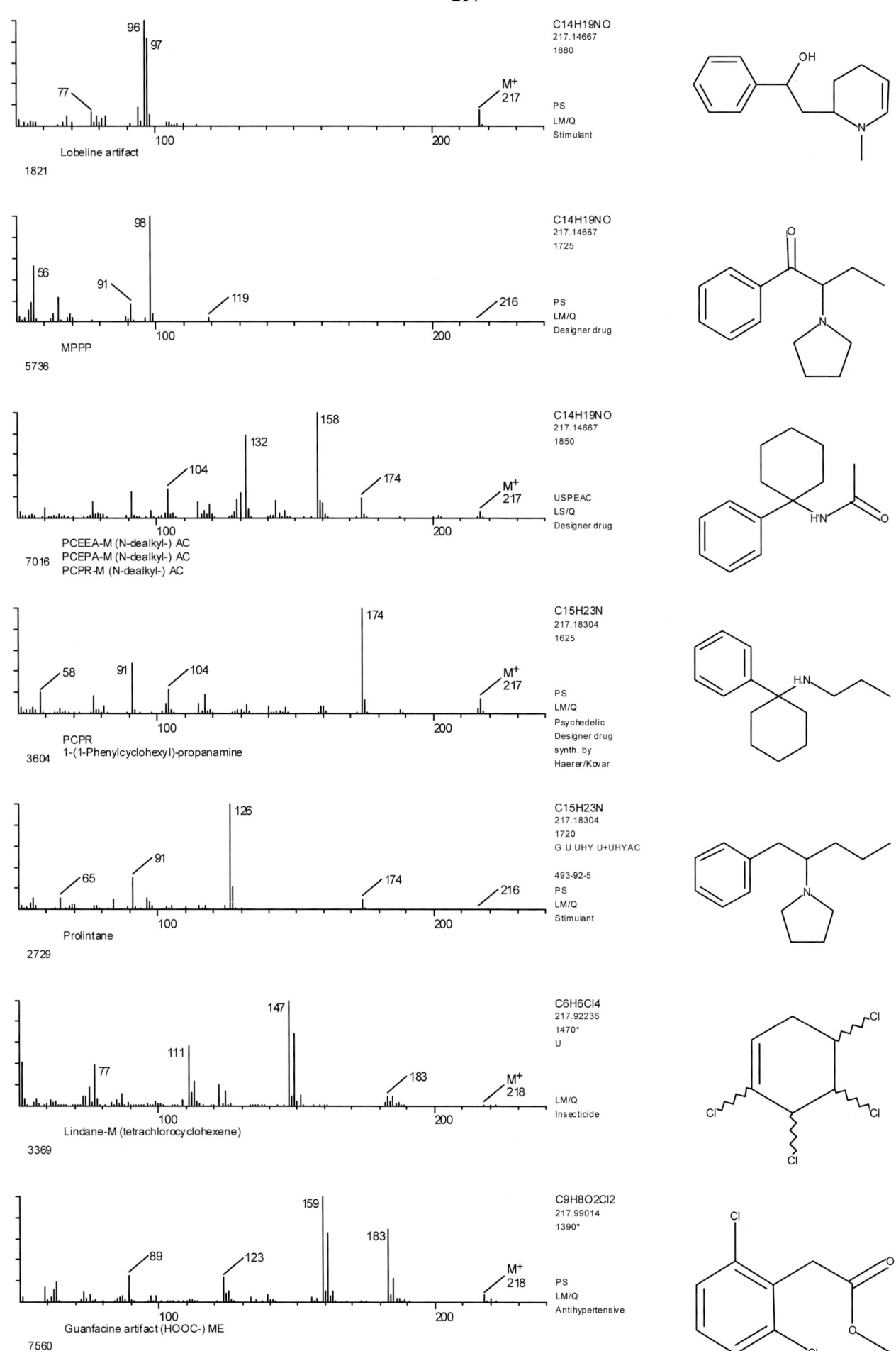

Lobeline artifact
1821

C14H19NO
217.14667
1880

PS
LM/Q
Stimulant

MPPP
5736

C14H19NO
217.14667
1725

PS
LM/Q
Designer drug

PCEEA-M (N-dealkyl-) AC
PCEPA-M (N-dealkyl-) AC
PCPR-M (N-dealkyl-) AC
7016

C14H19NO
217.14667
1850

USPEAC
LS/Q
Designer drug

PCPR
1-(1-Phenylcyclohexyl)-propanamine
3604

C15H23N
217.18304
1625

PS
LM/Q
Psychedelic
Designer drug
synth. by
Haerer/Kovar

Prolintane
2729

C15H23N
217.18304
1720
G U UHY U+UHYAC
493-92-5
PS
LM/Q
Stimulant

Lindane-M (tetrachlorocyclohexene)
3369

C6H6Cl4
217.92236
1470*
U

LM/Q
Insecticide

Guanfacine artifact (HOOC-) ME
7560

C9H8O2Cl2
217.99014
1390*

PS
LM/Q
Antihypertensive

262

218

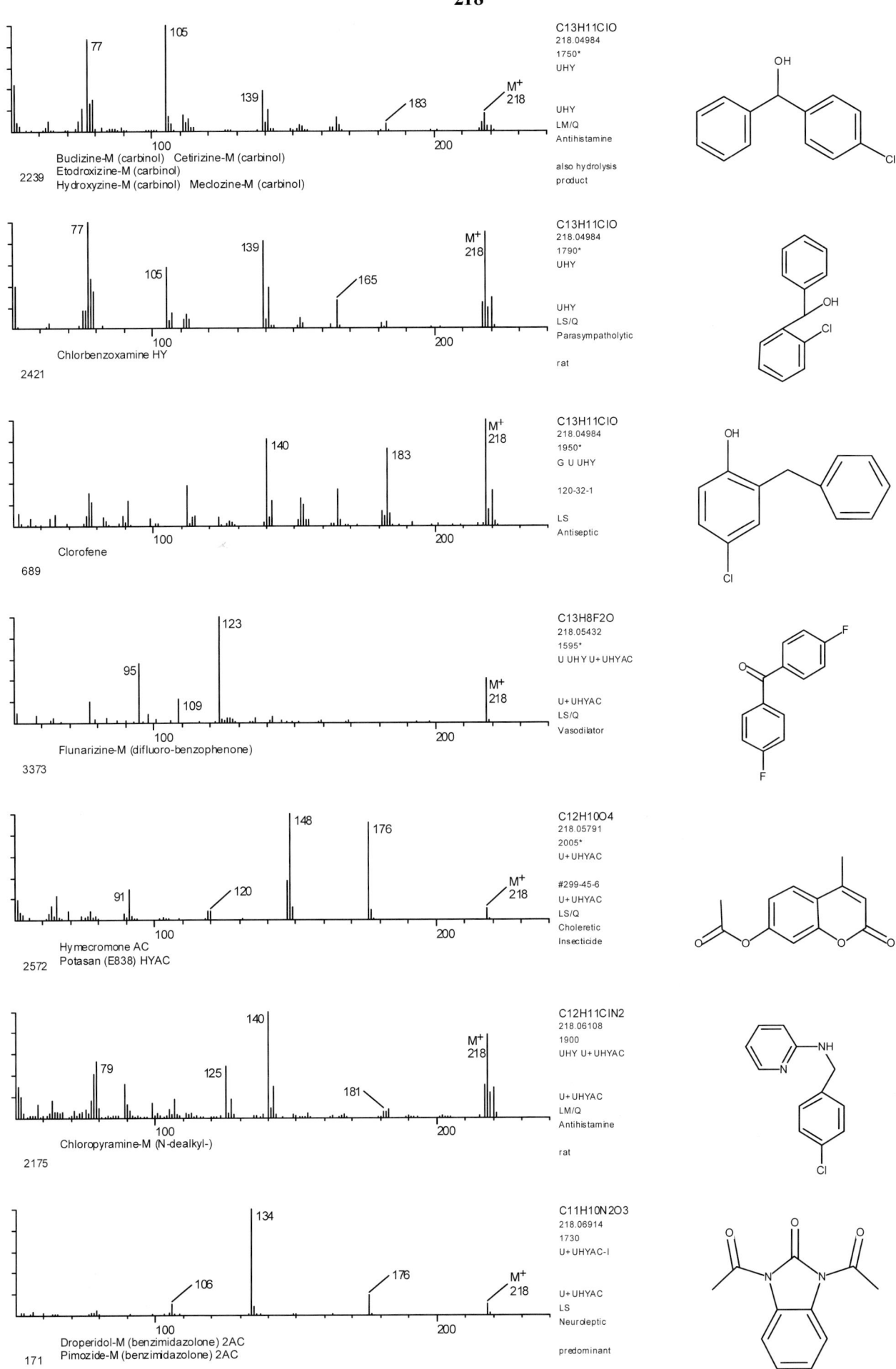

C13H11ClO
218.04984
1750*
UHY

UHY
LM/Q
Antihistamine

also hydrolysis product

2239 Buclizine-M (carbinol)   Cetirizine-M (carbinol)
Etodroxizine-M (carbinol)
Hydroxyzine-M (carbinol)   Meclozine-M (carbinol)

C13H11ClO
218.04984
1790*
UHY

UHY
LS/Q
Parasympatholytic

rat

2421 Chlorbenzoxamine HY

C13H11ClO
218.04984
1950*
G U UHY

120-32-1

LS
Antiseptic

689 Clorofene

C13H8F2O
218.05432
1595*
U UHY U+ UHYAC

U+ UHYAC
LS/Q
Vasodilator

3373 Flunarizine-M (difluoro-benzophenone)

C12H10O4
218.05791
2005*
U+ UHYAC

#299-45-6
U+ UHYAC
LS/Q
Choleretic
Insecticide

2572 Hymecromone AC
Potasan (E838) HYAC

C12H11ClN2
218.06108
1900
UHY U+ UHYAC

U+ UHYAC
LM/Q
Antihistamine

rat

2175 Chloropyramine-M (N-dealkyl-)

C11H10N2O3
218.06914
1730
U+ UHYAC-I

U+ UHYAC
LS
Neuroleptic

predominant

171 Droperidol-M (benzimidazolone) 2AC
Pimozide-M (benzimidazolone) 2AC

218

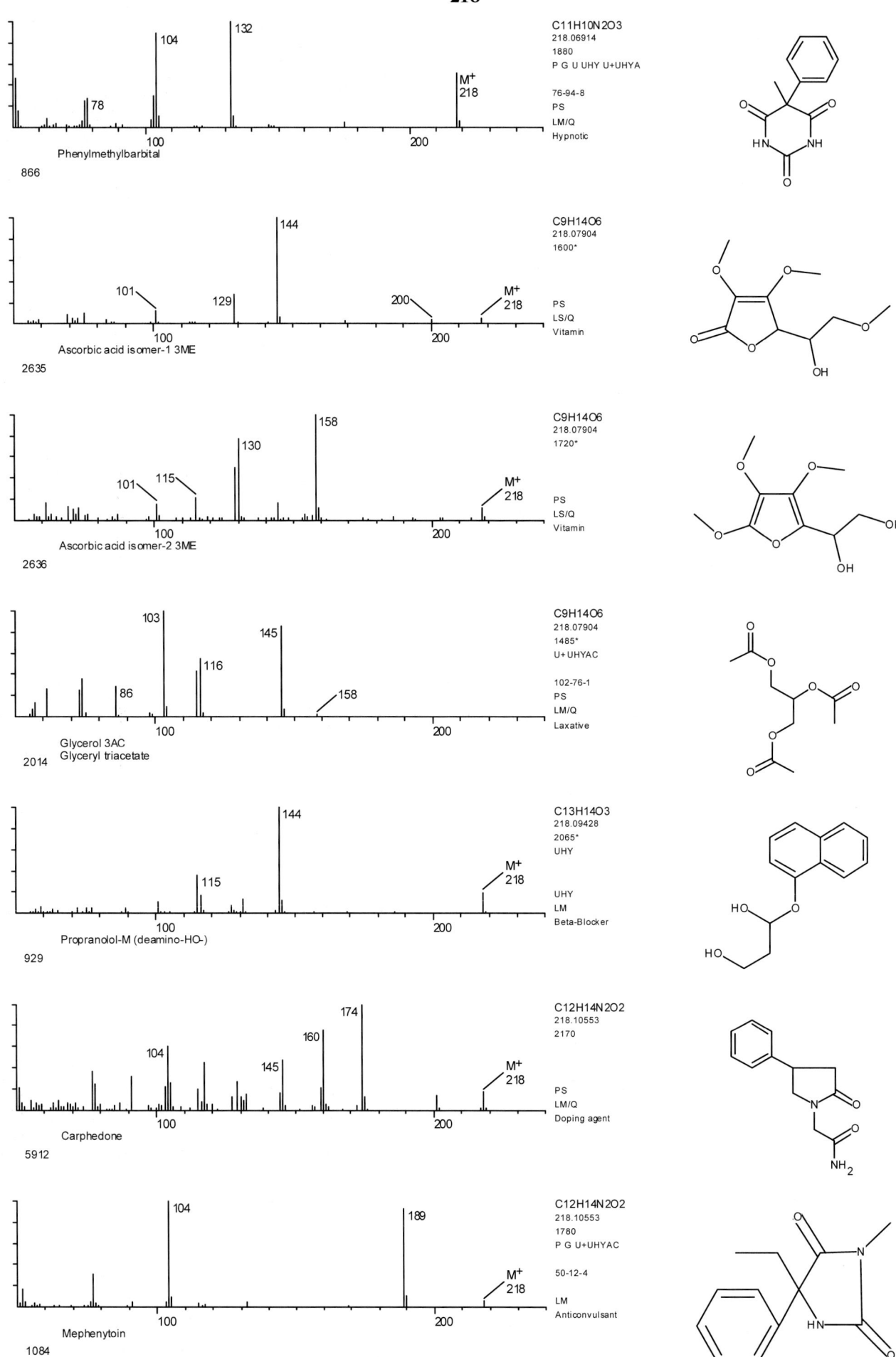

Phenylmethylbarbital — 866
C11H10N2O3
218.06914
1880
P G U UHY U+UHYA
76-94-8
PS
LM/Q
Hypnotic
Peaks: 78, 104, 132, M+ 218

Ascorbic acid isomer-1 3ME — 2635
C9H14O6
218.07904
1600*
PS
LS/Q
Vitamin
Peaks: 101, 129, 144, 200, M+ 218

Ascorbic acid isomer-2 3ME — 2636
C9H14O6
218.07904
1720*
PS
LS/Q
Vitamin
Peaks: 101, 115, 130, 158, M+ 218

Glycerol 3AC / Glyceryl triacetate — 2014
C9H14O6
218.07904
1485*
U+ UHYAC
102-76-1
PS
LM/Q
Laxative
Peaks: 86, 103, 116, 145, 158

Propranolol-M (deamino-HO-) — 929
C13H14O3
218.09428
2065*
UHY
UHY
LM
Beta-Blocker
Peaks: 115, 144, M+ 218

Carphedone — 5912
C12H14N2O2
218.10553
2170
PS
LM/Q
Doping agent
Peaks: 104, 145, 160, 174, M+ 218

Mephenytoin — 1084
C12H14N2O2
218.10553
1780
P G U+UHYAC
50-12-4
LM
Anticonvulsant
Peaks: 104, 189, M+ 218

218

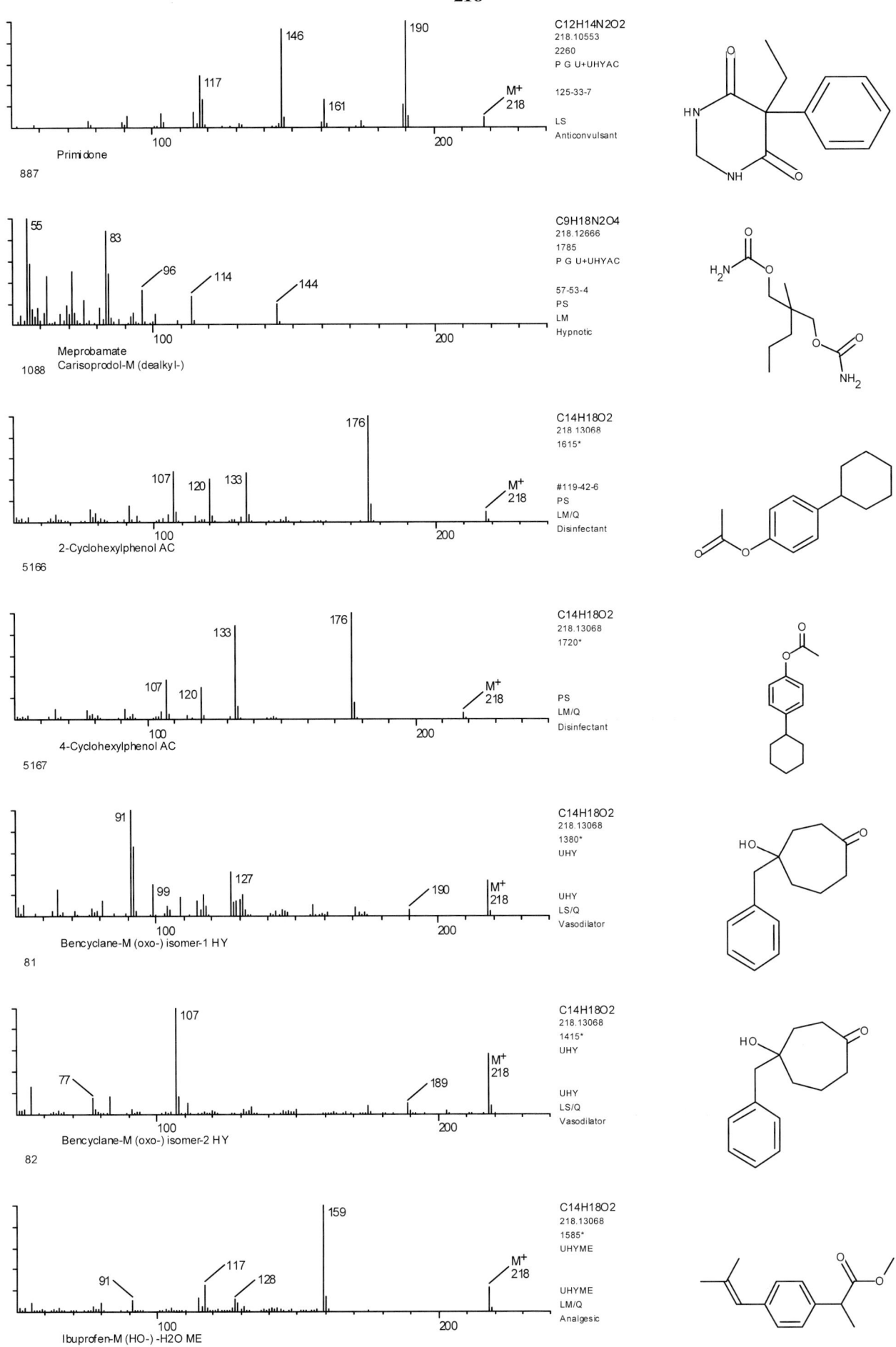

Primidone
C12H14N2O2
218.10553
2260
P G U+UHYAC
125-33-7
LS
Anticonvulsant
887

Meprobamate
Carisoprodol-M (dealkyl-)
C9H18N2O4
218.12666
1785
P G U+UHYAC
57-53-4
PS
LM
Hypnotic
1088

2-Cyclohexylphenol AC
C14H18O2
218.13068
1615*
#119-42-6
PS
LM/Q
Disinfectant
5166

4-Cyclohexylphenol AC
C14H18O2
218.13068
1720*
PS
LM/Q
Disinfectant
5167

Bencyclane-M (oxo-) isomer-1 HY
C14H18O2
218.13068
1380*
UHY
UHY
LS/Q
Vasodilator
81

Bencyclane-M (oxo-) isomer-2 HY
C14H18O2
218.13068
1415*
UHY
UHY
LS/Q
Vasodilator
82

Ibuprofen-M (HO-) -H2O ME
C14H18O2
218.13068
1585*
UHYME
UHYME
LM/Q
Analgesic
3380

218

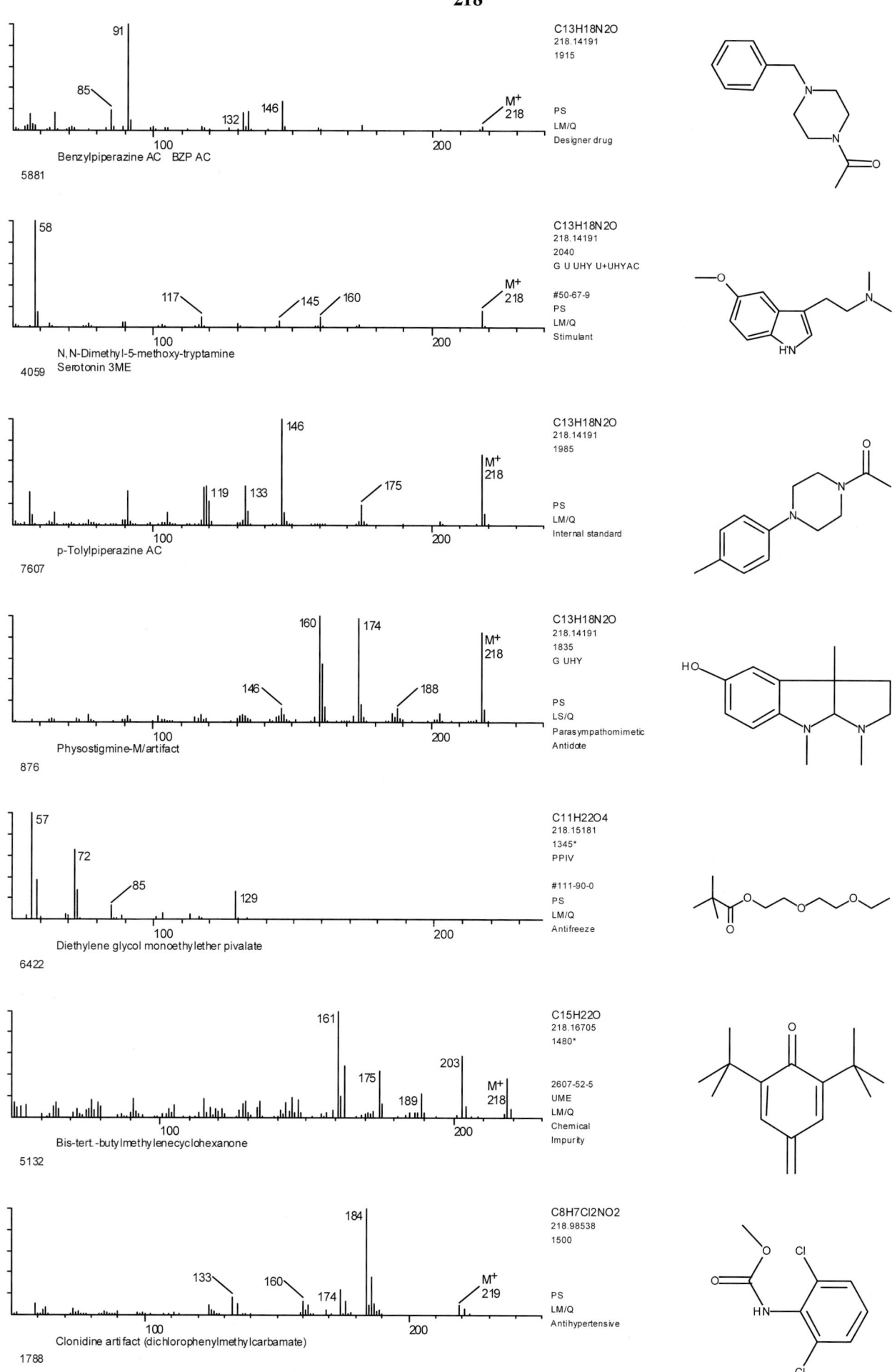

C13H18N2O
218.14191
1915

PS
LM/Q
Designer drug

Benzylpiperazine AC   BZP AC
5881

C13H18N2O
218.14191
2040
G U UHY U+UHYAC

#50-67-9
PS
LM/Q
Stimulant

N,N-Dimethyl-5-methoxy-tryptamine
Serotonin 3ME
4059

C13H18N2O
218.14191
1985

PS
LM/Q
Internal standard

p-Tolylpiperazine AC
7607

C13H18N2O
218.14191
1835
G UHY

PS
LS/Q
Parasympathomimetic
Antidote

Physostigmine-M/artifact
876

C11H22O4
218.15181
1345*
PPIV

#111-90-0
PS
LM/Q
Antifreeze

Diethylene glycol monoethylether pivalate
6422

C15H22O
218.16705
1480*

2607-52-5
UME
LM/Q
Chemical
Impurity

Bis-tert.-butylmethylenecyclohexanone
5132

C8H7Cl2NO2
218.98538
1500

PS
LM/Q
Antihypertensive

Clonidine artifact (dichlorophenylmethylcarbamate)
1788

219

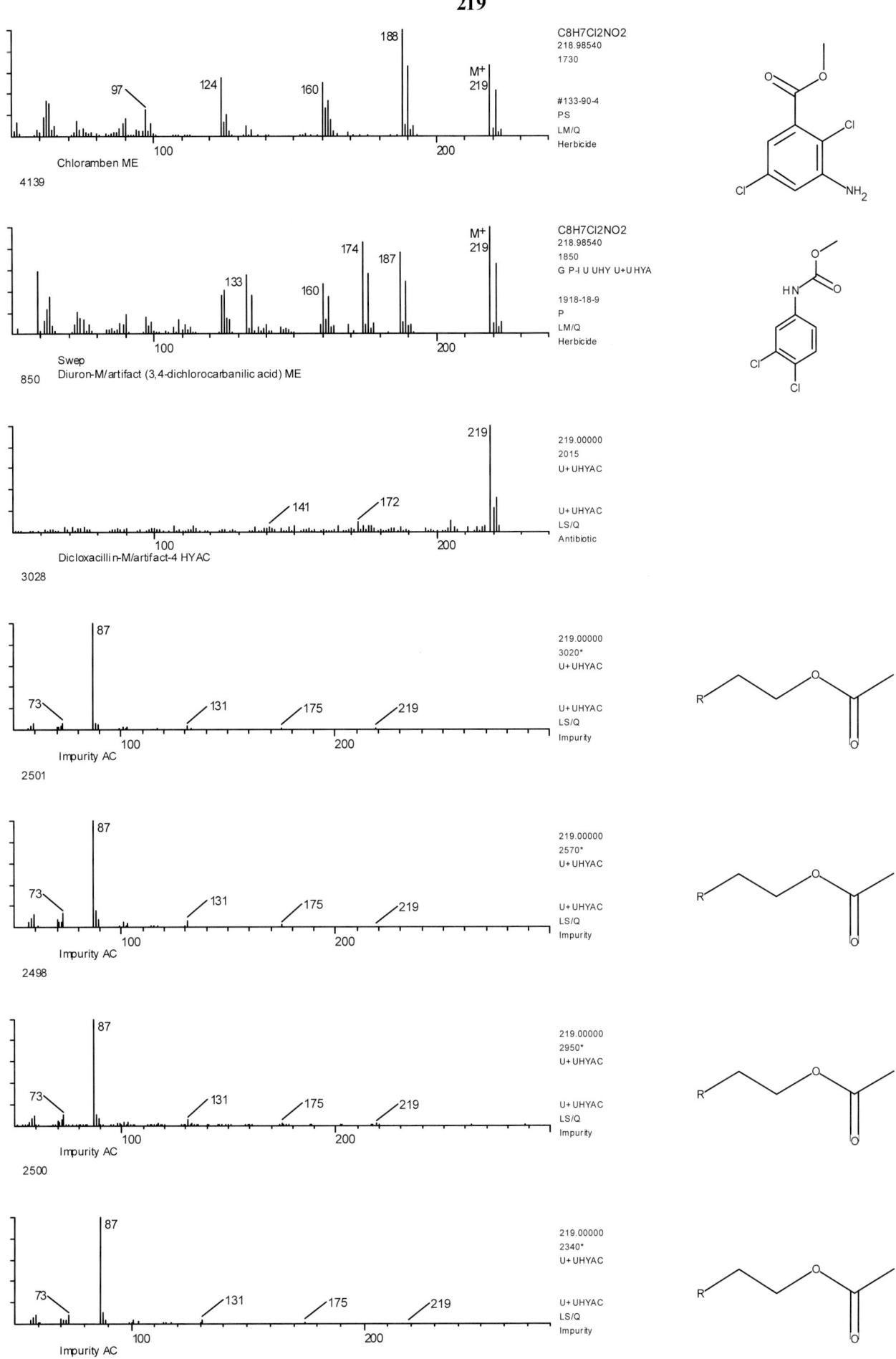

Chloramben ME
C8H7Cl2NO2
218.98540
1730
#133-90-4
PS
LM/Q
Herbicide

Swep
Diuron-M/artifact (3,4-dichlorocarbanilic acid) ME
C8H7Cl2NO2
218.98540
1850
G P-I U UHY U+UHYA
1918-18-9
P
LM/Q
Herbicide

Dicloxacillin-M/artifact-4 HYAC
219.00000
2015
U+UHYAC
U+UHYAC
LS/Q
Antibiotic

Impurity AC
219.00000
3020*
U+UHYAC
U+UHYAC
LS/Q
Impurity

Impurity AC
219.00000
2570*
U+UHYAC
U+UHYAC
LS/Q
Impurity

Impurity AC
219.00000
2950*
U+UHYAC
U+UHYAC
LS/Q
Impurity

Impurity AC
219.00000
2340*
U+UHYAC
U+UHYAC
LS/Q
Impurity

219

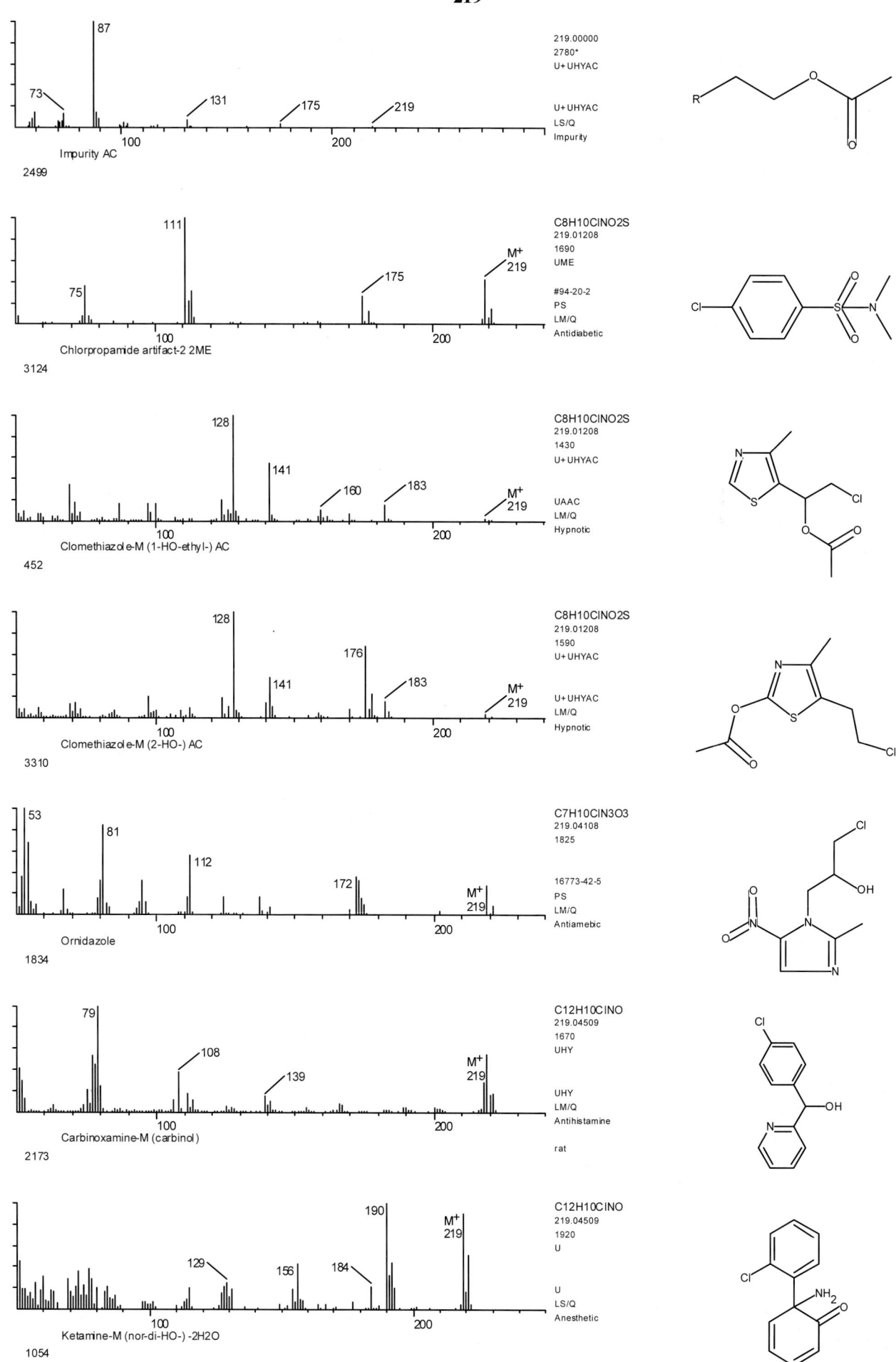

Spectrum	Formula / Info
Impurity AC — 73, 87, 131, 175, 219	219.00000, 2780*, U+UHYAC / U+UHYAC, LS/Q, Impurity
2499	
Chlorpropamide artifact-2 2ME — 75, 111, 175, M+ 219	C8H10ClNO2S, 219.01208, 1690, UME, #94-20-2, PS, LM/Q, Antidiabetic
3124	
Clomethiazole-M (1-HO-ethyl-) AC — 128, 141, 160, 183, M+ 219	C8H10ClNO2S, 219.01208, 1430, U+UHYAC, UAAC, LM/Q, Hypnotic
452	
Clomethiazole-M (2-HO-) AC — 128, 141, 176, 183, M+ 219	C8H10ClNO2S, 219.01208, 1590, U+UHYAC, U+UHYAC, LM/Q, Hypnotic
3310	
Ornidazole — 53, 81, 112, 172, M+ 219	C7H10ClN3O3, 219.04108, 1825, 16773-42-5, PS, LM/Q, Antiamebic
1834	
Carbinoxamine-M (carbinol) — 79, 108, 139, M+ 219	C12H10ClNO, 219.04509, 1670, UHY, UHY, LM/Q, Antihistamine, rat
2173	
Ketamine-M (nor-di-HO-) -2H2O — 129, 156, 184, 190, M+ 219	C12H10ClNO, 219.04509, 1920, U, U, LS/Q, Anesthetic
1054	

268

219

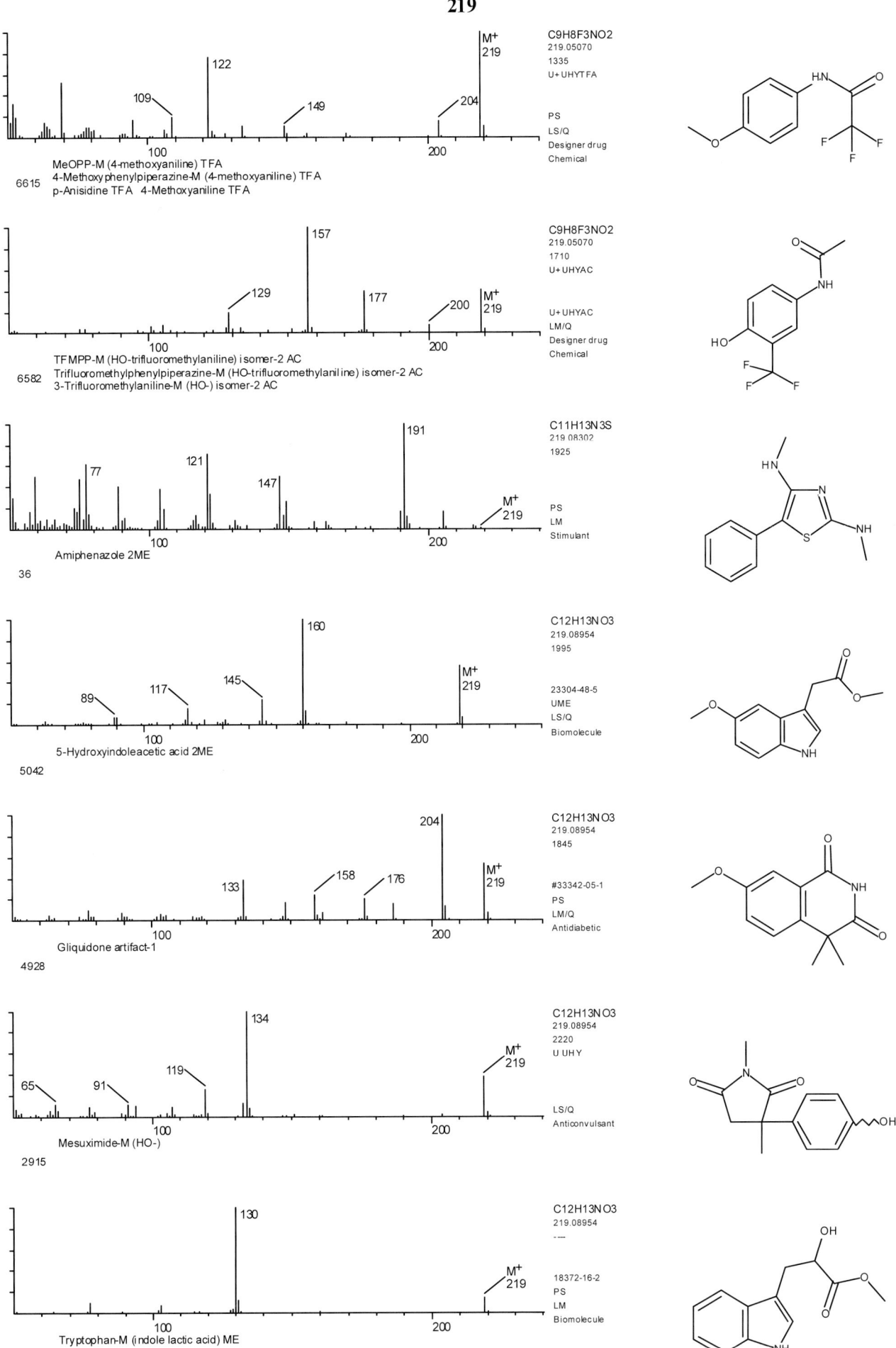

MeOPP-M (4-methoxyaniline) TFA
4-Methoxyphenylpiperazine-M (4-methoxyaniline) TFA
p-Anisidine TFA   4-Methoxyaniline TFA
6615

C9H8F3NO2
219.05070
1335
U+ UHYTFA
PS
LS/Q
Designer drug
Chemical

TFMPP-M (HO-trifluoromethylaniline) isomer-2 AC
Trifluoromethylphenylpiperazine-M (HO-trifluoromethylaniline) isomer-2 AC
3-Trifluoromethylaniline-M (HO-) isomer-2 AC
6582

C9H8F3NO2
219.05070
1710
U+ UHYAC
U+ UHYAC
LM/Q
Designer drug
Chemical

Amiphenazole 2ME
36

C11H13N3S
219.08302
1925
PS
LM
Stimulant

5-Hydroxyindoleacetic acid 2ME
5042

C12H13NO3
219.08954
1995
23304-48-5
UME
LS/Q
Biomolecule

Gliquidone artifact-1
4928

C12H13NO3
219.08954
1845
#33342-05-1
PS
LM/Q
Antidiabetic

Mesuximide-M (HO-)
2915

C12H13NO3
219.08954
2220
U UHY
LS/Q
Anticonvulsant

Tryptophan-M (indole lactic acid) ME
1013

C12H13NO3
219.08954

18372-16-2
PS
LM
Biomolecule

269

219

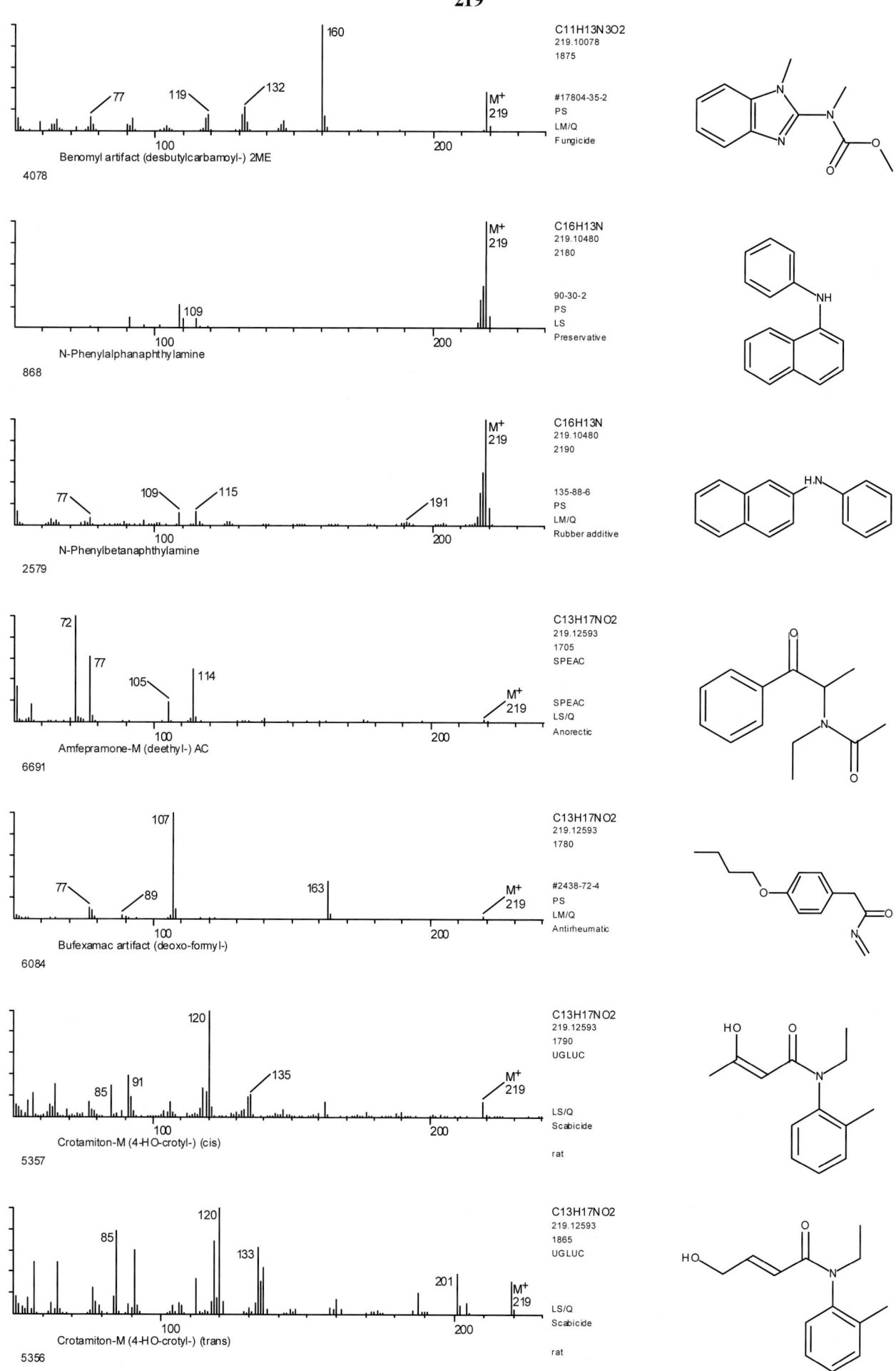

Benomyl artifact (desbutylcarbamoyl-) 2ME	77, 119, 132, 160, 219 M+	C11H13N3O2 219.10078 1875 #17804-35-2 PS LM/Q Fungicide
N-Phenylalphanaphthylamine	109, 219 M+	C16H13N 219.10480 2180 90-30-2 PS LS Preservative
N-Phenylbetanaphthylamine	77, 109, 115, 191, 219 M+	C16H13N 219.10480 2190 135-88-6 PS LM/Q Rubber additive
Amfepramone-M (deethyl-) AC	72, 77, 105, 114, 219 M+	C13H17NO2 219.12593 1705 SPEAC SPEAC LS/Q Anorectic
Bufexamac artifact (deoxo-formyl-)	77, 89, 107, 163, 219 M+	C13H17NO2 219.12593 1780 #2438-72-4 PS LM/Q Antirheumatic
Crotamiton-M (4-HO-crotyl-) (cis)	85, 91, 120, 135, 219 M+	C13H17NO2 219.12593 1790 UGLUC LS/Q Scabicide rat
Crotamiton-M (4-HO-crotyl-) (trans)	85, 120, 133, 201, 219 M+	C13H17NO2 219.12593 1865 UGLUC LS/Q Scabicide rat

219

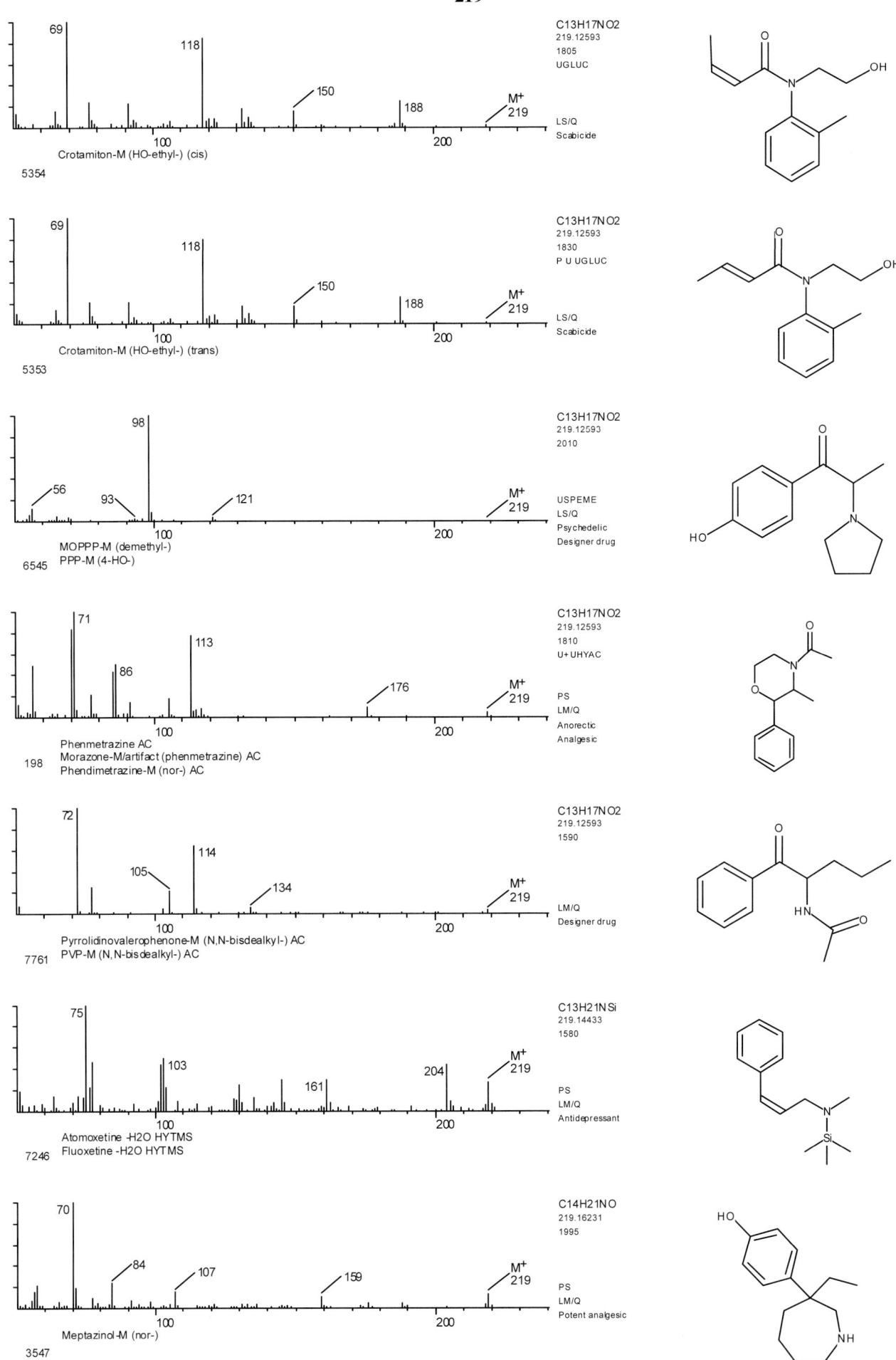

Crotamiton-M (HO-ethyl-) (cis) — 5354
C13H17NO2, 219.12593, 1805, UGLUC, LS/Q, Scabicide
Peaks: 69, 118, 150, 188, M+ 219

Crotamiton-M (HO-ethyl-) (trans) — 5353
C13H17NO2, 219.12593, 1830, P U UGLUC, LS/Q, Scabicide
Peaks: 69, 118, 150, 188, M+ 219

MOPPP-M (demethyl-)
PPP-M (4-HO-) — 6545
C13H17NO2, 219.12593, 2010, USPEME, LS/Q, Psychedelic Designer drug
Peaks: 56, 93, 98, 121, M+ 219

Phenmetrazine AC
Morazone-M/artifact (phenmetrazine) AC
Phendimetrazine-M (nor-) AC — 198
C13H17NO2, 219.12593, 1810, U+ UHYAC, PS, LM/Q, Anorectic Analgesic
Peaks: 71, 86, 113, 176, M+ 219

Pyrrolidinovalerophenone-M (N,N-bisdealkyl-) AC
PVP-M (N,N-bisdealkyl-) AC — 7761
C13H17NO2, 219.12593, 1590, LM/Q, Designer drug
Peaks: 72, 105, 114, 134, M+ 219

Atomoxetine -H2O HYTMS
Fluoxetine -H2O HYTMS — 7246
C13H21NSi, 219.14433, 1580, PS, LM/Q, Antidepressant
Peaks: 75, 103, 161, 204, M+ 219

Meptazinol-M (nor-) — 3547
C14H21NO, 219.16231, 1995, PS, LM/Q, Potent analgesic
Peaks: 70, 84, 107, 159, M+ 219

219

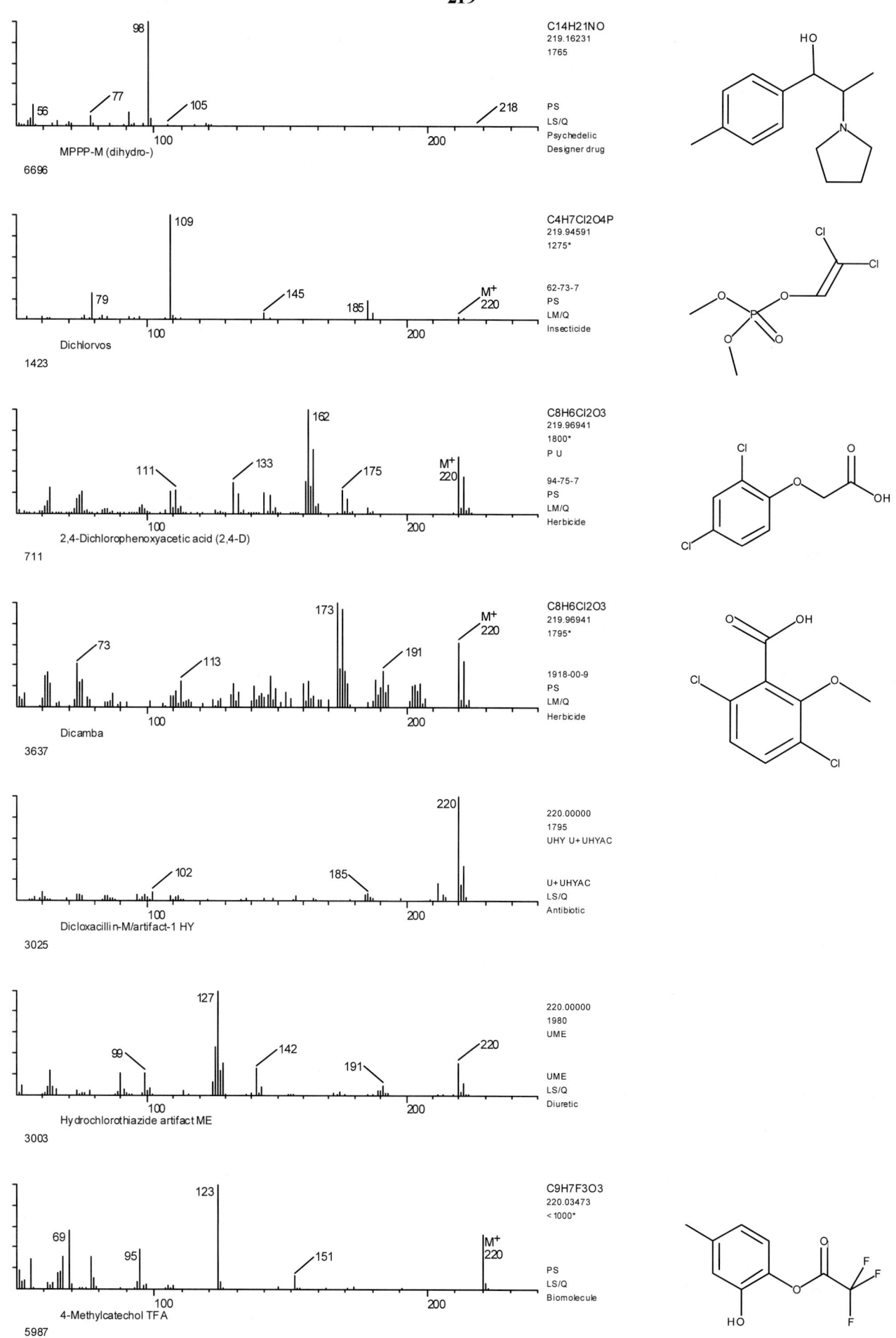

MPPP-M (dihydro-) — C14H21NO, 219.16231, 1765; PS, LS/Q, Psychedelic Designer drug
Peaks: 56, 77, 98, 105, 218
6696

Dichlorvos — C4H7Cl2O4P, 219.94591, 1275*; 62-73-7, PS, LM/Q, Insecticide
Peaks: 79, 109, 145, 185, M+ 220
1423

2,4-Dichlorophenoxyacetic acid (2,4-D) — C8H6Cl2O3, 219.96941, 1800*, P U; 94-75-7, PS, LM/Q, Herbicide
Peaks: 111, 133, 162, 175, M+ 220
711

Dicamba — C8H6Cl2O3, 219.96941, 1795*; 1918-00-9, PS, LM/Q, Herbicide
Peaks: 73, 113, 173, 191, M+ 220
3637

Dicloxacillin-M/artifact-1 HY — 220.00000, 1795, UHY U+UHYAC; U+UHYAC, LS/Q, Antibiotic
Peaks: 102, 185, 220
3025

Hydrochlorothiazide artifact ME — 220.00000, 1980, UME; UME, LS/Q, Diuretic
Peaks: 99, 127, 142, 191, 220
3003

4-Methylcatechol TFA — C9H7F3O3, 220.03473, <1000*; PS, LS/Q, Biomolecule
Peaks: 69, 95, 123, 151, M+ 220
5987

220

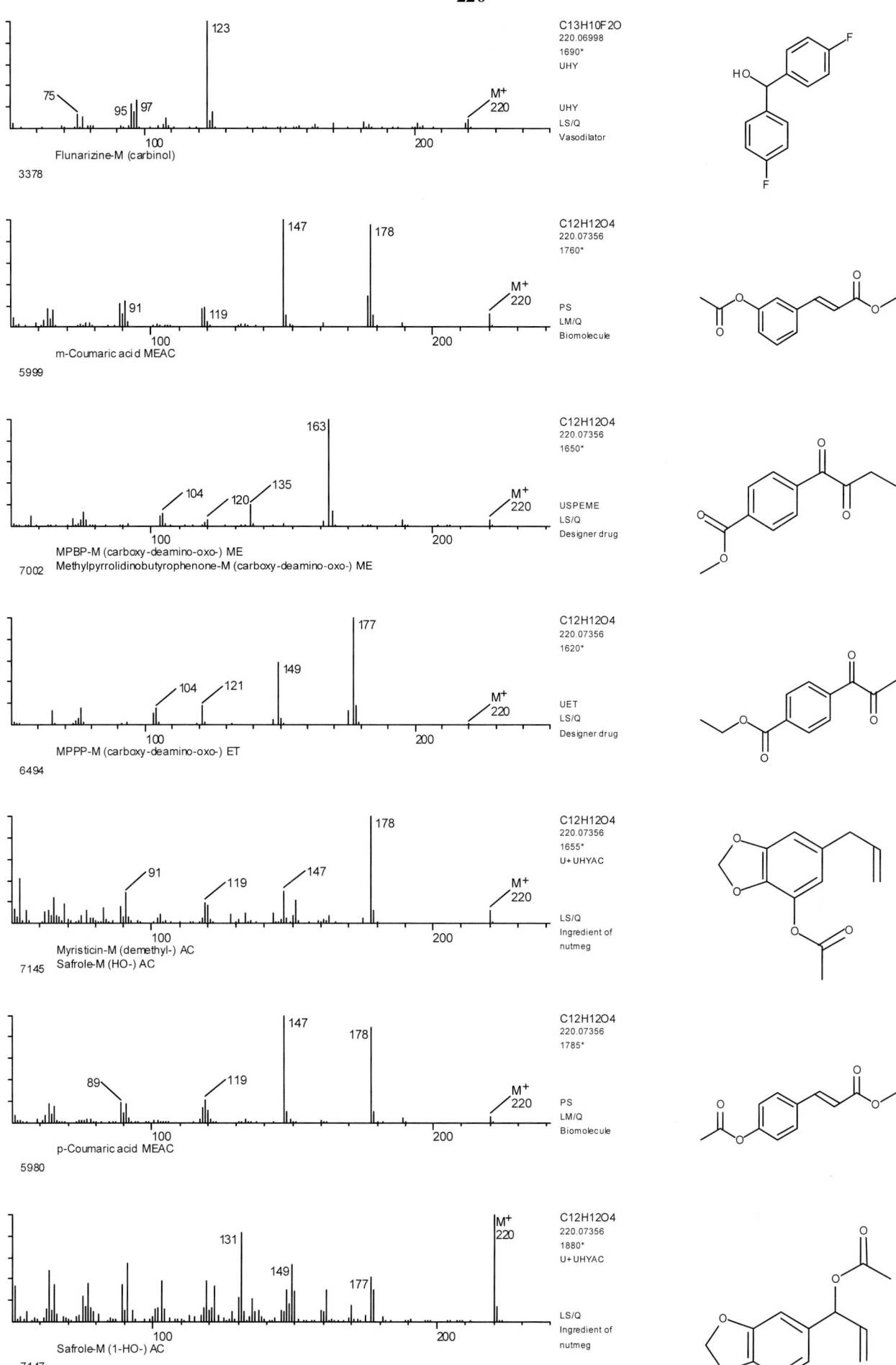

Flunarizine-M (carbinol)
3378
Peaks: 75, 95, 97, 123, M+ 220
C13H10F2O
220.06998
1690*
UHY
UHY
LS/Q
Vasodilator

m-Coumaric acid MEAC
5999
Peaks: 91, 119, 147, 178, M+ 220
C12H12O4
220.07356
1760*
PS
LM/Q
Biomolecule

MPBP-M (carboxy-deamino-oxo-) ME
Methylpyrrolidinobutyrophenone-M (carboxy-deamino-oxo-) ME
7002
Peaks: 104, 120, 135, 163, M+ 220
C12H12O4
220.07356
1650*
USPEME
LS/Q
Designer drug

MPPP-M (carboxy-deamino-oxo-) ET
6494
Peaks: 104, 121, 149, 177, M+ 220
C12H12O4
220.07356
1620*
UET
LS/Q
Designer drug

Myristicin-M (demethyl-) AC
Safrole-M (HO-) AC
7145
Peaks: 91, 119, 147, 178, M+ 220
C12H12O4
220.07356
1655*
U+ UHYAC
LS/Q
Ingredient of nutmeg

p-Coumaric acid MEAC
5980
Peaks: 89, 119, 147, 178, M+ 220
C12H12O4
220.07356
1785*
PS
LM/Q
Biomolecule

Safrole-M (1-HO-) AC
7147
Peaks: 131, 149, 177, M+ 220
C12H12O4
220.07356
1880*
U+ UHYAC
LS/Q
Ingredient of nutmeg

273

220

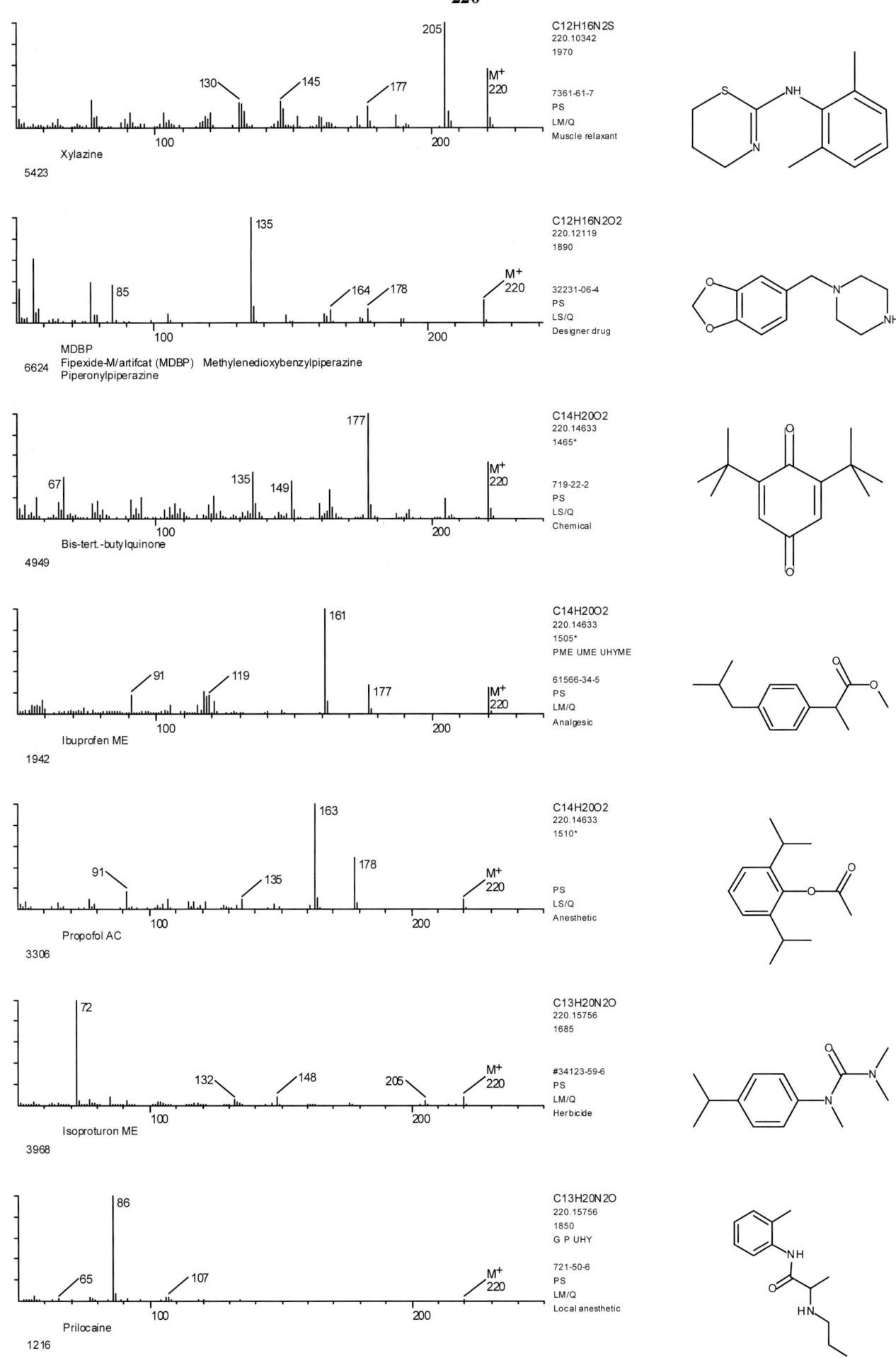

Xylazine
5423
C12H16N2S
220.10342
1970
7361-61-7
PS
LM/Q
Muscle relaxant
Peaks: 130, 145, 177, 205, M+ 220

MDBP
Fipexide-M/artifcat (MDBP)   Methylenedioxybenzylpiperazine
Piperonylpiperazine
6624
C12H16N2O2
220.12119
1890
32231-06-4
PS
LS/Q
Designer drug
Peaks: 85, 135, 164, 178, M+ 220

Bis-tert.-butylquinone
4949
C14H20O2
220.14633
1465*
719-22-2
PS
LS/Q
Chemical
Peaks: 67, 135, 149, 177, M+ 220

Ibuprofen ME
1942
C14H20O2
220.14633
1505*
PME UME UHYME
61566-34-5
PS
LM/Q
Analgesic
Peaks: 91, 119, 161, 177, M+ 220

Propofol AC
3306
C14H20O2
220.14633
1510*
PS
LS/Q
Anesthetic
Peaks: 91, 135, 163, 178, M+ 220

Isoproturon ME
3968
C13H20N2O
220.15756
1685
#34123-59-6
PS
LM/Q
Herbicide
Peaks: 72, 132, 148, 205, M+ 220

Prilocaine
1216
C13H20N2O
220.15756
1850
G P UHY
721-50-6
PS
LM/Q
Local anesthetic
Peaks: 65, 86, 107, M+ 220

220

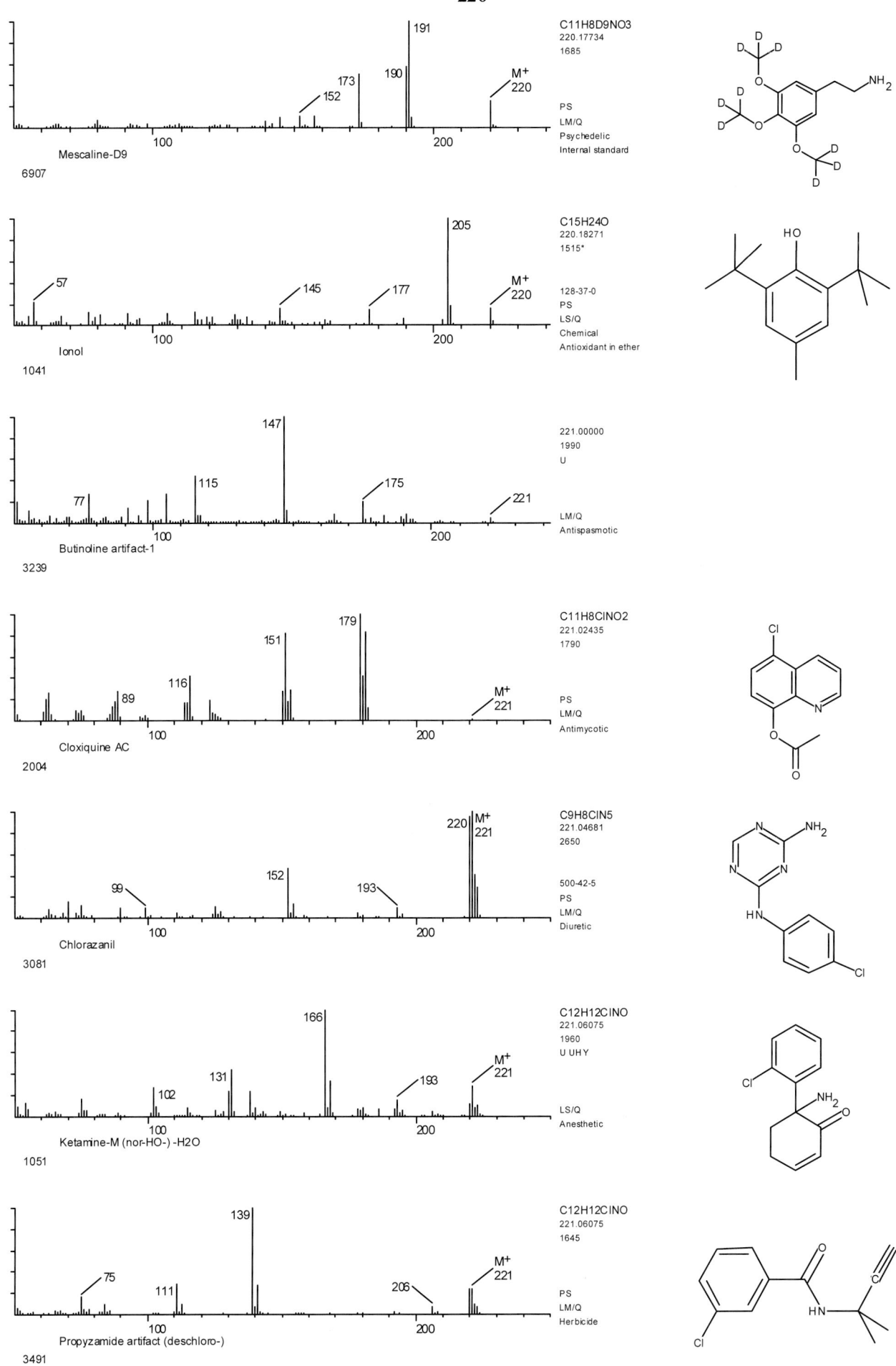

Mescaline-D9
6907
C11H8D9NO3
220.17734
1685
PS
LM/Q
Psychedelic
Internal standard

Ionol
1041
C15H24O
220.18271
1515*
128-37-0
PS
LS/Q
Chemical
Antioxidant in ether

Butinoline artifact-1
3239
221.00000
1990
U
LM/Q
Antispasmotic

Cloxiquine AC
2004
C11H8ClNO2
221.02435
1790
PS
LM/Q
Antimycotic

Chlorazanil
3081
C9H8ClN5
221.04681
2650
500-42-5
PS
LM/Q
Diuretic

Ketamine-M (nor-HO-) -H2O
1051
C12H12ClNO
221.06075
1960
U UH Y
LS/Q
Anesthetic

Propyzamide artifact (deschloro-)
3491
C12H12ClNO
221.06075
1645
PS
LM/Q
Herbicide

221

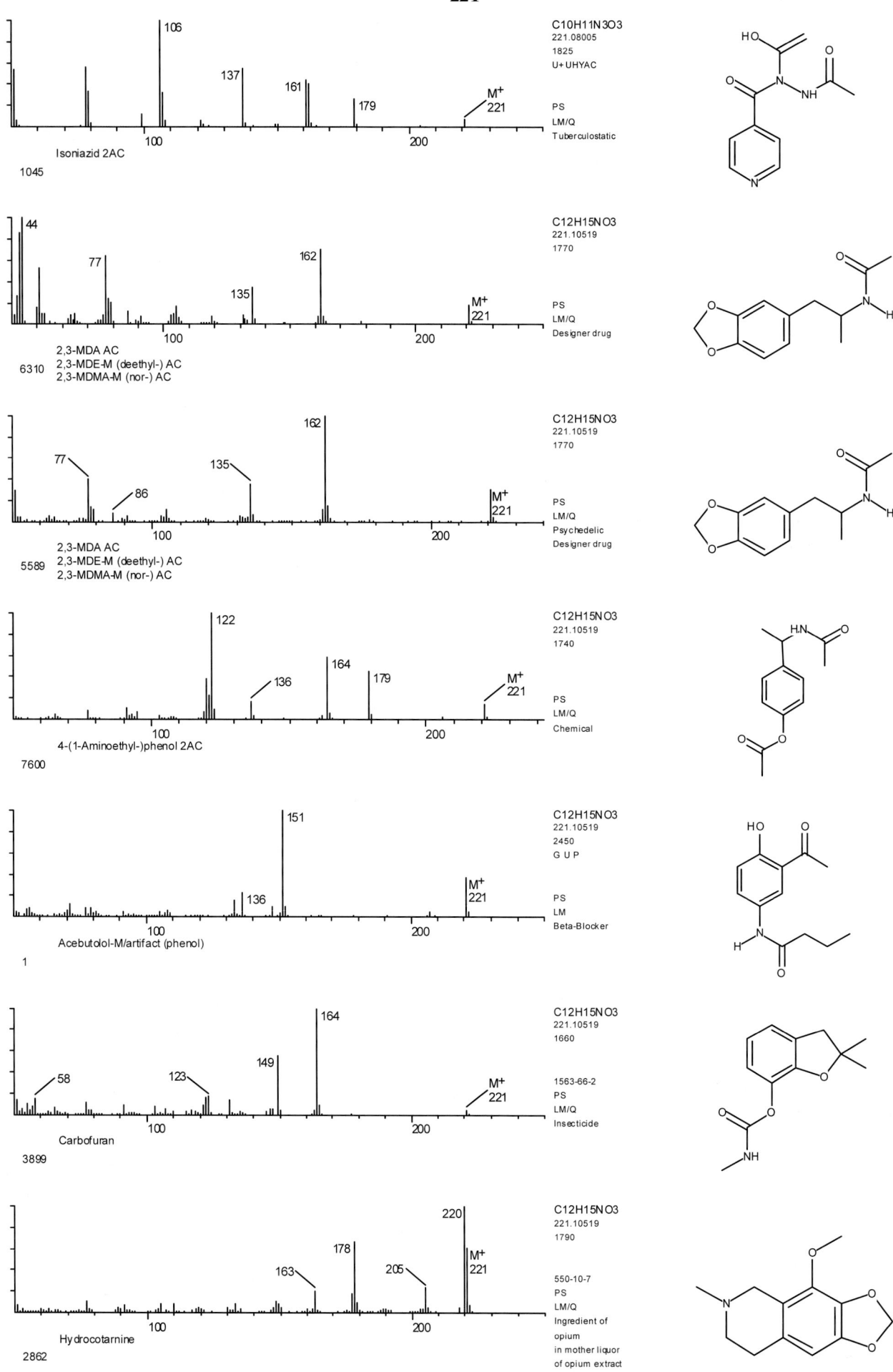

C10H11N3O3
221.08005
1825
U+ UHYAC
PS
LM/Q
Tuberculostatic

Isoniazid 2AC
1045

C12H15NO3
221.10519
1770
PS
LM/Q
Designer drug

2,3-MDA AC
2,3-MDE-M (deethyl-) AC
2,3-MDMA-M (nor-) AC
6310

C12H15NO3
221.10519
1770
PS
LM/Q
Psychedelic
Designer drug

2,3-MDA AC
2,3-MDE-M (deethyl-) AC
2,3-MDMA-M (nor-) AC
5589

C12H15NO3
221.10519
1740
PS
LM/Q
Chemical

4-(1-Aminoethyl-)phenol 2AC
7600

C12H15NO3
221.10519
2450
G U P
PS
LM
Beta-Blocker

Acebutolol-M/artifact (phenol)
1

C12H15NO3
221.10519
1660
1563-66-2
PS
LM/Q
Insecticide

Carbofuran
3899

C12H15NO3
221.10519
1790
550-10-7
PS
LM/Q
Ingredient of
opium
in mother liquor
of opium extract

Hydrocotarnine
2862

221

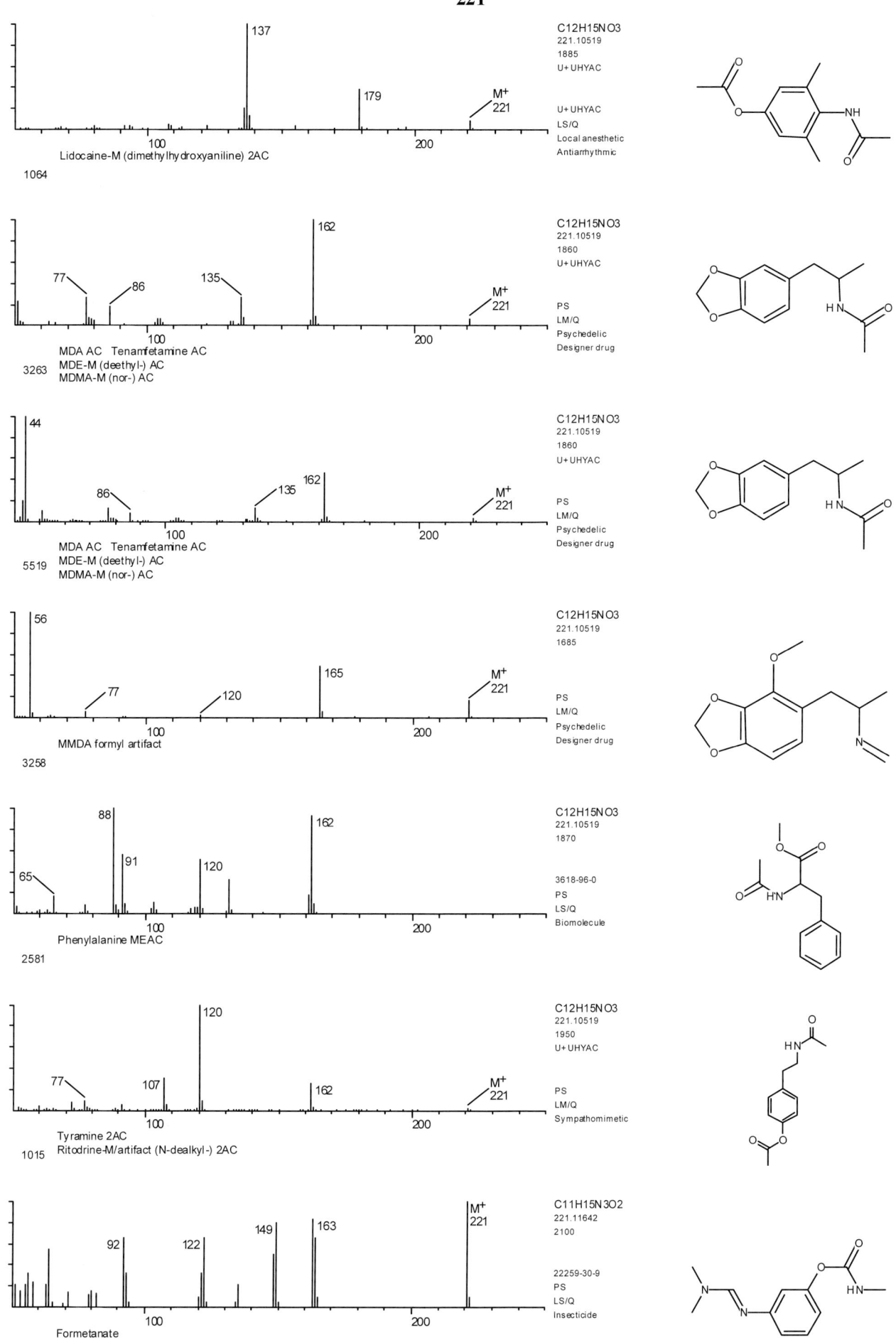

Lidocaine-M (dimethylhydroxyaniline) 2AC — 1064
Peaks: 137, 179, M+ 221
C12H15NO3; 221.10519; 1885; U+ UHYAC; U+ UHYAC; LS/Q; Local anesthetic; Antiarrhythmic

MDA AC   Tenamfetamine AC
MDE-M (deethyl-) AC
MDMA-M (nor-) AC — 3263
Peaks: 77, 86, 135, 162, M+ 221
C12H15NO3; 221.10519; 1860; U+ UHYAC; PS; LM/Q; Psychedelic; Designer drug

MDA AC   Tenamfetamine AC
MDE-M (deethyl-) AC
MDMA-M (nor-) AC — 5519
Peaks: 44, 86, 135, 162, M+ 221
C12H15NO3; 221.10519; 1860; U+ UHYAC; PS; LM/Q; Psychedelic; Designer drug

MMDA formyl artifact — 3258
Peaks: 56, 77, 120, 165, M+ 221
C12H15NO3; 221.10519; 1685; PS; LM/Q; Psychedelic; Designer drug

Phenylalanine MEAC — 2581
Peaks: 65, 88, 91, 120, 162
C12H15NO3; 221.10519; 1870; 3618-96-0; PS; LS/Q; Biomolecule

Tyramine 2AC
Ritodrine-M/artifact (N-dealkyl-) 2AC — 1015
Peaks: 77, 107, 120, 162, M+ 221
C12H15NO3; 221.10519; 1950; U+ UHYAC; PS; LM/Q; Sympathomimetic

Formetanate — 3901
Peaks: 92, 122, 149, 163, M+ 221
C11H15N3O2; 221.11642; 2100; 22259-30-9; PS; LS/Q; Insecticide

221

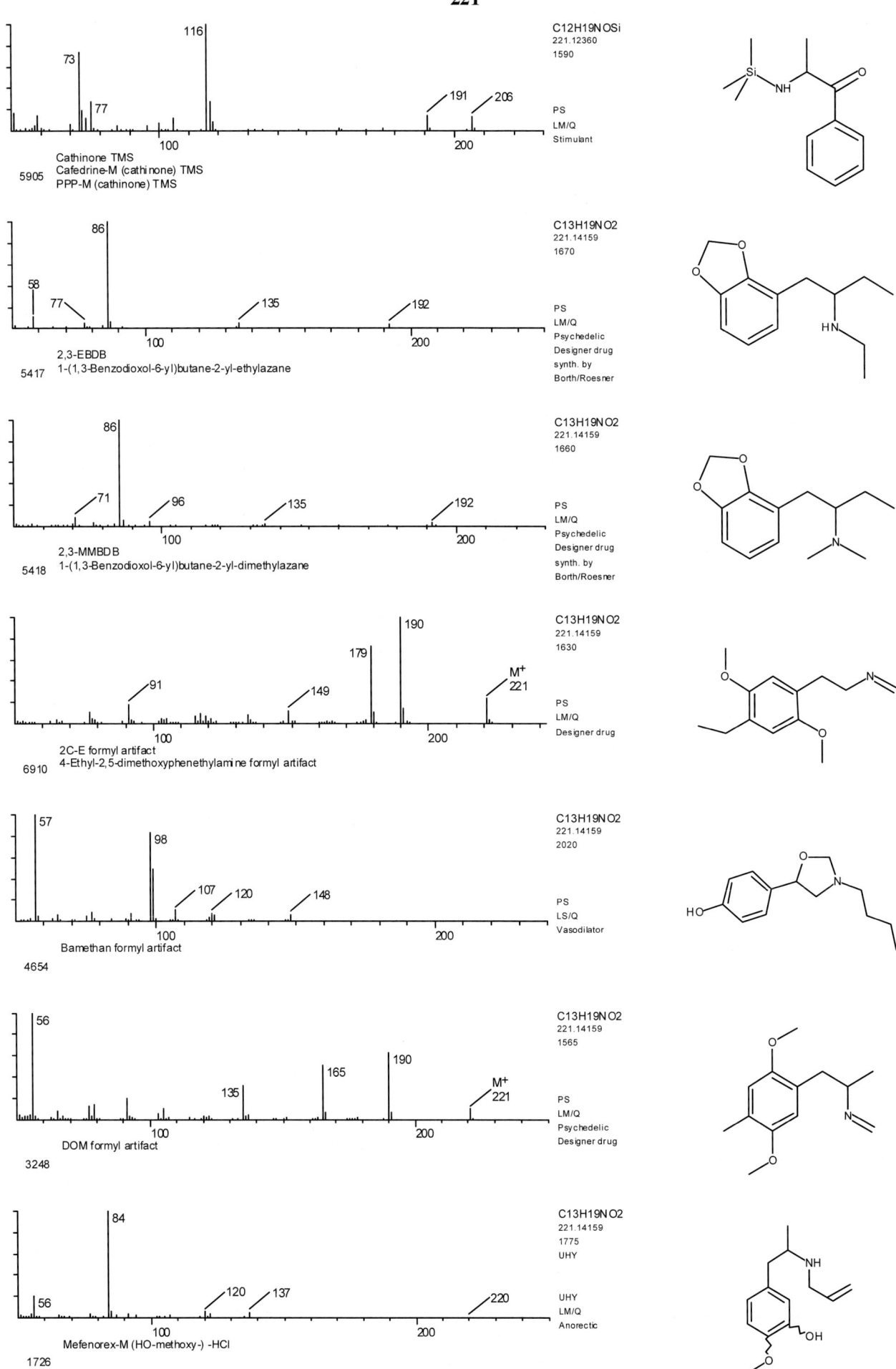

C12H19NOSi
221.12360
1590

PS
LM/Q
Stimulant

Cathinone TMS
Cafedrine-M (cathinone) TMS
PPP-M (cathinone) TMS
5905

C13H19NO2
221.14159
1670

PS
LM/Q
Psychedelic
Designer drug
synth. by
Borth/Roesner

2,3-EBDB
1-(1,3-Benzodioxol-6-yl)butane-2-yl-ethylazane
5417

C13H19NO2
221.14159
1660

PS
LM/Q
Psychedelic
Designer drug
synth. by
Borth/Roesner

2,3-MMBDB
1-(1,3-Benzodioxol-6-yl)butane-2-yl-dimethylazane
5418

C13H19NO2
221.14159
1630

PS
LM/Q
Designer drug

2C-E formyl artifact
4-Ethyl-2,5-dimethoxyphenethylamine formyl artifact
6910

C13H19NO2
221.14159
2020

PS
LS/Q
Vasodilator

Bamethan formyl artifact
4654

C13H19NO2
221.14159
1565

PS
LM/Q
Psychedelic
Designer drug

DOM formyl artifact
3248

C13H19NO2
221.14159
1775
UHY

UHY
LM/Q
Anorectic

Mefenorex-M (HO-methoxy-) -HCl
1726

221

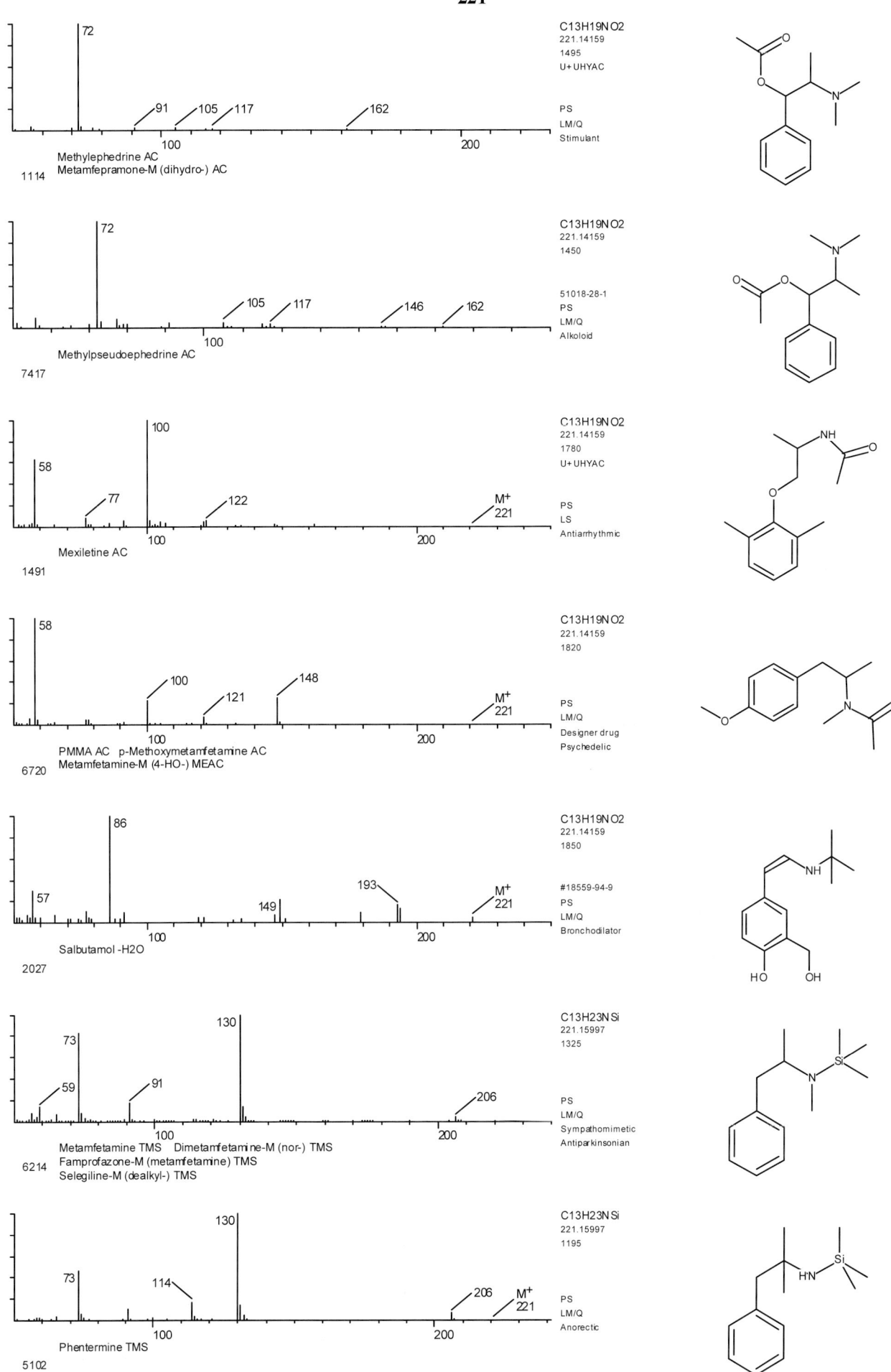

Methylephedrine AC
Metamfepramone-M (dihydro-) AC
1114

C13H19NO2
221.14159
1495
U+ UHYAC
PS
LM/Q
Stimulant

Peaks: 72, 91, 105, 117, 162

Methylpseudoephedrine AC
7417

C13H19NO2
221.14159
1450
51018-28-1
PS
LM/Q
Alkoloid

Peaks: 72, 105, 117, 146, 162

Mexiletine AC
1491

C13H19NO2
221.14159
1780
U+ UHYAC
PS
LS
Antiarrhythmic

Peaks: 58, 77, 100, 122, M+ 221

PMMA AC   p-Methoxymetamfetamine AC
Metamfetamine-M (4-HO-) MEAC
6720

C13H19NO2
221.14159
1820
PS
LM/Q
Designer drug
Psychedelic

Peaks: 58, 100, 121, 148, M+ 221

Salbutamol -H2O
2027

C13H19NO2
221.14159
1850
#18559-94-9
PS
LM/Q
Bronchodilator

Peaks: 57, 86, 149, 193, M+ 221

Metamfetamine TMS   Dimetamfetamine-M (nor-) TMS
Famprofazone-M (metamfetamine) TMS
Selegiline-M (dealkyl-) TMS
6214

C13H23NSi
221.15997
1325
PS
LM/Q
Sympathomimetic
Antiparkinsonian

Peaks: 59, 73, 91, 130, 206

Phentermine TMS
5102

C13H23NSi
221.15997
1195
PS
LM/Q
Anorectic

Peaks: 73, 114, 130, 206, M+ 221

221

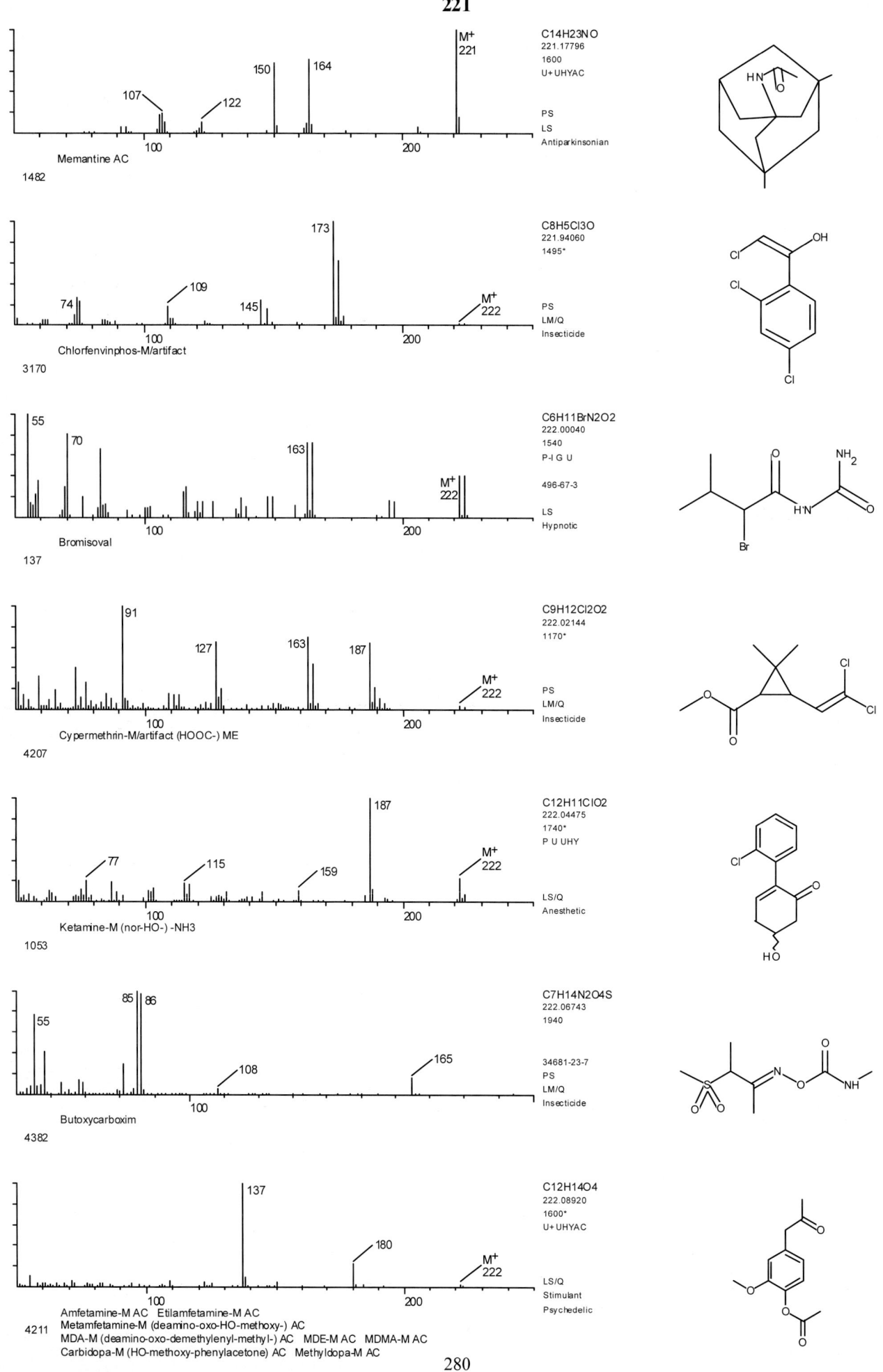

Memantine AC — C14H23NO, 221.17796, 1600, U+ UHYAC; PS LS Antiparkinsonian
Peaks: 107, 122, 150, 164, M+ 221
1482

Chlorfenvinphos-M/artifact — C8H5Cl3O, 221.94060, 1495*; PS LM/Q Insecticide
Peaks: 74, 109, 145, 173, M+ 222
3170

Bromisoval — C6H11BrN2O2, 222.00040, 1540, P-I G U; 496-67-3; LS Hypnotic
Peaks: 55, 70, 163, M+ 222
137

Cypermethrin-M/artifact (HOOC-) ME — C9H12Cl2O2, 222.02144, 1170*; PS LM/Q Insecticide
Peaks: 91, 127, 163, 187, M+ 222
4207

Ketamine-M (nor-HO-) -NH3 — C12H11ClO2, 222.04475, 1740*, P U UHY; LS/Q Anesthetic
Peaks: 77, 115, 159, 187, M+ 222
1053

Butoxycarboxim — C7H14N2O4S, 222.06743, 1940; 34681-23-7; PS LM/Q Insecticide
Peaks: 55, 85, 86, 108, 165
4382

Amfetamine-M AC   Etilamfetamine-M AC
Metamfetamine-M (deamino-oxo-HO-methoxy-) AC
MDA-M (deamino-oxo-demethylenyl-methyl-) AC   MDE-M AC   MDMA-M AC
Carbidopa-M (HO-methoxy-phenylacetone) AC   Methyldopa-M AC
— C12H14O4, 222.08920, 1600*, U+ UHYAC; LS/Q Stimulant Psychedelic
Peaks: 137, 180, M+ 222
4211

280

222

4945
Caffeic acid 3ME
Ferulic acid 2ME
4-Hydroxy-3-methoxy-cinnamic acid 2ME

C12H14O4
222.08920
1850*
UME

5396-64-5
UME
LS/Q
Plant ingredient

721
Diethylphthalate

C12H14O4
222.08920
1495*

84-66-2
LM
Softener

6410
MDA-M (deamino-HO-) AC   Tenamfetamine-M (deamino-HO-) AC
MDE-M (deamino-HO-) AC
MDMA-M (deamino-HO-) AC

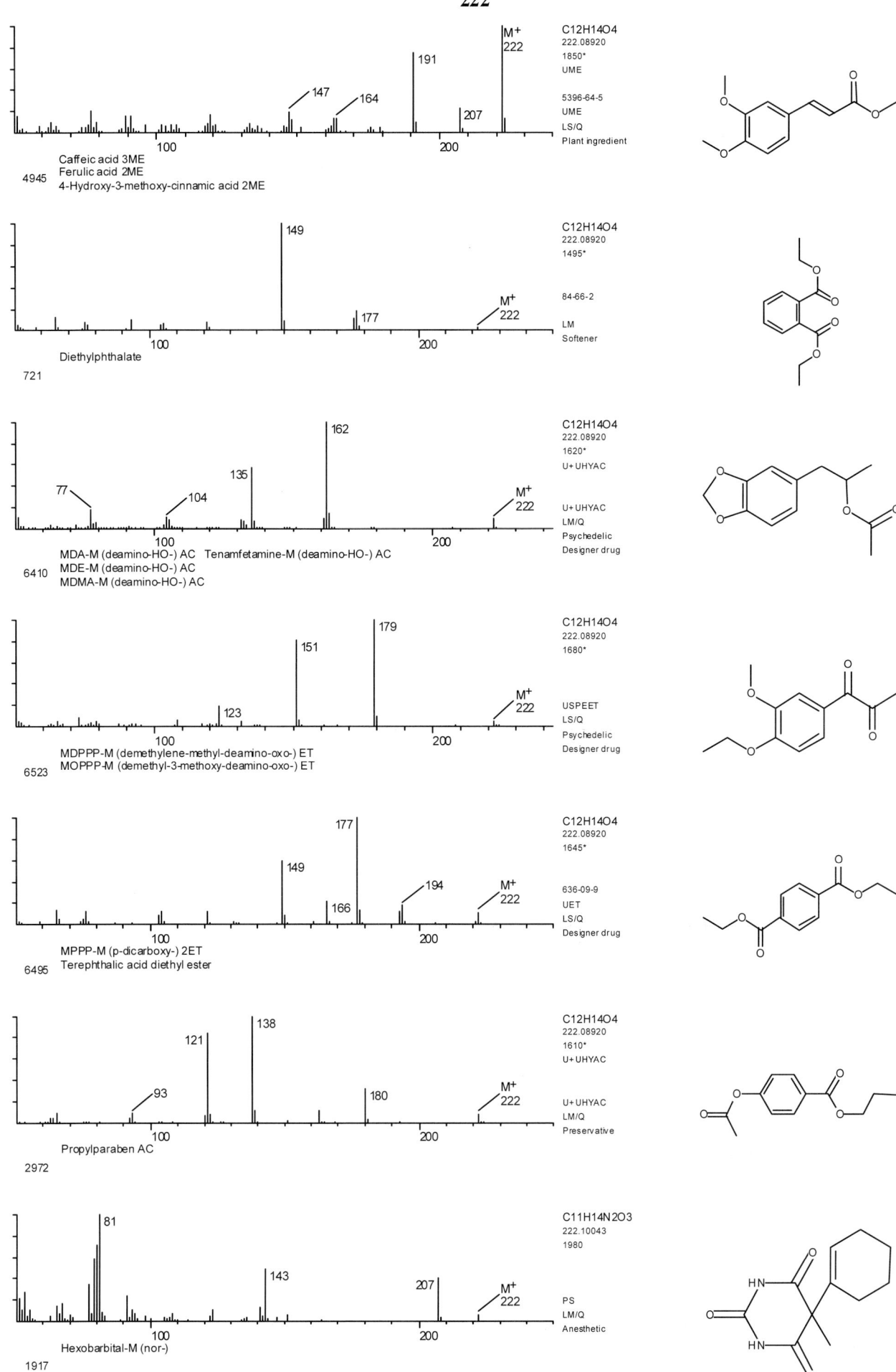

C12H14O4
222.08920
1620*
U+ UHYAC

U+ UHYAC
LM/Q
Psychedelic
Designer drug

6523
MDPPP-M (demethylene-methyl-deamino-oxo-) ET
MOPPP-M (demethyl-3-methoxy-deamino-oxo-) ET

C12H14O4
222.08920
1680*

USPEET
LS/Q
Psychedelic
Designer drug

6495
MPPP-M (p-dicarboxy-) 2ET
Terephthalic acid diethyl ester

C12H14O4
222.08920
1645*

636-09-9
UET
LS/Q
Designer drug

2972
Propylparaben AC

C12H14O4
222.08920
1610*
U+ UHYAC

U+ UHYAC
LM/Q
Preservative

1917
Hexobarbital-M (nor-)

C11H14N2O3
222.10043
1980

PS
LM/Q
Anesthetic

222

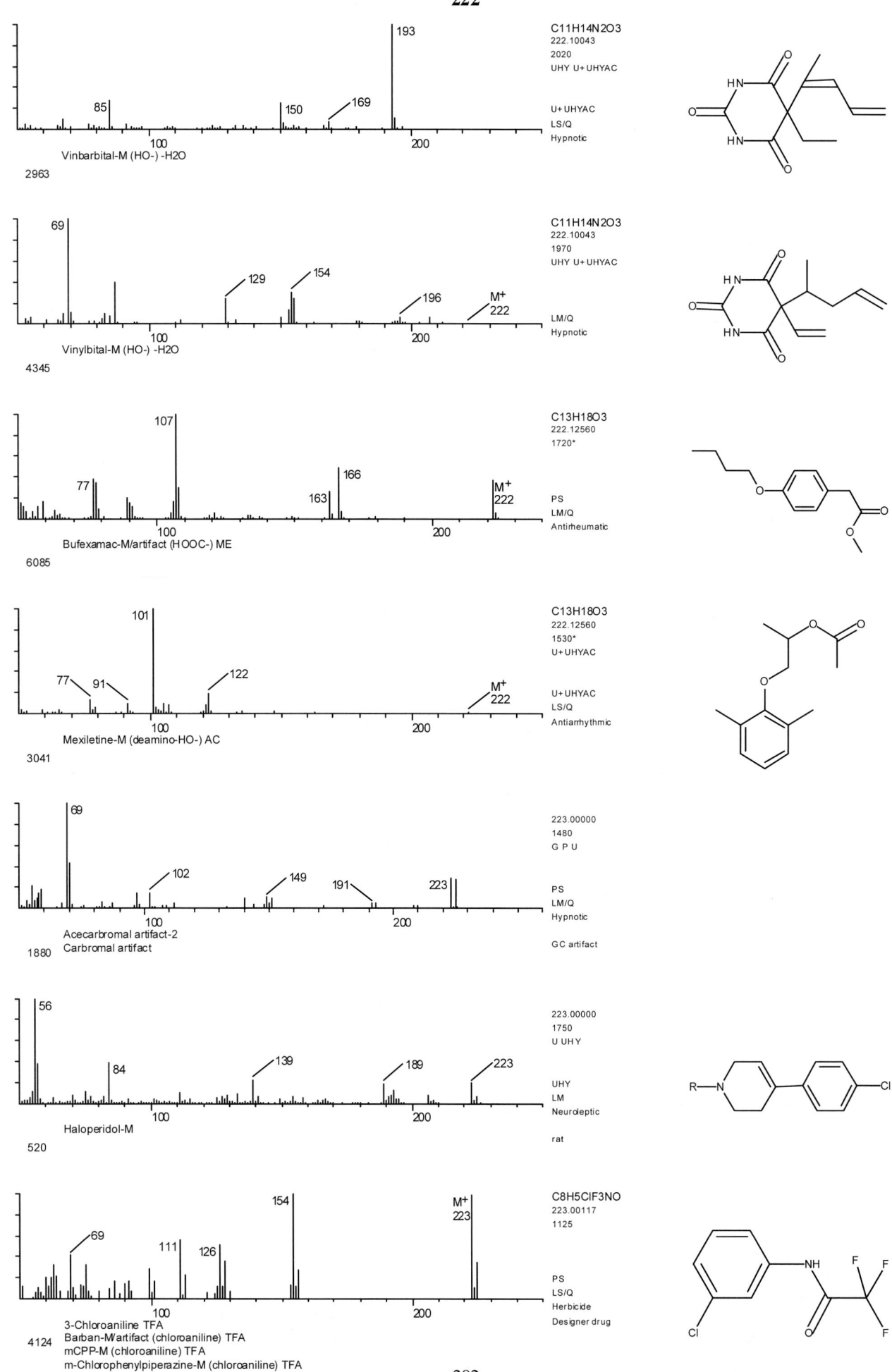

Vinbarbital-M (HO-) -H2O
2963
Peaks: 85, 150, 169, 193
C11H14N2O3
222.10043
2020
UHY U+ UHYAC
U+ UHYAC
LS/Q
Hypnotic

Vinylbital-M (HO-) -H2O
4345
Peaks: 69, 129, 154, 196, 222 M+
C11H14N2O3
222.10043
1970
UHY U+ UHYAC
LM/Q
Hypnotic

Bufexamac-M/artifact (HOOC-) ME
6085
Peaks: 77, 107, 163, 166, 222 M+
C13H18O3
222.12560
1720*
PS
LM/Q
Antirheumatic

Mexiletine-M (deamino-HO-) AC
3041
Peaks: 77, 91, 101, 122, 222 M+
C13H18O3
222.12560
1530*
U+ UHYAC
U+ UHYAC
LS/Q
Antiarrhythmic

Acecarbromal artifact-2 / Carbromal artifact
1880
Peaks: 69, 102, 149, 191, 223
223.00000
1480
G P U
PS
LM/Q
Hypnotic
GC artifact

Haloperidol-M
520
Peaks: 56, 84, 139, 189, 223
223.00000
1750
U UHY
UHY
LM
Neuroleptic
rat

3-Chloroaniline TFA
Barban-M/artifact (chloroaniline) TFA
mCPP-M (chloroaniline) TFA
m-Chlorophenylpiperazine-M (chloroaniline) TFA
4124
Peaks: 69, 111, 126, 154, 223 M+
C8H5ClF3NO
223.00117
1125
PS
LS/Q
Herbicide
Designer drug

282

223

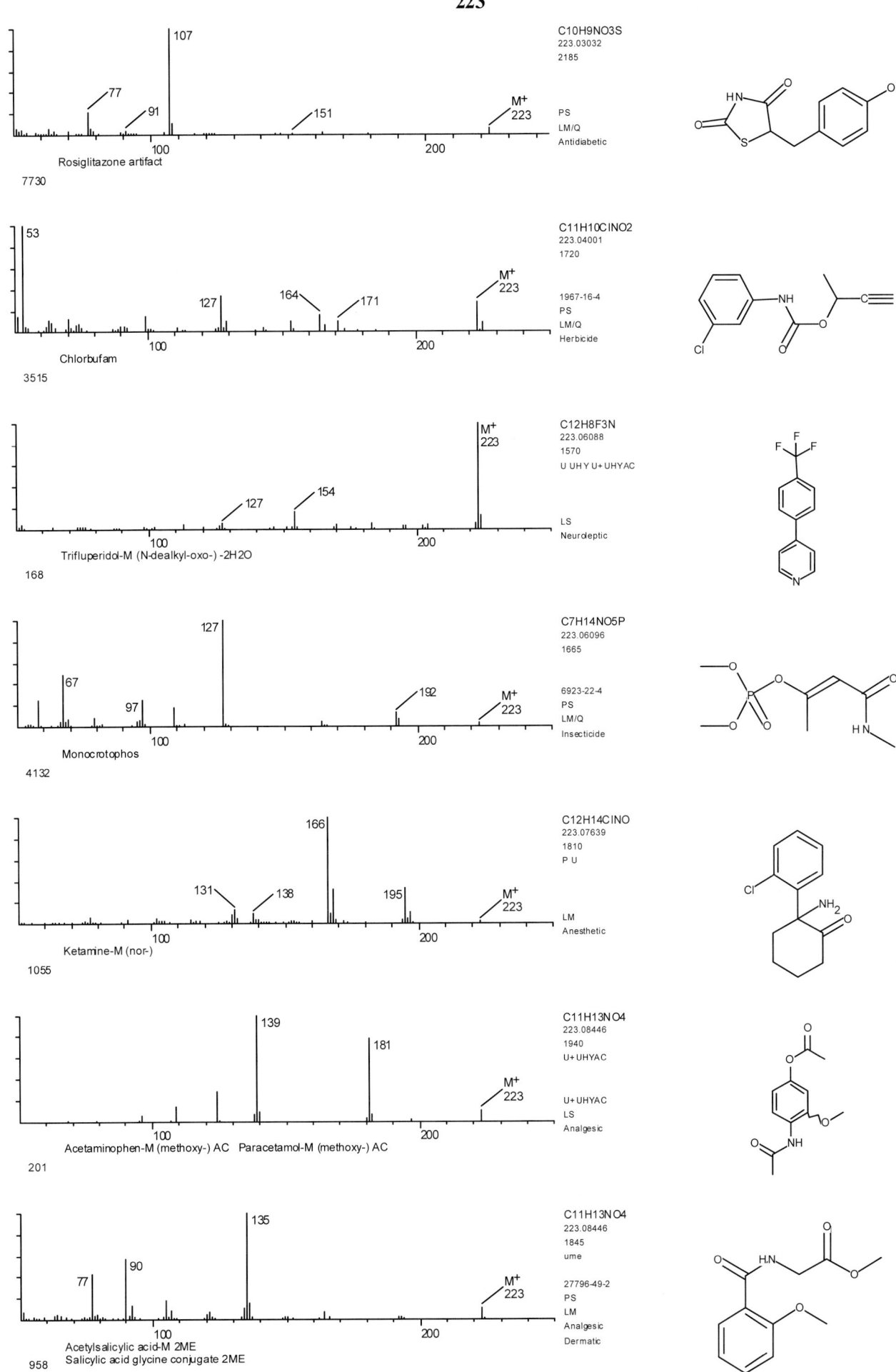

C10H9NO3S
223.03032
2185

PS
LM/Q
Antidiabetic

Rosiglitazone artifact

C11H10ClNO2
223.04001
1720

1967-16-4
PS
LM/Q
Herbicide

Chlorbufam

C12H8F3N
223.06088
1570

U UH Y U+ UHYAC

LS
Neuroleptic

Trifluperidol-M (N-dealkyl-oxo-) -2H2O

C7H14NO5P
223.06096
1665

6923-22-4
PS
LM/Q
Insecticide

Monocrotophos

C12H14ClNO
223.07639
1810

P U

LM
Anesthetic

Ketamine-M (nor-)

C11H13NO4
223.08446
1940
U+ UHYAC

U+ UHYAC
LS
Analgesic

Acetaminophen-M (methoxy-) AC   Paracetamol-M (methoxy-) AC

C11H13NO4
223.08446
1845
ume

27796-49-2
PS
LM
Analgesic
Dermatic

Acetylsalicylic acid-M 2ME
Salicylic acid glycine conjugate 2ME

223

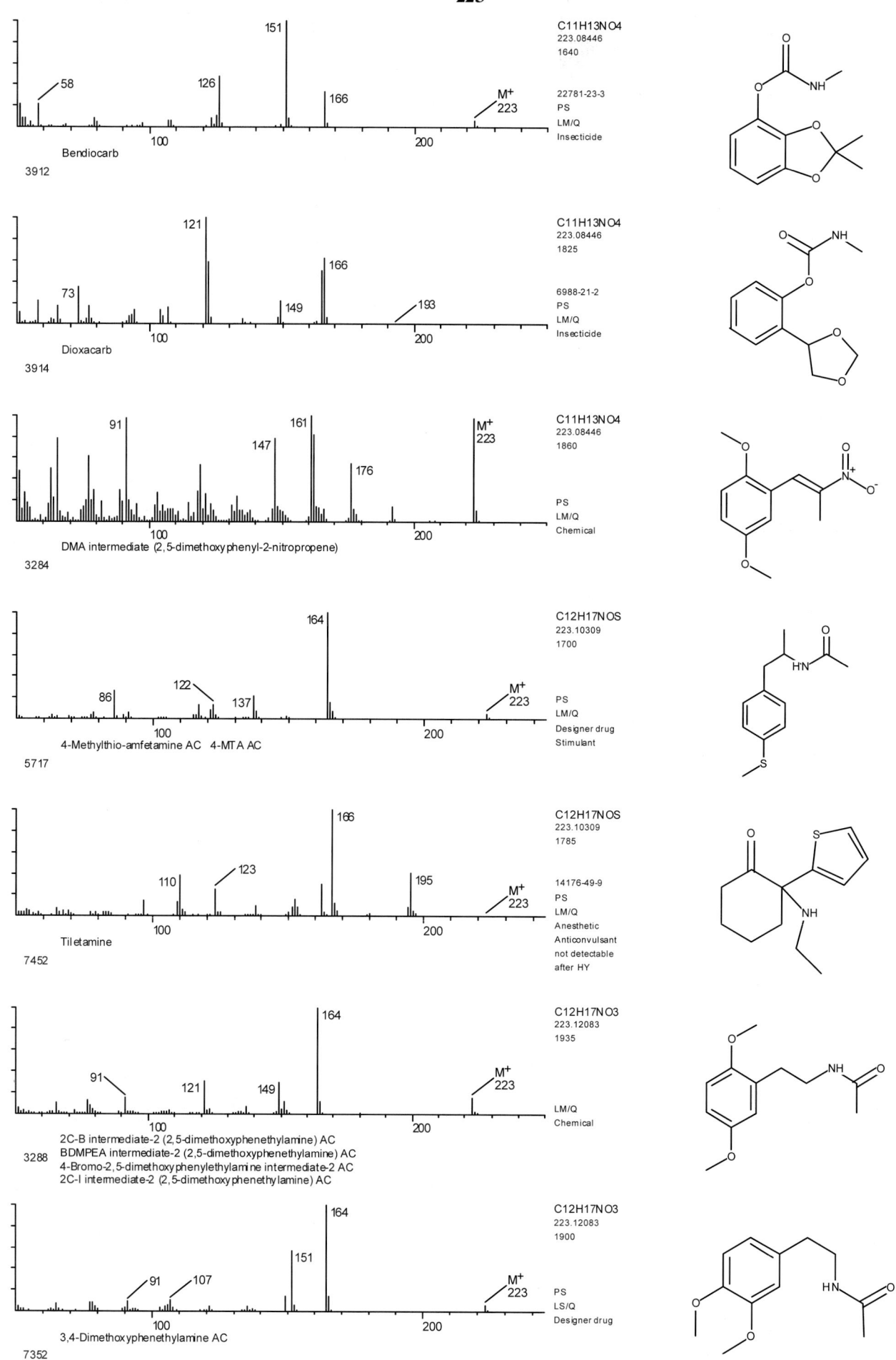

Bendiocarb
3912
58, 126, 151, 166, M+ 223
C11H13NO4
223.08446
1640
22781-23-3
PS
LM/Q
Insecticide

Dioxacarb
3914
73, 121, 149, 166, 193
C11H13NO4
223.08446
1825
6988-21-2
PS
LM/Q
Insecticide

DMA intermediate (2,5-dimethoxyphenyl-2-nitropropene)
3284
91, 147, 161, 176, M+ 223
C11H13NO4
223.08446
1860
PS
LM/Q
Chemical

4-Methylthio-amfetamine AC   4-MTA AC
5717
86, 122, 137, 164, M+ 223
C12H17NOS
223.10309
1700
PS
LM/Q
Designer drug
Stimulant

Tiletamine
7452
110, 123, 166, 195, M+ 223
C12H17NOS
223.10309
1785
14176-49-9
PS
LM/Q
Anesthetic
Anticonvulsant
not detectable
after HY

2C-B intermediate-2 (2,5-dimethoxyphenethylamine) AC
BDMPEA intermediate-2 (2,5-dimethoxyphenylethylamine) AC
4-Bromo-2,5-dimethoxyphenylethylamine intermediate-2 AC
2C-I intermediate-2 (2,5-dimethoxyphenethylamine) AC
3288
91, 121, 149, 164, M+ 223
C12H17NO3
223.12083
1935
LM/Q
Chemical

3,4-Dimethoxyphenethylamine AC
7352
91, 107, 151, 164, M+ 223
C12H17NO3
223.12083
1900
PS
LS/Q
Designer drug

223

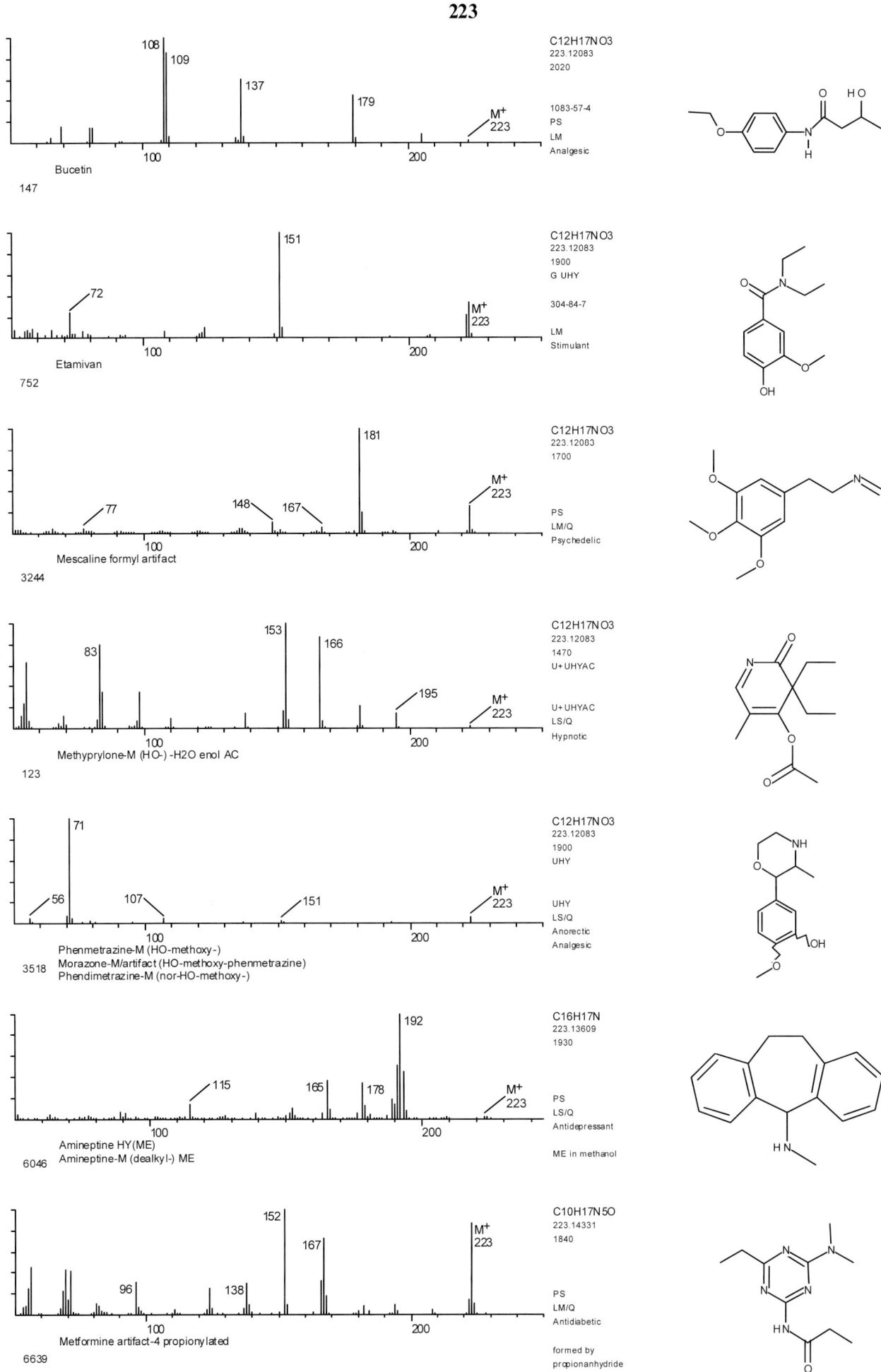

Bucetin
147
C12H17NO3
223.12083
2020
1083-57-4
PS
LM
Analgesic

Etamivan
752
C12H17NO3
223.12083
1900
G UHY
304-84-7
LM
Stimulant

Mescaline formyl artifact
3244
C12H17NO3
223.12083
1700
PS
LM/Q
Psychedelic

Methyprylone-M (HO-) -H2O enol AC
123
C12H17NO3
223.12083
1470
U+UHYAC
U+UHYAC
LS/Q
Hypnotic

Phenmetrazine-M (HO-methoxy-)
Morazone-M/artifact (HO-methoxy-phenmetrazine)
Phendimetrazine-M (nor-HO-methoxy-)
3518
C12H17NO3
223.12083
1900
UHY
UHY
LS/Q
Anorectic
Analgesic

Amineptine HY(ME)
Amineptine-M (dealkyl-) ME
6046
C16H17N
223.13609
1930
PS
LS/Q
Antidepressant
ME in methanol

Metformine artifact-4 propionylated
6639
C10H17N5O
223.14331
1840
PS
LM/Q
Antidiabetic
formed by propionanhydride

223

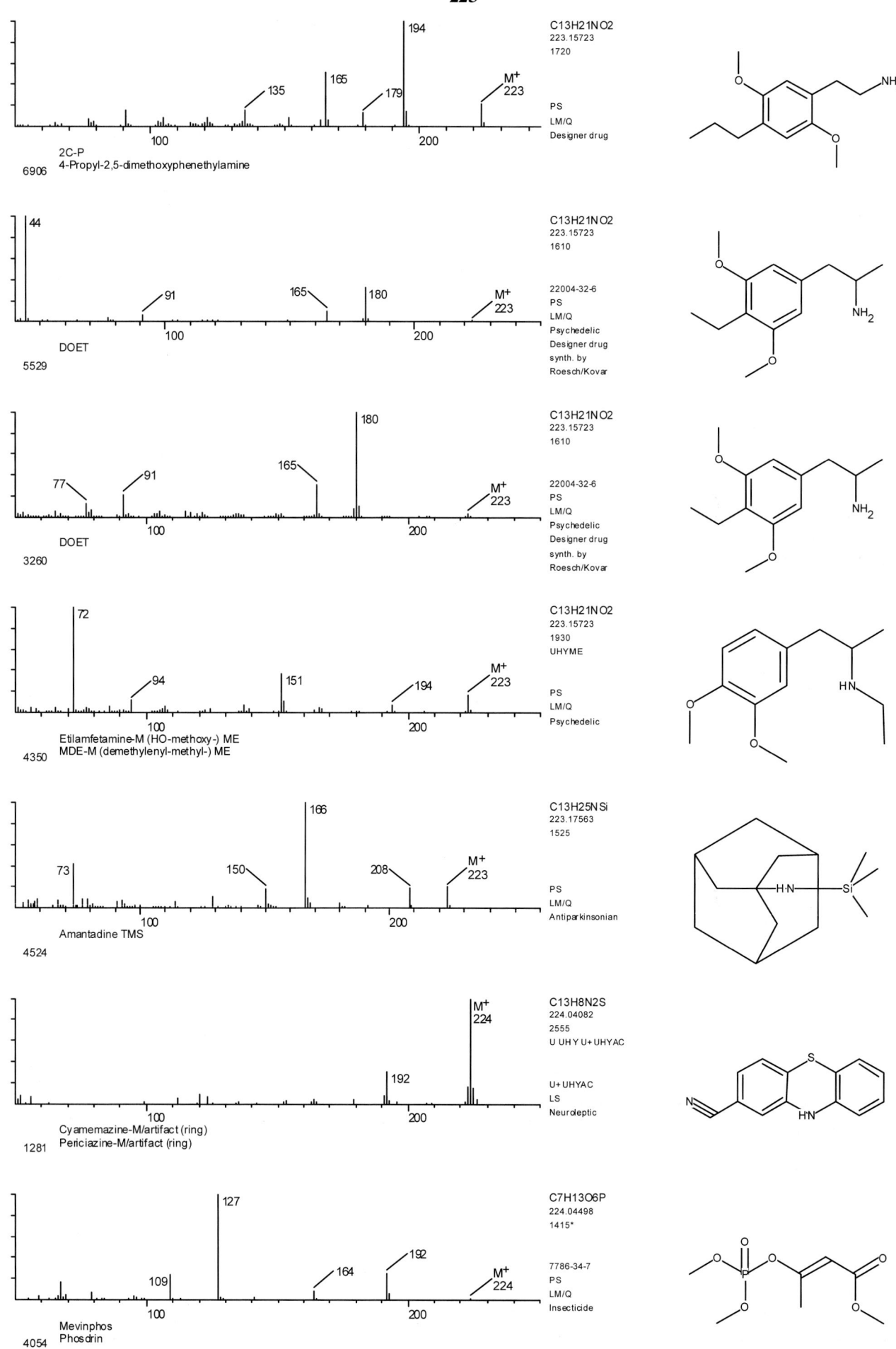

C13H21NO2
223.15723
1720

PS
LM/Q
Designer drug

2C-P
4-Propyl-2,5-dimethoxyphenethylamine
6906

C13H21NO2
223.15723
1610

22004-32-6
PS
LM/Q
Psychedelic
Designer drug
synth. by
Roesch/Kovar

DOET
5529

C13H21NO2
223.15723
1610

22004-32-6
PS
LM/Q
Psychedelic
Designer drug
synth. by
Roesch/Kovar

DOET
3260

C13H21NO2
223.15723
1930
UHYME

PS
LM/Q
Psychedelic

Etilamfetamine-M (HO-methoxy-) ME
MDE-M (demethylenyl-methyl-) ME
4350

C13H25NSi
223.17563
1525

PS
LM/Q
Antiparkinsonian

Amantadine TMS
4524

C13H8N2S
224.04082
2555
U UH Y U+ UHYAC

U+ UHYAC
LS
Neuroleptic

Cyamemazine-M/artifact (ring)
Periciazine-M/artifact (ring)
1281

C7H13O6P
224.04498
1415*

7786-34-7
PS
LM/Q
Insecticide

Mevinphos
Phosdrin
4054

224

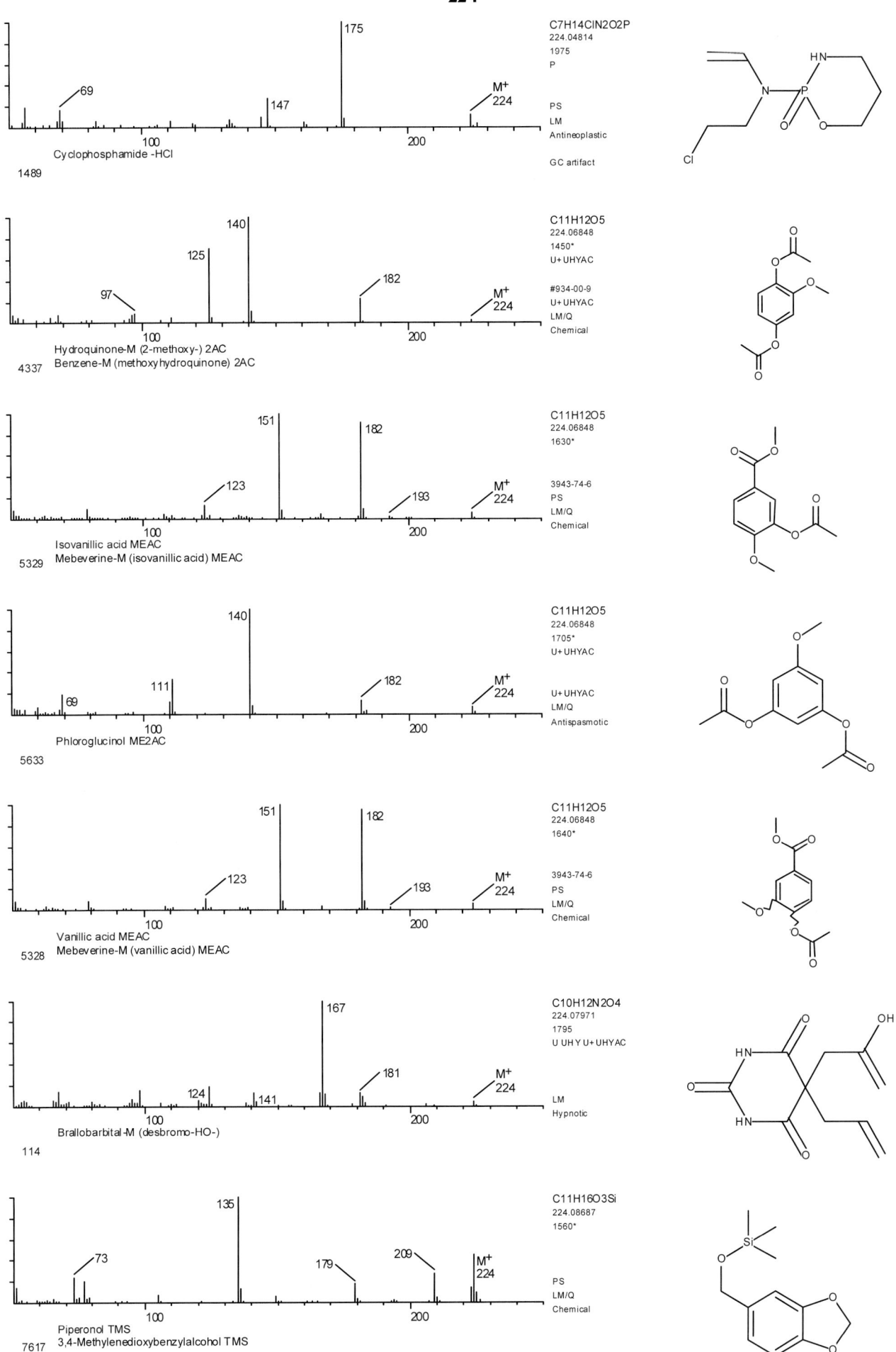

Cyclophosphamide -HCl
C7H14ClN2O2P
224.04814
1975
P
PS
LM
Antineoplastic
GC artifact

Hydroquinone-M (2-methoxy-) 2AC
Benzene-M (methoxyhydroquinone) 2AC
C11H12O5
224.06848
1450*
U+ UHYAC
#934-00-9
U+ UHYAC
LM/Q
Chemical

Isovanillic acid MEAC
Mebeverine-M (isovanillic acid) MEAC
C11H12O5
224.06848
1630*
3943-74-6
PS
LM/Q
Chemical

Phloroglucinol ME2AC
C11H12O5
224.06848
1705*
U+ UHYAC
U+ UHYAC
LM/Q
Antispasmotic

Vanillic acid MEAC
Mebeverine-M (vanillic acid) MEAC
C11H12O5
224.06848
1640*
3943-74-6
PS
LM/Q
Chemical

Brallobarbital-M (desbromo-HO-)
C10H12N2O4
224.07971
1795
U UH Y U+ UHYAC
LM
Hypnotic

Piperonol TMS
3,4-Methylenedioxybenzylalcohol TMS
C11H16O3Si
224.08687
1560*
PS
LM/Q
Chemical

224

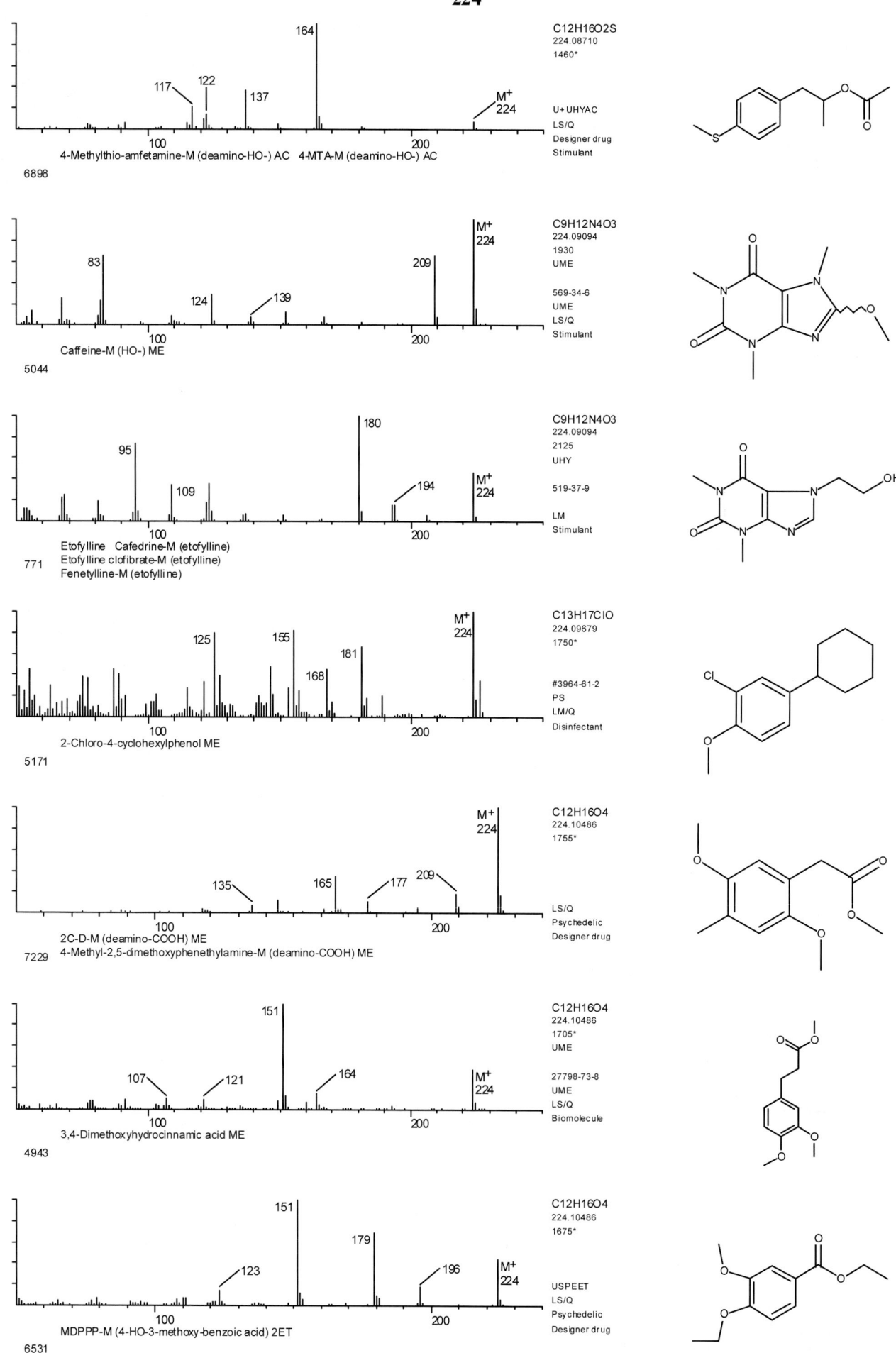

4-Methylthio-amfetamine-M (deamino-HO-) AC 4-MTA-M (deamino-HO-) AC 6898 Peaks: 117, 122, 137, 164, M+ 224	C12H16O2S 224.08710 1460* U+ UHYAC LS/Q Designer drug Stimulant
Caffeine-M (HO-) ME 5044 Peaks: 83, 124, 139, 209, M+ 224	C9H12N4O3 224.09094 1930 UME 569-34-6 UME LS/Q Stimulant
Etofylline Cafedrine-M (etofylline) Etofylline clofibrate-M (etofylline) Fenetylline-M (etofylline) 771 Peaks: 95, 109, 180, 194, M+ 224	C9H12N4O3 224.09094 2125 UHY 519-37-9 LM Stimulant
2-Chloro-4-cyclohexylphenol ME 5171 Peaks: 125, 155, 168, 181, M+ 224	C13H17ClO 224.09679 1750* #3964-61-2 PS LM/Q Disinfectant
2C-D-M (deamino-COOH) ME 4-Methyl-2,5-dimethoxyphenethylamine-M (deamino-COOH) ME 7229 Peaks: 135, 165, 177, 209, M+ 224	C12H16O4 224.10486 1755* LS/Q Psychedelic Designer drug
3,4-Dimethoxyhydrocinnamic acid ME 4943 Peaks: 107, 121, 151, 164, M+ 224	C12H16O4 224.10486 1705* UME 27798-73-8 UME LS/Q Biomolecule
MDPPP-M (4-HO-3-methoxy-benzoic acid) 2ET 6531 Peaks: 123, 151, 179, 196, M+ 224	C12H16O4 224.10486 1675* USPEET LS/Q Psychedelic Designer drug

224

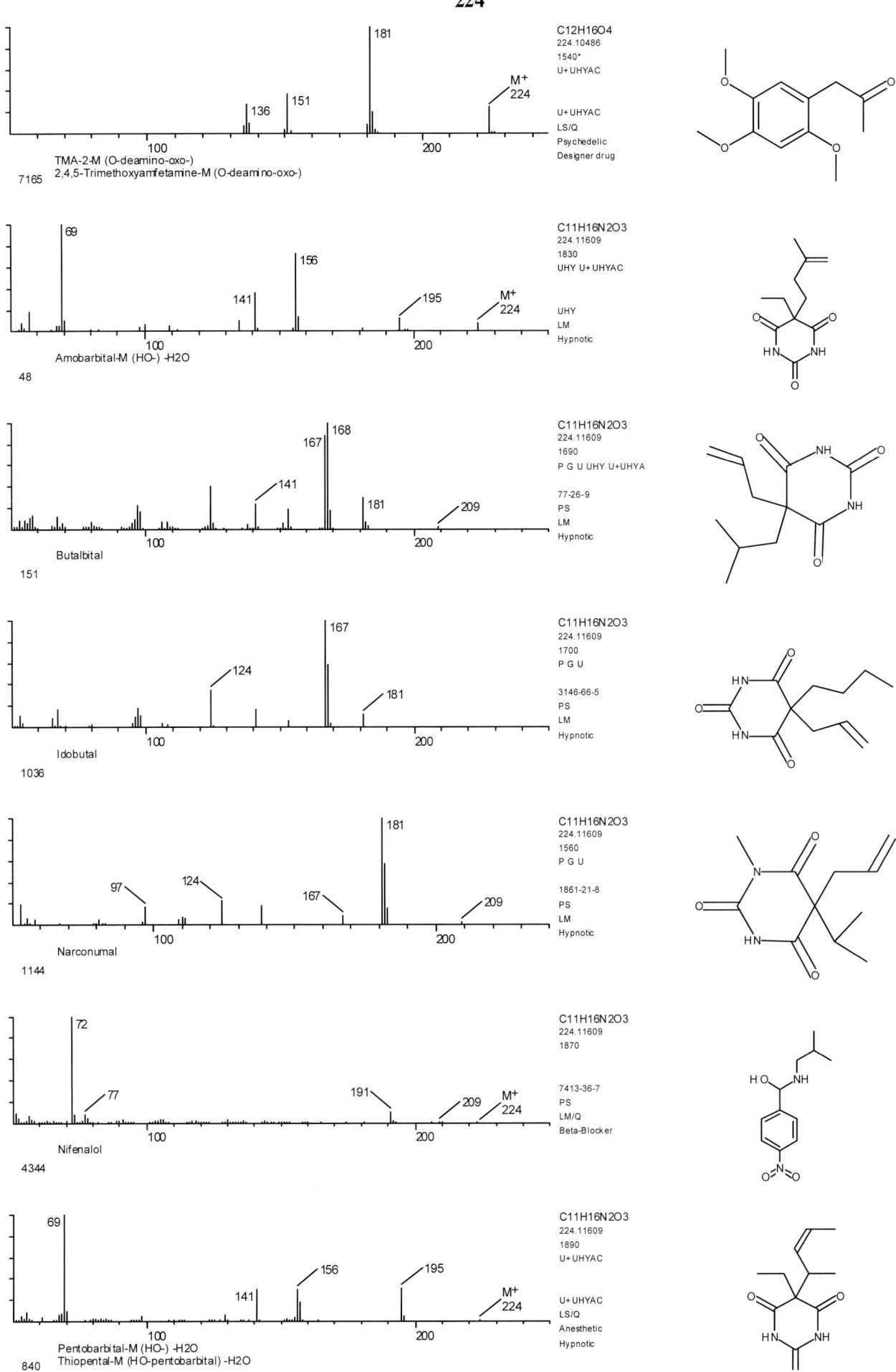

TMA-2-M (O-deamino-oxo-)
2,4,5-Trimethoxyamfetamine-M (O-deamino-oxo-)
7165

C12H16O4
224.10486
1540*
U+ UHYAC

U+ UHYAC
LS/Q
Psychedelic
Designer drug

Amobarbital-M (HO-) -H2O
48

C11H16N2O3
224.11609
1830
UHY U+ UHYAC

UHY
LM
Hypnotic

Butalbital
151

C11H16N2O3
224.11609
1690
P G U UHY U+UHYA

77-26-9
PS
LM
Hypnotic

Idobutal
1036

C11H16N2O3
224.11609
1700
P G U

3146-66-5
PS
LM
Hypnotic

Narconumal
1144

C11H16N2O3
224.11609
1560
P G U

1861-21-8
PS
LM
Hypnotic

Nifenalol
4344

C11H16N2O3
224.11609
1870

7413-36-7
PS
LM/Q
Beta-Blocker

Pentobarbital-M (HO-) -H2O
Thiopental-M (HO-pentobarbital) -H2O
840

C11H16N2O3
224.11609
1890
U+ UHYAC

U+ UHYAC
LS/Q
Anesthetic
Hypnotic

224

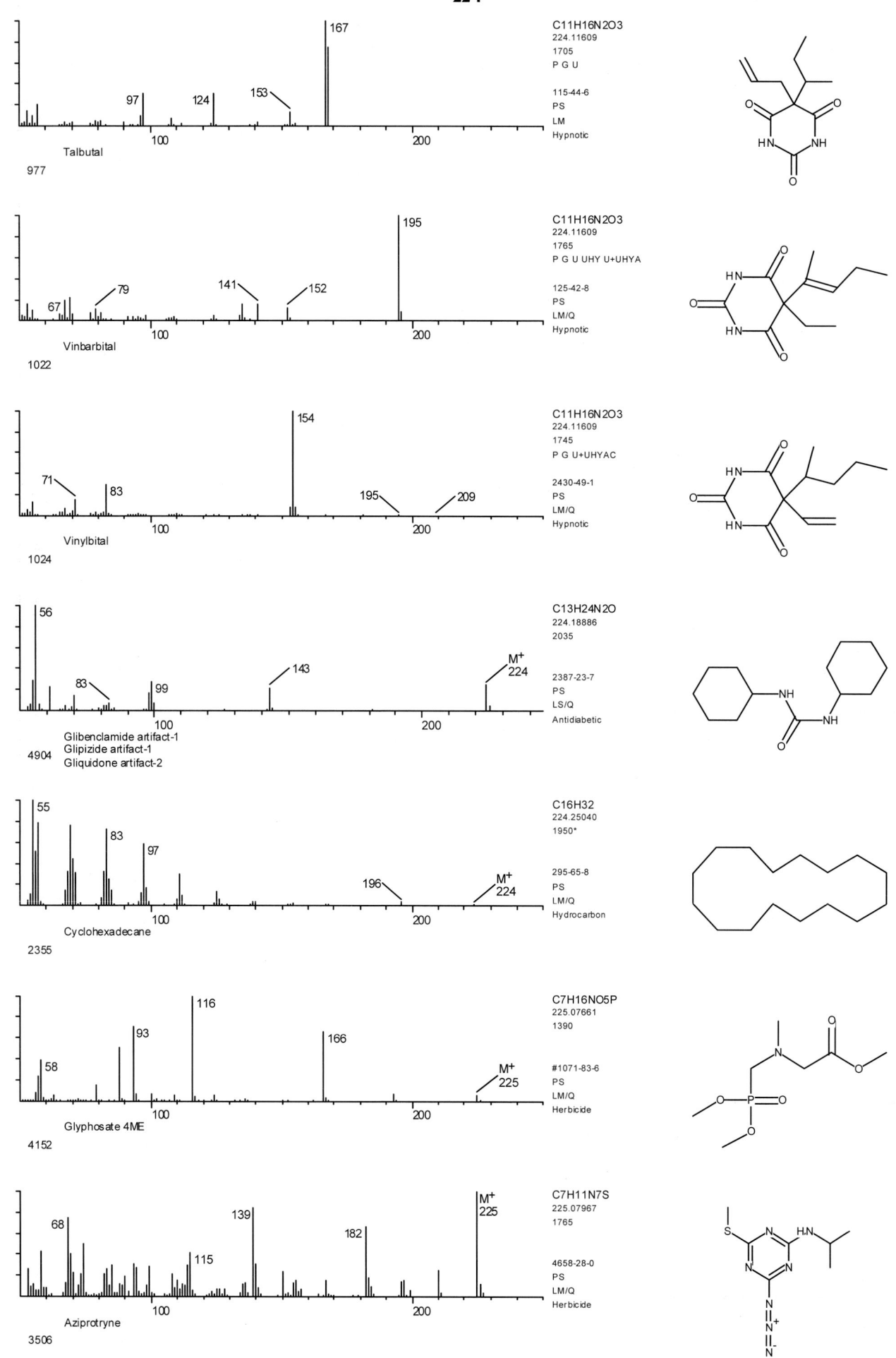

Talbutal
977
C11H16N2O3
224.11609
1705
P G U
115-44-6
PS
LM
Hypnotic

Vinbarbital
1022
C11H16N2O3
224.11609
1765
P G U UHY U+UHYA
125-42-8
PS
LM/Q
Hypnotic

Vinylbital
1024
C11H16N2O3
224.11609
1745
P G U+UHYAC
2430-49-1
PS
LM/Q
Hypnotic

Glibenclamide artifact-1
Glipizide artifact-1
Gliquidone artifact-2
4904
C13H24N2O
224.18886
2035
2387-23-7
PS
LS/Q
Antidiabetic

Cyclohexadecane
2355
C16H32
224.25040
1950*
295-65-8
PS
LM/Q
Hydrocarbon

Glyphosate 4ME
4152
C7H16NO5P
225.07661
1390
#1071-83-6
PS
LM/Q
Herbicide

Aziprotryne
3506
C7H11N7S
225.07967
1765
4658-28-0
PS
LM/Q
Herbicide

290

225

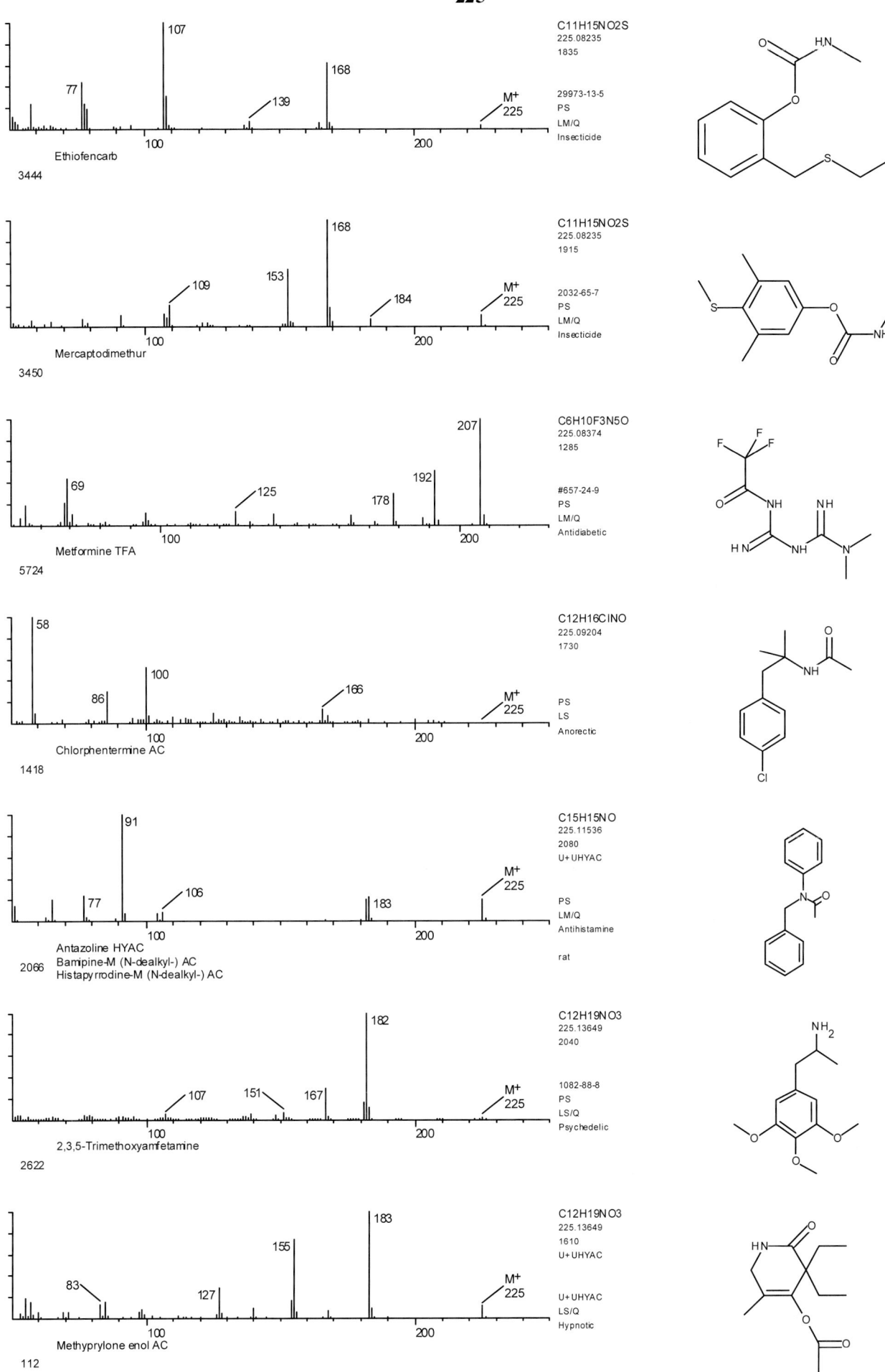

Ethiofencarb — 3444
C11H15NO2S
225.08235
1835
29973-13-5
PS
LM/Q
Insecticide
Peaks: 77, 107, 139, 168, M+ 225

Mercaptodimethur — 3450
C11H15NO2S
225.08235
1915
2032-65-7
PS
LM/Q
Insecticide
Peaks: 109, 153, 168, 184, M+ 225

Metformine TFA — 5724
C6H10F3N5O
225.08374
1285
#657-24-9
PS
LM/Q
Antidiabetic
Peaks: 69, 125, 178, 192, 207

Chlorphentermine AC — 1418
C12H16ClNO
225.09204
1730
PS
LS
Anorectic
Peaks: 58, 86, 100, 166, M+ 225

Antazoline HYAC — 2066
Bamipine-M (N-dealkyl-) AC
Histapyrrodine-M (N-dealkyl-) AC
C15H15NO
225.11536
2080
U+ UHYAC
PS
LM/Q
Antihistamine
rat
Peaks: 77, 91, 106, 183, M+ 225

2,3,5-Trimethoxyamfetamine — 2622
C12H19NO3
225.13649
2040
1082-88-8
PS
LS/Q
Psychedelic
Peaks: 107, 151, 167, 182, M+ 225

Methyprylone enol AC — 112
C12H19NO3
225.13649
1610
U+ UHYAC
U+ UHYAC
LS/Q
Hypnotic
Peaks: 83, 127, 155, 183, M+ 225

225

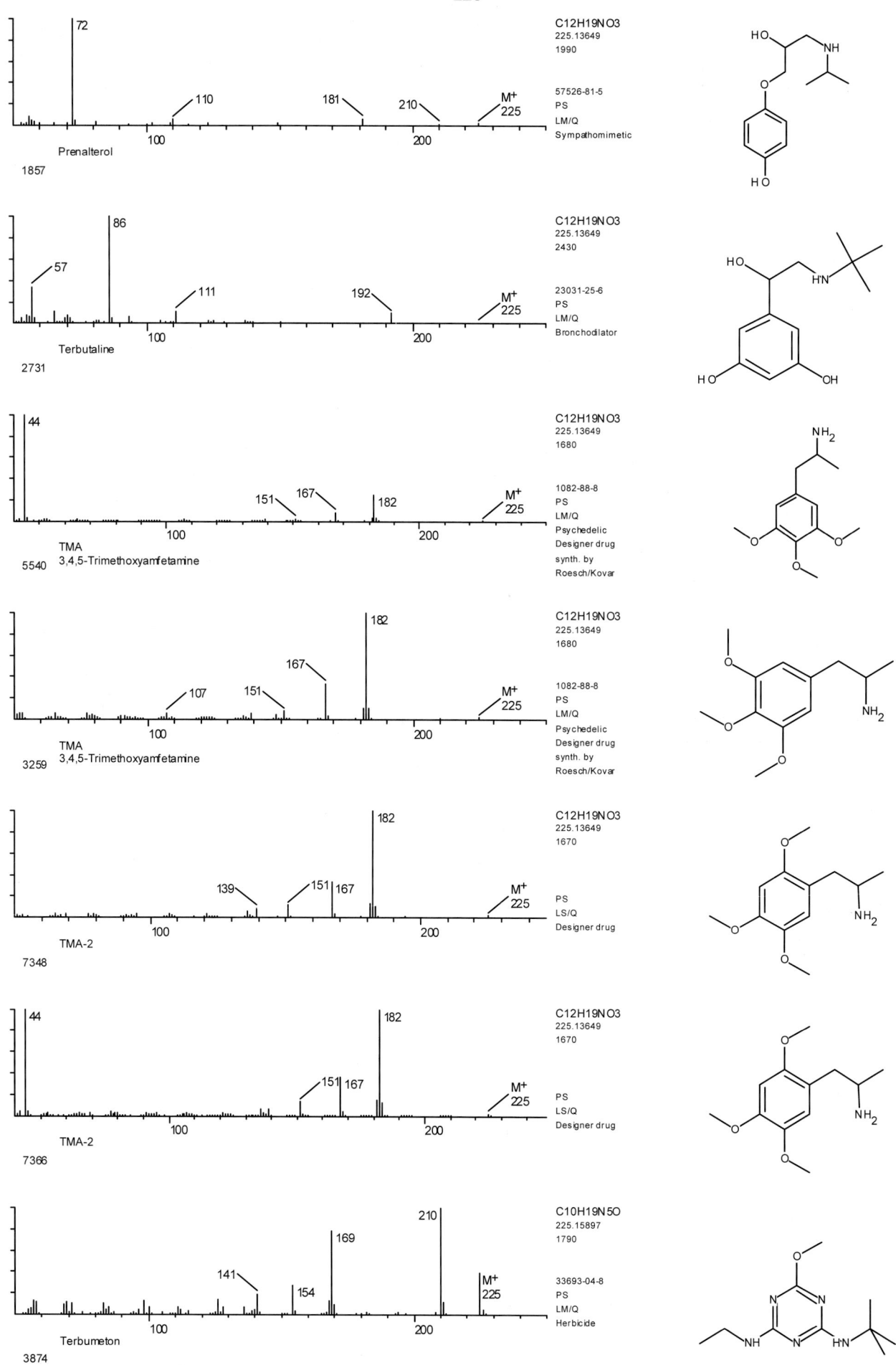

Prenalterol
1857
72, 110, 181, 210, M+ 225
C12H19NO3
225.13649
1990
57526-81-5
PS
LM/Q
Sympathomimetic

Terbutaline
2731
57, 86, 111, 192, M+ 225
C12H19NO3
225.13649
2430
23031-25-6
PS
LM/Q
Bronchodilator

TMA
3,4,5-Trimethoxyamfetamine
5540
44, 151, 167, 182, M+ 225
C12H19NO3
225.13649
1680
1082-88-8
PS
LM/Q
Psychedelic
Designer drug
synth. by
Roesch/Kovar

TMA
3,4,5-Trimethoxyamfetamine
3259
107, 151, 167, 182, M+ 225
C12H19NO3
225.13649
1680
1082-88-8
PS
LM/Q
Psychedelic
Designer drug
synth. by
Roesch/Kovar

TMA-2
7348
139, 151, 167, 182, M+ 225
C12H19NO3
225.13649
1670
PS
LS/Q
Designer drug

TMA-2
7366
44, 151, 167, 182, M+ 225
C12H19NO3
225.13649
1670
PS
LS/Q
Designer drug

Terbumeton
3874
141, 154, 169, 210, M+ 225
C10H19N5O
225.15897
1790
33693-04-8
PS
LM/Q
Herbicide

292

226

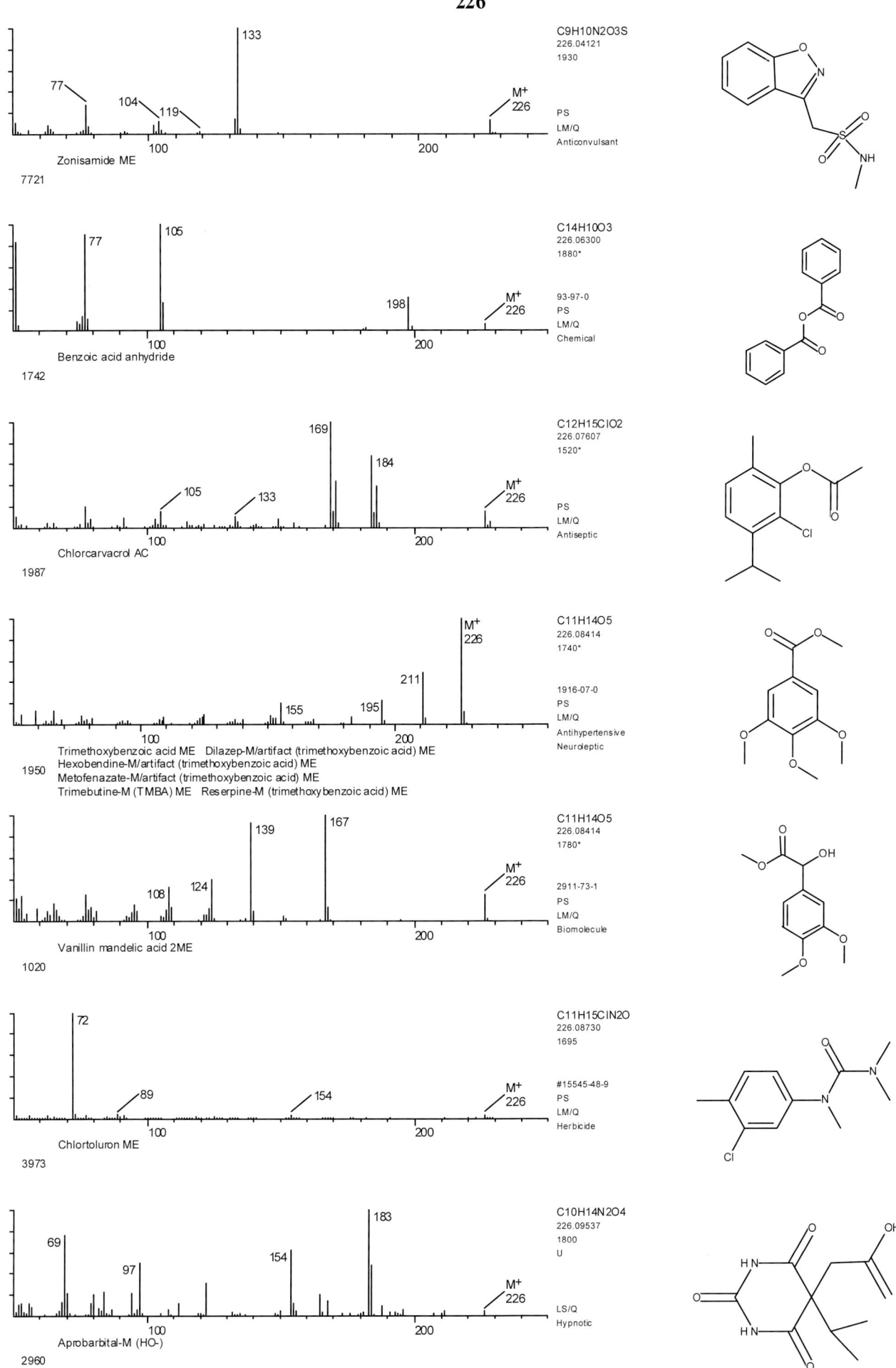

Zonisamide ME
C9H10N2O3S
226.04121
1930
PS
LM/Q
Anticonvulsant
7721
Peaks: 77, 104, 119, 133, M+ 226

Benzoic acid anhydride
C14H10O3
226.06300
1880*
93-97-0
PS
LM/Q
Chemical
1742
Peaks: 77, 105, 198, M+ 226

Chlorcarvacrol AC
C12H15ClO2
226.07607
1520*
PS
LM/Q
Antiseptic
1987
Peaks: 105, 133, 169, 184, M+ 226

Trimethoxybenzoic acid ME Dilazep-M/artifact (trimethoxybenzoic acid) ME
Hexobendine-M/artifact (trimethoxybenzoic acid) ME
Metofenazate-M/artifact (trimethoxybenzoic acid) ME
Trimebutine-M (TMBA) ME   Reserpine-M (trimethoxybenzoic acid) ME
C11H14O5
226.08414
1740*
1916-07-0
PS
LM/Q
Antihypertensive
Neuroleptic
1950
Peaks: 155, 195, 211, M+ 226

Vanillin mandelic acid 2ME
C11H14O5
226.08414
1780*
2911-73-1
PS
LM/Q
Biomolecule
1020
Peaks: 108, 124, 139, 167, M+ 226

Chlortoluron ME
C11H15ClN2O
226.08730
1695
#15545-48-9
PS
LM/Q
Herbicide
3973
Peaks: 72, 89, 154, M+ 226

Aprobarbital-M (HO-)
C10H14N2O4
226.09537
1800
U
LS/Q
Hypnotic
2960
Peaks: 69, 97, 154, 183, M+ 226

226

Butobarbital-M (oxo-)
158
C10H14N2O4
226.09537
1880
U UH Y U+ UHYAC

LS
Hypnotic

Dipropylbarbital-M (oxo-)
2954
C10H14N2O4
226.09537
1870
U UH Y U+ UHYAC

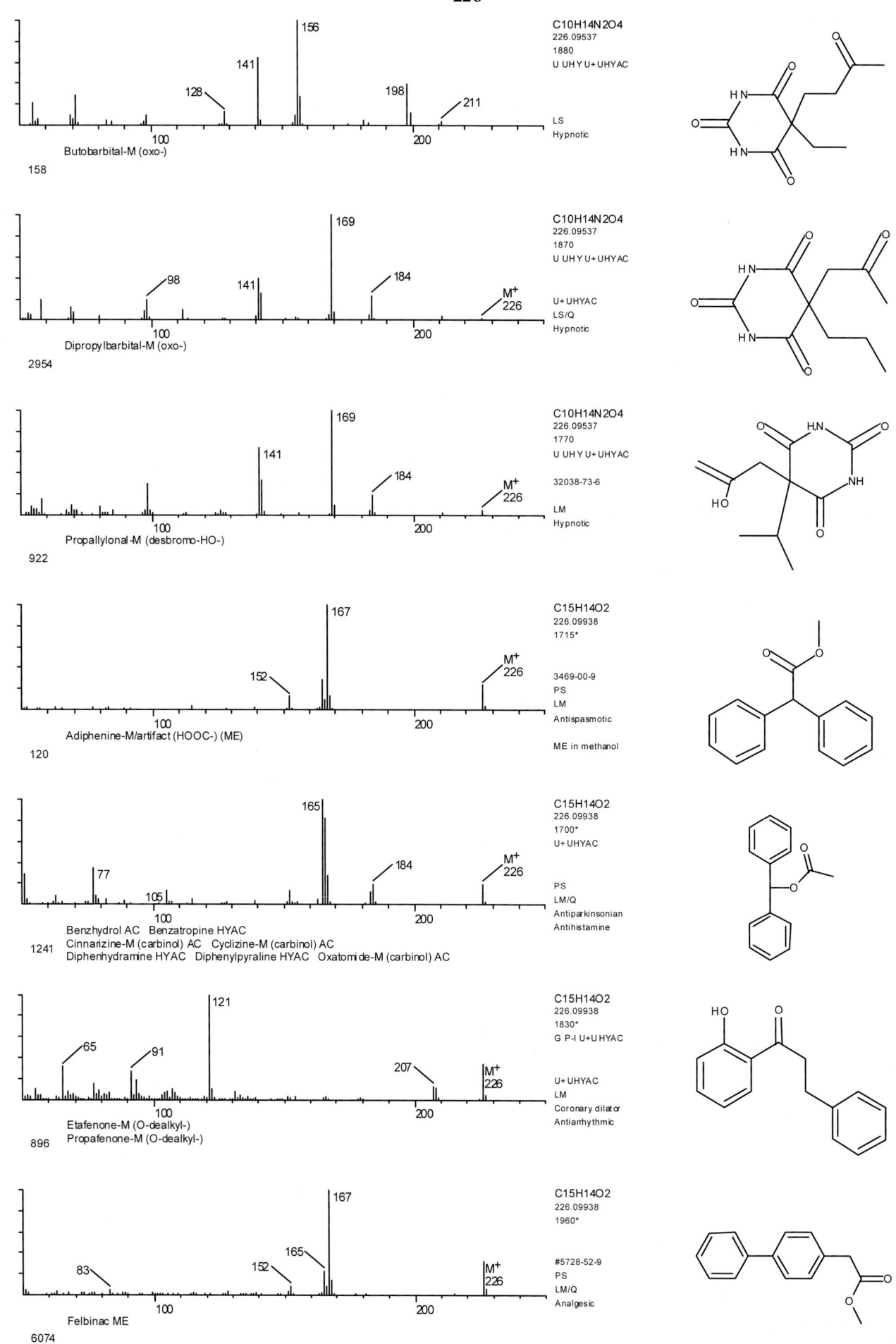

U+ UHYAC
LS/Q
Hypnotic

Propallylonal-M (desbromo-HO-)
922
C10H14N2O4
226.09537
1770
U UH Y U+ UHYAC
32038-73-6

LM
Hypnotic

Adiphenine-M/artifact (HOOC-) (ME)
120
C15H14O2
226.09938
1715*

3469-00-9
PS
LM
Antispasmotic

ME in methanol

Benzhydrol AC   Benzatropine HYAC
Cinnarizine-M (carbinol) AC   Cyclizine-M (carbinol) AC
Diphenhydramine HYAC   Diphenylpyraline HYAC   Oxatomide-M (carbinol) AC
1241
C15H14O2
226.09938
1700*
U+ UHYAC

PS
LM/Q
Antiparkinsonian
Antihistamine

Etafenone-M (O-dealkyl-)
Propafenone-M (O-dealkyl-)
896
C15H14O2
226.09938
1830*
G P-I U+ UHYAC

U+ UHYAC
LM
Coronary dilator
Antiarrhythmic

Felbinac ME
6074
C15H14O2
226.09938
1960*

#5728-52-9
PS
LM/Q
Analgesic

294

226

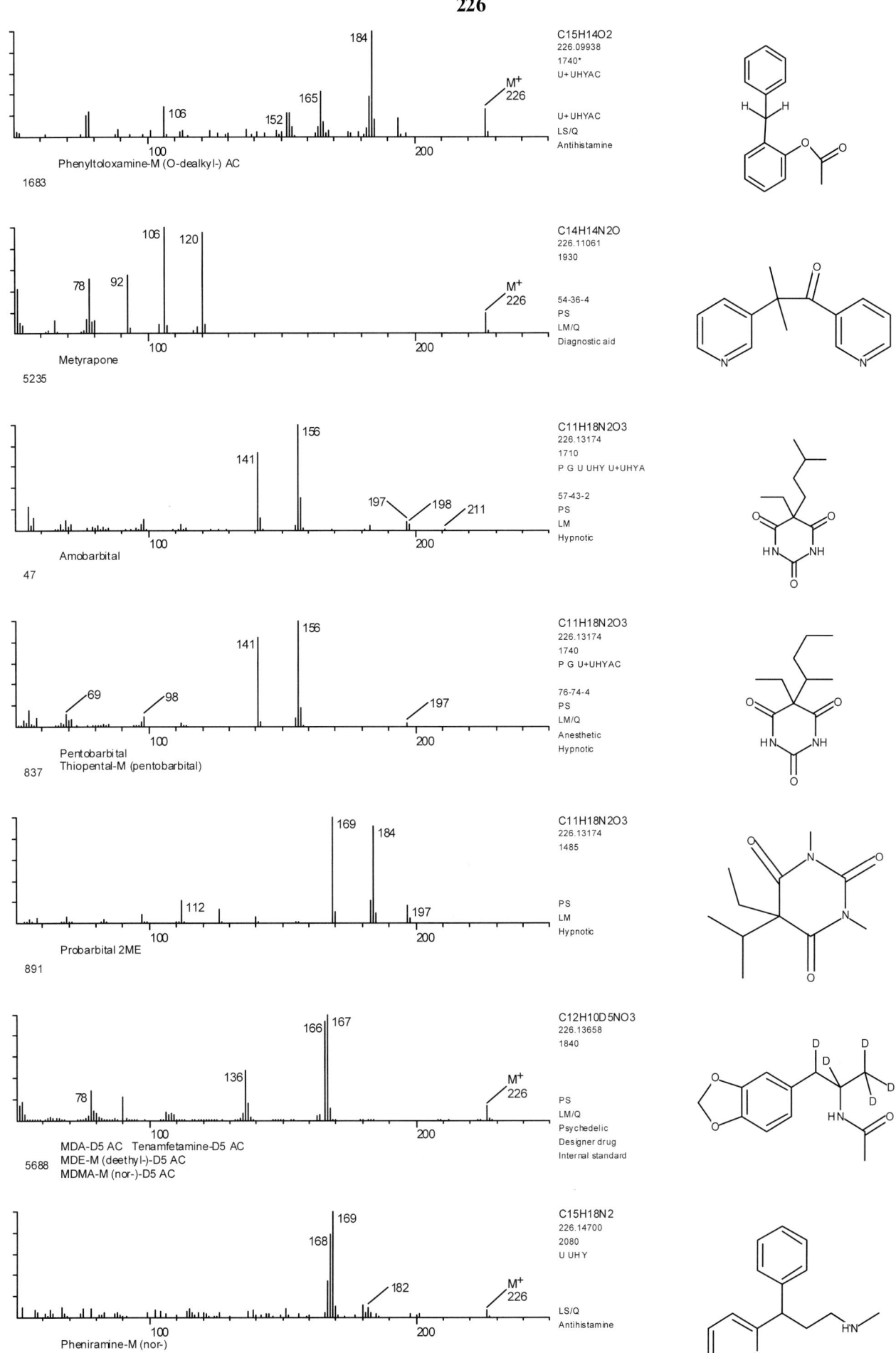

C15H14O2
226.09938
1740*
U+ UHYAC

U+ UHYAC
LS/Q
Antihistamine

Phenyltoloxamine-M (O-dealkyl-) AC
1683

C14H14N2O
226.11061
1930

54-36-4
PS
LM/Q
Diagnostic aid

Metyrapone
5235

C11H18N2O3
226.13174
1710
P G U UHY U+UHYA

57-43-2
PS
LM
Hypnotic

Amobarbital
47

C11H18N2O3
226.13174
1740
P G U+UHYAC

76-74-4
PS
LM/Q
Anesthetic
Hypnotic

Pentobarbital
Thiopental-M (pentobarbital)
837

C11H18N2O3
226.13174
1485

PS
LM
Hypnotic

Probarbital 2ME
891

C12H10D5NO3
226.13658
1840

PS
LM/Q
Psychedelic
Designer drug
Internal standard

MDA-D5 AC   Tenamfetamine-D5 AC
MDE-M (deethyl-)-D5 AC
MDMA-M (nor-)-D5 AC
5688

C15H18N2
226.14700
2080
U UH Y

LS/Q
Antihistamine

Pheniramine-M (nor-)
2148

295

226

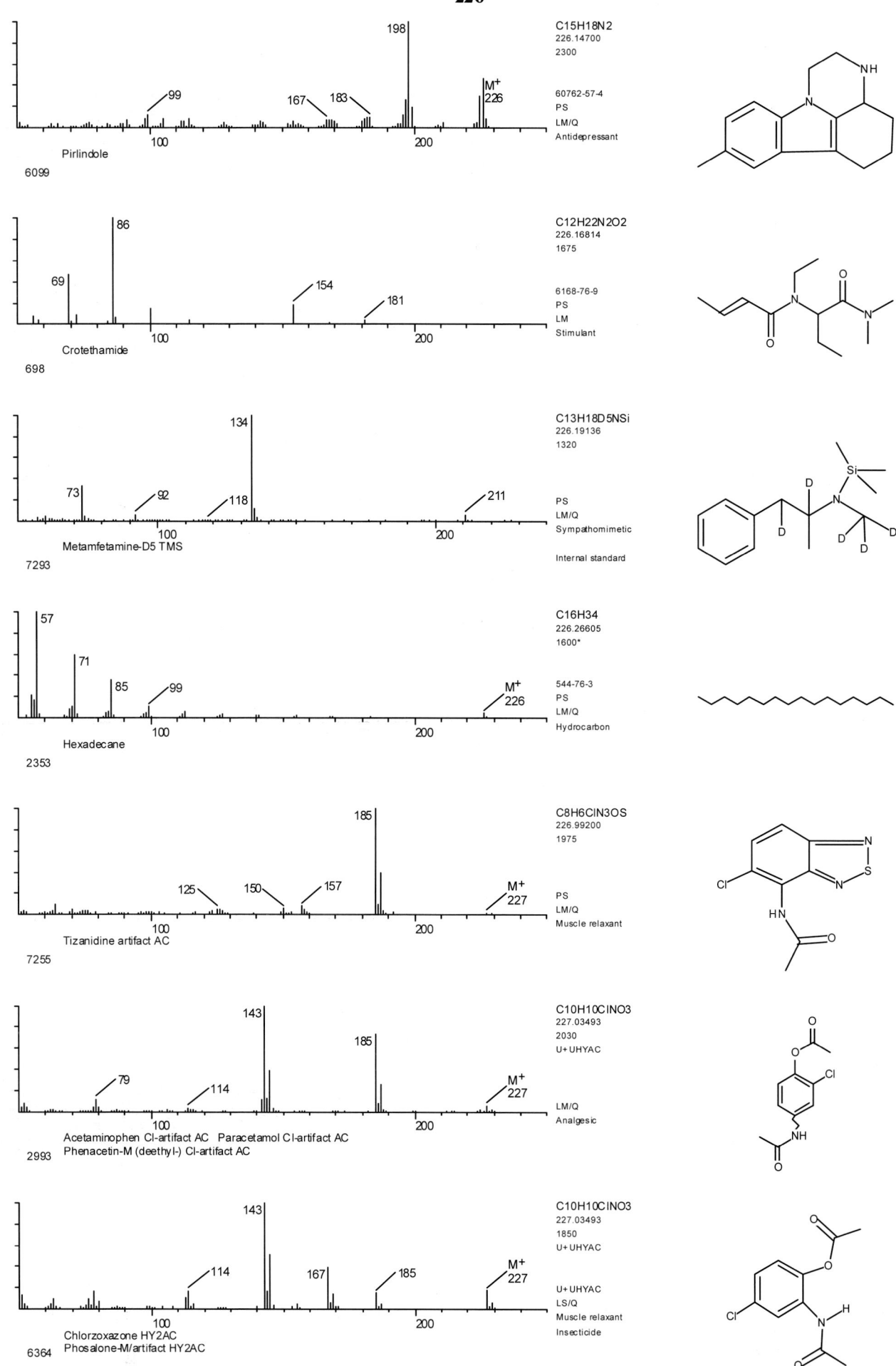

Pirlindole — 6099
C15H18N2
226.14700
2300
60762-57-4
PS
LM/Q
Antidepressant
Peaks: 99, 167, 183, 198, M+ 226

Crotethamide — 698
C12H22N2O2
226.16814
1675
6168-76-9
PS
LM
Stimulant
Peaks: 69, 86, 154, 181

Metamfetamine-D5 TMS — 7293
C13H18D5NSi
226.19136
1320
PS
LM/Q
Sympathomimetic
Internal standard
Peaks: 73, 92, 118, 134, 211

Hexadecane — 2353
C16H34
226.26605
1600*
544-76-3
PS
LM/Q
Hydrocarbon
Peaks: 57, 71, 85, 99, M+ 226

Tizanidine artifact AC — 7255
C8H6ClN3OS
226.99200
1975
PS
LM/Q
Muscle relaxant
Peaks: 125, 150, 157, 185, M+ 227

**Acetaminophen Cl-artifact AC   Paracetamol Cl-artifact AC
Phenacetin-M (deethyl-) Cl-artifact AC** — 2993
C10H10ClNO3
227.03493
2030
U+ UHYAC
LM/Q
Analgesic
Peaks: 79, 114, 143, 185, M+ 227

Chlorzoxazone HY2AC   Phosalone-M/artifact HY2AC — 6364
C10H10ClNO3
227.03493
1850
U+ UHYAC
U+ UHYAC
LS/Q
Muscle relaxant
Insecticide
Peaks: 114, 143, 167, 185, M+ 227

227

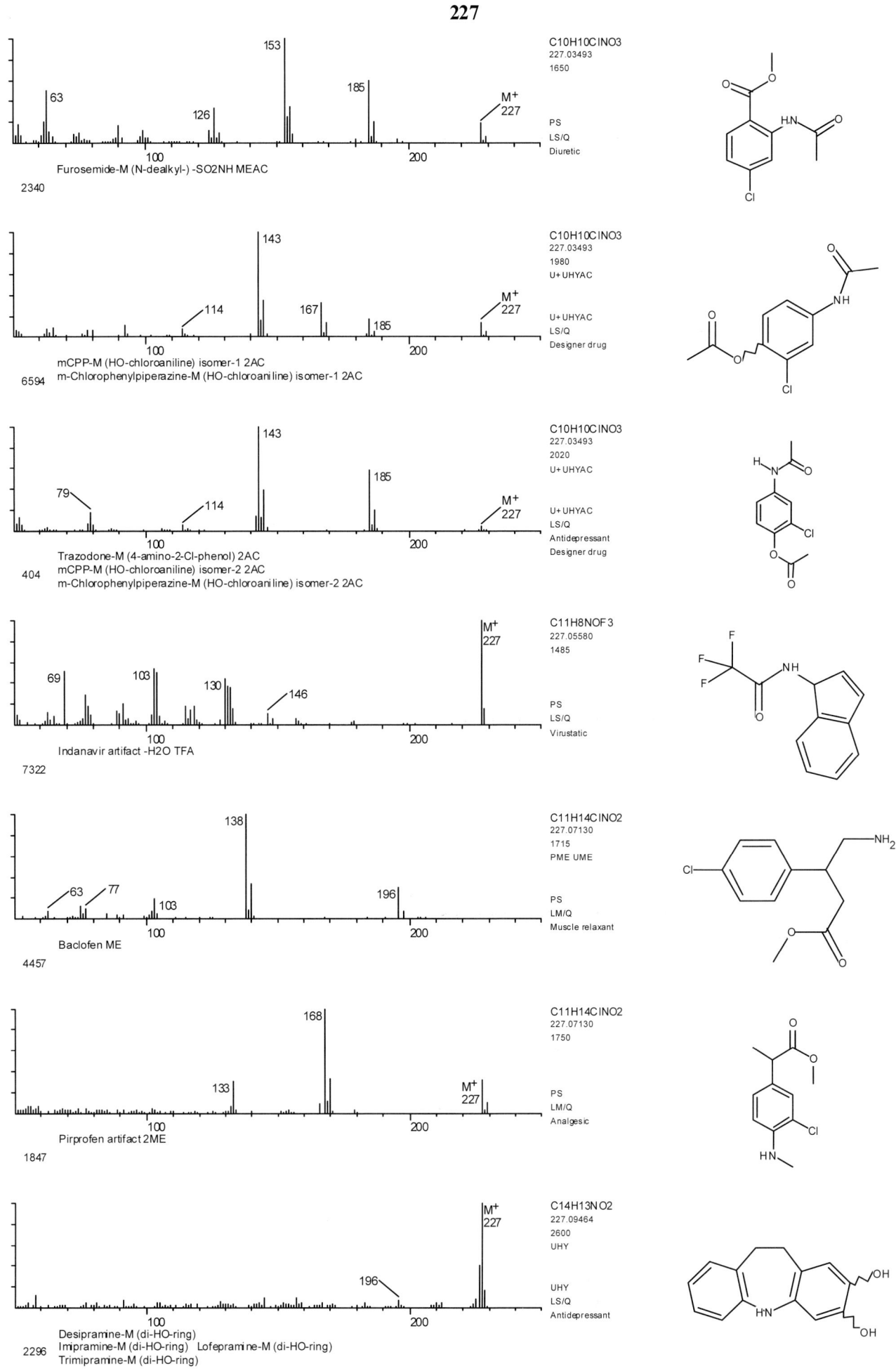

C10H10ClNO3
227.03493
1650

PS
LS/Q
Diuretic

Furosemide-M (N-dealkyl-) -SO2NH MEAC
2340

C10H10ClNO3
227.03493
1980
U+ UHYAC

U+ UHYAC
LS/Q
Designer drug

mCPP-M (HO-chloroaniline) isomer-1 2AC
m-Chlorophenylpiperazine-M (HO-chloroaniline) isomer-1 2AC
6594

C10H10ClNO3
227.03493
2020
U+ UHYAC

U+ UHYAC
LS/Q
Antidepressant
Designer drug

Trazodone-M (4-amino-2-Cl-phenol) 2AC
mCPP-M (HO-chloroaniline) isomer-2 2AC
m-Chlorophenylpiperazine-M (HO-chloroaniline) isomer-2 2AC
404

C11H8NOF3
227.05580
1485

PS
LS/Q
Virustatic

Indanavir artifact -H2O TFA
7322

C11H14ClNO2
227.07130
1715
PME UME

PS
LM/Q
Muscle relaxant

Baclofen ME
4457

C11H14ClNO2
227.07130
1750

PS
LM/Q
Analgesic

Pirprofen artifact 2ME
1847

C14H13NO2
227.09464
2600
UHY

UHY
LS/Q
Antidepressant

Desipramine-M (di-HO-ring)
Imipramine-M (di-HO-ring)   Lofepramine-M (di-HO-ring)
Trimipramine-M (di-HO-ring)
2296

297

227

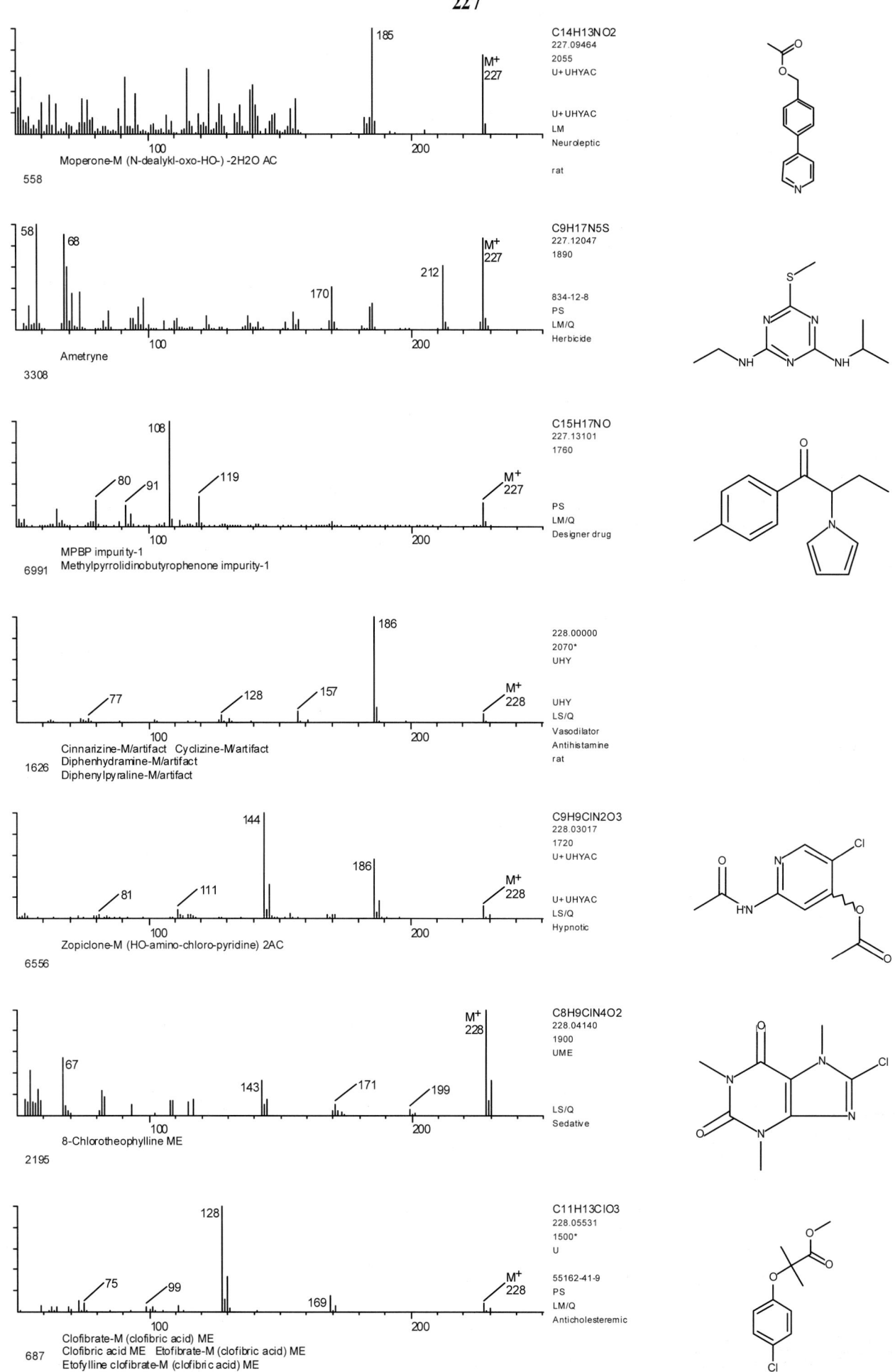

Moperone-M (N-dealkyl-oxo-HO-) -2H2O AC
558

C14H13NO2
227.09464
2055
U+ UHYAC

U+ UHYAC
LM
Neuroleptic
rat

Ametryne
3308

C9H17N5S
227.12047
1890

834-12-8
PS
LM/Q
Herbicide

MPBP impurity-1
Methylpyrrolidinobutyrophenone impurity-1
6991

C15H17NO
227.13101
1760

PS
LM/Q
Designer drug

Cinnarizine-M/artifact Cyclizine-M/artifact
Diphenhydramine-M/artifact
Diphenylpyraline-M/artifact
1626

228.00000
2070*
UHY

UHY
LS/Q
Vasodilator
Antihistamine
rat

Zopiclone-M (HO-amino-chloro-pyridine) 2AC
6556

C9H9ClN2O3
228.03017
1720
U+ UHYAC

U+ UHYAC
LS/Q
Hypnotic

8-Chlorotheophylline ME
2195

C8H9ClN4O2
228.04140
1900
UME

LS/Q
Sedative

Clofibrate-M (clofibric acid) ME
Clofibric acid ME   Etofibrate-M (clofibric acid) ME
Etofylline clofibrate-M (clofibric acid) ME
687

C11H13ClO3
228.05531
1500*
U

55162-41-9
PS
LM/Q
Anticholesteremic

298

228

MCPB — 1075
C11H13ClO3
228.05531
1845*
U
94-81-5
PS
LM/Q
Herbicide

Mecoprop ME — 2268
C11H13ClO3
228.05531
1500*
PS
LS/Q
Herbicide

Propoxur impurity-M (HO-) AC — 1225
C11H13ClO3
228.05531
1520*
U+ UHYAC
U+ UHYAC
LS/Q
Insecticide

Mafenide AC — 5232
C9H12N2O3S
228.05685
2425
#138-39-6
PS
LM/Q
Antibiotic

Sulfanilamide MEAC   Sulfabenzamide-M MEAC   Sulfaethidole-M MEAC
Sulfaguanole-M MEAC   Sulfamethizole-M MEAC   Sulfamethoxazole-M MEAC
Sulfametoxydiazine-M MEAC   Sulfaperin-M MEAC   Sulfathiourea-M MEAC
3148
C9H12N2O3S
228.05685
2600
PS
LM/Q
Antibiotic

Monolinuron ME — 3976
C10H13ClN2O2
228.06656
1675
PS
LM/Q
Herbicide

Cinnarizine-M (HO-methoxy-BPH)   Cyclizine-M (HO-methoxy-BPH)
Diphenhydramine-M (HO-methoxy-BPH)
Diphenylpyraline-M (HO-methoxy-BPH)
1625
C14H12O3
228.07864
2050*
UHY
UHY
LS/Q
Vasodilator
Antihistamine
rat

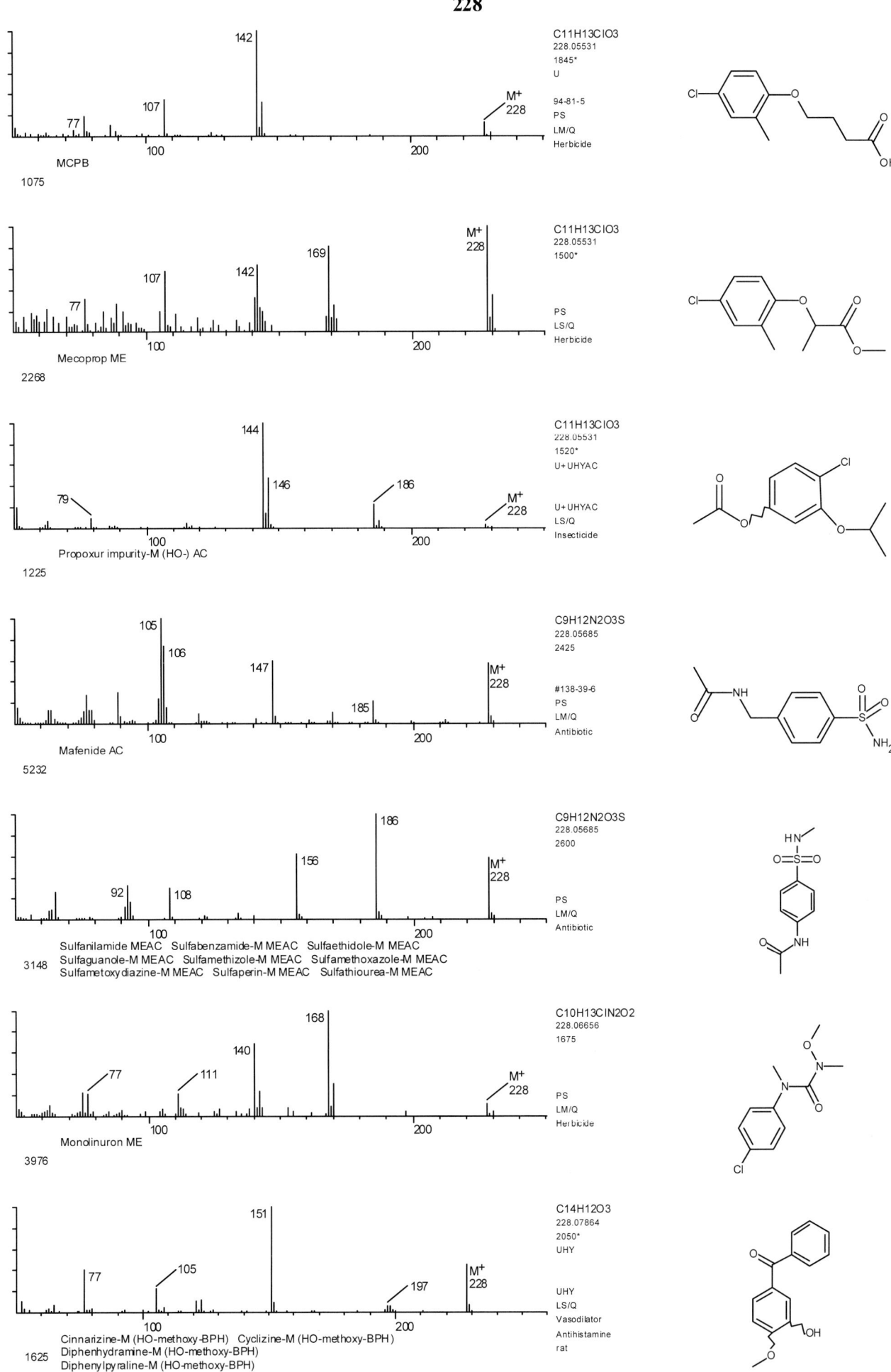

228

Oxybenzone	77, 105, 151, 227, M+ 228	C14H12O3 228.07864 2135* UHY 131-57-7 UHY LS/Q UV Absorber
3662		

Mafenide 3ME	58, 89, 133, 214, M+ 228	C10H16N2O2S 228.09325 1900 #138-39-6 PS LM/Q Antibiotic
5229		

Sulfanilamide 4ME Asulam -COOCH3 4ME Sulfabenzamide-M 4ME Sulfaethidole-M 4ME Sulfaguanole-M 4ME Sulfamethizole-M 4ME Sulfaperin-M 4ME Sulfamethoxazole-M 4ME Sulfametoxydiazine-M 4ME Sulfathiourea-M 4ME	77, 120, 136, 184, M+ 228	C10H16N2O2S 228.09325 2095 55670-22-9 PS LM/Q Antibiotic Herbicide
4098		

Thiobutabarbital	57, 97, 157, 172, M+ 228	C10H16N2O2S 228.09325 1790 P G U UHY U+UHYA 2095-57-0 PS LM/Q Anesthetic
992		

Benzo[a]anthracene	114, 131, 164, M+ 228	C18H12 228.09390 2410* 56-55-3 PS LM/Q Chemical Pollutant
3701		

Chrysene	101, 113, 202, 226, M+ 228	C18H12 228.09390 2420* 218-01-9 PS LS/Q Chemical Ingredient of tar
2570		

Butabarbital-M (HO-)	141, 156, 181, 199, 213	C10H16N2O4 228.11101 1925 U LS Hypnotic
150		

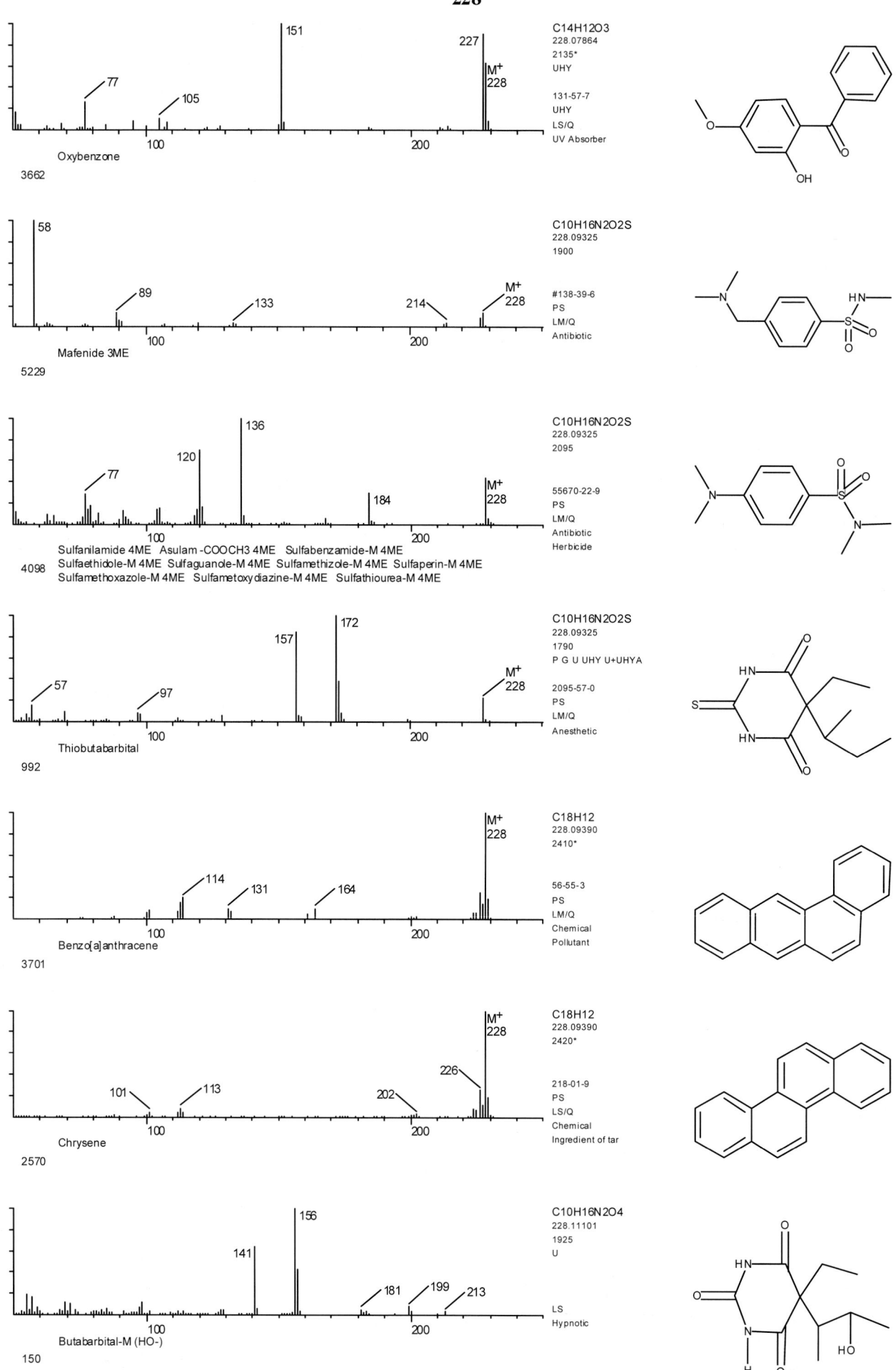

228

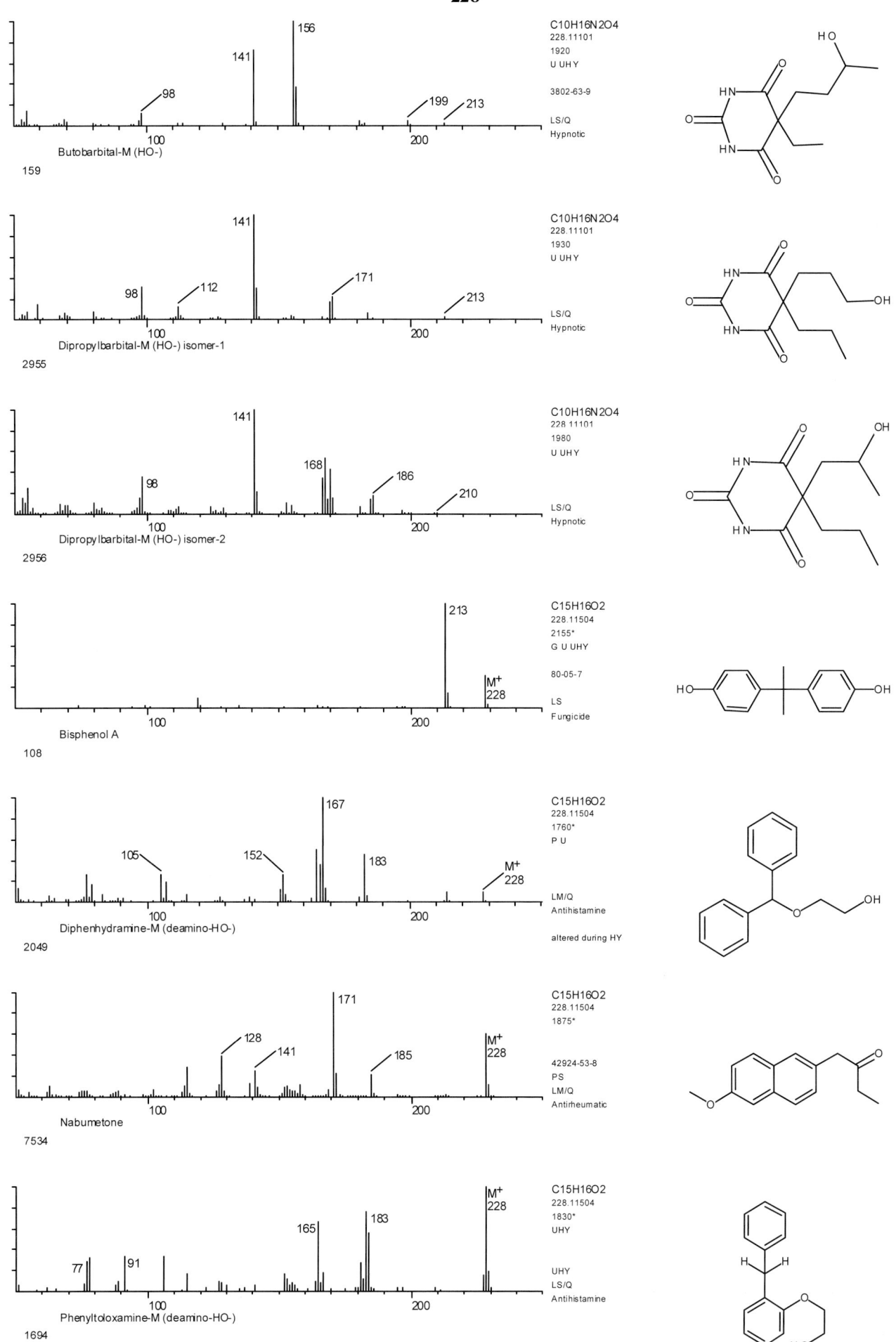

Butobarbital-M (HO-) 159	C10H16N2O4 228.11101 1920 U UHY 3802-63-9 LS/Q Hypnotic	
Dipropylbarbital-M (HO-) isomer-1 2955	C10H16N2O4 228.11101 1930 U UHY LS/Q Hypnotic	
Dipropylbarbital-M (HO-) isomer-2 2956	C10H16N2O4 228.11101 1980 U UHY LS/Q Hypnotic	
Bisphenol A 108	C15H16O2 228.11504 2155* G U UHY 80-05-7 LS Fungicide	
Diphenhydramine-M (deamino-HO-) 2049	C15H16O2 228.11504 1760* P U LM/Q Antihistamine altered during HY	
Nabumetone 7534	C15H16O2 228.11504 1875* 42924-53-8 PS LM/Q Antirheumatic	
Phenyltoloxamine-M (deamino-HO-) 1694	C15H16O2 228.11504 1830* UHY UHY LS/Q Antihistamine	

228

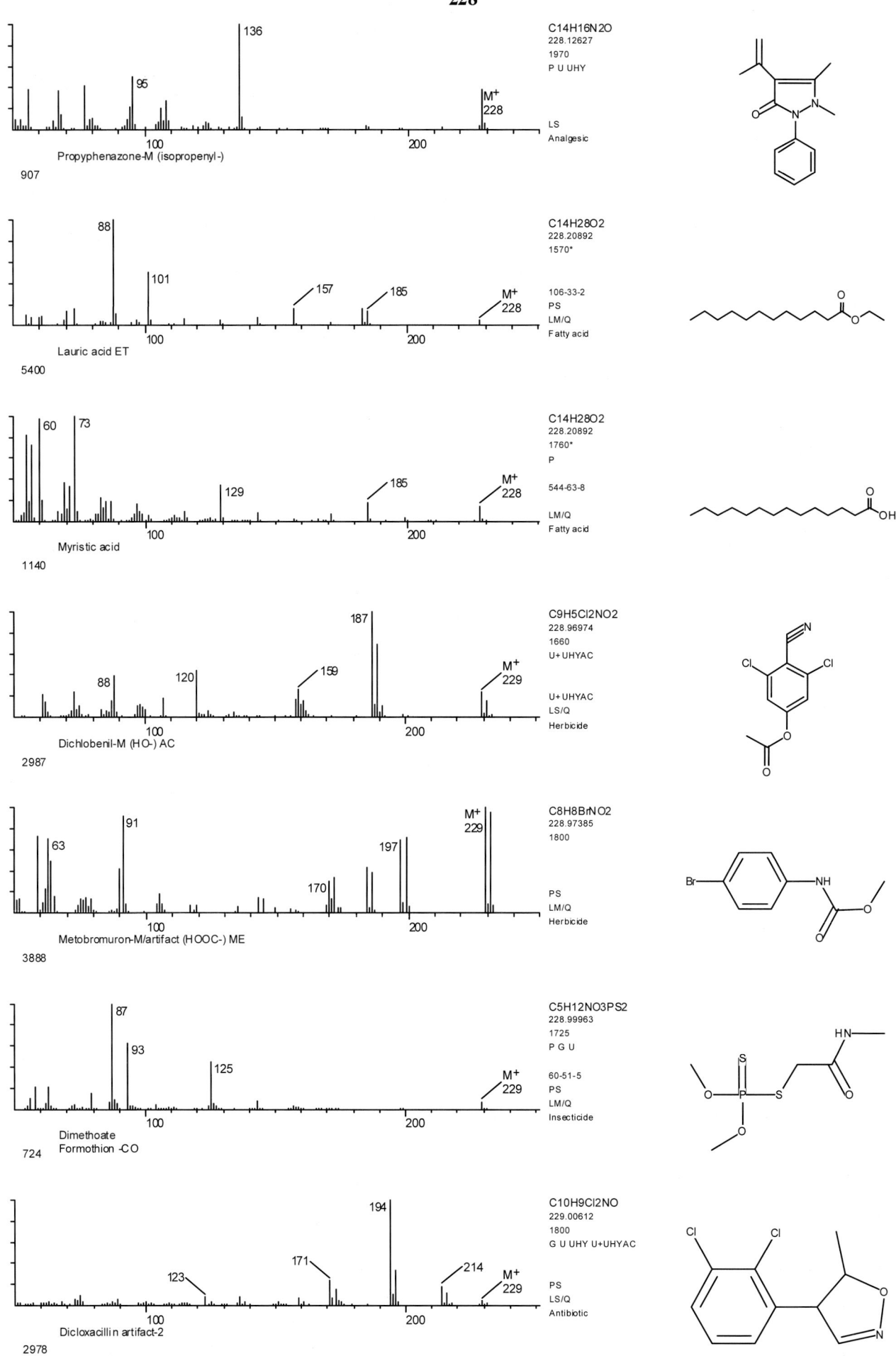

Propyphenazone-M (isopropenyl-)
907
C14H16N2O
228.12627
1970
P U UHY
LS
Analgesic

Lauric acid ET
5400
C14H28O2
228.20892
1570*
106-33-2
PS
LM/Q
Fatty acid

Myristic acid
1140
C14H28O2
228.20892
1760*
P
544-63-8
LM/Q
Fatty acid

Dichlobenil-M (HO-) AC
2987
C9H5Cl2NO2
228.96974
1660
U+ UHYAC
U+ UHYAC
LS/Q
Herbicide

Metobromuron-M/artifact (HOOC-) ME
3888
C8H8BrNO2
228.97385
1800
PS
LM/Q
Herbicide

Dimethoate
Formothion -CO
724
C5H12NO3PS2
228.99963
1725
P G U
60-51-5
PS
LM/Q
Insecticide

Dicloxacillin artifact-2
2978
C10H9Cl2NO
229.00612
1800
G U UHY U+UHYAC
PS
LS/Q
Antibiotic

229

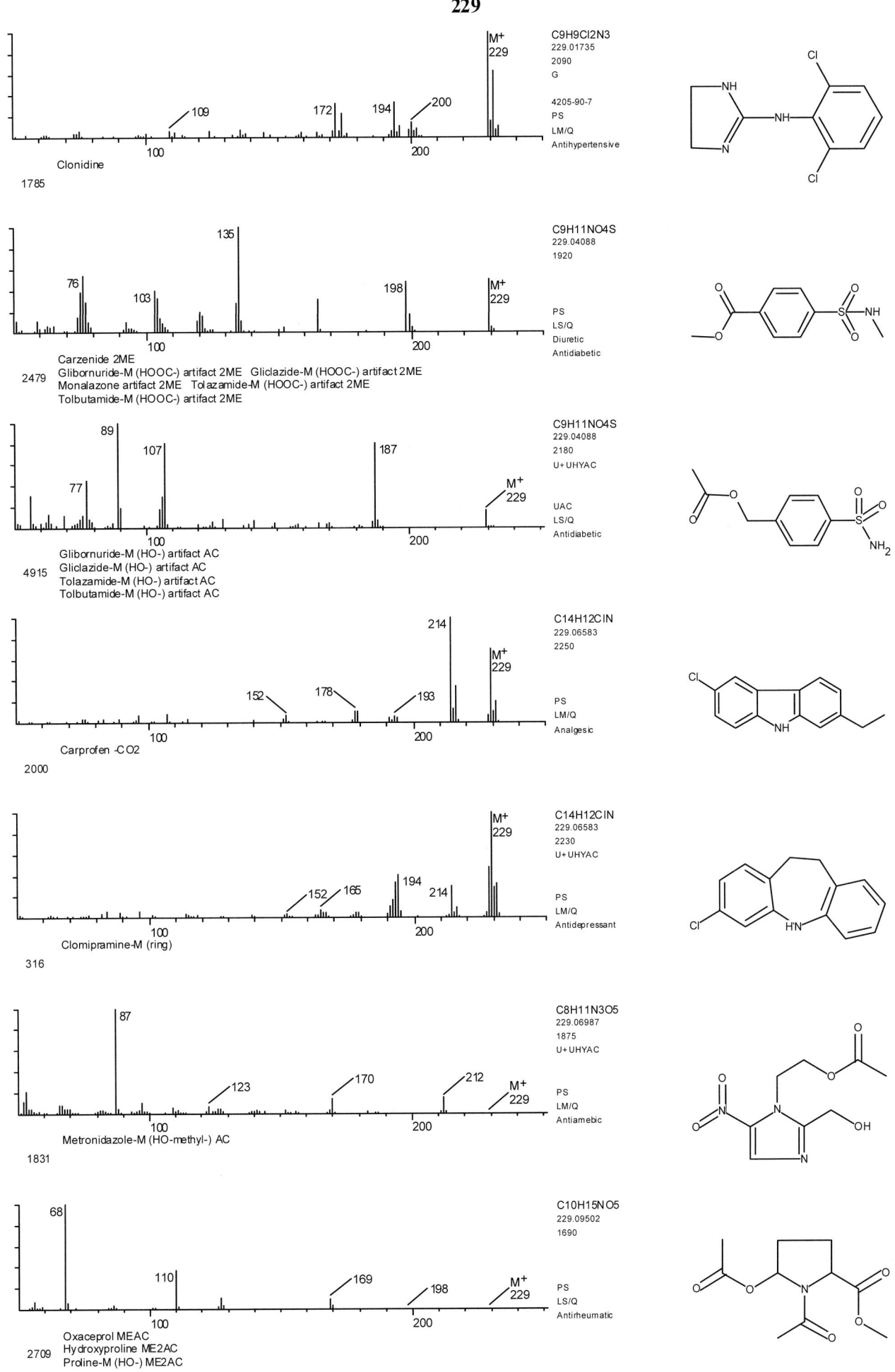

Clonidine
1785
C9H9Cl2N3
229.01735
2090
G
4205-90-7
PS
LM/Q
Antihypertensive

Carzenide 2ME
Glibornuride-M (HOOC-) artifact 2ME   Gliclazide-M (HOOC-) artifact 2ME
Monalazone artifact 2ME   Tolazamide-M (HOOC-) artifact 2ME
Tolbutamide-M (HOOC-) artifact 2ME
2479
C9H11NO4S
229.04088
1920
PS
LS/Q
Diuretic
Antidiabetic

Glibornuride-M (HO-) artifact AC
Gliclazide-M (HO-) artifact AC
Tolazamide-M (HO-) artifact AC
Tolbutamide-M (HO-) artifact AC
4915
C9H11NO4S
229.04088
2180
U+ UHYAC
UAC
LS/Q
Antidiabetic

Carprofen -CO2
2000
C14H12ClN
229.06583
2250
PS
LM/Q
Analgesic

Clomipramine-M (ring)
316
C14H12ClN
229.06583
2230
U+ UHYAC
PS
LM/Q
Antidepressant

Metronidazole-M (HO-methyl-) AC
1831
C8H11N3O5
229.06987
1875
U+ UHYAC
PS
LM/Q
Antiamebic

Oxaceprol MEAC
Hydroxyproline ME2AC
Proline-M (HO-) ME2AC
2709
C10H15NO5
229.09502
1690
PS
LS/Q
Antirheumatic

229

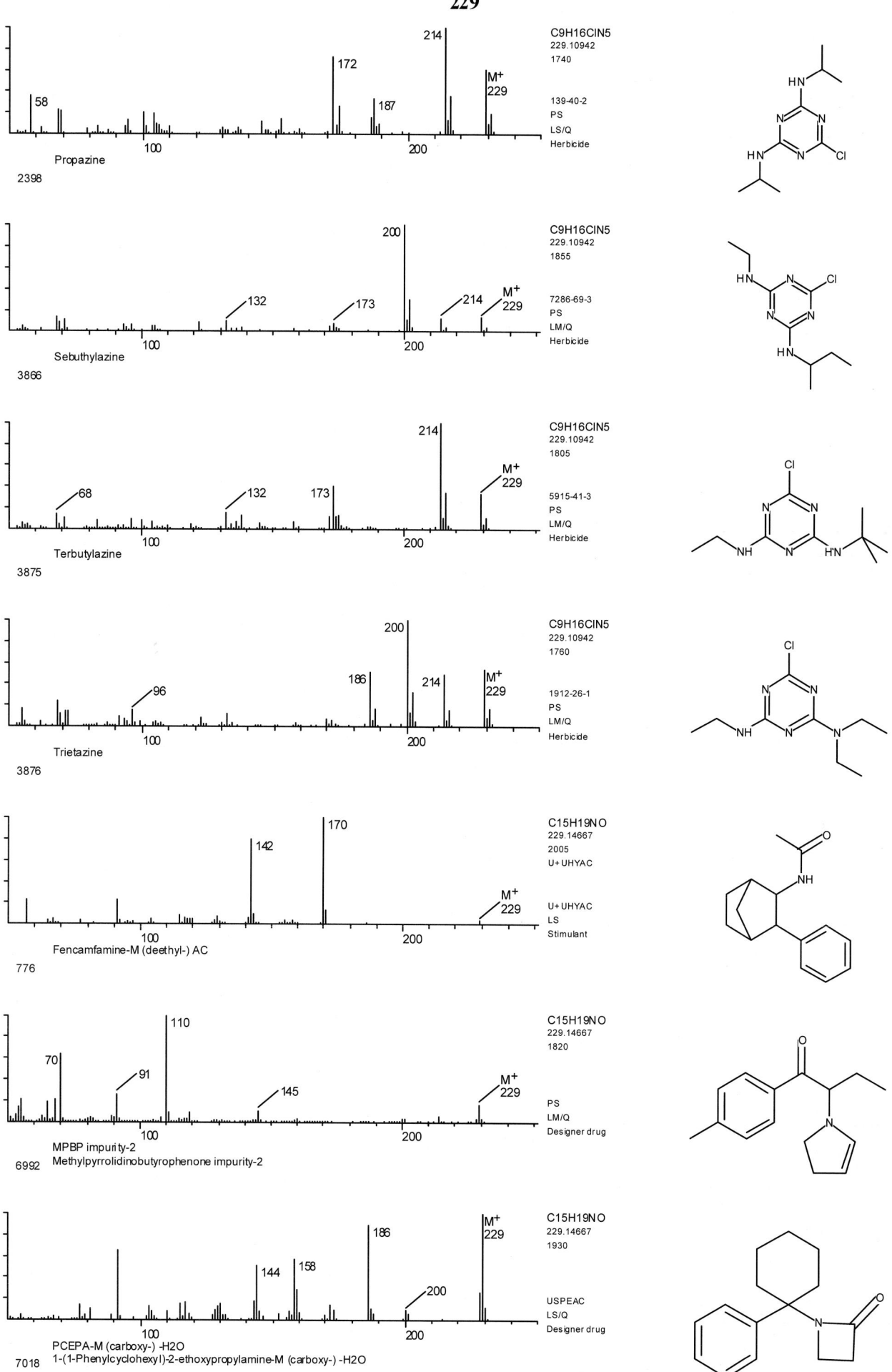

Propazine	C9H16ClN5
229.10942
1740
139-40-2
PS
LS/Q
Herbicide

2398

Sebuthylazine	C9H16ClN5
229.10942
1855
7286-69-3
PS
LM/Q
Herbicide

3866

Terbutylazine	C9H16ClN5
229.10942
1805
5915-41-3
PS
LM/Q
Herbicide

3875

Trietazine	C9H16ClN5
229.10942
1760
1912-26-1
PS
LM/Q
Herbicide

3876

Fencamfamine-M (deethyl-) AC	C15H19NO
229.14667
2005
U+ UHYAC
U+ UHYAC
LS
Stimulant

776

MPBP impurity-2
Methylpyrrolidinobutyrophenone impurity-2	C15H19NO
229.14667
1820
PS
LM/Q
Designer drug

6992

PCEPA-M (carboxy-) -H2O
1-(1-Phenylcyclohexyl)-2-ethoxypropylamine-M (carboxy-) -H2O	C15H19NO
229.14667
1930
USPEAC
LS/Q
Designer drug

7018

229

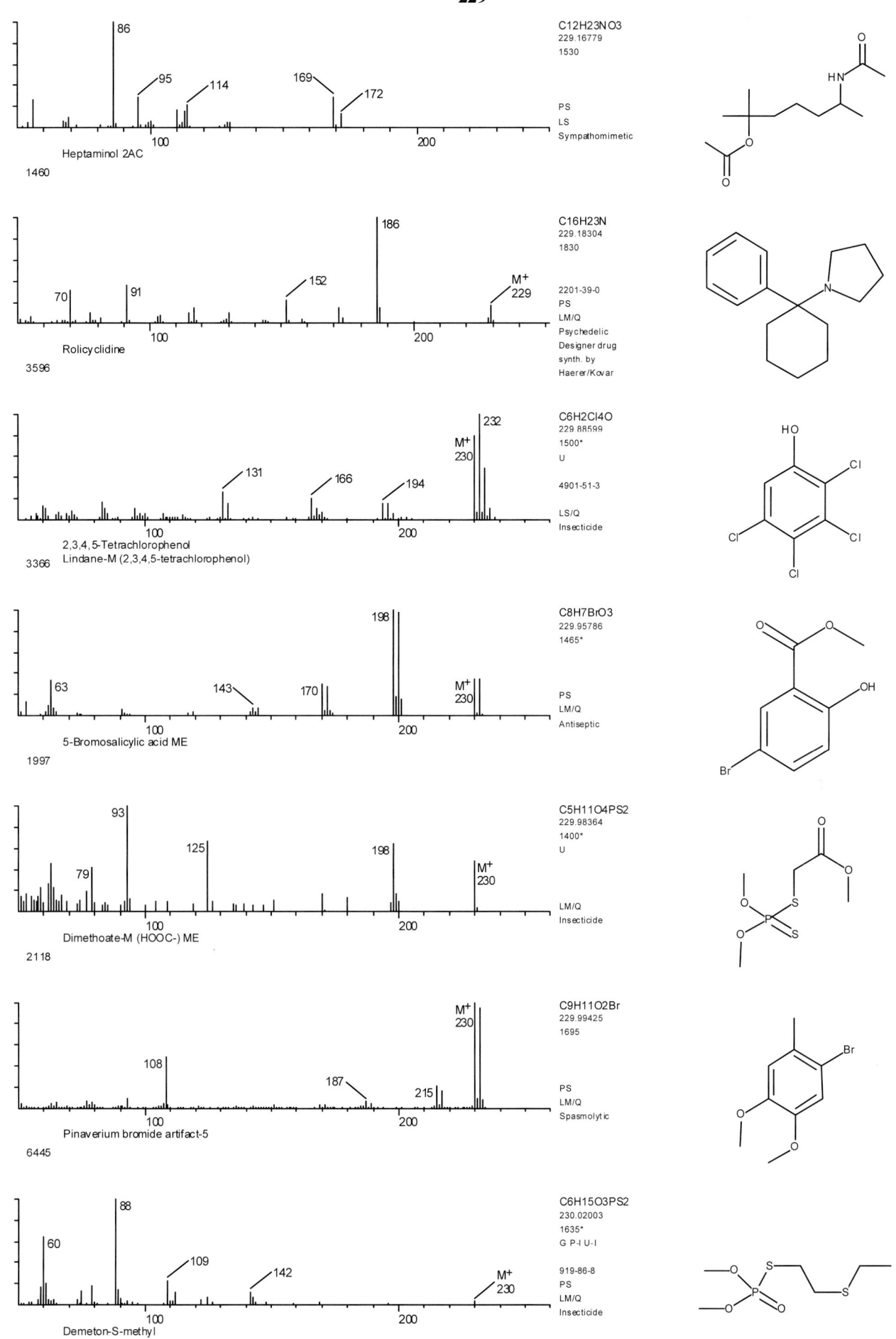

Heptaminol 2AC
1460

C12H23NO3
229.16779
1530

PS
LS
Sympathomimetic

Rolicyclidine
3596

C16H23N
229.18304
1830

2201-39-0
PS
LM/Q
Psychedelic
Designer drug
synth. by
Haerer/Kovar

2,3,4,5-Tetrachlorophenol
Lindane-M (2,3,4,5-tetrachlorophenol)
3366

C6H2Cl4O
229.88599
1500*
U

4901-51-3

LS/Q
Insecticide

5-Bromosalicylic acid ME
1997

C8H7BrO3
229.95786
1465*

PS
LM/Q
Antiseptic

Dimethoate-M (HOOC-) ME
2118

C5H11O4PS2
229.98364
1400*
U

LM/Q
Insecticide

Pinaverium bromide artifact-5
6445

C9H11O2Br
229.99425
1695

PS
LM/Q
Spasmolytic

Demeton-S-methyl
1112

C6H15O3PS2
230.02003
1635*
G P-I U-I

919-86-8
PS
LM/Q
Insecticide

305

230

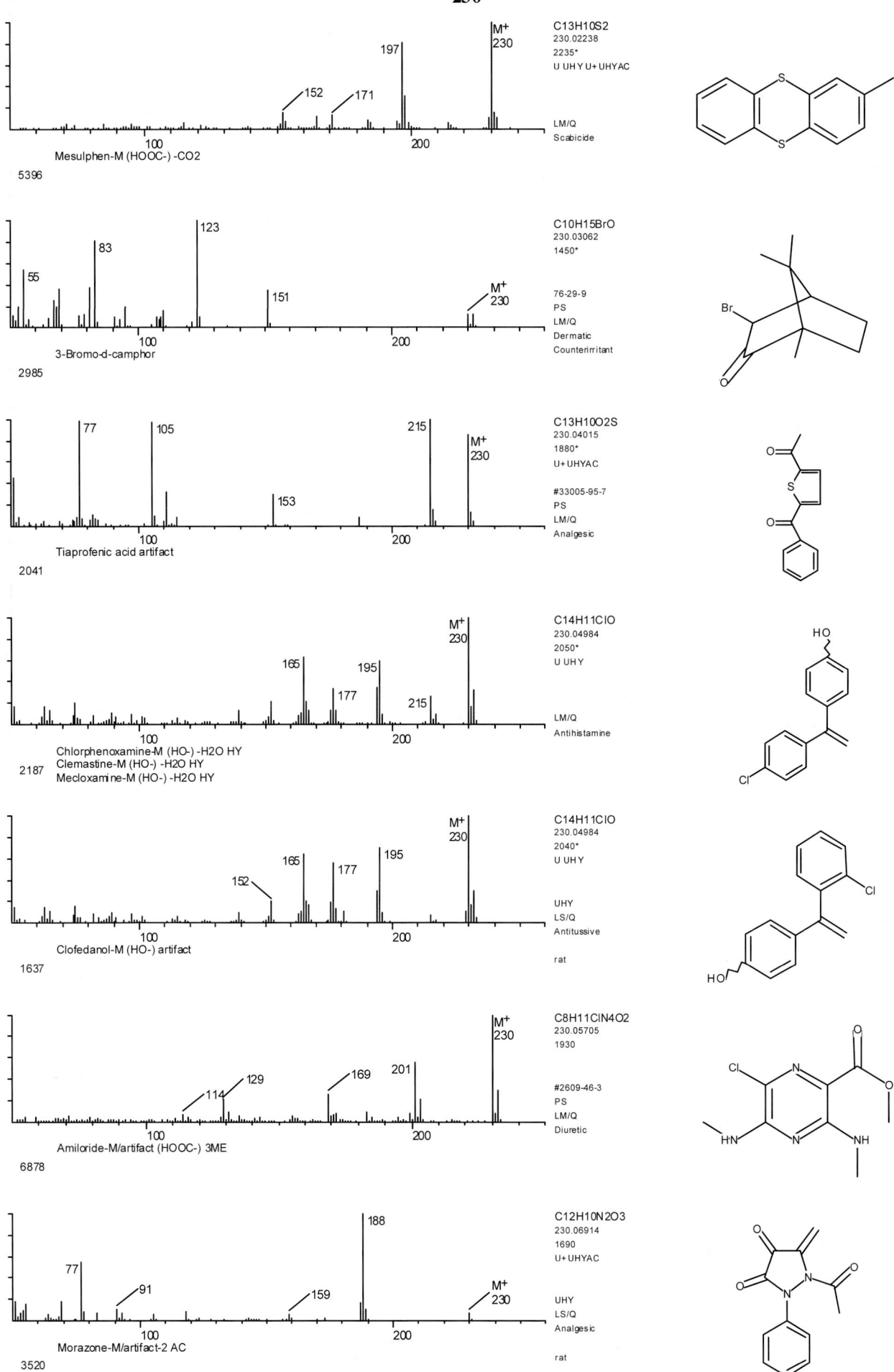

C13H10S2
230.02238
2235*
U UHY U+ UHYAC

LM/Q
Scabicide

Mesulphen-M (HOOC-) -CO2
5396

C10H15BrO
230.03062
1450*

76-29-9
PS
LM/Q
Dermatic
Counterirritant

3-Bromo-d-camphor
2985

C13H10O2S
230.04015
1880*
U+ UHYAC

#33005-95-7
PS
LM/Q
Analgesic

Tiaprofenic acid artifact
2041

C14H11ClO
230.04984
2050*
U UHY

LM/Q
Antihistamine

Chlorphenoxamine-M (HO-) -H2O HY
Clemastine-M (HO-) -H2O HY
Mecloxamine-M (HO-) -H2O HY
2187

C14H11ClO
230.04984
2040*
U UHY

UHY
LS/Q
Antitussive
rat

Clofedanol-M (HO-) artifact
1637

C8H11ClN4O2
230.05705
1930

#2609-46-3
PS
LM/Q
Diuretic

Amiloride-M/artifact (HOOC-) 3ME
6878

C12H10N2O3
230.06914
1690
U+ UHYAC

UHY
LS/Q
Analgesic
rat

Morazone-M/artifact-2 AC
3520

230

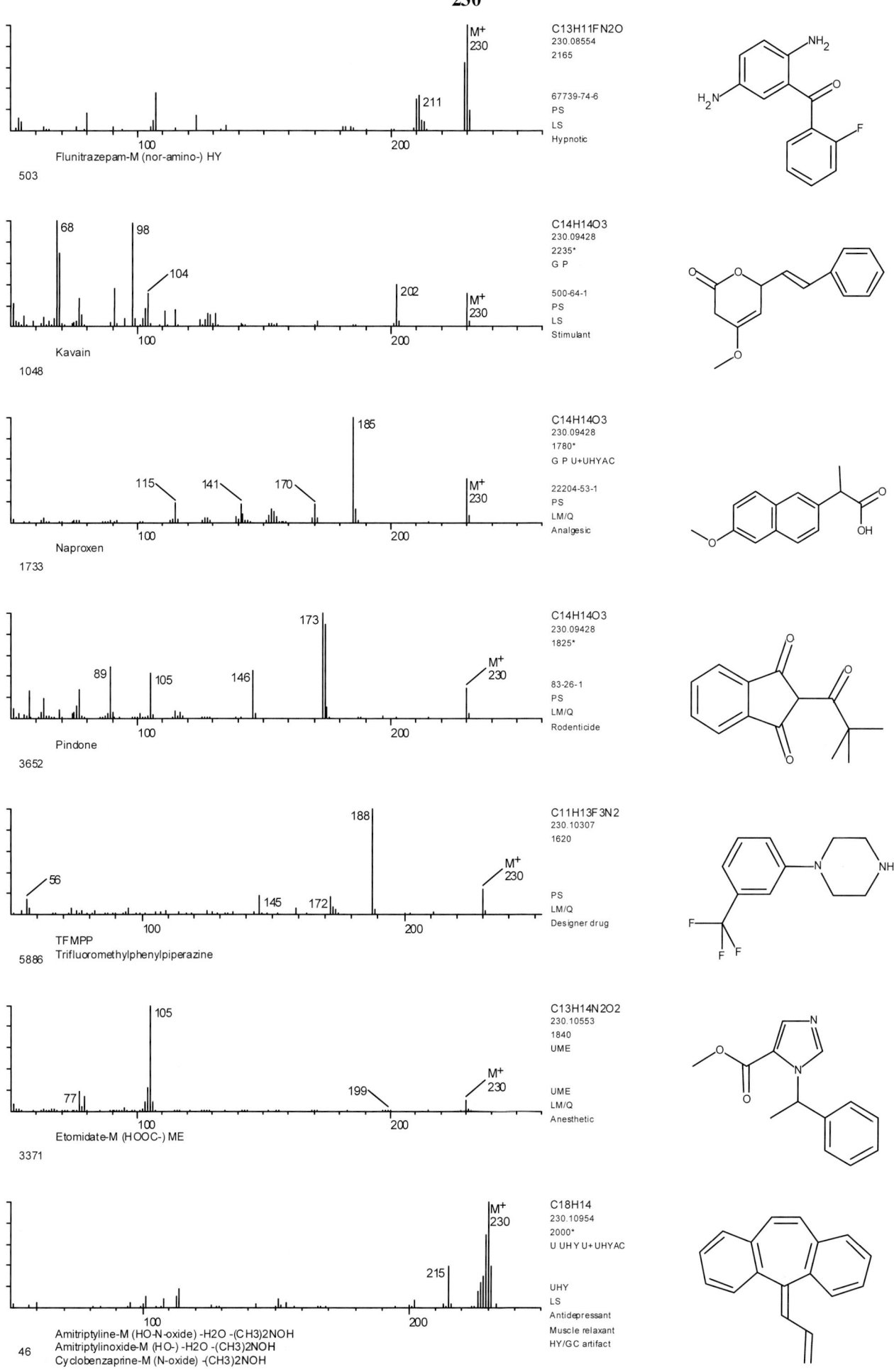

Flunitrazepam-M (nor-amino-) HY
503

C13H11FN2O
230.08554
2165

67739-74-6
PS
LS
Hypnotic

M+ 230, 211

Kavain
1048

C14H14O3
230.09428
2235*
G P

500-64-1
PS
LS
Stimulant

68, 98, 104, 202, M+ 230

Naproxen
1733

C14H14O3
230.09428
1780*
G P U+UHYAC

22204-53-1
PS
LM/Q
Analgesic

115, 141, 170, 185, M+ 230

Pindone
3652

C14H14O3
230.09428
1825*

83-26-1
PS
LM/Q
Rodenticide

89, 105, 146, 173, M+ 230

TFMPP
Trifluoromethylphenylpiperazine
5886

C11H13F3N2
230.10307
1620

PS
LM/Q
Designer drug

56, 145, 172, 188, M+ 230

Etomidate-M (HOOC-) ME
3371

C13H14N2O2
230.10553
1840
UME

UME
LM/Q
Anesthetic

77, 105, 199, M+ 230

Amitriptyline-M (HO-N-oxide) -H2O -(CH3)2NOH
Amitriptylinoxide-M (HO-) -H2O -(CH3)2NOH
Cyclobenzaprine-M (N-oxide) -(CH3)2NOH
46

C18H14
230.10954
2000*
U UHY Y U+UHYAC

UHY
LS
Antidepressant
Muscle relaxant
HY/GC artifact

215, M+ 230

307

230

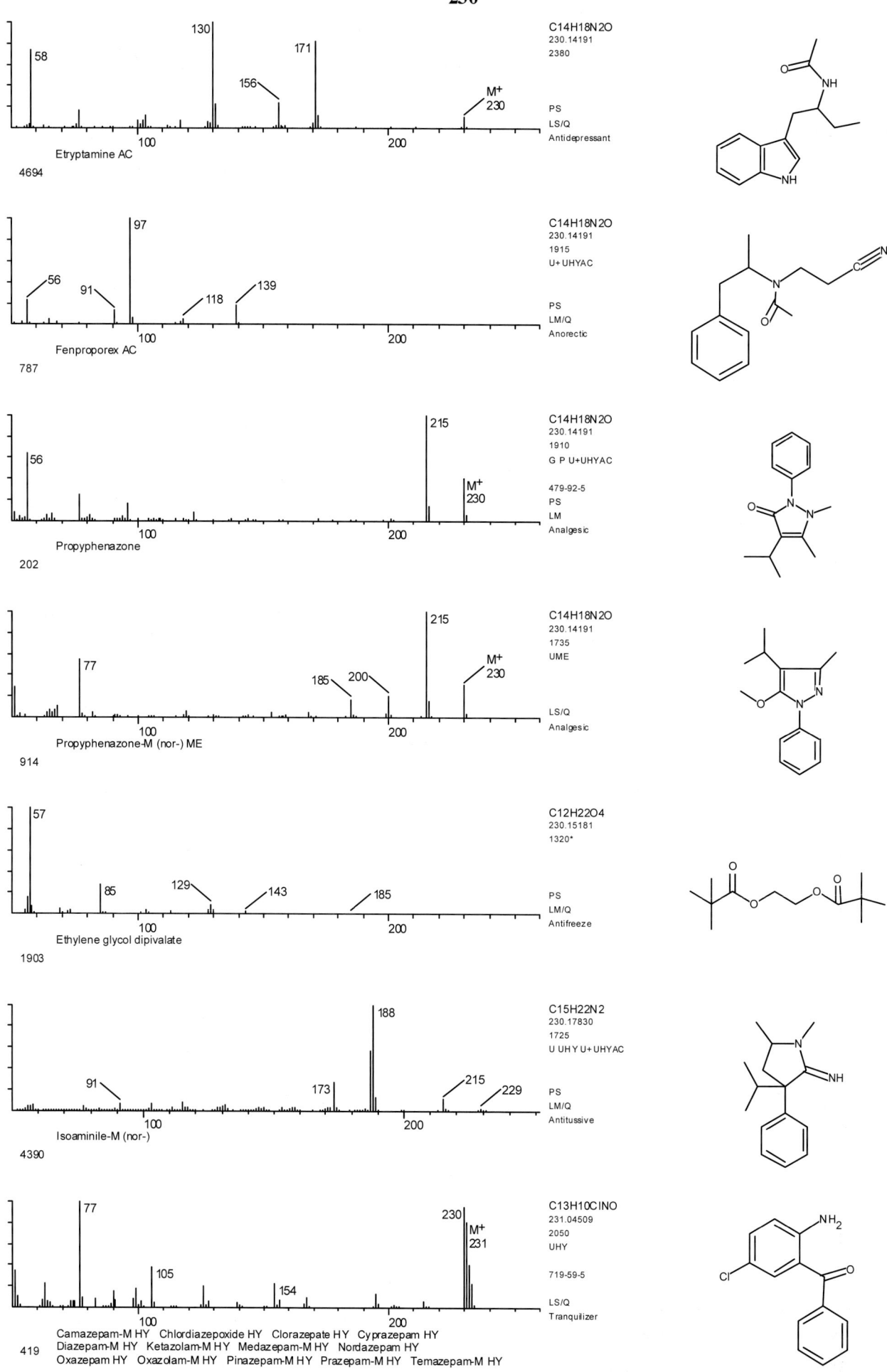

Etryptamine AC — C14H18N2O, 230.14191, 2380, PS, LS/Q, Antidepressant
Peaks: 58, 130, 156, 171, M+ 230
4694

Fenproporex AC — C14H18N2O, 230.14191, 1915, U+ UHYAC, PS, LM/Q, Anorectic
Peaks: 56, 91, 97, 118, 139
787

Propyphenazone — C14H18N2O, 230.14191, 1910, G P U+UHYAC, 479-92-5, PS, LM, Analgesic
Peaks: 56, 215, M+ 230
202

Propyphenazone-M (nor-) ME — C14H18N2O, 230.14191, 1735, UME, LS/Q, Analgesic
Peaks: 77, 185, 200, 215, M+ 230
914

Ethylene glycol dipivalate — C12H22O4, 230.15181, 1320*, PS, LM/Q, Antifreeze
Peaks: 57, 85, 129, 143, 185
1903

Isoaminile-M (nor-) — C15H22N2, 230.17830, 1725, U UHY U+ UHYAC, PS, LM/Q, Antitussive
Peaks: 91, 173, 188, 215, 229
4390

Camazepam-M HY   Chlordiazepoxide HY   Clorazepate HY   Cyprazepam HY
Diazepam-M HY   Ketazolam-M HY   Medazepam-M HY   Nordazepam HY
Oxazepam HY   Oxazolam-M HY   Pinazepam-M HY   Prazepam-M HY   Temazepam-M HY
— C13H10ClNO, 231.04509, 2050, UHY, 719-59-5, LS/Q, Tranquilizer
Peaks: 77, 105, 154, 230, M+ 231
419

231

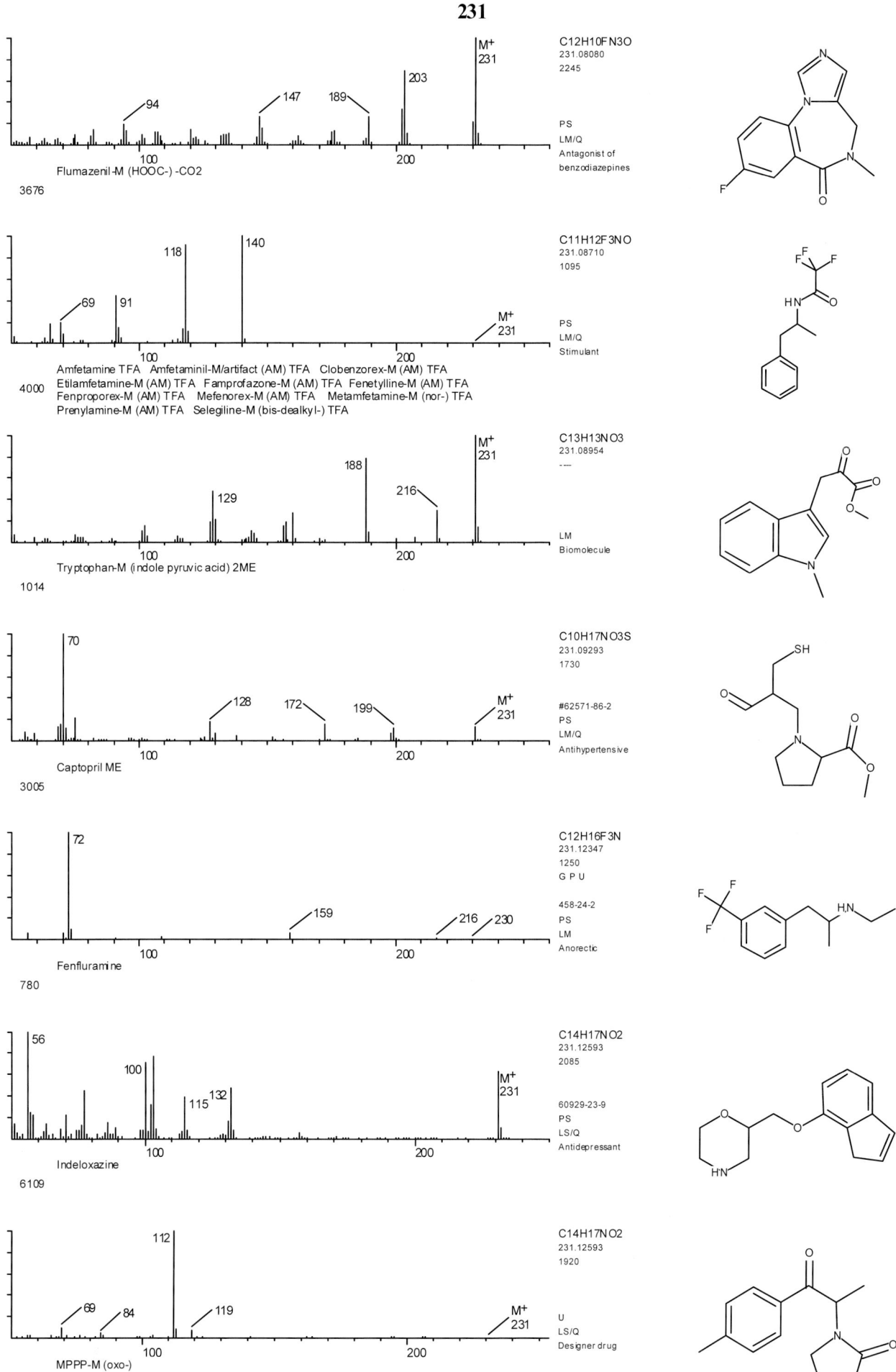

C12H10FN3O
231.08080
2245

PS
LM/Q
Antagonist of benzodiazepines

Flumazenil-M (HOOC-) -CO2
3676

C11H12F3NO
231.08710
1095

PS
LM/Q
Stimulant

Amfetamine TFA   Amfetaminil-M/artifact (AM) TFA   Clobenzorex-M (AM) TFA
Etilamfetamine-M (AM) TFA   Famprofazone-M (AM) TFA   Fenetylline-M (AM) TFA
Fenproporex-M (AM) TFA   Mefenorex-M (AM) TFA   Metamfetamine-M (nor-) TFA
Prenylamine-M (AM) TFA   Selegiline-M (bis-dealkyl-) TFA
4000

C13H13NO3
231.08954

LM
Biomolecule

Tryptophan-M (indole pyruvic acid) 2ME
1014

C10H17NO3S
231.09293
1730

#62571-86-2
PS
LM/Q
Antihypertensive

Captopril ME
3005

C12H16F3N
231.12347
1250
G P U

458-24-2
PS
LM
Anorectic

Fenfluramine
780

C14H17NO2
231.12593
2085

60929-23-9
PS
LS/Q
Antidepressant

Indeloxazine
6109

C14H17NO2
231.12593
1920

U
LS/Q
Designer drug

MPPP-M (oxo-)
6501

309

231

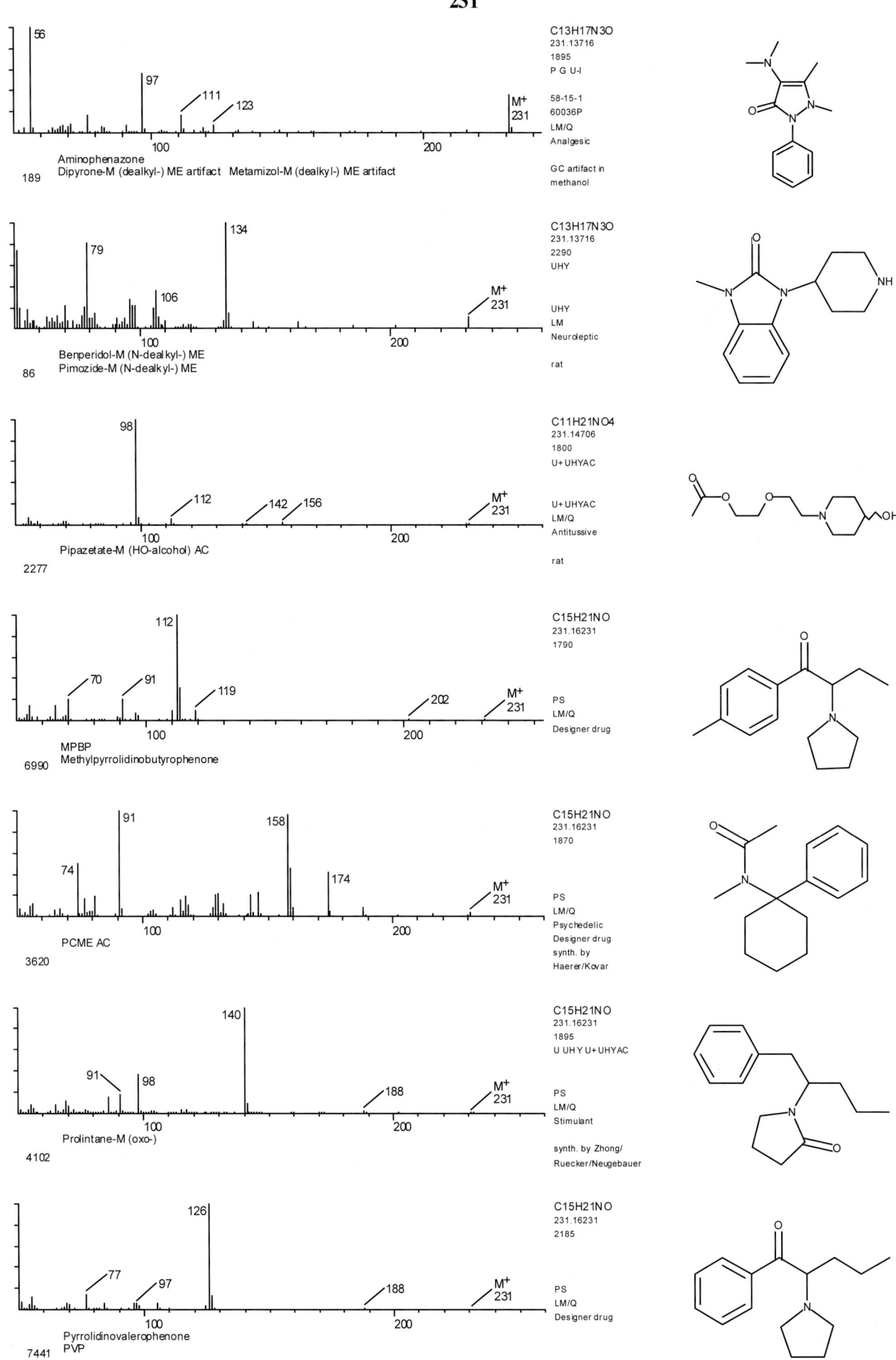

Aminophenazone
189 Dipyrone-M (dealkyl-) ME artifact   Metamizol-M (dealkyl-) ME artifact

C13H17N3O
231.13716
1895
P G U-I
58-15-1
60036P
LM/Q
Analgesic
GC artifact in methanol

Benperidol-M (N-dealkyl-) ME
86 Pimozide-M (N-dealkyl-) ME

C13H17N3O
231.13716
2290
UHY
UHY
LM
Neuroleptic
rat

Pipazetate-M (HO-alcohol) AC
2277

C11H21NO4
231.14706
1800
U+ UHYAC
U+ UHYAC
LM/Q
Antitussive
rat

MPBP
Methylpyrrolidinobutyrophenone
6990

C15H21NO
231.16231
1790
PS
LM/Q
Designer drug

PCME AC
3620

C15H21NO
231.16231
1870
PS
LM/Q
Psychedelic
Designer drug
synth. by
Haerer/Kovar

Prolintane-M (oxo-)
4102

C15H21NO
231.16231
1895
U UH Y U+ UHYAC
PS
LM/Q
Stimulant
synth. by Zhong/
Ruecker/Neugebauer

Pyrrolidinovalerophenone
PVP
7441

C15H21NO
231.16231
2185
PS
LM/Q
Designer drug

231

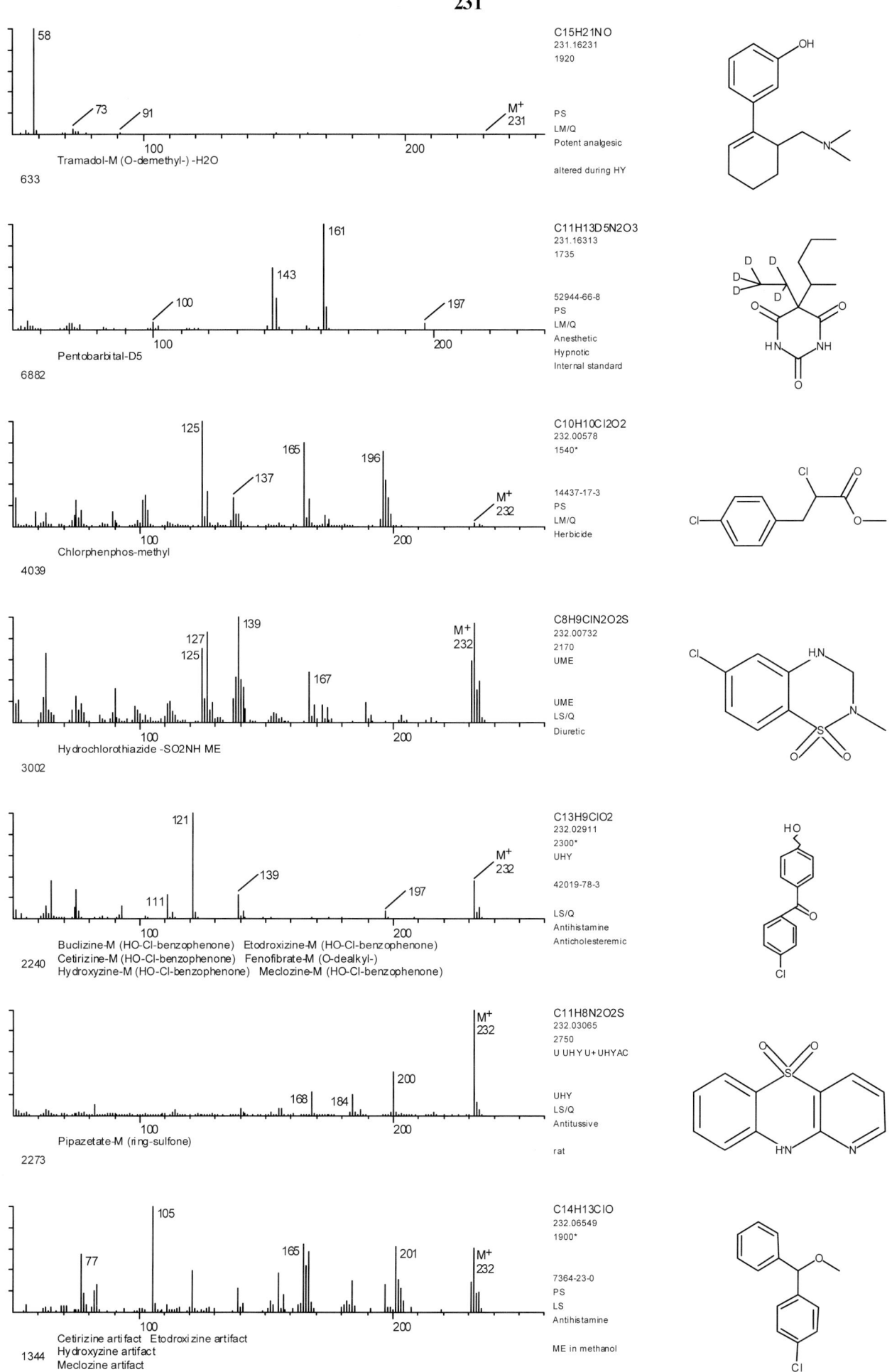

Tramadol-M (O-demethyl-) -H2O	C15H21NO
58, 73, 91, M+ 231	231.16231
633	1920
	PS
	LM/Q
	Potent analgesic
	altered during HY

Pentobarbital-D5	C11H13D5N2O3
100, 143, 161, 197	231.16313
6882	1735
	52944-66-8
	PS
	LM/Q
	Anesthetic
	Hypnotic
	Internal standard

Chlorphenphos-methyl	C10H10Cl2O2
125, 137, 165, 196, M+ 232	232.00578
4039	1540*
	14437-17-3
	PS
	LM/Q
	Herbicide

Hydrochlorothiazide -SO2NH ME	C8H9ClN2O2S
125, 127, 139, 167, M+ 232	232.00732
3002	2170
	UME
	UME
	LS/Q
	Diuretic

Buclizine-M (HO-Cl-benzophenone) Etodroxizine-M (HO-Cl-benzophenone)	C13H9ClO2
Cetirizine-M (HO-Cl-benzophenone) Fenofibrate-M (O-dealkyl-)	232.02911
Hydroxyzine-M (HO-Cl-benzophenone) Meclozine-M (HO-Cl-benzophenone)	2300*
111, 121, 139, 197, M+ 232	UHY
2240	42019-78-3
	LS/Q
	Antihistamine
	Anticholesteremic

Pipazetate-M (ring-sulfone)	C11H8N2O2S
168, 184, 200, M+ 232	232.03065
2273	2750
	U UHY U+ UHYAC
	UHY
	LS/Q
	Antitussive
	rat

Cetirizine artifact Etodroxizine artifact	C14H13ClO
Hydroxyzine artifact	232.06549
Meclozine artifact	1900*
77, 105, 165, 201, M+ 232	7364-23-0
1344	PS
	LS
	Antihistamine
	ME in methanol

232

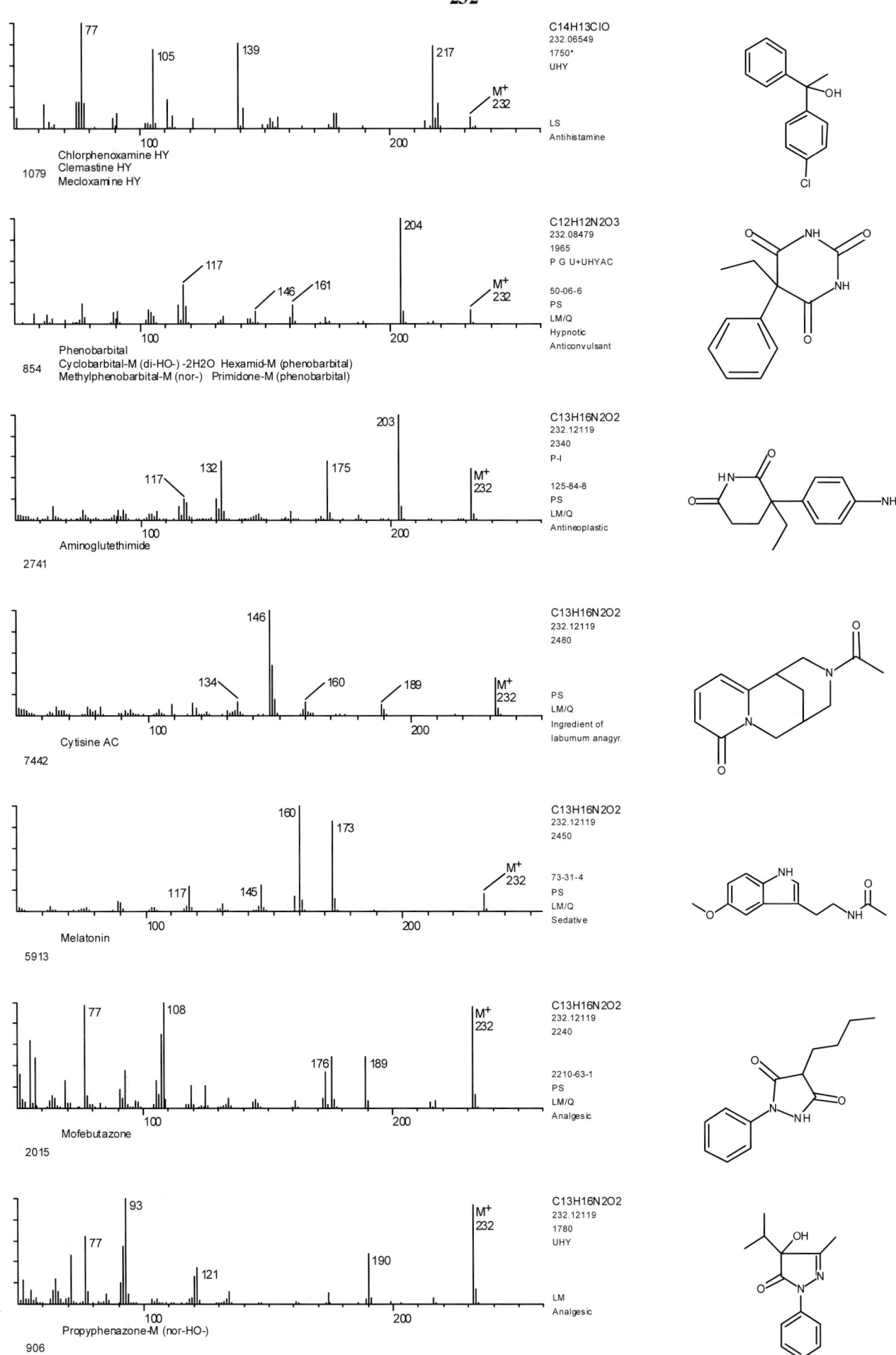

C14H13ClO
232.06549
1750*
UHY

LS
Antihistamine

Chlorphenoxamine HY
Clemastine HY
Mecloxamine HY
1079

C12H12N2O3
232.08479
1965
P G U+UHYAC

50-06-6
PS
LM/Q
Hypnotic
Anticonvulsant

Phenobarbital
854 Cyclobarbital-M (di-HO-) -2H2O Hexamid-M (phenobarbital)
     Methylphenobarbital-M (nor-) Primidone-M (phenobarbital)

C13H16N2O2
232.12119
2340
P-I

125-84-8
PS
LM/Q
Antineoplastic

Aminoglutethimide
2741

C13H16N2O2
232.12119
2480

PS
LM/Q
Ingredient of labumum anagyr.

Cytisine AC
7442

C13H16N2O2
232.12119
2450

73-31-4
PS
LM/Q
Sedative

Melatonin
5913

C13H16N2O2
232.12119
2240

2210-63-1
PS
LM/Q
Analgesic

Mofebutazone
2015

C13H16N2O2
232.12119
1780
UHY

LM
Analgesic

Propyphenazone-M (nor-HO-)
906

232

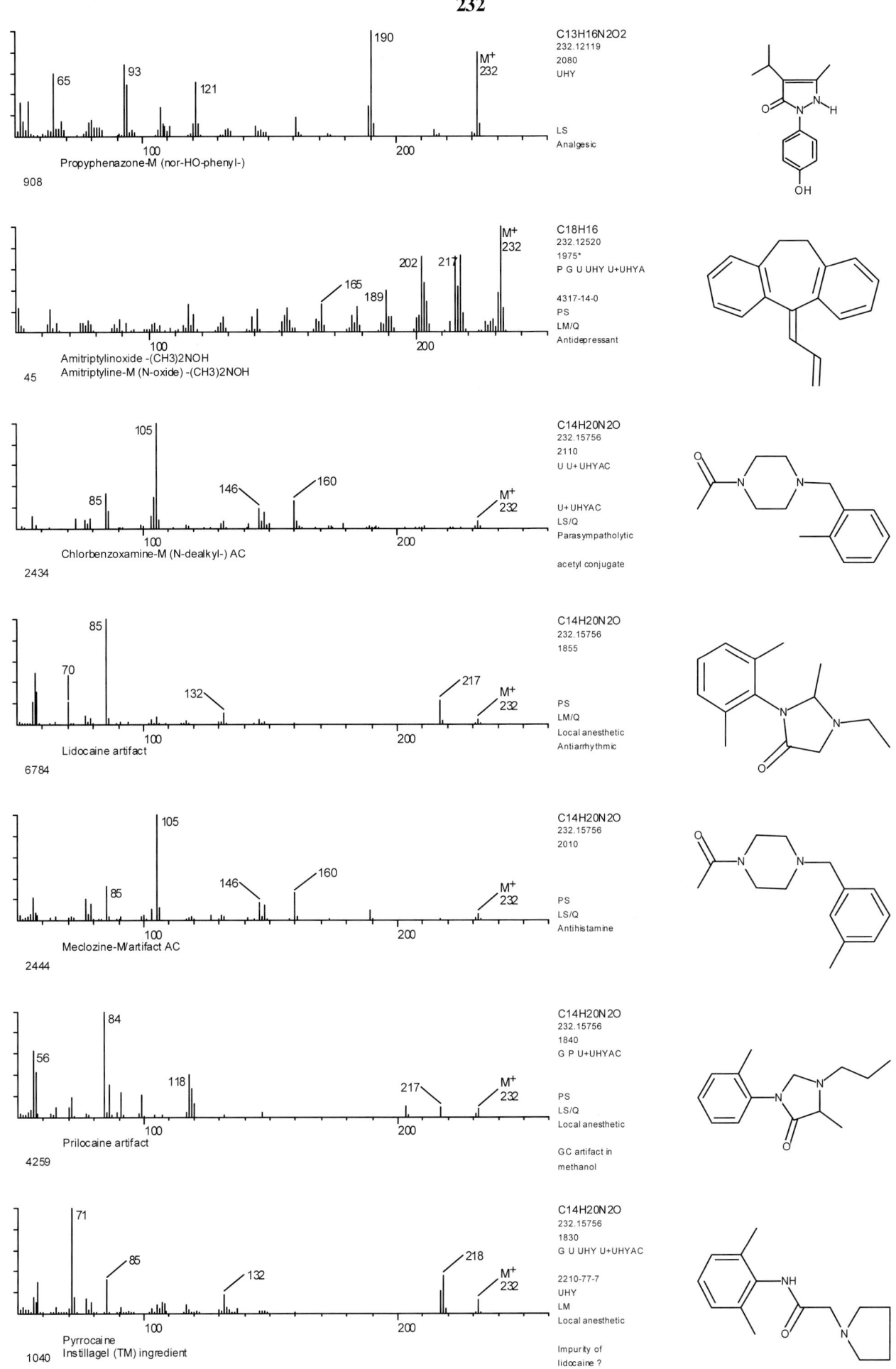

C13H16N2O2
232.12119
2080
UHY

LS
Analgesic

Propyphenazone-M (nor-HO-phenyl-)
908

C18H16
232.12520
1975*
P G U UHY U+UHYA

4317-14-0
PS
LM/Q
Antidepressant

Amitriptylinoxide -(CH3)2NOH
Amitriptyline-M (N-oxide) -(CH3)2NOH
45

C14H20N2O
232.15756
2110
U U+ UHYAC

U+ UHYAC
LS/Q
Parasympatholytic

acetyl conjugate

Chlorbenzoxamine-M (N-dealkyl-) AC
2434

C14H20N2O
232.15756
1855

PS
LM/Q
Local anesthetic
Antiarrhythmic

Lidocaine artifact
6784

C14H20N2O
232.15756
2010

PS
LS/Q
Antihistamine

Meclozine-M/artifact AC
2444

C14H20N2O
232.15756
1840
G P U+UHYAC

PS
LS/Q
Local anesthetic

GC artifact in methanol

Prilocaine artifact
4259

C14H20N2O
232.15756
1830
G U UHY U+UHYAC

2210-77-7
UHY
LM
Local anesthetic

Impurity of lidocaine ?

Pyrrocaine
Instillagel (TM) ingredient
1040

313

232

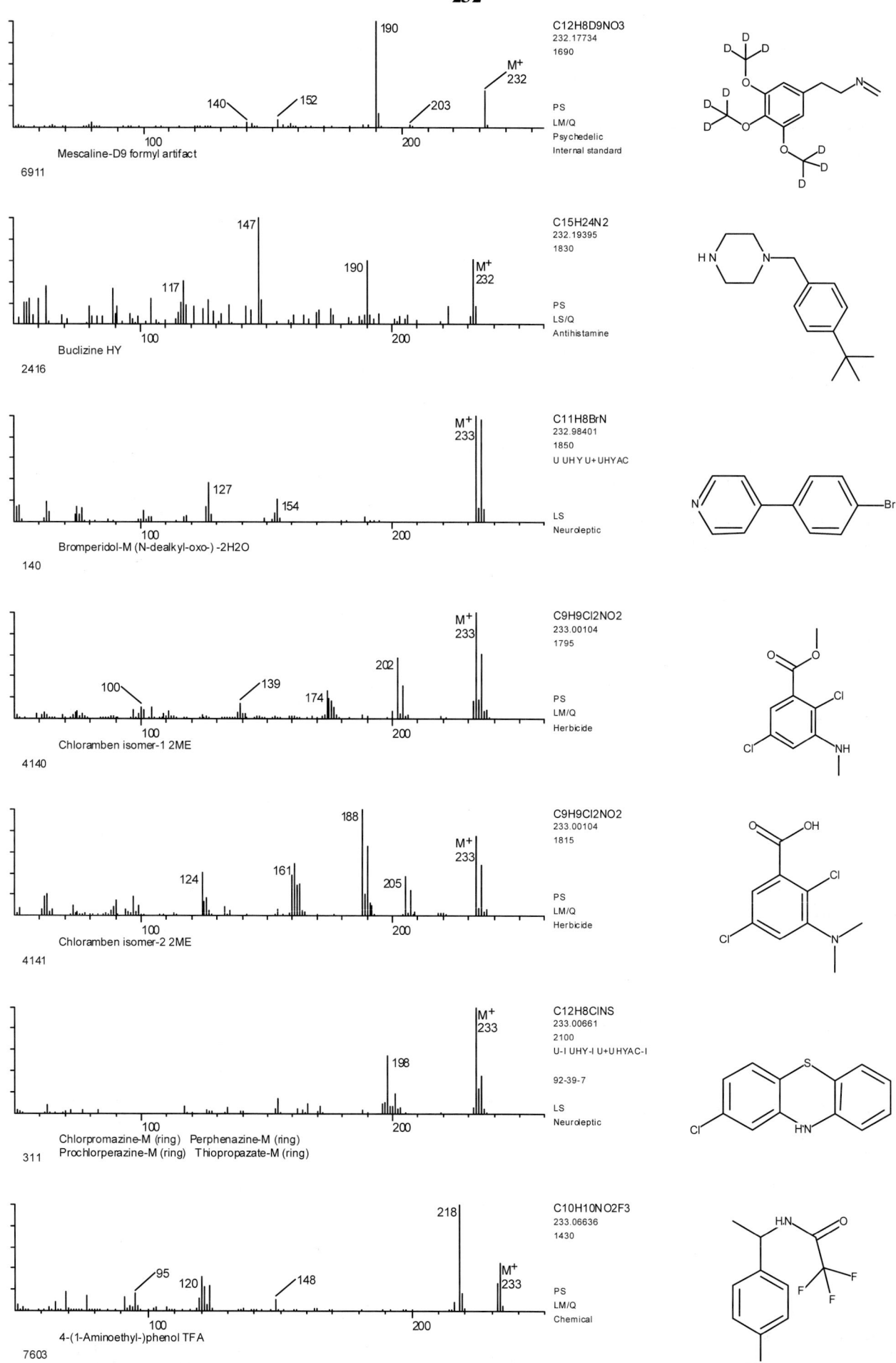

C12H8D9NO3
232.17734
1690

PS
LM/Q
Psychedelic
Internal standard

Mescaline-D9 formyl artifact
6911

C15H24N2
232.19395
1830

PS
LS/Q
Antihistamine

Buclizine HY
2416

C11H8BrN
232.98401
1850
U UHY U+UHYAC

LS
Neuroleptic

Bromperidol-M (N-dealkyl-oxo-) -2H2O
140

C9H9Cl2NO2
233.00104
1795

PS
LM/Q
Herbicide

Chloramben isomer-1 2ME
4140

C9H9Cl2NO2
233.00104
1815

PS
LM/Q
Herbicide

Chloramben isomer-2 2ME
4141

C12H8ClNS
233.00661
2100
U-I UHY-I U+UHYAC-I

92-39-7

LS
Neuroleptic

Chlorpromazine-M (ring)   Perphenazine-M (ring)
Prochlorperazine-M (ring)   Thiopropazate-M (ring)
311

C10H10NO2F3
233.06636
1430

PS
LM/Q
Chemical

4-(1-Aminoethyl-)phenol TFA
7603

314

233

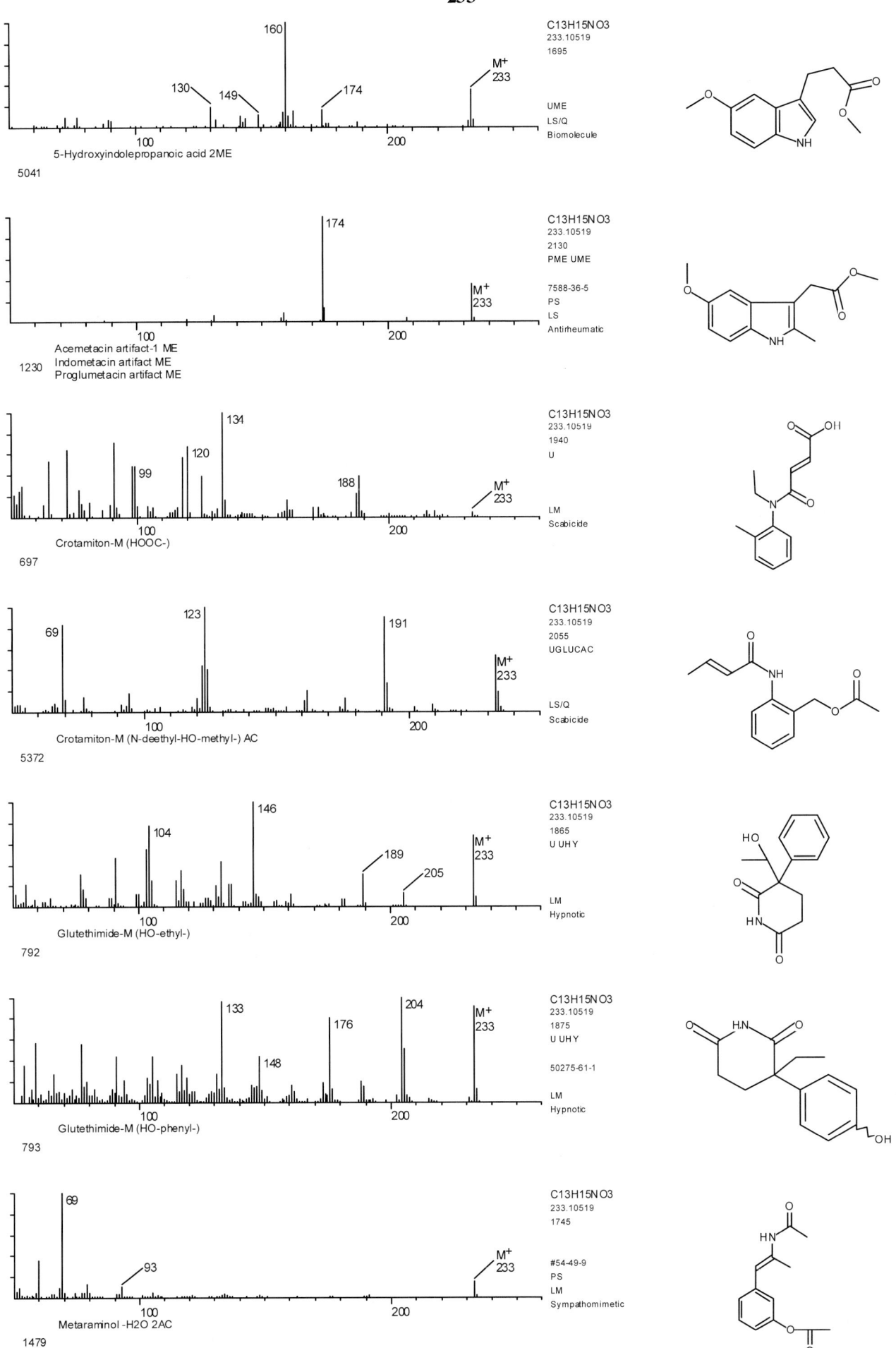

C13H15NO3
233.10519
1695

UME

LS/Q
Biomolecule

5-Hydroxyindolepropanoic acid 2ME
5041

C13H15NO3
233.10519
2130
PME UME

7588-36-5
PS
LS
Antirheumatic

Acemetacin artifact-1 ME
Indometacin artifact ME
Proglumetacin artifact ME
1230

C13H15NO3
233.10519
1940
U

LM
Scabicide

Crotamiton-M (HOOC-)
697

C13H15NO3
233.10519
2055
UGLUCAC

LS/Q
Scabicide

Crotamiton-M (N-deethyl-HO-methyl-) AC
5372

C13H15NO3
233.10519
1865
U UH Y

LM
Hypnotic

Glutethimide-M (HO-ethyl-)
792

C13H15NO3
233.10519
1875
U UH Y

50275-61-1
LM
Hypnotic

Glutethimide-M (HO-phenyl-)
793

C13H15NO3
233.10519
1745

#54-49-9
PS
LM
Sympathomimetic

Metaraminol -H2O 2AC
1479

315

233

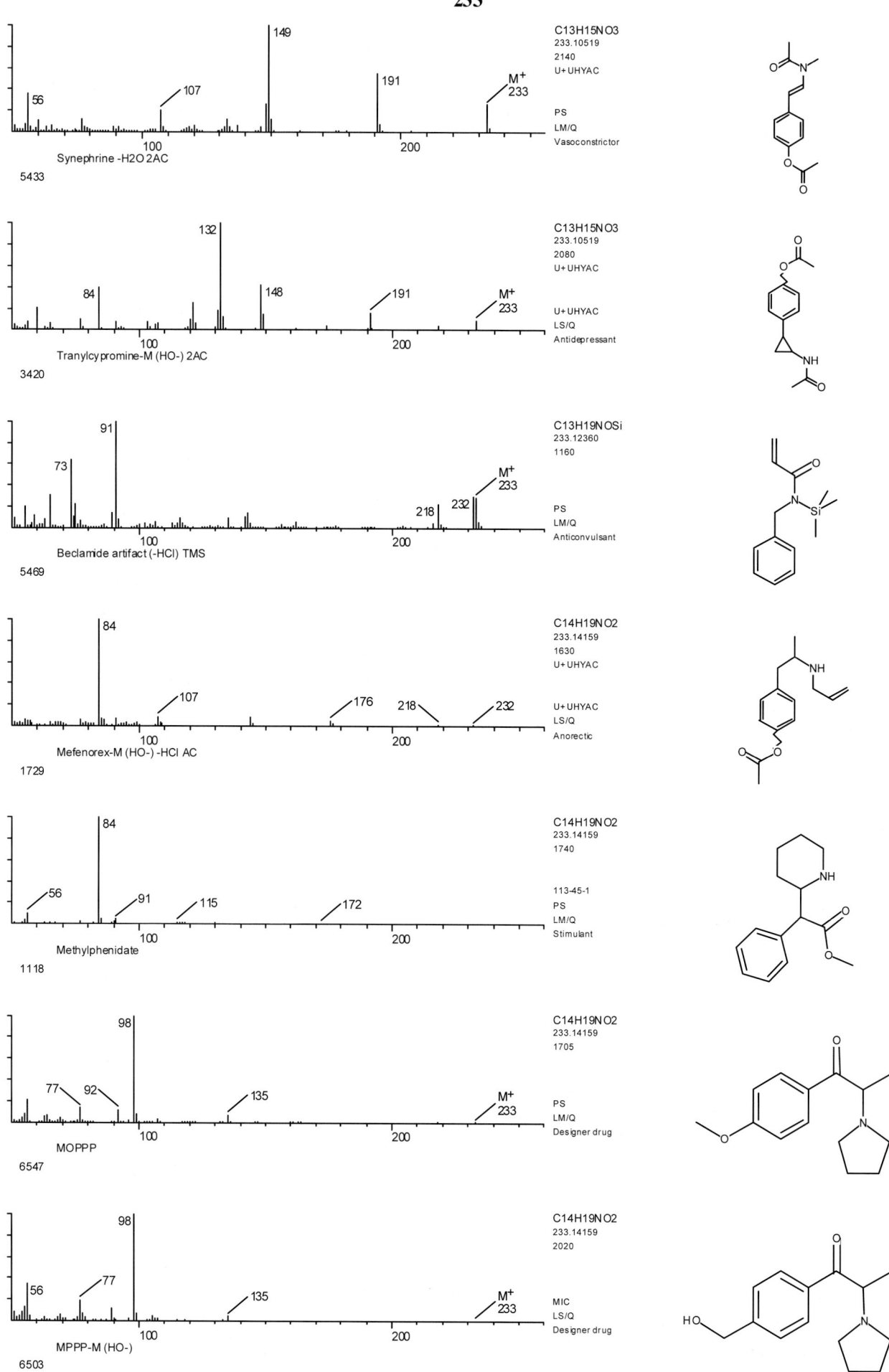

Synephrine -H2O 2AC 5433	C13H15NO3 233.10519 2140 U+UHYAC PS LM/Q Vasoconstrictor
Tranylcypromine-M (HO-) 2AC 3420	C13H15NO3 233.10519 2080 U+UHYAC U+UHYAC LS/Q Antidepressant
Beclamide artifact (-HCl) TMS 5469	C13H19NOSi 233.12360 1160 PS LM/Q Anticonvulsant
Mefenorex-M (HO-) -HCl AC 1729	C14H19NO2 233.14159 1630 U+UHYAC U+UHYAC LS/Q Anorectic
Methylphenidate 1118	C14H19NO2 233.14159 1740 113-45-1 PS LM/Q Stimulant
MOPPP 6547	C14H19NO2 233.14159 1705 PS LM/Q Designer drug
MPPP-M (HO-) 6503	C14H19NO2 233.14159 2020 MIC LS/Q Designer drug

233

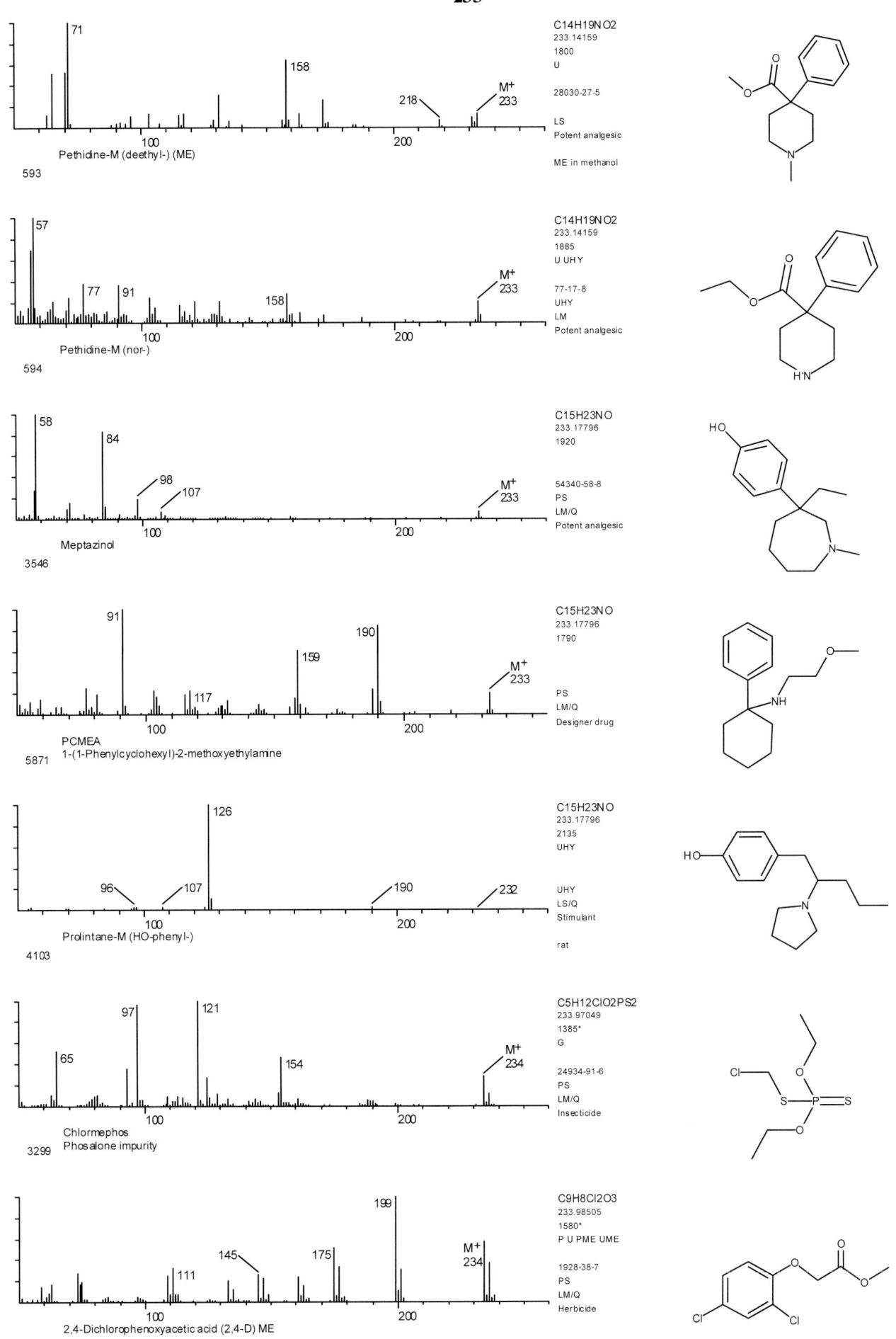

Pethidine-M (deethyl-) (ME)
593
C14H19NO2
233.14159
1800
U
28030-27-5
LS
Potent analgesic
ME in methanol

Pethidine-M (nor-)
594
C14H19NO2
233.14159
1885
U UHY
77-17-8
UHY
LM
Potent analgesic

Meptazinol
3546
C15H23NO
233.17796
1920
54340-58-8
PS
LM/Q
Potent analgesic

PCMEA
1-(1-Phenylcyclohexyl)-2-methoxyethylamine
5871
C15H23NO
233.17796
1790
PS
LM/Q
Designer drug

Prolintane-M (HO-phenyl-)
4103
C15H23NO
233.17796
2135
UHY
UHY
LS/Q
Stimulant
rat

Chlormephos
Phosalone impurity
3299
C5H12ClO2PS2
233.97049
1385*
G
24934-91-6
PS
LM/Q
Insecticide

2,4-Dichlorophenoxyacetic acid (2,4-D) ME
2370
C9H8Cl2O3
233.98505
1580*
P U PME UME
1928-38-7
PS
LM/Q
Herbicide

317

234

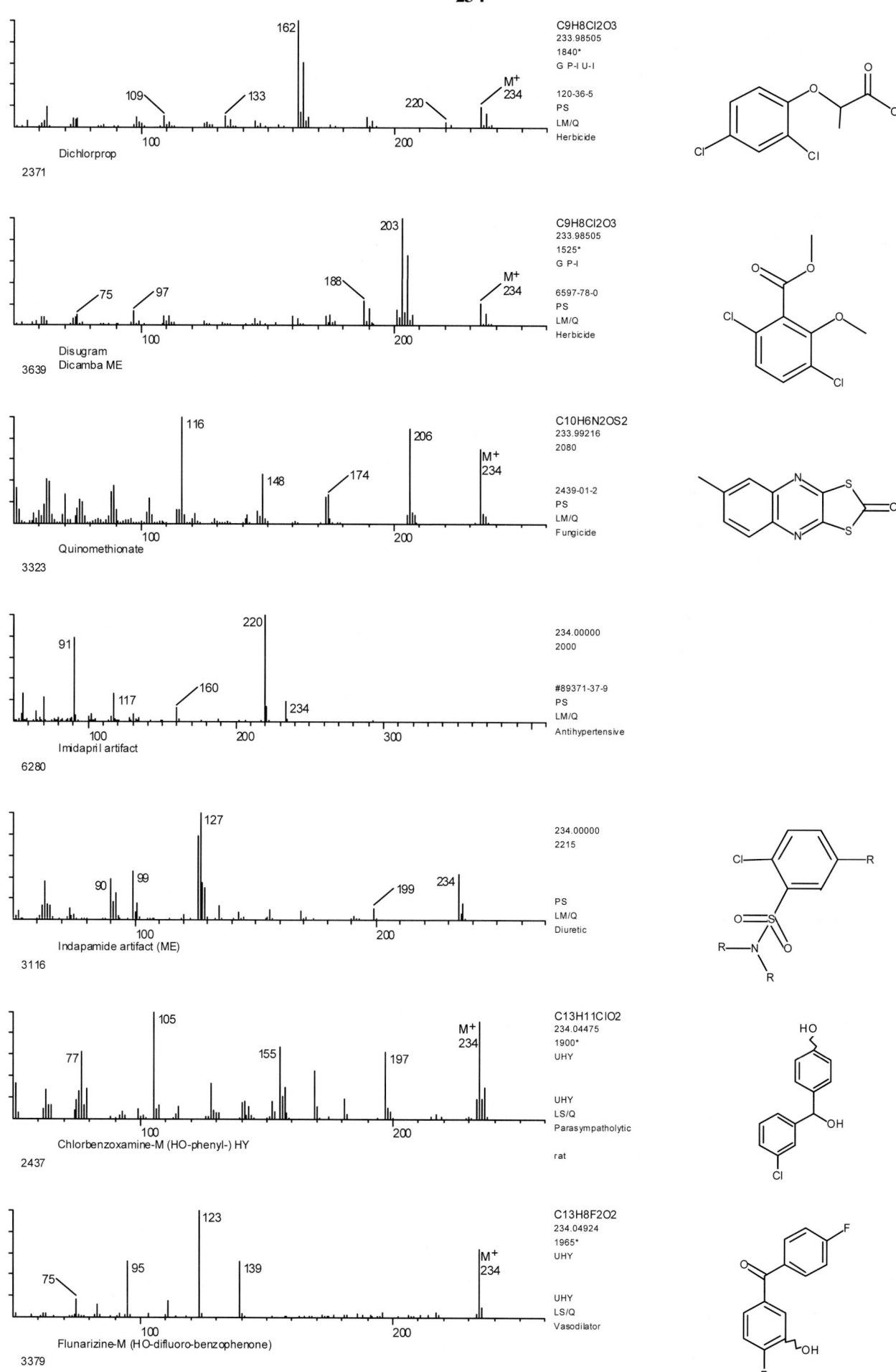

Dichlorprop — C9H8Cl2O3, 233.98505, 1840*, G P-I U-I, 120-36-5, PS, LM/Q, Herbicide
Peaks: 109, 133, 162, 220, M+ 234
2371

Disugram / Dicamba ME — C9H8Cl2O3, 233.98505, 1525*, G P-I, 6597-78-0, PS, LM/Q, Herbicide
Peaks: 75, 97, 188, 203, M+ 234
3639

Quinomethionate — C10H6N2OS2, 233.99216, 2080, 2439-01-2, PS, LM/Q, Fungicide
Peaks: 116, 148, 174, 206, M+ 234
3323

Imidapril artifact — 234.00000, 2000, #89371-37-9, PS, LM/Q, Antihypertensive
Peaks: 91, 117, 160, 220, 234
6280

Indapamide artifact (ME) — 234.00000, 2215, PS, LM/Q, Diuretic
Peaks: 90, 99, 127, 199, 234
3116

Chlorbenzoxamine-M (HO-phenyl-) HY — C13H11ClO2, 234.04475, 1900*, UHY, UHY, LS/Q, Parasympatholytic, rat
Peaks: 77, 105, 155, 197, M+ 234
2437

Flunarizine-M (HO-difluoro-benzophenone) — C13H8F2O2, 234.04924, 1965*, UHY, UHY, LS/Q, Vasodilator
Peaks: 75, 95, 123, 139, M+ 234
3379

318

234

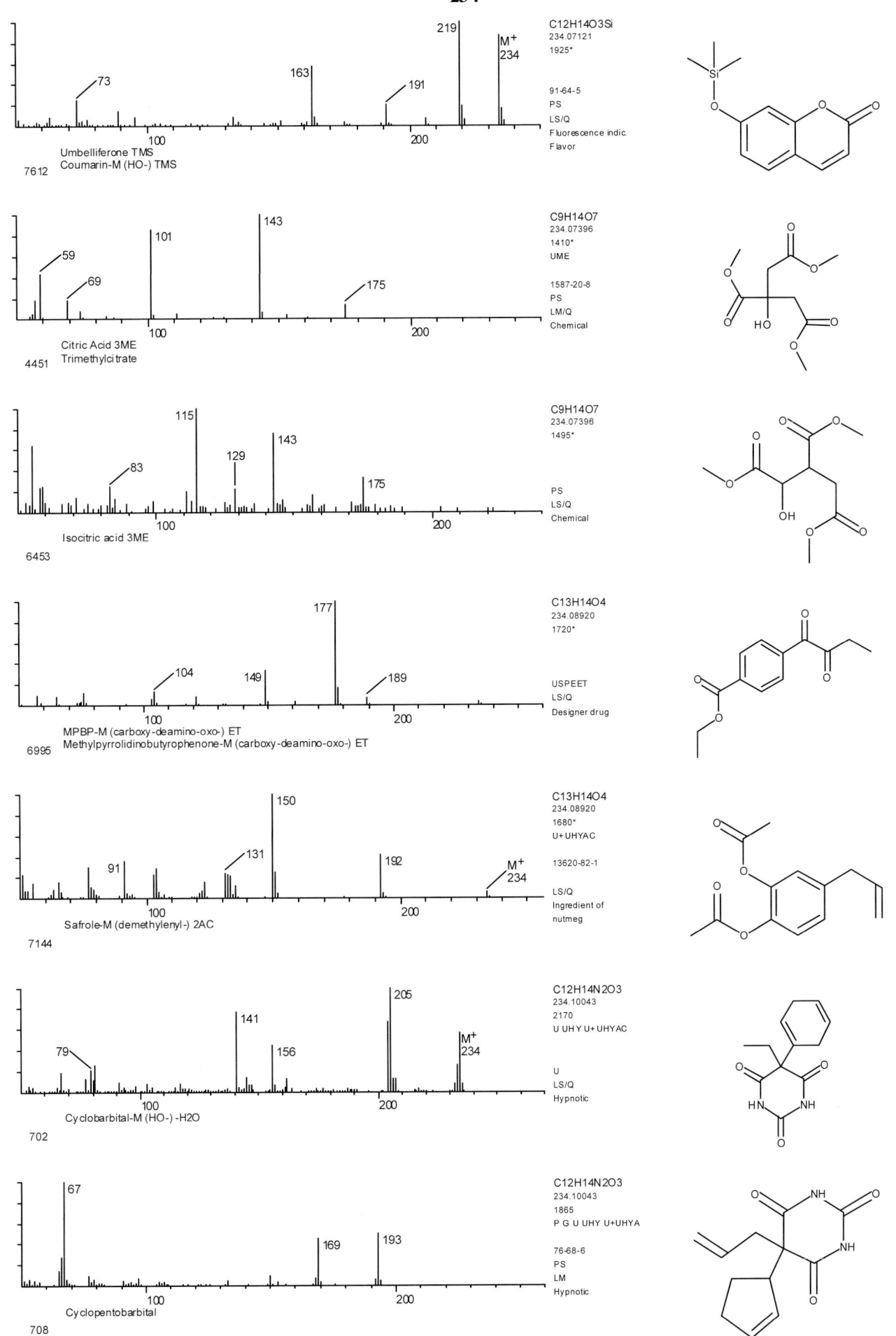

C12H14O3Si
234.07121
1925*

91-64-5
PS
LS/Q
Fluorescence indic.
Flavor

Umbelliferone TMS
Coumarin-M (HO-) TMS
7612

C9H14O7
234.07396
1410*
UME

1587-20-8
PS
LM/Q
Chemical

Citric Acid 3ME
Trimethylcitrate
4451

C9H14O7
234.07396
1495*

PS
LS/Q
Chemical

Isocitric acid 3ME
6453

C13H14O4
234.08920
1720*

USPEET
LS/Q
Designer drug

MPBP-M (carboxy-deamino-oxo-) ET
Methylpyrrolidinobutyrophenone-M (carboxy-deamino-oxo-) ET
6995

C13H14O4
234.08920
1680*
U+ UHYAC

13620-82-1
LS/Q
Ingredient of nutmeg

Safrole-M (demethylenyl-) 2AC
7144

C12H14N2O3
234.10043
2170
U UHY U+ UHYAC

U
LS/Q
Hypnotic

Cyclobarbital-M (HO-) -H2O
702

C12H14N2O3
234.10043
1865
P G U UHY U+UHYA

76-68-6
PS
LM
Hypnotic

Cyclopentobarbital
708

234

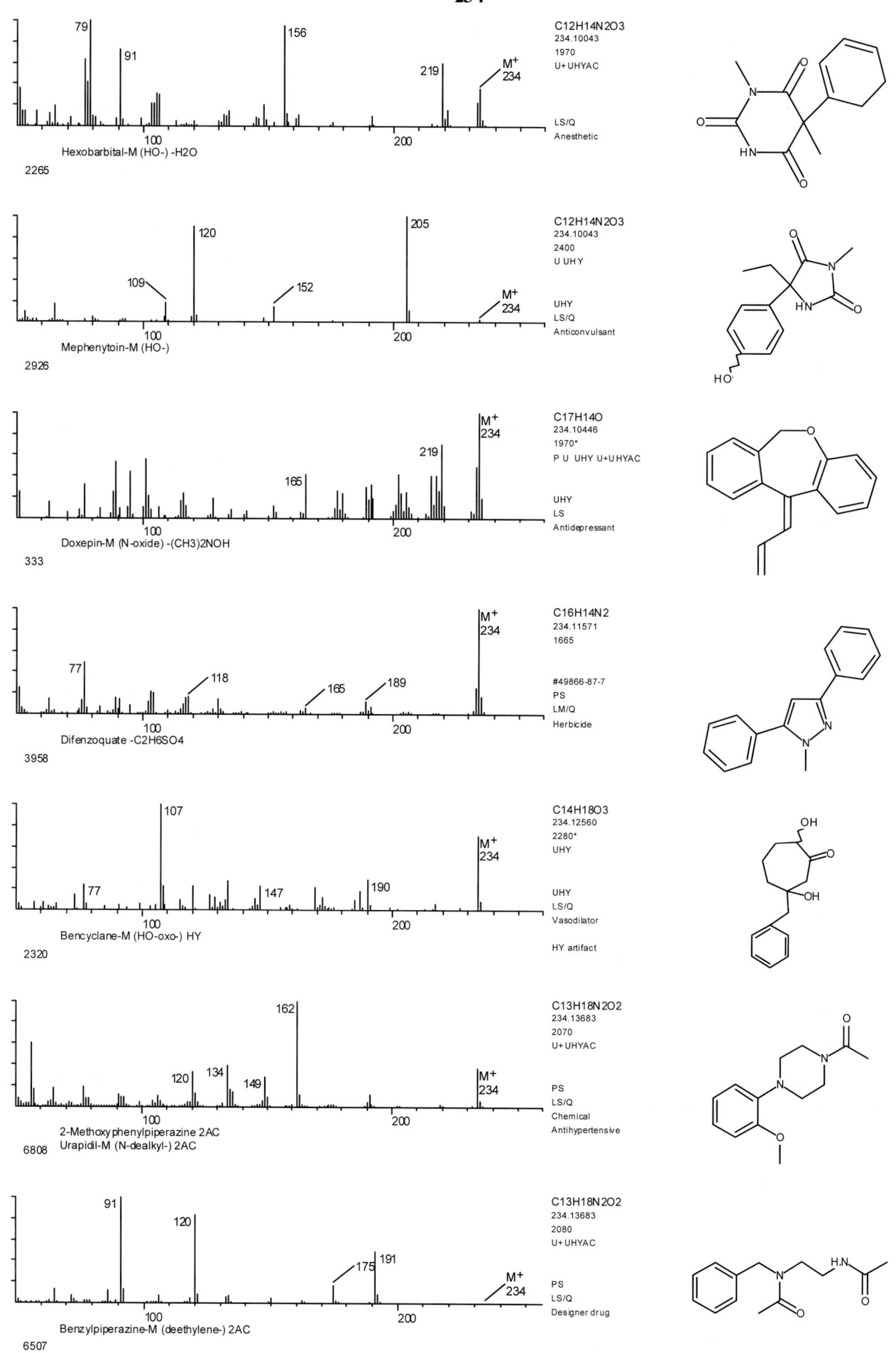

Hexobarbital-M (HO-) -H2O
2265

C12H14N2O3
234.10043
1970
U+ UHYAC

LS/Q
Anesthetic

Mephenytoin-M (HO-)
2926

C12H14N2O3
234.10043
2400
U UHY

UHY
LS/Q
Anticonvulsant

Doxepin-M (N-oxide) -(CH3)2NOH
333

C17H14O
234.10446
1970*
P U UHY U+UHYAC

UHY
LS
Antidepressant

Difenzoquate -C2H6SO4
3958

C16H14N2
234.11571
1665

#49866-87-7
PS
LM/Q
Herbicide

Bencyclane-M (HO-oxo-) HY
2320

C14H18O3
234.12560
2280*
UHY

UHY
LS/Q
Vasodilator

HY artifact

2-Methoxyphenylpiperazine 2AC
Urapidil-M (N-dealkyl-) 2AC
6808

C13H18N2O2
234.13683
2070
U+ UHYAC

PS
LS/Q
Chemical
Antihypertensive

Benzylpiperazine-M (deethylene-) 2AC
6507

C13H18N2O2
234.13683
2080
U+ UHYAC

PS
LS/Q
Designer drug

234

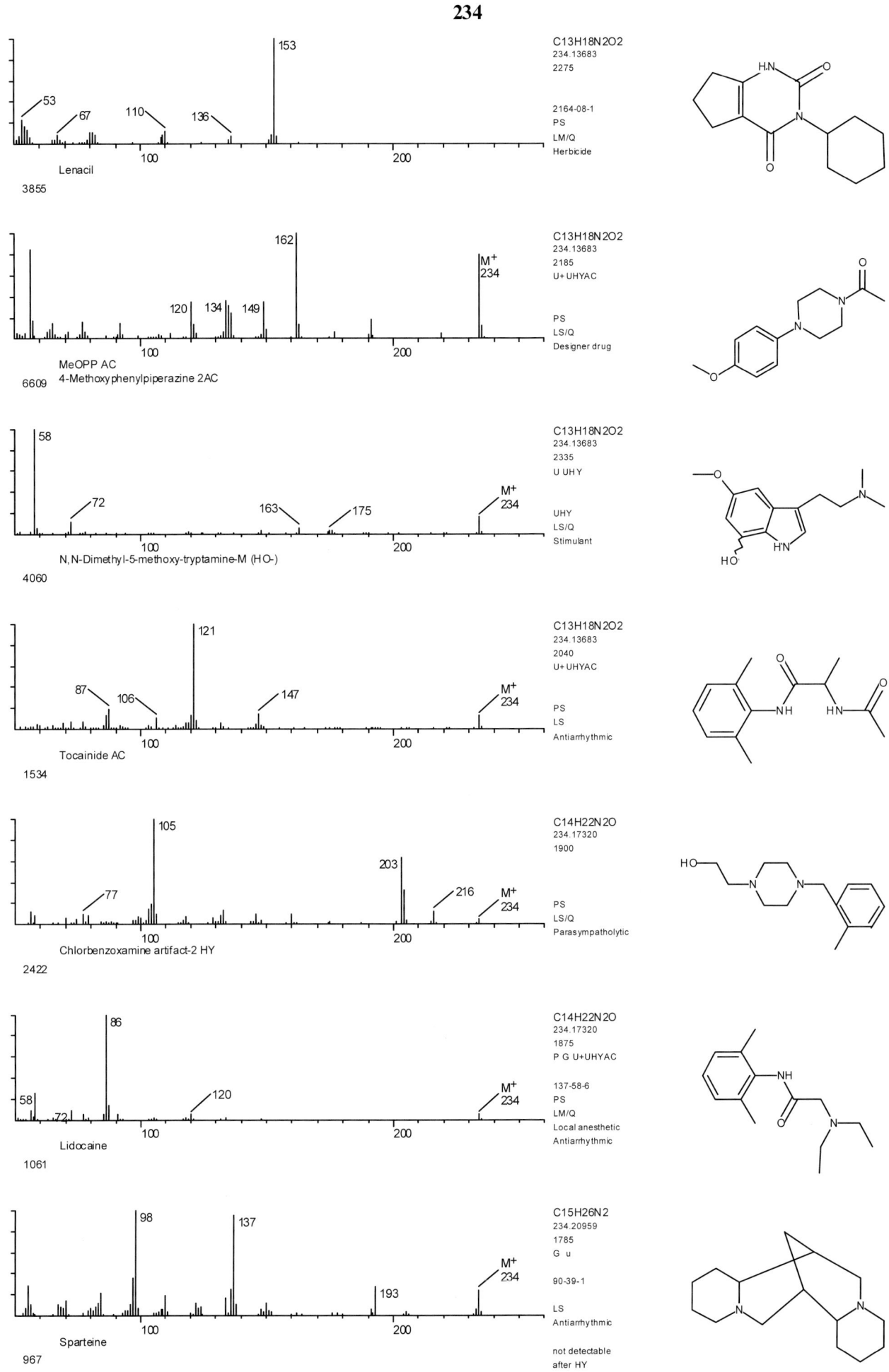

Lenacil
C13H18N2O2
234.13683
2275
2164-08-1
PS
LM/Q
Herbicide

MeOPP AC
4-Methoxyphenylpiperazine 2AC
C13H18N2O2
234.13683
2185
U+ UHYAC
PS
LS/Q
Designer drug

N,N-Dimethyl-5-methoxy-tryptamine-M (HO-)
C13H18N2O2
234.13683
2335
U UHY
UHY
LS/Q
Stimulant

Tocainide AC
C13H18N2O2
234.13683
2040
U+ UHYAC
PS
LS
Antiarrhythmic

Chlorbenzoxamine artifact-2 HY
C14H22N2O
234.17320
1900
PS
LS/Q
Parasympatholytic

Lidocaine
C14H22N2O
234.17320
1875
P G U+UHYAC
137-58-6
PS
LM/Q
Local anesthetic
Antiarrhythmic

Sparteine
C15H26N2
234.20959
1785
G u
90-39-1
LS
Antiarrhythmic
not detectable after HY

321

235

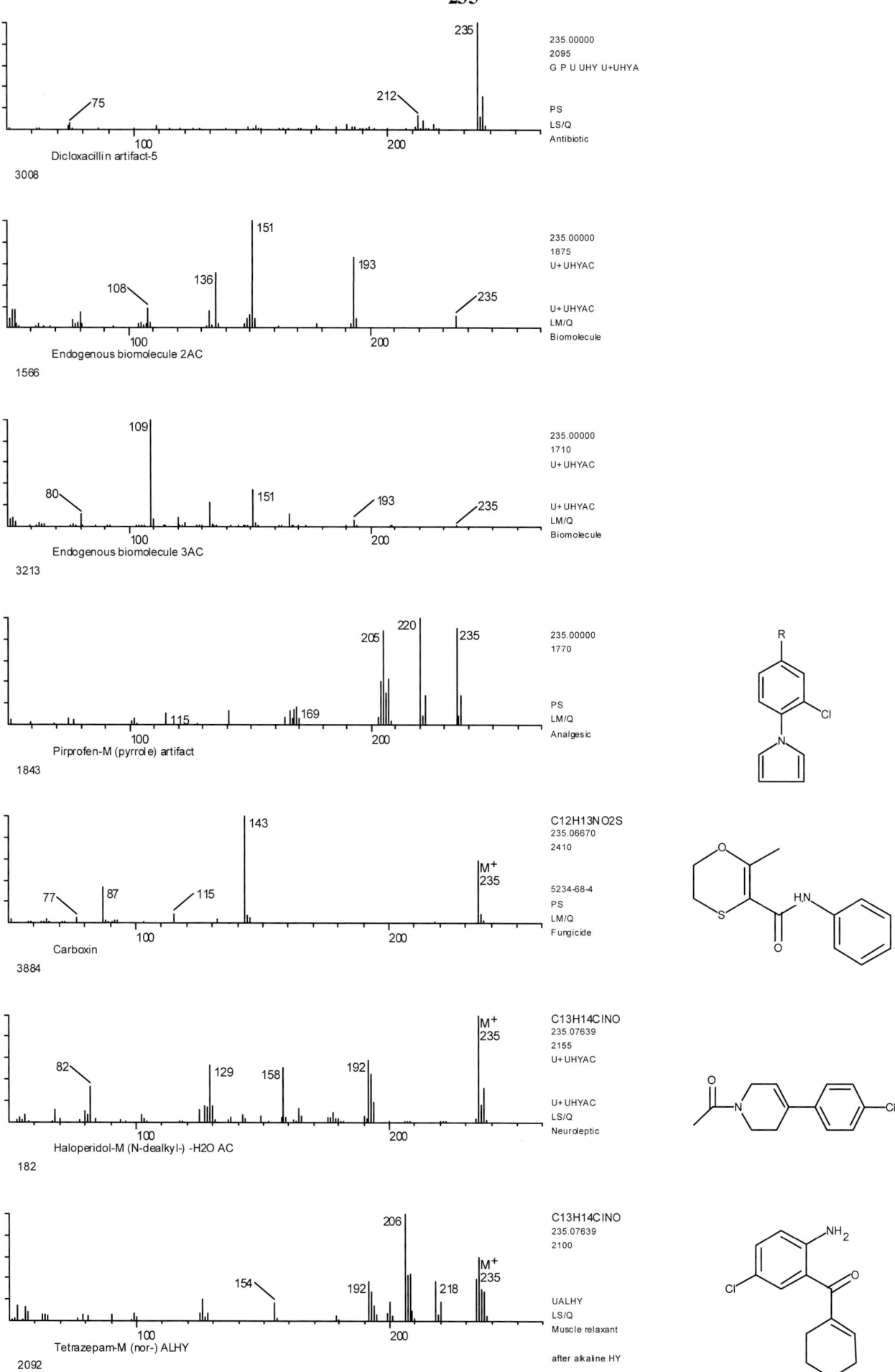

235.00000
2095
G P U UHY U+UHYA

PS
LS/Q
Antibiotic

Dicloxacillin artifact-5
3008

235.00000
1875
U+UHYAC

U+UHYAC
LM/Q
Biomolecule

Endogenous biomolecule 2AC
1566

235.00000
1710
U+UHYAC

U+UHYAC
LM/Q
Biomolecule

Endogenous biomolecule 3AC
3213

235.00000
1770

PS
LM/Q
Analgesic

Pirprofen-M (pyrrole) artifact
1843

$C_{12}H_{13}NO_2S$
235.06670
2410

5234-68-4
PS
LM/Q
Fungicide

Carboxin
3884

$C_{13}H_{14}ClNO$
235.07639
2155
U+UHYAC

U+UHYAC
LS/Q
Neuroleptic

Haloperidol-M (N-dealkyl-) -H2O AC
182

$C_{13}H_{14}ClNO$
235.07639
2100

UALHY
LS/Q
Muscle relaxant

after alkaline HY

Tetrazepam-M (nor-) ALHY
2092

235

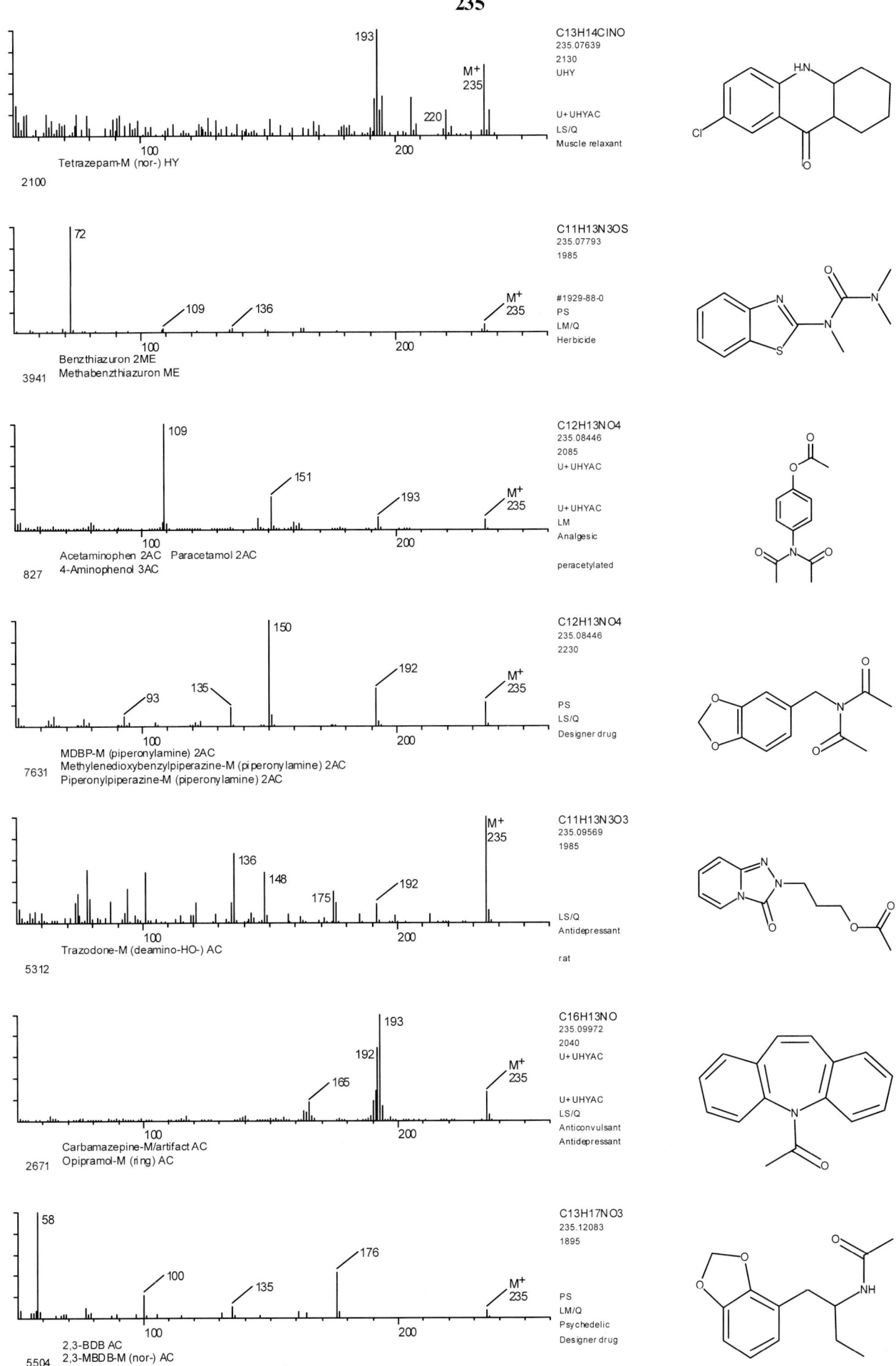

C13H14ClNO
235.07639
2130
UHY

U+ UHYAC
LS/Q
Muscle relaxant

Tetrazepam-M (nor-) HY
2100

C11H13N3OS
235.07793
1985
#1929-88-0
PS
LM/Q
Herbicide

Benzthiazuron 2ME
Methabenzthiazuron ME
3941

C12H13NO4
235.08446
2085
U+ UHYAC

U+ UHYAC
LM
Analgesic

peracetylated

Acetaminophen 2AC Paracetamol 2AC
4-Aminophenol 3AC
827

C12H13NO4
235.08446
2230

PS
LS/Q
Designer drug

MDBP-M (piperonylamine) 2AC
Methylenedioxybenzylpiperazine-M (piperonylamine) 2AC
Piperonylpiperazine-M (piperonylamine) 2AC
7631

C11H13N3O3
235.09569
1985

LS/Q
Antidepressant
rat

Trazodone-M (deamino-HO-) AC
5312

C16H13NO
235.09972
2040
U+ UHYAC

U+ UHYAC
LS/Q
Anticonvulsant
Antidepressant

Carbamazepine-M/artifact AC
Opipramol-M (ring) AC
2671

C13H17NO3
235.12083
1895

PS
LM/Q
Psychedelic
Designer drug

2,3-BDB AC
2,3-MBDB-M (nor-) AC
1-(1,3-Benzodioxol-6-yl)butane-2-yl-azane AC
5504

235

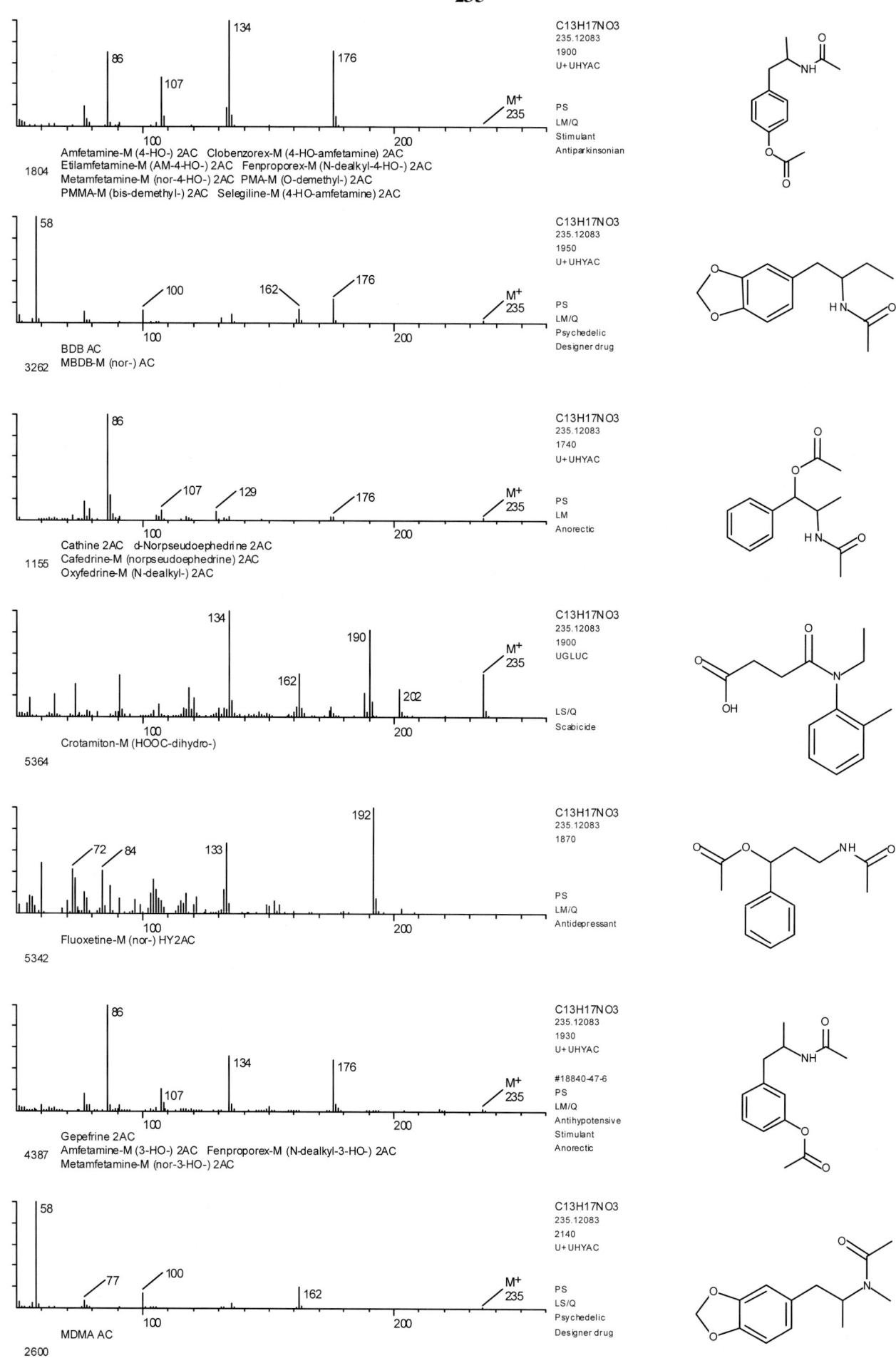

C13H17NO3
235.12083
1900
U+ UHYAC

PS
LM/Q
Stimulant
Antiparkinsonian

1804
Amfetamine-M (4-HO-) 2AC   Clobenzorex-M (4-HO-amfetamine) 2AC
Etilamfetamine-M (AM-4-HO-) 2AC   Fenproporex-M (N-dealkyl-4-HO-) 2AC
Metamfetamine-M (nor-4-HO-) 2AC   PMA-M (O-demethyl-) 2AC
PMMA-M (bis-demethyl-) 2AC   Selegiline-M (4-HO-amfetamine) 2AC

C13H17NO3
235.12083
1950
U+ UHYAC

PS
LM/Q
Psychedelic
Designer drug

3262
BDB AC
MBDB-M (nor-) AC

C13H17NO3
235.12083
1740
U+ UHYAC

PS
LM
Anorectic

1155
Cathine 2AC   d-Norpseudoephedrine 2AC
Cafedrine-M (norpseudoephedrine) 2AC
Oxyfedrine-M (N-dealkyl-) 2AC

C13H17NO3
235.12083
1900
UGLUC

LS/Q
Scabicide

5364
Crotamiton-M (HOOC-dihydro-)

C13H17NO3
235.12083
1870

PS
LM/Q
Antidepressant

5342
Fluoxetine-M (nor-) HY2AC

C13H17NO3
235.12083
1930
U+ UHYAC

#18840-47-6
PS
LM/Q
Antihypotensive
Stimulant
Anorectic

4387
Gepefrine 2AC   Amfetamine-M (3-HO-) 2AC   Fenproporex-M (N-dealkyl-3-HO-) 2AC
Metamfetamine-M (nor-3-HO-) 2AC

C13H17NO3
235.12083
2140
U+ UHYAC

PS
LS/Q
Psychedelic
Designer drug

2600
MDMA AC

235

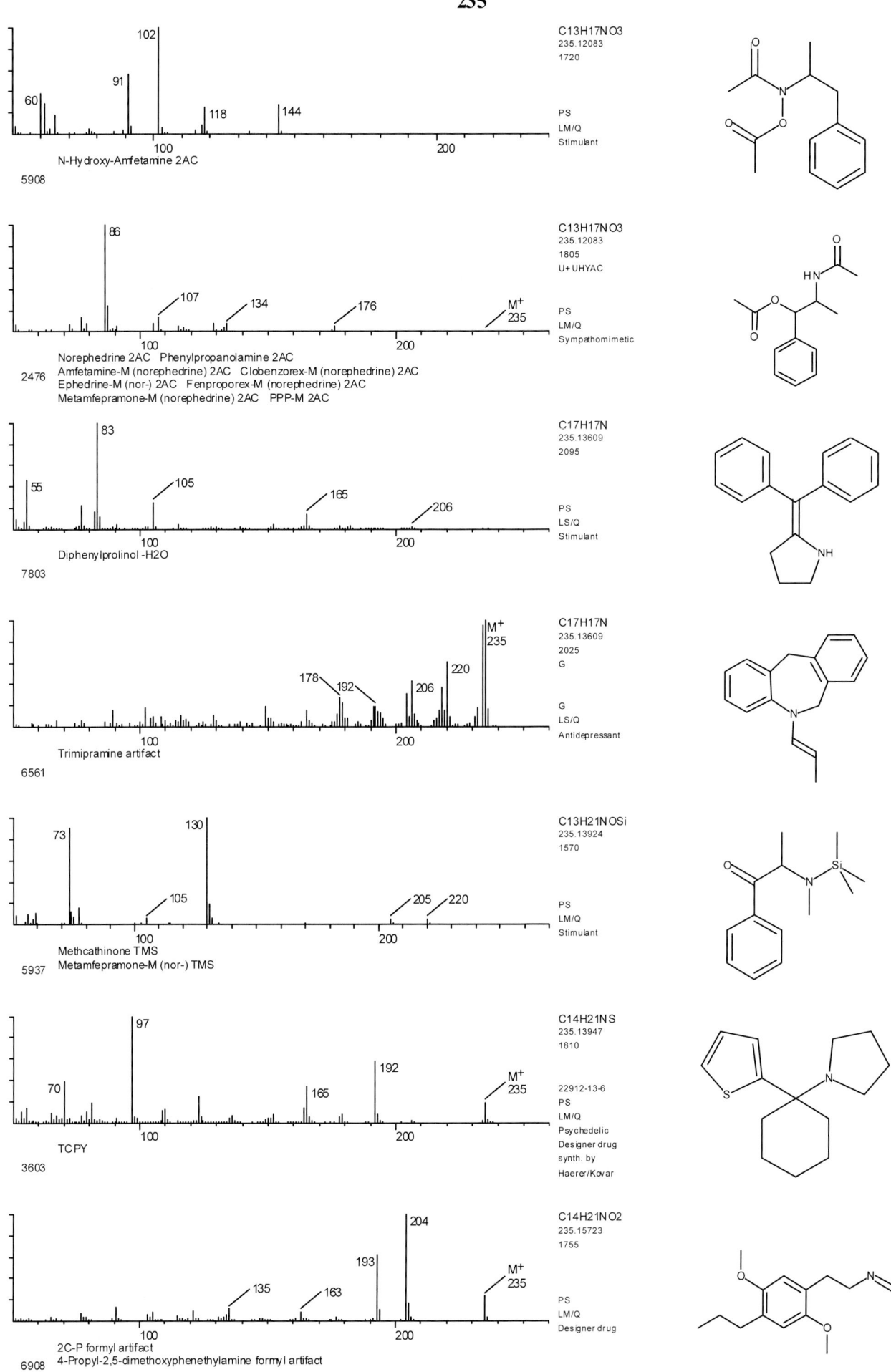

C13H17NO3
235.12083
1720

PS
LM/Q
Stimulant

N-Hydroxy-Amfetamine 2AC
5908

C13H17NO3
235.12083
1805
U+ UHYAC

PS
LM/Q
Sympathomimetic

Norephedrine 2AC   Phenylpropanolamine 2AC
Amfetamine-M (norephedrine) 2AC   Clobenzorex-M (norephedrine) 2AC
Ephedrine-M (nor-) 2AC   Fenproporex-M (norephedrine) 2AC
Metamfepramone-M (norephedrine) 2AC   PPP-M 2AC
2476

C17H17N
235.13609
2095

PS
LS/Q
Stimulant

Diphenylprolinol -H2O
7803

C17H17N
235.13609
2025
G

G
LS/Q
Antidepressant

Trimipramine artifact
6561

C13H21NOSi
235.13924
1570

PS
LM/Q
Stimulant

Methcathinone TMS
Metamfepramone-M (nor-) TMS
5937

C14H21NS
235.13947
1810

22912-13-6
PS
LM/Q
Psychedelic
Designer drug
synth. by
Haerer/Kovar

TCPY
3603

C14H21NO2
235.15723
1755

PS
LM/Q
Designer drug

2C-P formyl artifact
4-Propyl-2,5-dimethoxyphenethylamine formyl artifact
6908

325

235

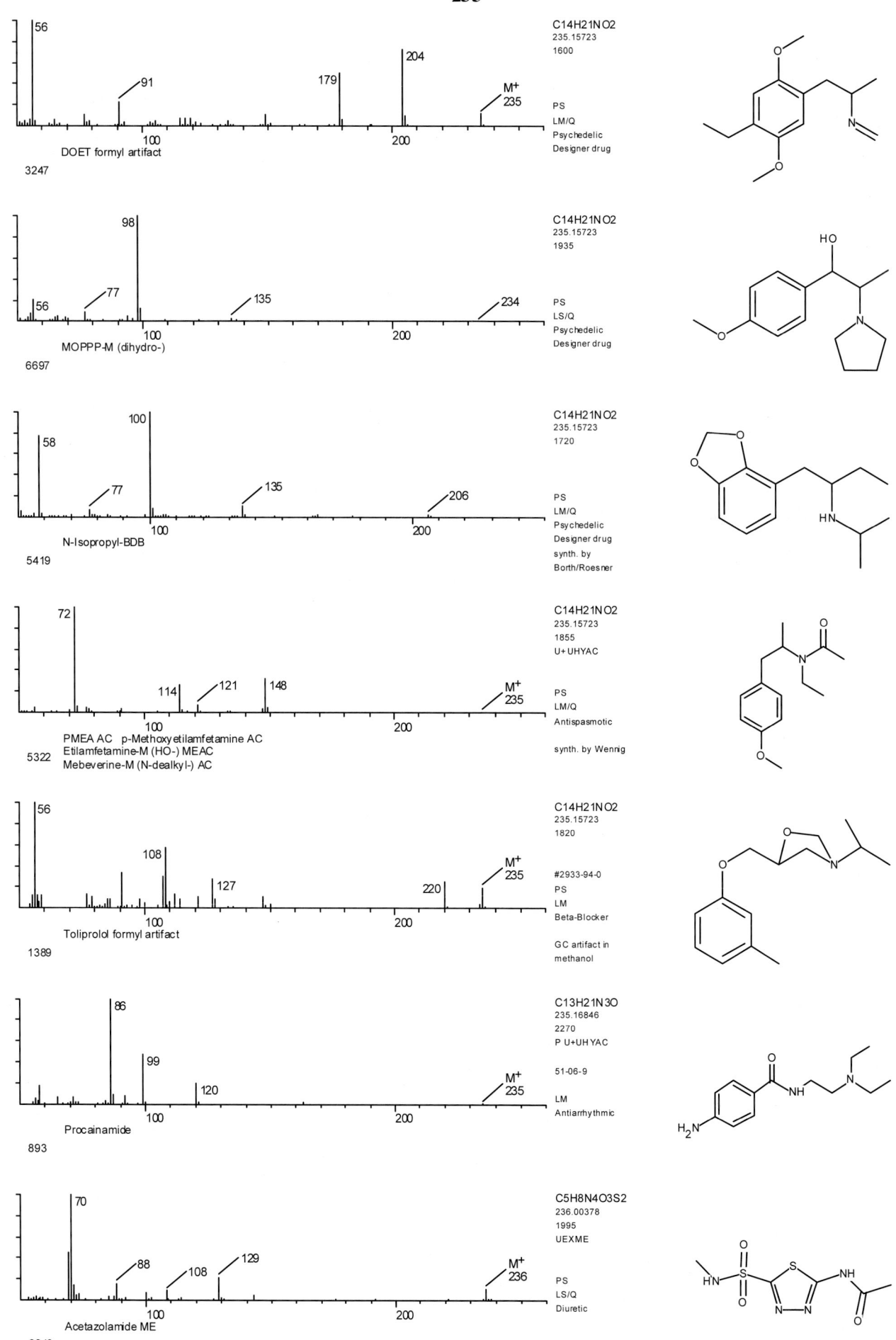

DOET formyl artifact — C14H21NO2, 235.15723, 1600, PS, LM/Q, Psychedelic, Designer drug
Peaks: 56, 91, 179, 204, M+ 235
3247

MOPPP-M (dihydro-) — C14H21NO2, 235.15723, 1935, PS, LS/Q, Psychedelic, Designer drug
Peaks: 56, 77, 98, 135, 234
6697

N-Isopropyl-BDB — C14H21NO2, 235.15723, 1720, PS, LM/Q, Psychedelic, Designer drug, synth. by Borth/Roesner
Peaks: 58, 77, 100, 135, 206
5419

PMEA AC   p-Methoxyetilamfetamine AC
Etilamfetamine-M (HO-) MEAC
Mebeverine-M (N-dealkyl-) AC
C14H21NO2, 235.15723, 1855, U+UHYAC, PS, LM/Q, Antispasmotic, synth. by Wennig
Peaks: 72, 114, 121, 148, M+ 235
5322

Toliprolol formyl artifact — C14H21NO2, 235.15723, 1820, #2933-94-0, PS, LM, Beta-Blocker, GC artifact in methanol
Peaks: 56, 108, 127, 220, M+ 235
1389

Procainamide — C13H21N3O, 235.16846, 2270, P U+UHYAC, 51-06-9, LM, Antiarrhythmic
Peaks: 86, 99, 120, M+ 235
893

Acetazolamide ME — C5H8N4O3S2, 236.00378, 1995, UEXME, PS, LS/Q, Diuretic
Peaks: 70, 88, 108, 129, M+ 236
6843

236

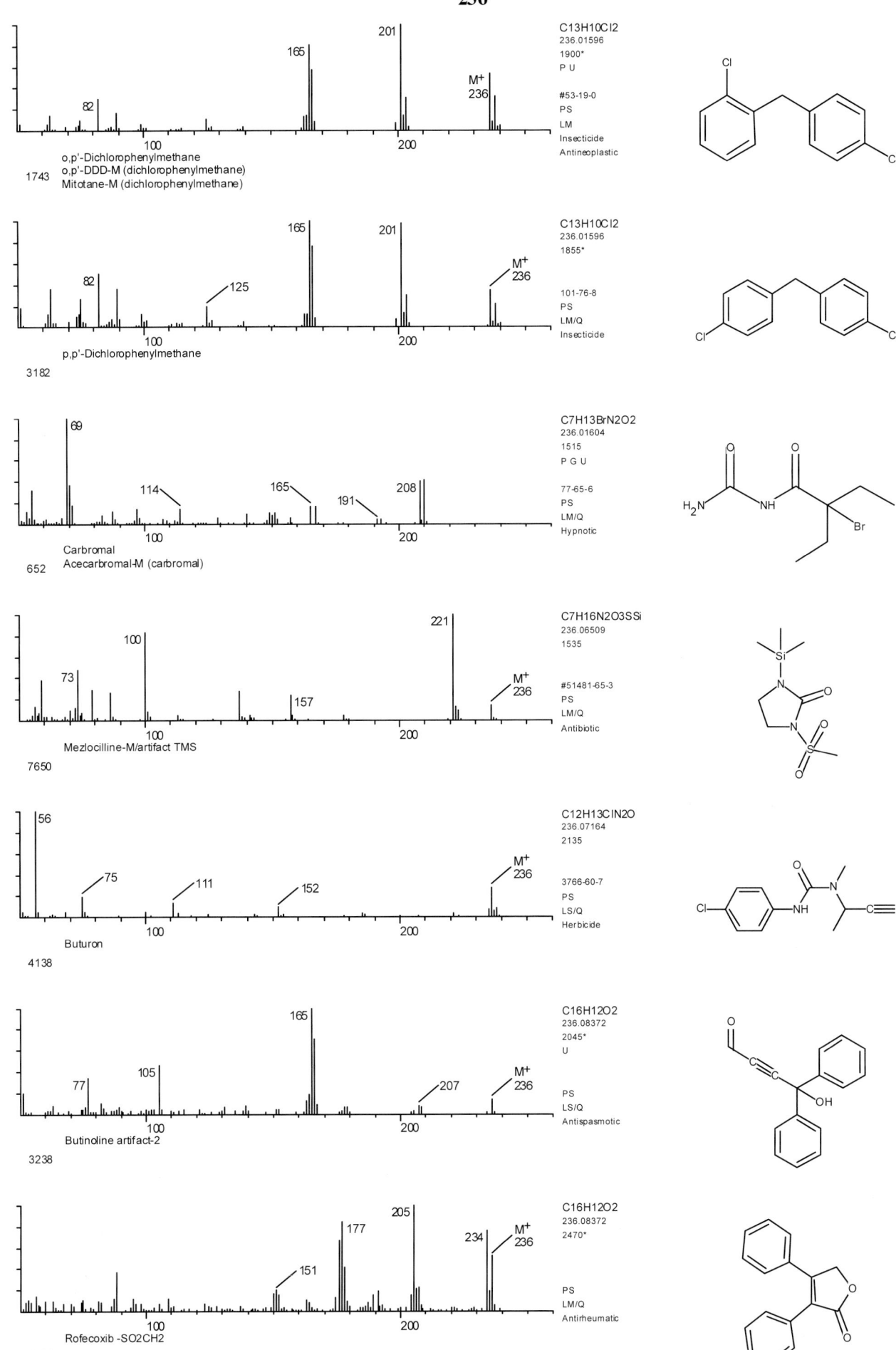

1743
o,p'-Dichlorophenylmethane
o,p'-DDD-M (dichlorophenylmethane)
Mitotane-M (dichlorophenylmethane)

C13H10Cl2
236.01596
1900*
P U

#53-19-0
PS
LM
Insecticide
Antineoplastic

3182
p,p'-Dichlorophenylmethane

C13H10Cl2
236.01596
1855*

101-76-8
PS
LM/Q
Insecticide

652
Carbromal
Acecarbromal-M (carbromal)

C7H13BrN2O2
236.01604
1515
P G U

77-65-6
PS
LM/Q
Hypnotic

7650
Mezlocilline-M/artifact TMS

C7H16N2O3SSi
236.06509
1535

#51481-65-3
PS
LM/Q
Antibiotic

4138
Buturon

C12H13ClN2O
236.07164
2135

3766-60-7
PS
LS/Q
Herbicide

3238
Butinoline artifact-2

C16H12O2
236.08372
2045*
U

PS
LS/Q
Antispasmotic

7490
Rofecoxib -SO2CH2

C16H12O2
236.08372
2470*

PS
LM/Q
Antirheumatic

236

C15H12N2O
236.09496
2285
P G U+UHYAC

298-46-4

LM
Anticonvulsant

Carbamazepine
420

C15H12N2O
236.09496
2280
UHY

33119-63-0
UHY
LS/Q
Thromb.aggr.inhib.

Ditazol-M (bis-dealkyl-)
2544

C15H12N2O
236.09496
2165
U

LS
Hypnotic

Methaqualone-M (2-carboxy-) -CO2
1096

C13H16O4
236.10486
1670*

PS
LM/Q
Chemical

BDB intermediate-1 AC
MBDB intermediate-3 AC
3294

C13H16O4
236.10486
1755*
U+UHYAC

LS/Q
Ingredient of nutmeg

Elemicin-M (demethyl-) isomer-1 AC
Myristicin-M (demethylenyl-methyl-) AC
7140

C13H16O4
236.10486
1790*
U+UHYAC

LS/Q
Ingredient of nutmeg

Elemicin-M (demethyl-) isomer-2 AC
7141

C13H16O4
236.10486
1720*

USPEET
LS/Q
Psychedelic
Designer drug

MDPPP-M (demethylene-deamino-oxo-) 2ET
6530

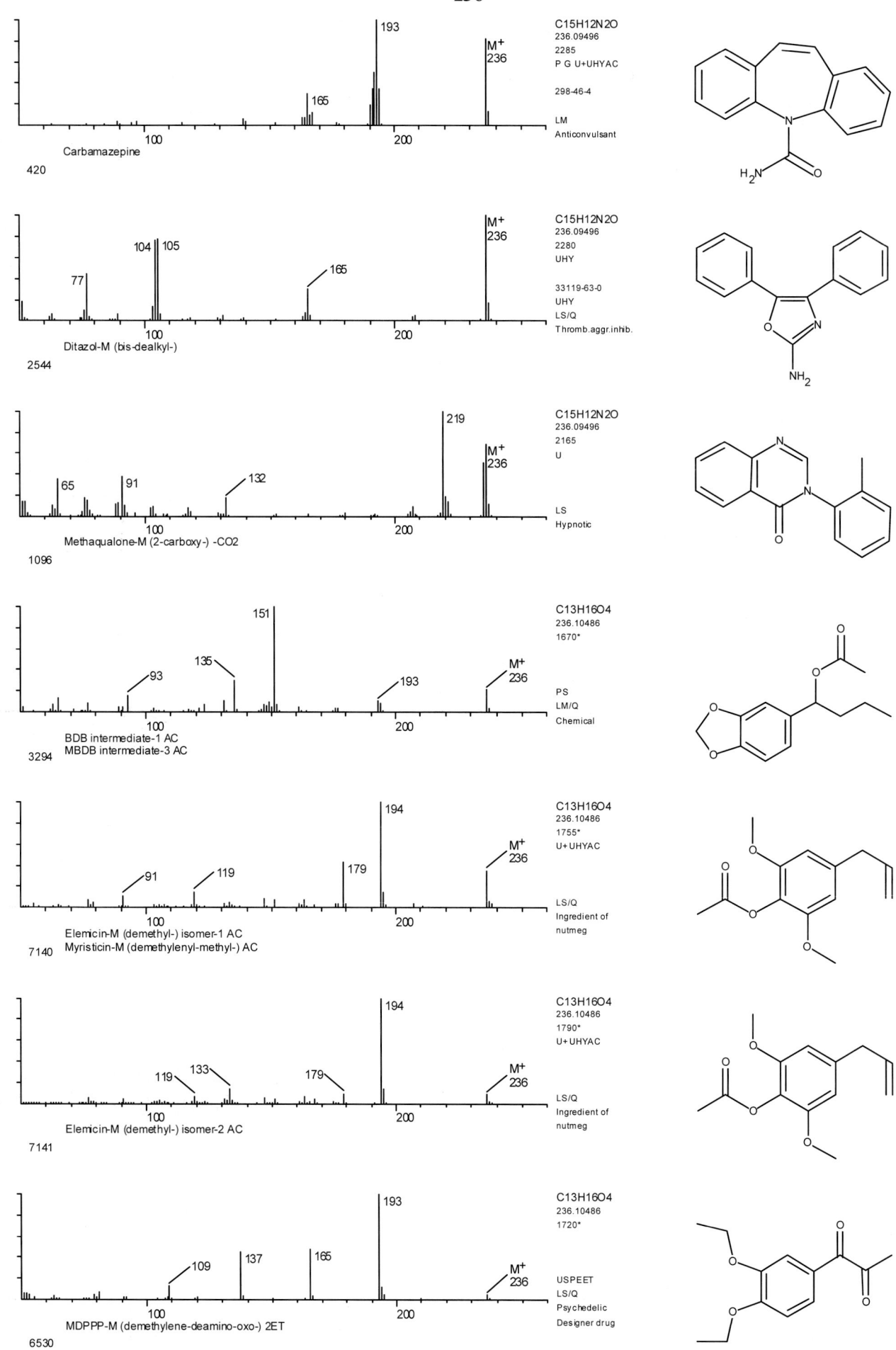

236

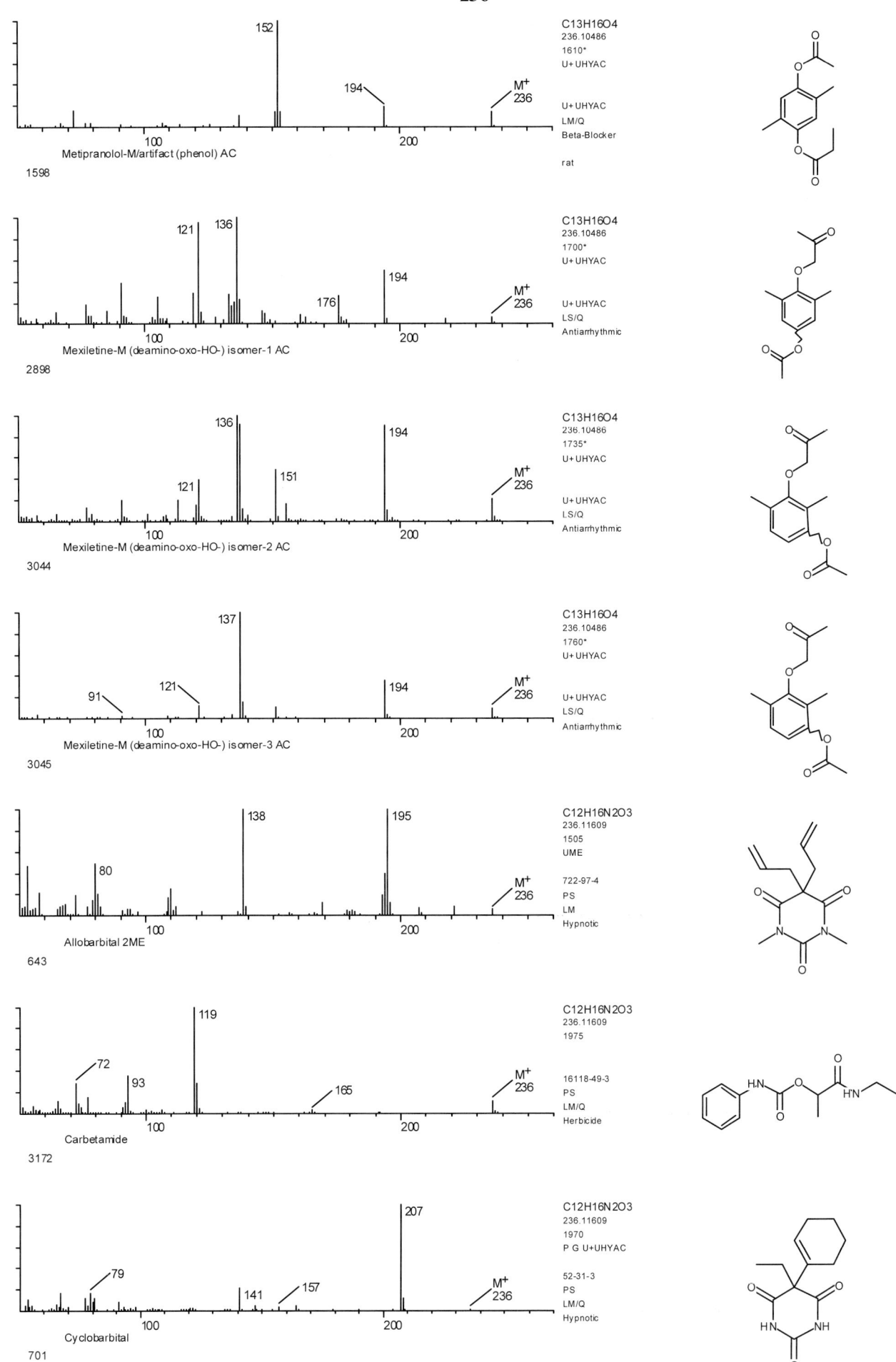

Spectrum	Compound	Formula / Info
1598	Metipranolol-M/artifact (phenol) AC; peaks 152, 194, M+ 236	C13H16O4, 236.10486, 1610*, U+ UHYAC / U+ UHYAC, LM/Q, Beta-Blocker, rat
2898	Mexiletine-M (deamino-oxo-HO-) isomer-1 AC; peaks 121, 136, 176, 194, M+ 236	C13H16O4, 236.10486, 1700*, U+ UHYAC / U+ UHYAC, LS/Q, Antiarrhythmic
3044	Mexiletine-M (deamino-oxo-HO-) isomer-2 AC; peaks 121, 136, 151, 194, M+ 236	C13H16O4, 236.10486, 1735*, U+ UHYAC / U+ UHYAC, LS/Q, Antiarrhythmic
3045	Mexiletine-M (deamino-oxo-HO-) isomer-3 AC; peaks 91, 121, 137, 194, M+ 236	C13H16O4, 236.10486, 1760*, U+ UHYAC / U+ UHYAC, LS/Q, Antiarrhythmic
643	Allobarbital 2ME; peaks 80, 138, 195, M+ 236	C12H16N2O3, 236.11609, 1505, UME, 722-97-4, PS, LM, Hypnotic
3172	Carbetamide; peaks 72, 93, 119, 165, M+ 236	C12H16N2O3, 236.11609, 1975, 16118-49-3, PS, LM/Q, Herbicide
701	Cyclobarbital; peaks 79, 141, 157, 207, M+ 236	C12H16N2O3, 236.11609, 1970, P G U+UHYAC, 52-31-3, PS, LM/Q, Hypnotic

236

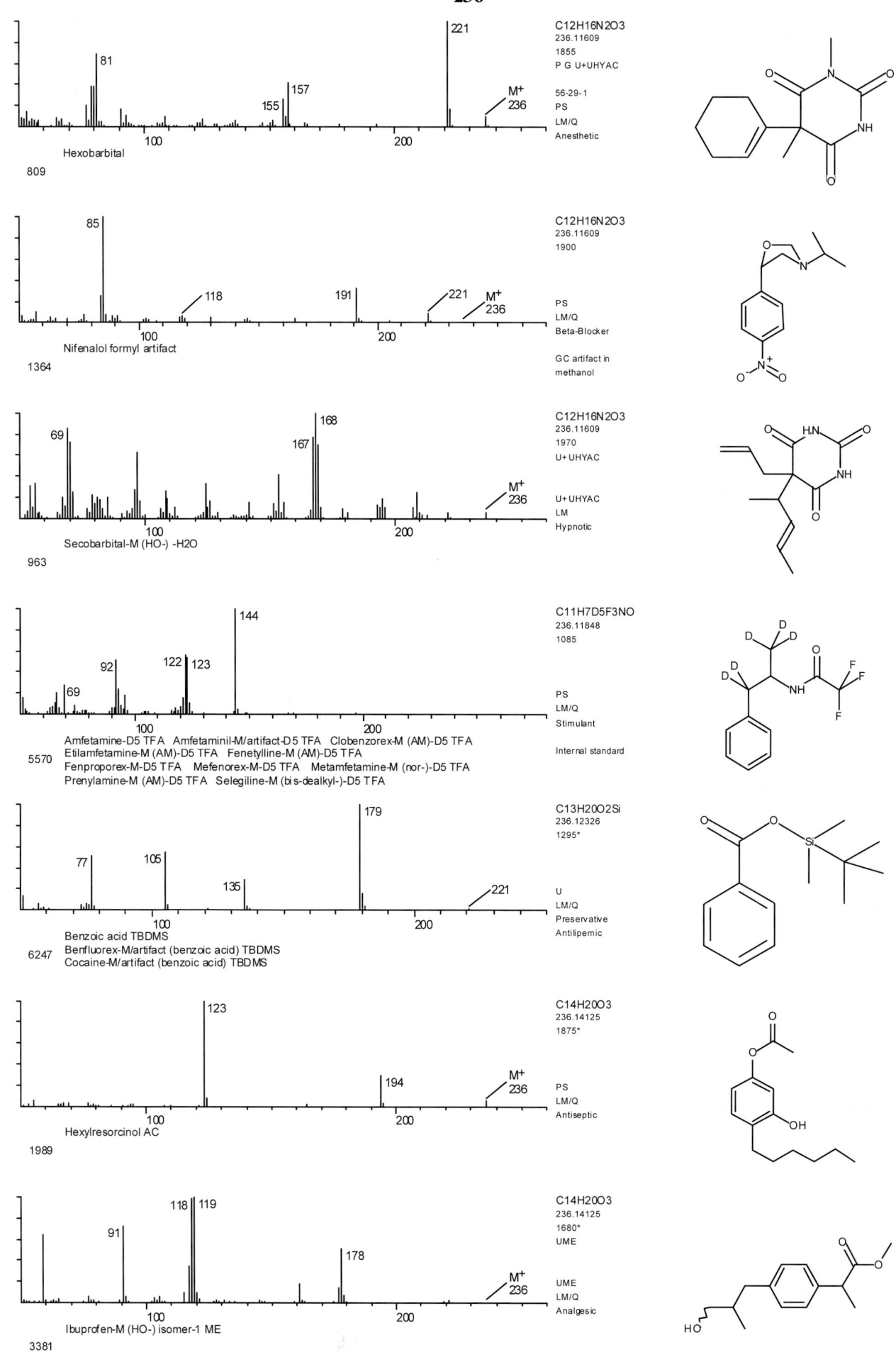

Hexobarbital
809
C12H16N2O3
236.11609
1855
P G U+UHYAC
56-29-1
PS
LM/Q
Anesthetic

Nifenalol formyl artifact
1364
C12H16N2O3
236.11609
1900
PS
LM/Q
Beta-Blocker
GC artifact in methanol

Secobarbital-M (HO-) -H2O
963
C12H16N2O3
236.11609
1970
U+UHYAC
U+UHYAC
LM
Hypnotic

Amfetamine-D5 TFA   Amfetaminil-M/artifact-D5 TFA   Clobenzorex-M (AM)-D5 TFA
Etilamfetamine-M (AM)-D5 TFA   Fenetylline-M (AM)-D5 TFA
Fenproporex-M-D5 TFA   Mefenorex-M-D5 TFA   Metamfetamine-M (nor-)-D5 TFA
Prenylamine-M (AM)-D5 TFA   Selegiline-M (bis-dealkyl-)-D5 TFA
5570
C11H7D5F3NO
236.11848
1085
PS
LM/Q
Stimulant
Internal standard

Benzoic acid TBDMS
Benfluorex-M/artifact (benzoic acid) TBDMS
Cocaine-M/artifact (benzoic acid) TBDMS
6247
C13H20O2Si
236.12326
1295*
U
LM/Q
Preservative
Antilipemic

Hexylresorcinol AC
1989
C14H20O3
236.14125
1875*
PS
LM/Q
Antiseptic

Ibuprofen-M (HO-) isomer-1 ME
3381
C14H20O3
236.14125
1680*
UME
UME
LM/Q
Analgesic

330

236

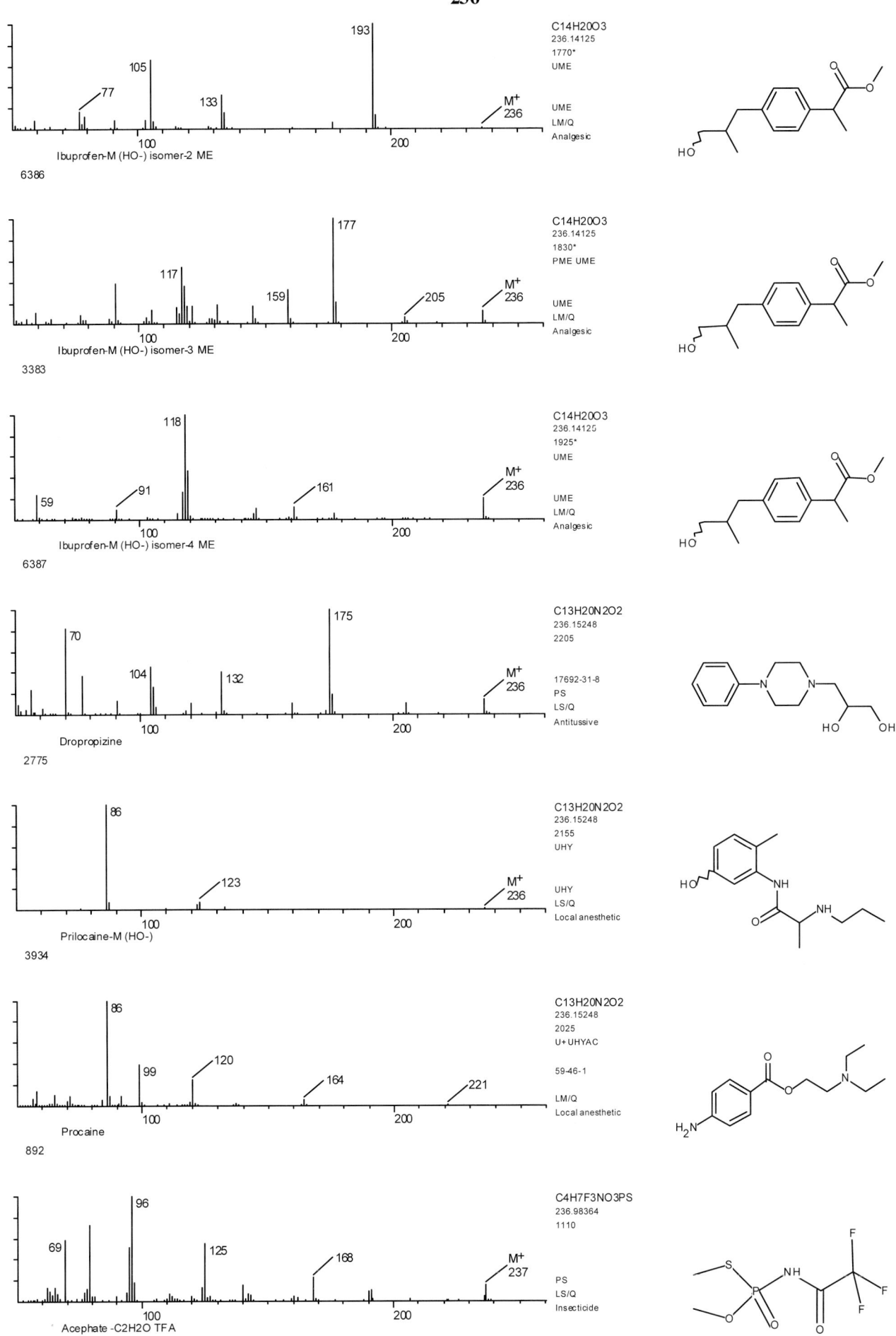

Ibuprofen-M (HO-) isomer-2 ME
6386
C14H20O3
236.14125
1770*
UME
UME
LM/Q
Analgesic

Ibuprofen-M (HO-) isomer-3 ME
3383
C14H20O3
236.14125
1830*
PME UME
UME
LM/Q
Analgesic

Ibuprofen-M (HO-) isomer-4 ME
6387
C14H20O3
236.14125
1925*
UME
UME
LM/Q
Analgesic

Dropropizine
2775
C13H20N2O2
236.15248
2205
17692-31-8
PS
LS/Q
Antitussive

Prilocaine-M (HO-)
3934
C13H20N2O2
236.15248
2155
UHY
UHY
LS/Q
Local anesthetic

Procaine
892
C13H20N2O2
236.15248
2025
U+ UHYAC
59-46-1
LM/Q
Local anesthetic

Acephate -C2H2O TFA
4031
C4H7F3NO3PS
236.98364
1110
PS
LS/Q
Insecticide

237

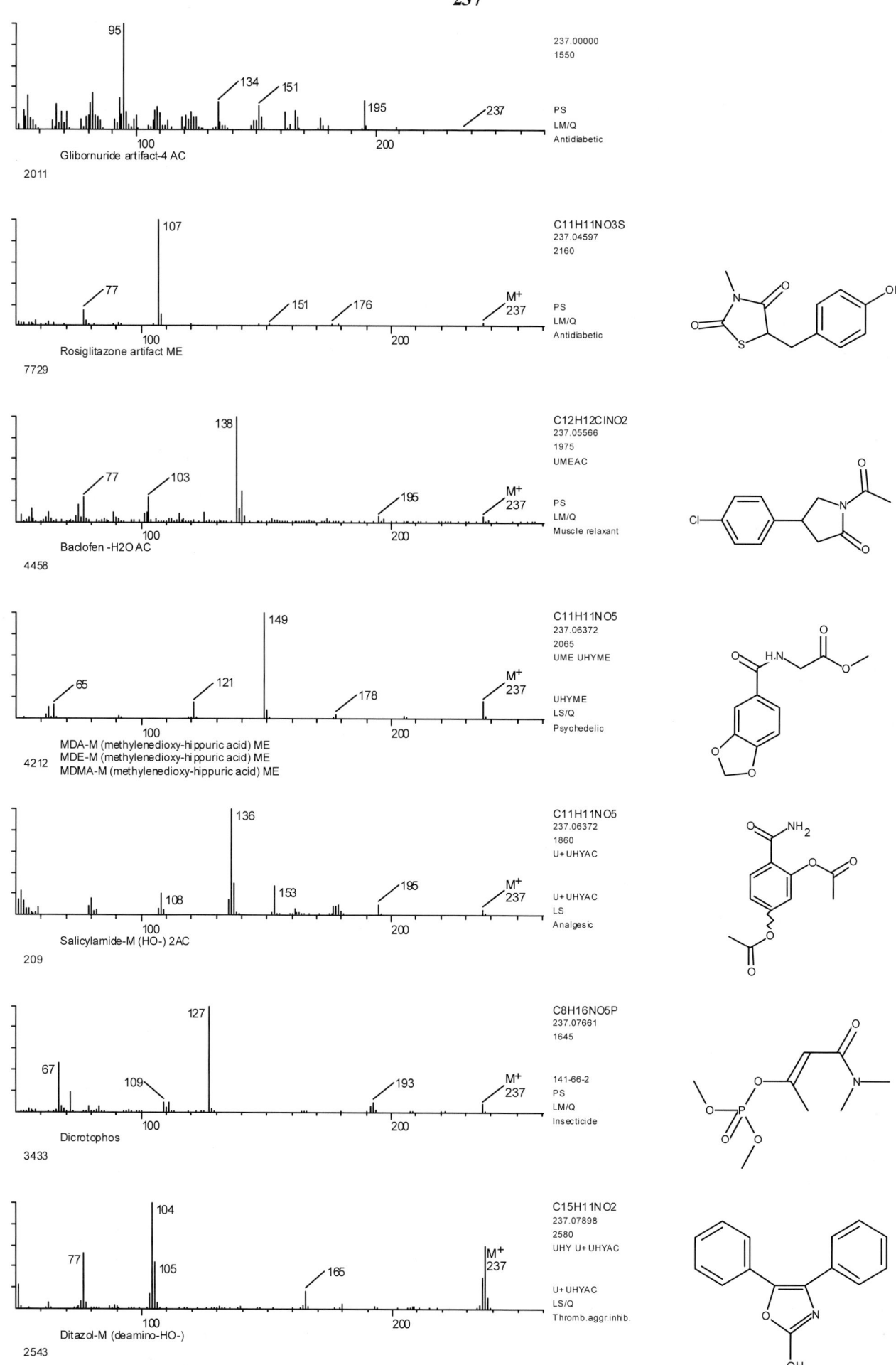

Glibornuride artifact-4 AC
237.00000
1550
PS
LM/Q
Antidiabetic
2011

Rosiglitazone artifact ME
C11H11NO3S
237.04597
2160
PS
LM/Q
Antidiabetic
7729

Baclofen -H2O AC
C12H12ClNO2
237.05566
1975
UMEAC
PS
LM/Q
Muscle relaxant
4458

MDA-M (methylenedioxy-hippuric acid) ME
MDE-M (methylenedioxy-hippuric acid) ME
MDMA-M (methylenedioxy-hippuric acid) ME
C11H11NO5
237.06372
2065
UME UHYME
UHYME
LS/Q
Psychedelic
4212

Salicylamide-M (HO-) 2AC
C11H11NO5
237.06372
1860
U+ UHYAC
U+ UHYAC
LS
Analgesic
209

Dicrotophos
C8H16NO5P
237.07661
1645
141-66-2
PS
LM/Q
Insecticide
3433

Ditazol-M (deamino-HO-)
C15H11NO2
237.07898
2580
UHY U+ UHYAC
U+ UHYAC
LS/Q
Thromb.aggr.inhib.
2543

237

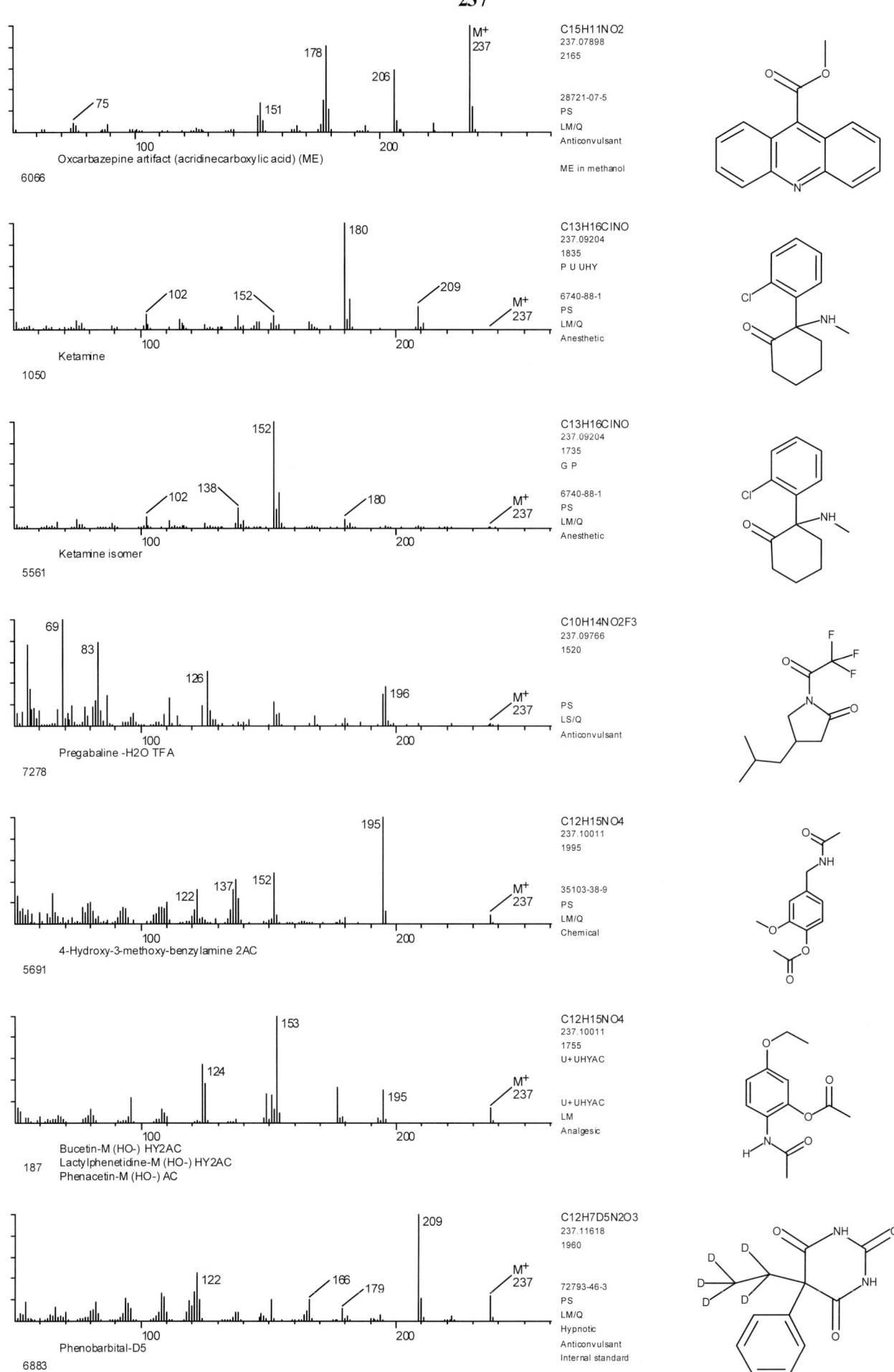

Oxcarbazepine artifact (acridinecarboxylic acid) (ME)
C15H11NO2
237.07898
2165
28721-07-5
PS
LM/Q
Anticonvulsant
ME in methanol
6066

Ketamine
C13H16ClNO
237.09204
1835
P U UHY
6740-88-1
PS
LM/Q
Anesthetic
1050

Ketamine isomer
C13H16ClNO
237.09204
1735
G P
6740-88-1
PS
LM/Q
Anesthetic
5561

Pregabaline -H2O TFA
C10H14NO2F3
237.09766
1520
PS
LS/Q
Anticonvulsant
7278

4-Hydroxy-3-methoxy-benzylamine 2AC
C12H15NO4
237.10011
1995
35103-38-9
PS
LM/Q
Chemical
5691

Bucetin-M (HO-) HY2AC
Lactylphenetidine-M (HO-) HY2AC
Phenacetin-M (HO-) AC
C12H15NO4
237.10011
1755
U+ UHYAC
U+ UHYAC
LM
Analgesic
187

Phenobarbital-D5
C12H7D5N2O3
237.11618
1960
72793-46-3
PS
LM/Q
Hypnotic
Anticonvulsant
Internal standard
6883

333

237

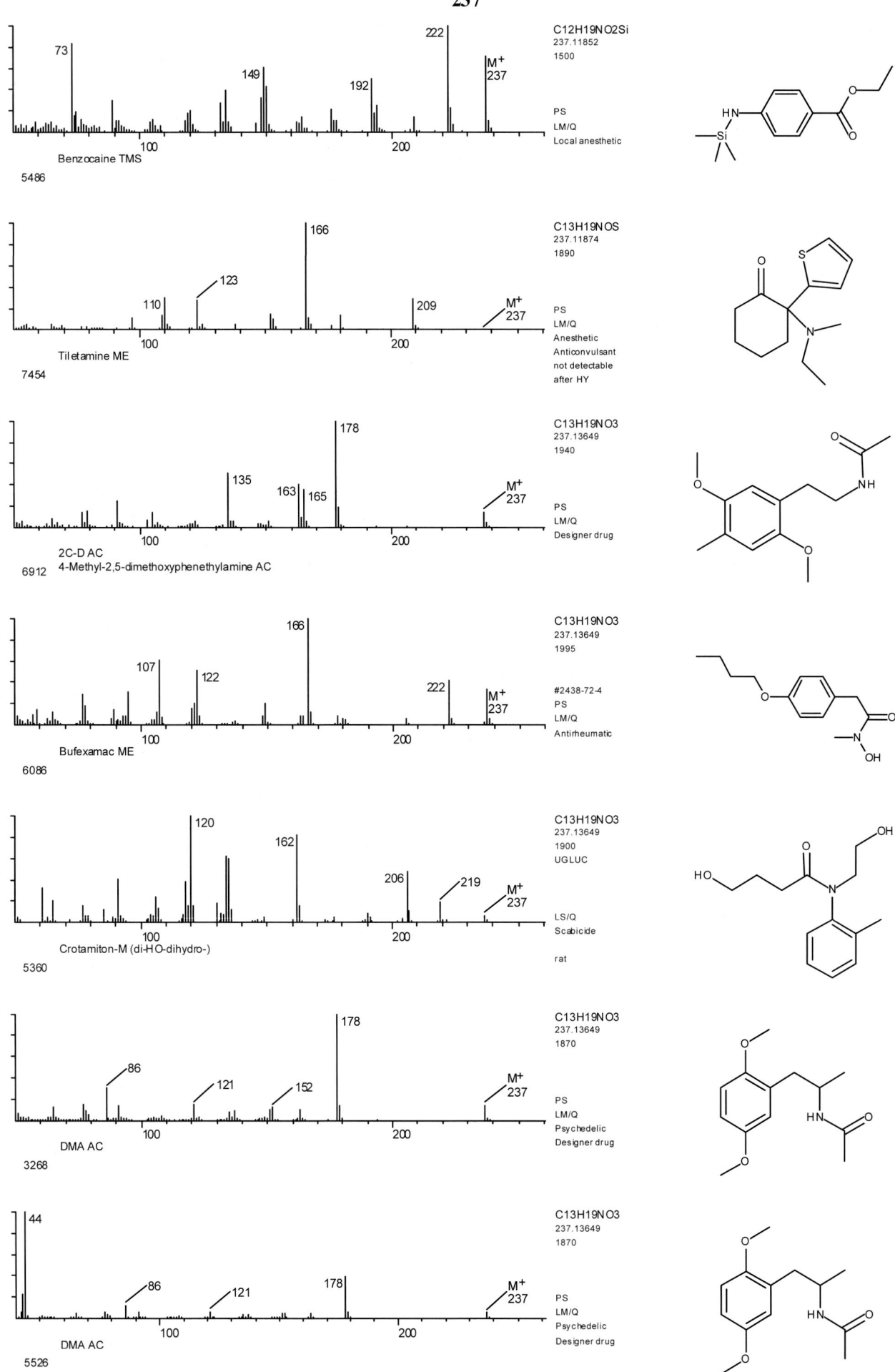

Benzocaine TMS
5486
C12H19NO2Si
237.11852
1500

PS
LM/Q
Local anesthetic

Tiletamine ME
7454
C13H19NOS
237.11874
1890

PS
LM/Q
Anesthetic
Anticonvulsant
not detectable
after HY

2C-D AC
4-Methyl-2,5-dimethoxyphenethylamine AC
6912
C13H19NO3
237.13649
1940

PS
LM/Q
Designer drug

Bufexamac ME
6086
C13H19NO3
237.13649
1995

#2438-72-4
PS
LM/Q
Antirheumatic

Crotamiton-M (di-HO-dihydro-)
5360
C13H19NO3
237.13649
1900
UGLUC

LS/Q
Scabicide
rat

DMA AC
3268
C13H19NO3
237.13649
1870

PS
LM/Q
Psychedelic
Designer drug

DMA AC
5526
C13H19NO3
237.13649
1870

PS
LM/Q
Psychedelic
Designer drug

237

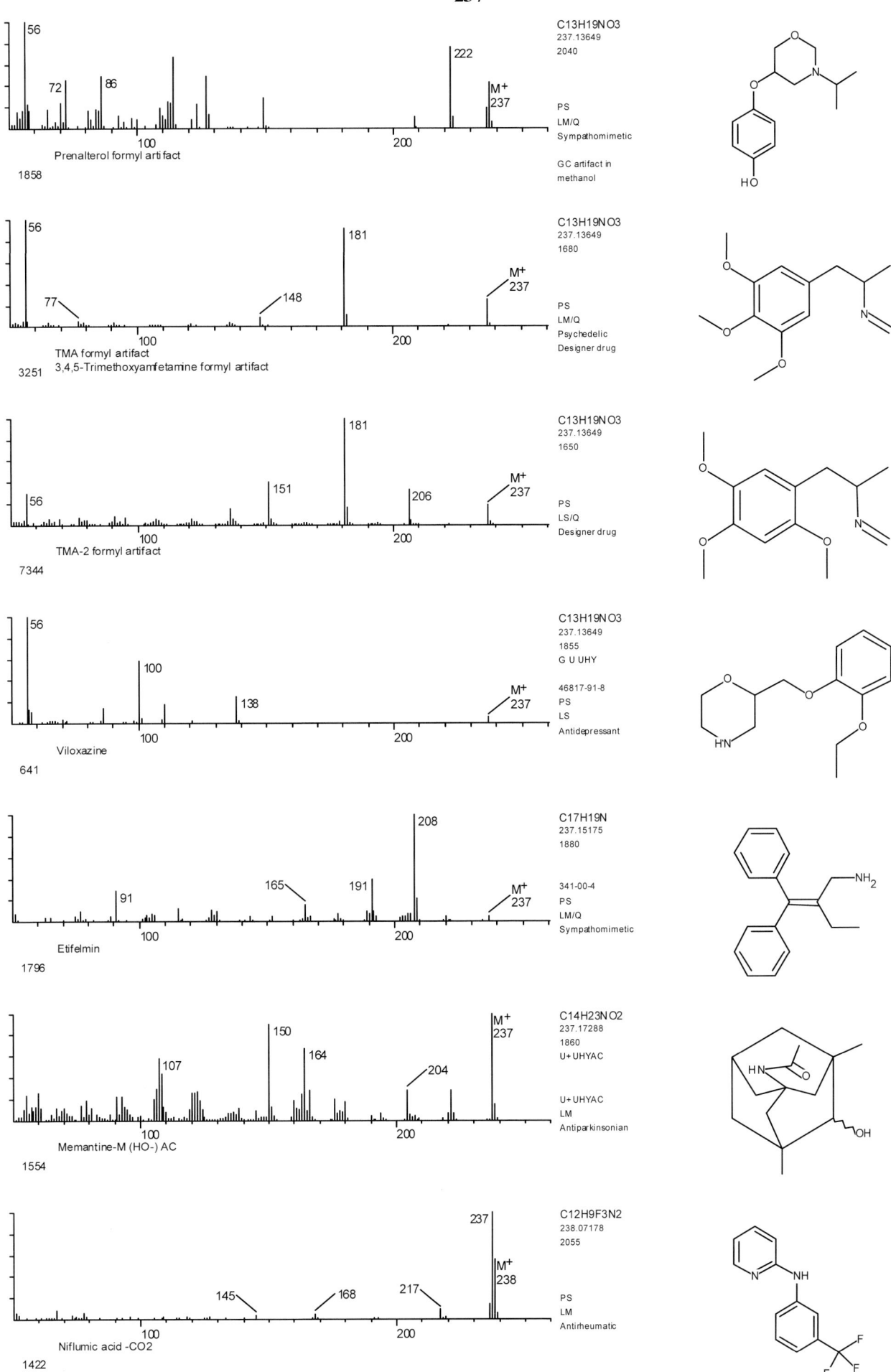

	C13H19NO3
56, 72, 86, 222, M+ 237	237.13649
Prenalterol formyl artifact	2040
1858	PS LM/Q Sympathomimetic
	GC artifact in methanol

	C13H19NO3
56, 77, 148, 181, M+ 237	237.13649
TMA formyl artifact	1680
3251 3,4,5-Trimethoxyamfetamine formyl artifact	PS LM/Q Psychedelic Designer drug

	C13H19NO3
56, 151, 181, 206, M+ 237	237.13649
TMA-2 formyl artifact	1650
7344	PS LS/Q Designer drug

	C13H19NO3
56, 100, 138, M+ 237	237.13649
Viloxazine	1855
641	G U UHY 46817-91-8 PS LS Antidepressant

	C17H19N
91, 165, 191, 208, M+ 237	237.15175
Etifelmin	1880
1796	341-00-4 PS LM/Q Sympathomimetic

	C14H23NO2
107, 150, 164, 204, M+ 237	237.17288
Memantine-M (HO-) AC	1860
1554	U+ UHYAC U+ UHYAC LM Antiparkinsonian

	C12H9F3N2
145, 168, 217, 237, M+ 238	238.07178
Niflumic acid -CO2	2055
1422	PS LM Antirheumatic

335

238

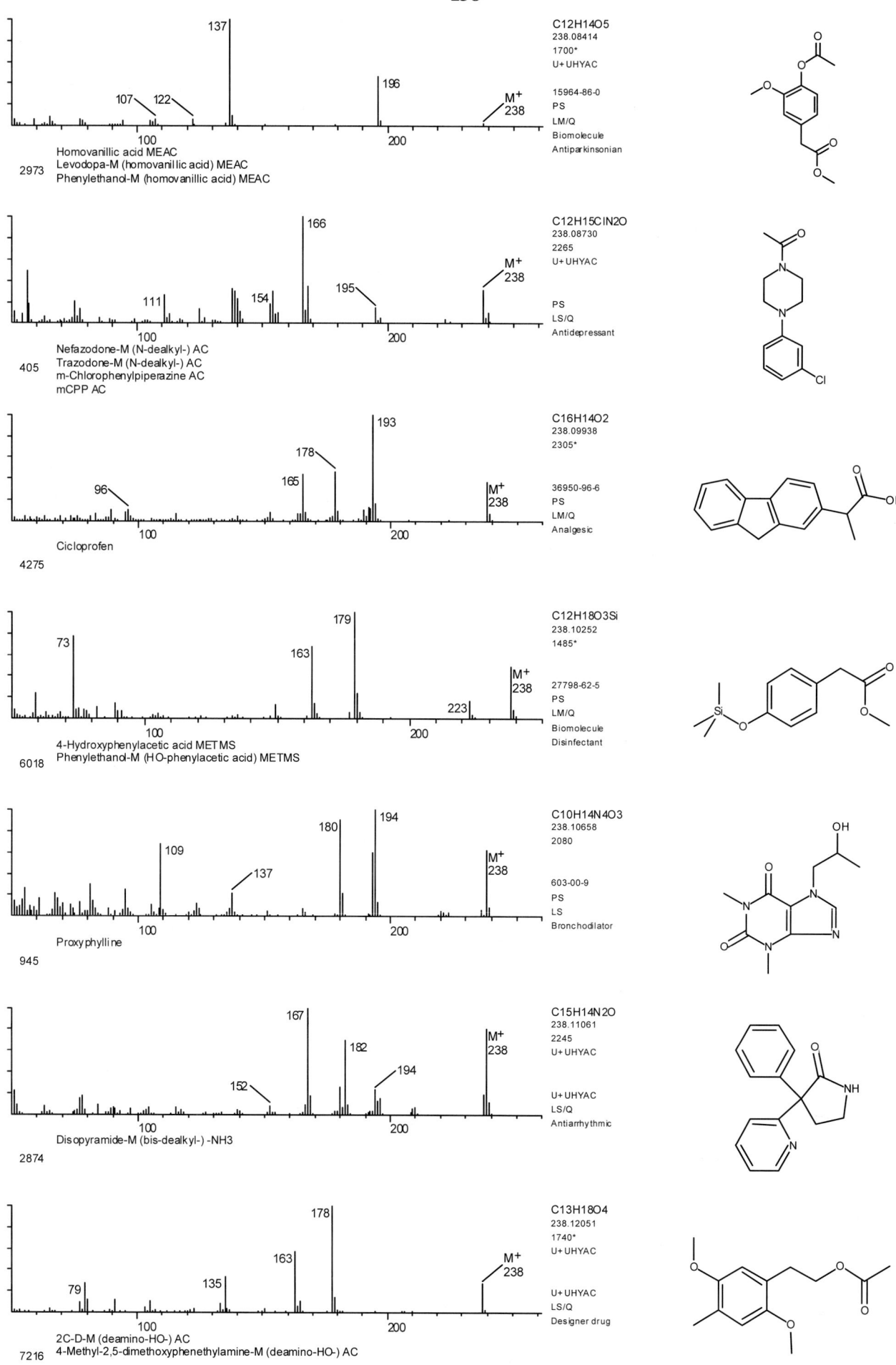

C12H14O5
238.08414
1700*
U+ UHYAC

15964-86-0
PS
LM/Q
Biomolecule
Antiparkinsonian

2973
Homovanillic acid MEAC
Levodopa-M (homovanillic acid) MEAC
Phenylethanol-M (homovanillic acid) MEAC

C12H15ClN2O
238.08730
2265
U+ UHYAC

PS
LS/Q
Antidepressant

405
Nefazodone-M (N-dealkyl-) AC
Trazodone-M (N-dealkyl-) AC
m-Chlorophenylpiperazine AC
mCPP AC

C16H14O2
238.09938
2305*

36950-96-6
PS
LM/Q
Analgesic

4275
Cicloprofen

C12H18O3Si
238.10252
1485*

27798-62-5
PS
LM/Q
Biomolecule
Disinfectant

6018
4-Hydroxyphenylacetic acid METMS
Phenylethanol-M (HO-phenylacetic acid) METMS

C10H14N4O3
238.10658
2080

603-00-9
PS
LS
Bronchodilator

945
Proxyphylline

C15H14N2O
238.11061
2245
U+ UHYAC

U+ UHYAC
LS/Q
Antiarrhythmic

2874
Disopyramide-M (bis-dealkyl-) -NH3

C13H18O4
238.12051
1740*
U+ UHYAC

U+ UHYAC
LS/Q
Designer drug

7216
2C-D-M (deamino-HO-) AC
4-Methyl-2,5-dimethoxyphenethylamine-M (deamino-HO-) AC

238

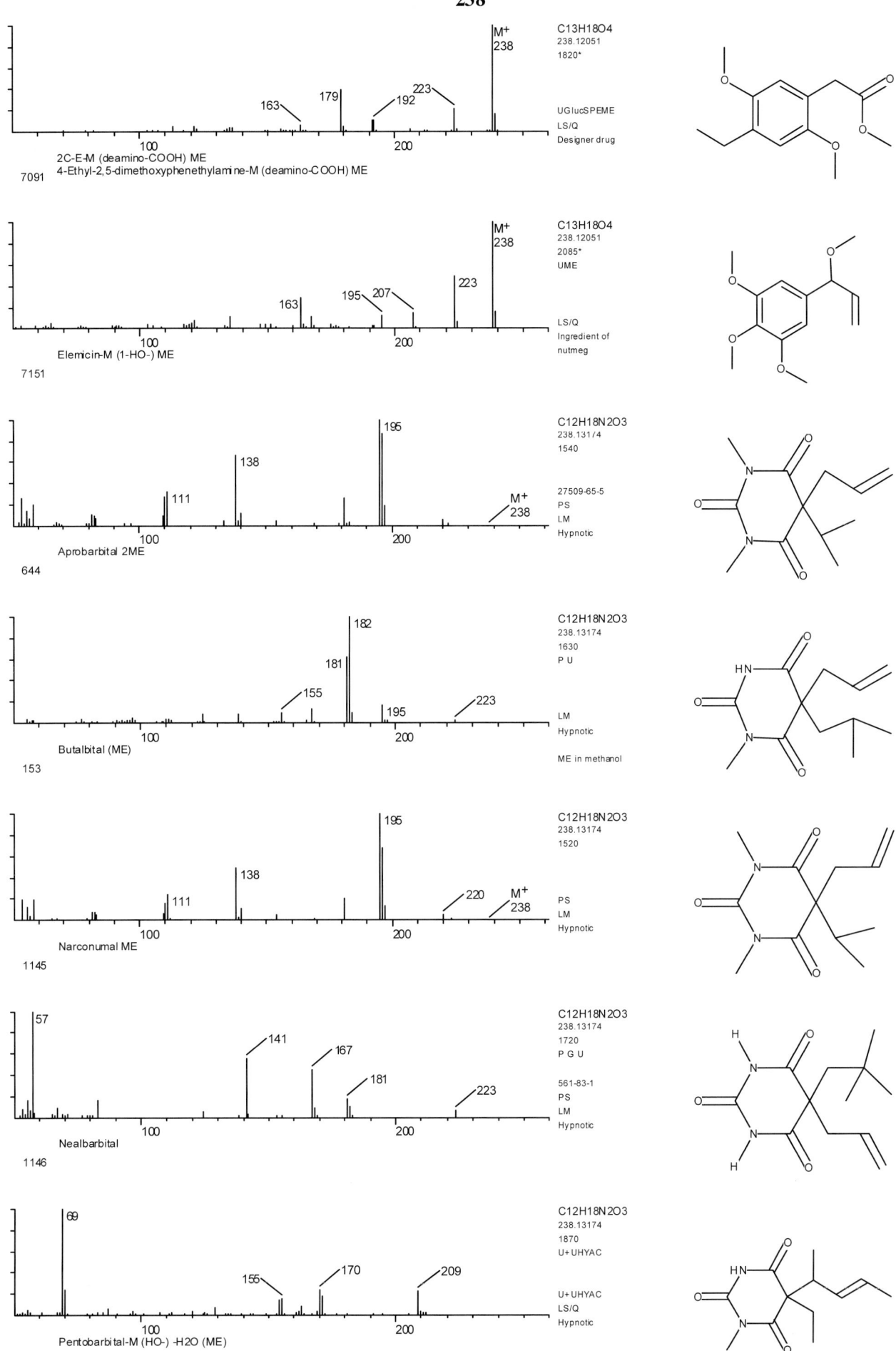

7091	2C-E-M (deamino-COOH) ME 4-Ethyl-2,5-dimethoxyphenethylamine-M (deamino-COOH) ME C13H18O4 238.12051 1820* UGlucSPEME LS/Q Designer drug
7151	Elemicin-M (1-HO-) ME C13H18O4 238.12051 2085* UME LS/Q Ingredient of nutmeg
644	Aprobarbital 2ME C12H18N2O3 238.13174 1540 27509-65-5 PS LM Hypnotic
153	Butalbital (ME) C12H18N2O3 238.13174 1630 P U LM Hypnotic ME in methanol
1145	Narconumal ME C12H18N2O3 238.13174 1520 PS LM Hypnotic
1146	Nealbarbital C12H18N2O3 238.13174 1720 P G U 561-83-1 PS LM Hypnotic
3825	Pentobarbital-M (HO-) -H2O (ME) C12H18N2O3 238.13174 1870 U+UHYAC U+UHYAC LS/Q Hypnotic

238

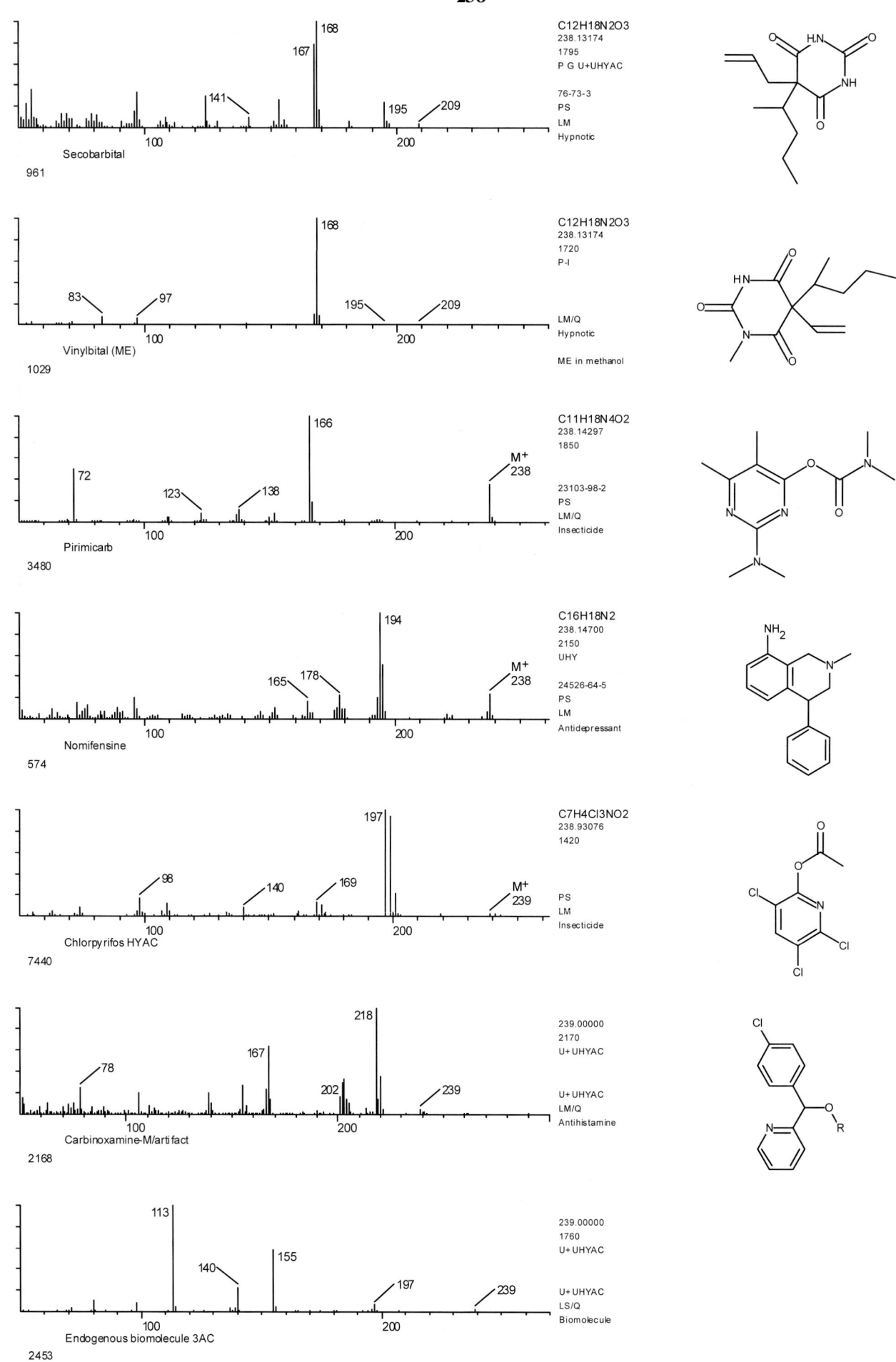

Secobarbital
961
C12H18N2O3
238.13174
1795
P G U+UHYAC
76-73-3
PS
LM
Hypnotic

Vinylbital (ME)
1029
C12H18N2O3
238.13174
1720
P-I
LM/Q
Hypnotic
ME in methanol

Pirimicarb
3480
C11H18N4O2
238.14297
1850
23103-98-2
PS
LM/Q
Insecticide

Nomifensine
574
C16H18N2
238.14700
2150
UHY
24526-64-5
PS
LM
Antidepressant

Chlorpyrifos HYAC
7440
C7H4Cl3NO2
238.93076
1420
PS
LM
Insecticide

Carbinoxamine-M/artifact
2168
239.00000
2170
U+UHYAC
U+UHYAC
LM/Q
Antihistamine

Endogenous biomolecule 3AC
2453
239.00000
1760
U+UHYAC
U+UHYAC
LS/Q
Biomolecule

239

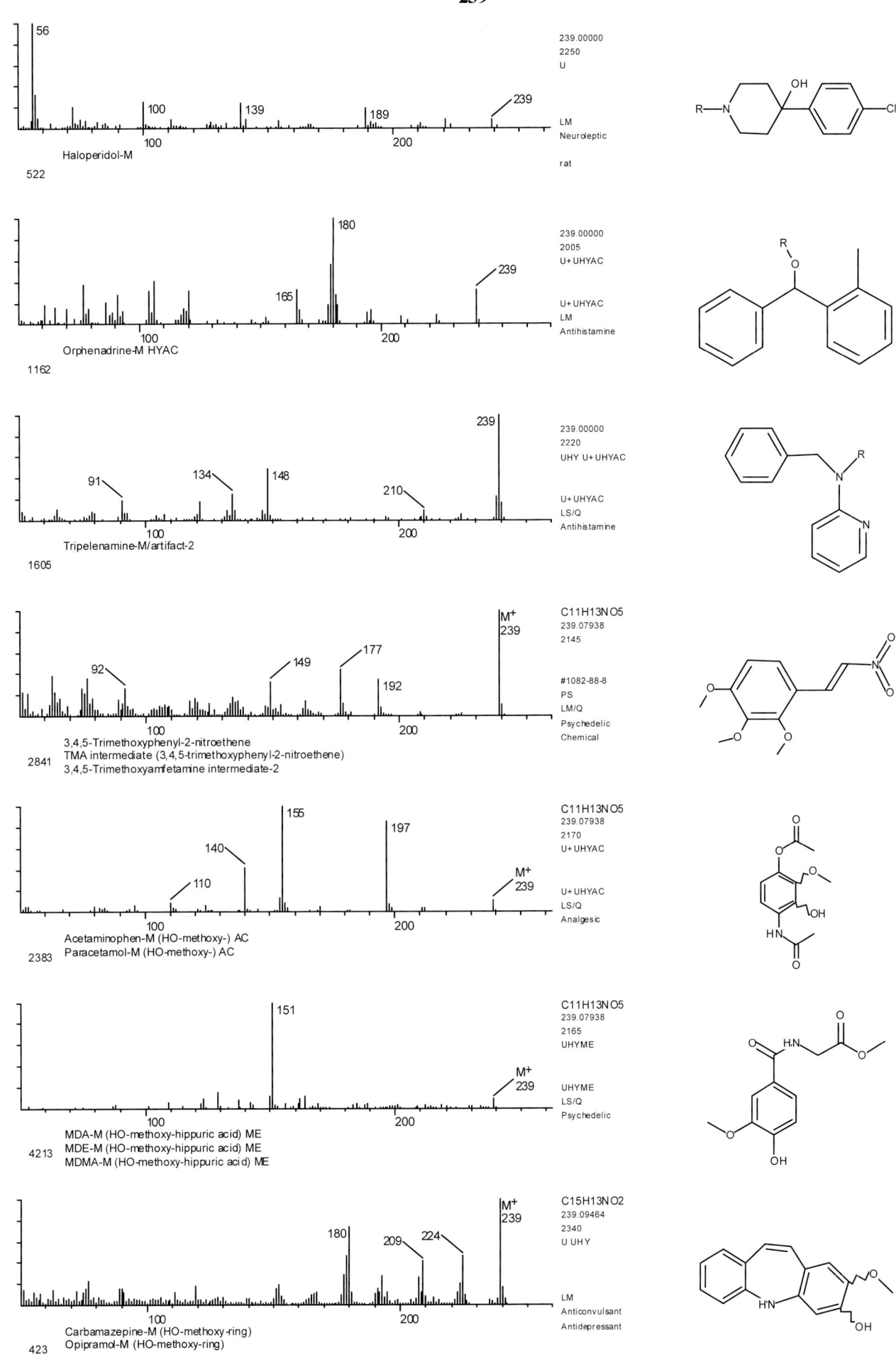

Haloperidol-M
522
239.00000
2250
U
LM
Neuroleptic
rat

Orphenadrine-M HYAC
1162
239.00000
2005
U+ UHYAC
U+ UHYAC
LM
Antihistamine

Tripelenamine-M/artifact-2
1605
239.00000
2220
UHY U+ UHYAC
U+ UHYAC
LS/Q
Antihistamine

3,4,5-Trimethoxyphenyl-2-nitroethene
TMA intermediate (3,4,5-trimethoxyphenyl-2-nitroethene)
3,4,5-Trimethoxyamfetamine intermediate-2
2841
C11H13NO5
239.07938
2145
#1082-88-8
PS
LM/Q
Psychedelic
Chemical

Acetaminophen-M (HO-methoxy-) AC
Paracetamol-M (HO-methoxy-) AC
2383
C11H13NO5
239.07938
2170
U+ UHYAC
U+ UHYAC
LS/Q
Analgesic

MDA-M (HO-methoxy-hippuric acid) ME
MDE-M (HO-methoxy-hippuric acid) ME
MDMA-M (HO-methoxy-hippuric acid) ME
4213
C11H13NO5
239.07938
2165
UHYME
UHYME
LS/Q
Psychedelic

Carbamazepine-M (HO-methoxy-ring)
Opipramol-M (HO-methoxy-ring)
423
C15H13NO2
239.09464
2340
U UHY
LM
Anticonvulsant
Antidepressant

339

239

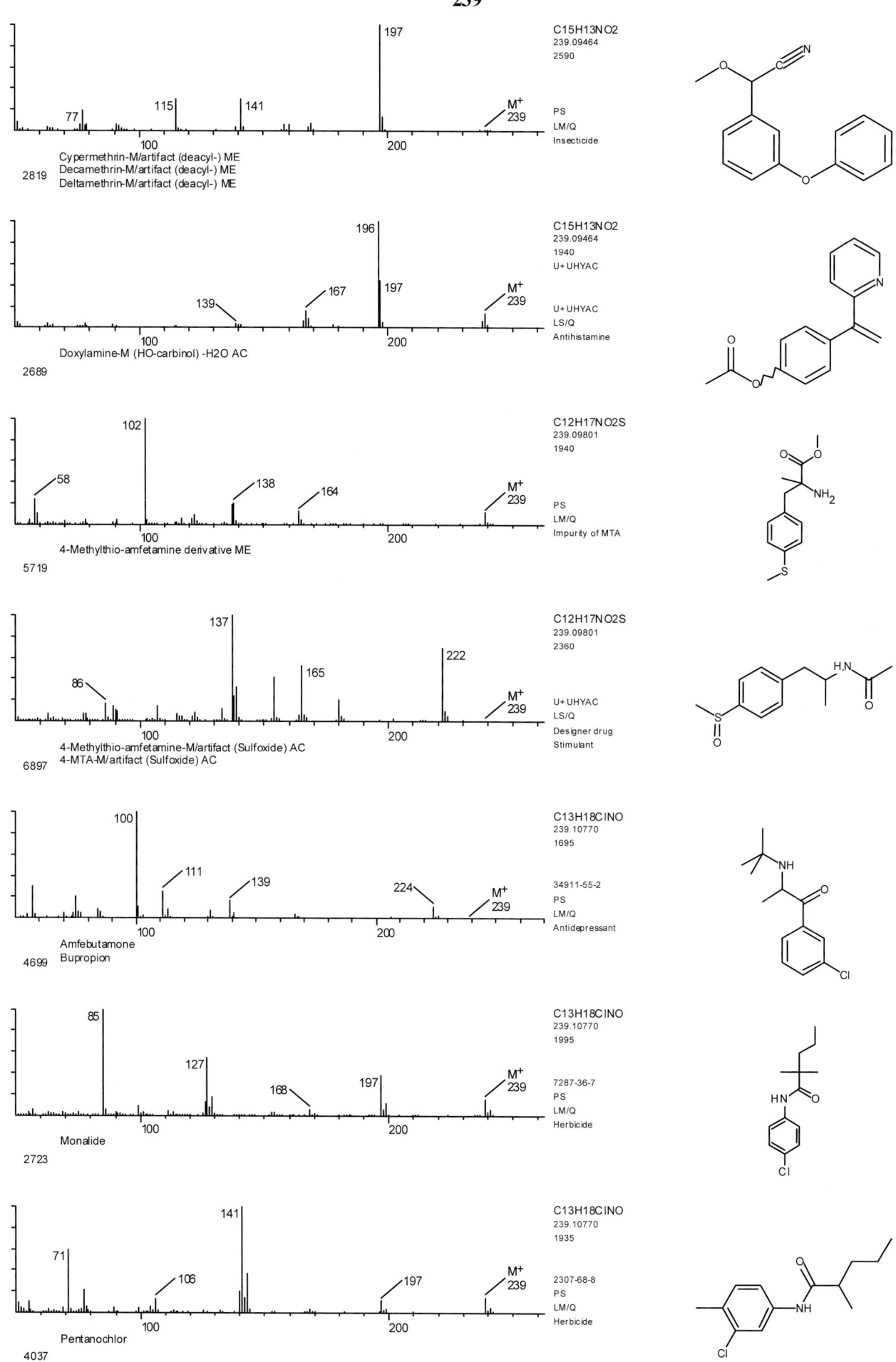

Cypermethrin-M/artifact (deacyl-) ME Decamethrin-M/artifact (deacyl-) ME Deltamethrin-M/artifact (deacyl-) ME 2819	C15H13NO2 239.09464 2590 PS LM/Q Insecticide
Doxylamine-M (HO-carbinol) -H2O AC 2689	C15H13NO2 239.09464 1940 U+ UHYAC U+ UHYAC LS/Q Antihistamine
4-Methylthio-amfetamine derivative ME 5719	C12H17NO2S 239.09801 1940 PS LM/Q Impurity of MTA
4-Methylthio-amfetamine-M/artifact (Sulfoxide) AC 4-MTA-M/artifact (Sulfoxide) AC 6897	C12H17NO2S 239.09801 2360 U+ UHYAC LS/Q Designer drug Stimulant
Amfebutamone Bupropion 4699	C13H18ClNO 239.10770 1695 34911-55-2 PS LM/Q Antidepressant
Monalide 2723	C13H18ClNO 239.10770 1995 7287-36-7 PS LM/Q Herbicide
Pentanochlor 4037	C13H18ClNO 239.10770 1935 2307-68-8 PS LM/Q Herbicide

239

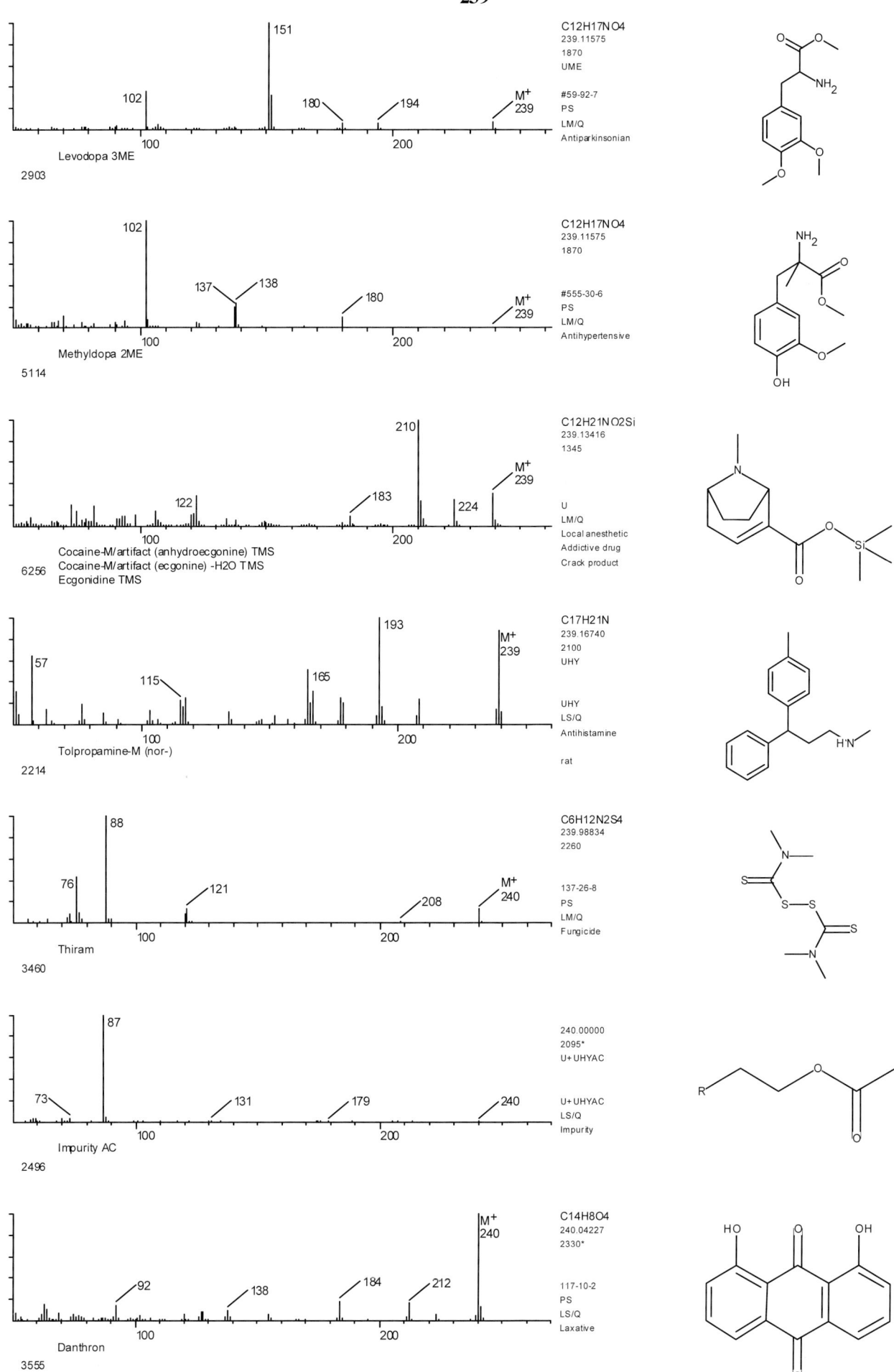

Levodopa 3ME	C12H17NO4 239.11575 1870 UME #59-92-7 PS LM/Q Antiparkinsonian
Methyldopa 2ME	C12H17NO4 239.11575 1870 #555-30-6 PS LM/Q Antihypertensive
Cocaine-M/artifact (anhydroecgonine) TMS Cocaine-M/artifact (ecgonine) -H2O TMS Ecgonidine TMS	C12H21NO2Si 239.13416 1345 U LM/Q Local anesthetic Addictive drug Crack product
Tolpropamine-M (nor-)	C17H21N 239.16740 2100 UHY UHY LS/Q Antihistamine rat
Thiram	C6H12N2S4 239.98834 2260 137-26-8 PS LM/Q Fungicide
Impurity AC	240.00000 2095* U+UHYAC U+UHYAC LS/Q Impurity
Danthron	C14H8O4 240.04227 2330* 117-10-2 PS LS/Q Laxative

240

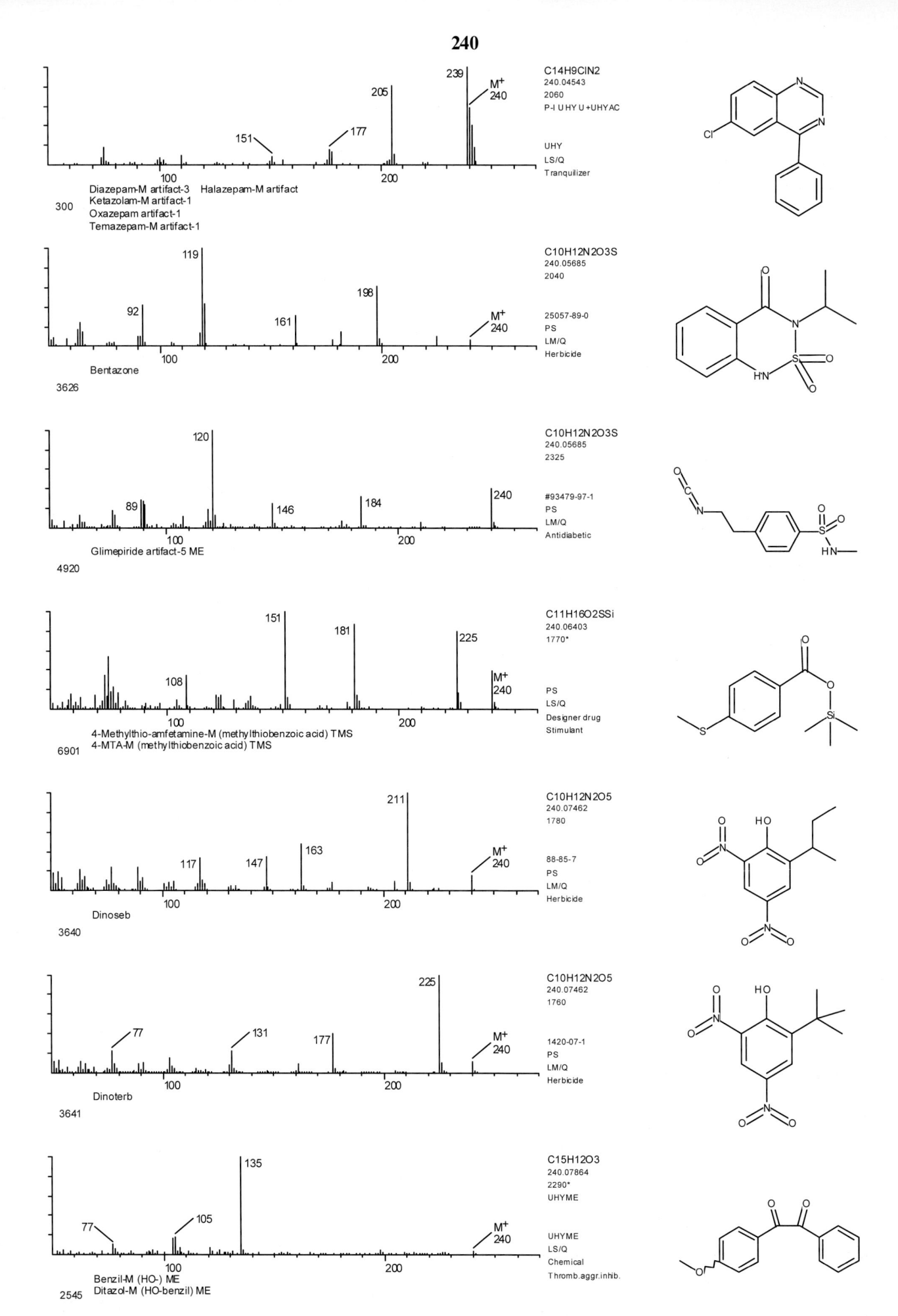

C14H9ClN2
240.04543
2060
P-I U HY U +UHYAC

UHY
LS/Q
Tranquilizer

Diazepam-M artifact-3 Halazepam-M artifact
Ketazolam-M artifact-1
Oxazepam artifact-1
Temazepam-M artifact-1
300

C10H12N2O3S
240.05685
2040

25057-89-0
PS
LM/Q
Herbicide

Bentazone
3626

C10H12N2O3S
240.05685
2325

#93479-97-1
PS
LM/Q
Antidiabetic

Glimepiride artifact-5 ME
4920

C11H16O2SSi
240.06403
1770*

PS
LS/Q
Designer drug
Stimulant

4-Methylthio-amfetamine-M (methylthiobenzoic acid) TMS
4-MTA-M (methylthiobenzoic acid) TMS
6901

C10H12N2O5
240.07462
1780

88-85-7
PS
LM/Q
Herbicide

Dinoseb
3640

C10H12N2O5
240.07462
1760

1420-07-1
PS
LM/Q
Herbicide

Dinoterb
3641

C15H12O3
240.07864
2290*
UHYME

UHYME
LS/Q
Chemical
Thromb.aggr.inhib.

Benzil-M (HO-) ME
Ditazol-M (HO-benzil) ME
2545

342

240

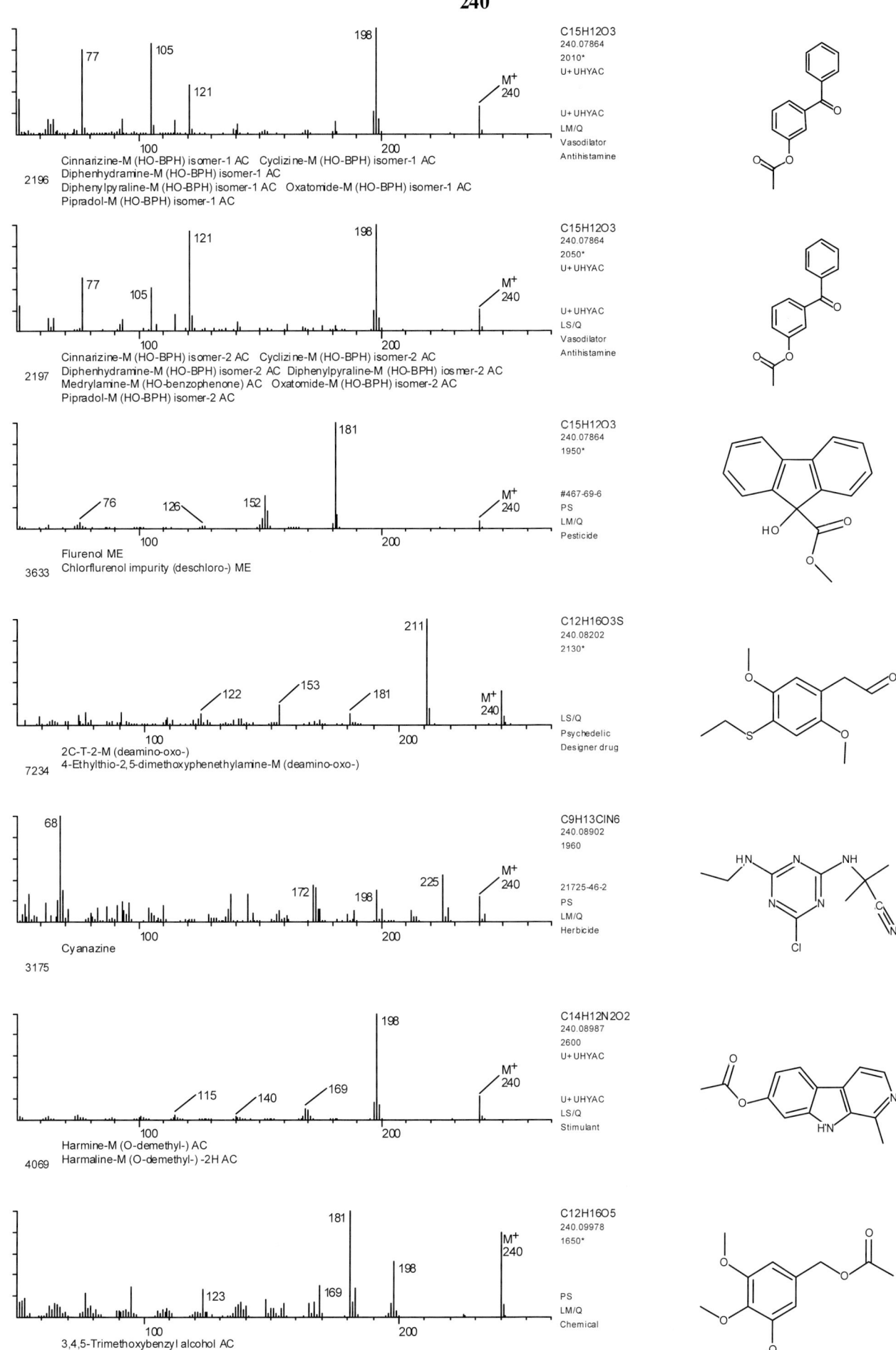

2196	77, 105, 121, 198, M+ 240 Cinnarizine-M (HO-BPH) isomer-1 AC Cyclizine-M (HO-BPH) isomer-1 AC Diphenhydramine-M (HO-BPH) isomer-1 AC Diphenylpyraline-M (HO-BPH) isomer-1 AC Oxatomide-M (HO-BPH) isomer-1 AC Pipradol-M (HO-BPH) isomer-1 AC	C15H12O3 240.07864 2010* U+ UHYAC U+ UHYAC LM/Q Vasodilator Antihistamine
2197	77, 105, 121, 198, M+ 240 Cinnarizine-M (HO-BPH) isomer-2 AC Cyclizine-M (HO-BPH) isomer-2 AC Diphenhydramine-M (HO-BPH) isomer-2 AC Diphenylpyraline-M (HO-BPH) iosmer-2 AC Medrylamine-M (HO-benzophenone) AC Oxatomide-M (HO-BPH) isomer-2 AC Pipradol-M (HO-BPH) isomer-2 AC	C15H12O3 240.07864 2050* U+ UHYAC U+ UHYAC LS/Q Vasodilator Antihistamine
3633	76, 126, 152, 181, M+ 240 Flurenol ME Chlorflurenol impurity (deschloro-) ME	C15H12O3 240.07864 1950* #467-69-6 PS LM/Q Pesticide
7234	122, 153, 181, 211, M+ 240 2C-T-2-M (deamino-oxo-) 4-Ethylthio-2,5-dimethoxyphenethylamine-M (deamino-oxo-)	C12H16O3S 240.08202 2130* LS/Q Psychedelic Designer drug
3175	68, 172, 198, 225, M+ 240 Cyanazine	C9H13ClN6 240.08902 1960 21725-46-2 PS LM/Q Herbicide
4069	115, 140, 169, 198, M+ 240 Harmine-M (O-demethyl-) AC Harmaline-M (O-demethyl-) -2H AC	C14H12N2O2 240.08987 2600 U+ UHYAC U+ UHYAC LS/Q Stimulant
6060	123, 169, 181, 198, M+ 240 3,4,5-Trimethoxybenzyl alcohol AC	C12H16O5 240.09978 1650* PS LM/Q Chemical

343

240

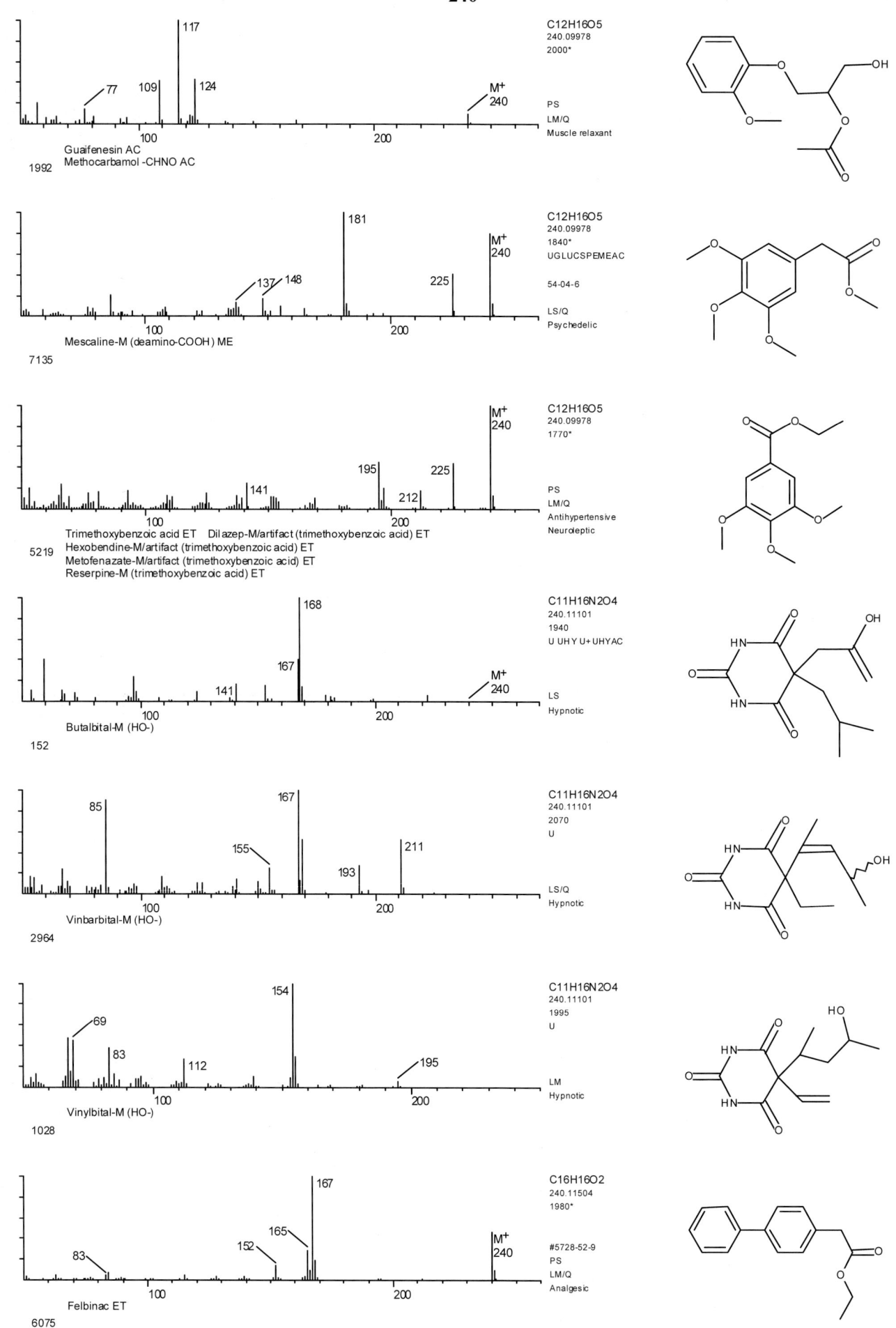

C12H16O5
240.09978
2000*

PS
LM/Q
Muscle relaxant

Guaifenesin AC
Methocarbamol -CHNO AC
1992

C12H16O5
240.09978
1840*
UGLUCSPEMEAC
54-04-6
LS/Q
Psychedelic

Mescaline-M (deamino-COOH) ME
7135

C12H16O5
240.09978
1770*

PS
LM/Q
Antihypertensive
Neuroleptic

Trimethoxybenzoic acid ET   Dilazep-M/artifact (trimethoxybenzoic acid) ET
Hexobendine-M/artifact (trimethoxybenzoic acid) ET
5219 Metofenazate-M/artifact (trimethoxybenzoic acid) ET
Reserpine-M (trimethoxybenzoic acid) ET

C11H16N2O4
240.11101
1940
U UH Y U+ UHYAC

LS
Hypnotic

Butalbital-M (HO-)
152

C11H16N2O4
240.11101
2070
U

LS/Q
Hypnotic

Vinbarbital-M (HO-)
2964

C11H16N2O4
240.11101
1995
U

LM
Hypnotic

Vinylbital-M (HO-)
1028

C16H16O2
240.11504
1980*
#5728-52-9
PS
LM/Q
Analgesic

Felbinac ET
6075

344

240

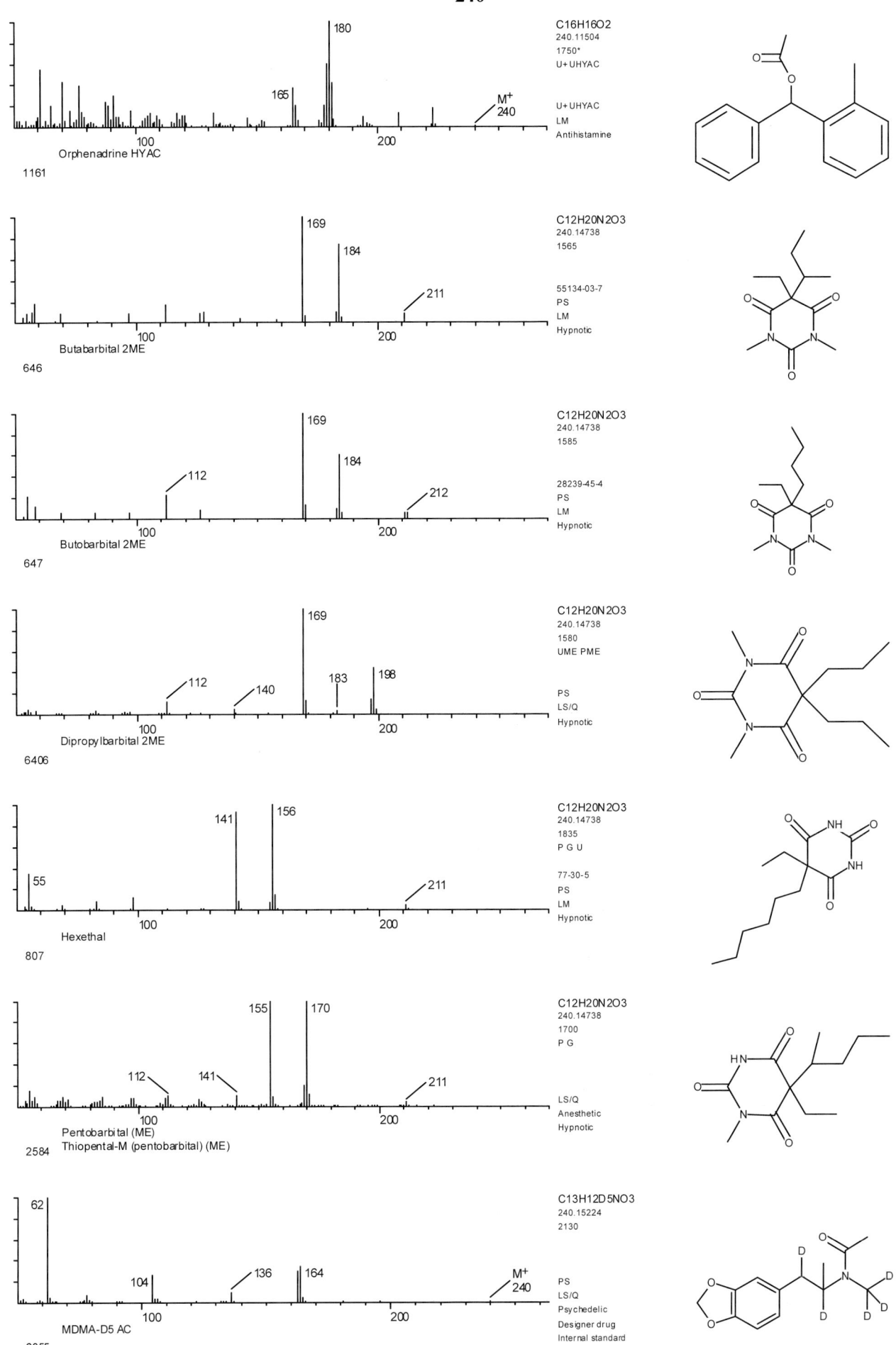

Orphenadrine HYAC — 1161
C16H16O2
240.11504
1750*
U+ UHYAC
U+ UHYAC
LM
Antihistamine

Butabarbital 2ME — 646
C12H20N2O3
240.14738
1565
55134-03-7
PS
LM
Hypnotic

Butobarbital 2ME — 647
C12H20N2O3
240.14738
1585
28239-45-4
PS
LM
Hypnotic

Dipropylbarbital 2ME — 6406
C12H20N2O3
240.14738
1580
UME PME
PS
LS/Q
Hypnotic

Hexethal — 807
C12H20N2O3
240.14738
1835
P G U
77-30-5
PS
LM
Hypnotic

Pentobarbital (ME)
Thiopental-M (pentobarbital) (ME) — 2584
C12H20N2O3
240.14738
1700
P G
LS/Q
Anesthetic
Hypnotic

MDMA-D5 AC — 6355
C13H12D5NO3
240.15224
2130
PS
LS/Q
Psychedelic
Designer drug
Internal standard

240

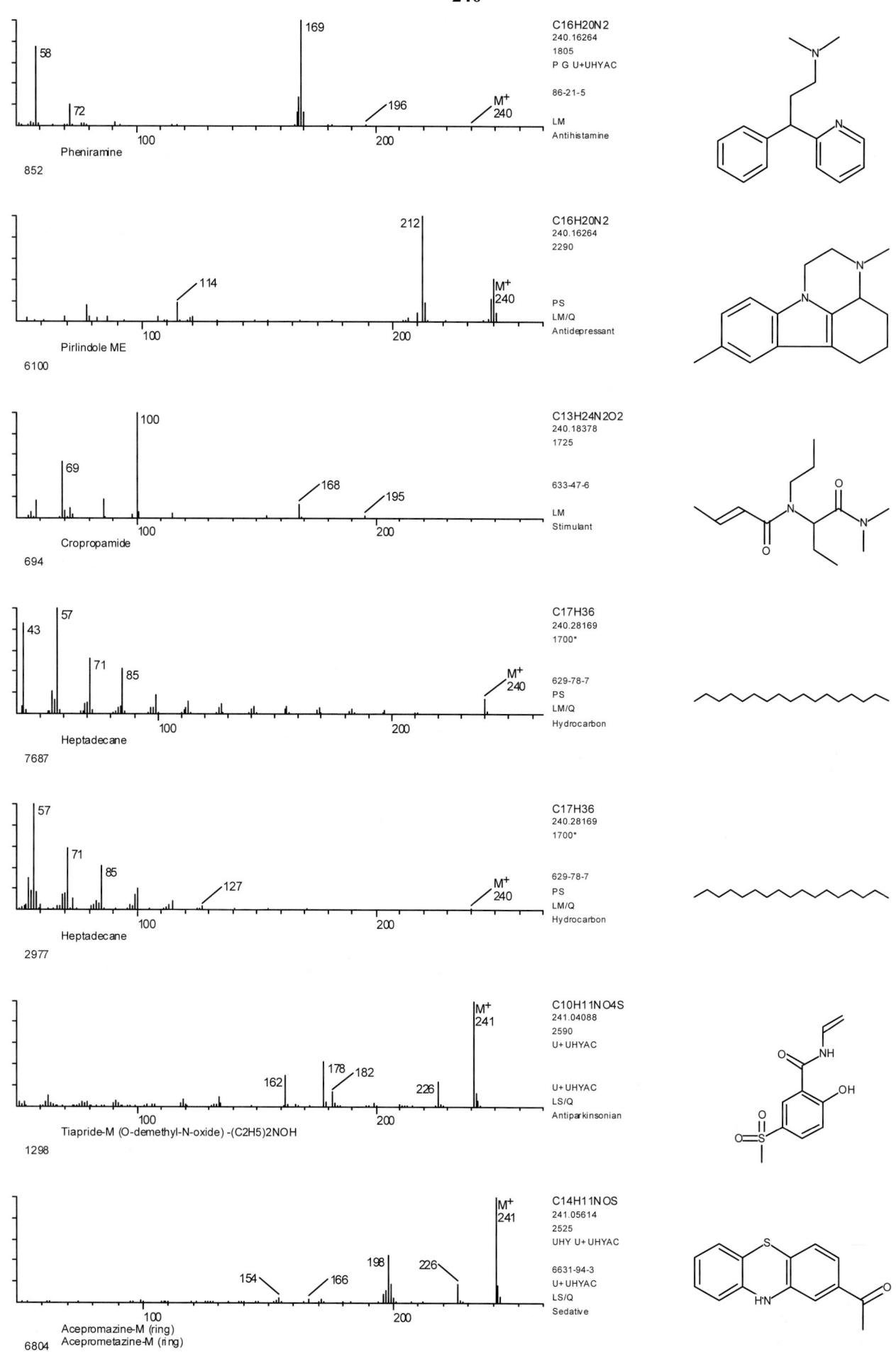

241

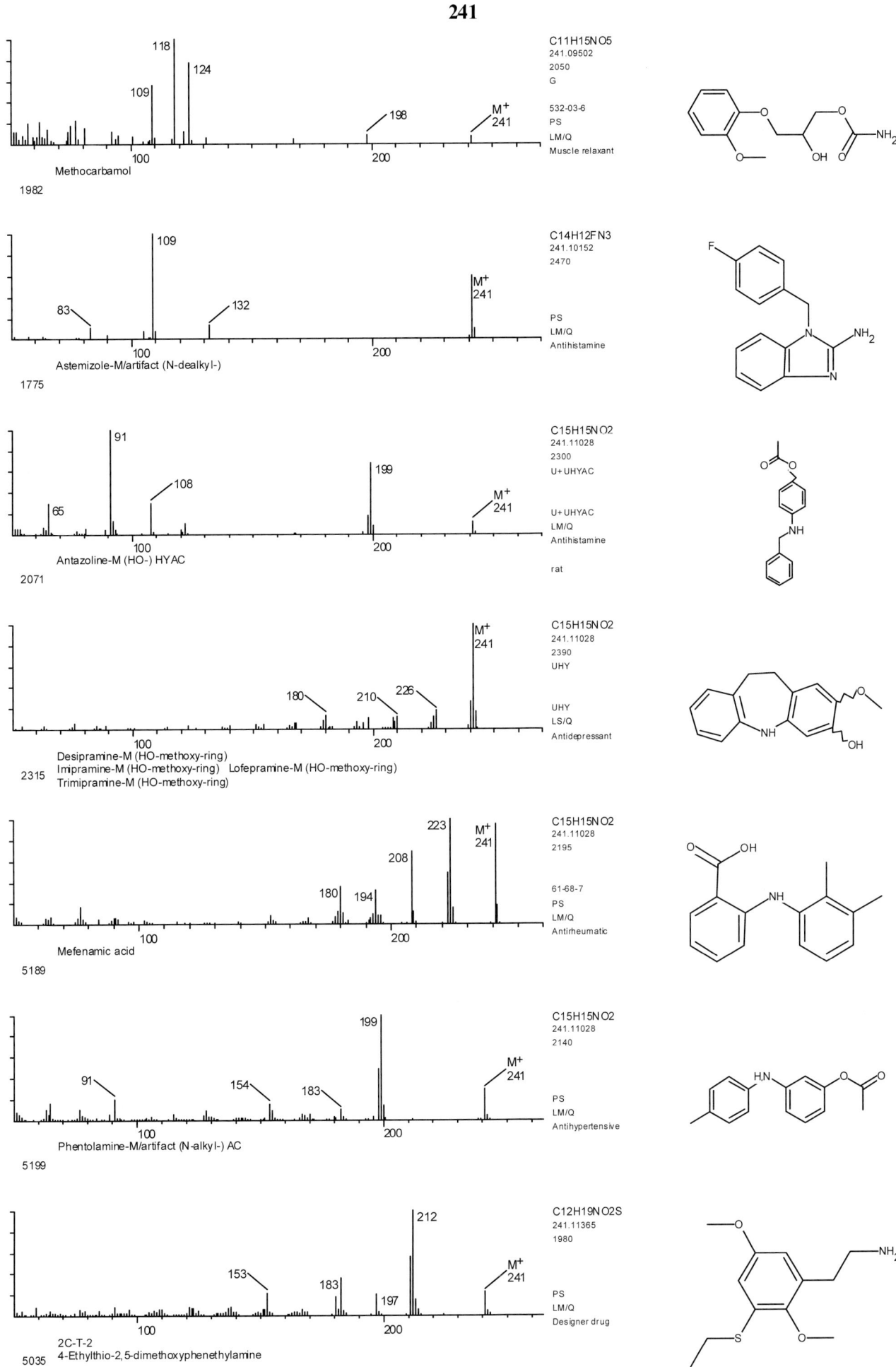

C11H15NO5
241.09502
2050
G

532-03-6
PS
LM/Q
Muscle relaxant

Methocarbamol
1982

C14H12FN3
241.10152
2470

PS
LM/Q
Antihistamine

Astemizole-M/artifact (N-dealkyl-)
1775

C15H15NO2
241.11028
2300
U+ UHYAC

U+ UHYAC
LM/Q
Antihistamine
rat

Antazoline-M (HO-) HYAC
2071

C15H15NO2
241.11028
2390
UHY

UHY
LS/Q
Antidepressant

Desipramine-M (HO-methoxy-ring)
Imipramine-M (HO-methoxy-ring)   Lofepramine-M (HO-methoxy-ring)
2315 Trimipramine-M (HO-methoxy-ring)

C15H15NO2
241.11028
2195

61-68-7
PS
LM/Q
Antirheumatic

Mefenamic acid
5189

C15H15NO2
241.11028
2140

PS
LM/Q
Antihypertensive

Phentolamine-M/artifact (N-alkyl-) AC
5199

C12H19NO2S
241.11365
1980

PS
LM/Q
Designer drug

2C-T-2
4-Ethylthio-2,5-dimethoxyphenethylamine
5035

241

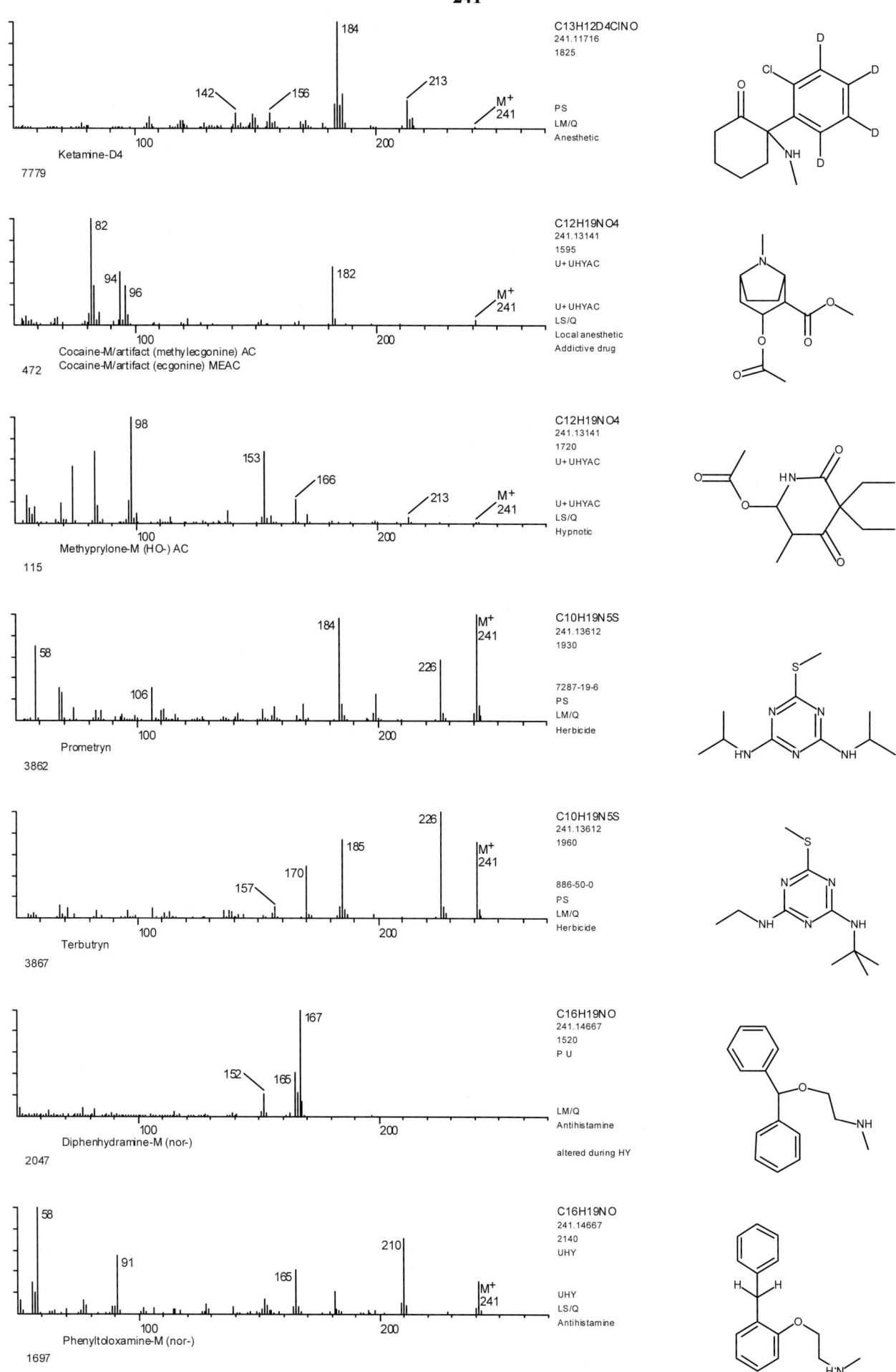

Ketamine-D4 — C13H12D4ClNO, 241.11716, 1825, PS, LM/Q, Anesthetic
Peaks: 142, 156, 184, 213, M+ 241
7779

Cocaine-M/artifact (methylecgonine) AC / Cocaine-M/artifact (ecgonine) MEAC — C12H19NO4, 241.13141, 1595, U+ UHYAC, U+ UHYAC, LS/Q, Local anesthetic, Addictive drug
Peaks: 82, 94, 96, 182, M+ 241
472

Methyprylone-M (HO-) AC — C12H19NO4, 241.13141, 1720, U+ UHYAC, U+ UHYAC, LS/Q, Hypnotic
Peaks: 98, 153, 166, 213, M+ 241
115

Prometryn — C10H19N5S, 241.13612, 1930, 7287-19-6, PS, LM/Q, Herbicide
Peaks: 58, 106, 184, 226, M+ 241
3862

Terbutryn — C10H19N5S, 241.13612, 1960, 886-50-0, PS, LM/Q, Herbicide
Peaks: 157, 170, 185, 226, M+ 241
3867

Diphenhydramine-M (nor-) — C16H19NO, 241.14667, 1520, P U, LM/Q, Antihistamine, altered during HY
Peaks: 152, 165, 167
2047

Phenyltoloxamine-M (nor-) — C16H19NO, 241.14667, 2140, UHY, UHY, LS/Q, Antihistamine
Peaks: 58, 91, 165, 210, M+ 241
1697

241

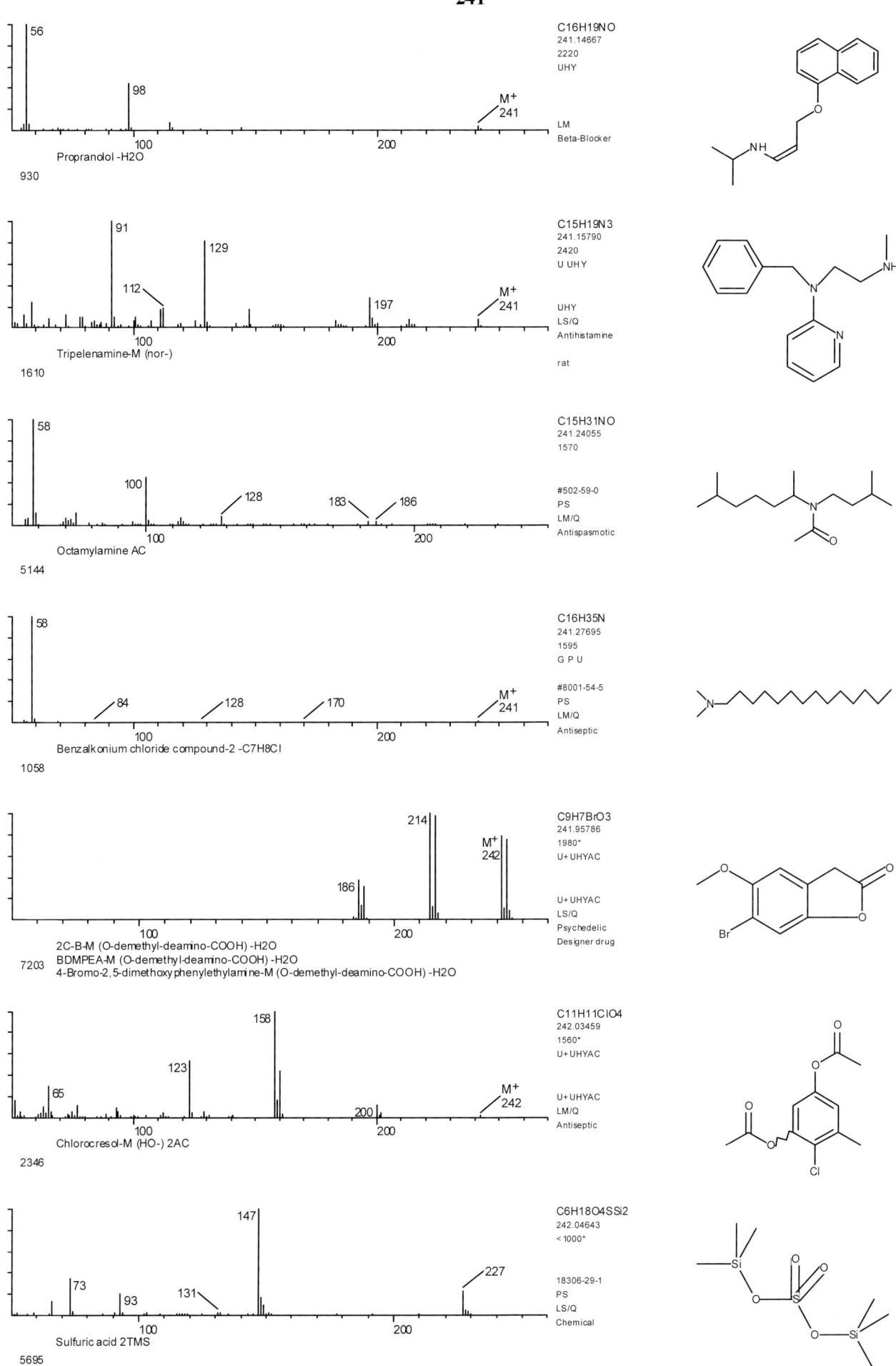

Propranolol -H2O
930
56, 98, M+ 241
C16H19NO
241.14667
2220
UHY
LM
Beta-Blocker

Tripelenamine-M (nor-)
1610
91, 112, 129, 197, M+ 241
C15H19N3
241.15790
2420
U UHY
UHY
LS/Q
Antihistamine
rat

Octamylamine AC
5144
58, 100, 128, 183, 186
C15H31NO
241.24055
1570
#502-59-0
PS
LM/Q
Antispasmotic

Benzalkonium chloride compound-2 -C7H8Cl
1058
58, 84, 128, 170, M+ 241
C16H35N
241.27695
1595
G P U
#8001-54-5
PS
LM/Q
Antiseptic

2C-B-M (O-demethyl-deamino-COOH) -H2O
BDMPEA-M (O-demethyl-deamino-COOH) -H2O
4-Bromo-2,5-dimethoxyphenylethylamine-M (O-demethyl-deamino-COOH) -H2O
7203
186, 214, M+ 242
C9H7BrO3
241.95786
1980*
U+ UHYAC
U+ UHYAC
LS/Q
Psychedelic
Designer drug

Chlorocresol-M (HO-) 2AC
2346
65, 123, 158, M+ 242
C11H11ClO4
242.03459
1560*
U+ UHYAC
U+ UHYAC
LM/Q
Antiseptic

Sulfuric acid 2TMS
5695
73, 93, 131, 147, 227
C6H18O4SSi2
242.04643
<1000*
18306-29-1
PS
LS/Q
Chemical

349

242

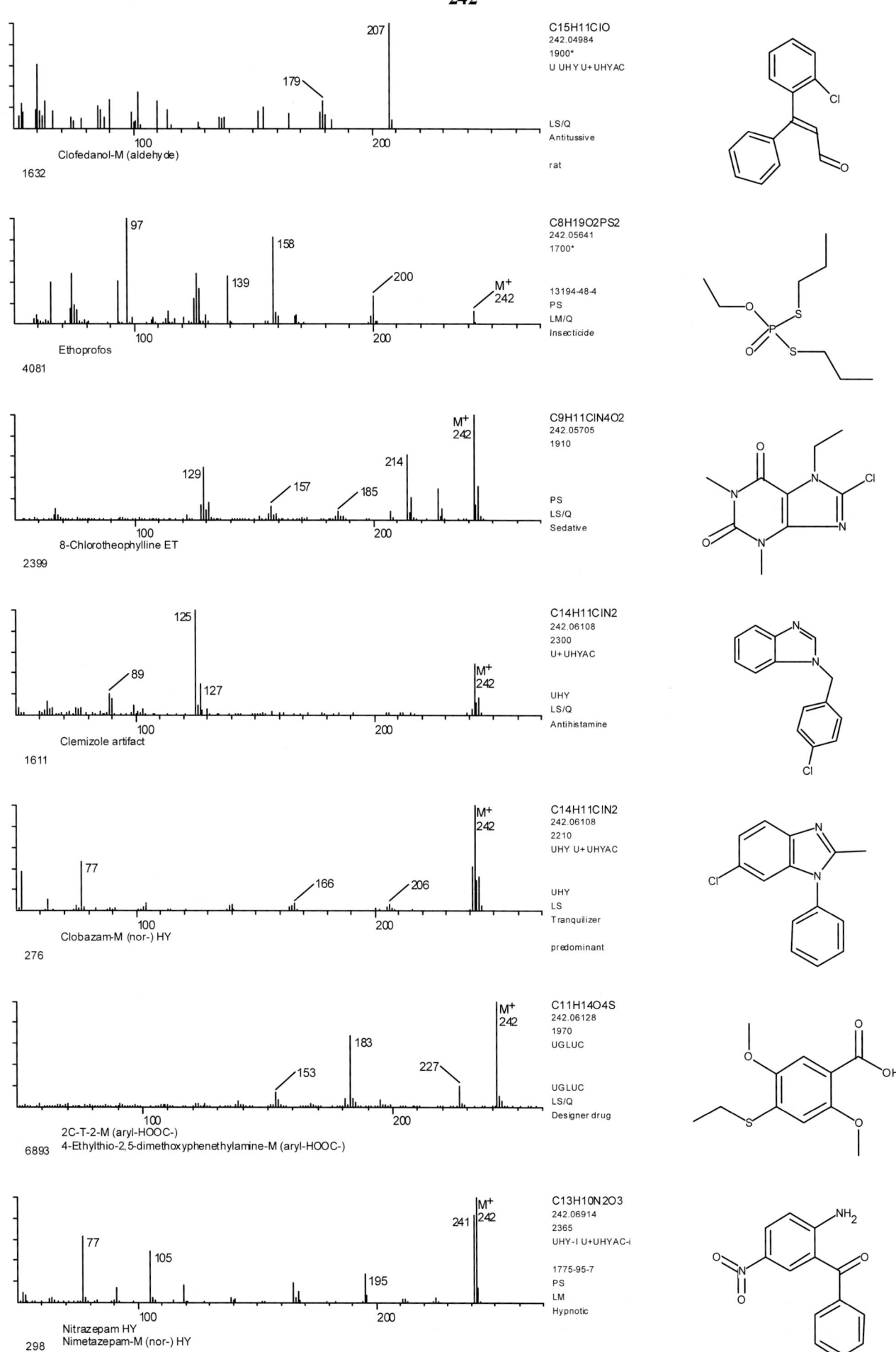

Clofedanol-M (aldehyde)
1632
C15H11ClO
242.04984
1900*
U UHY U+ UHYAC

LS/Q
Antitussive
rat

Ethoprofos
4081
C8H19O2PS2
242.05641
1700*
13194-48-4
PS
LM/Q
Insecticide

8-Chlorotheophylline ET
2399
C9H11ClN4O2
242.05705
1910

PS
LS/Q
Sedative

Clemizole artifact
1611
C14H11ClN2
242.06108
2300
U+ UHYAC

UHY
LS/Q
Antihistamine

Clobazam-M (nor-) HY
276
C14H11ClN2
242.06108
2210
UHY U+ UHYAC

UHY
LS
Tranquilizer
predominant

2C-T-2-M (aryl-HOOC-)
4-Ethylthio-2,5-dimethoxyphenethylamine-M (aryl-HOOC-)
6893
C11H14O4S
242.06128
1970
UGLUC

UGLUC
LS/Q
Designer drug

Nitrazepam HY
Nimetazepam-M (nor-) HY
298
C13H10N2O3
242.06914
2365
UHY-I U+ UHYAC-i

1775-95-7
PS
LM
Hypnotic

242

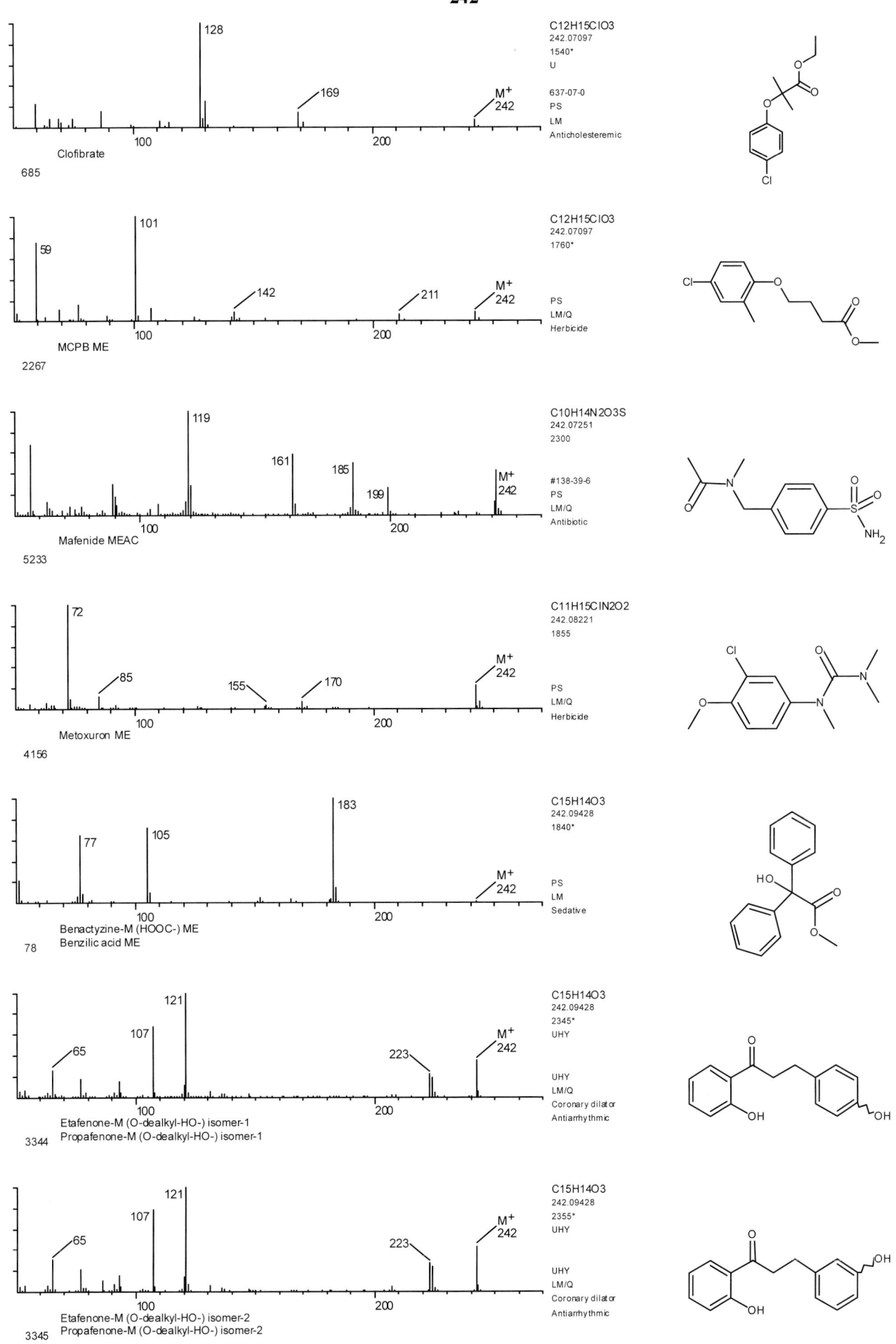

Clofibrate
C12H15ClO3
242.07097
1540*
U
637-07-0
PS
LM
Anticholesteremic
685

MCPB ME
C12H15ClO3
242.07097
1760*
PS
LM/Q
Herbicide
2267

Mafenide MEAC
C10H14N2O3S
242.07251
2300
#138-39-6
PS
LM/Q
Antibiotic
5233

Metoxuron ME
C11H15ClN2O2
242.08221
1855
PS
LM/Q
Herbicide
4156

Benactyzine-M (HOOC-) ME
Benzilic acid ME
C15H14O3
242.09428
1840*
PS
LM
Sedative
78

Etafenone-M (O-dealkyl-HO-) isomer-1
Propafenone-M (O-dealkyl-HO-) isomer-1
C15H14O3
242.09428
2345*
UHY
UHY
LM/Q
Coronary dilator
Antiarrhythmic
3344

Etafenone-M (O-dealkyl-HO-) isomer-2
Propafenone-M (O-dealkyl-HO-) isomer-2
C15H14O3
242.09428
2355*
UHY
UHY
LM/Q
Coronary dilator
Antiarrhythmic
3345

242

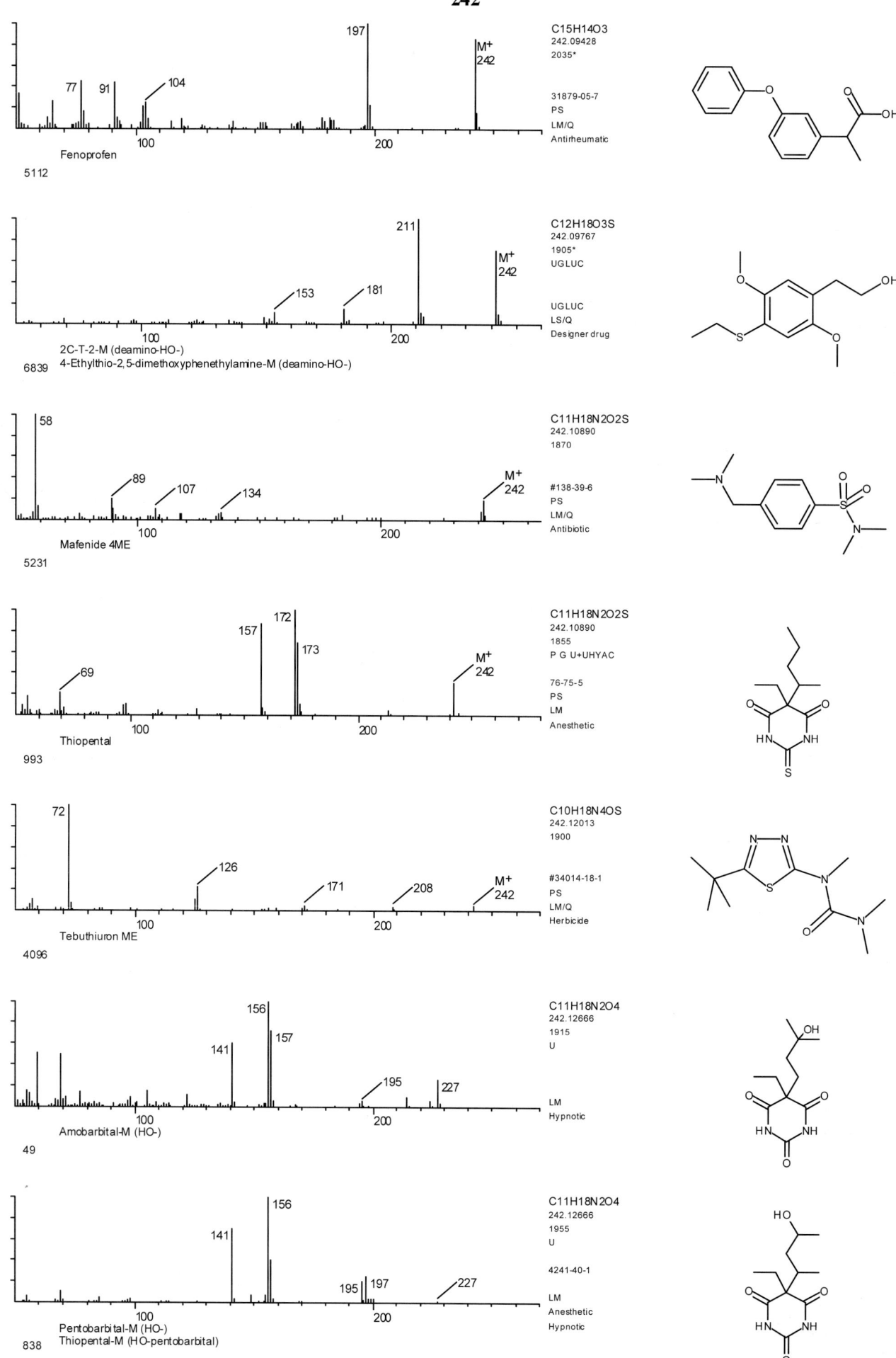

Fenoprofen
5112
C15H14O3
242.09428
2035*
31879-05-7
PS
LM/Q
Antirheumatic

2C-T-2-M (deamino-HO-)
4-Ethylthio-2,5-dimethoxyphenethylamine-M (deamino-HO-)
6839
C12H18O3S
242.09767
1905*
UGLUC
UGLUC
LS/Q
Designer drug

Mafenide 4ME
5231
C11H18N2O2S
242.10890
1870
#138-39-6
PS
LM/Q
Antibiotic

Thiopental
993
C11H18N2O2S
242.10890
1855
P G U+UHYAC
76-75-5
PS
LM
Anesthetic

Tebuthiuron ME
4096
C10H18N4OS
242.12013
1900
#34014-18-1
PS
LM/Q
Herbicide

Amobarbital-M (HO-)
49
C11H18N2O4
242.12666
1915
U
LM
Hypnotic

Pentobarbital-M (HO-)
Thiopental-M (HO-pentobarbital)
838
C11H18N2O4
242.12666
1955
U
4241-40-1
LM
Anesthetic
Hypnotic

242

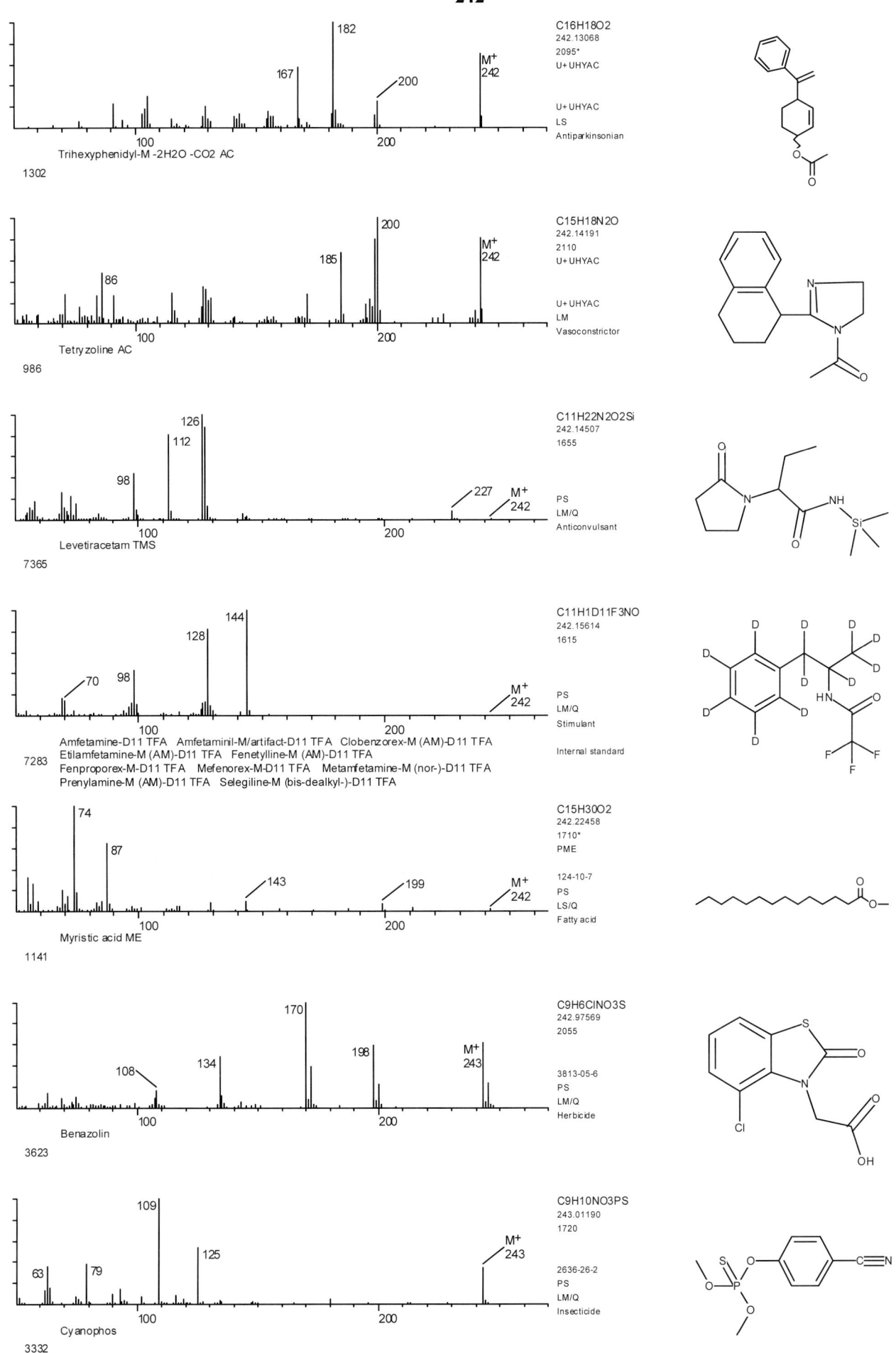

Trihexyphenidyl-M -2H2O -CO2 AC
1302
C16H18O2
242.13068
2095*
U+ UHYAC
U+ UHYAC
LS
Antiparkinsonian

Tetryzoline AC
986
C15H18N2O
242.14191
2110
U+ UHYAC
U+ UHYAC
LM
Vasoconstrictor

Levetiracetam TMS
7365
C11H22N2O2Si
242.14507
1655
PS
LM/Q
Anticonvulsant

Amfetamine-D11 TFA   Amfetaminil-M/artifact-D11 TFA   Clobenzorex-M (AM)-D11 TFA
Etilamfetamine-M (AM)-D11 TFA   Fenetylline-M (AM)-D11 TFA
7283 Fenproporex-M-D11 TFA   Mefenorex-M-D11 TFA   Metamfetamine-M (nor-)-D11 TFA
Prenylamine-M (AM)-D11 TFA   Selegiline-M (bis-dealkyl-)-D11 TFA
C11H1D11F3NO
242.15614
1615
PS
LM/Q
Stimulant
Internal standard

Myristic acid ME
1141
C15H30O2
242.22458
1710*
PME
124-10-7
PS
LS/Q
Fatty acid

Benazolin
3623
C9H6ClNO3S
242.97569
2055
3813-05-6
PS
LM/Q
Herbicide

Cyanophos
3332
C9H10NO3PS
243.01190
1720
2636-26-2
PS
LM/Q
Insecticide

353

243

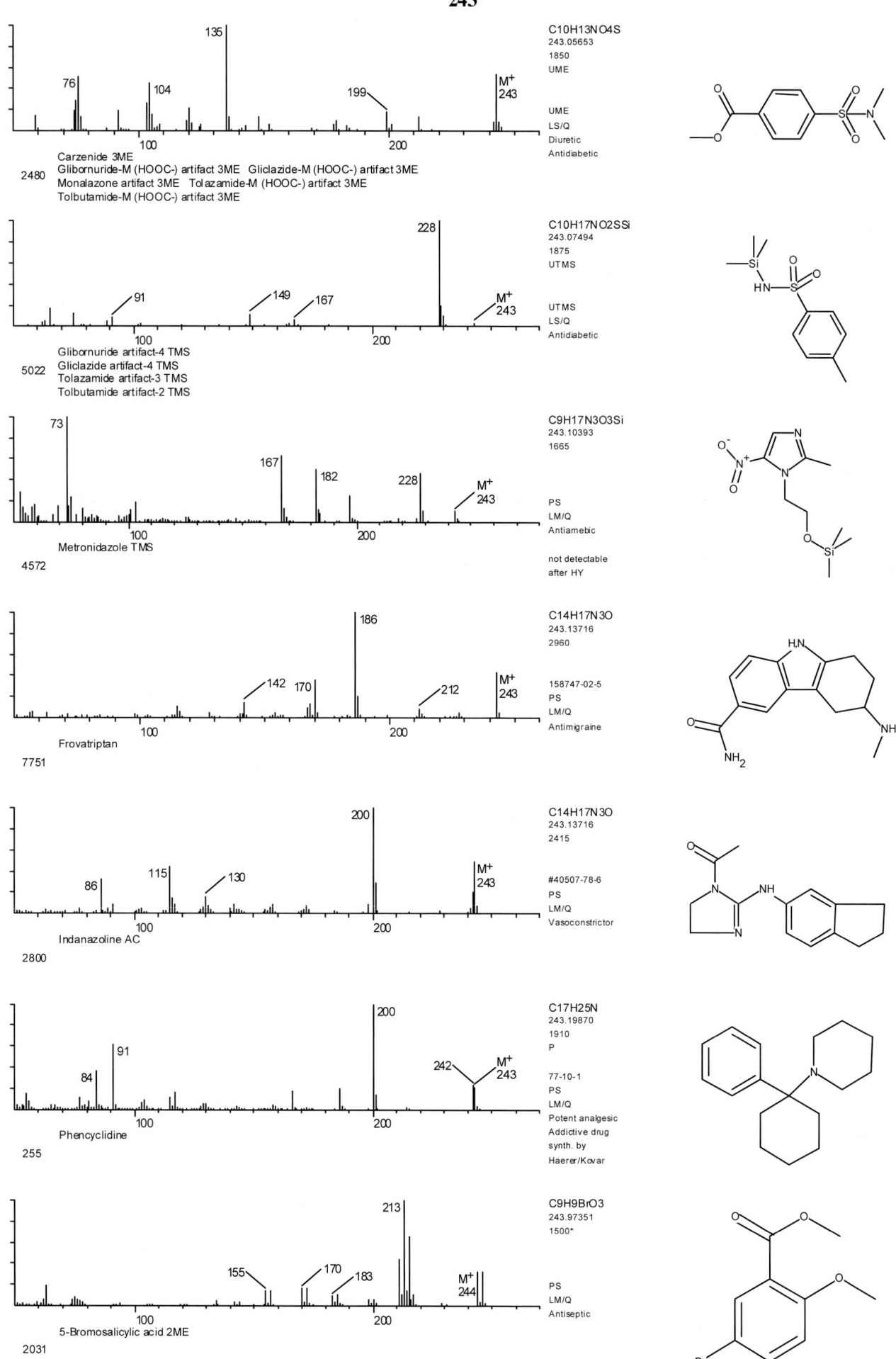

C10H13NO4S
243.05653
1850
UME

UME
LS/Q
Diuretic
Antidiabetic

Carzenide 3ME
Glibornuride-M (HOOC-) artifact 3ME   Gliclazide-M (HOOC-) artifact 3ME
Monalazone artifact 3ME   Tolazamide-M (HOOC-) artifact 3ME
Tolbutamide-M (HOOC-) artifact 3ME

2480

C10H17NO2SSi
243.07494
1875
UTMS

UTMS
LS/Q
Antidiabetic

Glibornuride artifact-4 TMS
Gliclazide artifact-4 TMS
Tolazamide artifact-3 TMS
Tolbutamide artifact-2 TMS

5022

C9H17N3O3Si
243.10393
1665

PS
LM/Q
Antiamebic

not detectable
after HY

Metronidazole TMS
4572

C14H17N3O
243.13716
2960

158747-02-5
PS
LM/Q
Antimigraine

Frovatriptan
7751

C14H17N3O
243.13716
2415

#40507-78-6
PS
LM/Q
Vasoconstrictor

Indanazoline AC
2800

C17H25N
243.19870
1910
P

77-10-1
PS
LM/Q
Potent analgesic
Addictive drug
synth. by
Haerer/Kovar

Phencyclidine
255

C9H9BrO3
243.97351
1500*

PS
LM/Q
Antiseptic

5-Bromosalicylic acid 2ME
2031

354

244

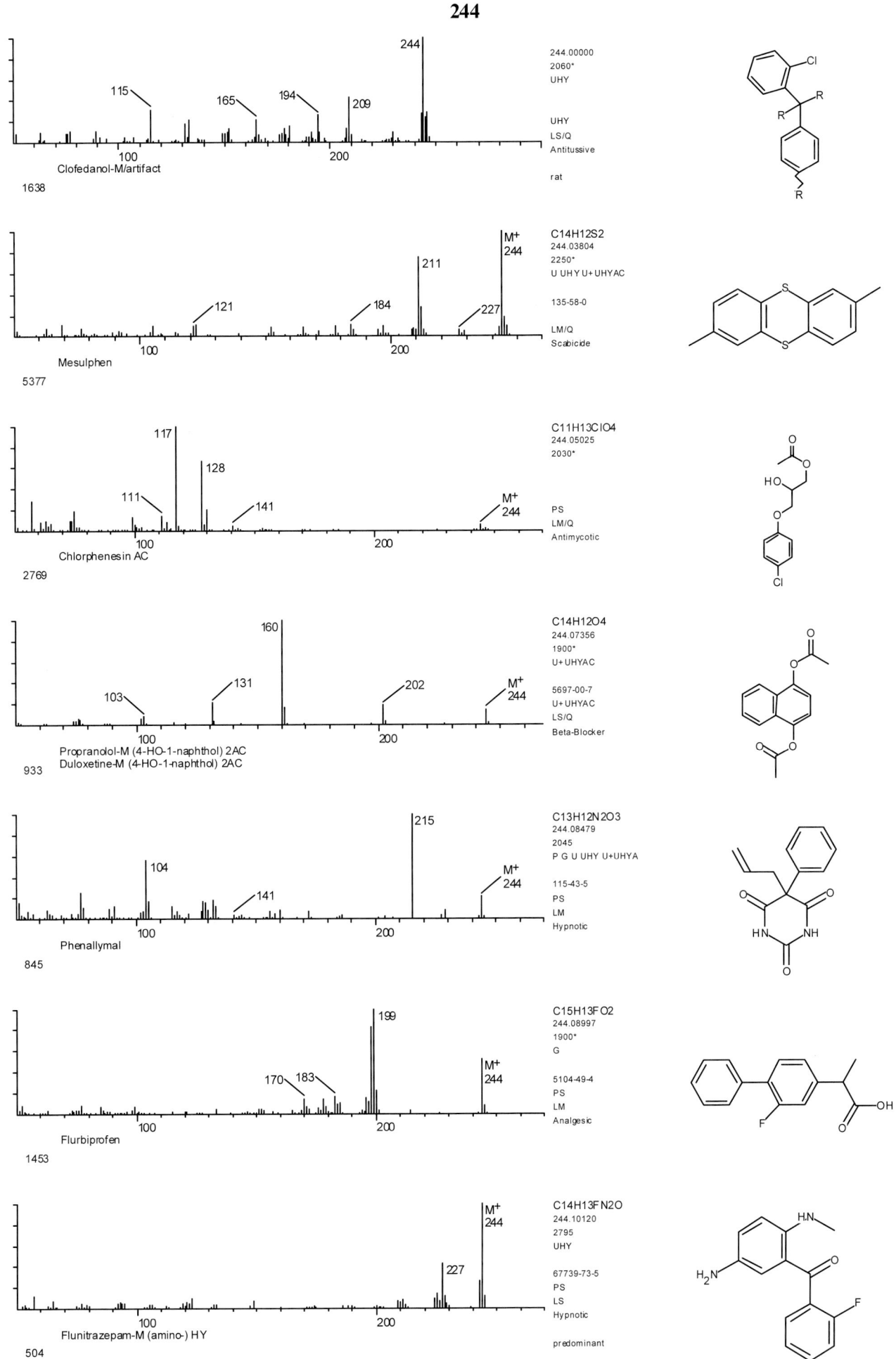

Clofedanol-M/artifact
1638
115, 165, 194, 209, 244
244.00000
2060*
UHY
UHY
LS/Q
Antitussive
rat

Mesulphen
5377
121, 184, 211, 227, M+ 244
C14H12S2
244.03804
2250*
U UHY U+ UHYAC
135-58-0
LM/Q
Scabicide

Chlorphenesin AC
2769
111, 117, 128, 141, M+ 244
C11H13ClO4
244.05025
2030*
PS
LM/Q
Antimycotic

Propranolol-M (4-HO-1-naphthol) 2AC
Duloxetine-M (4-HO-1-naphthol) 2AC
933
103, 131, 160, 202, M+ 244
C14H12O4
244.07356
1900*
U+ UHYAC
5697-00-7
U+ UHYAC
LS/Q
Beta-Blocker

Phenallymal
845
104, 141, 215, M+ 244
C13H12N2O3
244.08479
2045
P G U UHY U+UHYA
115-43-5
PS
LM
Hypnotic

Flurbiprofen
1453
170, 183, 199, M+ 244
C15H13FO2
244.08997
1900*
G
5104-49-4
PS
LM
Analgesic

Flunitrazepam-M (amino-) HY
504
227, M+ 244
C14H13FN2O
244.10120
2795
UHY
67739-73-5
PS
LS
Hypnotic
predominant

355

244

ANTU 3ME
3972
C14H16N2S
244.10342
2090
#86-88-4
PS
LM/Q
Herbicide

Diphenhydramine-M (di-HO-)
733
C15H16O3
244.10995
1895*
U

LM
Antihistamine
altered during HY

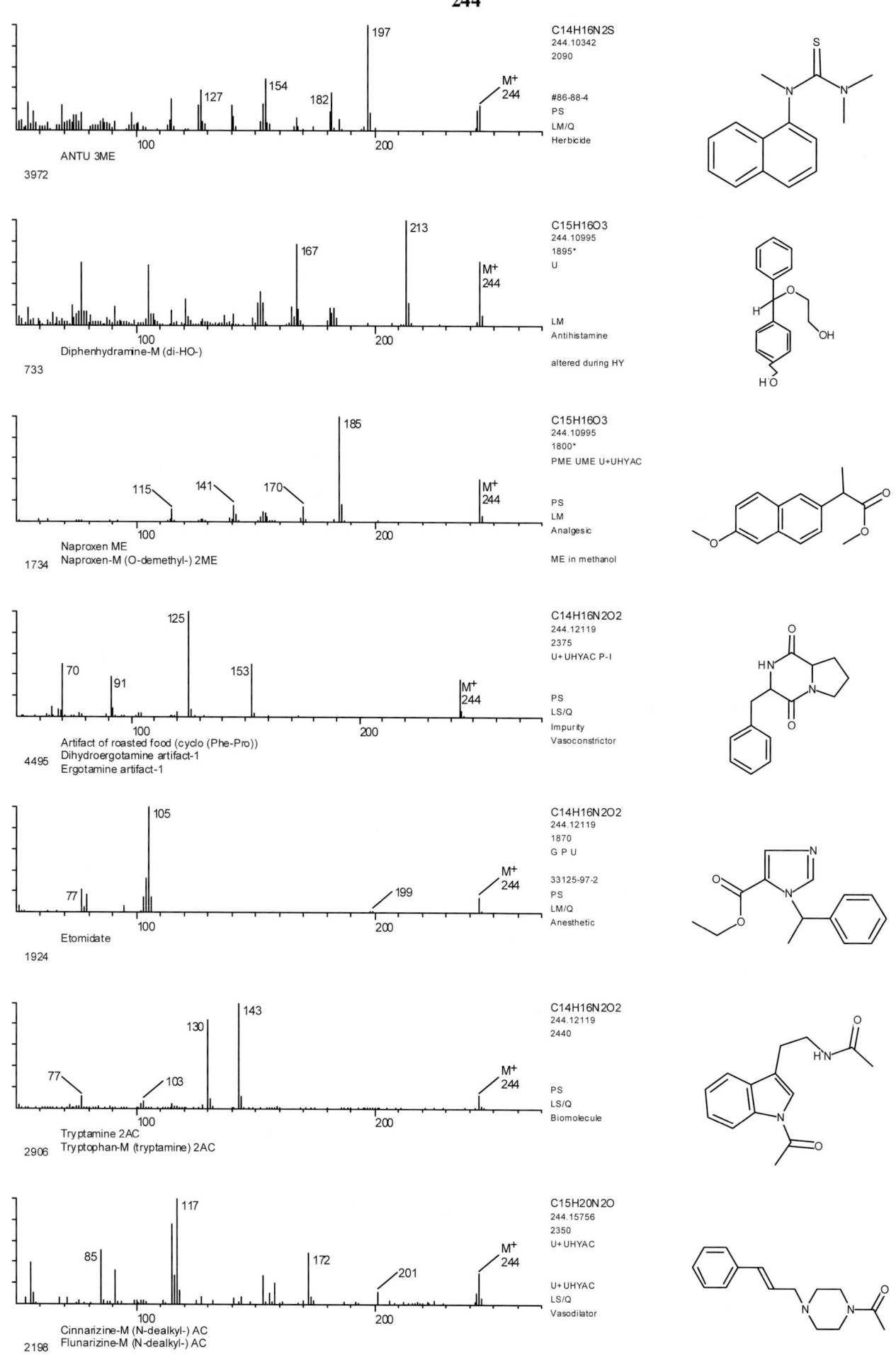

Naproxen ME
Naproxen-M (O-demethyl-) 2ME
1734
C15H16O3
244.10995
1800*
PME UME U+UHYAC

PS
LM
Analgesic
ME in methanol

Artifact of roasted food (cyclo (Phe-Pro))
Dihydroergotamine artifact-1
Ergotamine artifact-1
4495
C14H16N2O2
244.12119
2375
U+UHYAC P-I

PS
LS/Q
Impurity
Vasoconstrictor

Etomidate
1924
C14H16N2O2
244.12119
1870
G P U

33125-97-2
PS
LM/Q
Anesthetic

Tryptamine 2AC
Tryptophan-M (tryptamine) 2AC
2906
C14H16N2O2
244.12119
2440

PS
LS/Q
Biomolecule

Cinnarizine-M (N-dealkyl-) AC
Flunarizine-M (N-dealkyl-) AC
2198
C15H20N2O
244.15756
2350
U+UHYAC

U+UHYAC
LS/Q
Vasodilator

356

244

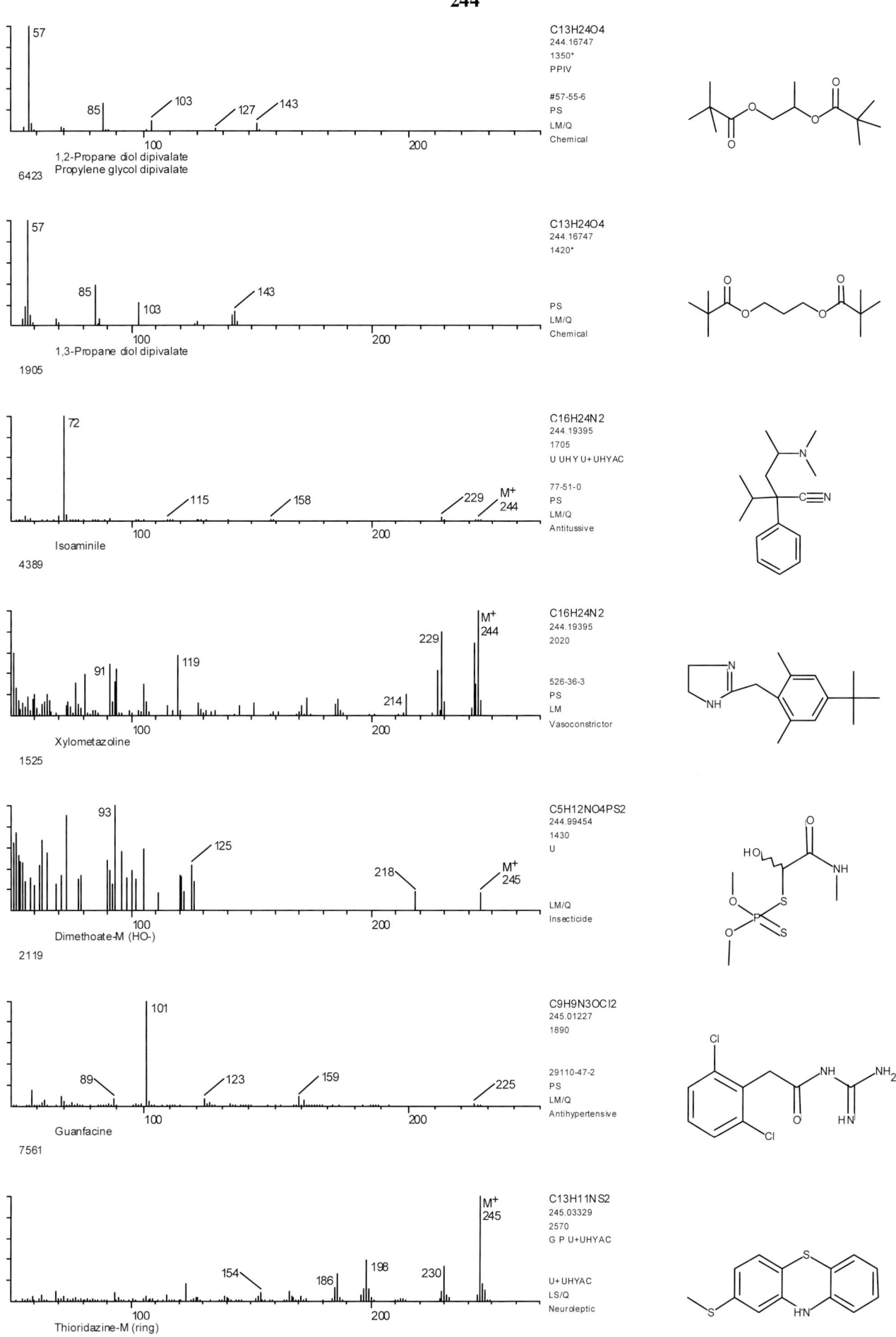

1,2-Propane diol dipivalate / Propylene glycol dipivalate	C13H24O4, 244.16747, 1350*, PPIV, #57-55-6, PS, LM/Q, Chemical
1,3-Propane diol dipivalate	C13H24O4, 244.16747, 1420*, PS, LM/Q, Chemical
Isoaminile	C16H24N2, 244.19395, 1705, U UHY U+ UHYAC, 77-51-0, PS, LM/Q, Antitussive
Xylometazoline	C16H24N2, 244.19395, 2020, 526-36-3, PS, LM, Vasoconstrictor
Dimethoate-M (HO-)	C5H12NO4PS2, 244.99454, 1430, U, LM/Q, Insecticide
Guanfacine	C9H9N3OCl2, 245.01227, 1890, 29110-47-2, PS, LM/Q, Antihypertensive
Thioridazine-M (ring)	C13H11NS2, 245.03329, 2570, G P U+UHYAC, U+ UHYAC, LS/Q, Neuroleptic

357

245

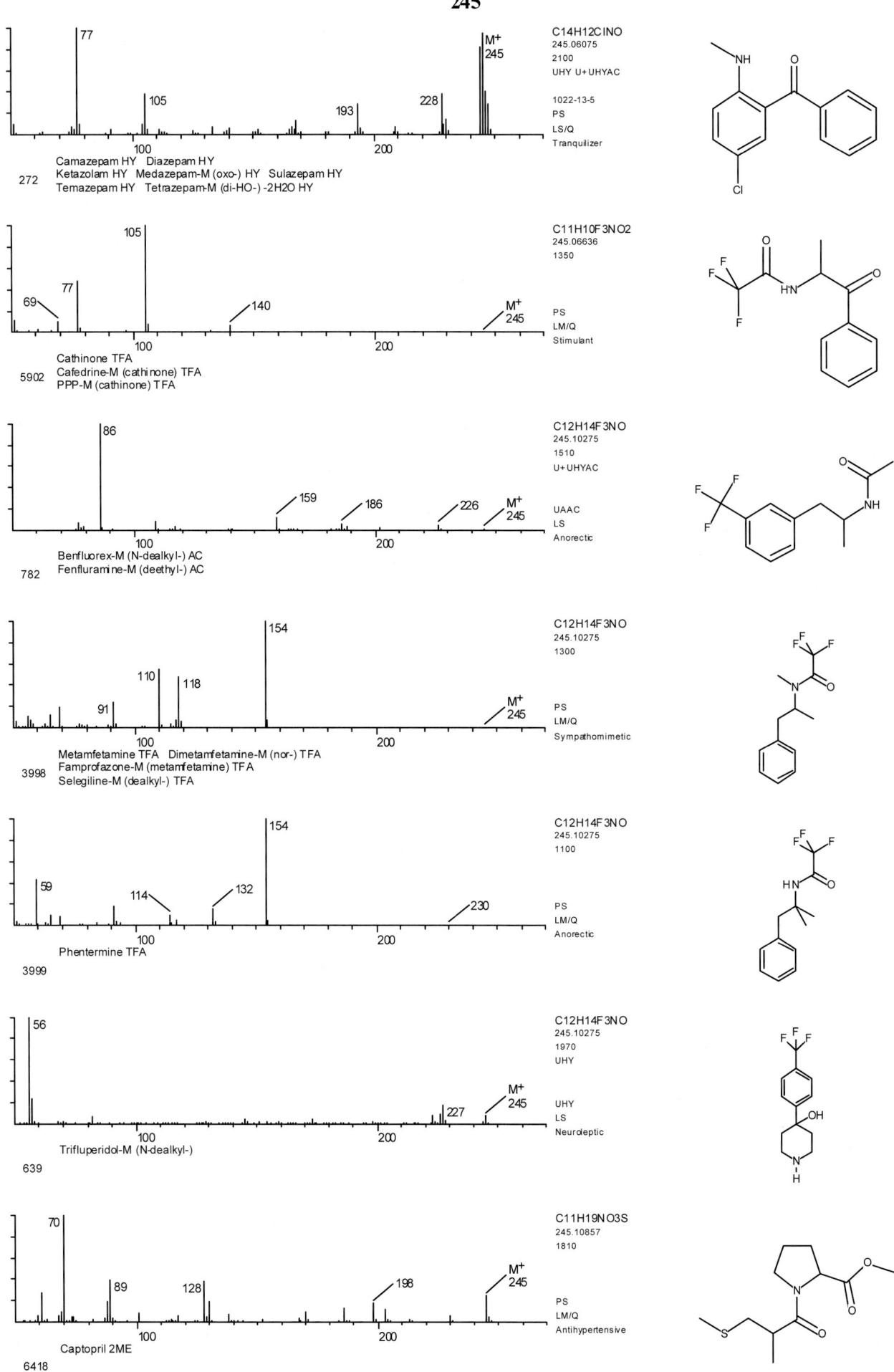

C14H12ClNO
245.06075
2100
UHY U+UHYAC

1022-13-5
PS
LS/Q
Tranquilizer

Camazepam HY   Diazepam HY
272 Ketazolam HY   Medazepam-M (oxo-) HY   Sulazepam HY
Temazepam HY   Tetrazepam-M (di-HO-) -2H2O HY

C11H10F3NO2
245.06636
1350

PS
LM/Q
Stimulant

Cathinone TFA
5902 Cafedrine-M (cathinone) TFA
PPP-M (cathinone) TFA

C12H14F3NO
245.10275
1510
U+UHYAC

UAAC
LS
Anorectic

Benfluorex-M (N-dealkyl-) AC
782 Fenfluramine-M (deethyl-) AC

C12H14F3NO
245.10275
1300

PS
LM/Q
Sympathomimetic

Metamfetamine TFA   Dimetamfetamine-M (nor-) TFA
3998 Famprofazone-M (metamfetamine) TFA
Selegiline-M (dealkyl-) TFA

C12H14F3NO
245.10275
1100

PS
LM/Q
Anorectic

Phentermine TFA
3999

C12H14F3NO
245.10275
1970
UHY

UHY
LS
Neuroleptic

Trifluperidol-M (N-dealkyl-)
639

C11H19NO3S
245.10857
1810

PS
LM/Q
Antihypertensive

Captopril 2ME
6418

245

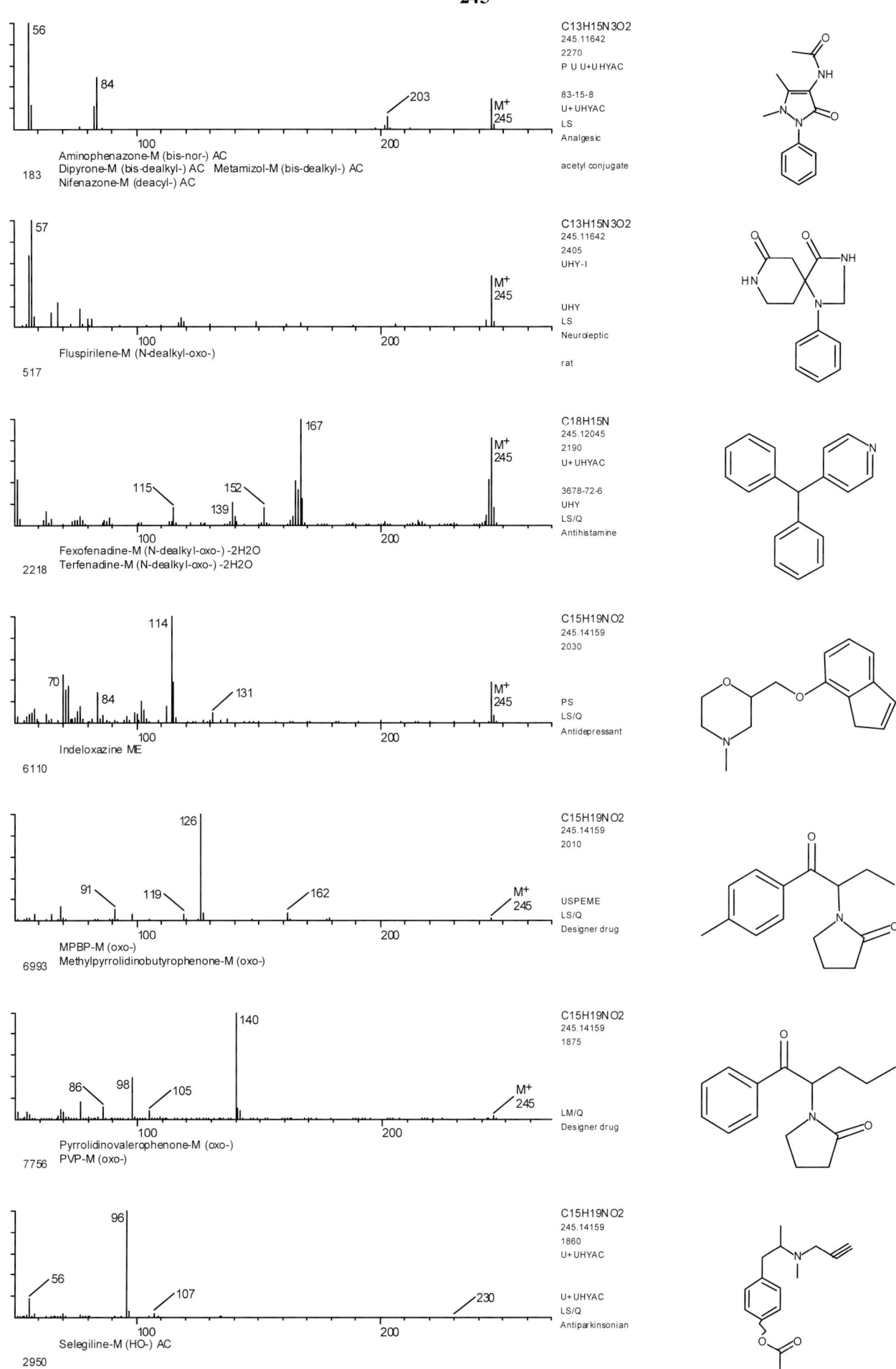

Aminophenazone-M (bis-nor-) AC
Dipyrone-M (bis-dealkyl-) AC   Metamizol-M (bis-dealkyl-) AC
Nifenazone-M (deacyl-) AC
183

C13H15N3O2
245.11642
2270
P U U+UHYAC

83-15-8
U+UHYAC
LS
Analgesic

acetyl conjugate

Fluspirilene-M (N-dealkyl-oxo-)
517

C13H15N3O2
245.11642
2405
UHY-I

UHY
LS
Neuroleptic

rat

Fexofenadine-M (N-dealkyl-oxo-) -2H2O
Terfenadine-M (N-dealkyl-oxo-) -2H2O
2218

C18H15N
245.12045
2190
U+UHYAC

3678-72-6
UHY
LS/Q
Antihistamine

Indeloxazine ME
6110

C15H19NO2
245.14159
2030

PS
LS/Q
Antidepressant

MPBP-M (oxo-)
Methylpyrrolidinobutyrophenone-M (oxo-)
6993

C15H19NO2
245.14159
2010

USPEME
LS/Q
Designer drug

Pyrrolidinovalerophenone-M (oxo-)
PVP-M (oxo-)
7756

C15H19NO2
245.14159
1875

LM/Q
Designer drug

Selegiline-M (HO-) AC
2950

C15H19NO2
245.14159
1860
U+UHYAC

U+UHYAC
LS/Q
Antiparkinsonian

245

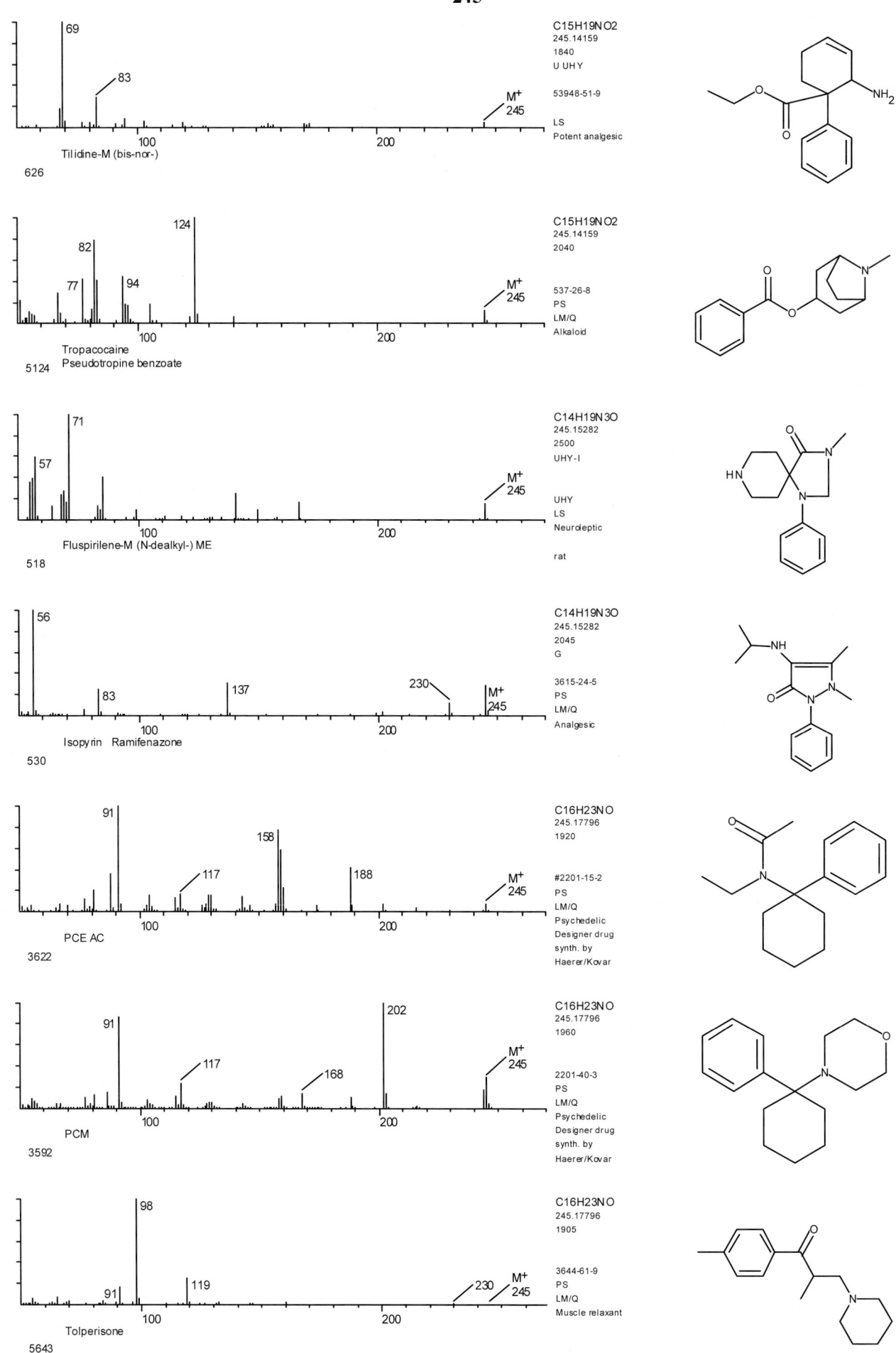

Tilidine-M (bis-nor-) 626	C15H19NO2 245.14159 1840 U UHY 53948-51-9 LS Potent analgesic
Tropacocaine Pseudotropine benzoate 5124	C15H19NO2 245.14159 2040 537-26-8 PS LM/Q Alkaloid
Fluspirilene-M (N-dealkyl-) ME 518	C14H19N3O 245.15282 2500 UHY-I UHY LS Neuroleptic rat
Isopyrin Ramifenazone 530	C14H19N3O 245.15282 2045 G 3615-24-5 PS LM/Q Analgesic
PCE AC 3622	C16H23NO 245.17796 1920 #2201-15-2 PS LM/Q Psychedelic Designer drug synth. by Haerer/Kovar
PCM 3592	C16H23NO 245.17796 1960 2201-40-3 PS LM/Q Psychedelic Designer drug synth. by Haerer/Kovar
Tolperisone 5643	C16H23NO 245.17796 1905 3644-61-9 PS LM/Q Muscle relaxant

245

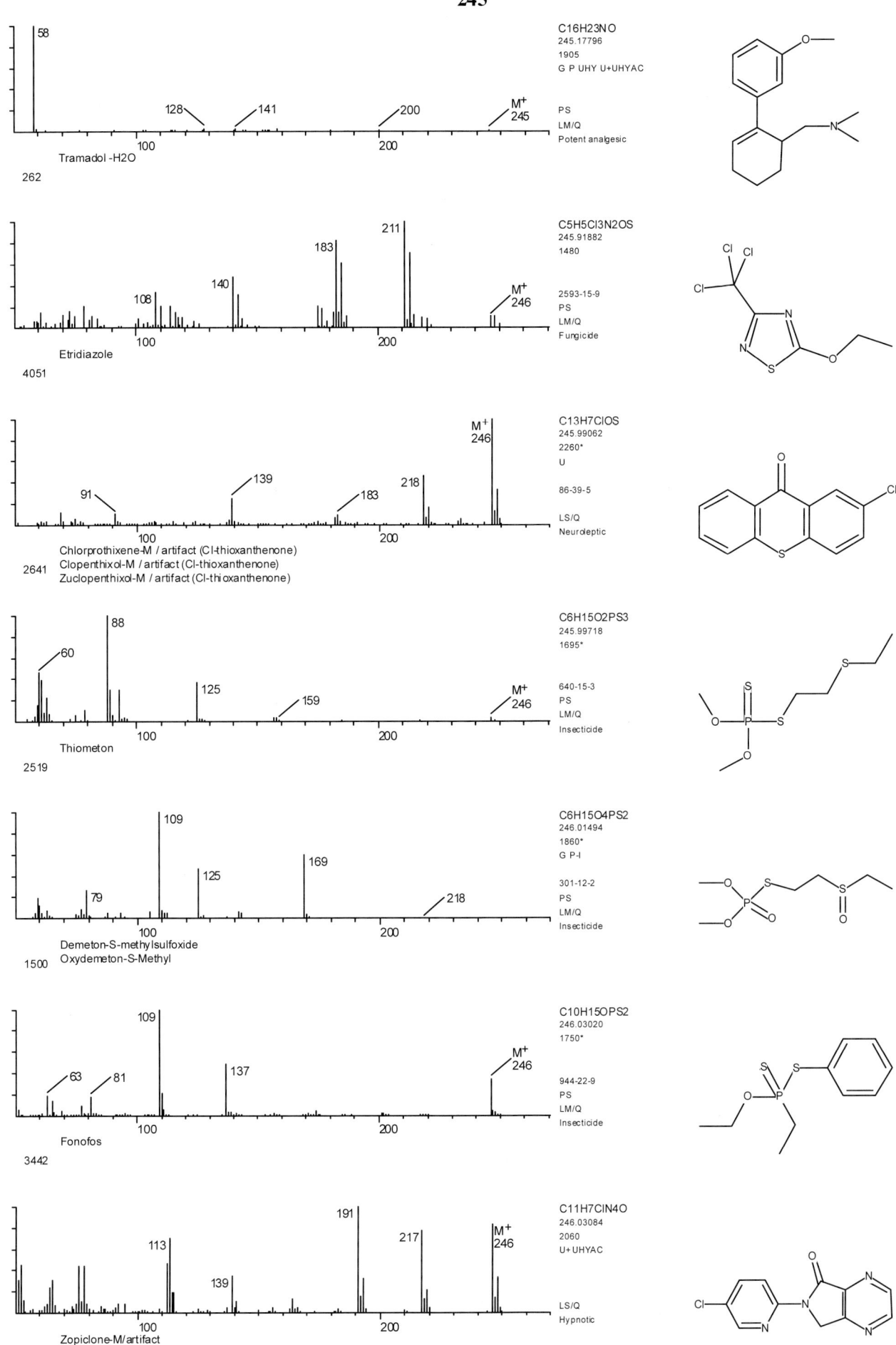

Tramadol -H2O
262

C16H23NO
245.17796
1905
G P UHY U+UHYAC
PS
LM/Q
Potent analgesic

Etridiazole
4051

C5H5Cl3N2OS
245.91882
1480
2593-15-9
PS
LM/Q
Fungicide

Chlorprothixene-M / artifact (Cl-thioxanthenone)
Clopenthixol-M / artifact (Cl-thioxanthenone)
Zuclopenthixol-M / artifact (Cl-thioxanthenone)
2641

C13H7ClOS
245.99062
2260*
U
86-39-5
LS/Q
Neuroleptic

Thiometon
2519

C6H15O2PS3
245.99718
1695*
640-15-3
PS
LM/Q
Insecticide

Demeton-S-methylsulfoxide
Oxydemeton-S-Methyl
1500

C6H15O4PS2
246.01494
1860*
G P-I
301-12-2
PS
LM/Q
Insecticide

Fonofos
3442

C10H15OPS2
246.03020
1750*
944-22-9
PS
LM/Q
Insecticide

Zopiclone-M/artifact
7801

C11H7ClN4O
246.03084
2060
U+UHYAC
LS/Q
Hypnotic

246

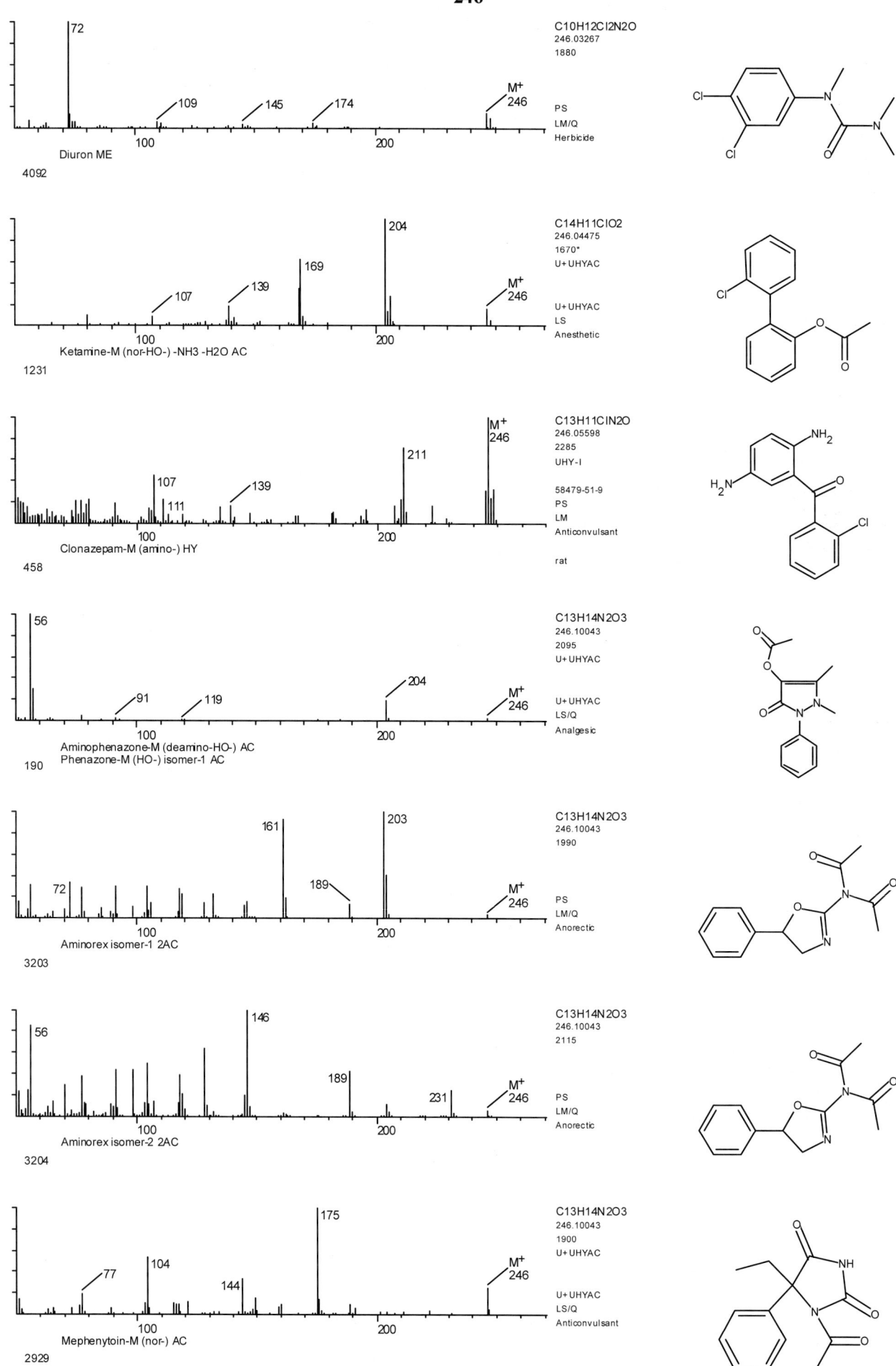

Diuron ME — 4092
72, 109, 145, 174, 246 M+
C10H12Cl2N2O
246.03267
1880
PS
LM/Q
Herbicide

Ketamine-M (nor-HO-) -NH3 -H2O AC — 1231
107, 139, 169, 204, 246 M+
C14H11ClO2
246.04475
1670*
U+ UHYAC
U+ UHYAC
LS
Anesthetic

Clonazepam-M (amino-) HY — 458
107, 111, 139, 211, 246 M+
C13H11ClN2O
246.05598
2285
UHY-I
58479-51-9
PS
LM
Anticonvulsant
rat

Aminophenazone-M (deamino-HO-) AC
Phenazone-M (HO-) isomer-1 AC — 190
56, 91, 119, 204, 246 M+
C13H14N2O3
246.10043
2095
U+ UHYAC
U+ UHYAC
LS/Q
Analgesic

Aminorex isomer-1 2AC — 3203
72, 161, 189, 203, 246 M+
C13H14N2O3
246.10043
1990
PS
LM/Q
Anorectic

Aminorex isomer-2 2AC — 3204
56, 146, 189, 231, 246 M+
C13H14N2O3
246.10043
2115
PS
LM/Q
Anorectic

Mephenytoin-M (nor-) AC — 2929
77, 104, 144, 175, 246 M+
C13H14N2O3
246.10043
1900
U+ UHYAC
U+ UHYAC
LS/Q
Anticonvulsant

246

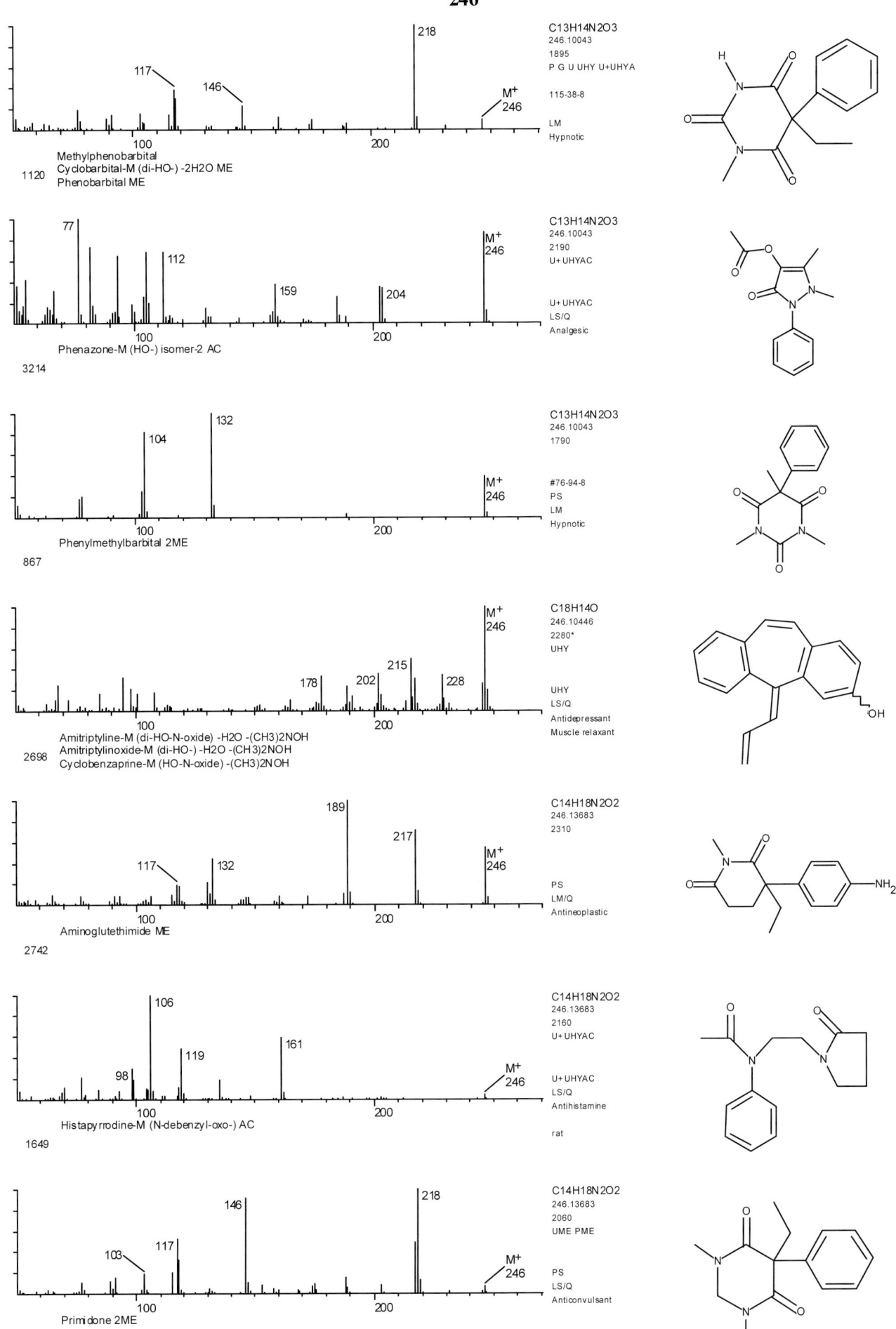

Methylphenobarbital
Cyclobarbital-M (di-HO-) -2H2O ME
Phenobarbital ME

C13H14N2O3
246.10043
1895
P G U UHY U+UHYA
115-38-8
LM
Hypnotic

Phenazone-M (HO-) isomer-2 AC

C13H14N2O3
246.10043
2190
U+UHYAC

U+UHYAC
LS/Q
Analgesic

Phenylmethylbarbital 2ME

C13H14N2O3
246.10043
1790
#76-94-8
PS
LM
Hypnotic

Amitriptyline-M (di-HO-N-oxide) -H2O -(CH3)2NOH
Amitriptylinoxide-M (di-HO-) -H2O -(CH3)2NOH
Cyclobenzaprine-M (HO-N-oxide) -(CH3)2NOH

C18H14O
246.10446
2280*
UHY

UHY
LS/Q
Antidepressant
Muscle relaxant

Aminoglutethimide ME

C14H18N2O2
246.13683
2310

PS
LM/Q
Antineoplastic

Histapyrrodine-M (N-debenzyl-oxo-) AC

C14H18N2O2
246.13683
2160
U+UHYAC

U+UHYAC
LS/Q
Antihistamine
rat

Primidone 2ME

C14H18N2O2
246.13683
2060
UME PME

PS
LS/Q
Anticonvulsant

246

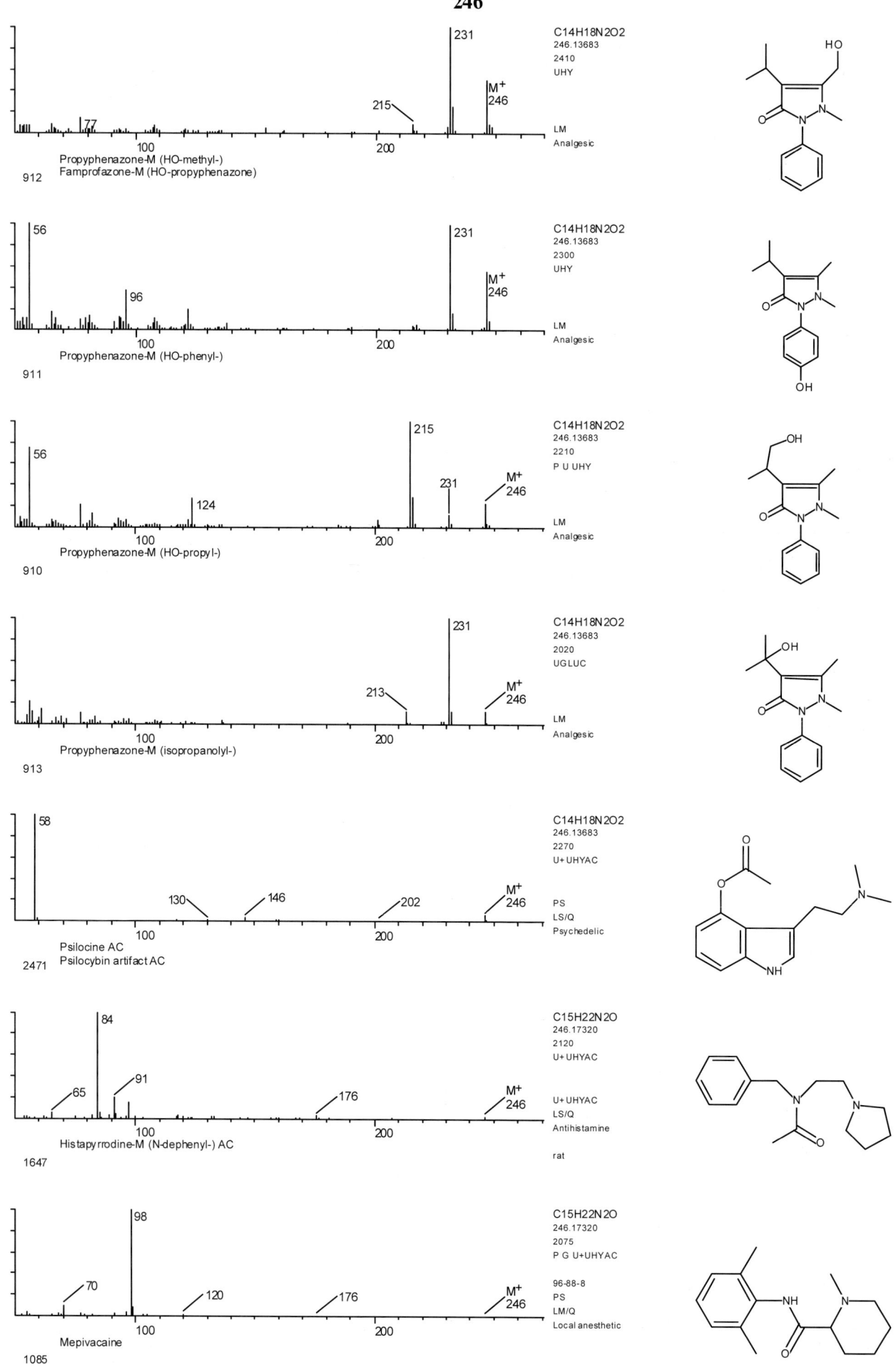

	231, 215, M+ 246, 77	C14H18N2O2 246.13683 2410 UHY LM Analgesic

Propyphenazone-M (HO-methyl-)
Famprofazone-M (HO-propyphenazone)
912

	56, 96, 231, M+ 246	C14H18N2O2 246.13683 2300 UHY LM Analgesic

Propyphenazone-M (HO-phenyl-)
911

	56, 124, 215, 231, M+ 246	C14H18N2O2 246.13683 2210 P U UHY LM Analgesic

Propyphenazone-M (HO-propyl-)
910

	231, 213, M+ 246	C14H18N2O2 246.13683 2020 UGLUC LM Analgesic

Propyphenazone-M (isopropanolyl-)
913

	58, 130, 146, 202, M+ 246	C14H18N2O2 246.13683 2270 U+ UHYAC PS LS/Q Psychedelic

Psilocine AC
Psilocybin artifact AC
2471

	65, 84, 91, 176, M+ 246	C15H22N2O 246.17320 2120 U+ UHYAC U+ UHYAC LS/Q Antihistamine rat

Histapyrrodine-M (N-dephenyl-) AC
1647

	70, 98, 120, 176, M+ 246	C15H22N2O 246.17320 2075 P G U+ UHYAC 96-88-8 PS LM/Q Local anesthetic

Mepivacaine
1085

364

246

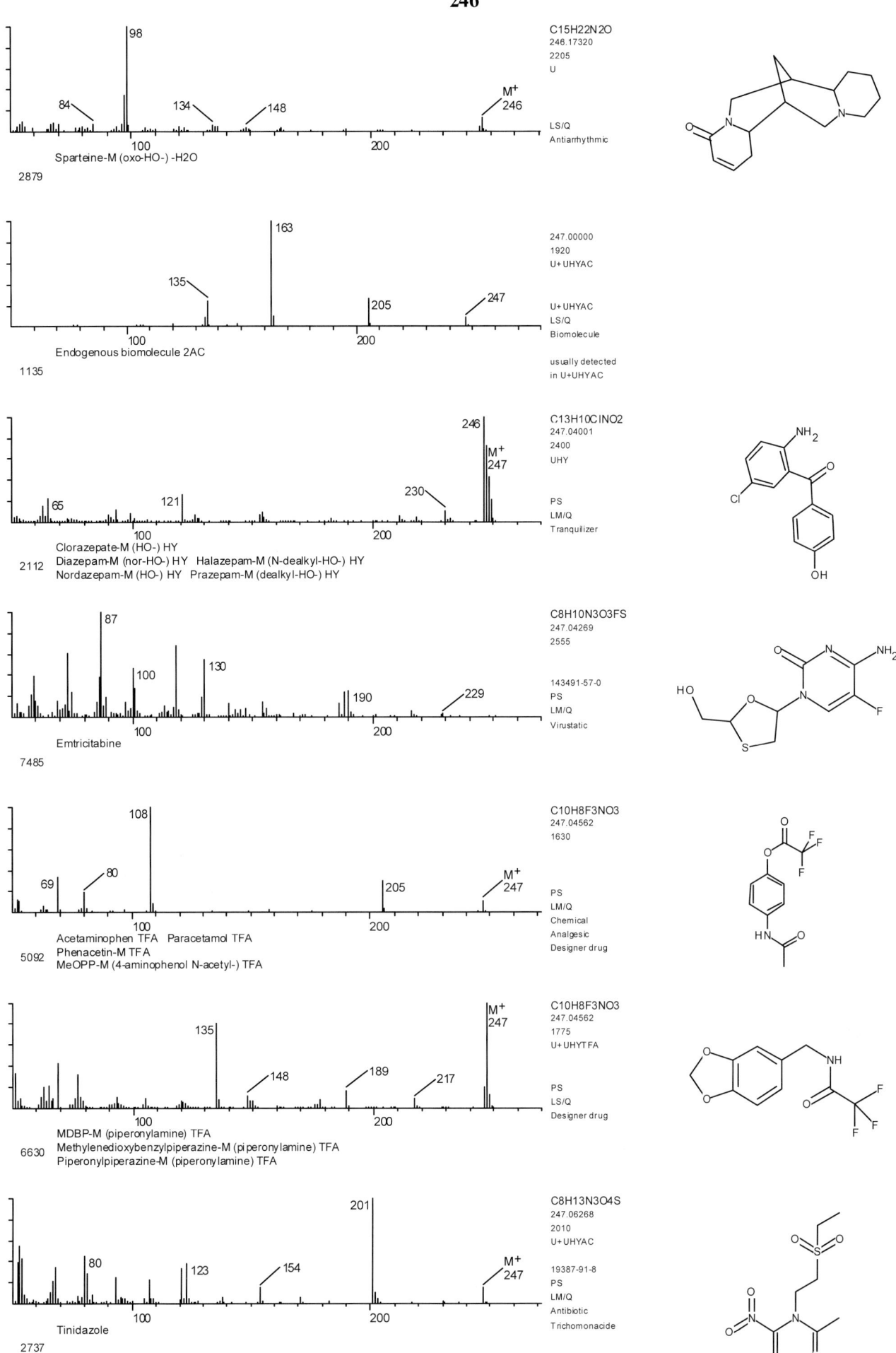

Sparteine-M (oxo-HO-) -H2O
2879
- 84, 98, 134, 148, M+ 246
- C15H22N2O
- 246.17320
- 2205
- U
- LS/Q
- Antiarrhythmic

Endogenous biomolecule 2AC
1135
- 135, 163, 205, 247
- 247.00000
- 1920
- U+ UHYAC
- U+ UHYAC
- LS/Q
- Biomolecule
- usually detected in U+UHYAC

Clorazepate-M (HO-) HY
Diazepam-M (nor-HO-) HY   Halazepam-M (N-dealkyl-HO-) HY
Nordazepam-M (HO-) HY   Prazepam-M (dealkyl-HO-) HY
2112
- 65, 121, 230, 246, M+ 247
- C13H10ClNO2
- 247.04001
- 2400
- UHY
- PS
- LM/Q
- Tranquilizer

Emtricitabine
7485
- 87, 100, 130, 190, 229
- C8H10N3O3FS
- 247.04269
- 2555
- 143491-57-0
- PS
- LM/Q
- Virustatic

Acetaminophen TFA   Paracetamol TFA
Phenacetin-M TFA
MeOPP-M (4-aminophenol N-acetyl-) TFA
5092
- 69, 80, 108, 205, M+ 247
- C10H8F3NO3
- 247.04562
- 1630
- PS
- LM/Q
- Chemical
- Analgesic
- Designer drug

MDBP-M (piperonylamine) TFA
Methylenedioxybenzylpiperazine-M (piperonylamine) TFA
Piperonylpiperazine-M (piperonylamine) TFA
6630
- 135, 148, 189, 217, M+ 247
- C10H8F3NO3
- 247.04562
- 1775
- U+ UHYTFA
- PS
- LS/Q
- Designer drug

Tinidazole
2737
- 80, 123, 154, 201, M+ 247
- C8H13N3O4S
- 247.06268
- 2010
- U+ UHYAC
- 19387-91-8
- PS
- LM/Q
- Antibiotic
- Trichomonacide

365

247

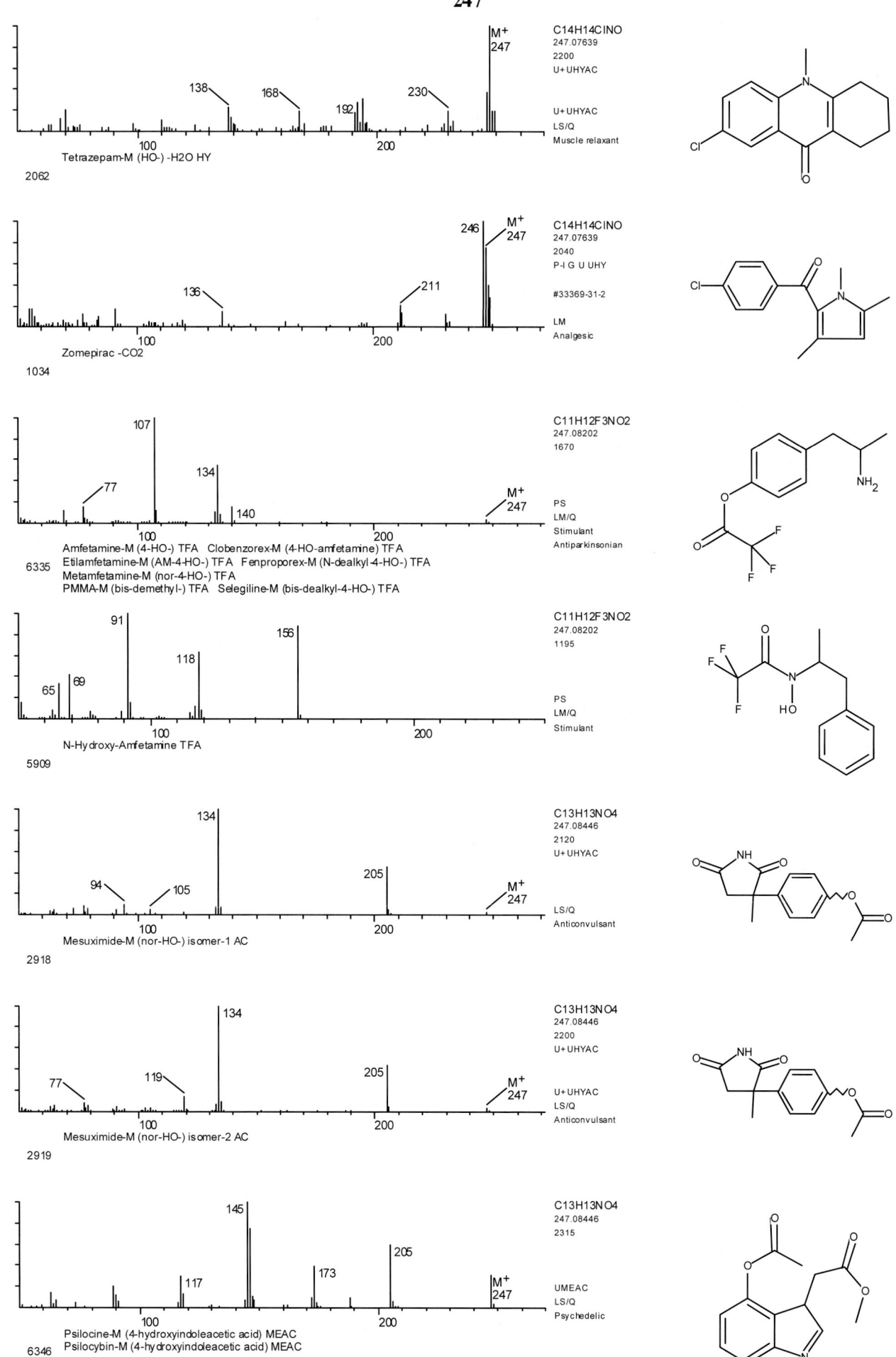

Tetrazepam-M (HO-) -H2O HY
2062

C14H14ClNO
247.07639
2200
U+ UHYAC

U+ UHYAC
LS/Q
Muscle relaxant

Zomepirac -CO2
1034

C14H14ClNO
247.07639
2040
P-I G U UHY
#33369-31-2

LM
Analgesic

Amfetamine-M (4-HO-) TFA   Clobenzorex-M (4-HO-amfetamine) TFA
Etilamfetamine-M (AM-4-HO-) TFA   Fenproporex-M (N-dealkyl-4-HO-) TFA
Metamfetamine-M (nor-4-HO-) TFA
PMMA-M (bis-demethyl-) TFA   Selegiline-M (bis-dealkyl-4-HO-) TFA
6335

C11H12F3NO2
247.08202
1670

PS
LM/Q
Stimulant
Antiparkinsonian

N-Hydroxy-Amfetamine TFA
5909

C11H12F3NO2
247.08202
1195

PS
LM/Q
Stimulant

Mesuximide-M (nor-HO-) isomer-1 AC
2918

C13H13NO4
247.08446
2120
U+ UHYAC

LS/Q
Anticonvulsant

Mesuximide-M (nor-HO-) isomer-2 AC
2919

C13H13NO4
247.08446
2200
U+ UHYAC

U+ UHYAC
LS/Q
Anticonvulsant

Psilocine-M (4-hydroxyindoleacetic acid) MEAC
Psilocybin-M (4-hydroxyindoleacetic acid) MEAC
6346

C13H13NO4
247.08446
2315

UMEAC
LS/Q
Psychedelic

247

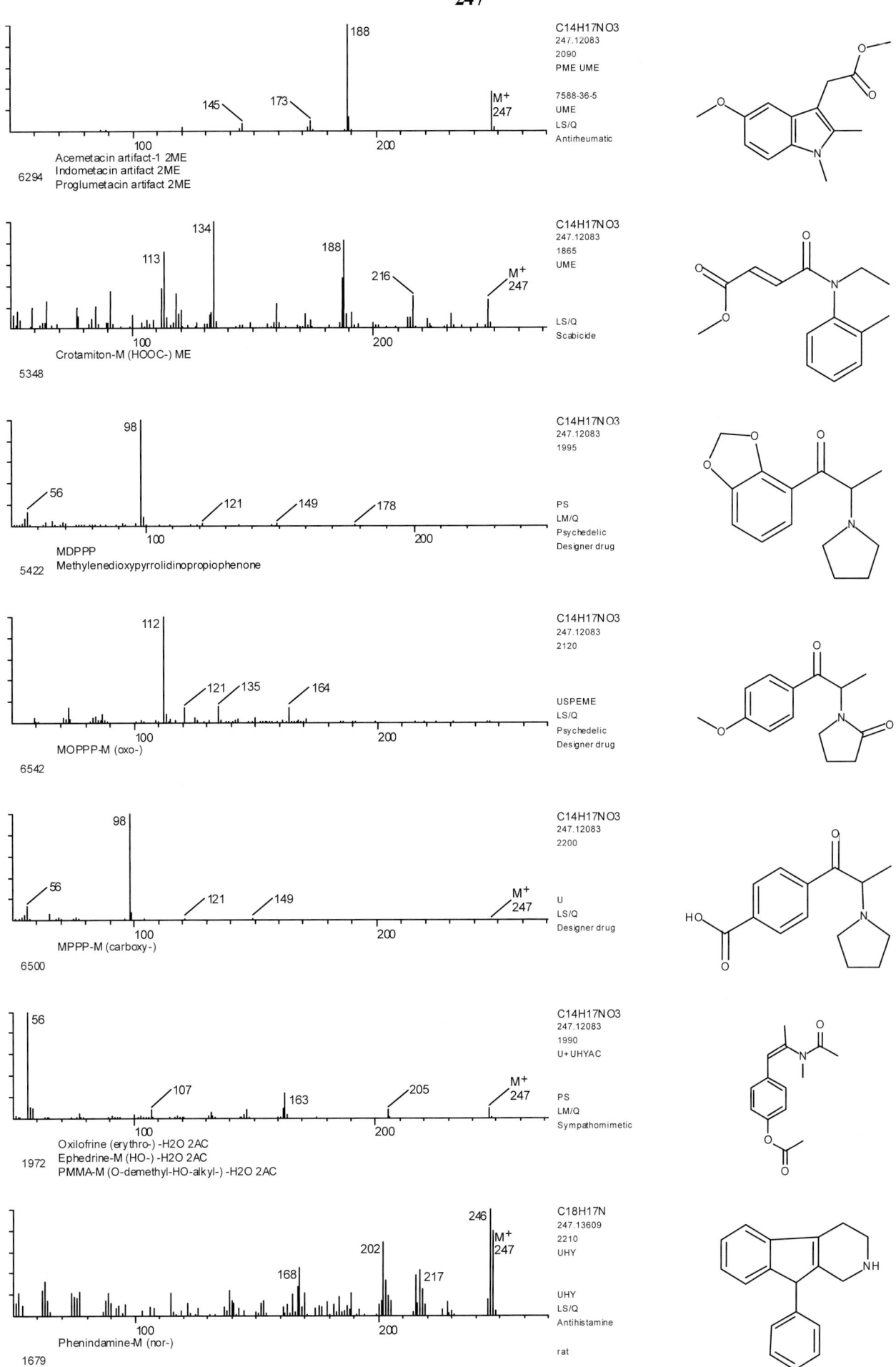

C14H17NO3
247.12083
2090
PME UME

7588-36-5
UME
LS/Q
Antirheumatic

Acemetacin artifact-1 2ME
Indometacin artifact 2ME
Proglumetacin artifact 2ME
6294

C14H17NO3
247.12083
1865
UME

LS/Q
Scabicide

Crotamiton-M (HOOC-) ME
5348

C14H17NO3
247.12083
1995

PS
LM/Q
Psychedelic
Designer drug

MDPPP
Methylenedioxypyrrolidinopropiophenone
5422

C14H17NO3
247.12083
2120

USPEME
LS/Q
Psychedelic
Designer drug

MOPPP-M (oxo-)
6542

C14H17NO3
247.12083
2200

U
LS/Q
Designer drug

MPPP-M (carboxy-)
6500

C14H17NO3
247.12083
1990
U+ UHYAC

PS
LM/Q
Sympathomimetic

Oxilofrine (erythro-) -H2O 2AC
Ephedrine-M (HO-) -H2O 2AC
PMMA-M (O-demethyl-HO-alkyl-) -H2O 2AC
1972

C18H17N
247.13609
2210
UHY

UHY
LS/Q
Antihistamine
rat

Phenindamine-M (nor-)
1679

247

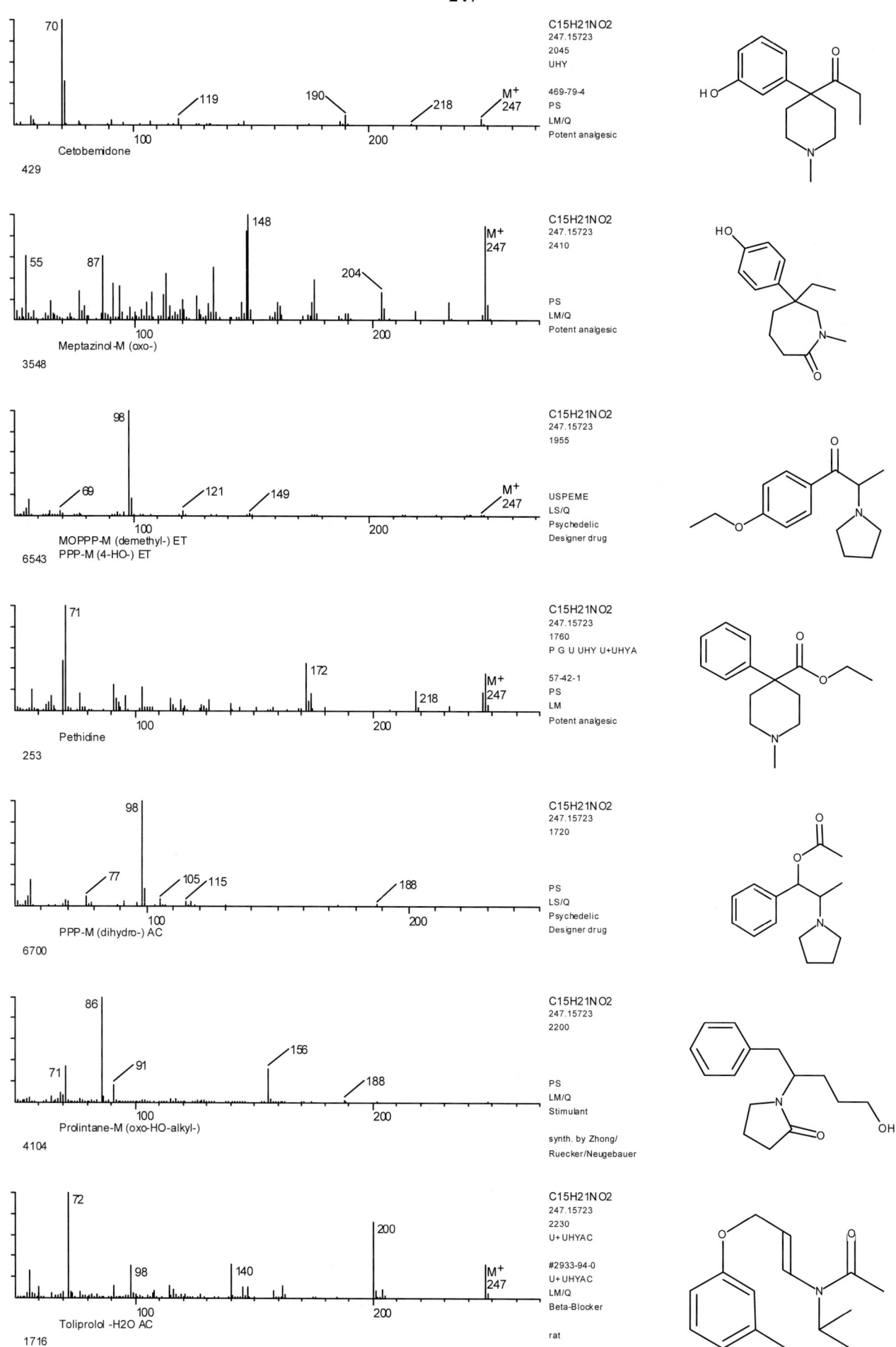

Cetobemidone
70, 119, 190, 218, M+ 247
C15H21NO2
247.15723
2045
UHY
469-79-4
PS
LM/Q
Potent analgesic

Meptazinol-M (oxo-)
55, 87, 148, 204, M+ 247
C15H21NO2
247.15723
2410
PS
LM/Q
Potent analgesic

MOPPP-M (demethyl-) ET
PPP-M (4-HO-) ET
69, 98, 121, 149, M+ 247
C15H21NO2
247.15723
1955
USPEME
LS/Q
Psychedelic
Designer drug

Pethidine
71, 172, 218, M+ 247
C15H21NO2
247.15723
1760
P G U UHY U+UHYA
57-42-1
PS
LM
Potent analgesic

PPP-M (dihydro-) AC
77, 98, 105, 115, 188
C15H21NO2
247.15723
1720
PS
LS/Q
Psychedelic
Designer drug

Prolintane-M (oxo-HO-alkyl-)
71, 86, 91, 156, 188
C15H21NO2
247.15723
2200
PS
LM/Q
Stimulant
synth. by Zhong/
Ruecker/Neugebauer

Toliprolol -H2O AC
72, 98, 140, 200, M+ 247
C15H21NO2
247.15723
2230
U+UHYAC
#2933-94-0
U+UHYAC
LM/Q
Beta-Blocker
rat

368

247

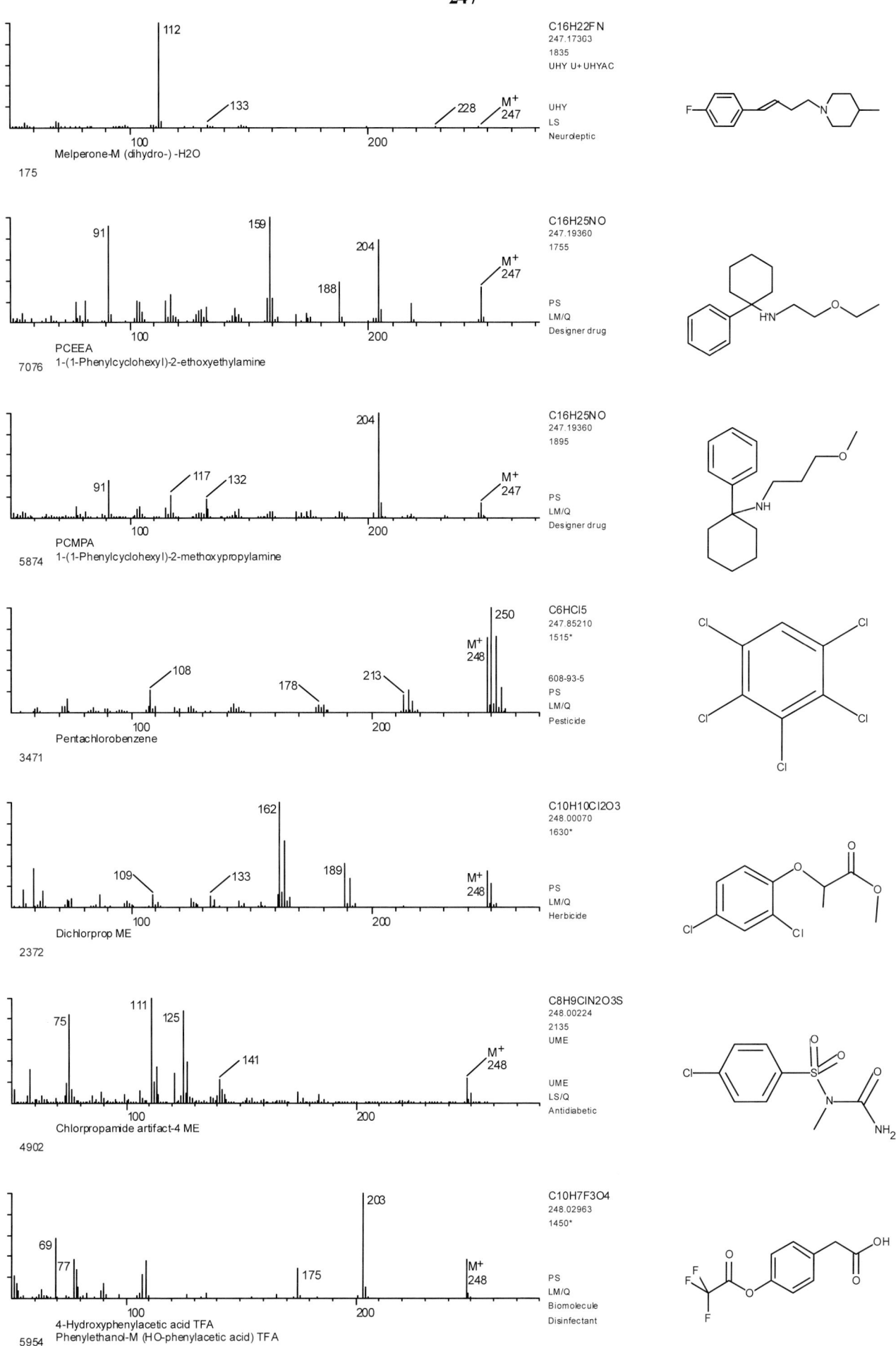

C16H22FN
247.17303
1835
UHY U+ UHYAC

UHY
LS
Neuroleptic

Melperone-M (dihydro-) -H2O
175

C16H25NO
247.19360
1755

PS
LM/Q
Designer drug

PCEEA
1-(1-Phenylcyclohexyl)-2-ethoxyethylamine
7076

C16H25NO
247.19360
1895

PS
LM/Q
Designer drug

PCMPA
1-(1-Phenylcyclohexyl)-2-methoxypropylamine
5874

C6HCl5
247.85210
1515*

608-93-5
PS
LM/Q
Pesticide

Pentachlorobenzene
3471

C10H10Cl2O3
248.00070
1630*

PS
LM/Q
Herbicide

Dichlorprop ME
2372

C8H9ClN2O3S
248.00224
2135
UME

UME
LS/Q
Antidiabetic

Chlorpropamide artifact-4 ME
4902

C10H7F3O4
248.02963
1450*

PS
LM/Q
Biomolecule
Disinfectant

4-Hydroxyphenylacetic acid TFA
Phenylethanol-M (HO-phenylacetic acid) TFA
5954

248

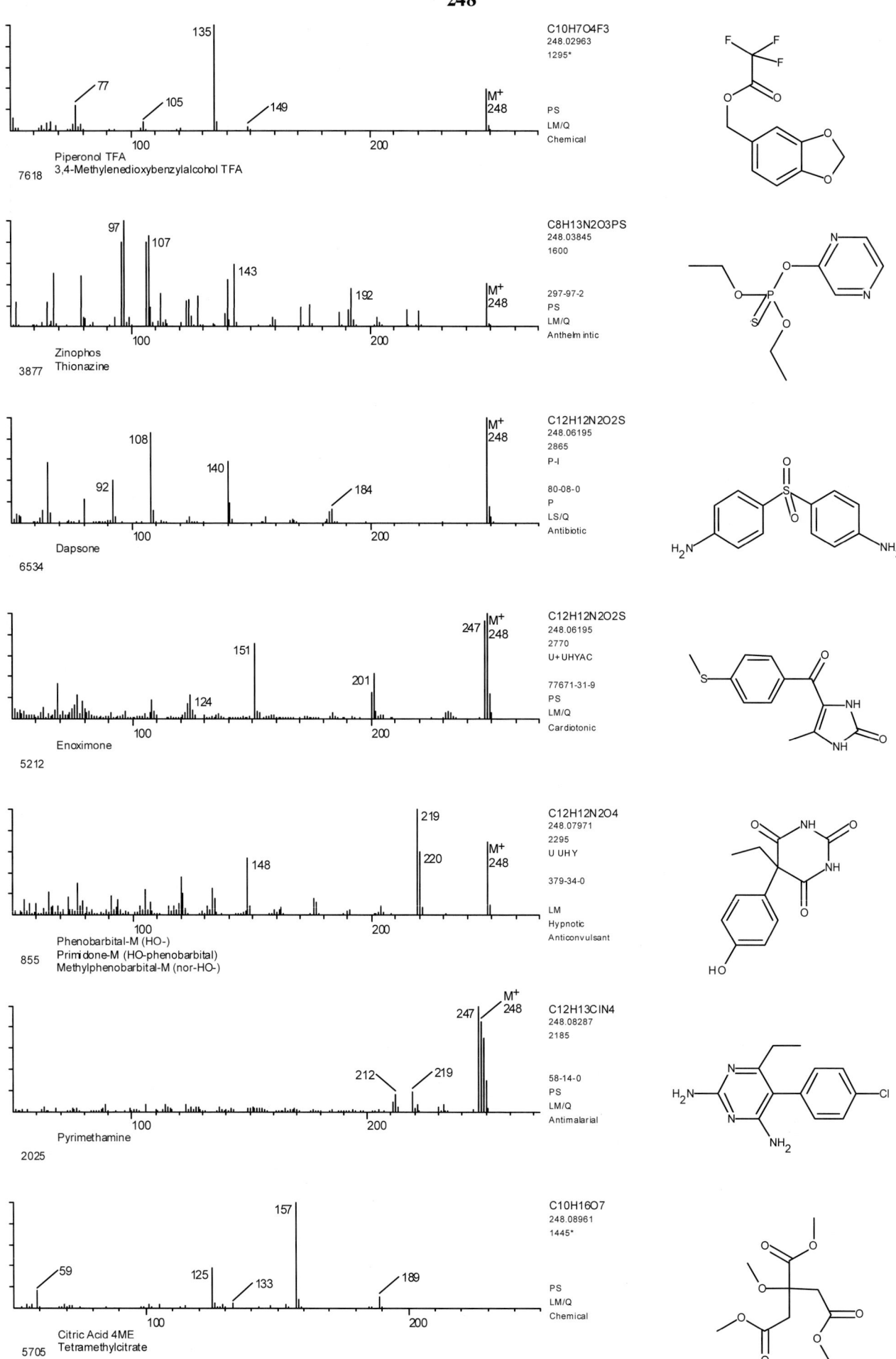

Piperonol TFA
3,4-Methylenedioxybenzylalcohol TFA
7618

C10H7O4F3
248.02963
1295*

PS
LM/Q
Chemical

Zinophos
Thionazine
3877

C8H13N2O3PS
248.03845
1600

297-97-2
PS
LM/Q
Anthelmintic

Dapsone
6534

C12H12N2O2S
248.06195
2865
P-I

80-08-0
P
LS/Q
Antibiotic

Enoximone
5212

C12H12N2O2S
248.06195
2770
U+UHYAC

77671-31-9
PS
LM/Q
Cardiotonic

Phenobarbital-M (HO-)
Primidone-M (HO-phenobarbital)
Methylphenobarbital-M (nor-HO-)
855

C12H12N2O4
248.07971
2295
U UHY

379-34-0

LM
Hypnotic
Anticonvulsant

Pyrimethamine
2025

C12H13ClN4
248.08287
2185

58-14-0
PS
LM/Q
Antimalarial

Citric Acid 4ME
Tetramethylcitrate
5705

C10H16O7
248.08961
1445*

PS
LM/Q
Chemical

248

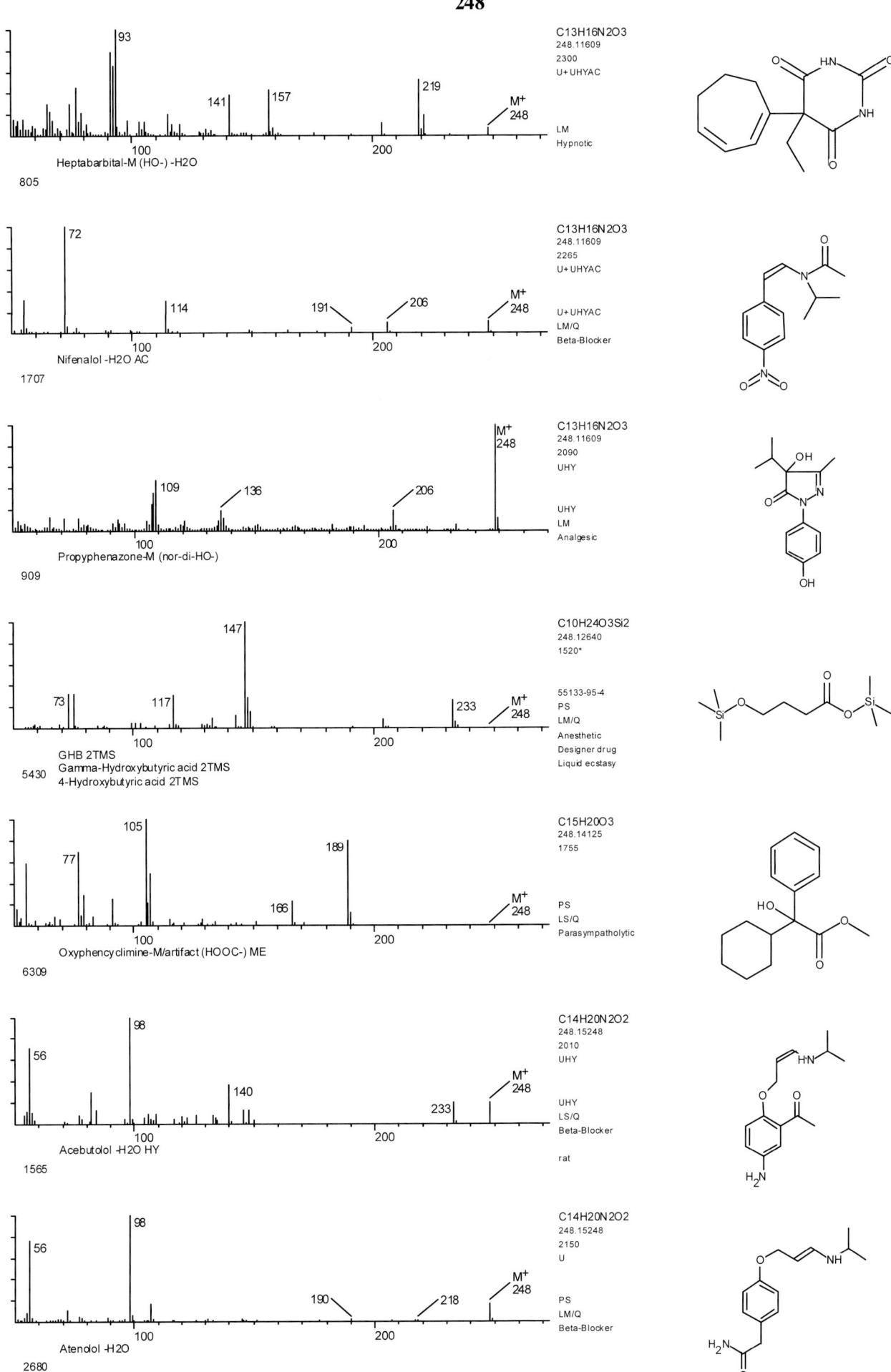

Heptabarbital-M (HO-) -H2O	C13H16N2O3
peaks: 93, 141, 157, 219, M+ 248	248.11609
805	2300
	U+ UHYAC
	LM
	Hypnotic

Nifenalol -H2O AC	C13H16N2O3
peaks: 72, 114, 191, 206, M+ 248	248.11609
1707	2265
	U+ UHYAC
	U+ UHYAC
	LM/Q
	Beta-Blocker

Propyphenazone-M (nor-di-HO-)	C13H16N2O3
peaks: 109, 136, 206, M+ 248	248.11609
909	2090
	UHY
	UHY
	LM
	Analgesic

GHB 2TMS	C10H24O3Si2
Gamma-Hydroxybutyric acid 2TMS	248.12640
4-Hydroxybutyric acid 2TMS	1520*
peaks: 73, 117, 147, 233, M+ 248	55133-95-4
5430	PS
	LM/Q
	Anesthetic
	Designer drug
	Liquid ecstasy

Oxyphencyclimine-M/artifact (HOOC-) ME	C15H20O3
peaks: 77, 105, 166, 189, M+ 248	248.14125
6309	1755
	PS
	LS/Q
	Parasympatholytic

Acebutolol -H2O HY	C14H20N2O2
peaks: 56, 98, 140, 233, M+ 248	248.15248
1565	2010
	UHY
	UHY
	LS/Q
	Beta-Blocker
	rat

Atenolol -H2O	C14H20N2O2
peaks: 56, 98, 190, 218, M+ 248	248.15248
2680	2150
	U
	PS
	LM/Q
	Beta-Blocker

248

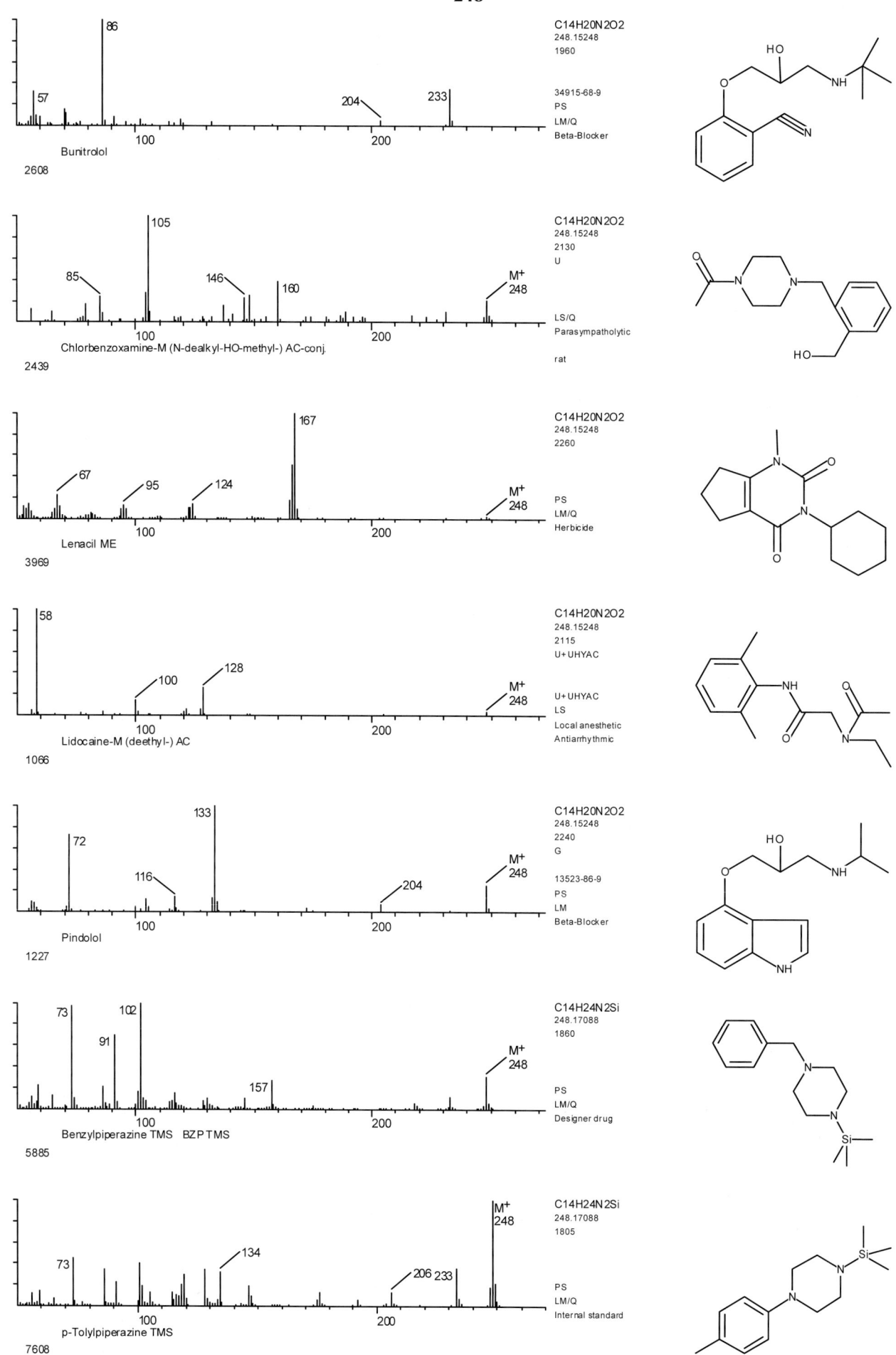

Bunitrolol	C14H20N2O2 248.15248 1960 / 34915-68-9 PS LM/Q Beta-Blocker
Chlorbenzoxamine-M (N-dealkyl-HO-methyl-) AC-conj.	C14H20N2O2 248.15248 2130 U LS/Q Parasympatholytic rat
Lenacil ME	C14H20N2O2 248.15248 2260 PS LM/Q Herbicide
Lidocaine-M (deethyl-) AC	C14H20N2O2 248.15248 2115 U+UHYAC U+UHYAC LS Local anesthetic Antiarrhythmic
Pindolol	C14H20N2O2 248.15248 2240 G 13523-86-9 PS LM Beta-Blocker
Benzylpiperazine TMS BZP TMS	C14H24N2Si 248.17088 1860 PS LM/Q Designer drug
p-Tolylpiperazine TMS	C14H24N2Si 248.17088 1805 PS LM/Q Internal standard

372

248

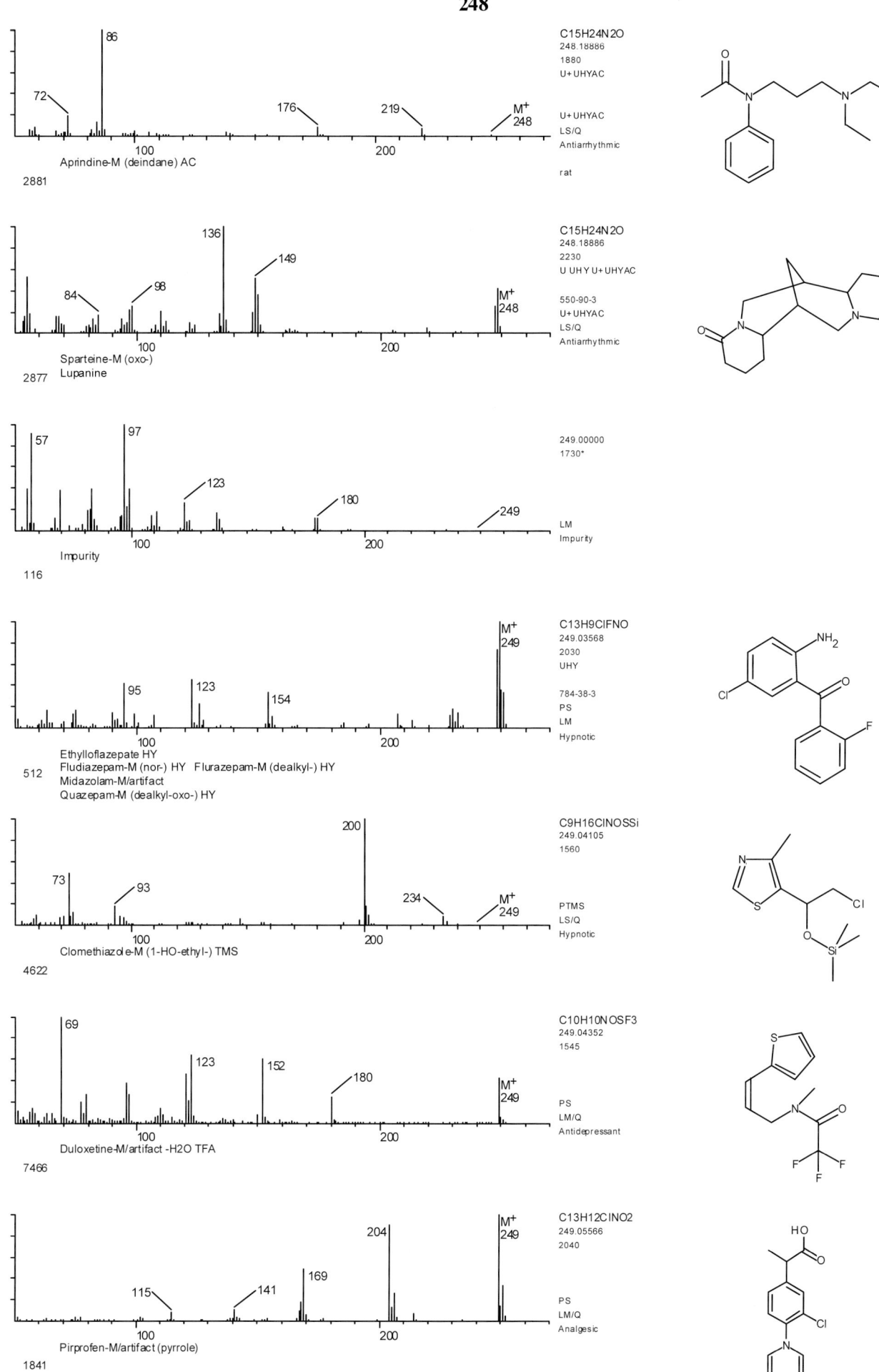

Aprindine-M (deindane) AC
2881

C15H24N2O
248.18886
1880
U+ UHYAC

U+ UHYAC
LS/Q
Antiarrhythmic
rat

Sparteine-M (oxo-) Lupanine
2877

C15H24N2O
248.18886
2230
U UHY U+ UHYAC

550-90-3
U+ UHYAC
LS/Q
Antiarrhythmic

Impurity
116

249.00000
1730*

LM
Impurity

Ethylloflazepate HY
Fludiazepam-M (nor-) HY Flurazepam-M (dealkyl-) HY
Midazolam-M/artifact
Quazepam-M (dealkyl-oxo-) HY
512

C13H9ClFNO
249.03568
2030
UHY

784-38-3
PS
LM
Hypnotic

Clomethiazole-M (1-HO-ethyl-) TMS
4622

C9H16ClNOSSi
249.04105
1560

PTMS
LS/Q
Hypnotic

Duloxetine-M/artifact -H2O TFA
7466

C10H10NOSF3
249.04352
1545

PS
LM/Q
Antidepressant

Pirprofen-M/artifact (pyrrole)
1841

C13H12ClNO2
249.05566
2040

PS
LM/Q
Analgesic

373

249

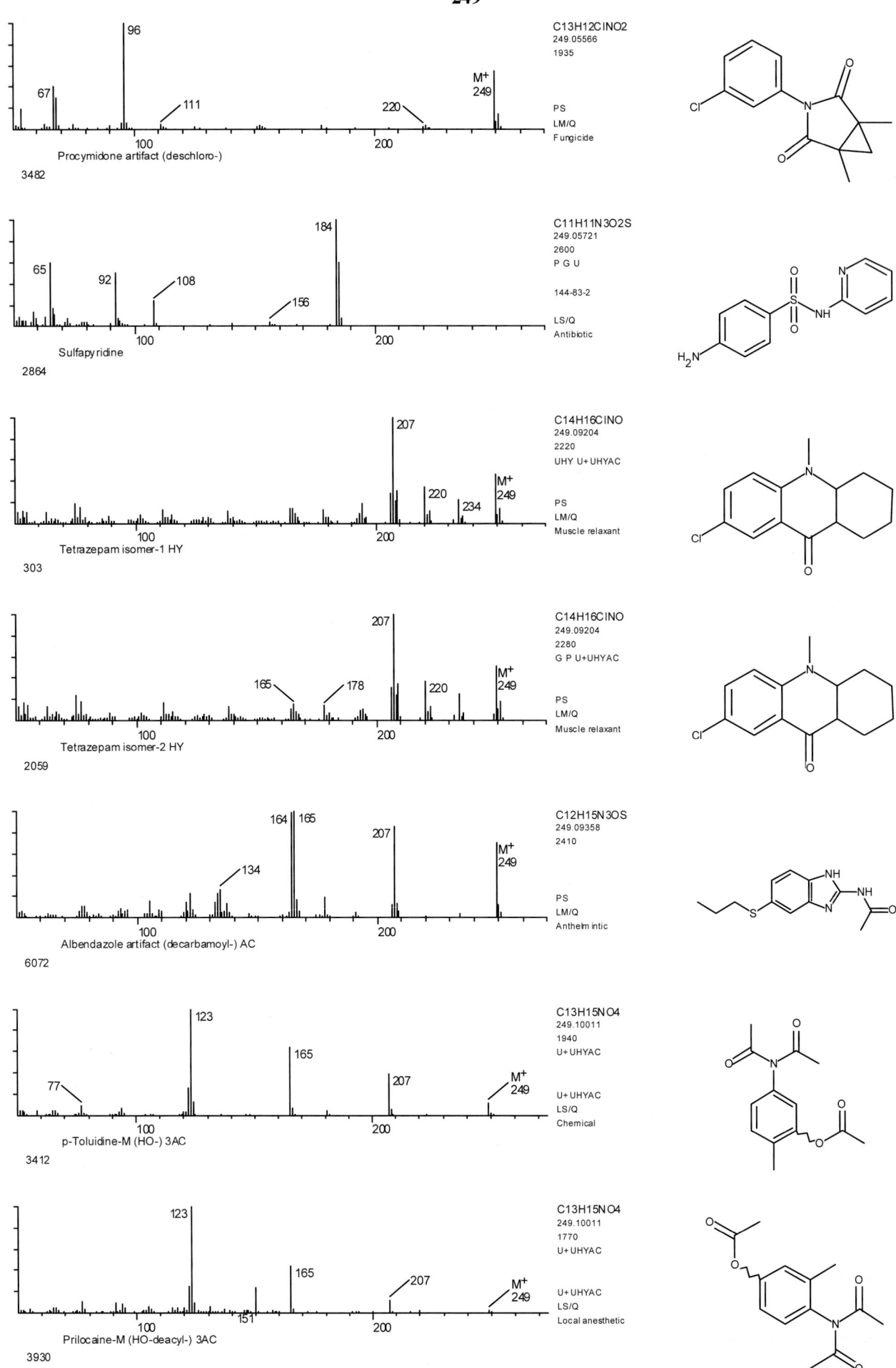

C13H12ClNO2
249.05566
1935

PS
LM/Q
Fungicide

Procymidone artifact (deschloro-)
3482

C11H11N3O2S
249.05721
2600
P G U

144-83-2

LS/Q
Antibiotic

Sulfapyridine
2864

C14H16ClNO
249.09204
2220
UHY U+ UHYAC

PS
LM/Q
Muscle relaxant

Tetrazepam isomer-1 HY
303

C14H16ClNO
249.09204
2280
G P U+UHYAC

PS
LM/Q
Muscle relaxant

Tetrazepam isomer-2 HY
2059

C12H15N3OS
249.09358
2410

PS
LM/Q
Anthelmintic

Albendazole artifact (decarbamoyl-) AC
6072

C13H15NO4
249.10011
1940
U+ UHYAC

U+ UHYAC
LS/Q
Chemical

p-Toluidine-M (HO-) 3AC
3412

C13H15NO4
249.10011
1770
U+ UHYAC

U+ UHYAC
LS/Q
Local anesthetic

Prilocaine-M (HO-deacyl-) 3AC
3930

374

249

Epinastine — C16H15N3, 249.12660, 2430, 80012-43-7, PS, LS/Q, Antihistamine
7262
Peaks: 116, 165, 178, 194, M+ 249

2,3-MBDB AC
1-(1,3-Benzodioxol-6-yl)butane-2-yl-methylazane AC — C14H19NO3, 249.13649, 1965, PS, LM/Q, Psychedelic Designer drug
5507
Peaks: 72, 114, 135, 176, M+ 249

2C-E-M (HO-) -H2O AC 2C-E-M (HO- N-acetyl-) -H2O
4-Ethyl-2,5-dimethoxyphenethylamine-M (HO-) -H2O AC — C14H19NO3, 249.13649, 2175, UGlucSPETF, LS/Q, Designer drug
7120
Peaks: 147, 175, 177, 190, M+ 249

Atomoxetine HY2AC
Fluoxetine HY2AC — C14H19NO3, 249.13649, 1890, U+UHYAC, PS, LM/Q, Antidepressant
4340
Peaks: 86, 98, 146, 206, M+ 249

Crotamiton-M (HOOC-dihydro-) ME — C14H19NO3, 249.13649, 1845, UGLUCME, LS/Q, Scabicide
5365
Peaks: 115, 120, 162, 218, M+ 249

Ephedrine 2AC
Metamfepramone-M (nor-dihydro-) 2AC
Methylephedrine-M (nor-) 2AC — C14H19NO3, 249.13649, 1795, PAC U+UHYAC, 55133-90-9, PS, LM/Q, Sympathomimetic
749
Peaks: 58, 100, 117, 148, M+ 249

Labetalol-M (HO-) isomer-1 artifact 2AC — C14H19NO3, 249.13649, 1940, U+UHYAC, U+UHYAC, LM/Q, Antihypertensive
1702
Peaks: 86, 104, 147, 206, M+ 249

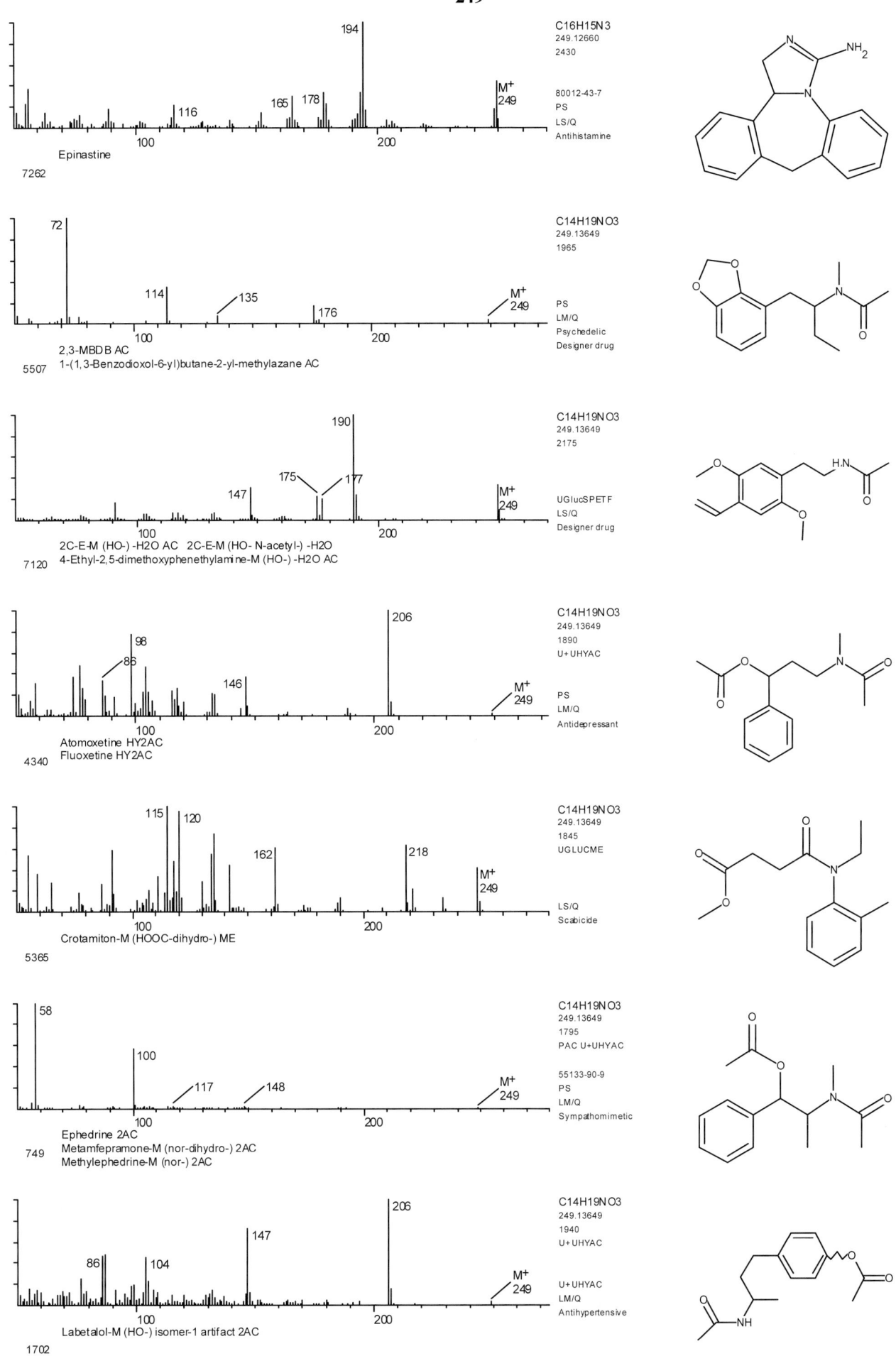

249

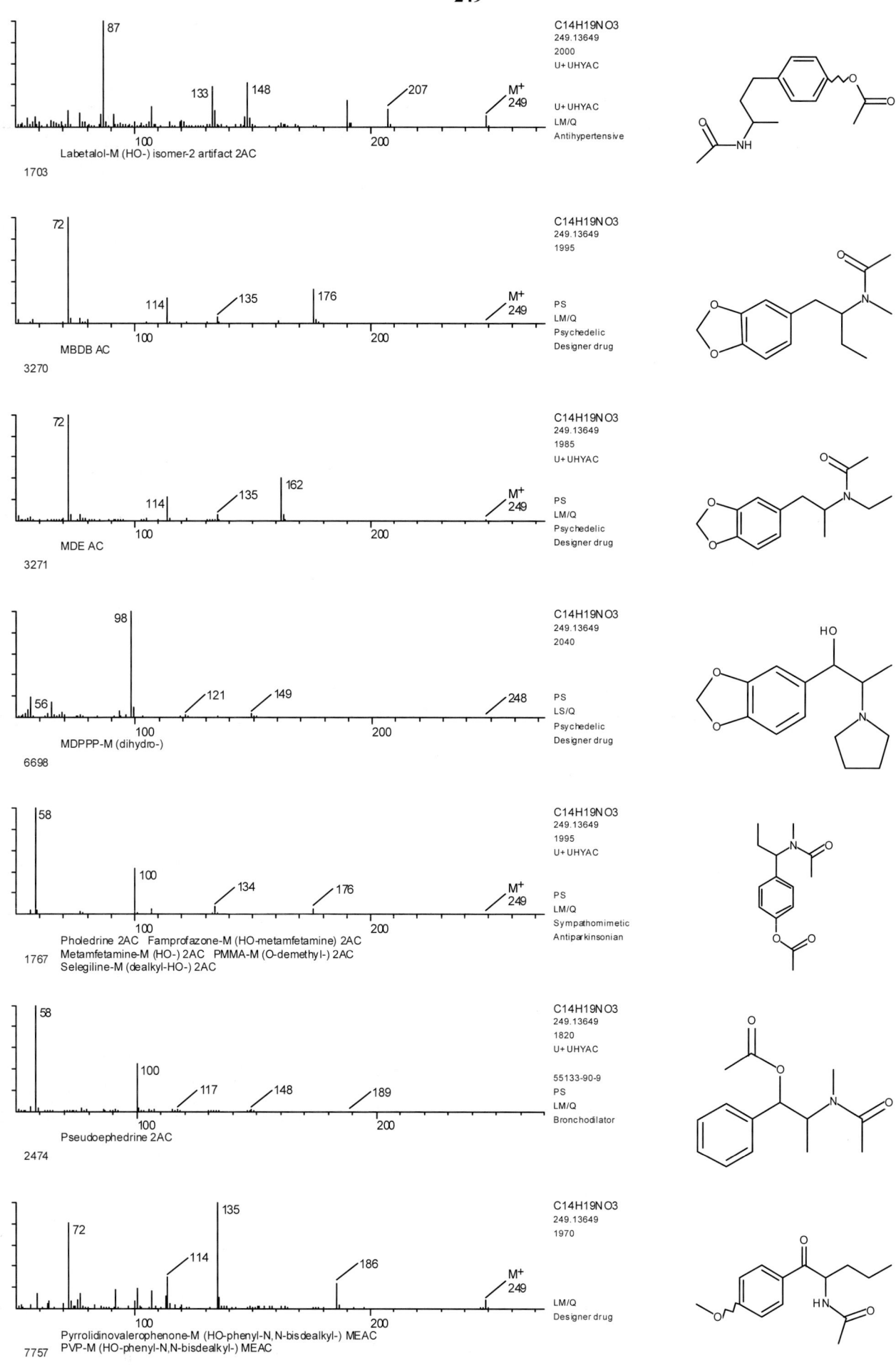

Labetalol-M (HO-) isomer-2 artifact 2AC
1703
C14H19NO3
249.13649
2000
U+ UHYAC
U+ UHYAC
LM/Q
Antihypertensive
Peaks: 87, 133, 148, 207, M+ 249

MBDB AC
3270
C14H19NO3
249.13649
1995
PS
LM/Q
Psychedelic
Designer drug
Peaks: 72, 114, 135, 176, M+ 249

MDE AC
3271
C14H19NO3
249.13649
1985
U+ UHYAC
PS
LM/Q
Psychedelic
Designer drug
Peaks: 72, 114, 135, 162, M+ 249

MDPPP-M (dihydro-)
6698
C14H19NO3
249.13649
2040
PS
LS/Q
Psychedelic
Designer drug
Peaks: 56, 98, 121, 149, 248

Pholedrine 2AC   Famprofazone-M (HO-metamfetamine) 2AC
Metamfetamine-M (HO-) 2AC   PMMA-M (O-demethyl-) 2AC
Selegiline-M (dealkyl-HO-) 2AC
1767
C14H19NO3
249.13649
1995
U+ UHYAC
PS
LM/Q
Sympathomimetic
Antiparkinsonian
Peaks: 58, 100, 134, 176, M+ 249

Pseudoephedrine 2AC
2474
C14H19NO3
249.13649
1820
U+ UHYAC
55133-90-9
PS
LM/Q
Bronchodilator
Peaks: 58, 100, 117, 148, 189

Pyrrolidinovalerophenone-M (HO-phenyl-N,N-bisdealkyl-) MEAC
PVP-M (HO-phenyl-N,N-bisdealkyl-) MEAC
7757
C14H19NO3
249.13649
1970
LM/Q
Designer drug
Peaks: 72, 114, 135, 186, M+ 249

376

249

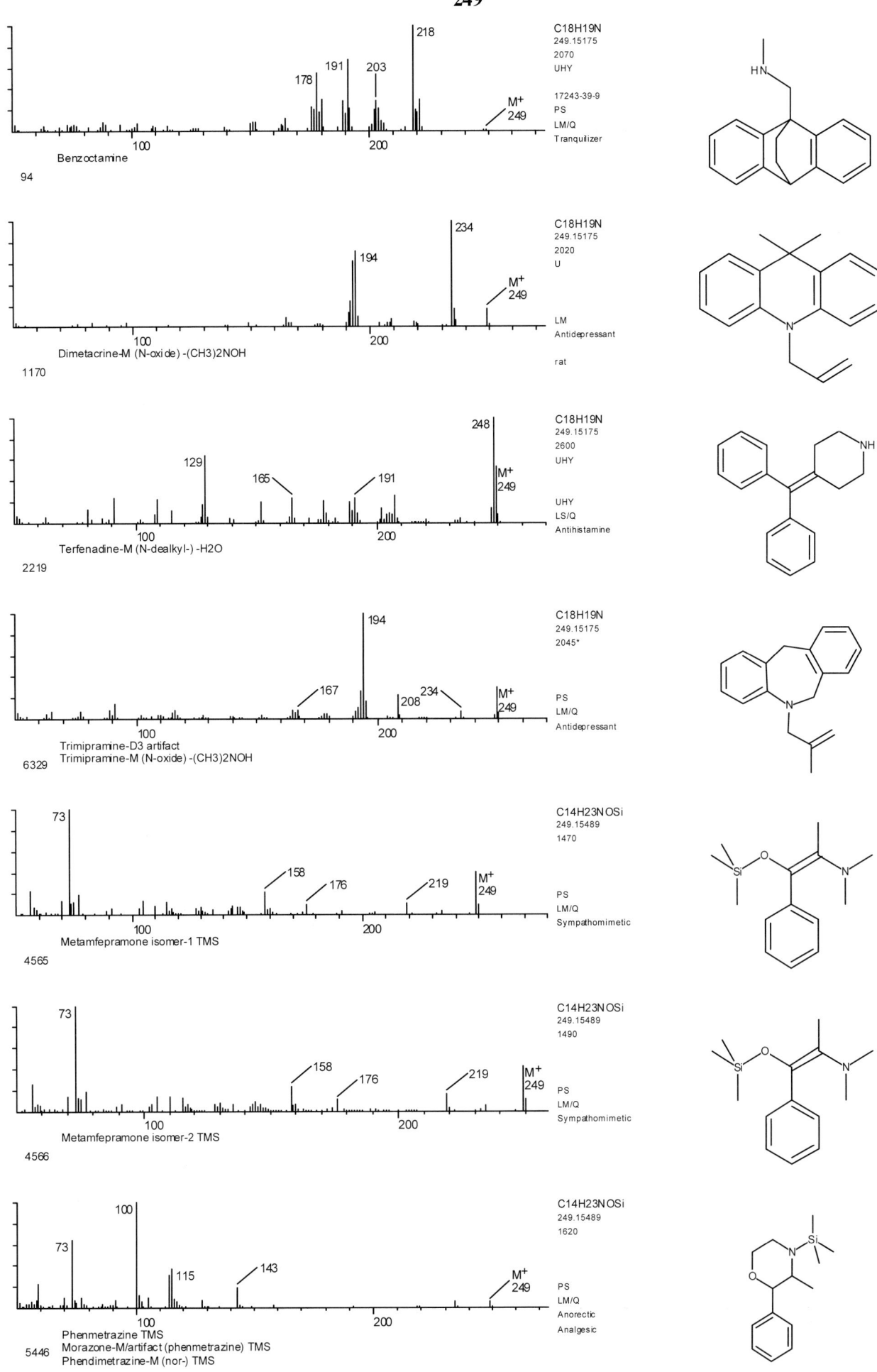

Benzoctamine	178, 191, 203, 218, M+ 249	C18H19N 249.15175 2070 UHY 17243-39-9 PS LM/Q Tranquilizer
Dimetacrine-M (N-oxide) -(CH3)2NOH	194, 234, M+ 249	C18H19N 249.15175 2020 U LM Antidepressant rat
Terfenadine-M (N-dealkyl-) -H2O	129, 165, 191, 248, M+ 249	C18H19N 249.15175 2600 UHY UHY LS/Q Antihistamine
Trimipramine-D3 artifact / Trimipramine-M (N-oxide) -(CH3)2NOH	167, 194, 208, 234, M+ 249	C18H19N 249.15175 2045* PS LM/Q Antidepressant
Metamfepramone isomer-1 TMS	73, 158, 176, 219, M+ 249	C14H23NOSi 249.15489 1470 PS LM/Q Sympathomimetic
Metamfepramone isomer-2 TMS	73, 158, 176, 219, M+ 249	C14H23NOSi 249.15489 1490 PS LM/Q Sympathomimetic
Phenmetrazine TMS / Morazone-M/artifact (phenmetrazine) TMS / Phendimetrazine-M (nor-) TMS	73, 100, 115, 143, M+ 249	C14H23NOSi 249.15489 1620 PS LM/Q Anorectic Analgesic

377

249

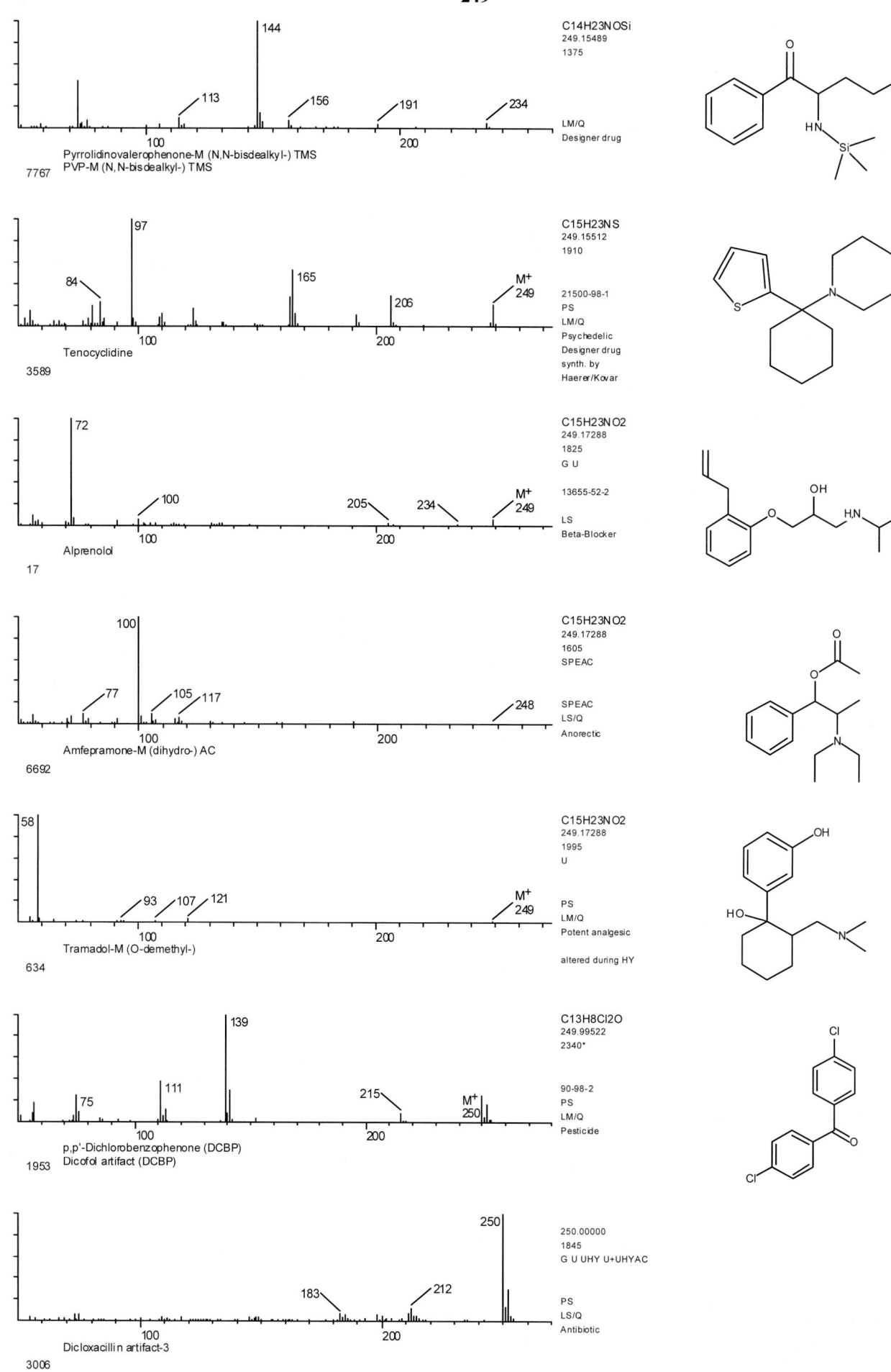

Pyrrolidinovalerophenone-M (N,N-bisdealkyl-) TMS
PVP-M (N,N-bisdealkyl-) TMS
7767

C14H23NOSi
249.15489
1375

LM/Q
Designer drug

Peaks: 113, 144, 156, 191, 234

Tenocyclidine
3589

C15H23NS
249.15512
1910
21500-98-1
PS
LM/Q
Psychedelic
Designer drug
synth. by
Haerer/Kovar

Peaks: 84, 97, 165, 206, M+ 249

Alprenolol
17

C15H23NO2
249.17288
1825
G U
13655-52-2
LS
Beta-Blocker

Peaks: 72, 100, 205, 234, M+ 249

Amfepramone-M (dihydro-) AC
6692

C15H23NO2
249.17288
1605
SPEAC
SPEAC
LS/Q
Anorectic

Peaks: 77, 100, 105, 117, 248

Tramadol-M (O-demethyl-)
634

C15H23NO2
249.17288
1995
U
PS
LM/Q
Potent analgesic
altered during HY

Peaks: 58, 93, 107, 121, M+ 249

---

p,p'-Dichlorobenzophenone (DCBP)
Dicofol artifact (DCBP)
1953

C13H8Cl2O
249.99522
2340*
90-98-2
PS
LM/Q
Pesticide

Peaks: 75, 111, 139, 215, M+ 250

Dicloxacillin artifact-3
3006

250.00000
1845
G U UHY U+UHYAC
PS
LS/Q
Antibiotic

Peaks: 183, 212, 250

250

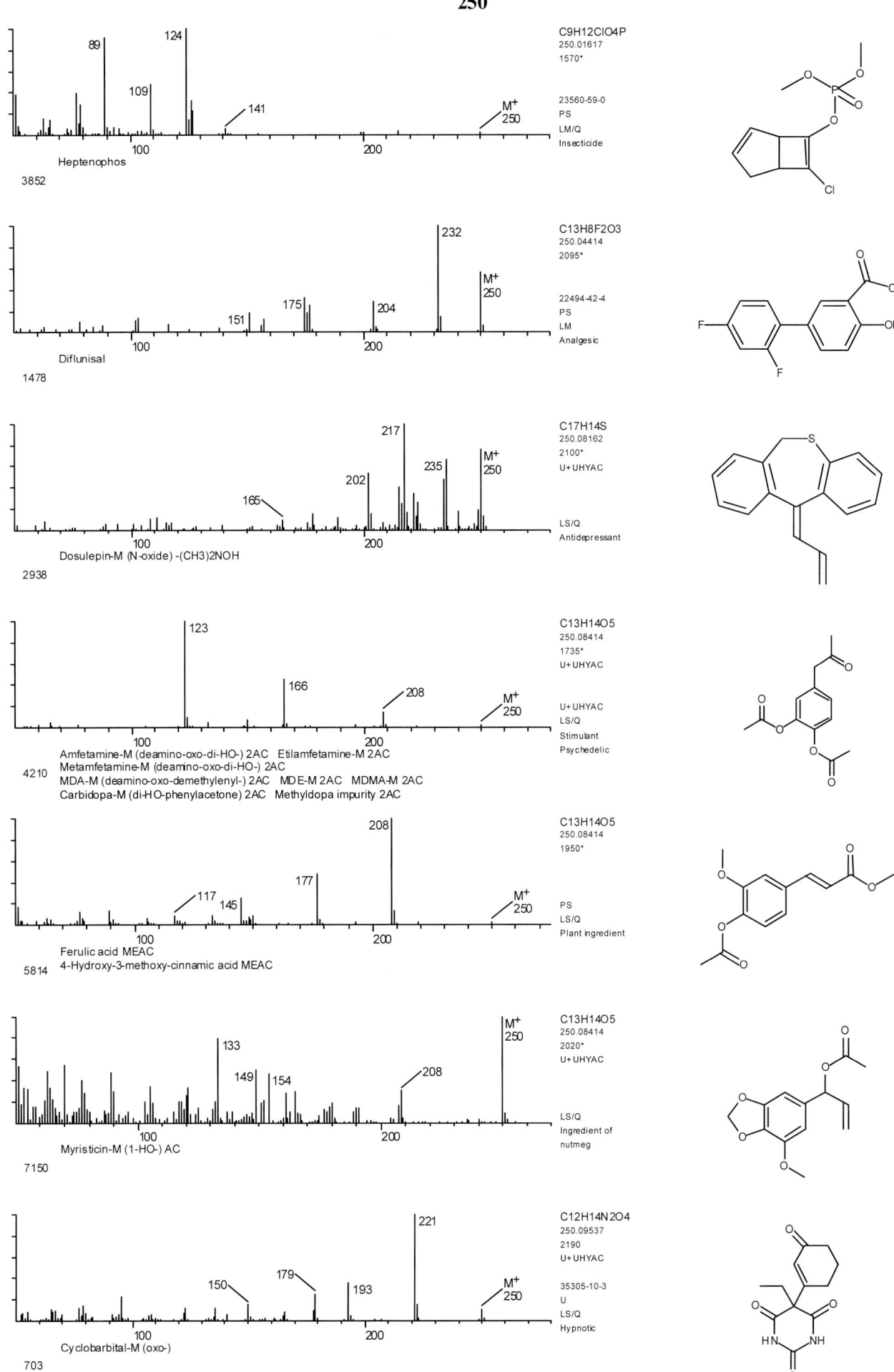

C9H12ClO4P
250.01617
1570*

23560-59-0
PS
LM/Q
Insecticide

Heptenophos
3852

C13H8F2O3
250.04414
2095*

22494-42-4
PS
LM
Analgesic

Diflunisal
1478

C17H14S
250.08162
2100*
U+ UHYAC

LS/Q
Antidepressant

Dosulepin-M (N-oxide) -(CH3)2NOH
2938

C13H14O5
250.08414
1735*
U+ UHYAC

U+ UHYAC
LS/Q
Stimulant
Psychedelic

Amfetamine-M (deamino-oxo-di-HO-) 2AC   Etilamfetamine-M 2AC
Metamfetamine-M (deamino-oxo-di-HO-) 2AC
MDA-M (deamino-oxo-demethylenyl-) 2AC   MDE-M 2AC   MDMA-M 2AC
Carbidopa-M (di-HO-phenylacetone) 2AC   Methyldopa impurity 2AC
4210

C13H14O5
250.08414
1950*

PS
LS/Q
Plant ingredient

Ferulic acid MEAC
4-Hydroxy-3-methoxy-cinnamic acid MEAC
5814

C13H14O5
250.08414
2020*
U+ UHYAC

LS/Q
Ingredient of
nutmeg

Myristicin-M (1-HO-) AC
7150

C12H14N2O4
250.09537
2190
U+ UHYAC

35305-10-3
U
LS/Q
Hypnotic

Cyclobarbital-M (oxo-)
703

250

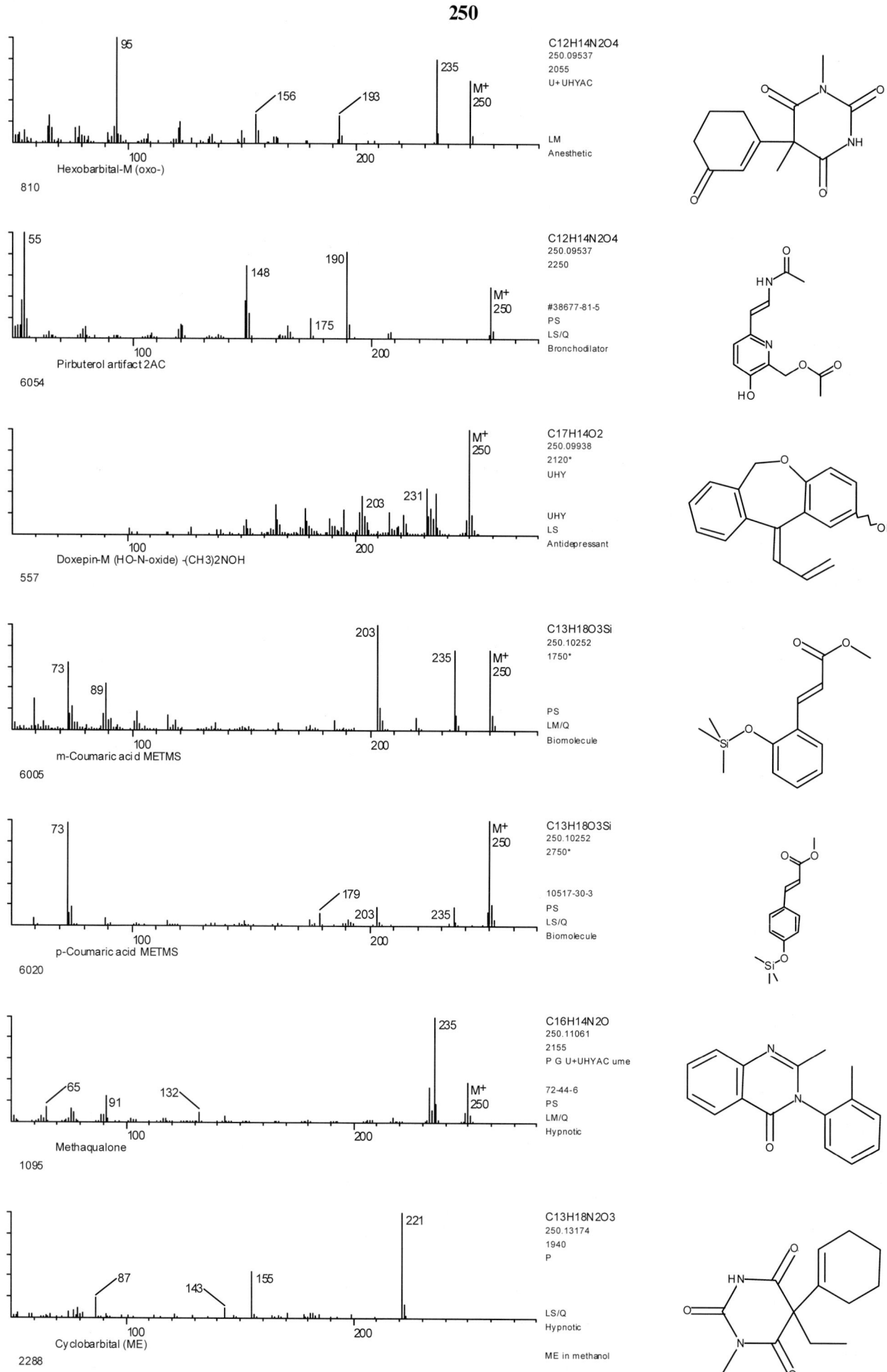

Hexobarbital-M (oxo-)
810
C12H14N2O4
250.09537
2055
U+ UHYAC
LM
Anesthetic

Pirbuterol artifact 2AC
6054
C12H14N2O4
250.09537
2250
#38677-81-5
PS
LS/Q
Bronchodilator

Doxepin-M (HO-N-oxide) -(CH3)2NOH
557
C17H14O2
250.09938
2120*
UHY
UHY
LS
Antidepressant

m-Coumaric acid METMS
6005
C13H18O3Si
250.10252
1750*
PS
LM/Q
Biomolecule

p-Coumaric acid METMS
6020
C13H18O3Si
250.10252
2750*
10517-30-3
PS
LS/Q
Biomolecule

Methaqualone
1095
C16H14N2O
250.11061
2155
P G U+UHYAC ume
72-44-6
PS
LM/Q
Hypnotic

Cyclobarbital (ME)
2288
C13H18N2O3
250.13174
1940
P
LS/Q
Hypnotic
ME in methanol

250

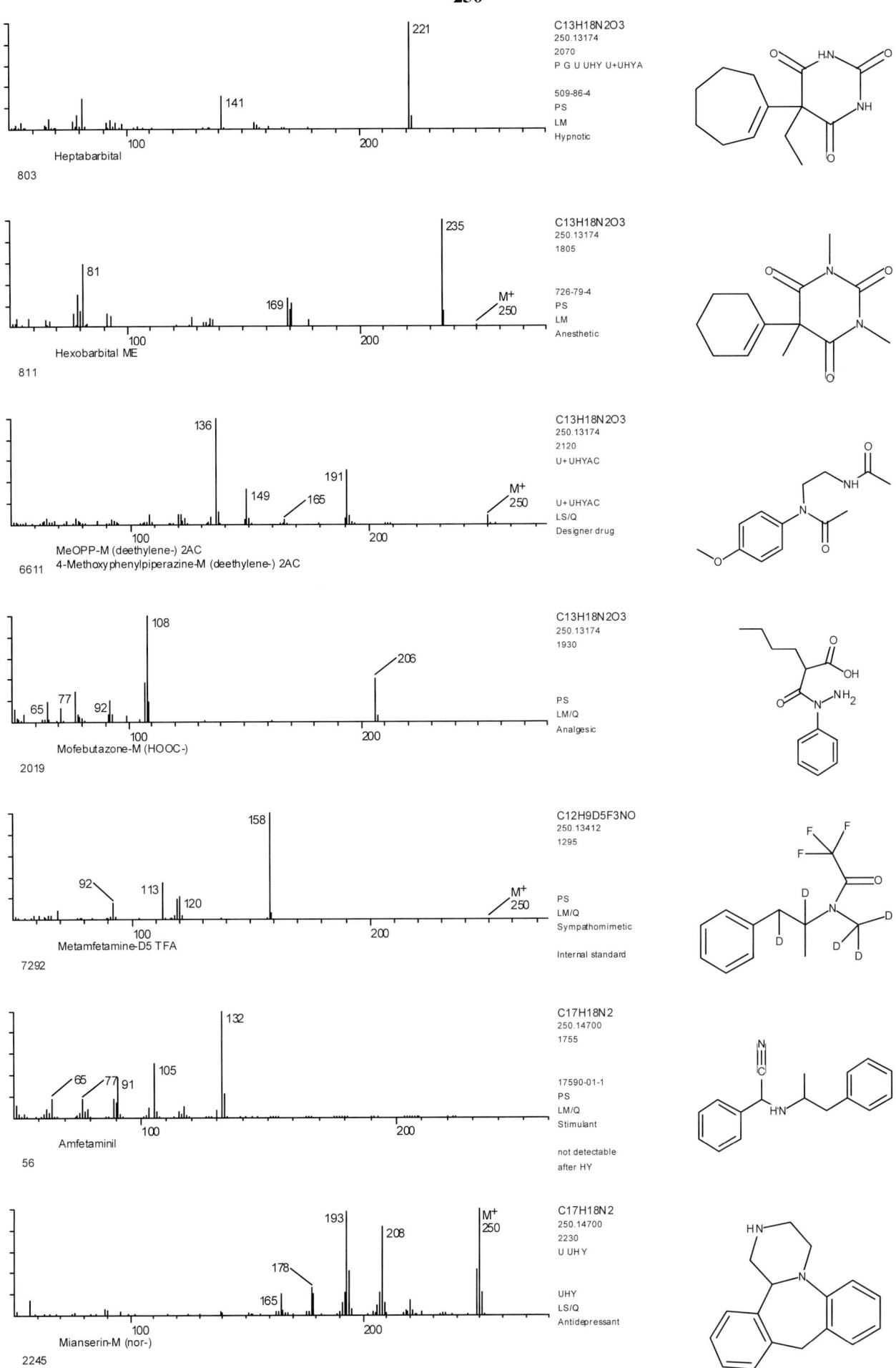

Heptabarbital
803
C13H18N2O3
250.13174
2070
P G U UHY U+UHYA

509-86-4
PS
LM
Hypnotic

Hexobarbital ME
811
C13H18N2O3
250.13174
1805

726-79-4
PS
LM
Anesthetic

MeOPP-M (deethylene-) 2AC
4-Methoxyphenylpiperazine-M (deethylene-) 2AC
6611
C13H18N2O3
250.13174
2120
U+UHYAC

U+UHYAC
LS/Q
Designer drug

Mofebutazone-M (HOOC-)
2019
C13H18N2O3
250.13174
1930

PS
LM/Q
Analgesic

Metamfetamine-D5 TFA
7292
C12H9D5F3NO
250.13412
1295

PS
LM/Q
Sympathomimetic

Internal standard

Amfetaminil
56
C17H18N2
250.14700
1755

17590-01-1
PS
LM/Q
Stimulant

not detectable after HY

Mianserin-M (nor-)
2245
C17H18N2
250.14700
2230
U UHY

UHY
LS/Q
Antidepressant

250

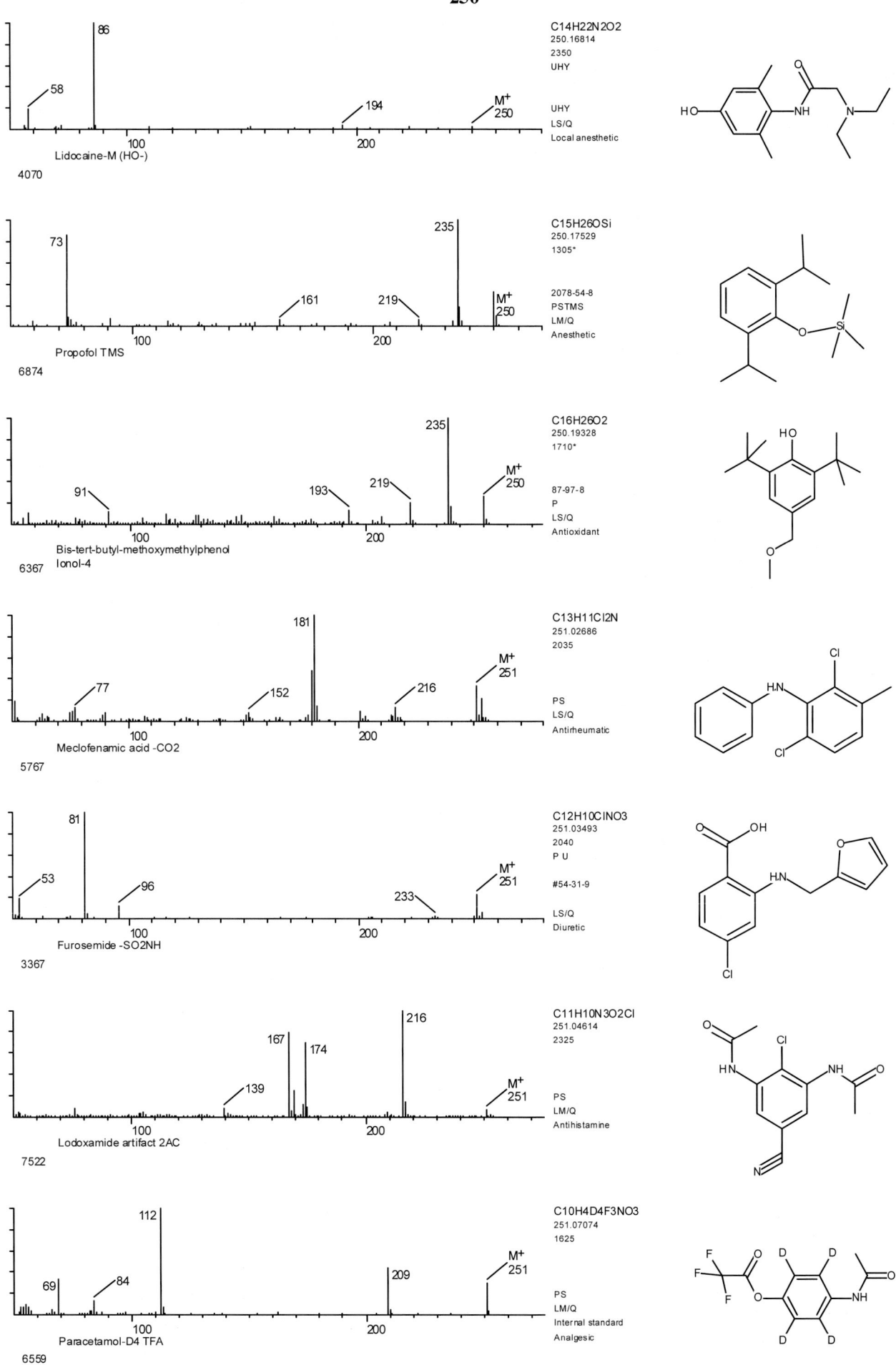

Lidocaine-M (HO-) — 4070	C14H22N2O2 250.16814 2350 UHY UHY LS/Q Local anesthetic
Propofol TMS — 6874	C15H26OSi 250.17529 1305* 2078-54-8 PSTMS LM/Q Anesthetic
Bis-tert-butyl-methoxymethylphenol Ionol-4 — 6367	C16H26O2 250.19328 1710* 87-97-8 P LS/Q Antioxidant
Meclofenamic acid -CO2 — 5767	C13H11Cl2N 251.02686 2035 PS LS/Q Antirheumatic
Furosemide -SO2NH — 3367	C12H10ClNO3 251.03493 2040 P U #54-31-9 LS/Q Diuretic
Lodoxamide artifact 2AC — 7522	C11H10N3O2Cl 251.04614 2325 PS LM/Q Antihistamine
Paracetamol-D4 TFA — 6559	C10H4D4F3NO3 251.07074 1625 PS LM/Q Internal standard Analgesic

251

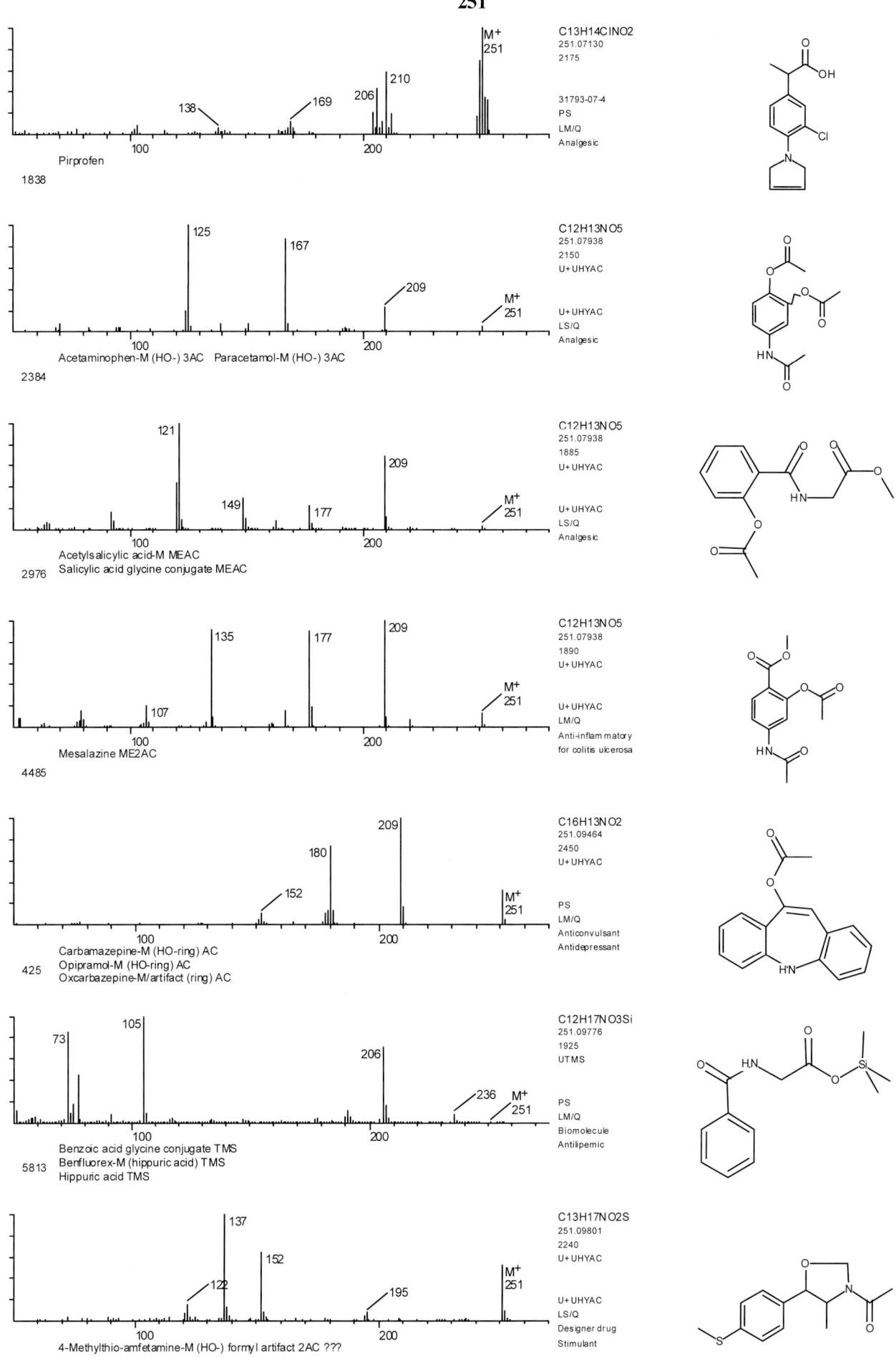

C13H14ClNO2
251.07130
2175

31793-07-4
PS
LM/Q
Analgesic

Pirprofen
1838

C12H13NO5
251.07938
2150
U+ UHYAC

U+ UHYAC
LS/Q
Analgesic

Acetaminophen-M (HO-) 3AC   Paracetamol-M (HO-) 3AC
2384

C12H13NO5
251.07938
1885
U+ UHYAC

U+ UHYAC
LS/Q
Analgesic

Acetylsalicylic acid-M MEAC
Salicylic acid glycine conjugate MEAC
2976

C12H13NO5
251.07938
1890
U+ UHYAC

U+ UHYAC
LM/Q
Anti-inflammatory
for colitis ulcerosa

Mesalazine ME2AC
4485

C16H13NO2
251.09464
2450
U+ UHYAC

PS
LM/Q
Anticonvulsant
Antidepressant

Carbamazepine-M (HO-ring) AC
Opipramol-M (HO-ring) AC
Oxcarbazepine-M/artifact (ring) AC
425

C12H17NO3Si
251.09776
1925
UTMS

PS
LM/Q
Biomolecule
Antilipemic

Benzoic acid glycine conjugate TMS
Benfluorex-M (hippuric acid) TMS
Hippuric acid TMS
5813

C13H17NO2S
251.09801
2240
U+ UHYAC

U+ UHYAC
LS/Q
Designer drug
Stimulant

4-Methylthio-amfetamine-M (HO-) formyl artifact 2AC ???
6902

383

251

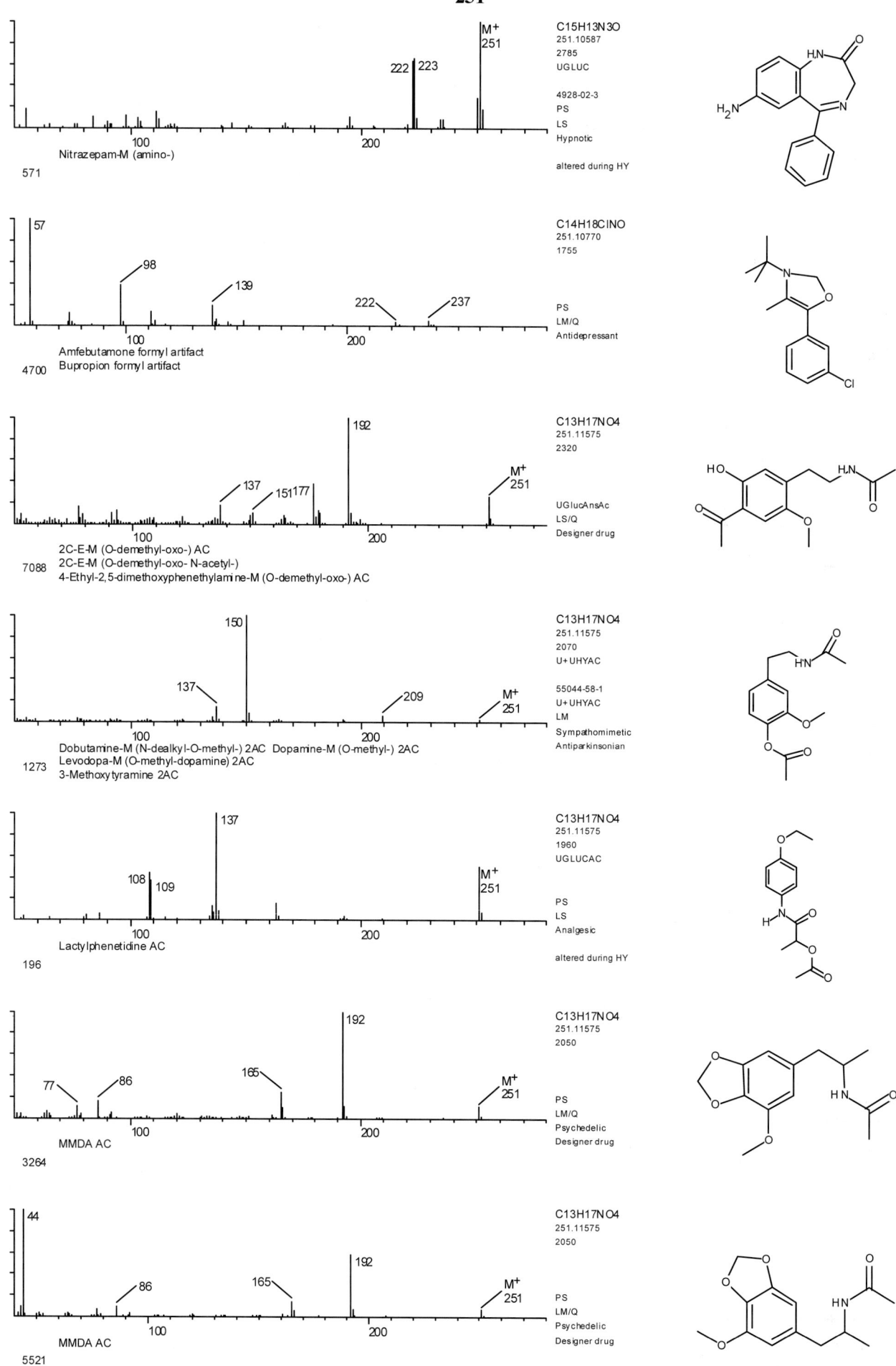

C15H13N3O
251.10587
2785
UGLUC

4928-02-3
PS
LS
Hypnotic

altered during HY

Nitrazepam-M (amino-)
571

C14H18ClNO
251.10770
1755

PS
LM/Q
Antidepressant

Amfebutamone formyl artifact
Bupropion formyl artifact
4700

C13H17NO4
251.11575
2320

UGlucAnsAc
LS/Q
Designer drug

2C-E-M (O-demethyl-oxo-) AC
2C-E-M (O-demethyl-oxo- N-acetyl-)
4-Ethyl-2,5-dimethoxyphenethylamine-M (O-demethyl-oxo-) AC
7088

C13H17NO4
251.11575
2070
U+UHYAC

55044-58-1
U+UHYAC
LM
Sympathomimetic
Antiparkinsonian

Dobutamine-M (N-dealkyl-O-methyl-) 2AC Dopamine-M (O-methyl-) 2AC
Levodopa-M (O-methyl-dopamine) 2AC
3-Methoxytyramine 2AC
1273

C13H17NO4
251.11575
1960
UGLUCAC

PS
LS
Analgesic

altered during HY

Lactylphenetidine AC
196

C13H17NO4
251.11575
2050

PS
LM/Q
Psychedelic
Designer drug

MMDA AC
3264

C13H17NO4
251.11575
2050

PS
LM/Q
Psychedelic
Designer drug

MMDA AC
5521

251

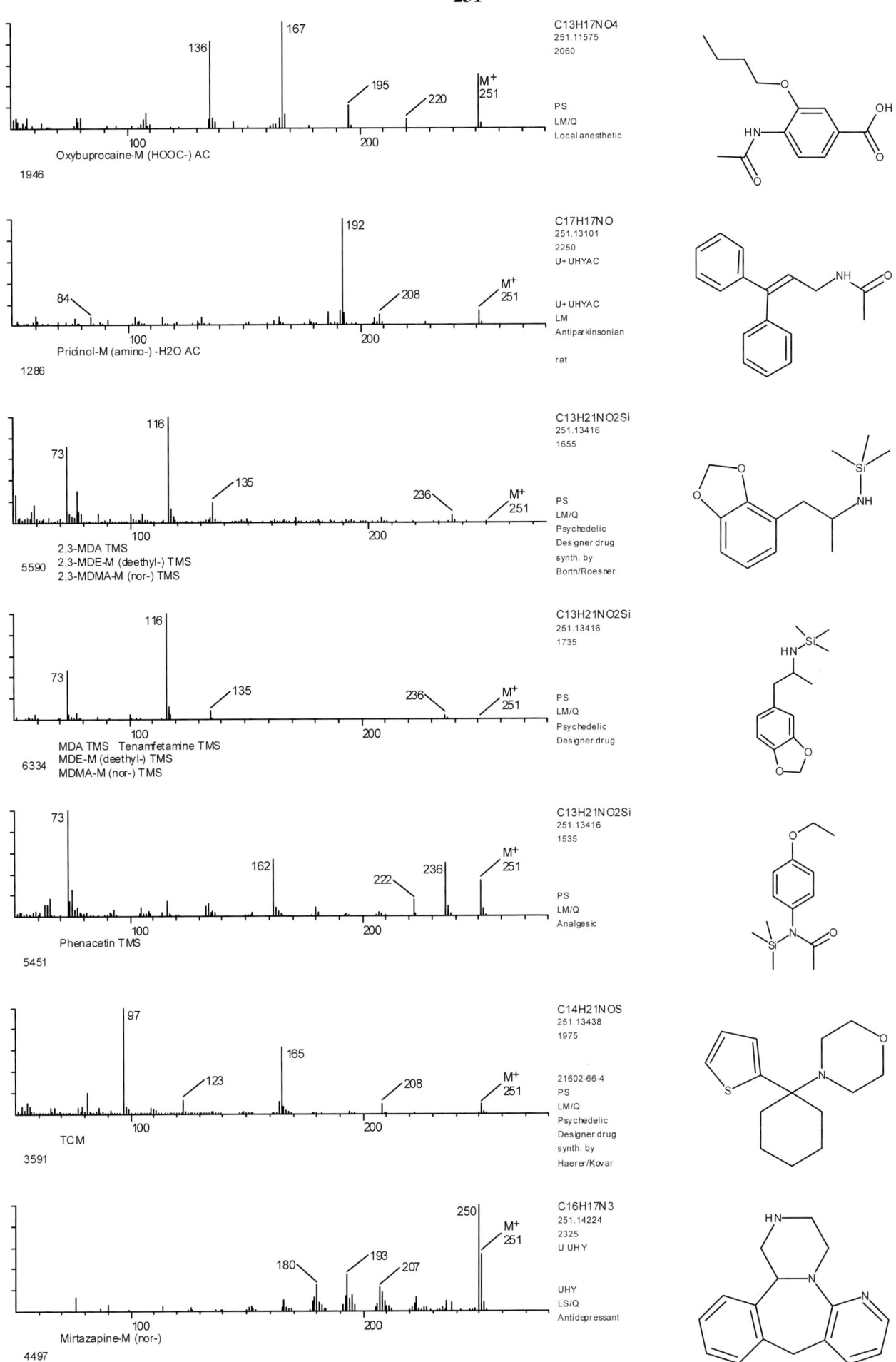

Oxybuprocaine-M (HOOC-) AC
C13H17NO4
251.11575
2060
PS
LM/Q
Local anesthetic

Pridinol-M (amino-) -H2O AC
C17H17NO
251.13101
2250
U+ UHYAC
U+ UHYAC
LM
Antiparkinsonian
rat

2,3-MDA TMS
2,3-MDE-M (deethyl-) TMS
2,3-MDMA-M (nor-) TMS
C13H21NO2Si
251.13416
1655
PS
LM/Q
Psychedelic
Designer drug
synth. by
Borth/Roesner

MDA TMS   Tenamfetamine TMS
MDE-M (deethyl-) TMS
MDMA-M (nor-) TMS
C13H21NO2Si
251.13416
1735
PS
LM/Q
Psychedelic
Designer drug

Phenacetin TMS
C13H21NO2Si
251.13416
1535
PS
LM/Q
Analgesic

TCM
C14H21NOS
251.13438
1975
21602-66-4
PS
LM/Q
Psychedelic
Designer drug
synth. by
Haerer/Kovar

Mirtazapine-M (nor-)
C16H17N3
251.14224
2325
U UHY
UHY
LS/Q
Antidepressant

251

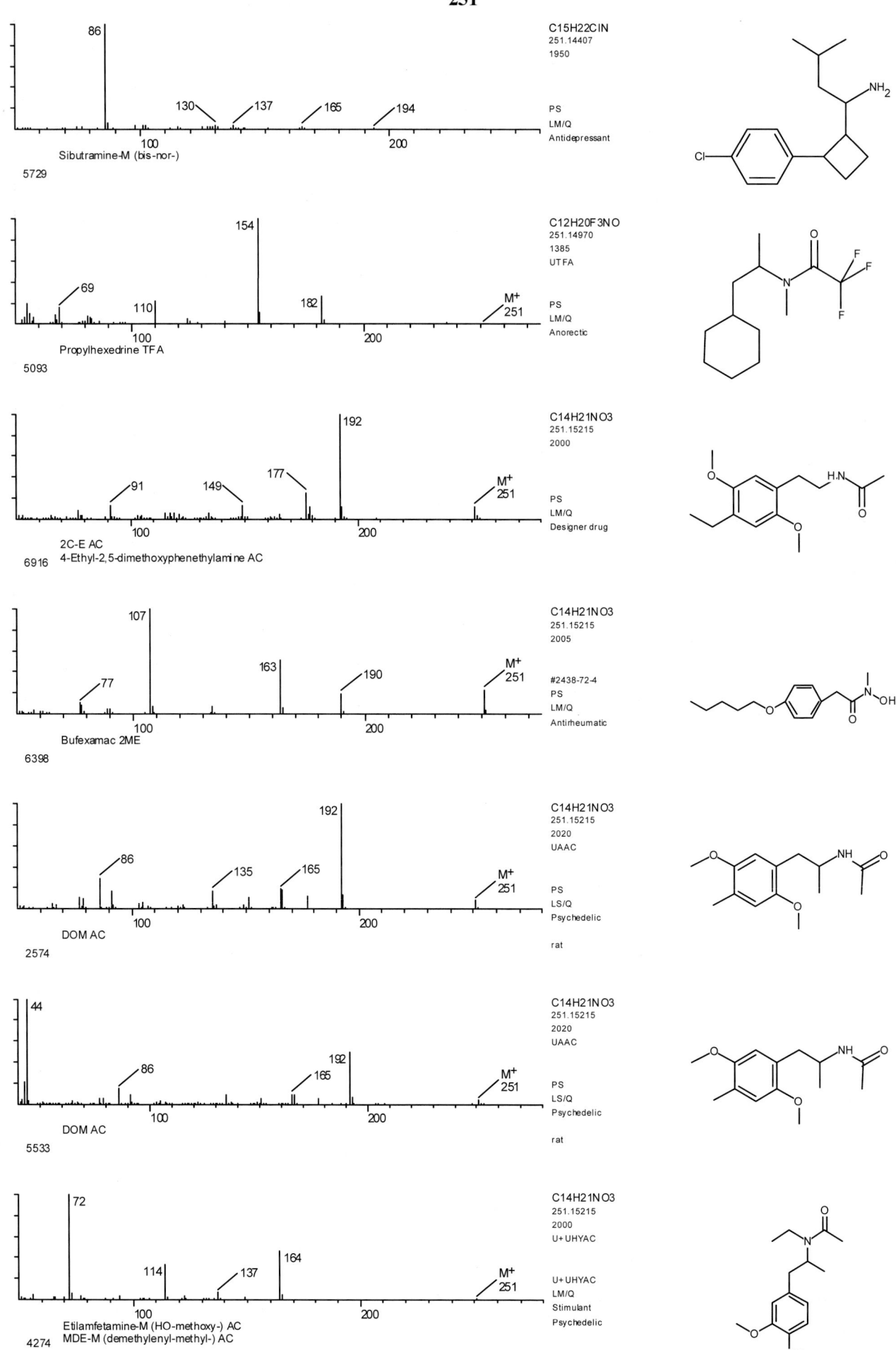

Sibutramine-M (bis-nor-)
5729
C15H22ClN
251.14407
1950
PS
LM/Q
Antidepressant

Propylhexedrine TFA
5093
C12H20F3NO
251.14970
1385
UTFA
PS
LM/Q
Anorectic

2C-E AC
4-Ethyl-2,5-dimethoxyphenethylamine AC
6916
C14H21NO3
251.15215
2000
PS
LM/Q
Designer drug

Bufexamac 2ME
6398
C14H21NO3
251.15215
2005
#2438-72-4
PS
LM/Q
Antirheumatic

DOM AC
2574
C14H21NO3
251.15215
2020
UAAC
PS
LS/Q
Psychedelic
rat

DOM AC
5533
C14H21NO3
251.15215
2020
UAAC
PS
LS/Q
Psychedelic
rat

Etilamfetamine-M (HO-methoxy-) AC
MDE-M (demethylenyl-methyl-) AC
4274
C14H21NO3
251.15215
2000
U+ UHYAC
U+ UHYAC
LM/Q
Stimulant
Psychedelic

251

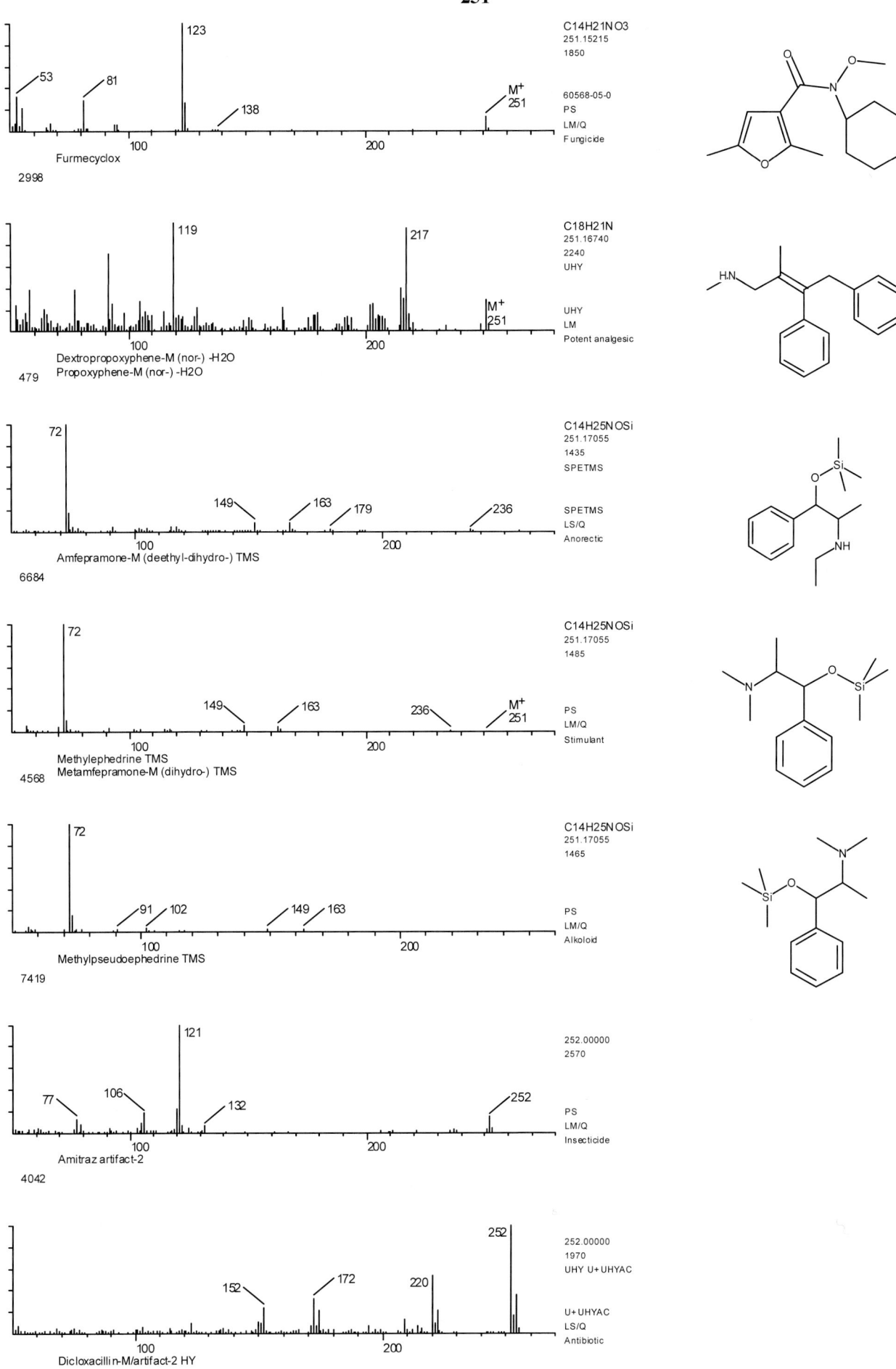

Furmecyclox
C14H21NO3
251.15215
1850
60568-05-0
PS
LM/Q
Fungicide

Peaks: 53, 81, 123, 138, M+ 251

Dextropropoxyphene-M (nor-) -H2O
Propoxyphene-M (nor-) -H2O
C18H21N
251.16740
2240
UHY
UHY
LM
Potent analgesic

Peaks: 119, 217, M+ 251

Amfepramone-M (deethyl-dihydro-) TMS
C14H25NOSi
251.17055
1435
SPETMS
SPETMS
LS/Q
Anorectic

Peaks: 72, 149, 163, 179, 236

Methylephedrine TMS
Metamfepramone-M (dihydro-) TMS
C14H25NOSi
251.17055
1485
PS
LM/Q
Stimulant

Peaks: 72, 149, 163, 236, M+ 251

Methylpseudoephedrine TMS
C14H25NOSi
251.17055
1465
PS
LM/Q
Alkaloid

Peaks: 72, 91, 102, 149, 163

Amitraz artifact-2
252.00000
2570
PS
LM/Q
Insecticide

Peaks: 77, 106, 121, 132, 252

Dicloxacillin-M/artifact-2 HY
252.00000
1970
UHY U+UHYAC
U+UHYAC
LS/Q
Antibiotic

Peaks: 152, 172, 220, 252

252

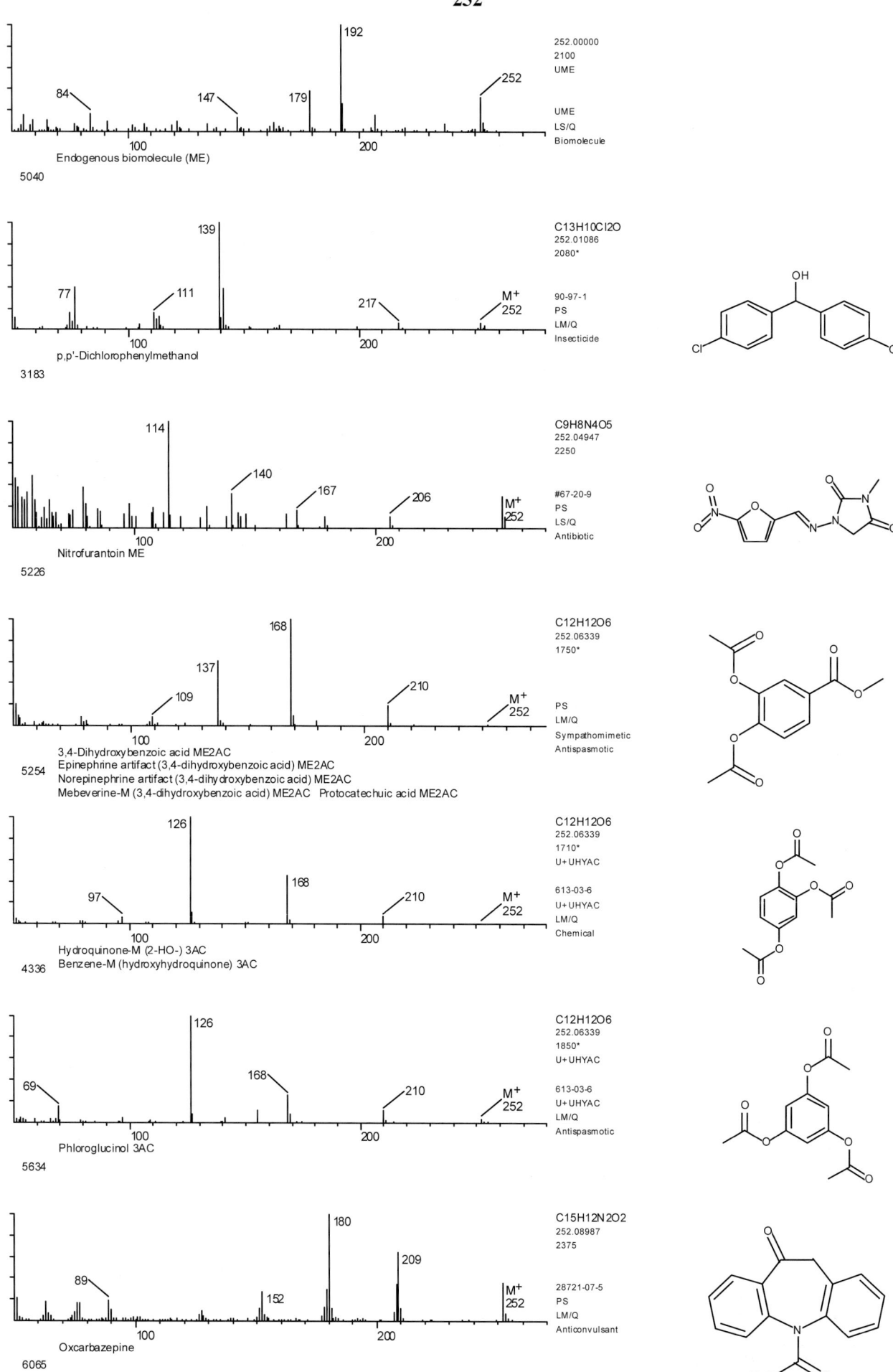

Endogenous biomolecule (ME)
252.00000
2100
UME
UME
LS/Q
Biomolecule
5040

p,p'-Dichlorophenylmethanol
C13H10Cl2O
252.01086
2080*
90-97-1
PS
LM/Q
Insecticide
3183

Nitrofurantoin ME
C9H8N4O5
252.04947
2250
#67-20-9
PS
LS/Q
Antibiotic
5226

3,4-Dihydroxybenzoic acid ME2AC
Epinephrine artifact (3,4-dihydroxybenzoic acid) ME2AC
Norepinephrine artifact (3,4-dihydroxybenzoic acid) ME2AC
Mebeverine-M (3,4-dihydroxybenzoic acid) ME2AC Protocatechuic acid ME2AC
C12H12O6
252.06339
1750*
PS
LM/Q
Sympathomimetic
Antispasmotic
5254

Hydroquinone-M (2-HO-) 3AC
Benzene-M (hydroxyhydroquinone) 3AC
C12H12O6
252.06339
1710*
U+ UHYAC
613-03-6
U+ UHYAC
LM/Q
Chemical
4336

Phloroglucinol 3AC
C12H12O6
252.06339
1850*
U+ UHYAC
613-03-6
U+ UHYAC
LM/Q
Antispasmotic
5634

Oxcarbazepine
C15H12N2O2
252.08987
2375
28721-07-5
PS
LM/Q
Anticonvulsant
6065

388

252

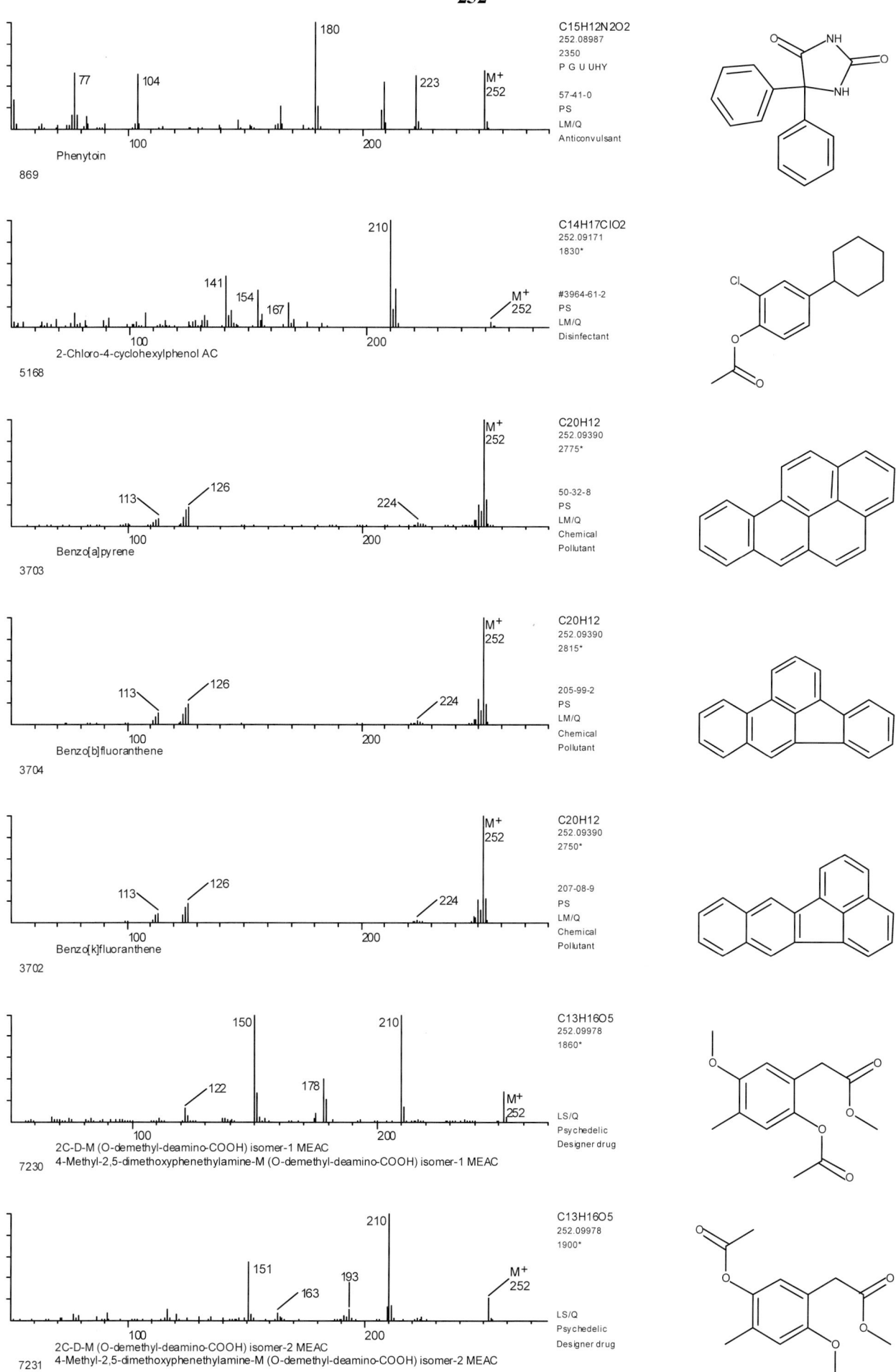

Phenytoin — 869
C15H12N2O2
252.08987
2350
P G U UHY
57-41-0
PS
LM/Q
Anticonvulsant
Peaks: 77, 104, 180, 223, M+ 252

2-Chloro-4-cyclohexylphenol AC — 5168
C14H17ClO2
252.09171
1830*
#3964-61-2
PS
LM/Q
Disinfectant
Peaks: 141, 154, 167, 210, M+ 252

Benzo[a]pyrene — 3703
C20H12
252.09390
2775*
50-32-8
PS
LM/Q
Chemical Pollutant
Peaks: 113, 126, 224, M+ 252

Benzo[b]fluoranthene — 3704
C20H12
252.09390
2815*
205-99-2
PS
LM/Q
Chemical Pollutant
Peaks: 113, 126, 224, M+ 252

Benzo[k]fluoranthene — 3702
C20H12
252.09390
2750*
207-08-9
PS
LM/Q
Chemical Pollutant
Peaks: 113, 126, 224, M+ 252

2C-D-M (O-demethyl-deamino-COOH) isomer-1 MEAC / 4-Methyl-2,5-dimethoxyphenethylamine-M (O-demethyl-deamino-COOH) isomer-1 MEAC — 7230
C13H16O5
252.09978
1860*
LS/Q
Psychedelic Designer drug
Peaks: 122, 150, 178, 210, M+ 252

2C-D-M (O-demethyl-deamino-COOH) isomer-2 MEAC / 4-Methyl-2,5-dimethoxyphenethylamine-M (O-demethyl-deamino-COOH) isomer-2 MEAC — 7231
C13H16O5
252.09978
1900*
LS/Q
Psychedelic Designer drug
Peaks: 151, 163, 193, 210, M+ 252

252

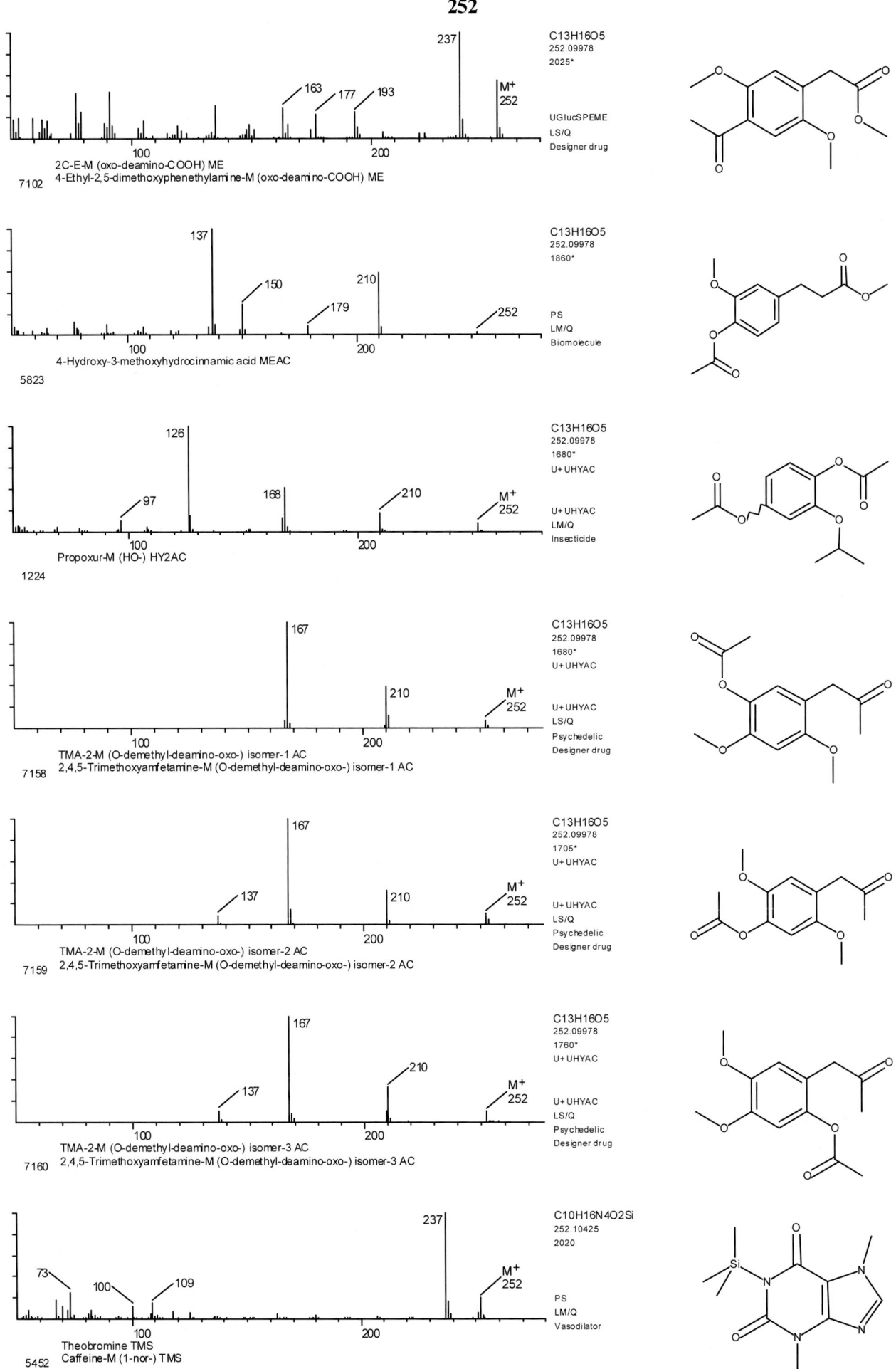

C13H16O5
252.09978
2025*

UGlucSPEME
LS/Q
Designer drug

2C-E-M (oxo-deamino-COOH) ME
4-Ethyl-2,5-dimethoxyphenethylamine-M (oxo-deamino-COOH) ME
7102

C13H16O5
252.09978
1860*

PS
LM/Q
Biomolecule

4-Hydroxy-3-methoxyhydrocinnamic acid MEAC
5823

C13H16O5
252.09978
1680*
U+ UHYAC

U+ UHYAC
LM/Q
Insecticide

Propoxur-M (HO-) HY2AC
1224

C13H16O5
252.09978
1680*
U+ UHYAC

U+ UHYAC
LS/Q
Psychedelic
Designer drug

TMA-2-M (O-demethyl-deamino-oxo-) isomer-1 AC
2,4,5-Trimethoxyamfetamine-M (O-demethyl-deamino-oxo-) isomer-1 AC
7158

C13H16O5
252.09978
1705*
U+ UHYAC

U+ UHYAC
LS/Q
Psychedelic
Designer drug

TMA-2-M (O-demethyl-deamino-oxo-) isomer-2 AC
2,4,5-Trimethoxyamfetamine-M (O-demethyl-deamino-oxo-) isomer-2 AC
7159

C13H16O5
252.09978
1760*
U+ UHYAC

U+ UHYAC
LS/Q
Psychedelic
Designer drug

TMA-2-M (O-demethyl-deamino-oxo-) isomer-3 AC
2,4,5-Trimethoxyamfetamine-M (O-demethyl-deamino-oxo-) isomer-3 AC
7160

C10H16N4O2Si
252.10425
2020

PS
LM/Q
Vasodilator

Theobromine TMS
Caffeine-M (1-nor-) TMS
5452

252

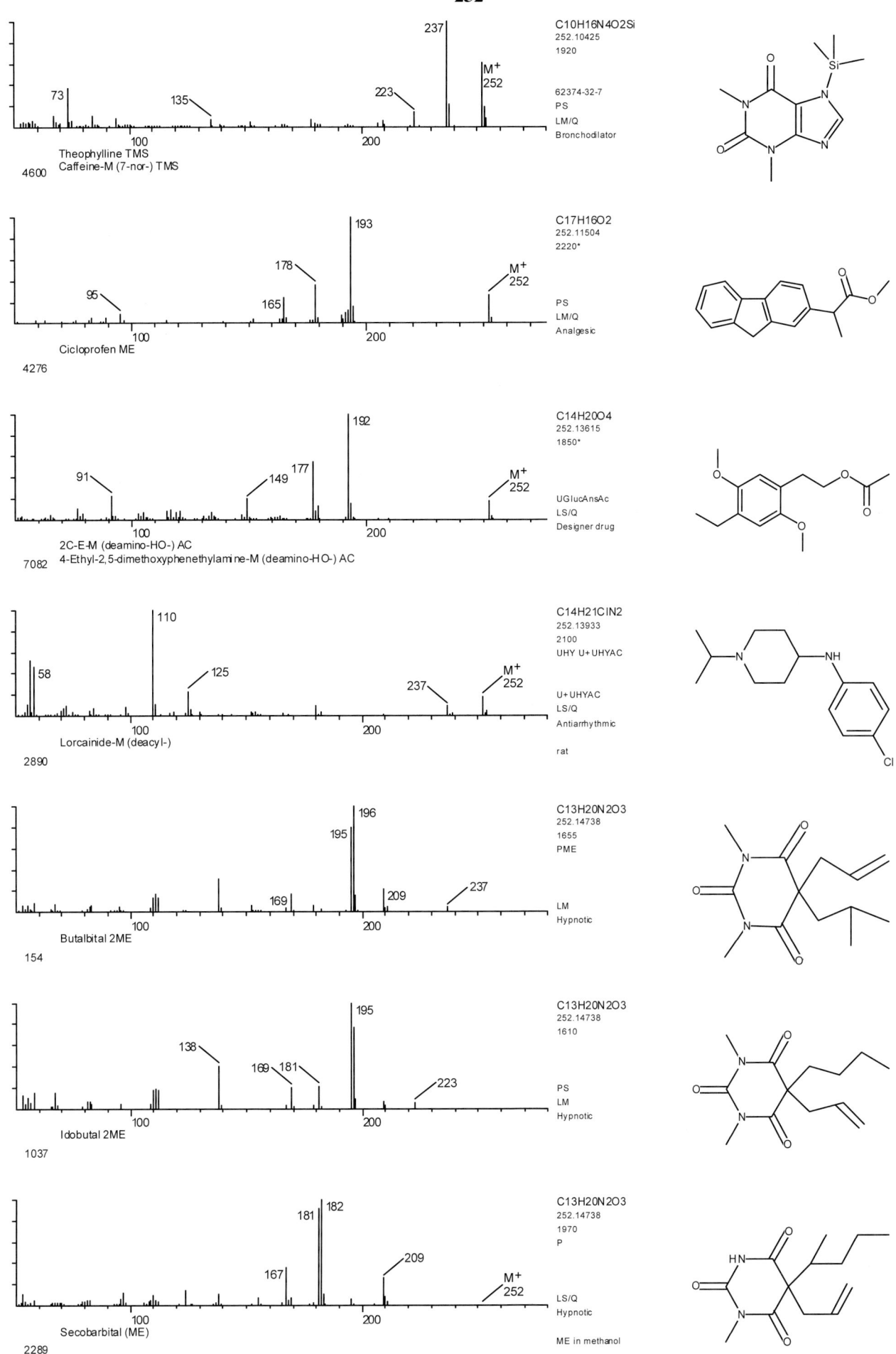

C10H16N4O2Si
252.10425
1920

62374-32-7
PS
LM/Q
Bronchodilator

Theophylline TMS
Caffeine-M (7-nor-) TMS

C17H16O2
252.11504
2220*

PS
LM/Q
Analgesic

Cicloprofen ME

C14H20O4
252.13615
1850*

UGlucAnsAc
LS/Q
Designer drug

2C-E-M (deamino-HO-) AC
4-Ethyl-2,5-dimethoxyphenethylamine-M (deamino-HO-) AC

C14H21ClN2
252.13933
2100
UHY U+UHYAC

U+UHYAC
LS/Q
Antiarrhythmic
rat

Lorcainide-M (deacyl-)

C13H20N2O3
252.14738
1655
PME

LM
Hypnotic

Butalbital 2ME

C13H20N2O3
252.14738
1610

PS
LM
Hypnotic

Idobutal 2ME

C13H20N2O3
252.14738
1970
P

LS/Q
Hypnotic

ME in methanol

Secobarbital (ME)

252

C13H20N2O3
252.14738
1600

PS
LM
Hypnotic

Talbutal 2ME
978

C13H20N2O3
252.14738
1670
PME UME

PS
LM
Hypnotic

Vinbarbital 2ME
1023

C13H20N2O3
252.14738
1655
PME UME

PS
LM
Hypnotic

Vinylbital 2ME
1025

C12H20N4O2
252.15863
2540

PS
LM/Q
Potent analgesic

Etonitazene intermediate-2
2844

C12H20N4O2
252.15863
2295

51235-04-2
PS
LM/Q
Herbicide

Hexazinone
4053

C17H20N2
252.16264
2120
U UH Y

841-77-0

LS/Q
Antihistamine

rat

Cyclizine-M (nor-)
Oxatomide-M (N-dealkyl-)
1602

C15H28N2O
252.22015
2130

#93479-97-1
PS
LM/Q
Antidiabetic

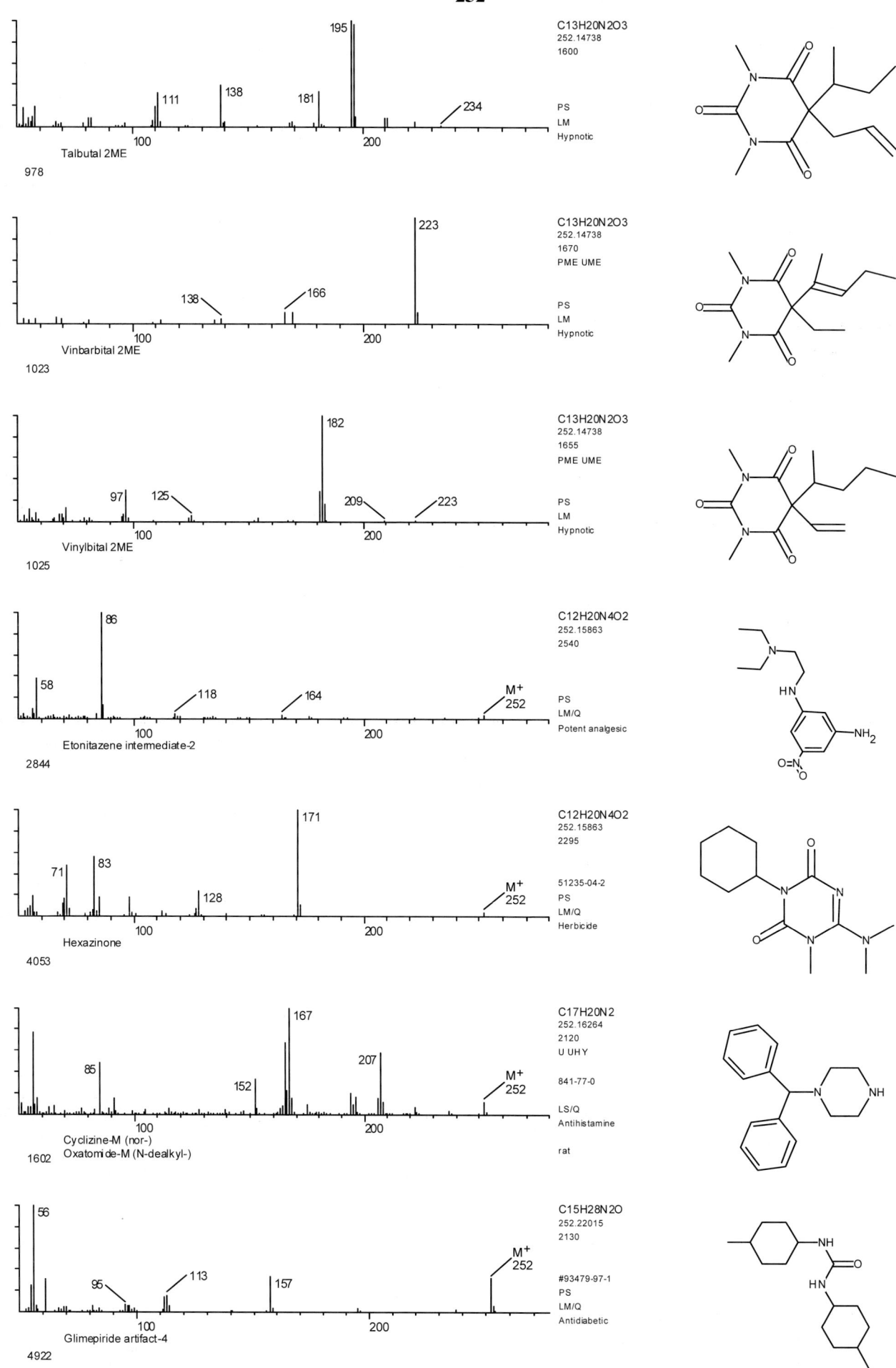

Glimepiride artifact-4
4922

253

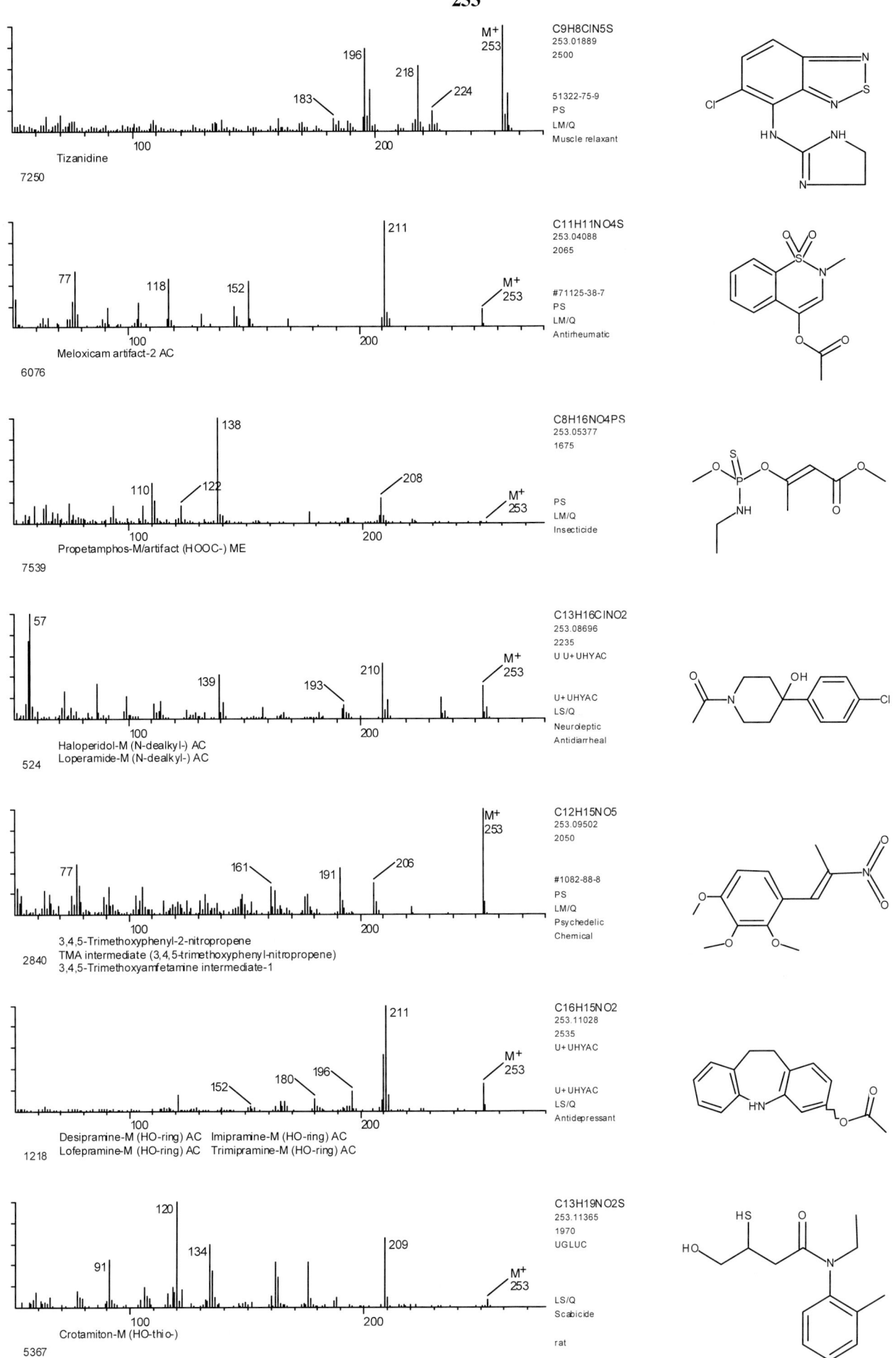

C9H8ClN5S
253.01889
2500

51322-75-9
PS
LM/Q
Muscle relaxant

Tizanidine
7250

C11H11NO4S
253.04088
2065

#71125-38-7
PS
LM/Q
Antirheumatic

Meloxicam artifact-2 AC
6076

C8H16NO4PS
253.05377
1675

PS
LM/Q
Insecticide

Propetamphos-M/artifact (HOOC-) ME
7539

C13H16ClNO2
253.08696
2235
U U+ UHYAC

U+ UHYAC
LS/Q
Neuroleptic
Antidiarrheal

Haloperidol-M (N-dealkyl-) AC
Loperamide-M (N-dealkyl-) AC
524

C12H15NO5
253.09502
2050

#1082-88-8
PS
LM/Q
Psychedelic
Chemical

3,4,5-Trimethoxyphenyl-2-nitropropene
TMA intermediate (3,4,5-trimethoxyphenyl-nitropropene)
3,4,5-Trimethoxyamfetamine intermediate-1
2840

C16H15NO2
253.11028
2535
U+ UHYAC

U+ UHYAC
LS/Q
Antidepressant

Desipramine-M (HO-ring) AC   Imipramine-M (HO-ring) AC
Lofepramine-M (HO-ring) AC   Trimipramine-M (HO-ring) AC
1218

C13H19NO2S
253.11365
1970
UGLUC

LS/Q
Scabicide

Crotamiton-M (HO-thio-)
5367   rat

393

253

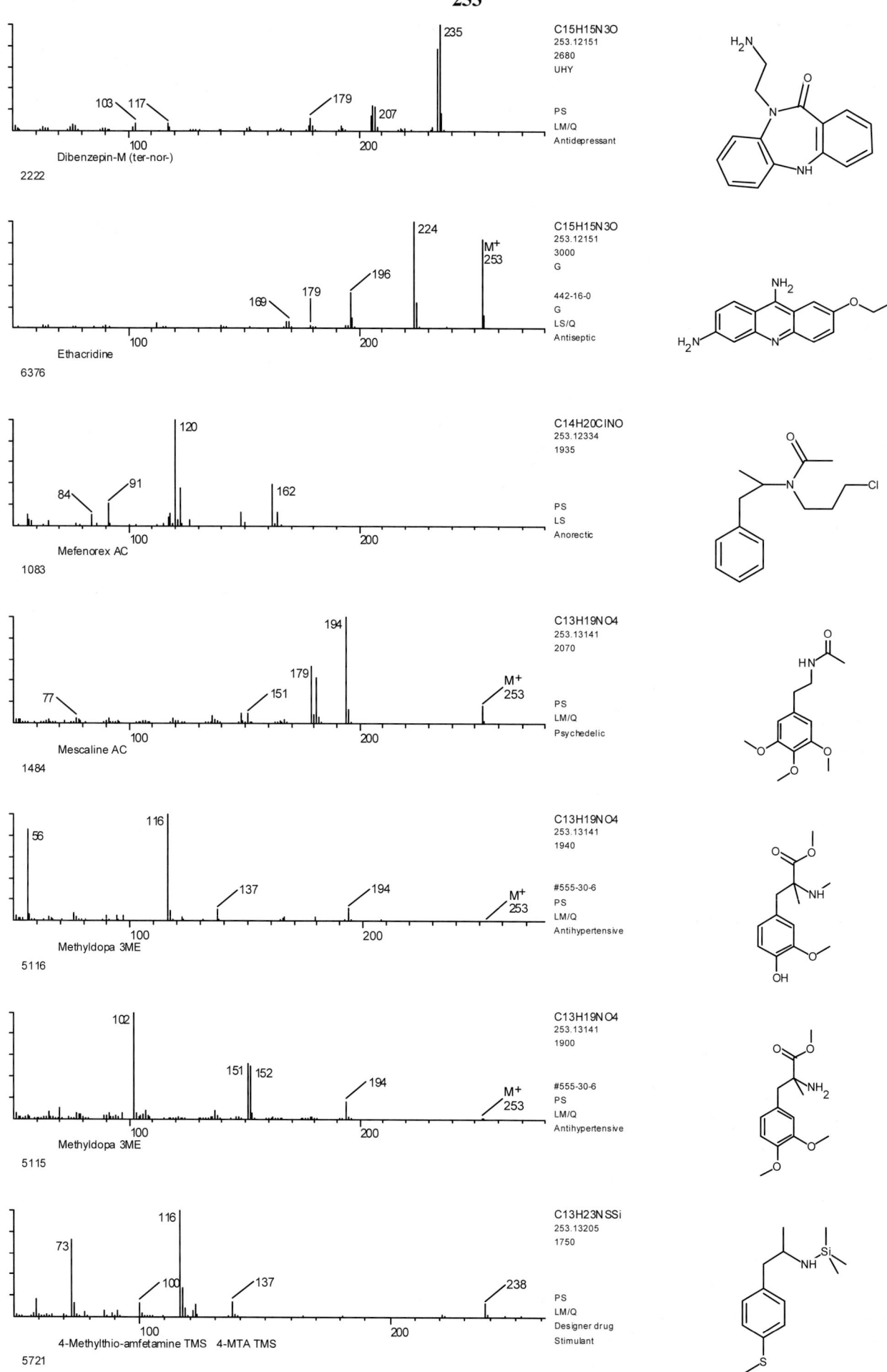

Dibenzepin-M (ter-nor-)
2222
C15H15N3O
253.12151
2680
UHY
PS
LM/Q
Antidepressant

Ethacridine
6376
C15H15N3O
253.12151
3000
G
442-16-0
G
LS/Q
Antiseptic

Mefenorex AC
1083
C14H20ClNO
253.12334
1935
PS
LS
Anorectic

Mescaline AC
1484
C13H19NO4
253.13141
2070
PS
LM/Q
Psychedelic

Methyldopa 3ME
5116
C13H19NO4
253.13141
1940
#555-30-6
PS
LM/Q
Antihypertensive

Methyldopa 3ME
5115
C13H19NO4
253.13141
1900
#555-30-6
PS
LM/Q
Antihypertensive

4-Methylthio-amfetamine TMS 4-MTA TMS
5721
C13H23NSSi
253.13205
1750
PS
LM/Q
Designer drug
Stimulant

253

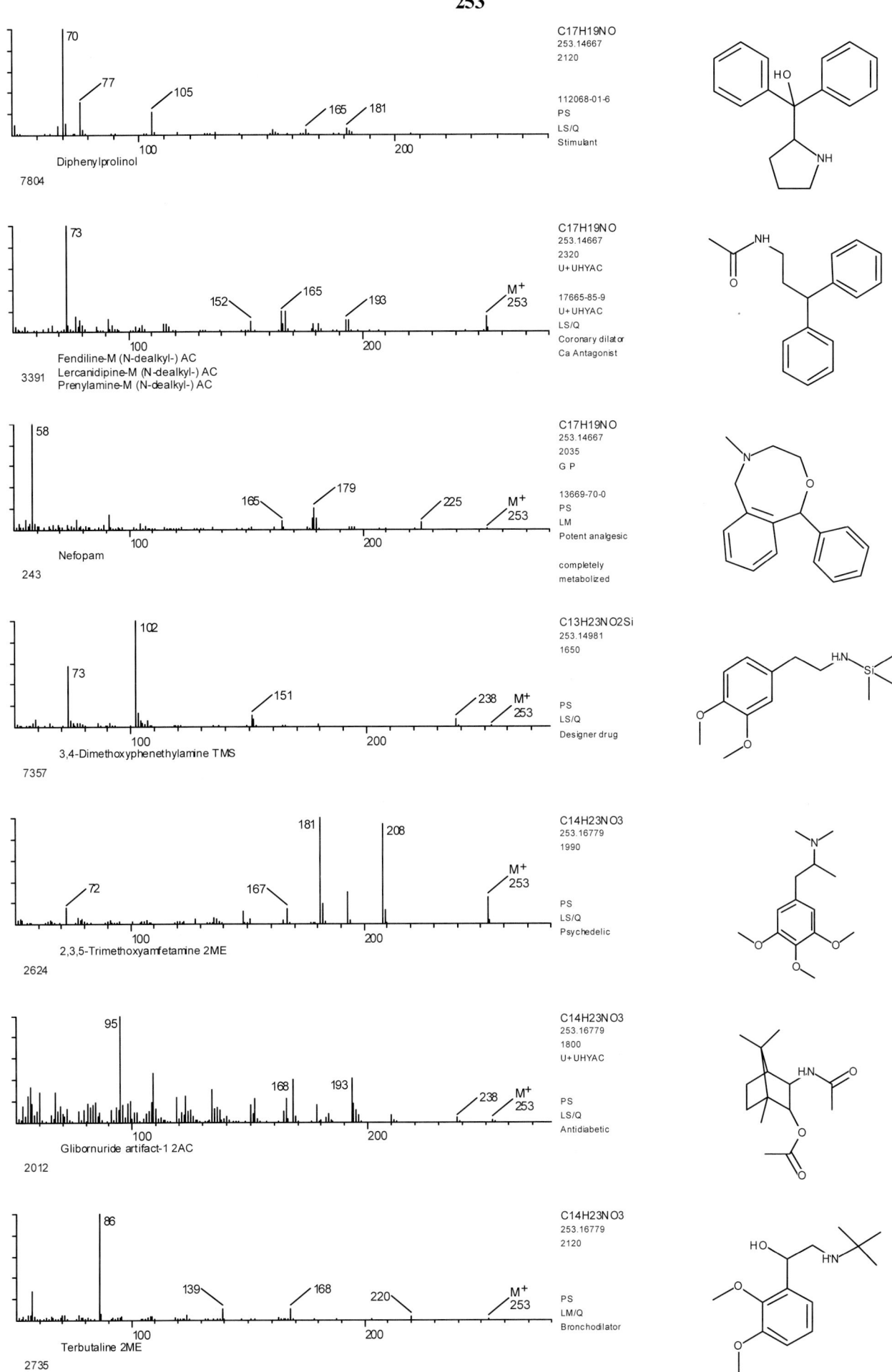

Diphenylprolinol — 7804
C17H19NO
253.14667
2120
112068-01-6
PS
LS/Q
Stimulant
Peaks: 70, 77, 105, 165, 181

Fendiline-M (N-dealkyl-) AC
Lercanidipine-M (N-dealkyl-) AC
Prenylamine-M (N-dealkyl-) AC — 3391
C17H19NO
253.14667
2320
U+UHYAC
17665-85-9
U+UHYAC
LS/Q
Coronary dilator
Ca Antagonist
Peaks: 73, 152, 165, 193, M+ 253

Nefopam — 243
C17H19NO
253.14667
2035
G P
13669-70-0
PS
LM
Potent analgesic
completely metabolized
Peaks: 58, 165, 179, 225, M+ 253

3,4-Dimethoxyphenethylamine TMS — 7357
C13H23NO2Si
253.14981
1650
PS
LS/Q
Designer drug
Peaks: 73, 102, 151, 238, M+ 253

2,3,5-Trimethoxyamfetamine 2ME — 2624
C14H23NO3
253.16779
1990
PS
LS/Q
Psychedelic
Peaks: 72, 167, 181, 208, M+ 253

Glibornuride artifact-1 2AC — 2012
C14H23NO3
253.16779
1800
U+UHYAC
PS
LS/Q
Antidiabetic
Peaks: 95, 168, 193, 238, M+ 253

Terbutaline 2ME — 2735
C14H23NO3
253.16779
2120
PS
LM/Q
Bronchodilator
Peaks: 86, 139, 168, 220, M+ 253

253

Pipamperone-M (N-dealkyl-) AC
598

C13H23N3O2
253.17903
2500
PAC-I U+ UHYAC

U+ UHYAC
LM/Q
Neuroleptic

Methadone intermediate-3 artifact
2837

C18H23N
253.18304
1920

13957-55-6
PS
LM/Q
Potent analgesic

Tolpropamine
2206

C18H23N
253.18304
1900
U UHY U+ UHYAC

5632-44-0
PS
LS/Q
Antihistamine
rat

2,4,5-Trichlorophenoxyacetic acid (2,4,5-T)
2396

C8H5Cl3O3
253.93044
1850*

93-76-5
PS
LM/Q
Herbicide

Picloram ME
3651

C7H5Cl3N2O2
253.94167
1875

14143-55-6
PS
LM/Q
Herbicide

Felodipine HY
6064

254.00000
2240*

PS
LM/Q
Ca Antagonist

Tiotropium-M/artifact (HOOC-) ME
7369

C11H10O3S2
254.00714
2140*

PS
LS/Q
Bronchodilator

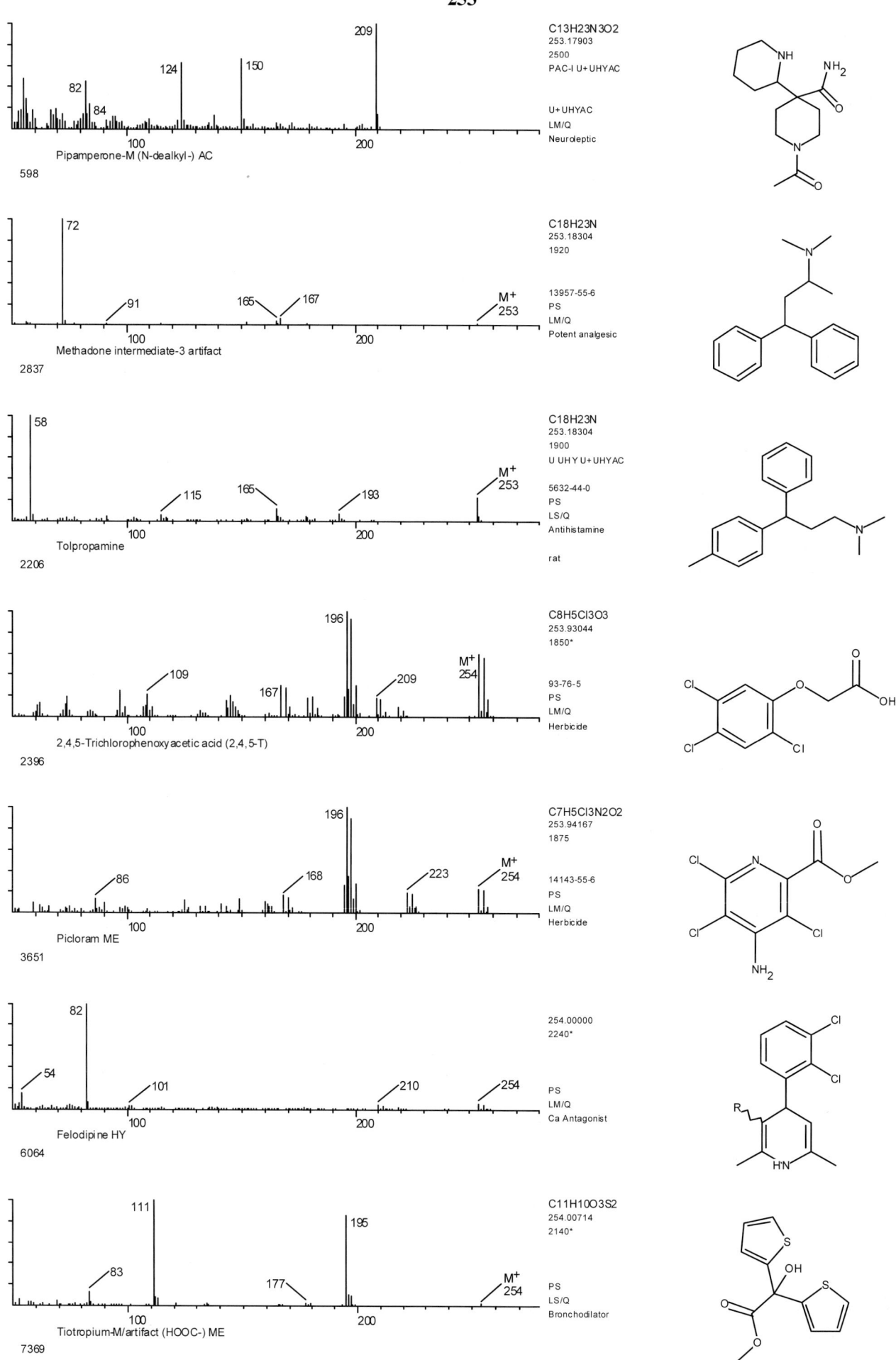

396

254

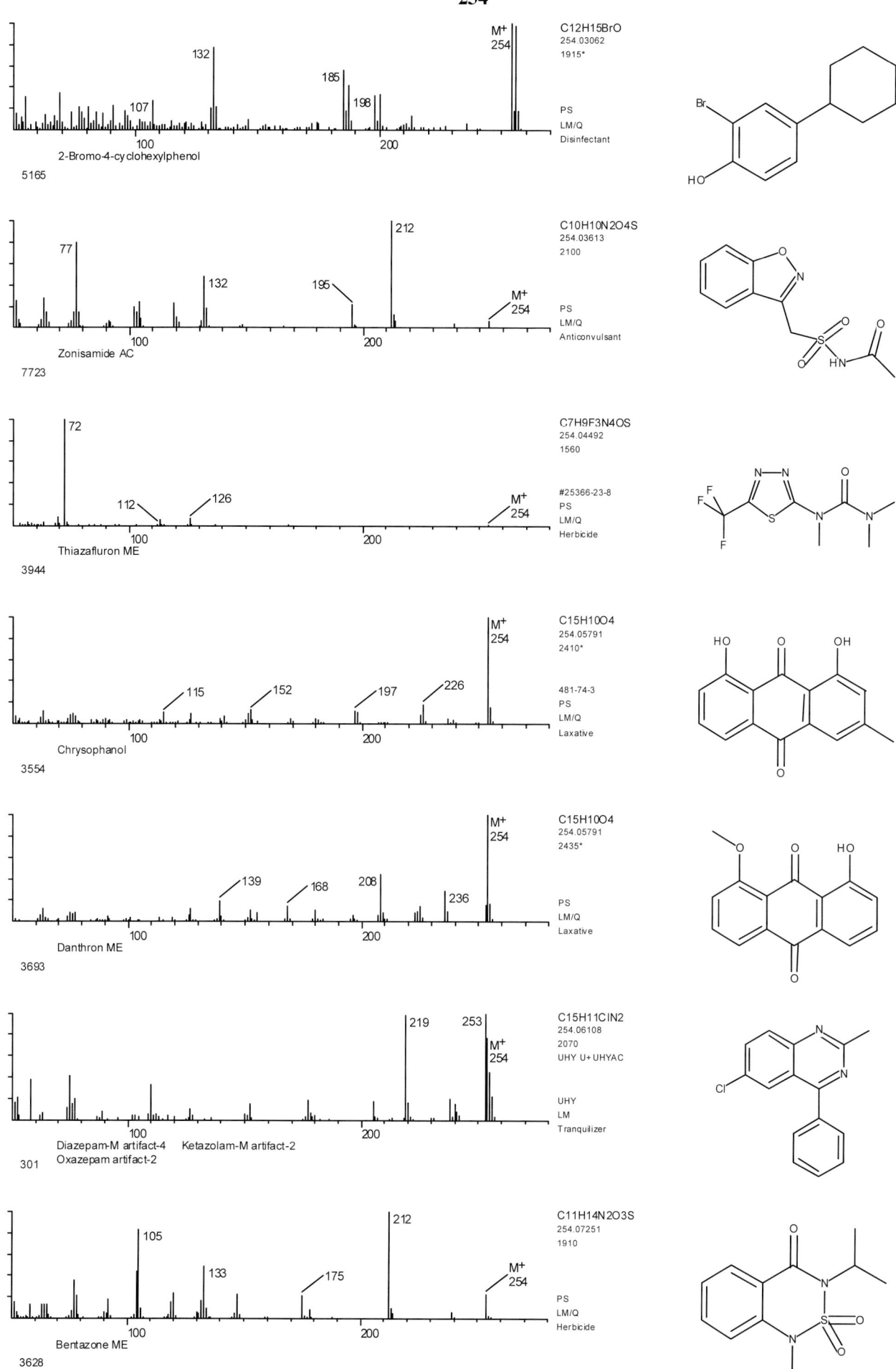

Spectrum	Formula / Info
2-Bromo-4-cyclohexylphenol (5165) — peaks 107, 132, 185, 198, 254 M+	C12H15BrO, 254.03062, 1915*, PS, LM/Q, Disinfectant
Zonisamide AC (7723) — peaks 77, 132, 195, 212, 254 M+	C10H10N2O4S, 254.03613, 2100, PS, LM/Q, Anticonvulsant
Thiazafluron ME (3944) — peaks 72, 112, 126, 254 M+	C7H9F3N4OS, 254.04492, 1560, #25366-23-8, PS, LM/Q, Herbicide
Chrysophanol (3554) — peaks 115, 152, 197, 226, 254 M+	C15H10O4, 254.05791, 2410*, 481-74-3, PS, LM/Q, Laxative
Danthron ME (3693) — peaks 139, 168, 208, 236, 254 M+	C15H10O4, 254.05791, 2435*, PS, LM/Q, Laxative
Diazepam-M artifact-4 / Ketazolam-M artifact-2 / Oxazepam artifact-2 (301) — peaks 219, 253, 254 M+	C15H11ClN2, 254.06108, 2070, UHY U+ UHYAC, UHY, LM, Tranquilizer
Bentazone ME (3628) — peaks 105, 133, 175, 212, 254 M+	C11H14N2O3S, 254.07251, 1910, PS, LM/Q, Herbicide

254

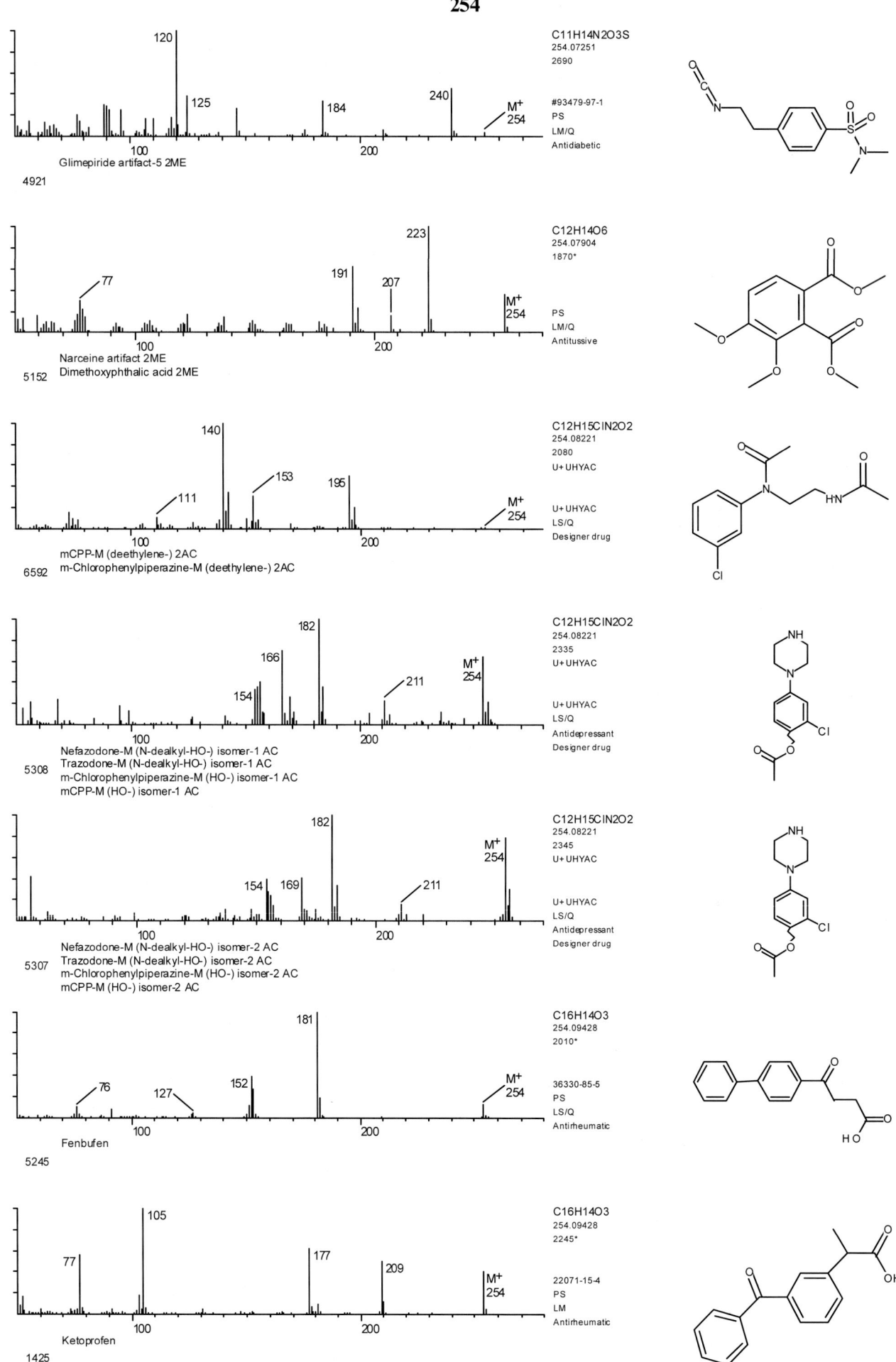

C11H14N2O3S
254.07251
2690

#93479-97-1
PS
LM/Q
Antidiabetic

Glimepiride artifact-5 2ME
4921

C12H14O6
254.07904
1870*

PS
LM/Q
Antitussive

Narceine artifact 2ME
Dimethoxyphthalic acid 2ME
5152

C12H15ClN2O2
254.08221
2080
U+ UHYAC

U+ UHYAC
LS/Q
Designer drug

mCPP-M (deethylene-) 2AC
m-Chlorophenylpiperazine-M (deethylene-) 2AC
6592

C12H15ClN2O2
254.08221
2335
U+ UHYAC

U+ UHYAC
LS/Q
Antidepressant
Designer drug

Nefazodone-M (N-dealkyl-HO-) isomer-1 AC
Trazodone-M (N-dealkyl-HO-) isomer-1 AC
m-Chlorophenylpiperazine-M (HO-) isomer-1 AC
mCPP-M (HO-) isomer-1 AC
5308

C12H15ClN2O2
254.08221
2345
U+ UHYAC

U+ UHYAC
LS/Q
Antidepressant
Designer drug

Nefazodone-M (N-dealkyl-HO-) isomer-2 AC
Trazodone-M (N-dealkyl-HO-) isomer-2 AC
m-Chlorophenylpiperazine-M (HO-) isomer-2 AC
mCPP-M (HO-) isomer-2 AC
5307

C16H14O3
254.09428
2010*

36330-85-5
PS
LS/Q
Antirheumatic

Fenbufen
5245

C16H14O3
254.09428
2245*

22071-15-4
PS
LM
Antirheumatic

Ketoprofen
1425

398

254

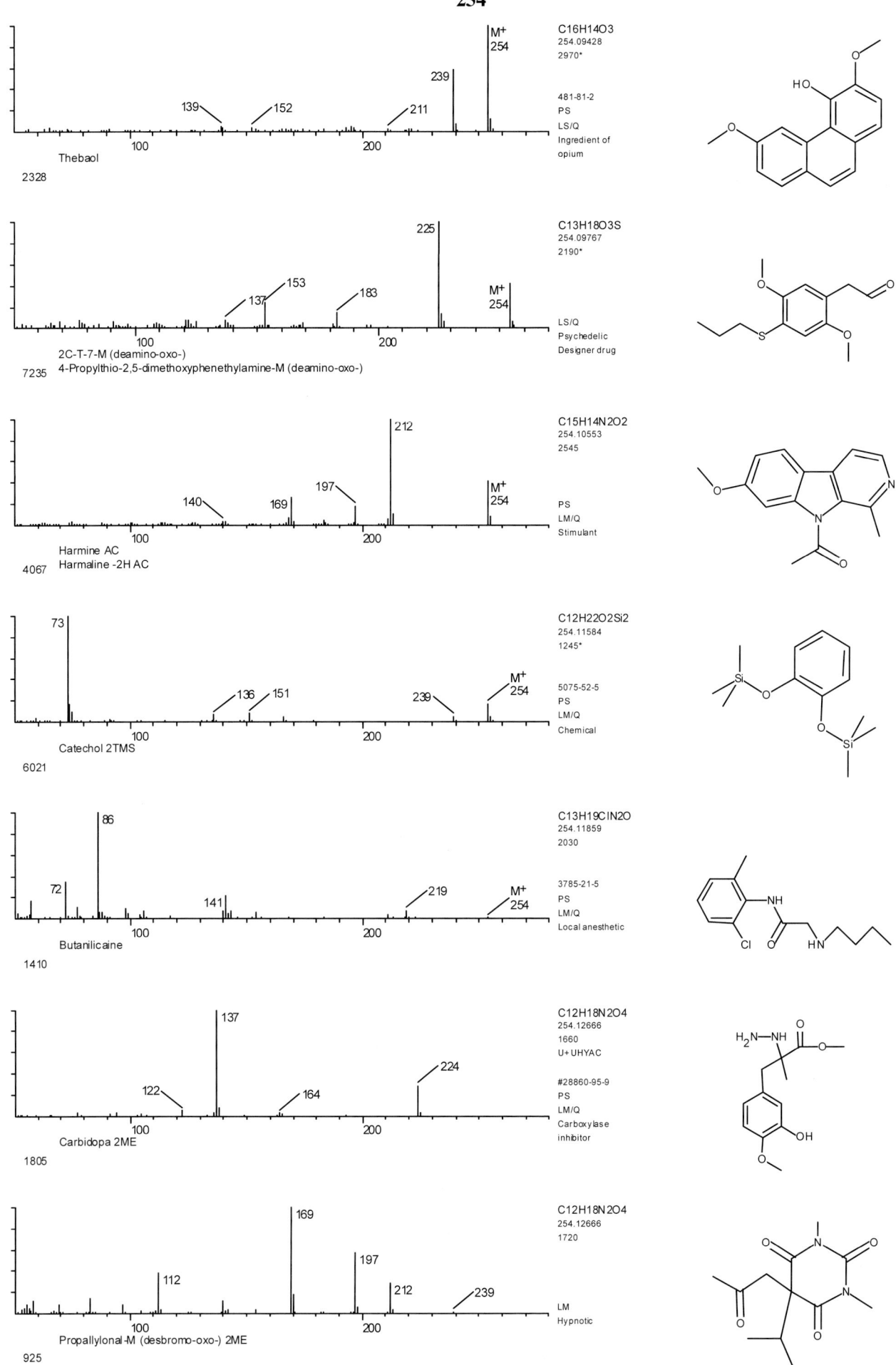

Thebaol — C16H14O3, 254.09428, 2970*, 481-81-2, PS, LS/Q, Ingredient of opium
2328

2C-T-7-M (deamino-oxo-) / 4-Propylthio-2,5-dimethoxyphenethylamine-M (deamino-oxo-) — C13H18O3S, 254.09767, 2190*, LS/Q, Psychedelic, Designer drug
7235

Harmine AC / Harmaline -2H AC — C15H14N2O2, 254.10553, 2545, PS, LM/Q, Stimulant
4067

Catechol 2TMS — C12H22O2Si2, 254.11584, 1245*, 5075-52-5, PS, LM/Q, Chemical
6021

Butanilicaine — C13H19ClN2O, 254.11859, 2030, 3785-21-5, PS, LM/Q, Local anesthetic
1410

Carbidopa 2ME — C12H18N2O4, 254.12666, 1660, U+ UHYAC, #28860-95-9, PS, LM/Q, Carboxylase inhibitor
1805

Propallylonal-M (desbromo-oxo-) 2ME — C12H18N2O4, 254.12666, 1720, LM, Hypnotic
925

254

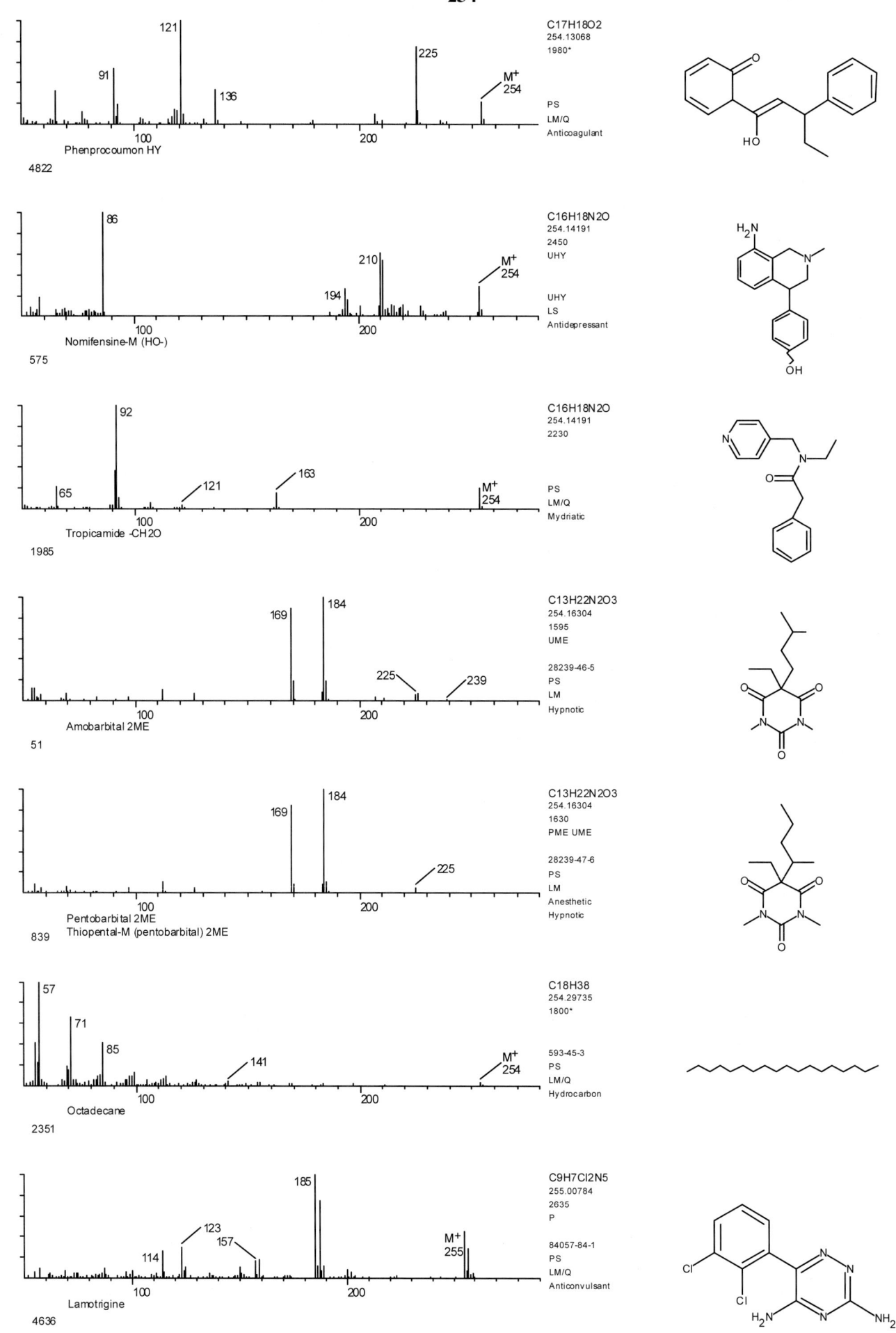

C17H18O2
254.13068
1980*

PS
LM/Q
Anticoagulant

Phenprocoumon HY
4822

C16H18N2O
254.14191
2450
UHY

UHY
LS
Antidepressant

Nomifensine-M (HO-)
575

C16H18N2O
254.14191
2230

PS
LM/Q
Mydriatic

Tropicamide -CH2O
1985

C13H22N2O3
254.16304
1595
UME

28239-46-5
PS
LM
Hypnotic

Amobarbital 2ME
51

C13H22N2O3
254.16304
1630
PME UME

28239-47-6
PS
LM
Anesthetic
Hypnotic

Pentobarbital 2ME
Thiopental-M (pentobarbital) 2ME
839

C18H38
254.29735
1800*

593-45-3
PS
LM/Q
Hydrocarbon

Octadecane
2351

C9H7Cl2N5
255.00784
2635
P

84057-84-1
PS
LM/Q
Anticonvulsant

Lamotrigine
4636

400

255

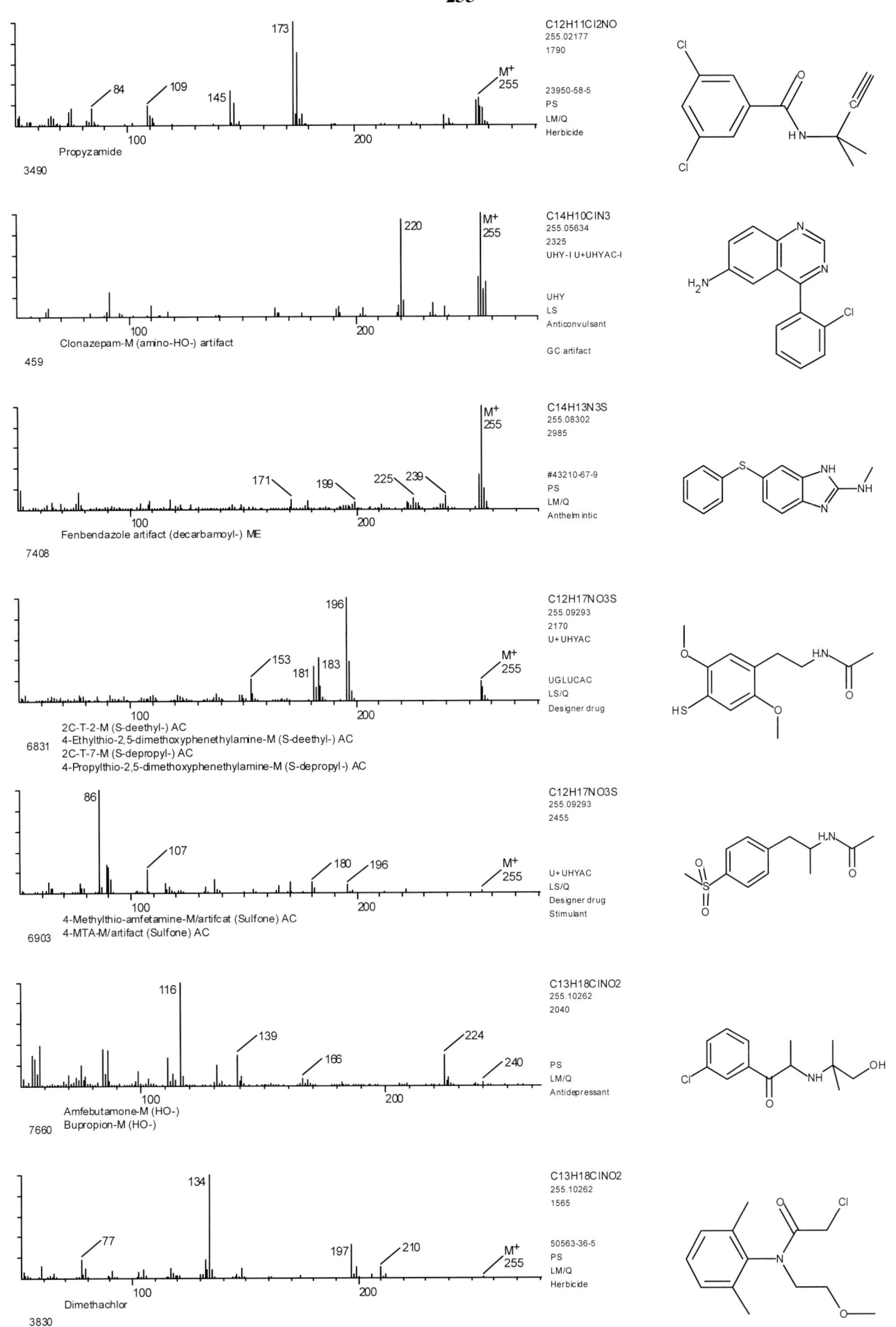

Propyzamide — C12H11Cl2NO, 255.02177, 1790, 23950-58-5, PS, LM/Q, Herbicide
Peaks: 84, 109, 145, 173, M+ 255
3490

Clonazepam-M (amino-HO-) artifact — C14H10ClN3, 255.05634, 2325, UHY-I U+UHYAC-I, UHY, LS, Anticonvulsant, GC artifact
Peaks: 220, M+ 255
459

Fenbendazole artifact (decarbamoyl-) ME — C14H13N3S, 255.08302, 2985, #43210-67-9, PS, LM/Q, Anthelmintic
Peaks: 171, 199, 225, 239, M+ 255
7408

2C-T-2-M (S-deethyl-) AC
4-Ethylthio-2,5-dimethoxyphenethylamine-M (S-deethyl-) AC
2C-T-7-M (S-depropyl-) AC
4-Propylthio-2,5-dimethoxyphenethylamine-M (S-depropyl-) AC
C12H17NO3S, 255.09293, 2170, U+ UHYAC, UGLUCAC, LS/Q, Designer drug
Peaks: 153, 181, 183, 196, M+ 255
6831

4-Methylthio-amfetamine-M/artifcat (Sulfone) AC
4-MTA-M/artifact (Sulfone) AC
C12H17NO3S, 255.09293, 2455, U+ UHYAC, LS/Q, Designer drug, Stimulant
Peaks: 86, 107, 180, 196, M+ 255
6903

Amfebutamone-M (HO-)
Bupropion-M (HO-)
C13H18ClNO2, 255.10262, 2040, PS, LM/Q, Antidepressant
Peaks: 116, 139, 166, 224, 240
7660

Dimethachlor — C13H18ClNO2, 255.10262, 1565, 50563-36-5, PS, LM/Q, Herbicide
Peaks: 77, 134, 197, 210, M+ 255
3830

255

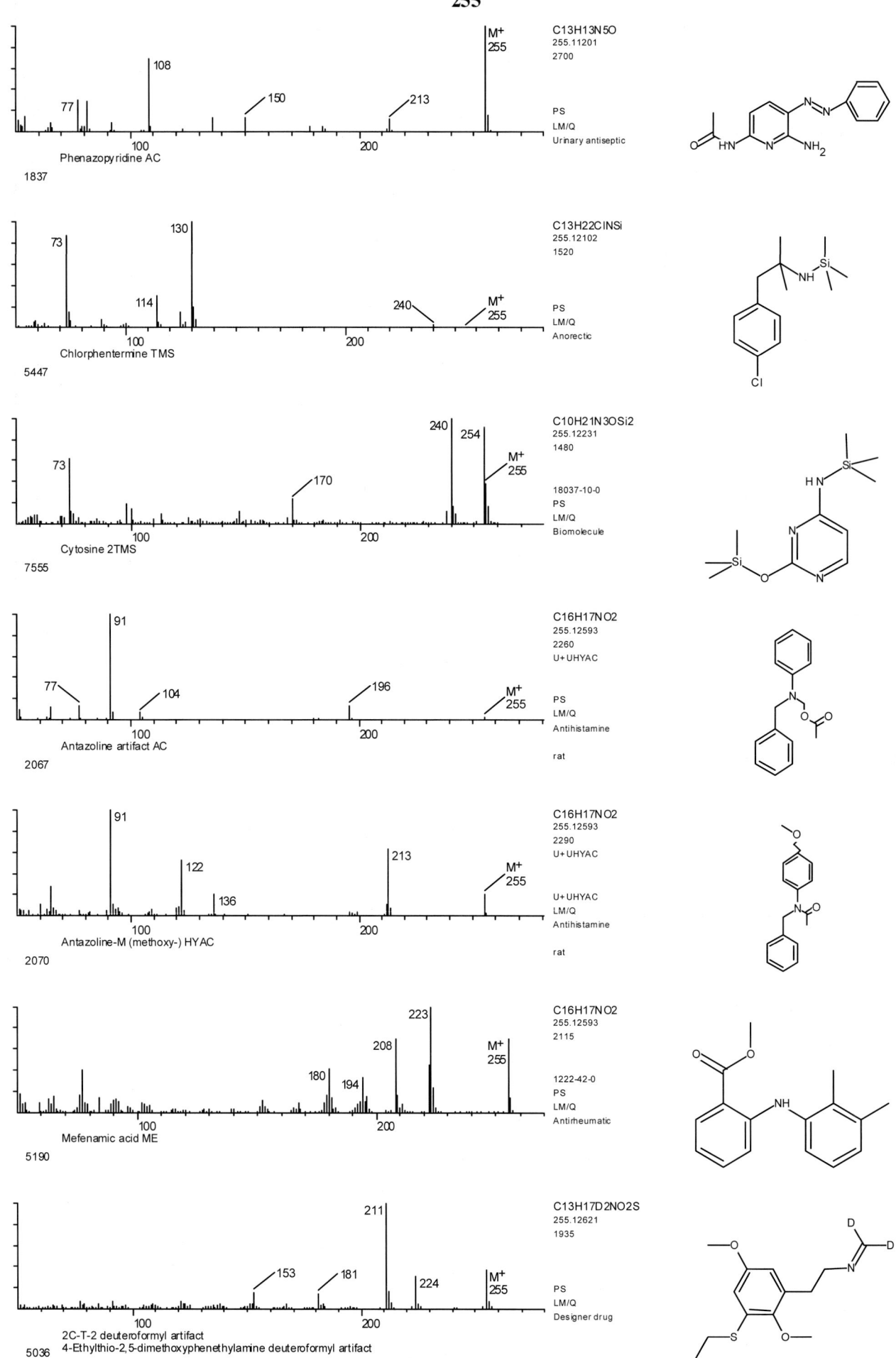

Spectrum	Formula	Details
Phenazopyridine AC	C13H13N5O	255.11201, 2700, PS, LM/Q, Urinary antiseptic
Chlorphentermine TMS	C13H22ClNSi	255.12102, 1520, PS, LM/Q, Anorectic
Cytosine 2TMS	C10H21N3OSi2	255.12231, 1480, 18037-10-0, PS, LM/Q, Biomolecule
Antazoline artifact AC	C16H17NO2	255.12593, 2260, U+UHYAC, PS, LM/Q, Antihistamine, rat
Antazoline-M (methoxy-) HYAC	C16H17NO2	255.12593, 2290, U+UHYAC, U+UHYAC, LM/Q, Antihistamine, rat
Mefenamic acid ME	C16H17NO2	255.12593, 2115, 1222-42-0, PS, LM/Q, Antirheumatic
2C-T-2 deuteroformyl artifact / 4-Ethylthio-2,5-dimethoxyphenethylamine deuteroformyl artifact	C13H17D2NO2S	255.12621, 1935, PS, LM/Q, Designer drug

255

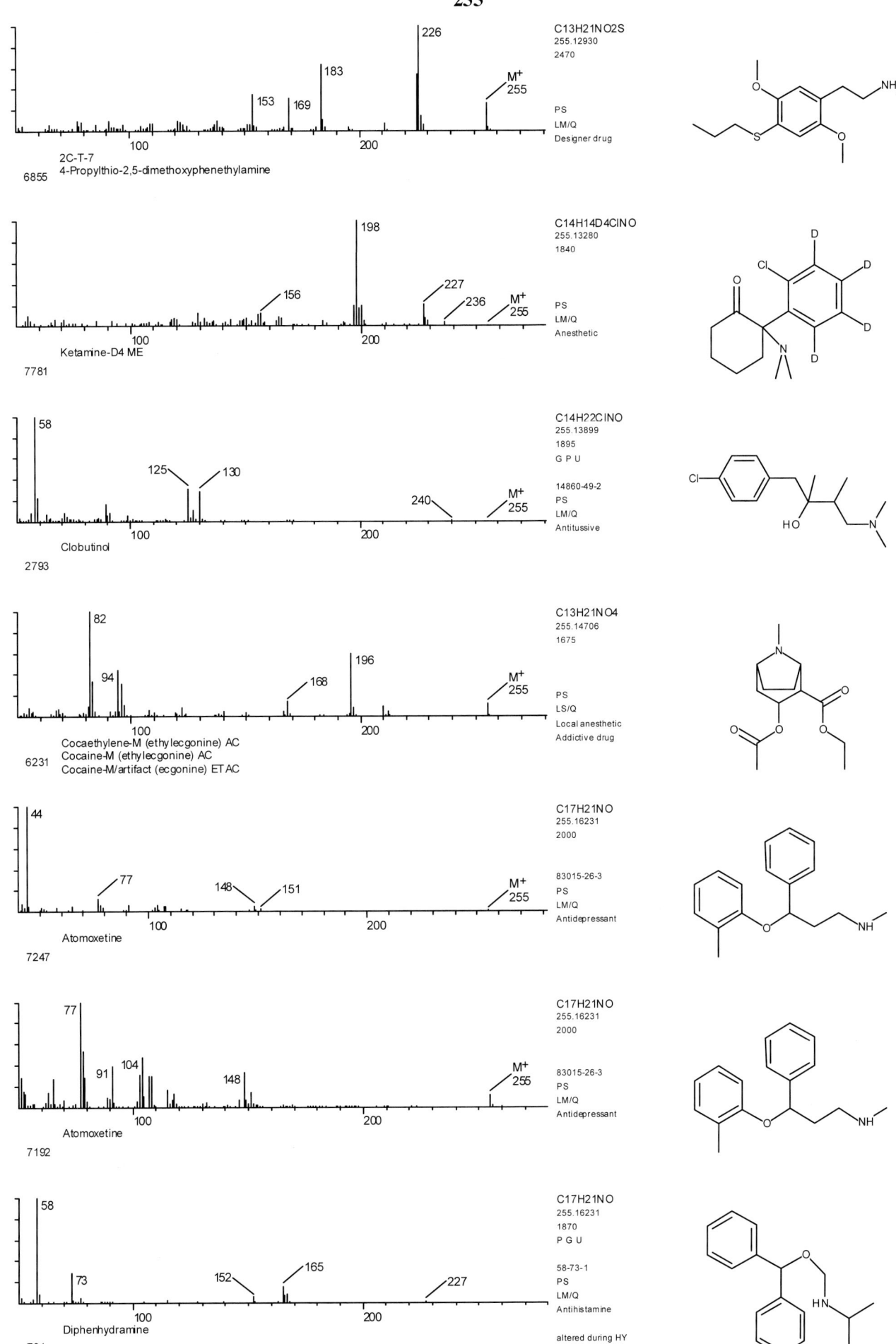

2C-T-7
4-Propylthio-2,5-dimethoxyphenethylamine
6855

C13H21NO2S
255.12930
2470
PS
LM/Q
Designer drug

Ketamine-D4 ME
7781

C14H14D4ClNO
255.13280
1840
PS
LM/Q
Anesthetic

Clobutinol
2793

C14H22ClNO
255.13899
1895
G P U
14860-49-2
PS
LM/Q
Antitussive

Cocaethylene-M (ethylecgonine) AC
Cocaine-M (ethylecgonine) AC
Cocaine-M/artifact (ecgonine) ET AC
6231

C13H21NO4
255.14706
1675
PS
LS/Q
Local anesthetic
Addictive drug

Atomoxetine
7247

C17H21NO
255.16231
2000
83015-26-3
PS
LM/Q
Antidepressant

Atomoxetine
7192

C17H21NO
255.16231
2000
83015-26-3
PS
LM/Q
Antidepressant

Diphenhydramine
731

C17H21NO
255.16231
1870
P G U
58-73-1
PS
LM/Q
Antihistamine
altered during HY

255

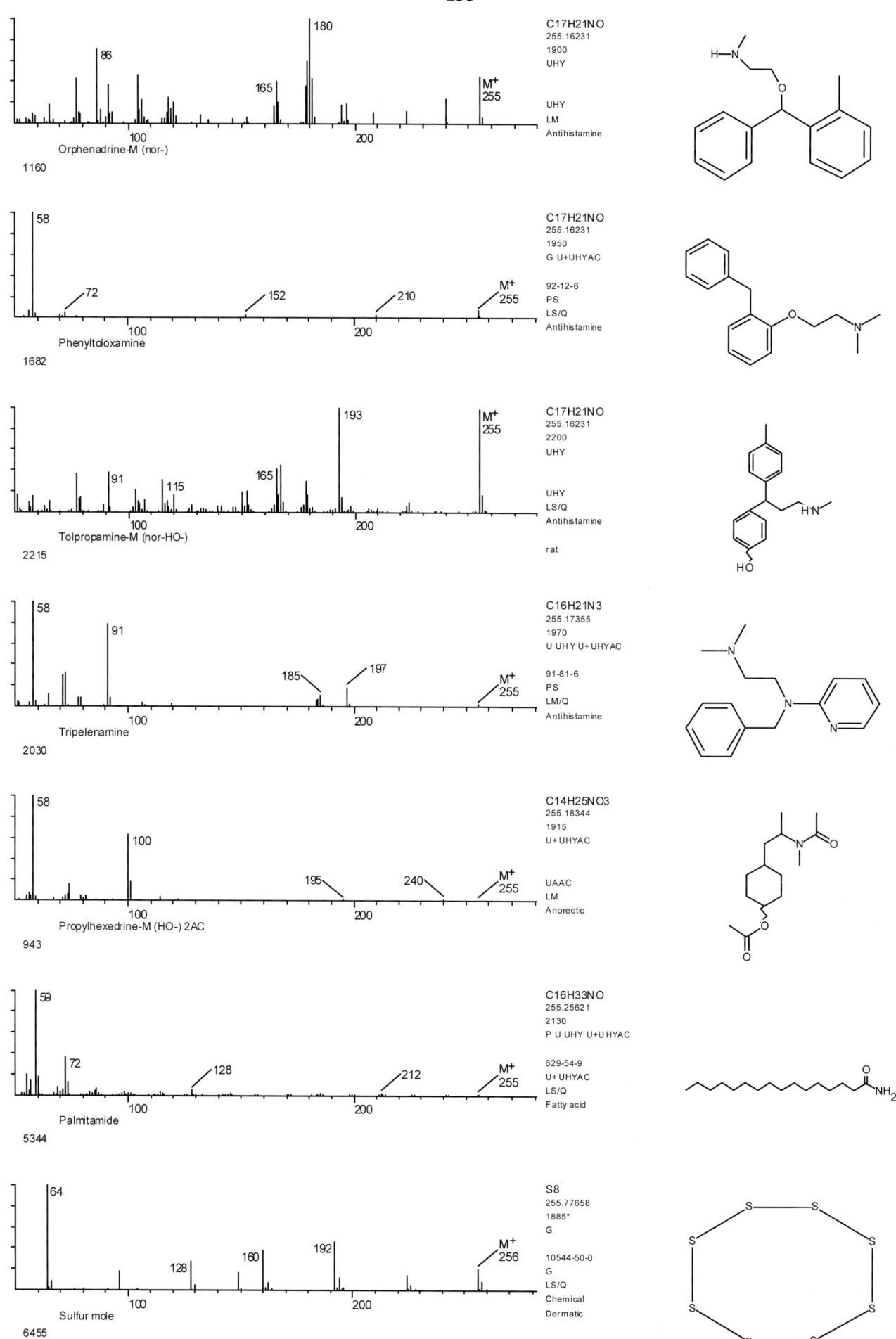

Orphenadrine-M (nor-)
1160
86, 165, 180, M+ 255
C17H21NO
255.16231
1900
UHY
UHY
LM
Antihistamine

Phenyltoloxamine
1682
58, 72, 152, 210, M+ 255
C17H21NO
255.16231
1950
G U+UHYAC
92-12-6
PS
LS/Q
Antihistamine

Tolpropamine-M (nor-HO-)
2215
91, 115, 165, 193, M+ 255
C17H21NO
255.16231
2200
UHY
UHY
LS/Q
Antihistamine
rat

Tripelenamine
2030
58, 91, 185, 197, M+ 255
C16H21N3
255.17355
1970
U UHY U+UHYAC
91-81-6
PS
LM/Q
Antihistamine

Propylhexedrine-M (HO-) 2AC
943
58, 100, 195, 240, M+ 255
C14H25NO3
255.18344
1915
U+UHYAC
UAAC
LM
Anorectic

Palmitamide
5344
59, 72, 128, 212, M+ 255
C16H33NO
255.25621
2130
P U UHY U+UHYAC
629-54-9
U+UHYAC
LS/Q
Fatty acid

Sulfur mole
6455
64, 128, 160, 192, M+ 256
S8
255.77658
1885*
G
10544-50-0
G
LS/Q
Chemical
Dermatic

404

256

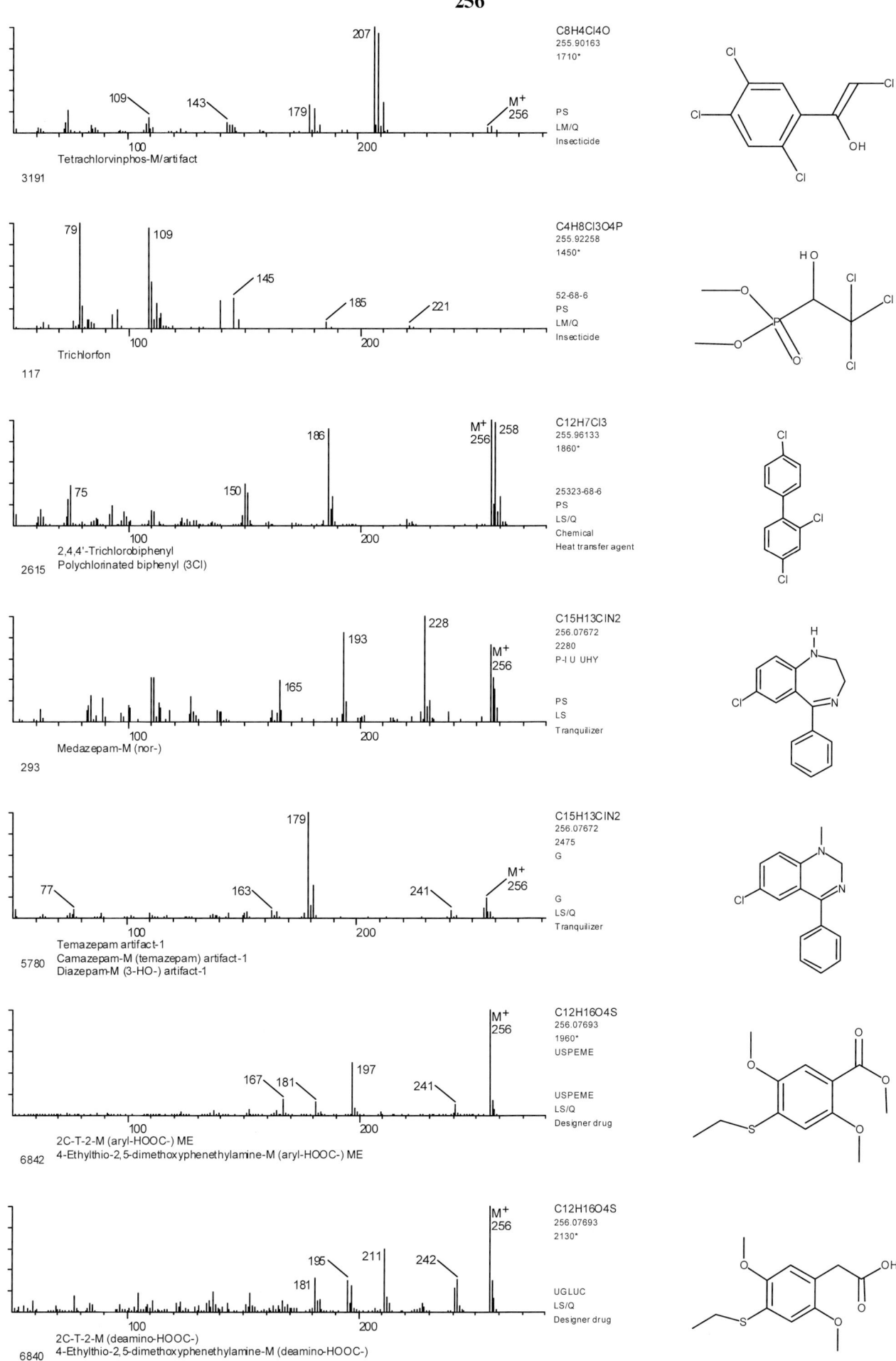

C8H4Cl4O
255.90163
1710*

PS
LM/Q
Insecticide

Tetrachlorvinphos-M/artifact
3191

C4H8Cl3O4P
255.92258
1450*

52-68-6
PS
LM/Q
Insecticide

Trichlorfon
117

C12H7Cl3
255.96133
1860*

25323-68-6
PS
LS/Q
Chemical
Heat transfer agent

2,4,4'-Trichlorobiphenyl
2615 Polychlorinated biphenyl (3Cl)

C15H13ClN2
256.07672
2280
P-I U UHY

PS
LS
Tranquilizer

Medazepam-M (nor-)
293

C15H13ClN2
256.07672
2475
G

G
LS/Q
Tranquilizer

Temazepam artifact-1
Camazepam-M (temazepam) artifact-1
5780 Diazepam-M (3-HO-) artifact-1

C12H16O4S
256.07693
1960*

USPEME

USPEME
LS/Q
Designer drug

2C-T-2-M (aryl-HOOC-) ME
6842 4-Ethylthio-2,5-dimethoxyphenethylamine-M (aryl-HOOC-) ME

C12H16O4S
256.07693
2130*

UGLUC
LS/Q
Designer drug

2C-T-2-M (deamino-HOOC-)
6840 4-Ethylthio-2,5-dimethoxyphenethylamine-M (deamino-HOOC-)

256

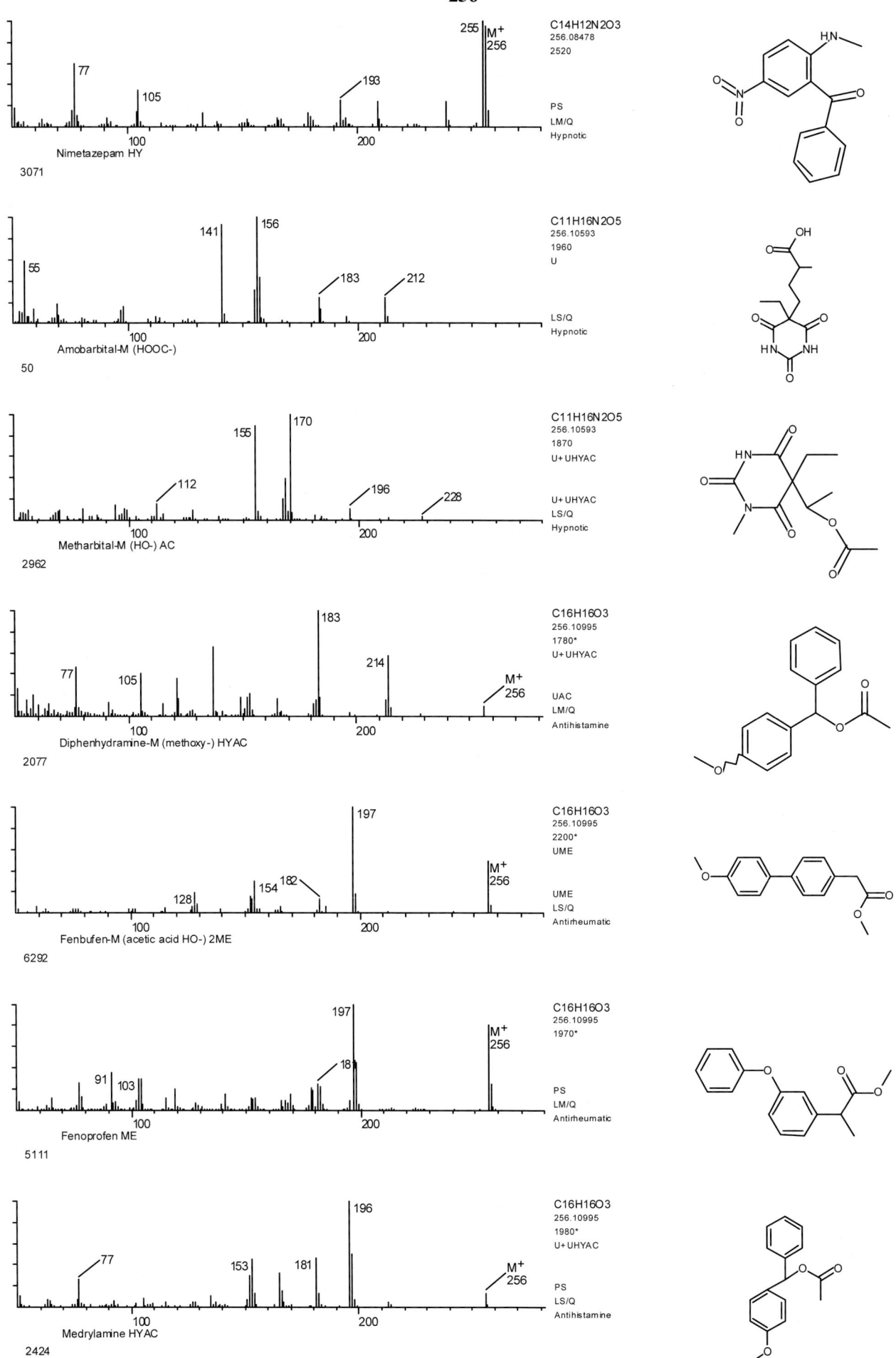

Nimetazepam HY	C14H12N2O3 256.08478 2520 PS LM/Q Hypnotic
3071 peaks: 77, 105, 193, 255, M+ 256	
Amobarbital-M (HOOC-)	C11H16N2O5 256.10593 1960 U LS/Q Hypnotic
50 peaks: 55, 141, 156, 183, 212	
Metharbital-M (HO-) AC	C11H16N2O5 256.10593 1870 U+ UHYAC U+ UHYAC LS/Q Hypnotic
2962 peaks: 112, 155, 170, 196, 228	
Diphenhydramine-M (methoxy-) HYAC	C16H16O3 256.10995 1780* U+ UHYAC UAC LM/Q Antihistamine
2077 peaks: 77, 105, 183, 214, M+ 256	
Fenbufen-M (acetic acid HO-) 2ME	C16H16O3 256.10995 2200* UME UME LS/Q Antirheumatic
6292 peaks: 128, 154, 182, 197, M+ 256	
Fenoprofen ME	C16H16O3 256.10995 1970* PS LM/Q Antirheumatic
5111 peaks: 91, 103, 181, 197, M+ 256	
Medrylamine HYAC	C16H16O3 256.10995 1980* U+ UHYAC PS LS/Q Antihistamine
2424 peaks: 77, 153, 181, 196, M+ 256	

256

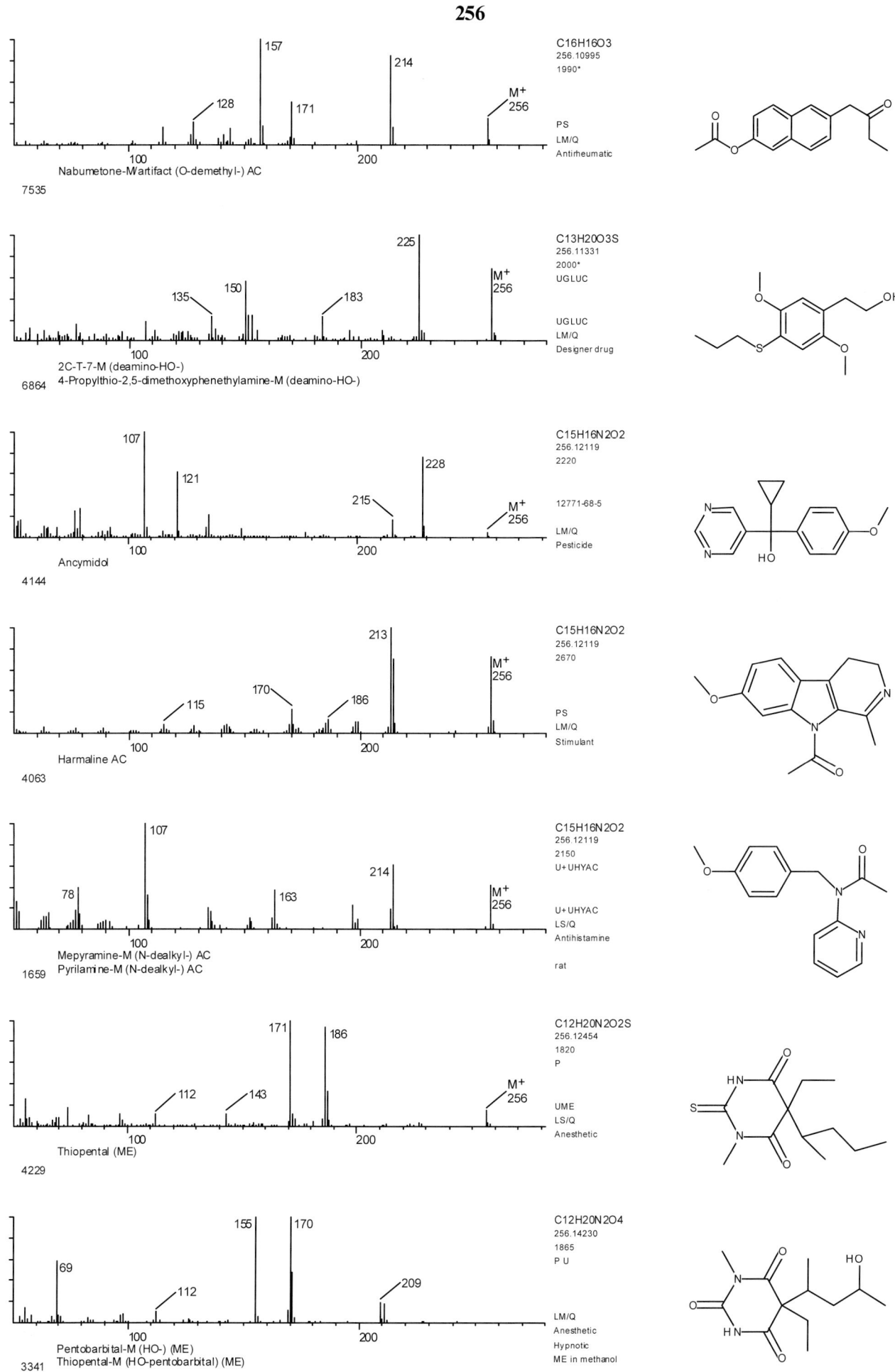

C16H16O3
256.10995
1990*

PS
LM/Q
Antirheumatic

Nabumetone-M/artifact (O-demethyl-) AC
7535

C13H20O3S
256.11331
2000*
UGLUC

UGLUC
LM/Q
Designer drug

2C-T-7-M (deamino-HO-)
6864 4-Propylthio-2,5-dimethoxyphenethylamine-M (deamino-HO-)

C15H16N2O2
256.12119
2220
12771-68-5

LM/Q
Pesticide

Ancymidol
4144

C15H16N2O2
256.12119
2670

PS
LM/Q
Stimulant

Harmaline AC
4063

C15H16N2O2
256.12119
2150
U+UHYAC

U+UHYAC
LS/Q
Antihistamine

rat

Mepyramine-M (N-dealkyl-) AC
1659 Pyrilamine-M (N-dealkyl-) AC

C12H20N2O2S
256.12454
1820
P

UME
LS/Q
Anesthetic

Thiopental (ME)
4229

C12H20N2O4
256.14230
1865
P U

LM/Q
Anesthetic
Hypnotic
ME in methanol

Pentobarbital-M (HO-) (ME)
3341 Thiopental-M (HO-pentobarbital) (ME)

407

256

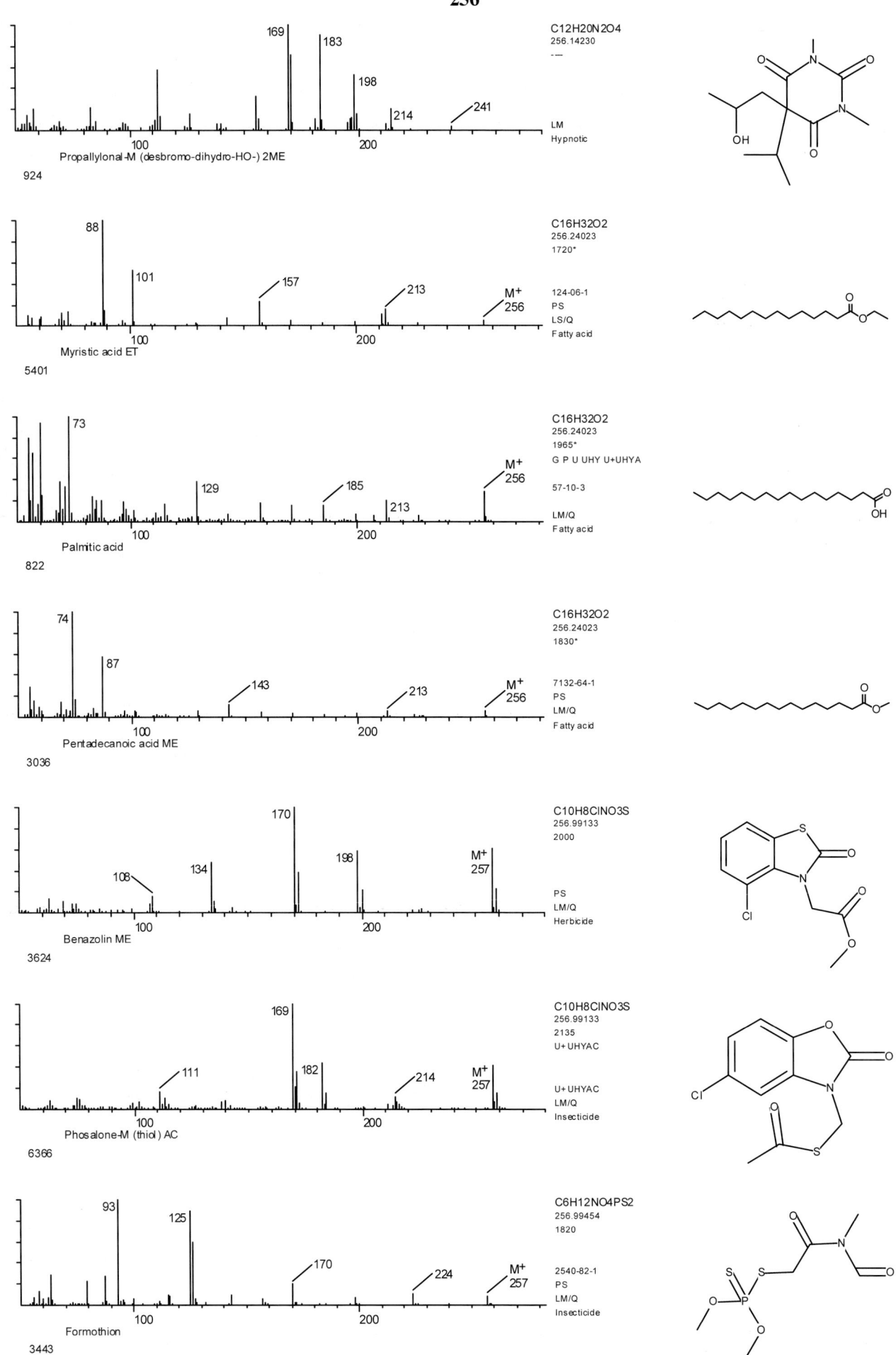

Propallylonal-M (desbromo-dihydro-HO-) 2ME
924

C12H20N2O4
256.14230

LM
Hypnotic

Myristic acid ET
5401

C16H32O2
256.24023
1720*
124-06-1
PS
LS/Q
Fatty acid

Palmitic acid
822

C16H32O2
256.24023
1965*
G P U UHY U+UHYA
57-10-3
LM/Q
Fatty acid

Pentadecanoic acid ME
3036

C16H32O2
256.24023
1830*
7132-64-1
PS
LM/Q
Fatty acid

Benazolin ME
3624

C10H8ClNO3S
256.99133
2000
PS
LM/Q
Herbicide

Phosalone-M (thiol) AC
6366

C10H8ClNO3S
256.99133
2135
U+ UHYAC
U+ UHYAC
LM/Q
Insecticide

Formothion
3443

C6H12NO4PS2
256.99454
1820
2540-82-1
PS
LM/Q
Insecticide

408

257

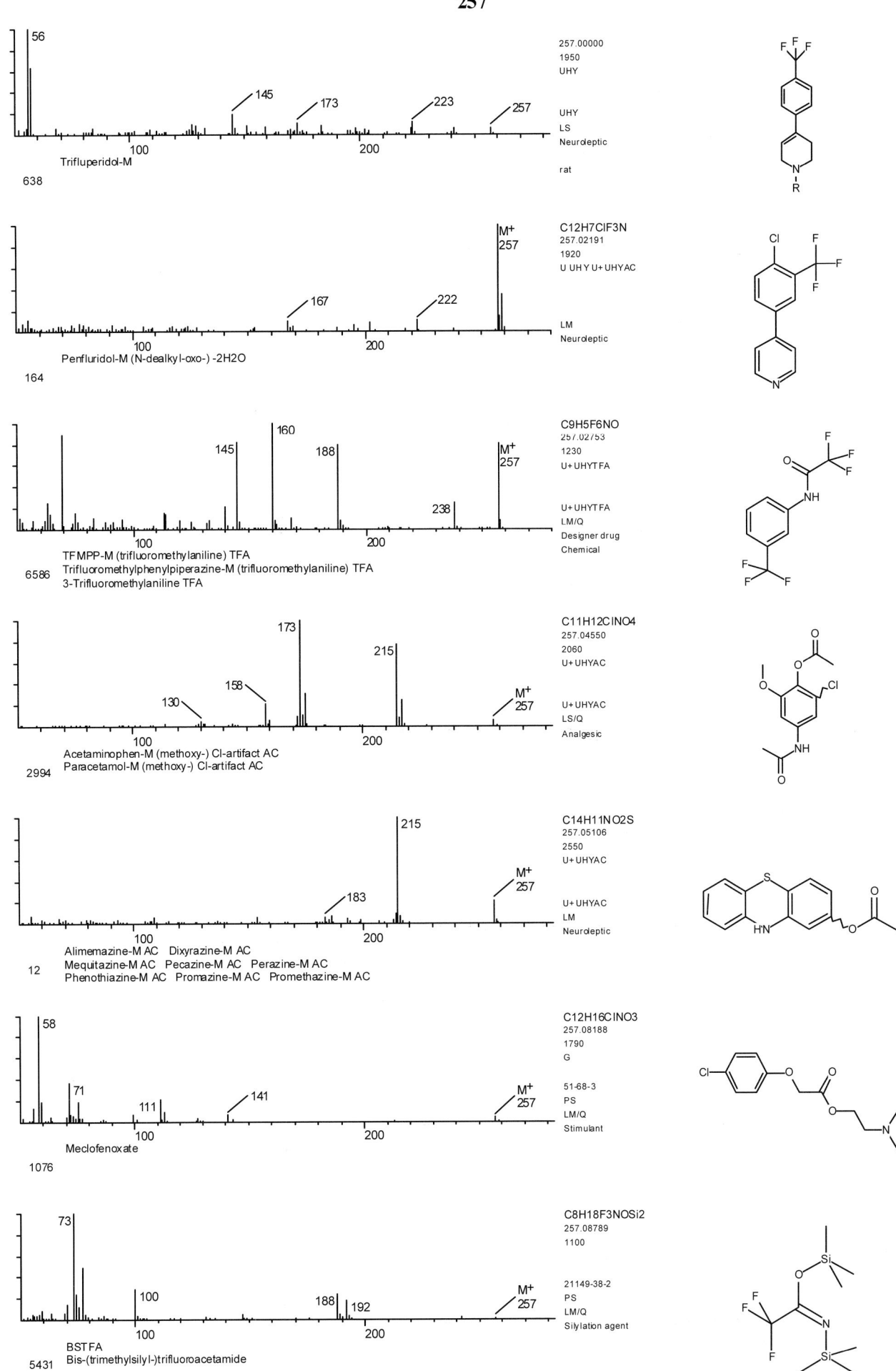

Spectrum	Formula / Data	Compound
56, 145, 173, 223, 257	257.00000 / 1950 / UHY / UHY LS / Neuroleptic / rat	Trifluperidol-M 638
167, 222, M+ 257	C12H7ClF3N / 257.02191 / 1920 / U UHY U+ UHYAC / LM / Neuroleptic	Penfluridol-M (N-dealkyl-oxo-) -2H2O 164
145, 160, 188, 238, M+ 257	C9H5F6NO / 257.02753 / 1230 / U+ UHYTFA / U+ UHYTFA / LM/Q / Designer drug / Chemical	TFMPP-M (trifluoromethylaniline) TFA Trifluoromethylphenylpiperazine-M (trifluoromethylaniline) TFA 3-Trifluoromethylaniline TFA 6586
130, 158, 173, 215, M+ 257	C11H12ClNO4 / 257.04550 / 2060 / U+ UHYAC / U+ UHYAC / LS/Q / Analgesic	Acetaminophen-M (methoxy-) Cl-artifact AC Paracetamol-M (methoxy-) Cl-artifact AC 2994
183, 215, M+ 257	C14H11NO2S / 257.05106 / 2550 / U+ UHYAC / U+ UHYAC / LM / Neuroleptic	Alimemazine-M AC Dixyrazine-M AC Mequitazine-M AC Pecazine-M AC Perazine-M AC Phenothiazine-M AC Promazine-M AC Promethazine-M AC 12
58, 71, 111, 141, M+ 257	C12H16ClNO3 / 257.08188 / 1790 / G / 51-68-3 / PS / LM/Q / Stimulant	Meclofenoxate 1076
73, 100, 188, 192, M+ 257	C8H18F3NOSi2 / 257.08789 / 1100 / 21149-38-2 / PS / LM/Q / Silylation agent	BSTFA Bis-(trimethylsilyl-)trifluoroacetamide 5431

409

257

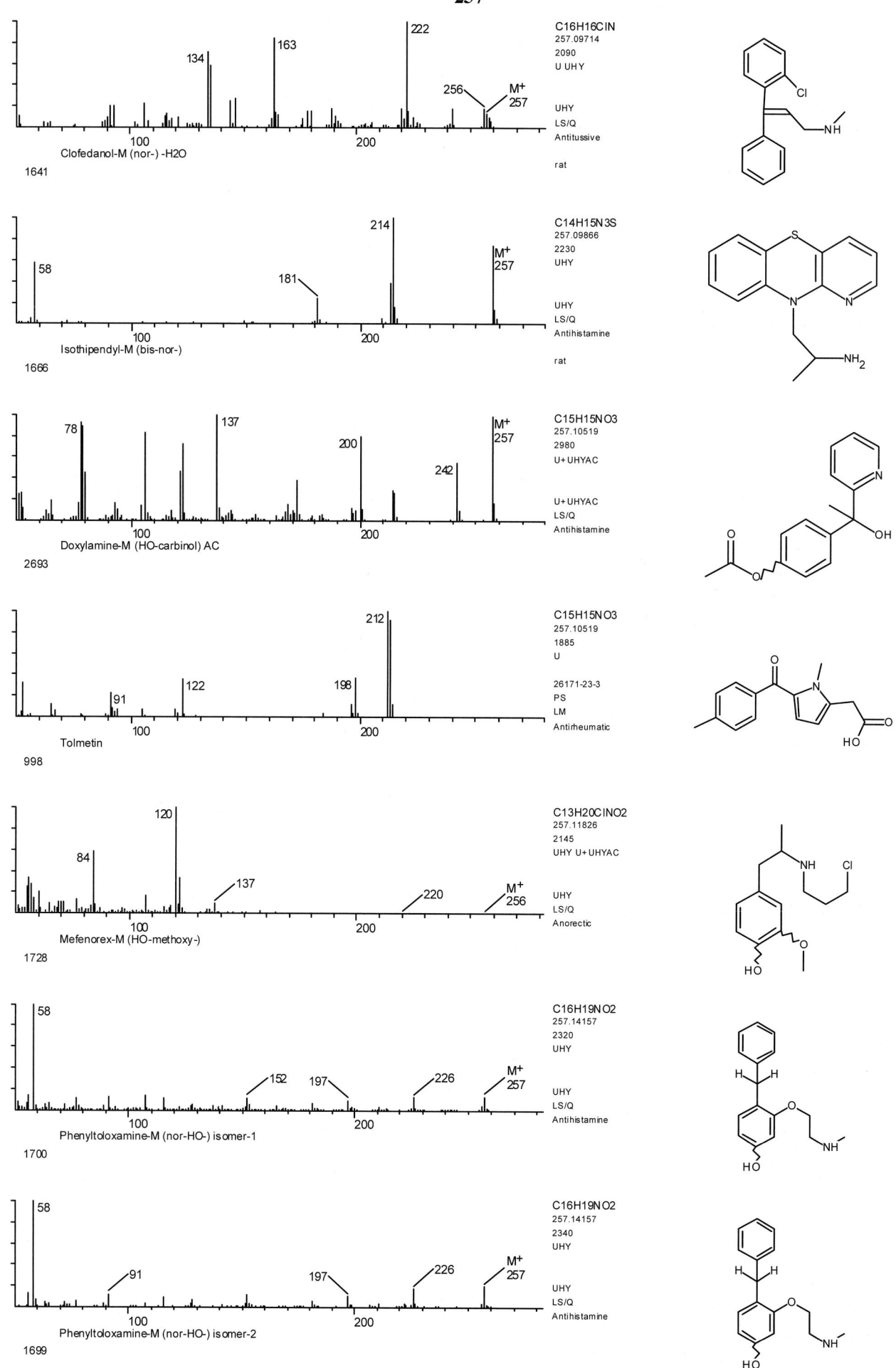

Clofedanol-M (nor-) -H2O
1641
C16H16ClN
257.09714
2090
U UHY
UHY
LS/Q
Antitussive
rat

Isothipendyl-M (bis-nor-)
1666
C14H15N3S
257.09866
2230
UHY
UHY
LS/Q
Antihistamine
rat

Doxylamine-M (HO-carbinol) AC
2693
C15H15NO3
257.10519
2980
U+ UHYAC
U+ UHYAC
LS/Q
Antihistamine

Tolmetin
998
C15H15NO3
257.10519
1885
U
26171-23-3
PS
LM
Antirheumatic

Mefenorex-M (HO-methoxy-)
1728
C13H20ClNO2
257.11826
2145
UHY U+ UHYAC
UHY
LS/Q
Anorectic

Phenyltoloxamine-M (nor-HO-) isomer-1
1700
C16H19NO2
257.14157
2320
UHY
UHY
LS/Q
Antihistamine

Phenyltoloxamine-M (nor-HO-) isomer-2
1699
C16H19NO2
257.14157
2340
UHY
UHY
LS/Q
Antihistamine

257

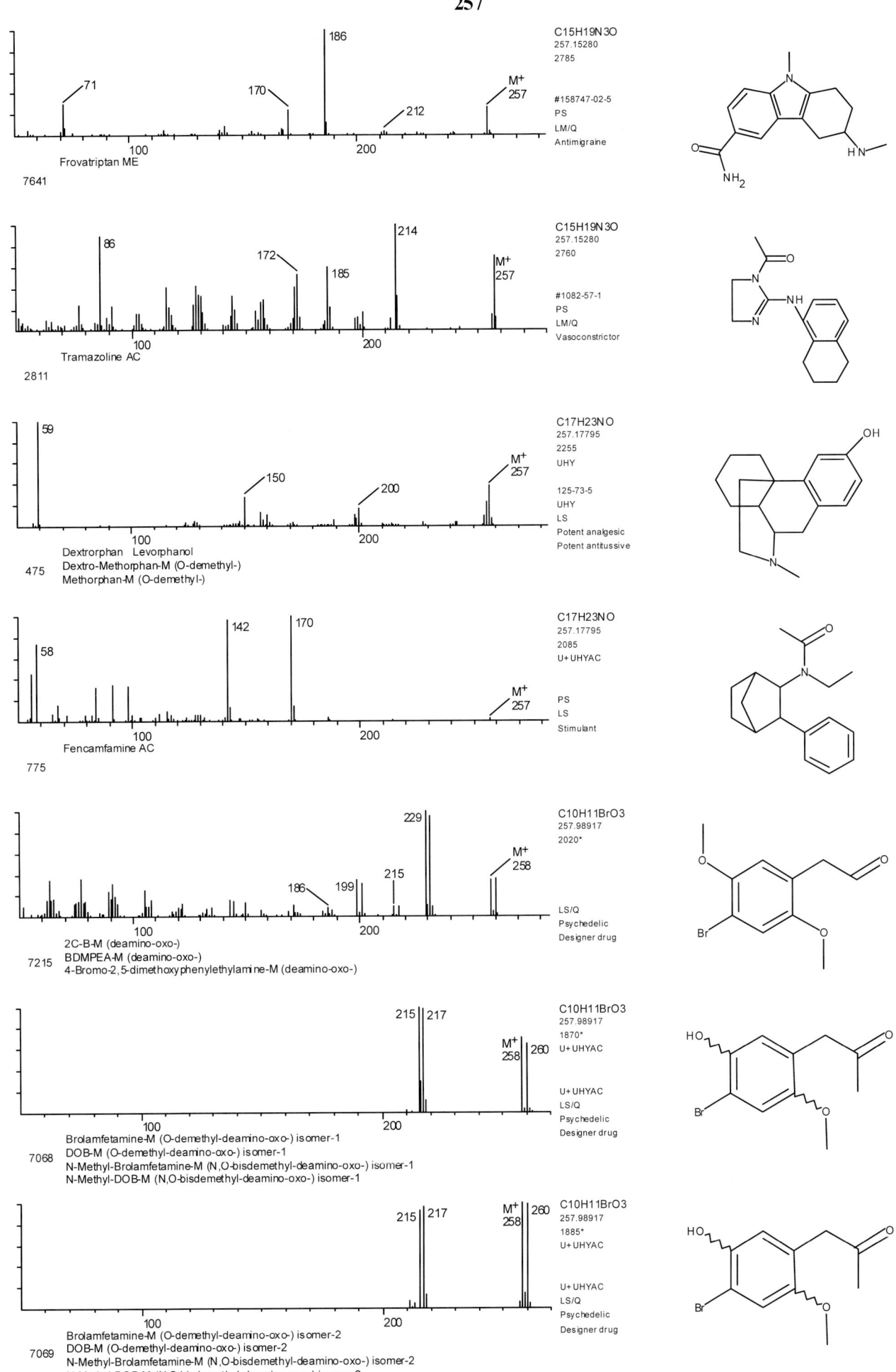

Spectrum	Formula / Info
Frovatriptan ME — 7641; peaks 71, 170, 186, 212, M+ 257	C15H19N3O; 257.15280; 2785; #158747-02-5; PS; LM/Q; Antimigraine
Tramazoline AC — 2811; peaks 86, 172, 185, 214, M+ 257	C15H19N3O; 257.15280; 2760; #1082-57-1; PS; LM/Q; Vasoconstrictor
Dextrorphan Levorphanol; Dextro-Methorphan-M (O-demethyl-); Methorphan-M (O-demethyl-) — 475; peaks 59, 150, 200, M+ 257	C17H23NO; 257.17795; 2255; UHY; 125-73-5; UHY; LS; Potent analgesic; Potent antitussive
Fencamfamine AC — 775; peaks 58, 142, 170, M+ 257	C17H23NO; 257.17795; 2085; U+ UHYAC; PS; LS; Stimulant
2C-B-M (deamino-oxo-); BDMPEA-M (deamino-oxo-); 4-Bromo-2,5-dimethoxyphenylethylamine-M (deamino-oxo-) — 7215; peaks 186, 199, 215, 229, M+ 258	C10H11BrO3; 257.98917; 2020*; LS/Q; Psychedelic; Designer drug
Brolamfetamine-M (O-demethyl-deamino-oxo-) isomer-1; DOB-M (O-demethyl-deamino-oxo-) isomer-1; N-Methyl-Brolamfetamine-M (N,O-bisdemethyl-deamino-oxo-) isomer-1; N-Methyl-DOB-M (N,O-bisdemethyl-deamino-oxo-) isomer-1 — 7068; peaks 215, 217, M+ 258, 260	C10H11BrO3; 257.98917; 1870*; U+ UHYAC; U+ UHYAC; LS/Q; Psychedelic; Designer drug
Brolamfetamine-M (O-demethyl-deamino-oxo-) isomer-2; DOB-M (O-demethyl-deamino-oxo-) isomer-2; N-Methyl-Brolamfetamine-M (N,O-bisdemethyl-deamino-oxo-) isomer-2; N-Methyl-DOB-M (N,O-bisdemethyl-deamino-oxo-) isomer-2 — 7069; peaks 215, 217, M+ 258, 260	C10H11BrO3; 257.98917; 1885*; U+ UHYAC; U+ UHYAC; LS/Q; Psychedelic; Designer drug

258

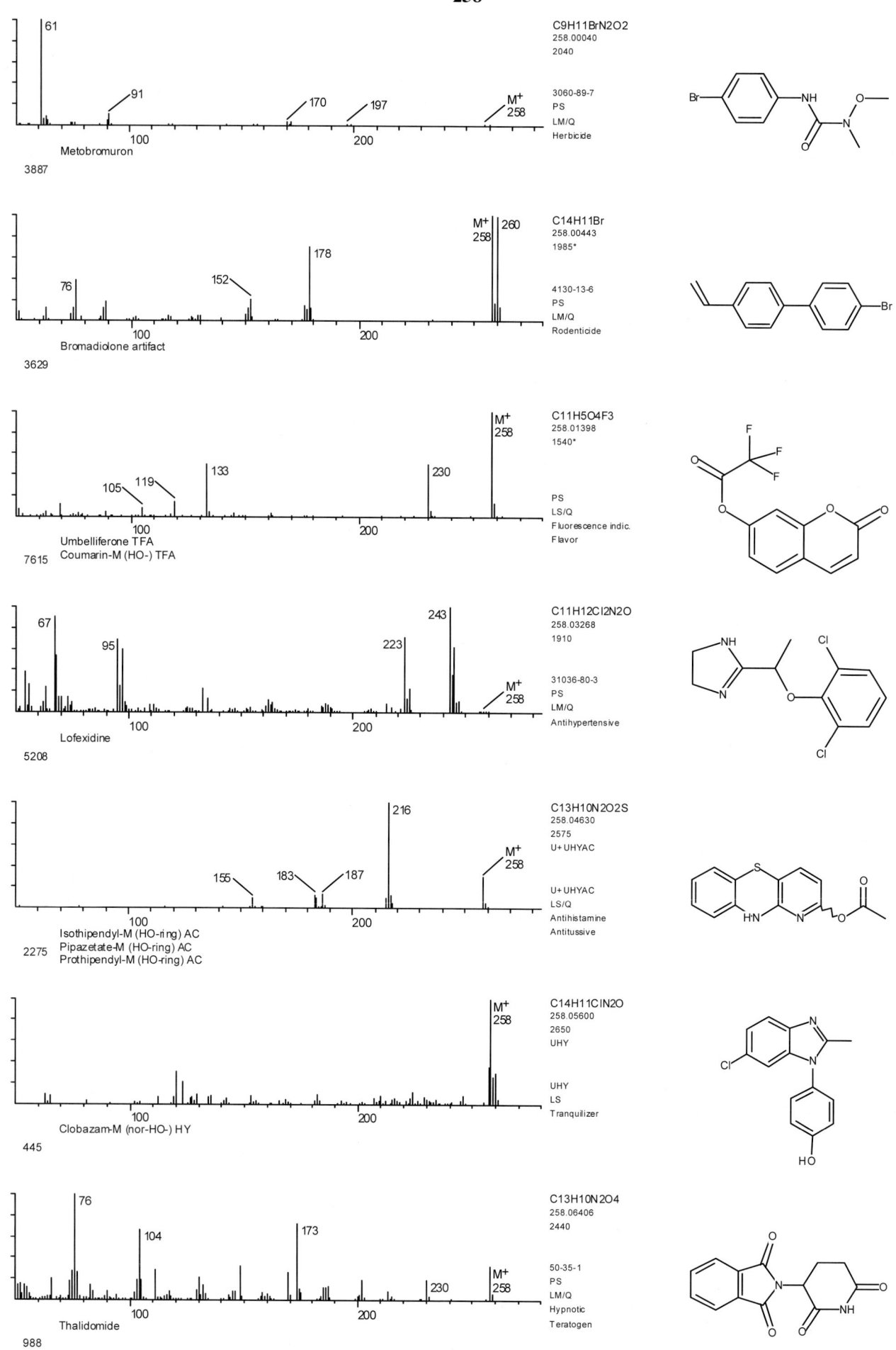

Metobromuron
C9H11BrN2O2
258.00040
2040
3060-89-7
PS
LM/Q
Herbicide

Bromadiolone artifact
C14H11Br
258.00443
1985*
4130-13-6
PS
LM/Q
Rodenticide

Umbelliferone TFA
Coumarin-M (HO-) TFA
C11H5O4F3
258.01398
1540*
PS
LS/Q
Fluorescence indic.
Flavor

Lofexidine
C11H12Cl2N2O
258.03268
1910
31036-80-3
PS
LM/Q
Antihypertensive

Isothipendyl-M (HO-ring) AC
Pipazetate-M (HO-ring) AC
Prothipendyl-M (HO-ring) AC
C13H10N2O2S
258.04630
2575
U+ UHYAC
U+ UHYAC
LS/Q
Antihistamine
Antitussive

Clobazam-M (nor-HO-) HY
C14H11ClN2O
258.05600
2650
UHY
UHY
LS
Tranquilizer

Thalidomide
C13H10N2O4
258.06406
2440
50-35-1
PS
LM/Q
Hypnotic
Teratogen

258

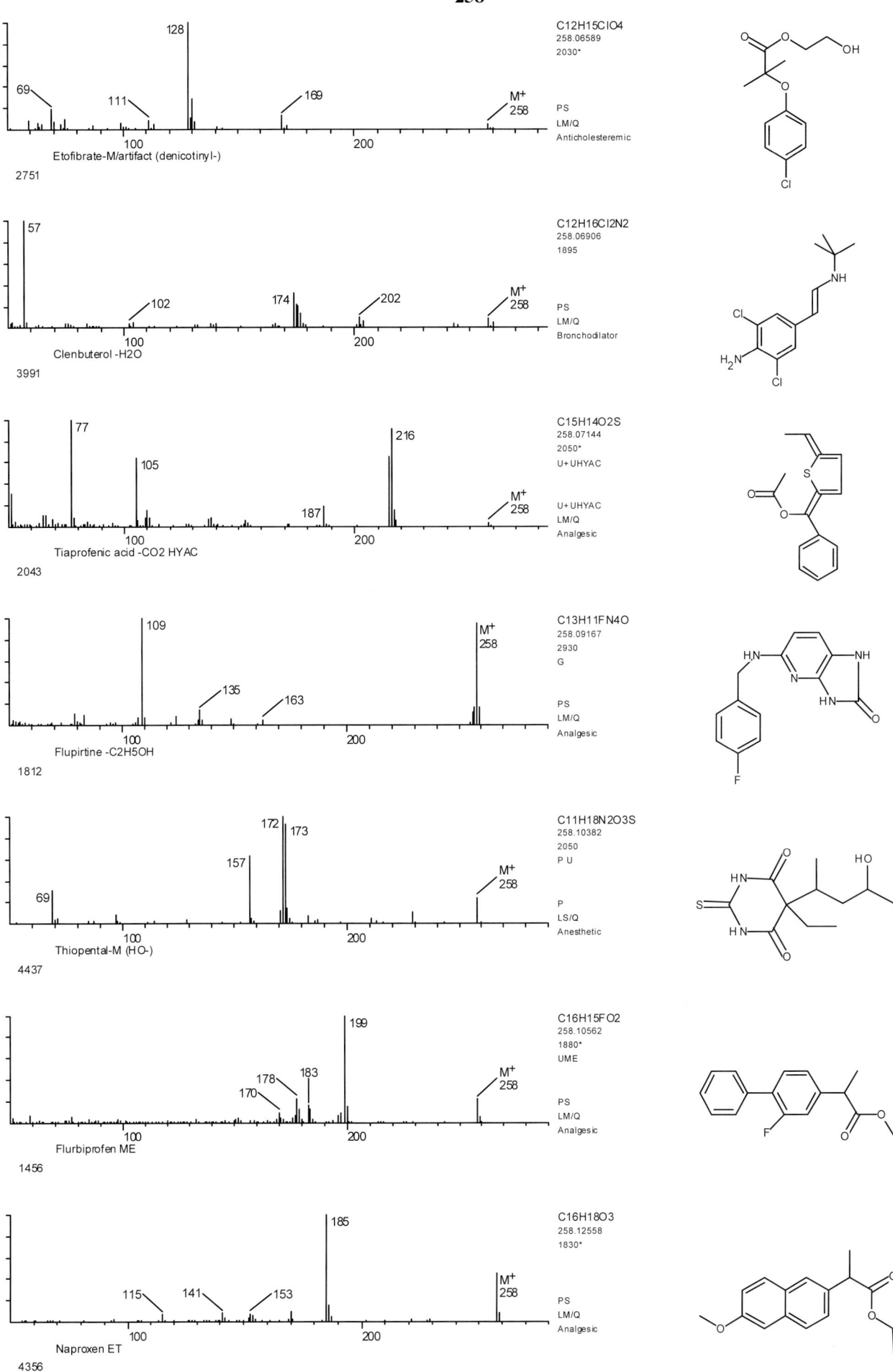

Etofibrate-M/artifact (denicotinyl-) — 2751
Peaks: 69, 111, 128, 169, M+ 258
C12H15ClO4
258.06589
2030*
PS
LM/Q
Anticholesteremic

Clenbuterol -H2O — 3991
Peaks: 57, 102, 174, 202, M+ 258
C12H16Cl2N2
258.06906
1895
PS
LM/Q
Bronchodilator

Tiaprofenic acid -CO2 HYAC — 2043
Peaks: 77, 105, 187, 216, M+ 258
C15H14O2S
258.07144
2050*
U+ UHYAC
U+ UHYAC
LM/Q
Analgesic

Flupirtine -C2H5OH — 1812
Peaks: 109, 135, 163, M+ 258
C13H11FN4O
258.09167
2930
G
PS
LM/Q
Analgesic

Thiopental-M (HO-) — 4437
Peaks: 69, 157, 172, 173, M+ 258
C11H18N2O3S
258.10382
2050
P U
P
LS/Q
Anesthetic

Flurbiprofen ME — 1456
Peaks: 170, 178, 183, 199, M+ 258
C16H15FO2
258.10562
1880*
UME
PS
LM/Q
Analgesic

Naproxen ET — 4356
Peaks: 115, 141, 153, 185, M+ 258
C16H18O3
258.12558
1830*
PS
LM/Q
Analgesic

258

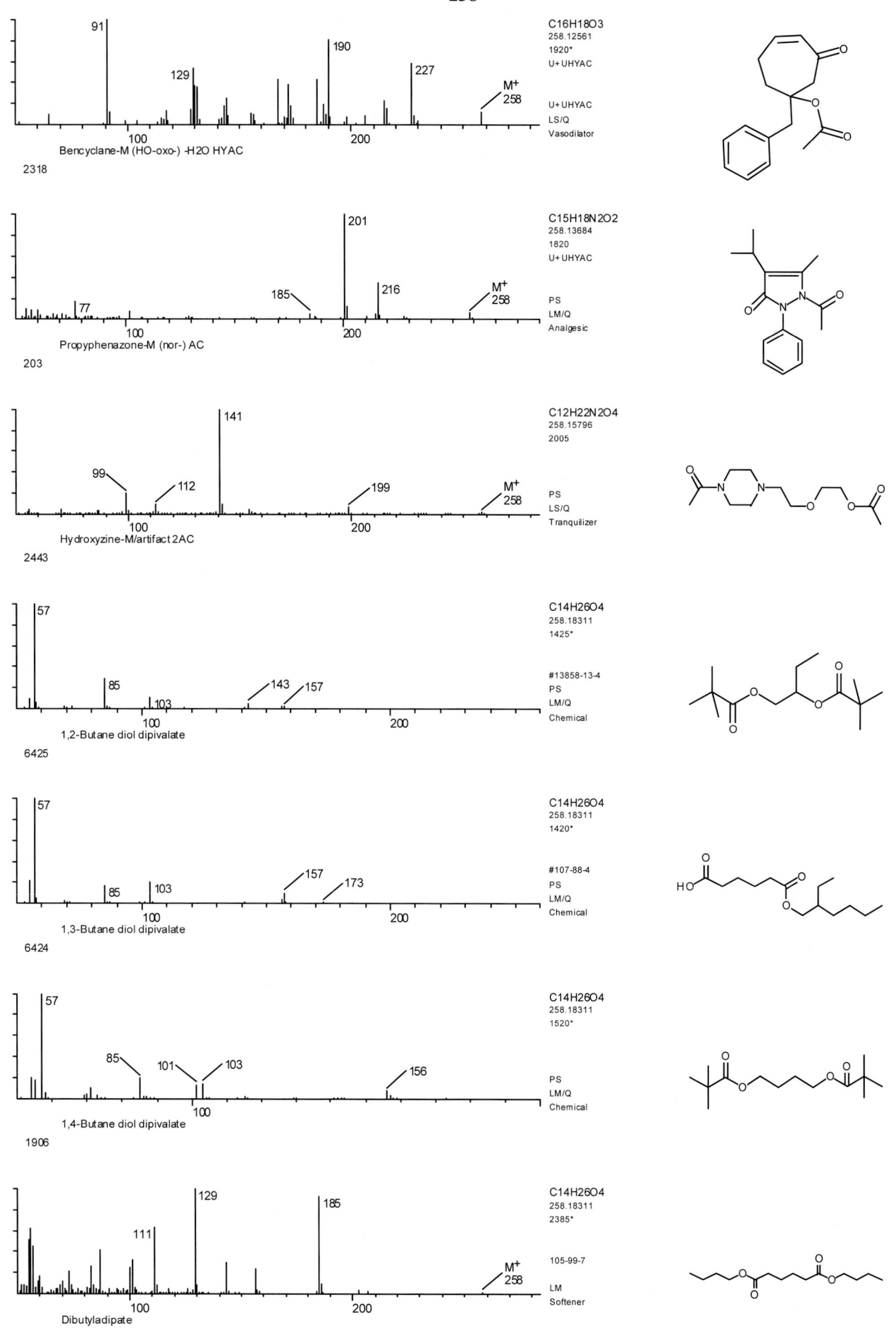

C16H18O3
258.12561
1920*
U+ UHYAC
U+ UHYAC
LS/Q
Vasodilator

Bencyclane-M (HO-oxo-) -H2O HYAC
2318

C15H18N2O2
258.13684
1820
U+ UHYAC
PS
LM/Q
Analgesic

Propyphenazone-M (nor-) AC
203

C12H22N2O4
258.15796
2005
PS
LS/Q
Tranquilizer

Hydroxyzine-M/artifact 2AC
2443

C14H26O4
258.18311
1425*
#13858-13-4
PS
LM/Q
Chemical

1,2-Butane diol dipivalate
6425

C14H26O4
258.18311
1420*
#107-88-4
PS
LM/Q
Chemical

1,3-Butane diol dipivalate
6424

C14H26O4
258.18311
1520*
PS
LM/Q
Chemical

1,4-Butane diol dipivalate
1906

C14H26O4
258.18311
2385*
105-99-7
LM
Softener

Dibutyladipate
722

414

258

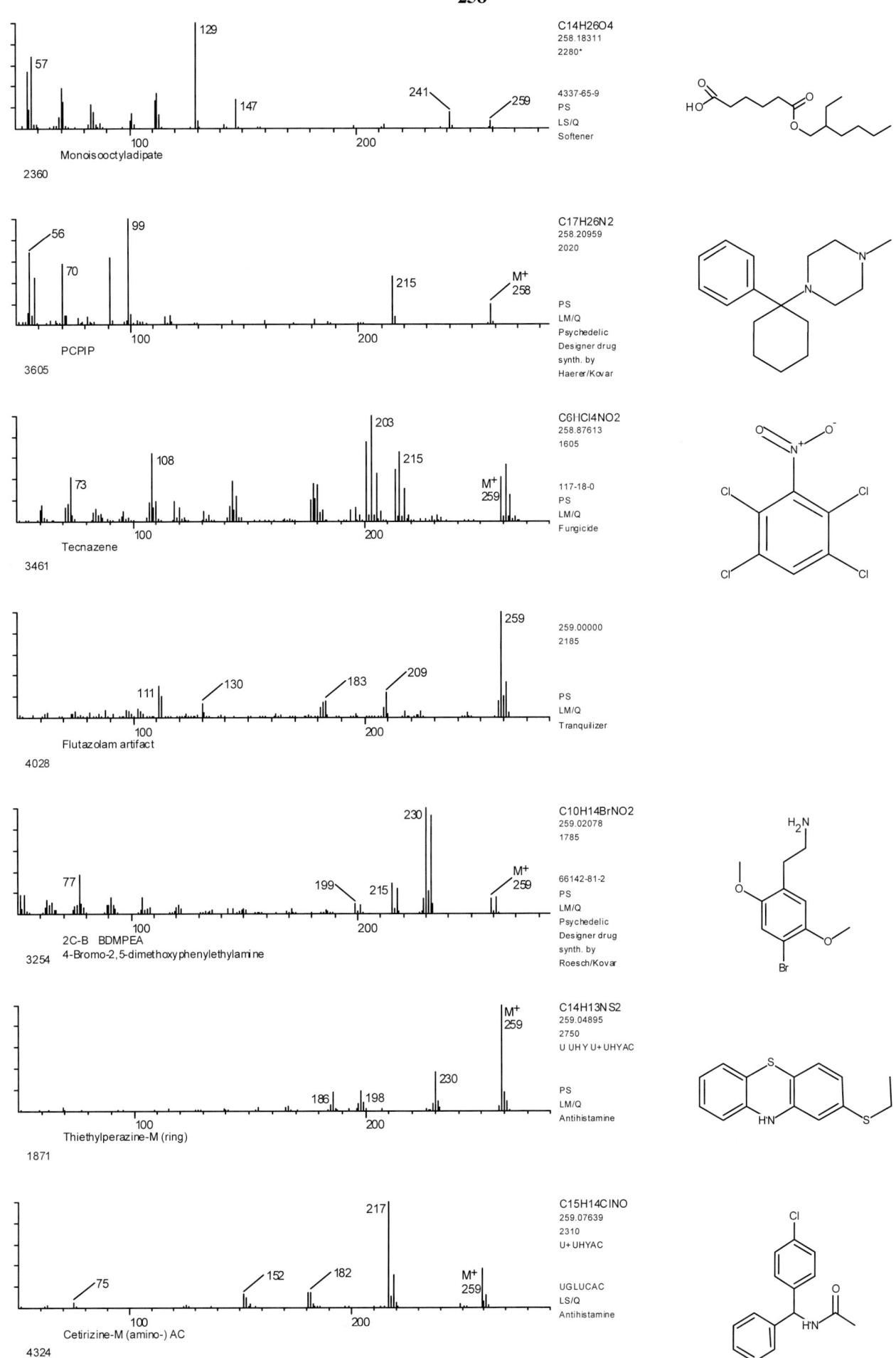

Monoisooctyladipate — peaks: 57, 129, 147, 241, 259	C14H26O4 258.18311 2280* 4337-65-9 PS LS/Q Softener
2360	

PCPIP — peaks: 56, 70, 99, 215, M+ 258	C17H26N2 258.20959 2020 PS LM/Q Psychedelic Designer drug synth. by Haerer/Kovar
3605	

Tecnazene — peaks: 73, 108, 203, 215, M+ 259	C6HCl4NO2 258.87613 1605 117-18-0 PS LM/Q Fungicide
3461	

Flutazolam artifact — peaks: 111, 130, 183, 209, 259	259.00000 2185 PS LM/Q Tranquilizer
4028	

2C-B BDMPEA 4-Bromo-2,5-dimethoxyphenylethylamine — peaks: 77, 199, 215, 230, M+ 259	C10H14BrNO2 259.02078 1785 66142-81-2 PS LM/Q Psychedelic Designer drug synth. by Roesch/Kovar
3254	

Thiethylperazine-M (ring) — peaks: 186, 198, 230, M+ 259	C14H13NS2 259.04895 2750 U UH Y U+ UHYAC PS LM/Q Antihistamine
1871	

Cetirizine-M (amino-) AC — peaks: 75, 152, 182, 217, M+ 259	C15H14ClNO 259.07639 2310 U+ UHYAC UGLUCAC LS/Q Antihistamine
4324	

415

259

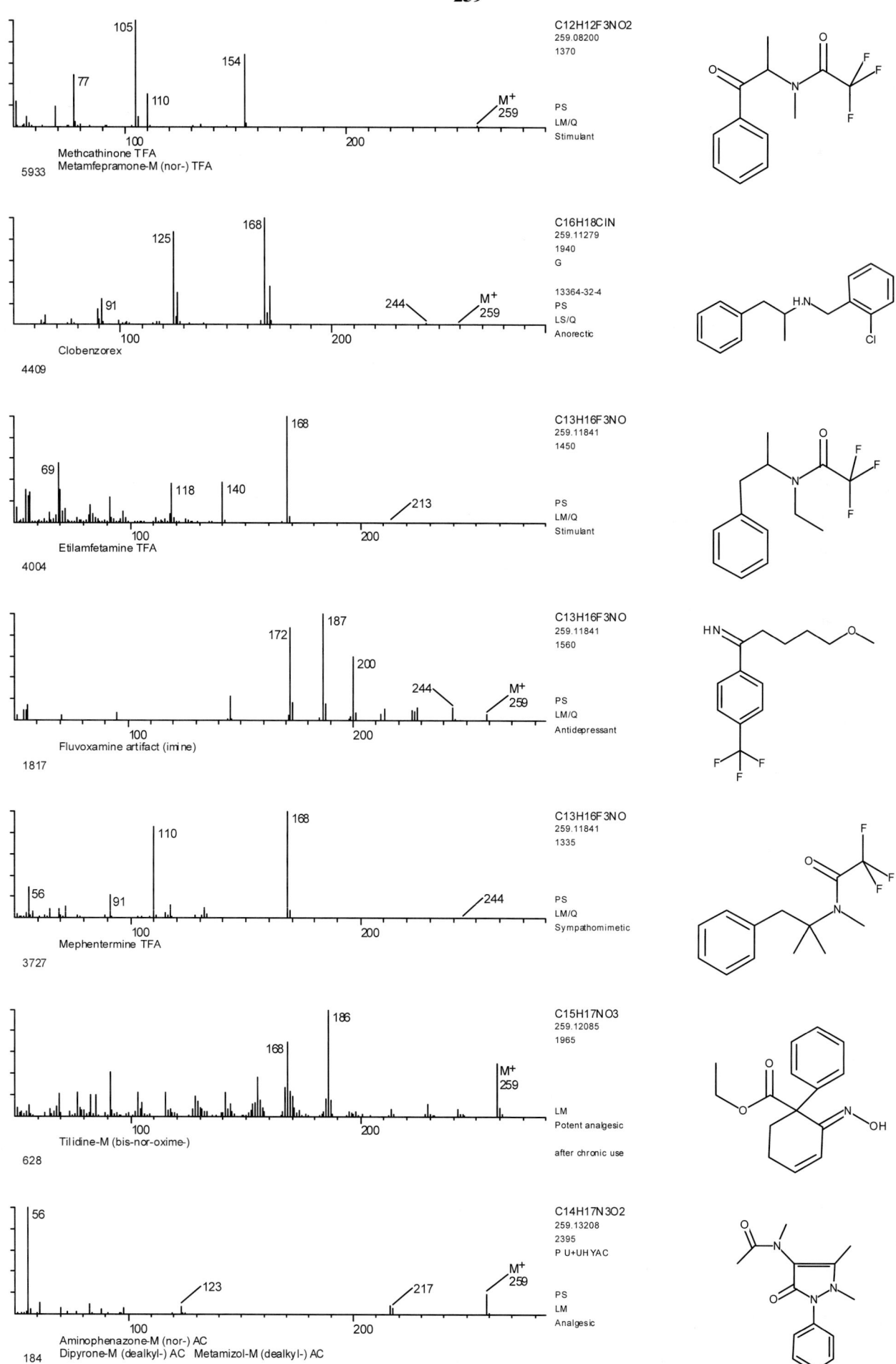

Methcathinone TFA
Metamfepramone-M (nor-) TFA
C12H12F3NO2
259.08200
1370
PS
LM/Q
Stimulant

Clobenzorex
C16H18ClN
259.11279
1940
G
13364-32-4
PS
LS/Q
Anorectic

Etilamfetamine TFA
C13H16F3NO
259.11841
1450
PS
LM/Q
Stimulant

Fluvoxamine artifact (imine)
C13H16F3NO
259.11841
1560
PS
LM/Q
Antidepressant

Mephentermine TFA
C13H16F3NO
259.11841
1335
PS
LM/Q
Sympathomimetic

Tilidine-M (bis-nor-oxime-)
C15H17NO3
259.12085
1965
LM
Potent analgesic
after chronic use

Aminophenazone-M (nor-) AC
Dipyrone-M (dealkyl-) AC   Metamizol-M (dealkyl-) AC
C14H17N3O2
259.13208
2395
P U+UH YAC
PS
LM
Analgesic

259

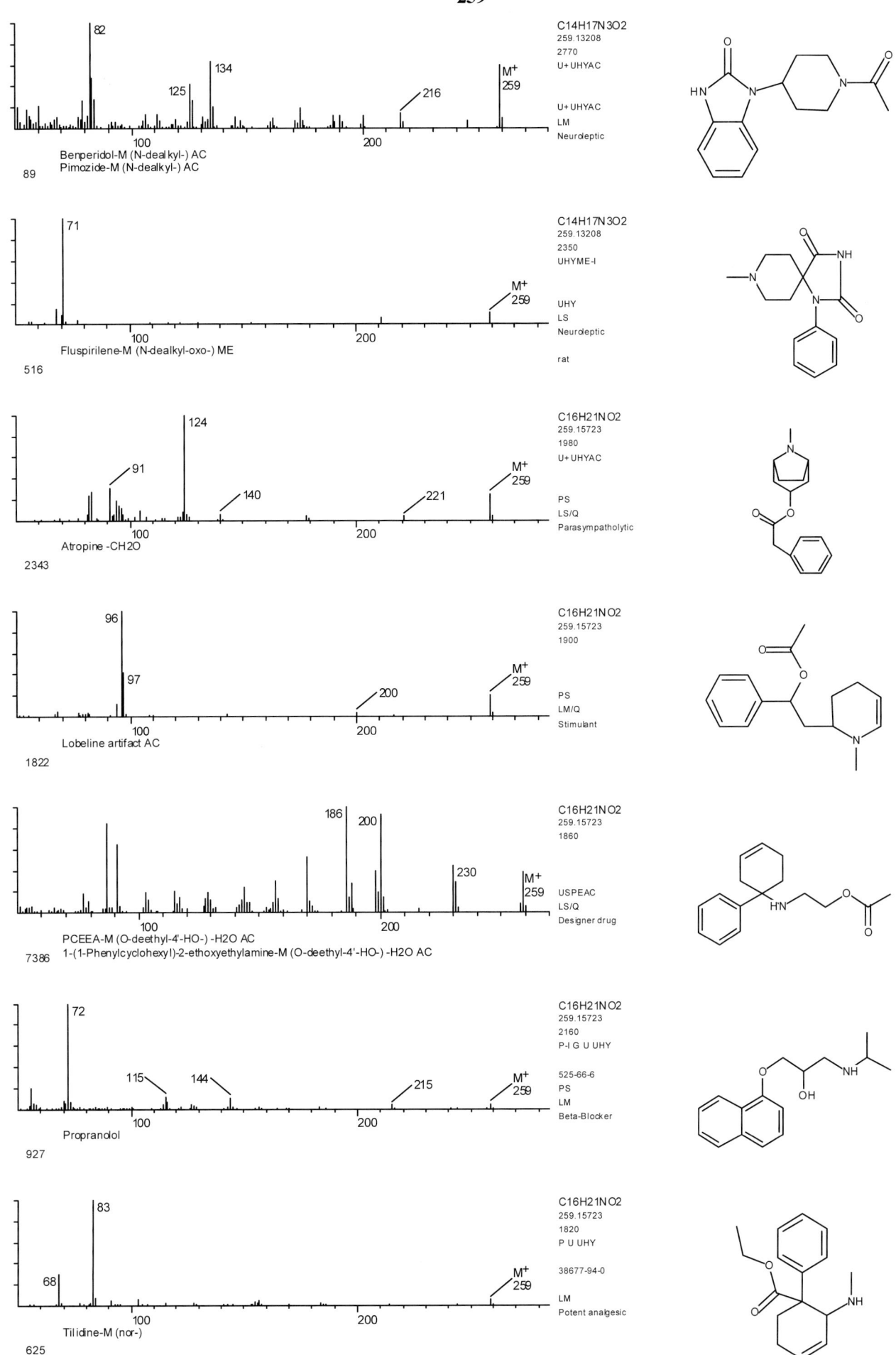

	C14H17N3O2 259.13208 2770 U+ UHYAC U+ UHYAC LM Neuroleptic	

Benperidol-M (N-dealkyl-) AC
Pimozide-M (N-dealkyl-) AC
89

	C14H17N3O2 259.13208 2350 UHYME-I UHY LS Neuroleptic rat	

Fluspirilene-M (N-dealkyl-oxo-) ME
516

	C16H21NO2 259.15723 1980 U+ UHYAC PS LS/Q Parasympatholytic	

Atropine -CH2O
2343

	C16H21NO2 259.15723 1900 PS LM/Q Stimulant	

Lobeline artifact AC
1822

	C16H21NO2 259.15723 1860 USPEAC LS/Q Designer drug	

PCEEA-M (O-deethyl-4'-HO-) -H2O AC
1-(1-Phenylcyclohexyl)-2-ethoxyethylamine-M (O-deethyl-4'-HO-) -H2O AC
7386

	C16H21NO2 259.15723 2160 P-I G U UHY 525-66-6 PS LM Beta-Blocker	

Propranolol
927

	C16H21NO2 259.15723 1820 P U UHY 38677-94-0 LM Potent analgesic	

Tilidine-M (nor-)
625

417

259

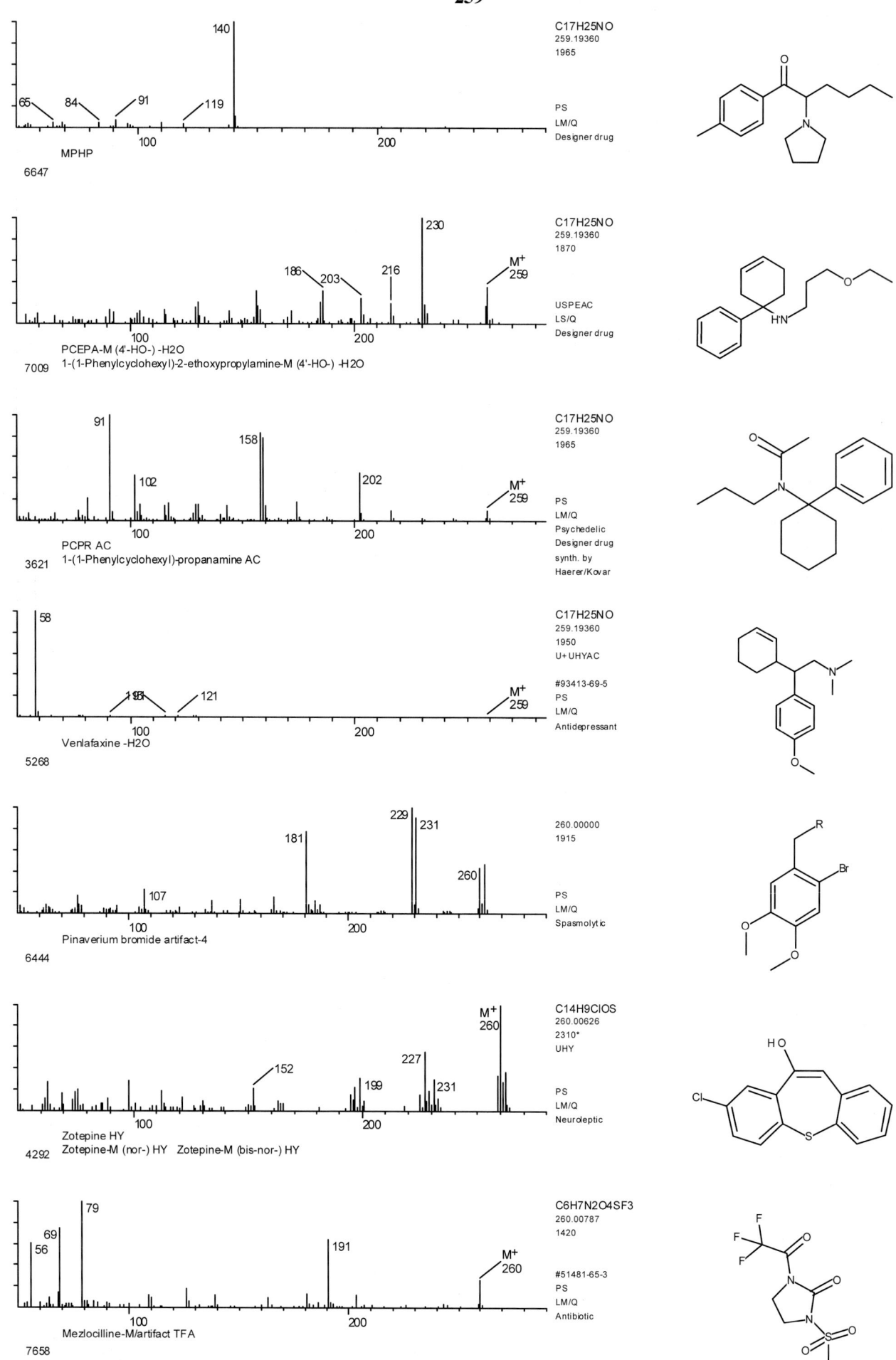

C17H25NO
259.19360
1965

PS
LM/Q
Designer drug

MPHP
6647

C17H25NO
259.19360
1870

USPEAC
LS/Q
Designer drug

PCEPA-M (4'-HO-) -H2O
1-(1-Phenylcyclohexyl)-2-ethoxypropylamine-M (4'-HO-) -H2O
7009

C17H25NO
259.19360
1965

PS
LM/Q
Psychedelic
Designer drug
synth. by
Haerer/Kovar

PCPR AC
1-(1-Phenylcyclohexyl)-propanamine AC
3621

C17H25NO
259.19360
1950
U+ UHYAC
#93413-69-5
PS
LM/Q
Antidepressant

Venlafaxine -H2O
5268

260.00000
1915

PS
LM/Q
Spasmolytic

Pinaverium bromide artifact-4
6444

C14H9ClOS
260.00626
2310*
UHY

PS
LM/Q
Neuroleptic

Zotepine HY
Zotepine-M (nor-) HY   Zotepine-M (bis-nor-) HY
4292

C6H7N2O4SF3
260.00787
1420

#51481-65-3
PS
LM/Q
Antibiotic

Mezlocilline-M/artifact TFA
7658

418

260

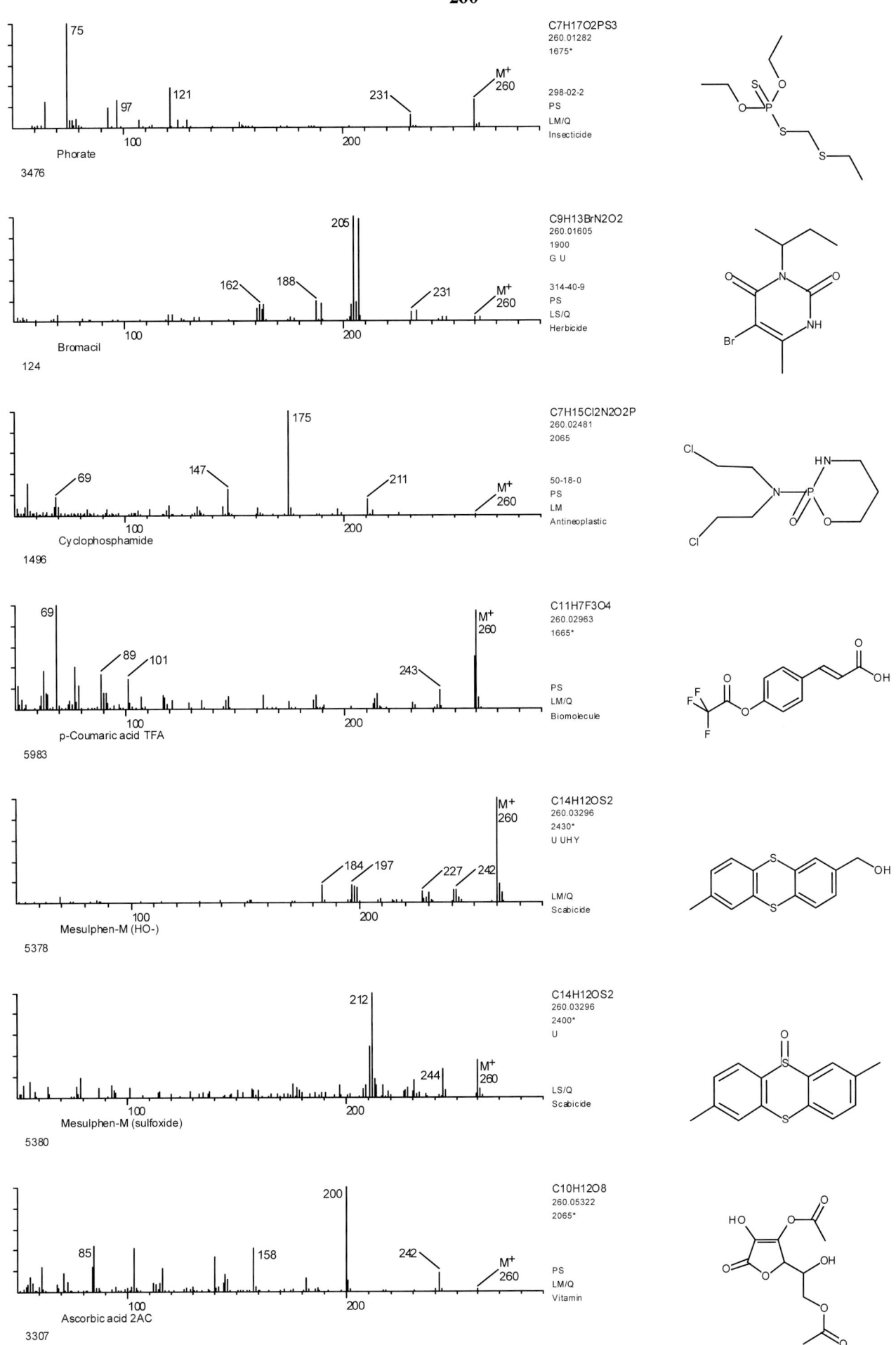

Phorate — C7H17O2PS3, 260.01282, 1675*, 298-02-2, PS, LM/Q, Insecticide
Peaks: 75, 97, 121, 231, M+ 260
3476

Bromacil — C9H13BrN2O2, 260.01605, 1900, G U, 314-40-9, PS, LS/Q, Herbicide
Peaks: 162, 188, 205, 231, M+ 260
124

Cyclophosphamide — C7H15Cl2N2O2P, 260.02481, 2065, 50-18-0, PS, LM, Antineoplastic
Peaks: 69, 147, 175, 211, M+ 260
1496

p-Coumaric acid TFA — C11H7F3O4, 260.02963, 1665*, PS, LM/Q, Biomolecule
Peaks: 69, 89, 101, 243, M+ 260
5983

Mesulphen-M (HO-) — C14H12OS2, 260.03296, 2430*, U UH Y, LM/Q, Scabicide
Peaks: 184, 197, 227, 242, M+ 260
5378

Mesulphen-M (sulfoxide) — C14H12OS2, 260.03296, 2400*, U, LS/Q, Scabicide
Peaks: 212, 244, M+ 260
5380

Ascorbic acid 2AC — C10H12O8, 260.05322, 2065*, PS, LM/Q, Vitamin
Peaks: 85, 158, 200, 242, M+ 260
3307

419

260

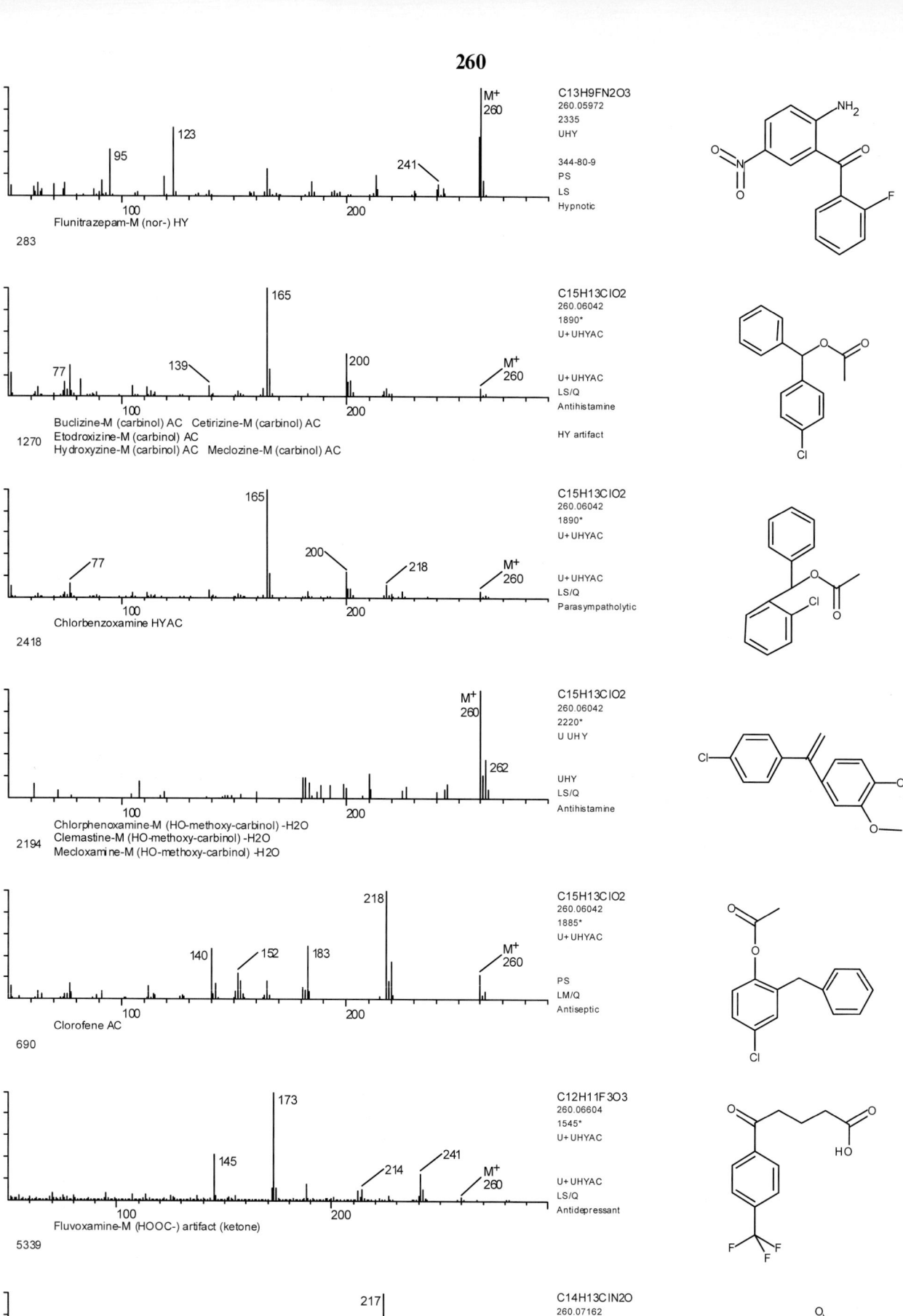

Flunitrazepam-M (nor-) HY	C13H9FN2O3 260.05972 2335 UHY 344-80-9 PS LS Hypnotic

283

Buclizine-M (carbinol) AC   Cetirizine-M (carbinol) AC
Etodroxizine-M (carbinol) AC
Hydroxyzine-M (carbinol) AC   Meclozine-M (carbinol) AC

C15H13ClO2 260.06042 1890* U+ UHYAC
U+ UHYAC LS/Q Antihistamine
HY artifact

1270

Chlorbenzoxamine HYAC

C15H13ClO2 260.06042 1890* U+ UHYAC
U+ UHYAC LS/Q Parasympatholytic

2418

Chlorphenoxamine-M (HO-methoxy-carbinol) -H2O
Clemastine-M (HO-methoxy-carbinol) -H2O
Mecloxamine-M (HO-methoxy-carbinol) -H2O

C15H13ClO2 260.06042 2220* U UHY
UHY LS/Q Antihistamine

2194

Clorofene AC

C15H13ClO2 260.06042 1885* U+ UHYAC
PS LM/Q Antiseptic

690

Fluvoxamine-M (HOOC-) artifact (ketone)

C12H11F3O3 260.06604 1545* U+ UHYAC
U+ UHYAC LS/Q Antidepressant

5339

Chloropyramine-M (N-dealkyl-) AC

C14H13ClN2O 260.07162 2160 U+ UHYAC
U+ UHYAC LS/Q Antihistamine
rat

2176

420

260

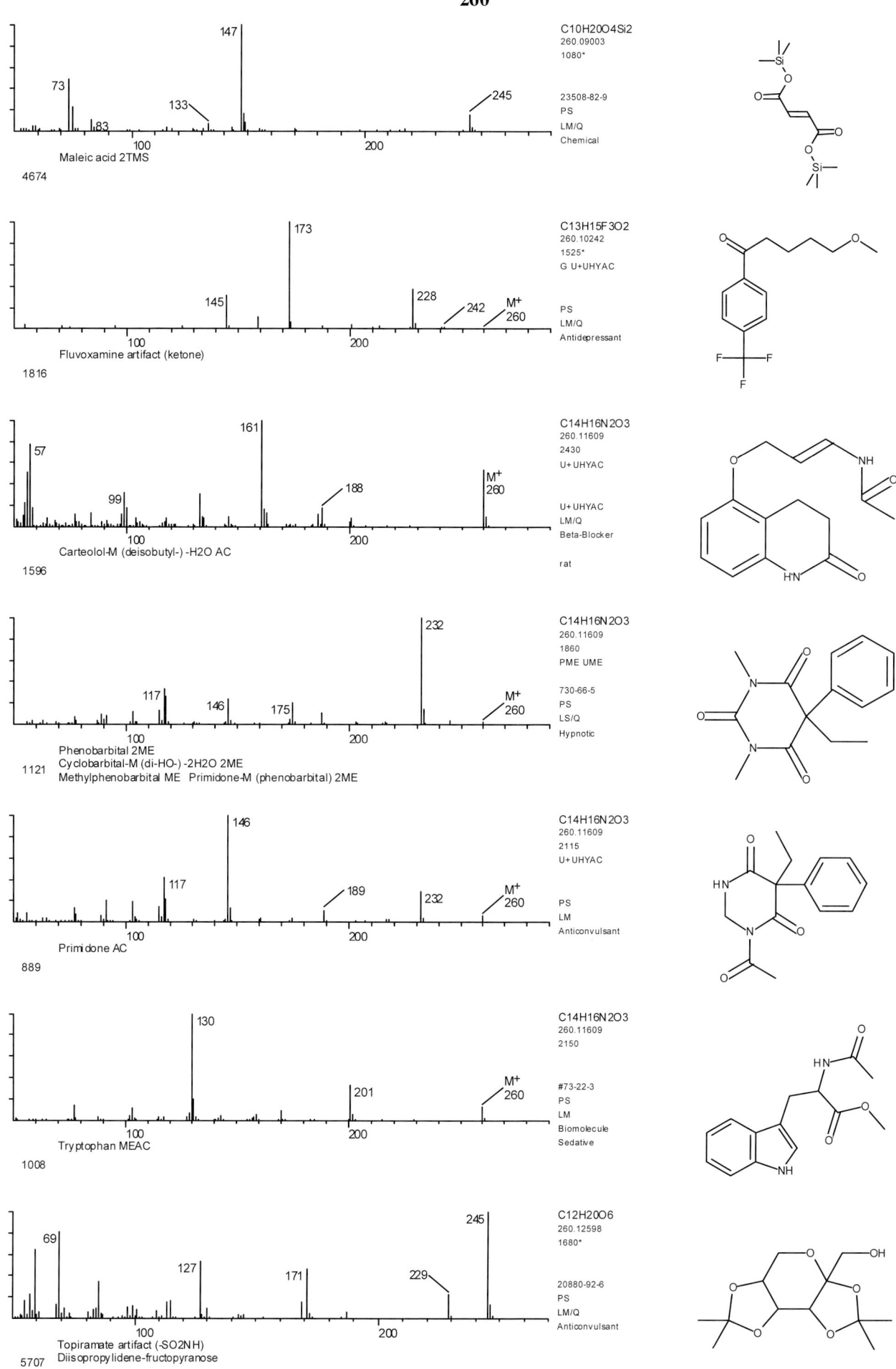

Maleic acid 2TMS
4674
C10H20O4Si2
260.09003
1080*
23508-82-9
PS
LM/Q
Chemical

Fluvoxamine artifact (ketone)
1816
C13H15F3O2
260.10242
1525*
G U+UHYAC
PS
LM/Q
Antidepressant

Carteolol-M (deisobutyl-) -H2O AC
1596
C14H16N2O3
260.11609
2430
U+UHYAC
U+UHYAC
LM/Q
Beta-Blocker
rat

Phenobarbital 2ME
Cyclobarbital-M (di-HO-) -2H2O 2ME
Methylphenobarbital ME Primidone-M (phenobarbital) 2ME
1121
C14H16N2O3
260.11609
1860
PME UME
730-66-5
PS
LS/Q
Hypnotic

Primidone AC
889
C14H16N2O3
260.11609
2115
U+UHYAC
PS
LM
Anticonvulsant

Tryptophan MEAC
1008
C14H16N2O3
260.11609
2150
#73-22-3
PS
LM
Biomolecule
Sedative

Topiramate artifact (-SO2NH)
Diisopropylidene-fructopyranose
5707
C12H20O6
260.12598
1680*
20880-92-6
PS
LM/Q
Anticonvulsant

421

260

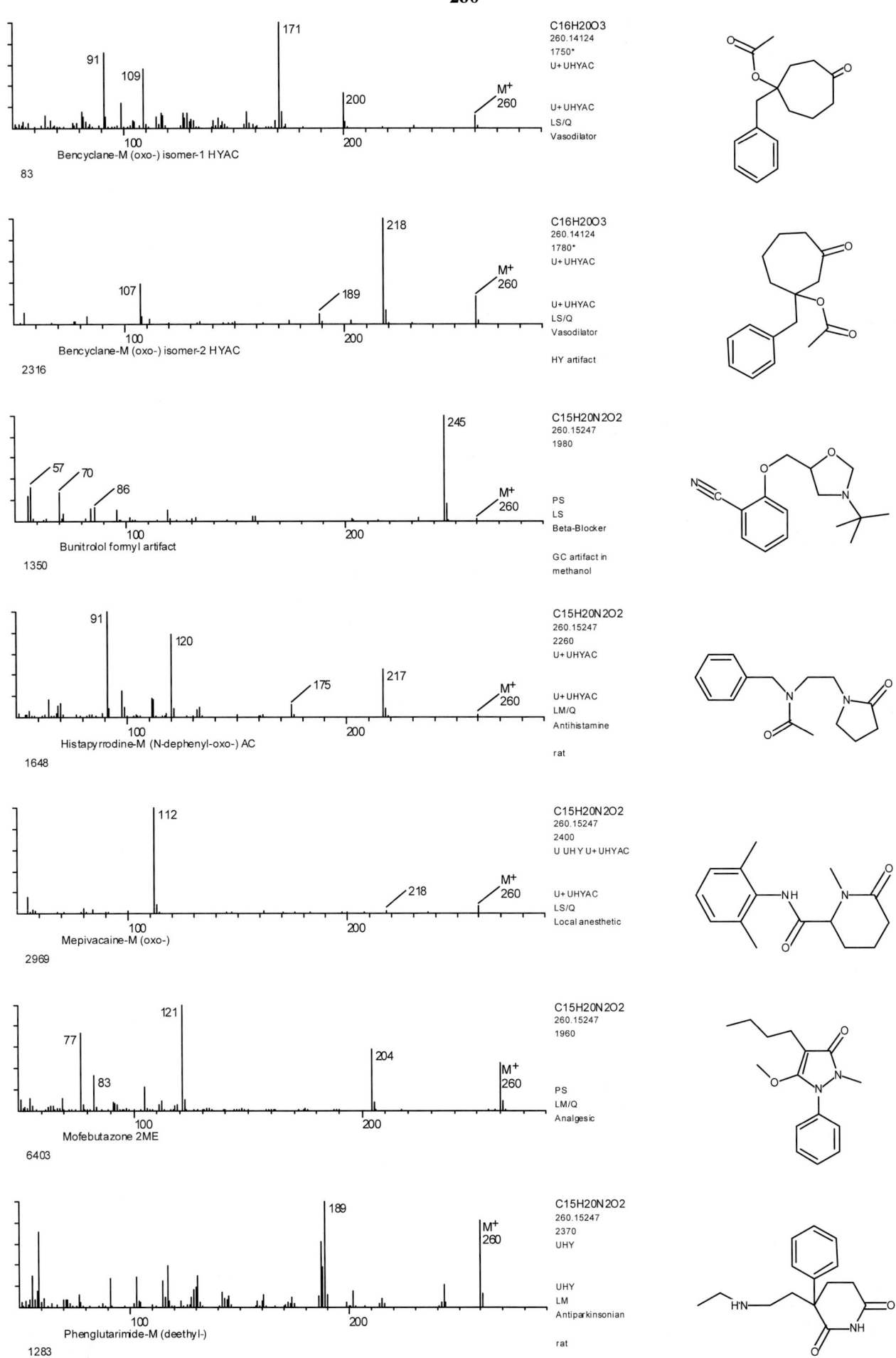

Bencyclane-M (oxo-) isomer-1 HYAC
83

C16H20O3
260.14124
1750*
U+ UHYAC

U+ UHYAC
LS/Q
Vasodilator

Bencyclane-M (oxo-) isomer-2 HYAC
2316

C16H20O3
260.14124
1780*
U+ UHYAC

U+ UHYAC
LS/Q
Vasodilator

HY artifact

Bunitrolol formyl artifact
1350

C15H20N2O2
260.15247
1980

PS
LS
Beta-Blocker

GC artifact in methanol

Histapyrrodine-M (N-dephenyl-oxo-) AC
1648

C15H20N2O2
260.15247
2260
U+ UHYAC

U+ UHYAC
LM/Q
Antihistamine

rat

Mepivacaine-M (oxo-)
2969

C15H20N2O2
260.15247
2400
U UH Y U+ UHYAC

U+ UHYAC
LS/Q
Local anesthetic

Mofebutazone 2ME
6403

C15H20N2O2
260.15247
1960

PS
LM/Q
Analgesic

Phenglutarimide-M (deethyl-)
1283

C15H20N2O2
260.15247
2370
UHY

UHY
LM
Antiparkinsonian

rat

422

260

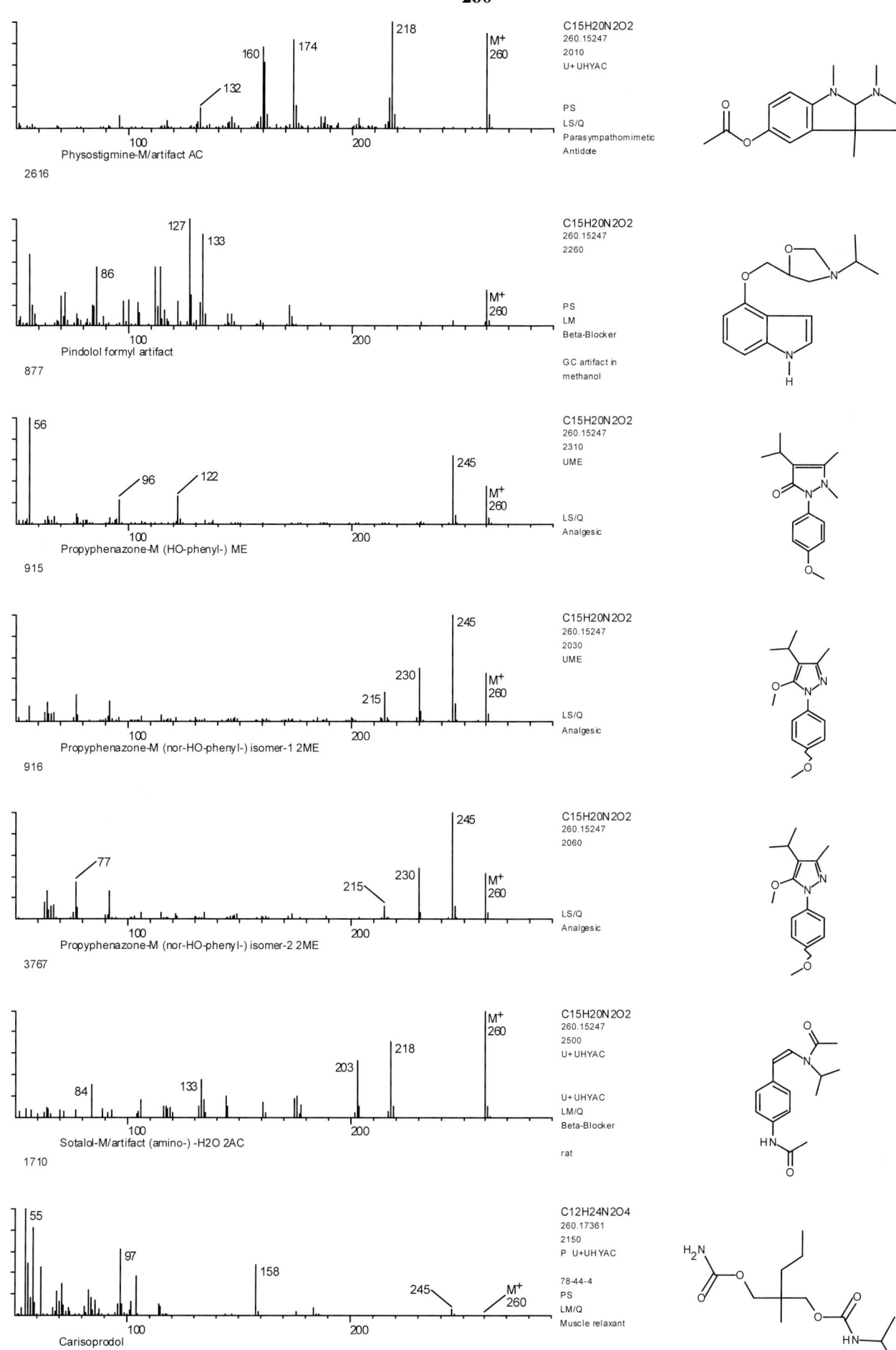

Physostigmine-M/artifact AC — 2616	C15H20N2O2 260.15247 2010 U+ UHYAC PS LS/Q Parasympathomimetic Antidote
Pindolol formyl artifact — 877	C15H20N2O2 260.15247 2260 PS LM Beta-Blocker GC artifact in methanol
Propyphenazone-M (HO-phenyl-) ME — 915	C15H20N2O2 260.15247 2310 UME LS/Q Analgesic
Propyphenazone-M (nor-HO-phenyl-) isomer-1 2ME — 916	C15H20N2O2 260.15247 2030 UME LS/Q Analgesic
Propyphenazone-M (nor-HO-phenyl-) isomer-2 2ME — 3767	C15H20N2O2 260.15247 2060 LS/Q Analgesic
Sotalol-M/artifact (amino-) -H2O 2AC — 1710	C15H20N2O2 260.15247 2500 U+ UHYAC U+ UHYAC LM/Q Beta-Blocker rat
Carisoprodol — 2792	C12H24N2O4 260.17361 2150 P U+UHYAC 78-44-4 PS LM/Q Muscle relaxant

260

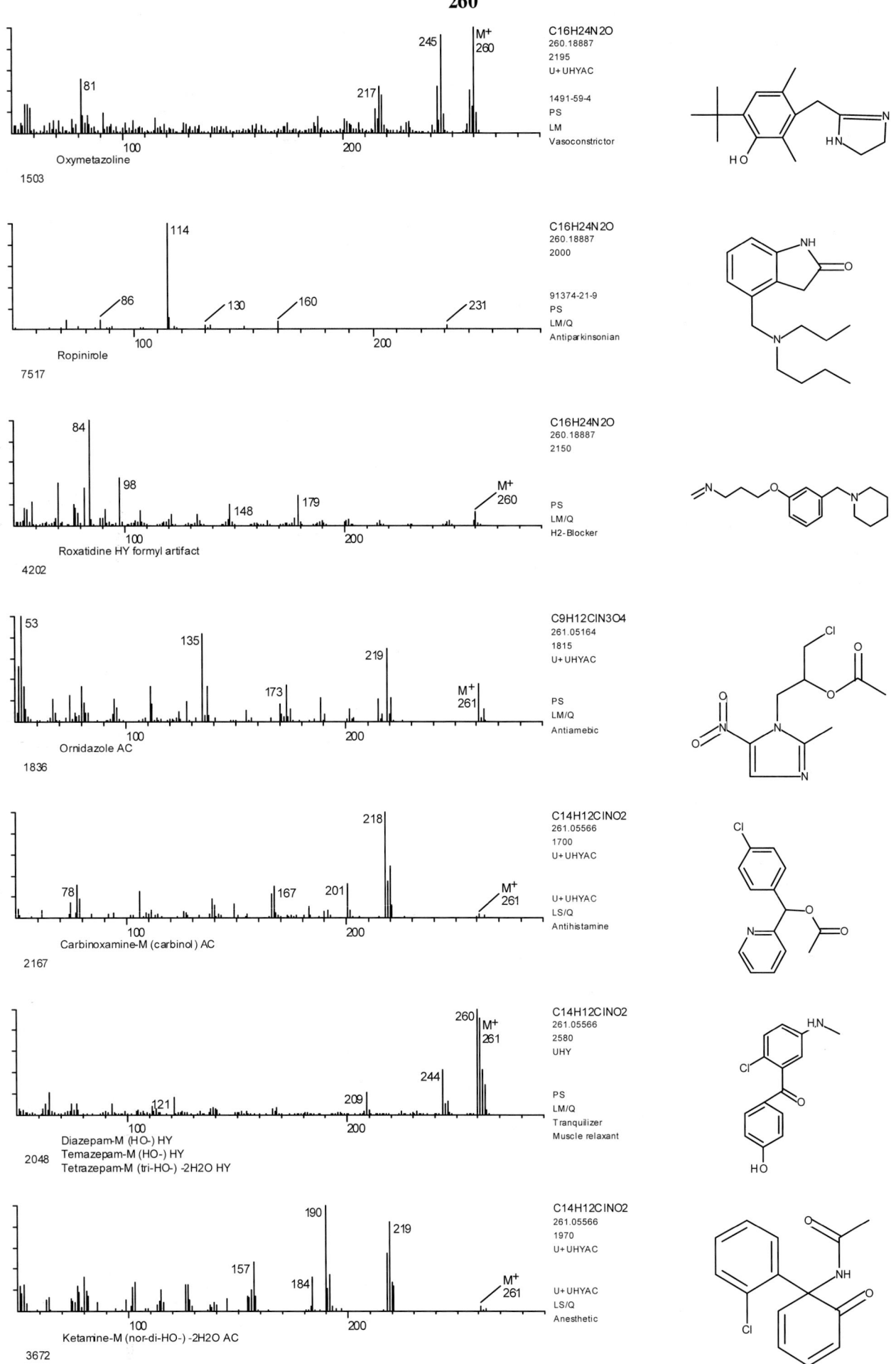

Oxymetazoline	C16H24N2O 260.18887 2195 U+UHYAC 1491-59-4 PS LM Vasoconstrictor
1503	
Ropinirole	C16H24N2O 260.18887 2000 91374-21-9 PS LM/Q Antiparkinsonian
7517	
Roxatidine HY formyl artifact	C16H24N2O 260.18887 2150 PS LM/Q H2-Blocker
4202	
Ornidazole AC	C9H12ClN3O4 261.05164 1815 U+UHYAC PS LM/Q Antiamebic
1836	
Carbinoxamine-M (carbinol) AC	C14H12ClNO2 261.05566 1700 U+UHYAC U+UHYAC LS/Q Antihistamine
2167	
Diazepam-M (HO-) HY / Temazepam-M (HO-) HY / Tetrazepam-M (tri-HO-) -2H2O HY	C14H12ClNO2 261.05566 2580 UHY PS LM/Q Tranquilizer Muscle relaxant
2048	
Ketamine-M (nor-di-HO-) -2H2O AC	C14H12ClNO2 261.05566 1970 U+UHYAC U+UHYAC LS/Q Anesthetic
3672	

261

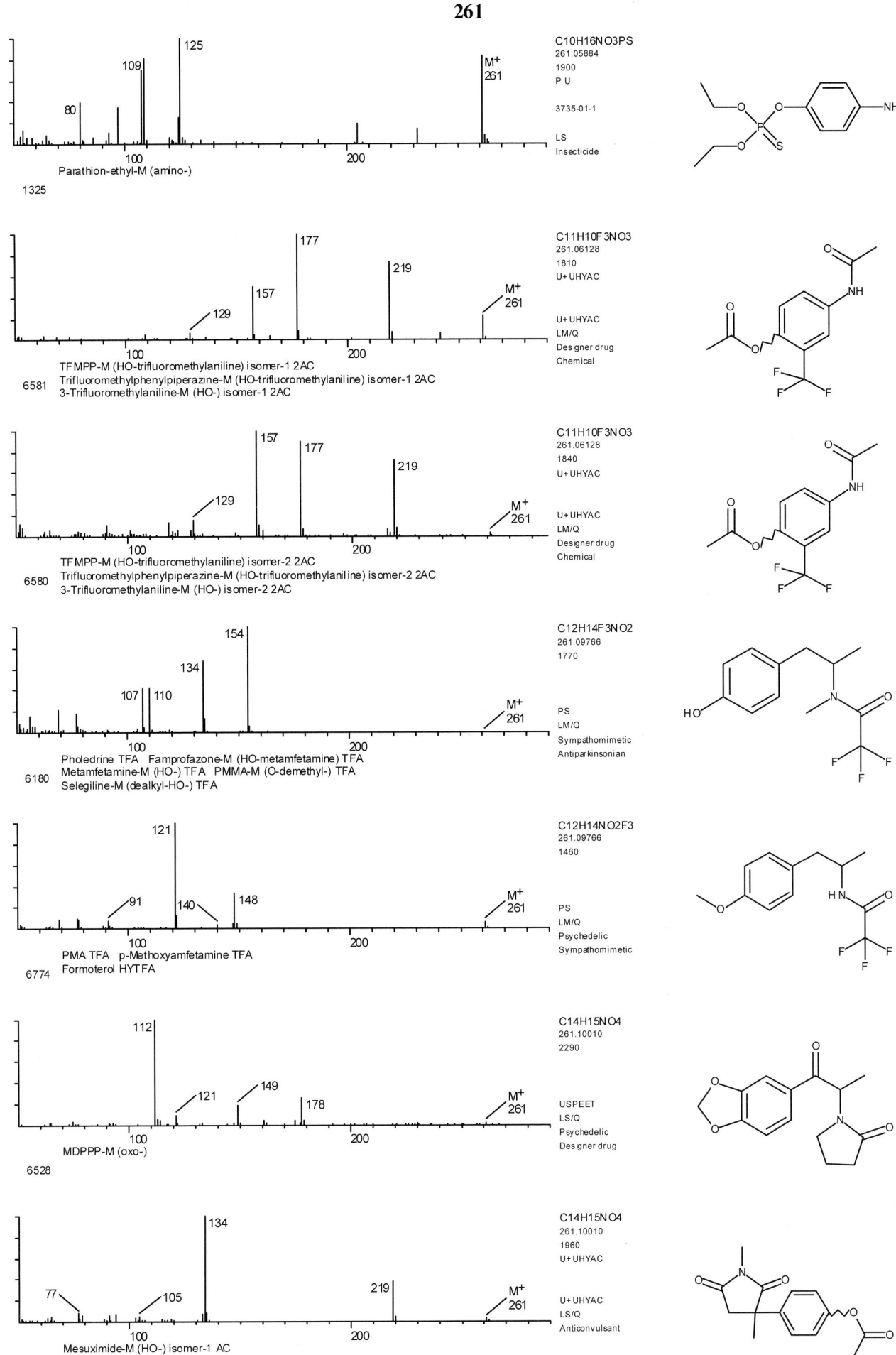

Parathion-ethyl-M (amino-)
1325

C10H16NO3PS
261.05884
1900
P U

3735-01-1

LS
Insecticide

TFMPP-M (HO-trifluoromethylaniline) isomer-1 2AC
Trifluoromethylphenylpiperazine-M (HO-trifluoromethylaniline) isomer-1 2AC
3-Trifluoromethylaniline-M (HO-) isomer-1 2AC
6581

C11H10F3NO3
261.06128
1810
U+ UHYAC

U+ UHYAC
LM/Q
Designer drug
Chemical

TFMPP-M (HO-trifluoromethylaniline) isomer-2 2AC
Trifluoromethylphenylpiperazine-M (HO-trifluoromethylaniline) isomer-2 2AC
3-Trifluoromethylaniline-M (HO-) isomer-2 2AC
6580

C11H10F3NO3
261.06128
1840
U+ UHYAC

U+ UHYAC
LM/Q
Designer drug
Chemical

Pholedrine TFA   Famprofazone-M (HO-metamfetamine) TFA
Metamfetamine-M (HO-) TFA   PMMA-M (O-demethyl-) TFA
Selegiline-M (dealkyl-HO-) TFA
6180

C12H14F3NO2
261.09766
1770

PS
LM/Q
Sympathomimetic
Antiparkinsonian

PMA TFA   p-Methoxyamfetamine TFA
Formoterol HYT FA
6774

C12H14NO2F3
261.09766
1460

PS
LM/Q
Psychedelic
Sympathomimetic

MDPPP-M (oxo-)
6528

C14H15NO4
261.10010
2290

USPEET
LS/Q
Psychedelic
Designer drug

Mesuximide-M (HO-) isomer-1 AC
2916

C14H15NO4
261.10010
1960
U+ UHYAC

U+ UHYAC
LS/Q
Anticonvulsant

425

261

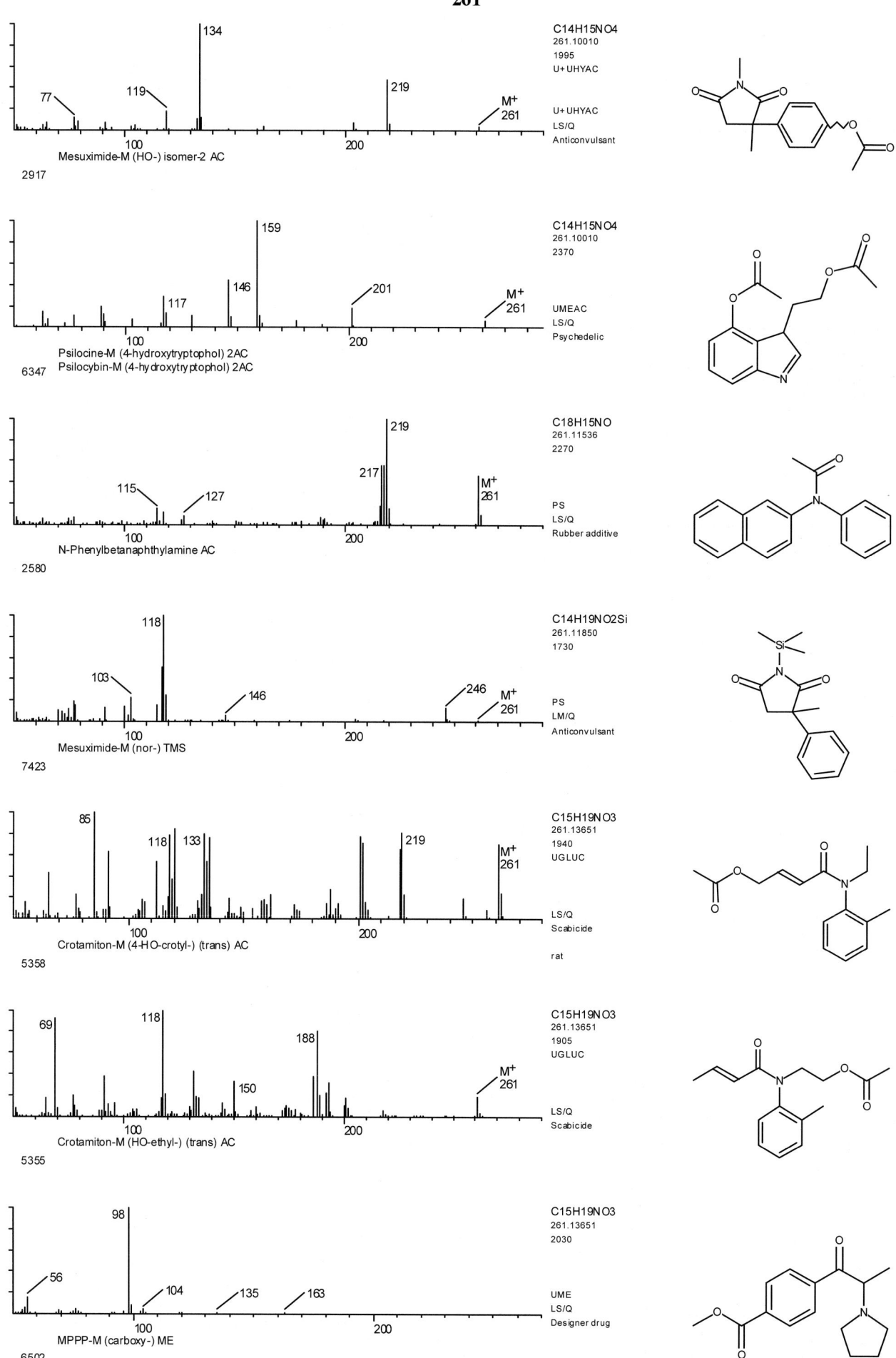

Mesuximide-M (HO-) isomer-2 AC
C14H15NO4
261.10010
1995
U+UHYAC
U+UHYAC
LS/Q
Anticonvulsant

Psilocine-M (4-hydroxytryptophol) 2AC
Psilocybin-M (4-hydroxytryptophol) 2AC
C14H15NO4
261.10010
2370
UMEAC
LS/Q
Psychedelic

N-Phenylbetanaphthylamine AC
C18H15NO
261.11536
2270
PS
LS/Q
Rubber additive

Mesuximide-M (nor-) TMS
C14H19NO2Si
261.11850
1730
PS
LM/Q
Anticonvulsant

Crotamiton-M (4-HO-crotyl-) (trans) AC
C15H19NO3
261.13651
1940
UGLUC
LS/Q
Scabicide
rat

Crotamiton-M (HO-ethyl-) (trans) AC
C15H19NO3
261.13651
1905
UGLUC
LS/Q
Scabicide

MPPP-M (carboxy-) ME
C15H19NO3
261.13651
2030
UME
LS/Q
Designer drug

261

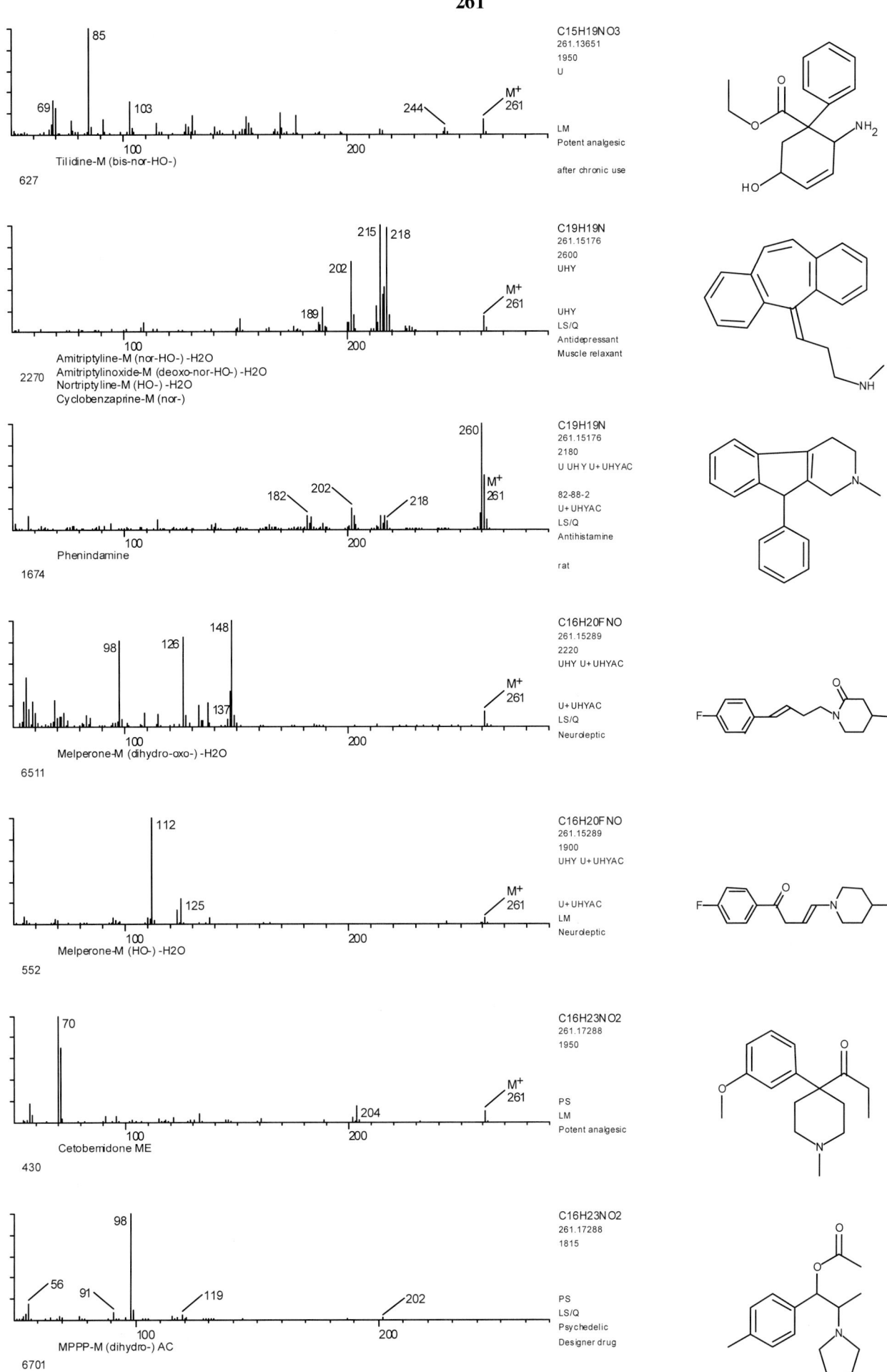

Tilidine-M (bis-nor-HO-)
627
C15H19NO3
261.13651
1950
U

LM
Potent analgesic
after chronic use

Peaks: 85, 69, 103, 244, M+ 261

Amitriptyline-M (nor-HO-) -H2O
Amitriptylinoxide-M (deoxo-nor-HO-) -H2O
Nortriptyline-M (HO-) -H2O
Cyclobenzaprine-M (nor-)
2270
C19H19N
261.15176
2600
UHY

UHY
LS/Q
Antidepressant
Muscle relaxant

Peaks: 215, 218, 202, 189, M+ 261

Phenindamine
1674
C19H19N
261.15176
2180
U UHY U+ UHYAC

82-88-2
U+ UHYAC
LS/Q
Antihistamine
rat

Peaks: 260, M+ 261, 182, 202, 218

Melperone-M (dihydro-oxo-) -H2O
6511
C16H20FNO
261.15289
2220
UHY U+ UHYAC

U+ UHYAC
LS/Q
Neuroleptic

Peaks: 148, 126, 98, 137, M+ 261

Melperone-M (HO-) -H2O
552
C16H20FNO
261.15289
1900
UHY U+ UHYAC

U+ UHYAC
LM
Neuroleptic

Peaks: 112, 125, M+ 261

Cetobemidone ME
430
C16H23NO2
261.17288
1950

PS
LM
Potent analgesic

Peaks: 70, 204, M+ 261

MPPP-M (dihydro-) AC
6701
C16H23NO2
261.17288
1815

PS
LS/Q
Psychedelic
Designer drug

Peaks: 98, 56, 91, 119, 202

261

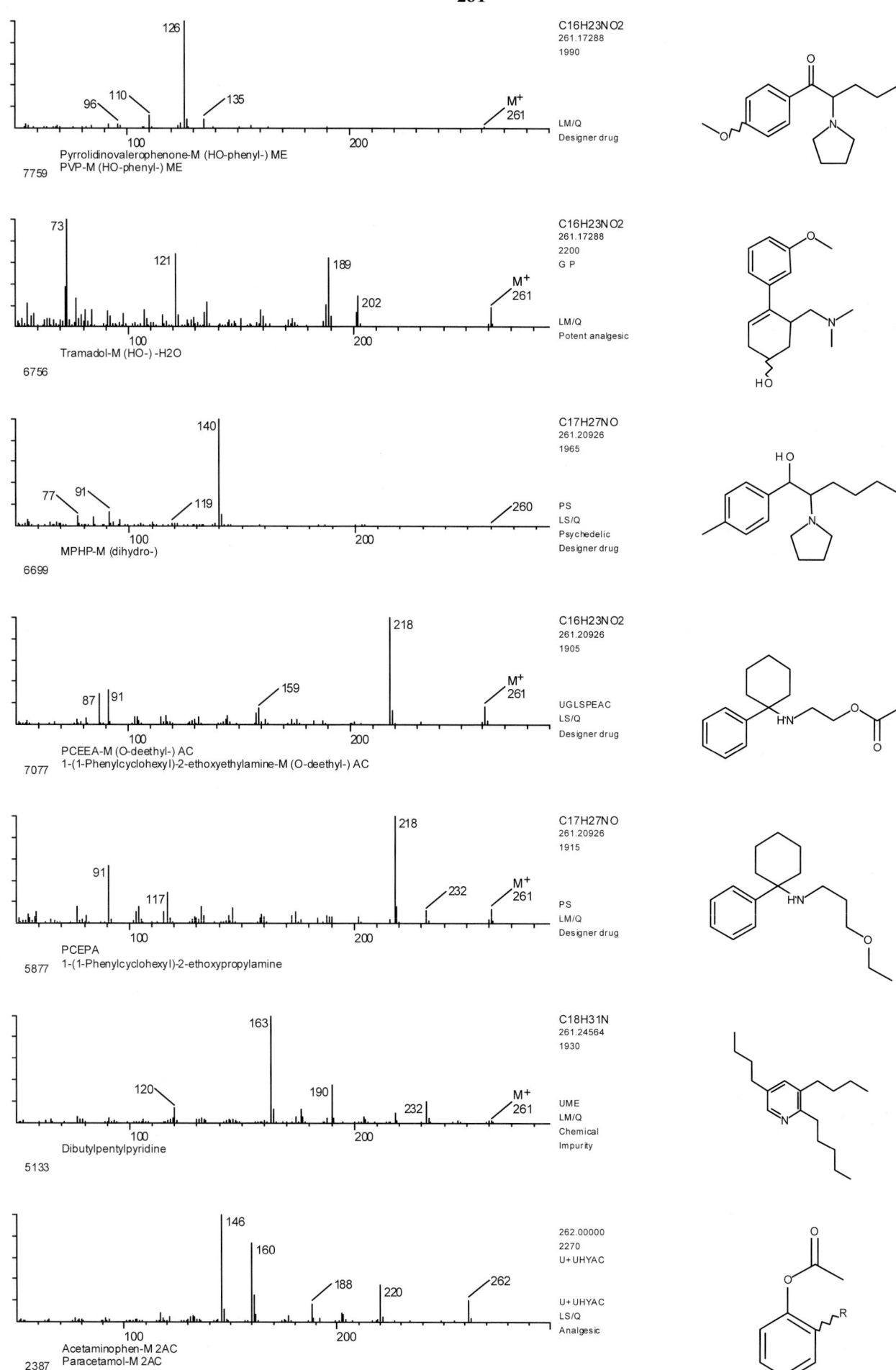

Pyrrolidinovalerophenone-M (HO-phenyl-) ME
PVP-M (HO-phenyl-) ME
7759

C16H23NO2
261.17288
1990

LM/Q
Designer drug

Tramadol-M (HO-) -H2O
6756

C16H23NO2
261.17288
2200
G P

LM/Q
Potent analgesic

MPHP-M (dihydro-)
6699

C17H27NO
261.20926
1965

PS
LS/Q
Psychedelic
Designer drug

PCEEA-M (O-deethyl-) AC
1-(1-Phenylcyclohexyl)-2-ethoxyethylamine-M (O-deethyl-) AC
7077

C16H23NO2
261.20926
1905

UGLSPEAC
LS/Q
Designer drug

PCEPA
1-(1-Phenylcyclohexyl)-2-ethoxypropylamine
5877

C17H27NO
261.20926
1915

PS
LM/Q
Designer drug

Dibutylpentylpyridine
5133

C18H31N
261.24564
1930

UME
LM/Q
Chemical
Impurity

Acetaminophen-M 2AC
Paracetamol-M 2AC
2387

262.00000
2270
U+UHYAC

U+UHYAC
LS/Q
Analgesic

262

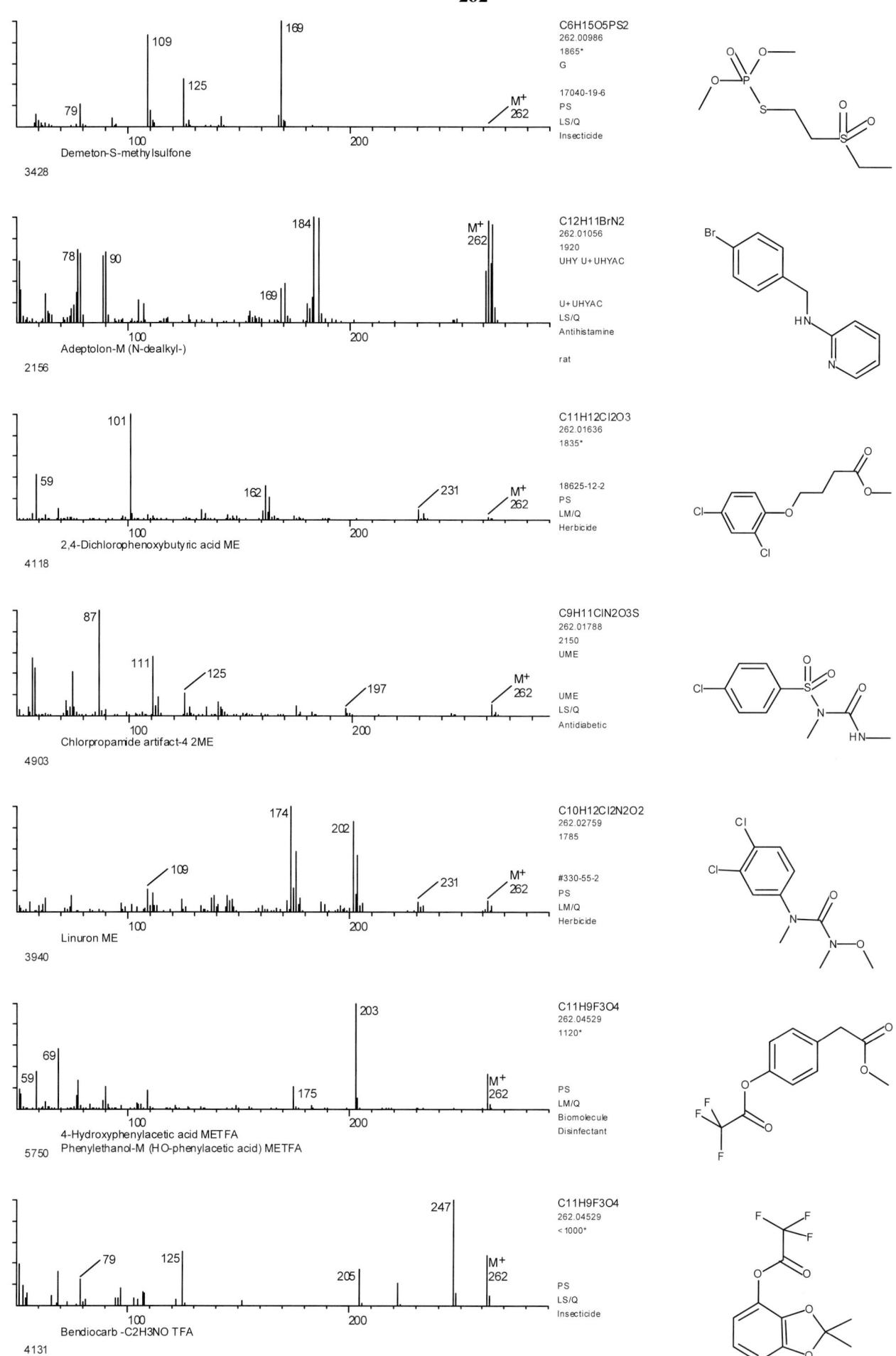

Demeton-S-methylsulfone — 3428
C6H15O5PS2
262.00986
1865*
G
17040-19-6
PS
LS/Q
Insecticide

Peaks: 79, 109, 125, 169, M+ 262

Adeptolon-M (N-dealkyl-) — 2156
C12H11BrN2
262.01056
1920
UHY U+ UHYAC
U+ UHYAC
LS/Q
Antihistamine
rat

Peaks: 78, 90, 169, 184, M+ 262

2,4-Dichlorophenoxybutyric acid ME — 4118
C11H12Cl2O3
262.01636
1835*
18625-12-2
PS
LM/Q
Herbicide

Peaks: 59, 101, 162, 231, M+ 262

Chlorpropamide artifact-4 2ME — 4903
C9H11ClN2O3S
262.01788
2150
UME
UME
LS/Q
Antidiabetic

Peaks: 87, 111, 125, 197, M+ 262

Linuron ME — 3940
C10H12Cl2N2O2
262.02759
1785
#330-55-2
PS
LM/Q
Herbicide

Peaks: 109, 174, 202, 231, M+ 262

4-Hydroxyphenylacetic acid METFA
Phenylethanol-M (HO-phenylacetic acid) METFA — 5750
C11H9F3O4
262.04529
1120*
PS
LM/Q
Biomolecule
Disinfectant

Peaks: 59, 69, 175, 203, M+ 262

Bendiocarb -C2H3NO TFA — 4131
C11H9F3O4
262.04529
< 1000*
PS
LS/Q
Insecticide

Peaks: 79, 125, 205, 247, M+ 262

429

262

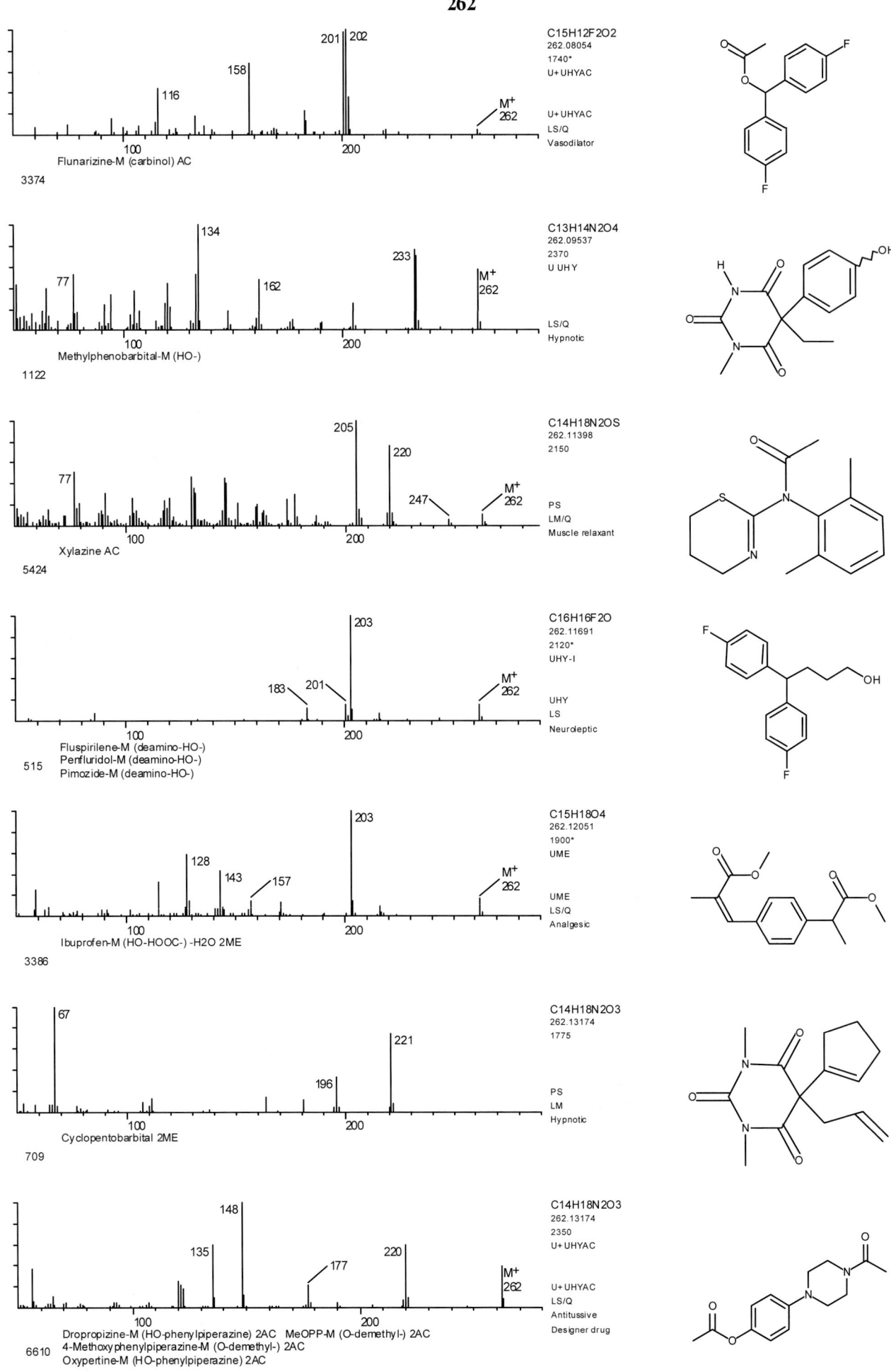

Flunarizine-M (carbinol) AC
3374
C15H12F2O2
262.08054
1740*
U+ UHYAC

U+ UHYAC
LS/Q
Vasodilator

Methylphenobarbital-M (HO-)
1122
C13H14N2O4
262.09537
2370
U UHY

LS/Q
Hypnotic

Xylazine AC
5424
C14H18N2OS
262.11398
2150

PS
LM/Q
Muscle relaxant

Fluspirilene-M (deamino-HO-)
Penfluridol-M (deamino-HO-)
Pimozide-M (deamino-HO-)
515
C16H16F2O
262.11691
2120*
UHY-I

UHY
LS
Neuroleptic

Ibuprofen-M (HO-HOOC-) -H2O 2ME
3386
C15H18O4
262.12051
1900*
UME

UME
LS/Q
Analgesic

Cyclopentobarbital 2ME
709
C14H18N2O3
262.13174
1775

PS
LM
Hypnotic

Dropropizine-M (HO-phenylpiperazine) 2AC   MeOPP-M (O-demethyl-) 2AC
4-Methoxyphenylpiperazine-M (O-demethyl-) 2AC
Oxypertine-M (HO-phenylpiperazine) 2AC
6610
C14H18N2O3
262.13174
2350
U+ UHYAC

U+ UHYAC
LS/Q
Antitussive
Designer drug

262

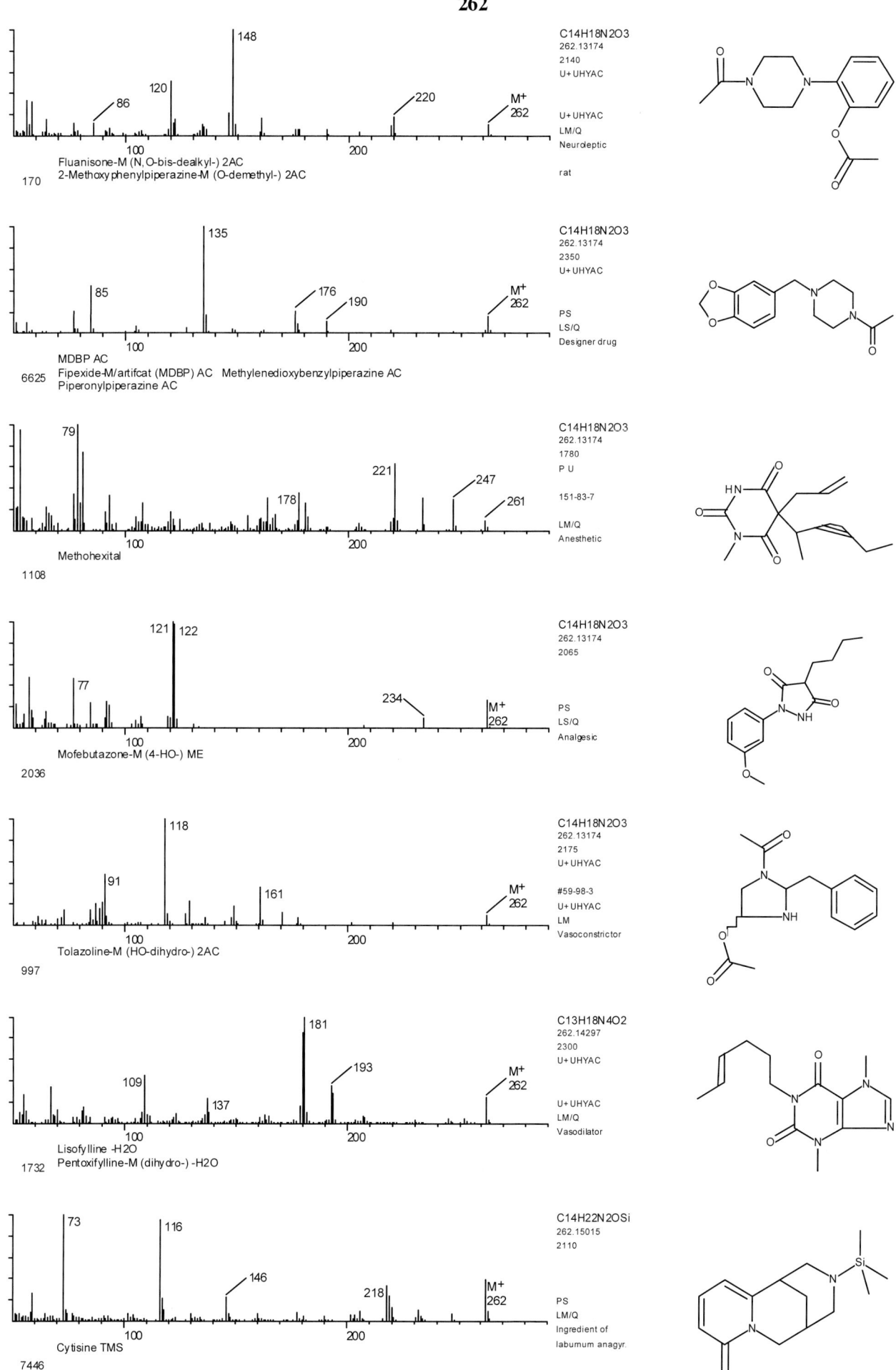

C14H18N2O3
262.13174
2140
U+ UHYAC

U+ UHYAC
LM/Q
Neuroleptic
rat

Fluanisone-M (N,O-bis-dealkyl-) 2AC
2-Methoxyphenylpiperazine-M (O-demethyl-) 2AC

C14H18N2O3
262.13174
2350
U+ UHYAC

PS
LS/Q
Designer drug

MDBP AC
Fipexide-M/artifcat (MDBP) AC   Methylenedioxybenzylpiperazine AC
Piperonylpiperazine AC

C14H18N2O3
262.13174
1780
P U

151-83-7

LM/Q
Anesthetic

Methohexital

C14H18N2O3
262.13174
2065

PS
LS/Q
Analgesic

Mofebutazone-M (4-HO-) ME

C14H18N2O3
262.13174
2175
U+ UHYAC

#59-98-3
U+ UHYAC
LM
Vasoconstrictor

Tolazoline-M (HO-dihydro-) 2AC

C13H18N4O2
262.14297
2300
U+ UHYAC

U+ UHYAC
LM/Q
Vasodilator

Lisofylline -H2O
Pentoxifylline-M (dihydro-) -H2O

C14H22N2OSi
262.15015
2110

PS
LM/Q
Ingredient of
laburnum anagyr.

Cytisine TMS

262

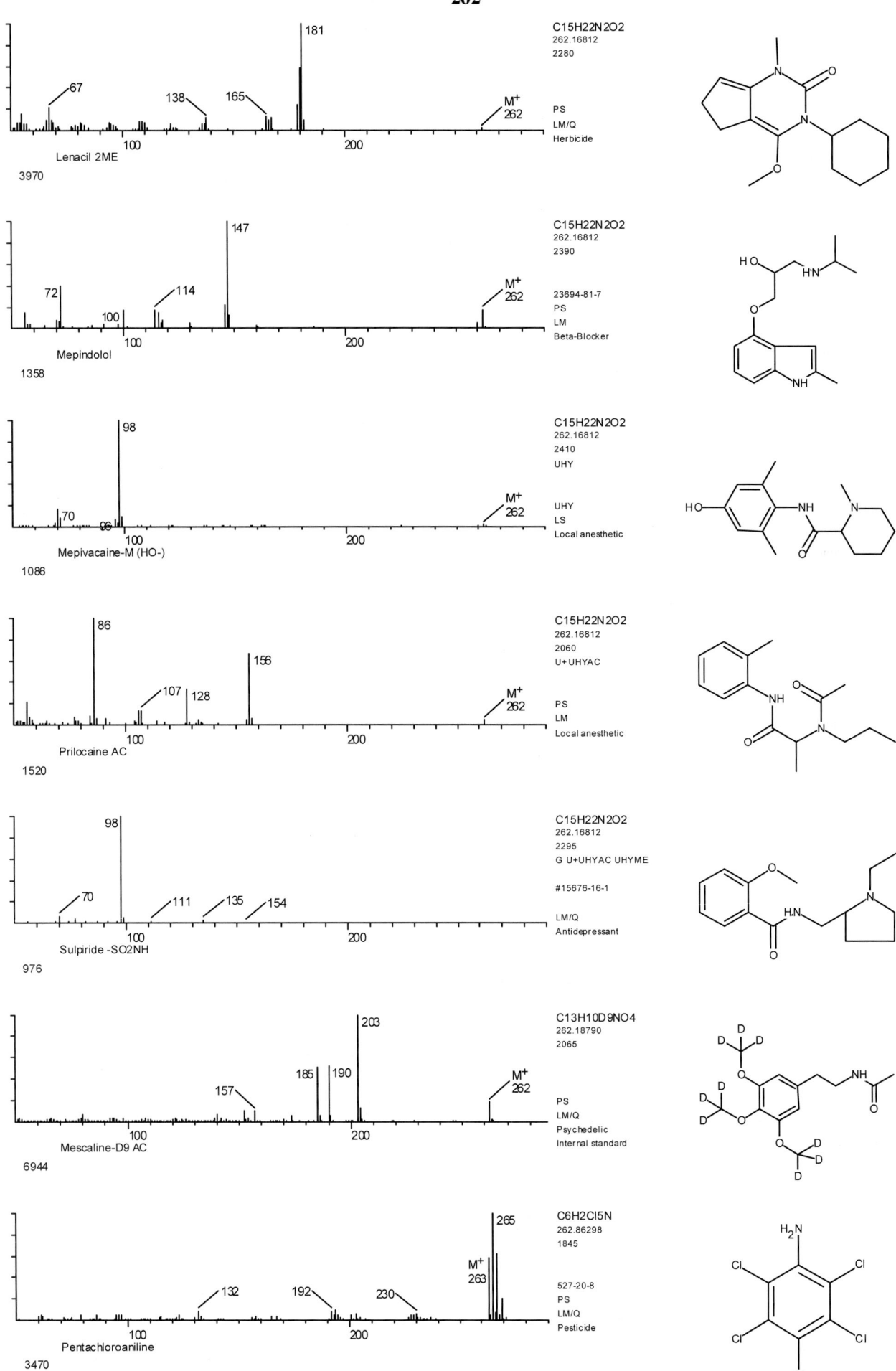

Lenacil 2ME — peaks: 67, 138, 165, 181, M+ 262	C15H22N2O2 262.16812 2280 PS LM/Q Herbicide
3970	

Mepindolol — peaks: 72, 100, 114, 147, M+ 262	C15H22N2O2 262.16812 2390 23694-81-7 PS LM Beta-Blocker
1358	

Mepivacaine-M (HO-) — peaks: 70, 96, 98, M+ 262	C15H22N2O2 262.16812 2410 UHY UHY LS Local anesthetic
1086	

Prilocaine AC — peaks: 86, 107, 128, 156, M+ 262	C15H22N2O2 262.16812 2060 U+ UHYAC PS LM Local anesthetic
1520	

Sulpiride -SO2NH — peaks: 70, 98, 111, 135, 154	C15H22N2O2 262.16812 2295 G U+UHYAC UHYME #15676-16-1 LM/Q Antidepressant
976	

Mescaline-D9 AC — peaks: 157, 185, 190, 203, M+ 262	C13H10D9NO4 262.18790 2065 PS LM/Q Psychedelic Internal standard
6944	

Pentachloroaniline — peaks: 132, 192, 230, M+ 263, 265	C6H2Cl5N 262.86298 1845 527-20-8 PS LM/Q Pesticide
3470	

263

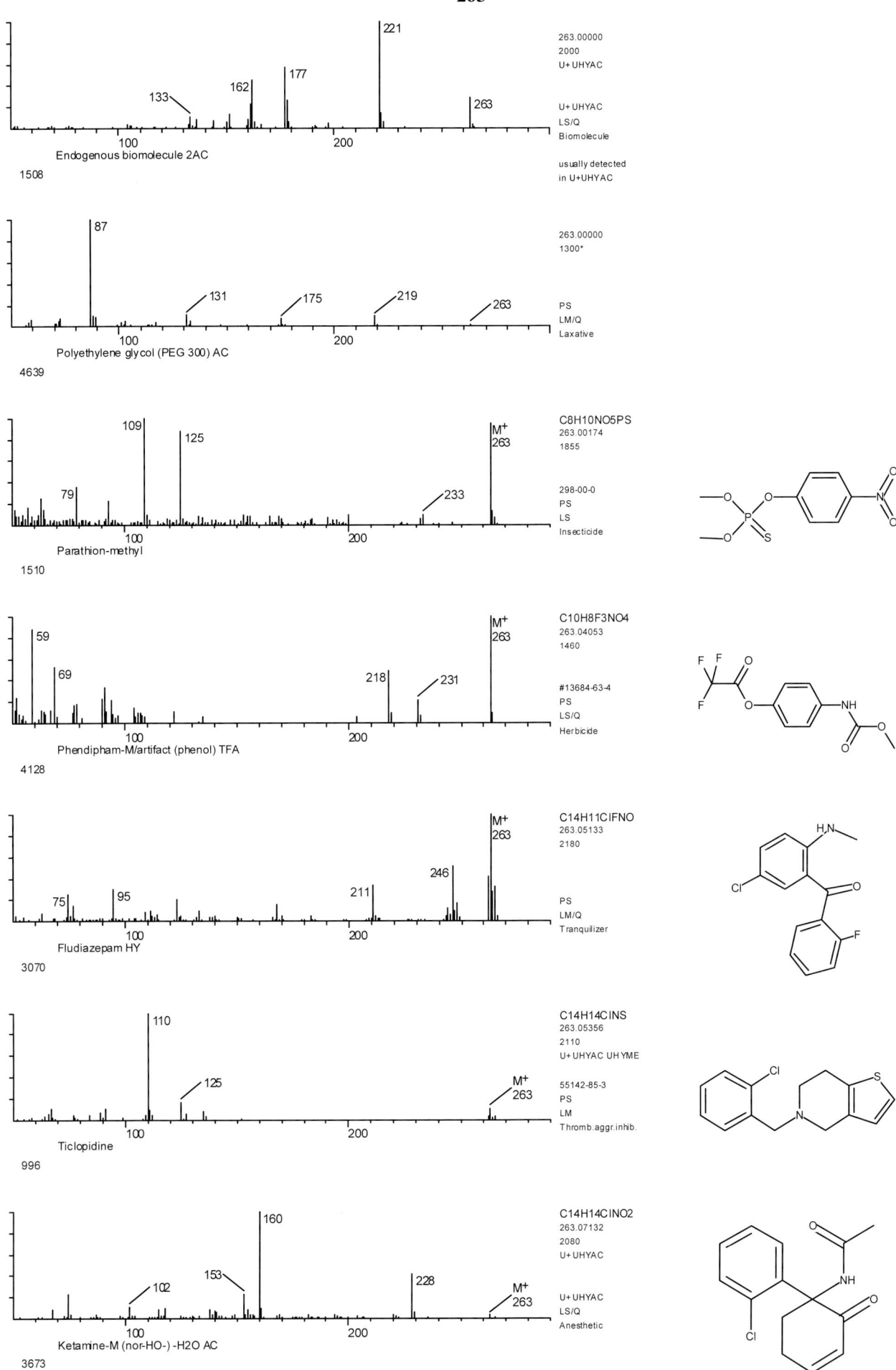

Endogenous biomolecule 2AC
1508
- 133, 162, 177, 221, 263
- 263.00000
- 2000
- U+ UHYAC
- U+ UHYAC
- LS/Q
- Biomolecule
- usually detected in U+UHYAC

Polyethylene glycol (PEG 300) AC
4639
- 87, 131, 175, 219, 263
- 263.00000
- 1300*
- PS
- LM/Q
- Laxative

Parathion-methyl
1510
- 79, 109, 125, 233, M+ 263
- C8H10NO5PS
- 263.00174
- 1855
- 298-00-0
- PS
- LS
- Insecticide

Phendipham-M/artifact (phenol) TFA
4128
- 59, 69, 218, 231, M+ 263
- C10H8F3NO4
- 263.04053
- 1460
- #13684-63-4
- PS
- LS/Q
- Herbicide

Fludiazepam HY
3070
- 75, 95, 211, 246, M+ 263
- C14H11ClFNO
- 263.05133
- 2180
- PS
- LM/Q
- Tranquilizer

Ticlopidine
996
- 110, 125, M+ 263
- C14H14ClNS
- 263.05356
- 2110
- U+ UHYAC UHYME
- 55142-85-3
- PS
- LM
- Thromb.aggr.inhib.

Ketamine-M (nor-HO-) -H2O AC
3673
- 102, 153, 160, 228, M+ 263
- C14H14ClNO2
- 263.07132
- 2080
- U+ UHYAC
- U+ UHYAC
- LS/Q
- Anesthetic

263

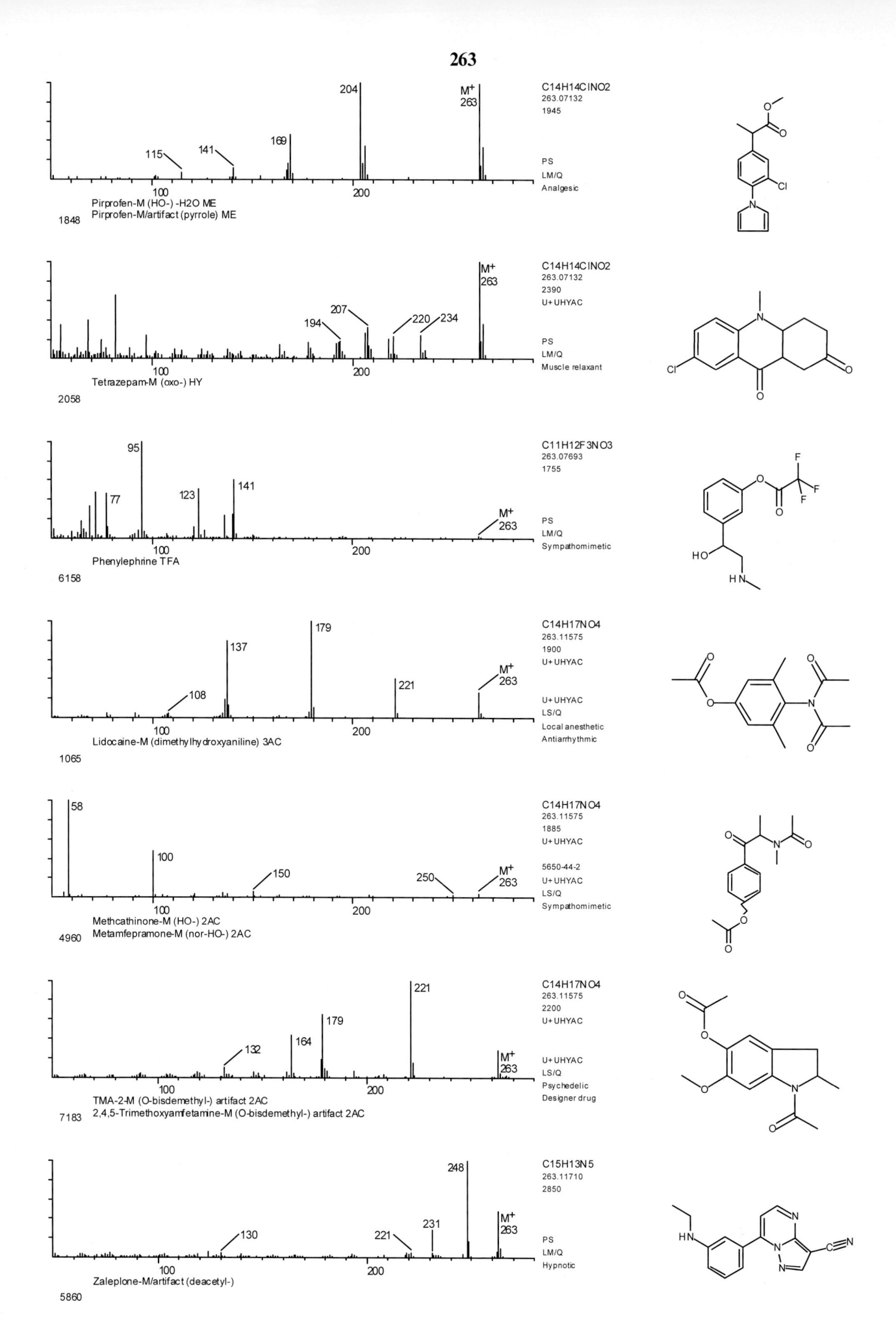

Pirprofen-M (HO-) -H2O ME
Pirprofen-M/artifact (pyrrole) ME
1848

C14H14ClNO2
263.07132
1945
PS
LM/Q
Analgesic

Tetrazepam-M (oxo-) HY
2058

C14H14ClNO2
263.07132
2390
U+ UHYAC
PS
LM/Q
Muscle relaxant

Phenylephrine TFA
6158

C11H12F3NO3
263.07693
1755
PS
LM/Q
Sympathomimetic

Lidocaine-M (dimethylhydroxyaniline) 3AC
1065

C14H17NO4
263.11575
1900
U+ UHYAC
U+ UHYAC
LS/Q
Local anesthetic
Antiarrhythmic

Methcathinone-M (HO-) 2AC
Metamfepramone-M (nor-HO-) 2AC
4960

C14H17NO4
263.11575
1885
U+ UHYAC
5650-44-2
U+ UHYAC
LS/Q
Sympathomimetic

TMA-2-M (O-bisdemethyl-) artifact 2AC
2,4,5-Trimethoxyamfetamine-M (O-bisdemethyl-) artifact 2AC
7183

C14H17NO4
263.11575
2200
U+ UHYAC
U+ UHYAC
LS/Q
Psychedelic
Designer drug

Zaleplone-M/artifact (deacetyl-)
5860

C15H13N5
263.11710
2850
PS
LM/Q
Hypnotic

263

C18H17NO
263.13101
2590
UHY

UHY
LS/Q
Antihistamine
rat

Phenindamine-M (nor-HO-)
1681

C17H17N3
263.14224
2380

PS
LS/Q
Antihistamine

Epinastine ME
7263

C17H17N3
263.14224
2640
U+ UHYAC

U+ UHYAC
LS/Q
Neuroleptic

Quetiapine-M (N-dealkyl-) artifact (desulfo-)
6439

C16H22ClN
263.14407
1920

PS
LM/Q
Antidepressant

Sibutramine-M (bis-nor-) formyl artifcat
5730

C15H21NO3
263.15213
2000

PS
LM/Q
Psychedelic
Designer drug
synth. by
Borth/Roesner

2,3-EBDB AC
1-(1,3-Benzodioxol-6-yl)butane-2-yl-ethylazane AC
5511

C15H21NO3
263.15213
1845
SPEAC

SPEAC
LS/Q
Anorectic

Amfepramone-M (deethyl-dihydro-) 2AC
6690

C15H21NO3
263.15213
1995
U+ UHYAC

U+ UHYAC
LS/Q
Antispasmotic

Etilamfetamine-M (HO-) 2AC
Mebeverine-M (N-dealkyl-O-demethyl-) 2AC
5323

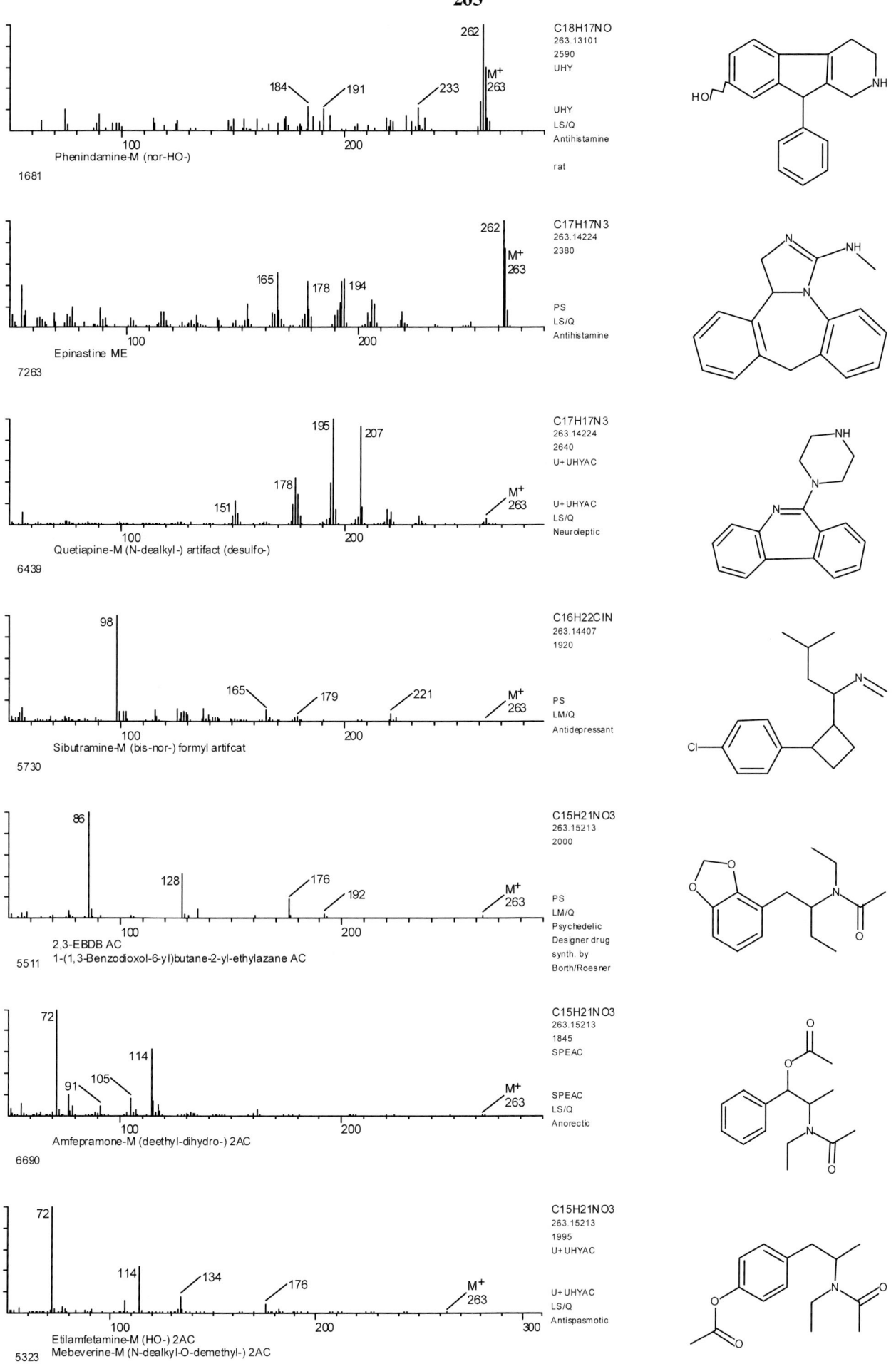

435

263

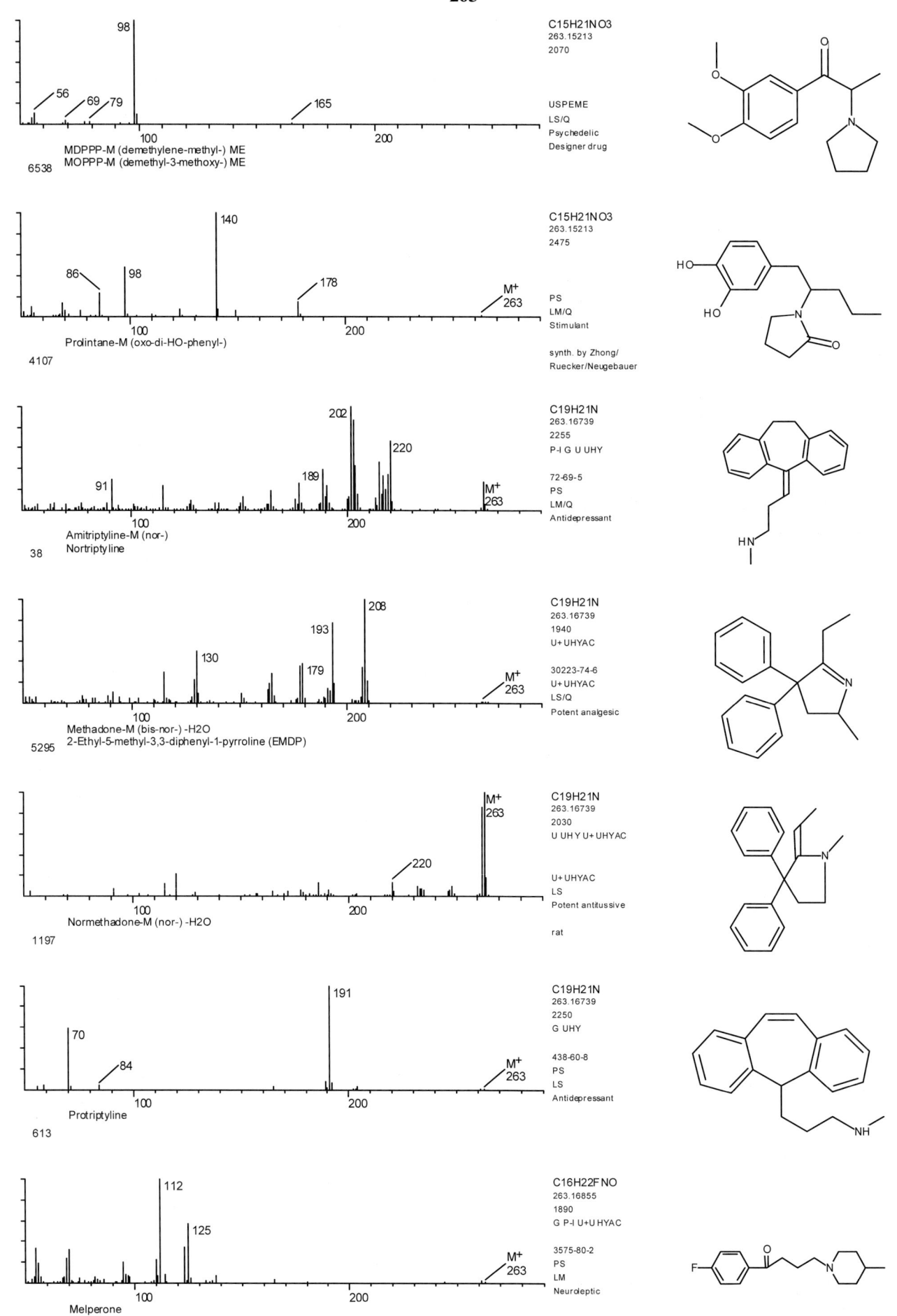

98, 56, 69, 79, 165	C15H21NO3 263.15213 2070 USPEME LS/Q Psychedelic Designer drug

MDPPP-M (demethylene-methyl-) ME
MOPPP-M (demethyl-3-methoxy-) ME
6538

140, 86, 98, 178, M+ 263	C15H21NO3 263.15213 2475 PS LM/Q Stimulant synth. by Zhong/ Ruecker/Neugebauer

Prolintane-M (oxo-di-HO-phenyl-)
4107

202, 220, 189, 91, M+ 263	C19H21N 263.16739 2255 P-I G U UHY 72-69-5 PS LM/Q Antidepressant

Amitriptyline-M (nor-)
Nortriptyline
38

208, 193, 130, 179, M+ 263	C19H21N 263.16739 1940 U+ UHYAC 30223-74-6 U+ UHYAC LS/Q Potent analgesic

Methadone-M (bis-nor-) -H2O
2-Ethyl-5-methyl-3,3-diphenyl-1-pyrroline (EMDP)
5295

M+ 263, 220	C19H21N 263.16739 2030 U UH Y U+ UHYAC U+ UHYAC LS Potent antitussive rat

Normethadone-M (nor-) -H2O
1197

191, 70, 84, M+ 263	C19H21N 263.16739 2250 G UHY 438-60-8 PS LS Antidepressant

Protriptyline
613

112, 125, M+ 263	C16H22FNO 263.16855 1890 G P-I U+U HYAC 3575-80-2 PS LM Neuroleptic

Melperone
174

263

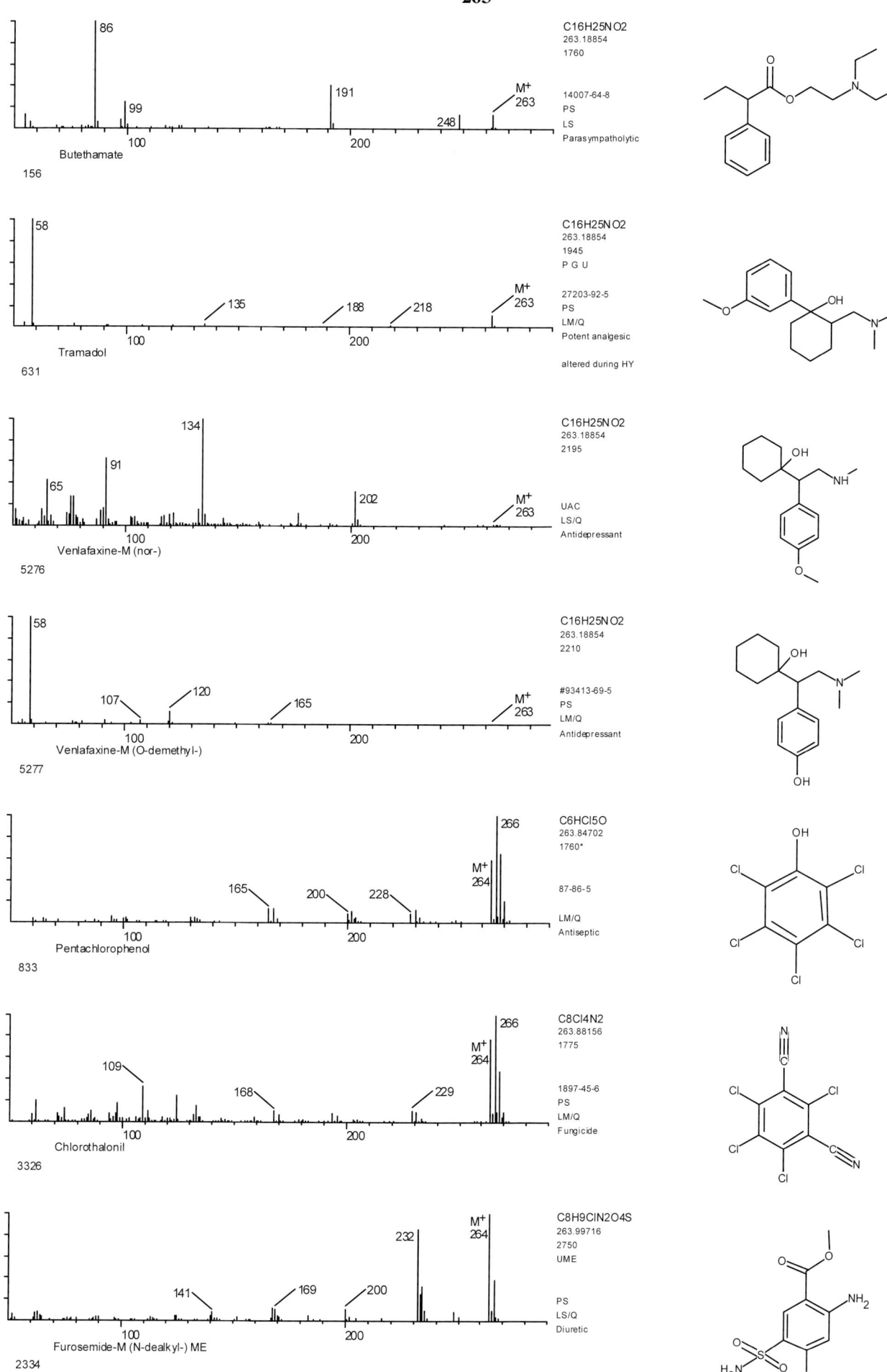

Butethamate	C16H25NO2 263.18854 1760 14007-64-8 PS LS Parasympatholytic
Tramadol	C16H25NO2 263.18854 1945 P G U 27203-92-5 PS LM/Q Potent analgesic altered during HY
Venlafaxine-M (nor-)	C16H25NO2 263.18854 2195 UAC LS/Q Antidepressant
Venlafaxine-M (O-demethyl-)	C16H25NO2 263.18854 2210 #93413-69-5 PS LM/Q Antidepressant
Pentachlorophenol	C6HCl5O 263.84702 1760* 87-86-5 LM/Q Antiseptic
Chlorothalonil	C8Cl4N2 263.88156 1775 1897-45-6 PS LM/Q Fungicide
Furosemide-M (N-dealkyl-) ME	C8H9ClN2O4S 263.99716 2750 UME PS LS/Q Diuretic

264

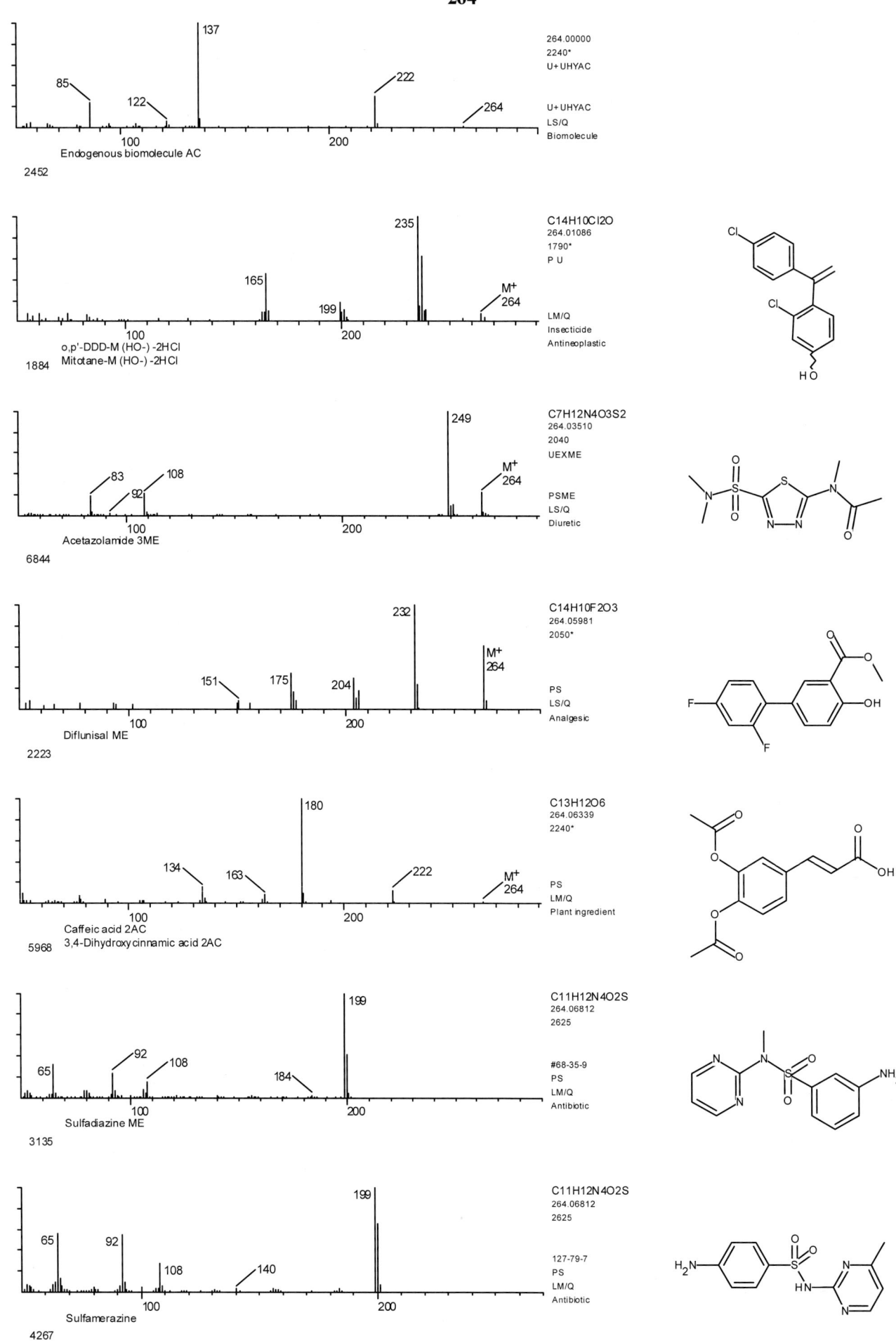

Endogenous biomolecule AC — 85, 122, 137, 222, 264
264.00000 2240* U+UHYAC U+UHYAC LS/Q Biomolecule
2452

o,p'-DDD-M (HO-) -2HCl / Mitotane-M (HO-) -2HCl — 165, 199, 235, M+ 264
C14H10Cl2O 264.01086 1790* P U LM/Q Insecticide Antineoplastic
1884

Acetazolamide 3ME — 83, 92, 108, 249, M+ 264
C7H12N4O3S2 264.03510 2040 UEXME PSME LS/Q Diuretic
6844

Diflunisal ME — 151, 175, 204, 232, M+ 264
C14H10F2O3 264.05981 2050* PS LS/Q Analgesic
2223

Caffeic acid 2AC / 3,4-Dihydroxycinnamic acid 2AC — 134, 163, 180, 222, M+ 264
C13H12O6 264.06339 2240* PS LM/Q Plant ingredient
5968

Sulfadiazine ME — 65, 92, 108, 184, 199
C11H12N4O2S 264.06812 2625 #68-35-9 PS LM/Q Antibiotic
3135

Sulfamerazine — 65, 92, 108, 140, 199
C11H12N4O2S 264.06812 2625 127-79-7 PS LM/Q Antibiotic
4267

438

264

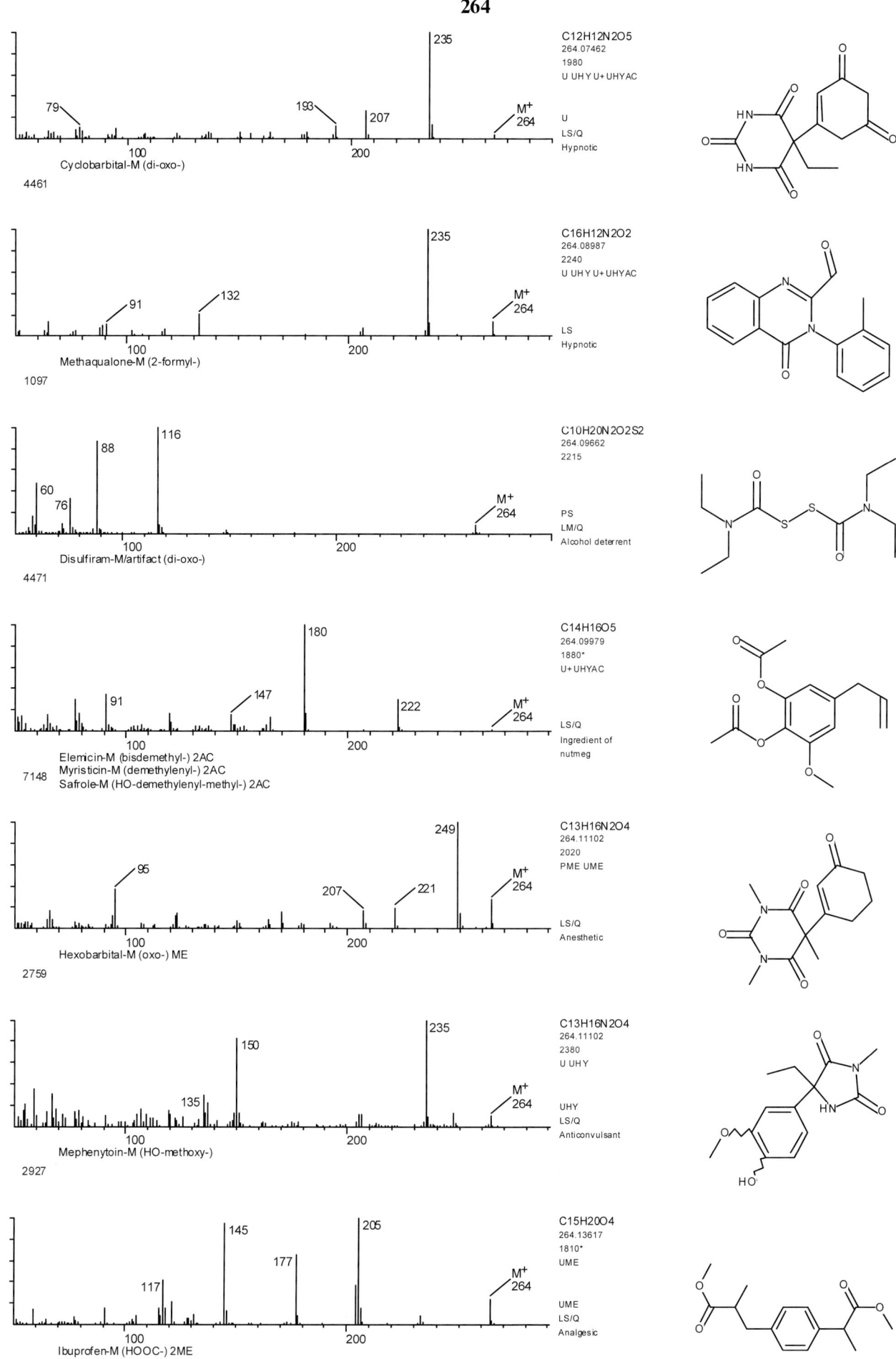

C12H12N2O5
264.07462
1980
U UHY U+ UHYAC

U
LS/Q
Hypnotic

Cyclobarbital-M (di-oxo-)
4461

C16H12N2O2
264.08987
2240
U UHY U+ UHYAC

LS
Hypnotic

Methaqualone-M (2-formyl-)
1097

C10H20N2O2S2
264.09662
2215

PS
LM/Q
Alcohol deterrent

Disulfiram-M/artifact (di-oxo-)
4471

C14H16O5
264.09979
1880*
U+ UHYAC

LS/Q
Ingredient of nutmeg

Elemicin-M (bisdemethyl-) 2AC
Myristicin-M (demethylenyl-) 2AC
Safrole-M (HO-demethylenyl-methyl-) 2AC
7148

C13H16N2O4
264.11102
2020
PME UME

LS/Q
Anesthetic

Hexobarbital-M (oxo-) ME
2759

C13H16N2O4
264.11102
2380
U UHY

UHY
LS/Q
Anticonvulsant

Mephenytoin-M (HO-methoxy-)
2927

C15H20O4
264.13617
1810*
UME

UME
LS/Q
Analgesic

Ibuprofen-M (HOOC-) 2ME
3384

439

264

C14H20N2O3
264.14740
2410
U+ UHYAC

U+ UHYAC
LS/Q
Designer drug

Benzylpiperazine-M (HO-methoxy-) AC
MDBP-M (demethylenyl-methyl-) AC
Fipexide-M (HO-methoxy-BZP) AC
6509

C14H20N2O3
264.14740
1965

PS
LM/Q
Herbicide

Carbetamide 2ME
4095

C14H20N2O3
264.14740
1845
PME

891-90-7
PS
LS/Q
Hypnotic

Cyclobarbital 2ME
705

C14H20N2O3
264.14740
1800
G P

LM/Q
Hypnotic
ME in methanol

Heptabarbital (ME)
1885

C14H20N2O3
264.14740
2070

PS
LM/Q
Analgesic

Mofebutazone-M (HOOC-) ME
2022

C13H20N4O2
264.15863
2240
G U

1028-33-7
LM
Vasodilator

Pentifylline
836

C18H20N2
264.16266
2210
P-I G U+UHYAC

24219-97-4
PS
LM/Q
Antidepressant

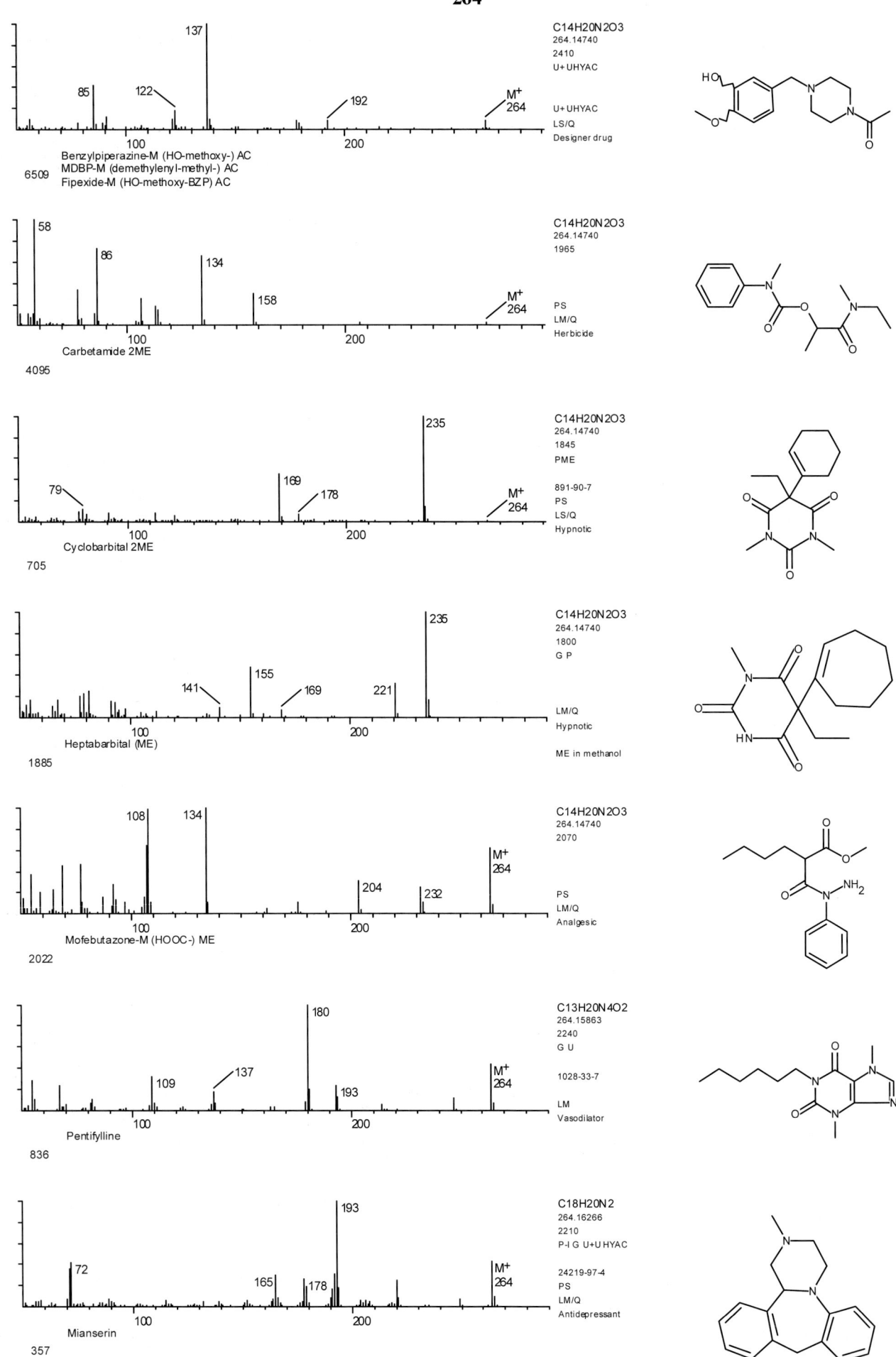

Mianserin
357

264

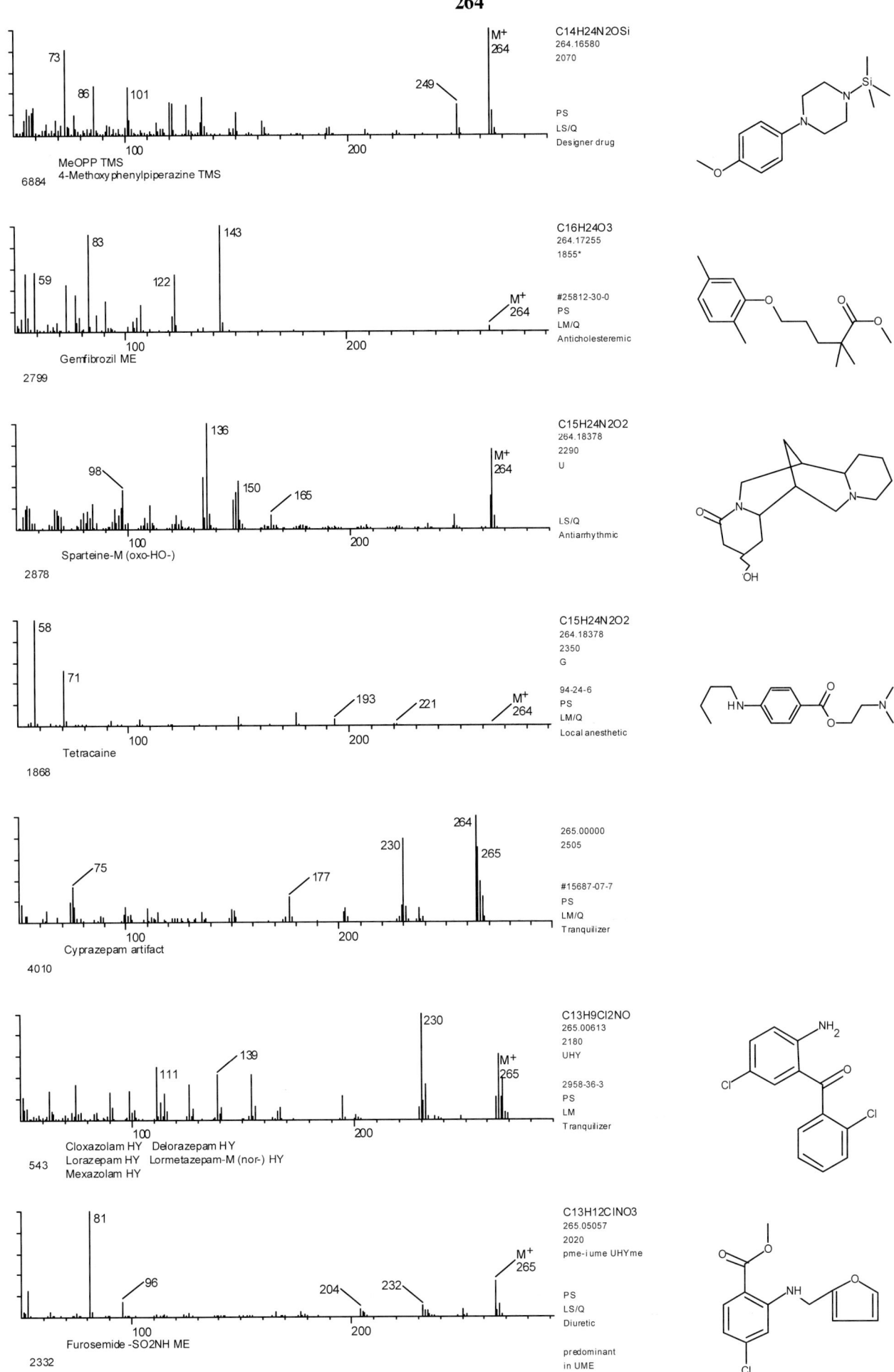

MeOPP TMS
4-Methoxyphenylpiperazine TMS
6884

C14H24N2OSi
264.16580
2070

PS
LS/Q
Designer drug

Gemfibrozil ME
2799

C16H24O3
264.17255
1855*
#25812-30-0
PS
LM/Q
Anticholesteremic

Sparteine-M (oxo-HO-)
2878

C15H24N2O2
264.18378
2290
U

LS/Q
Antiarrhythmic

Tetracaine
1868

C15H24N2O2
264.18378
2350
G
94-24-6
PS
LM/Q
Local anesthetic

Cyprazepam artifact
4010

265.00000
2505

#15687-07-7
PS
LM/Q
Tranquilizer

Cloxazolam HY   Delorazepam HY
Lorazepam HY   Lormetazepam-M (nor-) HY
Mexazolam HY
543

C13H9Cl2NO
265.00613
2180
UHY

2958-36-3
PS
LM
Tranquilizer

Furosemide -SO2NH ME
2332

C13H12ClNO3
265.05057
2020
pme-iume UHYme

PS
LS/Q
Diuretic

predominant
in UME

265

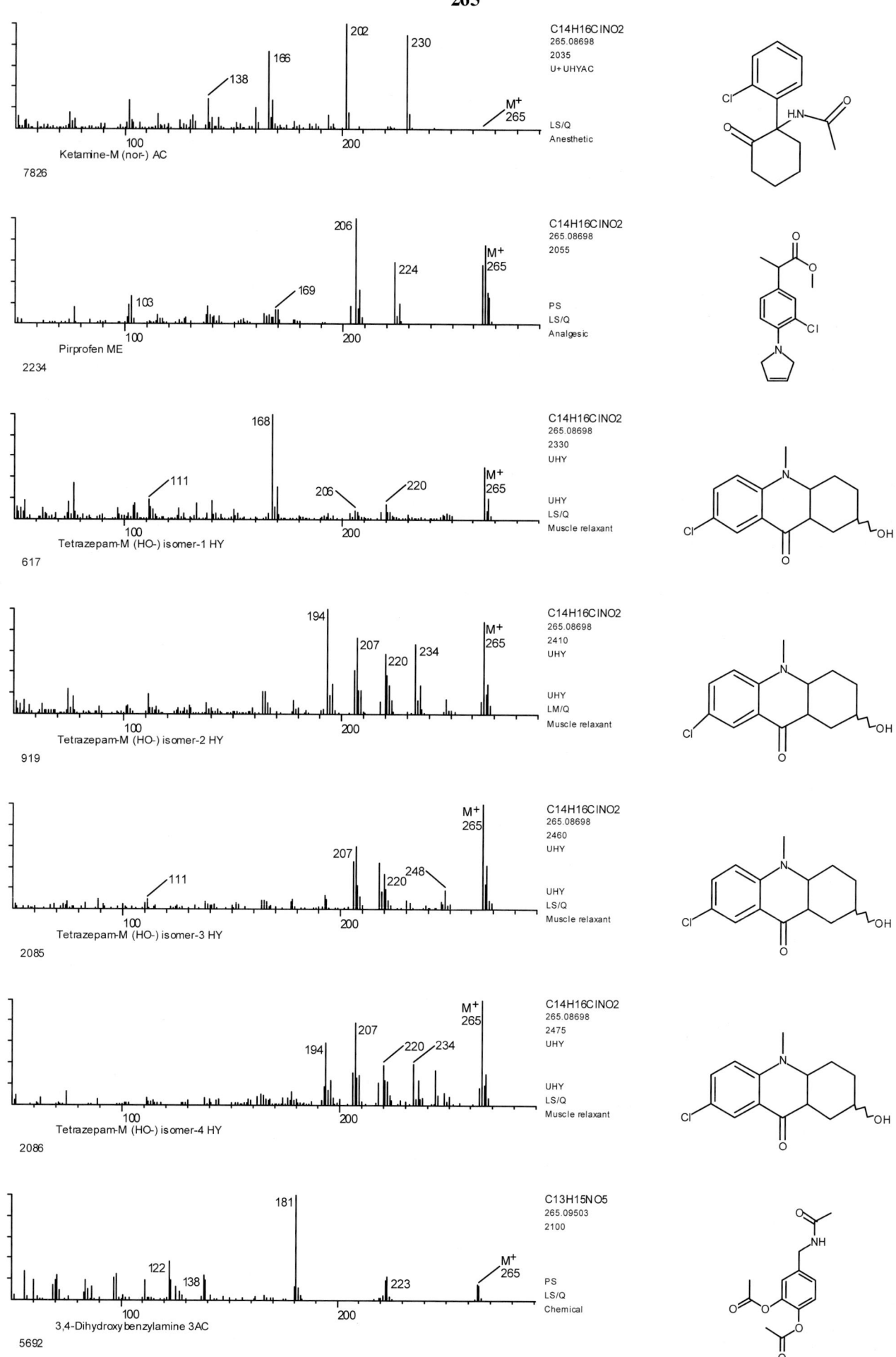

Ketamine-M (nor-) AC
7826
C14H16ClNO2
265.08698
2035
U+ UHYAC
LS/Q
Anesthetic

Pirprofen ME
2234
C14H16ClNO2
265.08698
2055
PS
LS/Q
Analgesic

Tetrazepam-M (HO-) isomer-1 HY
617
C14H16ClNO2
265.08698
2330
UHY
UHY
LS/Q
Muscle relaxant

Tetrazepam-M (HO-) isomer-2 HY
919
C14H16ClNO2
265.08698
2410
UHY
UHY
LM/Q
Muscle relaxant

Tetrazepam-M (HO-) isomer-3 HY
2085
C14H16ClNO2
265.08698
2460
UHY
UHY
LS/Q
Muscle relaxant

Tetrazepam-M (HO-) isomer-4 HY
2086
C14H16ClNO2
265.08698
2475
UHY
UHY
LS/Q
Muscle relaxant

3,4-Dihydroxybenzylamine 3AC
5692
C13H15NO5
265.09503
2100
PS
LS/Q
Chemical

265

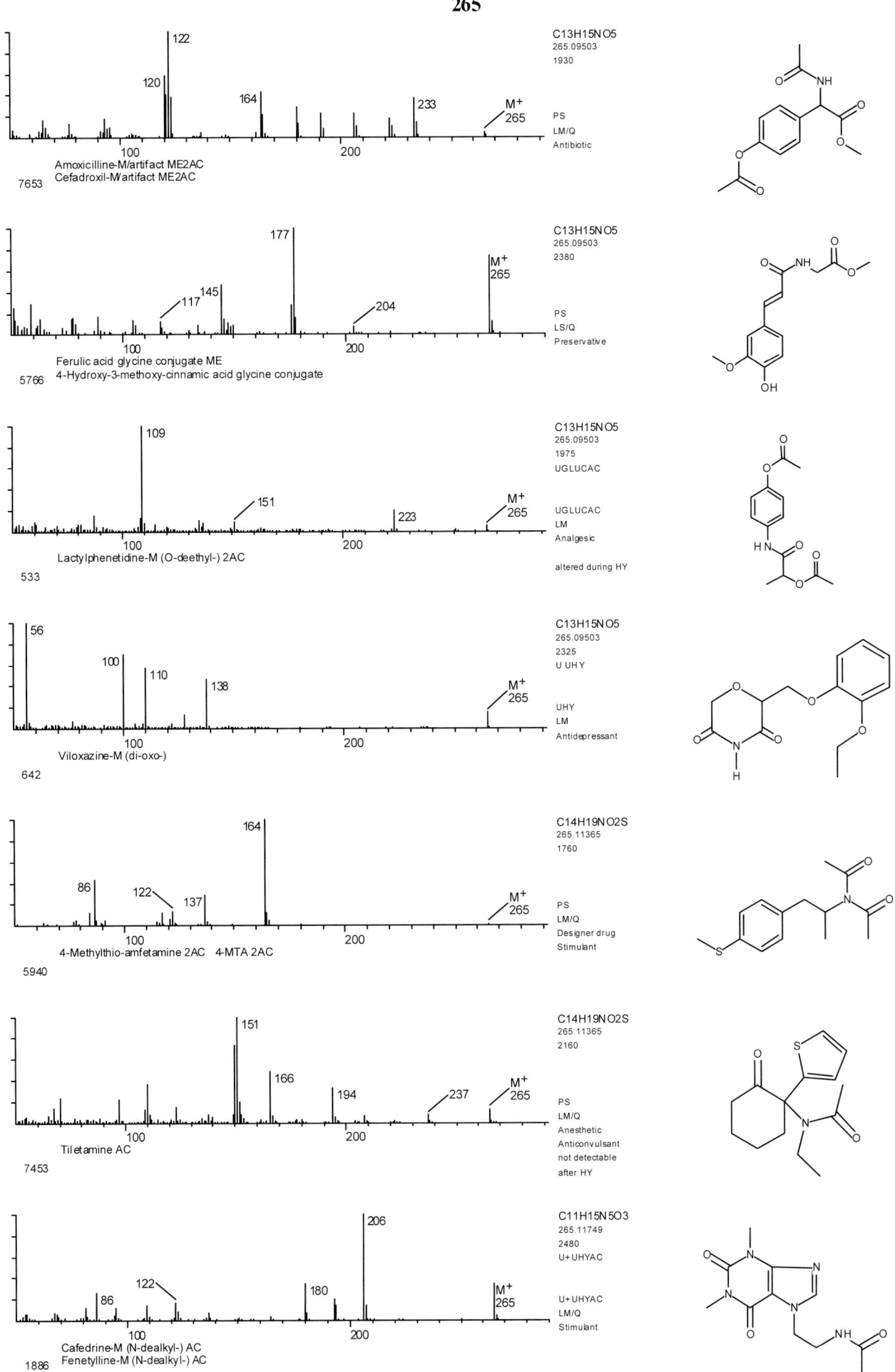

C13H15NO5
265.09503
1930

PS
LM/Q
Antibiotic

Amoxicilline-M/artifact ME2AC
Cefadroxil-M/artifact ME2AC
7653

C13H15NO5
265.09503
2380

PS
LS/Q
Preservative

Ferulic acid glycine conjugate ME
4-Hydroxy-3-methoxy-cinnamic acid glycine conjugate
5766

C13H15NO5
265.09503
1975
UGLUCAC

UGLUCAC
LM
Analgesic

altered during HY

Lactylphenetidine-M (O-deethyl-) 2AC
533

C13H15NO5
265.09503
2325
U UHY

UHY
LM
Antidepressant

Viloxazine-M (di-oxo-)
642

C14H19NO2S
265.11365
1760

PS
LM/Q
Designer drug
Stimulant

4-Methylthio-amfetamine 2AC   4-MTA 2AC
5940

C14H19NO2S
265.11365
2160

PS
LM/Q
Anesthetic
Anticonvulsant
not detectable
after HY

Tiletamine AC
7453

C11H15N5O3
265.11749
2480
U+ UHYAC

U+ UHYAC
LM/Q
Stimulant

Cafedrine-M (N-dealkyl-) AC
Fenetylline-M (N-dealkyl-) AC
1886

443

265

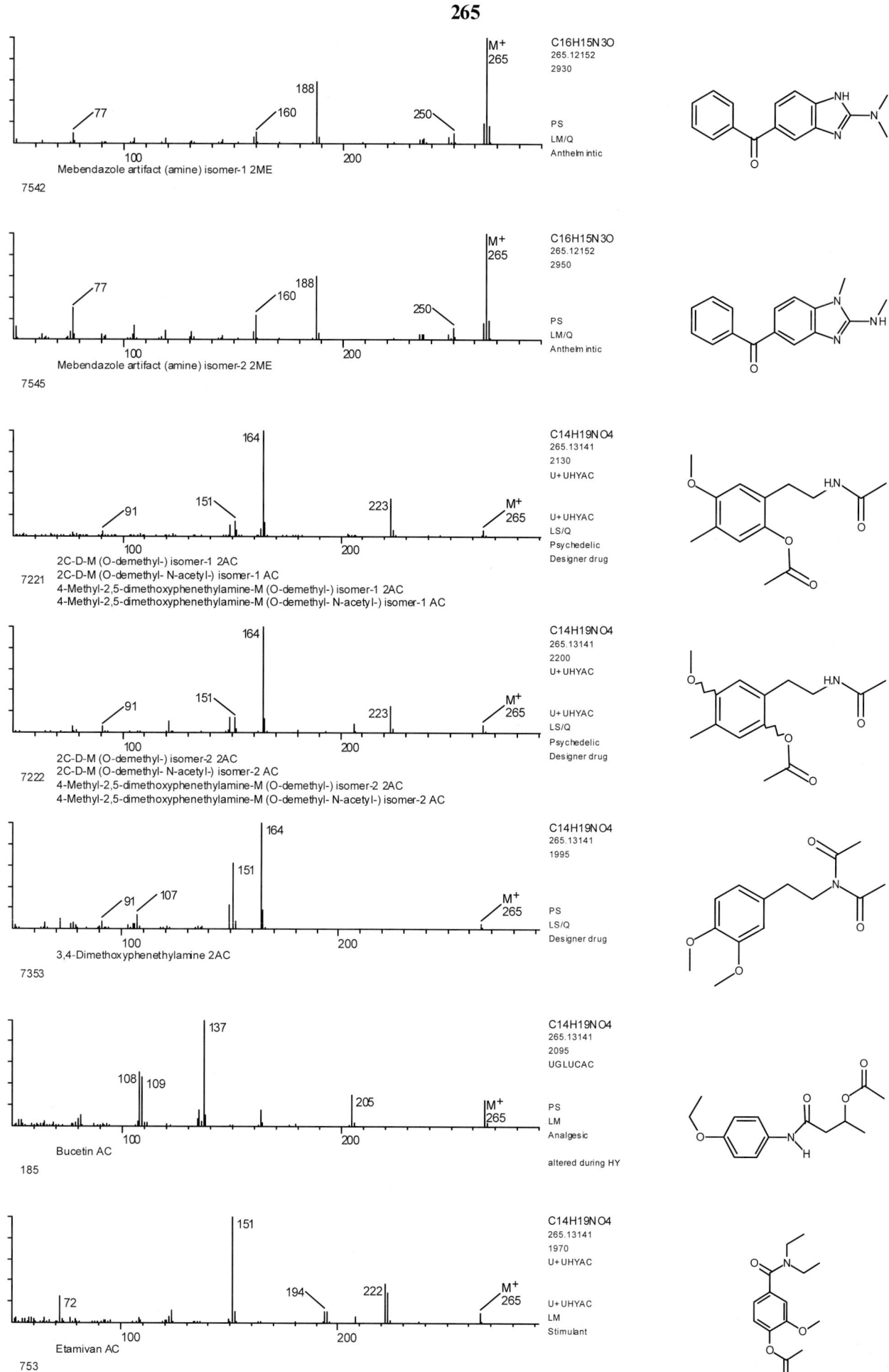

C16H15N3O
265.12152
2930
PS
LM/Q
Anthelmintic

Mebendazole artifact (amine) isomer-1 2ME
7542

C16H15N3O
265.12152
2950
PS
LM/Q
Anthelmintic

Mebendazole artifact (amine) isomer-2 2ME
7545

C14H19NO4
265.13141
2130
U+ UHYAC
U+ UHYAC
LS/Q
Psychedelic
Designer drug

2C-D-M (O-demethyl-) isomer-1 2AC
2C-D-M (O-demethyl- N-acetyl-) isomer-1 AC
4-Methyl-2,5-dimethoxyphenethylamine-M (O-demethyl-) isomer-1 2AC
4-Methyl-2,5-dimethoxyphenethylamine-M (O-demethyl- N-acetyl-) isomer-1 AC
7221

C14H19NO4
265.13141
2200
U+ UHYAC
U+ UHYAC
LS/Q
Psychedelic
Designer drug

2C-D-M (O-demethyl-) isomer-2 2AC
2C-D-M (O-demethyl- N-acetyl-) isomer-2 AC
4-Methyl-2,5-dimethoxyphenethylamine-M (O-demethyl-) isomer-2 2AC
4-Methyl-2,5-dimethoxyphenethylamine-M (O-demethyl- N-acetyl-) isomer-2 AC
7222

C14H19NO4
265.13141
1995
PS
LS/Q
Designer drug

3,4-Dimethoxyphenethylamine 2AC
7353

C14H19NO4
265.13141
2095
U GLUCAC
PS
LM
Analgesic
altered during HY

Bucetin AC
185

C14H19NO4
265.13141
1970
U+ UHYAC
U+ UHYAC
LM
Stimulant

Etamivan AC
753

444

265

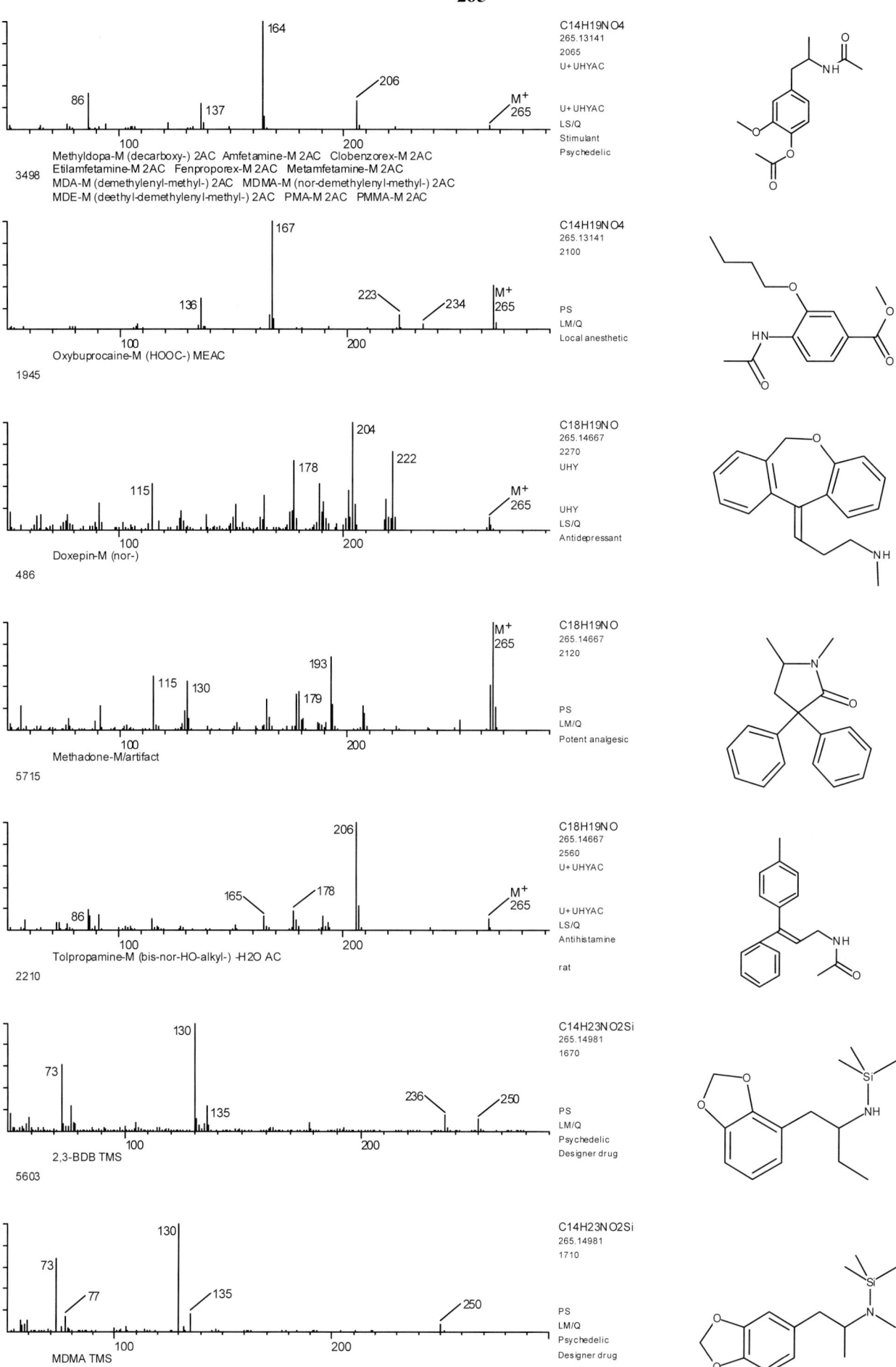

C14H19NO4
265.13141
2065
U+ UHYAC

U+ UHYAC
LS/Q
Stimulant
Psychedelic

Methyldopa-M (decarboxy-) 2AC   Amfetamine-M 2AC   Clobenzorex-M 2AC
Etilamfetamine-M 2AC   Fenproporex-M 2AC   Metamfetamine-M 2AC
MDA-M (demethylenyl-methyl-) 2AC   MDMA-M (nor-demethylenyl-methyl-) 2AC
MDE-M (deethyl-demethylenyl-methyl-) 2AC   PMA-M 2AC   PMMA-M 2AC
3498

C14H19NO4
265.13141
2100

PS
LM/Q
Local anesthetic

Oxybuprocaine-M (HOOC-) MEAC
1945

C18H19NO
265.14667
2270
UHY

UHY
LS/Q
Antidepressant

Doxepin-M (nor-)
486

C18H19NO
265.14667
2120

PS
LM/Q
Potent analgesic

Methadone-M/artifact
5715

C18H19NO
265.14667
2560
U+ UHYAC

U+ UHYAC
LS/Q
Antihistamine

rat

Tolpropamine-M (bis-nor-HO-alkyl-) -H2O AC
2210

C14H23NO2Si
265.14981
1670

PS
LM/Q
Psychedelic
Designer drug

2,3-BDB TMS
5603

C14H23NO2Si
265.14981
1710

PS
LM/Q
Psychedelic
Designer drug

MDMA TMS
4562

445

265

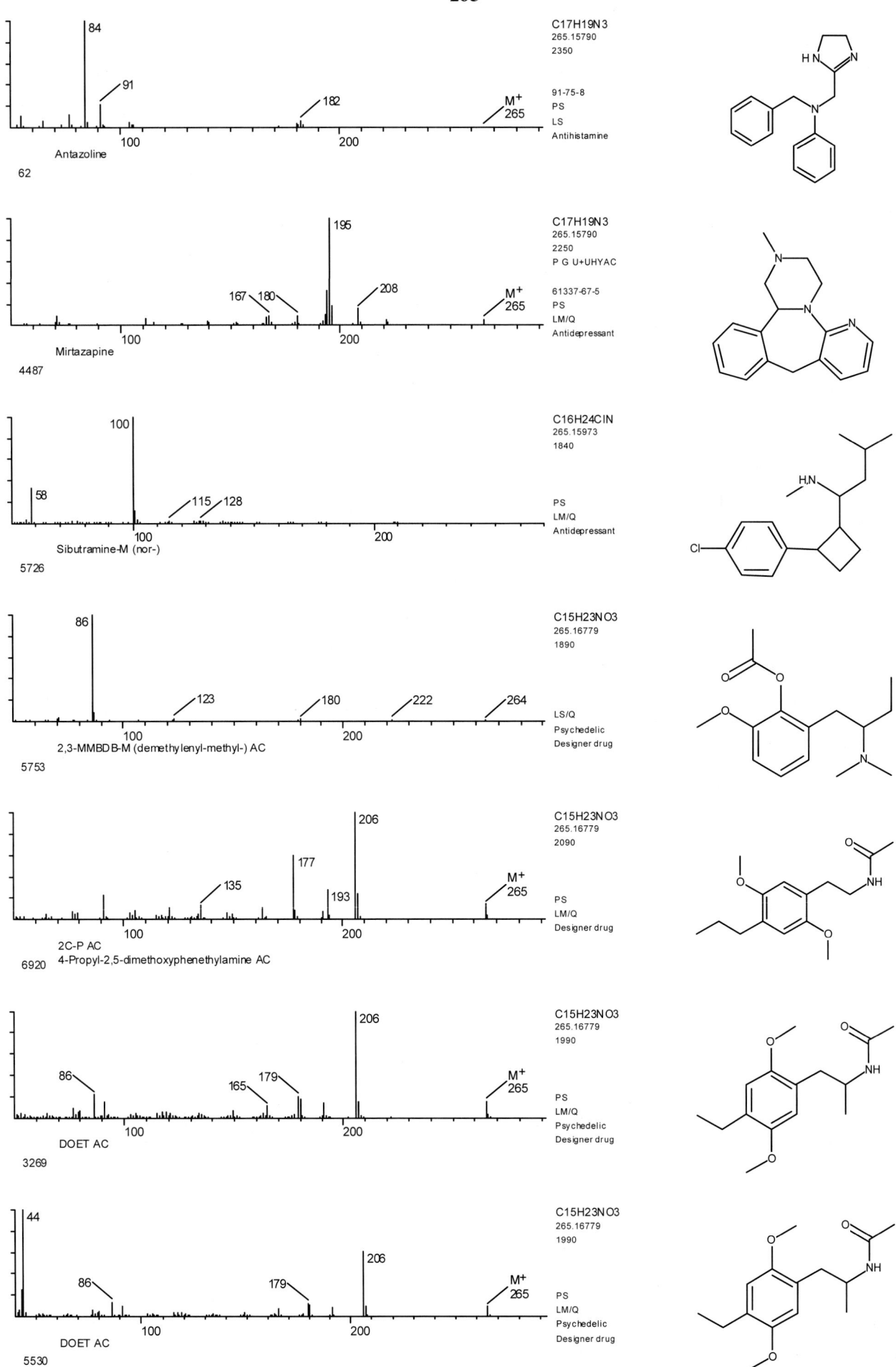

Antazoline — 62
84, 91, 182, M+ 265
C17H19N3
265.15790
2350
91-75-8
PS
LS
Antihistamine

Mirtazapine — 4487
167, 180, 195, 208, M+ 265
C17H19N3
265.15790
2250
P G U+UHYAC
61337-67-5
PS
LM/Q
Antidepressant

Sibutramine-M (nor-) — 5726
58, 100, 115, 128
C16H24ClN
265.15973
1840
PS
LM/Q
Antidepressant

2,3-MMBDB-M (demethylenyl-methyl-) AC — 5753
86, 123, 180, 222, 264
C15H23NO3
265.16779
1890
LS/Q
Psychedelic
Designer drug

2C-P AC
4-Propyl-2,5-dimethoxyphenethylamine AC — 6920
135, 177, 193, 206, M+ 265
C15H23NO3
265.16779
2090
PS
LM/Q
Designer drug

DOET AC — 3269
86, 165, 179, 206, M+ 265
C15H23NO3
265.16779
1990
PS
LM/Q
Psychedelic
Designer drug

DOET AC — 5530
44, 86, 179, 206, M+ 265
C15H23NO3
265.16779
1990
PS
LM/Q
Psychedelic
Designer drug

265

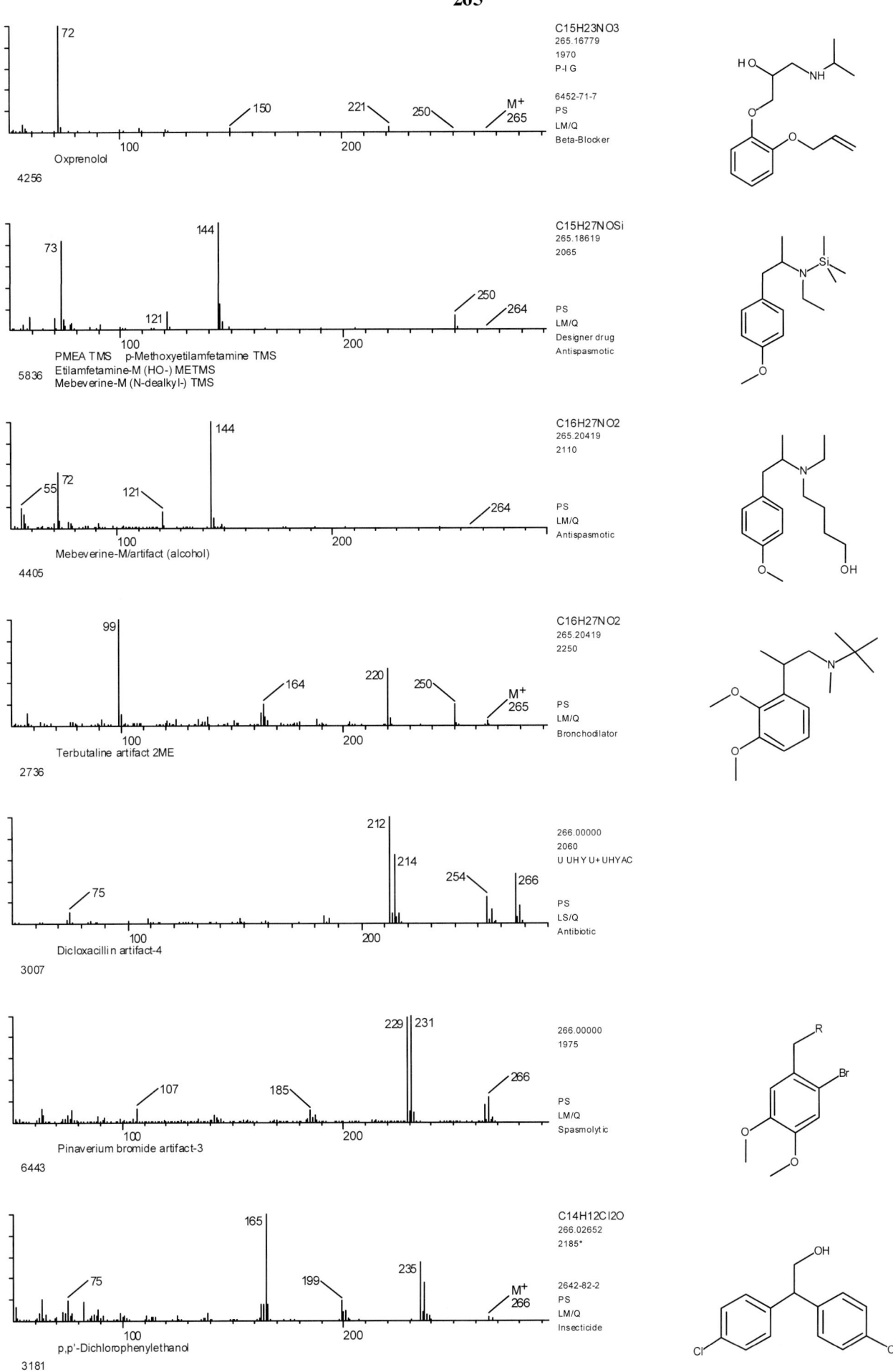

Oxprenolol — 4256
72, 150, 221, 250, M+ 265
C15H23NO3
265.16779
1970
P-I G
6452-71-7
PS
LM/Q
Beta-Blocker

PMEA TMS   p-Methoxyetilamfetamine TMS
Etilamfetamine-M (HO-) METMS
Mebeverine-M (N-dealkyl-) TMS — 5836
73, 121, 144, 250, 264
C15H27NOSi
265.18619
2065
PS
LM/Q
Designer drug
Antispasmotic

Mebeverine-M/artifact (alcohol) — 4405
55, 72, 121, 144, 264
C16H27NO2
265.20419
2110
PS
LM/Q
Antispasmotic

Terbutaline artifact 2ME — 2736
99, 164, 220, 250, M+ 265
C16H27NO2
265.20419
2250
PS
LM/Q
Bronchodilator

Dicloxacillin artifact-4 — 3007
75, 212, 214, 254, 266
266.00000
2060
U UH Y U+ UHYAC
PS
LS/Q
Antibiotic

Pinaverium bromide artifact-3 — 6443
107, 185, 229, 231, 266
266.00000
1975
PS
LM/Q
Spasmolytic

p,p'-Dichlorophenylethanol — 3181
75, 165, 199, 235, M+ 266
C14H12Cl2O
266.02652
2185*
2642-82-2
PS
LM/Q
Insecticide

447

266

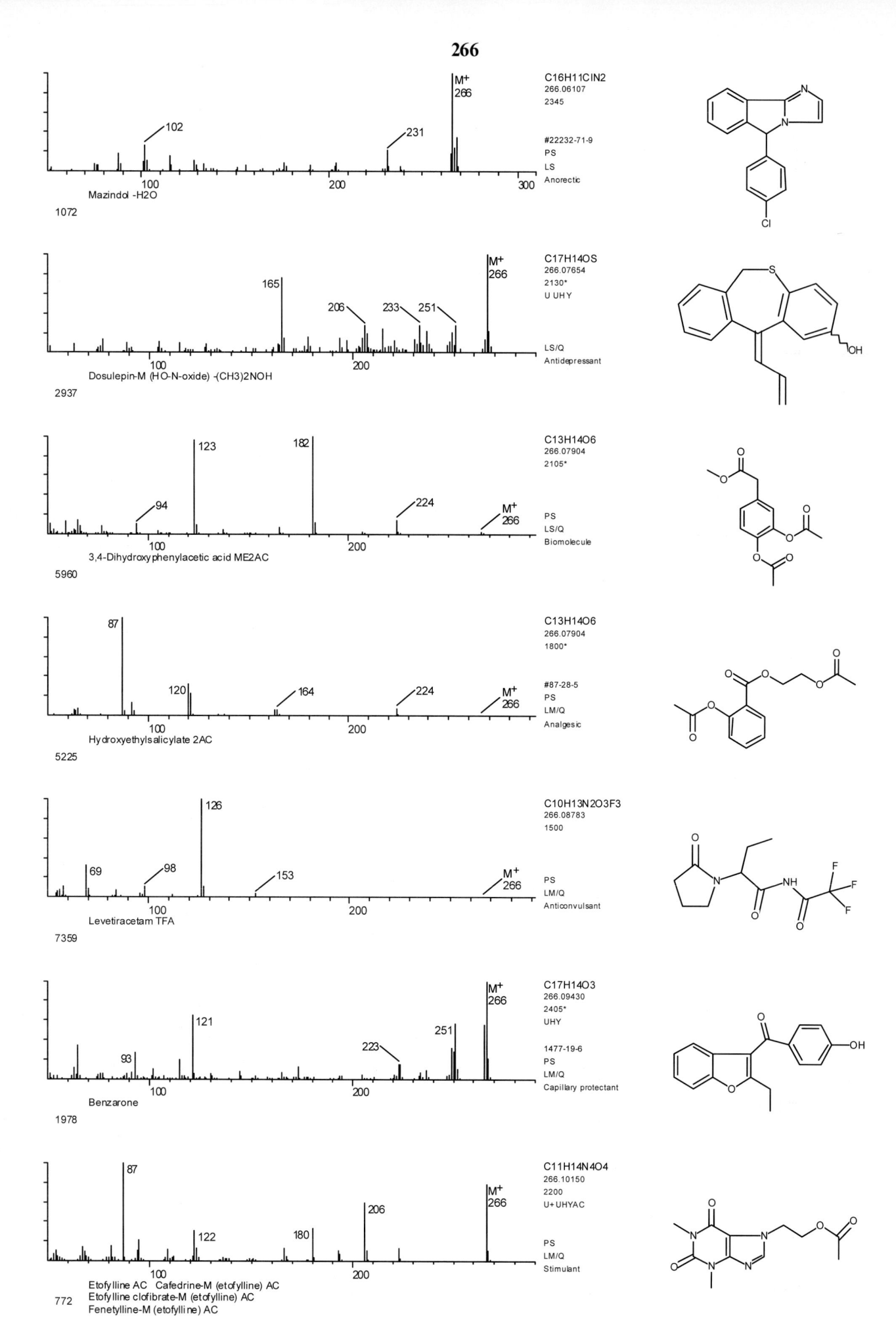

C16H11ClN2
266.06107
2345

#22232-71-9
PS
LS
Anorectic

Mazindol -H2O
1072

C17H14OS
266.07654
2130*
U UHY

LS/Q
Antidepressant

Dosulepin-M (HO-N-oxide) -(CH3)2NOH
2937

C13H14O6
266.07904
2105*

PS
LS/Q
Biomolecule

3,4-Dihydroxyphenylacetic acid ME2AC
5960

C13H14O6
266.07904
1800*

#87-28-5
PS
LM/Q
Analgesic

Hydroxyethylsalicylate 2AC
5225

C10H13N2O3F3
266.08783
1500

PS
LM/Q
Anticonvulsant

Levetiracetam TFA
7359

C17H14O3
266.09430
2405*
UHY

1477-19-6
PS
LM/Q
Capillary protectant

Benzarone
1978

C11H14N4O4
266.10150
2200
U+ UHYAC

PS
LM/Q
Stimulant

Etofylline AC   Cafedrine-M (etofylline) AC
Etofylline clofibrate-M (etofylline) AC
Fenetylline-M (etofylline) AC
772

448

266

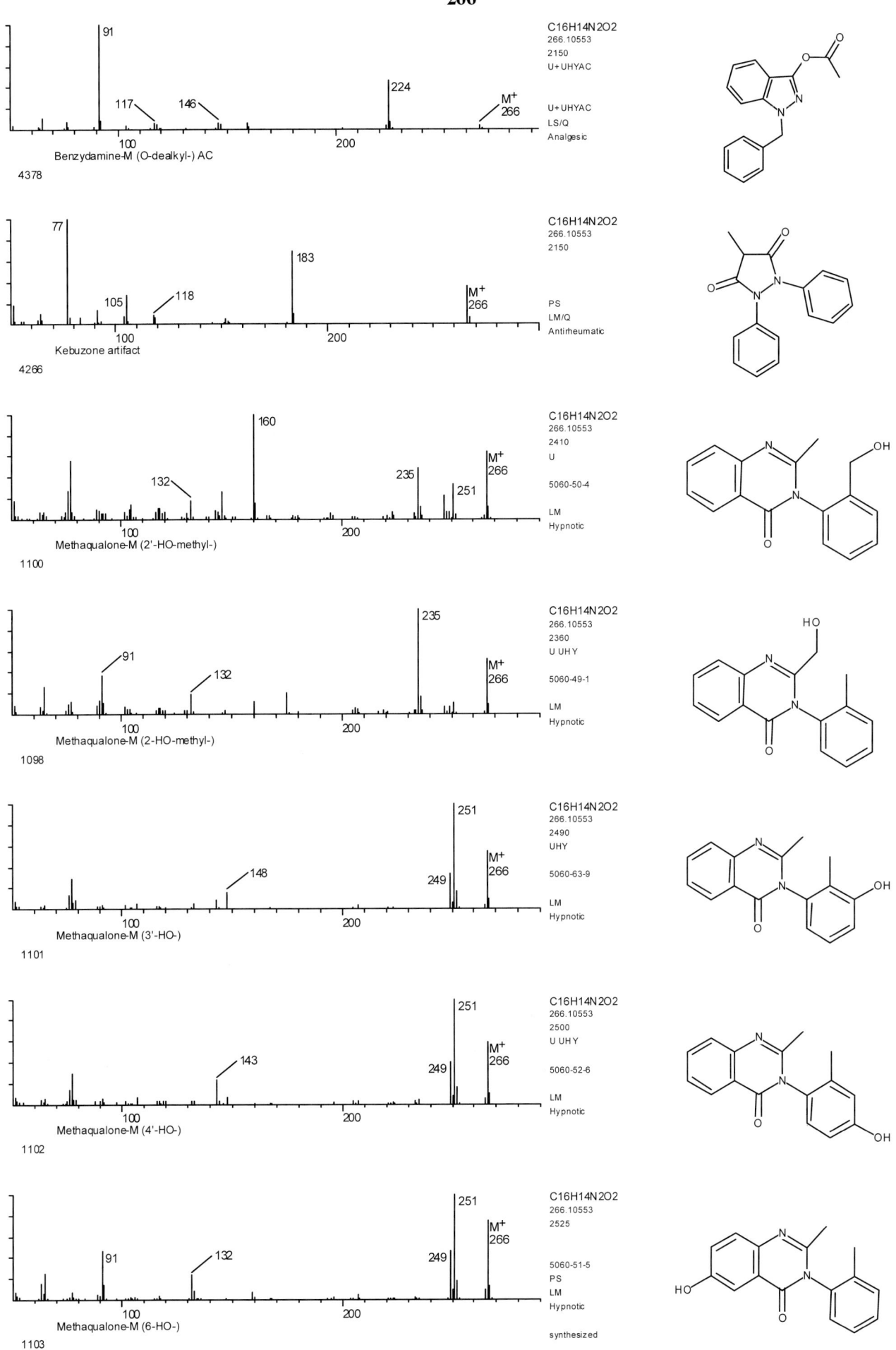

91, 117, 146, 224, M+ 266	C16H14N2O2 266.10553 2150 U+ UHYAC U+ UHYAC LS/Q Analgesic	
Benzydamine-M (O-dealkyl-) AC 4378		

77, 105, 118, 183, M+ 266	C16H14N2O2 266.10553 2150 PS LM/Q Antirheumatic	
Kebuzone artifact 4266		

132, 160, 235, 251, M+ 266	C16H14N2O2 266.10553 2410 U 5060-50-4 LM Hypnotic	
Methaqualone-M (2'-HO-methyl-) 1100		

91, 132, 235, M+ 266	C16H14N2O2 266.10553 2360 U UH Y 5060-49-1 LM Hypnotic	
Methaqualone-M (2-HO-methyl-) 1098		

148, 249, 251, M+ 266	C16H14N2O2 266.10553 2490 UHY 5060-63-9 LM Hypnotic	
Methaqualone-M (3'-HO-) 1101		

143, 249, 251, M+ 266	C16H14N2O2 266.10553 2500 U UH Y 5060-52-6 LM Hypnotic	
Methaqualone-M (4'-HO-) 1102		

91, 132, 249, 251, M+ 266	C16H14N2O2 266.10553 2525 5060-51-5 PS LM Hypnotic synthesized	
Methaqualone-M (6-HO-) 1103		

449

266

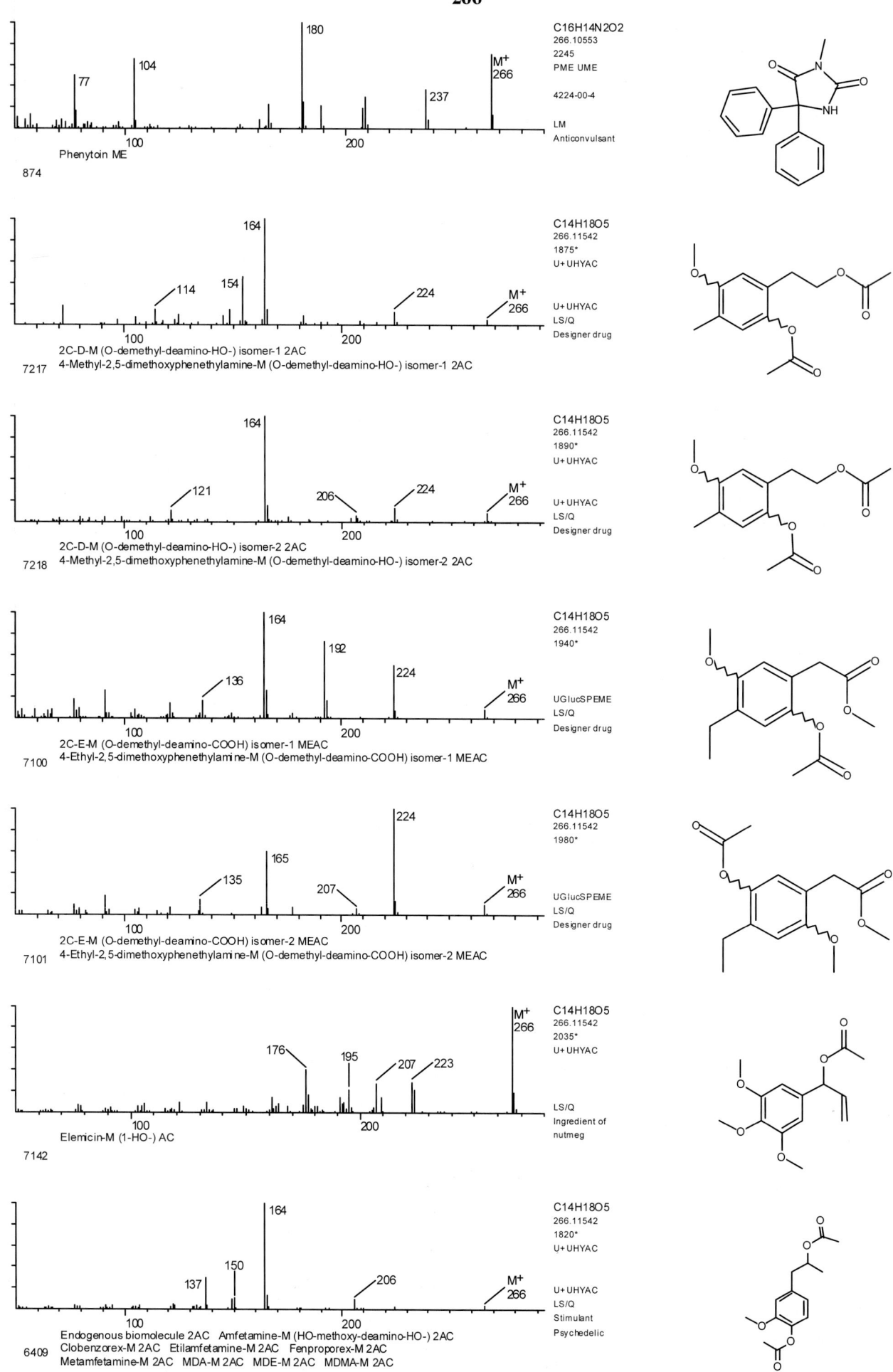

Phenytoin ME — 874
C16H14N2O2
266.10553
2245
PME UME
4224-00-4
LM
Anticonvulsant
Peaks: 77, 104, 180, 237, M+ 266

2C-D-M (O-demethyl-deamino-HO-) isomer-1 2AC
4-Methyl-2,5-dimethoxyphenethylamine-M (O-demethyl-deamino-HO-) isomer-1 2AC — 7217
C14H18O5
266.11542
1875*
U+ UHYAC
U+ UHYAC
LS/Q
Designer drug
Peaks: 114, 154, 164, 224, M+ 266

2C-D-M (O-demethyl-deamino-HO-) isomer-2 2AC
4-Methyl-2,5-dimethoxyphenethylamine-M (O-demethyl-deamino-HO-) isomer-2 2AC — 7218
C14H18O5
266.11542
1890*
U+ UHYAC
U+ UHYAC
LS/Q
Designer drug
Peaks: 121, 164, 206, 224, M+ 266

2C-E-M (O-demethyl-deamino-COOH) isomer-1 MEAC
4-Ethyl-2,5-dimethoxyphenethylamine-M (O-demethyl-deamino-COOH) isomer-1 MEAC — 7100
C14H18O5
266.11542
1940*
UGlucSPEME
LS/Q
Designer drug
Peaks: 136, 164, 192, 224, M+ 266

2C-E-M (O-demethyl-deamino-COOH) isomer-2 MEAC
4-Ethyl-2,5-dimethoxyphenethylamine-M (O-demethyl-deamino-COOH) isomer-2 MEAC — 7101
C14H18O5
266.11542
1980*
UGlucSPEME
LS/Q
Designer drug
Peaks: 135, 165, 207, 224, M+ 266

Elemicin-M (1-HO-) AC — 7142
C14H18O5
266.11542
2035*
U+ UHYAC
LS/Q
Ingredient of nutmeg
Peaks: 176, 195, 207, 223, M+ 266

Endogenous biomolecule 2AC   Amfetamine-M (HO-methoxy-deamino-HO-) 2AC
Clobenzorex-M 2AC   Etilamfetamine-M 2AC   Fenproporex-M 2AC
Metamfetamine-M 2AC   MDA-M 2AC   MDE-M 2AC   MDMA-M 2AC — 6409
C14H18O5
266.11542
1820*
U+ UHYAC
U+ UHYAC
LS/Q
Stimulant
Psychedelic
Peaks: 137, 150, 164, 206, M+ 266

266

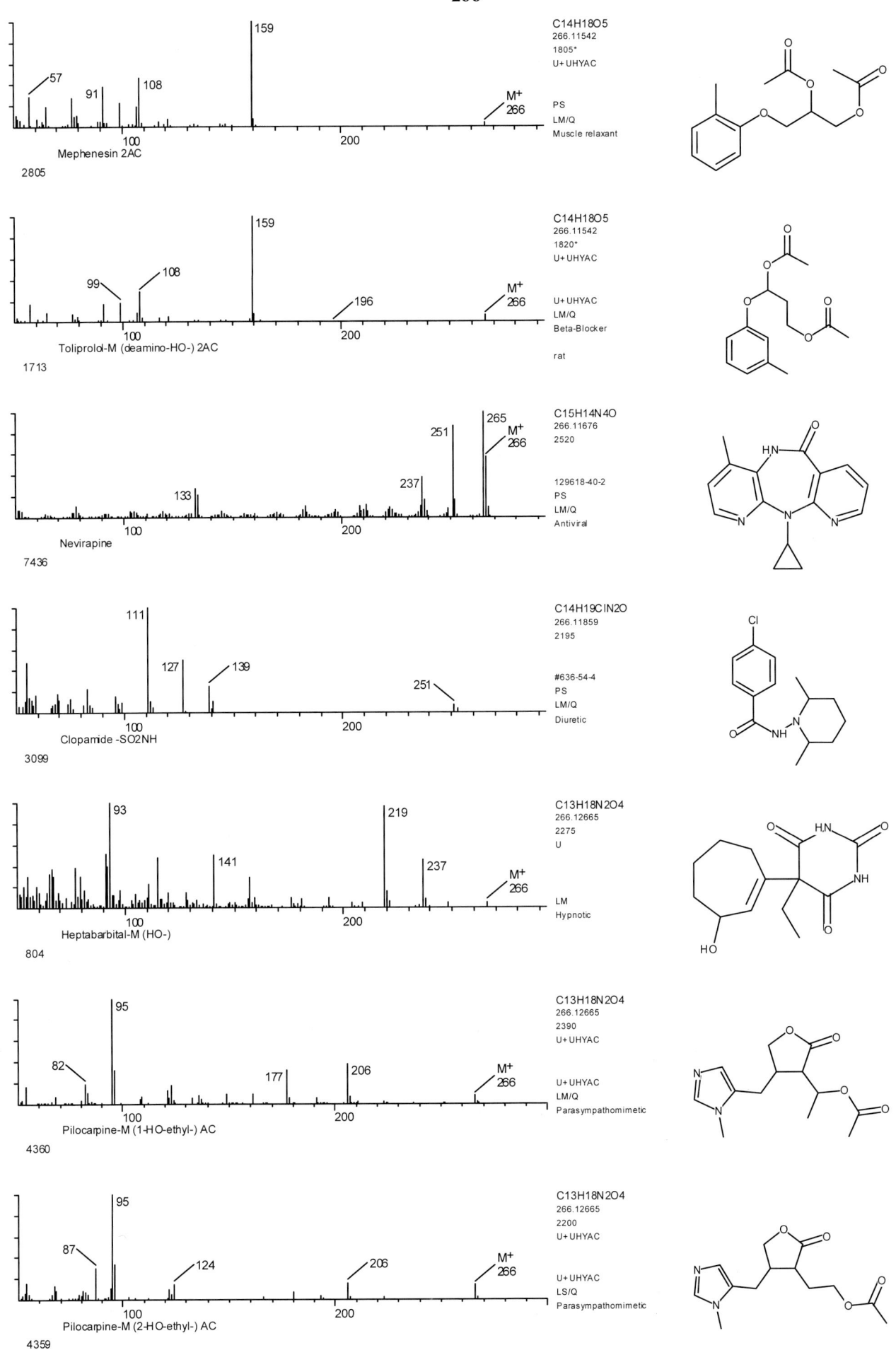

Mephenesin 2AC
C14H18O5
266.11542
1805*
U+ UHYAC
PS
LM/Q
Muscle relaxant

Toliprolol-M (deamino-HO-) 2AC
C14H18O5
266.11542
1820*
U+ UHYAC
U+ UHYAC
LM/Q
Beta-Blocker
rat

Nevirapine
C15H14N4O
266.11676
2520
129618-40-2
PS
LM/Q
Antiviral

Clopamide -SO2NH
C14H19ClN2O
266.11859
2195
#636-54-4
PS
LM/Q
Diuretic

Heptabarbital-M (HO-)
C13H18N2O4
266.12665
2275
U
LM
Hypnotic

Pilocarpine-M (1-HO-ethyl-) AC
C13H18N2O4
266.12665
2390
U+ UHYAC
U+ UHYAC
LM/Q
Parasympathomimetic

Pilocarpine-M (2-HO-ethyl-) AC
C13H18N2O4
266.12665
2200
U+ UHYAC
U+ UHYAC
LS/Q
Parasympathomimetic

266

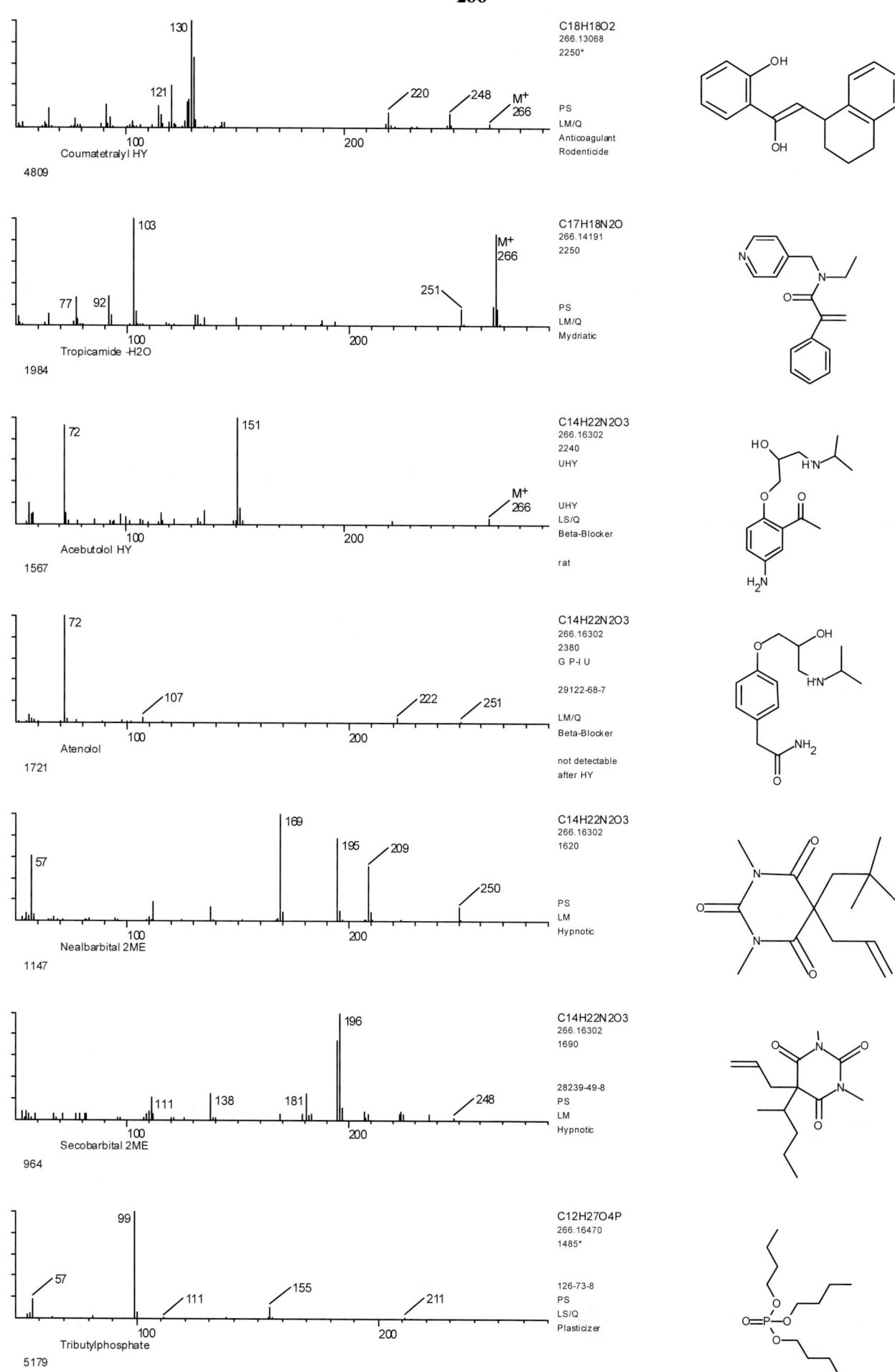

Coumatetralyl HY — C18H18O2, 266.13068, 2250*, PS, LM/Q, Anticoagulant Rodenticide
Peaks: 130, 121, 220, 248, M+ 266
4809

Tropicamide -H2O — C17H18N2O, 266.14191, 2250, PS, LM/Q, Mydriatic
Peaks: 77, 92, 103, 251, M+ 266
1984

Acebutolol HY — C14H22N2O3, 266.16302, 2240, UHY, UHY, LS/Q, Beta-Blocker, rat
Peaks: 72, 151, M+ 266
1567

Atenolol — C14H22N2O3, 266.16302, 2380, G P-I U, 29122-68-7, LM/Q, Beta-Blocker, not detectable after HY
Peaks: 72, 107, 222, 251
1721

Nealbarbital 2ME — C14H22N2O3, 266.16302, 1620, PS, LM, Hypnotic
Peaks: 57, 169, 195, 209, 250
1147

Secobarbital 2ME — C14H22N2O3, 266.16302, 1690, 28239-49-8, PS, LM, Hypnotic
Peaks: 111, 138, 181, 196, 248
964

Tributylphosphate — C12H27O4P, 266.16470, 1485*, 126-73-8, PS, LS/Q, Plasticizer
Peaks: 57, 99, 111, 155, 211
5179

452

266

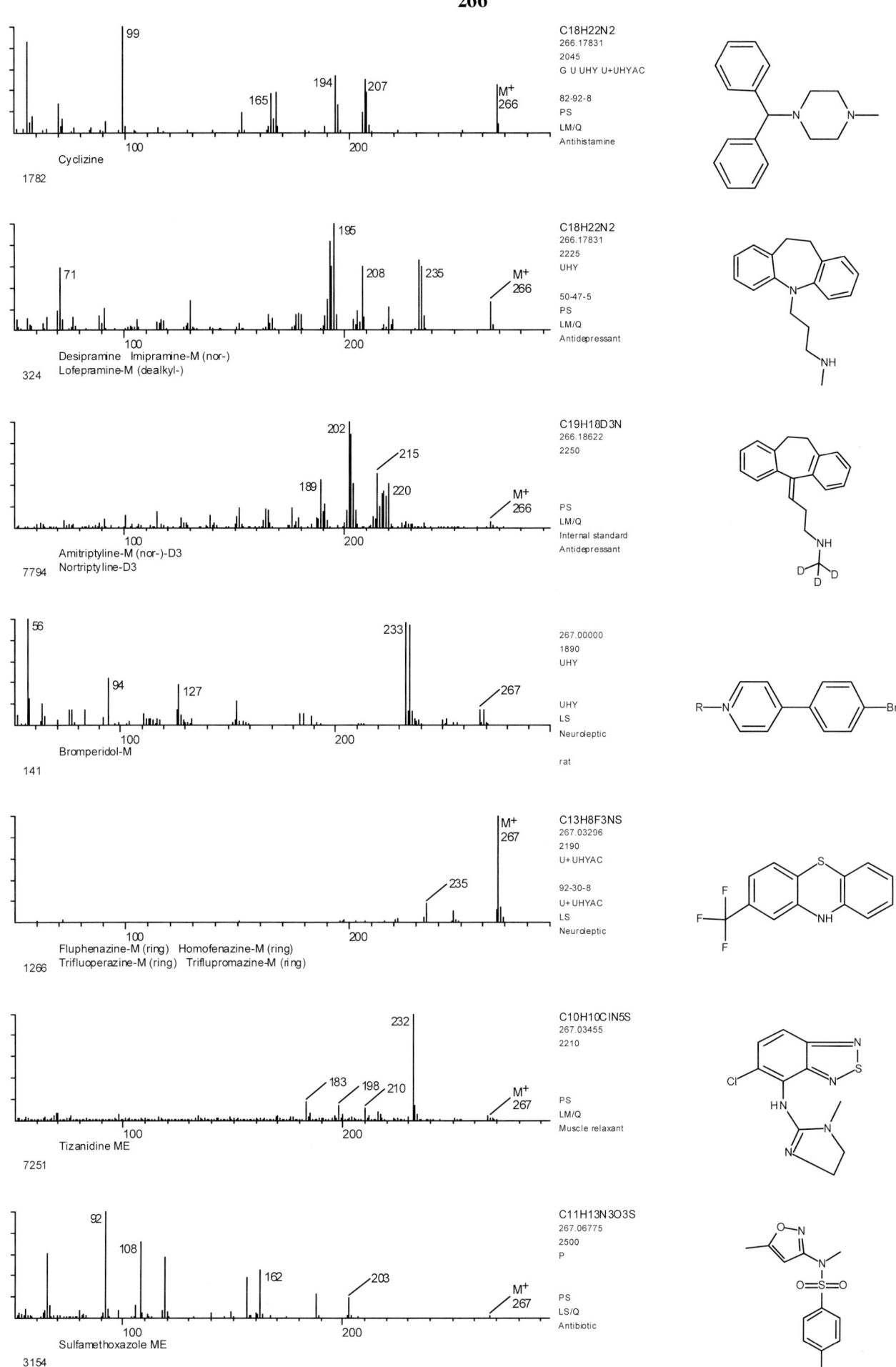

Cyclizine
C18H22N2
266.17831
2045
G U UHY U+UHYAC
82-92-8
PS
LM/Q
Antihistamine
Peaks: 99, 165, 194, 207, M+ 266
1782

**Desipramine   Imipramine-M (nor-)
Lofepramine-M (dealkyl-)**
C18H22N2
266.17831
2225
UHY
50-47-5
PS
LM/Q
Antidepressant
Peaks: 71, 195, 208, 235, M+ 266
324

**Amitriptyline-M (nor-)-D3
Nortriptyline-D3**
C19H18D3N
266.18622
2250
PS
LM/Q
Internal standard
Antidepressant
Peaks: 189, 202, 215, 220, M+ 266
7794

Bromperidol-M
267.00000
1890
UHY
UHY
LS
Neuroleptic
rat
Peaks: 56, 94, 127, 233, 267
141

**Fluphenazine-M (ring)   Homofenazine-M (ring)
Trifluoperazine-M (ring)   Triflupromazine-M (ring)**
C13H8F3NS
267.03296
2190
U+UHYAC
92-30-8
U+UHYAC
LS
Neuroleptic
Peaks: 235, M+ 267
1266

Tizanidine ME
C10H10ClN5S
267.03455
2210
PS
LM/Q
Muscle relaxant
Peaks: 183, 198, 210, 232, M+ 267
7251

Sulfamethoxazole ME
C11H13N3O3S
267.06775
2500
P
PS
LS/Q
Antibiotic
Peaks: 92, 108, 162, 203, M+ 267
3154

267

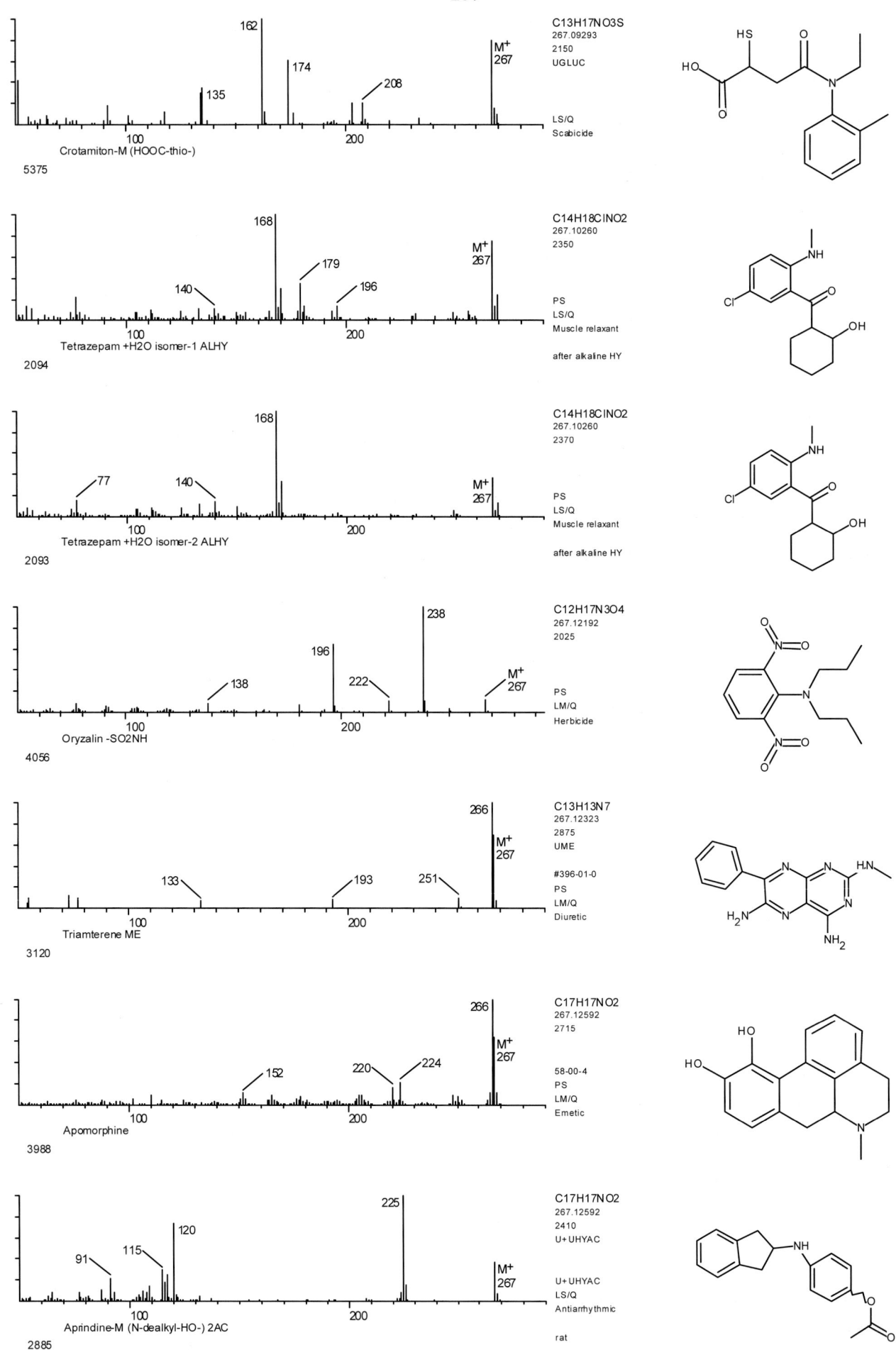

Crotamiton-M (HOOC-thio-) — 5375
C13H17NO3S, 267.09293, 2150, UGLUC, LS/Q, Scabicide
Peaks: 135, 162, 174, 208, M+ 267

Tetrazepam +H2O isomer-1 ALHY — 2094
C14H18ClNO2, 267.10260, 2350, PS, LS/Q, Muscle relaxant, after alkaline HY
Peaks: 140, 168, 179, 196, M+ 267

Tetrazepam +H2O isomer-2 ALHY — 2093
C14H18ClNO2, 267.10260, 2370, PS, LS/Q, Muscle relaxant, after alkaline HY
Peaks: 77, 140, 168, M+ 267

Oryzalin -SO2NH — 4056
C12H17N3O4, 267.12192, 2025, PS, LM/Q, Herbicide
Peaks: 138, 196, 222, 238, M+ 267

Triamterene ME — 3120
C13H13N7, 267.12323, 2875, UME, #396-01-0, PS, LM/Q, Diuretic
Peaks: 133, 193, 251, 266, M+ 267

Apomorphine — 3988
C17H17NO2, 267.12592, 2715, 58-00-4, PS, LM/Q, Emetic
Peaks: 152, 220, 224, 266, M+ 267

Aprindine-M (N-dealkyl-HO-) 2AC — 2885
C17H17NO2, 267.12592, 2410, U+ UHYAC, U+ UHYAC, LS/Q, Antiarrhythmic, rat
Peaks: 91, 115, 120, 225, M+ 267

267

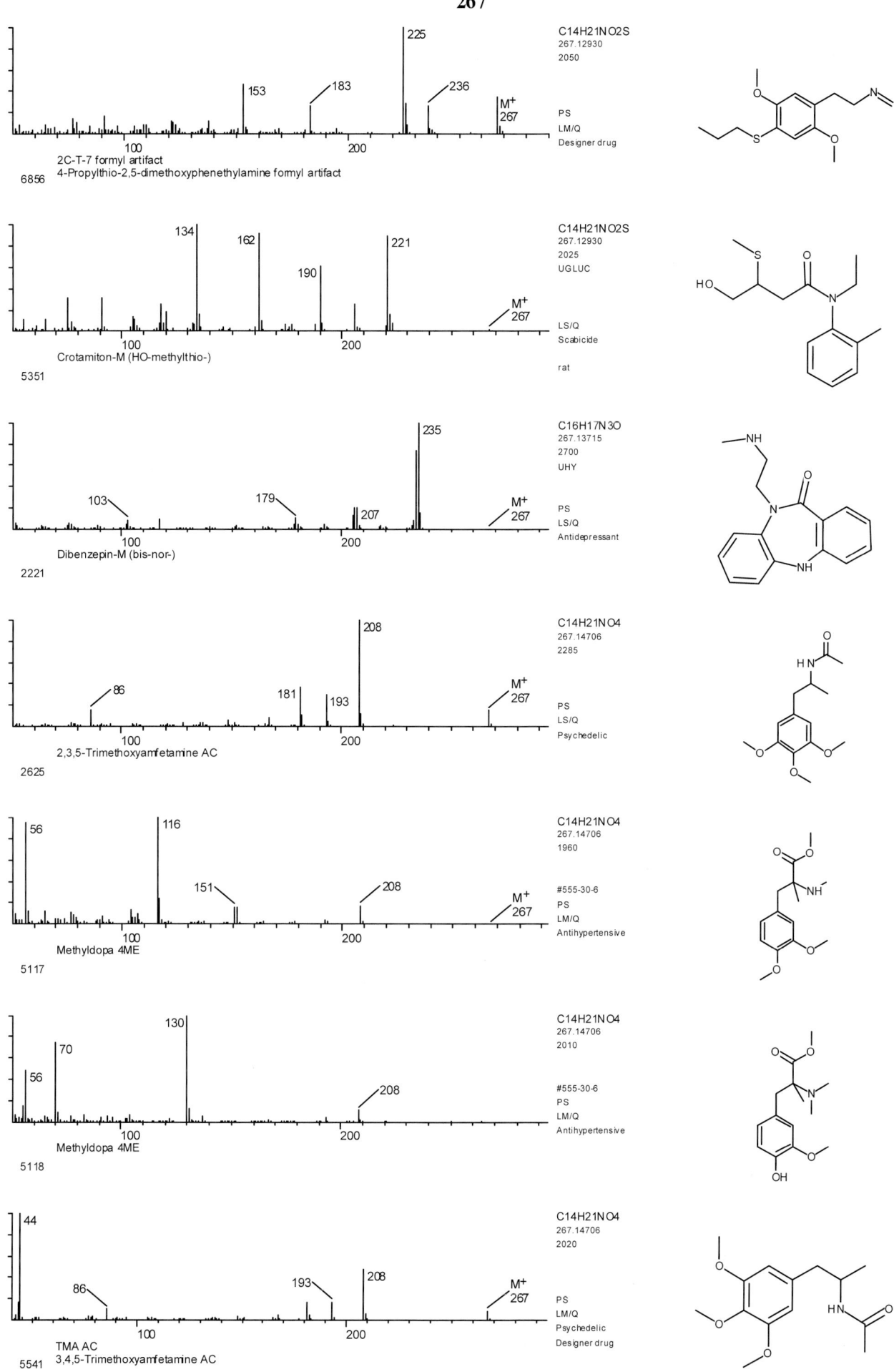

C14H21NO2S
267.12930
2050

PS
LM/Q
Designer drug

2C-T-7 formyl artifact
4-Propylthio-2,5-dimethoxyphenethylamine formyl artifact
6856

C14H21NO2S
267.12930
2025
UGLUC

LS/Q
Scabicide
rat

Crotamiton-M (HO-methylthio-)
5351

C16H17N3O
267.13715
2700
UHY

PS
LS/Q
Antidepressant

Dibenzepin-M (bis-nor-)
2221

C14H21NO4
267.14706
2285

PS
LS/Q
Psychedelic

2,3,5-Trimethoxyamfetamine AC
2625

C14H21NO4
267.14706
1960

#555-30-6
PS
LM/Q
Antihypertensive

Methyldopa 4ME
5117

C14H21NO4
267.14706
2010

#555-30-6
PS
LM/Q
Antihypertensive

Methyldopa 4ME
5118

C14H21NO4
267.14706
2020

PS
LM/Q
Psychedelic
Designer drug

TMA AC
3,4,5-Trimethoxyamfetamine AC
5541

455

267

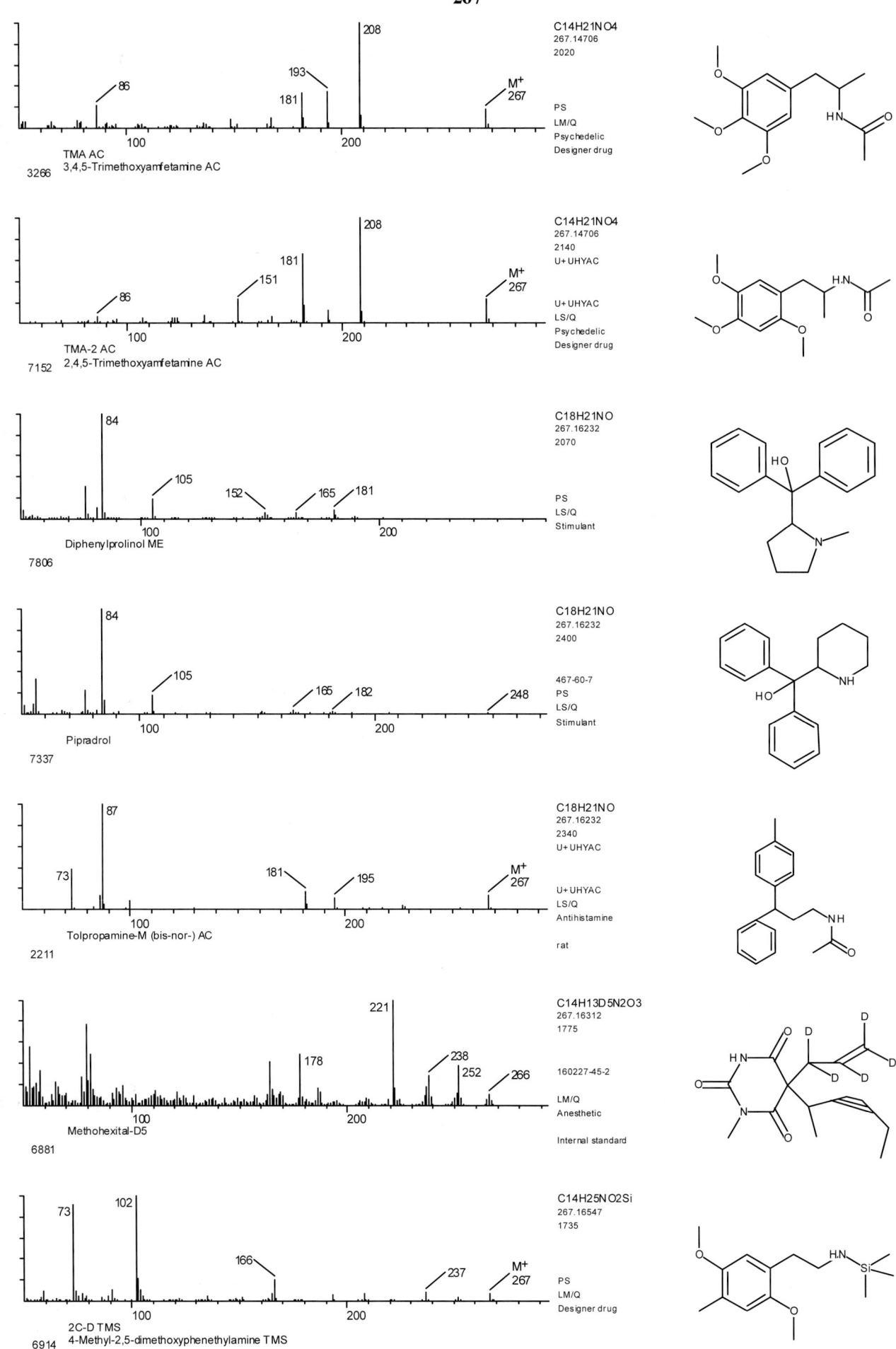

C14H21NO4 267.14706 2020 PS LM/Q Psychedelic Designer drug	

3266 TMA AC 3,4,5-Trimethoxyamfetamine AC

C14H21NO4 267.14706 2140 U+ UHYAC U+ UHYAC LS/Q Psychedelic Designer drug	

7152 TMA-2 AC 2,4,5-Trimethoxyamfetamine AC

C18H21NO 267.16232 2070 PS LS/Q Stimulant	

7806 Diphenylprolinol ME

C18H21NO 267.16232 2400 467-60-7 PS LS/Q Stimulant	

7337 Pipradrol

C18H21NO 267.16232 2340 U+ UHYAC U+ UHYAC LS/Q Antihistamine rat	

2211 Tolpropamine-M (bis-nor-) AC

C14H13D5N2O3 267.16312 1775 160227-45-2 LM/Q Anesthetic Internal standard	

6881 Methohexital-D5

C14H25NO2Si 267.16547 1735 PS LM/Q Designer drug	

6914 2C-D TMS 4-Methyl-2,5-dimethoxyphenethylamine TMS

456

267

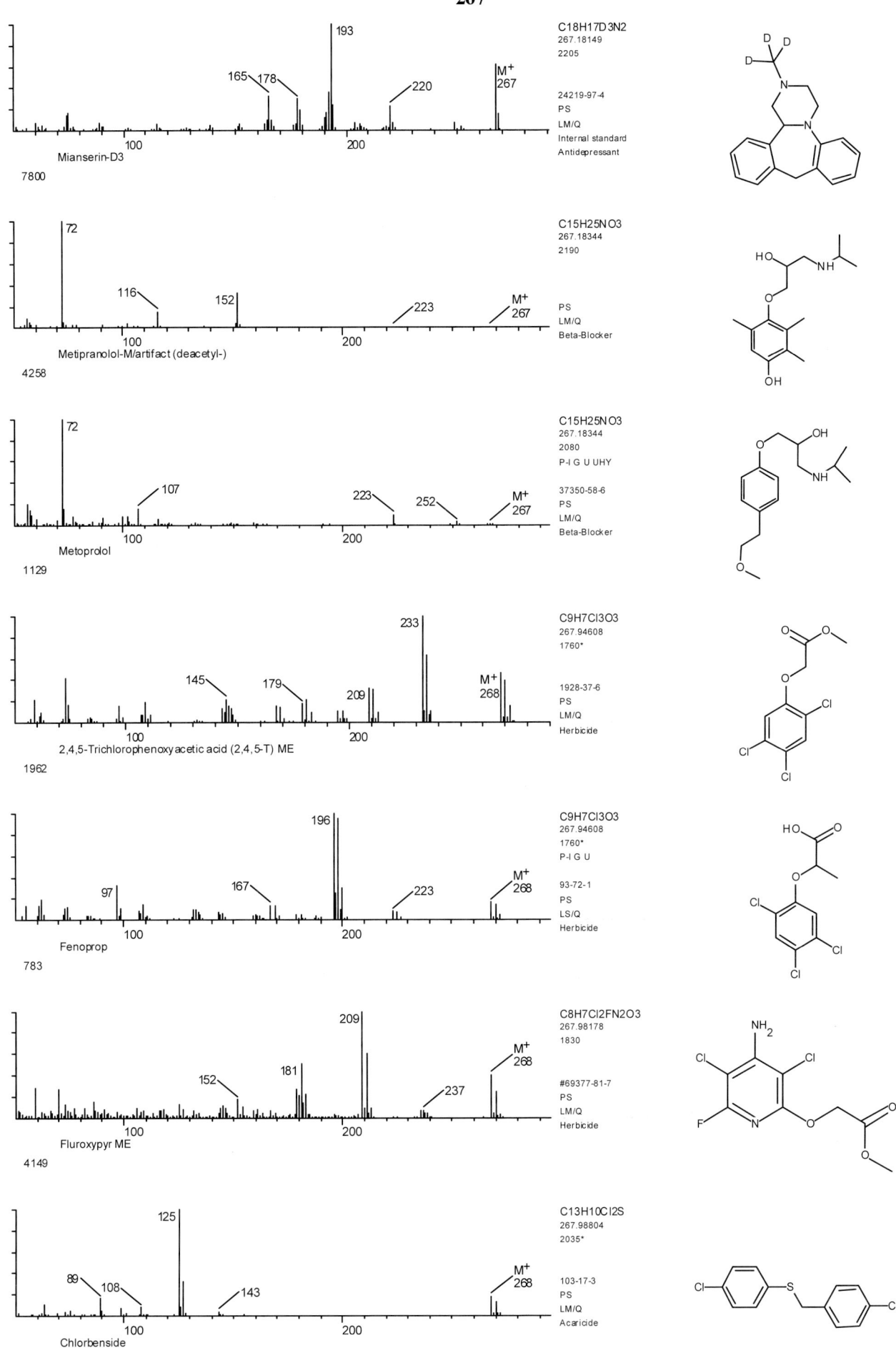

Mianserin-D3
C18H17D3N2
267.18149
2205
24219-97-4
PS
LM/Q
Internal standard
Antidepressant

Metipranolol-M/artifact (deacetyl-)
C15H25NO3
267.18344
2190
PS
LM/Q
Beta-Blocker

Metoprolol
C15H25NO3
267.18344
2080
P-I G U UHY
37350-58-6
PS
LM/Q
Beta-Blocker

2,4,5-Trichlorophenoxyacetic acid (2,4,5-T) ME
C9H7Cl3O3
267.94608
1760*
1928-37-6
PS
LM/Q
Herbicide

Fenoprop
C9H7Cl3O3
267.94608
1760*
P-I G U
93-72-1
PS
LS/Q
Herbicide

Fluroxypyr ME
C8H7Cl2FN2O3
267.98178
1830
#69377-81-7
PS
LM/Q
Herbicide

Chlorbenside
C13H10Cl2S
267.98804
2035*
103-17-3
PS
LM/Q
Acaricide

268

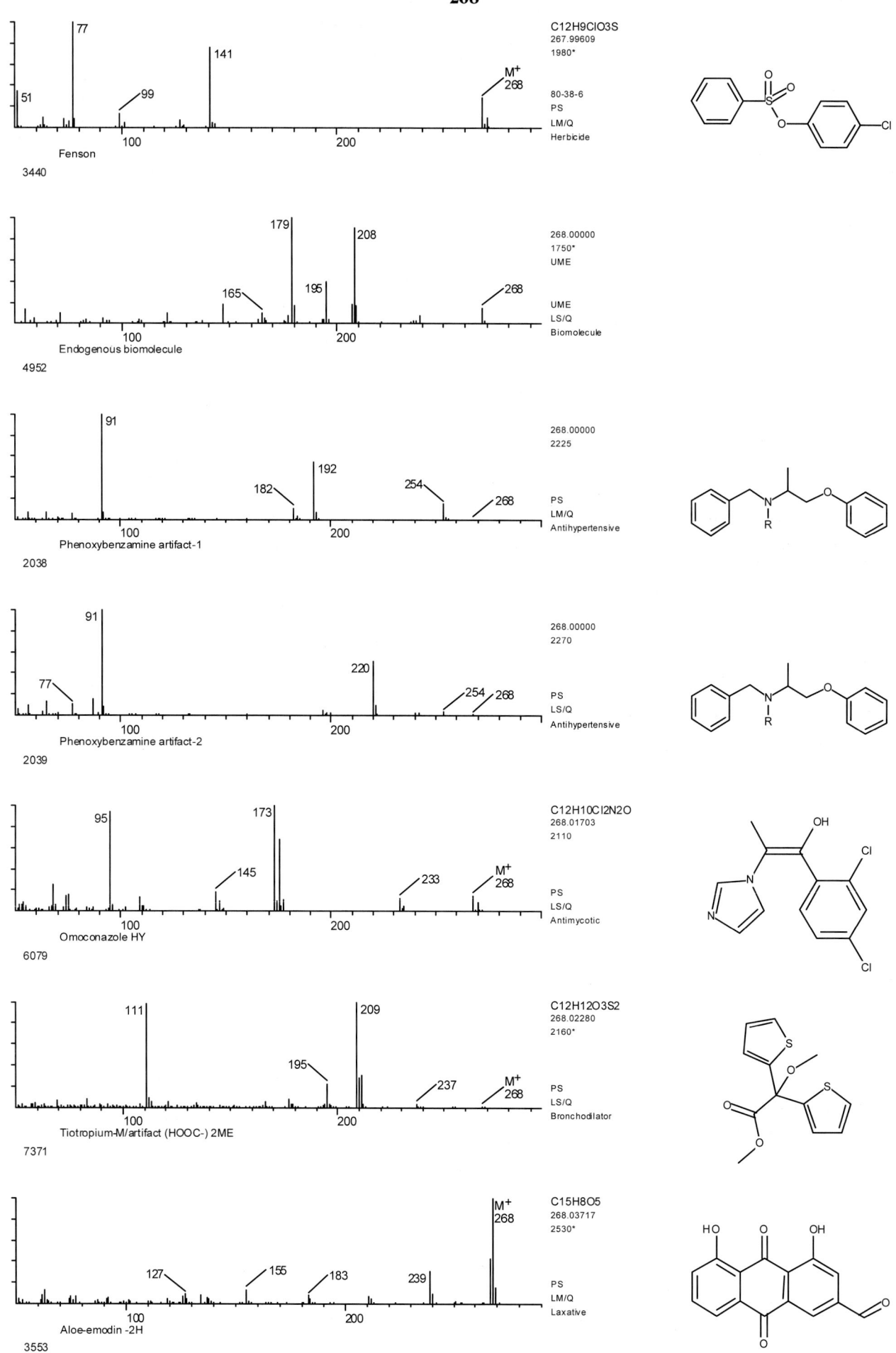

Fenson — C12H9ClO3S, 267.99609, 1980*, 80-38-6, PS, LM/Q, Herbicide
Peaks: 51, 77, 99, 141, M+ 268
3440

Endogenous biomolecule — 268.00000, 1750*, UME, UME, LS/Q, Biomolecule
Peaks: 165, 179, 195, 208, 268
4952

Phenoxybenzamine artifact-1 — 268.00000, 2225, PS, LM/Q, Antihypertensive
Peaks: 91, 182, 192, 254, 268
2038

Phenoxybenzamine artifact-2 — 268.00000, 2270, PS, LS/Q, Antihypertensive
Peaks: 77, 91, 220, 254, 268
2039

Omoconazole HY — C12H10Cl2N2O, 268.01703, 2110, PS, LS/Q, Antimycotic
Peaks: 95, 145, 173, 233, M+ 268
6079

Tiotropium-M/artifact (HOOC-) 2ME — C12H12O3S2, 268.02280, 2160*, PS, LS/Q, Bronchodilator
Peaks: 111, 195, 209, 237, M+ 268
7371

Aloe-emodin -2H — C15H8O5, 268.03717, 2530*, PS, LM/Q, Laxative
Peaks: 127, 155, 183, 239, M+ 268
3553

268

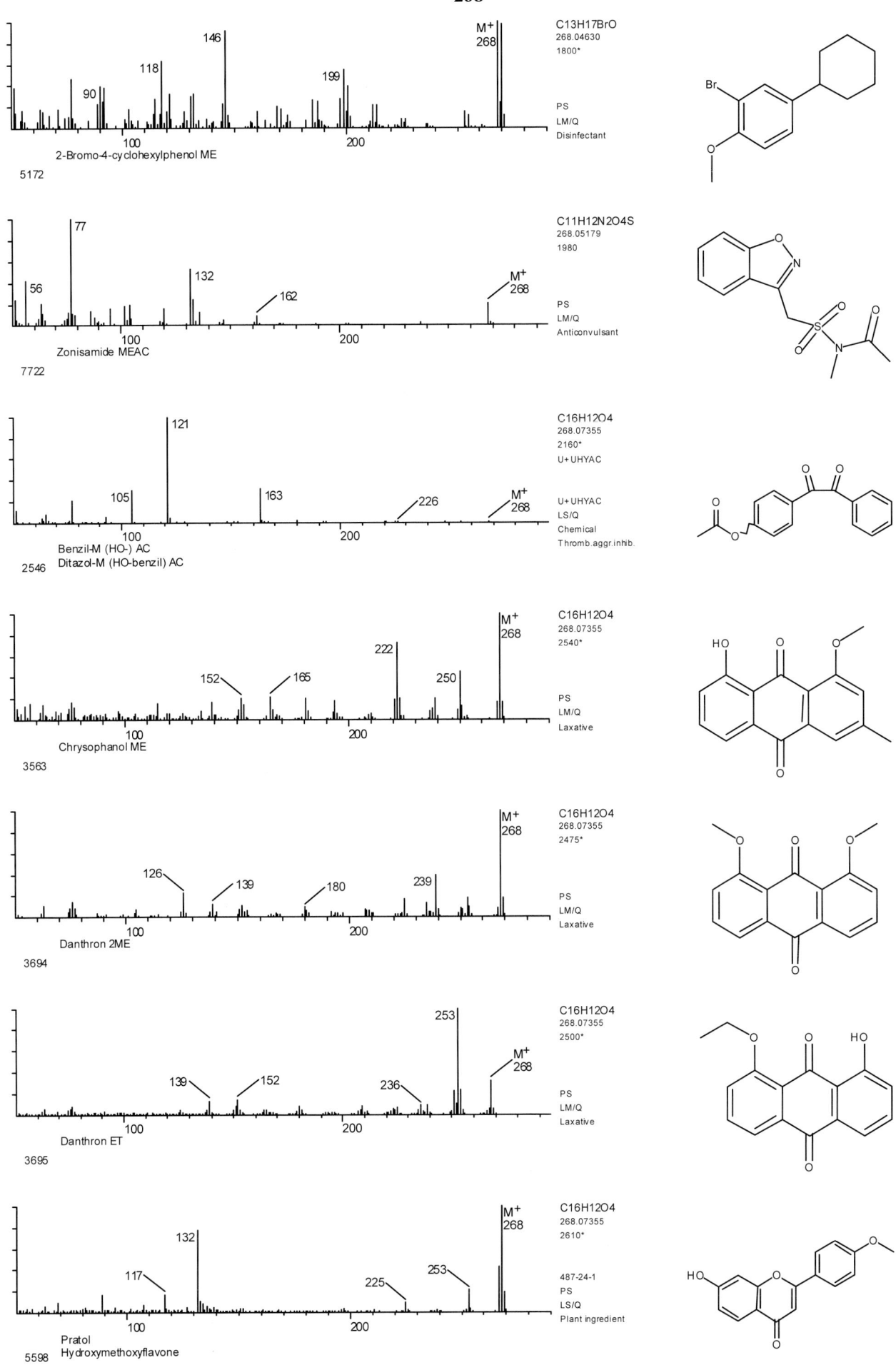

2-Bromo-4-cyclohexylphenol ME 5172	C13H17BrO 268.04630 1800* PS LM/Q Disinfectant
Zonisamide MEAC 7722	C11H12N2O4S 268.05179 1980 PS LM/Q Anticonvulsant
Benzil-M (HO-) AC Ditazol-M (HO-benzil) AC 2546	C16H12O4 268.07355 2160* U+UHYAC U+UHYAC LS/Q Chemical Thromb.aggr.inhib.
Chrysophanol ME 3563	C16H12O4 268.07355 2540* PS LM/Q Laxative
Danthron 2ME 3694	C16H12O4 268.07355 2475* PS LM/Q Laxative
Danthron ET 3695	C16H12O4 268.07355 2500* PS LM/Q Laxative
Pratol Hydroxymethoxyflavone 5598	C16H12O4 268.07355 2610* 487-24-1 PS LS/Q Plant ingredient

268

Lonazolac -CO2	C16H13ClN2 268.07672 2400 PS LM/Q Analgesic
1975	

Peaks: 77, 130, 164, 232, M+ 268

Phenytoin-M (HO-)	C15H12N2O3 268.08478 2795 P-I U UHY LS/Q Anticonvulsant
870	

Peaks: 104, 120, 196, 239, M+ 268

Vanillin mandelic acid 2MEAC	C13H16O6 268.09470 1830* PS LM/Q Biomolecule
5140	

Peaks: 151, 167, 209, 226, M+ 268

Moclobemide	C13H17ClN2O2 268.09787 2210 G P U+UHYAC 71320-77-9 PS LM/Q Antidepressant
4629	

Peaks: 70, 100, 113, 139, M+ 268

Etafenone-M (O-dealkyl-) AC Propafenone-M (O-dealkyl-) AC	C17H16O3 268.10995 2130* U+ UHYAC U+ UHYAC LS/Q Coronary dilator Antiarrhythmic
3726	

Peaks: 91, 121, 208, 225, M+ 268

Fenbufen ME	C17H16O3 268.10995 1975* #36330-85-5 PS LM/Q Antirheumatic
5246	

Peaks: 76, 152, 181, 237, M+ 268

Ketoprofen ME	C17H16O3 268.10995 2090* PME UME PS LM Antirheumatic ME in methanol
1471	

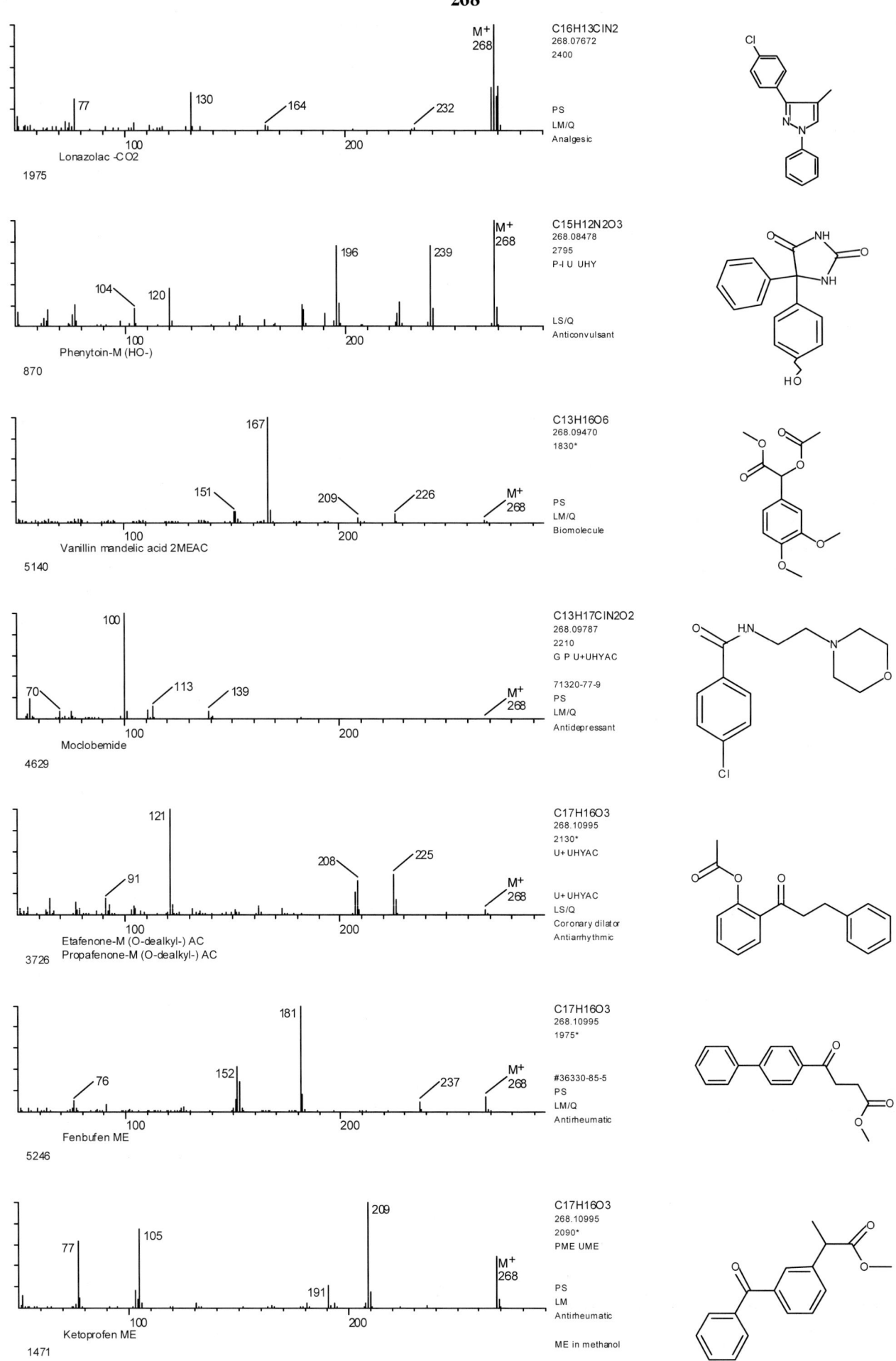

Peaks: 77, 105, 191, 209, M+ 268

268

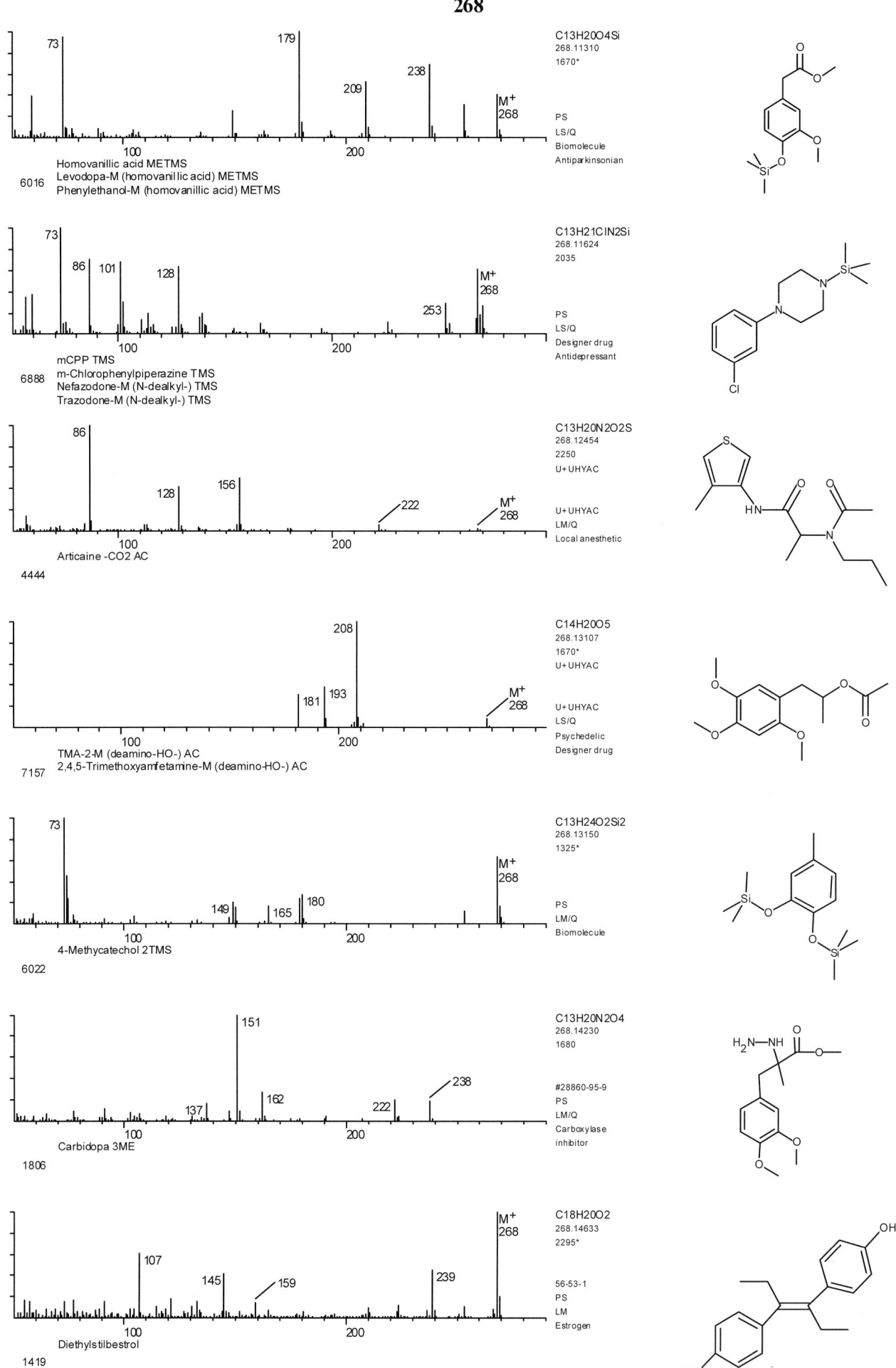

C13H20O4Si
268.11310
1670*

PS
LS/Q
Biomolecule
Antiparkinsonian

Homovanillic acid METMS
Levodopa-M (homovanillic acid) METMS
Phenylethanol-M (homovanillic acid) METMS
6016

C13H21ClN2Si
268.11624
2035

PS
LS/Q
Designer drug
Antidepressant

mCPP TMS
m-Chlorophenylpiperazine TMS
Nefazodone-M (N-dealkyl-) TMS
Trazodone-M (N-dealkyl-) TMS
6888

C13H20N2O2S
268.12454
2250
U+UHYAC

U+UHYAC
LM/Q
Local anesthetic

Articaine -CO2 AC
4444

C14H20O5
268.13107
1670*
U+UHYAC

U+UHYAC
LS/Q
Psychedelic
Designer drug

TMA-2-M (deamino-HO-) AC
2,4,5-Trimethoxyamfetamine-M (deamino-HO-) AC
7157

C13H24O2Si2
268.13150
1325*

PS
LM/Q
Biomolecule

4-Methycatechol 2TMS
6022

C13H20N2O4
268.14230
1680

#28860-95-9
PS
LM/Q
Carboxylase inhibitor

Carbidopa 3ME
1806

C18H20O2
268.14633
2295*

56-53-1
PS
LM
Estrogen

Diethylstilbestrol
1419

461

268

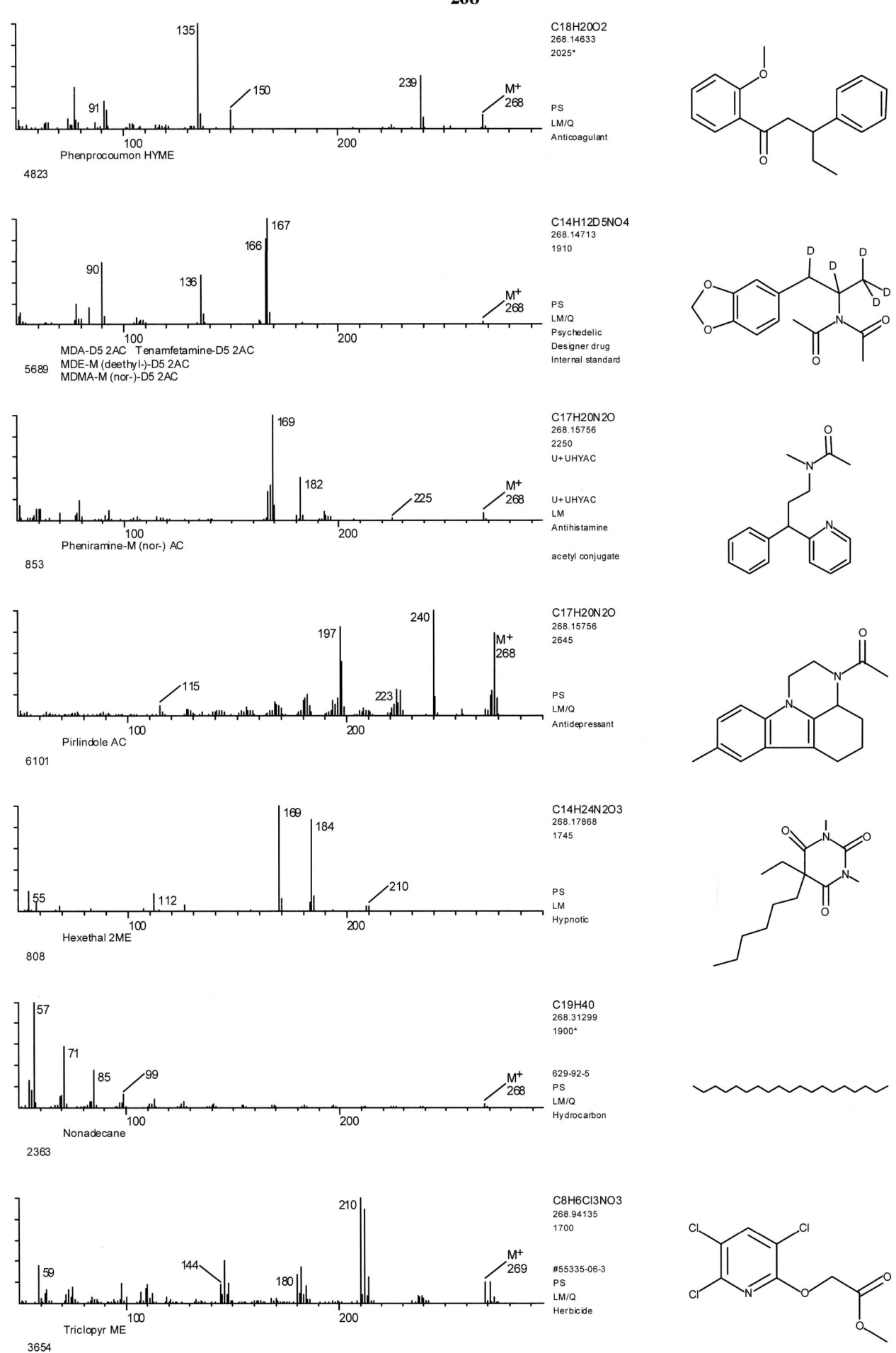

C18H20O2
268.14633
2025*

PS
LM/Q
Anticoagulant

Phenprocoumon HYME
4823

C14H12D5NO4
268.14713
1910

PS
LM/Q
Psychedelic
Designer drug
Internal standard

MDA-D5 2AC   Tenamfetamine-D5 2AC
MDE-M (deethyl-)-D5 2AC
5689 MDMA-M (nor-)-D5 2AC

C17H20N2O
268.15756
2250
U+ UHYAC

U+ UHYAC
LM
Antihistamine

Pheniramine-M (nor-) AC
853

acetyl conjugate

C17H20N2O
268.15756
2645

PS
LM/Q
Antidepressant

Pirlindole AC
6101

C14H24N2O3
268.17868
1745

PS
LM
Hypnotic

Hexethal 2ME
808

C19H40
268.31299
1900*

629-92-5
PS
LM/Q
Hydrocarbon

Nonadecane
2363

C8H6Cl3NO3
268.94135
1700

#55335-06-3
PS
LM/Q
Herbicide

Triclopyr ME
3654

462

269

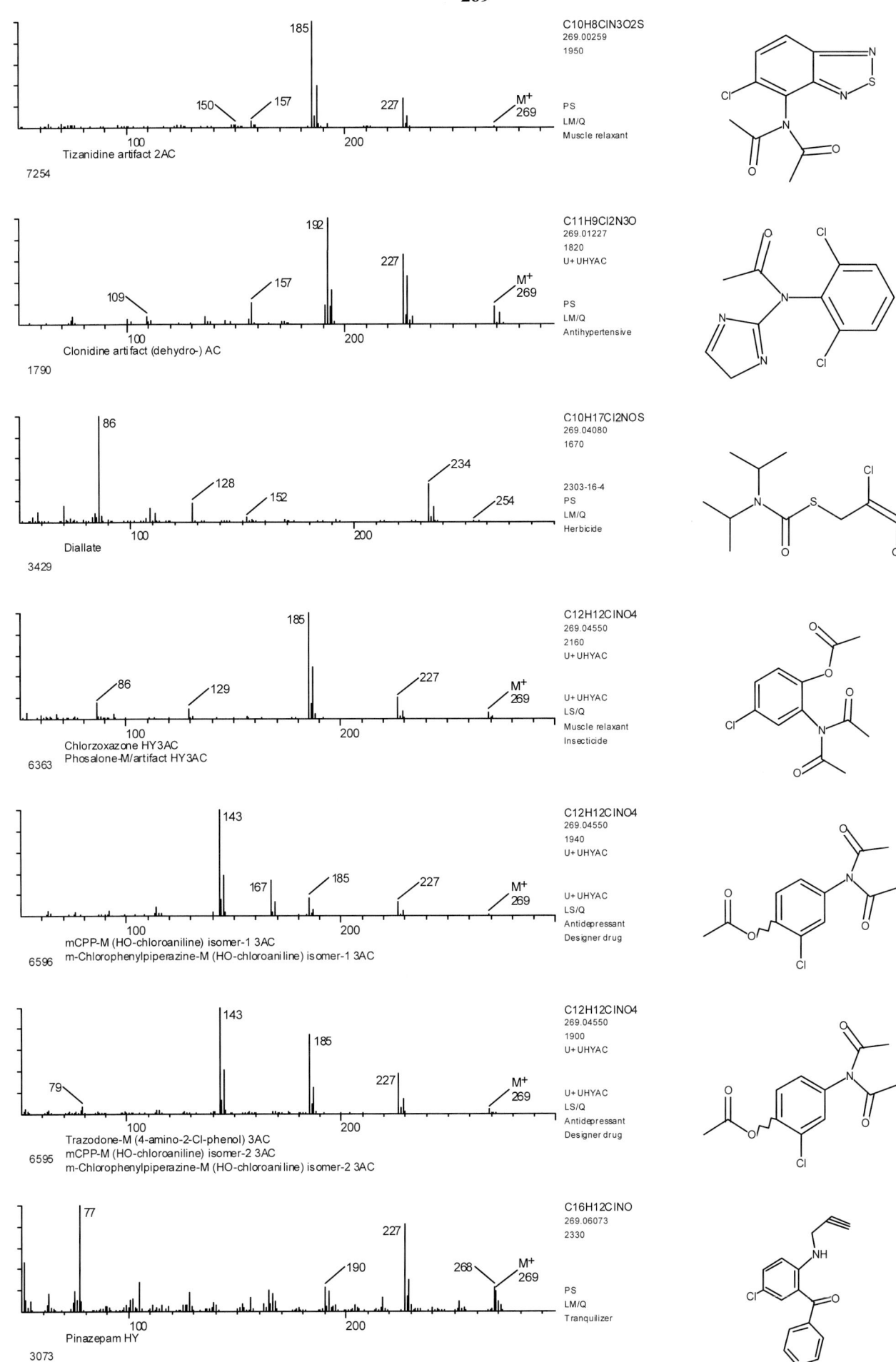

Tizanidine artifact 2AC
7254
C10H8ClN3O2S
269.00259
1950
PS
LM/Q
Muscle relaxant

Clonidine artifact (dehydro-) AC
1790
C11H9Cl2N3O
269.01227
1820
U+ UHYAC
PS
LM/Q
Antihypertensive

Diallate
3429
C10H17Cl2NOS
269.04080
1670
2303-16-4
PS
LM/Q
Herbicide

Chlorzoxazone HY 3AC
Phosalone-M/artifact HY 3AC
6363
C12H12ClNO4
269.04550
2160
U+ UHYAC
U+ UHYAC
LS/Q
Muscle relaxant
Insecticide

mCPP-M (HO-chloroaniline) isomer-1 3AC
m-Chlorophenylpiperazine-M (HO-chloroaniline) isomer-1 3AC
6596
C12H12ClNO4
269.04550
1940
U+ UHYAC
U+ UHYAC
LS/Q
Antidepressant
Designer drug

Trazodone-M (4-amino-2-Cl-phenol) 3AC
mCPP-M (HO-chloroaniline) isomer-2 3AC
m-Chlorophenylpiperazine-M (HO-chloroaniline) isomer-2 3AC
6595
C12H12ClNO4
269.04550
1900
U+ UHYAC
U+ UHYAC
LS/Q
Antidepressant
Designer drug

Pinazepam HY
3073
C16H12ClNO
269.06073
2330
PS
LM/Q
Tranquilizer

269

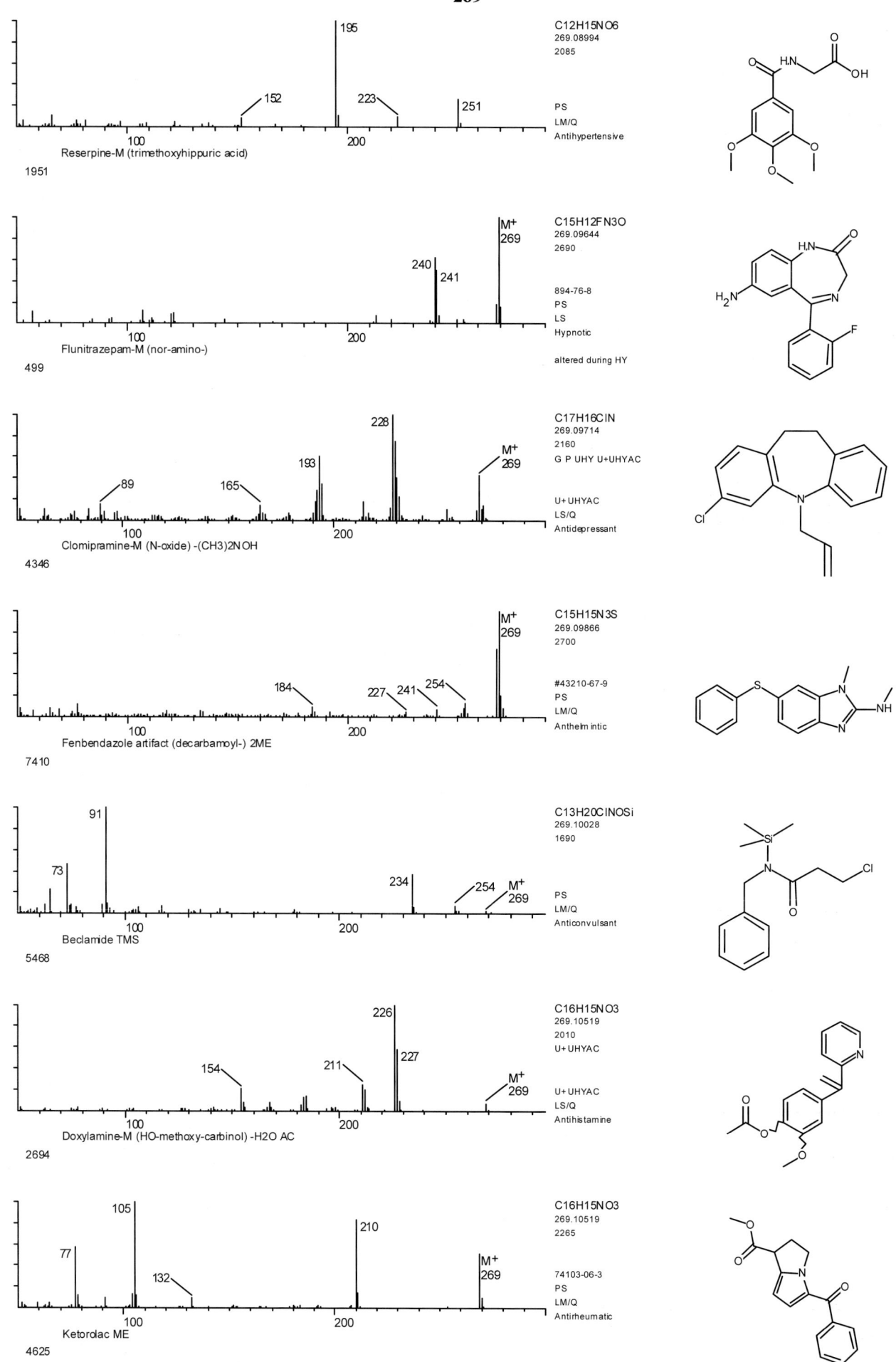

Reserpine-M (trimethoxyhippuric acid)
C12H15NO6
269.08994
2085
PS
LM/Q
Antihypertensive
1951

Flunitrazepam-M (nor-amino-)
C15H12FN3O
269.09644
2690
894-76-8
PS
LS
Hypnotic
altered during HY
499

Clomipramine-M (N-oxide) -(CH3)2NOH
C17H16ClN
269.09714
2160
G P UHY U+UHYAC
U+ UHYAC
LS/Q
Antidepressant
4346

Fenbendazole artifact (decarbamoyl-) 2ME
C15H15N3S
269.09866
2700
#43210-67-9
PS
LM/Q
Anthelmintic
7410

Beclamide TMS
C13H20ClNOSi
269.10028
1690
PS
LM/Q
Anticonvulsant
5468

Doxylamine-M (HO-methoxy-carbinol) -H2O AC
C16H15NO3
269.10519
2010
U+ UHYAC
U+ UHYAC
LS/Q
Antihistamine
2694

Ketorolac ME
C16H15NO3
269.10519
2265
74103-06-3
PS
LM/Q
Antirheumatic
4625

464

269

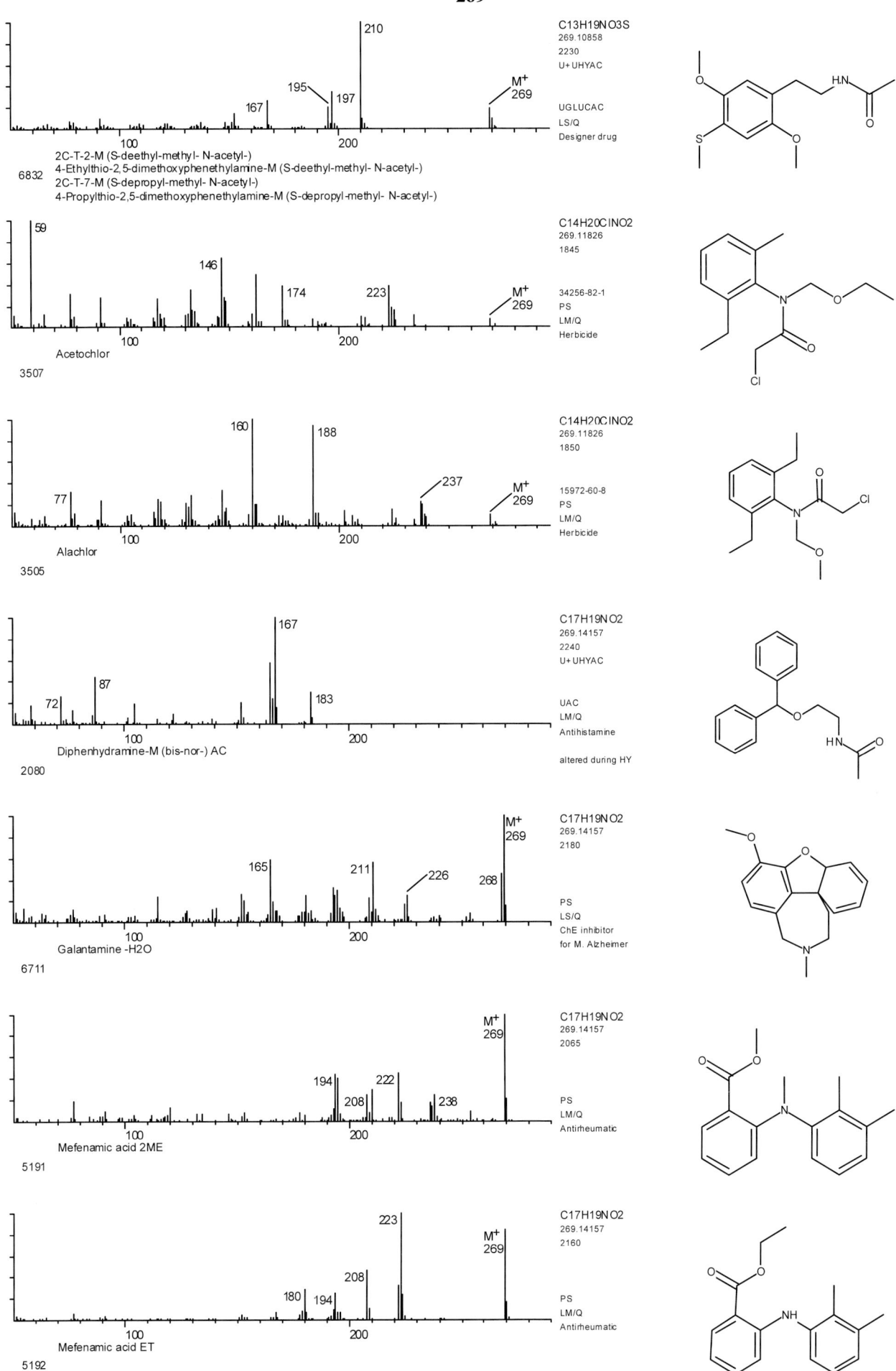

2C-T-2-M (S-deethyl-methyl- N-acetyl-) 4-Ethylthio-2,5-dimethoxyphenethylamine-M (S-deethyl-methyl- N-acetyl-) 2C-T-7-M (S-depropyl-methyl- N-acetyl-) 4-Propylthio-2,5-dimethoxyphenethylamine-M (S-depropyl-methyl- N-acetyl-) 6832	C13H19NO3S 269.10858 2230 U+ UHYAC UGLUCAC LS/Q Designer drug
Acetochlor 3507	C14H20ClNO2 269.11826 1845 34256-82-1 PS LM/Q Herbicide
Alachlor 3505	C14H20ClNO2 269.11826 1850 15972-60-8 PS LM/Q Herbicide
Diphenhydramine-M (bis-nor-) AC 2080	C17H19NO2 269.14157 2240 U+ UHYAC UAC LM/Q Antihistamine altered during HY
Galantamine -H2O 6711	C17H19NO2 269.14157 2180 PS LS/Q ChE inhibitor for M. Alzheimer
Mefenamic acid 2ME 5191	C17H19NO2 269.14157 2065 PS LM/Q Antirheumatic
Mefenamic acid ET 5192	C17H19NO2 269.14157 2160 PS LM/Q Antirheumatic

269

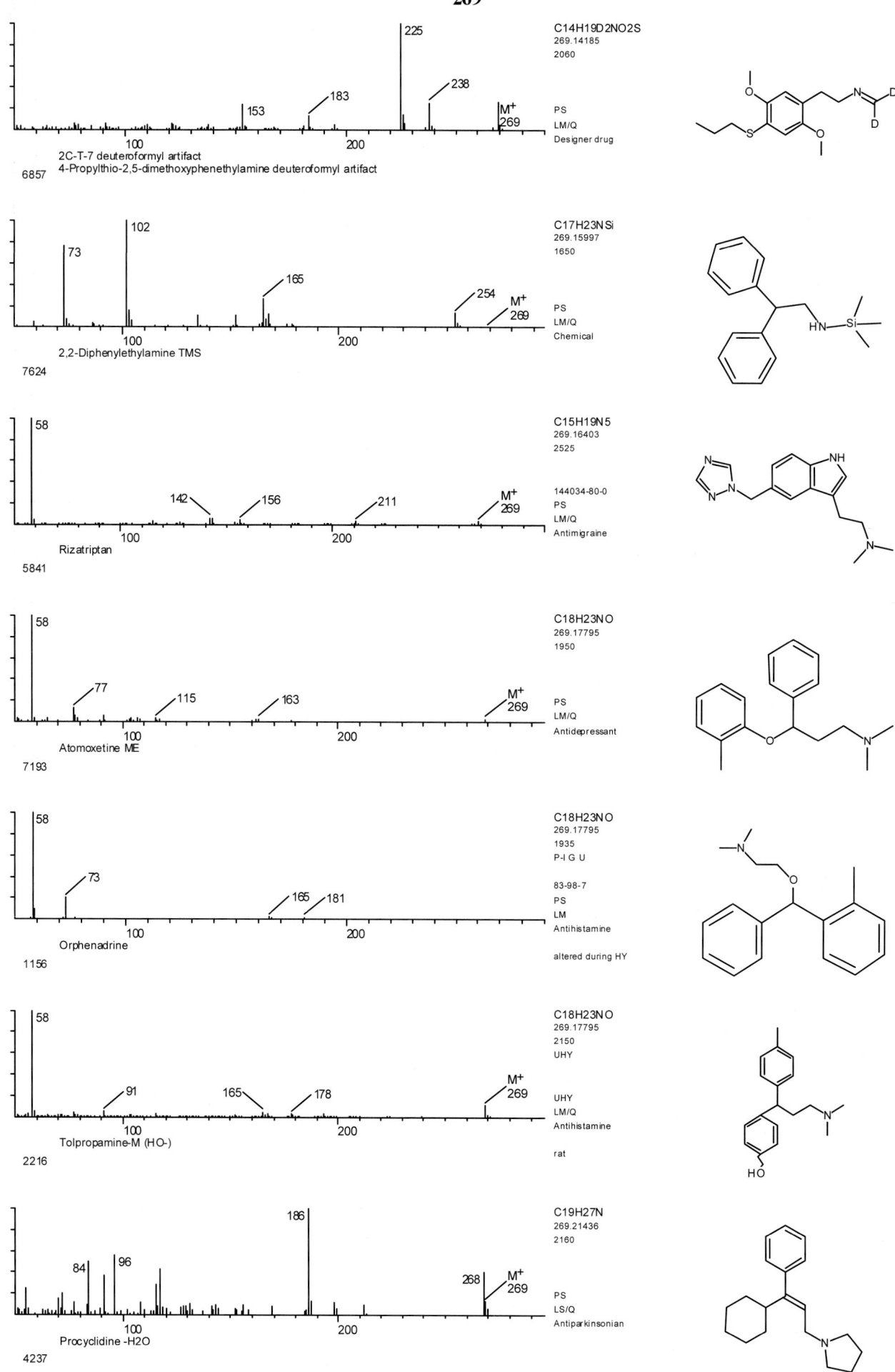

C14H19D2NO2S
269.14185
2060

PS
LM/Q
Designer drug

2C-T-7 deuteroformyl artifact
4-Propylthio-2,5-dimethoxyphenethylamine deuteroformyl artifact
6857

C17H23NSi
269.15997
1650

PS
LM/Q
Chemical

2,2-Diphenylethylamine TMS
7624

C15H19N5
269.16403
2525

144034-80-0
PS
LM/Q
Antimigraine

Rizatriptan
5841

C18H23NO
269.17795
1950

PS
LM/Q
Antidepressant

Atomoxetine ME
7193

C18H23NO
269.17795
1935
P-I G U

83-98-7
PS
LM
Antihistamine

Orphenadrine
altered during HY
1156

C18H23NO
269.17795
2150
UHY

UHY
LM/Q
Antihistamine

Tolpropamine-M (HO-)
rat
2216

C19H27N
269.21436
2160

PS
LS/Q
Antiparkinsonian

Procyclidine -H2O
4237

269

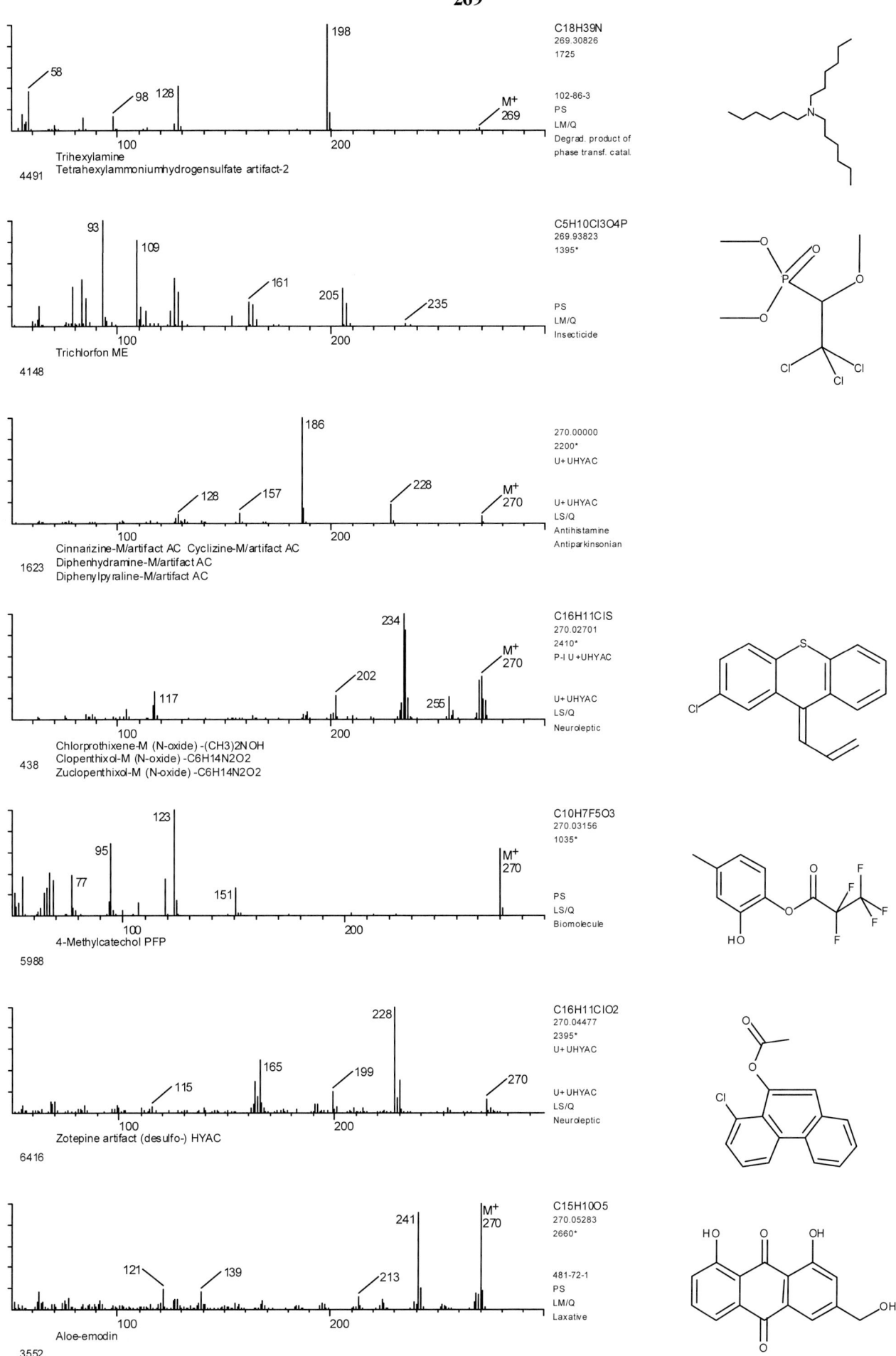

4491 Trihexylamine / Tetrahexylammoniumhydrogensulfate artifact-2
Peaks: 58, 98, 128, 198, M+ 269
C18H39N, 269.30826, 1725
102-86-3, PS, LM/Q
Degrad. product of phase transf. catal.

4148 Trichlorfon ME
Peaks: 93, 109, 161, 205, 235
C5H10Cl3O4P, 269.93823, 1395*
PS, LM/Q, Insecticide

1623 Cinnarizine-M/artifact AC Cyclizine-M/artifact AC
Diphenhydramine-M/artifact AC
Diphenylpyraline-M/artifact AC
Peaks: 128, 157, 186, 228, M+ 270
270.00000, 2200*, U+ UHYAC
U+ UHYAC, LS/Q
Antihistamine, Antiparkinsonian

438 Chlorprothixene-M (N-oxide) -(CH3)2NOH
Clopenthixol-M (N-oxide) -C6H14N2O2
Zuclopenthixol-M (N-oxide) -C6H14N2O2
Peaks: 117, 202, 234, 255, M+ 270
C16H11ClS, 270.02701, 2410*
P-I U+ UHYAC
U+ UHYAC, LS/Q, Neuroleptic

5988 4-Methylcatechol PFP
Peaks: 77, 95, 123, 151, M+ 270
C10H7F5O3, 270.03156, 1035*
PS, LS/Q, Biomolecule

6416 Zotepine artifact (desulfo-) HYAC
Peaks: 115, 165, 199, 228, 270
C16H11ClO2, 270.04477, 2395*
U+ UHYAC
U+ UHYAC, LS/Q, Neuroleptic

3552 Aloe-emodin
Peaks: 121, 139, 213, 241, M+ 270
C15H10O5, 270.05283, 2660*
481-72-1, PS, LM/Q, Laxative

270

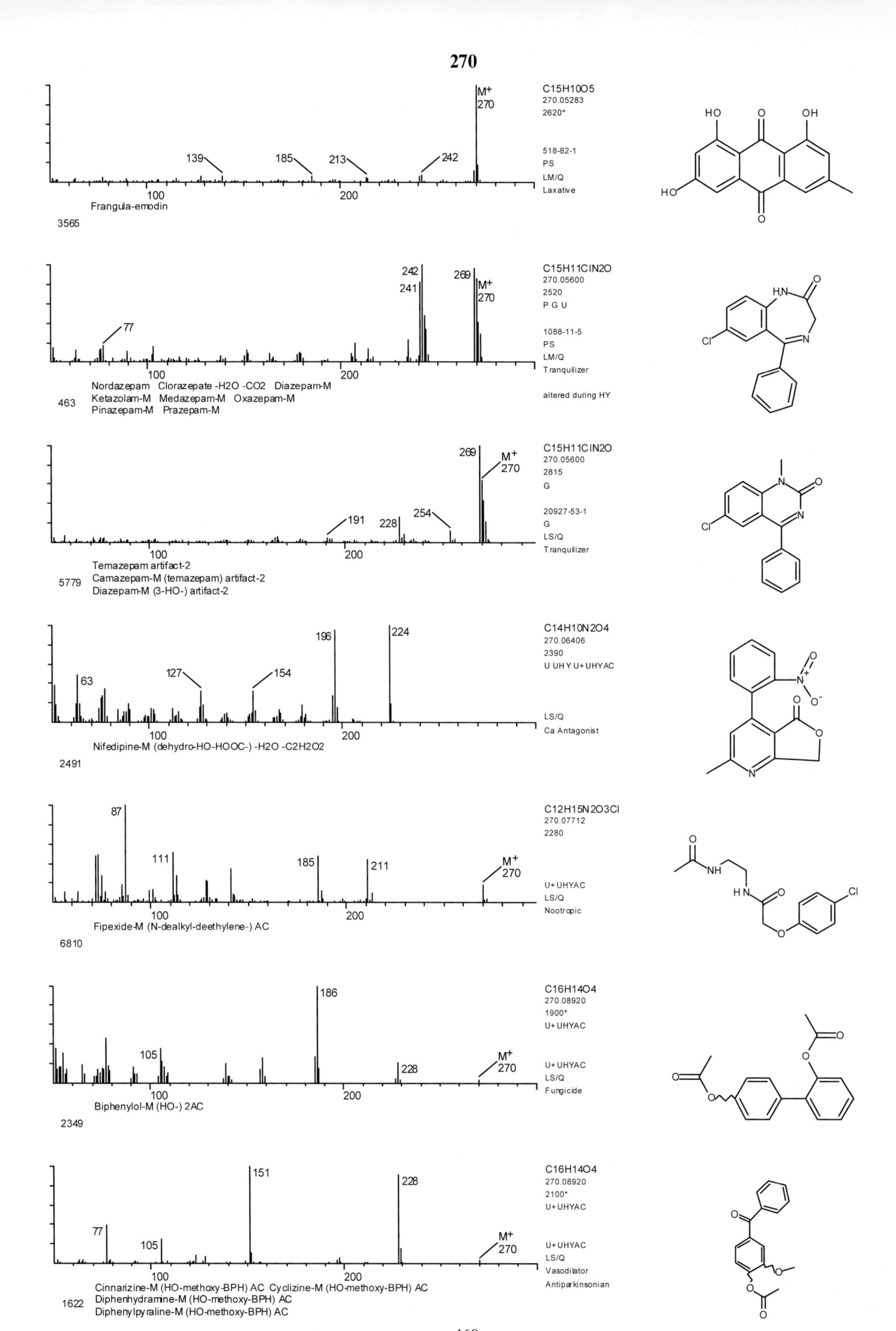

C15H10O5
270.05283
2620*

518-82-1
PS
LM/Q
Laxative

Frangula-emodin
3565

C15H11ClN2O
270.05600
2520
P G U

1088-11-5
PS
LM/Q
Tranquilizer

altered during HY

Nordazepam Clorazepate -H2O -CO2 Diazepam-M
Ketazolam-M Medazepam-M Oxazepam-M
Pinazepam-M Prazepam-M
463

C15H11ClN2O
270.05600
2815
G

20927-53-1
G
LS/Q
Tranquilizer

Temazepam artifact-2
Camazepam-M (temazepam) artifact-2
Diazepam-M (3-HO-) artifact-2
5779

C14H10N2O4
270.06406
2390
U UH Y U+ UHYAC

LS/Q
Ca Antagonist

Nifedipine-M (dehydro-HO-HOOC-) -H2O -C2H2O2
2491

C12H15N2O3Cl
270.07712
2280

U+ UHYAC
LS/Q
Nootropic

Fipexide-M (N-dealkyl-deethylene-) AC
6810

C16H14O4
270.08920
1900*
U+ UHYAC

U+ UHYAC
LS/Q
Fungicide

Biphenylol-M (HO-) 2AC
2349

C16H14O4
270.08920
2100*
U+ UHYAC

U+ UHYAC
LS/Q
Vasodilator
Antiparkinsonian

Cinnarizine-M (HO-methoxy-BPH) AC Cyclizine-M (HO-methoxy-BPH) AC
Diphenhydramine-M (HO-methoxy-BPH) AC
Diphenylpyraline-M (HO-methoxy-BPH) AC
1622

270

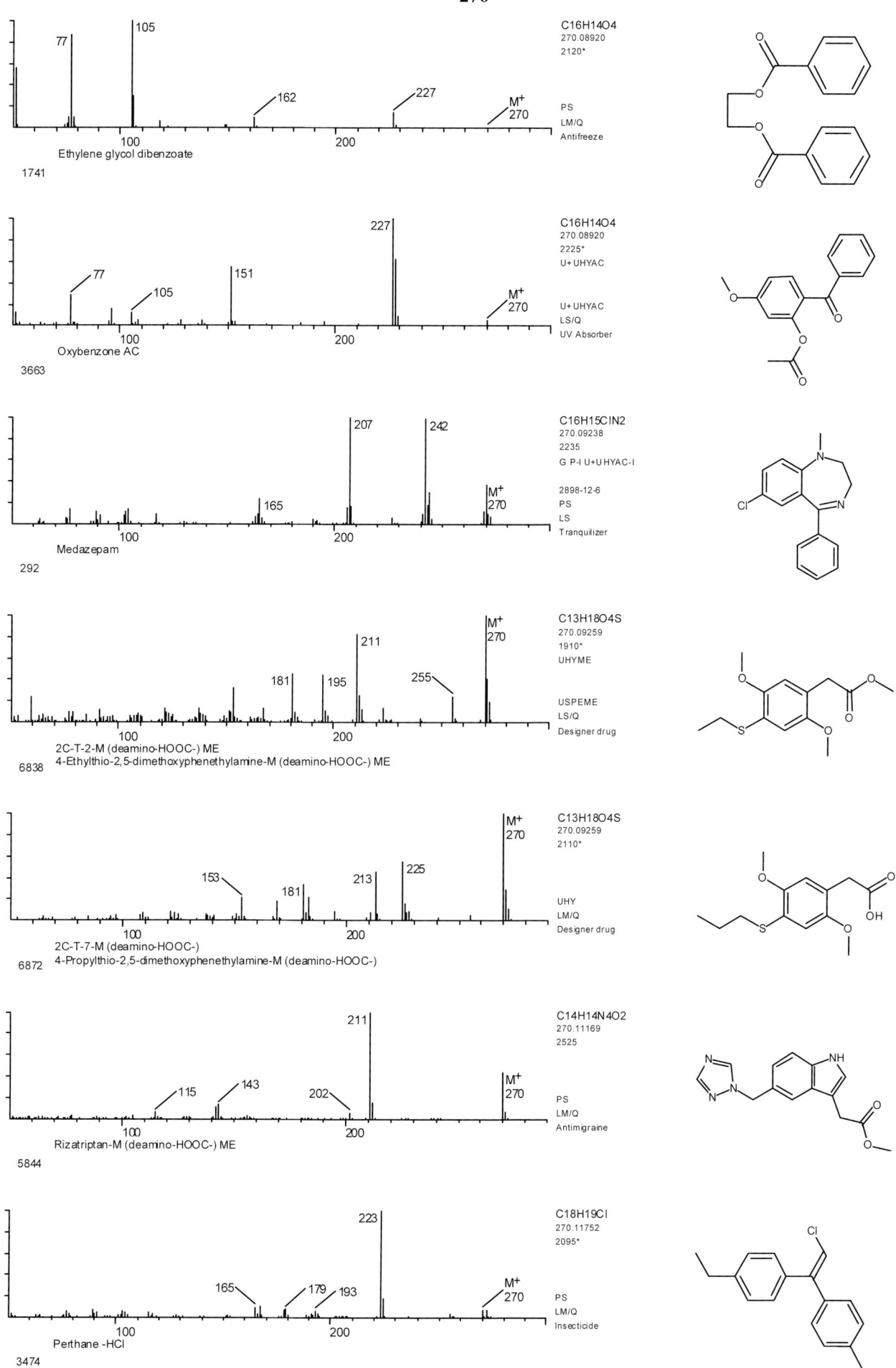

Ethylene glycol dibenzoate
1741
Peaks: 77, 105, 162, 227, M+ 270
C16H14O4
270.08920
2120*
PS
LM/Q
Antifreeze

Oxybenzone AC
3663
Peaks: 77, 105, 151, 227, M+ 270
C16H14O4
270.08920
2225*
U+UHYAC
U+UHYAC
LS/Q
UV Absorber

Medazepam
292
Peaks: 165, 207, 242, M+ 270
C16H15ClN2
270.09238
2235
G P-I U+UHYAC-I
2898-12-6
PS
LS
Tranquilizer

2C-T-2-M (deamino-HOOC-) ME
6838
4-Ethylthio-2,5-dimethoxyphenethylamine-M (deamino-HOOC-) ME
Peaks: 181, 195, 211, 255, M+ 270
C13H18O4S
270.09259
1910*
UHYME
USPEME
LS/Q
Designer drug

2C-T-7-M (deamino-HOOC-)
6872
4-Propylthio-2,5-dimethoxyphenethylamine-M (deamino-HOOC-)
Peaks: 153, 181, 213, 225, M+ 270
C13H18O4S
270.09259
2110*
UHY
LM/Q
Designer drug

Rizatriptan-M (deamino-HOOC-) ME
5844
Peaks: 115, 143, 202, 211, M+ 270
C14H14N4O2
270.11169
2525
PS
LM/Q
Antimigraine

Perthane -HCl
3474
Peaks: 165, 179, 193, 223, M+ 270
C18H19Cl
270.11752
2095*
PS
LM/Q
Insecticide

270

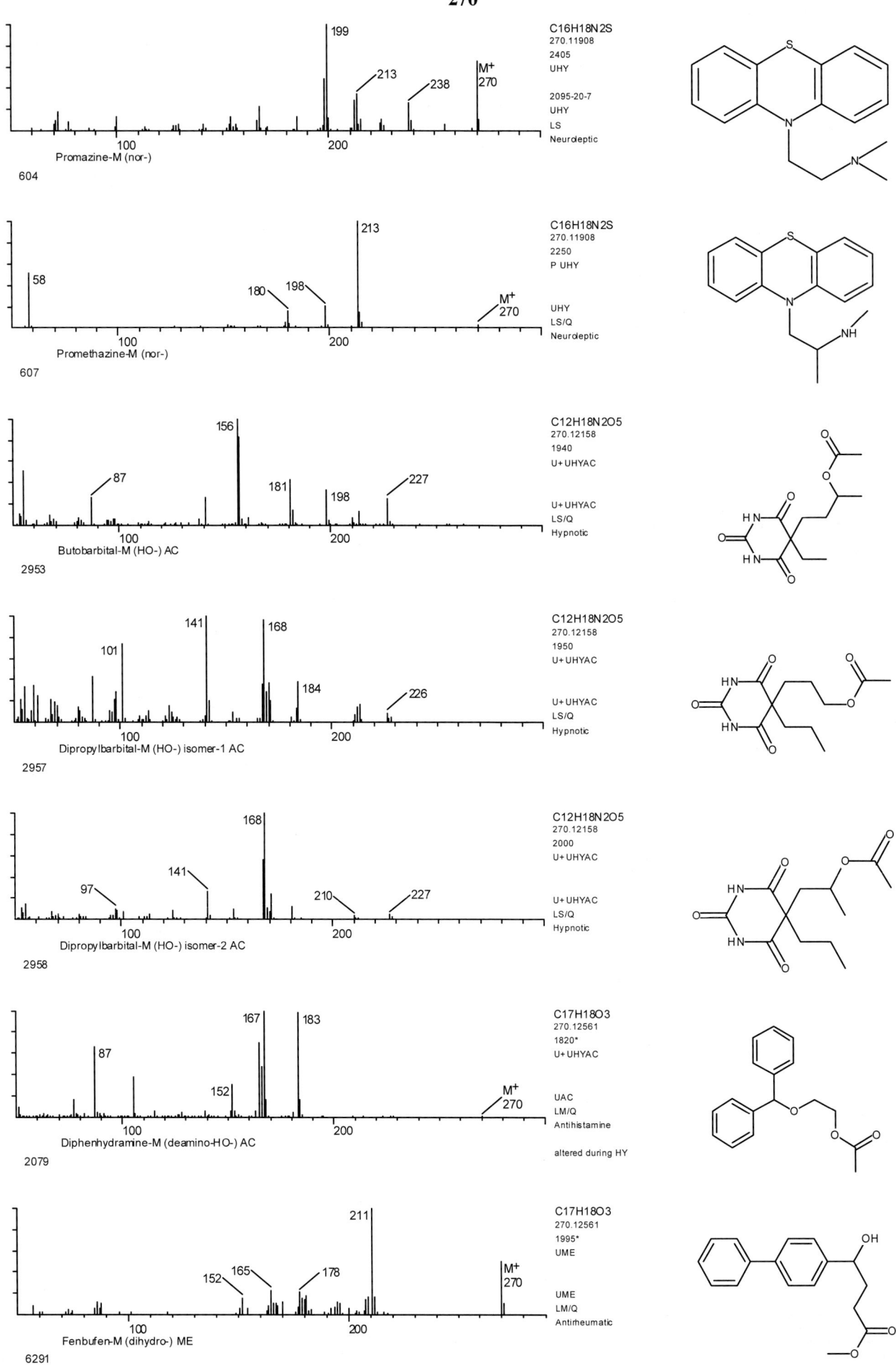

199, 213, 238, M+ 270	C16H18N2S 270.11908 2405 UHY 2095-20-7 UHY LS Neuroleptic	Promazine-M (nor-) 604
58, 180, 198, 213, M+ 270	C16H18N2S 270.11908 2250 P UHY UHY LS/Q Neuroleptic	Promethazine-M (nor-) 607
87, 156, 181, 198, 227	C12H18N2O5 270.12158 1940 U+ UHYAC U+ UHYAC LS/Q Hypnotic	Butobarbital-M (HO-) AC 2953
101, 141, 168, 184, 226	C12H18N2O5 270.12158 1950 U+ UHYAC U+ UHYAC LS/Q Hypnotic	Dipropylbarbital-M (HO-) isomer-1 AC 2957
97, 141, 168, 210, 227	C12H18N2O5 270.12158 2000 U+ UHYAC U+ UHYAC LS/Q Hypnotic	Dipropylbarbital-M (HO-) isomer-2 AC 2958
87, 152, 167, 183, M+ 270	C17H18O3 270.12561 1820* U+ UHYAC UAC LM/Q Antihistamine altered during HY	Diphenhydramine-M (deamino-HO-) AC 2079
152, 165, 178, 211, M+ 270	C17H18O3 270.12561 1995* UME UME LM/Q Antirheumatic	Fenbufen-M (dihydro-) ME 6291

270

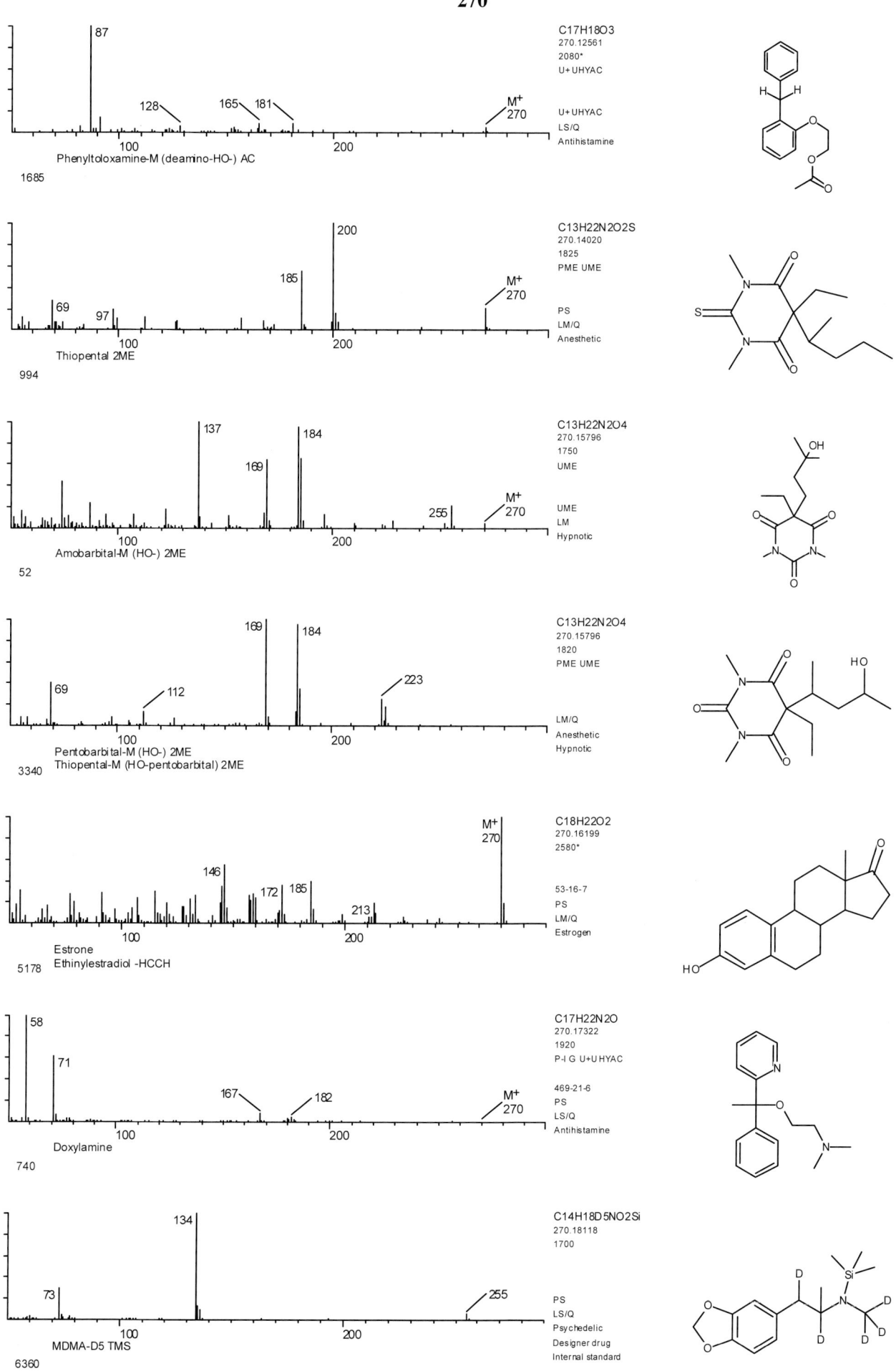

Phenyltoloxamine-M (deamino-HO-) AC
87, 128, 165, 181, M+ 270
C17H18O3
270.12561
2080*
U+ UHYAC
U+ UHYAC
LS/Q
Antihistamine
1685

Thiopental 2ME
69, 97, 185, 200, M+ 270
C13H22N2O2S
270.14020
1825
PME UME
PS
LM/Q
Anesthetic
994

Amobarbital-M (HO-) 2ME
137, 169, 184, 255, M+ 270
C13H22N2O4
270.15796
1750
UME
UME
LM
Hypnotic
52

Pentobarbital-M (HO-) 2ME
Thiopental-M (HO-pentobarbital) 2ME
69, 112, 169, 184, 223
C13H22N2O4
270.15796
1820
PME UME
LM/Q
Anesthetic
Hypnotic
3340

Estrone
Ethinylestradiol -HCCH
146, 172, 185, 213, M+ 270
C18H22O2
270.16199
2580*
53-16-7
PS
LM/Q
Estrogen
5178

Doxylamine
58, 71, 167, 182, M+ 270
C17H22N2O
270.17322
1920
P-I G U+UHYAC
469-21-6
PS
LS/Q
Antihistamine
740

MDMA-D5 TMS
73, 134, 255
C14H18D5NO2Si
270.18118
1700
PS
LS/Q
Psychedelic
Designer drug
Internal standard
6360

471

270

Dehydroepiandrosterone -H2O
C19H26O
270.19836
2595*
U UHY U+ UHYAC
PS
LM/Q
Biomolecule
3770

Myristic acid isopropyl ester
C17H34O2
270.25589
1830*
G
110-27-0
G
LS/Q
Fatty acid
6469

Palmitic acid ME
C17H34O2
270.25589
1940*
G P U UHY U+UHYA
112-39-0
PS
LM/Q
Fatty acid
ME in methanol
1801

Pentadecanoic acid ET
C17H34O2
270.25589
1840*
4114-00-5
PS
LM/Q
Fatty acid
5402

Stearyl alcohol
C18H38O
270.29227
2020*
112-92-5
PS
LM/Q
Solubilizer
2356

Benazolin-ethyl
C11H10ClNO3S
271.00699
2045
PS
LM/Q
Herbicide
3625

Barban ME
C12H11Cl2NO2
271.01669
2335
#101-27-9
PS
LM/Q
Herbicide
4091

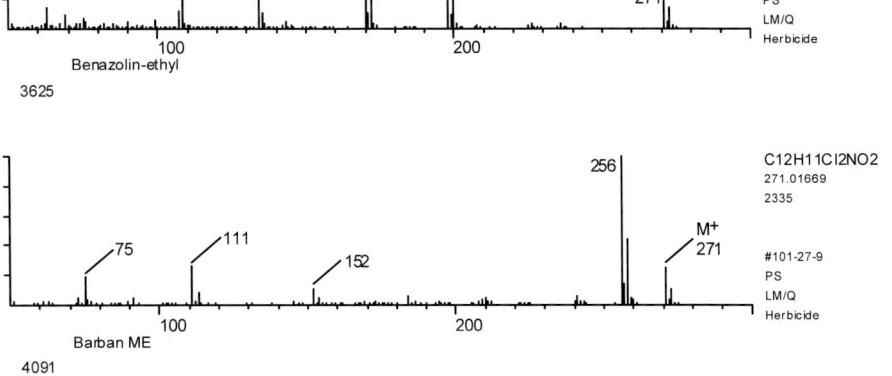

271

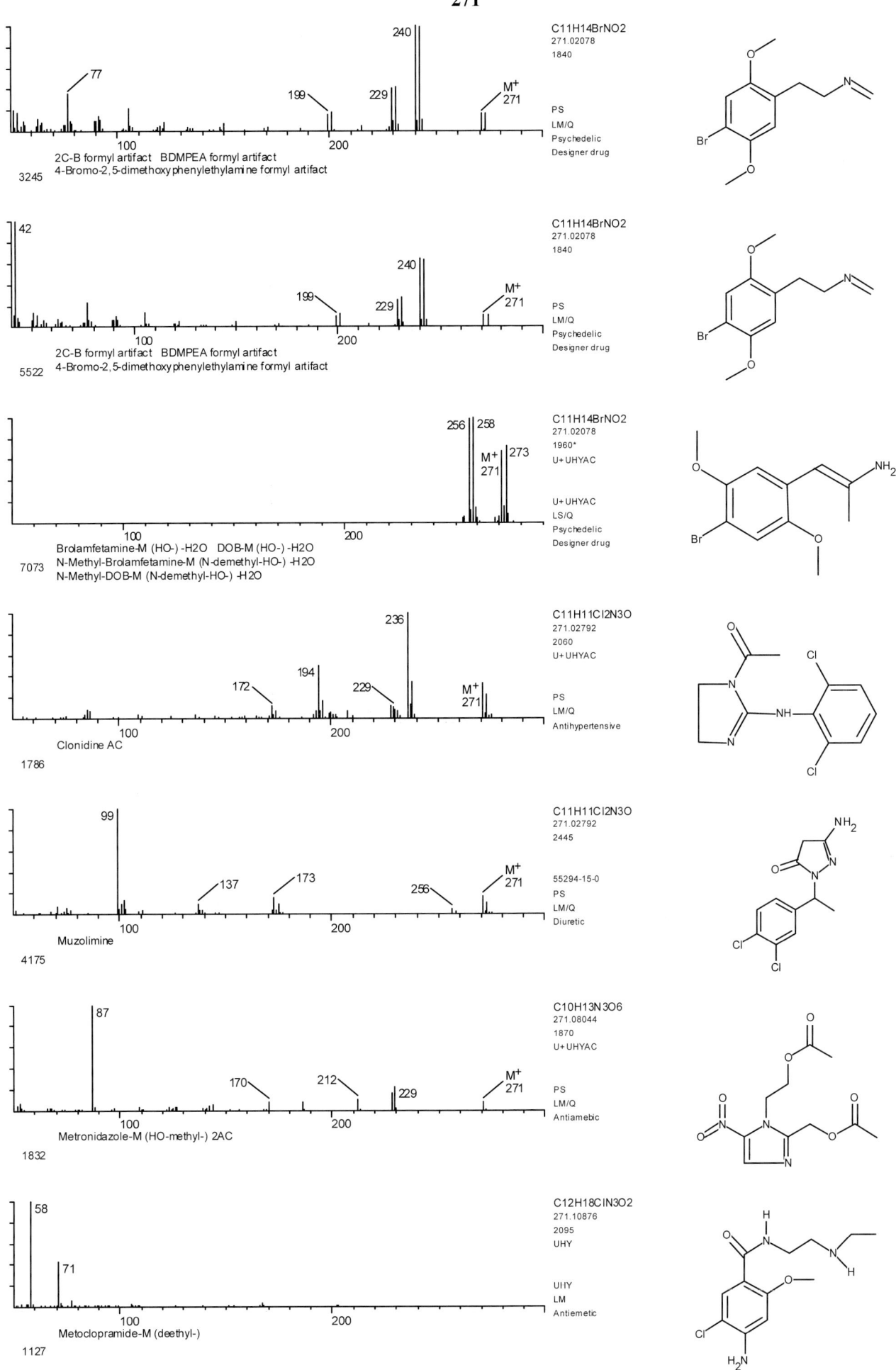

3245	2C-B formyl artifact BDMPEA formyl artifact 4-Bromo-2,5-dimethoxyphenylethylamine formyl artifact	C11H14BrNO2 271.02078 1840 PS LM/Q Psychedelic Designer drug
5522	2C-B formyl artifact BDMPEA formyl artifact 4-Bromo-2,5-dimethoxyphenylethylamine formyl artifact	C11H14BrNO2 271.02078 1840 PS LM/Q Psychedelic Designer drug
7073	Brolamfetamine-M (HO-) -H2O DOB-M (HO-) -H2O N-Methyl-Brolamfetamine-M (N-demethyl-HO-) -H2O N-Methyl-DOB-M (N-demethyl-HO-) -H2O	C11H14BrNO2 271.02078 1960* U+ UHYAC U+ UHYAC LS/Q Psychedelic Designer drug
1786	Clonidine AC	C11H11Cl2N3O 271.02792 2060 U+ UHYAC PS LM/Q Antihypertensive
4175	Muzolimine	C11H11Cl2N3O 271.02792 2445 55294-15-0 PS LM/Q Diuretic
1832	Metronidazole-M (HO-methyl-) 2AC	C10H13N3O6 271.08044 1870 U+ UHYAC PS LM/Q Antiamebic
1127	Metoclopramide-M (deethyl-)	C12H18ClN3O2 271.10876 2095 UHY UHY LM Antiemetic

271

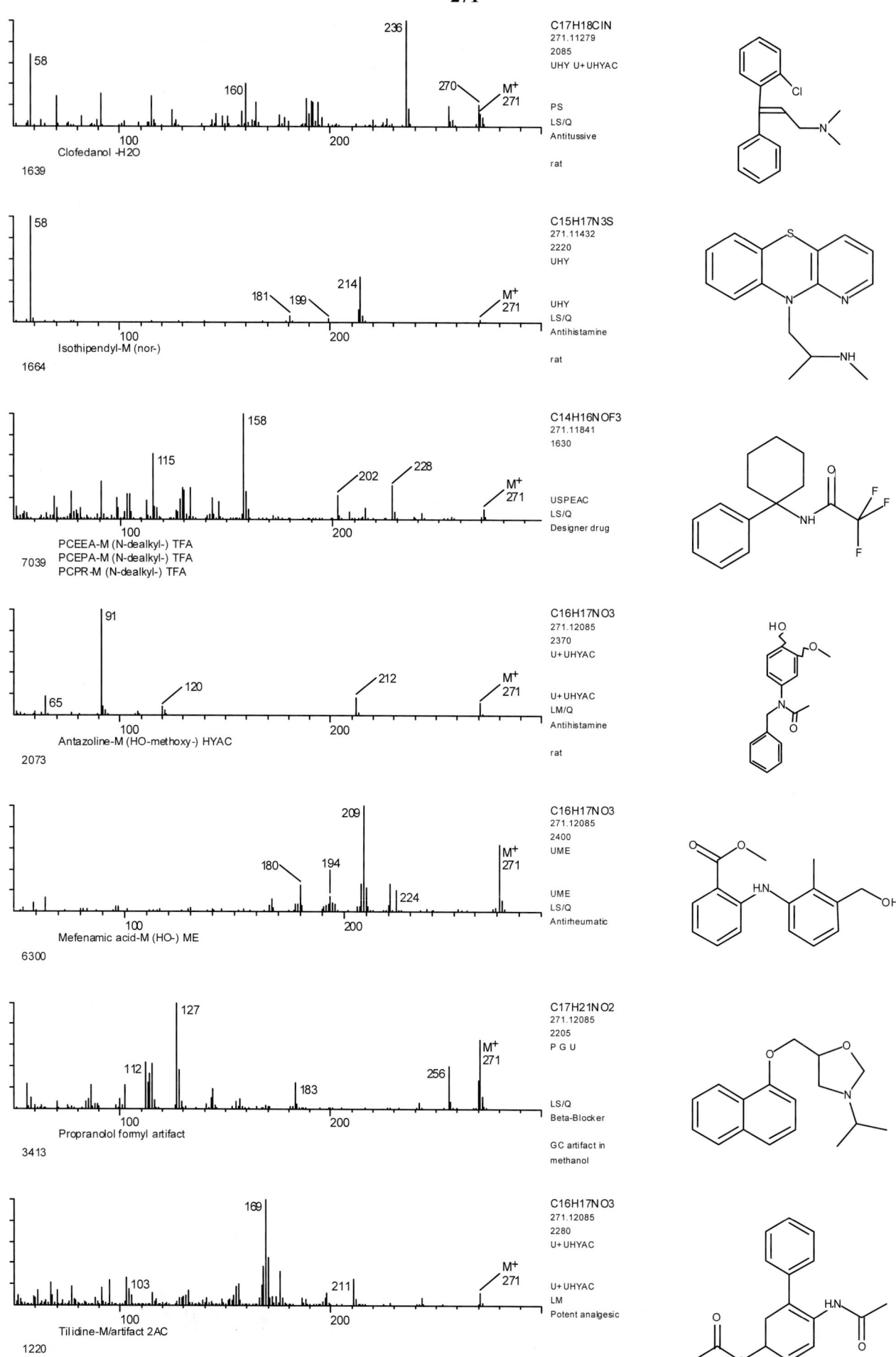

C17H18ClN
271.11279
2085
UHY U+ UHYAC

PS
LS/Q
Antitussive

rat

Clofedanol -H2O
1639

C15H17N3S
271.11432
2220
UHY

UHY
LS/Q
Antihistamine

rat

Isothipendyl-M (nor-)
1664

C14H16NOF3
271.11841
1630

USPEAC
LS/Q
Designer drug

PCEEA-M (N-dealkyl-) TFA
PCEPA-M (N-dealkyl-) TFA
PCPR-M (N-dealkyl-) TFA
7039

C16H17NO3
271.12085
2370
U+ UHYAC

U+ UHYAC
LM/Q
Antihistamine

rat

Antazoline-M (HO-methoxy-) HYAC
2073

C16H17NO3
271.12085
2400
UME

UME
LS/Q
Antirheumatic

Mefenamic acid-M (HO-) ME
6300

C17H21NO2
271.12085
2205
P G U

LS/Q
Beta-Blocker

GC artifact in methanol

Propranolol formyl artifact
3413

C16H17NO3
271.12085
2280
U+ UHYAC

U+ UHYAC
LM
Potent analgesic

Tilidine-M/artifact 2AC
1220

271

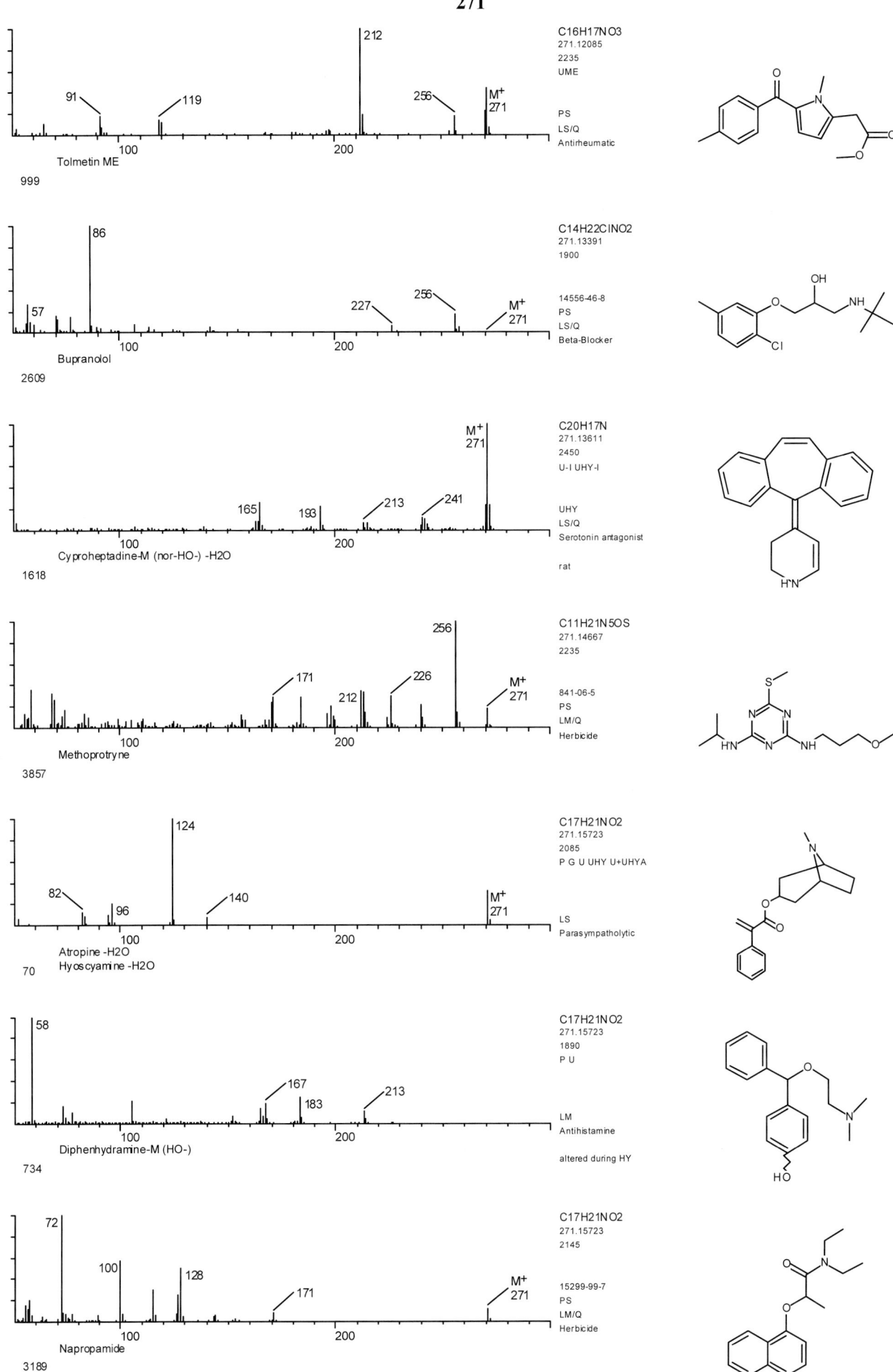

Spectrum	Compound	Formula / Data
91, 119, 212, 256, M+ 271	Tolmetin ME	C16H17NO3, 271.12085, 2235, UME, PS, LS/Q, Antirheumatic
57, 86, 227, 256, M+ 271	Bupranolol	C14H22ClNO2, 271.13391, 1900, 14556-46-8, PS, LS/Q, Beta-Blocker
165, 193, 213, 241, M+ 271	Cyproheptadine-M (nor-HO-) -H2O	C20H17N, 271.13611, 2450, U-I UHY-I, UHY, LS/Q, Serotonin antagonist, rat
171, 212, 226, 256, M+ 271	Methoprotryne	C11H21N5OS, 271.14667, 2235, 841-06-5, PS, LM/Q, Herbicide
82, 96, 124, 140, M+ 271	Atropine -H2O / Hyoscyamine -H2O	C17H21NO2, 271.15723, 2085, P G U UHY U+UHYA, LS, Parasympatholytic
58, 167, 183, 213	Diphenhydramine-M (HO-)	C17H21NO2, 271.15723, 1890, P U, LM, Antihistamine, altered during HY
72, 100, 128, 171, M+ 271	Napropamide	C17H21NO2, 271.15723, 2145, 15299-99-7, PS, LM/Q, Herbicide

475

271

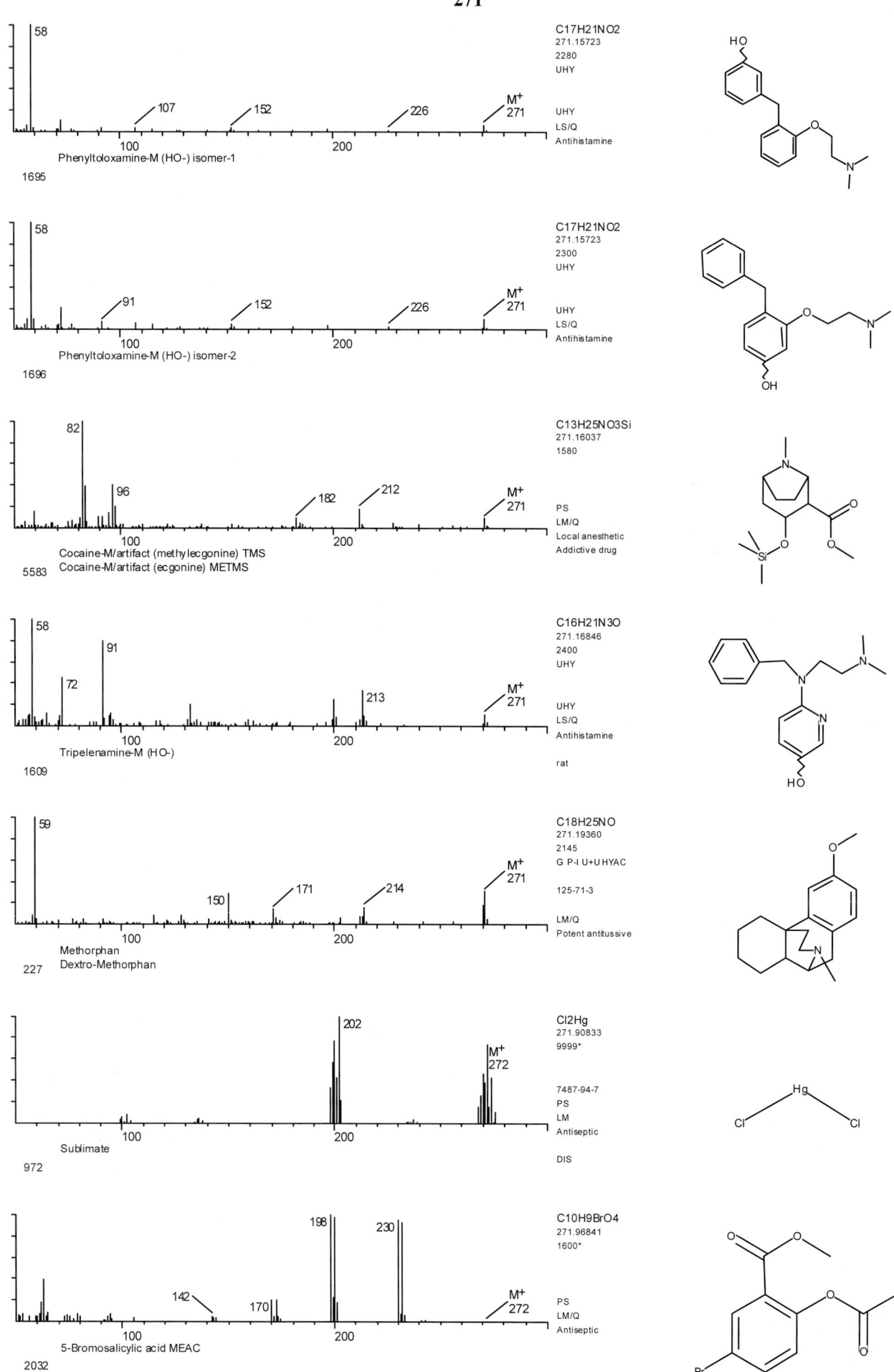

Phenyltoloxamine-M (HO-) isomer-1
C17H21NO2
271.15723
2280
UHY
UHY
LS/Q
Antihistamine
Peaks: 58, 107, 152, 226, M+ 271
1695

Phenyltoloxamine-M (HO-) isomer-2
C17H21NO2
271.15723
2300
UHY
UHY
LS/Q
Antihistamine
Peaks: 58, 91, 152, 226, M+ 271
1696

Cocaine-M/artifact (methylecgonine) TMS
Cocaine-M/artifact (ecgonine) METMS
C13H25NO3Si
271.16037
1580
PS
LM/Q
Local anesthetic
Addictive drug
Peaks: 82, 96, 182, 212, M+ 271
5583

Tripelenamine-M (HO-)
C16H21N3O
271.16846
2400
UHY
UHY
LS/Q
Antihistamine
rat
Peaks: 58, 72, 91, 213, M+ 271
1609

Methorphan
Dextro-Methorphan
C18H25NO
271.19360
2145
G P-I U+U HYAC
125-71-3
LM/Q
Potent antitussive
Peaks: 59, 150, 171, 214, M+ 271
227

Sublimate
Cl2Hg
271.90833
9999*
7487-94-7
PS
LM
Antiseptic
DIS
Peaks: 202, M+ 272
972

5-Bromosalicylic acid MEAC
C10H9BrO4
271.96841
1600*
PS
LM/Q
Antiseptic
Peaks: 142, 170, 198, 230, M+ 272
2032

272

C11H13BrO3
272.00482
1600*

PS
LM/Q
Antiseptic

5-Bromosalicylic acid 2ET
1998

C11H13BrO3
272.00482
1835*
U+ UHYAC

U+ UHYAC
LS/Q
Psychedelic
Designer drug

Brolamfetamine-M (deamino-oxo-)   DOB-M (deamino-oxo-)
N-Methyl-Brolamfetamine-M (N-demethyl-deamino-oxo-)
N-Methyl-DOB-M (N-demethyl-deamino-oxo-)
7062

C16H10Cl2
272.01596
2320*
U+ UHYAC

U+ UHYAC
LS/Q
Antidepressant

Sertraline-M/artifact
4686

C10H13BrN2O2
272.01605
1735

PS
LM/Q
Herbicide

Metobromuron ME
3975

C12H14N2OCl2
272.04831
2255
U+ UHYAC

U+ UHYAC
LS/Q
Neuroleptic

Aripiprazole-M (N-dealkyl-) AC
7123

C15H10ClFN2
272.05164
2050
U+ UHYAC

#29177-84-2
U+ UHYAC
LS/Q
Tranquilizer
rat

Ethylloflazepate artifact
Fludiazepam-M (nor-) artifact
Flurazepam-M (dealkyl-) artifact
2409

C16H13ClO2
272.06042
2030*
U+ UHYAC

U+ UHYAC
LS/Q
Antihistamine

Chlorphenoxamine-M (HO-) isomer-1 -H2O HYAC
Clemastine-M (HO-) isomer-1 -H2O HYAC
Mecloxamine-M (HO-) isomer-1 -H2O HYAC
2184

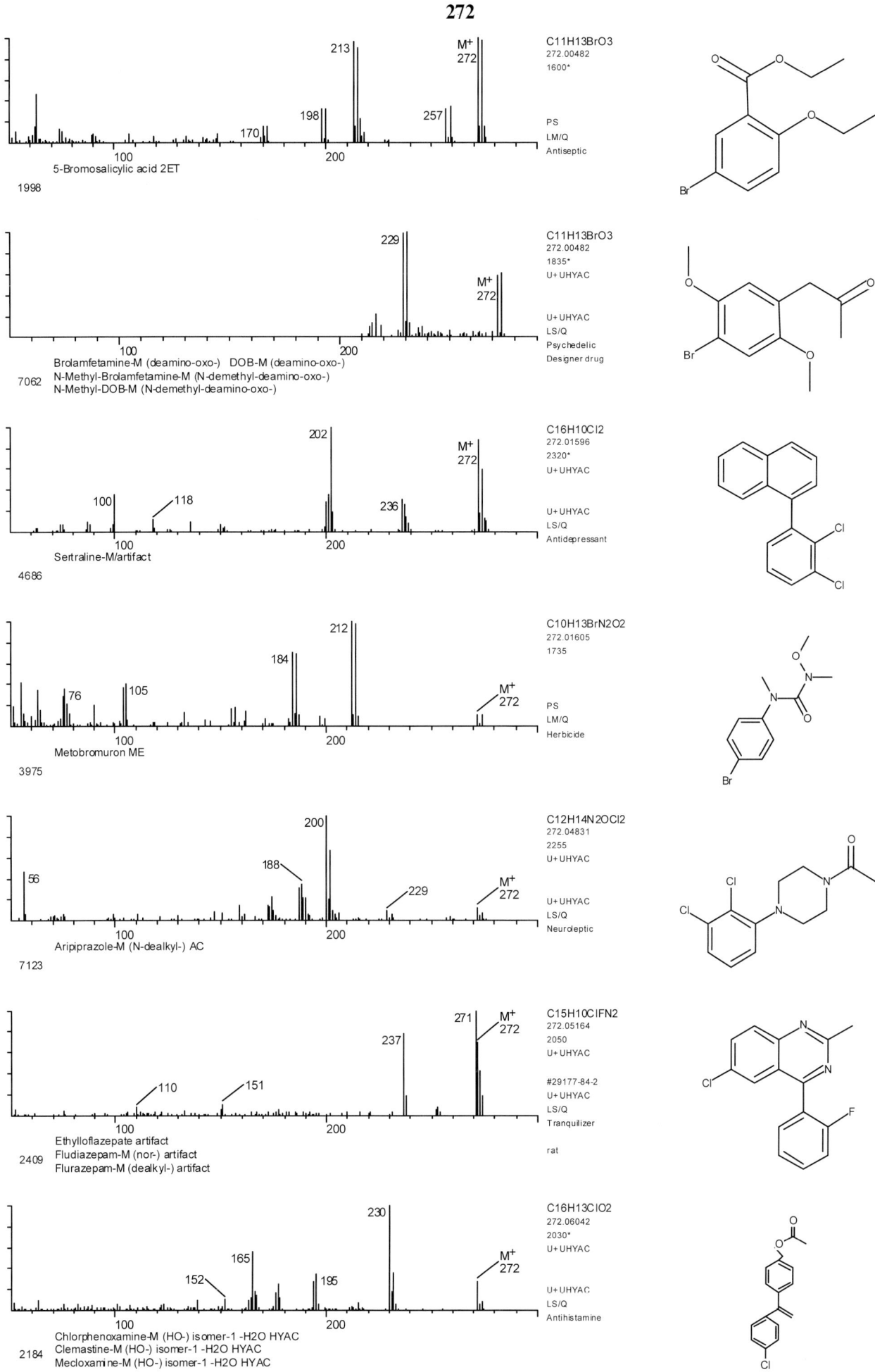

272

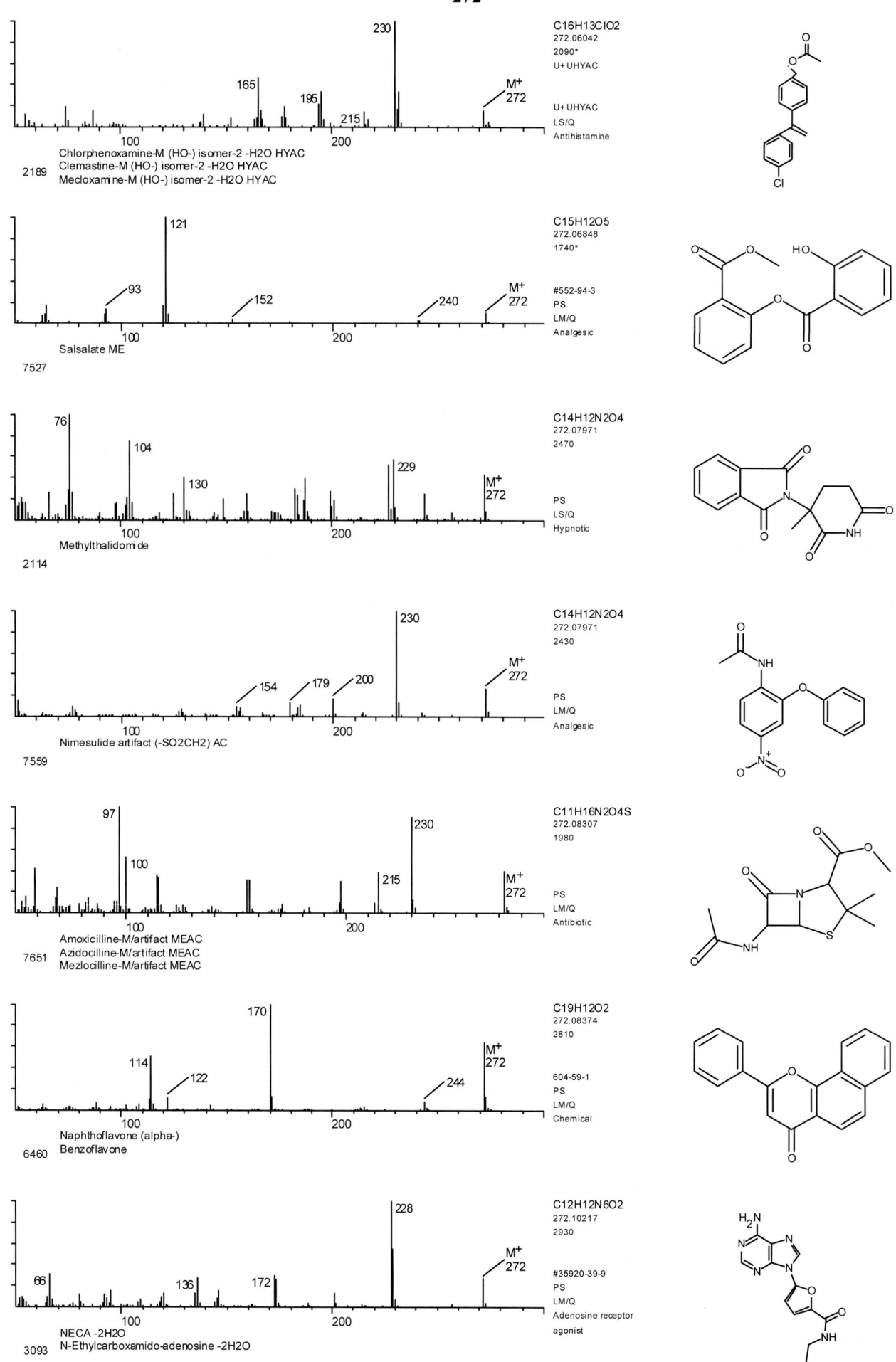

C16H13ClO2
272.06042
2090*
U+ UHYAC
U+ UHYAC
LS/Q
Antihistamine

2189 Chlorphenoxamine-M (HO-) isomer-2 -H2O HYAC
Clemastine-M (HO-) isomer-2 -H2O HYAC
Mecloxamine-M (HO-) isomer-2 -H2O HYAC

C15H12O5
272.06848
1740*
#552-94-3
PS
LM/Q
Analgesic

7527 Salsalate ME

C14H12N2O4
272.07971
2470
PS
LS/Q
Hypnotic

2114 Methylthalidomide

C14H12N2O4
272.07971
2430
PS
LM/Q
Analgesic

7559 Nimesulide artifact (-SO2CH2) AC

C11H16N2O4S
272.08307
1980
PS
LM/Q
Antibiotic

7651 Amoxicilline-M/artifact MEAC
Azidocilline-M/artifact MEAC
Mezlocilline-M/artifact MEAC

C19H12O2
272.08374
2810
604-59-1
PS
LM/Q
Chemical

6460 Naphthoflavone (alpha-)
Benzoflavone

C12H12N6O2
272.10217
2930
#35920-39-9
PS
LM/Q
Adenosine receptor agonist

3093 NECA -2H2O
N-Ethylcarboxamido-adenosine -2H2O

272

Etafenone-M (O-dealkyl-HO-methoxy-)
Propafenone-M (O-dealkyl-HO-methoxy-)
3346

C16H16O4
272.10486
2400*
UHY

UHY
LS/Q
Coronary dilator
Antiarrhythmic

Naproxen-M (O-demethyl-) MEAC
4358

C16H16O4
272.10486
2085*
U+ UHYAC

U+ UHYAC
LS/Q
Analgesic

ME in methanol

Benzylpiperazine TFA   BZP TFA
5882

C13H15F3N2O
272.11365
1665

PS
LM/Q
Designer drug

p-Tolylpiperazine TFA
7609

C13H15N2OF3
272.11365
1825

PS
LM/Q
Internal standard

TFMPP AC
Trifluoromethylphenylpiperazine AC
5887

C13H15F3N2O
272.11365
1890

PS
LM/Q
Designer drug

Sotalol
1368

C12H20N2O3S
272.11945
9999

3930-20-9
PS
LM
Beta-Blocker
DIS

Estradiol
1434

C18H24O2
272.17764
2550*

50-28-2
PS
LM
Estrogen

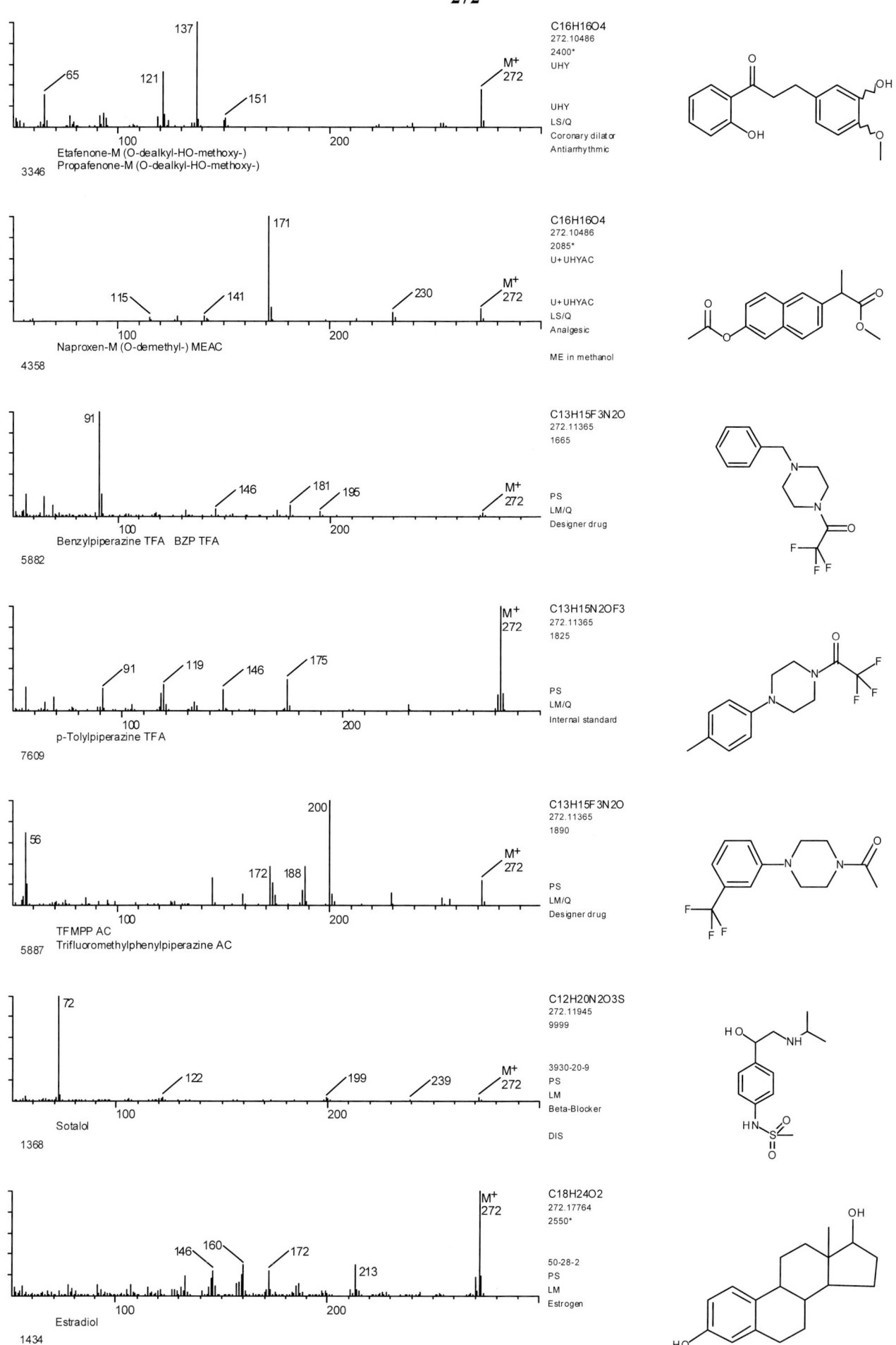

479

272

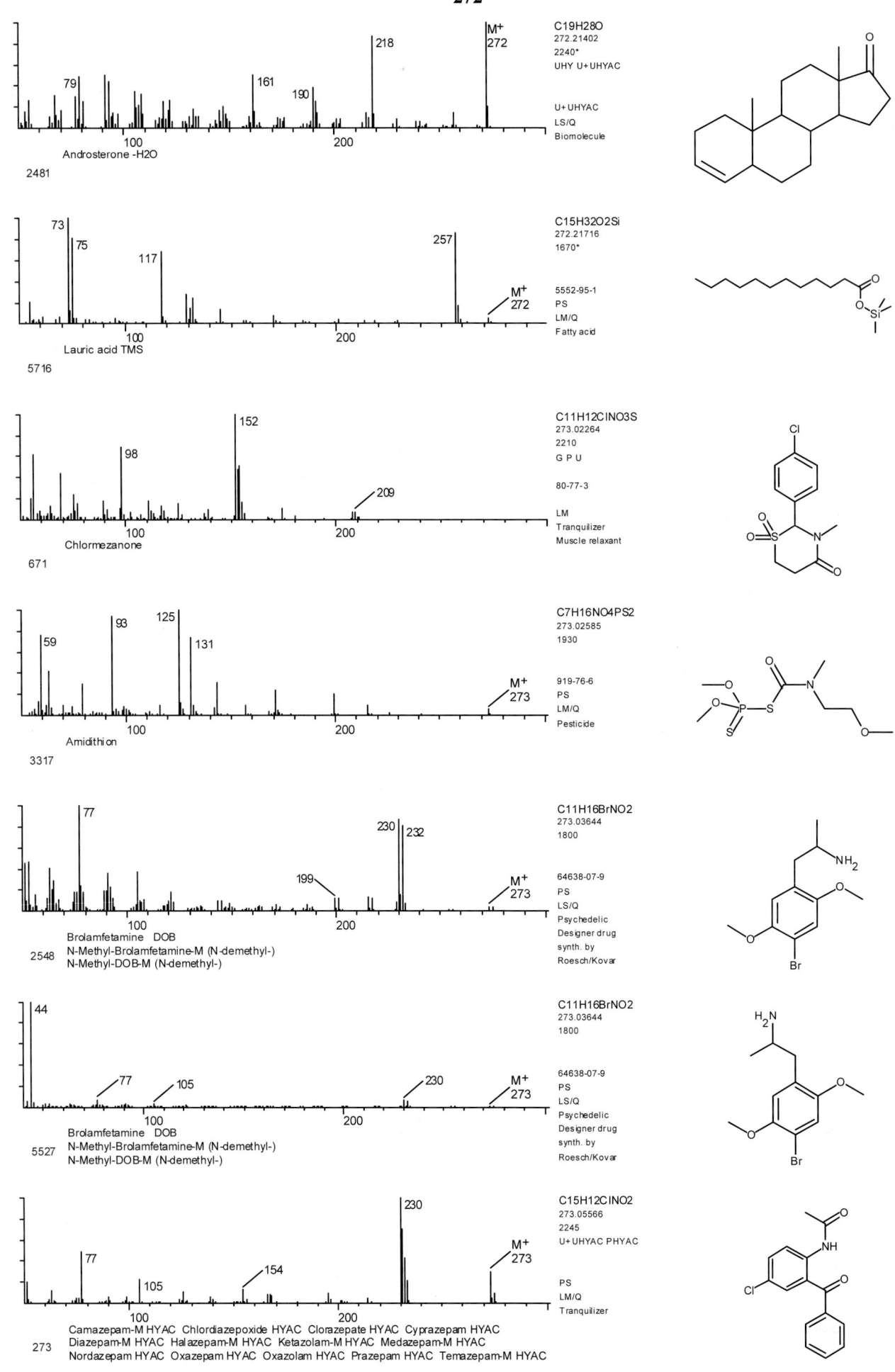

Androsterone -H2O
79, 161, 190, 218, M+ 272
C19H28O
272.21402
2240*
UHY U+UHYAC

U+UHYAC
LS/Q
Biomolecule

2481

Lauric acid TMS
73, 75, 117, 257, M+ 272
C15H32O2Si
272.21716
1670*

5552-95-1
PS
LM/Q
Fatty acid

5716

Chlormezanone
98, 152, 209
C11H12ClNO3S
273.02264
2210
G P U

80-77-3

LM
Tranquilizer
Muscle relaxant

671

Amidithion
59, 93, 125, 131, M+ 273
C7H16NO4PS2
273.02585
1930

919-76-6
PS
LM/Q
Pesticide

3317

Brolamfetamine DOB
N-Methyl-Brolamfetamine-M (N-demethyl-)
N-Methyl-DOB-M (N-demethyl-)
77, 199, 230, 232, M+ 273
C11H16BrNO2
273.03644
1800

64638-07-9
PS
LS/Q
Psychedelic
Designer drug
synth. by
Roesch/Kovar

2548

Brolamfetamine DOB
N-Methyl-Brolamfetamine-M (N-demethyl-)
N-Methyl-DOB-M (N-demethyl-)
44, 77, 105, 230, M+ 273
C11H16BrNO2
273.03644
1800

64638-07-9
PS
LS/Q
Psychedelic
Designer drug
synth. by
Roesch/Kovar

5527

Camazepam-M HYAC Chlordiazepoxide HYAC Clorazepate HYAC Cyprazepam HYAC
Diazepam-M HYAC Halazepam HYAC Ketazolam-M HYAC Medazepam-M HYAC
Nordazepam HYAC Oxazepam HYAC Oxazolam HYAC Prazepam HYAC Temazepam-M HYAC
77, 105, 154, 230, M+ 273
C15H12ClNO2
273.05566
2245
U+ UHYAC PHYAC

PS
LM/Q
Tranquilizer

273

480

273

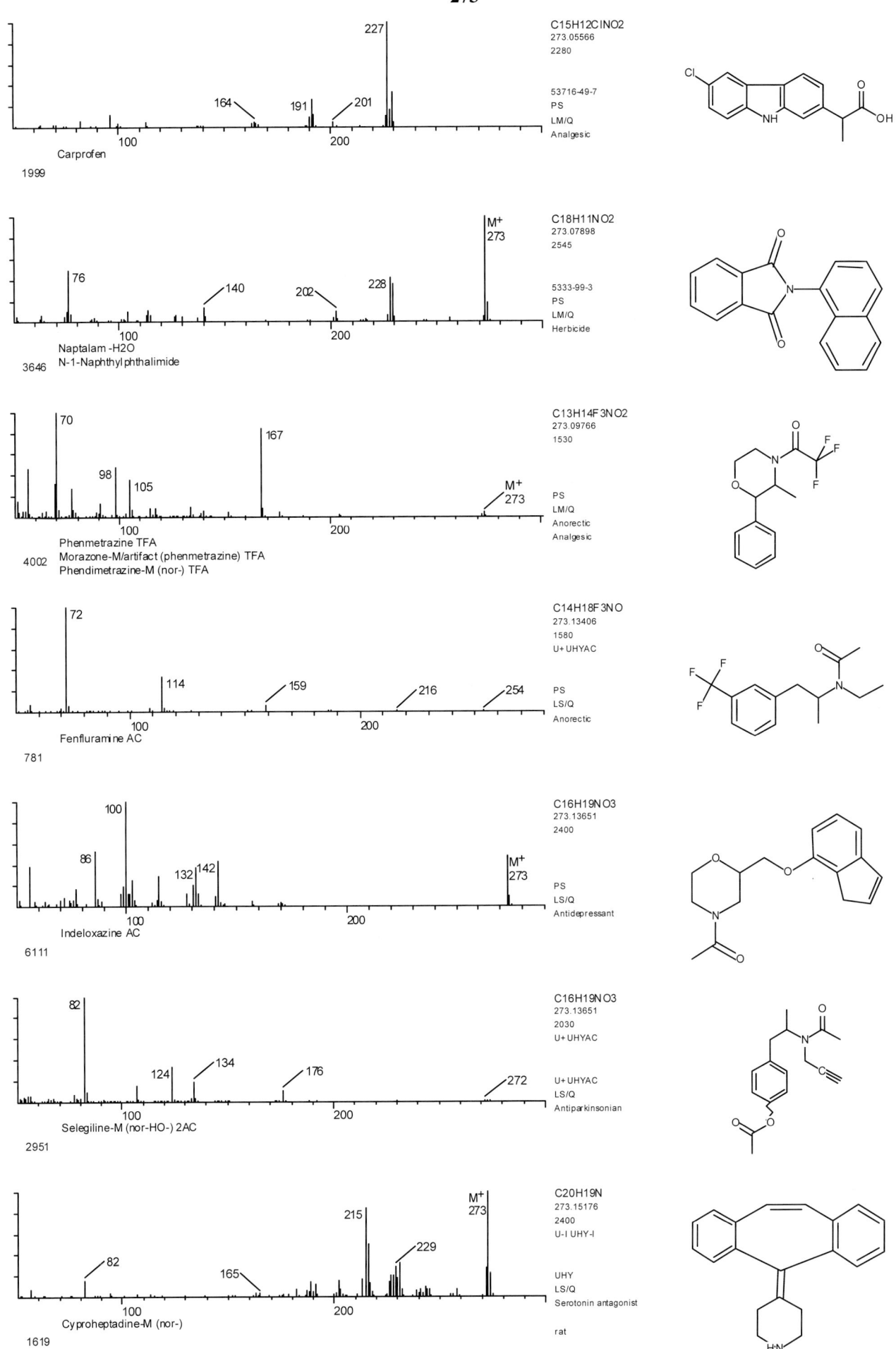

C15H12ClNO2
273.05566
2280

53716-49-7
PS
LM/Q
Analgesic

Carprofen
1999

C18H11NO2
273.07898
2545

5333-99-3
PS
LM/Q
Herbicide

Naptalam -H2O
N-1-Naphthylphthalimide
3646

C13H14F3NO2
273.09766
1530

PS
LM/Q
Anorectic
Analgesic

Phenmetrazine TFA
Morazone-M/artifact (phenmetrazine) TFA
Phendimetrazine-M (nor-) TFA
4002

C14H18F3NO
273.13406
1580
U+ UHYAC

PS
LS/Q
Anorectic

Fenfluramine AC
781

C16H19NO3
273.13651
2400

PS
LS/Q
Antidepressant

Indeloxazine AC
6111

C16H19NO3
273.13651
2030
U+ UHYAC

U+ UHYAC
LS/Q
Antiparkinsonian

Selegiline-M (nor-HO-) 2AC
2951

C20H19N
273.15176
2400
U-I UHY-I

UHY
LS/Q
Serotonin antagonist
rat

Cyproheptadine-M (nor-)
1619

481

273

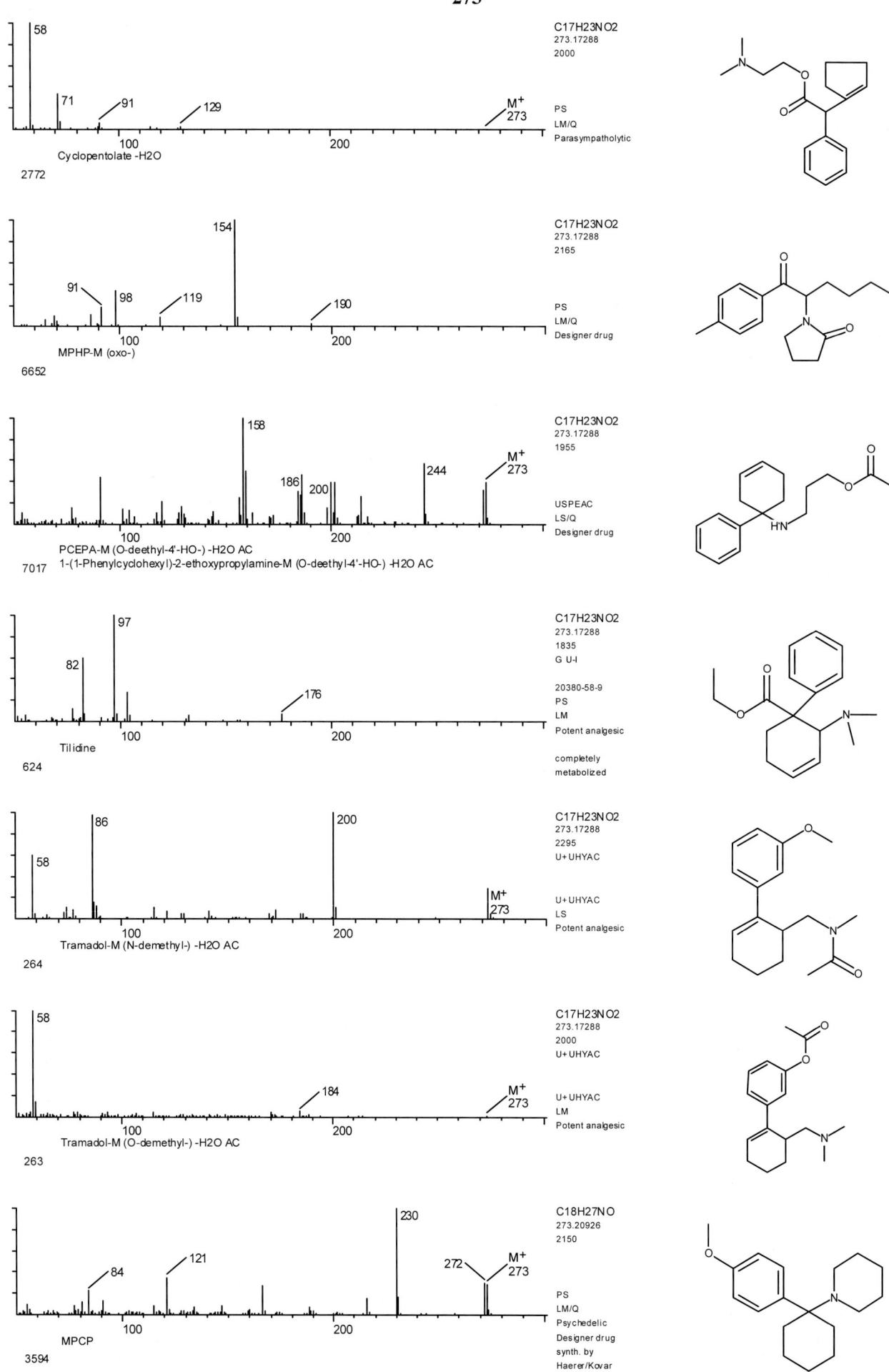

Cyclopentolate -H2O
2772
C17H23NO2
273.17288
2000
PS
LM/Q
Parasympatholytic

MPHP-M (oxo-)
6652
C17H23NO2
273.17288
2165
PS
LM/Q
Designer drug

PCEPA-M (O-deethyl-4'-HO-) -H2O AC
1-(1-Phenylcyclohexyl)-2-ethoxypropylamine-M (O-deethyl-4'-HO-) -H2O AC
7017
C17H23NO2
273.17288
1955
USPEAC
LS/Q
Designer drug

Tilidine
624
C17H23NO2
273.17288
1835
G U-I
20380-58-9
PS
LM
Potent analgesic
completely metabolized

Tramadol-M (N-demethyl-) -H2O AC
264
C17H23NO2
273.17288
2295
U+UHYAC
U+UHYAC
LS
Potent analgesic

Tramadol-M (O-demethyl-) -H2O AC
263
C17H23NO2
273.17288
2000
U+UHYAC
U+UHYAC
LM
Potent analgesic

MPCP
3594
C18H27NO
273.20926
2150
PS
LM/Q
Psychedelic
Designer drug
synth. by
Haerer/Kovar

482

274

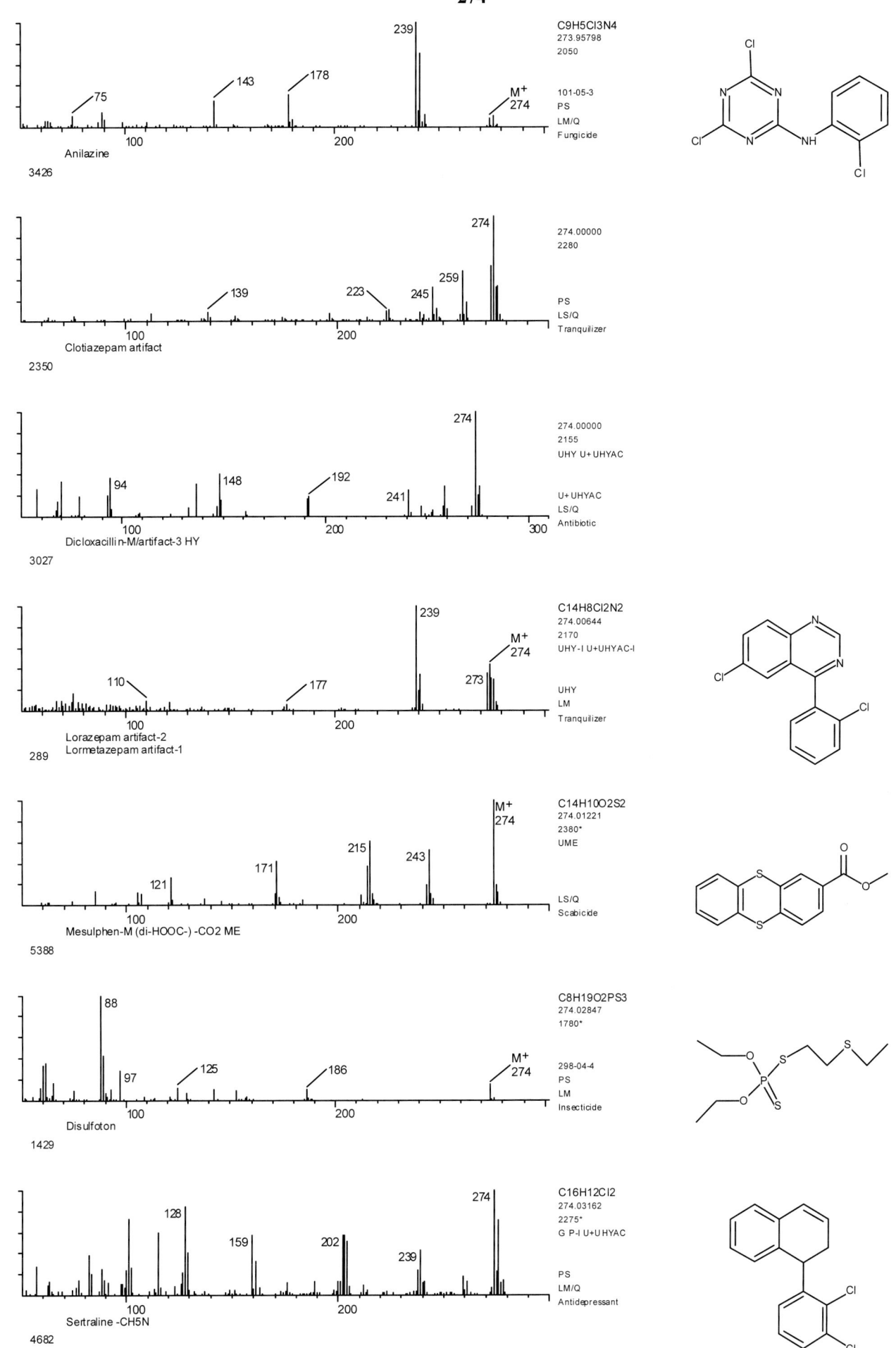

Anilazine
C9H5Cl3N4
273.95798
2050
101-05-3
PS
LM/Q
Fungicide

Peaks: 75, 143, 178, 239, M+ 274
3426

Clotiazepam artifact
274.00000
2280
PS
LS/Q
Tranquilizer

Peaks: 139, 223, 245, 259, 274
2350

Dicloxacillin-M/artifact-3 HY
274.00000
2155
UHY U+ UHYAC
U+ UHYAC
LS/Q
Antibiotic

Peaks: 94, 148, 192, 241, 274
3027

Lorazepam artifact-2
Lormetazepam artifact-1
C14H8Cl2N2
274.00644
2170
UHY-I U+UHYAC-I
UHY
LM
Tranquilizer

Peaks: 110, 177, 239, 273, M+ 274
289

Mesulphen-M (di-HOOC-) -CO2 ME
C14H10O2S2
274.01221
2380*
UME
LS/Q
Scabicide

Peaks: 121, 171, 215, 243, M+ 274
5388

Disulfoton
C8H19O2PS3
274.02847
1780*
298-04-4
PS
LM
Insecticide

Peaks: 88, 97, 125, 186, M+ 274
1429

Sertraline -CH5N
C16H12Cl2
274.03162
2275*
G P-I U+UHYAC
PS
LM/Q
Antidepressant

Peaks: 128, 159, 202, 239, 274
4682

274

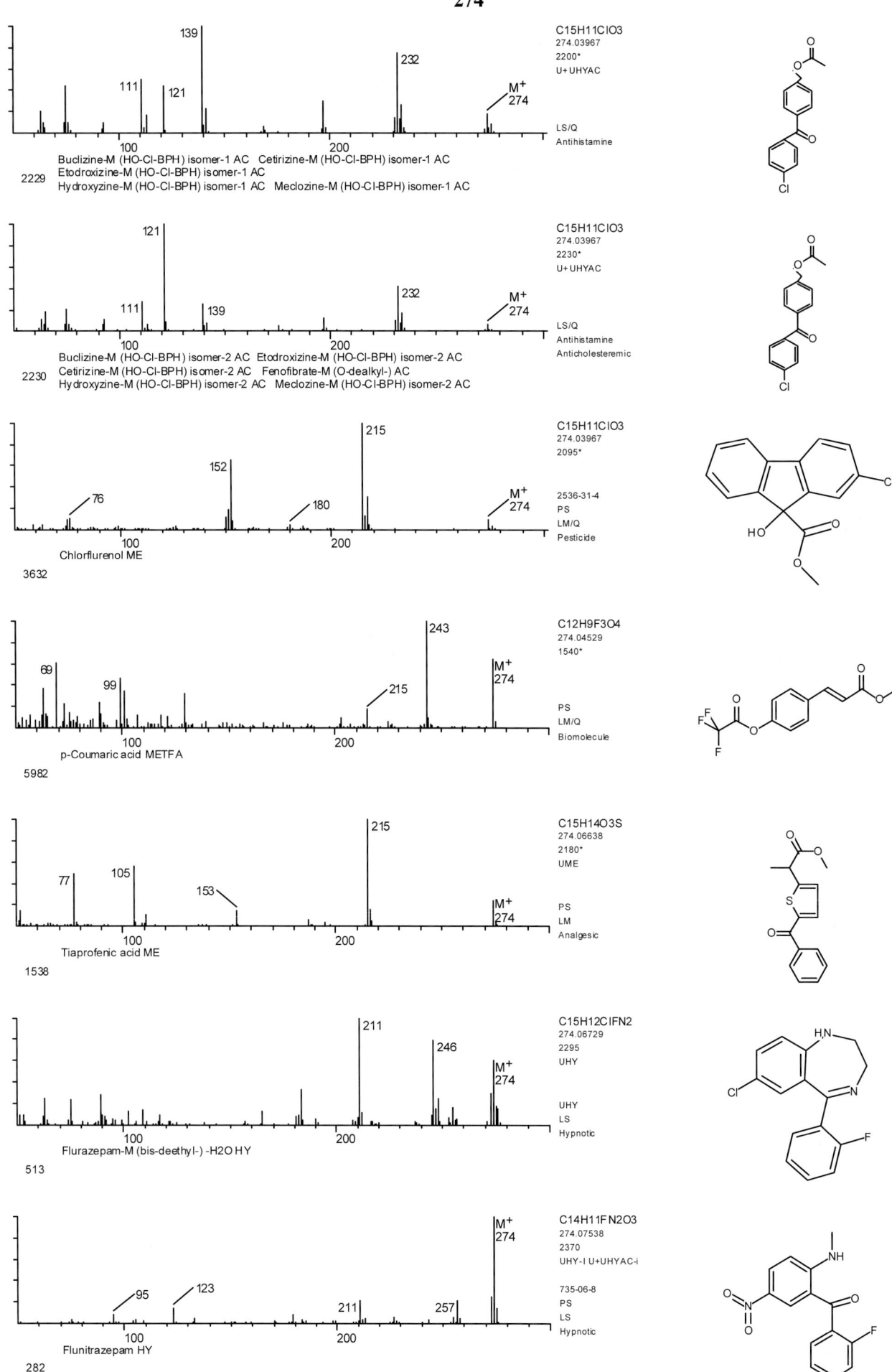

2229
C15H11ClO3
274.03967
2200*
U+ UHYAC

LS/Q
Antihistamine

Buclizine-M (HO-Cl-BPH) isomer-1 AC   Cetirizine-M (HO-Cl-BPH) isomer-1 AC
Etodroxizine-M (HO-Cl-BPH) isomer-1 AC
Hydroxyzine-M (HO-Cl-BPH) isomer-1 AC   Meclozine-M (HO-Cl-BPH) isomer-1 AC

2230
C15H11ClO3
274.03967
2230*
U+ UHYAC

LS/Q
Antihistamine
Anticholesteremic

Buclizine-M (HO-Cl-BPH) isomer-2 AC   Etodroxizine-M (HO-Cl-BPH) isomer-2 AC
Cetirizine-M (HO-Cl-BPH) isomer-2 AC   Fenofibrate-M (O-dealkyl-) AC
Hydroxyzine-M (HO-Cl-BPH) isomer-2 AC   Meclozine-M (HO-Cl-BPH) isomer-2 AC

3632
C15H11ClO3
274.03967
2095*

2536-31-4
PS
LM/Q
Pesticide

Chlorflurenol ME

5982
C12H9F3O4
274.04529
1540*

PS
LM/Q
Biomolecule

p-Coumaric acid METFA

1538
C15H14O3S
274.06638
2180*
UME

PS
LM
Analgesic

Tiaprofenic acid ME

513
C15H12ClFN2
274.06729
2295
UHY

UHY
LS
Hypnotic

Flurazepam-M (bis-deethyl-) -H2O HY

282
C14H11FN2O3
274.07538
2370
UHY-I U+UHYAC-i

735-06-8
PS
LS
Hypnotic

Flunitrazepam HY

274

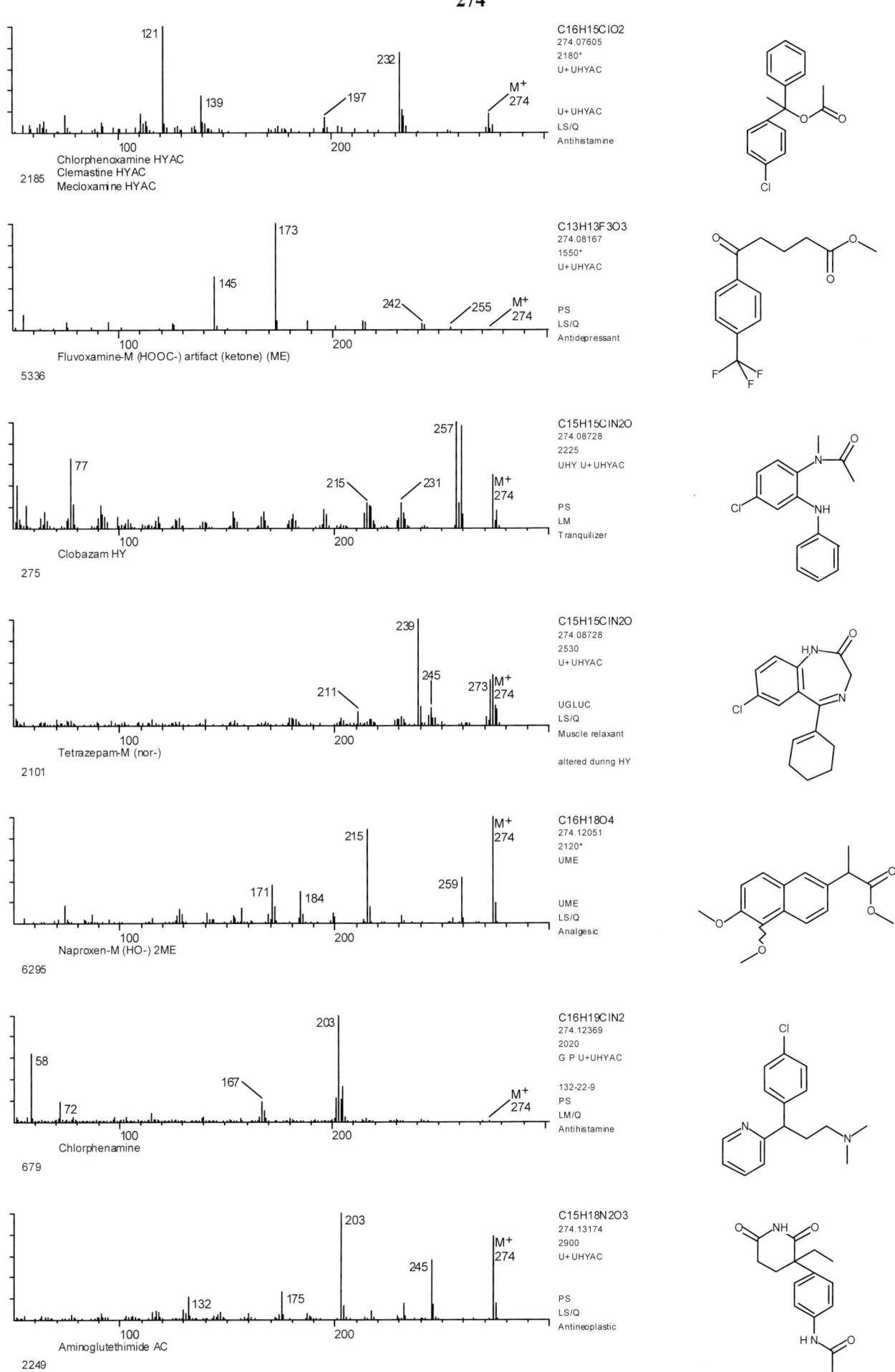

Chlorphenoxamine HYAC / Clemastine HYAC / Mecloxamine HYAC — 2185
Peaks: 121, 139, 197, 232, M+ 274
C16H15ClO2, 274.07605, 2180*, U+ UHYAC, U+ UHYAC, LS/Q, Antihistamine

Fluvoxamine-M (HOOC-) artifact (ketone) (ME) — 5336
Peaks: 145, 173, 242, 255, M+ 274
C13H13F3O3, 274.08167, 1550*, U+ UHYAC, PS, LS/Q, Antidepressant

Clobazam HY — 275
Peaks: 77, 215, 231, 257, M+ 274
C15H15ClN2O, 274.08728, 2225, UHY U+ UHYAC, PS, LM, Tranquilizer

Tetrazepam-M (nor-) — 2101
Peaks: 211, 239, 245, 273, M+ 274
C15H15ClN2O, 274.08728, 2530, U+ UHYAC, UGLUC, LS/Q, Muscle relaxant, altered during HY

Naproxen-M (HO-) 2ME — 6295
Peaks: 171, 184, 215, 259, M+ 274
C16H18O4, 274.12051, 2120*, UME, UME, LS/Q, Analgesic

Chlorphenamine — 679
Peaks: 58, 72, 167, 203, M+ 274
C16H19ClN2, 274.12369, 2020, G P U+UHYAC, 132-22-9, PS, LM/Q, Antihistamine

Aminoglutethimide AC — 2249
Peaks: 132, 175, 203, 245, M+ 274
C15H18N2O3, 274.13174, 2900, U+ UHYAC, PS, LS/Q, Antineoplastic

274

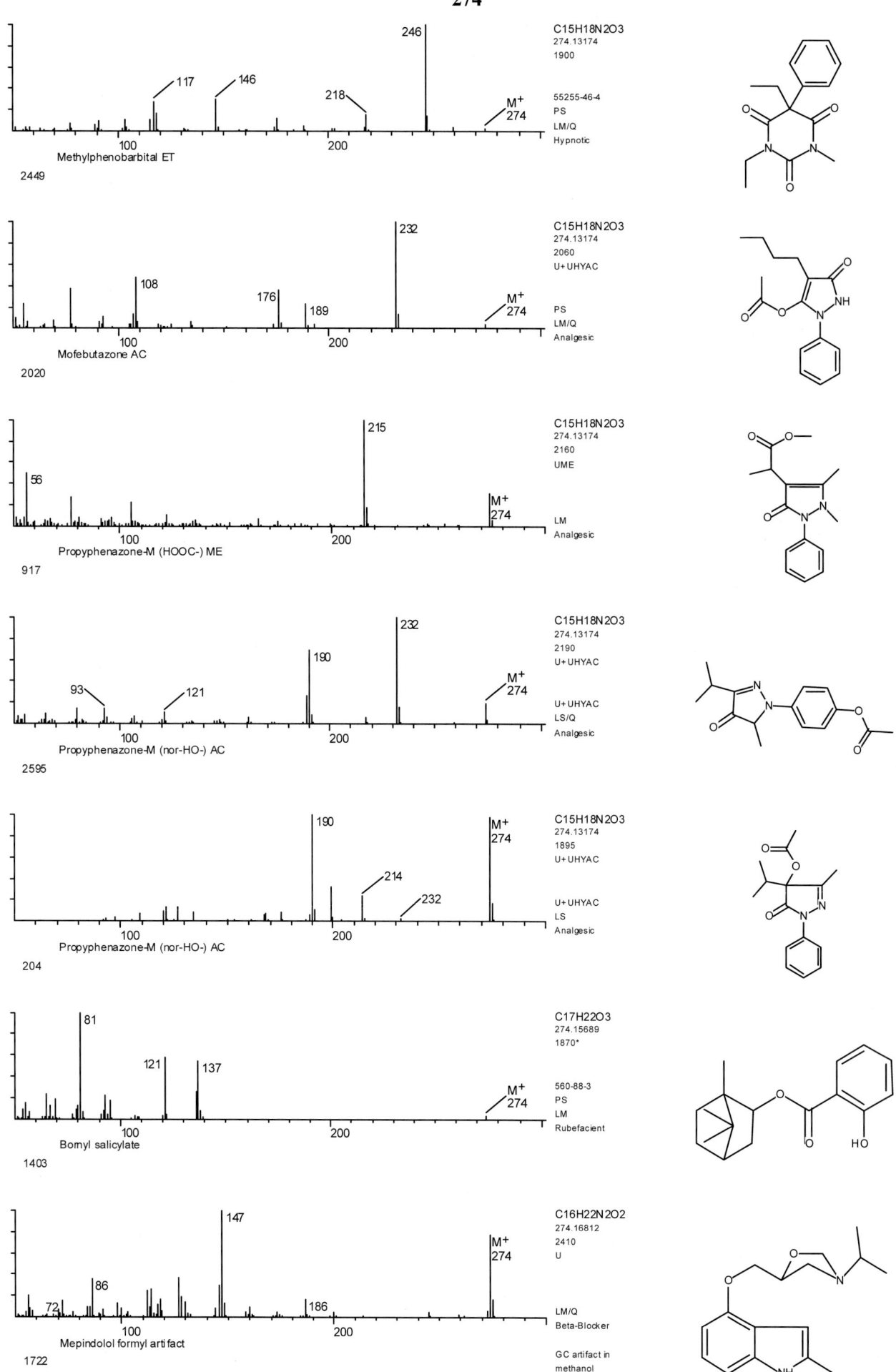

Methylphenobarbital ET — C15H18N2O3, 274.13174, 1900, 55255-46-4, PS, LM/Q, Hypnotic
Peaks: 117, 146, 218, 246, M+ 274
2449

Mofebutazone AC — C15H18N2O3, 274.13174, 2060, U+ UHYAC, PS, LM/Q, Analgesic
Peaks: 108, 176, 189, 232, M+ 274
2020

Propyphenazone-M (HOOC-) ME — C15H18N2O3, 274.13174, 2160, UME, LM, Analgesic
Peaks: 56, 215, M+ 274
917

Propyphenazone-M (nor-HO-) AC — C15H18N2O3, 274.13174, 2190, U+ UHYAC, U+ UHYAC, LS/Q, Analgesic
Peaks: 93, 121, 190, 232, M+ 274
2595

Propyphenazone-M (nor-HO-) AC — C15H18N2O3, 274.13174, 1895, U+ UHYAC, U+ UHYAC, LS, Analgesic
Peaks: 190, 214, 232, M+ 274
204

Bornyl salicylate — C17H22O3, 274.15689, 1870*, 560-88-3, PS, LM, Rubefacient
Peaks: 81, 121, 137, M+ 274
1403

Mepindolol formyl artifact — C16H22N2O2, 274.16812, 2410, U, LM/Q, Beta-Blocker, GC artifact in methanol
Peaks: 72, 86, 147, 186, M+ 274
1722

486

274

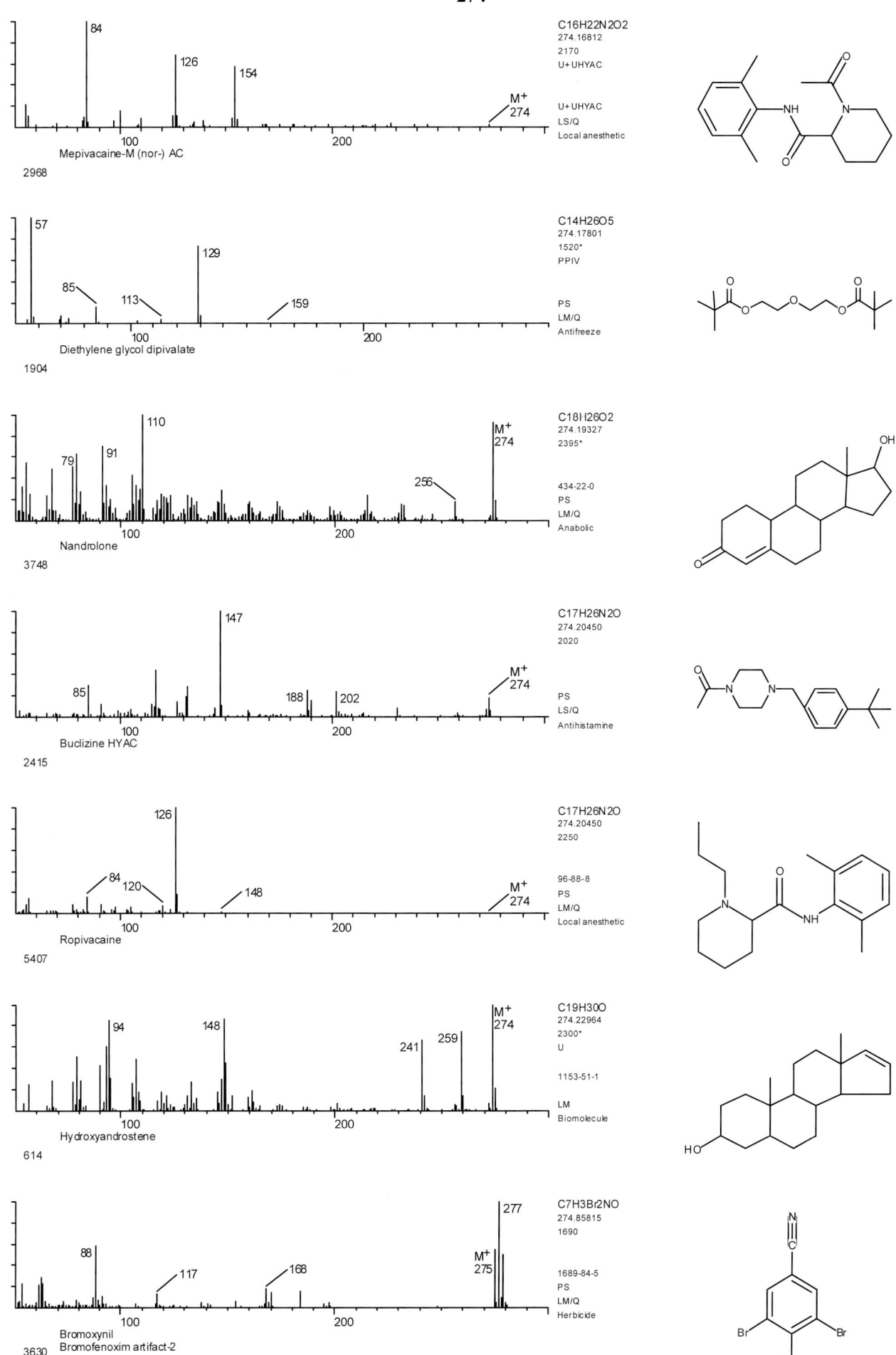

Mepivacaine-M (nor-) AC — 2968
Peaks: 84, 126, 154, M+ 274
C16H22N2O2; 274.16812; 2170; U+UHYAC; U+UHYAC; LS/Q; Local anesthetic

Diethylene glycol dipivalate — 1904
Peaks: 57, 85, 113, 129, 159
C14H26O5; 274.17801; 1520*; PPIV; PS; LM/Q; Antifreeze

Nandrolone — 3748
Peaks: 79, 91, 110, 256, M+ 274
C18H26O2; 274.19327; 2395*; 434-22-0; PS; LM/Q; Anabolic

Buclizine HYAC — 2415
Peaks: 85, 147, 188, 202, M+ 274
C17H26N2O; 274.20450; 2020; PS; LS/Q; Antihistamine

Ropivacaine — 5407
Peaks: 84, 120, 126, 148, M+ 274
C17H26N2O; 274.20450; 2250; 96-88-8; PS; LM/Q; Local anesthetic

Hydroxyandrostene — 614
Peaks: 94, 148, 241, 259, M+ 274
C19H30O; 274.22964; 2300*; U; 1153-51-1; LM; Biomolecule

Bromoxynil Bromofenoxim artifact-2 — 3630
Peaks: 88, 117, 168, M+ 275, 277
C7H3Br2NO; 274.85815; 1690; 1689-84-5; PS; LM/Q; Herbicide

275

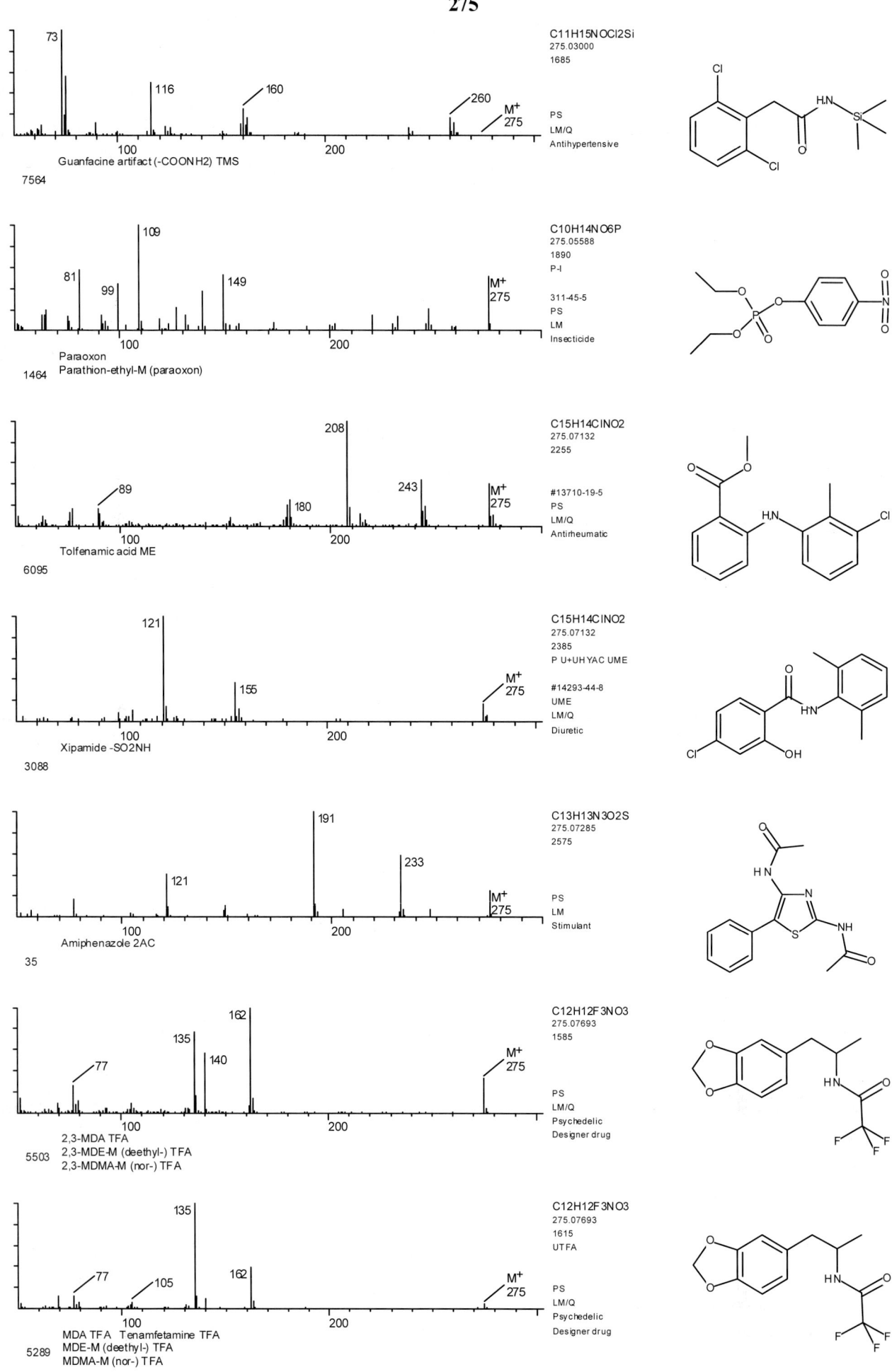

C11H15NOCl2Si
275.03000
1685

PS
LM/Q
Antihypertensive

Guanfacine artifact (-COONH2) TMS
7564

C10H14NO6P
275.05588
1890
P-I

311-45-5
PS
LM
Insecticide

Paraoxon
Parathion-ethyl-M (paraoxon)
1464

C15H14ClNO2
275.07132
2255

#13710-19-5
PS
LM/Q
Antirheumatic

Tolfenamic acid ME
6095

C15H14ClNO2
275.07132
2385
P U+UH YAC UME

#14293-44-8
UME
LM/Q
Diuretic

Xipamide -SO2NH
3088

C13H13N3O2S
275.07285
2575

PS
LM
Stimulant

Amiphenazole 2AC
35

C12H12F3NO3
275.07693
1585

PS
LM/Q
Psychedelic
Designer drug

2,3-MDA TFA
2,3-MDE-M (deethyl-) TFA
2,3-MDMA-M (nor-) TFA
5503

C12H12F3NO3
275.07693
1615
UTFA

PS
LM/Q
Psychedelic
Designer drug

MDA TFA Tenamfetamine TFA
MDE-M (deethyl-) TFA
MDMA-M (nor-) TFA
5289

275

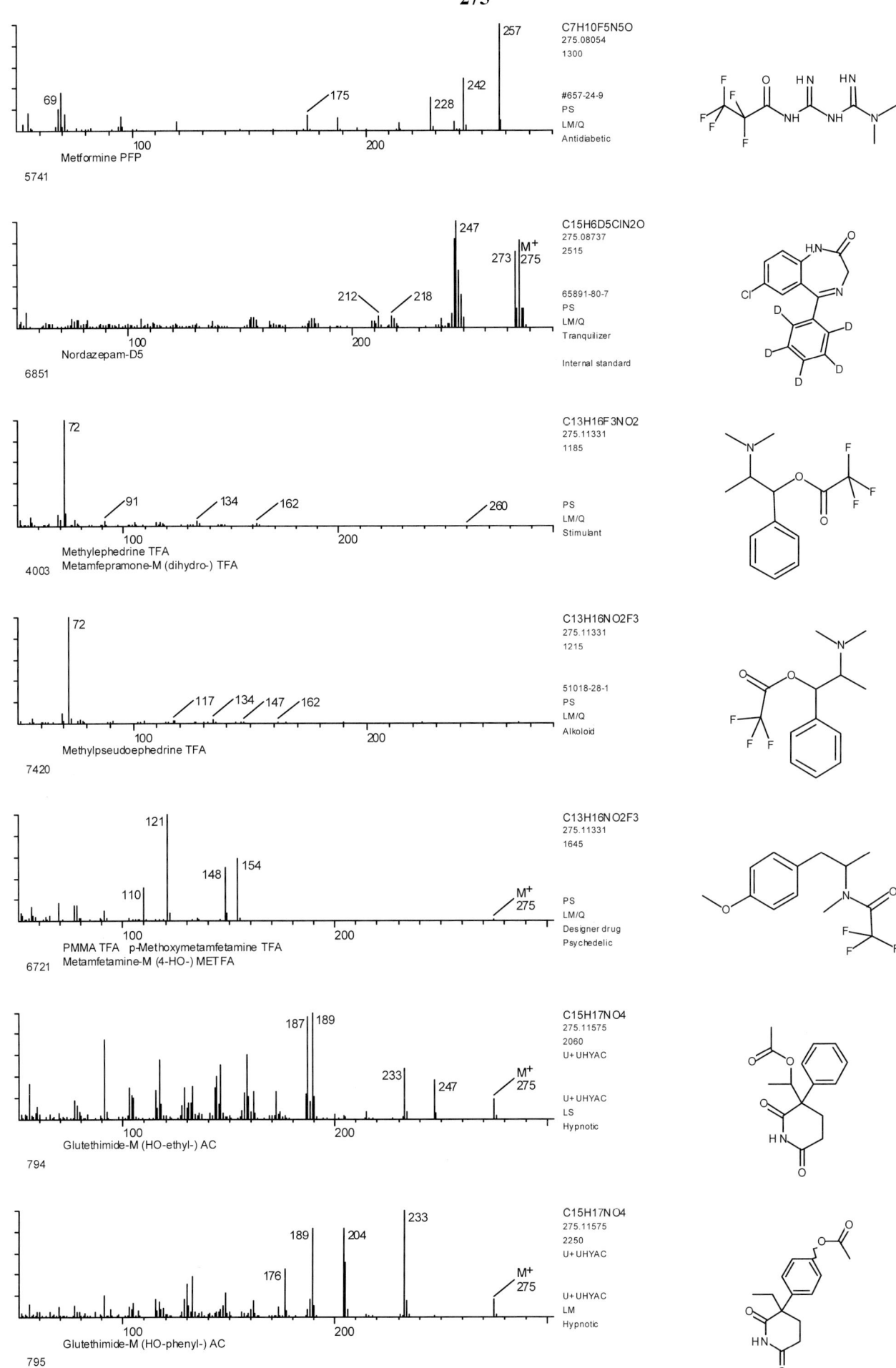

Metformine PFP — C7H10F5N5O, 275.08054, 1300, #657-24-9, PS, LM/Q, Antidiabetic
Peaks: 69, 175, 228, 242, 257
5741

Nordazepam-D5 — C15H6D5ClN2O, 275.08737, 2515, 65891-80-7, PS, LM/Q, Tranquilizer, Internal standard
Peaks: 212, 218, 247, 273, M+ 275
6851

Methylephedrine TFA / Metamfepramone-M (dihydro-) TFA — C13H16F3NO2, 275.11331, 1185, PS, LM/Q, Stimulant
Peaks: 72, 91, 134, 162, 260
4003

Methylpseudoephedrine TFA — C13H16NO2F3, 275.11331, 1215, 51018-28-1, PS, LM/Q, Alkaloid
Peaks: 72, 117, 134, 147, 162
7420

PMMA TFA / p-Methoxymetamfetamine TFA / Metamfetamine-M (4-HO-) MET FA — C13H16NO2F3, 275.11331, 1645, PS, LM/Q, Designer drug, Psychedelic
Peaks: 110, 121, 148, 154, M+ 275
6721

Glutethimide-M (HO-ethyl-) AC — C15H17NO4, 275.11575, 2060, U+ UHYAC, U+ UHYAC, LS, Hypnotic
Peaks: 187, 189, 233, 247, M+ 275
794

Glutethimide-M (HO-phenyl-) AC — C15H17NO4, 275.11575, 2250, U+ UHYAC, U+ UHYAC, LM, Hypnotic
Peaks: 176, 189, 204, 233, M+ 275
795

275

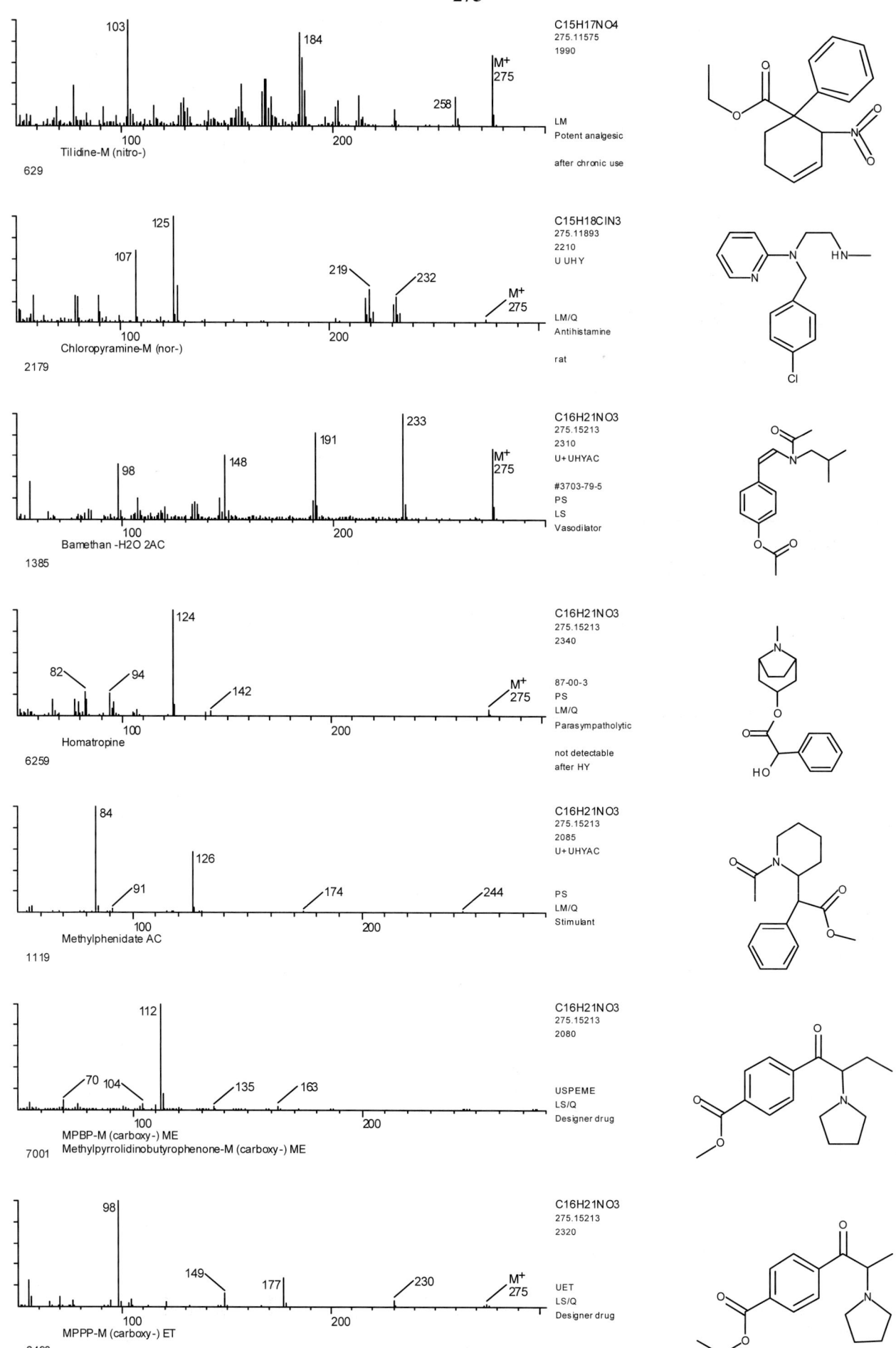

Tilidine-M (nitro-)
629
103, 184, 258, M+ 275
C15H17NO4
275.11575
1990
LM
Potent analgesic
after chronic use

Chloropyramine-M (nor-)
2179
107, 125, 219, 232, M+ 275
C15H18ClN3
275.11893
2210
U UH Y
LM/Q
Antihistamine
rat

Bamethan -H2O 2AC
1385
98, 148, 191, 233, M+ 275
C16H21NO3
275.15213
2310
U+ UHYAC
#3703-79-5
PS
LS
Vasodilator

Homatropine
6259
82, 94, 124, 142, M+ 275
C16H21NO3
275.15213
2340
87-00-3
PS
LM/Q
Parasympatholytic
not detectable after HY

Methylphenidate AC
1119
84, 91, 126, 174, 244
C16H21NO3
275.15213
2085
U+ UHYAC
PS
LM/Q
Stimulant

MPBP-M (carboxy-) ME
Methylpyrrolidinobutyrophenone-M (carboxy-) ME
7001
70, 104, 112, 135, 163
C16H21NO3
275.15213
2080
USPEME
LS/Q
Designer drug

MPPP-M (carboxy-) ET
6498
98, 149, 177, 230, M+ 275
C16H21NO3
275.15213
2320
UET
LS/Q
Designer drug

490

275

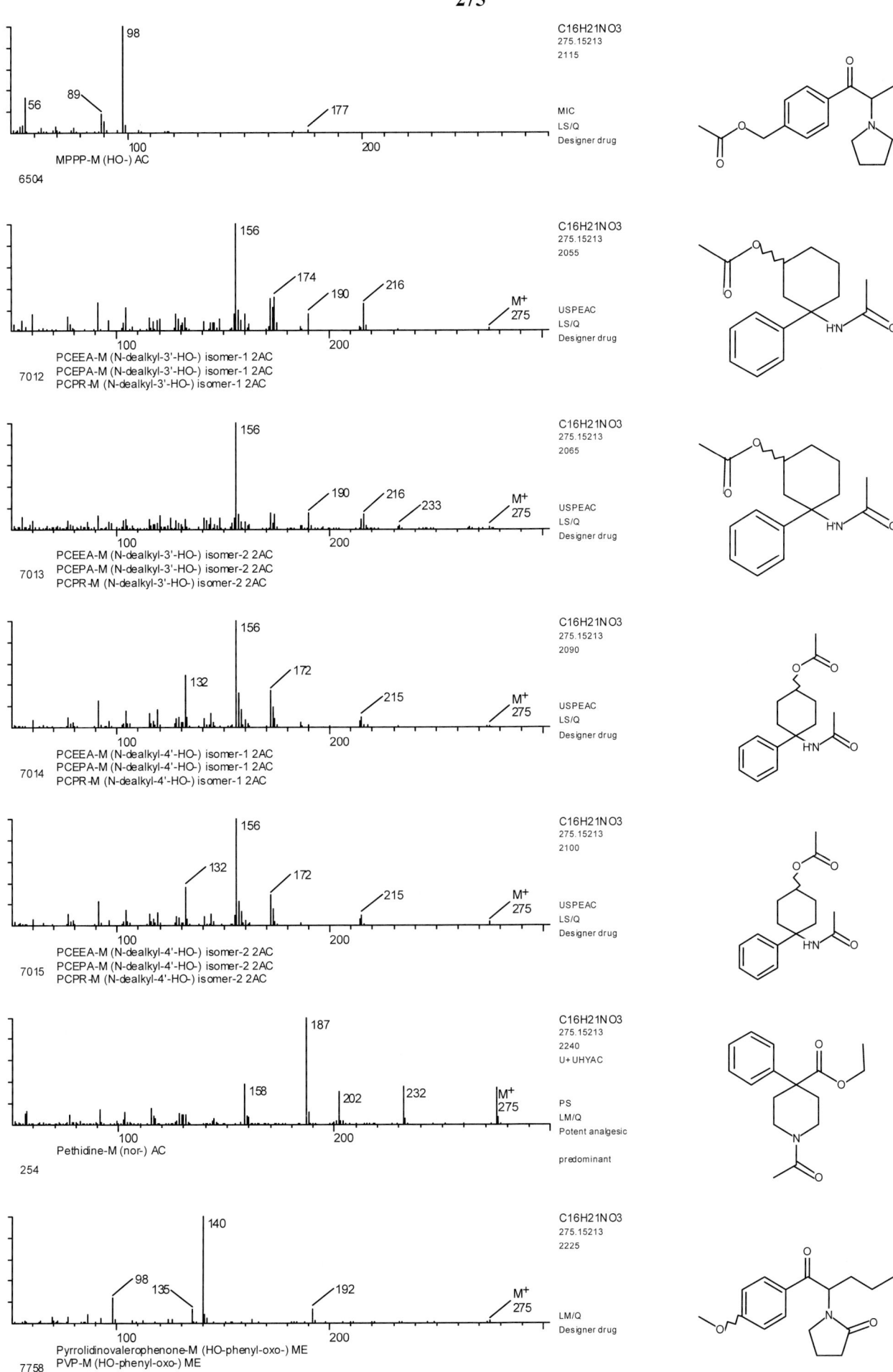

C16H21NO3
275.15213
2115
MIC
LS/Q
Designer drug

MPPP-M (HO-) AC
6504

C16H21NO3
275.15213
2055
USPEAC
LS/Q
Designer drug

PCEEA-M (N-dealkyl-3'-HO-) isomer-1 2AC
PCEPA-M (N-dealkyl-3'-HO-) isomer-1 2AC
PCPR-M (N-dealkyl-3'-HO-) isomer-1 2AC
7012

C16H21NO3
275.15213
2065
USPEAC
LS/Q
Designer drug

PCEEA-M (N-dealkyl-3'-HO-) isomer-2 2AC
PCEPA-M (N-dealkyl-3'-HO-) isomer-2 2AC
PCPR-M (N-dealkyl-3'-HO-) isomer-2 2AC
7013

C16H21NO3
275.15213
2090
USPEAC
LS/Q
Designer drug

PCEEA-M (N-dealkyl-4'-HO-) isomer-1 2AC
PCEPA-M (N-dealkyl-4'-HO-) isomer-1 2AC
PCPR-M (N-dealkyl-4'-HO-) isomer-1 2AC
7014

C16H21NO3
275.15213
2100
USPEAC
LS/Q
Designer drug

PCEEA-M (N-dealkyl-4'-HO-) isomer-2 2AC
PCEPA-M (N-dealkyl-4'-HO-) isomer-2 2AC
PCPR-M (N-dealkyl-4'-HO-) isomer-2 2AC
7015

C16H21NO3
275.15213
2240
U+ UHYAC
PS
LM/Q
Potent analgesic
predominant

Pethidine-M (nor-) AC
254

C16H21NO3
275.15213
2225
LM/Q
Designer drug

Pyrrolidinovalerophenone-M (HO-phenyl-oxo-) ME
PVP-M (HO-phenyl-oxo-) ME
7758

275

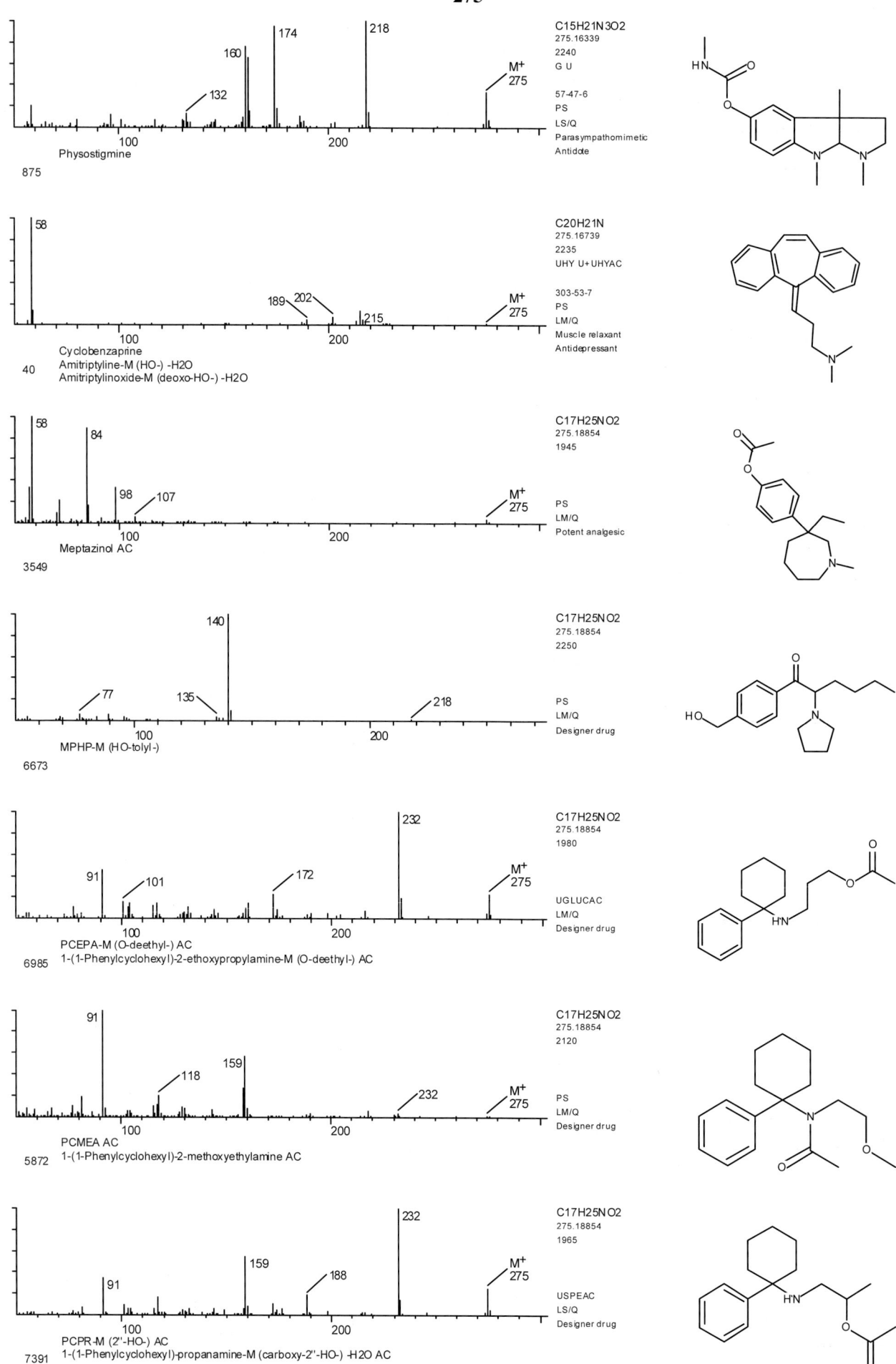

Physostigmine
C15H21N3O2
275.16339
2240
G U
57-47-6
PS
LS/Q
Parasympathomimetic
Antidote
Peaks: 132, 160, 174, 218, M+ 275
875

Cyclobenzaprine
Amitriptyline-M (HO-) -H2O
Amitriptylinoxide-M (deoxo-HO-) -H2O
C20H21N
275.16739
2235
UHY U+ UHYAC
303-53-7
PS
LM/Q
Muscle relaxant
Antidepressant
Peaks: 58, 189, 202, 215, M+ 275
40

Meptazinol AC
C17H25NO2
275.18854
1945
PS
LM/Q
Potent analgesic
Peaks: 58, 84, 98, 107, M+ 275
3549

MPHP-M (HO-tolyl-)
C17H25NO2
275.18854
2250
PS
LM/Q
Designer drug
Peaks: 77, 135, 140, 218
6673

PCEPA-M (O-deethyl-) AC
1-(1-Phenylcyclohexyl)-2-ethoxypropylamine-M (O-deethyl-) AC
C17H25NO2
275.18854
1980
UGLUCAC
LM/Q
Designer drug
Peaks: 91, 101, 172, 232, M+ 275
6985

PCMEA AC
1-(1-Phenylcyclohexyl)-2-methoxyethylamine AC
C17H25NO2
275.18854
2120
PS
LM/Q
Designer drug
Peaks: 91, 118, 159, 232, M+ 275
5872

PCPR-M (2'-HO-) AC
1-(1-Phenylcyclohexyl)-propanamine-M (carboxy-2'-HO-) -H2O AC
C17H25NO2
275.18854
1965
USPEAC
LS/Q
Designer drug
Peaks: 91, 159, 188, 232, M+ 275
7391

275

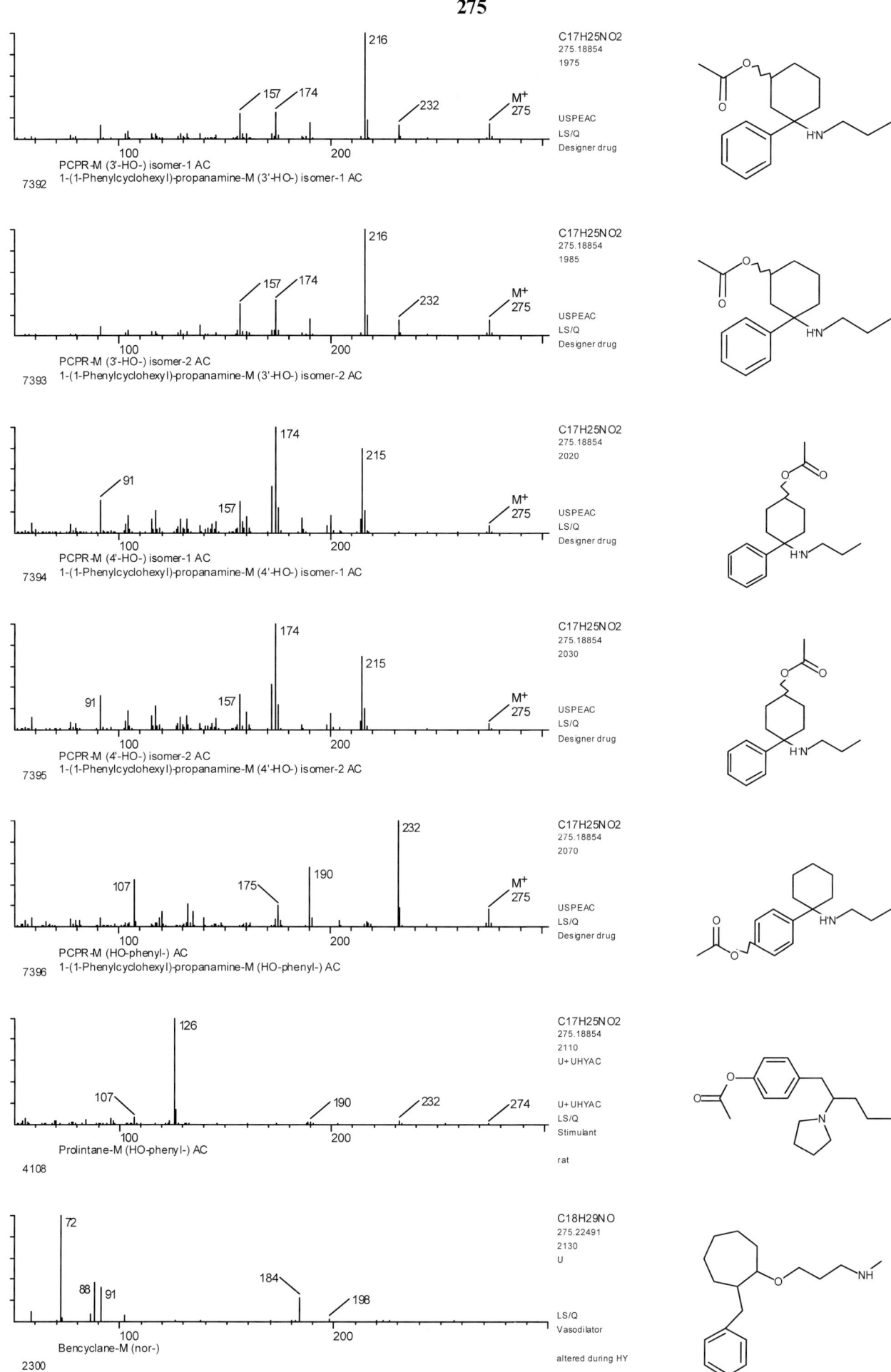

Spectrum #	Name	Formula/Info
7392	PCPR-M (3'-HO-) isomer-1 AC 1-(1-Phenylcyclohexyl)-propanamine-M (3'-HO-) isomer-1 AC Peaks: 157, 174, 216, 232, M+ 275	C17H25NO2 275.18854 1975 USPEAC LS/Q Designer drug
7393	PCPR-M (3'-HO-) isomer-2 AC 1-(1-Phenylcyclohexyl)-propanamine-M (3'-HO-) isomer-2 AC Peaks: 157, 174, 216, 232, M+ 275	C17H25NO2 275.18854 1985 USPEAC LS/Q Designer drug
7394	PCPR-M (4'-HO-) isomer-1 AC 1-(1-Phenylcyclohexyl)-propanamine-M (4'-HO-) isomer-1 AC Peaks: 91, 157, 174, 215, M+ 275	C17H25NO2 275.18854 2020 USPEAC LS/Q Designer drug
7395	PCPR-M (4'-HO-) isomer-2 AC 1-(1-Phenylcyclohexyl)-propanamine-M (4'-HO-) isomer-2 AC Peaks: 91, 157, 174, 215, M+ 275	C17H25NO2 275.18854 2030 USPEAC LS/Q Designer drug
7396	PCPR-M (HO-phenyl-) AC 1-(1-Phenylcyclohexyl)-propanamine-M (HO-phenyl-) AC Peaks: 107, 175, 190, 232, M+ 275	C17H25NO2 275.18854 2070 USPEAC LS/Q Designer drug
4108	Prolintane-M (HO-phenyl-) AC Peaks: 107, 126, 190, 232, 274	C17H25NO2 275.18854 2110 U+ UHYAC U+ UHYAC LS/Q Stimulant rat
2300	Bencyclane-M (nor-) Peaks: 72, 88, 91, 184, 198	C18H29NO 275.22491 2130 U LS/Q Vasodilator altered during HY

493

276

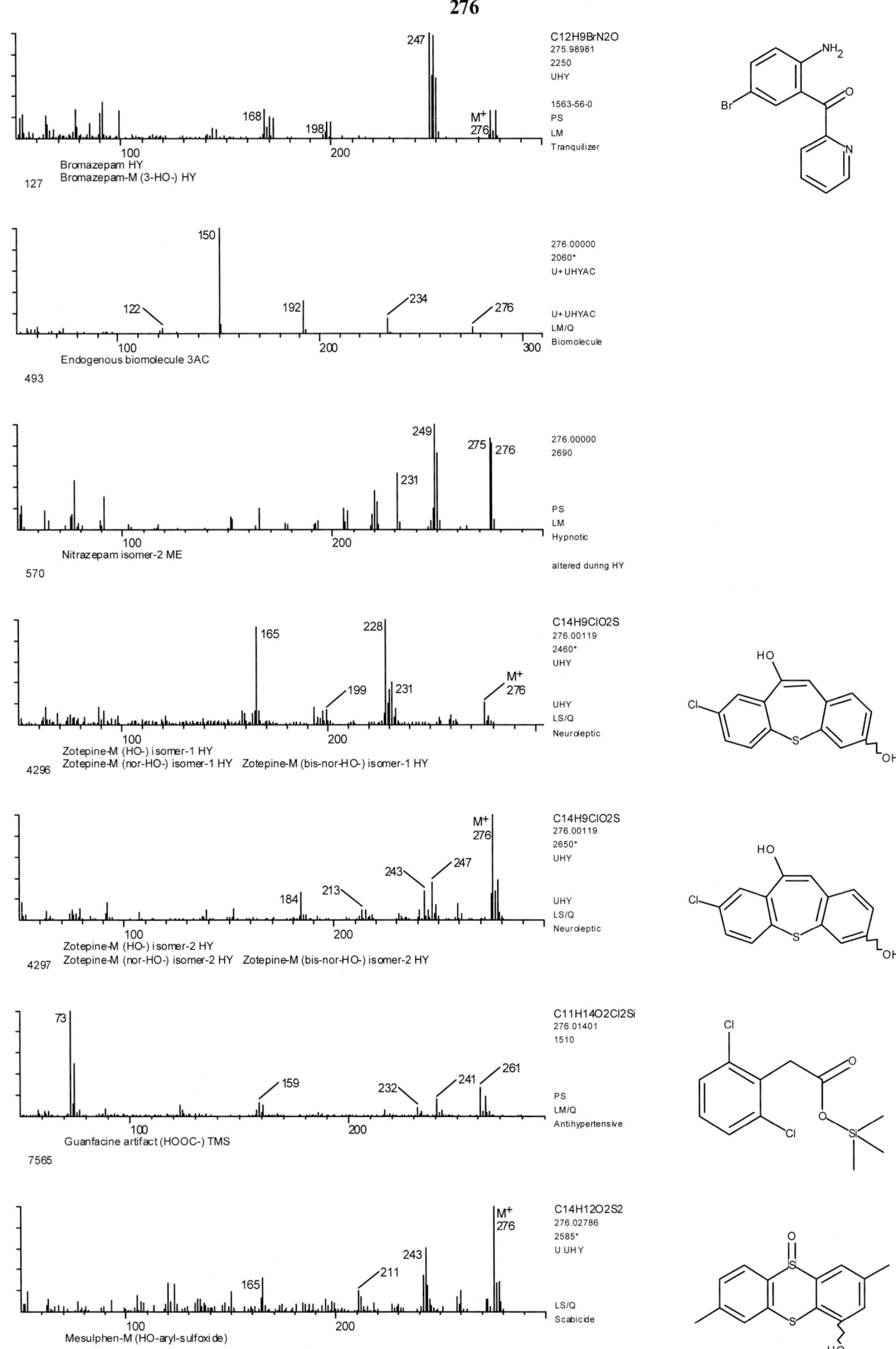

Bromazepam HY
Bromazepam-M (3-HO-) HY
127

C12H9BrN2O
275.98981
2250
UHY

1563-56-0
PS
LM
Tranquilizer

Peaks: 168, 198, 247, M+ 276

Endogenous biomolecule 3AC
493

276.00000
2060*
U+UHYAC

U+UHYAC
LM/Q
Biomolecule

Peaks: 122, 150, 192, 234, 276

Nitrazepam isomer-2 ME
570

276.00000
2690

PS
LM
Hypnotic

altered during HY

Peaks: 231, 249, 275, 276

Zotepine-M (HO-) isomer-1 HY
Zotepine-M (nor-HO-) isomer-1 HY   Zotepine-M (bis-nor-HO-) isomer-1 HY
4296

C14H9ClO2S
276.00119
2460*
UHY

UHY
LS/Q
Neuroleptic

Peaks: 165, 199, 228, 231, M+ 276

Zotepine-M (HO-) isomer-2 HY
Zotepine-M (nor-HO-) isomer-2 HY   Zotepine-M (bis-nor-HO-) isomer-2 HY
4297

C14H9ClO2S
276.00119
2650*
UHY

UHY
LS/Q
Neuroleptic

Peaks: 184, 213, 243, 247, M+ 276

Guanfacine artifact (HOOC-) TMS
7565

C11H14O2Cl2Si
276.01401
1510

PS
LM/Q
Antihypertensive

Peaks: 73, 159, 232, 241, 261

Mesulphen-M (HO-aryl-sulfoxide)
5385

C14H12O2S2
276.02786
2585*
U UHY

LS/Q
Scabicide

Peaks: 165, 211, 243, M+ 276

276

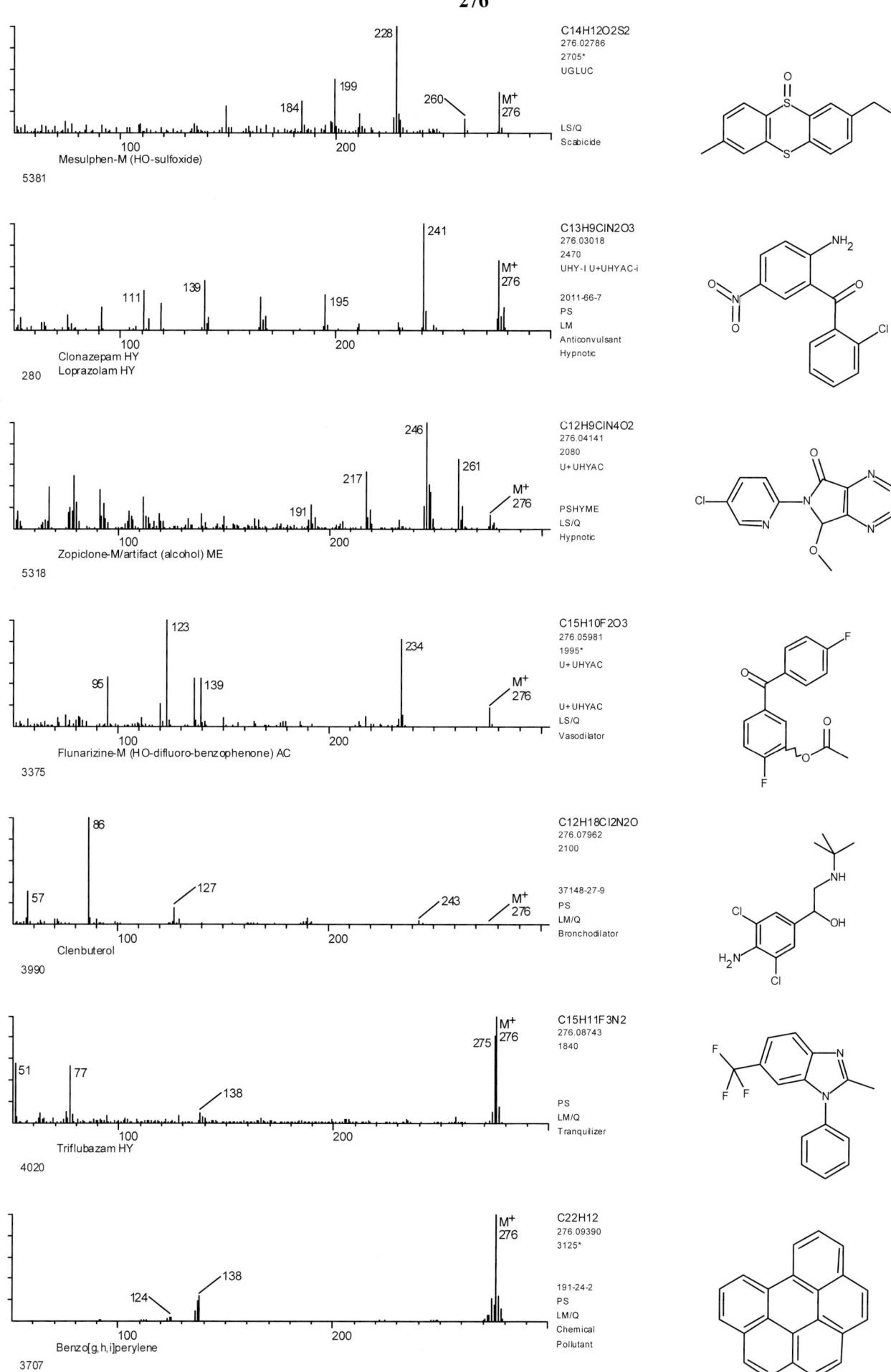

C14H12O2S2
276.02786
2705*
UGLUC

LS/Q
Scabicide

Mesulphen-M (HO-sulfoxide)
5381

C13H9ClN2O3
276.03018
2470
UHY-I U+UHYAC-i
2011-66-7
PS
LM
Anticonvulsant
Hypnotic

Clonazepam HY
Loprazolam HY
280

C12H9ClN4O2
276.04141
2080
U+ UHYAC

PSHYME
LS/Q
Hypnotic

Zopiclone-M/artifact (alcohol) ME
5318

C15H10F2O3
276.05981
1995*
U+ UHYAC

U+ UHYAC
LS/Q
Vasodilator

Flunarizine-M (HO-difluoro-benzophenone) AC
3375

C12H18Cl2N2O
276.07962
2100

37148-27-9
PS
LM/Q
Bronchodilator

Clenbuterol
3990

C15H11F3N2
276.08743
1840

PS
LM/Q
Tranquilizer

Triflubazam HY
4020

C22H12
276.09390
3125*

191-24-2
PS
LM/Q
Chemical
Pollutant

Benzo[g,h,i]perylene
3707

276

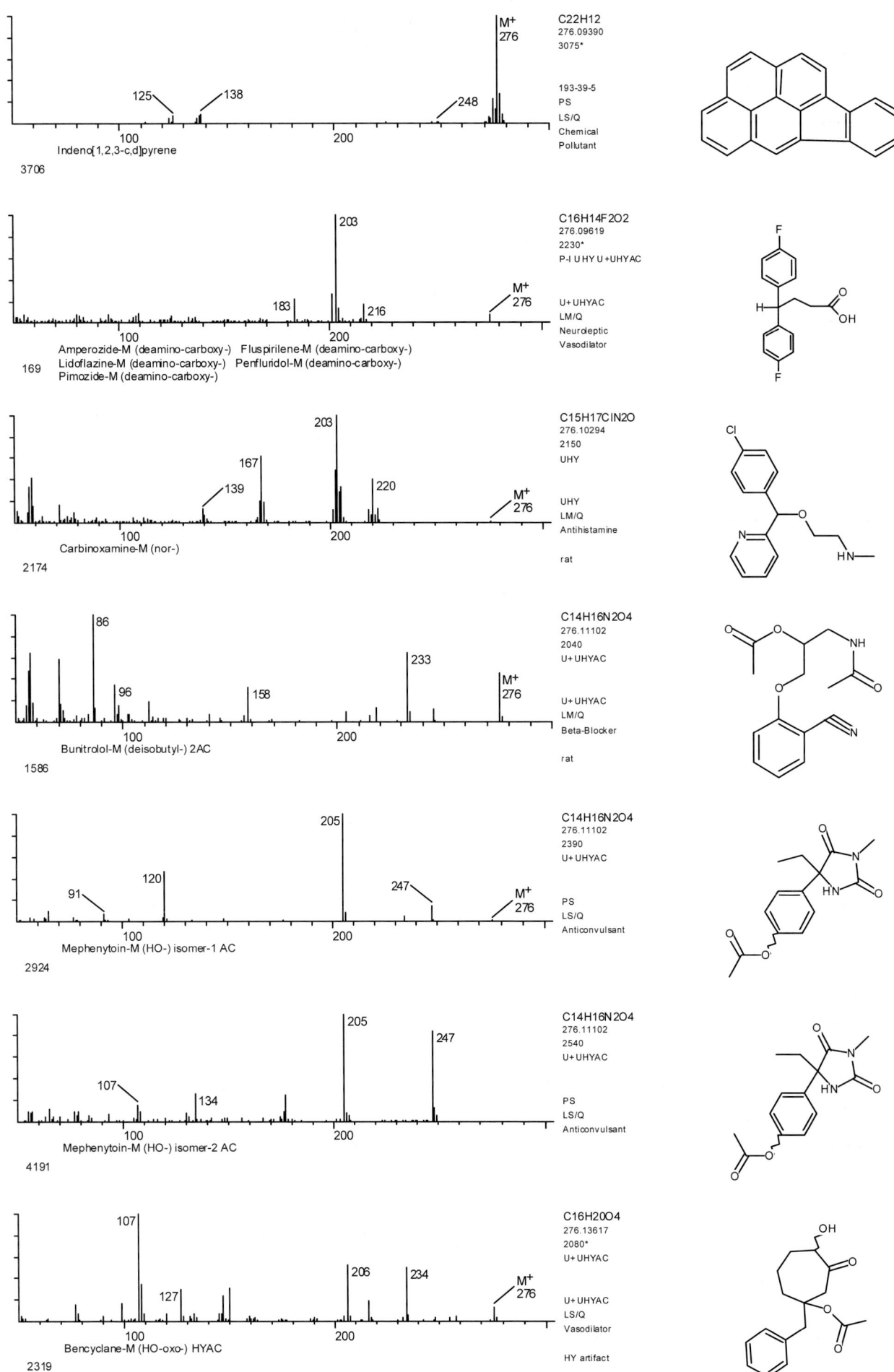

C22H12
276.09390
3075*

193-39-5
PS
LS/Q
Chemical
Pollutant

Indeno[1,2,3-c,d]pyrene
3706

C16H14F2O2
276.09619
2230*
P-I UHY U+UHYAC

U+UHYAC
LM/Q
Neuroleptic
Vasodilator

169 Amperozide-M (deamino-carboxy-) Fluspirilene-M (deamino-carboxy-)
Lidoflazine-M (deamino-carboxy-) Penfluridol-M (deamino-carboxy-)
Pimozide-M (deamino-carboxy-)

C15H17ClN2O
276.10294
2150
UHY

UHY
LM/Q
Antihistamine

rat

Carbinoxamine-M (nor-)
2174

C14H16N2O4
276.11102
2040
U+UHYAC

U+UHYAC
LM/Q
Beta-Blocker
rat

Bunitrolol-M (deisobutyl-) 2AC
1586

C14H16N2O4
276.11102
2390
U+UHYAC

PS
LS/Q
Anticonvulsant

Mephenytoin-M (HO-) isomer-1 AC
2924

C14H16N2O4
276.11102
2540
U+UHYAC

PS
LS/Q
Anticonvulsant

Mephenytoin-M (HO-) isomer-2 AC
4191

C16H20O4
276.13617
2080*
U+UHYAC

U+UHYAC
LS/Q
Vasodilator
HY artifact

Bencyclane-M (HO-oxo-) HYAC
2319

496

276

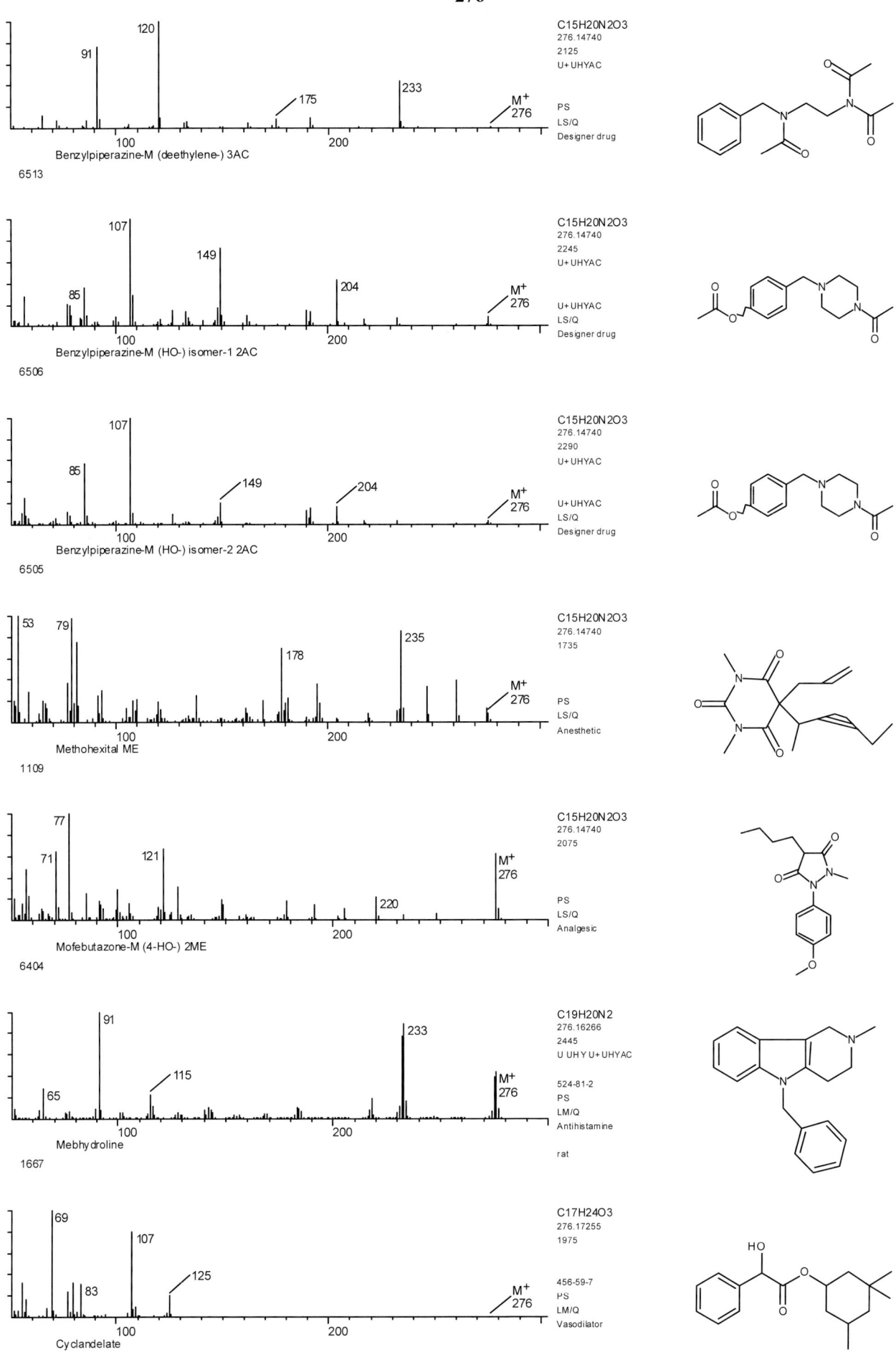

C15H20N2O3
276.14740
2125
U+ UHYAC

PS
LS/Q
Designer drug

Benzylpiperazine-M (deethylene-) 3AC
6513

C15H20N2O3
276.14740
2245
U+ UHYAC

U+ UHYAC
LS/Q
Designer drug

Benzylpiperazine-M (HO-) isomer-1 2AC
6506

C15H20N2O3
276.14740
2290
U+ UHYAC

U+ UHYAC
LS/Q
Designer drug

Benzylpiperazine-M (HO-) isomer-2 2AC
6505

C15H20N2O3
276.14740
1735

PS
LS/Q
Anesthetic

Methohexital ME
1109

C15H20N2O3
276.14740
2075

PS
LS/Q
Analgesic

Mofebutazone-M (4-HO-) 2ME
6404

C19H20N2
276.16266
2445
U UH Y U+ UHYAC

524-81-2
PS
LM/Q
Antihistamine
rat

Mebhydroline
1667

C17H24O3
276.17255
1975

456-59-7
PS
LM/Q
Vasodilator

Cyclandelate
7524

497

276

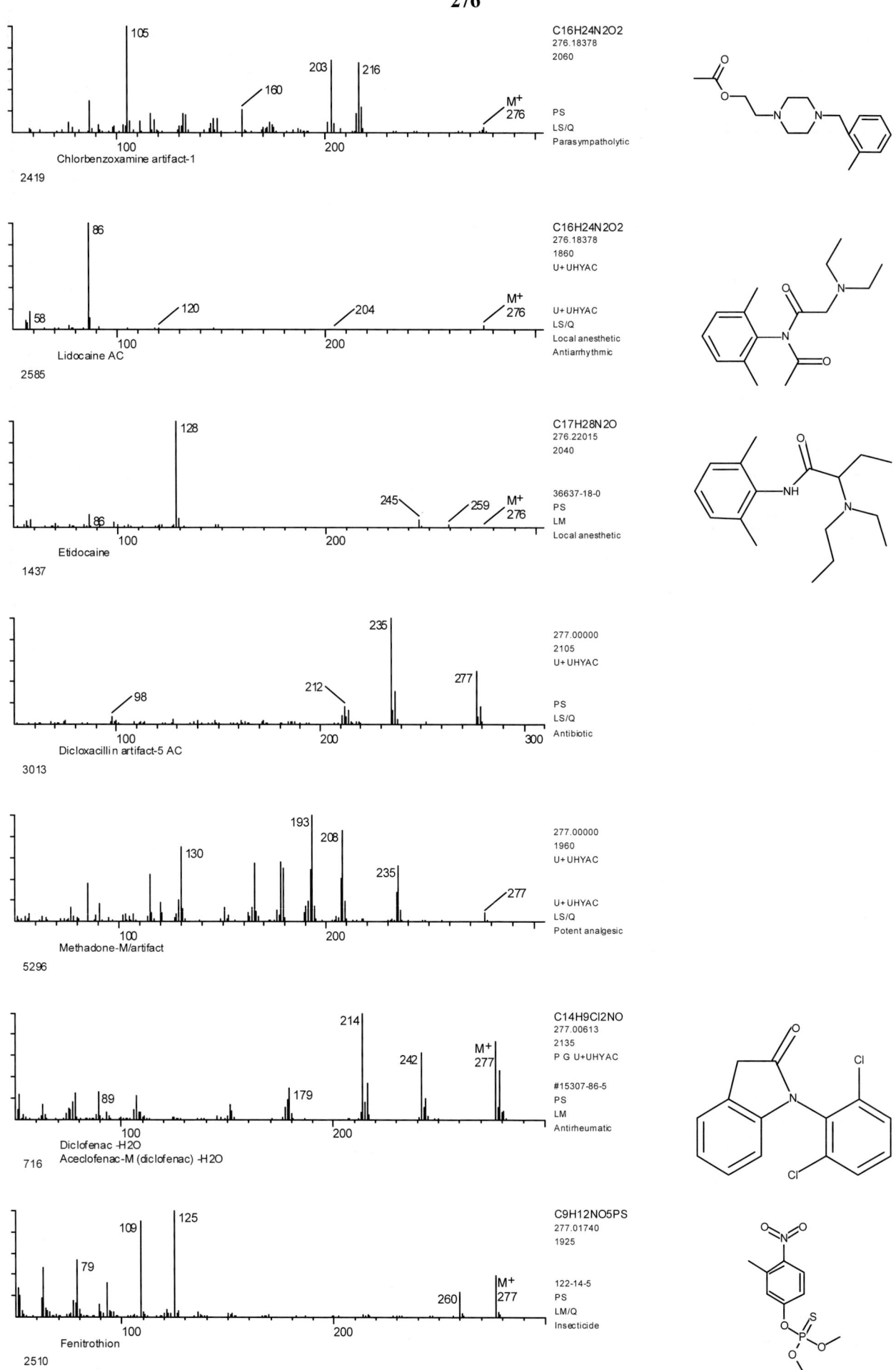

Chlorbenzoxamine artifact-1
2419
Peaks: 105, 160, 203, 216, M+ 276
C16H24N2O2
276.18378
2060
PS
LS/Q
Parasympatholytic

Lidocaine AC
2585
Peaks: 58, 86, 120, 204, M+ 276
C16H24N2O2
276.18378
1860
U+ UHYAC
U+ UHYAC
LS/Q
Local anesthetic
Antiarrhythmic

Etidocaine
1437
Peaks: 86, 128, 245, 259, M+ 276
C17H28N2O
276.22015
2040
36637-18-0
PS
LM
Local anesthetic

Dicloxacillin artifact-5 AC
3013
Peaks: 98, 212, 235, 277
277.00000
2105
U+ UHYAC
PS
LS/Q
Antibiotic

Methadone-M/artifact
5296
Peaks: 130, 193, 208, 235, 277
277.00000
1960
U+ UHYAC
U+ UHYAC
LS/Q
Potent analgesic

Diclofenac -H2O
Aceclofenac-M (diclofenac) -H2O
716
Peaks: 89, 179, 214, 242, M+ 277
C14H9Cl2NO
277.00613
2135
P G U+UHYAC
#15307-86-5
PS
LM
Antirheumatic

Fenitrothion
2510
Peaks: 79, 109, 125, 260, M+ 277
C9H12NO5PS
277.01740
1925
122-14-5
PS
LM/Q
Insecticide

277

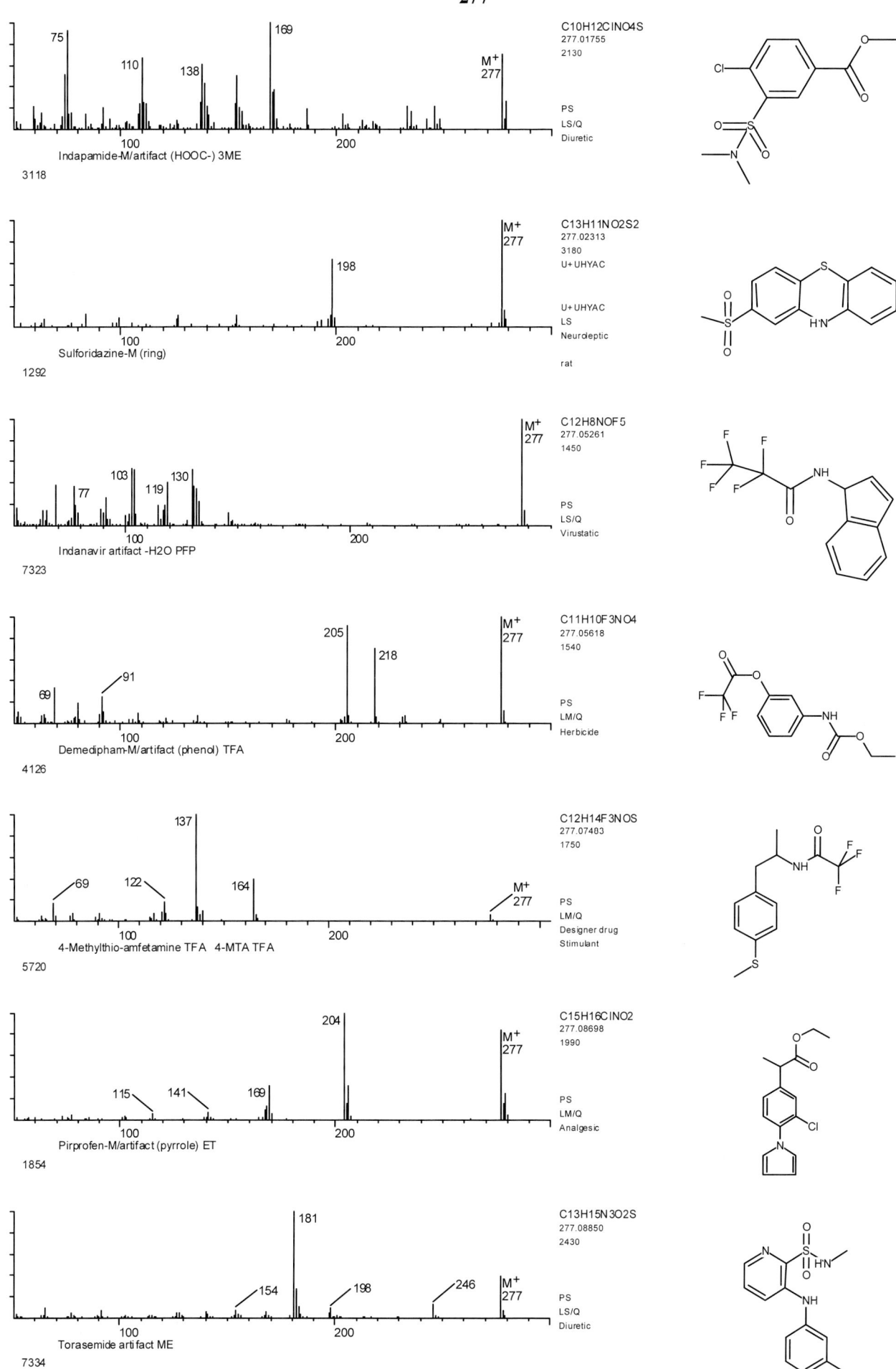

Spectrum	Formula / Info
75, 110, 138, 169, M+ 277 — Indapamide-M/artifact (HOOC-) 3ME — 3118	C10H12ClNO4S — 277.01755 — 2130 — PS — LS/Q — Diuretic
198, M+ 277 — Sulforidazine-M (ring) — 1292	C13H11NO2S2 — 277.02313 — 3180 — U+UHYAC — U+UHYAC — LS — Neuroleptic — rat
77, 103, 119, 130, M+ 277 — Indanavir artifact -H2O PFP — 7323	C12H8NOF5 — 277.05261 — 1450 — PS — LS/Q — Virustatic
69, 91, 205, 218, M+ 277 — Demedipham-M/artifact (phenol) TFA — 4126	C11H10F3NO4 — 277.05618 — 1540 — PS — LM/Q — Herbicide
69, 122, 137, 164, M+ 277 — 4-Methylthio-amfetamine TFA 4-MTA TFA — 5720	C12H14F3NOS — 277.07483 — 1750 — PS — LM/Q — Designer drug — Stimulant
115, 141, 169, 204, M+ 277 — Pirprofen-M/artifact (pyrrole) ET — 1854	C15H16ClNO2 — 277.08698 — 1990 — PS — LM/Q — Analgesic
154, 181, 198, 246, M+ 277 — Torasemide artifact ME — 7334	C13H15N3O2S — 277.08850 — 2430 — PS — LS/Q — Diuretic

277

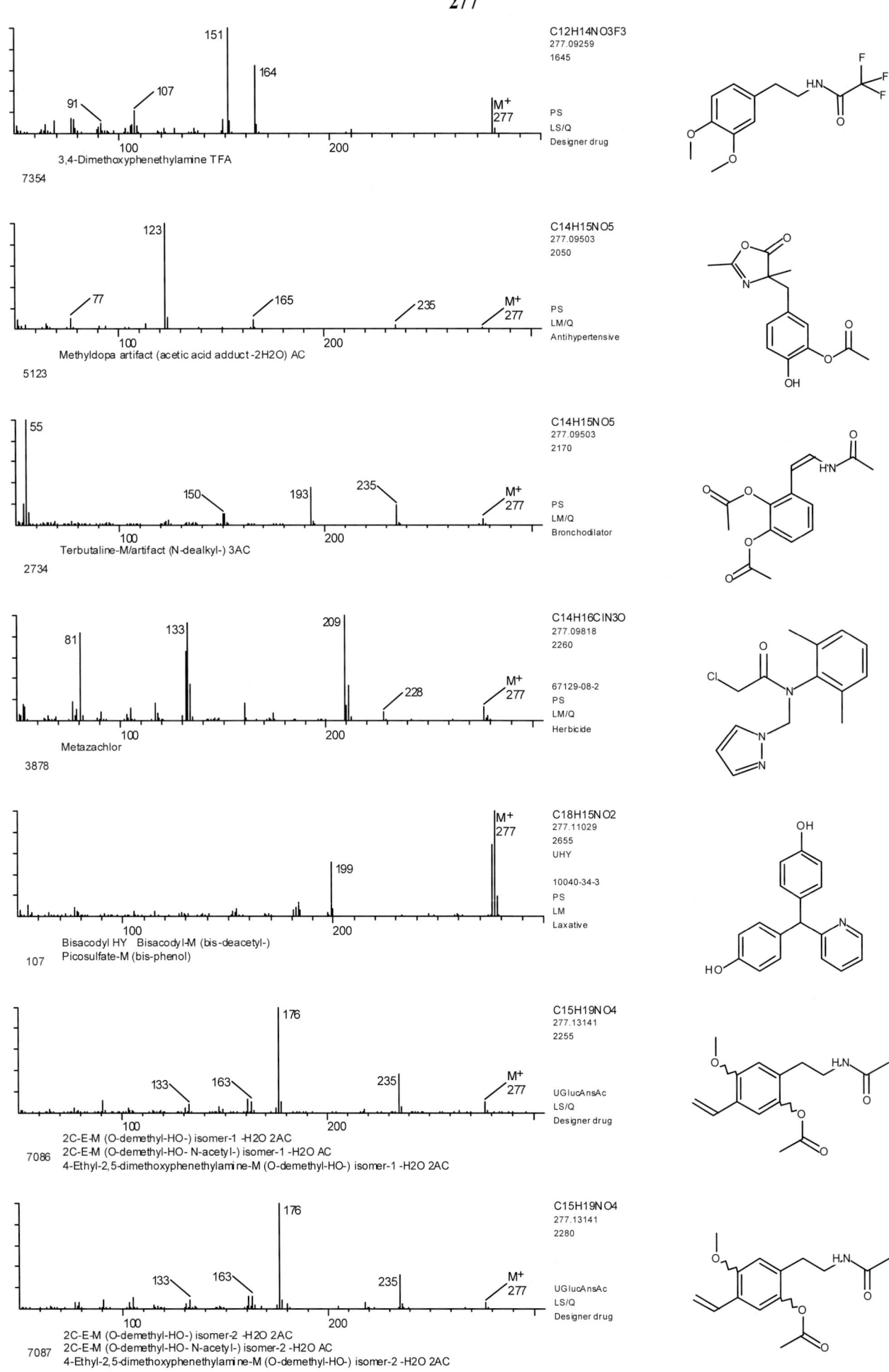

C12H14NO3F3
277.09259
1645

PS
LS/Q
Designer drug

3,4-Dimethoxyphenethylamine TFA
7354

C14H15NO5
277.09503
2050

PS
LM/Q
Antihypertensive

Methyldopa artifact (acetic acid adduct -2H2O) AC
5123

C14H15NO5
277.09503
2170

PS
LM/Q
Bronchodilator

Terbutaline-M/artifact (N-dealkyl-) 3AC
2734

C14H16ClN3O
277.09818
2260

67129-08-2
PS
LM/Q
Herbicide

Metazachlor
3878

C18H15NO2
277.11029
2655
UHY

10040-34-3
PS
LM
Laxative

Bisacodyl HY Bisacodyl-M (bis-deacetyl-)
Picosulfate-M (bis-phenol)
107

C15H19NO4
277.13141
2255

UGlucAnsAc
LS/Q
Designer drug

2C-E-M (O-demethyl-HO-) isomer-1 -H2O 2AC
2C-E-M (O-demethyl-HO- N-acetyl-) isomer-1 -H2O AC
4-Ethyl-2,5-dimethoxyphenethylamine-M (O-demethyl-HO-) isomer-1 -H2O 2AC
7086

C15H19NO4
277.13141
2280

UGlucAnsAc
LS/Q
Designer drug

2C-E-M (O-demethyl-HO-) isomer-2 -H2O 2AC
2C-E-M (O-demethyl-HO- N-acetyl-) isomer-2 -H2O AC
4-Ethyl-2,5-dimethoxyphenethylamine-M (O-demethyl-HO-) isomer-2 -H2O 2AC
7087

277

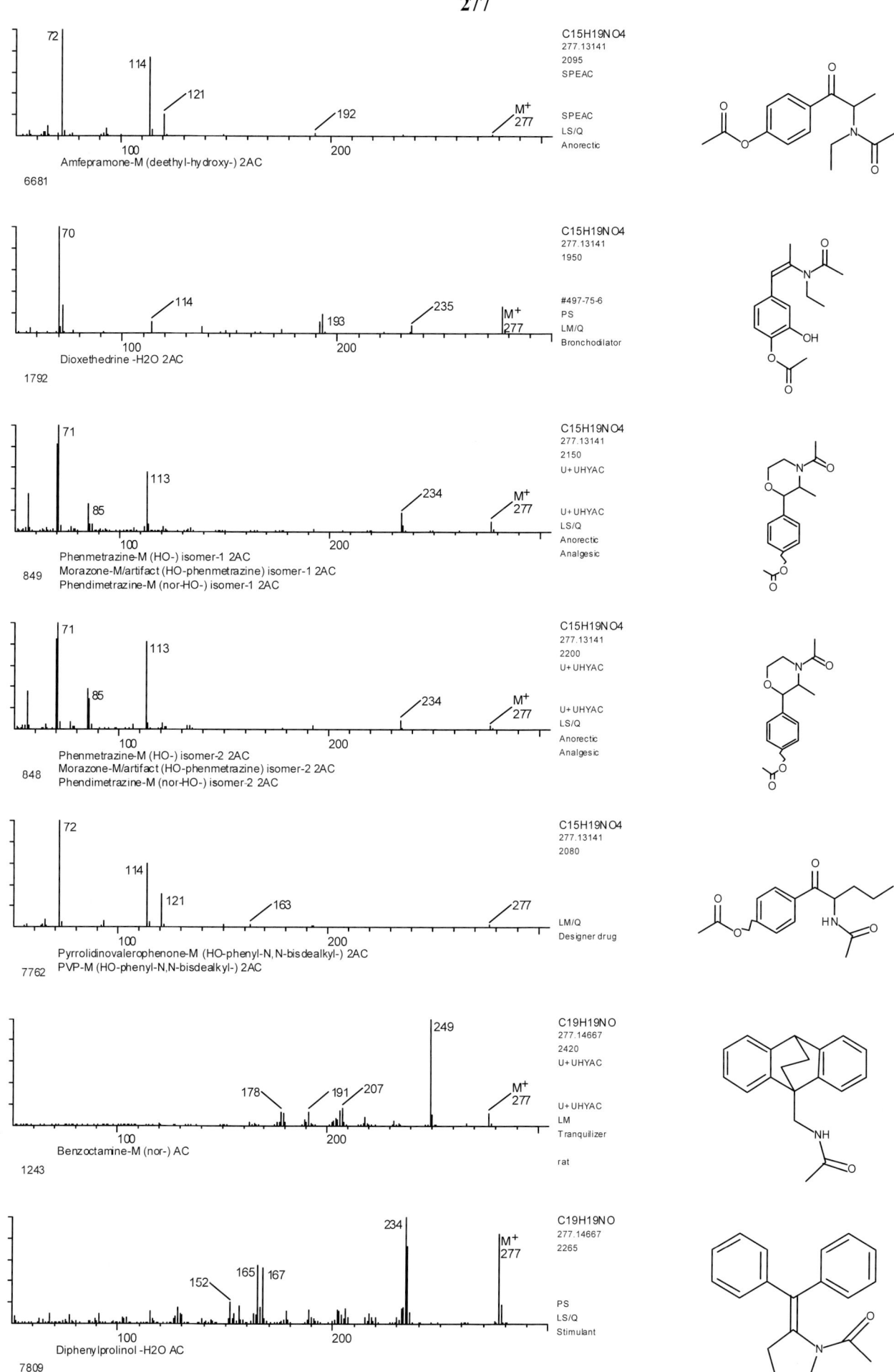

C15H19NO4
277.13141
2095
SPEAC

SPEAC
LS/Q
Anorectic

Amfepramone-M (deethyl-hydroxy-) 2AC
6681

C15H19NO4
277.13141
1950

#497-75-6
PS
LM/Q
Bronchodilator

Dioxethedrine -H2O 2AC
1792

C15H19NO4
277.13141
2150
U+UHYAC

U+UHYAC
LS/Q
Anorectic
Analgesic

Phenmetrazine-M (HO-) isomer-1 2AC
Morazone-M/artifact (HO-phenmetrazine) isomer-1 2AC
Phendimetrazine-M (nor-HO-) isomer-1 2AC
849

C15H19NO4
277.13141
2200
U+UHYAC

U+UHYAC
LS/Q
Anorectic
Analgesic

Phenmetrazine-M (HO-) isomer-2 2AC
Morazone-M/artifact (HO-phenmetrazine) isomer-2 2AC
Phendimetrazine-M (nor-HO-) isomer-2 2AC
848

C15H19NO4
277.13141
2080

LM/Q
Designer drug

Pyrrolidinovalerophenone-M (HO-phenyl-N,N-bisdealkyl-) 2AC
PVP-M (HO-phenyl-N,N-bisdealkyl-) 2AC
7762

C19H19NO
277.14667
2420
U+UHYAC

U+UHYAC
LM
Tranquilizer
rat

Benzoctamine-M (nor-) AC
1243

C19H19NO
277.14667
2265

PS
LS/Q
Stimulant

Diphenylprolinol -H2O AC
7809

501

277

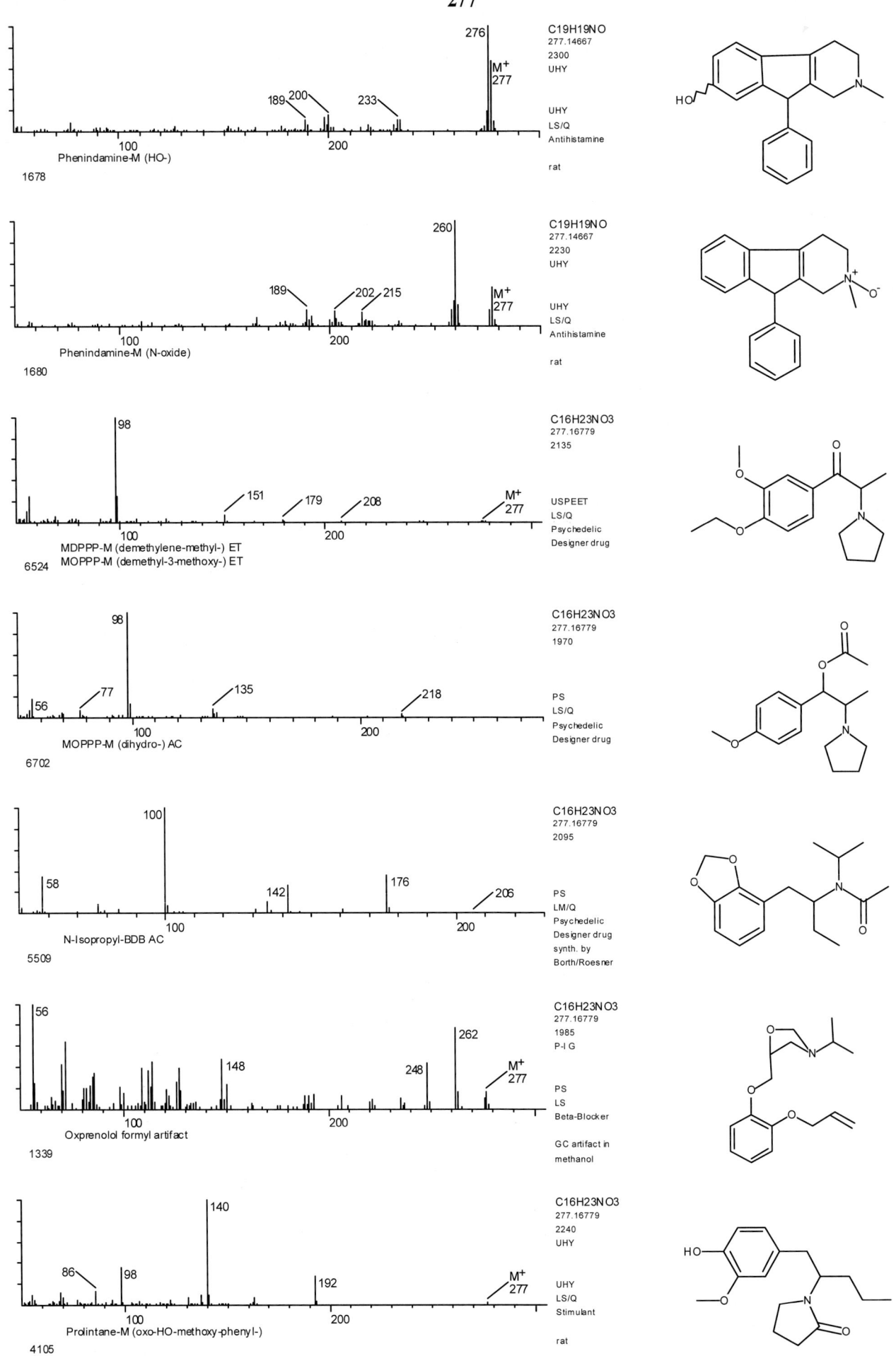

Phenindamine-M (HO-) — 1678	C19H19NO, 277.14667, 2300, UHY / UHY, LS/Q, Antihistamine, rat. Peaks: 276, M+ 277, 189, 200, 233
Phenindamine-M (N-oxide) — 1680	C19H19NO, 277.14667, 2230, UHY / UHY, LS/Q, Antihistamine, rat. Peaks: 260, M+ 277, 189, 202, 215
MDPPP-M (demethylene-methyl-) ET / MOPPP-M (demethyl-3-methoxy-) ET — 6524	C16H23NO3, 277.16779, 2135, USPEET, LS/Q, Psychedelic Designer drug. Peaks: 98, 151, 179, 208, M+ 277
MOPPP-M (dihydro-) AC — 6702	C16H23NO3, 277.16779, 1970, PS, LS/Q, Psychedelic Designer drug. Peaks: 56, 77, 98, 135, 218
N-Isopropyl-BDB AC — 5509	C16H23NO3, 277.16779, 2095, PS, LM/Q, Psychedelic Designer drug, synth. by Borth/Roesner. Peaks: 58, 100, 142, 176, 206
Oxprenolol formyl artifact — 1339	C16H23NO3, 277.16779, 1985, P-I G, PS, LS, Beta-Blocker, GC artifact in methanol. Peaks: 56, 148, 248, 262, M+ 277
Prolintane-M (oxo-HO-methoxy-phenyl-) — 4105	C16H23NO3, 277.16779, 2240, UHY / UHY, LS/Q, Stimulant, rat. Peaks: 86, 98, 140, 192, M+ 277

277

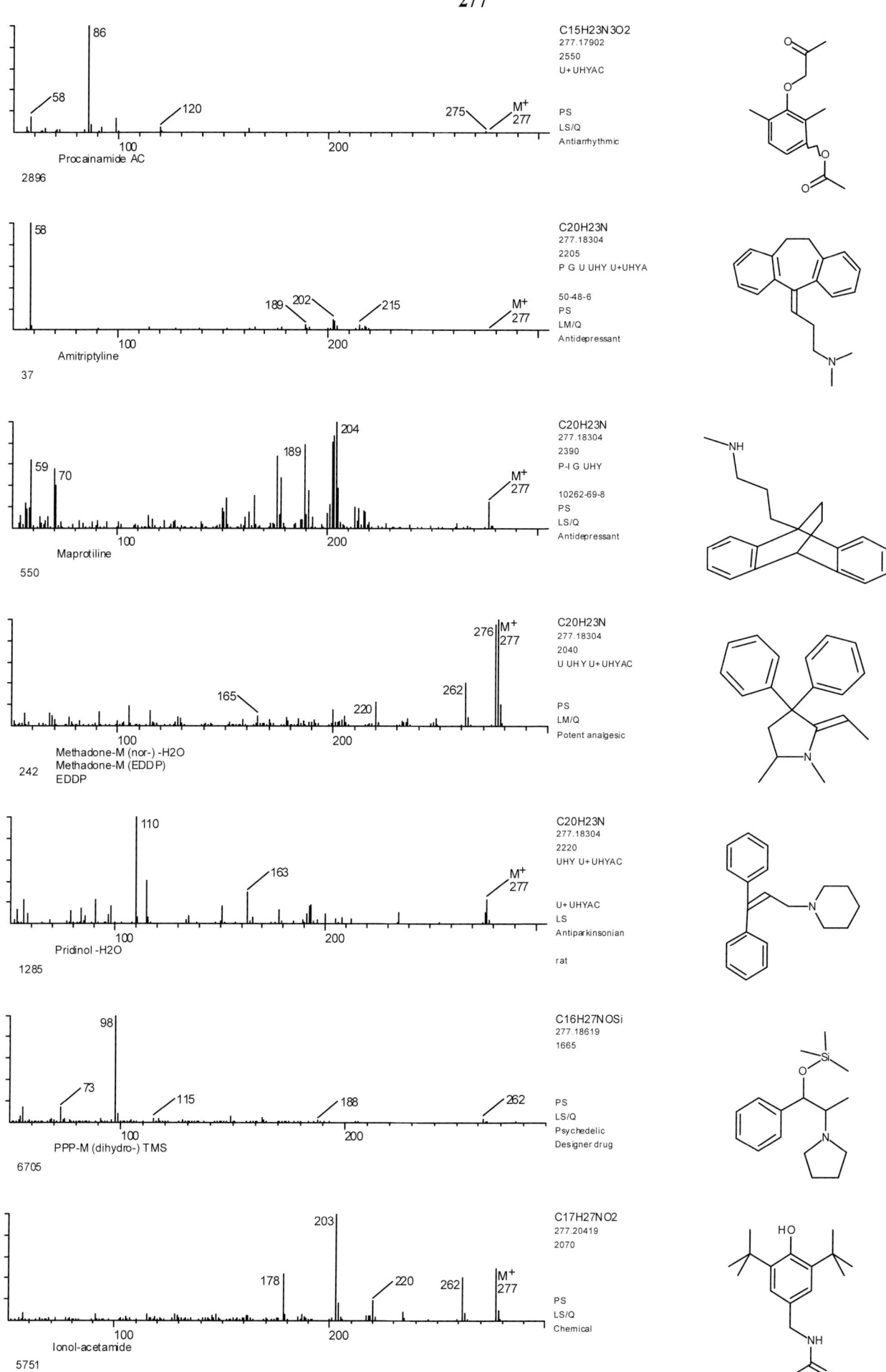

C15H23N3O2
277.17902
2550
U+ UHYAC

PS
LS/Q
Antiarrhythmic

Procainamide AC
2896

C20H23N
277.18304
2205
P G U UHY U+UHYA

50-48-6
PS
LM/Q
Antidepressant

Amitriptyline
37

C20H23N
277.18304
2390
P-I G UHY

10262-69-8
PS
LS/Q
Antidepressant

Maprotiline
550

C20H23N
277.18304
2040
U UHY U+ UHYAC

PS
LM/Q
Potent analgesic

Methadone-M (nor-) -H2O
Methadone-M (EDDP)
242 EDDP

C20H23N
277.18304
2220
UHY U+UHYAC

U+ UHYAC
LS
Antiparkinsonian
rat

Pridinol -H2O
1285

C16H27NOSi
277.18619
1665

PS
LS/Q
Psychedelic
Designer drug

PPP-M (dihydro-) TMS
6705

C17H27NO2
277.20419
2070

PS
LS/Q
Chemical

Ionol-acetamide
5751

277

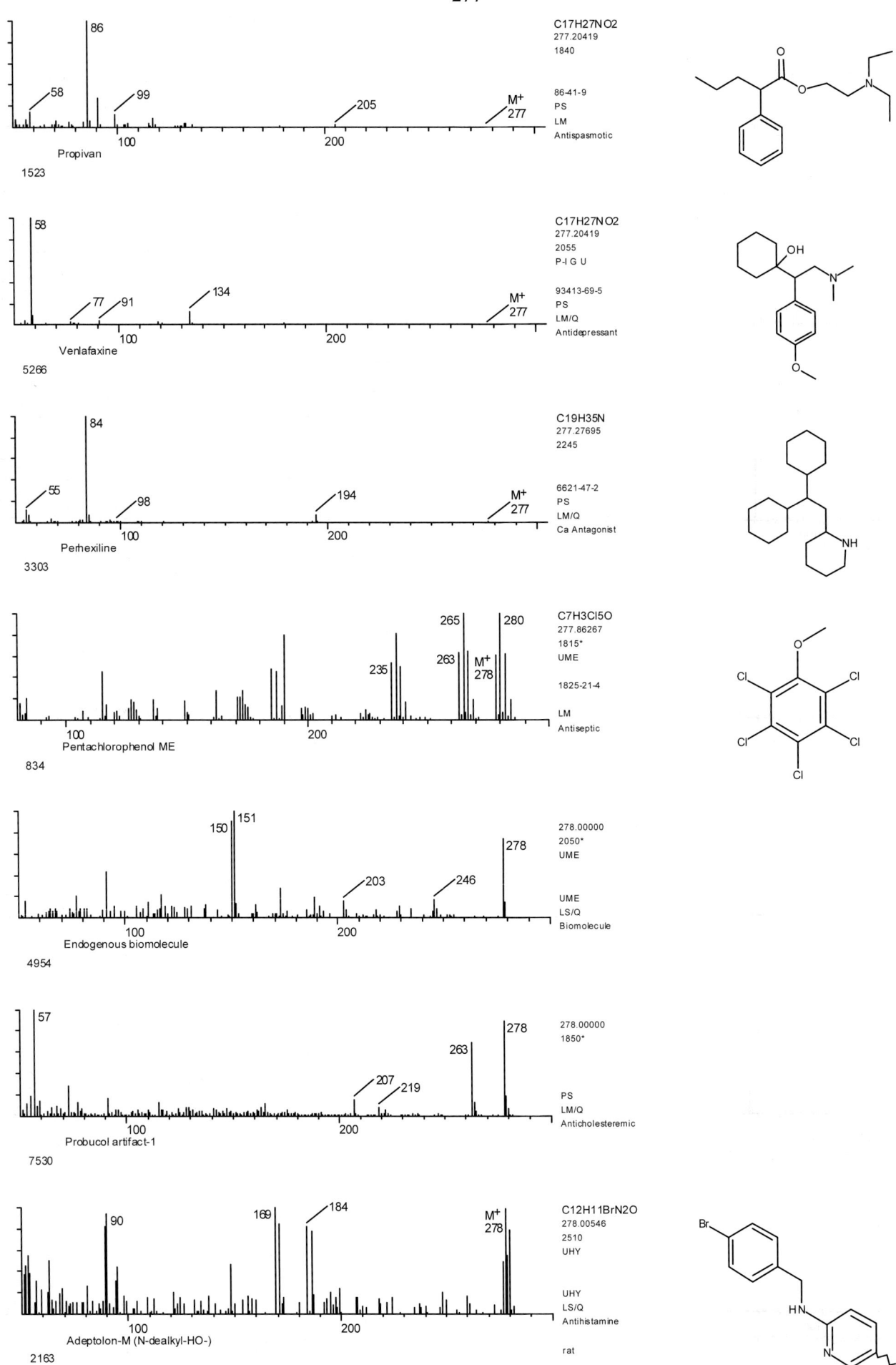

Propivan — C17H27NO2, 277.20419, 1840, 86-41-9, PS, LM, Antispasmotic
Peaks: 58, 86, 99, 205, M+ 277
1523

Venlafaxine — C17H27NO2, 277.20419, 2055, P-I G U, 93413-69-5, PS, LM/Q, Antidepressant
Peaks: 58, 77, 91, 134, M+ 277
5266

Perhexiline — C19H35N, 277.27695, 2245, 6621-47-2, PS, LM/Q, Ca Antagonist
Peaks: 55, 84, 98, 194, M+ 277
3303

Pentachlorophenol ME — C7H3Cl5O, 277.86267, 1815*, UME, 1825-21-4, LM, Antiseptic
Peaks: 235, 263, M+ 278, 265, 280
834

Endogenous biomolecule — 278.00000, 2050*, UME, UME, LS/Q, Biomolecule
Peaks: 150, 151, 203, 246, 278
4954

Probucol artifact-1 — 278.00000, 1850*, PS, LM/Q, Anticholesteremic
Peaks: 57, 207, 219, 263, 278
7530

Adeptolon-M (N-dealkyl-HO-) — C12H11BrN2O, 278.00546, 2510, UHY, UHY, LS/Q, Antihistamine, rat
Peaks: 90, 169, 184, M+ 278
2163

504

278

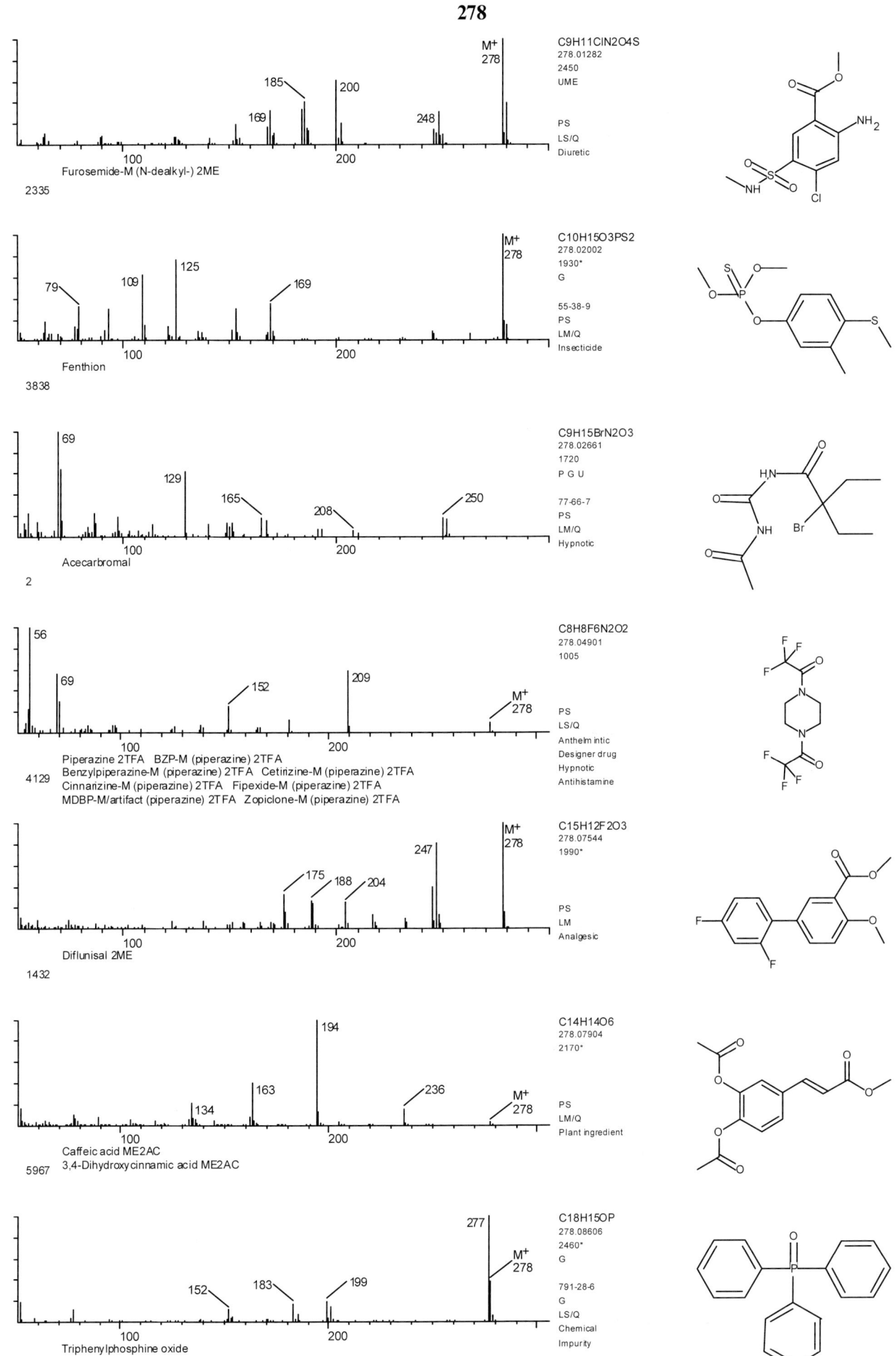

Furosemide-M (N-dealkyl-) 2ME
2335
185, 169, 200, 248, M+ 278

C9H11ClN2O4S
278.01282
2450
UME

PS
LS/Q
Diuretic

Fenthion
3838
79, 109, 125, 169, M+ 278

C10H15O3PS2
278.02002
1930*
G

55-38-9
PS
LM/Q
Insecticide

Acecarbromal
2
69, 129, 165, 208, 250

C9H15BrN2O3
278.02661
1720
P G U

77-66-7
PS
LM/Q
Hypnotic

Piperazine 2TFA BZP-M (piperazine) 2TFA
Benzylpiperazine-M (piperazine) 2TFA Cetirizine-M (piperazine) 2TFA
Cinnarizine-M (piperazine) 2TFA Fipexide-M (piperazine) 2TFA
MDBP-M/artifact (piperazine) 2TFA Zopiclone-M (piperazine) 2TFA
4129
56, 69, 152, 209, M+ 278

C8H8F6N2O2
278.04901
1005

PS
LS/Q
Anthelmintic
Designer drug
Hypnotic
Antihistamine

Diflunisal 2ME
1432
175, 188, 204, 247, M+ 278

C15H12F2O3
278.07544
1990*

PS
LM
Analgesic

Caffeic acid ME2AC
3,4-Dihydroxycinnamic acid ME2AC
5967
134, 163, 194, 236, M+ 278

C14H14O6
278.07904
2170*

PS
LM/Q
Plant ingredient

Triphenylphosphine oxide
6676
152, 183, 199, 277, M+ 278

C18H15OP
278.08606
2460*
G

791-28-6
G
LS/Q
Chemical
Impurity

505

278

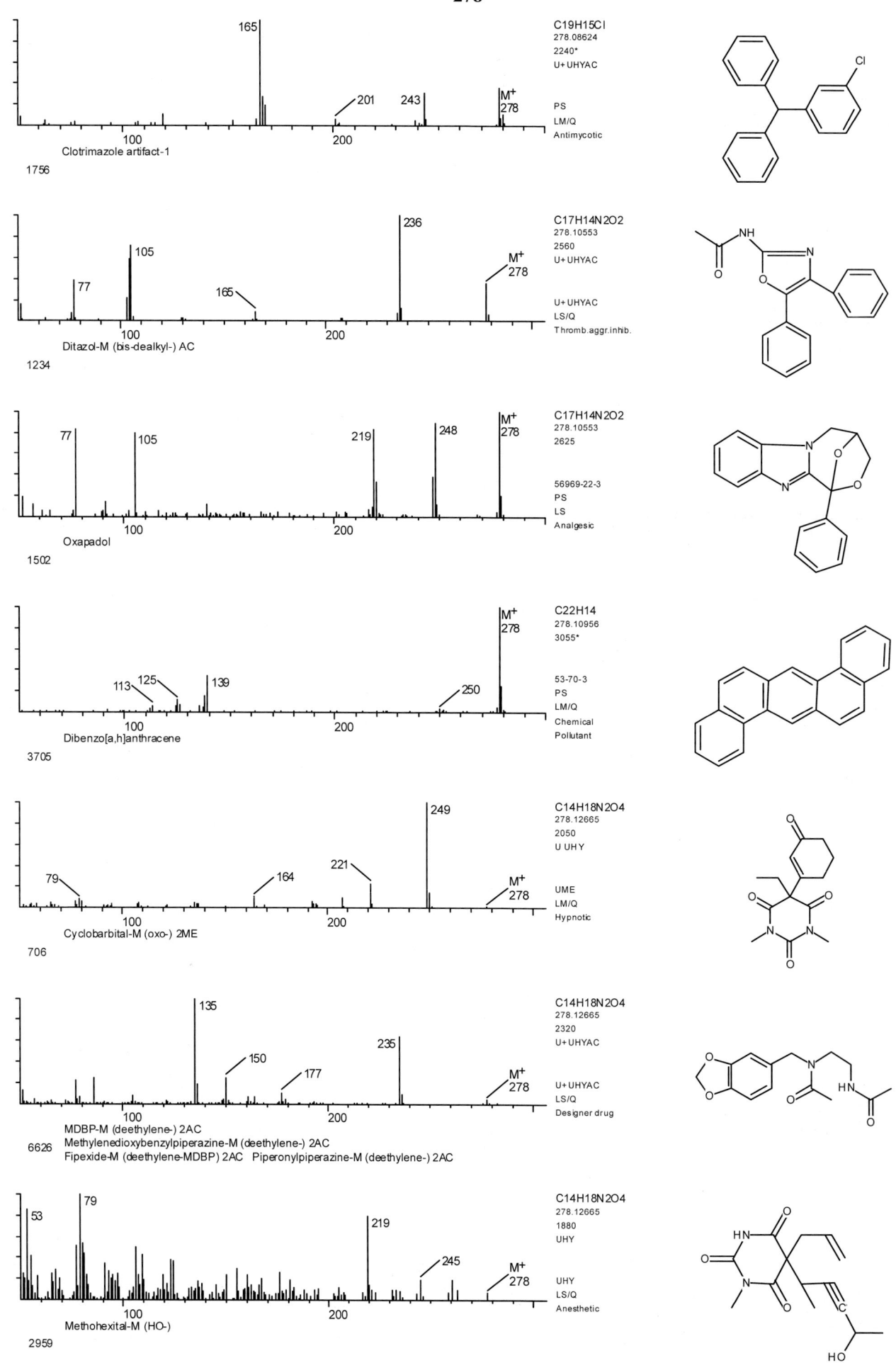

Clotrimazole artifact-1
C19H15Cl
278.08624
2240*
U+ UHYAC
PS
LM/Q
Antimycotic
1756

Ditazol-M (bis-dealkyl-) AC
C17H14N2O2
278.10553
2560
U+ UHYAC
U+ UHYAC
LS/Q
Thromb.aggr.inhib.
1234

Oxapadol
C17H14N2O2
278.10553
2625
56969-22-3
PS
LS
Analgesic
1502

Dibenzo[a,h]anthracene
C22H14
278.10956
3055*
53-70-3
PS
LM/Q
Chemical Pollutant
3705

Cyclobarbital-M (oxo-) 2ME
C14H18N2O4
278.12665
2050
U UHY
UME
LM/Q
Hypnotic
706

MDBP-M (deethylene-) 2AC
Methylenedioxybenzylpiperazine-M (deethylene-) 2AC
Fipexide-M (deethylene-MDBP) 2AC   Piperonylpiperazine-M (deethylene-) 2AC
C14H18N2O4
278.12665
2320
U+ UHYAC
U+ UHYAC
LS/Q
Designer drug
6626

Methohexital-M (HO-)
C14H18N2O4
278.12665
1880
UHY
UHY
LS/Q
Anesthetic
2959

278

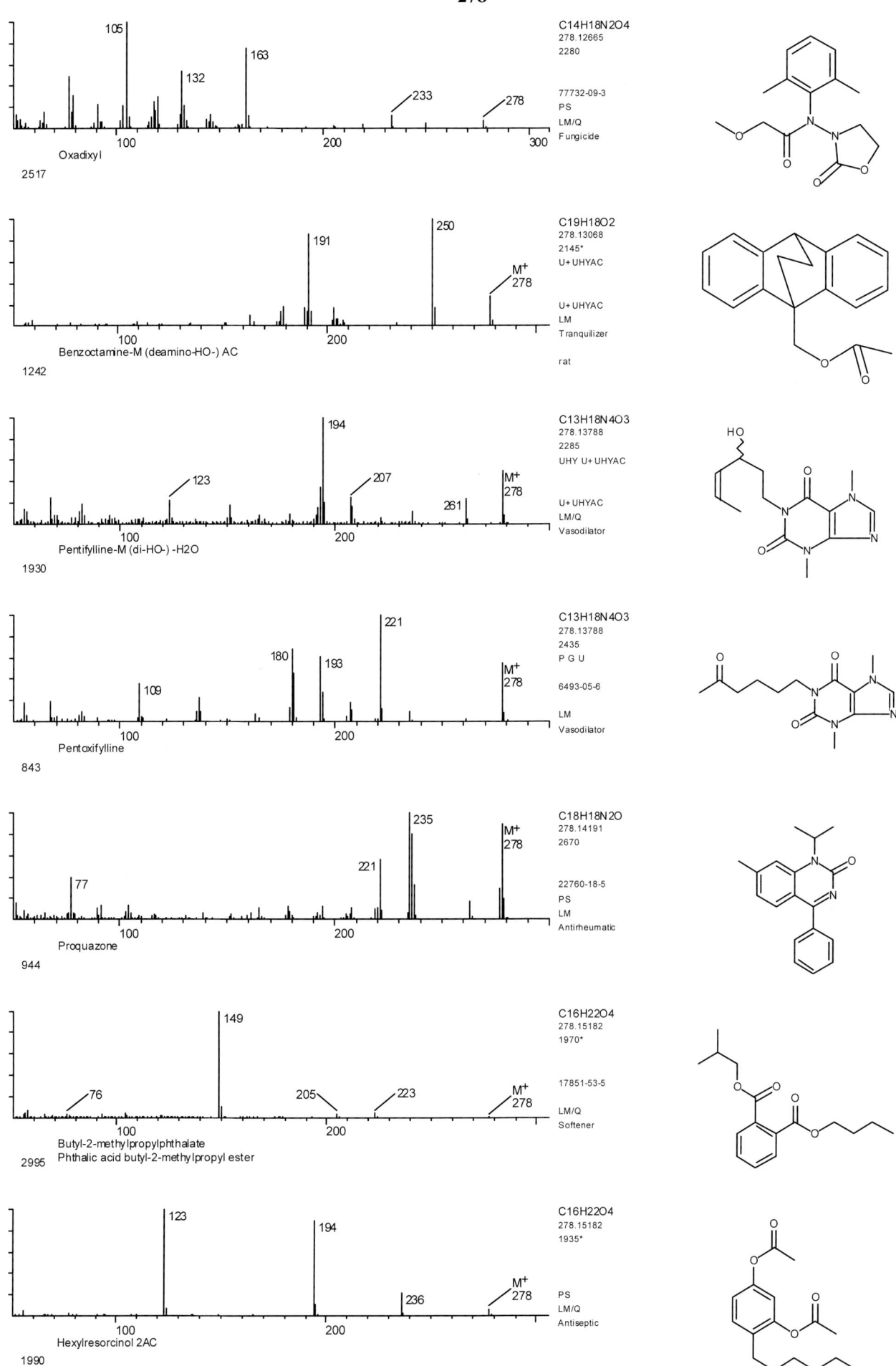

Oxadixyl
C14H18N2O4
278.12665
2280
77732-09-3
PS
LM/Q
Fungicide
2517

Benzoctamine-M (deamino-HO-) AC
C19H18O2
278.13068
2145*
U+ UHYAC
U+ UHYAC
LM
Tranquilizer
rat
1242

Pentifylline-M (di-HO-) -H2O
C13H18N4O3
278.13788
2285
UHY U+ UHYAC
U+ UHYAC
LM/Q
Vasodilator
1930

Pentoxifylline
C13H18N4O3
278.13788
2435
P G U
6493-05-6
LM
Vasodilator
843

Proquazone
C18H18N2O
278.14191
2670
22760-18-5
PS
LM
Antirheumatic
944

Butyl-2-methylpropylphthalate
Phthalic acid butyl-2-methylpropyl ester
C16H22O4
278.15182
1970*
17851-53-5
LM/Q
Softener
2995

Hexylresorcinol 2AC
C16H22O4
278.15182
1935*
PS
LM/Q
Antiseptic
1990

507

278

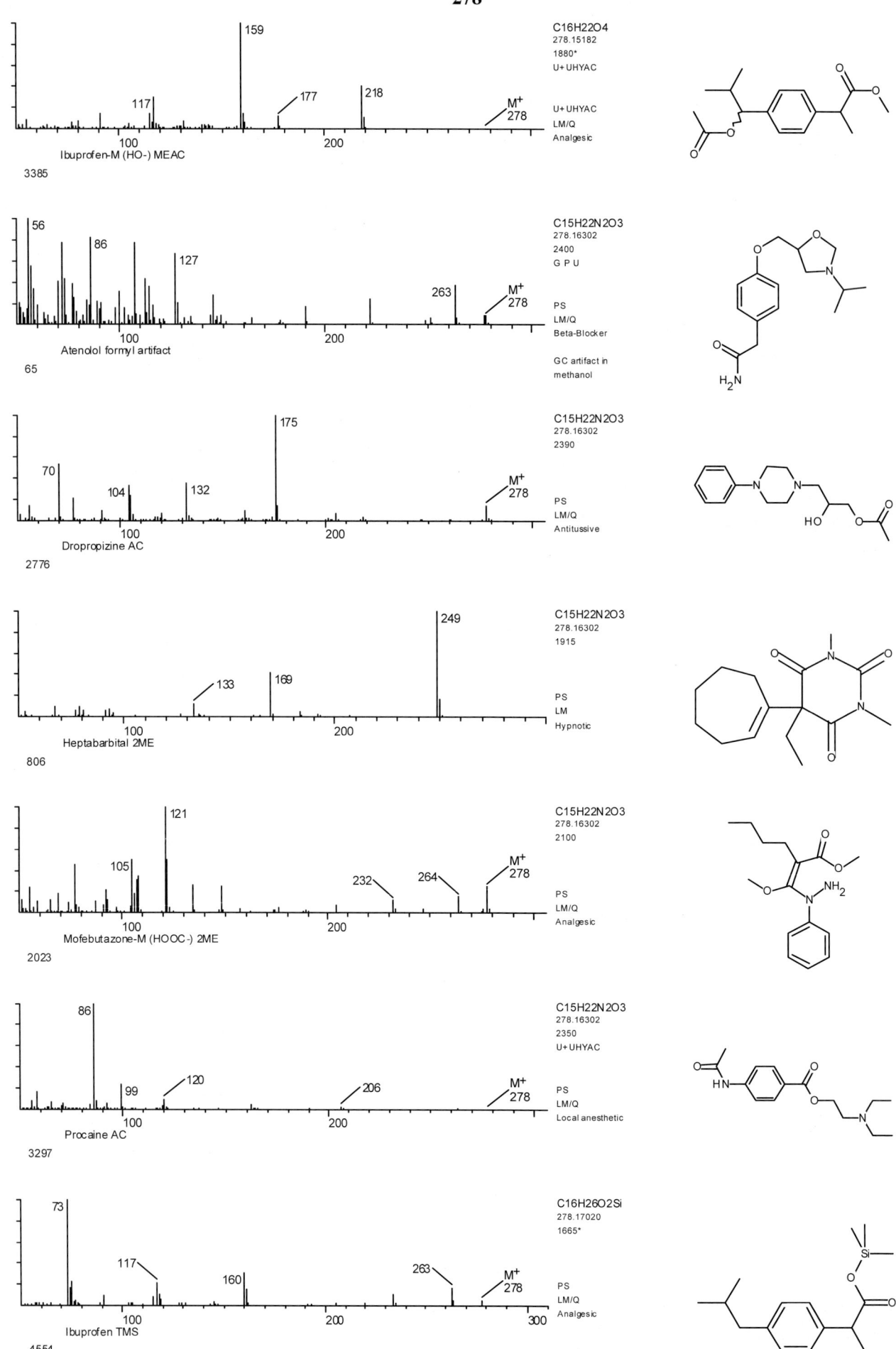

Ibuprofen-M (HO-) MEAC — 3385
C16H22O4
278.15182
1880*
U+ UHYAC
U+ UHYAC
LM/Q
Analgesic
Peaks: 117, 159, 177, 218, M+ 278

Atenolol formyl artifact — 65
C15H22N2O3
278.16302
2400
G P U
PS
LM/Q
Beta-Blocker
GC artifact in methanol
Peaks: 56, 86, 127, 263, M+ 278

Dropropizine AC — 2776
C15H22N2O3
278.16302
2390
PS
LM/Q
Antitussive
Peaks: 70, 104, 132, 175, M+ 278

Heptabarbital 2ME — 806
C15H22N2O3
278.16302
1915
PS
LM
Hypnotic
Peaks: 133, 169, 249, M+ 278

Mofebutazone-M (HOOC-) 2ME — 2023
C15H22N2O3
278.16302
2100
PS
LM/Q
Analgesic
Peaks: 105, 121, 232, 264, M+ 278

Procaine AC — 3297
C15H22N2O3
278.16302
2350
U+ UHYAC
PS
LM/Q
Local anesthetic
Peaks: 86, 99, 120, 206, M+ 278

Ibuprofen TMS — 4554
C16H26O2Si
278.17020
1665*
PS
LM/Q
Analgesic
Peaks: 73, 117, 160, 263, M+ 278

278

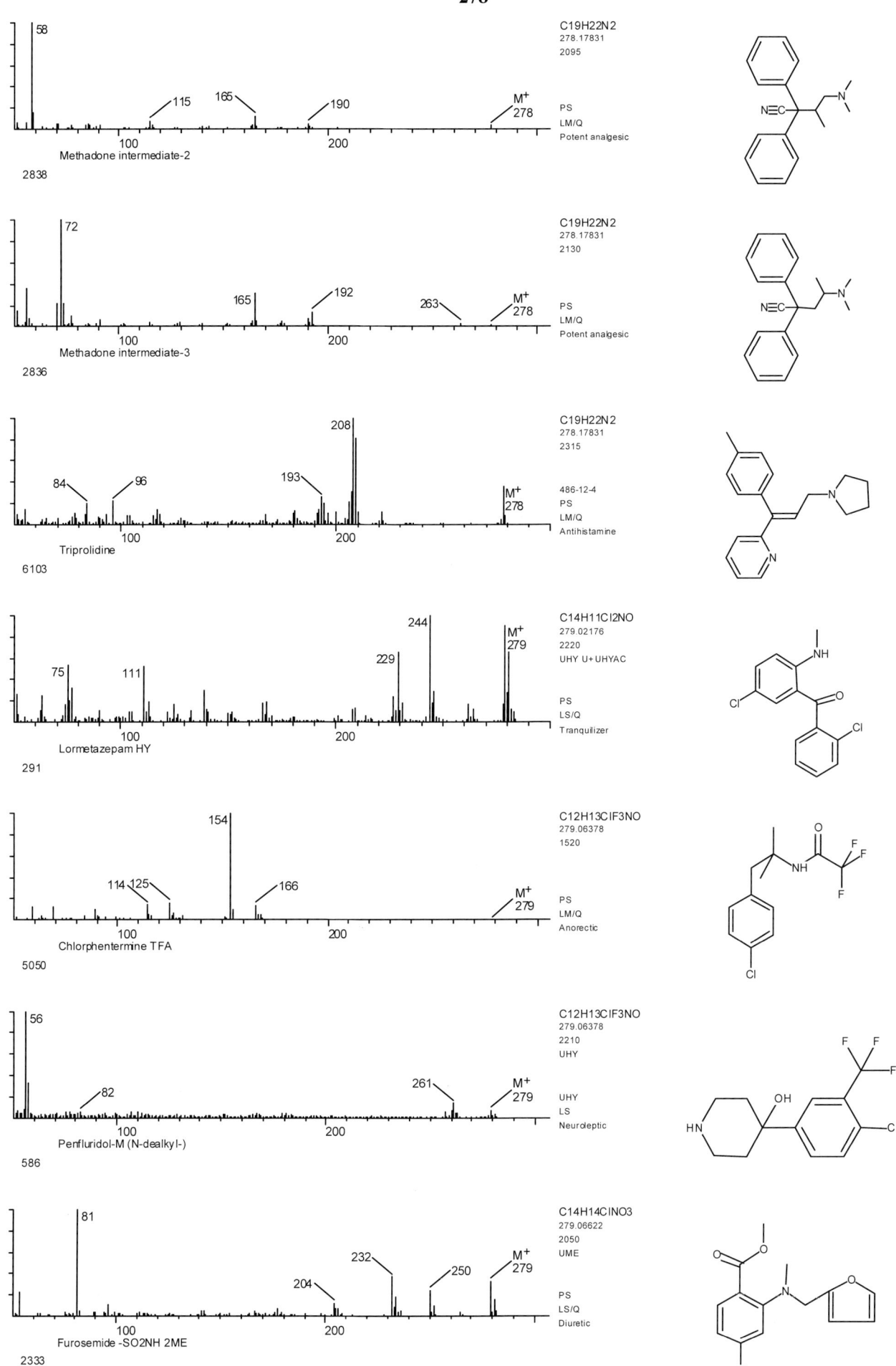

	C19H22N2 278.17831 2095 PS LM/Q Potent analgesic
Methadone intermediate-2 2838	
	C19H22N2 278.17831 2130 PS LM/Q Potent analgesic
Methadone intermediate-3 2836	
	C19H22N2 278.17831 2315 486-12-4 PS LM/Q Antihistamine
Triprolidine 6103	
	C14H11Cl2NO 279.02176 2220 UHY U+ UHYAC PS LS/Q Tranquilizer
Lormetazepam HY 291	
	C12H13ClF3NO 279.06378 1520 PS LM/Q Anorectic
Chlorphentermine TFA 5050	
	C12H13ClF3NO 279.06378 2210 UHY UHY LS Neuroleptic
Penfluridol-M (N-dealkyl-) 586	
	C14H14ClNO3 279.06622 2050 UME PS LS/Q Diuretic
Furosemide -SO2NH 2ME 2333	

509

279

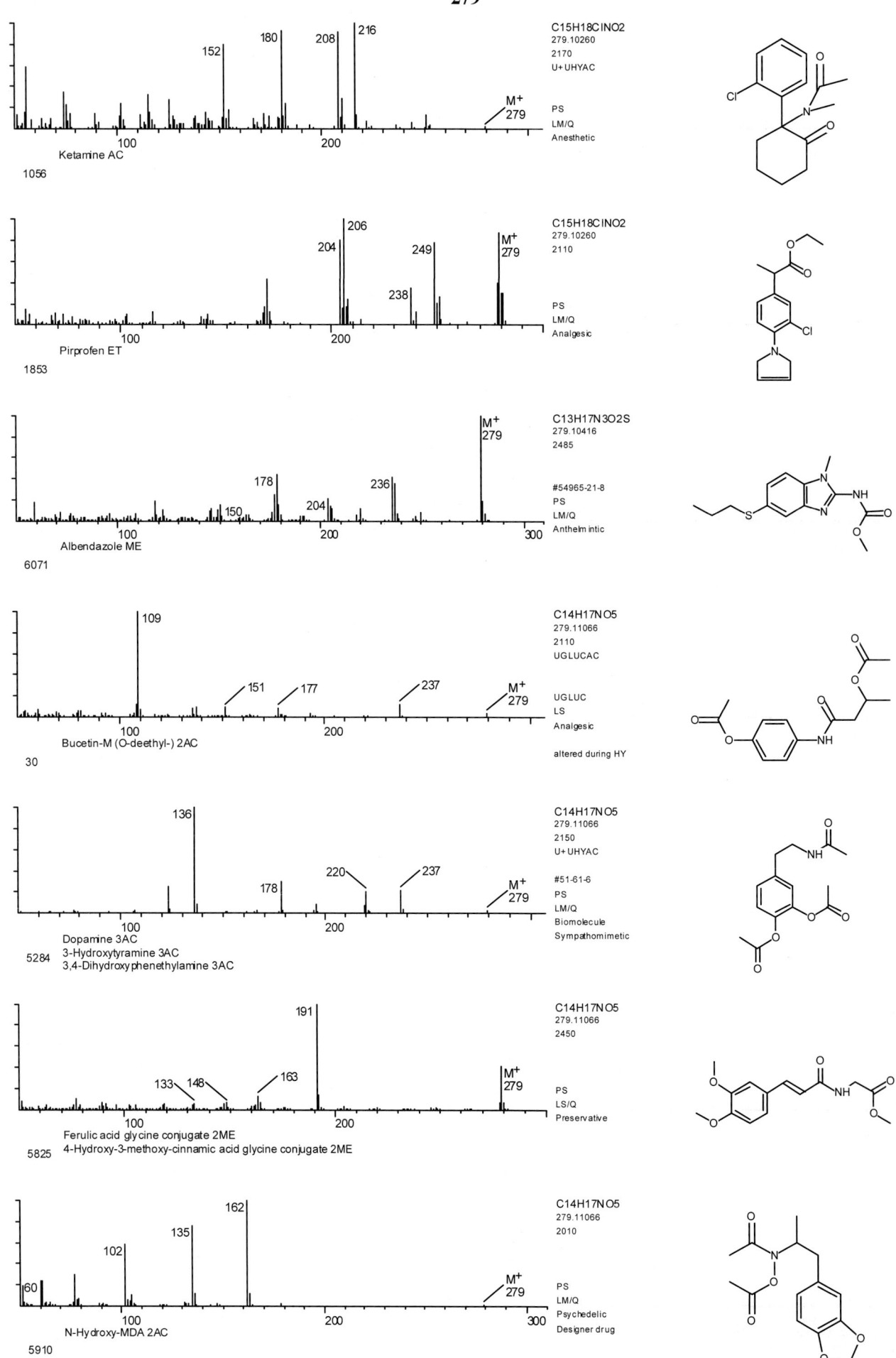

Ketamine AC — 1056
C15H18ClNO2
279.10260
2170
U+ UHYAC
PS
LM/Q
Anesthetic
Peaks: 152, 180, 208, 216, M+ 279

Pirprofen ET — 1853
C15H18ClNO2
279.10260
2110
PS
LM/Q
Analgesic
Peaks: 204, 206, 238, 249, M+ 279

Albendazole ME — 6071
C13H17N3O2S
279.10416
2485
#54965-21-8
PS
LM/Q
Anthelmintic
Peaks: 150, 178, 204, 236, M+ 279

Bucetin-M (O-deethyl-) 2AC — 30
C14H17NO5
279.11066
2110
UGLUCAC
UGLUC
LS
Analgesic
altered during HY
Peaks: 109, 151, 177, 237, M+ 279

Dopamine 3AC
3-Hydroxytyramine 3AC
3,4-Dihydroxyphenethylamine 3AC — 5284
C14H17NO5
279.11066
2150
U+ UHYAC
#51-61-6
PS
LM/Q
Biomolecule
Sympathomimetic
Peaks: 136, 178, 220, 237, M+ 279

Ferulic acid glycine conjugate 2ME
4-Hydroxy-3-methoxy-cinnamic acid glycine conjugate 2ME — 5825
C14H17NO5
279.11066
2450
PS
LS/Q
Preservative
Peaks: 133, 148, 163, 191, M+ 279

N-Hydroxy-MDA 2AC — 5910
C14H17NO5
279.11066
2010
PS
LM/Q
Psychedelic
Designer drug
Peaks: 60, 102, 135, 162, M+ 279

279

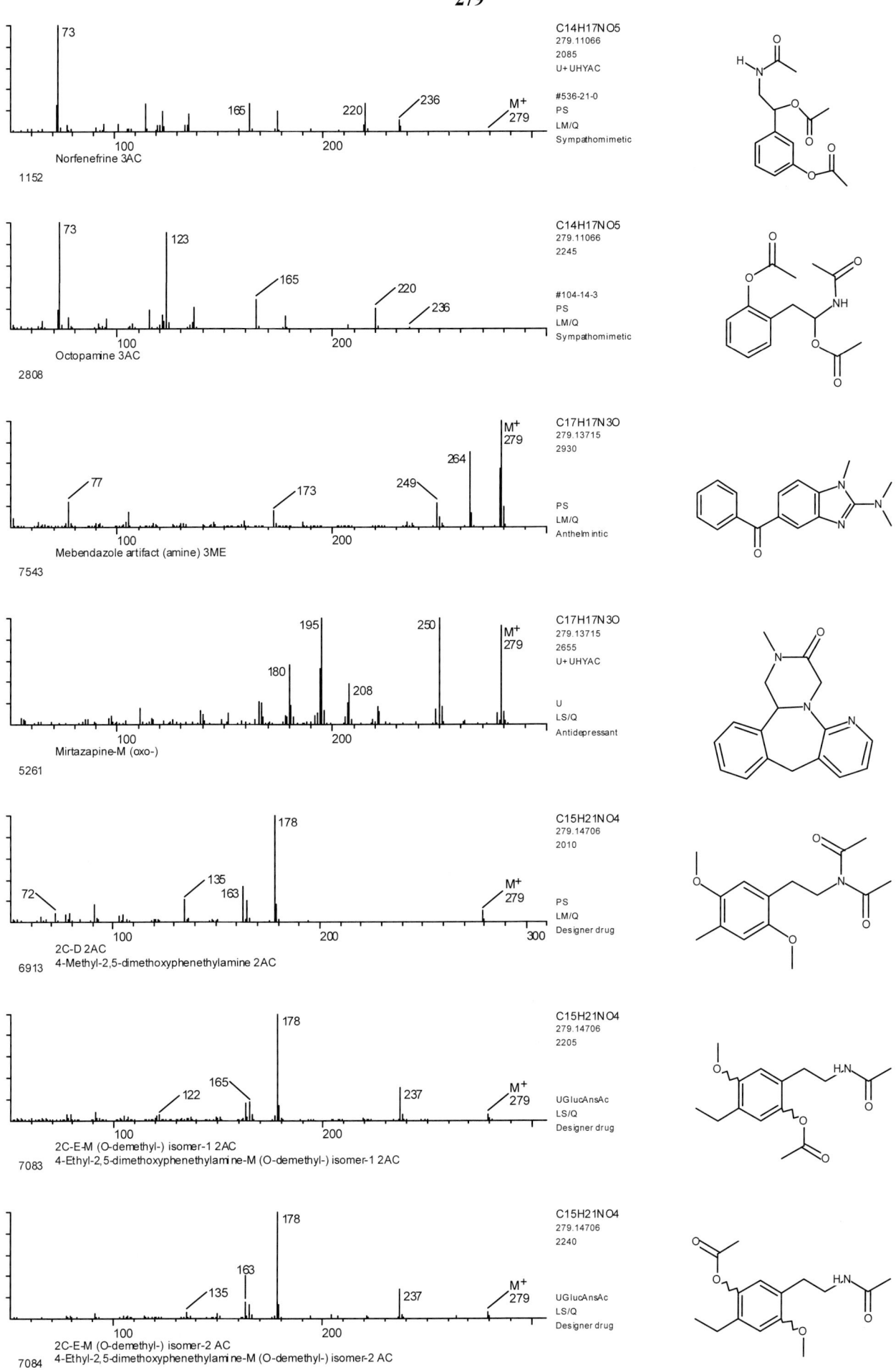

1152 — Norfenefrine 3AC
C14H17NO5
279.11066
2085
U+ UHYAC
#536-21-0
PS
LM/Q
Sympathomimetic

Peaks: 73, 165, 220, 236, M+ 279

2808 — Octopamine 3AC
C14H17NO5
279.11066
2245
#104-14-3
PS
LM/Q
Sympathomimetic

Peaks: 73, 123, 165, 220, 236

7543 — Mebendazole artifact (amine) 3ME
C17H17N3O
279.13715
2930
PS
LM/Q
Anthelmintic

Peaks: 77, 173, 249, 264, M+ 279

5261 — Mirtazapine-M (oxo-)
C17H17N3O
279.13715
2655
U+ UHYAC
U
LS/Q
Antidepressant

Peaks: 180, 195, 208, 250, M+ 279

6913 — 2C-D 2AC / 4-Methyl-2,5-dimethoxyphenethylamine 2AC
C15H21NO4
279.14706
2010
PS
LM/Q
Designer drug

Peaks: 72, 135, 163, 178, M+ 279

7083 — 2C-E-M (O-demethyl-) isomer-1 2AC / 4-Ethyl-2,5-dimethoxyphenethylamine-M (O-demethyl-) isomer-1 2AC
C15H21NO4
279.14706
2205
UGlucAnsAc
LS/Q
Designer drug

Peaks: 122, 165, 178, 237, M+ 279

7084 — 2C-E-M (O-demethyl-) isomer-2 AC / 4-Ethyl-2,5-dimethoxyphenethylamine-M (O-demethyl-) isomer-2 AC
C15H21NO4
279.14706
2240
UGlucAnsAc
LS/Q
Designer drug

Peaks: 135, 163, 178, 237, M+ 279

279

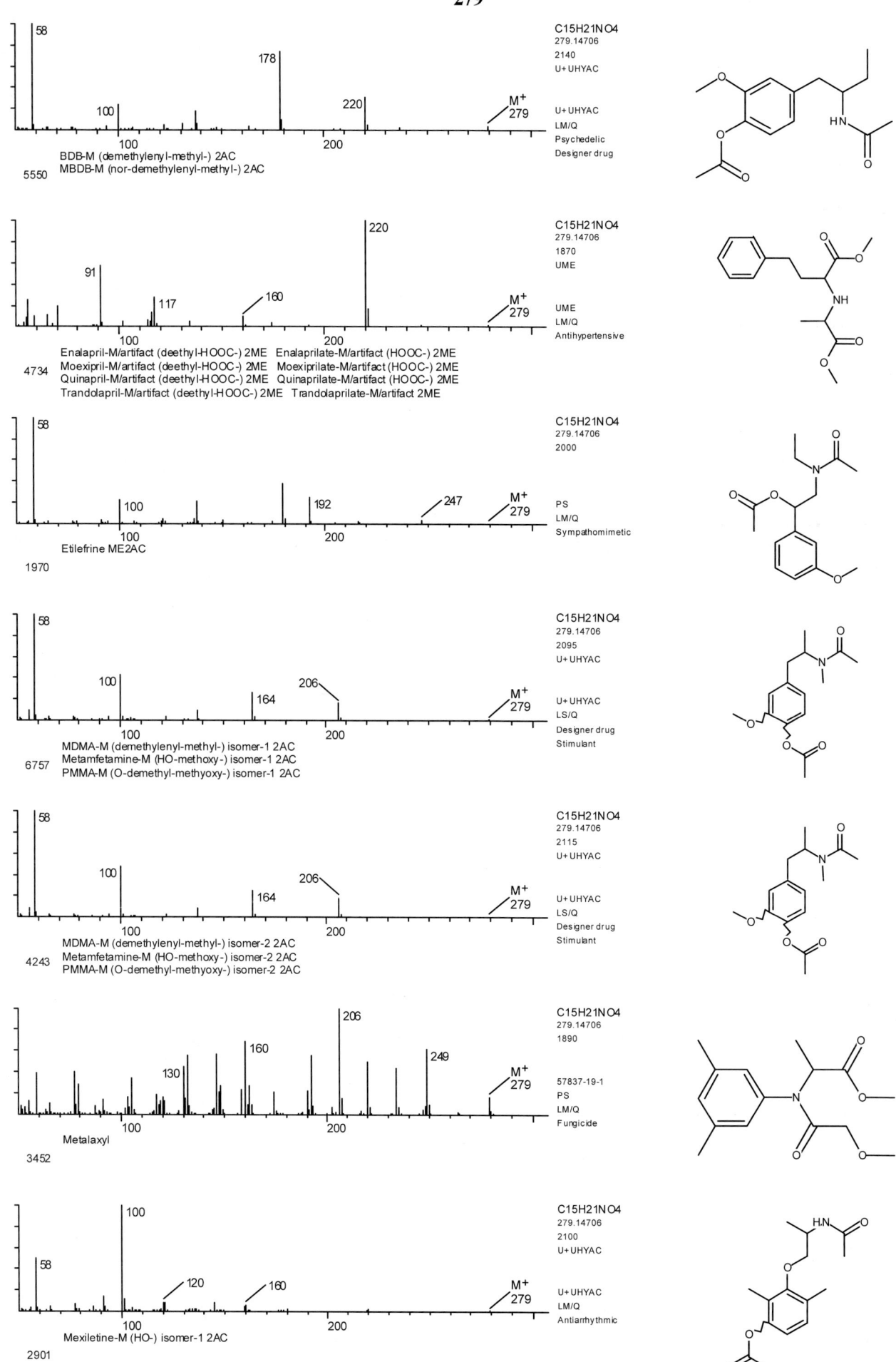

	C15H21NO4
	279.14706
	2140
	U+ UHYAC
58, 100, 178, 220, M+ 279	U+ UHYAC
	LM/Q
BDB-M (demethylenyl-methyl-) 2AC	Psychedelic
MBDB-M (nor-demethylenyl-methyl-) 2AC	Designer drug
5550	

	C15H21NO4
	279.14706
	1870
	UME
91, 117, 160, 220, M+ 279	UME
	LM/Q
Enalapril-M/artifact (deethyl-HOOC-) 2ME Enalaprilate-M/artifact (HOOC-) 2ME	Antihypertensive
Moexipril-M/artifact (deethyl-HOOC-) 2ME Moexiprilate-M/artifact (HOOC-) 2ME	
Quinapril-M/artifact (deethyl-HOOC-) 2ME Quinaprilate-M/artifact (HOOC-) 2ME	
Trandolapril-M/artifact (deethyl-HOOC-) 2ME Trandolaprilate-M/artifact 2ME	
4734	

	C15H21NO4
	279.14706
	2000
58, 100, 192, 247, M+ 279	PS
	LM/Q
Etilefrine ME2AC	Sympathomimetic
1970	

	C15H21NO4
	279.14706
	2095
	U+ UHYAC
58, 100, 164, 206, M+ 279	U+ UHYAC
	LS/Q
MDMA-M (demethylenyl-methyl-) isomer-1 2AC	Designer drug
Metamfetamine-M (HO-methoxy-) isomer-1 2AC	Stimulant
PMMA-M (O-demethyl-methyoxy-) isomer-1 2AC	
6757	

	C15H21NO4
	279.14706
	2115
	U+ UHYAC
58, 100, 164, 206, M+ 279	U+ UHYAC
	LS/Q
MDMA-M (demethylenyl-methyl-) isomer-2 2AC	Designer drug
Metamfetamine-M (HO-methoxy-) isomer-2 2AC	Stimulant
PMMA-M (O-demethyl-methyoxy-) isomer-2 2AC	
4243	

	C15H21NO4
	279.14706
	1890
130, 160, 206, 249, M+ 279	57837-19-1
	PS
	LM/Q
Metalaxyl	Fungicide
3452	

	C15H21NO4
	279.14706
	2100
	U+ UHYAC
58, 100, 120, 160, M+ 279	U+ UHYAC
	LM/Q
Mexiletine-M (HO-) isomer-1 2AC	Antiarrhythmic
2901	

279

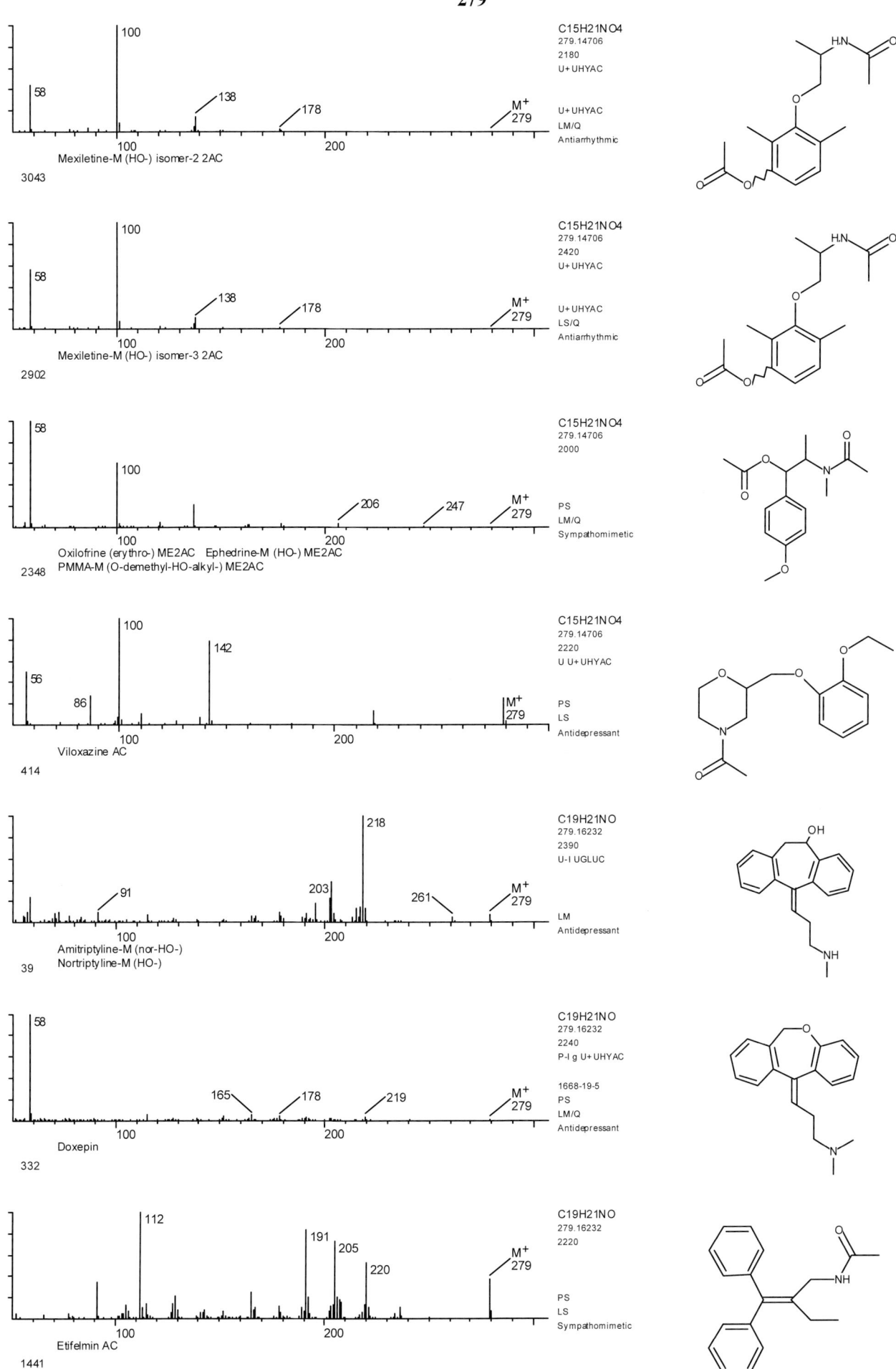

Mexiletine-M (HO-) isomer-2 2AC
3043
C15H21NO4
279.14706
2180
U+ UHYAC
U+ UHYAC
LM/Q
Antiarrhythmic

Mexiletine-M (HO-) isomer-3 2AC
2902
C15H21NO4
279.14706
2420
U+ UHYAC
U+ UHYAC
LS/Q
Antiarrhythmic

Oxilofrine (erythro-) ME2AC   Ephedrine-M (HO-) ME2AC
PMMA-M (O-demethyl-HO-alkyl-) ME2AC
2348
C15H21NO4
279.14706
2000
PS
LM/Q
Sympathomimetic

Viloxazine AC
414
C15H21NO4
279.14706
2220
U U+ UHYAC
PS
LS
Antidepressant

Amitriptyline-M (nor-HO-)
Nortriptyline-M (HO-)
39
C19H21NO
279.16232
2390
U-I UGLUC
LM
Antidepressant

Doxepin
332
C19H21NO
279.16232
2240
P-I g U+ UHYAC
1668-19-5
PS
LM/Q
Antidepressant

Etifelmin AC
1441
C19H21NO
279.16232
2220
PS
LS
Sympathomimetic

279

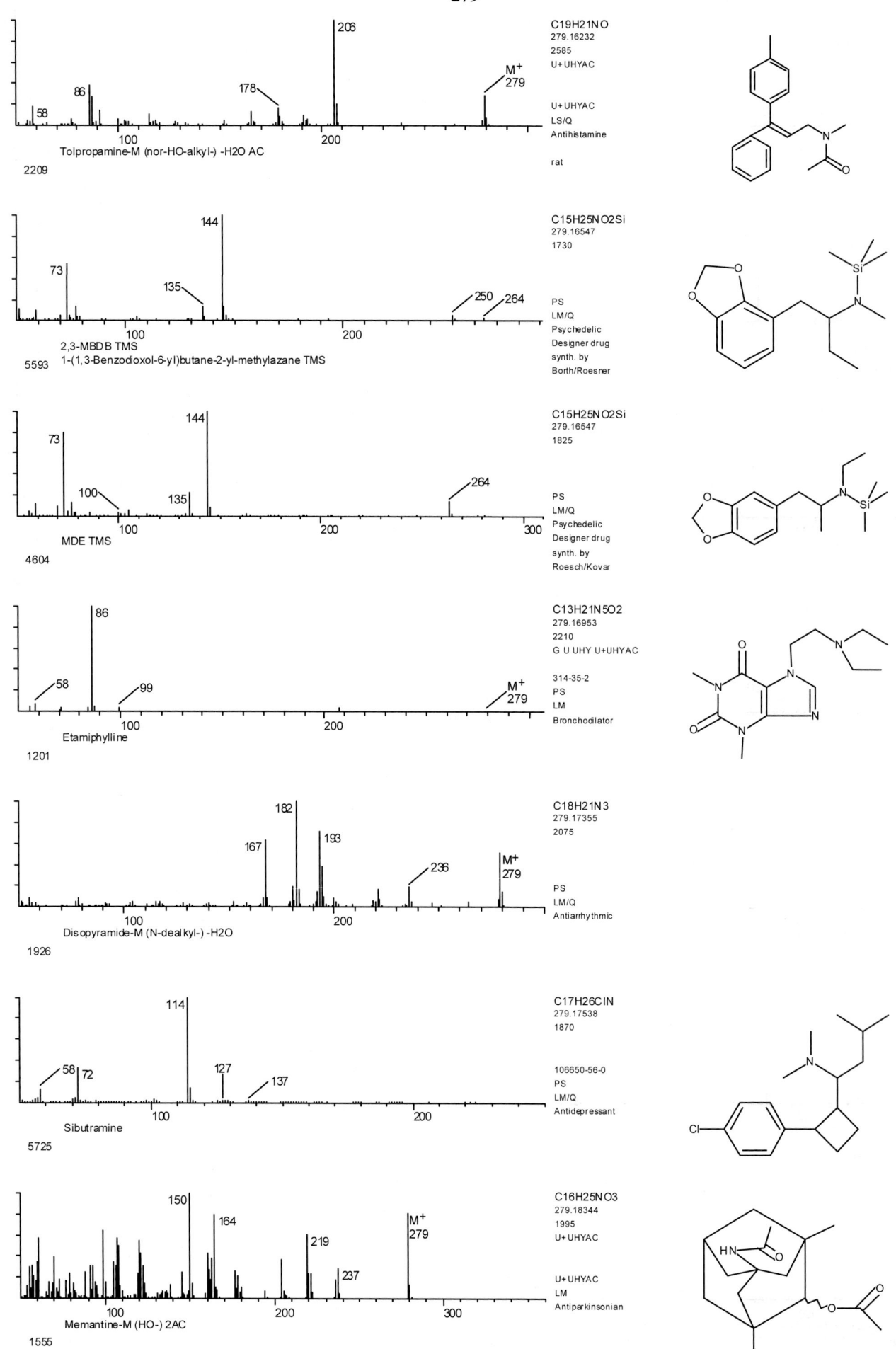

C19H21NO
279.16232
2585
U+ UHYAC

U+ UHYAC
LS/Q
Antihistamine
rat

Tolpropamine-M (nor-HO-alkyl-) -H2O AC
2209

C15H25NO2Si
279.16547
1730

PS
LM/Q
Psychedelic
Designer drug
synth. by
Borth/Roesner

2,3-MBDB TMS
5593 1-(1,3-Benzodioxol-6-yl)butane-2-yl-methylazane TMS

C15H25NO2Si
279.16547
1825

PS
LM/Q
Psychedelic
Designer drug
synth. by
Roesch/Kovar

MDE TMS
4604

C13H21N5O2
279.16953
2210
G U UHY U+UHYAC

314-35-2
PS
LM
Bronchodilator

Etamiphylline
1201

C18H21N3
279.17355
2075

PS
LM/Q
Antiarrhythmic

Disopyramide-M (N-dealkyl-) -H2O
1926

C17H26ClN
279.17538
1870

106650-56-0
PS
LM/Q
Antidepressant

Sibutramine
5725

C16H25NO3
279.18344
1995
U+ UHYAC

U+ UHYAC
LM
Antiparkinsonian

Memantine-M (HO-) 2AC
1555

279

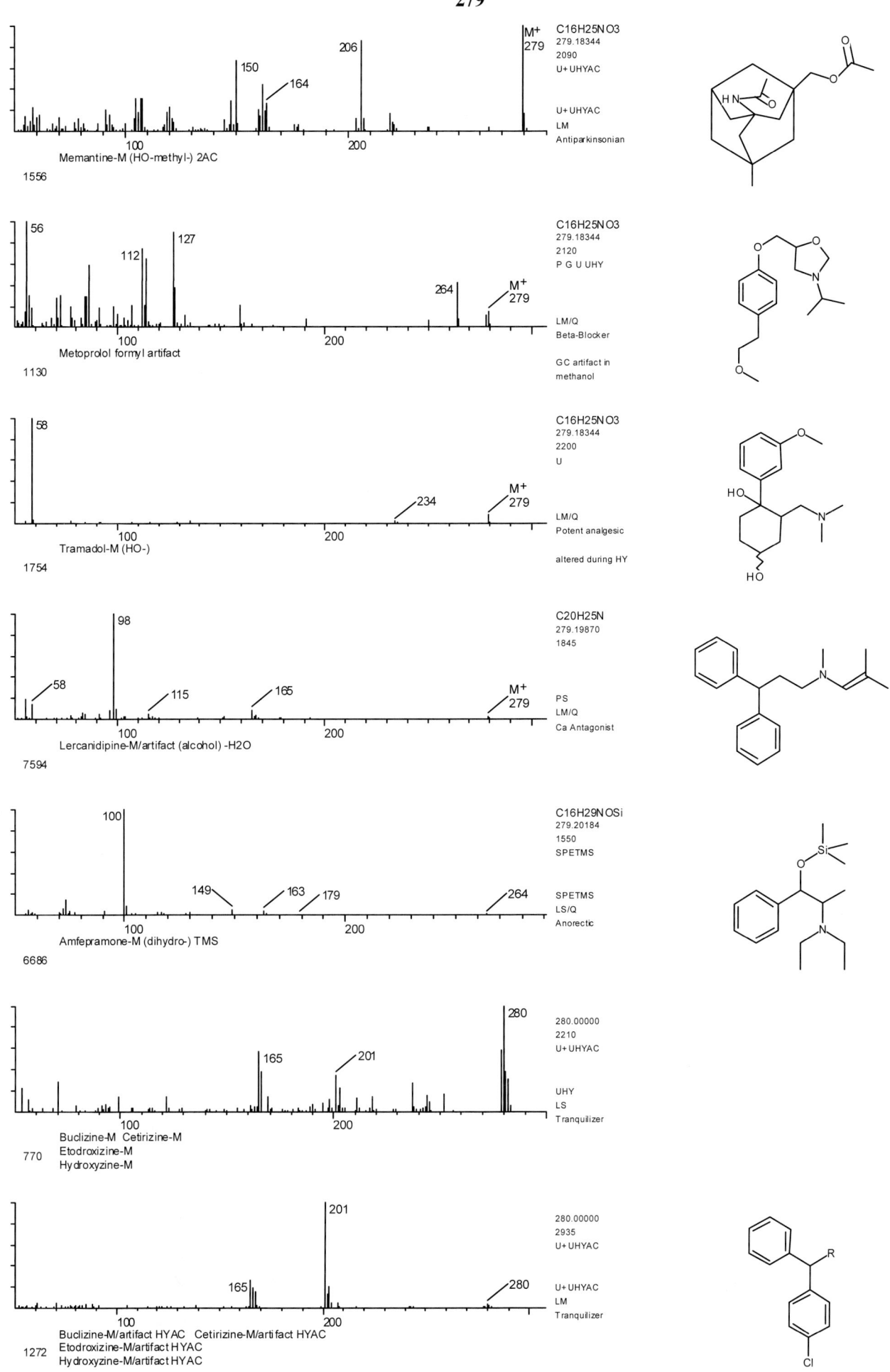

Memantine-M (HO-methyl-) 2AC — 1556
C16H25NO3, 279.18344, 2090, U+ UHYAC / U+ UHYAC / LM / Antiparkinsonian
Peaks: 150, 164, 206, M+ 279

Metoprolol formyl artifact — 1130
C16H25NO3, 279.18344, 2120, P G U UHY / LM/Q / Beta-Blocker / GC artifact in methanol
Peaks: 56, 112, 127, 264, M+ 279

Tramadol-M (HO-) — 1754
C16H25NO3, 279.18344, 2200, U / LM/Q / Potent analgesic / altered during HY
Peaks: 58, 234, M+ 279

Lercanidipine-M/artifact (alcohol) -H2O — 7594
C20H25N, 279.19870, 1845, PS / LM/Q / Ca Antagonist
Peaks: 58, 98, 115, 165, M+ 279

Amfepramone-M (dihydro-) TMS — 6686
C16H29NOSi, 279.20184, 1550, SPETMS / SPETMS / LS/Q / Anorectic
Peaks: 100, 149, 163, 179, 264

Buclizine-M Cetirizine-M Etodroxizine-M Hydroxyzine-M — 770
280.00000, 2210, U+ UHYAC / UHY / LS / Tranquilizer
Peaks: 165, 201, 280

Buclizine-M/artifact HYAC Cetirizine-M/artifact HYAC Etodroxizine-M/artifact HYAC Hydroxyzine-M/artifact HYAC — 1272
280.00000, 2935, U+ UHYAC / U+ UHYAC / LM / Tranquilizer
Peaks: 165, 201, 280

280

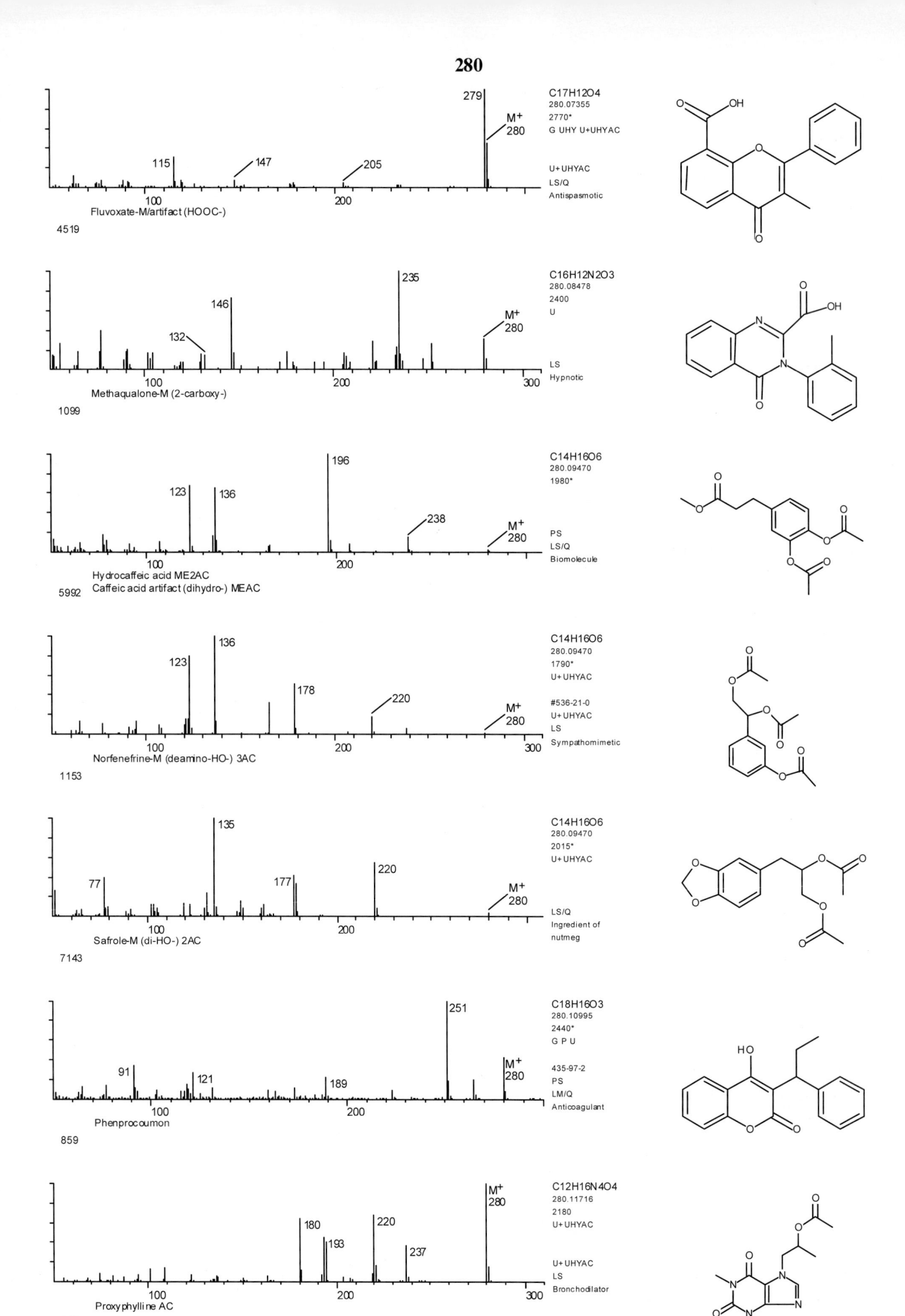

Fluvoxate-M/artifact (HOOC-)
4519
C17H12O4
280.07355
2770*
G UHY U+UHYAC
U+UHYAC
LS/Q
Antispasmotic

Methaqualone-M (2-carboxy-)
1099
C16H12N2O3
280.08478
2400
U
LS
Hypnotic

Hydrocaffeic acid ME2AC
Caffeic acid artifact (dihydro-) MEAC
5992
C14H16O6
280.09470
1980*
PS
LS/Q
Biomolecule

Norfenefrine-M (deamino-HO-) 3AC
1153
C14H16O6
280.09470
1790*
U+UHYAC
#536-21-0
U+UHYAC
LS
Sympathomimetic

Safrole-M (di-HO-) 2AC
7143
C14H16O6
280.09470
2015*
U+UHYAC
LS/Q
Ingredient of nutmeg

Phenprocoumon
859
C18H16O3
280.10995
2440*
G P U
435-97-2
PS
LM/Q
Anticoagulant

Proxyphylline AC
946
C12H16N4O4
280.11716
2180
U+UHYAC
U+UHYAC
LS
Bronchodilator

516

280

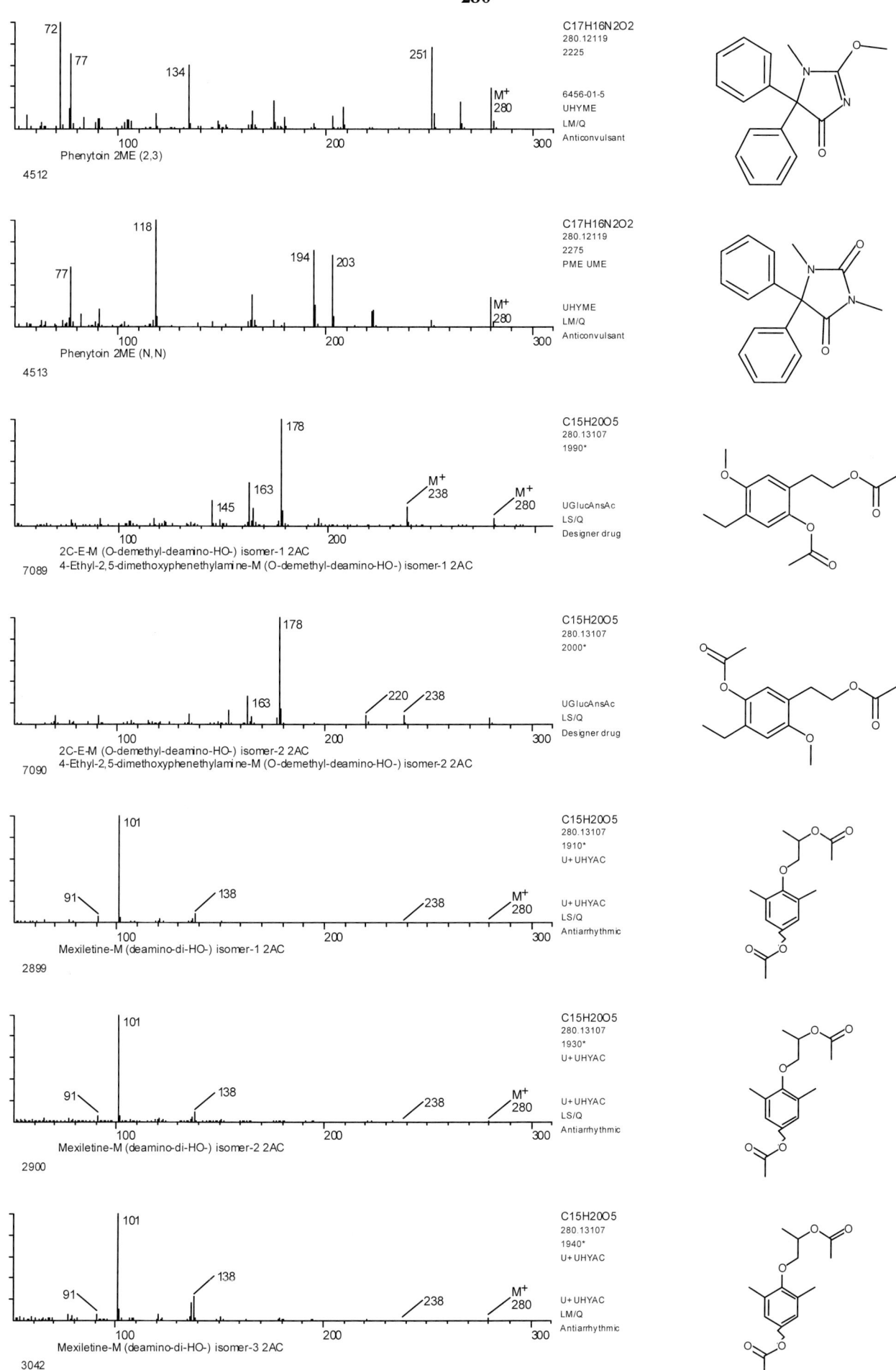

Phenytoin 2ME (2,3)
4512
C17H16N2O2
280.12119
2225
6456-01-5
UHYME
LM/Q
Anticonvulsant

Phenytoin 2ME (N,N)
4513
C17H16N2O2
280.12119
2275
PME UME
UHYME
LM/Q
Anticonvulsant

2C-E-M (O-demethyl-deamino-HO-) isomer-1 2AC
4-Ethyl-2,5-dimethoxyphenethylamine-M (O-demethyl-deamino-HO-) isomer-1 2AC
7089
C15H20O5
280.13107
1990*
UGlucAnsAc
LS/Q
Designer drug

2C-E-M (O-demethyl-deamino-HO-) isomer-2 2AC
4-Ethyl-2,5-dimethoxyphenethylamine-M (O-demethyl-deamino-HO-) isomer-2 2AC
7090
C15H20O5
280.13107
2000*
UGlucAnsAc
LS/Q
Designer drug

Mexiletine-M (deamino-di-HO-) isomer-1 2AC
2899
C15H20O5
280.13107
1910*
U+ UHYAC
U+ UHYAC
LS/Q
Antiarrhythmic

Mexiletine-M (deamino-di-HO-) isomer-2 2AC
2900
C15H20O5
280.13107
1930*
U+ UHYAC
U+ UHYAC
LS/Q
Antiarrhythmic

Mexiletine-M (deamino-di-HO-) isomer-3 2AC
3042
C15H20O5
280.13107
1940*
U+ UHYAC
U+ UHYAC
LM/Q
Antiarrhythmic

280

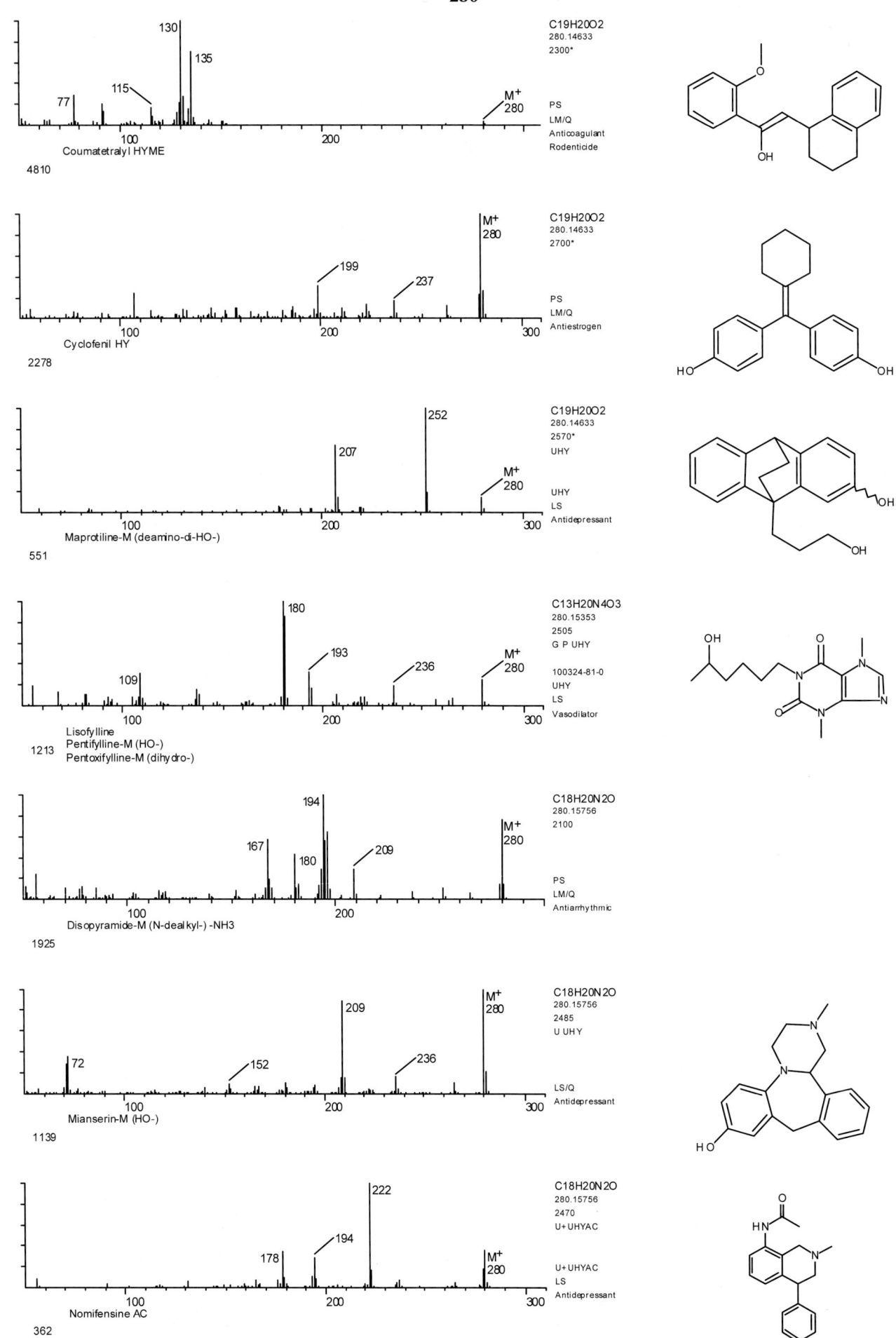

Coumatetralyl HYME
4810
C19H20O2
280.14633
2300*
PS
LM/Q
Anticoagulant
Rodenticide

Cyclofenil HY
2278
C19H20O2
280.14633
2700*
PS
LM/Q
Antiestrogen

Maprotiline-M (deamino-di-HO-)
551
C19H20O2
280.14633
2570*
UHY
UHY
LS
Antidepressant

Lisofylline
Pentifylline-M (HO-)
Pentoxifylline-M (dihydro-)
1213
C13H20N4O3
280.15353
2505
G P UHY
100324-81-0
UHY
LS
Vasodilator

Disopyramide-M (N-dealkyl-)-NH3
1925
C18H20N2O
280.15756
2100
PS
LM/Q
Antiarrhythmic

Mianserin-M (HO-)
1139
C18H20N2O
280.15756
2485
U UHY
LS/Q
Antidepressant

Nomifensine AC
362
C18H20N2O
280.15756
2470
U+UHYAC
U+UHYAC
LS
Antidepressant

518

280

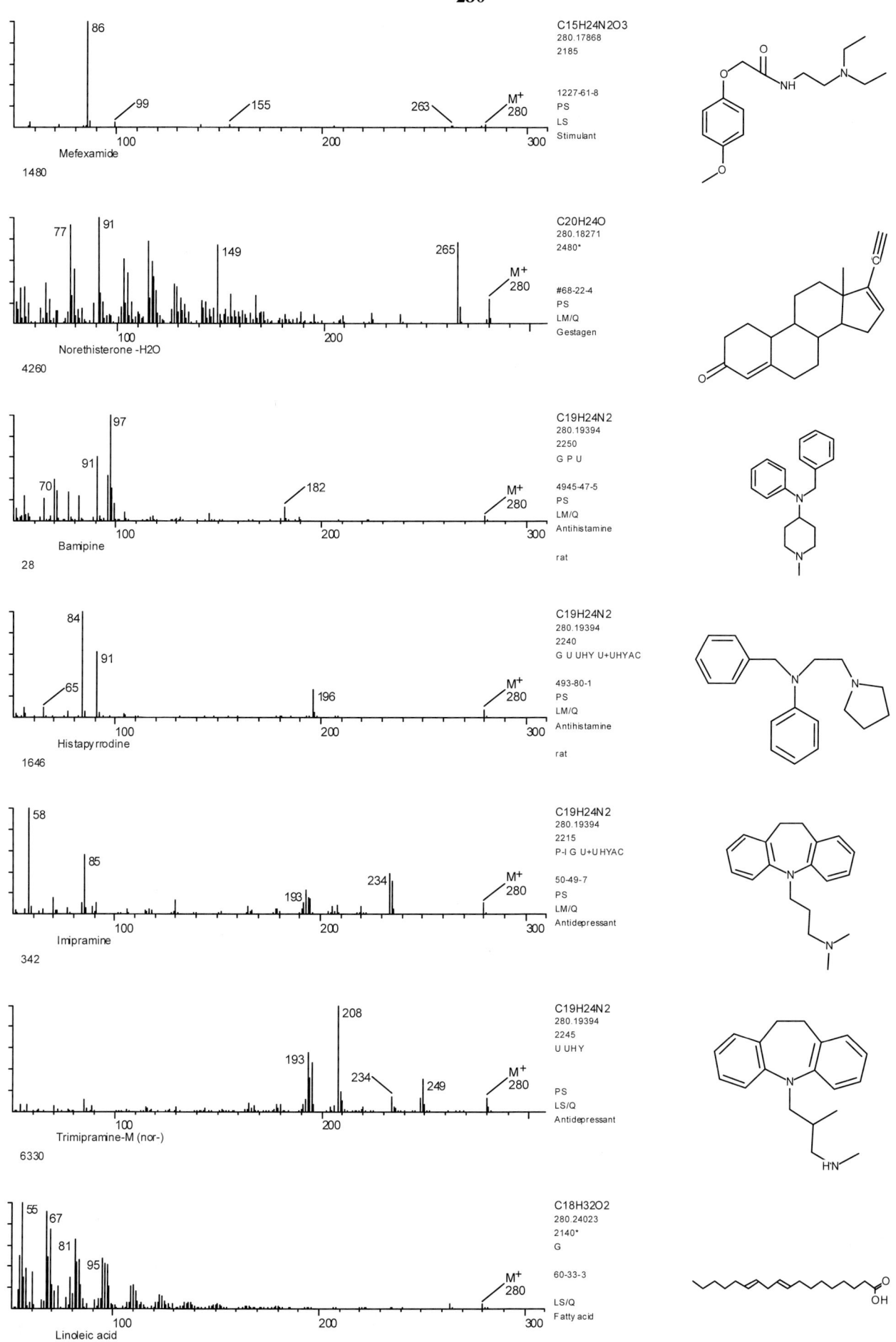

Mefexamide
86, 99, 155, 263, M+ 280
C15H24N2O3
280.17868
2185
1227-61-8
PS
LS
Stimulant
1480

Norethisterone -H2O
77, 91, 149, 265, M+ 280
C20H24O
280.18271
2480*
#68-22-4
PS
LM/Q
Gestagen
4260

Bamipine
70, 91, 97, 182, M+ 280
C19H24N2
280.19394
2250
G P U
4945-47-5
PS
LM/Q
Antihistamine
rat
28

Histapyrrodine
65, 84, 91, 196, M+ 280
C19H24N2
280.19394
2240
G U UHY U+UHYAC
493-80-1
PS
LM/Q
Antihistamine
rat
1646

Imipramine
58, 85, 193, 234, M+ 280
C19H24N2
280.19394
2215
P-I G U+UHYAC
50-49-7
PS
LM/Q
Antidepressant
342

Trimipramine-M (nor-)
193, 208, 234, 249, M+ 280
C19H24N2
280.19394
2245
U UHY
PS
LS/Q
Antidepressant
6330

Linoleic acid
Ricinoleic acid -H2O
55, 67, 81, 95, M+ 280
C18H32O2
280.24023
2140*
G
60-33-3
LS/Q
Fatty acid
2551

519

281

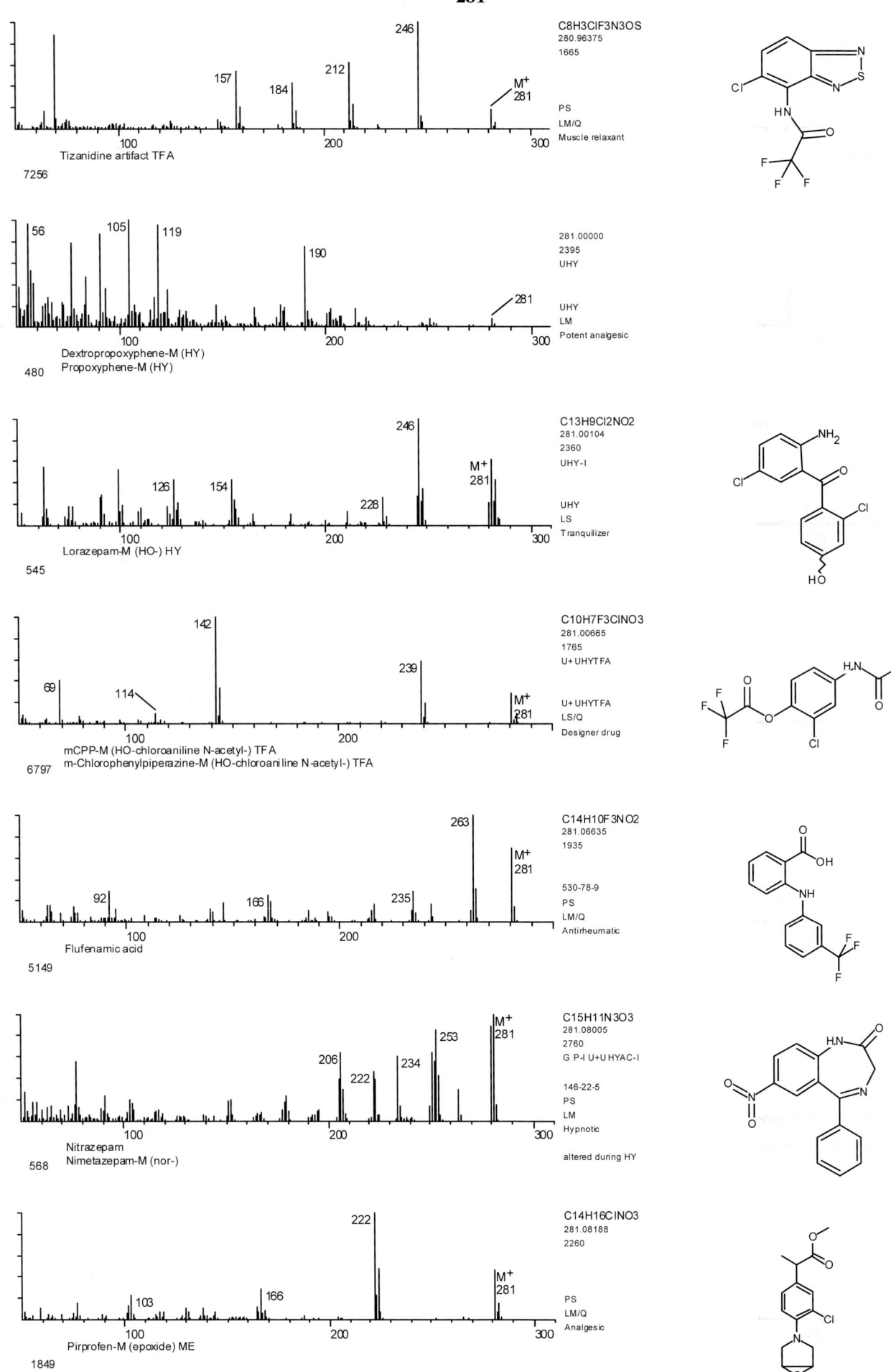

Tizanidine artifact TFA
C8H3ClF3N3OS
280.96375
1665
PS
LM/Q
Muscle relaxant

Dextropropoxyphene-M (HY)
Propoxyphene-M (HY)
281.00000
2395
UHY
UHY
LM
Potent analgesic

Lorazepam-M (HO-) HY
C13H9Cl2NO2
281.00104
2360
UHY-I
UHY
LS
Tranquilizer

mCPP-M (HO-chloroaniline N-acetyl-) TFA
m-Chlorophenylpiperazine-M (HO-chloroaniline N-acetyl-) TFA
C10H7F3ClNO3
281.00665
1765
U+UHYTFA
U+UHYTFA
LS/Q
Designer drug

Flufenamic acid
C14H10F3NO2
281.06635
1935
530-78-9
PS
LM/Q
Antirheumatic

Nitrazepam
Nimetazepam-M (nor-)
C15H11N3O3
281.08005
2760
G P-I U+U HYAC-I
146-22-5
PS
LM
Hypnotic
altered during HY

Pirprofen-M (epoxide) ME
C14H16ClNO3
281.08188
2260
PS
LM/Q
Analgesic

281

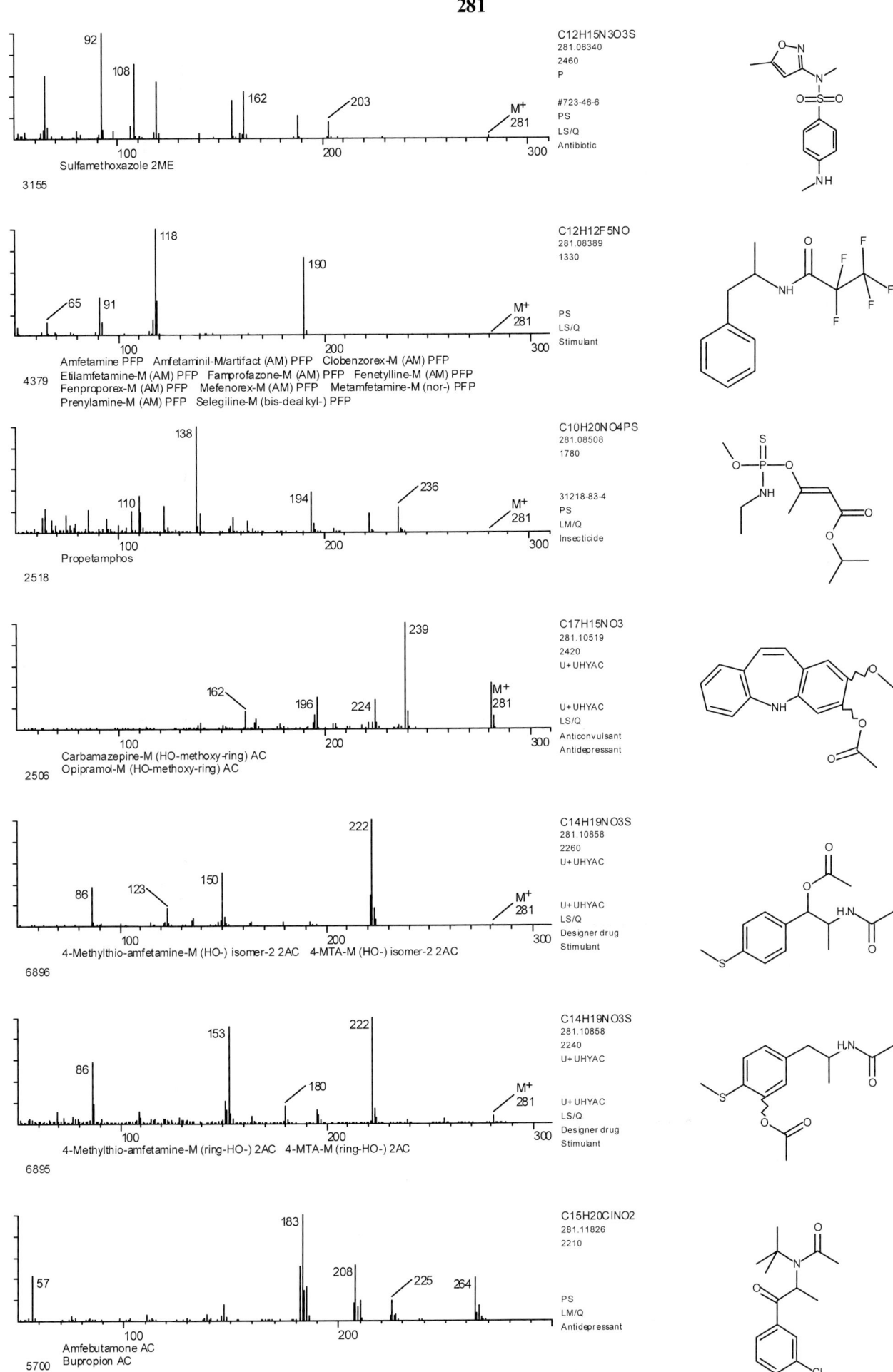

C12H15N3O3S
281.08340
2460
P

#723-46-6
PS
LS/Q
Antibiotic

Sulfamethoxazole 2ME
3155

C12H12F5NO
281.08389
1330

PS
LS/Q
Stimulant

Amfetamine PFP   Amfetaminil-M/artifact (AM) PFP   Clobenzorex-M (AM) PFP
Etilamfetamine-M (AM) PFP   Famprofazone-M (AM) PFP   Fenetylline-M (AM) PFP
Fenproporex-M (AM) PFP   Mefenorex-M (AM) PFP   Metamfetamine-M (nor-) PFP
Prenylamine-M (AM) PFP   Selegiline-M (bis-dealkyl-) PFP
4379

C10H20NO4PS
281.08508
1780

31218-83-4
PS
LM/Q
Insecticide

Propetamphos
2518

C17H15NO3
281.10519
2420
U+UHYAC

U+UHYAC
LS/Q
Anticonvulsant
Antidepressant

Carbamazepine-M (HO-methoxy-ring) AC
Opipramol-M (HO-methoxy-ring) AC
2506

C14H19NO3S
281.10858
2260
U+UHYAC

U+UHYAC
LS/Q
Designer drug
Stimulant

4-Methylthio-amfetamine-M (HO-) isomer-2 2AC   4-MTA-M (HO-) isomer-2 2AC
6896

C14H19NO3S
281.10858
2240
U+UHYAC

U+UHYAC
LS/Q
Designer drug
Stimulant

4-Methylthio-amfetamine-M (ring-HO-) 2AC   4-MTA-M (ring-HO-) 2AC
6895

C15H20ClNO2
281.11826
2210

PS
LM/Q
Antidepressant

Amfebutamone AC
Bupropion AC
5700

281

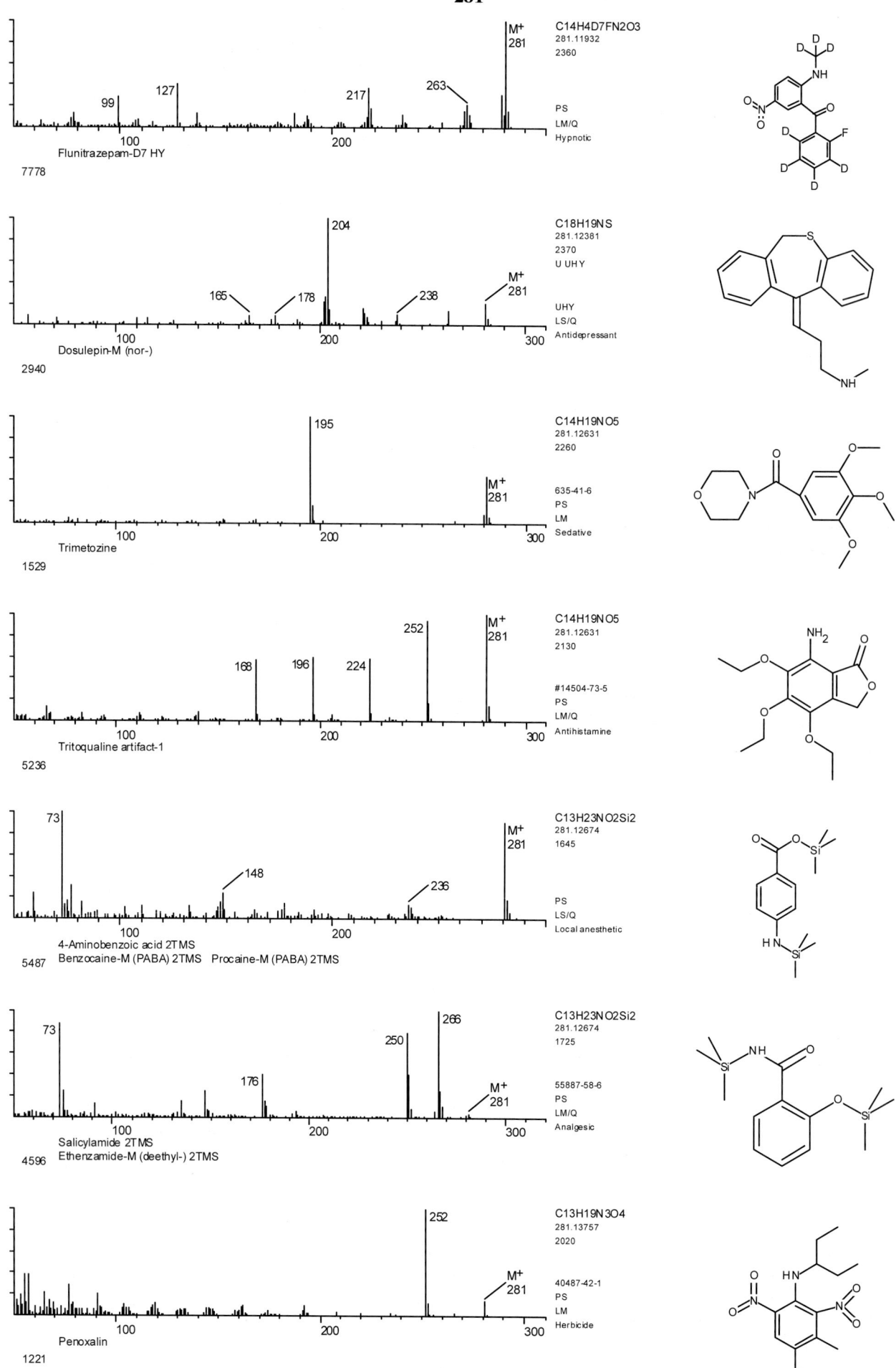

Flunitrazepam-D7 HY
7778
C14H4D7FN2O3
281.11932
2360
PS
LM/Q
Hypnotic
Peaks: 99, 127, 217, 263, M+ 281

Dosulepin-M (nor-)
2940
C18H19NS
281.12381
2370
U UHY
UHY
LS/Q
Antidepressant
Peaks: 165, 178, 204, 238, M+ 281

Trimetozine
1529
C14H19NO5
281.12631
2260
635-41-6
PS
LM
Sedative
Peaks: 195, M+ 281

Tritoqualine artifact-1
5236
C14H19NO5
281.12631
2130
#14504-73-5
PS
LM/Q
Antihistamine
Peaks: 168, 196, 224, 252, M+ 281

4-Aminobenzoic acid 2TMS
Benzocaine-M (PABA) 2TMS   Procaine-M (PABA) 2TMS
5487
C13H23NO2Si2
281.12674
1645
PS
LS/Q
Local anesthetic
Peaks: 73, 148, 236, M+ 281

Salicylamide 2TMS
Ethenzamide-M (deethyl-) 2TMS
4596
C13H23NO2Si2
281.12674
1725
55887-58-6
PS
LM/Q
Analgesic
Peaks: 73, 176, 250, 266, M+ 281

Penoxalin
1221
C13H19N3O4
281.13757
2020
40487-42-1
PS
LM
Herbicide
Peaks: 252, M+ 281

281

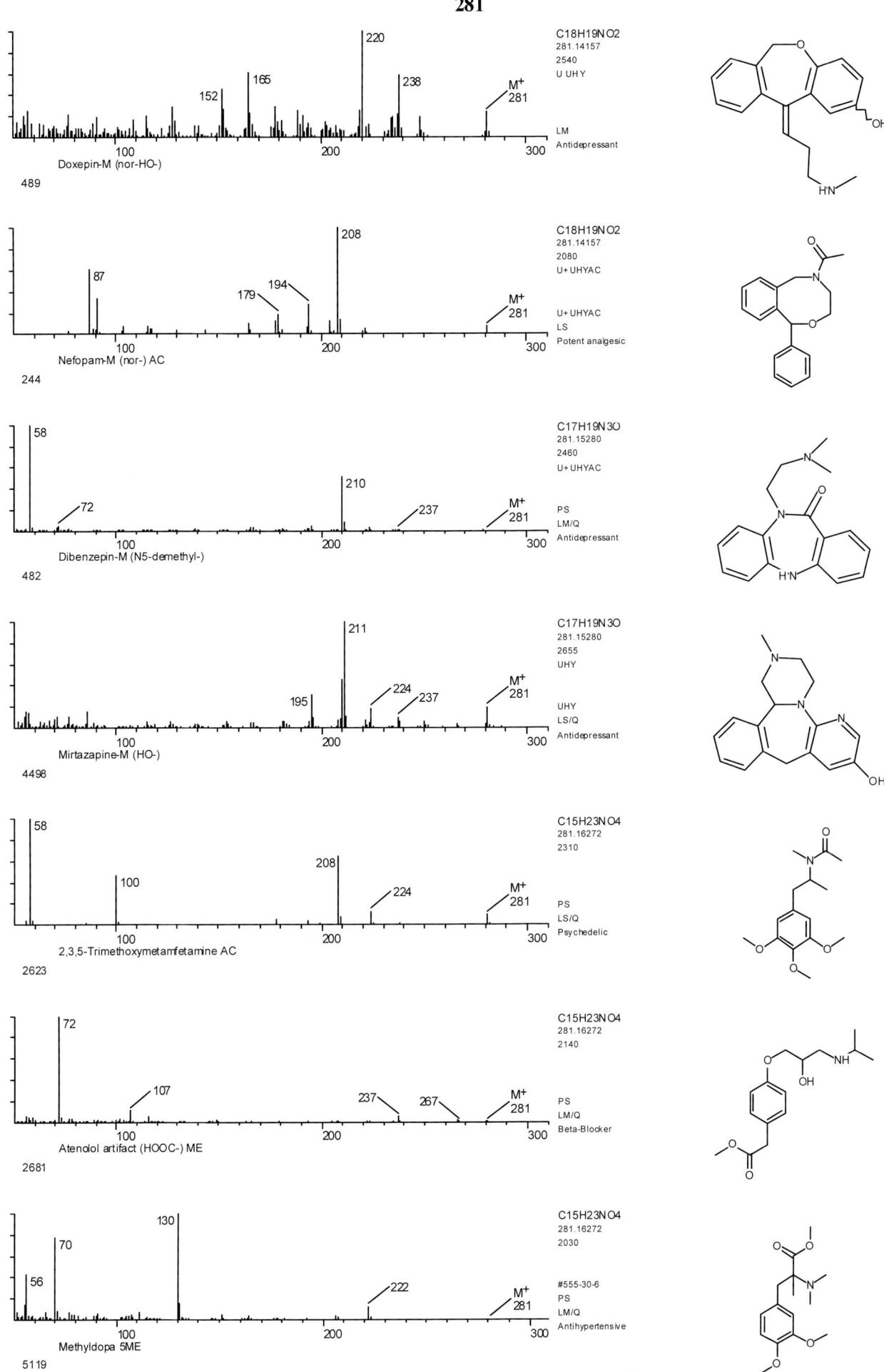

Spectrum	Formula / Info	Name
Peaks: 152, 165, 220, 238, M+ 281	C18H19NO2 / 281.14157 / 2540 / U UHY / LM / Antidepressant	Doxepin-M (nor-HO-) 489
Peaks: 87, 179, 194, 208, M+ 281	C18H19NO2 / 281.14157 / 2080 / U+ UHYAC / U+ UHYAC / LS / Potent analgesic	Nefopam-M (nor-) AC 244
Peaks: 58, 72, 210, 237, M+ 281	C17H19N3O / 281.15280 / 2460 / U+ UHYAC / PS / LM/Q / Antidepressant	Dibenzepin-M (N5-demethyl-) 482
Peaks: 195, 211, 224, 237, M+ 281	C17H19N3O / 281.15280 / 2655 / UHY / UHY / LS/Q / Antidepressant	Mirtazapine-M (HO-) 4498
Peaks: 58, 100, 208, 224, M+ 281	C15H23NO4 / 281.16272 / 2310 / PS / LS/Q / Psychedelic	2,3,5-Trimethoxymetamfetamine AC 2623
Peaks: 72, 107, 237, 267, M+ 281	C15H23NO4 / 281.16272 / 2140 / PS / LM/Q / Beta-Blocker	Atenolol artifact (HOOC-) ME 2681
Peaks: 56, 70, 130, 222, M+ 281	C15H23NO4 / 281.16272 / 2030 / #555-30-6 / PS / LM/Q / Antihypertensive	Methyldopa 5ME 5119

281

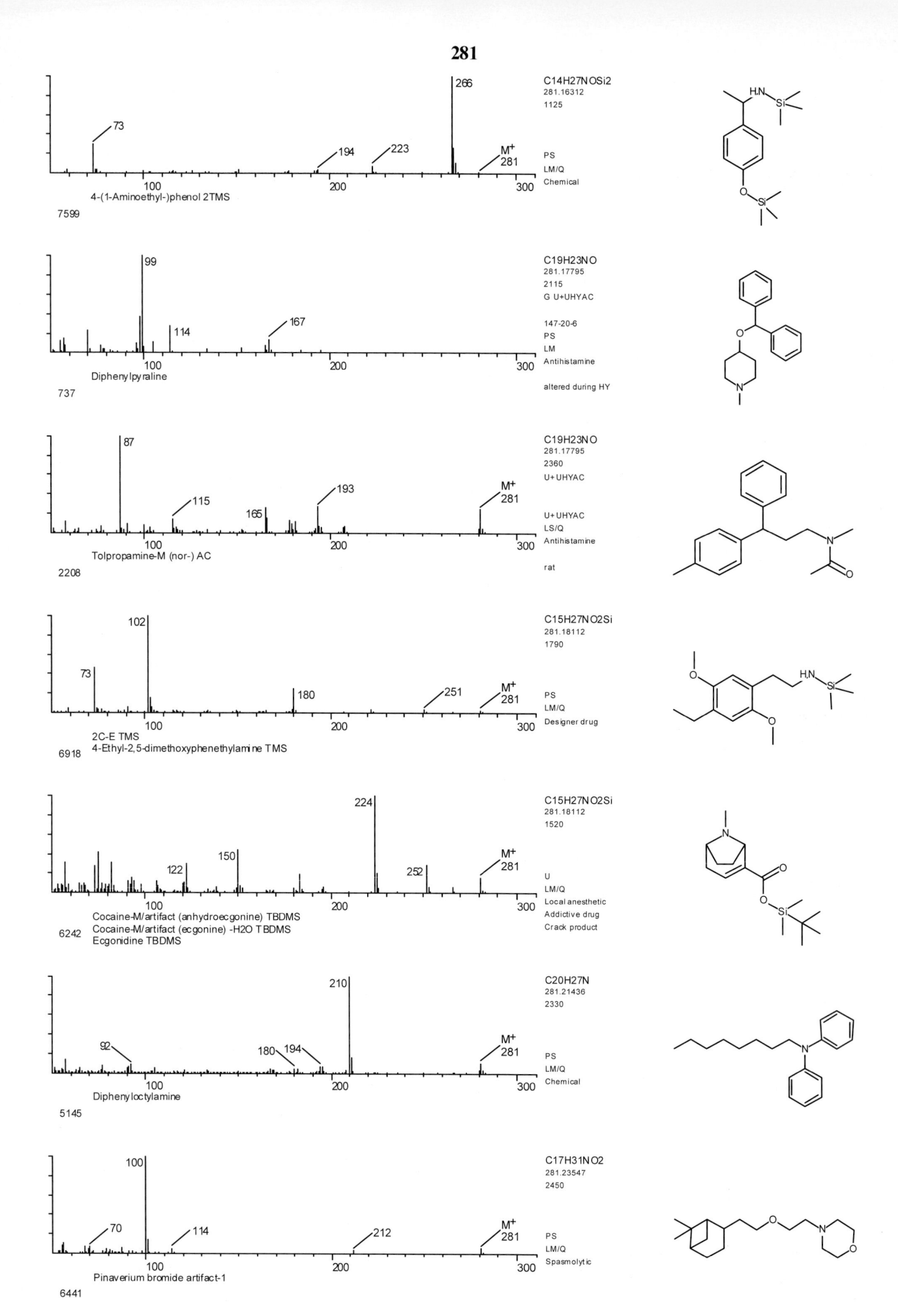

C14H27NOSi2
281.16312
1125

PS
LM/Q
Chemical

4-(1-Aminoethyl-)phenol 2TMS
7599

C19H23NO
281.17795
2115
G U+UHYAC

147-20-6
PS
LM
Antihistamine

Diphenylpyraline
737

altered during HY

C19H23NO
281.17795
2360
U+UHYAC

U+UHYAC
LS/Q
Antihistamine

Tolpropamine-M (nor-) AC
2208

rat

C15H27NO2Si
281.18112
1790

PS
LM/Q
Designer drug

2C-E TMS
4-Ethyl-2,5-dimethoxyphenethylamine TMS
6918

C15H27NO2Si
281.18112
1520

U
LM/Q
Local anesthetic
Addictive drug
Crack product

Cocaine-M/artifact (anhydroecgonine) TBDMS
Cocaine-M/artifact (ecgonine) -H2O TBDMS
Ecgonidine TBDMS
6242

C20H27N
281.21436
2330

PS
LM/Q
Chemical

Diphenyloctylamine
5145

C17H31NO2
281.23547
2450

PS
LM/Q
Spasmolytic

Pinaverium bromide artifact-1
6441

281

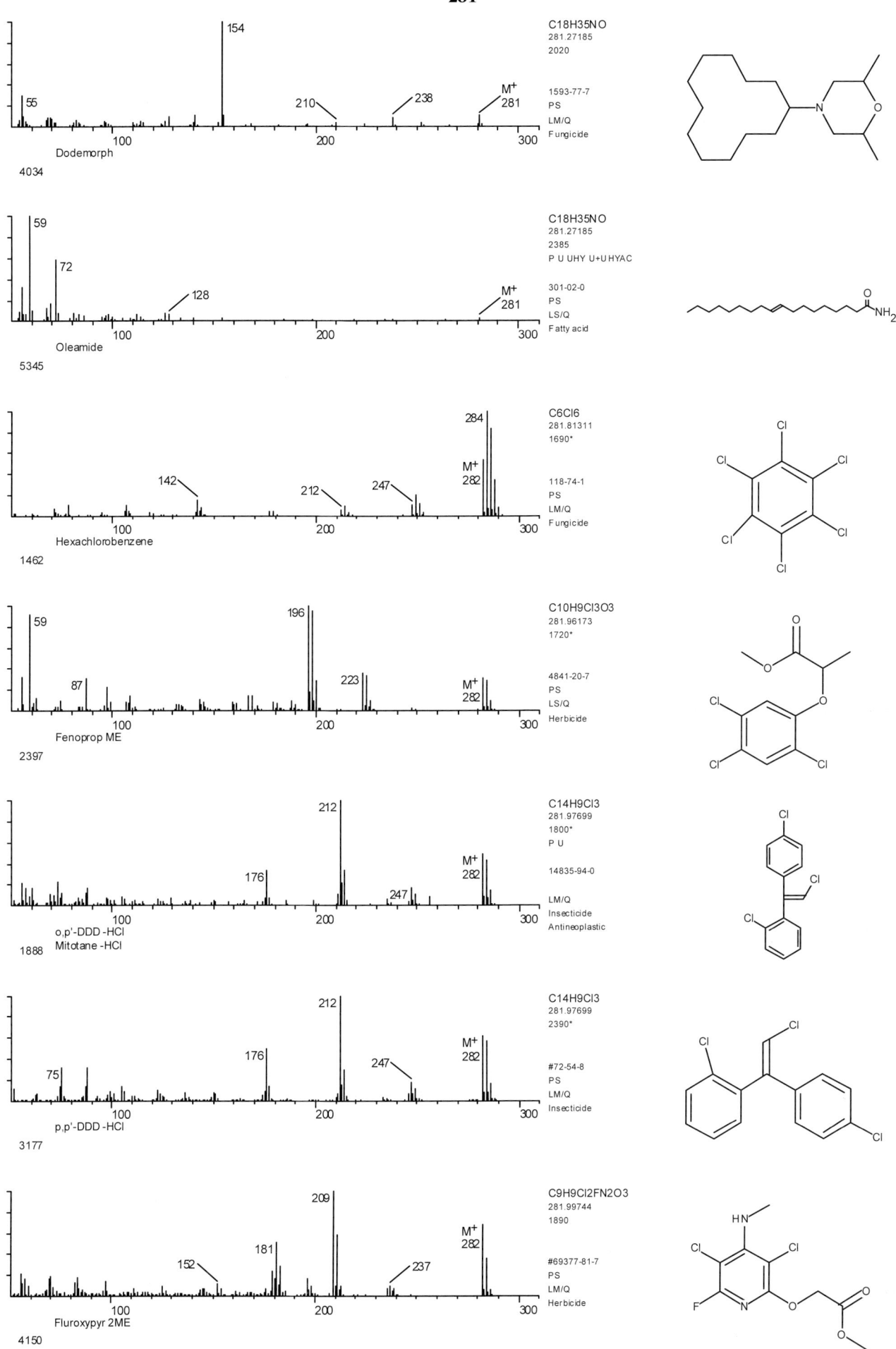

C18H35NO
281.27185
2020

1593-77-7
PS
LM/Q
Fungicide

Dodemorph
4034

C18H35NO
281.27185
2385
P U UHY U+U HYAC

301-02-0
PS
LS/Q
Fatty acid

Oleamide
5345

C6Cl6
281.81311
1690*

118-74-1
PS
LM/Q
Fungicide

Hexachlorobenzene
1462

C10H9Cl3O3
281.96173
1720*

4841-20-7
PS
LS/Q
Herbicide

Fenoprop ME
2397

C14H9Cl3
281.97699
1800*
P U

14835-94-0
PS
LM/Q
Insecticide
Antineoplastic

o,p'-DDD -HCl
Mitotane -HCl
1888

C14H9Cl3
281.97699
2390*

#72-54-8
PS
LM/Q
Insecticide

p,p'-DDD -HCl
3177

C9H9Cl2FN2O3
281.99744
1890

#69377-81-7
PS
LM/Q
Herbicide

Fluroxypyr 2ME
4150

282

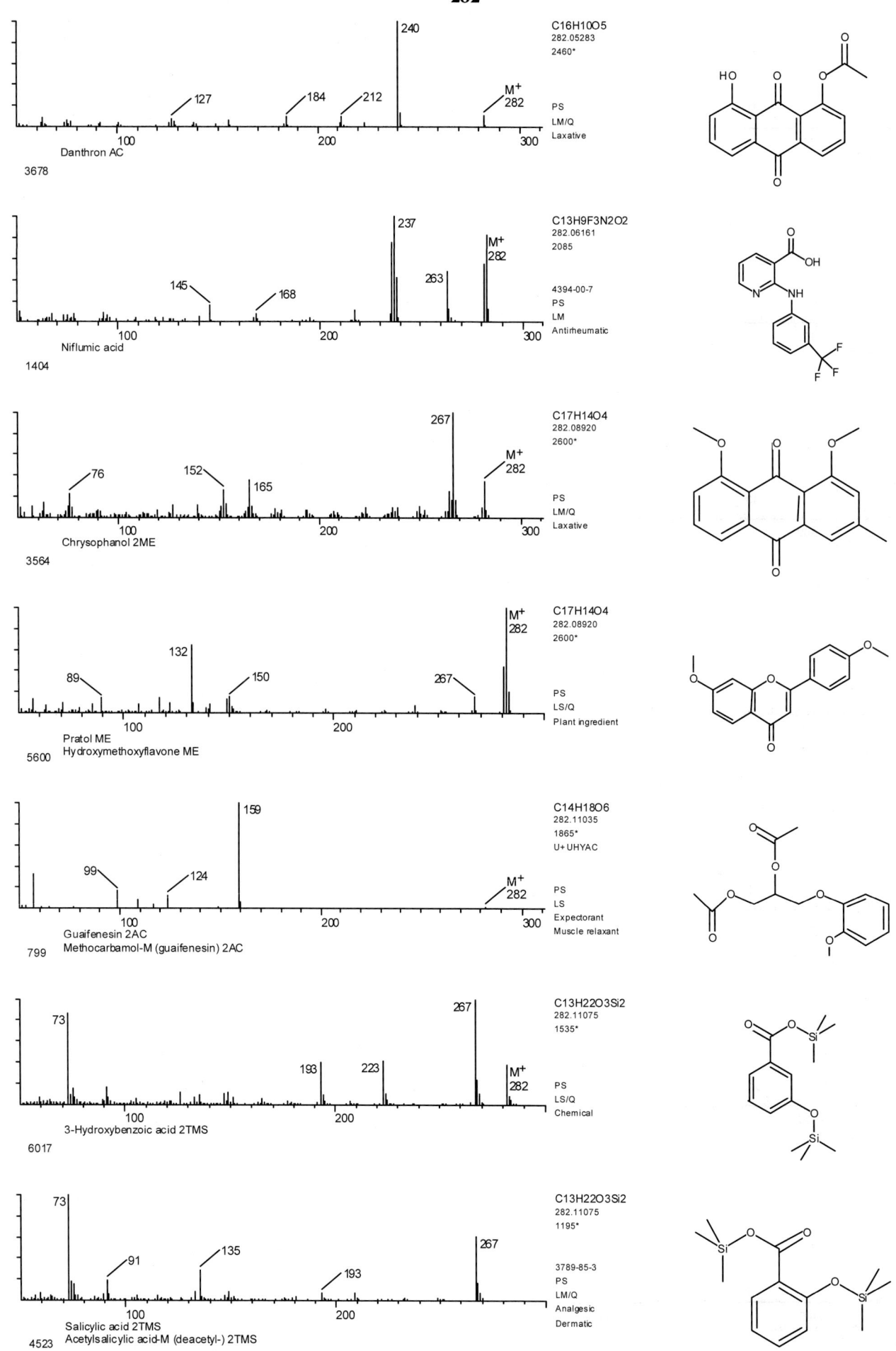

Danthron AC
3678
C16H10O5
282.05283
2460*
PS
LM/Q
Laxative

Niflumic acid
1404
C13H9F3N2O2
282.06161
2085
4394-00-7
PS
LM
Antirheumatic

Chrysophanol 2ME
3564
C17H14O4
282.08920
2600*
PS
LM/Q
Laxative

Pratol ME
Hydroxymethoxyflavone ME
5600
C17H14O4
282.08920
2600*
PS
LS/Q
Plant ingredient

Guaifenesin 2AC
Methocarbamol-M (guaifenesin) 2AC
799
C14H18O6
282.11035
1865*
U+ UHYAC
PS
LS
Expectorant
Muscle relaxant

3-Hydroxybenzoic acid 2TMS
6017
C13H22O3Si2
282.11075
1535*
PS
LS/Q
Chemical

Salicylic acid 2TMS
Acetylsalicylic acid-M (deacetyl-) 2TMS
4523
C13H22O3Si2
282.11075
1195*
3789-85-3
PS
LM/Q
Analgesic
Dermatic

282

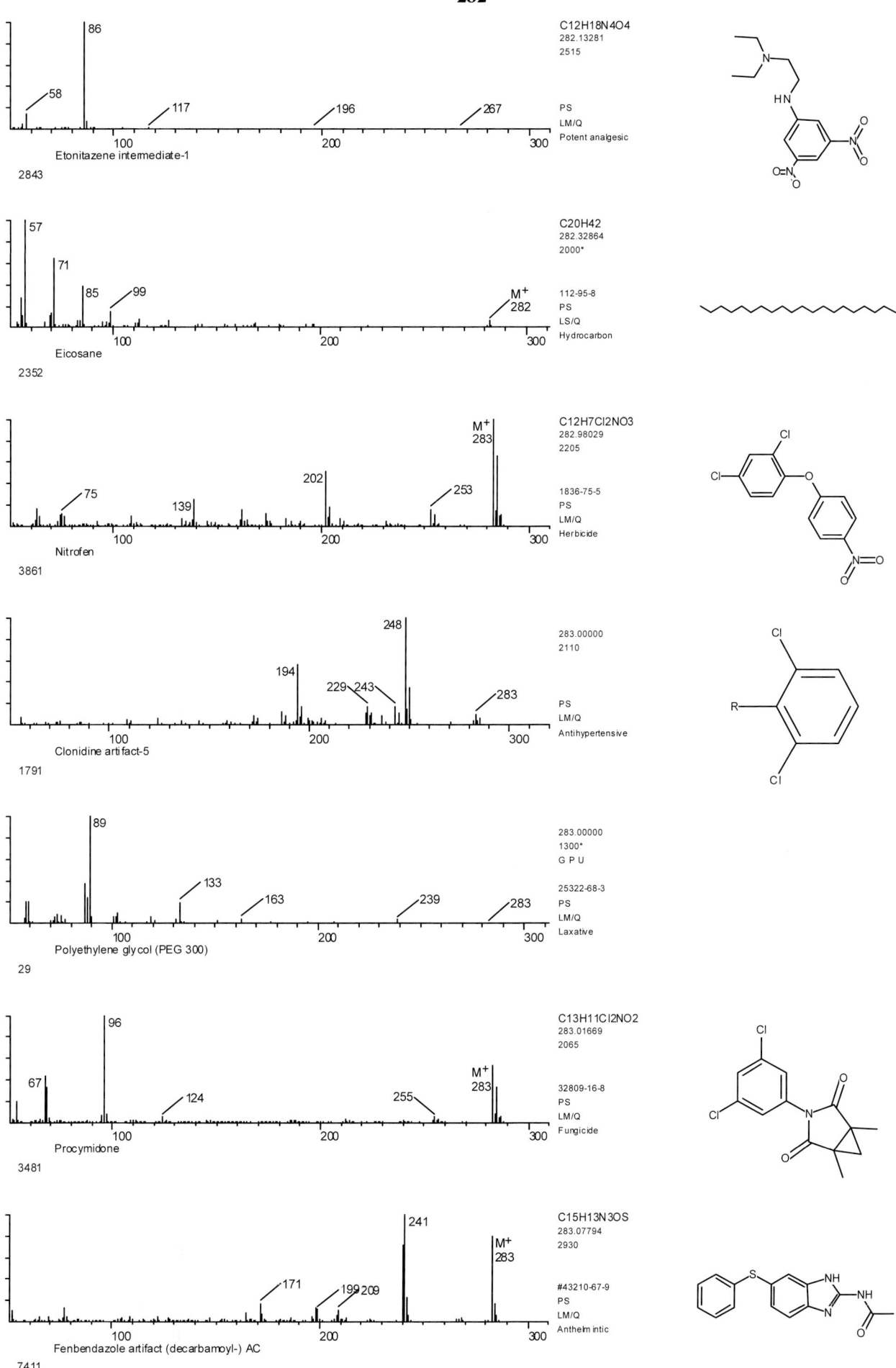

Etonitazene intermediate-1
C12H18N4O4
282.13281
2515
PS
LM/Q
Potent analgesic
2843

Eicosane
C20H42
282.32864
2000*
112-95-8
PS
LS/Q
Hydrocarbon
2352

Nitrofen
C12H7Cl2NO3
282.98029
2205
1836-75-5
PS
LM/Q
Herbicide
3861

Clonidine artifact-5
283.00000
2110
PS
LM/Q
Antihypertensive
1791

Polyethylene glycol (PEG 300)
283.00000
1300*
G P U
25322-68-3
PS
LM/Q
Laxative
29

Procymidone
C13H11Cl2NO2
283.01669
2065
32809-16-8
PS
LM/Q
Fungicide
3481

Fenbendazole artifact (decarbamoyl-) AC
C15H13N3OS
283.07794
2930
#43210-67-9
PS
LM/Q
Anthelmintic
7411

527

283

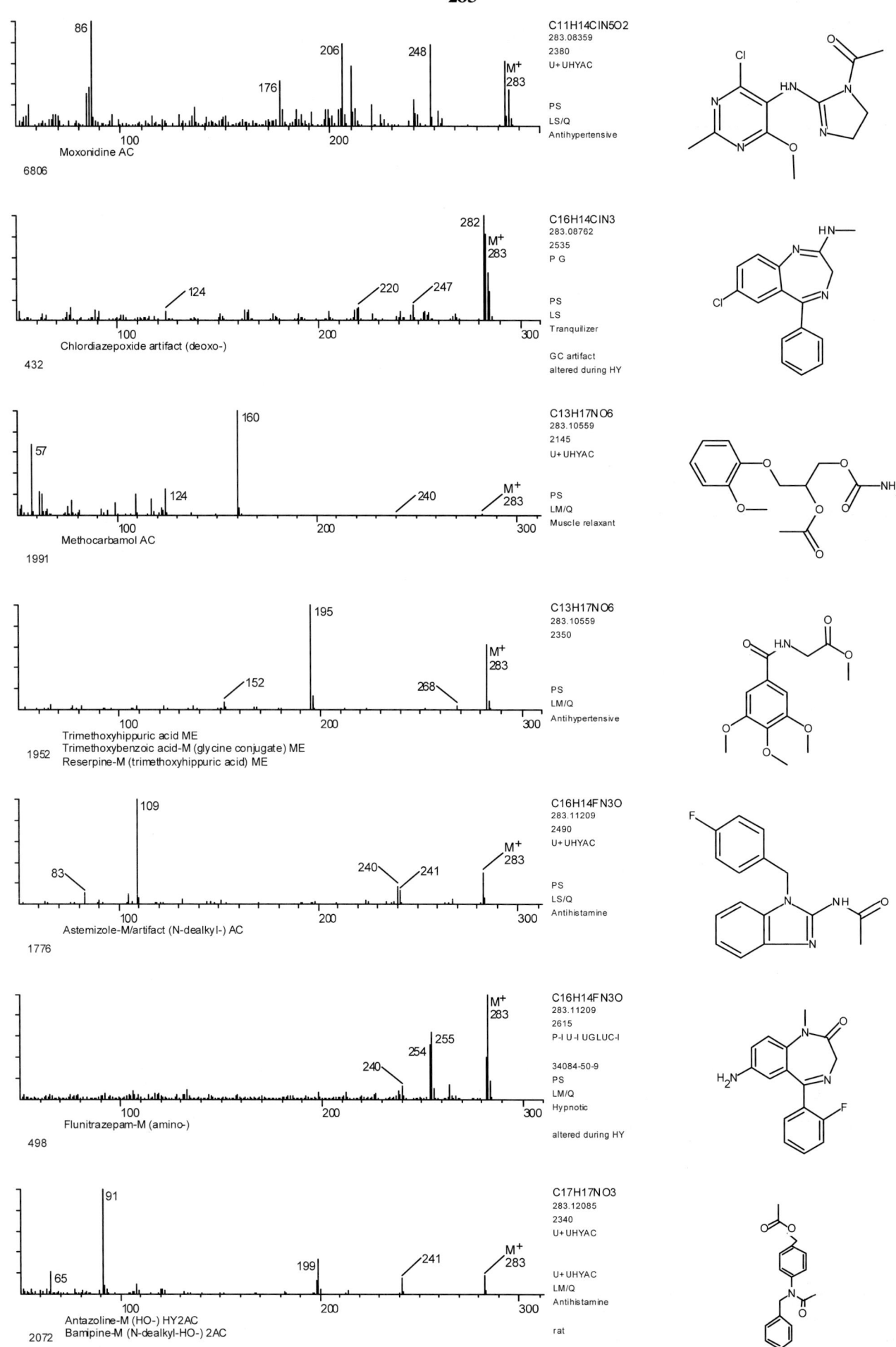

Moxonidine AC	86, 176, 206, 248, M+ 283	C11H14ClN5O2 283.08359 2380 U+ UHYAC PS LS/Q Antihypertensive
6806		

Chlordiazepoxide artifact (deoxo-)	124, 220, 247, 282, M+ 283	C16H14ClN3 283.08762 2535 P G PS LS Tranquilizer GC artifact altered during HY
432		

Methocarbamol AC	57, 124, 160, 240, M+ 283	C13H17NO6 283.10559 2145 U+ UHYAC PS LM/Q Muscle relaxant
1991		

Trimethoxyhippuric acid ME Trimethoxybenzoic acid-M (glycine conjugate) ME Reserpine-M (trimethoxyhippuric acid) ME	152, 195, 268, M+ 283	C13H17NO6 283.10559 2350 PS LM/Q Antihypertensive
1952		

Astemizole-M/artifact (N-dealkyl-) AC	83, 109, 240, 241, M+ 283	C16H14FN3O 283.11209 2490 U+ UHYAC PS LS/Q Antihistamine
1776		

Flunitrazepam-M (amino-)	240, 254, 255, M+ 283	C16H14FN3O 283.11209 2615 P-I U-I UGLUC-I 34084-50-9 PS LM/Q Hypnotic altered during HY
498		

Antazoline-M (HO-) HY2AC Bamipine-M (N-dealkyl-HO-) 2AC	65, 91, 199, 241, M+ 283	C17H17NO3 283.12085 2340 U+ UHYAC U+ UHYAC LM/Q Antihistamine rat
2072		

283

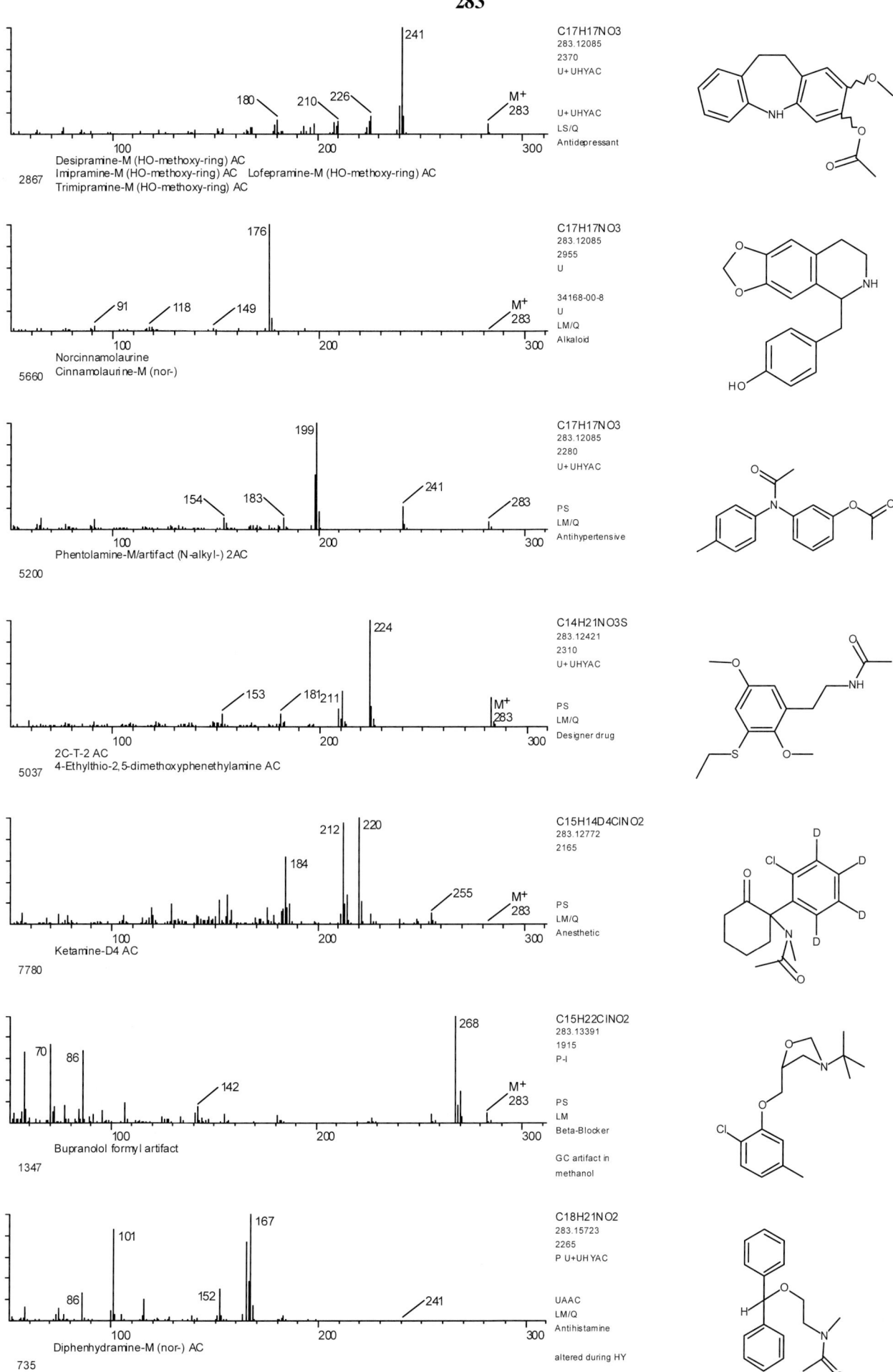

C17H17NO3
283.12085
2370
U+ UHYAC
U+ UHYAC
LS/Q
Antidepressant

Desipramine-M (HO-methoxy-ring) AC
Imipramine-M (HO-methoxy-ring) AC   Lofepramine-M (HO-methoxy-ring) AC
Trimipramine-M (HO-methoxy-ring) AC
2867

C17H17NO3
283.12085
2955
U
34168-00-8
U
LM/Q
Alkaloid

Norcinnamolaurine
Cinnamolaurine-M (nor-)
5660

C17H17NO3
283.12085
2280
U+ UHYAC
PS
LM/Q
Antihypertensive

Phentolamine-M/artifact (N-alkyl-) 2AC
5200

C14H21NO3S
283.12421
2310
U+ UHYAC
PS
LM/Q
Designer drug

2C-T-2 AC
4-Ethylthio-2,5-dimethoxyphenethylamine AC
5037

C15H14D4ClNO2
283.12772
2165
PS
LM/Q
Anesthetic

Ketamine-D4 AC
7780

C15H22ClNO2
283.13391
1915
P-I
PS
LM
Beta-Blocker
GC artifact in methanol

Bupranolol formyl artifact
1347

C18H21NO2
283.15723
2265
P U+UHYAC
UAAC
LM/Q
Antihistamine
altered during HY

Diphenhydramine-M (nor-) AC
735

529

283

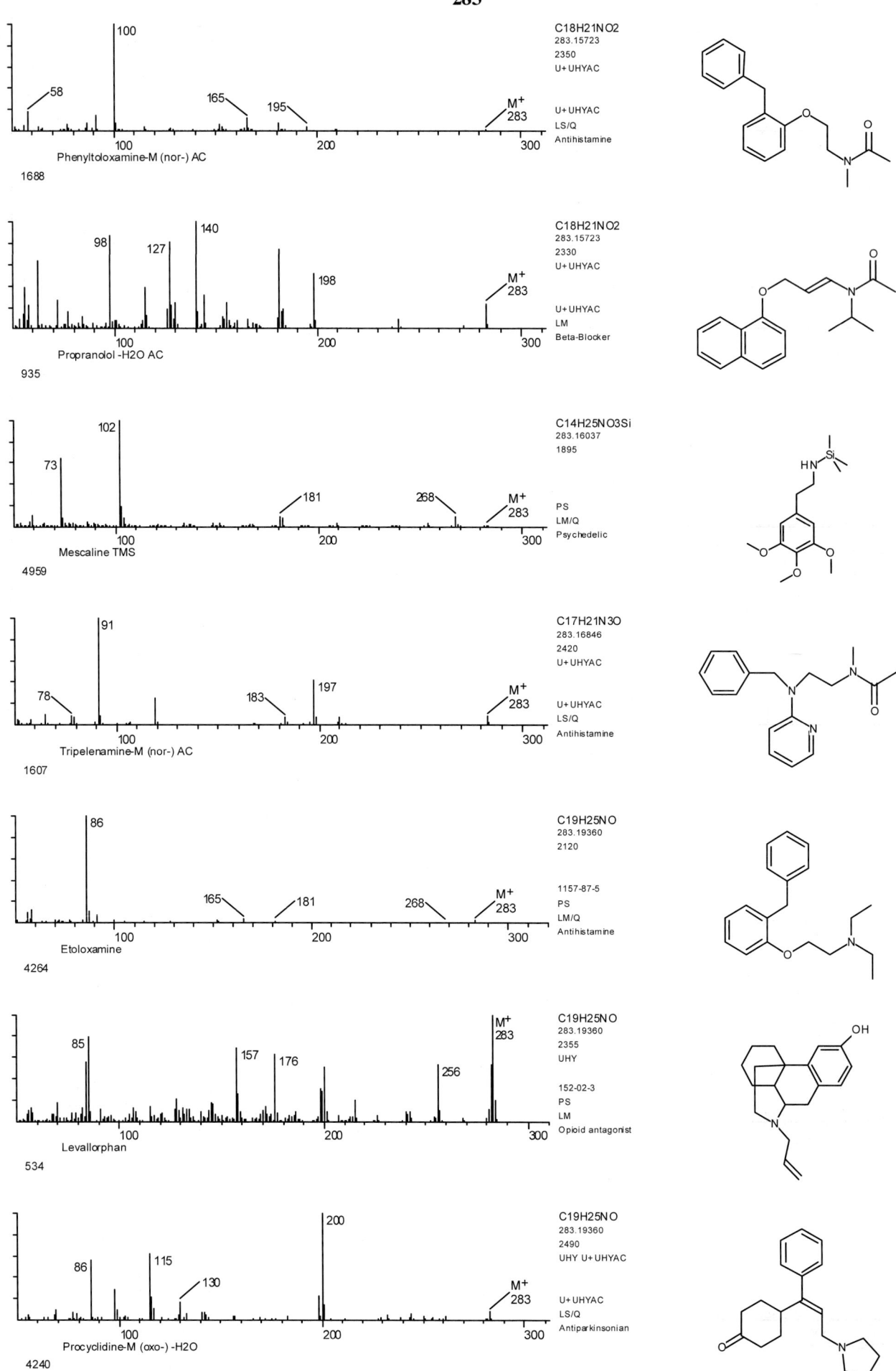

Phenyltoloxamine-M (nor-) AC
1688

C18H21NO2
283.15723
2350
U+ UHYAC

U+ UHYAC
LS/Q
Antihistamine

Propranolol -H2O AC
935

C18H21NO2
283.15723
2330
U+ UHYAC

U+ UHYAC
LM
Beta-Blocker

Mescaline TMS
4959

C14H25NO3Si
283.16037
1895

PS
LM/Q
Psychedelic

Tripelenamine-M (nor-) AC
1607

C17H21N3O
283.16846
2420
U+ UHYAC

U+ UHYAC
LS/Q
Antihistamine

Etoloxamine
4264

C19H25NO
283.19360
2120

1157-87-5
PS
LM/Q
Antihistamine

Levallorphan
534

C19H25NO
283.19360
2355
UHY

152-02-3
PS
LM
Opioid antagonist

Procyclidine-M (oxo-) -H2O
4240

C19H25NO
283.19360
2490
UHY U+ UHYAC

U+ UHYAC
LS/Q
Antiparkinsonian

283

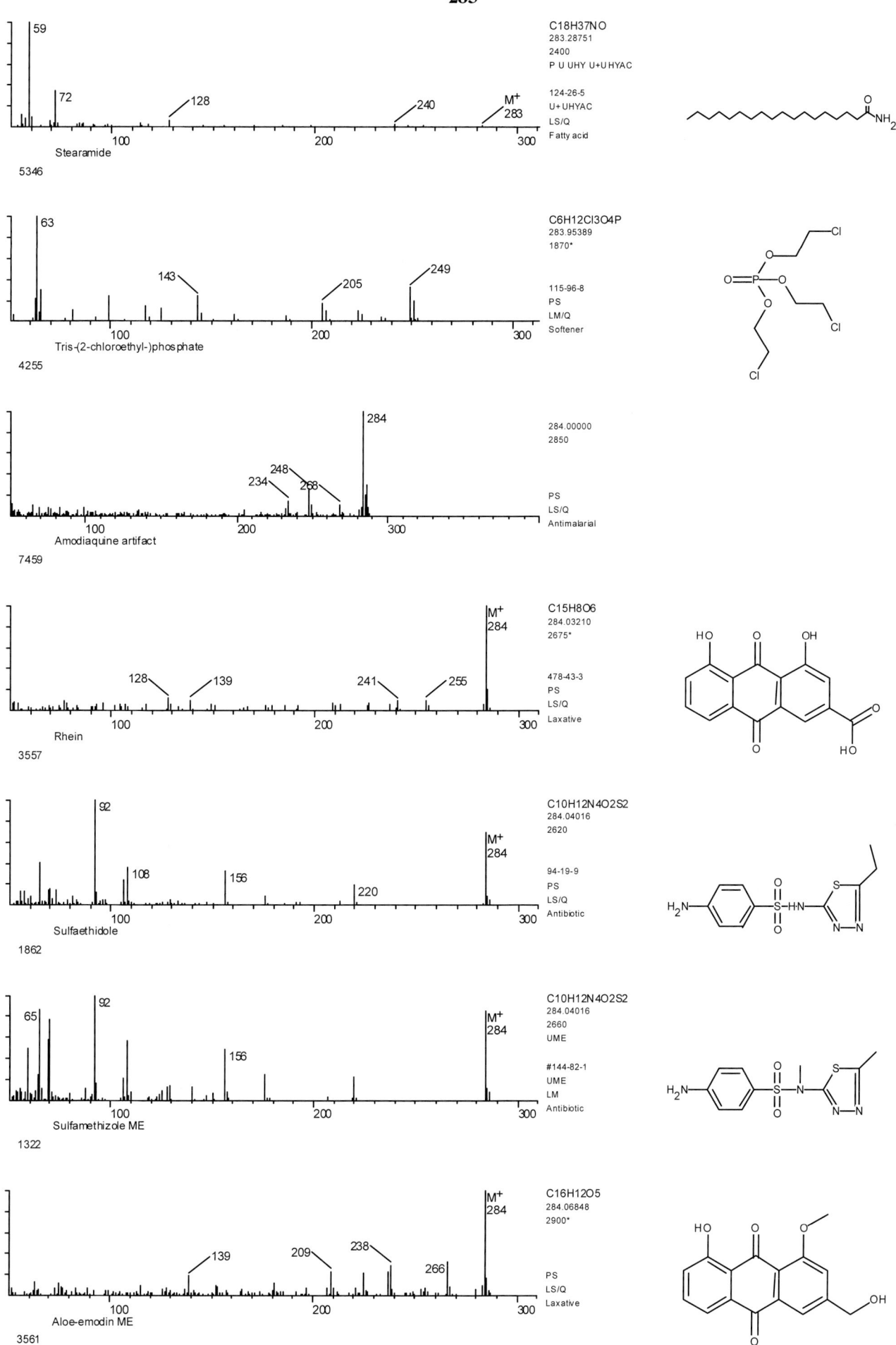

Stearamide — 5346
C18H37NO
283.28751
2400
P U UHY U+U HYAC
124-26-5
U+UHYAC
LS/Q
Fatty acid
Peaks: 59, 72, 128, 240, M+ 283

Tris-(2-chloroethyl-)phosphate — 4255
C6H12Cl3O4P
283.95389
1870*
115-96-8
PS
LM/Q
Softener
Peaks: 63, 143, 205, 249

Amodiaquine artifact — 7459
284.00000
2850
PS
LS/Q
Antimalarial
Peaks: 234, 248, 268, 284

Rhein — 3557
C15H8O6
284.03210
2675*
478-43-3
PS
LS/Q
Laxative
Peaks: 128, 139, 241, 255, M+ 284

Sulfaethidole — 1862
C10H12N4O2S2
284.04016
2620
94-19-9
PS
LS/Q
Antibiotic
Peaks: 92, 108, 156, 220, M+ 284

Sulfamethizole ME — 1322
C10H12N4O2S2
284.04016
2660
UME
#144-82-1
UME
LM
Antibiotic
Peaks: 65, 92, 156, M+ 284

Aloe-emodin ME — 3561
C16H12O5
284.06848
2900*
PS
LS/Q
Laxative
Peaks: 139, 209, 238, 266, M+ 284

284

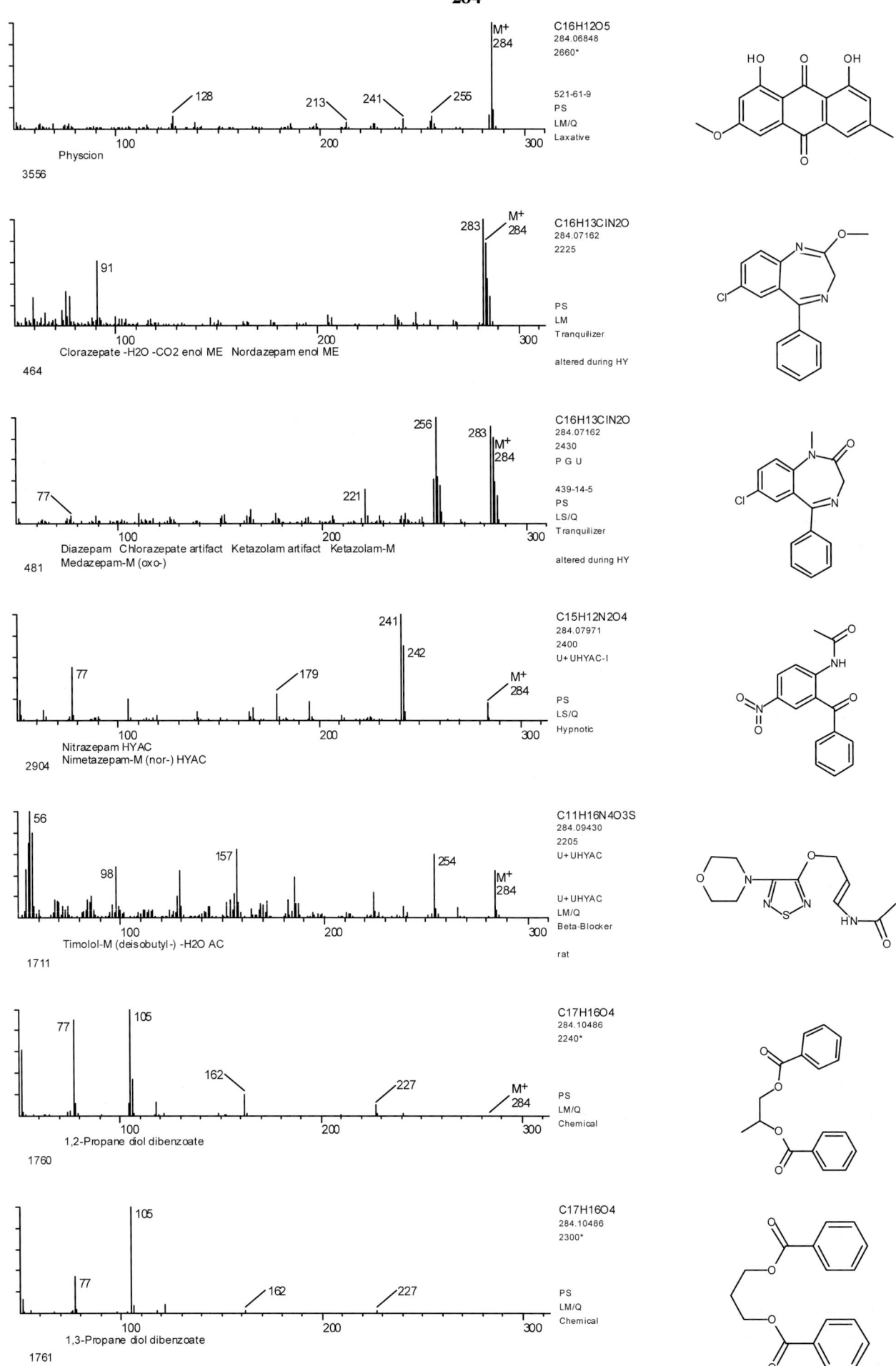

C16H12O5
284.06848
2660*

521-61-9
PS
LM/Q
Laxative

Physcion
3556

C16H13ClN2O
284.07162
2225

PS
LM
Tranquilizer

altered during HY

Clorazepate -H2O -CO2 enol ME   Nordazepam enol ME
464

C16H13ClN2O
284.07162
2430
P G U

439-14-5
PS
LS/Q
Tranquilizer

altered during HY

Diazepam   Chlorazepate artifact   Ketazolam artifact   Ketazolam-M
Medazepam-M (oxo-)
481

C15H12N2O4
284.07971
2400
U+ UHYAC-I

PS
LS/Q
Hypnotic

Nitrazepam HYAC
Nimetazepam-M (nor-) HYAC
2904

C11H16N4O3S
284.09430
2205
U+ UHYAC

U+ UHYAC
LM/Q
Beta-Blocker

rat

Timolol-M (deisobutyl-) -H2O AC
1711

C17H16O4
284.10486
2240*

PS
LM/Q
Chemical

1,2-Propane diol dibenzoate
1760

C17H16O4
284.10486
2300*

PS
LM/Q
Chemical

1,3-Propane diol dibenzoate
1761

284

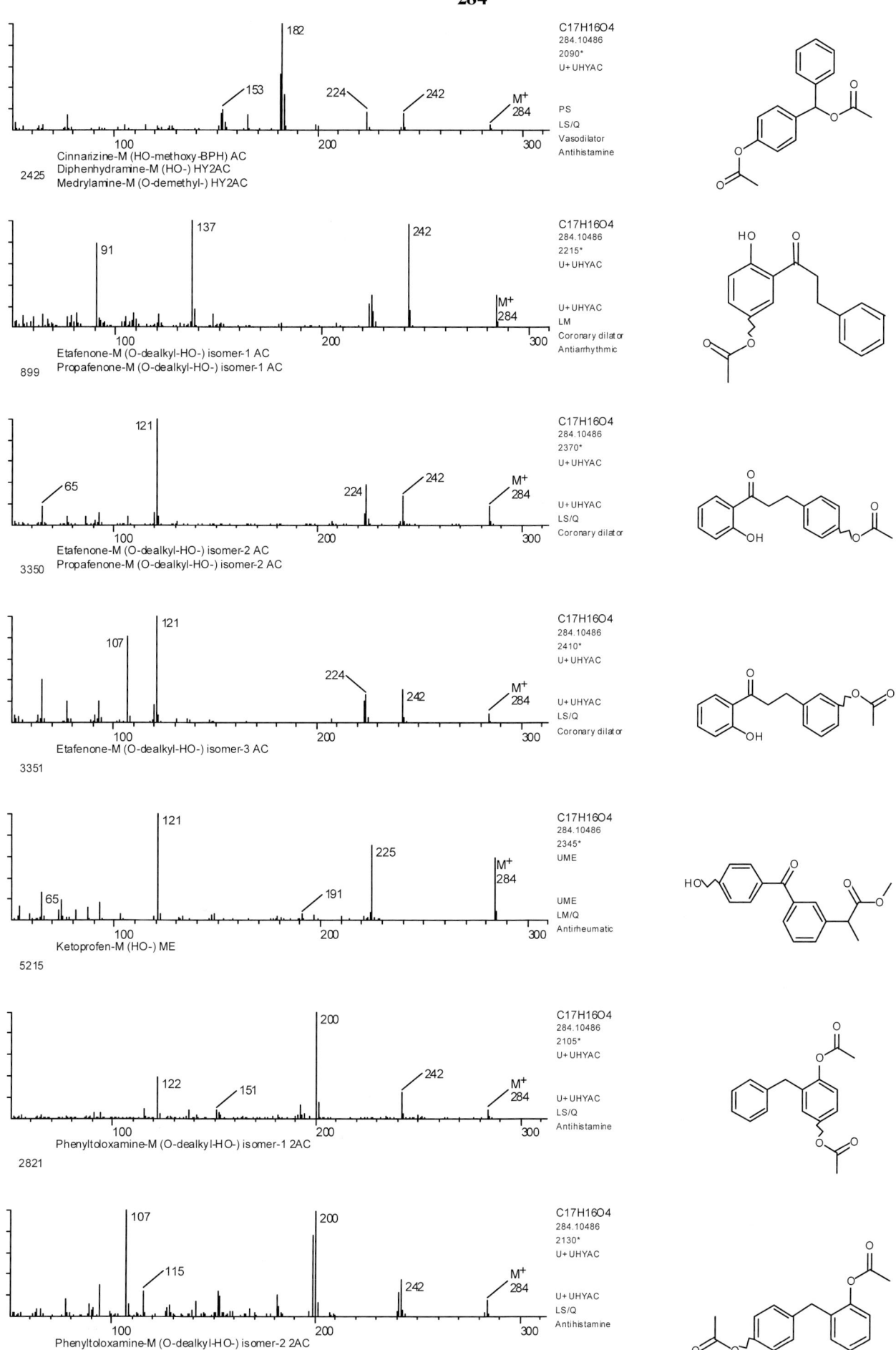

2425	C17H16O4 284.10486 2090* U+ UHYAC PS LS/Q Vasodilator Antihistamine

Cinnarizine-M (HO-methoxy-BPH) AC
Diphenhydramine-M (HO-) HY2AC
Medrylamine-M (O-demethyl-) HY2AC

899

C17H16O4
284.10486
2215*
U+ UHYAC

U+ UHYAC
LM
Coronary dilator
Antiarrhythmic

Etafenone-M (O-dealkyl-HO-) isomer-1 AC
Propafenone-M (O-dealkyl-HO-) isomer-1 AC

3350

C17H16O4
284.10486
2370*
U+ UHYAC

U+ UHYAC
LS/Q
Coronary dilator

Etafenone-M (O-dealkyl-HO-) isomer-2 AC
Propafenone-M (O-dealkyl-HO-) isomer-2 AC

3351

C17H16O4
284.10486
2410*
U+ UHYAC

U+ UHYAC
LS/Q
Coronary dilator

Etafenone-M (O-dealkyl-HO-) isomer-3 AC

5215

C17H16O4
284.10486
2345*
UME

UME
LM/Q
Antirheumatic

Ketoprofen-M (HO-) ME

2821

C17H16O4
284.10486
2105*
U+ UHYAC

U+ UHYAC
LS/Q
Antihistamine

Phenyltoloxamine-M (O-dealkyl-HO-) isomer-1 2AC

1684

C17H16O4
284.10486
2130*
U+ UHYAC

U+ UHYAC
LS/Q
Antihistamine

Phenyltoloxamine-M (O-dealkyl-HO-) isomer-2 2AC

284

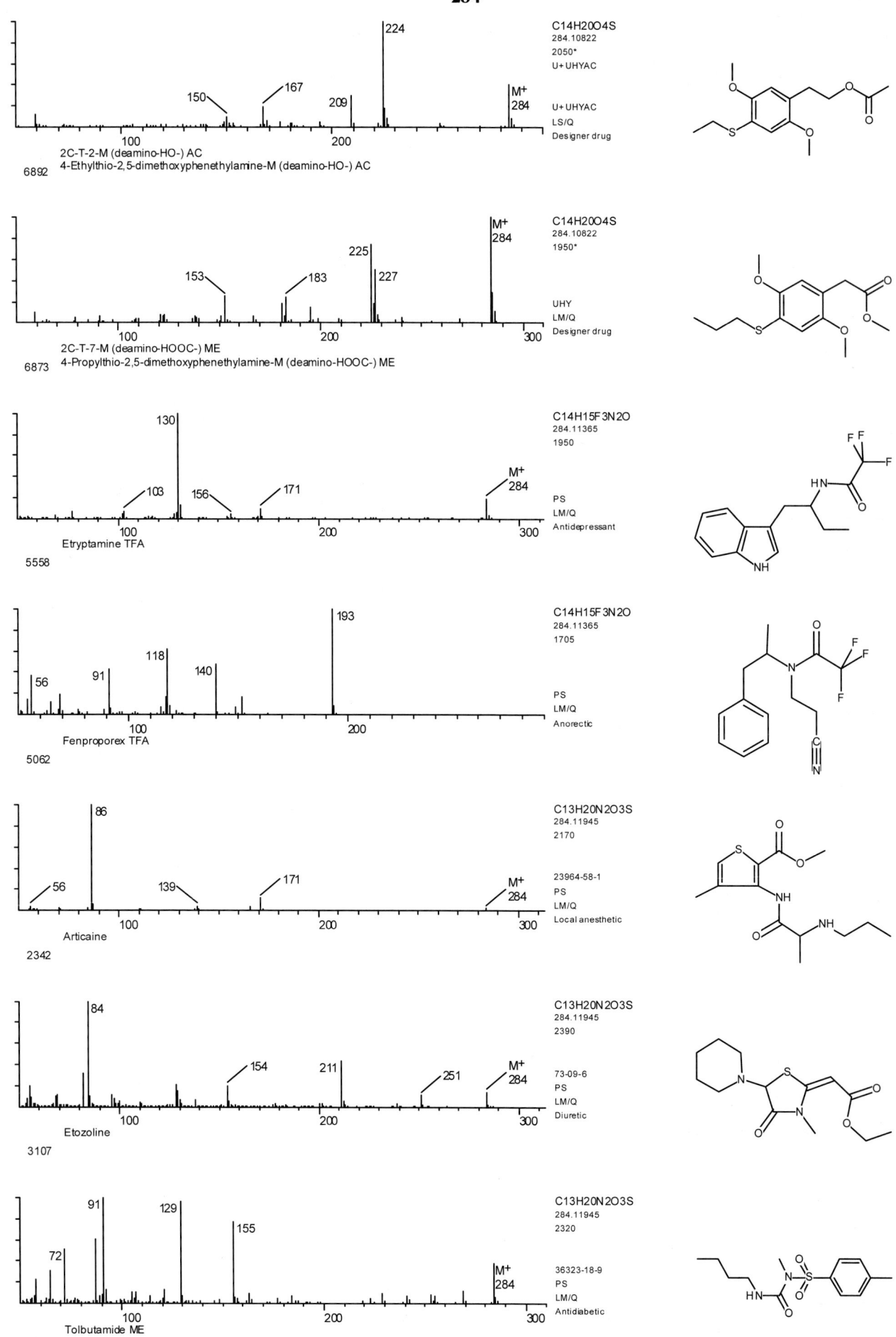

C14H20O4S
284.10822
2050*
U+ UHYAC
U+ UHYAC
LS/Q
Designer drug

2C-T-2-M (deamino-HO-) AC
4-Ethylthio-2,5-dimethoxyphenethylamine-M (deamino-HO-) AC
6892

C14H20O4S
284.10822
1950*
UHY
LM/Q
Designer drug

2C-T-7-M (deamino-HOOC-) ME
4-Propylthio-2,5-dimethoxyphenethylamine-M (deamino-HOOC-) ME
6873

C14H15F3N2O
284.11365
1950
PS
LM/Q
Antidepressant

Etryptamine TFA
5558

C14H15F3N2O
284.11365
1705
PS
LM/Q
Anorectic

Fenproporex TFA
5062

C13H20N2O3S
284.11945
2170
23964-58-1
PS
LM/Q
Local anesthetic

Articaine
2342

C13H20N2O3S
284.11945
2390
73-09-6
PS
LM/Q
Diuretic

Etozoline
3107

C13H20N2O3S
284.11945
2320
36323-18-9
PS
LM/Q
Antidiabetic

Tolbutamide ME
3137

284

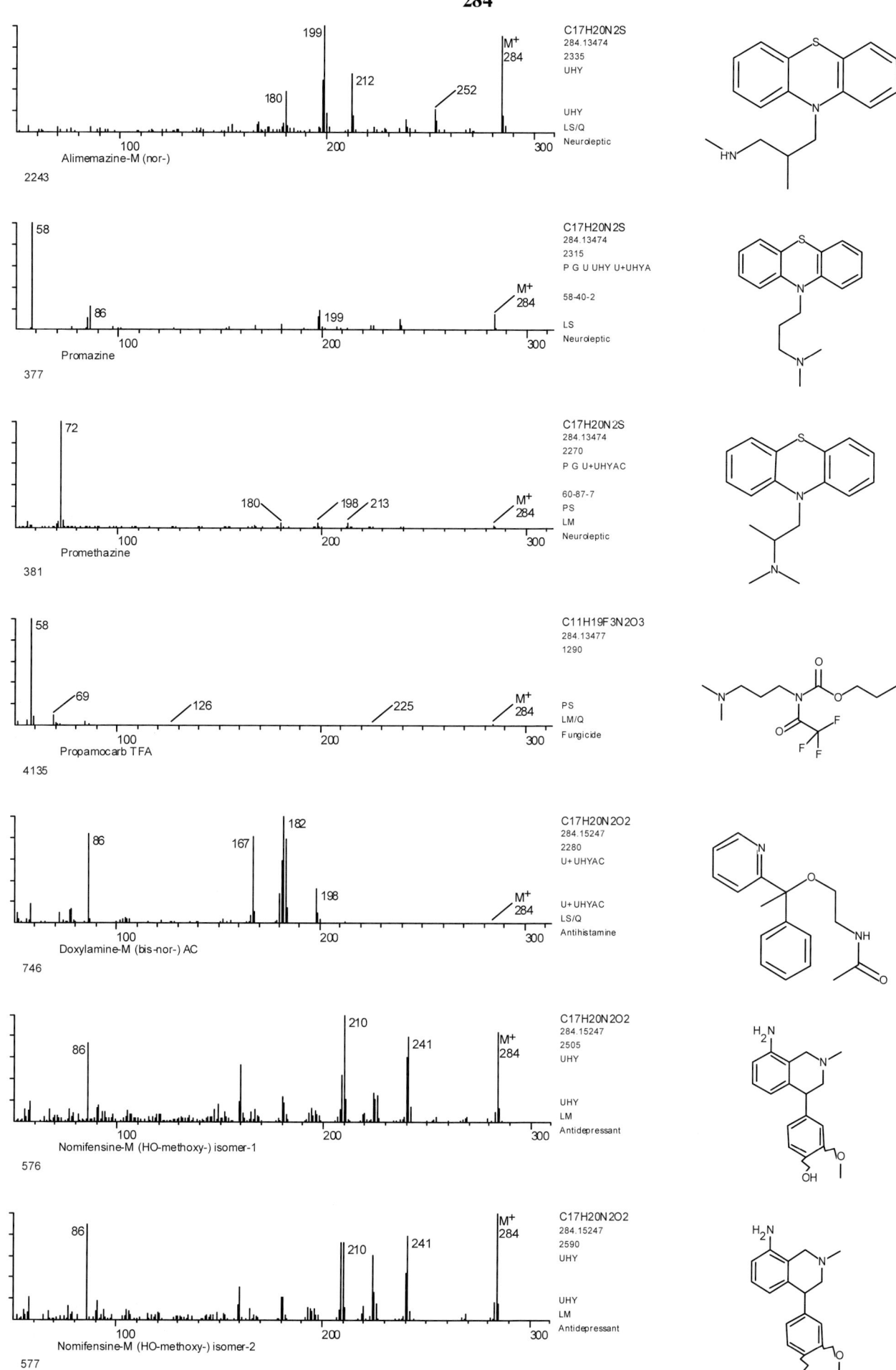

Spectrum	Formula	Details
Alimemazine-M (nor-) — 2243	C17H20N2S	284.13474, 2335, UHY, UHY, LS/Q, Neuroleptic. Peaks: 180, 199, 212, 252, M+ 284
Promazine — 377	C17H20N2S	284.13474, 2315, P G U UHY U+UHYA, 58-40-2, LS, Neuroleptic. Peaks: 58, 86, 199, M+ 284
Promethazine — 381	C17H20N2S	284.13474, 2270, P G U+UHYAC, 60-87-7, PS, LM, Neuroleptic. Peaks: 72, 180, 198, 213, M+ 284
Propamocarb TFA — 4135	C11H19F3N2O3	284.13477, 1290, PS, LM/Q, Fungicide. Peaks: 58, 69, 126, 225, M+ 284
Doxylamine-M (bis-nor-) AC — 746	C17H20N2O2	284.15247, 2280, U+UHYAC, U+UHYAC, LS/Q, Antihistamine. Peaks: 86, 167, 182, 198, M+ 284
Nomifensine-M (HO-methoxy-) isomer-1 — 576	C17H20N2O2	284.15247, 2505, UHY, UHY, LM, Antidepressant. Peaks: 86, 210, 241, M+ 284
Nomifensine-M (HO-methoxy-) isomer-2 — 577	C17H20N2O2	284.15247, 2590, UHY, UHY, LM, Antidepressant. Peaks: 86, 210, 241, M+ 284

284

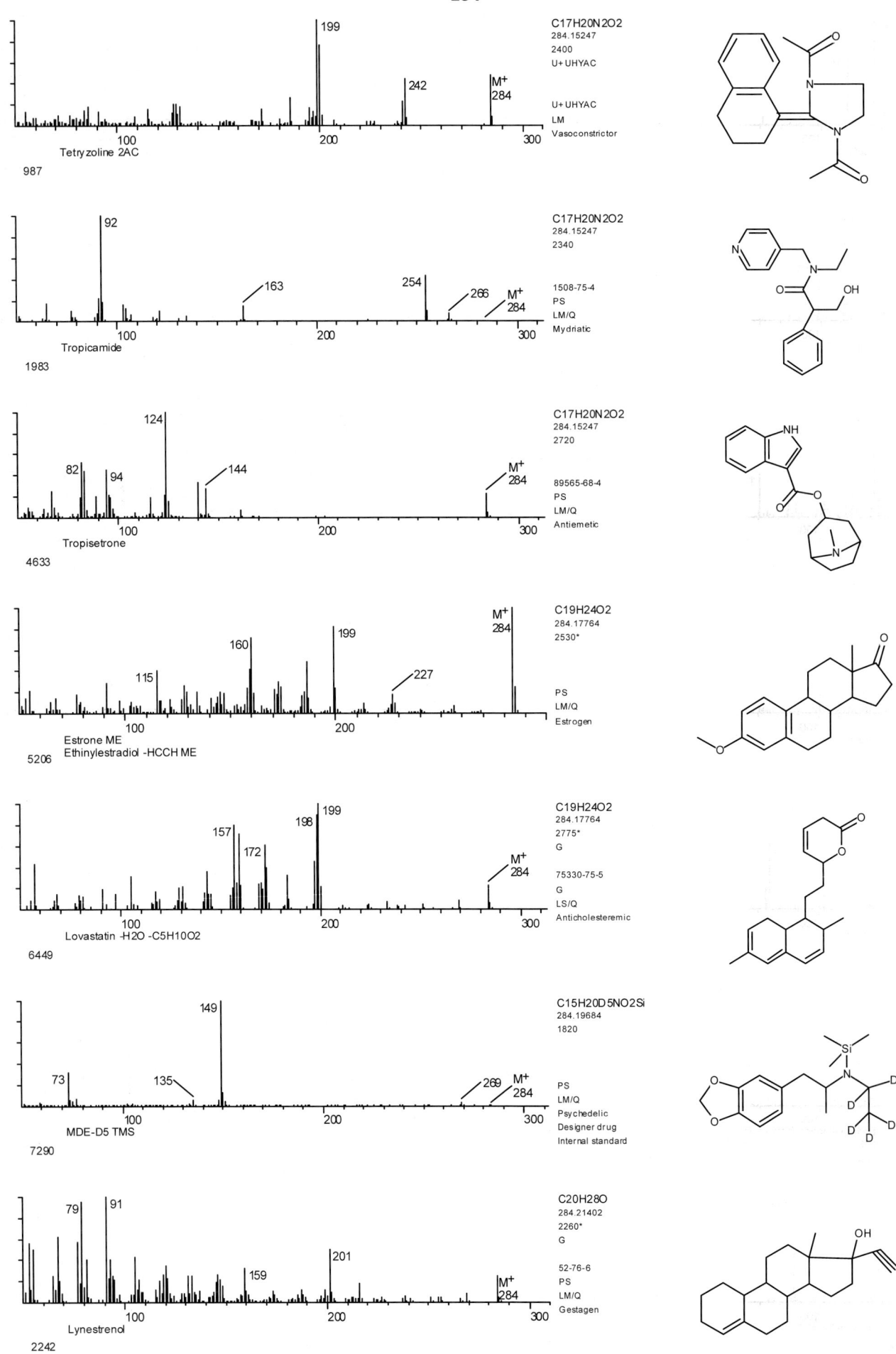

C17H20N2O2
284.15247
2400
U+ UHYAC
U+ UHYAC
LM
Vasoconstrictor

Tetryzoline 2AC
987

C17H20N2O2
284.15247
2340
1508-75-4
PS
LM/Q
Mydriatic

Tropicamide
1983

C17H20N2O2
284.15247
2720
89565-68-4
PS
LM/Q
Antiemetic

Tropisetrone
4633

C19H24O2
284.17764
2530*
PS
LM/Q
Estrogen

Estrone ME
Ethinylestradiol -HCCH ME
5206

C19H24O2
284.17764
2775*
G
75330-75-5
G
LS/Q
Anticholesteremic

Lovastatin -H2O -C5H10O2
6449

C15H20D5NO2Si
284.19684
1820
PS
LM/Q
Psychedelic
Designer drug
Internal standard

MDE-D5 TMS
7290

C20H28O
284.21402
2260*
G
52-76-6
PS
LM/Q
Gestagen

Lynestrenol
2242

536

284

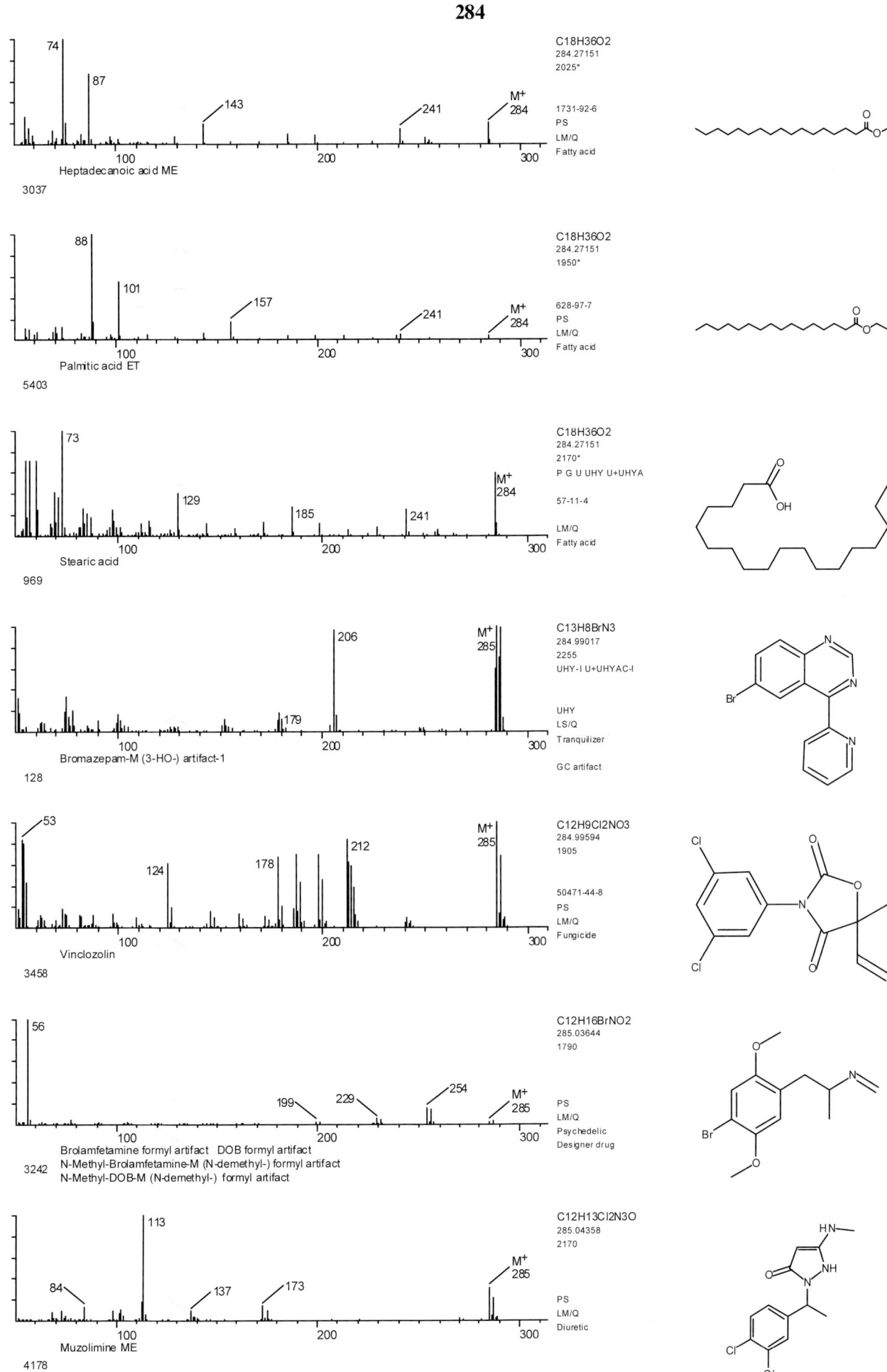

Heptadecanoic acid ME — 3037
C18H36O2
284.27151
2025*
1731-92-6
PS
LM/Q
Fatty acid
Peaks: 74, 87, 143, 241, M+ 284

Palmitic acid ET — 5403
C18H36O2
284.27151
1950*
628-97-7
PS
LM/Q
Fatty acid
Peaks: 88, 101, 157, 241, M+ 284

Stearic acid — 969
C18H36O2
284.27151
2170*
P G U UHY U+UHYA
57-11-4
LM/Q
Fatty acid
Peaks: 73, 129, 185, 241, M+ 284

Bromazepam-M (3-HO-) artifact-1 — 128
C13H8BrN3
284.99017
2255
UHY-I U+UHYAC-I
UHY
LS/Q
Tranquilizer
GC artifact
Peaks: 179, 206, M+ 285

Vinclozolin — 3458
C12H9Cl2NO3
284.99594
1905
50471-44-8
PS
LM/Q
Fungicide
Peaks: 53, 124, 178, 212, M+ 285

**Brolamfetamine formyl artifact DOB formyl artifact
N-Methyl-Brolamfetamine-M (N-demethyl-) formyl artifact
N-Methyl-DOB-M (N-demethyl-) formyl artifact** — 3242
C12H16BrNO2
285.03644
1790
PS
LM/Q
Psychedelic
Designer drug
Peaks: 56, 199, 229, 254, M+ 285

Muzolimine ME — 4178
C12H13Cl2N3O
285.04358
2170
PS
LM/Q
Diuretic
Peaks: 84, 113, 137, 173, M+ 285

285

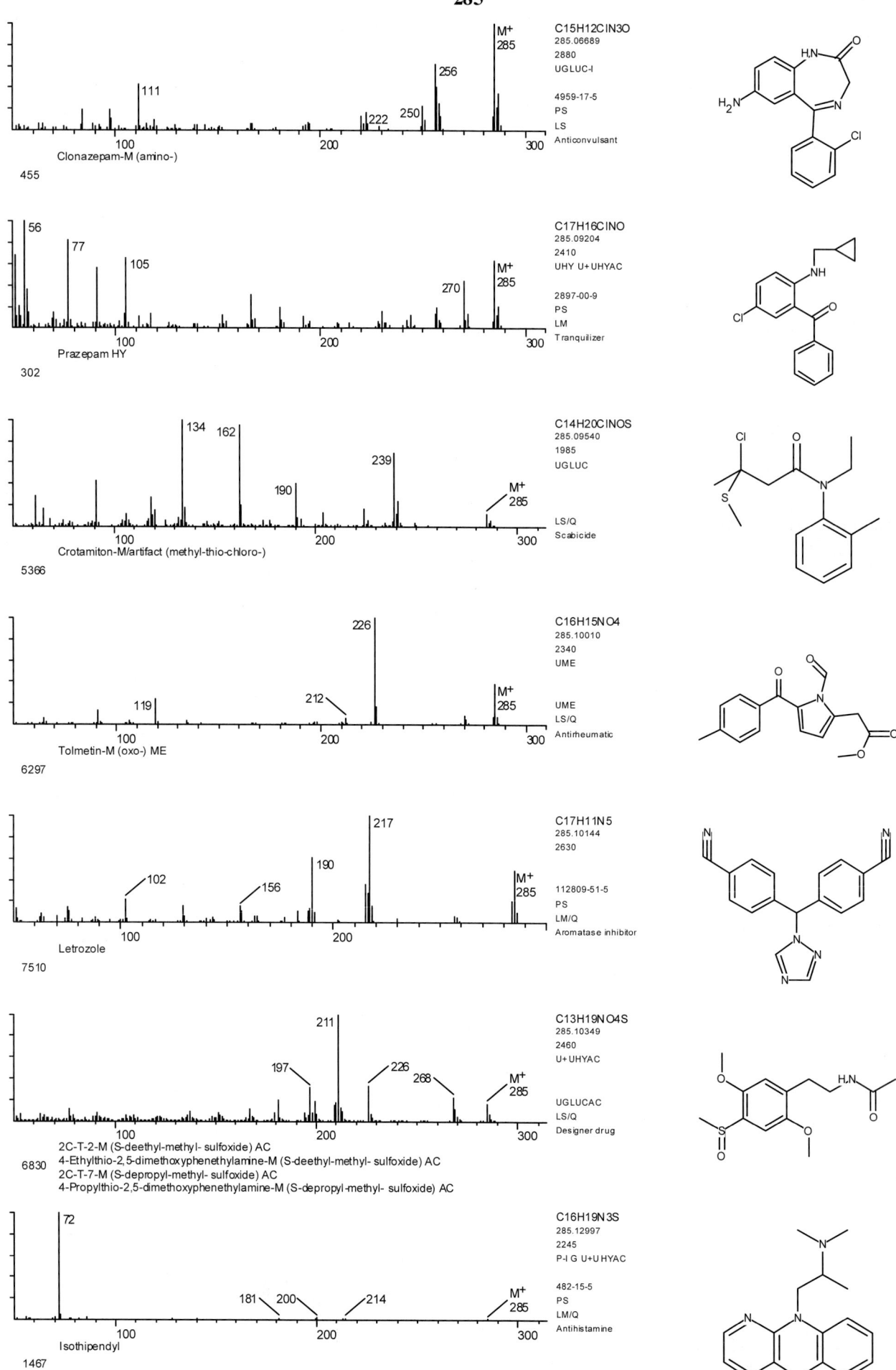

Clonazepam-M (amino-)
455
C15H12ClN3O
285.06689
2880
UGLUC-I

4959-17-5
PS
LS
Anticonvulsant

Peaks: 111, 222, 250, 256, M+ 285

Prazepam HY
302
C17H16ClNO
285.09204
2410
UHY U+UHYAC

2897-00-9
PS
LM
Tranquilizer

Peaks: 56, 77, 105, 270, M+ 285

Crotamiton-M/artifact (methyl-thio-chloro-)
5366
C14H20ClNOS
285.09540
1985
UGLUC

LS/Q
Scabicide

Peaks: 134, 162, 190, 239, M+ 285

Tolmetin-M (oxo-) ME
6297
C16H15NO4
285.10010
2340
UME

UME
LS/Q
Antirheumatic

Peaks: 119, 212, 226, M+ 285

Letrozole
7510
C17H11N5
285.10144
2630

112809-51-5
PS
LM/Q
Aromatase inhibitor

Peaks: 102, 156, 190, 217, M+ 285

2C-T-2-M (S-deethyl-methyl- sulfoxide) AC
4-Ethylthio-2,5-dimethoxyphenethylamine-M (S-deethyl-methyl- sulfoxide) AC
2C-T-7-M (S-depropyl-methyl- sulfoxide) AC
4-Propylthio-2,5-dimethoxyphenethylamine-M (S-depropyl-methyl- sulfoxide) AC
6830
C13H19NO4S
285.10349
2460
U+UHYAC

UGLUCAC
LS/Q
Designer drug

Peaks: 197, 211, 226, 268, M+ 285

Isothipendyl
1467
C16H19N3S
285.12997
2245
P-I G U+UHYAC

482-15-5
PS
LM/Q
Antihistamine

Peaks: 72, 181, 200, 214, M+ 285

285

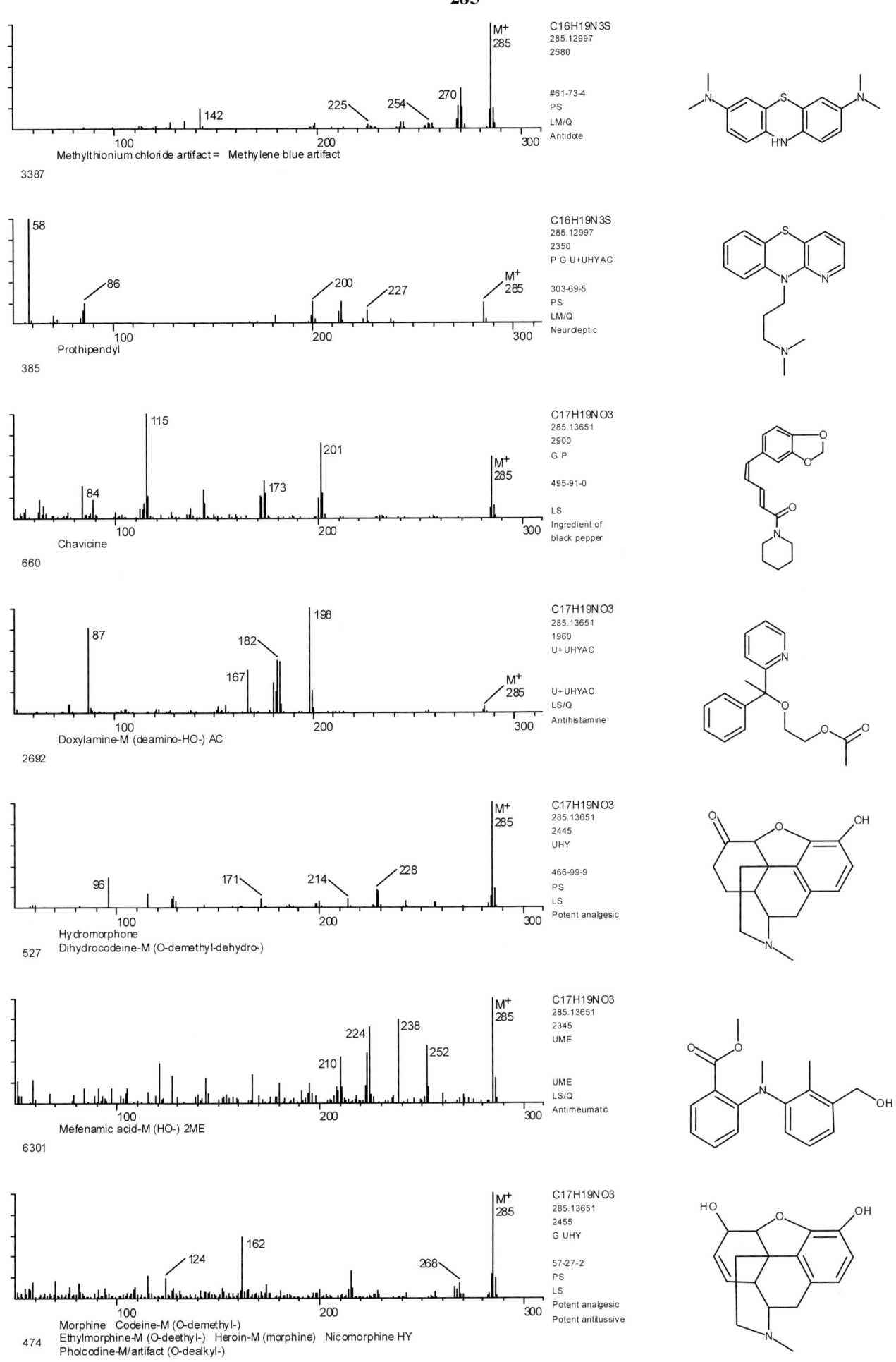

C16H19N3S
285.12997
2680

#61-73-4
PS
LM/Q
Antidote

Methylthionium chloride artifact = Methylene blue artifact
3387

C16H19N3S
285.12997
2350
P G U+ UHYAC

303-69-5
PS
LM/Q
Neuroleptic

Prothipendyl
385

C17H19NO3
285.13651
2900
G P

495-91-0
LS
Ingredient of black pepper

Chavicine
660

C17H19NO3
285.13651
1960
U+ UHYAC

U+ UHYAC
LS/Q
Antihistamine

Doxylamine-M (deamino-HO-) AC
2692

C17H19NO3
285.13651
2445
UHY

466-99-9
PS
LS
Potent analgesic

Hydromorphone
Dihydrocodeine-M (O-demethyl-dehydro-)
527

C17H19NO3
285.13651
2345
UME

UME
LS/Q
Antirheumatic

Mefenamic acid-M (HO-) 2ME
6301

C17H19NO3
285.13651
2455
G UHY

57-27-2
PS
LS
Potent analgesic
Potent antitussive

Morphine   Codeine-M (O-demethyl-)
Ethylmorphine-M (O-deethyl-)   Heroin-M (morphine)   Nicomorphine HY
Pholcodine-M/artifact (O-dealkyl-)
474

285

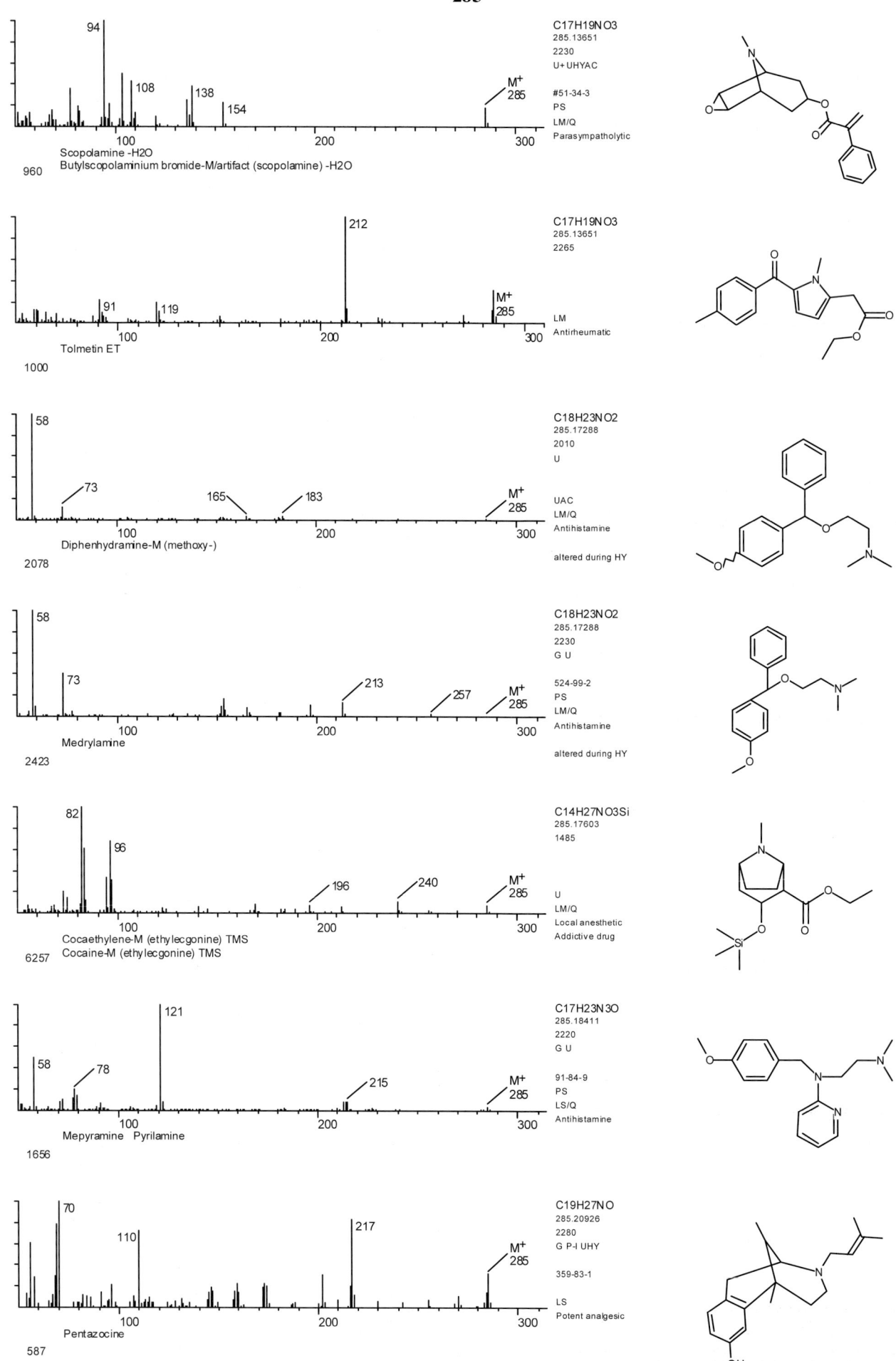

C17H19NO3
285.13651
2230
U+ UHYAC

#51-34-3
PS
LM/Q
Parasympatholytic

Scopolamine -H2O
Butylscopolaminium bromide-M/artifact (scopolamine) -H2O

C17H19NO3
285.13651
2265

LM
Antirheumatic

Tolmetin ET

C18H23NO2
285.17288
2010
U

UAC
LM/Q
Antihistamine

altered during HY

Diphenhydramine-M (methoxy-)

C18H23NO2
285.17288
2230
G U

524-99-2
PS
LM/Q
Antihistamine

altered during HY

Medrylamine

C14H27NO3Si
285.17603
1485

U
LM/Q
Local anesthetic
Addictive drug

Cocaethylene-M (ethylecgonine) TMS
Cocaine-M (ethylecgonine) TMS

C17H23N3O
285.18411
2220
G U

91-84-9
PS
LS/Q
Antihistamine

Mepyramine   Pyrilamine

C19H27NO
285.20926
2280
G P-I UHY

359-83-1

LS
Potent analgesic

Pentazocine

285

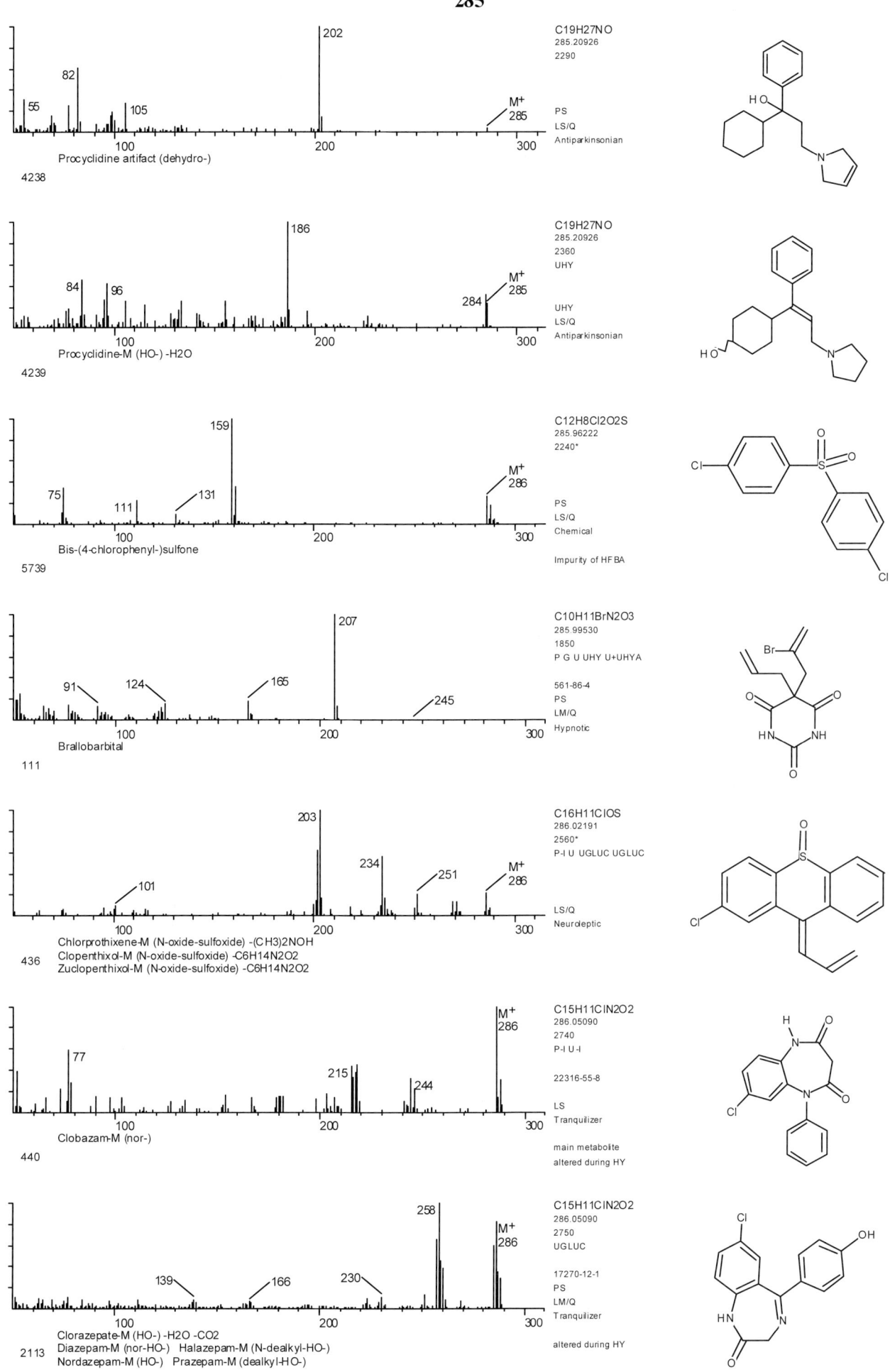

C19H27NO
285.20926
2290
PS
LS/Q
Antiparkinsonian

Procyclidine artifact (dehydro-)
4238

C19H27NO
285.20926
2360
UHY

UHY
LS/Q
Antiparkinsonian

Procyclidine-M (HO-) -H2O
4239

C12H8Cl2O2S
285.96222
2240*

PS
LS/Q
Chemical

Impurity of HFBA

Bis-(4-chlorophenyl-)sulfone
5739

C10H11BrN2O3
285.99530
1850
P G U UHY U+UHYA

561-86-4
PS
LM/Q
Hypnotic

Brallobarbital
111

C16H11ClOS
286.02191
2560*
P-I U UGLUC UGLUC

LS/Q
Neuroleptic

Chlorprothixene-M (N-oxide-sulfoxide) -(CH3)2NOH
Clopenthixol-M (N-oxide-sulfoxide) -C6H14N2O2
436 Zuclopenthixol-M (N-oxide-sulfoxide) -C6H14N2O2

C15H11ClN2O2
286.05090
2740
P-I U -I

22316-55-8
LS
Tranquilizer

main metabolite
altered during HY

Clobazam-M (nor-)
440

C15H11ClN2O2
286.05090
2750
UGLUC

17270-12-1
PS
LM/Q
Tranquilizer

altered during HY

Clorazepate-M (HO-) -H2O -CO2
Diazepam-M (nor-HO-) Halazepam-M (N-dealkyl-HO-)
2113 Nordazepam-M (HO-) Prazepam-M (dealkyl-HO-)

541

286

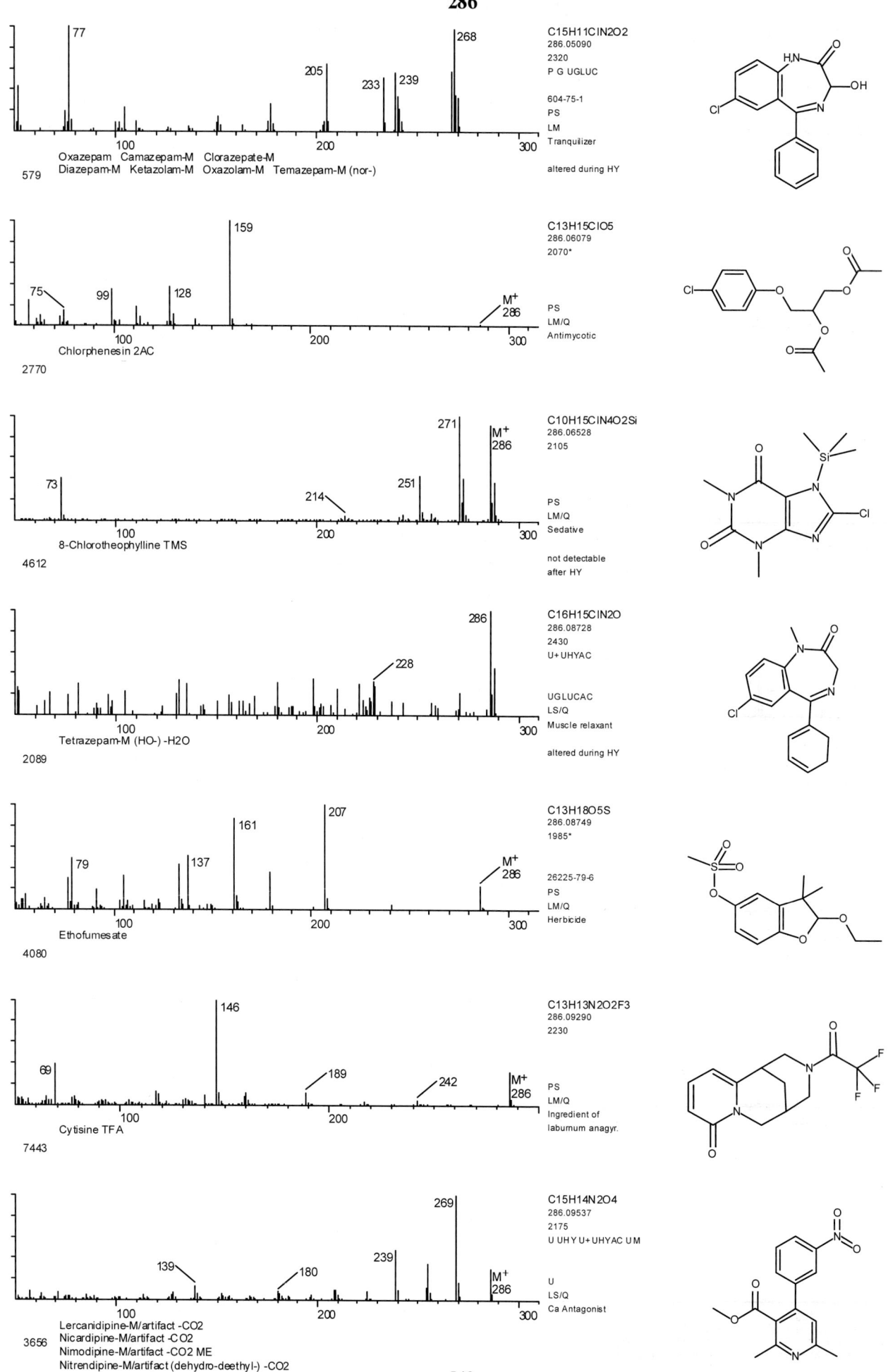

77, 205, 233, 239, 268
Oxazepam Camazepam-M Clorazepate-M
Diazepam-M Ketazolam-M Oxazolam-M Temazepam-M (nor-)
579

C15H11ClN2O2
286.05090
2320
P G UGLUC
604-75-1
PS
LM
Tranquilizer
altered during HY

75, 99, 128, 159, M+ 286
Chlorphenesin 2AC
2770

C13H15ClO5
286.06079
2070*
PS
LM/Q
Antimycotic

73, 214, 251, 271, M+ 286
8-Chlorotheophylline TMS
4612

C10H15ClN4O2Si
286.06528
2105
PS
LM/Q
Sedative
not detectable after HY

228, 286
Tetrazepam-M (HO-) -H2O
2089

C16H15ClN2O
286.08728
2430
U+ UHYAC
UGLUCAC
LS/Q
Muscle relaxant
altered during HY

79, 137, 161, 207, M+ 286
Ethofumesate
4080

C13H18O5S
286.08749
1985*
26225-79-6
PS
LM/Q
Herbicide

69, 146, 189, 242, M+ 286
Cytisine TFA
7443

C13H13N2O2F3
286.09290
2230
PS
LM/Q
Ingredient of labumum anagyr.

139, 180, 239, 269, M+ 286
Lercanidipine-M/artifact -CO2
Nicardipine-M/artifact -CO2
Nimodipine-M/artifact -CO2 ME
Nitrendipine-M/artifact (dehydro-deethyl-) -CO2
3656

C15H14N2O4
286.09537
2175
U UHY U+ UHYAC U M
U
LS/Q
Ca Antagonist

286

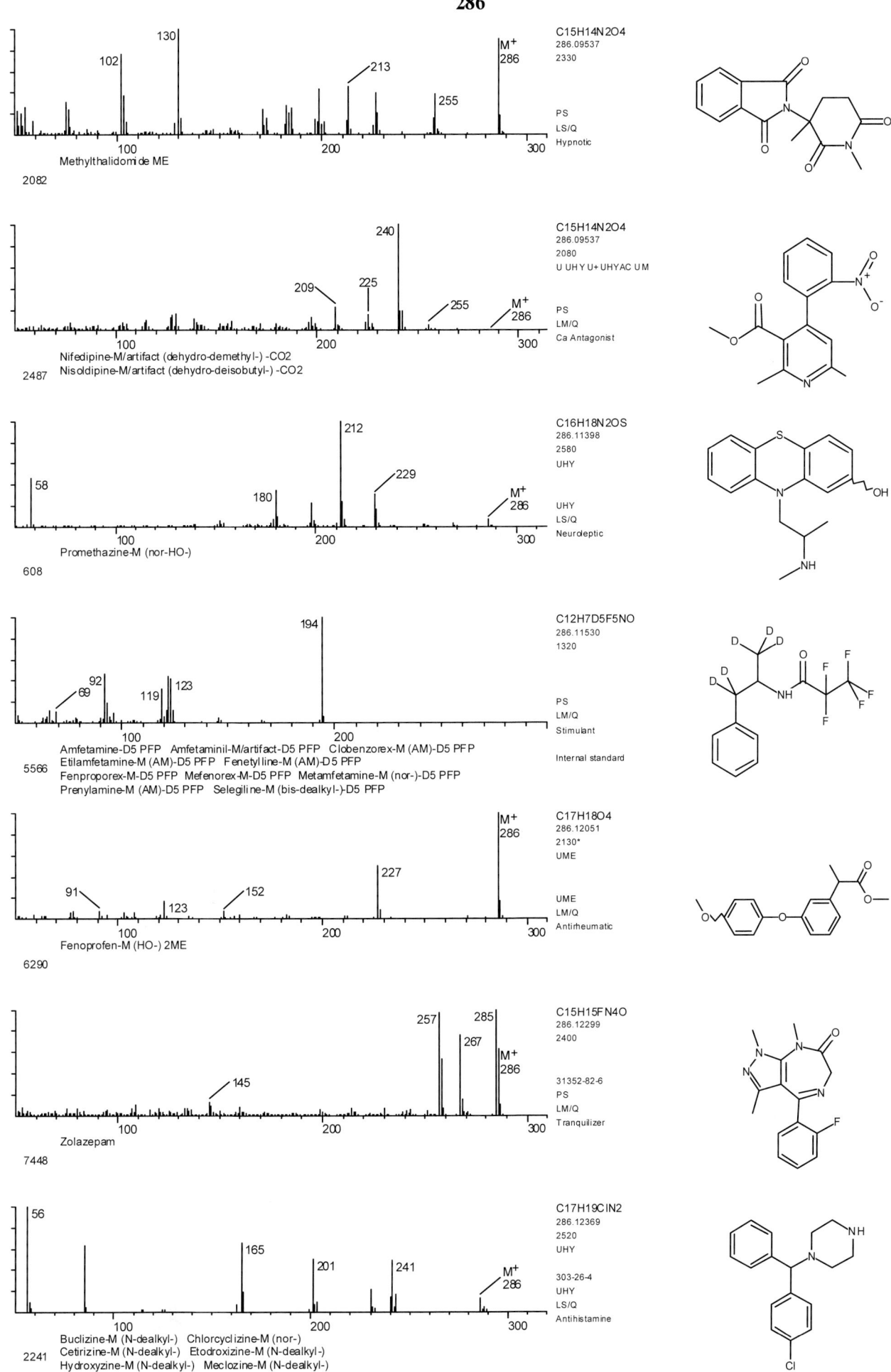

Methylthalidomide ME
Peaks: 102, 130, 213, 255, M+ 286
C15H14N2O4
286.09537
2330
PS
LS/Q
Hypnotic

Nifedipine-M/artifact (dehydro-demethyl-) -CO2
Nisoldipine-M/artifact (dehydro-deisobutyl-) -CO2
Peaks: 209, 225, 240, 255, M+ 286
C15H14N2O4
286.09537
2080
U UHY U+ UHYAC UM
PS
LM/Q
Ca Antagonist

Promethazine-M (nor-HO-)
Peaks: 58, 180, 212, 229, M+ 286
C16H18N2OS
286.11398
2580
UHY
UHY
LS/Q
Neuroleptic

Amfetamine-D5 PFP Amfetaminil-M/artifact-D5 PFP Clobenzorex-M (AM)-D5 PFP
Etilamfetamine-M (AM)-D5 PFP Fenetylline-M (AM)-D5 PFP
Fenproporex-M-D5 PFP Mefenorex-M-D5 PFP Metamfetamine-M (nor-)-D5 PFP
Prenylamine-M (AM)-D5 PFP Selegiline-M (bis-dealkyl-)-D5 PFP
Peaks: 69, 92, 119, 123, 194
C12H7D5F5NO
286.11530
1320
PS
LM/Q
Stimulant
Internal standard

Fenoprofen-M (HO-) 2ME
Peaks: 91, 123, 152, 227, M+ 286
C17H18O4
286.12051
2130*
UME
UME
LM/Q
Antirheumatic

Zolazepam
Peaks: 145, 257, 267, 285, M+ 286
C15H15FN4O
286.12299
2400
31352-82-6
PS
LM/Q
Tranquilizer

Buclizine-M (N-dealkyl-) Chlorcyclizine-M (nor-)
Cetirizine-M (N-dealkyl-) Etodroxizine-M (N-dealkyl-)
Hydroxyzine-M (N-dealkyl-) Meclozine-M (N-dealkyl-)
Peaks: 56, 165, 201, 241, M+ 286
C17H19ClN2
286.12369
2520
UHY
303-26-4
UHY
LS/Q
Antihistamine

543

286

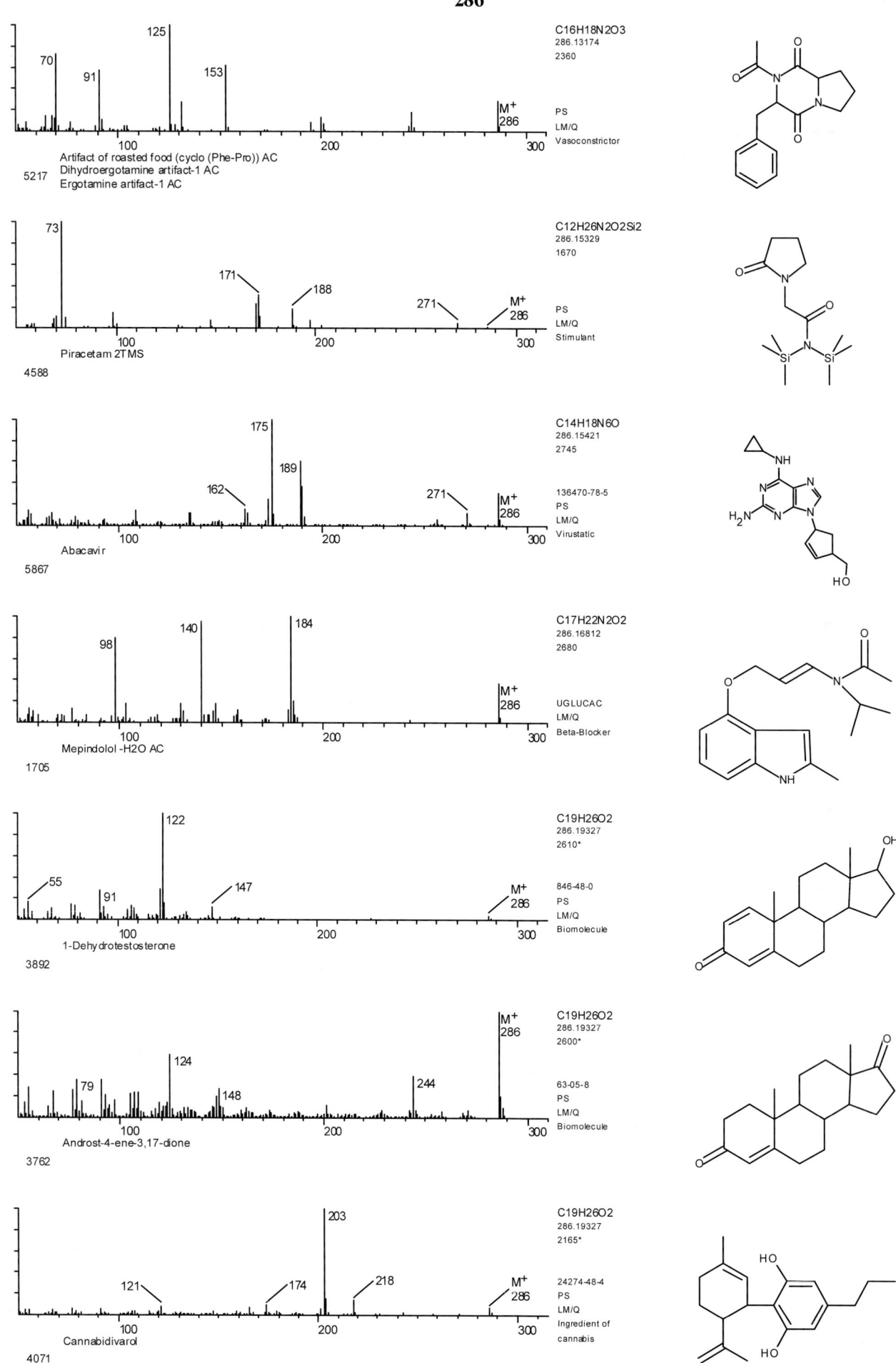

C16H18N2O3
286.13174
2360

PS
LM/Q
Vasoconstrictor

Artifact of roasted food (cyclo (Phe-Pro)) AC
Dihydroergotamine artifact-1 AC
Ergotamine artifact-1 AC
5217

C12H26N2O2Si2
286.15329
1670

PS
LM/Q
Stimulant

Piracetam 2TMS
4588

C14H18N6O
286.15421
2745

136470-78-5
PS
LM/Q
Virustatic

Abacavir
5867

C17H22N2O2
286.16812
2680

UGLUCAC
LM/Q
Beta-Blocker

Mepindolol -H2O AC
1705

C19H26O2
286.19327
2610*

846-48-0
PS
LM/Q
Biomolecule

1-Dehydrotestosterone
3892

C19H26O2
286.19327
2600*

63-05-8
PS
LM/Q
Biomolecule

Androst-4-ene-3,17-dione
3762

C19H26O2
286.19327
2165*

24274-48-4
PS
LM/Q
Ingredient of cannabis

Cannabidivarol
4071

286

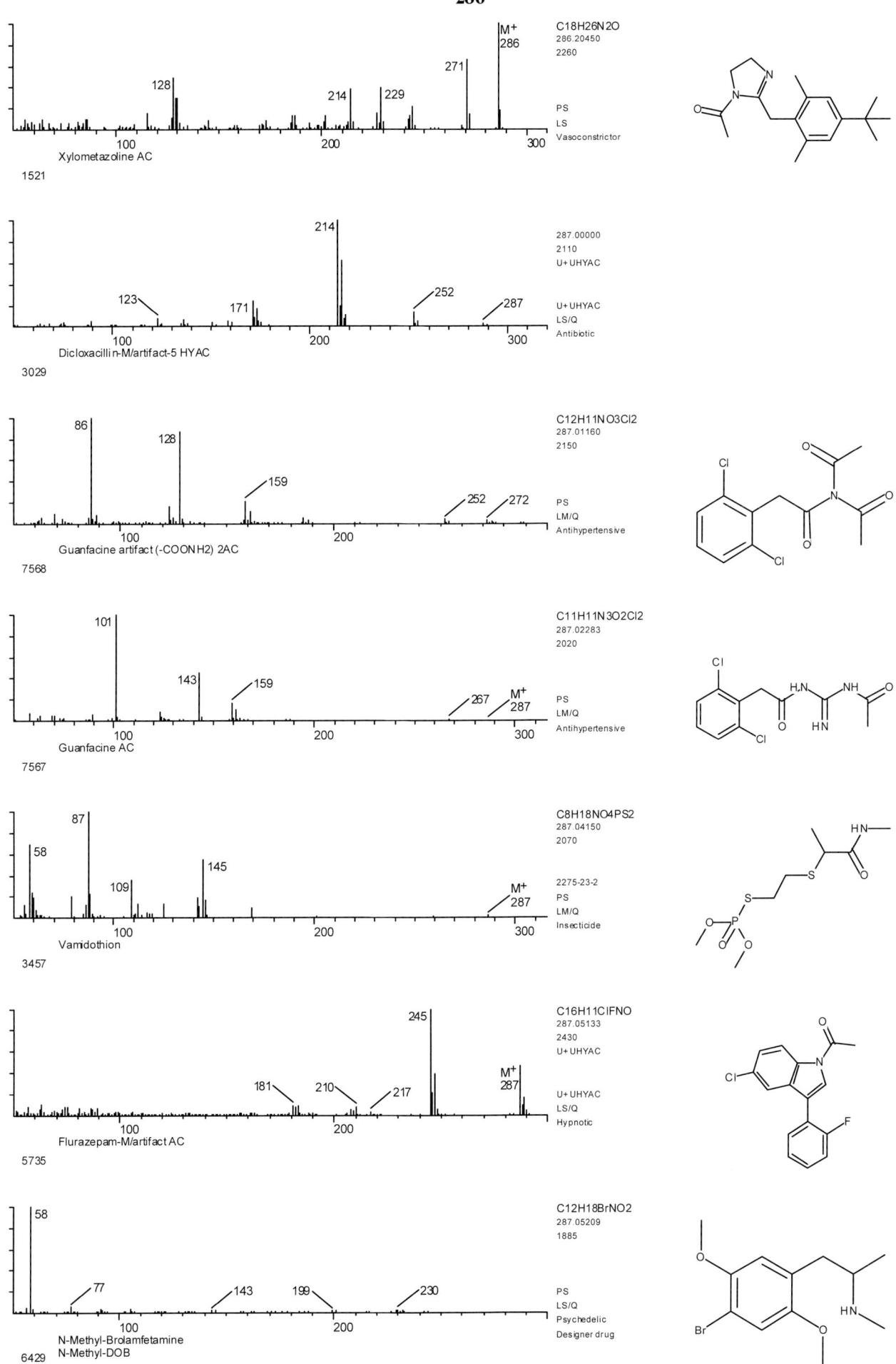

Xylometazoline AC — C18H26N2O, 286.20450, 2260, PS, LS, Vasoconstrictor
Peaks: 128, 214, 229, 271, M+ 286
1521

Dicloxacillin-M/artifact-5 HYAC — 287.00000, 2110, U+ UHYAC, U+ UHYAC, LS/Q, Antibiotic
Peaks: 123, 171, 214, 252, 287
3029

Guanfacine artifact (-COONH2) 2AC — C12H11NO3Cl2, 287.01160, 2150, PS, LM/Q, Antihypertensive
Peaks: 86, 128, 159, 252, 272
7568

Guanfacine AC — C11H11N3O2Cl2, 287.02283, 2020, PS, LM/Q, Antihypertensive
Peaks: 101, 143, 159, 267, M+ 287
7567

Vamidothion — C8H18NO4PS2, 287.04150, 2070, 2275-23-2, PS, LM/Q, Insecticide
Peaks: 58, 87, 109, 145, M+ 287
3457

Flurazepam-M/artifact AC — C16H11ClFNO, 287.05133, 2430, U+ UHYAC, U+ UHYAC, LS/Q, Hypnotic
Peaks: 181, 210, 217, 245, M+ 287
5735

N-Methyl-Brolamfetamine / N-Methyl-DOB — C12H18BrNO2, 287.05209, 1885, PS, LS/Q, Psychedelic, Designer drug
Peaks: 58, 77, 143, 199, 230
6429

545

287

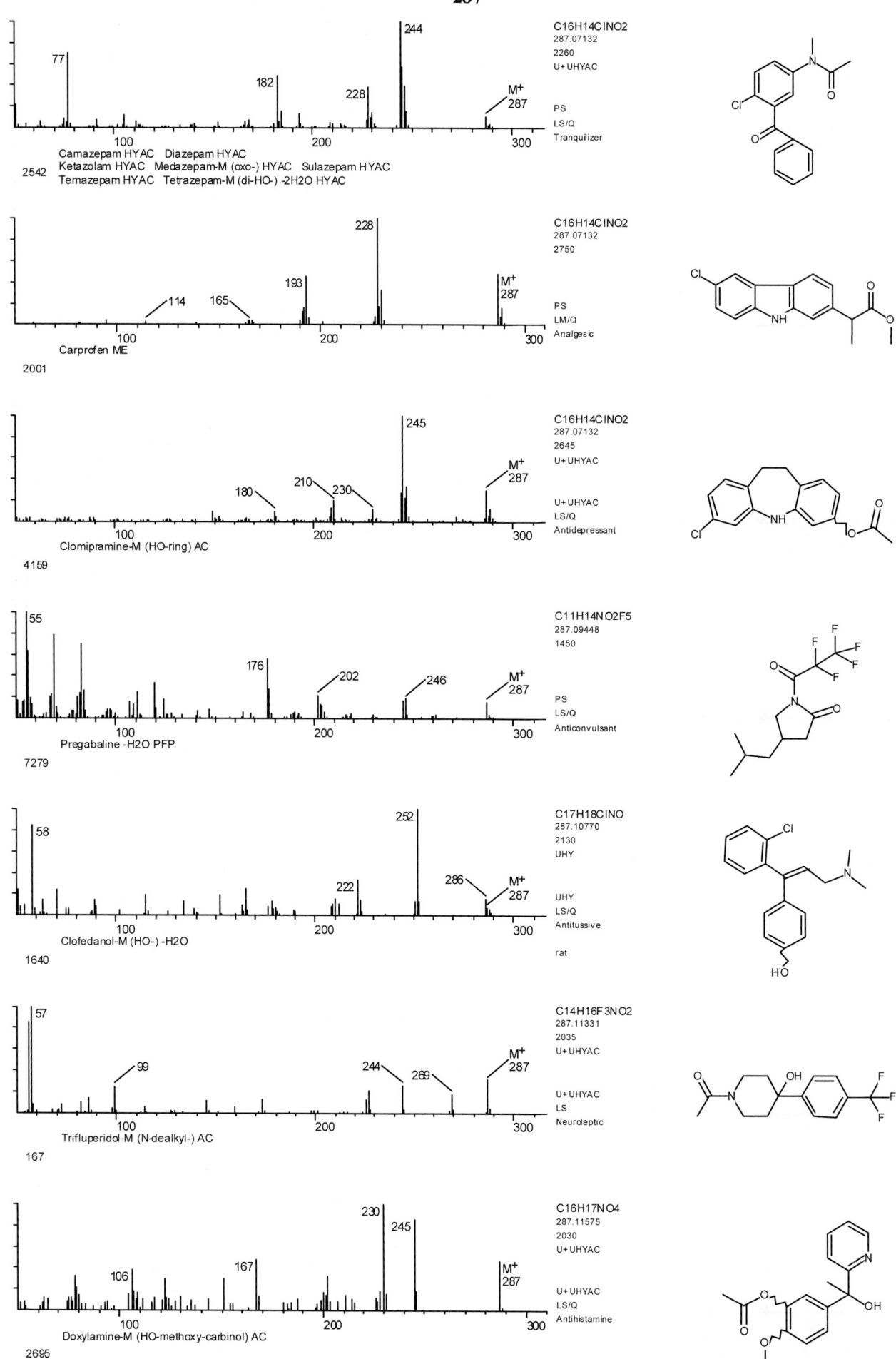

C16H14ClNO2
287.07132
2260
U+ UHYAC

PS
LS/Q
Tranquilizer

Camazepam HYAC Diazepam HYAC
Ketazolam HYAC Medazepam-M (oxo-) HYAC Sulazepam HYAC
Temazepam HYAC Tetrazepam-M (di-HO-) -2H2O HYAC

C16H14ClNO2
287.07132
2750

PS
LM/Q
Analgesic

Carprofen ME

C16H14ClNO2
287.07132
2645
U+ UHYAC

U+ UHYAC
LS/Q
Antidepressant

Clomipramine-M (HO-ring) AC

C11H14NO2F5
287.09448
1450

PS
LS/Q
Anticonvulsant

Pregabaline -H2O PFP

C17H18ClNO
287.10770
2130
UHY

UHY
LS/Q
Antitussive
rat

Clofedanol-M (HO-) -H2O

C14H16F3NO2
287.11331
2035
U+ UHYAC

U+ UHYAC
LS
Neuroleptic

Trifluperidol-M (N-dealkyl-) AC

C16H17NO4
287.11575
2030
U+ UHYAC

U+ UHYAC
LS/Q
Antihistamine

Doxylamine-M (HO-methoxy-carbinol) AC

287

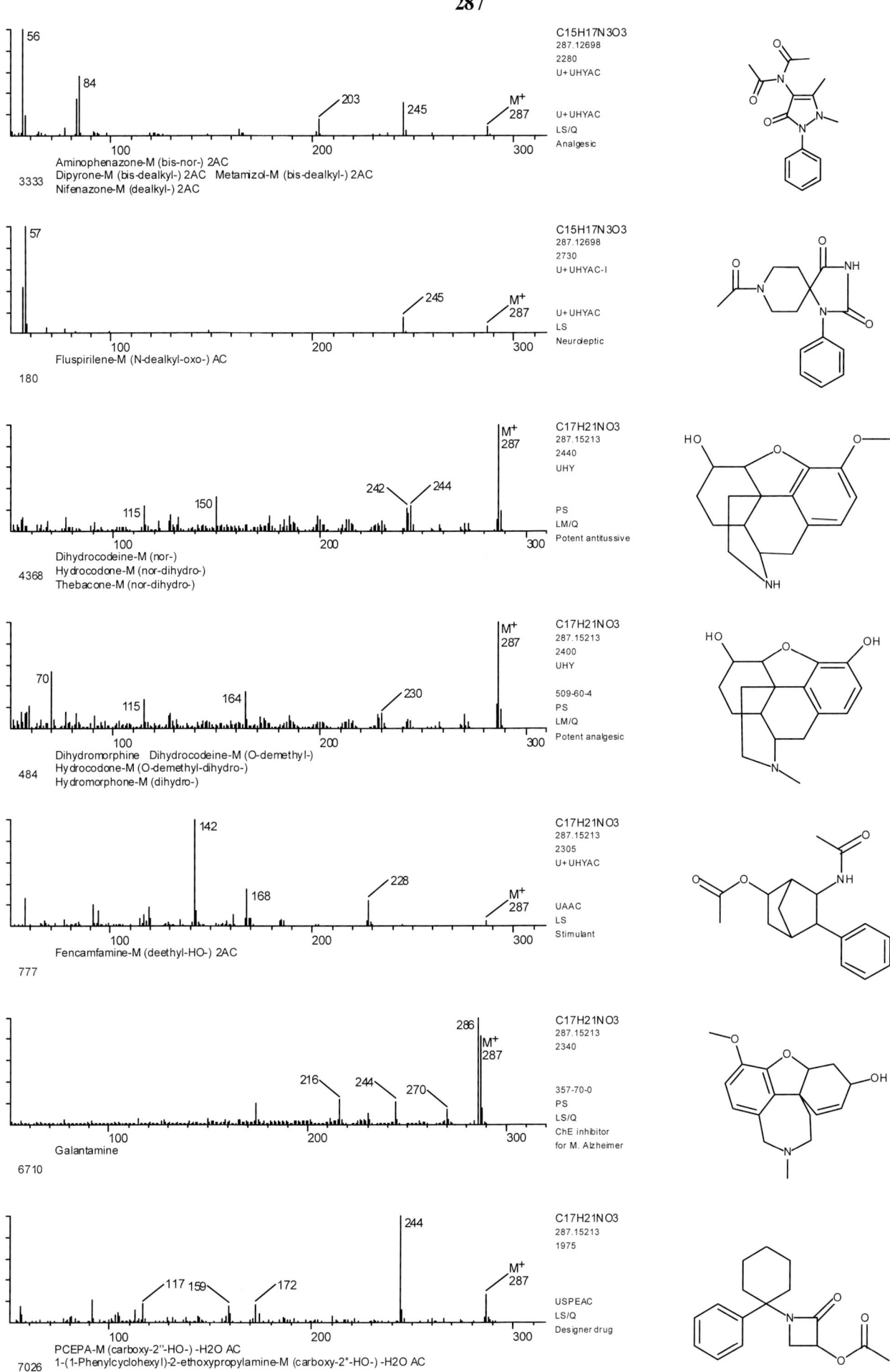

C15H17N3O3
287.12698
2280
U+ UHYAC

U+ UHYAC
LS/Q
Analgesic

Aminophenazone-M (bis-nor-) 2AC
Dipyrone-M (bis-dealkyl-) 2AC   Metamizol-M (bis-dealkyl-) 2AC
Nifenazone-M (dealkyl-) 2AC
3333

C15H17N3O3
287.12698
2730
U+ UHYAC-I

U+ UHYAC
LS
Neuroleptic

Fluspirilene-M (N-dealkyl-oxo-) AC
180

C17H21NO3
287.15213
2440
UHY

PS
LM/Q
Potent antitussive

Dihydrocodeine-M (nor-)
Hydrocodone-M (nor-dihydro-)
Thebacone-M (nor-dihydro-)
4368

C17H21NO3
287.15213
2400
UHY

509-60-4
PS
LM/Q
Potent analgesic

Dihydromorphine   Dihydrocodeine-M (O-demethyl-)
Hydrocodone-M (O-demethyl-dihydro-)
Hydromorphone-M (dihydro-)
484

C17H21NO3
287.15213
2305
U+ UHYAC

UAAC
LS
Stimulant

Fencamfamine-M (deethyl-HO-) 2AC
777

C17H21NO3
287.15213
2340

357-70-0
PS
LS/Q
ChE inhibitor
for M. Alzheimer

Galantamine
6710

C17H21NO3
287.15213
1975

USPEAC
LS/Q
Designer drug

PCEPA-M (carboxy-2''-HO-) -H2O AC
1-(1-Phenylcyclohexyl)-2-ethoxypropylamine-M (carboxy-2''-HO-) -H2O AC
7026

547

287

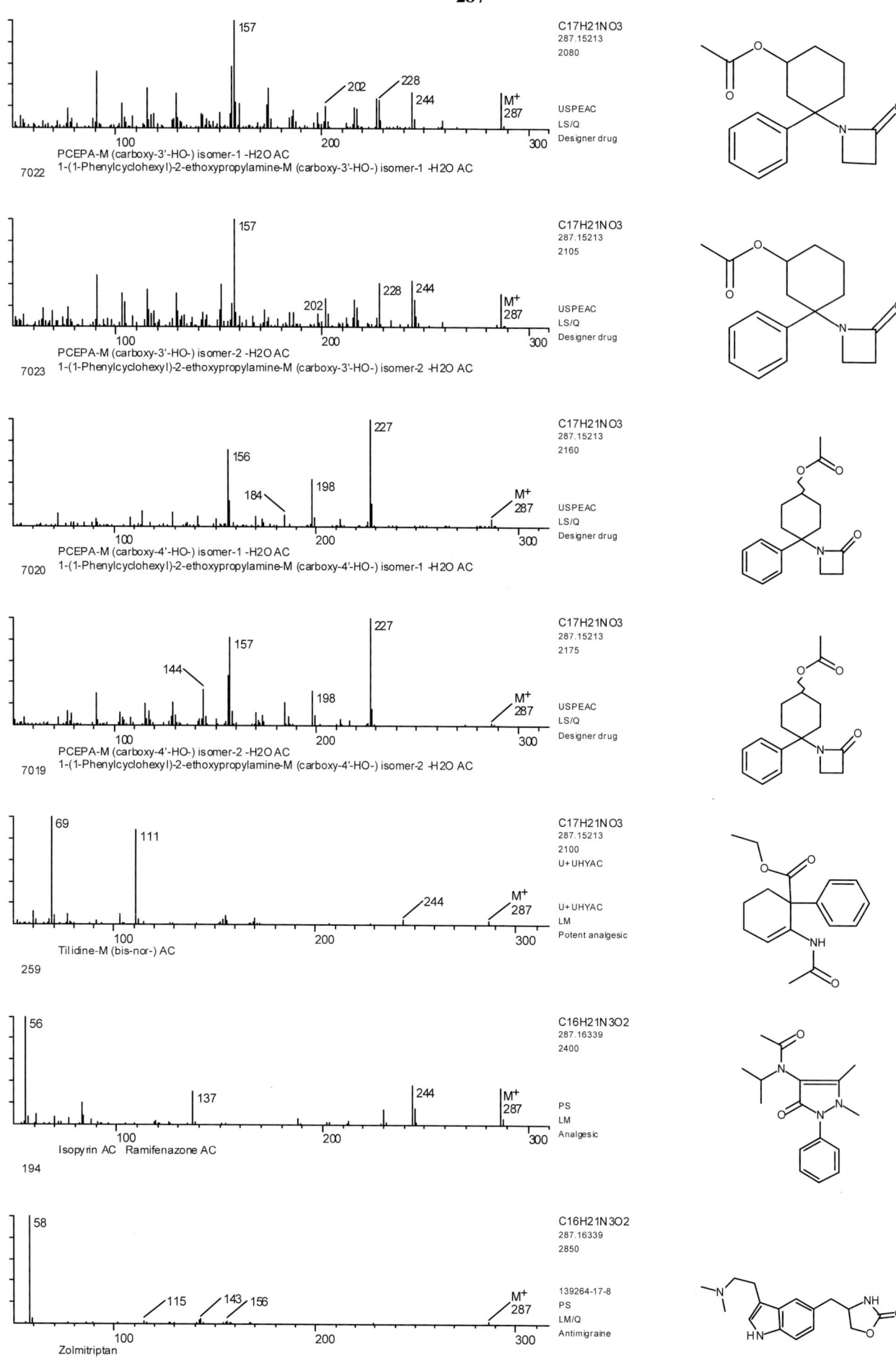

7022	PCEPA-M (carboxy-3'-HO-) isomer-1 -H2O AC 1-(1-Phenylcyclohexyl)-2-ethoxypropylamine-M (carboxy-3'-HO-) isomer-1 -H2O AC	C17H21NO3 287.15213 2080 USPEAC LS/Q Designer drug
7023	PCEPA-M (carboxy-3'-HO-) isomer-2 -H2O AC 1-(1-Phenylcyclohexyl)-2-ethoxypropylamine-M (carboxy-3'-HO-) isomer-2 -H2O AC	C17H21NO3 287.15213 2105 USPEAC LS/Q Designer drug
7020	PCEPA-M (carboxy-4'-HO-) isomer-1 -H2O AC 1-(1-Phenylcyclohexyl)-2-ethoxypropylamine-M (carboxy-4'-HO-) isomer-1 -H2O AC	C17H21NO3 287.15213 2160 USPEAC LS/Q Designer drug
7019	PCEPA-M (carboxy-4'-HO-) isomer-2 -H2O AC 1-(1-Phenylcyclohexyl)-2-ethoxypropylamine-M (carboxy-4'-HO-) isomer-2 -H2O AC	C17H21NO3 287.15213 2175 USPEAC LS/Q Designer drug
259	Tilidine-M (bis-nor-) AC	C17H21NO3 287.15213 2100 U+UHYAC U+UHYAC LM Potent analgesic
194	Isopyrin AC Ramifenazone AC	C16H21N3O2 287.16339 2400 PS LM Analgesic
7508	Zolmitriptan	C16H21N3O2 287.16339 2850 139264-17-8 PS LM/Q Antimigraine

287

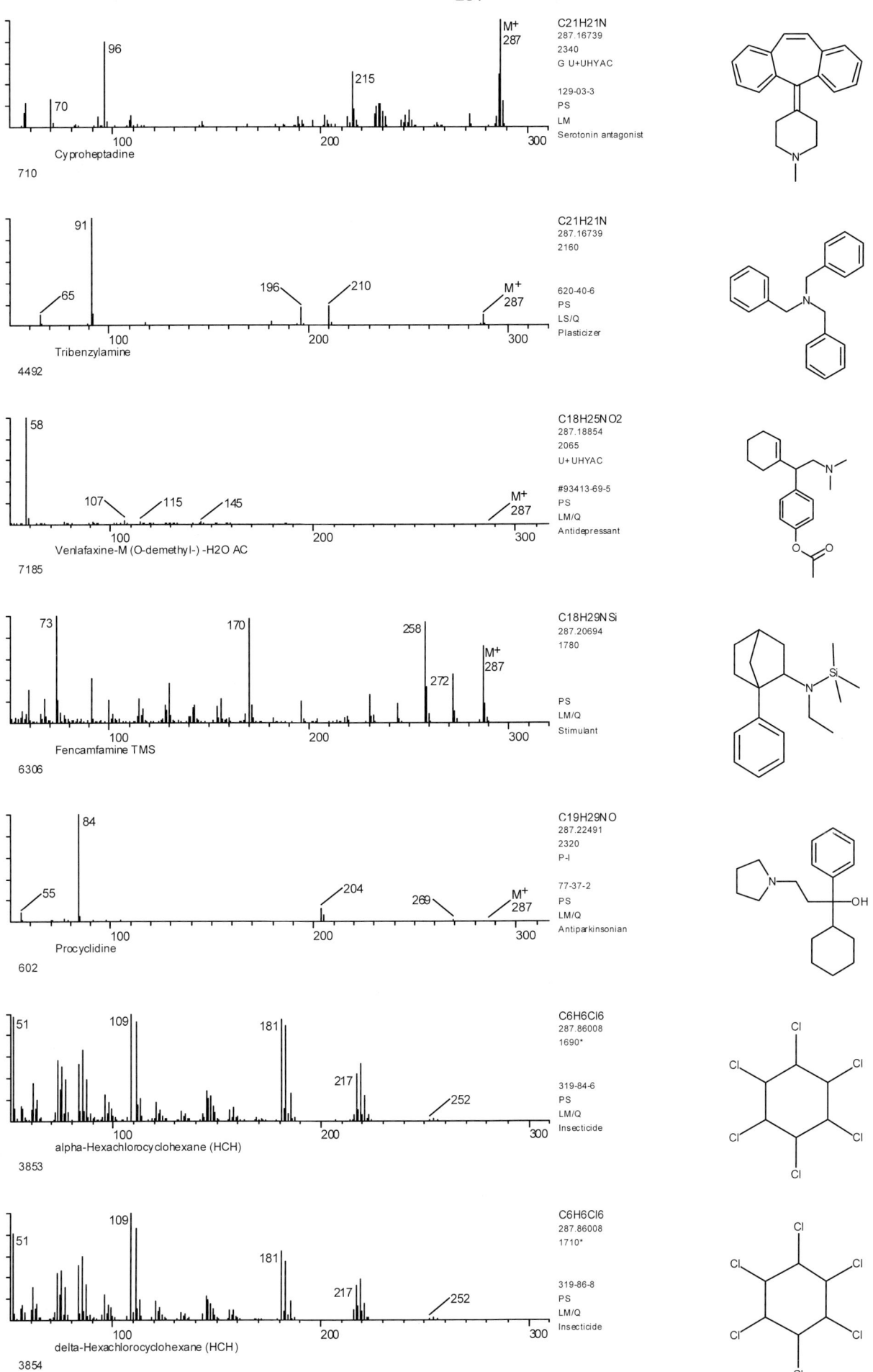

Cyproheptadine — C21H21N, 287.16739, 2340, G U+UHYAC, 129-03-3, PS, LM, Serotonin antagonist
Peaks: 70, 96, 215, 287 (M+)
710

Tribenzylamine — C21H21N, 287.16739, 2160, 620-40-6, PS, LS/Q, Plasticizer
Peaks: 65, 91, 196, 210, 287 (M+)
4492

Venlafaxine-M (O-demethyl-) -H2O AC — C18H25NO2, 287.18854, 2065, U+UHYAC, #93413-69-5, PS, LM/Q, Antidepressant
Peaks: 58, 107, 115, 145, 287 (M+)
7185

Fencamfamine TMS — C18H29NSi, 287.20694, 1780, PS, LM/Q, Stimulant
Peaks: 73, 170, 258, 272, 287 (M+)
6306

Procyclidine — C19H29NO, 287.22491, 2320, P-I, 77-37-2, PS, LM/Q, Antiparkinsonian
Peaks: 55, 84, 204, 269, 287 (M+)
602

alpha-Hexachlorocyclohexane (HCH) — C6H6Cl6, 287.86008, 1690*, 319-84-6, PS, LM/Q, Insecticide
Peaks: 51, 109, 181, 217, 252
3853

delta-Hexachlorocyclohexane (HCH) — C6H6Cl6, 287.86008, 1710*, 319-86-8, PS, LM/Q, Insecticide
Peaks: 51, 109, 181, 217, 252
3854

549

288

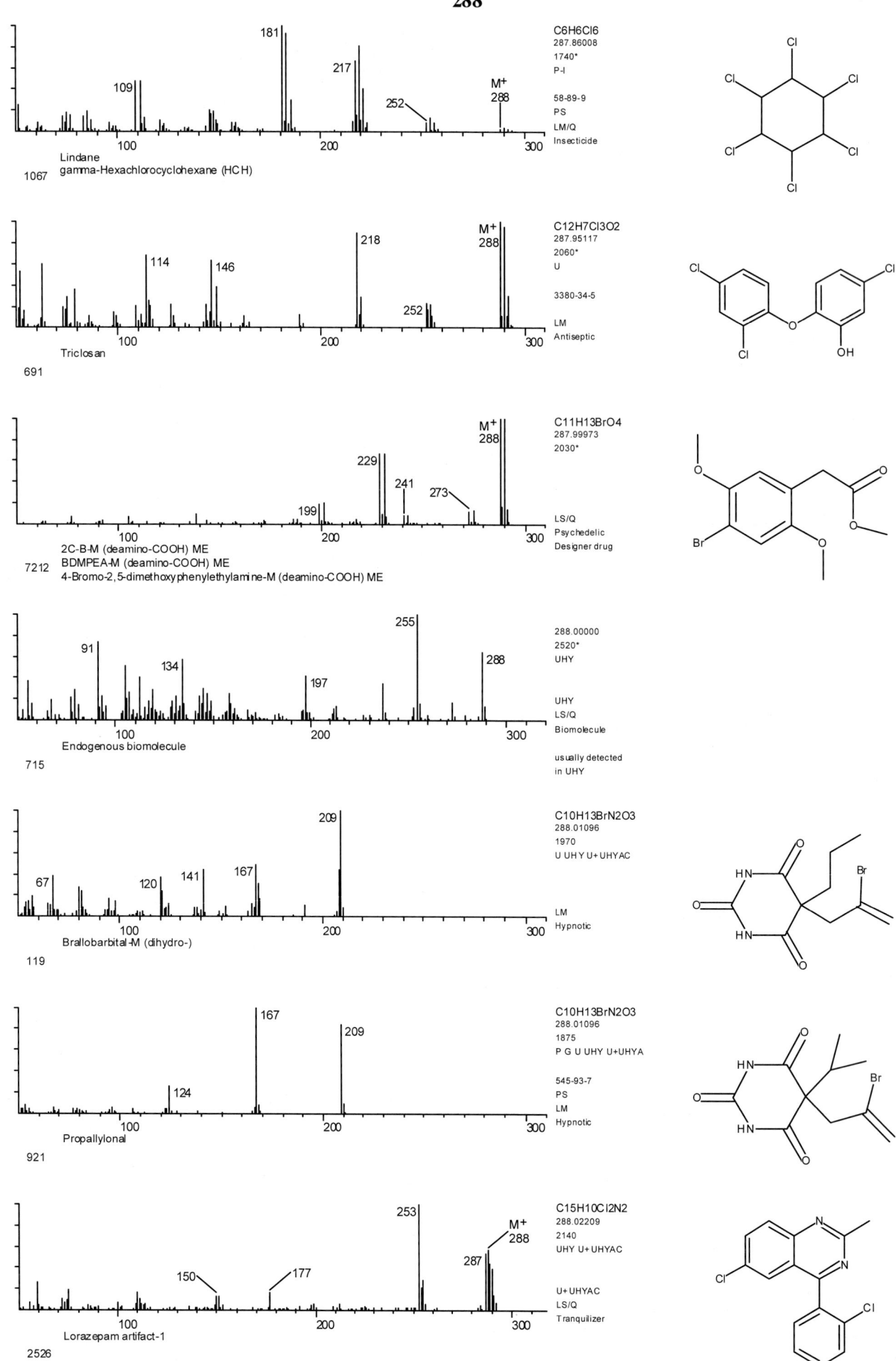

Lindane
gamma-Hexachlorocyclohexane (HCH)
1067

C6H6Cl6
287.86008
1740*
P-I

58-89-9
PS
LM/Q
Insecticide

Triclosan
691

C12H7Cl3O2
287.95117
2060*
U

3380-34-5

LM
Antiseptic

2C-B-M (deamino-COOH) ME
BDMPEA-M (deamino-COOH) ME
4-Bromo-2,5-dimethoxyphenylethylamine-M (deamino-COOH) ME
7212

C11H13BrO4
287.99973
2030*

LS/Q
Psychedelic
Designer drug

Endogenous biomolecule
715

288.00000
2520*
UHY

UHY
LS/Q
Biomolecule

usually detected
in UHY

Brallobarbital-M (dihydro-)
119

C10H13BrN2O3
288.01096
1970
U UHY U+ UHYAC

LM
Hypnotic

Propallylonal
921

C10H13BrN2O3
288.01096
1875
P G U UHY U+UHYA

545-93-7
PS
LM
Hypnotic

Lorazepam artifact-1
2526

C15H10Cl2N2
288.02209
2140
UHY U+ UHYAC

U+ UHYAC
LS/Q
Tranquilizer

288

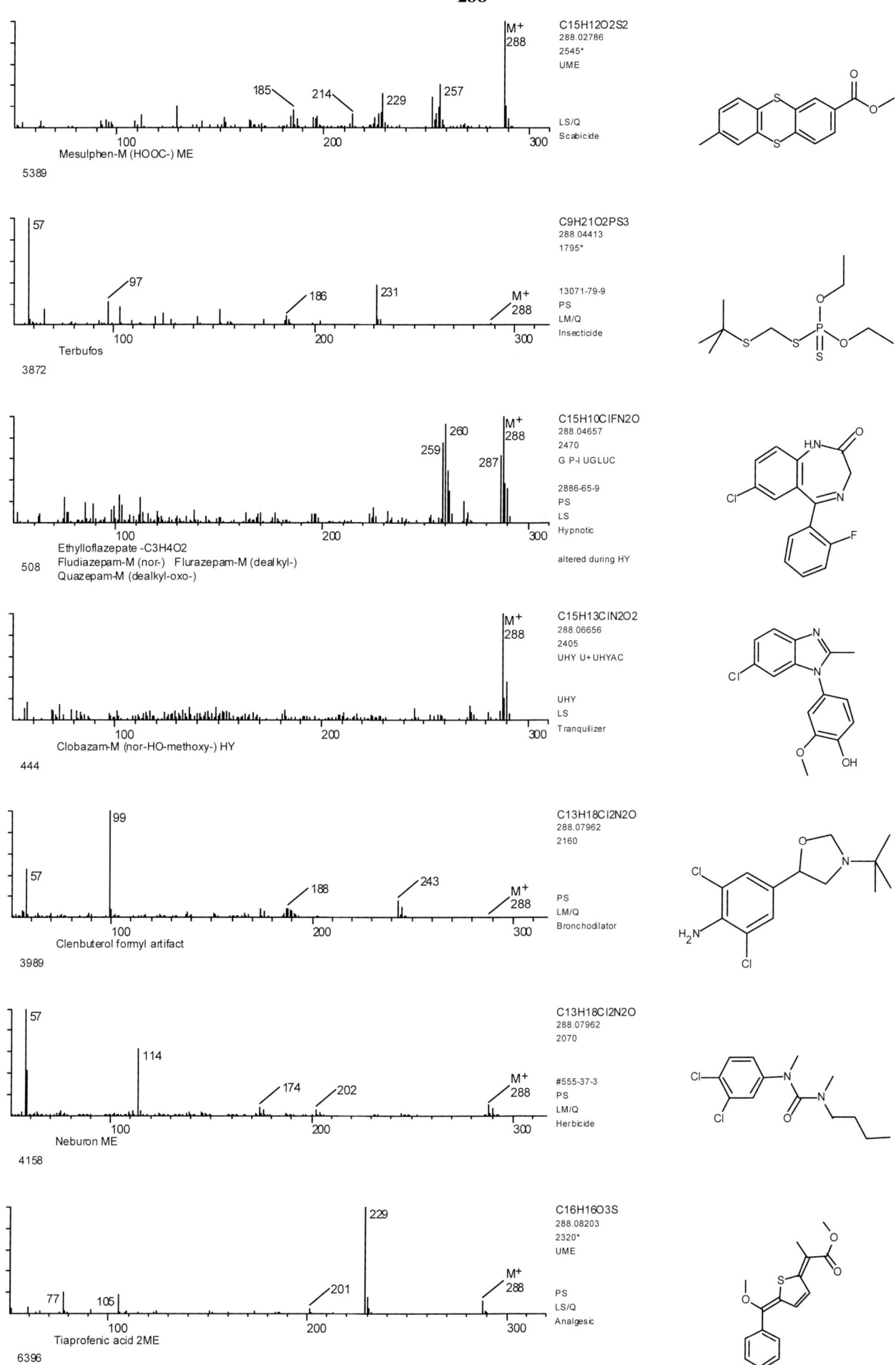

C15H12O2S2
288.02786
2545*
UME

LS/Q
Scabicide

Mesulphen-M (HOOC-) ME
5389

C9H21O2PS3
288.04413
1795*

13071-79-9
PS
LM/Q
Insecticide

Terbufos
3872

C15H10ClFN2O
288.04657
2470
G P-l UGLUC

2886-65-9
PS
LS
Hypnotic

Ethylloflazepate -C3H4O2
Fludiazepam-M (nor-) Flurazepam-M (dealkyl-)
Quazepam-M (dealkyl-oxo-)
508   altered during HY

C15H13ClN2O2
288.06656
2405
UHY U+ UHYAC

UHY
LS
Tranquilizer

Clobazam-M (nor-HO-methoxy-) HY
444

C13H18Cl2N2O
288.07962
2160

PS
LM/Q
Bronchodilator

Clenbuterol formyl artifact
3989

C13H18Cl2N2O
288.07962
2070

#555-37-3
PS
LM/Q
Herbicide

Neburon ME
4158

C16H16O3S
288.08203
2320*
UME

PS
LS/Q
Analgesic

Tiaprofenic acid 2ME
6396

551

288

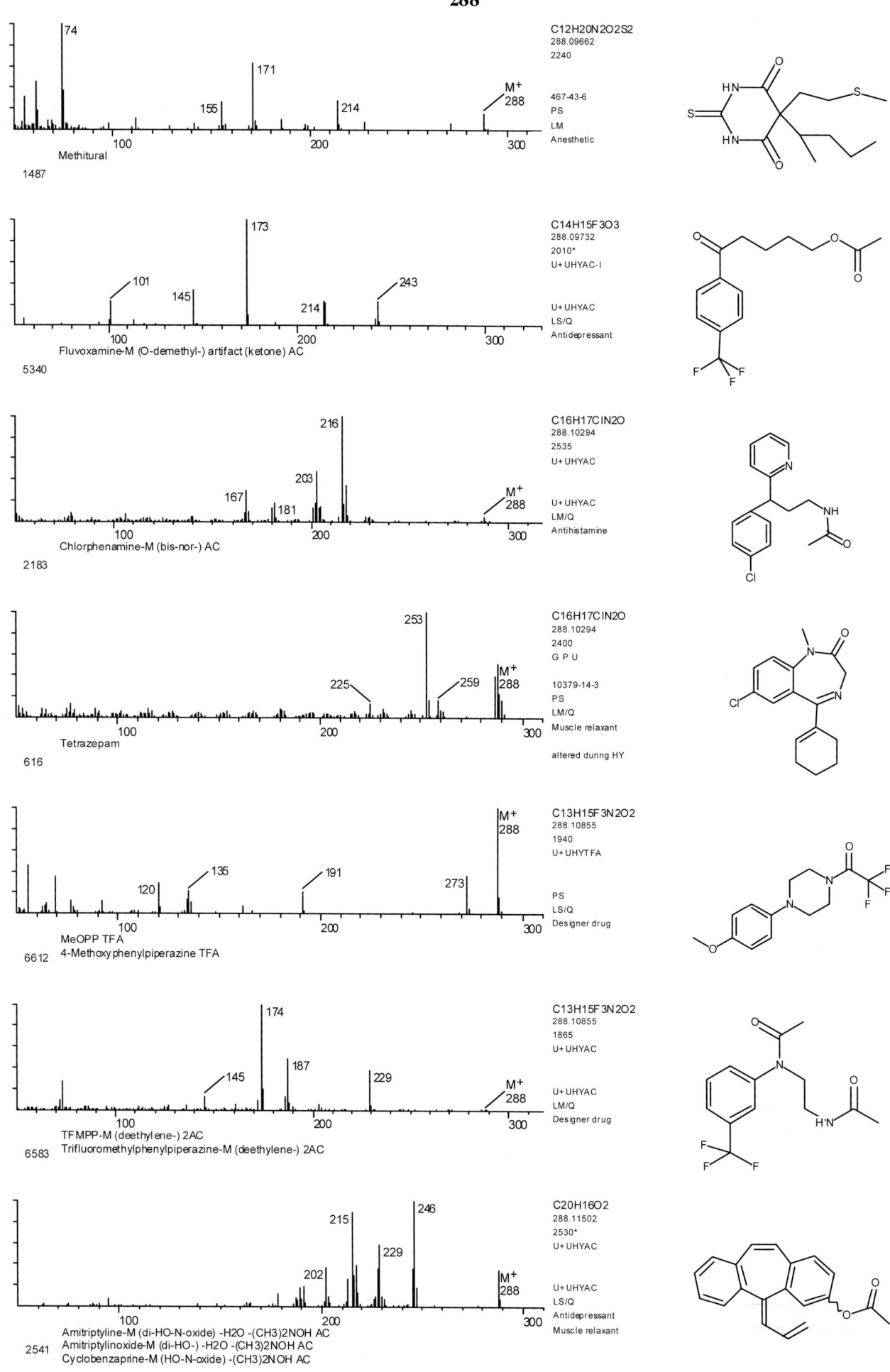

C12H20N2O2S2
288.09662
2240

467-43-6
PS
LM
Anesthetic

Methitural
1487

C14H15F3O3
288.09732
2010*
U+ UHYAC-I

U+ UHYAC
LS/Q
Antidepressant

Fluvoxamine-M (O-demethyl-) artifact (ketone) AC
5340

C16H17ClN2O
288.10294
2535
U+ UHYAC

U+ UHYAC
LM/Q
Antihistamine

Chlorphenamine-M (bis-nor-) AC
2183

C16H17ClN2O
288.10294
2400
G P U

10379-14-3
PS
LM/Q
Muscle relaxant

Tetrazepam
616

altered during HY

C13H15F3N2O2
288.10855
1940
U+ UHYTFA

PS
LS/Q
Designer drug

MeOPP TFA
4-Methoxyphenylpiperazine TFA
6612

C13H15F3N2O2
288.10855
1865
U+ UHYAC

U+ UHYAC
LM/Q
Designer drug

TFMPP-M (deethylene-) 2AC
Trifluoromethylphenylpiperazine-M (deethylene-) 2AC
6583

C20H16O2
288.11502
2530*
U+ UHYAC

U+ UHYAC
LS/Q
Antidepressant
Muscle relaxant

Amitriptyline-M (di-HO-N-oxide) -H2O -(CH3)2NOH AC
Amitriptylinoxide-M (di-HO-) -H2O -(CH3)2NOH AC
Cyclobenzaprine-M (HO-N-oxide) -(CH3)2NOH AC
2541

288

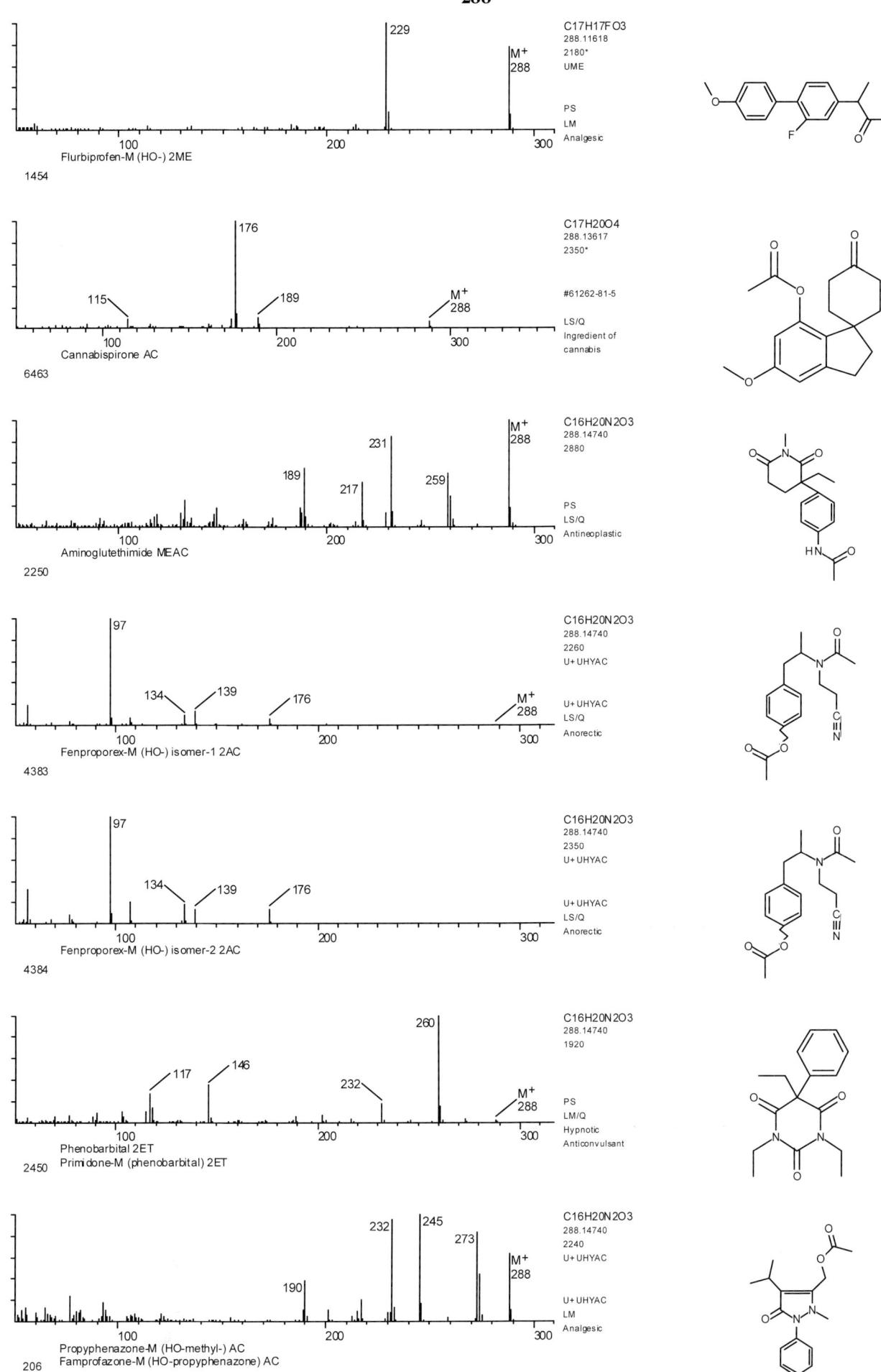

Flurbiprofen-M (HO-) 2ME
1454
- 229, M+ 288
- C17H17FO3
- 288.11618
- 2180*
- UME
- PS
- LM
- Analgesic

Cannabispirone AC
6463
- 115, 176, 189, M+ 288
- C17H20O4
- 288.13617
- 2350*
- #61262-81-5
- LS/Q
- Ingredient of cannabis

Aminoglutethimide MEAC
2250
- 189, 217, 231, 259, M+ 288
- C16H20N2O3
- 288.14740
- 2880
- PS
- LS/Q
- Antineoplastic

Fenproporex-M (HO-) isomer-1 2AC
4383
- 97, 134, 139, 176, M+ 288
- C16H20N2O3
- 288.14740
- 2260
- U+ UHYAC
- U+ UHYAC
- LS/Q
- Anorectic

Fenproporex-M (HO-) isomer-2 2AC
4384
- 97, 134, 139, 176
- C16H20N2O3
- 288.14740
- 2350
- U+ UHYAC
- U+ UHYAC
- LS/Q
- Anorectic

Phenobarbital 2ET
Primidone-M (phenobarbital) 2ET
2450
- 117, 146, 232, 260, M+ 288
- C16H20N2O3
- 288.14740
- 1920
- PS
- LM/Q
- Hypnotic
- Anticonvulsant

Propyphenazone-M (HO-methyl-) AC
Famprofazone-M (HO-propyphenazone) AC
206
- 190, 232, 245, 273, M+ 288
- C16H20N2O3
- 288.14740
- 2240
- U+ UHYAC
- U+ UHYAC
- LM
- Analgesic

553

288

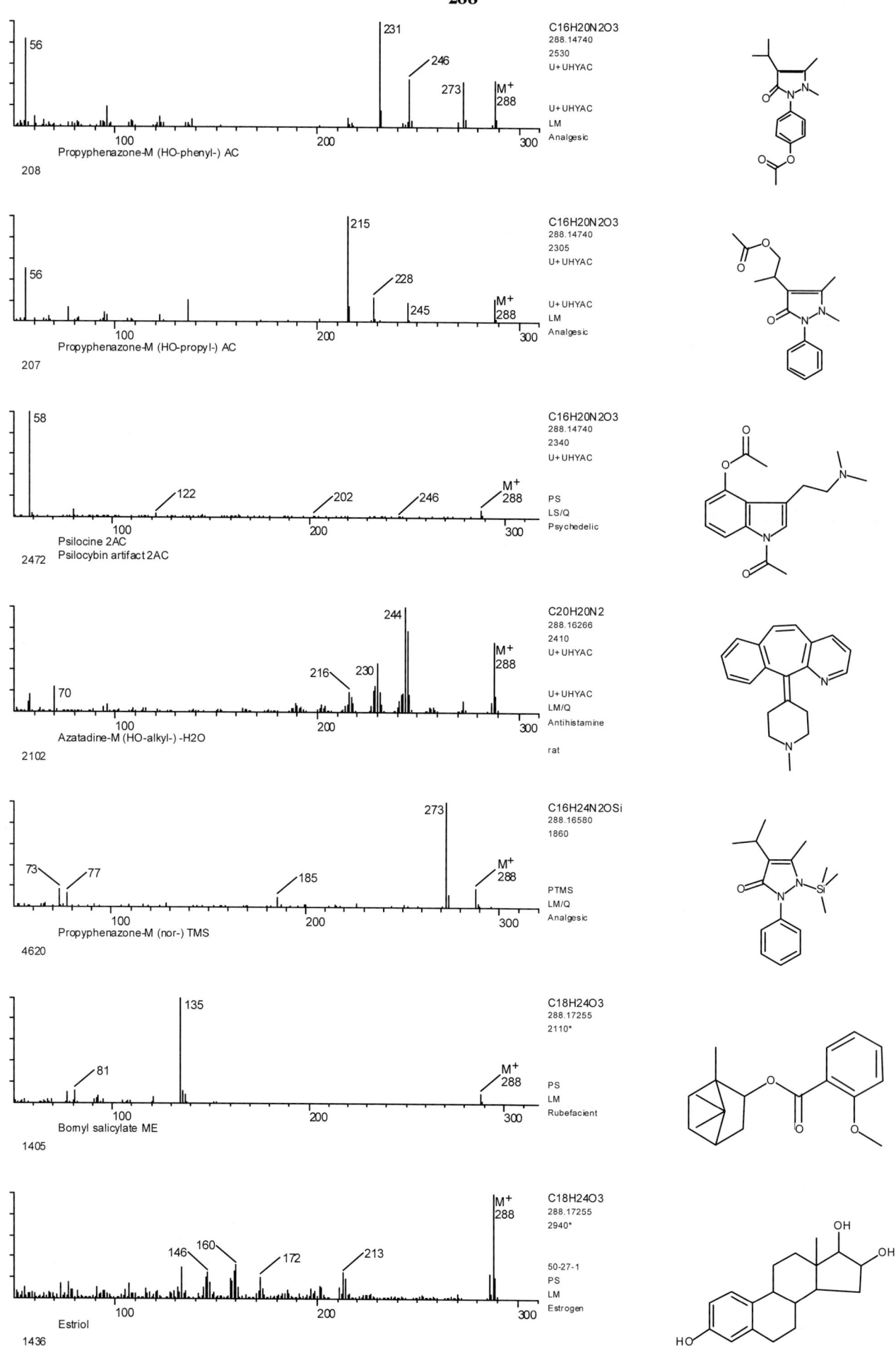

Propyphenazone-M (HO-phenyl-) AC
208

C16H20N2O3
288.14740
2530
U+UHYAC

U+UHYAC
LM
Analgesic

Propyphenazone-M (HO-propyl-) AC
207

C16H20N2O3
288.14740
2305
U+UHYAC

U+UHYAC
LM
Analgesic

Psilocine 2AC
2472 Psilocybin artifact 2AC

C16H20N2O3
288.14740
2340
U+UHYAC

PS
LS/Q
Psychedelic

Azatadine-M (HO-alkyl-) -H2O
2102

C20H20N2
288.16266
2410
U+UHYAC

U+UHYAC
LM/Q
Antihistamine
rat

Propyphenazone-M (nor-) TMS
4620

C16H24N2OSi
288.16580
1860

PTMS
LM/Q
Analgesic

Bornyl salicylate ME
1405

C18H24O3
288.17255
2110*

PS
LM
Rubefacient

Estriol
1436

C18H24O3
288.17255
2940*

50-27-1
PS
LM
Estrogen

288

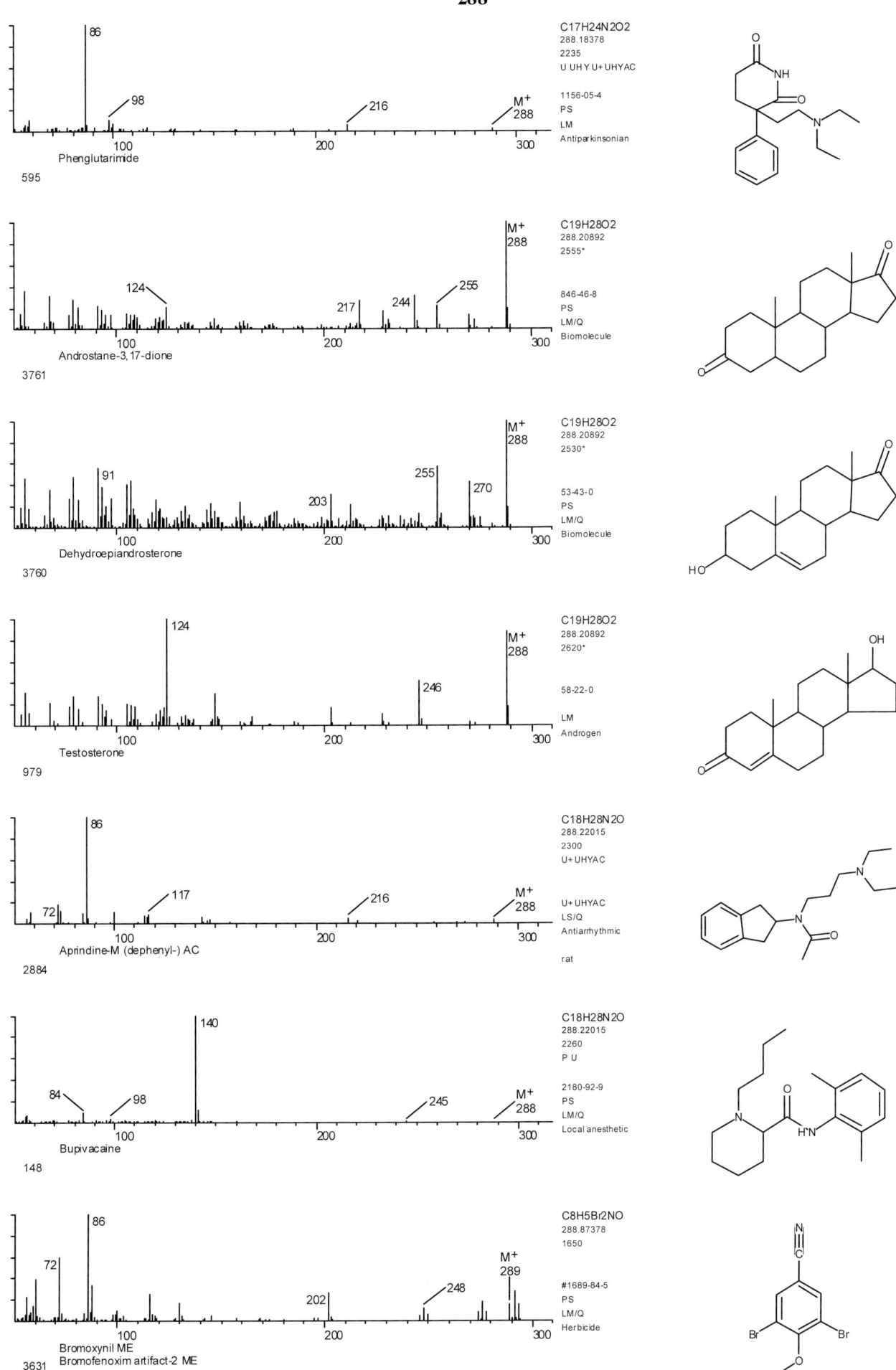

C17H24N2O2
288.18378
2235
U UH Y U+ UHYAC

1156-05-4
PS
LM
Antiparkinsonian

Phenglutarimide
595

C19H28O2
288.20892
2555*

846-46-8
PS
LM/Q
Biomolecule

Androstane-3,17-dione
3761

C19H28O2
288.20892
2530*

53-43-0
PS
LM/Q
Biomolecule

Dehydroepiandrosterone
3760

C19H28O2
288.20892
2620*

58-22-0
LM
Androgen

Testosterone
979

C18H28N2O
288.22015
2300
U+ UHYAC

U+ UHYAC
LS/Q
Antiarrhythmic
rat

Aprindine-M (dephenyl-) AC
2884

C18H28N2O
288.22015
2260
P U

2180-92-9
PS
LM/Q
Local anesthetic

Bupivacaine
148

C8H5Br2NO
288.87378
1650

#1689-84-5
PS
LM/Q
Herbicide

Bromoxynil ME
Bromofenoxim artifact-2 ME
3631

289

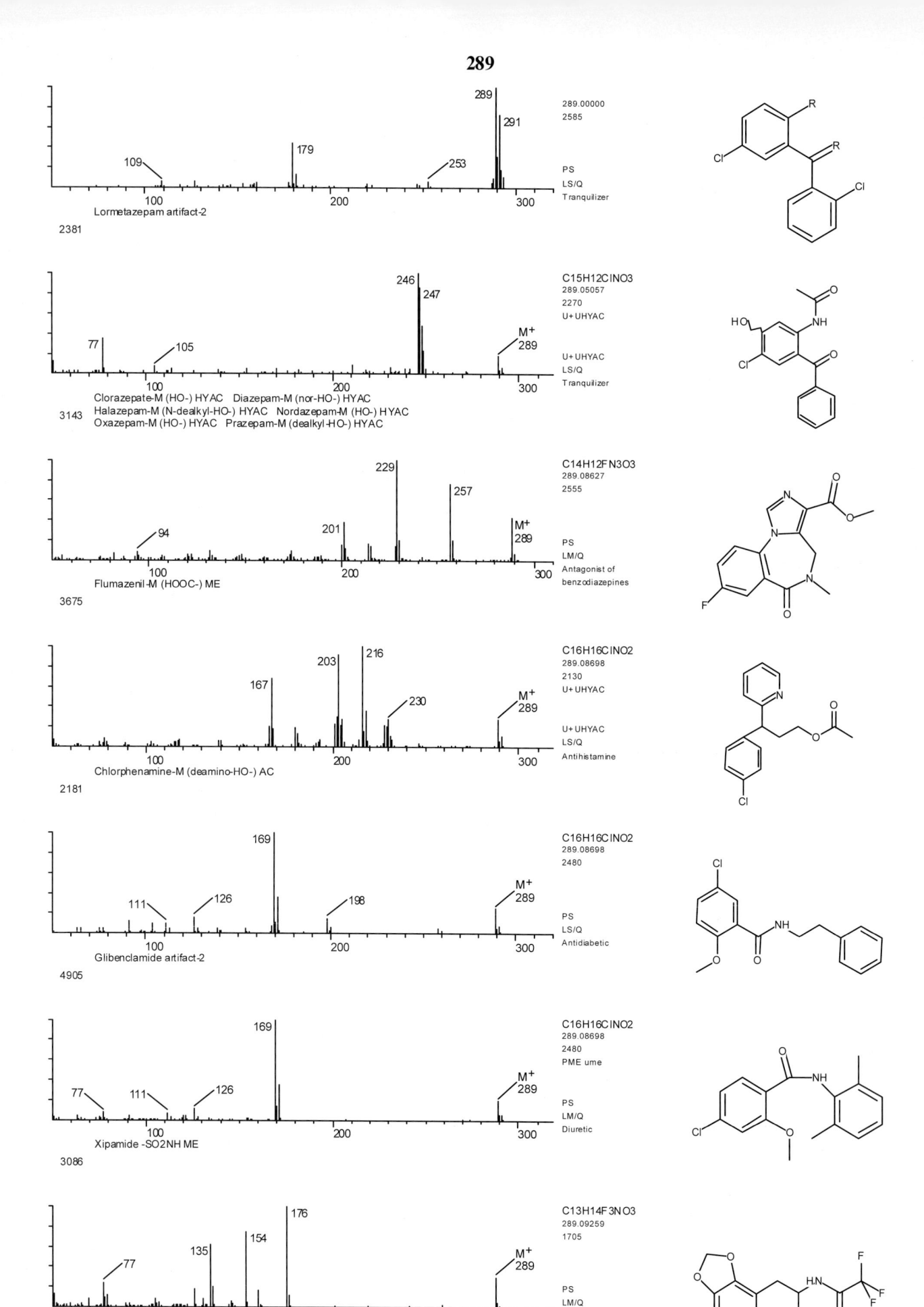

m/z peaks	Info
109, 179, 253, 289, 291	289.00000 / 2585 / PS / LS/Q / Tranquilizer

Lormetazepam artifact-2
2381

C15H12ClNO3
289.05057
2270
U+ UHYAC
M+ 289
U+ UHYAC
LS/Q
Tranquilizer

Clorazepate-M (HO-) HYAC   Diazepam-M (nor-HO-) HYAC
Halazepam-M (N-dealkyl-HO-) HYAC   Nordazepam-M (HO-) HYAC
Oxazepam-M (HO-) HYAC   Prazepam-M (dealkyl-HO-) HYAC
3143

C14H12FN3O3
289.08627
2555
M+ 289
PS
LM/Q
Antagonist of benzodiazepines

Flumazenil-M (HOOC-) ME
3675

C16H16ClNO2
289.08698
2130
U+ UHYAC
M+ 289
U+ UHYAC
LS/Q
Antihistamine

Chlorphenamine-M (deamino-HO-) AC
2181

C16H16ClNO2
289.08698
2480
M+ 289
PS
LS/Q
Antidiabetic

Glibenclamide artifact-2
4905

C16H16ClNO2
289.08698
2480
PME ume
M+ 289
PS
LM/Q
Diuretic

Xipamide -SO2NH ME
3086

C13H14F3NO3
289.09259
1705
M+ 289
PS
LM/Q
Psychedelic
Designer drug

2,3-BDB TFA
2,3-MBDB-M (nor-) TFA
1-(1,3-Benzodioxol-6-yl)butane-2-yl-azane TFA
5506

289

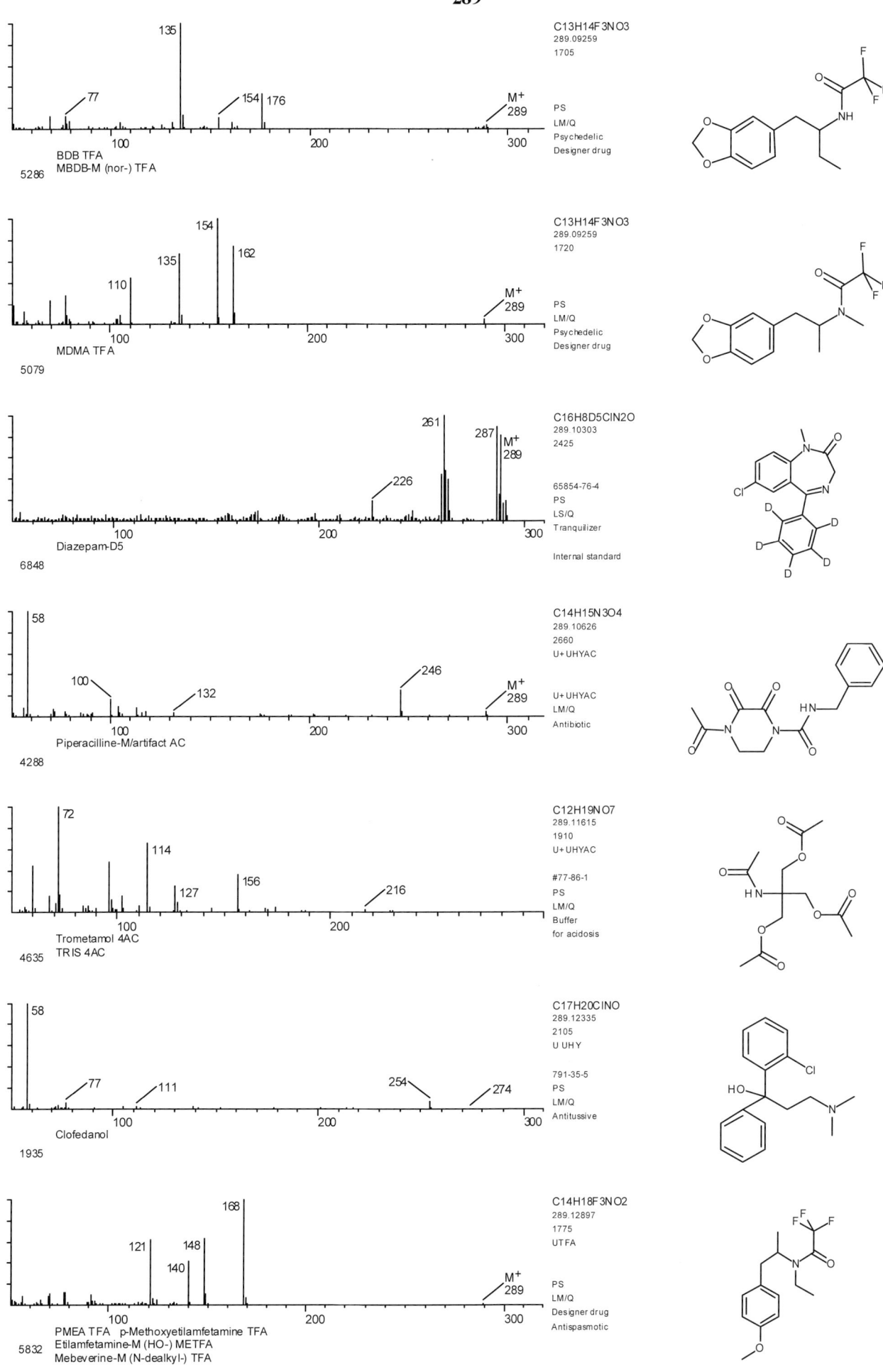

BDB TFA / MBDB-M (nor-) TFA — 5286
C13H14F3NO3
289.09259
1705
PS
LM/Q
Psychedelic
Designer drug

MDMA TFA — 5079
C13H14F3NO3
289.09259
1720
PS
LM/Q
Psychedelic
Designer drug

Diazepam-D5 — 6848
C16H8D5ClN2O
289.10303
2425
65854-76-4
PS
LS/Q
Tranquilizer
Internal standard

Piperacilline-M/artifact AC — 4288
C14H15N3O4
289.10626
2660
U+ UHYAC
U+ UHYAC
LM/Q
Antibiotic

Trometamol 4AC / TRIS 4AC — 4635
C12H19NO7
289.11615
1910
U+ UHYAC
#77-86-1
PS
LM/Q
Buffer
for acidosis

Clofedanol — 1935
C17H20ClNO
289.12335
2105
U UHY
791-35-5
PS
LM/Q
Antitussive

PMEA TFA   p-Methoxyetilamfetamine TFA / Etilamfetamine-M (HO-) METFA / Mebeverine-M (N-dealkyl-) TFA — 5832
C14H18F3NO2
289.12897
1775
UTFA
PS
LM/Q
Designer drug
Antispasmotic

289

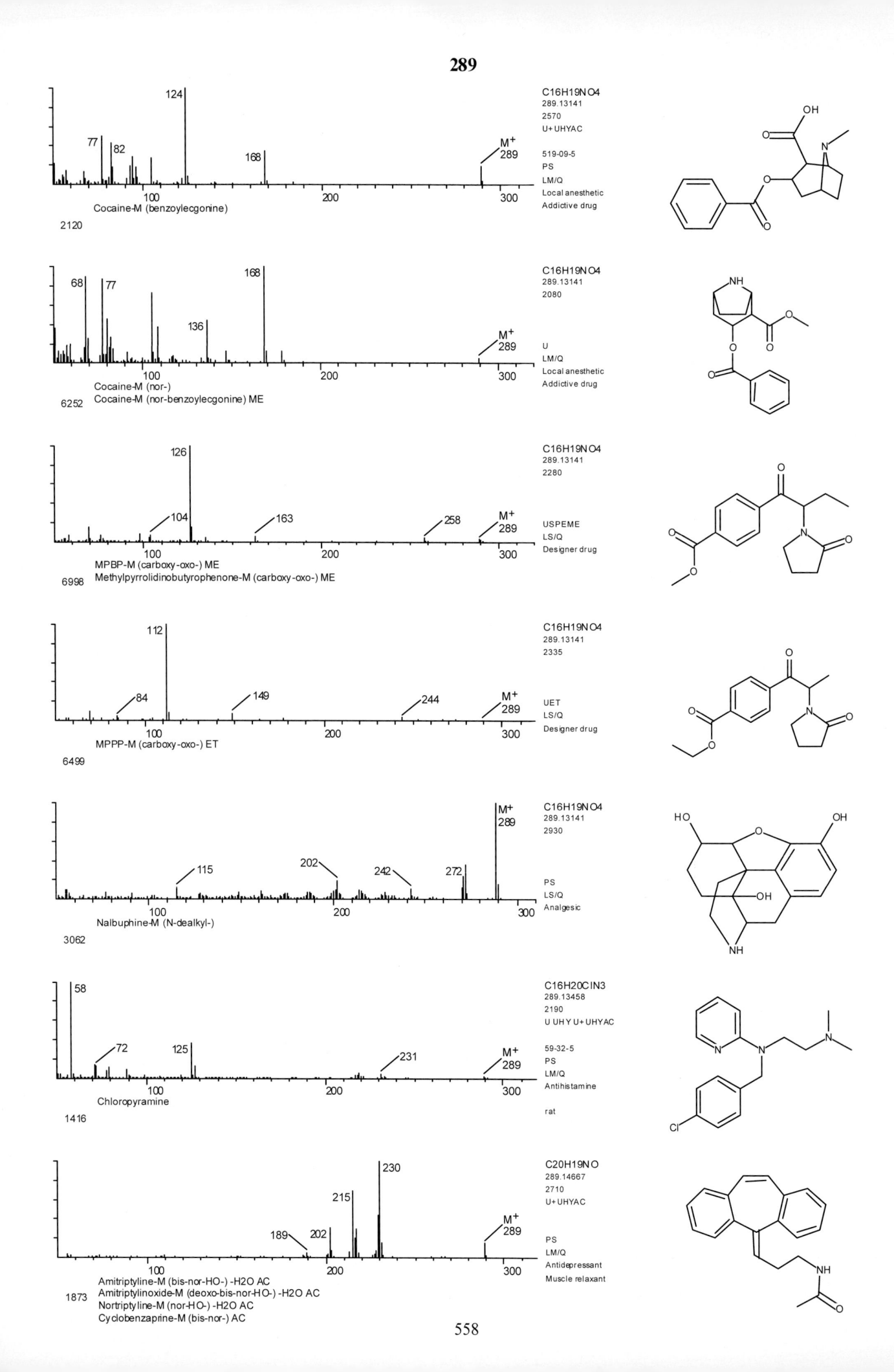

C16H19NO4
289.13141
2570
U+ UHYAC
519-09-5
PS
LM/Q
Local anesthetic
Addictive drug

Cocaine-M (benzoylecgonine)
2120

C16H19NO4
289.13141
2080
U
LM/Q
Local anesthetic
Addictive drug

Cocaine-M (nor-)
Cocaine-M (nor-benzoylecgonine) ME
6252

C16H19NO4
289.13141
2280
USPEME
LS/Q
Designer drug

MPBP-M (carboxy-oxo-) ME
Methylpyrrolidinobutyrophenone-M (carboxy-oxo-) ME
6998

C16H19NO4
289.13141
2335
UET
LS/Q
Designer drug

MPPP-M (carboxy-oxo-) ET
6499

C16H19NO4
289.13141
2930
PS
LS/Q
Analgesic

Nalbuphine-M (N-dealkyl-)
3062

C16H20ClN3
289.13458
2190
U UH Y U+ UHYAC
59-32-5
PS
LM/Q
Antihistamine
rat

Chloropyramine
1416

C20H19NO
289.14667
2710
U+ UHYAC
PS
LM/Q
Antidepressant
Muscle relaxant

Amitriptyline-M (bis-nor-HO-) -H2O AC
Amitriptylinoxide-M (deoxo-bis-nor-HO-) -H2O AC
Nortriptyline-M (nor-HO-) -H2O AC
Cyclobenzaprine-M (bis-nor-) AC
1873

558

289

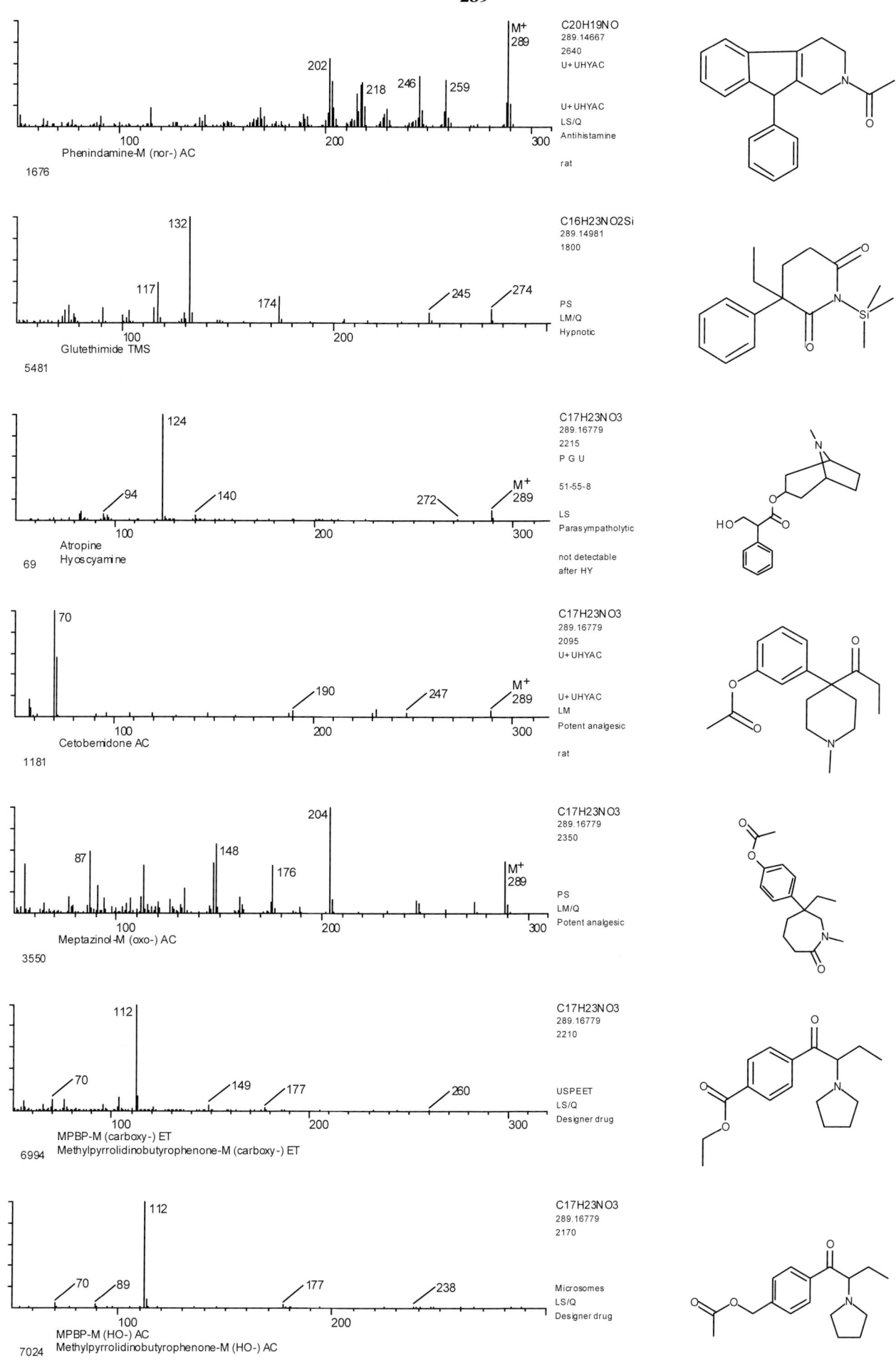

Phenindamine-M (nor-) AC 1676	C20H19NO 289.14667 2640 U+ UHYAC U+ UHYAC LS/Q Antihistamine rat
Glutethimide TMS 5481	C16H23NO2Si 289.14981 1800 PS LM/Q Hypnotic
Atropine Hyoscyamine 69	C17H23NO3 289.16779 2215 P G U 51-55-8 LS Parasympatholytic not detectable after HY
Cetobemidone AC 1181	C17H23NO3 289.16779 2095 U+ UHYAC U+ UHYAC LM Potent analgesic rat
Meptazinol-M (oxo-) AC 3550	C17H23NO3 289.16779 2350 PS LM/Q Potent analgesic
MPBP-M (carboxy-) ET Methylpyrrolidinobutyrophenone-M (carboxy-) ET 6994	C17H23NO3 289.16779 2210 USPEET LS/Q Designer drug
MPBP-M (HO-) AC Methylpyrrolidinobutyrophenone-M (HO-) AC 7024	C17H23NO3 289.16779 2170 Microsomes LS/Q Designer drug

289

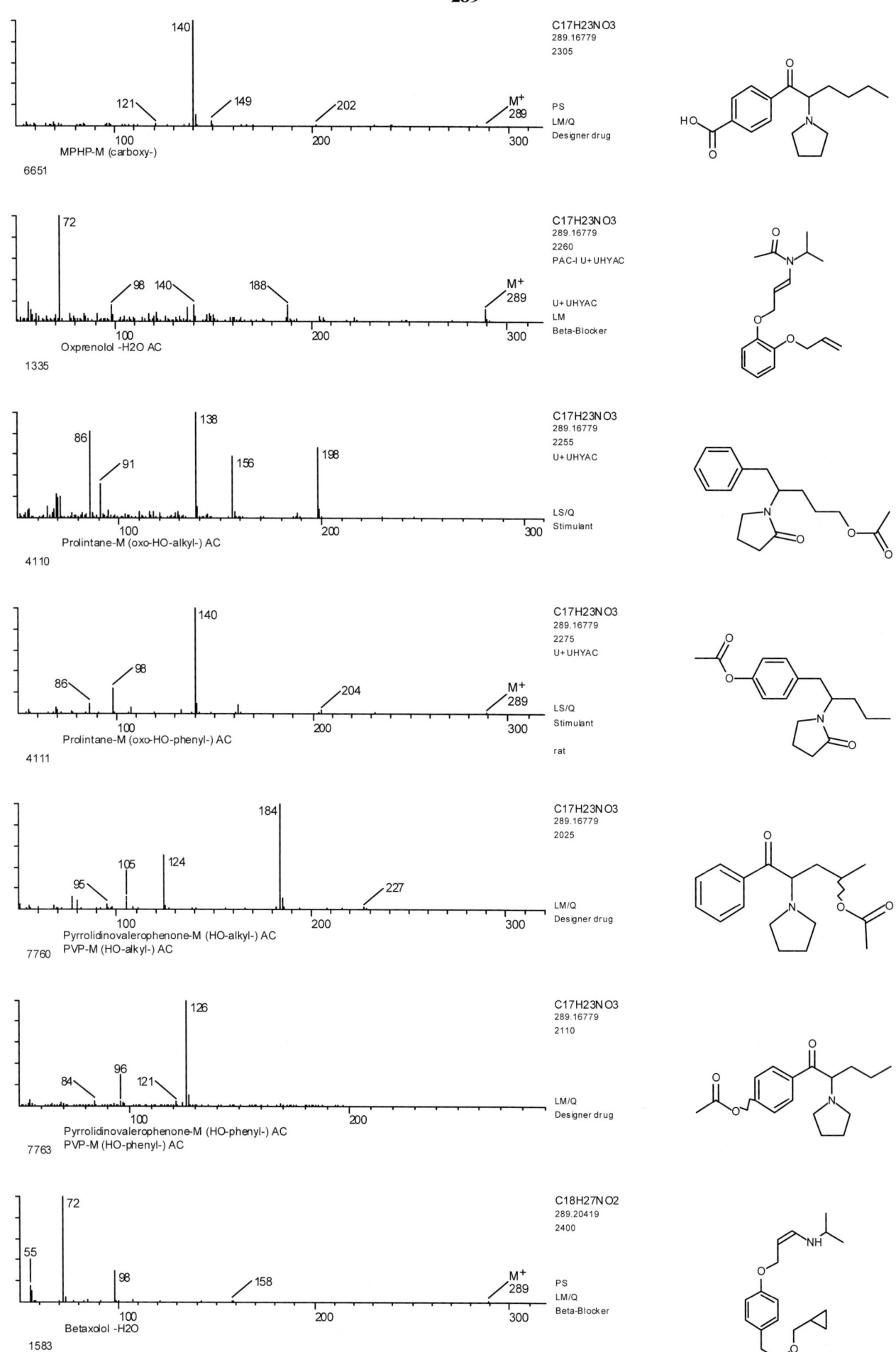

MPHP-M (carboxy-)	C17H23NO3 289.16779 2305 PS LM/Q Designer drug
6651	

Oxprenolol -H2O AC	C17H23NO3 289.16779 2260 PAC-I U+ UHYAC U+ UHYAC LM Beta-Blocker
1335	

Prolintane-M (oxo-HO-alkyl-) AC	C17H23NO3 289.16779 2255 U+ UHYAC LS/Q Stimulant
4110	

Prolintane-M (oxo-HO-phenyl-) AC	C17H23NO3 289.16779 2275 U+ UHYAC LS/Q Stimulant rat
4111	

Pyrrolidinovalerophenone-M (HO-alkyl-) AC / PVP-M (HO-alkyl-) AC	C17H23NO3 289.16779 2025 LM/Q Designer drug
7760	

Pyrrolidinovalerophenone-M (HO-phenyl-) AC / PVP-M (HO-phenyl-) AC	C17H23NO3 289.16779 2110 LM/Q Designer drug
7763	

Betaxolol -H2O	C18H27NO2 289.20419 2400 PS LM/Q Beta-Blocker
1583	

289

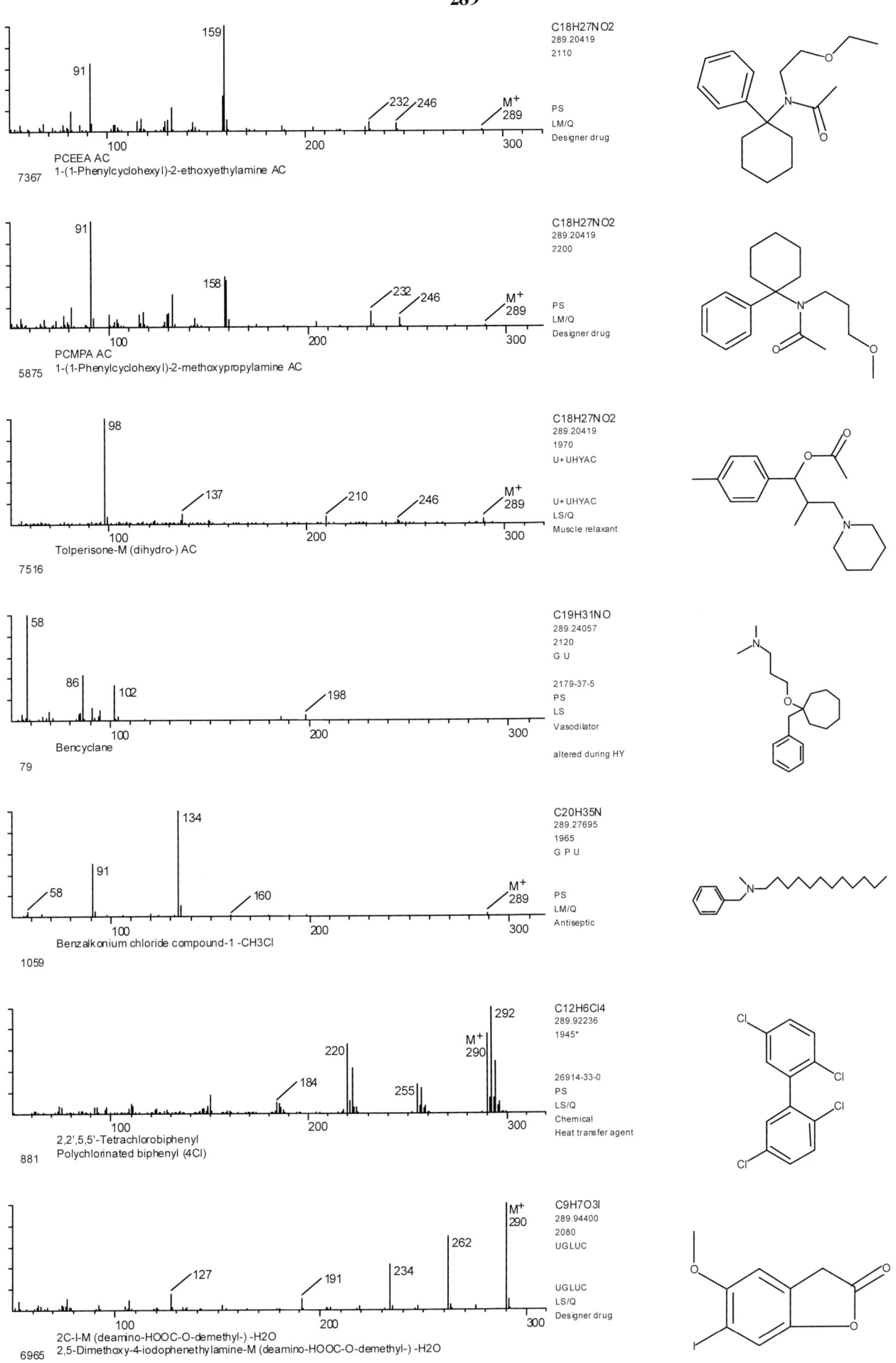

PCEEA AC
7367 1-(1-Phenylcyclohexyl)-2-ethoxyethylamine AC

C18H27NO2
289.20419
2110

PS
LM/Q
Designer drug

PCMPA AC
5875 1-(1-Phenylcyclohexyl)-2-methoxypropylamine AC

C18H27NO2
289.20419
2200

PS
LM/Q
Designer drug

Tolperisone-M (dihydro-) AC
7516

C18H27NO2
289.20419
1970
U+ UHYAC

U+ UHYAC
LS/Q
Muscle relaxant

Bencyclane
79

C19H31NO
289.24057
2120
G U

2179-37-5
PS
LS
Vasodilator
altered during HY

Benzalkonium chloride compound-1 -CH3Cl
1059

C20H35N
289.27695
1965
G P U

PS
LM/Q
Antiseptic

2,2',5,5'-Tetrachlorobiphenyl
881 Polychlorinated biphenyl (4Cl)

C12H6Cl4
289.92236
1945*

26914-33-0
PS
LS/Q
Chemical
Heat transfer agent

2C-I-M (deamino-HOOC-O-demethyl-) -H2O
6965 2,5-Dimethoxy-4-iodophenethylamine-M (deamino-HOOC-O-demethyl-) -H2O

C9H7O3I
289.94400
2080
UGLUC

UGLUC
LS/Q
Designer drug

290

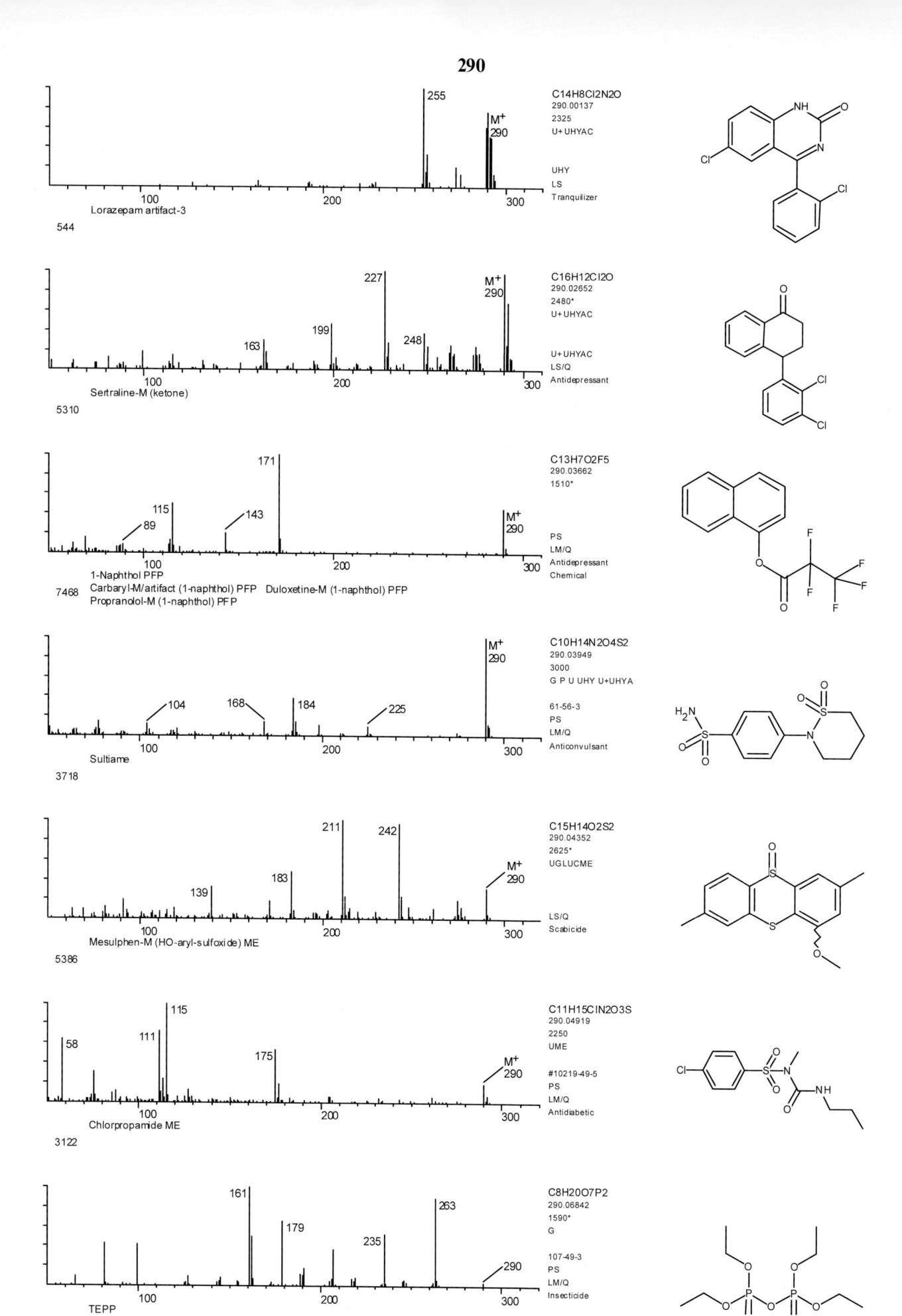

Lorazepam artifact-3
544
C14H8Cl2N2O
290.00137
2325
U+ UHYAC

UHY
LS
Tranquilizer

Sertraline-M (ketone)
5310
C16H12Cl2O
290.02652
2480*
U+ UHYAC

U+ UHYAC
LS/Q
Antidepressant

1-Naphthol PFP
Carbaryl-M/artifact (1-naphthol) PFP   Duloxetine-M (1-naphthol) PFP
7468   Propranolol-M (1-naphthol) PFP
C13H7O2F5
290.03662
1510*

PS
LM/Q
Antidepressant
Chemical

Sultiame
3718
C10H14N2O4S2
290.03949
3000
G P U UHY U+UHYA

61-56-3
PS
LM/Q
Anticonvulsant

Mesulphen-M (HO-aryl-sulfoxide) ME
5386
C15H14O2S2
290.04352
2625*
UGLUCME

LS/Q
Scabicide

Chlorpropamide ME
3122
C11H15ClN2O3S
290.04919
2250
UME

#10219-49-5
PS
LM/Q
Antidiabetic

TEPP
4086
C8H20O7P2
290.06842
1590*
G

107-49-3
PS
LM/Q
Insecticide

562

290

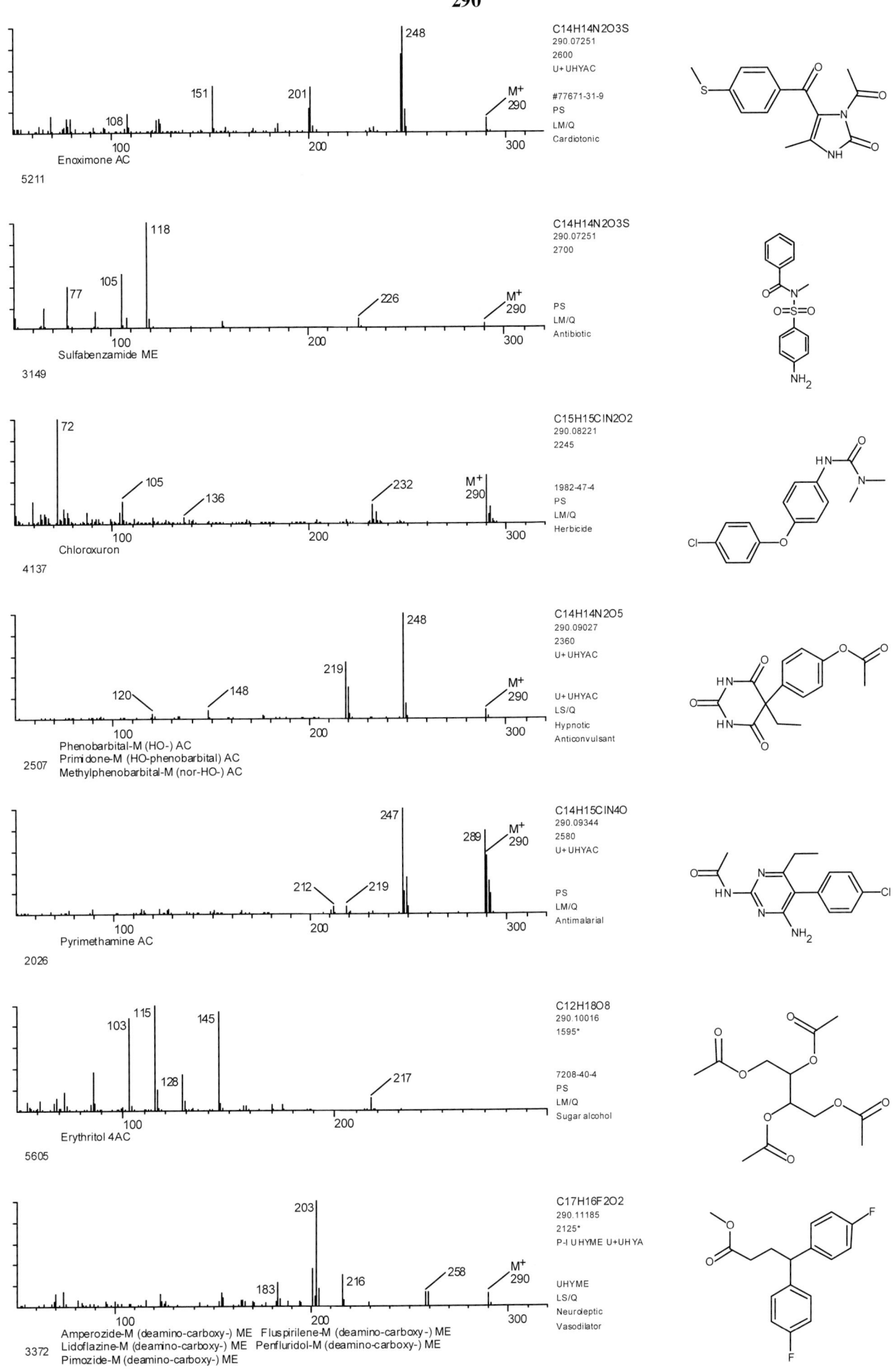

Enoximone AC — 5211
C14H14N2O3S
290.07251
2600
U+ UHYAC
#77671-31-9
PS
LM/Q
Cardiotonic
Peaks: 108, 151, 201, 248, M+ 290

Sulfabenzamide ME — 3149
C14H14N2O3S
290.07251
2700
PS
LM/Q
Antibiotic
Peaks: 77, 105, 118, 226, M+ 290

Chloroxuron — 4137
C15H15ClN2O2
290.08221
2245
1982-47-4
PS
LM/Q
Herbicide
Peaks: 72, 105, 136, 232, M+ 290

Phenobarbital-M (HO-) AC
Primidone-M (HO-phenobarbital) AC
Methylphenobarbital-M (nor-HO-) AC — 2507
C14H14N2O5
290.09027
2360
U+ UHYAC
U+ UHYAC
LS/Q
Hypnotic
Anticonvulsant
Peaks: 120, 148, 219, 248, M+ 290

Pyrimethamine AC — 2026
C14H15ClN4O
290.09344
2580
U+ UHYAC
PS
LM/Q
Antimalarial
Peaks: 212, 219, 247, 289, M+ 290

Erythritol 4AC — 5605
C12H18O8
290.10016
1595*
7208-40-4
PS
LM/Q
Sugar alcohol
Peaks: 103, 115, 128, 145, 217

Amperozide-M (deamino-carboxy-) ME   Fluspirilene-M (deamino-carboxy-) ME
Lidoflazine-M (deamino-carboxy-) ME   Penfluridol-M (deamino-carboxy-) ME
Pimozide-M (deamino-carboxy-) ME — 3372
C17H16F2O2
290.11185
2125*
P-I UHYME U+UHYA
UHYME
LS/Q
Neuroleptic
Vasodilator
Peaks: 183, 203, 216, 258, M+ 290

290

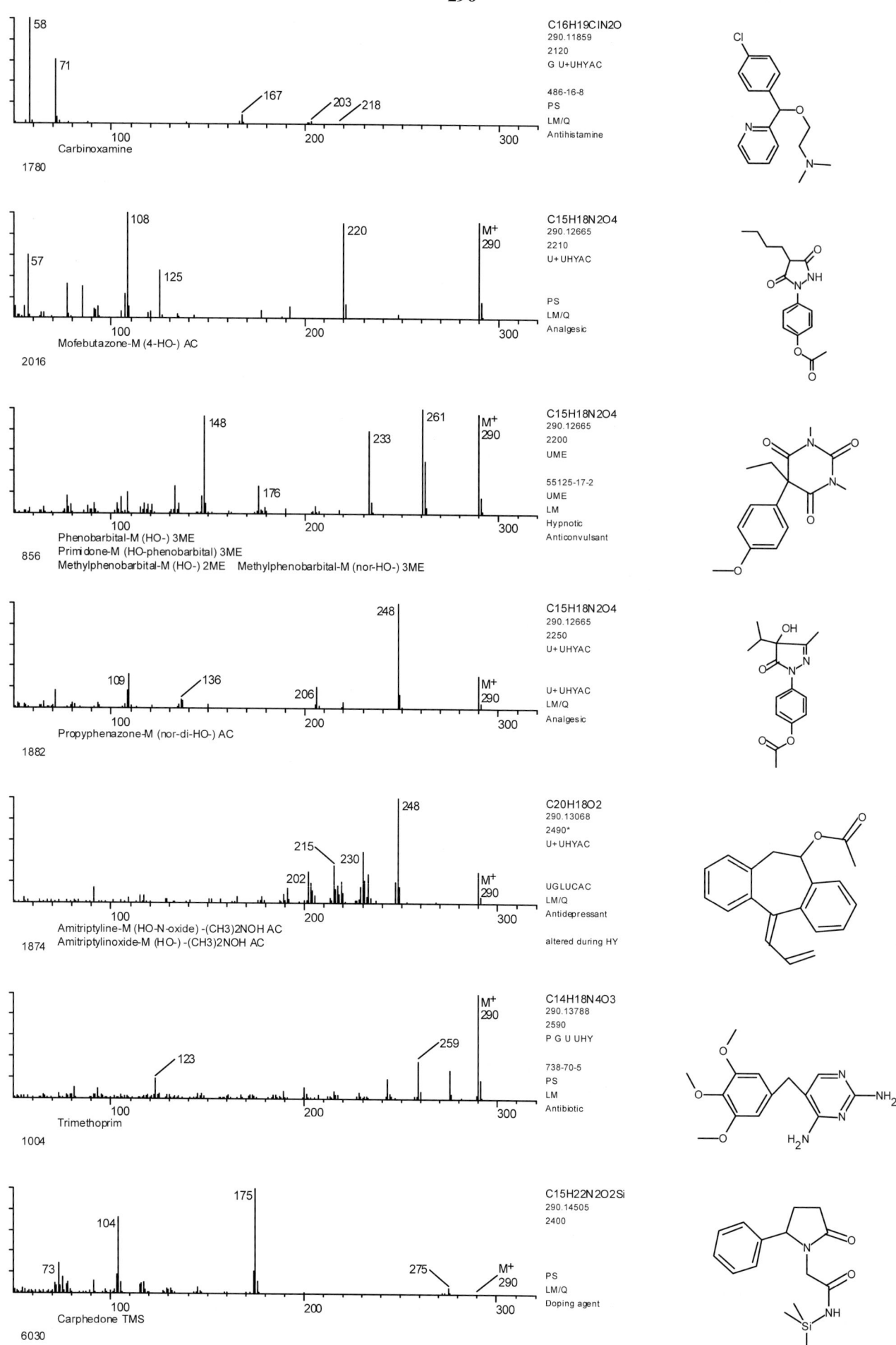

Carbinoxamine — C16H19ClN2O, 290.11859, 2120, G U+UHYAC, 486-16-8, PS, LM/Q, Antihistamine
Peaks: 58, 71, 167, 203, 218
1780

Mofebutazone-M (4-HO-) AC — C15H18N2O4, 290.12665, 2210, U+UHYAC, PS, LM/Q, Analgesic
Peaks: 57, 108, 125, 220, M+ 290
2016

Phenobarbital-M (HO-) 3ME
Primidone-M (HO-phenobarbital) 3ME
Methylphenobarbital-M (HO-) 2ME   Methylphenobarbital-M (nor-HO-) 3ME
— C15H18N2O4, 290.12665, 2200, UME, 55125-17-2, UME, LM, Hypnotic, Anticonvulsant
Peaks: 148, 176, 233, 261, M+ 290
856

Propyphenazone-M (nor-di-HO-) AC — C15H18N2O4, 290.12665, 2250, U+UHYAC, U+UHYAC, LM/Q, Analgesic
Peaks: 109, 136, 206, 248, M+ 290
1882

Amitriptyline-M (HO-N-oxide) -(CH3)2NOH AC
Amitriptylinoxide-M (HO-) -(CH3)2NOH AC
— C20H18O2, 290.13068, 2490*, U+UHYAC, UGLUCAC, LM/Q, Antidepressant, altered during HY
Peaks: 202, 215, 230, 248, M+ 290
1874

Trimethoprim — C14H18N4O3, 290.13788, 2590, P G U UHY, 738-70-5, PS, LM, Antibiotic
Peaks: 123, 259, M+ 290
1004

Carphedone TMS — C15H22N2O2Si, 290.14505, 2400, PS, LM/Q, Doping agent
Peaks: 73, 104, 175, 275, M+ 290
6030

564

290

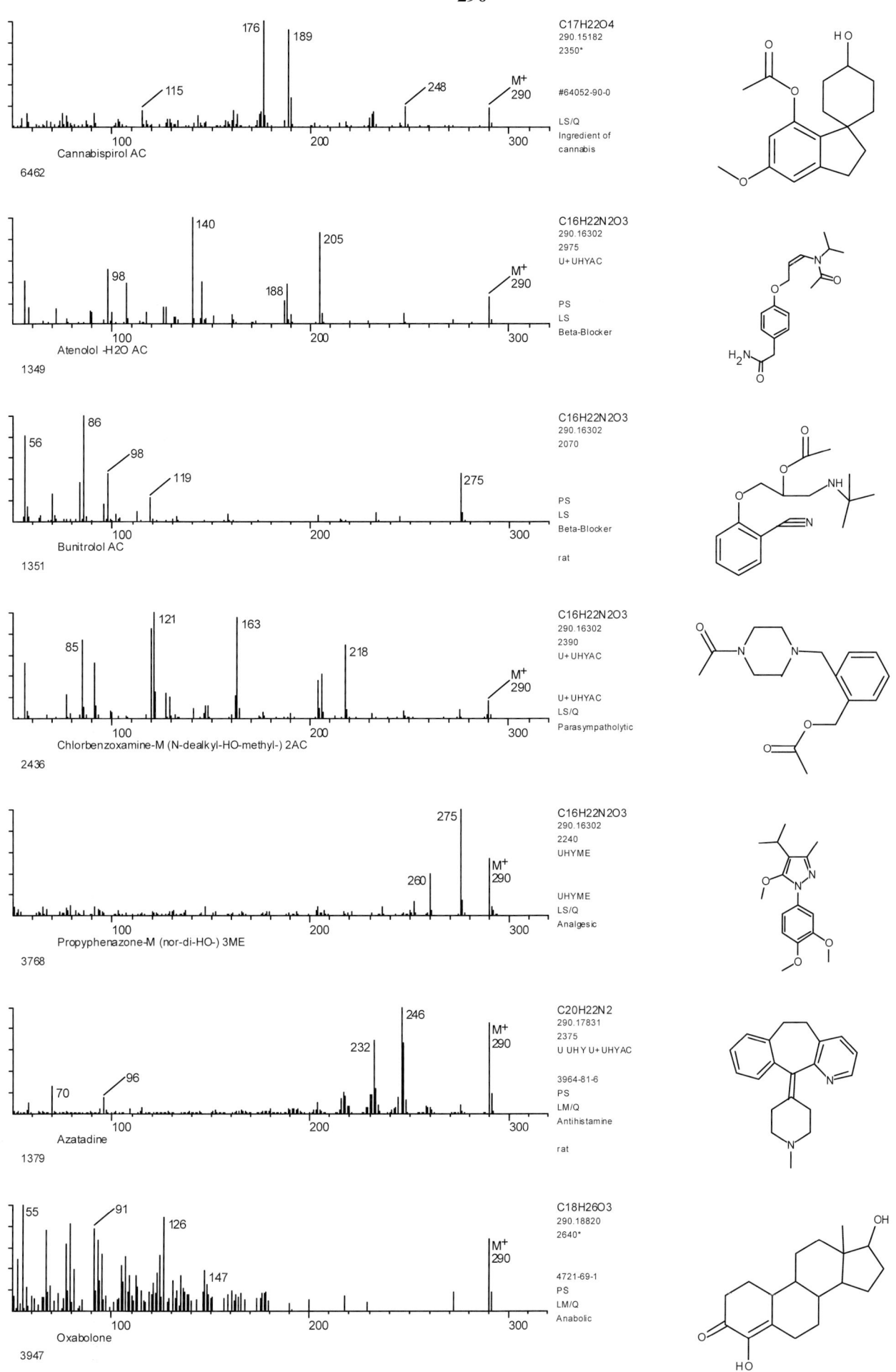

C17H22O4
290.15182
2350*

#64052-90-0

LS/Q
Ingredient of cannabis

Cannabispirol AC
6462

C16H22N2O3
290.16302
2975
U+ UHYAC

PS
LS
Beta-Blocker

Atenolol -H2O AC
1349

C16H22N2O3
290.16302
2070

PS
LS
Beta-Blocker
rat

Bunitrolol AC
1351

C16H22N2O3
290.16302
2390
U+ UHYAC

U+ UHYAC
LS/Q
Parasympatholytic

Chlorbenzoxamine-M (N-dealkyl-HO-methyl-) 2AC
2436

C16H22N2O3
290.16302
2240
UHYME

UHYME
LS/Q
Analgesic

Propyphenazone-M (nor-di-HO-) 3ME
3768

C20H22N2
290.17831
2375
U UH Y U+ UHYAC

3964-81-6
PS
LM/Q
Antihistamine
rat

Azatadine
1379

C18H26O3
290.18820
2640*

4721-69-1
PS
LM/Q
Anabolic

Oxabolone
3947

290

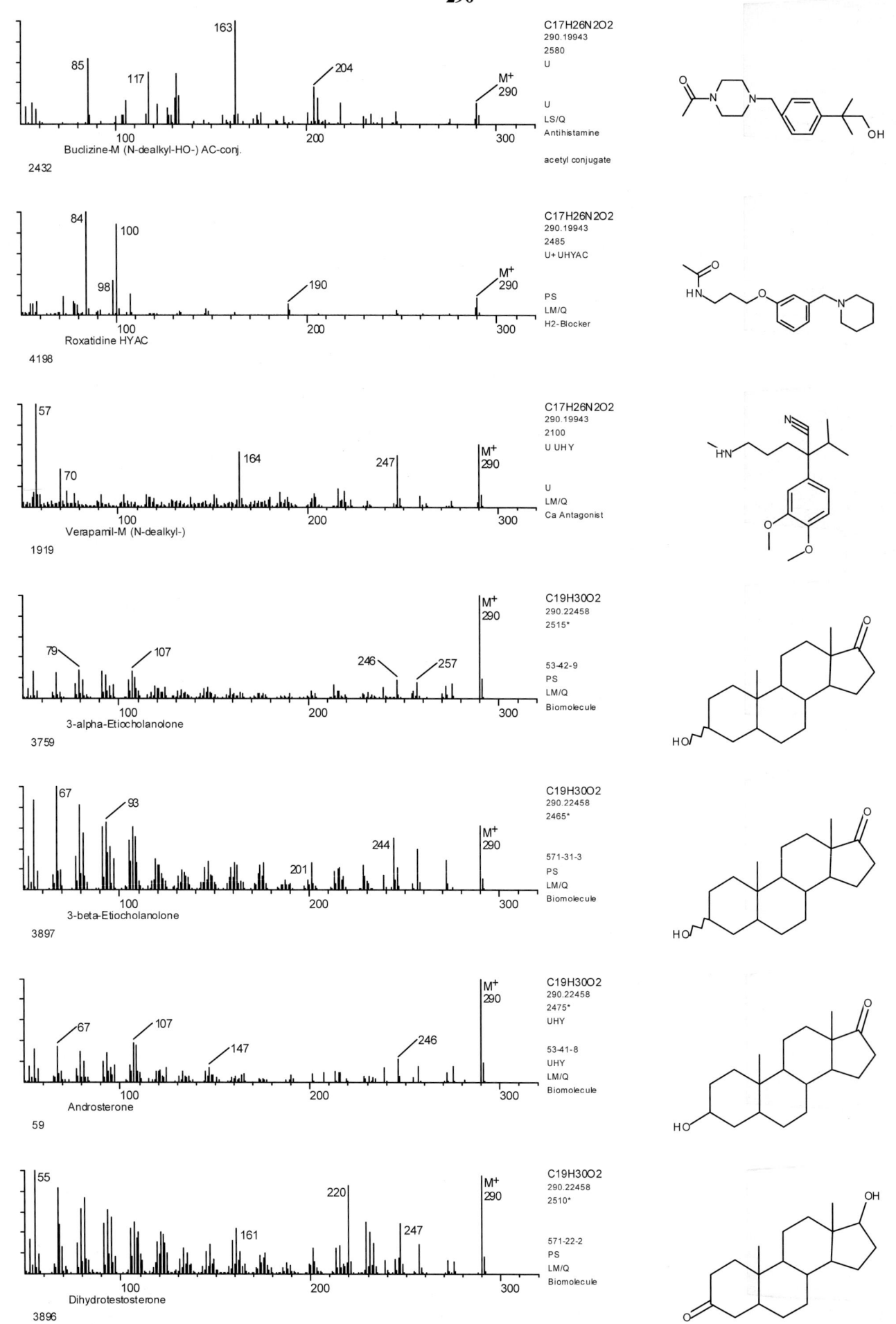

Buclizine-M (N-dealkyl-HO-) AC-conj.
C17H26N2O2
290.19943
2580
U
U
LS/Q
Antihistamine
acetyl conjugate

Roxatidine HYAC
C17H26N2O2
290.19943
2485
U+ UHYAC
PS
LM/Q
H2-Blocker

Verapamil-M (N-dealkyl-)
C17H26N2O2
290.19943
2100
U UHY
U
LM/Q
Ca Antagonist

3-alpha-Etiocholanolone
C19H30O2
290.22458
2515*
53-42-9
PS
LM/Q
Biomolecule

3-beta-Etiocholanolone
C19H30O2
290.22458
2465*
571-31-3
PS
LM/Q
Biomolecule

Androsterone
C19H30O2
290.22458
2475*
UHY
53-41-8
UHY
LM/Q
Biomolecule

Dihydrotestosterone
C19H30O2
290.22458
2510*
571-22-2
PS
LM/Q
Biomolecule

290

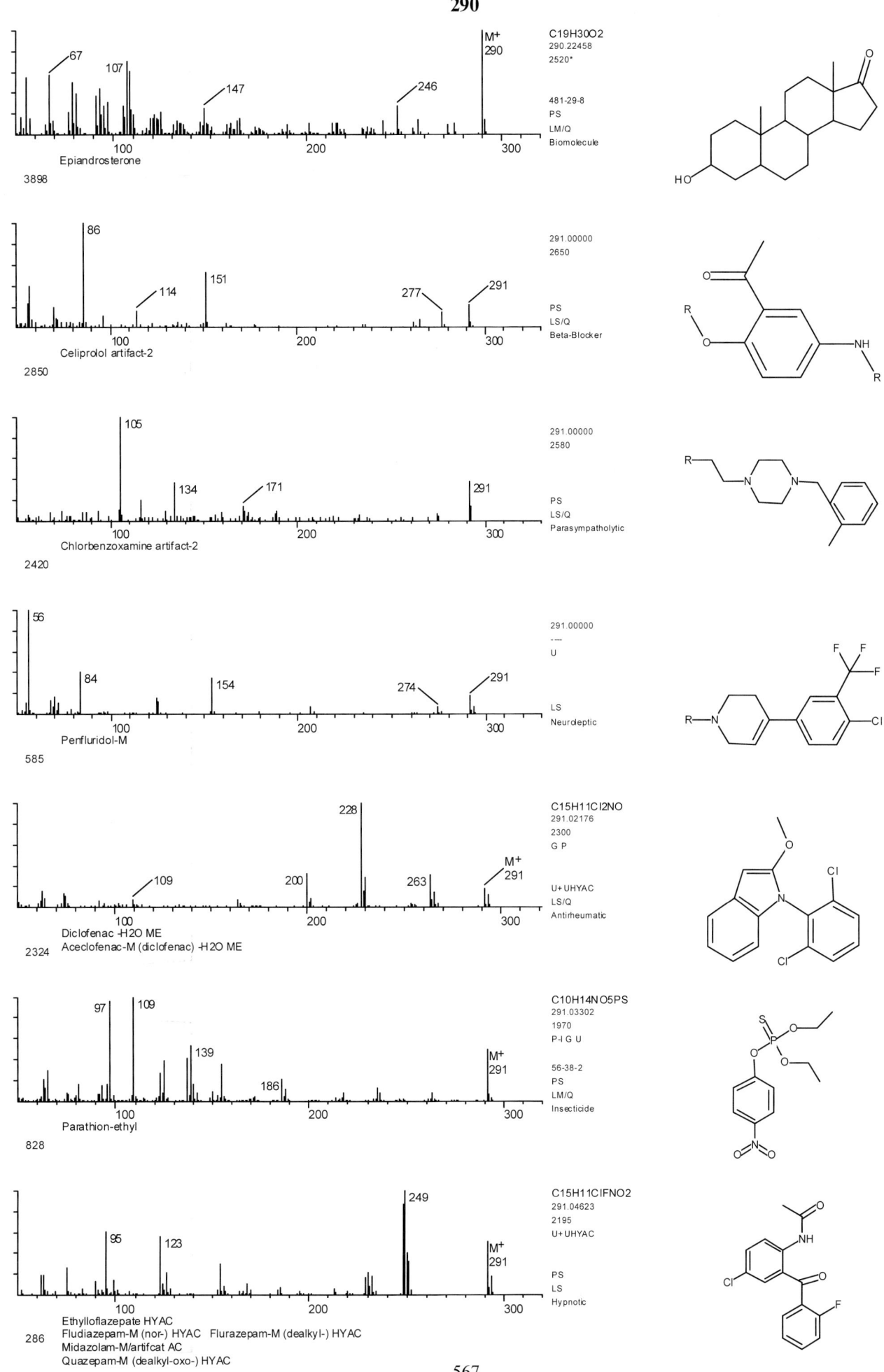

Epiandrosterone
67, 107, 147, 246, M+ 290
C19H30O2
290.22458
2520*
481-29-8
PS
LM/Q
Biomolecule
3898

Celiprolol artifact-2
86, 114, 151, 277, 291
291.00000
2650
PS
LS/Q
Beta-Blocker
2850

Chlorbenzoxamine artifact-2
105, 134, 171, 291
291.00000
2580
PS
LS/Q
Parasympatholytic
2420

Penfluridol-M
56, 84, 154, 274, 291
291.00000

U
LS
Neuroleptic
585

Diclofenac -H2O ME
Aceclofenac-M (diclofenac) -H2O ME
109, 200, 228, 263, M+ 291
C15H11Cl2NO
291.02176
2300
G P
U+ UHYAC
LS/Q
Antirheumatic
2324

Parathion-ethyl
97, 109, 139, 186, M+ 291
C10H14NO5PS
291.03302
1970
P-I G U
56-38-2
PS
LM/Q
Insecticide
828

Ethylloflazepate HYAC
Fludiazepam-M (nor-) HYAC   Flurazepam-M (dealkyl-) HYAC
Midazolam-M/artifact AC
Quazepam-M (dealkyl-oxo-) HYAC
95, 123, 249, M+ 291
C15H11ClFNO2
291.04623
2195
U+ UHYAC
PS
LS
Hypnotic
286

567

291

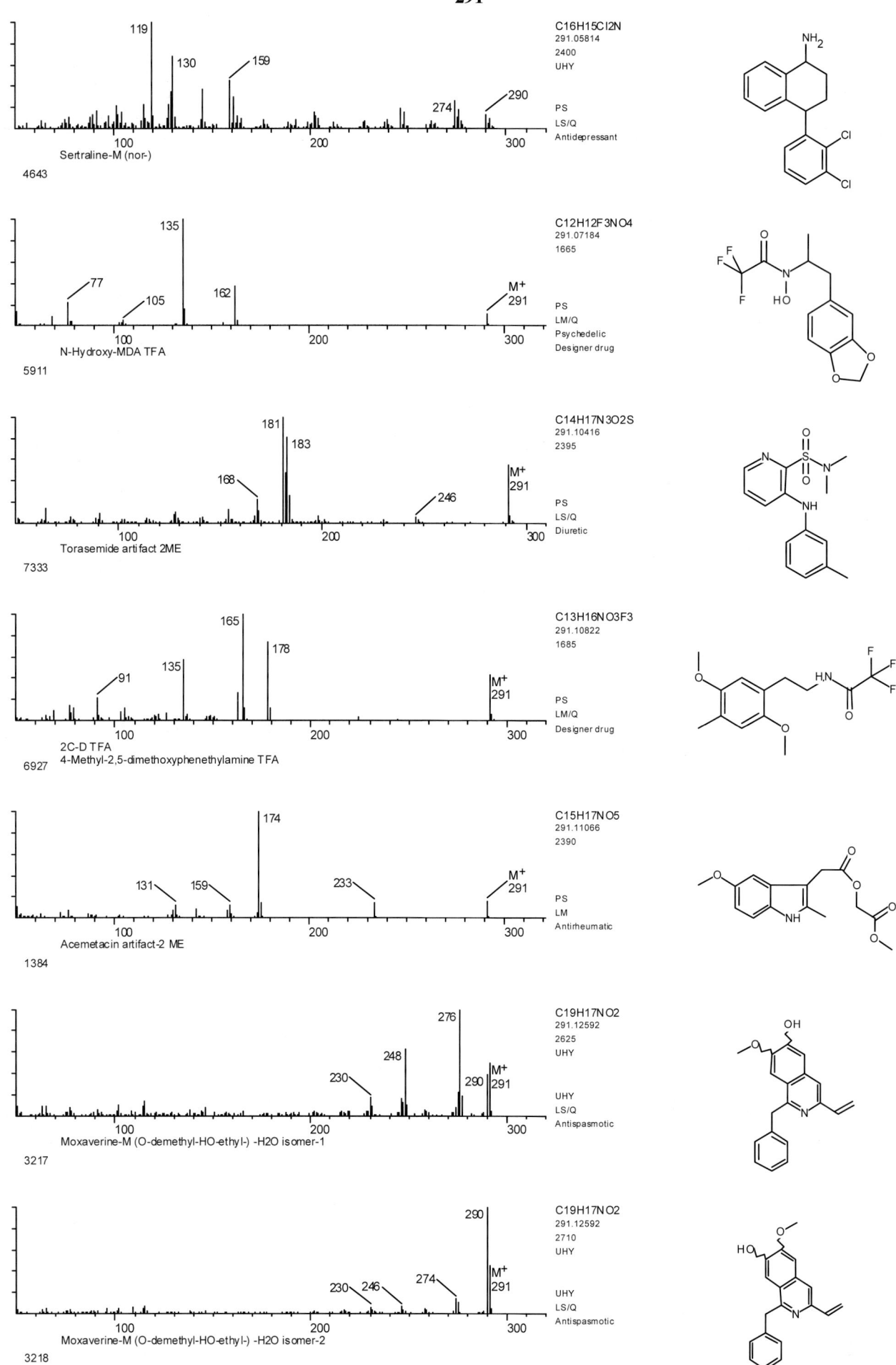

Sertraline-M (nor-) — 4643
C16H15Cl2N
291.05814
2400
UHY
PS
LS/Q
Antidepressant

N-Hydroxy-MDA TFA — 5911
C12H12F3NO4
291.07184
1665
PS
LM/Q
Psychedelic
Designer drug

Torasemide artifact 2ME — 7333
C14H17N3O2S
291.10416
2395
PS
LS/Q
Diuretic

2C-D TFA
4-Methyl-2,5-dimethoxyphenethylamine TFA — 6927
C13H16NO3F3
291.10822
1685
PS
LM/Q
Designer drug

Acemetacin artifact-2 ME — 1384
C15H17NO5
291.11066
2390
PS
LM
Antirheumatic

Moxaverine-M (O-demethyl-HO-ethyl-) -H2O isomer-1 — 3217
C19H17NO2
291.12592
2625
UHY
UHY
LS/Q
Antispasmotic

Moxaverine-M (O-demethyl-HO-ethyl-) -H2O isomer-2 — 3218
C19H17NO2
291.12592
2710
UHY
UHY
LS/Q
Antispasmotic

291

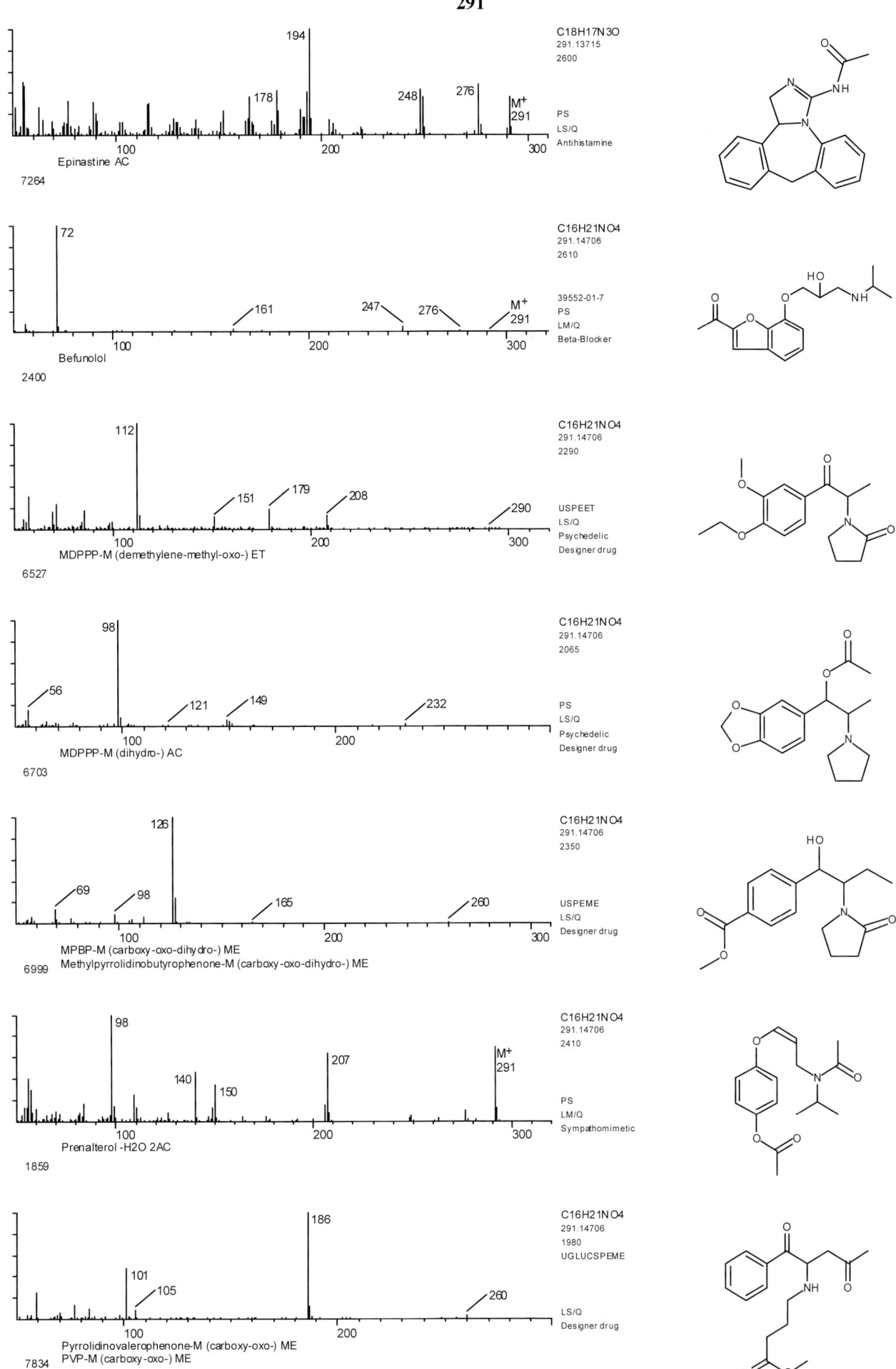

Epinastine AC
C18H17N3O
291.13715
2600
PS
LS/Q
Antihistamine
7264

Befunolol
C16H21NO4
291.14706
2610
39552-01-7
PS
LM/Q
Beta-Blocker
2400

MDPPP-M (demethylene-methyl-oxo-) ET
C16H21NO4
291.14706
2290
USPEET
LS/Q
Psychedelic
Designer drug
6527

MDPPP-M (dihydro-) AC
C16H21NO4
291.14706
2065
PS
LS/Q
Psychedelic
Designer drug
6703

MPBP-M (carboxy-oxo-dihydro-) ME
Methylpyrrolidinobutyrophenone-M (carboxy-oxo-dihydro-) ME
C16H21NO4
291.14706
2350
USPEME
LS/Q
Designer drug
6999

Prenalterol -H2O 2AC
C16H21NO4
291.14706
2410
PS
LM/Q
Sympathomimetic
1859

Pyrrolidinovalerophenone-M (carboxy-oxo-) ME
PVP-M (carboxy-oxo-) ME
C16H21NO4
291.14706
1980
UGLUCSPEME
LS/Q
Designer drug
7834

569

291

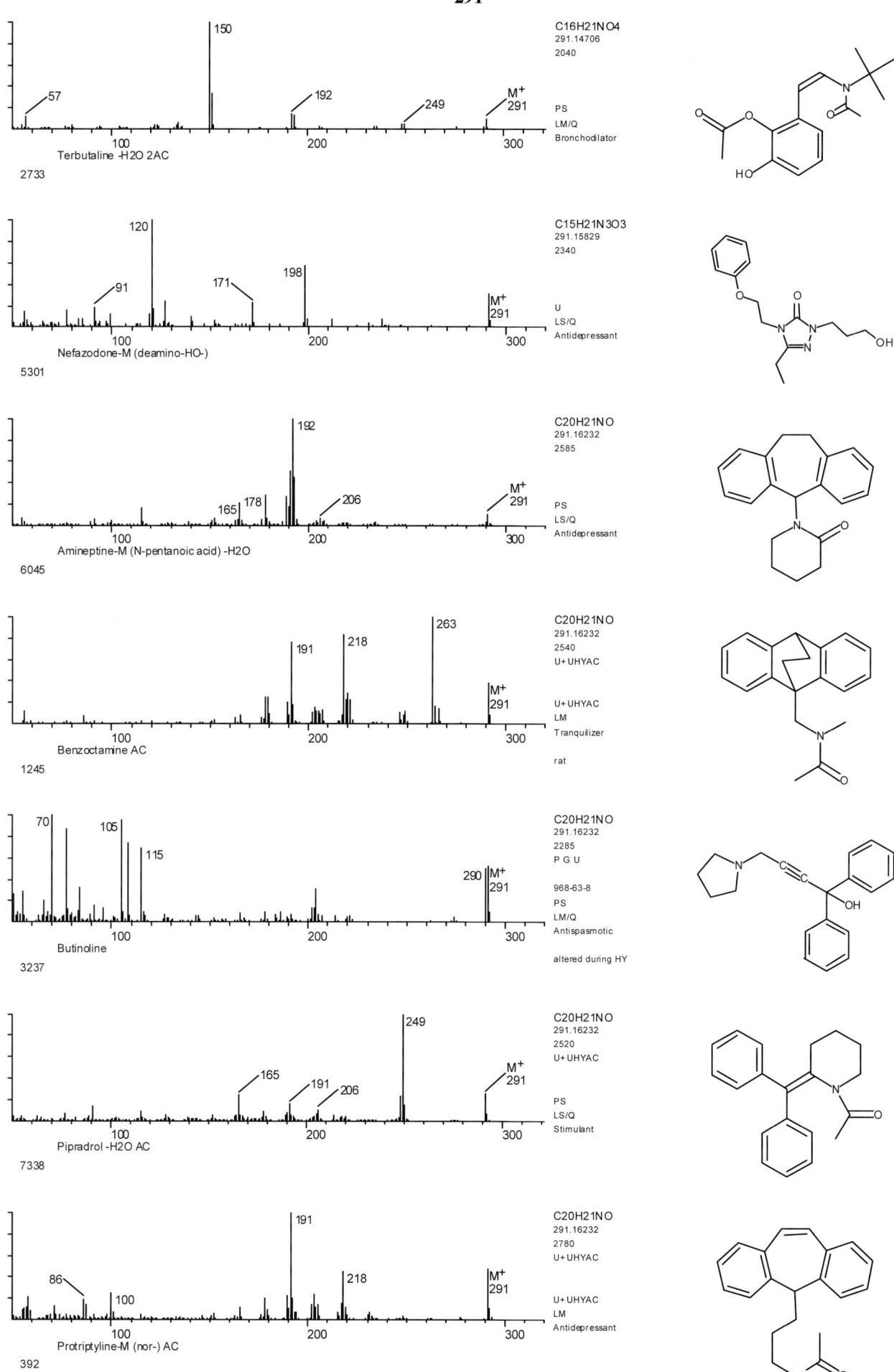

C16H21NO4
291.14706
2040

PS
LM/Q
Bronchodilator

Terbutaline -H2O 2AC
2733

C15H21N3O3
291.15829
2340

U
LS/Q
Antidepressant

Nefazodone-M (deamino-HO-)
5301

C20H21NO
291.16232
2585

PS
LS/Q
Antidepressant

Amineptine-M (N-pentanoic acid) -H2O
6045

C20H21NO
291.16232
2540
U+UHYAC

U+UHYAC
LM
Tranquilizer
rat

Benzoctamine AC
1245

C20H21NO
291.16232
2285
P G U

968-63-8
PS
LM/Q
Antispasmotic

altered during HY

Butinoline
3237

C20H21NO
291.16232
2520
U+UHYAC

PS
LS/Q
Stimulant

Pipradrol -H2O AC
7338

C20H21NO
291.16232
2780
U+UHYAC

U+UHYAC
LM
Antidepressant

Protriptyline-M (nor-) AC
392

570

291

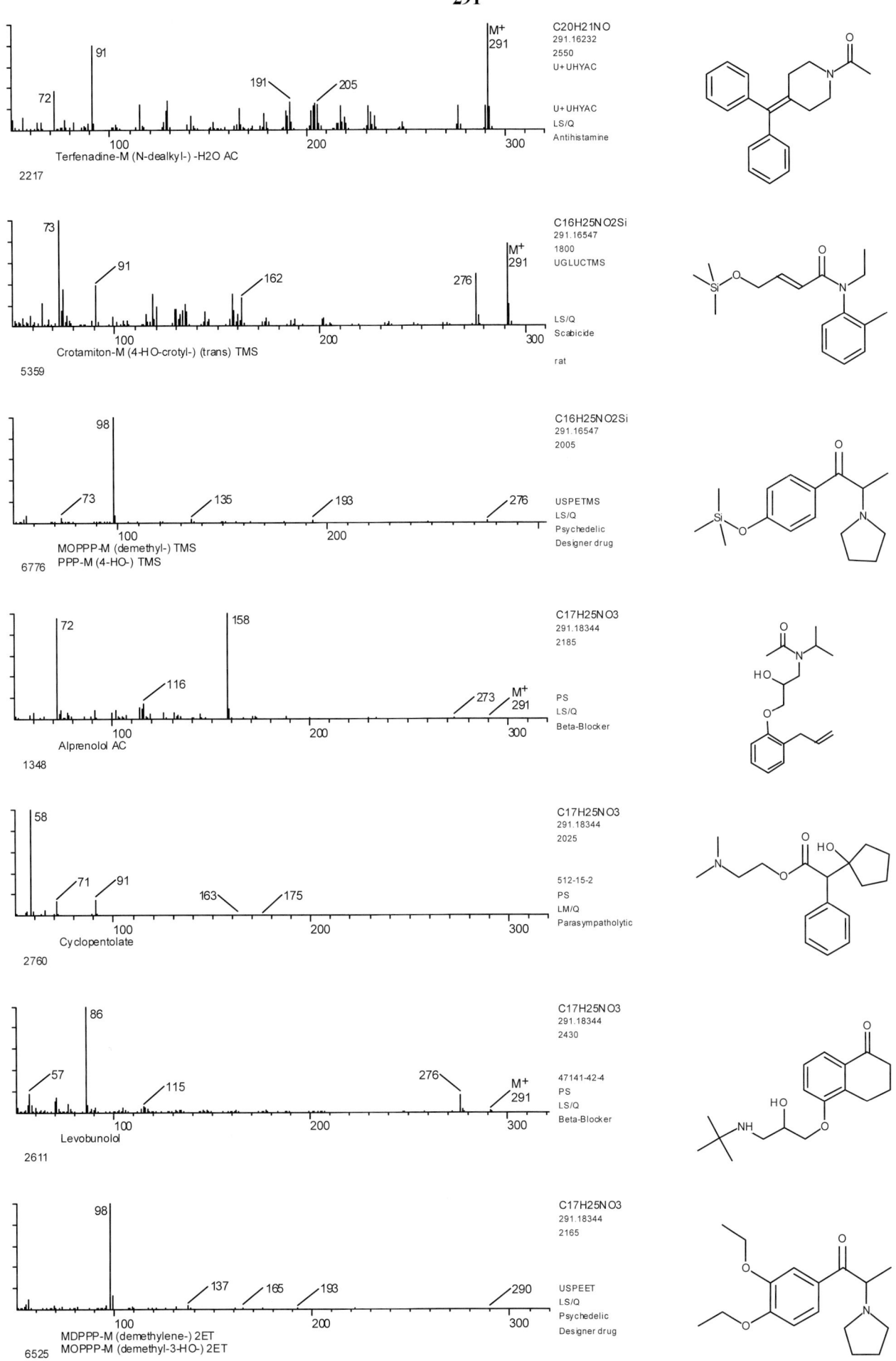

Spectrum label	Formula / Info
Terfenadine-M (N-dealkyl-) -H2O AC (2217)	C20H21NO, 291.16232, 2550, U+ UHYAC, LS/Q, Antihistamine
Crotamiton-M (4-HO-crotyl-) (trans) TMS (5359)	C16H25NO2Si, 291.16547, 1800, UGLUCTMS, LS/Q, Scabicide, rat
MOPPP-M (demethyl-) TMS / PPP-M (4-HO-) TMS (6776)	C16H25NO2Si, 291.16547, 2005, USPETMS, LS/Q, Psychedelic, Designer drug
Alprenolol AC (1348)	C17H25NO3, 291.18344, 2185, PS, LS/Q, Beta-Blocker
Cyclopentolate (2760)	C17H25NO3, 291.18344, 2025, 512-15-2, PS, LM/Q, Parasympatholytic
Levobunolol (2611)	C17H25NO3, 291.18344, 2430, 47141-42-4, PS, LS/Q, Beta-Blocker
MDPPP-M (demethylene-) 2ET / MOPPP-M (demethyl-3-HO-) 2ET (6525)	C17H25NO3, 291.18344, 2165, USPEET, LS/Q, Psychedelic, Designer drug

291

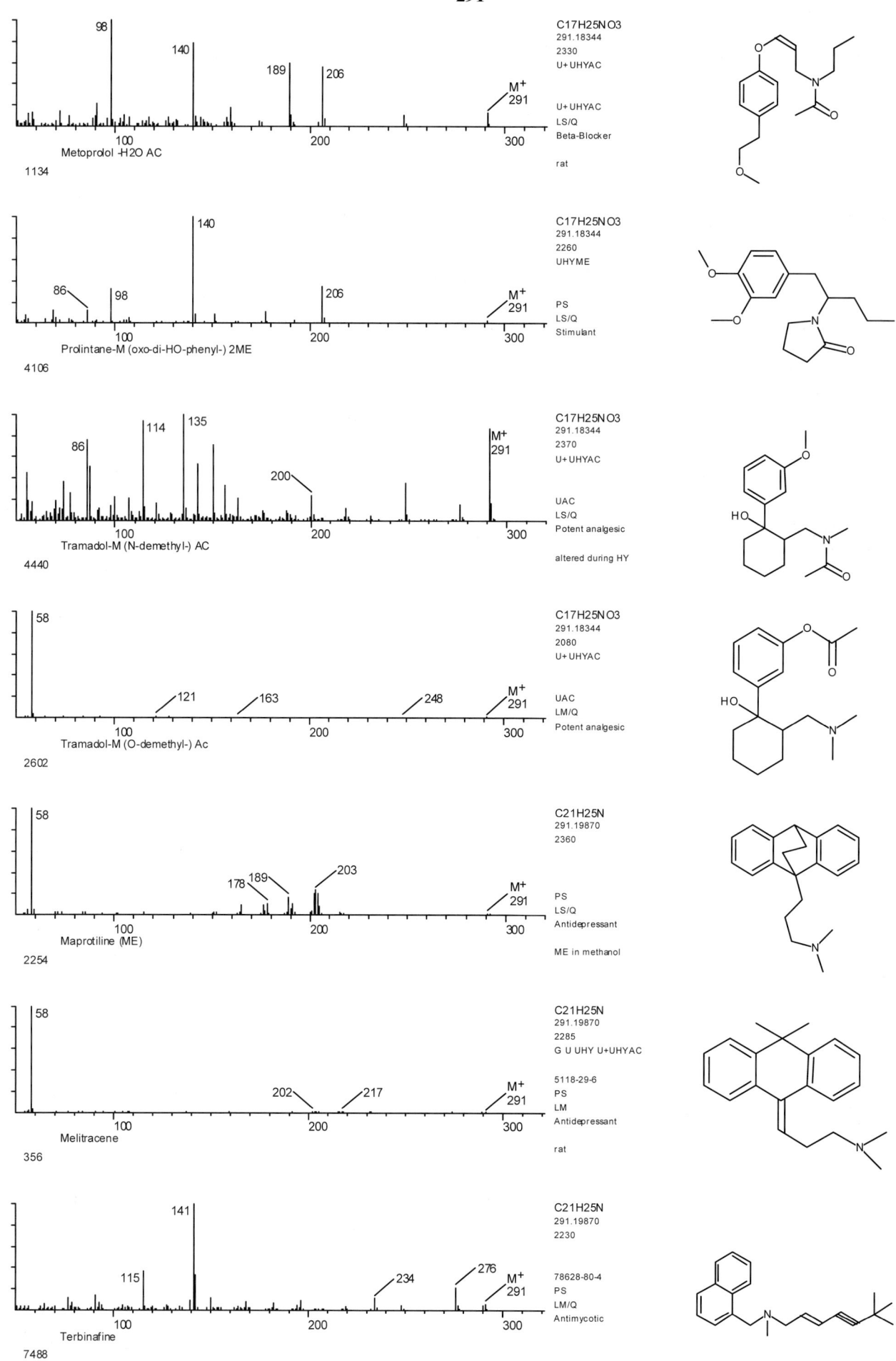

Metoprolol -H2O AC — 1134
C17H25NO3
291.18344
2330
U+ UHYAC
U+ UHYAC
LS/Q
Beta-Blocker
rat

Prolintane-M (oxo-di-HO-phenyl-) 2ME — 4106
C17H25NO3
291.18344
2260
UHYME
PS
LS/Q
Stimulant

Tramadol-M (N-demethyl-) AC — 4440
C17H25NO3
291.18344
2370
U+ UHYAC
UAC
LS/Q
Potent analgesic
altered during HY

Tramadol-M (O-demethyl-) Ac — 2602
C17H25NO3
291.18344
2080
U+ UHYAC
UAC
LM/Q
Potent analgesic

Maprotiline (ME) — 2254
C21H25N
291.19870
2360
PS
LS/Q
Antidepressant
ME in methanol

Melitracene — 356
C21H25N
291.19870
2285
G U UHY U+UHYAC
5118-29-6
PS
LM
Antidepressant
rat

Terbinafine — 7488
C21H25N
291.19870
2230
78628-80-4
PS
LM/Q
Antimycotic

291

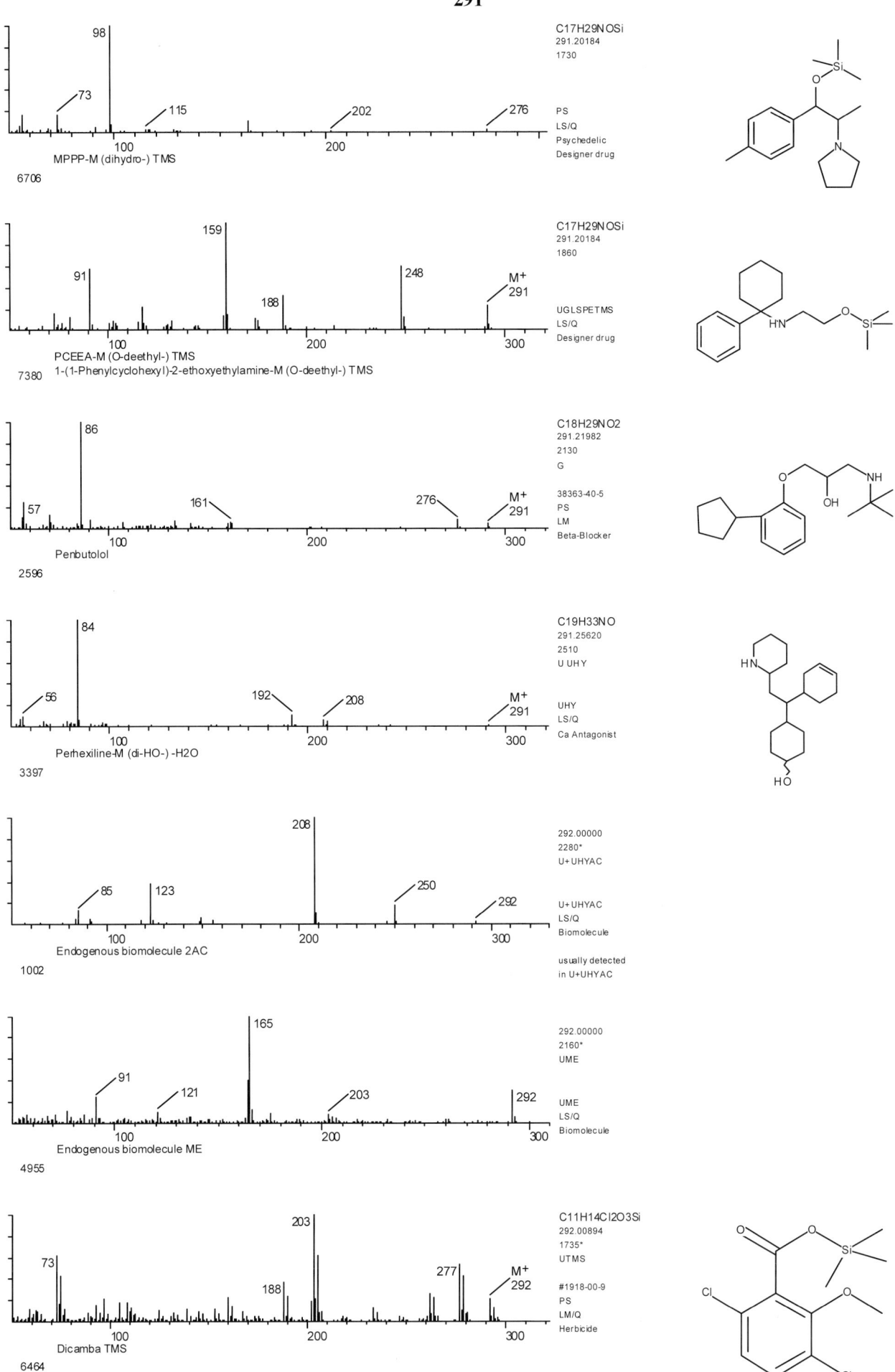

MPPP-M (dihydro-) TMS
6706
C17H29NOSi
291.20184
1730
PS
LS/Q
Psychedelic
Designer drug

PCEEA-M (O-deethyl-) TMS
1-(1-Phenylcyclohexyl)-2-ethoxyethylamine-M (O-deethyl-) TMS
7380
C17H29NOSi
291.20184
1860
U G L S P E T M S
LS/Q
Designer drug

Penbutolol
2596
C18H29NO2
291.21982
2130
G
38363-40-5
PS
LM
Beta-Blocker

Perhexiline-M (di-HO-) -H2O
3397
C19H33NO
291.25620
2510
U U H Y
UHY
LS/Q
Ca Antagonist

Endogenous biomolecule 2AC
1002
292.00000
2280*
U+UHYAC
U+UHYAC
LS/Q
Biomolecule
usually detected in U+UHYAC

Endogenous biomolecule ME
4955
292.00000
2160*
UME
UME
LS/Q
Biomolecule

Dicamba TMS
6464
C11H14Cl2O3Si
292.00894
1735*
UTMS
#1918-00-9
PS
LM/Q
Herbicide

573

292

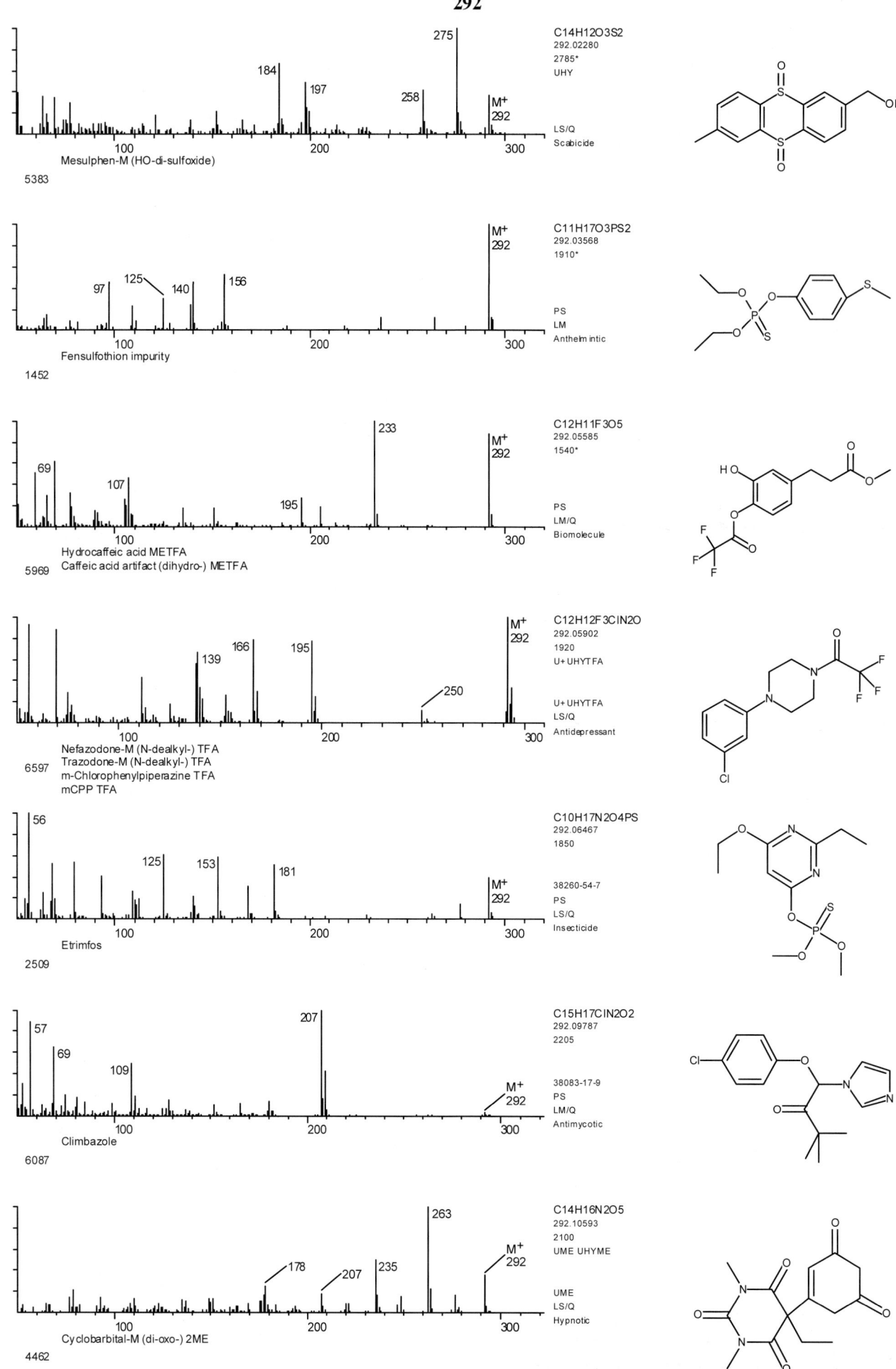

C14H12O3S2
292.02280
2785*
UHY

LS/Q
Scabicide

Mesulphen-M (HO-di-sulfoxide)
5383

C11H17O3PS2
292.03568
1910*

PS
LM
Anthelmintic

Fensulfothion impurity
1452

C12H11F3O5
292.05585
1540*

PS
LM/Q
Biomolecule

Hydrocaffeic acid METFA
Caffeic acid artifact (dihydro-) METFA
5969

C12H12F3ClN2O
292.05902
1920
U+UHYTFA

U+UHYTFA
LS/Q
Antidepressant

Nefazodone-M (N-dealkyl-) TFA
Trazodone-M (N-dealkyl-) TFA
m-Chlorophenylpiperazine TFA
mCPP TFA
6597

C10H17N2O4PS
292.06467
1850

38260-54-7
PS
LS/Q
Insecticide

Etrimfos
2509

C15H17ClN2O2
292.09787
2205

38083-17-9
PS
LM/Q
Antimycotic

Climbazole
6087

C14H16N2O5
292.10593
2100
UME UHYME

UME
LS/Q
Hypnotic

Cyclobarbital-M (di-oxo-) 2ME
4462

292

Methylphenobarbital-M (HO-methoxy-)

C14H16N2O5
292.10593
2310
U UHY U+ UHYAC

U+ UHYAC
LS/Q
Hypnotic

Coumatetralyl

C19H16O3
292.10995
2660*
G

5836-29-3
PS
LM/Q
Anticoagulant
Rodenticide

Doxepin-M (HO-N-oxide) -(CH3)2NOH AC

C19H16O3
292.10995
2360*
U+ UHYAC

U+ UHYAC
LS
Antidepressant

Warfarin-M (dihydro-) -H2O
Pyranocoumarin-M (O-demethyl-dihydro-) -H2O

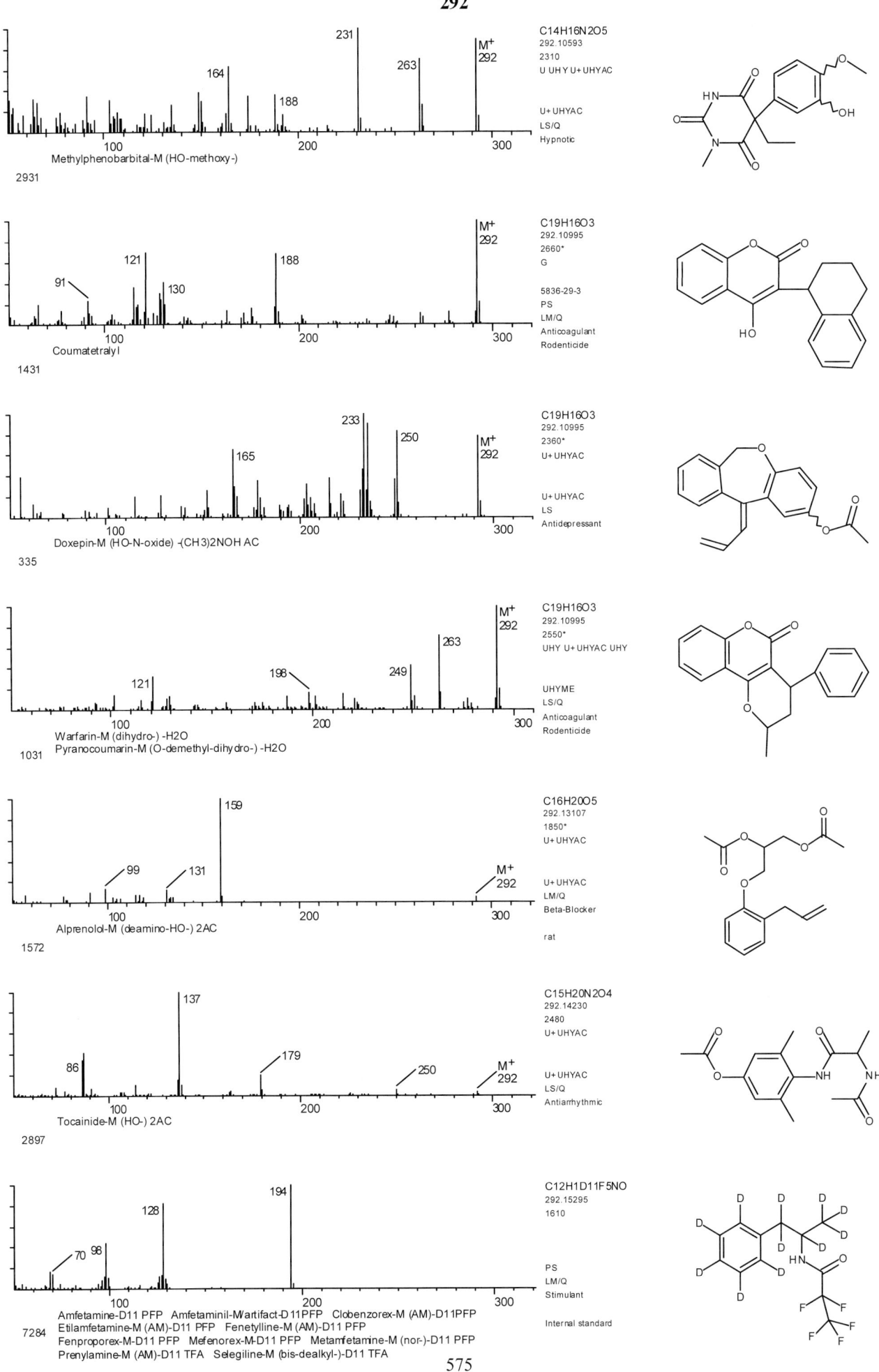

C19H16O3
292.10995
2550*
UHY U+ UHYAC UHY

UHYME
LS/Q
Anticoagulant
Rodenticide

Alprenolol-M (deamino-HO-) 2AC

C16H20O5
292.13107
1850*
U+ UHYAC

U+ UHYAC
LM/Q
Beta-Blocker

rat

Tocainide-M (HO-) 2AC

C15H20N2O4
292.14230
2480
U+ UHYAC

U+ UHYAC
LS/Q
Antiarrhythmic

Amfetamine-D11 PFP Amfetaminil-M/artifact-D11 PFP Clobenzorex-M (AM)-D11 PFP
Etilamfetamine-M (AM)-D11 PFP Fenetylline-M (AM)-D11 PFP
Fenproporex-M-D11 PFP Mefenorex-M-D11 PFP Metamfetamine-M (nor-)-D11 PFP
Prenylamine-M (AM)-D11 TFA Selegiline-M (bis-dealkyl-)-D11 TFA

C12H1D11F5NO
292.15295
1610

PS
LM/Q
Stimulant

Internal standard

575

292

C19H20N2O
292.15756
2595
U+ UHYAC

U+ UHYAC
LS/Q
Antidepressant

Mianserin-M (nor-) AC
359

C16H21FN2O2
292.15872
2445
U+ UHYAC

U+ UHYAC
LS
Neuroleptic
rat

Fluanisone-M/artifact AC
496

C15H24N2O2Si
292.16071
2080

PS
LS/Q
Designer drug

MDBP TMS
Fipexide-M/artifcat (MDBP) TMS   Methylenedioxybenzylpiperazine TMS
Piperonylpiperazine TMS
6887

C17H24O4
292.16745
2010*

UME
LS/Q
Softener

Ethylhexylmethylphthalate
Phthalic acid ethylhexyl methyl ester
5319

C16H24N2O3
292.17868
2670

51781-06-7
PS
LS/Q
Beta-Blocker

Carteolol
2610

C16H24N2O3
292.17868
2300
U+ UHYAC

U+ UHYAC
LS/Q
Local anesthetic
Antiarrhythmic

Lidocaine-M (HO-) AC
3361

C20H24N2
292.19394
2290

5636-83-9
PS
LS
Antihistamine

Dimetindene
727

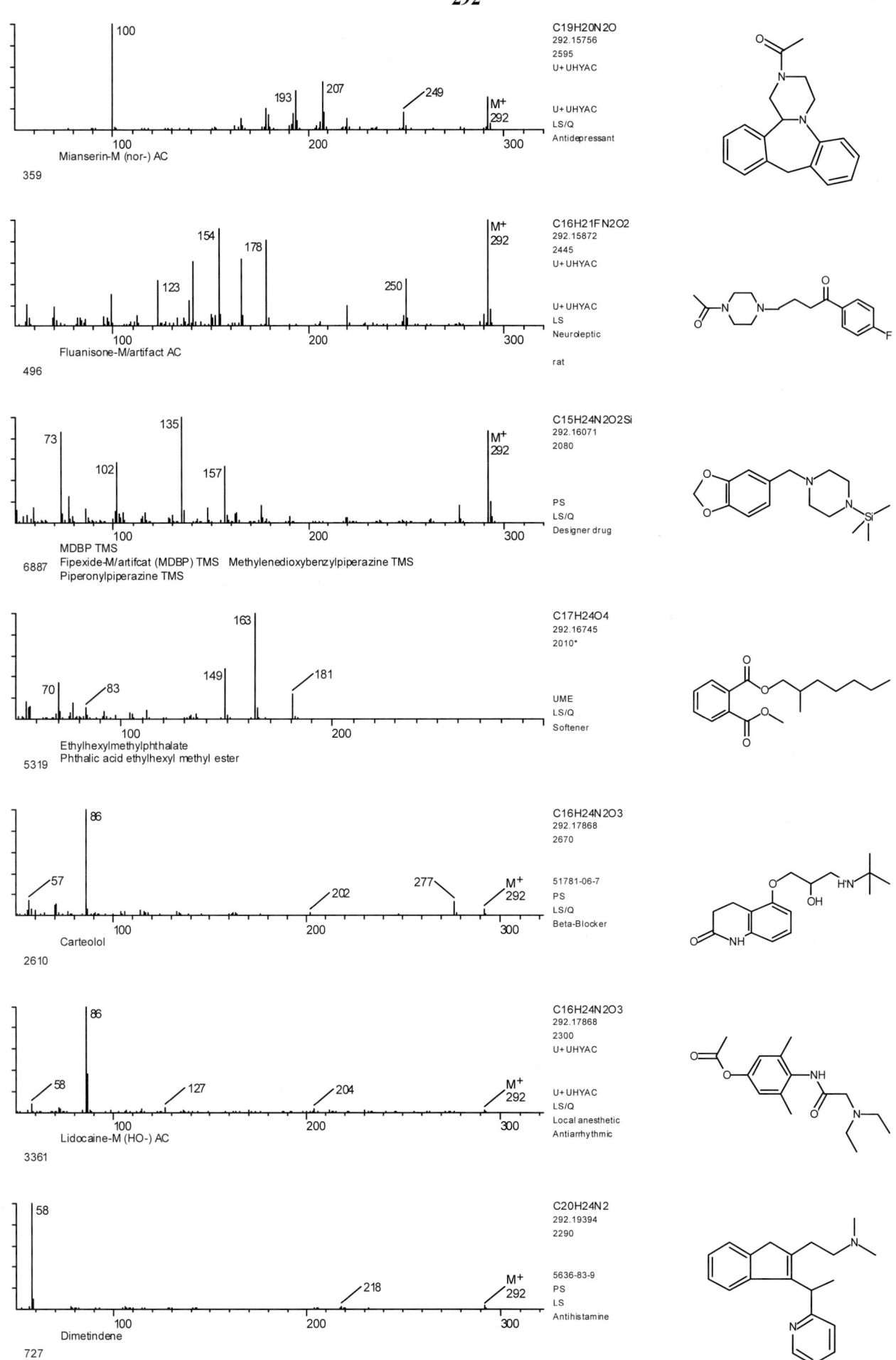

576

292

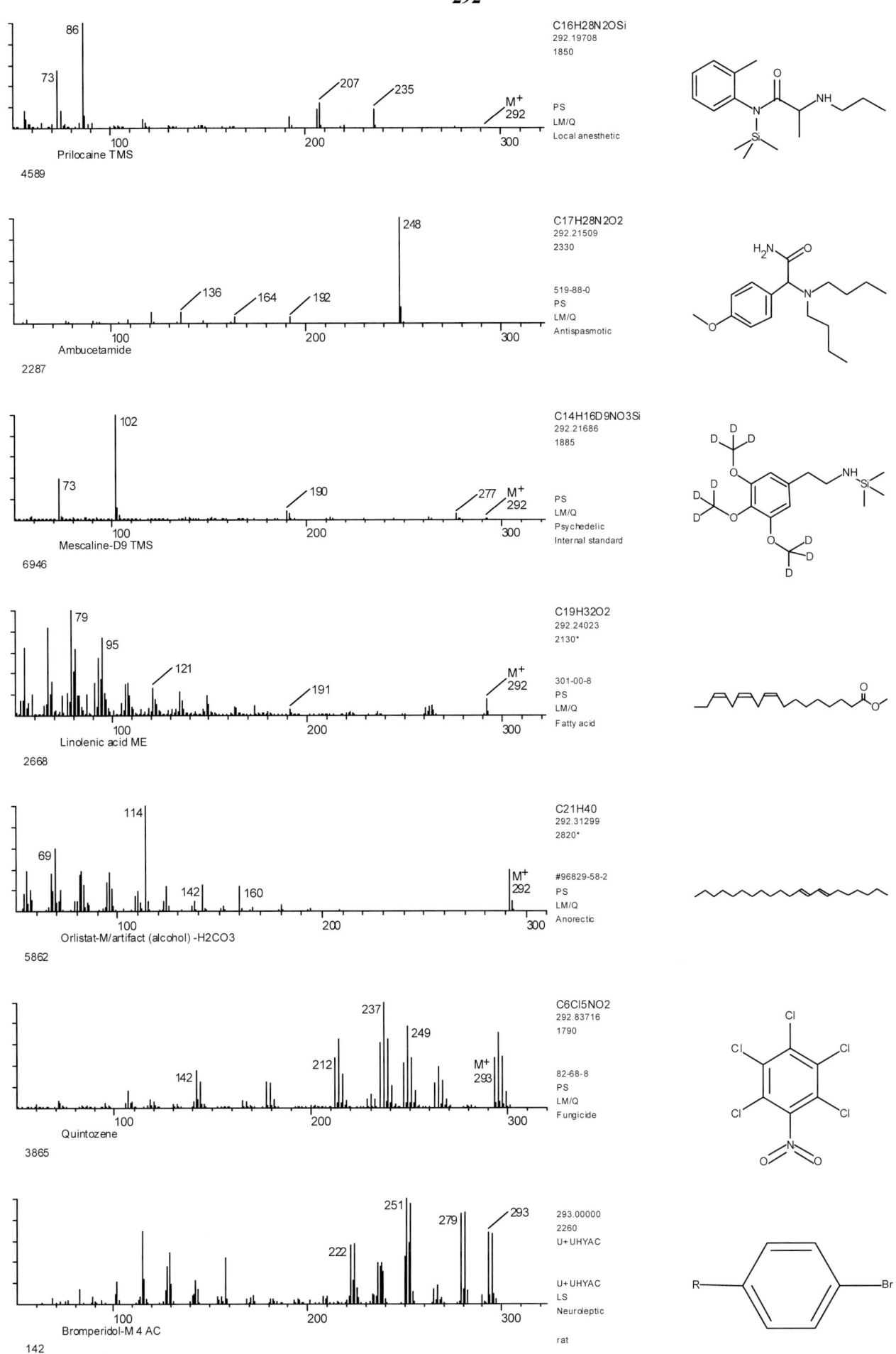

Prilocaine TMS
C16H28N2OSi
292.19708
1850
PS
LM/Q
Local anesthetic
4589

Ambucetamide
C17H28N2O2
292.21509
2330
519-88-0
PS
LM/Q
Antispasmotic
2287

Mescaline-D9 TMS
C14H16D9NO3Si
292.21686
1885
PS
LM/Q
Psychedelic
Internal standard
6946

Linolenic acid ME
C19H32O2
292.24023
2130*
301-00-8
PS
LM/Q
Fatty acid
2668

Orlistat-M/artifact (alcohol) -H2CO3
C21H40
292.31299
2820*
#96829-58-2
PS
LM/Q
Anorectic
5862

Quintozene
C6Cl5NO2
292.83716
1790
82-68-8
PS
LM/Q
Fungicide
3865

Bromperidol-M 4 AC
293.00000
2260
U+UHYAC
U+UHYAC
LS
Neuroleptic
rat
142

293

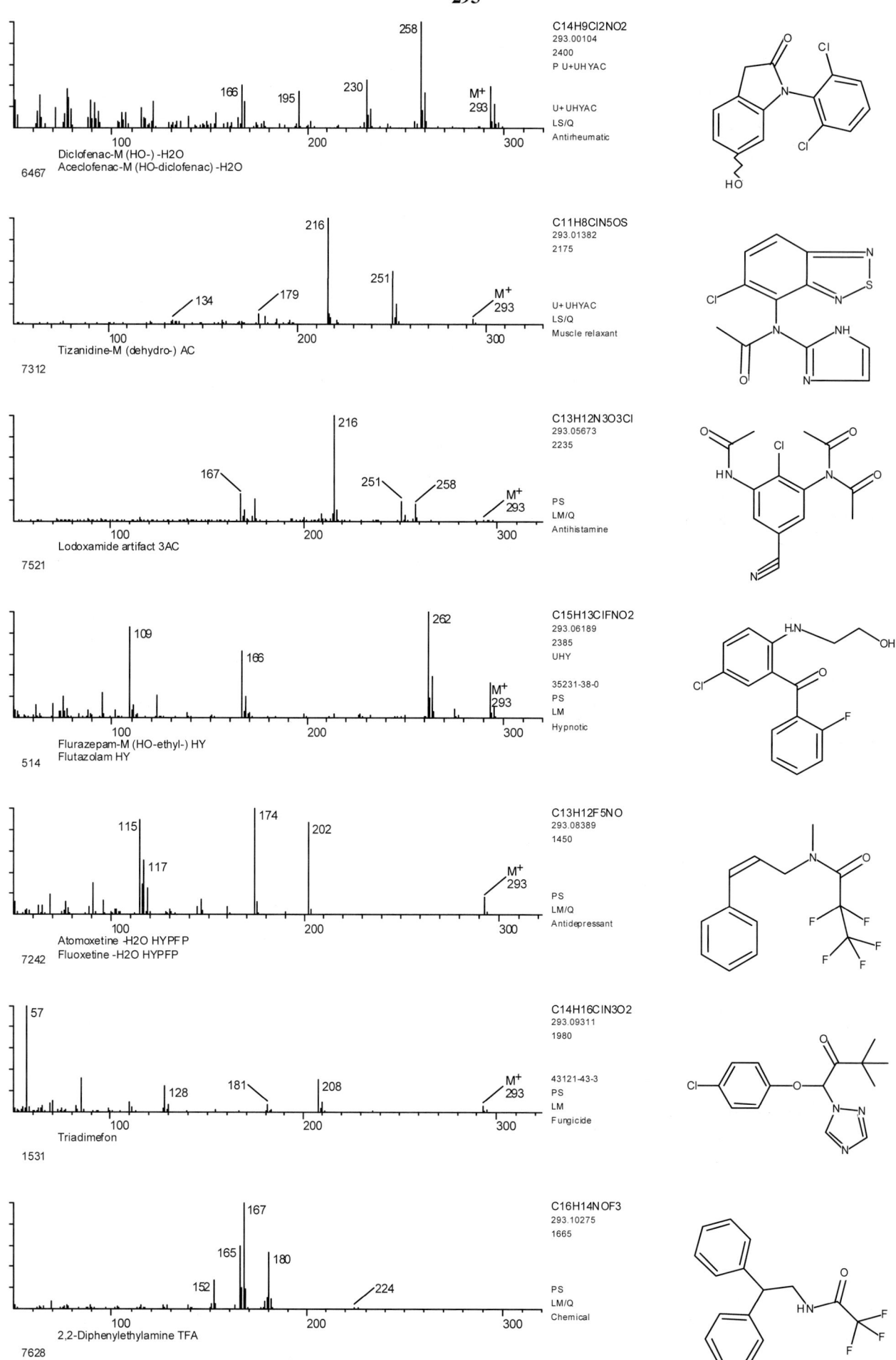

C14H9Cl2NO2
293.00104
2400
P U+UHYAC

U+UHYAC
LS/Q
Antirheumatic

Diclofenac-M (HO-) -H2O
Aceclofenac-M (HO-diclofenac) -H2O
6467

C11H8ClN5OS
293.01382
2175

U+UHYAC
LS/Q
Muscle relaxant

Tizanidine-M (dehydro-) AC
7312

C13H12N3O3Cl
293.05673
2235

PS
LM/Q
Antihistamine

Lodoxamide artifact 3AC
7521

C15H13ClFNO2
293.06189
2385
UHY

35231-38-0
PS
LM
Hypnotic

Flurazepam-M (HO-ethyl-) HY
Flutazolam HY
514

C13H12F5NO
293.08389
1450

PS
LM/Q
Antidepressant

Atomoxetine +H2O HYPFP
Fluoxetine -H2O HYPFP
7242

C14H16ClN3O2
293.09311
1980

43121-43-3
PS
LM
Fungicide

Triadimefon
1531

C16H14NOF3
293.10275
1665

PS
LM/Q
Chemical

2,2-Diphenylethylamine TFA
7628

293

Carbamazepine-M (HO-ring) 2AC
Opipramol-M (HO-ring) 2AC
2672

C18H15NO3
293.10519
2490
U+ UHYAC
U+ UHYAC
LS/Q
Anticonvulsant
Antidepressant

Nitrazepam-M (amino-) AC
572

C17H15N3O2
293.11642
3150
UGLUCAC
4928-03-4
PS
LS
Hypnotic
altered during HY

Linezolide artifact
7319

C14H16N3O3F
293.11758
2270
PS
LS/Q
Antibiotic

Ketotifen-M (dihydro-) -H2O
4482

C19H19NS
293.12381
2480
UHY U+ UHYAC
U+ UHYAC
LS/Q
Antihistamine

2C-E-M (O-demethyl-oxo- N-acetyl-) AC
4-Ethyl-2,5-dimethoxyphenethylamine-M (O-demethyl-oxo- N-acetyl-) AC
7118

C15H19NO5
293.12631
2430
UGlucSPETF
LS/Q
Designer drug

Amfetamine-M (di-HO-) 3AC   Fenproporex-M (N-dealkyl-di-HO-) 3AC
MDA-M (demethylenyl-) 3AC   MDE-M (deethyl-demethylenyl-) 3AC
MDMA-M (nor-demethylenyl-) 3AC
3725

C15H19NO5
293.12631
2150
U+ UHYAC
U+ UHYAC
LS/Q
Stimulant
Psychedelic

Metaraminol 3AC
1486

C15H19NO5
293.12631
2065
#54-49-9
PS
LM
Sympathomimetic

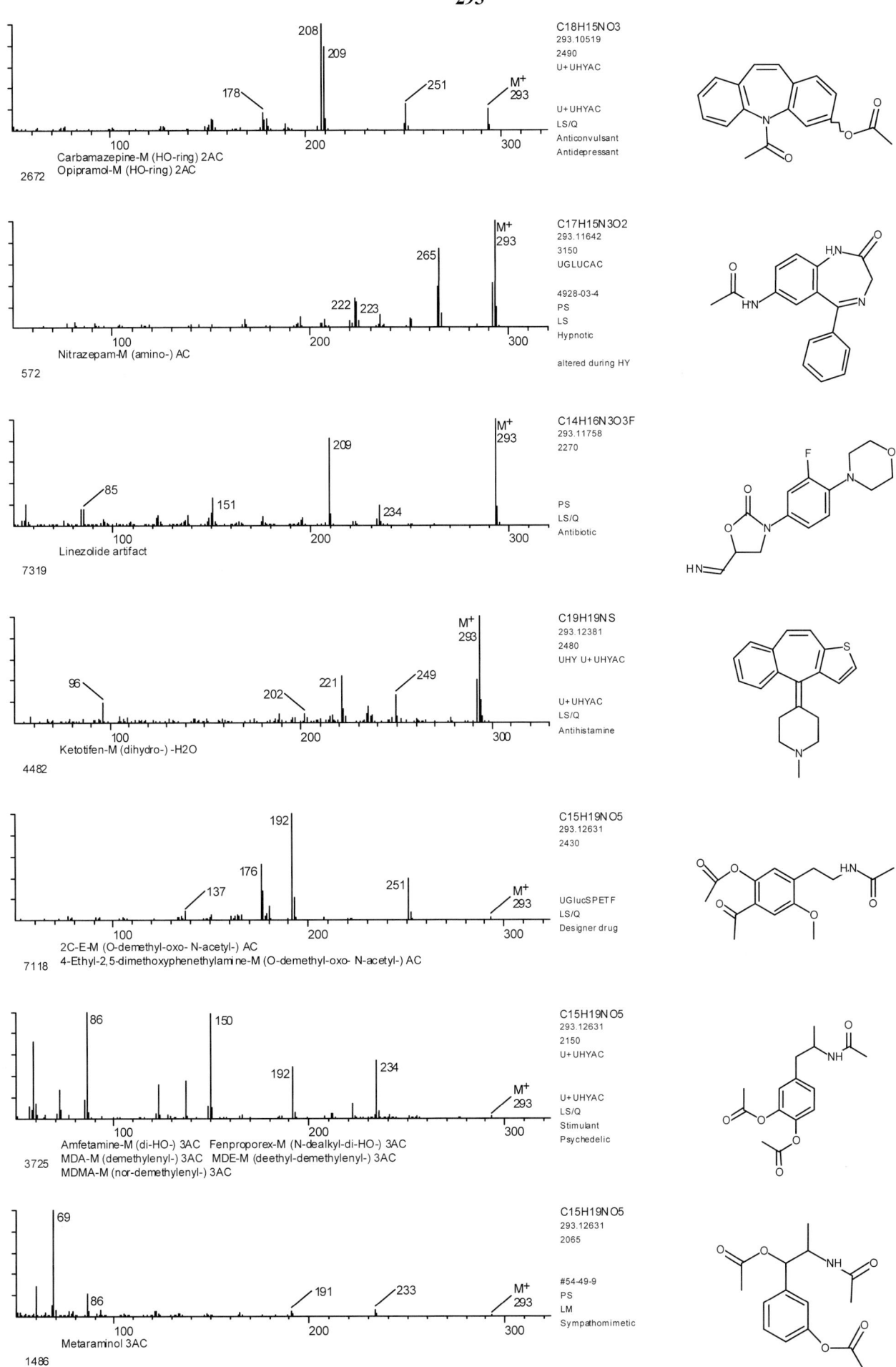

293

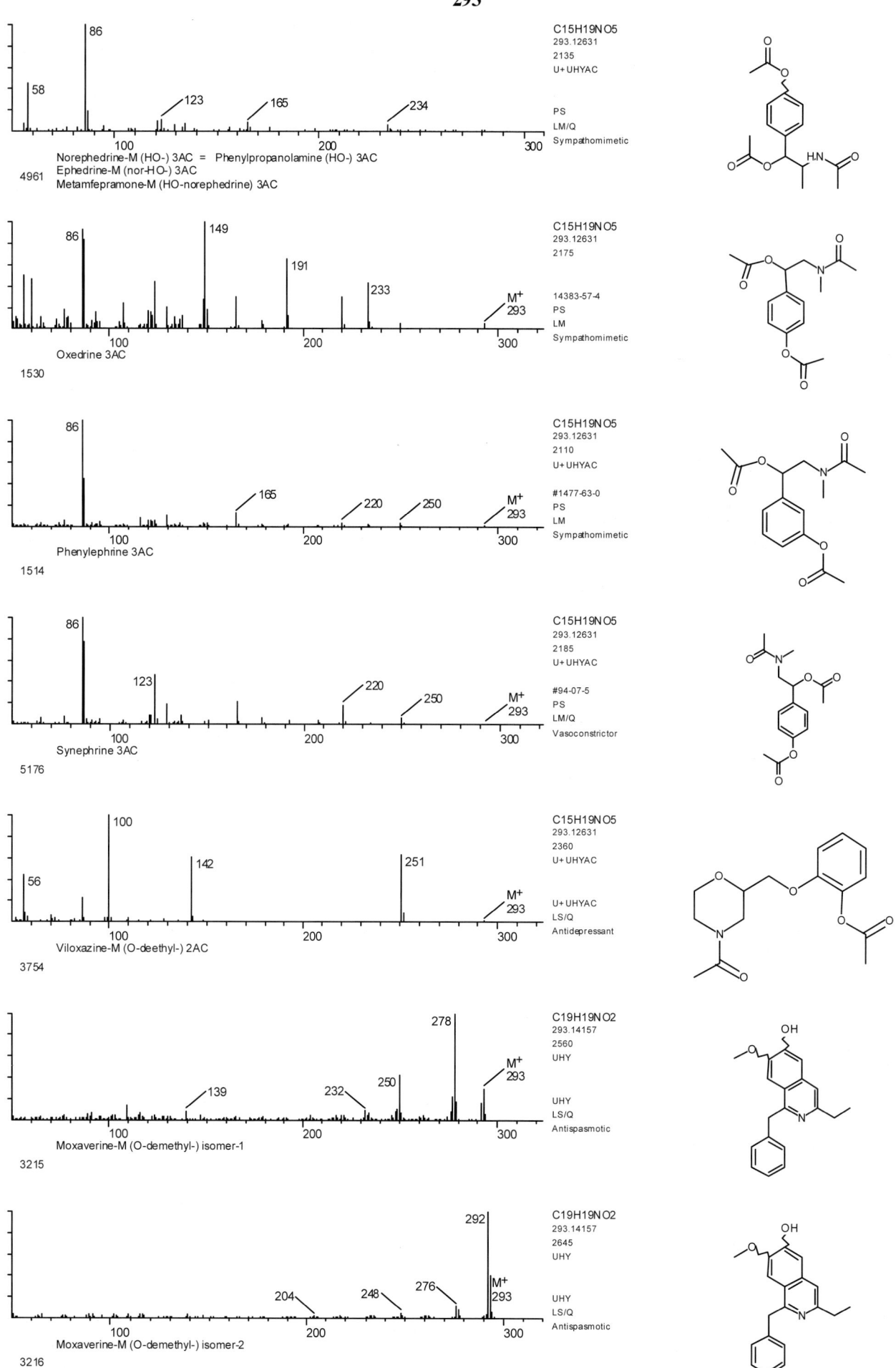

4961	Norephedrine-M (HO-) 3AC = Phenylpropanolamine (HO-) 3AC Ephedrine-M (nor-HO-) 3AC Metamfepramone-M (HO-norephedrine) 3AC Peaks: 58, 86, 123, 165, 234	C15H19NO5 293.12631 2135 U+ UHYAC PS LM/Q Sympathomimetic

1530	Oxedrine 3AC Peaks: 86, 149, 191, 233, M+ 293	C15H19NO5 293.12631 2175 14383-57-4 PS LM Sympathomimetic

1514	Phenylephrine 3AC Peaks: 86, 165, 220, 250, M+ 293	C15H19NO5 293.12631 2110 U+ UHYAC #1477-63-0 PS LM Sympathomimetic

5176	Synephrine 3AC Peaks: 86, 123, 220, 250, M+ 293	C15H19NO5 293.12631 2185 U+ UHYAC #94-07-5 PS LM/Q Vasoconstrictor

3754	Viloxazine-M (O-deethyl-) 2AC Peaks: 56, 100, 142, 251, M+ 293	C15H19NO5 293.12631 2360 U+ UHYAC U+ UHYAC LS/Q Antidepressant

3215	Moxaverine-M (O-demethyl-) isomer-1 Peaks: 139, 232, 250, 278, M+ 293	C19H19NO2 293.14157 2560 UHY UHY LS/Q Antispasmotic

3216	Moxaverine-M (O-demethyl-) isomer-2 Peaks: 204, 248, 276, 292, M+ 293	C19H19NO2 293.14157 2645 UHY UHY LS/Q Antispasmotic

293

C16H20FNO3
293.14273
2230

LS/Q
Antidepressant

Paroxetine-M/artifact (dephenyl-) 2AC
5309

C13H19N5O3
293.14880
2560
U+ UHYAC

U+ UHYAC
LM/Q
Bronchodilator

Etamiphylline-M (deethyl-) AC
1723

C13H19N5O3
293.14880
2280

PS
LM/Q
Virustatic

Famciclovir artifact (deacetyl) ME
7740

C18H19N3O
293.15280
2700
U+ UHYAC

U+ UHYAC
LS/Q
Antidepressant

Mirtazapine-M (nor-) AC
4488

C17H24ClNO
293.15463
2155
U+ UHYAC

PS
LM/Q
Antidepressant

Sibutramine-M (bis-nor-) AC
5892

C16H23NO4
293.16269
2175
U

PS
LM/Q
Beta-Blocker

GC artifact in methanol

Atenolol artifact (formyl-HOOC-) ME
2682

C16H23NO4
293.16272
2075

PS
LM/Q
Designer drug

2C-E 2AC
4-Ethyl-2,5-dimethoxyphenethylamine 2AC
6917

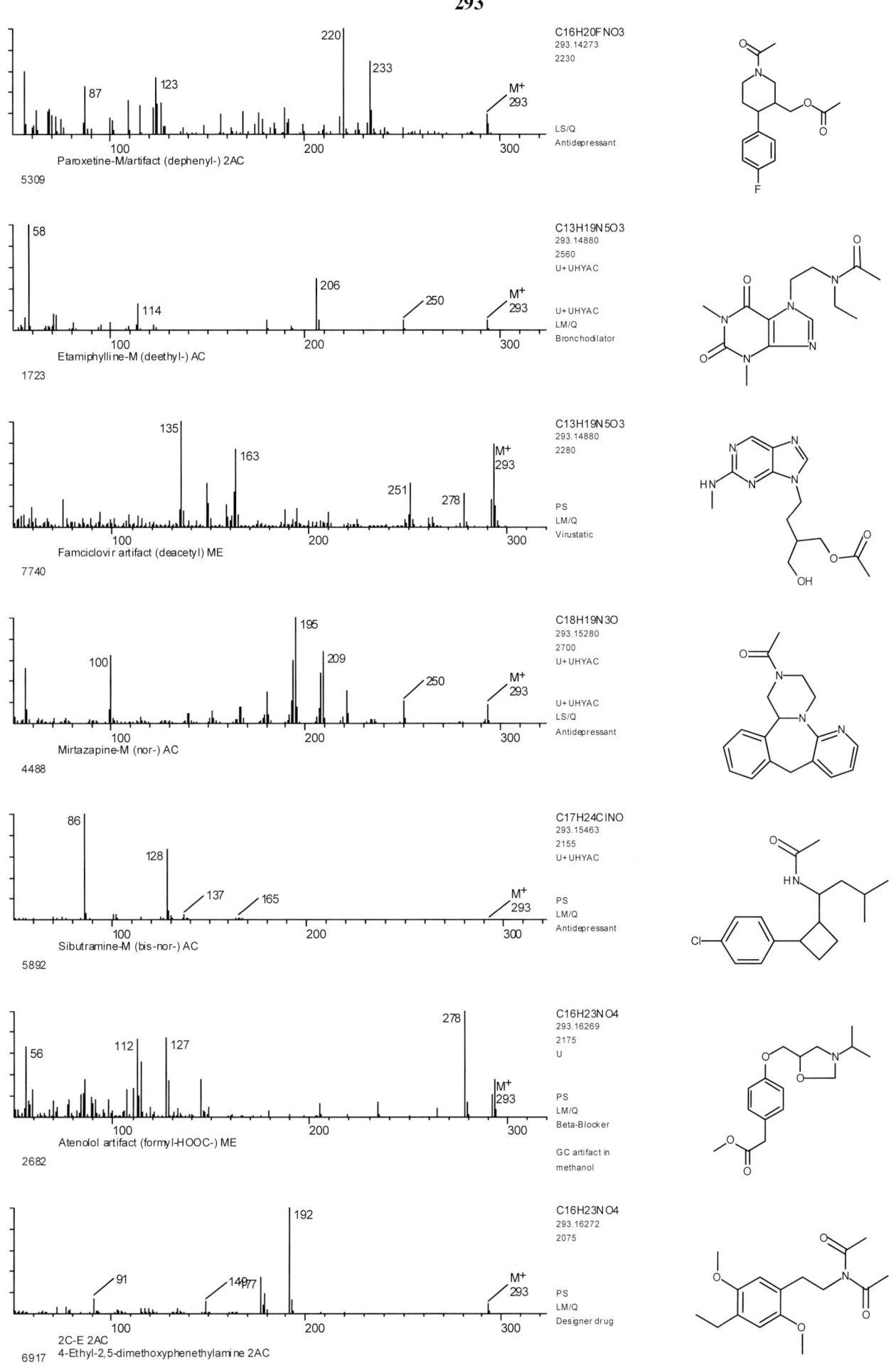

293

C16H23NO4
293.16272
2375
UHY

UHY
LM/Q
Vasodilator

Buflomedil-M (O-demethyl-)
3980

C16H23NO4
293.16272
2090

PS
LS/Q
Psychedelic

DOM 2AC
2575

C16H23NO4
293.16272
1935
UME

UME
LM/Q
Antihypertensive

Enalapril-M/artifact (deethyl-HOOC-) 3ME   Enalaprilate-M/artifact (HOOC-) 3ME
Moexipril-M/artifact (deethyl-HOOC-) 3ME   Moexiprilate-M/artifact (HOOC-) 3ME
Quinapril-M/artifact (deethyl-HOOC-) 3ME   Quinaprilate-M/artifact (-HOOC-) 3ME
Trandolapril-M/artifact (deethyl-HOOC-) 3ME   Trandolaprilate-M/artifact 3ME
4735

C16H23NO4
293.16272
1930
UME

PS
LM/Q
Antihypertensive

Enalapril-M/artifact (HOOC-) ME
Moexipril-M/artifact (HOOC-) ME
Quinapril-M/artifact (HOOC-) ME   Ramipril-M/artifact (HOOC-) ME
Trandolapril-M/artifact (HOOC-) ME
4736

C16H23NO4
293.16272
2080
U+ UHYAC

U+ UHYAC
LS/Q
Psychedelic

Etilamfetamine-M (HO-methoxy-) 2AC
MDE-M (demethylenyl-methyl-) 2AC
4209

C16H23NO4
293.16272
2170

PS
LM/Q
Psychedelic
Designer drug

MBDB-M (demethylenyl-methyl-) 2AC
5109

C20H23NO
293.17795
2380
P-I U UGLUC

LS
Antidepressant

Amitriptyline-M (HO-)
Amitriptylinoxide-M (deoxo-HO-)
27

altered during HY

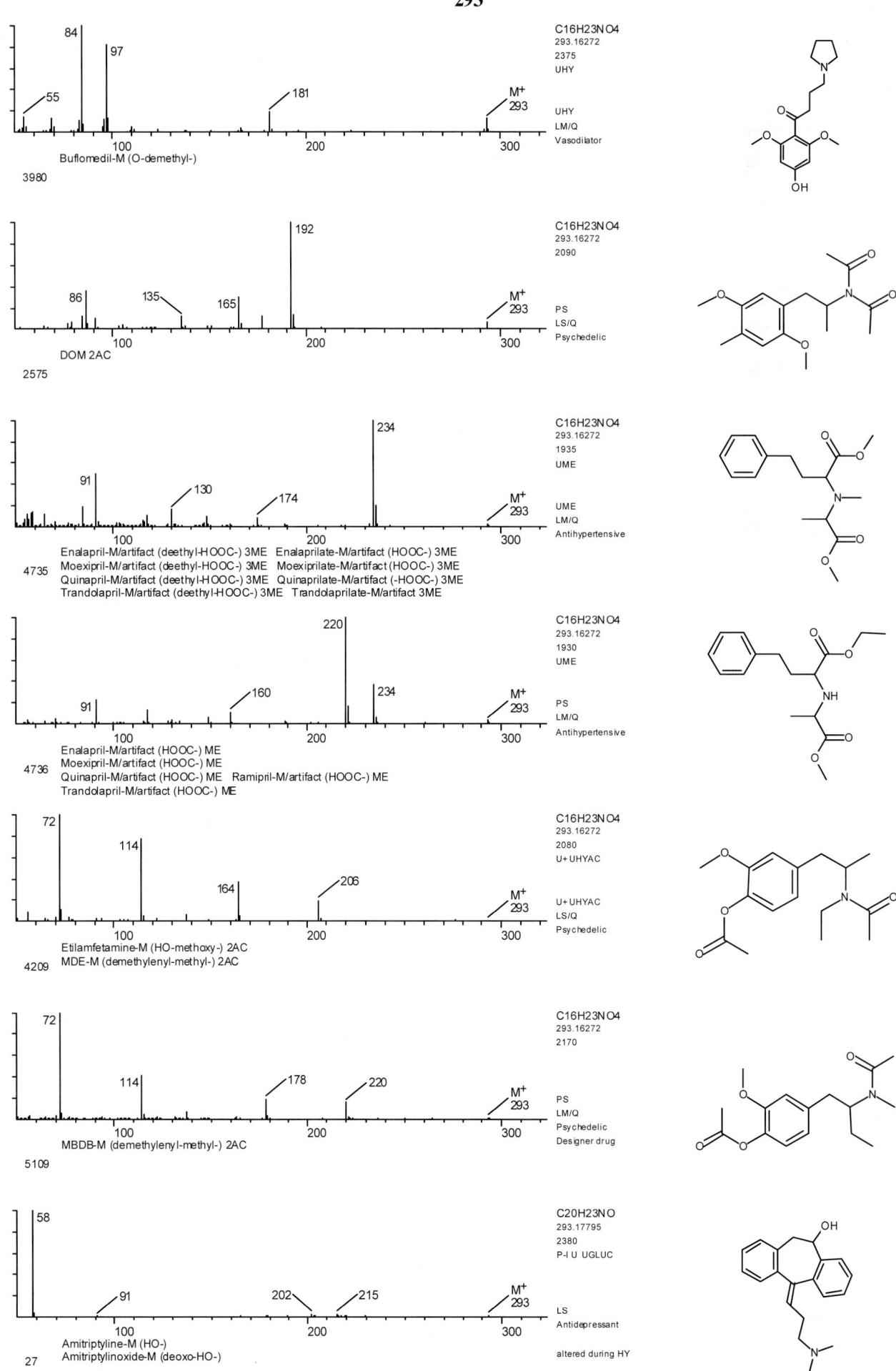

293

C20H23NO 293.17795 2365 U+ UHYAC U+ UHYAC LM Potent analgesic	Dextropropoxyphene-M (nor-) -H2O AC Propoxyphene-M (nor-) -H2O AC — peaks at 220, 205, M+ 293

232

Dextropropoxyphene-M (nor-) -H2O AC
Propoxyphene-M (nor-) -H2O AC

5596 — 2,3-EBDB TMS / 1-(1,3-Benzodioxol-6-yl)butane-2-yl-ethylazane TMS
C16H27NO2Si 293.18112 1825 PS LM/Q Psychedelic Designer drug synth. by Borth/Roesner

5325 — Mebeverine-M (O-demethyl-alcohol) AC
C17H27NO3 293.19910 2245 PS LM/Q Antispasmotic

5896 — Nonivamide
C17H27NO3 293.19910 2530 2444-46-4 PS LM/Q Rubefacient

5278 — Venlafaxine-M (HO-) isomer-1
C17H27NO3 293.19910 2310 #93413-69-5 U LS/Q Antidepressant

5279 — Venlafaxine-M (HO-) isomer-2
C17H27NO3 293.19910 2350 #93413-69-5 U LS/Q Antidepressant

6114 — Budipine
C21H27N 293.21436 2300 57982-78-2 PS LM/Q Antiparkinsonian

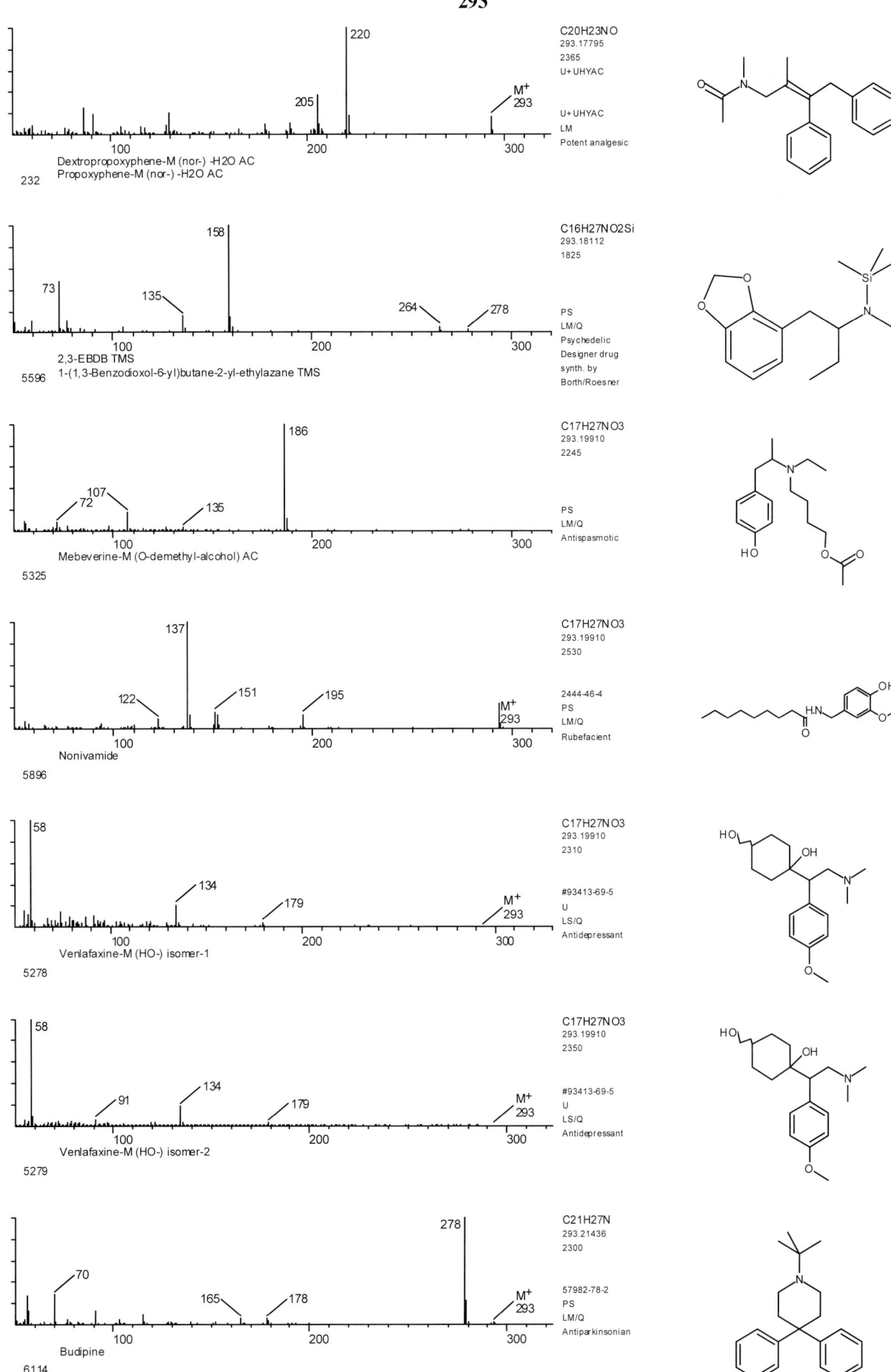

293

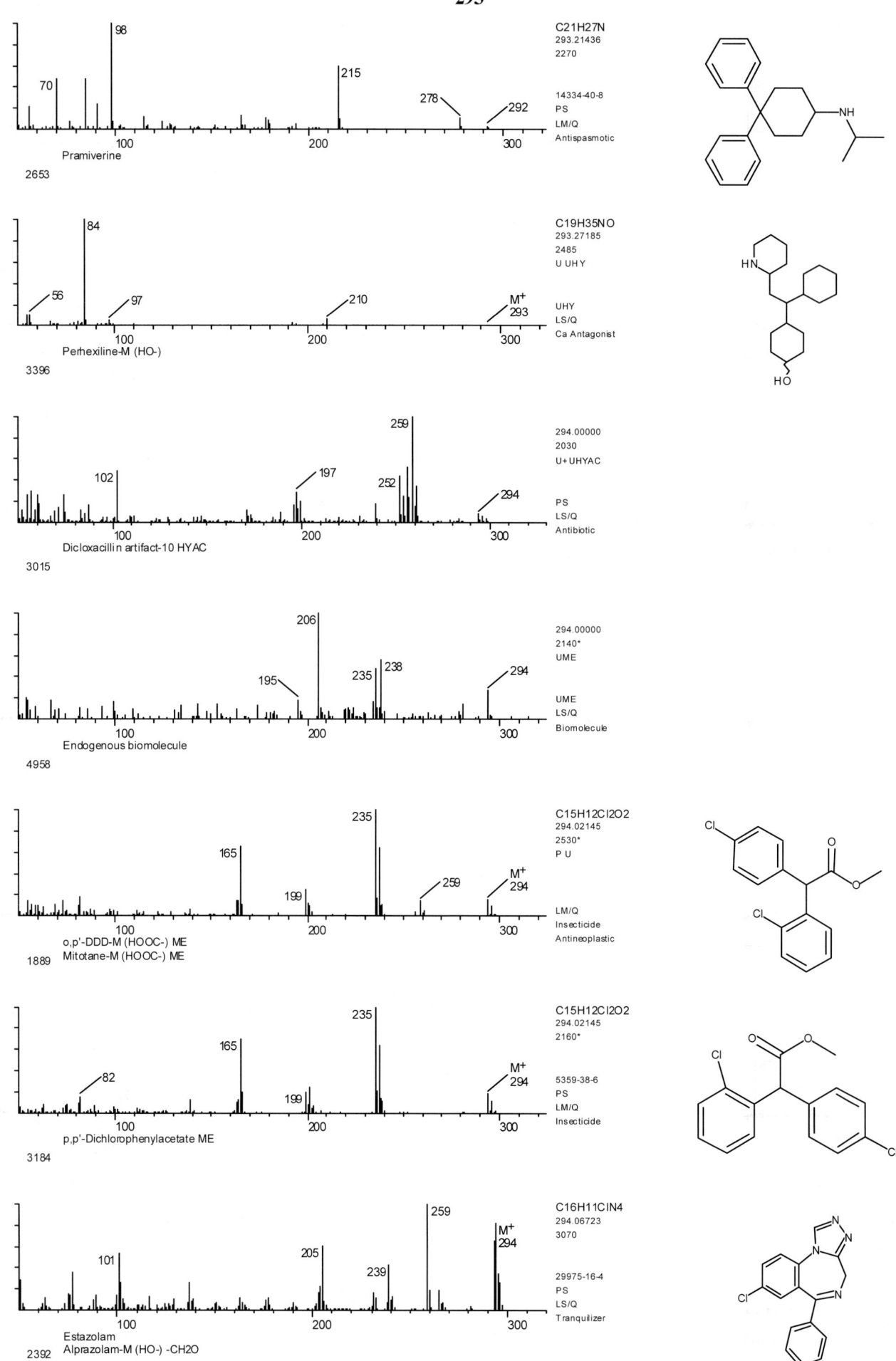

Pramiverine
C21H27N
293.21436
2270
14334-40-8
PS
LM/Q
Antispasmotic
2653

Perhexiline-M (HO-)
C19H35NO
293.27185
2485
U UHY
UHY
LS/Q
Ca Antagonist
3396

Dicloxacillin artifact-10 HYAC
294.00000
2030
U+ UHYAC
PS
LS/Q
Antibiotic
3015

Endogenous biomolecule
294.00000
2140*
UME
UME
LS/Q
Biomolecule
4958

o,p'-DDD-M (HOOC-) ME
Mitotane-M (HOOC-) ME
C15H12Cl2O2
294.02145
2530*
P U
LM/Q
Insecticide
Antineoplastic
1889

p,p'-Dichlorophenylacetate ME
C15H12Cl2O2
294.02145
2160*
5359-38-6
PS
LM/Q
Insecticide
3184

Estazolam
Alprazolam-M (HO-) -CH2O
C16H11ClN4
294.06723
3070
29975-16-4
PS
LS/Q
Tranquilizer
2392

584

294

C19H15ClO
294.08115
2530*
U+ UHYAC

PS
LM/Q
Antimycotic

Clotrimazole artifact-2
1757

C18H14O4
294.08920
2580*
G P UHY U+UHYAC

PS
LS/Q
Antispasmotic

Fluvoxate-M/artifact (HOOC-) ME
4518

C17H14N2O3
294.10043
2575

PS
LM/Q
Anticonvulsant

Oxcarbazepine enol AC
6067

C17H14N2O3
294.10043
2300
U+ UHYAC

U+ UHYAC
LM/Q
Anticonvulsant

Phenytoin AC
871

C15H19ClN2O2
294.11349
2490
U+ UHYAC

U+ UHYAC
LS/Q
Antiarrhythmic
rat

Lorcainide-M (N-dealkyl-deacyl-) 2AC
2892

C13H9D5F3NO3
294.12396
1700

PS
LS/Q
Psychedelic
Designer drug
Internal standard

MDMA-D5 TFA
6357

C19H18O3
294.12561
2375*
PME UME UHYME

UME
LS/Q
Anticoagulant

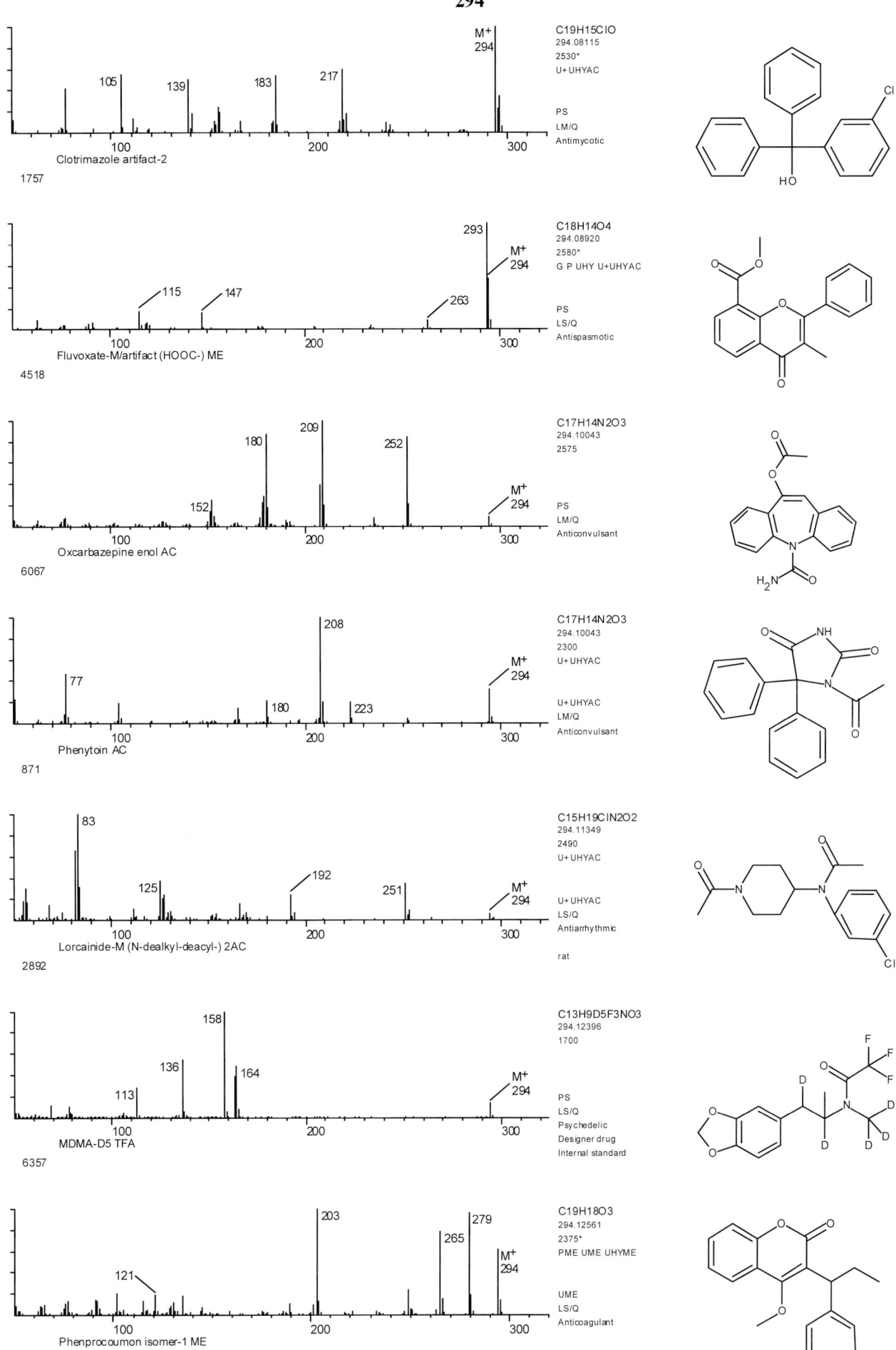

Phenprocoumon isomer-1 ME
4417

294

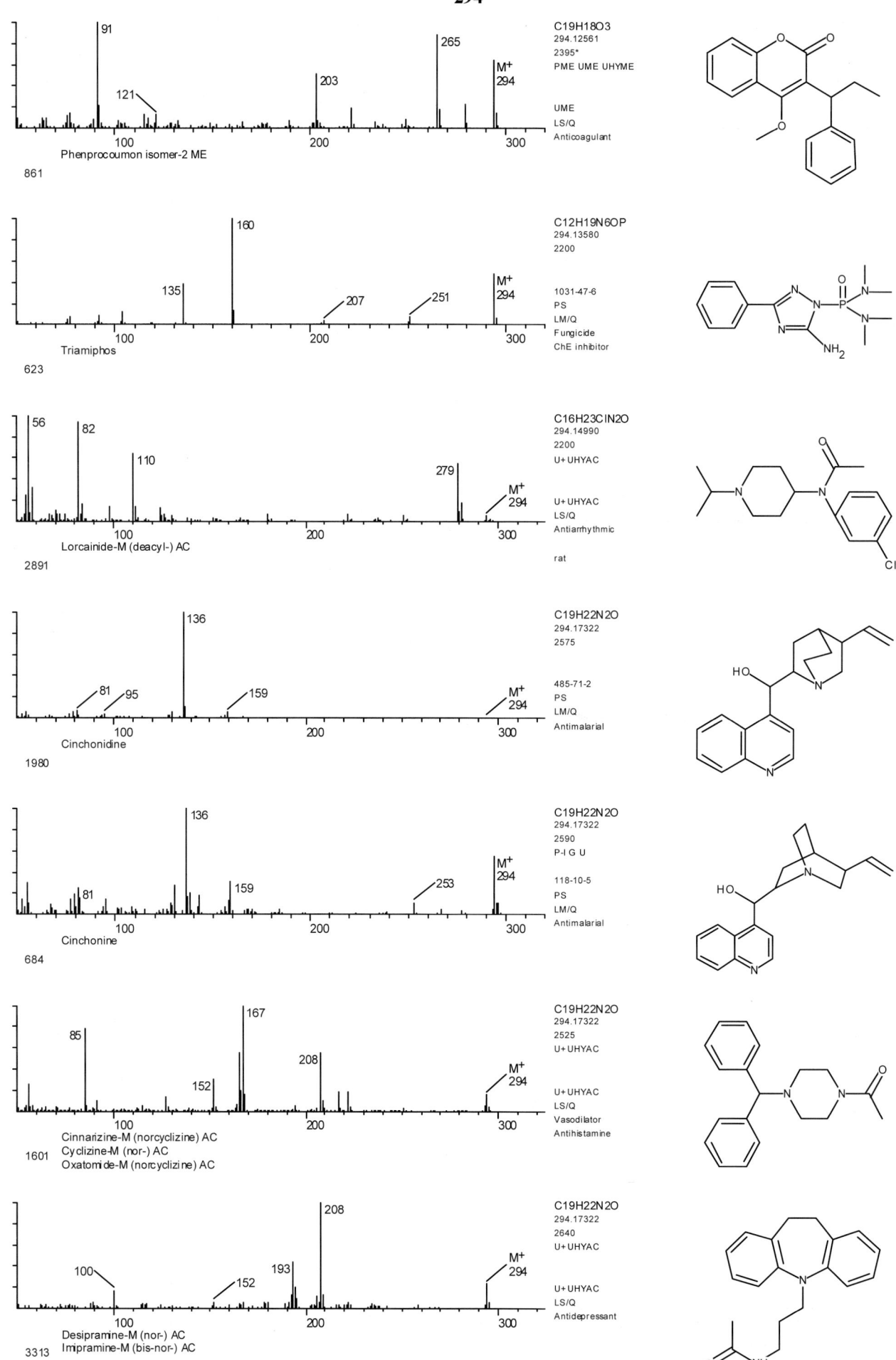

Phenprocoumon isomer-2 ME
861
- 91, 121, 203, 265, M+ 294
- C19H18O3
- 294.12561
- 2395*
- PME UME UHYME
- UME
- LS/Q
- Anticoagulant

Triamiphos
623
- 135, 160, 207, 251, M+ 294
- C12H19N6OP
- 294.13580
- 2200
- 1031-47-6
- PS
- LM/Q
- Fungicide
- ChE inhibitor

Lorcainide-M (deacyl-) AC
2891
- 56, 82, 110, 279, M+ 294
- C16H23ClN2O
- 294.14990
- 2200
- U+ UHYAC
- U+ UHYAC
- LS/Q
- Antiarrhythmic
- rat

Cinchonidine
1980
- 81, 95, 136, 159, M+ 294
- C19H22N2O
- 294.17322
- 2575
- 485-71-2
- PS
- LM/Q
- Antimalarial

Cinchonine
684
- 81, 136, 159, 253, M+ 294
- C19H22N2O
- 294.17322
- 2590
- P-I G U
- 118-10-5
- PS
- LM/Q
- Antimalarial

Cinnarizine-M (norcyclizine) AC
Cyclizine-M (nor-) AC
Oxatomide-M (norcyclizine) AC
1601
- 85, 152, 167, 208, M+ 294
- C19H22N2O
- 294.17322
- 2525
- U+ UHYAC
- U+ UHYAC
- LS/Q
- Vasodilator
- Antihistamine

Desipramine-M (nor-) AC
Imipramine-M (bis-nor-) AC
3313
- 100, 152, 193, 208, M+ 294
- C19H22N2O
- 294.17322
- 2640
- U+ UHYAC
- U+ UHYAC
- LS/Q
- Antidepressant

294

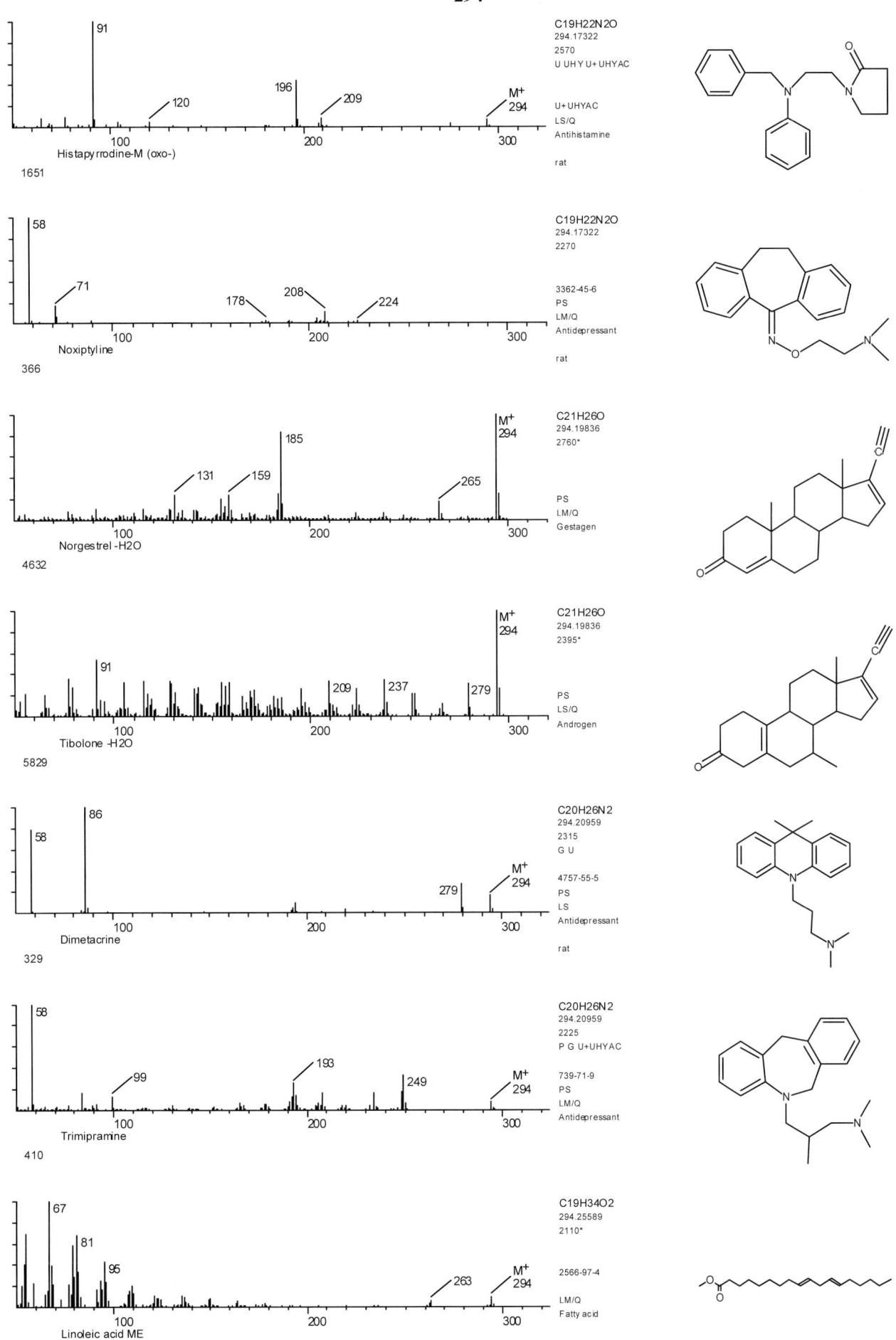

Histapyrrodine-M (oxo-) — 1651
C19H22N2O
294.17322
2570
U UH Y U+ UHYAC

U+ UHYAC
LS/Q
Antihistamine
rat

Peaks: 91, 120, 196, 209, M+ 294

Noxiptyline — 366
C19H22N2O
294.17322
2270

3362-45-6
PS
LM/Q
Antidepressant
rat

Peaks: 58, 71, 178, 208, 224

Norgestrel -H2O — 4632
C21H26O
294.19836
2760*

PS
LM/Q
Gestagen

Peaks: 131, 159, 185, 265, M+ 294

Tibolone -H2O — 5829
C21H26O
294.19836
2395*

PS
LS/Q
Androgen

Peaks: 91, 209, 237, 279, M+ 294

Dimetacrine — 329
C20H26N2
294.20959
2315
G U

4757-55-5
PS
LS
Antidepressant
rat

Peaks: 58, 86, 279, M+ 294

Trimipramine — 410
C20H26N2
294.20959
2225
P G U+UHYAC

739-71-9
PS
LM/Q
Antidepressant

Peaks: 58, 99, 193, 249, M+ 294

Linoleic acid ME / Ricinoleic acid -H2O ME — 1068
C19H34O2
294.25589
2110*

2566-97-4
LM/Q
Fatty acid

Peaks: 67, 81, 95, 263, M+ 294

295

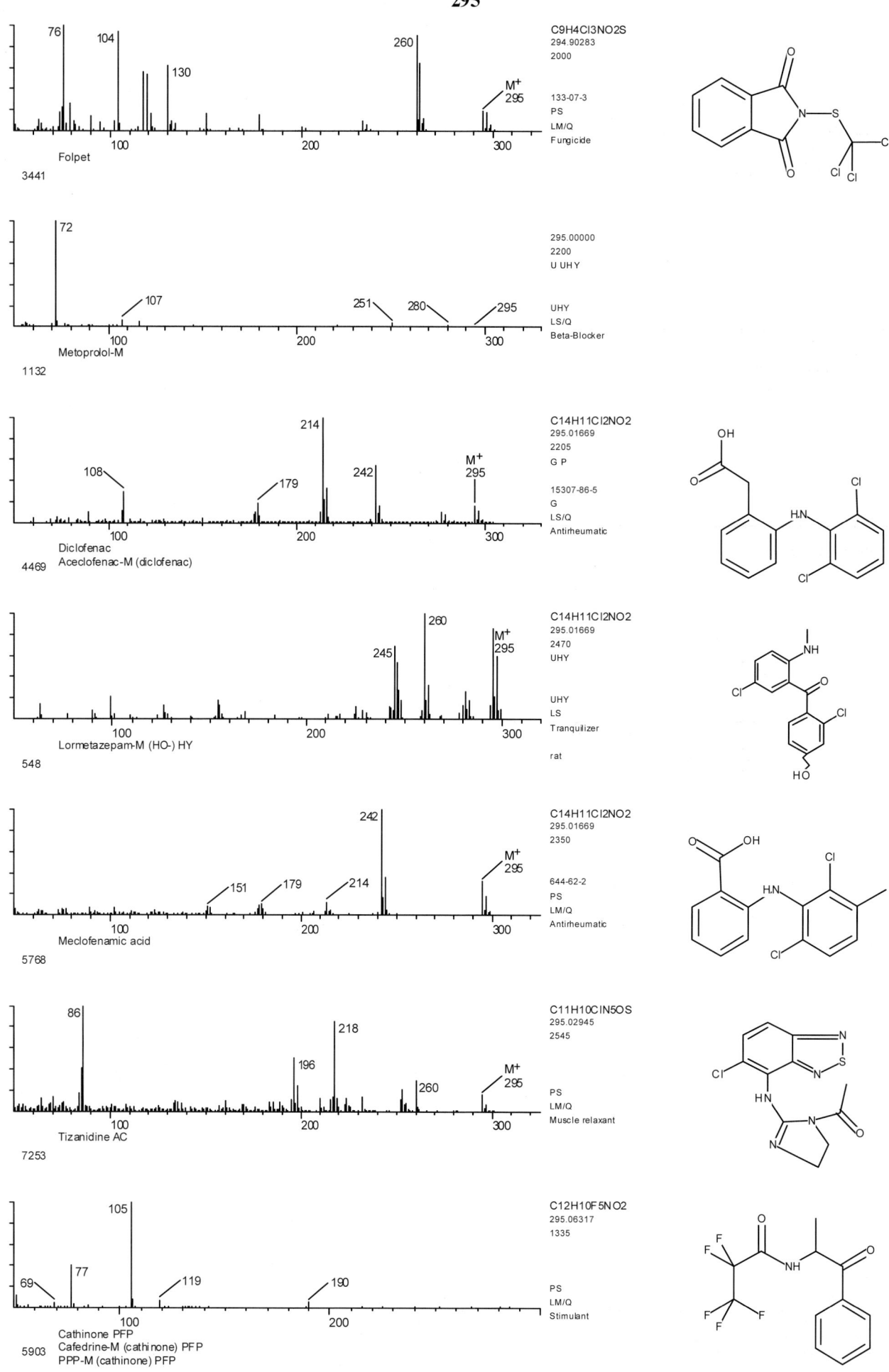

Folpet — C9H4Cl3NO2S, 294.90283, 2000, 133-07-3, PS, LM/Q, Fungicide
Peaks: 76, 104, 130, 260, M+ 295
3441

Metoprolol-M — 295.00000, 2200, U UHY, UHY, LS/Q, Beta-Blocker
Peaks: 72, 107, 251, 280, 295
1132

Diclofenac / Aceclofenac-M (diclofenac) — C14H11Cl2NO2, 295.01669, 2205, G P, 15307-86-5, G, LS/Q, Antirheumatic
Peaks: 108, 179, 214, 242, M+ 295
4469

Lormetazepam-M (HO-) HY — C14H11Cl2NO2, 295.01669, 2470, UHY, UHY, LS, Tranquilizer, rat
Peaks: 245, 260, M+ 295
548

Meclofenamic acid — C14H11Cl2NO2, 295.01669, 2350, 644-62-2, PS, LM/Q, Antirheumatic
Peaks: 151, 179, 214, 242, M+ 295
5768

Tizanidine AC — C11H10ClN5OS, 295.02945, 2545, PS, LM/Q, Muscle relaxant
Peaks: 86, 196, 218, 260, M+ 295
7253

Cathinone PFP / Cafedrine-M (cathinone) PFP / PPP-M (cathinone) PFP — C12H10F5NO2, 295.06317, 1335, PS, LM/Q, Stimulant
Peaks: 69, 77, 105, 119, 190
5903

295

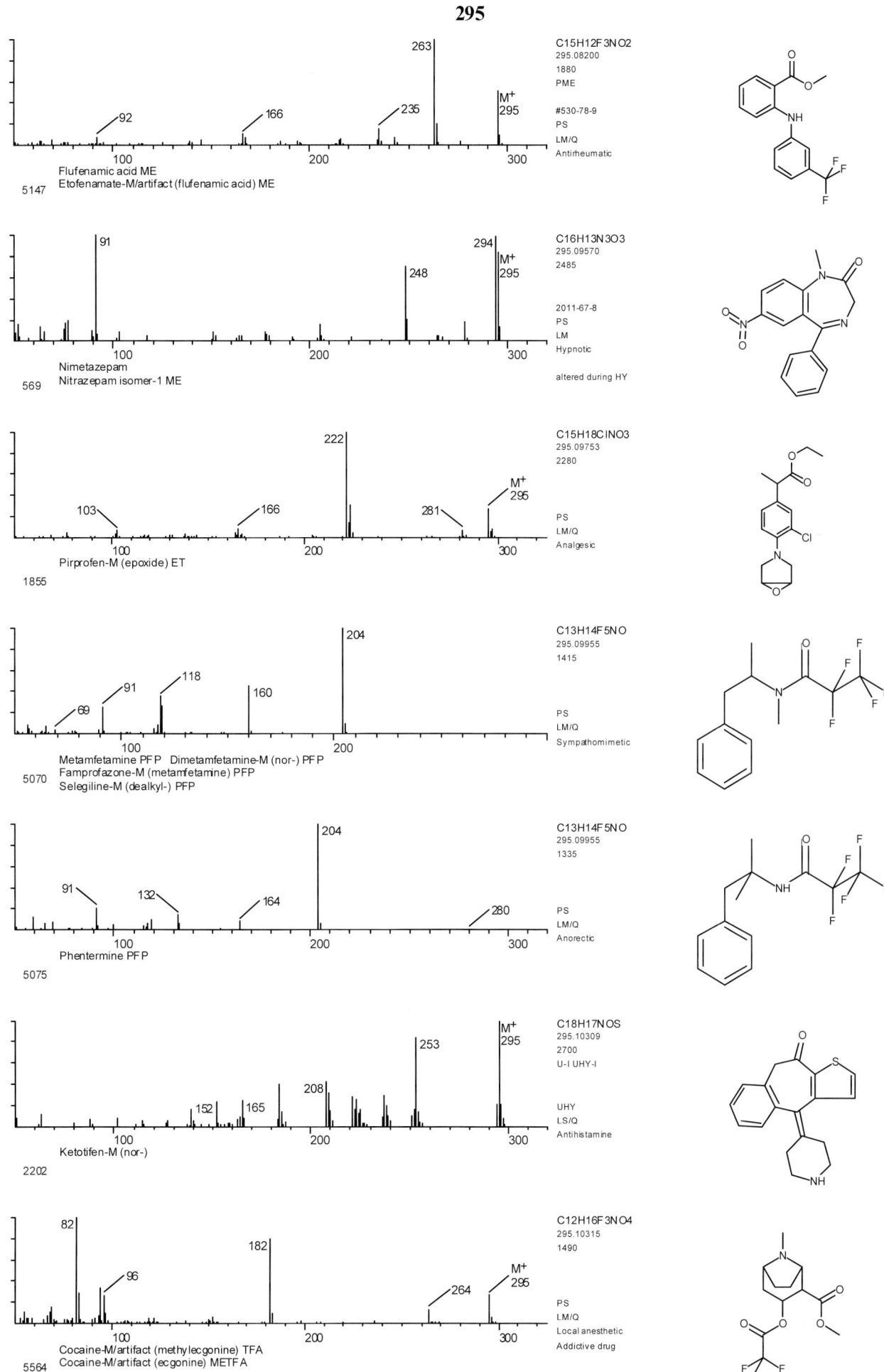

C15H12F3NO2
295.08200
1880
PME

#530-78-9
PS
LM/Q
Antirheumatic

Flufenamic acid ME
Etofenamate-M/artifact (flufenamic acid) ME
5147

C16H13N3O3
295.09570
2485

2011-67-8
PS
LM
Hypnotic

altered during HY

Nimetazepam
Nitrazepam isomer-1 ME
569

C15H18ClNO3
295.09753
2280

PS
LM/Q
Analgesic

Pirprofen-M (epoxide) ET
1855

C13H14F5NO
295.09955
1415

PS
LM/Q
Sympathomimetic

Metamfetamine PFP   Dimetamfetamine-M (nor-) PFP
Famprofazone-M (metamfetamine) PFP
Selegiline-M (dealkyl-) PFP
5070

C13H14F5NO
295.09955
1335

PS
LM/Q
Anorectic

Phentermine PFP
5075

C18H17NOS
295.10309
2700
U-I UHY-I

UHY
LS/Q
Antihistamine

Ketotifen-M (nor-)
2202

C12H16F3NO4
295.10315
1490

PS
LM/Q
Local anesthetic
Addictive drug

Cocaine-M/artifact (methylecgonine) TFA
Cocaine-M/artifact (ecgonine) METFA
5564

295

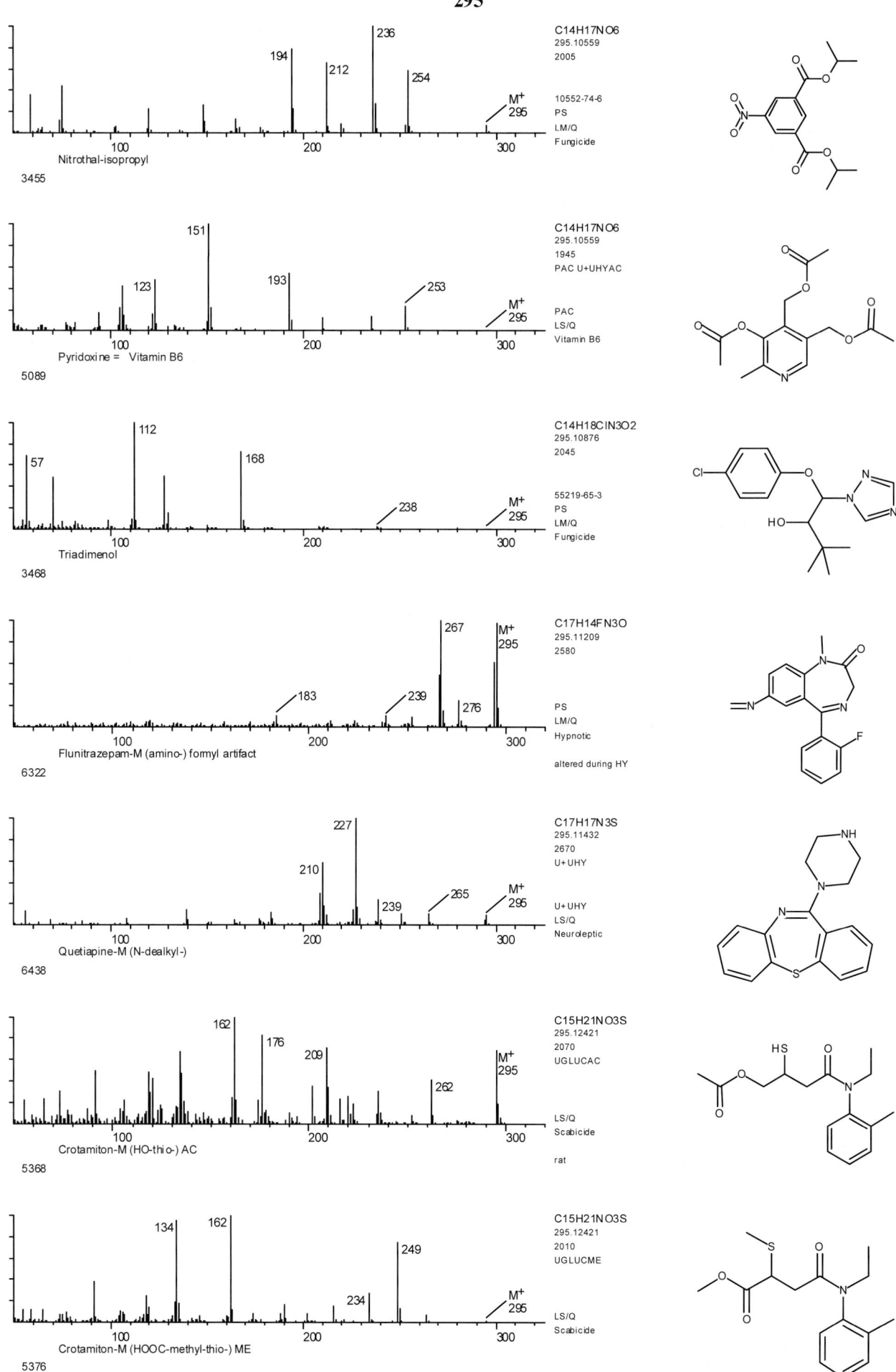

C14H17NO6
295.10559
2005
10552-74-6
PS
LM/Q
Fungicide

Nitrothal-isopropyl
3455

C14H17NO6
295.10559
1945
PAC U+UHYAC
PAC
LS/Q
Vitamin B6

Pyridoxine = Vitamin B6
5089

C14H18ClN3O2
295.10876
2045
55219-65-3
PS
LM/Q
Fungicide

Triadimenol
3468

C17H14FN3O
295.11209
2580
PS
LM/Q
Hypnotic
altered during HY

Flunitrazepam-M (amino-) formyl artifact
6322

C17H17N3S
295.11432
2670
U+UHY
U+UHY
LS/Q
Neuroleptic

Quetiapine-M (N-dealkyl-)
6438

C15H21NO3S
295.12421
2070
UGLUCAC
LS/Q
Scabicide
rat

Crotamiton-M (HO-thio-) AC
5368

C15H21NO3S
295.12421
2010
UGLUCME
LS/Q
Scabicide

Crotamiton-M (HOOC-methyl-thio-) ME
5376

590

295

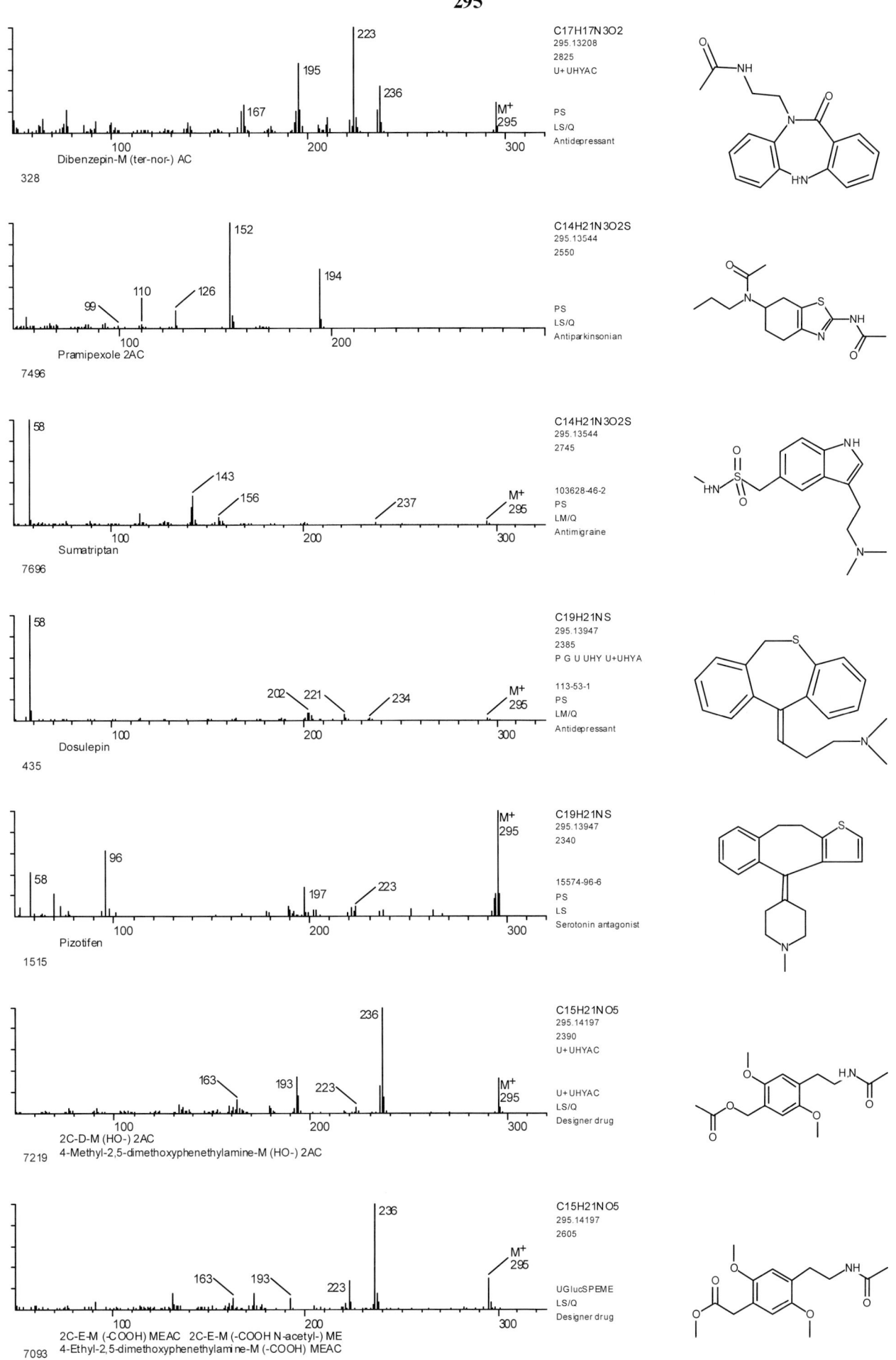

C17H17N3O2
295.13208
2825
U+ UHYAC
PS
LS/Q
Antidepressant

Dibenzepin-M (ter-nor-) AC
328

C14H21N3O2S
295.13544
2550
PS
LS/Q
Antiparkinsonian

Pramipexole 2AC
7496

C14H21N3O2S
295.13544
2745
103628-46-2
PS
LM/Q
Antimigraine

Sumatriptan
7696

C19H21NS
295.13947
2385
P G U UHY U+UHYA
113-53-1
PS
LM/Q
Antidepressant

Dosulepin
435

C19H21NS
295.13947
2340
15574-96-6
PS
LS
Serotonin antagonist

Pizotifen
1515

C15H21NO5
295.14197
2390
U+ UHYAC
U+ UHYAC
LS/Q
Designer drug

2C-D-M (HO-) 2AC
4-Methyl-2,5-dimethoxyphenethylamine-M (HO-) 2AC
7219

C15H21NO5
295.14197
2605
UGlucSPEME
LS/Q
Designer drug

2C-E-M (-COOH) MEAC 2C-E-M (-COOH N-acetyl-) ME
4-Ethyl-2,5-dimethoxyphenethylamine-M (-COOH) MEAC
7093

591

295

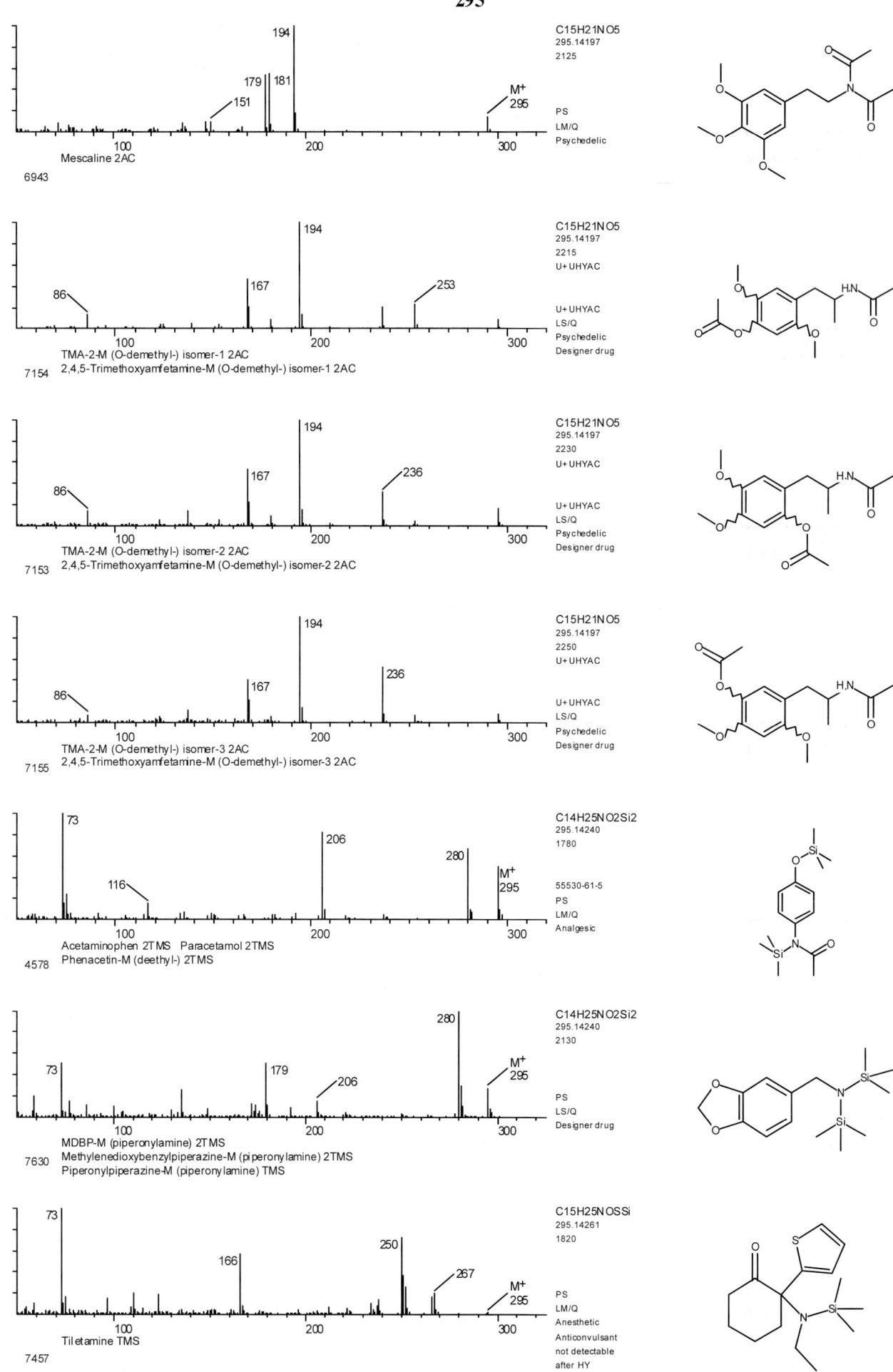

Mescaline 2AC
C15H21NO5
295.14197
2125
PS
LM/Q
Psychedelic

6943

TMA-2-M (O-demethyl-) isomer-1 2AC
2,4,5-Trimethoxyamfetamine-M (O-demethyl-) isomer-1 2AC
C15H21NO5
295.14197
2215
U+ UHYAC
U+ UHYAC
LS/Q
Psychedelic
Designer drug

7154

TMA-2-M (O-demethyl-) isomer-2 2AC
2,4,5-Trimethoxyamfetamine-M (O-demethyl-) isomer-2 2AC
C15H21NO5
295.14197
2230
U+ UHYAC
U+ UHYAC
LS/Q
Psychedelic
Designer drug

7153

TMA-2-M (O-demethyl-) isomer-3 2AC
2,4,5-Trimethoxyamfetamine-M (O-demethyl-) isomer-3 2AC
C15H21NO5
295.14197
2250
U+ UHYAC
U+ UHYAC
LS/Q
Psychedelic
Designer drug

7155

Acetaminophen 2TMS Paracetamol 2TMS
Phenacetin-M (deethyl-) 2TMS
C14H25NO2Si2
295.14240
1780
55530-61-5
PS
LM/Q
Analgesic

4578

MDBP-M (piperonylamine) 2TMS
Methylenedioxybenzylpiperazine-M (piperonylamine) 2TMS
Piperonylpiperazine-M (piperonylamine) TMS
C14H25NO2Si2
295.14240
2130
PS
LS/Q
Designer drug

7630

Tiletamine TMS
C15H25NOSSi
295.14261
1820
PS
LM/Q
Anesthetic
Anticonvulsant
not detectable
after HY

7457

295

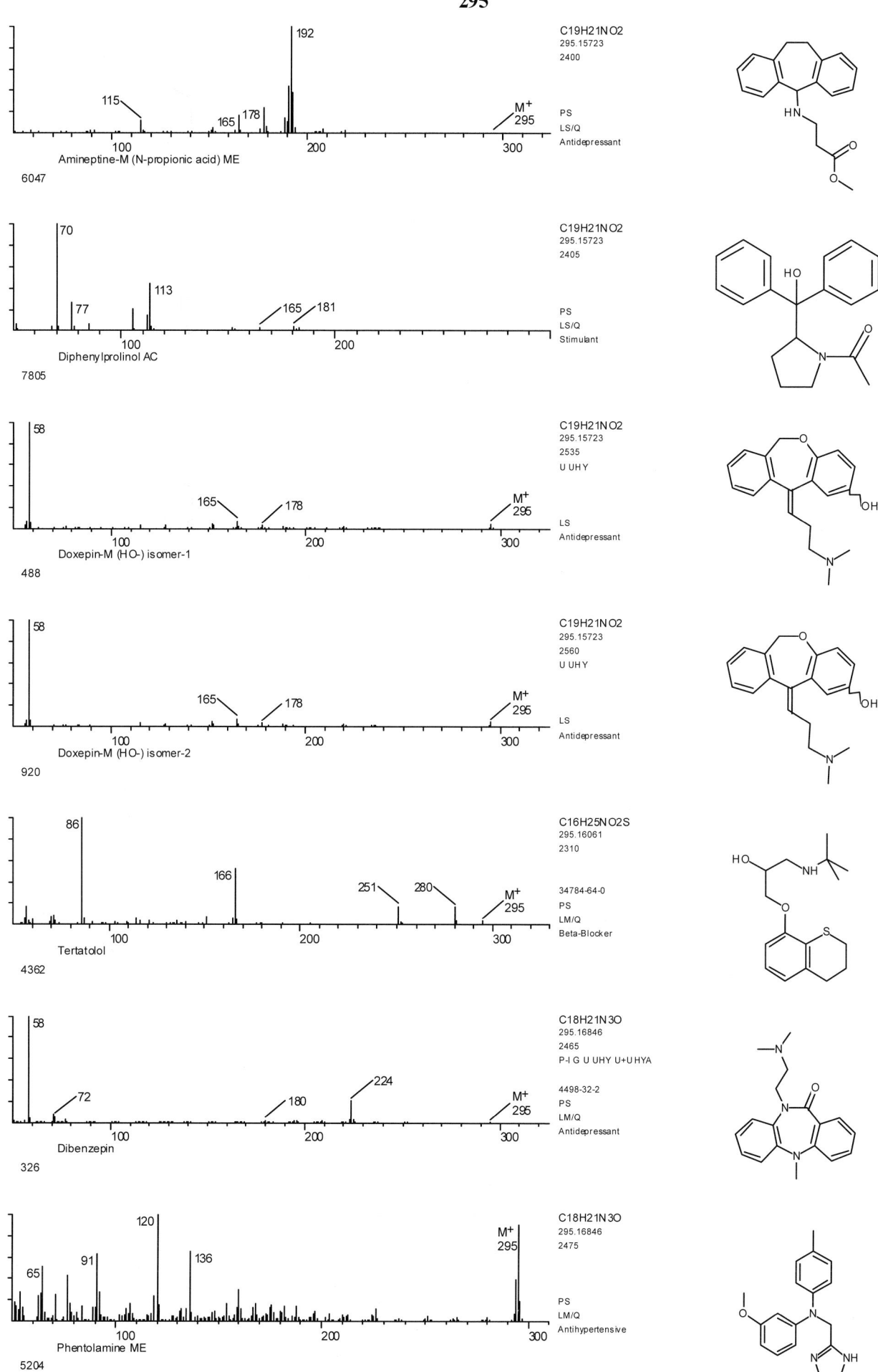

Spectrum	Formula	Details
Amineptine-M (N-propionic acid) ME — peaks 115, 165, 178, 192, M+ 295	C19H21NO2	295.15723, 2400, PS, LS/Q, Antidepressant
6047		
Diphenylprolinol AC — peaks 70, 77, 113, 165, 181	C19H21NO2	295.15723, 2405, PS, LS/Q, Stimulant
7805		
Doxepin-M (HO-) isomer-1 — peaks 58, 165, 178, M+ 295	C19H21NO2	295.15723, 2535, U UHY, LS, Antidepressant
488		
Doxepin-M (HO-) isomer-2 — peaks 58, 165, 178, M+ 295	C19H21NO2	295.15723, 2560, U UHY, LS, Antidepressant
920		
Tertatolol — peaks 86, 166, 251, 280, M+ 295	C16H25NO2S	295.16061, 2310, 34784-64-0, PS, LM/Q, Beta-Blocker
4362		
Dibenzepin — peaks 58, 72, 180, 224, M+ 295	C18H21N3O	295.16846, 2465, P-I G U UHY U+U HYA, 4498-32-2, PS, LM/Q, Antidepressant
326		
Phentolamine ME — peaks 65, 91, 120, 136, M+ 295	C18H21N3O	295.16846, 2475, PS, LM/Q, Antihypertensive
5204		

295

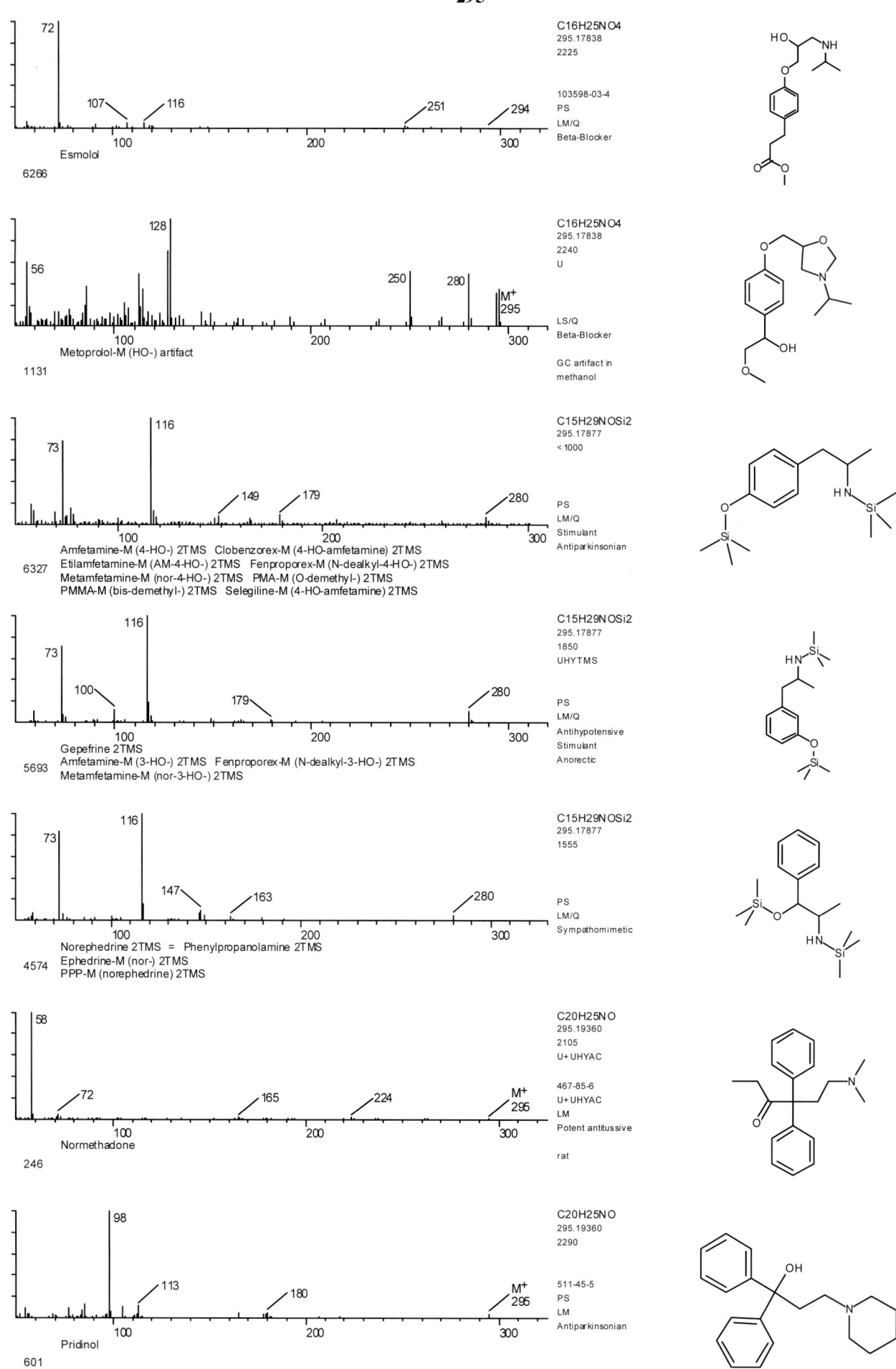

C16H25NO4
295.17838
2225

103598-03-4
PS
LM/Q
Beta-Blocker

Esmolol
6266

C16H25NO4
295.17838
2240
U

LS/Q
Beta-Blocker

GC artifact in methanol

Metoprolol-M (HO-) artifact
1131

C15H29NOSi2
295.17877
< 1000

PS
LM/Q
Stimulant
Antiparkinsonian

Amfetamine-M (4-HO-) 2TMS   Clobenzorex-M (4-HO-amfetamine) 2TMS
Etilamfetamine-M (AM-4-HO-) 2TMS   Fenproporex-M (N-dealkyl-4-HO-) 2TMS
Metamfetamine-M (nor-4-HO-) 2TMS   PMA-M (O-demethyl-) 2TMS
PMMA-M (bis-demethyl-) 2TMS   Selegiline-M (4-HO-amfetamine) 2TMS
6327

C15H29NOSi2
295.17877
1850
UHYTMS

PS
LM/Q
Antihypotensive
Stimulant
Anorectic

Gepefrine 2TMS
Amfetamine-M (3-HO-) 2TMS   Fenproporex-M (N-dealkyl-3-HO-) 2TMS
Metamfetamine-M (nor-3-HO-) 2TMS
5693

C15H29NOSi2
295.17877
1555

PS
LM/Q
Sympathomimetic

Norephedrine 2TMS = Phenylpropanolamine 2TMS
Ephedrine-M (nor-) 2TMS
PPP-M (norephedrine) 2TMS
4574

C20H25NO
295.19360
2105
U+ UHYAC

467-85-6
U+ UHYAC
LM
Potent antitussive
rat

Normethadone
246

C20H25NO
295.19360
2290

511-45-5
PS
LM
Antiparkinsonian

Pridinol
601

594

295

2C-P TMS
4-Propyl-2,5-dimethoxyphenethylamine TMS
6922
Peaks: 73, 102, 194, 265, M+ 295
C16H29NO2Si
295.19675
1860
PS
LM/Q
Designer drug

Trichloroisobutyl salicylate
4270
Peaks: 65, 92, 120, 138, M+ 296
C11H11Cl3O3
295.97739
1820*
81405-66-5
PS
LM/Q
Analgesic

Amodiaquine artifact ME
7191
Peaks: 99, 232, 260, 296
296.00000
2905
PS
LS/Q
Antimalarial

Endogenous biomolecule 2AC
2482
Peaks: 135, 149, 193, 236, 296
296.00000
1800*
U+ UHYAC
U+ UHYAC
LS/Q
Biomolecule

Endogenous biomolecule ME
4953
Peaks: 147, 179, 223, 236, 296
296.00000
1945*
UME
UME
LS/Q
Biomolecule

o,p'-DDD-M (HO-HOOC-)
Mitotane-M (HO-HOOC-)
1893
Peaks: 111, 139, 251, M+ 296
C14H10Cl2O3
296.00070
2040*
P U
LM/Q
Insecticide
Antineoplastic

Tiotropium-M/artifact (HOOC-) MEAC
7370
Peaks: 111, 177, 195, 237, M+ 296
C13H12O4S2
296.01770
2240*
PS
LS/Q
Bronchodilator

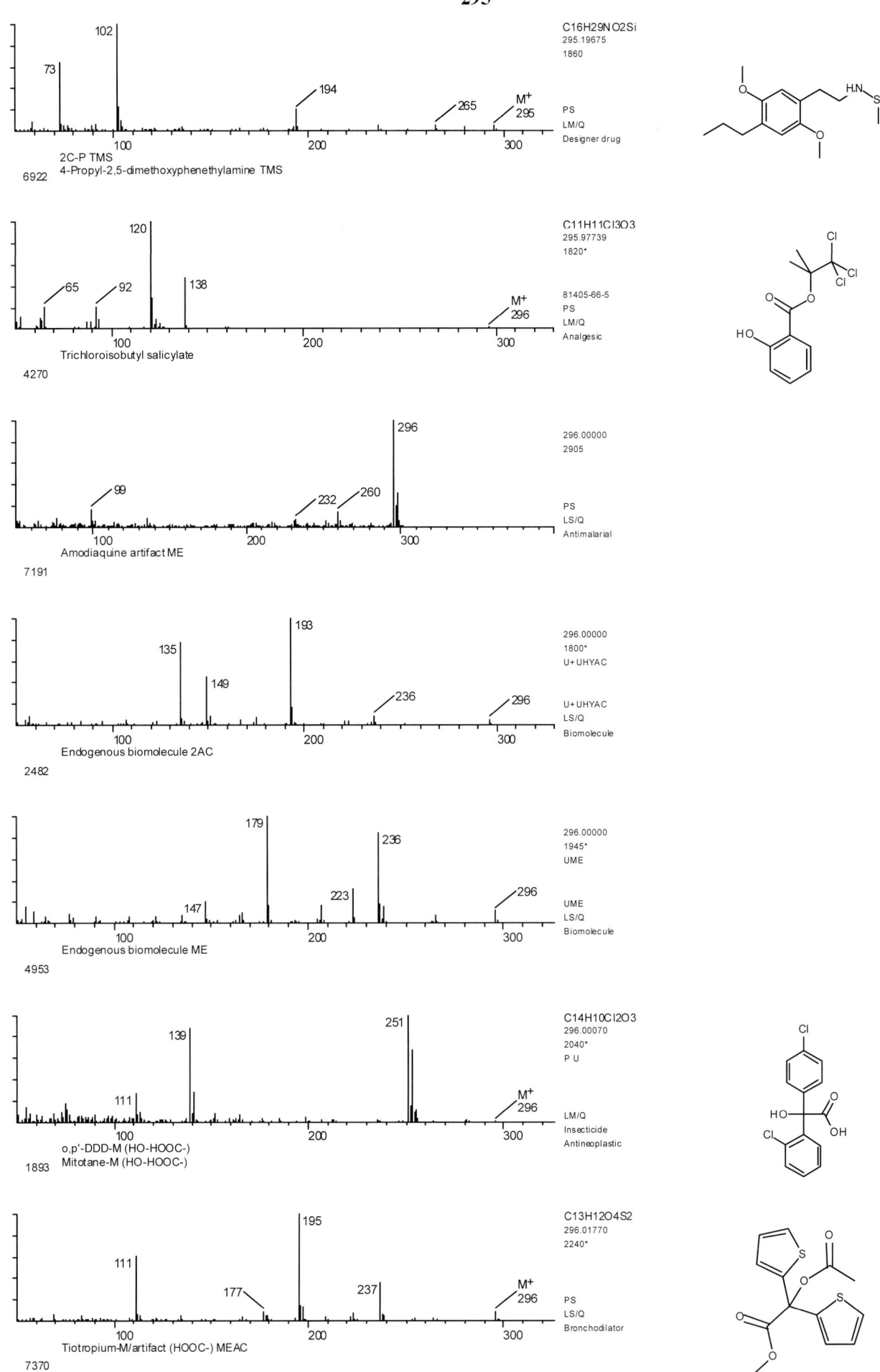

296

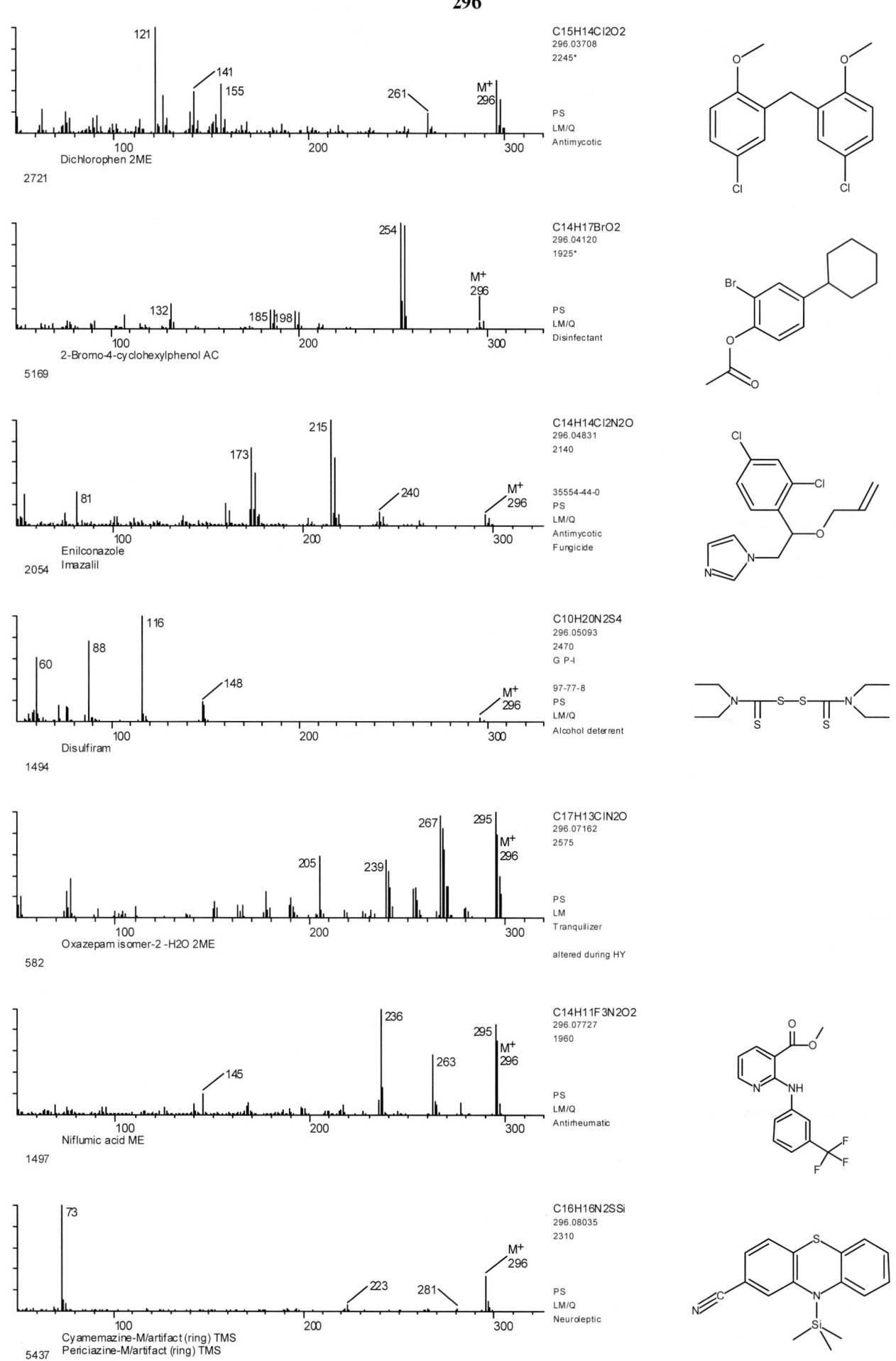

C15H14Cl2O2
296.03708
2245*

PS
LM/Q
Antimycotic

Dichlorophen 2ME
2721

C14H17BrO2
296.04120
1925*

PS
LM/Q
Disinfectant

2-Bromo-4-cyclohexylphenol AC
5169

C14H14Cl2N2O
296.04831
2140

35554-44-0
PS
LM/Q
Antimycotic
Fungicide

Enilconazole
Imazalil
2054

C10H20N2S4
296.05093
2470
G P-I

97-77-8
PS
LM/Q
Alcohol deterrent

Disulfiram
1494

C17H13ClN2O
296.07162
2575

PS
LM
Tranquilizer

altered during HY

Oxazepam isomer-2 -H2O 2ME
582

C14H11F3N2O2
296.07727
1960

PS
LM/Q
Antirheumatic

Niflumic acid ME
1497

C16H16N2SSi
296.08035
2310

PS
LM/Q
Neuroleptic

Cyamemazine-M/artifact (ring) TMS
Periciazine-M/artifact (ring) TMS
5437

296

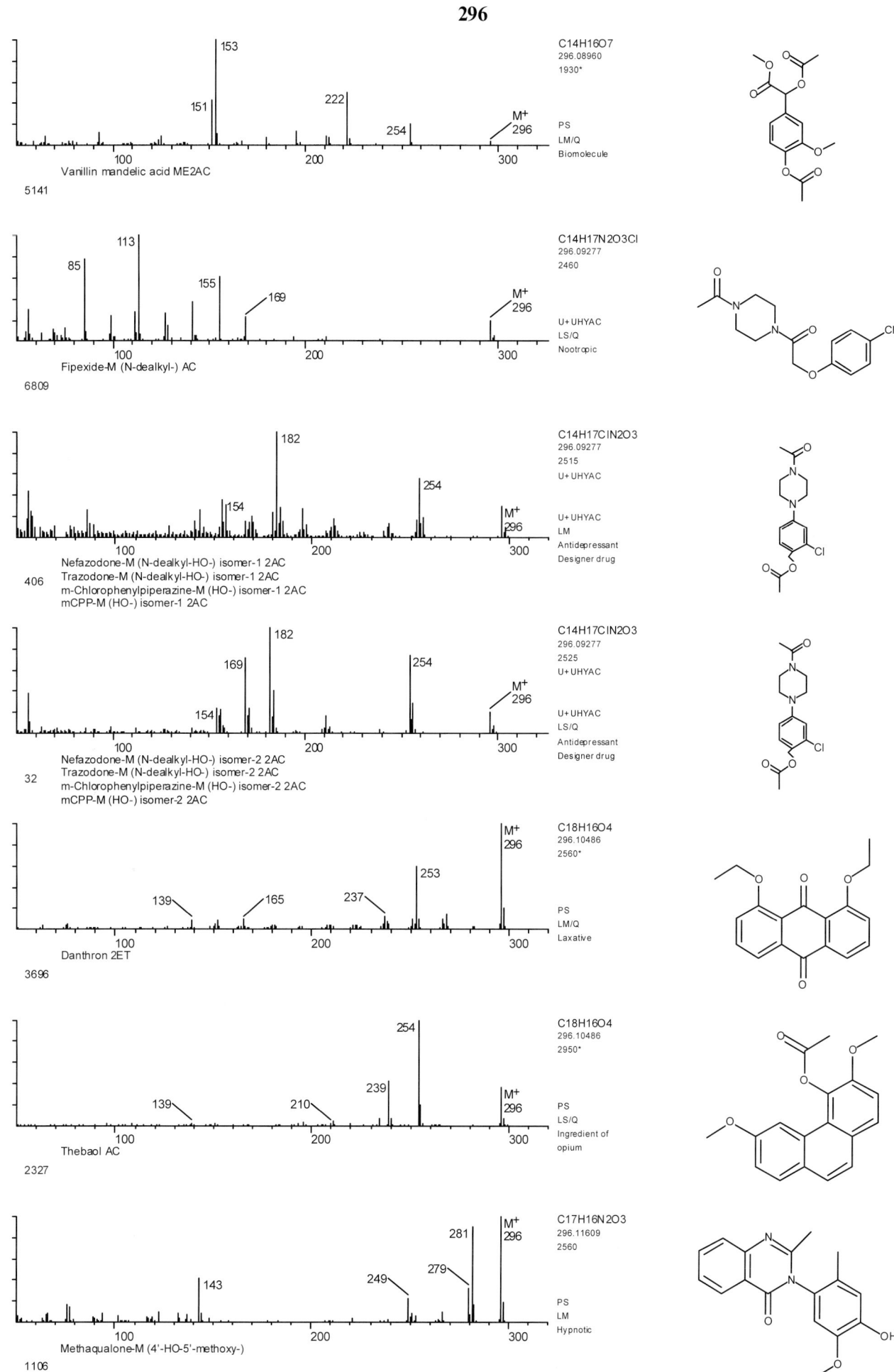

Vanillin mandelic acid ME2AC
5141
C14H16O7
296.08960
1930*
PS
LM/Q
Biomolecule

Fipexide-M (N-dealkyl-) AC
6809
C14H17N2O3Cl
296.09277
2460
U+ UHYAC
LS/Q
Nootropic

Nefazodone-M (N-dealkyl-HO-) isomer-1 2AC
Trazodone-M (N-dealkyl-HO-) isomer-1 2AC
m-Chlorophenylpiperazine-M (HO-) isomer-1 2AC
mCPP-M (HO-) isomer-1 2AC
406
C14H17ClN2O3
296.09277
2515
U+ UHYAC
U+ UHYAC
LM
Antidepressant
Designer drug

Nefazodone-M (N-dealkyl-HO-) isomer-2 2AC
Trazodone-M (N-dealkyl-HO-) isomer-2 2AC
m-Chlorophenylpiperazine-M (HO-) isomer-2 2AC
mCPP-M (HO-) isomer-2 2AC
32
C14H17ClN2O3
296.09277
2525
U+ UHYAC
U+ UHYAC
LS/Q
Antidepressant
Designer drug

Danthron 2ET
3696
C18H16O4
296.10486
2560*
PS
LM/Q
Laxative

Thebaol AC
2327
C18H16O4
296.10486
2950*
PS
LS/Q
Ingredient of opium

Methaqualone-M (4'-HO-5'-methoxy-)
1106
C17H16N2O3
296.11609
2560
PS
LM
Hypnotic

597

296

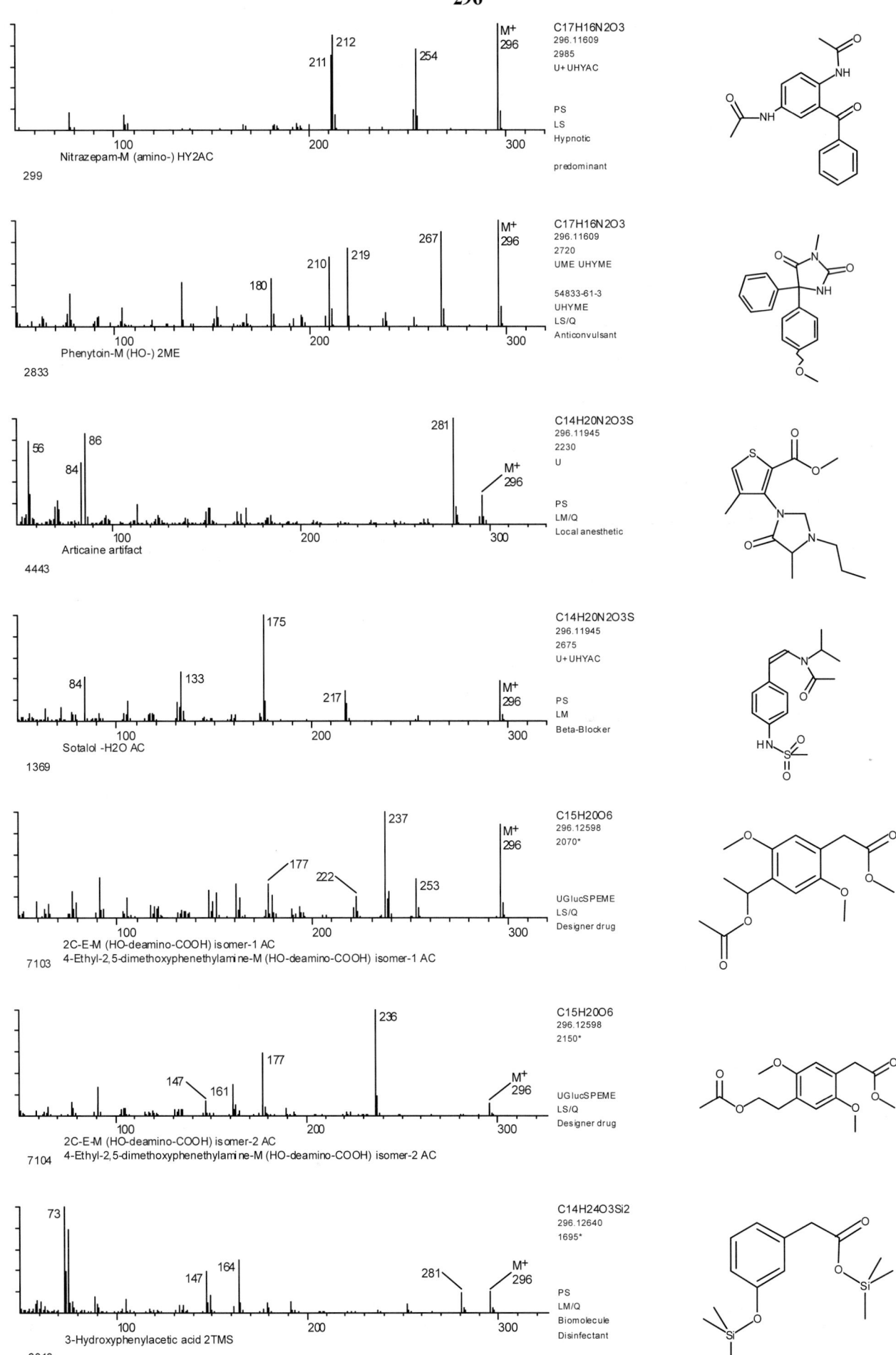

Nitrazepam-M (amino-) HY2AC
299

C17H16N2O3
296.11609
2985
U+ UHYAC

PS
LS
Hypnotic
predominant

Phenytoin-M (HO-) 2ME
2833

C17H16N2O3
296.11609
2720
UME UHYME

54833-61-3
UHYME
LS/Q
Anticonvulsant

Articaine artifact
4443

C14H20N2O3S
296.11945
2230
U

PS
LM/Q
Local anesthetic

Sotalol -H2O AC
1369

C14H20N2O3S
296.11945
2675
U+ UHYAC

PS
LM
Beta-Blocker

2C-E-M (HO-deamino-COOH) isomer-1 AC
4-Ethyl-2,5-dimethoxyphenethylamine-M (HO-deamino-COOH) isomer-1 AC
7103

C15H20O6
296.12598
2070*

UGlucSPEME
LS/Q
Designer drug

2C-E-M (HO-deamino-COOH) isomer-2 AC
4-Ethyl-2,5-dimethoxyphenethylamine-M (HO-deamino-COOH) isomer-2 AC
7104

C15H20O6
296.12598
2150*

UGlucSPEME
LS/Q
Designer drug

3-Hydroxyphenylacetic acid 2TMS
6010

C14H24O3Si2
296.12640
1695*

PS
LM/Q
Biomolecule
Disinfectant

296

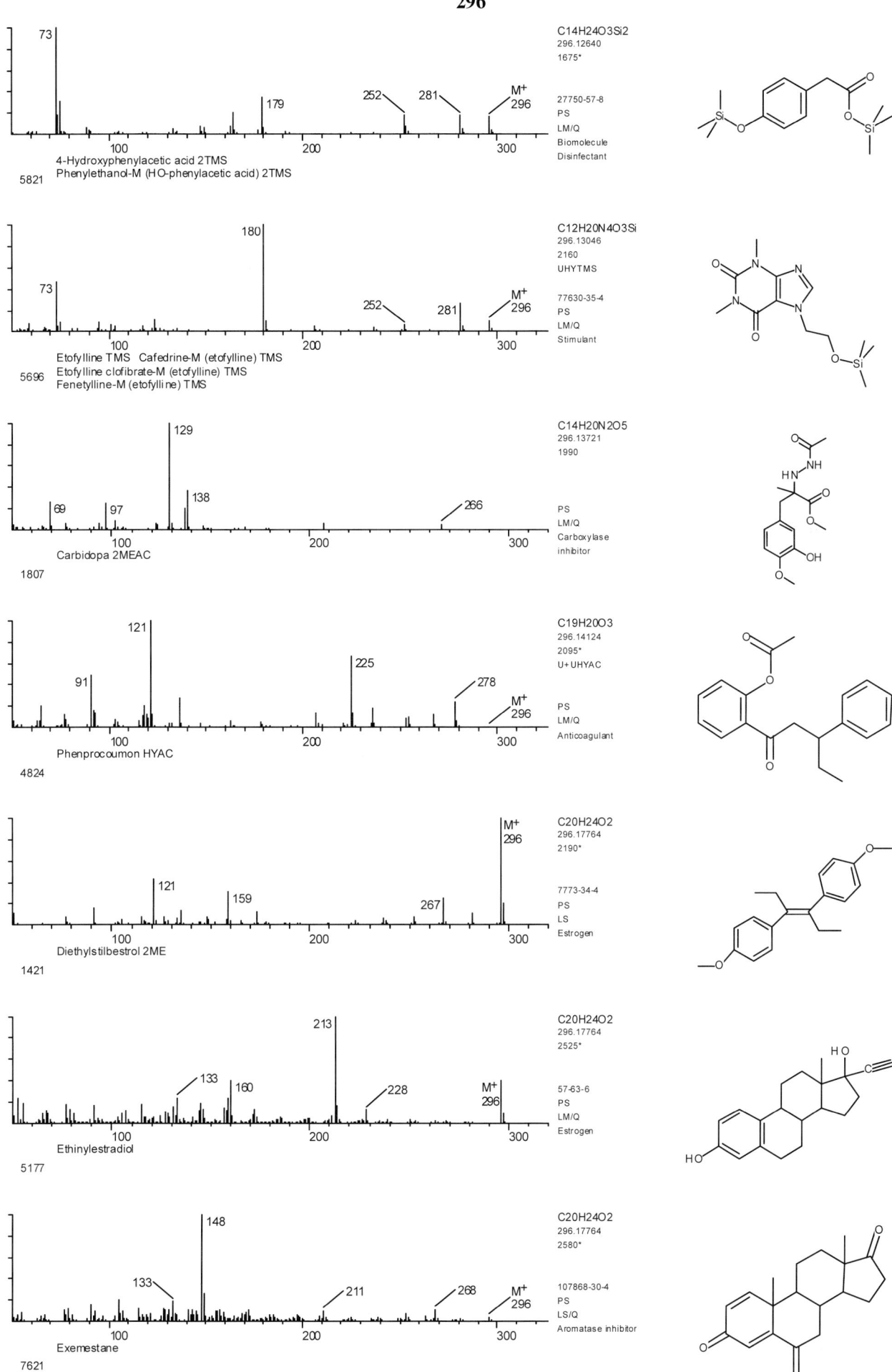

4-Hydroxyphenylacetic acid 2TMS
Phenylethanol-M (HO-phenylacetic acid) 2TMS
5821

C14H24O3Si2
296.12640
1675*
27750-57-8
PS
LM/Q
Biomolecule
Disinfectant

Etofylline TMS   Cafedrine-M (etofylline) TMS
Etofylline clofibrate-M (etofylline) TMS
Fenetylline-M (etofylline) TMS
5696

C12H20N4O3Si
296.13046
2160
UHYTMS
77630-35-4
PS
LM/Q
Stimulant

Carbidopa 2MEAC
1807

C14H20N2O5
296.13721
1990
PS
LM/Q
Carboxylase inhibitor

Phenprocoumon HYAC
4824

C19H20O3
296.14124
2095*
U+UHYAC
PS
LM/Q
Anticoagulant

Diethylstilbestrol 2ME
1421

C20H24O2
296.17764
2190*
7773-34-4
PS
LS
Estrogen

Ethinylestradiol
5177

C20H24O2
296.17764
2525*
57-63-6
PS
LM/Q
Estrogen

Exemestane
7621

C20H24O2
296.17764
2580*
107868-30-4
PS
LS/Q
Aromatase inhibitor

296

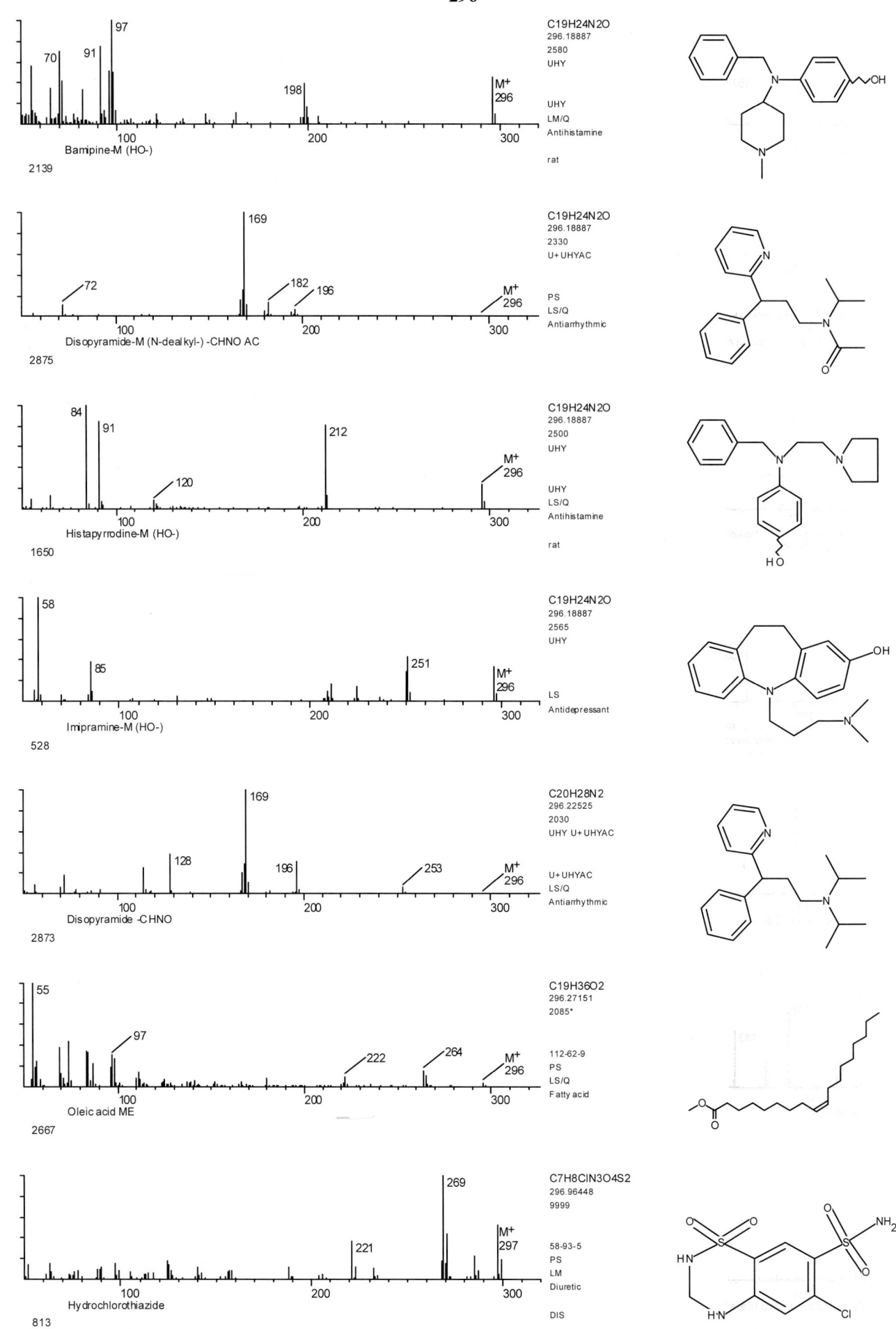

C19H24N2O
296.18887
2580
UHY

UHY
LM/Q
Antihistamine
rat

Bamipine-M (HO-)
2139

C19H24N2O
296.18887
2330
U+ UHYAC

PS
LS/Q
Antiarrhythmic

Disopyramide-M (N-dealkyl-) -CHNO AC
2875

C19H24N2O
296.18887
2500
UHY

UHY
LS/Q
Antihistamine
rat

Histapyrrodine-M (HO-)
1650

C19H24N2O
296.18887
2565
UHY

LS
Antidepressant

Imipramine-M (HO-)
528

C20H28N2
296.22525
2030
UHY U+ UHYAC

U+ UHYAC
LS/Q
Antiarrhythmic

Disopyramide -CHNO
2873

C19H36O2
296.27151
2085*

112-62-9
PS
LS/Q
Fatty acid

Oleic acid ME
2667

C7H8ClN3O4S2
296.96448
9999

58-93-5
PS
LM
Diuretic
DIS

Hydrochlorothiazide
813

600

297

Lamotrigine AC 4637 Peaks: 114, 157, 185, 268, M+ 297	C11H9Cl2N5O 297.01843 2665 PAC U+UHYAC PS LM/Q Anticonvulsant
Bromperidol-M (N-dealkyl-) AC 166 Peaks: 57, 99, 183, 254, M+ 297	C13H16BrNO2 297.03644 2335 U+UHYAC U+UHYAC LM Neuroleptic
Acetaminophen PFP Paracetamol PFP Phenacetin-M PFP 5095 Peaks: 80, 108, 119, 255, M+ 297	C11H8F5NO3 297.04242 1675 PS LM/Q Analgesic
MDBP-M (piperonylamine) PFP Methylenedioxybenzylpiperazine-M (piperonylamine) PFP Piperonylpiperazine-M (piperonylamine) PFP 7632 Peaks: 135, 178, 239, 267, M+ 297	C11H8F5NO3 297.04242 1755 PS LS/Q Designer drug
Paracetamol-D4 PFP 6553 Peaks: 84, 112, 119, 259, M+ 301	C11H4D4F5NO3 297.04242 1675 PS LM/Q Internal standard Analgesic
Carbaryl TFA 4134 Peaks: 69, 115, 143, 240, M+ 297	C14H10F3NO3 297.06128 1785 PS LM/Q Insecticide
Fenbendazole artifact (decarbamoyl-) AC 7412 Peaks: 195, 208, 225, 255, M+ 297	C16H15N3OS 297.09357 2910 #43210-67-9 PS LM/Q Anthelmintic

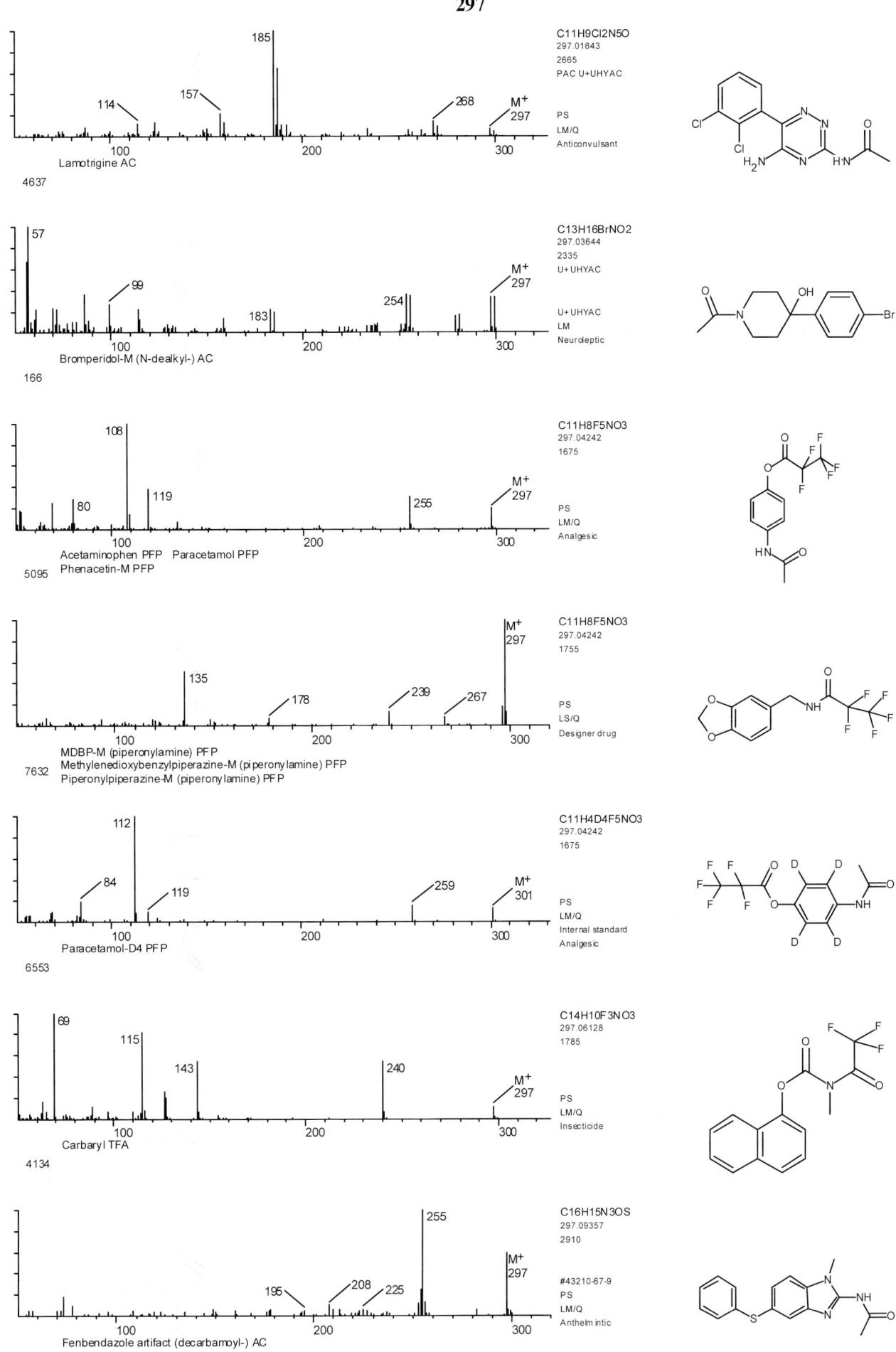

297

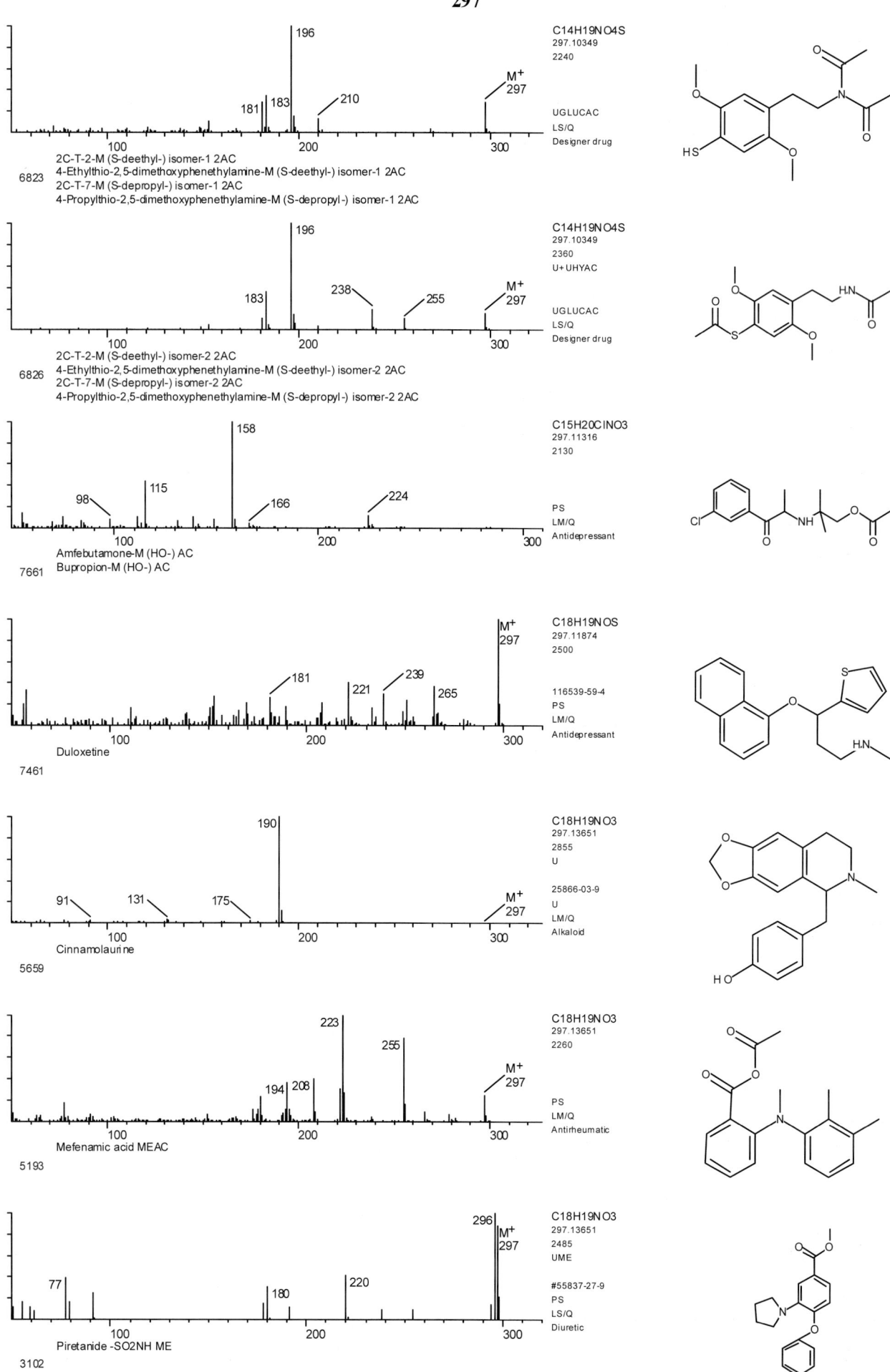

6823
2C-T-2-M (S-deethyl-) isomer-1 2AC
4-Ethylthio-2,5-dimethoxyphenethylamine-M (S-deethyl-) isomer-1 2AC
2C-T-7-M (S-depropyl-) isomer-1 2AC
4-Propylthio-2,5-dimethoxyphenethylamine-M (S-depropyl-) isomer-1 2AC

C14H19NO4S
297.10349
2240
UGLUCAC
LS/Q
Designer drug

6826
2C-T-2-M (S-deethyl-) isomer-2 2AC
4-Ethylthio-2,5-dimethoxyphenethylamine-M (S-deethyl-) isomer-2 2AC
2C-T-7-M (S-depropyl-) isomer-2 2AC
4-Propylthio-2,5-dimethoxyphenethylamine-M (S-depropyl-) isomer-2 2AC

C14H19NO4S
297.10349
2360
U+ UHYAC
UGLUCAC
LS/Q
Designer drug

7661
Amfebutamone-M (HO-) AC
Bupropion-M (HO-) AC

C15H20ClNO3
297.11316
2130
PS
LM/Q
Antidepressant

7461
Duloxetine

C18H19NOS
297.11874
2500
116539-59-4
PS
LM/Q
Antidepressant

5659
Cinnamolaurine

C18H19NO3
297.13651
2855
U
25866-03-9
U
LM/Q
Alkaloid

5193
Mefenamic acid MEAC

C18H19NO3
297.13651
2260
PS
LM/Q
Antirheumatic

3102
Piretanide -SO2NH ME

C18H19NO3
297.13651
2485
UME
#55837-27-9
PS
LS/Q
Diuretic

297

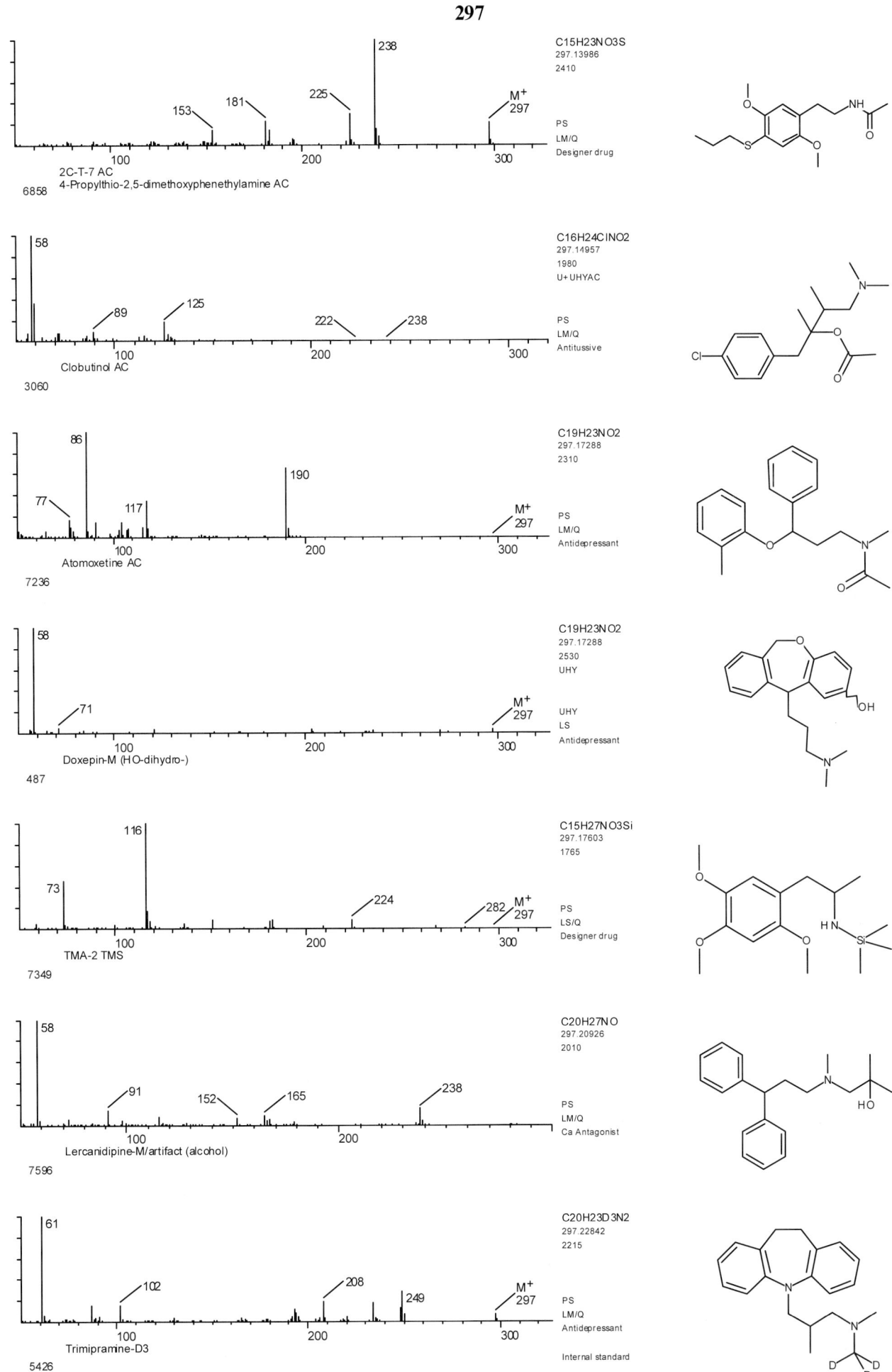

2C-T-7 AC
4-Propylthio-2,5-dimethoxyphenethylamine AC
6858
C15H23NO3S
297.13986
2410
PS
LM/Q
Designer drug

Clobutinol AC
3060
C16H24ClNO2
297.14957
1980
U+ UHYAC
PS
LM/Q
Antitussive

Atomoxetine AC
7236
C19H23NO2
297.17288
2310
PS
LM/Q
Antidepressant

Doxepin-M (HO-dihydro-)
487
C19H23NO2
297.17288
2530
UHY
UHY
LS
Antidepressant

TMA-2 TMS
7349
C15H27NO3Si
297.17603
1765
PS
LS/Q
Designer drug

Lercanidipine-M/artifact (alcohol)
7596
C20H27NO
297.20926
2010
PS
LM/Q
Ca Antagonist

Trimipramine-D3
5426
C20H23D3N2
297.22842
2215
PS
LM/Q
Antidepressant
Internal standard

297

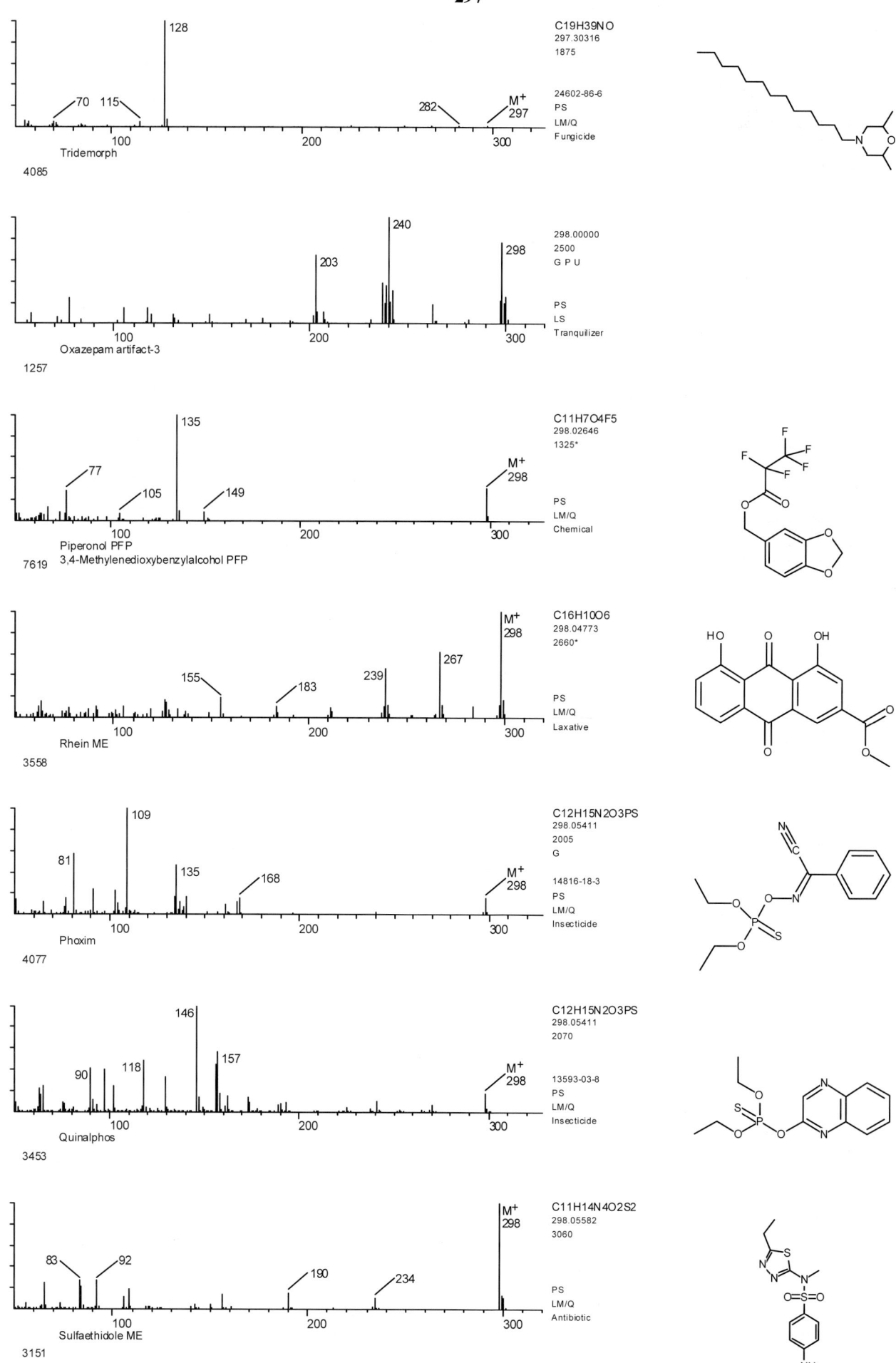

Tridemorph — C19H39NO, 297.30316, 1875, 24602-86-6, PS, LM/Q, Fungicide
Peaks: 70, 115, 128, 282, M+ 297
4085

Oxazepam artifact-3 — 298.00000, 2500, G P U, PS, LS, Tranquilizer
Peaks: 203, 240, 298
1257

Piperonol PFP / 3,4-Methylenedioxybenzylalcohol PFP — C11H7O4F5, 298.02646, 1325*, PS, LM/Q, Chemical
Peaks: 77, 105, 135, 149, M+ 298
7619

Rhein ME — C16H10O6, 298.04773, 2660*, PS, LM/Q, Laxative
Peaks: 155, 183, 239, 267, M+ 298
3558

Phoxim — C12H15N2O3PS, 298.05411, 2005, G, 14816-18-3, PS, LM/Q, Insecticide
Peaks: 81, 109, 135, 168, M+ 298
4077

Quinalphos — C12H15N2O3PS, 298.05411, 2070, 13593-03-8, PS, LM/Q, Insecticide
Peaks: 90, 118, 146, 157, M+ 298
3453

Sulfaethidole ME — C11H14N4O2S2, 298.05582, 3060, PS, LM/Q, Antibiotic
Peaks: 83, 92, 190, 234, M+ 298
3151

604

298

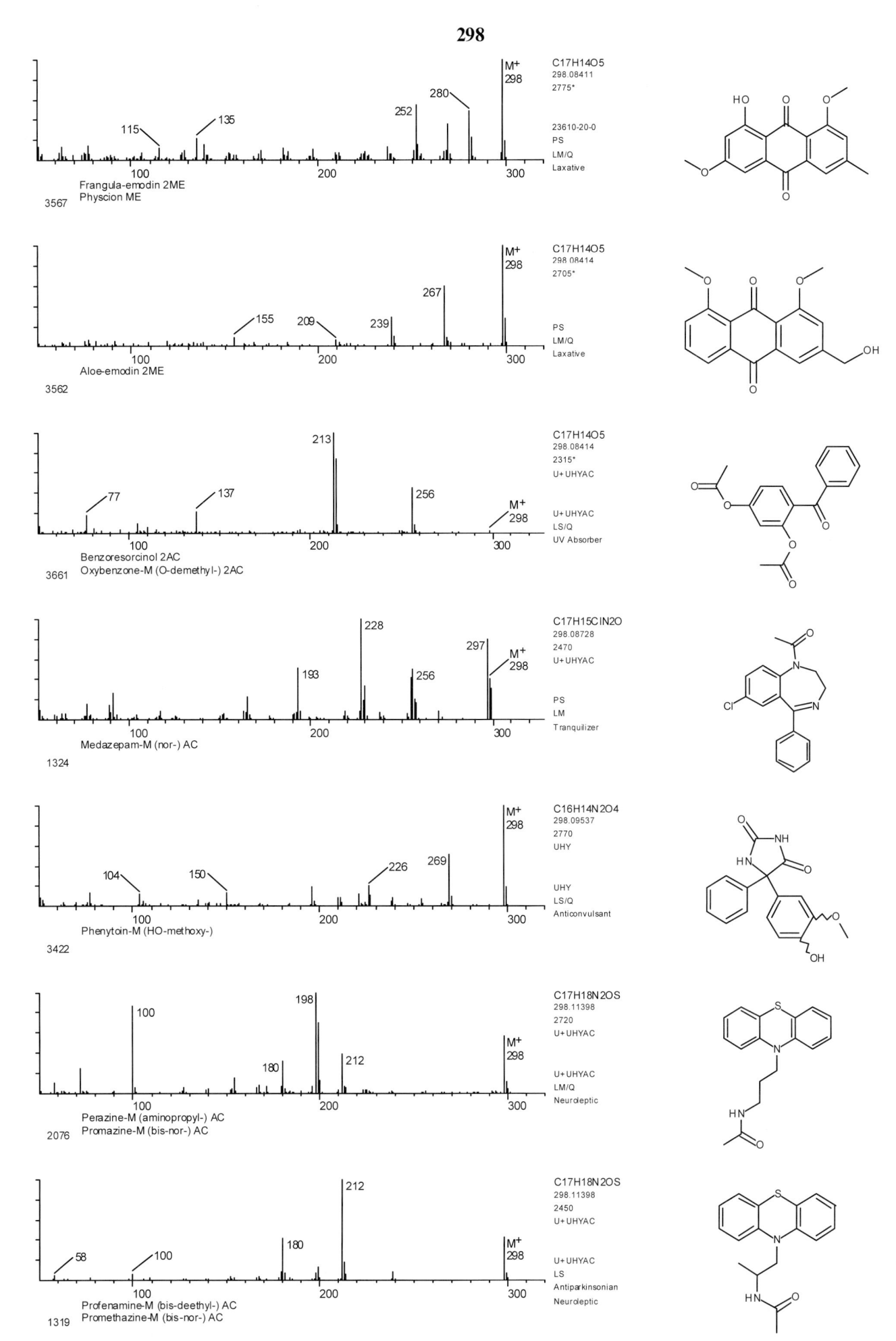

3567 Frangula-emodin 2ME / Physcion ME
C17H14O5
298.08411
2775*
23610-20-0
PS
LM/Q
Laxative

3562 Aloe-emodin 2ME
C17H14O5
298.08414
2705*
PS
LM/Q
Laxative

3661 Benzoresorcinol 2AC / Oxybenzone-M (O-demethyl-) 2AC
C17H14O5
298.08414
2315*
U+ UHYAC
U+ UHYAC
LS/Q
UV Absorber

1324 Medazepam-M (nor-) AC
C17H15ClN2O
298.08728
2470
U+ UHYAC
PS
LM
Tranquilizer

3422 Phenytoin-M (HO-methoxy-)
C16H14N2O4
298.09537
2770
UHY
UHY
LS/Q
Anticonvulsant

2076 Perazine-M (aminopropyl-) AC / Promazine-M (bis-nor-) AC
C17H18N2OS
298.11398
2720
U+ UHYAC
U+ UHYAC
LM/Q
Neuroleptic

1319 Profenamine-M (bis-deethyl-) AC / Promethazine-M (bis-nor-) AC
C17H18N2OS
298.11398
2450
U+ UHYAC
U+ UHYAC
LS
Antiparkinsonian
Neuroleptic

298

1,2-Butane diol dibenzoate — 1762
C18H18O4, 298.12051, 2300*, PS, LM/Q, Chemical

1,3-Butane diol dibenzoate — 1763
C18H18O4, 298.12051, 2300*, PS, LM/Q, Chemical

1,4-Butane diol dibenzoate — 1764
C18H18O4, 298.12051, 2400*, 19224-27-2, PS, LM/Q, Chemical

Ketoprofen-M (HO-) isomer-1 2ME — 5213
C18H18O4, 298.12051, 2250*, UME, LM/Q, Antirheumatic

Ketoprofen-M (HO-) isomer-2 2ME — 5214
C18H18O4, 298.12051, 2295*, UME, LM/Q, Antirheumatic

2C-T-7-M (deamino-HO-) AC
4-Propylthio-2,5-dimethoxyphenethylamine-M (deamino-HO-) AC — 6869
C15H22O4S, 298.12387, 2080*, U+ UHYAC, UGLUC, LM/Q, Designer drug

Harmaline 2AC — 4064
C17H18N2O3, 298.13174, 2800, PS, LM/Q, Stimulant

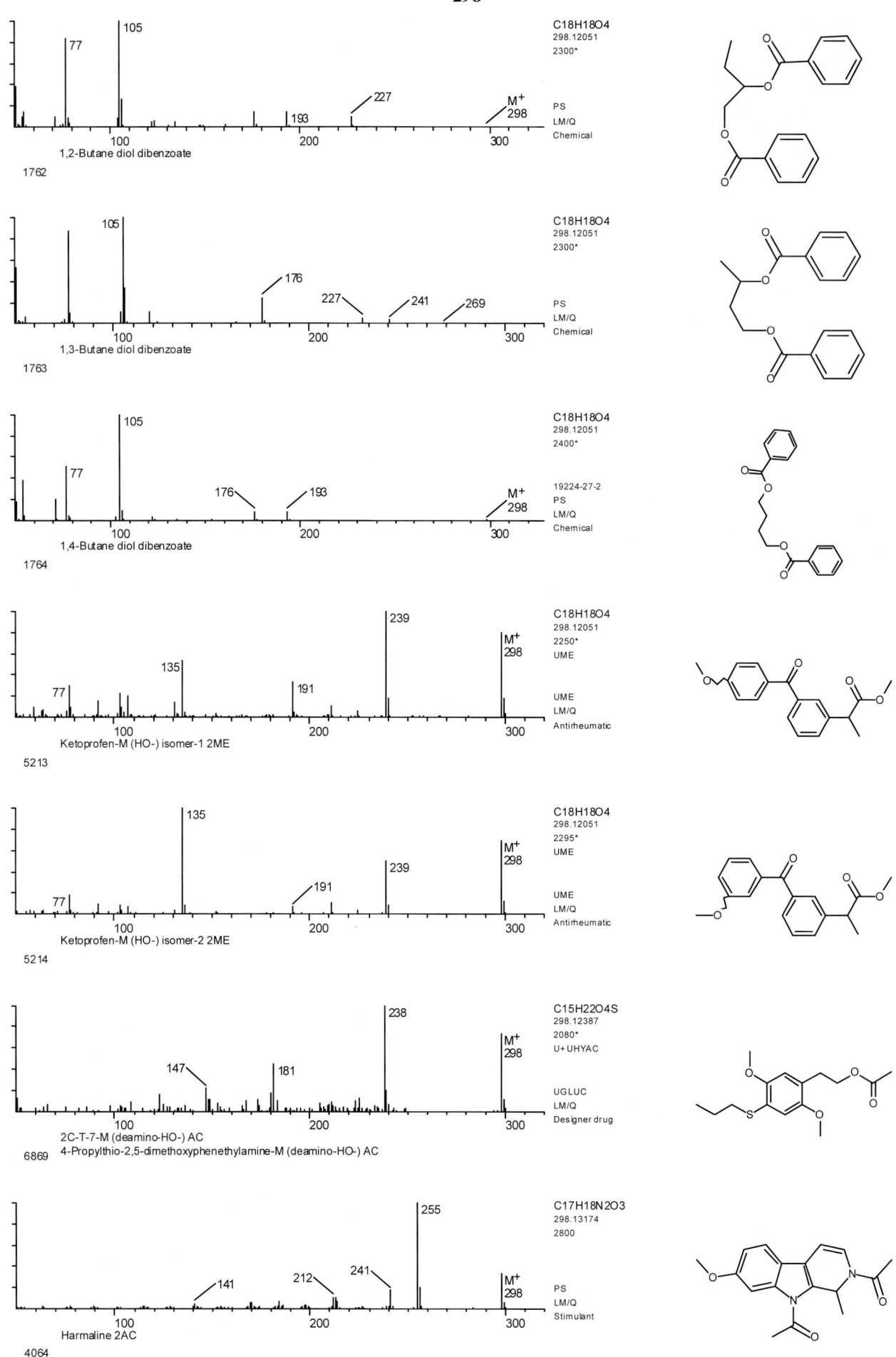

298

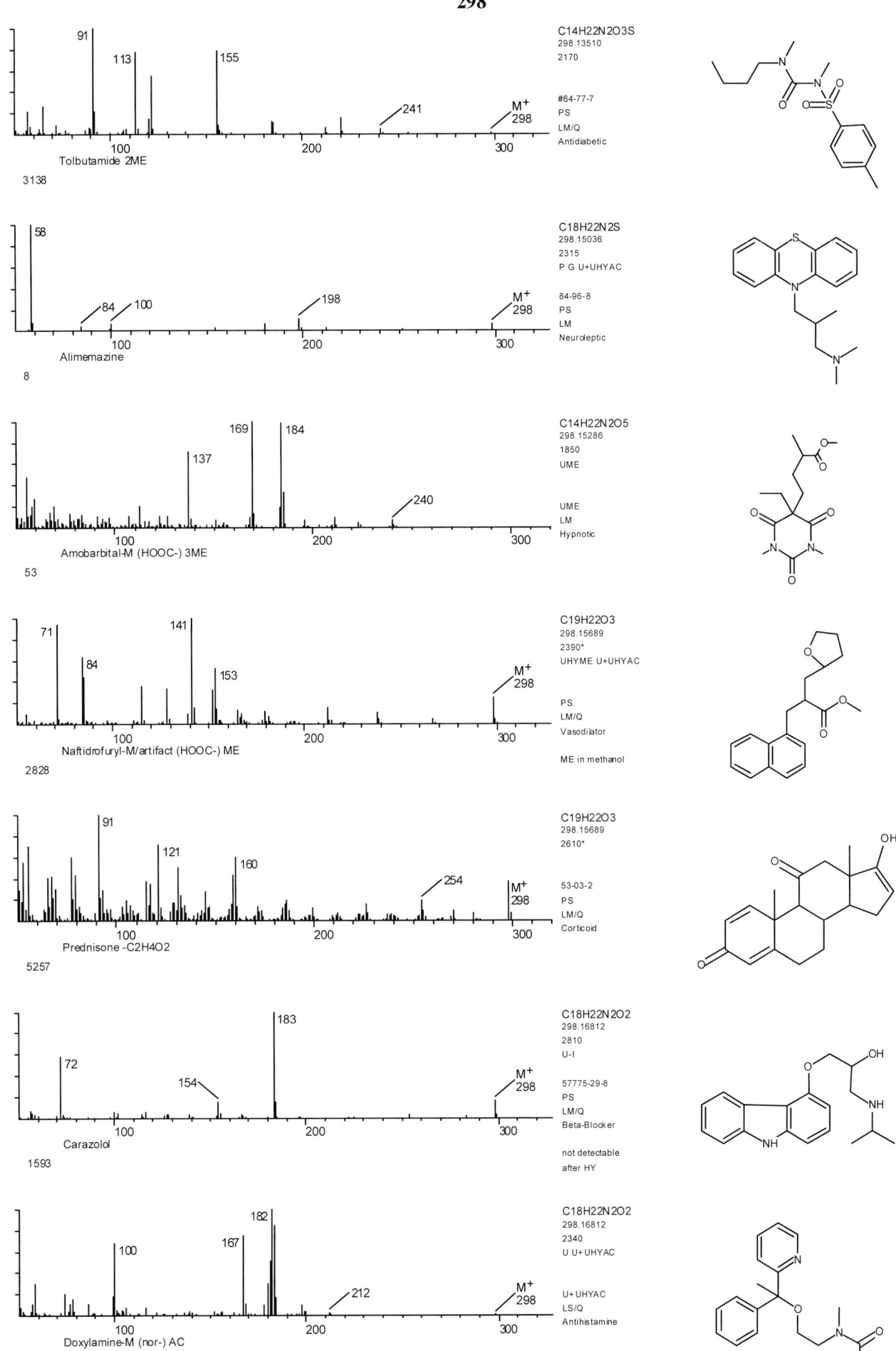

Tolbutamide 2ME — C14H22N2O3S, 298.13510, 2170, #64-77-7, PS, LM/Q, Antidiabetic
Peaks: 91, 113, 155, 241, M+ 298
3138

Alimemazine — C18H22N2S, 298.15036, 2315, P G U+UHYAC, 84-96-8, PS, LM, Neuroleptic
Peaks: 58, 84, 100, 198, M+ 298
8

Amobarbital-M (HOOC-) 3ME — C14H22N2O5, 298.15286, 1850, UME, UME, LM, Hypnotic
Peaks: 137, 169, 184, 240
53

Naftidrofuryl-M/artifact (HOOC-) ME — C19H22O3, 298.15689, 2390*, UHYME U+UHYAC, PS, LM/Q, Vasodilator, ME in methanol
Peaks: 71, 84, 141, 153, M+ 298
2828

Prednisone -C2H4O2 — C19H22O3, 298.15689, 2610*, 53-03-2, PS, LM/Q, Corticoid
Peaks: 91, 121, 160, 254, M+ 298
5257

Carazolol — C18H22N2O2, 298.16812, 2810, U-I, 57775-29-8, PS, LM/Q, Beta-Blocker, not detectable after HY
Peaks: 72, 154, 183, M+ 298
1593

Doxylamine-M (nor-) AC — C18H22N2O2, 298.16812, 2340, U U+ UHYAC, U+ UHYAC, LS/Q, Antihistamine
Peaks: 100, 167, 182, 212, M+ 298
2690

298

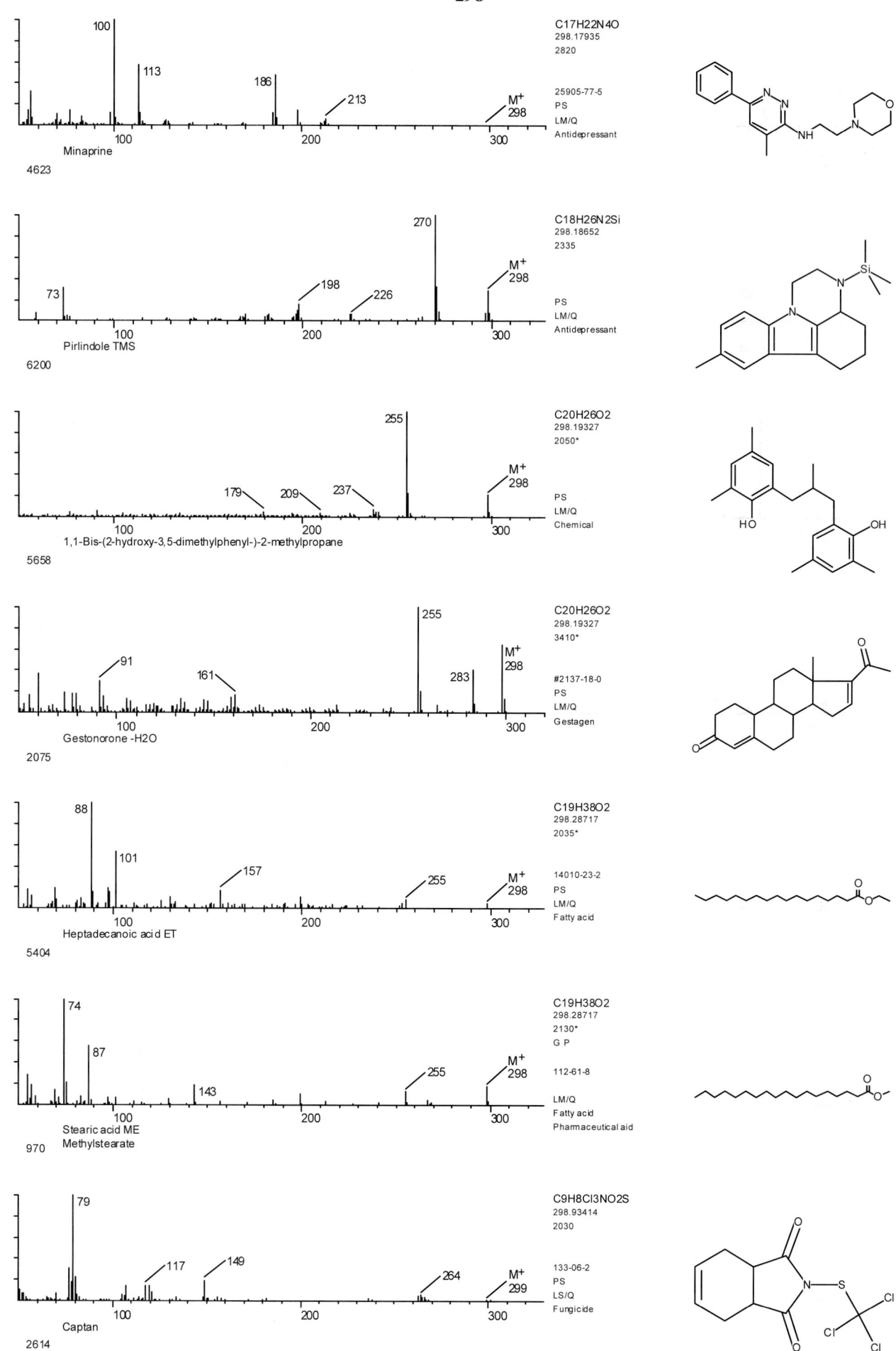

C17H22N4O
298.17935
2820

25905-77-5
PS
LM/Q
Antidepressant

Minaprine
4623

C18H26N2Si
298.18652
2335

PS
LM/Q
Antidepressant

Pirlindole TMS
6200

C20H26O2
298.19327
2050*

PS
LM/Q
Chemical

1,1-Bis-(2-hydroxy-3,5-dimethylphenyl-)-2-methylpropane
5658

C20H26O2
298.19327
3410*

#2137-18-0
PS
LM/Q
Gestagen

Gestonorone -H2O
2075

C19H38O2
298.28717
2035*

14010-23-2
PS
LM/Q
Fatty acid

Heptadecanoic acid ET
5404

C19H38O2
298.28717
2130*
G P

112-61-8
LM/Q
Fatty acid
Pharmaceutical aid

Stearic acid ME
Methylstearate
970

C9H8Cl3NO2S
298.93414
2030

133-06-2
PS
LS/Q
Fungicide

Captan
2614

608

299

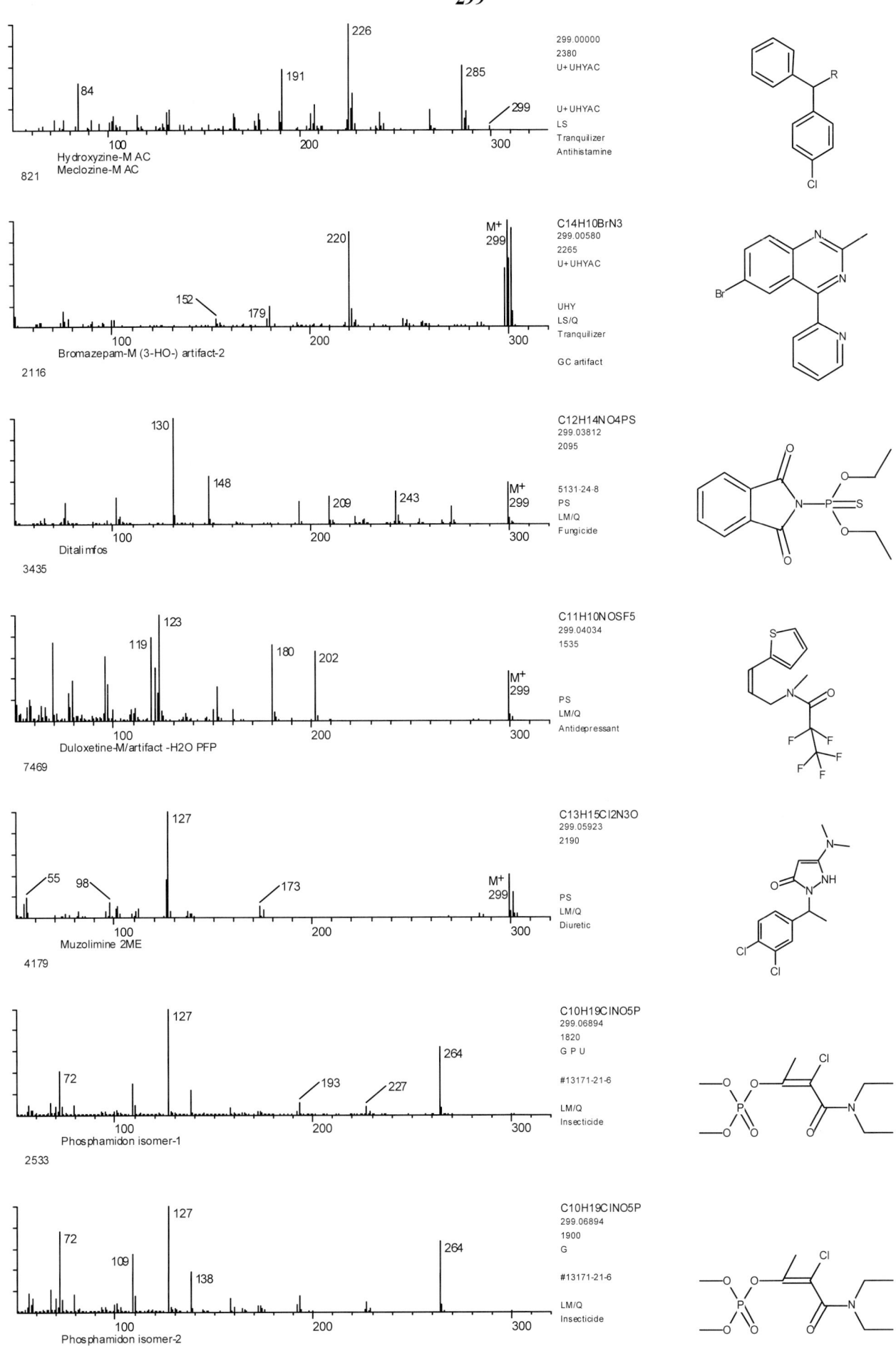

Spectrum	Details
Hydroxyzine-M AC / Meclozine-M AC (821)	84, 191, 226, 285, 299; 299.00000; 2380; U+ UHYAC; U+ UHYAC; LS; Tranquilizer; Antihistamine
Bromazepam-M (3-HO-) artifact-2 (2116)	152, 179, 220, M+ 299; C14H10BrN3; 299.00580; 2265; U+ UHYAC; UHY; LS/Q; Tranquilizer; GC artifact
Ditalimfos (3435)	130, 148, 209, 243, M+ 299; C12H14NO4PS; 299.03812; 2095; 5131-24-8; PS; LM/Q; Fungicide
Duloxetine-M/artifact -H2O PFP (7469)	119, 123, 180, 202, M+ 299; C11H10NOSF5; 299.04034; 1535; PS; LM/Q; Antidepressant
Muzolimine 2ME (4179)	55, 98, 127, 173, M+ 299; C13H15Cl2N3O; 299.05923; 2190; PS; LM/Q; Diuretic
Phosphamidon isomer-1 (2533)	72, 127, 193, 227, 264; C10H19ClNO5P; 299.06894; 1820; G P U; #13171-21-6; LM/Q; Insecticide
Phosphamidon isomer-2 (2534)	72, 109, 127, 138, 264; C10H19ClNO5P; 299.06894; 1900; G; #13171-21-6; LM/Q; Insecticide

609

299

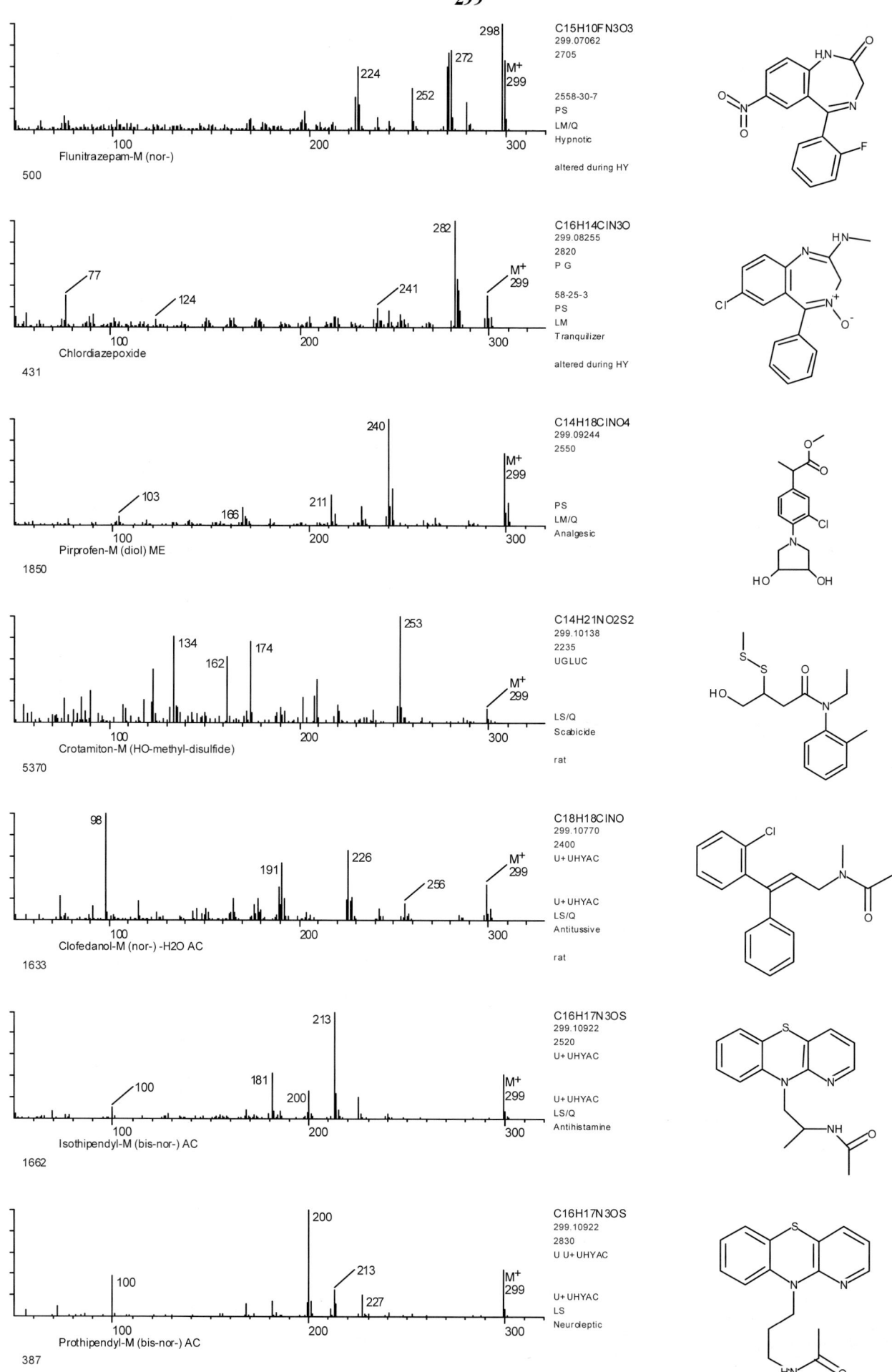

Flunitrazepam-M (nor-)
C15H10FN3O3
299.07062
2705

2558-30-7
PS
LM/Q
Hypnotic

altered during HY

Chlordiazepoxide
C16H14ClN3O
299.08255
2820
P G

58-25-3
PS
LM
Tranquilizer

altered during HY

Pirprofen-M (diol) ME
C14H18ClNO4
299.09244
2550

PS
LM/Q
Analgesic

Crotamiton-M (HO-methyl-disulfide)
C14H21NO2S2
299.10138
2235
UGLUC

LS/Q
Scabicide
rat

Clofedanol-M (nor-) -H2O AC
C18H18ClNO
299.10770
2400
U+ UHYAC

U+ UHYAC
LS/Q
Antitussive
rat

Isothipendyl-M (bis-nor-) AC
C16H17N3OS
299.10922
2520
U+ UHYAC

U+ UHYAC
LS/Q
Antihistamine

Prothipendyl-M (bis-nor-) AC
C16H17N3OS
299.10922
2830
U U+ UHYAC

U+ UHYAC
LS
Neuroleptic

299

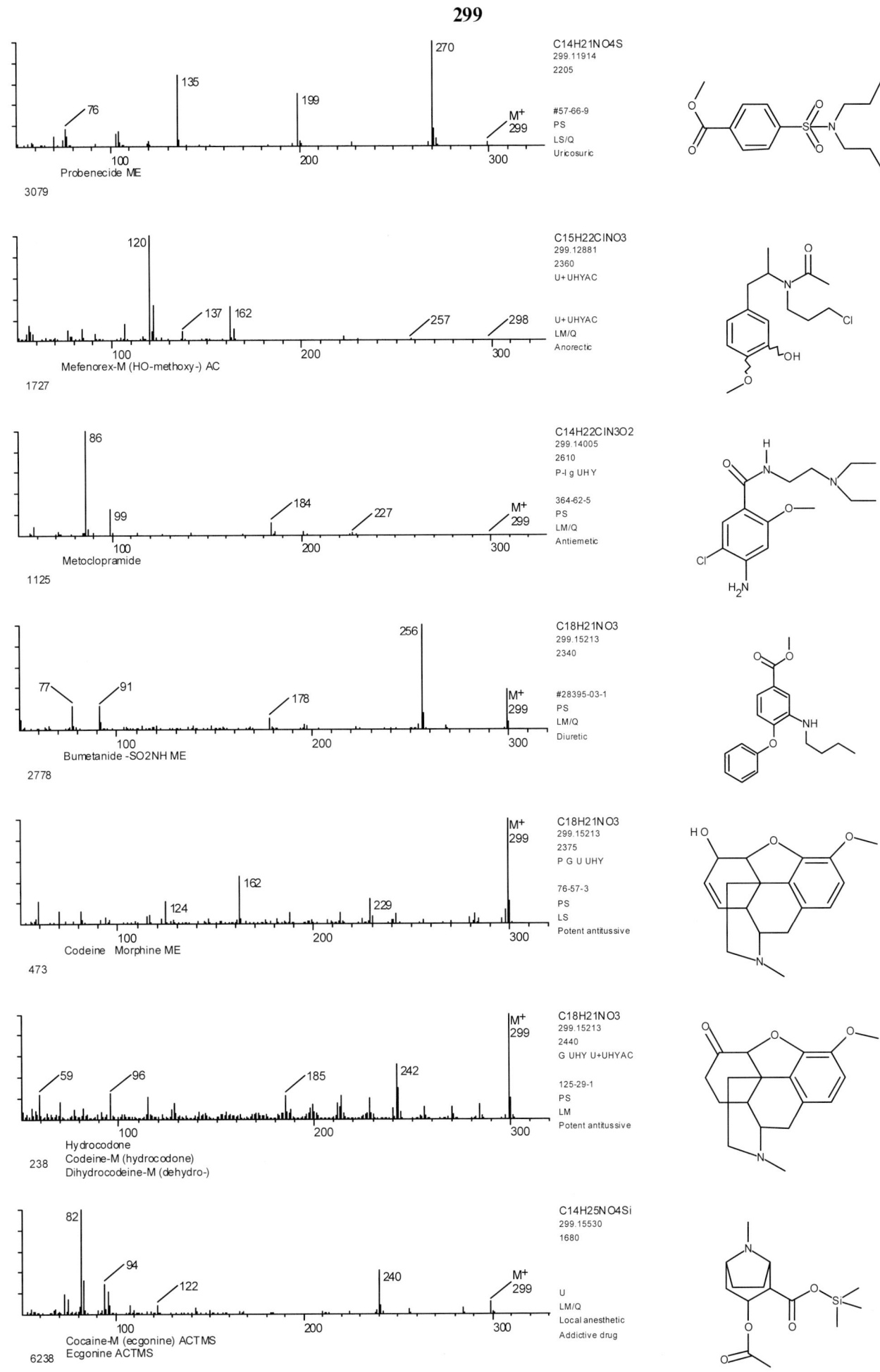

Probenecide ME — C14H21NO4S, 299.11914, 2205, #57-66-9, PS, LS/Q, Uricosuric
Peaks: 76, 135, 199, 270, M+ 299

Mefenorex-M (HO-methoxy-) AC — C15H22ClNO3, 299.12881, 2360, U+ UHYAC, U+ UHYAC, LM/Q, Anorectic
Peaks: 120, 137, 162, 257, 298

Metoclopramide — C14H22ClN3O2, 299.14005, 2610, P-l g UHY, 364-62-5, PS, LM/Q, Antiemetic
Peaks: 86, 99, 184, 227, M+ 299

Bumetanide -SO2NH ME — C18H21NO3, 299.15213, 2340, #28395-03-1, PS, LM/Q, Diuretic
Peaks: 77, 91, 178, 256, M+ 299

Codeine   Morphine ME — C18H21NO3, 299.15213, 2375, P G U UHY, 76-57-3, PS, LS, Potent antitussive
Peaks: 124, 162, 229, M+ 299

Hydrocodone / Codeine-M (hydrocodone) / Dihydrocodeine-M (dehydro-) — C18H21NO3, 299.15213, 2440, G UHY U+UHYAC, 125-29-1, PS, LM, Potent antitussive
Peaks: 59, 96, 185, 242, M+ 299

Cocaine-M (ecgonine) ACTMS / Ecgonine ACTMS — C14H25NO4Si, 299.15530, 1680, U, LM/Q, Local anesthetic, Addictive drug
Peaks: 82, 94, 122, 240, M+ 299

299

Paracetamol-D4 2TMS
C14H21D4NO2Si2
299.16748
1775
PS
LM/Q
Internal standard
Analgesic
6551

Buphenine
C19H25NO2
299.18854
2420
447-41-6
PS
LM
Vasodilator
1409

Levorphanol AC   Dextrorphan AC
Dextro-Methorphan-M (O-demethyl-) AC
Methorphan-M (O-demethyl-) AC
C19H25NO2
299.18854
2280
U+ UHYAC
U+ UHYAC
LS/Q
Potent analgesic
Potent antitussive
230

Methorphan-M (nor-) AC
Dextro-Methorphan-M (nor-) AC
C19H25NO2
299.18854
2590
U+ UHYAC
U+ UHYAC
LS/Q
Potent antitussive
4477

Cocaine-M (ecgonine) TBDMS
C15H29NO3Si
299.19168
1700
U
LM
Local anesthetic
Addictive drug
6250

Tolclophos-methyl
C9H11Cl2O3PS
299.95435
1855*
57018-04-9
PS
LM/Q
Insecticide
3462

Brolamfetamine-M (O-demethyl-deamino-oxo-) AC
DOB-M (O-demethyl-deamino-oxo-) AC
N-Methyl-Brolamfetamine-M (N,O-bisdemethyl-deamino-oxo-) AC
N-Methyl-DOB-M (N,O-bisdemethyl-deamino-oxo-) AC
C12H13BrO4
299.99973
1930*
U+ UHYAC
U+ UHYAC
LS/Q
Psychedelic
Designer drug
7063

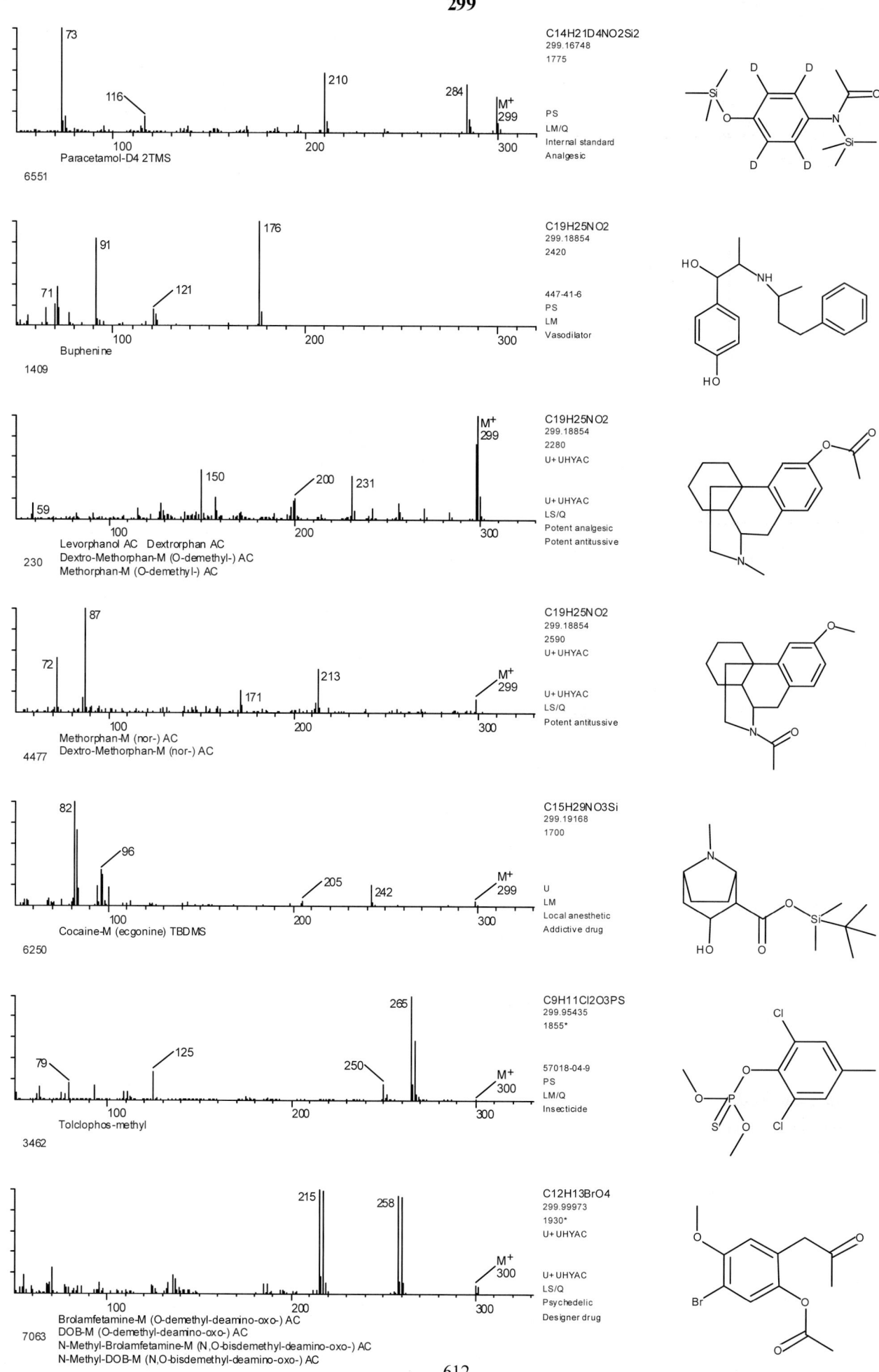

300

Brallobarbital (ME) 3996	C11H13BrN2O3 300.01096 1780 P P LM/Q Hypnotic ME in methanol
Guanfacine artifact (-NH3) TMS 7566	C12H14N2OCl2Si 300.02524 1880 PS LM/Q Antihypertensive
1,4-Benzenediamine 2TFA p-Phenylenediamine 2TFA 5397	C10H6F6N2O2 300.03336 1800 PS LM/Q Hair dye Chemical
Lofexidine AC 5209	C13H14Cl2N2O2 300.04324 2200 #31036-80-3 PS LM/Q Antihypertensive
Sulazepam 4029	C16H13ClN2S 300.04880 2640 2898-13-7 PS LM/Q Tranquilizer
Clemizole-M (HO-) artifact-1 AC 5651	C16H13ClN2O2 300.06656 2585 U+ UHYAC U+ UHYAC LS/Q Antihistamine
Clobazam 439	C16H13ClN2O2 300.06656 2610 P-I G U-I 22316-47-8 PS LM Tranquilizer altered during HY

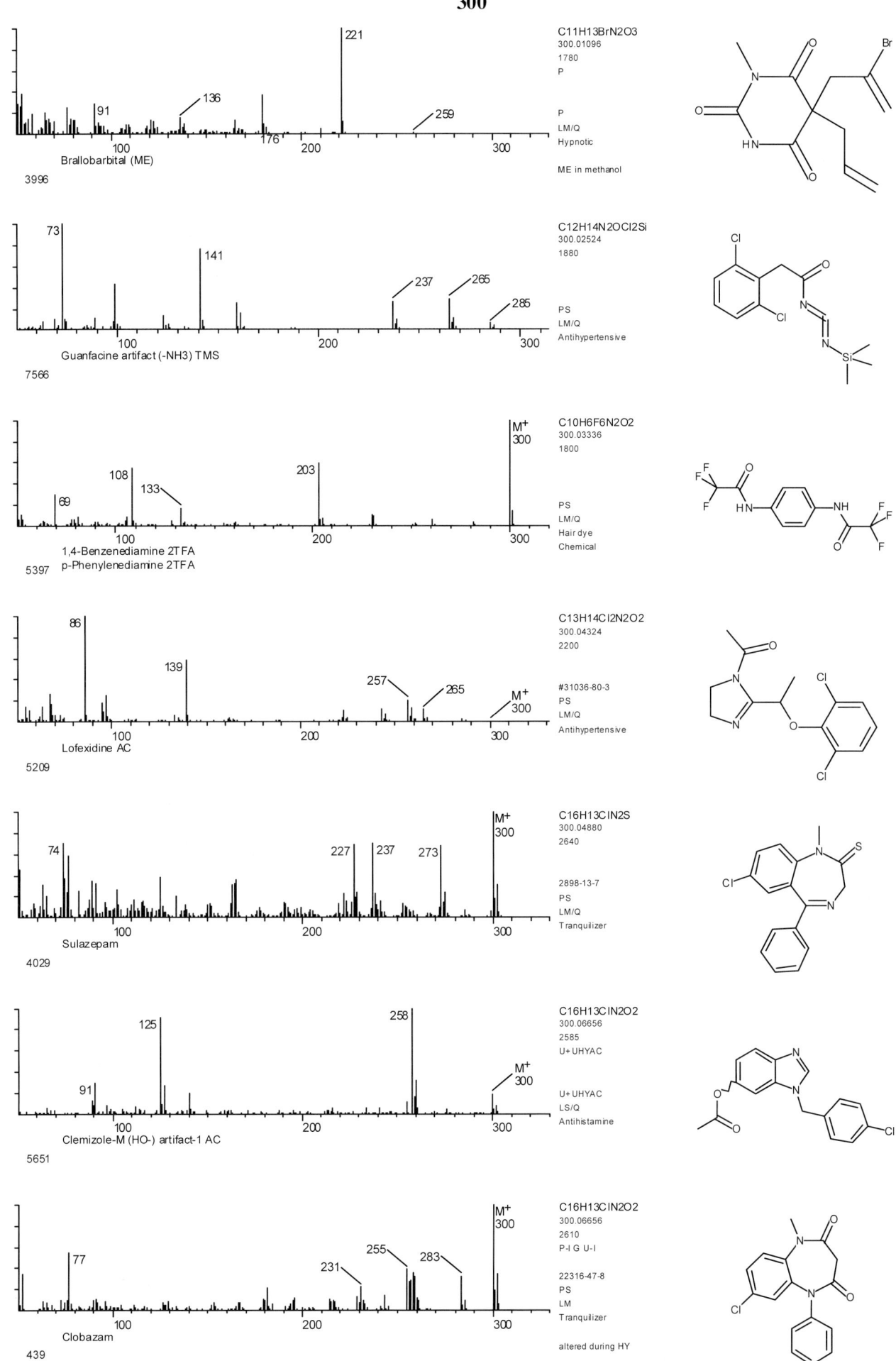

613

300

Clobazam-M (nor-HO-) HYAC
279

C16H13ClN2O2
300.06656
3000
U+ UHYAC

U+ UHYAC
LM
Tranquilizer

Diazepam-M (HO-)
Tetrazepam-M (tri-HO-) -2H2O
619

C16H13ClN2O2
300.06656
2670
UGLUC

846-50-4
PS
LM/Q
Tranquilizer
Muscle relaxant

Temazepam
Camazepam-M (temazepam)
Diazepam-M (3-HO-)
417

C16H13ClN2O2
300.06656
2625
P UGLUC

846-50-4
PS
LM
Tranquilizer

altered during HY

Tetrazepam-M (HO-oxo-) -H2O
5781

C16H13ClN2O2
300.06656
2445
P-I

PS
LM/Q
Muscle relaxant

altered during HY

Sulfaquinoxaline
3917

C14H12N4O2S
300.06812
3065

59-40-5
PS
LM/Q
Rodenticide

Clenbuterol -H2O AC
3993

C14H18Cl2N2O
300.07962
2285

PS
LM/Q
Bronchodilator

Flupirtine -C2H5OH AC
1813

C15H13FN4O2
300.10226
2840
U+ UHYAC

PS
LS/Q
Analgesic

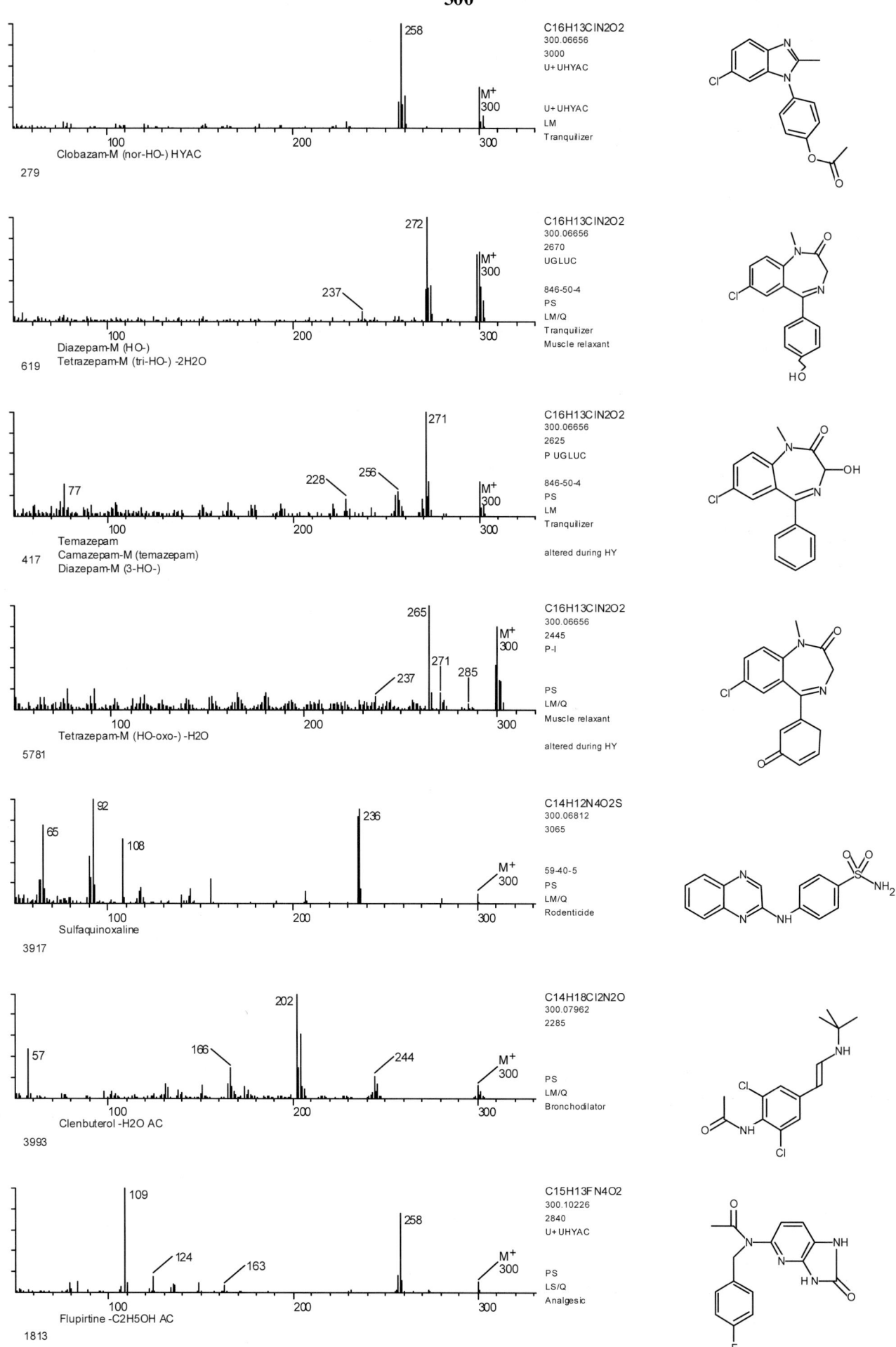

614

300

C14H15F3N2O2
300.10855
2080

PS
LS/Q
Psychedelic

Psilocine TFA
Psilocybin artifact TFA
6349

C16H16N2O4
300.11102
2330
U

U
LS/Q
Ca Antagonist

Nitrendipine-M (dehydro-demethyl-) -CO2
3657

C13H20N2O4S
300.11438
2205
U+UHYAC

U+UHYAC
LS/Q
Anesthetic

Thiopental-M (HO-) AC
3142

C13H20N2O4S
300.11438
2645
UME

UME
LM/Q
Antidiabetic

Tolbutamide-M (HO-) ME
4936

C15H16N4O3
300.12225
3160

PS
LM/Q
Antagonist of ethanol

RO 15-4513 artifact
3677

C17H20N2OS
300.12964
2685
UHY

UHY
LM
Neuroleptic

Promazine-M (HO-)
605

C17H20N2OS
300.12964
2705
U

146-21-4

LS
Neuroleptic

Promazine-M (sulfoxide)
603

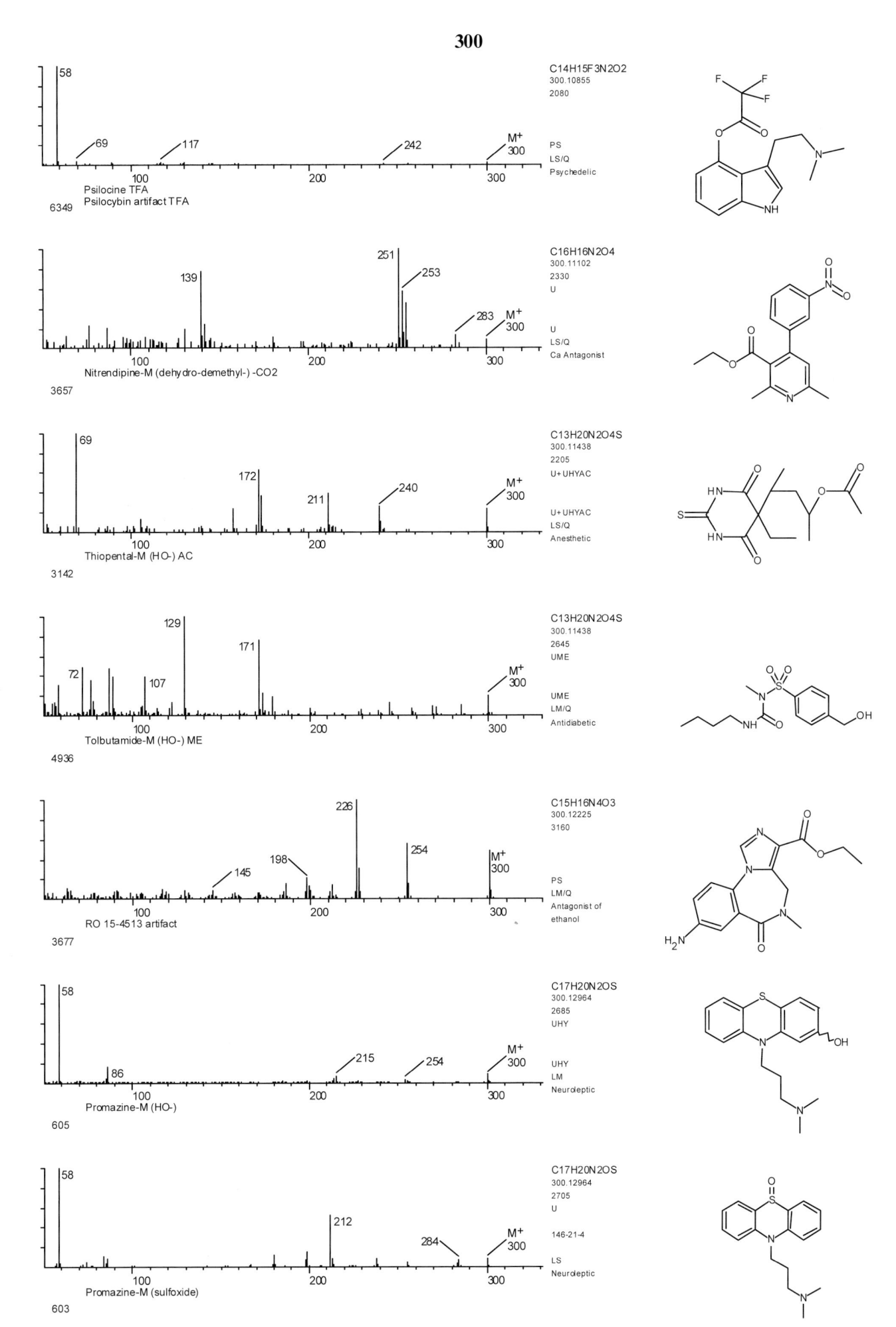

615

300

Promethazine-M (HO-)
C17H20N2OS
300.12964
2590
UHY
UHY
LS
Neuroleptic
609

Promethazine-M/artifact (sulfoxide)
C17H20N2OS
300.12964
2710
G P U+UHYAC
LM
Neuroleptic
606

Chlorcyclizine Cetirizine-M/artifact
Etodroxizine-M/artifact Hydroxyzine-M/artifact
Meclozine-M/artifact
C18H21ClN2
300.13934
2220
P-I U +UHYAC UME
82-93-9
UHY
LS/Q
Antihistamine
670

Clomipramine-M (nor-)
C18H21ClN2
300.13934
2620
303-48-0
PS
LM/Q
Antidepressant
7663

Azapropazone
C16H20N4O2
300.15863
2610
13539-59-8
PS
LM/Q
Antirheumatic
1955

Nicergoline-M/artifact (alcohol)
C18H24N2O2
300.18378
2515
#27848-84-6
PS
LM/Q
Vasodilator
5251

Dehydroabietic acid
C20H28O2
300.20892
2590*
P
1740-19-8
PS
LM/Q
Ingredient of colophony
4493

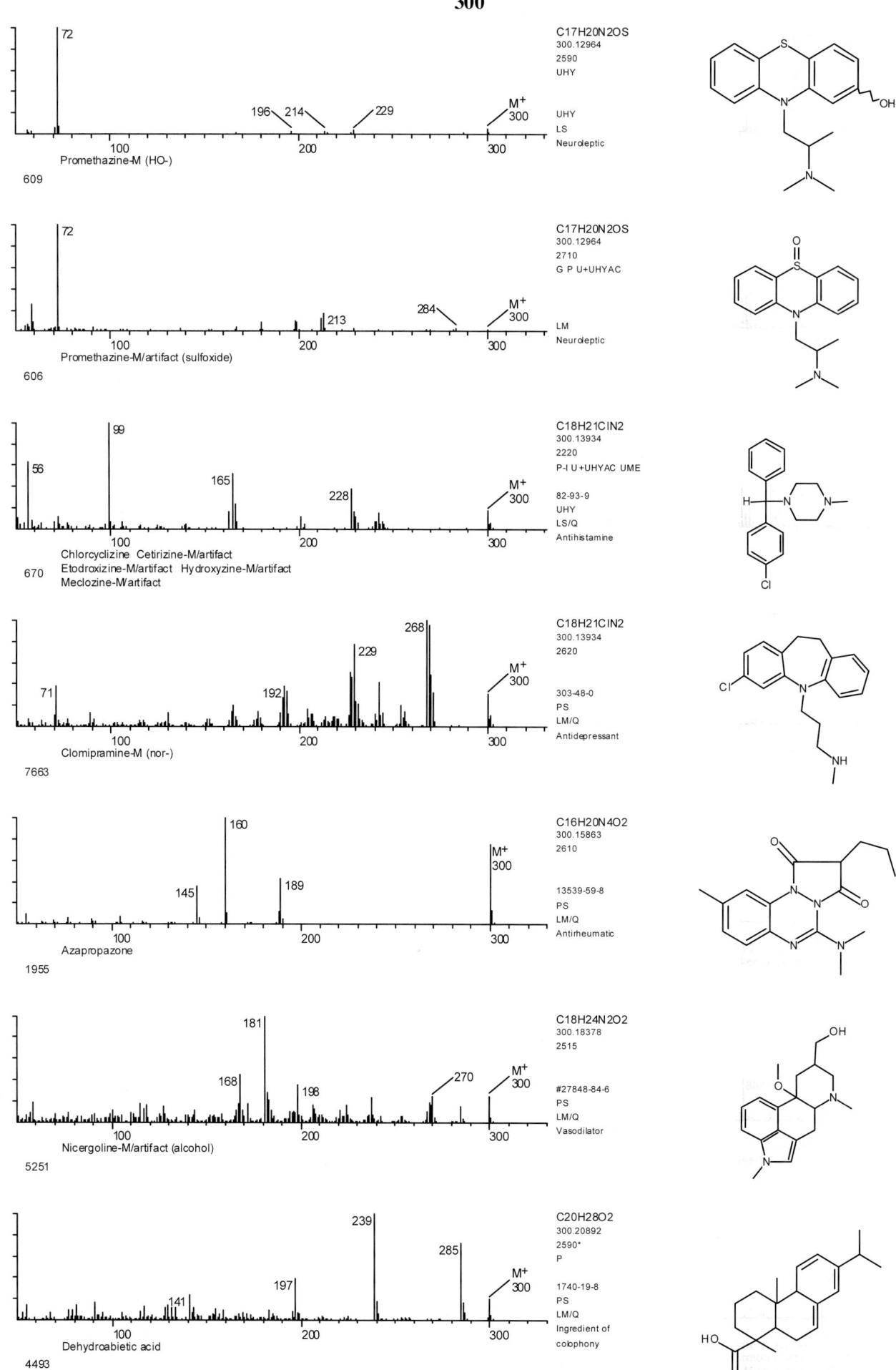

616

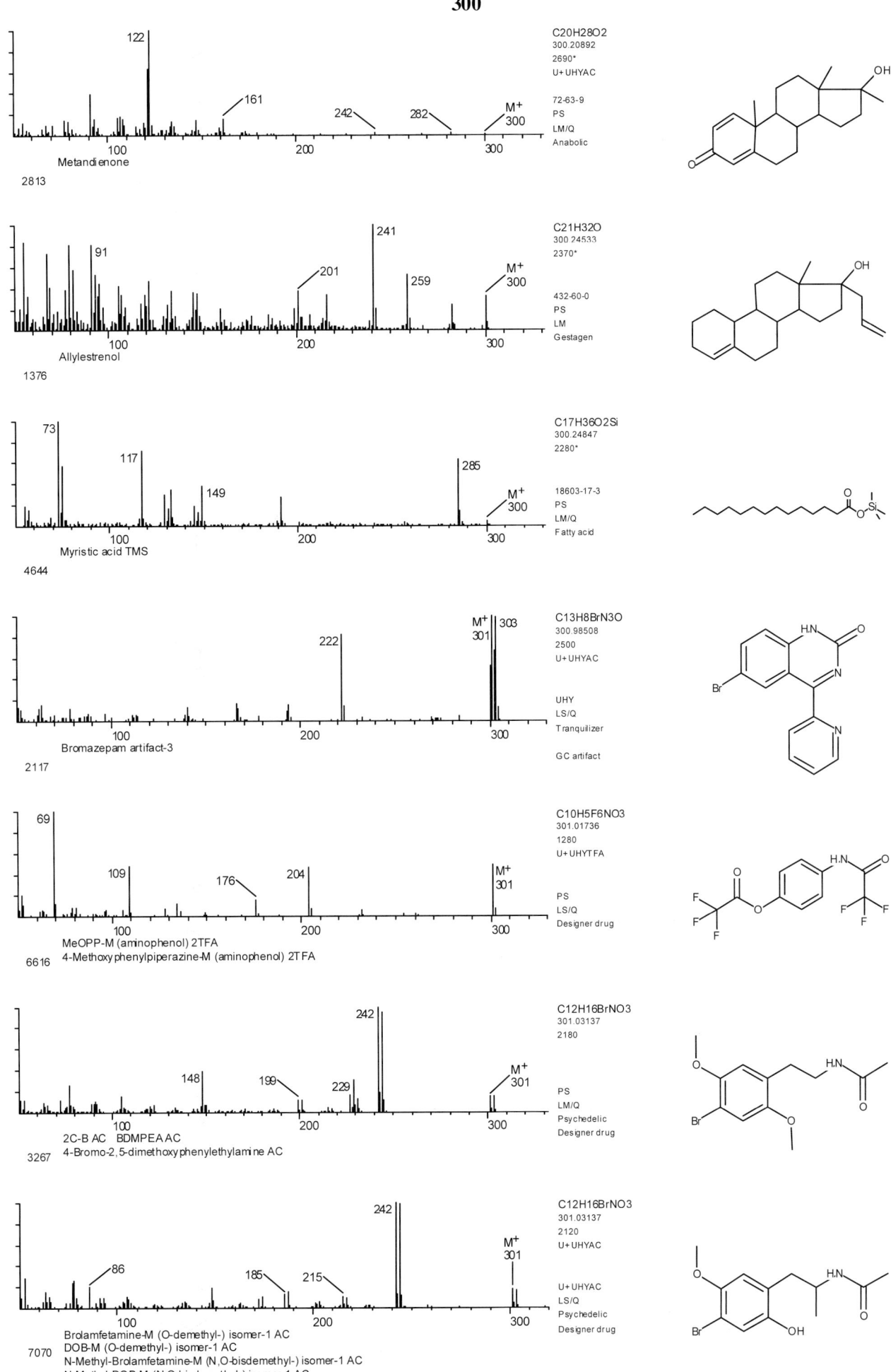

300

Metandienone — C20H28O2, 300.20892, 2690*, U+UHYAC, 72-63-9, PS, LM/Q, Anabolic
Peaks: 122, 161, 242, 282, M+ 300
2813

Allylestrenol — C21H32O, 300.24533, 2370*, 432-60-0, PS, LM, Gestagen
Peaks: 91, 201, 241, 259, M+ 300
1376

Myristic acid TMS — C17H36O2Si, 300.24847, 2280*, 18603-17-3, PS, LM/Q, Fatty acid
Peaks: 73, 117, 149, 285, M+ 300
4644

Bromazepam artifact-3 — C13H8BrN3O, 300.98508, 2500, U+UHYAC, UHY, LS/Q, Tranquilizer, GC artifact
Peaks: 222, M+ 301, 303
2117

MeOPP-M (aminophenol) 2TFA
4-Methoxyphenylpiperazine-M (aminophenol) 2TFA — C10H5F6NO3, 301.01736, 1280, U+UHYTFA, PS, LS/Q, Designer drug
Peaks: 69, 109, 176, 204, M+ 301
6616

2C-B AC   BDMPEA AC
4-Bromo-2,5-dimethoxyphenylethylamine AC — C12H16BrNO3, 301.03137, 2180, PS, LM/Q, Psychedelic, Designer drug
Peaks: 148, 199, 229, 242, M+ 301
3267

Brolamfetamine-M (O-demethyl-) isomer-1 AC
DOB-M (O-demethyl-) isomer-1 AC
N-Methyl-Brolamfetamine-M (N,O-bisdemethyl-) isomer-1 AC
N-Methyl-DOB-M (N,O-bisdemethyl-) isomer-1 AC — C12H16BrNO3, 301.03137, 2120, U+UHYAC, U+UHYAC, LS/Q, Psychedelic, Designer drug
Peaks: 86, 185, 215, 242, M+ 301
7070

301

7071
Brolamfetamine-M (O-demethyl-) isomer-2 AC
DOB-M (O-demethyl-) isomer-2 AC
N-Methyl-Brolamfetamine-M (N,O-bisdemethyl-) isomer-2 AC
N-Methyl-DOB-M (N,O-bisdemethyl-) isomer-2 AC

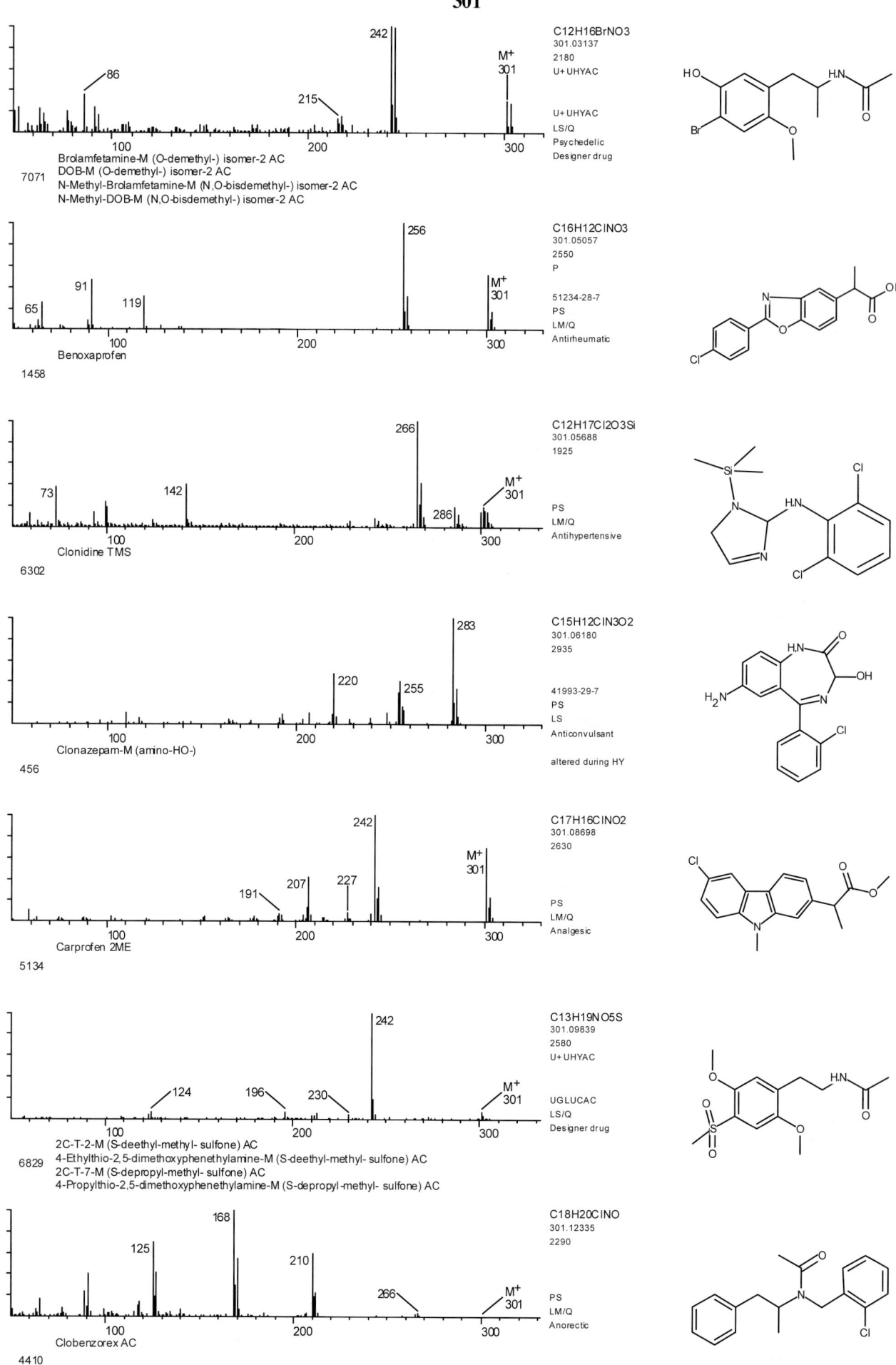

C12H16BrNO3
301.03137
2180
U+ UHYAC

U+ UHYAC
LS/Q
Psychedelic
Designer drug

1458 Benoxaprofen

C16H12ClNO3
301.05057
2550
P

51234-28-7
PS
LM/Q
Antirheumatic

6302 Clonidine TMS

C12H17Cl2O3Si
301.05688
1925

PS
LM/Q
Antihypertensive

456 Clonazepam-M (amino-HO-)

C15H12ClN3O2
301.06180
2935

41993-29-7
PS
LS
Anticonvulsant

altered during HY

5134 Carprofen 2ME

C17H16ClNO2
301.08698
2630

PS
LM/Q
Analgesic

6829
2C-T-2-M (S-deethyl-methyl- sulfone) AC
4-Ethylthio-2,5-dimethoxyphenethylamine-M (S-deethyl-methyl- sulfone) AC
2C-T-7-M (S-depropyl-methyl- sulfone) AC
4-Propylthio-2,5-dimethoxyphenethylamine-M (S-depropyl-methyl- sulfone) AC

C13H19NO5S
301.09839
2580
U+ UHYAC

UGLUCAC
LS/Q
Designer drug

4410 Clobenzorex AC

C18H20ClNO
301.12335
2290

PS
LM/Q
Anorectic

618

301

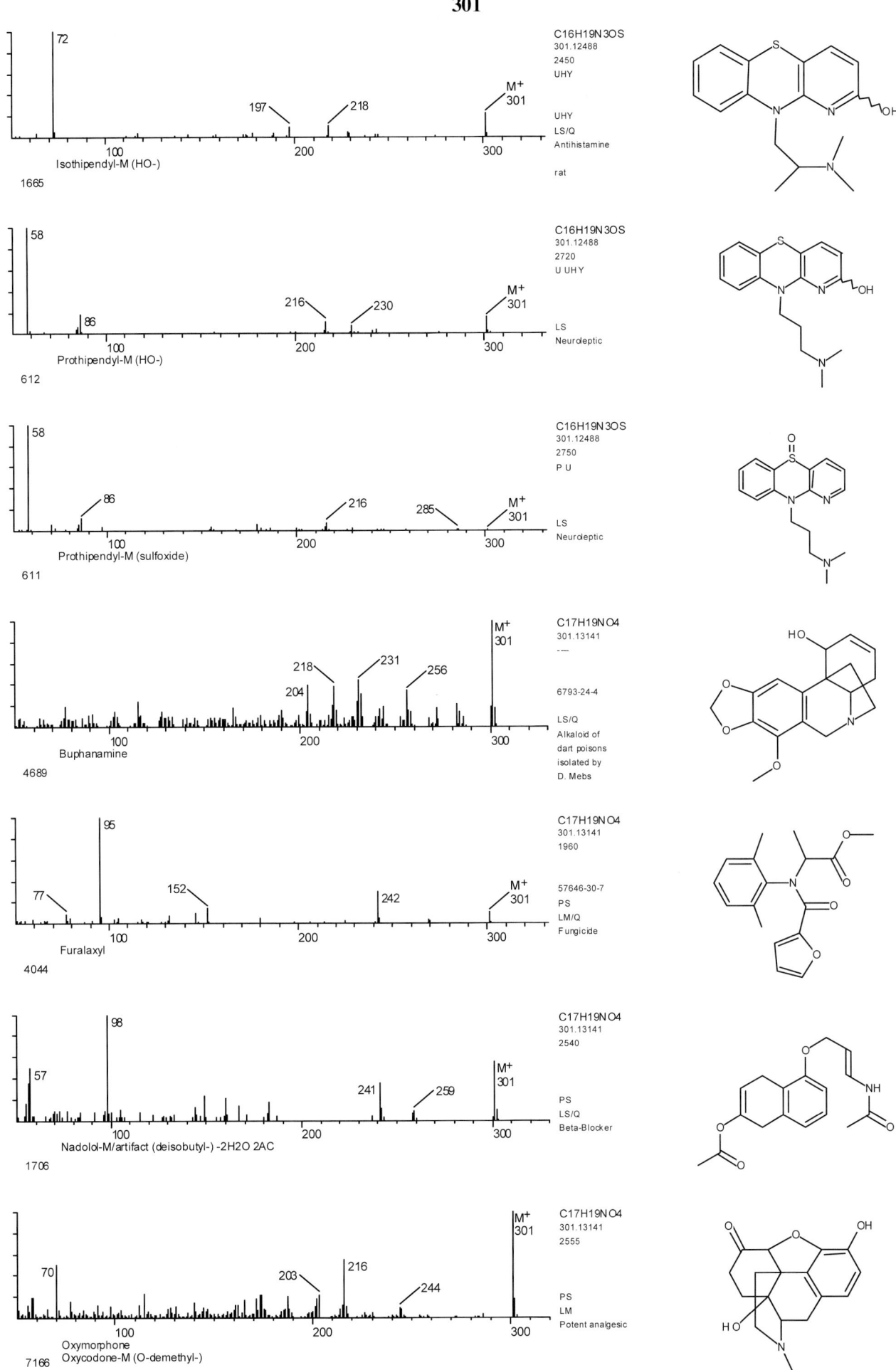

Isothipendyl-M (HO-)
1665
C16H19N3OS
301.12488
2450
UHY
UHY
LS/Q
Antihistamine
rat

Prothipendyl-M (HO-)
612
C16H19N3OS
301.12488
2720
U UH Y
LS
Neuroleptic

Prothipendyl-M (sulfoxide)
611
C16H19N3OS
301.12488
2750
P U
LS
Neuroleptic

Buphanamine
4689
C17H19NO4
301.13141
-—
6793-24-4
LS/Q
Alkaloid of dart poisons isolated by D. Mebs

Furalaxyl
4044
C17H19NO4
301.13141
1960
57646-30-7
PS
LM/Q
Fungicide

Nadolol-M/artifact (deisobutyl-) -2H2O 2AC
1706
C17H19NO4
301.13141
2540
PS
LS/Q
Beta-Blocker

Oxymorphone
Oxycodone-M (O-demethyl-)
7166
C17H19NO4
301.13141
2555
PS
LM
Potent analgesic

619

301

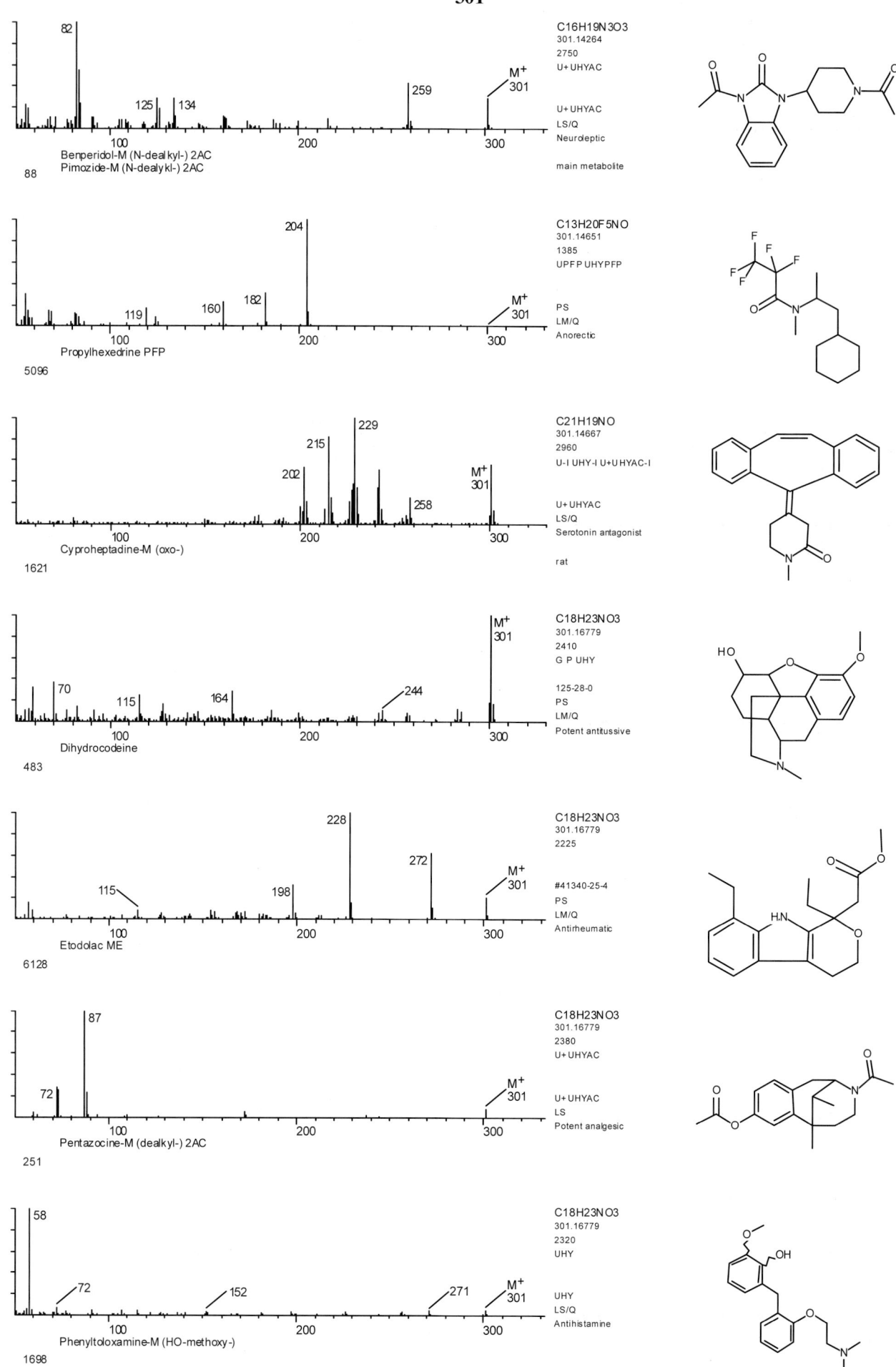

Benperidol-M (N-dealkyl-) 2AC
Pimozide-M (N-dealkl-) 2AC
88

C16H19N3O3
301.14264
2750
U+ UHYAC

U+ UHYAC
LS/Q
Neuroleptic
main metabolite

Propylhexedrine PFP
5096

C13H20F5NO
301.14651
1385
UPFP UHYPFP

PS
LM/Q
Anorectic

Cyproheptadine-M (oxo-)
1621

C21H19NO
301.14667
2960
U-I UHY-I U+UHYAC-I

U+ UHYAC
LS/Q
Serotonin antagonist
rat

Dihydrocodeine
483

C18H23NO3
301.16779
2410
G P UHY

125-28-0
PS
LM/Q
Potent antitussive

Etodolac ME
6128

C18H23NO3
301.16779
2225

#41340-25-4
PS
LM/Q
Antirheumatic

Pentazocine-M (dealkyl-) 2AC
251

C18H23NO3
301.16779
2380
U+ UHYAC

U+ UHYAC
LS
Potent analgesic

Phenyltoloxamine-M (HO-methoxy-)
1698

C18H23NO3
301.16779
2320
UHY

UHY
LS/Q
Antihistamine

620

301

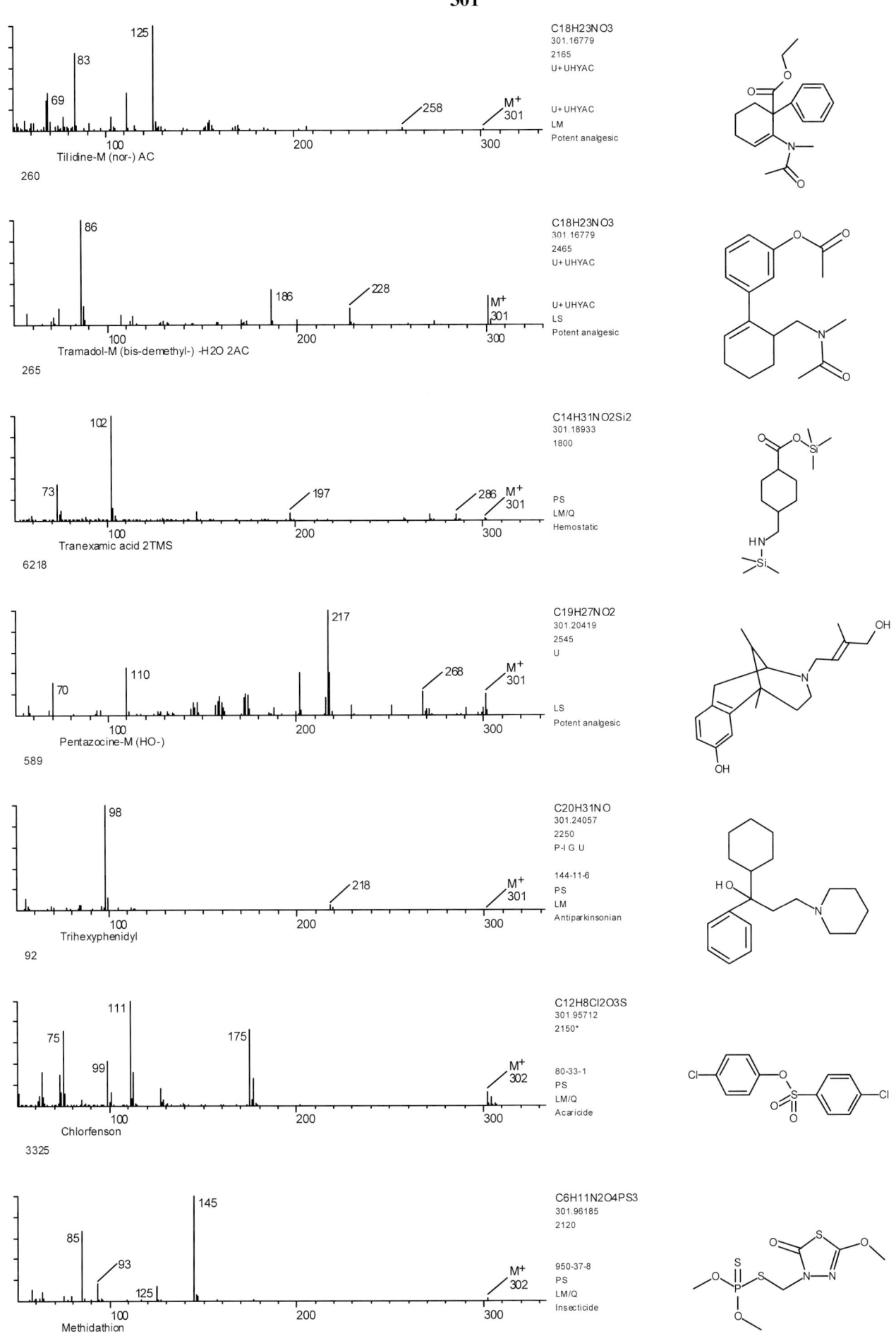

Spectrum	Formula / Info
Tilidine-M (nor-) AC — peaks 69, 83, 125, 258, M+ 301	C18H23NO3, 301.16779, 2165, U+ UHYAC, U+ UHYAC, LM, Potent analgesic
260	
Tramadol-M (bis-demethyl-) -H2O 2AC — peaks 86, 186, 228, M+ 301	C18H23NO3, 301.16779, 2465, U+ UHYAC, U+ UHYAC, LS, Potent analgesic
265	
Tranexamic acid 2TMS — peaks 73, 102, 197, 286, M+ 301	C14H31NO2Si2, 301.18933, 1800, PS, LM/Q, Hemostatic
6218	
Pentazocine-M (HO-) — peaks 70, 110, 217, 268, M+ 301	C19H27NO2, 301.20419, 2545, U, LS, Potent analgesic
589	
Trihexyphenidyl — peaks 98, 218, M+ 301	C20H31NO, 301.24057, 2250, P-I G U, 144-11-6, PS, LM, Antiparkinsonian
92	
Chlorfenson — peaks 75, 99, 111, 175, M+ 302	C12H8Cl2O3S, 301.95712, 2150*, 80-33-1, PS, LM/Q, Acaricide
3325	
Methidathion — peaks 85, 93, 125, 145, M+ 302	C6H11N2O4PS3, 301.96185, 2120, 950-37-8, PS, LM/Q, Insecticide
3856	

302

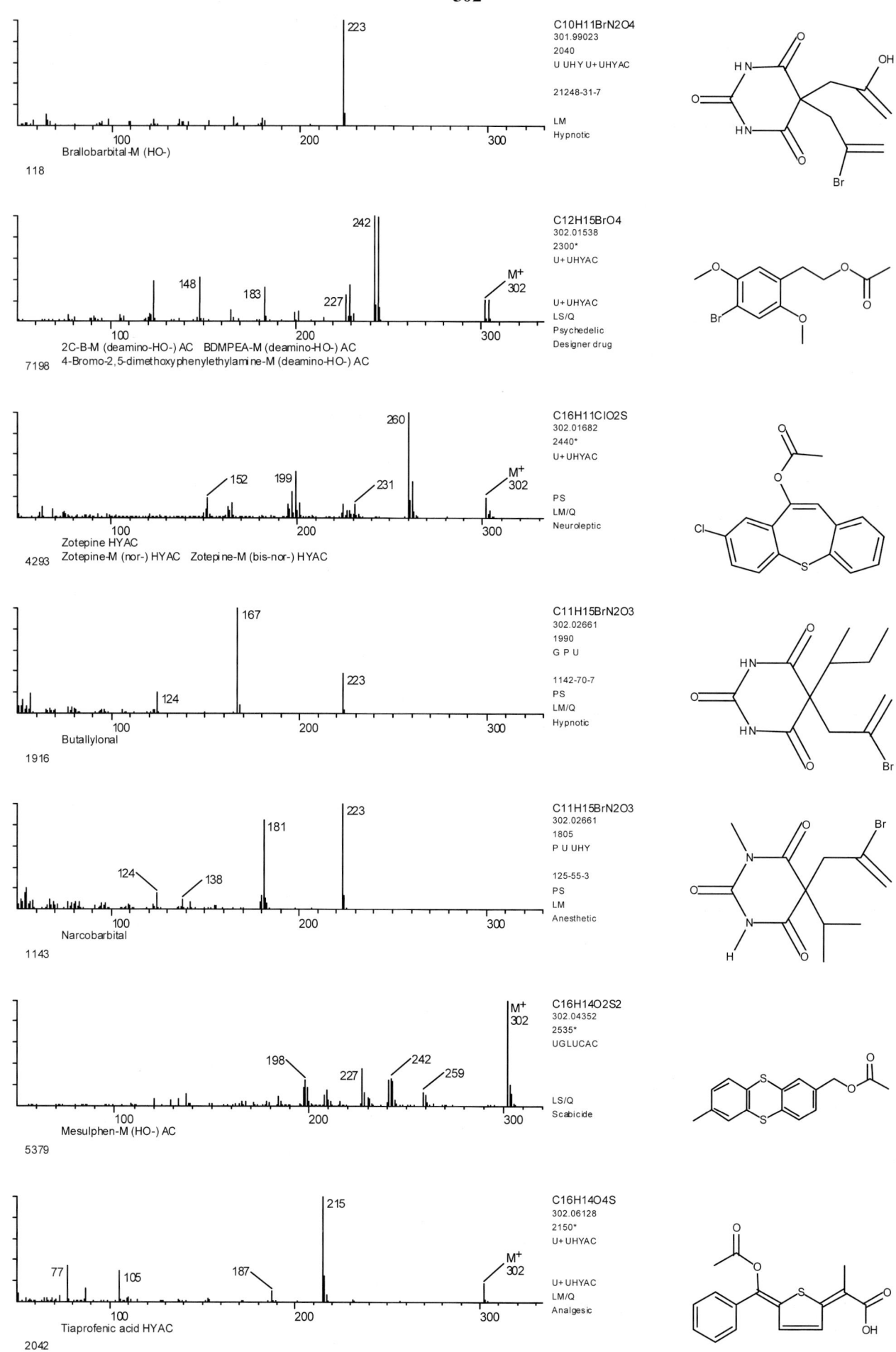

Brallobarbital-M (HO-) — 118
C10H11BrN2O4
301.99023
2040
U UHY U+ UHYAC
21248-31-7
LM
Hypnotic
Peaks: 223

2C-B-M (deamino-HO-) AC BDMPEA-M (deamino-HO-) AC
4-Bromo-2,5-dimethoxyphenylethylamine-M (deamino-HO-) AC — 7198
C12H15BrO4
302.01538
2300*
U+ UHYAC
U+ UHYAC
LS/Q
Psychedelic
Designer drug
Peaks: 148, 183, 227, 242, M+ 302

Zotepine HYAC Zotepine-M (nor-) HYAC Zotepine-M (bis-nor-) HYAC — 4293
C16H11ClO2S
302.01682
2440*
U+ UHYAC
PS
LM/Q
Neuroleptic
Peaks: 152, 199, 231, 260, M+ 302

Butallylonal — 1916
C11H15BrN2O3
302.02661
1990
G P U
1142-70-7
PS
LM/Q
Hypnotic
Peaks: 124, 167, 223

Narcobarbital — 1143
C11H15BrN2O3
302.02661
1805
P U UHY
125-55-3
PS
LM
Anesthetic
Peaks: 124, 138, 181, 223

Mesulphen-M (HO-) AC — 5379
C16H14O2S2
302.04352
2535*
U GLUC AC
LS/Q
Scabicide
Peaks: 198, 227, 242, 259, M+ 302

Tiaprofenic acid HYAC — 2042
C16H14O4S
302.06128
2150*
U+ UHYAC
U+ UHYAC
LM/Q
Analgesic
Peaks: 77, 105, 187, 215, M+ 302

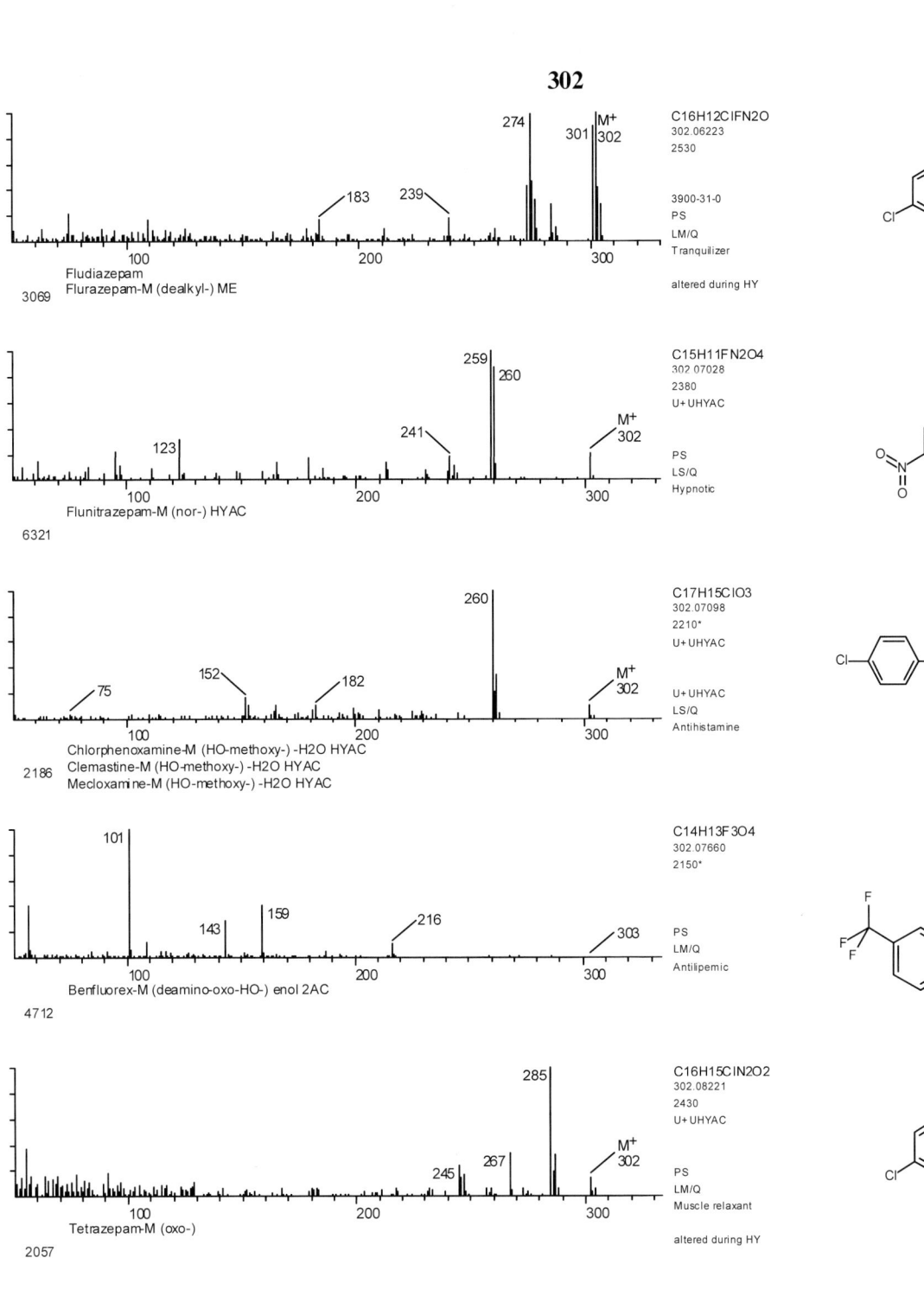

302

Fludiazepam
Flurazepam-M (dealkyl-) ME
3069

C16H12ClFN2O
302.06223
2530

3900-31-0
PS
LM/Q
Tranquilizer

altered during HY

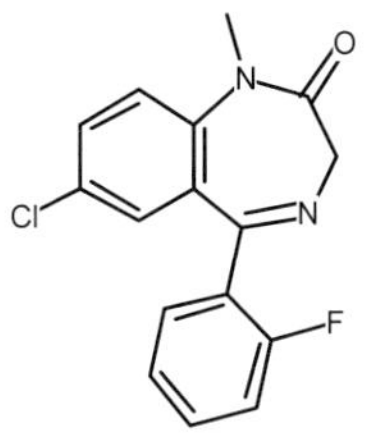

Flunitrazepam-M (nor-) HYAC
6321

C15H11FN2O4
302.07028
2380
U+ UHYAC

PS
LS/Q
Hypnotic

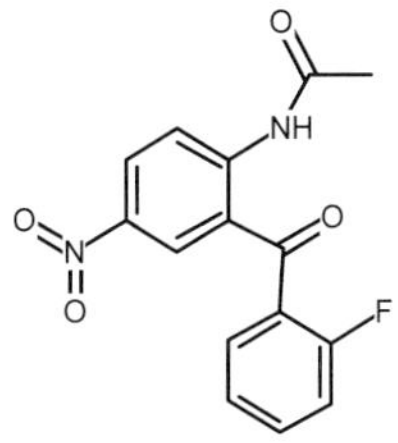

Chlorphenoxamine-M (HO-methoxy-) -H2O HYAC
Clemastine-M (HO-methoxy-) -H2O HYAC
Mecloxamine-M (HO-methoxy-) -H2O HYAC
2186

C17H15ClO3
302.07098
2210*
U+ UHYAC

U+ UHYAC
LS/Q
Antihistamine

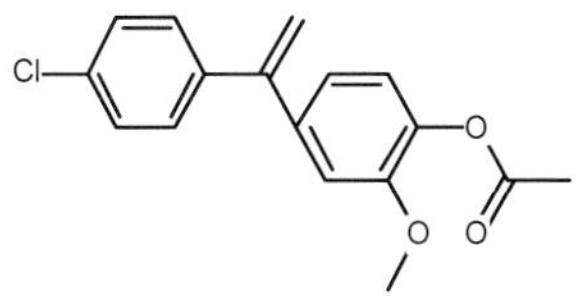

Benfluorex-M (deamino-oxo-HO-) enol 2AC
4712

C14H13F3O4
302.07660
2150*

PS
LM/Q
Antilipemic

Tetrazepam-M (oxo-)
2057

C16H15ClN2O2
302.08221
2430
U+ UHYAC

PS
LM/Q
Muscle relaxant

altered during HY

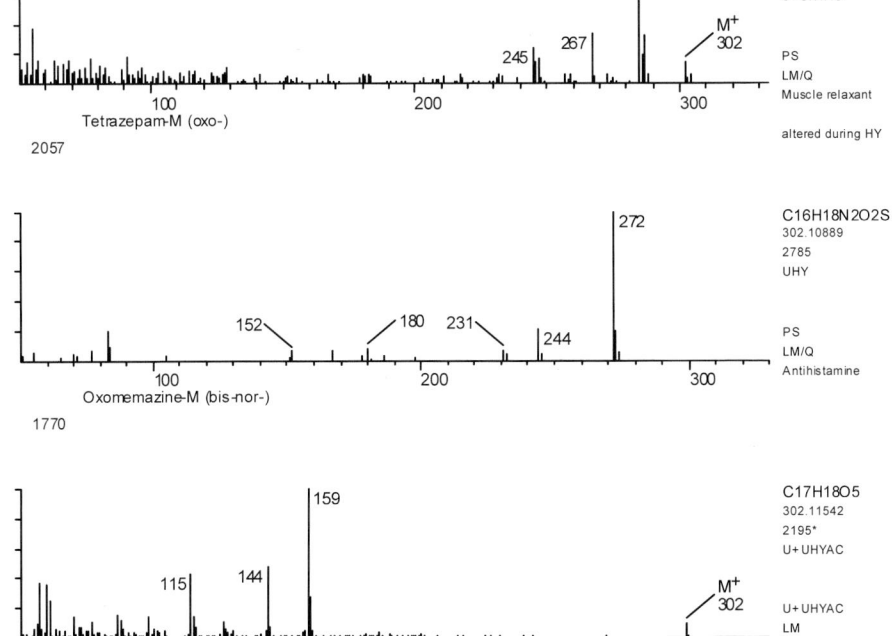

Oxomemazine-M (bis-nor-)
1770

C16H18N2O2S
302.10889
2785
UHY

PS
LM/Q
Antihistamine

Propranolol-M (deamino-HO-) 2AC
934

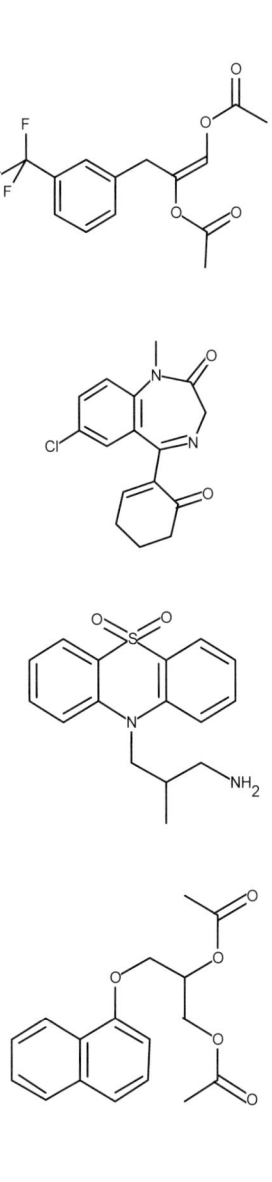

C17H18O5
302.11542
2195*
U+ UHYAC

U+ UHYAC
LM
Beta-Blocker

623

302

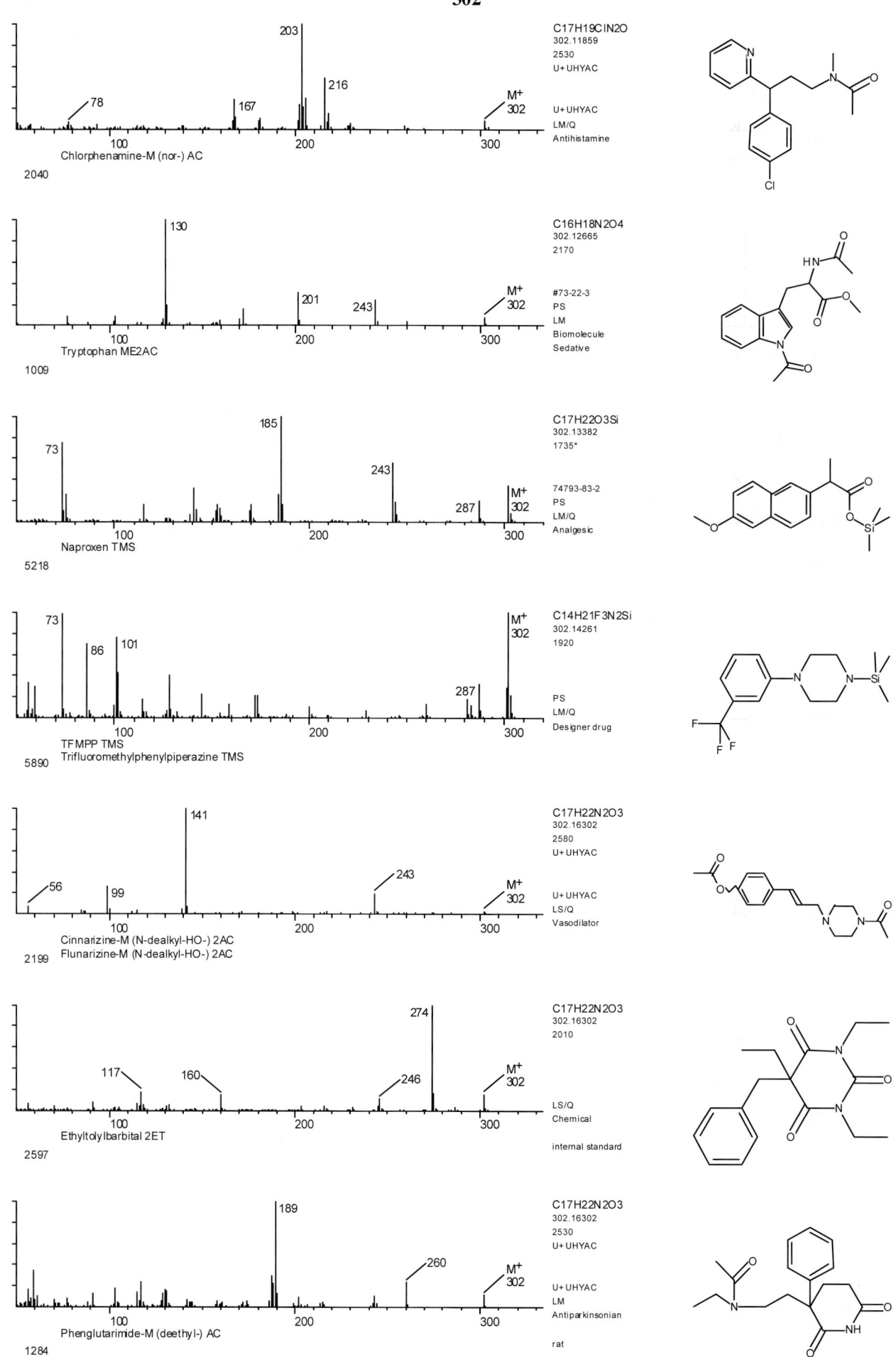

Chlorphenamine-M (nor-) AC
C17H19ClN2O
302.11859
2530
U+ UHYAC
U+ UHYAC
LM/Q
Antihistamine

Tryptophan ME2AC
C16H18N2O4
302.12665
2170
#73-22-3
PS
LM
Biomolecule
Sedative

Naproxen TMS
C17H22O3Si
302.13382
1735*
74793-83-2
PS
LM/Q
Analgesic

TFMPP TMS
Trifluoromethylphenylpiperazine TMS
C14H21F3N2Si
302.14261
1920
PS
LM/Q
Designer drug

Cinnarizine-M (N-dealkyl-HO-) 2AC
Flunarizine-M (N-dealkyl-HO-) 2AC
C17H22N2O3
302.16302
2580
U+ UHYAC
U+ UHYAC
LS/Q
Vasodilator

Ethyltolylbarbital 2ET
C17H22N2O3
302.16302
2010
LS/Q
Chemical
internal standard

Phenglutarimide-M (deethyl-) AC
C17H22N2O3
302.16302
2530
U+ UHYAC
U+ UHYAC
LM
Antiparkinsonian
rat

302

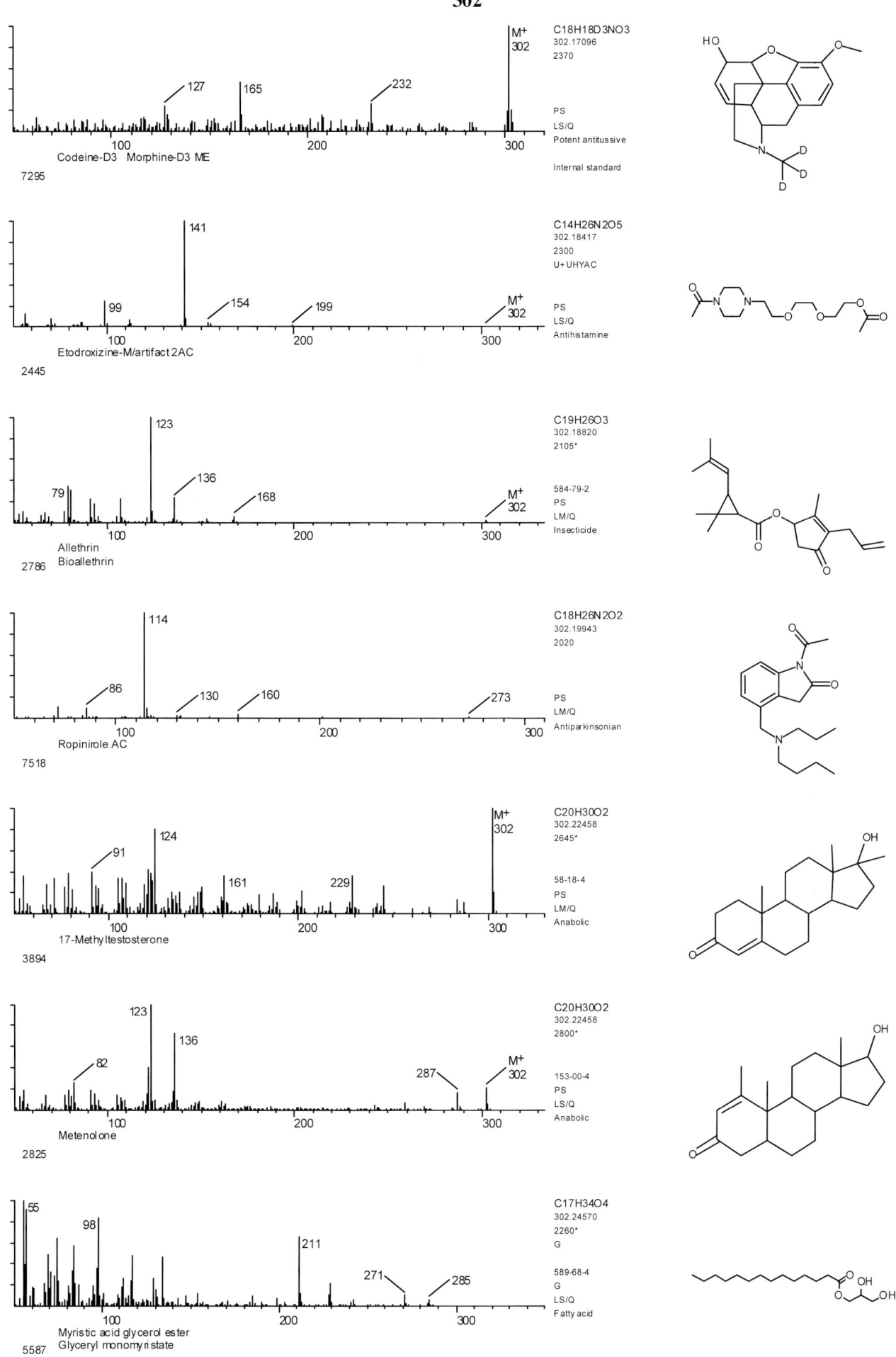

Codeine-D3 Morphine-D3 ME
7295
C18H18D3NO3
302.17096
2370
PS
LS/Q
Potent antitussive
Internal standard

Etodroxizine-M/artifact 2AC
2445
C14H26N2O5
302.18417
2300
U+UHYAC
PS
LS/Q
Antihistamine

Allethrin
Bioallethrin
2786
C19H26O3
302.18820
2105*
584-79-2
PS
LM/Q
Insecticide

Ropinirole AC
7518
C18H26N2O2
302.19943
2020
PS
LM/Q
Antiparkinsonian

17-Methyltestosterone
3894
C20H30O2
302.22458
2645*
58-18-4
PS
LM/Q
Anabolic

Metenolone
2825
C20H30O2
302.22458
2800*
153-00-4
PS
LS/Q
Anabolic

Myristic acid glycerol ester
Glyceryl monomyristate
5587
C17H34O4
302.24570
2260*
G
589-68-4
G
LS/Q
Fatty acid

303

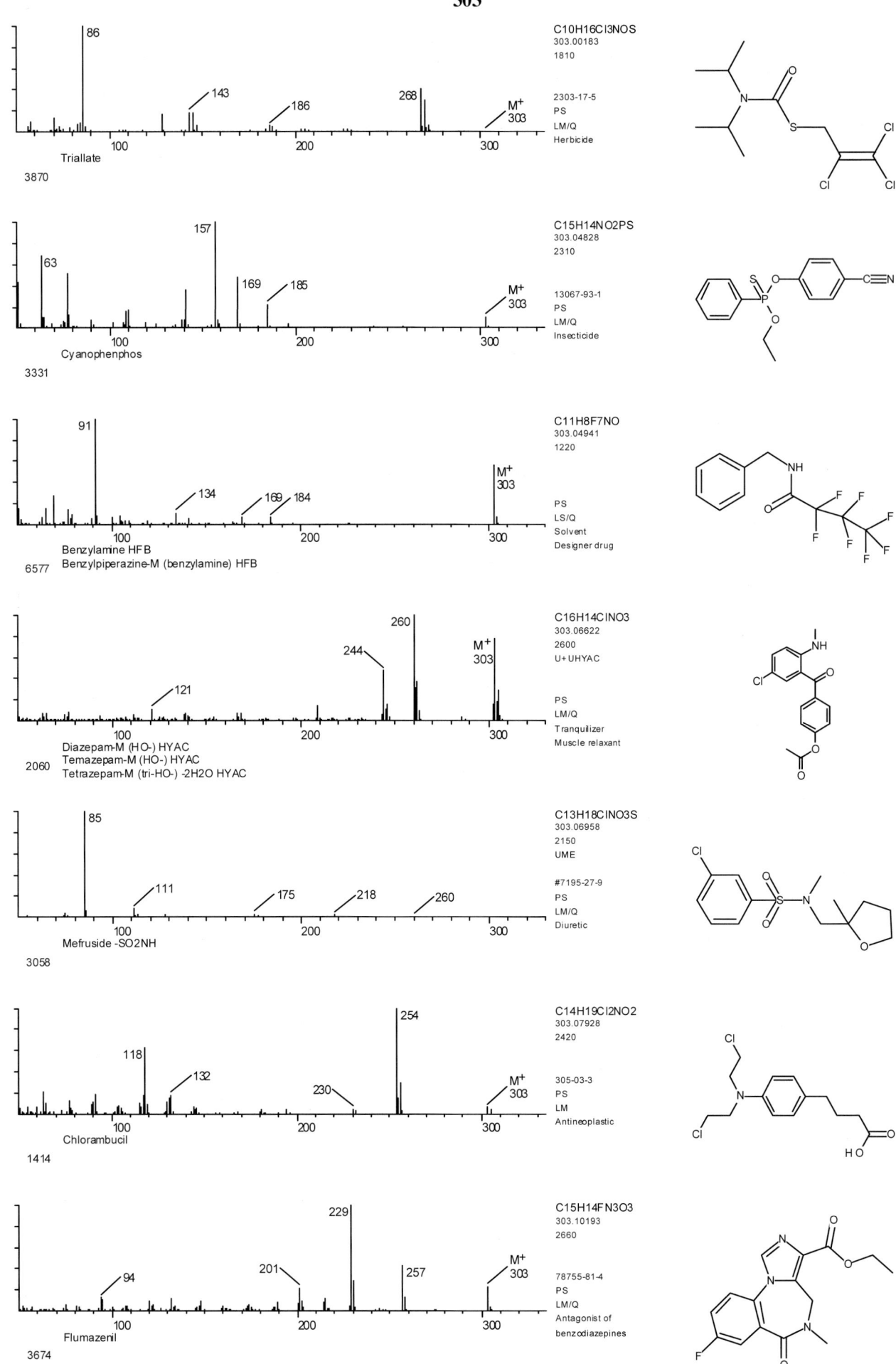

Triallate — C10H16Cl3NOS, 303.00183, 1810
2303-17-5, PS, LM/Q, Herbicide
Peaks: 86, 143, 186, 268, M+ 303
3870

Cyanophenphos — C15H14NO2PS, 303.04828, 2310
13067-93-1, PS, LM/Q, Insecticide
Peaks: 63, 157, 169, 185, M+ 303
3331

Benzylamine HFB / Benzylpiperazine-M (benzylamine) HFB — C11H8F7NO, 303.04941, 1220
PS, LS/Q, Solvent, Designer drug
Peaks: 91, 134, 169, 184, M+ 303
6577

Diazepam-M (HO-) HYAC / Temazepam-M (HO-) HYAC / Tetrazepam-M (tri-HO-) -2H2O HYAC — C16H14ClNO3, 303.06622, 2600
U+ UHYAC, PS, LM/Q, Tranquilizer, Muscle relaxant
Peaks: 121, 244, 260, M+ 303
2060

Mefruside -SO2NH — C13H18ClNO3S, 303.06958, 2150
UME, #7195-27-9, PS, LM/Q, Diuretic
Peaks: 85, 111, 175, 218, 260
3058

Chlorambucil — C14H19Cl2NO2, 303.07928, 2420
305-03-3, PS, LM, Antineoplastic
Peaks: 118, 132, 230, 254, M+ 303
1414

Flumazenil — C15H14FN3O3, 303.10193, 2660
78755-81-4, PS, LM/Q, Antagonist of benzodiazepines
Peaks: 94, 201, 229, 257, M+ 303
3674

303

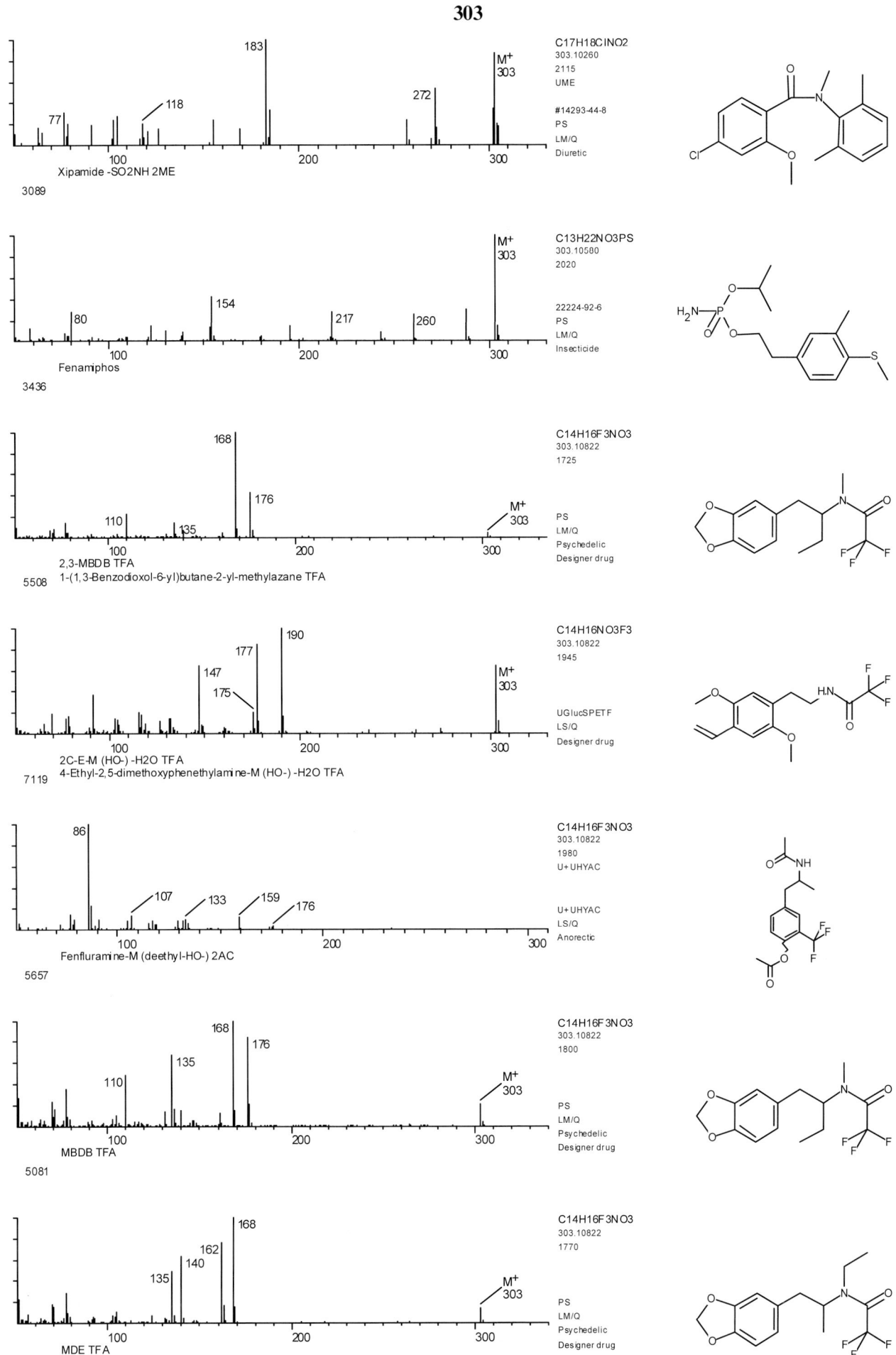

C17H18ClNO2
303.10260
2115
UME

#14293-44-8
PS
LM/Q
Diuretic

Xipamide -SO2NH 2ME
3089

C13H22NO3PS
303.10580
2020

22224-92-6
PS
LM/Q
Insecticide

Fenamiphos
3436

C14H16F3NO3
303.10822
1725

PS
LM/Q
Psychedelic
Designer drug

2,3-MBDB TFA
1-(1,3-Benzodioxol-6-yl)butane-2-yl-methylazane TFA
5508

C14H16NO3F3
303.10822
1945

UGlucSPETF
LS/Q
Designer drug

2C-E-M (HO-) -H2O TFA
4-Ethyl-2,5-dimethoxyphenethylamine-M (HO-) -H2O TFA
7119

C14H16F3NO3
303.10822
1980
U+ UHYAC

U+ UHYAC
LS/Q
Anorectic

Fenfluramine-M (deethyl-HO-) 2AC
5657

C14H16F3NO3
303.10822
1800

PS
LM/Q
Psychedelic
Designer drug

MBDB TFA
5081

C14H16F3NO3
303.10822
1770

PS
LM/Q
Psychedelic
Designer drug

MDE TFA
5080

627

303

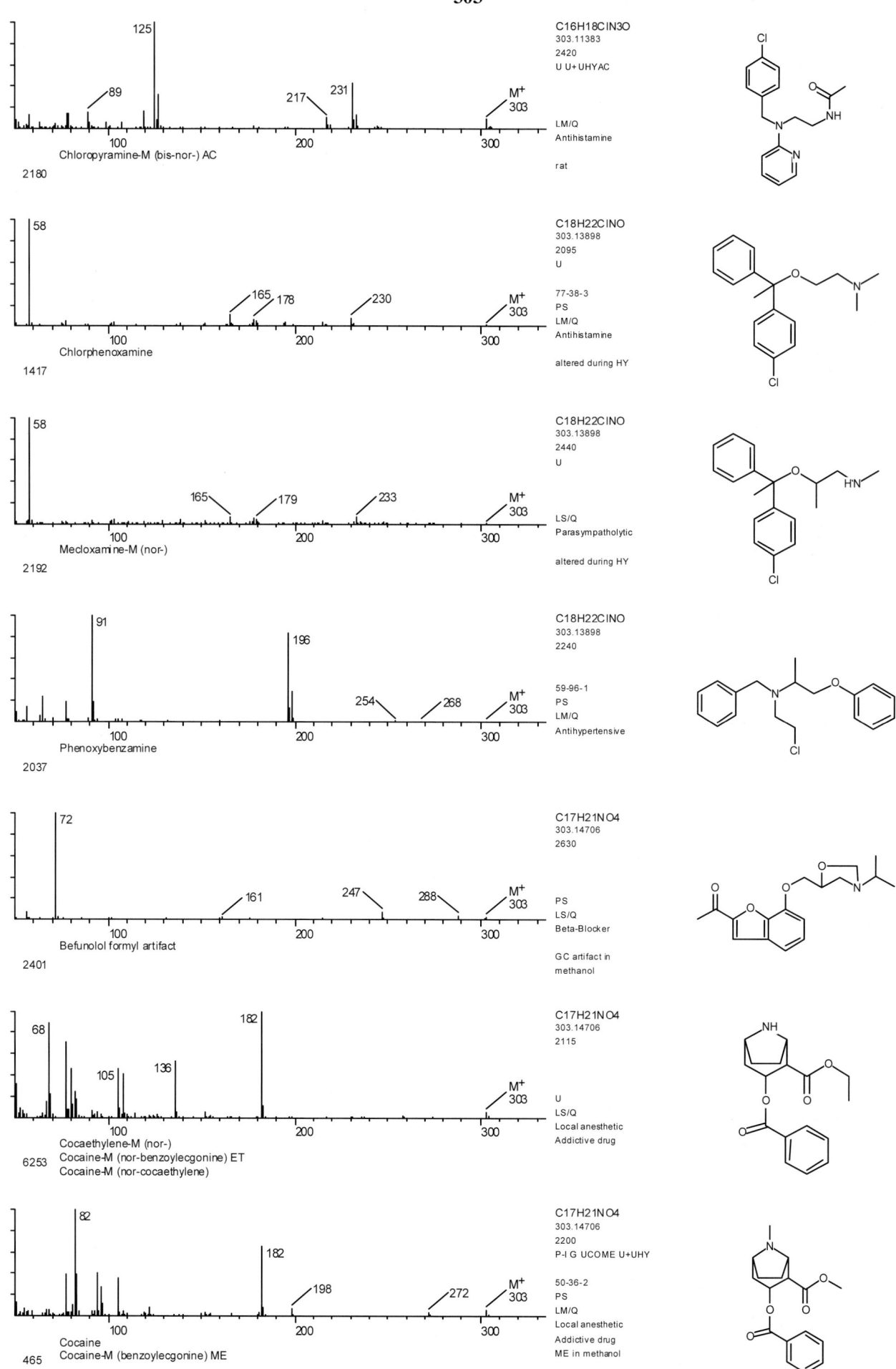

Chloropyramine-M (bis-nor-) AC
2180
C16H18ClN3O
303.11383
2420
U U+ UHYAC
LM/Q
Antihistamine
rat

Chlorphenoxamine
1417
C18H22ClNO
303.13898
2095
U
77-38-3
PS
LM/Q
Antihistamine
altered during HY

Mecloxamine-M (nor-)
2192
C18H22ClNO
303.13898
2440
U
LS/Q
Parasympatholytic
altered during HY

Phenoxybenzamine
2037
C18H22ClNO
303.13898
2240
59-96-1
PS
LM/Q
Antihypertensive

Befunolol formyl artifact
2401
C17H21NO4
303.14706
2630
PS
LS/Q
Beta-Blocker
GC artifact in methanol

Cocaethylene-M (nor-)
Cocaine-M (nor-benzoylecgonine) ET
Cocaine-M (nor-cocaethylene)
6253
C17H21NO4
303.14706
2115
U
LS/Q
Local anesthetic
Addictive drug

Cocaine
Cocaine-M (benzoylecgonine) ME
465
C17H21NO4
303.14706
2200
P-I G UCOME U+UHY
50-36-2
PS
LM/Q
Local anesthetic
Addictive drug
ME in methanol

628

303

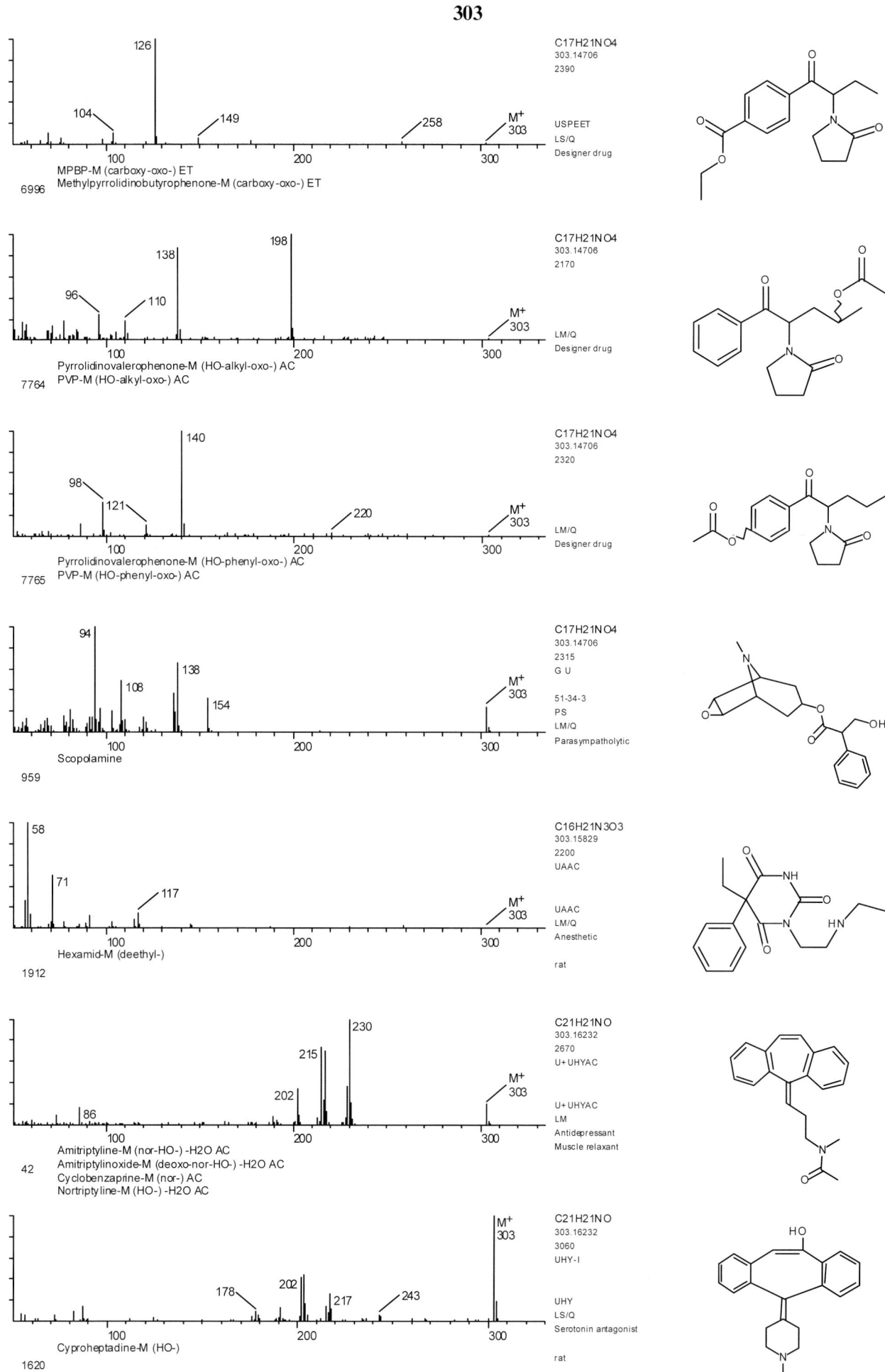

126, 104, 149, 258, M+ 303	C17H21NO4 303.14706 2390 USPEET LS/Q Designer drug

MPBP-M (carboxy-oxo-) ET
Methylpyrrolidinobutyrophenone-M (carboxy-oxo-) ET
6996

198, 138, 96, 110, M+ 303	C17H21NO4 303.14706 2170 LM/Q Designer drug

Pyrrolidinovalerophenone-M (HO-alkyl-oxo-) AC
PVP-M (HO-alkyl-oxo-) AC
7764

140, 98, 121, 220, M+ 303	C17H21NO4 303.14706 2320 LM/Q Designer drug

Pyrrolidinovalerophenone-M (HO-phenyl-oxo-) AC
PVP-M (HO-phenyl-oxo-) AC
7765

94, 108, 138, 154, M+ 303	C17H21NO4 303.14706 2315 G U 51-34-3 PS LM/Q Parasympatholytic

Scopolamine
959

58, 71, 117, M+ 303	C16H21N3O3 303.15829 2200 UAAC UAAC LM/Q Anesthetic rat

Hexamid-M (deethyl-)
1912

230, 215, 202, 86, M+ 303	C21H21NO 303.16232 2670 U+ UHYAC U+ UHYAC LM Antidepressant Muscle relaxant

Amitriptyline-M (nor-HO-) -H2O AC
Amitriptylinoxide-M (deoxo-nor-HO-) -H2O AC
Cyclobenzaprine-M (nor-) AC
Nortriptyline-M (HO-) -H2O AC
42

M+ 303, 178, 202, 217, 243	C21H21NO 303.16232 3060 UHY-I UHY LS/Q Serotonin antagonist rat

Cyproheptadine-M (HO-)
1620

303

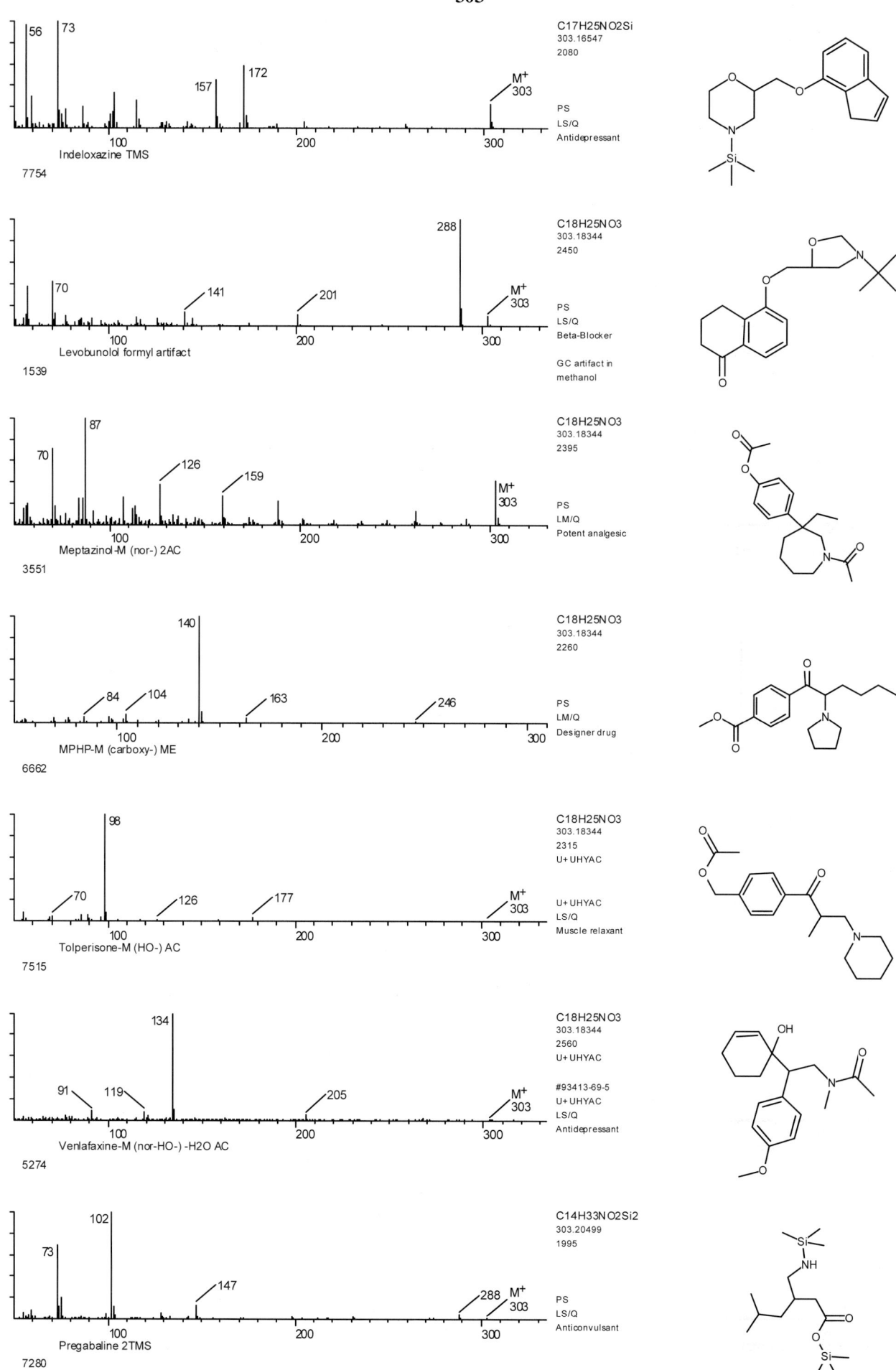

Indeloxazine TMS 7754	C17H25NO2Si 303.16547 2080 PS LS/Q Antidepressant
Levobunolol formyl artifact 1539	C18H25NO3 303.18344 2450 PS LS/Q Beta-Blocker GC artifact in methanol
Meptazinol-M (nor-) 2AC 3551	C18H25NO3 303.18344 2395 PS LM/Q Potent analgesic
MPHP-M (carboxy-) ME 6662	C18H25NO3 303.18344 2260 PS LM/Q Designer drug
Tolperisone-M (HO-) AC 7515	C18H25NO3 303.18344 2315 U+ UHYAC U+ UHYAC LS/Q Muscle relaxant
Venlafaxine-M (nor-HO-) -H2O AC 5274	C18H25NO3 303.18344 2560 U+ UHYAC #93413-69-5 U+ UHYAC LS/Q Antidepressant
Pregabaline 2TMS 7280	C14H33NO2Si2 303.20499 1995 PS LS/Q Anticonvulsant

630

303

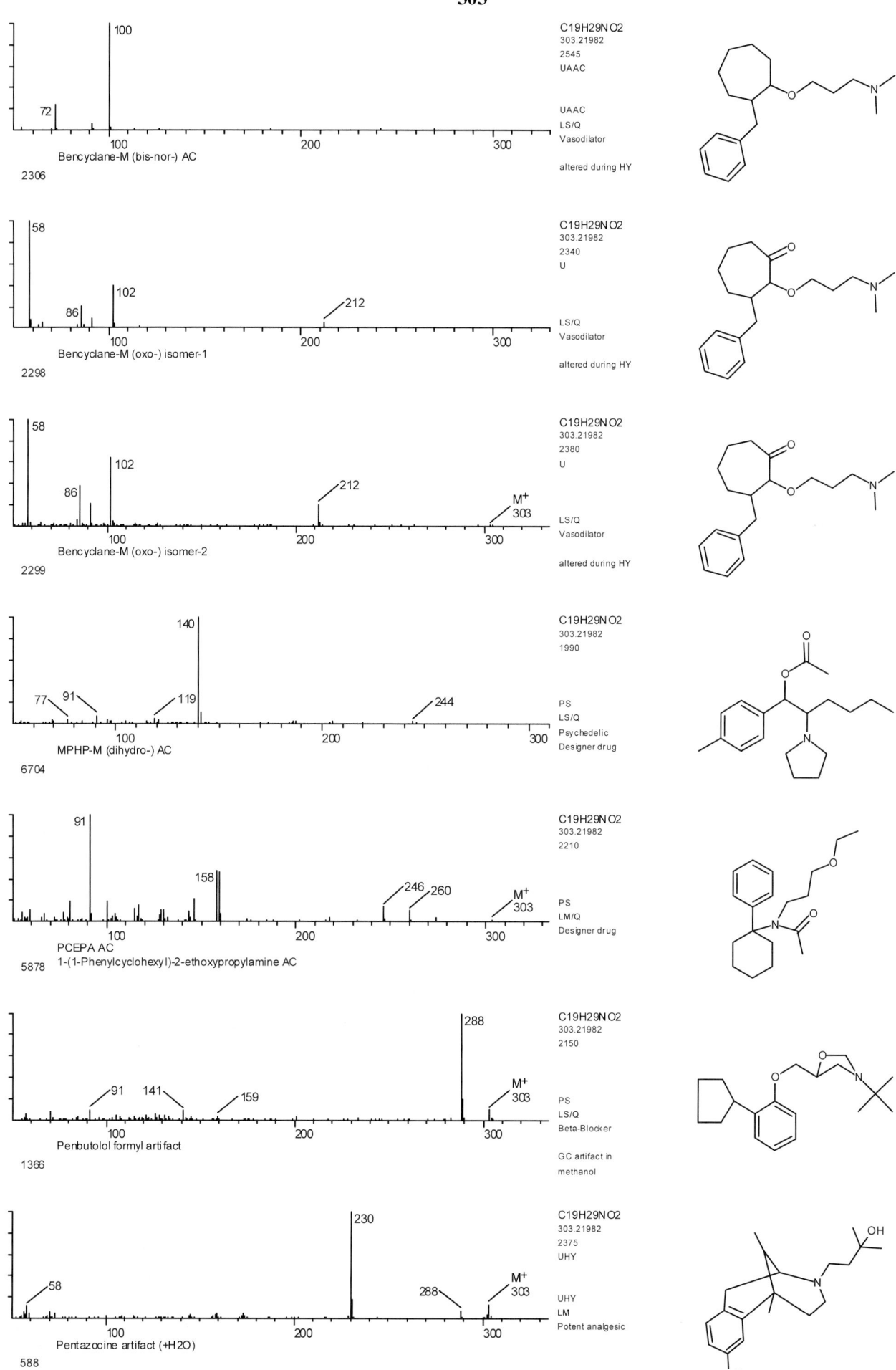

C19H29NO2
303.21982
2545
UAAC

UAAC
LS/Q
Vasodilator

altered during HY

Bencyclane-M (bis-nor-) AC
2306

C19H29NO2
303.21982
2340
U

LS/Q
Vasodilator

altered during HY

Bencyclane-M (oxo-) isomer-1
2298

C19H29NO2
303.21982
2380
U

LS/Q
Vasodilator

altered during HY

Bencyclane-M (oxo-) isomer-2
2299

C19H29NO2
303.21982
1990

PS
LS/Q
Psychedelic
Designer drug

MPHP-M (dihydro-) AC
6704

C19H29NO2
303.21982
2210

PS
LM/Q
Designer drug

PCEPA AC
1-(1-Phenylcyclohexyl)-2-ethoxypropylamine AC
5878

C19H29NO2
303.21982
2150

PS
LS/Q
Beta-Blocker

GC artifact in methanol

Penbutolol formyl artifact
1366

C19H29NO2
303.21982
2375
UHY

UHY
LM
Potent analgesic

Pentazocine artifact (+H2O)
588

303

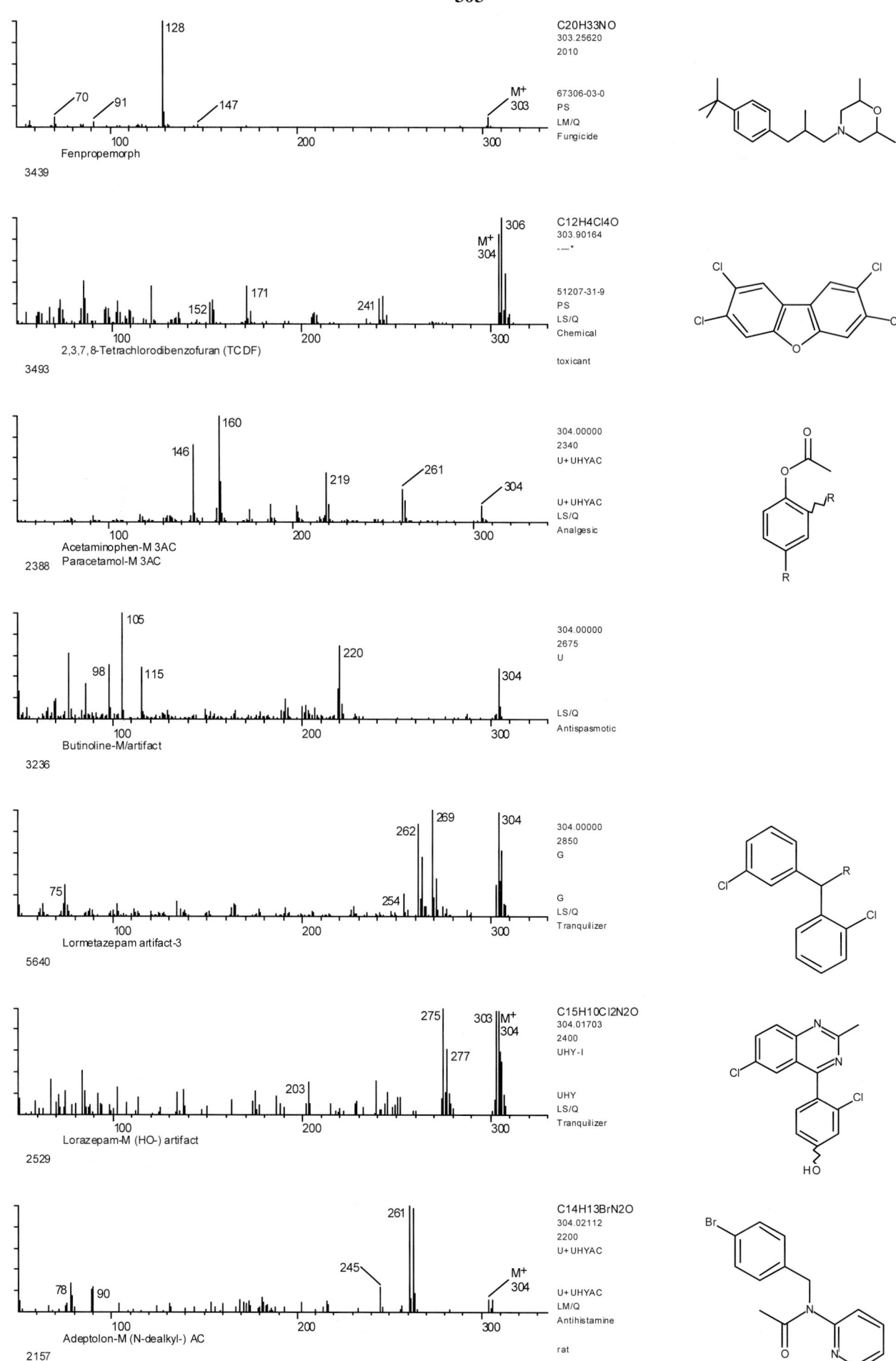

Fenpropemorph
C20H33NO
303.25620
2010
67306-03-0
PS
LM/Q
Fungicide
3439

2,3,7,8-Tetrachlorodibenzofuran (TCDF)
C12H4Cl4O
303.90164
-.--*
51207-31-9
PS
LS/Q
Chemical
toxicant
3493

Acetaminophen-M 3AC
Paracetamol-M 3AC
304.00000
2340
U+ UHYAC
U+ UHYAC
LS/Q
Analgesic
2388

Butinoline-M/artifact
304.00000
2675
U
LS/Q
Antispasmotic
3236

Lormetazepam artifact-3
304.00000
2850
G
G
LS/Q
Tranquilizer
5640

Lorazepam-M (HO-) artifact
C15H10Cl2N2O
304.01703
2400
UHY-I
UHY
LS/Q
Tranquilizer
2529

Adeptolon-M (N-dealkyl-) AC
C14H13BrN2O
304.02112
2200
U+ UHYAC
U+ UHYAC
LM/Q
Antihistamine
rat
2157

304

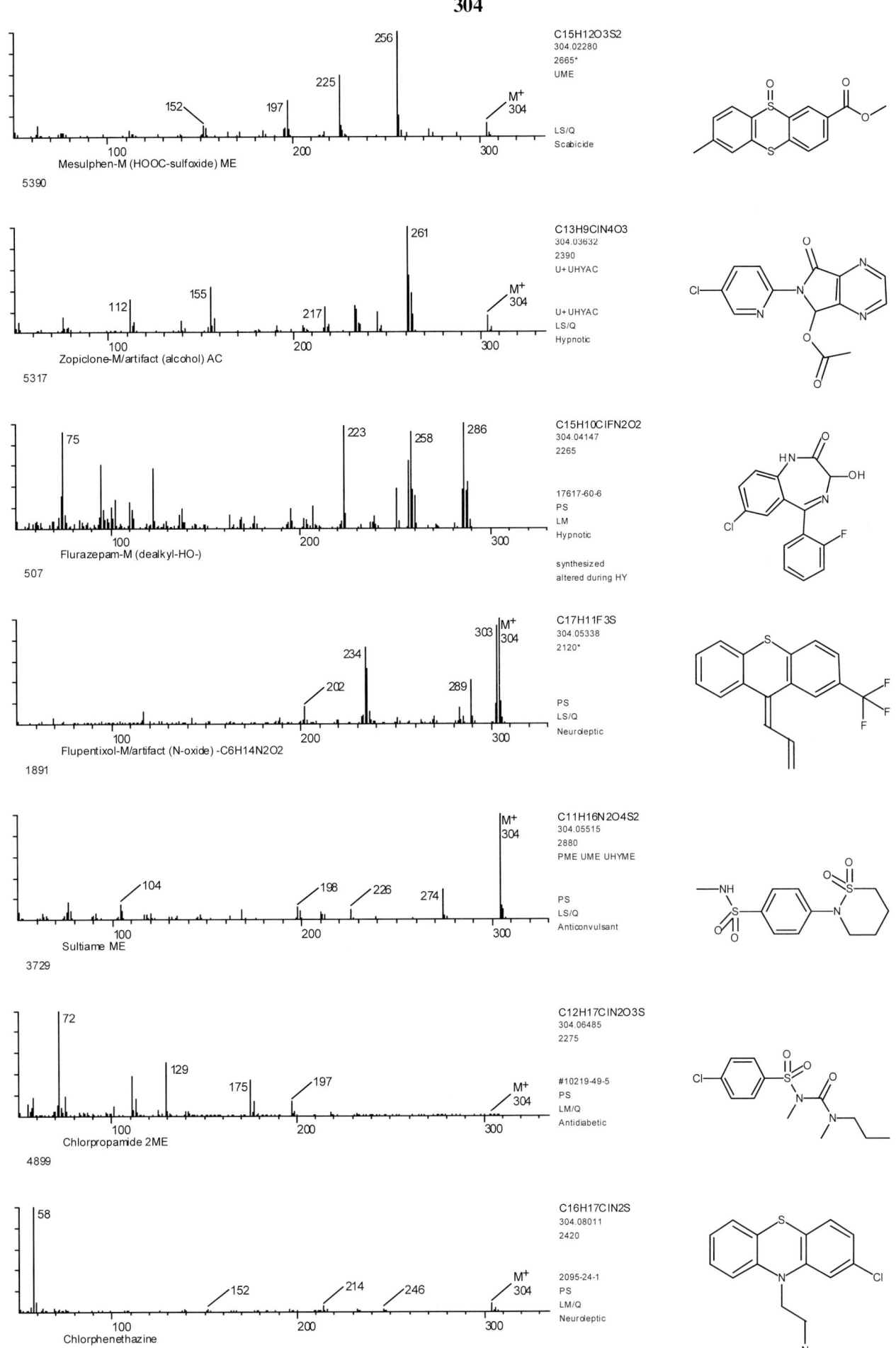

Mesulphen-M (HOOC-sulfoxide) ME
5390
C15H12O3S2
304.02280
2665*
UME
LS/Q
Scabicide

Zopiclone-M/artifact (alcohol) AC
5317
C13H9ClN4O3
304.03632
2390
U+UHYAC
U+UHYAC
LS/Q
Hypnotic

Flurazepam-M (dealkyl-HO-)
507
C15H10ClFN2O2
304.04147
2265
17617-60-6
PS
LM
Hypnotic
synthesized
altered during HY

Flupentixol-M/artifact (N-oxide) -C6H14N2O2
1891
C17H11F3S
304.05338
2120*
PS
LS/Q
Neuroleptic

Sultiame ME
3729
C11H16N2O4S2
304.05515
2880
PME UME UHYME
PS
LS/Q
Anticonvulsant

Chlorpropamide 2ME
4899
C12H17ClN2O3S
304.06485
2275
#10219-49-5
PS
LM/Q
Antidiabetic

Chlorphenethazine
4262
C16H17ClN2S
304.08011
2420
2095-24-1
PS
LM/Q
Neuroleptic

633

304

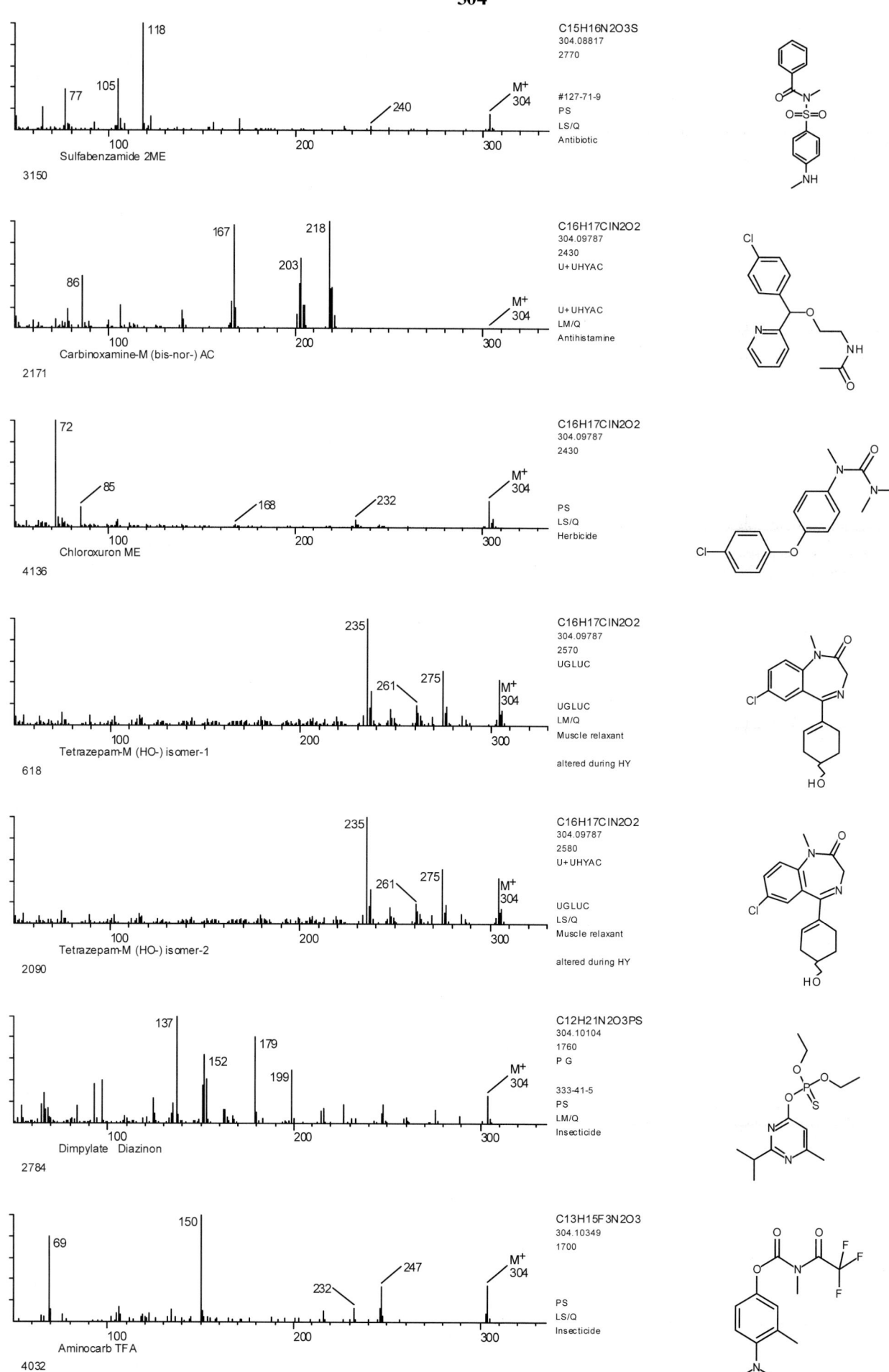

Sulfabenzamide 2ME
C15H16N2O3S
304.08817
2770
#127-71-9
PS
LS/Q
Antibiotic
Peaks: 77, 105, 118, 240, M+ 304
3150

Carbinoxamine-M (bis-nor-) AC
C16H17ClN2O2
304.09787
2430
U+UHYAC
U+UHYAC
LM/Q
Antihistamine
Peaks: 86, 167, 203, 218, M+ 304
2171

Chloroxuron ME
C16H17ClN2O2
304.09787
2430
PS
LS/Q
Herbicide
Peaks: 72, 85, 168, 232, M+ 304
4136

Tetrazepam-M (HO-) isomer-1
C16H17ClN2O2
304.09787
2570
UGLUC
UGLUC
LM/Q
Muscle relaxant
altered during HY
Peaks: 235, 261, 275, M+ 304
618

Tetrazepam-M (HO-) isomer-2
C16H17ClN2O2
304.09787
2580
U+UHYAC
UGLUC
LS/Q
Muscle relaxant
altered during HY
Peaks: 235, 261, 275, M+ 304
2090

Dimpylate Diazinon
C12H21N2O3PS
304.10104
1760
P G
333-41-5
PS
LM/Q
Insecticide
Peaks: 137, 152, 179, 199, M+ 304
2784

Aminocarb TFA
C13H15F3N2O3
304.10349
1700
PS
LS/Q
Insecticide
Peaks: 69, 150, 232, 247, M+ 304
4032

634

304

Mephenytoin-M (nor-HO-) 2AC
C15H16N2O5
304.10593
2495
U+ UHYAC
U+ UHYAC
LS/Q
Anticonvulsant

Methylphenobarbital-M (HO-) AC
C15H16N2O5
304.10593
2330
U+ UHYAC
U+ UHYAC
LS/Q
Hypnotic

Amperozide-M (deamino-HO-) AC   Fluspirilene-M (deamino-HO-) AC
Lidoflazine-M (deamino-HO-) AC   Penfluridol-M (deamino-HO-) AC
Pimozide-M (deamino-HO-) AC
C18H18F2O2
304.12750
2150*
U+ UHYAC
U+ UHYAC
LM
Neuroleptic
Vasodilator

Flupirtine
C15H17FN4O2
304.13354
2880
P-I
56995-20-1
PS
LM/Q
Analgesic

N,N-Dimethyl-5-methoxy-tryptamine-M (O-demethyl-HO-) 2AC
C16H20N2O4
304.14230
2400
U+ UHYAC
U+ UHYAC
LS/Q
Stimulant

Mebhydroline-M (nor-) AC
C20H20N2O
304.15756
2820
U+ UHYAC
U+ UHYAC
LS/Q
Antihistamine
rat

Melatonin TMS
C16H24N2O2Si
304.16071
2610
PS
LM/Q
Sedative

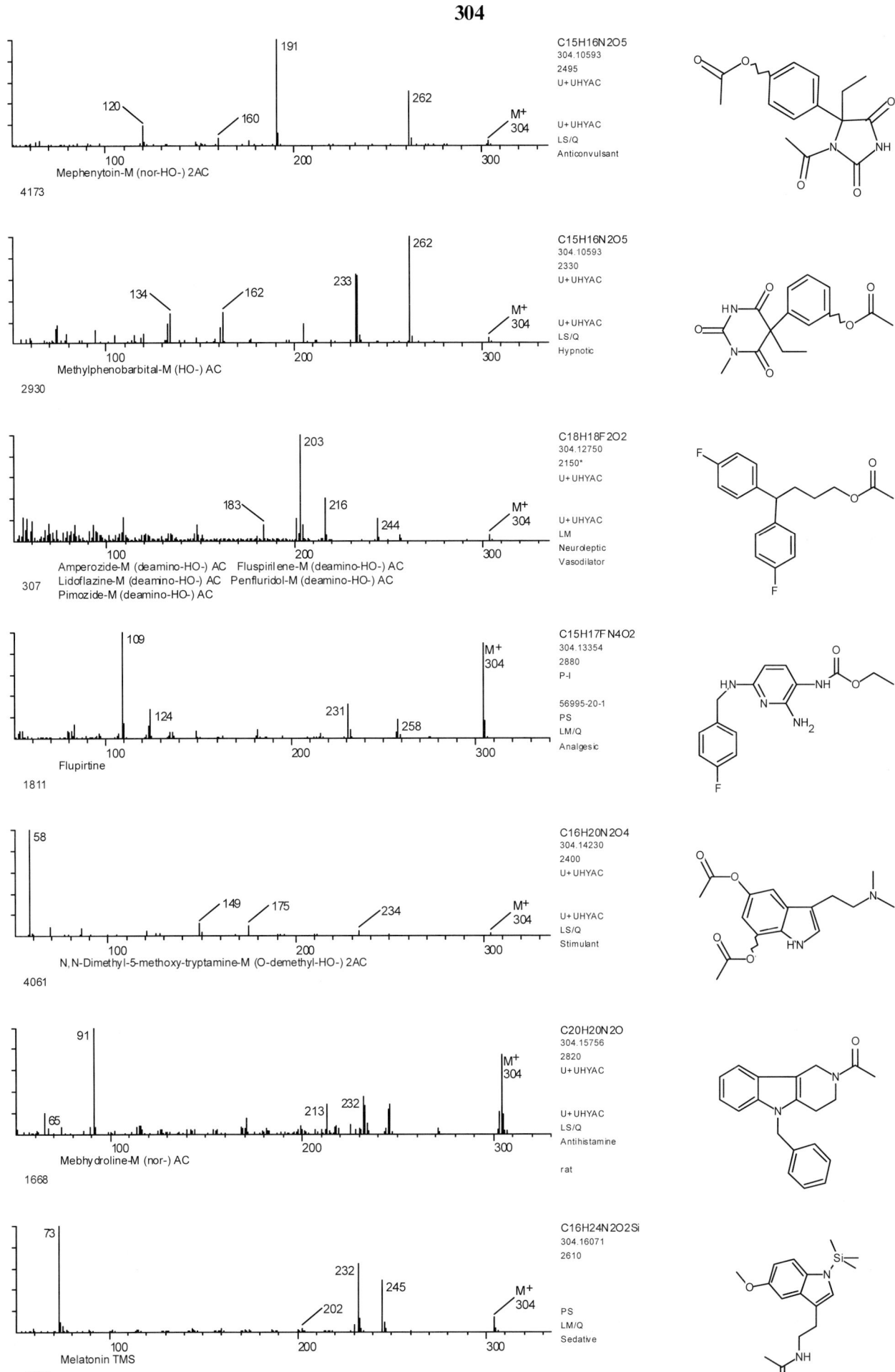

304

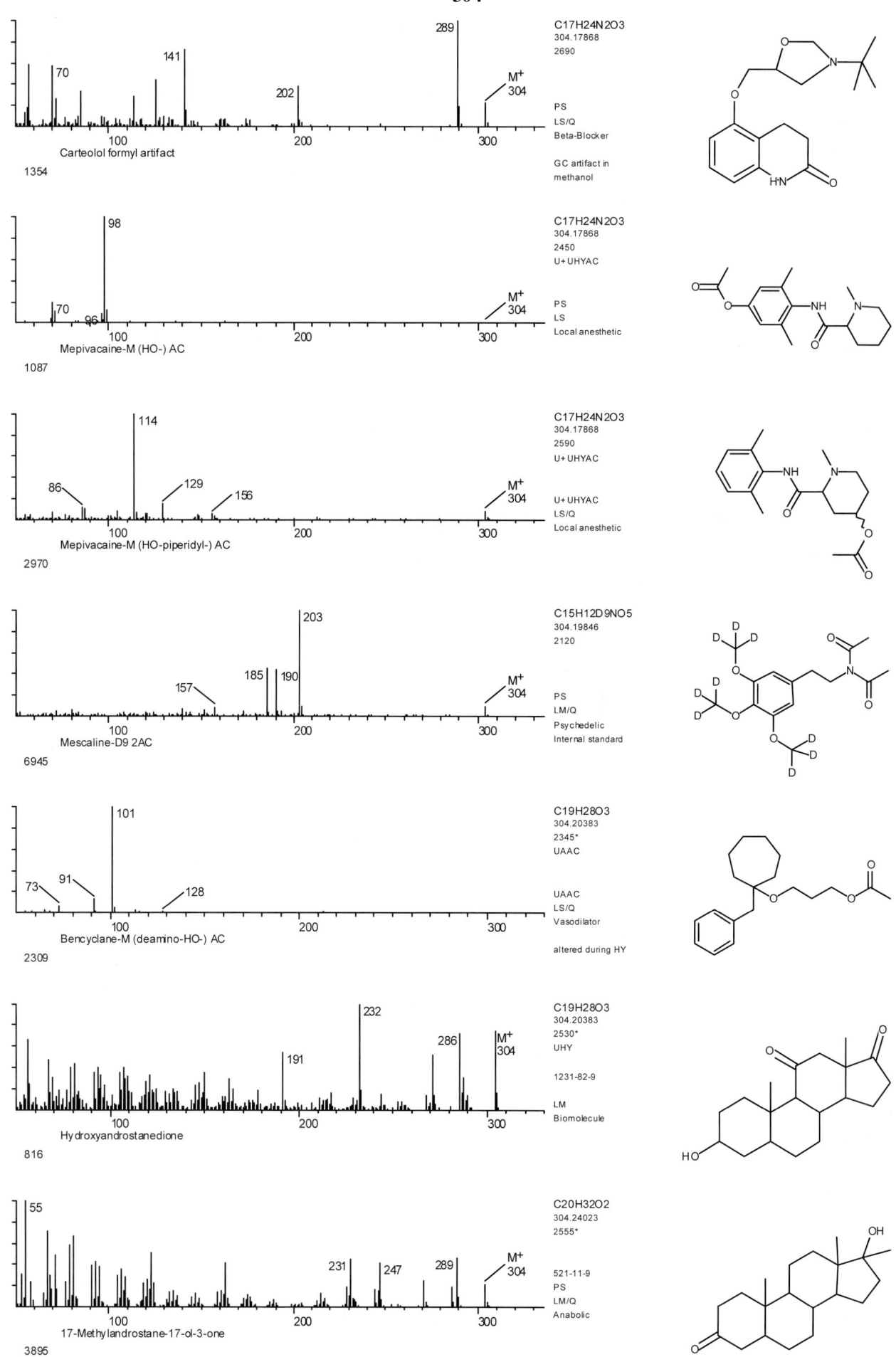

Carteolol formyl artifact
1354
C17H24N2O3
304.17868
2690
PS
LS/Q
Beta-Blocker
GC artifact in methanol

Peaks: 70, 141, 202, 289, M+ 304

Mepivacaine-M (HO-) AC
1087
C17H24N2O3
304.17868
2450
U+UHYAC
PS
LS
Local anesthetic

Peaks: 70, 96, 98, M+ 304

Mepivacaine-M (HO-piperidyl-) AC
2970
C17H24N2O3
304.17868
2590
U+UHYAC
U+UHYAC
LS/Q
Local anesthetic

Peaks: 86, 114, 129, 156, M+ 304

Mescaline-D9 2AC
6945
C15H12D9NO5
304.19846
2120
PS
LM/Q
Psychedelic
Internal standard

Peaks: 157, 185, 190, 203, M+ 304

Bencyclane-M (deamino-HO-) AC
2309
C19H28O3
304.20383
2345*
UAAC
UAAC
LS/Q
Vasodilator
altered during HY

Peaks: 73, 91, 101, 128

Hydroxyandrostanedione
816
C19H28O3
304.20383
2530*
UHY
1231-82-9
LM
Biomolecule

Peaks: 191, 232, 286, M+ 304

17-Methylandrostane-17-ol-3-one
3895
C20H32O2
304.24023
2555*
521-11-9
PS
LM/Q
Anabolic

Peaks: 55, 231, 247, 289, M+ 304

304

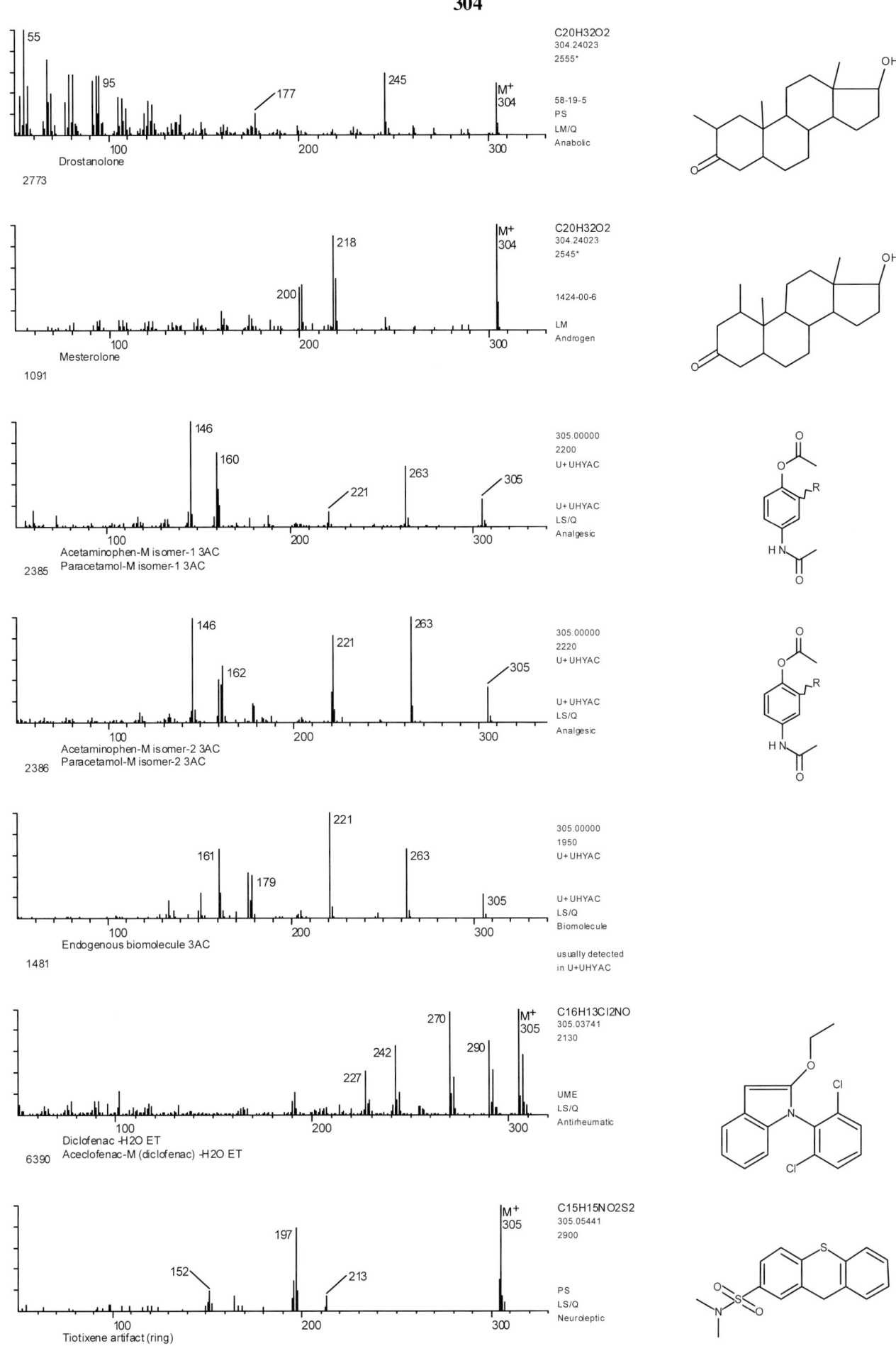

- Drostanolone — C20H32O2, 304.24023, 2555*, 58-19-5, PS, LM/Q, Anabolic
  Peaks: 55, 95, 177, 245, M+ 304

- Mesterolone — C20H32O2, 304.24023, 2545*, 1424-00-6, LM, Androgen
  Peaks: 200, 218, M+ 304

- Acetaminophen-M isomer-1 3AC / Paracetamol-M isomer-1 3AC — 305.00000, 2200, U+UHYAC, LS/Q, Analgesic
  Peaks: 146, 160, 221, 263, 305

- Acetaminophen-M isomer-2 3AC / Paracetamol-M isomer-2 3AC — 305.00000, 2220, U+UHYAC, LS/Q, Analgesic
  Peaks: 146, 162, 221, 263, 305

- Endogenous biomolecule 3AC — 305.00000, 1950, U+UHYAC, LS/Q, Biomolecule, usually detected in U+UHYAC
  Peaks: 161, 179, 221, 263, 305

- Diclofenac -H2O ET / Aceclofenac-M (diclofenac) -H2O ET — C16H13Cl2NO, 305.03741, 2130, UME, LS/Q, Antirheumatic
  Peaks: 227, 242, 270, 290, M+ 305

- Tiotixene artifact (ring) — C15H15NO2S2, 305.05441, 2900, PS, LS/Q, Neuroleptic
  Peaks: 152, 197, 213, M+ 305

305

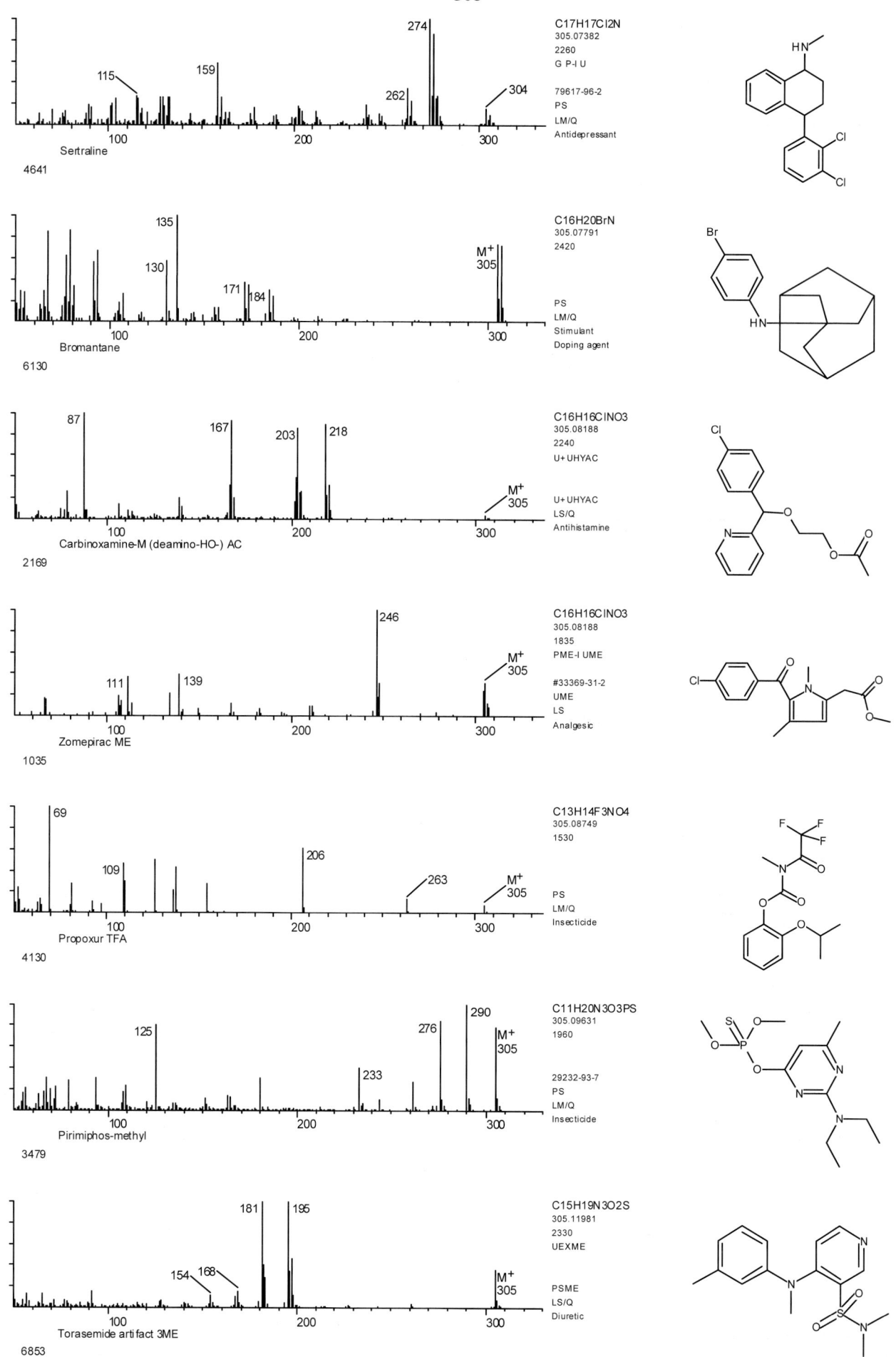

Sertraline — C17H17Cl2N, 305.07382, 2260, G P-I U, 79617-96-2, PS, LM/Q, Antidepressant
Peaks: 115, 159, 262, 274, 304

Bromantane — C16H20BrN, 305.07791, 2420, PS, LM/Q, Stimulant, Doping agent
Peaks: 130, 135, 171, 184, M+ 305

Carbinoxamine-M (deamino-HO-) AC — C16H16ClNO3, 305.08188, 2240, U+ UHYAC, U+ UHYAC, LS/Q, Antihistamine
Peaks: 87, 167, 203, 218, M+ 305

Zomepirac ME — C16H16ClNO3, 305.08188, 1835, PME-I UME, #33369-31-2, UME, LS, Analgesic
Peaks: 111, 139, 246, M+ 305

Propoxur TFA — C13H14F3NO4, 305.08749, 1530, PS, LM/Q, Insecticide
Peaks: 69, 109, 206, 263, M+ 305

Pirimiphos-methyl — C11H20N3O3PS, 305.09631, 1960, 29232-93-7, PS, LM/Q, Insecticide
Peaks: 125, 233, 276, 290, M+ 305

Torasemide artifact 3ME — C15H19N3O2S, 305.11981, 2330, UEXME, PSME, LS/Q, Diuretic
Peaks: 154, 168, 181, 195, M+ 305

305

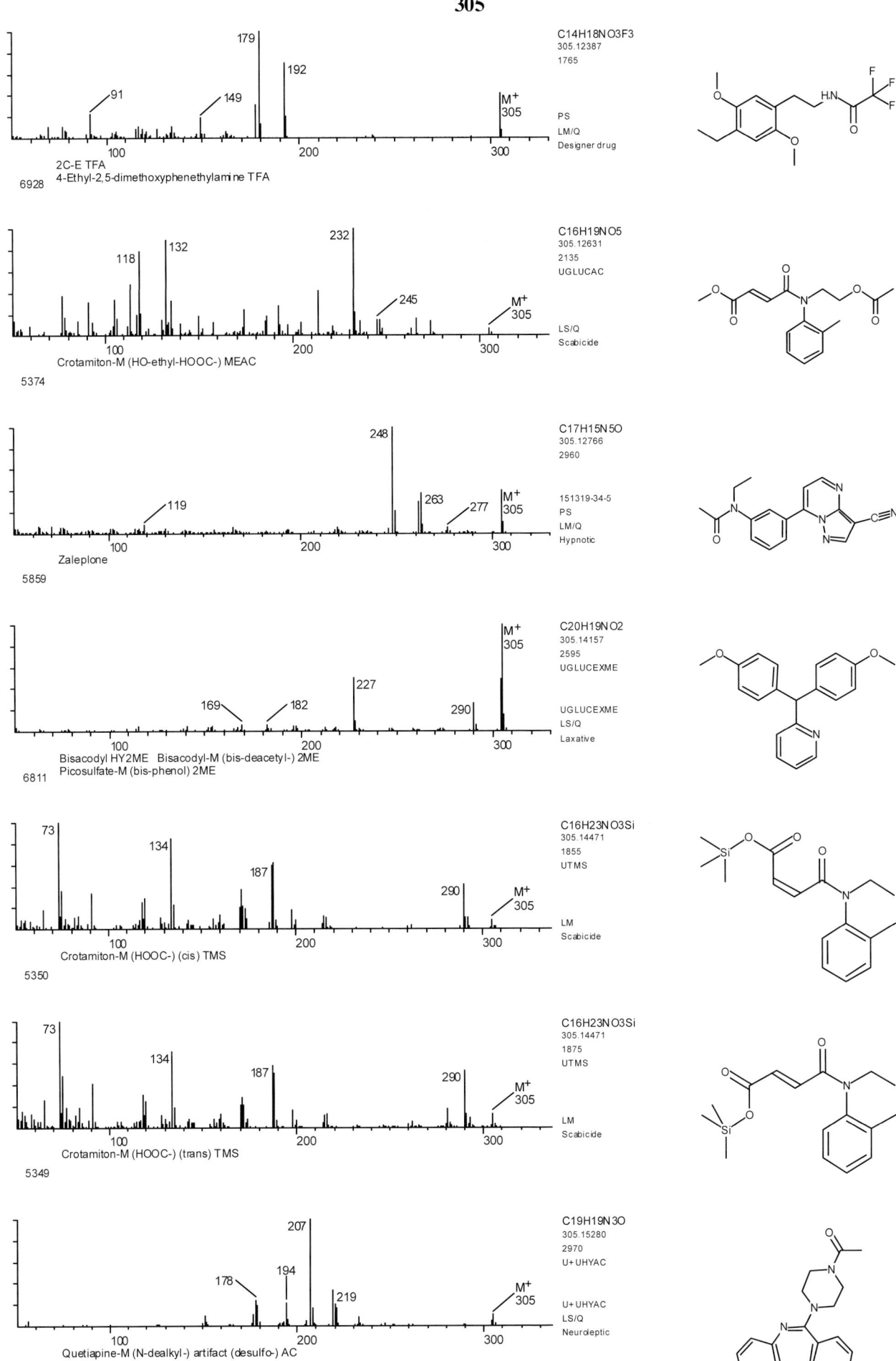

C14H18NO3F3
305.12387
1765
PS
LM/Q
Designer drug

2C-E TFA
4-Ethyl-2,5-dimethoxyphenethylamine TFA
6928

Peaks: 91, 149, 179, 192, M+ 305

C16H19NO5
305.12631
2135
UGLUCAC
LS/Q
Scabicide

Crotamiton-M (HO-ethyl-HOOC-) MEAC
5374

Peaks: 118, 132, 232, 245, M+ 305

C17H15N5O
305.12766
2960
151319-34-5
PS
LM/Q
Hypnotic

Zaleplone
5859

Peaks: 119, 248, 263, 277, M+ 305

C20H19NO2
305.14157
2595
UGLUCEXME
UGLUCEXME
LS/Q
Laxative

Bisacodyl HY2ME   Bisacodyl-M (bis-deacetyl-) 2ME
Picosulfate-M (bis-phenol) 2ME
6811

Peaks: 169, 182, 227, 290, M+ 305

C16H23NO3Si
305.14471
1855
UTMS
LM
Scabicide

Crotamiton-M (HOOC-) (cis) TMS
5350

Peaks: 73, 134, 187, 290, M+ 305

C16H23NO3Si
305.14471
1875
UTMS
LM
Scabicide

Crotamiton-M (HOOC-) (trans) TMS
5349

Peaks: 73, 134, 187, 290, M+ 305

C19H19N3O
305.15280
2970
U+UHYAC
U+UHYAC
LS/Q
Neuroleptic

Quetiapine-M (N-dealkyl-) artifact (desulfo-) AC
6436

Peaks: 178, 194, 207, 219, M+ 305

639

305

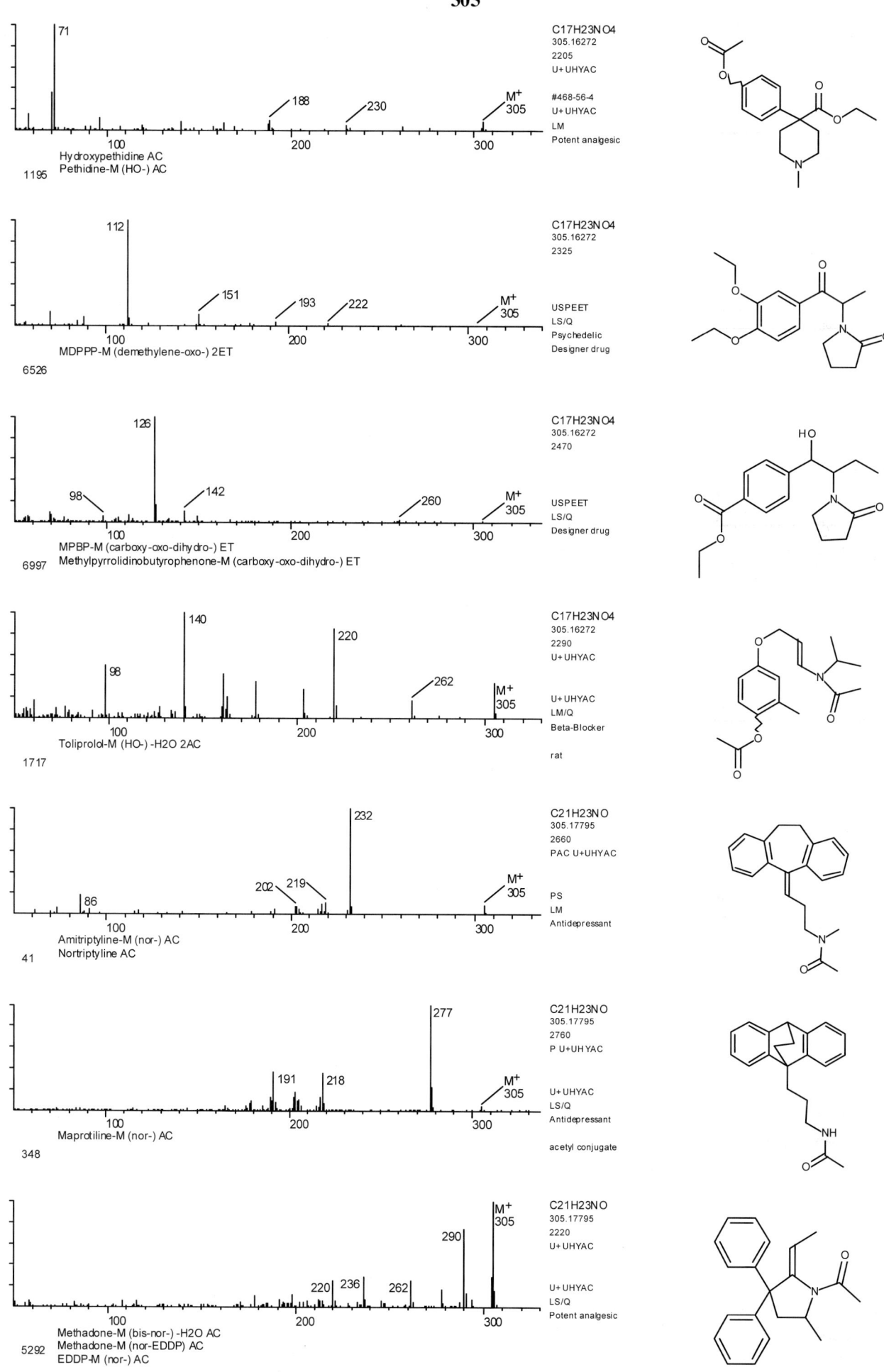

Hydroxypethidine AC
Pethidine-M (HO-) AC
C17H23NO4
305.16272
2205
U+ UHYAC
#468-56-4
U+ UHYAC
LM
Potent analgesic

MDPPP-M (demethylene-oxo-) 2ET
C17H23NO4
305.16272
2325
USPEET
LS/Q
Psychedelic
Designer drug

MPBP-M (carboxy-oxo-dihydro-) ET
Methylpyrrolidinobutyrophenone-M (carboxy-oxo-dihydro-) ET
C17H23NO4
305.16272
2470
USPEET
LS/Q
Designer drug

Toliprolol-M (HO-) -H2O 2AC
C17H23NO4
305.16272
2290
U+ UHYAC
U+ UHYAC
LM/Q
Beta-Blocker
rat

Amitriptyline-M (nor-) AC
Nortriptyline AC
C21H23NO
305.17795
2660
PAC U+UHYAC
PS
LM
Antidepressant

Maprotiline-M (nor-) AC
C21H23NO
305.17795
2760
P U+UHYAC
U+ UHYAC
LS/Q
Antidepressant
acetyl conjugate

Methadone-M (bis-nor-) -H2O AC
Methadone-M (nor-EDDP) AC
EDDP-M (nor-) AC
C21H23NO
305.17795
2220
U+ UHYAC
U+ UHYAC
LS/Q
Potent analgesic

640

305

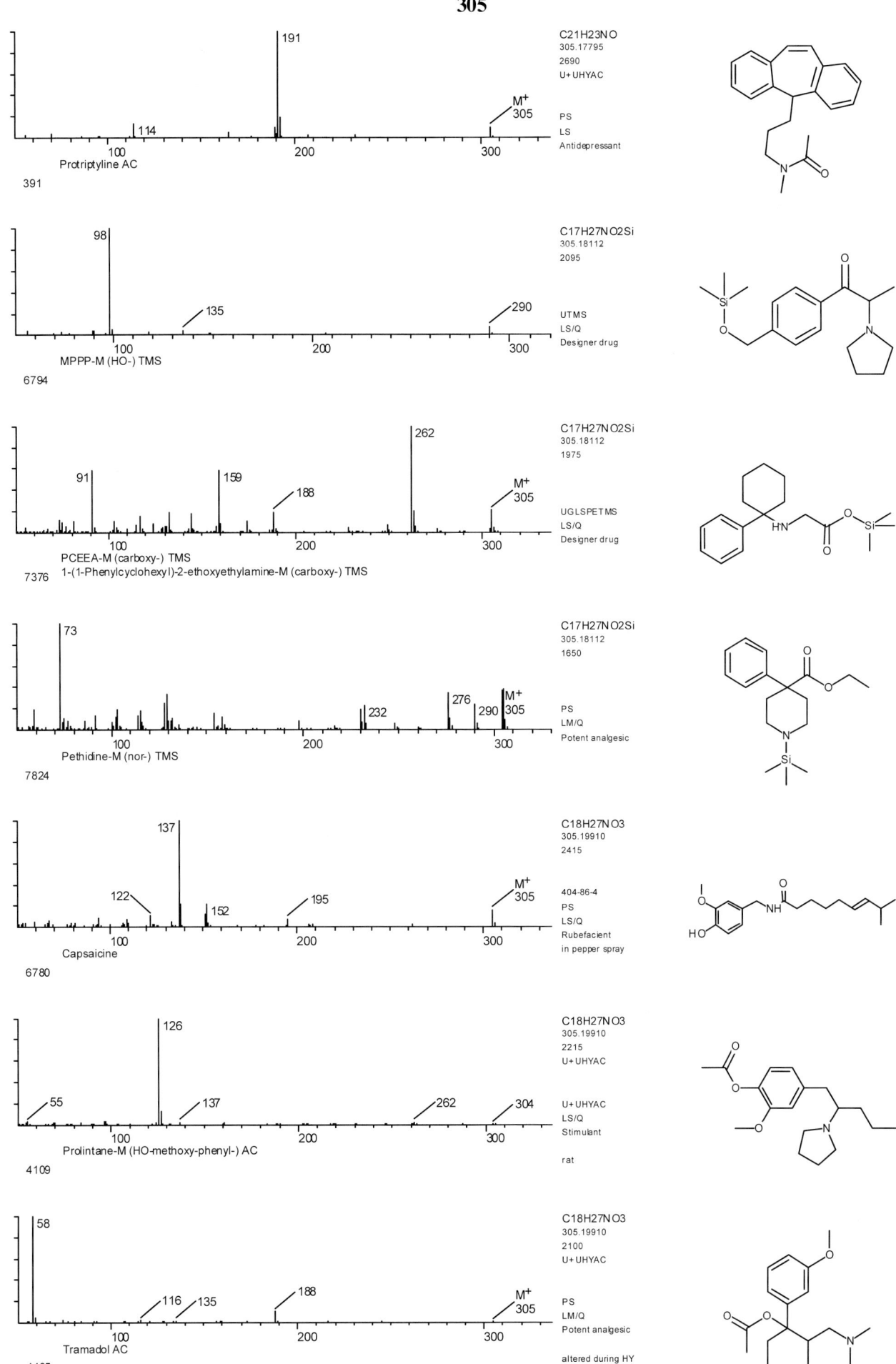

Spectrum	Compound	Formula / Info
191, 114, M+ 305	Protriptyline AC (391)	C21H23NO, 305.17795, 2690, U+ UHYAC, PS, LS, Antidepressant
98, 135, 290	MPPP-M (HO-) TMS (6794)	C17H27NO2Si, 305.18112, 2095, UTMS, LS/Q, Designer drug
91, 159, 188, 262, M+ 305	PCEEA-M (carboxy-) TMS / 1-(1-Phenylcyclohexyl)-2-ethoxyethylamine-M (carboxy-) TMS (7376)	C17H27NO2Si, 305.18112, 1975, UGLSPETMS, LS/Q, Designer drug
73, 232, 276, 290, M+ 305	Pethidine-M (nor-) TMS (7824)	C17H27NO2Si, 305.18112, 1650, PS, LM/Q, Potent analgesic
137, 122, 152, 195, M+ 305	Capsaicine (6780)	C18H27NO3, 305.19910, 2415, 404-86-4, PS, LS/Q, Rubefacient in pepper spray
126, 55, 137, 262, 304	Prolintane-M (HO-methoxy-phenyl-) AC (4109)	C18H27NO3, 305.19910, 2215, U+ UHYAC, U+ UHYAC, LS/Q, Stimulant, rat
58, 116, 135, 188, M+ 305	Tramadol AC (4435)	C18H27NO3, 305.19910, 2100, U+ UHYAC, PS, LM/Q, Potent analgesic, altered during HY

305

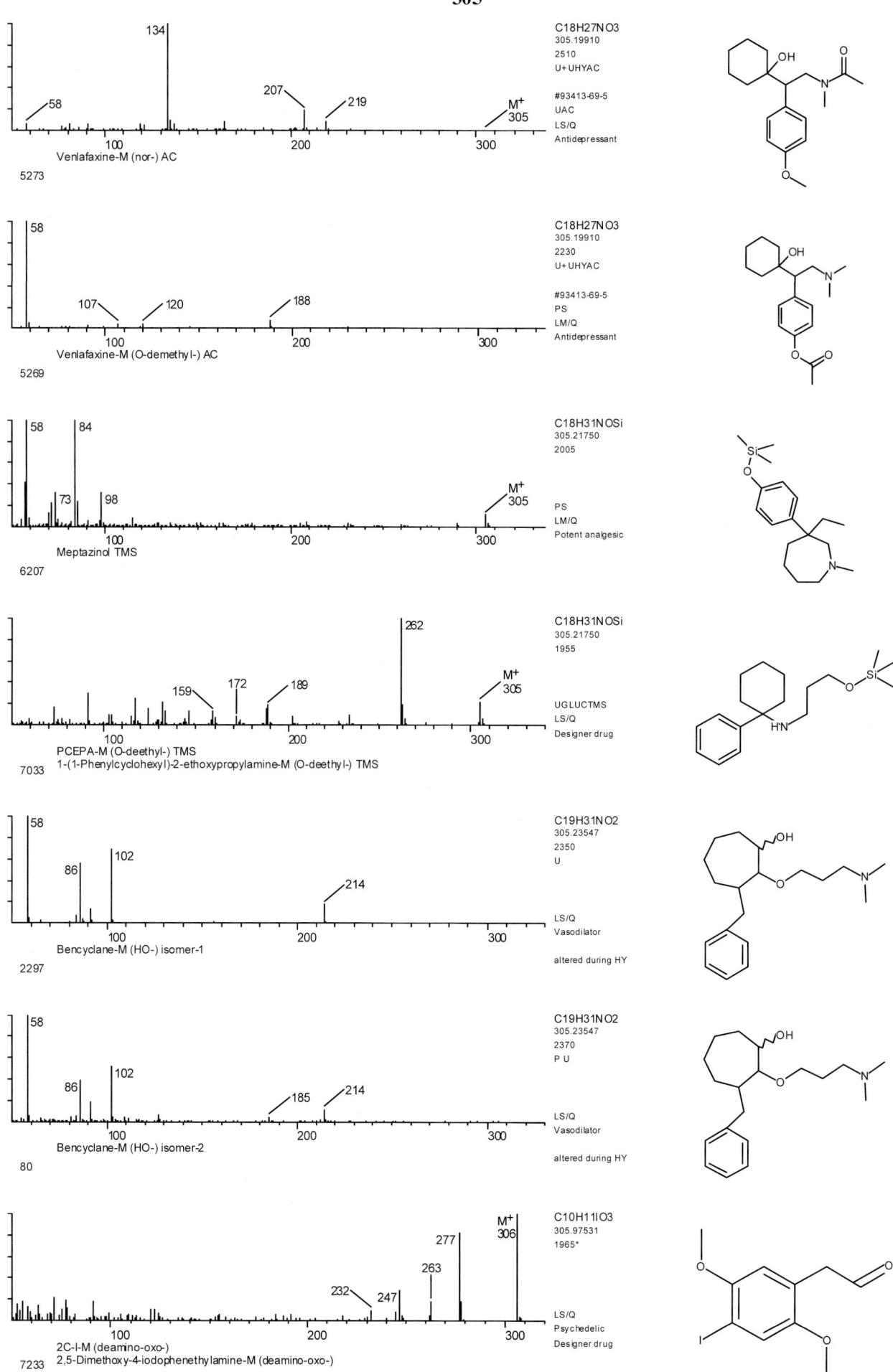

Venlafaxine-M (nor-) AC
5273
C18H27NO3
305.19910
2510
U+ UHYAC
#93413-69-5
UAC
LS/Q
Antidepressant

Venlafaxine-M (O-demethyl-) AC
5269
C18H27NO3
305.19910
2230
U+ UHYAC
#93413-69-5
PS
LM/Q
Antidepressant

Meptazinol TMS
6207
C18H31NOSi
305.21750
2005
PS
LM/Q
Potent analgesic

PCEPA-M (O-deethyl-) TMS
1-(1-Phenylcyclohexyl)-2-ethoxypropylamine-M (O-deethyl-) TMS
7033
C18H31NOSi
305.21750
1955
UGLUCTMS
LS/Q
Designer drug

Bencyclane-M (HO-) isomer-1
2297
C19H31NO2
305.23547
2350
U
LS/Q
Vasodilator
altered during HY

Bencyclane-M (HO-) isomer-2
80
C19H31NO2
305.23547
2370
P U
LS/Q
Vasodilator
altered during HY

2C-I-M (deamino-oxo-)
2,5-Dimethoxy-4-iodophenethylamine-M (deamino-oxo-)
7233
C10H11IO3
305.97531
1965*
LS/Q
Psychedelic
Designer drug

306

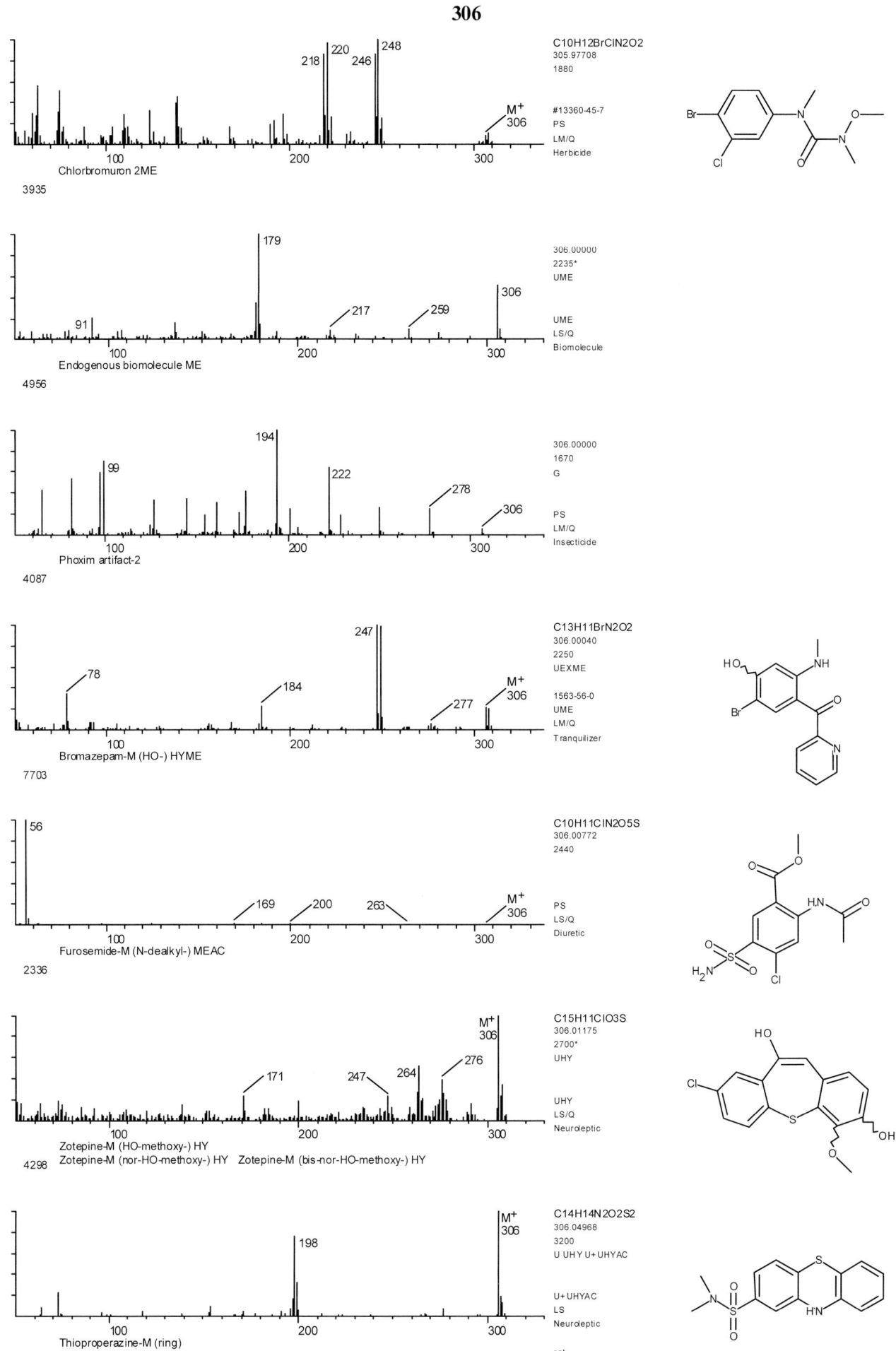

Chlorbromuron 2ME — C10H12BrClN2O2, 305.97708, 1880, #13360-45-7, PS, LM/Q, Herbicide
Peaks: 218, 220, 246, 248, M+ 306

Endogenous biomolecule ME — 306.00000, 2235*, UME, UME, LS/Q, Biomolecule
Peaks: 91, 179, 217, 259, 306

Phoxim artifact-2 — 306.00000, 1670, G, PS, LM/Q, Insecticide
Peaks: 99, 194, 222, 278, 306

Bromazepam-M (HO-) HYME — C13H11BrN2O2, 306.00040, 2250, UEXME, 1563-56-0, UME, LM/Q, Tranquilizer
Peaks: 78, 184, 247, 277, M+ 306

Furosemide-M (N-dealkyl-) MEAC — C10H11ClN2O5S, 306.00772, 2440, PS, LS/Q, Diuretic
Peaks: 56, 169, 200, 263, M+ 306

Zotepine-M (HO-methoxy-) HY / Zotepine-M (nor-HO-methoxy-) HY / Zotepine-M (bis-nor-HO-methoxy-) HY — C15H11ClO3S, 306.01175, 2700*, UHY, UHY, LS/Q, Neuroleptic
Peaks: 171, 247, 264, 276, M+ 306

Thioproperazine-M (ring) — C14H14N2O2S2, 306.04968, 3200, U UHY U+ UHYAC, U+ UHYAC, LS, Neuroleptic, rat
Peaks: 198, M+ 306

306

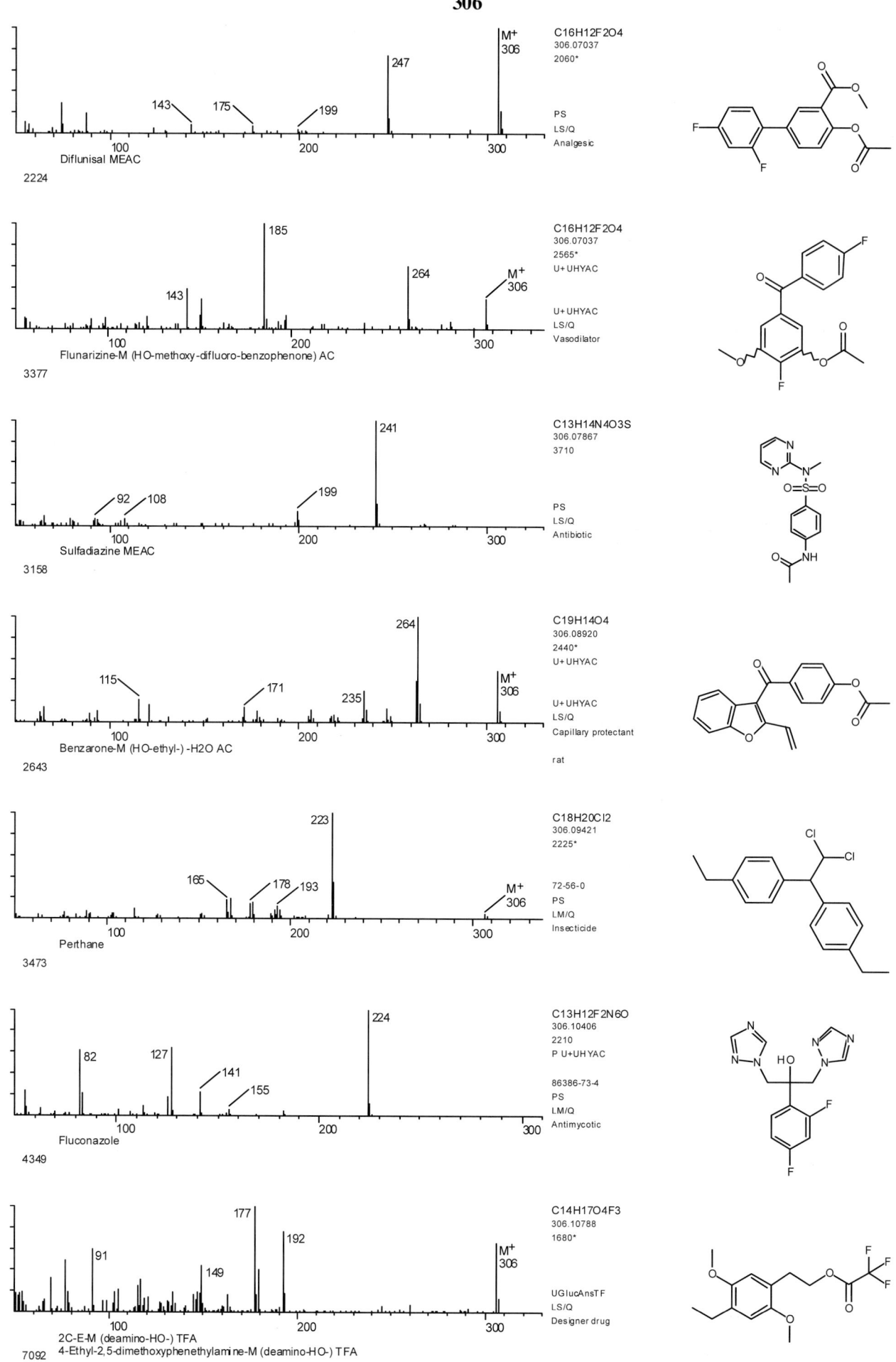

Diflunisal MEAC — C16H12F2O4, 306.07037, 2060*, PS, LS/Q, Analgesic
Peaks: 143, 175, 199, 247, M+ 306
2224

Flunarizine-M (HO-methoxy-difluoro-benzophenone) AC — C16H12F2O4, 306.07037, 2565*, U+UHYAC, U+UHYAC, LS/Q, Vasodilator
Peaks: 143, 185, 264, M+ 306
3377

Sulfadiazine MEAC — C13H14N4O3S, 306.07867, 3710, PS, LS/Q, Antibiotic
Peaks: 92, 108, 199, 241
3158

Benzarone-M (HO-ethyl-) -H2O AC — C19H14O4, 306.08920, 2440*, U+UHYAC, U+UHYAC, LS/Q, Capillary protectant, rat
Peaks: 115, 171, 235, 264, M+ 306
2643

Perthane — C18H20Cl2, 306.09421, 2225*, 72-56-0, PS, LM/Q, Insecticide
Peaks: 165, 178, 193, 223, M+ 306
3473

Fluconazole — C13H12F2N6O, 306.10406, 2210, P U+UHYAC, 86386-73-4, PS, LM/Q, Antimycotic
Peaks: 82, 127, 141, 155, 224
4349

2C-E-M (deamino-HO-) TFA
4-Ethyl-2,5-dimethoxyphenethylamine-M (deamino-HO-) TFA — C14H17O4F3, 306.10788, 1680*, UGlucAnsTF, LS/Q, Designer drug
Peaks: 91, 149, 177, 192, M+ 306
7092

306

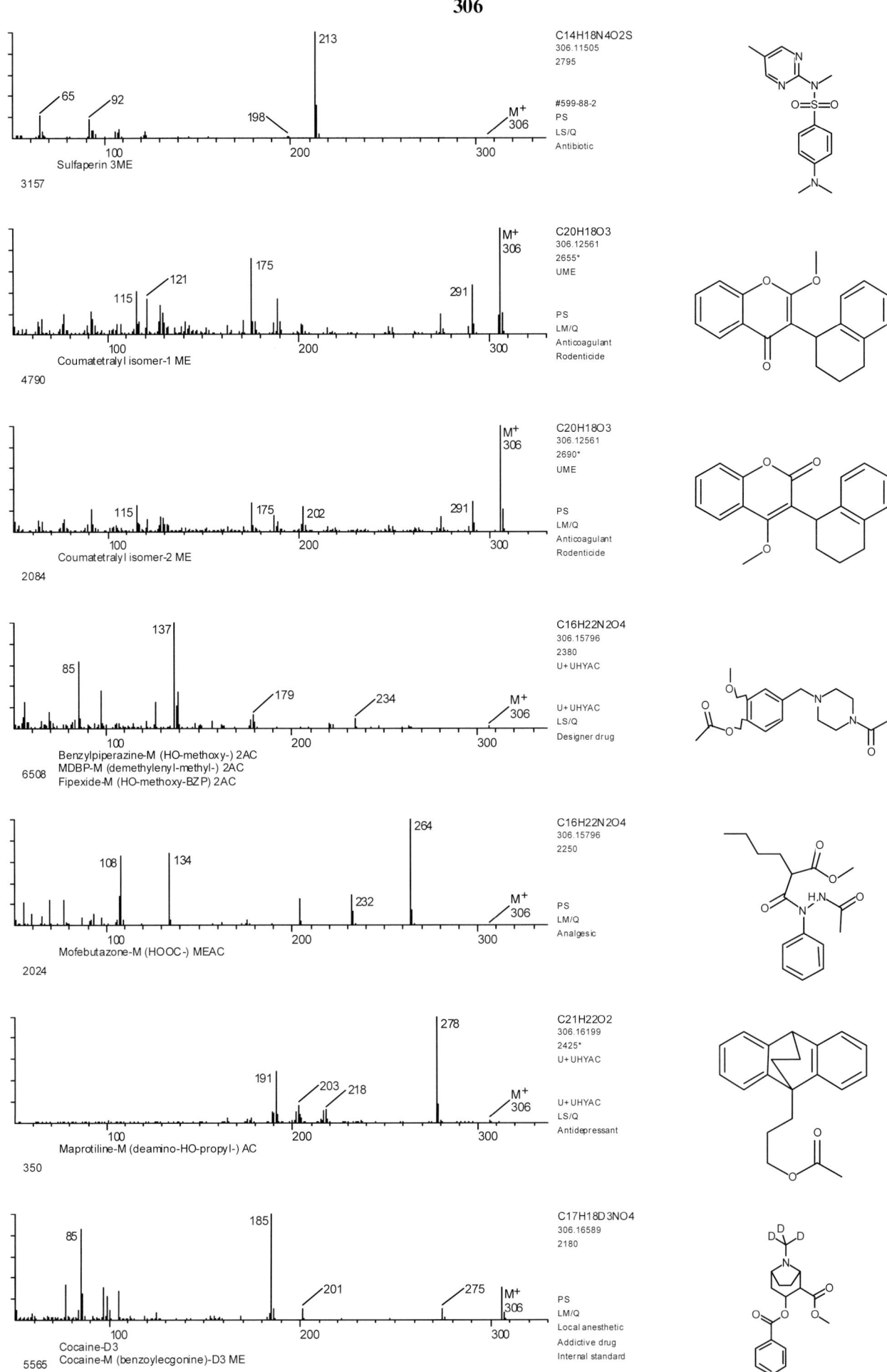

C14H18N4O2S
306.11505
2795

#599-88-2
PS
LS/Q
Antibiotic

Sulfaperin 3ME
3157

C20H18O3
306.12561
2655*
UME

PS
LM/Q
Anticoagulant
Rodenticide

Coumatetralyl isomer-1 ME
4790

C20H18O3
306.12561
2690*
UME

PS
LM/Q
Anticoagulant
Rodenticide

Coumatetralyl isomer-2 ME
2084

C16H22N2O4
306.15796
2380
U+ UHYAC

U+ UHYAC
LS/Q
Designer drug

Benzylpiperazine-M (HO-methoxy-) 2AC
MDBP-M (demethylenyl-methyl-) 2AC
Fipexide-M (HO-methoxy-BZP) 2AC
6508

C16H22N2O4
306.15796
2250

PS
LM/Q
Analgesic

Mofebutazone-M (HOOC-) MEAC
2024

C21H22O2
306.16199
2425*
U+ UHYAC

U+ UHYAC
LS/Q
Antidepressant

Maprotiline-M (deamino-HO-propyl-) AC
350

C17H18D3NO4
306.16589
2180

PS
LM/Q
Local anesthetic
Addictive drug
Internal standard

Cocaine-D3
Cocaine-M (benzoylecgonine)-D3 ME
5565

645

306

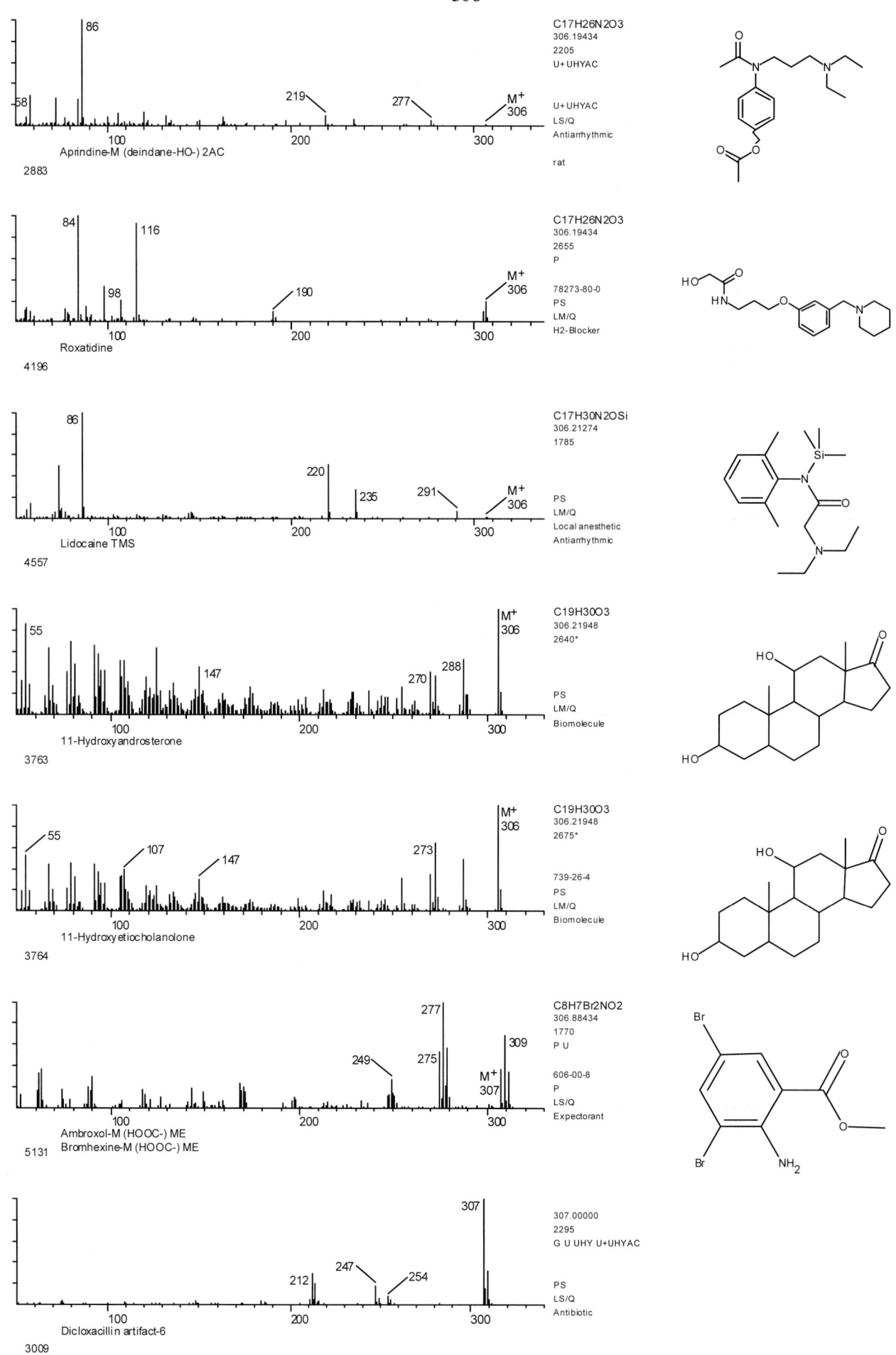

Aprindine-M (deindane-HO-) 2AC
2883
C17H26N2O3
306.19434
2205
U+ UHYAC
U+ UHYAC
LS/Q
Antiarrhythmic
rat

Roxatidine
4196
C17H26N2O3
306.19434
2655
P
78273-80-0
PS
LM/Q
H2-Blocker

Lidocaine TMS
4557
C17H30N2OSi
306.21274
1785
PS
LM/Q
Local anesthetic
Antiarrhythmic

11-Hydroxyandrosterone
3763
C19H30O3
306.21948
2640*
PS
LM/Q
Biomolecule

11-Hydroxyetiocholanolone
3764
C19H30O3
306.21948
2675*
739-26-4
PS
LM/Q
Biomolecule

Ambroxol-M (HOOC-) ME
Bromhexine-M (HOOC-) ME
5131
C8H7Br2NO2
306.88434
1770
P U
606-00-8
P
LS/Q
Expectorant

Dicloxacillin artifact-6
3009
307.00000
2295
G U UHY U+UHYAC
PS
LS/Q
Antibiotic

307

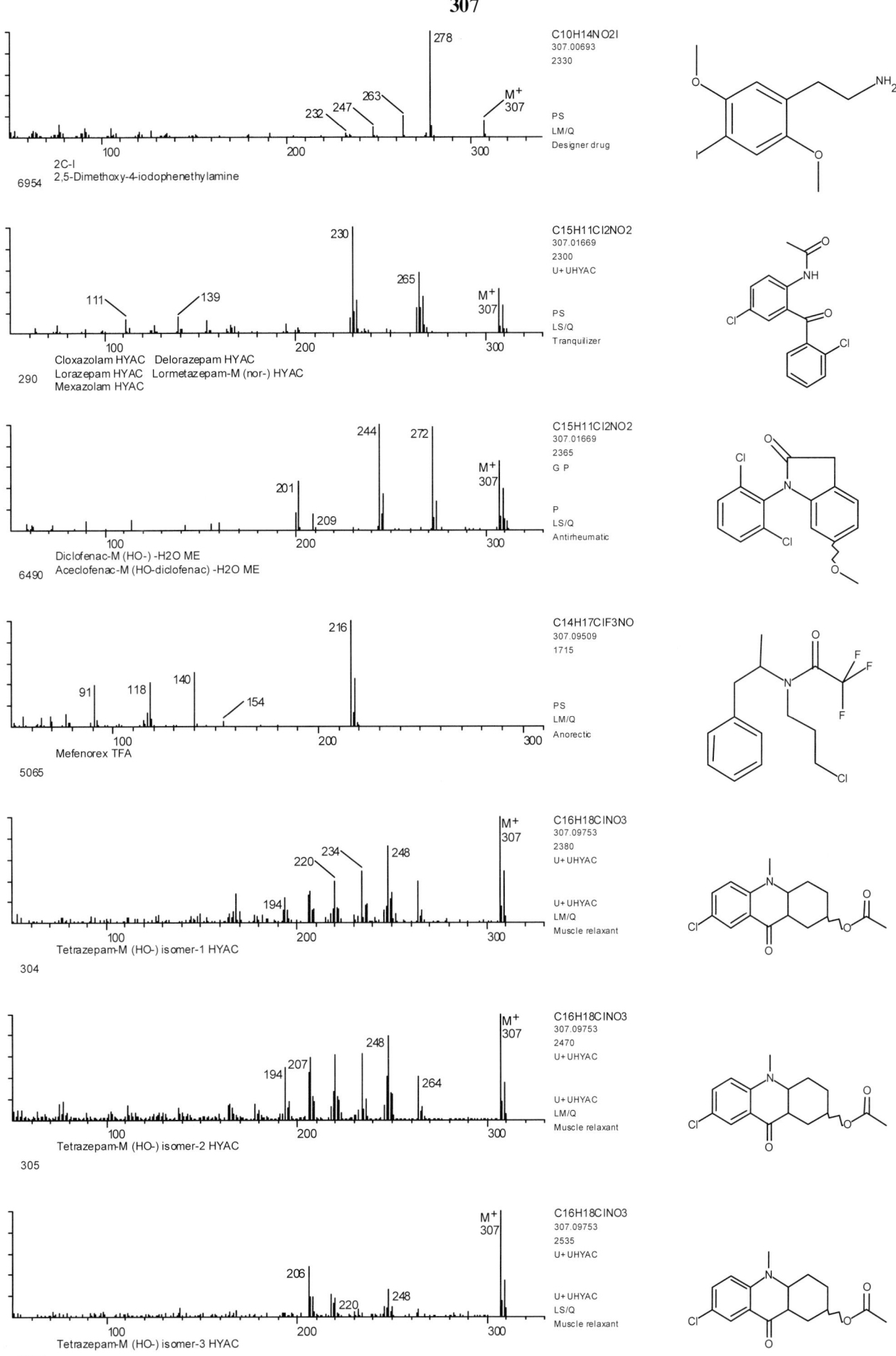

C10H14NO2I
307.00693
2330

PS
LM/Q
Designer drug

2C-I
2,5-Dimethoxy-4-iodophenethylamine
6954

C15H11Cl2NO2
307.01669
2300
U+ UHYAC

PS
LS/Q
Tranquilizer

Cloxazolam HYAC   Delorazepam HYAC
Lorazepam HYAC   Lormetazepam-M (nor-) HYAC
Mexazolam HYAC
290

C15H11Cl2NO2
307.01669
2365
G P

P
LS/Q
Antirheumatic

Diclofenac-M (HO-) -H2O ME
Aceclofenac-M (HO-diclofenac) -H2O ME
6490

C14H17ClF3NO
307.09509
1715

PS
LM/Q
Anorectic

Mefenorex TFA
5065

C16H18ClNO3
307.09753
2380
U+ UHYAC

U+ UHYAC
LM/Q
Muscle relaxant

Tetrazepam-M (HO-) isomer-1 HYAC
304

C16H18ClNO3
307.09753
2470
U+ UHYAC

U+ UHYAC
LM/Q
Muscle relaxant

Tetrazepam-M (HO-) isomer-2 HYAC
305

C16H18ClNO3
307.09753
2535
U+ UHYAC

U+ UHYAC
LS/Q
Muscle relaxant

Tetrazepam-M (HO-) isomer-3 HYAC
2087

307

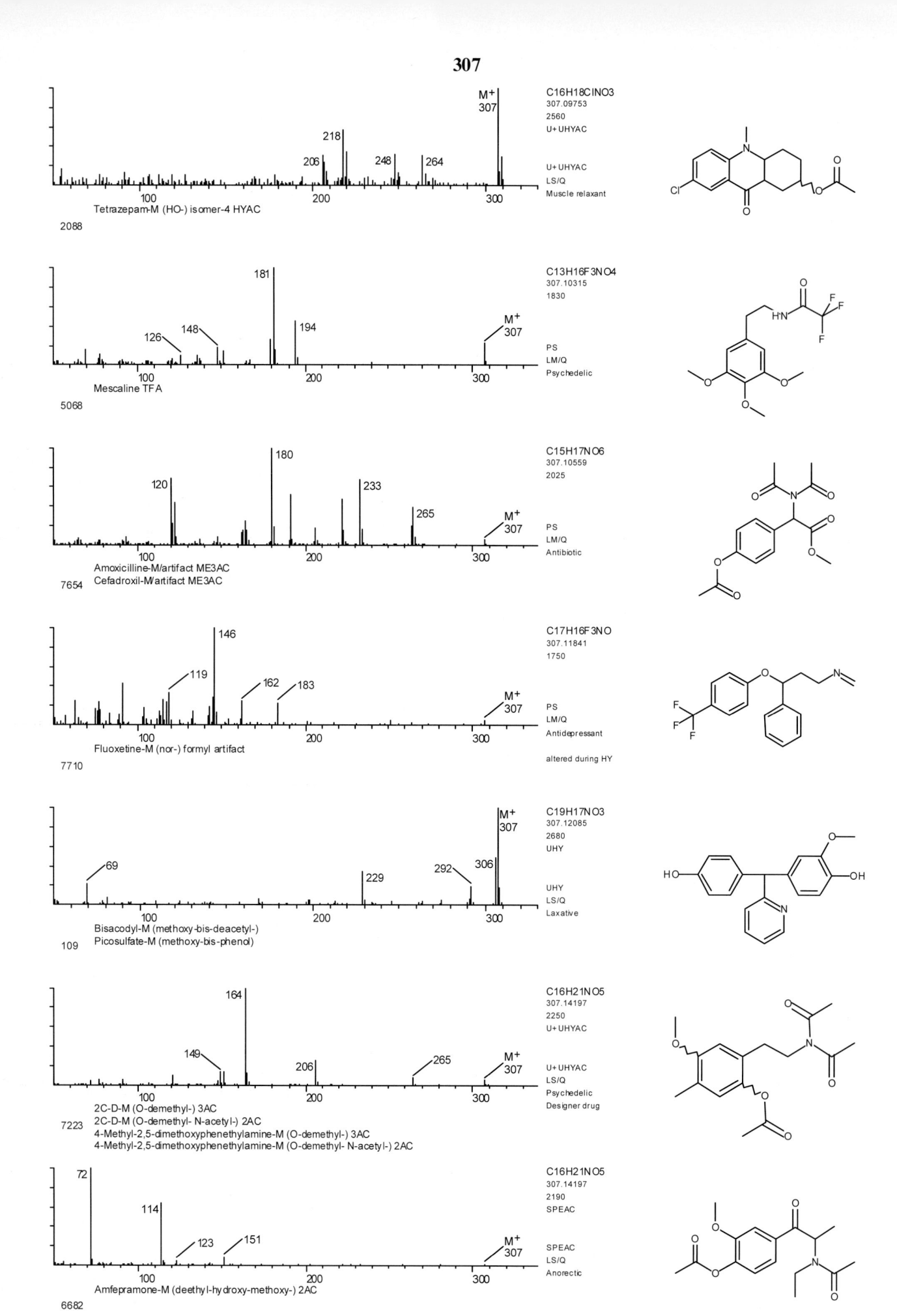

C16H18ClNO3
307.09753
2560
U+ UHYAC

U+ UHYAC
LS/Q
Muscle relaxant

Tetrazepam-M (HO-) isomer-4 HYAC
2088

C13H16F3NO4
307.10315
1830

PS
LM/Q
Psychedelic

Mescaline TFA
5068

C15H17NO6
307.10559
2025

PS
LM/Q
Antibiotic

Amoxicilline-M/artifact ME3AC
Cefadroxil-M/artifact ME3AC
7654

C17H16F3NO
307.11841
1750

PS
LM/Q
Antidepressant

altered during HY

Fluoxetine-M (nor-) formyl artifact
7710

C19H17NO3
307.12085
2680
UHY

UHY
LS/Q
Laxative

Bisacodyl-M (methoxy-bis-deacetyl-)
Picosulfate-M (methoxy-bis-phenol)
109

C16H21NO5
307.14197
2250
U+ UHYAC

U+ UHYAC
LS/Q
Psychedelic
Designer drug

2C-D-M (O-demethyl-) 3AC
2C-D-M (O-demethyl- N-acetyl-) 2AC
4-Methyl-2,5-dimethoxyphenethylamine-M (O-demethyl-) 3AC
4-Methyl-2,5-dimethoxyphenethylamine-M (O-demethyl- N-acetyl-) 2AC
7223

C16H21NO5
307.14197
2190
SPEAC

SPEAC
LS/Q
Anorectic

Amfepramone-M (deethyl-hydroxy-methoxy-) 2AC
6682

648

307

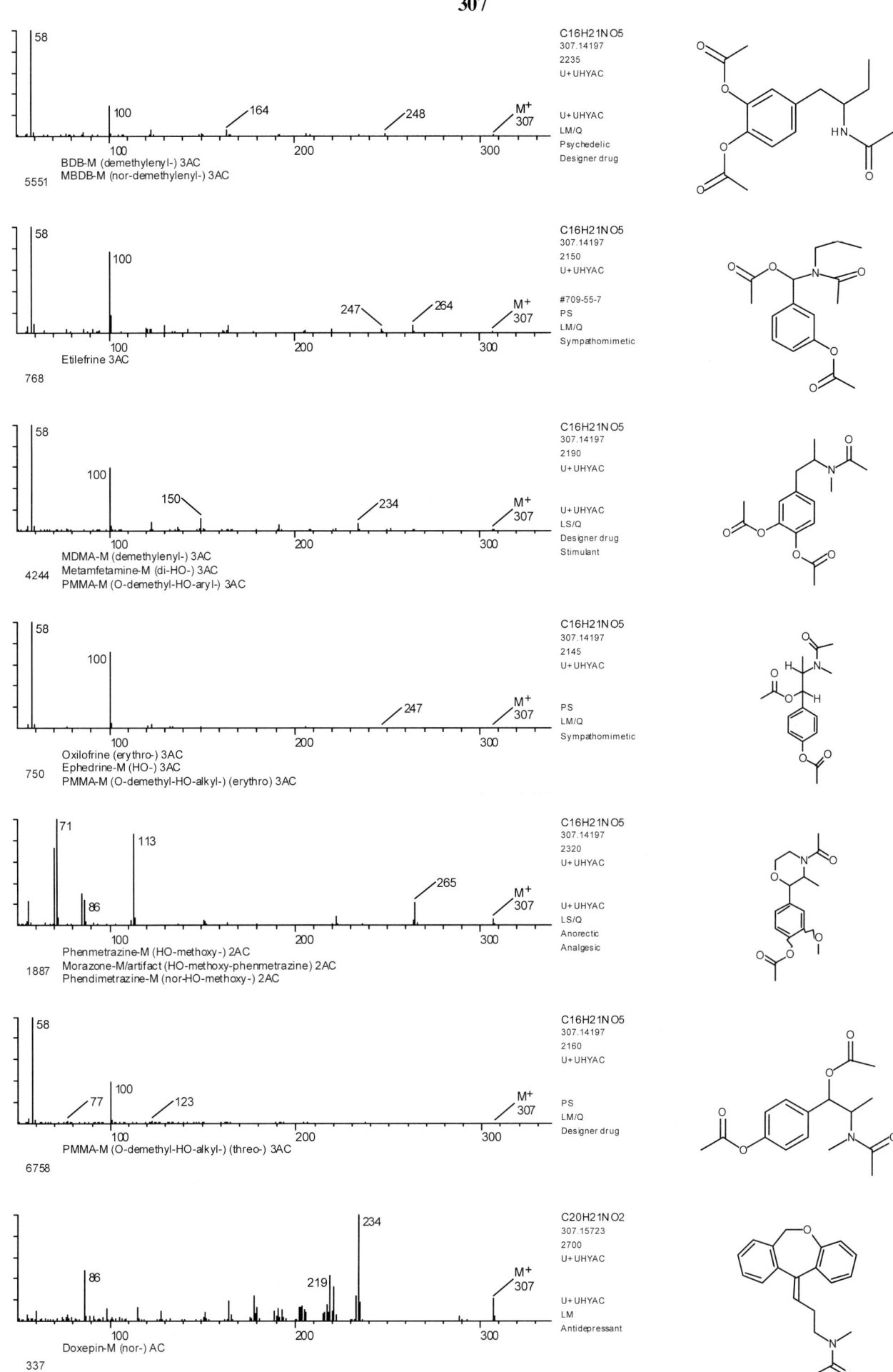

58, 100, 164, 248, M+ 307	C16H21NO5 307.14197 2235 U+UHYAC U+UHYAC LM/Q Psychedelic Designer drug
BDB-M (demethylenyl-) 3AC MBDB-M (nor-demethylenyl-) 3AC 5551	
58, 100, 247, 264, M+ 307 Etilefrine 3AC 768	C16H21NO5 307.14197 2150 U+UHYAC #709-55-7 PS LM/Q Sympathomimetic
58, 100, 150, 234, M+ 307 MDMA-M (demethylenyl-) 3AC Metamfetamine-M (di-HO-) 3AC PMMA-M (O-demethyl-HO-aryl-) 3AC 4244	C16H21NO5 307.14197 2190 U+UHYAC U+UHYAC LS/Q Designer drug Stimulant
58, 100, 247, M+ 307 Oxilofrine (erythro-) 3AC Ephedrine-M (HO-) 3AC PMMA-M (O-demethyl-HO-alkyl-) (erythro) 3AC 750	C16H21NO5 307.14197 2145 U+UHYAC PS LM/Q Sympathomimetic
71, 86, 113, 265, M+ 307 Phenmetrazine-M (HO-methoxy-) 2AC Morazone-M/artifact (HO-methoxy-phenmetrazine) 2AC Phendimetrazine-M (nor-HO-methoxy-) 2AC 1887	C16H21NO5 307.14197 2320 U+UHYAC U+UHYAC LS/Q Anorectic Analgesic
58, 77, 100, 123, M+ 307 PMMA-M (O-demethyl-HO-alkyl-) (threo-) 3AC 6758	C16H21NO5 307.14197 2160 U+UHYAC PS LM/Q Designer drug
86, 219, 234, M+ 307 Doxepin-M (nor-) AC 337	C20H21NO2 307.15723 2700 U+UHYAC U+UHYAC LM Antidepressant

307

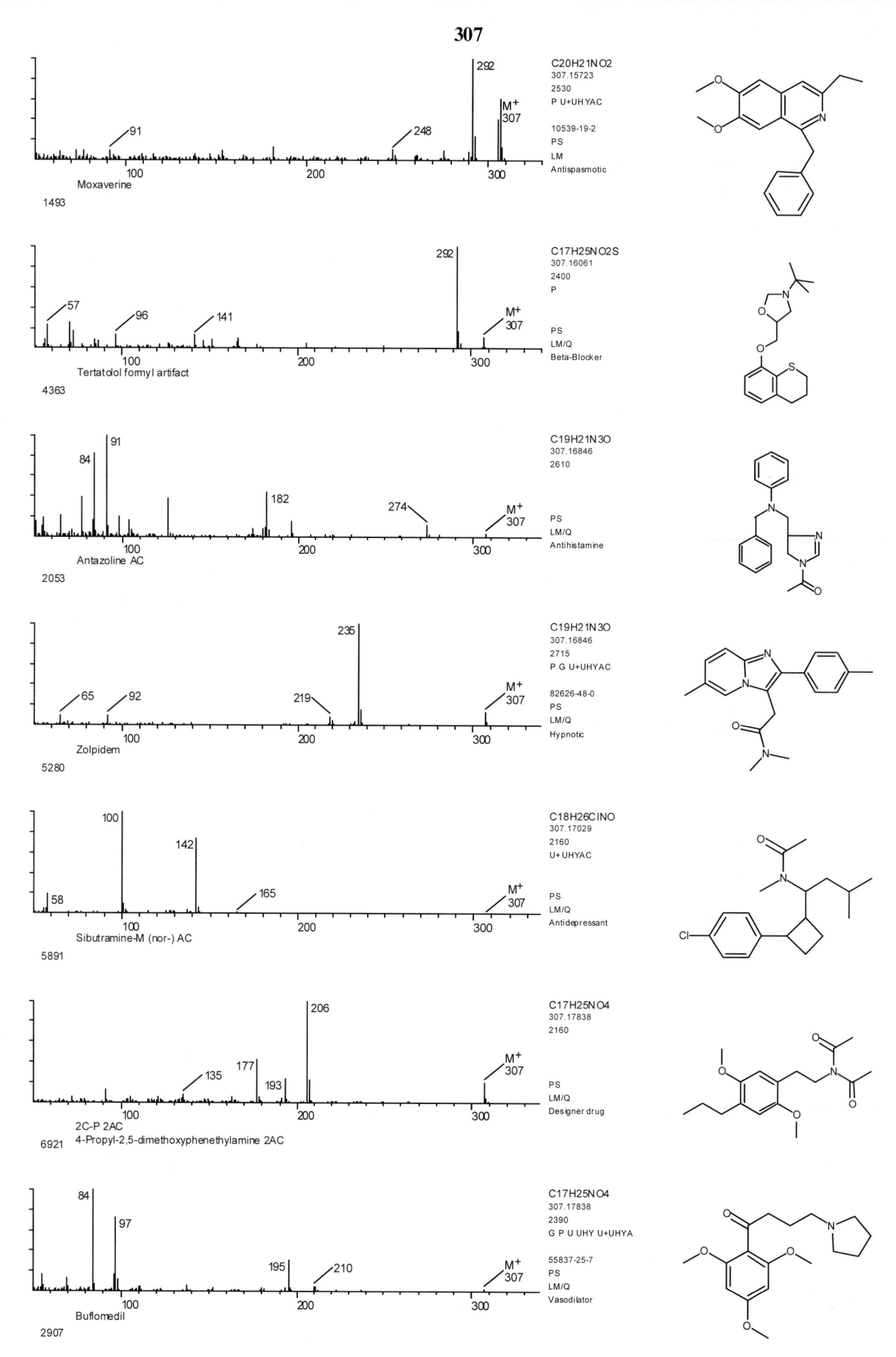

Moxaverine — 91, 248, 292, M+ 307	C20H21NO2 307.15723 2530 P U+UH YAC 10539-19-2 PS LM Antispasmotic
1493	

Tertatolol formyl artifact — 57, 96, 141, 292, M+ 307	C17H25NO2S 307.16061 2400 P PS LM/Q Beta-Blocker
4363	

Antazoline AC — 84, 91, 182, 274, M+ 307	C19H21N3O 307.16846 2610 PS LM/Q Antihistamine
2053	

Zolpidem — 65, 92, 219, 235, M+ 307	C19H21N3O 307.16846 2715 P G U+UHYAC 82626-48-0 PS LM/Q Hypnotic
5280	

Sibutramine-M (nor-) AC — 58, 100, 142, 165, M+ 307	C18H26ClNO 307.17029 2160 U+ UHYAC PS LM/Q Antidepressant
5891	

2C-P 2AC 4-Propyl-2,5-dimethoxyphenethylamine 2AC — 135, 177, 193, 206, M+ 307	C17H25NO4 307.17838 2160 PS LM/Q Designer drug
6921	

Buflomedil — 84, 97, 195, 210, M+ 307	C17H25NO4 307.17838 2390 G P U UHY U+UHYA 55837-25-7 PS LM/Q Vasodilator
2907	

650

307

4737
Enalapril-M/artifact (HOOC-) 2ME
Moexipril-M/artifact (HOOC-) 2ME
Quinapril-M/artifact (HOOC-) 2ME   Ramipril-M/artifact (HOOC-) 2ME
Trandolapril-M/artifact (HOOC-) 2ME

C17H25NO4
307.17838
1985
UME

PS
LM/Q
Antihypertensive

4740
Enalapril-M/artifact (HOOC-) ET   Enalaprilate-M/artifact (HOOC-) 2ET
Moexipril-M/artifact (HOOC-) ET   Moexiprilate-M/artifact (HOOC-) 2ET
Quinapril-M/artifact (HOOC-) ET   Quinaprilate-M/artifact (HOOC-) 2ET
Trandolapril-M/artifact (HOOC-) ET   Trandolaprilate-M/artifact 2ET

C17H25NO4
307.17838
2025
UET

UET
LS/Q
Antihypertensive

5135
Esmolol formyl artifact

C17H25NO4
307.17838
2290
G

#103598-03-4
PS
LM/Q
Beta-Blocker

GC artifact in methanol

1390
Toliprolol 2AC

C17H25NO4
307.17838
2155

PS
LS
Beta-Blocker

91
Benzatropine

C21H25NO
307.19360
2315
G U

86-13-5

LM
Antiparkinsonian

altered during HY

231
Dextropropoxyphene-M (nor-) -H2O N-prop.
Propoxyphene-M (nor-) -H2O N-prop.

C21H25NO
307.19360
2555
U UHY U+ UHYAC

LM
Potent analgesic

intramolecular acyl migration

1200
Normethadone-M (nor-dihydro-) -H2O AC

C21H25NO
307.19360
2850
U+ UHYAC

U+ UHYAC
LS
Potent antitussive

rat

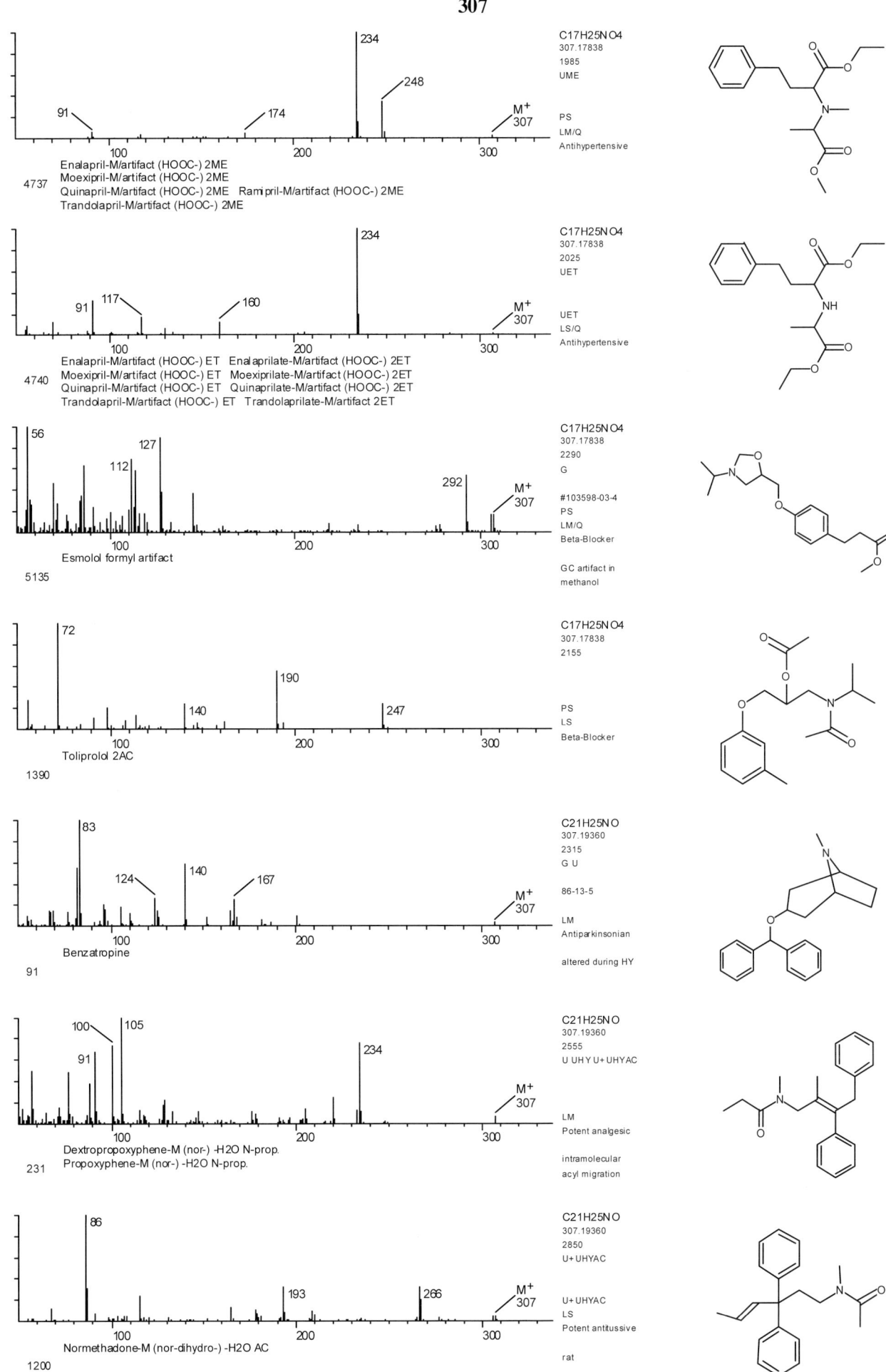

307

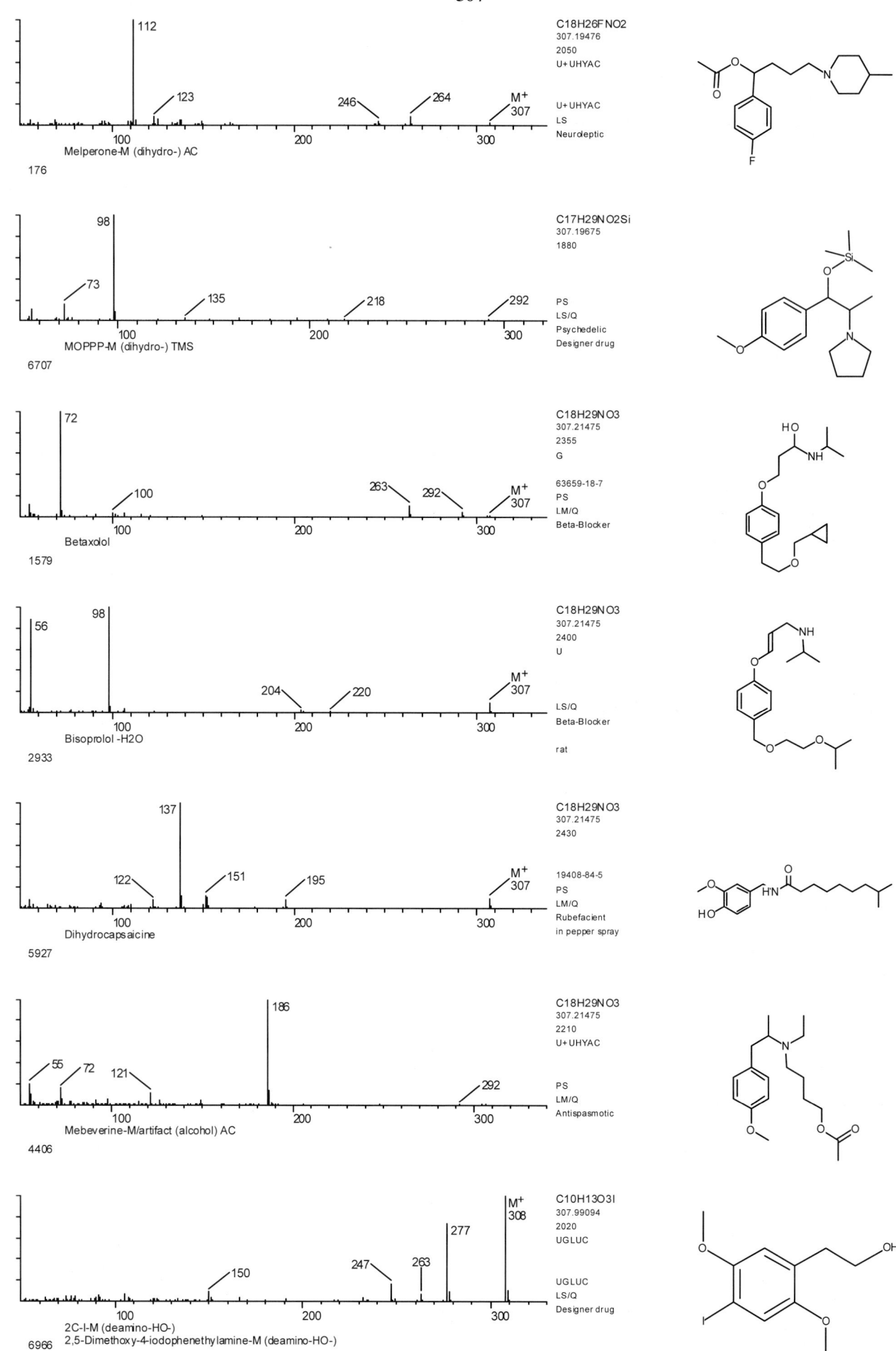

Melperone-M (dihydro-) AC 176	C18H26FNO2 307.19476 2050 U+ UHYAC U+ UHYAC LS Neuroleptic
MOPPP-M (dihydro-) TMS 6707	C17H29NO2Si 307.19675 1880 PS LS/Q Psychedelic Designer drug
Betaxolol 1579	C18H29NO3 307.21475 2355 G 63659-18-7 PS LM/Q Beta-Blocker
Bisoprolol -H2O 2933	C18H29NO3 307.21475 2400 U LS/Q Beta-Blocker rat
Dihydrocapsaicine 5927	C18H29NO3 307.21475 2430 19408-84-5 PS LM/Q Rubefacient in pepper spray
Mebeverine-M/artifact (alcohol) AC 4406	C18H29NO3 307.21475 2210 U+ UHYAC PS LM/Q Antispasmotic
2C-I-M (deamino-HO-) 2,5-Dimethoxy-4-iodophenethylamine-M (deamino-HO-) 6966	C10H13O3I 307.99094 2020 UGLUC UGLUC LS/Q Designer drug

652

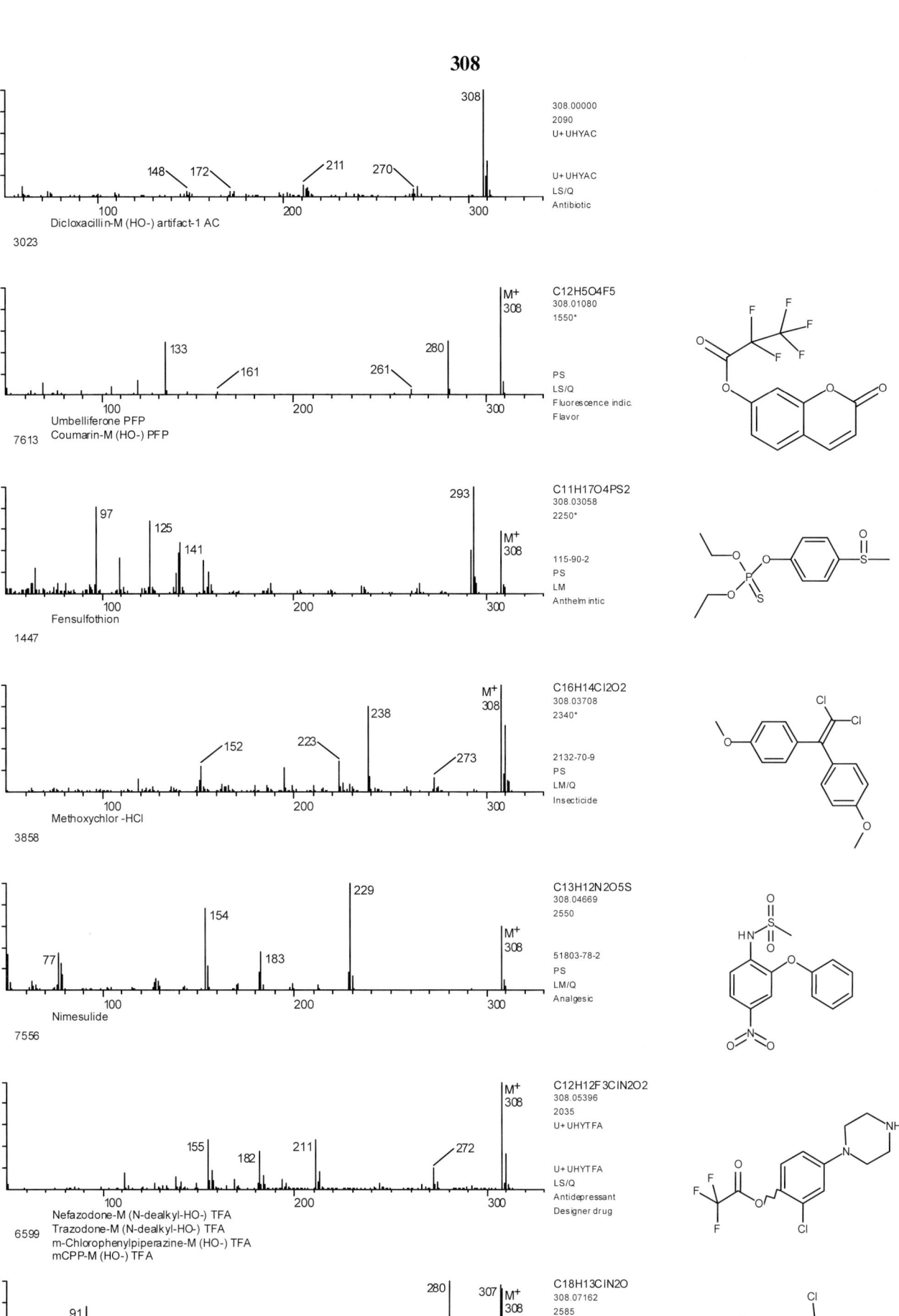

308

Dicloxacillin-M (HO-) artifact-1 AC
3023
308.00000
2090
U+ UHYAC
U+ UHYAC
LS/Q
Antibiotic

Umbelliferone PFP
Coumarin-M (HO-) PFP
7613
C12H5O4F5
308.01080
1550*
PS
LS/Q
Fluorescence indic.
Flavor

Fensulfothion
1447
C11H17O4PS2
308.03058
2250*
115-90-2
PS
LM
Anthelmintic

Methoxychlor -HCl
3858
C16H14Cl2O2
308.03708
2340*
2132-70-9
PS
LM/Q
Insecticide

Nimesulide
7556
C13H12N2O5S
308.04669
2550
51803-78-2
PS
LM/Q
Analgesic

Nefazodone-M (N-dealkyl-HO-) TFA
Trazodone-M (N-dealkyl-HO-) TFA
m-Chlorophenylpiperazine-M (HO-) TFA
mCPP-M (HO-) TFA
6599
C12H12F3ClN2O2
308.05396
2035
U+ UHYTFA
U+ UHYTFA
LS/Q
Antidepressant
Designer drug

Pinazepam
3072
C18H13ClN2O
308.07162
2585
52463-83-9
PS
LM/Q
Tranquilizer
altered during HY

653

308

Alprazolam — 1730
C17H13ClN4
308.08286
3100
G P-I U+UHYAC-I
28981-97-7
PS
LM/Q
Tranquilizer
Peaks: 204, 239, 273, 279, M+ 308

Dosulepin-M (HO-N-oxide) -(CH3)2NOH AC — 2941
C19H16O2S
308.08710
2480*
U+UHYAC
U+UHYAC
LS/Q
Antidepressant
Peaks: 165, 206, 233, 266, M+ 308

Clotrimazole artifact-3 — 1758
C20H17ClO
308.09680
2550*
U+UHYAC
PS
LM/Q
Antimycotic
Peaks: 139, 165, 231, 277, M+ 308

Benzarone AC — 1986
C19H16O4
308.10486
2405*
U+UHYAC
PS
LM/Q
Capillary protectant
Peaks: 121, 224, 249, 266, M+ 308

Fluvoxate-M/artifact (HOOC-) ET — 4646
C19H16O4
308.10486
2615*
PS
LS/Q
Antispasmotic
Peaks: 147, 263, 279, 307, M+ 308

Warfarin — 3765
C19H16O4
308.10486
9999*
G
81-81-2
PS
LM
Anticoagulant
Rodenticide
DIS
Peaks: 92, 121, 187, 265, M+ 308

Ditazol-M (bis-dealkyl-HO-) MEAC — 1205
C18H16N2O3
308.11609
2960
UHYMEAC
UHYMEAC
LS/Q
Thromb.aggr.inhib.
Peaks: 77, 134, 135, 266, M+ 308

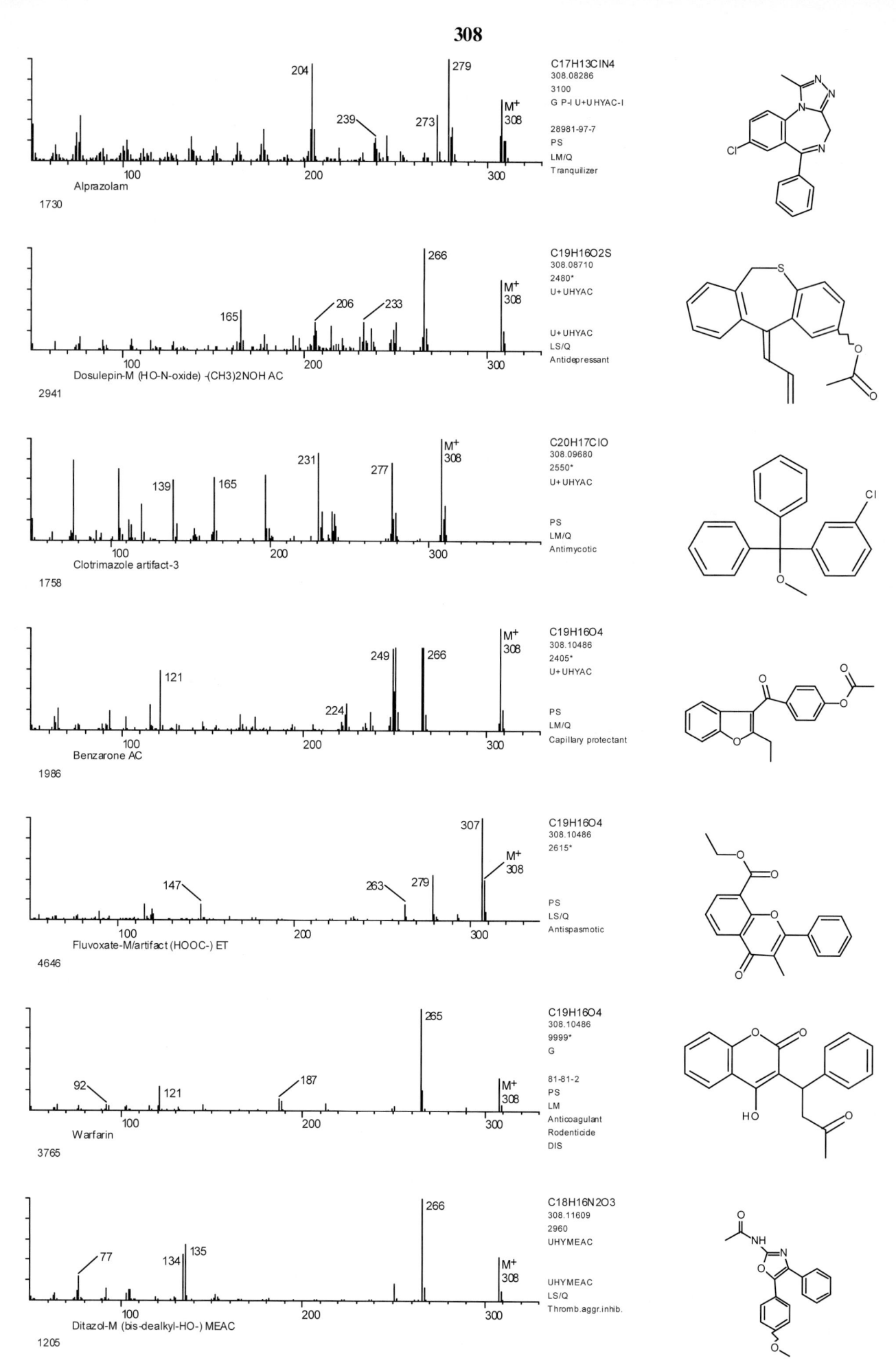

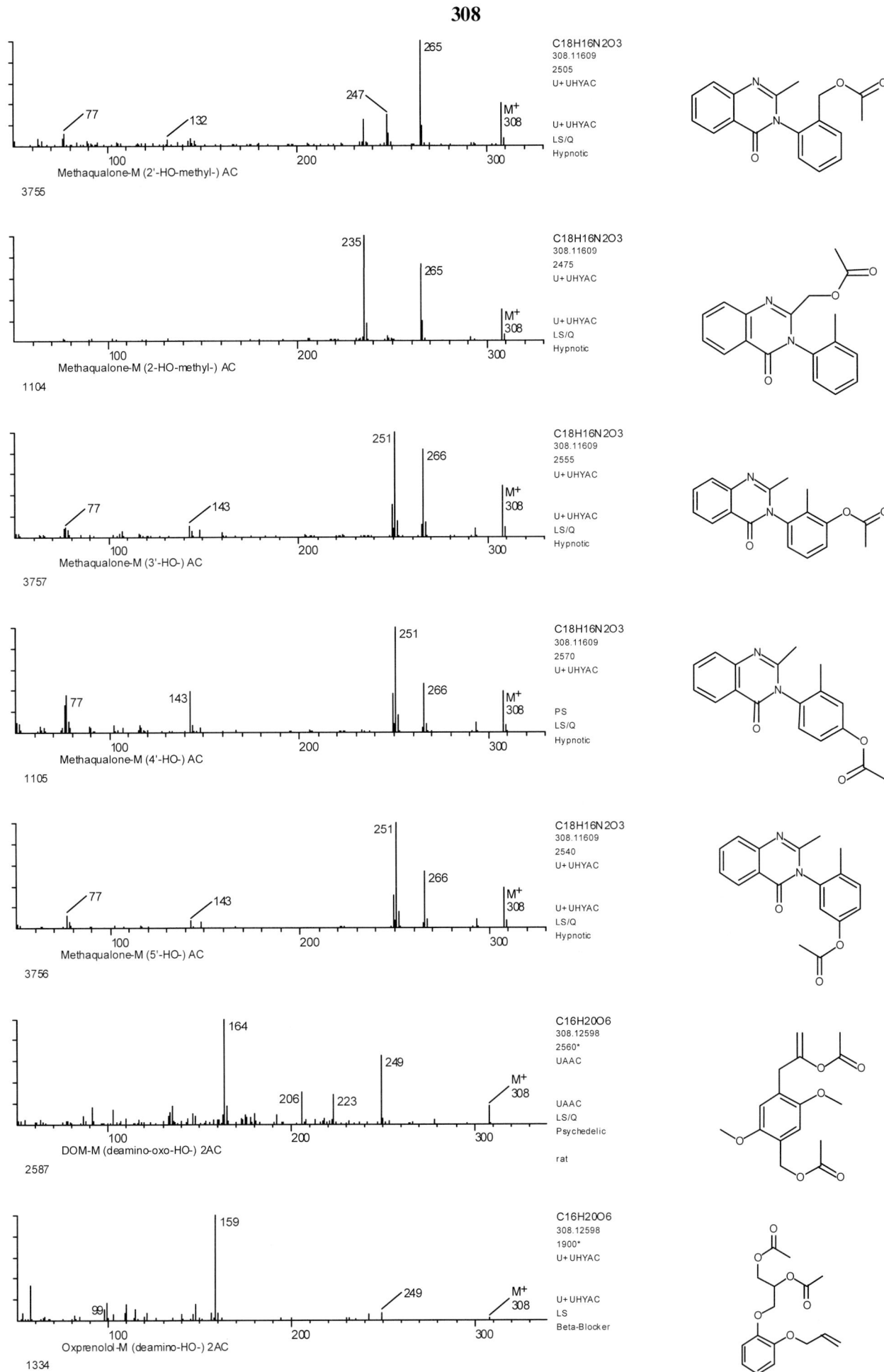

308

Spectrum	Formula / Info
Methaqualone-M (2'-HO-methyl-) AC — peaks: 77, 132, 247, 265, M+ 308	C18H16N2O3; 308.11609; 2505; U+ UHYAC; U+ UHYAC; LS/Q; Hypnotic
Methaqualone-M (2-HO-methyl-) AC — peaks: 235, 265, M+ 308	C18H16N2O3; 308.11609; 2475; U+ UHYAC; U+ UHYAC; LS/Q; Hypnotic
Methaqualone-M (3'-HO-) AC — peaks: 77, 143, 251, 266, M+ 308	C18H16N2O3; 308.11609; 2555; U+ UHYAC; U+ UHYAC; LS/Q; Hypnotic
Methaqualone-M (4'-HO-) AC — peaks: 77, 143, 251, 266, M+ 308	C18H16N2O3; 308.11609; 2570; U+ UHYAC; PS; LS/Q; Hypnotic
Methaqualone-M (5'-HO-) AC — peaks: 77, 143, 251, 266, M+ 308	C18H16N2O3; 308.11609; 2540; U+ UHYAC; U+ UHYAC; LS/Q; Hypnotic
DOM-M (deamino-oxo-HO-) 2AC — peaks: 164, 206, 223, 249, M+ 308	C16H20O6; 308.12598; 2560*; UAAC; UAAC; LS/Q; Psychedelic; rat
Oxprenolol-M (deamino-HO-) 2AC — peaks: 99, 159, 249, M+ 308	C16H20O6; 308.12598; 1900*; U+ UHYAC; U+ UHYAC; LS; Beta-Blocker

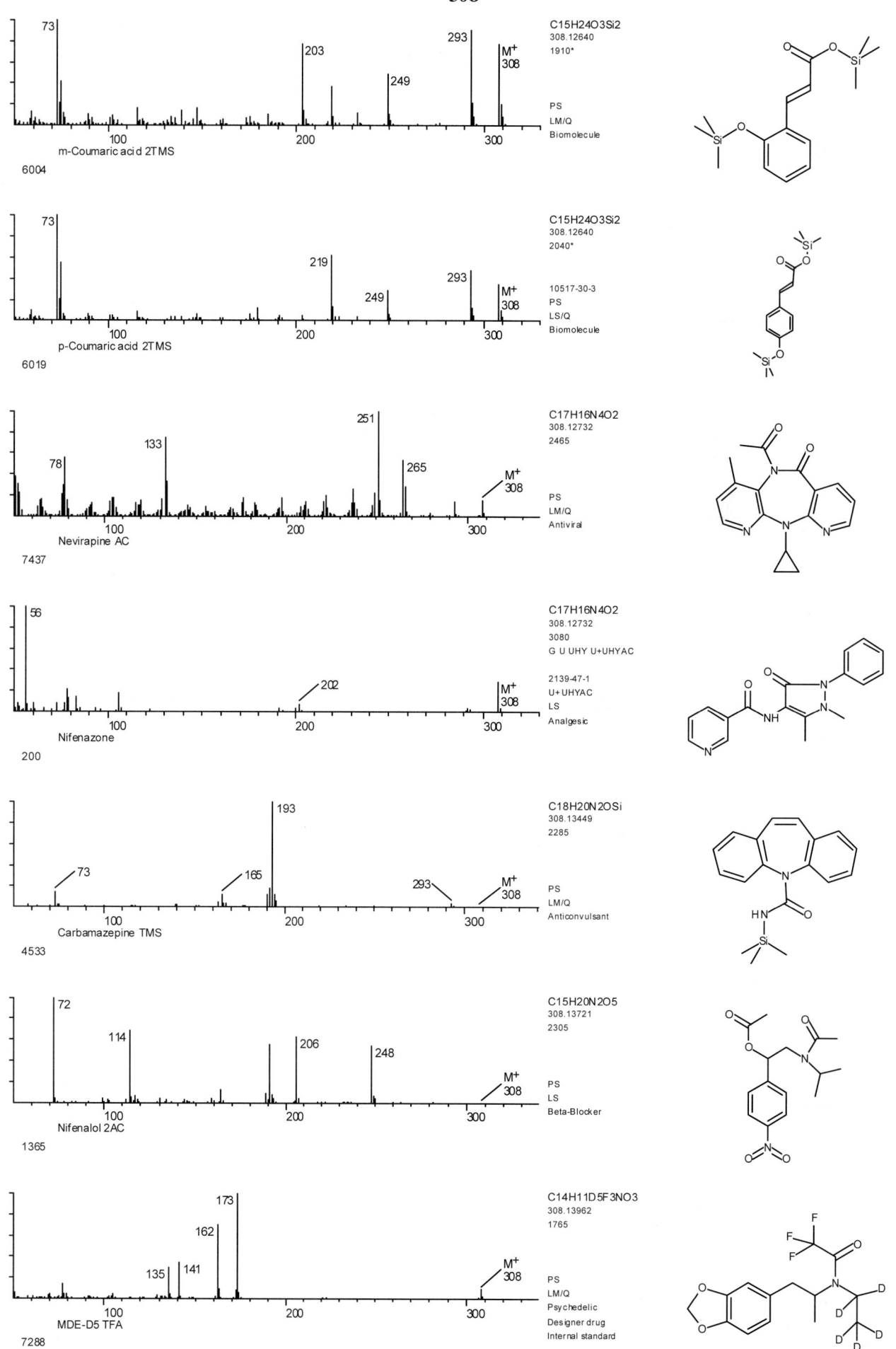

308

m-Coumaric acid 2TMS — 6004	C15H24O3Si2, 308.12640, 1910*, PS, LM/Q, Biomolecule. Peaks: 73, 203, 249, 293, M+ 308
p-Coumaric acid 2TMS — 6019	C15H24O3Si2, 308.12640, 2040*, 10517-30-3, PS, LS/Q, Biomolecule. Peaks: 73, 219, 249, 293, M+ 308
Nevirapine AC — 7437	C17H16N4O2, 308.12732, 2465, PS, LM/Q, Antiviral. Peaks: 78, 133, 251, 265, M+ 308
Nifenazone — 200	C17H16N4O2, 308.12732, 3080, G U UHY U+UHYAC, 2139-47-1, U+UHYAC, LS, Analgesic. Peaks: 56, 202, M+ 308
Carbamazepine TMS — 4533	C18H20N2OSi, 308.13449, 2285, PS, LM/Q, Anticonvulsant. Peaks: 73, 165, 193, 293, M+ 308
Nifenalol 2AC — 1365	C15H20N2O5, 308.13721, 2305, PS, LS, Beta-Blocker. Peaks: 72, 114, 206, 248, M+ 308
MDE-D5 TFA — 7288	C14H11D5F3NO3, 308.13962, 1765, PS, LM/Q, Psychedelic, Designer drug, Internal standard. Peaks: 135, 141, 162, 173, M+ 308

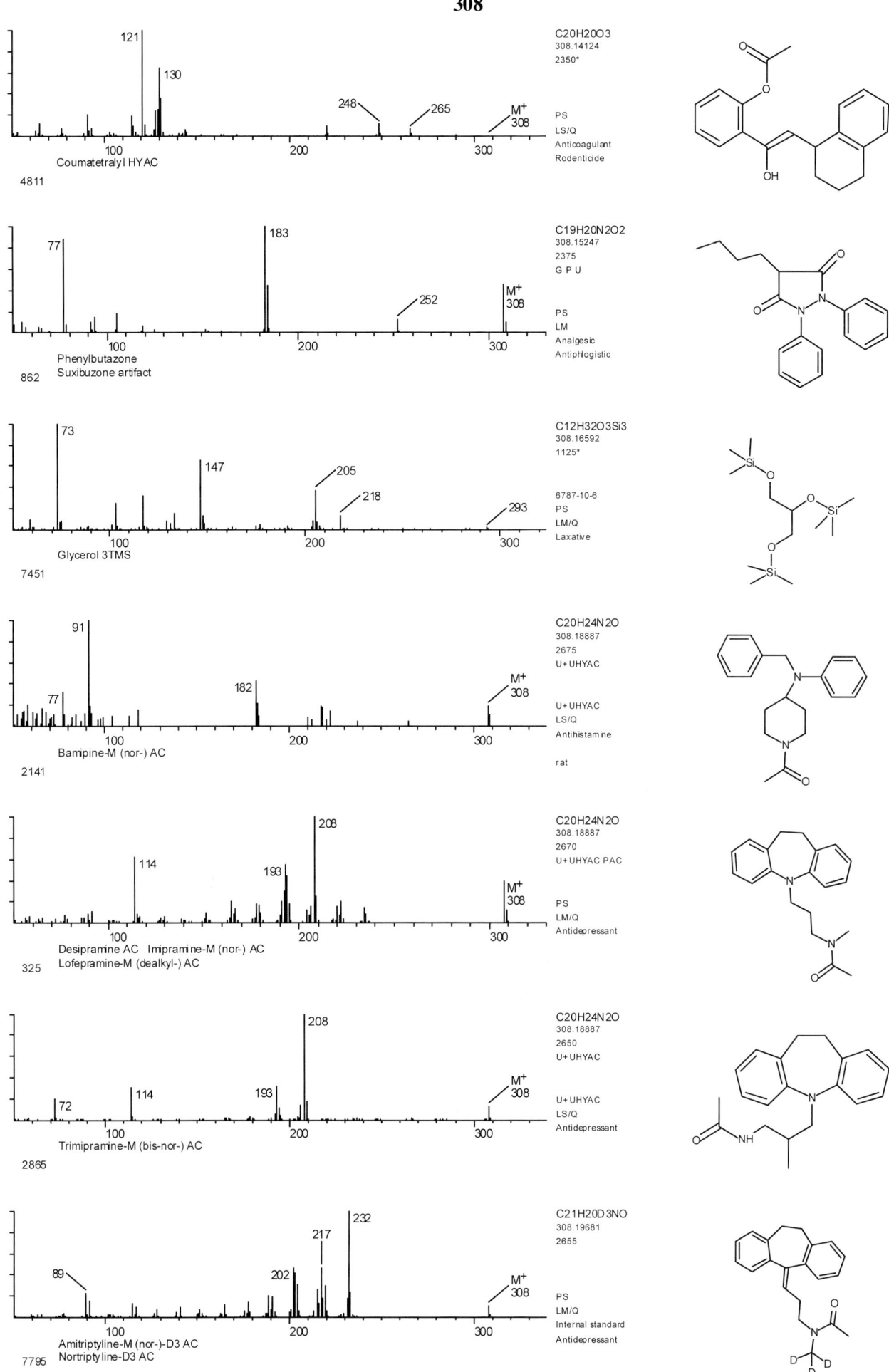

308

Coumatetralyl HYAC — C20H20O3, 308.14124, 2350*, PS, LS/Q, Anticoagulant Rodenticide
Peaks: 121, 130, 248, 265, M+ 308
4811

Phenylbutazone / Suxibuzone artifact — C19H20N2O2, 308.15247, 2375, G P U, PS, LM, Analgesic Antiphlogistic
Peaks: 77, 183, 252, M+ 308
862

Glycerol 3TMS — C12H32O3Si3, 308.16592, 1125*, 6787-10-6, PS, LM/Q, Laxative
Peaks: 73, 147, 205, 218, 293
7451

Bamipine-M (nor-) AC — C20H24N2O, 308.18887, 2675, U+ UHYAC, U+ UHYAC, LS/Q, Antihistamine, rat
Peaks: 77, 91, 182, M+ 308
2141

Desipramine AC / Imipramine-M (nor-) AC / Lofepramine-M (dealkyl-) AC — C20H24N2O, 308.18887, 2670, U+ UHYAC PAC, PS, LM/Q, Antidepressant
Peaks: 114, 193, 208, M+ 308
325

Trimipramine-M (bis-nor-) AC — C20H24N2O, 308.18887, 2650, U+ UHYAC, U+ UHYAC, LS/Q, Antidepressant
Peaks: 72, 114, 193, 208, M+ 308
2865

Amitriptyline-M (nor-)-D3 AC / Nortriptyline-D3 AC — C21H20D3NO, 308.19681, 2655, PS, LM/Q, Internal standard Antidepressant
Peaks: 89, 202, 217, 232, M+ 308
7795

657

308

Oxybuprocaine
1943
C17H28N2O3
308.20999
2425
99-43-4
PS
LM/Q
Local anesthetic

Linoleic acid ET
Ricinoleic acid -H2O ET
5642
C20H36O2
308.27151
2150*
544-35-4
LM/Q
Fatty acid

Fenazepam HY   Fenazepam-M HY
Metaclazepam-M (amino-Br-Cl-benzophenone)
2151
C13H9BrClNO
308.95560
2270
UHY
PS
LM/Q
Tranquilizer

Diclofenac ME
Aceclofenac-M (diclofenac) ME
717
C15H13Cl2NO2
309.03235
2195
P(ME) G(ME)
PS
LS/Q
Antirheumatic
ME in methanol

Felodipine-M/artifact (dehydro-deethyl-) -CO2
4860
C15H13Cl2NO2
309.03235
2235
UME
UME
LS/Q
Ca Antagonist

Meclofenamic acid ME
5701
C15H13Cl2NO2
309.03235
2240
PS
LM/Q
Antirheumatic

Sulfamethoxazole MEAC
3160
C13H15N3O4S
309.07834
3255
PS
LS/Q
Antibiotic

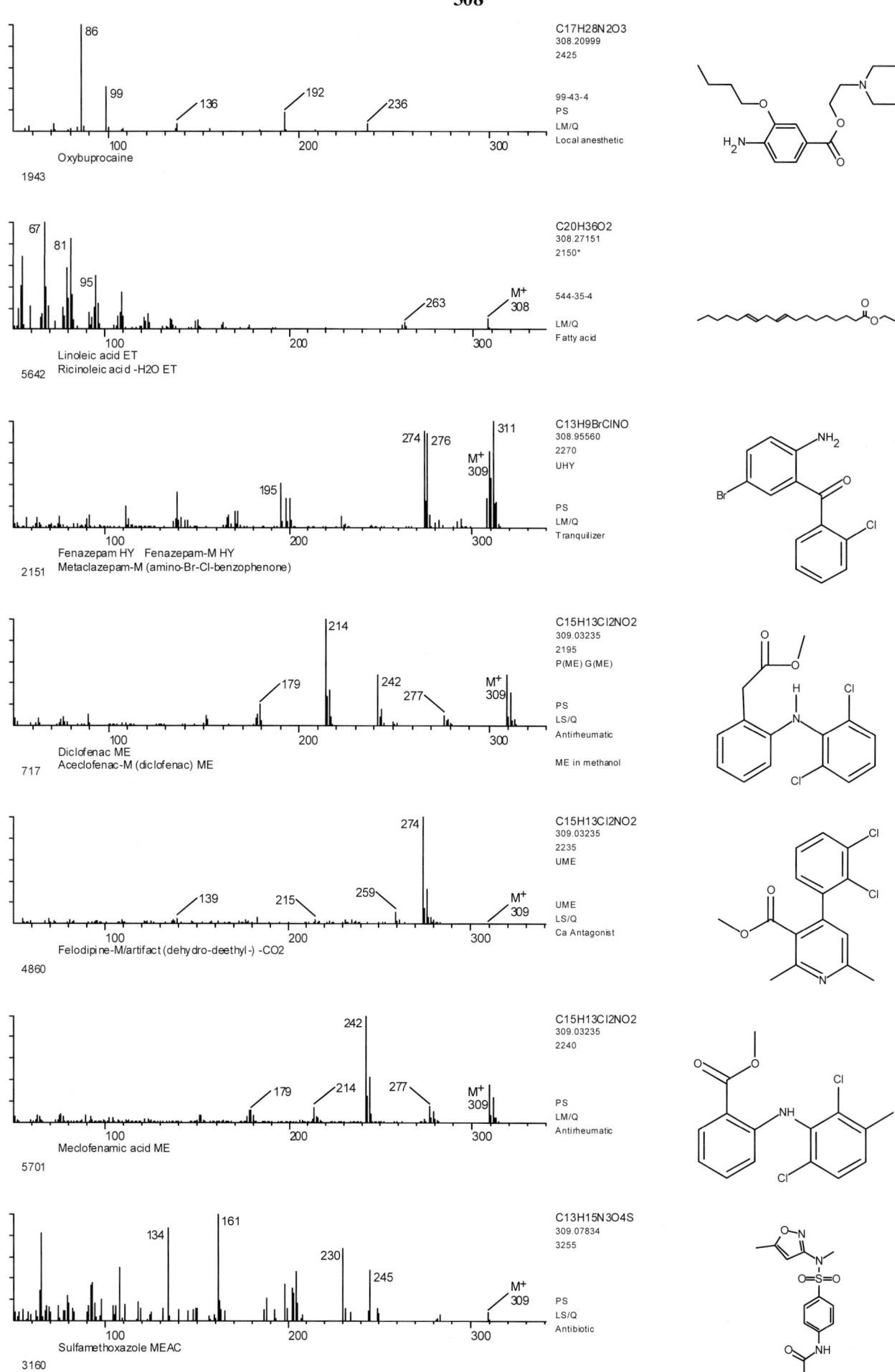

309

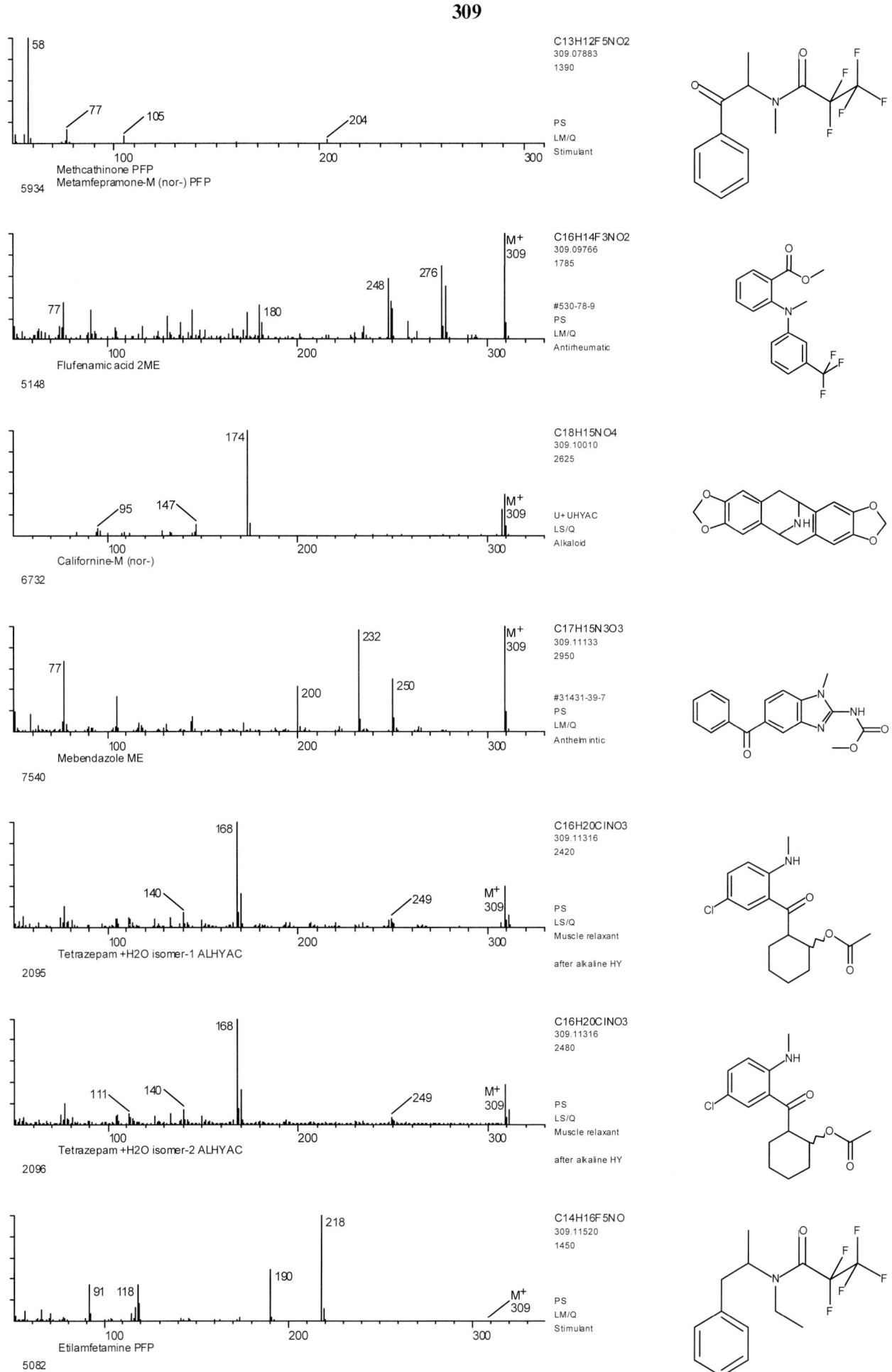

Methcathinone PFP
Metamfepramone-M (nor-) PFP
5934
C13H12F5NO2
309.07883
1390
PS
LM/Q
Stimulant

Flufenamic acid 2ME
5148
C16H14F3NO2
309.09766
1785
#530-78-9
PS
LM/Q
Antirheumatic

Californine-M (nor-)
6732
C18H15NO4
309.10010
2625
U+ UHYAC
LS/Q
Alkaloid

Mebendazole ME
7540
C17H15N3O3
309.11133
2950
#31431-39-7
PS
LM/Q
Anthelmintic

Tetrazepam +H2O isomer-1 ALHYAC
2095
C16H20ClNO3
309.11316
2420
PS
LS/Q
Muscle relaxant
after alkaline HY

Tetrazepam +H2O isomer-2 ALHYAC
2096
C16H20ClNO3
309.11316
2480
PS
LS/Q
Muscle relaxant
after alkaline HY

Etilamfetamine PFP
5082
C14H16F5NO
309.11520
1450
PS
LM/Q
Stimulant

309

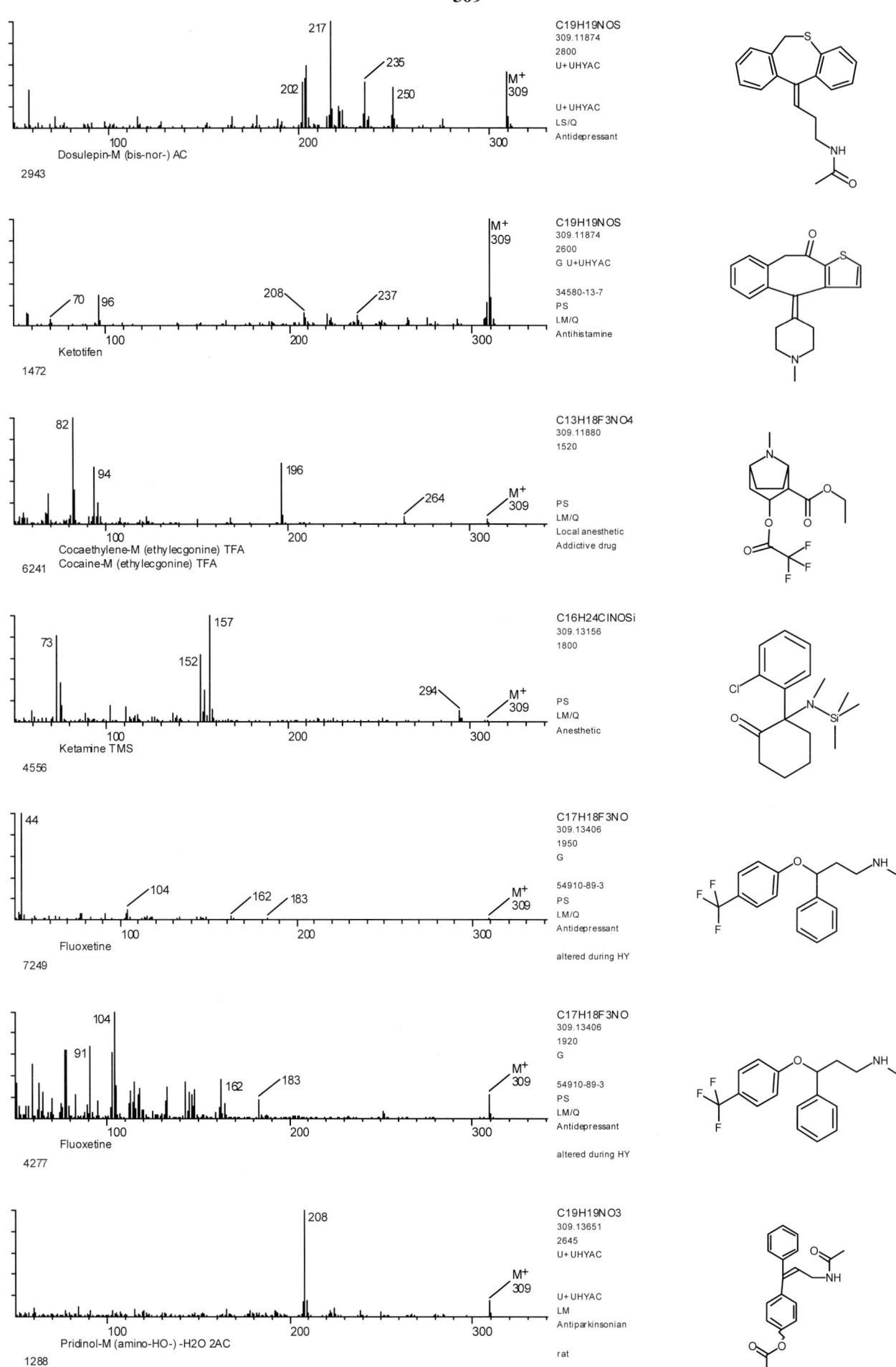

Dosulepin-M (bis-nor-) AC
2943

C19H19NOS
309.11874
2800
U+ UHYAC

U+ UHYAC
LS/Q
Antidepressant

Ketotifen
1472

C19H19NOS
309.11874
2600
G U+ UHYAC

34580-13-7
PS
LM/Q
Antihistamine

Cocaethylene-M (ethylecgonine) TFA
Cocaine-M (ethylecgonine) TFA
6241

C13H18F3NO4
309.11880
1520

PS
LM/Q
Local anesthetic
Addictive drug

Ketamine TMS
4556

C16H24ClNOSi
309.13156
1800

PS
LM/Q
Anesthetic

Fluoxetine
7249

C17H18F3NO
309.13406
1950
G

54910-89-3
PS
LM/Q
Antidepressant

altered during HY

Fluoxetine
4277

C17H18F3NO
309.13406
1920
G

54910-89-3
PS
LM/Q
Antidepressant

altered during HY

Pridinol-M (amino-HO-) -H2O 2AC
1288

C19H19NO3
309.13651
2645
U+ UHYAC

U+ UHYAC
LM
Antiparkinsonian

rat

660

309

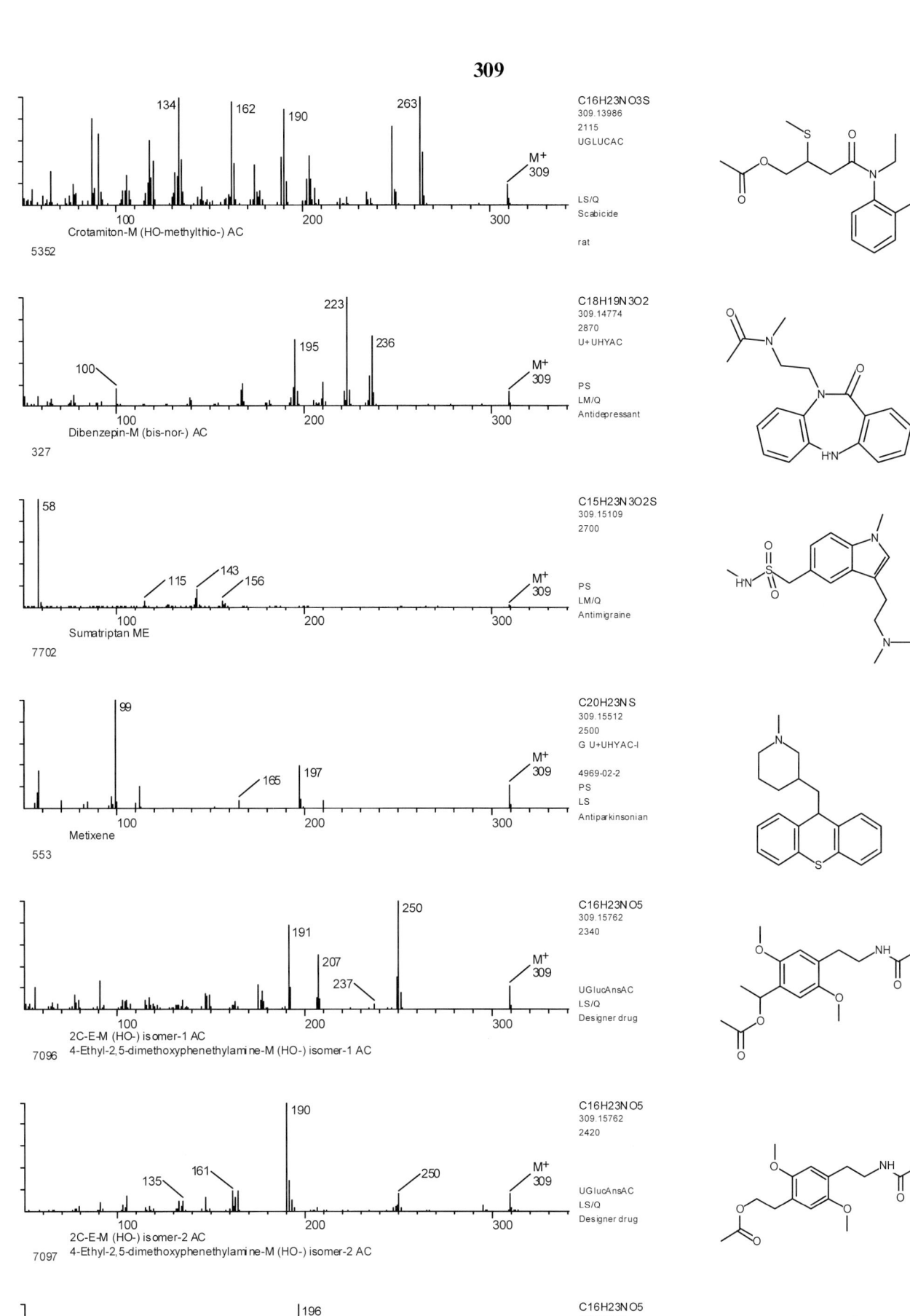

Crotamiton-M (HO-methylthio-) AC — 5352	C16H23NO3S 309.13986 2115 UGLUCAC LS/Q Scabicide rat
Dibenzepin-M (bis-nor-) AC — 327	C18H19N3O2 309.14774 2870 U+UHYAC PS LM/Q Antidepressant
Sumatriptan ME — 7702	C15H23N3O2S 309.15109 2700 PS LM/Q Antimigraine
Metixene — 553	C20H23NS 309.15512 2500 G U+UHYAC-I 4969-02-2 PS LS Antiparkinsonian
2C-E-M (HO-) isomer-1 AC / 4-Ethyl-2,5-dimethoxyphenethylamine-M (HO-) isomer-1 AC — 7096	C16H23NO5 309.15762 2340 UGlucAnsAC LS/Q Designer drug
2C-E-M (HO-) isomer-2 AC / 4-Ethyl-2,5-dimethoxyphenethylamine-M (HO-) isomer-2 AC — 7097	C16H23NO5 309.15762 2420 UGlucAnsAC LS/Q Designer drug
2C-E-M (HO-) isomer-3 AC / 4-Ethyl-2,5-dimethoxyphenethylamine-M (HO-) isomer-3 AC — 7098	C16H23NO5 309.15762 2500 UGlucAnsAC LS/Q Designer drug

661

309

C16H23NO5
309.15762
2260
uaac

UAAC
LS/Q
Psychedelic

DOM-M (HO-) 2AC
2588

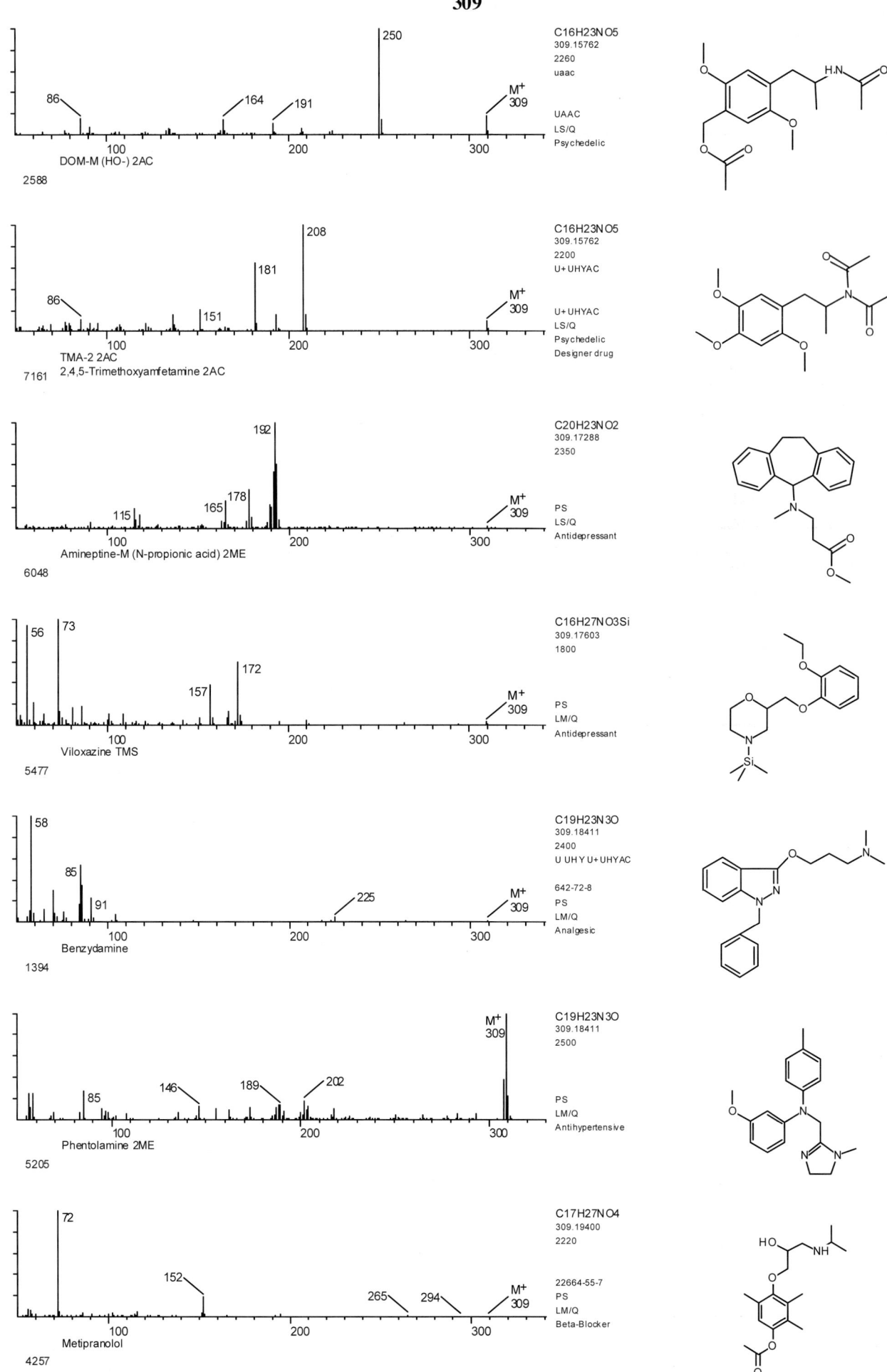

C16H23NO5
309.15762
2200
U+UHYAC

U+UHYAC
LS/Q
Psychedelic
Designer drug

TMA-2 2AC
2,4,5-Trimethoxyamfetamine 2AC
7161

C20H23NO2
309.17288
2350

PS
LS/Q
Antidepressant

Amineptine-M (N-propionic acid) 2ME
6048

C16H27NO3Si
309.17603
1800

PS
LM/Q
Antidepressant

Viloxazine TMS
5477

C19H23N3O
309.18411
2400
U UH Y U+UHYAC

642-72-8
PS
LM/Q
Analgesic

Benzydamine
1394

C19H23N3O
309.18411
2500

PS
LM/Q
Antihypertensive

Phentolamine 2ME
5205

C17H27NO4
309.19400
2220

22664-55-7
PS
LM/Q
Beta-Blocker

Metipranolol
4257

662

309

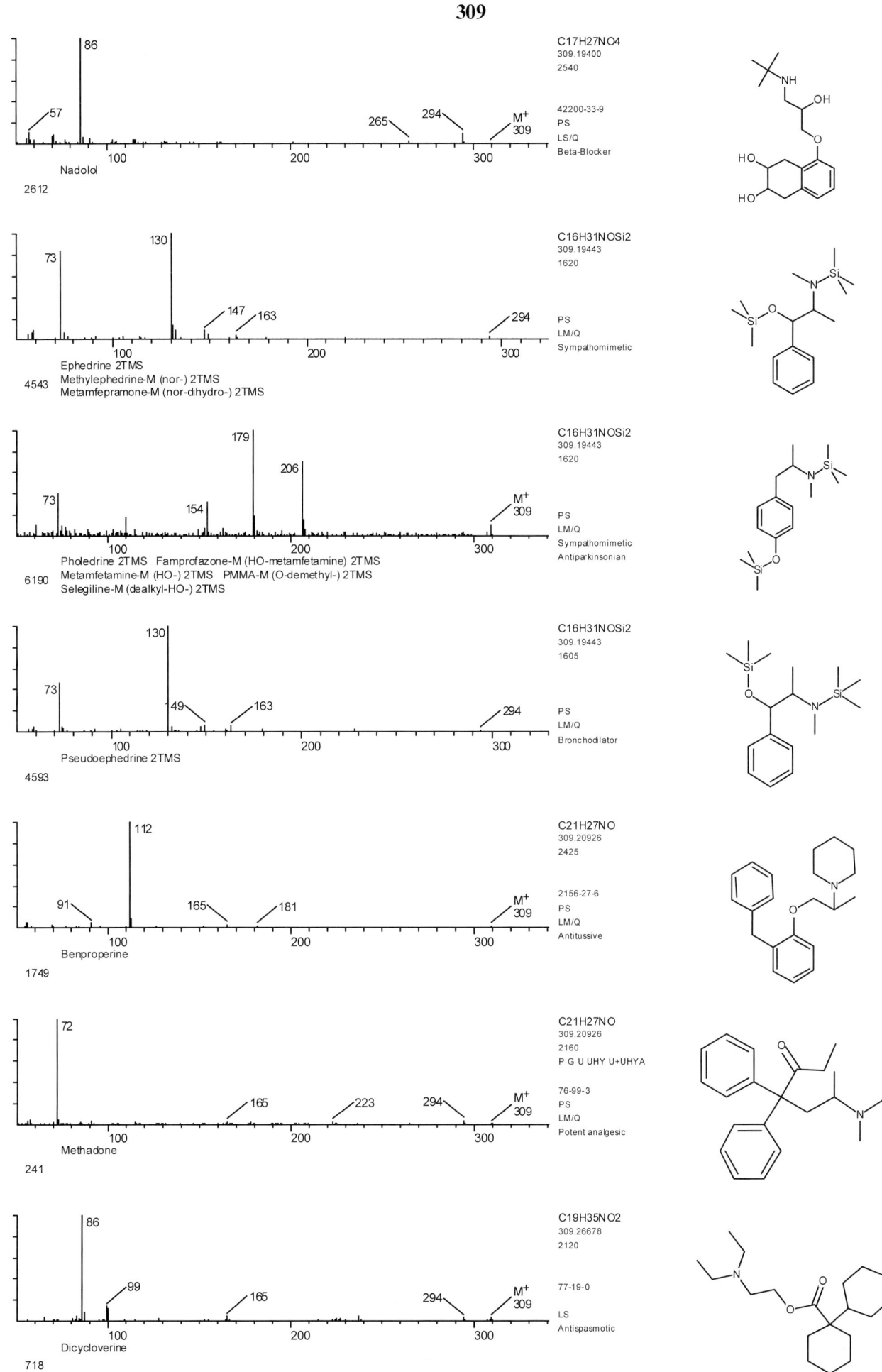

Nadolol
C17H27NO4
309.19400
2540
42200-33-9
PS
LS/Q
Beta-Blocker

Ephedrine 2TMS
Methylephedrine-M (nor-) 2TMS
Metamfepramone-M (nor-dihydro-) 2TMS
C16H31NOSi2
309.19443
1620
PS
LM/Q
Sympathomimetic

Pholedrine 2TMS   Famprofazone-M (HO-metamfetamine) 2TMS
Metamfetamine-M (HO-) 2TMS   PMMA-M (O-demethyl-) 2TMS
Selegiline-M (dealkyl-HO-) 2TMS
C16H31NOSi2
309.19443
1620
PS
LM/Q
Sympathomimetic
Antiparkinsonian

Pseudoephedrine 2TMS
C16H31NOSi2
309.19443
1605
PS
LM/Q
Bronchodilator

Benproperine
C21H27NO
309.20926
2425
2156-27-6
PS
LM/Q
Antitussive

Methadone
C21H27NO
309.20926
2160
P G U UHY U+UHYA
76-99-3
PS
LM/Q
Potent analgesic

Dicycloverine
C19H35NO2
309.26678
2120
77-19-0
LS
Antispasmotic

663

309

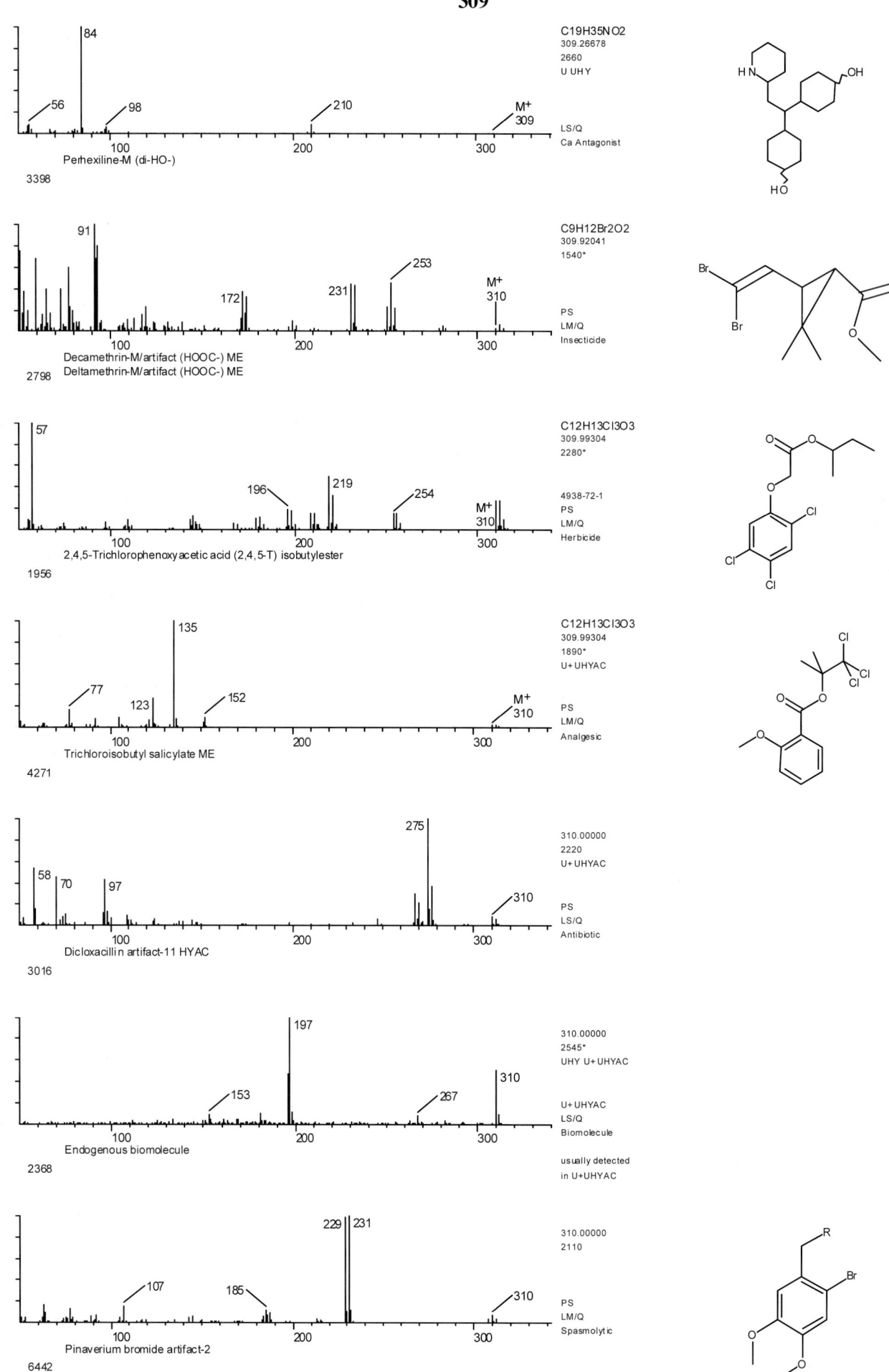

Perhexiline-M (di-HO-)
C19H35NO2
309.26678
2660
U UHY
LS/Q
Ca Antagonist
3398

Decamethrin-M/artifact (HOOC-) ME
Deltamethrin-M/artifact (HOOC-) ME
C9H12Br2O2
309.92041
1540*
PS
LM/Q
Insecticide
2798

2,4,5-Trichlorophenoxyacetic acid (2,4,5-T) isobutylester
C12H13Cl3O3
309.99304
2280*
4938-72-1
PS
LM/Q
Herbicide
1956

Trichloroisobutyl salicylate ME
C12H13Cl3O3
309.99304
1890*
U+ UHYAC
PS
LM/Q
Analgesic
4271

Dicloxacillin artifact-11 HYAC
310.00000
2220
U+ UHYAC
PS
LS/Q
Antibiotic
3016

Endogenous biomolecule
310.00000
2545*
UHY U+ UHYAC
U+ UHYAC
LS/Q
Biomolecule
usually detected in U+UHYAC
2368

Pinaverium bromide artifact-2
310.00000
2110
PS
LM/Q
Spasmolytic
6442

310

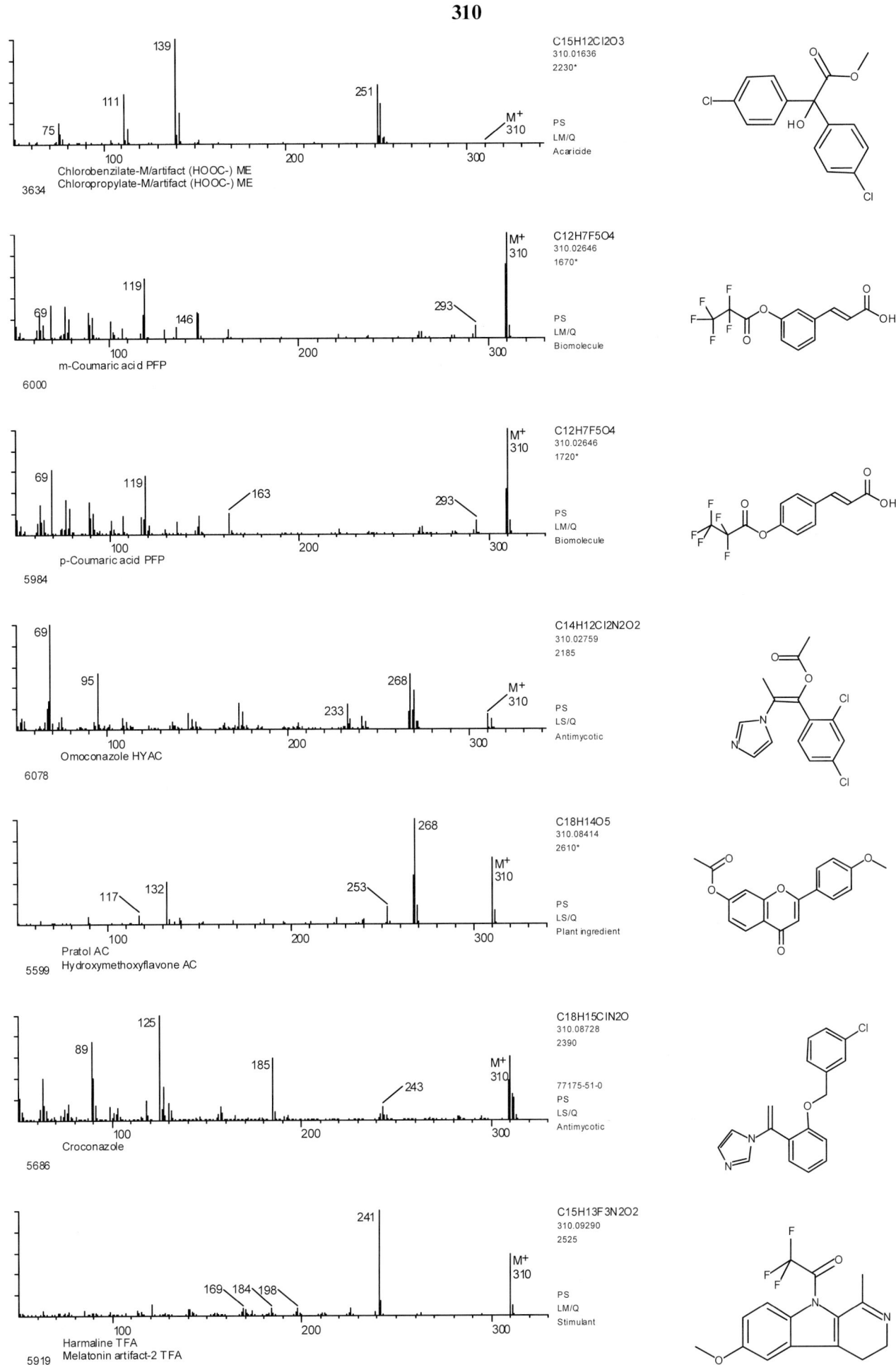

C15H12Cl2O3
310.01636
2230*

PS
LM/Q
Acaricide

Chlorobenzilate-M/artifact (HOOC-) ME
Chloropropylate-M/artifact (HOOC-) ME
3634

C12H7F5O4
310.02646
1670*

PS
LM/Q
Biomolecule

m-Coumaric acid PFP
6000

C12H7F5O4
310.02646
1720*

PS
LM/Q
Biomolecule

p-Coumaric acid PFP
5984

C14H12Cl2N2O2
310.02759
2185

PS
LS/Q
Antimycotic

Omoconazole HYAC
6078

C18H14O5
310.08414
2610*

PS
LS/Q
Plant ingredient

Pratol AC
Hydroxymethoxyflavone AC
5599

C18H15ClN2O
310.08728
2390

77175-51-0
PS
LS/Q
Antimycotic

Croconazole
5686

C15H13F3N2O2
310.09290
2525

PS
LM/Q
Stimulant

Harmaline TFA
Melatonin artifact-2 TFA
5919

310

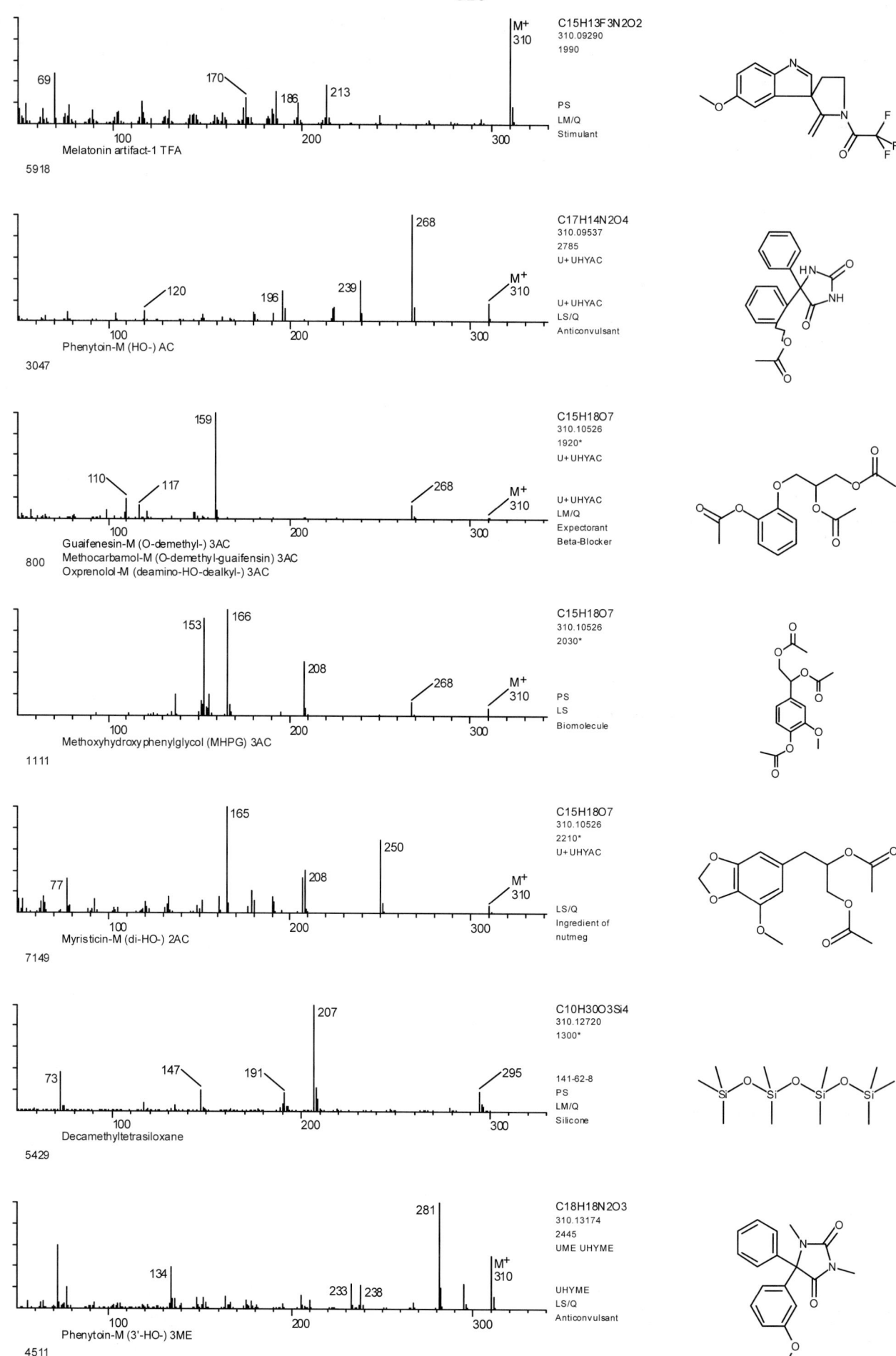

Melatonin artifact-1 TFA
5918
M+ 310; 69, 170, 186, 213
C15H13F3N2O2
310.09290
1990
PS
LM/Q
Stimulant

Phenytoin-M (HO-) AC
3047
268; 120, 196, 239; M+ 310
C17H14N2O4
310.09537
2785
U+ UHYAC
U+ UHYAC
LS/Q
Anticonvulsant

Guaifenesin-M (O-demethyl-) 3AC
Methocarbamol-M (O-demethyl-guaifensin) 3AC
Oxprenolol-M (deamino-HO-dealkyl-) 3AC
800
159; 110, 117, 268; M+ 310
C15H18O7
310.10526
1920*
U+ UHYAC
U+ UHYAC
LM/Q
Expectorant
Beta-Blocker

Methoxyhydroxyphenylglycol (MHPG) 3AC
1111
153, 166, 208, 268; M+ 310
C15H18O7
310.10526
2030*
PS
LS
Biomolecule

Myristicin-M (di-HO-) 2AC
7149
165, 250, 77, 208; M+ 310
C15H18O7
310.10526
2210*
U+ UHYAC
LS/Q
Ingredient of nutmeg

Decamethyltetrasiloxane
5429
207, 73, 147, 191, 295
C10H30O3Si4
310.12720
1300*
141-62-8
PS
LM/Q
Silicone

Phenytoin-M (3'-HO-) 3ME
4511
281, 134, 233, 238; M+ 310
C18H18N2O3
310.13174
2445
UME UHYME
UHYME
LS/Q
Anticonvulsant

310

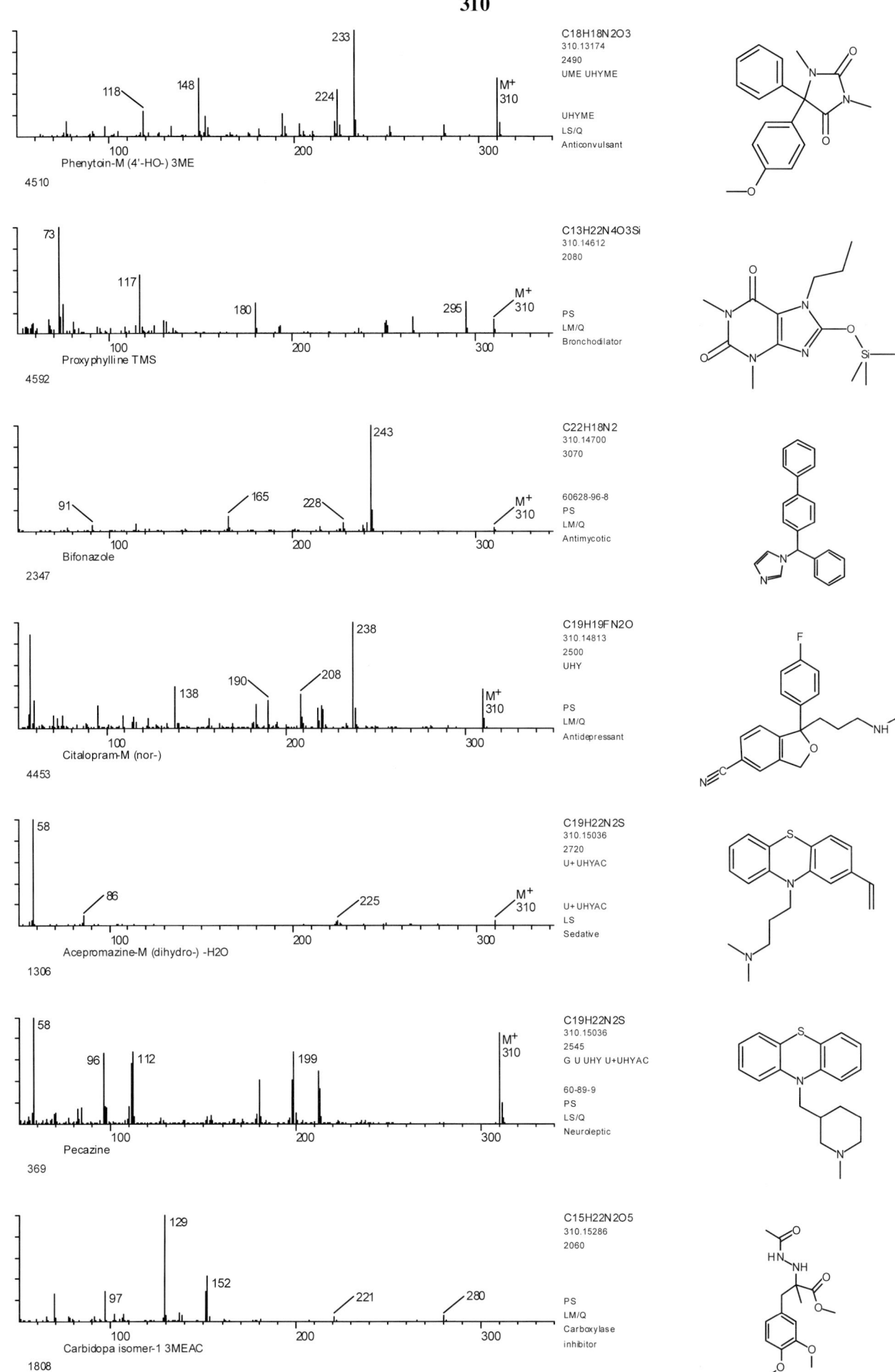

Phenytoin-M (4'-HO-) 3ME
4510
C18H18N2O3
310.13174
2490
UME UHYME

UHYME
LS/Q
Anticonvulsant

Proxyphylline TMS
4592
C13H22N4O3Si
310.14612
2080

PS
LM/Q
Bronchodilator

Bifonazole
2347
C22H18N2
310.14700
3070
60628-96-8
PS
LM/Q
Antimycotic

Citalopram-M (nor-)
4453
C19H19FN2O
310.14813
2500
UHY

PS
LM/Q
Antidepressant

Acepromazine-M (dihydro-) -H2O
1306
C19H22N2S
310.15036
2720
U+ UHYAC

U+ UHYAC
LS
Sedative

Pecazine
369
C19H22N2S
310.15036
2545
G U UHY U+UHYAC

60-89-9
PS
LS/Q
Neuroleptic

Carbidopa isomer-1 3MEAC
1808
C15H22N2O5
310.15286
2060

PS
LM/Q
Carboxylase inhibitor

310

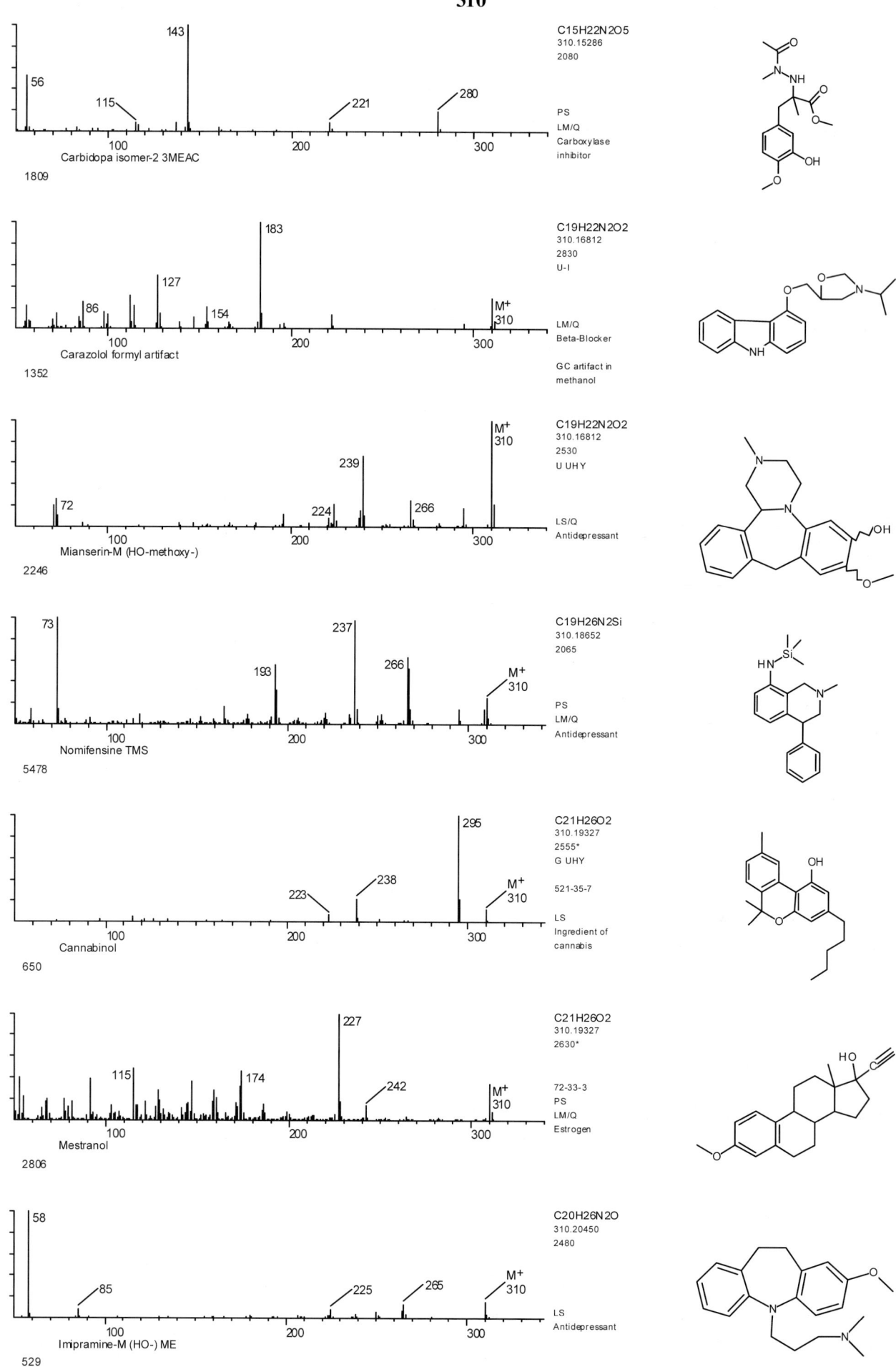

C15H22N2O5
310.15286
2080

PS
LM/Q
Carboxylase inhibitor

Carbidopa isomer-2 3MEAC
1809

C19H22N2O2
310.16812
2830
U-I

LM/Q
Beta-Blocker

GC artifact in methanol

Carazolol formyl artifact
1352

C19H22N2O2
310.16812
2530
U UH Y

LS/Q
Antidepressant

Mianserin-M (HO-methoxy-)
2246

C19H26N2Si
310.18652
2065

PS
LM/Q
Antidepressant

Nomifensine TMS
5478

C21H26O2
310.19327
2555*
G UH Y

521-35-7

LS
Ingredient of cannabis

Cannabinol
650

C21H26O2
310.19327
2630*

72-33-3
PS
LM/Q
Estrogen

Mestranol
2806

C20H26N2O
310.20450
2480

LS
Antidepressant

Imipramine-M (HO-) ME
529

668

310

Trimipramine-M (HO-) — C20H26N2O, 310.20450, 2575, P-I U HY, UHY, LS/Q, Antidepressant
640

Oleic acid ET — C20H38O2, 310.28717, 2095*, 112-62-9, PS, LS/Q, Fatty acid
5405

Docosane — C22H46, 310.35995, 2200*, 629-97-0, UME, LS/Q, Hydrocarbon
4946

Tritoqualine artifact-2 — 311.00000, 2170, #14504-73-5, PS, LM/Q, Antihistamine
5237

Tritoqualine artifact-2 AC — 311.00000, 2335, #14504-73-5, PS, LM/Q, Antihistamine
5238

Flurochloridone — C12H10Cl2F3NO, 311.00916, 2005, 61213-25-0, PS, LM/Q, Pesticide
3187

Lorazepam-M (HO-methoxy-) HY — C14H11Cl2NO3, 311.01160, 2780, UHY-I, UHY, LS, Tranquilizer
546

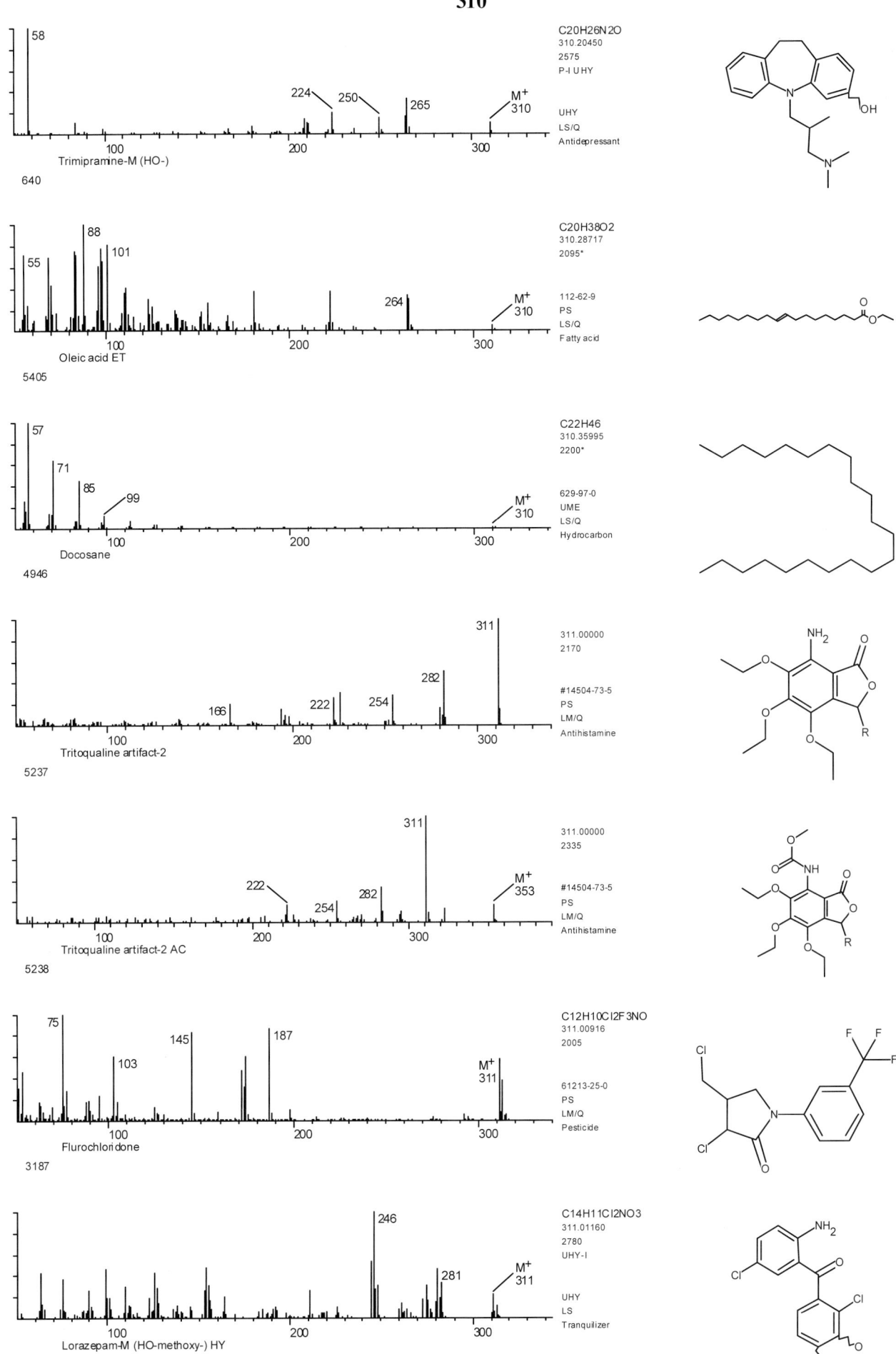

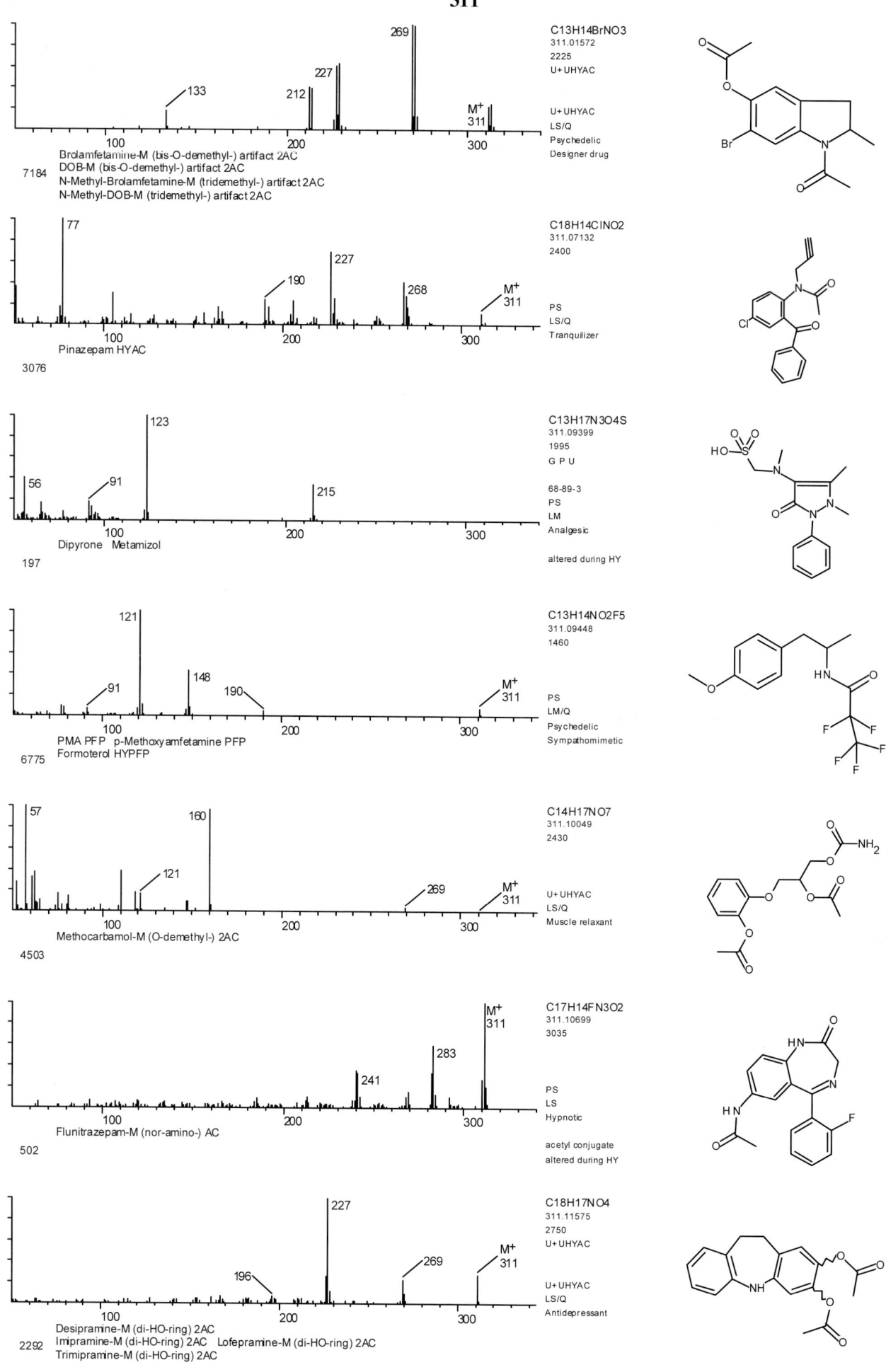

311

7184
Brolamfetamine-M (bis-O-demethyl-) artifact 2AC
DOB-M (bis-O-demethyl-) artifact 2AC
N-Methyl-Brolamfetamine-M (tridemethyl-) artifact 2AC
N-Methyl-DOB-M (tridemethyl-) artifact 2AC

C13H14BrNO3
311.01572
2225
U+ UHYAC

U+ UHYAC
LS/Q
Psychedelic
Designer drug

3076
Pinazepam HYAC

C18H14ClNO2
311.07132
2400

PS
LS/Q
Tranquilizer

197
Dipyrone   Metamizol

C13H17N3O4S
311.09399
1995
G P U

68-89-3
PS
LM
Analgesic
altered during HY

6775
PMA PFP   p-Methoxyamfetamine PFP
Formoterol HYPFP

C13H14NO2F5
311.09448
1460

PS
LM/Q
Psychedelic
Sympathomimetic

4503
Methocarbamol-M (O-demethyl-) 2AC

C14H17NO7
311.10049
2430

U+ UHYAC
LS/Q
Muscle relaxant

502
Flunitrazepam-M (nor-amino-) AC

C17H14FN3O2
311.10699
3035

PS
LS
Hypnotic
acetyl conjugate
altered during HY

2292
Desipramine-M (di-HO-ring) 2AC
Imipramine-M (di-HO-ring) 2AC   Lofepramine-M (di-HO-ring) 2AC
Trimipramine-M (di-HO-ring) 2AC

C18H17NO4
311.11575
2750
U+ UHYAC

U+ UHYAC
LS/Q
Antidepressant

311

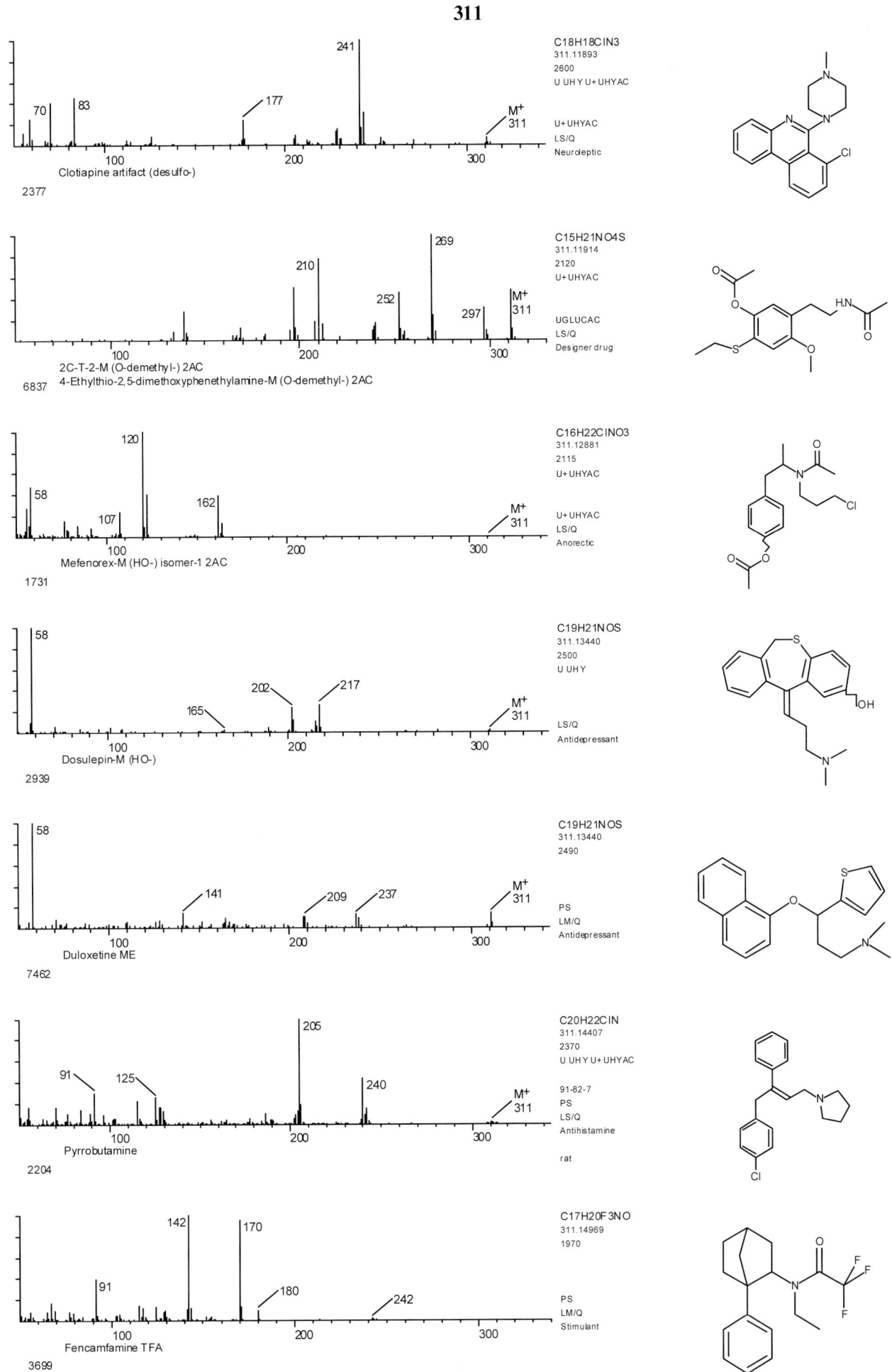

C18H18ClN3
311.11893
2600
U UHY U+ UHYAC
U+ UHYAC
LS/Q
Neuroleptic

Clotiapine artifact (desulfo-)
2377

C15H21NO4S
311.11914
2120
U+ UHYAC
UGLUCAC
LS/Q
Designer drug

2C-T-2-M (O-demethyl-) 2AC
4-Ethylthio-2,5-dimethoxyphenethylamine-M (O-demethyl-) 2AC
6837

C16H22ClNO3
311.12881
2115
U+ UHYAC
U+ UHYAC
LS/Q
Anorectic

Mefenorex-M (HO-) isomer-1 2AC
1731

C19H21NOS
311.13440
2500
U UHY
LS/Q
Antidepressant

Dosulepin-M (HO-)
2939

C19H21NOS
311.13440
2490
PS
LM/Q
Antidepressant

Duloxetine ME
7462

C20H22ClN
311.14407
2370
U UHY U+ UHYAC
91-82-7
PS
LS/Q
Antihistamine
rat

Pyrrobutamine
2204

C17H20F3NO
311.14969
1970
PS
LM/Q
Stimulant

Fencamfamine TFA
3699

671

311

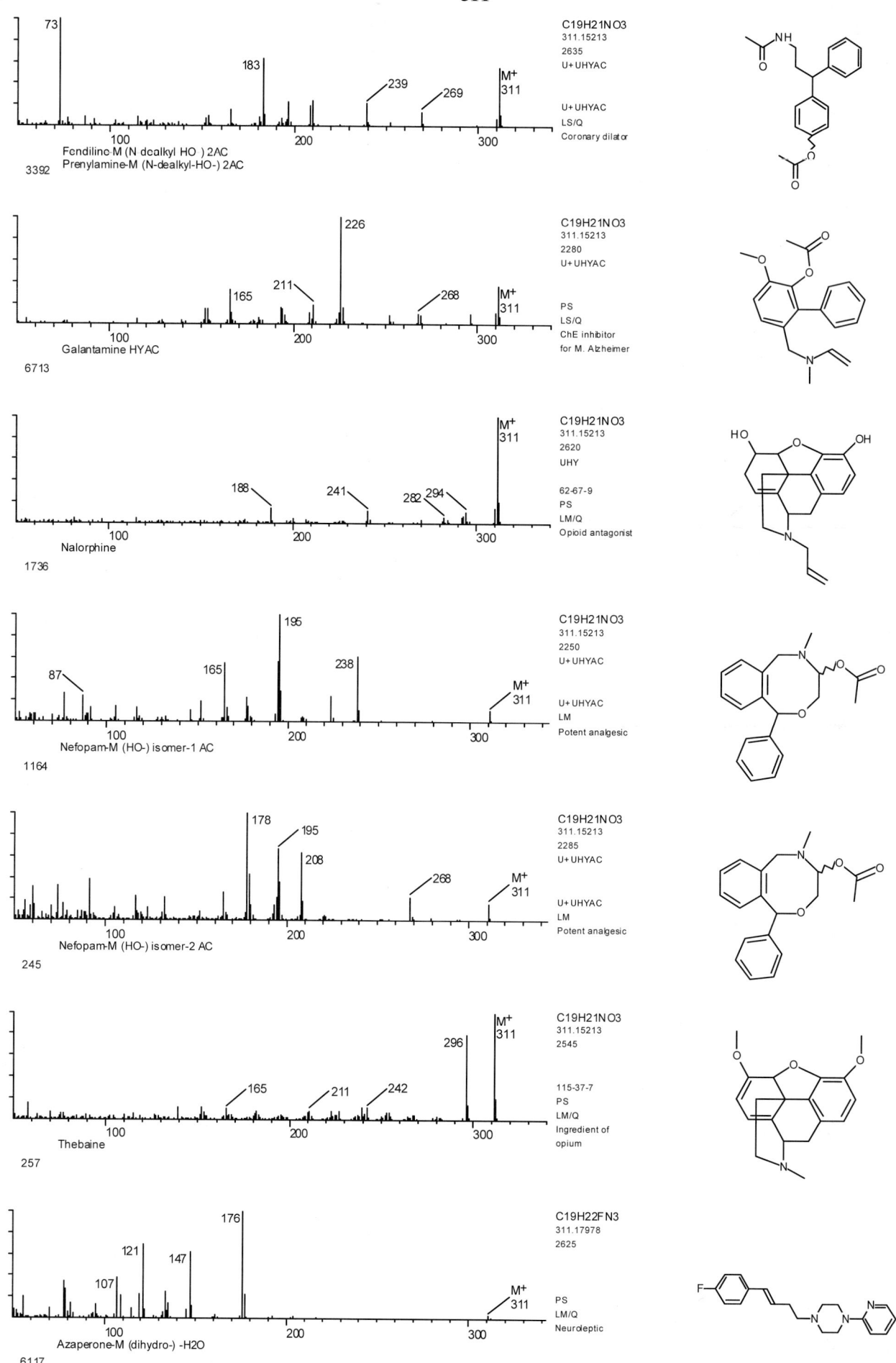

C19H21NO3
311.15213
2635
U+UHYAC

U+UHYAC
LS/Q
Coronary dilator

Fendiline-M (N-dealkyl HO) 2AC
Prenylamine-M (N-dealkyl-HO-) 2AC
3392

C19H21NO3
311.15213
2280
U+UHYAC

PS
LS/Q
ChE inhibitor
for M. Alzheimer

Galantamine HYAC
6713

C19H21NO3
311.15213
2620
UHY

62-67-9
PS
LM/Q
Opioid antagonist

Nalorphine
1736

C19H21NO3
311.15213
2250
U+UHYAC

U+UHYAC
LM
Potent analgesic

Nefopam-M (HO-) isomer-1 AC
1164

C19H21NO3
311.15213
2285
U+UHYAC

U+UHYAC
LM
Potent analgesic

Nefopam-M (HO-) isomer-2 AC
245

C19H21NO3
311.15213
2545

115-37-7
PS
LM/Q
Ingredient of opium

Thebaine
257

C19H22FN3
311.17978
2625

PS
LM/Q
Neuroleptic

Azaperone-M (dihydro-) -H2O
6117

311

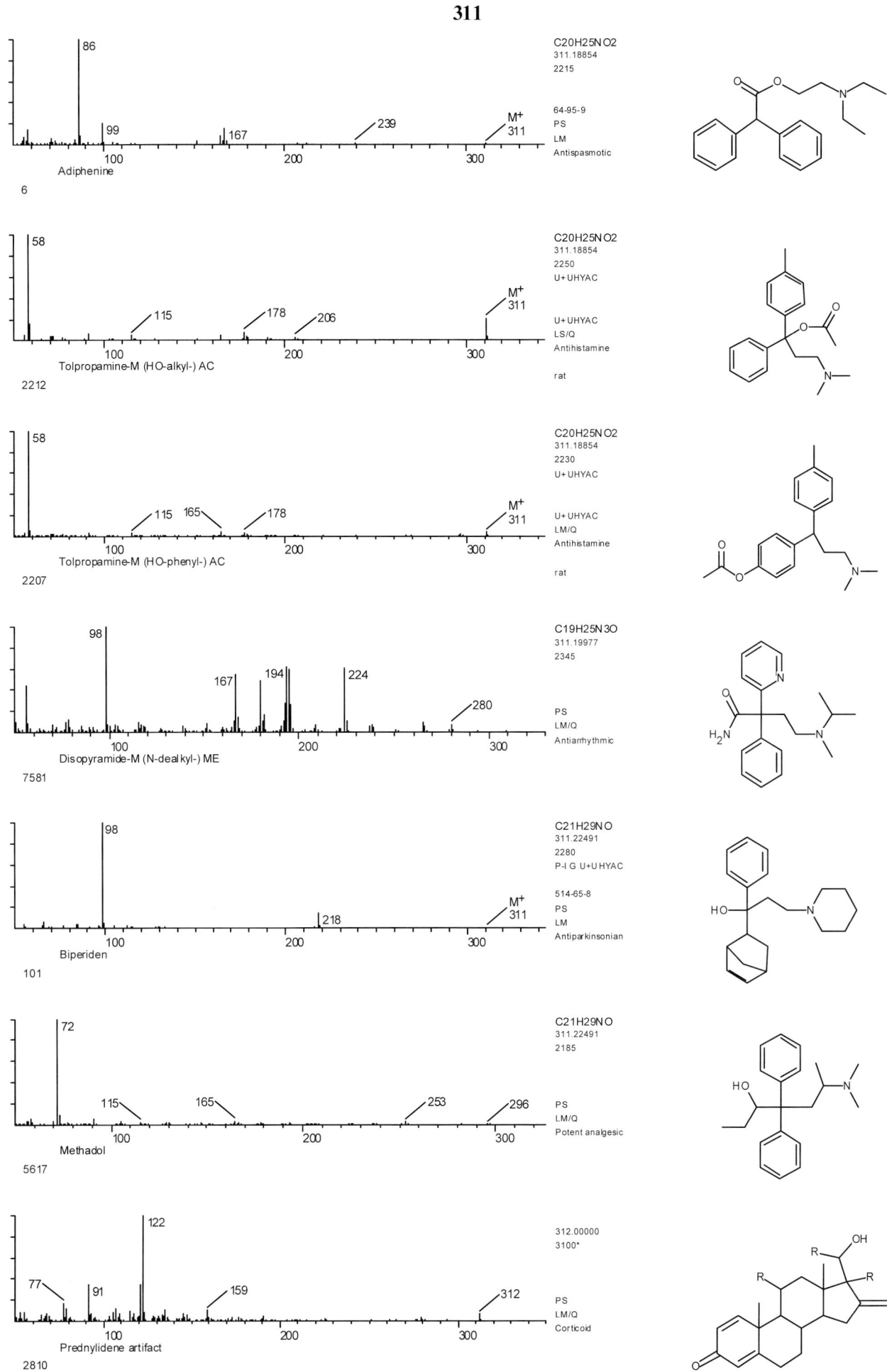

Adiphenine (6)	86, 99, 167, 239, 311 M+	C20H25NO2 311.18854 2215 64-95-9 PS LM Antispasmotic
Tolpropamine-M (HO-alkyl-) AC (2212)	58, 115, 178, 206, 311 M+	C20H25NO2 311.18854 2250 U+UHYAC U+UHYAC LS/Q Antihistamine rat
Tolpropamine-M (HO-phenyl-) AC (2207)	58, 115, 165, 178, 311 M+	C20H25NO2 311.18854 2230 U+UHYAC U+UHYAC LM/Q Antihistamine rat
Disopyramide-M (N-dealkyl-) ME (7581)	98, 167, 194, 224, 280	C19H25N3O 311.19977 2345 PS LM/Q Antiarrhythmic
Biperiden (101)	98, 218, 311 M+	C21H29NO 311.22491 2280 P-I G U+UHYAC 514-65-8 PS LM Antiparkinsonian
Methadol (5617)	72, 115, 165, 253, 296	C21H29NO 311.22491 2185 PS LM/Q Potent analgesic
Prednylidene artifact (2810)	77, 91, 122, 159, 312	312.00000 3100* PS LM/Q Corticoid

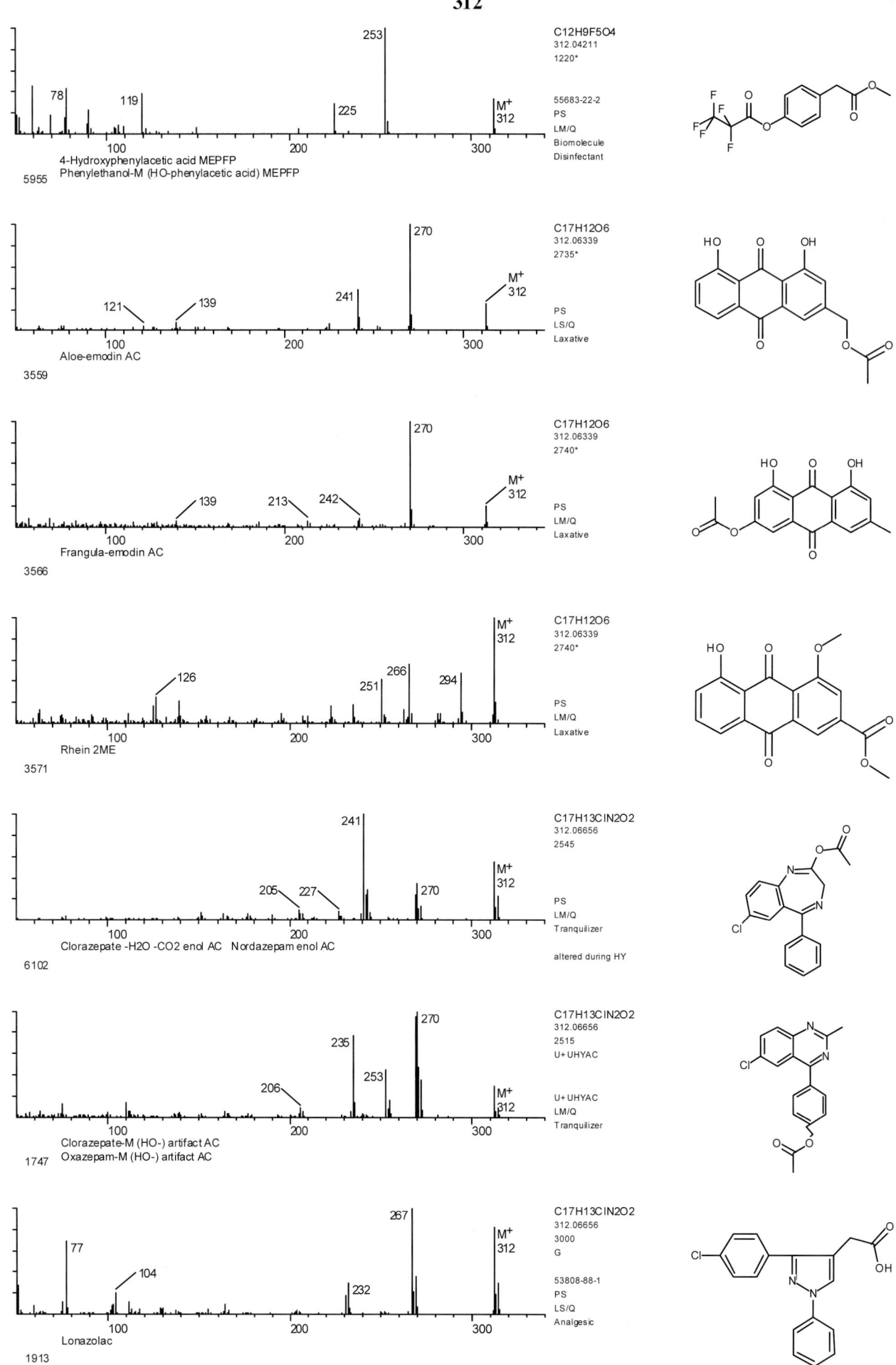

312

C12H9F5O4
312.04211
1220*

55683-22-2
PS
LM/Q
Biomolecule
Disinfectant

4-Hydroxyphenylacetic acid MEPFP
Phenylethanol-M (HO-phenylacetic acid) MEPFP
5955

C17H12O6
312.06339
2735*

PS
LS/Q
Laxative

Aloe-emodin AC
3559

C17H12O6
312.06339
2740*

PS
LM/Q
Laxative

Frangula-emodin AC
3566

C17H12O6
312.06339
2740*

PS
LM/Q
Laxative

Rhein 2ME
3571

C17H13ClN2O2
312.06656
2545

PS
LM/Q
Tranquilizer

altered during HY

Clorazepate -H2O -CO2 enol AC   Nordazepam enol AC
6102

C17H13ClN2O2
312.06656
2515
U+ UHYAC

U+ UHYAC
LM/Q
Tranquilizer

Clorazepate-M (HO-) artifact AC
Oxazepam-M (HO-) artifact AC
1747

C17H13ClN2O2
312.06656
3000
G

53808-88-1
PS
LS/Q
Analgesic

Lonazolac
1913

312

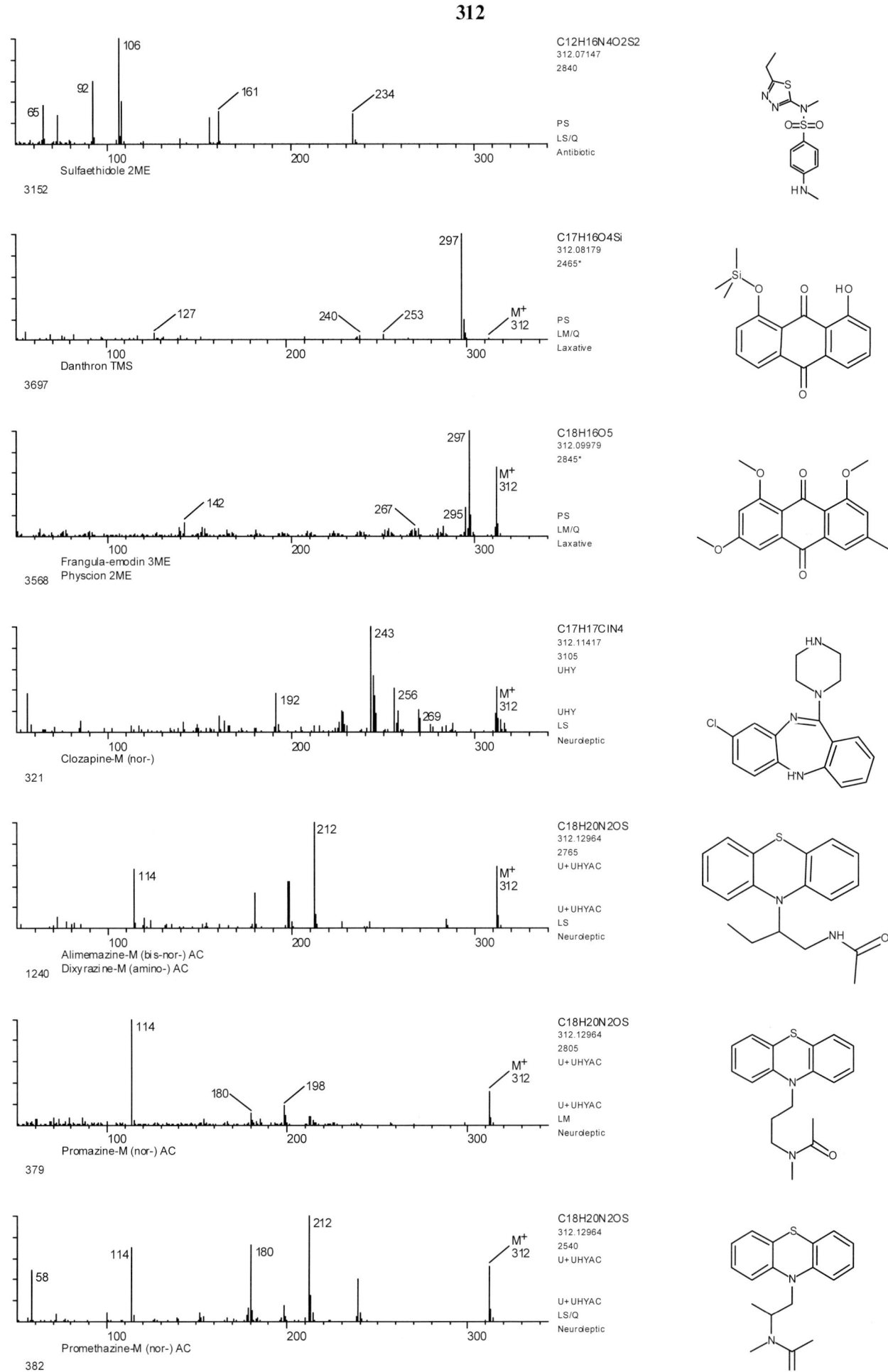

Sulfaethidole 2ME — peaks: 65, 92, 106, 161, 234
C12H16N4O2S2
312.07147
2840
PS
LS/Q
Antibiotic

Danthron TMS — peaks: 127, 240, 253, 297, M+ 312
C17H16O4Si
312.08179
2465*
PS
LM/Q
Laxative

Frangula-emodin 3ME / Physcion 2ME — peaks: 142, 267, 295, 297, M+ 312
C18H16O5
312.09979
2845*
PS
LM/Q
Laxative

Clozapine-M (nor-) — peaks: 192, 243, 256, 269, M+ 312
C17H17ClN4
312.11417
3105
UHY
UHY
LS
Neuroleptic

Alimemazine-M (bis-nor-) AC / Dixyrazine-M (amino-) AC — peaks: 114, 212, M+ 312
C18H20N2OS
312.12964
2765
U+UHYAC
U+UHYAC
LS
Neuroleptic

Promazine-M (nor-) AC — peaks: 114, 180, 198, M+ 312
C18H20N2OS
312.12964
2805
U+UHYAC
U+UHYAC
LM
Neuroleptic

Promethazine-M (nor-) AC — peaks: 58, 114, 180, 212, M+ 312
C18H20N2OS
312.12964
2540
U+UHYAC
U+UHYAC
LS/Q
Neuroleptic

312

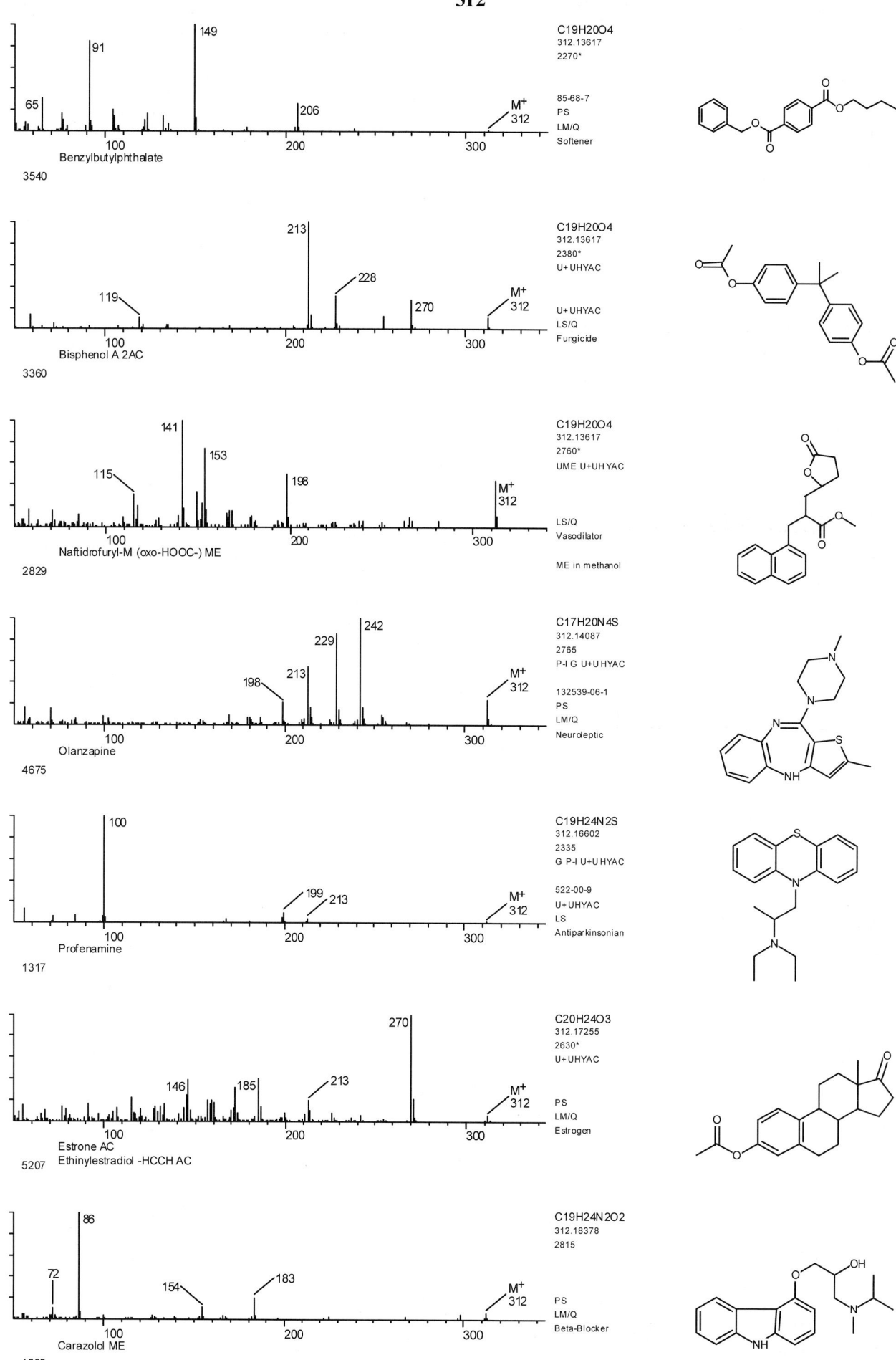

65, 91, 149, 206, M+ 312	C19H20O4 312.13617 2270* 85-68-7 PS LM/Q Softener

Benzylbutylphthalate
3540

119, 213, 228, 270, M+ 312	C19H20O4 312.13617 2380* U+UHYAC U+UHYAC LS/Q Fungicide

Bisphenol A 2AC
3360

115, 141, 153, 198, M+ 312	C19H20O4 312.13617 2760* UME U+UHYAC LS/Q Vasodilator ME in methanol

Naftidrofuryl-M (oxo-HOOC-) ME
2829

198, 213, 229, 242, M+ 312	C17H20N4S 312.14087 2765 P-I G U+UHYAC 132539-06-1 PS LM/Q Neuroleptic

Olanzapine
4675

100, 199, 213, M+ 312	C19H24N2S 312.16602 2335 G P-I U+UHYAC 522-00-9 U+UHYAC LS Antiparkinsonian

Profenamine
1317

146, 185, 213, 270, M+ 312	C20H24O3 312.17255 2630* U+UHYAC PS LM/Q Estrogen

Estrone AC
Ethinylestradiol -HCCH AC
5207

72, 86, 154, 183, M+ 312	C19H24N2O2 312.18378 2815 PS LM/Q Beta-Blocker

Carazolol ME
1595

312

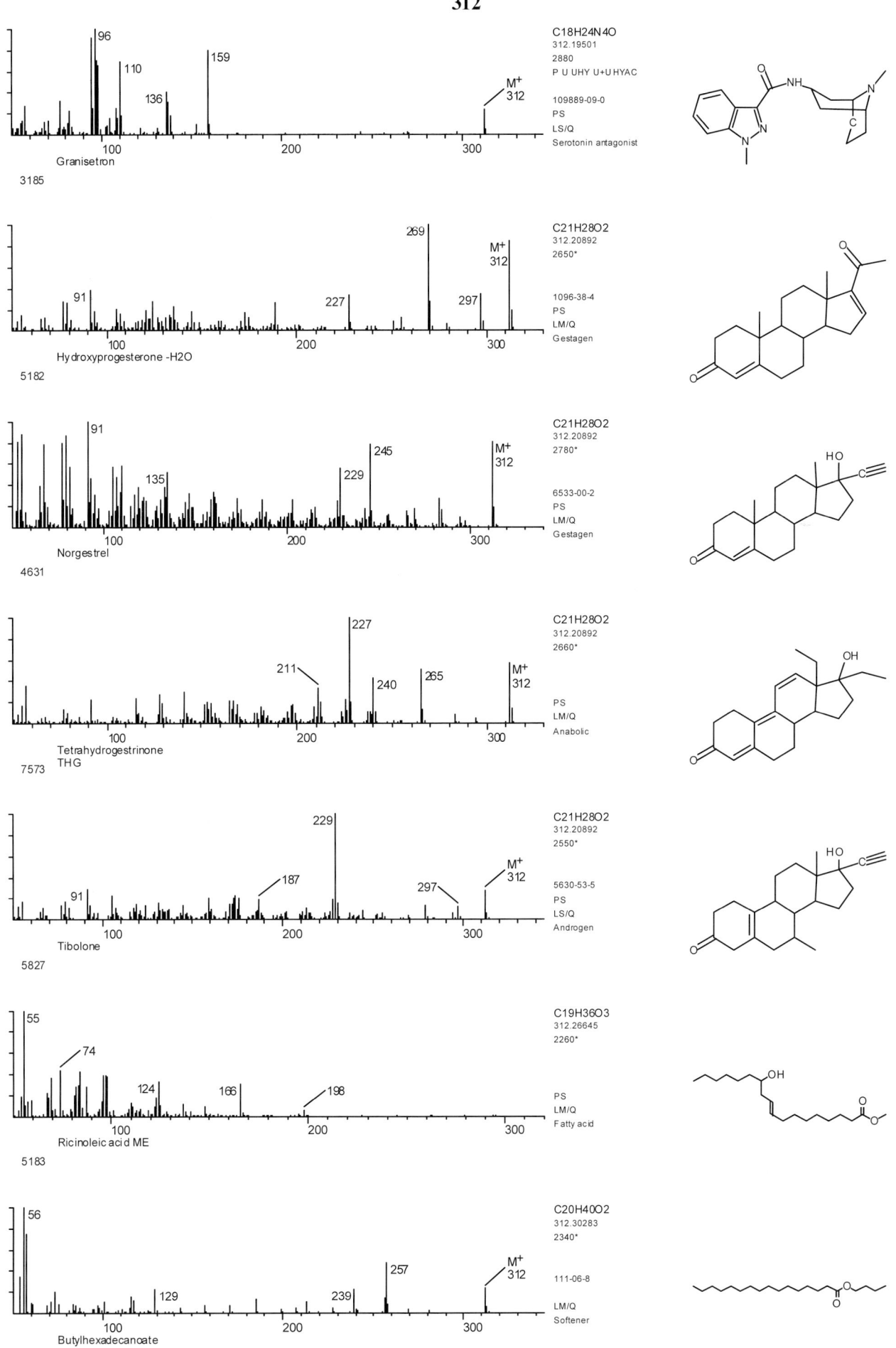

C18H24N4O
312.19501
2880
P U UHY U+U HYAC

109889-09-0
PS
LS/Q
Serotonin antagonist

Granisetron
3185

C21H28O2
312.20892
2650*

1096-38-4
PS
LM/Q
Gestagen

Hydroxyprogesterone -H2O
5182

C21H28O2
312.20892
2780*

6533-00-2
PS
LM/Q
Gestagen

Norgestrel
4631

C21H28O2
312.20892
2660*

PS
LM/Q
Anabolic

Tetrahydrogestrinone
THG
7573

C21H28O2
312.20892
2550*

5630-53-5
PS
LS/Q
Androgen

Tibolone
5827

C19H36O3
312.26645
2260*

PS
LM/Q
Fatty acid

Ricinoleic acid ME
5183

C20H40O2
312.30283
2340*

111-06-8

LM/Q
Softener

Butylhexadecanoate
160

677

312

Nonadecanoic acid ME	C20H40O2 312.30283 2200* 1731-94-8 PS LM/Q Fatty acid
Phytanic acid	C20H40O2 312.30283 2035* 18654-64-3 PS LS/Q Biomolecule
Stearic acid ET	C20H40O2 312.30283 2140* 111-61-5 LM/Q Fatty acid
Brolamfetamine-M (HO-) -H2O AC DOB-M (HO-) -H2O AC N-Methyl-Brolamfetamine-M (N-demethyl-HO-) -H2O AC N-Methyl-DOB-M (N-demethyl-HO-) -H2O AC	C13H16BrNO3 313.03137 2130* U+ UHYAC U+ UHYAC LS/Q Psychedelic Designer drug
Clonidine 2AC	C13H13Cl2N3O2 313.03848 2315 U+ UHYAC PS LM/Q Antihypertensive
Halazepam HY	C15H11ClF3NO 313.04813 2380 UHY U+ UHYAC PS LM/Q Tranquilizer
Triazophos	C12H16N3O3PS 313.06500 2250 24017-47-8 PS LM/Q Insecticide

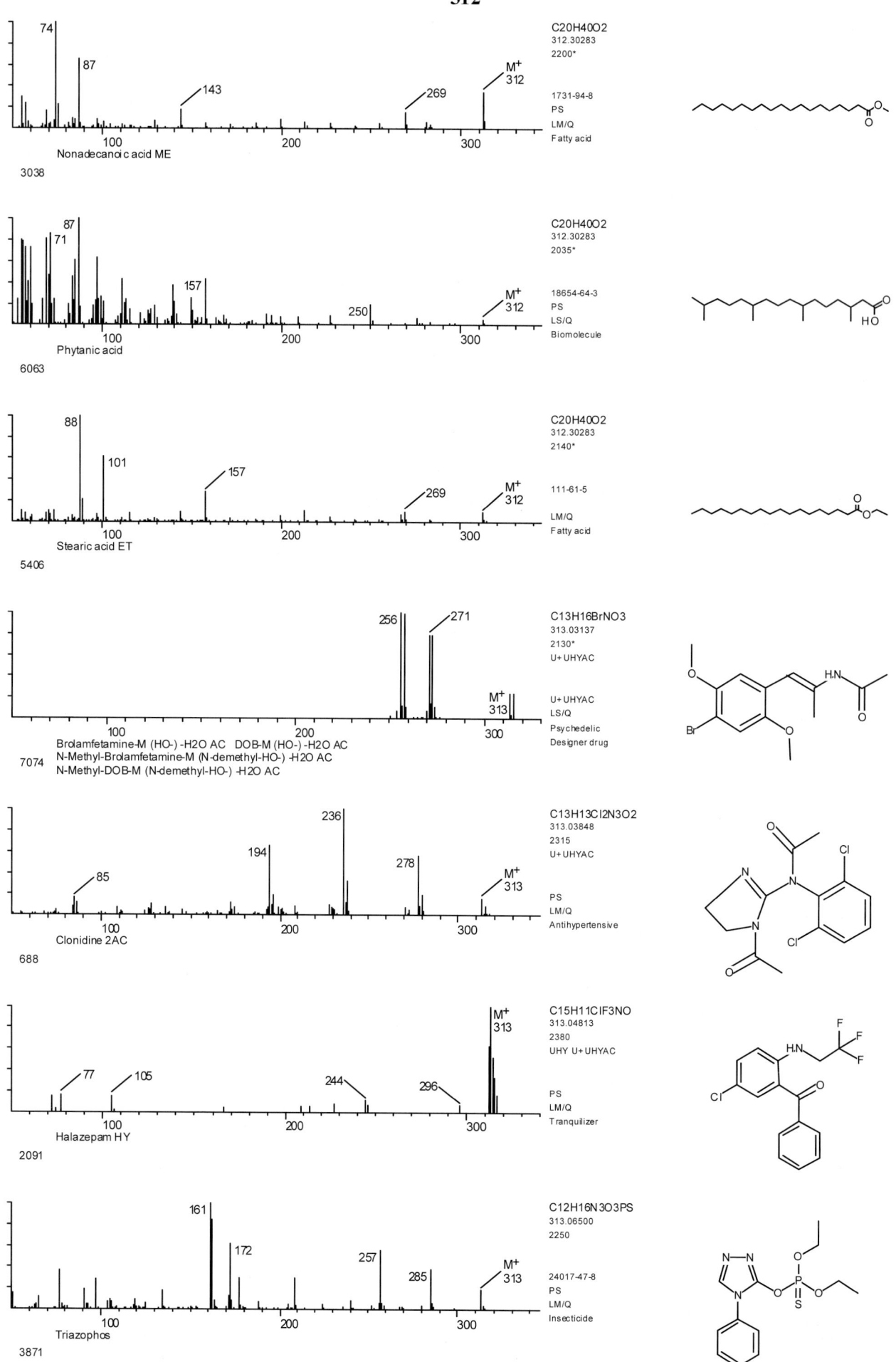

313

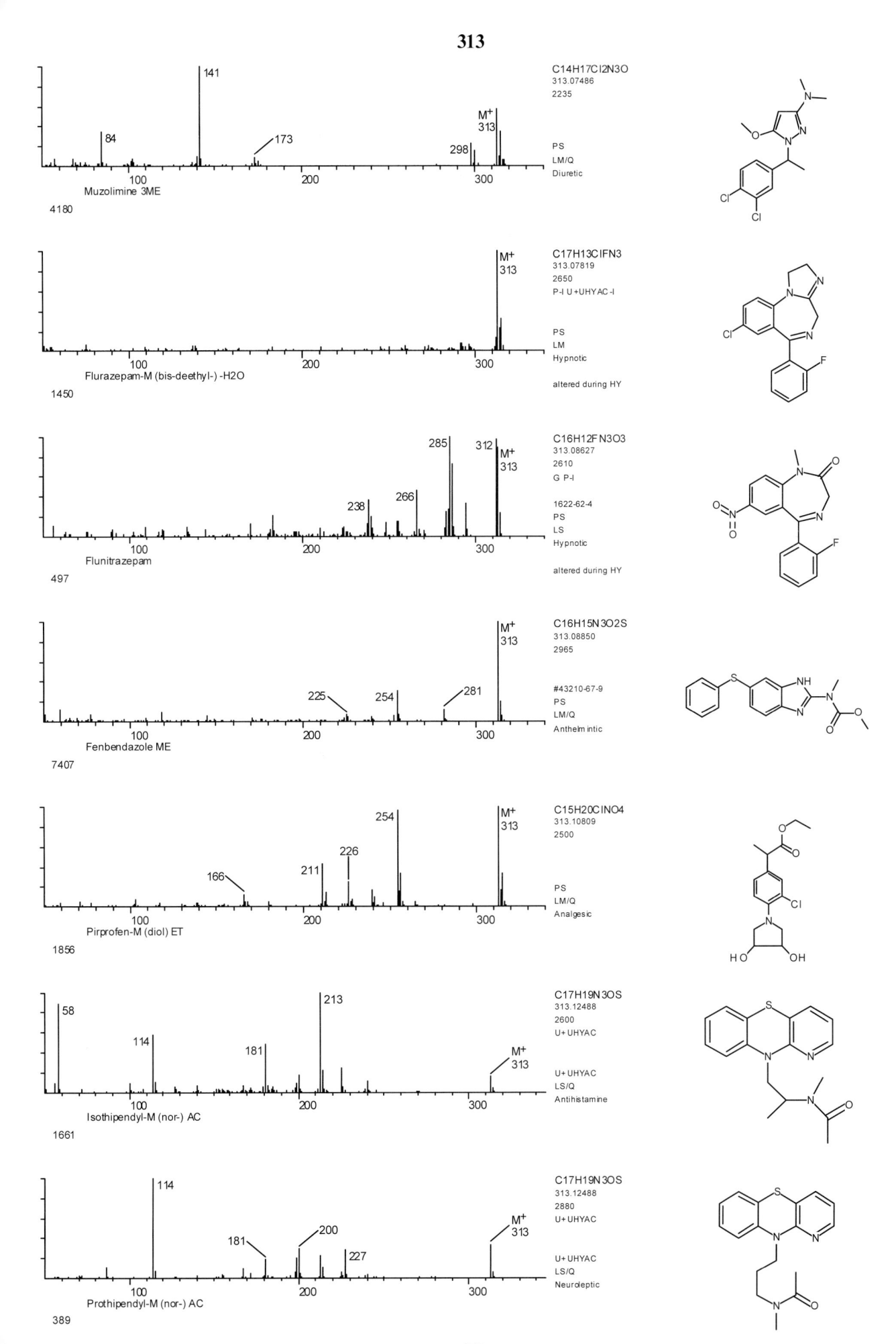

C14H17Cl2N3O
313.07486
2235

PS
LM/Q
Diuretic

Muzolimine 3ME
4180

C17H13ClFN3
313.07819
2650
P-I U+UHYAC-I

PS
LM
Hypnotic

altered during HY

Flurazepam-M (bis-deethyl-) -H2O
1450

C16H12FN3O3
313.08627
2610
G P-I

1622-62-4
PS
LS
Hypnotic

altered during HY

Flunitrazepam
497

C16H15N3O2S
313.08850
2965

#43210-67-9
PS
LM/Q
Anthelmintic

Fenbendazole ME
7407

C15H20ClNO4
313.10809
2500

PS
LM/Q
Analgesic

Pirprofen-M (diol) ET
1856

C17H19N3OS
313.12488
2600
U+UHYAC

U+UHYAC
LS/Q
Antihistamine

Isothipendyl-M (nor-) AC
1661

C17H19N3OS
313.12488
2880
U+UHYAC

U+UHYAC
LS/Q
Neuroleptic

Prothipendyl-M (nor-) AC
389

679

313

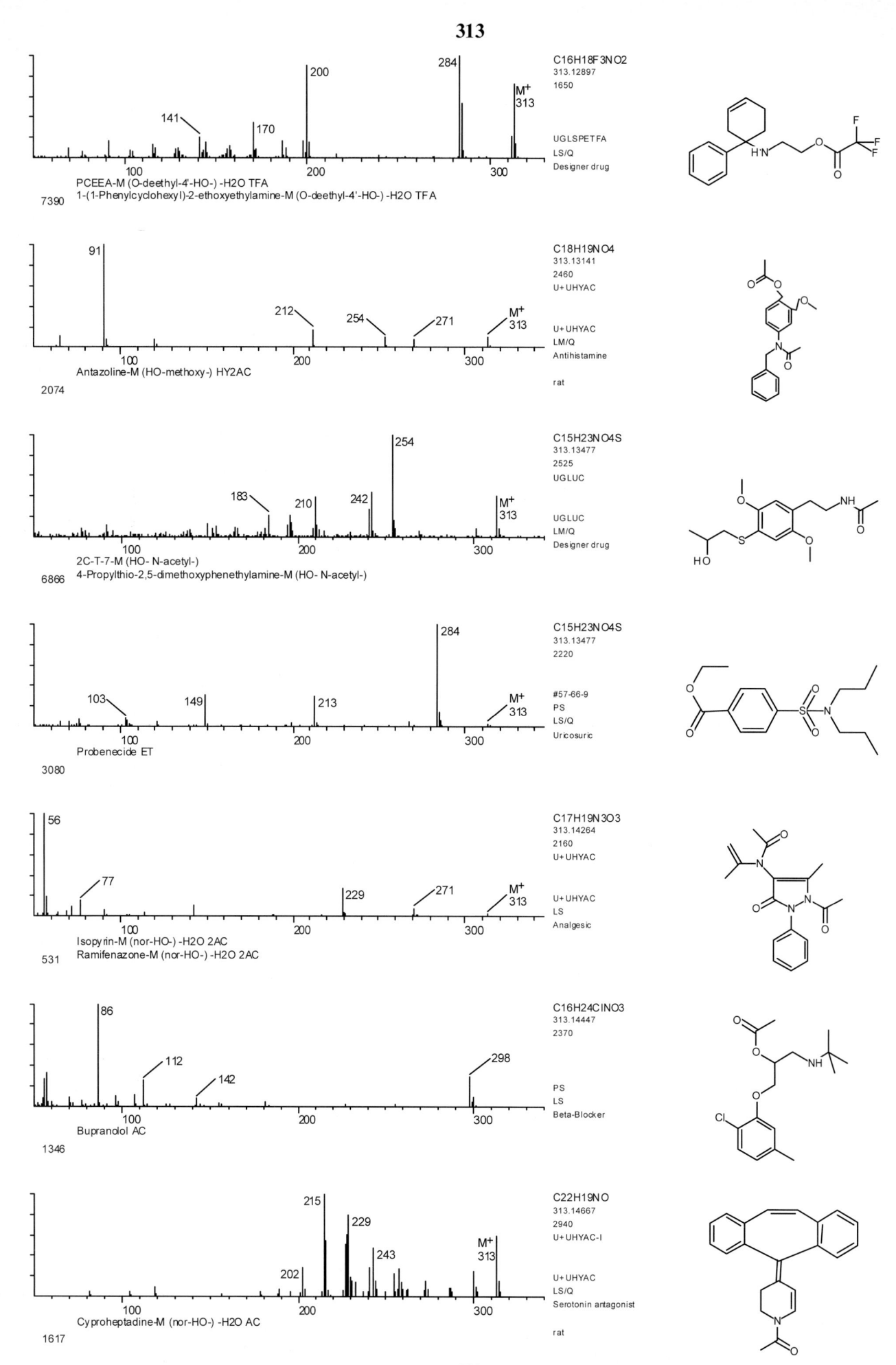

C16H18F3NO2
313.12897
1650

UGLSPETFA
LS/Q
Designer drug

PCEEA-M (O-deethyl-4'-HO-) -H2O TFA
1-(1-Phenylcyclohexyl)-2-ethoxyethylamine-M (O-deethyl-4'-HO-) -H2O TFA
7390

C18H19NO4
313.13141
2460
U+ UHYAC

U+ UHYAC
LM/Q
Antihistamine

rat

Antazoline-M (HO-methoxy-) HY2AC
2074

C15H23NO4S
313.13477
2525
UGLUC

UGLUC
LM/Q
Designer drug

2C-T-7-M (HO- N-acetyl-)
4-Propylthio-2,5-dimethoxyphenethylamine-M (HO- N-acetyl-)
6866

C15H23NO4S
313.13477
2220

#57-66-9
PS
LS/Q
Uricosuric

Probenecide ET
3080

C17H19N3O3
313.14264
2160
U+ UHYAC

U+ UHYAC
LS
Analgesic

Isopyrin-M (nor-HO-) -H2O 2AC
Ramifenazone-M (nor-HO-) -H2O 2AC
531

C16H24ClNO3
313.14447
2370

PS
LS
Beta-Blocker

Bupranolol AC
1346

C22H19NO
313.14667
2940
U+ UHYAC-I

U+ UHYAC
LS/Q
Serotonin antagonist

Cyproheptadine-M (nor-HO-) -H2O AC
rat
1617

313

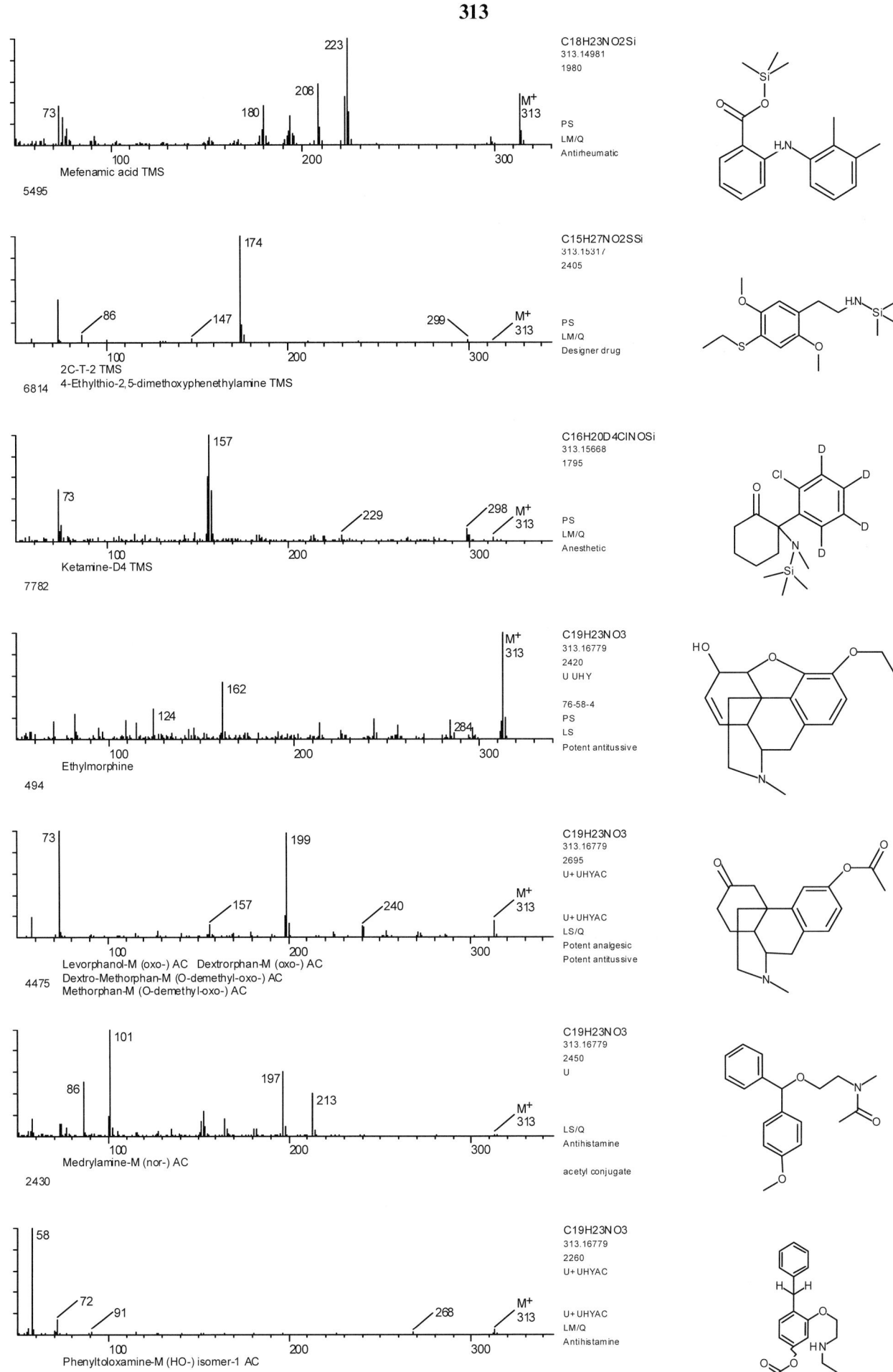

Mefenamic acid TMS
C18H23NO2Si
313.14981
1980
PS
LM/Q
Antirheumatic

2C-T-2 TMS
4-Ethylthio-2,5-dimethoxyphenethylamine TMS
C15H27NO2SSi
313.15317
2405
PS
LM/Q
Designer drug

Ketamine-D4 TMS
C16H20D4ClNOSi
313.15668
1795
PS
LM/Q
Anesthetic

Ethylmorphine
C19H23NO3
313.16779
2420
U UH Y
76-58-4
PS
LS
Potent antitussive

Levorphanol-M (oxo-) AC   Dextrorphan-M (oxo-) AC
Dextro-Methorphan-M (O-demethyl-oxo-) AC
Methorphan-M (O-demethyl-oxo-) AC
C19H23NO3
313.16779
2695
U+ UHYAC
U+ UHYAC
LS/Q
Potent analgesic
Potent antitussive

Medrylamine-M (nor-) AC
C19H23NO3
313.16779
2450
U
LS/Q
Antihistamine
acetyl conjugate

Phenyltoloxamine-M (HO-) isomer-1 AC
C19H23NO3
313.16779
2260
U+ UHYAC
U+ UHYAC
LM/Q
Antihistamine

313

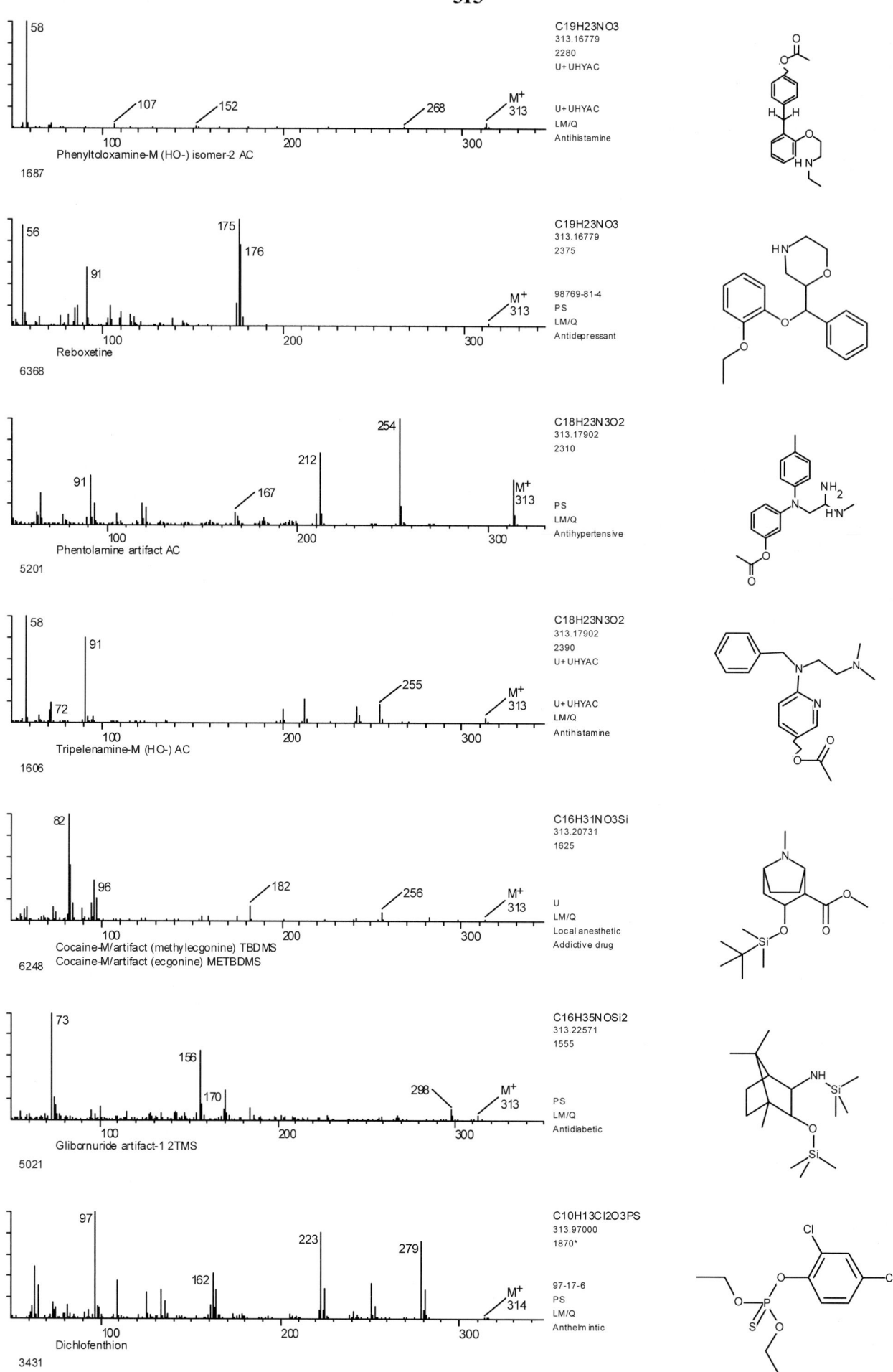

Phenyltoloxamine-M (HO-) isomer-2 AC
C19H23NO3
313.16779
2280
U+ UHYAC
U+ UHYAC
LM/Q
Antihistamine

Reboxetine
C19H23NO3
313.16779
2375
98769-81-4
PS
LM/Q
Antidepressant

Phentolamine artifact AC
C18H23N3O2
313.17902
2310
PS
LM/Q
Antihypertensive

Tripelenamine-M (HO-) AC
C18H23N3O2
313.17902
2390
U+ UHYAC
U+ UHYAC
LM/Q
Antihistamine

Cocaine-M/artifact (methylecgonine) TBDMS
Cocaine-M/artifact (ecgonine) METBDMS
C16H31NO3Si
313.20731
1625
U
LM/Q
Local anesthetic
Addictive drug

Glibornuride artifact-1 2TMS
C16H35NOSi2
313.22571
1555
PS
LM/Q
Antidiabetic

Dichlofenthion
C10H13Cl2O3PS
313.97000
1870*
97-17-6
PS
LM/Q
Anthelmintic

314

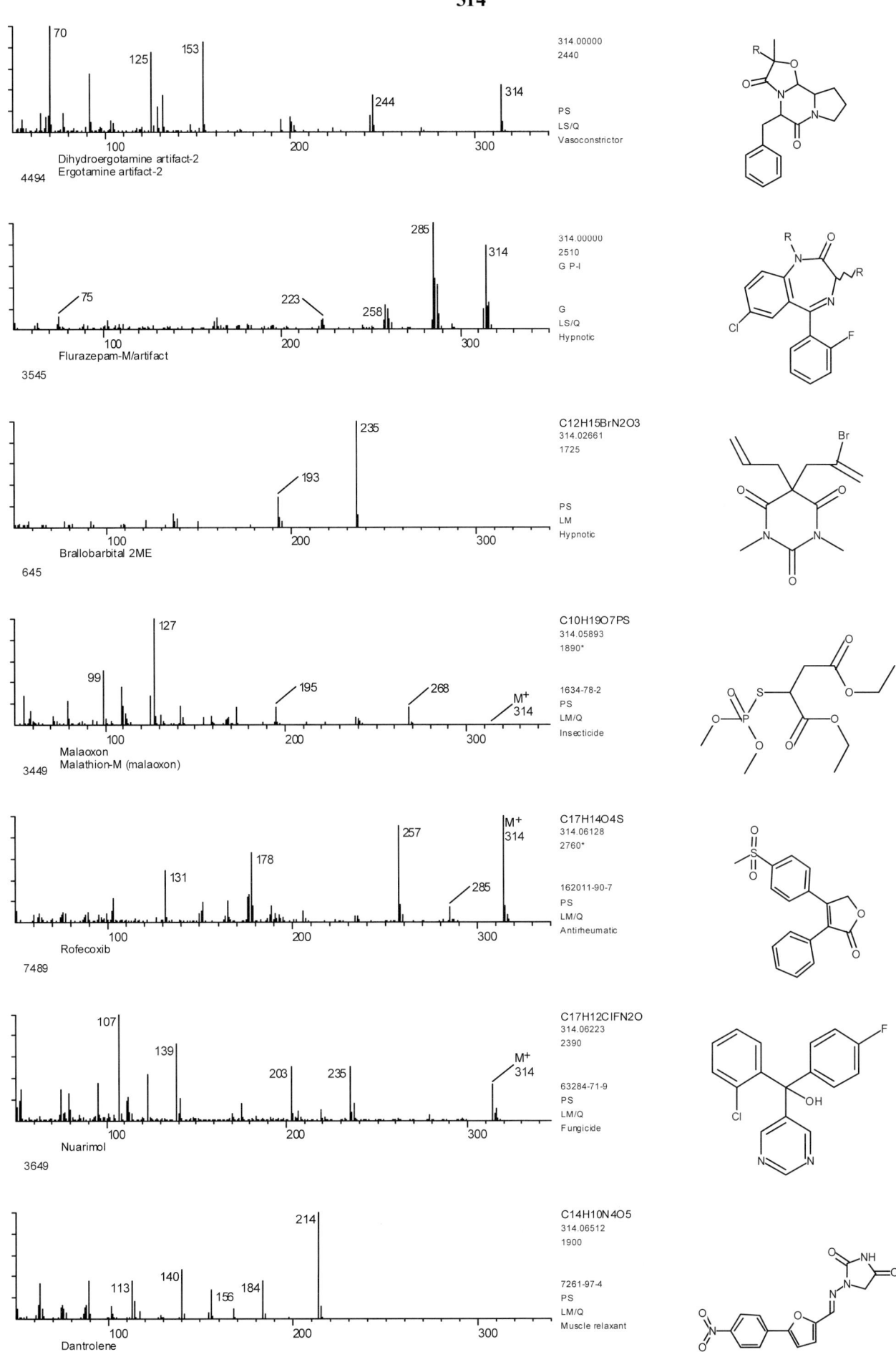

Dihydroergotamine artifact-2
Ergotamine artifact-2
4494
314.00000
2440
PS
LS/Q
Vasoconstrictor
Peaks: 70, 125, 153, 244, 314

Flurazepam-M/artifact
3545
314.00000
2510
G P-I
G
LS/Q
Hypnotic
Peaks: 75, 223, 258, 285, 314

Brallobarbital 2ME
645
C12H15BrN2O3
314.02661
1725
PS
LM
Hypnotic
Peaks: 193, 235

Malaoxon
Malathion-M (malaoxon)
3449
C10H19O7PS
314.05893
1890*
1634-78-2
PS
LM/Q
Insecticide
Peaks: 99, 127, 195, 268, M+ 314

Rofecoxib
7489
C17H14O4S
314.06128
2760*
162011-90-7
PS
LM/Q
Antirheumatic
Peaks: 131, 178, 257, 285, M+ 314

Nuarimol
3649
C17H12ClFN2O
314.06223
2390
63284-71-9
PS
LM/Q
Fungicide
Peaks: 107, 139, 203, 235, M+ 314

Dantrolene
2033
C14H10N4O5
314.06512
1900
7261-97-4
PS
LM/Q
Muscle relaxant
Peaks: 113, 140, 156, 184, 214

314

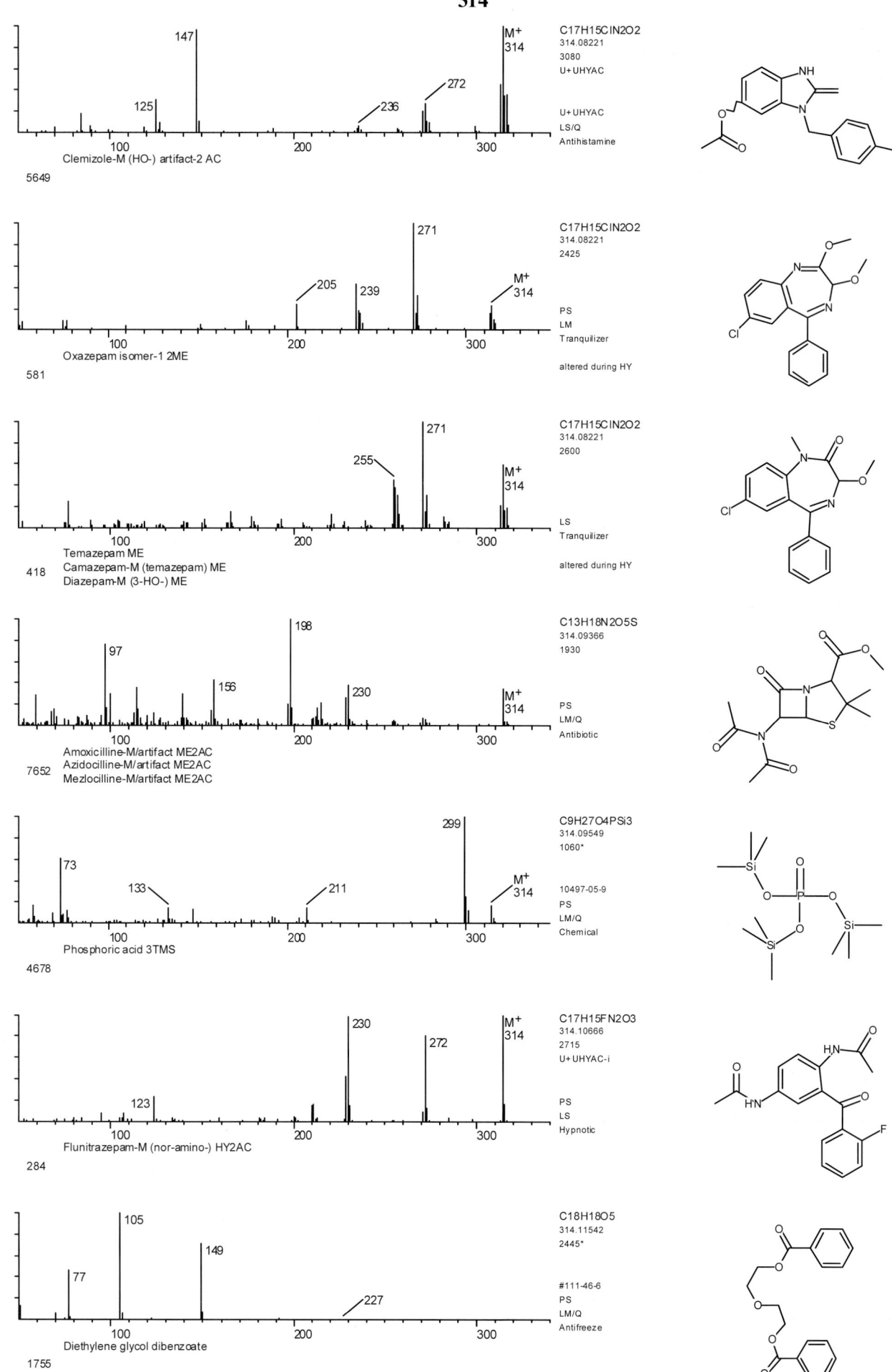

C17H15ClN2O2
314.08221
3080
U+ UHYAC

U+ UHYAC
LS/Q
Antihistamine

Clemizole-M (HO-) artifact-2 AC
5649

C17H15ClN2O2
314.08221
2425

PS
LM
Tranquilizer

altered during HY

Oxazepam isomer-1 2ME
581

C17H15ClN2O2
314.08221
2600

LS
Tranquilizer

altered during HY

Temazepam ME
Camazepam-M (temazepam) ME
Diazepam-M (3-HO-) ME
418

C13H18N2O5S
314.09366
1930

PS
LM/Q
Antibiotic

Amoxicilline-M/artifact ME2AC
Azidocilline-M/artifact ME2AC
Mezlocilline-M/artifact ME2AC
7652

C9H27O4PSi3
314.09549
1060*

10497-05-9
PS
LM/Q
Chemical

Phosphoric acid 3TMS
4678

C17H15FN2O3
314.10666
2715
U+ UHYAC-i

PS
LS
Hypnotic

Flunitrazepam-M (nor-amino-) HY2AC
284

C18H18O5
314.11542
2445*

#111-46-6
PS
LM/Q
Antifreeze

Diethylene glycol dibenzoate
1755

684

314

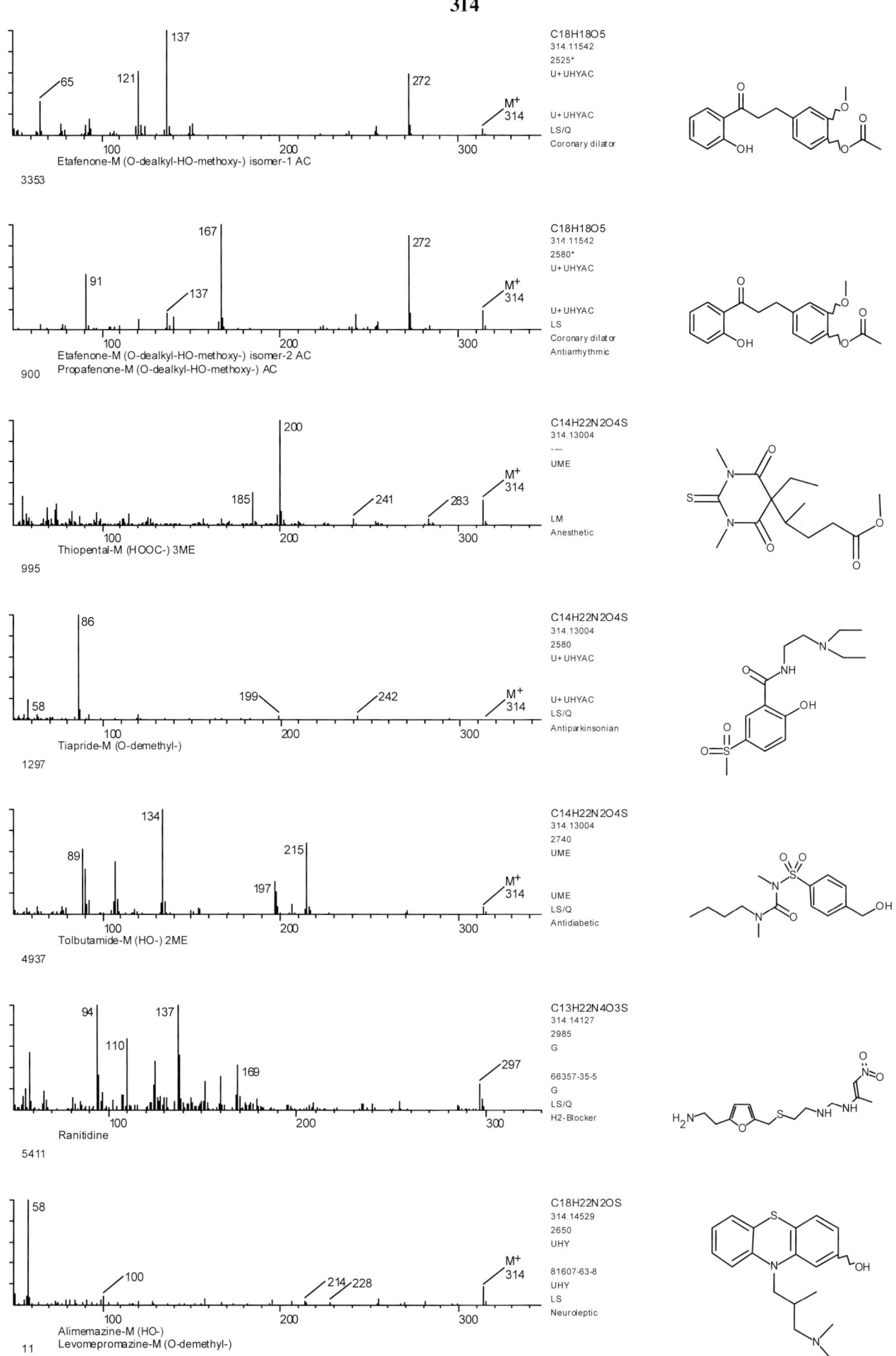

C18H18O5
314.11542
2525*
U+ UHYAC

U+ UHYAC
LS/Q
Coronary dilator

Etafenone-M (O-dealkyl-HO-methoxy-) isomer-1 AC

C18H18O5
314.11542
2580*
U+ UHYAC

U+ UHYAC
LS
Coronary dilator
Antiarrhythmic

Etafenone-M (O-dealkyl-HO-methoxy-) isomer-2 AC
Propafenone-M (O-dealkyl-HO-methoxy-) AC

C14H22N2O4S
314.13004

UME

LM
Anesthetic

Thiopental-M (HOOC-) 3ME

C14H22N2O4S
314.13004
2580
U+ UHYAC

U+ UHYAC
LS/Q
Antiparkinsonian

Tiapride-M (O-demethyl-)

C14H22N2O4S
314.13004
2740
UME

UME
LS/Q
Antidiabetic

Tolbutamide-M (HO-) 2ME

C13H22N4O3S
314.14127
2985
G

66357-35-5
G
LS/Q
H2-Blocker

Ranitidine

C18H22N2OS
314.14529
2650
UHY

81607-63-8
UHY
LS
Neuroleptic

Alimemazine-M (HO-)
Levomepromazine-M (O-demethyl-)

685

314

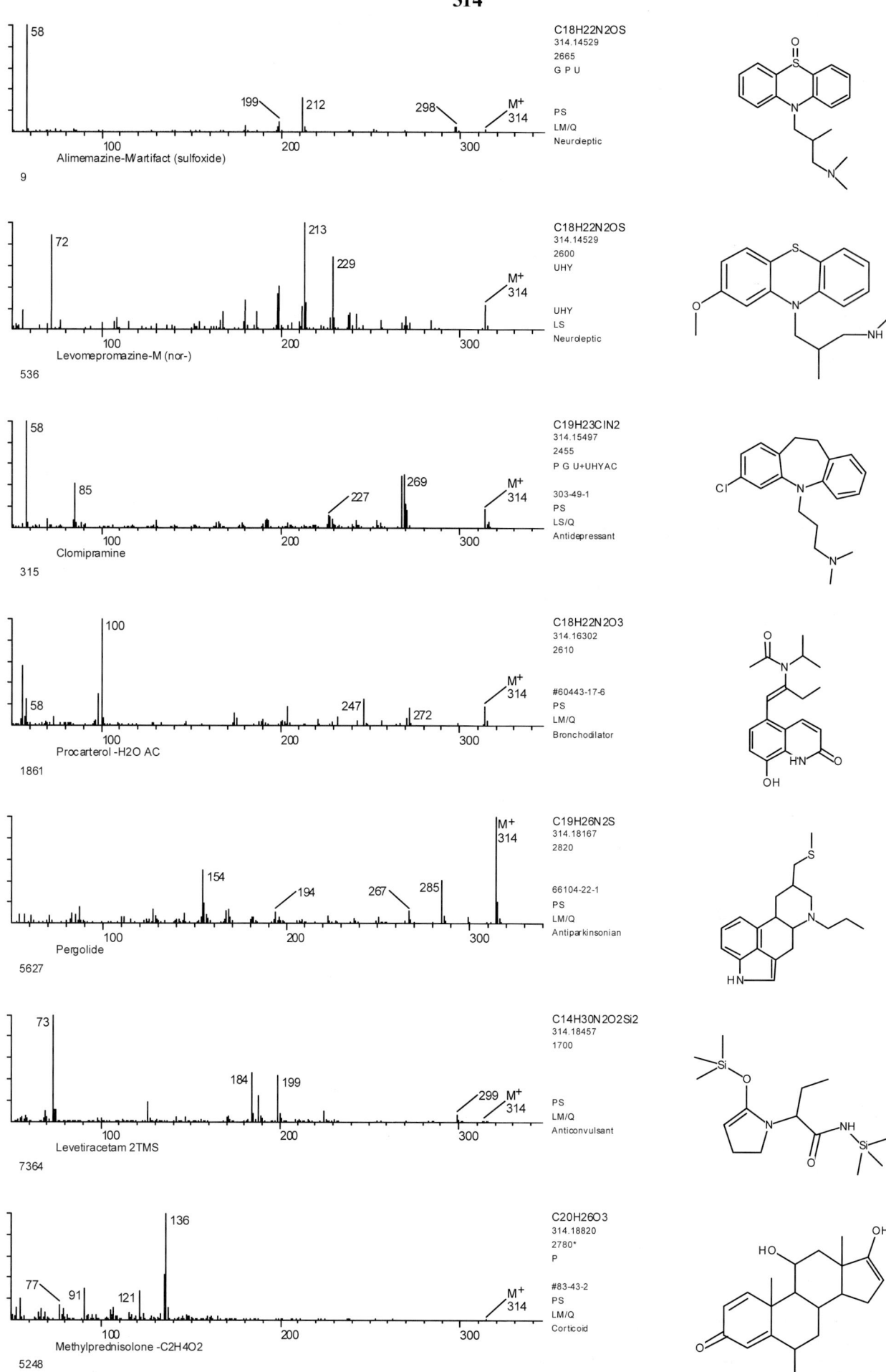

Alimemazine-M/artifact (sulfoxide) Peaks: 58, 199, 212, 298, M+ 314	C18H22N2OS 314.14529 2665 G P U PS LM/Q Neuroleptic

9

Levomepromazine-M (nor-) Peaks: 72, 213, 229, M+ 314	C18H22N2OS 314.14529 2600 UHY UHY LS Neuroleptic

536

Clomipramine Peaks: 58, 85, 227, 269, M+ 314	C19H23ClN2 314.15497 2455 P G U+UHYAC 303-49-1 PS LS/Q Antidepressant

315

Procaterol -H2O AC Peaks: 58, 100, 247, 272, M+ 314	C18H22N2O3 314.16302 2610 #60443-17-6 PS LM/Q Bronchodilator

1861

Pergolide Peaks: 154, 194, 267, 285, M+ 314	C19H26N2S 314.18167 2820 66104-22-1 PS LM/Q Antiparkinsonian

5627

Levetiracetam 2TMS Peaks: 73, 184, 199, 299, M+ 314	C14H30N2O2Si2 314.18457 1700 PS LM/Q Anticonvulsant

7364

Methylprednisolone -C2H4O2 Peaks: 77, 91, 121, 136, M+ 314	C20H26O3 314.18820 2780* P #83-43-2 PS LM/Q Corticoid

5248

314

Cannabidiol — peaks: 121, 174, 231, 246, M+ 314	C21H30O2 314.22458 2400* G U-I 13956-29-1 LS/Q Ingredient of cannabis	
648		

Progesterone — peaks: 124, 272, M+ 314	C21H30O2 314.22458 2780* 57-83-0 LM Gestagen	
894		

Tetrahydrocannabinol Dronabinol — peaks: 231, 243, 271, 299, M+ 314	C21H30O2 314.22458 2470* G 1972-08-3 PS LM/Q Psychedelic Antiemetic ingredient of cannabis	
981		

2-Octadecyloxyethanol — peaks: 57, 97, 111, 224, 283	C20H42O2 314.31848 2085* 2136-72-3 PS LM/Q Solubilizer	
2357		

Endogenous biomolecule AC — peaks: 147, 161, 214, 255, 315	315.00000 2400 U+ UHYAC U+ UHYAC LS/Q Biomolecule usually detected in U+ UHYAC	
622		

Bromazepam — peaks: 179, 208, 236, 286, M+ 315	C14H10BrN3O 315.00073 2670 P G U UGLUC 1812-30-2 PS LS Tranquilizer altered during HY	
125		

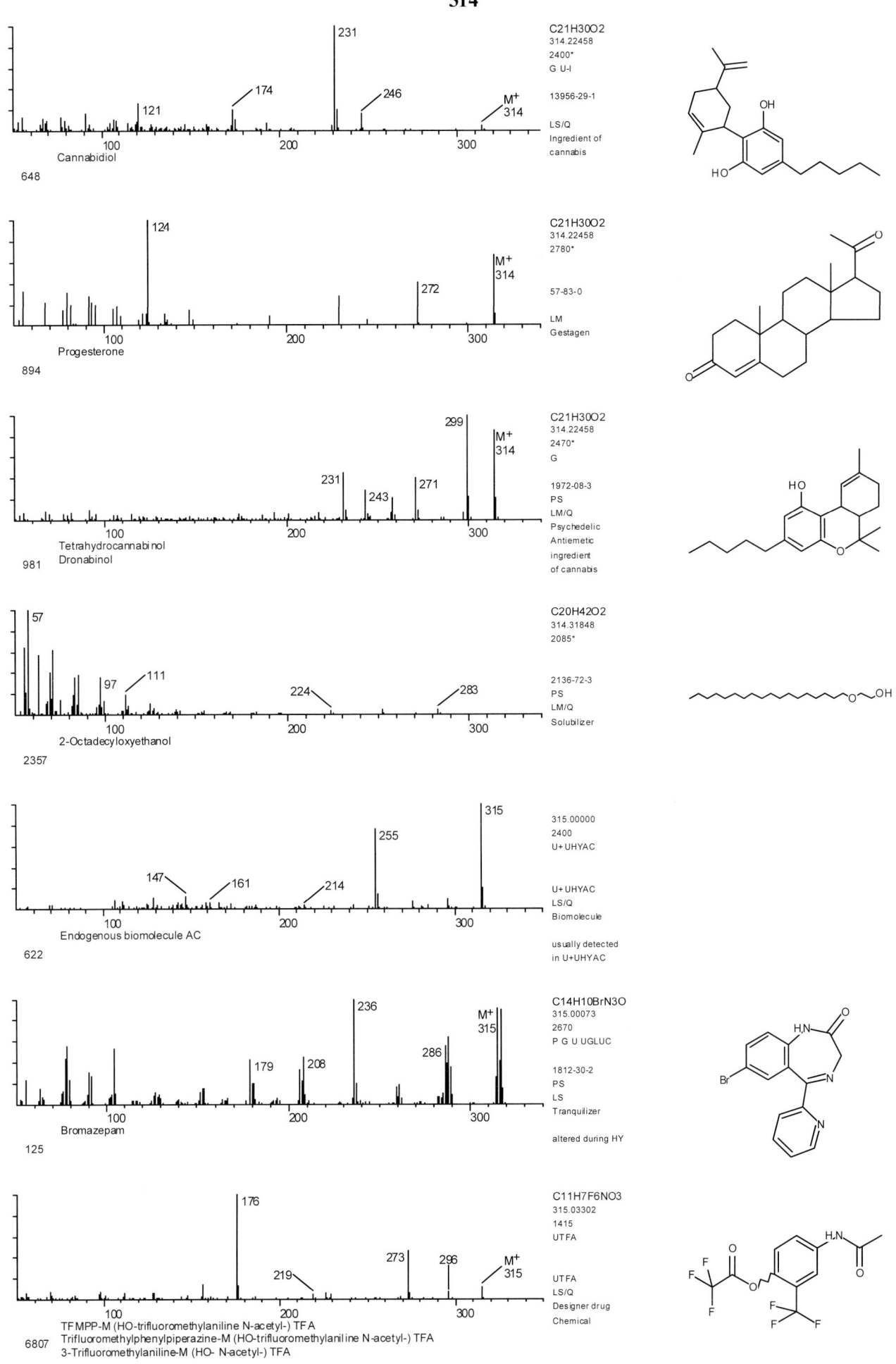

TFMPP-M (HO-trifluoromethylaniline N-acetyl-) TFA Trifluoromethylphenylpiperazine-M (HO-trifluoromethylaniline N-acetyl-) TFA 3-Trifluoromethylaniline-M (HO- N-acetyl-) TFA — peaks: 176, 219, 273, 296, M+ 315	C11H7F6NO3 315.03302 1415 UTFA UTFA LS/Q Designer drug Chemical	
6807		

315

	C15H10ClN3O3
	315.04108
	2840
	P-I G U-I
	1622-61-3
	PS
	LM/Q
	Anticonvulsant
Clonazepam	
454	altered during HY

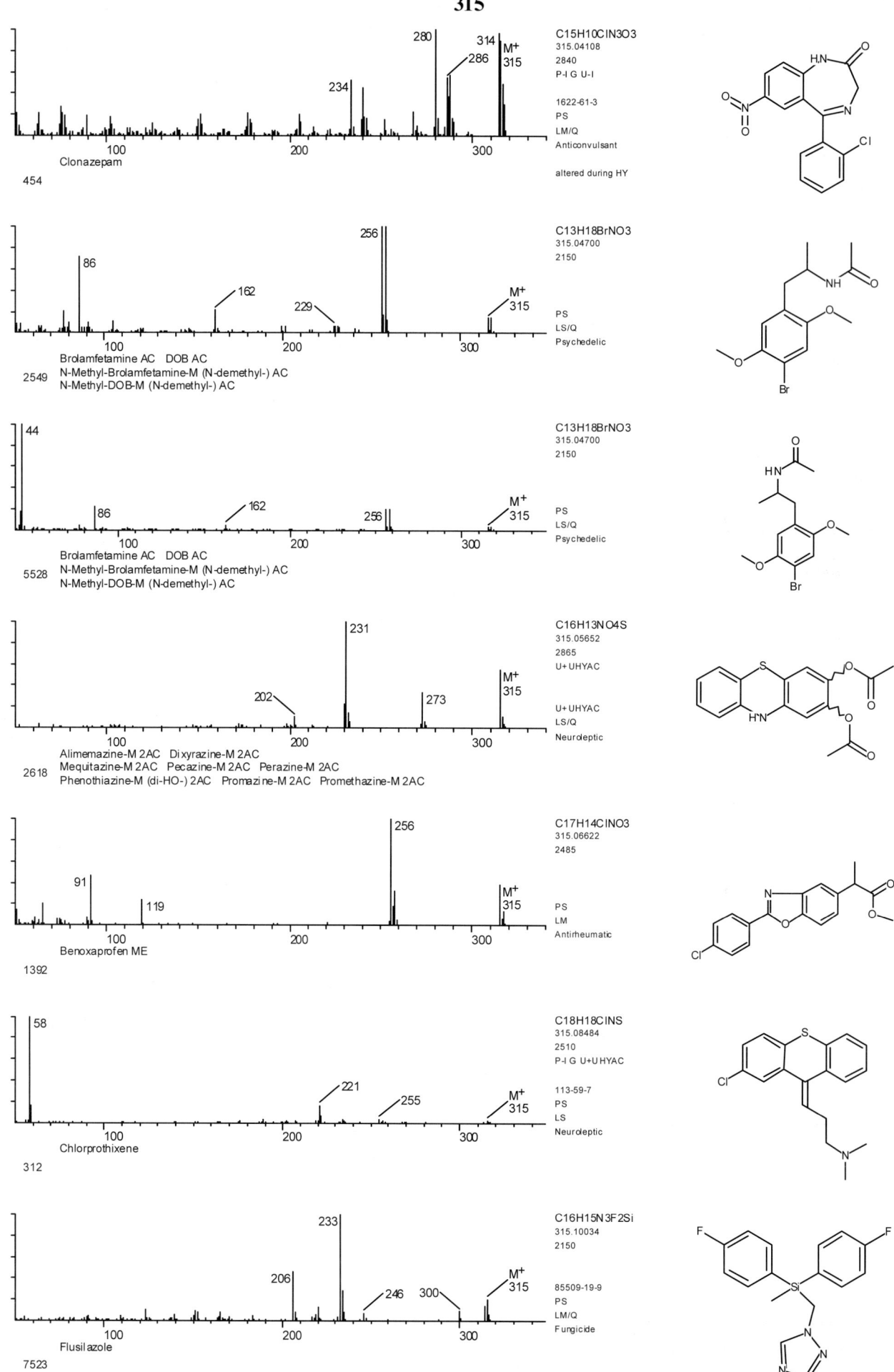

	C13H18BrNO3
	315.04700
	2150
	PS
	LS/Q
	Psychedelic
Brolamfetamine AC DOB AC	
N-Methyl-Brolamfetamine-M (N-demethyl-) AC	
2549 N-Methyl-DOB-M (N-demethyl-) AC	

	C13H18BrNO3
	315.04700
	2150
	PS
	LS/Q
	Psychedelic
Brolamfetamine AC DOB AC	
N-Methyl-Brolamfetamine-M (N-demethyl-) AC	
5528 N-Methyl-DOB-M (N-demethyl-) AC	

	C16H13NO4S
	315.05652
	2865
	U+ UHYAC
	U+ UHYAC
	LS/Q
	Neuroleptic
Alimemazine-M 2AC Dixyrazine-M 2AC	
Mequitazine-M 2AC Pecazine-M 2AC Perazine-M 2AC	
2618 Phenothiazine-M (di-HO-) 2AC Promazine-M 2AC Promethazine-M 2AC	

	C17H14ClNO3
	315.06622
	2485
	PS
	LM
	Antirheumatic
Benoxaprofen ME	
1392	

	C18H18ClNS
	315.08484
	2510
	P-I G U+U HYAC
	113-59-7
	PS
	LS
	Neuroleptic
Chlorprothixene	
312	

	C16H15N3F2Si
	315.10034
	2150
	85509-19-9
	PS
	LM/Q
	Fungicide
Flusilazole	
7523	

315

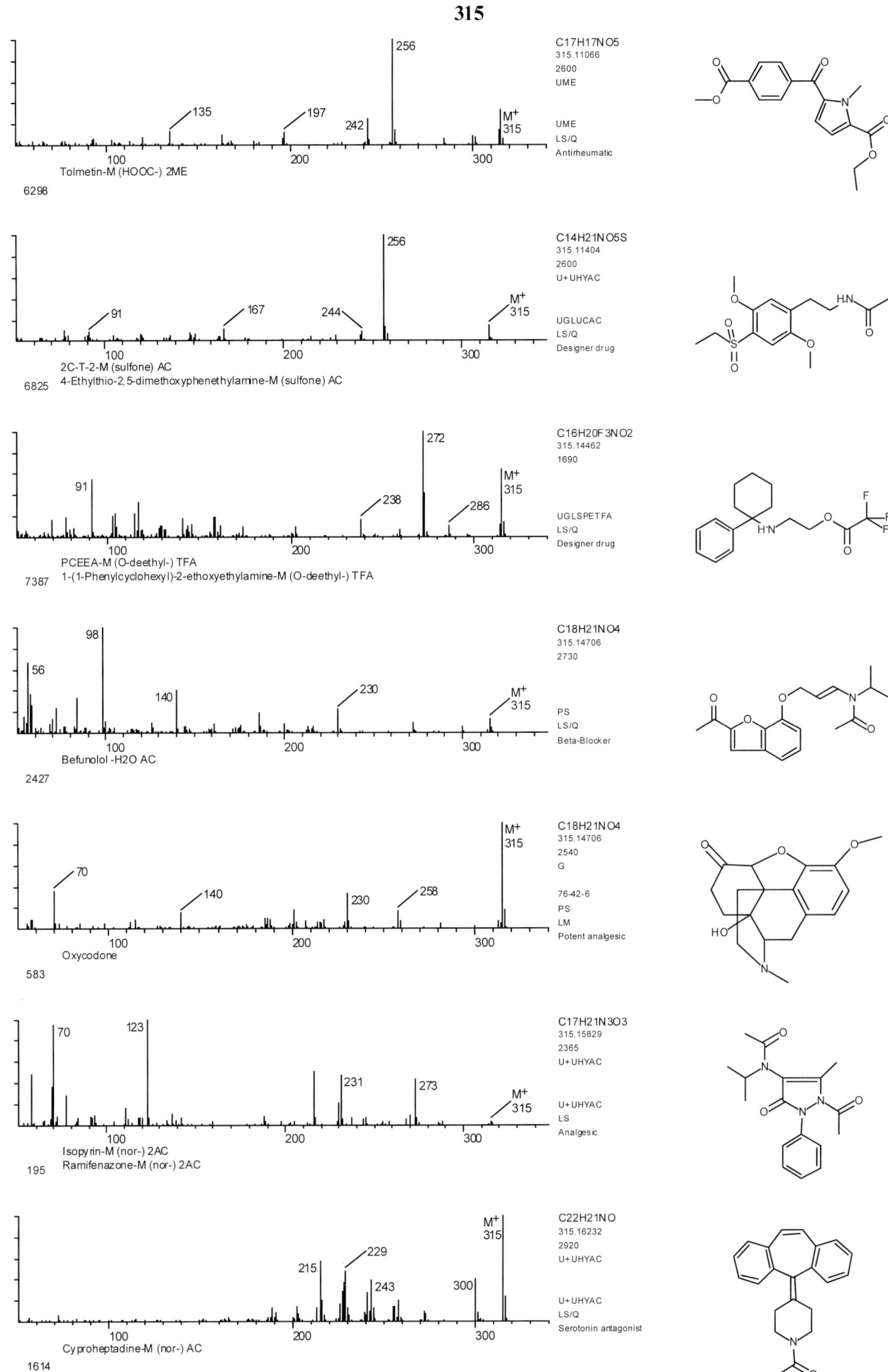

Tolmetin-M (HOOC-) 2ME	C17H17NO5 315.11066 2600 UME UME LS/Q Antirheumatic

6298

2C-T-2-M (sulfone) AC 4-Ethylthio-2,5-dimethoxyphenethylamine-M (sulfone) AC	C14H21NO5S 315.11404 2600 U+UHYAC UGLUCAC LS/Q Designer drug

6825

PCEEA-M (O-deethyl-) TFA 1-(1-Phenylcyclohexyl)-2-ethoxyethylamine-M (O-deethyl-) TFA	C16H20F3NO2 315.14462 1690 UGLSPETFA LS/Q Designer drug

7387

Befunolol -H2O AC	C18H21NO4 315.14706 2730 PS LS/Q Beta-Blocker

2427

Oxycodone	C18H21NO4 315.14706 2540 G 76-42-6 PS LM Potent analgesic

583

Isopyrin-M (nor-) 2AC Ramifenazone-M (nor-) 2AC	C17H21N3O3 315.15829 2365 U+UHYAC U+UHYAC LS Analgesic

195

Cyproheptadine-M (nor-) AC	C22H21NO 315.16232 2920 U+UHYAC U+UHYAC LS/Q Serotonin antagonist

1614

315

Alizapride — 7816
Peaks: 110, 132, 147, 162, 190
C16H21N5O2
315.16953
2855
59338-93-1
PS
LM/Q
Antiemetic

Fluoxetine-D6 — 7788
Peaks: 83, 110, 162, 257, M+ 315
C17H12D6F3NO
315.17172
1890
PS
LM/Q
Internal standard
Antidepressant
altered during HY

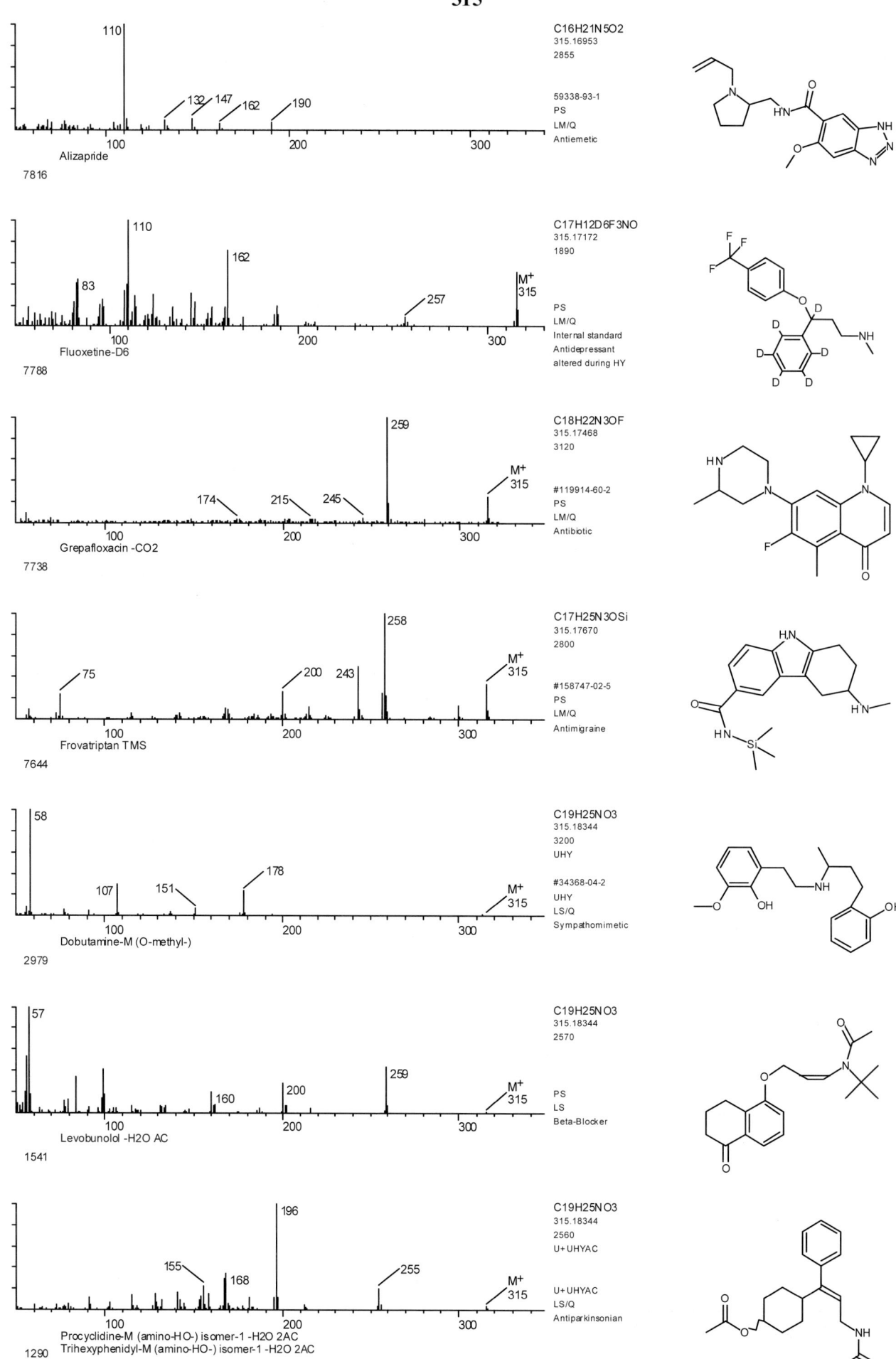

Grepafloxacin -CO2 — 7738
Peaks: 174, 215, 245, 259, M+ 315
C18H22N3OF
315.17468
3120
#119914-60-2
PS
LM/Q
Antibiotic

Frovatriptan TMS — 7644
Peaks: 75, 200, 243, 258, M+ 315
C17H25N3OSi
315.17670
2800
#158747-02-5
PS
LM/Q
Antimigraine

Dobutamine-M (O-methyl-) — 2979
Peaks: 58, 107, 151, 178, M+ 315
C19H25NO3
315.18344
3200
UHY
#34368-04-2
UHY
LS/Q
Sympathomimetic

Levobunolol -H2O AC — 1541
Peaks: 57, 160, 200, 259, M+ 315
C19H25NO3
315.18344
2570
PS
LS
Beta-Blocker

Procyclidine-M (amino-HO-) isomer-1 -H2O 2AC
Trihexyphenidyl-M (amino-HO-) isomer-1 -H2O 2AC — 1290
Peaks: 155, 168, 196, 255, M+ 315
C19H25NO3
315.18344
2560
U+UHYAC
U+UHYAC
LS/Q
Antiparkinsonian

315

C19H25NO3
315.18344
2625
U+ UHYAC

U+ UHYAC
LS/Q
Antiparkinsonian

Procyclidine-M (amino-HO-) isomer-2 -H2O 2AC
Trihexyphenidyl-M (amino-HO-) isomer-2 -H2O 2AC
4242

C23H25N
315.19870
2450
U UHY

13042-18-7
PS
LM
Coronary dilator

Fendiline
1445

C14H8Cl4
315.93802
2100*
G P U

3424-82-6
PS
LM/Q
Insecticide
Antineoplastic

o,p'-DDE
o,p'-DDD-M/artifact (dehydro-)
Mitotane-M/artifact (dehydro-)
1784

C14H8Cl4
315.93802
2150*
U

72-55-9
PS
LM/Q
Insecticide

p,p'-DDE
1931

C12H13BrO5
315.99463
2120*

LS/Q
Psychedelic
Designer drug

2C-B-M (O-demethyl-deamino-COOH) MEAC
BDMPEA-M (O-demethyl-deamino-COOH) MEAC
4-Bromo-2,5-dimethoxyphenylethylamine-M (O-demethyl-deamino-COOH) MEAC
7213

316.00000
2310
U+ UHYAC

U+ UHYAC
LS/Q
Tranquilizer

Bromazepam-M/artifact
2700

C14H14Cl2O4
316.02692
2195*

6463-21-4
PS
LS/Q
Diuretic

Etacrinic acid ME
2630

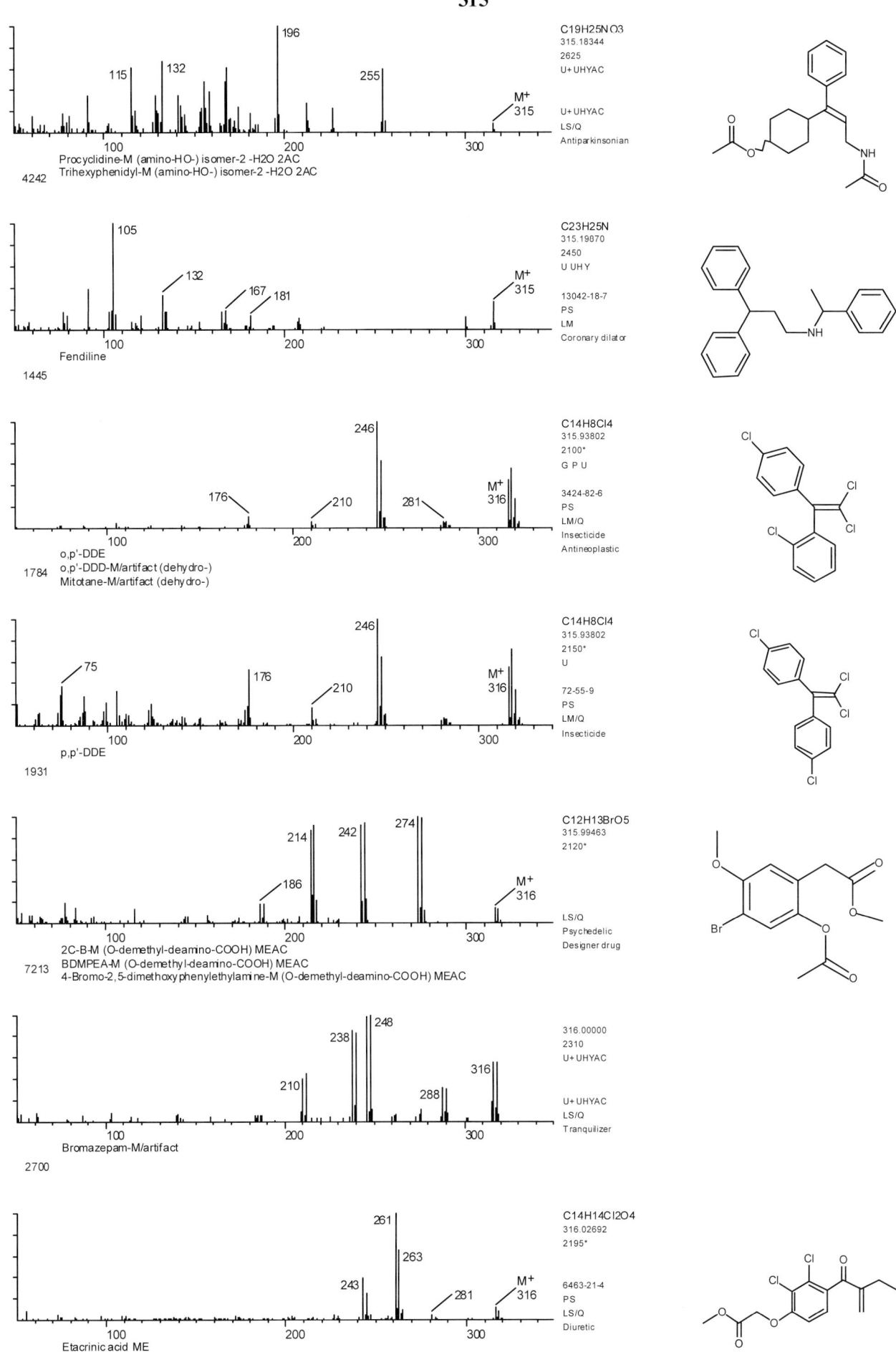

691

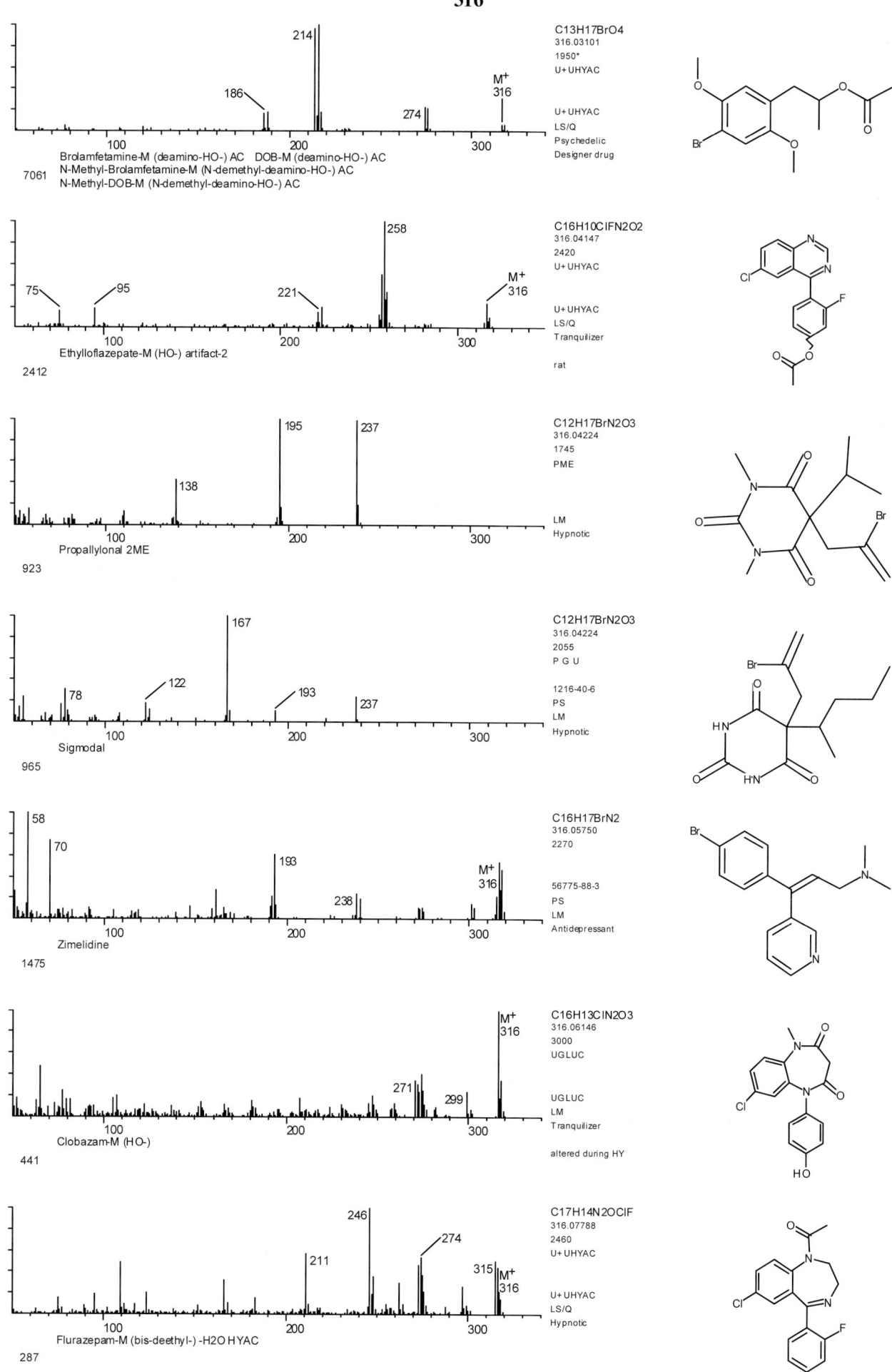

316

C13H17BrO4
316.03101
1950*
U+ UHYAC

U+ UHYAC
LS/Q
Psychedelic
Designer drug

Brolamfetamine-M (deamino-HO-) AC   DOB-M (deamino-HO-) AC
N-Methyl-Brolamfetamine-M (N-demethyl-deamino-HO-) AC
N-Methyl-DOB-M (N-demethyl-deamino-HO-) AC
7061

C16H10ClFN2O2
316.04147
2420
U+ UHYAC

U+ UHYAC
LS/Q
Tranquilizer

rat

Ethylloflazepate-M (HO-) artifact-2
2412

C12H17BrN2O3
316.04224
1745
PME

LM
Hypnotic

Propallylonal 2ME
923

C12H17BrN2O3
316.04224
2055
P G U

1216-40-6
PS
LM
Hypnotic

Sigmodal
965

C16H17BrN2
316.05750
2270

56775-88-3
PS
LM
Antidepressant

Zimelidine
1475

C16H13ClN2O3
316.06146
3000
UGLUC

UGLUC
LM
Tranquilizer

altered during HY

Clobazam-M (HO-)
441

C17H14N2OClF
316.07788
2460
U+ UHYAC

U+ UHYAC
LS/Q
Hypnotic

Flurazepam-M (bis-deethyl-) -H2O HYAC
287

692

316

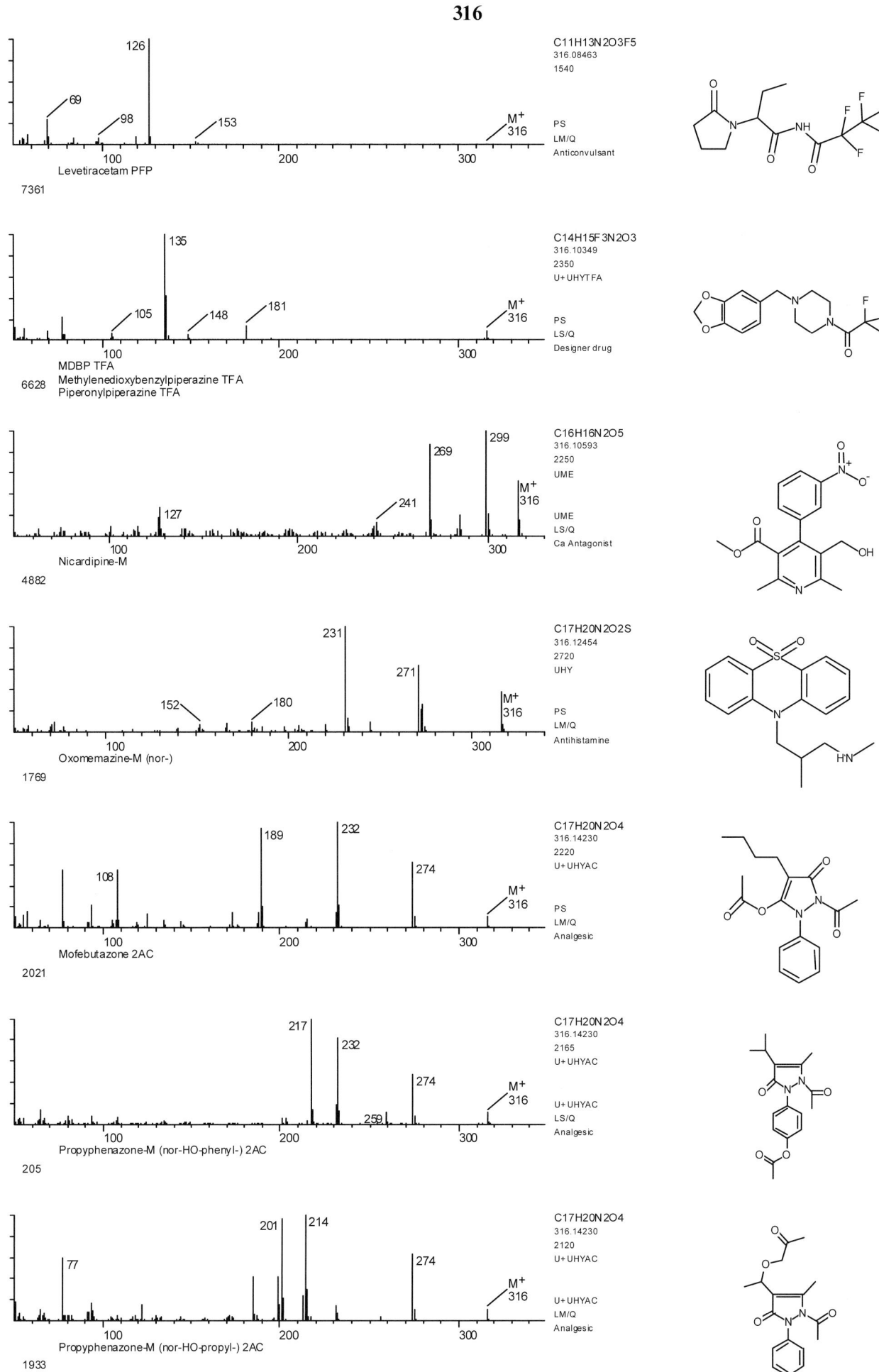

C11H13N2O3F5
316.08463
1540

PS
LM/Q
Anticonvulsant

Levetiracetam PFP
7361

C14H15F3N2O3
316.10349
2350
U+ UHYTFA

PS
LS/Q
Designer drug

MDBP TFA
Methylenedioxybenzylpiperazine TFA
Piperonylpiperazine TFA
6628

C16H16N2O5
316.10593
2250
UME

UME
LS/Q
Ca Antagonist

Nicardipine-M
4882

C17H20N2O2S
316.12454
2720
UHY

PS
LM/Q
Antihistamine

Oxomemazine-M (nor-)
1769

C17H20N2O4
316.14230
2220
U+ UHYAC

PS
LM/Q
Analgesic

Mofebutazone 2AC
2021

C17H20N2O4
316.14230
2165
U+ UHYAC

U+ UHYAC
LS/Q
Analgesic

Propyphenazone-M (nor-HO-phenyl-) 2AC
205

C17H20N2O4
316.14230
2120
U+ UHYAC

U+ UHYAC
LM/Q
Analgesic

Propyphenazone-M (nor-HO-propyl-) 2AC
1933

316

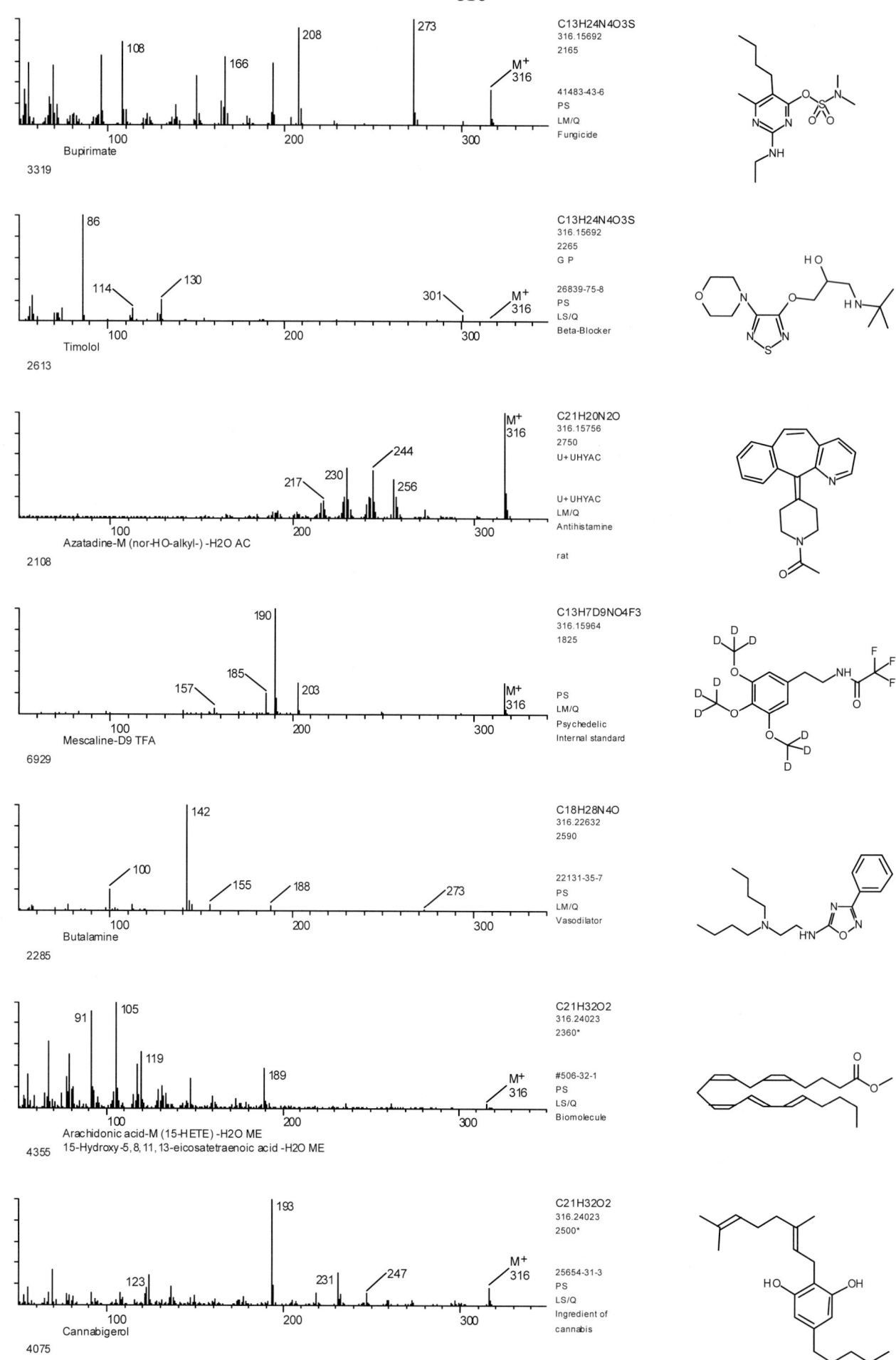

Bupirimate
C13H24N4O3S
316.15692
2165
41483-43-6
PS
LM/Q
Fungicide
3319

Timolol
C13H24N4O3S
316.15692
2265
G P
26839-75-8
PS
LS/Q
Beta-Blocker
2613

Azatadine-M (nor-HO-alkyl-) -H2O AC
C21H20N2O
316.15756
2750
U+ UHYAC
U+ UHYAC
LM/Q
Antihistamine
rat
2108

Mescaline-D9 TFA
C13H7D9NO4F3
316.15964
1825
PS
LM/Q
Psychedelic
Internal standard
6929

Butalamine
C18H28N4O
316.22632
2590
22131-35-7
PS
LM/Q
Vasodilator
2285

Arachidonic acid-M (15-HETE) -H2O ME
15-Hydroxy-5,8,11,13-eicosatetraenoic acid -H2O ME
C21H32O2
316.24023
2360*
#506-32-1
PS
LS/Q
Biomolecule
4355

Cannabigerol
C21H32O2
316.24023
2500*
25654-31-3
PS
LS/Q
Ingredient of cannabis
4075

694

316

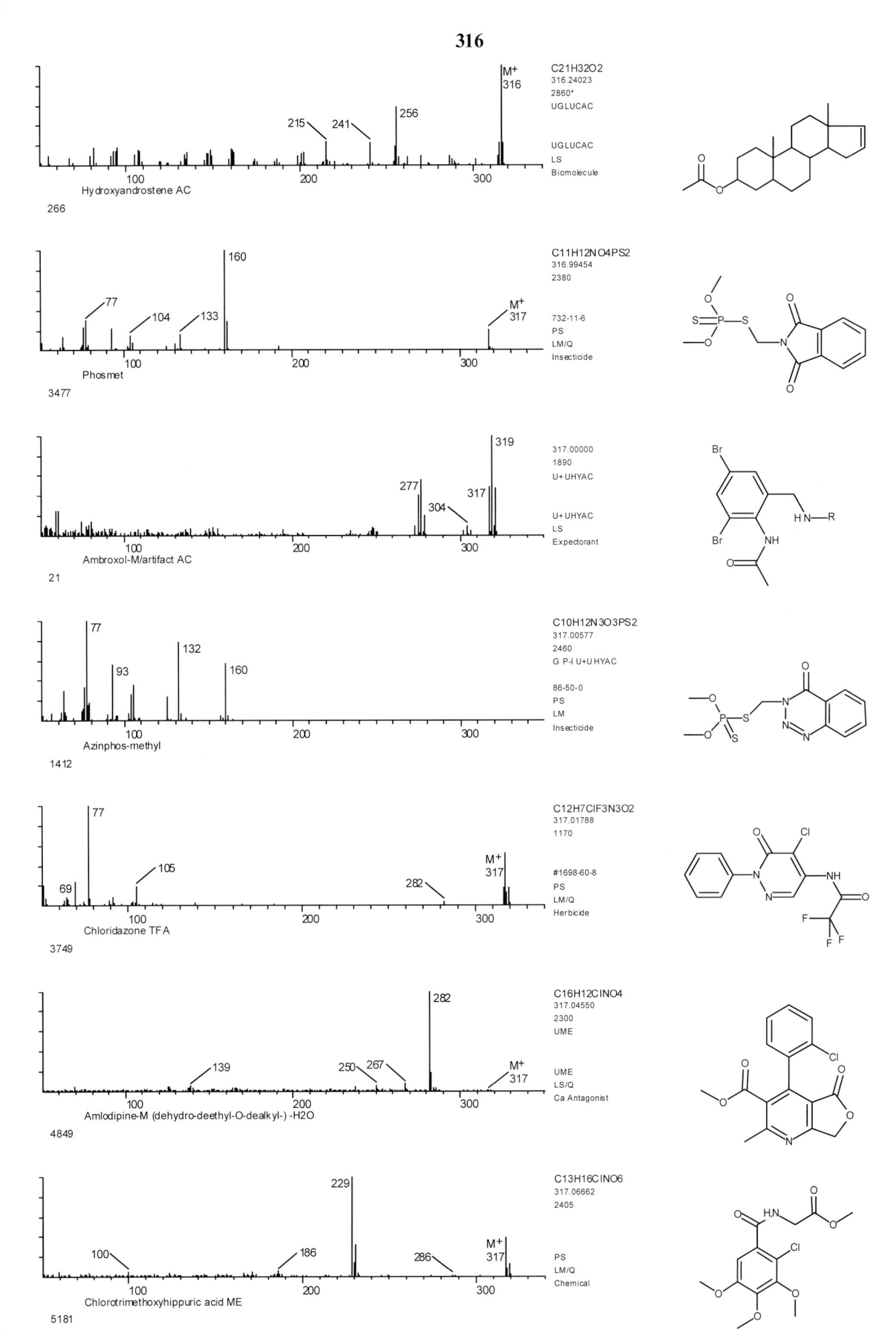

Hydroxyandrostene AC — C21H32O2, 316.24023, 2860*, UGLUCAC / UGLUCAC / LS / Biomolecule
Peaks: 215, 241, 256, M+ 316
266

Phosmet — C11H12NO4PS2, 316.99454, 2380, 732-11-6, PS / LM/Q / Insecticide
Peaks: 77, 104, 133, 160, M+ 317
3477

Ambroxol-M/artifact AC — 317.00000, 1890, U+UHYAC / U+UHYAC / LS / Expectorant
Peaks: 277, 304, 317, 319
21

Azinphos-methyl — C10H12N3O3PS2, 317.00577, 2460, G P-I U+UHYAC, 86-50-0, PS / LM / Insecticide
Peaks: 77, 93, 132, 160
1412

Chloridazone TFA — C12H7ClF3N3O2, 317.01788, 1170, #1698-60-8, PS / LM/Q / Herbicide
Peaks: 69, 77, 105, 282, M+ 317
3749

Amlodipine-M (dehydro-deethyl-O-dealkyl-) -H2O — C16H12ClNO4, 317.04550, 2300, UME / UME / LS/Q / Ca Antagonist
Peaks: 139, 250, 267, 282, M+ 317
4849

Chlorotrimethoxyhippuric acid ME — C13H16ClNO6, 317.06662, 2405, PS / LM/Q / Chemical
Peaks: 100, 186, 229, 286, M+ 317
5181

695

317

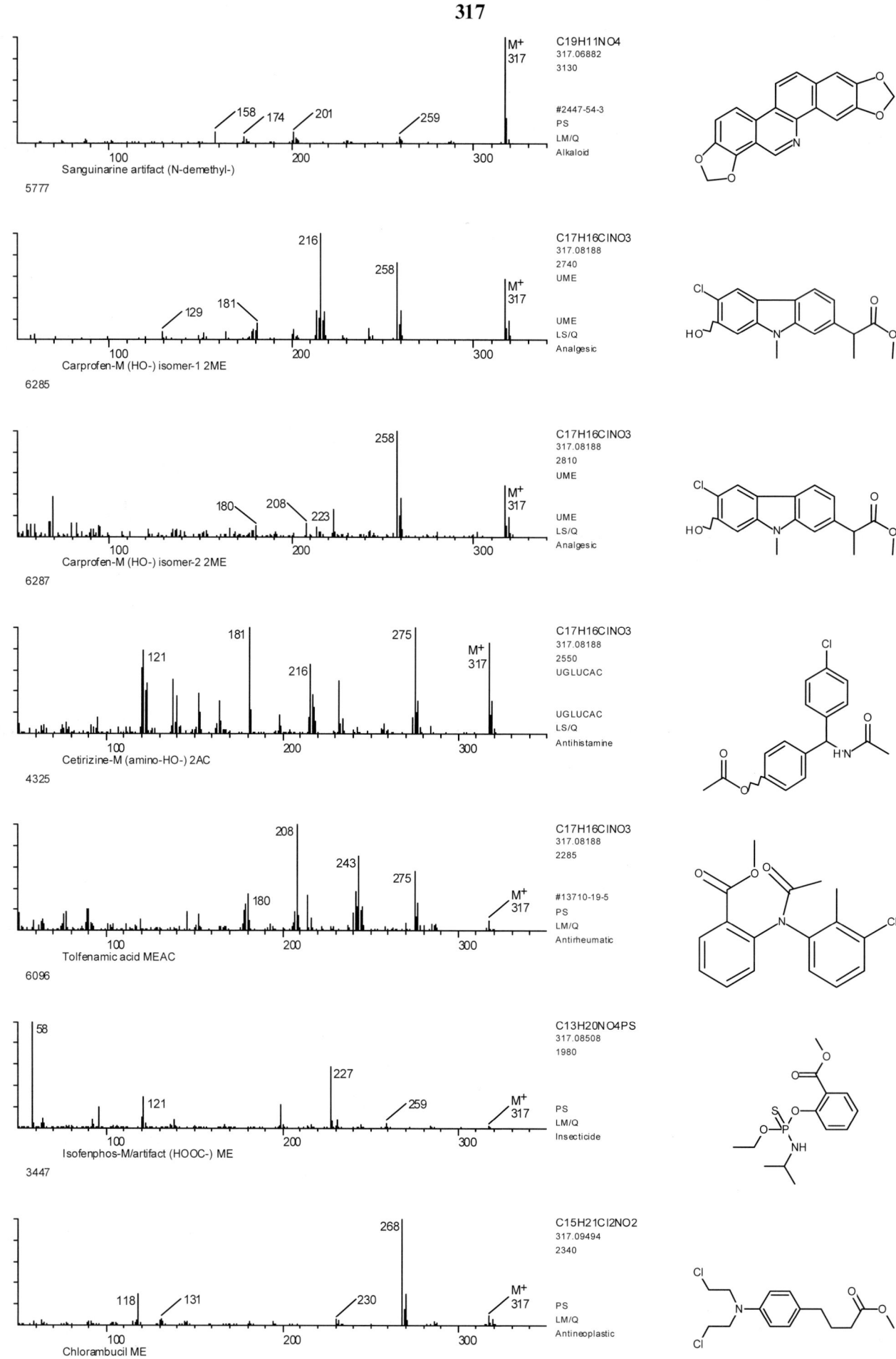

Sanguinarine artifact (N-demethyl-)	C19H11NO4 317.06882 3130 #2447-54-3 PS LM/Q Alkaloid
Carprofen-M (HO-) isomer-1 2ME	C17H16ClNO3 317.08188 2740 UME UME LS/Q Analgesic
Carprofen-M (HO-) isomer-2 2ME	C17H16ClNO3 317.08188 2810 UME UME LS/Q Analgesic
Cetirizine-M (amino-HO-) 2AC	C17H16ClNO3 317.08188 2550 UGLUCAC UGLUCAC LS/Q Antihistamine
Tolfenamic acid MEAC	C17H16ClNO3 317.08188 2285 #13710-19-5 PS LM/Q Antirheumatic
Isofenphos-M/artifact (HOOC-) ME	C13H20NO4PS 317.08508 1980 PS LM/Q Insecticide
Chlorambucil ME	C15H21Cl2NO2 317.09494 2340 PS LM/Q Antineoplastic

317

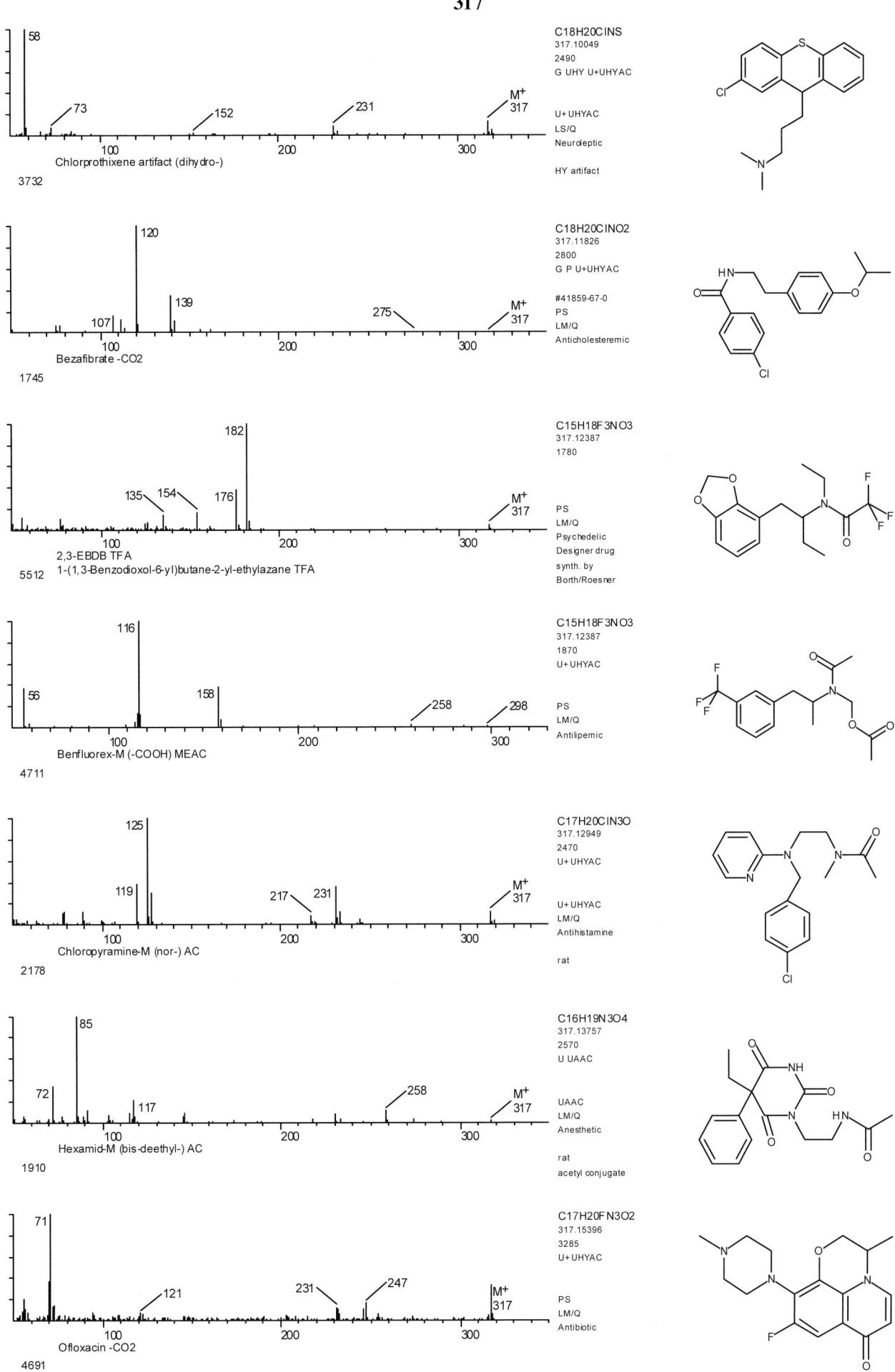

Chlorprothixene artifact (dihydro-)
3732
58, 73, 152, 231, M+ 317
C18H20ClNS
317.10049
2490
G UHY U+UHYAC
U+UHYAC
LS/Q
Neuroleptic
HY artifact

Bezafibrate -CO2
1745
107, 120, 139, 275, M+ 317
C18H20ClNO2
317.11826
2800
G P U+UHYAC
#41859-67-0
PS
LM/Q
Anticholesteremic

2,3-EBDB TFA
1-(1,3-Benzodioxol-6-yl)butane-2-yl-ethylazane TFA
5512
135, 154, 176, 182, M+ 317
C15H18F3NO3
317.12387
1780
PS
LM/Q
Psychedelic
Designer drug
synth. by
Borth/Roesner

Benfluorex-M (-COOH) MEAC
4711
56, 116, 158, 258, 298
C15H18F3NO3
317.12387
1870
U+UHYAC
PS
LM/Q
Antilipemic

Chloropyramine-M (nor-) AC
2178
119, 125, 217, 231, M+ 317
C17H20ClN3O
317.12949
2470
U+UHYAC
U+UHYAC
LM/Q
Antihistamine
rat

Hexamid-M (bis-deethyl-) AC
1910
72, 85, 117, 258, M+ 317
C16H19N3O4
317.13757
2570
U UAAC
UAAC
LM/Q
Anesthetic
rat
acetyl conjugate

Ofloxacin -CO2
4691
71, 121, 231, 247, M+ 317
C17H20FN3O2
317.15396
3285
U+UHYAC
PS
LM/Q
Antibiotic

317

72, 165, 179, 215, M+ 317 — Mecloxamine — 1078	C19H24ClNO / 317.15463 / 2180 / G / 5668-06-4 / PS / LS/Q / Parasympatholytic / altered during HY
58, 70, 218, 261, M+ 317 — Cetobemidone-M (nor-) 2AC — 1183	C18H23NO4 / 317.16272 / 2545 / U+ UHYAC / U+ UHYAC / LM / Potent analgesic
82, 196, 272, M+ 317 — Cocaethylene / Cocaine-M (benzoylecgonine) ET / Cocaine-M (cocaethylene) — 466	C18H23NO4 / 317.16272 / 2250 / U+ UHYAC / PS / LM / Local anesthetic / Addictive drug / ET by ethanol / also in the body
82, 94, 124, 245, M+ 317 — Homatropine AC — 6264	C18H23NO4 / 317.16272 / 2250 / 87-00-3 / PS / LM/Q / Parasympatholytic / not detectable after HY
98, 154, 163, 221, 286 — MPHP-M (oxo-carboxy-) ME — 6659	C18H23NO4 / 317.16272 / 2445 / PS / LM/Q / Designer drug
98, 178, 216, 275, M+ 317 — Penbutolol-M (deisobutyl-HO-) -H2O 2AC — 1708	C18H23NO4 / 317.16272 / 2240 / U+ UHYAC / U+ UHYAC / LM/Q / Beta-Blocker / rat
61, 88, 130, 268, M+ 317 — Clomipramine-D3 — 5425	C19H20ClD3N2 / 317.17380 / 2440 / PS / LS/Q / Antidepressant / Internal standard

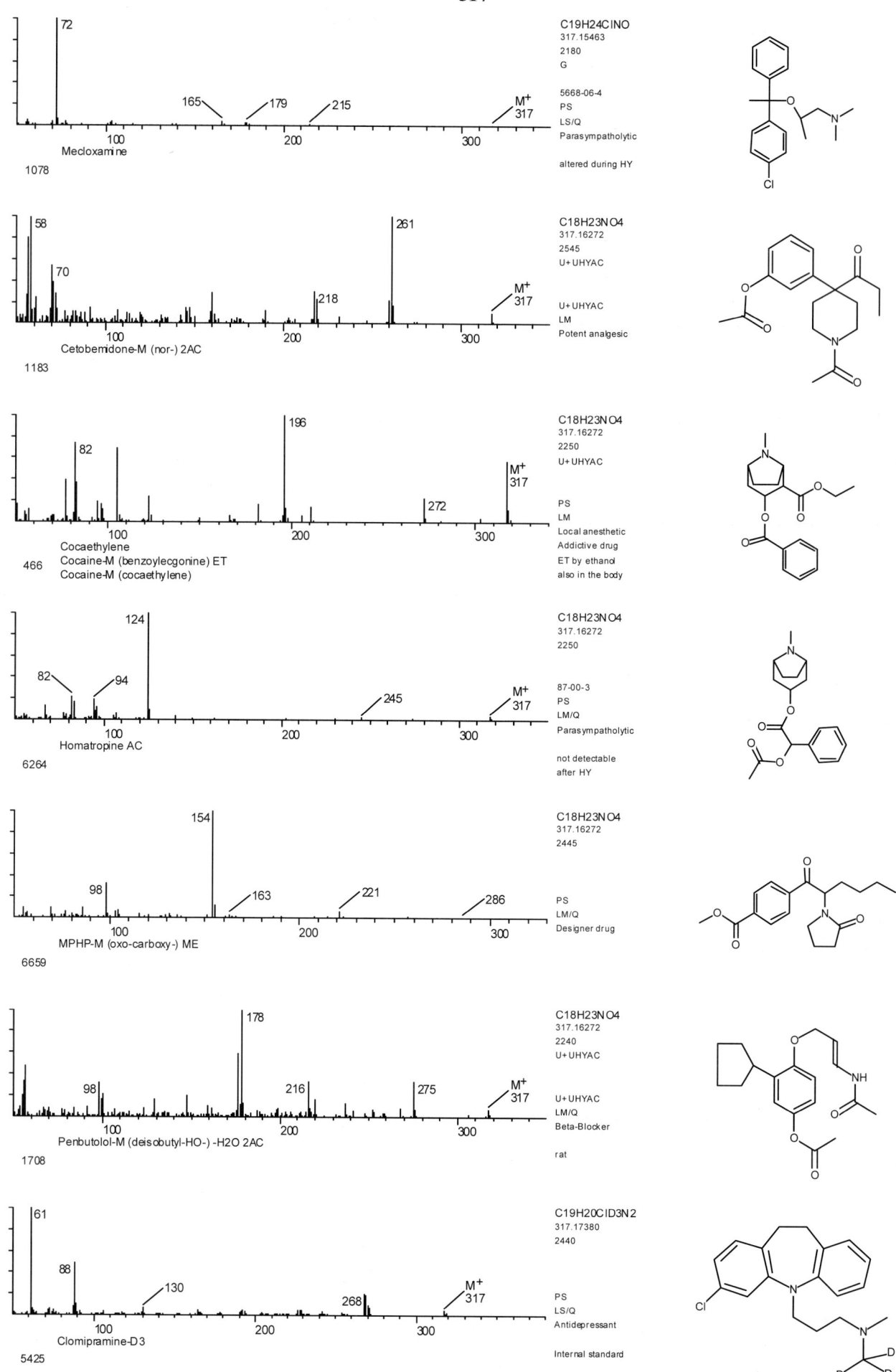

317

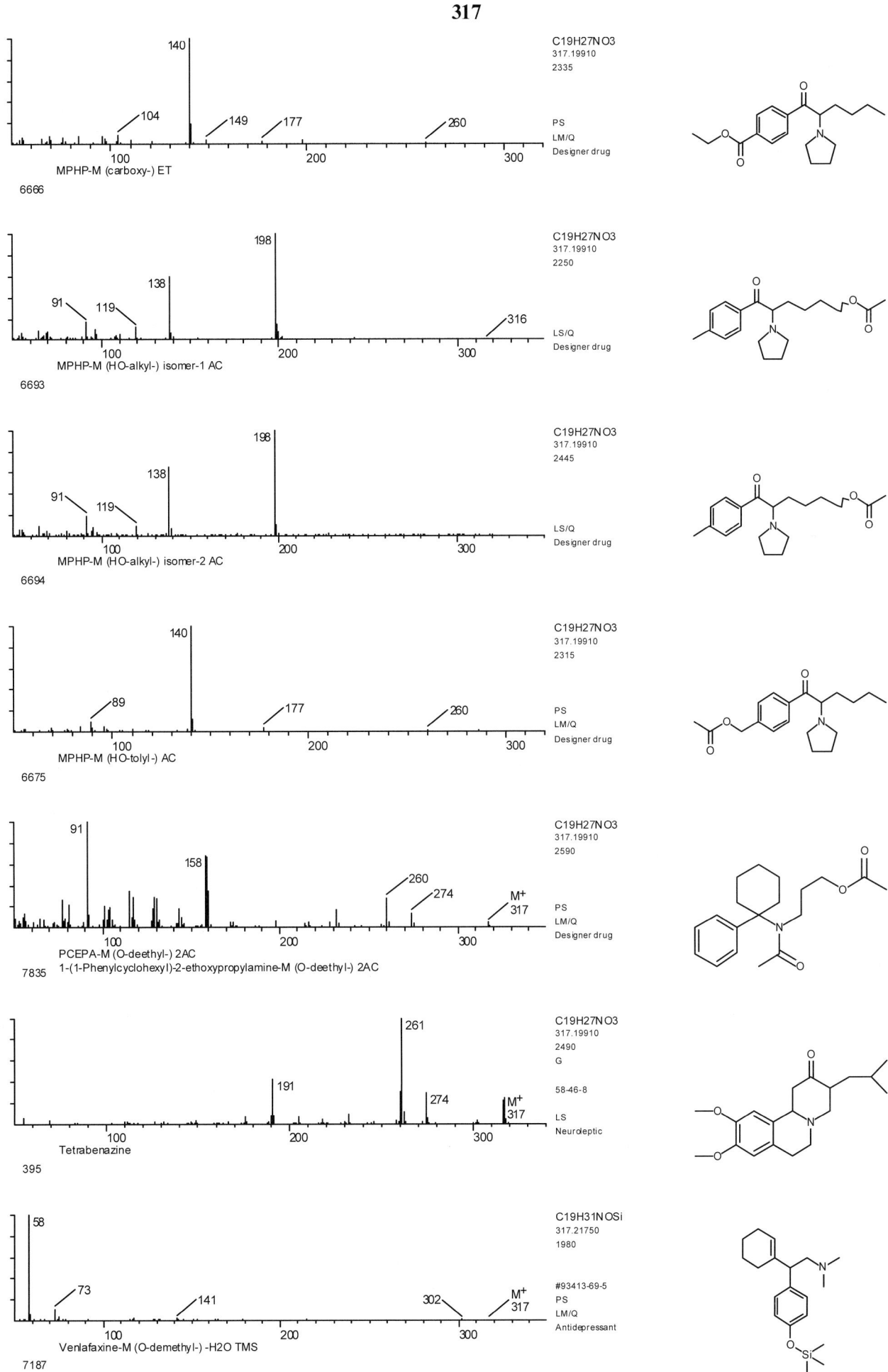

C19H27NO3
317.19910
2335

PS
LM/Q
Designer drug

MPHP-M (carboxy-) ET
6666

C19H27NO3
317.19910
2250

LS/Q
Designer drug

MPHP-M (HO-alkyl-) isomer-1 AC
6693

C19H27NO3
317.19910
2445

LS/Q
Designer drug

MPHP-M (HO-alkyl-) isomer-2 AC
6694

C19H27NO3
317.19910
2315

PS
LM/Q
Designer drug

MPHP-M (HO-tolyl-) AC
6675

C19H27NO3
317.19910
2590

PS
LM/Q
Designer drug

PCEPA-M (O-deethyl-) 2AC
1-(1-Phenylcyclohexyl)-2-ethoxypropylamine-M (O-deethyl-) 2AC
7835

C19H27NO3
317.19910
2490
G
58-46-8
LS
Neuroleptic

Tetrabenazine
395

C19H31NOSi
317.21750
1980
#93413-69-5
PS
LM/Q
Antidepressant

Venlafaxine-M (O-demethyl-) -H2O TMS
7187

699

317

Bencyclane-M (nor-) AC	C20H31NO2 317.23547 2570 UAAC / UAAC LS/Q Vasodilator / altered during HY
Drofenine	C20H31NO2 317.23547 2180 / 1679-76-1 PS LM Parasympatholytic / not detectable after HY
Trihexyphenidyl-M (HO-)	C20H31NO2 317.23547 2500 U / LM Antiparkinsonian
Tetrahydrocannabinol-D3 Dronabinol-D3	C21H27D3O2 317.24341 2450* / PS LM/Q Psychedelic Antiemetic Internal standard
Benzalkonium chloride compound-2 -CH3Cl	C22H39N 317.30826 2150 G P U / LS/Q Antiseptic
o,p'-DDD Mitotane	C14H10Cl4 317.95367 2230* G P U / 53-19-0 PS LM/Q Insecticide Antineoplastic
p,p'-DDD	C14H10Cl4 317.95367 2240* / 72-54-8 PS LM/Q Insecticide

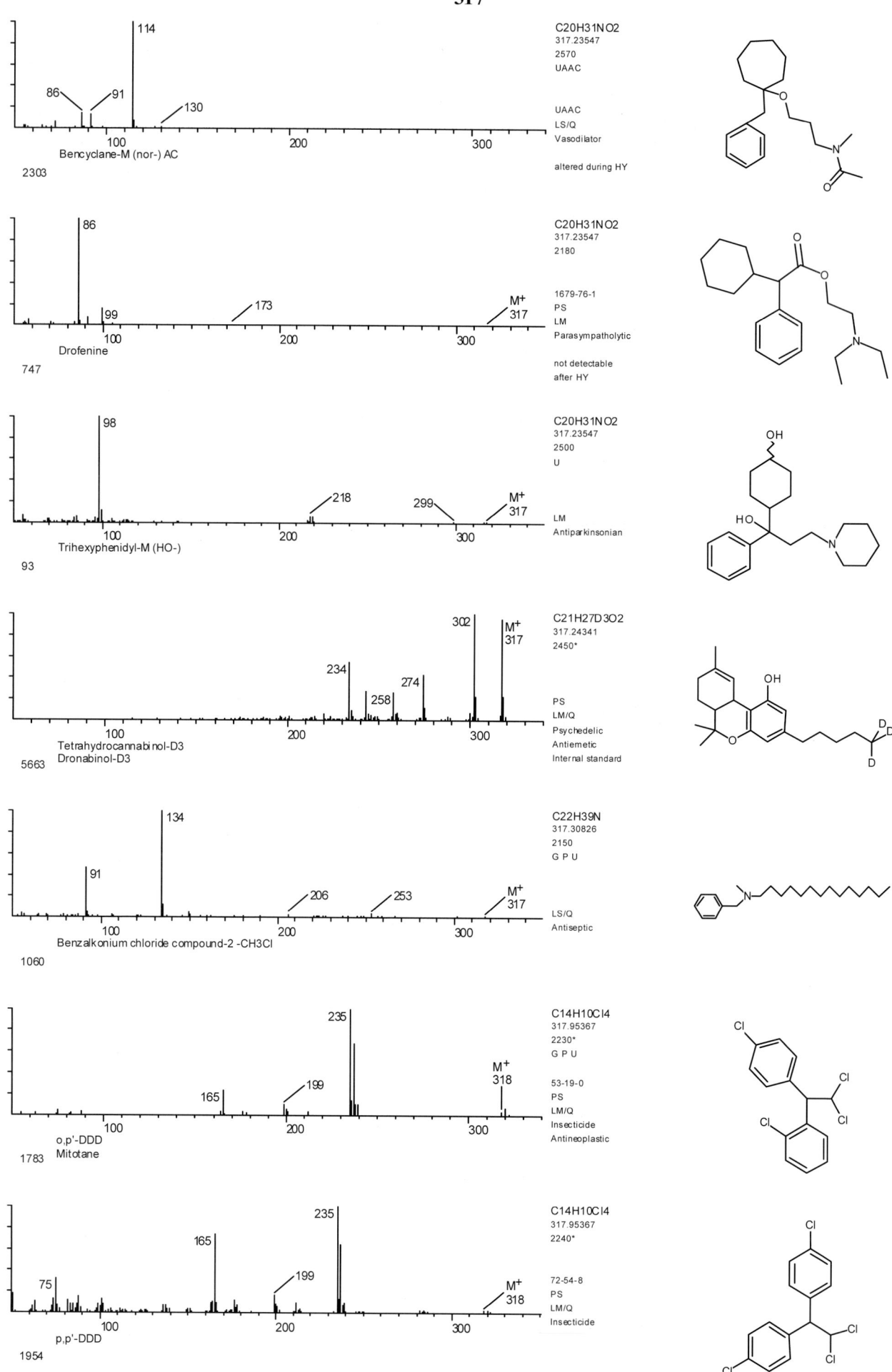

700

318

Fenazepam artifact-1
Metaclazepam-M/artifact-1
2152

C14H8BrClN2
317.95593
2230
U UHY U+ UHYAC

U+ UHYAC
LS/Q
Tranquilizer

Bromazepam HYAC
Bromazepam-M (3-HO-) HYAC
129

C14H11BrN2O2
318.00040
2490
U+ UHYAC

U+ UHYAC
LM/Q
Tranquilizer

Zotepine-M (HO-) HYAC
Zotepine-M (nor-HO-) HYAC   Zotepine-M (bis-nor-HO-) HYAC
6278

C16H11ClO3S
318.01175
2555*
U+ UHYAC

U+ UHYAC
LS/Q
Neuroleptic

Mesulphen-M (HO-sulfoxide) AC
5382

C16H14O3S2
318.03845
2725*
UGLUCAC

LS/Q
Scabicide

Tiaprofenic acid-M (HO-) AC
2044

C16H14O5S
318.05621
2230*
U+ UHYAC

U+ UHYAC
LM/Q
Analgesic

Clotiazepam
267

C16H15ClN2OS
318.05936
2540
P-I g UGLUC

33671-46-4
PS
LS/Q
Tranquilizer

not detectable
after HY

Chlorbenzoxamine-M (HO-phenyl-) HY2AC
2435

C17H15ClO4
318.06589
2170*
U+ UHYAC

U+ UHYAC
LS/Q
Parasympatholytic

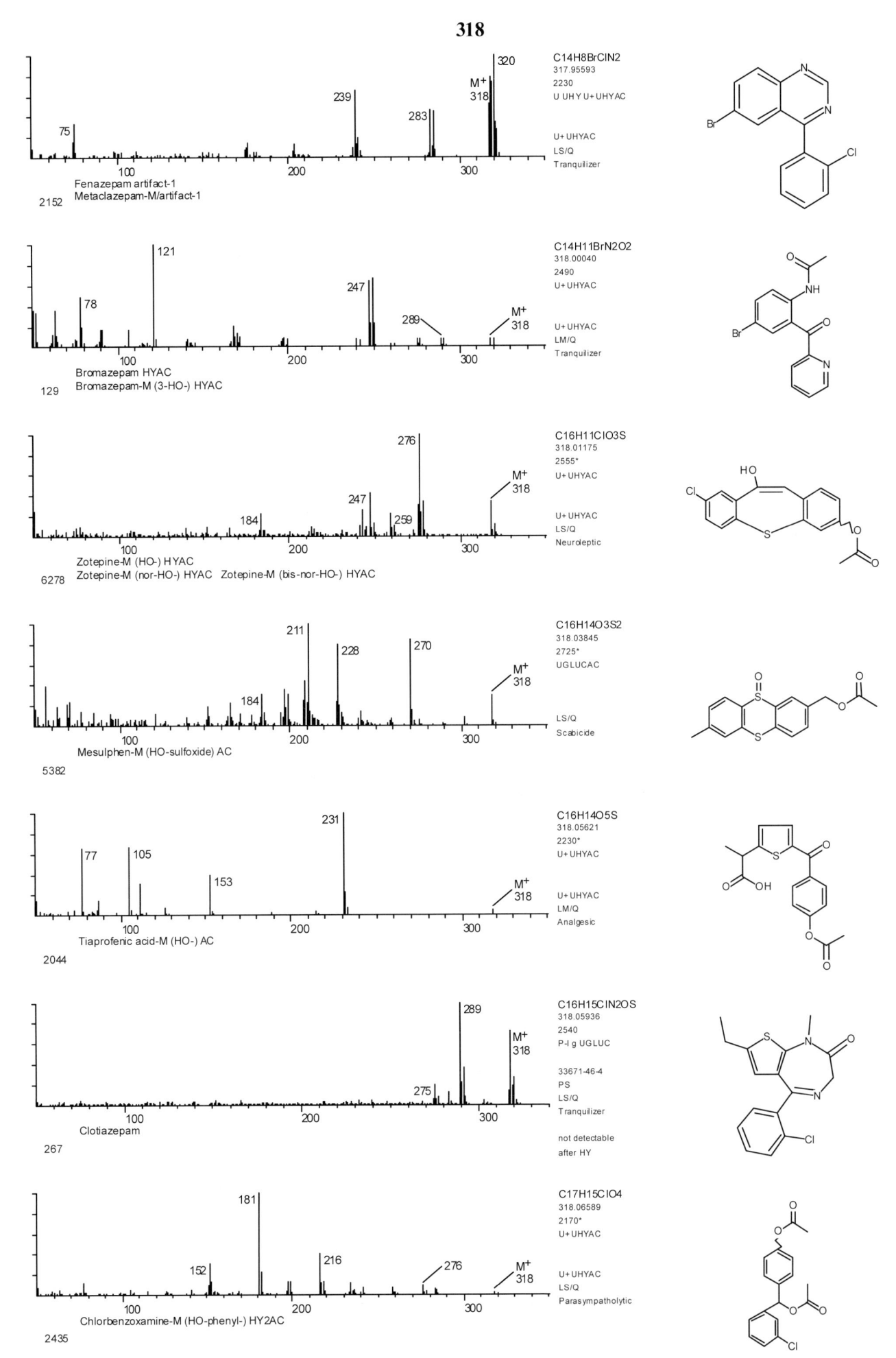

701

318

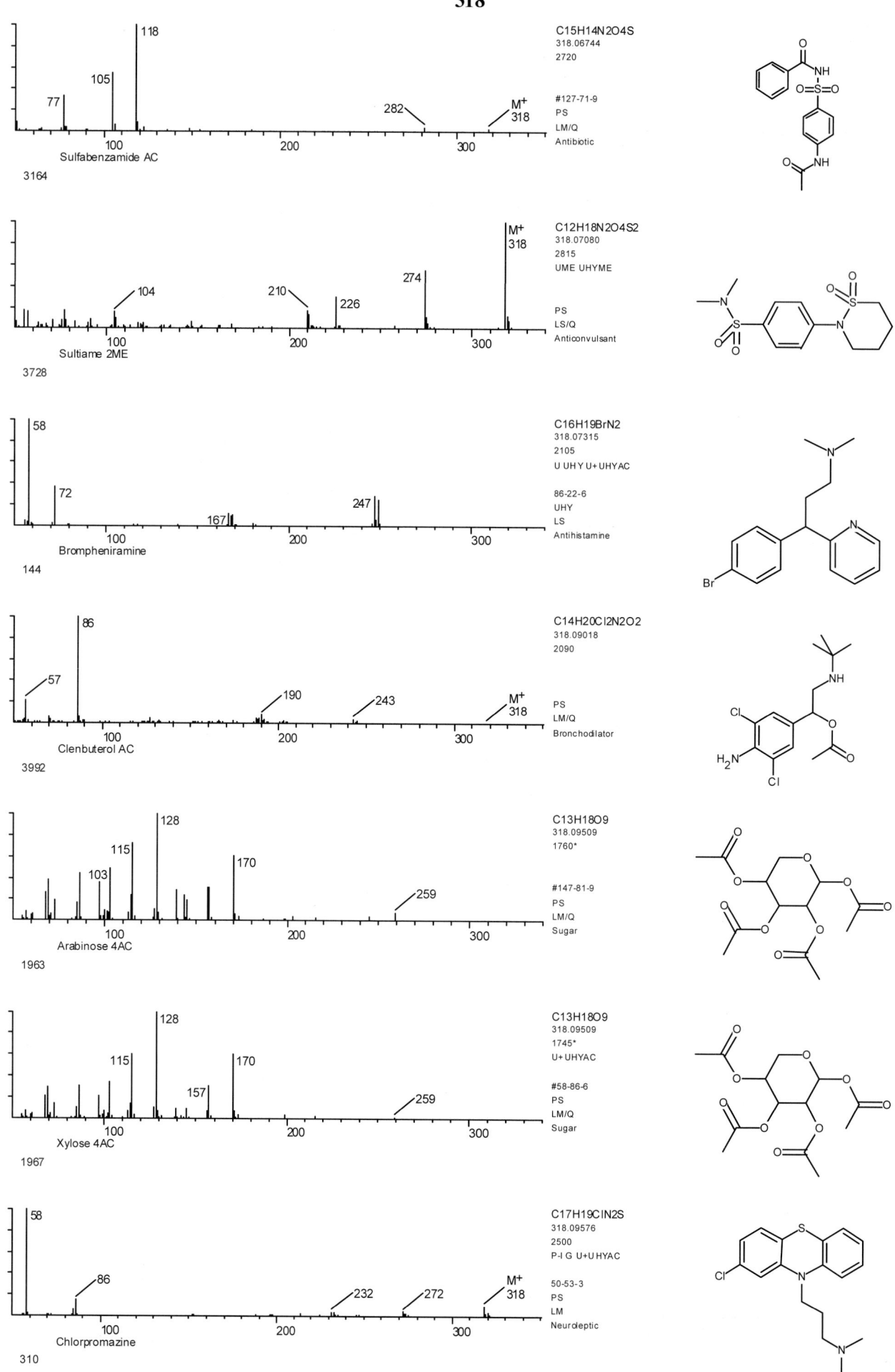

C15H14N2O4S
318.06744
2720

#127-71-9
PS
LM/Q
Antibiotic

Sulfabenzamide AC

C12H18N2O4S2
318.07080
2815
UME UHYME

PS
LS/Q
Anticonvulsant

Sultiame 2ME

C16H19BrN2
318.07315
2105
U UHY U+ UHYAC

86-22-6
UHY
LS
Antihistamine

Brompheniramine

C14H20Cl2N2O2
318.09018
2090

PS
LM/Q
Bronchodilator

Clenbuterol AC

C13H18O9
318.09509
1760*

#147-81-9
PS
LM/Q
Sugar

Arabinose 4AC

C13H18O9
318.09509
1745*
U+ UHYAC

#58-86-6
PS
LM/Q
Sugar

Xylose 4AC

C17H19ClN2S
318.09576
2500
P-I G U+UHYAC

50-53-3
PS
LM
Neuroleptic

Chlorpromazine

318

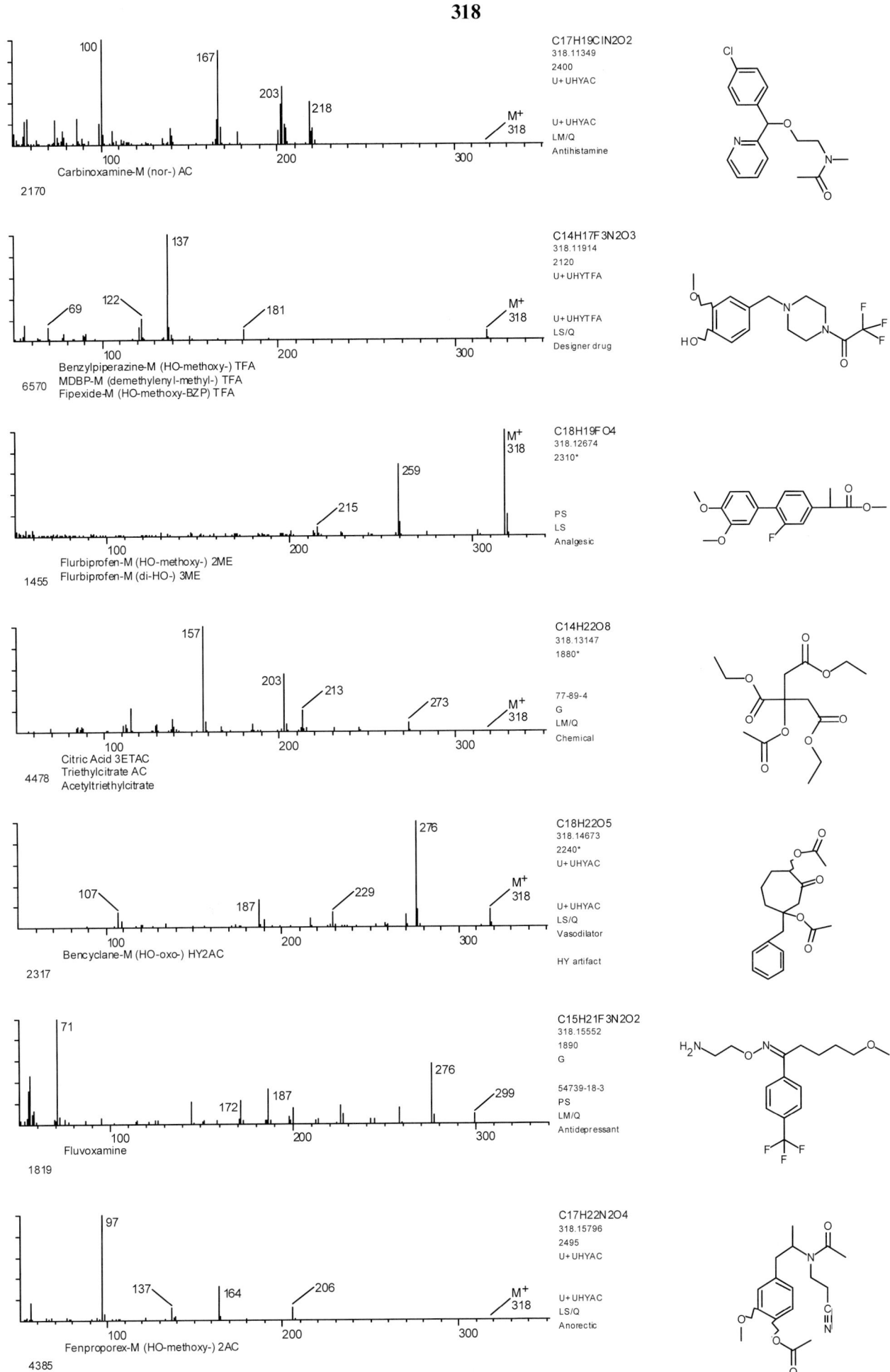

C17H19ClN2O2
318.11349
2400
U+ UHYAC

U+ UHYAC
LM/Q
Antihistamine

Carbinoxamine-M (nor-) AC
2170

C14H17F3N2O3
318.11914
2120
U+ UHYTFA

U+ UHYTFA
LS/Q
Designer drug

Benzylpiperazine-M (HO-methoxy-) TFA
MDBP-M (demethylenyl-methyl-) TFA
Fipexide-M (HO-methoxy-BZP) TFA
6570

C18H19FO4
318.12674
2310*

PS
LS
Analgesic

Flurbiprofen-M (HO-methoxy-) 2ME
Flurbiprofen-M (di-HO-) 3ME
1455

C14H22O8
318.13147
1880*

77-89-4
G
LM/Q
Chemical

Citric Acid 3ETAC
Triethylcitrate AC
Acetyltriethylcitrate
4478

C18H22O5
318.14673
2240*
U+ UHYAC

U+ UHYAC
LS/Q
Vasodilator
HY artifact

Bencyclane-M (HO-oxo-) HY2AC
2317

C15H21F3N2O2
318.15552
1890
G

54739-18-3
PS
LM/Q
Antidepressant

Fluvoxamine
1819

C17H22N2O4
318.15796
2495
U+ UHYAC

U+ UHYAC
LS/Q
Anorectic

Fenproporex-M (HO-methoxy-) 2AC
4385

703

318

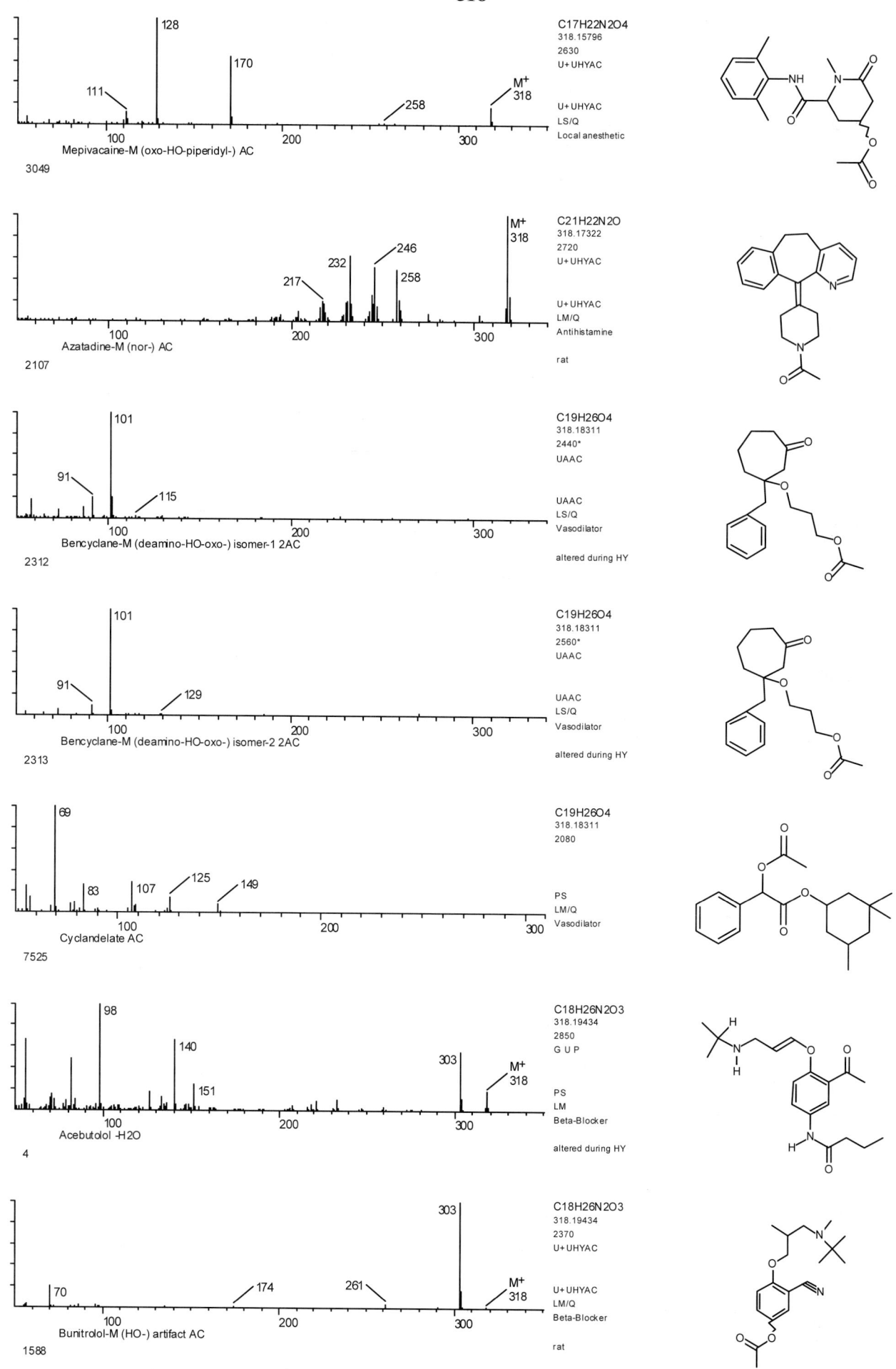

Mepivacaine-M (oxo-HO-piperidyl-) AC
3049
Peaks: 111, 128, 170, 258, M+ 318
C17H22N2O4
318.15796
2630
U+ UHYAC
U+ UHYAC
LS/Q
Local anesthetic

Azatadine-M (nor-) AC
2107
Peaks: 217, 232, 246, 258, M+ 318
C21H22N2O
318.17322
2720
U+ UHYAC
U+ UHYAC
LM/Q
Antihistamine
rat

Bencyclane-M (deamino-HO-oxo-) isomer-1 2AC
2312
Peaks: 91, 101, 115
C19H26O4
318.18311
2440*
UAAC
UAAC
LS/Q
Vasodilator
altered during HY

Bencyclane-M (deamino-HO-oxo-) isomer-2 2AC
2313
Peaks: 91, 101, 129
C19H26O4
318.18311
2560*
UAAC
UAAC
LS/Q
Vasodilator
altered during HY

Cyclandelate AC
7525
Peaks: 69, 83, 107, 125, 149
C19H26O4
318.18311
2080
PS
LM/Q
Vasodilator

Acebutolol -H2O
4
Peaks: 98, 140, 151, 303, M+ 318
C18H26N2O3
318.19434
2850
G U P
PS
LM
Beta-Blocker
altered during HY

Bunitrolol-M (HO-) artifact AC
1588
Peaks: 70, 174, 261, 303, M+ 318
C18H26N2O3
318.19434
2370
U+ UHYAC
U+ UHYAC
LM/Q
Beta-Blocker
rat

318

C18H26N2O3
318.19434
2545
U+ UHYAC

U+ UHYAC
LM/Q
Ca Antagonist

Verapamil-M (N-bis-dealkyl-) AC
1923

C16H30O6
318.20425
1685*
PPIV

#112-27-6
PS
LM/Q
Antifreeze

Triethylene glycol dipivalate
6426

C18H30N2OSi
318.21274
1980

PS
LM/Q
Local anesthetic

Mepivacaine TMS
4564

C20H30O3
318.21948
2620*

27975-19-5
PS
LM/Q
Sweetener
HY artifact

Isosteviol
Stevioside artifact (isosteviol)
3680

C20H30O3
318.21948
2600*

471-80-7
PS
LM/Q
Sweetener

Steviol
Stevioside-M (steviol)
3342

C21H18D9NO
318.26575
2150

PS
LM/Q
Internal standard
Potent analgesic

Methadone-D9
7820

C14H10BrNO3
318.98441
2260
U+ UHYAC

U+ UHYAC
LM/Q
Tranquilizer

Bromazepam-M/artifact AC
1877

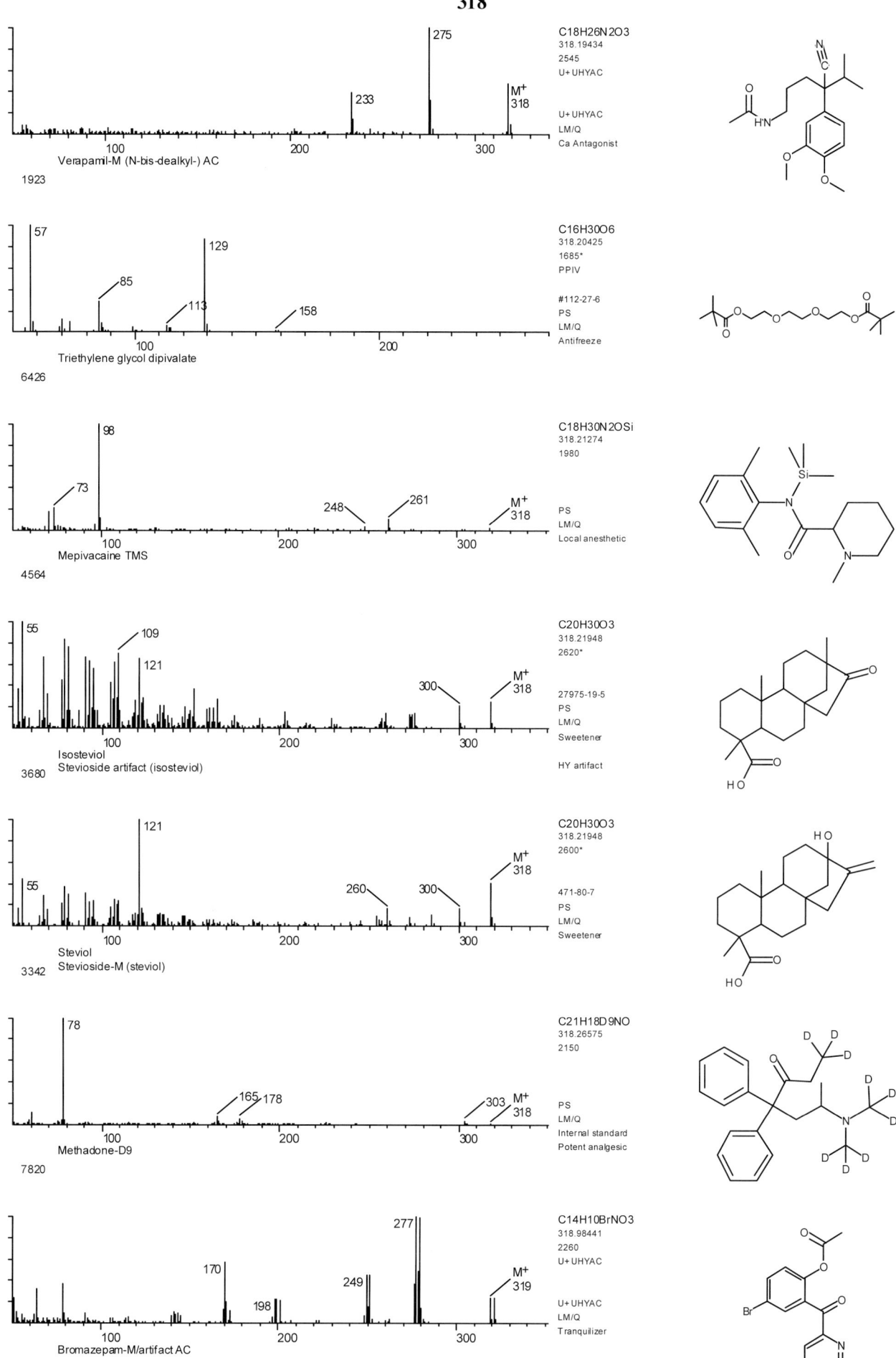

705

319

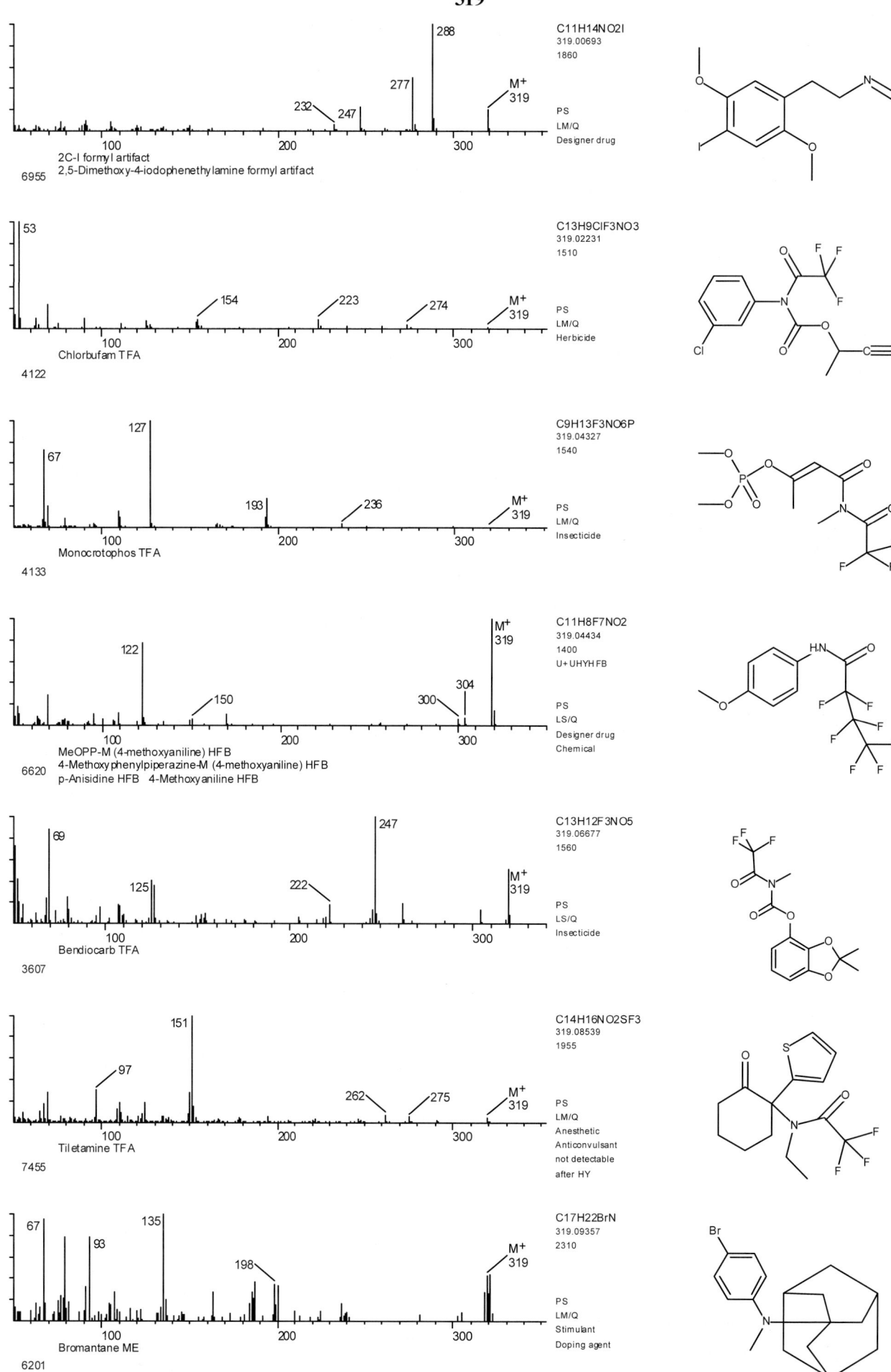

2C-I formyl artifact
2,5-Dimethoxy-4-iodophenethylamine formyl artifact
6955

C11H14NO2I
319.00693
1860

PS
LM/Q
Designer drug

Chlorbufam TFA
4122

C13H9ClF3NO3
319.02231
1510

PS
LM/Q
Herbicide

Monocrotophos TFA
4133

C9H13F3NO6P
319.04327
1540

PS
LM/Q
Insecticide

MeOPP-M (4-methoxyaniline) HFB
4-Methoxyphenylpiperazine-M (4-methoxyaniline) HFB
p-Anisidine HFB   4-Methoxyaniline HFB
6620

C11H8F7NO2
319.04434
1400
U+UHYHFB

PS
LS/Q
Designer drug
Chemical

Bendiocarb TFA
3607

C13H12F3NO5
319.06677
1560

PS
LS/Q
Insecticide

Tiletamine TFA
7455

C14H16NO2SF3
319.08539
1955

PS
LM/Q
Anesthetic
Anticonvulsant
not detectable
after HY

Bromantane ME
6201

C17H22BrN
319.09357
2310

PS
LM/Q
Stimulant
Doping agent

319

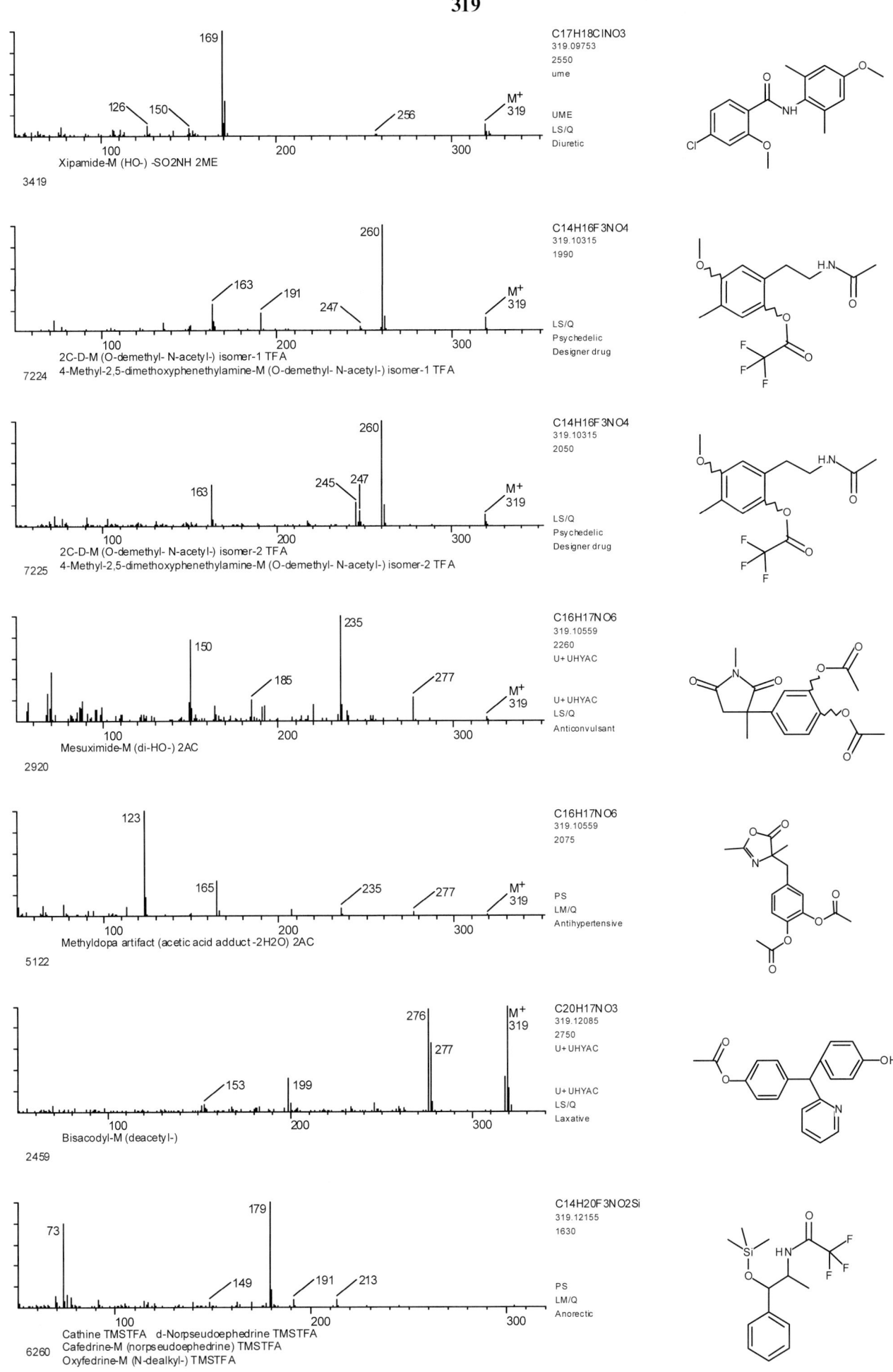

C17H18ClNO3
319.09753
2550
ume

UME
LS/Q
Diuretic

Xipamide-M (HO-) -SO2NH 2ME
3419

C14H16F3NO4
319.10315
1990

LS/Q
Psychedelic
Designer drug

2C-D-M (O-demethyl- N-acetyl-) isomer-1 TFA
4-Methyl-2,5-dimethoxyphenethylamine-M (O-demethyl- N-acetyl-) isomer-1 TFA
7224

C14H16F3NO4
319.10315
2050

LS/Q
Psychedelic
Designer drug

2C-D-M (O-demethyl- N-acetyl-) isomer-2 TFA
4-Methyl-2,5-dimethoxyphenethylamine-M (O-demethyl- N-acetyl-) isomer-2 TFA
7225

C16H17NO6
319.10559
2260
U+ UHYAC

U+ UHYAC
LS/Q
Anticonvulsant

Mesuximide-M (di-HO-) 2AC
2920

C16H17NO6
319.10559
2075

PS
LM/Q
Antihypertensive

Methyldopa artifact (acetic acid adduct -2H2O) 2AC
5122

C20H17NO3
319.12085
2750
U+ UHYAC

U+ UHYAC
LS/Q
Laxative

Bisacodyl-M (deacetyl-)
2459

C14H20F3NO2Si
319.12155
1630

PS
LM/Q
Anorectic

Cathine TMSTFA   d-Norpseudoephedrine TMSTFA
Cafedrine-M (norpseudoephedrine) TMSTFA
Oxyfedrine-M (N-dealkyl-) TMSTFA
6260

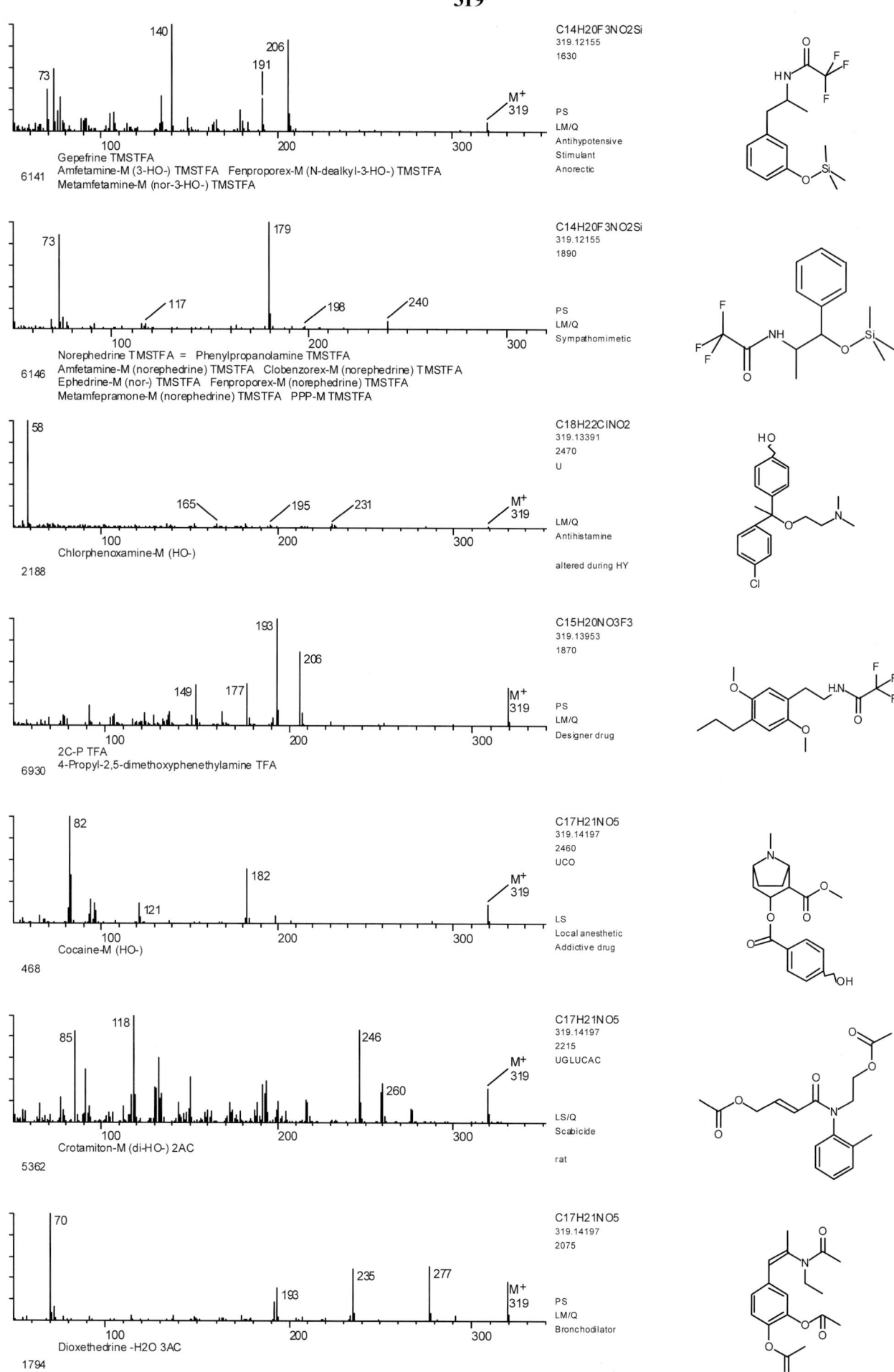

319

C14H20F3NO2Si
319.12155
1630

PS
LM/Q
Antihypotensive
Stimulant
Anorectic

Gepefrine TMSTFA
6141 Amfetamine-M (3-HO-) TMSTFA   Fenproporex-M (N-dealkyl-3-HO-) TMSTFA
Metamfetamine-M (nor-3-HO-) TMSTFA

C14H20F3NO2Si
319.12155
1890

PS
LM/Q
Sympathomimetic

Norephedrine TMSTFA = Phenylpropanolamine TMSTFA
6146 Amfetamine-M (norephedrine) TMSTFA   Clobenzorex-M (norephedrine) TMSTFA
Ephedrine-M (nor-) TMSTFA   Fenproporex-M (norephedrine) TMSTFA
Metamfepramone-M (norephedrine) TMSTFA   PPP-M TMSTFA

C18H22ClNO2
319.13391
2470
U

LM/Q
Antihistamine

altered during HY

Chlorphenoxamine-M (HO-)
2188

C15H20NO3F3
319.13953
1870

PS
LM/Q
Designer drug

2C-P TFA
6930 4-Propyl-2,5-dimethoxyphenethylamine TFA

C17H21NO5
319.14197
2460
UCO

LS
Local anesthetic
Addictive drug

Cocaine-M (HO-)
468

C17H21NO5
319.14197
2215
UGLUCAC

LS/Q
Scabicide
rat

Crotamiton-M (di-HO-) 2AC
5362

C17H21NO5
319.14197
2075

PS
LM/Q
Bronchodilator

Dioxethedrine -H2O 3AC
1794

319

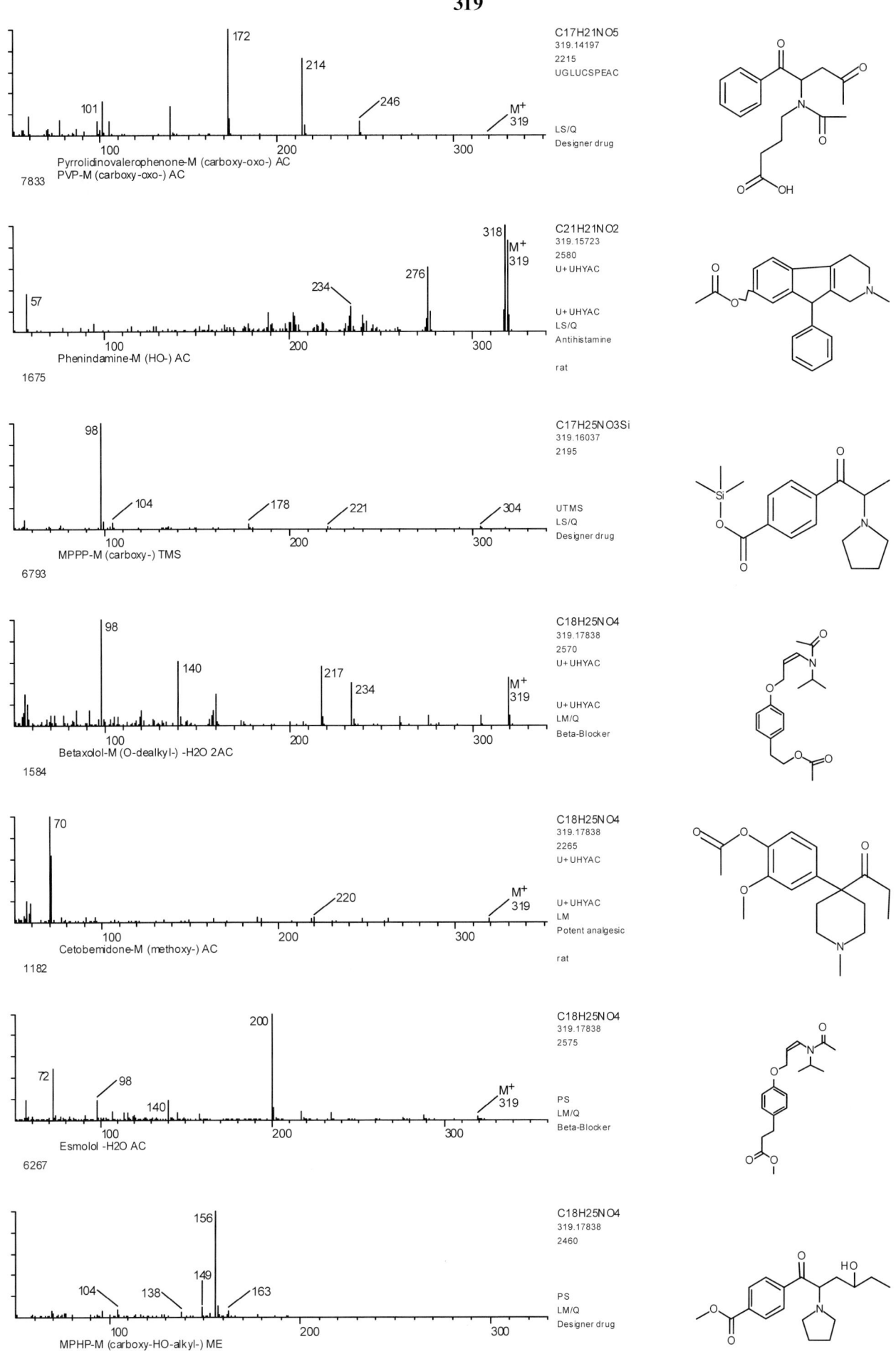

C17H21NO5
319.14197
2215
UGLUCSPEAC

LS/Q
Designer drug

Pyrrolidinovalerophenone-M (carboxy-oxo-) AC
PVP-M (carboxy-oxo-) AC
7833

C21H21NO2
319.15723
2580
U+ UHYAC

U+ UHYAC
LS/Q
Antihistamine

rat

Phenindamine-M (HO-) AC
1675

C17H25NO3Si
319.16037
2195

UTMS
LS/Q
Designer drug

MPPP-M (carboxy-) TMS
6793

C18H25NO4
319.17838
2570
U+ UHYAC

U+ UHYAC
LM/Q
Beta-Blocker

Betaxolol-M (O-dealkyl-) -H2O 2AC
1584

C18H25NO4
319.17838
2265
U+ UHYAC

U+ UHYAC
LM
Potent analgesic

rat

Cetobemidone-M (methoxy-) AC
1182

C18H25NO4
319.17838
2575

PS
LM/Q
Beta-Blocker

Esmolol -H2O AC
6267

C18H25NO4
319.17838
2460

PS
LM/Q
Designer drug

MPHP-M (carboxy-HO-alkyl-) ME
6663

709

319

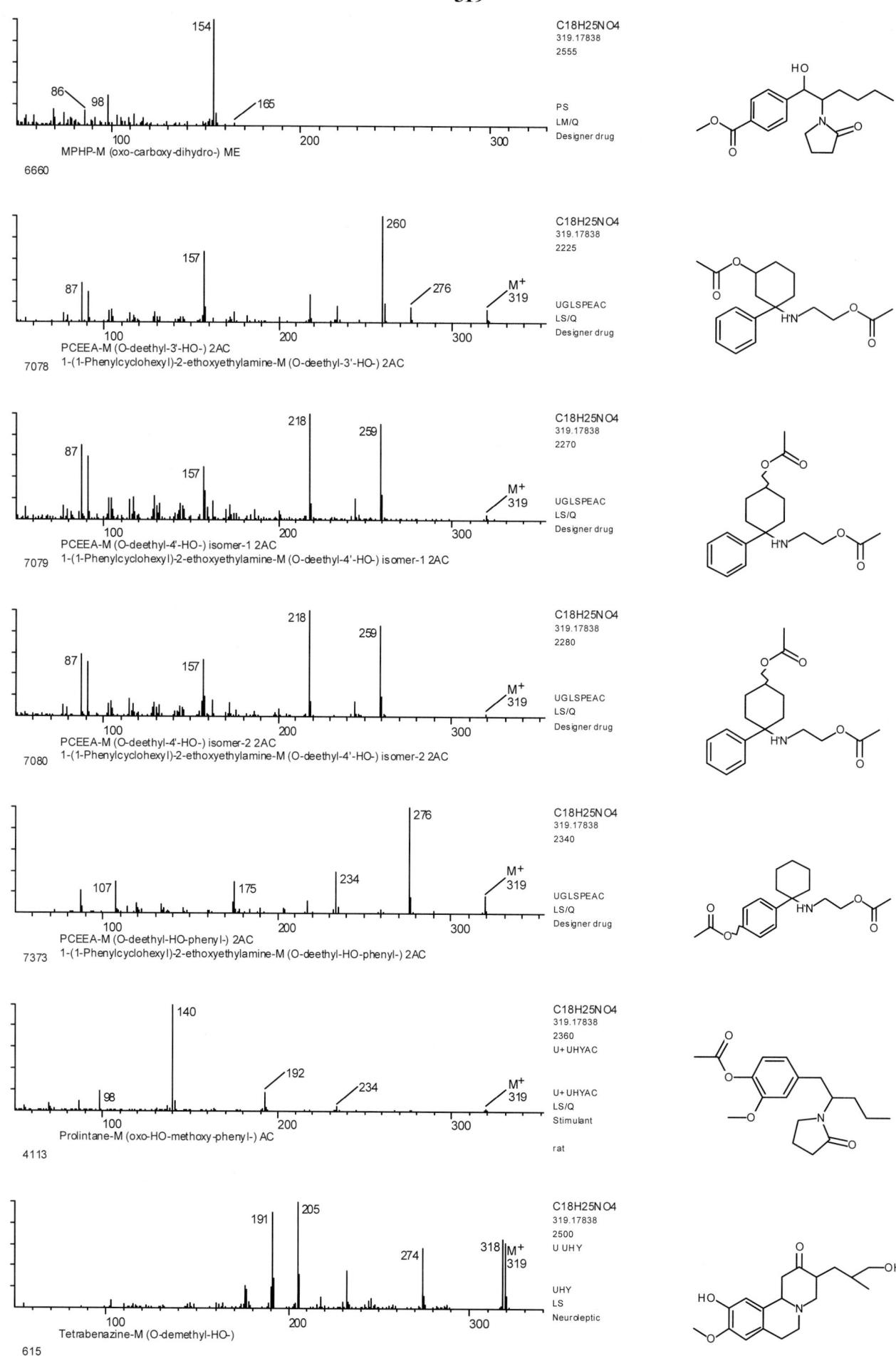

C18H25NO4 319.17838 2555 PS LM/Q Designer drug	MPHP-M (oxo-carboxy-dihydro-) ME

6660

C18H25NO4 319.17838 2225 UGLSPEAC LS/Q Designer drug	PCEEA-M (O-deethyl-3'-HO-) 2AC

7078 1-(1-Phenylcyclohexyl)-2-ethoxyethylamine-M (O-deethyl-3'-HO-) 2AC

C18H25NO4 319.17838 2270 UGLSPEAC LS/Q Designer drug	PCEEA-M (O-deethyl-4'-HO-) isomer-1 2AC

7079 1-(1-Phenylcyclohexyl)-2-ethoxyethylamine-M (O-deethyl-4'-HO-) isomer-1 2AC

C18H25NO4 319.17838 2280 UGLSPEAC LS/Q Designer drug	PCEEA-M (O-deethyl-4'-HO-) isomer-2 2AC

7080 1-(1-Phenylcyclohexyl)-2-ethoxyethylamine-M (O-deethyl-4'-HO-) isomer-2 2AC

C18H25NO4 319.17838 2340 UGLSPEAC LS/Q Designer drug	PCEEA-M (O-deethyl-HO-phenyl-) 2AC

7373 1-(1-Phenylcyclohexyl)-2-ethoxyethylamine-M (O-deethyl-HO-phenyl-) 2AC

C18H25NO4 319.17838 2360 U+ UHYAC U+ UHYAC LS/Q Stimulant rat	Prolintane-M (oxo-HO-methoxy-phenyl-) AC

4113

C18H25NO4 319.17838 2500 U UHY UHY LS Neuroleptic	Tetrabenazine-M (O-demethyl-HO-)

615

710

319

Tramadol-M (bis-demethyl-) 2AC — 4441
C18H25NO4
319.17838
2420
U+ UHYAC
UAC
LS/Q
Potent analgesic
altered during HY

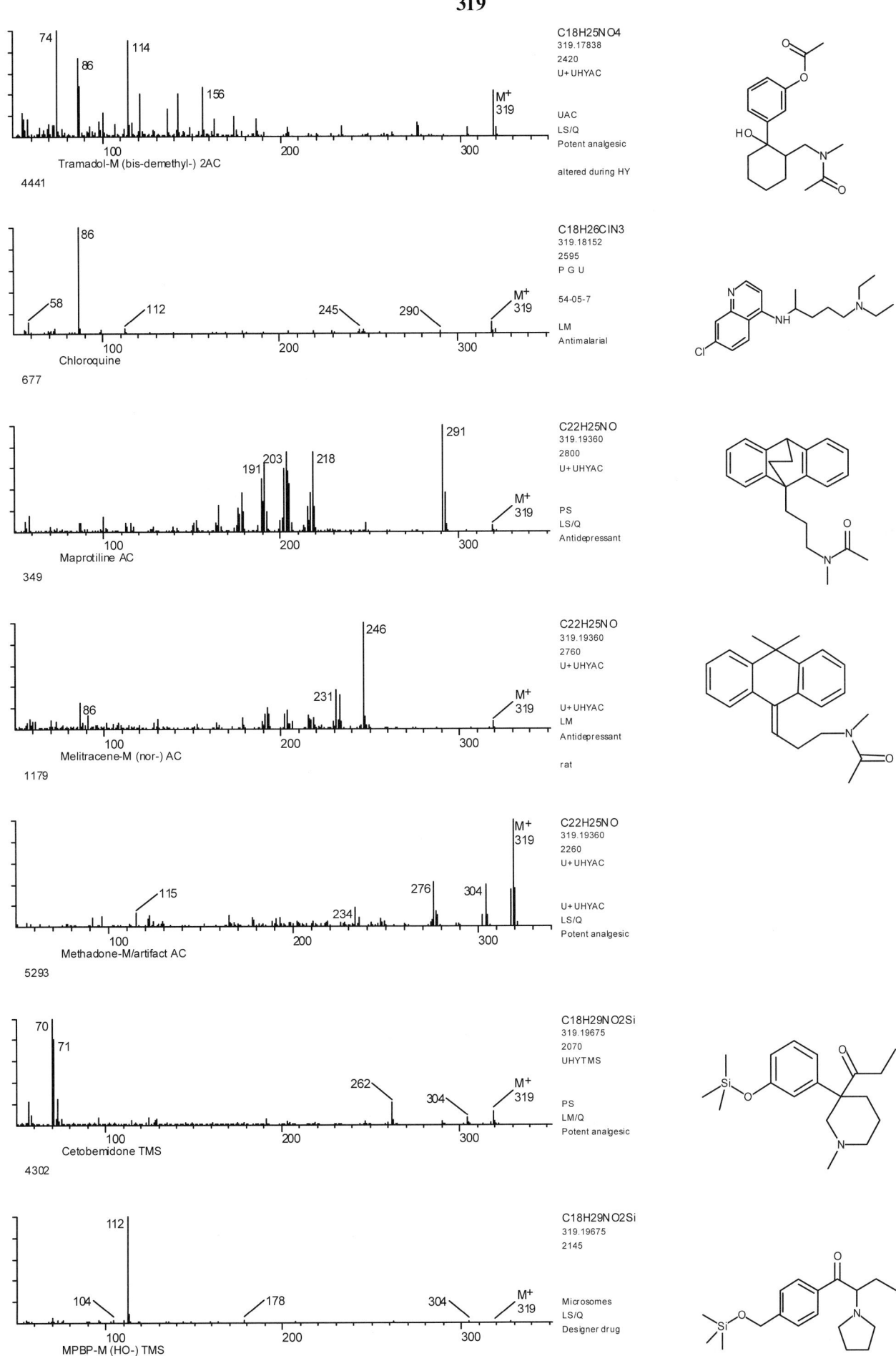

Chloroquine — 677
C18H26ClN3
319.18152
2595
P G U
54-05-7
LM
Antimalarial

Maprotiline AC — 349
C22H25NO
319.19360
2800
U+ UHYAC
PS
LS/Q
Antidepressant

Melitracene-M (nor-) AC — 1179
C22H25NO
319.19360
2760
U+ UHYAC
U+ UHYAC
LM
Antidepressant
rat

Methadone-M/artifact AC — 5293
C22H25NO
319.19360
2260
U+ UHYAC
U+ UHYAC
LS/Q
Potent analgesic

Cetobemidone TMS — 4302
C18H29NO2Si
319.19675
2070
UHYTMS
PS
LM/Q
Potent analgesic

MPBP-M (HO-) TMS / Methylpyrrolidinobutyrophenone-M (HO-) TMS — 7055
C18H29NO2Si
319.19675
2145
Microsomes
LS/Q
Designer drug

711

319

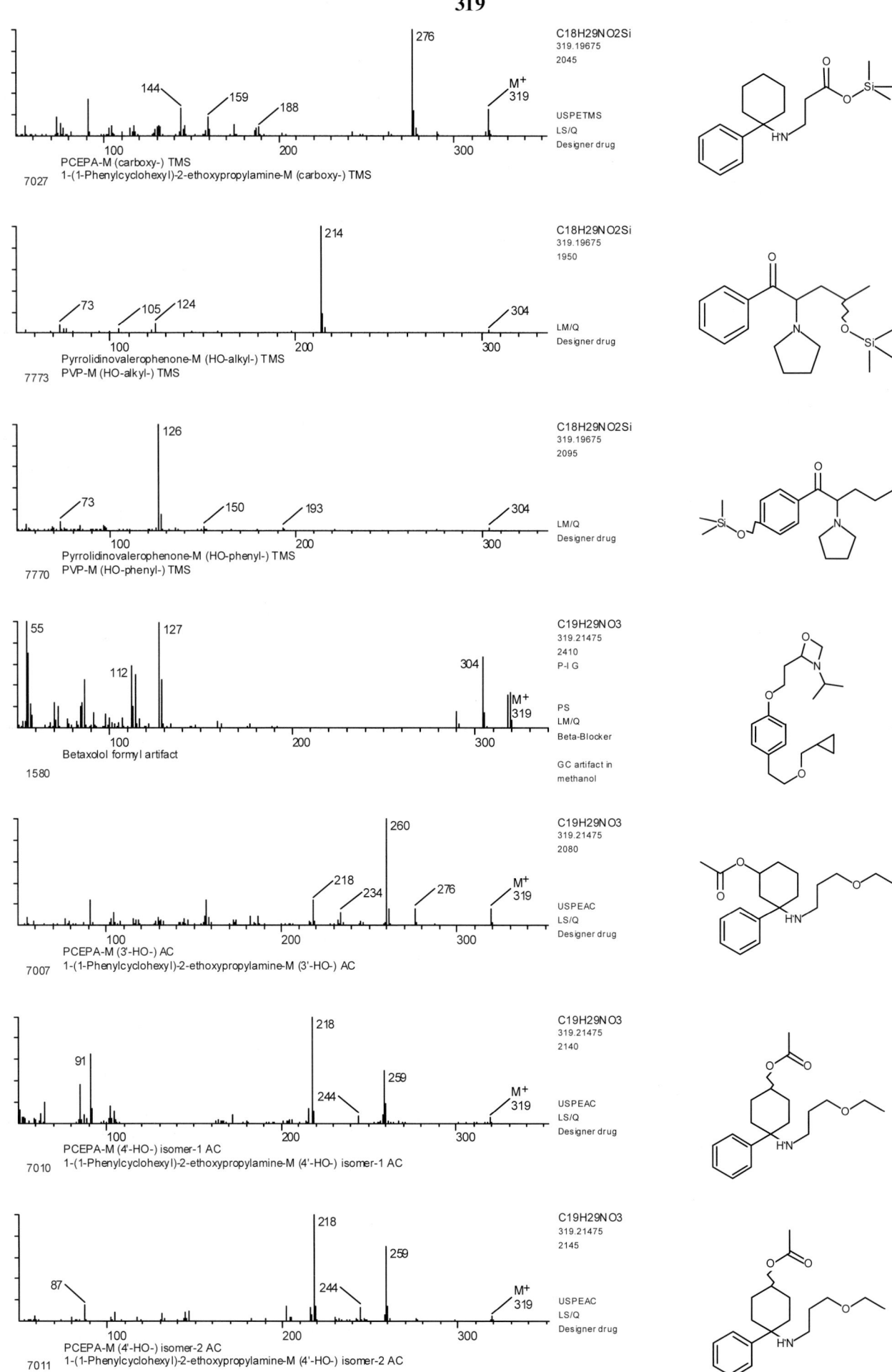

C18H29NO2Si 319.19675 2045 USPETMS LS/Q Designer drug	Peaks: 144, 159, 188, 276, M+ 319 PCEPA-M (carboxy-) TMS 7027 1-(1-Phenylcyclohexyl)-2-ethoxypropylamine-M (carboxy-) TMS

C18H29NO2Si 319.19675 1950 LM/Q Designer drug	Peaks: 73, 105, 124, 214, 304 Pyrrolidinovalerophenone-M (HO-alkyl-) TMS 7773 PVP-M (HO-alkyl-) TMS

C18H29NO2Si 319.19675 2095 LM/Q Designer drug	Peaks: 73, 126, 150, 193, 304 Pyrrolidinovalerophenone-M (HO-phenyl-) TMS 7770 PVP-M (HO-phenyl-) TMS

C19H29NO3 319.21475 2410 P-I G PS LM/Q Beta-Blocker GC artifact in methanol	Peaks: 55, 112, 127, 304, M+ 319 Betaxolol formyl artifact 1580

C19H29NO3 319.21475 2080 USPEAC LS/Q Designer drug	Peaks: 218, 234, 260, 276, M+ 319 PCEPA-M (3'-HO-) AC 7007 1-(1-Phenylcyclohexyl)-2-ethoxypropylamine-M (3'-HO-) AC

C19H29NO3 319.21475 2140 USPEAC LS/Q Designer drug	Peaks: 91, 218, 244, 259, M+ 319 PCEPA-M (4'-HO-) isomer-1 AC 7010 1-(1-Phenylcyclohexyl)-2-ethoxypropylamine-M (4'-HO-) isomer-1 AC

C19H29NO3 319.21475 2145 USPEAC LS/Q Designer drug	Peaks: 87, 218, 244, 259, M+ 319 PCEPA-M (4'-HO-) isomer-2 AC 7011 1-(1-Phenylcyclohexyl)-2-ethoxypropylamine-M (4'-HO-) isomer-2 AC

319

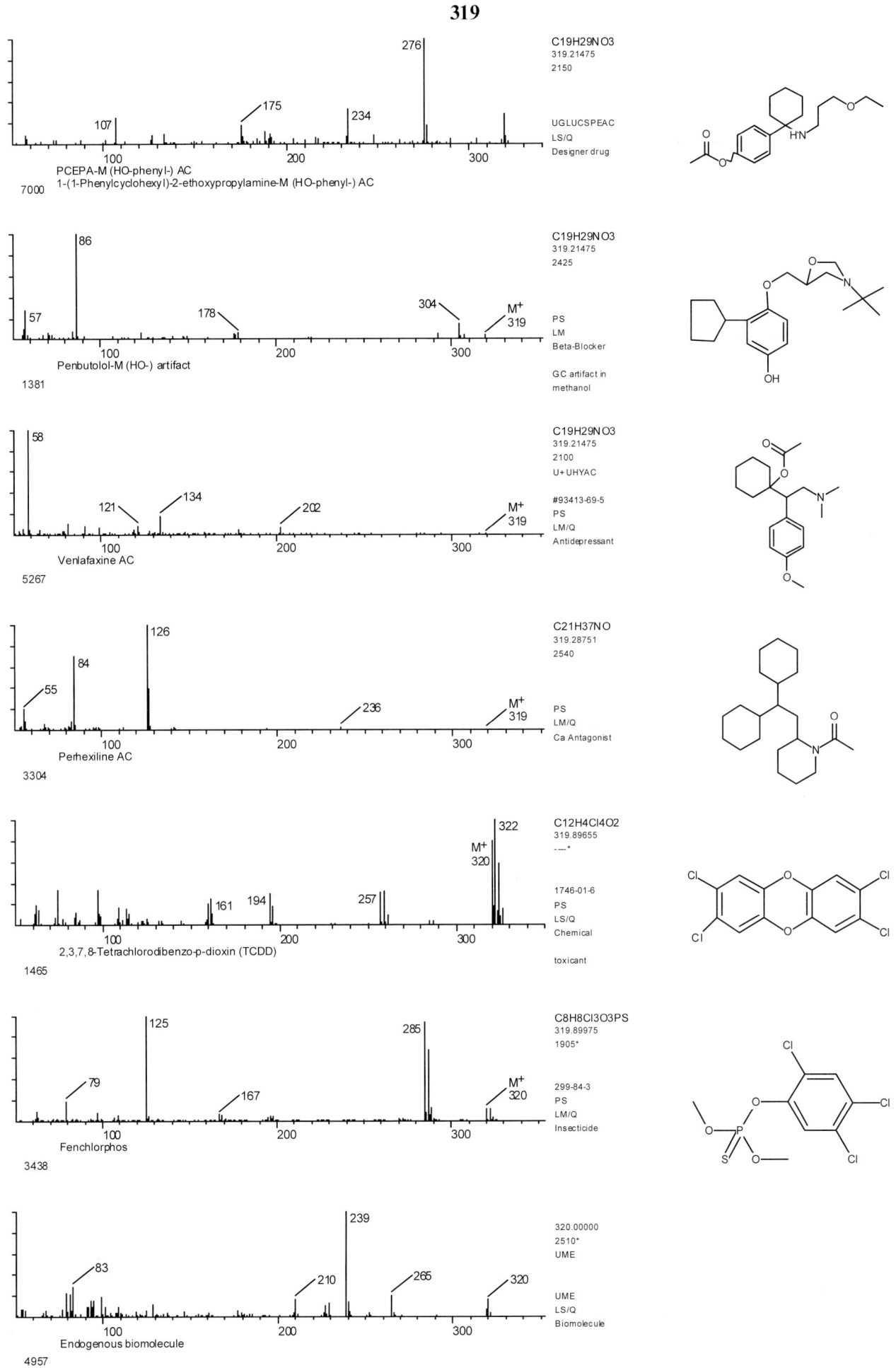

PCEPA-M (HO-phenyl-) AC
1-(1-Phenylcyclohexyl)-2-ethoxypropylamine-M (HO-phenyl-) AC
C19H29NO3
319.21475
2150
UGLUCSPEAC
LS/Q
Designer drug
7000

Penbutolol-M (HO-) artifact
C19H29NO3
319.21475
2425
PS
LM
Beta-Blocker
GC artifact in methanol
1381

Venlafaxine AC
C19H29NO3
319.21475
2100
U+UHYAC
#93413-69-5
PS
LM/Q
Antidepressant
5267

Perhexiline AC
C21H37NO
319.28751
2540
PS
LM/Q
Ca Antagonist
3304

2,3,7,8-Tetrachlorodibenzo-p-dioxin (TCDD)
C12H4Cl4O2
319.89655
-.--*
1746-01-6
PS
LS/Q
Chemical toxicant
1465

Fenchlorphos
C8H8Cl3O3PS
319.89975
1905*
299-84-3
PS
LM/Q
Insecticide
3438

Endogenous biomolecule
320.00000
2510*
UME
UME
LS/Q
Biomolecule
4957

320

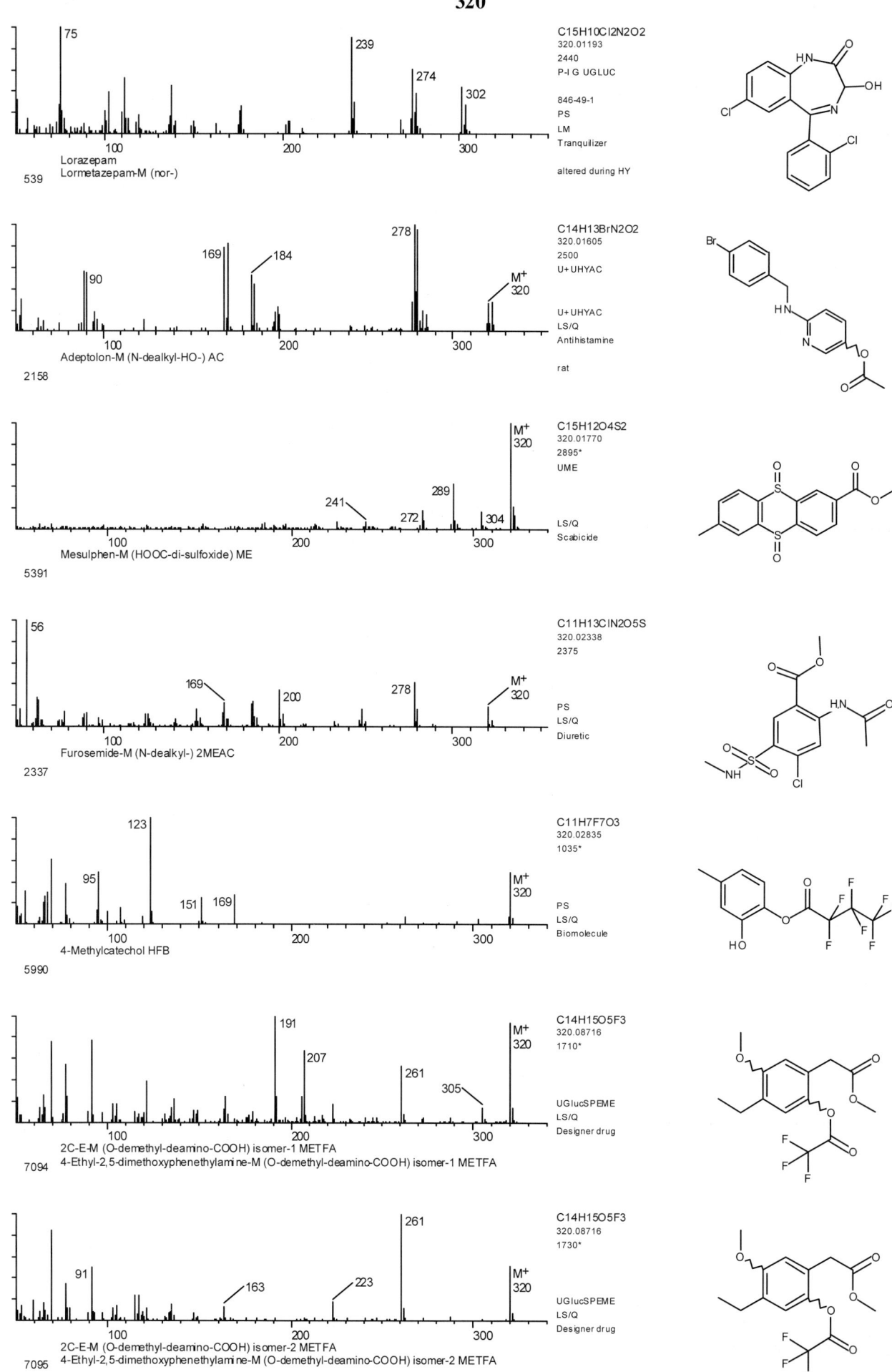

Lorazepam
Lormetazepam-M (nor-)
539

C15H10Cl2N2O2
320.01193
2440
P-I G UGLUC

846-49-1
PS
LM
Tranquilizer

altered during HY

Adeptolon-M (N-dealkyl-HO-) AC
2158

C14H13BrN2O2
320.01605
2500
U+ UHYAC

U+ UHYAC
LS/Q
Antihistamine

rat

Mesulphen-M (HOOC-di-sulfoxide) ME
5391

C15H12O4S2
320.01770
2895*
UME

LS/Q
Scabicide

Furosemide-M (N-dealkyl-) 2MEAC
2337

C11H13ClN2O5S
320.02338
2375

PS
LS/Q
Diuretic

4-Methylcatechol HFB
5990

C11H7F7O3
320.02835
1035*

PS
LS/Q
Biomolecule

2C-E-M (O-demethyl-deamino-COOH) isomer-1 METFA
4-Ethyl-2,5-dimethoxyphenethylamine-M (O-demethyl-deamino-COOH) isomer-1 METFA
7094

C14H15O5F3
320.08716
1710*

UGlucSPEME
LS/Q
Designer drug

2C-E-M (O-demethyl-deamino-COOH) isomer-2 METFA
4-Ethyl-2,5-dimethoxyphenethylamine-M (O-demethyl-deamino-COOH) isomer-2 METFA
7095

C14H15O5F3
320.08716
1730*

UGlucSPEME
LS/Q
Designer drug

320

Clobazam-M (HO-methoxy-) HY
277

C16H17ClN2O3
320.09277
2905
UHY U+ UHYAC

UHY
LS
Tranquilizer

rat

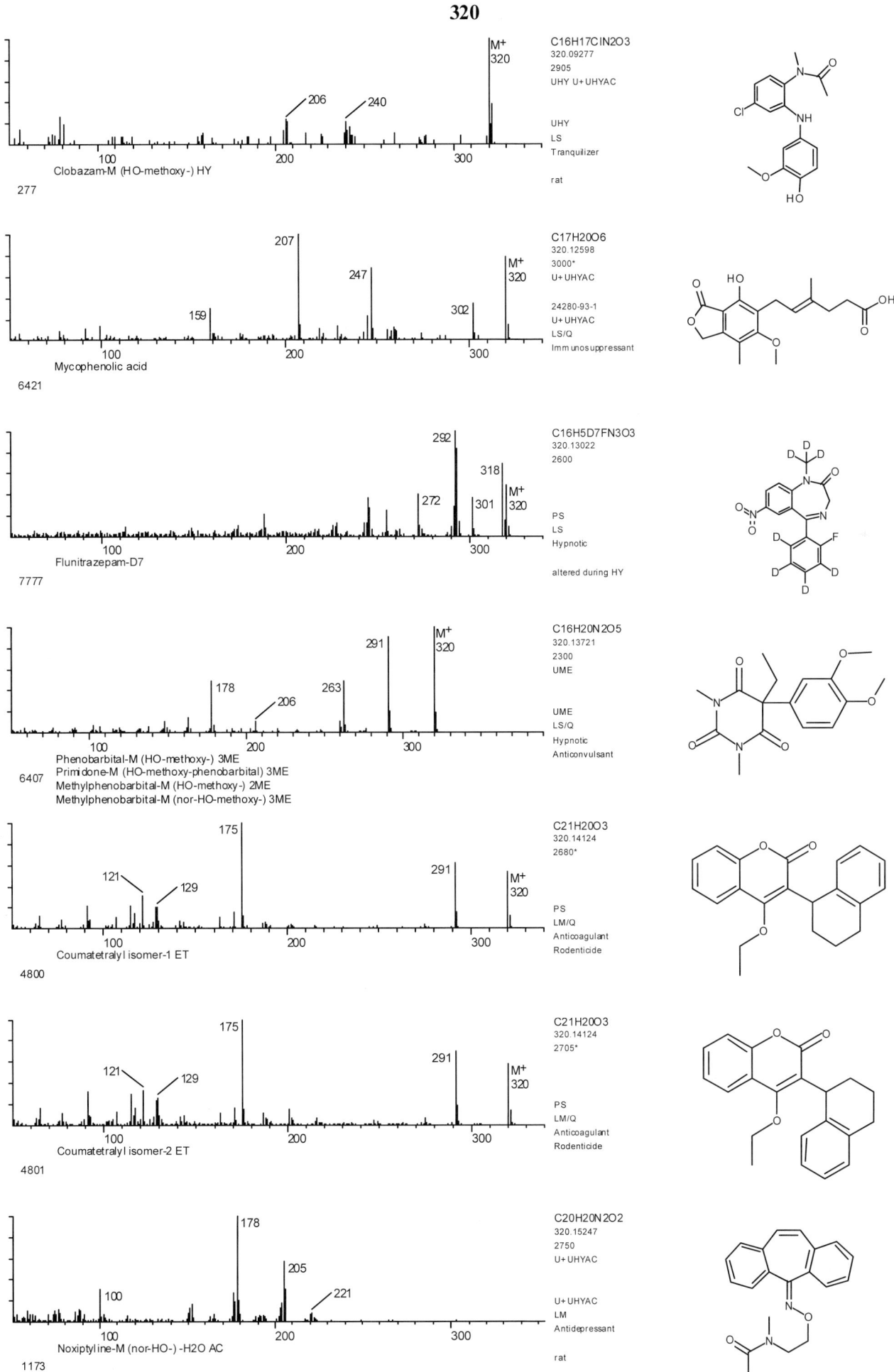

Mycophenolic acid
6421

C17H20O6
320.12598
3000*
U+ UHYAC

24280-93-1
U+ UHYAC
LS/Q
Immunosuppressant

Flunitrazepam-D7
7777

C16H5D7FN3O3
320.13022
2600

PS
LS
Hypnotic

altered during HY

Phenobarbital-M (HO-methoxy-) 3ME
Primidone-M (HO-methoxy-phenobarbital) 3ME
Methylphenobarbital-M (HO-methoxy-) 2ME
Methylphenobarbital-M (nor-HO-methoxy-) 3ME
6407

C16H20N2O5
320.13721
2300
UME

UME
LS/Q
Hypnotic
Anticonvulsant

Coumatetralyl isomer-1 ET
4800

C21H20O3
320.14124
2680*

PS
LM/Q
Anticoagulant
Rodenticide

Coumatetralyl isomer-2 ET
4801

C21H20O3
320.14124
2705*

PS
LM/Q
Anticoagulant
Rodenticide

Noxiptyline-M (nor-HO-) -H2O AC
1173

C20H20N2O2
320.15247
2750
U+ UHYAC

U+ UHYAC
LM
Antidepressant

rat

320

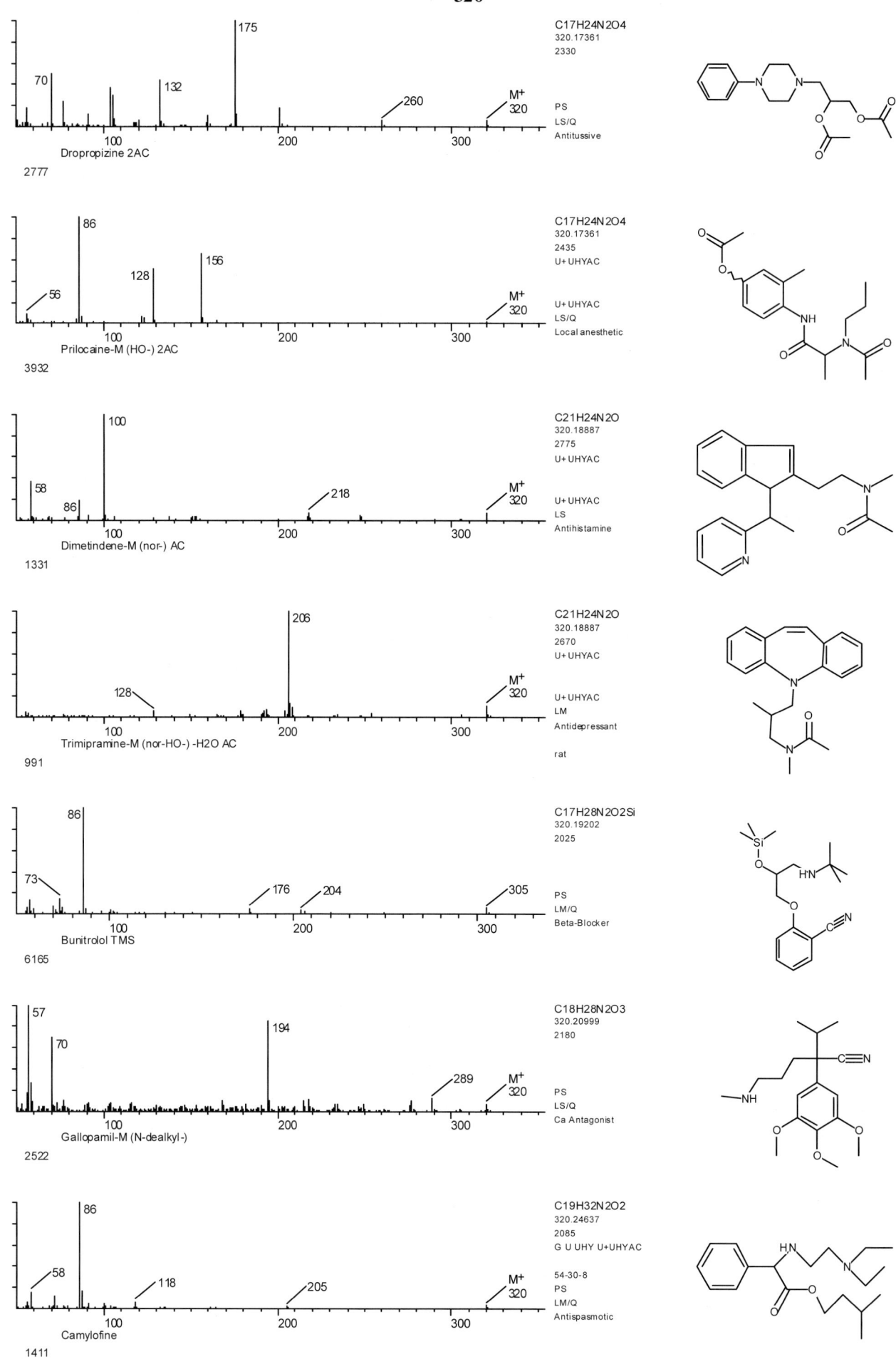

C17H24N2O4
320.17361
2330
PS
LS/Q
Antitussive

Dropropizine 2AC
2777

C17H24N2O4
320.17361
2435
U+UHYAC
U+UHYAC
LS/Q
Local anesthetic

Prilocaine-M (HO-) 2AC
3932

C21H24N2O
320.18887
2775
U+UHYAC
U+UHYAC
LS
Antihistamine

Dimetindene-M (nor-) AC
1331

C21H24N2O
320.18887
2670
U+UHYAC
U+UHYAC
LM
Antidepressant
rat

Trimipramine-M (nor-HO-) -H2O AC
991

C17H28N2O2Si
320.19202
2025
PS
LM/Q
Beta-Blocker

Bunitrolol TMS
6165

C18H28N2O3
320.20999
2180
PS
LS/Q
Ca Antagonist

Gallopamil-M (N-dealkyl-)
2522

C19H32N2O2
320.24637
2085
G U UHY U+UHYAC
54-30-8
PS
LM/Q
Antispasmotic

Camylofine
1411

321

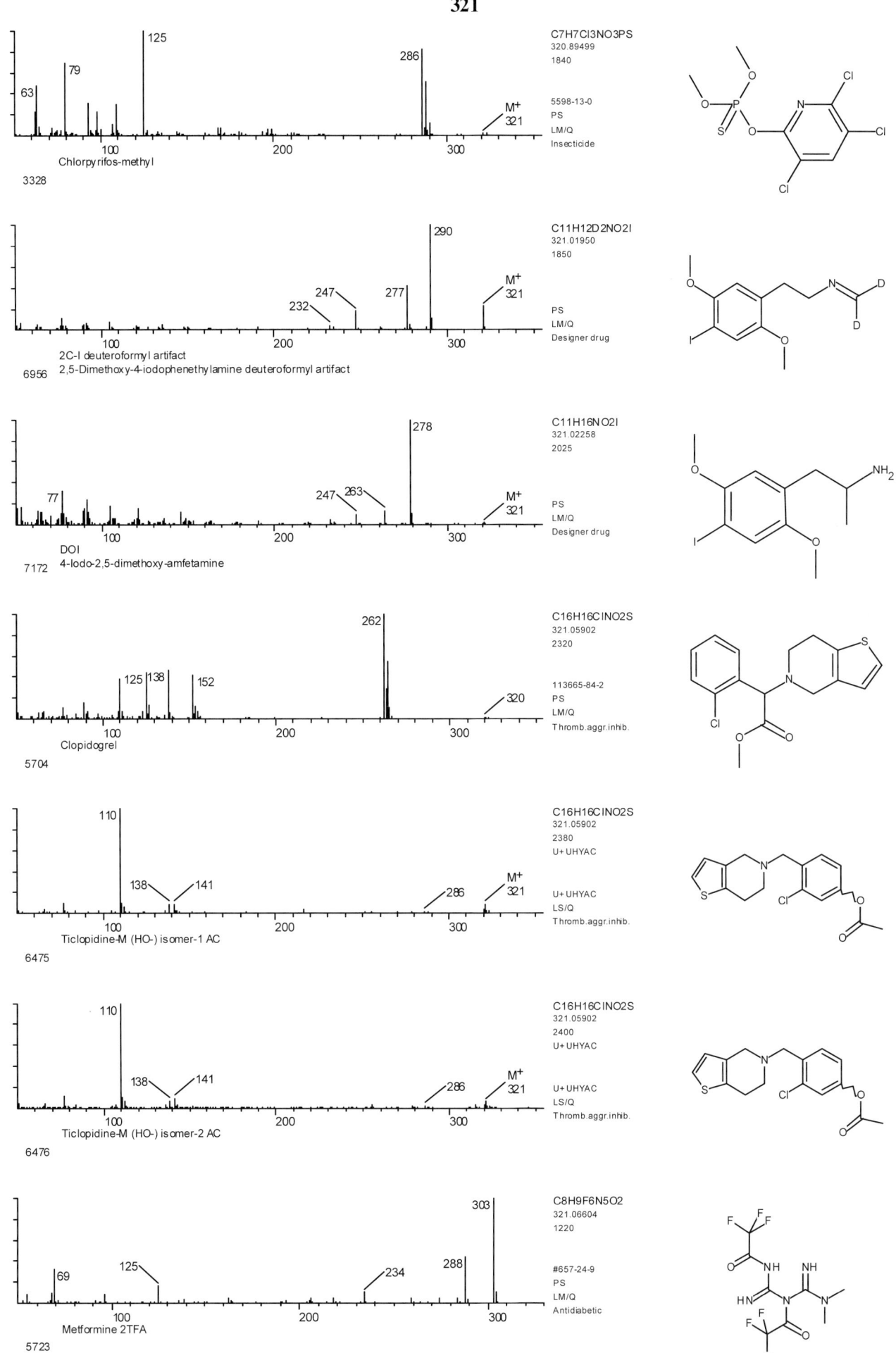

Chlorpyrifos-methyl	C7H7Cl3NO3PS
320.89499
1840
5598-13-0
PS
LM/Q
Insecticide
3328	

2C-I deuteroformyl artifact
2,5-Dimethoxy-4-iodophenethylamine deuteroformyl artifact	C11H12D2NO2I
321.01950
1850
PS
LM/Q
Designer drug
6956	

DOI
4-Iodo-2,5-dimethoxy-amfetamine	C11H16NO2I
321.02258
2025
PS
LM/Q
Designer drug
7172	

Clopidogrel	C16H16ClNO2S
321.05902
2320
113665-84-2
PS
LM/Q
Thromb.aggr.inhib.
5704	

Ticlopidine-M (HO-) isomer-1 AC	C16H16ClNO2S
321.05902
2380
U+ UHYAC
U+ UHYAC
LS/Q
Thromb.aggr.inhib.
6475	

Ticlopidine-M (HO-) isomer-2 AC	C16H16ClNO2S
321.05902
2400
U+ UHYAC
U+ UHYAC
LS/Q
Thromb.aggr.inhib.
6476	

Metformine 2TFA	C8H9F6N5O2
321.06604
1220
#657-24-9
PS
LM/Q
Antidiabetic
5723	

321

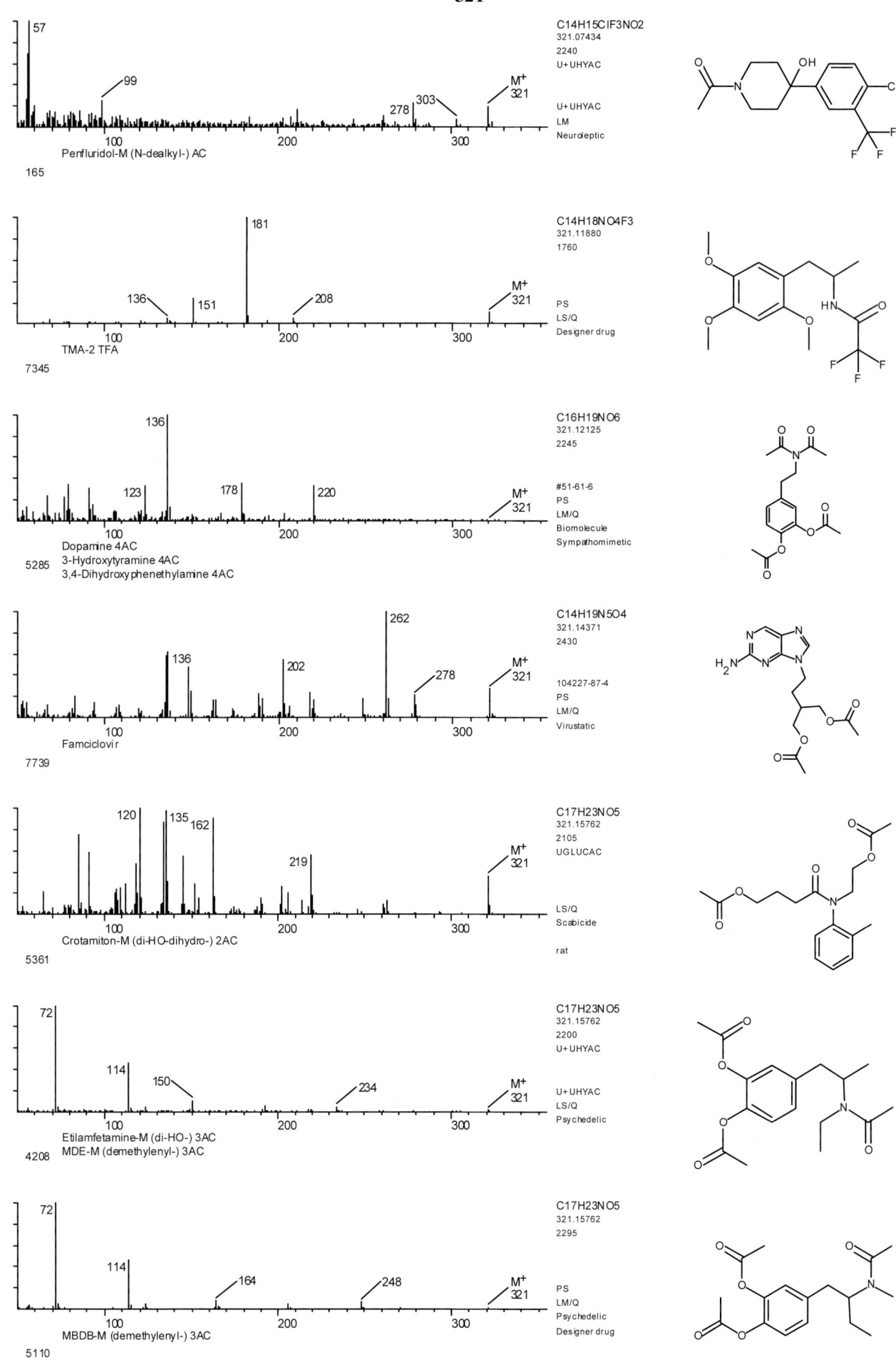

Penfluridol-M (N-dealkyl-) AC
165

C14H15ClF3NO2
321.07434
2240
U+ UHYAC

U+ UHYAC
LM
Neuroleptic

TMA-2 TFA
7345

C14H18NO4F3
321.11880
1760

PS
LS/Q
Designer drug

Dopamine 4AC
3-Hydroxytyramine 4AC
3,4-Dihydroxyphenethylamine 4AC
5285

C16H19NO6
321.12125
2245

#51-61-6
PS
LM/Q
Biomolecule
Sympathomimetic

Famciclovir
7739

C14H19N5O4
321.14371
2430

104227-87-4
PS
LM/Q
Virustatic

Crotamiton-M (di-HO-dihydro-) 2AC
5361

C17H23NO5
321.15762
2105
UGLUCAC

LS/Q
Scabicide
rat

Etilamfetamine-M (di-HO-) 3AC
MDE-M (demethylenyl-) 3AC
4208

C17H23NO5
321.15762
2200
U+ UHYAC

U+ UHYAC
LS/Q
Psychedelic

MBDB-M (demethylenyl-) 3AC
5110

C17H23NO5
321.15762
2295

PS
LM/Q
Psychedelic
Designer drug

718

321

Spectrum peaks	Formula / Info
59, 101, 135, 186, 290	C17H23NO5 — 321.15762 — 2360 — UGLUCSPEME — LS/Q — Designer drug
Pyrrolidinovalerophenone-M (HO-phenyl-carboxy-oxo-) 2ME	
7829 PVP-M (HO-phenyl-carboxy-oxo-) 2ME	

165, 178, 194, 249, M+ 321 — C19H23N3Si — 321.16614 — 2450 — PS — LS/Q — Antihistamine
Epinastine TMS
7268

207, 222, 234, 293, M+ 321 — C21H23NO2 — 321.17288 — 3020 — U+ UHYAC — U+ UHYAC — LS/Q — Antidepressant
Maprotiline-M (nor-HO-anthryl-) AC
6479

207, 209, 224, 266, M+ 321 — C21H23NO2 — 321.17288 — 2380 — U+ UHYAC — U+ UHYAC — LS/Q — Potent analgesic
Methadone-M (bis-nor-HO-) -H2O AC
5298

98, 165, 223, 306, M+ 321 — C17H27NO3Si — 321.17603 — 1960 — USPEET — LS/Q — Psychedelic — Designer drug
MDPPP-M (demethylene-methyl-) TMS
6533 MOPPP-M (demethyl-3-methoxy-) TMS

73, 98, 149, 232, 306 — C17H27NO3Si — 321.17603 — 1965 — PS — LS/Q — Psychedelic — Designer drug
MDPPP-M (dihydro-) TMS
6708

167, 194, 221, 278, M+ 321 — C20H23N3O — 321.18411 — 2300 — PS — LM/Q — Antiarrhythmic
Disopyramide-M (N-dealkyl-) -H2O AC
1929

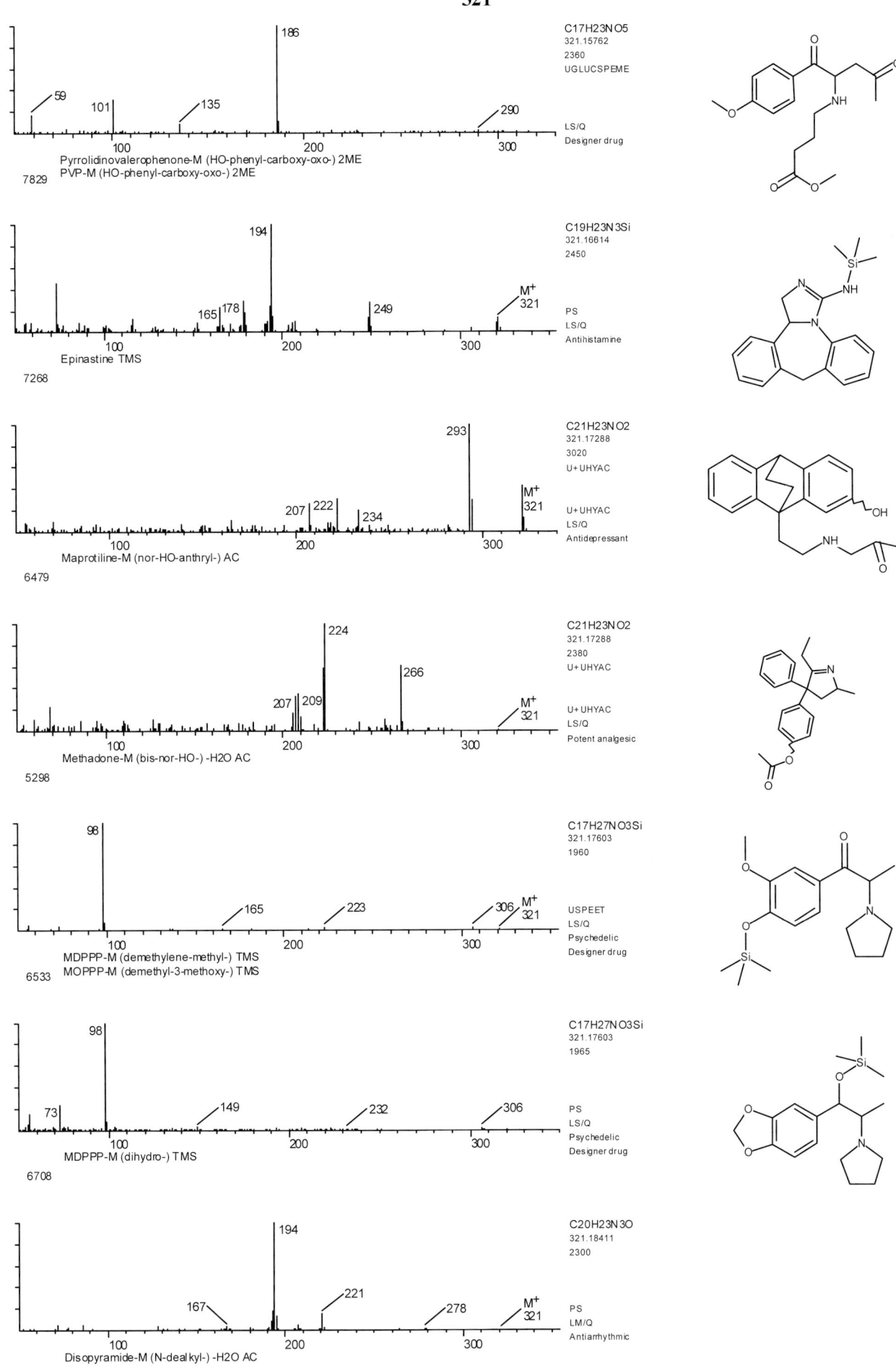

321

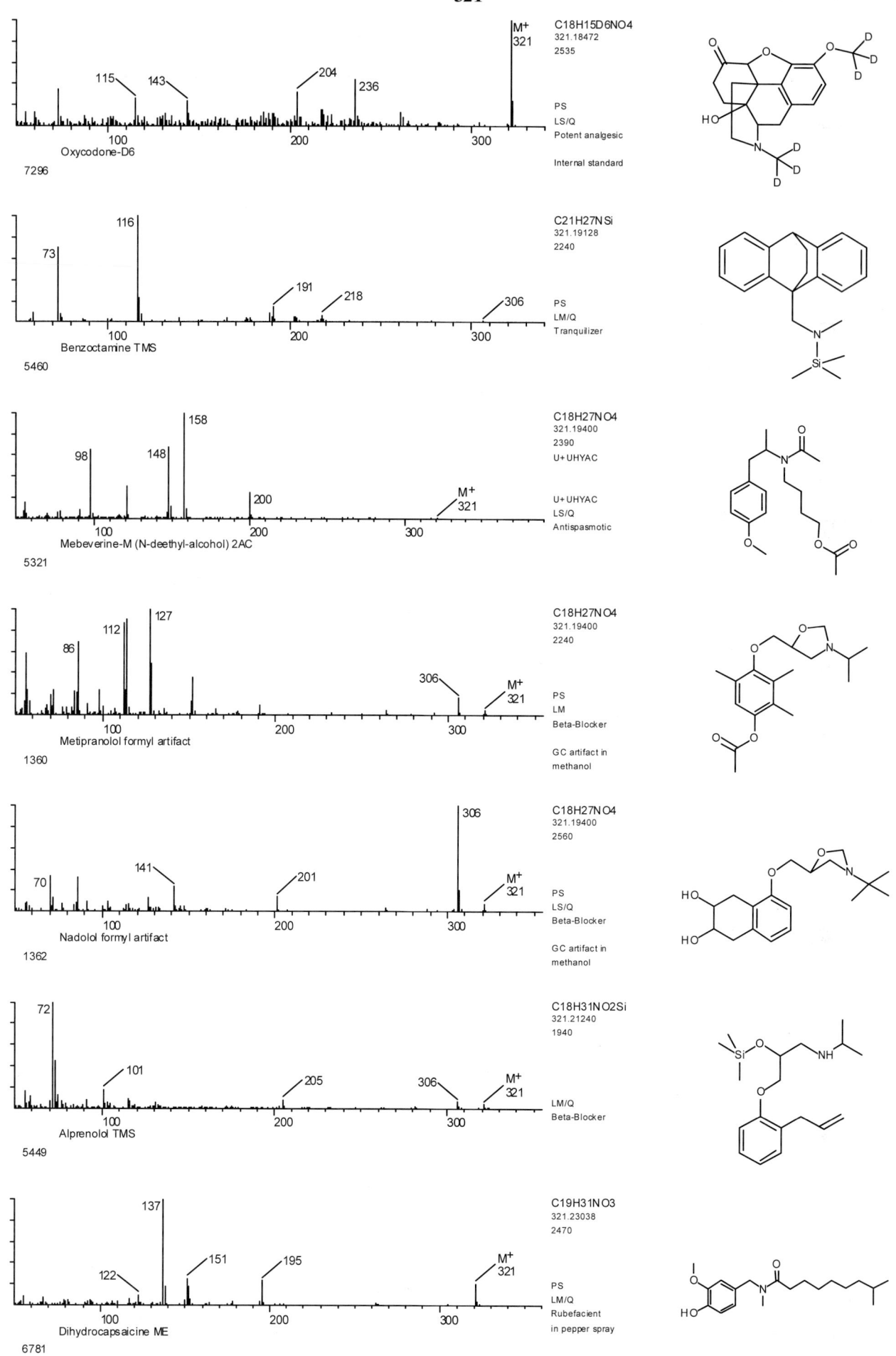

Oxycodone-D6 — C18H15D6NO4, 321.18472, 2535; PS, LS/Q; Potent analgesic; Internal standard
Peaks: 115, 143, 204, 236, M+ 321
7296

Benzoctamine TMS — C21H27NSi, 321.19128, 2240; PS, LM/Q; Tranquilizer
Peaks: 73, 116, 191, 218, 306
5460

Mebeverine-M (N-deethyl-alcohol) 2AC — C18H27NO4, 321.19400, 2390; U+UHYAC, U+UHYAC, LS/Q; Antispasmotic
Peaks: 98, 148, 158, 200, M+ 321
5321

Metipranolol formyl artifact — C18H27NO4, 321.19400, 2240; PS, LM, Beta-Blocker; GC artifact in methanol
Peaks: 86, 112, 127, 306, M+ 321
1360

Nadolol formyl artifact — C18H27NO4, 321.19400, 2560; PS, LS/Q, Beta-Blocker; GC artifact in methanol
Peaks: 70, 141, 201, 306, M+ 321
1362

Alprenolol TMS — C18H31NO2Si, 321.21240, 1940; LM/Q; Beta-Blocker
Peaks: 72, 101, 205, 306, M+ 321
5449

Dihydrocapsaicine ME — C19H31NO3, 321.23038, 2470; PS, LM/Q; Rubefacient in pepper spray
Peaks: 122, 137, 151, 195, M+ 321
6781

322

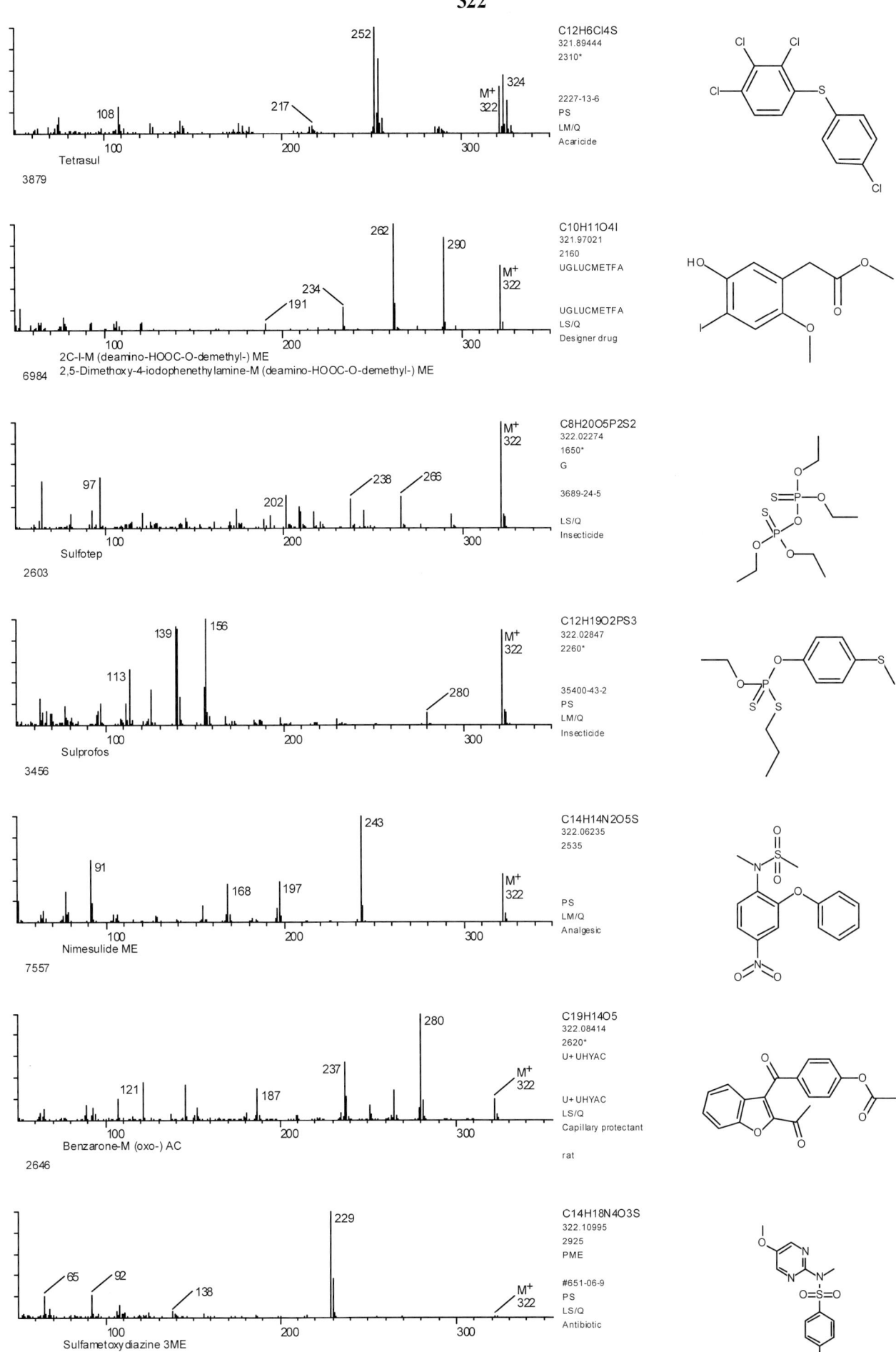

Tetrasul — 3879
C12H6Cl4S
321.89444
2310*
2227-13-6
PS
LM/Q
Acaricide
Peaks: 108, 217, 252, M+ 322, 324

2C-I-M (deamino-HOOC-O-demethyl-) ME
2,5-Dimethoxy-4-iodophenethylamine-M (deamino-HOOC-O-demethyl-) ME — 6984
C10H11O4I
321.97021
2160
UGLUCMETFA
UGLUCMETFA
LS/Q
Designer drug
Peaks: 191, 234, 262, 290, M+ 322

Sulfotep — 2603
C8H20O5P2S2
322.02274
1650*
G
3689-24-5
LS/Q
Insecticide
Peaks: 97, 202, 238, 266, M+ 322

Sulprofos — 3456
C12H19O2PS3
322.02847
2260*
35400-43-2
PS
LM/Q
Insecticide
Peaks: 113, 139, 156, 280, M+ 322

Nimesulide ME — 7557
C14H14N2O5S
322.06235
2535
PS
LM/Q
Analgesic
Peaks: 91, 168, 197, 243, M+ 322

Benzarone-M (oxo-) AC — 2646
C19H14O5
322.08414
2620*
U+ UHYAC
U+ UHYAC
LS/Q
Capillary protectant
rat
Peaks: 121, 187, 237, 280, M+ 322

Sulfametoxydiazine 3ME — 3156
C14H18N4O3S
322.10995
2925
PME
#651-06-9
PS
LS/Q
Antibiotic
Peaks: 65, 92, 138, 229, M+ 322

721

322

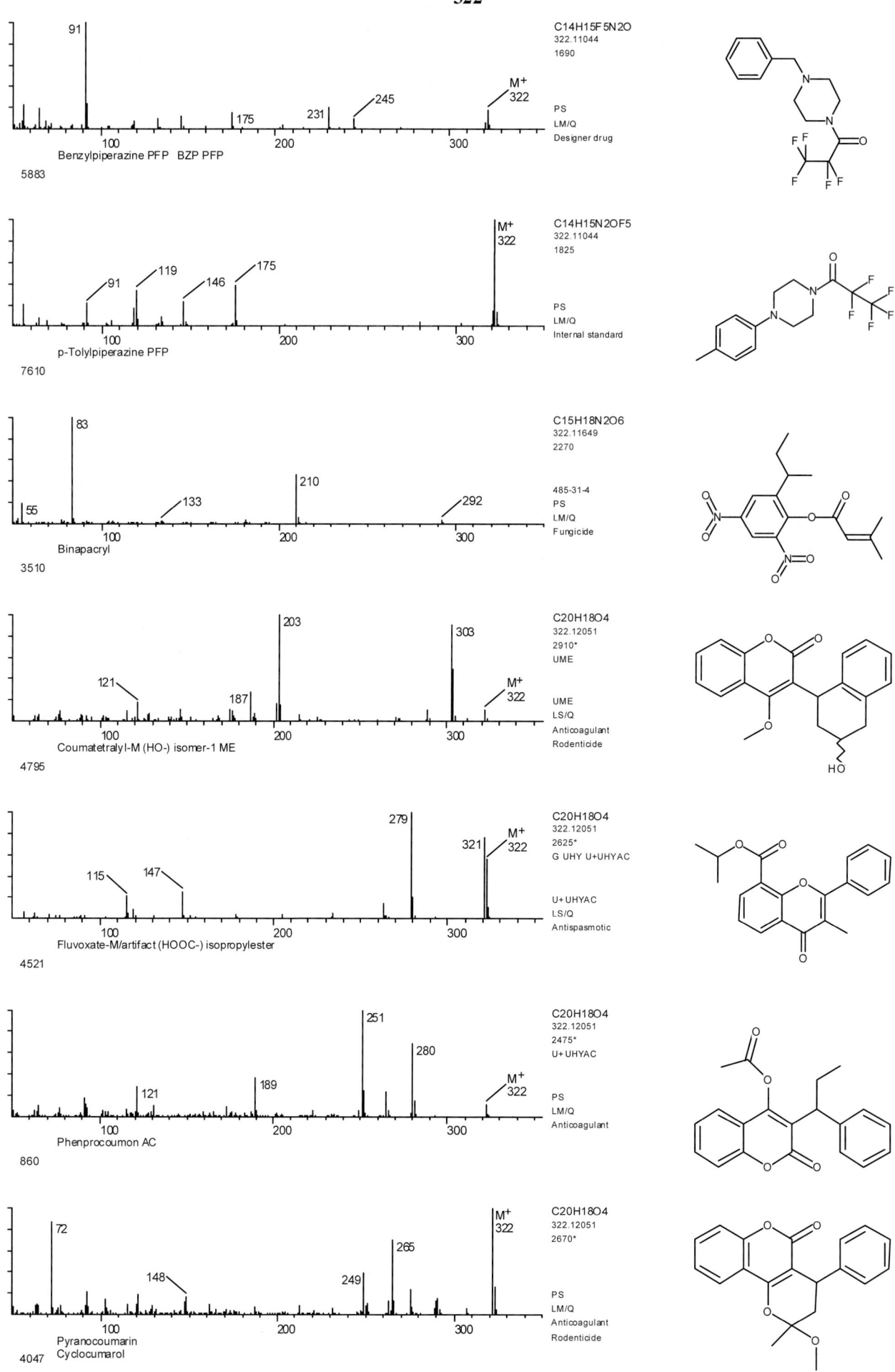

322

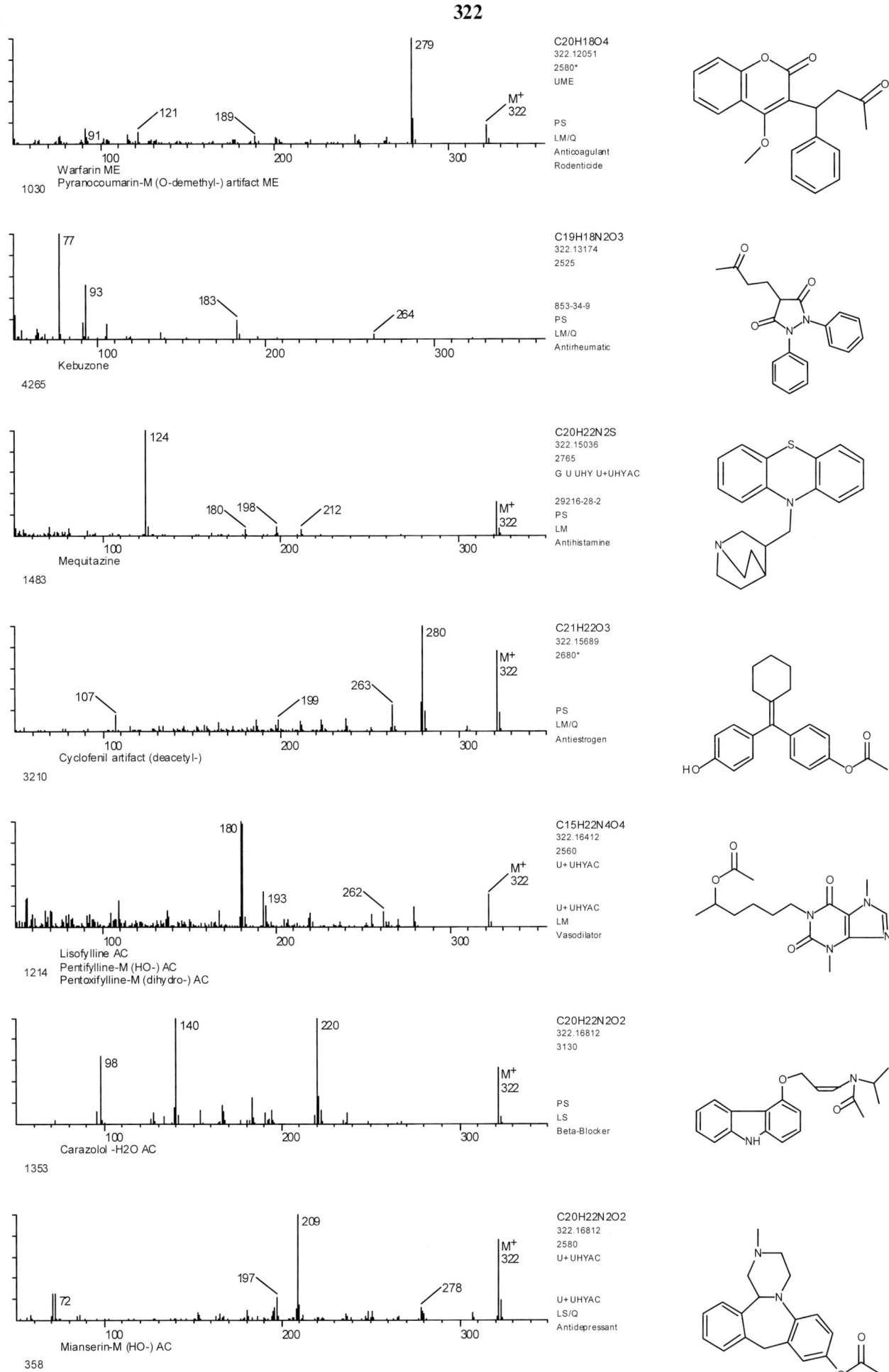

C20H18O4
322.12051
2580*
UME

PS
LM/Q
Anticoagulant
Rodenticide

Warfarin ME
Pyranocoumarin-M (O-demethyl-) artifact ME

C19H18N2O3
322.13174
2525

853-34-9
PS
LM/Q
Antirheumatic

Kebuzone

C20H22N2S
322.15036
2765
G U UHY U+UHYAC

29216-28-2
PS
LM
Antihistamine

Mequitazine

C21H22O3
322.15689
2680*

PS
LM/Q
Antiestrogen

Cyclofenil artifact (deacetyl-)

C15H22N4O4
322.16412
2560
U+ UHYAC

U+ UHYAC
LM
Vasodilator

Lisofylline AC
Pentifylline-M (HO-) AC
Pentoxifylline-M (dihydro-) AC

C20H22N2O2
322.16812
3130

PS
LS
Beta-Blocker

Carazolol -H2O AC

C20H22N2O2
322.16812
2580
U+ UHYAC

U+ UHYAC
LS/Q
Antidepressant

Mianserin-M (HO-) AC

322

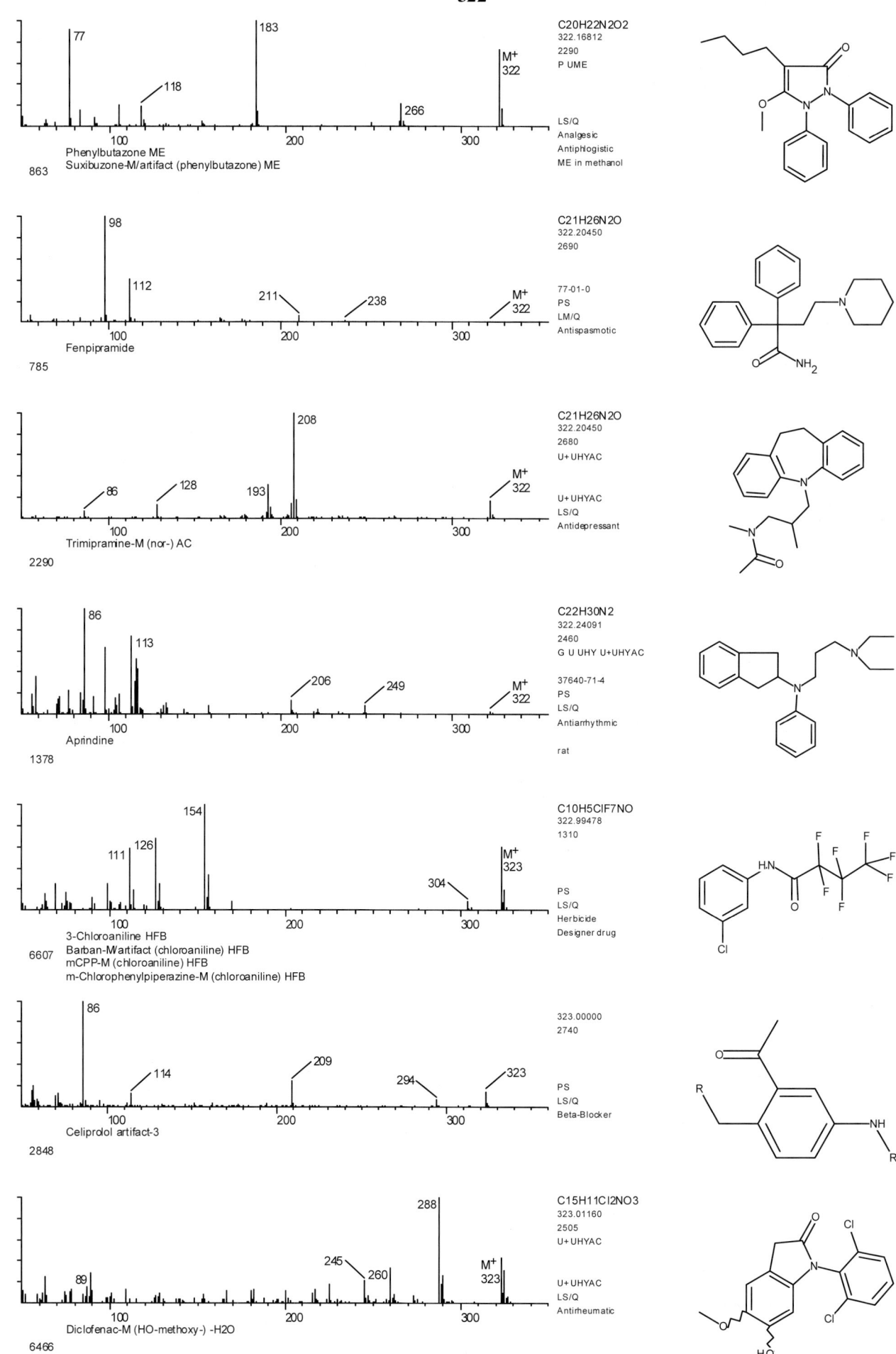

C20H22N2O2
322.16812
2290
P UME

LS/Q
Analgesic
Antiphlogistic
ME in methanol

Phenylbutazone ME
Suxibuzone-M/artifact (phenylbutazone) ME
863

C21H26N2O
322.20450
2690
77-01-0
PS
LM/Q
Antispasmotic

Fenpipramide
785

C21H26N2O
322.20450
2680
U+ UHYAC

U+ UHYAC
LS/Q
Antidepressant

Trimipramine-M (nor-) AC
2290

C22H30N2
322.24091
2460
G U UHY U+UHYAC
37640-71-4
PS
LS/Q
Antiarrhythmic
rat

Aprindine
1378

C10H5ClF7NO
322.99478
1310

PS
LS/Q
Herbicide
Designer drug

3-Chloroaniline HFB
Barban-M/artifact (chloroaniline) HFB
mCPP-M (chloroaniline) HFB
m-Chlorophenylpiperazine-M (chloroaniline) HFB
6607

323.00000
2740

PS
LS/Q
Beta-Blocker

Celiprolol artifact-3
2848

C15H11Cl2NO3
323.01160
2505
U+ UHYAC

U+ UHYAC
LS/Q
Antirheumatic

Diclofenac-M (HO-methoxy-) -H2O
6466

323

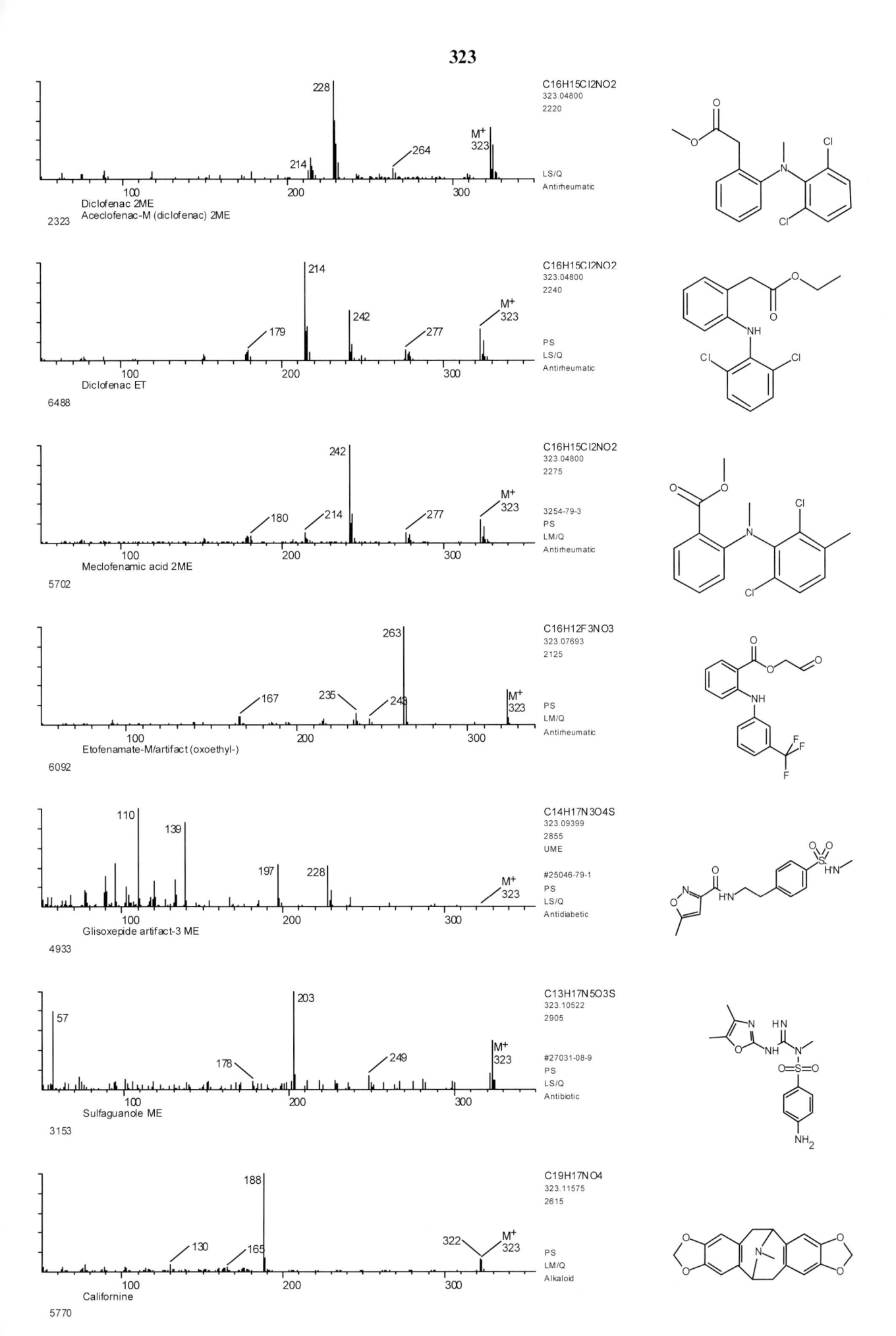

C16H15Cl2NO2
323.04800
2220

LS/Q
Antirheumatic

Diclofenac 2ME
Aceclofenac-M (diclofenac) 2ME
2323

C16H15Cl2NO2
323.04800
2240

PS
LS/Q
Antirheumatic

Diclofenac ET
6488

C16H15Cl2NO2
323.04800
2275

3254-79-3
PS
LM/Q
Antirheumatic

Meclofenamic acid 2ME
5702

C16H12F3NO3
323.07693
2125

PS
LM/Q
Antirheumatic

Etofenamate-M/artifact (oxoethyl-)
6092

C14H17N3O4S
323.09399
2855
UME

#25046-79-1
PS
LS/Q
Antidiabetic

Glisoxepide artifact-3 ME
4933

C13H17N5O3S
323.10522
2905

#27031-08-9
PS
LS/Q
Antibiotic

Sulfaguanole ME
3153

C19H17NO4
323.11575
2615

PS
LM/Q
Alkaloid

Californine
5770

725

323

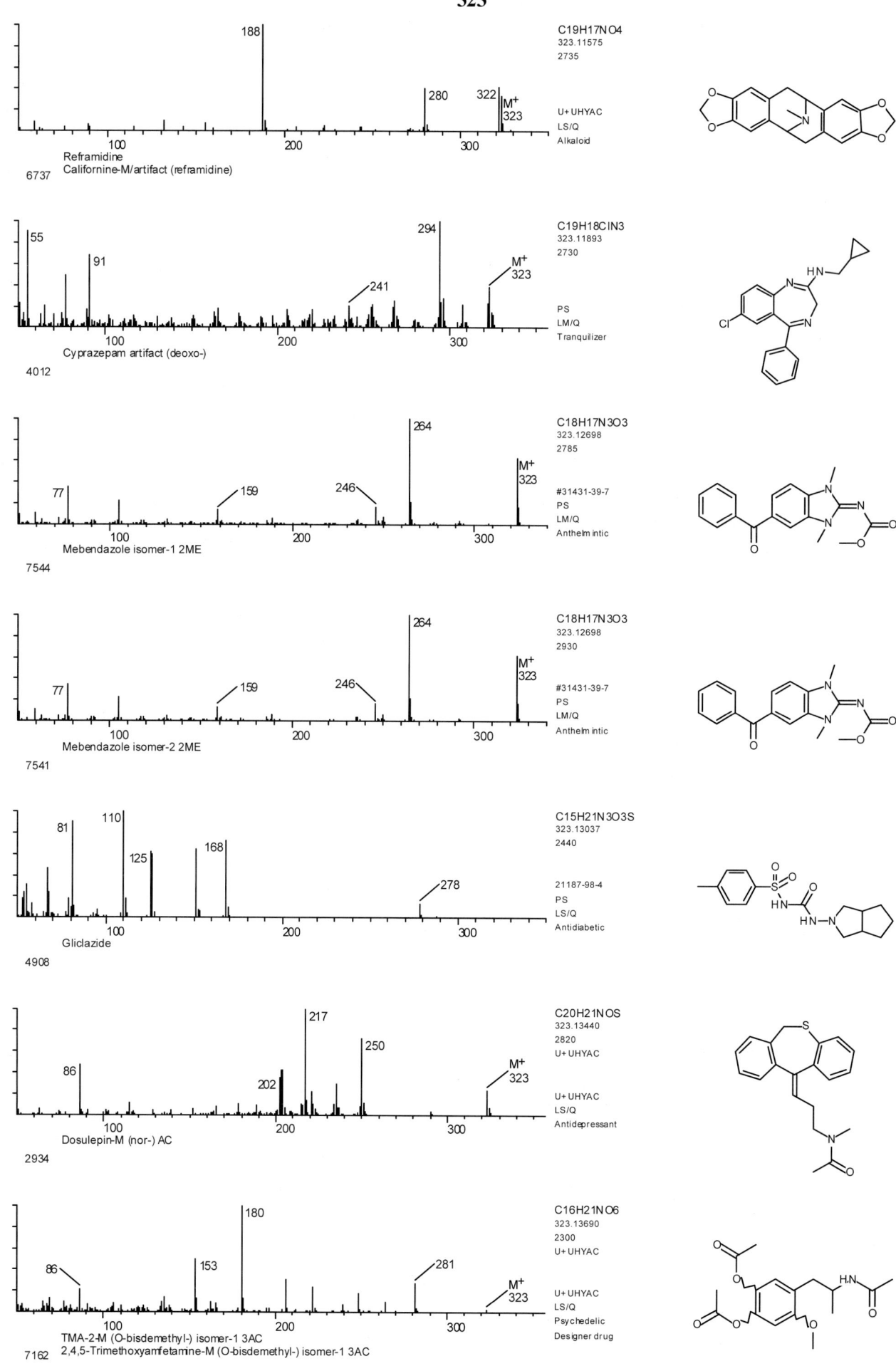

188, 280, 322, M+ 323	C19H17NO4 323.11575 2735 U+ UHYAC LS/Q Alkaloid

Reframidine
Californine-M/artifact (reframidine)
6737

55, 91, 241, 294, M+ 323	C19H18ClN3 323.11893 2730 PS LM/Q Tranquilizer

Cyprazepam artifact (deoxo-)
4012

77, 159, 246, 264, M+ 323	C18H17N3O3 323.12698 2785 #31431-39-7 PS LM/Q Anthelmintic

Mebendazole isomer-1 2ME
7544

77, 159, 246, 264, M+ 323	C18H17N3O3 323.12698 2930 #31431-39-7 PS LM/Q Anthelmintic

Mebendazole isomer-2 2ME
7541

81, 110, 125, 168, 278	C15H21N3O3S 323.13037 2440 21187-98-4 PS LS/Q Antidiabetic

Gliclazide
4908

86, 202, 217, 250, M+ 323	C20H21NOS 323.13440 2820 U+ UHYAC U+ UHYAC LS/Q Antidepressant

Dosulepin-M (nor-) AC
2934

86, 153, 180, 281, M+ 323	C16H21NO6 323.13690 2300 U+ UHYAC U+ UHYAC LS/Q Psychedelic Designer drug

TMA-2-M (O-bisdemethyl-) isomer-1 3AC
2,4,5-Trimethoxyamfetamine-M (O-bisdemethyl-) isomer-1 3AC
7162

323

7163 TMA-2-M (O-bisdemethyl-) isomer-2 3AC
2,4,5-Trimethoxyamfetamine-M (O-bisdemethyl-) isomer-2 3AC

C16H21NO6
323.13690
2305
U+ UHYAC

U+ UHYAC
LS/Q
Psychedelic
Designer drug

7164 TMA-2-M (O-bisdemethyl-) isomer-3 3AC
2,4,5-Trimethoxyamfetamine-M (O-bisdemethyl-) isomer-3 3AC

C16H21NO6
323.13690
2330
U+ UHYAC

U+ UHYAC
LS/Q
Psychedelic
Designer drug

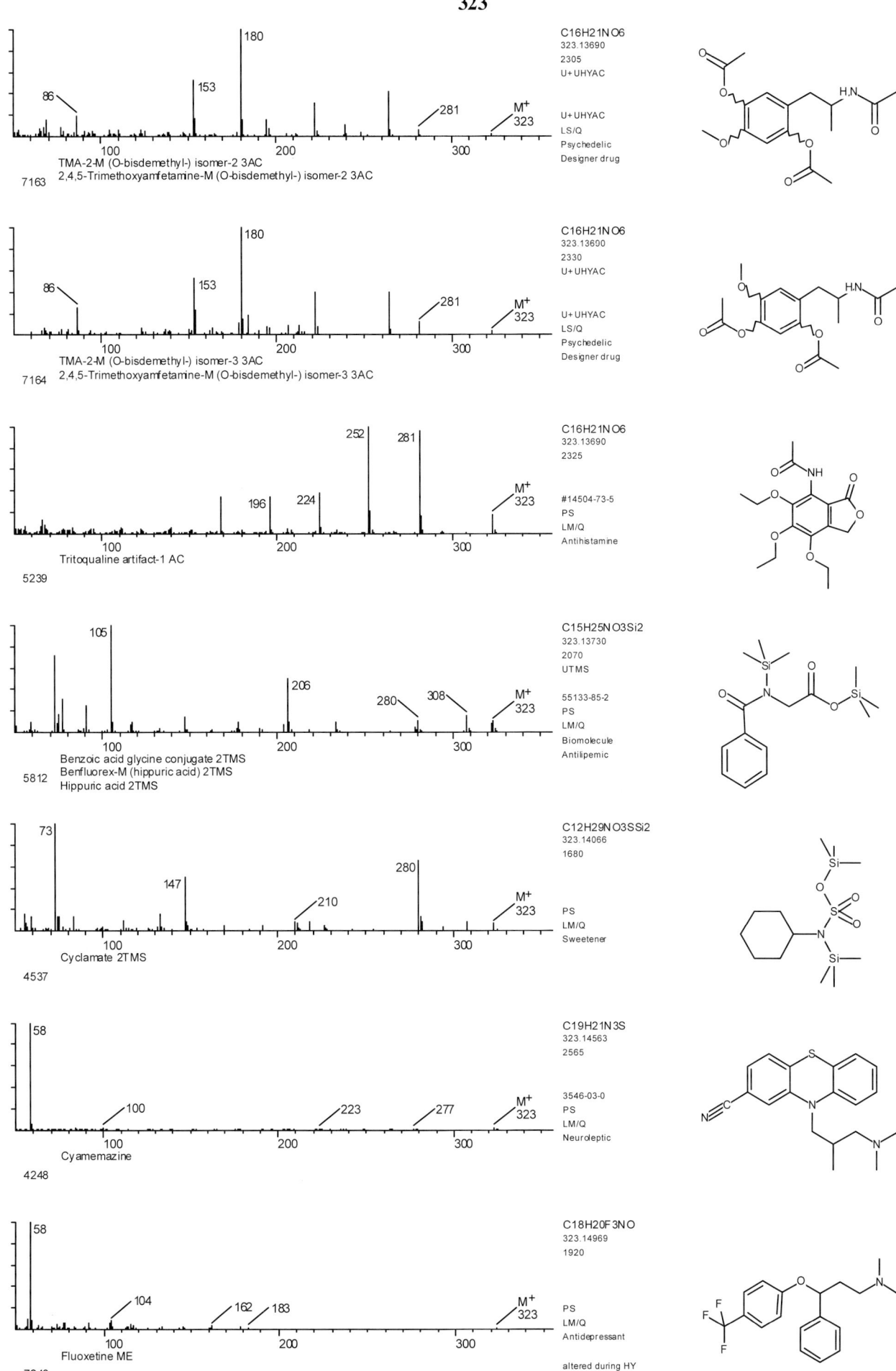

5239 Tritoqualine artifact-1 AC

C16H21NO6
323.13690
2325

#14504-73-5
PS
LM/Q
Antihistamine

5812 Benzoic acid glycine conjugate 2TMS
Benfluorex-M (hippuric acid) 2TMS
Hippuric acid 2TMS

C15H25NO3Si2
323.13730
2070
UTMS

55133-85-2
PS
LM/Q
Biomolecule
Antilipemic

4537 Cyclamate 2TMS

C12H29NO3SSi2
323.14066
1680

PS
LM/Q
Sweetener

4248 Cyamemazine

C19H21N3S
323.14563
2565

3546-03-0
PS
LM/Q
Neuroleptic

7248 Fluoxetine ME

C18H20F3NO
323.14969
1920

PS
LM/Q
Antidepressant

altered during HY

323

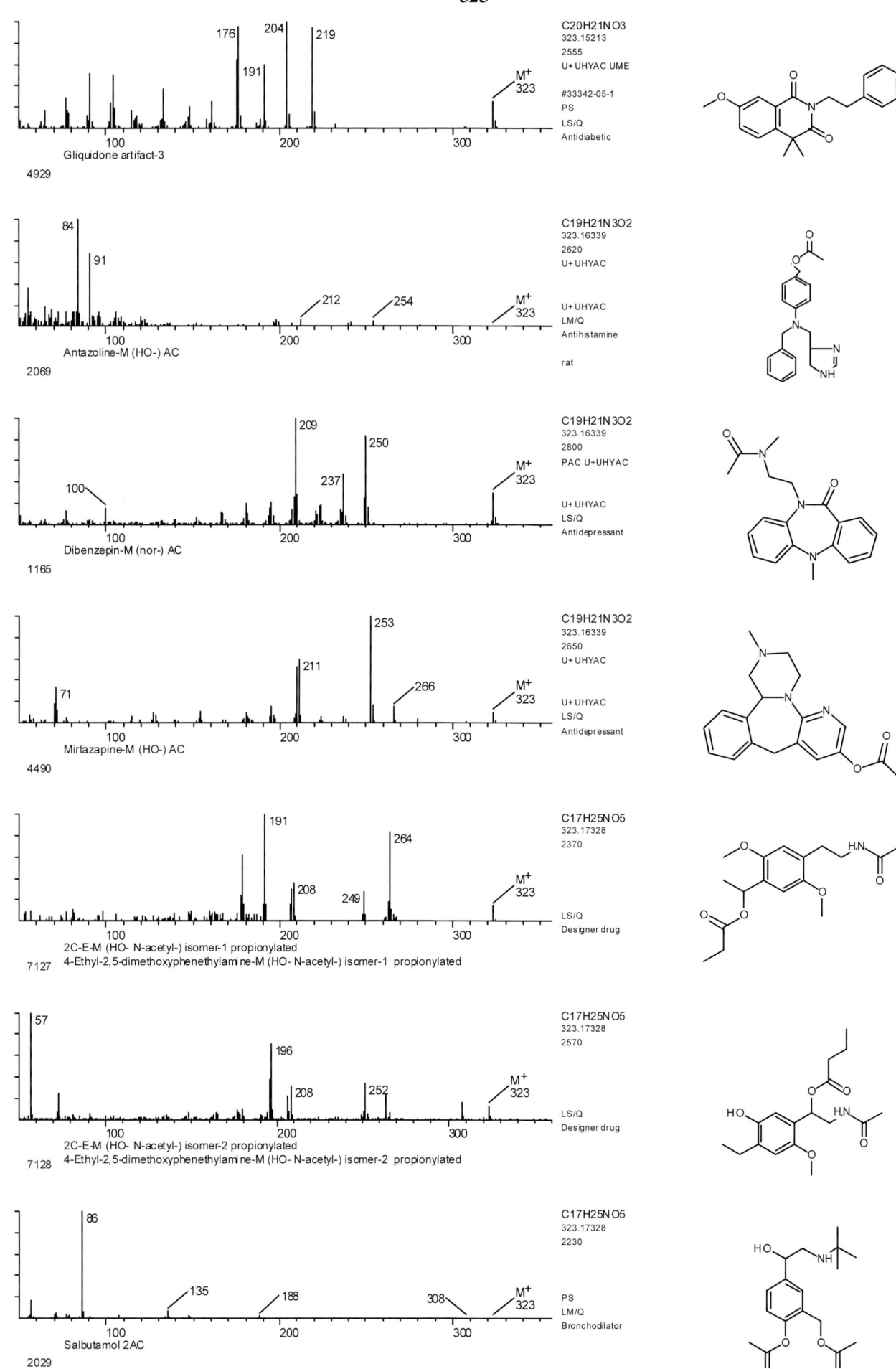

Gliquidone artifact-3
C20H21NO3
323.15213
2555
U+ UHYAC UME
#33342-05-1
PS
LS/Q
Antidiabetic

Antazoline-M (HO-) AC
C19H21N3O2
323.16339
2620
U+ UHYAC
U+ UHYAC
LM/Q
Antihistamine
rat

Dibenzepin-M (nor-) AC
C19H21N3O2
323.16339
2800
PAC U+UHYAC
U+ UHYAC
LS/Q
Antidepressant

Mirtazapine-M (HO-) AC
C19H21N3O2
323.16339
2650
U+ UHYAC
U+ UHYAC
LS/Q
Antidepressant

2C-E-M (HO- N-acetyl-) isomer-1 propionylated
4-Ethyl-2,5-dimethoxyphenethylamine-M (HO- N-acetyl-) isomer-1 propionylated
C17H25NO5
323.17328
2370
LS/Q
Designer drug

2C-E-M (HO- N-acetyl-) isomer-2 propionylated
4-Ethyl-2,5-dimethoxyphenethylamine-M (HO- N-acetyl-) isomer-2 propionylated
C17H25NO5
323.17328
2570
LS/Q
Designer drug

Salbutamol 2AC
C17H25NO5
323.17328
2230
PS
LM/Q
Bronchodilator

728

323

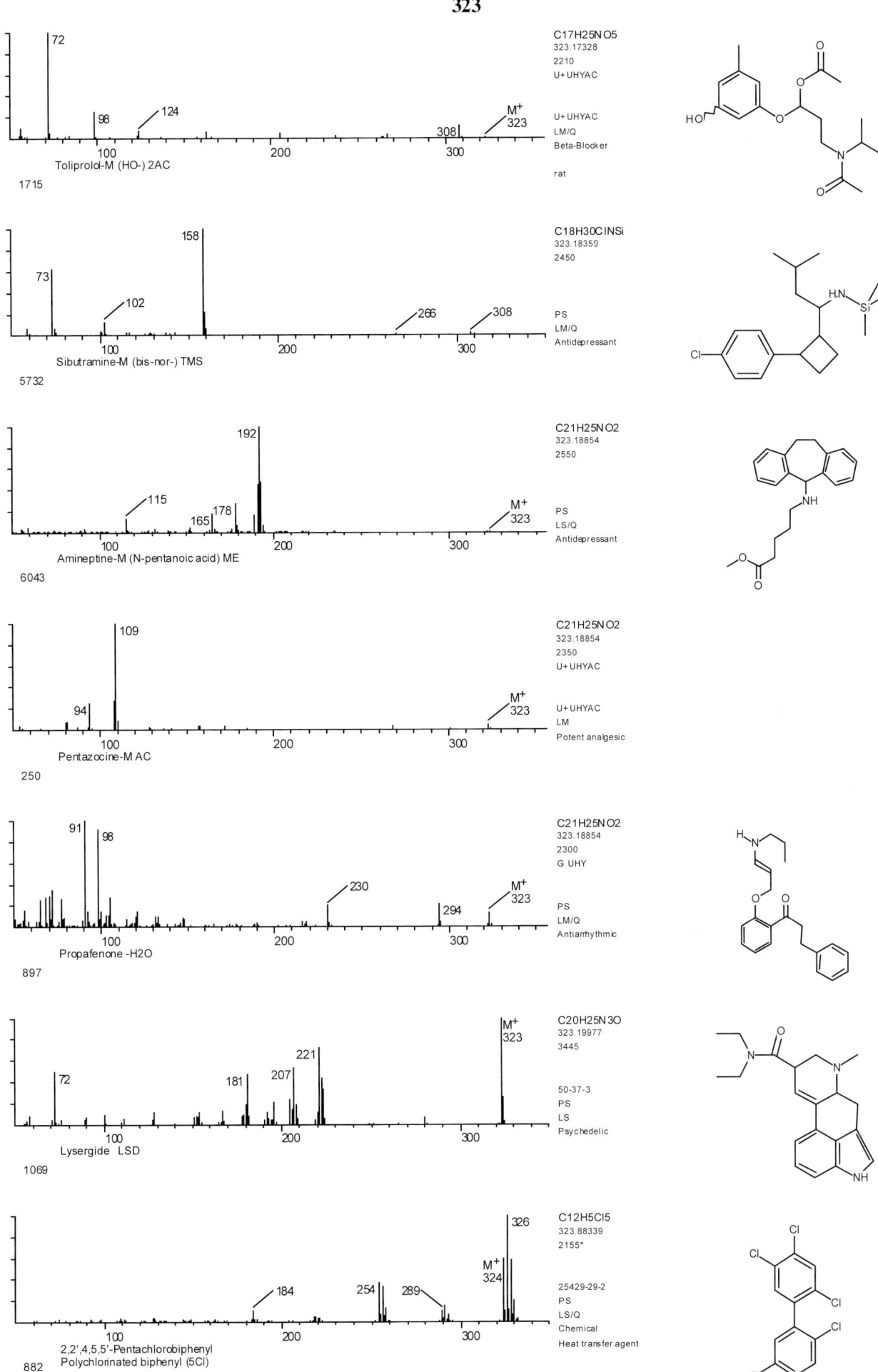

Toliprolol-M (HO-) 2AC
1715
Peaks: 72, 98, 124, 308, M+ 323
C17H25NO5
323.17328
2210
U+ UHYAC
U+ UHYAC
LM/Q
Beta-Blocker
rat

Sibutramine-M (bis-nor-) TMS
5732
Peaks: 73, 102, 158, 266, 308
C18H30ClNSi
323.18359
2450
PS
LM/Q
Antidepressant

Amineptine-M (N-pentanoic acid) ME
6043
Peaks: 115, 165, 178, 192, M+ 323
C21H25NO2
323.18854
2550
PS
LS/Q
Antidepressant

Pentazocine-M AC
250
Peaks: 94, 109, M+ 323
C21H25NO2
323.18854
2350
U+ UHYAC
U+ UHYAC
LM
Potent analgesic

Propafenone -H2O
897
Peaks: 91, 98, 230, 294, M+ 323
C21H25NO2
323.18854
2300
G UHY
PS
LM/Q
Antiarrhythmic

Lysergide LSD
1069
Peaks: 72, 181, 207, 221, M+ 323
C20H25N3O
323.19977
3445
50-37-3
PS
LS
Psychedelic

2,2',4,5,5'-Pentachlorobiphenyl
Polychlorinated biphenyl (5Cl)
882
Peaks: 184, 254, 289, M+ 324, 326
C12H5Cl5
323.88339
2155*
25429-29-2
PS
LS/Q
Chemical
Heat transfer agent

729

324

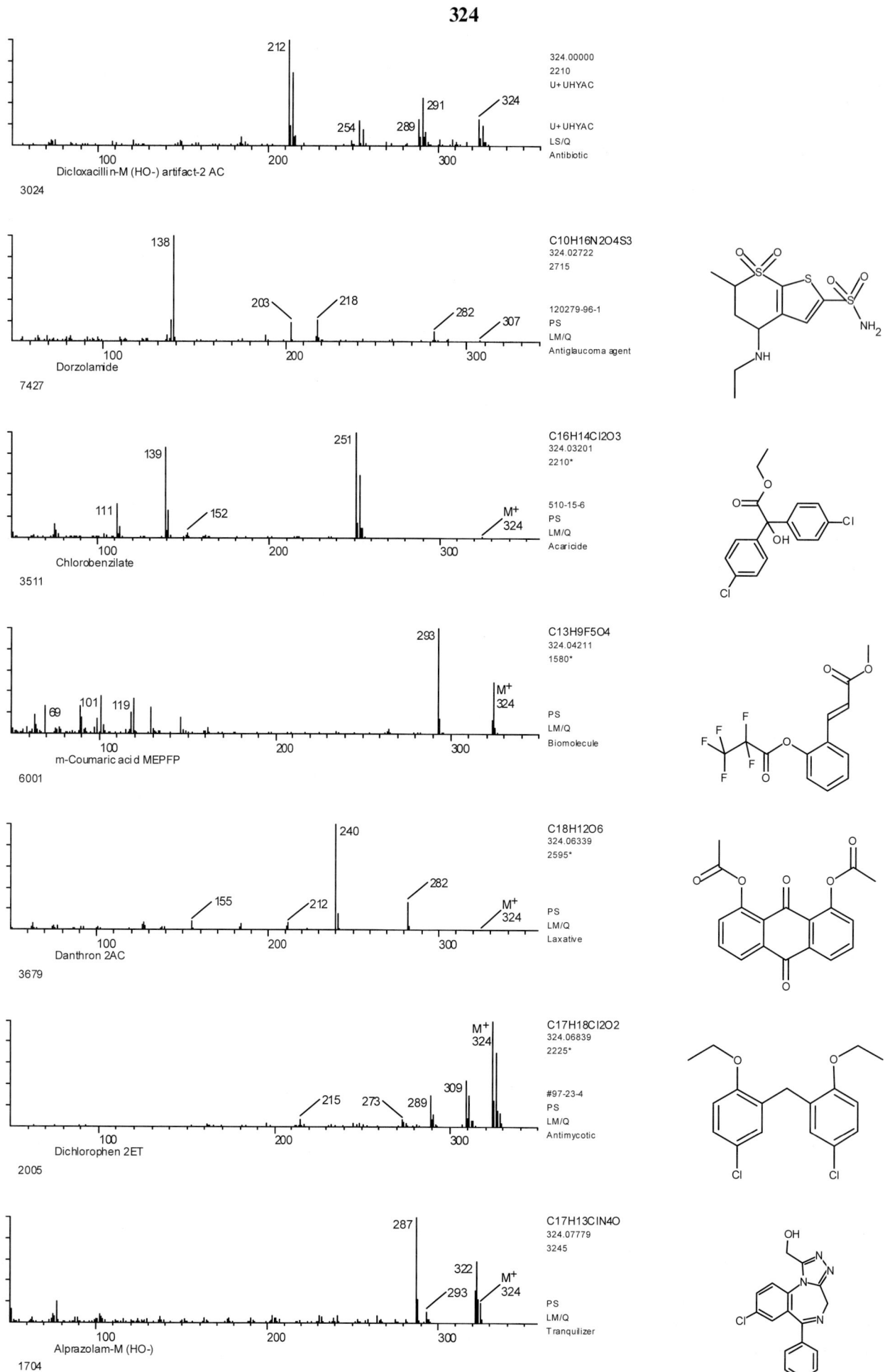

Dicloxacillin-M (HO-) artifact-2 AC
3024
- 212, 254, 289, 291, 324
- 324.00000
- 2210
- U+ UHYAC
- U+ UHYAC
- LS/Q
- Antibiotic

Dorzolamide
7427
- 138, 203, 218, 282, 307
- C10H16N2O4S3
- 324.02722
- 2715
- 120279-96-1
- PS
- LM/Q
- Antiglaucoma agent

Chlorobenzilate
3511
- 111, 139, 152, 251, M+ 324
- C16H14Cl2O3
- 324.03201
- 2210*
- 510-15-6
- PS
- LM/Q
- Acaricide

m-Coumaric acid MEPFP
6001
- 69, 101, 119, 293, M+ 324
- C13H9F5O4
- 324.04211
- 1580*
- PS
- LM/Q
- Biomolecule

Danthron 2AC
3679
- 155, 212, 240, 282, M+ 324
- C18H12O6
- 324.06339
- 2595*
- PS
- LM/Q
- Laxative

Dichlorophen 2ET
2005
- 215, 273, 289, 309, M+ 324
- C17H18Cl2O2
- 324.06839
- 2225*
- #97-23-4
- PS
- LM/Q
- Antimycotic

Alprazolam-M (HO-)
1704
- 287, 293, 322, M+ 324
- C17H13ClN4O
- 324.07779
- 3245
- PS
- LM/Q
- Tranquilizer

324

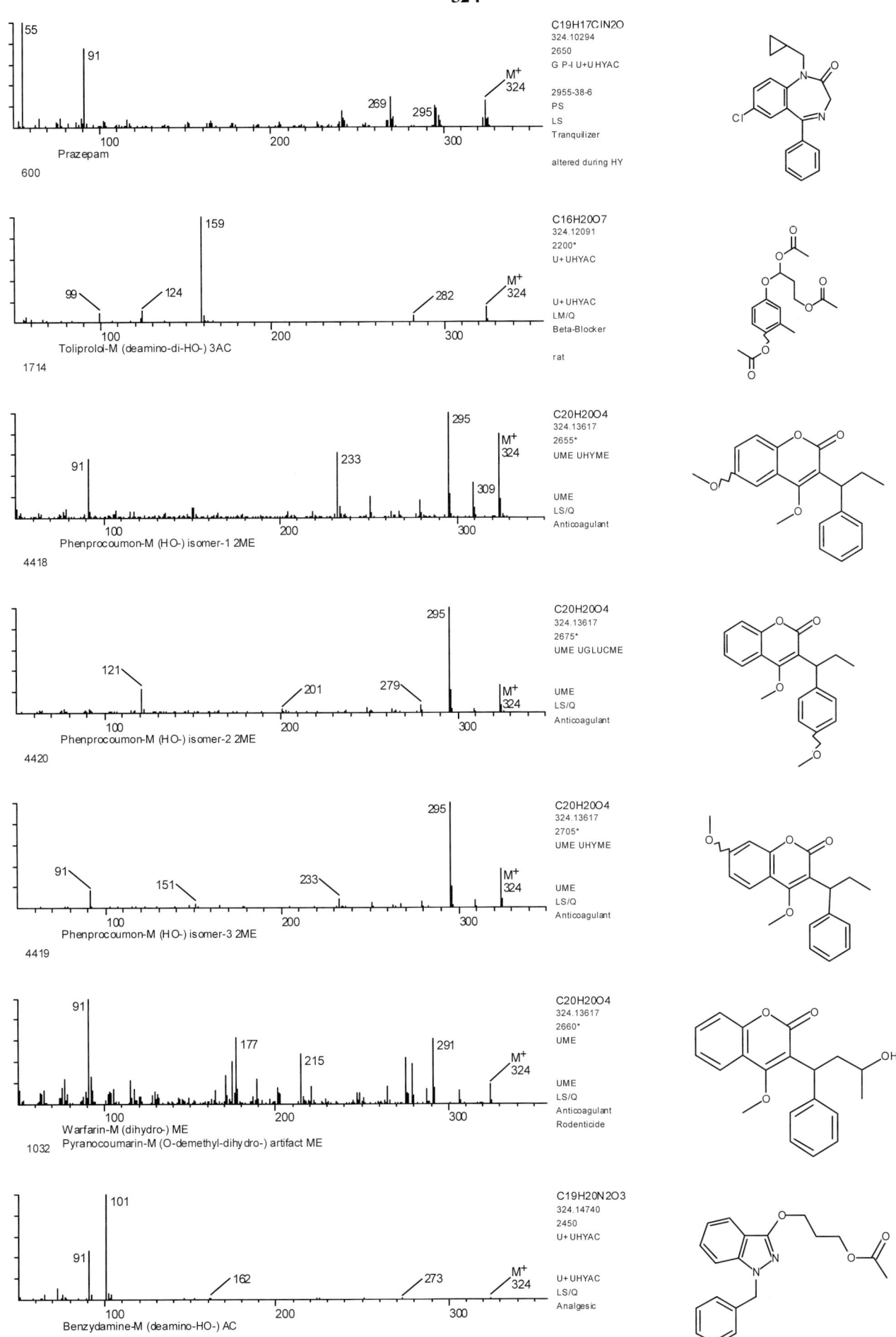

C19H17ClN2O
324.10294
2650
G P-I U+U HYAC

2955-38-6
PS
LS
Tranquilizer

altered during HY

Prazepam
600

C16H20O7
324.12091
2200*
U+UHYAC

U+UHYAC
LM/Q
Beta-Blocker

rat

Toliprolol-M (deamino-di-HO-) 3AC
1714

C20H20O4
324.13617
2655*
UME UHYME

UME
LS/Q
Anticoagulant

Phenprocoumon-M (HO-) isomer-1 2ME
4418

C20H20O4
324.13617
2675*
UME UGLUCME

UME
LS/Q
Anticoagulant

Phenprocoumon-M (HO-) isomer-2 2ME
4420

C20H20O4
324.13617
2705*
UME UHYME

UME
LS/Q
Anticoagulant

Phenprocoumon-M (HO-) isomer-3 2ME
4419

C20H20O4
324.13617
2660*
UME

UME
LS/Q
Anticoagulant
Rodenticide

Warfarin-M (dihydro-) ME
Pyranocoumarin-M (O-demethyl-dihydro-) artifact ME
1032

C19H20N2O3
324.14740
2450
U+ UHYAC

U+ UHYAC
LS/Q
Analgesic

Benzydamine-M (deamino-HO-) AC
4375

731

324

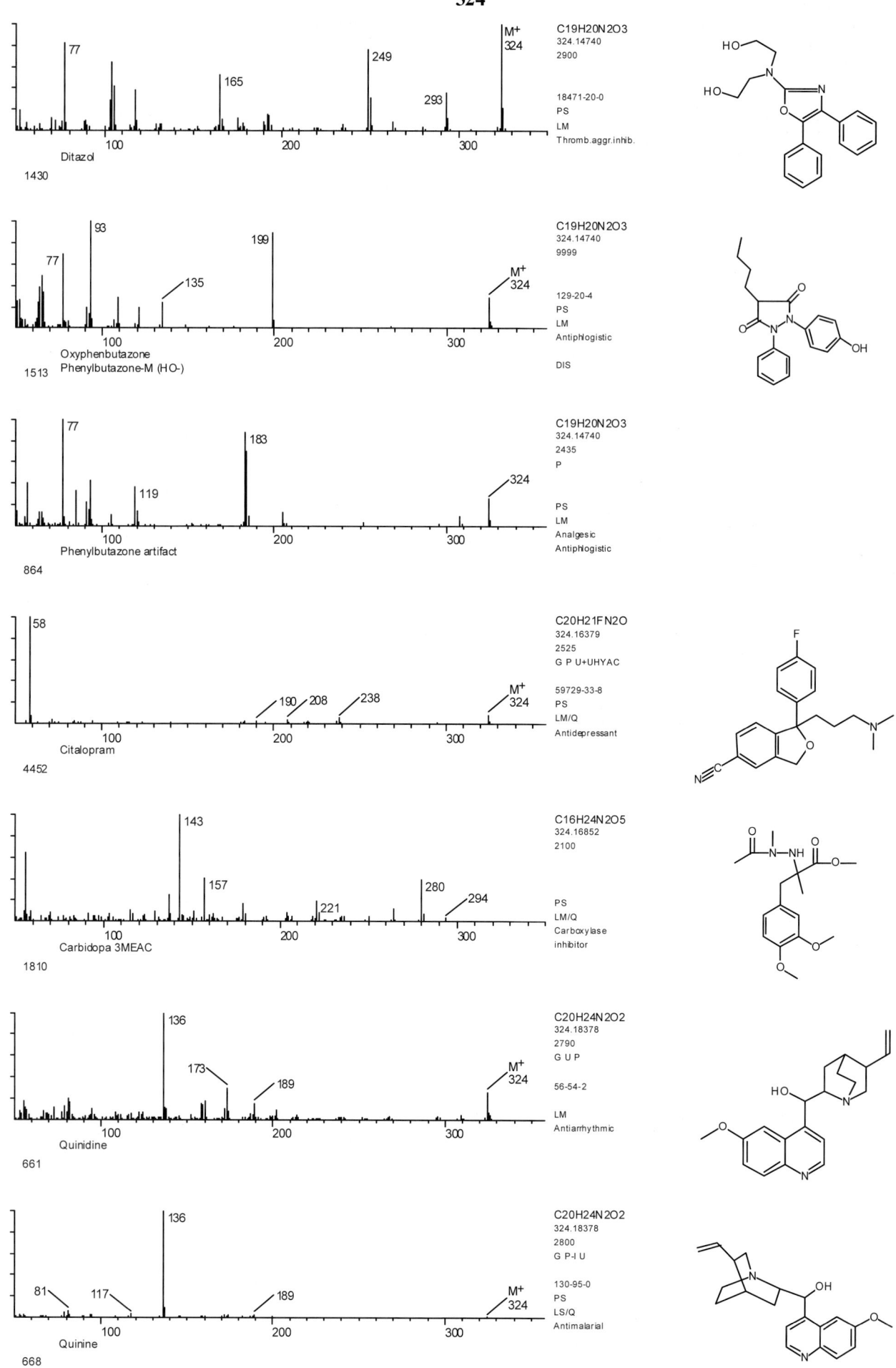

Ditazol	77, 165, 249, 293, M+ 324	C19H20N2O3 324.14740 2900 18471-20-0 PS LM Thromb.aggr.inhib.
Oxyphenbutazone / Phenylbutazone-M (HO-)	77, 93, 135, 199, M+ 324	C19H20N2O3 324.14740 9999 129-20-4 PS LM Antiphlogistic DIS
Phenylbutazone artifact	77, 119, 183, 324	C19H20N2O3 324.14740 2435 P PS LM Analgesic Antiphlogistic
Citalopram	58, 190, 208, 238, M+ 324	C20H21FN2O 324.16379 2525 G P U+UHYAC 59729-33-8 PS LM/Q Antidepressant
Carbidopa 3MEAC	143, 157, 221, 280, 294	C16H24N2O5 324.16852 2100 PS LM/Q Carboxylase inhibitor
Quinidine	136, 173, 189, M+ 324	C20H24N2O2 324.18378 2790 G U P 56-54-2 LM Antiarrhythmic
Quinine	81, 117, 136, 189, M+ 324	C20H24N2O2 324.18378 2800 G P-I U 130-95-0 PS LS/Q Antimalarial

324

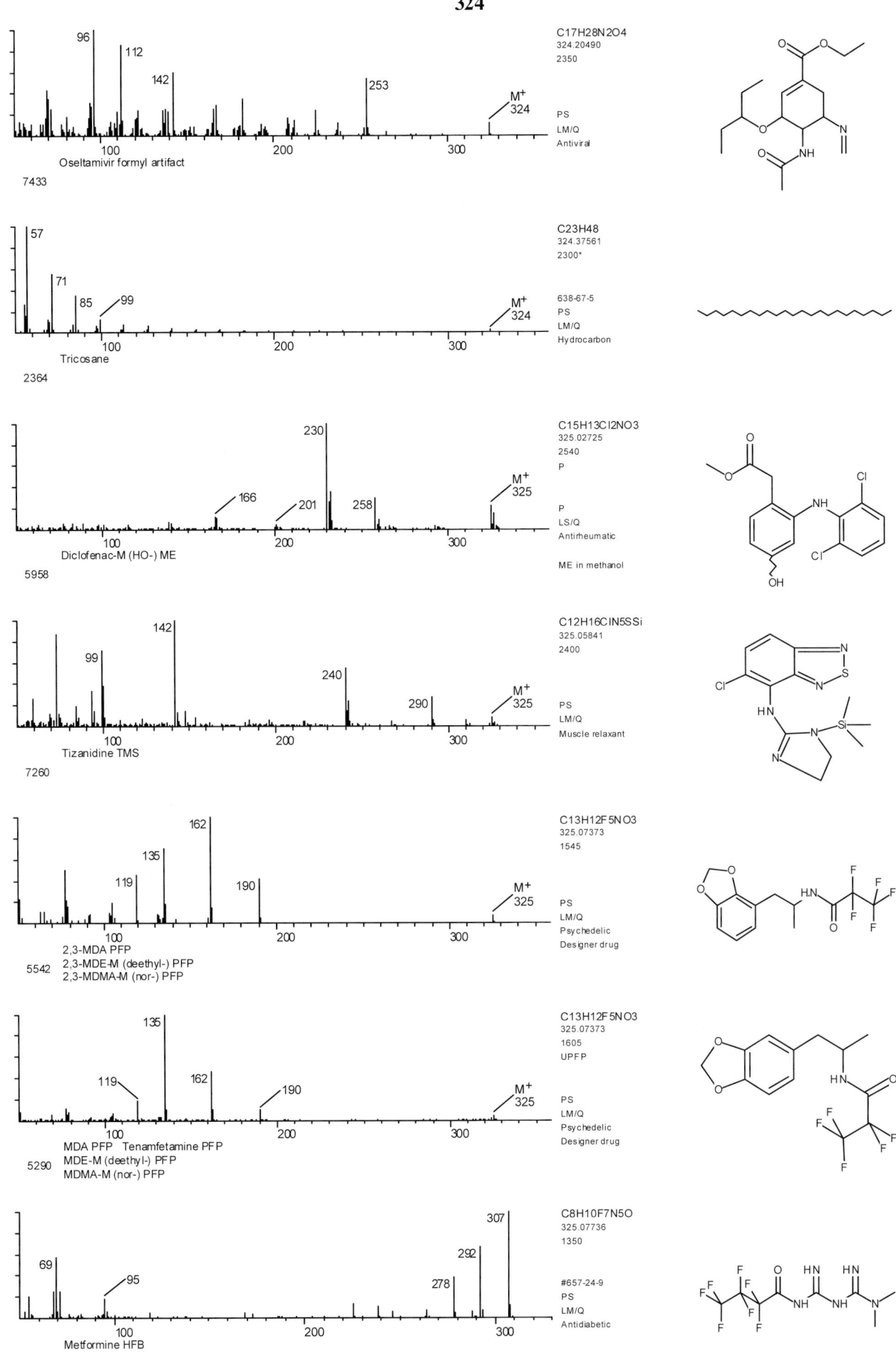

Oseltamivir formyl artifact
96, 112, 142, 253, M+ 324
C17H28N2O4
324.20490
2350
PS
LM/Q
Antiviral
7433

Tricosane
57, 71, 85, 99, M+ 324
C23H48
324.37561
2300*
638-67-5
PS
LM/Q
Hydrocarbon
2364

Diclofenac-M (HO-) ME
166, 201, 230, 258, M+ 325
C15H13Cl2NO3
325.02725
2540
P
P
LS/Q
Antirheumatic
ME in methanol
5958

Tizanidine TMS
99, 142, 240, 290, M+ 325
C12H16ClN5SSi
325.05841
2400
PS
LM/Q
Muscle relaxant
7260

2,3-MDA PFP
2,3-MDE-M (deethyl-) PFP
2,3-MDMA-M (nor-) PFP
119, 135, 162, 190, M+ 325
C13H12F5NO3
325.07373
1545
PS
LM/Q
Psychedelic
Designer drug
5542

MDA PFP   Tenamfetamine PFP
MDE-M (deethyl-) PFP
MDMA-M (nor-) PFP
119, 135, 162, 190, M+ 325
C13H12F5NO3
325.07373
1605
UPFP
PS
LM/Q
Psychedelic
Designer drug
5290

Metformine HFB
69, 95, 278, 292, 307
C8H10F7N5O
325.07736
1350
#657-24-9
PS
LM/Q
Antidiabetic
5740

733

325

C18H13ClFN3
325.07819
2580
P G U+UHYAC
59467-70-8
PS
LM/Q
Hypnotic

Midazolam

C16H14F3NO3
325.09259
2115
PME

UME
LM/Q
Antirheumatic

Flufenamic acid-M (HO-) 2ME
Etofenamate-M/artifact (HO-flufenamic acid) 2ME

C13H16ClN5O3
325.09418
2455
U+ UHYAC

PS
LS/Q
Antihypertensive

Moxonidine 2AC

C18H16ClN3O
325.09818
3040
U UH Y

UHY
LS/Q
Neuroleptic

Clotiapine-M (oxo-) artifact

C14H16NO2F5
325.11011
1510

PS
LM/Q
Designer drug
Psychedelic

PMMA PFP   p-Methoxymetamfetamine PFP
Metamfetamine-M (4-HO-) MEPFP

C18H16FN3O2
325.12265
2950
UGLUCAC

67739-72-4
PS
LM/Q
Hypnotic

acetyl conjugate
altered during HY

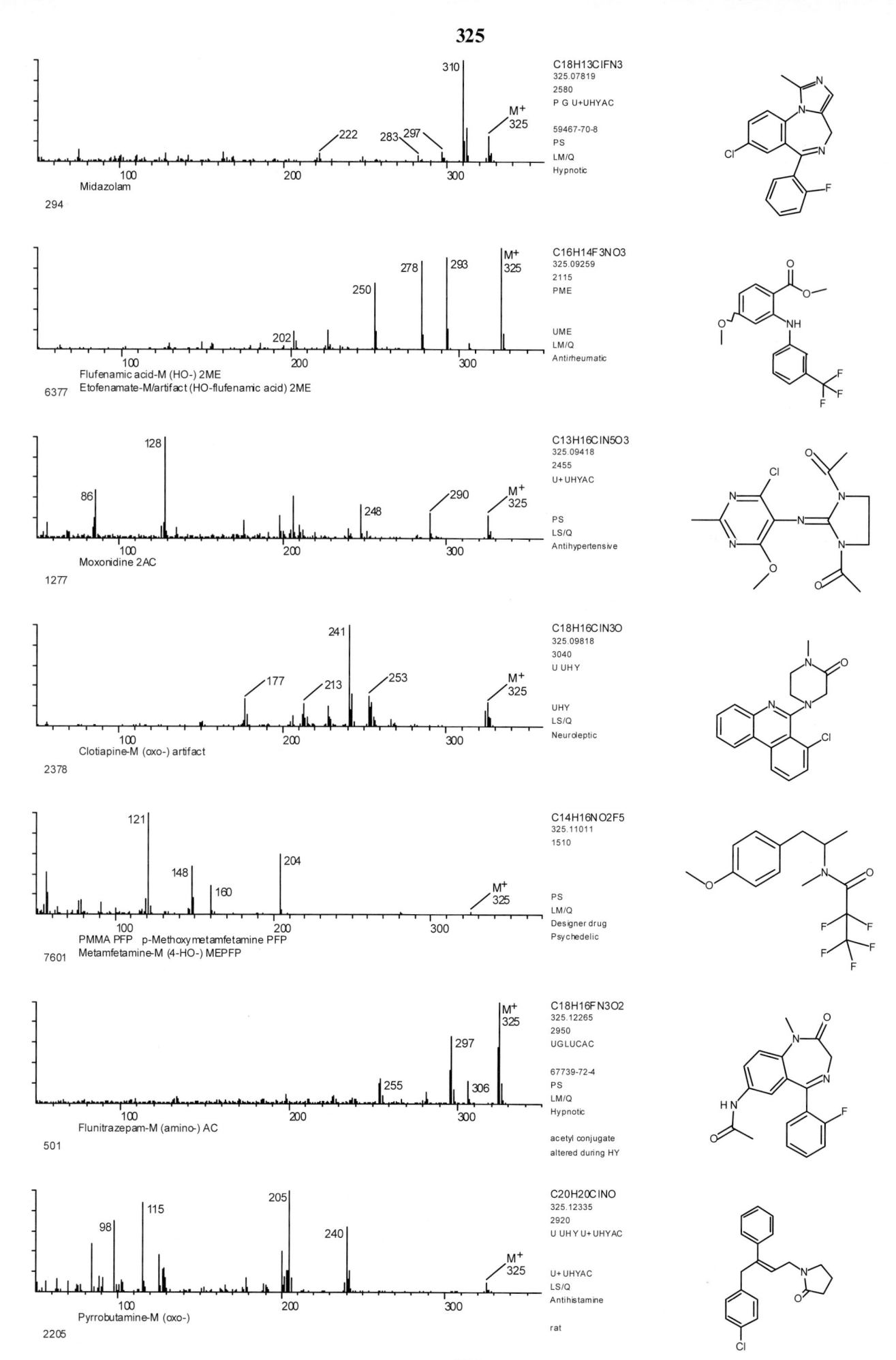

Flunitrazepam-M (amino-) AC

C20H20ClNO
325.12335
2920
U UH Y U+ UHYAC

U+ UHYAC
LS/Q
Antihistamine

Pyrrobutamine-M (oxo-)

rat

325

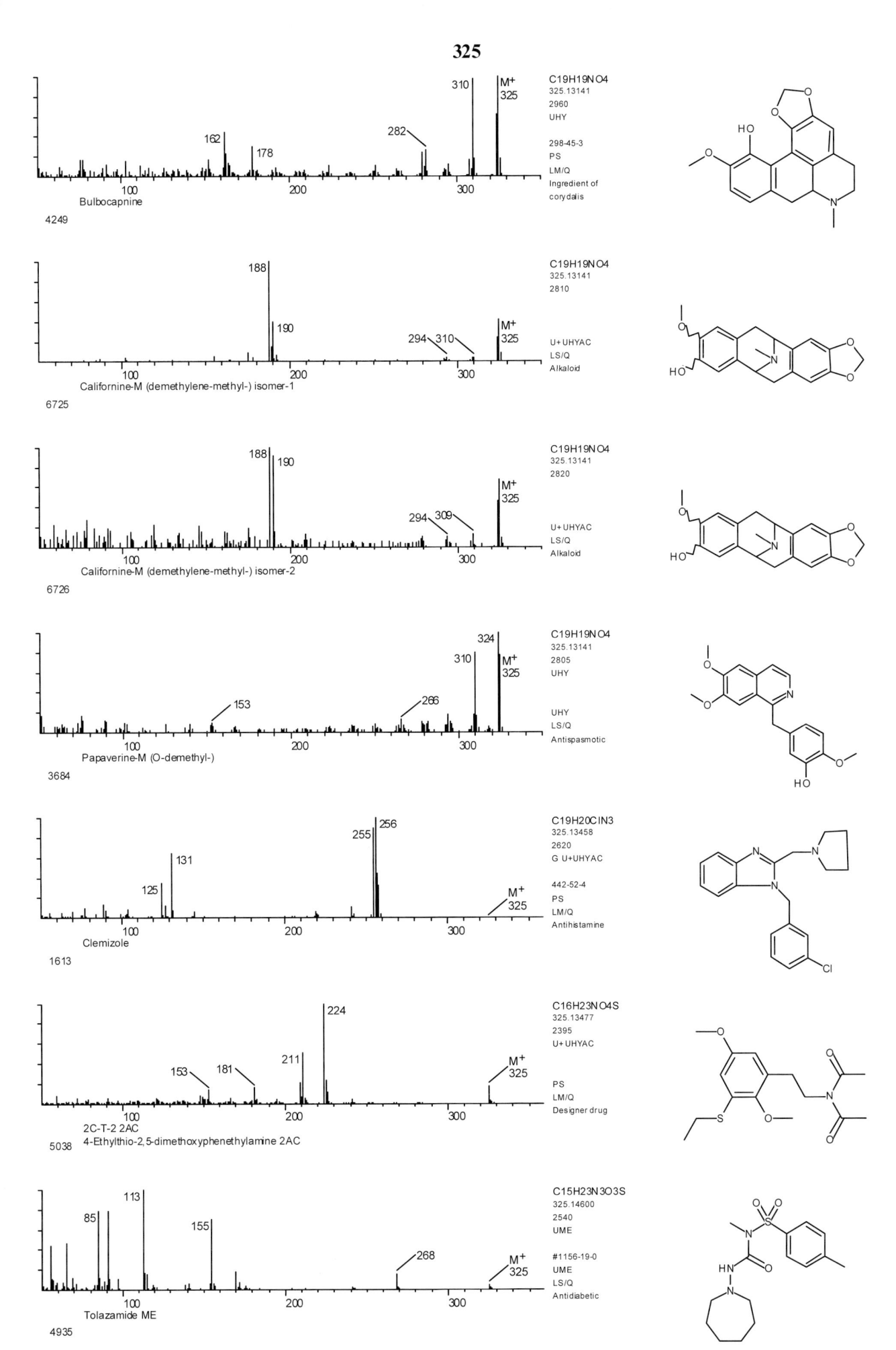

C19H19NO4
325.13141
2960
UHY

298-45-3
PS
LM/Q
Ingredient of corydalis

Bulbocapnine
4249

C19H19NO4
325.13141
2810

U+UHYAC
LS/Q
Alkaloid

Californine-M (demethylene-methyl-) isomer-1
6725

C19H19NO4
325.13141
2820

U+UHYAC
LS/Q
Alkaloid

Californine-M (demethylene-methyl-) isomer-2
6726

C19H19NO4
325.13141
2805
UHY

UHY
LS/Q
Antispasmotic

Papaverine-M (O-demethyl-)
3684

C19H20ClN3
325.13458
2620
G U+UHYAC

442-52-4
PS
LM/Q
Antihistamine

Clemizole
1613

C16H23NO4S
325.13477
2395
U+UHYAC

PS
LM/Q
Designer drug

2C-T-2 2AC
4-Ethylthio-2,5-dimethoxyphenethylamine 2AC
5038

C15H23N3O3S
325.14600
2540
UME

#1156-19-0
UME
LS/Q
Antidiabetic

Tolazamide ME
4935

325

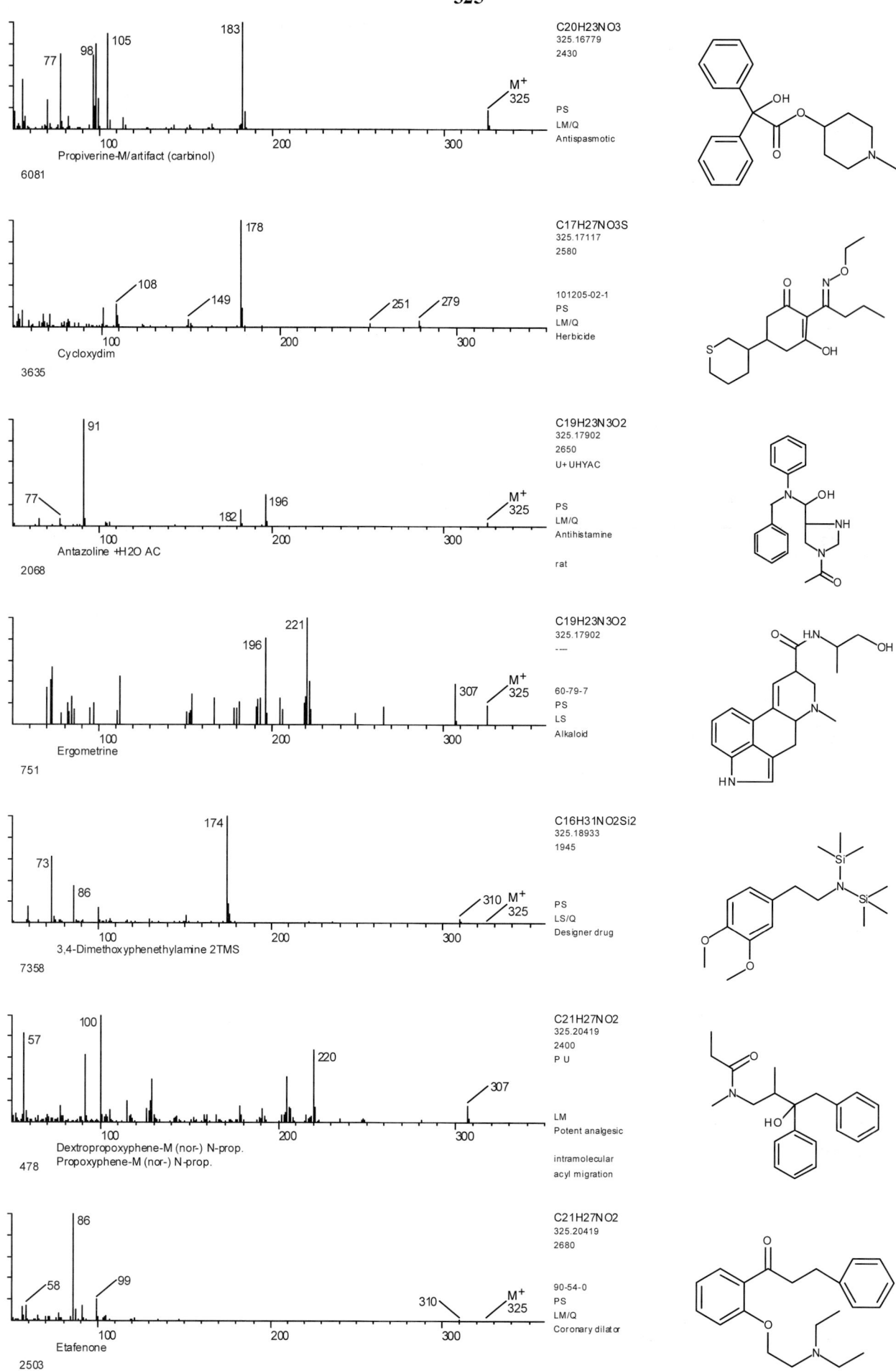

C20H23NO3
325.16779
2430
PS
LM/Q
Antispasmotic

Propiverine-M/artifact (carbinol)
6081

C17H27NO3S
325.17117
2580
101205-02-1
PS
LM/Q
Herbicide

Cycloxydim
3635

C19H23N3O2
325.17902
2650
U+ UHYAC
PS
LM/Q
Antihistamine
rat

Antazoline +H2O AC
2068

C19H23N3O2
325.17902

60-79-7
PS
LS
Alkaloid

Ergometrine
751

C16H31NO2Si2
325.18933
1945
PS
LS/Q
Designer drug

3,4-Dimethoxyphenethylamine 2TMS
7358

C21H27NO2
325.20419
2400
P U
LM
Potent analgesic
intramolecular
acyl migration

Dextropropoxyphene-M (nor-) N-prop.
Propoxyphene-M (nor-) N-prop.
478

C21H27NO2
325.20419
2680
90-54-0
PS
LM/Q
Coronary dilator

Etafenone
2503

325

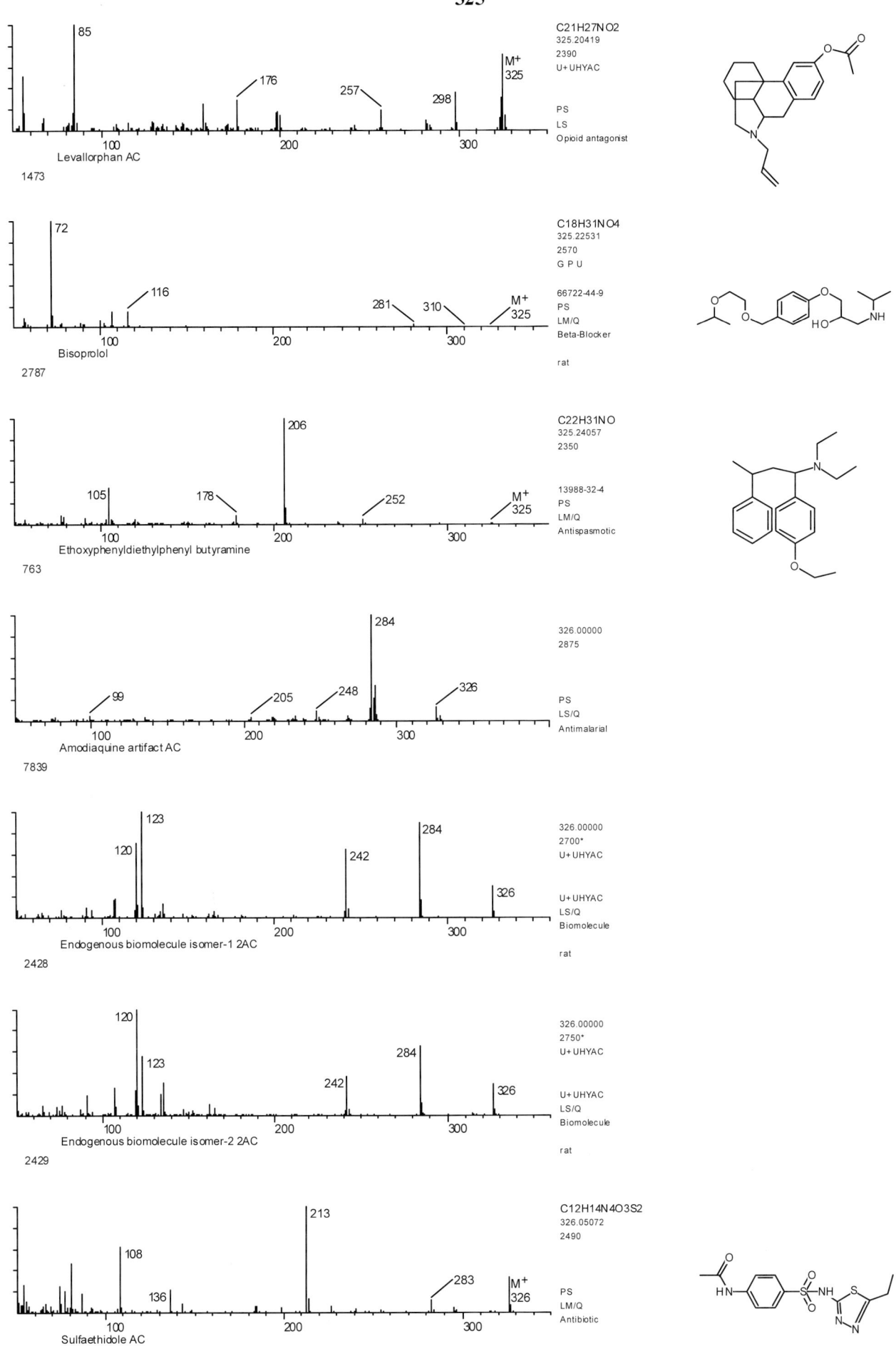

C21H27NO2
325.20419
2390
U+ UHYAC

PS
LS
Opioid antagonist

Levallorphan AC
1473

C18H31NO4
325.22531
2570
G P U

66722-44-9
PS
LM/Q
Beta-Blocker

rat

Bisoprolol
2787

C22H31NO
325.24057
2350

13988-32-4
PS
LM/Q
Antispasmotic

Ethoxyphenyldiethylphenyl butyramine
763

326.00000
2875

PS
LS/Q
Antimalarial

Amodiaquine artifact AC
7839

326.00000
2700*
U+ UHYAC

U+ UHYAC
LS/Q
Biomolecule

rat

Endogenous biomolecule isomer-1 2AC
2428

326.00000
2750*
U+ UHYAC

U+ UHYAC
LS/Q
Biomolecule

rat

Endogenous biomolecule isomer-2 2AC
2429

C12H14N4O3S2
326.05072
2490

PS
LM/Q
Antibiotic

Sulfaethidole AC
1863

737

326

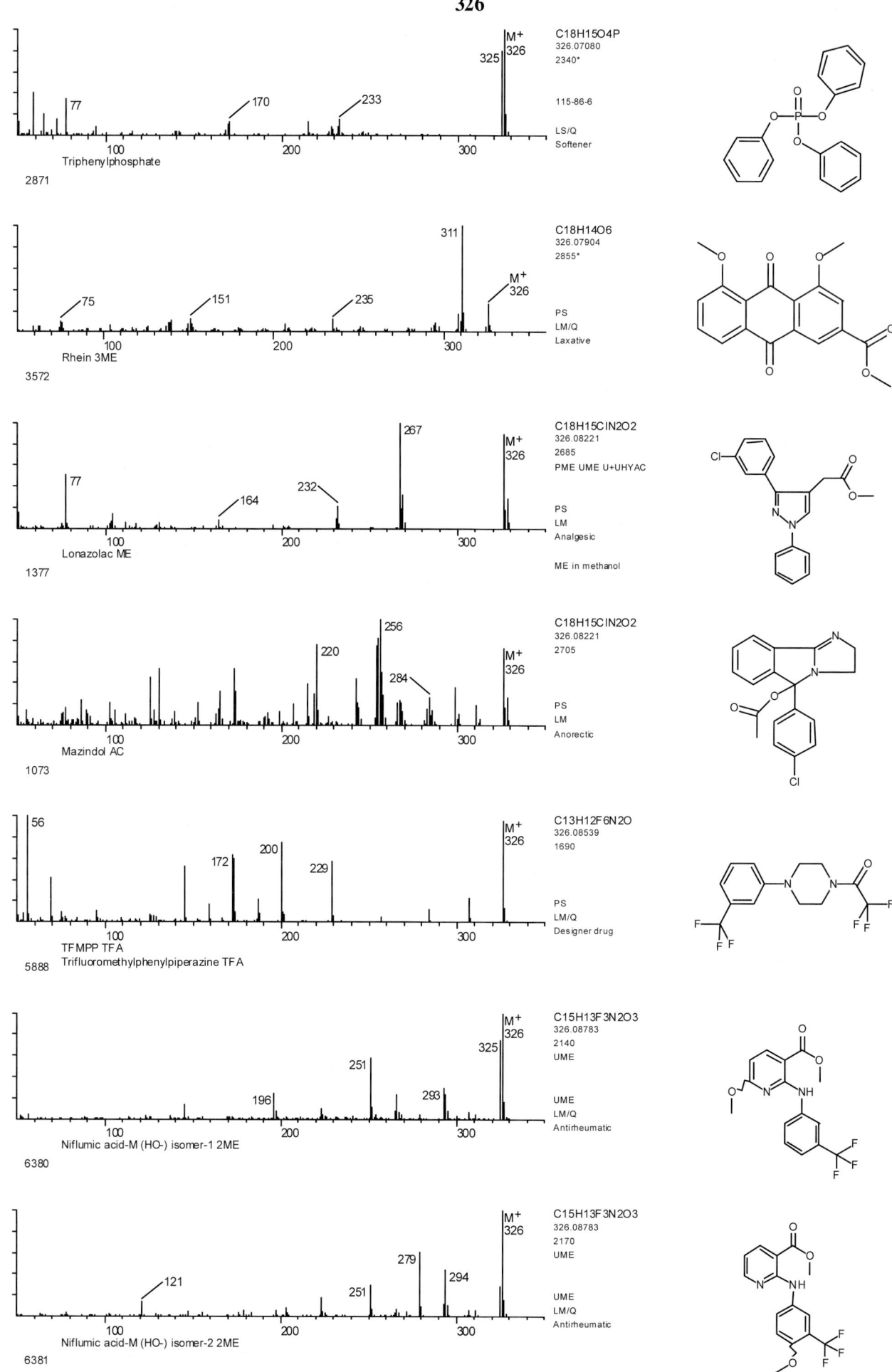

Triphenylphosphate — C18H15O4P, 326.07080, 2340*, 115-86-6, LS/Q, Softener
Peaks: 77, 170, 233, 325, M+ 326
2871

Rhein 3ME — C18H14O6, 326.07904, 2855*, PS, LM/Q, Laxative
Peaks: 75, 151, 235, 311, M+ 326
3572

Lonazolac ME — C18H15ClN2O2, 326.08221, 2685, PME UME U+UHYAC, PS, LM, Analgesic, ME in methanol
Peaks: 77, 164, 232, 267, M+ 326
1377

Mazindol AC — C18H15ClN2O2, 326.08221, 2705, PS, LM, Anorectic
Peaks: 220, 256, 284, M+ 326
1073

TFMPP TFA — Trifluoromethylphenylpiperazine TFA — C13H12F6N2O, 326.08539, 1690, PS, LM/Q, Designer drug
Peaks: 56, 172, 200, 229, M+ 326
5888

Niflumic acid-M (HO-) isomer-1 2ME — C15H13F3N2O3, 326.08783, 2140, UME, LM/Q, Antirheumatic
Peaks: 196, 251, 293, 325, M+ 326
6380

Niflumic acid-M (HO-) isomer-2 2ME — C15H13F3N2O3, 326.08783, 2170, UME, LM/Q, Antirheumatic
Peaks: 121, 251, 279, 294, M+ 326
6381

326

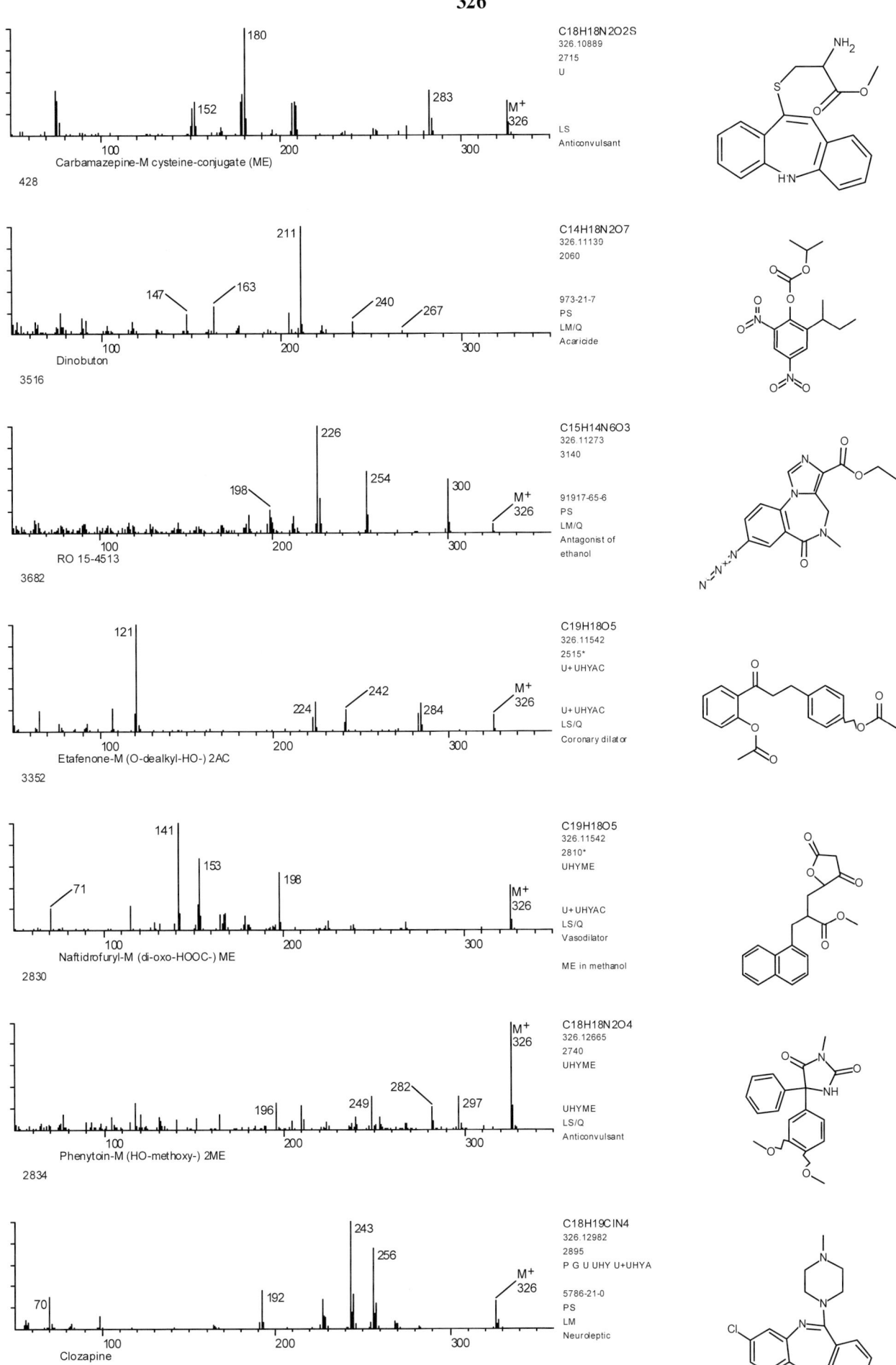

C18H18N2O2S
326.10889
2715
U

LS
Anticonvulsant

Carbamazepine-M cysteine-conjugate (ME)
428

C14H18N2O7
326.11130
2060

973-21-7
PS
LM/Q
Acaricide

Dinobuton
3516

C15H14N6O3
326.11273
3140

91917-65-6
PS
LM/Q
Antagonist of ethanol

RO 15-4513
3682

C19H18O5
326.11542
2515*
U+ UHYAC

U+ UHYAC
LS/Q
Coronary dilator

Etafenone-M (O-dealkyl-HO-) 2AC
3352

C19H18O5
326.11542
2810*
UHYME

U+ UHYAC
LS/Q
Vasodilator
ME in methanol

Naftidrofuryl-M (di-oxo-HOOC-) ME
2830

C18H18N2O4
326.12665
2740
UHYME

UHYME
LS/Q
Anticonvulsant

Phenytoin-M (HO-methoxy-) 2ME
2834

C18H19ClN4
326.12982
2895
P G U UHY U+UHYA

5786-21-0
PS
LM
Neuroleptic

Clozapine
320

326

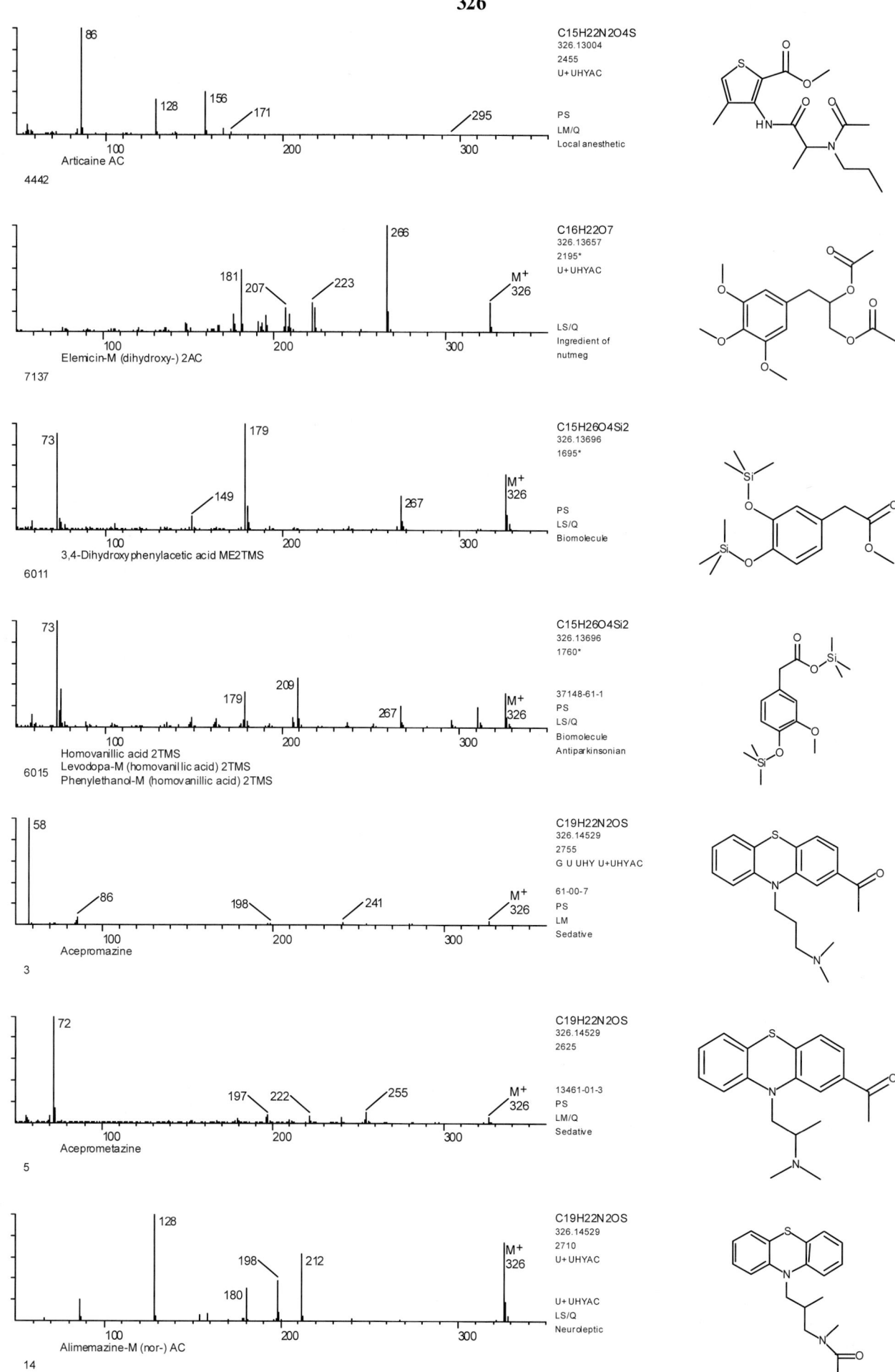

C15H22N2O4S
326.13004
2455
U+ UHYAC

PS
LM/Q
Local anesthetic

Articaine AC
4442

C16H22O7
326.13657
2195*
U+ UHYAC

LS/Q
Ingredient of nutmeg

Elemicin-M (dihydroxy-) 2AC
7137

C15H26O4Si2
326.13696
1695*

PS
LS/Q
Biomolecule

3,4-Dihydroxyphenylacetic acid ME2TMS
6011

C15H26O4Si2
326.13696
1760*

37148-61-1
PS
LS/Q
Biomolecule
Antiparkinsonian

Homovanillic acid 2TMS
Levodopa-M (homovanillic acid) 2TMS
Phenylethanol-M (homovanillic acid) 2TMS
6015

C19H22N2OS
326.14529
2755
G U UHY U+UHYAC

61-00-7
PS
LM
Sedative

Acepromazine
3

C19H22N2OS
326.14529
2625

13461-01-3
PS
LM/Q
Sedative

Aceprometazine
5

C19H22N2OS
326.14529
2710
U+ UHYAC

U+ UHYAC
LS/Q
Neuroleptic

Alimemazine-M (nor-) AC
14

740

326

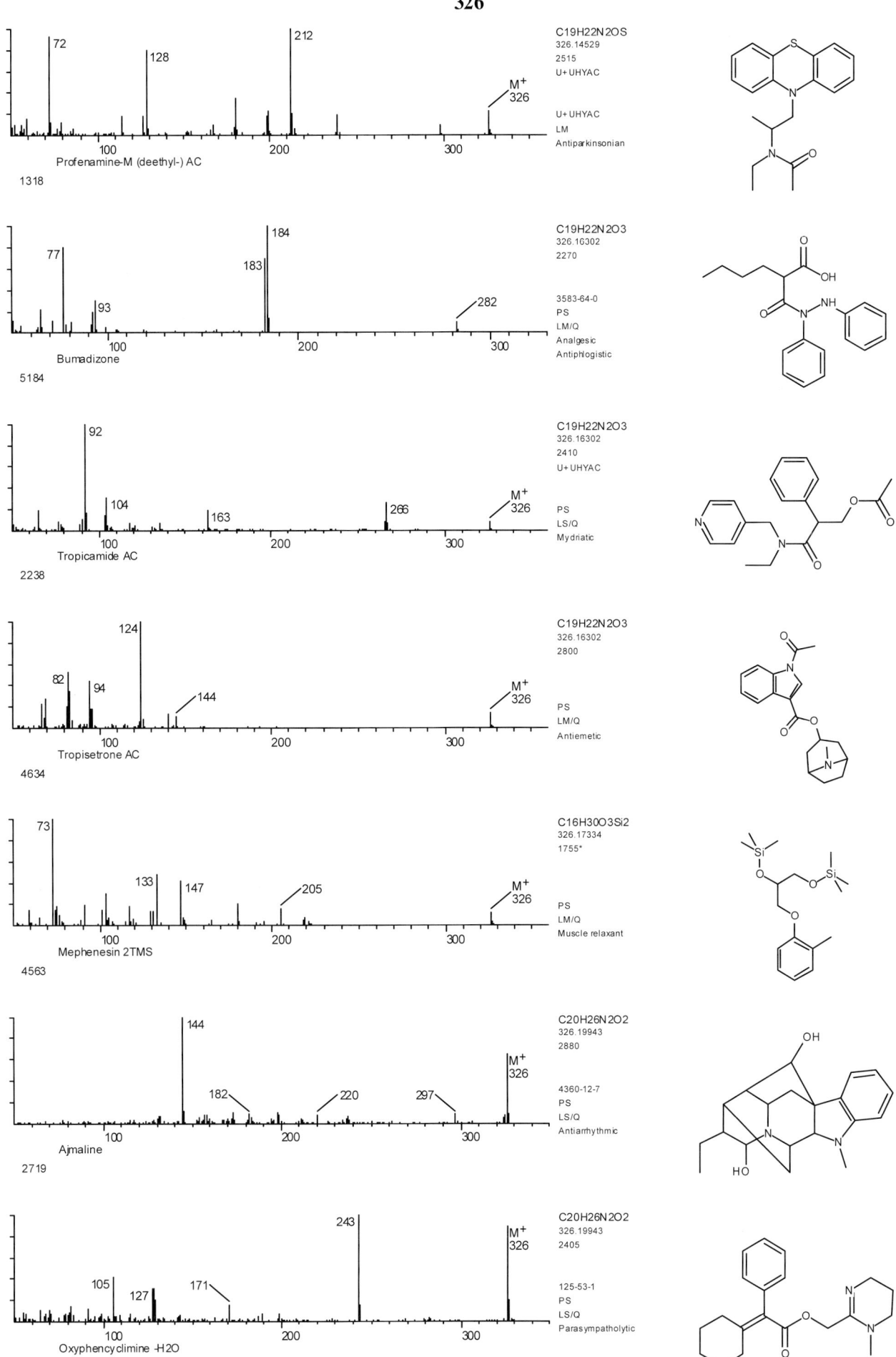

Profenamine-M (deethyl-) AC
1318
C19H22N2OS
326.14529
2515
U+ UHYAC
U+ UHYAC
LM
Antiparkinsonian

Bumadizone
5184
C19H22N2O3
326.16302
2270
3583-64-0
PS
LM/Q
Analgesic
Antiphlogistic

Tropicamide AC
2238
C19H22N2O3
326.16302
2410
U+ UHYAC
PS
LS/Q
Mydriatic

Tropisetrone AC
4634
C19H22N2O3
326.16302
2800
PS
LM/Q
Antiemetic

Mephenesin 2TMS
4563
C16H30O3Si2
326.17334
1755*
PS
LM/Q
Muscle relaxant

Ajmaline
2719
C20H26N2O2
326.19943
2880
4360-12-7
PS
LS/Q
Antiarrhythmic

Oxyphencyclimine -H2O
6308
C20H26N2O2
326.19943
2405
125-53-1
PS
LS/Q
Parasympatholytic

326

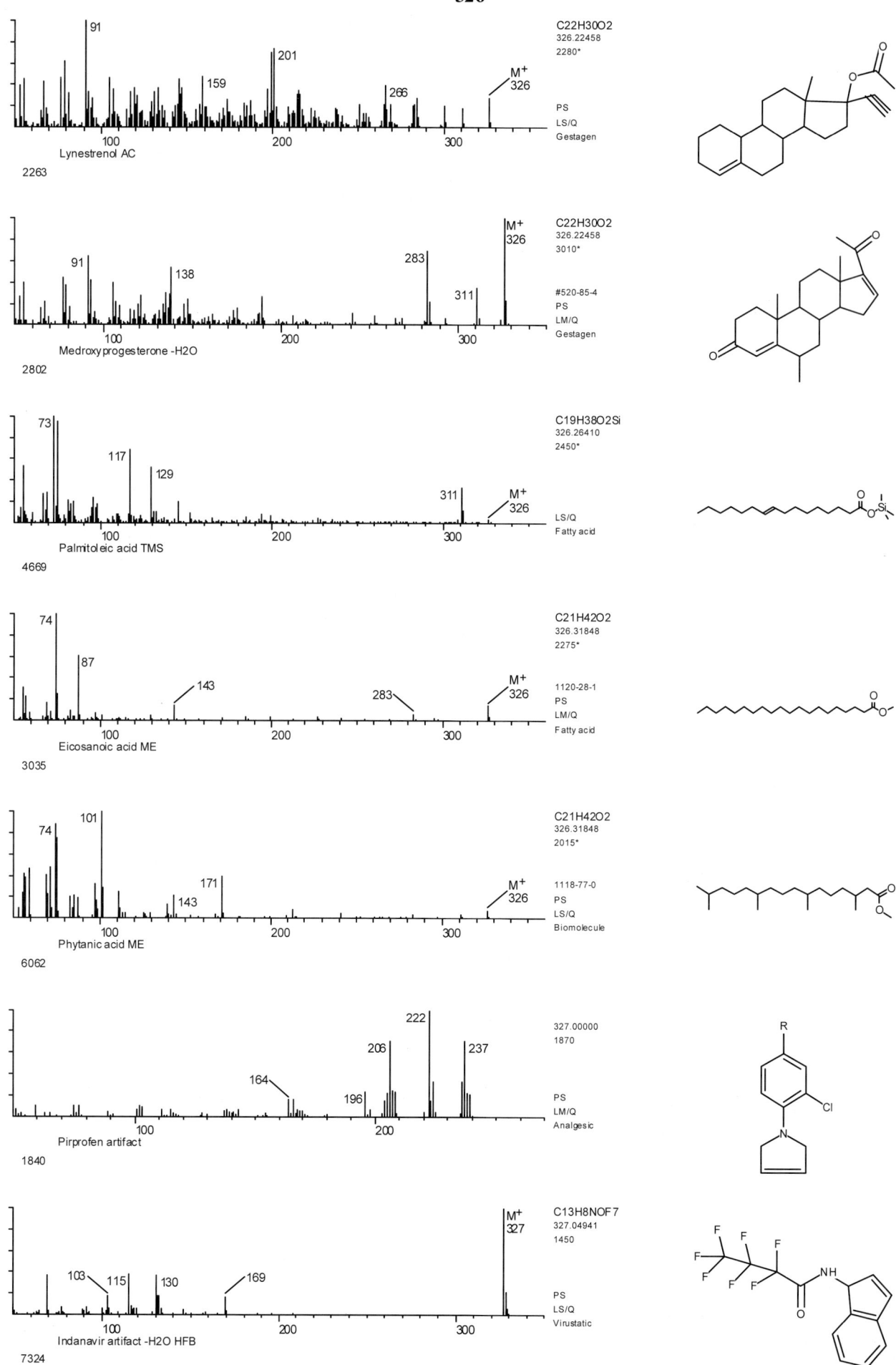

Lynestrenol AC — 91, 159, 201, 266, M+ 326
C22H30O2
326.22458
2280*
PS
LS/Q
Gestagen
2263

Medroxyprogesterone -H2O — 91, 138, 283, 311, M+ 326
C22H30O2
326.22458
3010*
#520-85-4
PS
LM/Q
Gestagen
2802

Palmitoleic acid TMS — 73, 117, 129, 311, M+ 326
C19H38O2Si
326.26410
2450*
LS/Q
Fatty acid
4669

Eicosanoic acid ME — 74, 87, 143, 283, M+ 326
C21H42O2
326.31848
2275*
1120-28-1
PS
LM/Q
Fatty acid
3035

Phytanic acid ME — 74, 101, 143, 171, M+ 326
C21H42O2
326.31848
2015*
1118-77-0
PS
LS/Q
Biomolecule
6062

Pirprofen artifact — 164, 196, 206, 222, 237
327.00000
1870
PS
LM/Q
Analgesic
1840

Indanavir artifact -H2O HFB — 103, 115, 130, 169, M+ 327
C13H8NOF7
327.04941
1450
PS
LS/Q
Virustatic
7324

742

327

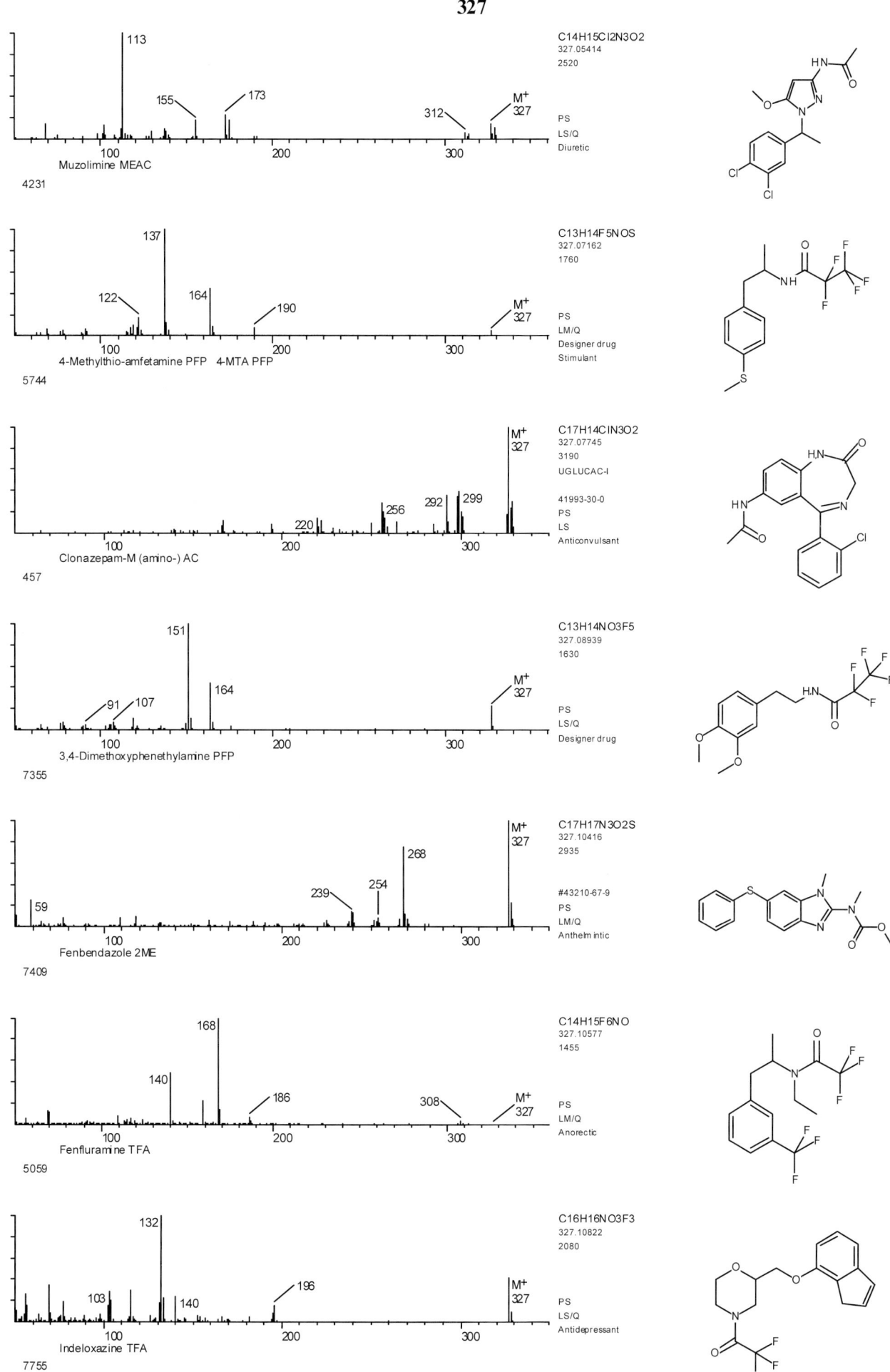

Muzolimine MEAC
Peaks: 113, 155, 173, 312, M+ 327
C14H15Cl2N3O2
327.05414
2520
PS
LS/Q
Diuretic
4231

4-Methylthio-amfetamine PFP 4-MTA PFP
Peaks: 122, 137, 164, 190, M+ 327
C13H14F5NOS
327.07162
1760
PS
LM/Q
Designer drug
Stimulant
5744

Clonazepam-M (amino-) AC
Peaks: 220, 256, 292, 299, M+ 327
C17H14ClN3O2
327.07745
3190
UGLUCAC-I
41993-30-0
PS
LS
Anticonvulsant
457

3,4-Dimethoxyphenethylamine PFP
Peaks: 91, 107, 151, 164, M+ 327
C13H14NO3F5
327.08939
1630
PS
LS/Q
Designer drug
7355

Fenbendazole 2ME
Peaks: 59, 239, 254, 268, M+ 327
C17H17N3O2S
327.10416
2935
#43210-67-9
PS
LM/Q
Anthelmintic
7409

Fenfluramine TFA
Peaks: 140, 168, 186, 308, M+ 327
C14H15F6NO
327.10577
1455
PS
LM/Q
Anorectic
5059

Indeloxazine TFA
Peaks: 103, 132, 140, 196, M+ 327
C16H16NO3F3
327.10822
2080
PS
LS/Q
Antidepressant
7755

743

327

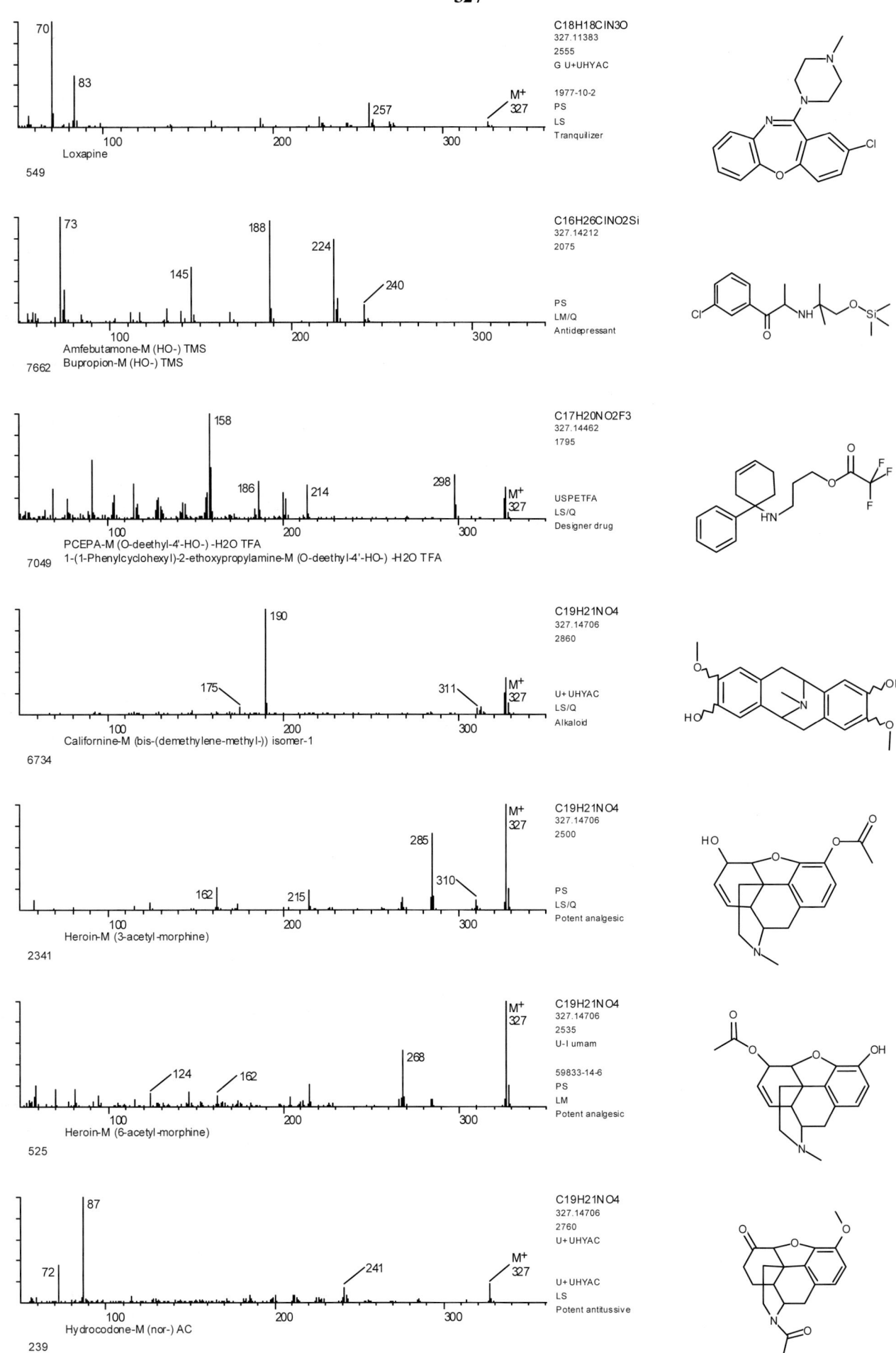

C18H18ClN3O
327.11383
2555
G U+UHYAC

1977-10-2
PS
LS
Tranquilizer

Loxapine

C16H26ClNO2Si
327.14212
2075

PS
LM/Q
Antidepressant

Amfebutamone-M (HO-) TMS
Bupropion-M (HO-) TMS

C17H20NO2F3
327.14462
1795

USPETFA
LS/Q
Designer drug

PCEPA-M (O-deethyl-4'-HO-) -H2O TFA
1-(1-Phenylcyclohexyl)-2-ethoxypropylamine-M (O-deethyl-4'-HO-) -H2O TFA

C19H21NO4
327.14706
2860

U+ UHYAC
LS/Q
Alkaloid

Californine-M (bis-(demethylene-methyl-)) isomer-1

C19H21NO4
327.14706
2500

PS
LS/Q
Potent analgesic

Heroin-M (3-acetyl-morphine)

C19H21NO4
327.14706
2535
U-I umam

59833-14-6
PS
LM
Potent analgesic

Heroin-M (6-acetyl-morphine)

C19H21NO4
327.14706
2760
U+ UHYAC

U+ UHYAC
LS
Potent antitussive

Hydrocodone-M (nor-) AC

744

327

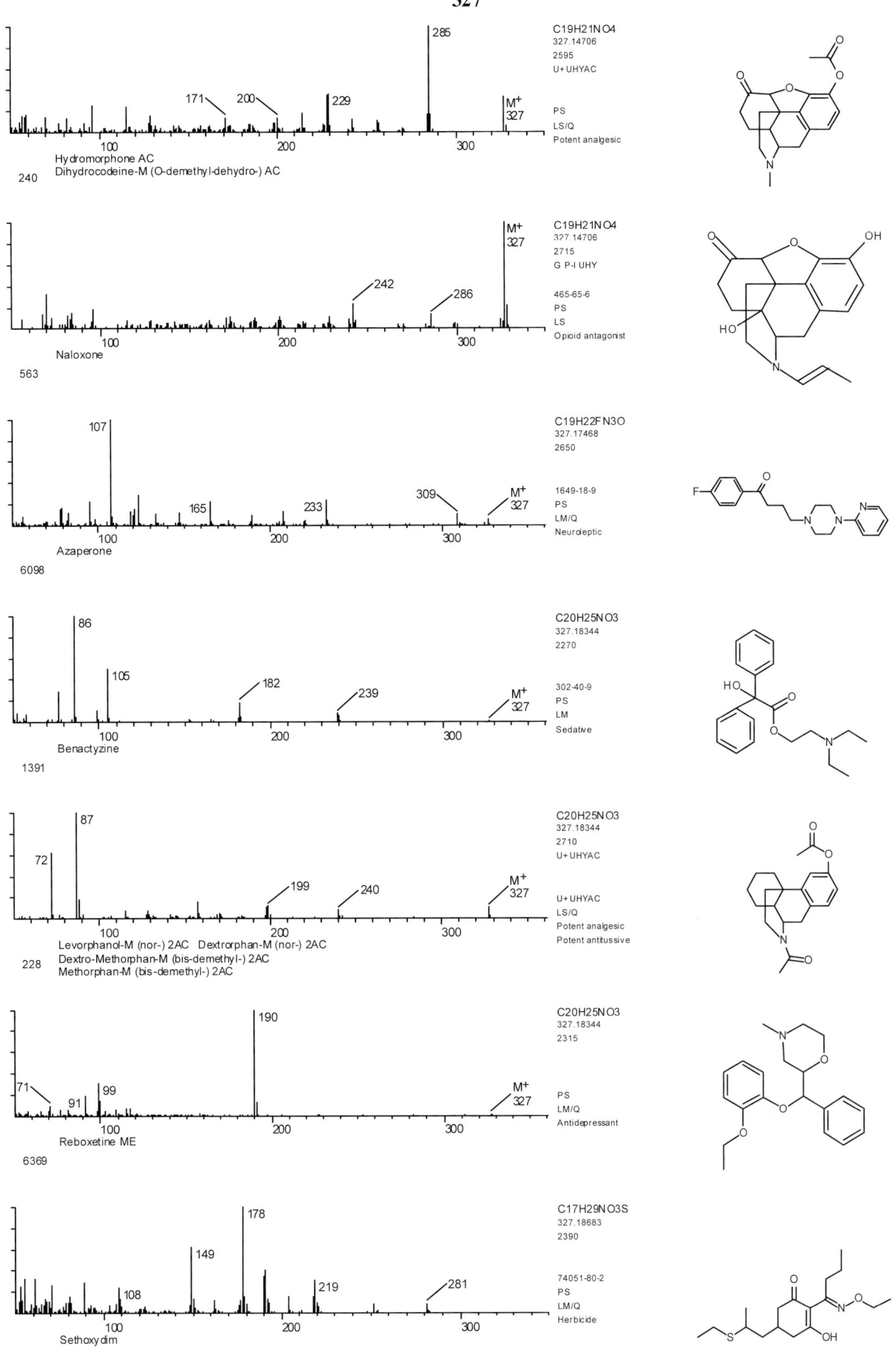

C19H21NO4
327.14706
2595
U+ UHYAC

PS
LS/Q
Potent analgesic

Hydromorphone AC
Dihydrocodeine-M (O-demethyl-dehydro-) AC
240

C19H21NO4
327.14706
2715
G P-I UHY

465-65-6
PS
LS
Opioid antagonist

Naloxone
563

C19H22FN3O
327.17468
2650

1649-18-9
PS
LM/Q
Neuroleptic

Azaperone
6098

C20H25NO3
327.18344
2270

302-40-9
PS
LM
Sedative

Benactyzine
1391

C20H25NO3
327.18344
2710
U+ UHYAC

U+ UHYAC
LS/Q
Potent analgesic
Potent antitussive

Levorphanol-M (nor-) 2AC   Dextrorphan-M (nor-) 2AC
Dextro-Methorphan-M (bis-demethyl-) 2AC
Methorphan-M (bis-demethyl-) 2AC
228

C20H25NO3
327.18344
2315

PS
LM/Q
Antidepressant

Reboxetine ME
6369

C17H29NO3S
327.18683
2390

74051-80-2
PS
LM/Q
Herbicide

Sethoxydim
3653

745

327

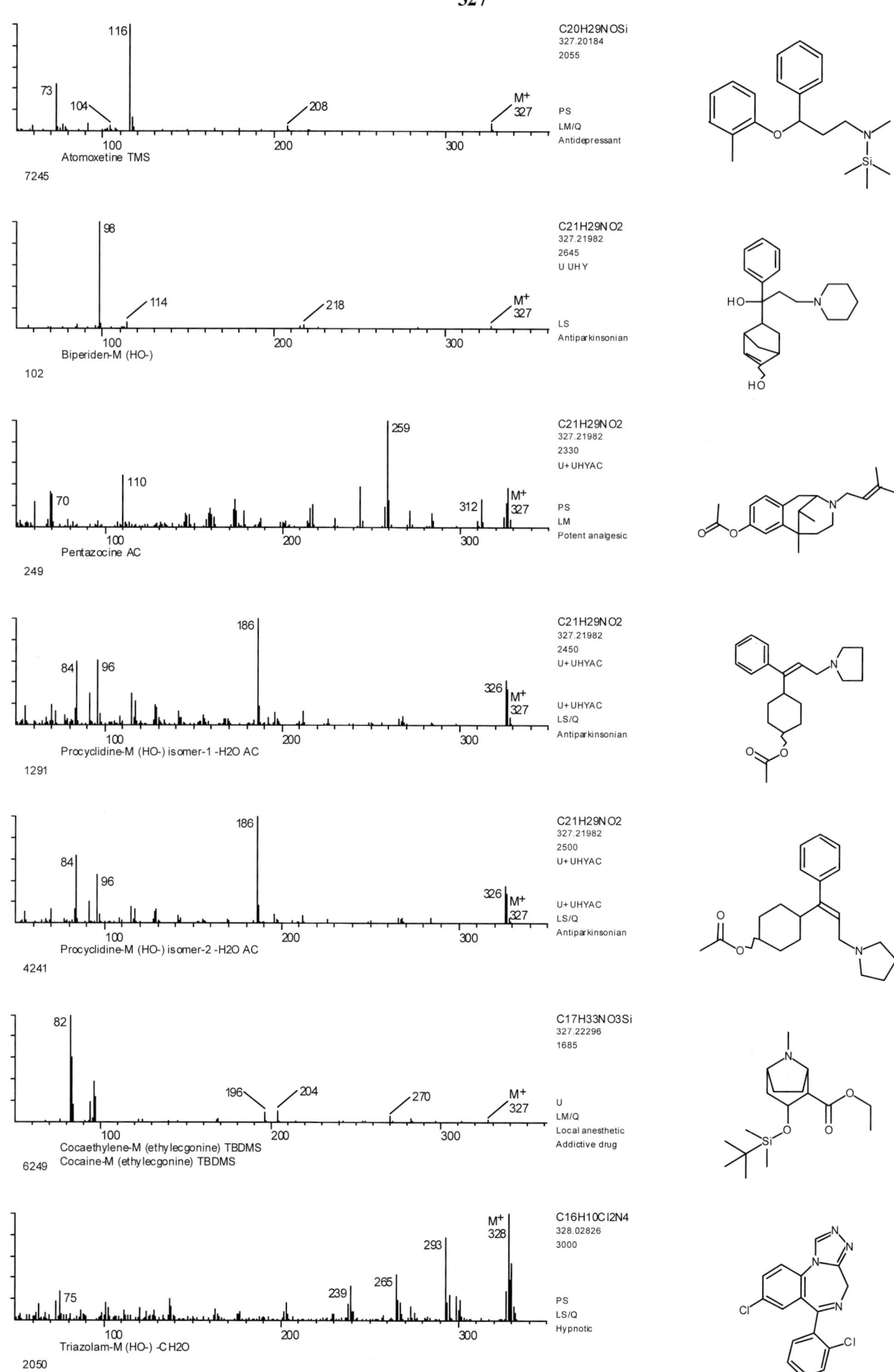

C20H29NOSi
327.20184
2055

PS
LM/Q
Antidepressant

Atomoxetine TMS
7245

C21H29NO2
327.21982
2645
U UHY

LS
Antiparkinsonian

Biperiden-M (HO-)
102

C21H29NO2
327.21982
2330
U+ UHYAC

PS
LM
Potent analgesic

Pentazocine AC
249

C21H29NO2
327.21982
2450
U+ UHYAC

U+ UHYAC
LS/Q
Antiparkinsonian

Procyclidine-M (HO-) isomer-1 -H2O AC
1291

C21H29NO2
327.21982
2500
U+ UHYAC

U+ UHYAC
LS/Q
Antiparkinsonian

Procyclidine-M (HO-) isomer-2 -H2O AC
4241

C17H33NO3Si
327.22296
1685

U
LM/Q
Local anesthetic
Addictive drug

Cocaethylene-M (ethylecgonine) TBDMS
Cocaine-M (ethylecgonine) TBDMS
6249

C16H10Cl2N4
328.02826
3000

PS
LS/Q
Hypnotic

Triazolam-M (HO-) -CH2O
2050

328

C13H7F3N2O5
328.03070
2120
15457-05-3
PS
LM/Q
Herbicide

Flurodifen
3842

C18H13ClO2S
328.03247
2590*
U+ UHYAC

UGLUCAC
LS/Q
Neuroleptic

Chlorprothixene-M (HO-N-oxide) isomer-1 -(CH3)2NOH AC
4160

C18H13ClO2S
328.03247
2620*
U+ UHYAC

UGLUCAC
LS/Q
Neuroleptic

Chlorprothixene-M (HO-N-oxide) isomer-2 -(CH3)2NOH AC
4161

C12H9F5O5
328.03702
1680*

PS
LS/Q
Biomolecule

3,4-Dihydroxyphenylacetic acid MEPFP
5963

C12H9F5O5
328.03702
1685*

PS
LM/Q
Biomolecule
Antiparkinsonian

Homovanillic acid PFP
Levodopa-M (homovanillic acid) PFP
Phenylethanol-M (homovanillic acid) PFP
5973

C13H13O2SF5
328.05563
1560*
U+ UHYPFP

U+ UHYPFP
LS/Q
Designer drug
Stimulant

4-Methylthio-amfetamine-M (deamino-HO-) PFP 4-MTA-M (deamino-HO-) PFP
6952

C17H13ClN2O3
328.06146
3000
U+ UHYAC

PS
LM/Q
Tranquilizer

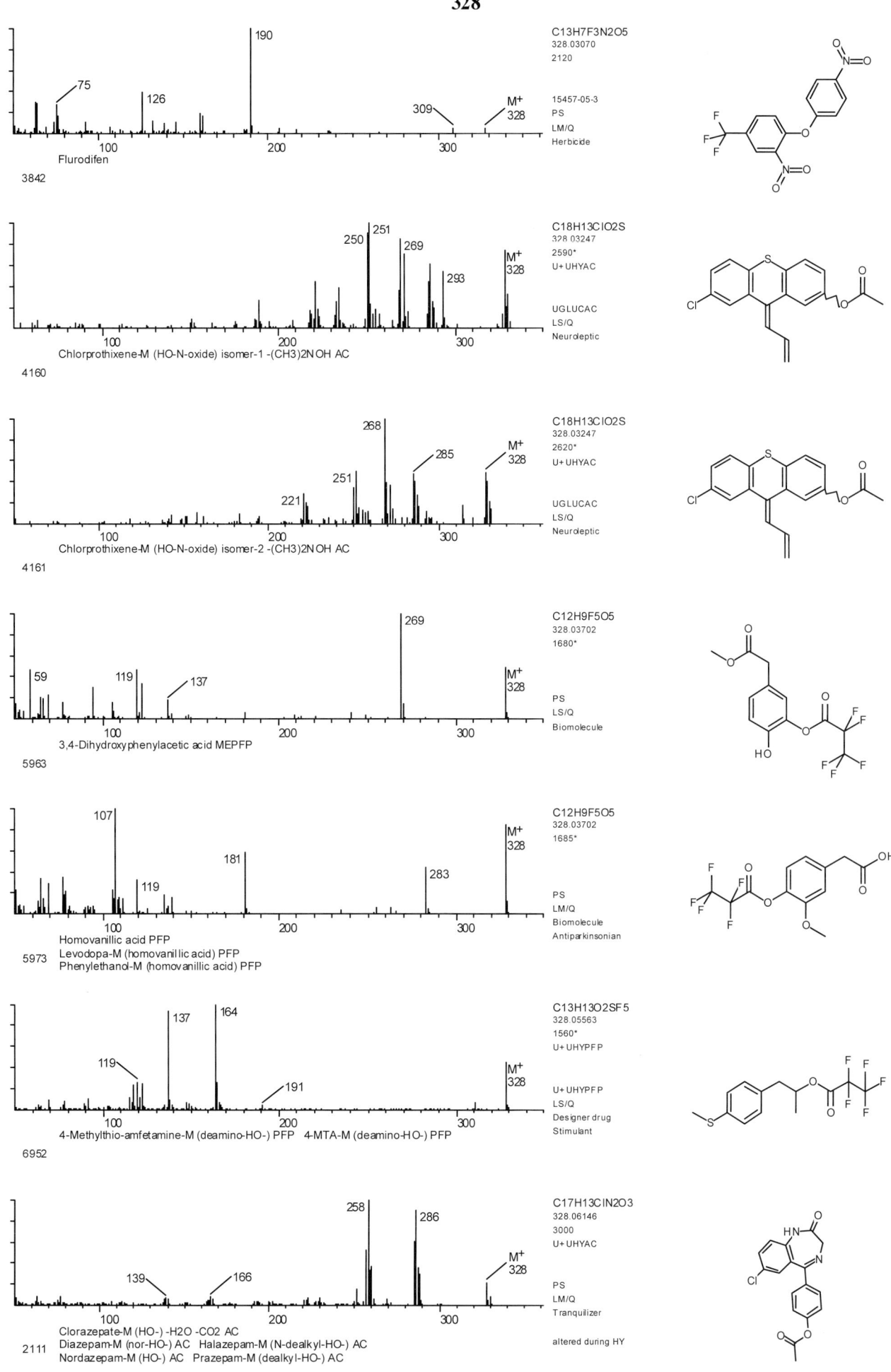

altered during HY

Clorazepate-M (HO-) -H2O -CO2 AC
Diazepam-M (nor-HO-) AC   Halazepam-M (N-dealkyl-HO-) AC
Nordazepam-M (HO-) AC   Prazepam-M (dealkyl-HO-) AC
2111

328

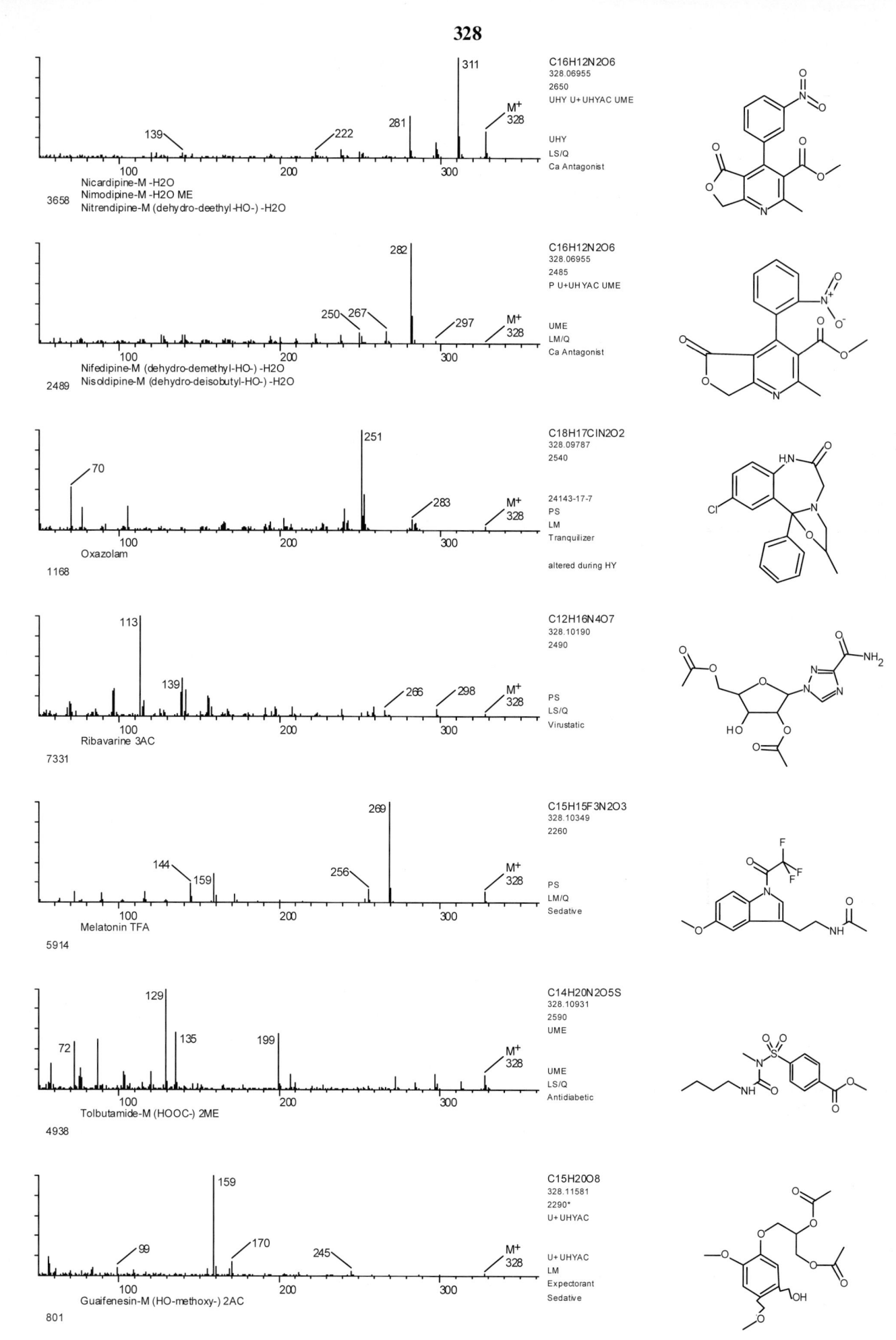

C16H12N2O6
328.06955
2650
UHY U+UHYAC UME

UHY
LS/Q
Ca Antagonist

Nicardipine-M -H2O
Nimodipine-M -H2O ME
Nitrendipine-M (dehydro-deethyl-HO-) -H2O
3658

C16H12N2O6
328.06955
2485
P U+UHYAC UME

UME
LM/Q
Ca Antagonist

Nifedipine-M (dehydro-demethyl-HO-) -H2O
Nisoldipine-M (dehydro-deisobutyl-HO-) -H2O
2489

C18H17ClN2O2
328.09787
2540

24143-17-7
PS
LM
Tranquilizer

altered during HY

Oxazolam
1168

C12H16N4O7
328.10190
2490

PS
LS/Q
Virustatic

Ribavarine 3AC
7331

C15H15F3N2O3
328.10349
2260

PS
LM/Q
Sedative

Melatonin TFA
5914

C14H20N2O5S
328.10931
2590
UME

UME
LS/Q
Antidiabetic

Tolbutamide-M (HOOC-) 2ME
4938

C15H20O8
328.11581
2290*
U+UHYAC

U+UHYAC
LM
Expectorant
Sedative

Guaifenesin-M (HO-methoxy-) 2AC
801

328

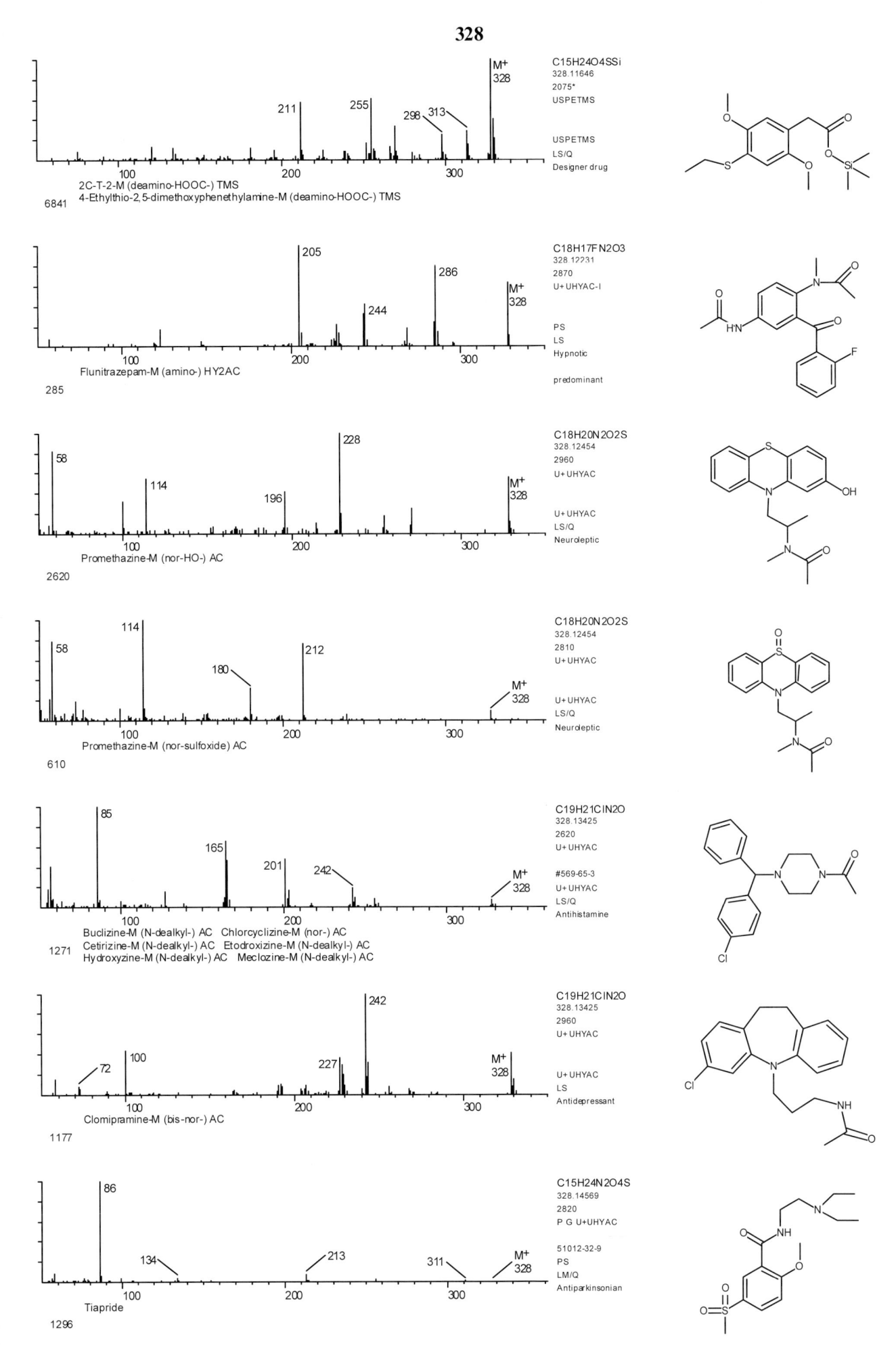

Spectrum label	Formula / Info
2C-T-2-M (deamino-HOOC-) TMS 4-Ethylthio-2,5-dimethoxyphenethylamine-M (deamino-HOOC-) TMS 6841	C15H24O4SSi 328.11646 2075* USPETMS USPETMS LS/Q Designer drug Peaks: 211, 255, 298, 313, M+ 328
Flunitrazepam-M (amino-) HY2AC 285	C18H17FN2O3 328.12231 2870 U+ UHYAC-I PS LS Hypnotic predominant Peaks: 205, 244, 286, M+ 328
Promethazine-M (nor-HO-) AC 2620	C18H20N2O2S 328.12454 2960 U+ UHYAC U+ UHYAC LS/Q Neuroleptic Peaks: 58, 114, 196, 228, M+ 328
Promethazine-M (nor-sulfoxide) AC 610	C18H20N2O2S 328.12454 2810 U+ UHYAC U+ UHYAC LS/Q Neuroleptic Peaks: 58, 114, 180, 212, M+ 328
Buclizine-M (N-dealkyl-) AC Chlorcyclizine-M (nor-) AC Cetirizine-M (N-dealkyl-) AC Etodroxizine-M (N-dealkyl-) AC Hydroxyzine-M (N-dealkyl-) AC Meclozine-M (N-dealkyl-) AC 1271	C19H21ClN2O 328.13425 2620 U+ UHYAC #569-65-3 U+ UHYAC LS/Q Antihistamine Peaks: 85, 165, 201, 242, M+ 328
Clomipramine-M (bis-nor-) AC 1177	C19H21ClN2O 328.13425 2960 U+ UHYAC U+ UHYAC LS Antidepressant Peaks: 72, 100, 227, 242, M+ 328
Tiapride 1296	C15H24N2O4S 328.14569 2820 P G U+UHYAC 51012-32-9 PS LM/Q Antiparkinsonian Peaks: 86, 134, 213, 311, M+ 328

749

328

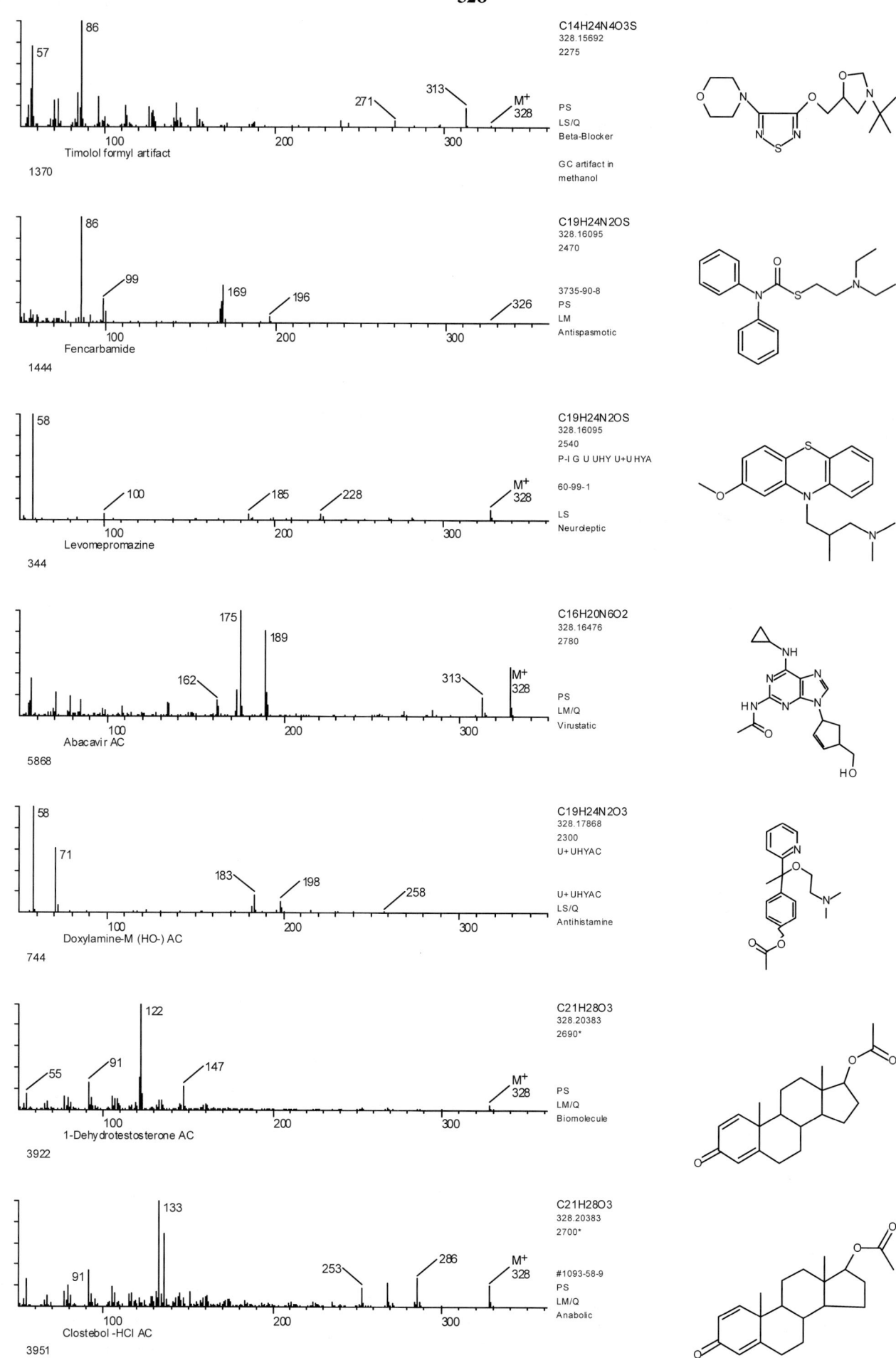

Timolol formyl artifact (1370)	C14H24N4O3S, 328.15692, 2275, PS, LS/Q, Beta-Blocker, GC artifact in methanol
Peaks: 57, 86, 271, 313, M+ 328	

Fencarbamide (1444)	C19H24N2OS, 328.16095, 2470, 3735-90-8, PS, LM, Antispasmotic
Peaks: 86, 99, 169, 196, 326	

Levomepromazine (344)	C19H24N2OS, 328.16095, 2540, P-I G U UHY U+U HYA, 60-99-1, LS, Neuroleptic
Peaks: 58, 100, 185, 228, M+ 328	

Abacavir AC (5868)	C16H20N6O2, 328.16476, 2780, PS, LM/Q, Virustatic
Peaks: 162, 175, 189, 313, M+ 328	

Doxylamine-M (HO-) AC (744)	C19H24N2O3, 328.17868, 2300, U+ UHYAC, U+ UHYAC, LS/Q, Antihistamine
Peaks: 58, 71, 183, 198, 258	

1-Dehydrotestosterone AC (3922)	C21H28O3, 328.20383, 2690*, PS, LM/Q, Biomolecule
Peaks: 55, 91, 122, 147, M+ 328	

Clostebol -HCl AC (3951)	C21H28O3, 328.20383, 2700*, #1093-58-9, PS, LM/Q, Anabolic
Peaks: 91, 133, 253, 286, M+ 328	

328

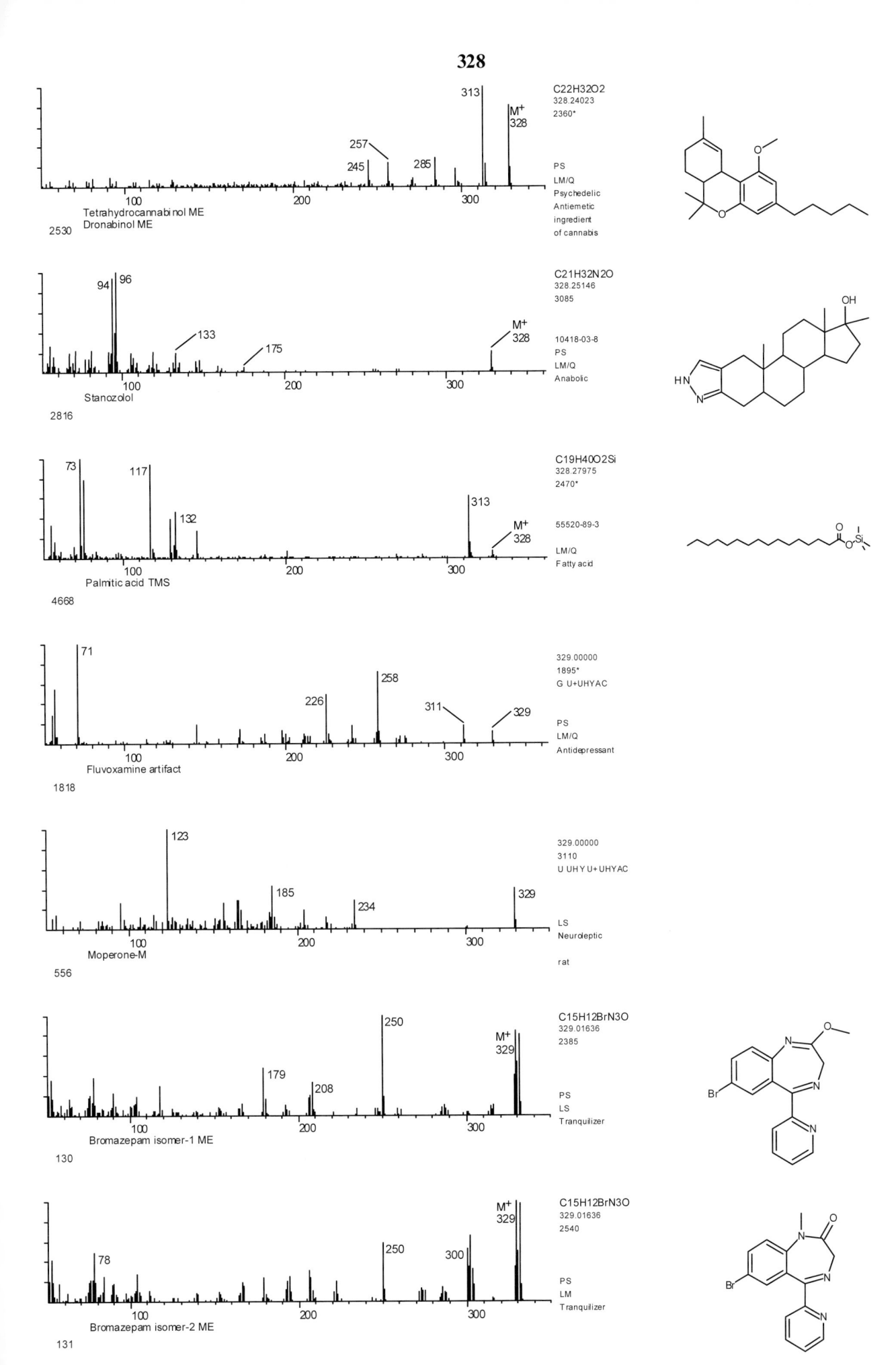

Tetrahydrocannabinol ME
Dronabinol ME
2530

C22H32O2
328.24023
2360*

PS
LM/Q
Psychedelic
Antiemetic
ingredient
of cannabis

Stanozolol
2816

C21H32N2O
328.25146
3085

10418-03-8
PS
LM/Q
Anabolic

Palmitic acid TMS
4668

C19H40O2Si
328.27975
2470*

55520-89-3
LM/Q
Fatty acid

Fluvoxamine artifact
1818

329.00000
1895*
G U+UHYAC

PS
LM/Q
Antidepressant

Moperone-M
556

329.00000
3110
U UH Y U+ UHYAC

LS
Neuroleptic
rat

Bromazepam isomer-1 ME
130

C15H12BrN3O
329.01636
2385

PS
LS
Tranquilizer

Bromazepam isomer-2 ME
131

C15H12BrN3O
329.01636
2540

PS
LM
Tranquilizer

751

329

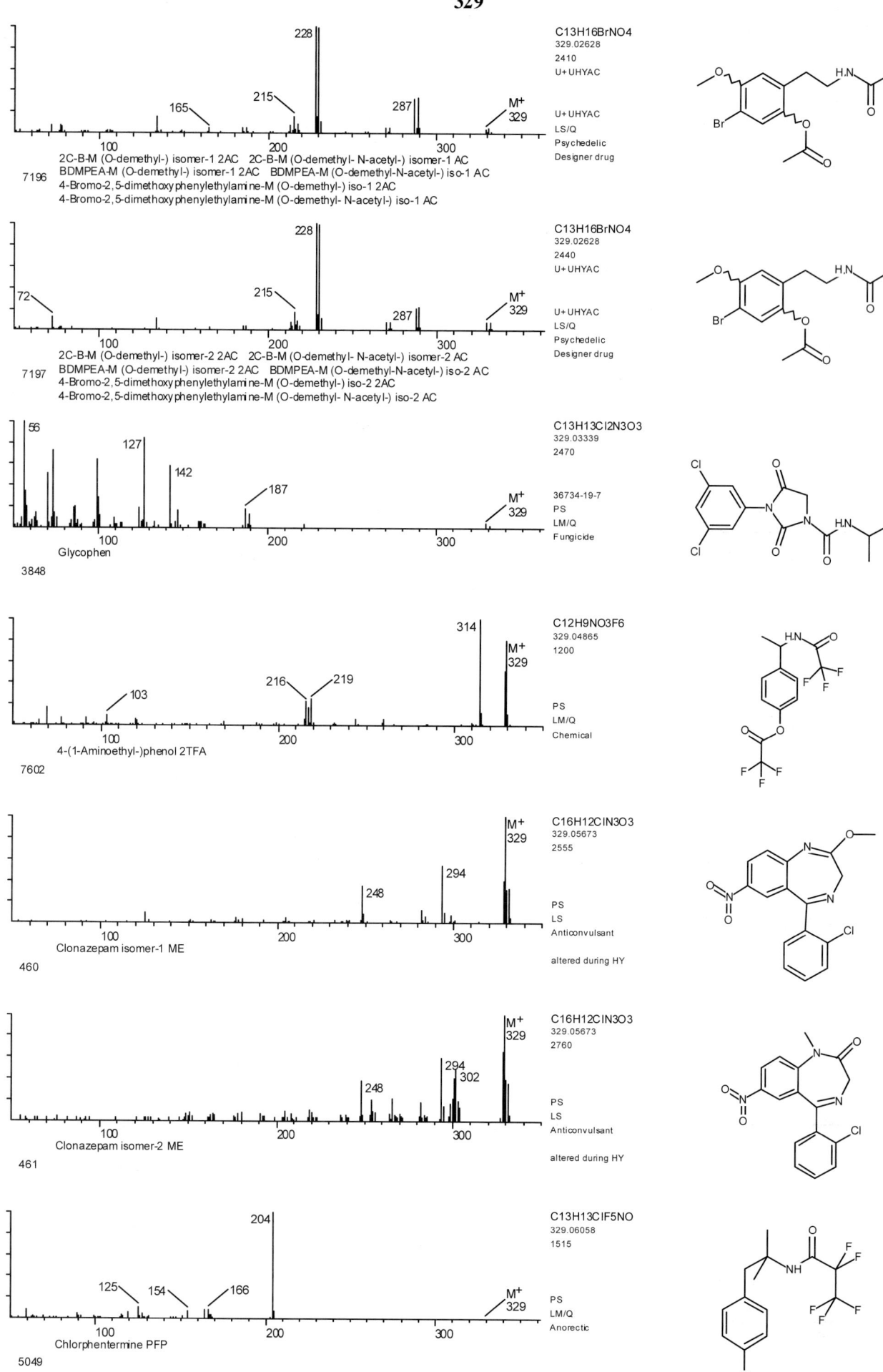

7196
2C-B-M (O-demethyl-) isomer-1 2AC   2C-B-M (O-demethyl- N-acetyl-) isomer-1 AC
BDMPEA-M (O-demethyl-) isomer-1 2AC   BDMPEA-M (O-demethyl-N-acetyl-) iso-1 AC
4-Bromo-2,5-dimethoxyphenylethylamine-M (O-demethyl-) iso-1 2AC
4-Bromo-2,5-dimethoxyphenylethylamine-M (O-demethyl- N-acetyl-) iso-1 AC

C13H16BrNO4
329.02628
2410
U+ UHYAC
U+ UHYAC
LS/Q
Psychedelic
Designer drug

7197
2C-B-M (O-demethyl-) isomer-2 2AC   2C-B-M (O-demethyl- N-acetyl-) isomer-2 AC
BDMPEA-M (O-demethyl-) isomer-2 2AC   BDMPEA-M (O-demethyl-N-acetyl-) iso-2 AC
4-Bromo-2,5-dimethoxyphenylethylamine-M (O-demethyl-) iso-2 2AC
4-Bromo-2,5-dimethoxyphenylethylamine-M (O-demethyl- N-acetyl-) iso-2 AC

C13H16BrNO4
329.02628
2440
U+ UHYAC
U+ UHYAC
LS/Q
Psychedelic
Designer drug

Glycophen
3848

C13H13Cl2N3O3
329.03339
2470
36734-19-7
PS
LM/Q
Fungicide

4-(1-Aminoethyl-)phenol 2TFA
7602

C12H9NO3F6
329.04865
1200
PS
LM/Q
Chemical

Clonazepam isomer-1 ME
460

C16H12ClN3O3
329.05673
2555
PS
LS
Anticonvulsant
altered during HY

Clonazepam isomer-2 ME
461

C16H12ClN3O3
329.05673
2760
PS
LS
Anticonvulsant
altered during HY

Chlorphentermine PFP
5049

C13H13ClF5NO
329.06058
1515
PS
LM/Q
Anorectic

329

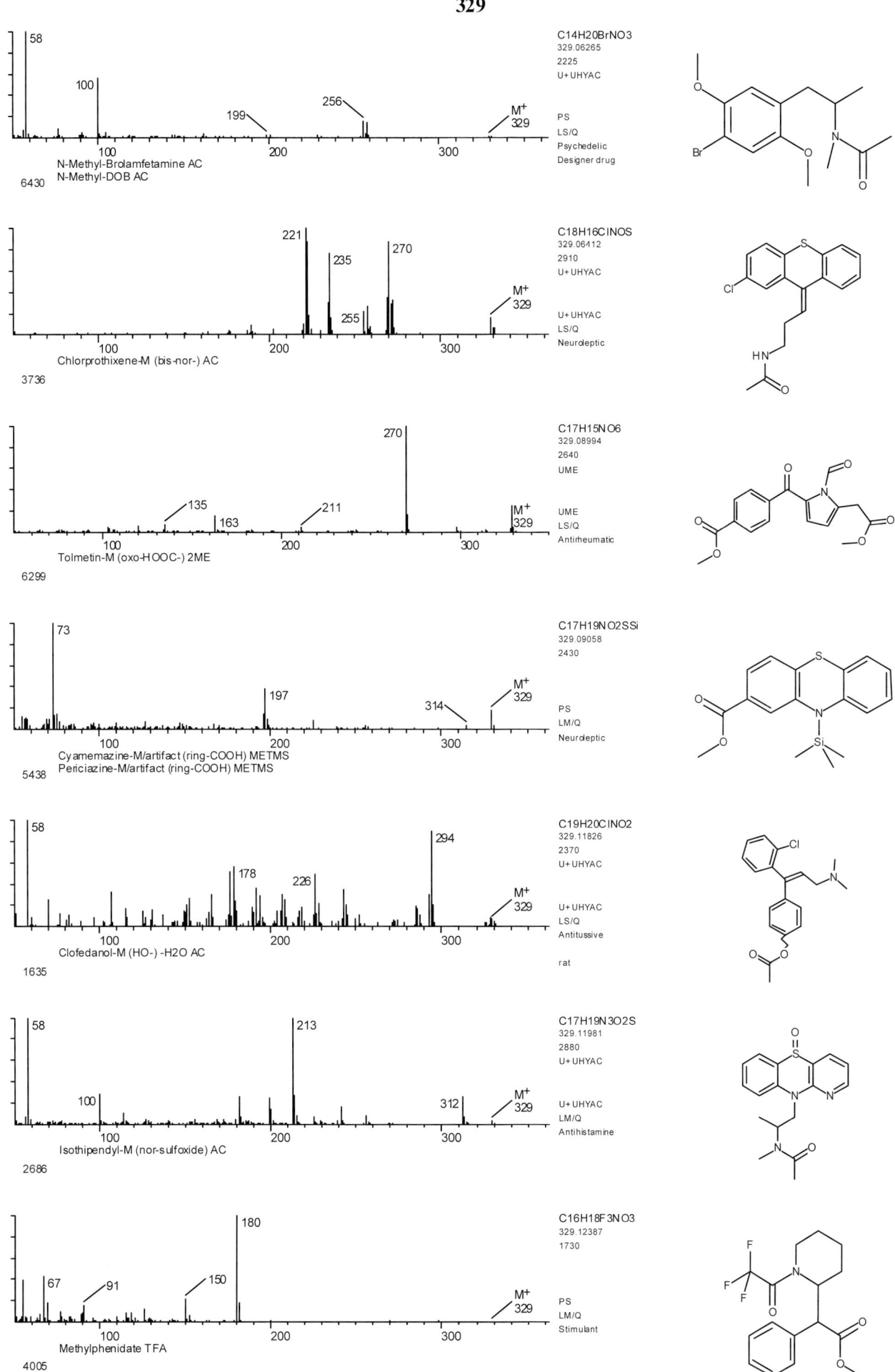

C14H20BrNO3
329.06265
2225
U+ UHYAC

PS
LS/Q
Psychedelic
Designer drug

N-Methyl-Brolamfetamine AC
N-Methyl-DOB AC
6430

C18H16ClNOS
329.06412
2910
U+ UHYAC

U+ UHYAC
LS/Q
Neuroleptic

Chlorprothixene-M (bis-nor-) AC
3736

C17H15NO6
329.08994
2640
UME

UME
LS/Q
Antirheumatic

Tolmetin-M (oxo-HOOC-) 2ME
6299

C17H19NO2SSi
329.09058
2430

PS
LM/Q
Neuroleptic

Cyamemazine-M/artifact (ring-COOH) METMS
Periciazine-M/artifact (ring-COOH) METMS
5438

C19H20ClNO2
329.11826
2370
U+ UHYAC

U+ UHYAC
LS/Q
Antitussive
rat

Clofedanol-M (HO-) -H2O AC
1635

C17H19N3O2S
329.11981
2880
U+ UHYAC

U+ UHYAC
LM/Q
Antihistamine

Isothipendyl-M (nor-sulfoxide) AC
2686

C16H18F3NO3
329.12387
1730

PS
LM/Q
Stimulant

Methylphenidate TFA
4005

753

329

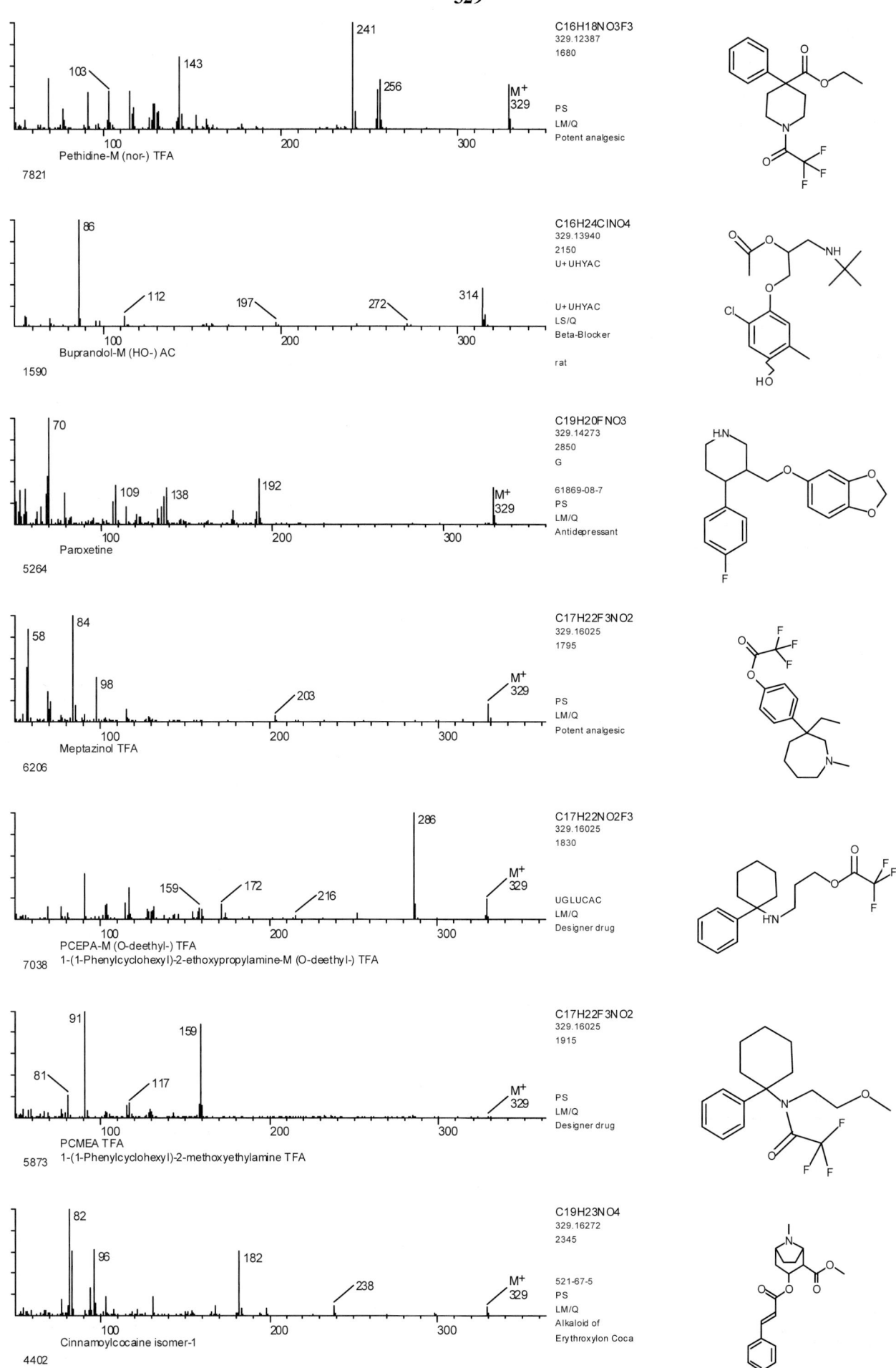

C16H18NO3F3
329.12387
1680

PS
LM/Q
Potent analgesic

Pethidine-M (nor-) TFA
7821

C16H24ClNO4
329.13940
2150
U+UHYAC

U+UHYAC
LS/Q
Beta-Blocker
rat

Bupranolol-M (HO-) AC
1590

C19H20FNO3
329.14273
2850
G

61869-08-7
PS
LM/Q
Antidepressant

Paroxetine
5264

C17H22F3NO2
329.16025
1795

PS
LM/Q
Potent analgesic

Meptazinol TFA
6206

C17H22NO2F3
329.16025
1830

UGLUCAC
LM/Q
Designer drug

PCEPA-M (O-deethyl-) TFA
1-(1-Phenylcyclohexyl)-2-ethoxypropylamine-M (O-deethyl-) TFA
7038

C17H22F3NO2
329.16025
1915

PS
LM/Q
Designer drug

PCMEA TFA
1-(1-Phenylcyclohexyl)-2-methoxyethylamine TFA
5873

C19H23NO4
329.16272
2345

521-67-5
PS
LM/Q
Alkaloid of
Erythroxylon Coca

Cinnamoylcocaine isomer-1
4402

329

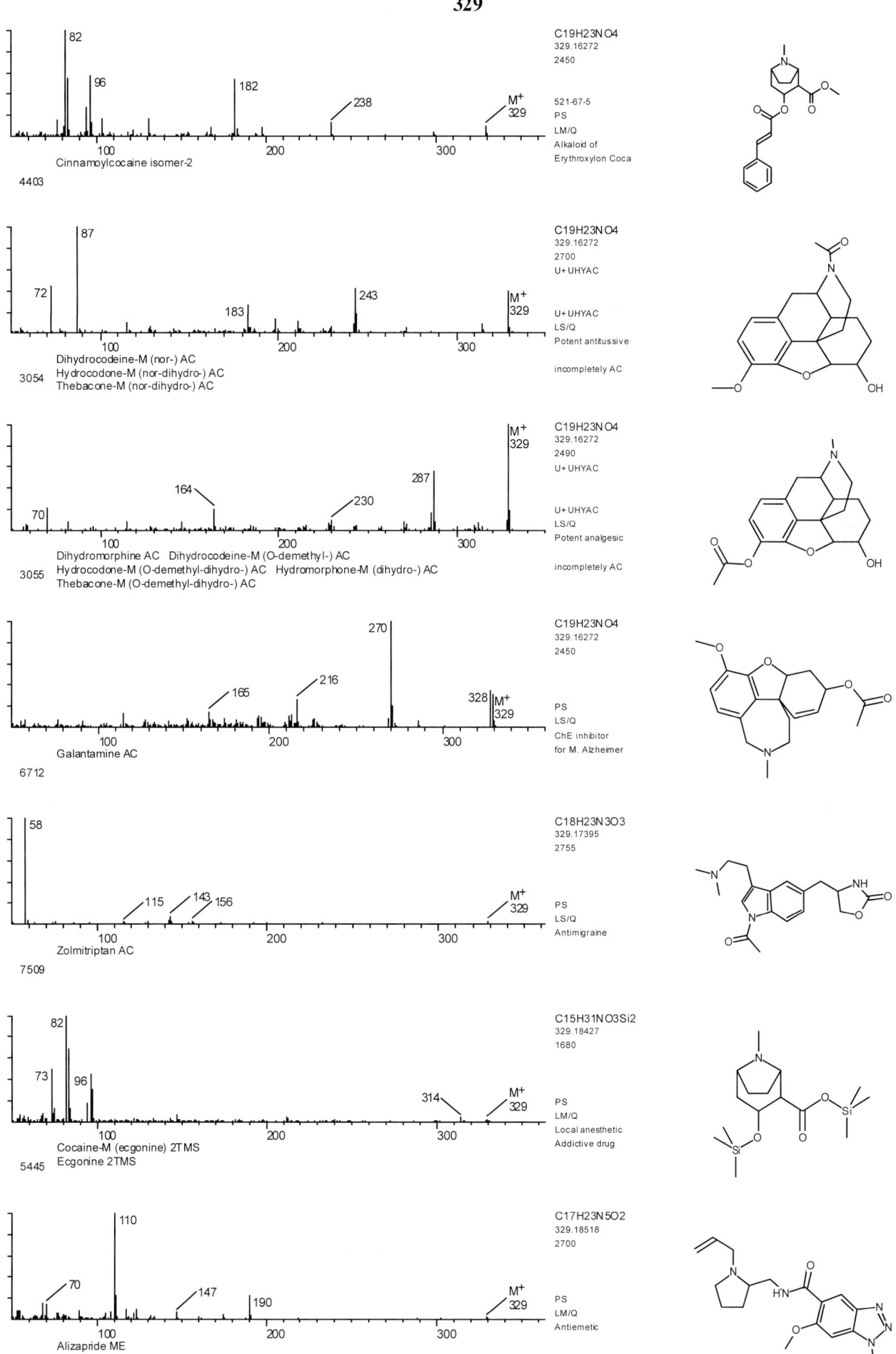

4403 Cinnamoylcocaine isomer-2
82, 96, 182, 238, M+ 329
C19H23NO4
329.16272
2450
521-67-5
PS
LM/Q
Alkaloid of Erythroxylon Coca

3054 Dihydrocodeine-M (nor-) AC
Hydrocodone-M (nor-dihydro-) AC
Thebacone-M (nor-dihydro-) AC
72, 87, 183, 243, M+ 329
C19H23NO4
329.16272
2700
U+ UHYAC
U+ UHYAC
LS/Q
Potent antitussive
incompletely AC

3055 Dihydromorphine AC   Dihydrocodeine-M (O-demethyl-) AC
Hydrocodone-M (O-demethyl-dihydro-) AC   Hydromorphone-M (dihydro-) AC
Thebacone-M (O-demethyl-dihydro-) AC
70, 164, 230, 287, M+ 329
C19H23NO4
329.16272
2490
U+ UHYAC
U+ UHYAC
LS/Q
Potent analgesic
incompletely AC

6712 Galantamine AC
165, 216, 270, 328, M+ 329
C19H23NO4
329.16272
2450
PS
LS/Q
ChE inhibitor for M. Alzheimer

7509 Zolmitriptan AC
58, 115, 143, 156, M+ 329
C18H23N3O3
329.17395
2755
PS
LS/Q
Antimigraine

5445 Cocaine-M (ecgonine) 2TMS
Ecgonine 2TMS
73, 82, 96, 314, M+ 329
C15H31NO3Si2
329.18427
1680
PS
LM/Q
Local anesthetic
Addictive drug

7818 Alizapride ME
70, 110, 147, 190, M+ 329
C17H23N5O2
329.18518
2700
PS
LM/Q
Antiemetic

329

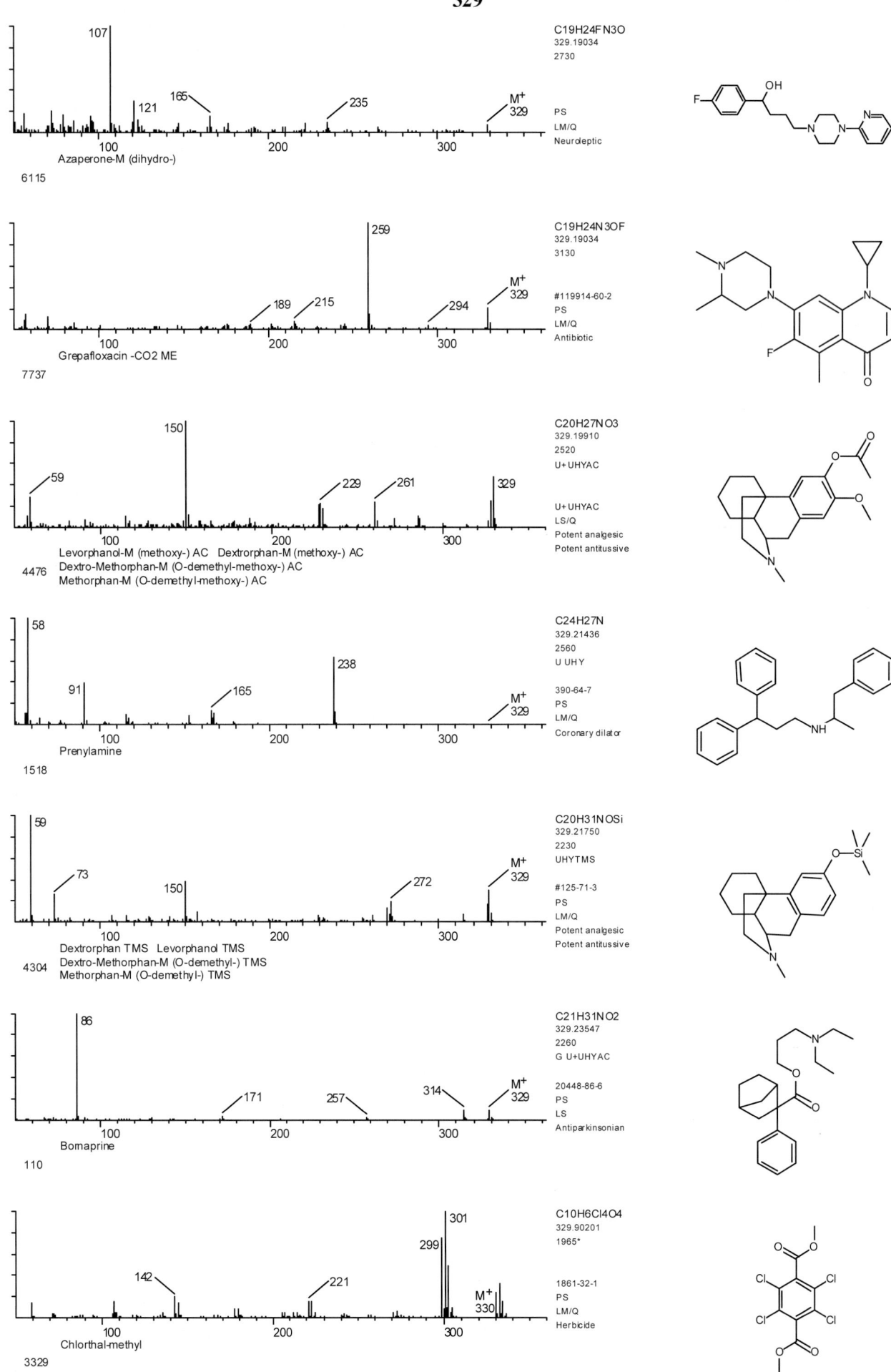

Azaperone-M (dihydro-)
6115
C19H24FN3O
329.19034
2730
PS
LM/Q
Neuroleptic

Grepafloxacin -CO2 ME
7737
C19H24N3OF
329.19034
3130
#119914-60-2
PS
LM/Q
Antibiotic

Levorphanol-M (methoxy-) AC   Dextrorphan-M (methoxy-) AC
Dextro-Methorphan-M (O-demethyl-methoxy-) AC
Methorphan-M (O-demethyl-methoxy-) AC
4476
C20H27NO3
329.19910
2520
U+ UHYAC

U+ UHYAC
LS/Q
Potent analgesic
Potent antitussive

Prenylamine
1518
C24H27N
329.21436
2560
U UHY
390-64-7
PS
LM/Q
Coronary dilator

Dextrorphan TMS   Levorphanol TMS
Dextro-Methorphan-M (O-demethyl-) TMS
Methorphan-M (O-demethyl-) TMS
4304
C20H31NOSi
329.21750
2230
UHYTMS
#125-71-3
PS
LM/Q
Potent analgesic
Potent antitussive

Bornaprine
110
C21H31NO2
329.23547
2260
G U+UHYAC
20448-86-6
PS
LS
Antiparkinsonian

Chlorthal-methyl
3329
C10H6Cl4O4
329.90201
1965*
1861-32-1
PS
LM/Q
Herbicide

330

C14H9Cl3O3
329.96173
2070*
U+ UHYAC

U+ UHYAC
LM/Q
Antiseptic

Triclosan AC
1872

330.00000
2575*
U+ UHYAC

U+ UHYAC
LS/Q
Biomolecule

Endogenous biomolecule AC
usually detected
in U+UHYAC
984

330.00000
2525

PS
LM
Tranquilizer

Lorazepam isomer-2 2ME
altered during HY
542

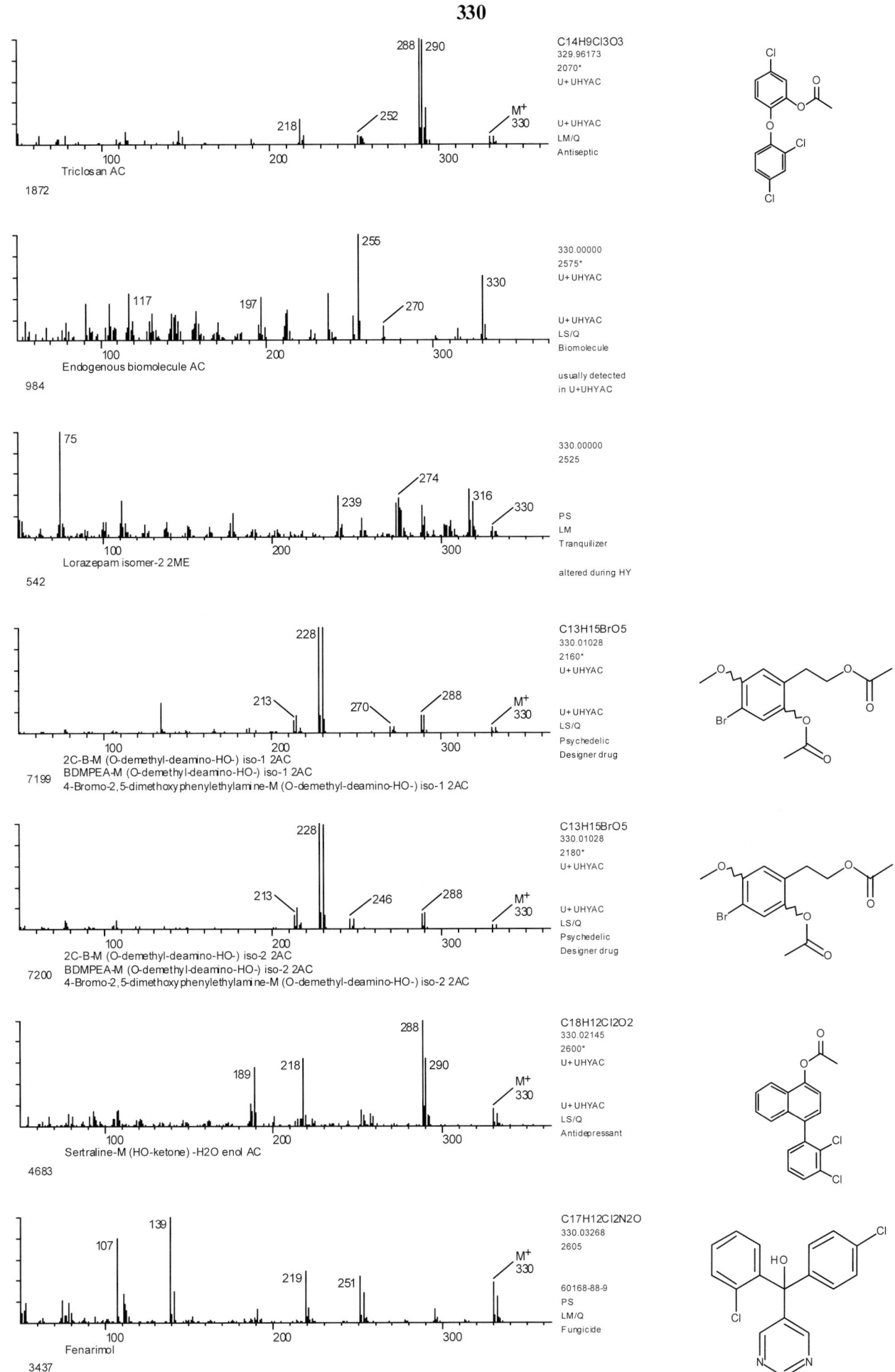

C13H15BrO5
330.01028
2160*
U+ UHYAC

U+ UHYAC
LS/Q
Psychedelic
Designer drug

2C-B-M (O-demethyl-deamino-HO-) iso-1 2AC
BDMPEA-M (O-demethyl-deamino-HO-) iso-1 2AC
4-Bromo-2,5-dimethoxyphenylethylamine-M (O-demethyl-deamino-HO-) iso-1 2AC
7199

C13H15BrO5
330.01028
2180*
U+ UHYAC

U+ UHYAC
LS/Q
Psychedelic
Designer drug

2C-B-M (O-demethyl-deamino-HO-) iso-2 2AC
BDMPEA-M (O-demethyl-deamino-HO-) iso-2 2AC
4-Bromo-2,5-dimethoxyphenylethylamine-M (O-demethyl-deamino-HO-) iso-2 2AC
7200

C18H12Cl2O2
330.02145
2600*
U+ UHYAC

U+ UHYAC
LS/Q
Antidepressant

Sertraline-M (HO-ketone) -H2O enol AC
4683

C17H12Cl2N2O
330.03268
2605

60168-88-9
PS
LM/Q
Fungicide

Fenarimol
3437

757

330

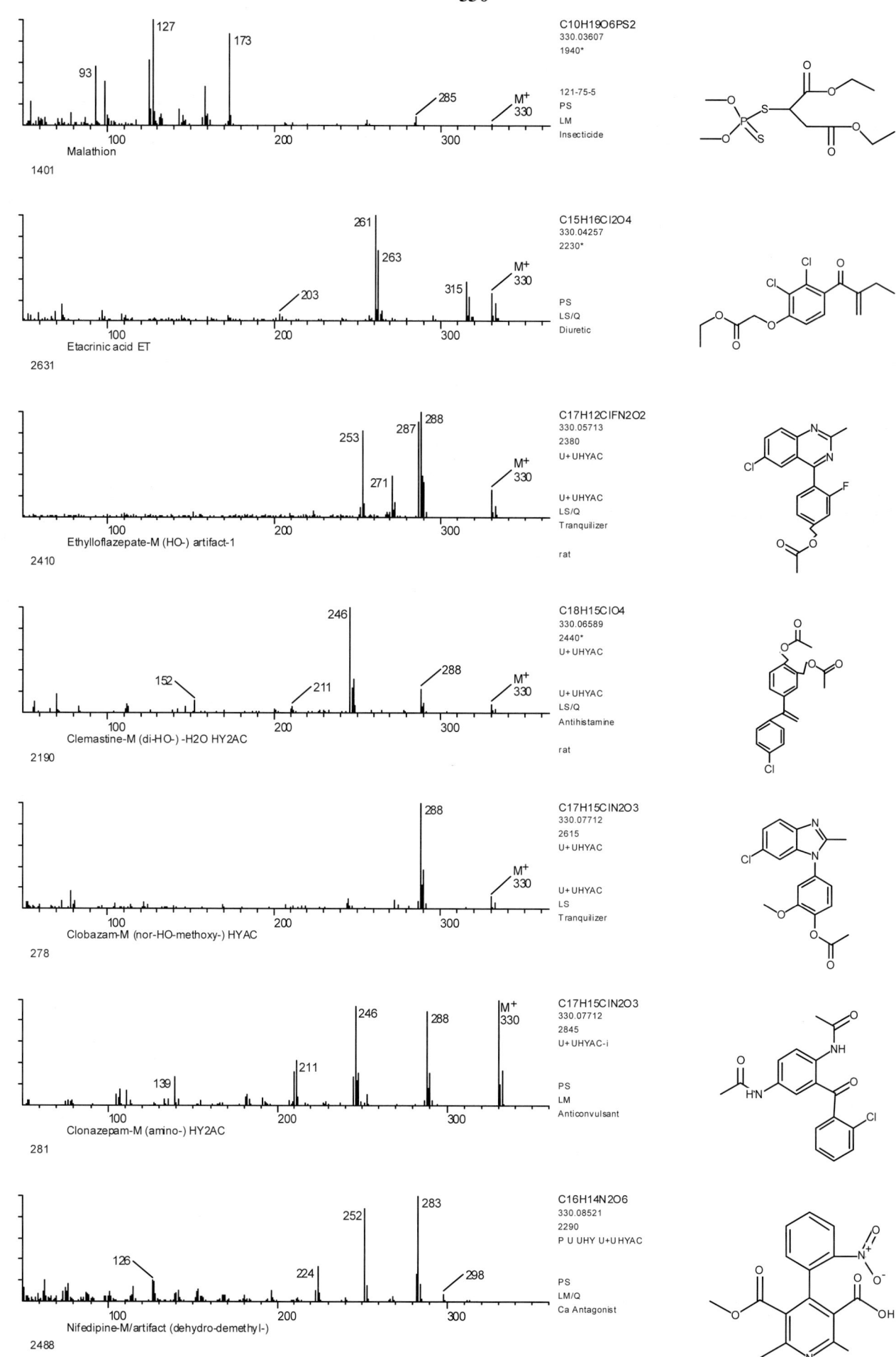

C10H19O6PS2
330.03607
1940*
121-75-5
PS
LM
Insecticide

Malathion
1401

C15H16Cl2O4
330.04257
2230*

PS
LS/Q
Diuretic

Etacrinic acid ET
2631

C17H12ClFN2O2
330.05713
2380
U+ UHYAC

U+ UHYAC
LS/Q
Tranquilizer
rat

Ethylloflazepate-M (HO-) artifact-1
2410

C18H15ClO4
330.06589
2440*
U+ UHYAC

U+ UHYAC
LS/Q
Antihistamine
rat

Clemastine-M (di-HO-) -H2O HY2AC
2190

C17H15ClN2O3
330.07712
2615
U+ UHYAC

U+ UHYAC
LS
Tranquilizer

Clobazam-M (nor-HO-methoxy-) HYAC
278

C17H15ClN2O3
330.07712
2845
U+ UHYAC-i

PS
LM
Anticonvulsant

Clonazepam-M (amino-) HY2AC
281

C16H14N2O6
330.08521
2290
P U UHY U+U HYAC

PS
LM/Q
Ca Antagonist

Nifedipine-M/artifact (dehydro-demethyl-)
2488

330

Tetrazepam AC
C18H19ClN2O2
330.11349
2590
PS
LM/Q
Muscle relaxant
altered during HY

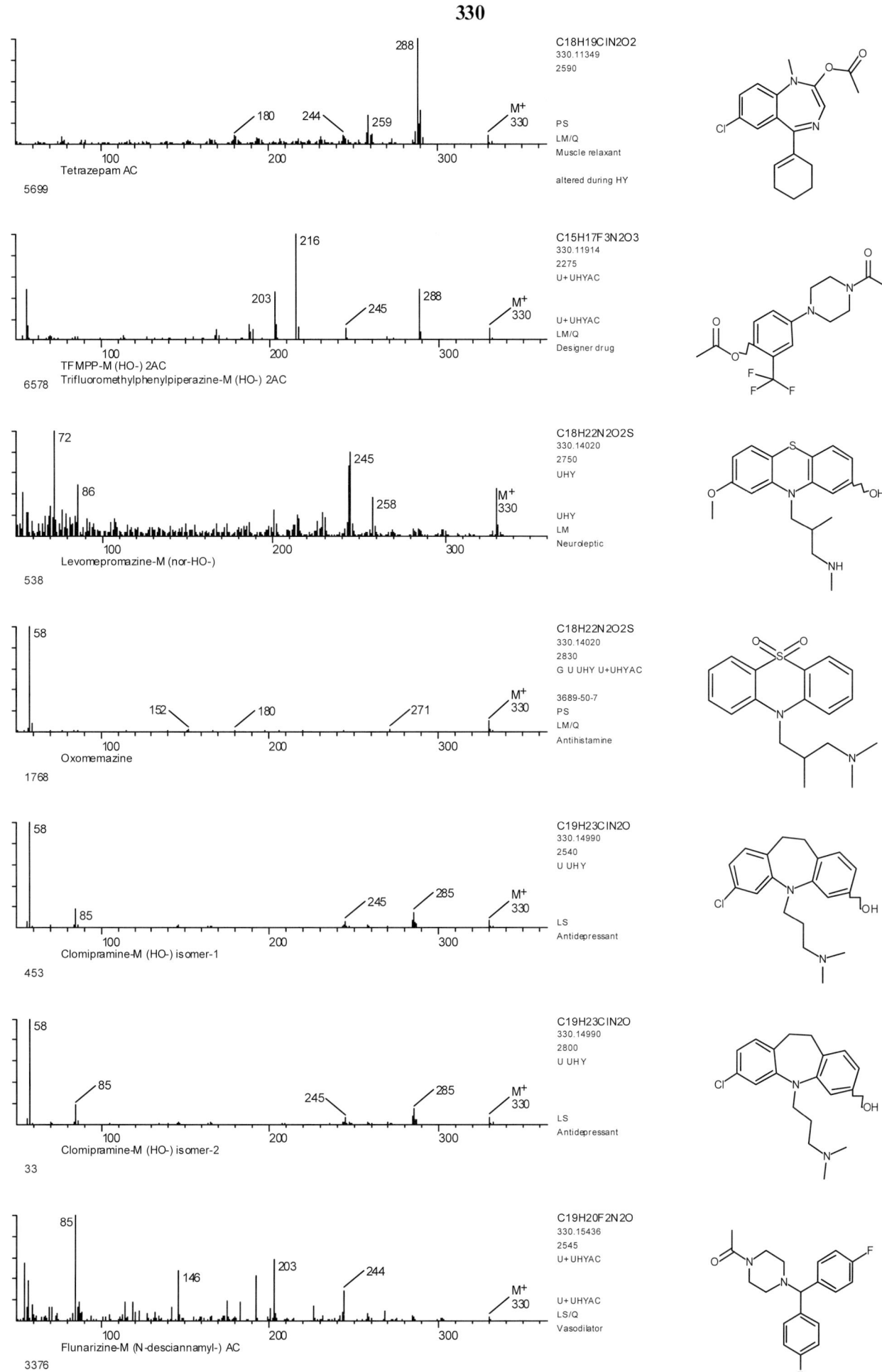

TFMPP-M (HO-) 2AC
Trifluoromethylphenylpiperazine-M (HO-) 2AC
C15H17F3N2O3
330.11914
2275
U+ UHYAC
U+ UHYAC
LM/Q
Designer drug

Levomepromazine-M (nor-HO-)
C18H22N2O2S
330.14020
2750
UHY
UHY
LM
Neuroleptic

Oxomemazine
C18H22N2O2S
330.14020
2830
G U UHY U+UHYAC
3689-50-7
PS
LM/Q
Antihistamine

Clomipramine-M (HO-) isomer-1
C19H23ClN2O
330.14990
2540
U UHY
LS
Antidepressant

Clomipramine-M (HO-) isomer-2
C19H23ClN2O
330.14990
2800
U UHY
LS
Antidepressant

Flunarizine-M (N-desciannamyl-) AC
C19H20F2N2O
330.15436
2545
U+ UHYAC
U+ UHYAC
LS/Q
Vasodilator

330

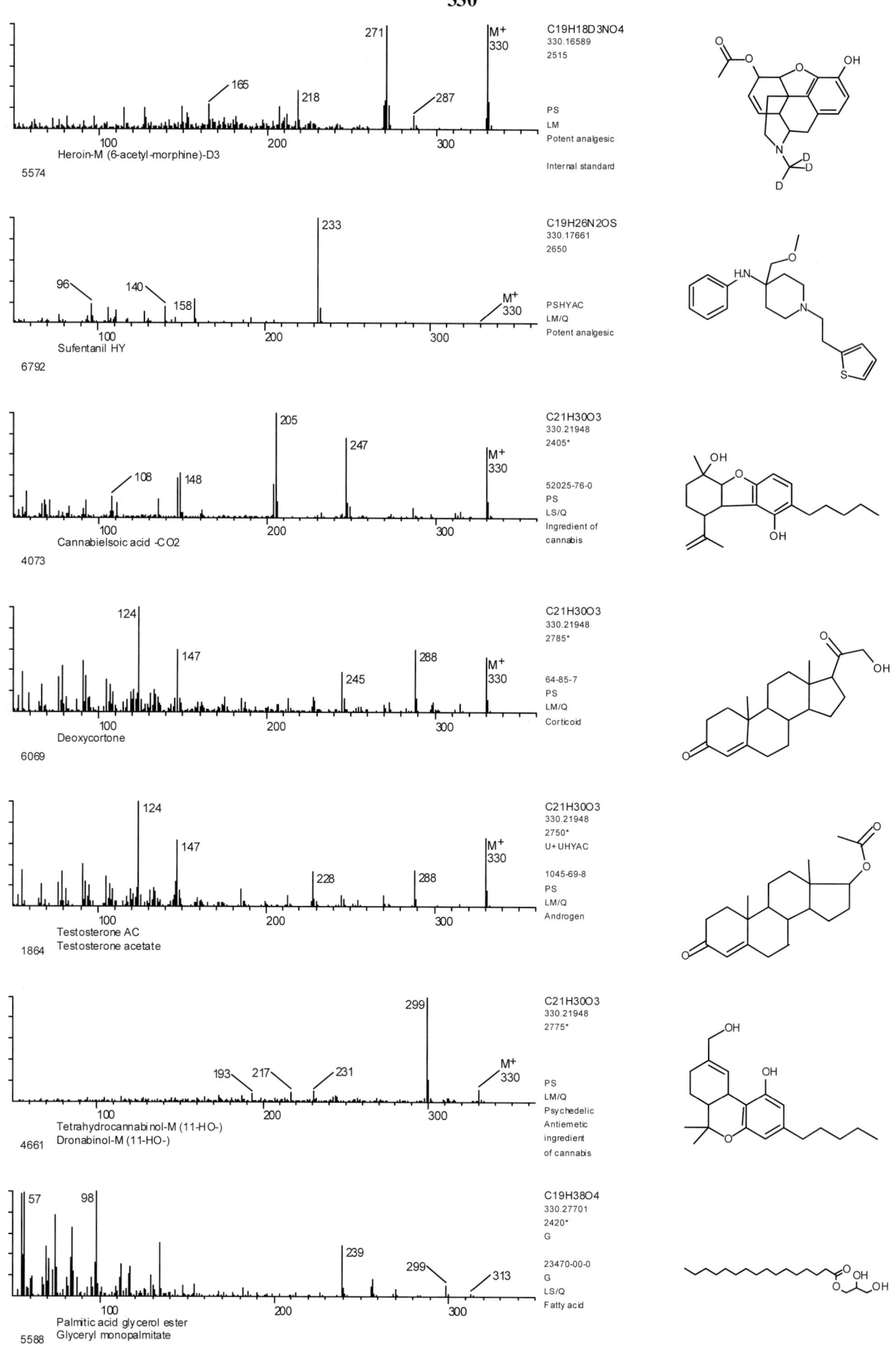

Heroin-M (6-acetyl-morphine)-D3
5574
C19H18D3NO4
330.16589
2515
PS
LM
Potent analgesic
Internal standard

Sufentanil HY
6792
C19H26N2OS
330.17661
2650
PSHYAC
LM/Q
Potent analgesic

Cannabielsoic acid -CO2
4073
C21H30O3
330.21948
2405*
52025-76-0
PS
LS/Q
Ingredient of cannabis

Deoxycortone
6069
C21H30O3
330.21948
2785*
64-85-7
PS
LM/Q
Corticoid

Testosterone AC
Testosterone acetate
1864
C21H30O3
330.21948
2750*
U+ UHYAC
1045-69-8
PS
LM/Q
Androgen

Tetrahydrocannabinol-M (11-HO-)
Dronabinol-M (11-HO-)
4661
C21H30O3
330.21948
2775*
PS
LM/Q
Psychedelic
Antiemetic
ingredient
of cannabis

Palmitic acid glycerol ester
Glyceryl monopalmitate
5588
C19H38O4
330.27701
2420*
G
23470-00-0
G
LS/Q
Fatty acid

331

C9H3ClF5N3OS
330.96054
1780

PS
LM/Q
Muscle relaxant

Tizanidine artifact PFP
7257

C15H10BrNO3
330.98441
2650
U+ UHYAC

#63638-91-5
U+ UHYAC
LS/Q
MAO-Inhibitor

Brofaromine-M/artifact (pyridyl-)AC
2406

C14H10BrN3O2
330.99564
2470
UGLUC-I

13132-73-5
PS
LM
Tranquilizer

Bromazepam-M (3-HO-)
126
altered during HY

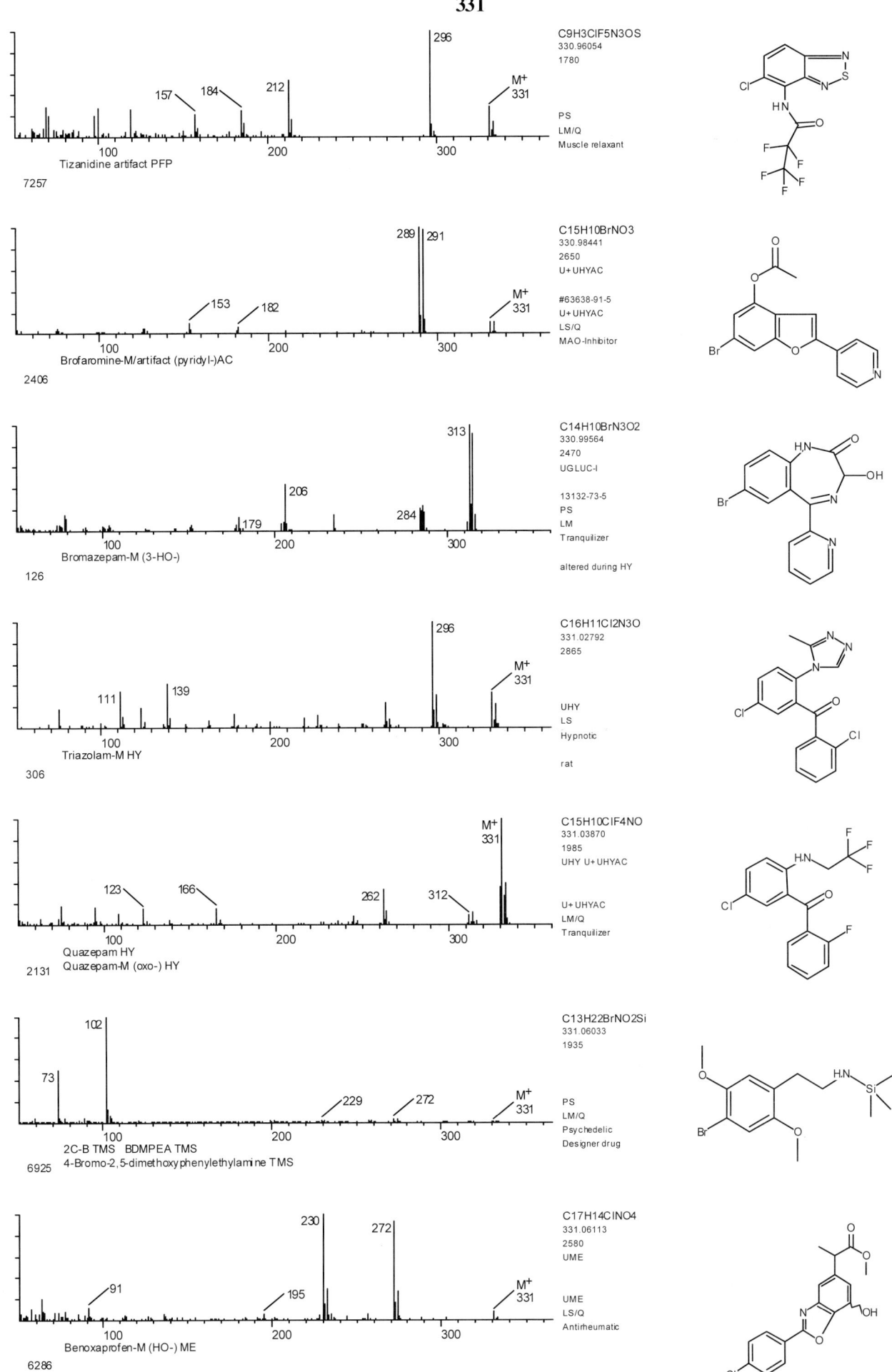

C16H11Cl2N3O
331.02792
2865

UHY
LS
Hypnotic
rat

Triazolam-M HY
306

C15H10ClF4NO
331.03870
1985
UHY U+ UHYAC

U+ UHYAC
LM/Q
Tranquilizer

Quazepam HY
Quazepam-M (oxo-) HY
2131

C13H22BrNO2Si
331.06033
1935

PS
LM/Q
Psychedelic
Designer drug

2C-B TMS   BDMPEA TMS
4-Bromo-2,5-dimethoxyphenylethylamine TMS
6925

C17H14ClNO4
331.06113
2580
UME

UME
LS/Q
Antirheumatic

Benoxaprofen-M (HO-) ME
6286

761

331

2125	Clorazepate-M (HO-) isomer-1 HY2AC Diazepam-M (nor-HO-) isomer-1 HY2AC Halazepam-M (N-dealkyl-HO-) isomer-1 HY2AC Nordazepam-M (HO-) isomer-1 HY2AC Prazepam-M (dealkyl-HO-) isomer-1 HY2AC	Peaks: 154, 230, 247, 289, M+ 331 C17H14ClNO4 331.06113 2560 U+ UHYAC LS/Q Tranquilizer
1751	Clorazepate-M (HO-) isomer-2 HY2AC Diazepam-M (nor-HO-) isomer-2 HY2AC Halazepam-M (N-dealkyl-HO-) isomer-2 HY2AC Nordazepam-M (HO-) isomer-2 HY2AC Prazepam-M (dealkyl-HO-) isomer-2 HY2AC	Peaks: 121, 154, 246, 289, M+ 331 C17H14ClNO4 331.06113 2610 U+ UHYAC LM/Q Tranquilizer
7486	Emtricitabine 2AC	Peaks: 87, 100, 130, 154, 188 C12H14N3O5FS 331.06381 2580 PS LM/Q Virustatic
3734	Chlorprothixene-M (bis-nor-dihydro-) AC	Peaks: 100, 152, 195, 231, M+ 331 C18H18ClNOS 331.07977 2870 U+ UHYAC U+ UHYAC LS/Q Neuroleptic HY artifact
4162	Chlorprothixene-M/artifact (sulfoxide)	Peaks: 58, 189, 221, 314, M+ 331 C18H18ClNOS 331.07977 2720 G P U+ UHYAC PS LS/Q Neuroleptic
4291	Zotepine	Peaks: 58, 72, 199, 299, M+ 331 C18H18ClNOS 331.07977 2660 P G U 26615-21-4 PS LM/Q Neuroleptic altered during HY
5047	Amfetamine HFB Amfetaminil-M/artifact (AM) HFB Clobenzorex-M (AM) HFB Etilamfetamine-M (AM) HFB Famprofazone-M (AM) HFB Fenetylline-M (AM) HFB Fenproporex-M (AM) HFB Mefenorex-M (AM) HFB Metamfetamine-M (nor-) HFB Prenylamine-M (AM) HFB Selegiline-M (bis-dealkyl-) HFB	Peaks: 91, 118, 169, 240 C13H12F7NO 331.08072 1355 PS LM/Q Stimulant

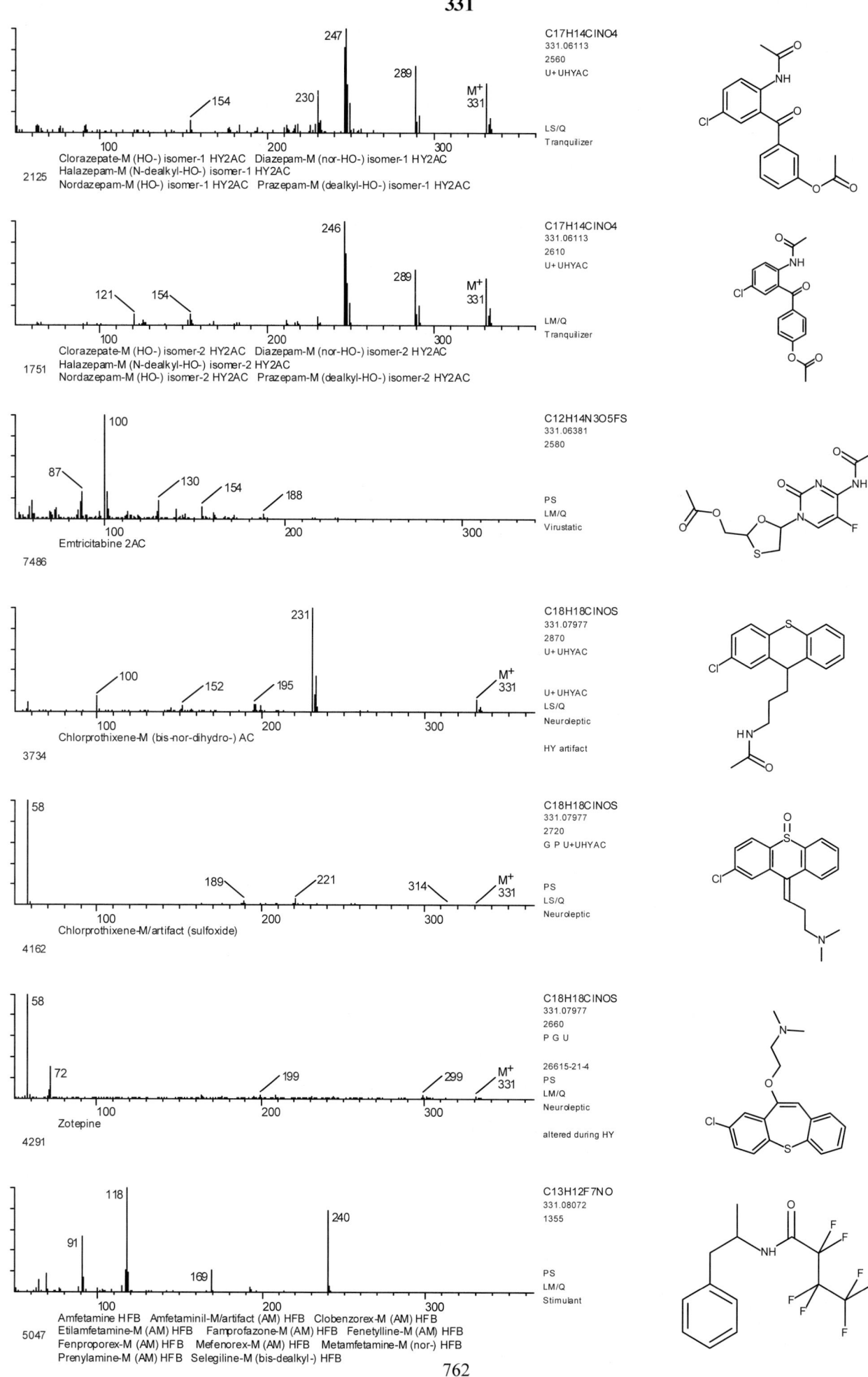

331

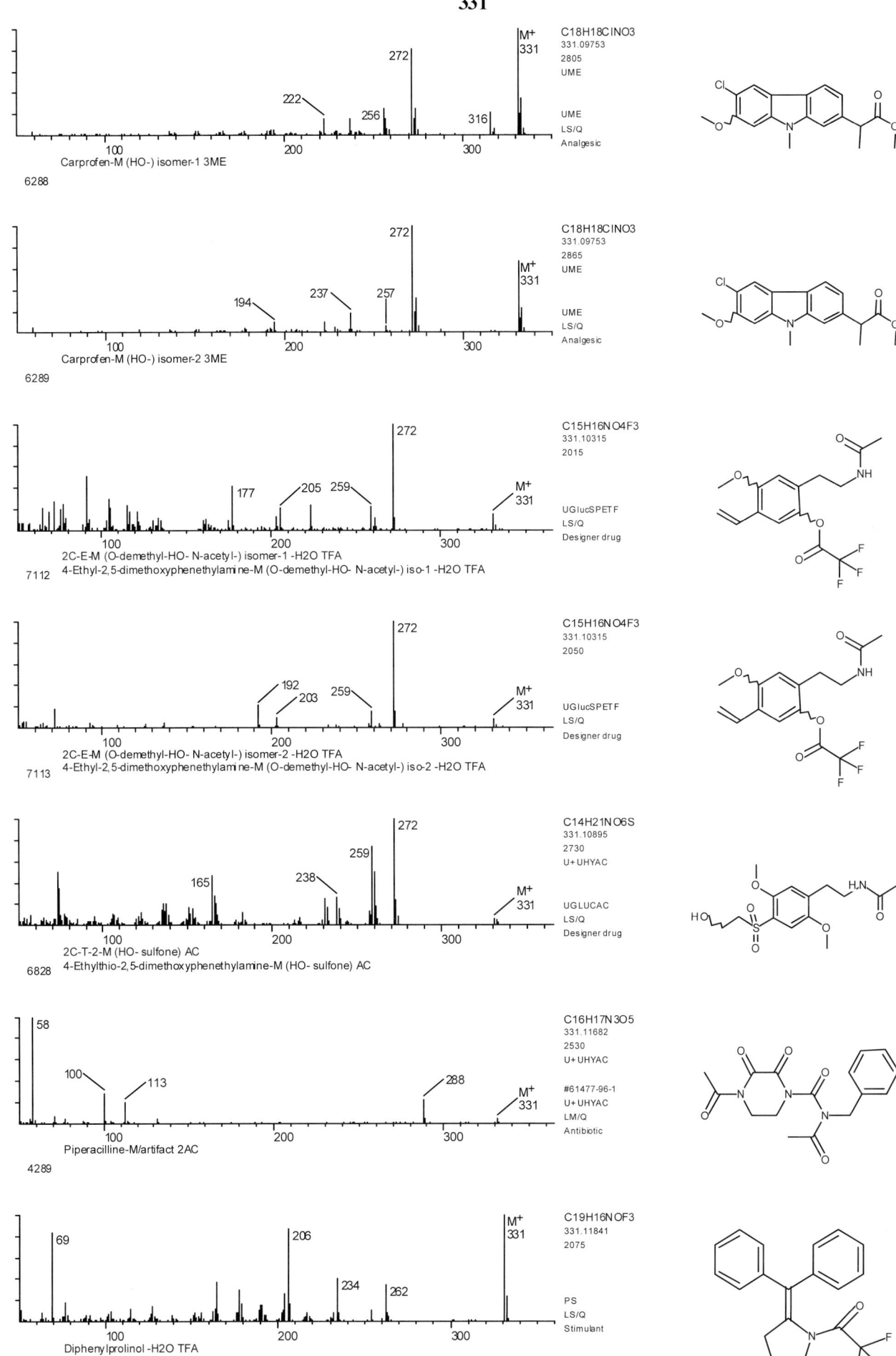

Spectrum label	Formula / Info
Carprofen-M (HO-) isomer-1 3ME (6288); peaks 222, 256, 272, 316, M+ 331	C18H18ClNO3, 331.09753, 2805, UME, UME, LS/Q, Analgesic
Carprofen-M (HO-) isomer-2 3ME (6289); peaks 194, 237, 257, 272, M+ 331	C18H18ClNO3, 331.09753, 2865, UME, UME, LS/Q, Analgesic
2C-E-M (O-demethyl-HO- N-acetyl-) isomer-1 -H2O TFA / 4-Ethyl-2,5-dimethoxyphenethylamine-M (O-demethyl-HO- N-acetyl-) iso-1 -H2O TFA (7112); peaks 177, 205, 259, 272, M+ 331	C15H16NO4F3, 331.10315, 2015, UGlucSPETF, LS/Q, Designer drug
2C-E-M (O-demethyl-HO- N-acetyl-) isomer-2 -H2O TFA / 4-Ethyl-2,5-dimethoxyphenethylamine-M (O-demethyl-HO- N-acetyl-) iso-2 -H2O TFA (7113); peaks 192, 203, 259, 272, M+ 331	C15H16NO4F3, 331.10315, 2050, UGlucSPETF, LS/Q, Designer drug
2C-T-2-M (HO- sulfone) AC / 4-Ethylthio-2,5-dimethoxyphenethylamine-M (HO- sulfone) AC (6828); peaks 165, 238, 259, 272, M+ 331	C14H21NO6S, 331.10895, 2730, U+UHYAC, UGLUCAC, LS/Q, Designer drug
Piperacilline-M/artifact 2AC (4289); peaks 58, 100, 113, 288, M+ 331	C16H17N3O5, 331.11682, 2530, U+UHYAC, #61477-96-1, U+UHYAC, LM/Q, Antibiotic
Diphenylprolinol -H2O TFA (7808); peaks 69, 206, 234, 262, M+ 331	C19H16NOF3, 331.11841, 2075, PS, LS/Q, Stimulant

763

331

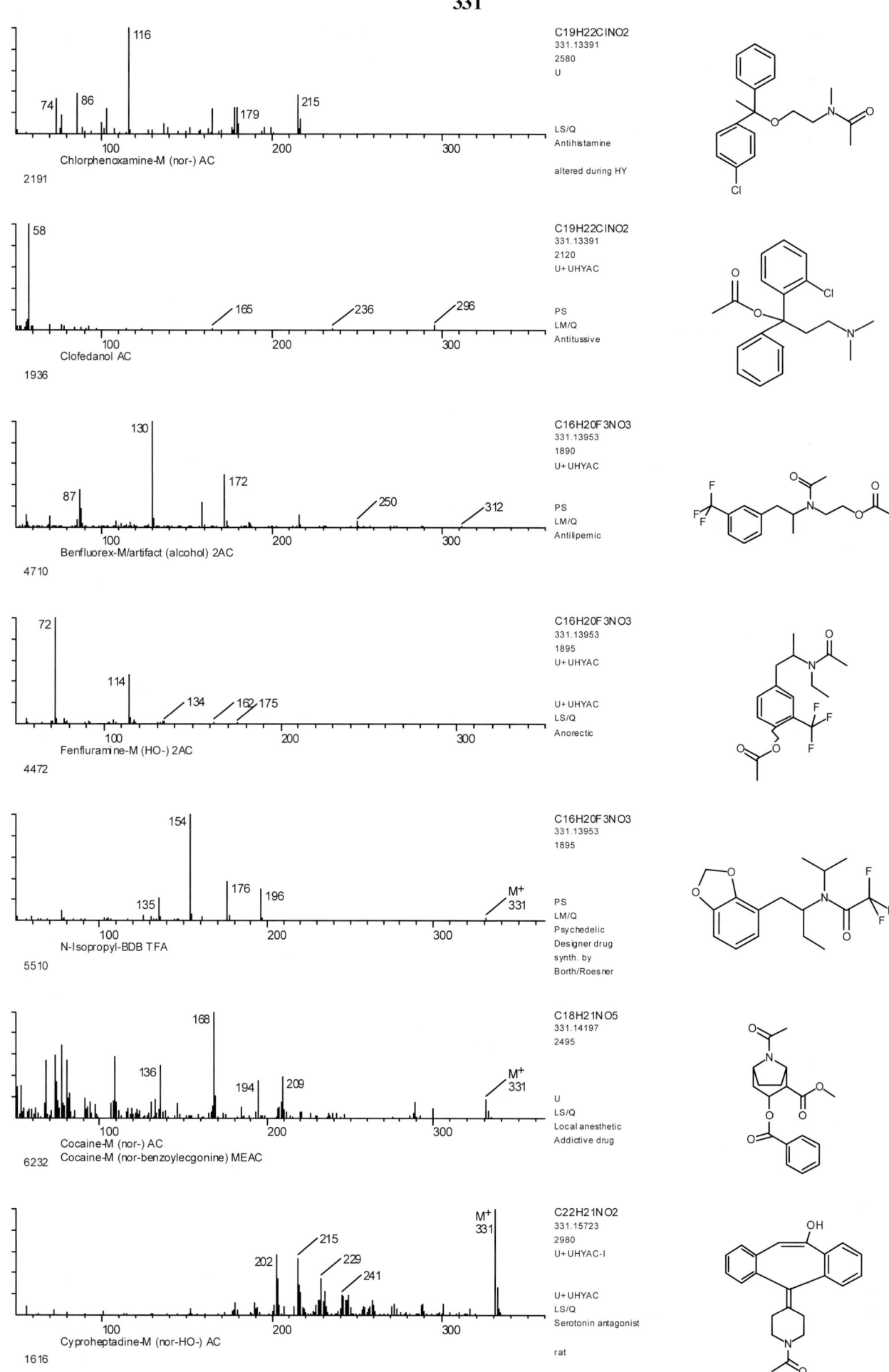

Chlorphenoxamine-M (nor-) AC
2191
C19H22ClNO2
331.13391
2580
U

LS/Q
Antihistamine

altered during HY

Clofedanol AC
1936
C19H22ClNO2
331.13391
2120
U+ UHYAC

PS
LM/Q
Antitussive

Benfluorex-M/artifact (alcohol) 2AC
4710
C16H20F3NO3
331.13953
1890
U+ UHYAC

PS
LM/Q
Antilipemic

Fenfluramine-M (HO-) 2AC
4472
C16H20F3NO3
331.13953
1895
U+ UHYAC

U+ UHYAC
LS/Q
Anorectic

N-Isopropyl-BDB TFA
5510
C16H20F3NO3
331.13953
1895

PS
LM/Q
Psychedelic
Designer drug
synth. by
Borth/Roesner

Cocaine-M (nor-) AC
Cocaine-M (nor-benzoylecgonine) MEAC
6232
C18H21NO5
331.14197
2495

U
LS/Q
Local anesthetic
Addictive drug

Cyproheptadine-M (nor-HO-) AC
1616
C22H21NO2
331.15723
2980
U+ UHYAC-I

U+ UHYAC
LS/Q
Serotonin antagonist

rat

764

331

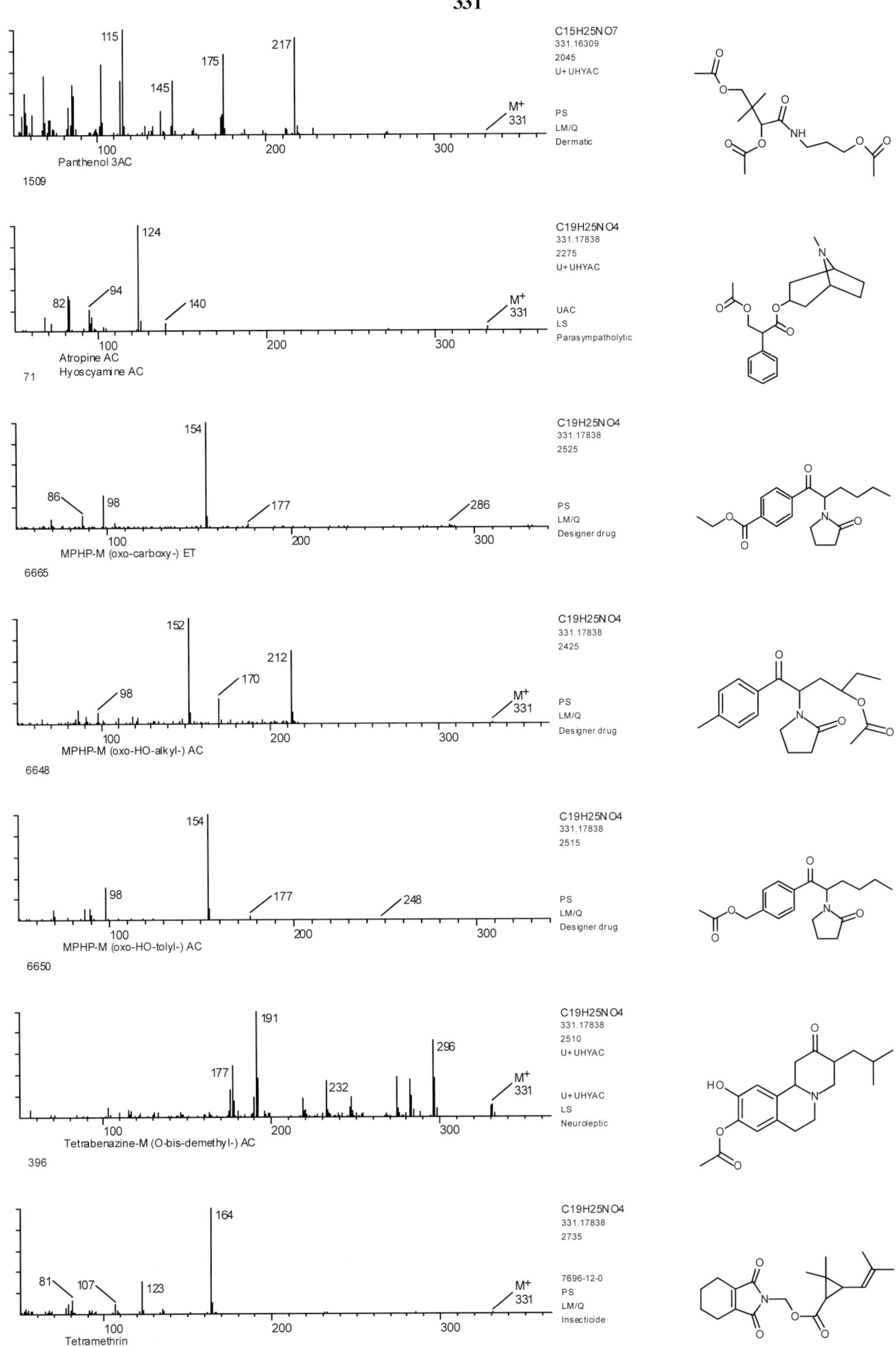

Panthenol 3AC (1509)	C15H25NO7 331.16309 2045 U+ UHYAC PS LM/Q Dermatic

Peaks: 115, 145, 175, 217, M+ 331

Atropine AC / Hyoscyamine AC (71)	C19H25NO4 331.17838 2275 U+ UHYAC UAC LS Parasympatholytic

Peaks: 82, 94, 124, 140, M+ 331

MPHP-M (oxo-carboxy-) ET (6665)	C19H25NO4 331.17838 2525 PS LM/Q Designer drug

Peaks: 86, 98, 154, 177, 286

MPHP-M (oxo-HO-alkyl-) AC (6648)	C19H25NO4 331.17838 2425 PS LM/Q Designer drug

Peaks: 98, 152, 170, 212, M+ 331

MPHP-M (oxo-HO-tolyl-) AC (6650)	C19H25NO4 331.17838 2515 PS LM/Q Designer drug

Peaks: 98, 154, 177, 248

Tetrabenazine-M (O-bis-demethyl-) AC (396)	C19H25NO4 331.17838 2510 U+ UHYAC U+ UHYAC LS Neuroleptic

Peaks: 177, 191, 232, 296, M+ 331

Tetramethrin (3883)	C19H25NO4 331.17838 2735 7696-12-0 PS LM/Q Insecticide

Peaks: 81, 107, 123, 164, M+ 331

331

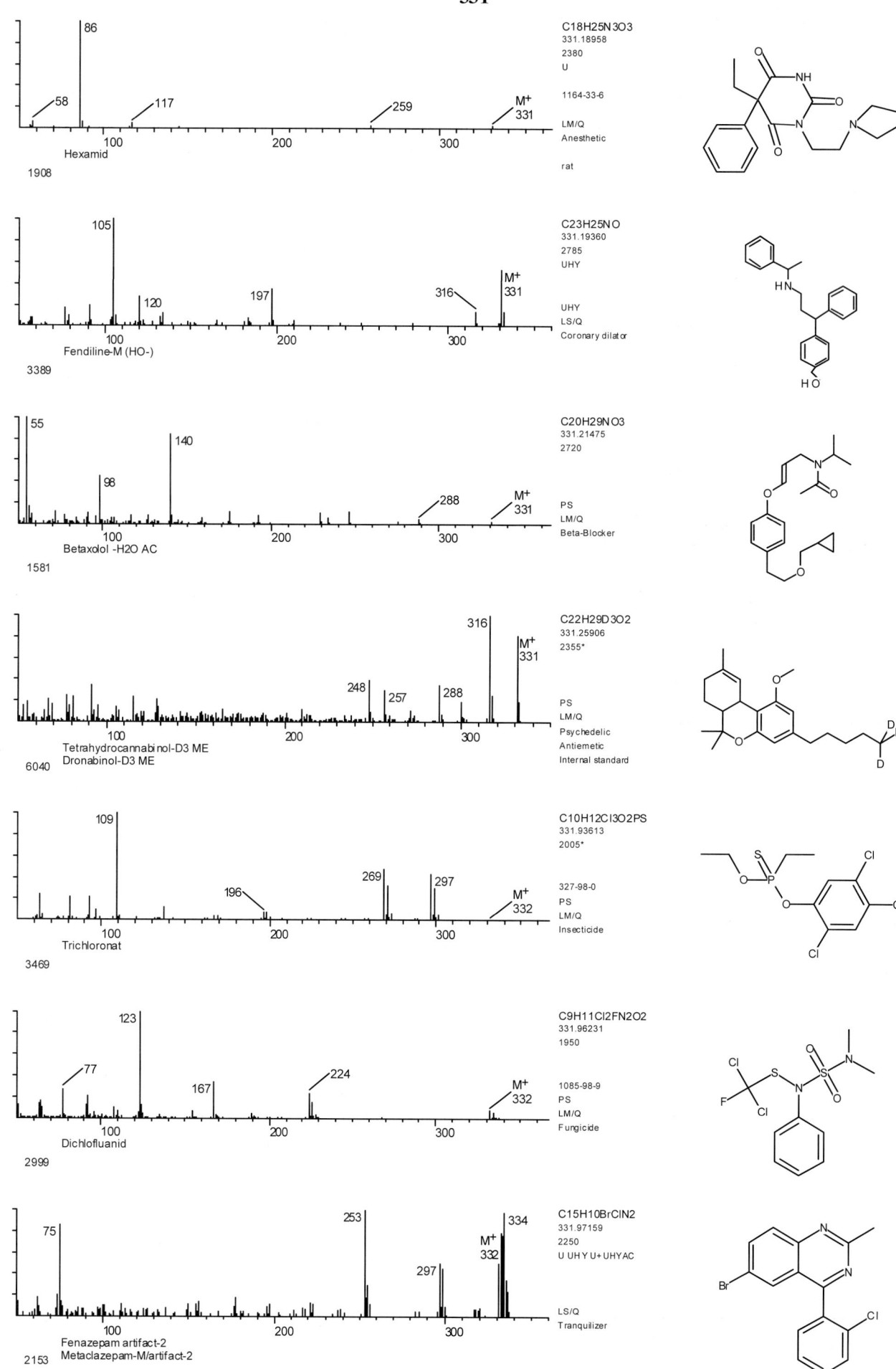

C18H25N3O3
331.18958
2380
U

1164-33-6

LM/Q
Anesthetic
rat

Hexamid
1908

C23H25NO
331.19360
2785
UHY

UHY
LS/Q
Coronary dilator

Fendiline-M (HO-)
3389

C20H29NO3
331.21475
2720

PS
LM/Q
Beta-Blocker

Betaxolol -H2O AC
1581

C22H29D3O2
331.25906
2355*

PS
LM/Q
Psychedelic
Antiemetic
Internal standard

Tetrahydrocannabinol-D3 ME
Dronabinol-D3 ME
6040

C10H12Cl3O2PS
331.93613
2005*

327-98-0
PS
LM/Q
Insecticide

Trichloronat
3469

C9H11Cl2FN2O2
331.96231
1950

1085-98-9
PS
LM/Q
Fungicide

Dichlofluanid
2999

C15H10BrClN2
331.97159
2250
U UH Y U+ UHYAC

LS/Q
Tranquilizer

Fenazepam artifact-2
Metaclazepam-M/artifact-2
2153

332

C16H12O4S2
332.01770
2805*
UME

LS/Q
Scabicide

Mesulphen-M (di-HOOC-) 2ME
5392

C18H14Cl2O2
332.03708
2530*
U+ UHYAC

U+ UHYAC
LS/Q
Antidepressant

Sertraline-M (ketone) enol AC
4684

C16H13ClN2O2S
332.03864
2660

PS
LS
Tranquilizer

synthesized

Clotiazepam-M (oxo-)
268

C16H17BrN2O
332.05243
2170
U+ UHYAC

U+ UHYAC
LS/Q
Antihistamine

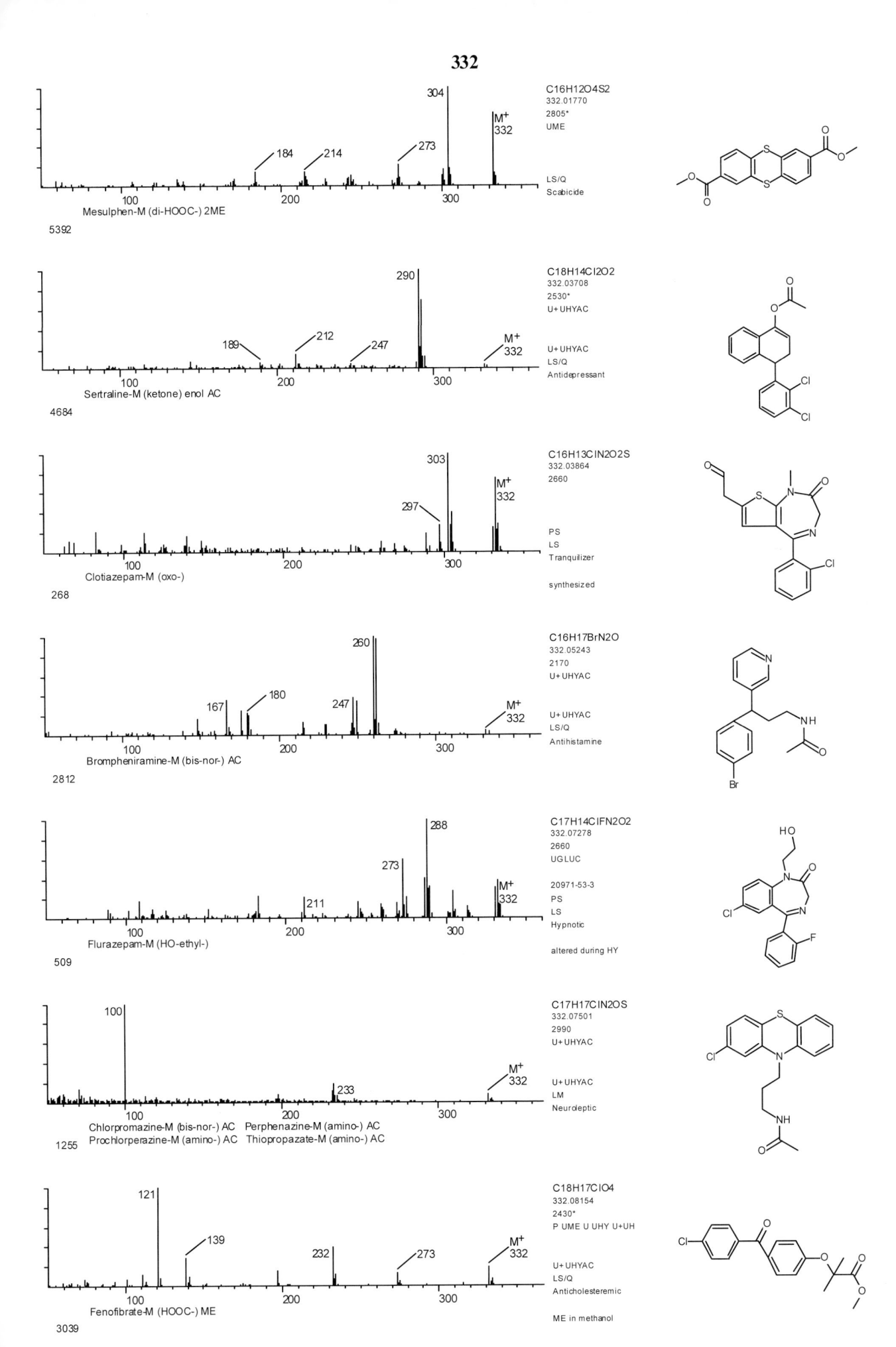

Brompheniramine-M (bis-nor-) AC
2812

C17H14ClFN2O2
332.07278
2660
UGLUC

20971-53-3
PS
LS
Hypnotic

altered during HY

Flurazepam-M (HO-ethyl-)
509

C17H17ClN2OS
332.07501
2990
U+ UHYAC

U+ UHYAC
LM
Neuroleptic

Chlorpromazine-M (bis-nor-) AC   Perphenazine-M (amino-) AC
Prochlorperazine-M (amino-) AC   Thiopropazate-M (amino-) AC
1255

C18H17ClO4
332.08154
2430*
P UME U UHY U+UH

U+ UHYAC
LS/Q
Anticholesteremic

ME in methanol

Fenofibrate-M (HOOC-) ME
3039

332

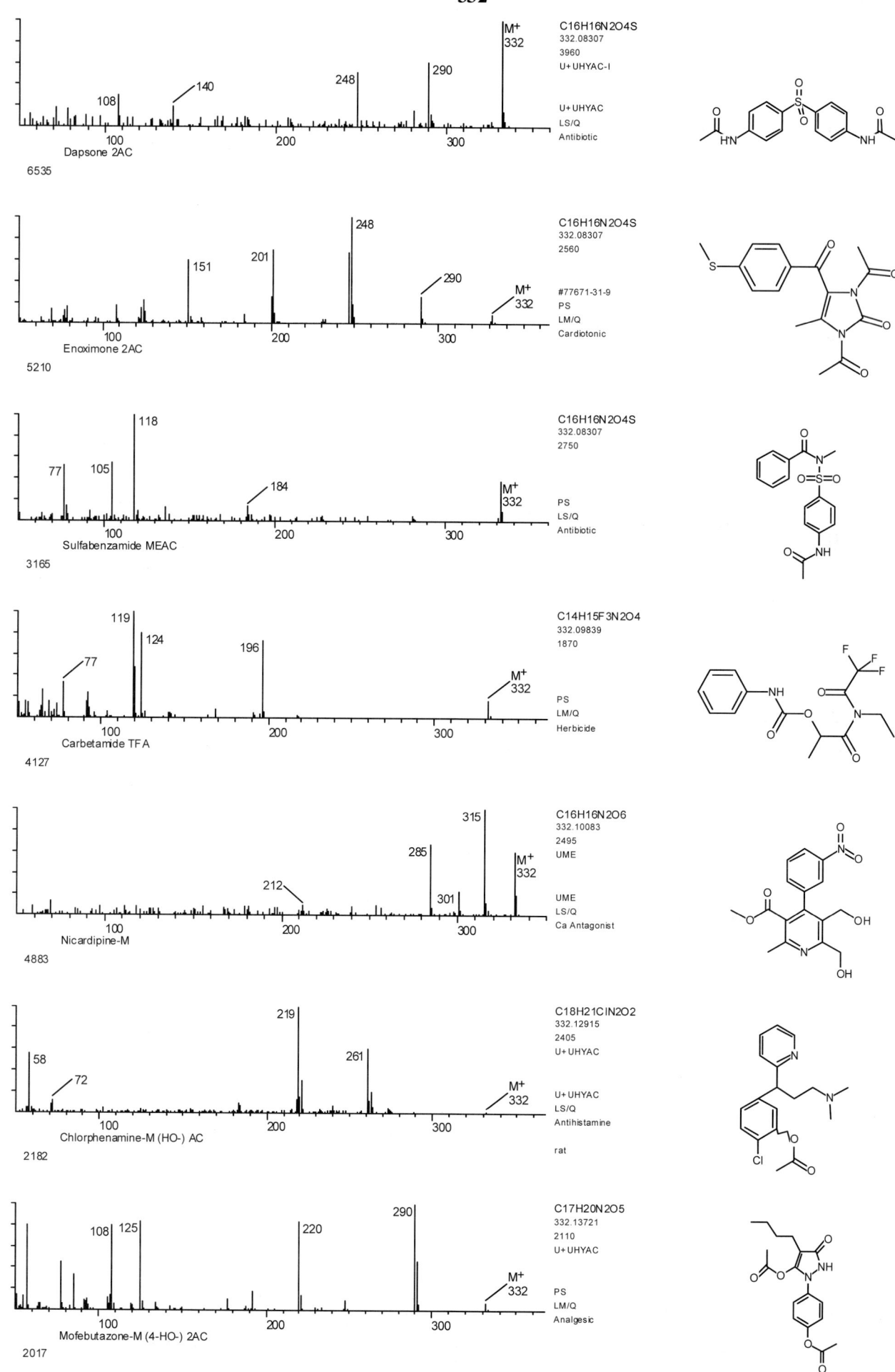

Dapsone 2AC
6535
C16H16N2O4S
332.08307
3960
U+ UHYAC-I
U+ UHYAC
LS/Q
Antibiotic

Enoximone 2AC
5210
C16H16N2O4S
332.08307
2560
#77671-31-9
PS
LM/Q
Cardiotonic

Sulfabenzamide MEAC
3165
C16H16N2O4S
332.08307
2750
PS
LS/Q
Antibiotic

Carbetamide TFA
4127
C14H15F3N2O4
332.09839
1870
PS
LM/Q
Herbicide

Nicardipine-M
4883
C16H16N2O6
332.10083
2495
UME
UME
LS/Q
Ca Antagonist

Chlorphenamine-M (HO-) AC
2182
C18H21ClN2O2
332.12915
2405
U+ UHYAC
U+ UHYAC
LS/Q
Antihistamine
rat

Mofebutazone-M (4-HO-) 2AC
2017
C17H20N2O5
332.13721
2110
U+ UHYAC
PS
LM/Q
Analgesic

332

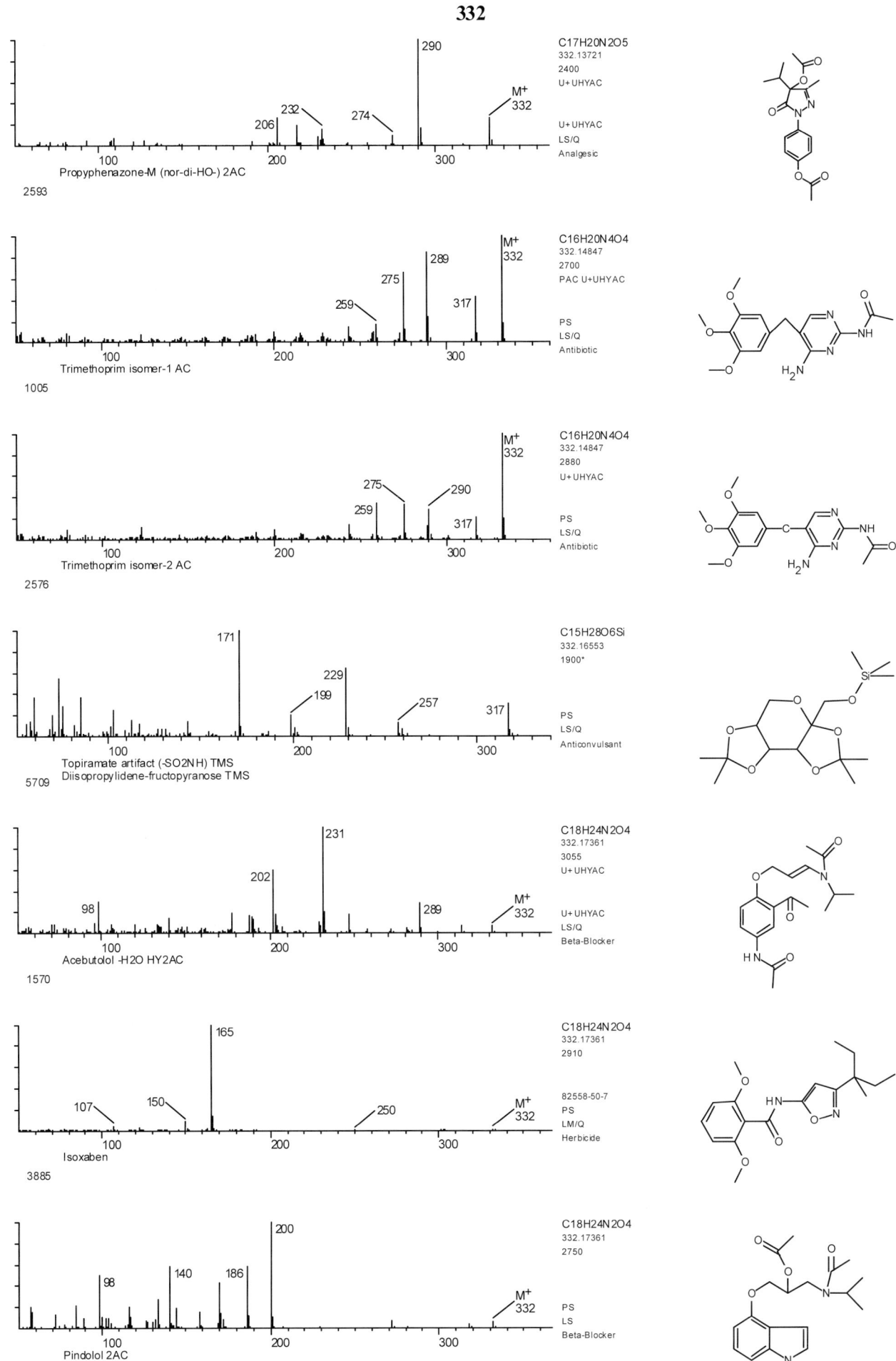

Propyphenazone-M (nor-di-HO-) 2AC — 2593
C17H20N2O5
332.13721
2400
U+ UHYAC
U+ UHYAC
LS/Q
Analgesic
Peaks: 206, 232, 274, 290, M+ 332

Trimethoprim isomer-1 AC — 1005
C16H20N4O4
332.14847
2700
PAC U+UHYAC
PS
LS/Q
Antibiotic
Peaks: 259, 275, 289, 317, M+ 332

Trimethoprim isomer-2 AC — 2576
C16H20N4O4
332.14847
2880
U+ UHYAC
PS
LS/Q
Antibiotic
Peaks: 259, 275, 290, 317, M+ 332

Topiramate artifact (-SO2NH) TMS / Diisopropylidene-fructopyranose TMS — 5709
C15H28O6Si
332.16553
1900*
PS
LS/Q
Anticonvulsant
Peaks: 171, 199, 229, 257, 317

Acebutolol -H2O HY2AC — 1570
C18H24N2O4
332.17361
3055
U+ UHYAC
U+ UHYAC
LS/Q
Beta-Blocker
Peaks: 98, 202, 231, 289, M+ 332

Isoxaben — 3885
C18H24N2O4
332.17361
2910
82558-50-7
PS
LM/Q
Herbicide
Peaks: 107, 150, 165, 250, M+ 332

Pindolol 2AC — 878
C18H24N2O4
332.17361
2750
PS
LS
Beta-Blocker
Peaks: 98, 140, 186, 200, M+ 332

769

332

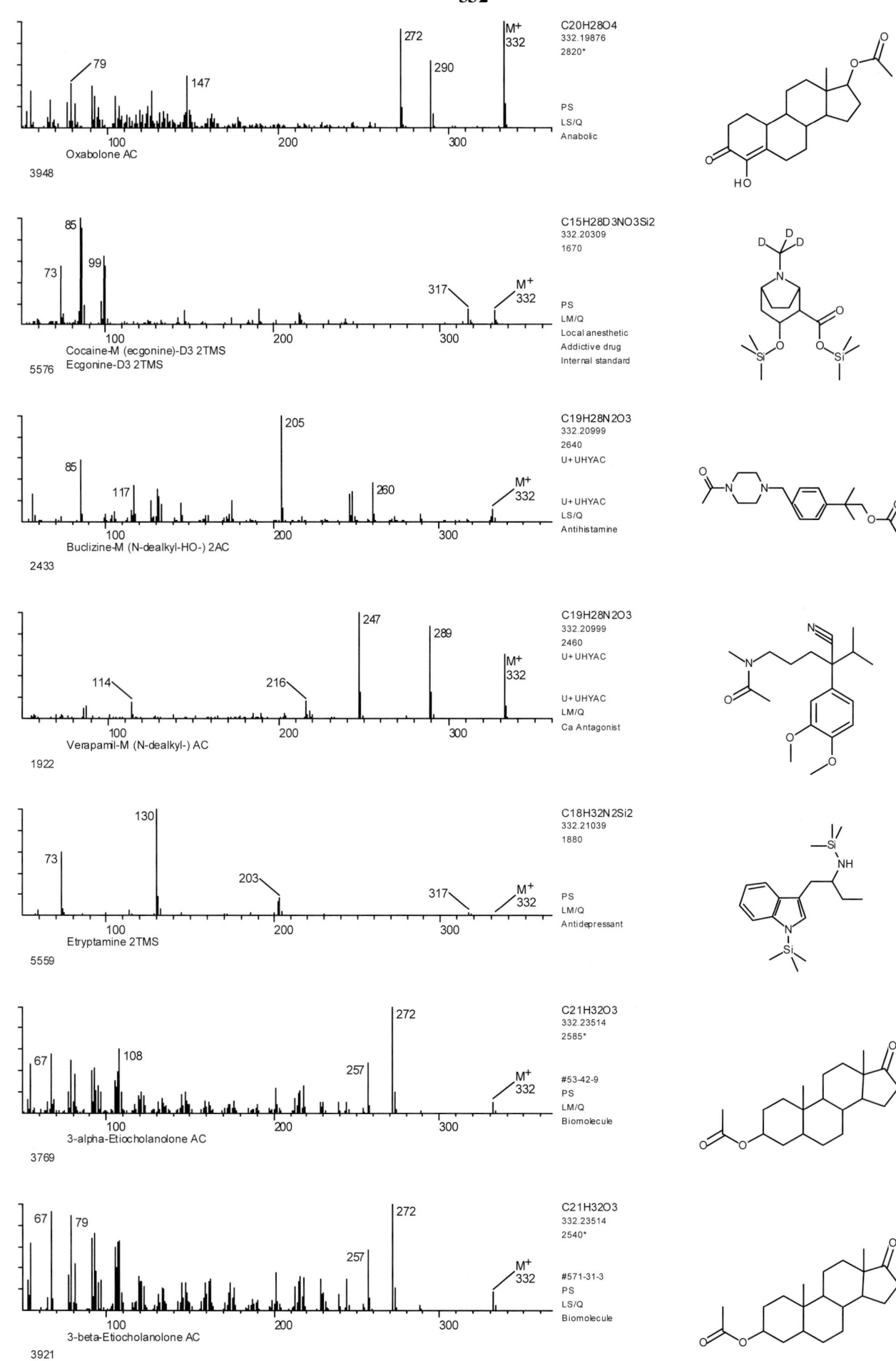

Oxabolone AC
C20H28O4
332.19876
2820*
PS
LS/Q
Anabolic

Cocaine-M (ecgonine)-D3 2TMS
Ecgonine-D3 2TMS
C15H28D3NO3Si2
332.20309
1670
PS
LM/Q
Local anesthetic
Addictive drug
Internal standard

Buclizine-M (N-dealkyl-HO-) 2AC
C19H28N2O3
332.20999
2640
U+UHYAC
U+UHYAC
LS/Q
Antihistamine

Verapamil-M (N-dealkyl-) AC
C19H28N2O3
332.20999
2460
U+UHYAC
U+UHYAC
LM/Q
Ca Antagonist

Etryptamine 2TMS
C18H32N2Si2
332.21039
1880
PS
LM/Q
Antidepressant

3-alpha-Etiocholanolone AC
C21H32O3
332.23514
2585*
#53-42-9
PS
LM/Q
Biomolecule

3-beta-Etiocholanolone AC
C21H32O3
332.23514
2540*
#571-31-3
PS
LS/Q
Biomolecule

332

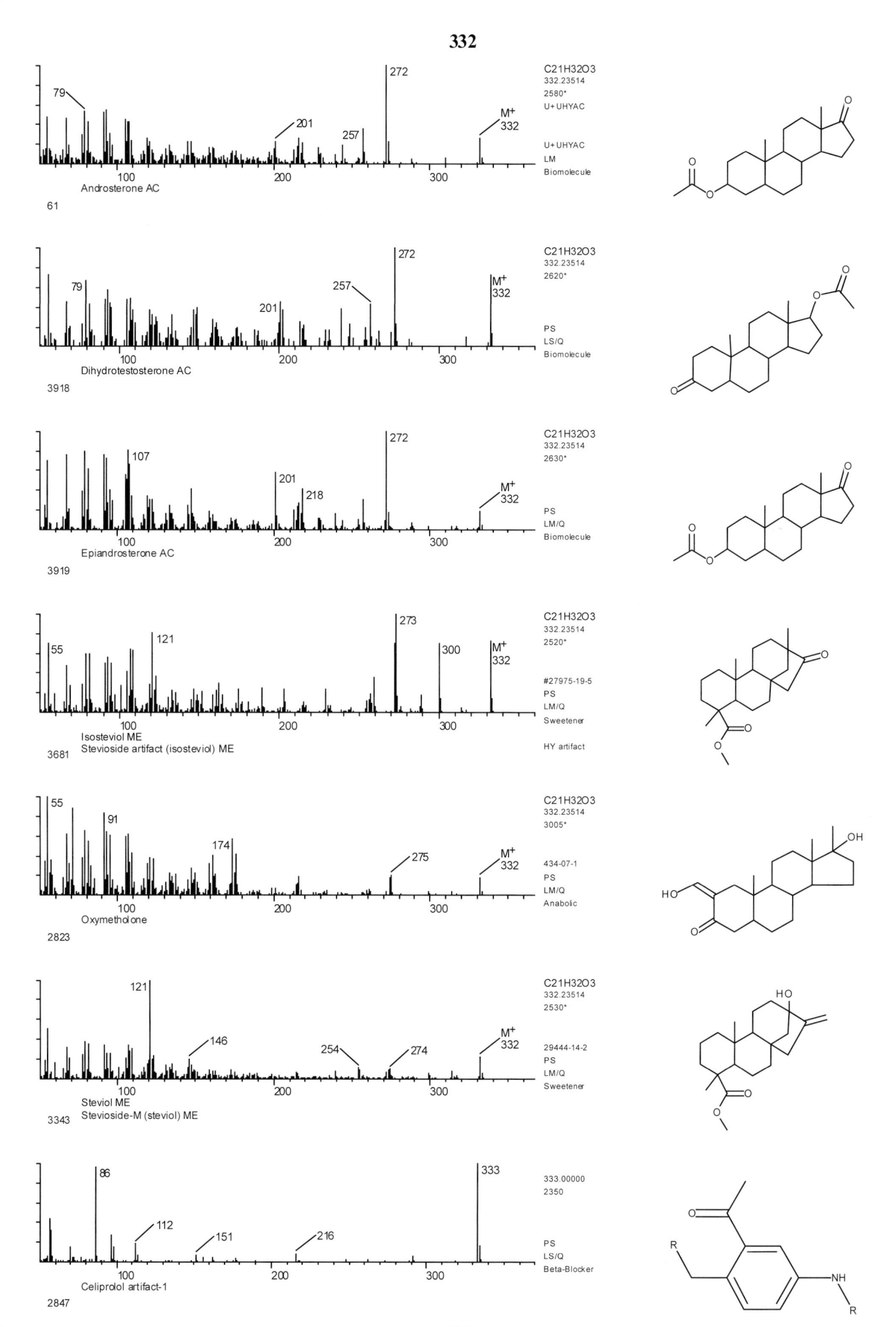

Spectrum	Formula/Info
Androsterone AC (61)	C21H32O3, 332.23514, 2580*, U+UHYAC / U+UHYAC / LM / Biomolecule; peaks: 79, 201, 257, 272, M+ 332
Dihydrotestosterone AC (3918)	C21H32O3, 332.23514, 2620*, PS / LS/Q / Biomolecule; peaks: 79, 201, 257, 272, M+ 332
Epiandrosterone AC (3919)	C21H32O3, 332.23514, 2630*, PS / LM/Q / Biomolecule; peaks: 107, 201, 218, 272, M+ 332
Isosteviol ME / Stevioside artifact (isosteviol) ME (3681)	C21H32O3, 332.23514, 2520*, #27975-19-5, PS / LM/Q / Sweetener / HY artifact; peaks: 55, 121, 273, 300, M+ 332
Oxymetholone (2823)	C21H32O3, 332.23514, 3005*, 434-07-1, PS / LM/Q / Anabolic; peaks: 55, 91, 174, 275, M+ 332
Steviol ME / Stevioside-M (steviol) ME (3343)	C21H32O3, 332.23514, 2530*, 29444-14-2, PS / LM/Q / Sweetener; peaks: 121, 146, 254, 274, M+ 332
Celiprolol artifact-1 (2847)	333.00000, 2350, PS / LS/Q / Beta-Blocker; peaks: 86, 112, 151, 216, 333

333

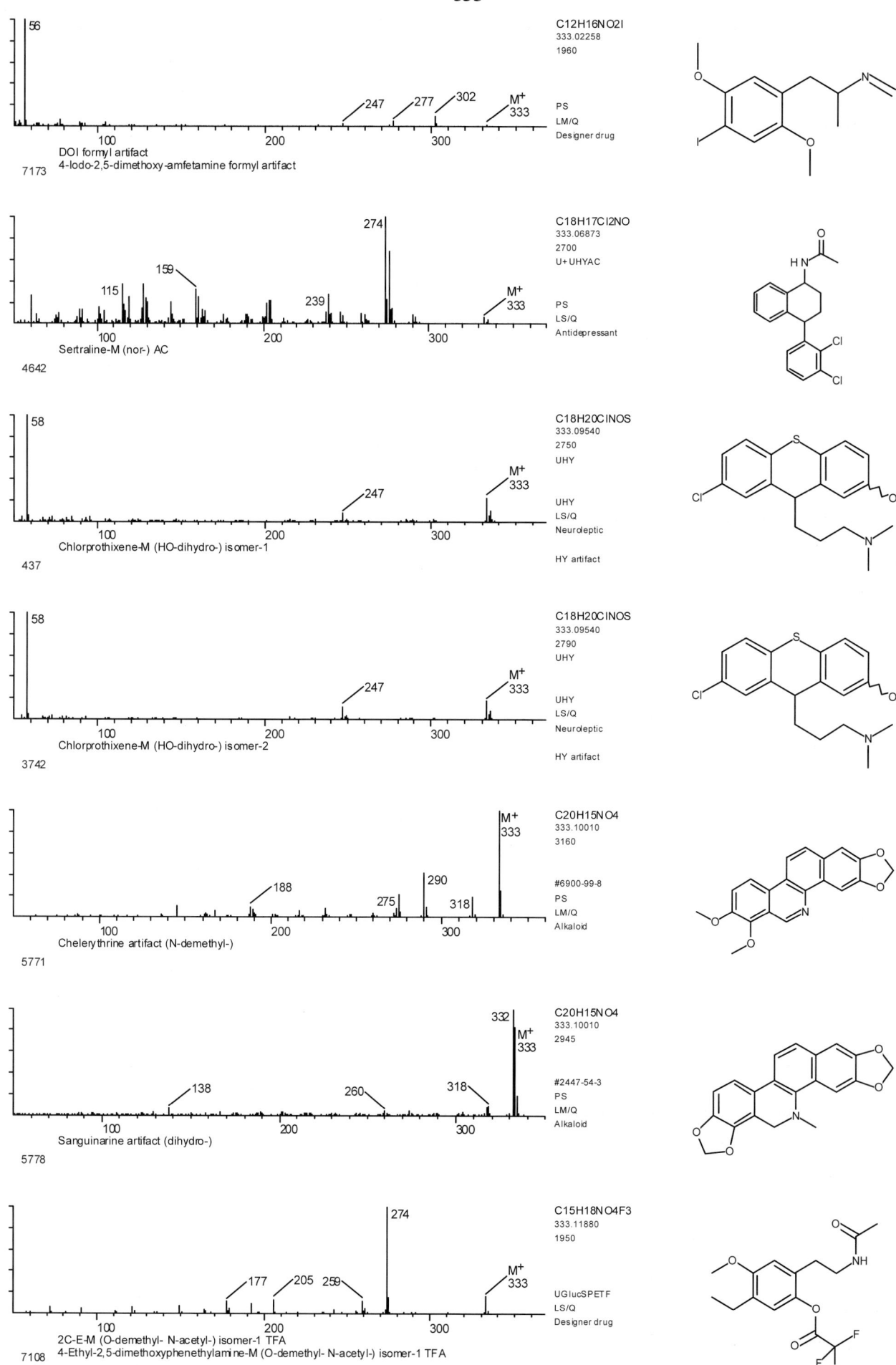

56 ... 247, 277, 302, M+ 333	C12H16NO2I 333.02258 1960 PS LM/Q Designer drug
DOI formyl artifact 4-Iodo-2,5-dimethoxy-amfetamine formyl artifact 7173	

115, 159, 239, 274, M+ 333	C18H17Cl2NO 333.06873 2700 U+UHYAC PS LS/Q Antidepressant
Sertraline-M (nor-) AC 4642	

58 ... 247, M+ 333	C18H20ClNOS 333.09540 2750 UHY UHY LS/Q Neuroleptic HY artifact
Chlorprothixene-M (HO-dihydro-) isomer-1 437	

58 ... 247, M+ 333	C18H20ClNOS 333.09540 2790 UHY UHY LS/Q Neuroleptic HY artifact
Chlorprothixene-M (HO-dihydro-) isomer-2 3742	

188, 275, 290, 318, M+ 333	C20H15NO4 333.10010 3160 #6900-99-8 PS LM/Q Alkaloid
Chelerythrine artifact (N-demethyl-) 5771	

138, 260, 318, 332, M+ 333	C20H15NO4 333.10010 2945 #2447-54-3 PS LM/Q Alkaloid
Sanguinarine artifact (dihydro-) 5778	

177, 205, 259, 274, M+ 333	C15H18NO4F3 333.11880 1950 UGlucSPETF LS/Q Designer drug
2C-E-M (O-demethyl- N-acetyl-) isomer-1 TFA 4-Ethyl-2,5-dimethoxyphenethylamine-M (O-demethyl- N-acetyl-) isomer-1 TFA 7108	

333

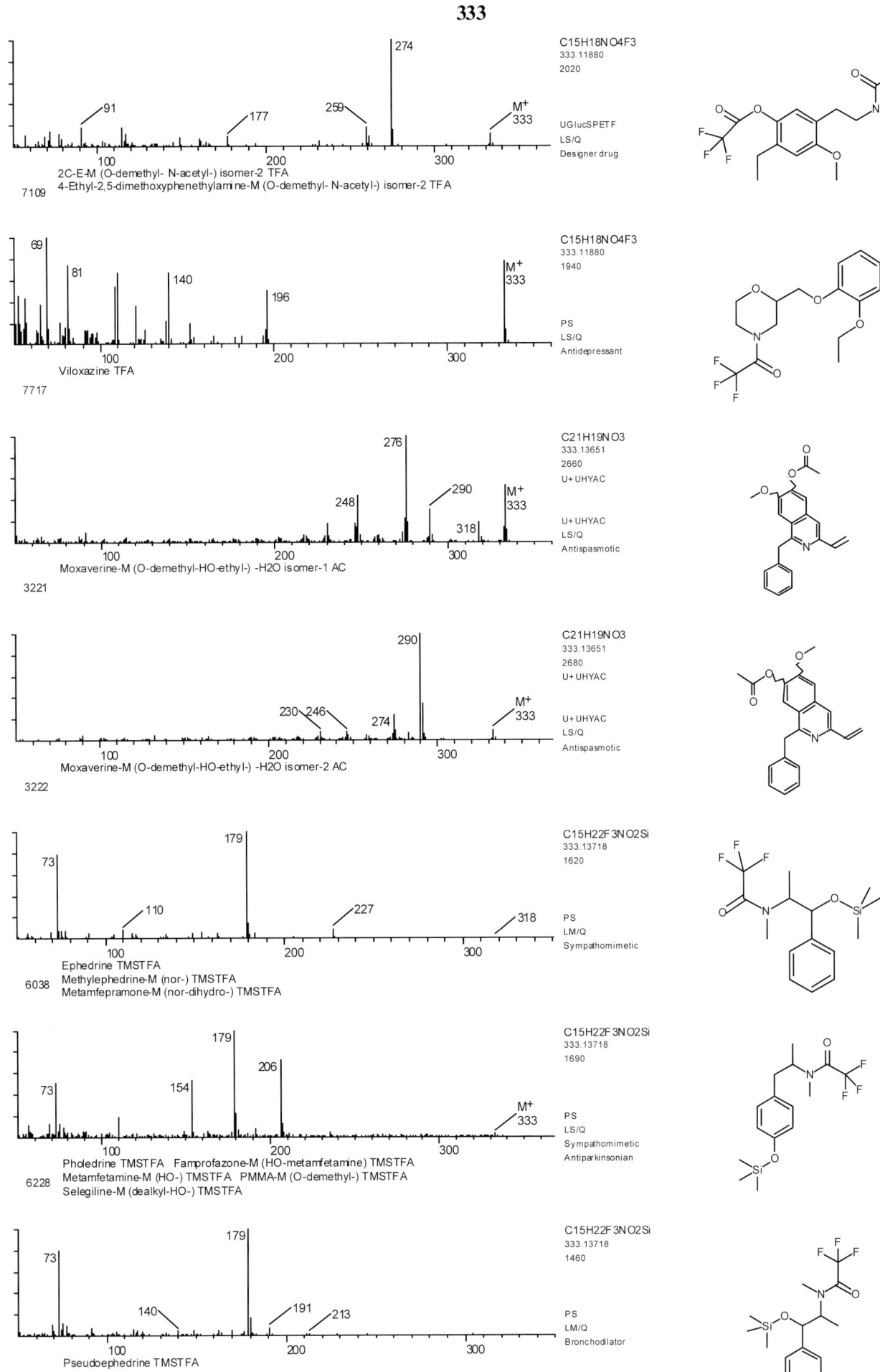

7109 — 2C-E-M (O-demethyl- N-acetyl-) isomer-2 TFA
4-Ethyl-2,5-dimethoxyphenethylamine-M (O-demethyl- N-acetyl-) isomer-2 TFA
Peaks: 91, 177, 259, 274, M+ 333
C15H18NO4F3; 333.11880; 2020; UGlucSPETF; LS/Q; Designer drug

7717 — Viloxazine TFA
Peaks: 69, 81, 140, 196, M+ 333
C15H18NO4F3; 333.11880; 1940; PS; LS/Q; Antidepressant

3221 — Moxaverine-M (O-demethyl-HO-ethyl-) -H2O isomer-1 AC
Peaks: 248, 276, 290, 318, M+ 333
C21H19NO3; 333.13651; 2660; U+ UHYAC; U+ UHYAC; LS/Q; Antispasmotic

3222 — Moxaverine-M (O-demethyl-HO-ethyl-) -H2O isomer-2 AC
Peaks: 230, 246, 274, 290, M+ 333
C21H19NO3; 333.13651; 2680; U+ UHYAC; U+ UHYAC; LS/Q; Antispasmotic

6038 — Ephedrine TMSTFA
Methylephedrine-M (nor-) TMSTFA
Metamfepramone-M (nor-dihydro-) TMSTFA
Peaks: 73, 110, 179, 227, 318
C15H22F3NO2Si; 333.13718; 1620; PS; LM/Q; Sympathomimetic

6228 — Pholedrine TMSTFA   Famprofazone-M (HO-metamfetamine) TMSTFA
Metamfetamine-M (HO-) TMSTFA   PMMA-M (O-demethyl-) TMSTFA
Selegiline-M (dealkyl-HO-) TMSTFA
Peaks: 73, 154, 179, 206, M+ 333
C15H22F3NO2Si; 333.13718; 1690; PS; LS/Q; Sympathomimetic; Antiparkinsonian

6155 — Pseudoephedrine TMSTFA
Peaks: 73, 140, 179, 191, 213
C15H22F3NO2Si; 333.13718; 1460; PS; LM/Q; Bronchodilator

333

Cocaine-M (HO-) ME — 470
82, 94, 135, 182, M+ 333
C18H23NO5
333.15762
2450
UCOME
UME
LS/Q
Local anesthetic
Addictive drug

MPHP-M (oxo-carboxy-HO-alkyl-) ME — 6661
98, 104, 142, 163, 170
C18H23NO5
333.15762
2575
PS
LM/Q
Designer drug

Pethidine-M (nor-HO-) 2AC — 1196
57, 203, 245, 290, M+ 333
C18H23NO5
333.15762
2600
U+ UHYAC
U+ UHYAC
LM
Potent analgesic

Chloroquine-M (deethyl-) AC — 1759
58, 205, 219, M+ 333
C18H24ClN3O
333.16080
3010
U+ UHYAC
U+ UHYAC
LM/Q
Antimalarial

Nefazodone-M (deamino-HO-) AC — 5302
77, 91, 120, 240, M+ 333
C17H23N3O4
333.16885
2500
U+ UHYAC
U+ UHYAC
LS/Q
Antidepressant

MPBP-M (carboxy-) TMS / Methylpyrrolidinobutyrophenone-M (carboxy-) TMS — 7005
104, 112, 178, 221, 318
C18H27NO3Si
333.17603
2220
USPETMS
LS/Q
Designer drug

Pyrrolidinovalerophenone-M (HO-alkyl-oxo-) TMS / PVP-M (HO-alkyl-oxo-) TMS — 7772
105, 138, 214, 228, 318
C18H27NO3Si
333.17603
2260
LM/Q
Designer drug

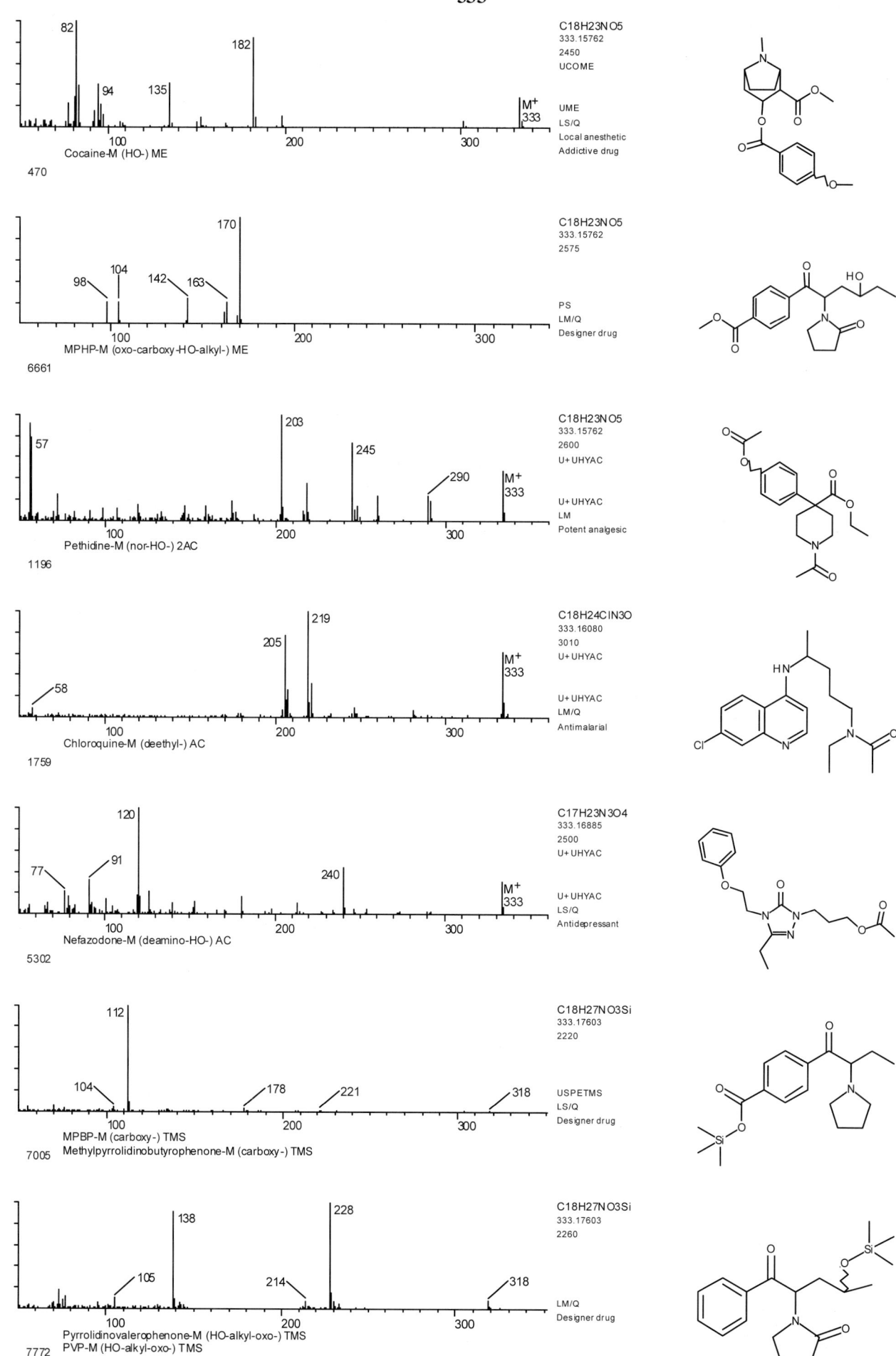

333

7769 Pyrrolidinovalerophenone-M (HO-phenyl-oxo-) TMS / PVP-M (HO-phenyl-oxo-) TMS
C18H27NO3Si
333.17603
2320
LM/Q
Designer drug

1575 Alprenolol 2AC
C19H27NO4
333.19400
2275
U+ UHYAC
U+ UHYAC
LM/Q
Beta-Blocker
rat

2745 Dipivefrin -H2O
C19H27NO4
333.19400
2505
#52365-63-6
PS
LS/Q
Sympathomimetic

1540 Levobunolol AC
C19H27NO4
333.19400
2460
PS
LS
Beta-Blocker

1388 Metipranolol -H2O AC
C19H27NO4
333.19400
2660
PS
LM
Beta-Blocker
rat

6667 MPHP-M (carboxy-HO-alkyl-) ET
C19H27NO4
333.19400
2545
PS
LM/Q
Designer drug

6668 MPHP-M (oxo-carboxy-dihydro-) 2ME
C19H27NO4
333.19400
2430
PS
LM/Q
Designer drug

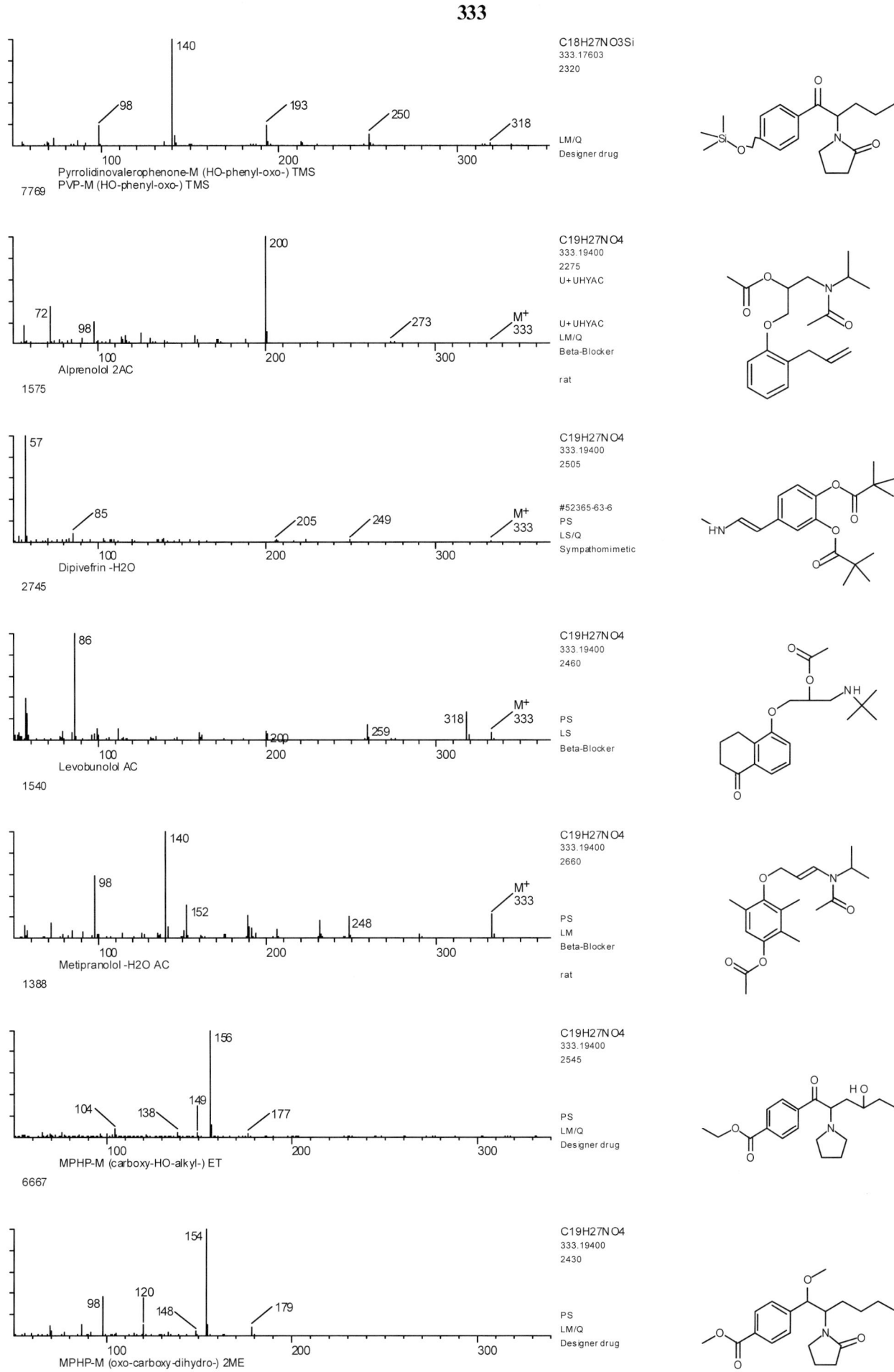

333

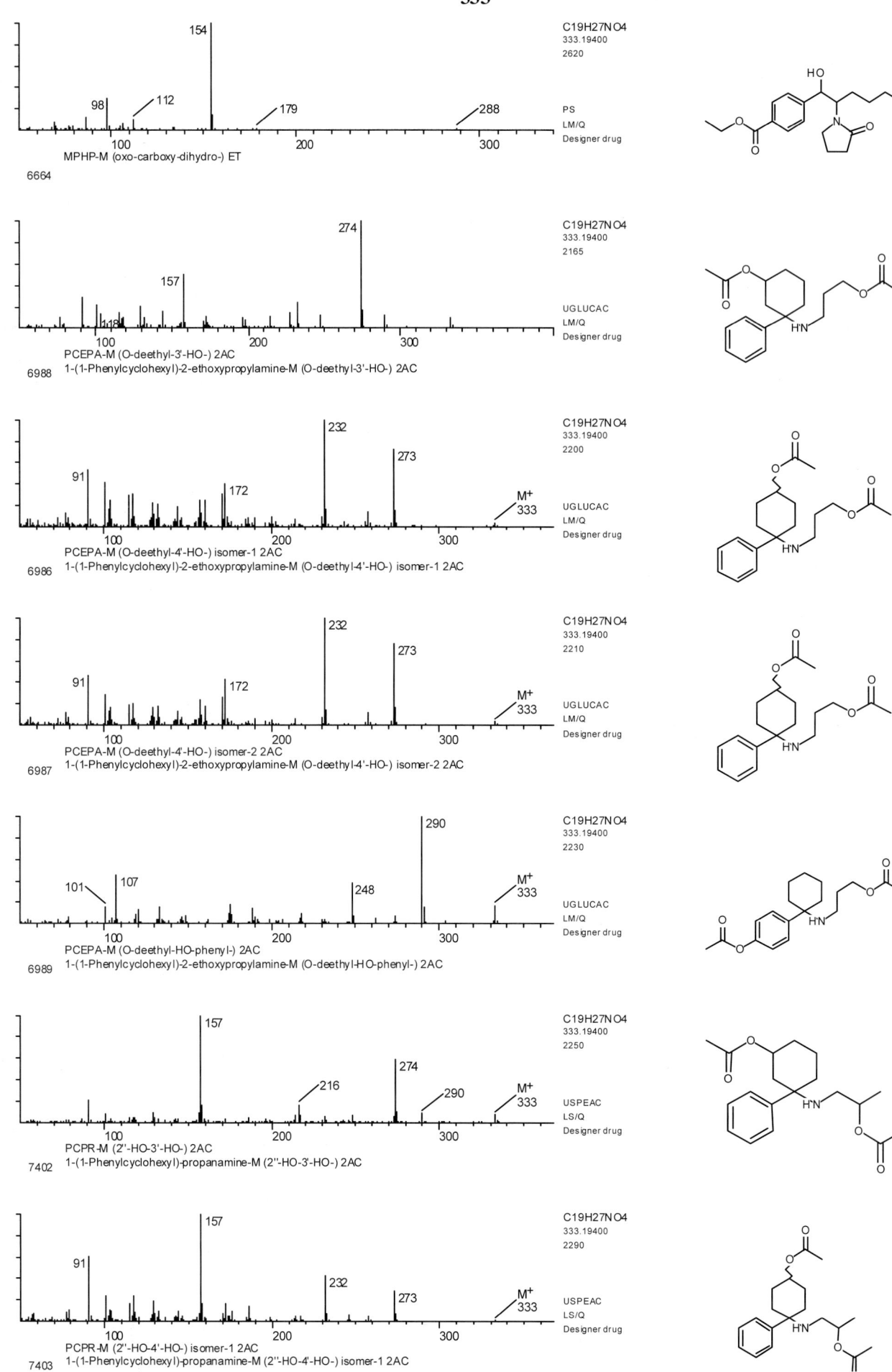

154, 98, 112, 179, 288	C19H27NO4 333.19400 2620 PS LM/Q Designer drug	
MPHP-M (oxo-carboxy-dihydro-) ET 6664		
274, 157	C19H27NO4 333.19400 2165 UGLUCAC LM/Q Designer drug	
PCEPA-M (O-deethyl-3'-HO-) 2AC 6988 1-(1-Phenylcyclohexyl)-2-ethoxypropylamine-M (O-deethyl-3'-HO-) 2AC		
232, 273, 91, 172, M+ 333	C19H27NO4 333.19400 2200 UGLUCAC LM/Q Designer drug	
PCEPA-M (O-deethyl-4'-HO-) isomer-1 2AC 6986 1-(1-Phenylcyclohexyl)-2-ethoxypropylamine-M (O-deethyl-4'-HO-) isomer-1 2AC		
232, 273, 91, 172, M+ 333	C19H27NO4 333.19400 2210 UGLUCAC LM/Q Designer drug	
PCEPA-M (O-deethyl-4'-HO-) isomer-2 2AC 6987 1-(1-Phenylcyclohexyl)-2-ethoxypropylamine-M (O-deethyl-4'-HO-) isomer-2 2AC		
290, 101, 107, 248, M+ 333	C19H27NO4 333.19400 2230 UGLUCAC LM/Q Designer drug	
PCEPA-M (O-deethyl-HO-phenyl-) 2AC 6989 1-(1-Phenylcyclohexyl)-2-ethoxypropylamine-M (O-deethyl-HO-phenyl-) 2AC		
157, 274, 216, 290, M+ 333	C19H27NO4 333.19400 2250 USPEAC LS/Q Designer drug	
PCPR-M (2''-HO-3'-HO-) 2AC 7402 1-(1-Phenylcyclohexyl)-propanamine-M (2''-HO-3'-HO-) 2AC		
157, 91, 232, 273, M+ 333	C19H27NO4 333.19400 2290 USPEAC LS/Q Designer drug	
PCPR-M (2''-HO-4'-HO-) isomer-1 2AC 7403 1-(1-Phenylcyclohexyl)-propanamine-M (2''-HO-4'-HO-) isomer-1 2AC		

333

C19H27NO4
333.19400
2300

USPEAC
LS/Q
Designer drug

7404 PCPR-M (2'-HO-4'-HO-) isomer-2 2AC
1-(1-Phenylcyclohexyl)-propanamine-M (2''-HO-4'-HO-) isomer-2 2AC

C19H27NO4
333.19400
2345

USPEAC
LS/Q
Designer drug

7397 PCPR-M (3'-HO-HO-phenyl-) isomer-1 2AC
1-(1-Phenylcyclohexyl)-propanamine-M (3'-HO-HO-phenyl-) isomer-1 2AC

C19H27NO4
333.19400
2360

USPEAC
LS/Q
Designer drug

7398 PCPR-M (3'-HO-HO-phenyl-) isomer-2 2AC
1-(1-Phenylcyclohexyl)-propanamine-M (3'-HO-HO-phenyl-) isomer-2 2AC

C19H27NO4
333.19400
2385

USPEAC
LS/Q
Designer drug

7399 PCPR-M (4'-HO-HO-phenyl-) isomer-1 2AC
1-(1-Phenylcyclohexyl)-propanamine-M (4'-HO-HO-phenyl-) isomer-1 2AC

C19H27NO4
333.19400
2400

USPEAC
LS/Q
Designer drug

7400 PCPR-M (4'-HO-HO-phenyl-) isomer-2 2AC
1-(1-Phenylcyclohexyl)-propanamine-M (4'-HO-HO-phenyl-) isomer-2 2AC

C19H27NO4
333.19400
2295
U+UHYAC

U+UHYAC
LS/Q
Stimulant

rat

4112 Prolintane-M (di-HO-phenyl-) 2AC

C19H27NO4
333.19400
2200
U+UHYAC

UAC
LM/Q
Potent analgesic

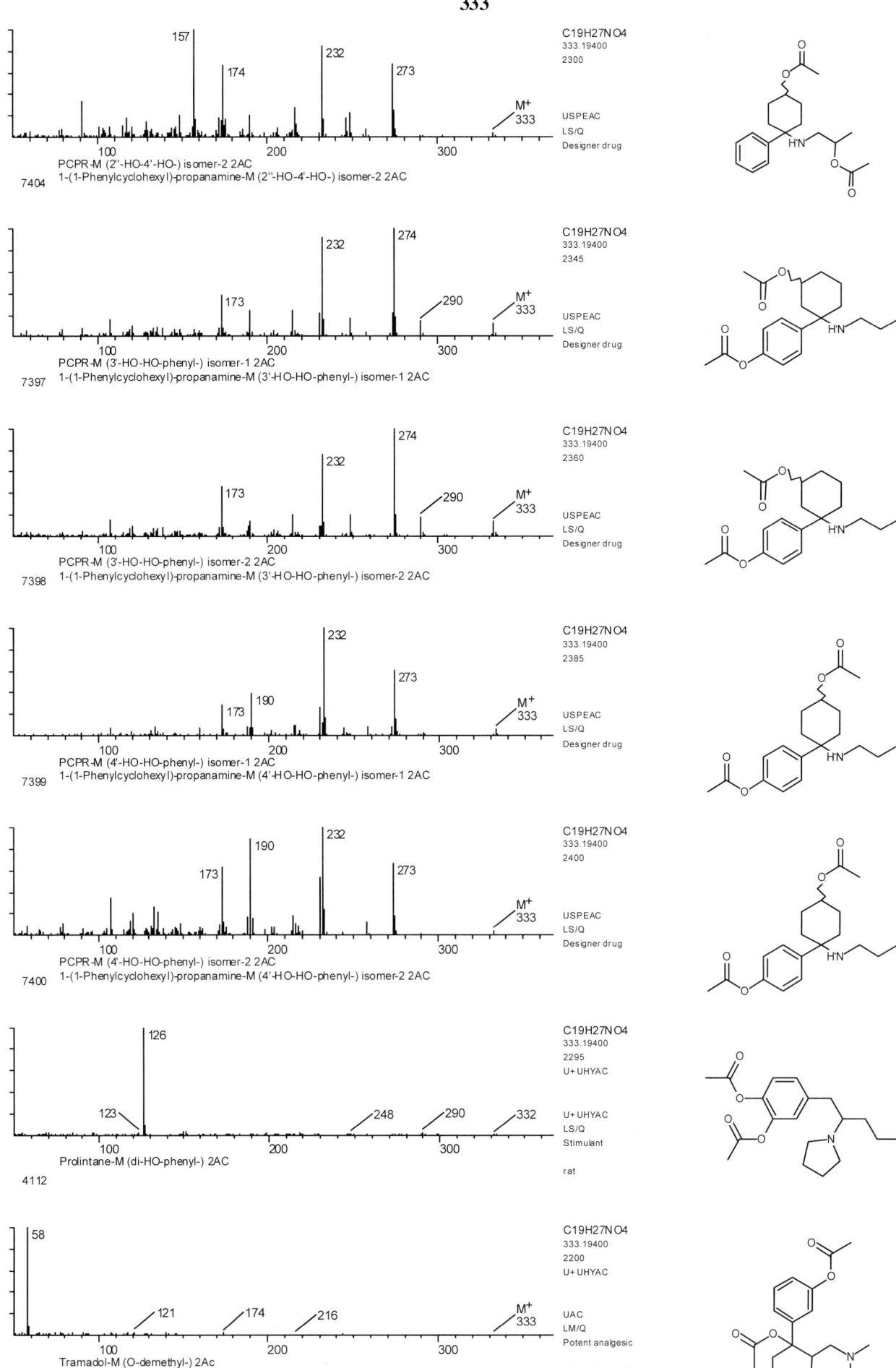

altered during HY

4438 Tramadol-M (O-demethyl-) 2Ac

333

Opipramol-M (N-dealkyl-) ME
3193
Peaks: 70, 113, 218, 232, M+ 333
C22H27N3
333.22049
2685
U+ UHYAC
LS/Q
Antidepressant
ME in methanol

Pentoxyverine
6480
Peaks: 86, 91, 144, 115, 318
C20H31NO3
333.23038
2390
G U+ UHYAC
77-23-6
PS
LS/Q
Antitussive

MPHP-M (dihydro-) TMS
6709
Peaks: 73, 98, 140, 244, 318
C20H35NOSi
333.24878
1900
PS
LS/Q
Psychedelic
Designer drug

Metaclazepam-M/artifact-3
2154
Peaks: 75, 163, 227, 299, M+ 334
C15H12BrClN2
333.98724
2590
U UHY U+ UHYAC
LS/Q
Tranquilizer
rat

Bromazepam-M (HO-) HYAC
1876
Peaks: 78, 247, 264, 292, M+ 334
C14H11BrN2O3
333.99530
2580
U+ UHYAC
U+ UHYAC
LM/Q
Tranquilizer

Lormetazepam artifact-4
5641
Peaks: 75, 195, 228, 262, 334
334.00000
3120
G
G
LS/Q
Tranquilizer

Lormetazepam
547
Peaks: 75, 111, 305, 307, M+ 334
C16H12Cl2N2O2
334.02759
2735
P-I G UGLUC
848-75-9
PS
LS/Q
Tranquilizer
altered during HY

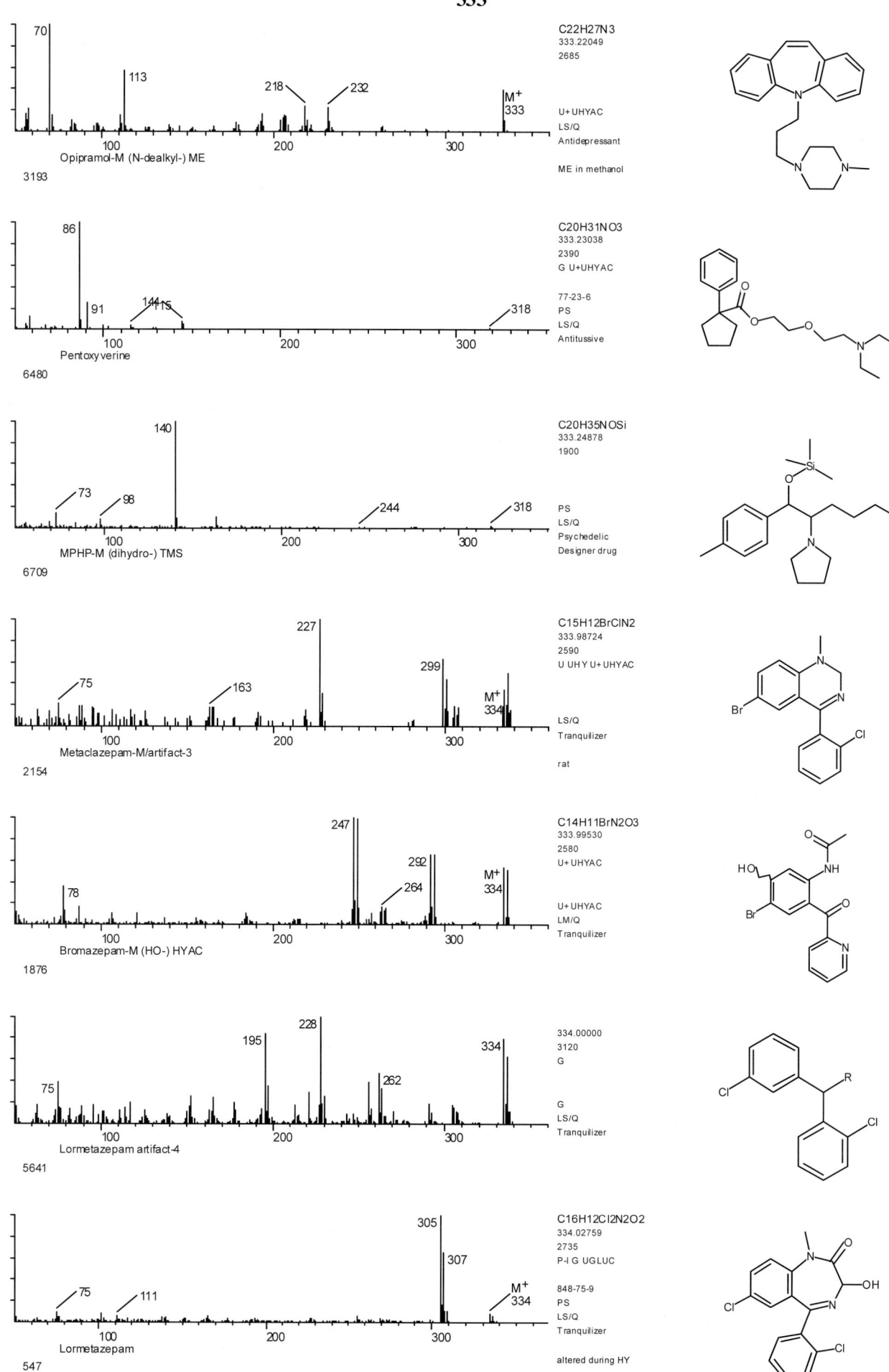

334

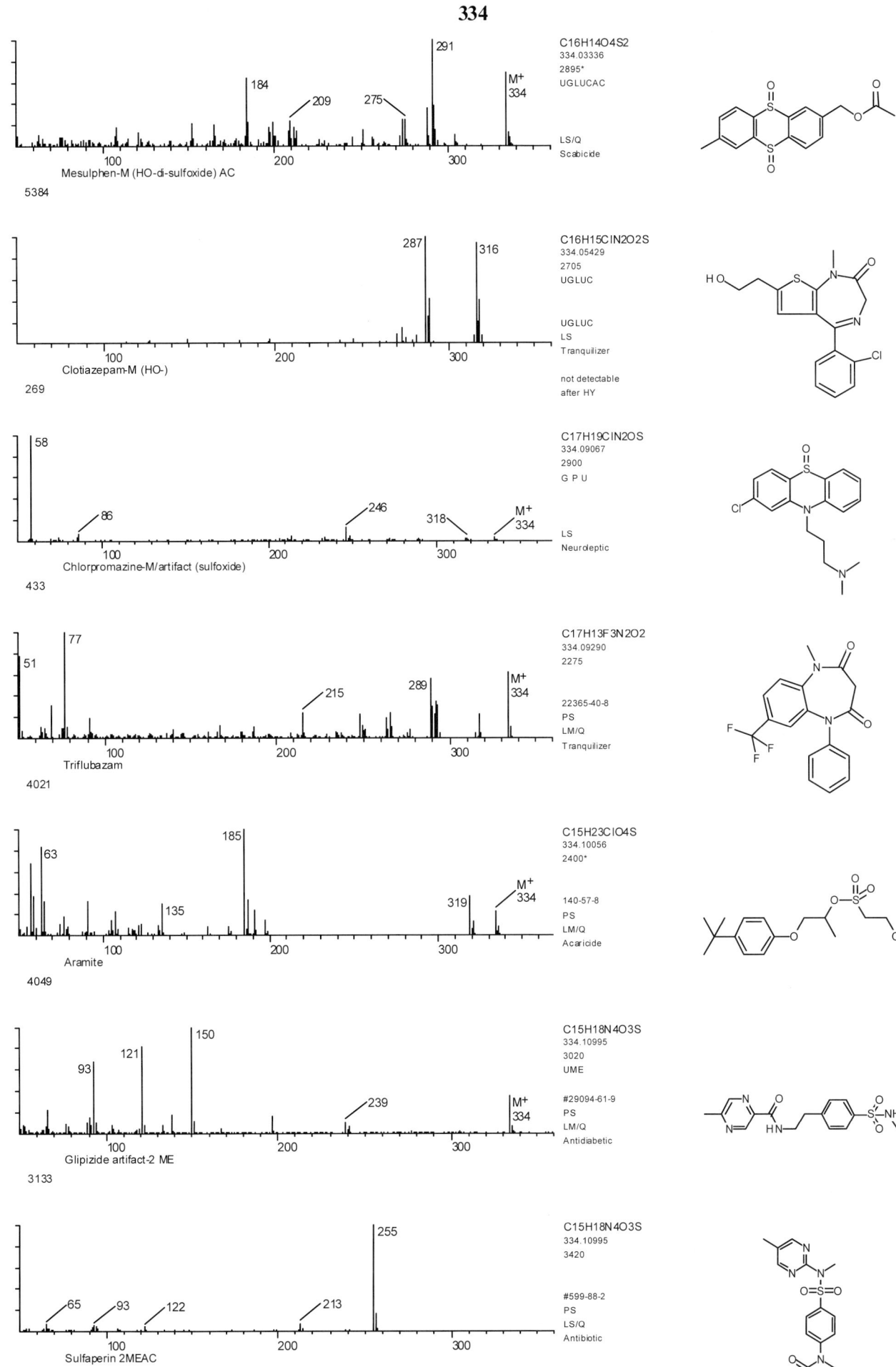

Mesulphen-M (HO-di-sulfoxide) AC — C16H14O4S2, 334.03336, 2895*, UGLUCAC, LS/Q, Scabicide
Peaks: 184, 209, 275, 291, M+ 334
5384

Clotiazepam-M (HO-) — C16H15ClN2O2S, 334.05429, 2705, UGLUC, UGLUC, LS, Tranquilizer, not detectable after HY
Peaks: 287, 316
269

Chlorpromazine-M/artifact (sulfoxide) — C17H19ClN2OS, 334.09067, 2900, G P U, LS, Neuroleptic
Peaks: 58, 86, 246, 318, M+ 334
433

Triflubazam — C17H13F3N2O2, 334.09290, 2275, 22365-40-8, PS, LM/Q, Tranquilizer
Peaks: 51, 77, 215, 289, M+ 334
4021

Aramite — C15H23ClO4S, 334.10056, 2400*, 140-57-8, PS, LM/Q, Acaricide
Peaks: 63, 135, 185, 319, M+ 334
4049

Glipizide artifact-2 ME — C15H18N4O3S, 334.10995, 3020, UME, #29094-61-9, PS, LM/Q, Antidiabetic
Peaks: 93, 121, 150, 239, M+ 334
3133

Sulfaperin 2MEAC — C15H18N4O3S, 334.10995, 3420, #599-88-2, PS, LS/Q, Antibiotic
Peaks: 65, 93, 122, 213, 255
3162

334

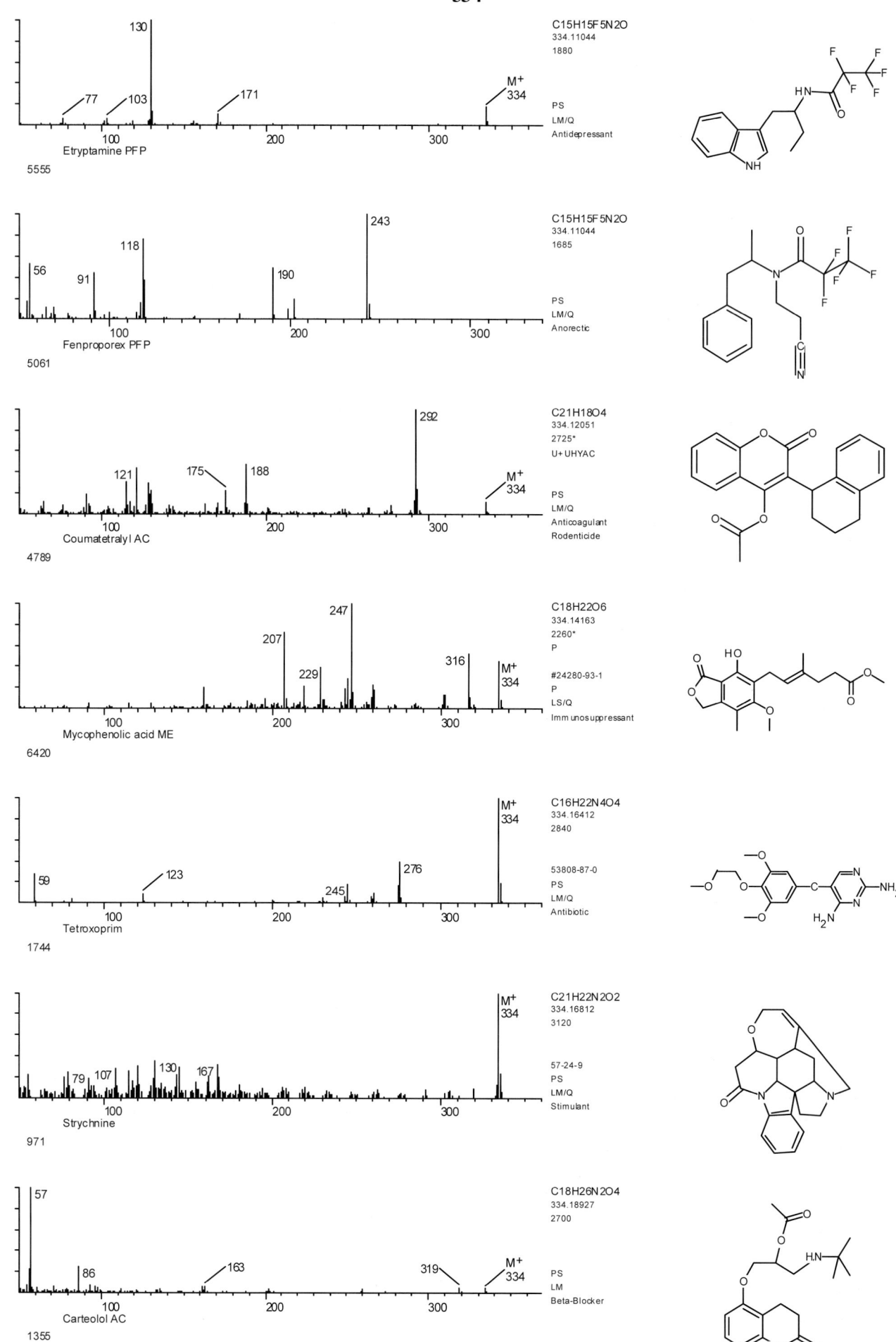

Etryptamine PFP — C15H15F5N2O, 334.11044, 1880, PS, LM/Q, Antidepressant
Peaks: 77, 103, 130, 171, M+ 334
5555

Fenproporex PFP — C15H15F5N2O, 334.11044, 1685, PS, LM/Q, Anorectic
Peaks: 56, 91, 118, 190, 243
5061

Coumatetralyl AC — C21H18O4, 334.12051, 2725*, U+ UHYAC, PS, LM/Q, Anticoagulant, Rodenticide
Peaks: 121, 175, 188, 292, M+ 334
4789

Mycophenolic acid ME — C18H22O6, 334.14163, 2260*, P, #24280-93-1, P, LS/Q, Immunosuppressant
Peaks: 207, 229, 247, 316, M+ 334
6420

Tetroxoprim — C16H22N4O4, 334.16412, 2840, 53808-87-0, PS, LM/Q, Antibiotic
Peaks: 59, 123, 245, 276, M+ 334
1744

Strychnine — C21H22N2O2, 334.16812, 3120, 57-24-9, PS, LM/Q, Stimulant
Peaks: 79, 107, 130, 167, M+ 334
971

Carteolol AC — C18H26N2O4, 334.18927, 2700, PS, LM, Beta-Blocker
Peaks: 57, 86, 163, 319, M+ 334
1355

780

334

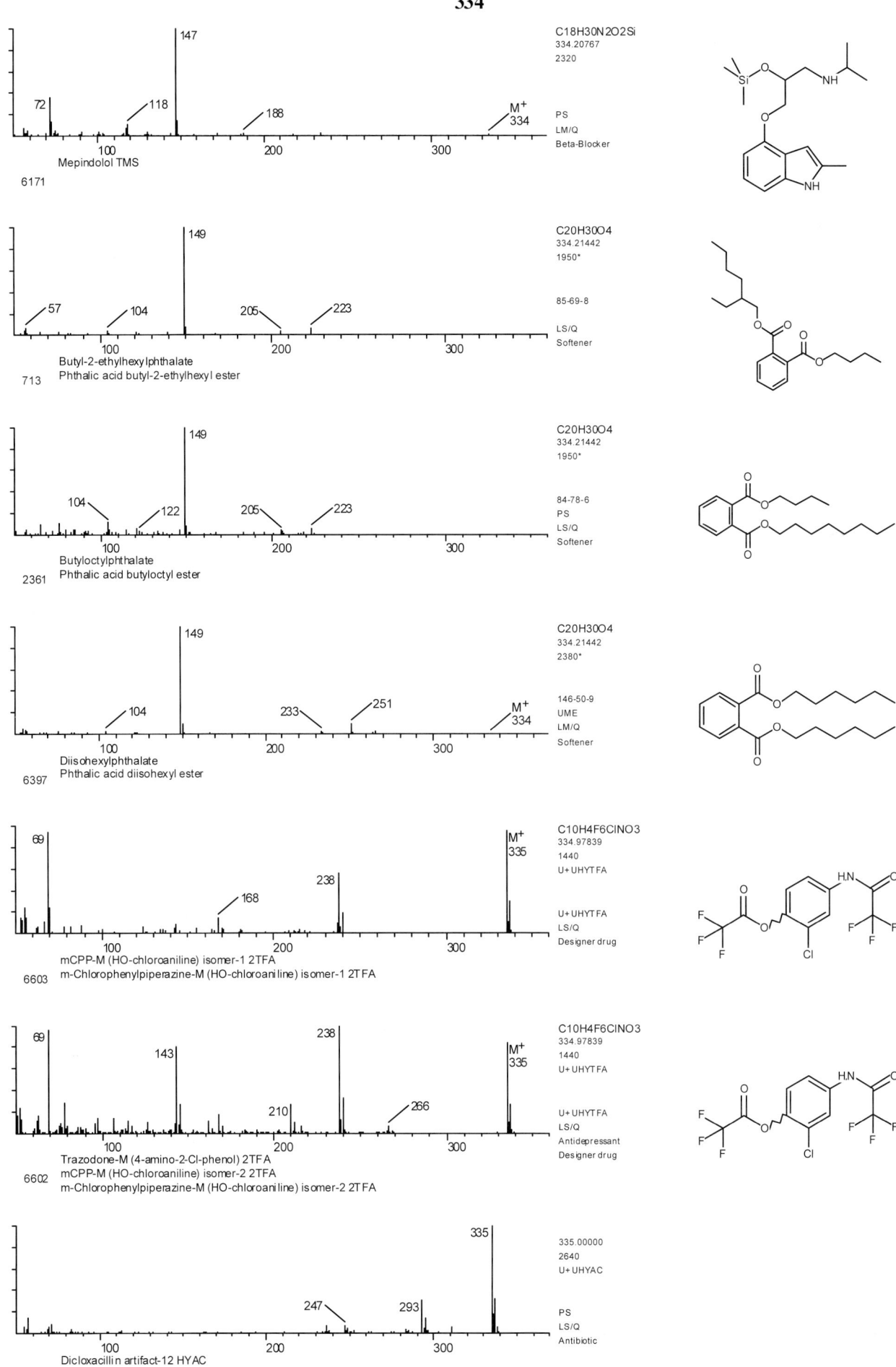

C18H30N2O2Si
334.20767
2320

PS
LM/Q
Beta-Blocker

Mepindolol TMS
6171

C20H30O4
334.21442
1950*

85-69-8

LS/Q
Softener

Butyl-2-ethylhexylphthalate
Phthalic acid butyl-2-ethylhexyl ester
713

C20H30O4
334.21442
1950*

84-78-6
PS
LS/Q
Softener

Butyloctylphthalate
Phthalic acid butyloctyl ester
2361

C20H30O4
334.21442
2380*

146-50-9
UME
LM/Q
Softener

Diisohexylphthalate
Phthalic acid diisohexyl ester
6397

C10H4F6ClNO3
334.97839
1440
U+UHYTFA

U+UHYTFA
LS/Q
Designer drug

mCPP-M (HO-chloroaniline) isomer-1 2TFA
m-Chlorophenylpiperazine-M (HO-chloroaniline) isomer-1 2TFA
6603

C10H4F6ClNO3
334.97839
1440
U+UHYTFA

U+UHYTFA
LS/Q
Antidepressant
Designer drug

Trazodone-M (4-amino-2-Cl-phenol) 2TFA
mCPP-M (HO-chloroaniline) isomer-2 2TFA
m-Chlorophenylpiperazine-M (HO-chloroaniline) isomer-2 2TFA
6602

335.00000
2640
U+UHYAC

PS
LS/Q
Antibiotic

Dicloxacillin artifact-12 HYAC
3017

335

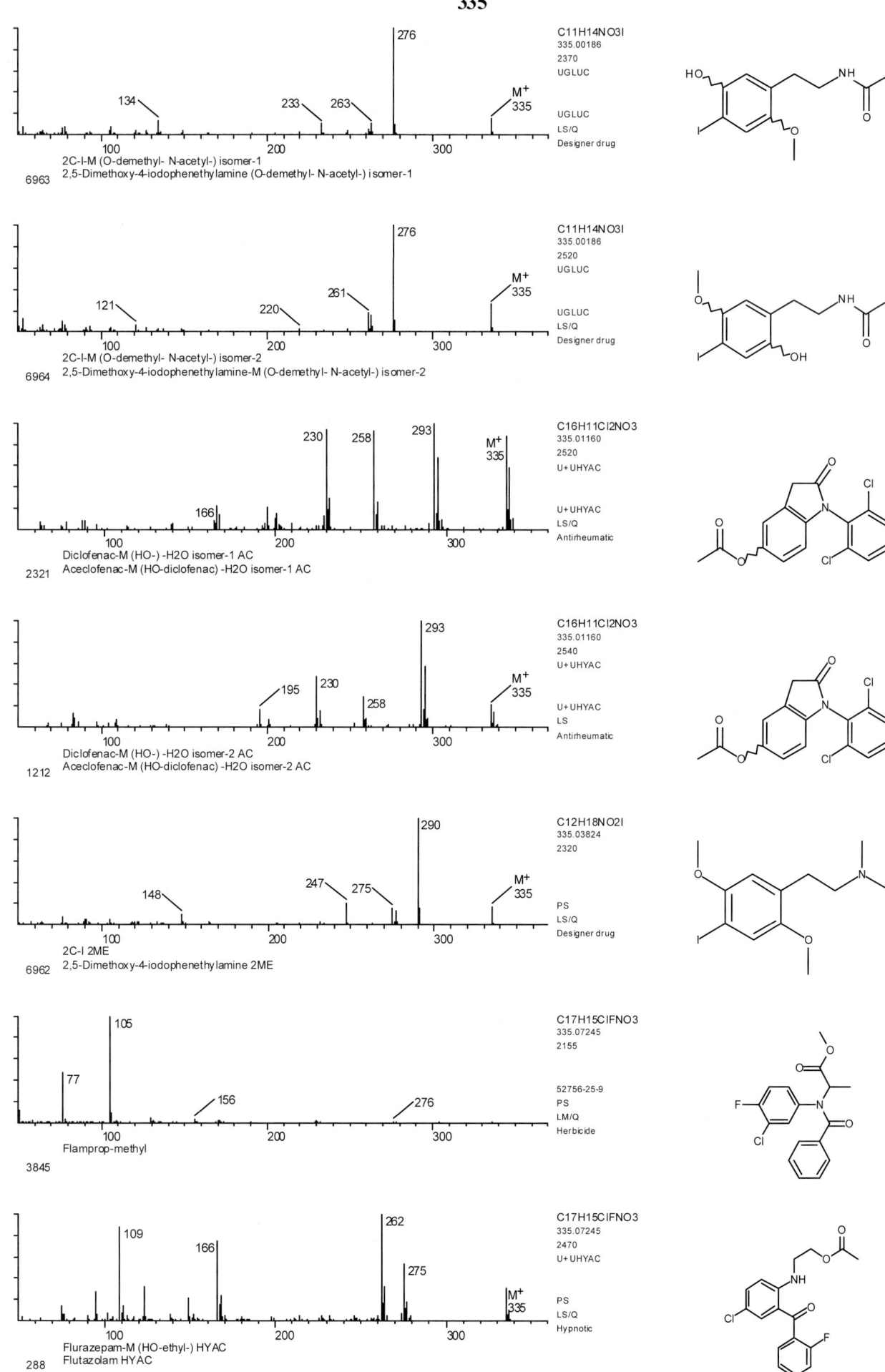

6963 2C-I-M (O-demethyl- N-acetyl-) isomer-1
2,5-Dimethoxy-4-iodophenethylamine (O-demethyl- N-acetyl-) isomer-1
C11H14NO3I
335.00186
2370
UGLUC
UGLUC
LS/Q
Designer drug

6964 2C-I-M (O-demethyl- N-acetyl-) isomer-2
2,5-Dimethoxy-4-iodophenethylamine-M (O-demethyl- N-acetyl-) isomer-2
C11H14NO3I
335.00186
2520
UGLUC
UGLUC
LS/Q
Designer drug

2321 Diclofenac-M (HO-) -H2O isomer-1 AC
Aceclofenac-M (HO-diclofenac) -H2O isomer-1 AC
C16H11Cl2NO3
335.01160
2520
U+ UHYAC
U+ UHYAC
LS/Q
Antirheumatic

1212 Diclofenac-M (HO-) -H2O isomer-2 AC
Aceclofenac-M (HO-diclofenac) -H2O isomer-2 AC
C16H11Cl2NO3
335.01160
2540
U+ UHYAC
U+ UHYAC
LS
Antirheumatic

6962 2C-I 2ME
2,5-Dimethoxy-4-iodophenethylamine 2ME
C12H18NO2I
335.03824
2320
PS
LS/Q
Designer drug

3845 Flamprop-methyl
C17H15ClFNO3
335.07245
2155
52756-25-9
PS
LM/Q
Herbicide

288 Flurazepam-M (HO-ethyl-) HYAC
Flutazolam HYAC
C17H15ClFNO3
335.07245
2470
U+ UHYAC
PS
LS/Q
Hypnotic

335

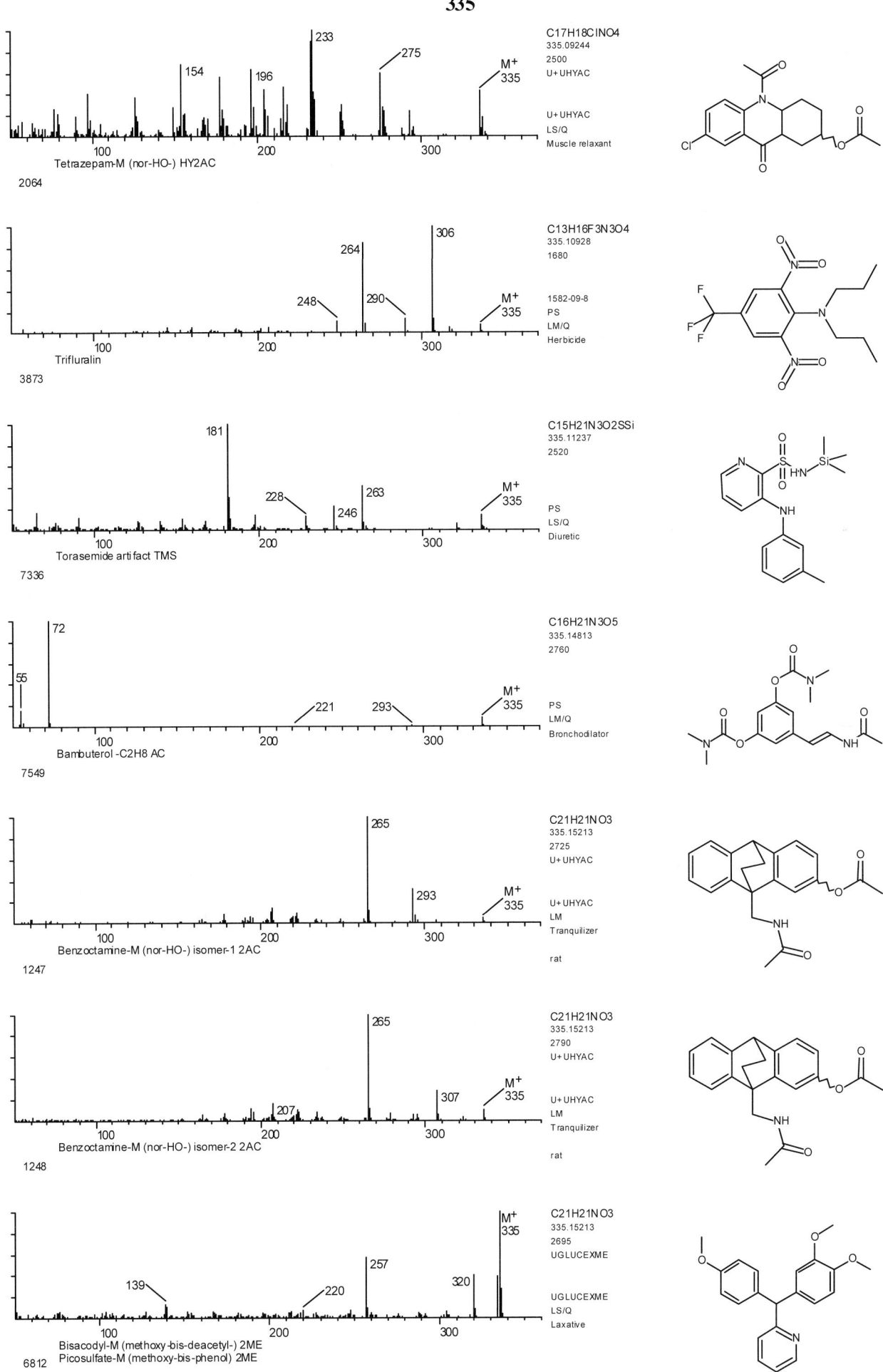

C17H18ClNO4
335.09244
2500
U+ UHYAC

U+ UHYAC
LS/Q
Muscle relaxant

Tetrazepam-M (nor-HO-) HY2AC
2064

C13H16F3N3O4
335.10928
1680
1582-09-8
PS
LM/Q
Herbicide

Trifluralin
3873

C15H21N3O2SSi
335.11237
2520

PS
LS/Q
Diuretic

Torasemide artifact TMS
7336

C16H21N3O5
335.14813
2760

PS
LM/Q
Bronchodilator

Bambuterol -C2H8 AC
7549

C21H21NO3
335.15213
2725
U+ UHYAC

U+ UHYAC
LM
Tranquilizer
rat

Benzoctamine-M (nor-HO-) isomer-1 2AC
1247

C21H21NO3
335.15213
2790
U+ UHYAC

U+ UHYAC
LM
Tranquilizer
rat

Benzoctamine-M (nor-HO-) isomer-2 2AC
1248

C21H21NO3
335.15213
2695
UGLUCEXME

UGLUCEXME
LS/Q
Laxative

Bisacodyl-M (methoxy-bis-deacetyl-) 2ME
Picosulfate-M (methoxy-bis-phenol) 2ME
6812

335

Moxaverine-M (O-demethyl-) isomer-1 AC
C21H21NO3
335.15213
2610
U+ UHYAC
U+ UHYAC
LS/Q
Antispasmotic
Peaks: 278, 250, 292, 320, M+ 335
3219

Moxaverine-M (O-demethyl-) isomer-2 AC
C21H21NO3
335.15213
2630
U+ UHYAC
U+ UHYAC
LS/Q
Antispasmotic
Peaks: 292, 204, 248, 276, M+ 335
3220

Naratriptan
C17H25N3O2S
335.16675
3210
121679-13-8
PS
LM/Q
Antimigraine
Peaks: 70, 97, 170, 320, M+ 335
7505

Bamethan 3AC
C18H25NO5
335.17328
2330
#3703-79-5
PS
LS
Vasodilator
Peaks: 233, 191, 148, 275, M+ 335
1402

Buflomedil-M (O-demethyl-) AC
C18H25NO5
335.17328
2530
U+ UHYAC
U+ UHYAC
LM/Q
Vasodilator
Peaks: 84, 97, 55, 181, M+ 335
3981

Amitriptyline-M (HO-) AC
Amitriptylinoxide-M (deoxo-HO-) AC
C22H25NO2
335.18854
2500
UGLUCAC
LS
Antidepressant
altered during HY
Peaks: 58, 202, 215, 273, M+ 335
44

Maprotiline-M (HO-anthryl-) AC
C22H25NO2
335.18854
2995
U+ UHYAC
U+ UHYAC
LS/Q
Antidepressant
Peaks: 307, 100, 207, 234, M+ 335
6478

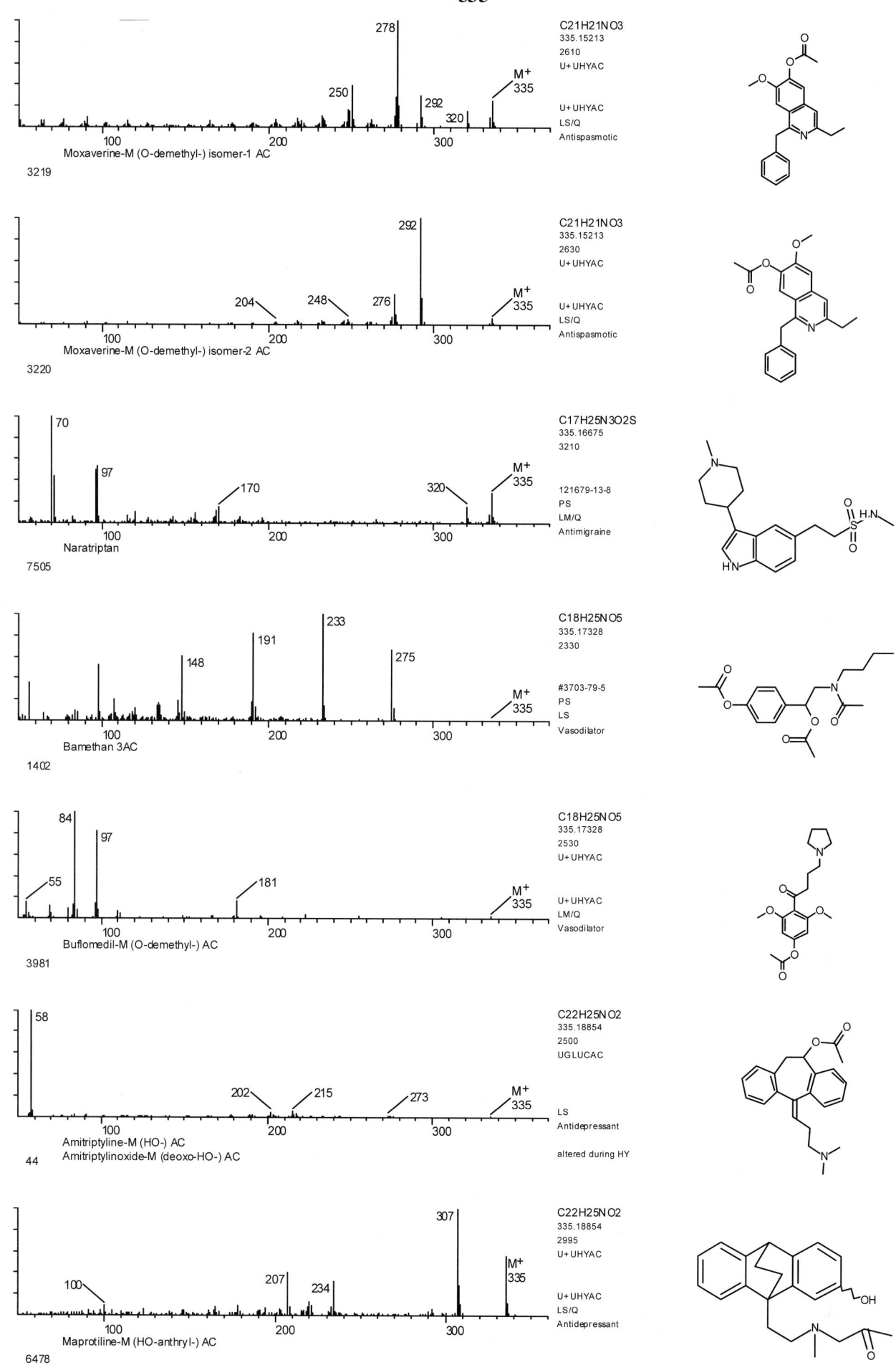

335

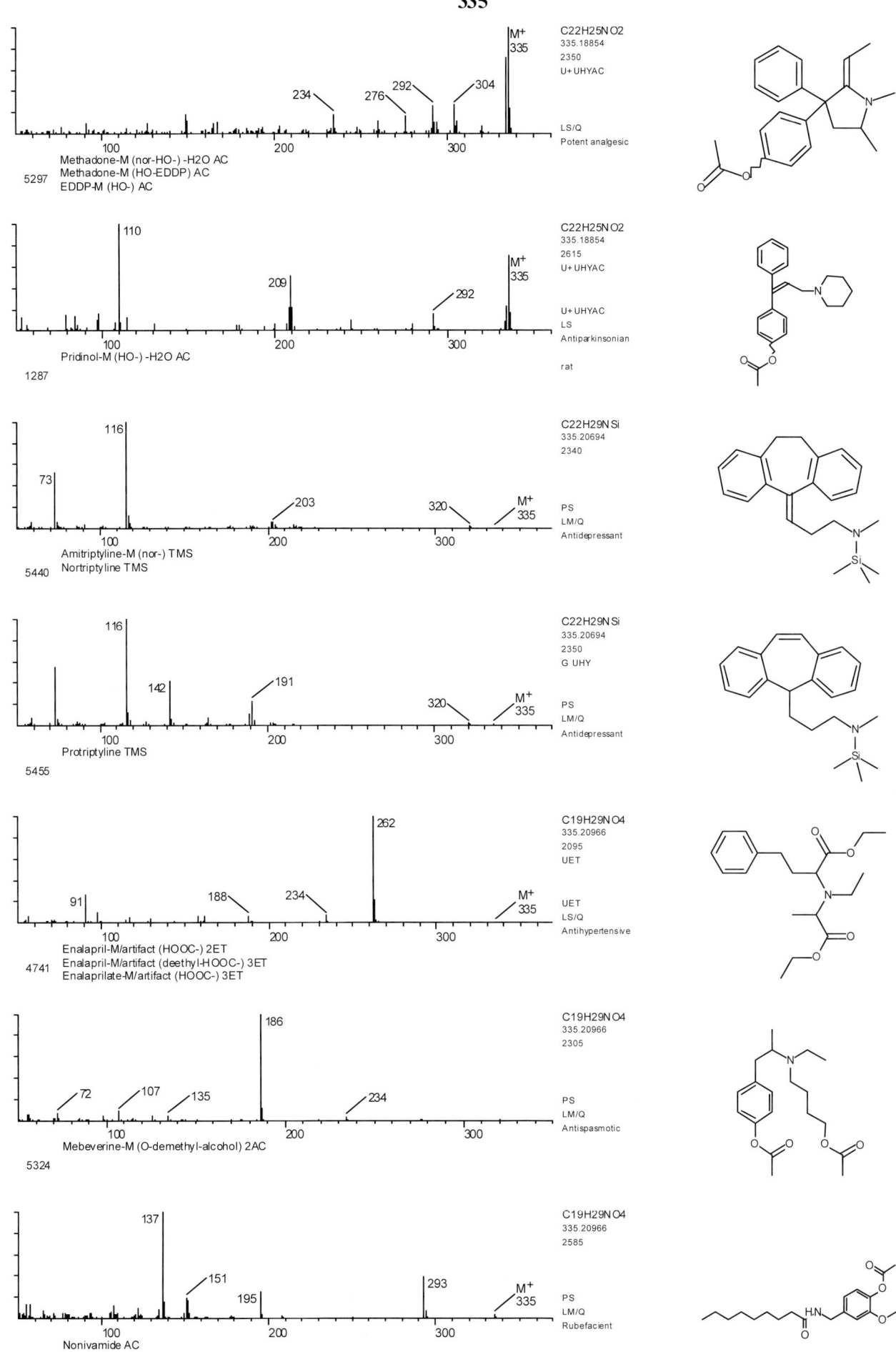

C22H25NO2
335.18854
2350
U+ UHYAC

LS/Q
Potent analgesic

5297
Methadone-M (nor-HO-) -H2O AC
Methadone-M (HO-EDDP) AC
EDDP-M (HO-) AC

C22H25NO2
335.18854
2615
U+ UHYAC

U+ UHYAC
LS
Antiparkinsonian
rat

1287
Pridinol-M (HO-) -H2O AC

C22H29NSi
335.20694
2340

PS
LM/Q
Antidepressant

5440
Amitriptyline-M (nor-) TMS
Nortriptyline TMS

C22H29NSi
335.20694
2350
G UHY

PS
LM/Q
Antidepressant

5455
Protriptyline TMS

C19H29NO4
335.20966
2095
UET

UET
LS/Q
Antihypertensive

4741
Enalapril-M/artifact (HOOC-) 2ET
Enalapril-M/artifact (deethyl-HOOC-) 3ET
Enalaprilate-M/artifact (HOOC-) 3ET

C19H29NO4
335.20966
2305

PS
LM/Q
Antispasmotic

5324
Mebeverine-M (O-demethyl-alcohol) 2AC

C19H29NO4
335.20966
2585

PS
LM/Q
Rubefacient

5897
Nonivamide AC

335

Venlafaxine-M (HO-) isomer-1 AC
5270
C19H29NO4
335.20966
2320
U+ UHYAC
#93413-69-5
UAC
LS/Q
Antidepressant

PCPR-M (N-dealkyl-4'-cis-HO-) 2TMS
7405
C18H33NOSi2
335.21008
1985
USPETMS
LS/Q
Designer drug

PCPR-M (N-dealkyl-4'-trans-HO-) 2TMS
7406
C18H33NOSi2
335.21008
2000
USPETMS
LS/Q
Designer drug

Pramiverine AC
2658
C23H29NO
335.22491
2705
U+ UHYAC
PS
LM/Q
Antispasmotic

Tramadol TMS
4601
C19H33NO2Si
335.22806
2015
PS
LM/Q
Potent analgesic
altered during HY

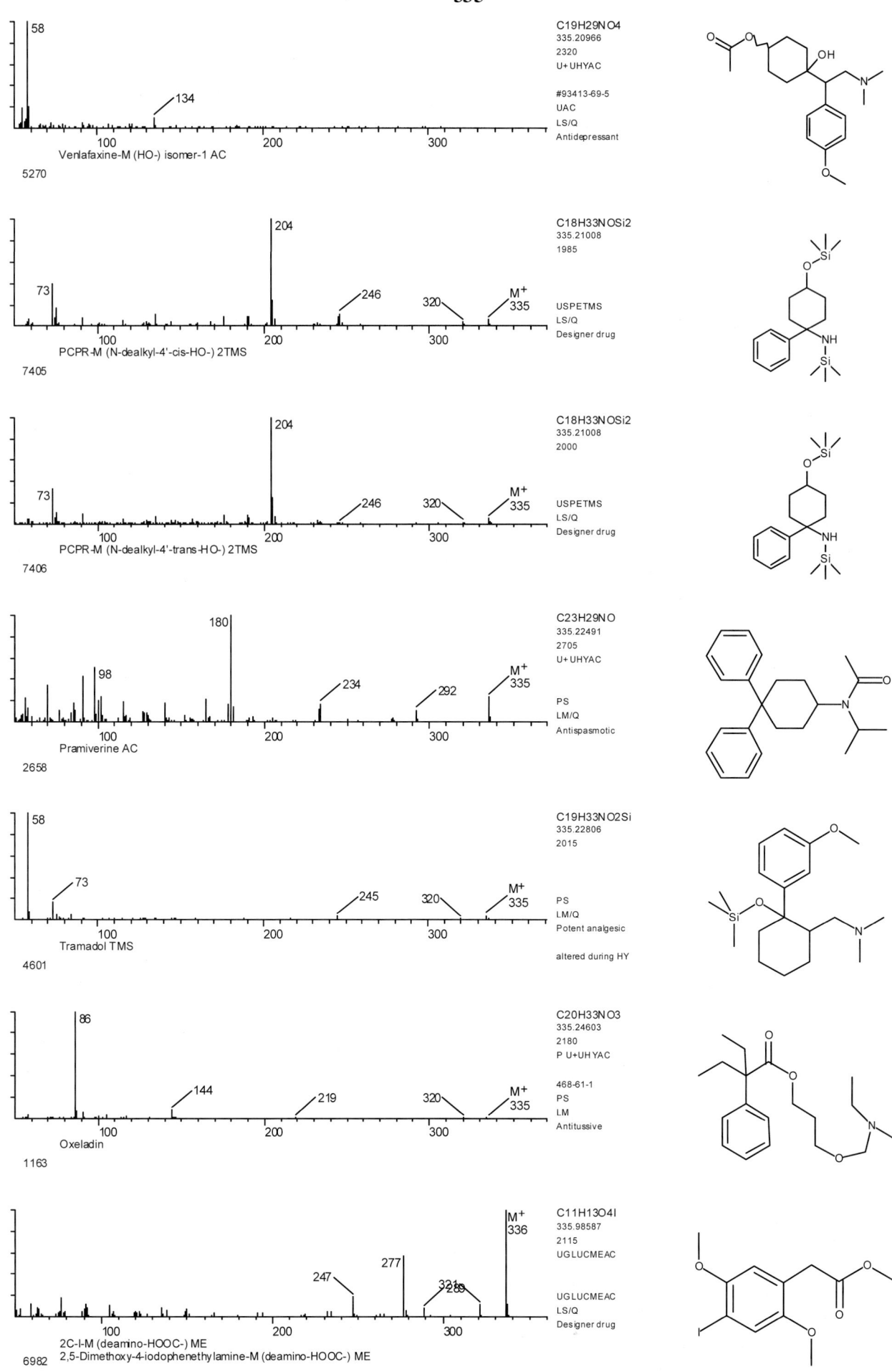

Oxeladin
1163
C20H33NO3
335.24603
2180
P U+UHYAC
468-61-1
PS
LM
Antitussive

2C-I-M (deamino-HOOC-) ME
2,5-Dimethoxy-4-iodophenethylamine-M (deamino-HOOC-) ME
6982
C11H13O4I
335.98587
2115
UGLUCMEAC
UGLUCMEAC
LS/Q
Designer drug

786

336

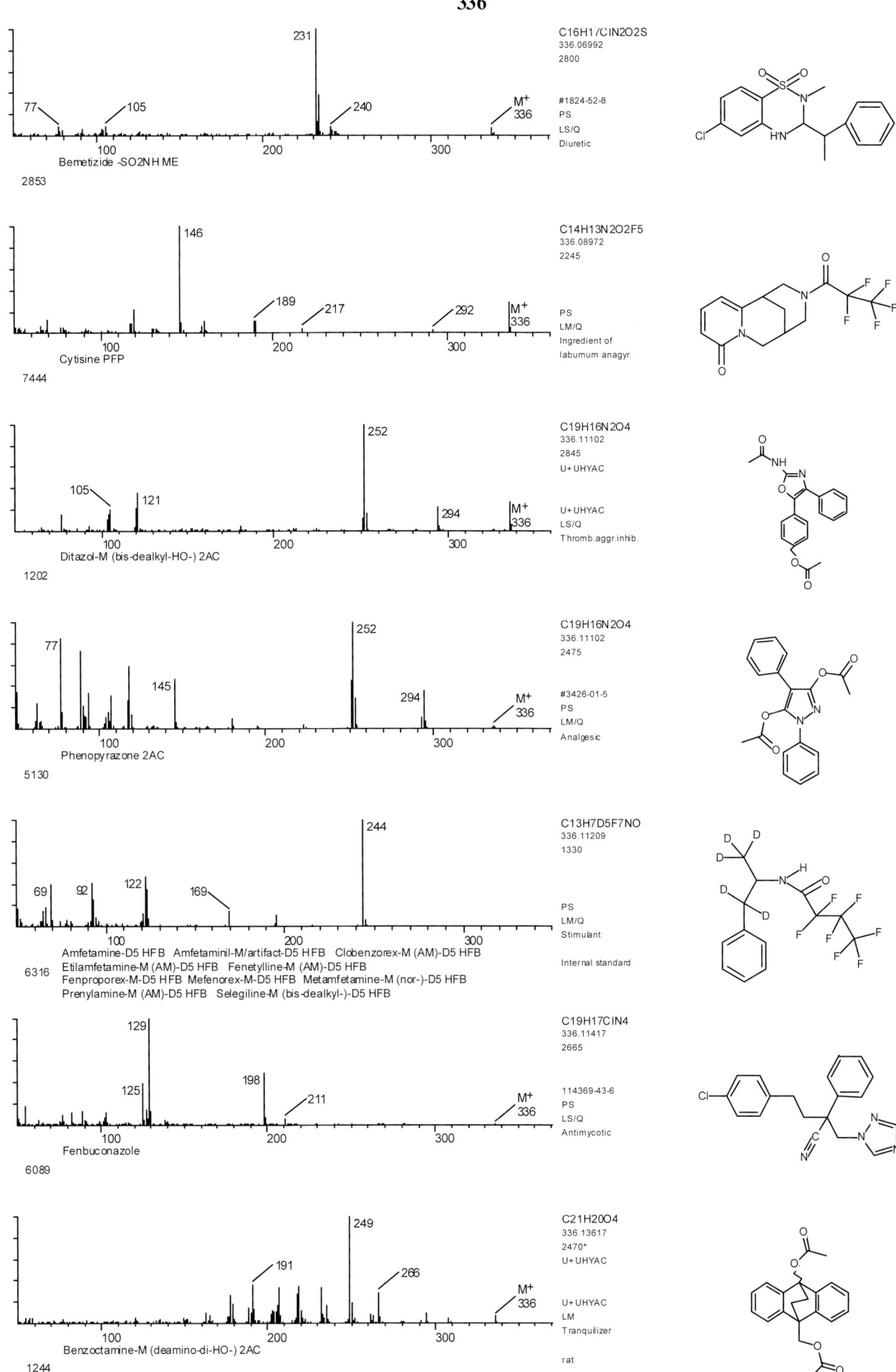

Bemetizide -SO2NHME — 2853
C16H17ClN2O2S
336.06992
2800
#1824-52-8
PS
LS/Q
Diuretic

Peaks: 77, 105, 231, 240, M+ 336

Cytisine PFP — 7444
C14H13N2O2F5
336.08972
2245
PS
LM/Q
Ingredient of labumum anagyr.

Peaks: 146, 189, 217, 292, M+ 336

Ditazol-M (bis-dealkyl-HO-) 2AC — 1202
C19H16N2O4
336.11102
2845
U+ UHYAC
U+ UHYAC
LS/Q
Thromb.aggr.inhib.

Peaks: 105, 121, 252, 294, M+ 336

Phenopyrazone 2AC — 5130
C19H16N2O4
336.11102
2475
#3426-01-5
PS
LM/Q
Analgesic

Peaks: 77, 145, 252, 294, M+ 336

Amfetamine-D5 HFB   Amfetaminil-M/artifact-D5 HFB   Clobenzorex-M (AM)-D5 HFB
Etilamfetamine-M (AM)-D5 HFB   Fenetylline-M (AM)-D5 HFB
Fenproporex-M-D5 HFB   Mefenorex-M-D5 HFB   Metamfetamine-M (nor-)-D5 HFB
Prenylamine-M (AM)-D5 HFB   Selegiline-M (bis-dealkyl-)-D5 HFB — 6316
C13H7D5F7NO
336.11209
1330
PS
LM/Q
Stimulant
Internal standard

Peaks: 69, 92, 122, 169, 244

Fenbuconazole — 6089
C19H17ClN4
336.11417
2665
114369-43-6
PS
LS/Q
Antimycotic

Peaks: 125, 129, 198, 211, M+ 336

Benzoctamine-M (deamino-di-HO-) 2AC — 1244
C21H20O4
336.13617
2470*
U+ UHYAC
U+ UHYAC
LM
Tranquilizer
rat

Peaks: 191, 249, 266, M+ 336

787

336

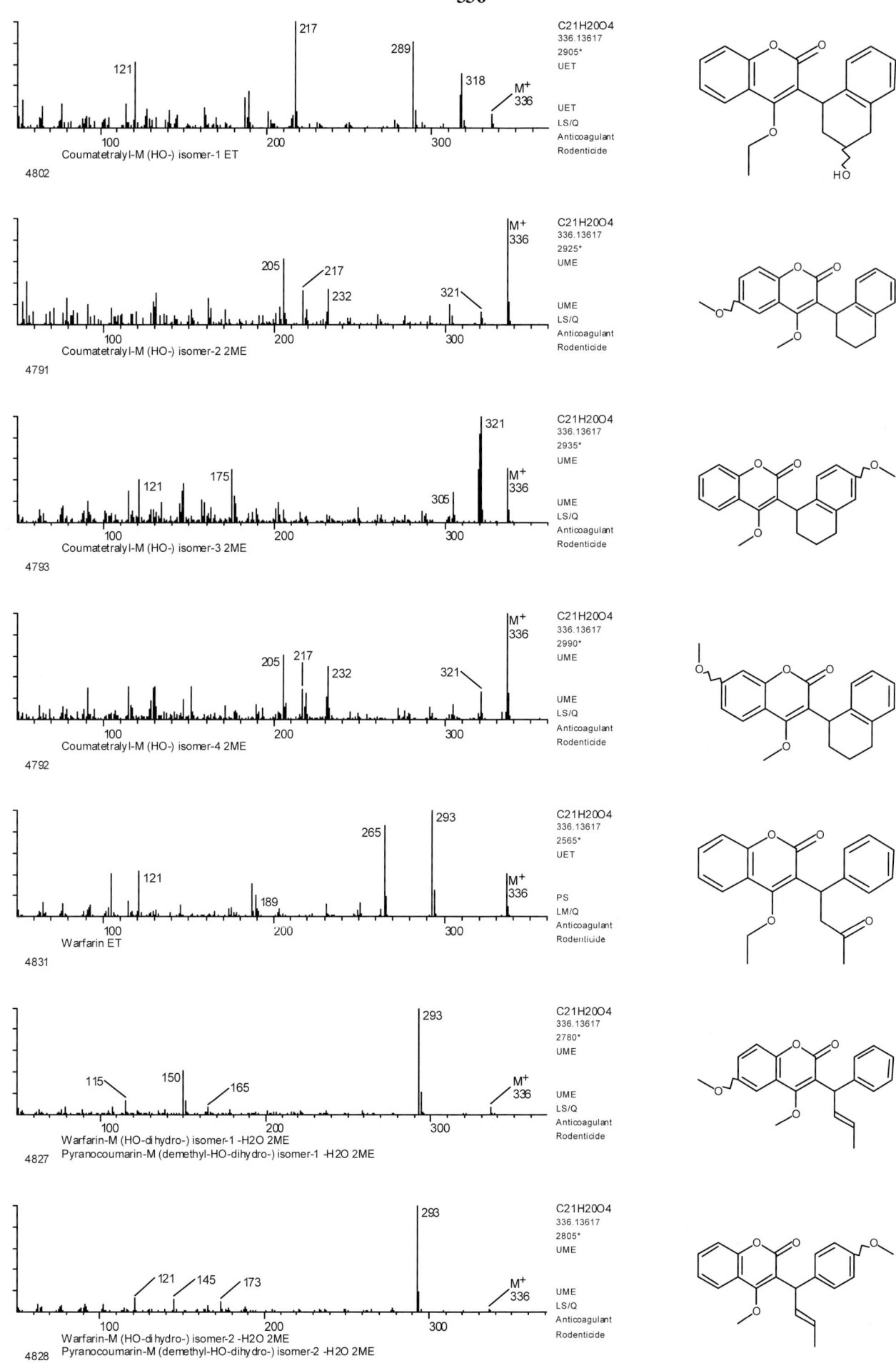

Coumatetralyl-M (HO-) isomer-1 ET
4802
C21H20O4
336.13617
2905*
UET
UET
LS/Q
Anticoagulant
Rodenticide
Peaks: 121, 217, 289, 318, M+ 336

Coumatetralyl-M (HO-) isomer-2 2ME
4791
C21H20O4
336.13617
2925*
UME
UME
LS/Q
Anticoagulant
Rodenticide
Peaks: 205, 217, 232, 321, M+ 336

Coumatetralyl-M (HO-) isomer-3 2ME
4793
C21H20O4
336.13617
2935*
UME
UME
LS/Q
Anticoagulant
Rodenticide
Peaks: 121, 175, 305, 321, M+ 336

Coumatetralyl-M (HO-) isomer-4 2ME
4792
C21H20O4
336.13617
2990*
UME
UME
LS/Q
Anticoagulant
Rodenticide
Peaks: 205, 217, 232, 321, M+ 336

Warfarin ET
4831
C21H20O4
336.13617
2565*
UET
PS
LM/Q
Anticoagulant
Rodenticide
Peaks: 121, 189, 265, 293, M+ 336

Warfarin-M (HO-dihydro-) isomer-1 -H2O 2ME
Pyranocoumarin-M (demethyl-HO-dihydro-) isomer-1 -H2O 2ME
4827
C21H20O4
336.13617
2780*
UME
UME
LS/Q
Anticoagulant
Rodenticide
Peaks: 115, 150, 165, 293, M+ 336

Warfarin-M (HO-dihydro-) isomer-2 -H2O 2ME
Pyranocoumarin-M (demethyl-HO-dihydro-) isomer-2 -H2O 2ME
4828
C21H20O4
336.13617
2805*
UME
UME
LS/Q
Anticoagulant
Rodenticide
Peaks: 121, 145, 173, 293, M+ 336

336

C21H20O4
336.13617
2830*
UME

UME
LS/Q
Anticoagulant
Rodenticide

Warfarin-M (HO-dihydro-) isomer-3 -H2O 2ME
Pyranocoumarin-M (demethyl-HO-dihydro-) isomer-3 -H2O 2ME
4829

C20H20N2O3
336.14740
2510
UME

UME
LM/Q
Antirheumatic

Kebuzone enol ME
6378

C20H20N2O3
336.14740
2480
P UME

UME
LS/Q
Analgesic
Antiphlogistic
ME in methanol

Phenylbutazone-M (oxo-) ME
Suxibuzone-M/artifact (oxo-phenylbutazone) ME
6384

C16H24N4O4
336.17975
2745

PS
LM/Q
Potent analgesic

Etonitazene intermediate-2 2AC
2845

C21H24N2O2
336.18378
2740

PS
LM/Q
Antimalarial

Cinchonidine AC
1988

C21H24N2O2
336.18378
2750

PS
LM/Q
Antimalarial

Cinchonine AC
2002

C18H28N2O4
336.20490
2955
G U

37517-30-9

LM/Q
Beta-Blocker

altered during HY

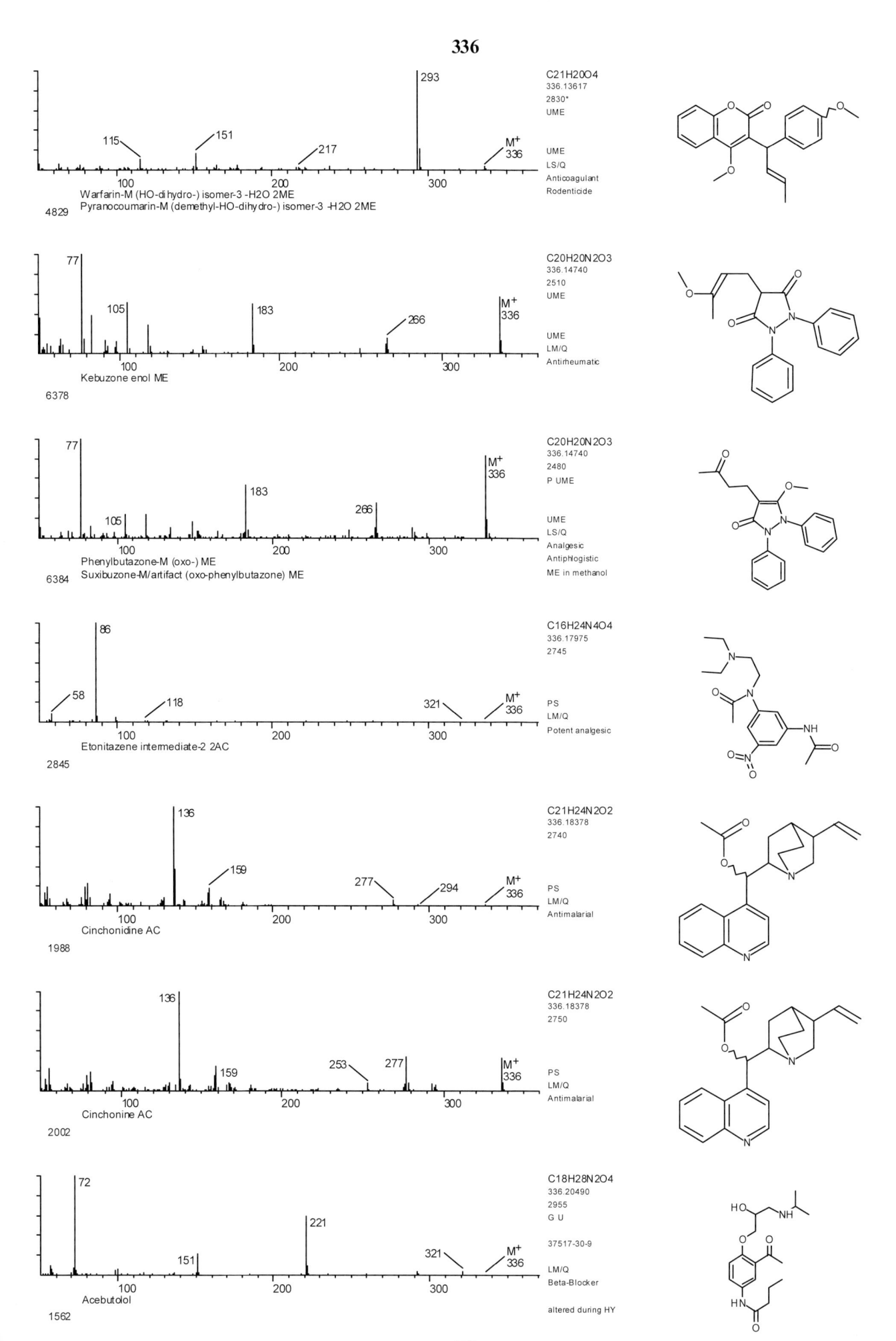

Acebutolol
1562

336

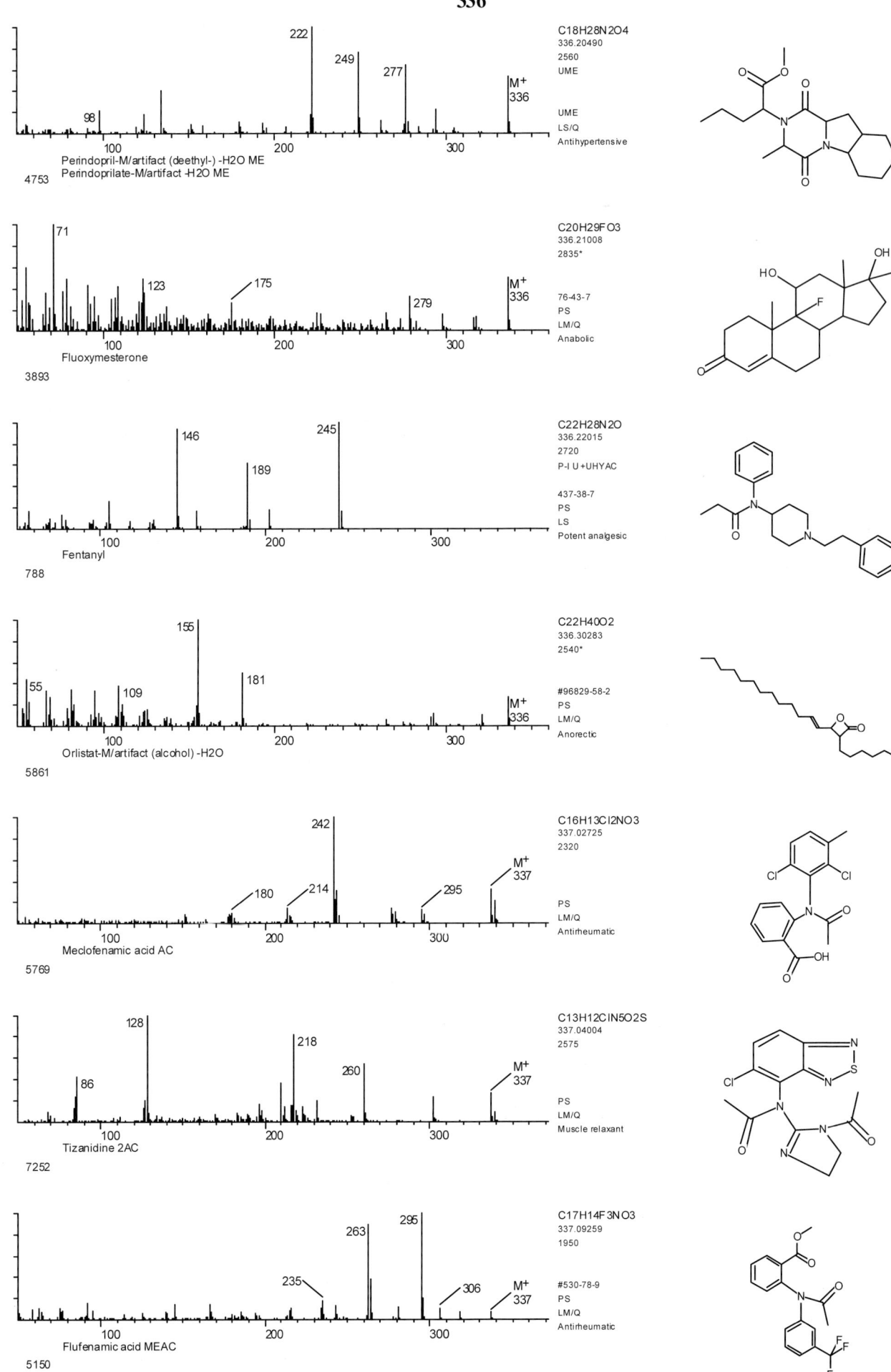

C18H28N2O4
336.20490
2560
UME

UME
LS/Q
Antihypertensive

Perindopril-M/artifact (deethyl-) -H2O ME
Perindoprilate-M/artifact -H2O ME
4753

C20H29FO3
336.21008
2835*

76-43-7
PS
LM/Q
Anabolic

Fluoxymesterone
3893

C22H28N2O
336.22015
2720
P-I U +UHYAC

437-38-7
PS
LS
Potent analgesic

Fentanyl
788

C22H40O2
336.30283
2540*

#96829-58-2
PS
LM/Q
Anorectic

Orlistat-M/artifact (alcohol) -H2O
5861

C16H13Cl2NO3
337.02725
2320

PS
LM/Q
Antirheumatic

Meclofenamic acid AC
5769

C13H12ClN5O2S
337.04004
2575

PS
LM/Q
Muscle relaxant

Tizanidine 2AC
7252

C17H14F3NO3
337.09259
1950

#530-78-9
PS
LM/Q
Antirheumatic

Flufenamic acid MEAC
5150

790

337

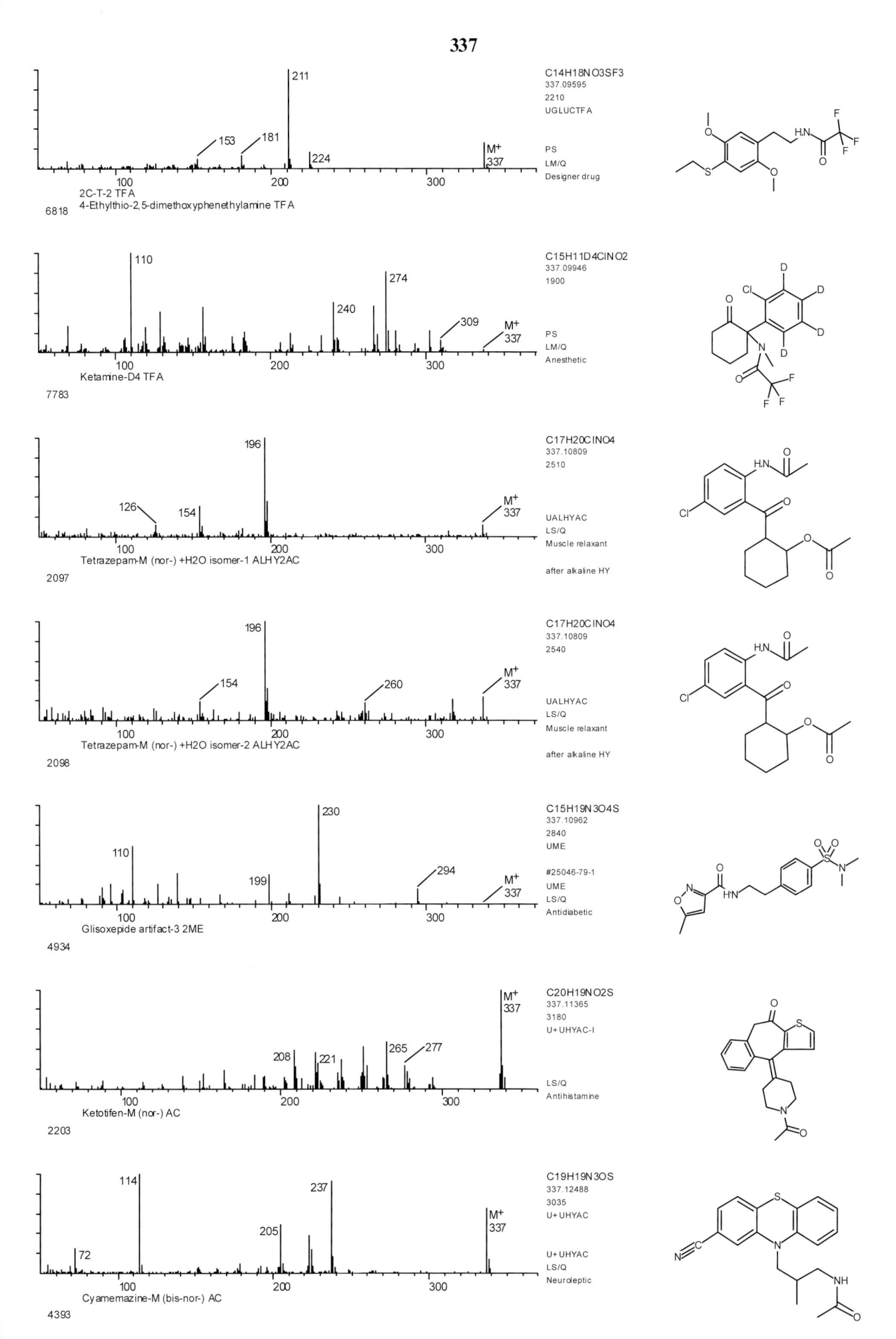

C14H18NO3SF3
337.09595
2210
UGLUCTFA

PS
LM/Q
Designer drug

2C-T-2 TFA
4-Ethylthio-2,5-dimethoxyphenethylamine TFA
6818

C15H11D4ClNO2
337.09946
1900

PS
LM/Q
Anesthetic

Ketamine-D4 TFA
7783

C17H20ClNO4
337.10809
2510

UALHYAC
LS/Q
Muscle relaxant

after alkaline HY

Tetrazepam-M (nor-) +H2O isomer-1 ALHY2AC
2097

C17H20ClNO4
337.10809
2540

UALHYAC
LS/Q
Muscle relaxant

after alkaline HY

Tetrazepam-M (nor-) +H2O isomer-2 ALHY2AC
2098

C15H19N3O4S
337.10962
2840
UME
#25046-79-1
UME
LS/Q
Antidiabetic

Glisoxepide artifact-3 2ME
4934

C20H19NO2S
337.11365
3180
U+UHYAC-I

LS/Q
Antihistamine

Ketotifen-M (nor-) AC
2203

C19H19N3OS
337.12488
3035
U+UHYAC

U+UHYAC
LS/Q
Neuroleptic

Cyamemazine-M (bis-nor-) AC
4393

337

C19H19N3OS
337.12488
2970
U+ UHYAC

U+ UHYAC
LS/Q
Neuroleptic

Quetiapine-M (N-dealkyl-) AC
6434

C18H18F3NO2
337.12897
2190
U+ UHYAC

UAAC
LS/Q
Antidepressant

acetyl conjugate
altered during HY

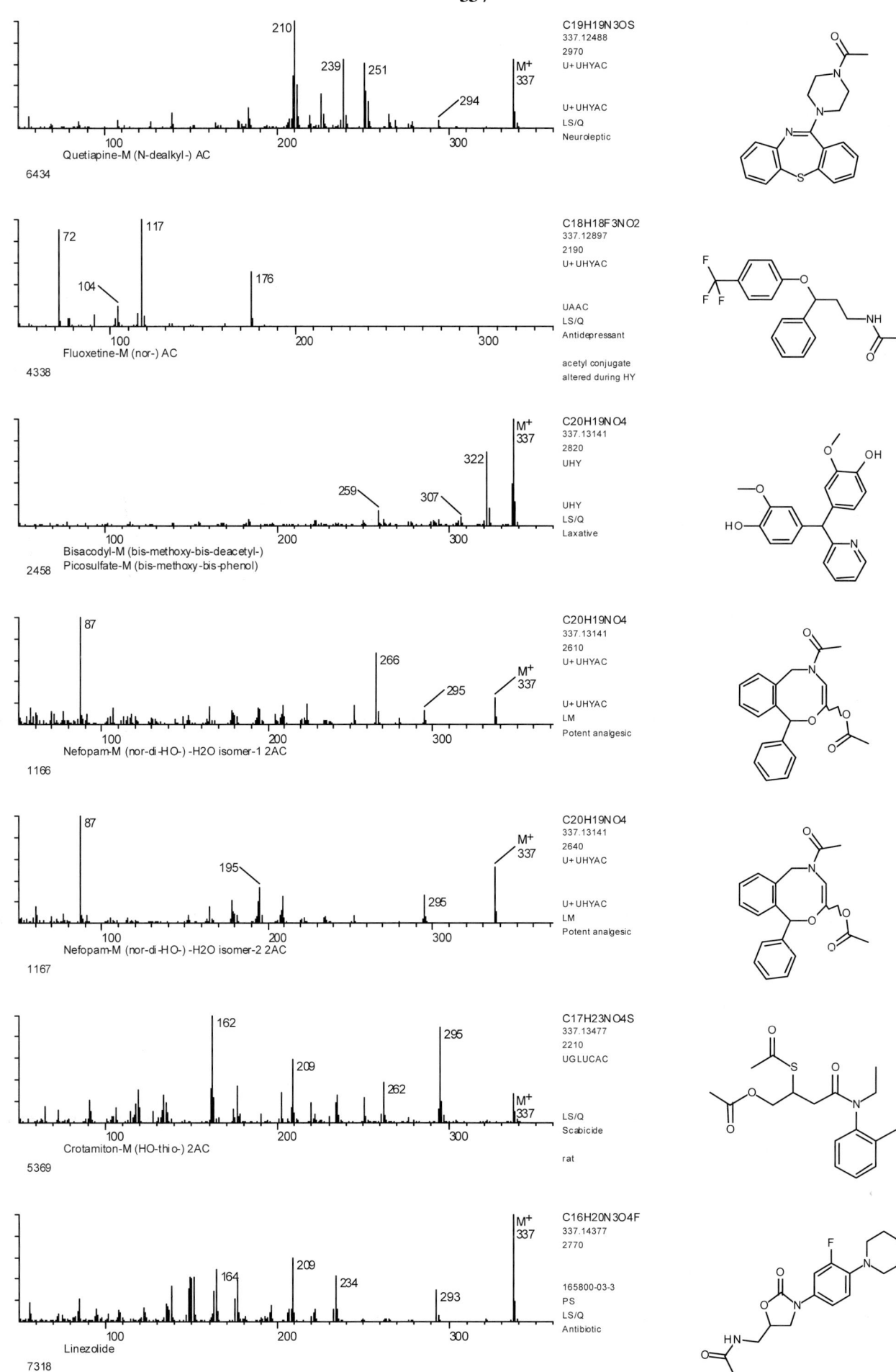

Fluoxetine-M (nor-) AC
4338

C20H19NO4
337.13141
2820
UHY

UHY
LS/Q
Laxative

Bisacodyl-M (bis-methoxy-bis-deacetyl-)
Picosulfate-M (bis-methoxy-bis-phenol)
2458

C20H19NO4
337.13141
2610
U+ UHYAC

U+ UHYAC
LM
Potent analgesic

Nefopam-M (nor-di-HO-) -H2O isomer-1 2AC
1166

C20H19NO4
337.13141
2640
U+ UHYAC

U+ UHYAC
LM
Potent analgesic

Nefopam-M (nor-di-HO-) -H2O isomer-2 2AC
1167

C17H23NO4S
337.13477
2210
UGLUCAC

LS/Q
Scabicide
rat

Crotamiton-M (HO-thio-) 2AC
5369

C16H20N3O4F
337.14377
2770

165800-03-3
PS
LS/Q
Antibiotic

Linezolide
7318

337

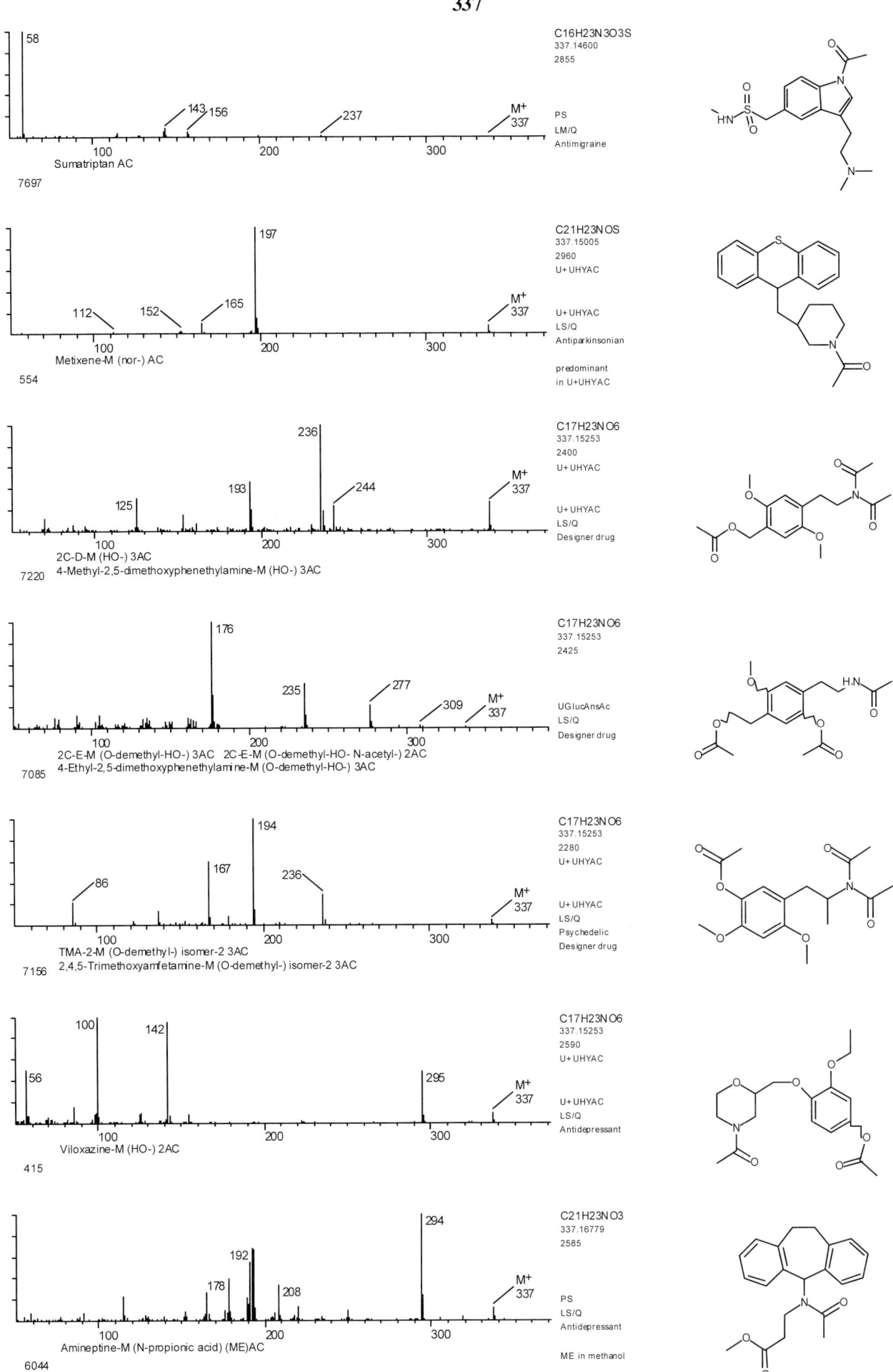

Sumatriptan AC — peaks: 58, 143, 156, 237, M+ 337	C16H23N3O3S 337.14600 2855 PS LM/Q Antimigraine
7697	

Metixene-M (nor-) AC — peaks: 112, 152, 165, 197, M+ 337	C21H23NOS 337.15005 2960 U+ UHYAC U+ UHYAC LS/Q Antiparkinsonian predominant in U+UHYAC
554	

2C-D-M (HO-) 3AC 4-Methyl-2,5-dimethoxyphenethylamine-M (HO-) 3AC — peaks: 125, 193, 236, 244, M+ 337	C17H23NO6 337.15253 2400 U+ UHYAC U+ UHYAC LS/Q Designer drug
7220	

2C-E-M (O-demethyl-HO-) 3AC 2C-E-M (O-demethyl-HO- N-acetyl-) 2AC 4-Ethyl-2,5-dimethoxyphenethylamine-M (O-demethyl-HO-) 3AC — peaks: 176, 235, 277, 309, M+ 337	C17H23NO6 337.15253 2425 UGlucAnsAc LS/Q Designer drug
7085	

TMA-2-M (O-demethyl-) isomer-2 3AC 2,4,5-Trimethoxyamfetamine-M (O-demethyl-) isomer-2 3AC — peaks: 86, 167, 194, 236, M+ 337	C17H23NO6 337.15253 2280 U+ UHYAC U+ UHYAC LS/Q Psychedelic Designer drug
7156	

Viloxazine-M (HO-) 2AC — peaks: 56, 100, 142, 295, M+ 337	C17H23NO6 337.15253 2590 U+ UHYAC U+ UHYAC LS/Q Antidepressant
415	

Amineptine-M (N-propionic acid) (ME)AC — peaks: 178, 192, 208, 294, M+ 337	C21H23NO3 337.16779 2585 PS LS/Q Antidepressant ME in methanol
6044	

337

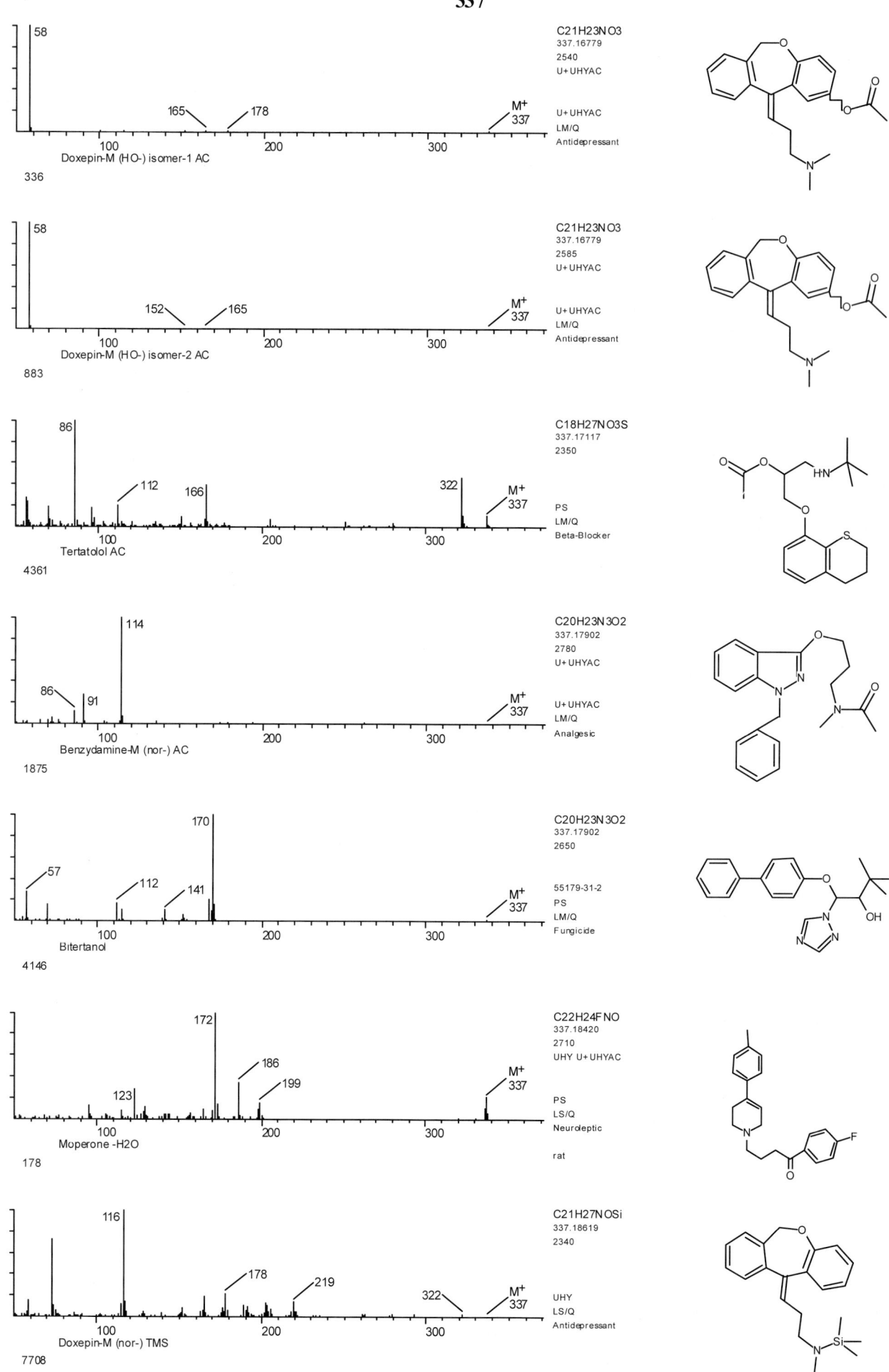

Doxepin-M (HO-) isomer-1 AC
C21H23NO3
337.16779
2540
U+ UHYAC
U+ UHYAC
LM/Q
Antidepressant
58, 165, 178, M+ 337

Doxepin-M (HO-) isomer-2 AC
C21H23NO3
337.16779
2585
U+ UHYAC
U+ UHYAC
LM/Q
Antidepressant
58, 152, 165, M+ 337

Tertatolol AC
C18H27NO3S
337.17117
2350
PS
LM/Q
Beta-Blocker
86, 112, 166, 322, M+ 337

Benzydamine-M (nor-) AC
C20H23N3O2
337.17902
2780
U+ UHYAC
U+ UHYAC
LM/Q
Analgesic
86, 91, 114, M+ 337

Bitertanol
C20H23N3O2
337.17902
2650
55179-31-2
PS
LM/Q
Fungicide
57, 112, 141, 170, M+ 337

Moperone -H2O
C22H24FNO
337.18420
2710
UHY U+ UHYAC
PS
LS/Q
Neuroleptic
rat
123, 172, 186, 199, M+ 337

Doxepin-M (nor-) TMS
C21H27NOSi
337.18619
2340
UHY
LS/Q
Antidepressant
116, 178, 219, 322, M+ 337

337

Pyrrolidinovalerophenone-M (HO-phenyl-N,N-bisdealkyl-) 2TMS
PVP-M (HO-phenyl-N,N-bisdealkyl-) 2TMS
7768

C17H31NO2Si2
337.18933
1860

LM/Q
Designer drug

Antazoline TMS
5459

C20H27N3Si
337.19742
2450

PS
LM/Q
Antihistamine

Sibutramine-M (nor-) TMS
5728

C19H32ClNSi
337.19925
2460

PS
LM/Q
Antidepressant

Amineptine-M (N-pentanoic acid) 2ME
6049

C22H27NO2
337.20419
2490

PS
LS/Q
Antidepressant

Danazole
6112

C22H27NO2
337.20419
2880

17230-88-5
PS
LS/Q
Antigonadotropin

Lobeline
1474

C22H27NO2
337.20419
1820

90-69-7
PS
LM
Stimulant

Oxprenolol TMS
5475

C18H31NO3Si
337.20731
1850

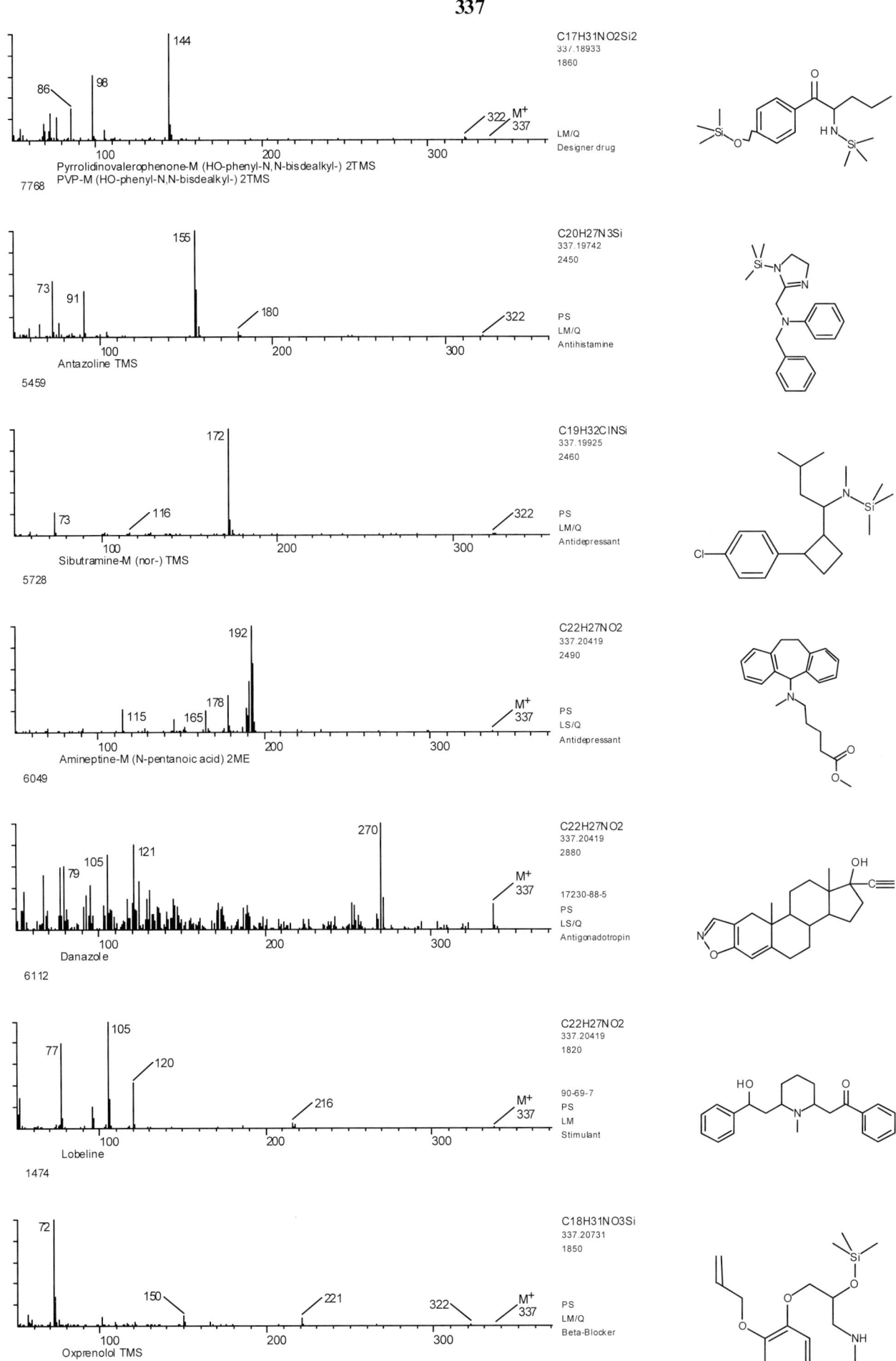

PS
LM/Q
Beta-Blocker

337

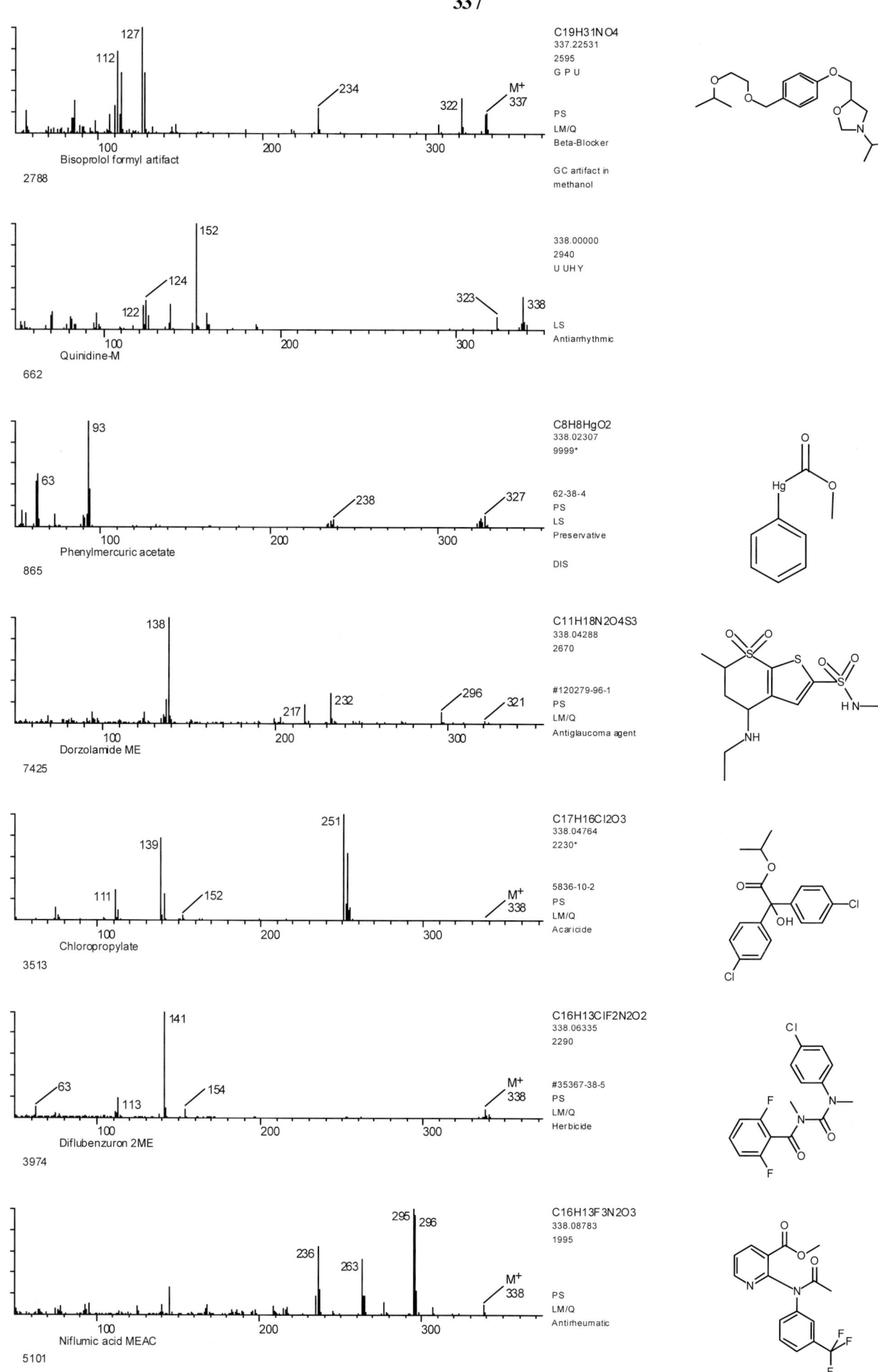

Bisoprolol formyl artifact
C19H31NO4
337.22531
2595
G P U
PS
LM/Q
Beta-Blocker
GC artifact in methanol
Peaks: 112, 127, 234, 322, 337 M+
2788

Quinidine-M
338.00000
2940
U UH Y
LS
Antiarrhythmic
Peaks: 122, 124, 152, 323, 338
662

Phenylmercuric acetate
C8H8HgO2
338.02307
9999*
62-38-4
PS
LS
Preservative
DIS
Peaks: 63, 93, 238, 327
865

Dorzolamide ME
C11H18N2O4S3
338.04288
2670
#120279-96-1
PS
LM/Q
Antiglaucoma agent
Peaks: 138, 217, 232, 296, 321
7425

Chloropropylate
C17H16Cl2O3
338.04764
2230*
5836-10-2
PS
LM/Q
Acaricide
Peaks: 111, 139, 152, 251, 338 M+
3513

Diflubenzuron 2ME
C16H13ClF2N2O2
338.06335
2290
#35367-38-5
PS
LM/Q
Herbicide
Peaks: 63, 113, 141, 154, 338 M+
3974

Niflumic acid MEAC
C16H13F3N2O3
338.08783
1995
PS
LM/Q
Antirheumatic
Peaks: 236, 263, 295, 296, 338 M+
5101

796

338

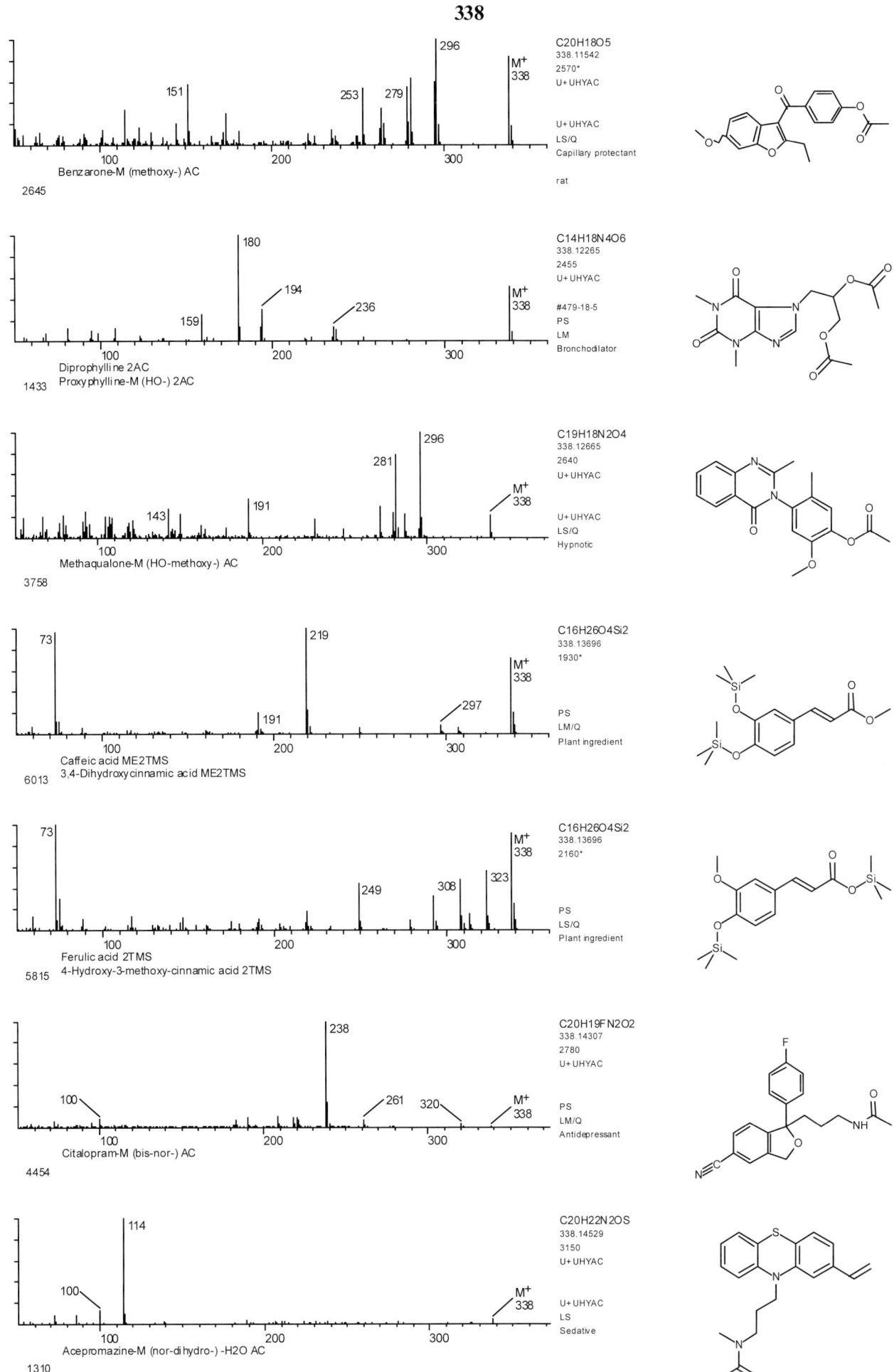

C20H18O5
338.11542
2570*
U+ UHYAC

U+ UHYAC
LS/Q
Capillary protectant
rat

Benzarone-M (methoxy-) AC
2645

C14H18N4O6
338.12265
2455
U+ UHYAC

#479-18-5
PS
LM
Bronchodilator

Diprophylline 2AC
Proxyphylline-M (HO-) 2AC
1433

C19H18N2O4
338.12665
2640
U+ UHYAC

U+ UHYAC
LS/Q
Hypnotic

Methaqualone-M (HO-methoxy-) AC
3758

C16H26O4Si2
338.13696
1930*

PS
LM/Q
Plant ingredient

Caffeic acid ME2TMS
3,4-Dihydroxycinnamic acid ME2TMS
6013

C16H26O4Si2
338.13696
2160*

PS
LS/Q
Plant ingredient

Ferulic acid 2TMS
4-Hydroxy-3-methoxy-cinnamic acid 2TMS
5815

C20H19FN2O2
338.14307
2780
U+ UHYAC

PS
LM/Q
Antidepressant

Citalopram-M (bis-nor-) AC
4454

C20H22N2OS
338.14529
3150
U+ UHYAC

U+ UHYAC
LS
Sedative

Acepromazine-M (nor-dihydro-)-H2O AC
1310

797

338

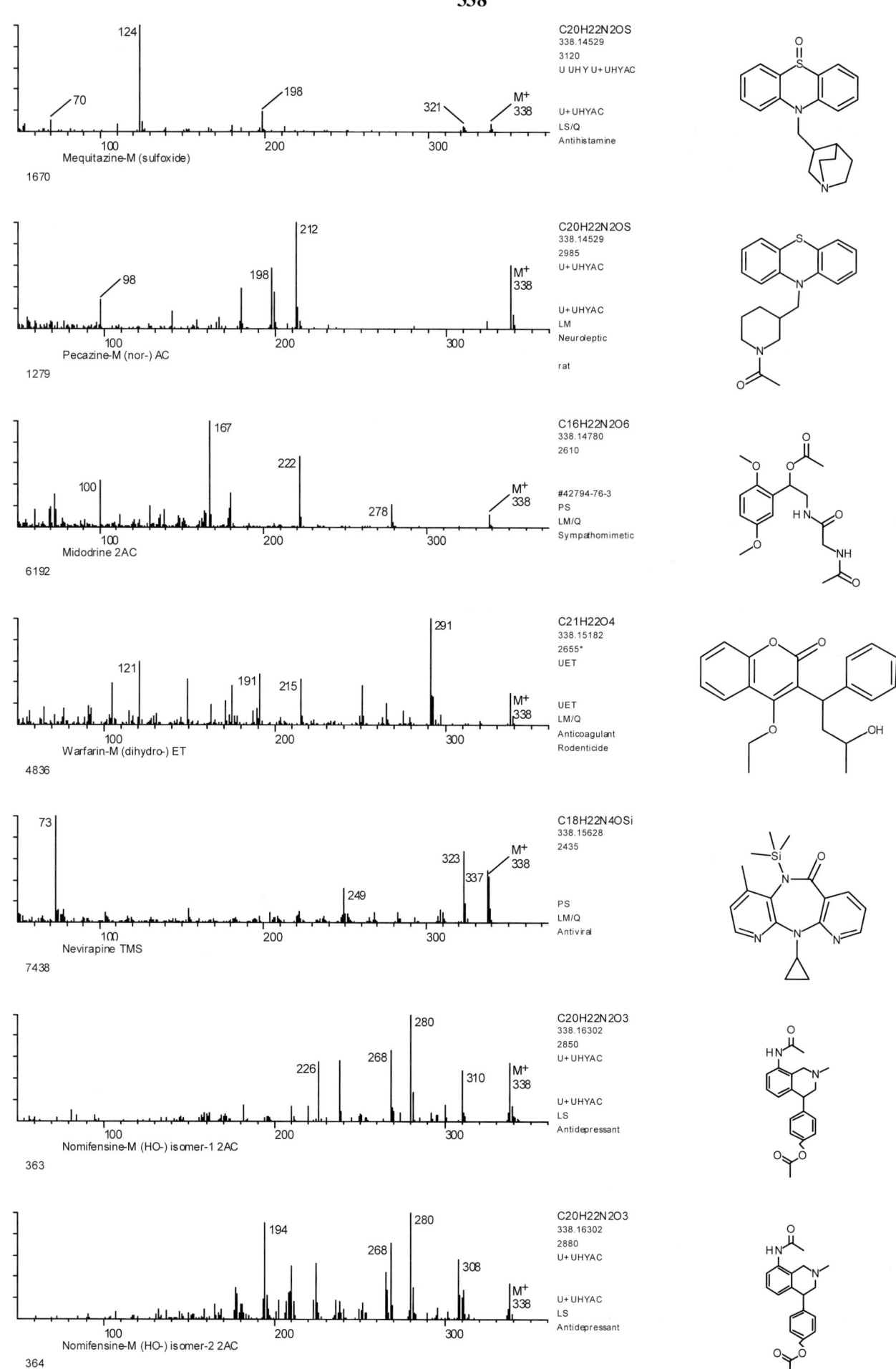

Mequitazine-M (sulfoxide) 1670	70, 124, 198, 321, M+ 338	C20H22N2OS 338.14529 3120 U UH Y U+ UHYAC U+ UHYAC LS/Q Antihistamine
Pecazine-M (nor-) AC 1279	98, 198, 212, M+ 338	C20H22N2OS 338.14529 2985 U+ UHYAC U+ UHYAC LM Neuroleptic rat
Midodrine 2AC 6192	100, 167, 222, 278, M+ 338	C16H22N2O6 338.14780 2610 #42794-76-3 PS LM/Q Sympathomimetic
Warfarin-M (dihydro-) ET 4836	121, 191, 215, 291, M+ 338	C21H22O4 338.15182 2655* UET UET LM/Q Anticoagulant Rodenticide
Nevirapine TMS 7438	73, 249, 323, 337, M+ 338	C18H22N4OSi 338.15628 2435 PS LM/Q Antiviral
Nomifensine-M (HO-) isomer-1 2AC 363	226, 268, 280, 310, M+ 338	C20H22N2O3 338.16302 2850 U+ UHYAC U+ UHYAC LS Antidepressant
Nomifensine-M (HO-) isomer-2 2AC 364	194, 268, 280, 308, M+ 338	C20H22N2O3 338.16302 2880 U+ UHYAC U+ UHYAC LS Antidepressant

338

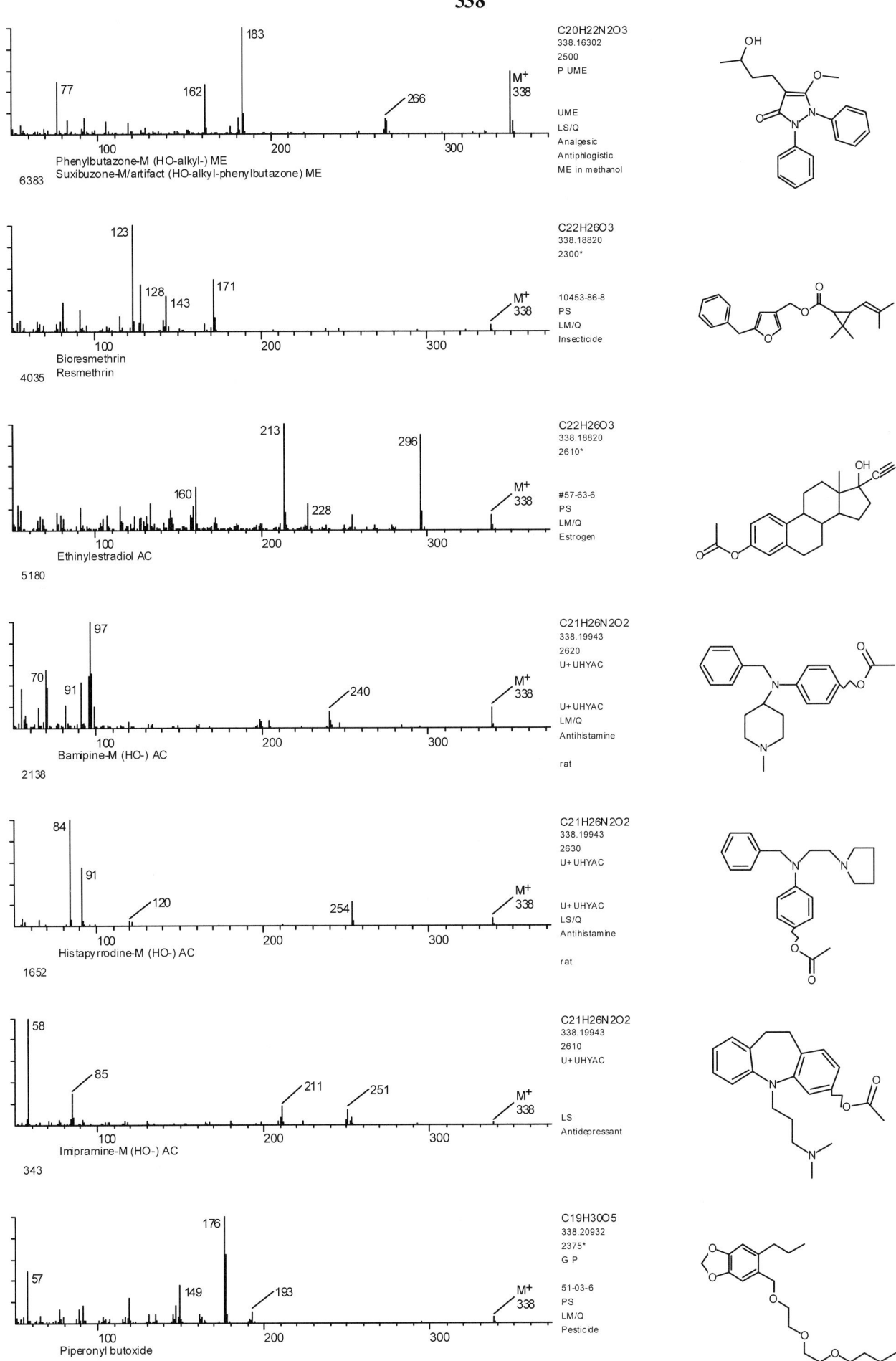

6383 — Phenylbutazone-M (HO-alkyl-) ME / Suxibuzone-M/artifact (HO-alkyl-phenylbutazone) ME
peaks: 77, 162, 183, 266, M+ 338
C20H22N2O3
338.16302
2500
P UME

UME
LS/Q
Analgesic
Antiphlogistic
ME in methanol

4035 — Bioresmethrin / Resmethrin
peaks: 123, 128, 143, 171, M+ 338
C22H26O3
338.18820
2300*

10453-86-8
PS
LM/Q
Insecticide

5180 — Ethinylestradiol AC
peaks: 160, 213, 228, 296, M+ 338
C22H26O3
338.18820
2610*

#57-63-6
PS
LM/Q
Estrogen

2138 — Bamipine-M (HO-) AC
peaks: 70, 91, 97, 240, M+ 338
C21H26N2O2
338.19943
2620
U+ UHYAC

U+ UHYAC
LM/Q
Antihistamine
rat

1652 — Histapyrrodine-M (HO-) AC
peaks: 84, 91, 120, 254, M+ 338
C21H26N2O2
338.19943
2630
U+ UHYAC

U+ UHYAC
LS/Q
Antihistamine
rat

343 — Imipramine-M (HO-) AC
peaks: 58, 85, 211, 251, M+ 338
C21H26N2O2
338.19943
2610
U+ UHYAC

LS
Antidepressant

3478 — Piperonyl butoxide
peaks: 57, 149, 176, 193, M+ 338
C19H30O5
338.20932
2375*
G P

51-03-6
PS
LM/Q
Pesticide

799

338

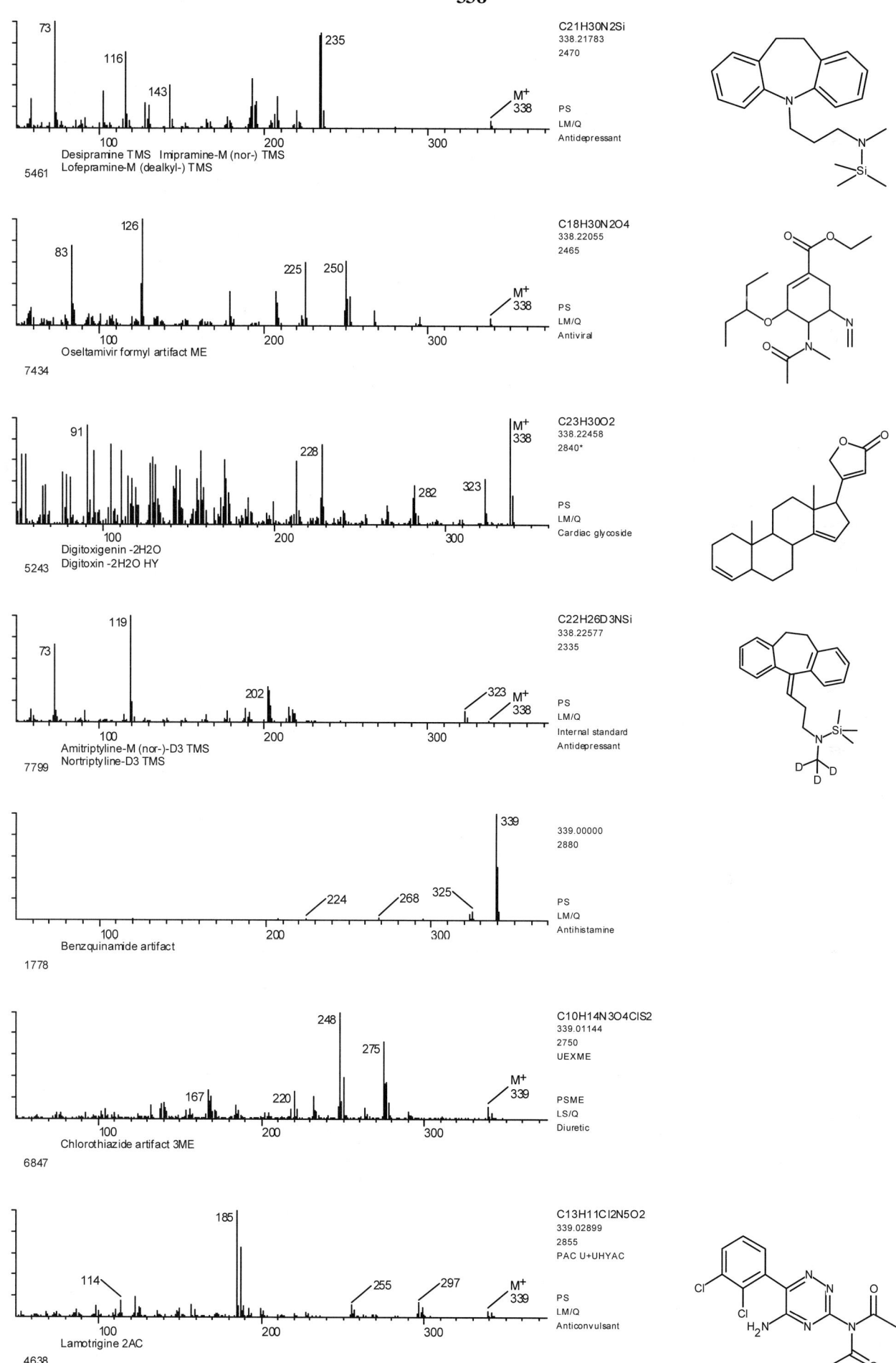

C21H30N2Si
338.21783
2470

PS
LM/Q
Antidepressant

Desipramine TMS   Imipramine-M (nor-) TMS
Lofepramine-M (dealkyl-) TMS
5461

C18H30N2O4
338.22055
2465

PS
LM/Q
Antiviral

Oseltamivir formyl artifact ME
7434

C23H30O2
338.22458
2840*

PS
LM/Q
Cardiac glycoside

Digitoxigenin -2H2O
Digitoxin -2H2O HY
5243

C22H26D3NSi
338.22577
2335

PS
LM/Q
Internal standard
Antidepressant

Amitriptyline-M (nor-)-D3 TMS
Nortriptyline-D3 TMS
7799

339.00000
2880

PS
LM/Q
Antihistamine

Benzquinamide artifact
1778

C10H14N3O4ClS2
339.01144
2750
UEXME

PSME
LS/Q
Diuretic

Chlorothiazide artifact 3ME
6847

C13H11Cl2N5O2
339.02899
2855
PAC U+UHYAC

PS
LM/Q
Anticonvulsant

Lamotrigine 2AC
4638

800

339

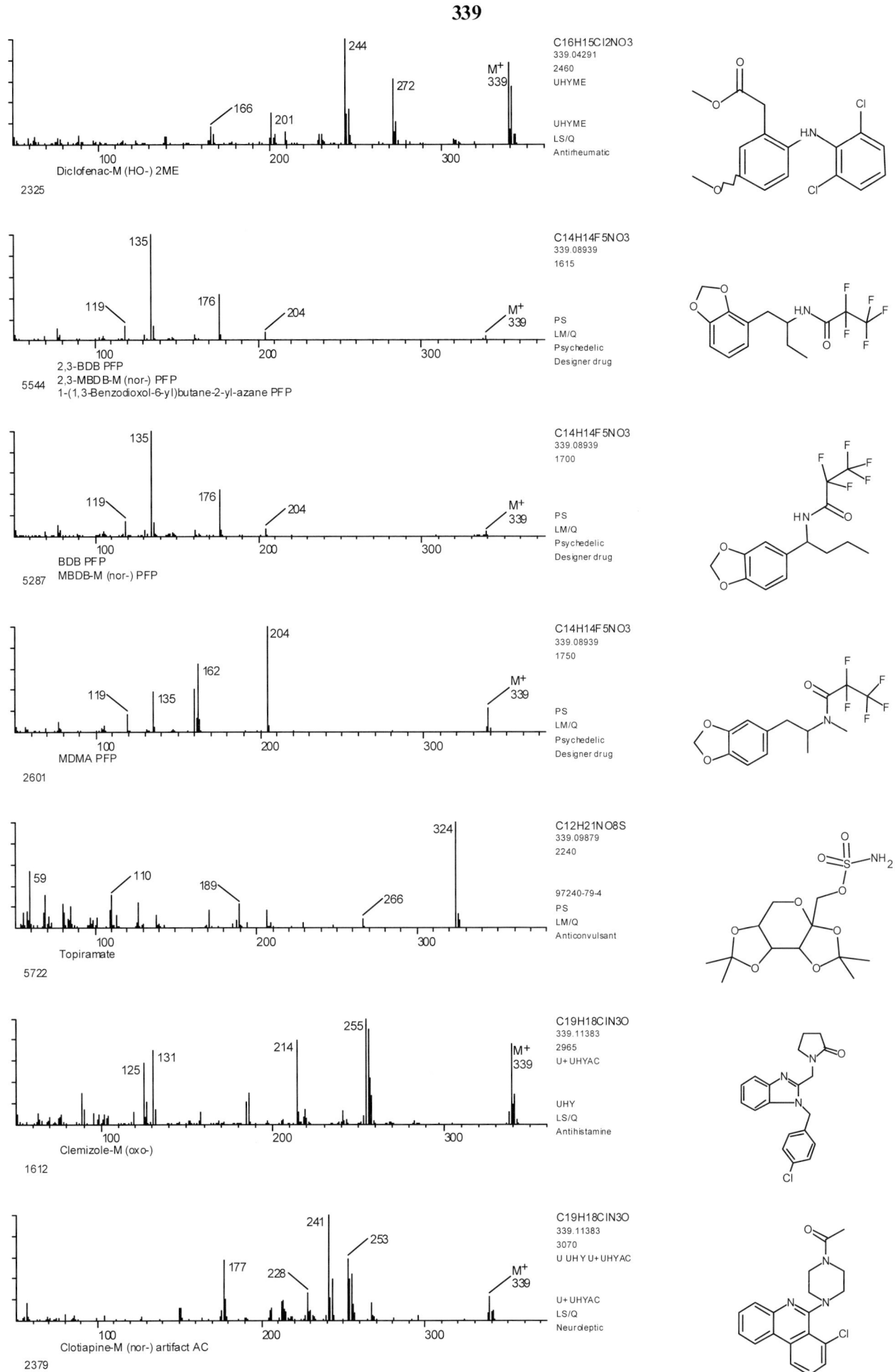

Diclofenac-M (HO-) 2ME
2325
C16H15Cl2NO3
339.04291
2460
UHYME
UHYME
LS/Q
Antirheumatic
Peaks: 166, 201, 244, 272, M+ 339

2,3-BDB PFP
2,3-MBDB-M (nor-) PFP
1-(1,3-Benzodioxol-6-yl)butane-2-yl-azane PFP
5544
C14H14F5NO3
339.08939
1615
PS
LM/Q
Psychedelic
Designer drug
Peaks: 119, 135, 176, 204, M+ 339

BDB PFP
MBDB-M (nor-) PFP
5287
C14H14F5NO3
339.08939
1700
PS
LM/Q
Psychedelic
Designer drug
Peaks: 119, 135, 176, 204, M+ 339

MDMA PFP
2601
C14H14F5NO3
339.08939
1750
PS
LM/Q
Psychedelic
Designer drug
Peaks: 119, 135, 162, 204, M+ 339

Topiramate
5722
C12H21NO8S
339.09879
2240
97240-79-4
PS
LM/Q
Anticonvulsant
Peaks: 59, 110, 189, 266, 324

Clemizole-M (oxo-)
1612
C19H18ClN3O
339.11383
2965
U+ UHYAC
UHY
LS/Q
Antihistamine
Peaks: 125, 131, 214, 255, M+ 339

Clotiapine-M (nor-) artifact AC
2379
C19H18ClN3O
339.11383
3070
U UH Y U+ UHYAC
U+ UHYAC
LS/Q
Neuroleptic
Peaks: 177, 228, 241, 253, M+ 339

801

339

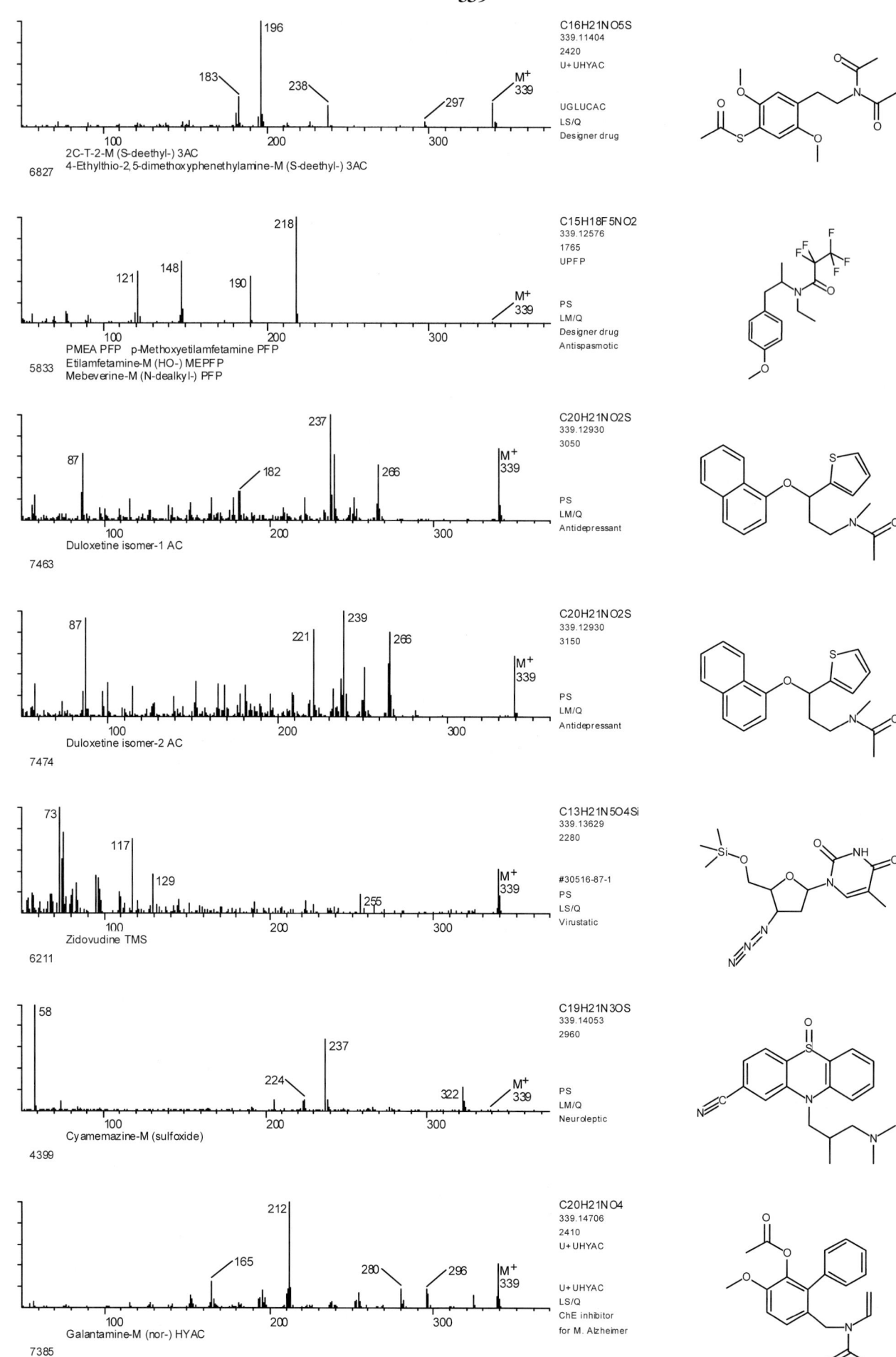

C16H21NO5S
339.11404
2420
U+ UHYAC

UGLUCAC
LS/Q
Designer drug

2C-T-2-M (S-deethyl-) 3AC
4-Ethylthio-2,5-dimethoxyphenethylamine-M (S-deethyl-) 3AC
6827

C15H18F5NO2
339.12576
1765
UPFP

PS
LM/Q
Designer drug
Antispasmotic

PMEA PFP   p-Methoxyetilamfetamine PFP
Etilamfetamine-M (HO-) MEPFP
Mebeverine-M (N-dealkyl-) PFP
5833

C20H21NO2S
339.12930
3050

PS
LM/Q
Antidepressant

Duloxetine isomer-1 AC
7463

C20H21NO2S
339.12930
3150

PS
LM/Q
Antidepressant

Duloxetine isomer-2 AC
7474

C13H21N5O4Si
339.13629
2280

#30516-87-1
PS
LS/Q
Virustatic

Zidovudine TMS
6211

C19H21N3OS
339.14053
2960

PS
LM/Q
Neuroleptic

Cyamemazine-M (sulfoxide)
4399

C20H21NO4
339.14706
2410
U+ UHYAC

U+ UHYAC
LS/Q
ChE inhibitor
for M. Alzheimer

Galantamine-M (nor-) HYAC
7385

802

339

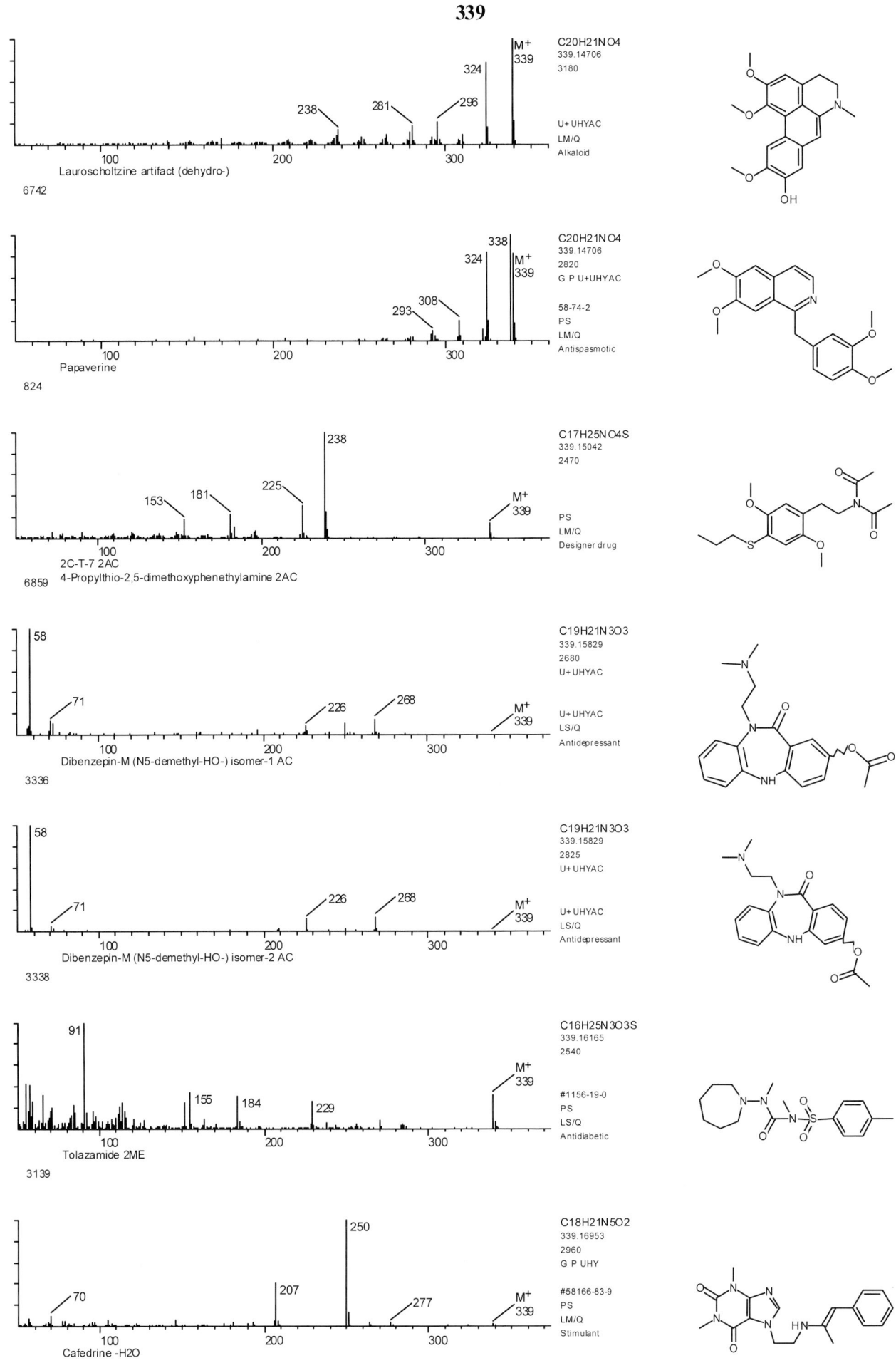

C20H21NO4
339.14706
3180
U+ UHYAC
LM/Q
Alkaloid

Lauroscholtzine artifact (dehydro-)
6742

C20H21NO4
339.14706
2820
G P U+UHYAC
58-74-2
PS
LM/Q
Antispasmotic

Papaverine
824

C17H25NO4S
339.15042
2470
PS
LM/Q
Designer drug

2C-T-7 2AC
4-Propylthio-2,5-dimethoxyphenethylamine 2AC
6859

C19H21N3O3
339.15829
2680
U+ UHYAC
U+ UHYAC
LS/Q
Antidepressant

Dibenzepin-M (N5-demethyl-HO-) isomer-1 AC
3336

C19H21N3O3
339.15829
2825
U+ UHYAC
U+ UHYAC
LS/Q
Antidepressant

Dibenzepin-M (N5-demethyl-HO-) isomer-2 AC
3338

C16H25N3O3S
339.16165
2540
#1156-19-0
PS
LS/Q
Antidiabetic

Tolazamide 2ME
3139

C18H21N5O2
339.16953
2960
G P UHY
#58166-83-9
PS
LM/Q
Stimulant

Cafedrine -H2O
1313

803

339

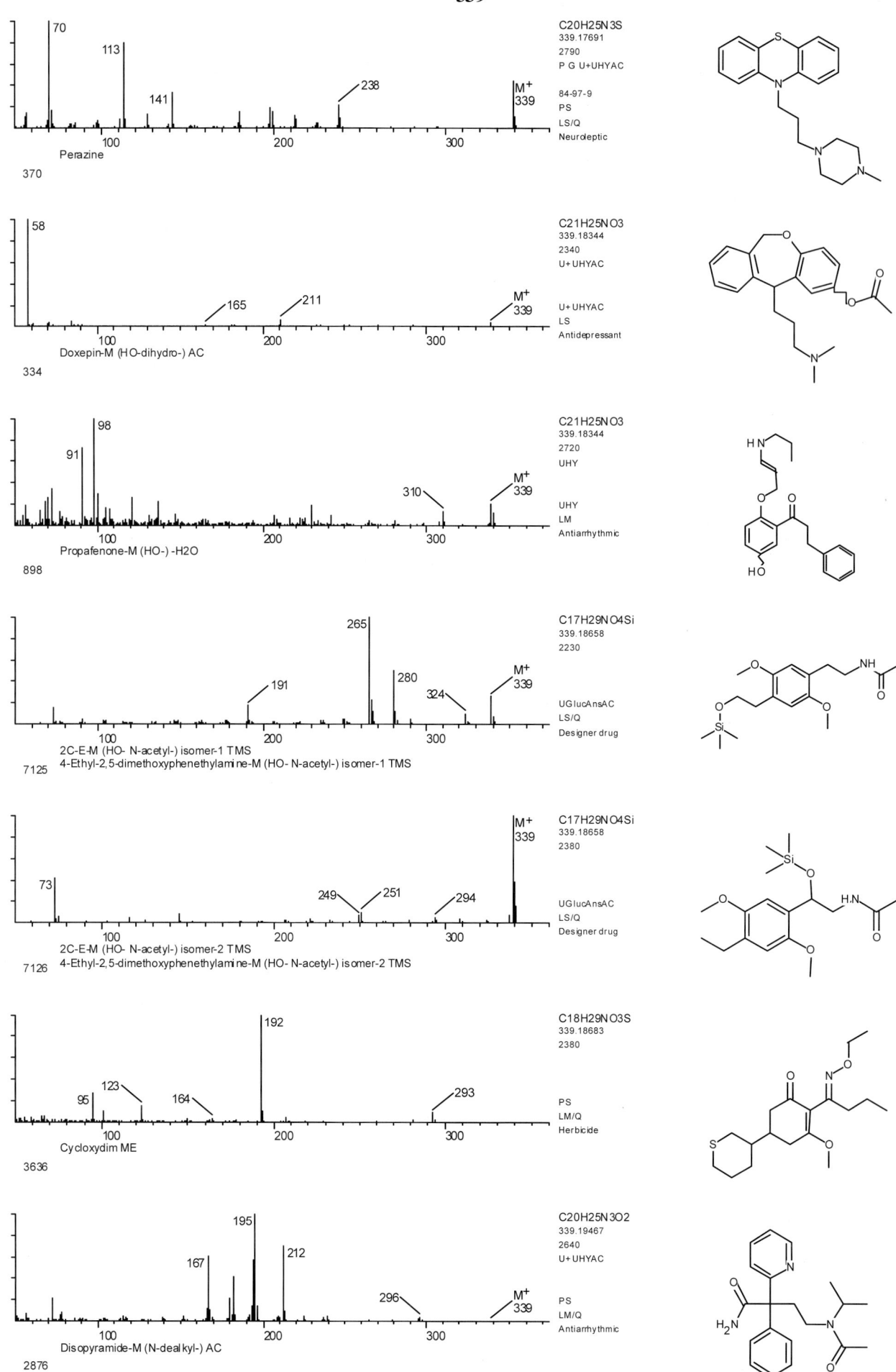

Perazine	C20H25N3S 339.17691 2790 P G U+UHYAC 84-97-9 PS LS/Q Neuroleptic	
370		
Doxepin-M (HO-dihydro-) AC	C21H25NO3 339.18344 2340 U+UHYAC U+UHYAC LS Antidepressant	
334		
Propafenone-M (HO-) -H2O	C21H25NO3 339.18344 2720 UHY UHY LM Antiarrhythmic	
898		
2C-E-M (HO- N-acetyl-) isomer-1 TMS 4-Ethyl-2,5-dimethoxyphenethylamine-M (HO- N-acetyl-) isomer-1 TMS	C17H29NO4Si 339.18658 2230 UGlucAnsAC LS/Q Designer drug	
7125		
2C-E-M (HO- N-acetyl-) isomer-2 TMS 4-Ethyl-2,5-dimethoxyphenethylamine-M (HO- N-acetyl-) isomer-2 TMS	C17H29NO4Si 339.18658 2380 UGlucAnsAC LS/Q Designer drug	
7126		
Cycloxydim ME	C18H29NO3S 339.18683 2380 PS LM/Q Herbicide	
3636		
Disopyramide-M (N-dealkyl-) AC	C20H25N3O2 339.19467 2640 U+UHYAC PS LM/Q Antiarrhythmic	
2876		

339

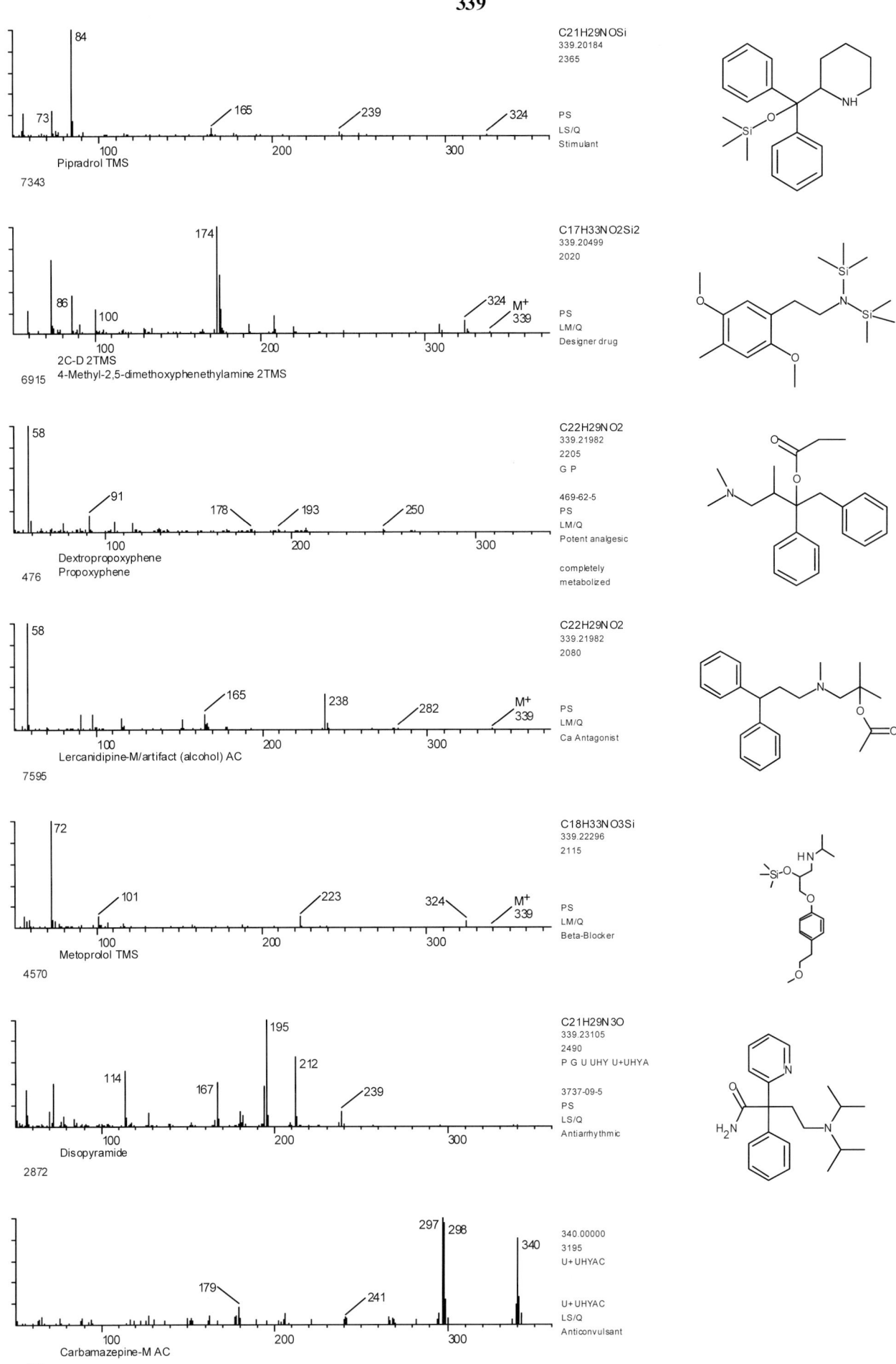

Pipradrol TMS — C21H29NOSi, 339.20184, 2365; PS, LS/Q, Stimulant; peaks: 73, 84, 165, 239, 324; 7343

2C-D 2TMS / 4-Methyl-2,5-dimethoxyphenethylamine 2TMS — C17H33NO2Si2, 339.20499, 2020; PS, LM/Q, Designer drug; peaks: 86, 100, 174, 324, M+ 339; 6915

Dextropropoxyphene / Propoxyphene — C22H29NO2, 339.21982, 2205; G P; 469-62-5; PS, LM/Q, Potent analgesic, completely metabolized; peaks: 58, 91, 178, 193, 250; 476

Lercanidipine-M/artifact (alcohol) AC — C22H29NO2, 339.21982, 2080; PS, LM/Q, Ca Antagonist; peaks: 58, 165, 238, 282, M+ 339; 7595

Metoprolol TMS — C18H33NO3Si, 339.22296, 2115; PS, LM/Q, Beta-Blocker; peaks: 72, 101, 223, 324, M+ 339; 4570

Disopyramide — C21H29N3O, 339.23105, 2490; P G U UHY U+UHYA; 3737-09-5; PS, LS/Q, Antiarrhythmic; peaks: 114, 167, 195, 212, 239; 2872

Carbamazepine-M AC — 340.00000, 3195, U+UHYAC; U+UHYAC, LS/Q, Anticonvulsant; peaks: 179, 241, 297, 298, 340; 426

340

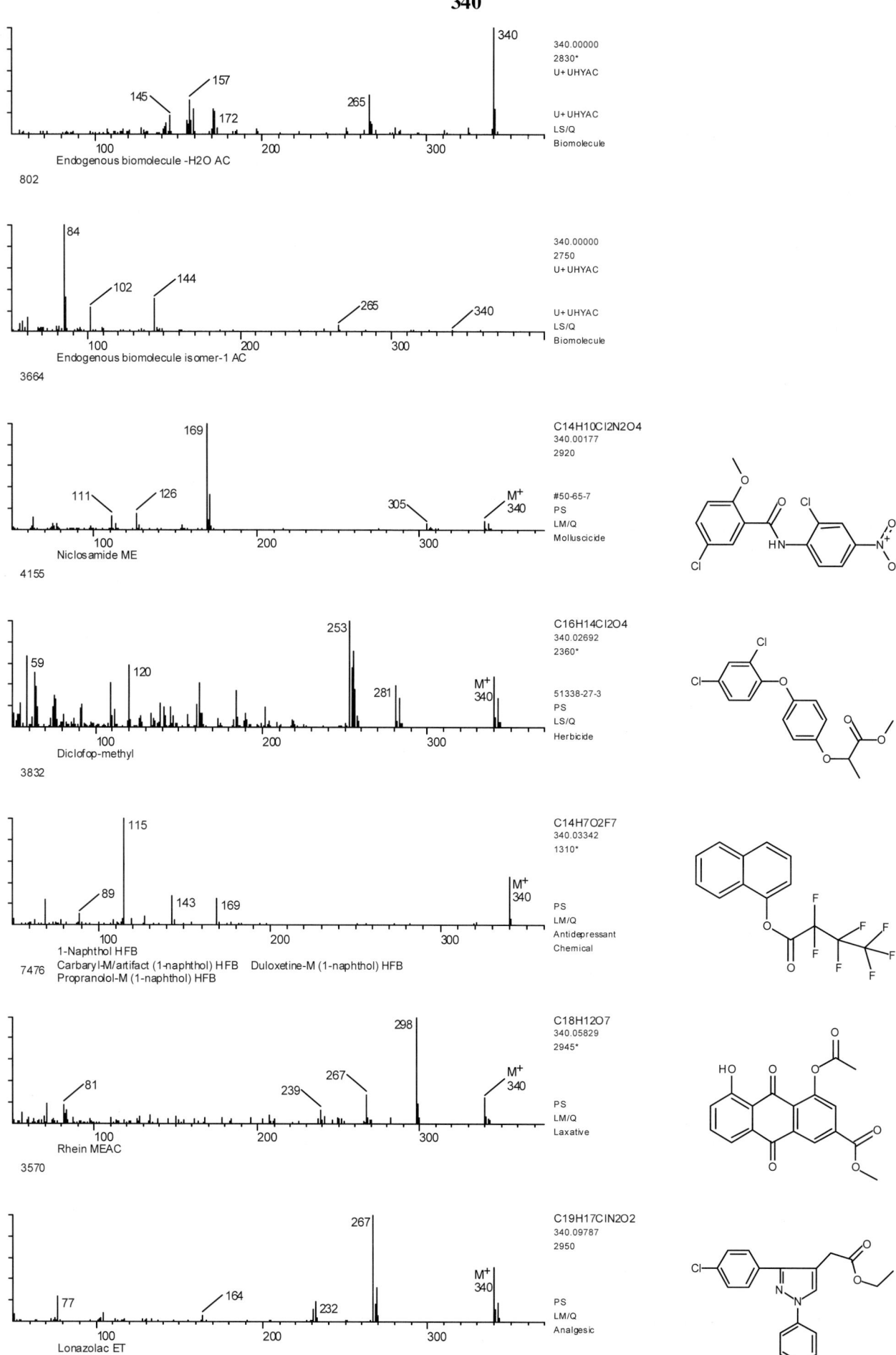

Endogenous biomolecule -H2O AC	340.00000 2830* U+UHYAC U+UHYAC LS/Q Biomolecule
802	

Peaks: 145, 157, 172, 265, 340

Endogenous biomolecule isomer-1 AC	340.00000 2750 U+UHYAC U+UHYAC LS/Q Biomolecule
3664	

Peaks: 84, 102, 144, 265, 340

Niclosamide ME	C14H10Cl2N2O4 340.00177 2920 #50-65-7 PS LM/Q Molluscicide
4155	

Peaks: 111, 126, 169, 305, M+ 340

Diclofop-methyl	C16H14Cl2O4 340.02692 2360* 51338-27-3 PS LS/Q Herbicide
3832	

Peaks: 59, 120, 253, 281, M+ 340

1-Naphthol HFB Carbaryl-M/artifact (1-naphthol) HFB Duloxetine-M (1-naphthol) HFB Propranolol-M (1-naphthol) HFB	C14H7O2F7 340.03342 1310* PS LM/Q Antidepressant Chemical
7476	

Peaks: 89, 115, 143, 169, M+ 340

Rhein MEAC	C18H12O7 340.05829 2945* PS LM/Q Laxative
3570	

Peaks: 81, 239, 267, 298, M+ 340

Lonazolac ET	C19H17ClN2O2 340.09787 2950 PS LM/Q Analgesic
1994	

Peaks: 77, 164, 232, 267, M+ 340

340

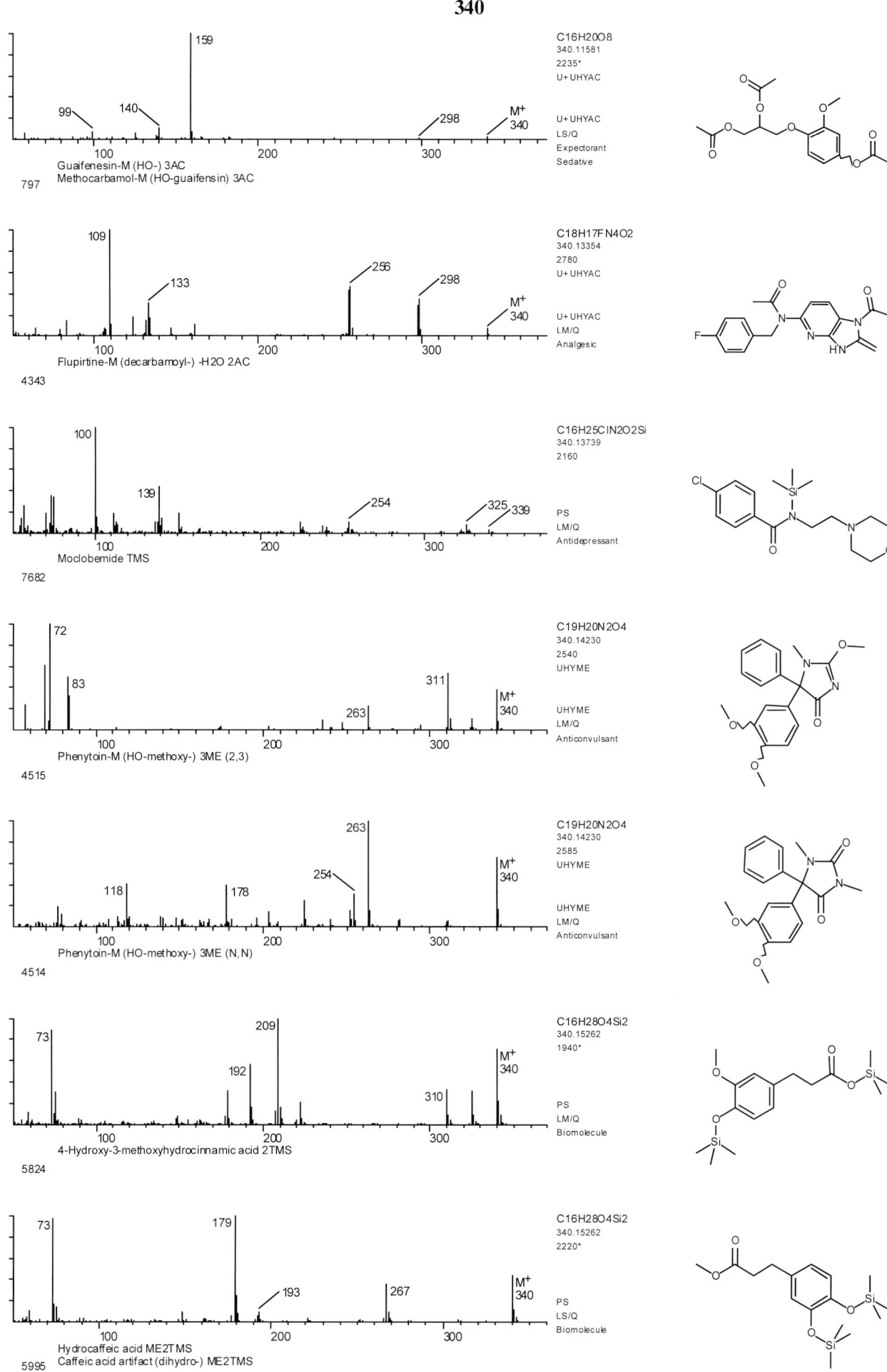

797 Guaifenesin-M (HO-) 3AC / Methocarbamol-M (HO-guaifensin) 3AC
C16H20O8
340.11581
2235*
U+ UHYAC
U+ UHYAC
LS/Q
Expectorant
Sedative

4343 Flupirtine-M (decarbamoyl-) -H2O 2AC
C18H17FN4O2
340.13354
2780
U+ UHYAC
U+ UHYAC
LM/Q
Analgesic

7682 Moclobemide TMS
C16H25ClN2O2Si
340.13739
2160
PS
LM/Q
Antidepressant

4515 Phenytoin-M (HO-methoxy-) 3ME (2,3)
C19H20N2O4
340.14230
2540
UHYME
UHYME
LM/Q
Anticonvulsant

4514 Phenytoin-M (HO-methoxy-) 3ME (N,N)
C19H20N2O4
340.14230
2585
UHYME
UHYME
LM/Q
Anticonvulsant

5824 4-Hydroxy-3-methoxyhydrocinnamic acid 2TMS
C16H28O4Si2
340.15262
1940*
PS
LM/Q
Biomolecule

5995 Hydrocaffeic acid ME2TMS / Caffeic acid artifact (dihydro-) ME2TMS
C16H28O4Si2
340.15262
2220*
PS
LS/Q
Biomolecule

340

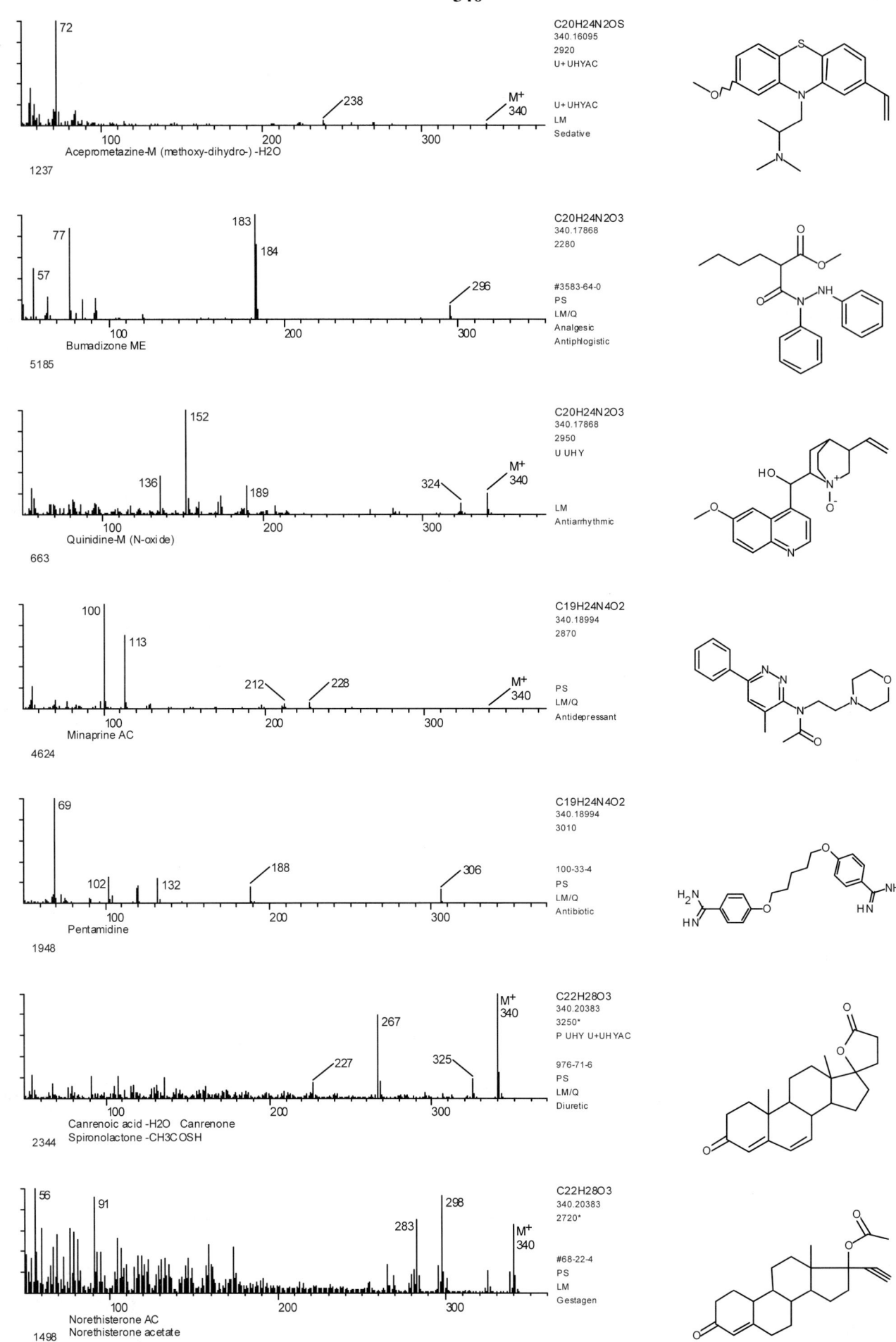

C20H24N2OS
340.16095
2920
U+ UHYAC

U+ UHYAC
LM
Sedative

Aceprometazine-M (methoxy-dihydro-) -H2O
1237

C20H24N2O3
340.17868
2280

#3583-64-0
PS
LM/Q
Analgesic
Antiphlogistic

Bumadizone ME
5185

C20H24N2O3
340.17868
2950
U UHY

LM
Antiarrhythmic

Quinidine-M (N-oxide)
663

C19H24N4O2
340.18994
2870

PS
LM/Q
Antidepressant

Minaprine AC
4624

C19H24N4O2
340.18994
3010

100-33-4
PS
LM/Q
Antibiotic

Pentamidine
1948

C22H28O3
340.20383
3250*
P UHY U+UHYAC

976-71-6
PS
LM/Q
Diuretic

Canrenoic acid -H2O   Canrenone
Spironolactone -CH3COSH
2344

C22H28O3
340.20383
2720*

#68-22-4
PS
LM
Gestagen

Norethisterone AC
Norethisterone acetate
1498

340

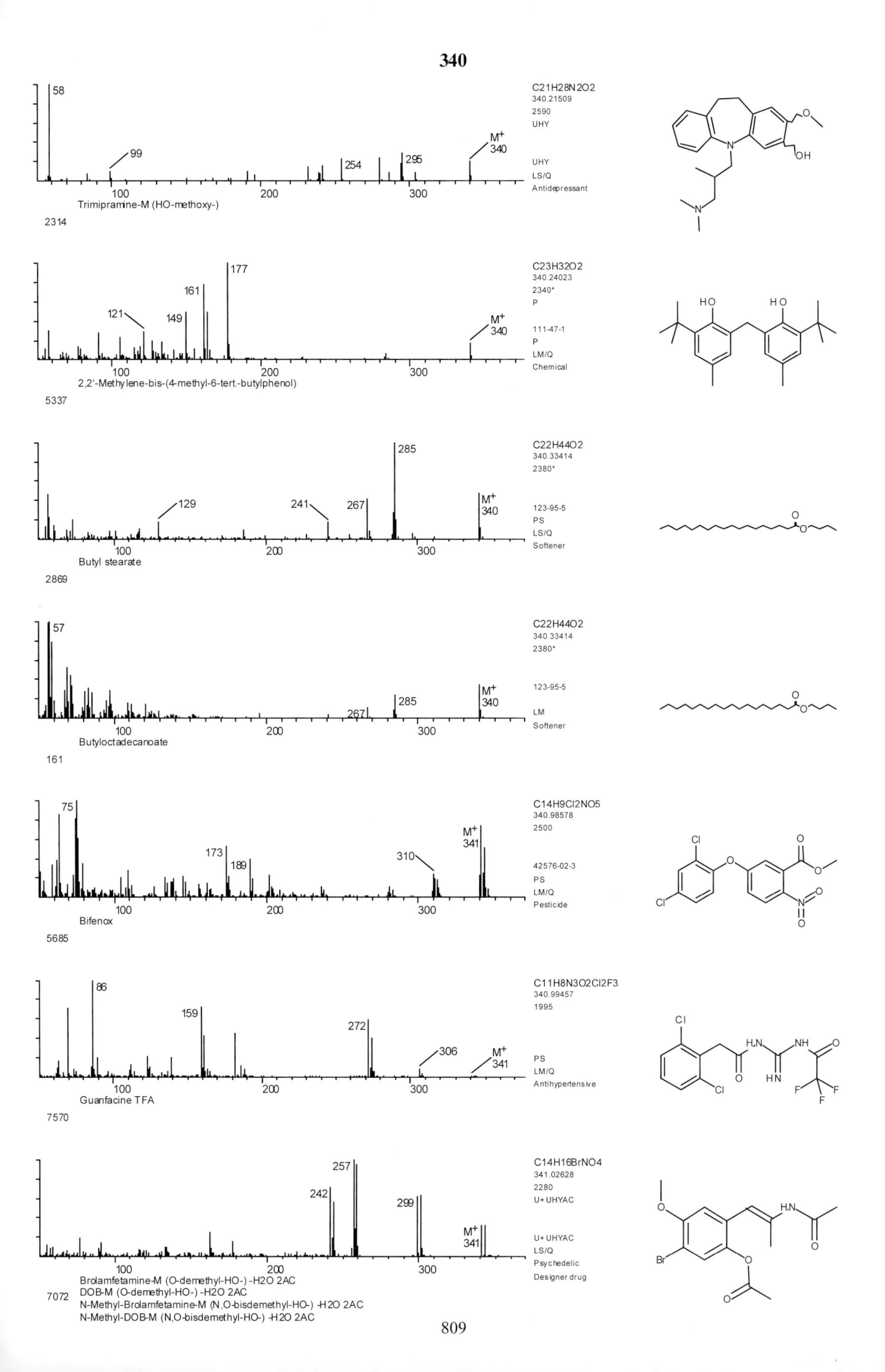

Trimipramine-M (HO-methoxy-)	C21H28N2O2 340.21509 2590 UHY / UHY LS/Q Antidepressant
2,2'-Methylene-bis-(4-methyl-6-tert.-butylphenol)	C23H32O2 340.24023 2340* P / 111-47-1 P LM/Q Chemical
Butyl stearate	C22H44O2 340.33414 2380* / 123-95-5 PS LS/Q Softener
Butyloctadecanoate	C22H44O2 340.33414 2380* / 123-95-5 LM Softener
Bifenox	C14H9Cl2NO5 340.98578 2500 / 42576-02-3 PS LM/Q Pesticide
Guanfacine TFA	C11H8N3O2Cl2F3 340.99457 1995 / PS LM/Q Antihypertensive
Brolamfetamine-M (O-demethyl-HO-) -H2O 2AC
DOB-M (O-demethyl-HO-) -H2O 2AC
N-Methyl-Brolamfetamine-M (N,O-bisdemethyl-HO-) -H2O 2AC
N-Methyl-DOB-M (N,O-bisdemethyl-HO-) -H2O 2AC	C14H16BrNO4 341.02628 2280 U+ UHYAC / U+ UHYAC LS/Q Psychedelic Designer drug

341

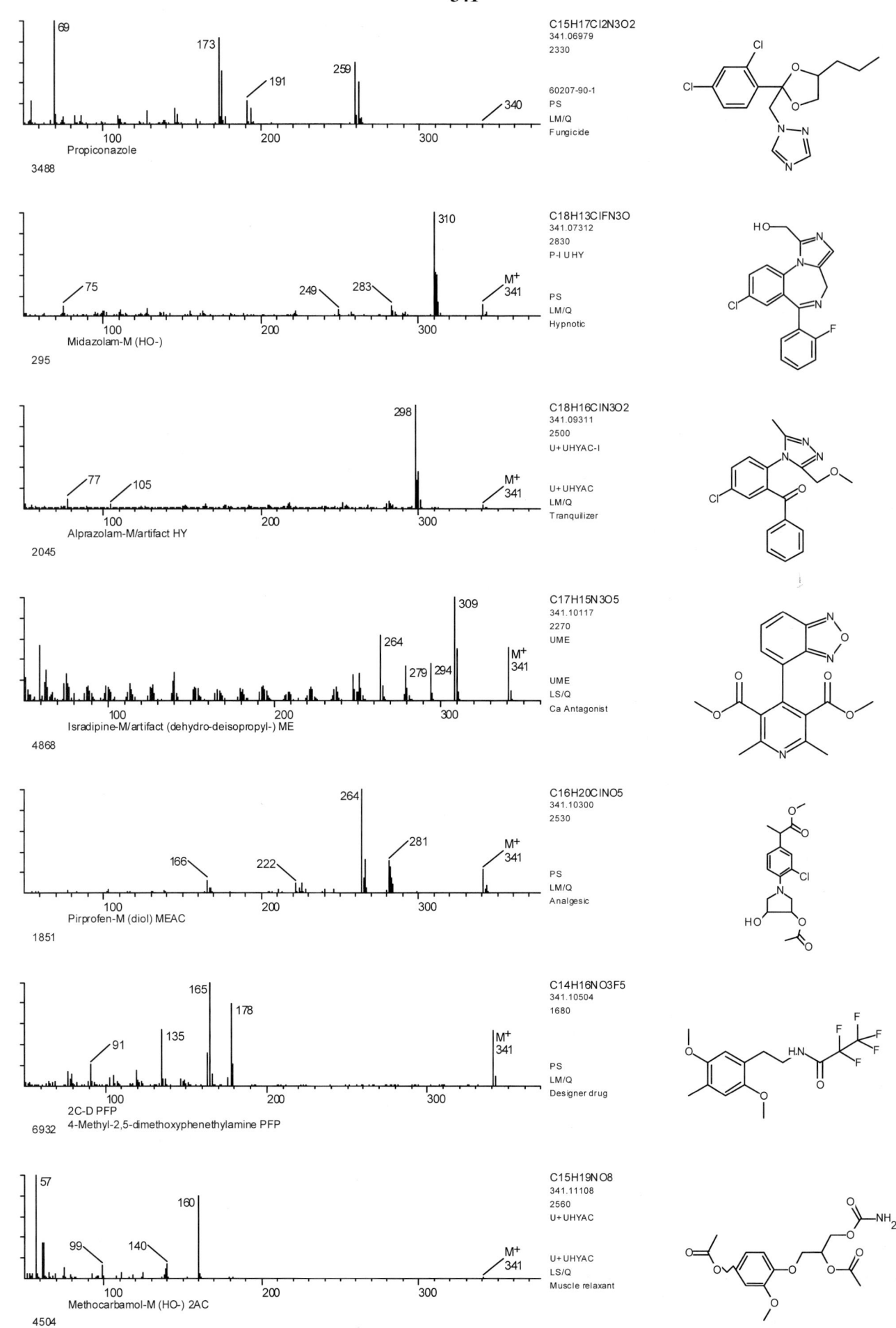

Spectrum peaks	Formula / Info
69, 173, 191, 259, 340	C15H17Cl2N3O2 341.06979 2330 60207-90-1 PS LM/Q Fungicide Propiconazole 3488
75, 249, 283, 310, M+ 341	C18H13ClFN3O 341.07312 2830 P-I U HY PS LM/Q Hypnotic Midazolam-M (HO-) 295
77, 105, 298, M+ 341	C18H16ClN3O2 341.09311 2500 U+ UHYAC-I U+ UHYAC LM/Q Tranquilizer Alprazolam-M/artifact HY 2045
264, 279, 294, 309, M+ 341	C17H15N3O5 341.10117 2270 UME UME LS/Q Ca Antagonist Isradipine-M/artifact (dehydro-deisopropyl-) ME 4868
166, 222, 264, 281, M+ 341	C16H20ClNO5 341.10300 2530 PS LM/Q Analgesic Pirprofen-M (diol) MEAC 1851
91, 135, 165, 178, M+ 341	C14H16NO3F5 341.10504 1680 PS LM/Q Designer drug 2C-D PFP 4-Methyl-2,5-dimethoxyphenethylamine PFP 6932
57, 99, 140, 160, M+ 341	C15H19NO8 341.11108 2560 U+ UHYAC U+ UHYAC LS/Q Muscle relaxant Methocarbamol-M (HO-) 2AC 4504

341

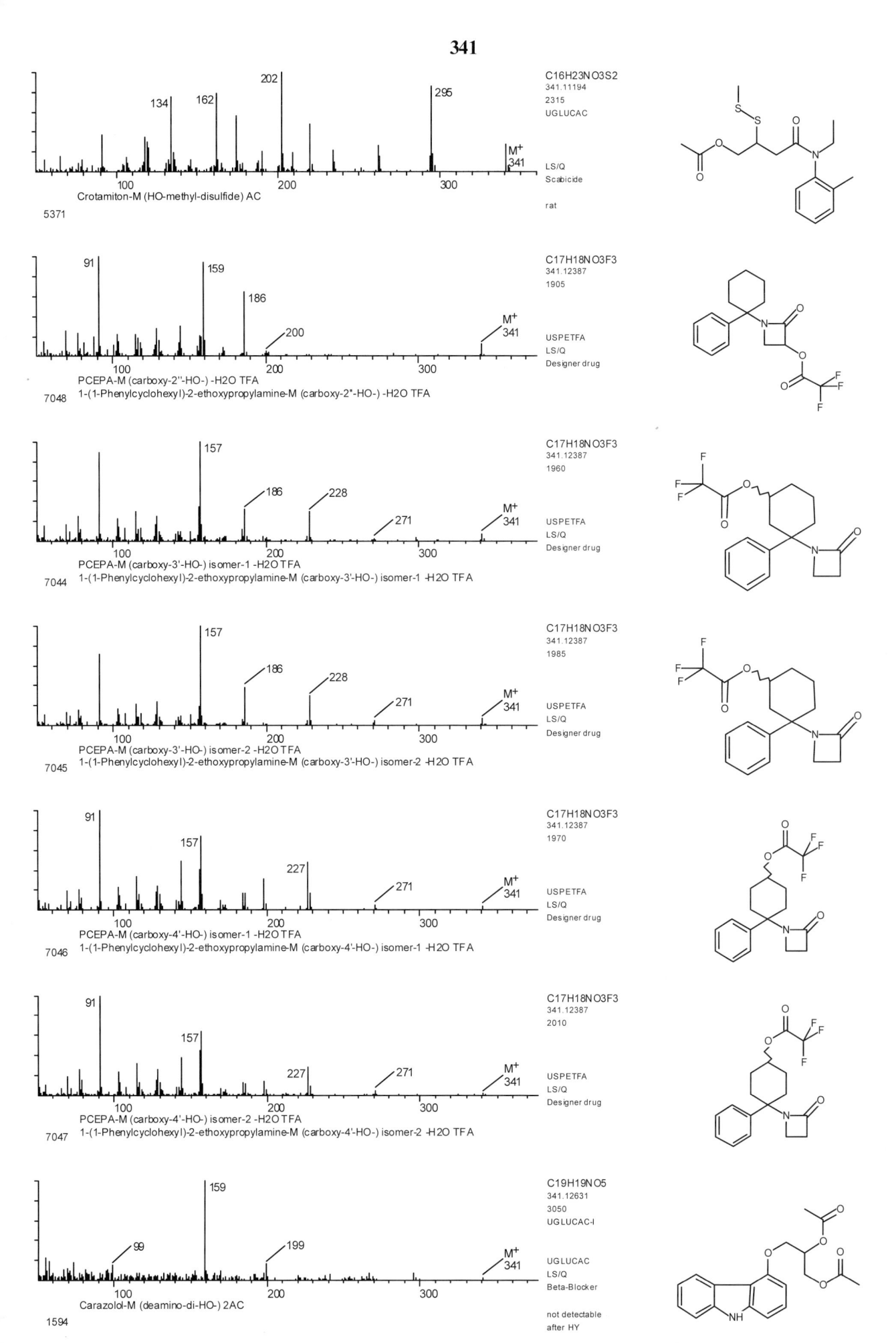

Crotamiton-M (HO-methyl-disulfide) AC 5371	C16H23NO3S2 341.11194 2315 UGLUCAC LS/Q Scabicide rat
PCEPA-M (carboxy-2''-HO-) -H2O TFA 7048 1-(1-Phenylcyclohexyl)-2-ethoxypropylamine-M (carboxy-2"-HO-) -H2O TFA	C17H18NO3F3 341.12387 1905 USPETFA LS/Q Designer drug
PCEPA-M (carboxy-3'-HO-) isomer-1 -H2O TFA 7044 1-(1-Phenylcyclohexyl)-2-ethoxypropylamine-M (carboxy-3'-HO-) isomer-1 -H2O TFA	C17H18NO3F3 341.12387 1960 USPETFA LS/Q Designer drug
PCEPA-M (carboxy-3'-HO-) isomer-2 -H2O TFA 7045 1-(1-Phenylcyclohexyl)-2-ethoxypropylamine-M (carboxy-3'-HO-) isomer-2 -H2O TFA	C17H18NO3F3 341.12387 1985 USPETFA LS/Q Designer drug
PCEPA-M (carboxy-4'-HO-) isomer-1 -H2O TFA 7046 1-(1-Phenylcyclohexyl)-2-ethoxypropylamine-M (carboxy-4'-HO-) isomer-1 -H2O TFA	C17H18NO3F3 341.12387 1970 USPETFA LS/Q Designer drug
PCEPA-M (carboxy-4'-HO-) isomer-2 -H2O TFA 7047 1-(1-Phenylcyclohexyl)-2-ethoxypropylamine-M (carboxy-4'-HO-) isomer-2 -H2O TFA	C17H18NO3F3 341.12387 2010 USPETFA LS/Q Designer drug
Carazolol-M (deamino-di-HO-) 2AC 1594	C19H19NO5 341.12631 3050 UGLUCAC-I UGLUCAC LS/Q Beta-Blocker not detectable after HY

341

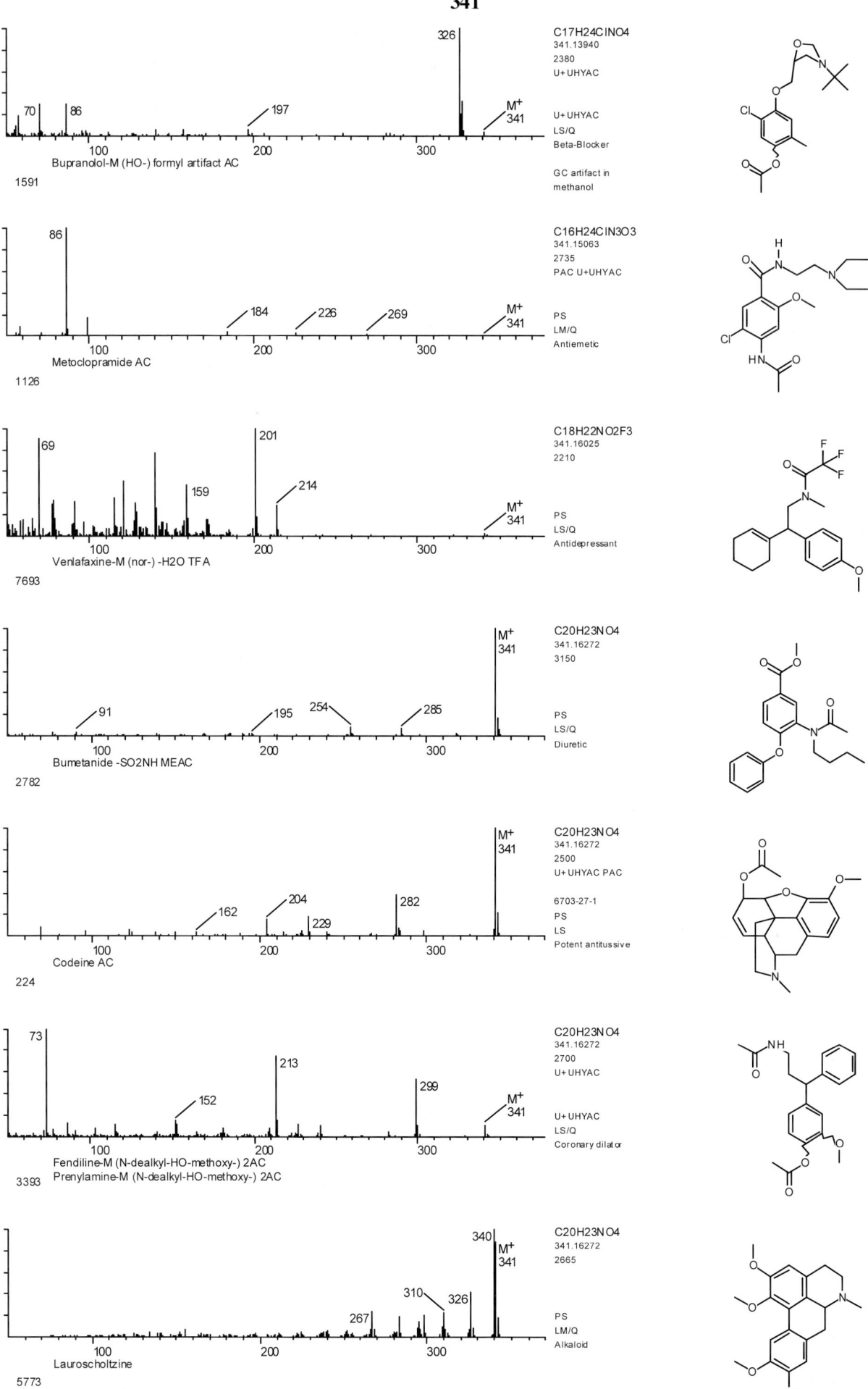

Bupranolol-M (HO-) formyl artifact AC
1591
C17H24ClNO4
341.13940
2380
U+ UHYAC
U+ UHYAC
LS/Q
Beta-Blocker
GC artifact in methanol

Metoclopramide AC
1126
C16H24ClN3O3
341.15063
2735
PAC U+UHYAC
PS
LM/Q
Antiemetic

Venlafaxine-M (nor-) -H2O TFA
7693
C18H22NO2F3
341.16025
2210
PS
LS/Q
Antidepressant

Bumetanide -SO2NH MEAC
2782
C20H23NO4
341.16272
3150
PS
LS/Q
Diuretic

Codeine AC
224
C20H23NO4
341.16272
2500
U+ UHYAC PAC
6703-27-1
PS
LS
Potent antitussive

Fendiline-M (N-dealkyl-HO-methoxy-) 2AC
Prenylamine-M (N-dealkyl-HO-methoxy-) 2AC
3393
C20H23NO4
341.16272
2700
U+ UHYAC
U+ UHYAC
LS/Q
Coronary dilator

Lauroscholtzine
5773
C20H23NO4
341.16272
2665
PS
LM/Q
Alkaloid

341

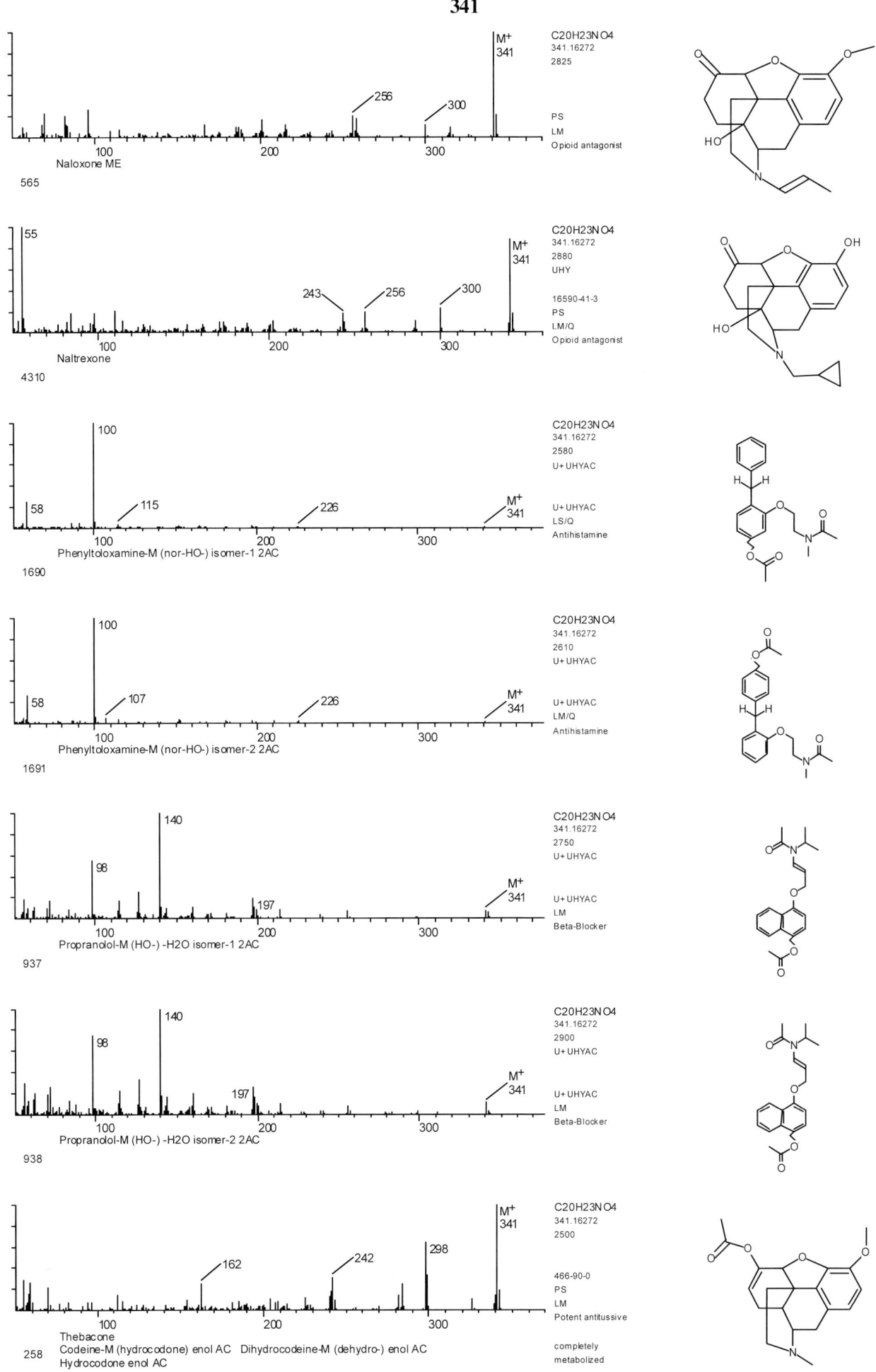

Naloxone ME — peaks 256, 300, M+ 341	C20H23NO4 341.16272 2825 PS LM Opioid antagonist	
565		

Naltrexone — peaks 55, 243, 256, 300, M+ 341	C20H23NO4 341.16272 2880 UHY 16590-41-3 PS LM/Q Opioid antagonist	
4310		

Phenyltoloxamine-M (nor-HO-) isomer-1 2AC — peaks 58, 100, 115, 226, M+ 341	C20H23NO4 341.16272 2580 U+ UHYAC U+ UHYAC LS/Q Antihistamine	
1690		

Phenyltoloxamine-M (nor-HO-) isomer-2 2AC — peaks 58, 100, 107, 226, M+ 341	C20H23NO4 341.16272 2610 U+ UHYAC U+ UHYAC LM/Q Antihistamine	
1691		

Propranolol-M (HO-) -H2O isomer-1 2AC — peaks 98, 140, 197, M+ 341	C20H23NO4 341.16272 2750 U+ UHYAC U+ UHYAC LM Beta-Blocker	
937		

Propranolol-M (HO-) -H2O isomer-2 2AC — peaks 98, 140, 197, M+ 341	C20H23NO4 341.16272 2900 U+ UHYAC U+ UHYAC LM Beta-Blocker	
938		

Thebacone / Codeine-M (hydrocodone) enol AC / Dihydrocodeine-M (dehydro-) enol AC / Hydrocodone enol AC — peaks 162, 242, 298, M+ 341	C20H23NO4 341.16272 2500 466-90-0 PS LM Potent antitussive completely metabolized	
258		

813

341

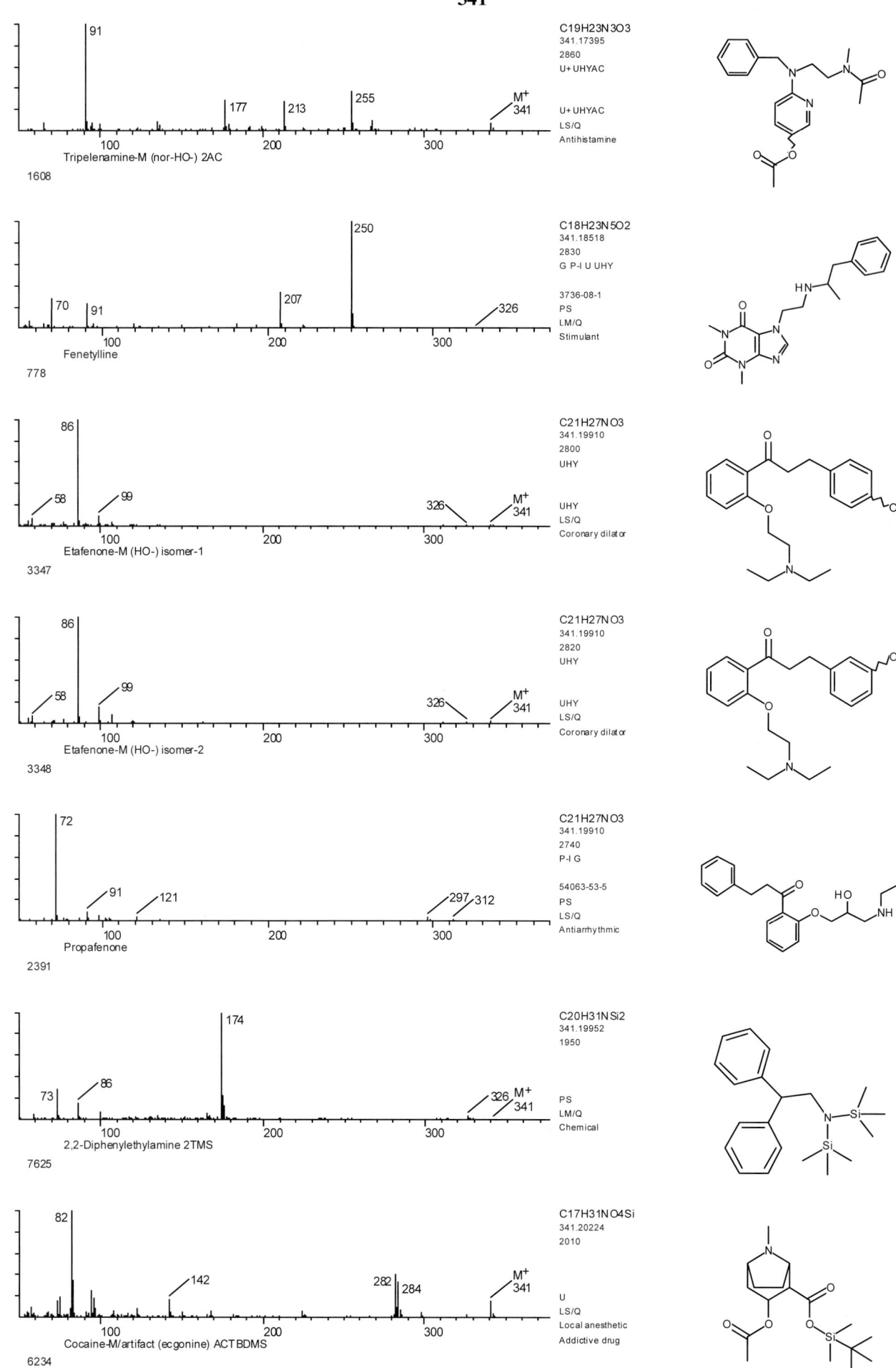

Tripelenamine-M (nor-HO-) 2AC
1608

C19H23N3O3
341.17395
2860
U+ UHYAC

U+ UHYAC
LS/Q
Antihistamine

Fenetylline
778

C18H23N5O2
341.18518
2830
G P-I U UHY

3736-08-1
PS
LM/Q
Stimulant

Etafenone-M (HO-) isomer-1
3347

C21H27NO3
341.19910
2800
UHY

UHY
LS/Q
Coronary dilator

Etafenone-M (HO-) isomer-2
3348

C21H27NO3
341.19910
2820
UHY

UHY
LS/Q
Coronary dilator

Propafenone
2391

C21H27NO3
341.19910
2740
P-I G

54063-53-5
PS
LS/Q
Antiarrhythmic

2,2-Diphenylethylamine 2TMS
7625

C20H31NSi2
341.19952
1950

PS
LM/Q
Chemical

Cocaine-M/artifact (ecgonine) ACT BDMS
6234

C17H31NO4Si
341.20224
2010

U
LS/Q
Local anesthetic
Addictive drug

341

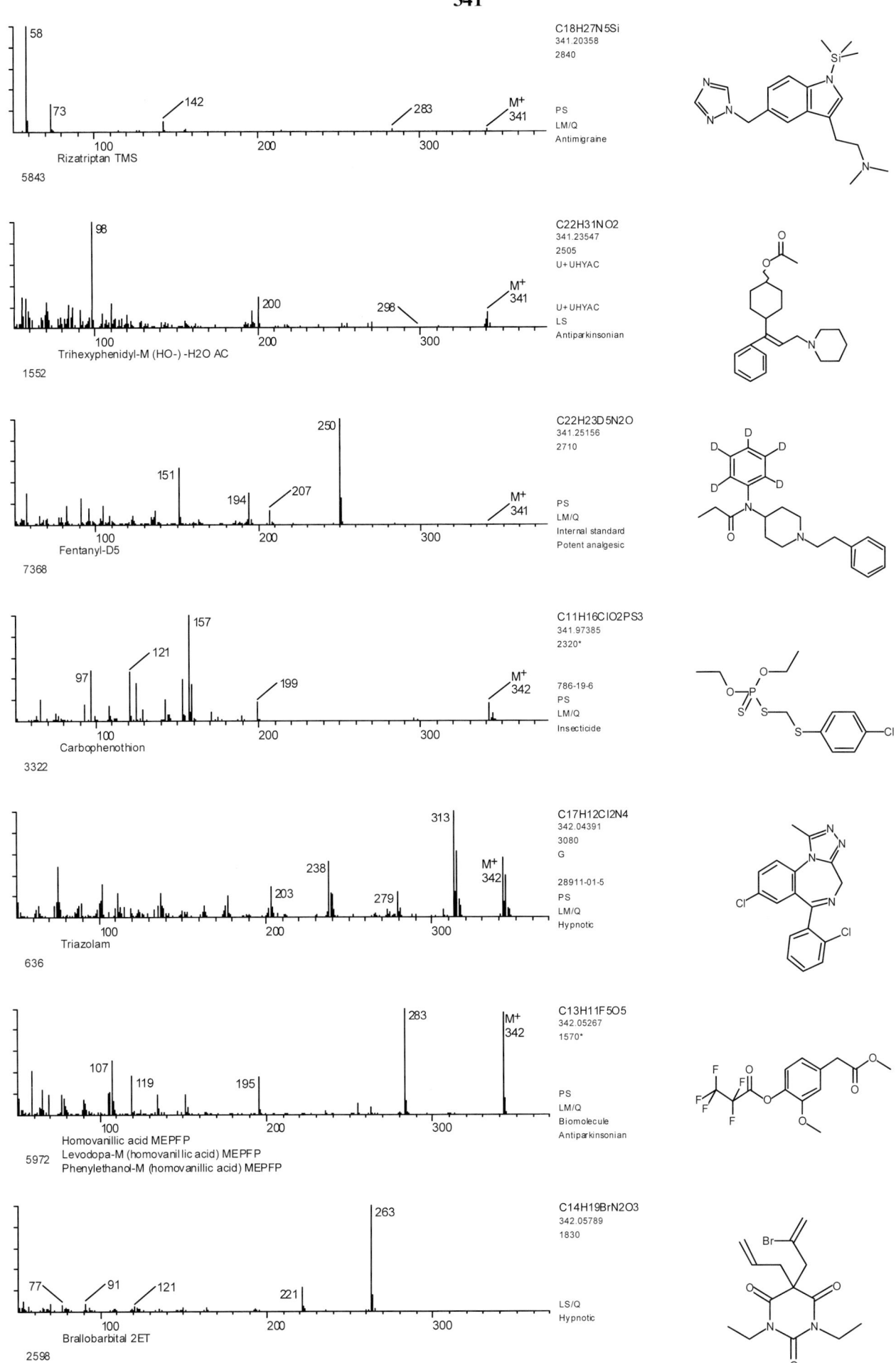

C18H27N5Si
341.20358
2840

PS
LM/Q
Antimigraine

Rizatriptan TMS
5843

C22H31NO2
341.23547
2505
U+UHYAC

U+UHYAC
LS
Antiparkinsonian

Trihexyphenidyl-M (HO-) -H2O AC
1552

C22H23D5N2O
341.25156
2710

PS
LM/Q
Internal standard
Potent analgesic

Fentanyl-D5
7368

C11H16ClO2PS3
341.97385
2320*

786-19-6
PS
LM/Q
Insecticide

Carbophenothion
3322

C17H12Cl2N4
342.04391
3080
G

28911-01-5
PS
LM/Q
Hypnotic

Triazolam
636

C13H11F5O5
342.05267
1570*

PS
LM/Q
Biomolecule
Antiparkinsonian

Homovanillic acid MEPFP
Levodopa-M (homovanillic acid) MEPFP
Phenylethanol-M (homovanillic acid) MEPFP
5972

C14H19BrN2O3
342.05789
1830

LS/Q
Hypnotic

Brallobarbital 2ET
2598

342

Spectrum	Compound	Formula / Info
4022	Etizolam	C17H15ClN4S 342.07059 2980 40054-69-1 PS LM/Q Tranquilizer Peaks: 137, 224, 266, 313, M+ 342
621	Diazepam-M (HO-) AC / Tetrazepam-M (tri-HO-) -2H2O AC	C18H15ClN2O3 342.07712 2790 UGLUCAC PS LM/Q Tranquilizer Muscle relaxant Peaks: 237, 272, 300, M+ 342
2099	Temazepam AC / Camazepam-M (temazepam) AC / Diazepam-M (3-HO-) AC	C18H15ClN2O3 342.07712 2730 UGLUCAC PS LM/Q Tranquilizer altered during HY Peaks: 77, 255, 271, 300, M+ 342
6058	Sulfaquinoxaline AC	C16H14N4O3S 342.07867 3440 PS LM/Q Rodenticide Peaks: 65, 90, 235, 277, M+ 342
6571	Benzylpiperazine-M (deethylene-) 2TFA	C13H12F6N2O2 342.08029 1670 U+ UHYTFA PS LS/Q Designer drug Peaks: 91, 126, 245, 324, M+ 342
3659	Nitrendipine-M (dehydro-demethyl-HO-) -H2O	C17H14N2O6 342.08521 2690 UHY U+ UHYAC UME UHY LS/Q Ca Antagonist Peaks: 139, 266, 297, 325, M+ 342
3575	Aloe-emodin TMS	C18H18O5Si 342.09235 2695* PS LS/Q Laxative Peaks: 75, 139, 225, 311, M+ 342

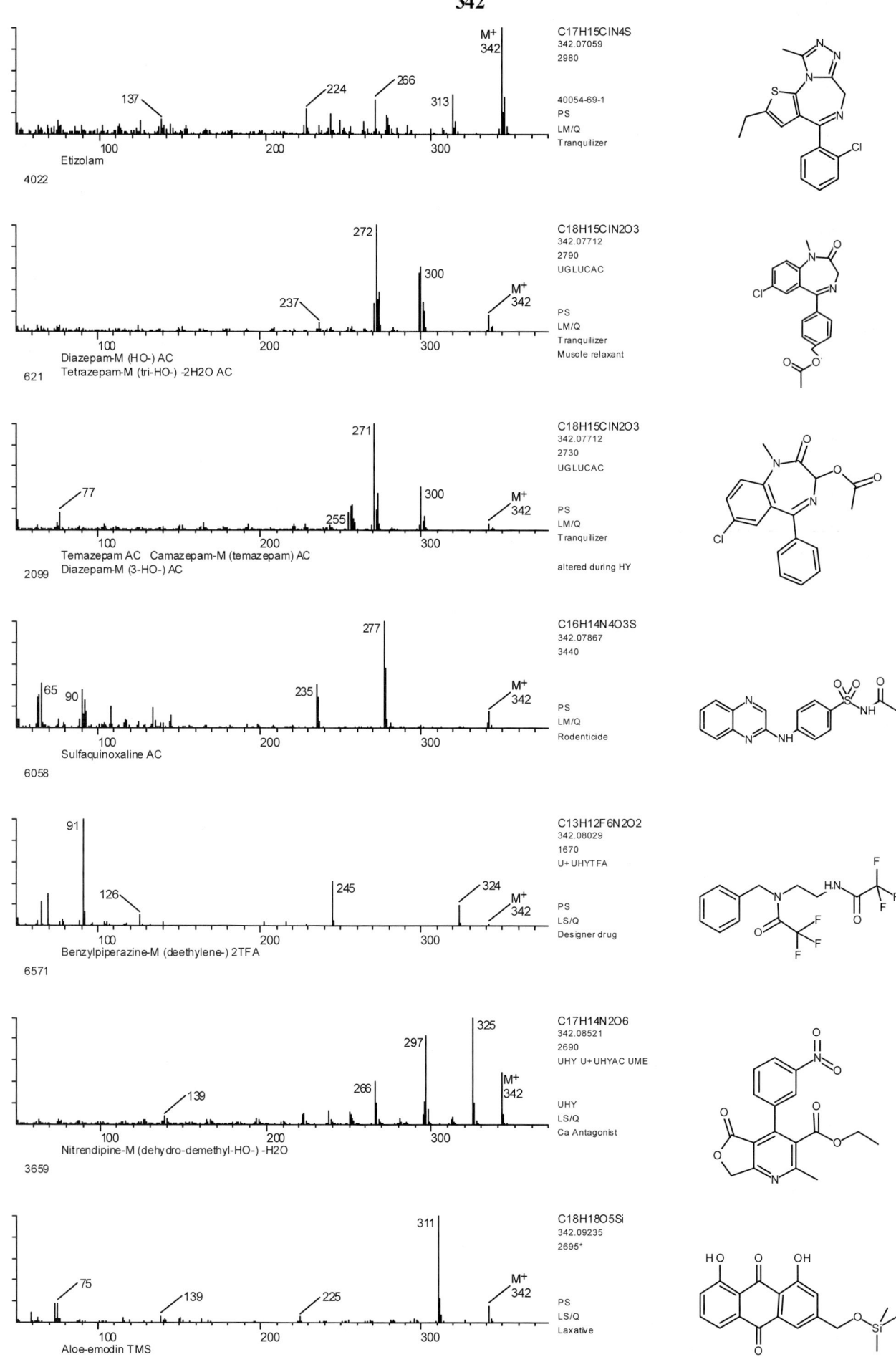

342

Nordazepam TMS Clorazepate -H2O -CO2 TMS Diazepam-M TMS
Ketazolam-M TMS Medazepam-M TMS Oxazepam-M TMS
Pinazepam-M TMS Prazepam-M TMS

C18H19ClN2OSi
342.09552
2300

PS
LM/Q
Tranquilizer

altered during HY

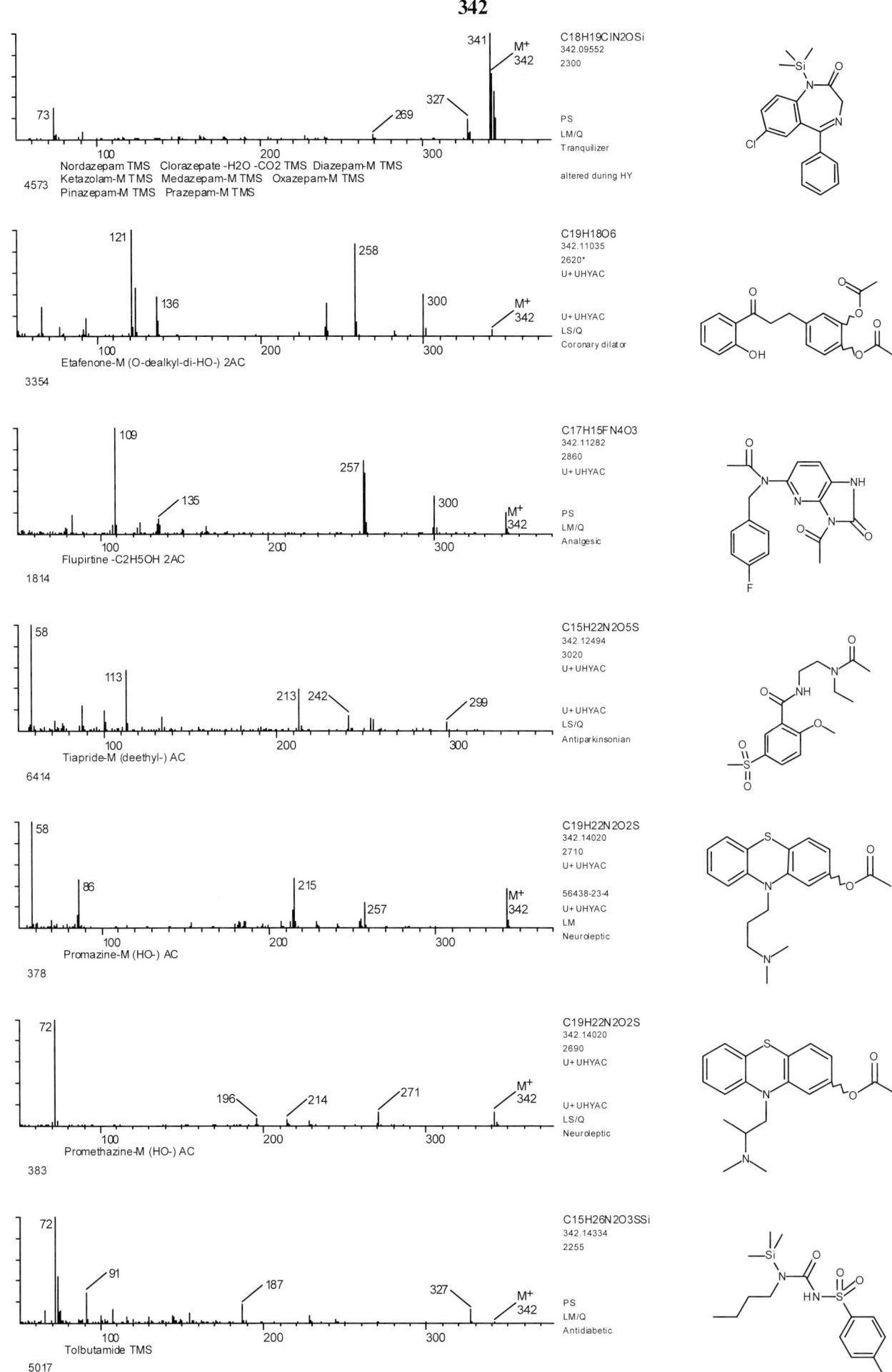

4573

Etafenone-M (O-dealkyl-di-HO-) 2AC

C19H18O6
342.11035
2620*
U+ UHYAC

U+ UHYAC
LS/Q
Coronary dilator

3354

Flupirtine -C2H5OH 2AC

C17H15FN4O3
342.11282
2860
U+ UHYAC

PS
LM/Q
Analgesic

1814

Tiapride-M (deethyl-) AC

C15H22N2O5S
342.12494
3020
U+ UHYAC

U+ UHYAC
LS/Q
Antiparkinsonian

6414

Promazine-M (HO-) AC

C19H22N2O2S
342.14020
2710
U+ UHYAC

56438-23-4
U+ UHYAC
LM
Neuroleptic

378

Promethazine-M (HO-) AC

C19H22N2O2S
342.14020
2690
U+ UHYAC

U+ UHYAC
LS/Q
Neuroleptic

383

Tolbutamide TMS

C15H26N2O3SSi
342.14334
2255

PS
LM/Q
Antidiabetic

5017

817

342

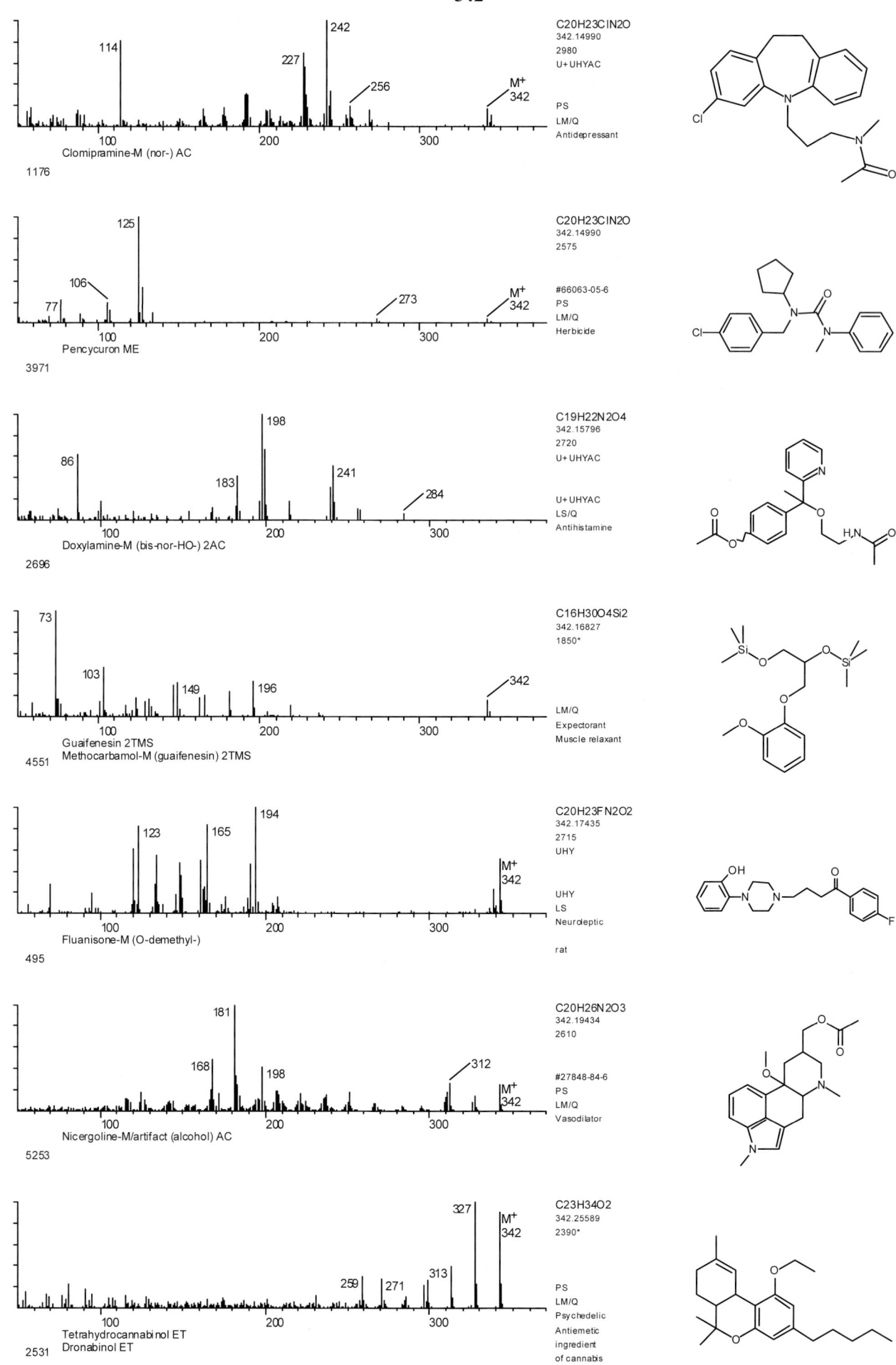

C20H23ClN2O
342.14990
2980
U+ UHYAC

PS
LM/Q
Antidepressant

Clomipramine-M (nor-) AC
1176

C20H23ClN2O
342.14990
2575

#66063-05-6
PS
LM/Q
Herbicide

Pencycuron ME
3971

C19H22N2O4
342.15796
2720
U+ UHYAC

U+ UHYAC
LS/Q
Antihistamine

Doxylamine-M (bis-nor-HO-) 2AC
2696

C16H30O4Si2
342.16827
1850*

LM/Q
Expectorant
Muscle relaxant

Guaifenesin 2TMS
Methocarbamol-M (guaifenesin) 2TMS
4551

C20H23FN2O2
342.17435
2715
UHY

UHY
LS
Neuroleptic
rat

Fluanisone-M (O-demethyl-)
495

C20H26N2O3
342.19434
2610

#27848-84-6
PS
LM/Q
Vasodilator

Nicergoline-M/artifact (alcohol) AC
5253

C23H34O2
342.25589
2390*

PS
LM/Q
Psychedelic
Antiemetic
ingredient
of cannabis

Tetrahydrocannabinol ET
Dronabinol ET
2531

343

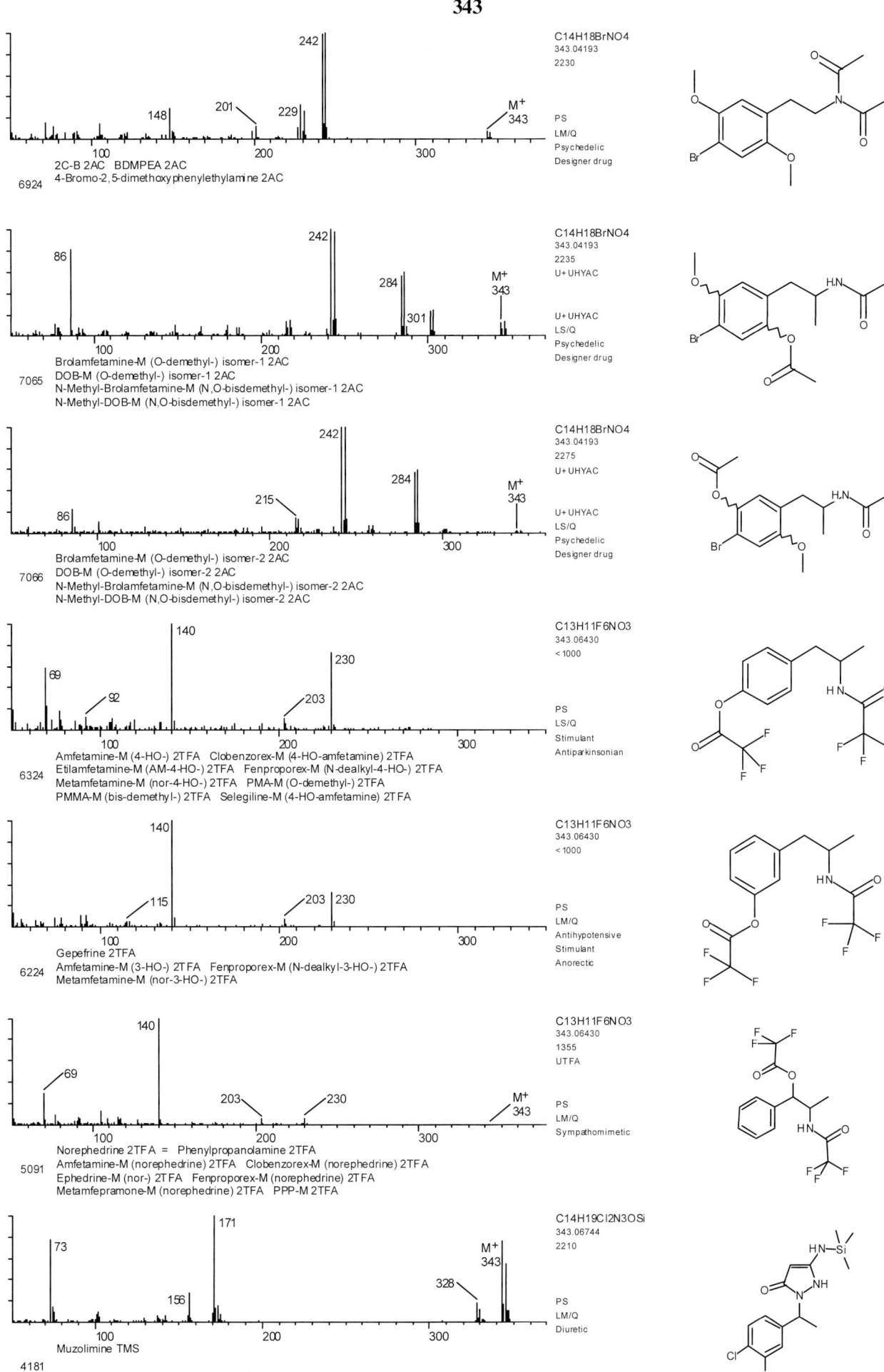

2C-B 2AC BDMPEA 2AC 4-Bromo-2,5-dimethoxyphenylethylamine 2AC 6924	C14H18BrNO4 343.04193 2230 PS LM/Q Psychedelic Designer drug
Brolamfetamine-M (O-demethyl-) isomer-1 2AC DOB-M (O-demethyl-) isomer-1 2AC N-Methyl-Brolamfetamine-M (N,O-bisdemethyl-) isomer-1 2AC N-Methyl-DOB-M (N,O-bisdemethyl-) isomer-1 2AC 7065	C14H18BrNO4 343.04193 2235 U+ UHYAC U+ UHYAC LS/Q Psychedelic Designer drug
Brolamfetamine-M (O-demethyl-) isomer-2 2AC DOB-M (O-demethyl-) isomer-2 2AC N-Methyl-Brolamfetamine-M (N,O-bisdemethyl-) isomer-2 2AC N-Methyl-DOB-M (N,O-bisdemethyl-) isomer-2 2AC 7066	C14H18BrNO4 343.04193 2275 U+ UHYAC U+ UHYAC LS/Q Psychedelic Designer drug
Amfetamine-M (4-HO-) 2TFA Clobenzorex-M (4-HO-amfetamine) 2TFA Etilamfetamine-M (AM-4-HO-) 2TFA Fenproporex-M (N-dealkyl-4-HO-) 2TFA Metamfetamine-M (nor-4-HO-) 2TFA PMA-M (O-demethyl-) 2TFA PMMA-M (bis-demethyl-) 2TFA Selegiline-M (4-HO-amfetamine) 2TFA 6324	C13H11F6NO3 343.06430 < 1000 PS LS/Q Stimulant Antiparkinsonian
Gepefrine 2TFA Amfetamine-M (3-HO-) 2TFA Fenproporex-M (N-dealkyl-3-HO-) 2TFA Metamfetamine-M (nor-3-HO-) 2TFA 6224	C13H11F6NO3 343.06430 < 1000 PS LM/Q Antihypotensive Stimulant Anorectic
Norephedrine 2TFA = Phenylpropanolamine 2TFA Amfetamine-M (norephedrine) 2TFA Clobenzorex-M (norephedrine) 2TFA Ephedrine-M (nor-) 2TFA Fenproporex-M (norephedrine) 2TFA Metamfepramone-M (norephedrine) 2TFA PPP-M 2TFA 5091	C13H11F6NO3 343.06430 1355 UTFA PS LM/Q Sympathomimetic
Muzolimine TMS 4181	C14H19Cl2N3OSi 343.06744 2210 PS LM/Q Diuretic

343

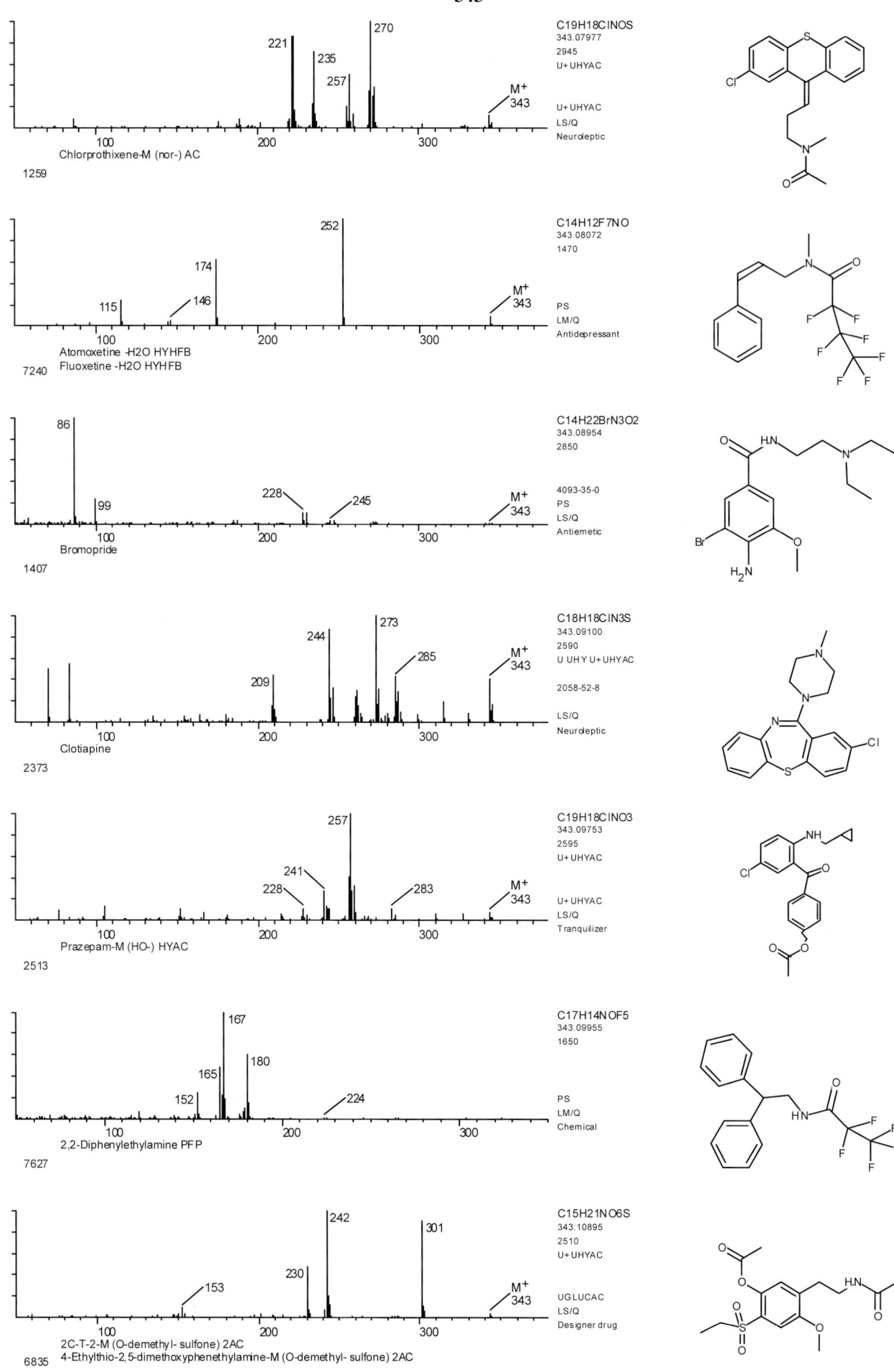

C19H18ClNOS
343.07977
2945
U+ UHYAC

U+ UHYAC
343
LS/Q
Neuroleptic

Chlorprothixene-M (nor-) AC
1259

C14H12F7NO
343.08072
1470

PS
LM/Q
Antidepressant

Atomoxetine -H2O HYHFB
Fluoxetine -H2O HYHFB
7240

C14H22BrN3O2
343.08954
2850

4093-35-0
PS
LS/Q
Antiemetic

Bromopride
1407

C18H18ClN3S
343.09100
2590
U UHY U+ UHYAC

2058-52-8
LS/Q
Neuroleptic

Clotiapine
2373

C19H18ClNO3
343.09753
2595
U+ UHYAC

U+ UHYAC
LS/Q
Tranquilizer

Prazepam-M (HO-) HYAC
2513

C17H14NOF5
343.09955
1650

PS
LM/Q
Chemical

2,2-Diphenylethylamine PFP
7627

C15H21NO6S
343.10895
2510
U+ UHYAC

UGLUCAC
LS/Q
Designer drug

2C-T-2-M (O-demethyl- sulfone) 2AC
4-Ethylthio-2,5-dimethoxyphenethylamine-M (O-demethyl- sulfone) 2AC
6835

820

343

Isradipine-M/artifact (deisopropyl-) ME
4866
C17H17N3O5
343.11682
2610
UME

UME
LS/Q
Ca Antagonist

Isothipendyl-M (HO-) AC
1663
C18H21N3O2S
343.13544
2640
U+ UHYAC

U+ UHYAC
LS/Q
Antihistamine

Prothipendyl-M (HO-) AC
388
C18H21N3O2S
343.13544
2780
U+ UHYAC

U+ UHYAC
LS/Q
Neuroleptic

Cetobemidone TFA
6210
C17H20F3NO3
343.13953
1925

PS
LM/Q
Potent analgesic

Oxymorphone AC
Oxycodone-M (O-demethyl-) AC
7167
C19H21NO5
343.14197
2650
U+ UHYAC

PS
LM
Potent analgesic

Paroxetine ME
5275
C20H22FNO3
343.15836
2600

#61869-08-7
PS
LM/Q
Antidepressant

Clemastine
1222
C21H26ClNO
343.17029
2445
G U

15686-51-8
PS
LM/Q
Antihistamine

altered during HY

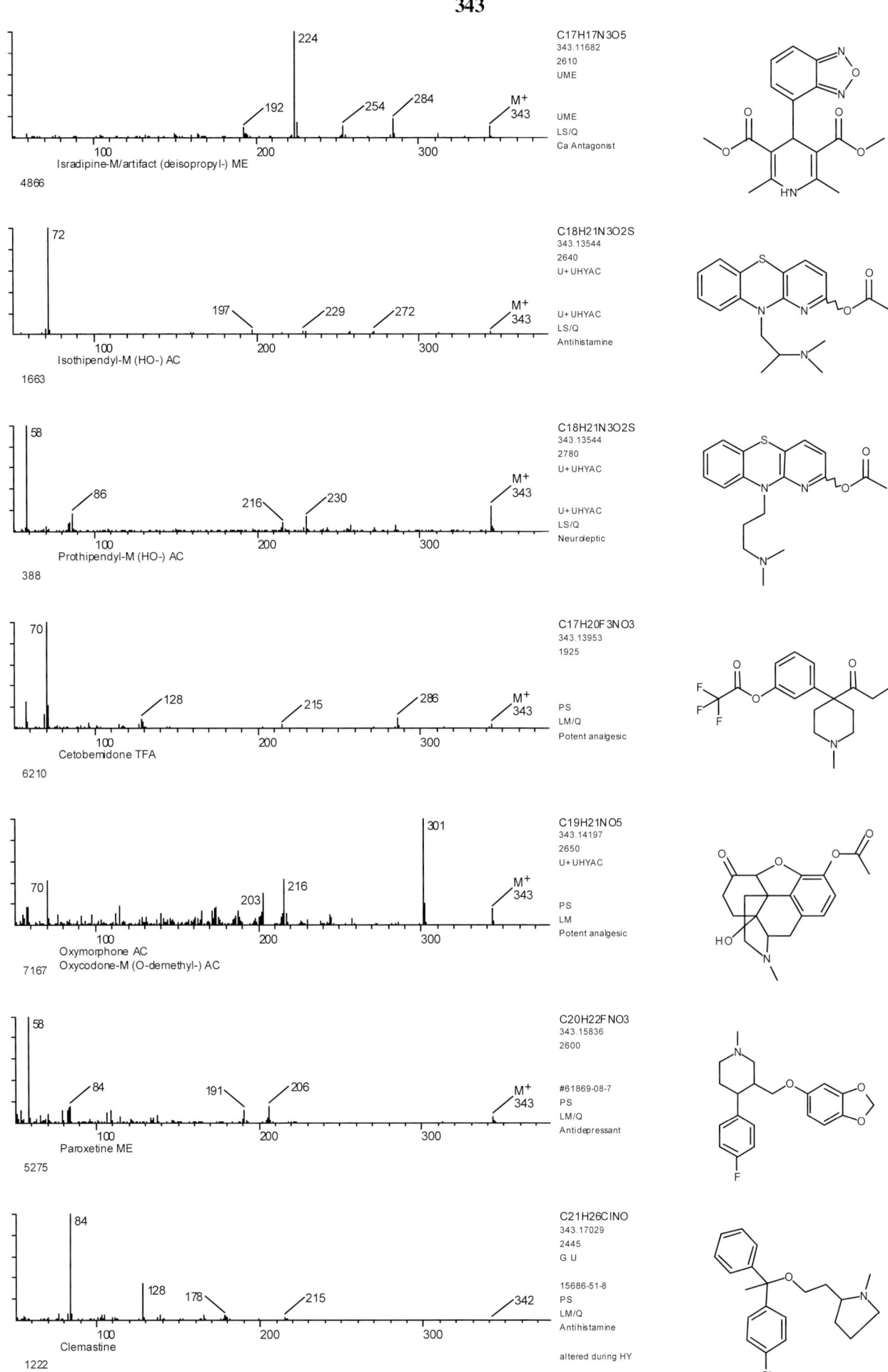

821

343

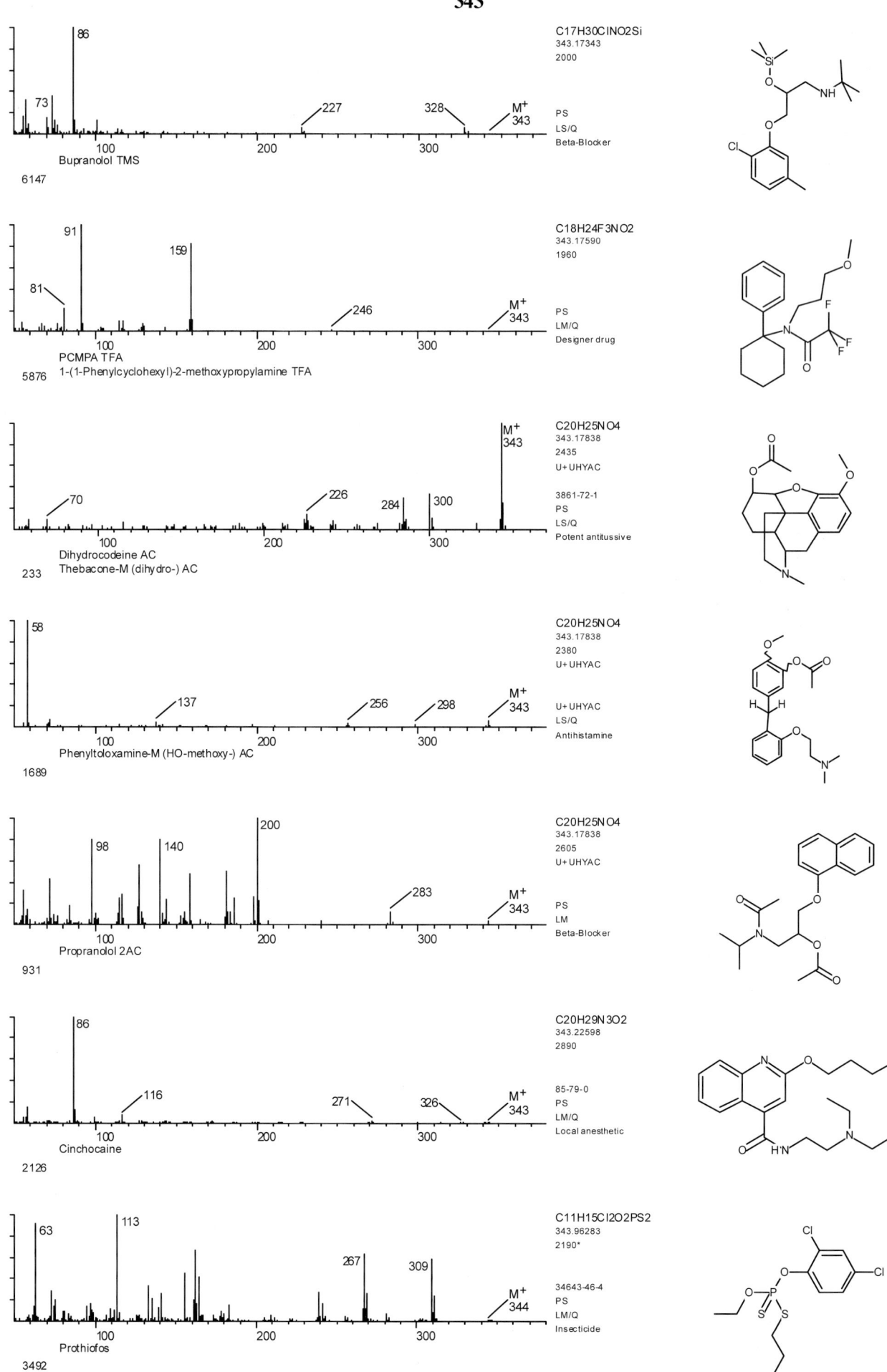

Bupranolol TMS
6147
Peaks: 86, 73, 227, 328, M+ 343
C17H30ClNO2Si
343.17343
2000
PS
LS/Q
Beta-Blocker

PCMPA TFA
1-(1-Phenylcyclohexyl)-2-methoxypropylamine TFA
5876
Peaks: 91, 81, 159, 246, M+ 343
C18H24F3NO2
343.17590
1960
PS
LM/Q
Designer drug

Dihydrocodeine AC
Thebacone-M (dihydro-) AC
233
Peaks: 70, 226, 284, 300, M+ 343
C20H25NO4
343.17838
2435
U+ UHYAC
3861-72-1
PS
LS/Q
Potent antitussive

Phenyltoloxamine-M (HO-methoxy-) AC
1689
Peaks: 58, 137, 256, 298, M+ 343
C20H25NO4
343.17838
2380
U+ UHYAC
U+ UHYAC
LS/Q
Antihistamine

Propranolol 2AC
931
Peaks: 98, 140, 200, 283, M+ 343
C20H25NO4
343.17838
2605
U+ UHYAC
PS
LM
Beta-Blocker

Cinchocaine
2126
Peaks: 86, 116, 271, 326, M+ 343
C20H29N3O2
343.22598
2890
85-79-0
PS
LM/Q
Local anesthetic

Prothiofos
3492
Peaks: 63, 113, 267, 309, M+ 344
C11H15Cl2O2PS2
343.96283
2190*
34643-46-4
PS
LM/Q
Insecticide

344

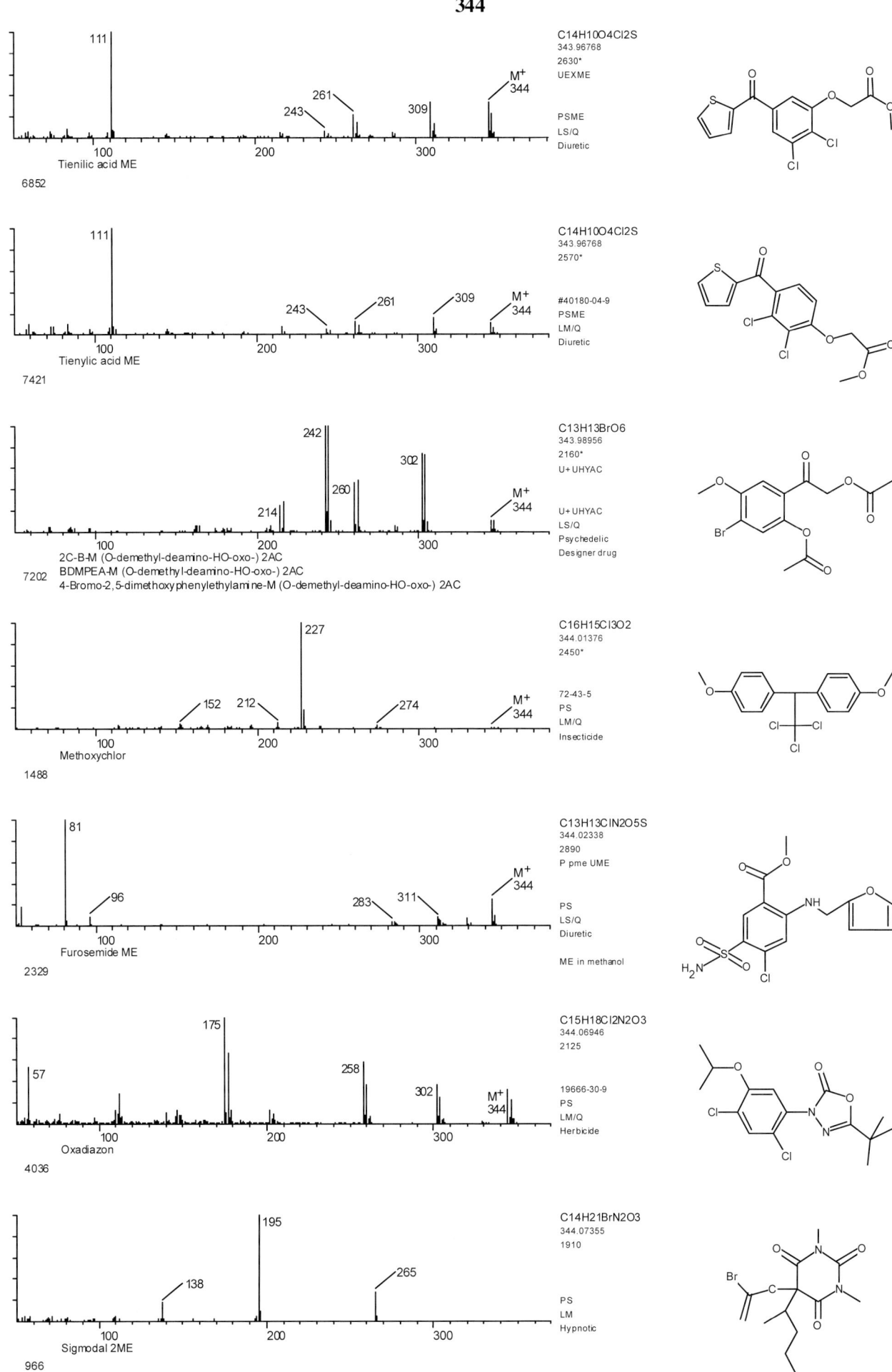

C14H10O4Cl2S
343.96768
2630*
UEXME

PSME
LS/Q
Diuretic

Tienilic acid ME
6852

C14H10O4Cl2S
343.96768
2570*

#40180-04-9
PSME
LM/Q
Diuretic

Tienylic acid ME
7421

C13H13BrO6
343.98956
2160*
U+ UHYAC

U+ UHYAC
LS/Q
Psychedelic
Designer drug

2C-B-M (O-demethyl-deamino-HO-oxo-) 2AC
BDMPEA-M (O-demethyl-deamino-HO-oxo-) 2AC
4-Bromo-2,5-dimethoxyphenylethylamine-M (O-demethyl-deamino-HO-oxo-) 2AC
7202

C16H15Cl3O2
344.01376
2450*

72-43-5
PS
LM/Q
Insecticide

Methoxychlor
1488

C13H13ClN2O5S
344.02338
2890
P pme UME

PS
LS/Q
Diuretic

ME in methanol

Furosemide ME
2329

C15H18Cl2N2O3
344.06946
2125

19666-30-9
PS
LM/Q
Herbicide

Oxadiazon
4036

C14H21BrN2O3
344.07355
1910

PS
LM
Hypnotic

Sigmodal 2ME
966

823

344

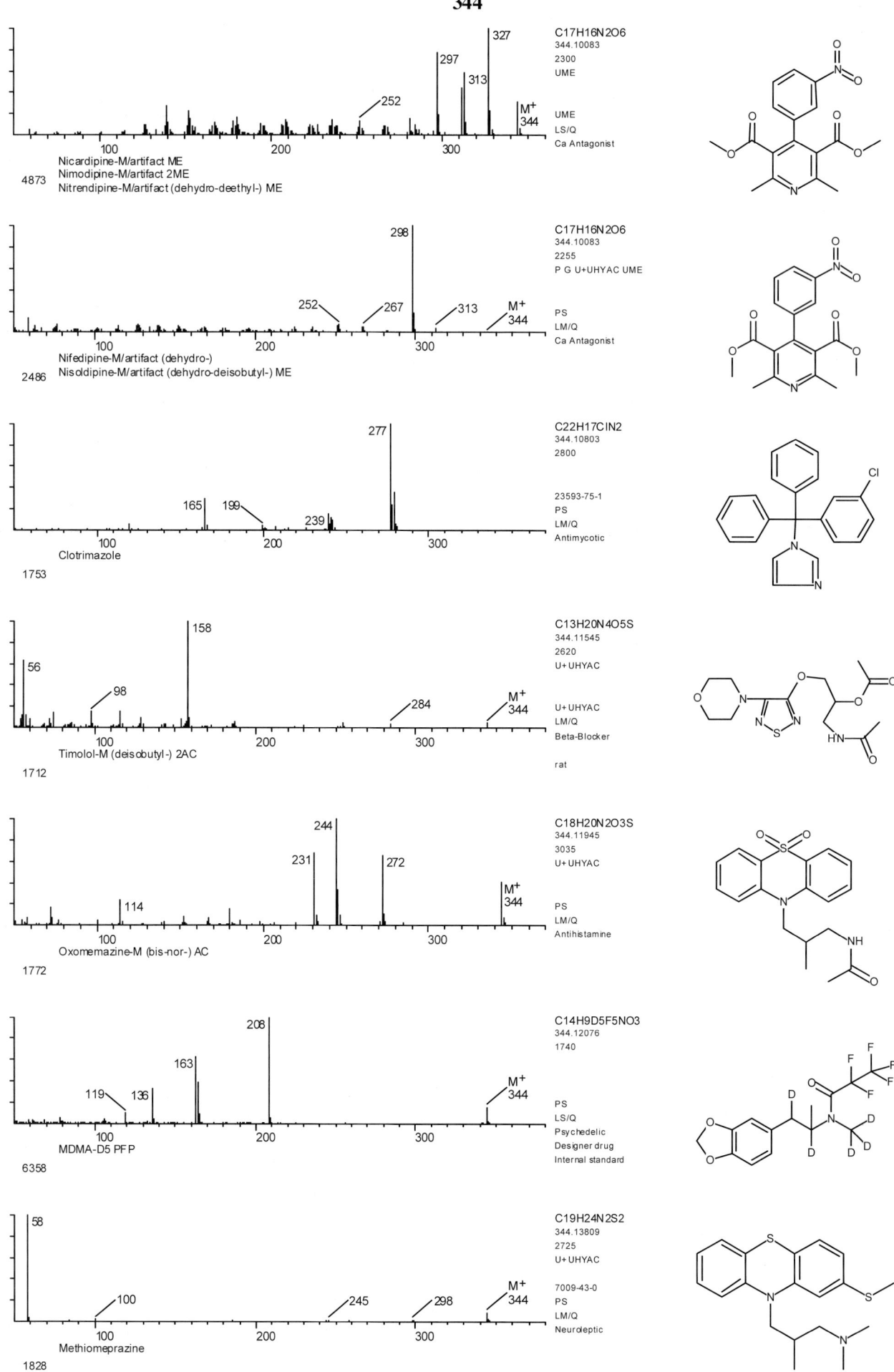

4873
Nicardipine-M/artifact ME
Nimodipine-M/artifact 2ME
Nitrendipine-M/artifact (dehydro-deethyl-) ME

C17H16N2O6
344.10083
2300
UME

UME
LS/Q
Ca Antagonist

2486
Nifedipine-M/artifact (dehydro-)
Nisoldipine-M/artifact (dehydro-deisobutyl-) ME

C17H16N2O6
344.10083
2255
P G U+UHYAC UME

PS
LM/Q
Ca Antagonist

1753
Clotrimazole

C22H17ClN2
344.10803
2800

23593-75-1
PS
LM/Q
Antimycotic

1712
Timolol-M (deisobutyl-) 2AC

C13H20N4O5S
344.11545
2620
U+ UHYAC

U+ UHYAC
LM/Q
Beta-Blocker
rat

1772
Oxomemazine-M (bis-nor-) AC

C18H20N2O3S
344.11945
3035
U+ UHYAC

PS
LM/Q
Antihistamine

6358
MDMA-D5 PFP

C14H9D5F5NO3
344.12076
1740

PS
LS/Q
Psychedelic
Designer drug
Internal standard

1828
Methiomeprazine

C19H24N2S2
344.13809
2725
U+ UHYAC

7009-43-0
PS
LM/Q
Neuroleptic

344

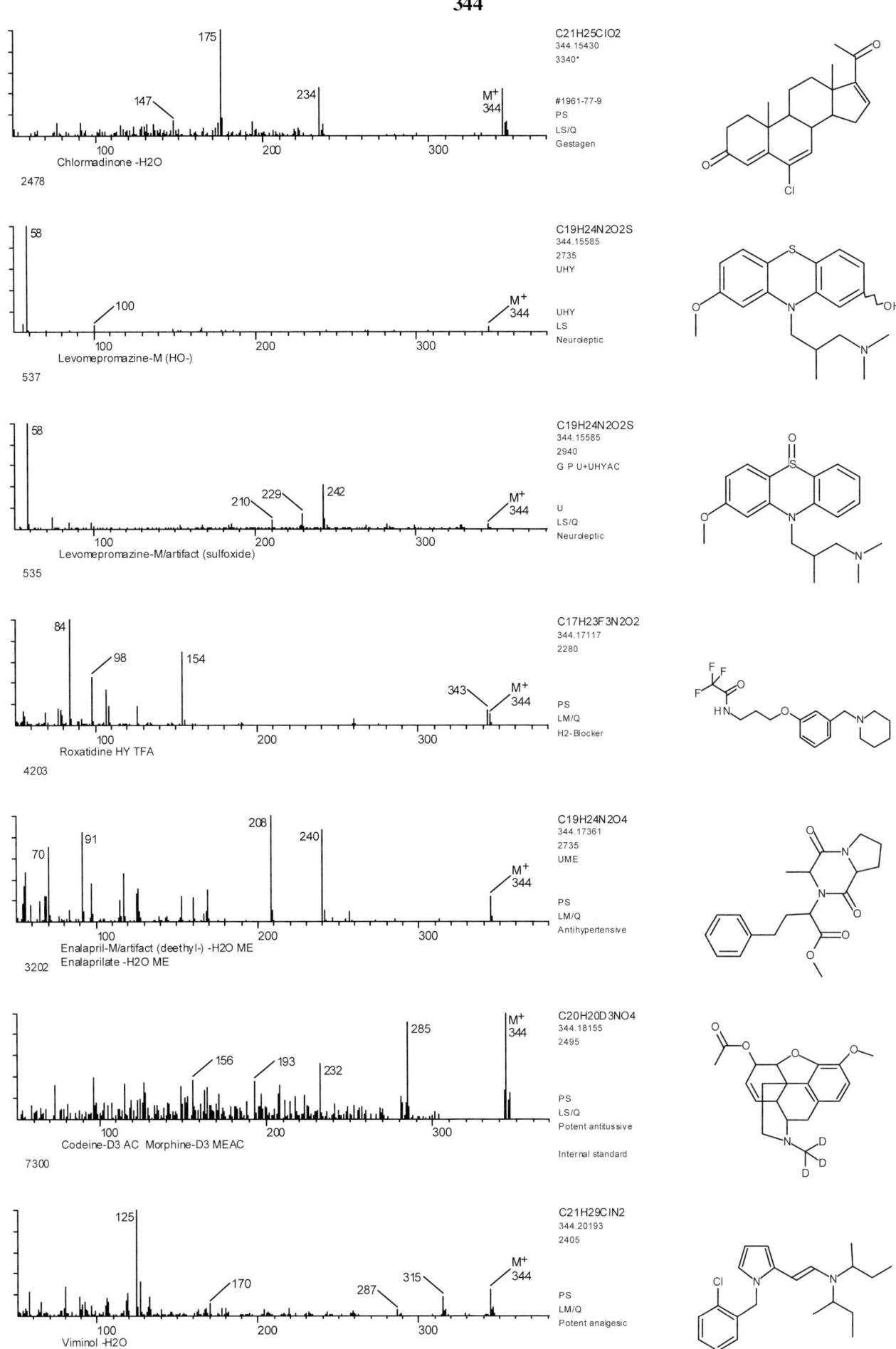

Chlormadinone -H2O
2478
C21H25ClO2
344.15430
3340*
#1961-77-9
PS
LS/Q
Gestagen

Levomepromazine-M (HO-)
537
C19H24N2O2S
344.15585
2735
UHY
UHY
LS
Neuroleptic

Levomepromazine-M/artifact (sulfoxide)
535
C19H24N2O2S
344.15585
2940
G P U+UHYAC
U
LS/Q
Neuroleptic

Roxatidine HY TFA
4203
C17H23F3N2O2
344.17117
2280
PS
LM/Q
H2-Blocker

Enalapril-M/artifact (deethyl-) -H2O ME
Enalaprilate -H2O ME
3202
C19H24N2O4
344.17361
2735
UME
PS
LM/Q
Antihypertensive

Codeine-D3 AC Morphine-D3 MEAC
7300
C20H20D3NO4
344.18155
2495
PS
LS/Q
Potent antitussive
Internal standard

Viminol -H2O
4254
C21H29ClN2
344.20193
2405
PS
LM/Q
Potent analgesic

344

C21H26F2N2
344.20639
2415

#75558-90-6
PS
LM/Q
Neuroleptic

Amperozide artifact (methylpiperazine)
6097

C20H28N2O3
344.20999
2760

PS
LM
Vasoconstrictor

Oxymetazoline 2AC
1504

C22H32O3
344.23514
2770*

PS
LM/Q
Anabolic

17-Methyltestosterone AC
3920

C22H32O3
344.23514
2825*
U+ UHYAC

PS
LM/Q
Anabolic

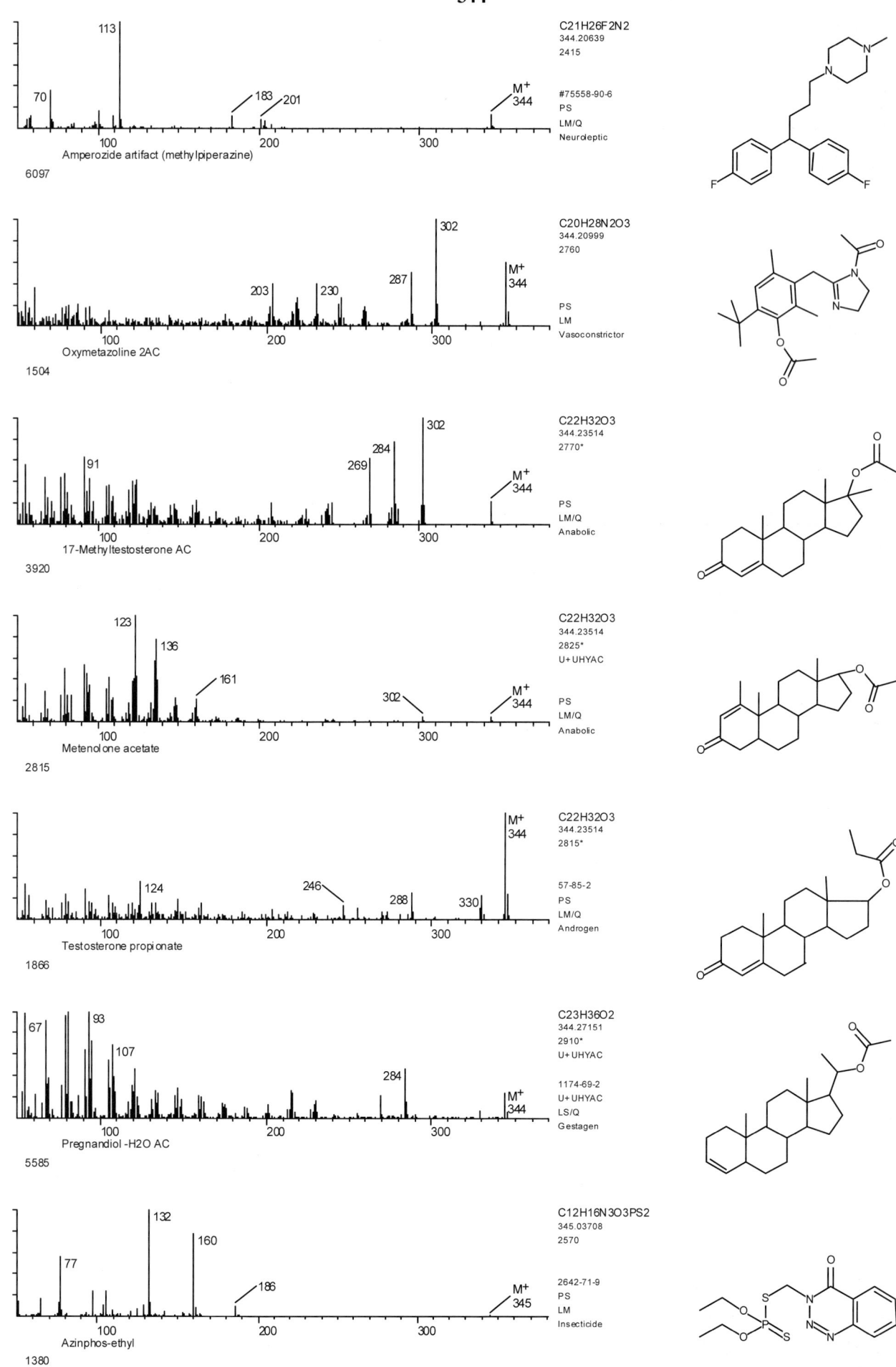

Metenolone acetate
2815

C22H32O3
344.23514
2815*

57-85-2
PS
LM/Q
Androgen

Testosterone propionate
1866

C23H36O2
344.27151
2910*
U+ UHYAC

1174-69-2
U+ UHYAC
LS/Q
Gestagen

Pregnandiol -H2O AC
5585

C12H16N3O3PS2
345.03708
2570

2642-71-9
PS
LM
Insecticide

Azinphos-ethyl
1380

826

345

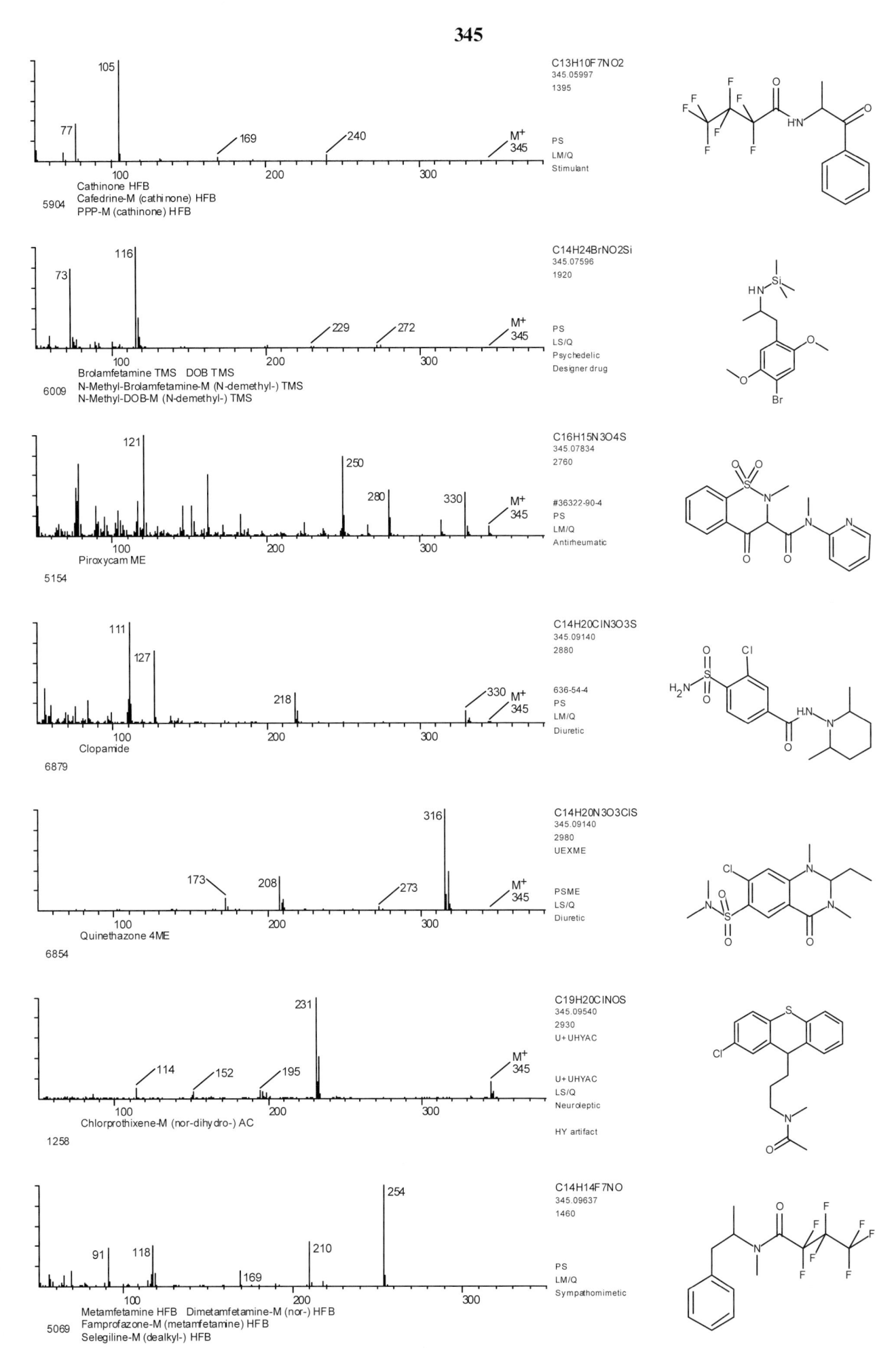

C13H10F7NO2
345.05997
1395

PS
LM/Q
Stimulant

5904
Cathinone HFB
Cafedrine-M (cathinone) HFB
PPP-M (cathinone) HFB

C14H24BrNO2Si
345.07596
1920

PS
LS/Q
Psychedelic
Designer drug

6009
Brolamfetamine TMS   DOB TMS
N-Methyl-Brolamfetamine-M (N-demethyl-) TMS
N-Methyl-DOB-M (N-demethyl-) TMS

C16H15N3O4S
345.07834
2760

#36322-90-4
PS
LM/Q
Antirheumatic

5154
Piroxycam ME

C14H20ClN3O3S
345.09140
2880

636-54-4
PS
LM/Q
Diuretic

6879
Clopamide

C14H20N3O3ClS
345.09140
2980
UEXME

PSME
LS/Q
Diuretic

6854
Quinethazone 4ME

C19H20ClNOS
345.09540
2930
U+ UHYAC

U+ UHYAC
LS/Q
Neuroleptic

HY artifact

1258
Chlorprothixene-M (nor-dihydro-) AC

C14H14F7NO
345.09637
1460

PS
LM/Q
Sympathomimetic

5069
Metamfetamine HFB   Dimetamfetamine-M (nor-) HFB
Famprofazone-M (metamfetamine) HFB
Selegiline-M (dealkyl-) HFB

345

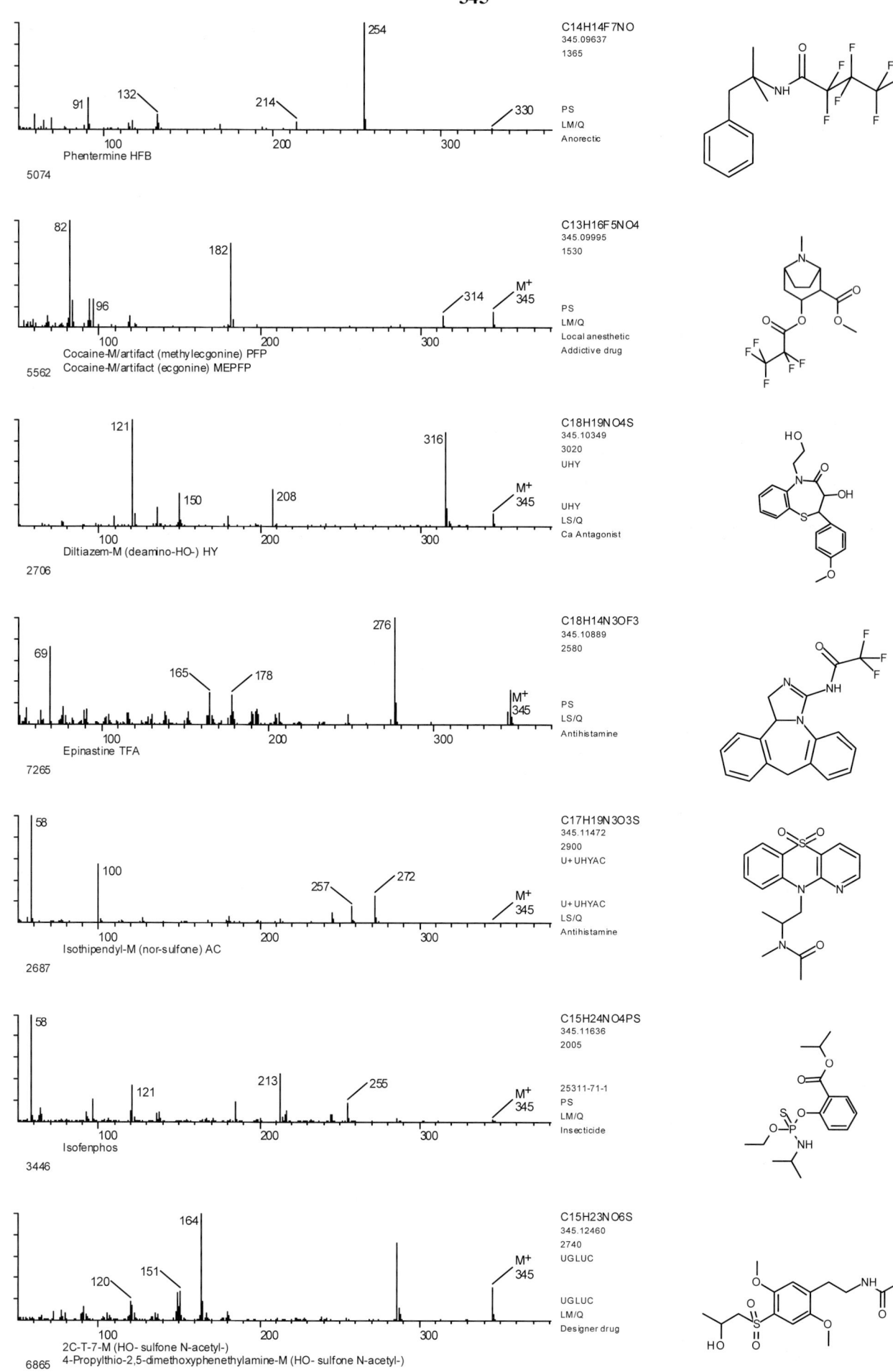

Phentermine HFB — 5074
Peaks: 91, 132, 214, 254, 330
C14H14F7NO
345.09637
1365
PS
LM/Q
Anorectic

Cocaine-M/artifact (methylecgonine) PFP
Cocaine-M/artifact (ecgonine) MEPFP — 5562
Peaks: 82, 96, 182, 314, M+ 345
C13H16F5NO4
345.09995
1530
PS
LM/Q
Local anesthetic
Addictive drug

Diltiazem-M (deamino-HO-) HY — 2706
Peaks: 121, 150, 208, 316, M+ 345
C18H19NO4S
345.10349
3020
UHY
UHY
LS/Q
Ca Antagonist

Epinastine TFA — 7265
Peaks: 69, 165, 178, 276, M+ 345
C18H14N3OF3
345.10889
2580
PS
LS/Q
Antihistamine

Isothipendyl-M (nor-sulfone) AC — 2687
Peaks: 58, 100, 257, 272, M+ 345
C17H19N3O3S
345.11472
2900
U+ UHYAC
U+ UHYAC
LS/Q
Antihistamine

Isofenphos — 3446
Peaks: 58, 121, 213, 255, M+ 345
C15H24NO4PS
345.11636
2005
25311-71-1
PS
LM/Q
Insecticide

2C-T-7-M (HO- sulfone N-acetyl-)
4-Propylthio-2,5-dimethoxyphenethylamine-M (HO- sulfone N-acetyl-) — 6865
Peaks: 120, 151, 164, M+ 345
C15H23NO6S
345.12460
2740
UGLUC
UGLUC
LM/Q
Designer drug

345

Pipradrol -H2O TFA
C20H18NOF3
345.13406
2350

PS
LS/Q
Stimulant

7340

Mecloxamine-M (nor-) AC
C20H24ClNO2
345.14957
2580
U

LS/Q
Parasympatholytic

altered during HY

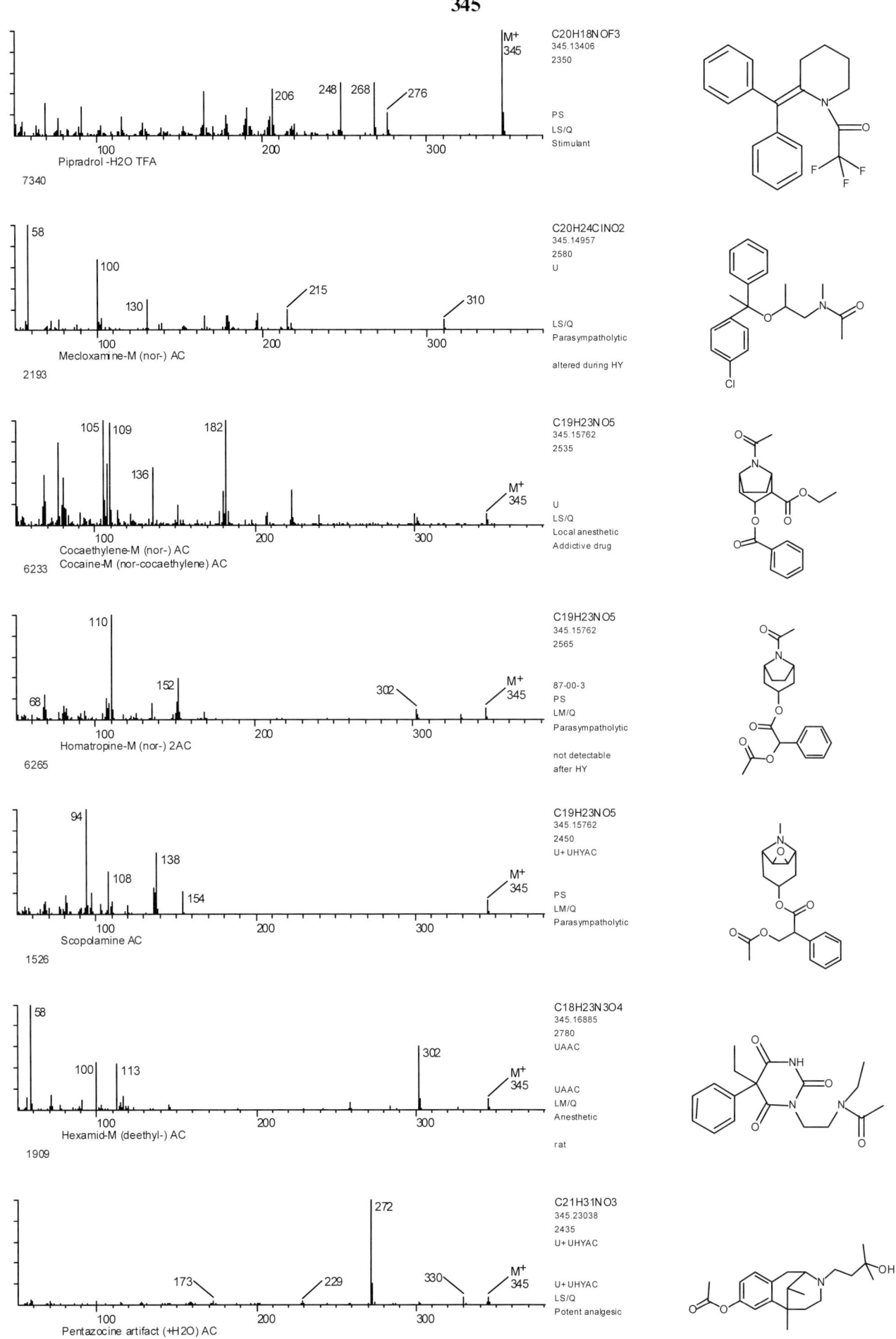

2193

Cocaethylene-M (nor-) AC
Cocaine-M (nor-cocaethylene) AC
C19H23NO5
345.15762
2535

U
LS/Q
Local anesthetic
Addictive drug

6233

Homatropine-M (nor-) 2AC
C19H23NO5
345.15762
2565

87-00-3
PS
LM/Q
Parasympatholytic

not detectable after HY

6265

Scopolamine AC
C19H23NO5
345.15762
2450
U+ UHYAC

PS
LM/Q
Parasympatholytic

1526

Hexamid-M (deethyl-) AC
C18H23N3O4
345.16885
2780
UAAC

UAAC
LM/Q
Anesthetic

rat

1909

Pentazocine artifact (+H2O) AC
C21H31NO3
345.23038
2435
U+ UHYAC

U+ UHYAC
LS/Q
Potent analgesic

252

829

346

C10H13Cl2FN2O2
345.97797
2045
731-27-1
PS
LM/Q
Fungicide

Tolylfluanid
3465

C17H12Cl2N2O2
346.02759
2550
U+ UHYAC-I

U+ UHYAC
LS/Q
Tranquilizer

Lorazepam-M (HO-) artifact AC
2527

C17H14O4S2
346.03336
2825*
UMEAC

LS/Q
Scabicide

Mesulphen-M (HO-HOOC-) MEAC
5393

C17H19BrN2O
346.06808
2195
U+ UHYAC

U+ UHYAC
LS
Antihistamine

Brompheniramine-M (nor-) AC
145

C17H15ClN2O4
346.07205
3255
UGLUC UGLUCAC

UGLUC
LS
Tranquilizer

rat
altered during HY

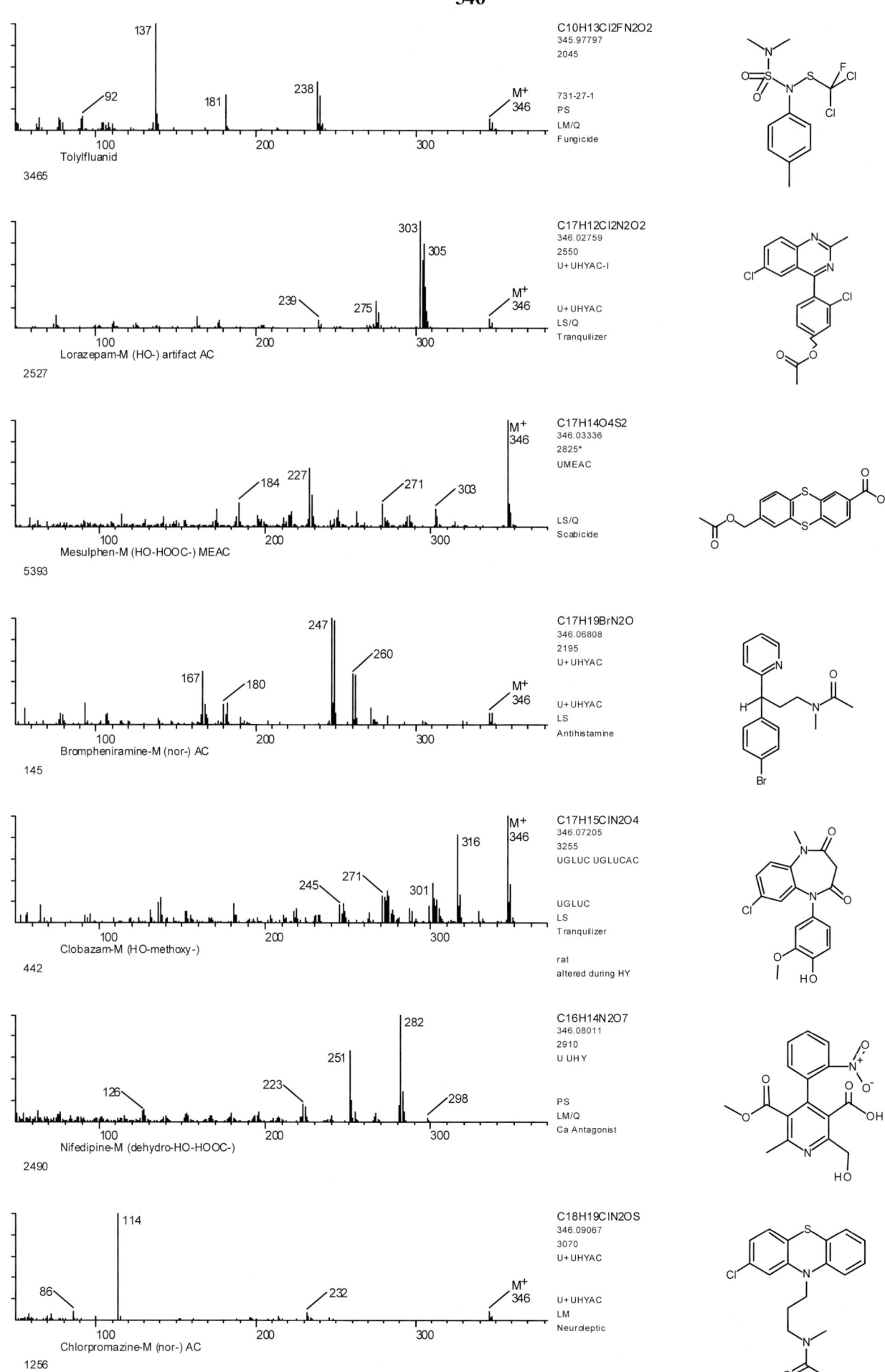

Clobazam-M (HO-methoxy-)
442

C16H14N2O7
346.08011
2910
U UHY

PS
LM/Q
Ca Antagonist

Nifedipine-M (dehydro-HO-HOOC-)
2490

C18H19ClN2OS
346.09067
3070
U+ UHYAC

U+ UHYAC
LM
Neuroleptic

Chlorpromazine-M (nor-) AC
1256

830

346

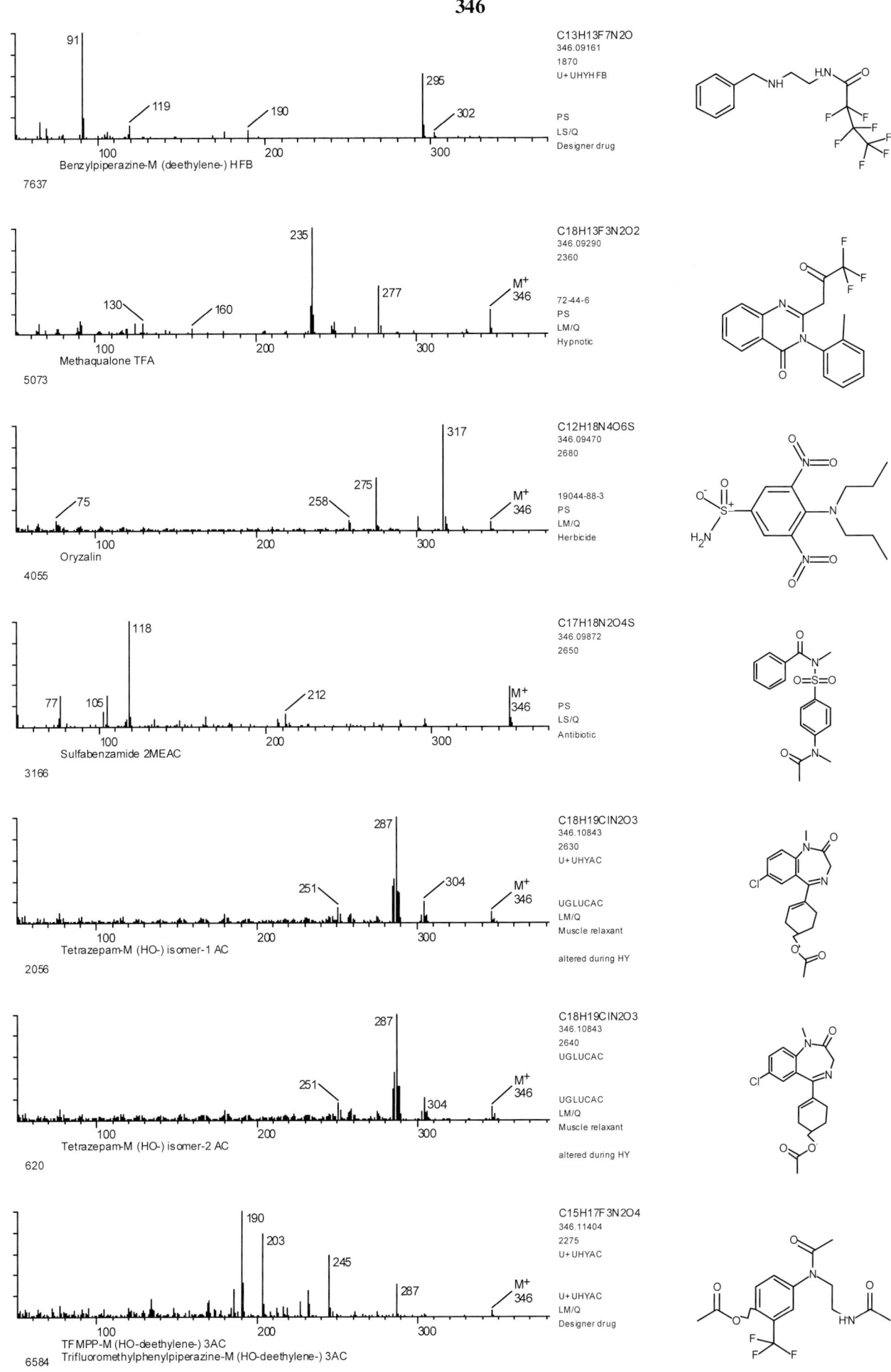

Benzylpiperazine-M (deethylene-) HFB
7637
C13H13F7N2O
346.09161
1870
U+ UHYH FB
PS
LS/Q
Designer drug

Peaks: 91, 119, 190, 295, 302

Methaqualone TFA
5073
C18H13F3N2O2
346.09290
2360
72-44-6
PS
LM/Q
Hypnotic

Peaks: 130, 160, 235, 277, M+ 346

Oryzalin
4055
C12H18N4O6S
346.09470
2680
19044-88-3
PS
LM/Q
Herbicide

Peaks: 75, 258, 275, 317, M+ 346

Sulfabenzamide 2MEAC
3166
C17H18N2O4S
346.09872
2650
PS
LS/Q
Antibiotic

Peaks: 77, 105, 118, 212, M+ 346

Tetrazepam-M (HO-) isomer-1 AC
2056
C18H19ClN2O3
346.10843
2630
U+ UHYAC
UGLUCAC
LM/Q
Muscle relaxant
altered during HY

Peaks: 251, 287, 304, M+ 346

Tetrazepam-M (HO-) isomer-2 AC
620
C18H19ClN2O3
346.10843
2640
UGLUCAC
UGLUCAC
LM/Q
Muscle relaxant
altered during HY

Peaks: 251, 287, 304, M+ 346

TFMPP-M (HO-deethylene-) 3AC
Trifluoromethylphenylpiperazine-M (HO-deethylene-) 3AC
6584
C15H17F3N2O4
346.11404
2275
U+ UHYAC
U+ UHYAC
LM/Q
Designer drug

Peaks: 190, 203, 245, 287, M+ 346

346

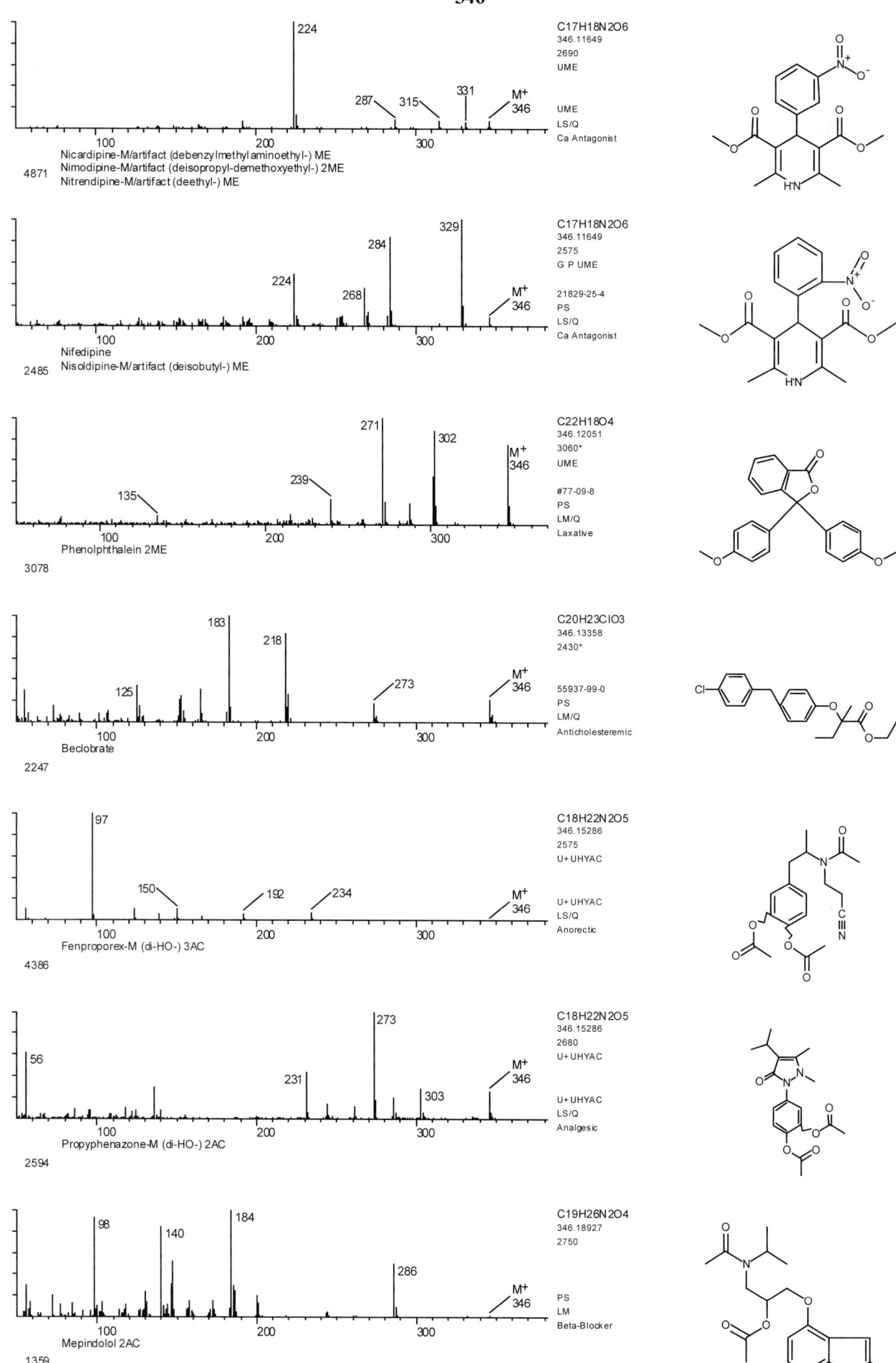

4871
Nicardipine-M/artifact (debenzylmethylaminoethyl-) ME
Nimodipine-M/artifact (deisopropyl-demethoxyethyl-) 2ME
Nitrendipine-M/artifact (deethyl-) ME

C17H18N2O6
346.11649
2690
UME

UME
LS/Q
Ca Antagonist

2485
Nifedipine
Nisoldipine-M/artifact (deisobutyl-) ME

C17H18N2O6
346.11649
2575
G P UME

21829-25-4
PS
LS/Q
Ca Antagonist

3078
Phenolphthalein 2ME

C22H18O4
346.12051
3060*
UME

#77-09-8
PS
LM/Q
Laxative

2247
Beclobrate

C20H23ClO3
346.13358
2430*

55937-99-0
PS
LM/Q
Anticholesteremic

4386
Fenproporex-M (di-HO-) 3AC

C18H22N2O5
346.15286
2575
U+ UHYAC

U+ UHYAC
LS/Q
Anorectic

2594
Propyphenazone-M (di-HO-) 2AC

C18H22N2O5
346.15286
2680
U+ UHYAC

U+ UHYAC
LS/Q
Analgesic

1359
Mepindolol 2AC

C19H26N2O4
346.18927
2750

PS
LM
Beta-Blocker

346

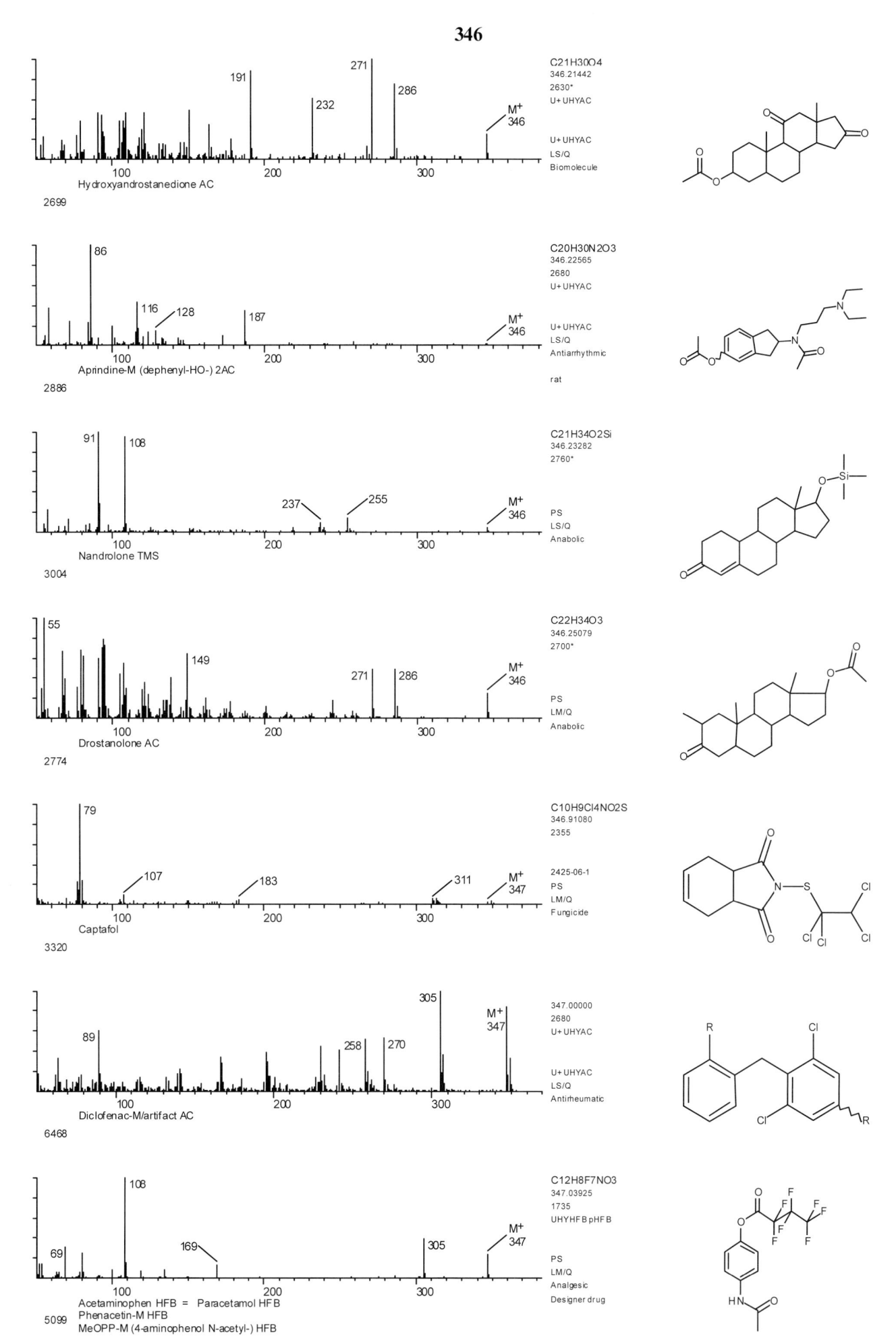

Hydroxyandrostanedione AC
2699
191, 232, 271, 286, M+ 346
C21H30O4
346.21442
2630*
U+ UHYAC
U+ UHYAC
LS/Q
Biomolecule

Aprindine-M (dephenyl-HO-) 2AC
2886
86, 116, 128, 187, M+ 346
C20H30N2O3
346.22565
2680
U+ UHYAC
U+ UHYAC
LS/Q
Antiarrhythmic
rat

Nandrolone TMS
3004
91, 108, 237, 255, M+ 346
C21H34O2Si
346.23282
2760*
PS
LS/Q
Anabolic

Drostanolone AC
2774
55, 149, 271, 286, M+ 346
C22H34O3
346.25079
2700*
PS
LM/Q
Anabolic

Captafol
3320
79, 107, 183, 311, M+ 347
C10H9Cl4NO2S
346.91080
2355
2425-06-1
PS
LM/Q
Fungicide

Diclofenac-M/artifact AC
6468
89, 258, 270, 305, M+ 347
347.00000
2680
U+ UHYAC
U+ UHYAC
LS/Q
Antirheumatic

Acetaminophen HFB = Paracetamol HFB
Phenacetin-M HFB
MeOPP-M (4-aminophenol N-acetyl-) HFB
5099
69, 108, 169, 305, M+ 347
C12H8F7NO3
347.03925
1735
UHYHFB pHFB
PS
LM/Q
Analgesic
Designer drug

347

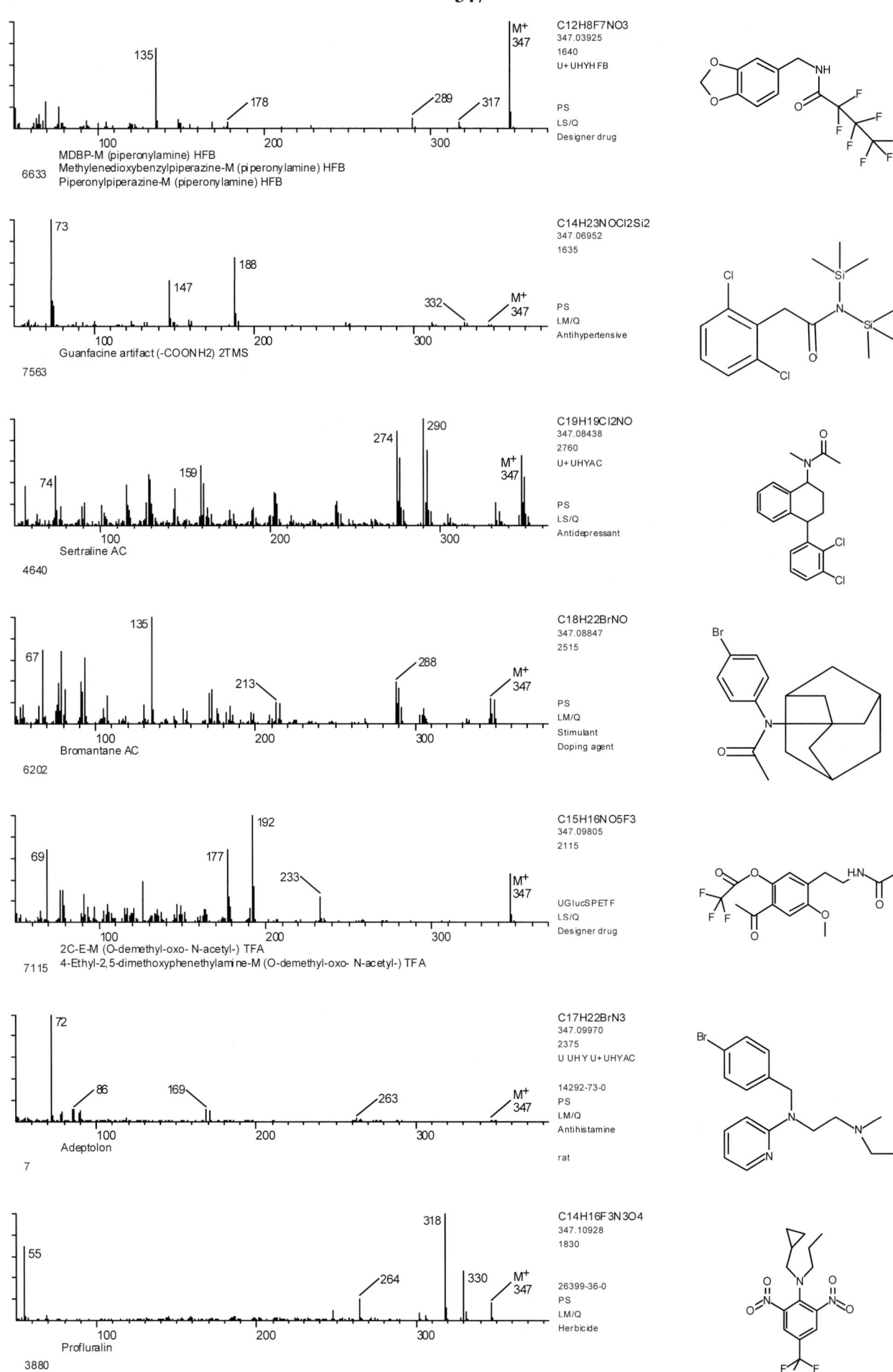

C12H8F7NO3
347.03925
1640
U+ UHYH FB

PS
LS/Q
Designer drug

MDBP-M (piperonylamine) HFB
Methylenedioxybenzylpiperazine-M (piperonylamine) HFB
Piperonylpiperazine-M (piperonylamine) HFB
6633

C14H23NOCl2Si2
347.06952
1635

PS
LM/Q
Antihypertensive

Guanfacine artifact (-COONH2) 2TMS
7563

C19H19Cl2NO
347.08438
2760
U+ UHYAC

PS
LS/Q
Antidepressant

Sertraline AC
4640

C18H22BrNO
347.08847
2515

PS
LM/Q
Stimulant
Doping agent

Bromantane AC
6202

C15H16NO5F3
347.09805
2115

UGlucSPETF
LS/Q
Designer drug

2C-E-M (O-demethyl-oxo- N-acetyl-) TFA
4-Ethyl-2,5-dimethoxyphenethylamine-M (O-demethyl-oxo- N-acetyl-) TFA
7115

C17H22BrN3
347.09970
2375
U UH Y U+ UHYAC

14292-73-0
PS
LM/Q
Antihistamine
rat

Adeptolon
7

C14H16F3N3O4
347.10928
1830

26399-36-0
PS
LM/Q
Herbicide

Profluralin
3880

834

347

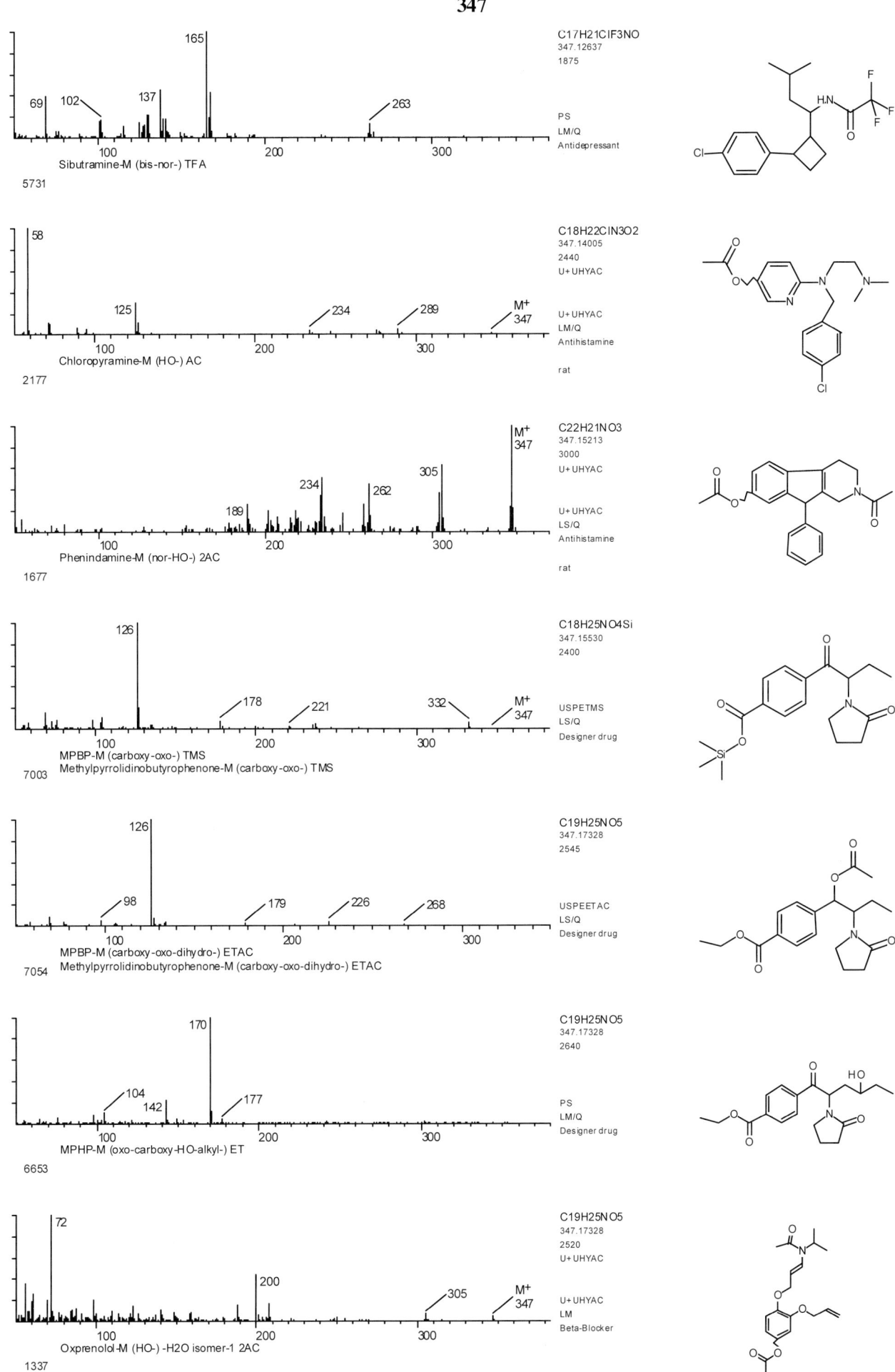

Sibutramine-M (bis-nor-) TFA
C17H21ClF3NO
347.12637
1875
PS
LM/Q
Antidepressant
5731
Peaks: 69, 102, 137, 165, 263

Chloropyramine-M (HO-) AC
C18H22ClN3O2
347.14005
2440
U+ UHYAC
U+ UHYAC
LM/Q
Antihistamine
rat
2177
Peaks: 58, 125, 234, 289, M+ 347

Phenindamine-M (nor-HO-) 2AC
C22H21NO3
347.15213
3000
U+ UHYAC
U+ UHYAC
LS/Q
Antihistamine
rat
1677
Peaks: 189, 234, 262, 305, M+ 347

MPBP-M (carboxy-oxo-) TMS
Methylpyrrolidinobutyrophenone-M (carboxy-oxo-) TMS
C18H25NO4Si
347.15530
2400
USPETMS
LS/Q
Designer drug
7003
Peaks: 126, 178, 221, 332, M+ 347

MPBP-M (carboxy-oxo-dihydro-) ETAC
Methylpyrrolidinobutyrophenone-M (carboxy-oxo-dihydro-) ETAC
C19H25NO5
347.17328
2545
USPEETAC
LS/Q
Designer drug
7054
Peaks: 98, 126, 179, 226, 268

MPHP-M (oxo-carboxy-HO-alkyl-) ET
C19H25NO5
347.17328
2640
PS
LM/Q
Designer drug
6653
Peaks: 104, 142, 170, 177

Oxprenolol-M (HO-) -H2O isomer-1 2AC
C19H25NO5
347.17328
2520
U+ UHYAC
U+ UHYAC
LM
Beta-Blocker
1337
Peaks: 72, 200, 305, M+ 347

835

347

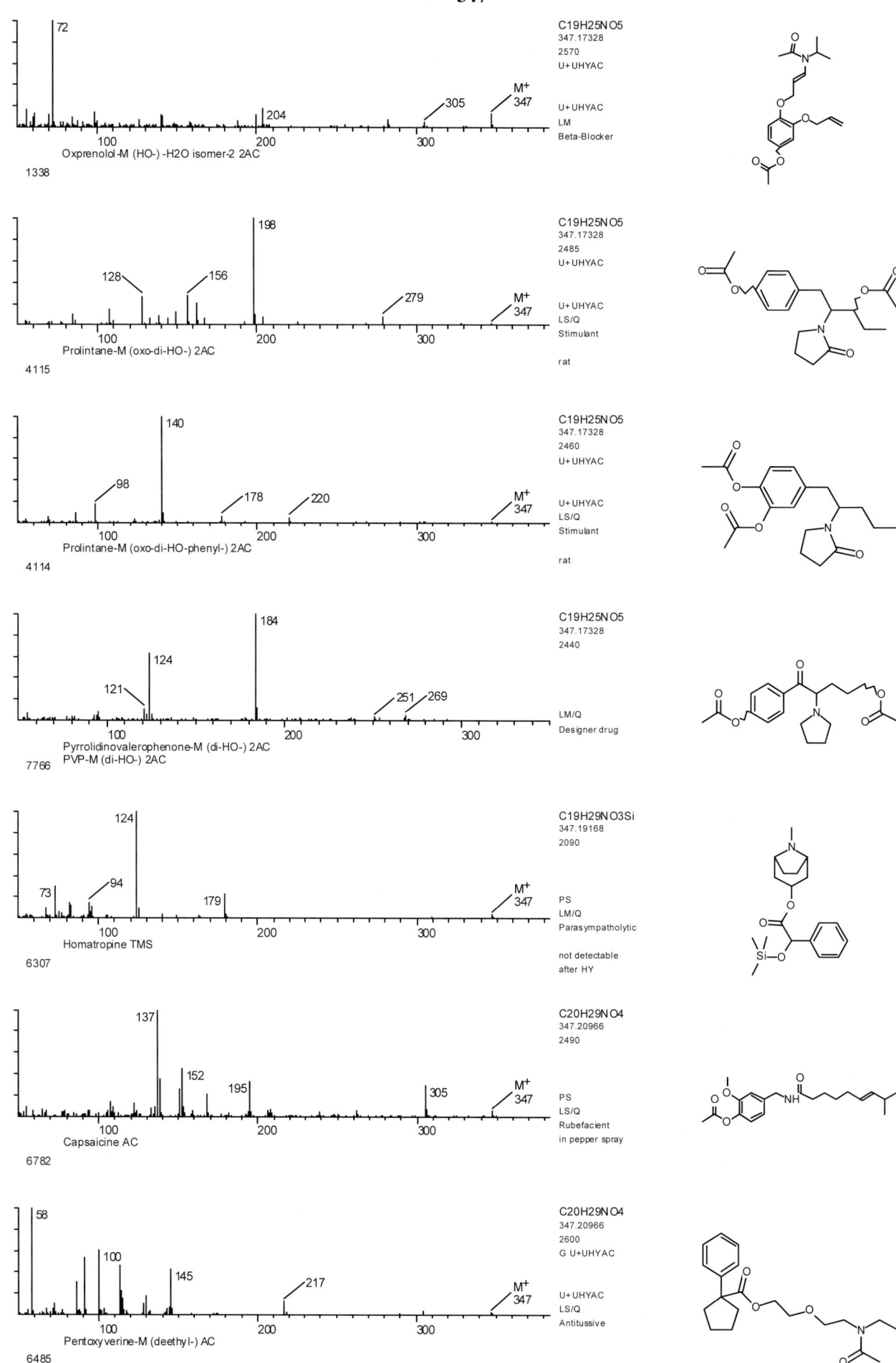

72, 204, 305, M+ 347	C19H25NO5 347.17328 2570 U+UHYAC U+UHYAC LM Beta-Blocker

Oxprenolol-M (HO-) -H2O isomer-2 2AC
1338

128, 156, 198, 279, M+ 347	C19H25NO5 347.17328 2485 U+UHYAC U+UHYAC LS/Q Stimulant rat

Prolintane-M (oxo-di-HO-) 2AC
4115

98, 140, 178, 220, M+ 347	C19H25NO5 347.17328 2460 U+UHYAC U+UHYAC LS/Q Stimulant rat

Prolintane-M (oxo-di-HO-phenyl-) 2AC
4114

121, 124, 184, 251, 269	C19H25NO5 347.17328 2440 LM/Q Designer drug

Pyrrolidinovalerophenone-M (di-HO-) 2AC
PVP-M (di-HO-) 2AC
7766

73, 94, 124, 179, M+ 347	C19H29NO3Si 347.19168 2090 PS LM/Q Parasympatholytic not detectable after HY

Homatropine TMS
6307

137, 152, 195, 305, M+ 347	C20H29NO4 347.20966 2490 PS LS/Q Rubefacient in pepper spray

Capsaicine AC
6782

58, 100, 145, 217, M+ 347	C20H29NO4 347.20966 2600 G U+UHYAC U+UHYAC LS/Q Antitussive

Pentoxyverine-M (deethyl-) AC
6485

347

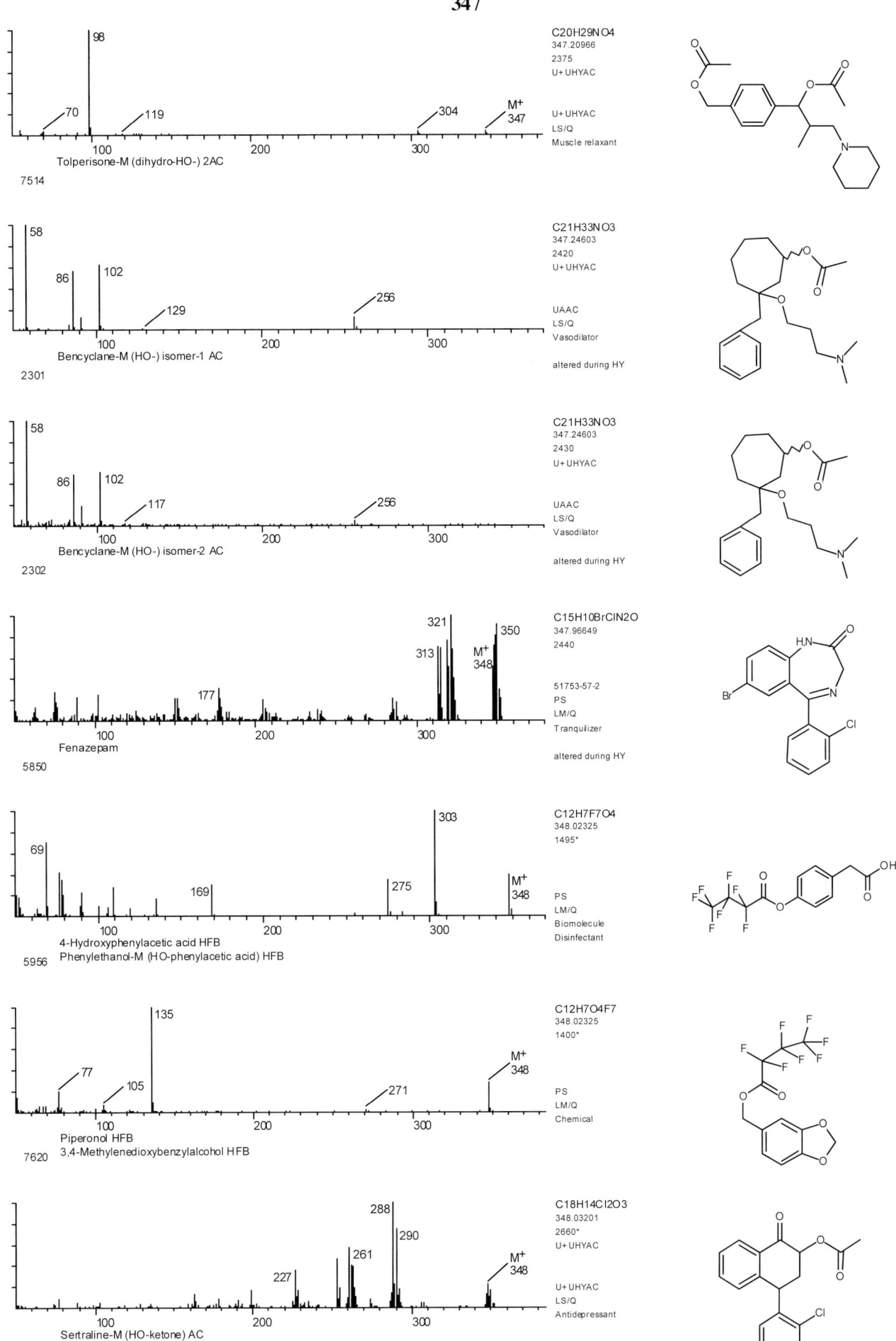

Tolperisone-M (dihydro-HO-) 2AC — 7514
Peaks: 70, 98, 119, 304, M+ 347
C20H29NO4; 347.20966; 2375; U+ UHYAC / LS/Q; Muscle relaxant

Bencyclane-M (HO-) isomer-1 AC — 2301
Peaks: 58, 86, 102, 129, 256
C21H33NO3; 347.24603; 2420; U+ UHYAC / UAAC / LS/Q; Vasodilator; altered during HY

Bencyclane-M (HO-) isomer-2 AC — 2302
Peaks: 58, 86, 102, 117, 256
C21H33NO3; 347.24603; 2430; U+ UHYAC / UAAC / LS/Q; Vasodilator; altered during HY

Fenazepam — 5850
Peaks: 177, 313, 321, M+ 348, 350
C15H10BrClN2O; 347.96649; 2440; 51753-57-2; PS / LM/Q; Tranquilizer; altered during HY

4-Hydroxyphenylacetic acid HFB / Phenylethanol-M (HO-phenylacetic acid) HFB — 5956
Peaks: 69, 169, 275, 303, M+ 348
C12H7F7O4; 348.02325; 1495*; PS / LM/Q; Biomolecule / Disinfectant

Piperonol HFB / 3,4-Methylenedioxybenzylalcohol HFB — 7620
Peaks: 77, 105, 135, 271, M+ 348
C12H7O4F7; 348.02325; 1400*; PS / LM/Q; Chemical

Sertraline-M (HO-ketone) AC — 5311
Peaks: 227, 261, 288, 290, M+ 348
C18H14Cl2O3; 348.03201; 2660*; U+ UHYAC / LS/Q; Antidepressant

348

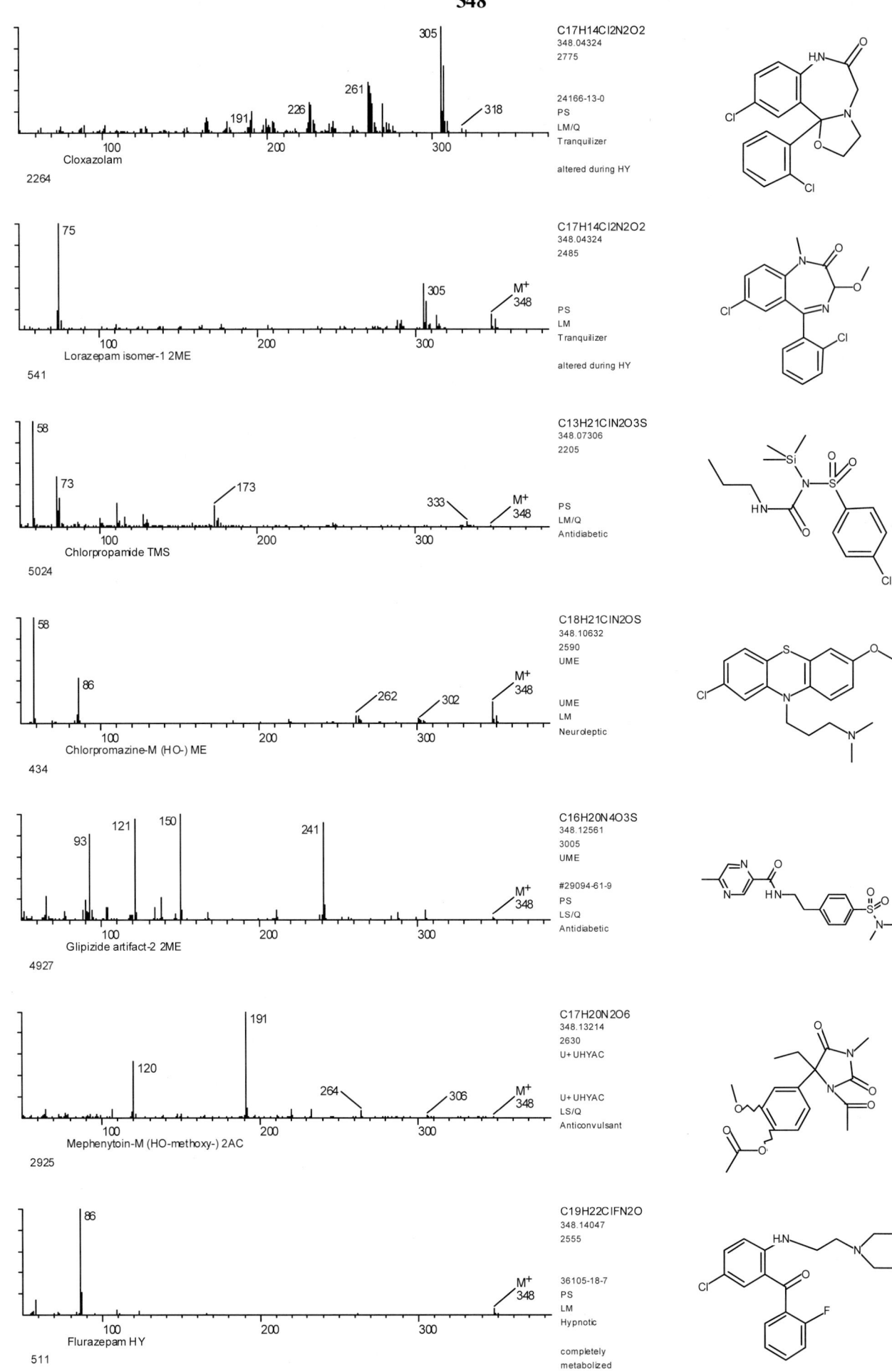

Cloxazolam
C17H14Cl2N2O2
348.04324
2775
24166-13-0
PS
LM/Q
Tranquilizer
altered during HY

Lorazepam isomer-1 2ME
C17H14Cl2N2O2
348.04324
2485
PS
LM
Tranquilizer
altered during HY

Chlorpropamide TMS
C13H21ClN2O3S
348.07306
2205
PS
LM/Q
Antidiabetic

Chlorpromazine-M (HO-) ME
C18H21ClN2OS
348.10632
2590
UME
UME
LM
Neuroleptic

Glipizide artifact-2 2ME
C16H20N4O3S
348.12561
3005
UME
#29094-61-9
PS
LS/Q
Antidiabetic

Mephenytoin-M (HO-methoxy-) 2AC
C17H20N2O6
348.13214
2630
U+ UHYAC
U+ UHYAC
LS/Q
Anticonvulsant

Flurazepam HY
C19H22ClFN2O
348.14047
2555
36105-18-7
PS
LM
Hypnotic
completely metabolized

838

348

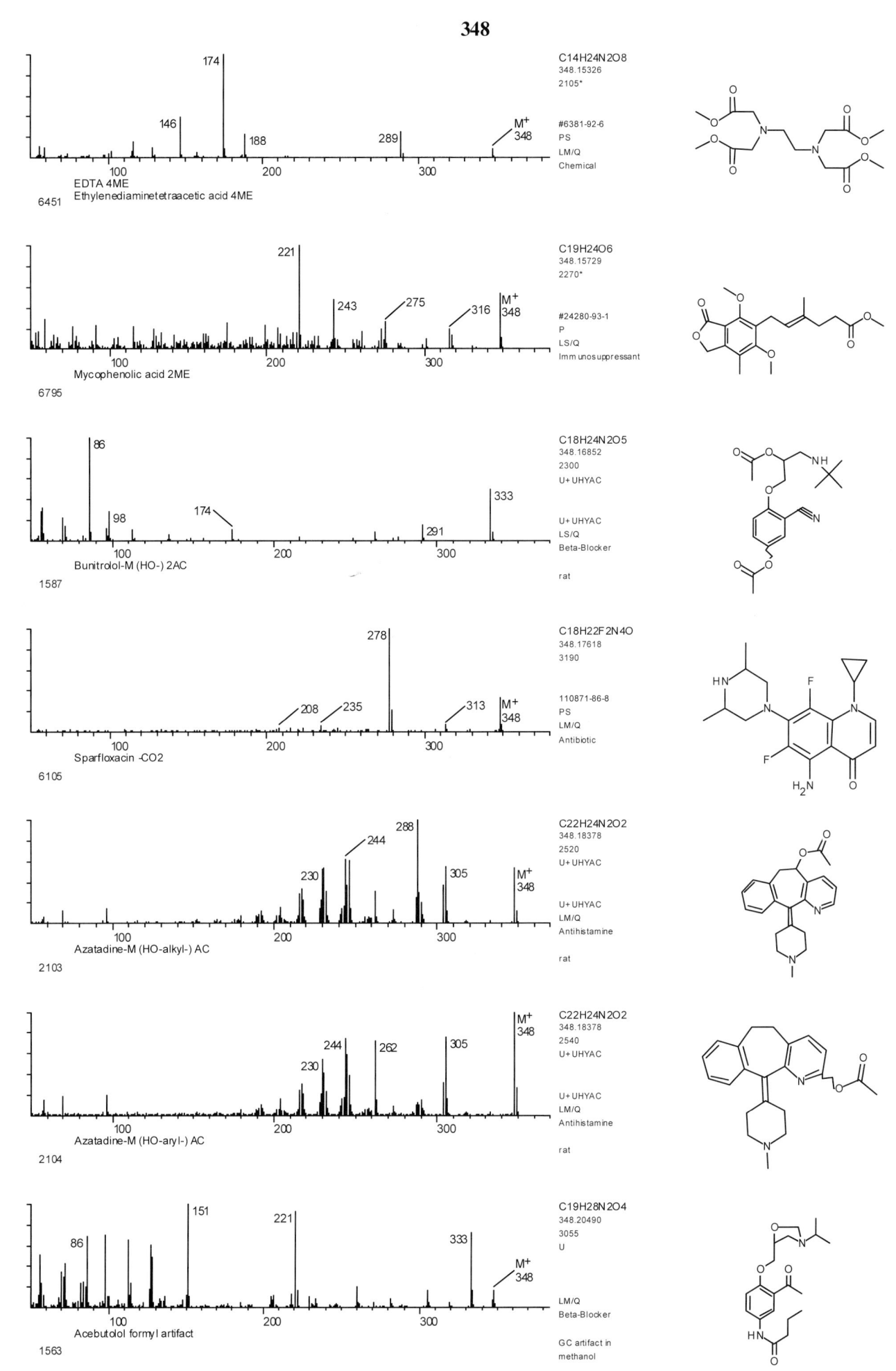

EDTA 4ME
Ethylenediaminetetraacetic acid 4ME
6451
Peaks: 146, 174, 188, 289, 348 (M+)
C14H24N2O8
348.15326
2105*
#6381-92-6
PS
LM/Q
Chemical

Mycophenolic acid 2ME
6795
Peaks: 221, 243, 275, 316, 348 (M+)
C19H24O6
348.15729
2270*
#24280-93-1
P
LS/Q
Immunosuppressant

Bunitrolol-M (HO-) 2AC
1587
Peaks: 86, 98, 174, 291, 333
C18H24N2O5
348.16852
2300
U+ UHYAC
U+ UHYAC
LS/Q
Beta-Blocker
rat

Sparfloxacin -CO2
6105
Peaks: 208, 235, 278, 313, 348 (M+)
C18H22F2N4O
348.17618
3190
110871-86-8
PS
LM/Q
Antibiotic

Azatadine-M (HO-alkyl-) AC
2103
Peaks: 230, 244, 288, 305, 348 (M+)
C22H24N2O2
348.18378
2520
U+ UHYAC
U+ UHYAC
LM/Q
Antihistamine
rat

Azatadine-M (HO-aryl-) AC
2104
Peaks: 230, 244, 262, 305, 348 (M+)
C22H24N2O2
348.18378
2540
U+ UHYAC
U+ UHYAC
LM/Q
Antihistamine
rat

Acebutolol formyl artifact
1563
Peaks: 86, 151, 221, 333, 348 (M+)
C19H28N2O4
348.20490
3055
U
LM/Q
Beta-Blocker
GC artifact in methanol

348

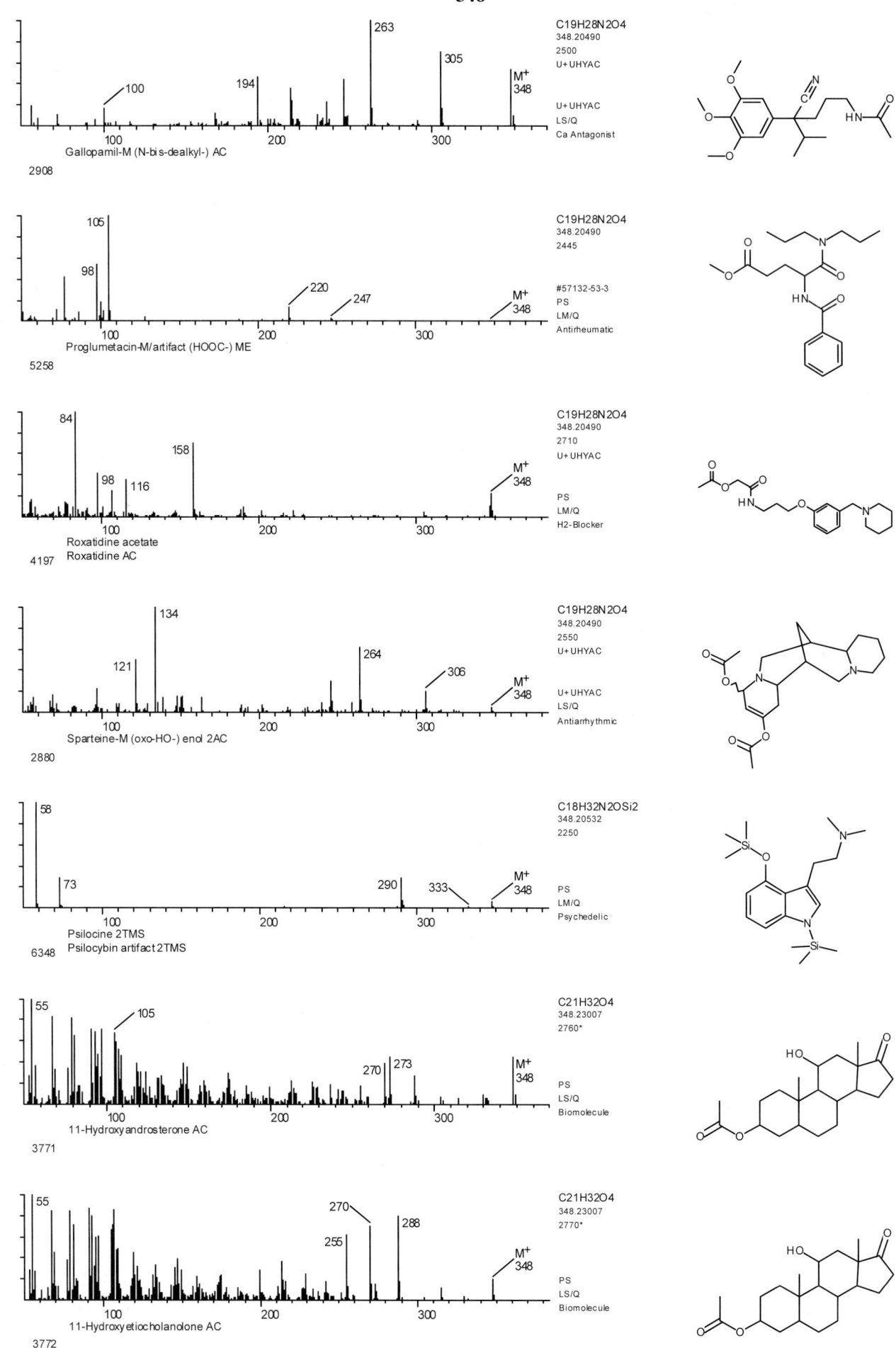

C19H28N2O4
348.20490
2500
U+ UHYAC

U+ UHYAC
LS/Q
Ca Antagonist

Gallopamil-M (N-bis-dealkyl-) AC
2908

C19H28N2O4
348.20490
2445

#57132-53-3
PS
LM/Q
Antirheumatic

Proglumetacin-M/artifact (HOOC-) ME
5258

C19H28N2O4
348.20490
2710
U+ UHYAC

PS
LM/Q
H2-Blocker

Roxatidine acetate
Roxatidine AC
4197

C19H28N2O4
348.20490
2550
U+ UHYAC

U+ UHYAC
LS/Q
Antiarrhythmic

Sparteine-M (oxo-HO-) enol 2AC
2880

C18H32N2OSi2
348.20532
2250

PS
LM/Q
Psychedelic

Psilocine 2TMS
Psilocybin artifact 2TMS
6348

C21H32O4
348.23007
2760*

PS
LS/Q
Biomolecule

11-Hydroxyandrosterone AC
3771

C21H32O4
348.23007
2770*

PS
LS/Q
Biomolecule

11-Hydroxyetiocholanolone AC
3772

840

349

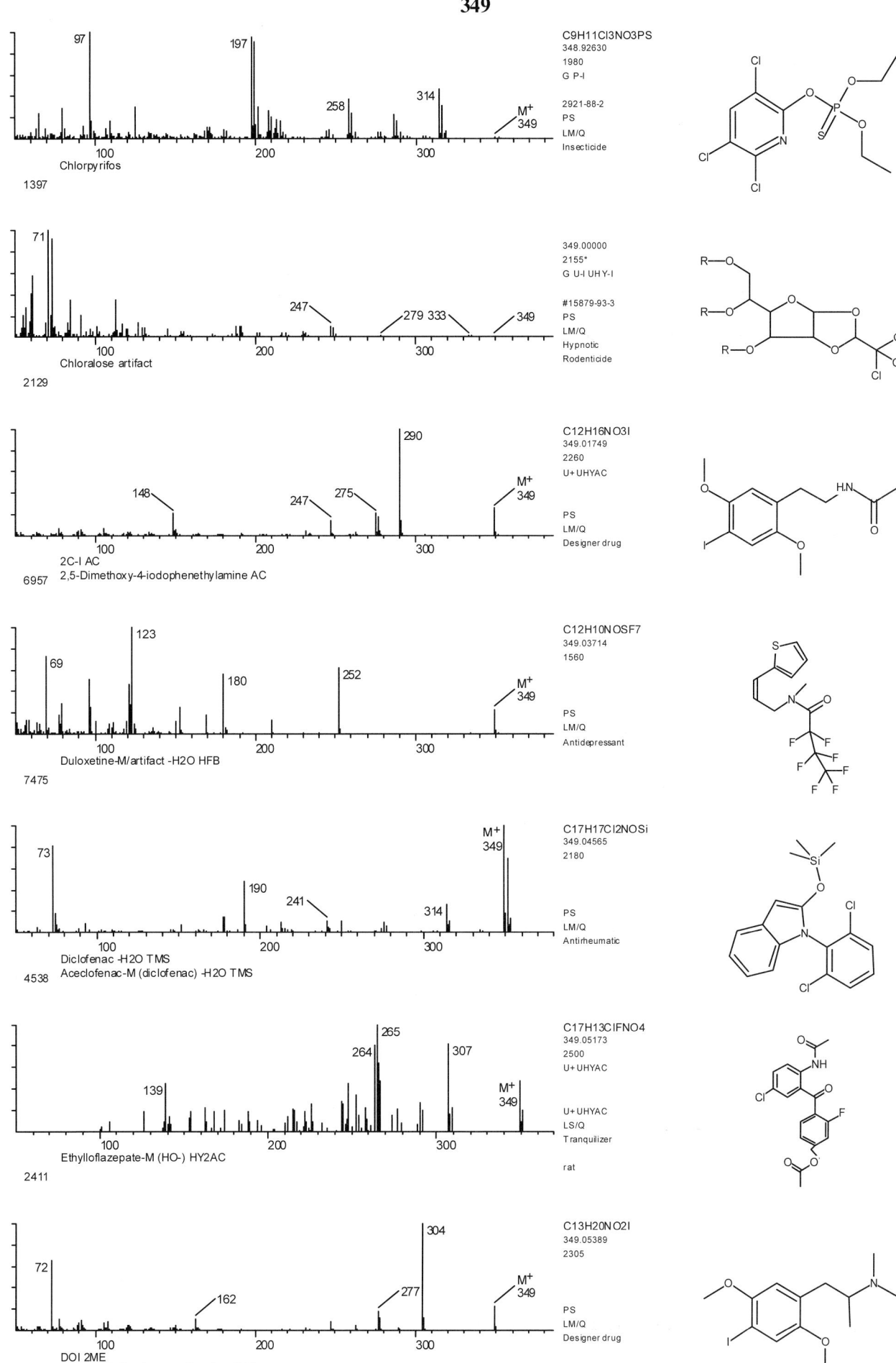

Chlorpyrifos
1397
C9H11Cl3NO3PS
348.92630
1980
G P-I
2921-88-2
PS
LM/Q
Insecticide
M+ 349
97, 197, 258, 314

Chloralose artifact
2129
349.00000
2155*
G U-I UH Y-I
#15879-93-3
PS
LM/Q
Hypnotic
Rodenticide
71, 247, 279, 333, 349

2C-I AC
2,5-Dimethoxy-4-iodophenethylamine AC
6957
C12H16NO3I
349.01749
2260
U+ UHYAC
PS
LM/Q
Designer drug
M+ 349
148, 247, 275, 290

Duloxetine-M/artifact -H2O HFB
7475
C12H10NOSF7
349.03714
1560
PS
LM/Q
Antidepressant
M+ 349
69, 123, 180, 252

Diclofenac -H2O TMS
Aceclofenac-M (diclofenac) -H2O TMS
4538
C17H17Cl2NOSi
349.04565
2180
PS
LM/Q
Antirheumatic
M+ 349
73, 190, 241, 314

Ethylloflazepate-M (HO-) HY2AC
2411
C17H13ClFNO4
349.05173
2500
U+ UHYAC
U+ UHYAC
LS/Q
Tranquilizer
rat
M+ 349
139, 264, 265, 307

DOI 2ME
4-Iodo-2,5-dimethoxy-amfetamine 2ME
7569
C13H20NO2I
349.05389
2305
PS
LM/Q
Designer drug
M+ 349
72, 162, 277, 304

349

Diphenylprolinol TFA
7807

C19H18NO2F3
349.12897
2185

PS
LS/Q
Stimulant

Peaks: 77, 105, 139, 166, 183

Bisacodyl-M (methoxy-deacetyl-)
210

C21H19NO4
349.13141
2810
U+ UHYAC

U+ UHYAC
LS/Q
Laxative

Peaks: 229, 292, 306, 307, M+ 349

Chelerythrine artifact (dihydro-)
5772

C21H19NO4
349.13141
2965

#6900-99-8
PS
LM/Q
Alkaloid

Peaks: 290, 318, 332, 348, M+ 349

Moxaverine-M (O-demethyl-oxo-ethyl-) isomer-1 AC
3224

C21H19NO4
349.13141
2775
U+ UHYAC

U+ UHYAC
LS/Q
Antispasmotic

Peaks: 91, 264, 290, 306, M+ 349

Moxaverine-M (O-demethyl-oxo-ethyl-) isomer-2 AC
3225

C21H19NO4
349.13141
2785
U+ UHYAC

U+ UHYAC
LS/Q
Antispasmotic

Peaks: 91, 264, 292, 306, M+ 349

Cocaine-M (HO-methoxy-)
469

C18H23NO6
349.15253
2670
UCO

LS
Local anesthetic
Addictive drug

Peaks: 82, 151, 182, 198, M+ 349

Pyrrolidinovalerophenone-M (HO-phenyl-carboxy-oxo-) MEAC
PVP-M (HO-phenyl-carboxy-oxo-) MEAC
7830

C18H23NO6
349.15253
2550
UGLUCSPEMEAC

LS/Q
Designer drug

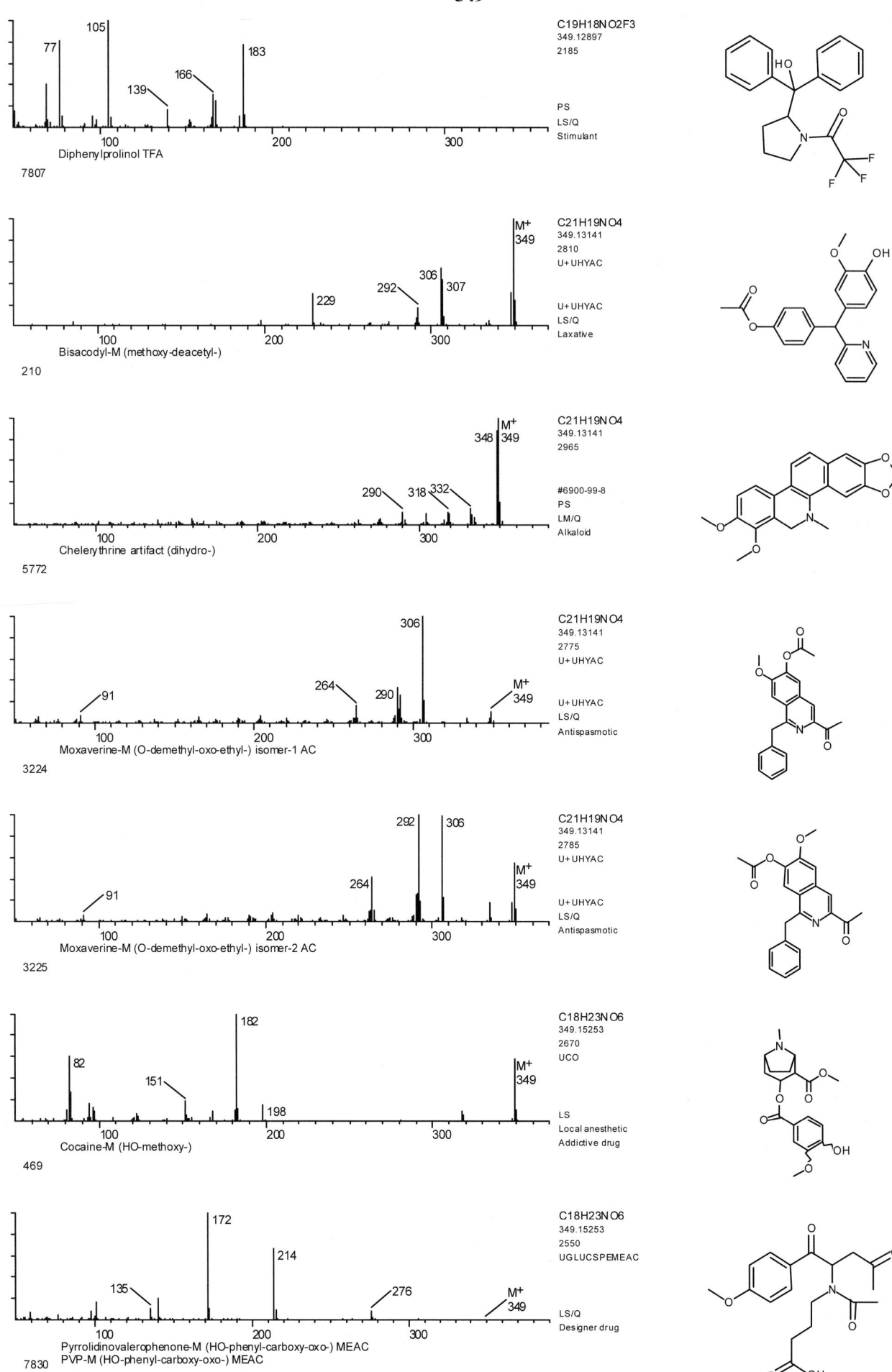

Peaks: 135, 172, 214, 276, M+ 349

349

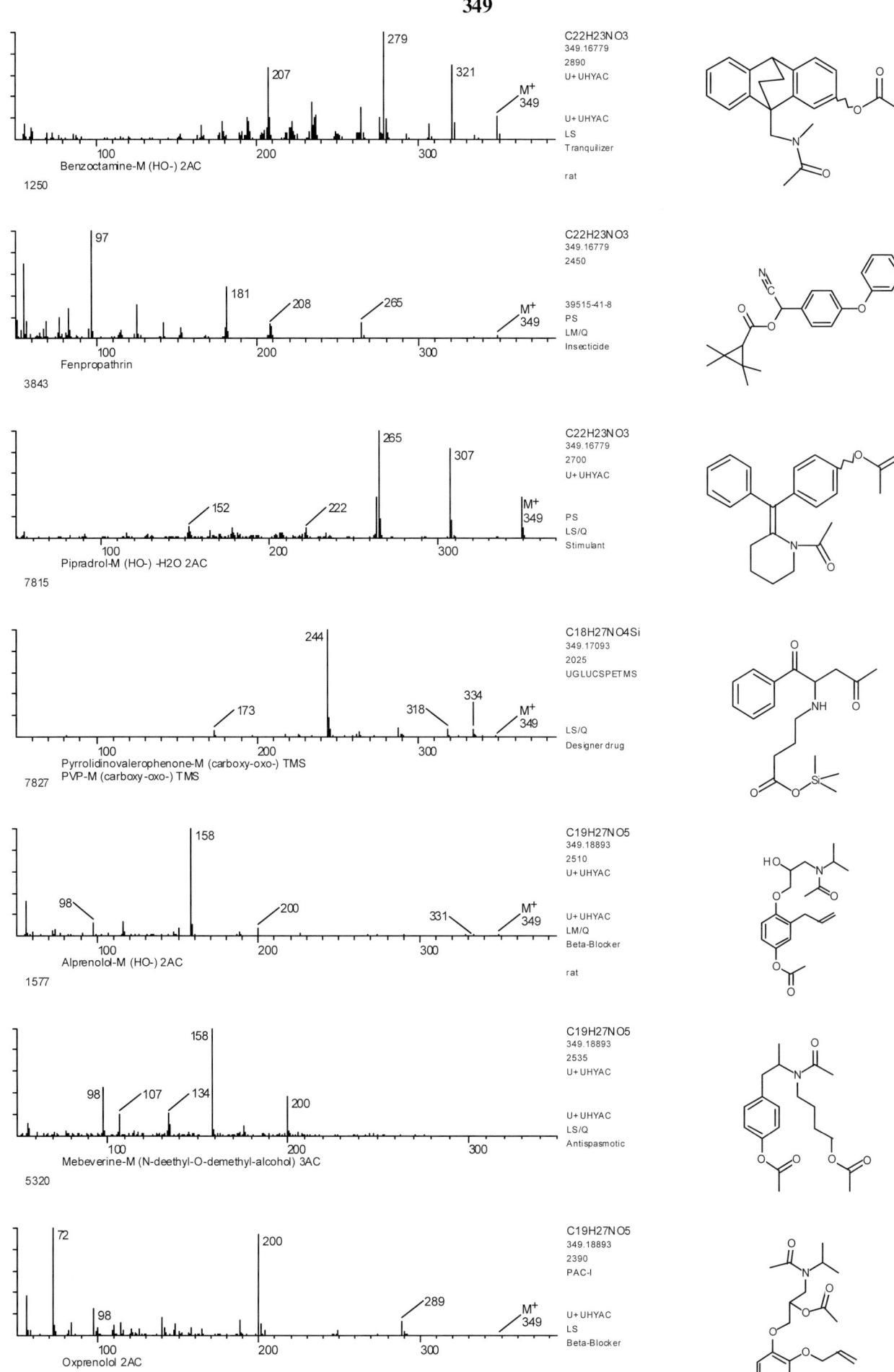

Spectrum	Compound	Formula/Info
1250	Benzoctamine-M (HO-) 2AC; peaks 207, 279, 321, M+ 349	C22H23NO3, 349.16779, 2890, U+ UHYAC, LS, Tranquilizer, rat
3843	Fenpropathrin; peaks 97, 181, 208, 265, M+ 349	C22H23NO3, 349.16779, 2450, 39515-41-8, PS, LM/Q, Insecticide
7815	Pipradrol-M (HO-) -H2O 2AC; peaks 152, 222, 265, 307, M+ 349	C22H23NO3, 349.16779, 2700, U+ UHYAC, PS, LS/Q, Stimulant
7827	Pyrrolidinovalerophenone-M (carboxy-oxo-) TMS / PVP-M (carboxy-oxo-) TMS; peaks 173, 244, 318, 334, M+ 349	C18H27NO4Si, 349.17093, 2025, UGLUCSPETMS, LS/Q, Designer drug
1577	Alprenolol-M (HO-) 2AC; peaks 98, 158, 200, 331, M+ 349	C19H27NO5, 349.18893, 2510, U+ UHYAC, U+ UHYAC, LM/Q, Beta-Blocker, rat
5320	Mebeverine-M (N-deethyl-O-demethyl-alcohol) 3AC; peaks 98, 107, 134, 158, 200	C19H27NO5, 349.18893, 2535, U+ UHYAC, U+ UHYAC, LS/Q, Antispasmotic
1336	Oxprenolol 2AC; peaks 72, 98, 200, 289, M+ 349	C19H27NO5, 349.18893, 2390, PAC-I, U+ UHYAC, LS, Beta-Blocker

349

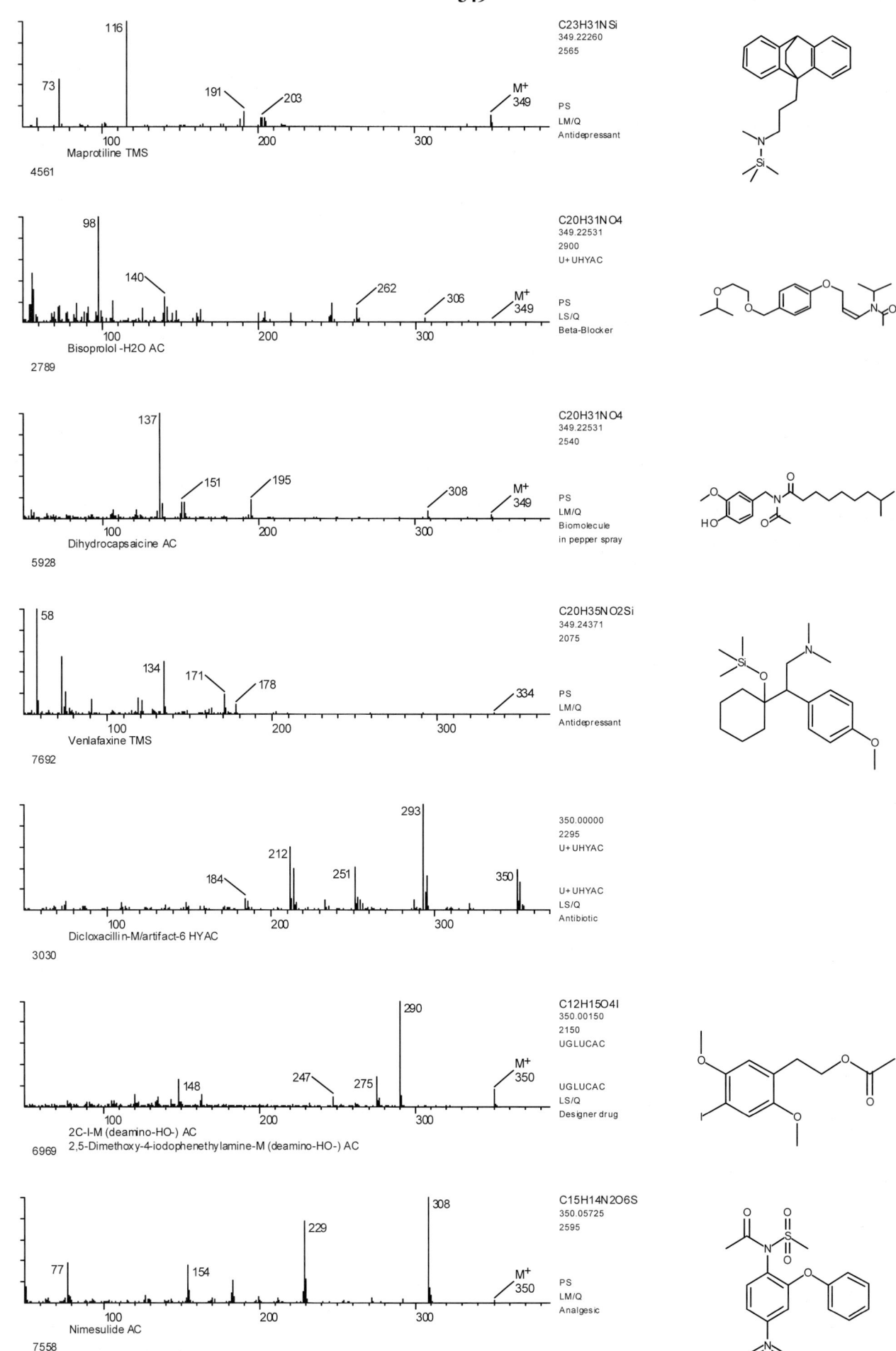

Maprotiline TMS — C23H31NSi, 349.22260, 2565, PS, LM/Q, Antidepressant
Peaks: 73, 116, 191, 203, M+ 349
4561

Bisoprolol -H2O AC — C20H31NO4, 349.22531, 2900, U+ UHYAC, PS, LS/Q, Beta-Blocker
Peaks: 98, 140, 262, 306, M+ 349
2789

Dihydrocapsaicine AC — C20H31NO4, 349.22531, 2540, PS, LM/Q, Biomolecule in pepper spray
Peaks: 137, 151, 195, 308, M+ 349
5928

Venlafaxine TMS — C20H35NO2Si, 349.24371, 2075, PS, LM/Q, Antidepressant
Peaks: 58, 134, 171, 178, 334
7692

Dicloxacillin-M/artifact-6 HYAC — 350.00000, 2295, U+ UHYAC, U+ UHYAC, LS/Q, Antibiotic
Peaks: 184, 212, 251, 293, 350
3030

2C-I-M (deamino-HO-) AC / 2,5-Dimethoxy-4-iodophenethylamine-M (deamino-HO-) AC — C12H15O4I, 350.00150, 2150, UGLUCAC, UGLUCAC, LS/Q, Designer drug
Peaks: 148, 247, 275, 290, M+ 350
6969

Nimesulide AC — C15H14N2O6S, 350.05725, 2595, PS, LM/Q, Analgesic
Peaks: 77, 154, 229, 308, M+ 350
7558

844

350

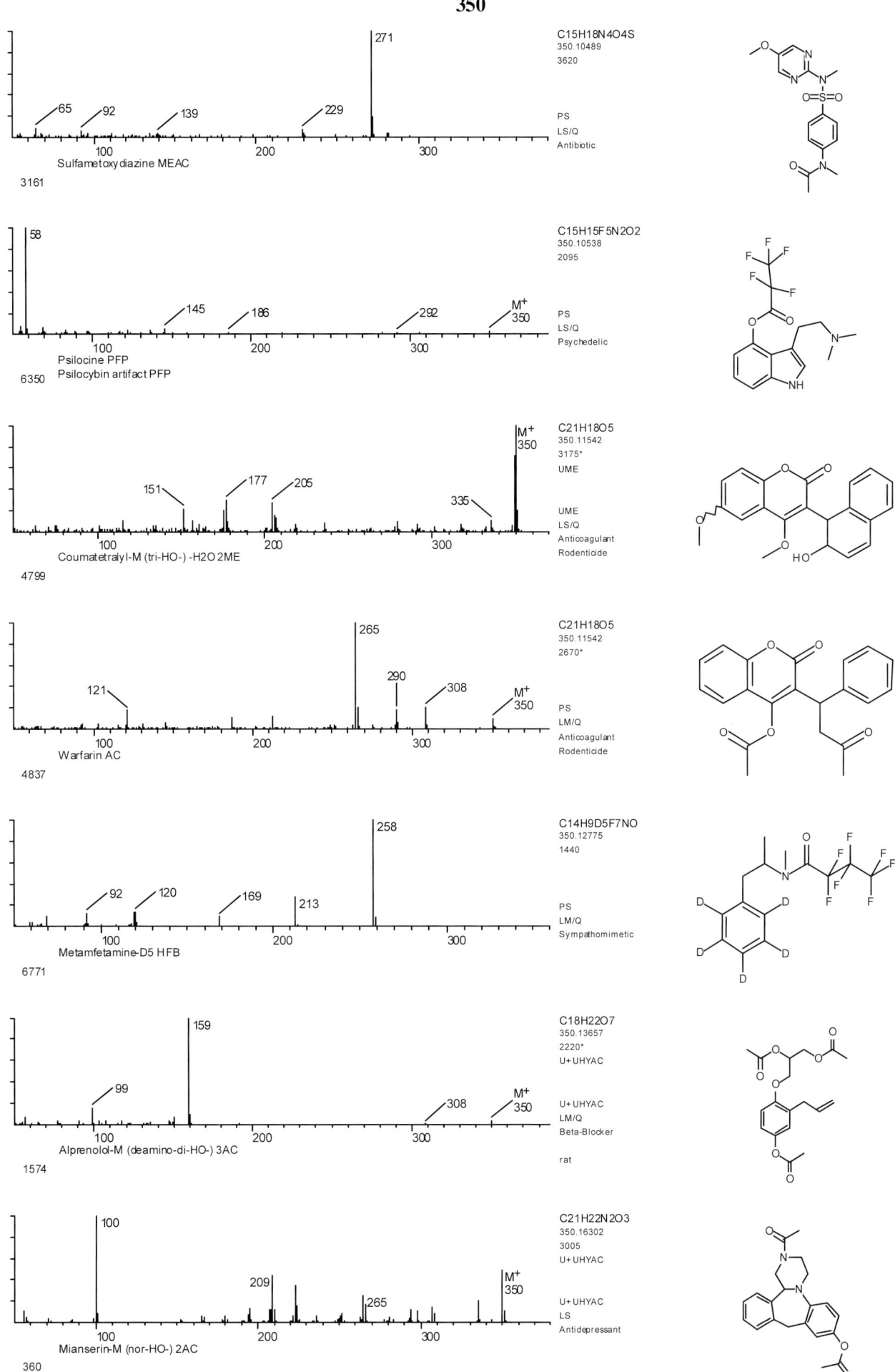

Spectrum peaks	Formula / Info
271, 229, 139, 92, 65 — Sulfametoxydiazine MEAC (3161)	C15H18N4O4S / 350.10489 / 3620 / PS / LS/Q / Antibiotic
58, 145, 186, 292, M+ 350 — Psilocine PFP / Psilocybin artifact PFP (6350)	C15H15F5N2O2 / 350.10538 / 2095 / PS / LS/Q / Psychedelic
M+ 350, 335, 205, 177, 151 — Coumatetralyl-M (tri-HO-) -H2O 2ME (4799)	C21H18O5 / 350.11542 / 3175* / UME / UME / LS/Q / Anticoagulant Rodenticide
265, 290, 308, M+ 350, 121 — Warfarin AC (4837)	C21H18O5 / 350.11542 / 2670* / PS / LM/Q / Anticoagulant Rodenticide
258, 213, 169, 120, 92 — Metamfetamine-D5 HFB (6771)	C14H9D5F7NO / 350.12775 / 1440 / PS / LM/Q / Sympathomimetic
159, 99, 308, M+ 350 — Alprenolol-M (deamino-di-HO-) 3AC (1574)	C18H22O7 / 350.13657 / 2220* / U+ UHYAC / U+ UHYAC / LM/Q / Beta-Blocker rat
100, 209, 265, M+ 350 — Mianserin-M (nor-HO-) 2AC (360)	C21H22N2O3 / 350.16302 / 3005 / U+ UHYAC / U+ UHYAC / LS / Antidepressant

350

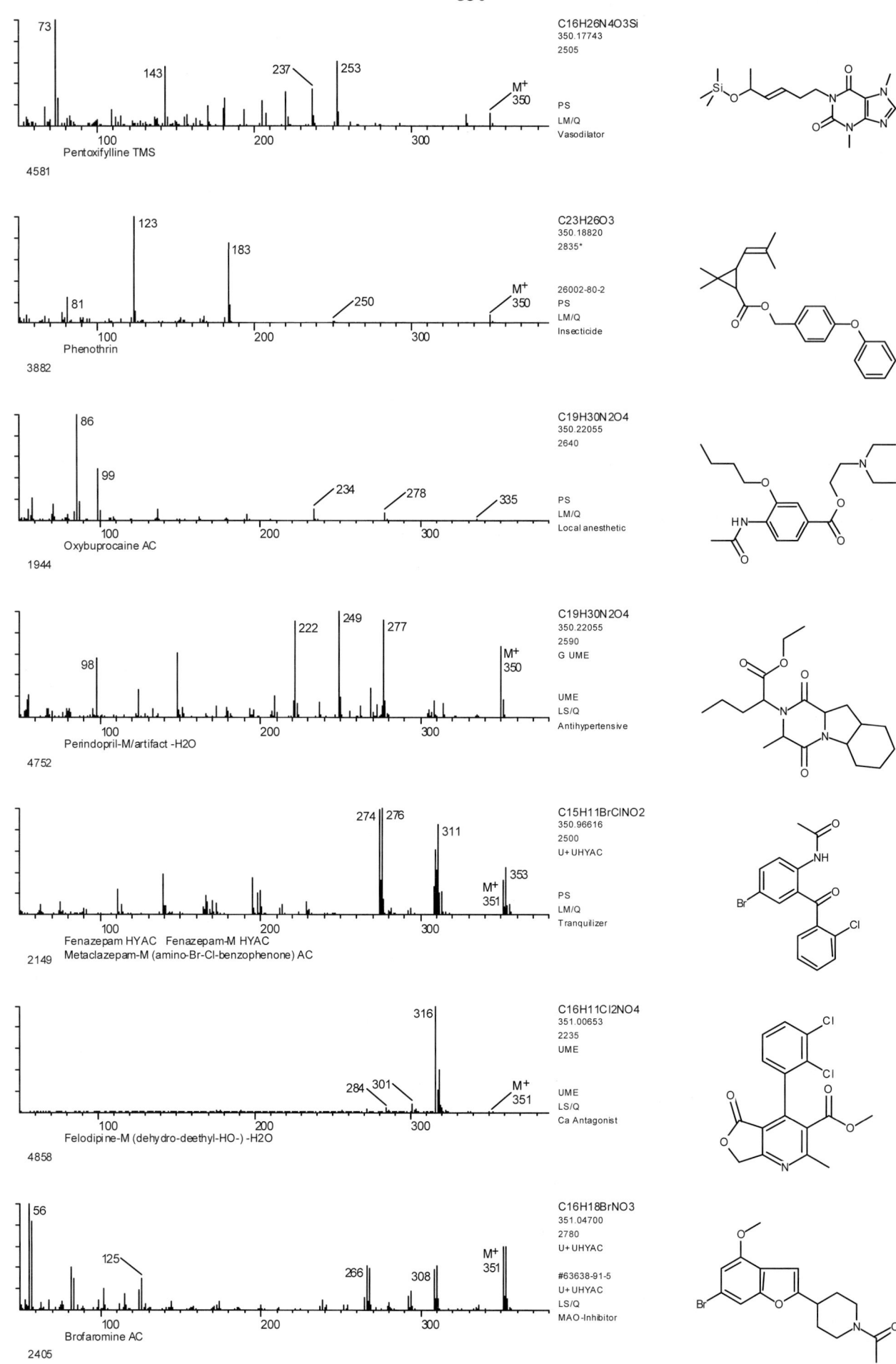

Pentoxifylline TMS
C16H26N4O3Si
350.17743
2505
PS
LM/Q
Vasodilator
4581

Phenothrin
C23H26O3
350.18820
2835*
26002-80-2
PS
LM/Q
Insecticide
3882

Oxybuprocaine AC
C19H30N2O4
350.22055
2640
PS
LM/Q
Local anesthetic
1944

Perindopril-M/artifact -H2O
C19H30N2O4
350.22055
2590
G UME
UME
LS/Q
Antihypertensive
4752

Fenazepam HYAC   Fenazepam-M HYAC
Metaclazepam-M (amino-Br-Cl-benzophenone) AC
C15H11BrClNO2
350.96616
2500
U+ UHYAC
PS
LM/Q
Tranquilizer
2149

Felodipine-M (dehydro-deethyl-HO-) -H2O
C16H11Cl2NO4
351.00653
2235
UME
UME
LS/Q
Ca Antagonist
4858

Brofaromine AC
C16H18BrNO3
351.04700
2780
U+ UHYAC
#63638-91-5
U+ UHYAC
LS/Q
MAO-Inhibitor
2405

846

351

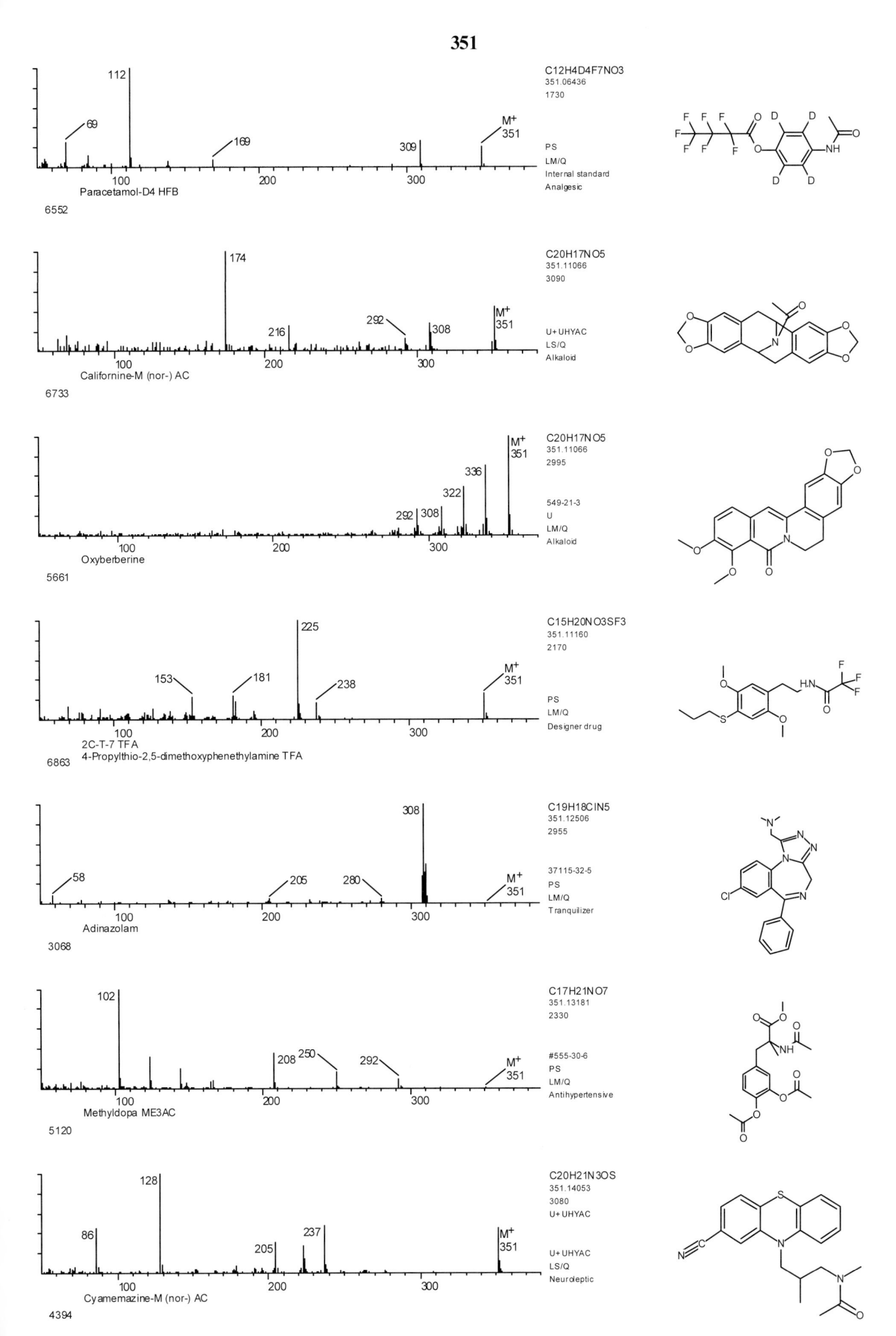

C12H4D4F7NO3
351.06436
1730

PS
LM/Q
Internal standard
Analgesic

Paracetamol-D4 HFB
6552

C20H17NO5
351.11066
3090

U+ UHYAC
LS/Q
Alkaloid

Californine-M (nor-) AC
6733

C20H17NO5
351.11066
2995

549-21-3
U
LM/Q
Alkaloid

Oxyberberine
5661

C15H20NO3SF3
351.11160
2170

PS
LM/Q
Designer drug

2C-T-7 TFA
4-Propylthio-2,5-dimethoxyphenethylamine TFA
6863

C19H18ClN5
351.12506
2955

37115-32-5
PS
LM/Q
Tranquilizer

Adinazolam
3068

C17H21NO7
351.13181
2330

#555-30-6
PS
LM/Q
Antihypertensive

Methyldopa ME3AC
5120

C20H21N3OS
351.14053
3080
U+ UHYAC

U+ UHYAC
LS/Q
Neuroleptic

Cyamemazine-M (nor-) AC
4394

847

351

C14H20F7NO
351.14331
1440
UHFB UHYHFB

PS
LM/Q
Anorectic

Propylhexedrine HFB
5100

C19H20F3NO2
351.14462
2000

PS
LM/Q
Antidepressant

Atomoxetine TFA
7237

C19H20F3NO2
351.14462
2175

23605-78-0
PS
LM/Q
Antilipemic

Benfluorex
4707

C19H20F3NO2
351.14462
2250
U+ UHYAC

PS
LM/Q
Antidepressant

altered during HY

Fluoxetine AC
4278

C21H21NO4
351.14706
2980
UME UHYME

UME
LS/Q
Anticoagulant

Acenocoumarol-M (amino-) 2ME
4430

C21H21NO4
351.14706
2830
U+ UHYAC

PS
LM/Q
Emetic

Apomorphine 2AC
2286

C21H21NO4
351.14706
2760
U+ UHYAC

U+ UHYAC
LS/Q
Antispasmotic

Moxaverine-M (O-demethyl-HO-ethyl-) isomer-1 AC
3223

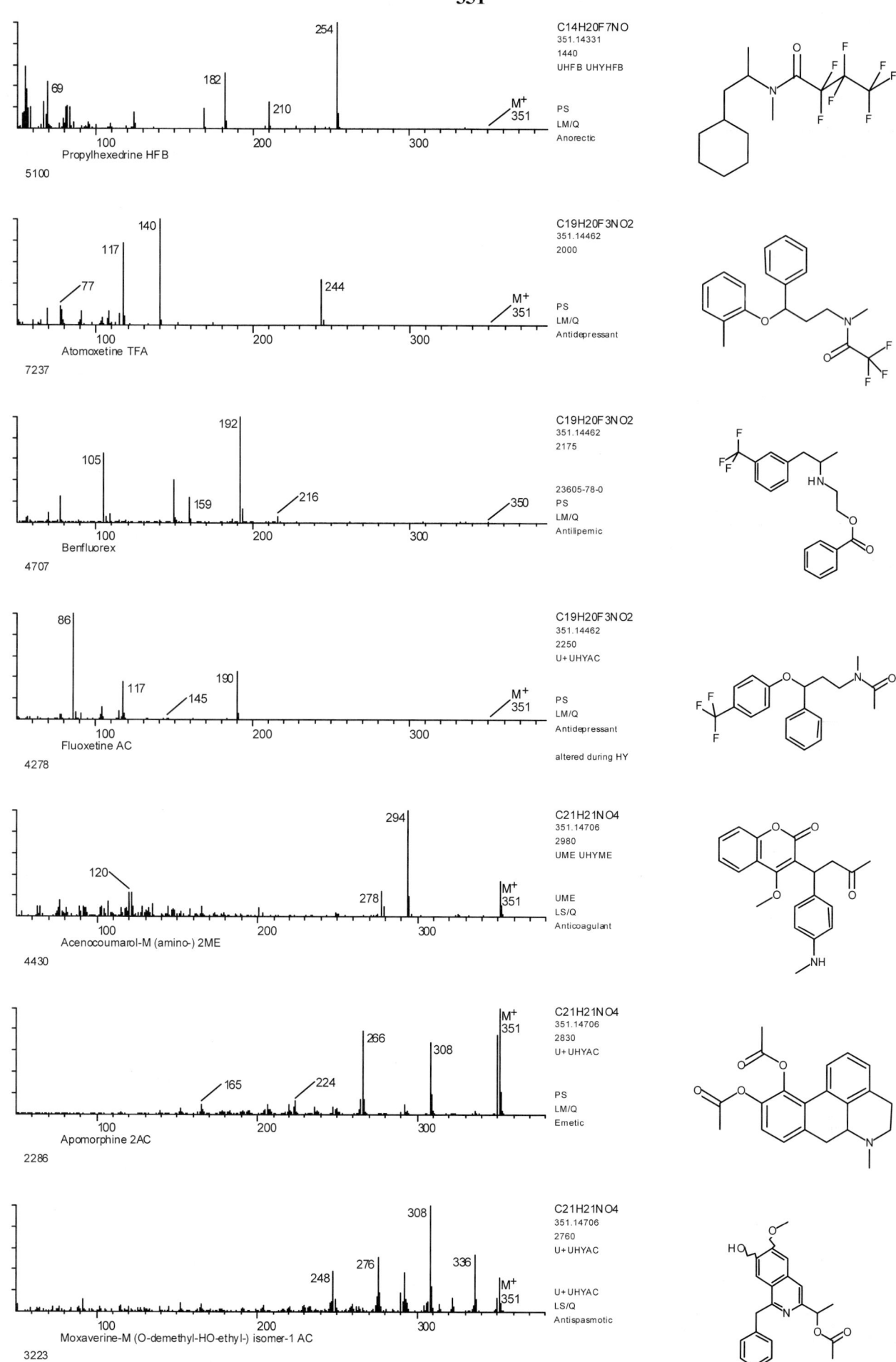

351

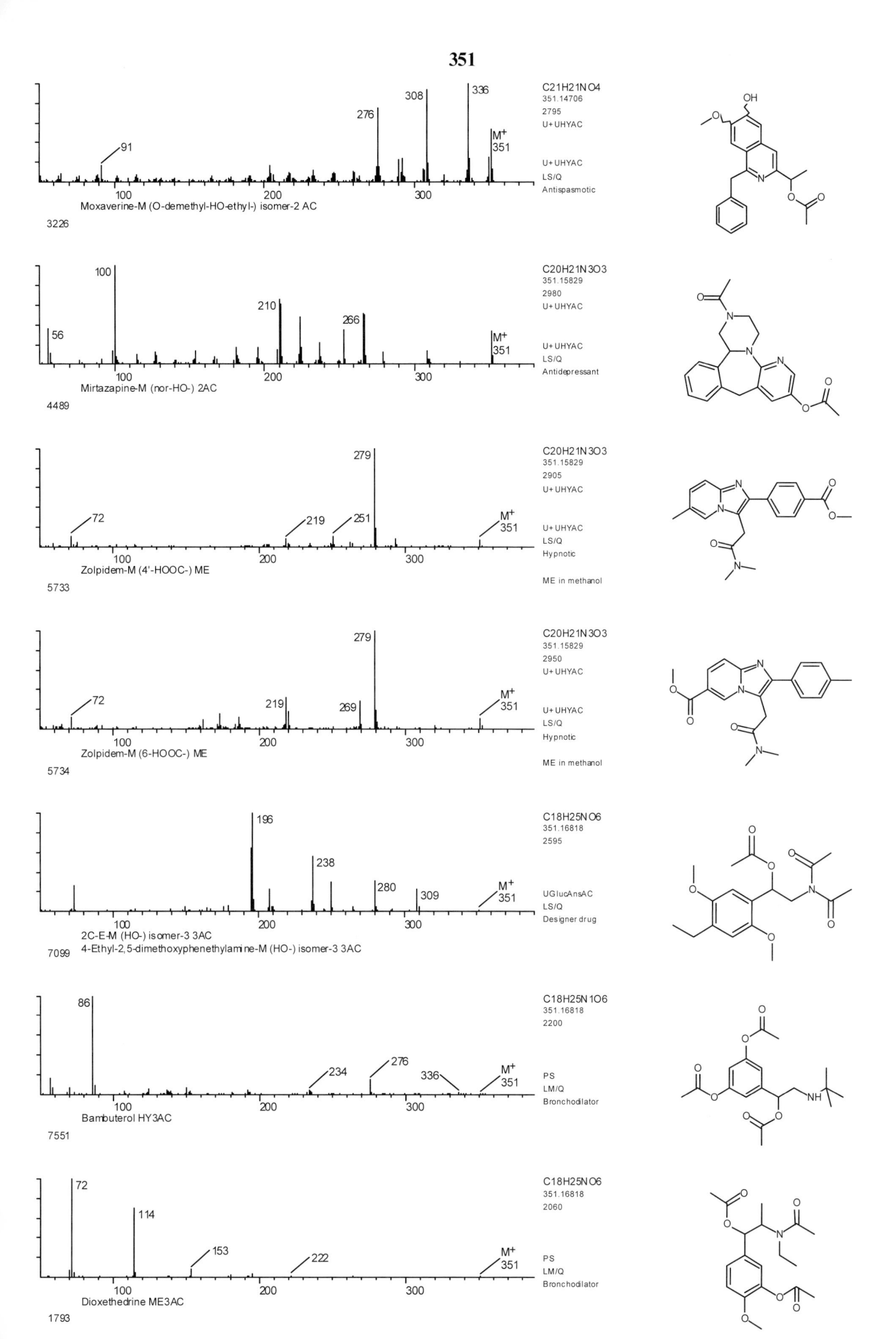

91, 276, 308, 336, M+ 351	C21H21NO4 351.14706 2795 U+ UHYAC U+ UHYAC LS/Q Antispasmotic
Moxaverine-M (O-demethyl-HO-ethyl-) isomer-2 AC 3226	
56, 100, 210, 266, M+ 351	C20H21N3O3 351.15829 2980 U+ UHYAC U+ UHYAC LS/Q Antidepressant
Mirtazapine-M (nor-HO-) 2AC 4489	
72, 219, 251, 279, M+ 351	C20H21N3O3 351.15829 2905 U+ UHYAC U+ UHYAC LS/Q Hypnotic ME in methanol
Zolpidem-M (4'-HOOC-) ME 5733	
72, 219, 269, 279, M+ 351	C20H21N3O3 351.15829 2950 U+ UHYAC U+ UHYAC LS/Q Hypnotic ME in methanol
Zolpidem-M (6-HOOC-) ME 5734	
196, 238, 280, 309, M+ 351	C18H25NO6 351.16818 2595 UGlucAnsAC LS/Q Designer drug
2C-E-M (HO-) isomer-3 3AC 4-Ethyl-2,5-dimethoxyphenethylamine-M (HO-) isomer-3 3AC 7099	
86, 234, 276, 336, M+ 351	C18H25N1O6 351.16818 2200 PS LM/Q Bronchodilator
Bambuterol HY3AC 7551	
72, 114, 153, 222, M+ 351	C18H25NO6 351.16818 2060 PS LM/Q Bronchodilator
Dioxethedrine ME3AC 1793	

351

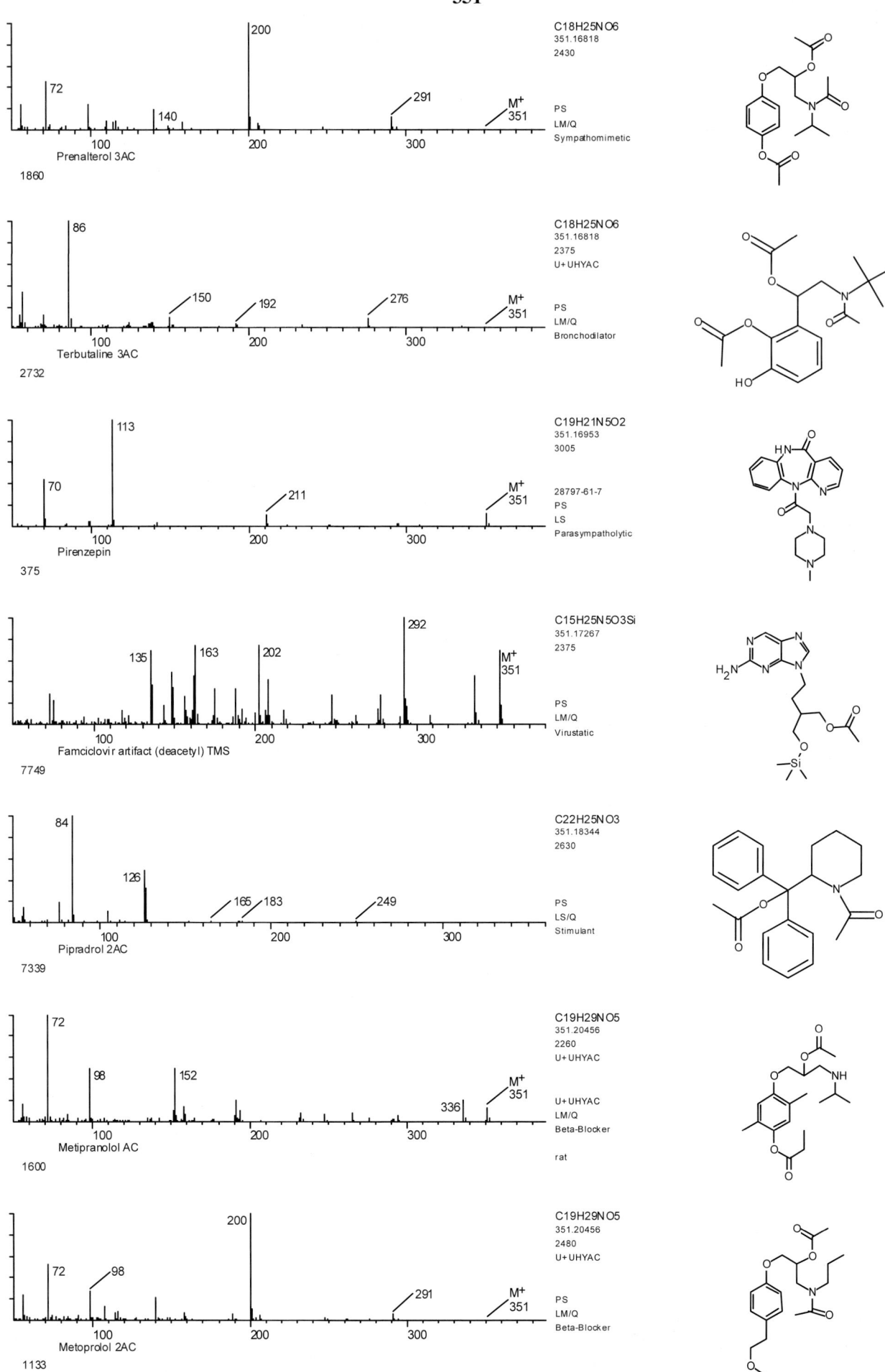

C18H25NO6
351.16818
2430

PS
LM/Q
Sympathomimetic

Prenalterol 3AC
1860

C18H25NO6
351.16818
2375
U+ UHYAC

PS
LM/Q
Bronchodilator

Terbutaline 3AC
2732

C19H21N5O2
351.16953
3005

28797-61-7
PS
LS
Parasympatholytic

Pirenzepin
375

C15H25N5O3Si
351.17267
2375

PS
LM/Q
Virustatic

Famciclovir artifact (deacetyl) TMS
7749

C22H25NO3
351.18344
2630

PS
LS/Q
Stimulant

Pipradrol 2AC
7339

C19H29NO5
351.20456
2260
U+ UHYAC

U+ UHYAC
LM/Q
Beta-Blocker
rat

Metipranolol AC
1600

C19H29NO5
351.20456
2480
U+ UHYAC

PS
LM/Q
Beta-Blocker

Metoprolol 2AC
1133

351

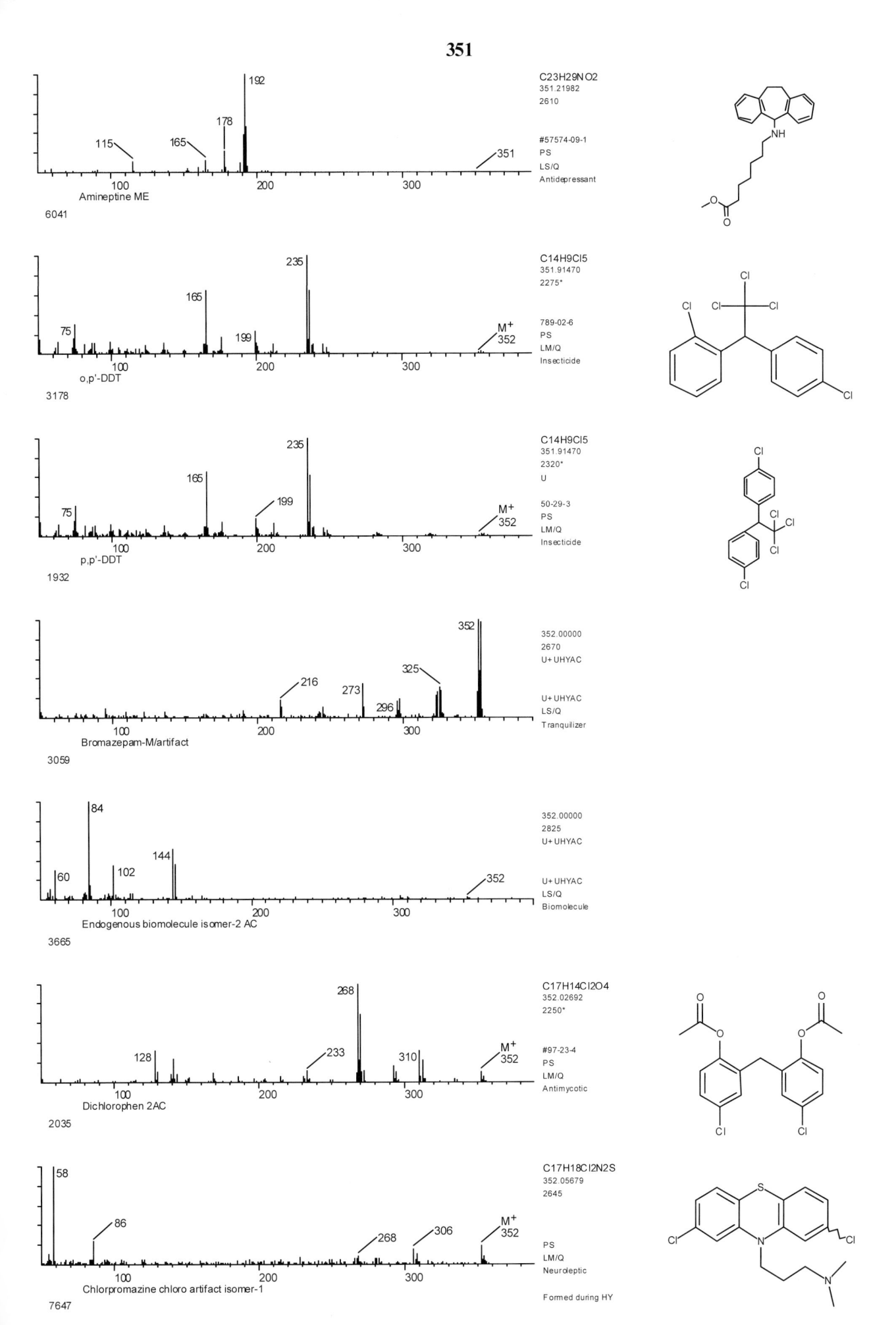

Spectrum	Formula / Info
Amineptine ME — 6041	C23H29NO2, 351.21982, 2610, #57574-09-1, PS, LS/Q, Antidepressant. Peaks: 115, 165, 178, 192, 351
o,p'-DDT — 3178	C14H9Cl5, 351.91470, 2275*, 789-02-6, PS, LM/Q, Insecticide. Peaks: 75, 165, 199, 235, M+ 352
p,p'-DDT — 1932	C14H9Cl5, 351.91470, 2320*, U, 50-29-3, PS, LM/Q, Insecticide. Peaks: 75, 165, 199, 235, M+ 352
Bromazepam-M/artifact — 3059	352.00000, 2670, U+ UHYAC, U+ UHYAC, LS/Q, Tranquilizer. Peaks: 216, 273, 296, 325, 352
Endogenous biomolecule isomer-2 AC — 3665	352.00000, 2825, U+ UHYAC, U+ UHYAC, LS/Q, Biomolecule. Peaks: 60, 84, 102, 144, 352
Dichlorophen 2AC — 2035	C17H14Cl2O4, 352.02692, 2250*, #97-23-4, PS, LM/Q, Antimycotic. Peaks: 128, 233, 268, 310, M+ 352
Chlorpromazine chloro artifact isomer-1 — 7647	C17H18Cl2N2S, 352.05679, 2645, PS, LM/Q, Neuroleptic, Formed during HY. Peaks: 58, 86, 268, 306, M+ 352

352

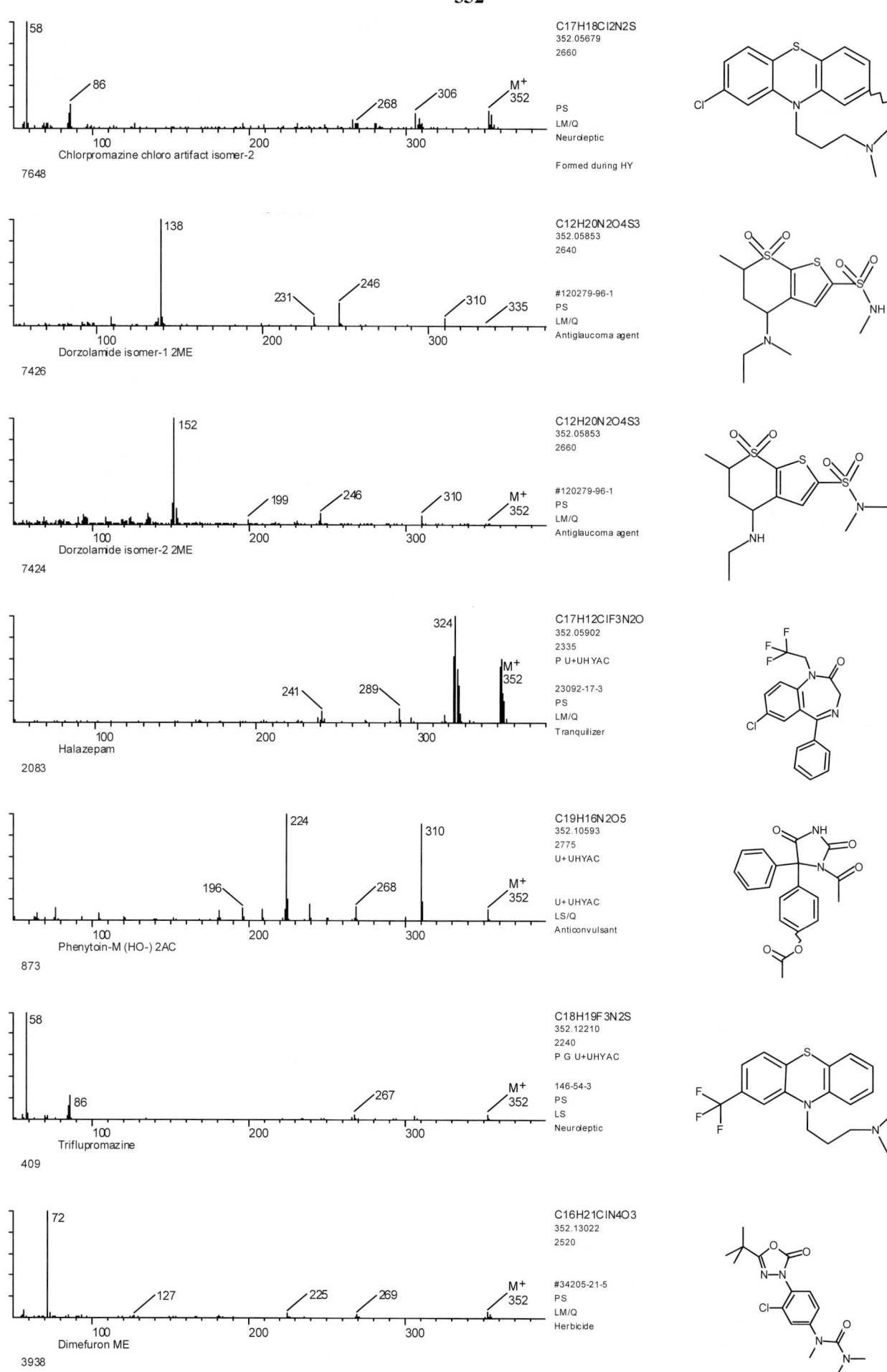

Spectrum label	Formula / Data
Chlorpromazine chloro artifact isomer-2 (7648); peaks 58, 86, 268, 306, M+ 352	C17H18Cl2N2S; 352.05679; 2660; PS; LM/Q; Neuroleptic; Formed during HY
Dorzolamide isomer-1 2ME (7426); peaks 138, 231, 246, 310, 335	C12H20N2O4S3; 352.05853; 2640; #120279-96-1; PS; LM/Q; Antiglaucoma agent
Dorzolamide isomer-2 2ME (7424); peaks 152, 199, 246, 310, M+ 352	C12H20N2O4S3; 352.05853; 2660; #120279-96-1; PS; LM/Q; Antiglaucoma agent
Halazepam (2083); peaks 241, 289, 324, M+ 352	C17H12ClF3N2O; 352.05902; 2335; P U+UHYAC; 23092-17-3; PS; LM/Q; Tranquilizer
Phenytoin-M (HO-) 2AC (873); peaks 196, 224, 268, 310, M+ 352	C19H16N2O5; 352.10593; 2775; U+UHYAC; U+UHYAC; LS/Q; Anticonvulsant
Triflupromazine (409); peaks 58, 86, 267, M+ 352	C18H19F3N2S; 352.12210; 2240; P G U+UHYAC; 146-54-3; PS; LS; Neuroleptic
Dimefuron ME (3938); peaks 72, 127, 225, 269, M+ 352	C16H21ClN4O3; 352.13022; 2520; #34205-21-5; PS; LM/Q; Herbicide

352

C21H20O5
352.13107
3005*
UME

UME
LS/Q
Anticoagulant
Rodenticide

Coumatetralyl-M (di-HO-) isomer-1 2ME
4798

C21H20O5
352.13107
3085*
UME

UME
LS/Q
Anticoagulant
Rodenticide

Coumatetralyl-M (di-HO-) isomer-2 2ME
4797

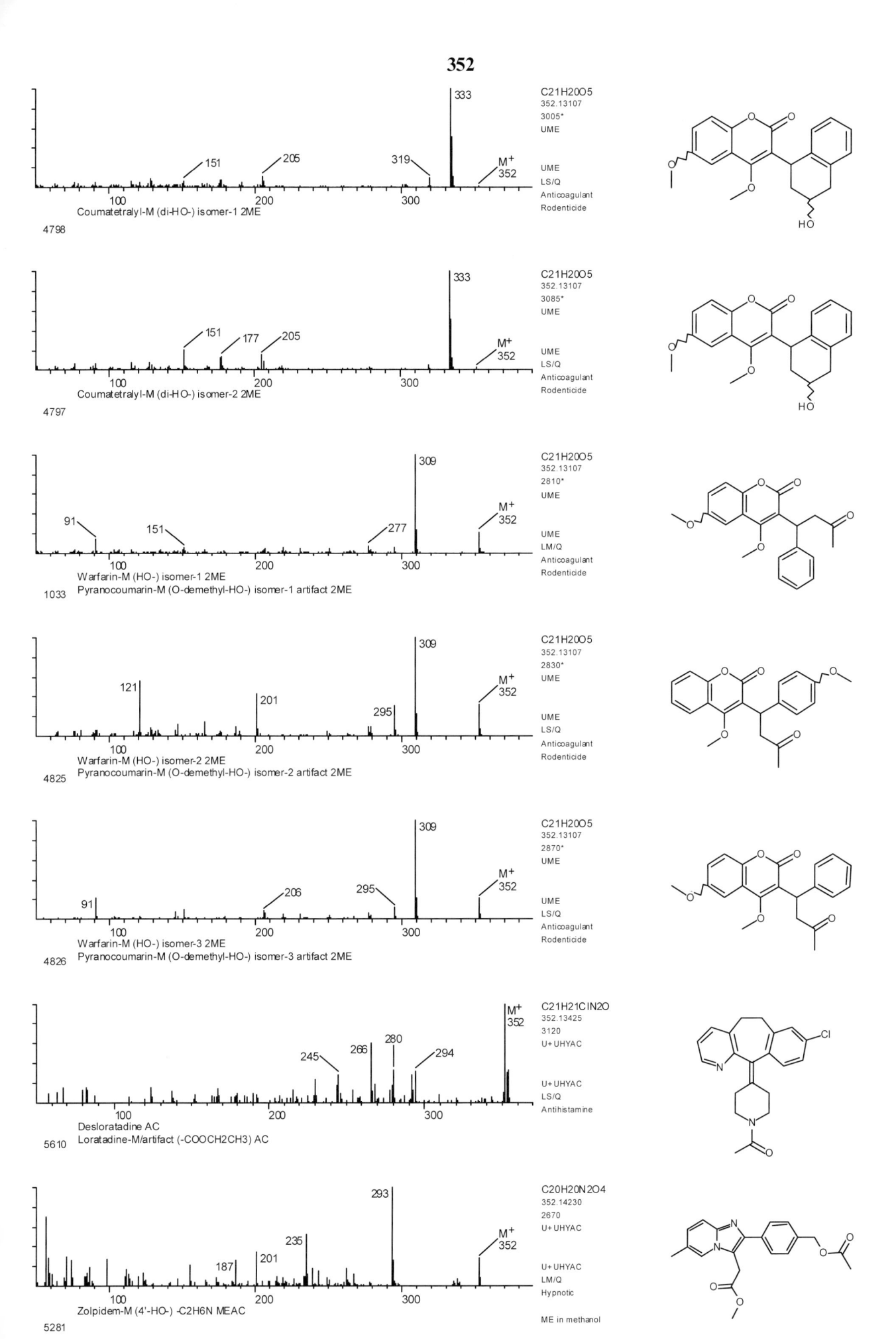

C21H20O5
352.13107
2810*
UME

UME
LM/Q
Anticoagulant
Rodenticide

Warfarin-M (HO-) isomer-1 2ME
1033 Pyranocoumarin-M (O-demethyl-HO-) isomer-1 artifact 2ME

C21H20O5
352.13107
2830*
UME

UME
LS/Q
Anticoagulant
Rodenticide

Warfarin-M (HO-) isomer-2 2ME
4825 Pyranocoumarin-M (O-demethyl-HO-) isomer-2 artifact 2ME

C21H20O5
352.13107
2870*
UME

UME
LS/Q
Anticoagulant
Rodenticide

Warfarin-M (HO-) isomer-3 2ME
4826 Pyranocoumarin-M (O-demethyl-HO-) isomer-3 artifact 2ME

C21H21ClN2O
352.13425
3120
U+ UHYAC

U+ UHYAC
LS/Q
Antihistamine

Desloratadine AC
5610 Loratadine-M/artifact (-COOCH2CH3) AC

C20H20N2O4
352.14230
2670
U+ UHYAC

U+ UHYAC
LM/Q
Hypnotic

ME in methanol

Zolpidem-M (4'-HO-) -C2H6N MEAC
5281

853

352

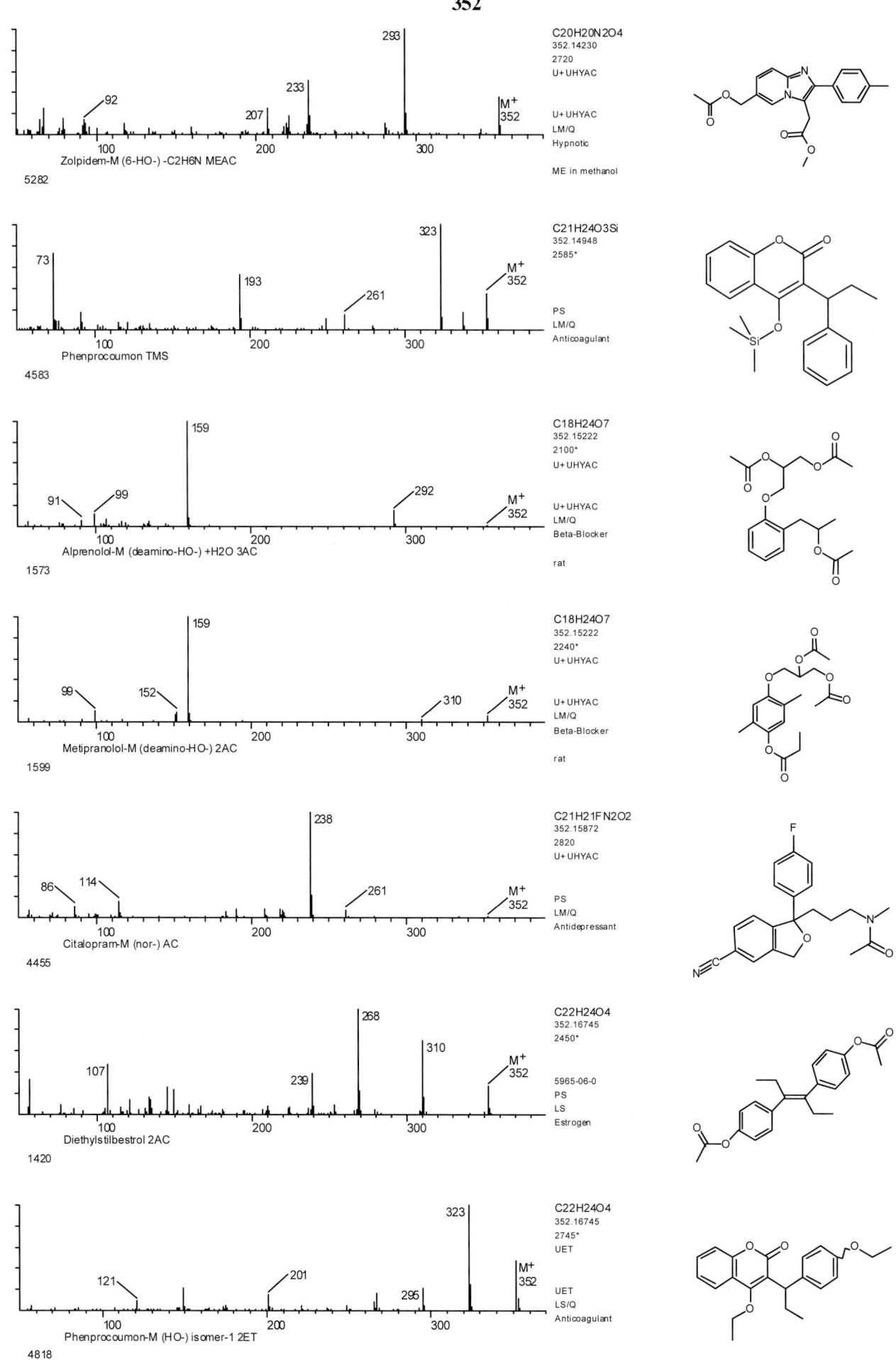

Zolpidem-M (6-HO-) -C2H6N MEAC 5282	Peaks: 92, 207, 233, 293, M+ 352	C20H20N2O4 352.14230 2720 U+ UHYAC U+ UHYAC LM/Q Hypnotic ME in methanol
Phenprocoumon TMS 4583	Peaks: 73, 193, 261, 323, M+ 352	C21H24O3Si 352.14948 2585* PS LM/Q Anticoagulant
Alprenolol-M (deamino-HO-) +H2O 3AC 1573	Peaks: 91, 99, 159, 292, M+ 352	C18H24O7 352.15222 2100* U+ UHYAC U+ UHYAC LM/Q Beta-Blocker rat
Metipranolol-M (deamino-HO-) 2AC 1599	Peaks: 99, 152, 159, 310, M+ 352	C18H24O7 352.15222 2240* U+ UHYAC U+ UHYAC LM/Q Beta-Blocker rat
Citalopram-M (nor-) AC 4455	Peaks: 86, 114, 238, 261, M+ 352	C21H21FN2O2 352.15872 2820 U+ UHYAC PS LM/Q Antidepressant
Diethylstilbestrol 2AC 1420	Peaks: 107, 239, 268, 310, M+ 352	C22H24O4 352.16745 2450* 5965-06-0 PS LS Estrogen
Phenprocoumon-M (HO-) isomer-1 2ET 4818	Peaks: 121, 201, 295, 323, M+ 352	C22H24O4 352.16745 2745* UET UET LS/Q Anticoagulant

352

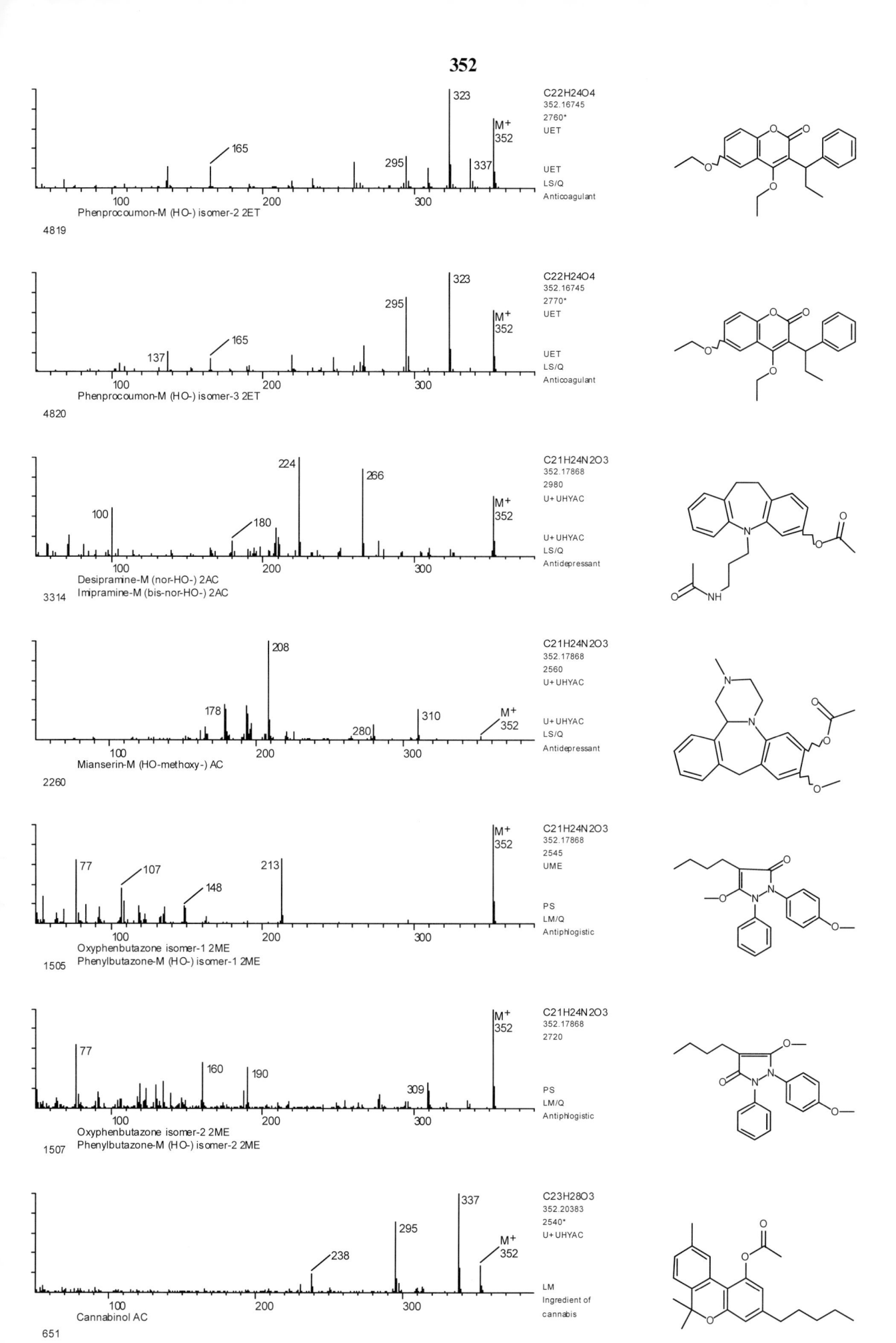

Spectrum	Formula	Details
Phenprocoumon-M (HO-) isomer-2 2ET — 4819	C22H24O4	352.16745, 2760*, UET, UET, LS/Q, Anticoagulant; peaks: 165, 295, 323, 337, M+ 352
Phenprocoumon-M (HO-) isomer-3 2ET — 4820	C22H24O4	352.16745, 2770*, UET, UET, LS/Q, Anticoagulant; peaks: 137, 165, 295, 323, M+ 352
Desipramine-M (nor-HO-) 2AC / Imipramine-M (bis-nor-HO-) 2AC — 3314	C21H24N2O3	352.17868, 2980, U+ UHYAC, U+ UHYAC, LS/Q, Antidepressant; peaks: 100, 180, 224, 266, M+ 352
Mianserin-M (HO-methoxy-) AC — 2260	C21H24N2O3	352.17868, 2560, U+ UHYAC, U+ UHYAC, LS/Q, Antidepressant; peaks: 178, 208, 280, 310, M+ 352
Oxyphenbutazone isomer-1 2ME / Phenylbutazone-M (HO-) isomer-1 2ME — 1505	C21H24N2O3	352.17868, 2545, UME, PS, LM/Q, Antiphlogistic; peaks: 77, 107, 148, 213, M+ 352
Oxyphenbutazone isomer-2 2ME / Phenylbutazone-M (HO-) isomer-2 2ME — 1507	C21H24N2O3	352.17868, 2720, PS, LM/Q, Antiphlogistic; peaks: 77, 160, 190, 309, M+ 352
Cannabinol AC — 651	C23H28O3	352.20383, 2540*, U+ UHYAC, LM, Ingredient of cannabis; peaks: 238, 295, 337, M+ 352

855

352

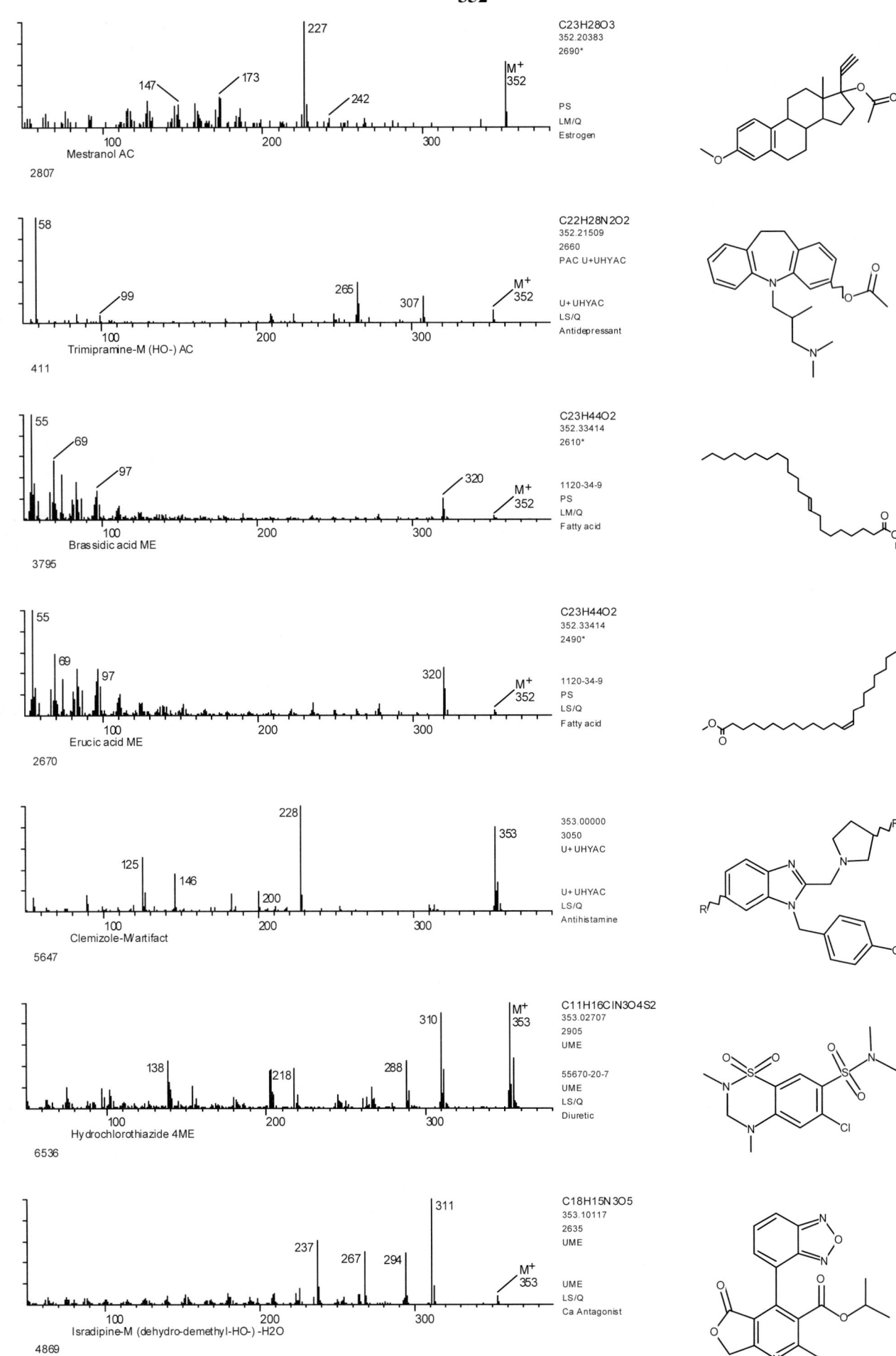

Mestranol AC — C23H28O3, 352.20383, 2690*, PS, LM/Q, Estrogen
Peaks: 147, 173, 227, 242, M+ 352
2807

Trimipramine-M (HO-) AC — C22H28N2O2, 352.21509, 2660, PAC U+UHYAC, U+UHYAC, LS/Q, Antidepressant
Peaks: 58, 99, 265, 307, M+ 352
411

Brassidic acid ME — C23H44O2, 352.33414, 2610*, 1120-34-9, PS, LM/Q, Fatty acid
Peaks: 55, 69, 97, 320, M+ 352
3795

Erucic acid ME — C23H44O2, 352.33414, 2490*, 1120-34-9, PS, LS/Q, Fatty acid
Peaks: 55, 69, 97, 320, M+ 352
2670

Clemizole-M/artifact — 353.00000, 3050, U+UHYAC, U+UHYAC, LS/Q, Antihistamine
Peaks: 125, 146, 200, 228, 353
5647

Hydrochlorothiazide 4ME — C11H16ClN3O4S2, 353.02707, 2905, UME, 55670-20-7, UME, LS/Q, Diuretic
Peaks: 138, 218, 288, 310, M+ 353
6536

Isradipine-M (dehydro-demethyl-HO-) -H2O — C18H15N3O5, 353.10117, 2635, UME, UME, LS/Q, Ca Antagonist
Peaks: 237, 267, 294, 311, M+ 353
4869

353

2,3-MBDB PFP — 1-(1,3-Benzodioxol-6-yl)butane-2-yl-methylazane PFP
5592
Peaks: 135, 160, 176, 218, M+ 353
C15H16F5NO3
353.10504
1710
PS
LM/Q
Psychedelic
Designer drug

MBDB PFP
5084
Peaks: 135, 160, 176, 218, M+ 353
C15H16F5NO3
353.10504
1785
PS
LM/Q
Psychedelic
Designer drug

MDE PFP
5083
Peaks: 135, 162, 190, 218, M+ 353
C15H16F5NO3
353.10504
1755
PS
LM/Q
Psychedelic
Designer drug

Flufenamic acid TMS
6331
Peaks: 75, 167, 235, 263, M+ 353
C17H18F3NO2Si
353.10590
2095
PS
LM/Q
Antirheumatic

Topiramate ME
5708
Peaks: 127, 171, 220, 338, M+ 353
C13H23NO8S
353.11444
2140
97240-80-7
PS
LM/Q
Anticonvulsant

Nitrazepam TMS / Nimetazepam-M (nor-) TMS
5500
Peaks: 73, 306, 338, 352, M+ 353
C18H19N3O3Si
353.11957
2315
PS
LM/Q
Hypnotic
altered during HY

Californine-M (demethylene-) AC
6723
Peaks: 176, 188, 218, 310, M+ 353
C20H19NO5
353.12631
2960
U+ UHYAC
LS/Q
Alkaloid

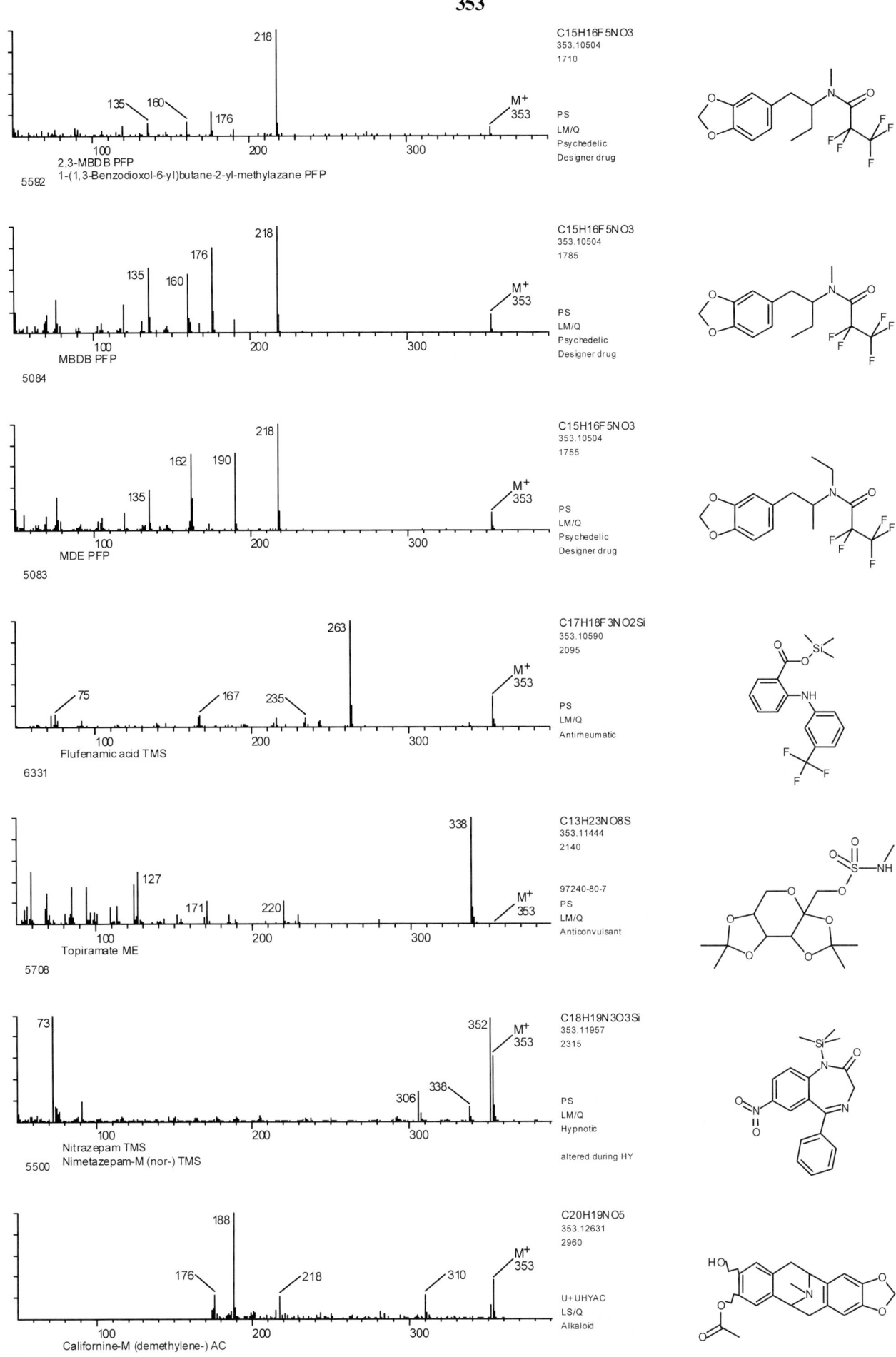

353

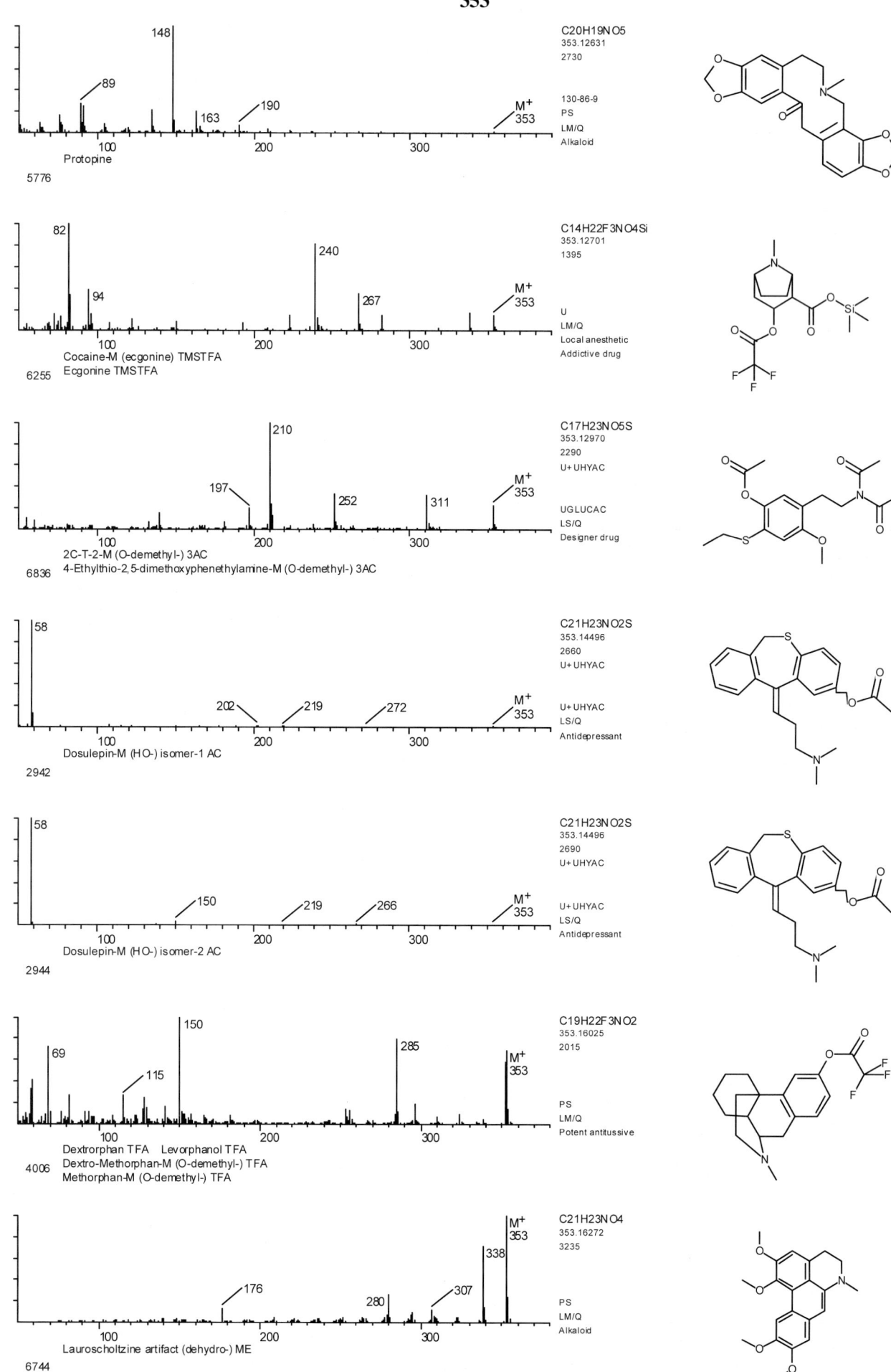

Protopine
C20H19NO5
353.12631
2730
130-86-9
PS
LM/Q
Alkaloid

Peaks: 89, 148, 163, 190, 353 (M+)

5776

Cocaine-M (ecgonine) TMSTFA
Ecgonine TMSTFA
C14H22F3NO4Si
353.12701
1395
U
LM/Q
Local anesthetic
Addictive drug

Peaks: 82, 94, 240, 267, 353 (M+)

6255

2C-T-2-M (O-demethyl-) 3AC
4-Ethylthio-2,5-dimethoxyphenethylamine-M (O-demethyl-) 3AC
C17H23NO5S
353.12970
2290
U+ UHYAC
UGLUCAC
LS/Q
Designer drug

Peaks: 197, 210, 252, 311, 353 (M+)

6836

Dosulepin-M (HO-) isomer-1 AC
C21H23NO2S
353.14496
2660
U+ UHYAC
U+ UHYAC
LS/Q
Antidepressant

Peaks: 58, 202, 219, 272, 353 (M+)

2942

Dosulepin-M (HO-) isomer-2 AC
C21H23NO2S
353.14496
2690
U+ UHYAC
U+ UHYAC
LS/Q
Antidepressant

Peaks: 58, 150, 219, 266, 353 (M+)

2944

Dextrorphan TFA   Levorphanol TFA
Dextro-Methorphan-M (O-demethyl-) TFA
Methorphan-M (O-demethyl-) TFA
C19H22F3NO2
353.16025
2015
PS
LM/Q
Potent antitussive

Peaks: 69, 115, 150, 285, 353 (M+)

4006

Lauroscholtzine artifact (dehydro-) ME
C21H23NO4
353.16272
3235
PS
LM/Q
Alkaloid

Peaks: 176, 280, 307, 338, 353 (M+)

6744

858

353

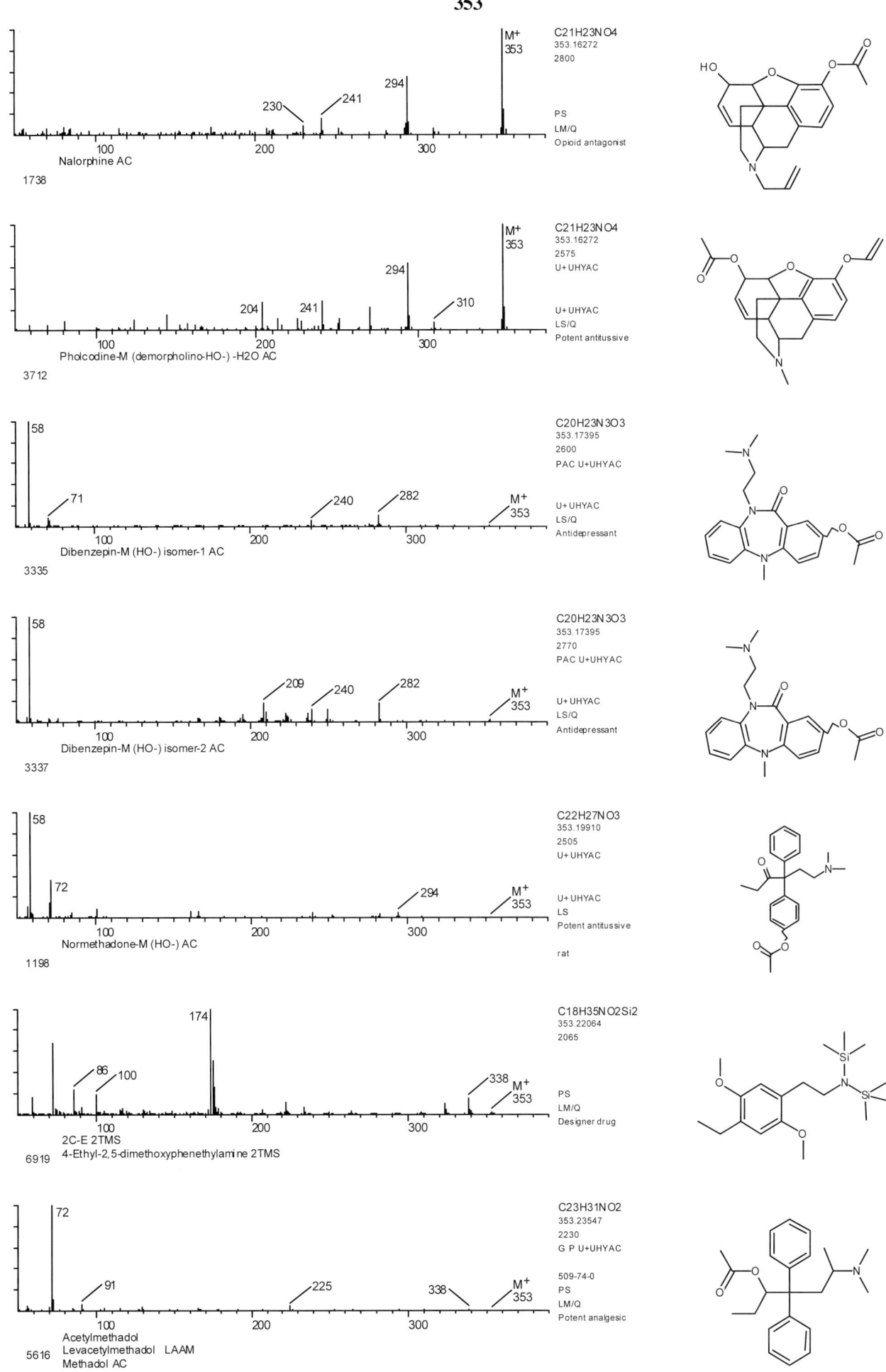

Nalorphine AC
1738
C21H23NO4
353.16272
2800
PS
LM/Q
Opioid antagonist
M+ 353; 294, 241, 230

Pholcodine-M (demorpholino-HO-) -H2O AC
3712
C21H23NO4
353.16272
2575
U+ UHYAC
U+ UHYAC
LS/Q
Potent antitussive
M+ 353; 310, 294, 241, 204

Dibenzepin-M (HO-) isomer-1 AC
3335
C20H23N3O3
353.17395
2600
PAC U+UHYAC
U+ UHYAC
LS/Q
Antidepressant
58, 71, 240, 282, M+ 353

Dibenzepin-M (HO-) isomer-2 AC
3337
C20H23N3O3
353.17395
2770
PAC U+UHYAC
U+ UHYAC
LS/Q
Antidepressant
58, 209, 240, 282, M+ 353

Normethadone-M (HO-) AC
1198
C22H27NO3
353.19910
2505
U+ UHYAC
U+ UHYAC
LS
Potent antitussive
rat
58, 72, 294, M+ 353

2C-E 2TMS
4-Ethyl-2,5-dimethoxyphenethylamine 2TMS
6919
C18H35NO2Si2
353.22064
2065
PS
LM/Q
Designer drug
86, 100, 174, 338, M+ 353

Acetylmethadol Levacetylmethadol LAAM Methadol AC
5616
C23H31NO2
353.23547
2230
G P U+UHYAC
509-74-0
PS
LM/Q
Potent analgesic
72, 91, 225, 338, M+ 353

859

353

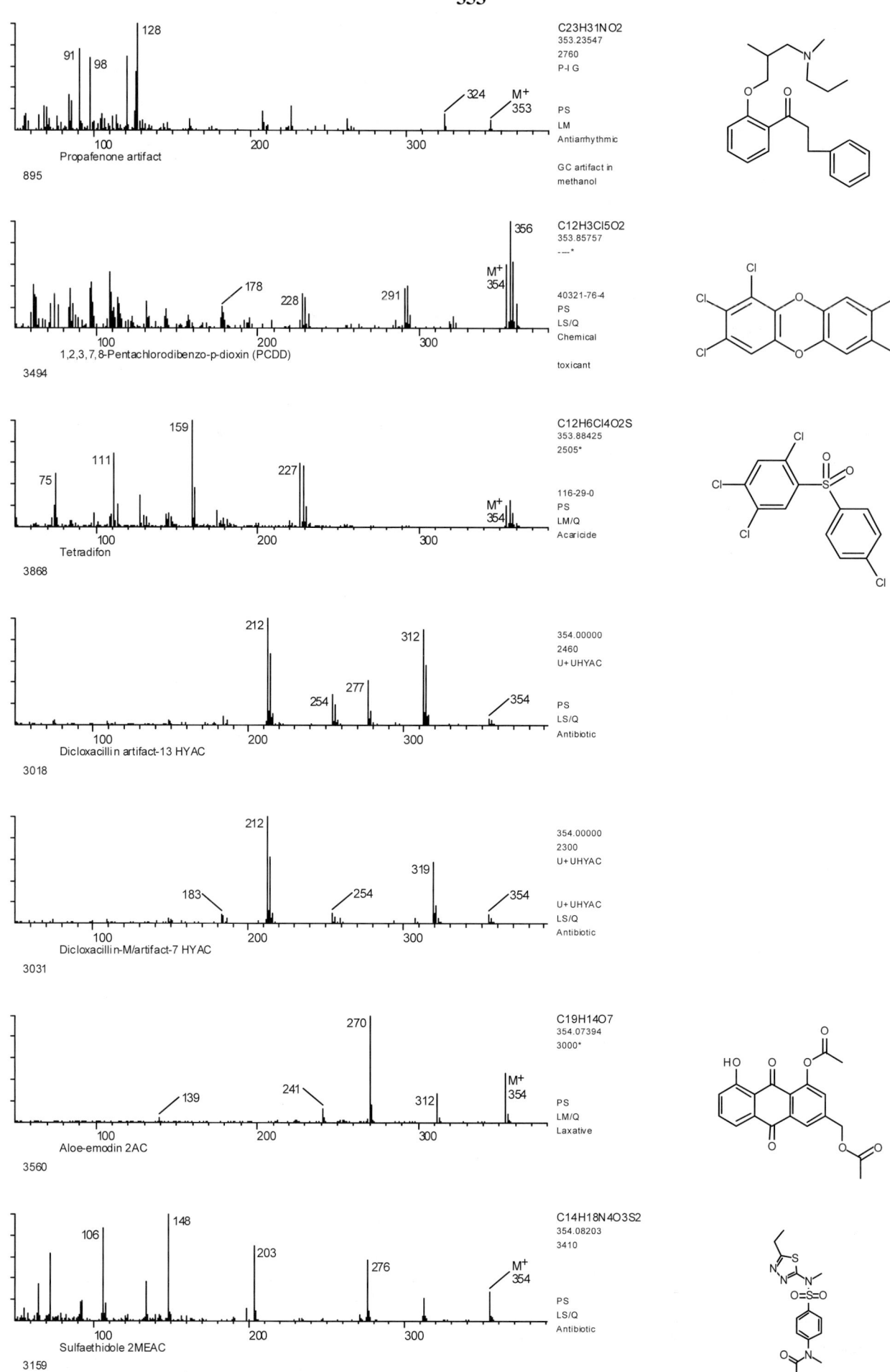

Propafenone artifact — 895
C23H31NO2, 353.23547, 2760, P-I G
Peaks: 91, 98, 128, 324, M+ 353
PS / LM / Antiarrhythmic
GC artifact in methanol

1,2,3,7,8-Pentachlorodibenzo-p-dioxin (PCDD) — 3494
C12H3Cl5O2, 353.85757, -·-*
40321-76-4
Peaks: 178, 228, 291, M+ 354, 356
PS / LS/Q / Chemical toxicant

Tetradifon — 3868
C12H6Cl4O2S, 353.88425, 2505*
116-29-0
Peaks: 75, 111, 159, 227, M+ 354
PS / LM/Q / Acaricide

Dicloxacillin artifact-13 HYAC — 3018
354.00000, 2460, U+ UHYAC
Peaks: 212, 254, 277, 312, 354
PS / LS/Q / Antibiotic

Dicloxacillin-M/artifact-7 HYAC — 3031
354.00000, 2300, U+ UHYAC
Peaks: 183, 212, 254, 319, 354
U+ UHYAC / LS/Q / Antibiotic

Aloe-emodin 2AC — 3560
C19H14O7, 354.07394, 3000*
Peaks: 139, 241, 270, 312, M+ 354
PS / LM/Q / Laxative

Sulfaethidole 2MEAC — 3159
C14H18N4O3S2, 354.08203, 3410
Peaks: 106, 148, 203, 276, M+ 354
PS / LS/Q / Antibiotic

860

354

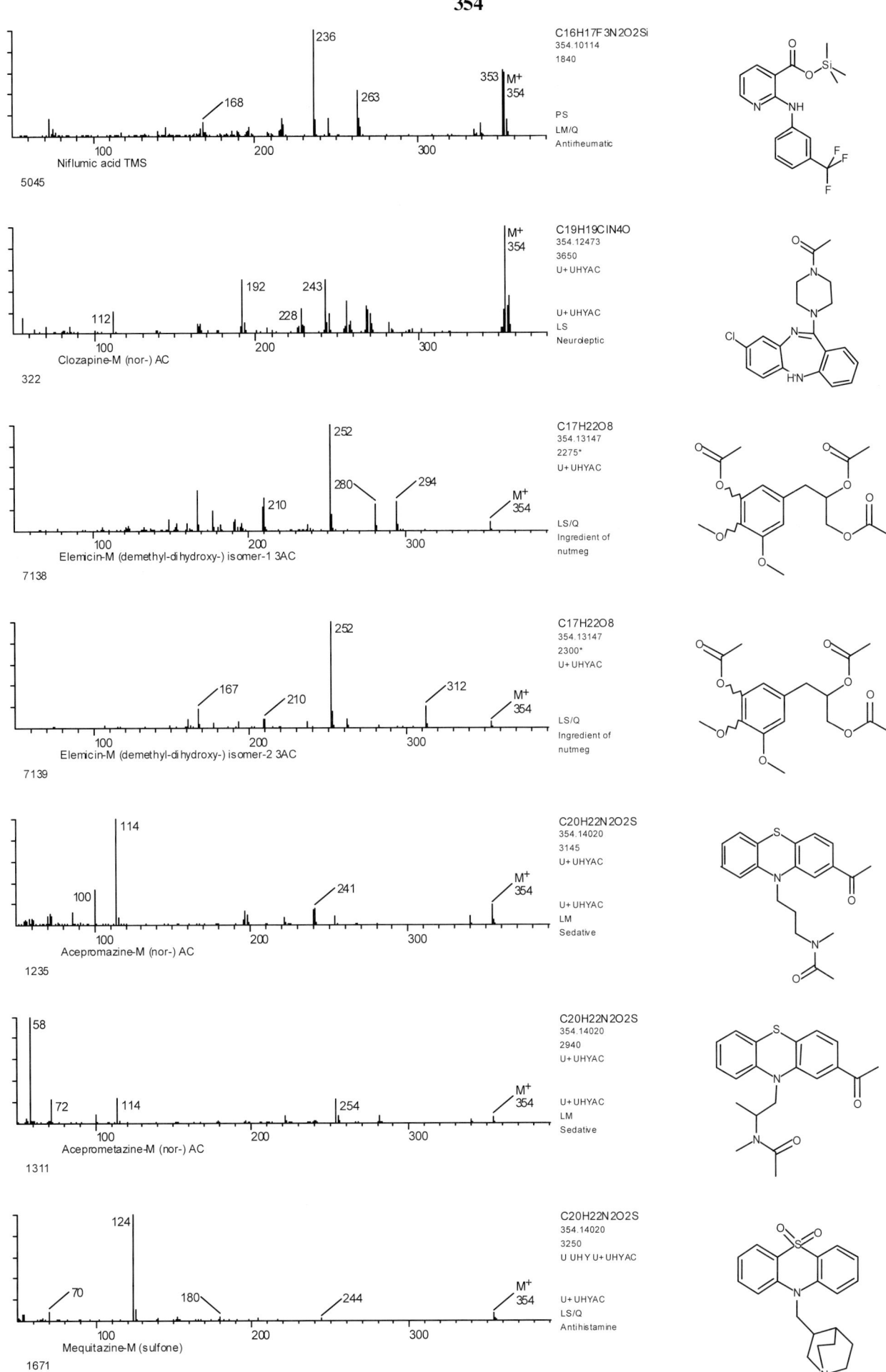

Niflumic acid TMS
5045
C16H17F3N2O2Si
354.10114
1840
PS
LM/Q
Antirheumatic
Peaks: 168, 236, 263, 353, M+ 354

Clozapine-M (nor-) AC
322
C19H19ClN4O
354.12473
3650
U+ UHYAC
U+ UHYAC
LS
Neuroleptic
Peaks: 112, 192, 228, 243, M+ 354

Elemicin-M (demethyl-dihydroxy-) isomer-1 3AC
7138
C17H22O8
354.13147
2275*
U+ UHYAC
LS/Q
Ingredient of nutmeg
Peaks: 210, 252, 280, 294, M+ 354

Elemicin-M (demethyl-dihydroxy-) isomer-2 3AC
7139
C17H22O8
354.13147
2300*
U+ UHYAC
LS/Q
Ingredient of nutmeg
Peaks: 167, 210, 252, 312, M+ 354

Acepromazine-M (nor-) AC
1235
C20H22N2O2S
354.14020
3145
U+ UHYAC
U+ UHYAC
LM
Sedative
Peaks: 100, 114, 241, M+ 354

Aceprometazine-M (nor-) AC
1311
C20H22N2O2S
354.14020
2940
U+ UHYAC
U+ UHYAC
LM
Sedative
Peaks: 58, 72, 114, 254, M+ 354

Mequitazine-M (sulfone)
1671
C20H22N2O2S
354.14020
3250
U UHY U+ UHYAC
U+ UHYAC
LS/Q
Antihistamine
Peaks: 70, 124, 180, 244, M+ 354

354

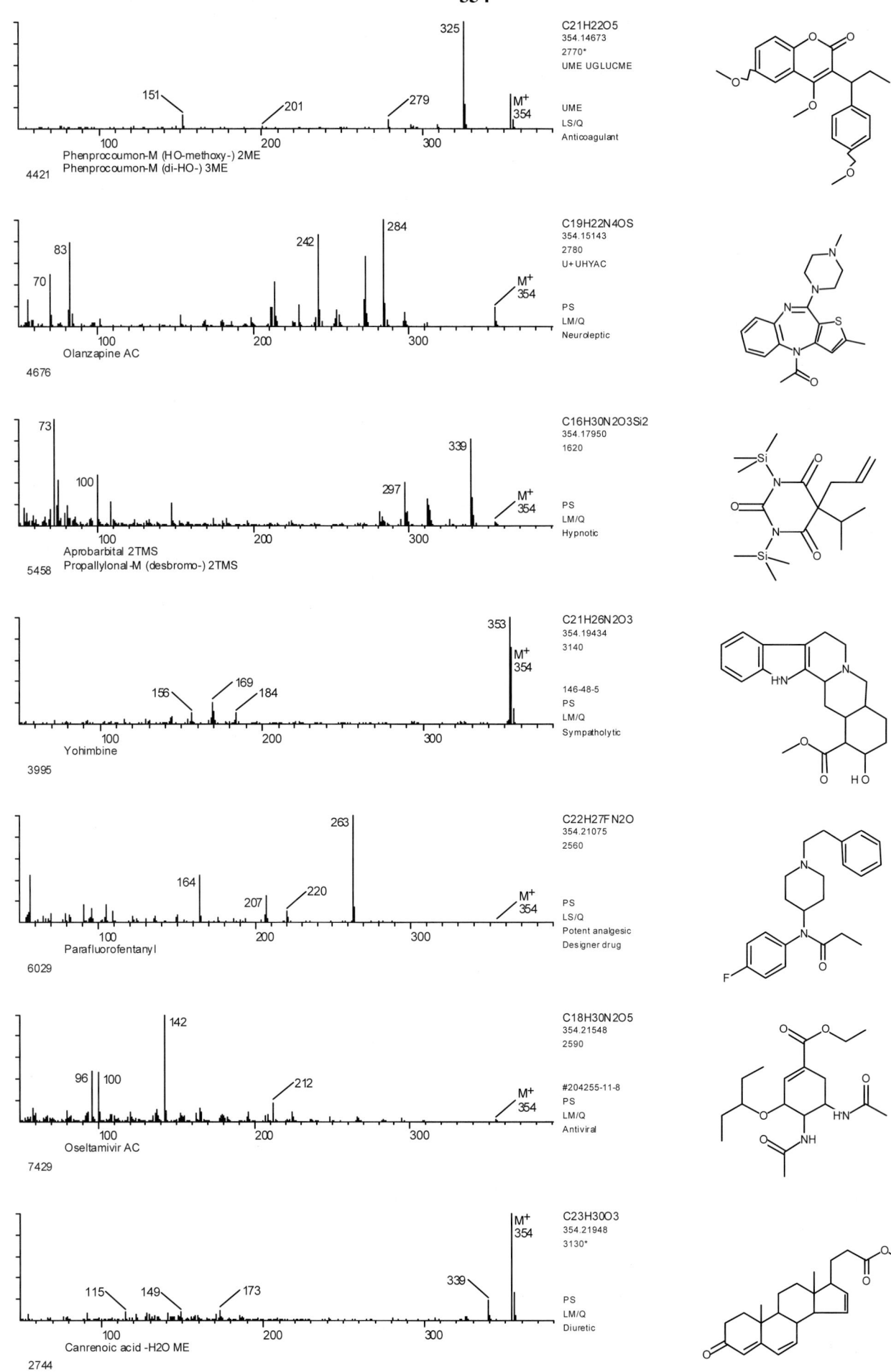

C21H22O5
354.14673
2770*
UME UGLUCME

UME
LS/Q
Anticoagulant

Phenprocoumon-M (HO-methoxy-) 2ME
Phenprocoumon-M (di-HO-) 3ME
4421

C19H22N4OS
354.15143
2780
U+ UHYAC

PS
LM/Q
Neuroleptic

Olanzapine AC
4676

C16H30N2O3Si2
354.17950
1620

PS
LM/Q
Hypnotic

Aprobarbital 2TMS
Propallylonal-M (desbromo-) 2TMS
5458

C21H26N2O3
354.19434
3140

146-48-5
PS
LM/Q
Sympatholytic

Yohimbine
3995

C22H27FN2O
354.21075
2560

PS
LS/Q
Potent analgesic
Designer drug

Parafluorofentanyl
6029

C18H30N2O5
354.21548
2590

#204255-11-8
PS
LM/Q
Antiviral

Oseltamivir AC
7429

C23H30O3
354.21948
3130*

PS
LM/Q
Diuretic

Canrenoic acid -H2O ME
2744

862

354

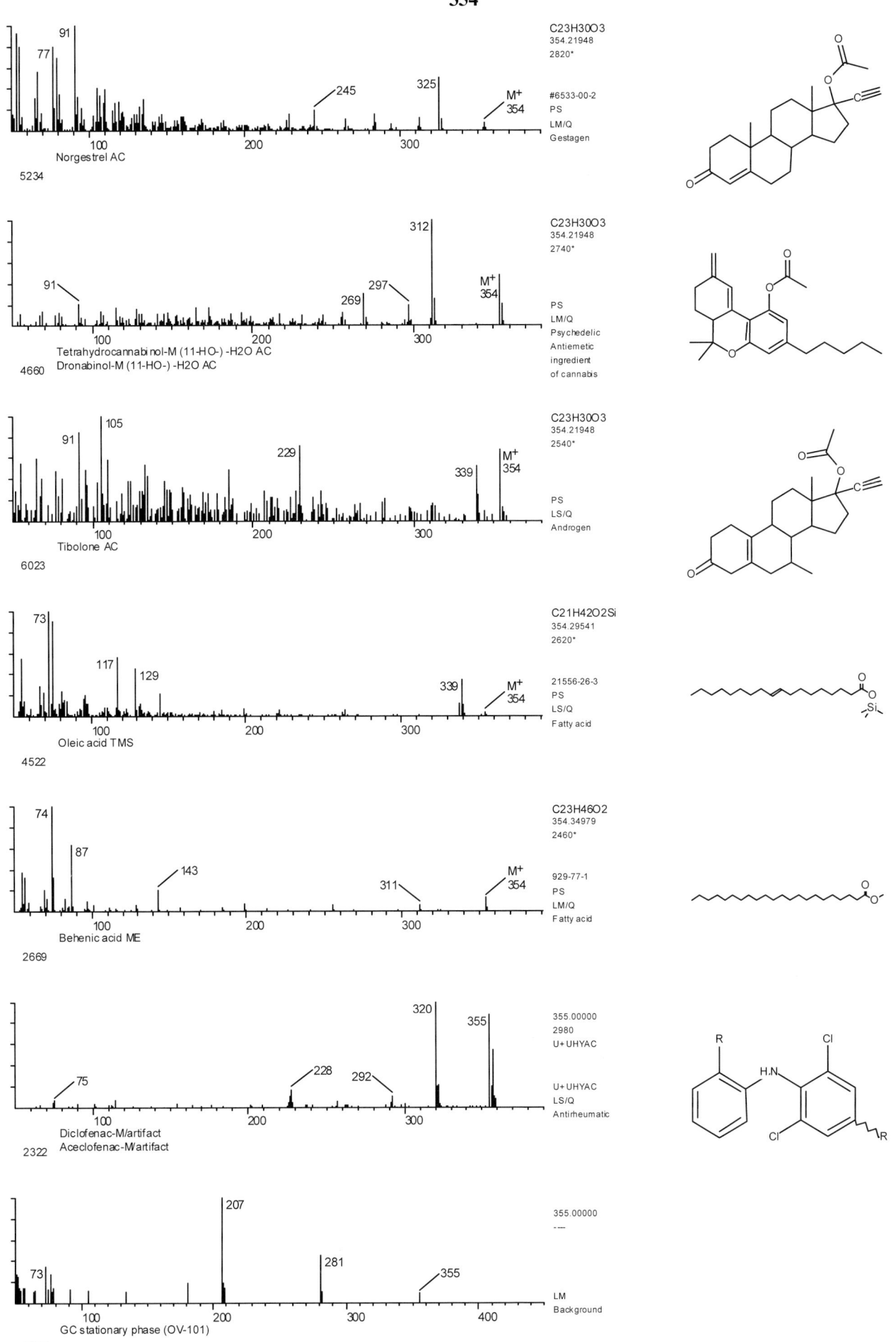

Norgestrel AC — 5234
C23H30O3, 354.21948, 2820*
#6533-00-2, PS, LM/Q, Gestagen
Peaks: 77, 91, 245, 325, M+ 354

Tetrahydrocannabinol-M (11-HO-) -H2O AC
Dronabinol-M (11-HO-) -H2O AC — 4660
C23H30O3, 354.21948, 2740*
PS, LM/Q, Psychedelic, Antiemetic ingredient of cannabis
Peaks: 91, 269, 297, 312, M+ 354

Tibolone AC — 6023
C23H30O3, 354.21948, 2540*
PS, LS/Q, Androgen
Peaks: 91, 105, 229, 339, M+ 354

Oleic acid TMS — 4522
C21H42O2Si, 354.29541, 2620*
21556-26-3, PS, LS/Q, Fatty acid
Peaks: 73, 117, 129, 339, M+ 354

Behenic acid ME — 2669
C23H46O2, 354.34979, 2460*
929-77-1, PS, LM/Q, Fatty acid
Peaks: 74, 87, 143, 311, M+ 354

Diclofenac-M/artifact
Aceclofenac-M/artifact — 2322
355.00000, 2980, U+UHYAC
U+UHYAC, LS/Q, Antirheumatic
Peaks: 75, 228, 292, 320, 355

GC stationary phase (OV-101) — 1016
355.00000, ---
LM, Background
Peaks: 73, 207, 281, 355

355

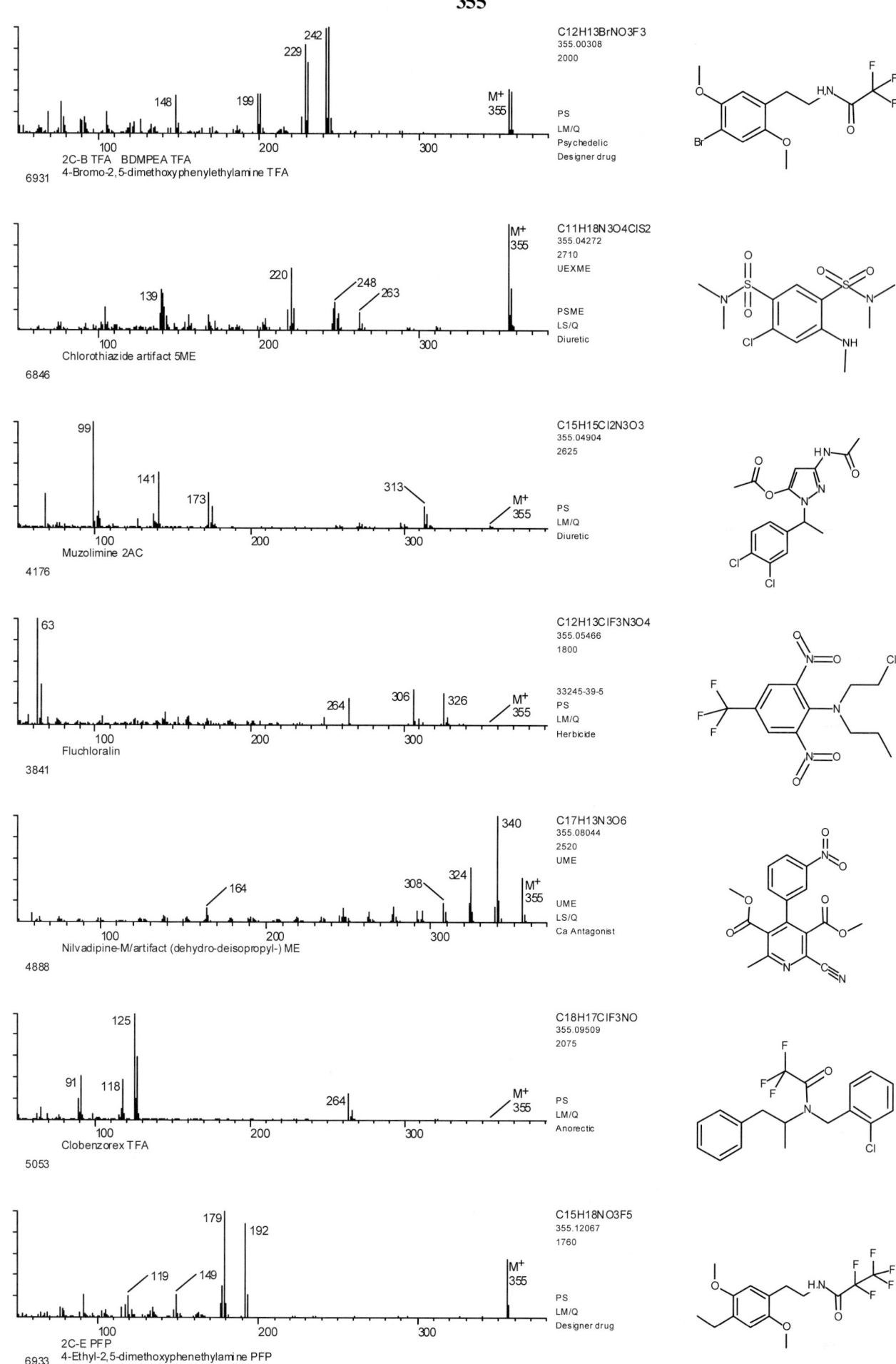

C12H13BrNO3F3
355.00308
2000

PS
LM/Q
Psychedelic
Designer drug

2C-B TFA   BDMPEA TFA
4-Bromo-2,5-dimethoxyphenylethylamine TFA
6931

C11H18N3O4ClS2
355.04272
2710
UEXME

PSME
LS/Q
Diuretic

Chlorothiazide artifact 5ME
6846

C15H15Cl2N3O3
355.04904
2625

PS
LM/Q
Diuretic

Muzolimine 2AC
4176

C12H13ClF3N3O4
355.05466
1800

33245-39-5
PS
LM/Q
Herbicide

Fluchloralin
3841

C17H13N3O6
355.08044
2520
UME

UME
LS/Q
Ca Antagonist

Nilvadipine-M/artifact (dehydro-deisopropyl-) ME
4888

C18H17ClF3NO
355.09509
2075

PS
LM/Q
Anorectic

Clobenzorex TFA
5053

C15H18NO3F5
355.12067
1760

PS
LM/Q
Designer drug

2C-E PFP
4-Ethyl-2,5-dimethoxyphenethylamine PFP
6933

864

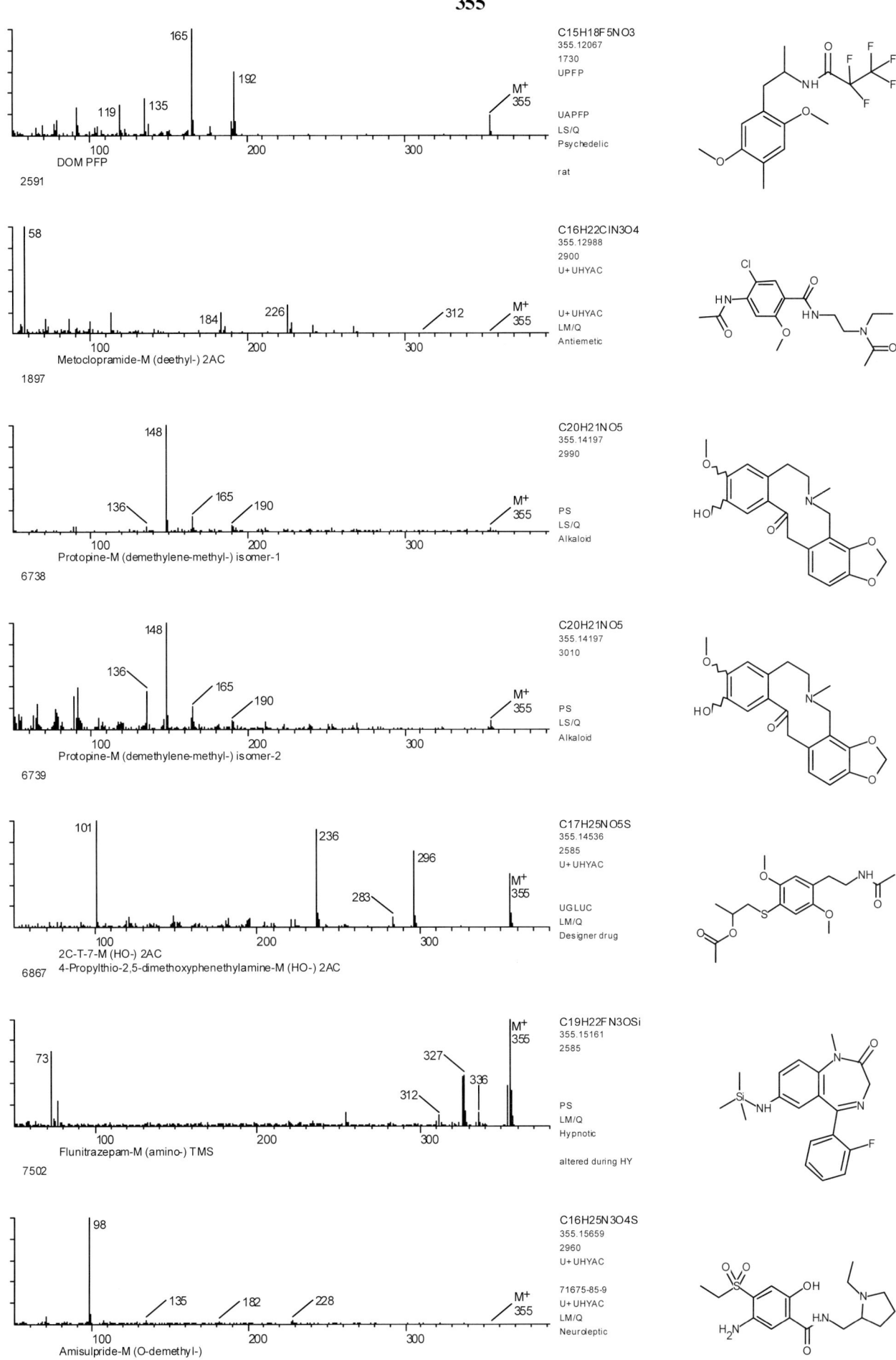

355

DOM PFP
2591
C15H18F5NO3
355.12067
1730
UPFP

UAPFP
LS/Q
Psychedelic

rat

Metoclopramide-M (deethyl-) 2AC
1897
C16H22ClN3O4
355.12988
2900
U+ UHYAC

U+ UHYAC
LM/Q
Antiemetic

Protopine-M (demethylene-methyl-) isomer-1
6738
C20H21NO5
355.14197
2990

PS
LS/Q
Alkaloid

Protopine-M (demethylene-methyl-) isomer-2
6739
C20H21NO5
355.14197
3010

PS
LS/Q
Alkaloid

2C-T-7-M (HO-) 2AC
4-Propylthio-2,5-dimethoxyphenethylamine-M (HO-) 2AC
6867
C17H25NO5S
355.14536
2585
U+ UHYAC

UGLUC
LM/Q
Designer drug

Flunitrazepam-M (amino-) TMS
7502
C19H22FN3OSi
355.15161
2585

PS
LM/Q
Hypnotic

altered during HY

Amisulpride-M (O-demethyl-)
5410
C16H25N3O4S
355.15659
2960
U+ UHYAC

71675-85-9
U+ UHYAC
LM/Q
Neuroleptic

865

355

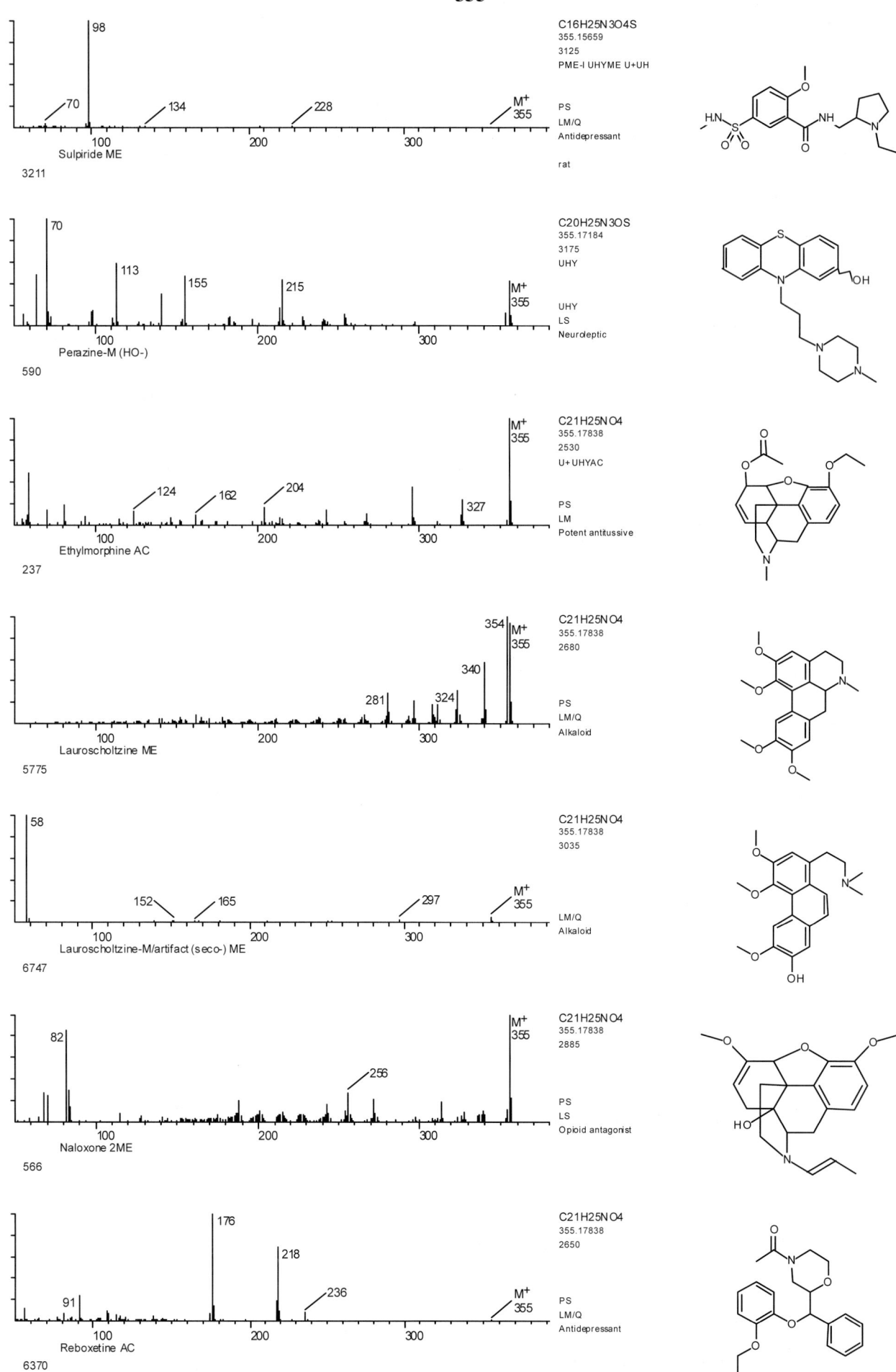

Sulpiride ME	98, 70, 134, 228, M+ 355	C16H25N3O4S 355.15659 3125 PME-I UHYME U+UH PS LM/Q Antidepressant rat
Perazine-M (HO-)	70, 113, 155, 215, M+ 355	C20H25N3OS 355.17184 3175 UHY UHY LS Neuroleptic
Ethylmorphine AC	124, 162, 204, 327, M+ 355	C21H25NO4 355.17838 2530 U+ UHYAC PS LM Potent antitussive
Lauroscholtzine ME	281, 324, 340, 354, M+ 355	C21H25NO4 355.17838 2680 PS LM/Q Alkaloid
Lauroscholtzine-M/artifact (seco-) ME	58, 152, 165, 297, M+ 355	C21H25NO4 355.17838 3035 LM/Q Alkaloid
Naloxone 2ME	82, 256, M+ 355	C21H25NO4 355.17838 2885 PS LS Opioid antagonist
Reboxetine AC	91, 176, 218, 236, M+ 355	C21H25NO4 355.17838 2650 PS LM/Q Antidepressant

355

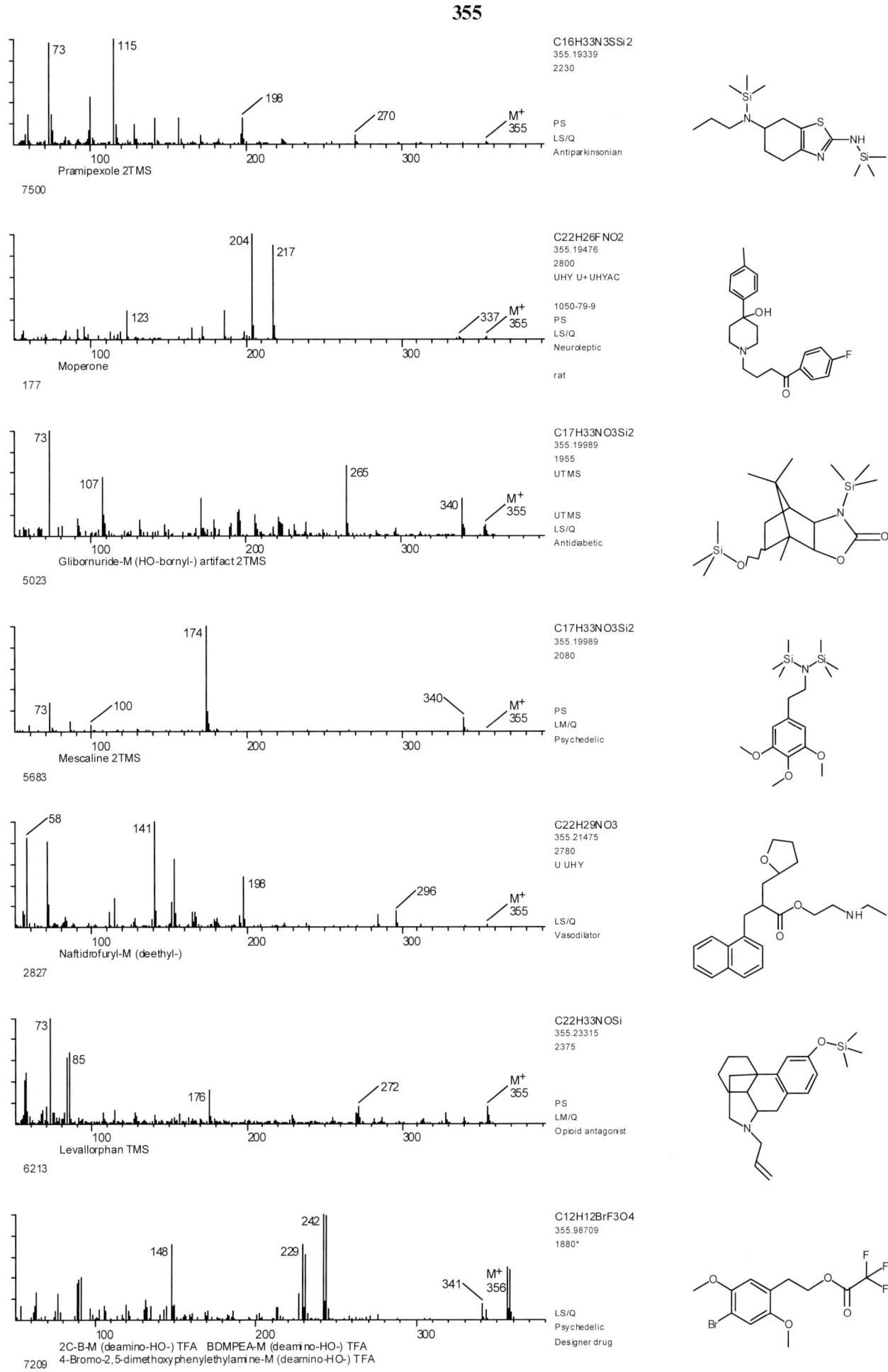

Pramipexole 2TMS
C16H33N3SSi2
355.19339
2230
PS
LS/Q
Antiparkinsonian
7500

Moperone
C22H26FNO2
355.19476
2800
UHY U+ UHYAC
1050-79-9
PS
LS/Q
Neuroleptic
rat
177

Glibornuride-M (HO-bornyl-) artifact 2TMS
C17H33NO3Si2
355.19989
1955
UTMS
UTMS
LS/Q
Antidiabetic
5023

Mescaline 2TMS
C17H33NO3Si2
355.19989
2080
PS
LM/Q
Psychedelic
5683

Naftidrofuryl-M (deethyl-)
C22H29NO3
355.21475
2780
U UHY
LS/Q
Vasodilator
2827

Levallorphan TMS
C22H33NOSi
355.23315
2375
PS
LM/Q
Opioid antagonist
6213

2C-B-M (deamino-HO-) TFA BDMPEA-M (deamino-HO-) TFA
4-Bromo-2,5-dimethoxyphenylethylamine-M (deamino-HO-) TFA
C12H12BrF3O4
355.98709
1880*
LS/Q
Psychedelic
Designer drug
7209

867

356

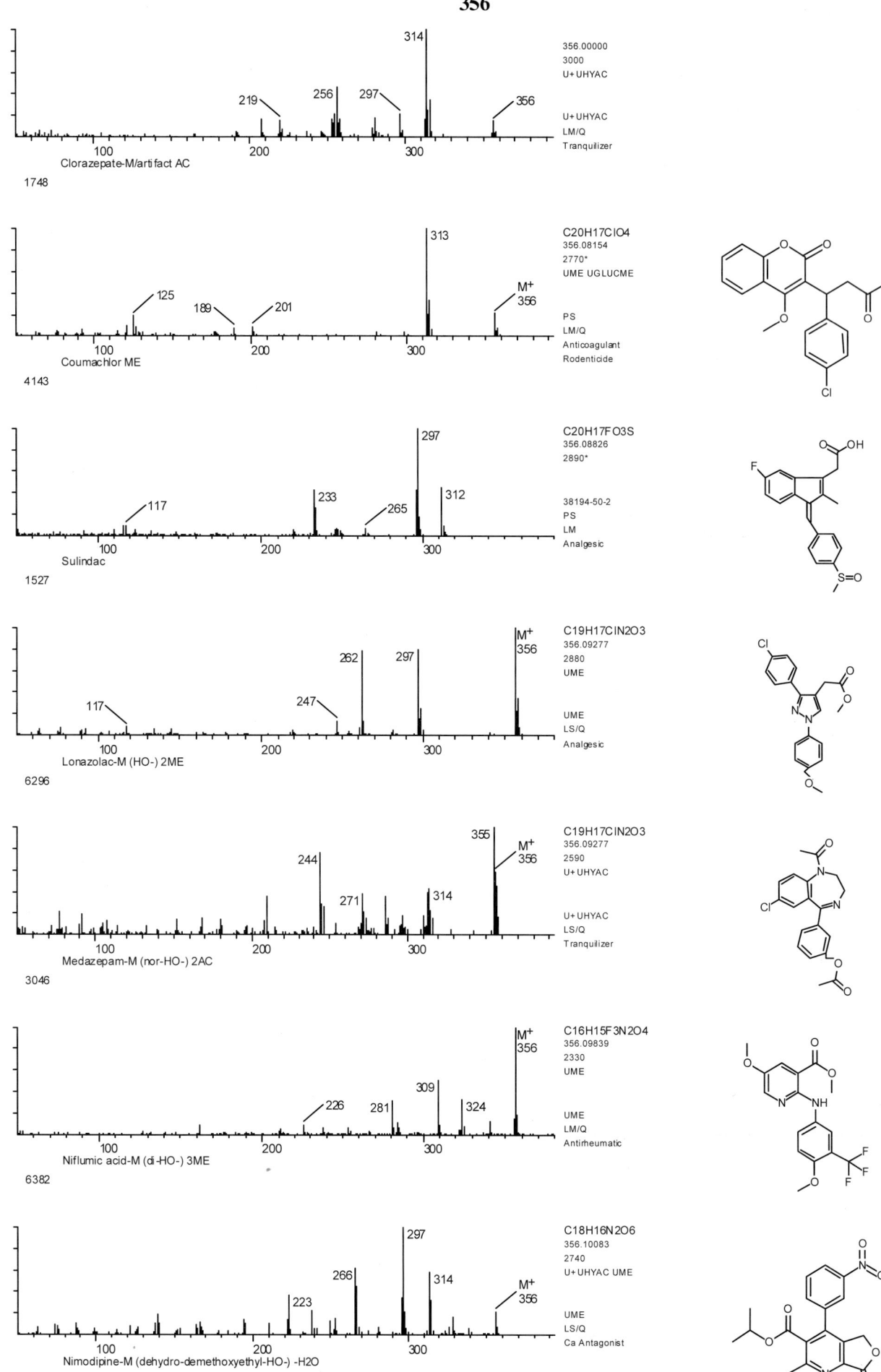

314 219 256 297 356	356.00000 3000 U+ UHYAC U+ UHYAC LM/Q Tranquilizer

Clorazepate-M/artifact AC
1748

313
125 189 201 M+ 356

C20H17ClO4
356.08154
2770*
UME UGLUCME

PS
LM/Q
Anticoagulant
Rodenticide

Coumachlor ME
4143

297
117 233 265 312

C20H17FO3S
356.08826
2890*

38194-50-2
PS
LM

Analgesic

Sulindac
1527

M+ 356
262 297
117 247

C19H17ClN2O3
356.09277
2880
UME

UME
LS/Q
Analgesic

Lonazolac-M (HO-) 2ME
6296

355 M+ 356
244 271 314

C19H17ClN2O3
356.09277
2590
U+ UHYAC

U+ UHYAC
LS/Q
Tranquilizer

Medazepam-M (nor-HO-) 2AC
3046

M+ 356
226 281 309 324

C16H15F3N2O4
356.09839
2330
UME

UME
LM/Q
Antirheumatic

Niflumic acid-M (di-HO-) 3ME
6382

297
223 266 314 M+ 356

C18H16N2O6
356.10083
2740
U+ UHYAC UME

UME
LS/Q
Ca Antagonist

Nimodipine-M (dehydro-demethoxyethyl-HO-) -H2O
4895

356

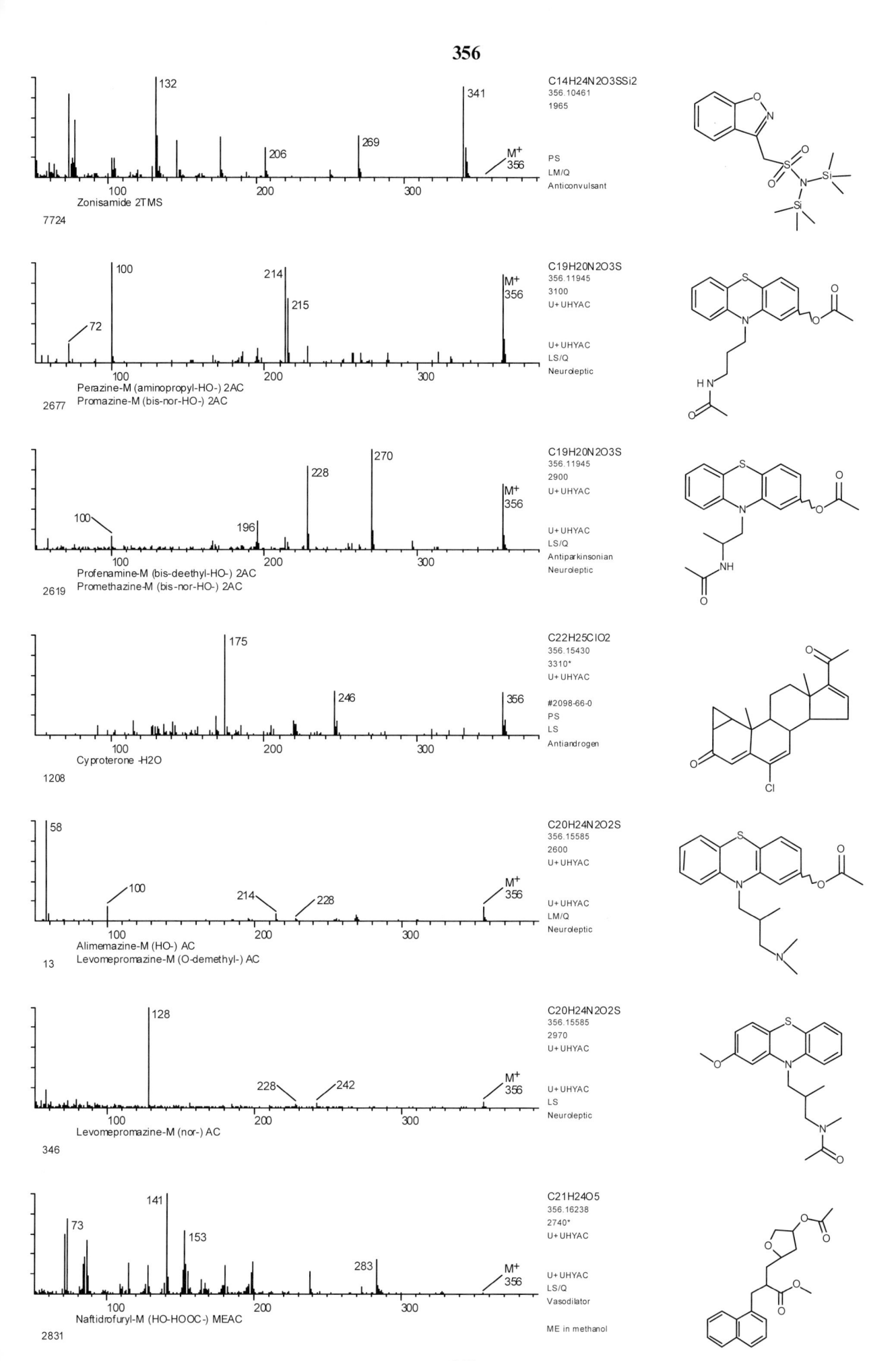

C14H24N2O3SSi2
356.10461
1965

PS
LM/Q
Anticonvulsant

Zonisamide 2TMS
7724

C19H20N2O3S
356.11945
3100
U+ UHYAC

U+ UHYAC
LS/Q
Neuroleptic

Perazine-M (aminopropyl-HO-) 2AC
Promazine-M (bis-nor-HO-) 2AC
2677

C19H20N2O3S
356.11945
2900
U+ UHYAC

U+ UHYAC
LS/Q
Antiparkinsonian
Neuroleptic

Profenamine-M (bis-deethyl-HO-) 2AC
Promethazine-M (bis-nor-HO-) 2AC
2619

C22H25ClO2
356.15430
3310*
U+ UHYAC

#2098-66-0
PS
LS
Antiandrogen

Cyproterone -H2O
1208

C20H24N2O2S
356.15585
2600
U+ UHYAC

U+ UHYAC
LM/Q
Neuroleptic

Alimemazine-M (HO-) AC
Levomepromazine-M (O-demethyl-) AC
13

C20H24N2O2S
356.15585
2970
U+ UHYAC

U+ UHYAC
LS
Neuroleptic

Levomepromazine-M (nor-) AC
346

C21H24O5
356.16238
2740*
U+ UHYAC

U+ UHYAC
LS/Q
Vasodilator

ME in methanol

Naftidrofuryl-M (HO-HOOC-) MEAC
2831

869

356

C20H24N2O4
356.17361
2760
U+ UHYAC

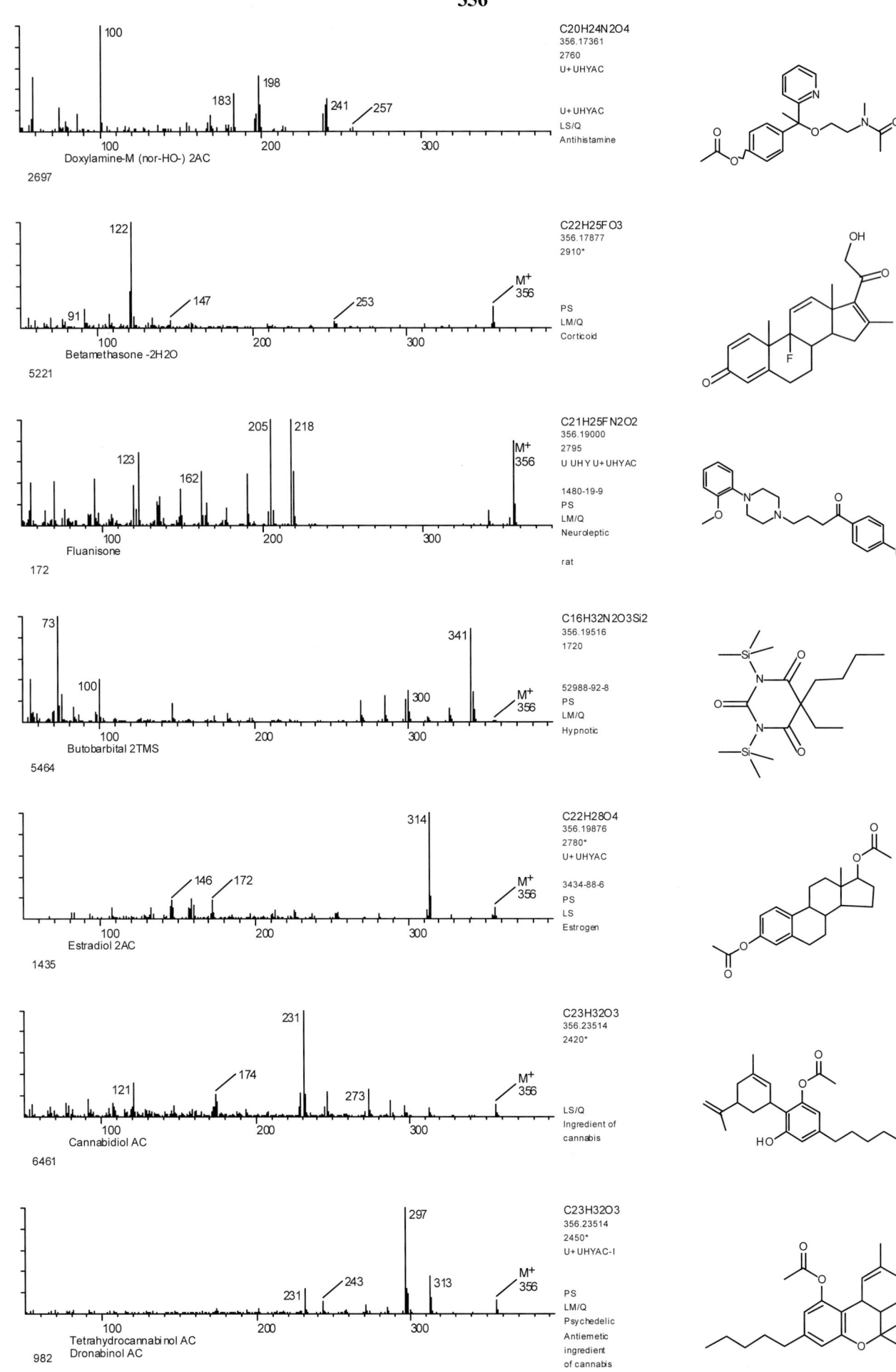

U+ UHYAC
LS/Q
Antihistamine

Doxylamine-M (nor-HO-) 2AC
2697

C22H25FO3
356.17877
2910*

PS
LM/Q
Corticoid

Betamethasone -2H2O
5221

C21H25FN2O2
356.19000
2795
U UH Y U+ UHYAC

1480-19-9
PS
LM/Q
Neuroleptic

rat

Fluanisone
172

C16H32N2O3Si2
356.19516
1720

52988-92-8
PS
LM/Q
Hypnotic

Butobarbital 2TMS
5464

C22H28O4
356.19876
2780*
U+ UHYAC

3434-88-6
PS
LS
Estrogen

Estradiol 2AC
1435

C23H32O3
356.23514
2420*

LS/Q
Ingredient of cannabis

Cannabidiol AC
6461

C23H32O3
356.23514
2450*
U+ UHYAC-I

PS
LM/Q
Psychedelic
Antiemetic
ingredient
of cannabis

Tetrahydrocannabinol AC
Dronabinol AC
982

356

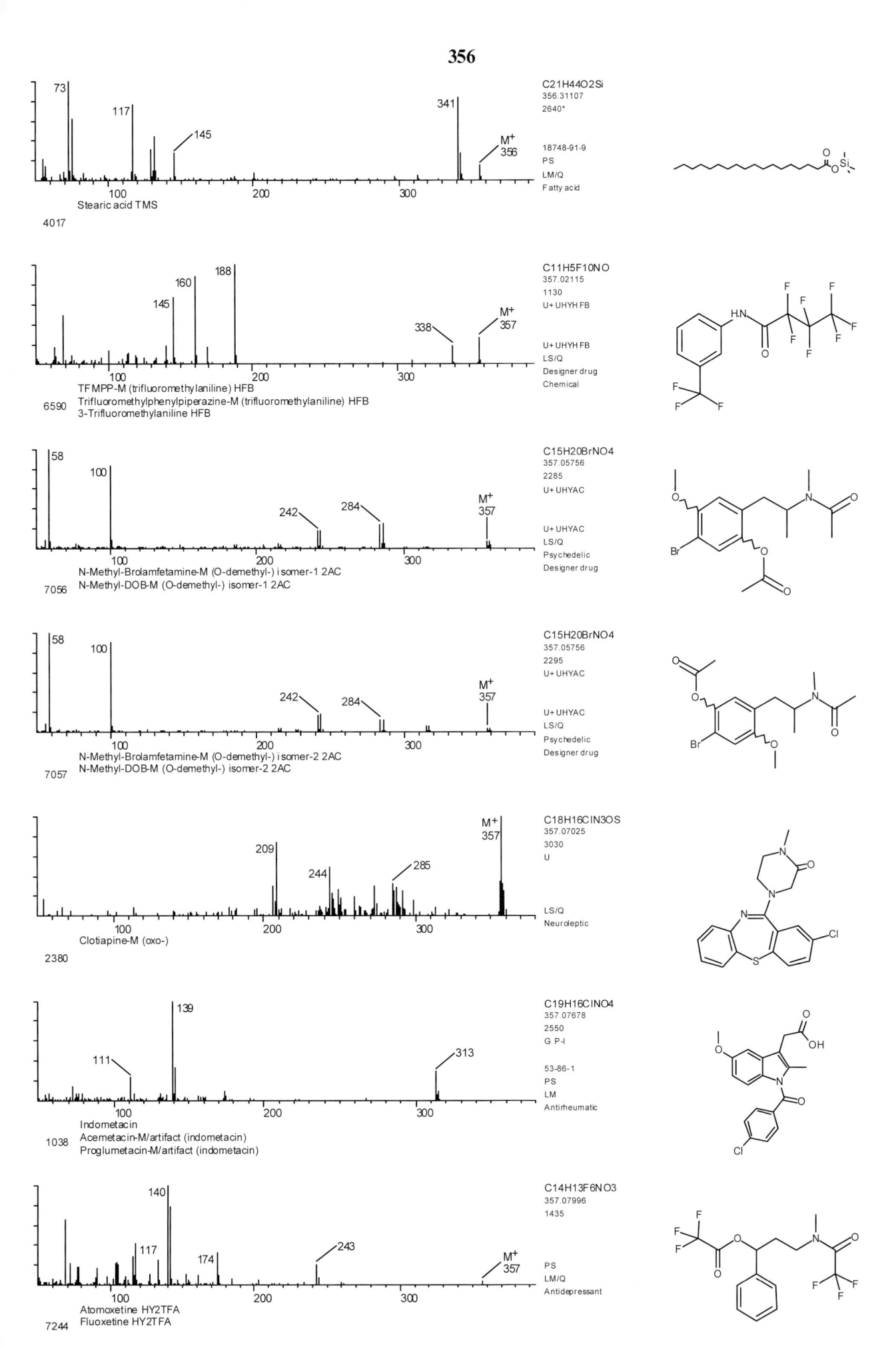

73, 117, 145, 341, M+ 356	C21H44O2Si 356.31107 2640* 18748-91-9 PS LM/Q Fatty acid

Stearic acid TMS
4017

145, 160, 188, 338, M+ 357	C11H5F10NO 357.02115 1130 U+ UHYH FB U+ UHYH FB LS/Q Designer drug Chemical

TFMPP-M (trifluoromethylaniline) HFB
Trifluoromethylphenylpiperazine-M (trifluoromethylaniline) HFB
3-Trifluoromethylaniline HFB
6590

58, 100, 242, 284, M+ 357	C15H20BrNO4 357.05756 2285 U+ UHYAC U+ UHYAC LS/Q Psychedelic Designer drug

N-Methyl-Brolamfetamine-M (O-demethyl-) isomer-1 2AC
N-Methyl-DOB-M (O-demethyl-) isomer-1 2AC
7056

58, 100, 242, 284, M+ 357	C15H20BrNO4 357.05756 2295 U+ UHYAC U+ UHYAC LS/Q Psychedelic Designer drug

N-Methyl-Brolamfetamine-M (O-demethyl-) isomer-2 2AC
N-Methyl-DOB-M (O-demethyl-) isomer-2 2AC
7057

209, 244, 285, M+ 357	C18H16ClN3OS 357.07025 3030 U LS/Q Neuroleptic

Clotiapine-M (oxo-)
2380

111, 139, 313	C19H16ClNO4 357.07678 2550 G P-I 53-86-1 PS LM Antirheumatic

Indometacin
Acemetacin-M/artifact (indometacin)
Proglumetacin-M/artifact (indometacin)
1038

117, 140, 174, 243, M+ 357	C14H13F6NO3 357.07996 1435 PS LM/Q Antidepressant

Atomoxetine HY2TFA
Fluoxetine HY2TFA
7244

357

C14H13F6NO3
357.07996
1345

PS
LM/Q
Sympathomimetic

Ephedrine 2TFA
Methylephedrine-M (nor-) 2TFA
Metamfepramone-M (nor-dihydro-) 2TFA
3997

C14H13F6NO3
357.07996
1585

PS
LM/Q
Sympathomimetic
Antiparkinsonian

Pholedrine 2TFA   Famprofazone-M (HO-metamfetamine) 2TFA
Metamfetamine-M (HO-) 2TFA   PMMA-M (O-demethyl-) 2TFA
Selegiline-M (dealkyl-HO-) 2TFA
5078

C14H13F6NO3
357.07996
1440

PS
LM/Q
Bronchodilator

Pseudoephedrine 2TFA
4016

C15H17ClF5NO
357.09189
1710

PS
LM/Q
Anorectic

Mefenorex PFP
5064

C14H16F5NO4
357.09995
1835

PS
LM/Q
Psychedelic

Mescaline PFP
5067

C20H20ClNO3
357.11316
2800
U+ UHYAC

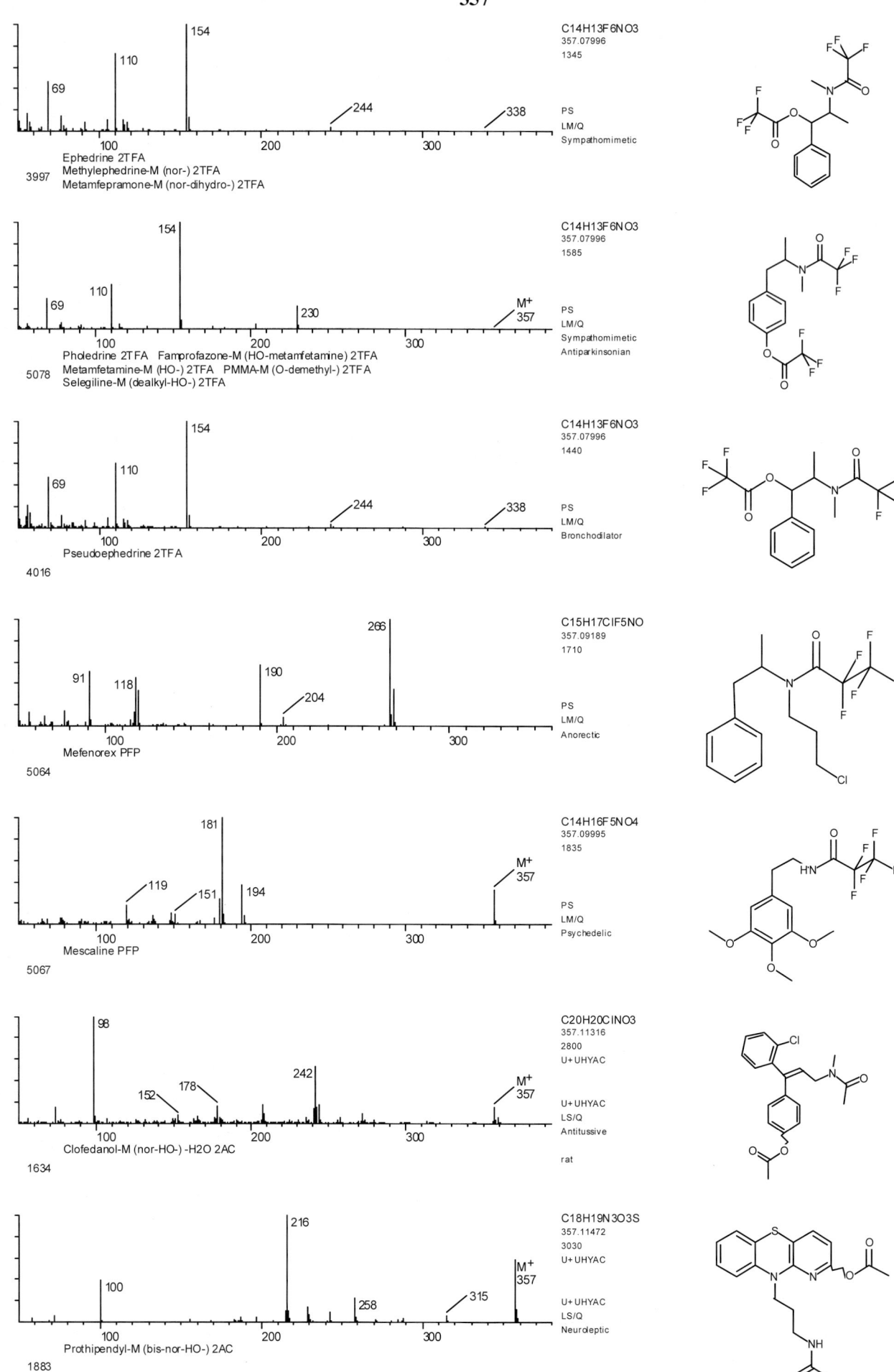

U+ UHYAC
LS/Q
Antitussive

rat

Clofedanol-M (nor-HO-) -H2O 2AC
1634

C18H19N3O3S
357.11472
3030
U+ UHYAC

U+ UHYAC
LS/Q
Neuroleptic

Prothipendyl-M (bis-nor-HO-) 2AC
1883

357

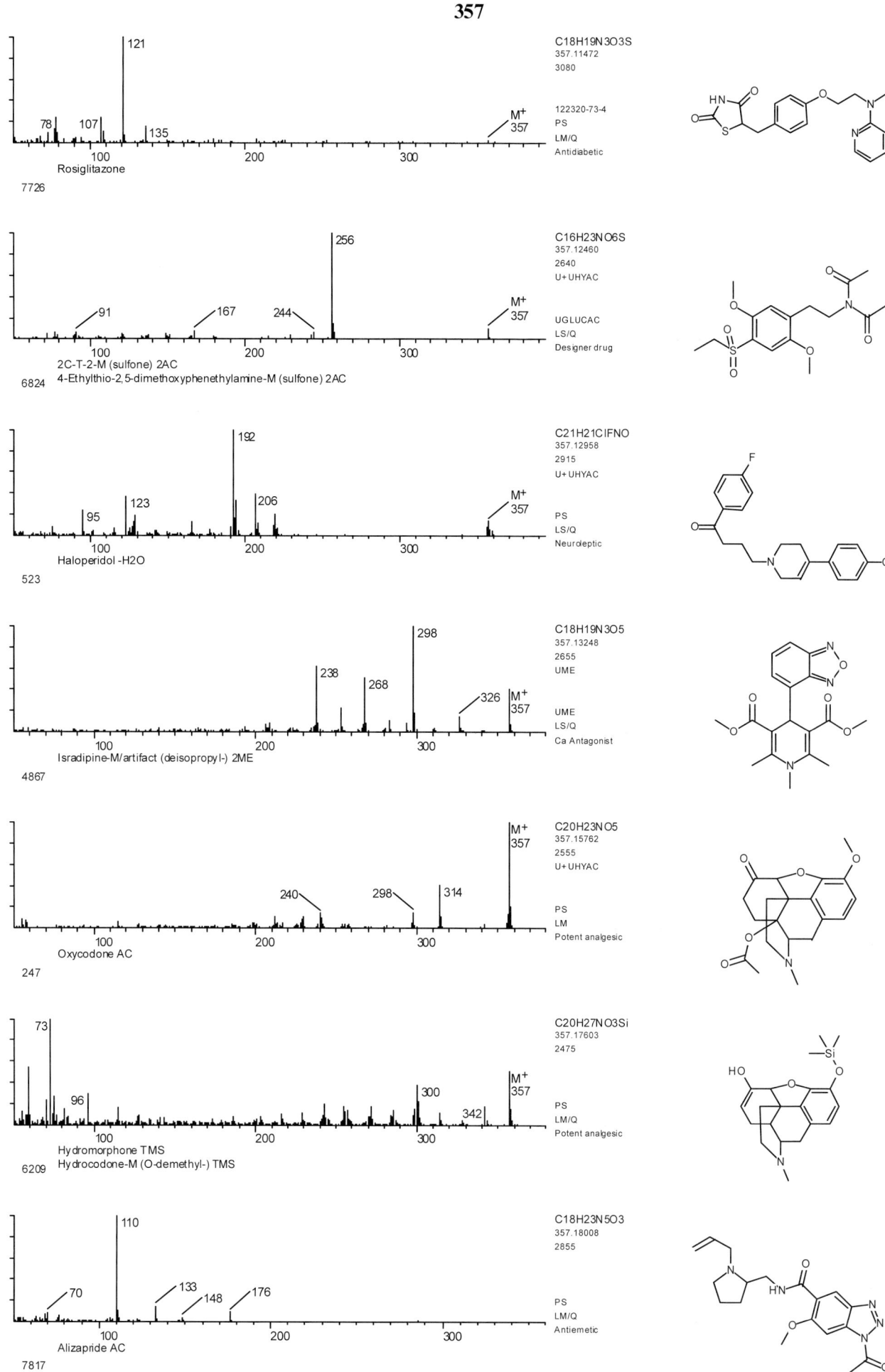

Rosiglitazone — 7726
Peaks: 78, 107, 121, 135, M⁺ 357
C18H19N3O3S
357.11472
3080
122320-73-4
PS
LM/Q
Antidiabetic

2C-T-2-M (sulfone) 2AC / **4-Ethylthio-2,5-dimethoxyphenethylamine-M (sulfone) 2AC** — 6824
Peaks: 91, 167, 244, 256, M⁺ 357
C16H23NO6S
357.12460
2640
U+ UHYAC
UGLUCAC
LS/Q
Designer drug

Haloperidol -H2O — 523
Peaks: 95, 123, 192, 206, M⁺ 357
C21H21ClFNO
357.12958
2915
U+ UHYAC
PS
LS/Q
Neuroleptic

Isradipine-M/artifact (deisopropyl-) 2ME — 4867
Peaks: 238, 268, 298, 326, M⁺ 357
C18H19N3O5
357.13248
2655
UME
UME
LS/Q
Ca Antagonist

Oxycodone AC — 247
Peaks: 240, 298, 314, M⁺ 357
C20H23NO5
357.15762
2555
U+ UHYAC
PS
LM
Potent analgesic

Hydromorphone TMS / **Hydrocodone-M (O-demethyl-) TMS** — 6209
Peaks: 73, 96, 300, 342, M⁺ 357
C20H27NO3Si
357.17603
2475
PS
LM/Q
Potent analgesic

Alizapride AC — 7817
Peaks: 70, 110, 133, 148, 176
C18H23N5O3
357.18008
2855
PS
LM/Q
Antiemetic

873

357

Fluoxetine-D6 AC
7789
Peaks: 86, 110, 123, 196, M+ 357
C19H14D6F3NO2
357.18228
1900
PS
LM/Q
Internal standard
Antidepressant
altered during HY

PCEPA TFA
1-(1-Phenylcyclohexyl)-2-ethoxypropylamine TFA
5879
Peaks: 81, 91, 159, 260, M+ 357
C19H26F3NO2
357.19156
2040
PS
LM/Q
Designer drug

Atracurium-M/artifact
Laudanosine
6106
Peaks: 151, 162, 190, 206, M+ 357
C21H27NO4
357.19400
2575
P U+UH YAC
PS
LM/Q
Muscle relaxant
Antispasmotic

Levorphanol-M (HO-) 2AC
Dextro-Methorphan-M (O-demethyl-HO-) 2AC
Methorphan-M (O-demethyl-HO-) 2AC
1187
Peaks: 59, 150, 215, 247, M+ 357
C21H27NO4
357.19400
2580
U+ UHYAC
U+ UHYAC
LS/Q
Potent analgesic

Nalbuphine
3061
Peaks: 284, 302, M+ 357
C21H27NO4
357.19400
2960
G
20594-83-6
PS
LM/Q
Analgesic

Fendiline AC
1446
Peaks: 72, 105, 120, 162, M+ 357
C25H27NO
357.20926
2825
U+ UHYAC
PS
LS
Coronary dilator

Oxybutynine
3724
Peaks: 55, 107, 189, 342, M+ 357
C22H31NO3
357.23038
2505
5633-20-5
PS
LM/Q
Antispasmotic

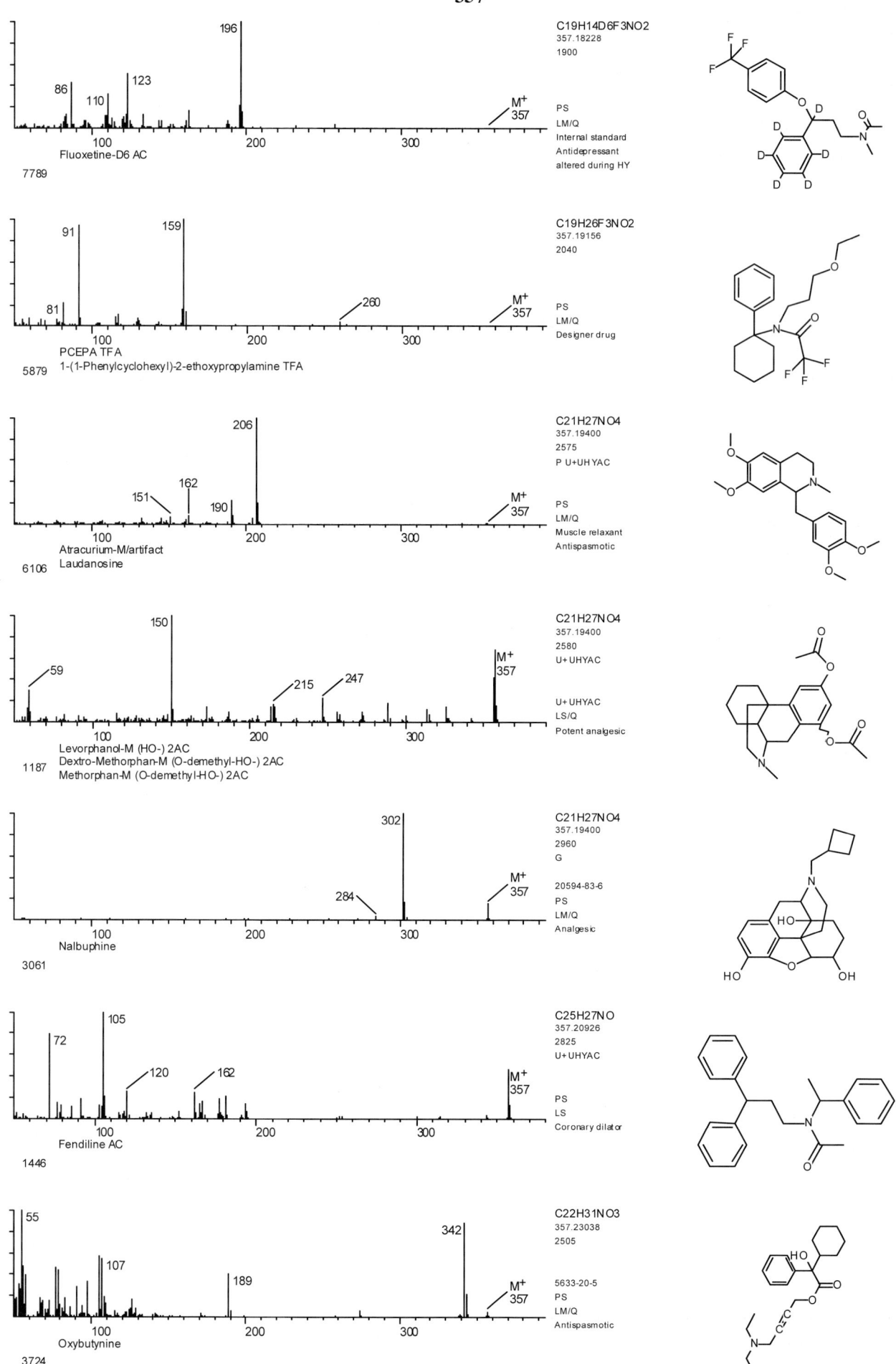

357

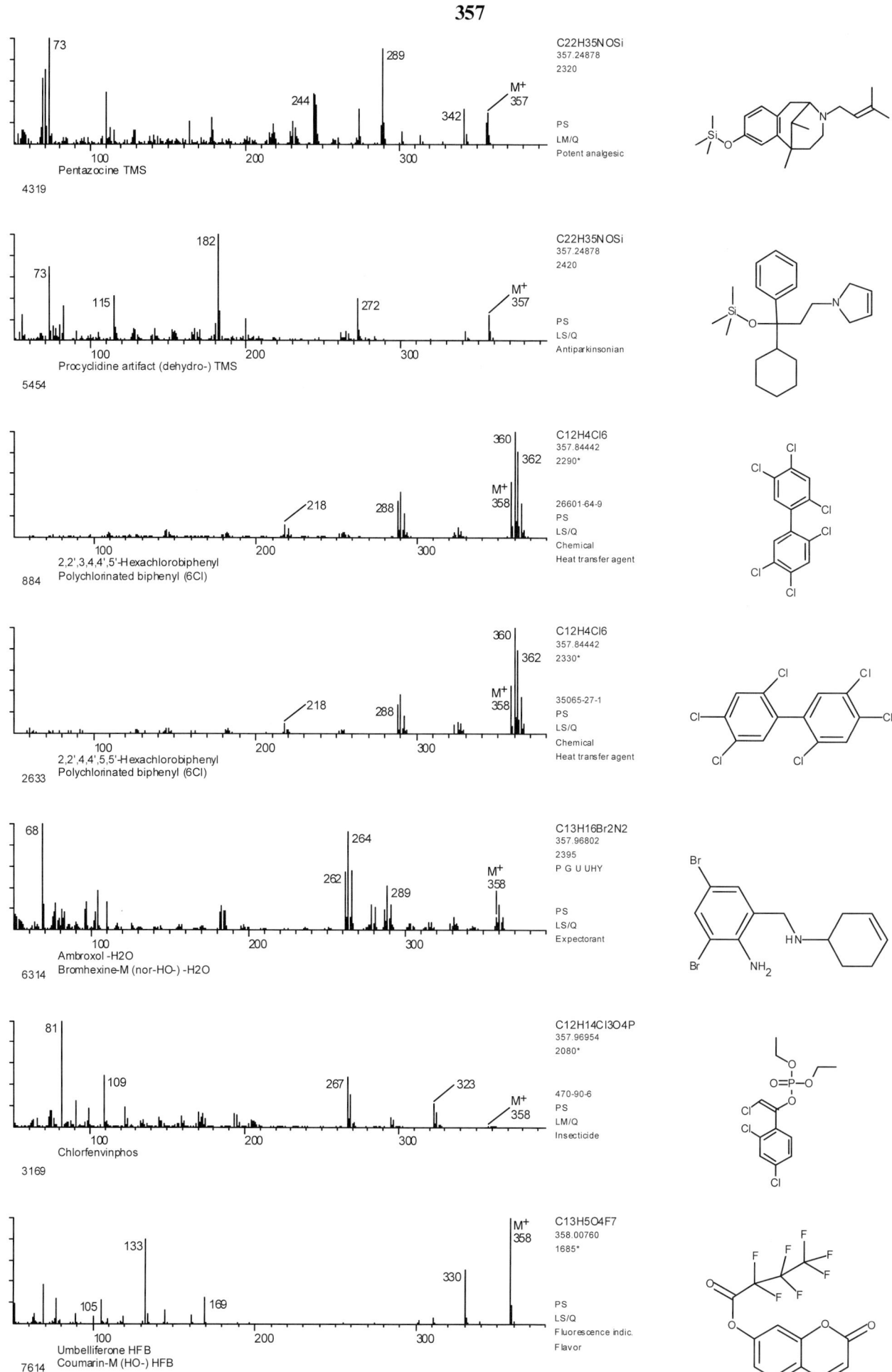

Pentazocine TMS — 4319
C22H35NOSi
357.24878
2320
PS
LM/Q
Potent analgesic
Peaks: 73, 244, 289, 342, M+ 357

Procyclidine artifact (dehydro-) TMS — 5454
C22H35NOSi
357.24878
2420
PS
LS/Q
Antiparkinsonian
Peaks: 73, 115, 182, 272, M+ 357

2,2',3,4,4',5'-Hexachlorobiphenyl / Polychlorinated biphenyl (6Cl) — 884
C12H4Cl6
357.84442
2290*
26601-64-9
PS
LS/Q
Chemical
Heat transfer agent
Peaks: 218, 288, M+ 358, 360, 362

2,2',4,4',5,5'-Hexachlorobiphenyl / Polychlorinated biphenyl (6Cl) — 2633
C12H4Cl6
357.84442
2330*
35065-27-1
PS
LS/Q
Chemical
Heat transfer agent
Peaks: 218, 288, M+ 358, 360, 362

Ambroxol -H2O / Bromhexine-M (nor-HO-) -H2O — 6314
C13H16Br2N2
357.96802
2395
P G U UHY
PS
LS/Q
Expectorant
Peaks: 68, 262, 264, 289, M+ 358

Chlorfenvinphos — 3169
C12H14Cl3O4P
357.96954
2080*
470-90-6
PS
LM/Q
Insecticide
Peaks: 81, 109, 267, 323, M+ 358

Umbelliferone HFB / Coumarin-M (HO-) HFB — 7614
C13H5O4F7
358.00760
1685*
PS
LS/Q
Fluorescence indic.
Flavor
Peaks: 105, 133, 169, 330, M+ 358

875

358

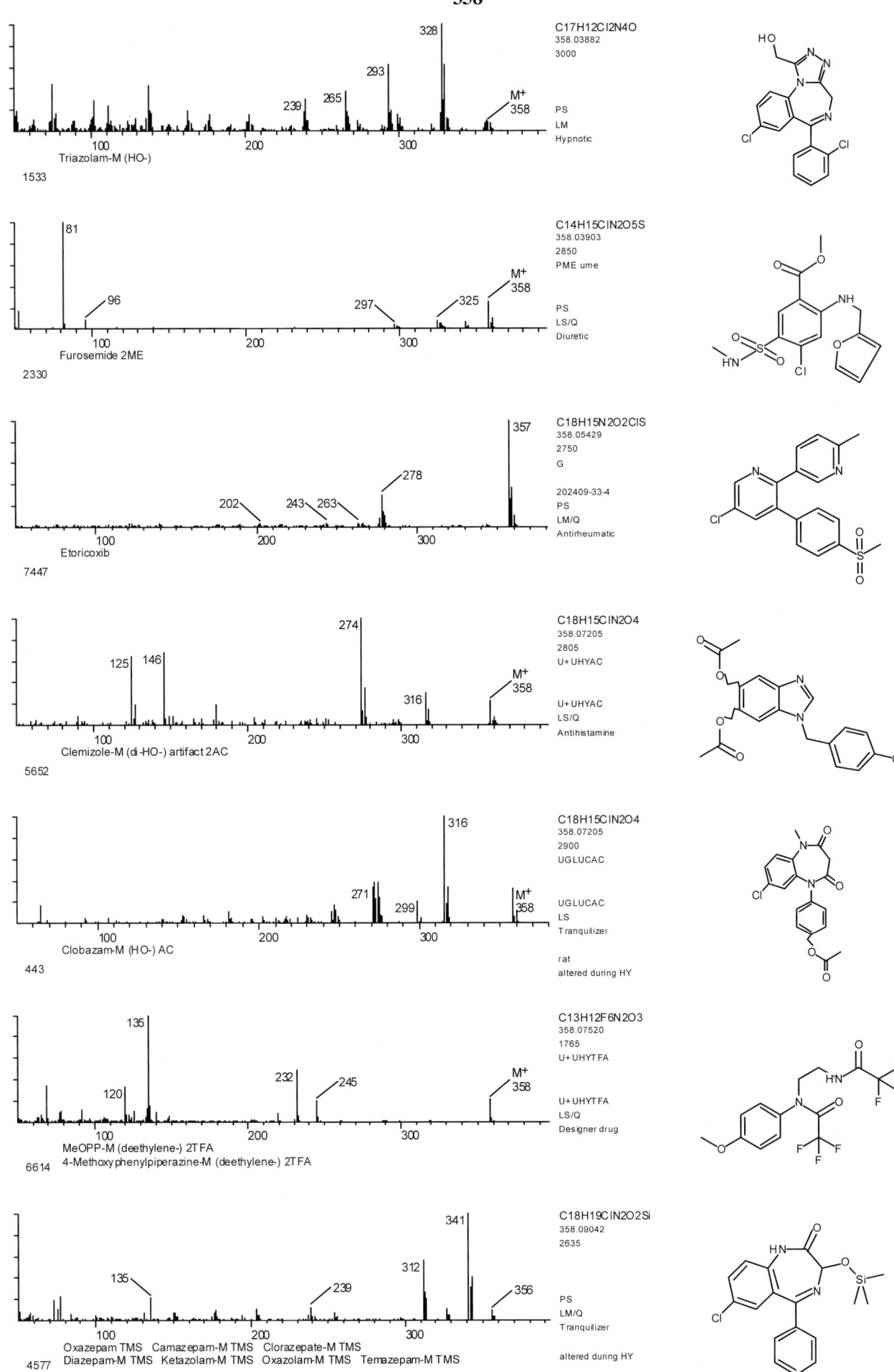

Triazolam-M (HO-)
1533

C17H12Cl2N4O
358.03882
3000

PS
LM
Hypnotic

Furosemide 2ME
2330

C14H15ClN2O5S
358.03903
2850
PME ume

PS
LS/Q
Diuretic

Etoricoxib
7447

C18H15N2O2ClS
358.05429
2750
G

202409-33-4
PS
LM/Q
Antirheumatic

Clemizole-M (di-HO-) artifact 2AC
5652

C18H15ClN2O4
358.07205
2805
U+UHYAC

U+UHYAC
LS/Q
Antihistamine

Clobazam-M (HO-) AC
443

C18H15ClN2O4
358.07205
2900
UGLUCAC

UGLUCAC
LS
Tranquilizer

rat
altered during HY

MeOPP-M (deethylene-) 2TFA
4-Methoxyphenylpiperazine-M (deethylene-) 2TFA
6614

C13H12F6N2O3
358.07520
1765
U+UHYTFA

U+UHYTFA
LS/Q
Designer drug

Oxazepam TMS   Camazepam-M TMS   Clorazepate-M TMS
Diazepam-M TMS   Ketazolam-M TMS   Oxazolam-M TMS   Temazepam-M TMS
4577

C18H19ClN2O2Si
358.09042
2635

PS
LM/Q
Tranquilizer

altered during HY

358

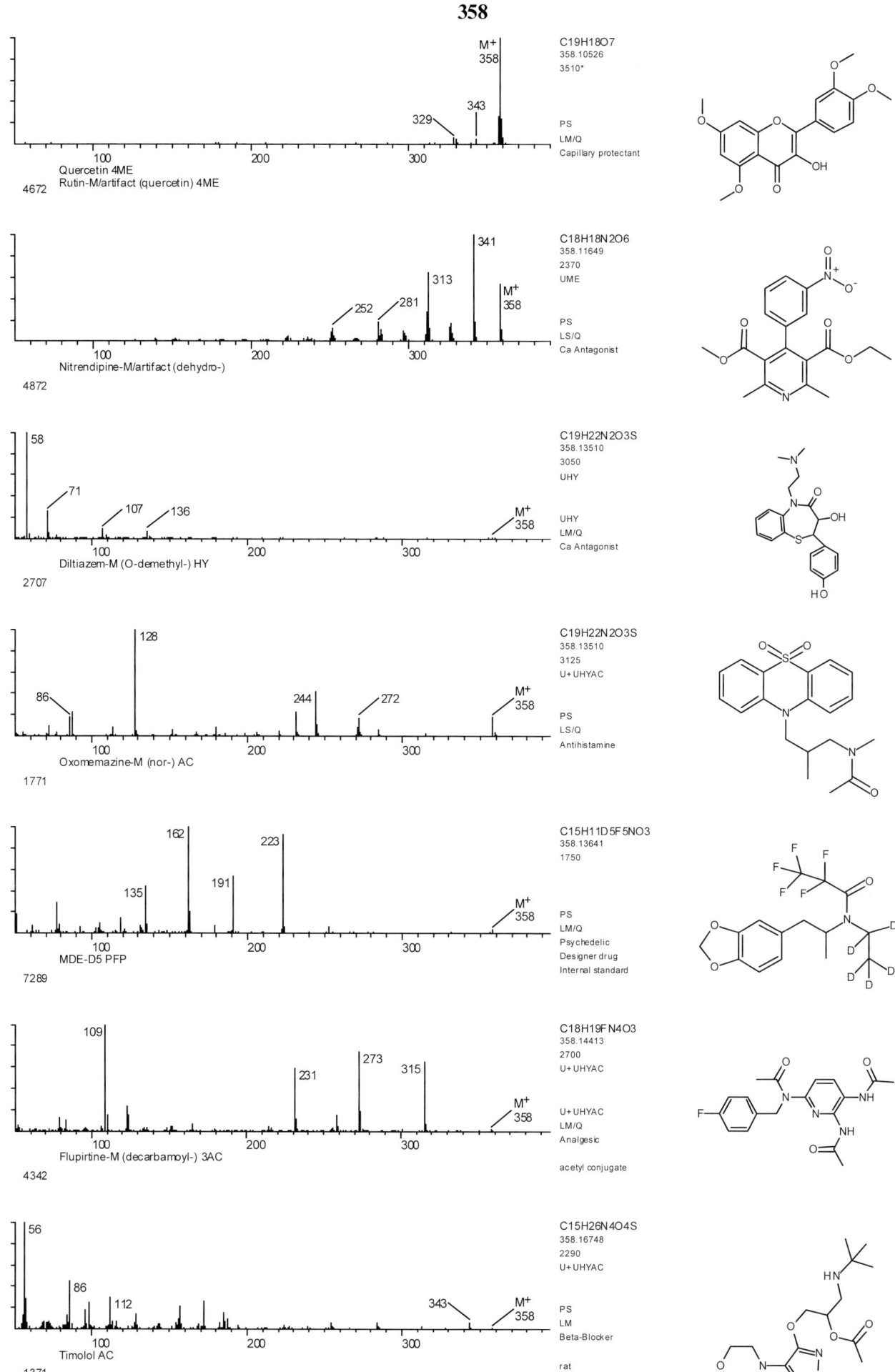

Quercetin 4ME Rutin-M/artifact (quercetin) 4ME 4672	C19H18O7 358.10526 3510* PS LM/Q Capillary protectant
Nitrendipine-M/artifact (dehydro-) 4872	C18H18N2O6 358.11649 2370 UME PS LS/Q Ca Antagonist
Diltiazem-M (O-demethyl-) HY 2707	C19H22N2O3S 358.13510 3050 UHY UHY LM/Q Ca Antagonist
Oxomemazine-M (nor-) AC 1771	C19H22N2O3S 358.13510 3125 U+UHYAC PS LS/Q Antihistamine
MDE-D5 PFP 7289	C15H11D5F5NO3 358.13641 1750 PS LM/Q Psychedelic Designer drug Internal standard
Flupirtine-M (decarbamoyl-) 3AC 4342	C18H19FN4O3 358.14413 2700 U+UHYAC U+UHYAC LM/Q Analgesic acetyl conjugate
Timolol AC 1371	C15H26N4O4S 358.16748 2290 U+UHYAC PS LM Beta-Blocker rat

358

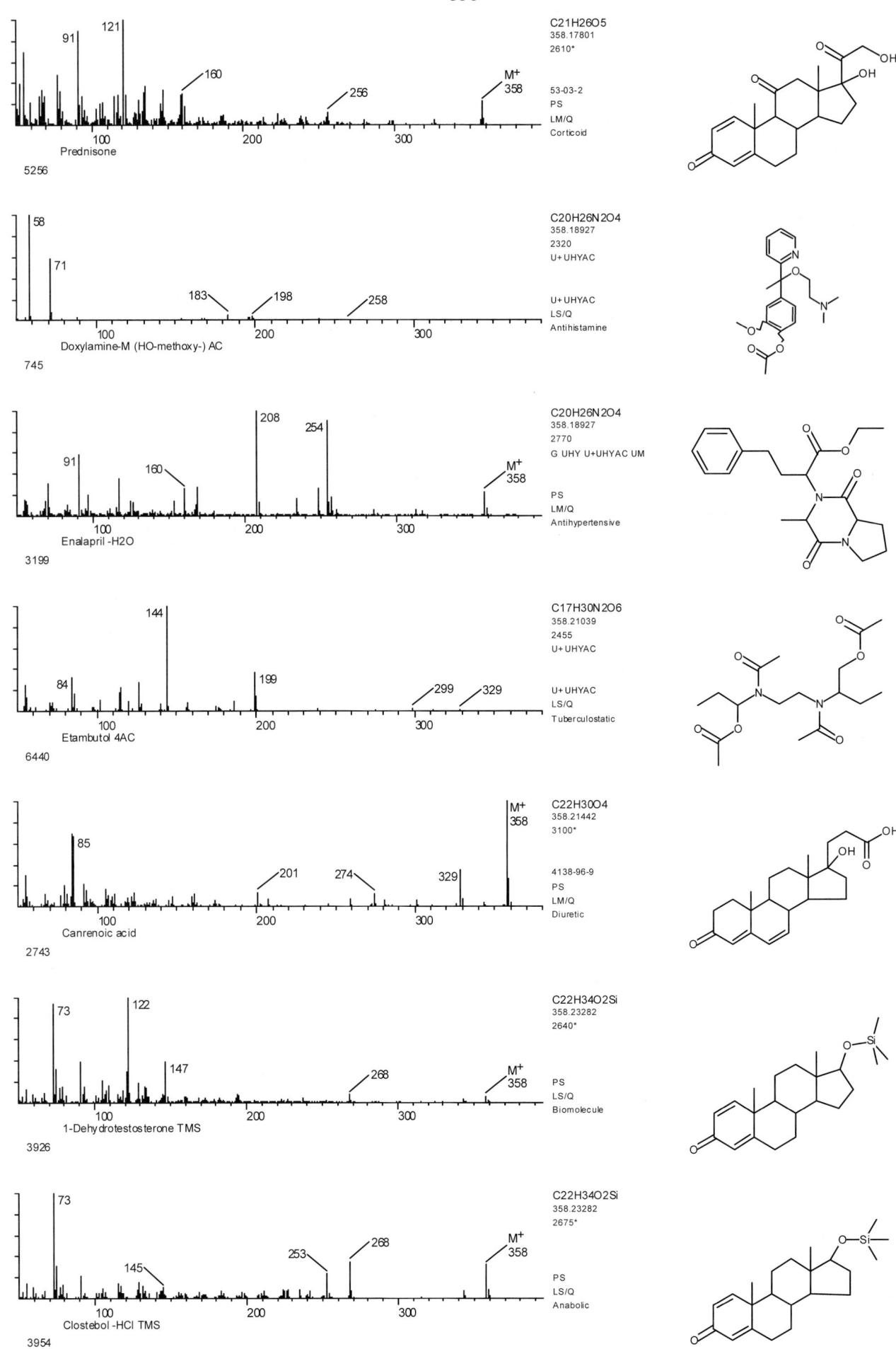

C21H26O5
358.17801
2610*

53-03-2
PS
LM/Q
Corticoid

Prednisone
5256

C20H26N2O4
358.18927
2320
U+ UHYAC

U+ UHYAC
LS/Q
Antihistamine

Doxylamine-M (HO-methoxy-) AC
745

C20H26N2O4
358.18927
2770
G UHY U+UHYAC UM

PS
LM/Q
Antihypertensive

Enalapril -H2O
3199

C17H30N2O6
358.21039
2455
U+ UHYAC

U+ UHYAC
LS/Q
Tuberculostatic

Etambutol 4AC
6440

C22H30O4
358.21442
3100*

4138-96-9
PS
LM/Q
Diuretic

Canrenoic acid
2743

C22H34O2Si
358.23282
2640*

PS
LS/Q
Biomolecule

1-Dehydrotestosterone TMS
3926

C22H34O2Si
358.23282
2675*

PS
LS/Q
Anabolic

Clostebol -HCl TMS
3954

358

4659 — Tetrahydrocannabinol-M (11-HO-) 2ME / Dronabinol-M (11-HO-) 2ME
Peaks: 231, 257, 313, M+ 358
C23H34O3
358.25079
2580*
PS
LM/Q
Psychedelic
Antiemetic
ingredient
of cannabis

7182 — DOI-M (bis-O-demethyl-) artifact 2AC / 4-Iodo-2,5-dimethoxy-amfetamine-M (bis-O-demethyl-) artifact 2AC
Peaks: 133, 260, 275, 317, M+ 359
C13H14NO3I
359.00186
2425
U+ UHYAC
LS/Q
Designer drug

6157 — Phenylephrine 2TFA
Peaks: 69, 121, 140, 232, M+ 359
C13H11F6NO4
359.05923
1755
PS
LM/Q
Sympathomimetic

4166 — Chlorprothixene-M (nor-sulfoxide) AC
Peaks: 221, 235, 257, 270, M+ 359
C19H18ClNO2S
359.07468
2960
U+ UHYAC
UGLUCAC
LS/Q
Neuroleptic

5936 — Methcathinone HFB / Metamfepramone-M (nor-) HFB
Peaks: 77, 105, 210, 254, M+ 359
C14H12F7NO2
359.07562
1440
PS
LM/Q
Stimulant

5155 — Piroxycam 2ME
Peaks: 121, 162, 250, 330, M+ 359
C17H17N3O4S
359.09399
2790
#36322-90-4
PS
LM/Q
Antirheumatic

6880 — Clopamide ME
Peaks: 111, 127, 232, 344, M+ 359
C15H22ClN3O3S
359.10703
2850
PS
LM/Q
Diuretic

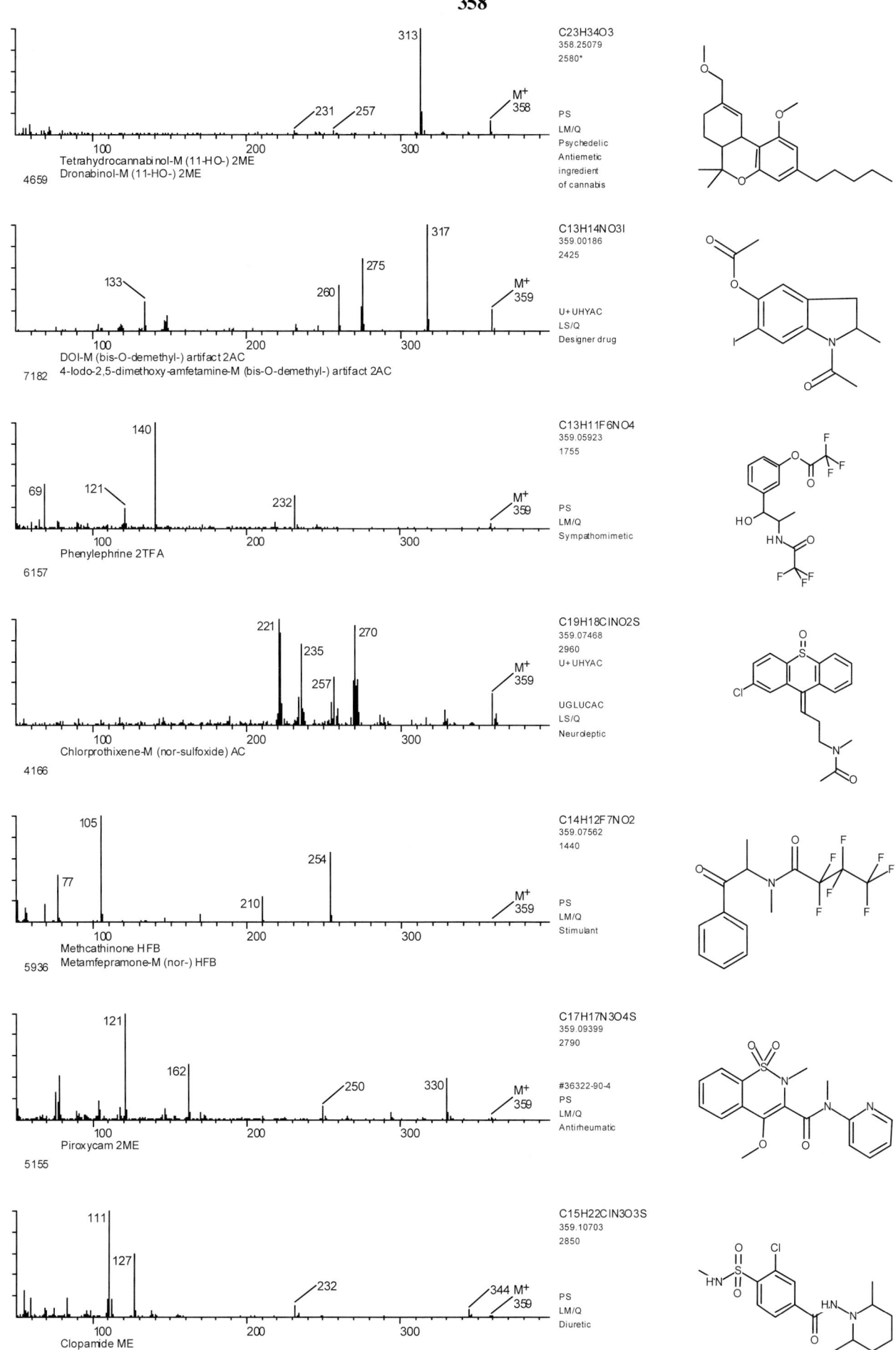

359

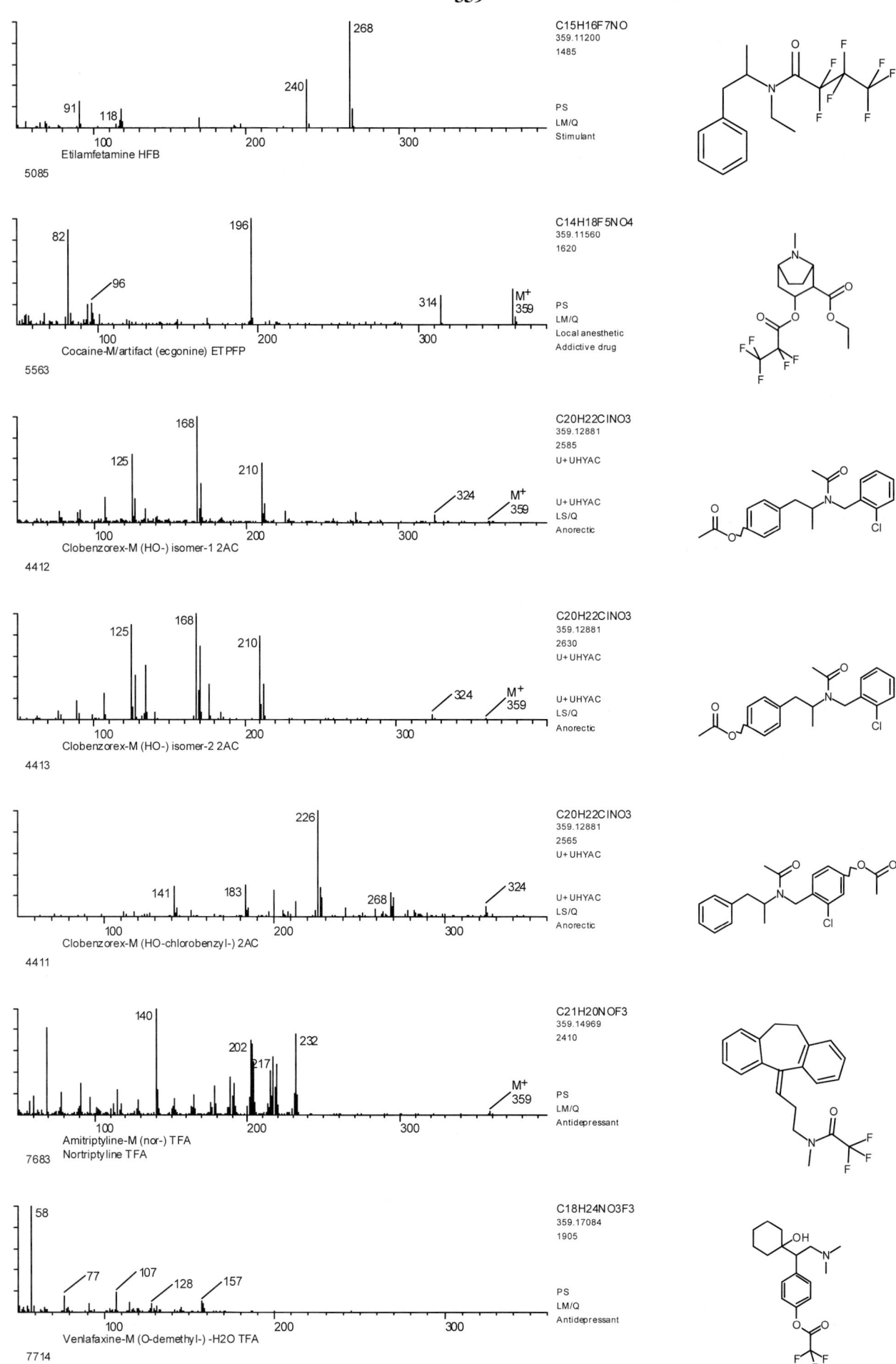

Etilamfetamine HFB — 5085
Peaks: 91, 118, 240, 268
C15H16F7NO
359.11200
1485
PS
LM/Q
Stimulant

Cocaine-M/artifact (ecgonine) ET PFP — 5563
Peaks: 82, 96, 196, 314, M+ 359
C14H18F5NO4
359.11560
1620
PS
LM/Q
Local anesthetic
Addictive drug

Clobenzorex-M (HO-) isomer-1 2AC — 4412
Peaks: 125, 168, 210, 324, M+ 359
C20H22ClNO3
359.12881
2585
U+ UHYAC
U+ UHYAC
LS/Q
Anorectic

Clobenzorex-M (HO-) isomer-2 2AC — 4413
Peaks: 125, 168, 210, 324, M+ 359
C20H22ClNO3
359.12881
2630
U+ UHYAC
U+ UHYAC
LS/Q
Anorectic

Clobenzorex-M (HO-chlorobenzyl-) 2AC — 4411
Peaks: 141, 183, 226, 268, 324
C20H22ClNO3
359.12881
2565
U+ UHYAC
U+ UHYAC
LS/Q
Anorectic

Amitriptyline-M (nor-) TFA / Nortriptyline TFA — 7683
Peaks: 140, 202, 217, 232, M+ 359
C21H20NOF3
359.14969
2410
PS
LM/Q
Antidepressant

Venlafaxine-M (O-demethyl-) -H2O TFA — 7714
Peaks: 58, 77, 107, 128, 157
C18H24NO3F3
359.17084
1905
PS
LM/Q
Antidepressant

359

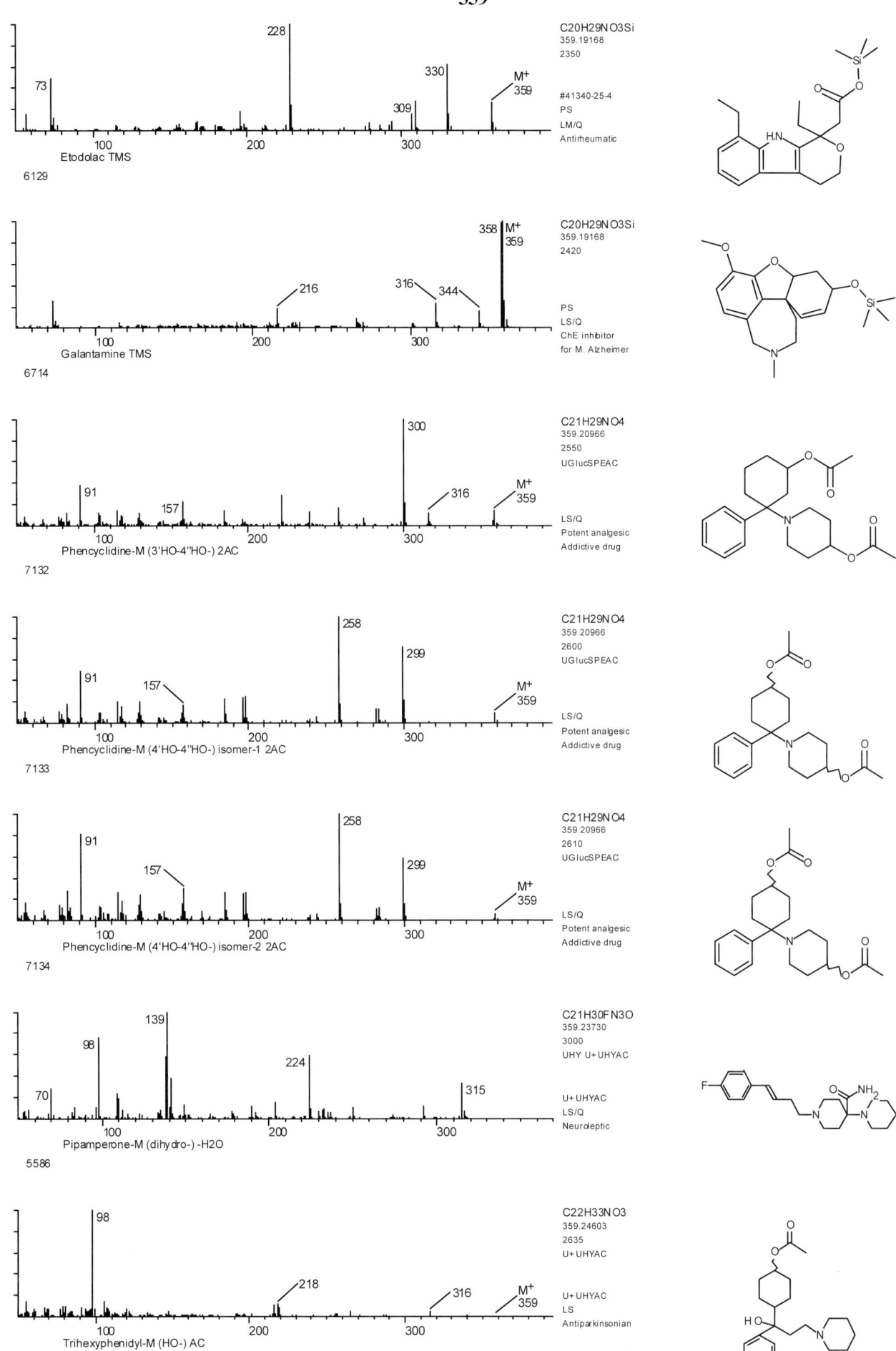

73, 228, 330, 309, M+ 359	C20H29NO3Si 359.19168 2350 #41340-25-4 PS LM/Q Antirheumatic

Etodolac TMS
6129

358, M+ 359, 216, 316, 344	C20H29NO3Si 359.19168 2420 PS LS/Q ChE inhibitor for M. Alzheimer

Galantamine TMS
6714

91, 157, 300, 316, M+ 359	C21H29NO4 359.20966 2550 UGlucSPEAC LS/Q Potent analgesic Addictive drug

Phencyclidine-M (3'HO-4''HO-) 2AC
7132

91, 157, 258, 299, M+ 359	C21H29NO4 359.20966 2600 UGlucSPEAC LS/Q Potent analgesic Addictive drug

Phencyclidine-M (4'HO-4''HO-) isomer-1 2AC
7133

91, 157, 258, 299, M+ 359	C21H29NO4 359.20966 2610 UGlucSPEAC LS/Q Potent analgesic Addictive drug

Phencyclidine-M (4'HO-4''HO-) isomer-2 2AC
7134

70, 98, 139, 224, 315	C21H30FN3O 359.23730 3000 UHY U+ UHYAC U+ UHYAC LS/Q Neuroleptic

Pipamperone-M (dihydro-) -H2O
5586

98, 218, 316, M+ 359	C22H33NO3 359.24603 2635 U+ UHYAC U+ UHYAC LS Antiparkinsonian

Trihexyphenidyl-M (HO-) AC
1553

359

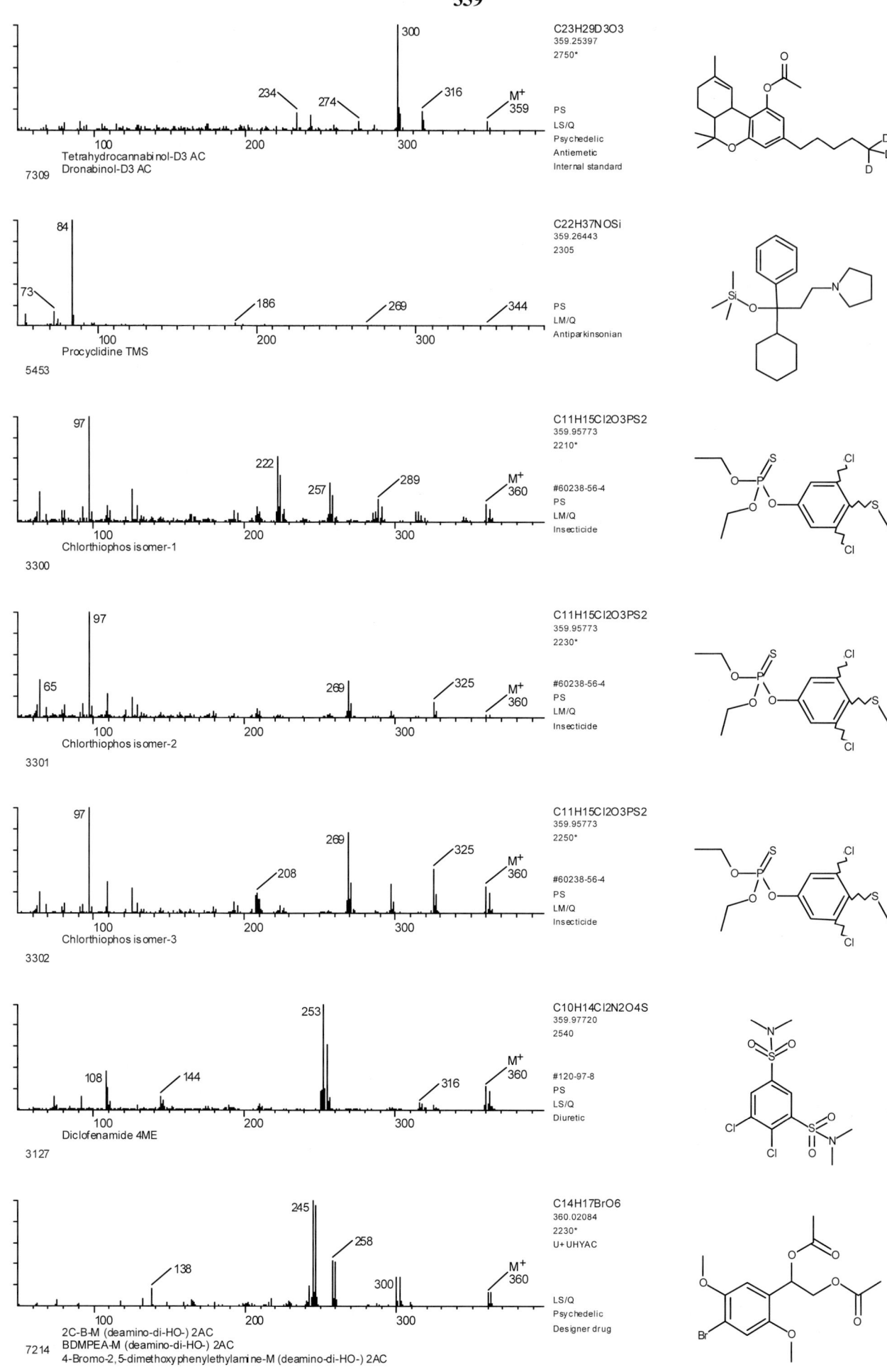

Spectrum	Formula / Data	Name
7309	C23H29D3O3 / 359.25397 / 2750* / PS / LS/Q / Psychedelic / Antiemetic / Internal standard	Tetrahydrocannabinol-D3 AC; Dronabinol-D3 AC (peaks: 234, 274, 300, 316, M+ 359)
5453	C22H37NOSi / 359.26443 / 2305 / PS / LM/Q / Antiparkinsonian	Procyclidine TMS (peaks: 73, 84, 186, 269, 344)
3300	C11H15Cl2O3PS2 / 359.95773 / 2210* / #60238-56-4 / PS / LM/Q / Insecticide	Chlorthiophos isomer-1 (peaks: 97, 222, 257, 289, M+ 360)
3301	C11H15Cl2O3PS2 / 359.95773 / 2230* / #60238-56-4 / PS / LM/Q / Insecticide	Chlorthiophos isomer-2 (peaks: 65, 97, 269, 325, M+ 360)
3302	C11H15Cl2O3PS2 / 359.95773 / 2250* / #60238-56-4 / PS / LM/Q / Insecticide	Chlorthiophos isomer-3 (peaks: 97, 208, 269, 325, M+ 360)
3127	C10H14Cl2N2O4S / 359.97720 / 2540 / #120-97-8 / PS / LS/Q / Diuretic	Diclofenamide 4ME (peaks: 108, 144, 253, 316, M+ 360)
7214	C14H17BrO6 / 360.02084 / 2230* / U+ UHYAC / LS/Q / Psychedelic / Designer drug	2C-B-M (deamino-di-HO-) 2AC; BDMPEA-M (deamino-di-HO-) 2AC; 4-Bromo-2,5-dimethoxyphenylethylamine-M (deamino-di-HO-) 2AC (peaks: 138, 245, 258, 300, M+ 360)

360

4294 — Zotepine-M (HO-) HY2AC / Zotepine-M (nor-HO-) HY2AC / Zotepine-M (bis-nor-HO-) HY2AC
Peaks: 215, 243, 276, 318, M+ 360
C18H13ClO4S
360.02231
2735*
U+ UHYAC
U+ UHYAC
LS/Q
Neuroleptic

6003 — m-Coumaric acid HFB
Peaks: 69, 91, 147, 169, M+ 360
C13H7F7O4
360.02325
1820*
PS
LM/Q
Biomolecule

5986 — p-Coumaric acid HFB
Peaks: 69, 147, 169, 343, M+ 360
C13H7F7O4
360.02325
1855*
PS
LM/Q
Biomolecule

5387 — Mesulphen-M (di-HO-) 2AC
Peaks: 184, 227, 258, 277, M+ 360
C18H16O4S2
360.04901
2830*
UGLUCAC
LS/Q
Scabicide

4496 — Trisalicyclide / Acetylsalicylic acid-M (deacetyl-) artifact (trimer) / Salicylic acid artifact (trimer)
Peaks: 92, 120, 152, 240, M+ 360
C21H12O6
360.06339
3190*
G U+UHYAC
G
LM/Q
Analgesic
Dermatic

4025 — Fosazepam
Peaks: 91, 227, 255, 283, M+ 360
C18H18ClN2O2P
360.07944
3070
35322-07-7
PS
LM/Q
Tranquilizer

4621 — Ethylloflazepate -C3H4O2 TMS / Fludiazepam-M (nor-) TMS / Flurazepam-M (dealkyl-) TMS / Quazepam-M (dealkyl-oxo-) TMS
Peaks: 73, 197, 341, 359, M+ 360
C18H18ClFN2OSi
360.08609
2470
PTMS
LM/Q
Hypnotic
altered during HY

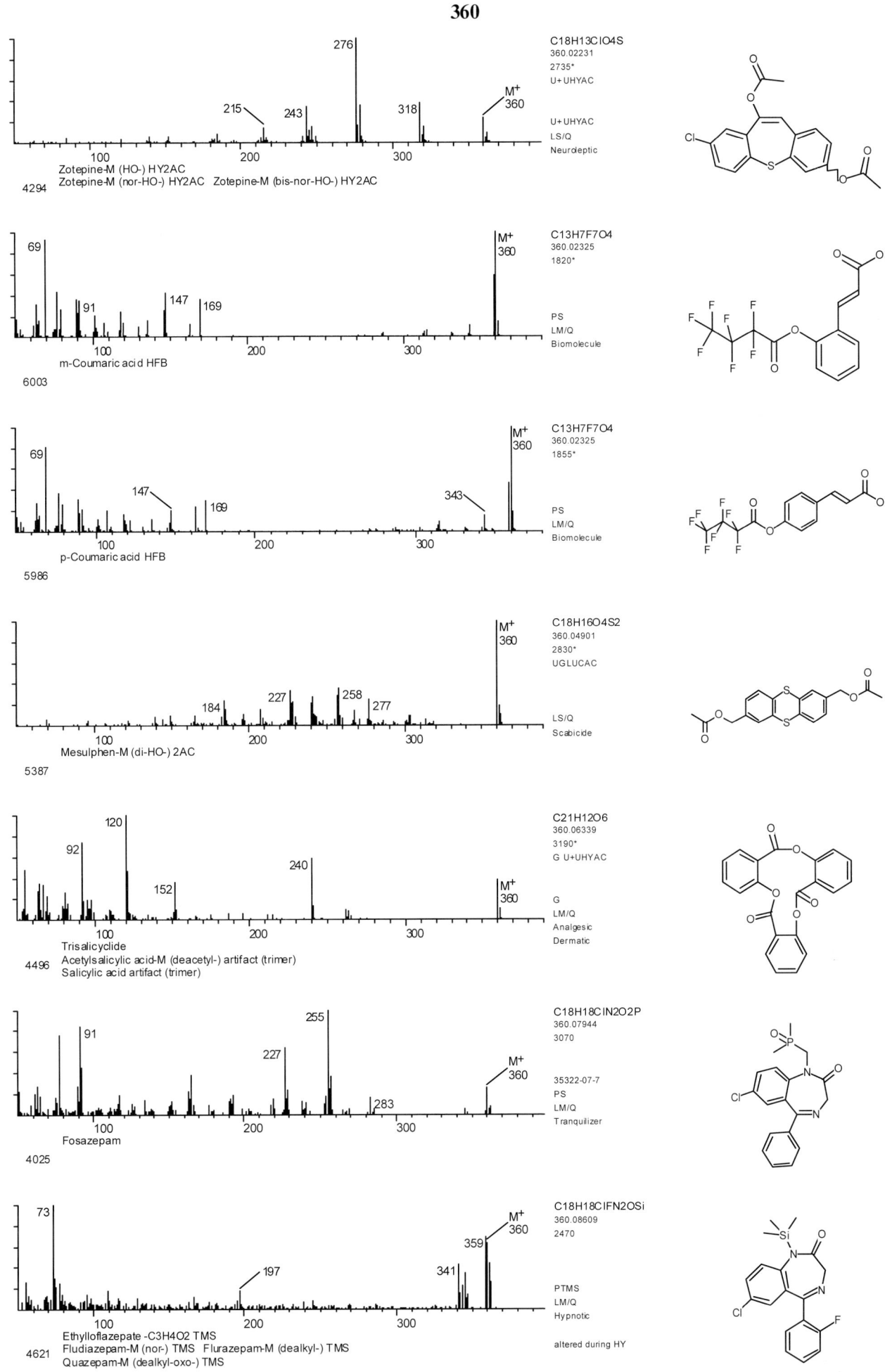

360

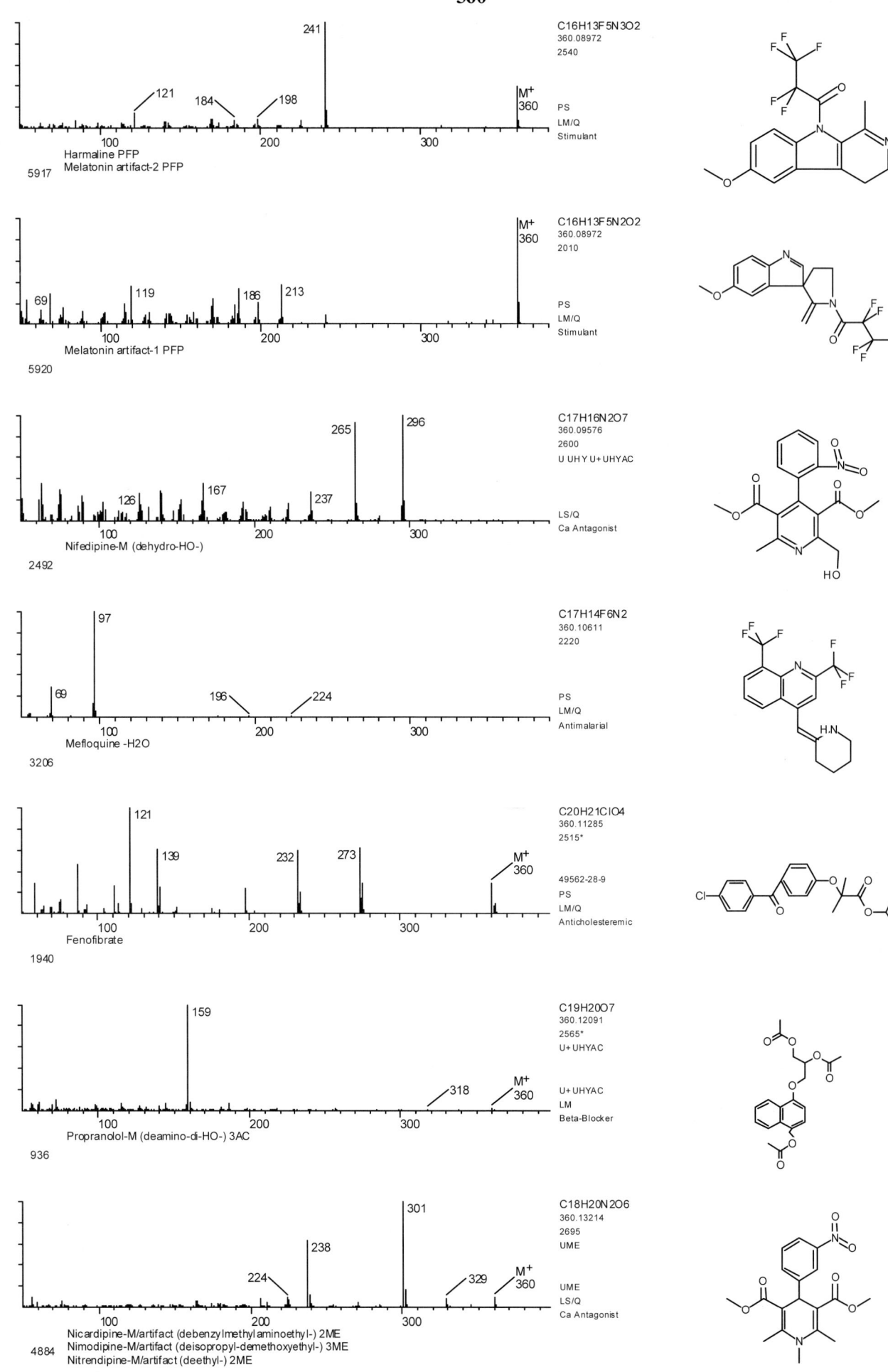

Spectrum peaks	Formula / Info
121, 184, 198, 241, M+ 360	C16H13F5N3O2 360.08972 2540 PS LM/Q Stimulant

5917 Harmaline PFP
Melatonin artifact-2 PFP

| 69, 119, 186, 213, M+ 360 | C16H13F5N2O2 360.08972 2010 PS LM/Q Stimulant |

5920 Melatonin artifact-1 PFP

| 126, 167, 237, 265, 296 | C17H16N2O7 360.09576 2600 U UHY U+ UHYAC LS/Q Ca Antagonist |

2492 Nifedipine-M (dehydro-HO-)

| 69, 97, 196, 224 | C17H14F6N2 360.10611 2220 PS LM/Q Antimalarial |

3206 Mefloquine -H2O

| 121, 139, 232, 273, M+ 360 | C20H21ClO4 360.11285 2515* 49562-28-9 PS LM/Q Anticholesteremic |

1940 Fenofibrate

| 159, 318, M+ 360 | C19H20O7 360.12091 2565* U+ UHYAC U+ UHYAC LM Beta-Blocker |

936 Propranolol-M (deamino-di-HO-) 3AC

| 224, 238, 301, 329, M+ 360 | C18H20N2O6 360.13214 2695 UME UME LS/Q Ca Antagonist |

4884 Nicardipine-M/artifact (debenzylmethylaminoethyl-) 2ME
Nimodipine-M/artifact (deisopropyl-demethoxyethyl-) 3ME
Nitrendipine-M/artifact (deethyl-) 2ME

360

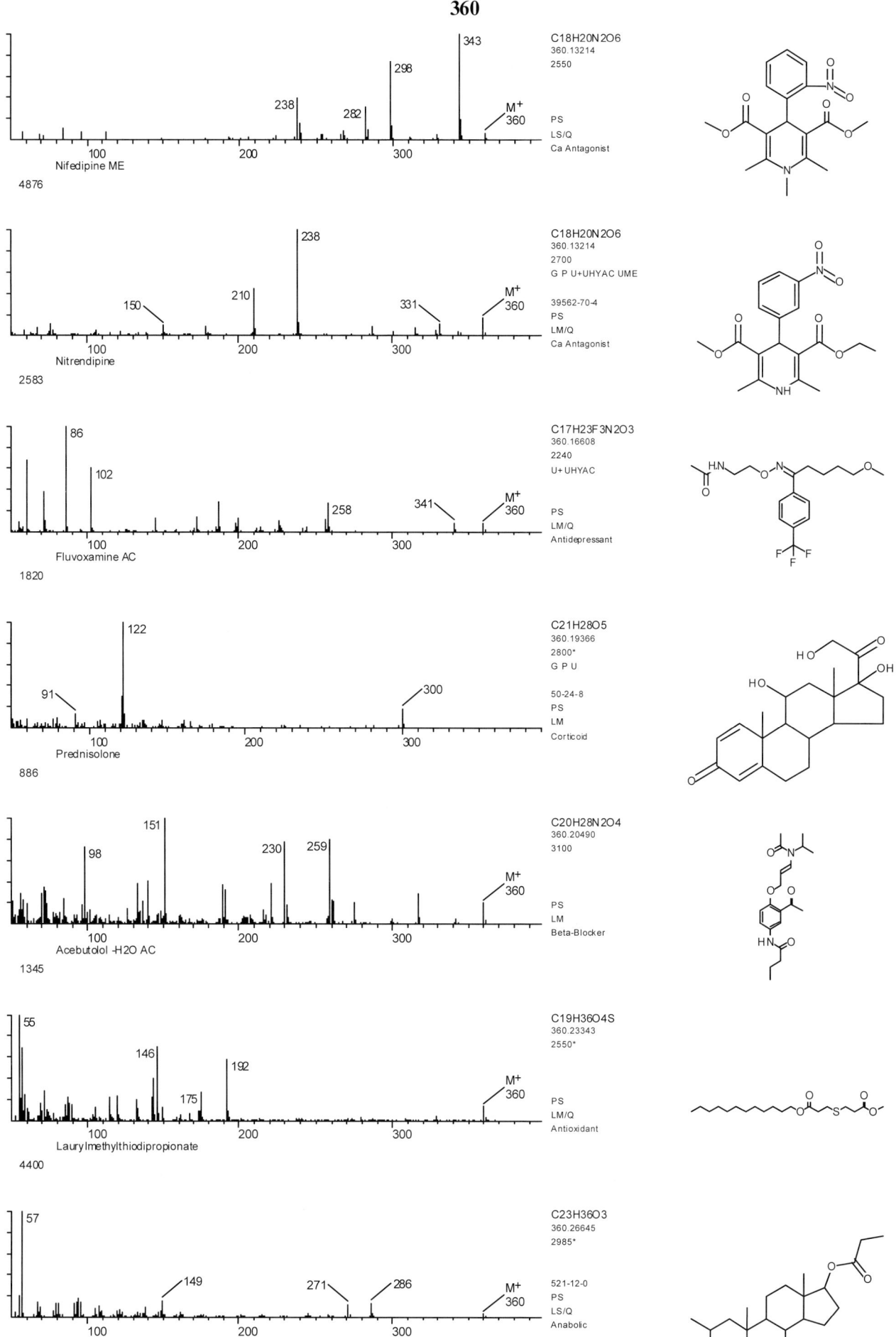

Nifedipine ME — C18H20N2O6, 360.13214, 2550, PS, LS/Q, Ca Antagonist
Peaks: 238, 282, 298, 343, M+ 360

Nitrendipine — C18H20N2O6, 360.13214, 2700, G P U+UHYAC UME, 39562-70-4, PS, LM/Q, Ca Antagonist
Peaks: 150, 210, 238, 331, M+ 360

Fluvoxamine AC — C17H23F3N2O3, 360.16608, 2240, U+ UHYAC, PS, LM/Q, Antidepressant
Peaks: 86, 102, 258, 341, M+ 360

Prednisolone — C21H28O5, 360.19366, 2800*, G P U, 50-24-8, PS, LM, Corticoid
Peaks: 91, 122, 300

Acebutolol -H2O AC — C20H28N2O4, 360.20490, 3100, PS, LM, Beta-Blocker
Peaks: 98, 151, 230, 259, M+ 360

Laurylmethylthiodipropionate — C19H36O4S, 360.23343, 2550*, PS, LM/Q, Antioxidant
Peaks: 55, 146, 175, 192, M+ 360

Drostanolone propionate — C23H36O3, 360.26645, 2985*, 521-12-0, PS, LS/Q, Anabolic
Peaks: 57, 149, 271, 286, M+ 360

885

361

Endogenous biomolecule 2AC
84, 127, 277, 319, 361
361.00000
2800
U+ UHYAC
U+ UHYAC
LS/Q
Biomolecule
3744

Mexazolam artifact AC
101, 163, 191, 261, 361
361.00000
2550
PS
LM/Q
Tranquilizer
4024

Clorazepate-M (HO-methoxy-) HY2AC   Diazepam-M (nor-HO-methoxy-) HY2AC
Halazepam-M (N-dealkyl-HO-methoxy-) HY2AC
Nordazepam-M (HO-methoxy-) HY2AC   Prazepam-M (dealkyl-HO-methoxy-) HY2AC
246, 260, 276, 319, M+ 361
C18H16ClNO5
361.07169
2700
U+ UHYAC
LS/Q
Tranquilizer
1752

Fenoxaprop-ethyl
76, 119, 261, 288, M+ 361
C18H16ClNO5
361.07169
2615
U+ UHYAC
66441-23-4
PS
LM/Q
Herbicide
4120

Adeptolon-M (N-deethyl-) AC
90, 100, 169, 198, 283
C17H20BrN3O
361.07898
2470
U+ UHYAC
U+ UHYAC
LS/Q
Antihistamine
rat
2165

PMA HFB   p-Methoxyamfetamine HFB
Formoterol HYH FB
121, 148, 169, 240, M+ 361
C14H14NO2F7
361.09128
1560
PS
LM/Q
Psychedelic
Sympathomimetic
6769

Bezafibrate
120, 139, 205, 269, 316
C19H20ClNO4
361.10809
3100
G U UHY U+UHYAC
41859-67-0
U+ UHYAC
LS/Q
Anticholesteremic
2494

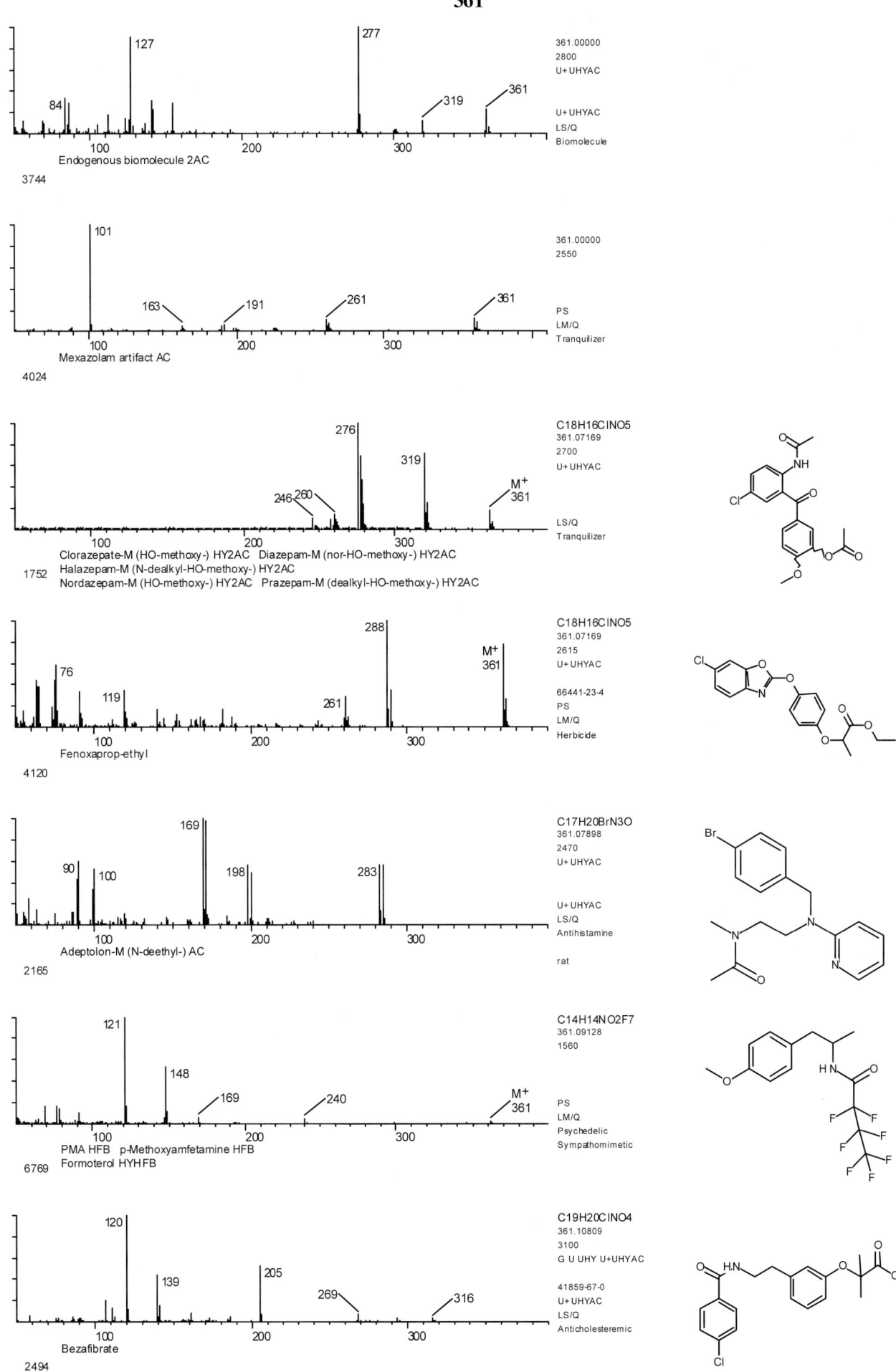

361

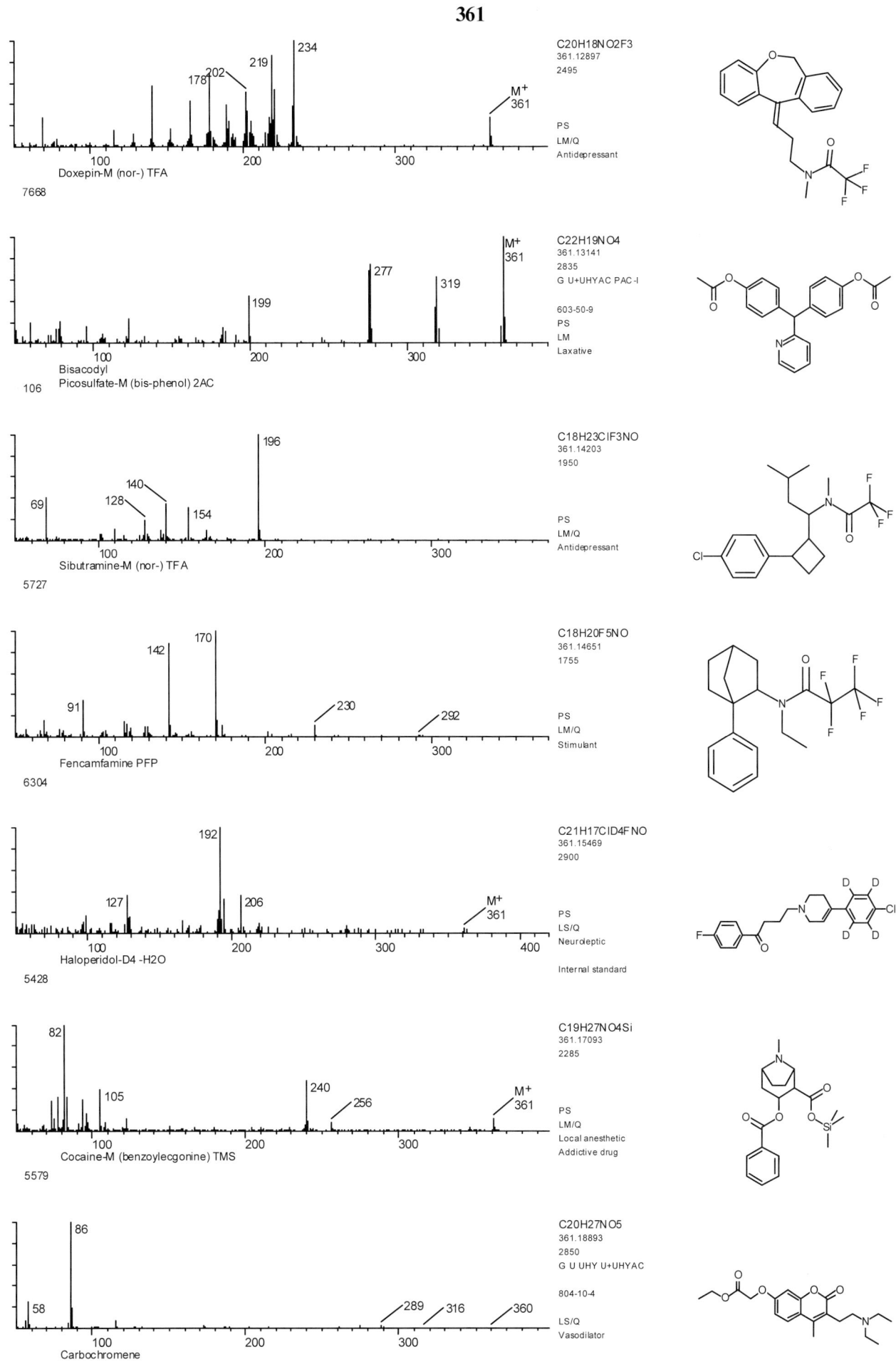

Doxepin-M (nor-) TFA	C20H18NO2F3 361.12897 2495 PS LM/Q Antidepressant
7668	

Bisacodyl Picosulfate-M (bis-phenol) 2AC	C22H19NO4 361.13141 2835 G U+UHYAC PAC-I 603-50-9 PS LM Laxative
106	

Sibutramine-M (nor-) TFA	C18H23ClF3NO 361.14203 1950 PS LM/Q Antidepressant
5727	

Fencamfamine PFP	C18H20F5NO 361.14651 1755 PS LM/Q Stimulant
6304	

Haloperidol-D4 -H2O	C21H17ClD4FNO 361.15469 2900 PS LS/Q Neuroleptic Internal standard
5428	

Cocaine-M (benzoylecgonine) TMS	C19H27NO4Si 361.17093 2285 PS LM/Q Local anesthetic Addictive drug
5579	

Carbochromene	C20H27NO5 361.18893 2850 G U UHY U+UHYAC 804-10-4 LS/Q Vasodilator
2586	

361

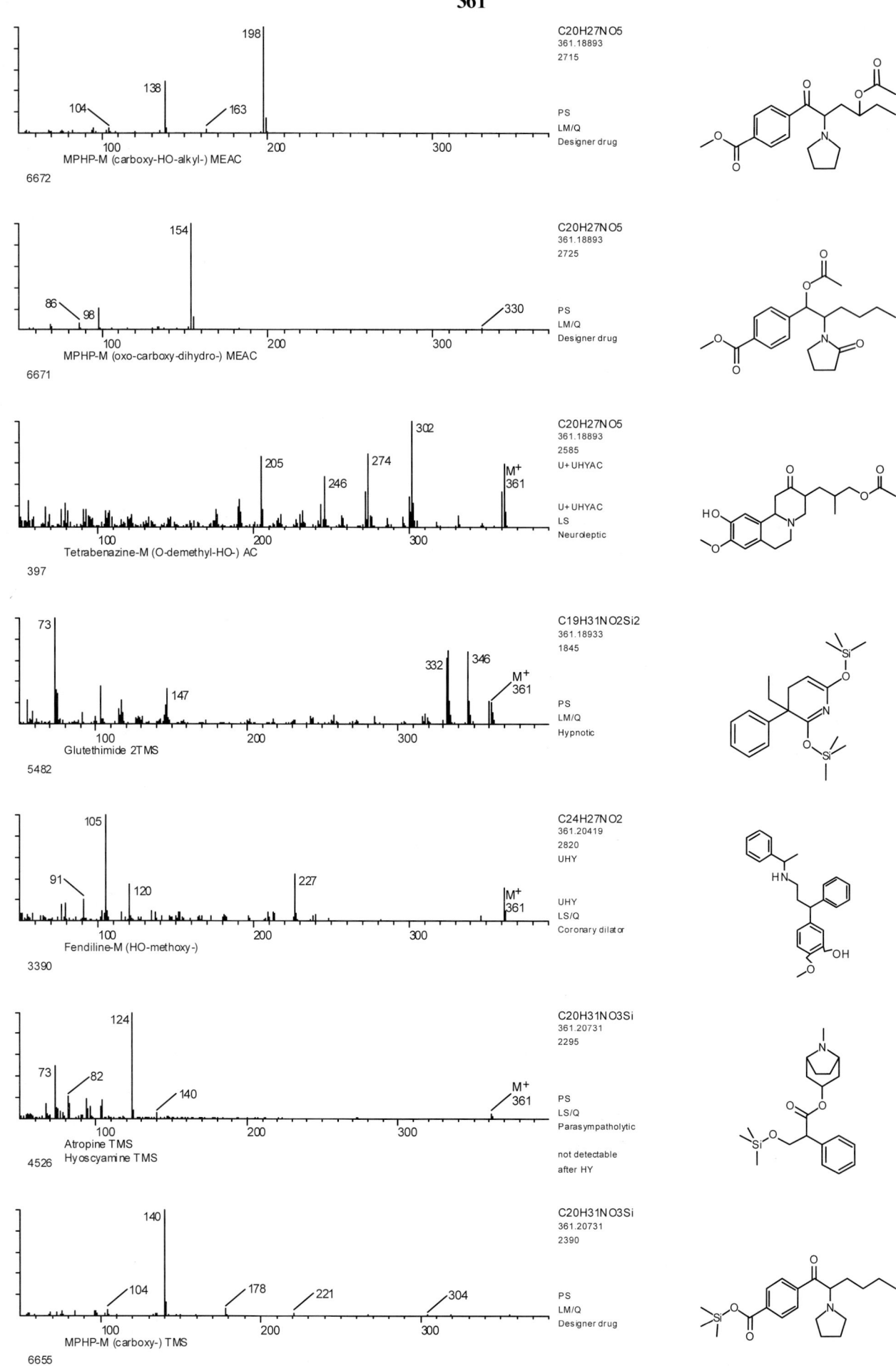

MPHP-M (carboxy-HO-alkyl-) MEAC
6672
C20H27NO5
361.18893
2715
PS
LM/Q
Designer drug

MPHP-M (oxo-carboxy-dihydro-) MEAC
6671
C20H27NO5
361.18893
2725
PS
LM/Q
Designer drug

Tetrabenazine-M (O-demethyl-HO-) AC
397
C20H27NO5
361.18893
2585
U+ UHYAC
U+ UHYAC
LS
Neuroleptic

Glutethimide 2TMS
5482
C19H31NO2Si2
361.18933
1845
PS
LM/Q
Hypnotic

Fendiline-M (HO-methoxy-)
3390
C24H27NO2
361.20419
2820
UHY
UHY
LS/Q
Coronary dilator

Atropine TMS
Hyoscyamine TMS
4526
C20H31NO3Si
361.20731
2295
PS
LS/Q
Parasympatholytic

not detectable after HY

MPHP-M (carboxy-) TMS
6655
C20H31NO3Si
361.20731
2390
PS
LM/Q
Designer drug

888

361

Opipramol-M (N-dealkyl-) AC
427

C23H27N3O
361.21542
3190
U+ UHYAC PHYAC-I

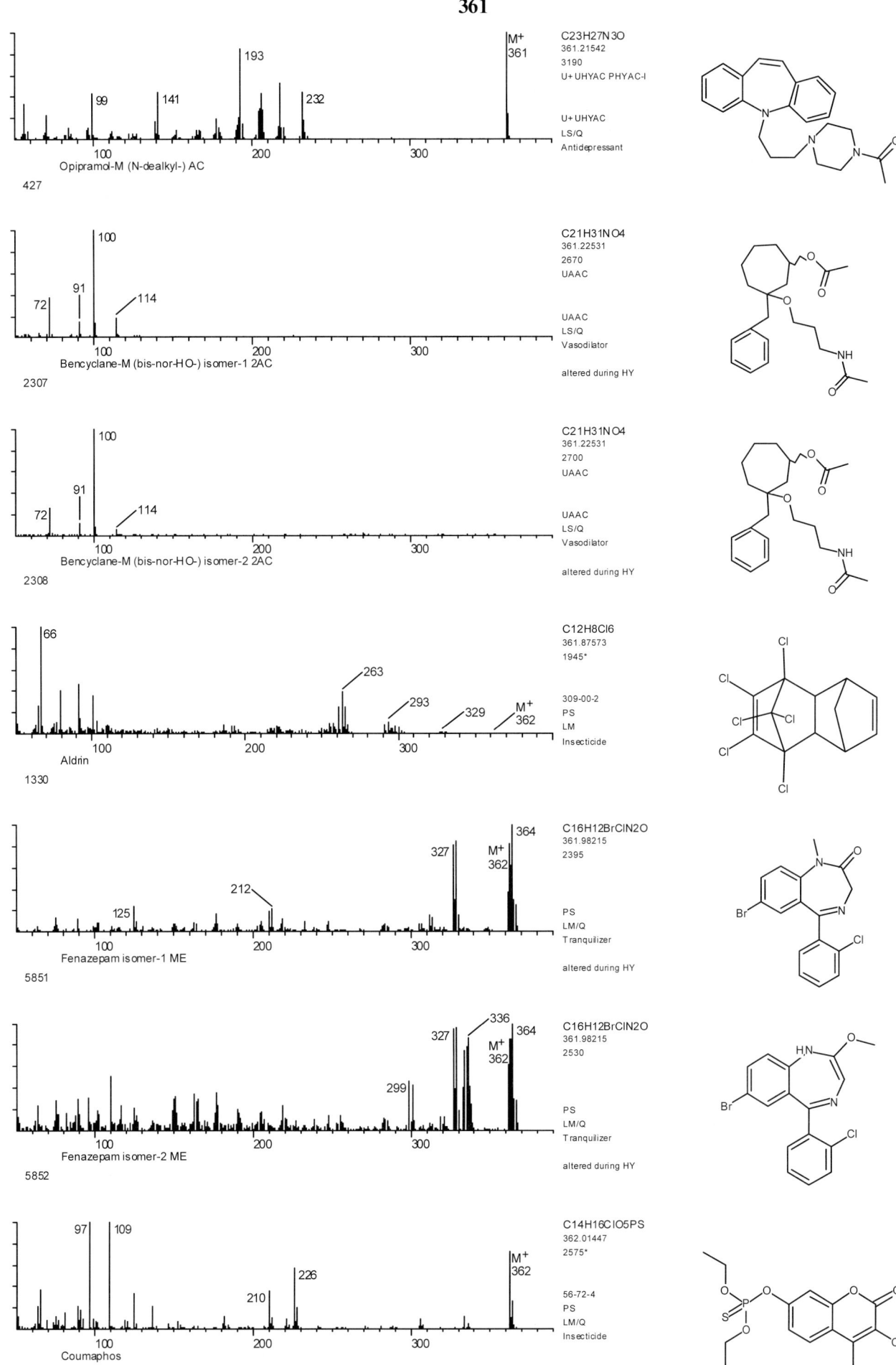

U+ UHYAC
LS/Q
Antidepressant

Bencyclane-M (bis-nor-HO-) isomer-1 2AC
2307

C21H31NO4
361.22531
2670
UAAC

UAAC
LS/Q
Vasodilator

altered during HY

Bencyclane-M (bis-nor-HO-) isomer-2 2AC
2308

C21H31NO4
361.22531
2700
UAAC

UAAC
LS/Q
Vasodilator

altered during HY

Aldrin
1330

C12H8Cl6
361.87573
1945*

309-00-2
PS
LM
Insecticide

Fenazepam isomer-1 ME
5851

C16H12BrClN2O
361.98215
2395

PS
LM/Q
Tranquilizer

altered during HY

Fenazepam isomer-2 ME
5852

C16H12BrClN2O
361.98215
2530

PS
LM/Q
Tranquilizer

altered during HY

Coumaphos
3330

C14H16ClO5PS
362.01447
2575*

56-72-4
PS
LM/Q
Insecticide

362

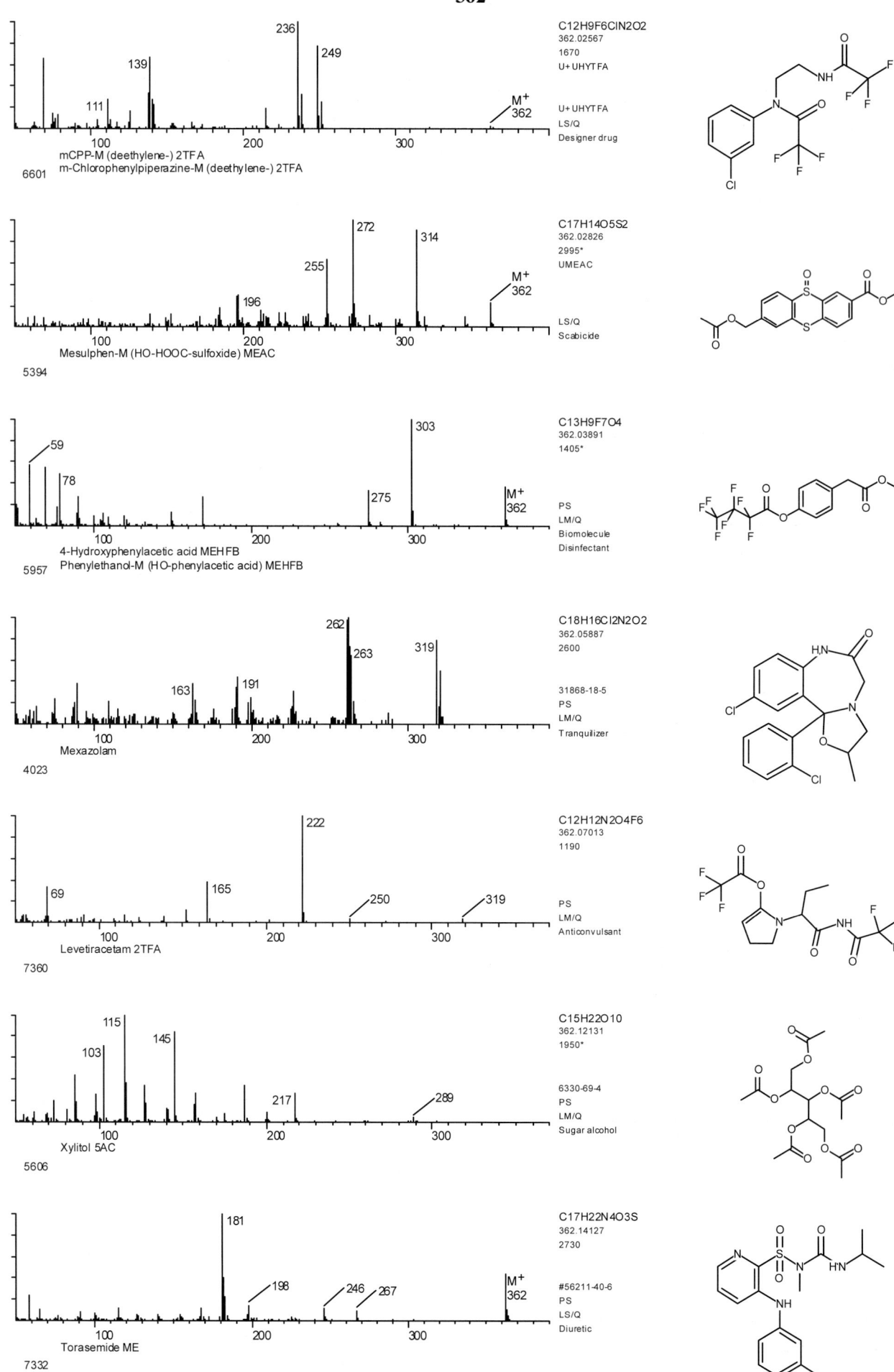

mCPP-M (deethylene-) 2TFA
m-Chlorophenylpiperazine-M (deethylene-) 2TFA
6601
C12H9F6ClN2O2
362.02567
1670
U+ UHYTFA
U+ UHYTFA
LS/Q
Designer drug

Mesulphen-M (HO-HOOC-sulfoxide) MEAC
5394
C17H14O5S2
362.02826
2995*
UMEAC
LS/Q
Scabicide

4-Hydroxyphenylacetic acid MEHFB
Phenylethanol-M (HO-phenylacetic acid) MEHFB
5957
C13H9F7O4
362.03891
1405*
PS
LM/Q
Biomolecule
Disinfectant

Mexazolam
4023
C18H16Cl2N2O2
362.05887
2600
31868-18-5
PS
LM/Q
Tranquilizer

Levetiracetam 2TFA
7360
C12H12N2O4F6
362.07013
1190
PS
LM/Q
Anticonvulsant

Xylitol 5AC
5606
C15H22O10
362.12131
1950*
6330-69-4
PS
LM/Q
Sugar alcohol

Torasemide ME
7332
C17H22N4O3S
362.14127
2730
#56211-40-6
PS
LS/Q
Diuretic

362

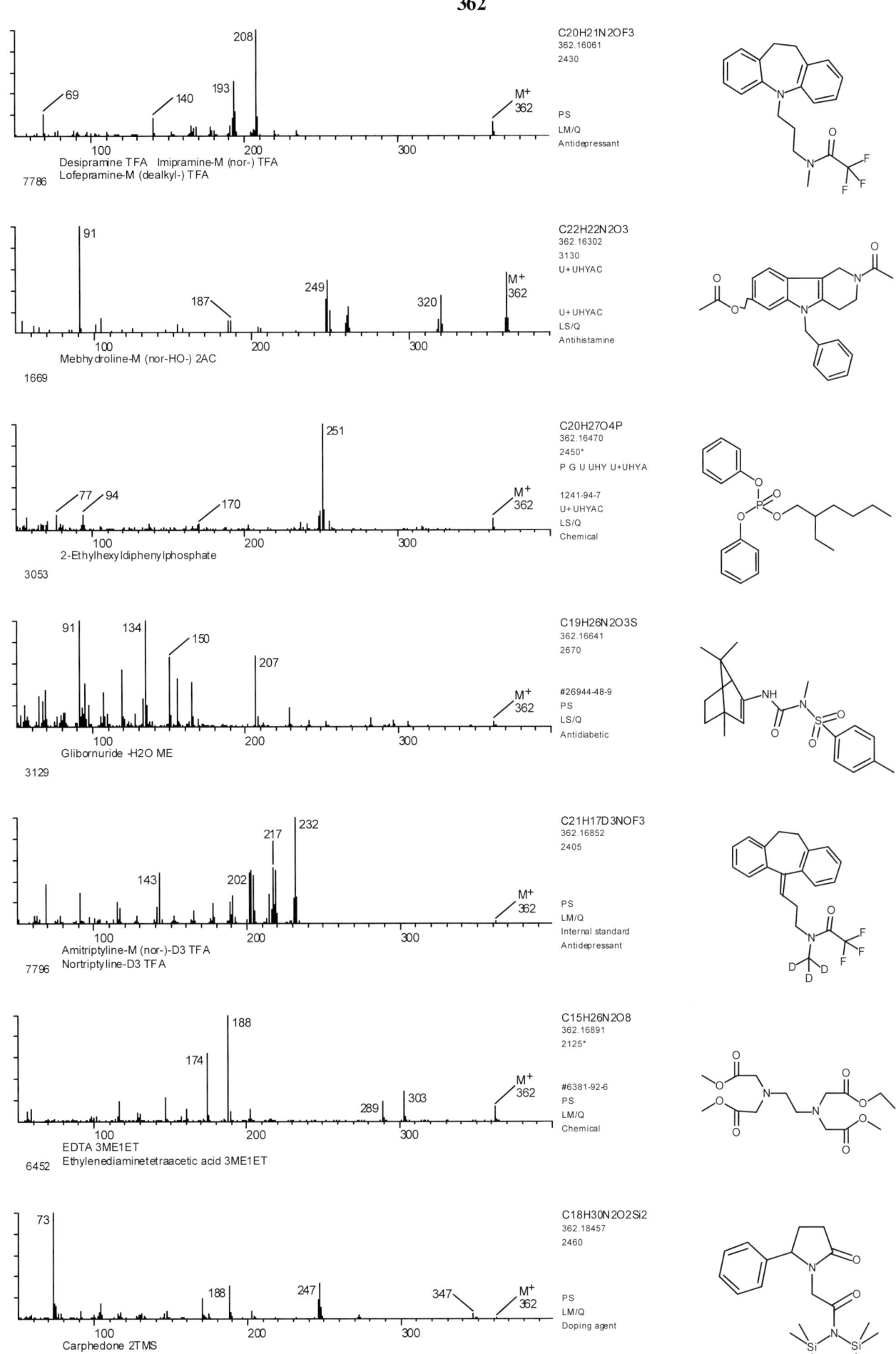

C20H21N2OF3
362.16061
2430

PS
LM/Q
Antidepressant

Desipramine TFA   Imipramine-M (nor-) TFA
Lofepramine-M (dealkyl-) TFA
7786

C22H22N2O3
362.16302
3130
U+ UHYAC

U+ UHYAC
LS/Q
Antihistamine

Mebhydroline-M (nor-HO-) 2AC
1669

C20H27O4P
362.16470
2450*
P G U UHY U+UHYA

1241-94-7
U+ UHYAC
LS/Q
Chemical

2-Ethylhexyldiphenylphosphate
3053

C19H26N2O3S
362.16641
2670

#26944-48-9
PS
LS/Q
Antidiabetic

Glibornuride -H2O ME
3129

C21H17D3NOF3
362.16852
2405

PS
LM/Q
Internal standard
Antidepressant

Amitriptyline-M (nor-)-D3 TFA
Nortriptyline-D3 TFA
7796

C15H26N2O8
362.16891
2125*

#6381-92-6
PS
LM/Q
Chemical

EDTA 3ME1ET
Ethylenediaminetetraacetic acid 3ME1ET
6452

C18H30N2O2Si2
362.18457
2460

PS
LM/Q
Doping agent

Carphedone 2TMS
6031

362

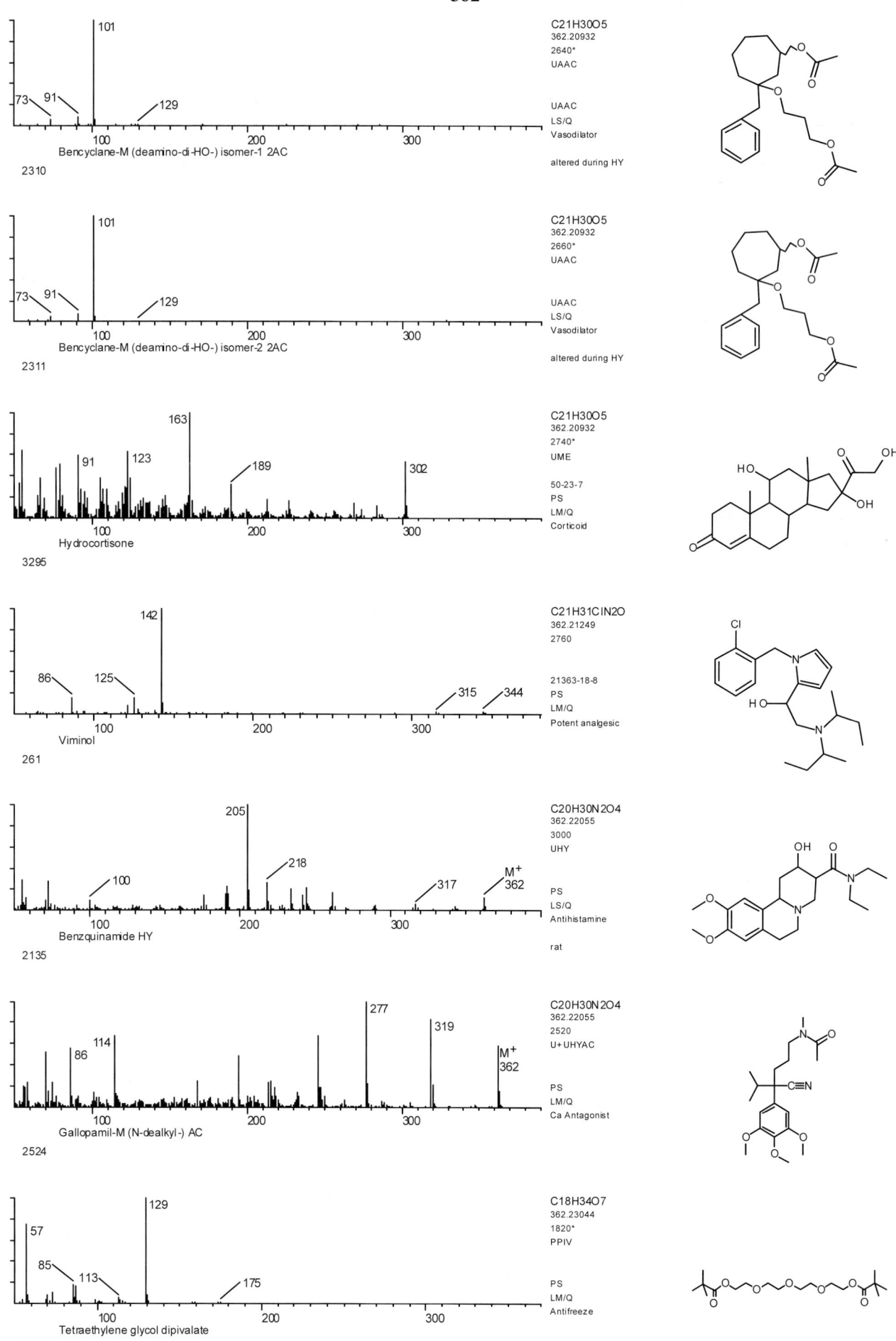

Bencyclane-M (deamino-di-HO-) isomer-1 2AC 2310	C21H30O5 362.20932 2640* UAAC UAAC LS/Q Vasodilator altered during HY	
Bencyclane-M (deamino-di-HO-) isomer-2 2AC 2311	C21H30O5 362.20932 2660* UAAC UAAC LS/Q Vasodilator altered during HY	
Hydrocortisone 3295	C21H30O5 362.20932 2740* UME 50-23-7 PS LM/Q Corticoid	
Viminol 261	C21H31ClN2O 362.21249 2760 21363-18-8 PS LM/Q Potent analgesic	
Benzquinamide HY 2135	C20H30N2O4 362.22055 3000 UHY PS LS/Q Antihistamine rat	
Gallopamil-M (N-dealkyl-) AC 2524	C20H30N2O4 362.22055 2520 U+ UHYAC PS LM/Q Ca Antagonist	
Tetraethylene glycol dipivalate 6427	C18H34O7 362.23044 1820* PPIV PS LM/Q Antifreeze	

892

362

6053 Hexyloctylphthalate / Phthalic acid hexyloctyl ester	C22H34O4, 362.24570, 2500*, LM/Q, Softener. Peaks: 85, 149, 251, 279, M+ 362
3961 3-beta-Etiocholanolone TMS	C22H38O2Si, 362.26410, 2430*, #571-31-3, PS, LM/Q, Biomolecule. Peaks: 75, 244, 272, 347, M+ 362
3963 Dihydrotestosterone TMS	C22H38O2Si, 362.26410, 2485*, PS, LM/Q, Biomolecule. Peaks: 73, 129, 246, 347, M+ 362
3959 Epiandrosterone TMS	C22H38O2Si, 362.26410, 2500*, PS, LM/Q, Biomolecule. Peaks: 75, 155, 272, 347, M+ 362
3105 Chlortalidone artifact 3ME	363.00000, 2950, UME, PS, LS/Q, Diuretic. Peaks: 176, 220, 255, 287, 363
7174 DOI AC / 4-Iodo-2,5-dimethoxy-amfetamine AC	C13H18NO3I, 363.03314, 2295, U+ UHYAC, PS, LM/Q, Designer drug. Peaks: 86, 247, 277, 304, M+ 363
2762 Etofibrate	C18H18ClNO5, 363.08734, 2520, 31637-97-5, PS, LM/Q, Anticholesteremic. Peaks: 78, 106, 128, 236, M+ 363

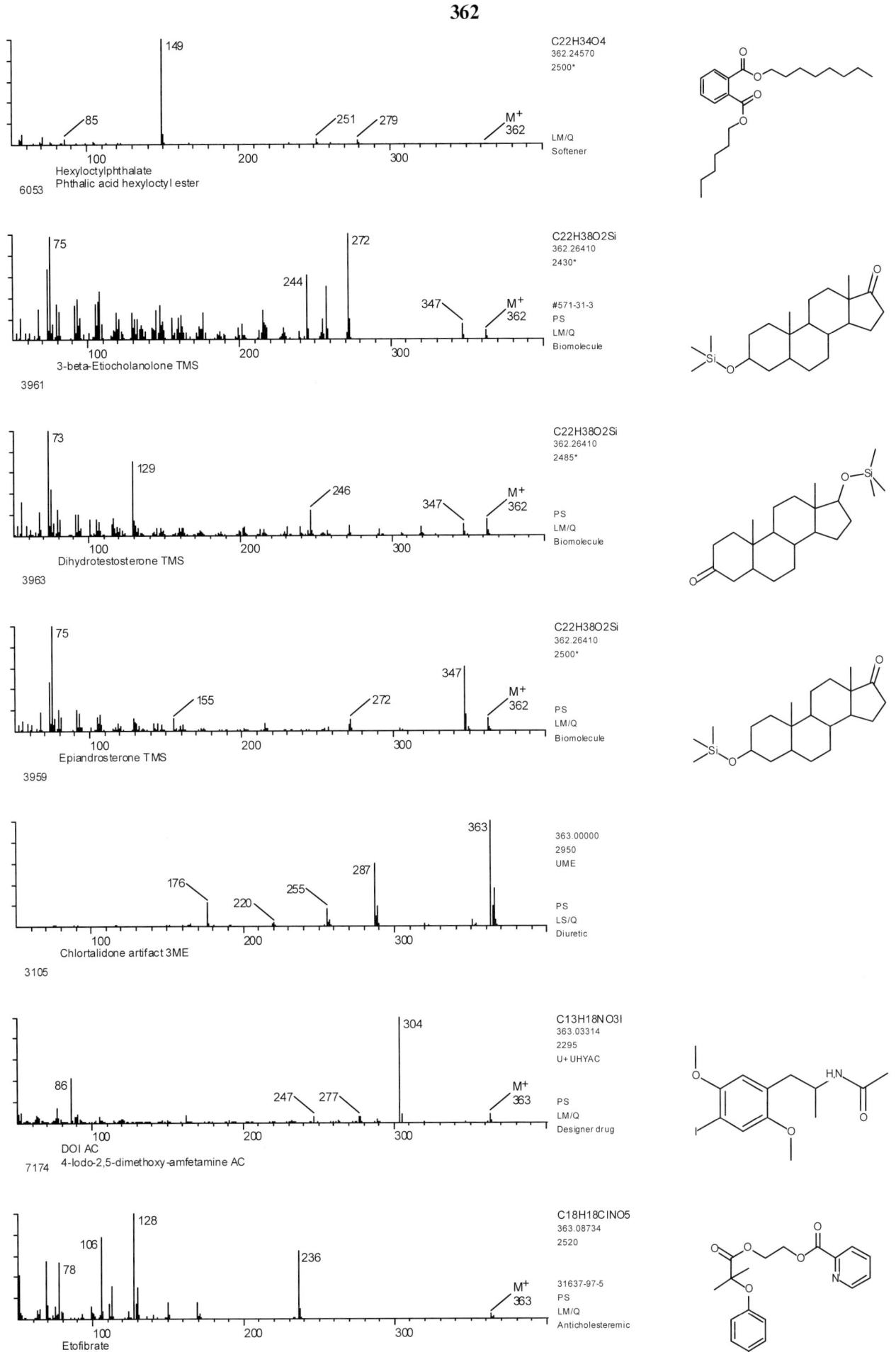

363

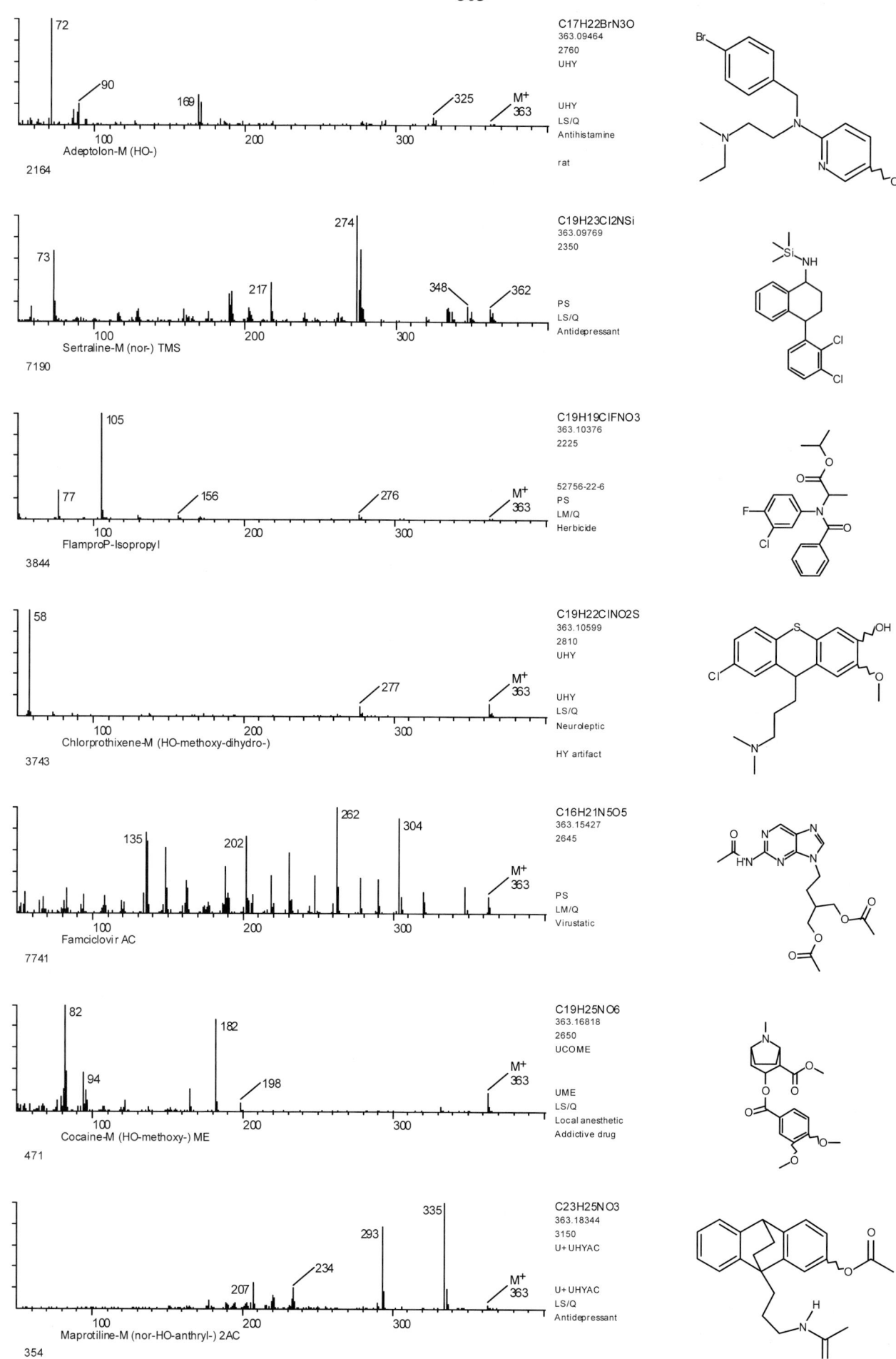

Adeptolon-M (HO-)	72, 90, 169, 325, M+ 363	C17H22BrN3O 363.09464 2760 UHY / UHY LS/Q Antihistamine rat
Sertraline-M (nor-) TMS	73, 217, 274, 348, 362	C19H23Cl2NSi 363.09769 2350 PS LS/Q Antidepressant
FlamproP-Isopropyl	77, 105, 156, 276, M+ 363	C19H19ClFNO3 363.10376 2225 52756-22-6 PS LM/Q Herbicide
Chlorprothixene-M (HO-methoxy-dihydro-)	58, 277, M+ 363	C19H22ClNO2S 363.10599 2810 UHY / UHY LS/Q Neuroleptic HY artifact
Famciclovir AC	135, 202, 262, 304, M+ 363	C16H21N5O5 363.15427 2645 PS LM/Q Virustatic
Cocaine-M (HO-methoxy-) ME	82, 94, 182, 198, M+ 363	C19H25NO6 363.16818 2650 UCOME UME LS/Q Local anesthetic Addictive drug
Maprotiline-M (nor-HO-anthryl-) 2AC	207, 234, 293, 335, M+ 363	C23H25NO3 363.18344 3150 U+ UHYAC U+ UHYAC LS/Q Antidepressant

363

Maprotiline-M (nor-HO-ethanediyl-) 2AC
6477
Peaks: 179, 191, 218, 277, M+ 363
C23H25NO3
363.18344
2970
U+ UHYAC
U+ UHYAC
LS/Q
Antidepressant

Methadone-M (bis-nor-HO-) -H2O 2AC
Methadone-M (nor-HO-EDDP) 2AC
EDDP-M (nor-HO-) 2AC
5299
Peaks: 149, 278, 320, 348, M+ 363
C23H25NO3
363.18344
2645
U+ UHYAC
U+ UHYAC
LS/Q
Potent analgesic

Protriptyline-M (HO-) 2AC
393
Peaks: 114, 207, 249, 321, M+ 363
C23H25NO3
363.18344
2895
U+ UHYAC
U+ UHYAC
LM
Antidepressant

Tramadol-M (HO-) 2 AC
4439
Peaks: 58, 116, 186, 303, M+ 363
C20H29NO5
363.20456
2310
U+ UHYAC
UAC
LM/Q
Potent analgesic
altered during HY

Opipramol
578
Peaks: 70, 206, 218, 232, M+ 363
C23H29N3O
363.23105
3055
G P UHY
315-72-0
PS
LS/Q
Antidepressant

Dihydrocapsaicine MEAC
6783
Peaks: 137, 151, 195, 321, M+ 363
C21H33NO4
363.24097
2510
PS
LM/Q
Rubefacient
in pepper spray

Talinolol
4268
Peaks: 57, 86, 135, 167, 281
C20H33N3O3
363.25220
2350
57460-41-0
PS
LM/Q
Beta-Blocker

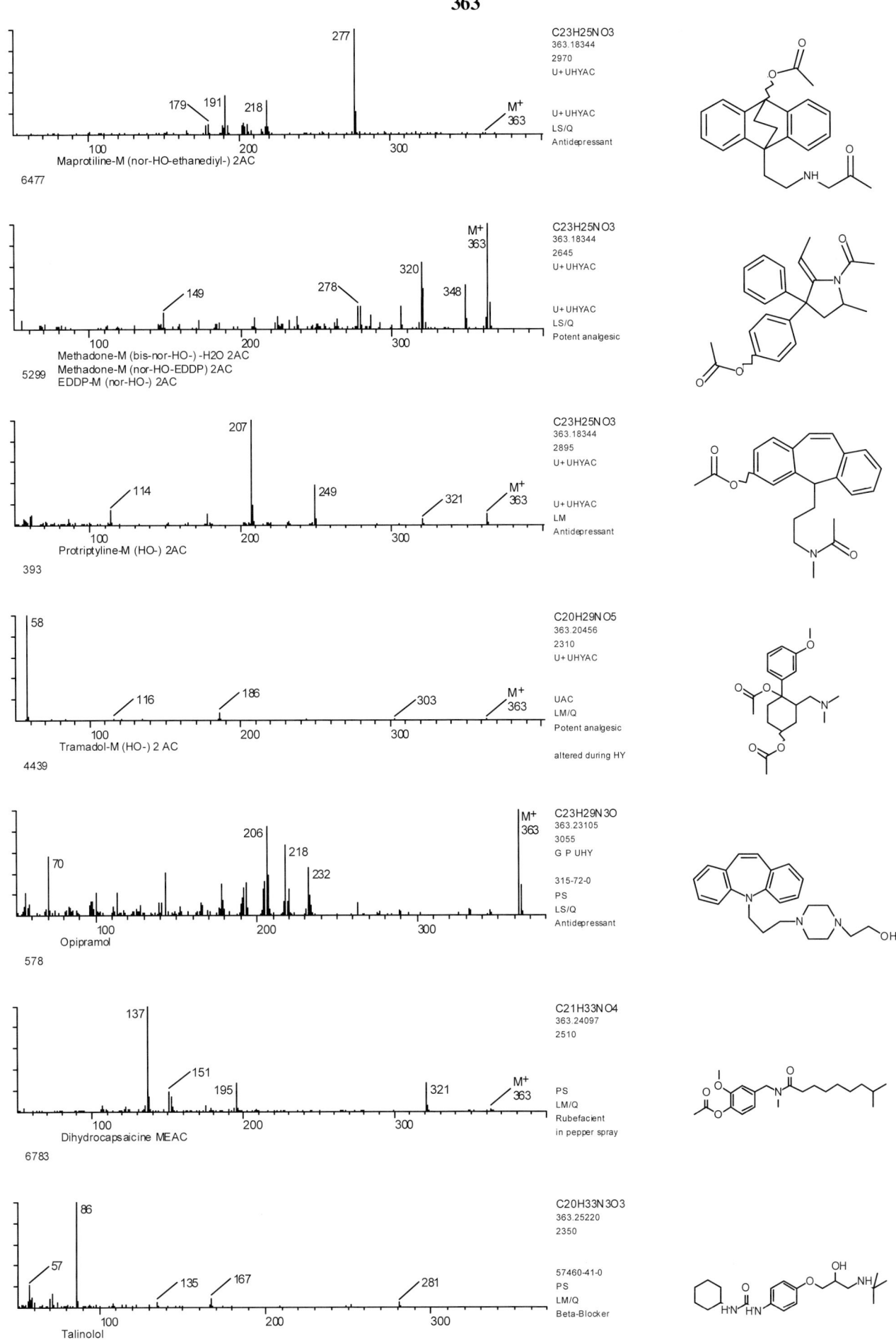

363

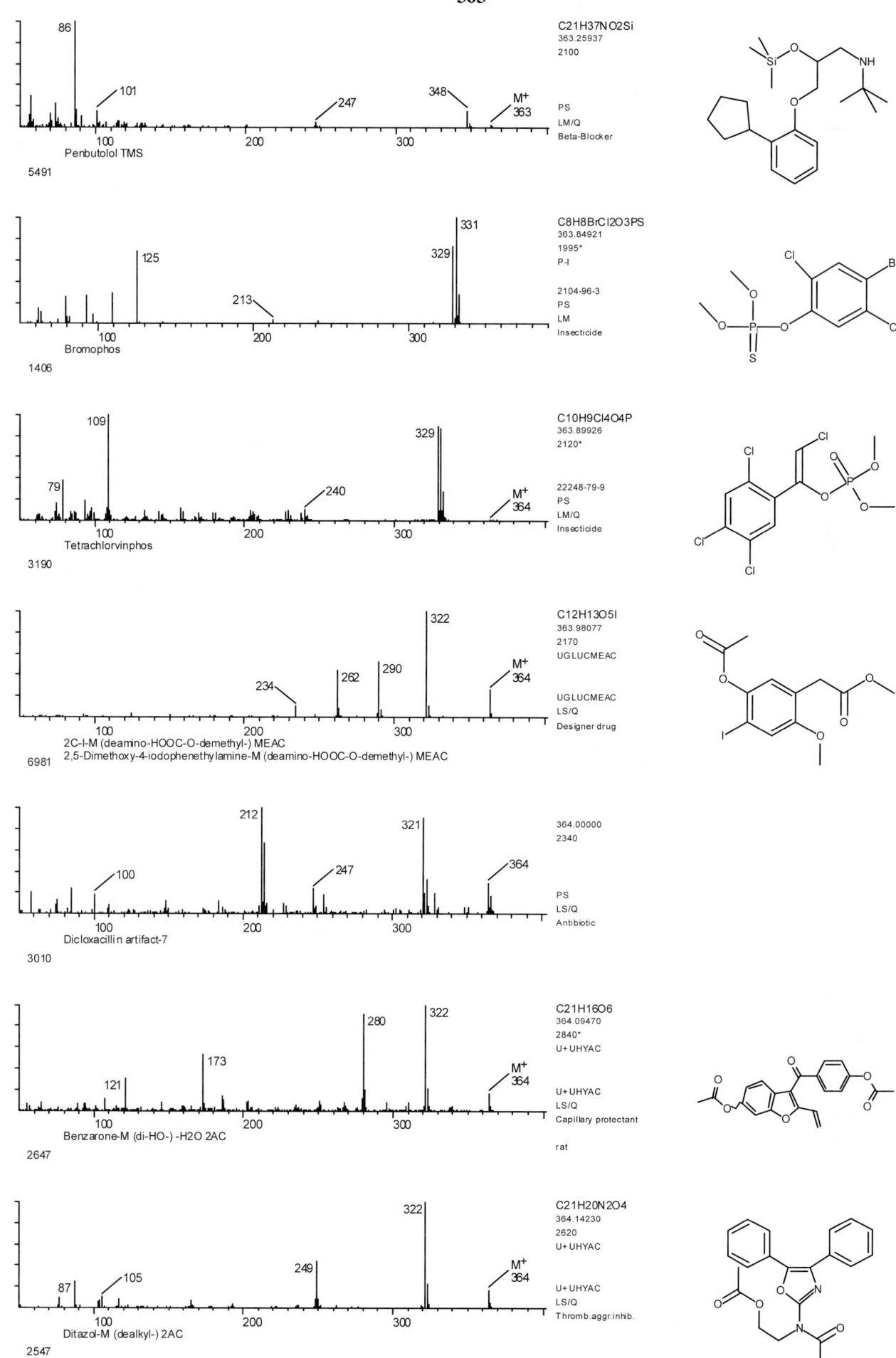

Penbutolol TMS — 5491
C21H37NO2Si
363.25937
2100

PS
LM/Q
Beta-Blocker

Peaks: 86, 101, 247, 348, M+ 363

Bromophos — 1406
C8H8BrCl2O3PS
363.84921
1995*
P-I

2104-96-3
PS
LM
Insecticide

Peaks: 125, 213, 329, 331

Tetrachlorvinphos — 3190
C10H9Cl4O4P
363.89926
2120*

22248-79-9
PS
LM/Q
Insecticide

Peaks: 79, 109, 240, 329, M+ 364

2C-I-M (deamino-HOOC-O-demethyl-) MEAC
2,5-Dimethoxy-4-iodophenethylamine-M (deamino-HOOC-O-demethyl-) MEAC — 6981
C12H13O5I
363.98077
2170
UGLUCMEAC

UGLUCMEAC
LS/Q
Designer drug

Peaks: 234, 262, 290, 322, M+ 364

Dicloxacillin artifact-7 — 3010
364.00000
2340

PS
LS/Q
Antibiotic

Peaks: 100, 212, 247, 321, 364

Benzarone-M (di-HO-) -H2O 2AC — 2647
C21H16O6
364.09470
2840*
U+ UHYAC

U+ UHYAC
LS/Q
Capillary protectant
rat

Peaks: 121, 173, 280, 322, M+ 364

Ditazol-M (dealkyl-) 2AC — 2547
C21H20N2O4
364.14230
2620
U+ UHYAC

U+ UHYAC
LS/Q
Thromb.aggr.inhib.

Peaks: 87, 105, 249, 322, M+ 364

364

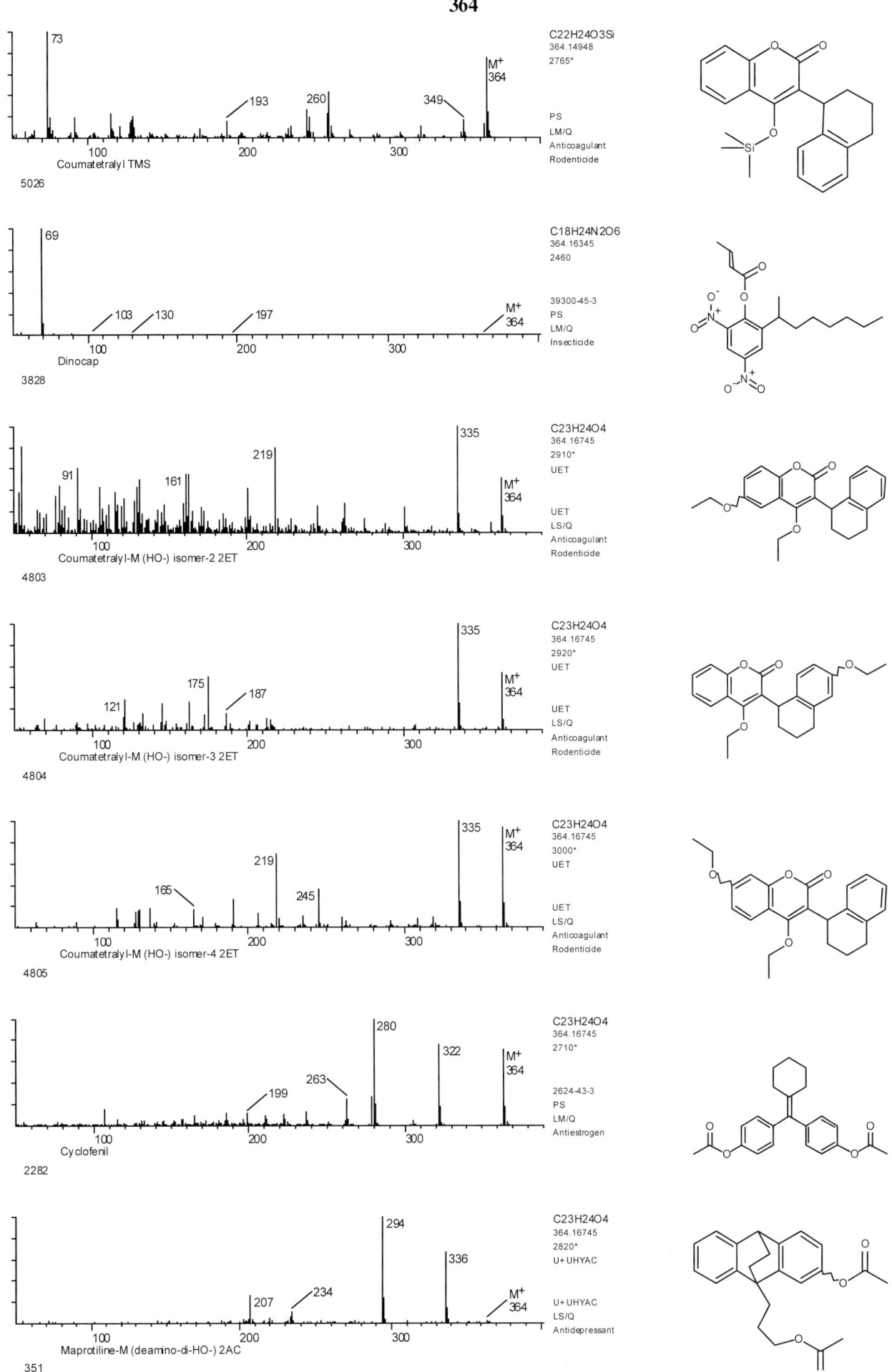

Spectrum	Compound	Formula
5026	Coumatetralyl TMS	C22H24O3Si 364.14948 2765* PS LM/Q Anticoagulant Rodenticide
3828	Dinocap	C18H24N2O6 364.16345 2460 39300-45-3 PS LM/Q Insecticide
4803	Coumatetralyl-M (HO-) isomer-2 2ET	C23H24O4 364.16745 2910* UET UET LS/Q Anticoagulant Rodenticide
4804	Coumatetralyl-M (HO-) isomer-3 2ET	C23H24O4 364.16745 2920* UET UET LS/Q Anticoagulant Rodenticide
4805	Coumatetralyl-M (HO-) isomer-4 2ET	C23H24O4 364.16745 3000* UET UET LS/Q Anticoagulant Rodenticide
2282	Cyclofenil	C23H24O4 364.16745 2710* 2624-43-3 PS LM/Q Antiestrogen
351	Maprotiline-M (deamino-di-HO-) 2AC	C23H24O4 364.16745 2820* U+ UHYAC U+ UHYAC LS/Q Antidepressant

364

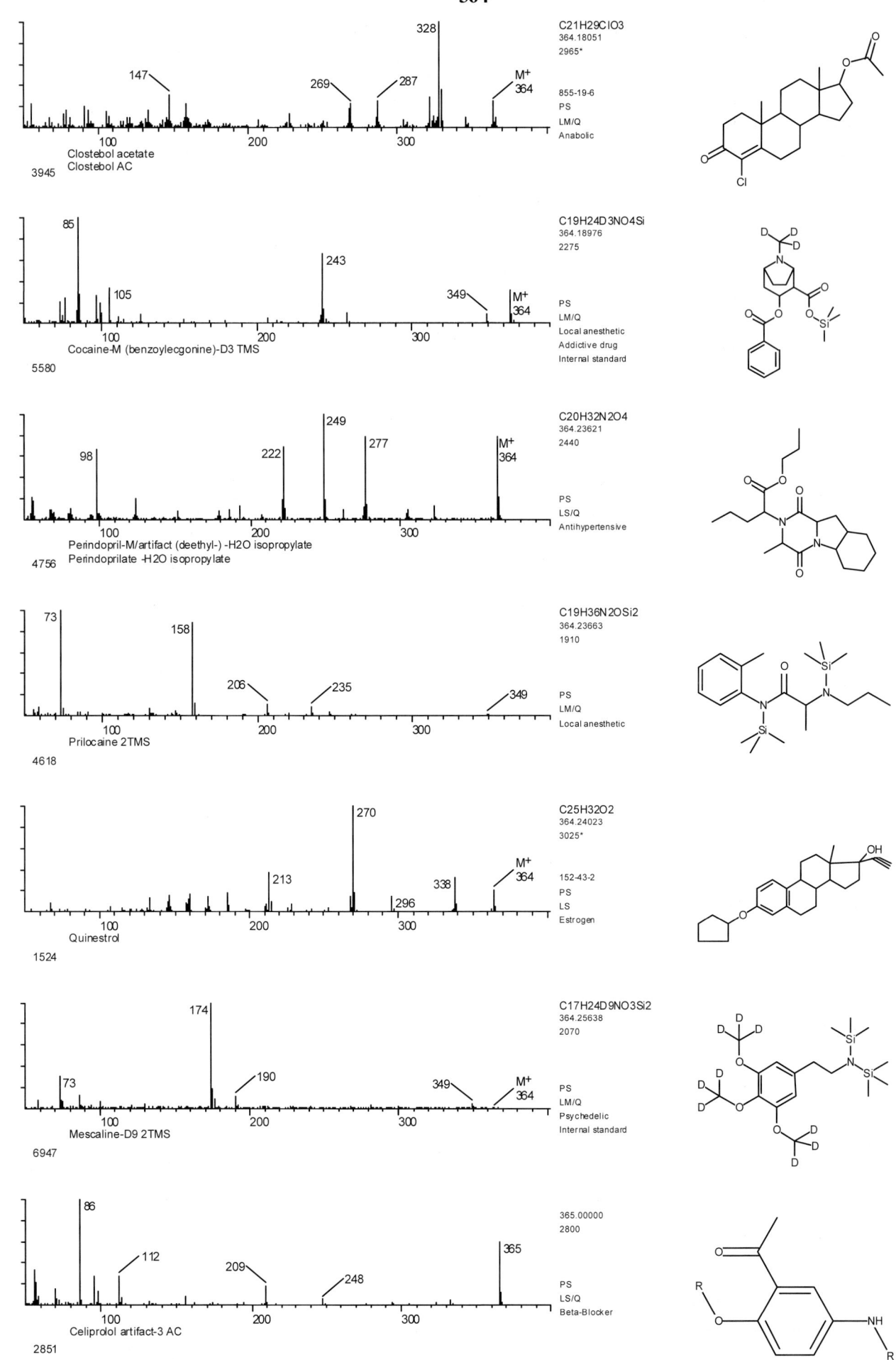

C21H29ClO3
364.18051
2965*

855-19-6
PS
LM/Q
Anabolic

Clostebol acetate
Clostebol AC
3945

C19H24D3NO4Si
364.18976
2275

PS
LM/Q
Local anesthetic
Addictive drug
Internal standard

Cocaine-M (benzoylecgonine)-D3 TMS
5580

C20H32N2O4
364.23621
2440

PS
LS/Q
Antihypertensive

Perindopril-M/artifact (deethyl-) -H2O isopropylate
Perindoprilate -H2O isopropylate
4756

C19H36N2OSi2
364.23663
1910

PS
LM/Q
Local anesthetic

Prilocaine 2TMS
4618

C25H32O2
364.24023
3025*

152-43-2
PS
LS
Estrogen

Quinestrol
1524

C17H24D9NO3Si2
364.25638
2070

PS
LM/Q
Psychedelic
Internal standard

Mescaline-D9 2TMS
6947

365.00000
2800

PS
LS/Q
Beta-Blocker

Celiprolol artifact-3 AC
2851

898

365

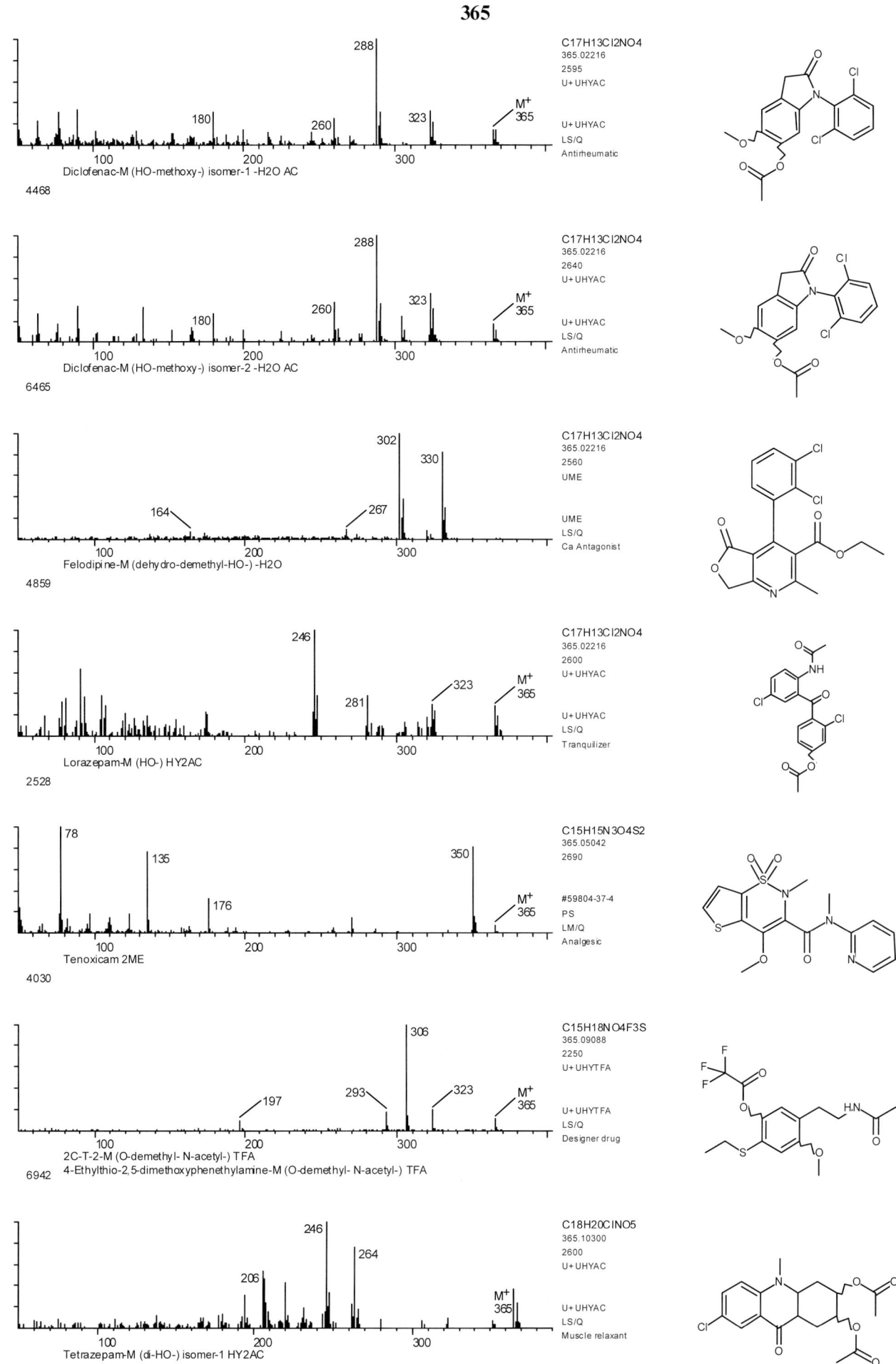

Spectrum with peaks at 180, 260, 288, 323, M+ 365	C17H13Cl2NO4 365.02216 2595 U+ UHYAC U+ UHYAC LS/Q Antirheumatic	*structure*
Diclofenac-M (HO-methoxy-) isomer-1 -H2O AC 4468		
Spectrum with peaks at 180, 260, 288, 323, M+ 365	C17H13Cl2NO4 365.02216 2640 U+ UHYAC U+ UHYAC LS/Q Antirheumatic	*structure*
Diclofenac-M (HO-methoxy-) isomer-2 -H2O AC 6465		
Spectrum with peaks at 164, 267, 302, 330	C17H13Cl2NO4 365.02216 2560 UME UME LS/Q Ca Antagonist	*structure*
Felodipine-M (dehydro-demethyl-HO-) -H2O 4859		
Spectrum with peaks at 246, 281, 323, M+ 365	C17H13Cl2NO4 365.02216 2600 U+ UHYAC U+ UHYAC LS/Q Tranquilizer	*structure*
Lorazepam-M (HO-) HY2AC 2528		
Spectrum with peaks at 78, 135, 176, 350, M+ 365	C15H15N3O4S2 365.05042 2690 #59804-37-4 PS LM/Q Analgesic	*structure*
Tenoxicam 2ME 4030		
Spectrum with peaks at 197, 293, 306, 323, M+ 365	C15H18NO4F3S 365.09088 2250 U+ UHYTFA U+ UHYTFA LS/Q Designer drug	*structure*
2C-T-2-M (O-demethyl- N-acetyl-) TFA 6942 4-Ethylthio-2,5-dimethoxyphenethylamine-M (O-demethyl- N-acetyl-) TFA		
Spectrum with peaks at 206, 246, 264, M+ 365	C18H20ClNO5 365.10300 2600 U+ UHYAC U+ UHYAC LS/Q Muscle relaxant	*structure*
Tetrazepam-M (di-HO-) isomer-1 HY2AC 2063		

365

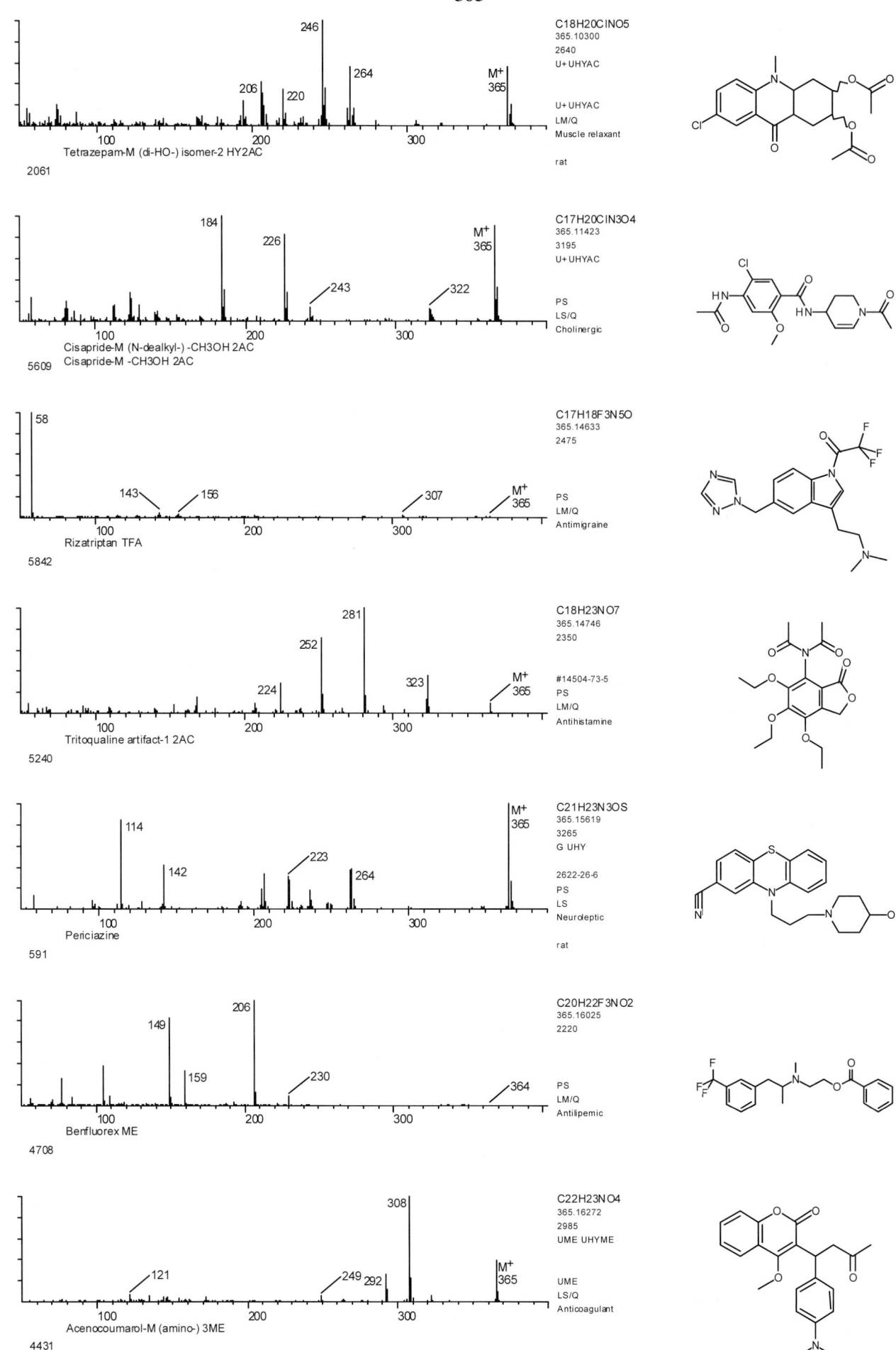

Tetrazepam-M (di-HO-) isomer-2 HY2AC 2061	C18H20ClNO5 365.10300 2640 U+ UHYAC U+ UHYAC LM/Q Muscle relaxant rat
Cisapride-M (N-dealkyl-) -CH3OH 2AC Cisapride-M -CH3OH 2AC 5609	C17H20ClN3O4 365.11423 3195 U+ UHYAC PS LS/Q Cholinergic
Rizatriptan TFA 5842	C17H18F3N5O 365.14633 2475 PS LM/Q Antimigraine
Tritoqualine artifact-1 2AC 5240	C18H23NO7 365.14746 2350 #14504-73-5 PS LM/Q Antihistamine
Periciazine 591	C21H23N3OS 365.15619 3265 G UHY 2622-26-6 PS LS Neuroleptic rat
Benfluorex ME 4708	C20H22F3NO2 365.16025 2220 PS LM/Q Antilipemic
Acenocoumarol-M (amino-) 3ME 4431	C22H23NO4 365.16272 2985 UME UHYME UME LS/Q Anticoagulant

900

365

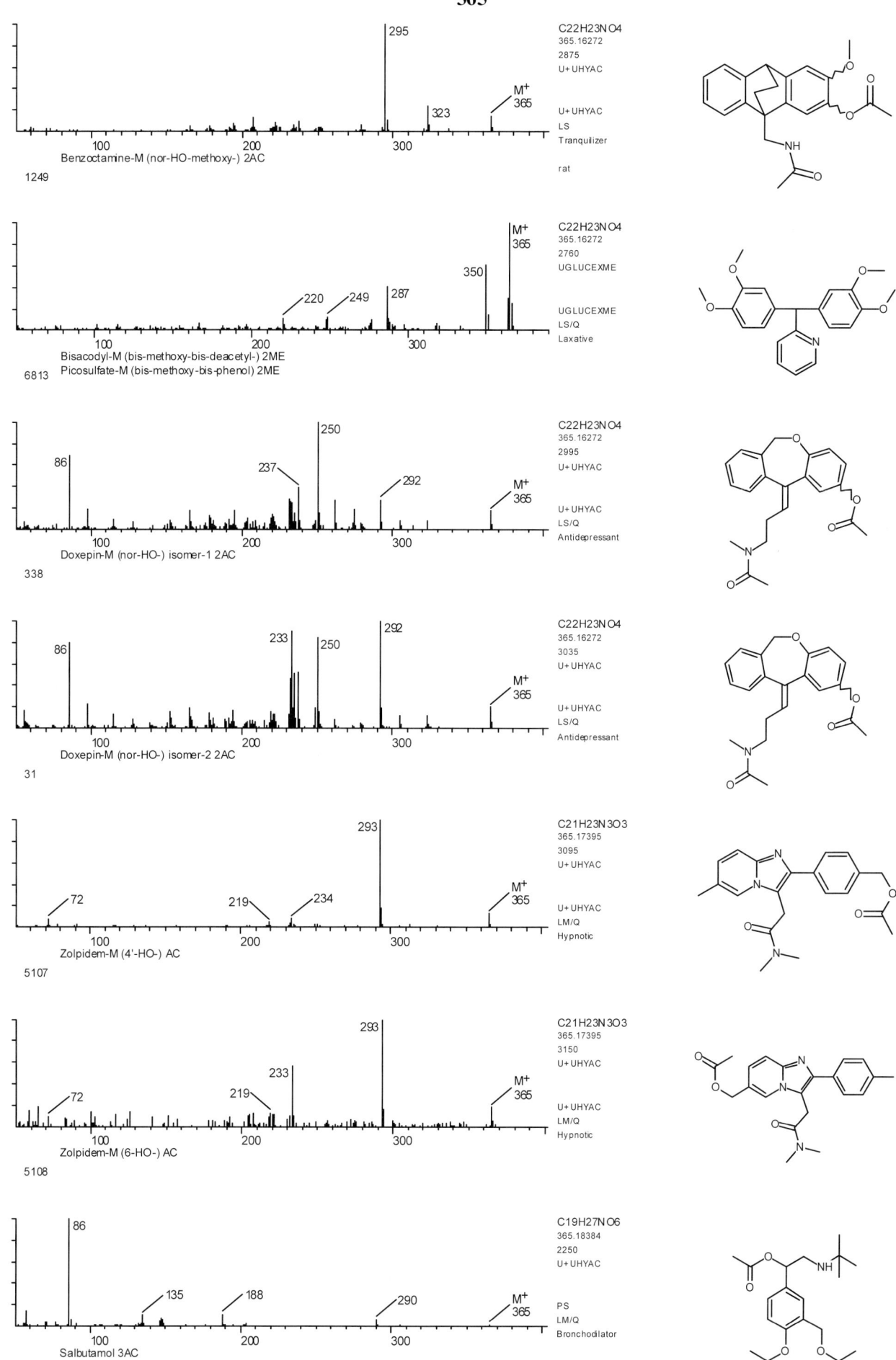

Benzoctamine-M (nor-HO-methoxy-) 2AC
1249
C22H23NO4
365.16272
2875
U+ UHYAC
U+ UHYAC
LS
Tranquilizer
rat

Bisacodyl-M (bis-methoxy-bis-deacetyl-) 2ME
Picosulfate-M (bis-methoxy-bis-phenol) 2ME
6813
C22H23NO4
365.16272
2760
UGLUCEXME
UGLUCEXME
LS/Q
Laxative

Doxepin-M (nor-HO-) isomer-1 2AC
338
C22H23NO4
365.16272
2995
U+ UHYAC
U+ UHYAC
LS/Q
Antidepressant

Doxepin-M (nor-HO-) isomer-2 2AC
31
C22H23NO4
365.16272
3035
U+ UHYAC
U+ UHYAC
LS/Q
Antidepressant

Zolpidem-M (4'-HO-) AC
5107
C21H23N3O3
365.17395
3095
U+ UHYAC
U+ UHYAC
LM/Q
Hypnotic

Zolpidem-M (6-HO-) AC
5108
C21H23N3O3
365.17395
3150
U+ UHYAC
U+ UHYAC
LM/Q
Hypnotic

Salbutamol 3AC
2028
C19H27NO6
365.18384
2250
U+ UHYAC
PS
LM/Q
Bronchodilator

901

365

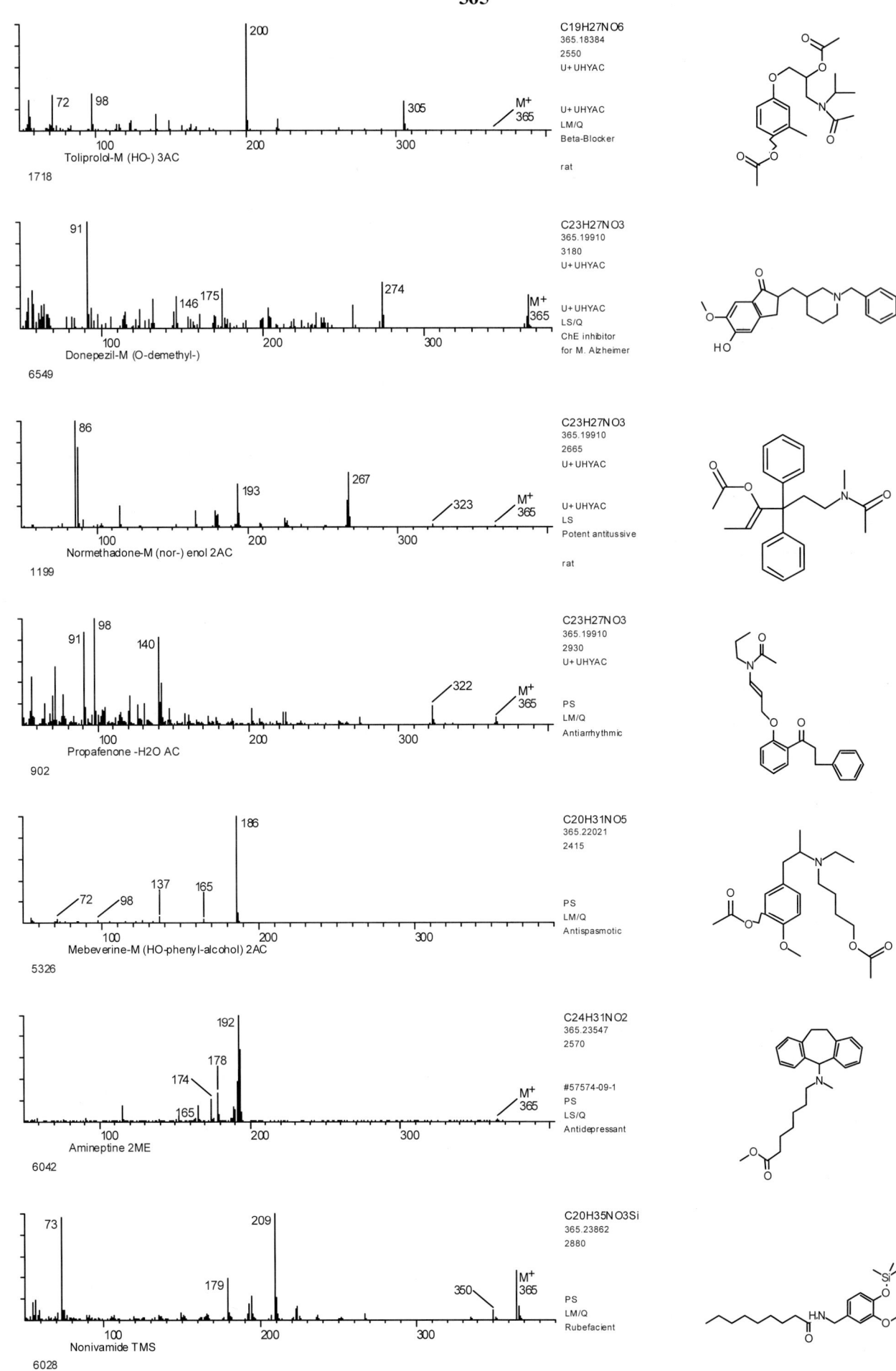

C19H27NO6
365.18384
2550
U+ UHYAC

U+ UHYAC
LM/Q
Beta-Blocker
rat

Toliprolol-M (HO-) 3AC
1718

C23H27NO3
365.19910
3180
U+ UHYAC

U+ UHYAC
LS/Q
ChE inhibitor
for M. Alzheimer

Donepezil-M (O-demethyl-)
6549

C23H27NO3
365.19910
2665
U+ UHYAC

U+ UHYAC
LS
Potent antitussive
rat

Normethadone-M (nor-) enol 2AC
1199

C23H27NO3
365.19910
2930
U+ UHYAC

PS
LM/Q
Antiarrhythmic

Propafenone -H2O AC
902

C20H31NO5
365.22021
2415

PS
LM/Q
Antispasmotic

Mebeverine-M (HO-phenyl-alcohol) 2AC
5326

C24H31NO2
365.23547
2570

#57574-09-1
PS
LS/Q
Antidepressant

Amineptine 2ME
6042

C20H35NO3Si
365.23862
2880

PS
LM/Q
Rubefacient

Nonivamide TMS
6028

366

	366.00000
2435

PS
LM/Q
Analgesic
Antiphlogistic |

Phenylbutazone artifact AC
Bumatizone artifact AC
5188

	C17H16Cl2N2O3
366.05380
2550
P-I

P
LS/Q
Antirheumatic |

Diclofenac-M (glycine conjugate) ME
6411

	C16H21Cl3O3
366.05563
2320*

PS
LM/Q
Herbicide |

2,4,5-Trichlorophenoxyacetic acid (2,4,5-T) octylester
1957

	C12H13N2O3F7
366.08145
1590

PS
LM/Q
Anticonvulsant |

Levetiracetam HFB
7362

	C19H15ClN4O2
366.08835
3180
U+UHYAC-I

PS
LM/Q
Tranquilizer |

Alprazolam-M (HO-) AC
1765

	C18H17F3N2OS
366.10138
2765
U+UHYAC

U+UHYAC
LS/Q
Neuroleptic |

Fluphenazine-M (amino-) AC   Homofenazine-M (amino-) AC
Trifluoperazine-M (amino-) AC   Triflupromazine-M (bis-nor-) AC
1267

	C21H18O6
366.11035
2650*
U+UHYAC

U+UHYAC
LS/Q
Capillary protectant

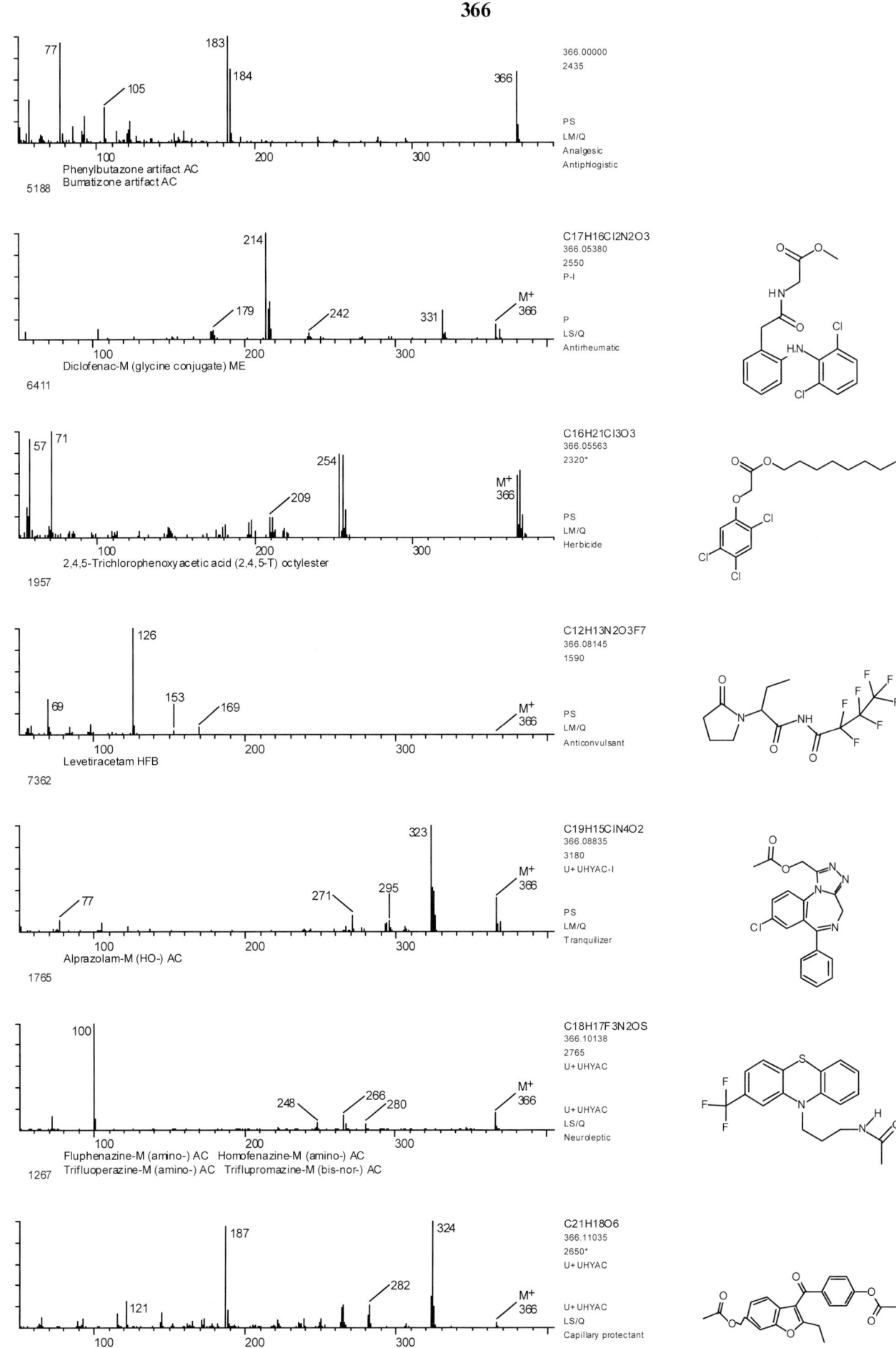

rat |

Benzarone-M (HO-) isomer-1 2AC
2649

366

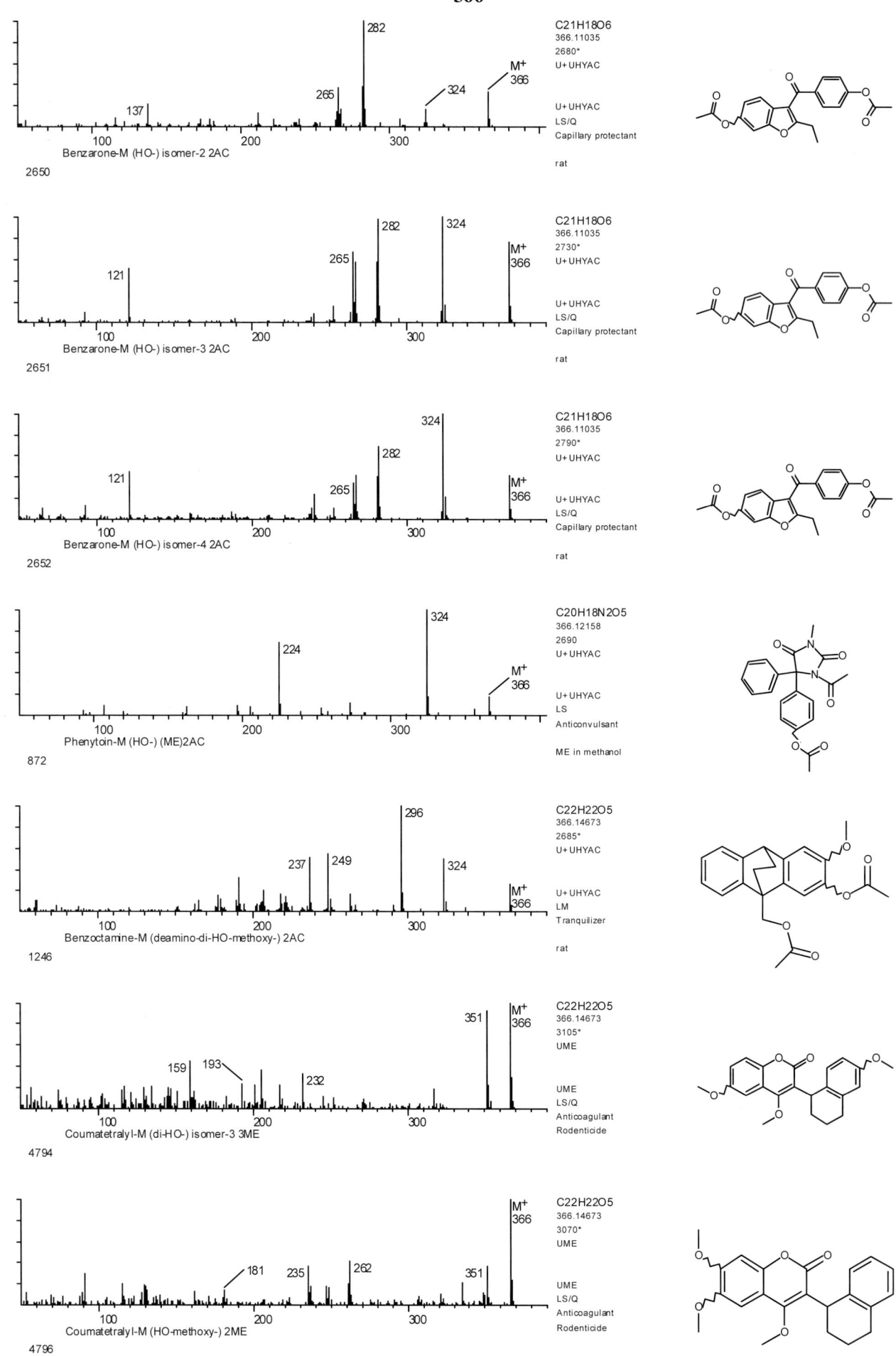

2650	Benzarone-M (HO-) isomer-2 2AC	C21H18O6 366.11035 2680* U+UHYAC / U+UHYAC LS/Q Capillary protectant rat
2651	Benzarone-M (HO-) isomer-3 2AC	C21H18O6 366.11035 2730* U+UHYAC / U+UHYAC LS/Q Capillary protectant rat
2652	Benzarone-M (HO-) isomer-4 2AC	C21H18O6 366.11035 2790* U+UHYAC / U+UHYAC LS/Q Capillary protectant rat
872	Phenytoin-M (HO-) (ME)2AC	C20H18N2O5 366.12158 2690 U+UHYAC / U+UHYAC LS Anticonvulsant ME in methanol
1246	Benzoctamine-M (deamino-di-HO-methoxy-) 2AC	C22H22O5 366.14673 2685* U+UHYAC / U+UHYAC LM Tranquilizer rat
4794	Coumatetralyl-M (di-HO-) isomer-3 3ME	C22H22O5 366.14673 3105* UME / UME LS/Q Anticoagulant Rodenticide
4796	Coumatetralyl-M (HO-methoxy-) 2ME	C22H22O5 366.14673 3070* UME / UME LS/Q Anticoagulant Rodenticide

904

366

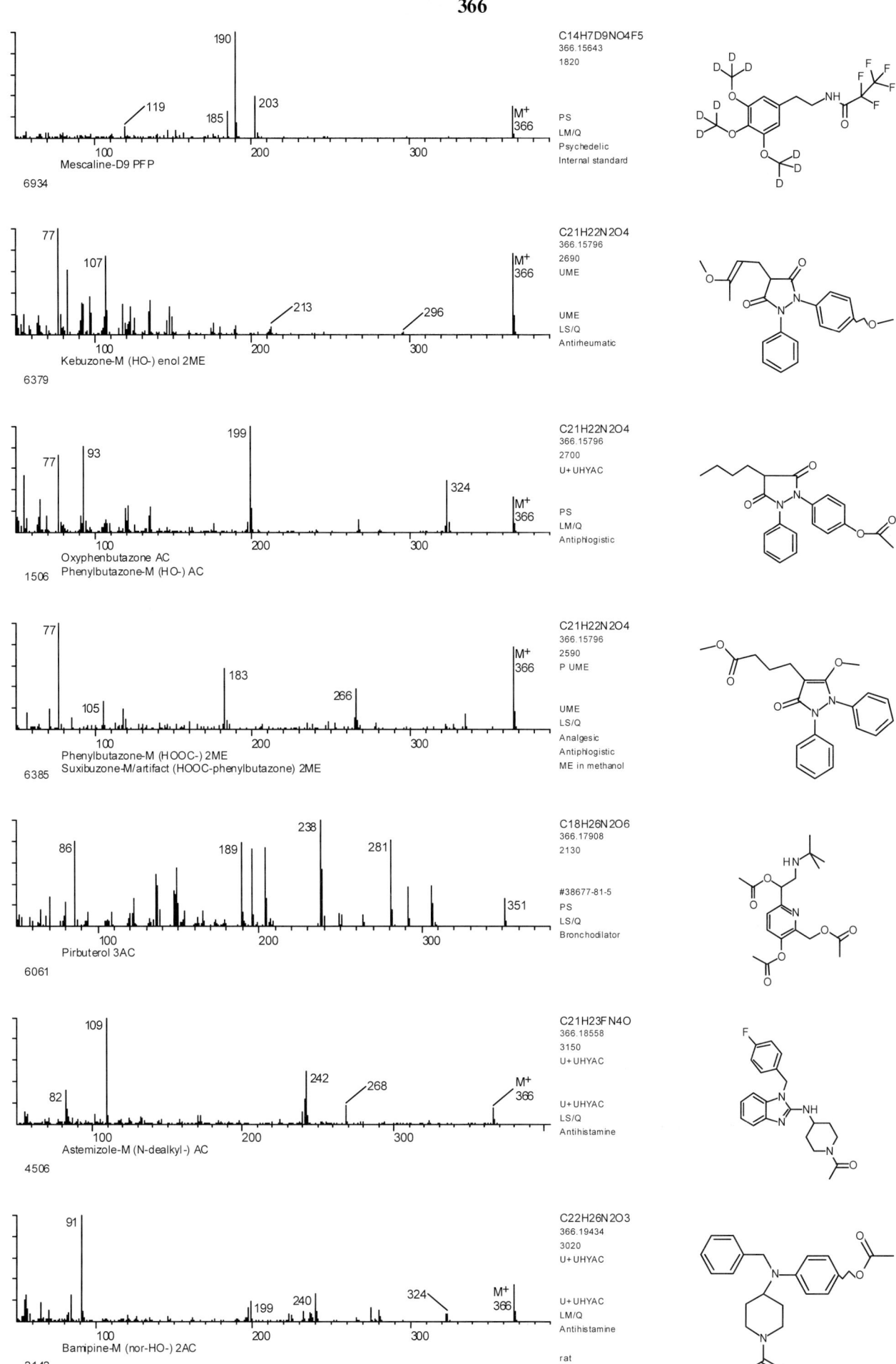

Mescaline-D9 PFP	C14H7D9NO4F5 366.15643 1820 PS LM/Q Psychedelic Internal standard
Kebuzone-M (HO-) enol 2ME	C21H22N2O4 366.15796 2690 UME UME LS/Q Antirheumatic
Oxyphenbutazone AC Phenylbutazone-M (HO-) AC	C21H22N2O4 366.15796 2700 U+ UHYAC PS LM/Q Antiphlogistic
Phenylbutazone-M (HOOC-) 2ME Suxibuzone-M/artifact (HOOC-phenylbutazone) 2ME	C21H22N2O4 366.15796 2590 P UME UME LS/Q Analgesic Antiphlogistic ME in methanol
Pirbuterol 3AC	C18H26N2O6 366.17908 2130 #38677-81-5 PS LS/Q Bronchodilator
Astemizole-M (N-dealkyl-) AC	C21H23FN4O 366.18558 3150 U+ UHYAC U+ UHYAC LS/Q Antihistamine
Bamipine-M (nor-HO-) 2AC	C22H26N2O3 366.19434 3020 U+ UHYAC U+ UHYAC LM/Q Antihistamine rat

366

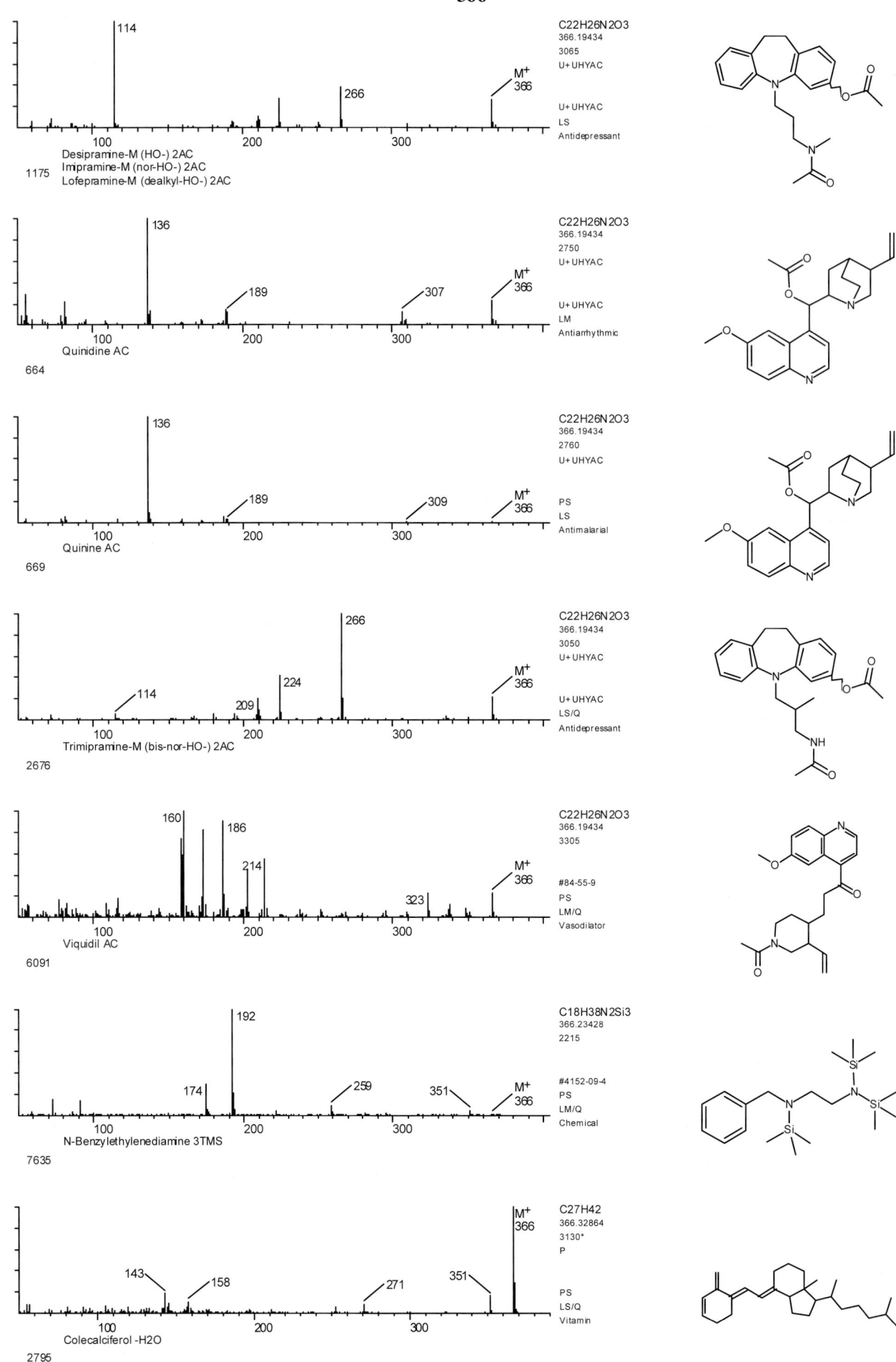

C22H26N2O3
366.19434
3065
U+ UHYAC

U+ UHYAC
LS
Antidepressant

Desipramine-M (HO-) 2AC
Imipramine-M (nor-HO-) 2AC
Lofepramine-M (dealkyl-HO-) 2AC
1175

C22H26N2O3
366.19434
2750
U+ UHYAC

U+ UHYAC
LM
Antiarrhythmic

Quinidine AC
664

C22H26N2O3
366.19434
2760
U+ UHYAC

PS
LS
Antimalarial

Quinine AC
669

C22H26N2O3
366.19434
3050
U+ UHYAC

U+ UHYAC
LS/Q
Antidepressant

Trimipramine-M (bis-nor-HO-) 2AC
2676

C22H26N2O3
366.19434
3305

#84-55-9
PS
LM/Q
Vasodilator

Viquidil AC
6091

C18H38N2Si3
366.23428
2215

#4152-09-4
PS
LM/Q
Chemical

N-Benzylethylenediamine 3TMS
7635

C27H42
366.32864
3130*
P

PS
LS/Q
Vitamin

Colecalciferol -H2O
2795

906

366

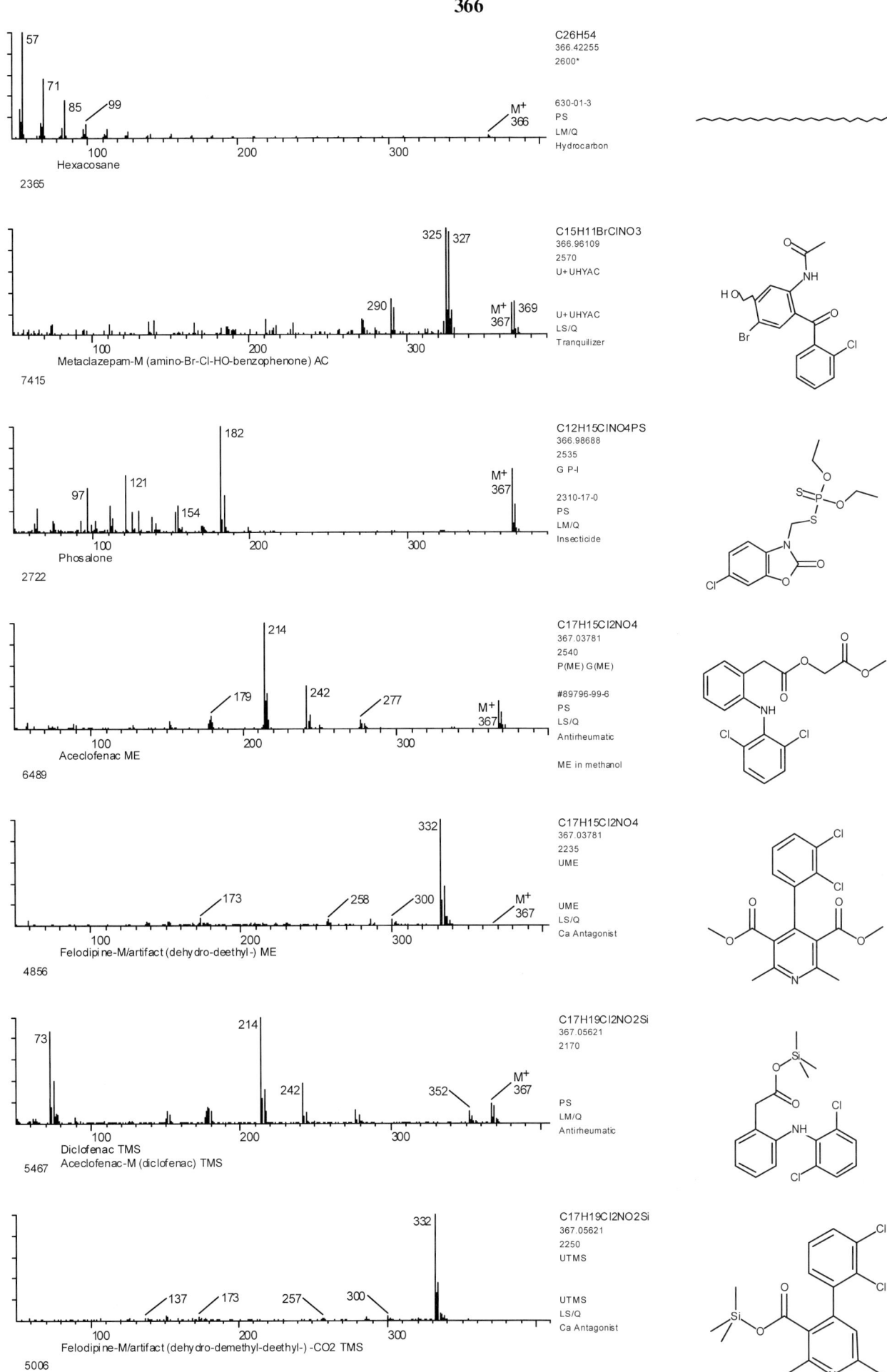

Hexacosane — C26H54, 366.42255, 2600*, 630-01-3, PS, LM/Q, Hydrocarbon
Peaks: 57, 71, 85, 99, M+ 366
2365

Metaclazepam-M (amino-Br-Cl-HO-benzophenone) AC — C15H11BrClNO3, 366.96109, 2570, U+ UHYAC, U+ UHYAC, LS/Q, Tranquilizer
Peaks: 290, 325, 327, M+ 367, 369
7415

Phosalone — C12H15ClNO4PS, 366.98688, 2535, G P-I, 2310-17-0, PS, LM/Q, Insecticide
Peaks: 97, 121, 154, 182, M+ 367
2722

Aceclofenac ME — C17H15Cl2NO4, 367.03781, 2540, P(ME) G(ME), #89796-99-6, PS, LS/Q, Antirheumatic, ME in methanol
Peaks: 179, 214, 242, 277, M+ 367
6489

Felodipine-M/artifact (dehydro-deethyl-) ME — C17H15Cl2NO4, 367.03781, 2235, UME, UME, LS/Q, Ca Antagonist
Peaks: 173, 258, 300, 332, M+ 367
4856

Diclofenac TMS / Aceclofenac-M (diclofenac) TMS — C17H19Cl2NO2Si, 367.05621, 2170, PS, LM/Q, Antirheumatic
Peaks: 73, 214, 242, 352, M+ 367
5467

Felodipine-M/artifact (dehydro-demethyl-deethyl-) -CO2 TMS — C17H19Cl2NO2Si, 367.05621, 2250, UTMS, UTMS, LS/Q, Ca Antagonist
Peaks: 137, 173, 257, 300, 332
5006

907

367

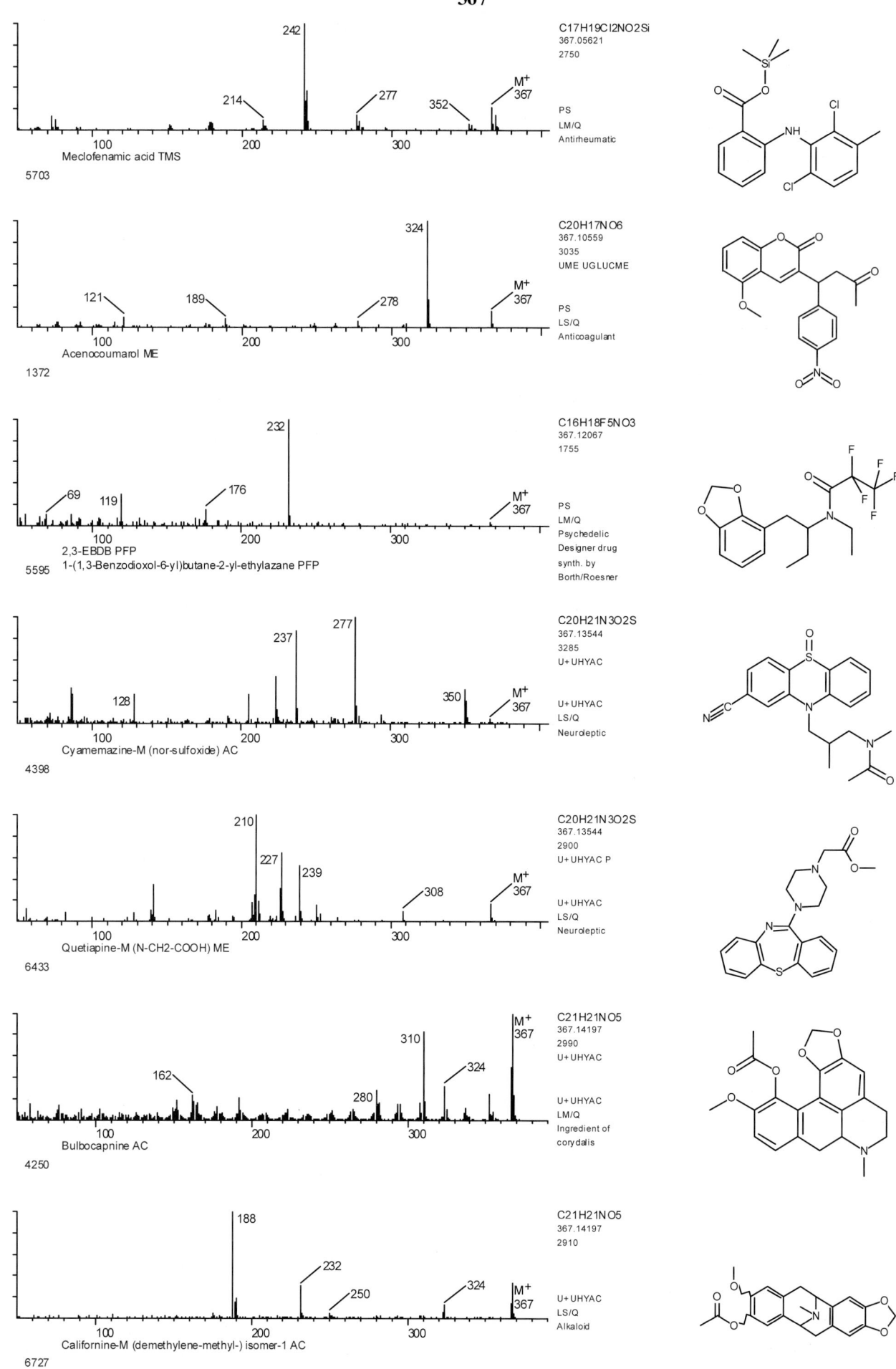

Meclofenamic acid TMS — 5703
Peaks: 214, 242, 277, 352, M+ 367
C17H19Cl2NO2Si
367.05621
2750
PS
LM/Q
Antirheumatic

Acenocoumarol ME — 1372
Peaks: 121, 189, 278, 324, M+ 367
C20H17NO6
367.10559
3035
UME UGLUCME
PS
LS/Q
Anticoagulant

2,3-EBDB PFP — 5595
1-(1,3-Benzodioxol-6-yl)butane-2-yl-ethylazane PFP
Peaks: 69, 119, 176, 232, M+ 367
C16H18F5NO3
367.12067
1755
PS
LM/Q
Psychedelic
Designer drug synth. by Borth/Roesner

Cyamemazine-M (nor-sulfoxide) AC — 4398
Peaks: 128, 237, 277, 350, M+ 367
C20H21N3O2S
367.13544
3285
U+ UHYAC
U+ UHYAC
LS/Q
Neuroleptic

Quetiapine-M (N-CH2-COOH) ME — 6433
Peaks: 210, 227, 239, 308, M+ 367
C20H21N3O2S
367.13544
2900
U+ UHYAC P
U+ UHYAC
LS/Q
Neuroleptic

Bulbocapnine AC — 4250
Peaks: 162, 280, 310, 324, M+ 367
C21H21NO5
367.14197
2990
U+ UHYAC
U+ UHYAC
LM/Q
Ingredient of corydalis

Californine-M (demethylene-methyl-) isomer-1 AC — 6727
Peaks: 188, 232, 250, 324, M+ 367
C21H21NO5
367.14197
2910
U+ UHYAC
LS/Q
Alkaloid

367

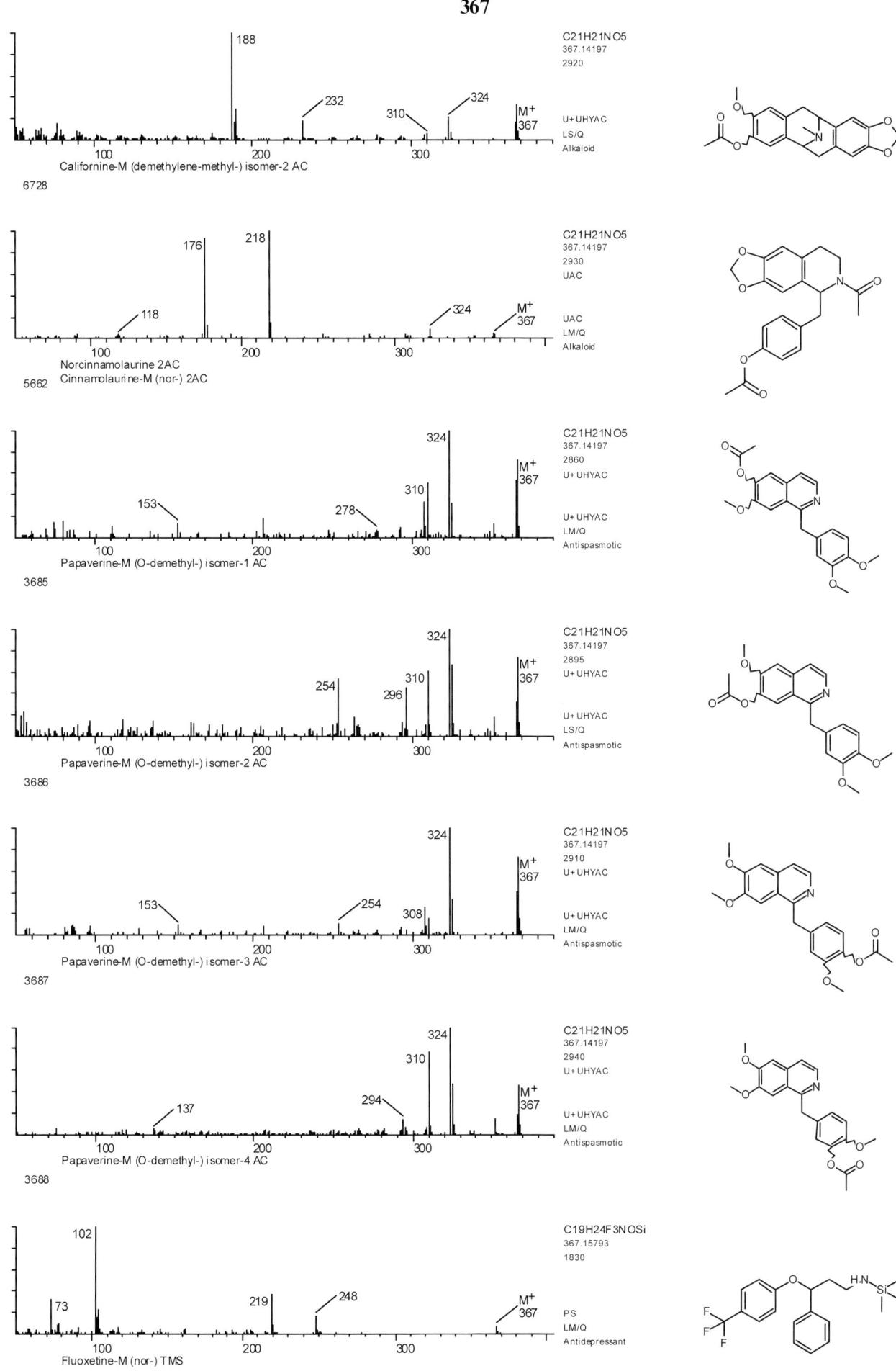

C21H21NO5
367.14197
2920
U+ UHYAC
LS/Q
Alkaloid

Californine-M (demethylene-methyl-) isomer-2 AC
6728

C21H21NO5
367.14197
2930
UAC
UAC
LM/Q
Alkaloid

Norcinnamolaurine 2AC
Cinnamolaurine-M (nor-) 2AC
5662

C21H21NO5
367.14197
2860
U+ UHYAC
U+ UHYAC
LM/Q
Antispasmotic

Papaverine-M (O-demethyl-) isomer-1 AC
3685

C21H21NO5
367.14197
2895
U+ UHYAC
U+ UHYAC
LS/Q
Antispasmotic

Papaverine-M (O-demethyl-) isomer-2 AC
3686

C21H21NO5
367.14197
2910
U+ UHYAC
U+ UHYAC
LM/Q
Antispasmotic

Papaverine-M (O-demethyl-) isomer-3 AC
3687

C21H21NO5
367.14197
2940
U+ UHYAC
U+ UHYAC
LM/Q
Antispasmotic

Papaverine-M (O-demethyl-) isomer-4 AC
3688

C19H24F3NOSi
367.15793
1830
PS
LM/Q
Antidepressant

Fluoxetine-M (nor-) TMS
7712

367

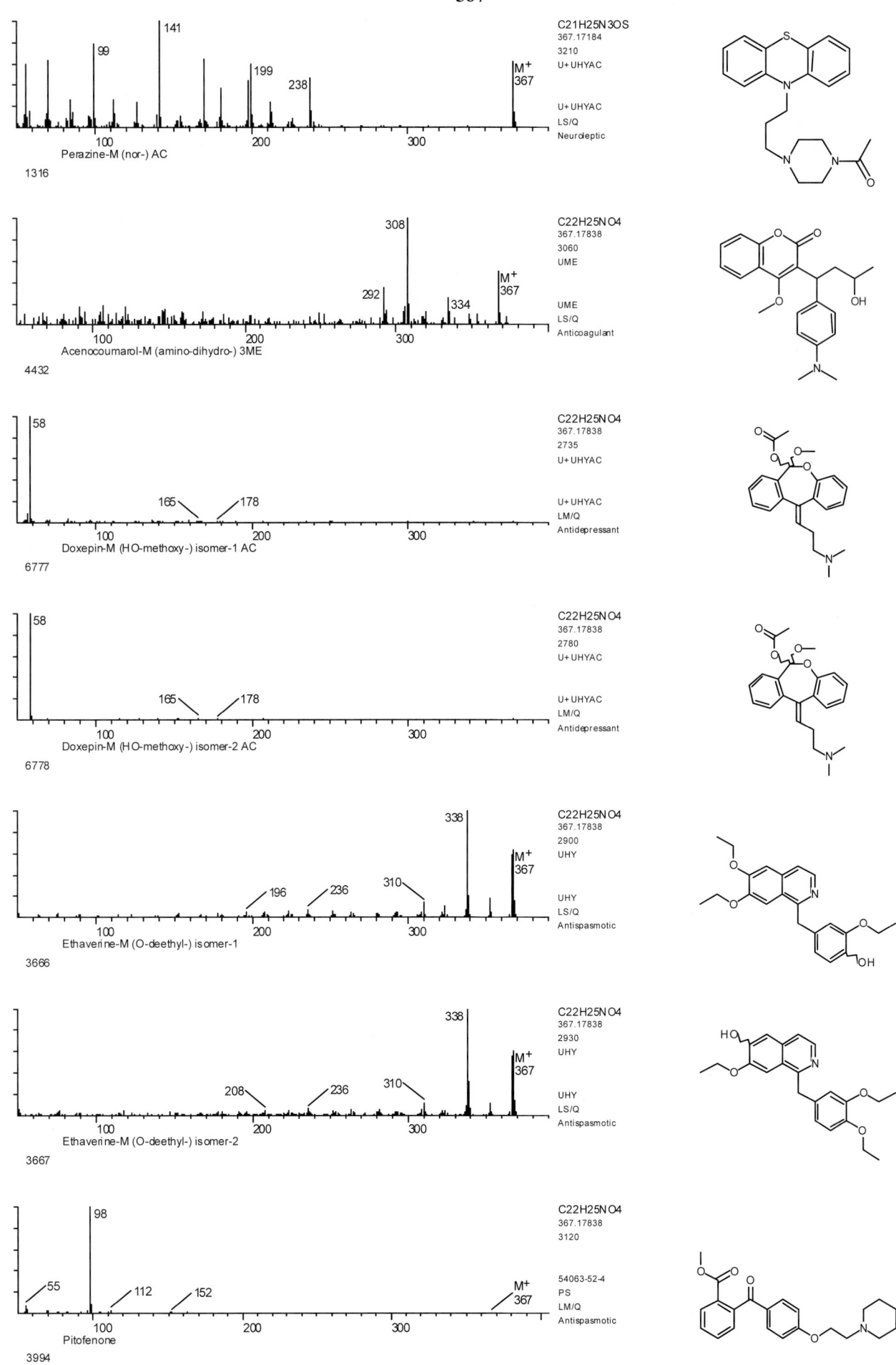

Perazine-M (nor-) AC — 1316
C21H25N3OS
367.17184
3210
U+ UHYAC
U+ UHYAC
LS/Q
Neuroleptic

Acenocoumarol-M (amino-dihydro-) 3ME — 4432
C22H25NO4
367.17838
3060
UME
UME
LS/Q
Anticoagulant

Doxepin-M (HO-methoxy-) isomer-1 AC — 6777
C22H25NO4
367.17838
2735
U+ UHYAC
U+ UHYAC
LM/Q
Antidepressant

Doxepin-M (HO-methoxy-) isomer-2 AC — 6778
C22H25NO4
367.17838
2780
U+ UHYAC
U+ UHYAC
LM/Q
Antidepressant

Ethaverine-M (O-deethyl-) isomer-1 — 3666
C22H25NO4
367.17838
2900
UHY
UHY
LS/Q
Antispasmotic

Ethaverine-M (O-deethyl-) isomer-2 — 3667
C22H25NO4
367.17838
2930
UHY
UHY
LS/Q
Antispasmotic

Pitofenone — 3994
C22H25NO4
367.17838
3120
54063-52-4
PS
LM/Q
Antispasmotic

367

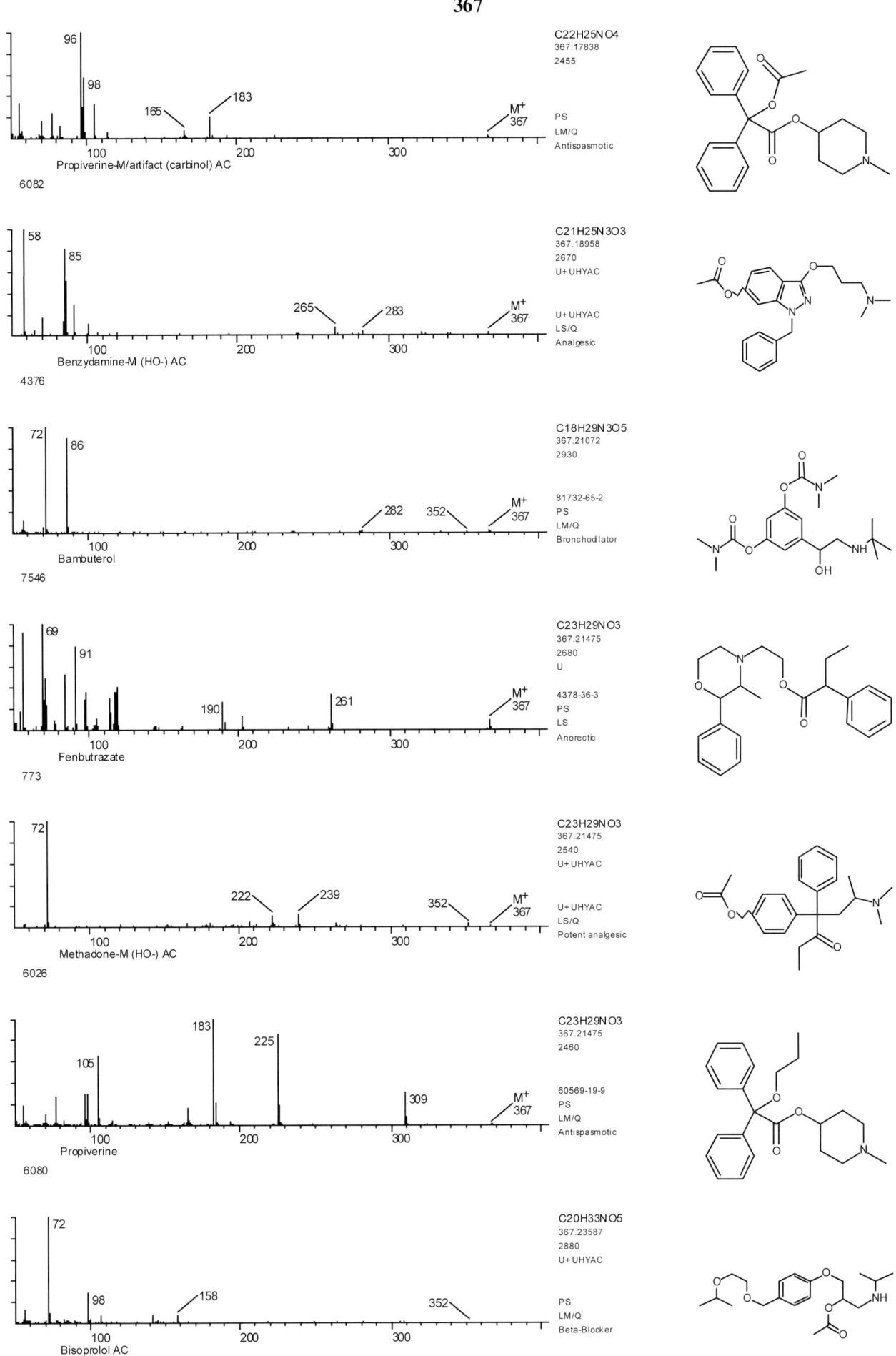

Propiverine-M/artifact (carbinol) AC — peaks: 96, 98, 165, 183, M+ 367 — 6082	C22H25NO4 367.17838 2455 PS LM/Q Antispasmotic
Benzydamine-M (HO-) AC — peaks: 58, 85, 265, 283, M+ 367 — 4376	C21H25N3O3 367.18958 2670 U+ UHYAC U+ UHYAC LS/Q Analgesic
Bambuterol — peaks: 72, 86, 282, 352, M+ 367 — 7546	C18H29N3O5 367.21072 2930 81732-65-2 PS LM/Q Bronchodilator
Fenbutrazate — peaks: 69, 91, 190, 261, M+ 367 — 773	C23H29NO3 367.21475 2680 U 4378-36-3 PS LS Anorectic
Methadone-M (HO-) AC — peaks: 72, 222, 239, 352, M+ 367 — 6026	C23H29NO3 367.21475 2540 U+ UHYAC U+ UHYAC LS/Q Potent analgesic
Propiverine — peaks: 105, 183, 225, 309, M+ 367 — 6080	C23H29NO3 367.21475 2460 60569-19-9 PS LM/Q Antispasmotic
Bisoprolol AC — peaks: 72, 98, 158, 352 — 2790	C20H33NO5 367.23587 2880 U+ UHYAC PS LM/Q Beta-Blocker

367

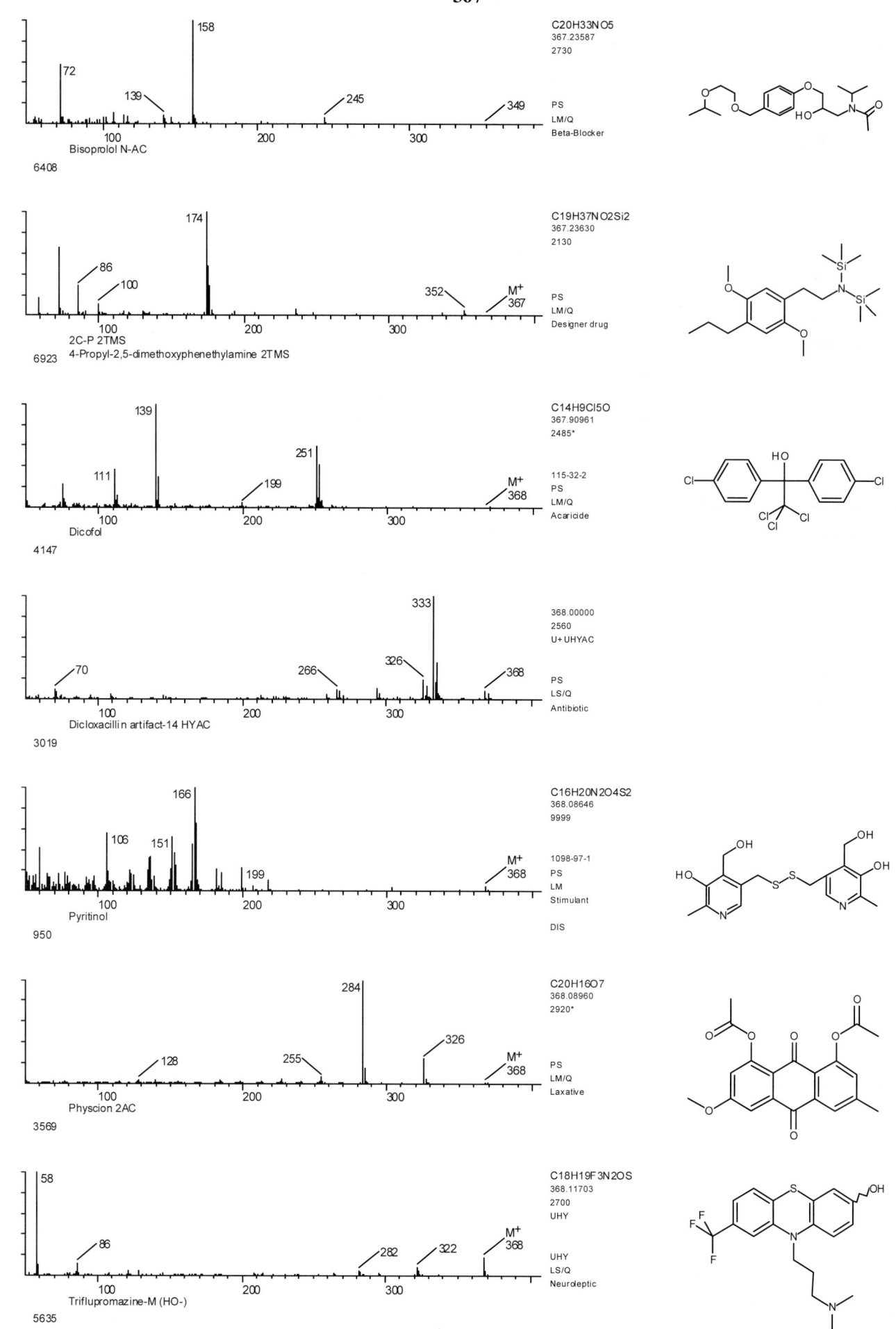

Bisoprolol N-AC — 6408	C20H33NO5 367.23587 2730 PS LM/Q Beta-Blocker
2C-P 2TMS / 4-Propyl-2,5-dimethoxyphenethylamine 2TMS — 6923	C19H37NO2Si2 367.23630 2130 PS LM/Q Designer drug
Dicofol — 4147	C14H9Cl5O 367.90961 2485* 115-32-2 PS LM/Q Acaricide
Dicloxacillin artifact-14 HYAC — 3019	368.00000 2560 U+ UHYAC PS LS/Q Antibiotic
Pyritinol — 950	C16H20N2O4S2 368.08646 9999 1098-97-1 PS LM Stimulant DIS
Physcion 2AC — 3569	C20H16O7 368.08960 2920* PS LM/Q Laxative
Triflupromazine-M (HO-) — 5635	C18H19F3N2OS 368.11703 2700 UHY UHY LS/Q Neuroleptic

368

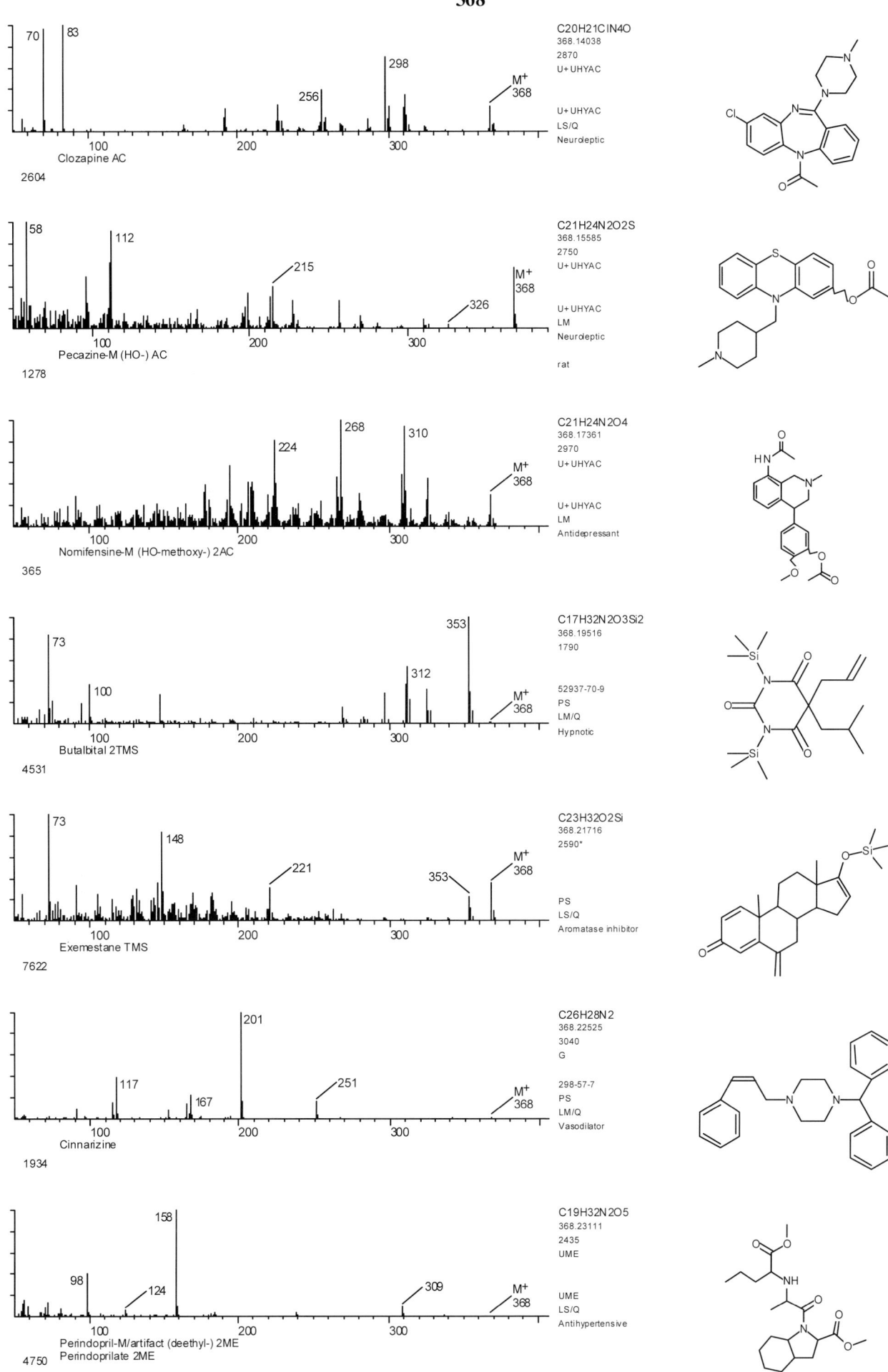

Clozapine AC — 2604	C20H21ClN4O 368.14038 2870 U+ UHYAC U+ UHYAC LS/Q Neuroleptic Peaks: 70, 83, 256, 298, M+ 368
Pecazine-M (HO-) AC — 1278	C21H24N2O2S 368.15585 2750 U+ UHYAC U+ UHYAC LM Neuroleptic rat Peaks: 58, 112, 215, 326, M+ 368
Nomifensine-M (HO-methoxy-) 2AC — 365	C21H24N2O4 368.17361 2970 U+ UHYAC U+ UHYAC LM Antidepressant Peaks: 224, 268, 310, M+ 368
Butalbital 2TMS — 4531	C17H32N2O3Si2 368.19516 1790 52937-70-9 PS LM/Q Hypnotic Peaks: 73, 100, 312, 353, M+ 368
Exemestane TMS — 7622	C23H32O2Si 368.21716 2590* PS LS/Q Aromatase inhibitor Peaks: 73, 148, 221, 353, M+ 368
Cinnarizine — 1934	C26H28N2 368.22525 3040 G 298-57-7 PS LM/Q Vasodilator Peaks: 117, 167, 201, 251, M+ 368
Perindopril-M/artifact (deethyl-) 2ME Perindoprilate 2ME — 4750	C19H32N2O5 368.23111 2435 UME UME LS/Q Antihypertensive Peaks: 98, 124, 158, 309, M+ 368

368

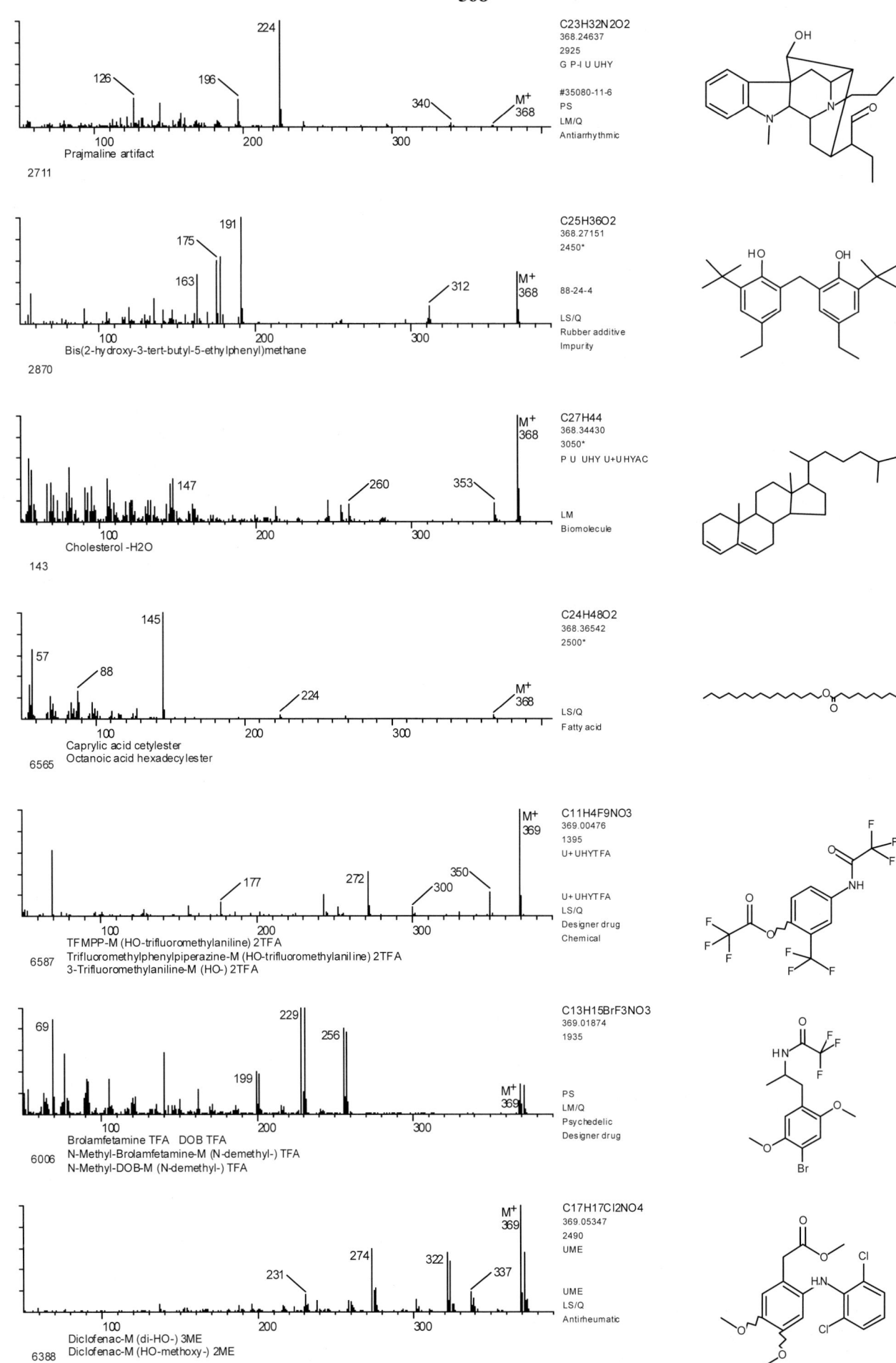

C23H32N2O2
368.24637
2925
G P-I U UHY
#35080-11-6
PS
LM/Q
Antiarrhythmic

Prajmaline artifact
2711

C25H36O2
368.27151
2450*
88-24-4
LS/Q
Rubber additive
Impurity

Bis(2-hydroxy-3-tert-butyl-5-ethylphenyl)methane
2870

C27H44
368.34430
3050*
P U UHY U+U HYAC
LM
Biomolecule

Cholesterol -H2O
143

C24H48O2
368.36542
2500*
LS/Q
Fatty acid

Caprylic acid cetylester
Octanoic acid hexadecylester
6565

C11H4F9NO3
369.00476
1395
U+ UHYTFA
U+ UHYTFA
LS/Q
Designer drug
Chemical

TFMPP-M (HO-trifluoromethylaniline) 2TFA
Trifluoromethylphenylpiperazine-M (HO-trifluoromethylaniline) 2TFA
3-Trifluoromethylaniline-M (HO-) 2TFA
6587

C13H15BrF3NO3
369.01874
1935
PS
LM/Q
Psychedelic
Designer drug

Brolamfetamine TFA   DOB TFA
N-Methyl-Brolamfetamine-M (N-demethyl-) TFA
N-Methyl-DOB-M (N-demethyl-) TFA
6006

C17H17Cl2NO4
369.05347
2490
UME
UME
LS/Q
Antirheumatic

Diclofenac-M (di-HO-) 3ME
Diclofenac-M (HO-methoxy-) 2ME
6388

369

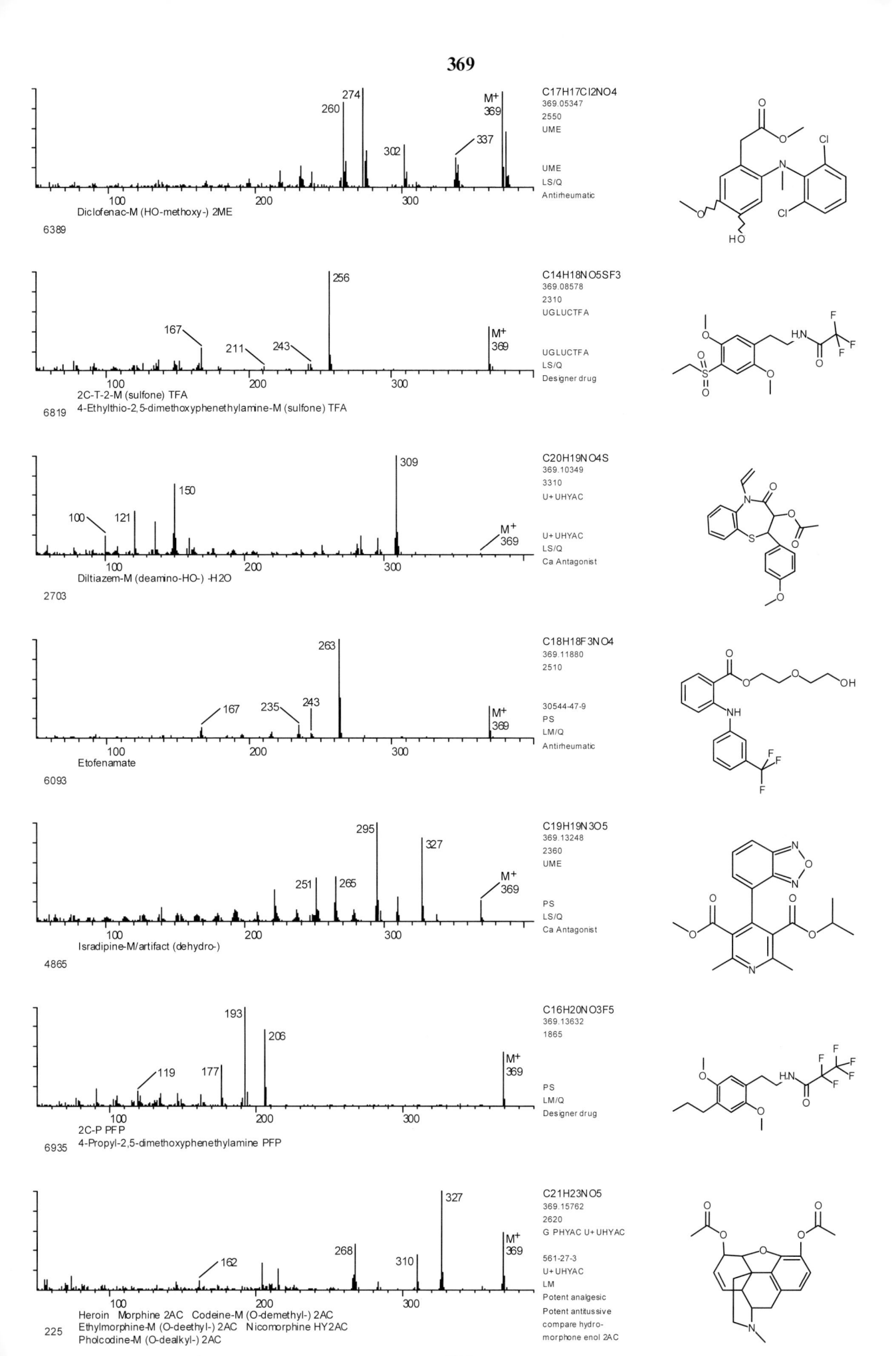

Diclofenac-M (HO-methoxy-) 2ME
6389
Peaks: 260, 274, 302, 337, M+ 369
C17H17Cl2NO4
369.05347
2550
UME
UME
LS/Q
Antirheumatic

2C-T-2-M (sulfone) TFA
4-Ethylthio-2,5-dimethoxyphenethylamine-M (sulfone) TFA
6819
Peaks: 167, 211, 243, 256, M+ 369
C14H18NO5SF3
369.08578
2310
UGLUCTFA
UGLUCTFA
LS/Q
Designer drug

Diltiazem-M (deamino-HO-) -H2O
2703
Peaks: 100, 121, 150, 309, M+ 369
C20H19NO4S
369.10349
3310
U+ UHYAC
U+ UHYAC
LS/Q
Ca Antagonist

Etofenamate
6093
Peaks: 167, 235, 243, 263, M+ 369
C18H18F3NO4
369.11880
2510
30544-47-9
PS
LM/Q
Antirheumatic

Isradipine-M/artifact (dehydro-)
4865
Peaks: 251, 265, 295, 327, M+ 369
C19H19N3O5
369.13248
2360
UME
PS
LS/Q
Ca Antagonist

2C-P PFP
4-Propyl-2,5-dimethoxyphenethylamine PFP
6935
Peaks: 119, 177, 193, 206, M+ 369
C16H20NO3F5
369.13632
1865
PS
LM/Q
Designer drug

Heroin   Morphine 2AC   Codeine-M (O-demethyl-) 2AC
Ethylmorphine-M (O-deethyl-) 2AC   Nicomorphine HY2AC
Pholcodine-M (O-dealkyl-) 2AC
225
Peaks: 162, 268, 310, 327, M+ 369
C21H23NO5
369.15762
2620
G PHYAC U+ UHYAC
561-27-3
U+ UHYAC
LM
Potent analgesic
Potent antitussive
compare hydro-
morphone enol 2AC

915

369

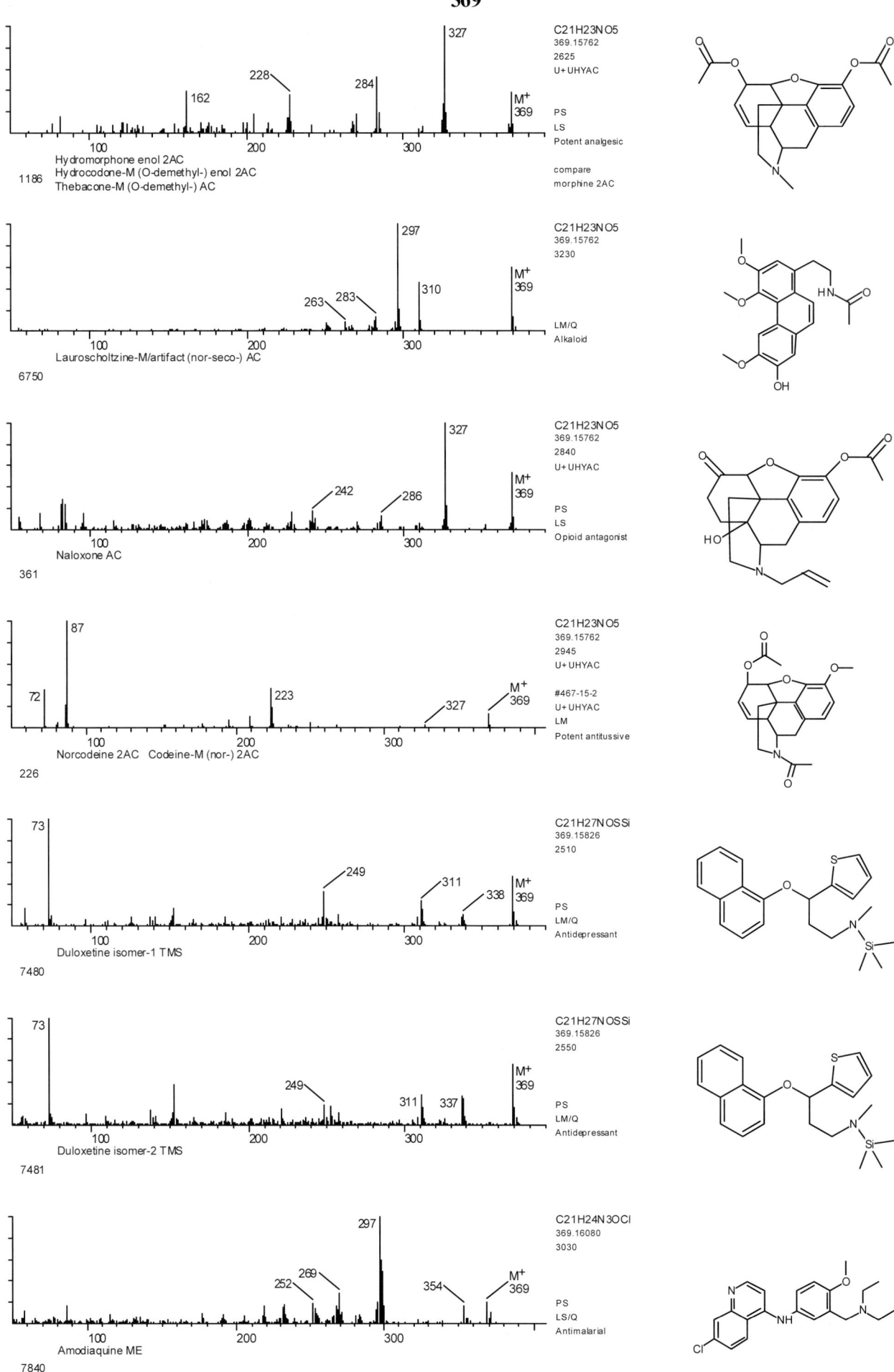

C21H23NO5
369.15762
2625
U+ UHYAC

PS
LS
Potent analgesic
compare
morphine 2AC

Hydromorphone enol 2AC
Hydrocodone-M (O-demethyl-) enol 2AC
Thebacone-M (O-demethyl-) AC
1186

C21H23NO5
369.15762
3230

LM/Q
Alkaloid

Lauroscholtzine-M/artifact (nor-seco-) AC
6750

C21H23NO5
369.15762
2840
U+ UHYAC

PS
LS
Opioid antagonist

Naloxone AC
361

C21H23NO5
369.15762
2945
U+ UHYAC
#467-15-2
U+ UHYAC
LM
Potent antitussive

Norcodeine 2AC   Codeine-M (nor-) 2AC
226

C21H27NOSSi
369.15826
2510

PS
LM/Q
Antidepressant

Duloxetine isomer-1 TMS
7480

C21H27NOSSi
369.15826
2550

PS
LM/Q
Antidepressant

Duloxetine isomer-2 TMS
7481

C21H24N3OCl
369.16080
3030

PS
LS/Q
Antimalarial

Amodiaquine ME
7840

916

369

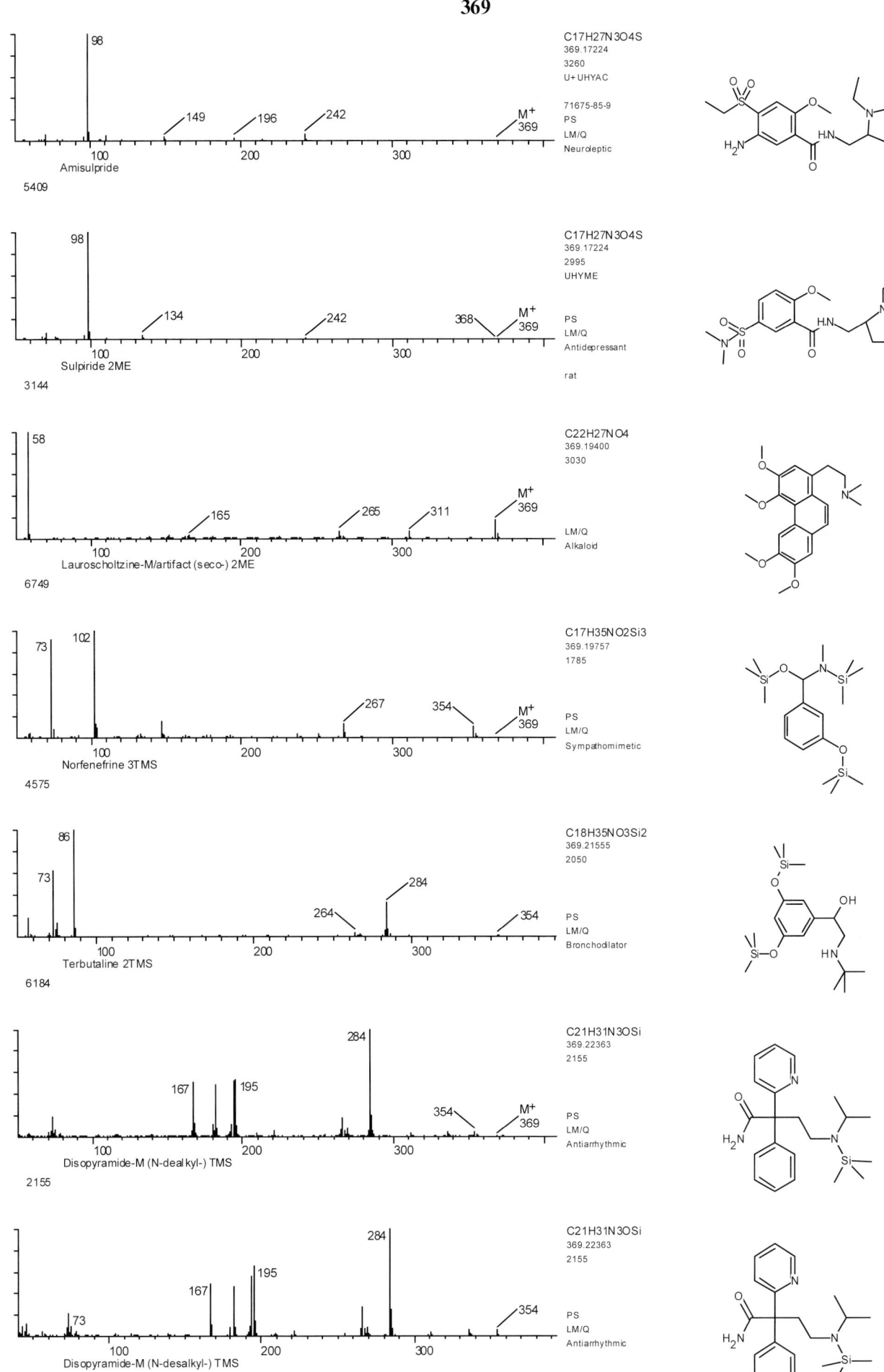

Amisulpride — 5409
C17H27N3O4S
369.17224
3260
U+ UHYAC
71675-85-9
PS
LM/Q
Neuroleptic

Peaks: 98, 149, 196, 242, M+ 369

Sulpiride 2ME — 3144
C17H27N3O4S
369.17224
2995
UHYME
PS
LM/Q
Antidepressant
rat

Peaks: 98, 134, 242, 368, M+ 369

Lauroscholtzine-M/artifact (seco-) 2ME — 6749
C22H27NO4
369.19400
3030
LM/Q
Alkaloid

Peaks: 58, 165, 265, 311, M+ 369

Norfenefrine 3TMS — 4575
C17H35NO2Si3
369.19757
1785
PS
LM/Q
Sympathomimetic

Peaks: 73, 102, 267, 354, M+ 369

Terbutaline 2TMS — 6184
C18H35NO3Si2
369.21555
2050
PS
LM/Q
Bronchodilator

Peaks: 73, 86, 264, 284, 354

Disopyramide-M (N-dealkyl-) TMS — 2155
C21H31N3OSi
369.22363
2155
PS
LM/Q
Antiarrhythmic

Peaks: 167, 195, 284, 354, M+ 369

Disopyramide-M (N-desalkyl-) TMS — 7583
C21H31N3OSi
369.22363
2155
PS
LM/Q
Antiarrhythmic

Peaks: 73, 167, 195, 284, 354

369

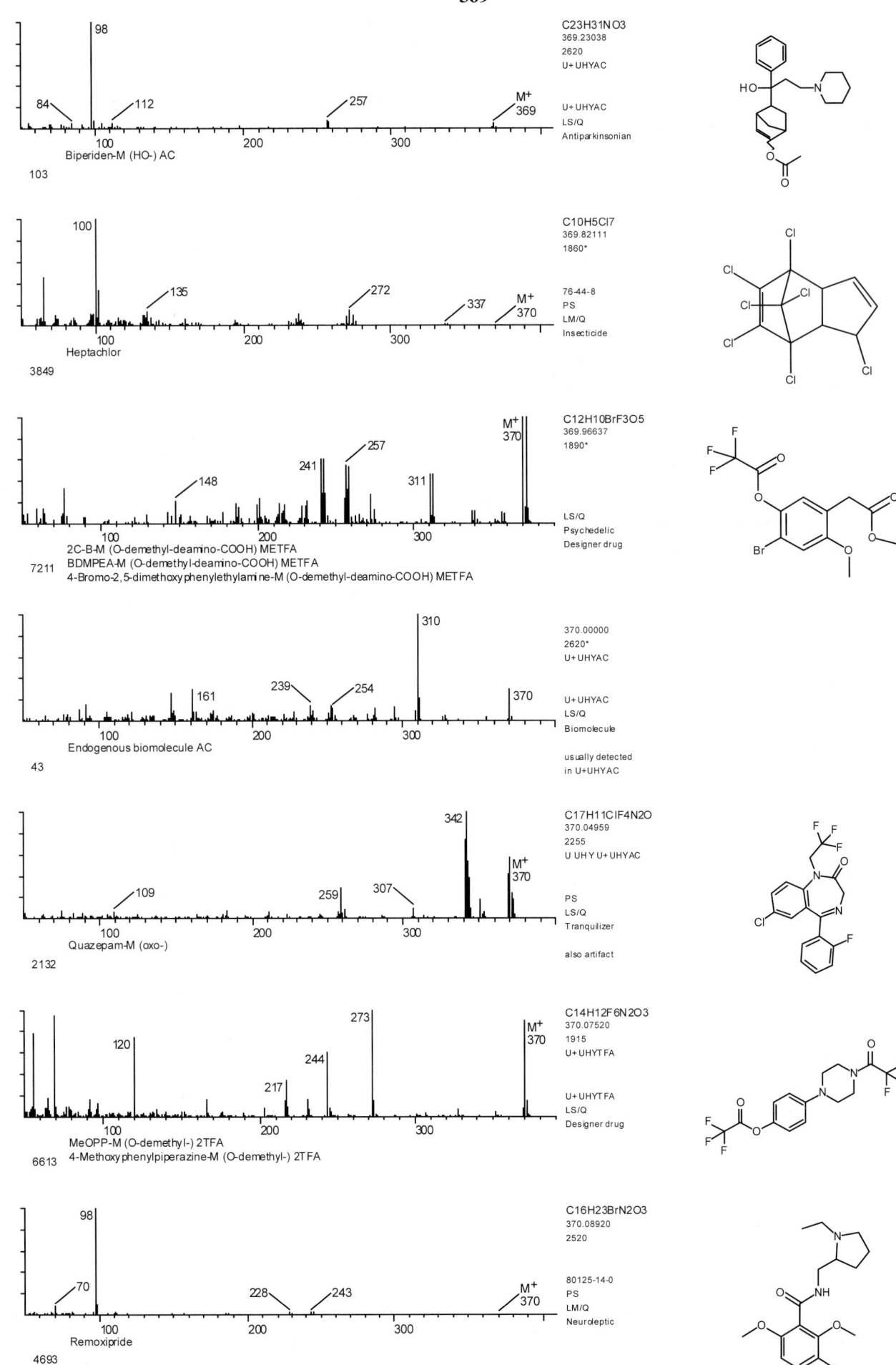

Biperiden-M (HO-) AC
103

C23H31NO3
369.23038
2620
U+ UHYAC
U+ UHYAC
LS/Q
Antiparkinsonian

Heptachlor
3849

C10H5Cl7
369.82111
1860*
76-44-8
PS
LM/Q
Insecticide

2C-B-M (O-demethyl-deamino-COOH) METFA
BDMPEA-M (O-demethyl-deamino-COOH) METFA
4-Bromo-2,5-dimethoxyphenylethylamine-M (O-demethyl-deamino-COOH) METFA
7211

C12H10BrF3O5
369.96637
1890*

LS/Q
Psychedelic
Designer drug

Endogenous biomolecule AC
43

370.00000
2620*
U+ UHYAC

U+ UHYAC
LS/Q
Biomolecule

usually detected
in U+UHYAC

Quazepam-M (oxo-)
2132

C17H11ClF4N2O
370.04959
2255
U UHY U+ UHYAC

PS
LS/Q
Tranquilizer

also artifact

MeOPP-M (O-demethyl-) 2TFA
4-Methoxyphenylpiperazine-M (O-demethyl-) 2TFA
6613

C14H12F6N2O3
370.07520
1915
U+ UHYTFA

U+ UHYTFA
LS/Q
Designer drug

Remoxipride
4693

C16H23BrN2O3
370.08920
2520

80125-14-0
PS
LM/Q
Neuroleptic

370

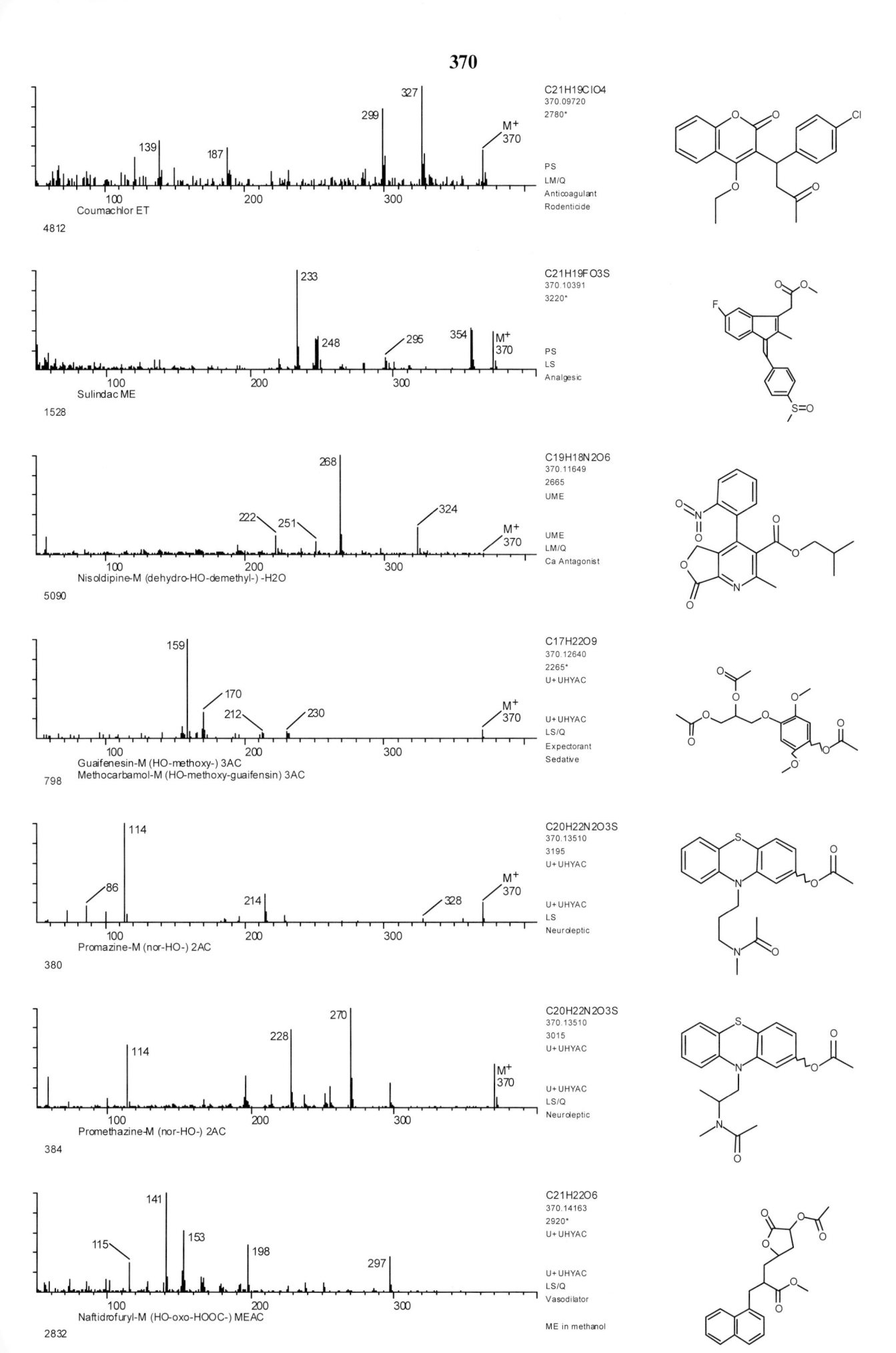

C21H19ClO4
370.09720
2780*

PS
LM/Q
Anticoagulant
Rodenticide

Coumachlor ET
4812

C21H19FO3S
370.10391
3220*

PS
LS
Analgesic

Sulindac ME
1528

C19H18N2O6
370.11649
2665
UME

UME
LM/Q
Ca Antagonist

Nisoldipine-M (dehydro-HO-demethyl-) -H2O
5090

C17H22O9
370.12640
2265*
U+ UHYAC

U+ UHYAC
LS/Q
Expectorant
Sedative

Guaifenesin-M (HO-methoxy-) 3AC
Methocarbamol-M (HO-methoxy-guaifensin) 3AC
798

C20H22N2O3S
370.13510
3195
U+ UHYAC

U+ UHYAC
LS
Neuroleptic

Promazine-M (nor-HO-) 2AC
380

C20H22N2O3S
370.13510
3015
U+ UHYAC

U+ UHYAC
LS/Q
Neuroleptic

Promethazine-M (nor-HO-) 2AC
384

C21H22O6
370.14163
2920*
U+ UHYAC

U+ UHYAC
LS/Q
Vasodilator

ME in methanol

Naftidrofuryl-M (HO-oxo-HOOC-) MEAC
2832

919

370

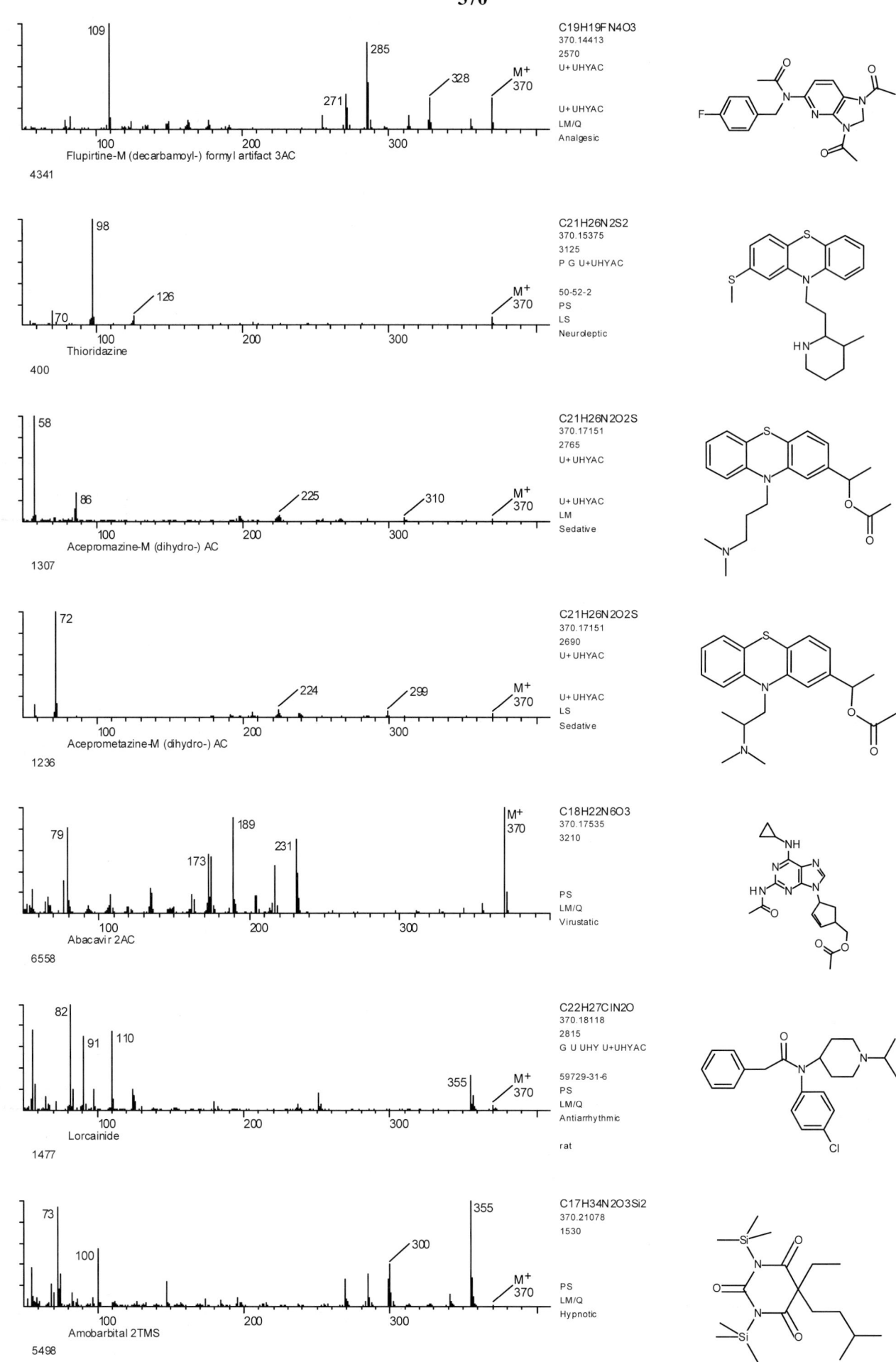

Flupirtine-M (decarbamoyl-) formyl artifact 3AC
4341
C19H19FN4O3
370.14413
2570
U+ UHYAC

U+ UHYAC
LM/Q
Analgesic

Thioridazine
400
C21H26N2S2
370.15375
3125
P G U+UHYAC

50-52-2
PS
LS
Neuroleptic

Acepromazine-M (dihydro-) AC
1307
C21H26N2O2S
370.17151
2765
U+ UHYAC

U+ UHYAC
LM
Sedative

Aceprometazine-M (dihydro-) AC
1236
C21H26N2O2S
370.17151
2690
U+ UHYAC

U+ UHYAC
LS
Sedative

Abacavir 2AC
6558
C18H22N6O3
370.17535
3210

PS
LM/Q
Virustatic

Lorcainide
1477
C22H27ClN2O
370.18118
2815
G U UHY U+UHYAC

59729-31-6
PS
LM/Q
Antiarrhythmic
rat

Amobarbital 2TMS
5498
C17H34N2O3Si2
370.21078
1530

PS
LM/Q
Hypnotic

370

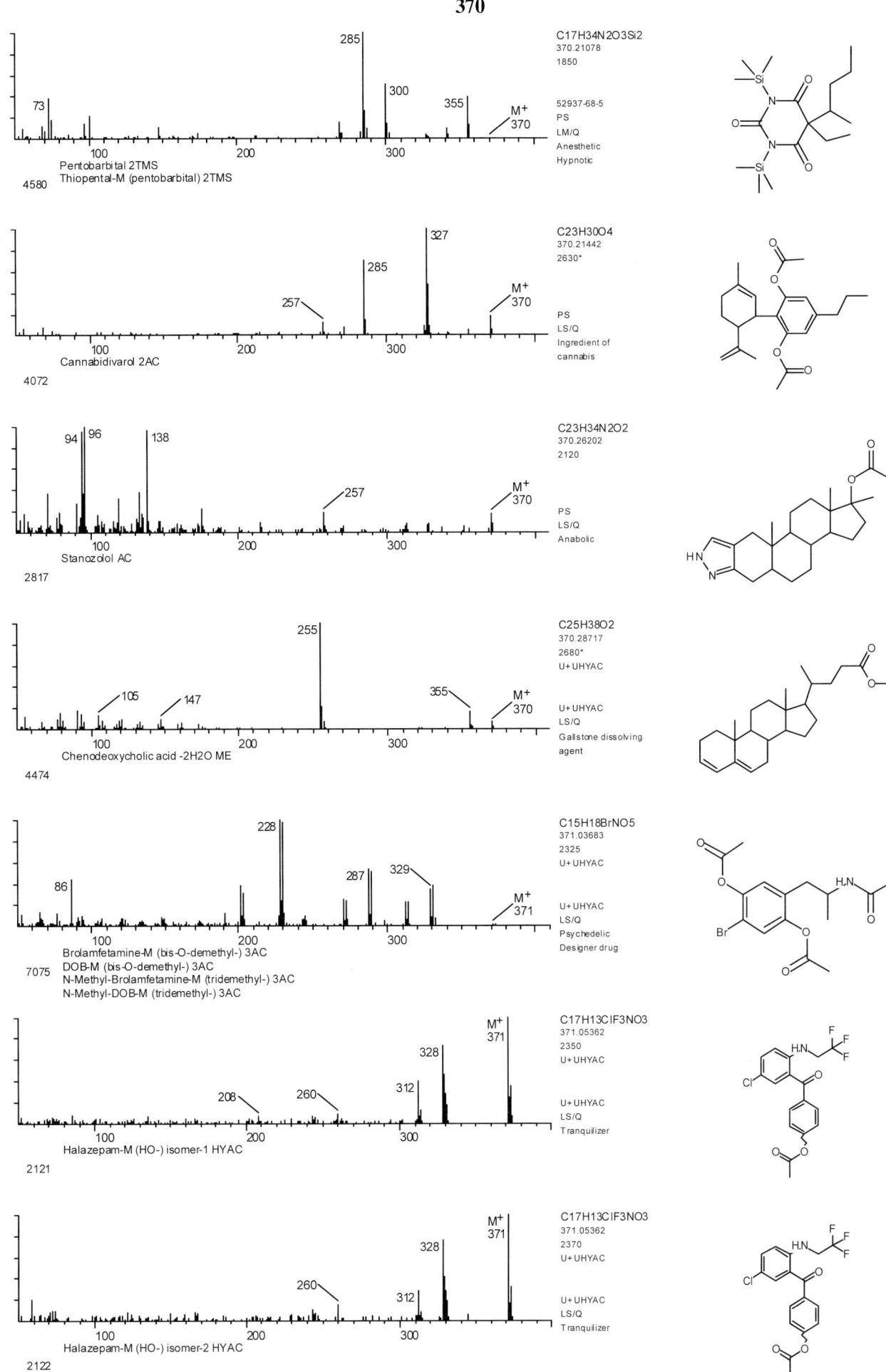

Pentobarbital 2TMS
Thiopental-M (pentobarbital) 2TMS
4580
C17H34N2O3Si2
370.21078
1850
52937-68-5
PS
LM/Q
Anesthetic
Hypnotic

Peaks: 73, 285, 300, 355, M+ 370

Cannabidivarol 2AC
4072
C23H30O4
370.21442
2630*
PS
LS/Q
Ingredient of cannabis

Peaks: 257, 285, 327, M+ 370

Stanozolol AC
2817
C23H34N2O2
370.26202
2120
PS
LS/Q
Anabolic

Peaks: 94, 96, 138, 257, M+ 370

Chenodeoxycholic acid -2H2O ME
4474
C25H38O2
370.28717
2680*
U+ UHYAC
U+ UHYAC
LS/Q
Gallstone dissolving agent

Peaks: 105, 147, 255, 355, M+ 370

Brolamfetamine-M (bis-O-demethyl-) 3AC
DOB-M (bis-O-demethyl-) 3AC
N-Methyl-Brolamfetamine-M (tridemethyl-) 3AC
N-Methyl-DOB-M (tridemethyl-) 3AC
7075
C15H18BrNO5
371.03683
2325
U+ UHYAC
U+ UHYAC
LS/Q
Psychedelic
Designer drug

Peaks: 86, 228, 287, 329, M+ 371

Halazepam-M (HO-) isomer-1 HYAC
2121
C17H13ClF3NO3
371.05362
2350
U+ UHYAC
U+ UHYAC
LS/Q
Tranquilizer

Peaks: 208, 260, 312, 328, M+ 371

Halazepam-M (HO-) isomer-2 HYAC
2122
C17H13ClF3NO3
371.05362
2370
U+ UHYAC
U+ UHYAC
LS/Q
Tranquilizer

Peaks: 260, 312, 328, M+ 371

371

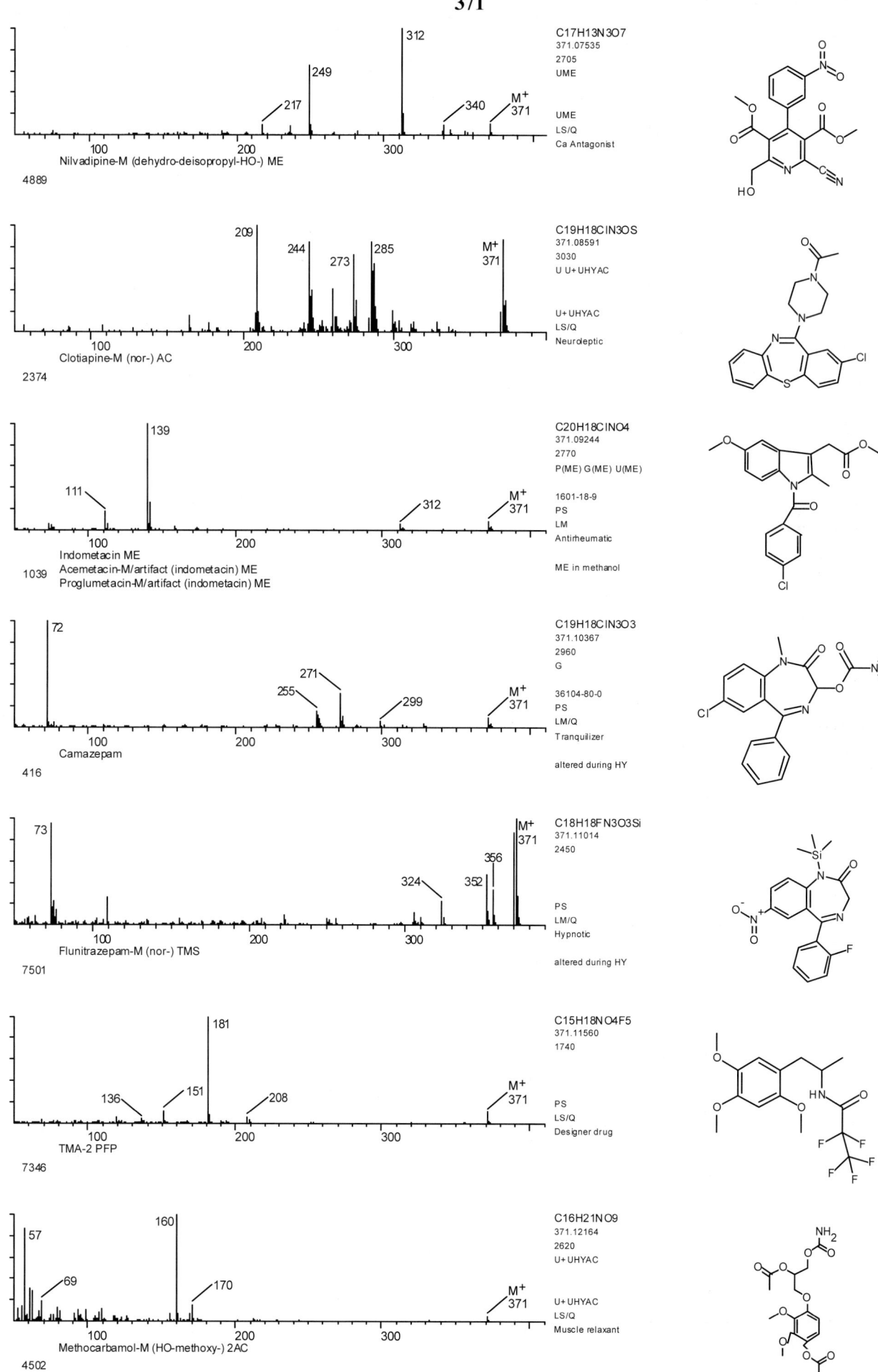

C17H13N3O7
371.07535
2705
UME

UME
LS/Q
Ca Antagonist

Nilvadipine-M (dehydro-deisopropyl-HO-) ME
4889

C19H18ClN3OS
371.08591
3030
U U+ UHYAC

U+ UHYAC
LS/Q
Neuroleptic

Clotiapine-M (nor-) AC
2374

C20H18ClNO4
371.09244
2770
P(ME) G(ME) U(ME)

1601-18-9
PS
LM
Antirheumatic

ME in methanol

Indometacin ME
Acemetacin-M/artifact (indometacin) ME
Proglumetacin-M/artifact (indometacin) ME
1039

C19H18ClN3O3
371.10367
2960
G

36104-80-0
PS
LM/Q
Tranquilizer

altered during HY

Camazepam
416

C18H18FN3O3Si
371.11014
2450

PS
LM/Q
Hypnotic

altered during HY

Flunitrazepam-M (nor-) TMS
7501

C15H18NO4F5
371.11560
1740

PS
LS/Q
Designer drug

TMA-2 PFP
7346

C16H21NO9
371.12164
2620
U+ UHYAC

U+ UHYAC
LS/Q
Muscle relaxant

Methocarbamol-M (HO-methoxy-) 2AC
4502

371

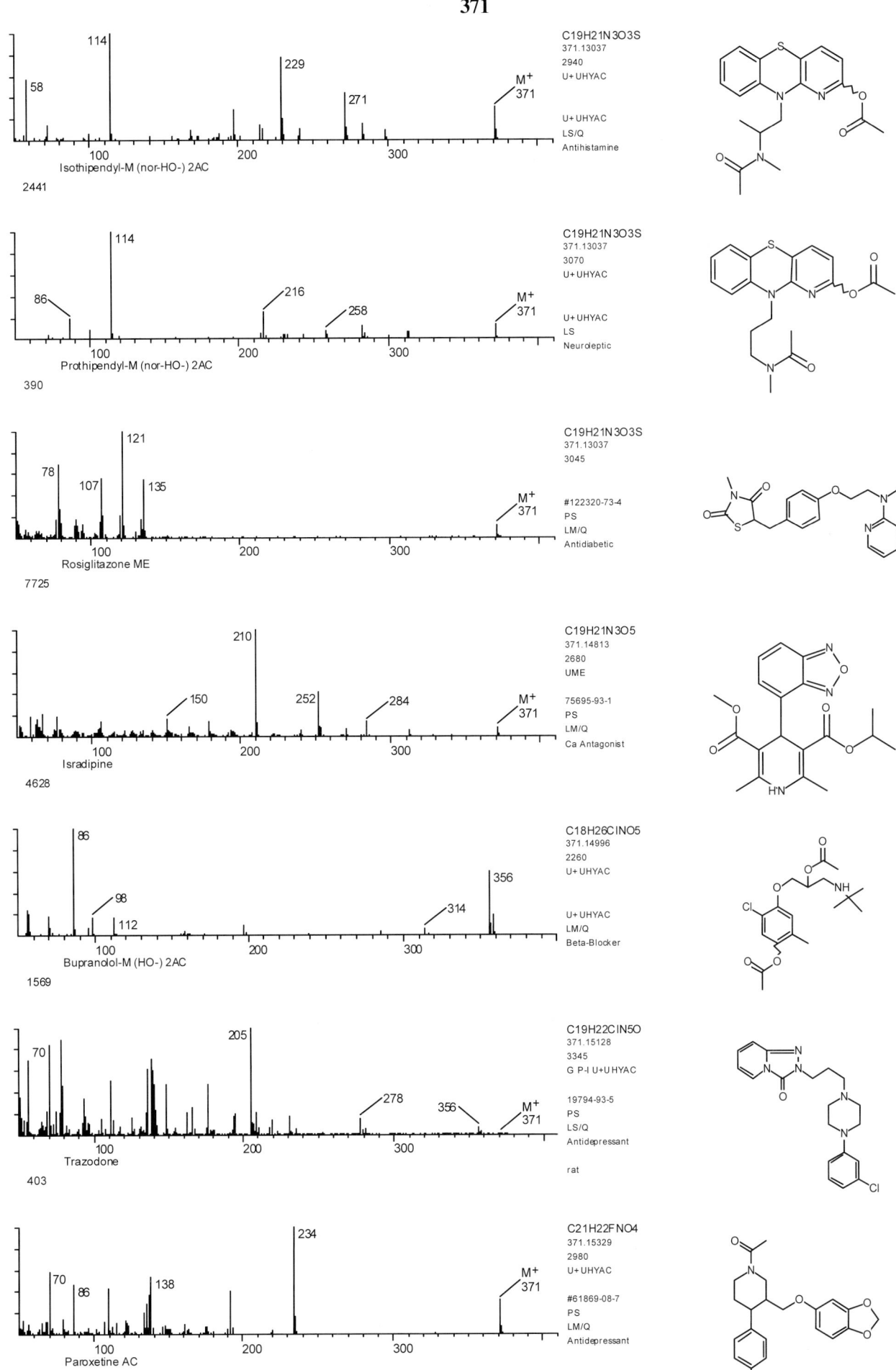

C19H21N3O3S
371.13037
2940
U+ UHYAC

U+ UHYAC
LS/Q
Antihistamine

Isothipendyl-M (nor-HO-) 2AC
2441

C19H21N3O3S
371.13037
3070
U+ UHYAC

U+ UHYAC
LS
Neuroleptic

Prothipendyl-M (nor-HO-) 2AC
390

C19H21N3O3S
371.13037
3045

#122320-73-4
PS
LM/Q
Antidiabetic

Rosiglitazone ME
7725

C19H21N3O5
371.14813
2680
UME

75695-93-1
PS
LM/Q
Ca Antagonist

Isradipine
4628

C18H26ClNO5
371.14996
2260
U+ UHYAC

U+ UHYAC
LM/Q
Beta-Blocker

Bupranolol-M (HO-) 2AC
1569

C19H22ClN5O
371.15128
3345
G P-I U+ UHYAC

19794-93-5
PS
LS/Q
Antidepressant
rat

Trazodone
403

C21H22FNO4
371.15329
2980
U+ UHYAC

#61869-08-7
PS
LM/Q
Antidepressant

Paroxetine AC
5265

923

371

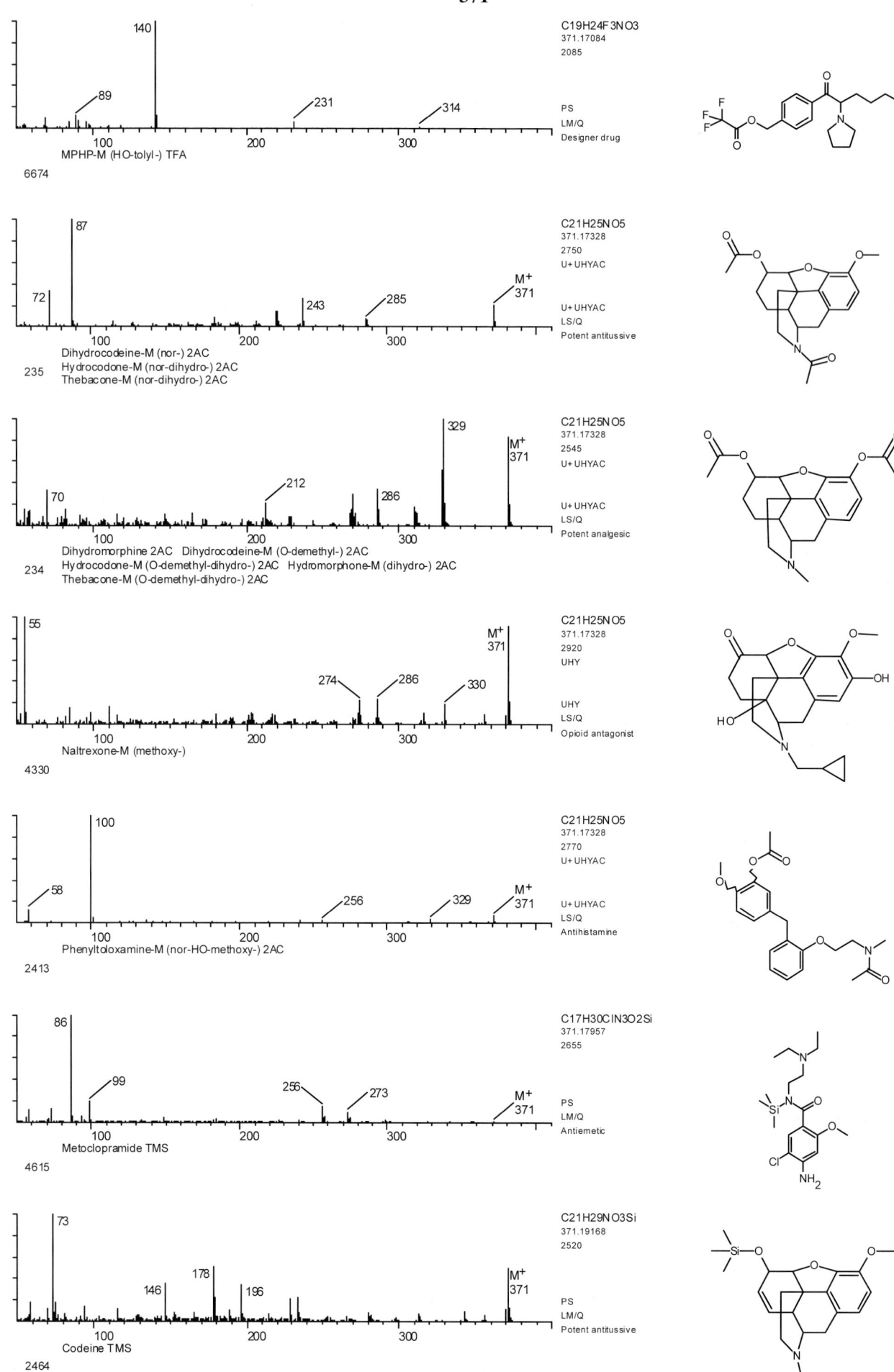

MPHP-M (HO-tolyl-) TFA 6674	C19H24F3NO3 371.17084 2085 PS LM/Q Designer drug
Dihydrocodeine-M (nor-) 2AC Hydrocodone-M (nor-dihydro-) 2AC Thebacone-M (nor-dihydro-) 2AC 235	C21H25NO5 371.17328 2750 U+ UHYAC U+ UHYAC LS/Q Potent antitussive
Dihydromorphine 2AC Dihydrocodeine-M (O-demethyl-) 2AC Hydrocodone-M (O-demethyl-dihydro-) 2AC Hydromorphone-M (dihydro-) 2AC Thebacone-M (O-demethyl-dihydro-) 2AC 234	C21H25NO5 371.17328 2545 U+ UHYAC U+ UHYAC LS/Q Potent analgesic
Naltrexone-M (methoxy-) 4330	C21H25NO5 371.17328 2920 UHY UHY LS/Q Opioid antagonist
Phenyltoloxamine-M (nor-HO-methoxy-) 2AC 2413	C21H25NO5 371.17328 2770 U+ UHYAC U+ UHYAC LS/Q Antihistamine
Metoclopramide TMS 4615	C17H30ClN3O2Si 371.17957 2655 PS LM/Q Antiemetic
Codeine TMS 2464	C21H29NO3Si 371.19168 2520 PS LM/Q Potent antitussive

371

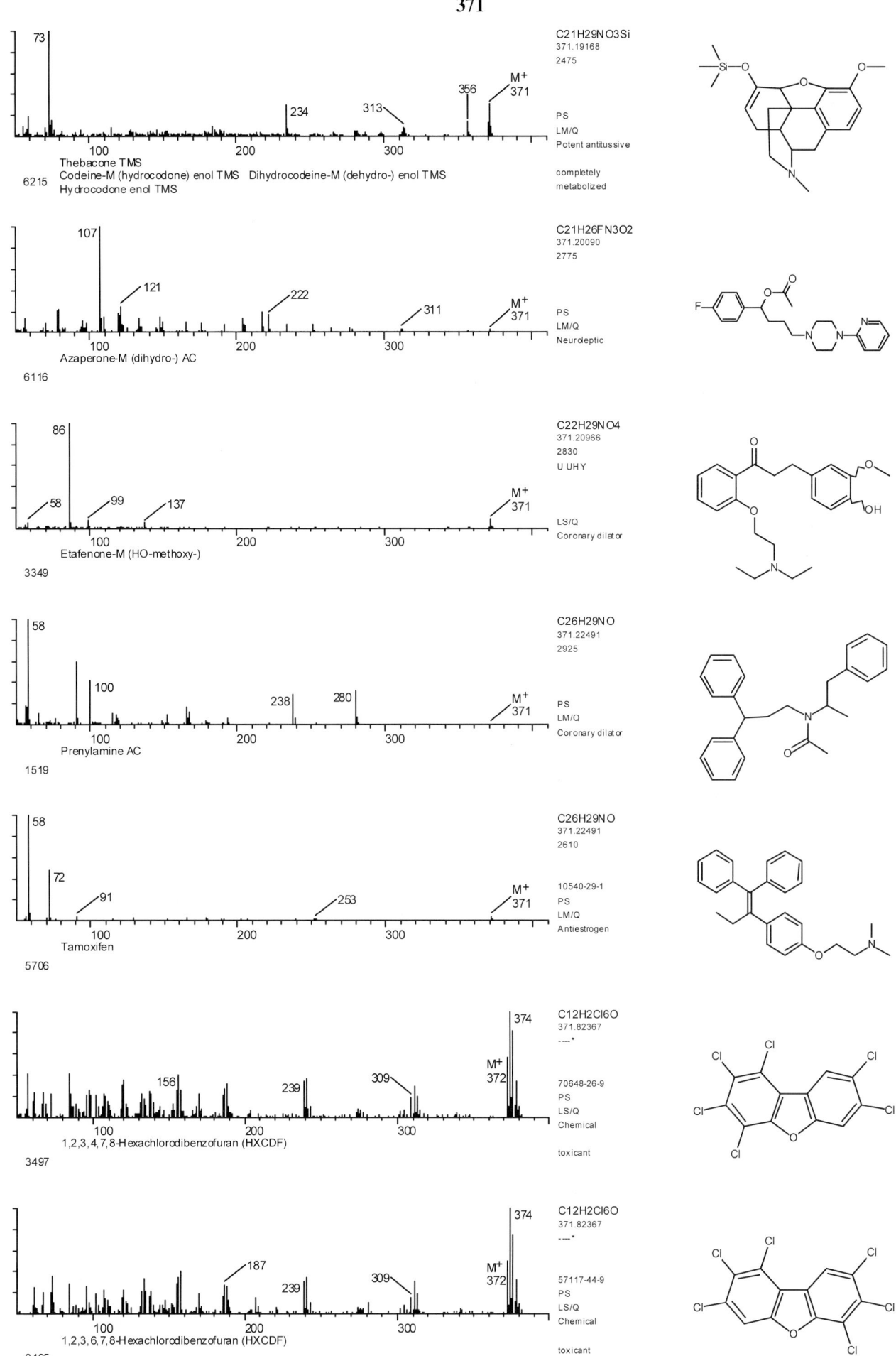

C21H29NO3Si
371.19168
2475

PS
LM/Q
Potent antitussive

Thebacone TMS
Codeine-M (hydrocodone) enol TMS Dihydrocodeine-M (dehydro-) enol TMS
Hydrocodone enol TMS

completely metabolized

C21H26FN3O2
371.20090
2775

PS
LM/Q
Neuroleptic

Azaperone-M (dihydro-) AC

C22H29NO4
371.20966
2830

U UH Y

LS/Q
Coronary dilator

Etafenone-M (HO-methoxy-)

C26H29NO
371.22491
2925

PS
LM/Q
Coronary dilator

Prenylamine AC

C26H29NO
371.22491
2610

10540-29-1
PS
LM/Q
Antiestrogen

Tamoxifen

C12H2Cl6O
371.82367
-·-·-*

70648-26-9
PS
LS/Q
Chemical toxicant

1,2,3,4,7,8-Hexachlorodibenzofuran (HXCDF)

C12H2Cl6O
371.82367
-·-·-*

57117-44-9
PS
LS/Q
Chemical toxicant

1,2,3,6,7,8-Hexachlorodibenzofuran (HXCDF)

925

372

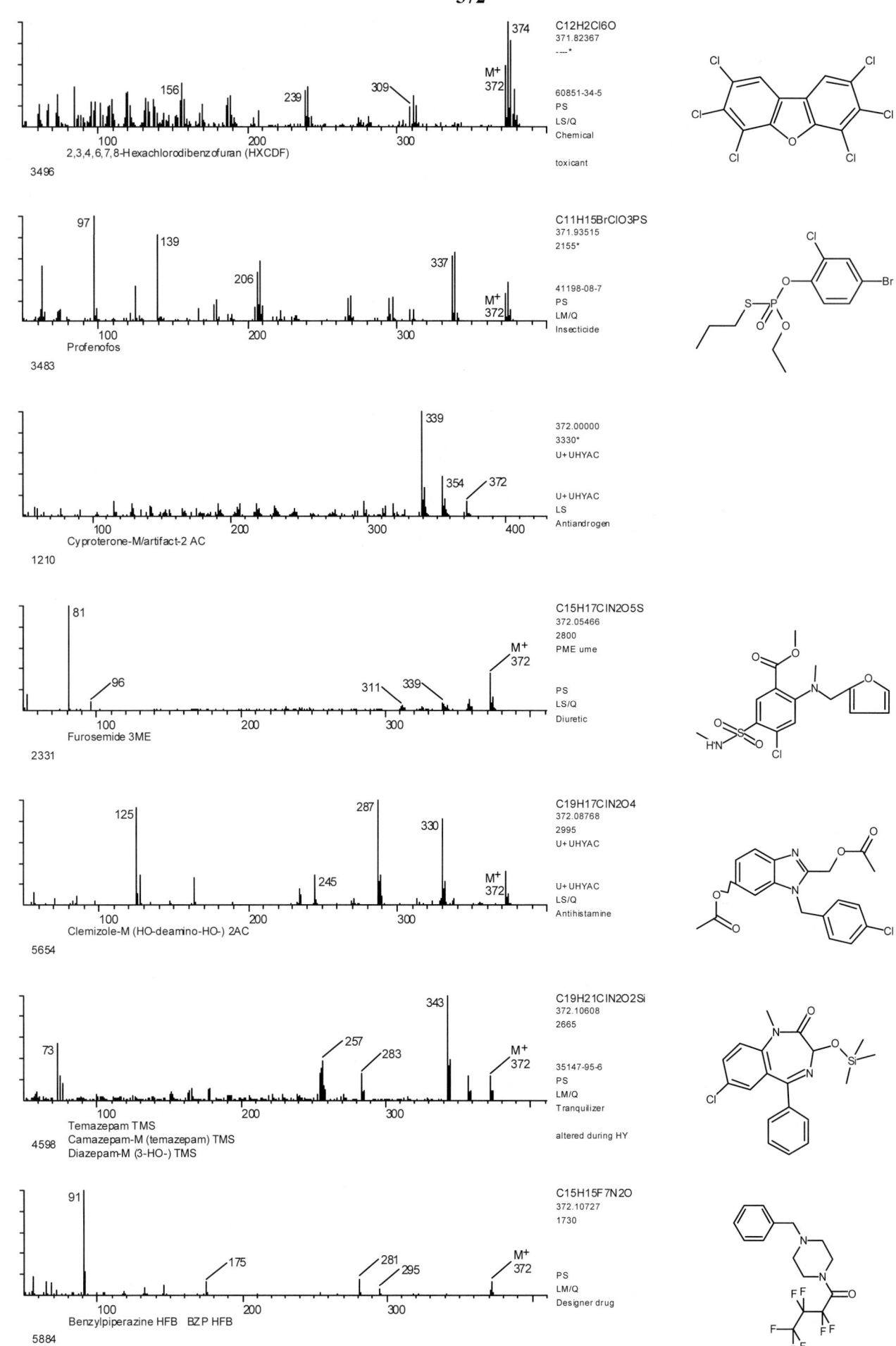

2,3,4,6,7,8-Hexachlorodibenzofuran (HXCDF)
3496
C12H2Cl6O
371.82367
-.--*
60851-34-5
PS
LS/Q
Chemical toxicant

Profenofos
3483
C11H15BrClO3PS
371.93515
2155*
41198-08-7
PS
LM/Q
Insecticide

Cyproterone-M/artifact-2 AC
1210
372.00000
3330*
U+ UHYAC
U+ UHYAC
LS
Antiandrogen

Furosemide 3ME
2331
C15H17ClN2O5S
372.05466
2800
PME ume
PS
LS/Q
Diuretic

Clemizole-M (HO-deamino-HO-) 2AC
5654
C19H17ClN2O4
372.08768
2995
U+ UHYAC
U+ UHYAC
LS/Q
Antihistamine

Temazepam TMS
Camazepam-M (temazepam) TMS
Diazepam-M (3-HO-) TMS
4598
C19H21ClN2O2Si
372.10608
2665
35147-95-6
PS
LM/Q
Tranquilizer
altered during HY

Benzylpiperazine HFB BZP HFB
5884
C15H15F7N2O
372.10727
1730
PS
LM/Q
Designer drug

926

372

p-Tolylpiperazine HFB — 6770
C15H15F7N2O
372.10727
1860
PS
LM/Q
Internal standard
M+ 372; 175, 146, 119, 91

Nimodipine-M/artifact (dehydro-demethoxyethyl-) ME — 4893
C19H20N2O6
372.13214
2390
UME
UME
LM/Q
Ca Antagonist
M+ 372; 330, 313, 298, 252

Nitrendipine-M/artifact (dehydro-demethyl-) ET — 4875
C19H20N2O6
372.13214
2470
UET
UET
LS/Q
Ca Antagonist
372, 355, 327, 299, 281

Diltiazem-M (deacetyl-) — 2505
C20H24N2O3S
372.15076
2990
P UHY
PS
LM/Q
Ca Antagonist
M+ 372; 178, 150, 71, 58

Levomepromazine-M (nor-HO-) AC — 6415
C20H24N2O3S
372.15076
3140
U+ UHYAC
U+ UHYAC
LS/Q
Neuroleptic
M+ 372; 258, 244, 128, 86

Promethazine-M (HO-methoxy-) AC — 2617
C20H24N2O3S
372.15076
2800
U+ UHYAC
U+ UHYAC
LS/Q
Neuroleptic
M+ 372; 301, 253, 226, 72

Clomipramine-M (HO-) isomer-1 AC — 317
C21H25ClN2O2
372.16046
2805
U+ UHYAC
U+ UHYAC
LM
Antidepressant
M+ 372; 327, 285, 85, 58

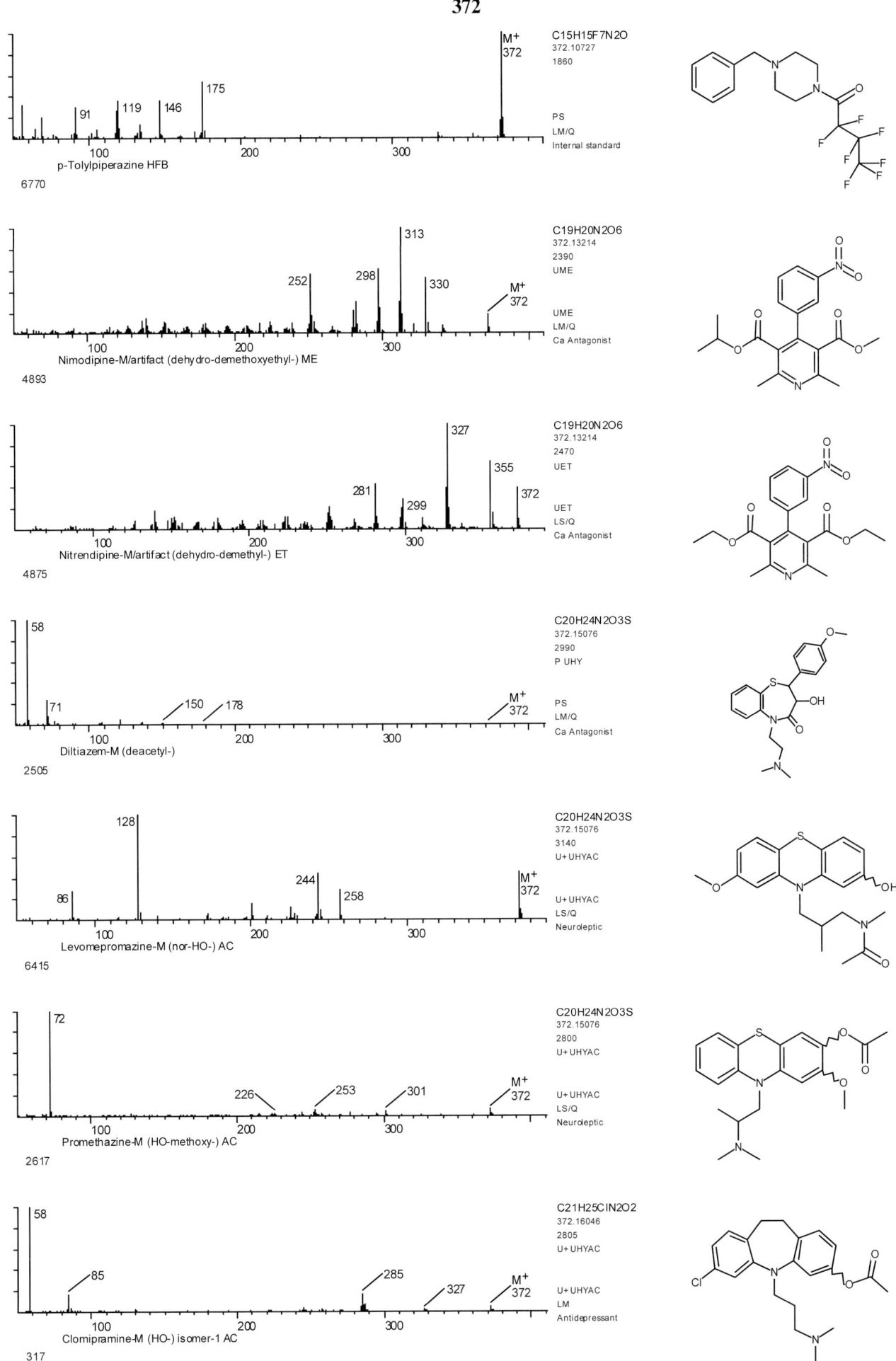

927

372

122 — Clomipramine-M (HO-) isomer-2 AC
Peaks: 58, 85, 285, 327, M+ 372
C21H25ClN2O2 — 372.16046 — 2905 — U+ UHYAC / U+ UHYAC / LM / Antidepressant

7294 — Heroin-D3 / Morphine-D3 2AC
Peaks: 218, 271, 313, 330, M+ 372
C21H20D3NO5 — 372.17645 — 2510 — PS / LM / Potent analgesic / Internal standard

7707 — Clomipramine-M (nor-) TMS
Peaks: 116, 227, 242, 269, M+ 372
C21H29ClN2Si — 372.17886 — 2575 — PS / LM/Q / Antidepressant

7785 — Clomipramine-M (nor-) TMS
Peaks: 73, 227, 242, 269, M+ 372
C21H29ClN2Si — 372.17886 — 2575 — PS / LM/Q / Antidepressant

2809 — Prednylidene
Peaks: 121, 122, 147, 309, 342
C22H28O5 — 372.19366 — 3330* — 599-33-7 — PS / LM/Q / Corticoid

3370 — Amperozide-M (N-dealkyl-) AC / Lidoflazine-M (N-dealkyl-) AC
Peaks: 109, 141, 201, 300, M+ 372
C22H26F2N2O — 372.20132 — 2970 — U+ UHYAC / U+ UHYAC / LS/Q / Vasodilator

6068 — Deoxycortone AC / Deoxycortone acetate
Peaks: 147, 253, 271, 299, M+ 372
C23H32O4 — 372.23007 — 3175* — 56-47-3 — PS / LM/Q / Corticoid

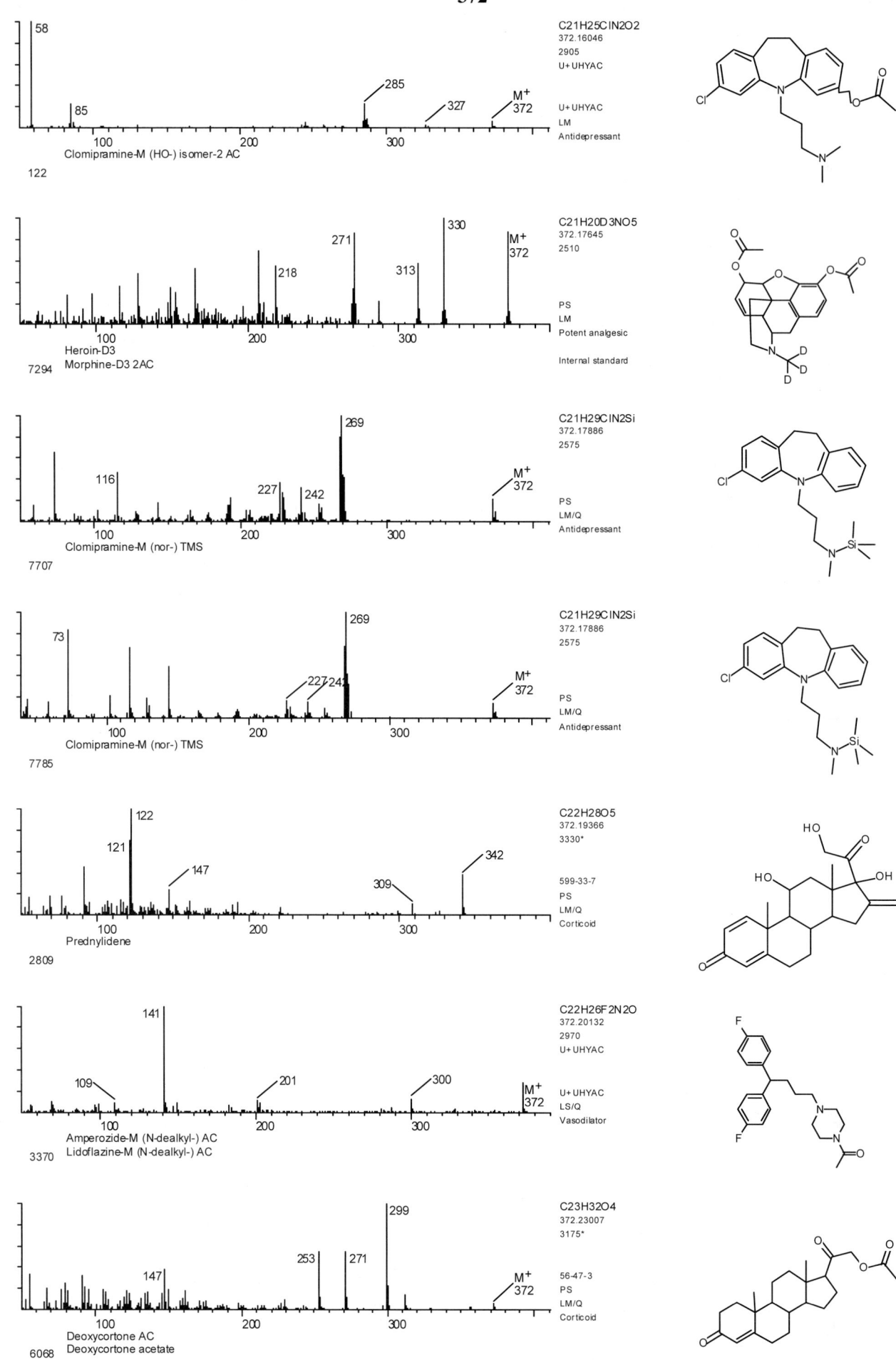

372

C23H32O4
372.23007
2620*
uthcme UGlucExMe

UTHCME
LS/Q
Psychedelic
Antiemetic

Tetrahydrocannabinol-M (nor-delta-9-HOOC-) 2ME
Dronabinol-M (nor-delta-9-HOOC-) 2ME
1439

C15H20BrNO5
373.05249
2270
U+ UHYAC

U+ UHYAC
LS/Q
Psychedelic
Designer drug

Brolamfetamine-M (HO-) 2AC   DOB-M (HO-) 2AC
N-Methyl-Brolamfetamine-M (N-demethyl-HO-) 2AC
N-Methyl-DOB-M (N-demethyl-HO-) 2AC
7081

C14H13F6NO4
373.07489
1780

LS/Q
Psychedelic
Designer drug

2C-D-M (O-demethyl-) isomer-1 2TFA
4-Methyl-2,5-dimethoxyphenethylamine-M (O-demethyl-) isomer-1 2TFA
7226

C14H13F6NO4
373.07489
1850

LS/Q
Psychedelic
Designer drug

2C-D-M (O-demethyl-) isomer-2 2TFA
4-Methyl-2,5-dimethoxyphenethylamine-M (O-demethyl-) isomer-2 2TFA
7227

C14H20N3O5PS
373.08612
2590

13457-18-6
PS
LM/Q
Fungicide

Pyrazophos
3863

C20H20ClNO2S
373.09033
2750
U+ UHYAC

UGLUCAC
LS/Q
Neuroleptic

Chlorprothixene-M (HO-) isomer-1 AC
4163

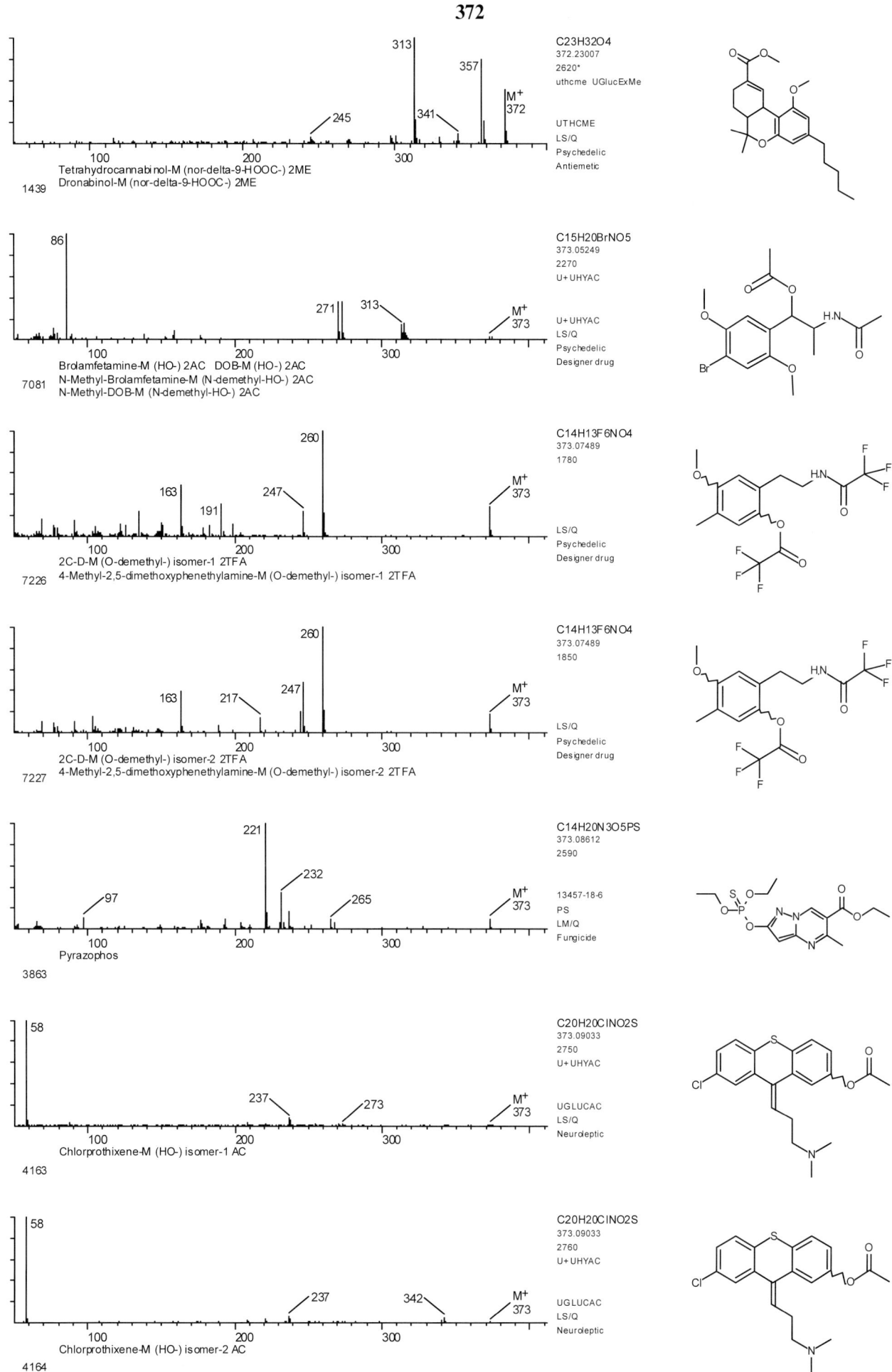

C20H20ClNO2S
373.09033
2760
U+ UHYAC

UGLUCAC
LS/Q
Neuroleptic

Chlorprothixene-M (HO-) isomer-2 AC
4164

373

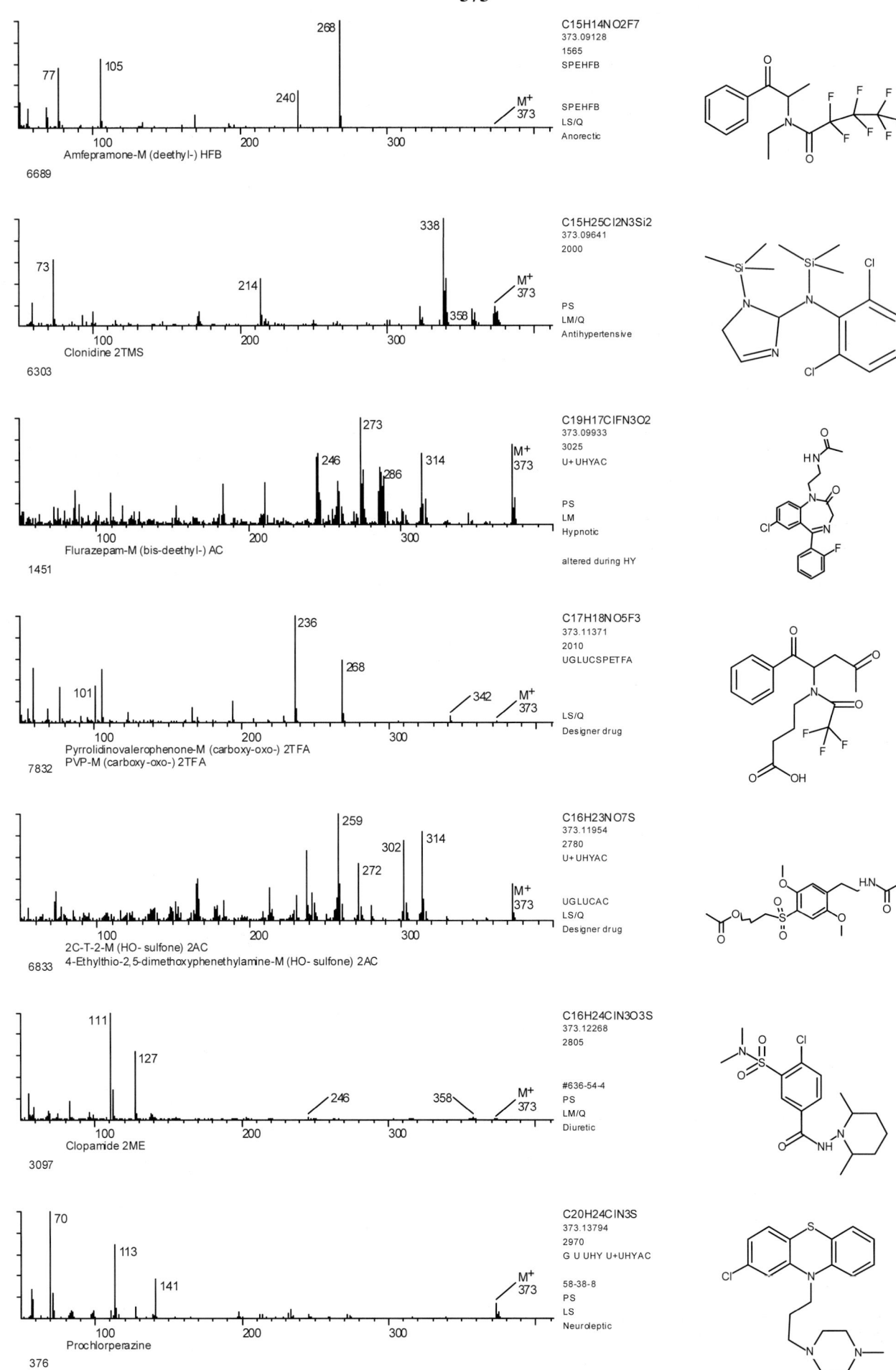

C15H14NO2F7
373.09128
1565
SPEHFB

SPEHFB
LS/Q
Anorectic

Amfepramone-M (deethyl-) HFB
6689

C15H25Cl2N3Si2
373.09641
2000

PS
LM/Q
Antihypertensive

Clonidine 2TMS
6303

C19H17ClFN3O2
373.09933
3025
U+ UHYAC

PS
LM
Hypnotic

altered during HY

Flurazepam-M (bis-deethyl-) AC
1451

C17H18NO5F3
373.11371
2010
UGLUCSPETFA

LS/Q
Designer drug

Pyrrolidinovalerophenone-M (carboxy-oxo-) 2TFA
PVP-M (carboxy-oxo-) 2TFA
7832

C16H23NO7S
373.11954
2780
U+ UHYAC

UGLUCAC
LS/Q
Designer drug

2C-T-2-M (HO- sulfone) 2AC
4-Ethylthio-2,5-dimethoxyphenethylamine-M (HO- sulfone) 2AC
6833

C16H24ClN3O3S
373.12268
2805

#636-54-4
PS
LM/Q
Diuretic

Clopamide 2ME
3097

C20H24ClN3S
373.13794
2970
G U UHY U+UHYAC

58-38-8
PS
LS
Neuroleptic

Prochlorperazine
376

373

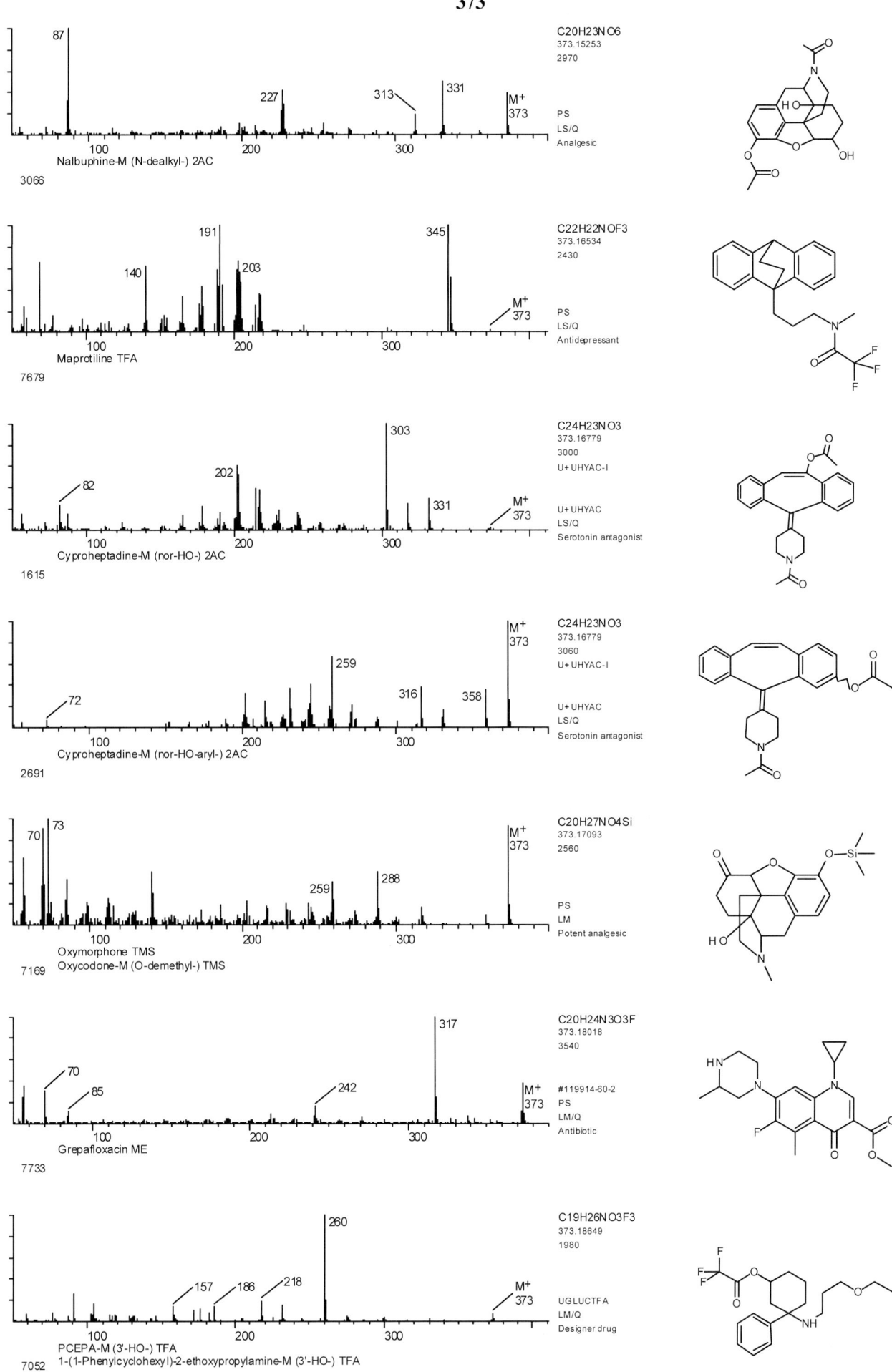

C20H23NO6
373.15253
2970

PS
LS/Q
Analgesic

Nalbuphine-M (N-dealkyl-) 2AC

C22H22NOF3
373.16534
2430

PS
LS/Q
Antidepressant

Maprotiline TFA

C24H23NO3
373.16779
3000
U+UHYAC-I

U+UHYAC
LS/Q
Serotonin antagonist

Cyproheptadine-M (nor-HO-) 2AC

C24H23NO3
373.16779
3060
U+UHYAC-I

U+UHYAC
LS/Q
Serotonin antagonist

Cyproheptadine-M (nor-HO-aryl-) 2AC

C20H27NO4Si
373.17093
2560

PS
LM
Potent analgesic

Oxymorphone TMS
Oxycodone-M (O-demethyl-) TMS

C20H24N3O3F
373.18018
3540
#119914-60-2
PS
LM/Q
Antibiotic

Grepafloxacin ME

C19H26NO3F3
373.18649
1980

UGLUCTFA
LM/Q
Designer drug

PCEPA-M (3'-HO-) TFA
1-(1-Phenylcyclohexyl)-2-ethoxypropylamine-M (3'-HO-) TFA

373

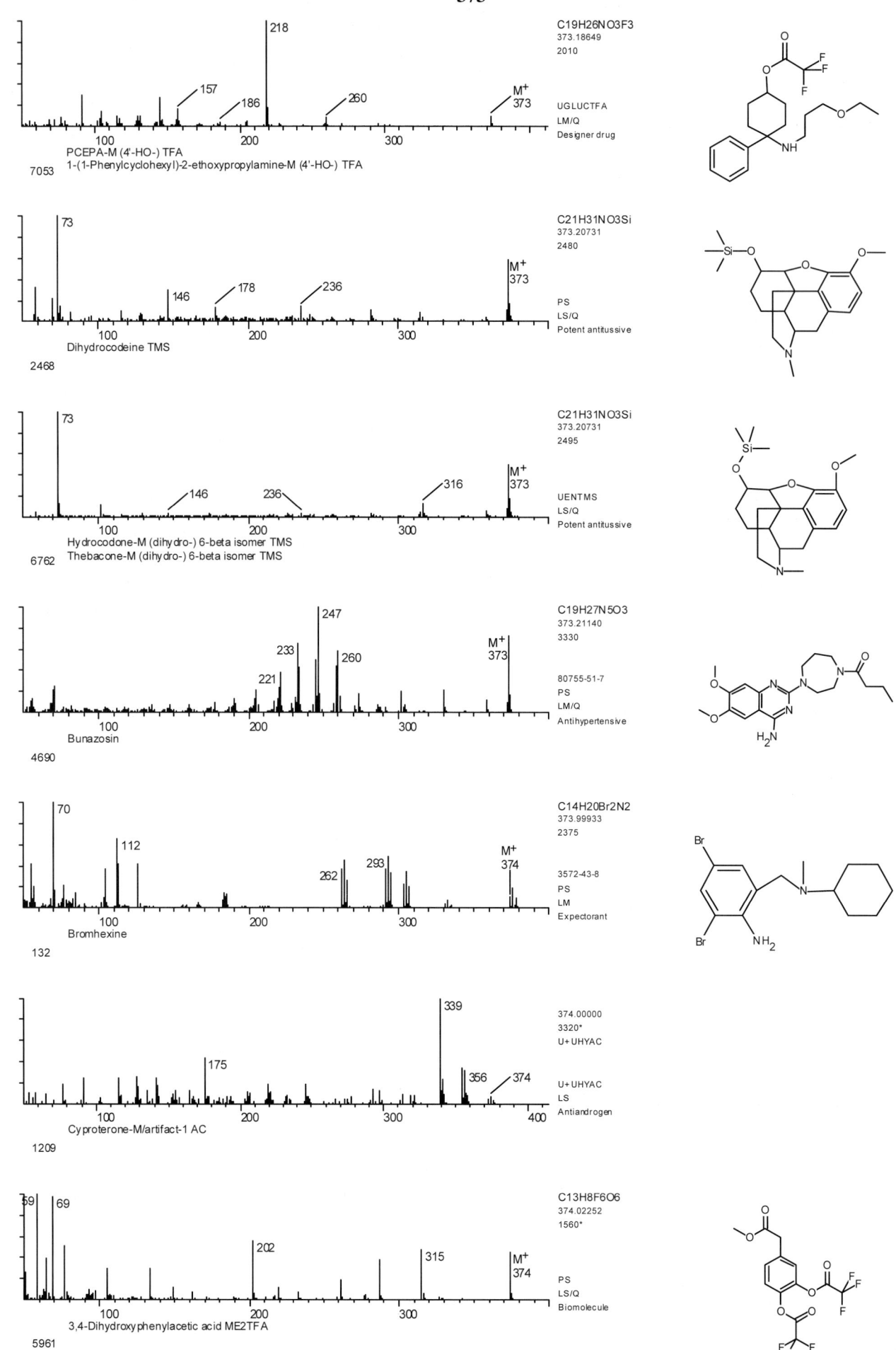

PCEPA-M (4'-HO-) TFA
1-(1-Phenylcyclohexyl)-2-ethoxypropylamine-M (4'-HO-) TFA
7053

C19H26NO3F3
373.18649
2010

UGLUCTFA
LM/Q
Designer drug

Peaks: 157, 186, 218, 260, M+ 373

Dihydrocodeine TMS
2468

C21H31NO3Si
373.20731
2480

PS
LS/Q
Potent antitussive

Peaks: 73, 146, 178, 236, M+ 373

Hydrocodone-M (dihydro-) 6-beta isomer TMS
Thebacone-M (dihydro-) 6-beta isomer TMS
6762

C21H31NO3Si
373.20731
2495

UENTMS
LS/Q
Potent antitussive

Peaks: 73, 146, 236, 316, M+ 373

Bunazosin
4690

C19H27N5O3
373.21140
3330

80755-51-7
PS
LM/Q
Antihypertensive

Peaks: 221, 233, 247, 260, M+ 373

Bromhexine
132

C14H20Br2N2
373.99933
2375

3572-43-8
PS
LM
Expectorant

Peaks: 70, 112, 262, 293, M+ 374

Cyproterone-M/artifact-1 AC
1209

374.00000
3320*
U+ UHYAC

U+ UHYAC
LS
Antiandrogen

Peaks: 175, 339, 356, 374

3,4-Dihydroxyphenylacetic acid ME2TFA
5961

C13H8F6O6
374.02252
1560*

PS
LS/Q
Biomolecule

Peaks: 59, 69, 202, 315, M+ 374

374

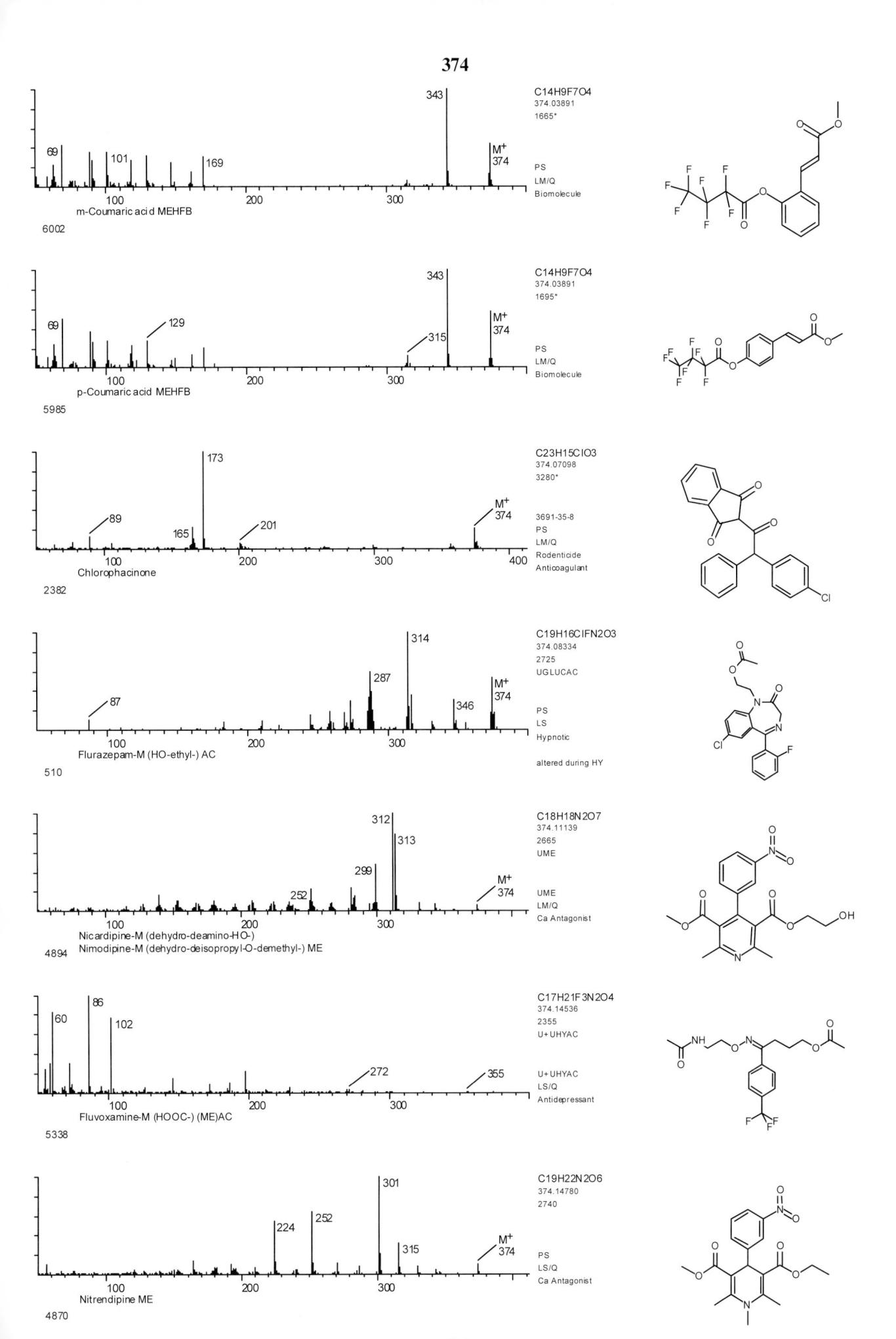

m-Coumaric acid MEHFB — 6002
C14H9F7O4
374.03891
1665*
PS
LM/Q
Biomolecule
Peaks: 69, 101, 169, 343, M+ 374

p-Coumaric acid MEHFB — 5985
C14H9F7O4
374.03891
1695*
PS
LM/Q
Biomolecule
Peaks: 69, 129, 315, 343, M+ 374

Chlorophacinone — 2382
C23H15ClO3
374.07098
3280*
3691-35-8
PS
LM/Q
Rodenticide
Anticoagulant
Peaks: 89, 165, 173, 201, M+ 374

Flurazepam-M (HO-ethyl-) AC — 510
C19H16ClFN2O3
374.08334
2725
UGLUCAC
PS
LS
Hypnotic
altered during HY
Peaks: 87, 287, 314, 346, M+ 374

Nicardipine-M (dehydro-deamino-HO-)
Nimodipine-M (dehydro-deisopropyl-O-demethyl-) ME — 4894
C18H18N2O7
374.11139
2665
UME
UME
LM/Q
Ca Antagonist
Peaks: 252, 299, 312, 313, M+ 374

Fluvoxamine-M (HOOC-) (ME)AC — 5338
C17H21F3N2O4
374.14536
2355
U+UHYAC
U+UHYAC
LS/Q
Antidepressant
Peaks: 60, 86, 102, 272, 355

Nitrendipine ME — 4870
C19H22N2O6
374.14780
2740
PS
LS/Q
Ca Antagonist
Peaks: 224, 252, 301, 315, M+ 374

374

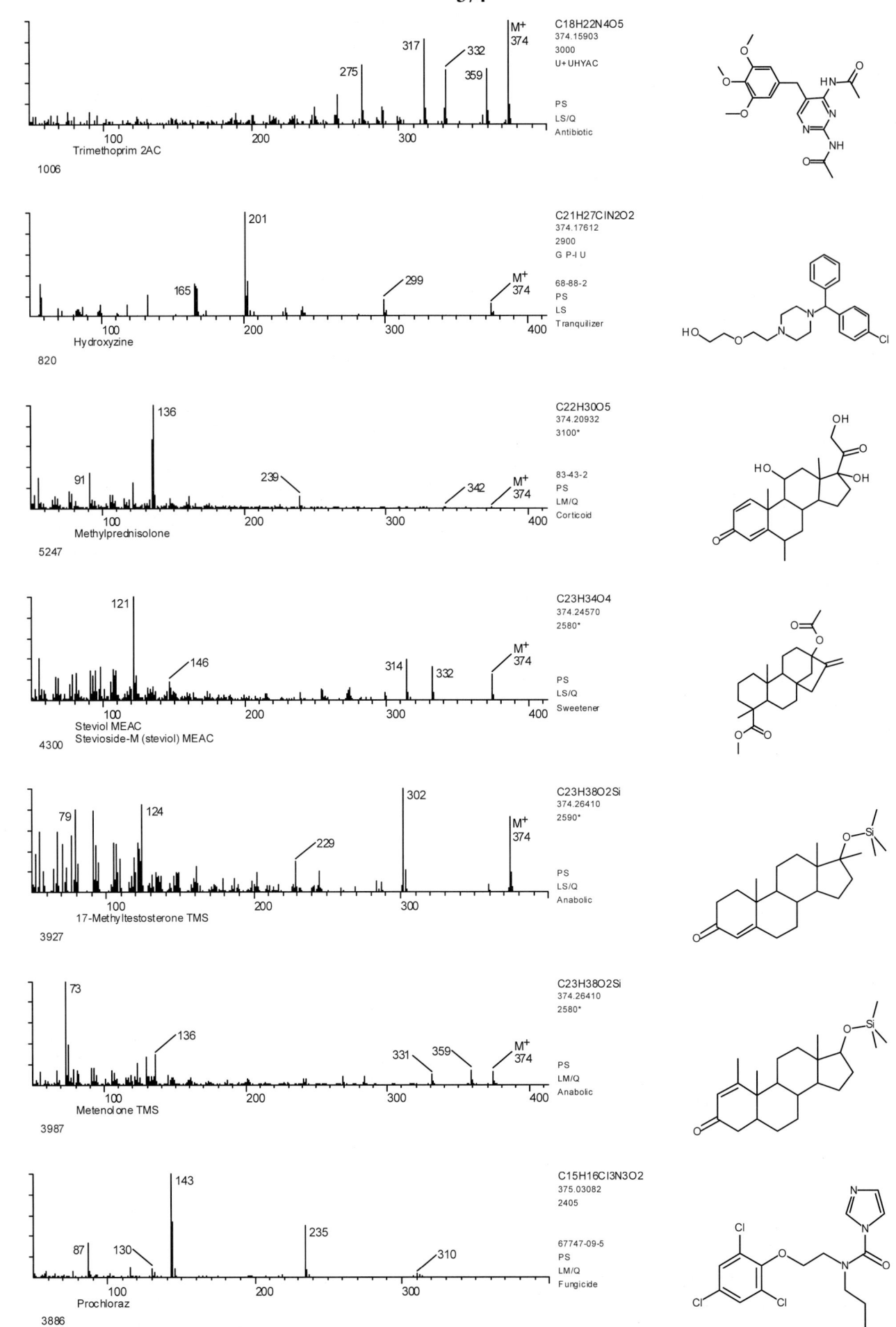

Trimethoprim 2AC
C18H22N4O5
374.15903
3000
U+ UHYAC
PS
LS/Q
Antibiotic
Peaks: 275, 317, 332, 359, M+ 374
1006

Hydroxyzine
C21H27ClN2O2
374.17612
2900
G P-I U
68-88-2
PS
LS
Tranquilizer
Peaks: 165, 201, 299, M+ 374
820

Methylprednisolone
C22H30O5
374.20932
3100*
83-43-2
PS
LM/Q
Corticoid
Peaks: 91, 136, 239, 342, M+ 374
5247

Steviol MEAC
Stevioside-M (steviol) MEAC
C23H34O4
374.24570
2580*
PS
LS/Q
Sweetener
Peaks: 121, 146, 314, 332, M+ 374
4300

17-Methyltestosterone TMS
C23H38O2Si
374.26410
2590*
PS
LS/Q
Anabolic
Peaks: 79, 124, 229, 302, M+ 374
3927

Metenolone TMS
C23H38O2Si
374.26410
2580*
PS
LM/Q
Anabolic
Peaks: 73, 136, 331, 359, M+ 374
3987

Prochloraz
C15H16Cl3N3O2
375.03082
2405
67747-09-5
PS
LM/Q
Fungicide
Peaks: 87, 130, 143, 235, 310
3886

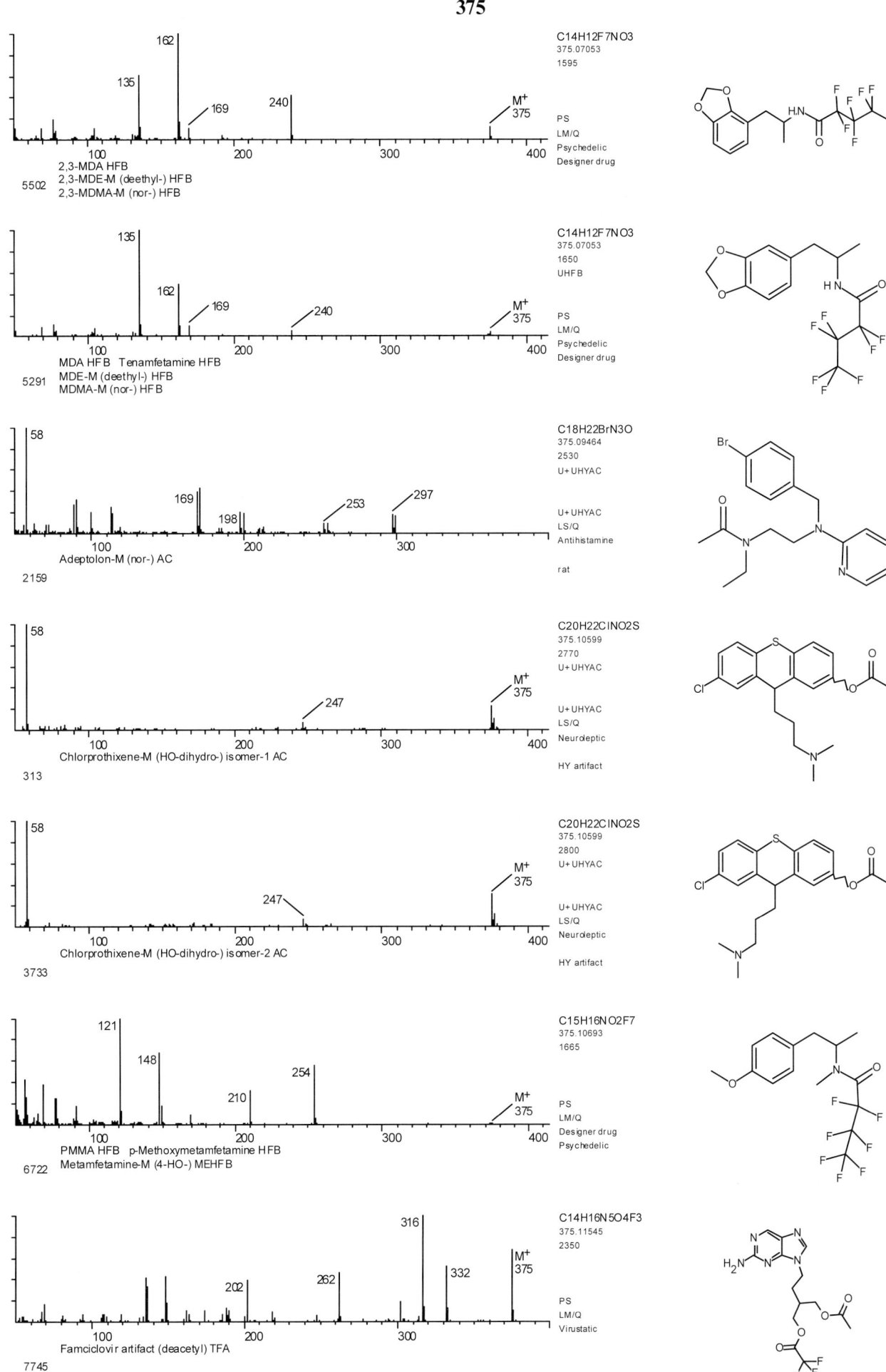

375

C14H12F7NO3
375.07053
1595

PS
LM/Q
Psychedelic
Designer drug

2,3-MDA HFB
2,3-MDE-M (deethyl-) HFB
2,3-MDMA-M (nor-) HFB
5502

C14H12F7NO3
375.07053
1650
UHFB

PS
LM/Q
Psychedelic
Designer drug

MDA HFB   Tenamfetamine HFB
MDE-M (deethyl-) HFB
MDMA-M (nor-) HFB
5291

C18H22BrN3O
375.09464
2530
U+ UHYAC

U+ UHYAC
LS/Q
Antihistamine

rat

Adeptolon-M (nor-) AC
2159

C20H22ClNO2S
375.10599
2770
U+ UHYAC

U+ UHYAC
LS/Q
Neuroleptic

HY artifact

Chlorprothixene-M (HO-dihydro-) isomer-1 AC
313

C20H22ClNO2S
375.10599
2800
U+ UHYAC

U+ UHYAC
LS/Q
Neuroleptic

HY artifact

Chlorprothixene-M (HO-dihydro-) isomer-2 AC
3733

C15H16NO2F7
375.10693
1665

PS
LM/Q
Designer drug
Psychedelic

PMMA HFB   p-Methoxymetamfetamine HFB
Metamfetamine-M (4-HO-) MEHFB
6722

C14H16N5O4F3
375.11545
2350

PS
LM/Q
Virustatic

Famciclovir artifact (deacetyl) TFA
7745

375

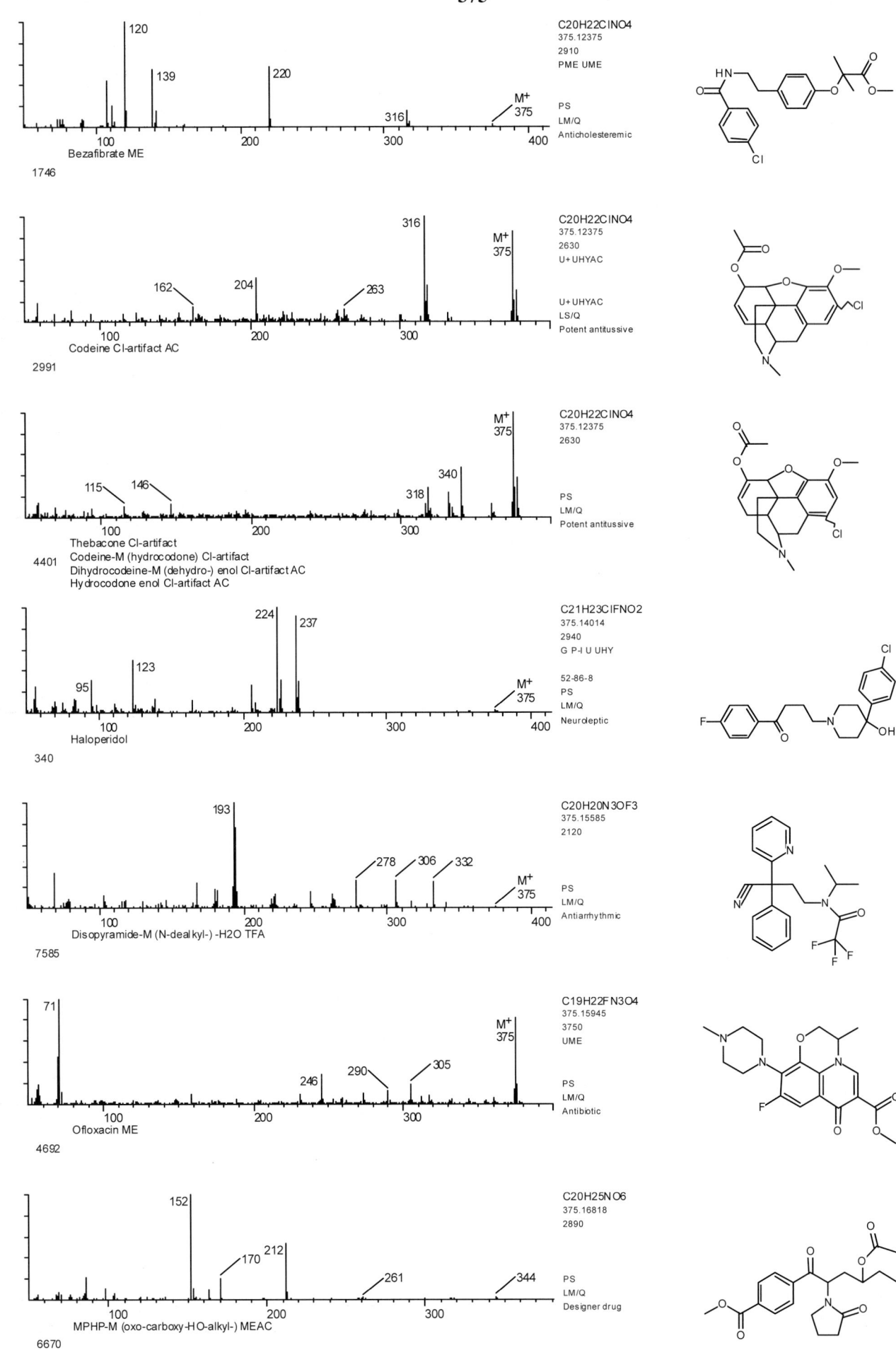

C20H22ClNO4
375.12375
2910
PME UME

PS
LM/Q
Anticholesteremic

Bezafibrate ME
1746

C20H22ClNO4
375.12375
2630
U+ UHYAC

U+ UHYAC
LS/Q
Potent antitussive

Codeine Cl-artifact AC
2991

C20H22ClNO4
375.12375
2630

PS
LM/Q
Potent antitussive

Thebacone Cl-artifact
Codeine-M (hydrocodone) Cl-artifact
Dihydrocodeine-M (dehydro-) enol Cl-artifact AC
Hydrocodone enol Cl-artifact AC
4401

C21H23ClFNO2
375.14014
2940
G P-I U UHY

52-86-8
PS
LM/Q
Neuroleptic

Haloperidol
340

C20H20N3OF3
375.15585
2120

PS
LM/Q
Antiarrhythmic

Disopyramide-M (N-dealkyl-) -H2O TFA
7585

C19H22FN3O4
375.15945
3750
UME

PS
LM/Q
Antibiotic

Ofloxacin ME
4692

C20H25NO6
375.16818
2890

PS
LM/Q
Designer drug

MPHP-M (oxo-carboxy-HO-alkyl-) MEAC
6670

375

Cyphenothrin
C24H25NO3
375.18344
2960
39515-40-7
PS
LM/Q
Insecticide
Peaks: 81, 123, 167, 181, M+ 375
3881

MPHP-M (oxo-carboxy-) TMS
C20H29NO4Si
375.18658
2160
PS
LM/Q
Designer drug
Peaks: 104, 154, 178, 221, 360
6656

Dipivefrin -H2O AC
C21H29NO5
375.20456
2720
PS
LS/Q
Sympathomimetic
Peaks: 57, 115, 307, 362, M+ 375
2746

MPHP-M (di-HO-) 2AC
C21H29NO5
375.20456
2600
PS
LM/Q
Designer drug
Peaks: 138, 177, 198
6649

Pipamperone
C21H30FN3O2
375.23221
3040
P-I G U UHY U+U HYA
1893-33-0
PS
LM/Q
Neuroleptic
Peaks: 123, 138, 165, 194, 331
179

Bencyclane-M (nor-HO-) isomer-1 2AC
C22H33NO4
375.24097
2690
U+ UHYAC
UAAC
LS/Q
Vasodilator
altered during HY
Peaks: 86, 91, 114, 130
2304

Bencyclane-M (nor-HO-) isomer-2 2AC
C22H33NO4
375.24097
2730
U+ UHYAC
UAAC
LS/Q
Vasodilator
altered during HY
Peaks: 86, 91, 114, 130
2305

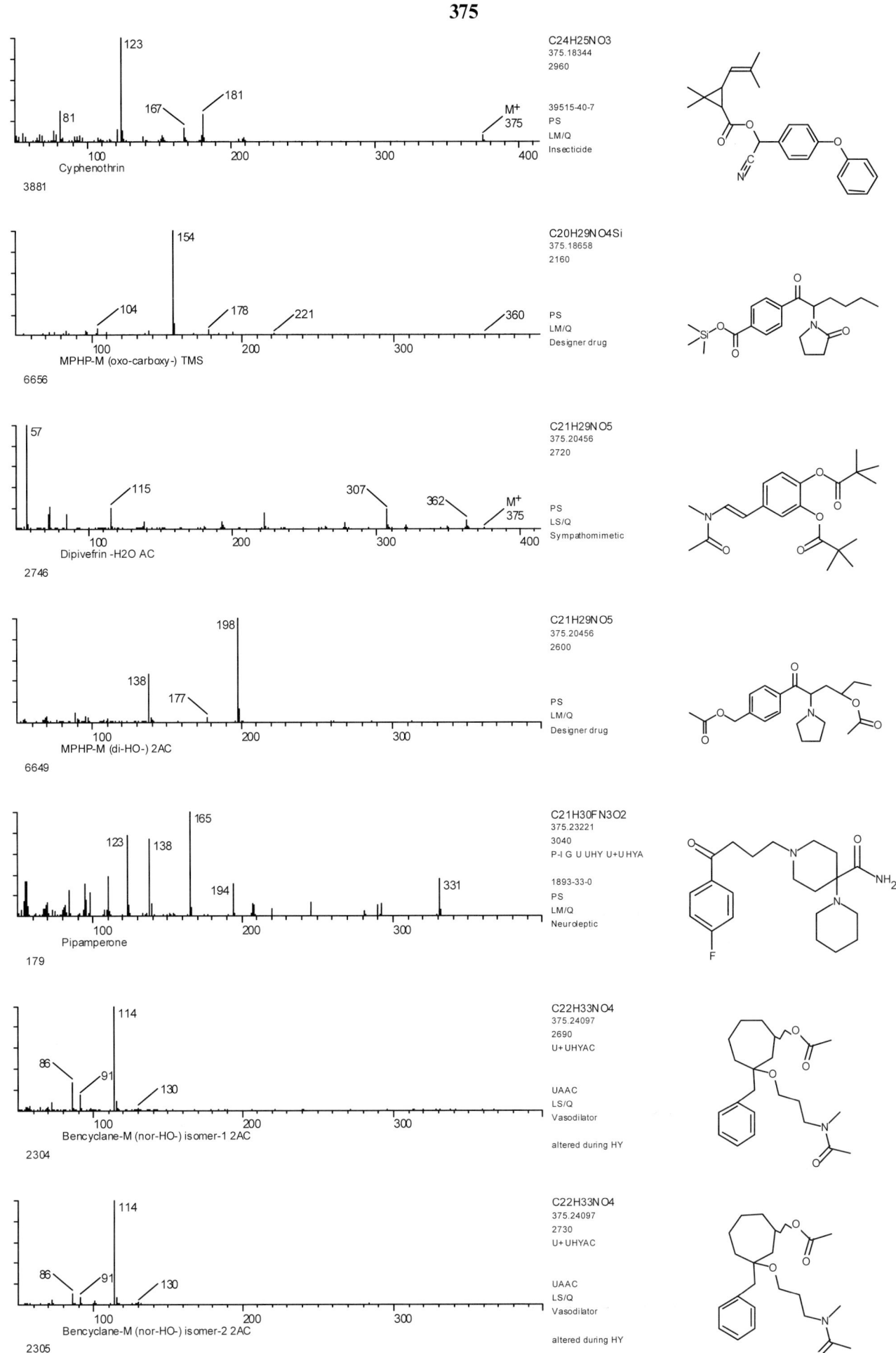

375

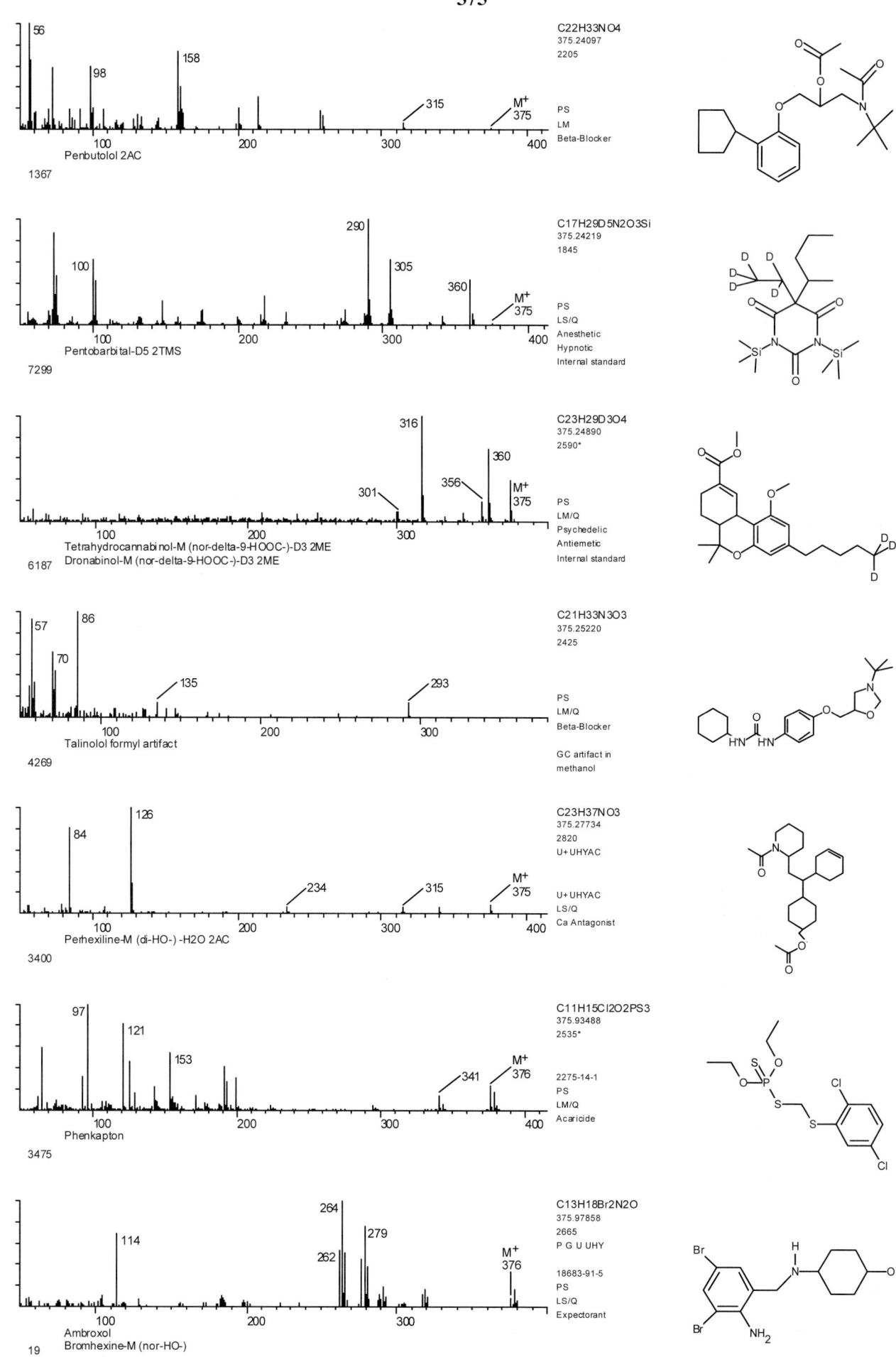

Penbutolol 2AC
C22H33NO4
375.24097
2205
PS
LM
Beta-Blocker
1367

Pentobarbital-D5 2TMS
C17H29D5N2O3Si
375.24219
1845
PS
LS/Q
Anesthetic
Hypnotic
Internal standard
7299

Tetrahydrocannabinol-M (nor-delta-9-HOOC-)-D3 2ME
Dronabinol-M (nor-delta-9-HOOC-)-D3 2ME
C23H29D3O4
375.24890
2590*
PS
LM/Q
Psychedelic
Antiemetic
Internal standard
6187

Talinolol formyl artifact
C21H33N3O3
375.25220
2425
PS
LM/Q
Beta-Blocker
GC artifact in methanol
4269

Perhexiline-M (di-HO-) -H2O 2AC
C23H37NO3
375.27734
2820
U+ UHYAC
U+ UHYAC
LS/Q
Ca Antagonist
3400

Phenkapton
C11H15Cl2O2PS3
375.93488
2535*
2275-14-1
PS
LM/Q
Acaricide
3475

Ambroxol
Bromhexine-M (nor-HO-)
C13H18Br2N2O
375.97858
2665
P G U UHY
18683-91-5
PS
LS/Q
Expectorant
19

938

376

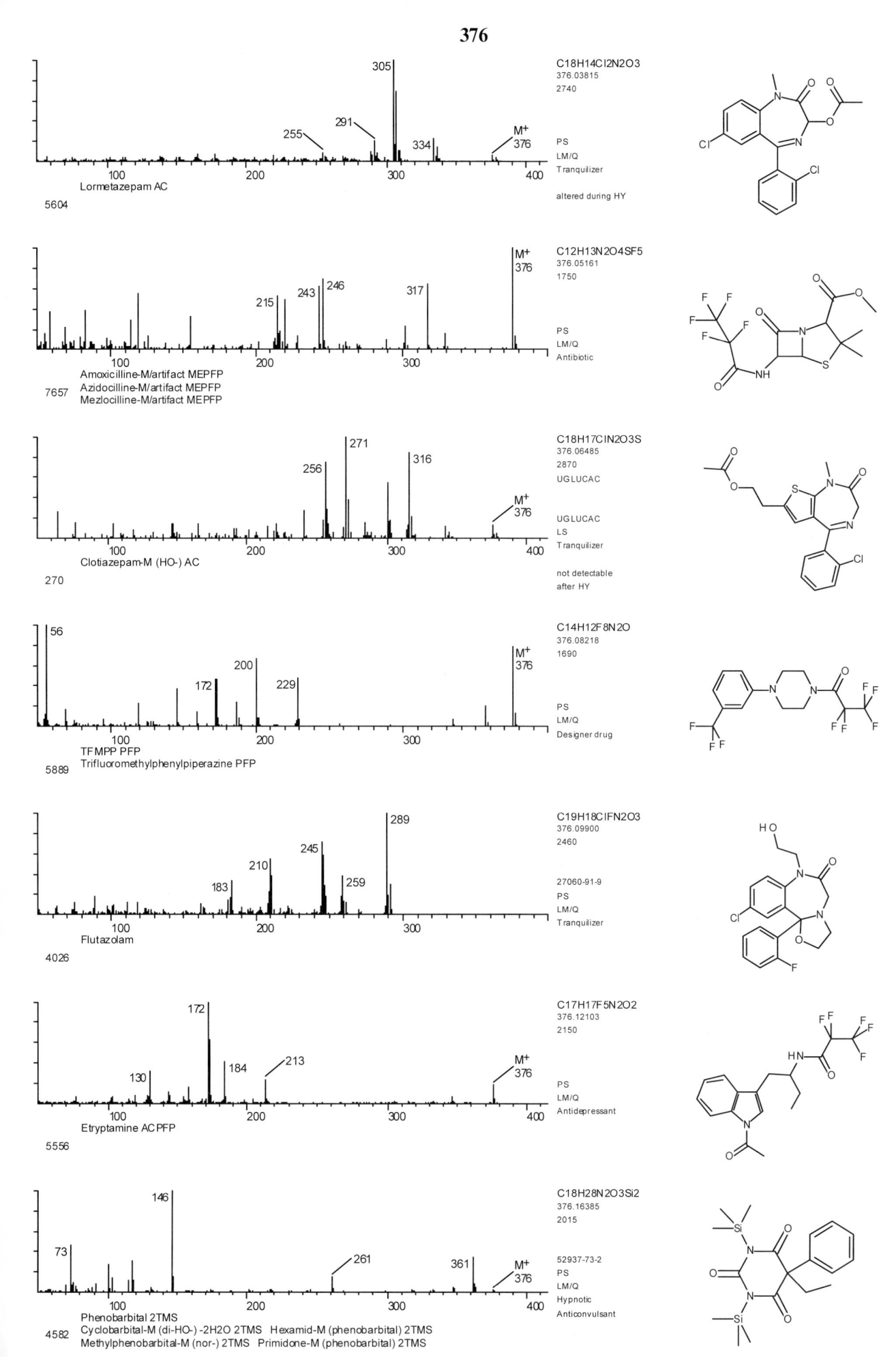

Lormetazepam AC — 5604
Peaks: 255, 291, 305, 334, M+ 376
C18H14Cl2N2O3
376.03815
2740
PS
LM/Q
Tranquilizer
altered during HY

Amoxicilline-M/artifact MEPFP
Azidocilline-M/artifact MEPFP
Mezlocilline-M/artifact MEPFP — 7657
Peaks: 215, 243, 246, 317, M+ 376
C12H13N2O4SF5
376.05161
1750
PS
LM/Q
Antibiotic

Clotiazepam-M (HO-) AC — 270
Peaks: 256, 271, 316, M+ 376
C18H17ClN2O3S
376.06485
2870
UGLUCAC
UGLUCAC
LS
Tranquilizer
not detectable after HY

TFMPP PFP
Trifluoromethylphenylpiperazine PFP — 5889
Peaks: 56, 172, 200, 229, M+ 376
C14H12F8N2O
376.08218
1690
PS
LM/Q
Designer drug

Flutazolam — 4026
Peaks: 183, 210, 245, 259, 289
C19H18ClFN2O3
376.09900
2460
27060-91-9
PS
LM/Q
Tranquilizer

Etryptamine AC PFP — 5556
Peaks: 130, 172, 184, 213, M+ 376
C17H17F5N2O2
376.12103
2150
PS
LM/Q
Antidepressant

Phenobarbital 2TMS
Cyclobarbital-M (di-HO-) -2H2O 2TMS   Hexamid-M (phenobarbital) 2TMS
Methylphenobarbital-M (nor-) 2TMS   Primidone-M (phenobarbital) 2TMS — 4582
Peaks: 73, 146, 261, 361, M+ 376
C18H28N2O3Si2
376.16385
2015
52937-73-2
PS
LM/Q
Hypnotic
Anticonvulsant

376

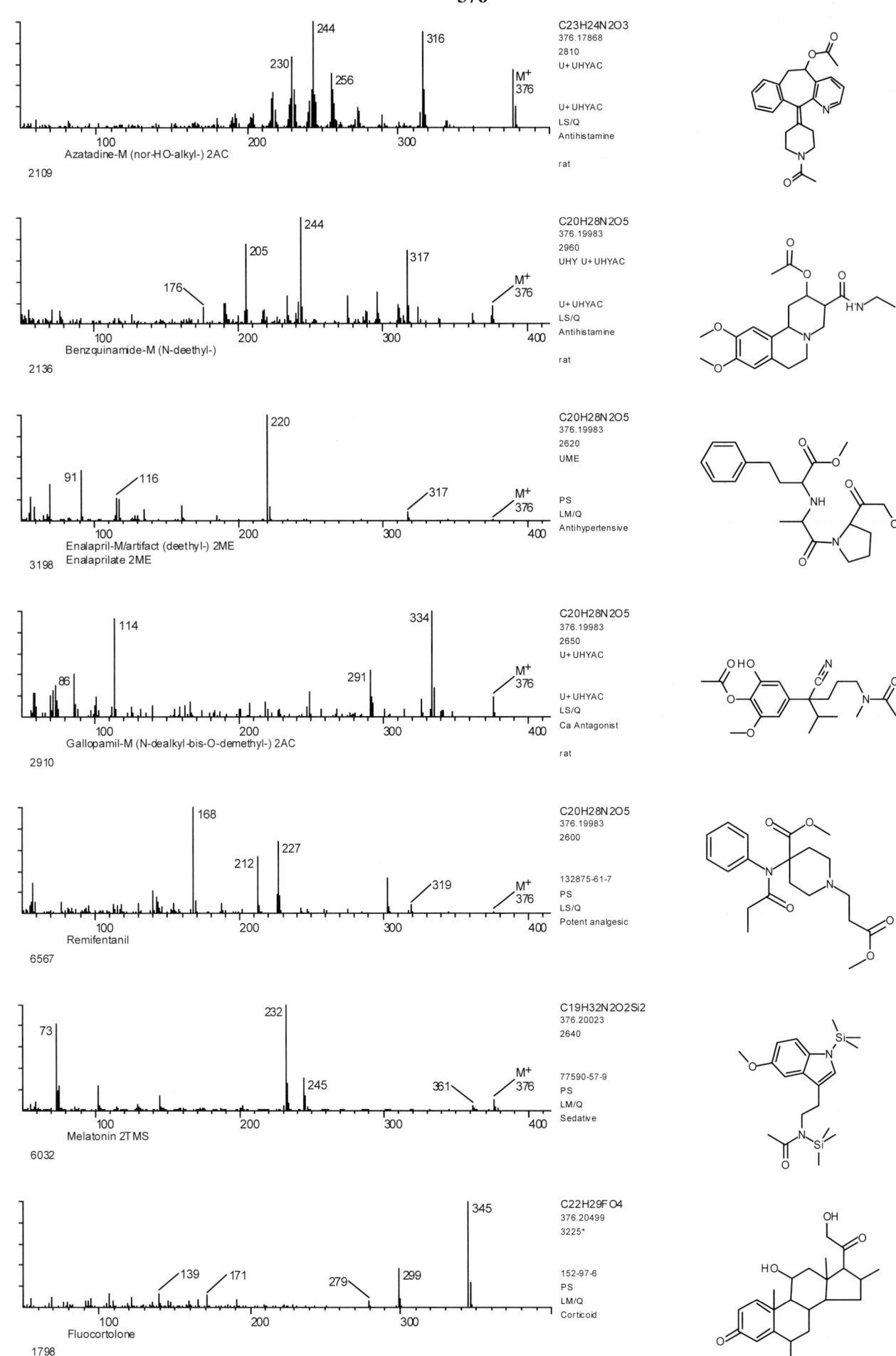

Azatadine-M (nor-HO-alkyl-) 2AC
C23H24N2O3
376.17868
2810
U+ UHYAC

U+ UHYAC
LS/Q
Antihistamine
rat

Peaks: 230, 244, 256, 316, M+ 376

Benzquinamide-M (N-deethyl-)
C20H28N2O5
376.19983
2960
UHY U+ UHYAC

U+ UHYAC
LS/Q
Antihistamine
rat

Peaks: 176, 205, 244, 317, M+ 376

Enalapril-M/artifact (deethyl-) 2ME
Enalaprilate 2ME
C20H28N2O5
376.19983
2620
UME

PS
LM/Q
Antihypertensive

Peaks: 91, 116, 220, 317, M+ 376

Gallopamil-M (N-dealkyl-bis-O-demethyl-) 2AC
C20H28N2O5
376.19983
2650
U+ UHYAC

U+ UHYAC
LS/Q
Ca Antagonist
rat

Peaks: 86, 114, 291, 334, M+ 376

Remifentanil
C20H28N2O5
376.19983
2600

132875-61-7
PS
LS/Q
Potent analgesic

Peaks: 168, 212, 227, 319, M+ 376

Melatonin 2TMS
C19H32N2O2Si2
376.20023
2640

77590-57-9
PS
LM/Q
Sedative

Peaks: 73, 232, 245, 361, M+ 376

Fluocortolone
C22H29FO4
376.20499
3225*

152-97-6
PS
LM/Q
Corticoid

Peaks: 139, 171, 279, 299, 345

376

17-Methylandrostane-17-ol-3-one enol TMS
3924
C23H40O2Si
376.27975
2565*
PS
LS/Q
Anabolic
Peaks: 73, 127, 143, 347, M+ 376

17-Methylandrostane-17-ol-3-one TMS
3925
C23H40O2Si
376.27975
2610*
PS
LS/Q
Anabolic
Peaks: 73, 143, 306, 361, M+ 376

Drostanolone TMS
3956
C23H40O2Si
376.27975
2575*
PS
LM/Q
Anabolic
Peaks: 73, 129, 286, 361, M+ 376

2C-I-M (O-demethyl- N-acetyl-) isomer-1 AC
2C-I-M (O-demethyl-) isomer-1 2AC
2,5-Dimethoxy-4-iodophenethylamine (O-demethyl- N-acetyl-) isomer-1 AC
2,5-Dimethoxy-4-iodophenethylamine (O-demethyl-) isomer-1 2AC
6967
C13H16NO4I
377.01242
2480
U+ UHYAC
U+ UHYAC
LS/Q
Designer drug
Peaks: 233, 259, 276, 335, M+ 377

2C-I-M (O-demethyl- N-acetyl-) isomer-2 AC
2C-I-M (O-demethyl-) isomer-2 2AC
2,5-Dimethoxy-4-iodophenethylamine (O-demethyl- N-acetyl-) isomer-2 AC
2,5-Dimethoxy-4-iodophenethylamine (O-demethyl-) isomer-2 2AC
6968
C13H16NO4I
377.01242
2500
U+ UHYAC
U+ UHYAC
LS/Q
Designer drug
Peaks: 236, 263, 276, 335, M+ 377

Metolazone artifact ME
3109
C17H16ClN3O3S
377.06009
3310
PS
LS/Q
Diuretic
Peaks: 91, 267, 282, 362, M+ 377

4-Methylthio-amfetamine HFB 4-MTA HFB
5743
C14H14F7NOS
377.06842
1775
PS
LM/Q
Designer drug
Stimulant
Peaks: 69, 137, 164, 240, M+ 377

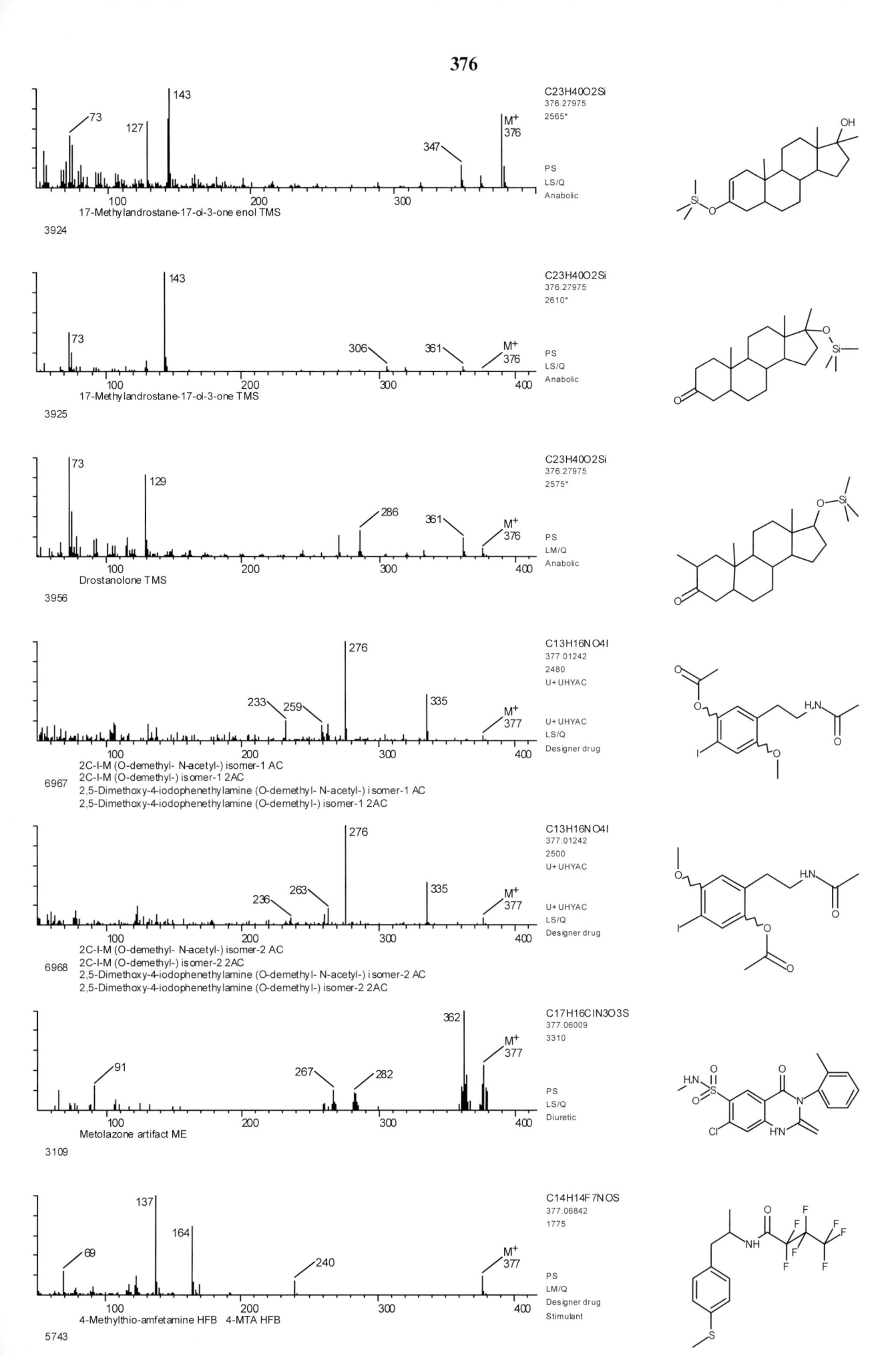

941

377

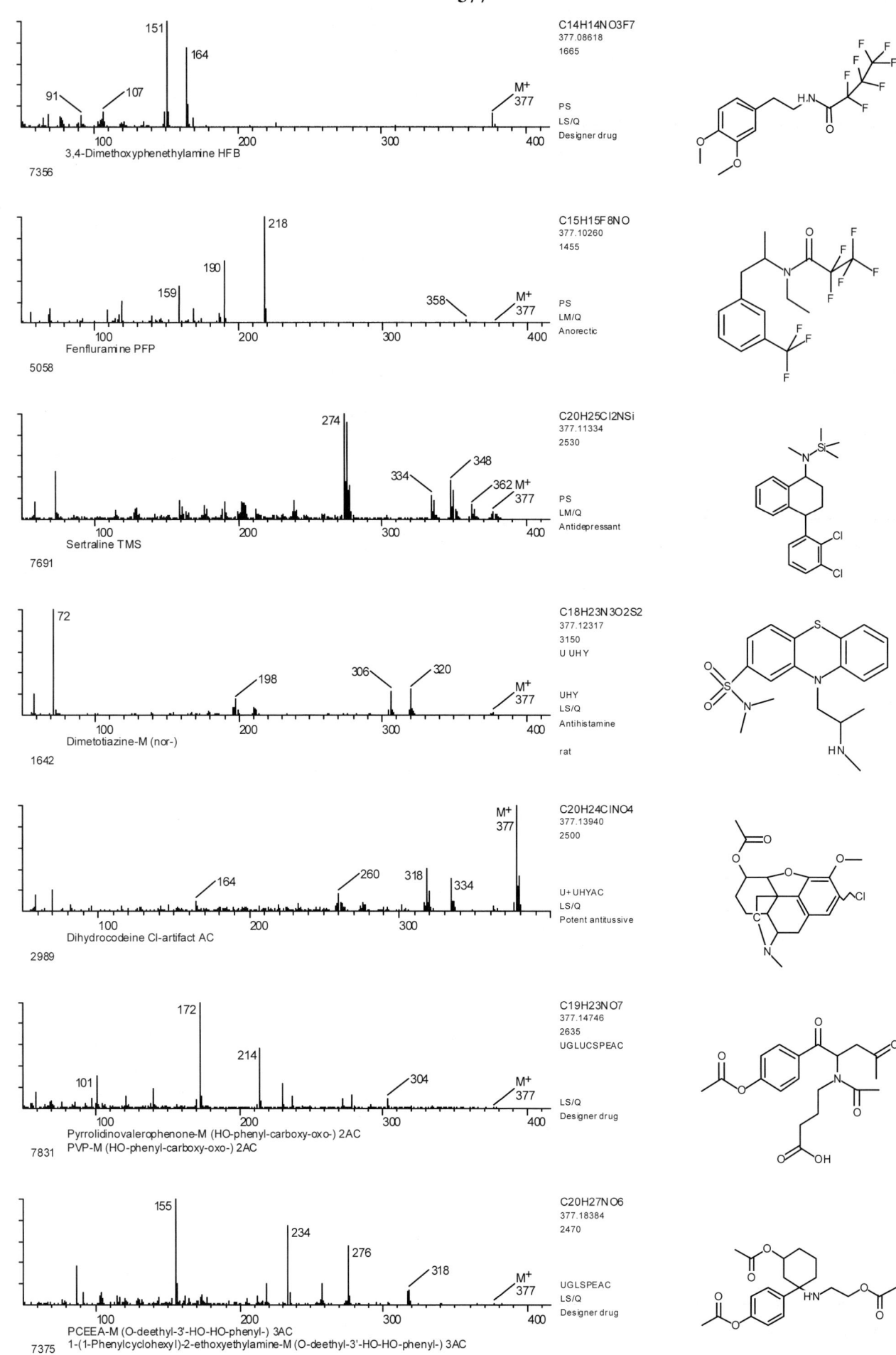

C14H14NO3F7
377.08618
1665

PS
LS/Q
Designer drug

3,4-Dimethoxyphenethylamine HFB
7356

C15H15F8NO
377.10260
1455

PS
LM/Q
Anorectic

Fenfluramine PFP
5058

C20H25Cl2NSi
377.11334
2530

PS
LM/Q
Antidepressant

Sertraline TMS
7691

C18H23N3O2S2
377.12317
3150
U UHY

UHY
LS/Q
Antihistamine
rat

Dimetotiazine-M (nor-)
1642

C20H24ClNO4
377.13940
2500

U+UHYAC
LS/Q
Potent antitussive

Dihydrocodeine Cl-artifact AC
2989

C19H23NO7
377.14746
2635
UGLUCSPEAC

LS/Q
Designer drug

Pyrrolidinovalerophenone-M (HO-phenyl-carboxy-oxo-) 2AC
PVP-M (HO-phenyl-carboxy-oxo-) 2AC
7831

C20H27NO6
377.18384
2470

UGLSPEAC
LS/Q
Designer drug

PCEEA-M (O-deethyl-3'-HO-HO-phenyl-) 3AC
1-(1-Phenylcyclohexyl)-2-ethoxyethylamine-M (O-deethyl-3'-HO-HO-phenyl-) 3AC
7375

377

173, 234, 276, 317, M+ 377	C20H27NO6 377.18384 2650 UGLSPEAC LS/Q Designer drug

PCEEA-M (O-deethyl-4'-HO-HO-phenyl-) 3AC
7374 1-(1-Phenylcyclohexyl)-2-ethoxyethylamine-M (O-deethyl-4'-HO-HO-phenyl-) 3AC

156, 192, 198, 234, M+ 377	C20H27NO6 377.18384 2560 U+ UHYAC U+ UHYAC LS/Q Stimulant rat

Prolintane-M (oxo-di-HO-methoxy-) 2AC
4116

58, 71, 200, M+ 377	C20H27NO6 377.18384 2430 U+ UHYAC #93413-69-5 UAC LS/Q Antidepressant

Venlafaxine-M (O-demethyl-oxo-HO-) isomer-1 2AC
5271

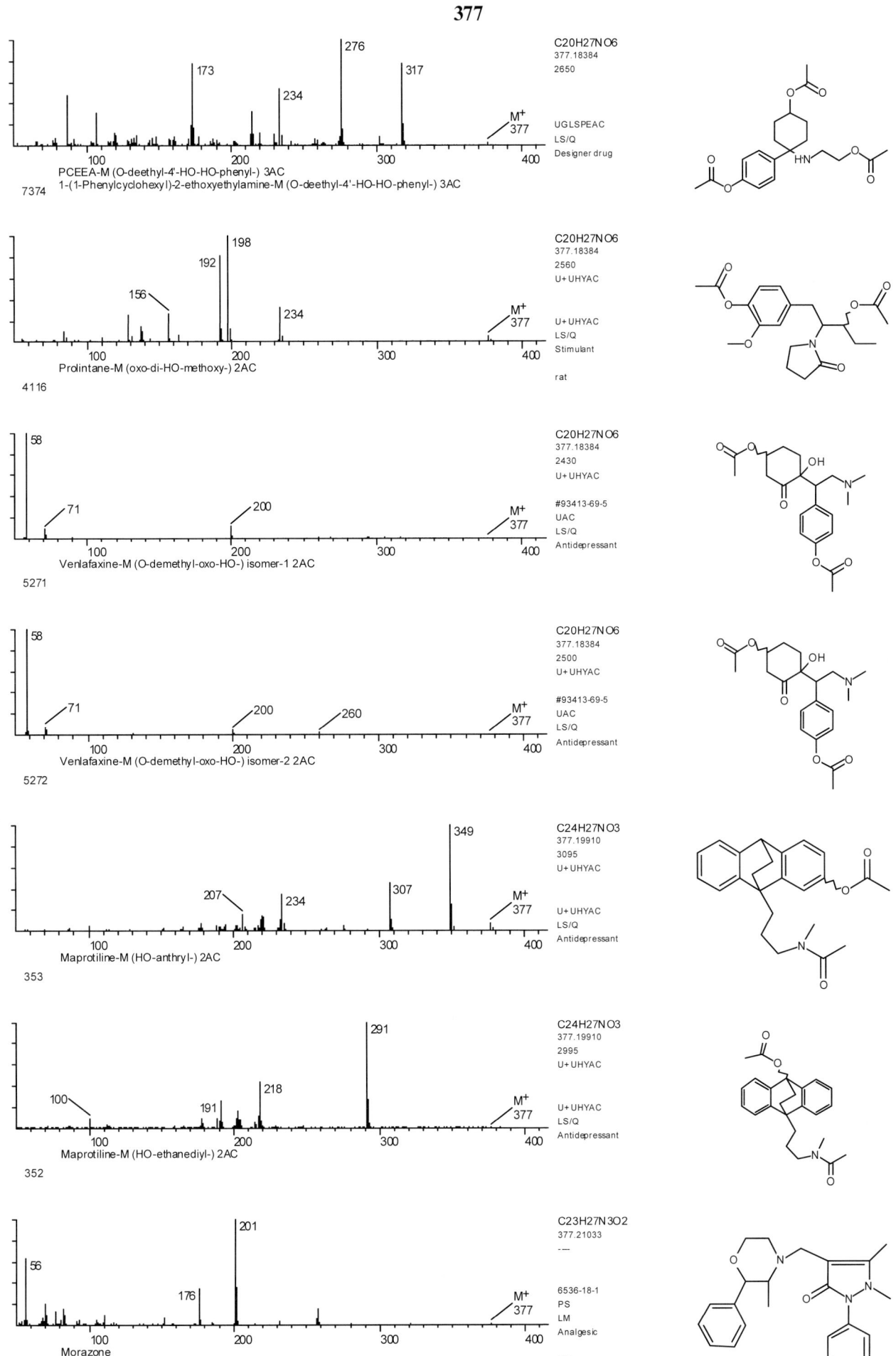

58, 71, 200, 260, M+ 377	C20H27NO6 377.18384 2500 U+ UHYAC #93413-69-5 UAC LS/Q Antidepressant

Venlafaxine-M (O-demethyl-oxo-HO-) isomer-2 2AC
5272

207, 234, 307, 349, M+ 377	C24H27NO3 377.19910 3095 U+ UHYAC U+ UHYAC LS/Q Antidepressant

Maprotiline-M (HO-anthryl-) 2AC
353

100, 191, 218, 291, M+ 377	C24H27NO3 377.19910 2995 U+ UHYAC U+ UHYAC LS/Q Antidepressant

Maprotiline-M (HO-ethanediyl-) 2AC
352

56, 176, 201, M+ 377	C23H27N3O2 377.21033 - - 6536-18-1 PS LM Analgesic DIS

Morazone
1226

377

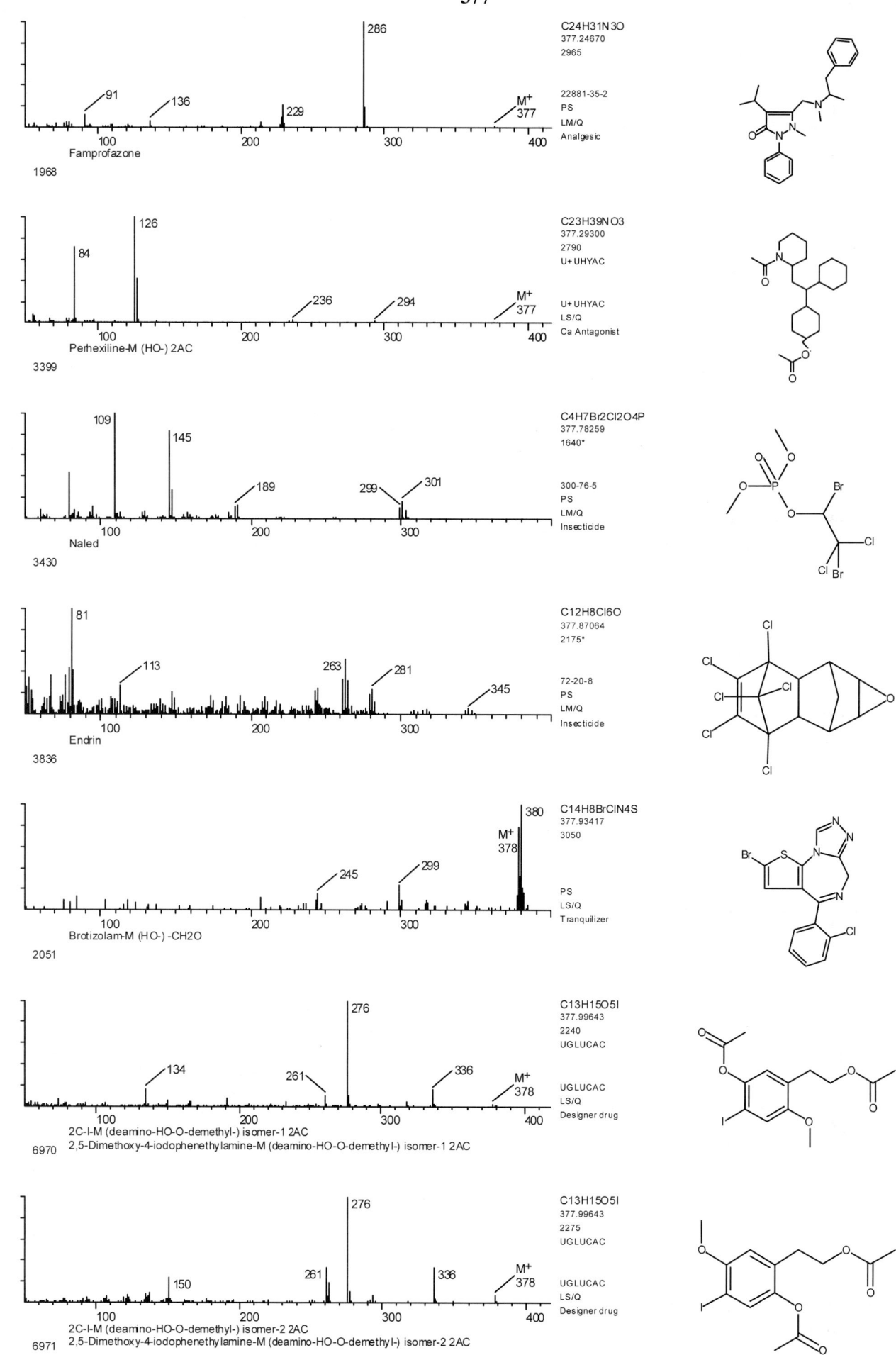

C24H31N3O
377.24670
2965

22881-35-2
PS
LM/Q
Analgesic

Famprofazone
1968

C23H39NO3
377.29300
2790
U+ UHYAC

U+ UHYAC
LS/Q
Ca Antagonist

Perhexiline-M (HO-) 2AC
3399

C4H7Br2Cl2O4P
377.78259
1640*

300-76-5
PS
LM/Q
Insecticide

Naled
3430

C12H8Cl6O
377.87064
2175*

72-20-8
PS
LM/Q
Insecticide

Endrin
3836

C14H8BrClN4S
377.93417
3050

PS
LS/Q
Tranquilizer

Brotizolam-M (HO-) -CH2O
2051

C13H15O5I
377.99643
2240
UGLUCAC

UGLUCAC
LS/Q
Designer drug

2C-I-M (deamino-HO-O-demethyl-) isomer-1 2AC
2,5-Dimethoxy-4-iodophenethylamine-M (deamino-HO-O-demethyl-) isomer-1 2AC
6970

C13H15O5I
377.99643
2275
UGLUCAC

UGLUCAC
LS/Q
Designer drug

2C-I-M (deamino-HO-O-demethyl-) isomer-2 2AC
2,5-Dimethoxy-4-iodophenethylamine-M (deamino-HO-O-demethyl-) isomer-2 2AC
6971

378

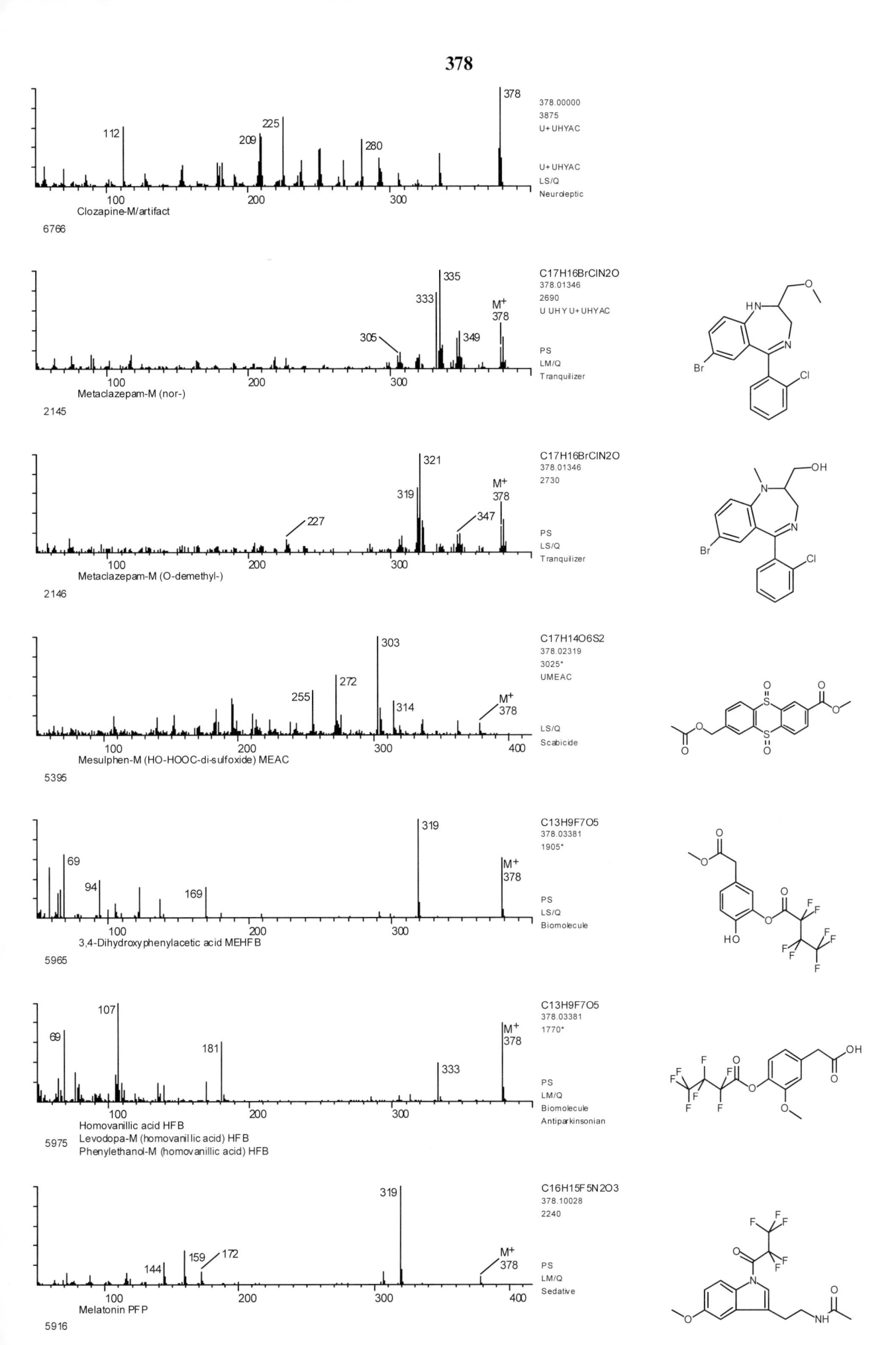

Clozapine-M/artifact
6766
112, 209, 225, 280, 378
378.00000
3875
U+ UHYAC
U+ UHYAC
LS/Q
Neuroleptic

Metaclazepam-M (nor-)
2145
305, 333, 335, 349, M+ 378
C17H16BrClN2O
378.01346
2690
U UHY U+ UHYAC
PS
LM/Q
Tranquilizer

Metaclazepam-M (O-demethyl-)
2146
227, 319, 321, 347, M+ 378
C17H16BrClN2O
378.01346
2730
PS
LS/Q
Tranquilizer

Mesulphen-M (HO-HOOC-di-sulfoxide) MEAC
5395
255, 272, 303, 314, M+ 378
C17H14O6S2
378.02319
3025*
UMEAC
LS/Q
Scabicide

3,4-Dihydroxyphenylacetic acid MEHFB
5965
69, 94, 169, 319, M+ 378
C13H9F7O5
378.03381
1905*
PS
LS/Q
Biomolecule

Homovanillic acid HFB
Levodopa-M (homovanillic acid) HFB
Phenylethanol-M (homovanillic acid) HFB
5975
69, 107, 181, 333, M+ 378
C13H9F7O5
378.03381
1770*
PS
LM/Q
Biomolecule
Antiparkinsonian

Melatonin PFP
5916
144, 159, 172, 319, M+ 378
C16H15F5N2O3
378.10028
2240
PS
LM/Q
Sedative

378

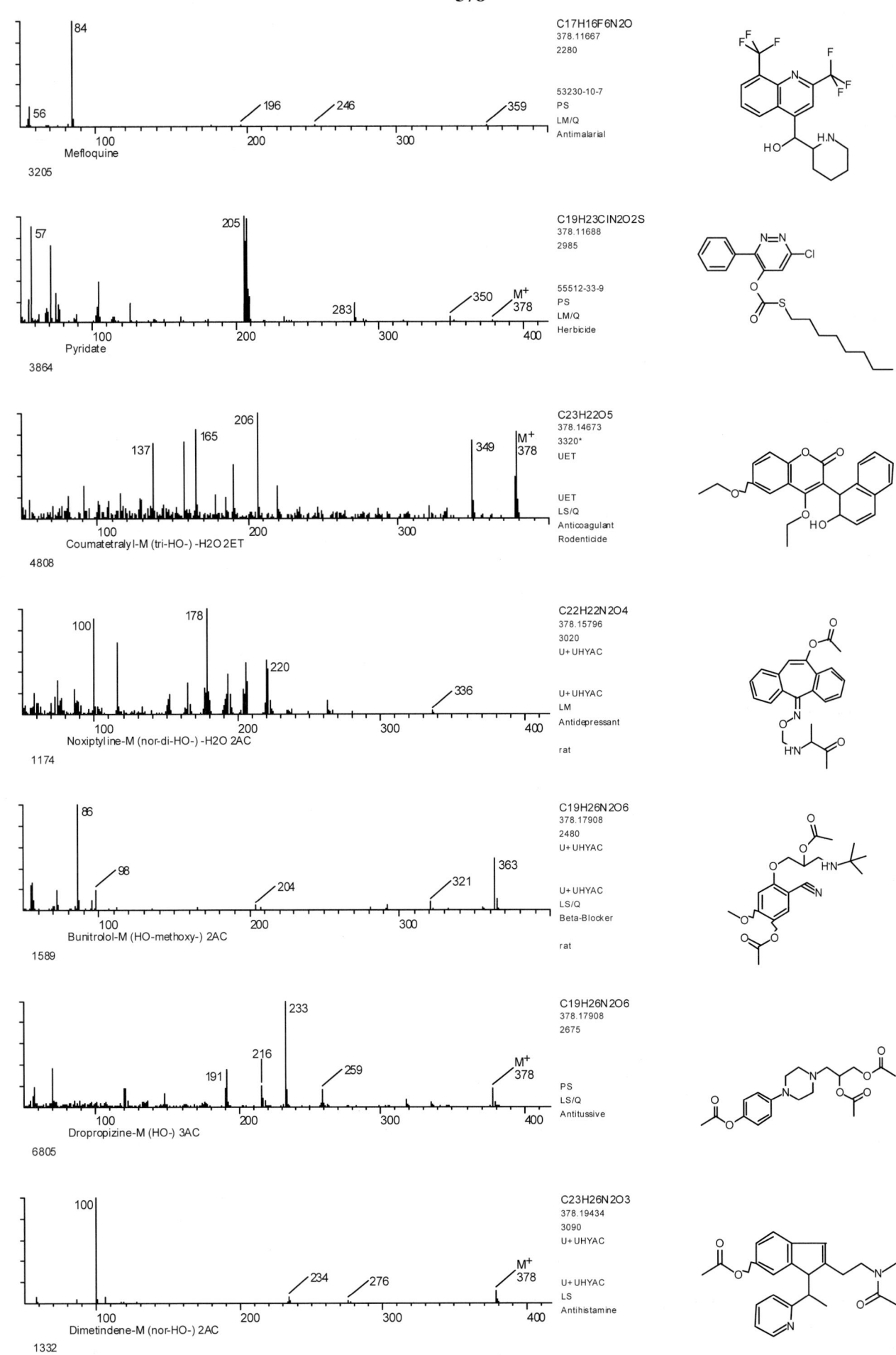

C17H16F6N2O
378.11667
2280

53230-10-7
PS
LM/Q
Antimalarial

Mefloquine
3205

C19H23ClN2O2S
378.11688
2985

55512-33-9
PS
LM/Q
Herbicide

Pyridate
3864

C23H22O5
378.14673
3320*
UET

UET
LS/Q
Anticoagulant
Rodenticide

Coumatetralyl-M (tri-HO-) -H2O 2ET
4808

C22H22N2O4
378.15796
3020
U+ UHYAC

U+ UHYAC
LM
Antidepressant

rat

Noxiptyline-M (nor-di-HO-) -H2O 2AC
1174

C19H26N2O6
378.17908
2480
U+ UHYAC

U+ UHYAC
LS/Q
Beta-Blocker

rat

Bunitrolol-M (HO-methoxy-) 2AC
1589

C19H26N2O6
378.17908
2675

PS
LS/Q
Antitussive

Dropropizine-M (HO-) 3AC
6805

C23H26N2O3
378.19434
3090
U+ UHYAC

U+ UHYAC
LS
Antihistamine

Dimetindene-M (nor-HO-) 2AC
1332

946

378

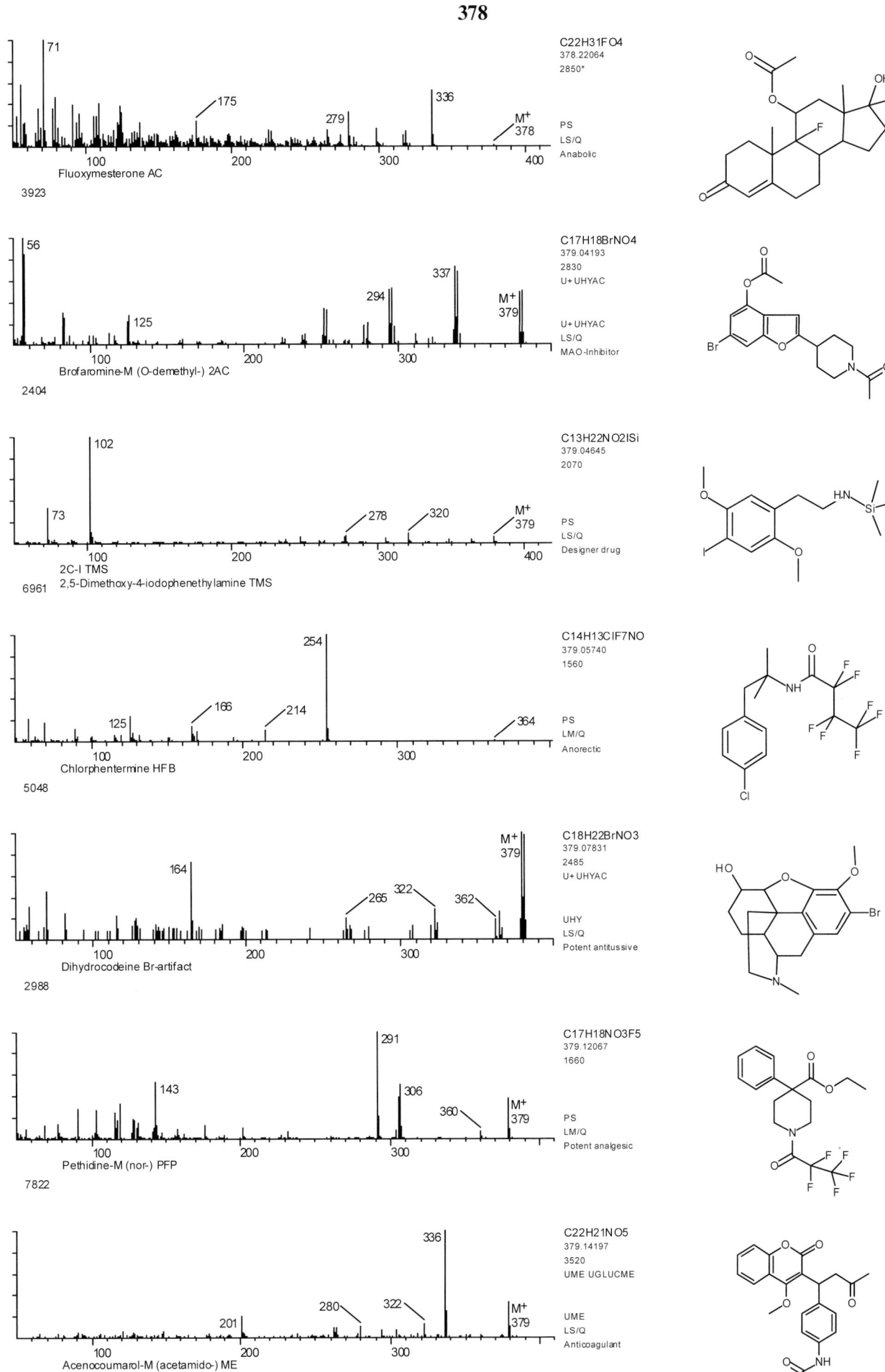

Spectrum	Formula / Info
Fluoxymesterone AC — 3923	C22H31FO4, 378.22064, 2850*, PS, LS/Q, Anabolic
Brofaromine-M (O-demethyl-) 2AC — 2404	C17H18BrNO4, 379.04193, 2830, U+ UHYAC, U+ UHYAC, LS/Q, MAO-Inhibitor
2C-I TMS / 2,5-Dimethoxy-4-iodophenethylamine TMS — 6961	C13H22NO2ISi, 379.04645, 2070, PS, LS/Q, Designer drug
Chlorphentermine HFB — 5048	C14H13ClF7NO, 379.05740, 1560, PS, LM/Q, Anorectic
Dihydrocodeine Br-artifact — 2988	C18H22BrNO3, 379.07831, 2485, U+ UHYAC, UHY, LS/Q, Potent antitussive
Pethidine-M (nor-) PFP — 7822	C17H18NO3F5, 379.12067, 1660, PS, LM/Q, Potent analgesic
Acenocoumarol-M (acetamido-) ME — 4433	C22H21NO5, 379.14197, 3520, UME UGLUCME, UME, LS/Q, Anticoagulant

947

379

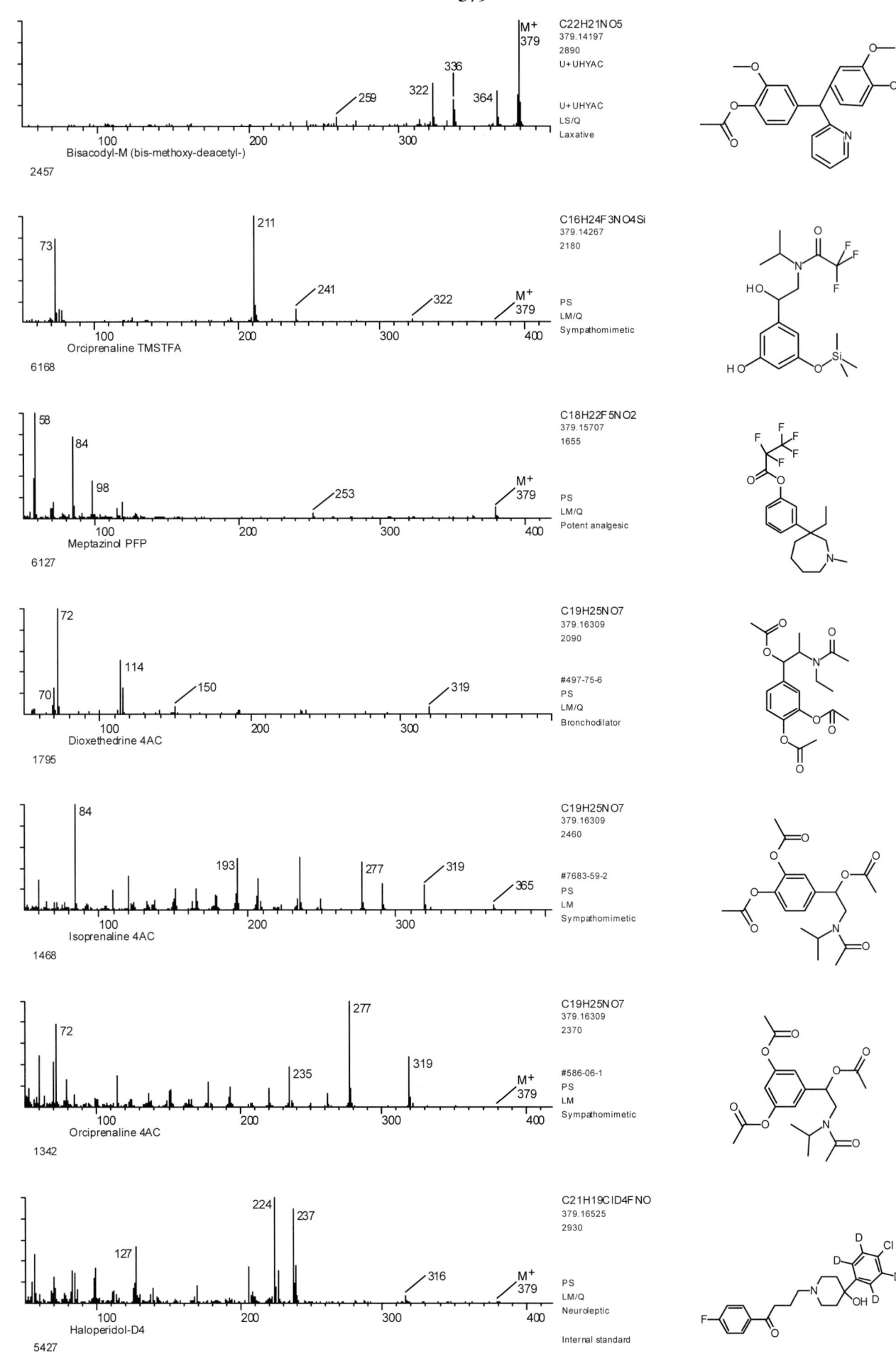

Bisacodyl-M (bis-methoxy-deacetyl-)
2457
C22H21NO5
379.14197
2890
U+UHYAC
U+UHYAC
LS/Q
Laxative

Orciprenaline TMSTFA
6168
C16H24F3NO4Si
379.14267
2180
PS
LM/Q
Sympathomimetic

Meptazinol PFP
6127
C18H22F5NO2
379.15707
1655
PS
LM/Q
Potent analgesic

Dioxethedrine 4AC
1795
C19H25NO7
379.16309
2090
#497-75-6
PS
LM/Q
Bronchodilator

Isoprenaline 4AC
1468
C19H25NO7
379.16309
2460
#7683-59-2
PS
LM
Sympathomimetic

Orciprenaline 4AC
1342
C19H25NO7
379.16309
2370
#586-06-1
PS
LM
Sympathomimetic

Haloperidol-D4
5427
C21H19ClD4FNO
379.16525
2930
PS
LM/Q
Neuroleptic
Internal standard

948

379

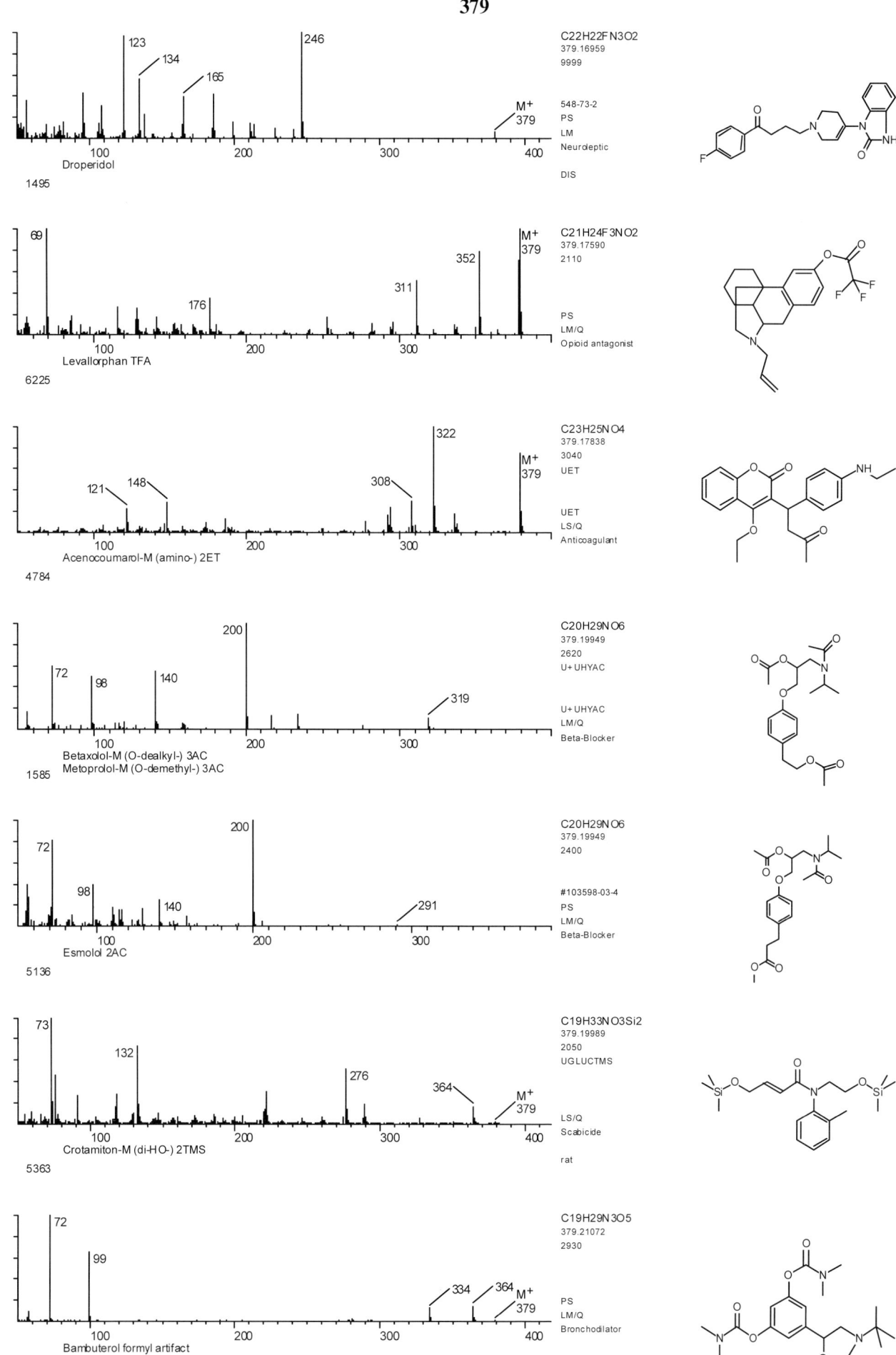

Droperidol — 1495
C22H22FN3O2
379.16959
9999
548-73-2
PS
LM
Neuroleptic
DIS
Peaks: 123, 134, 165, 246, M+ 379

Levallorphan TFA — 6225
C21H24F3NO2
379.17590
2110
PS
LM/Q
Opioid antagonist
Peaks: 69, 176, 311, 352, M+ 379

Acenocoumarol-M (amino-) 2ET — 4784
C23H25NO4
379.17838
3040
UET
UET
LS/Q
Anticoagulant
Peaks: 121, 148, 308, 322, M+ 379

Betaxolol-M (O-dealkyl-) 3AC / Metoprolol-M (O-demethyl-) 3AC — 1585
C20H29NO6
379.19949
2620
U+ UHYAC
U+ UHYAC
LM/Q
Beta-Blocker
Peaks: 72, 98, 140, 200, 319

Esmolol 2AC — 5136
C20H29NO6
379.19949
2400
#103598-03-4
PS
LM/Q
Beta-Blocker
Peaks: 72, 98, 140, 200, 291

Crotamiton-M (di-HO-) 2TMS — 5363
C19H33NO3Si2
379.19989
2050
UGLUCTMS
LS/Q
Scabicide
rat
Peaks: 73, 132, 276, 364, M+ 379

Bambuterol formyl artifact — 7547
C19H29N3O5
379.21072
2930
PS
LM/Q
Bronchodilator
Peaks: 72, 99, 334, 364, M+ 379

379

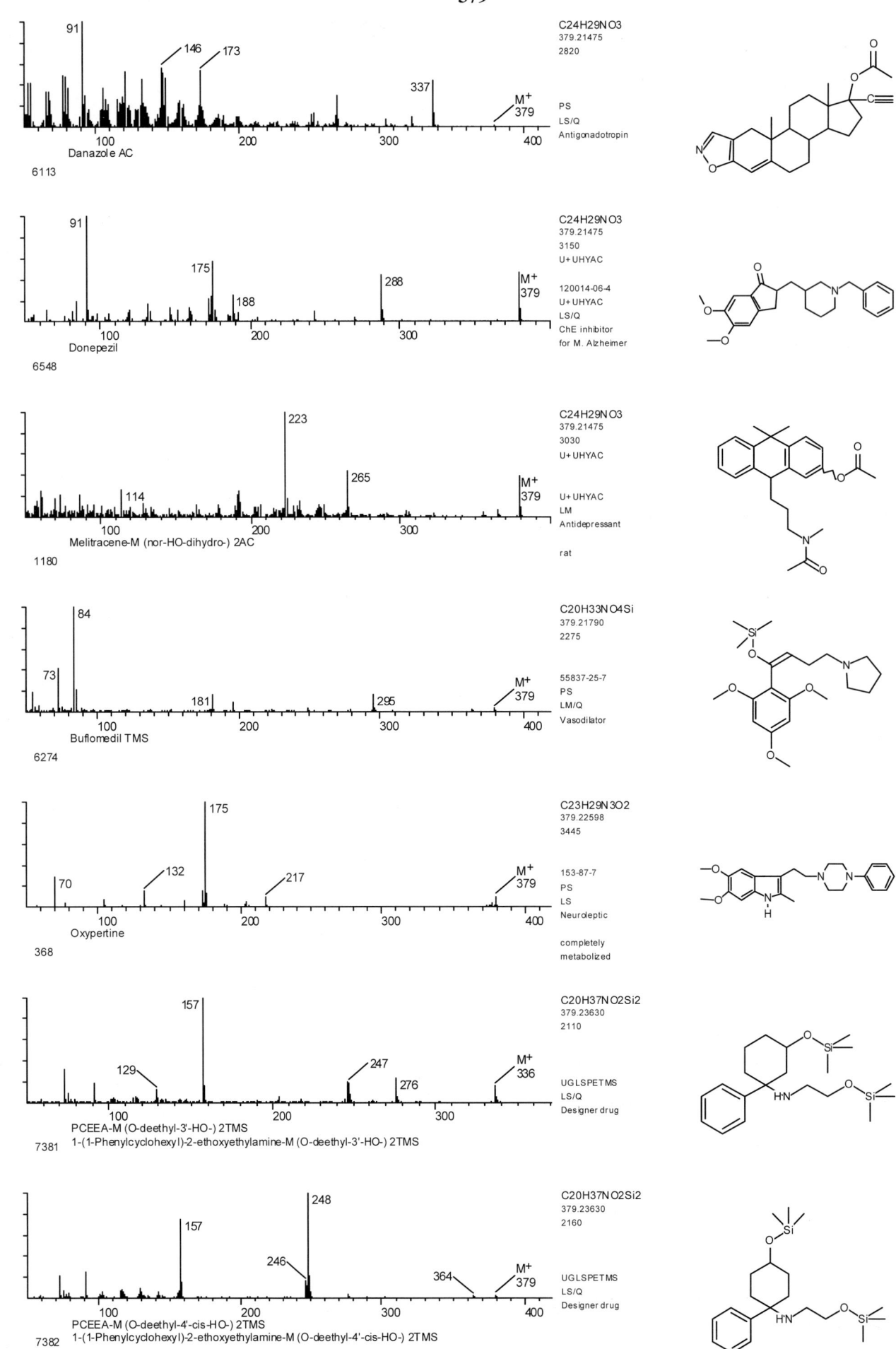

91, 146, 173, 337, M+ 379	C24H29NO3 379.21475 2820 PS LS/Q Antigonadotropin

Danazole AC
6113

91, 175, 188, 288, M+ 379	C24H29NO3 379.21475 3150 U+ UHYAC 120014-06-4 U+ UHYAC LS/Q ChE inhibitor for M. Alzheimer

Donepezil
6548

114, 223, 265, M+ 379	C24H29NO3 379.21475 3030 U+ UHYAC U+ UHYAC LM Antidepressant rat

Melitracene-M (nor-HO-dihydro-) 2AC
1180

73, 84, 181, 295, M+ 379	C20H33NO4Si 379.21790 2275 55837-25-7 PS LM/Q Vasodilator

Buflomedil TMS
6274

70, 132, 175, 217, M+ 379	C23H29N3O2 379.22598 3445 153-87-7 PS LS Neuroleptic completely metabolized

Oxypertine
368

129, 157, 247, 276, M+ 336	C20H37NO2Si2 379.23630 2110 UGLSPETMS LS/Q Designer drug

PCEEA-M (O-deethyl-3'-HO-) 2TMS
7381 1-(1-Phenylcyclohexyl)-2-ethoxyethylamine-M (O-deethyl-3'-HO-) 2TMS

157, 246, 248, 364, M+ 379	C20H37NO2Si2 379.23630 2160 UGLSPETMS LS/Q Designer drug

PCEEA-M (O-deethyl-4'-cis-HO-) 2TMS
7382 1-(1-Phenylcyclohexyl)-2-ethoxyethylamine-M (O-deethyl-4'-cis-HO-) 2TMS

379

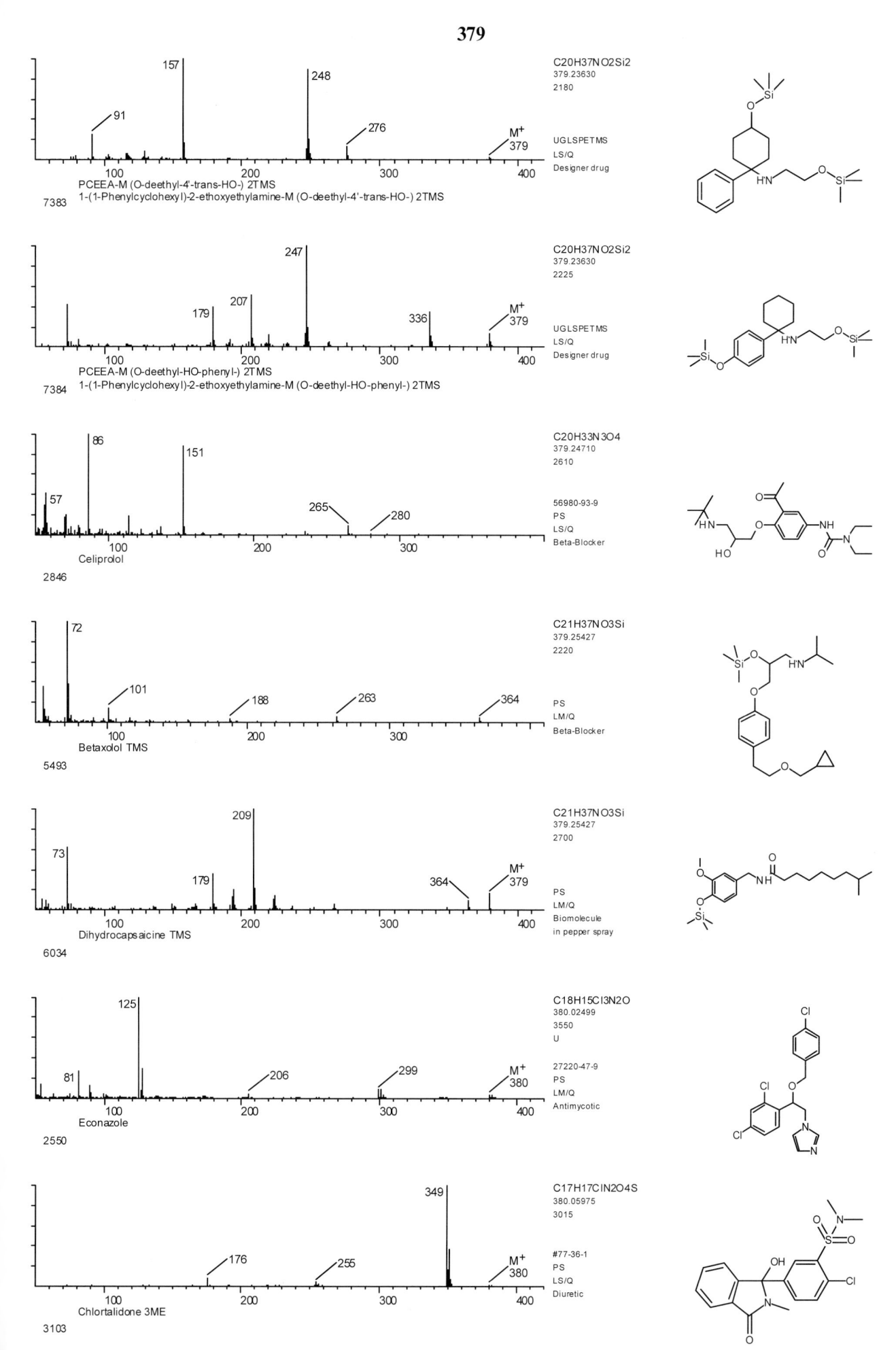

7383 PCEEA-M (O-deethyl-4'-trans-HO-) 2TMS
1-(1-Phenylcyclohexyl)-2-ethoxyethylamine-M (O-deethyl-4'-trans-HO-) 2TMS

C20H37NO2Si2
379.23630
2180

UGLSPETMS
LS/Q
Designer drug

Peaks: 91, 157, 248, 276, M+ 379

7384 PCEEA-M (O-deethyl-HO-phenyl-) 2TMS
1-(1-Phenylcyclohexyl)-2-ethoxyethylamine-M (O-deethyl-HO-phenyl-) 2TMS

C20H37NO2Si2
379.23630
2225

UGLSPETMS
LS/Q
Designer drug

Peaks: 179, 207, 247, 336, M+ 379

2846 Celiprolol

C20H33N3O4
379.24710
2610

56980-93-9
PS
LS/Q
Beta-Blocker

Peaks: 57, 86, 151, 265, 280

5493 Betaxolol TMS

C21H37NO3Si
379.25427
2220

PS
LM/Q
Beta-Blocker

Peaks: 72, 101, 188, 263, 364

6034 Dihydrocapsaicine TMS

C21H37NO3Si
379.25427
2700

PS
LM/Q
Biomolecule
in pepper spray

Peaks: 73, 179, 209, 364, M+ 379

2550 Econazole

C18H15Cl3N2O
380.02499
3550
U

27220-47-9
PS
LM/Q
Antimycotic

Peaks: 81, 125, 206, 299, M+ 380

3103 Chlortalidone 3ME

C17H17ClN2O4S
380.05975
3015

#77-36-1
PS
LS/Q
Diuretic

Peaks: 176, 255, 349, M+ 380

380

Nimesulide TMS
7552
C16H20N2O5SSi
380.08621
2580
PS
LM/Q
Analgesic

Etryptamine 2TFA
5557
C16H14F6N2O2
380.09595
1860
PS
LM/Q
Antidepressant

MDA-D5 HFB   Tenamfetamine-D5 HFB
6773
C14H7D5F7NO3
380.10193
1630
PS
LM/Q
Psychedelic
Designer drug

Triflupromazine-M (nor-) AC
1300
C19H19F3N2OS
380.11703
2740
U+ UHYAC
U+ UHYAC
LM/Q
Neuroleptic

Warfarin TMS
Pyranocoumarin-M (O-demethyl-) artifact TMS
4970
C22H24O4Si
380.14438
2675*
PS
LM/Q
Anticoagulant
Rodenticide

Warfarin-M (HO-) isomer-1 2ET
Pyranocoumarin-M (O-demethyl-HO-) isomer-1 artifact 2ET
4832
C23H24O5
380.16238
2810*
UET
UET
LM/Q
Anticoagulant
Rodenticide

Warfarin-M (HO-) isomer-2 2ET
Pyranocoumarin-M (O-demethyl-HO-) isomer-2 artifact 2ET
4833
C23H24O5
380.16238
2870*
UET
UET
LM/Q
Anticoagulant
Rodenticide

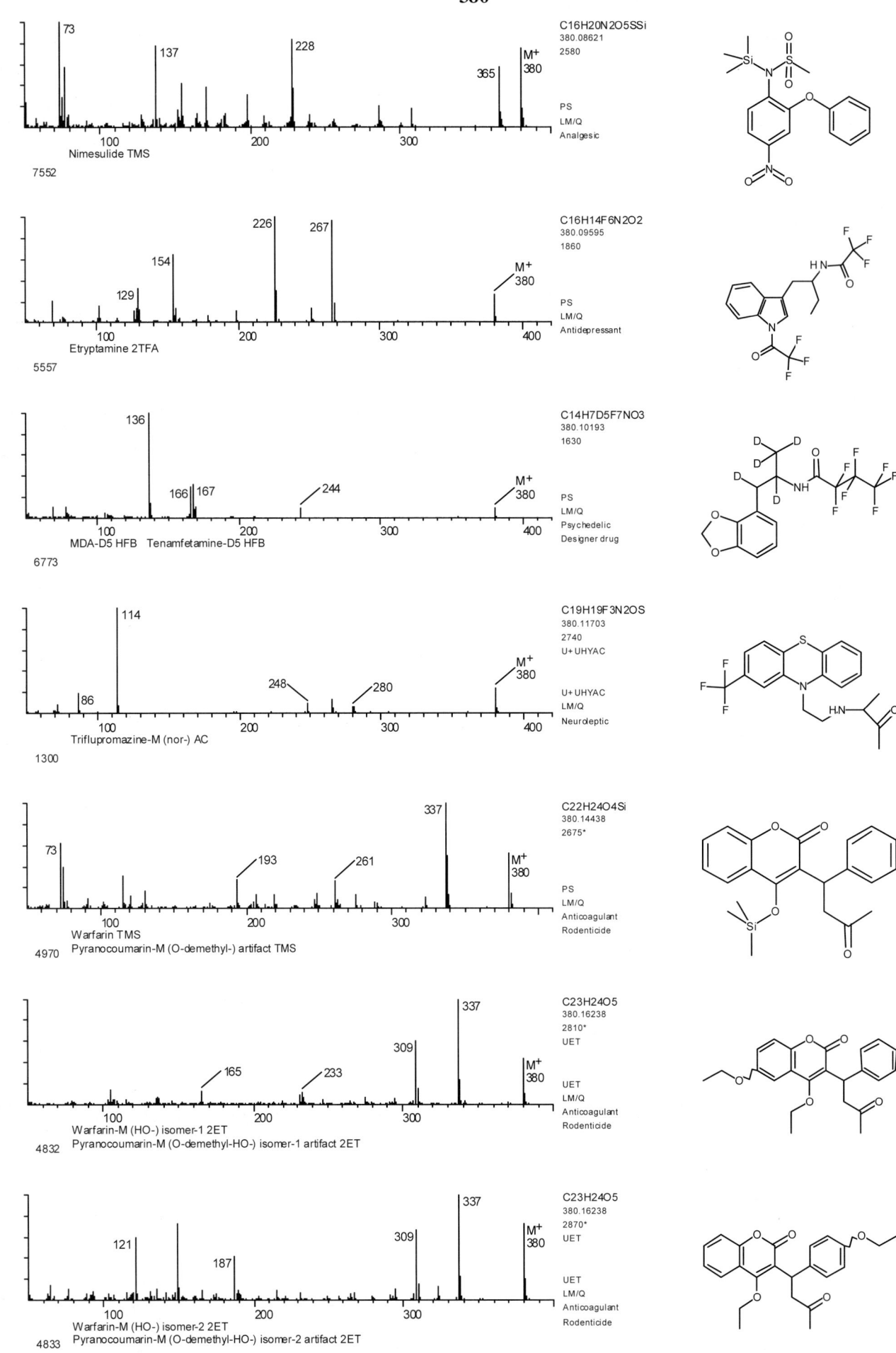

380

137, 165, 309, 337, M+ 380	C23H24O5 380.16238 2870* UET UET LM/Q Anticoagulant Rodenticide

Warfarin-M (HO-) isomer-3 2ET
Pyranocoumarin-M (O-demethyl-HO-) isomer-3 artifact 2ET
4834

180, 193, 265, 278, M+ 380	C17H24N4O6 380.16959 2820 U+ UHYAC U+ UHYAC LM/Q Vasodilator

Pentifylline-M (di-HO-) isomer-2 2AC
1928

180, 181, 251, M+ 380	C17H24N4O6 380.16959 2680 U+ UHYAC U+ UHYAC LM Vasodilator

Pentoxifylline-M (dihydro-HO-) 2AC
Pentifylline-M (di-HO-) isomer-1 2AC
1215

73, 77, 246, 337, M+ 380	C22H28N2O2Si 380.19202 2575 74810-87-0 PS LM/Q Analgesic Antiphlogistic

Phenylbutazone TMS
Suxibuzone artifact TMS
5442

72, 86, 211, 305, M+ 380	C19H28N2O6 380.19473 2500 PS LM/Q Bronchodilator

Bambuterol HY2AC
7550

73, 150, 351, 365, M+ 380	C18H32N2O3Si2 380.19516 1890 PS LM/Q Hypnotic

Cyclobarbital 2TMS
5496

86, 128, 224, 266, M+ 380	C23H28N2O3 380.20999 3155 U+ UHYAC U+ UHYAC LS/Q Antidepressant

Trimipramine-M (nor-HO-) 2AC
412

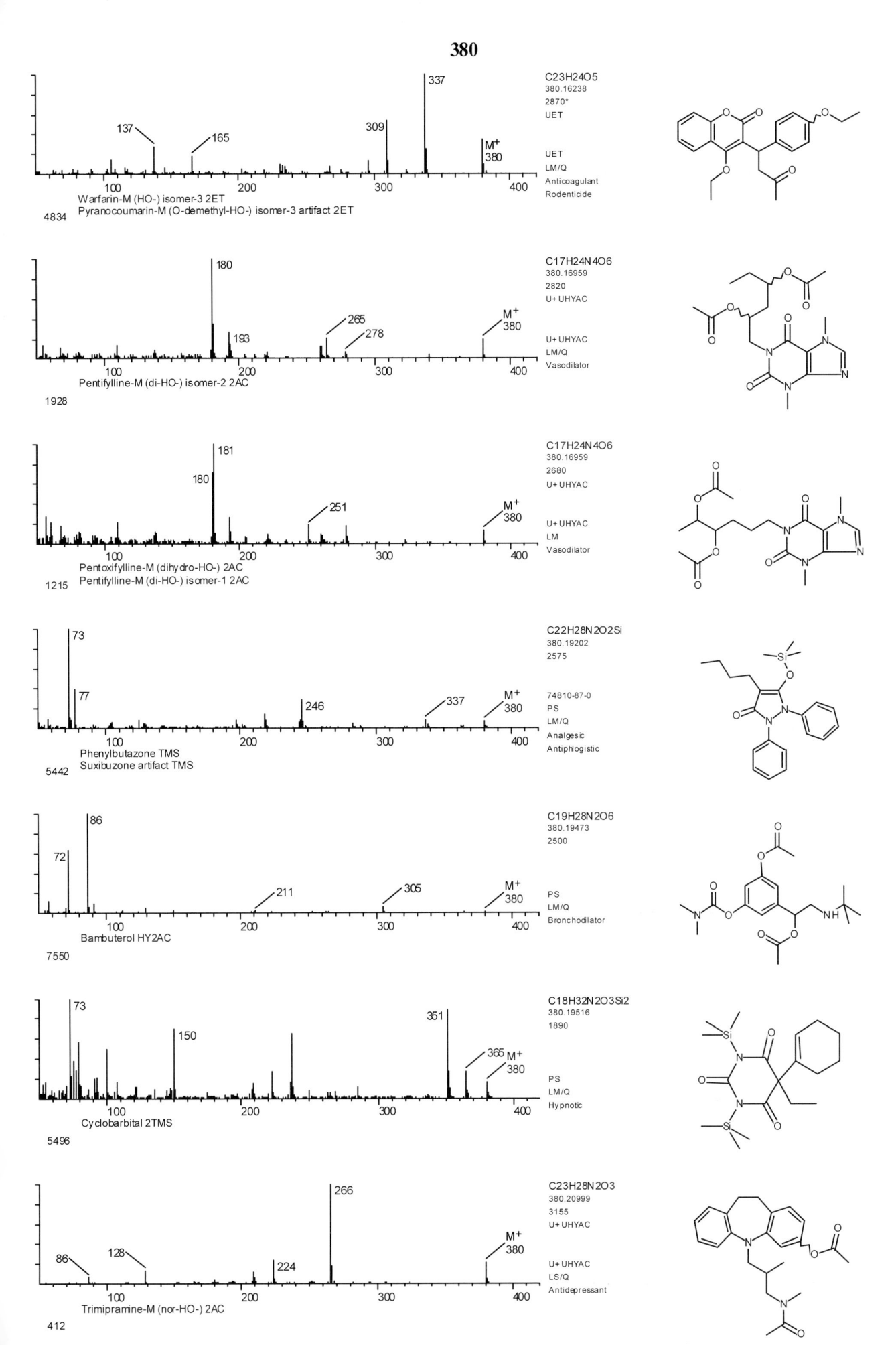

380

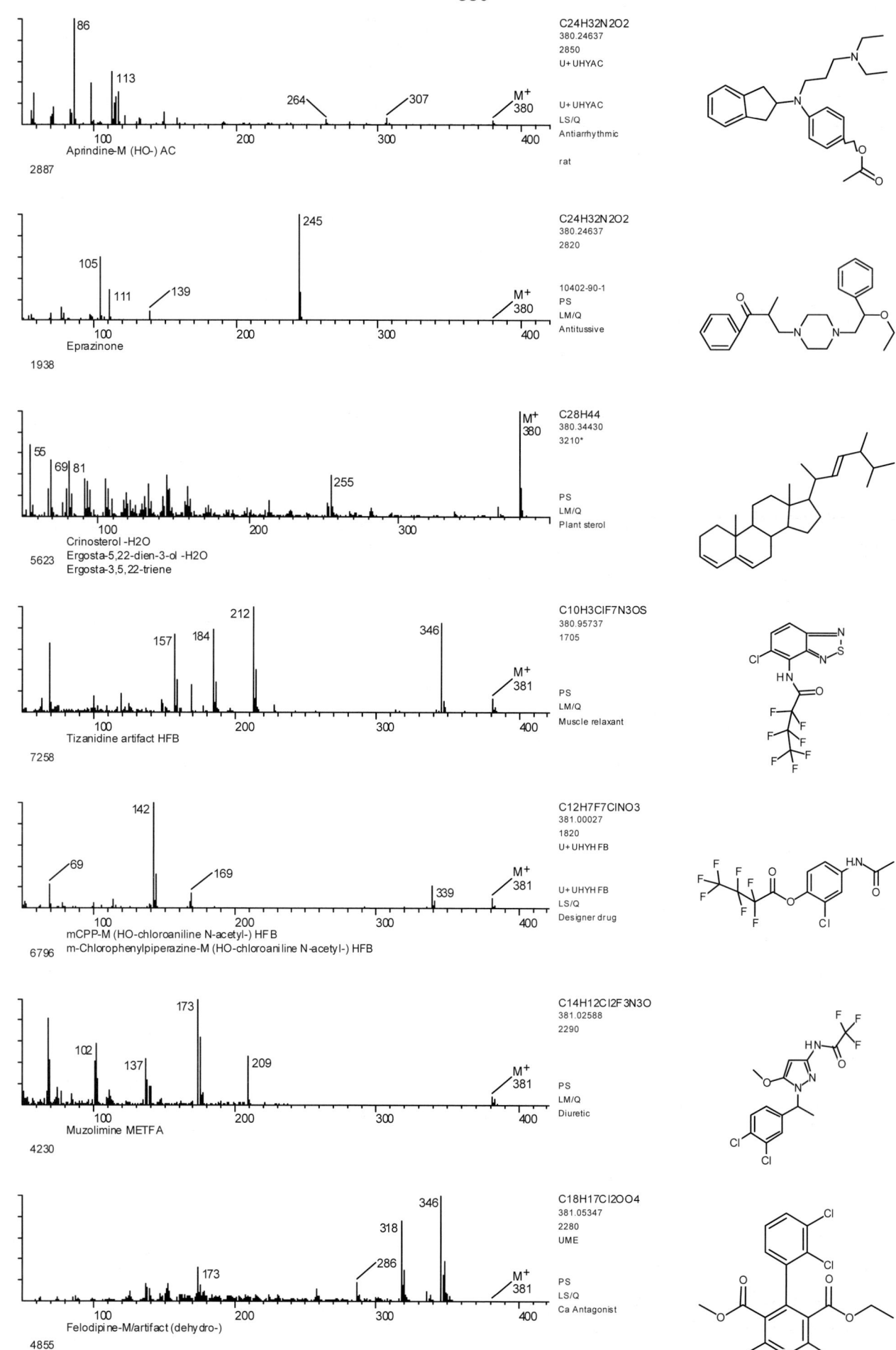

C24H32N2O2
380.24637
2850
U+ UHYAC
U+ UHYAC
LS/Q
Antiarrhythmic
rat

Aprindine-M (HO-) AC
2887

C24H32N2O2
380.24637
2820
10402-90-1
PS
LM/Q
Antitussive

Eprazinone
1938

C28H44
380.34430
3210*
PS
LM/Q
Plant sterol

Crinosterol -H2O
Ergosta-5,22-dien-3-ol -H2O
Ergosta-3,5,22-triene
5623

C10H3ClF7N3OS
380.95737
1705
PS
LM/Q
Muscle relaxant

Tizanidine artifact HFB
7258

C12H7F7ClNO3
381.00027
1820
U+ UHYH FB
U+ UHYH FB
LS/Q
Designer drug

mCPP-M (HO-chloroaniline N-acetyl-) HFB
m-Chlorophenylpiperazine-M (HO-chloroaniline N-acetyl-) HFB
6796

C14H12Cl2F3N3O
381.02588
2290
PS
LM/Q
Diuretic

Muzolimine METFA
4230

C18H17Cl2NO4
381.05347
2280
UME
PS
LS/Q
Ca Antagonist

Felodipine-M/artifact (dehydro-)
4855

954

381

Butizide 2ME — peaks at 230, 246, 324, 366, M+ 381	C13H20ClN3O4S2 381.05838 3785 #2043-38-1 PS LS/Q Diuretic
Celecoxib — peaks at 115, 204, 281, 300, M+ 381	C17H14F3N3O2S 381.07587 2770 P-I G 169590-42-5 G LS/Q Antirheumatic
Diphenylprolinol -H2O PFP — peaks at 119, 206, 234, 262, M+ 381	C20H16NOF5 381.11520 2050 PS LS/Q Stimulant
Morphine TFA Codeine-M (O-demethyl-) TFA Ethylmorphine-M (O-deethyl-) TFA Heroin-M (morphine) TFA Pholcodine-M (O-dealkyl-) TFA — peaks at 69, 115, 146, 268, M+ 381	C19H18F3NO4 381.11880 2285 PS LM/Q Potent analgesic
Acenocoumarol ET — peaks at 121, 189, 310, 338, M+ 381	C21H19NO6 381.12125 3040 UET PS LS/Q Anticoagulant
Dosulepin-M (nor-HO-) isomer-1 2AC — peaks at 86, 203, 266, 308, M+ 381	C22H23NO3S 381.13986 3110 U+ UHYAC U+ UHYAC LS/Q Antidepressant
Dosulepin-M (nor-HO-) isomer-2 2AC — peaks at 86, 235, 266, 308, M+ 381	C22H23NO3S 381.13986 3150 U+ UHYAC U+ UHYAC LS/Q Antidepressant

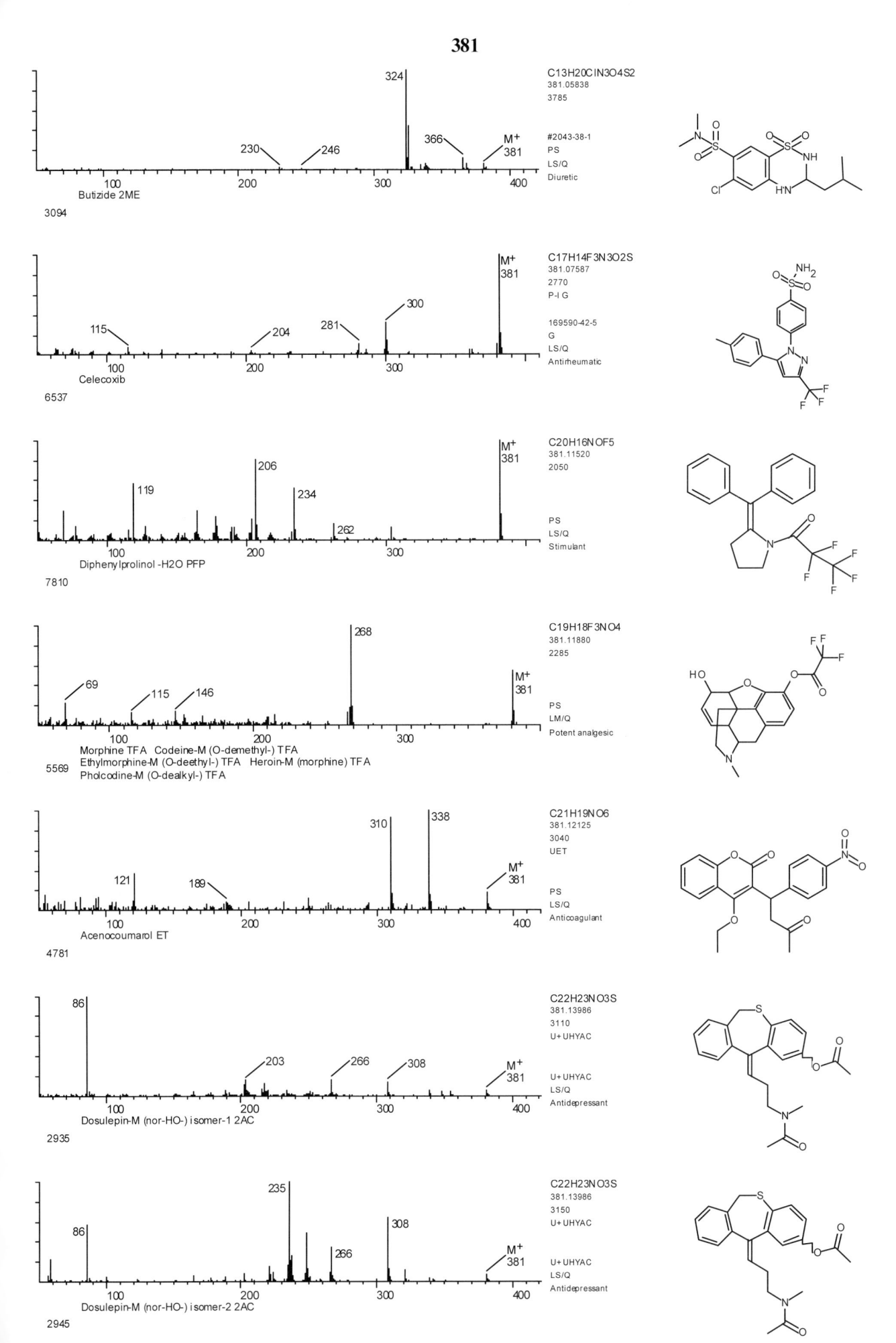

381

Duloxetine 2AC — peaks: 87, 221, 239, 266, M+ 381	C22H23NO3S 381.13986 3160 PS LM/Q Antidepressant
7464	

Cyamemazine-M (HO-) AC — peaks: 58, 100, 239, 294, M+ 381	C21H23N3O2S 381.15109 3000 U+ UHYAC U+ UHYAC LS/Q Neuroleptic
4391	

Lauroscholtzine artifact (dehydro-) AC — peaks: 280, 296, 324, 339, M+ 381	C22H23NO5 381.15762 3285 U+ UHYAC LM/Q Alkaloid
6743	

Azelastine — peaks: 110, 130, 256, 271, M+ 381	C22H24ClN3O 381.16080 3180 58581-89-8 PS LM/Q Antihistamine
4626	

Dibenzepin-M (nor-HO-) isomer-1 2AC — peaks: 100, 253, 266, 308, M+ 381	C21H23N3O4 381.16885 3110 U+ UHYAC U+ UHYAC LS/Q Antidepressant
3309	

Dibenzepin-M (nor-HO-) isomer-2 2AC — peaks: 100, 225, 266, 308, M+ 381	C21H23N3O4 381.16885 3290 U+ UHYAC U+ UHYAC LS/Q Antidepressant
3339	

Mirtazapine-M (nor-HO-methoxy-) 2AC — peaks: 100, 241, 296, 297, M+ 381	C21H23N3O4 381.16885 3195 U+ UHYAC U+ UHYAC LS/Q Antidepressant
4706	

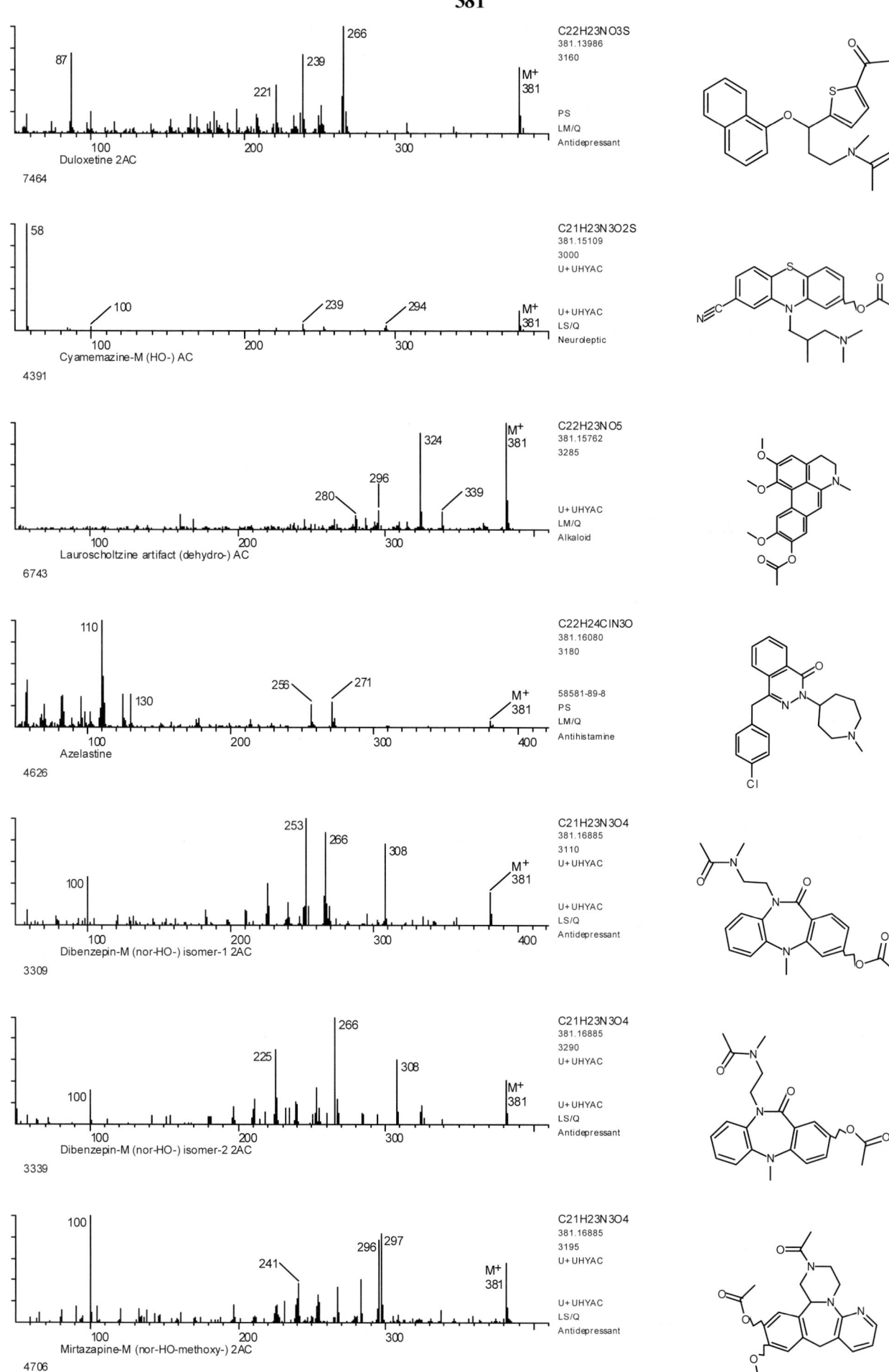

381

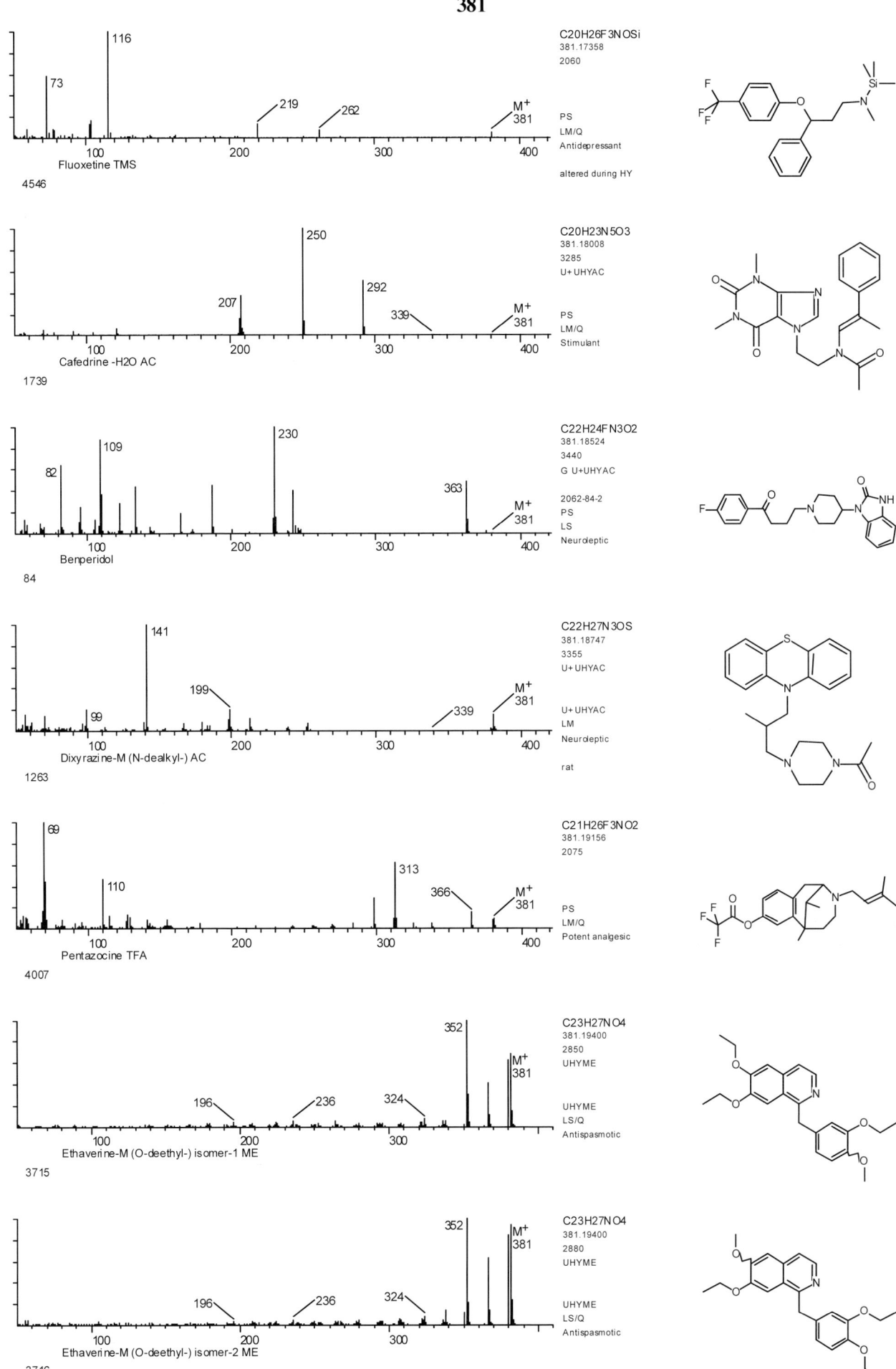

Fluoxetine TMS — 4546
C20H26F3NOSi
381.17358
2060
PS
LM/Q
Antidepressant
altered during HY
Peaks: 73, 116, 219, 262, M+ 381

Cafedrine -H2O AC — 1739
C20H23N5O3
381.18008
3285
U+ UHYAC
PS
LM/Q
Stimulant
Peaks: 207, 250, 292, 339, M+ 381

Benperidol — 84
C22H24FN3O2
381.18524
3440
G U+UHYAC
2062-84-2
PS
LS
Neuroleptic
Peaks: 82, 109, 230, 363, M+ 381

Dixyrazine-M (N-dealkyl-) AC — 1263
C22H27N3OS
381.18747
3355
U+ UHYAC
U+ UHYAC
LM
Neuroleptic
rat
Peaks: 99, 141, 199, 339, M+ 381

Pentazocine TFA — 4007
C21H26F3NO2
381.19156
2075
PS
LM/Q
Potent analgesic
Peaks: 69, 110, 313, 366, M+ 381

Ethaverine-M (O-deethyl-) isomer-1 ME — 3715
C23H27NO4
381.19400
2850
UHYME
UHYME
LS/Q
Antispasmotic
Peaks: 196, 236, 324, 352, M+ 381

Ethaverine-M (O-deethyl-) isomer-2 ME — 3716
C23H27NO4
381.19400
2880
UHYME
UHYME
LS/Q
Antispasmotic
Peaks: 196, 236, 324, 352, M+ 381

957

381

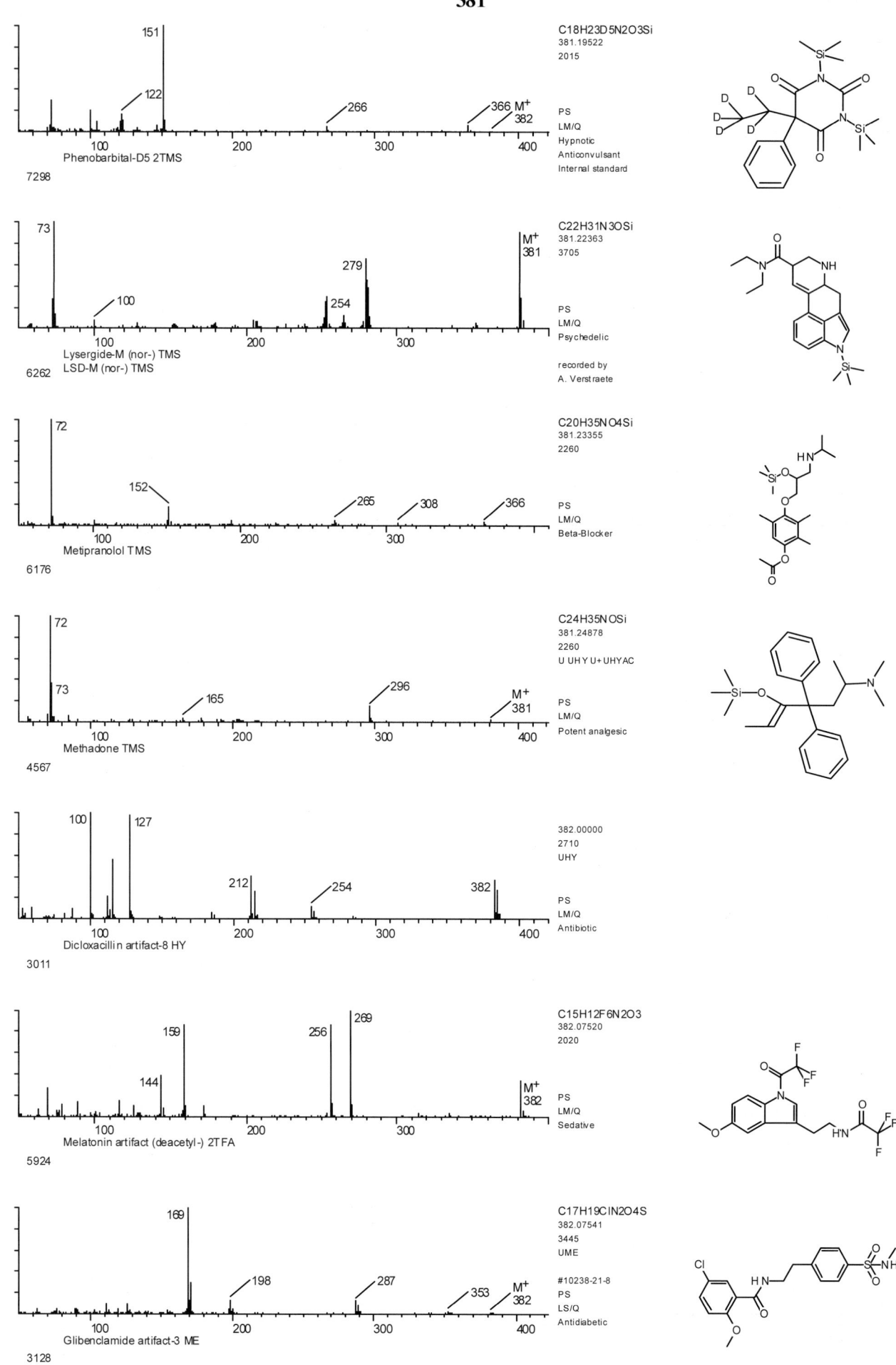

C18H23D5N2O3Si
381.19522
2015

PS
LM/Q
Hypnotic
Anticonvulsant
Internal standard

Phenobarbital-D5 2TMS
7298

C22H31N3OSi
381.22363
3705

PS
LM/Q
Psychedelic

recorded by
A. Verstraete

Lysergide-M (nor-) TMS
LSD-M (nor-) TMS
6262

C20H35NO4Si
381.23355
2260

PS
LM/Q
Beta-Blocker

Metipranolol TMS
6176

C24H35NOSi
381.24878
2260
U UHY U+ UHYAC

PS
LM/Q
Potent analgesic

Methadone TMS
4567

382.00000
2710
UHY

PS
LM/Q
Antibiotic

Dicloxacillin artifact-8 HY
3011

C15H12F6N2O3
382.07520
2020

PS
LM/Q
Sedative

Melatonin artifact (deacetyl-) 2TFA
5924

C17H19ClN2O4S
382.07541
3445
UME
#10238-21-8
PS
LS/Q
Antidiabetic

Glibenclamide artifact-3 ME
3128

958

382

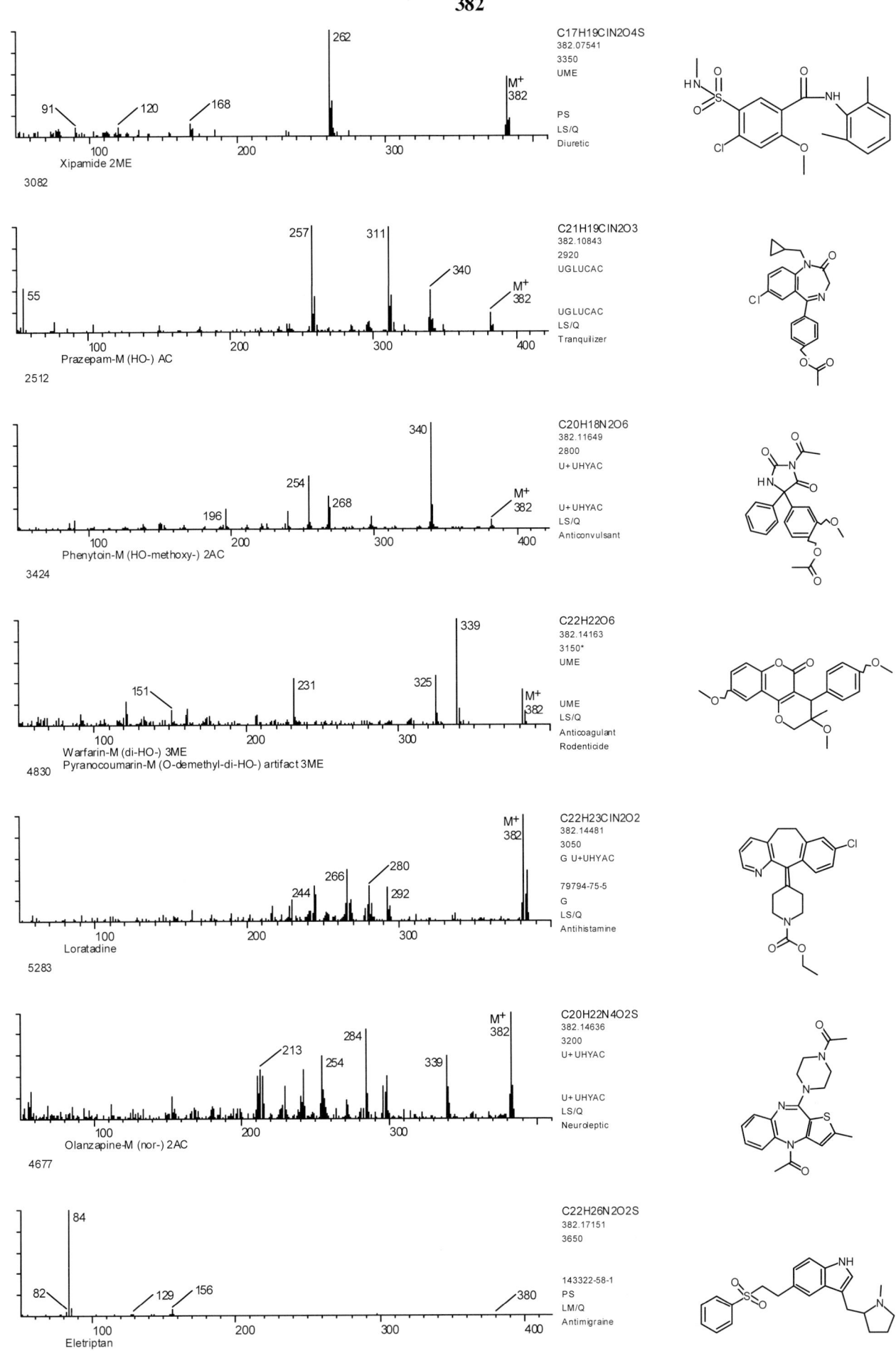

Xipamide 2ME — C17H19ClN2O4S, 382.07541, 3350, UME, PS, LS/Q, Diuretic
Peaks: 91, 120, 168, 262, 382 (M+)
3082

Prazepam-M (HO-) AC — C21H19ClN2O3, 382.10843, 2920, UGLUCAC, UGLUCAC, LS/Q, Tranquilizer
Peaks: 55, 257, 311, 340, 382 (M+)
2512

Phenytoin-M (HO-methoxy-) 2AC — C20H18N2O6, 382.11649, 2800, U+UHYAC, U+UHYAC, LS/Q, Anticonvulsant
Peaks: 196, 254, 268, 340, 382 (M+)
3424

Warfarin-M (di-HO-) 3ME
Pyranocoumarin-M (O-demethyl-di-HO-) artifact 3ME — C22H22O6, 382.14163, 3150*, UME, UME, LS/Q, Anticoagulant, Rodenticide
Peaks: 151, 231, 325, 339, 382 (M+)
4830

Loratadine — C22H23ClN2O2, 382.14481, 3050, G U+UHYAC, 79794-75-5, G, LS/Q, Antihistamine
Peaks: 244, 266, 280, 292, 382 (M+)
5283

Olanzapine-M (nor-) 2AC — C20H22N4O2S, 382.14636, 3200, U+UHYAC, U+UHYAC, LS/Q, Neuroleptic
Peaks: 213, 254, 284, 339, 382 (M+)
4677

Eletriptan — C22H26N2O2S, 382.17151, 3650, 143322-58-1, PS, LM/Q, Antimigraine
Peaks: 82, 84, 129, 156, 380
7491

959

382

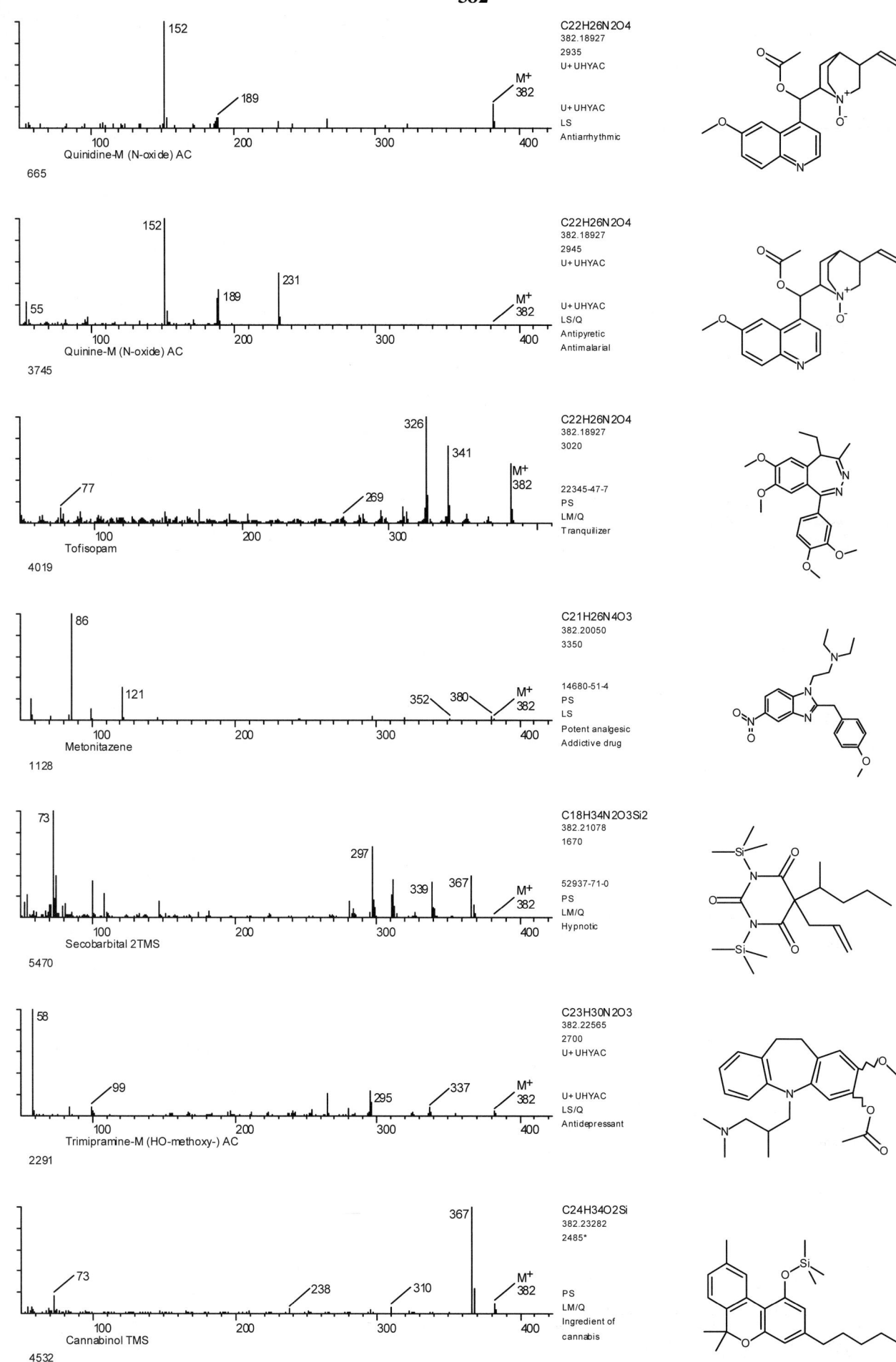

Quinidine-M (N-oxide) AC
C22H26N2O4
382.18927
2935
U+ UHYAC

U+ UHYAC
LS
Antiarrhythmic

665

Quinine-M (N-oxide) AC
C22H26N2O4
382.18927
2945
U+ UHYAC

U+ UHYAC
LS/Q
Antipyretic
Antimalarial

3745

Tofisopam
C22H26N2O4
382.18927
3020

22345-47-7
PS
LM/Q
Tranquilizer

4019

Metonitazene
C21H26N4O3
382.20050
3350

14680-51-4
PS
LS
Potent analgesic
Addictive drug

1128

Secobarbital 2TMS
C18H34N2O3Si2
382.21078
1670

52937-71-0
PS
LM/Q
Hypnotic

5470

Trimipramine-M (HO-methoxy-) AC
C23H30N2O3
382.22565
2700
U+ UHYAC

U+ UHYAC
LS/Q
Antidepressant

2291

Cannabinol TMS
C24H34O2Si
382.23282
2485*

PS
LM/Q
Ingredient of cannabis

4532

382

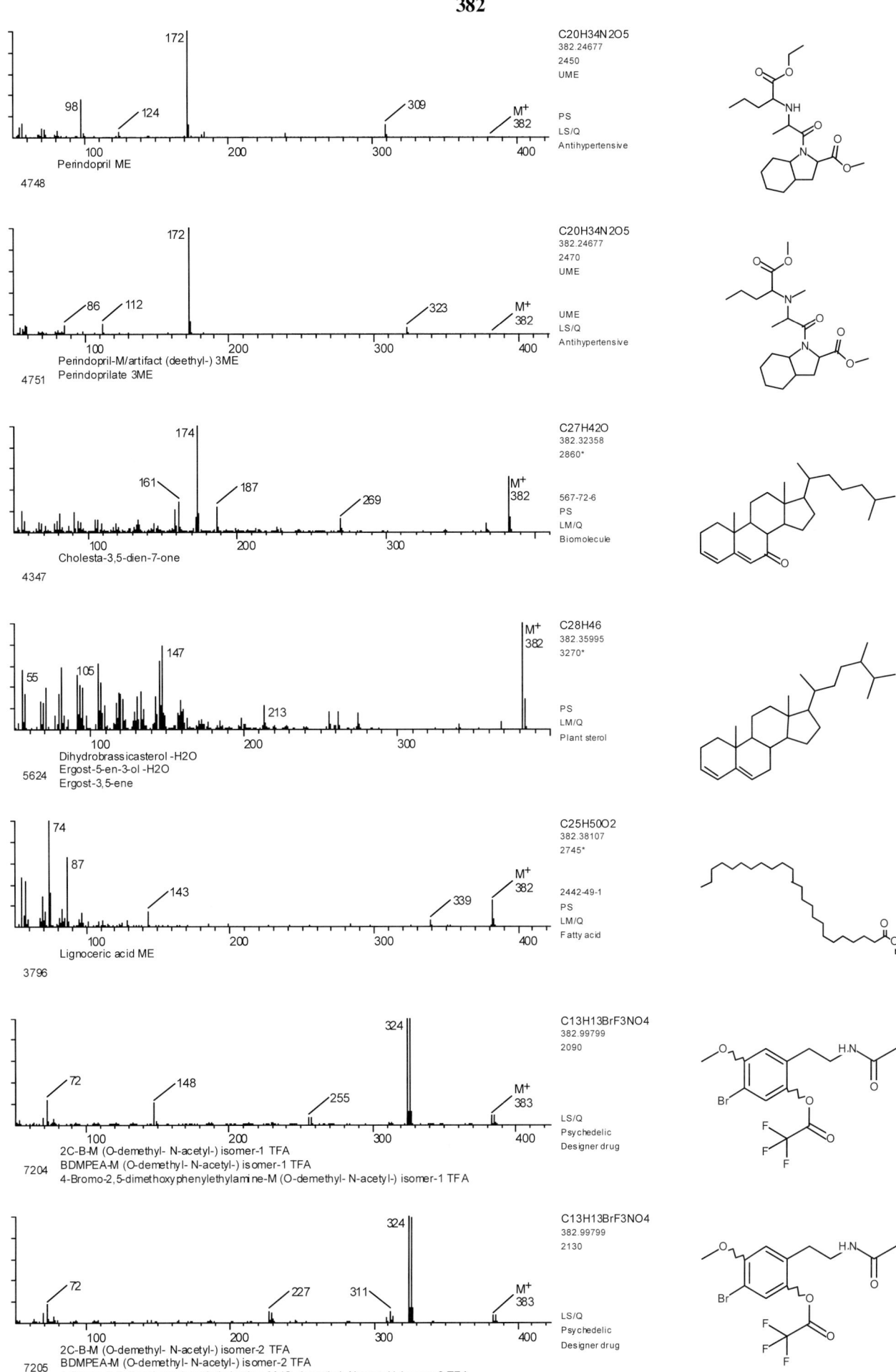

4748 — Perindopril ME
Peaks: 98, 124, 172, 309, M+ 382
C20H34N2O5
382.24677
2450
UME
PS
LS/Q
Antihypertensive

4751 — Perindopril-M/artifact (deethyl-) 3ME; Perindoprilate 3ME
Peaks: 86, 112, 172, 323, M+ 382
C20H34N2O5
382.24677
2470
UME
UME
LS/Q
Antihypertensive

4347 — Cholesta-3,5-dien-7-one
Peaks: 161, 174, 187, 269, M+ 382
C27H42O
382.32358
2860*
567-72-6
PS
LM/Q
Biomolecule

5624 — Dihydrobrassicasterol -H2O; Ergost-5-en-3-ol -H2O; Ergost-3,5-ene
Peaks: 55, 105, 147, 213, M+ 382
C28H46
382.35995
3270*
PS
LM/Q
Plant sterol

3796 — Lignoceric acid ME
Peaks: 74, 87, 143, 339, M+ 382
C25H50O2
382.38107
2745*
2442-49-1
PS
LM/Q
Fatty acid

7204 — 2C-B-M (O-demethyl- N-acetyl-) isomer-1 TFA; BDMPEA-M (O-demethyl- N-acetyl-) isomer-1 TFA; 4-Bromo-2,5-dimethoxyphenylethylamine-M (O-demethyl- N-acetyl-) isomer-1 TFA
Peaks: 72, 148, 255, 324, M+ 383
C13H13BrF3NO4
382.99799
2090
LS/Q
Psychedelic
Designer drug

7205 — 2C-B-M (O-demethyl- N-acetyl-) isomer-2 TFA; BDMPEA-M (O-demethyl- N-acetyl-) isomer-2 TFA; 4-Bromo-2,5-dimethoxyphenylethylamine-M (O-demethyl- N-acetyl-) isomer-2 TFA
Peaks: 72, 227, 311, 324, M+ 383
C13H13BrF3NO4
382.99799
2130
LS/Q
Psychedelic
Designer drug

383

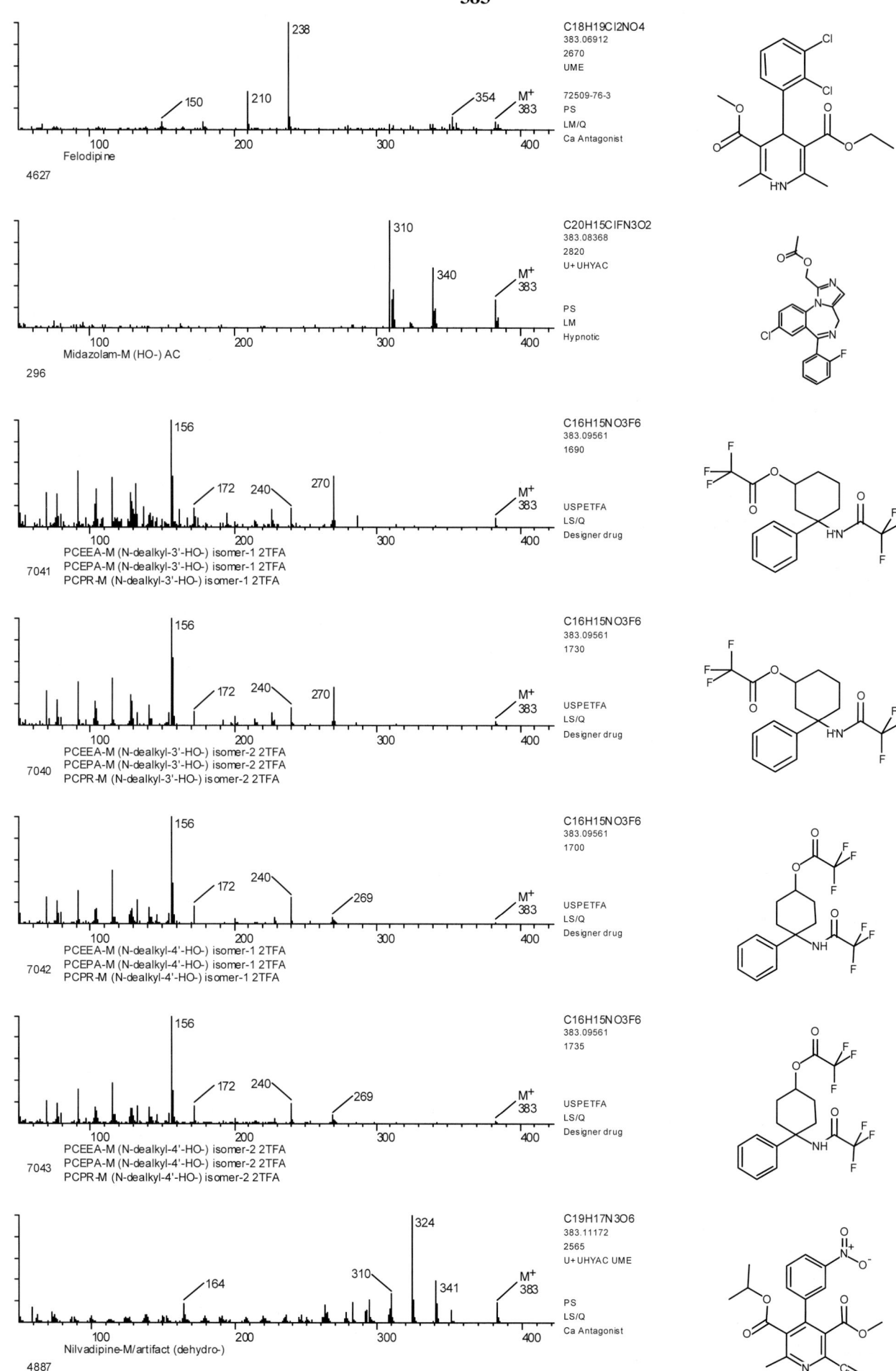

Felodipine	238, 150, 210, 354, M+ 383	C18H19Cl2NO4 383.06912 2670 UME 72509-76-3 PS LM/Q Ca Antagonist
Midazolam-M (HO-) AC	310, 340, M+ 383	C20H15ClFN3O2 383.08368 2820 U+ UHYAC PS LM Hypnotic
PCEEA-M (N-dealkyl-3'-HO-) isomer-1 2TFA PCEPA-M (N-dealkyl-3'-HO-) isomer-1 2TFA PCPR-M (N-dealkyl-3'-HO-) isomer-1 2TFA	156, 172, 240, 270, M+ 383	C16H15NO3F6 383.09561 1690 USPETFA LS/Q Designer drug
PCEEA-M (N-dealkyl-3'-HO-) isomer-2 2TFA PCEPA-M (N-dealkyl-3'-HO-) isomer-2 2TFA PCPR-M (N-dealkyl-3'-HO-) isomer-2 2TFA	156, 172, 240, 270, M+ 383	C16H15NO3F6 383.09561 1730 USPETFA LS/Q Designer drug
PCEEA-M (N-dealkyl-4'-HO-) isomer-1 2TFA PCEPA-M (N-dealkyl-4'-HO-) isomer-1 2TFA PCPR-M (N-dealkyl-4'-HO-) isomer-1 2TFA	156, 172, 240, 269, M+ 383	C16H15NO3F6 383.09561 1700 USPETFA LS/Q Designer drug
PCEEA-M (N-dealkyl-4'-HO-) isomer-2 2TFA PCEPA-M (N-dealkyl-4'-HO-) isomer-2 2TFA PCPR-M (N-dealkyl-4'-HO-) isomer-2 2TFA	156, 172, 240, 269, M+ 383	C16H15NO3F6 383.09561 1735 USPETFA LS/Q Designer drug
Nilvadipine-M/artifact (dehydro-)	324, 164, 310, 341, M+ 383	C19H17N3O6 383.11172 2565 U+ UHYAC UME PS LS/Q Ca Antagonist

383

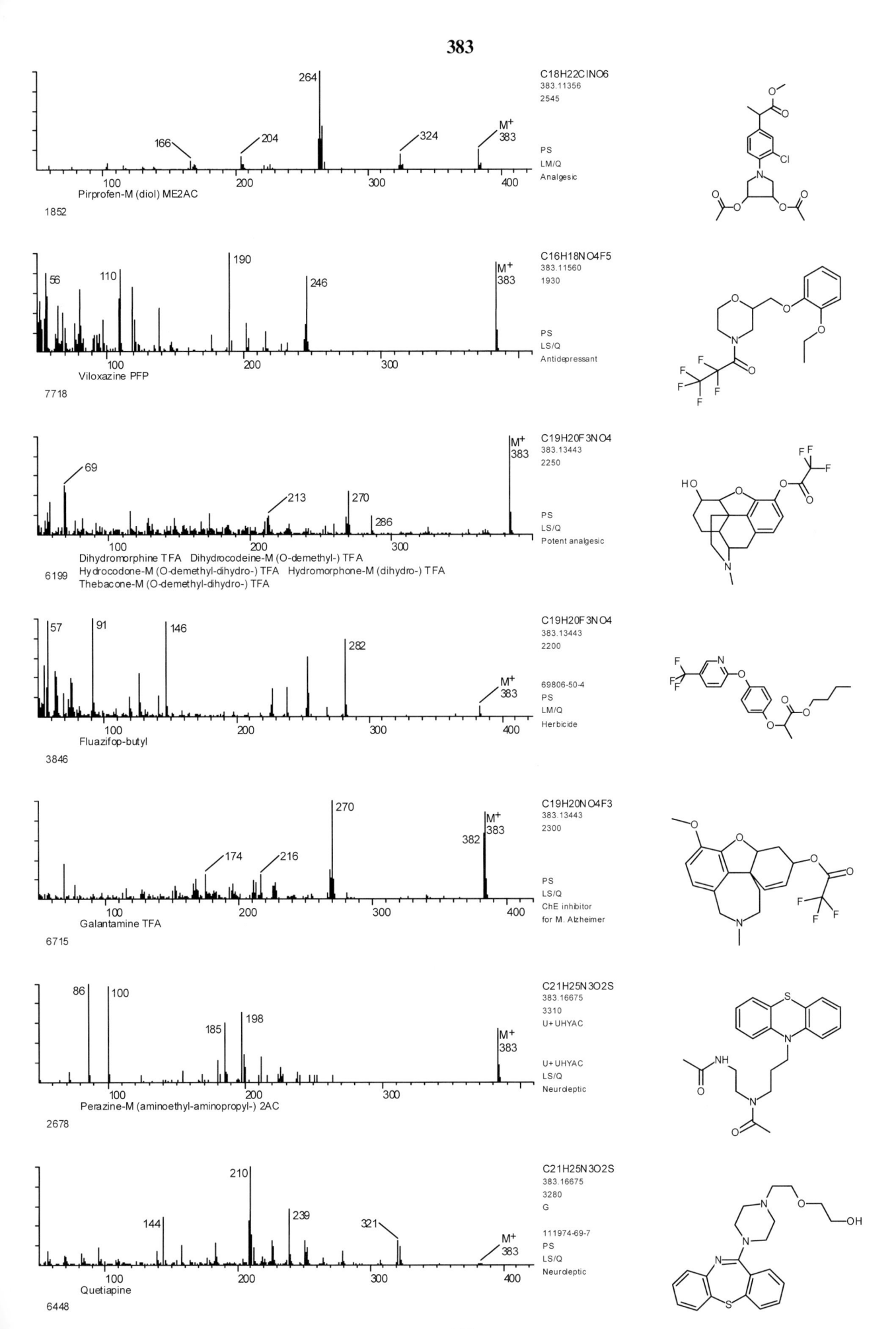

Pirprofen-M (diol) ME2AC — C18H22ClNO6, 383.11356, 2545, PS, LM/Q, Analgesic

Viloxazine PFP — C16H18NO4F5, 383.11560, 1930, PS, LS/Q, Antidepressant

Dihydromorphine TFA   Dihydrocodeine-M (O-demethyl-) TFA
Hydrocodone-M (O-demethyl-dihydro-) TFA   Hydromorphone-M (dihydro-) TFA
Thebacone-M (O-demethyl-dihydro-) TFA
C19H20F3NO4, 383.13443, 2250, PS, LS/Q, Potent analgesic

Fluazifop-butyl — C19H20F3NO4, 383.13443, 2200, 69806-50-4, PS, LM/Q, Herbicide

Galantamine TFA — C19H20NO4F3, 383.13443, 2300, PS, LS/Q, ChE inhibitor for M. Alzheimer

Perazine-M (aminoethyl-aminopropyl-) 2AC — C21H25N3O2S, 383.16675, 3310, U+UHYAC, U+UHYAC, LS/Q, Neuroleptic

Quetiapine — C21H25N3O2S, 383.16675, 3280, G, 111974-69-7, PS, LS/Q, Neuroleptic

383

Ethylmorphine-M (nor-) 2AC — C22H25NO5, 383.17328, 2930, U+UHYAC / U+UHYAC, LS, Potent antitussive
Peaks: 72, 87, 209, 237, 383 M+
1193

Lauroscholtzine AC — C22H25NO5, 383.17328, 2750, PS, LM/Q, Alkaloid
Peaks: 326, 340, 368, 382, 383 M+
5774

Lauroscholtzine-M/artifact (seco-) AC — C22H25NO5, 383.17328, 3405, LM/Q, Alkaloid
Peaks: 251, 263, 297, 310, 383 M+
6745

Naloxone MEAC — C22H25NO5, 383.17328, 2890, PS, LM, Opioid antagonist
Peaks: 242, 324, 340, 383 M+
567

Naltrexone AC — C22H25NO5, 383.17328, 2980, PS, LM/Q, Opioid antagonist
Peaks: 55, 243, 300, 341, 383 M+
4313

Fenetylline AC — C20H25N5O3, 383.19574, 3110, U+UHYAC, PS, LM, Stimulant
Peaks: 207, 250, 292, 383 M+
779

Etafenone-M (HO-) isomer-1 AC — C23H29NO4, 383.20966, 2775, U+UHYAC / U+UHYAC, LS/Q, Coronary dilator
Peaks: 58, 86, 99, 368, 383 M+
3355

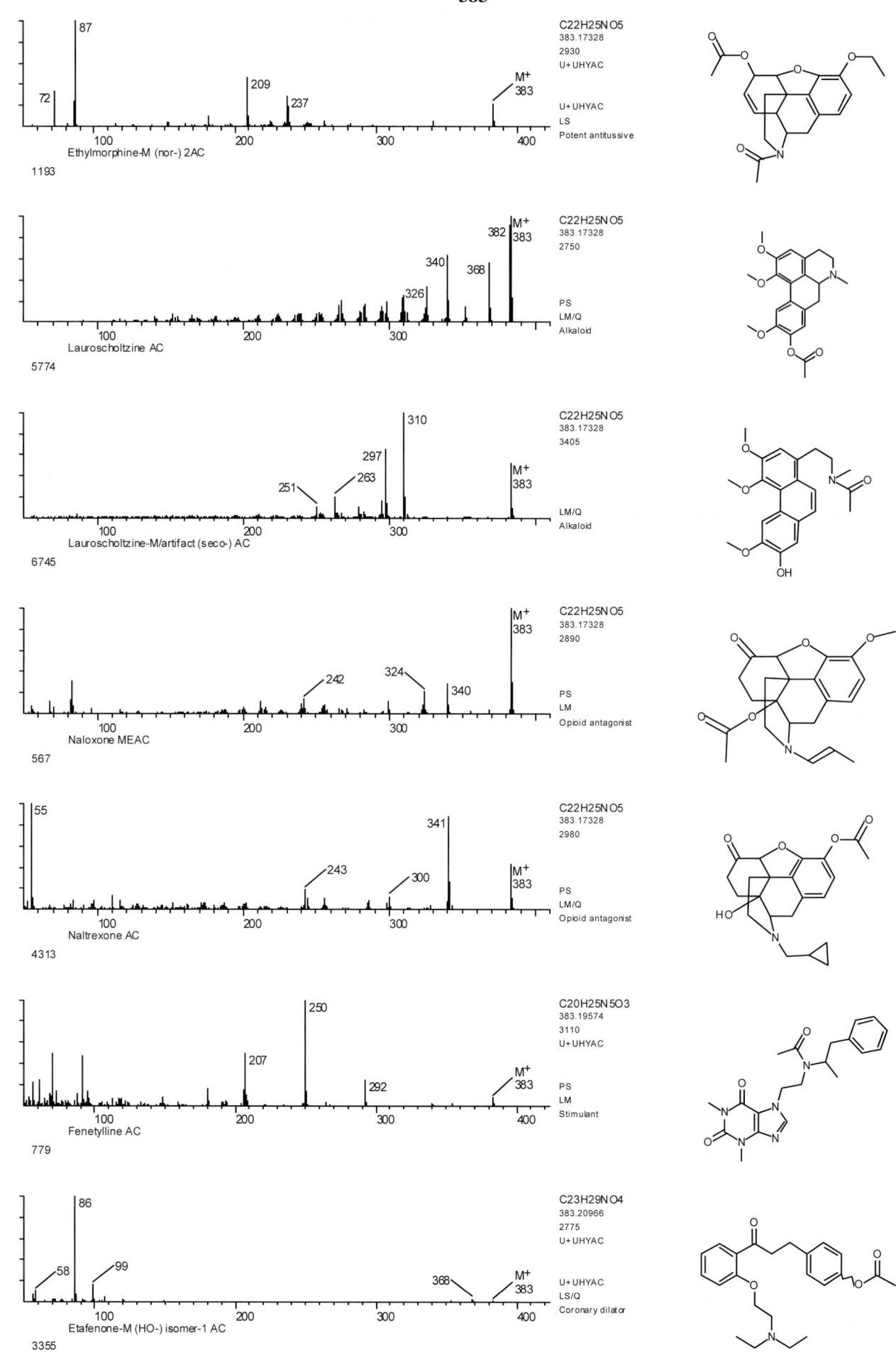

383

Etafenone-M (HO-) isomer-2 AC
C23H29NO4
383.20966
2810
U+ UHYAC
U+ UHYAC
LS/Q
Coronary dilator
Peaks: 58, 86, 99, 368, M+ 383
3356

Naloxone 2ET
C23H29NO4
383.20966
2830
PS
LM
Opioid antagonist
Peaks: 270, M+ 383
564

Phenylephrine 3TMS
C18H37NO2Si3
383.21320
2110
PS
LM/Q
Sympathomimetic
Peaks: 73, 116, 267, 368, M+ 383
4584

Naftidrofuryl
C24H33NO3
383.24603
2840
G P U+UHYAC
31329-57-4
PS
LM/Q
Vasodilator
Peaks: 86, 99, 141, 368, M+ 383
2826

Biperiden TMS
C24H37NOSi
383.26443
2420
PS
LM/Q
Antiparkinsonian
Peaks: 73, 98, 205, 294, M+ 383
4529

Ethion
Phosalone impurity
C9H22O4P2S4
383.98761
2235*
G
563-12-2
PS
LM/Q
Herbicide
Insecticide
Peaks: 97, 125, 153, 231, M+ 384
3837

Coumachlor isomer-1 AC
C21H17ClO7
384.07645
2810*
#81-82-3
PS
LM/Q
Anticoagulant
Rodenticide
Peaks: 121, 187, 299, 342, M+ 384
4816

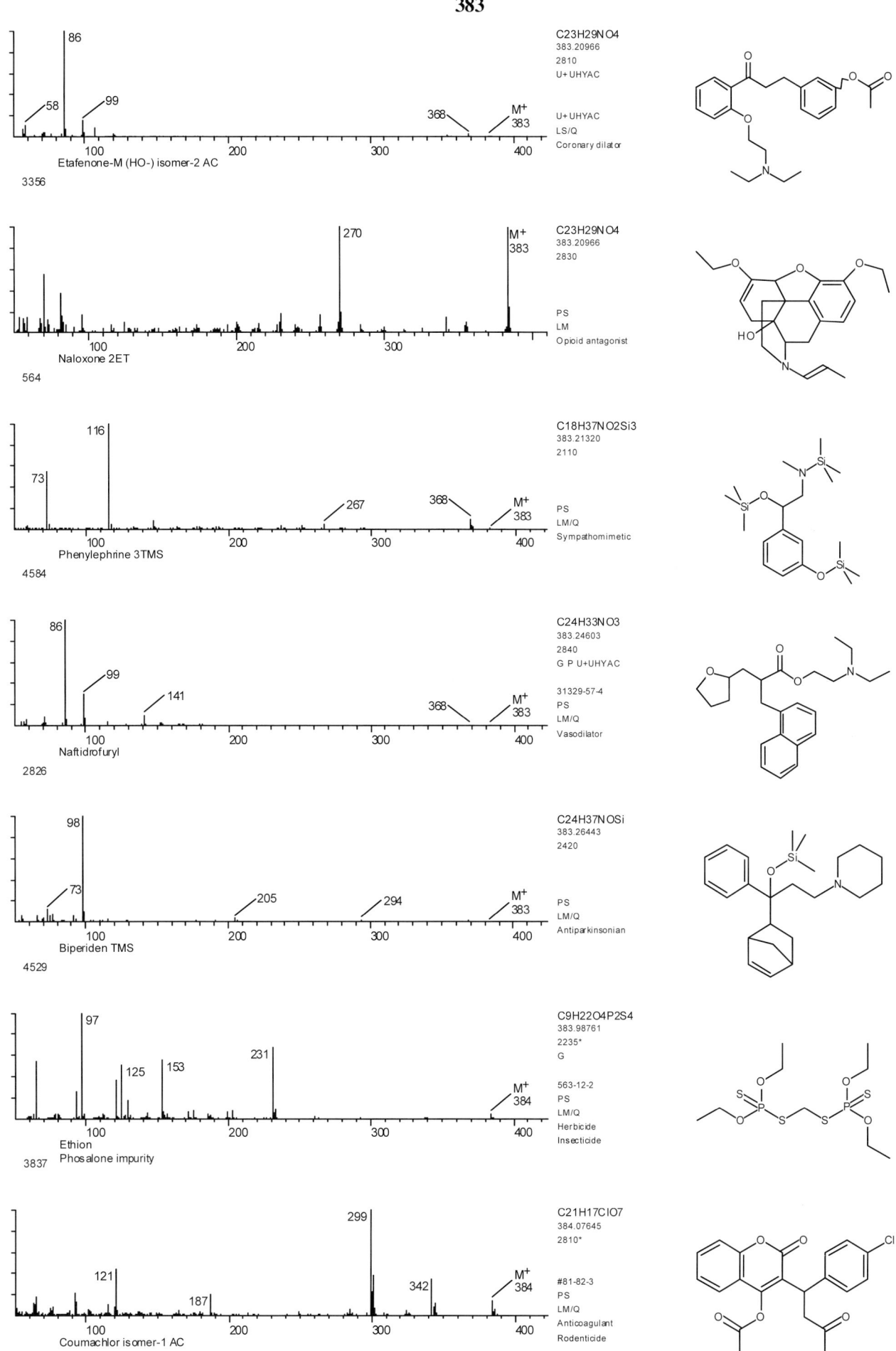

384

- Coumachlor isomer-2 AC — C21H17ClO5, 384.07645, 2810*, PS, LM/Q, Anticoagulant Rodenticide; peaks: 121, 187, 299, 342, M+ 384. (4817)
- Benzylpiperazine-M (HO-) isomer-1 2TFA — C15H14F6N2O3, 384.09085, 1830, U+ UHYT FA, LS/Q, Designer drug; peaks: 69, 181, 203, 287, M+ 384. (6569)
- Benzylpiperazine-M (HO-) isomer-2 2TFA — C15H14F6N2O3, 384.09085, 1870, U+ UHYT FA, LS/Q, Designer drug; peaks: 181, 203, 258, 287, M+ 384. (6568)
- Etryptamine HFB — C16H15F7N2O, 384.10727, 1945, PS, LM/Q, Antidepressant; peaks: 77, 103, 130, 171, M+ 384. (6196)
- Fenproporex HFB — C16H15F7N2O, 384.10727, 1730, PS, LM/Q, Anorectic; peaks: 56, 91, 118, 240, 293. (5060)
- Danthron 2TMS — C20H24O4Si2, 384.12131, 2530*, PS, LM/Q, Laxative; peaks: 73, 210, 268, 297, 369. (3698)
- Thioridazine-M (oxo-) — C21H24N2OS2, 384.13300, 3500, U+ UHYAC, LM/Q, Neuroleptic; peaks: 112, 140, 244, 258, M+ 384. (1321)

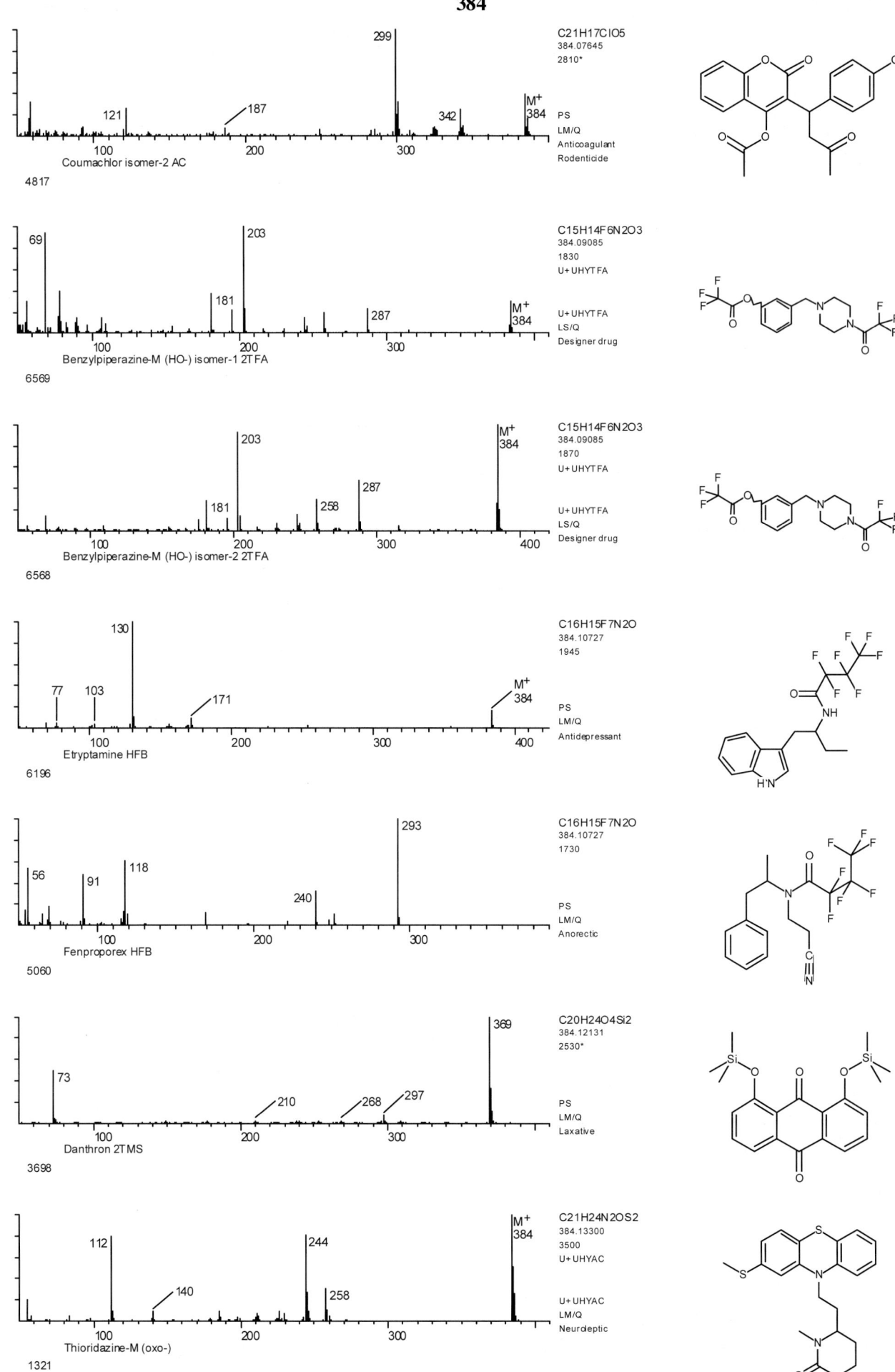

384

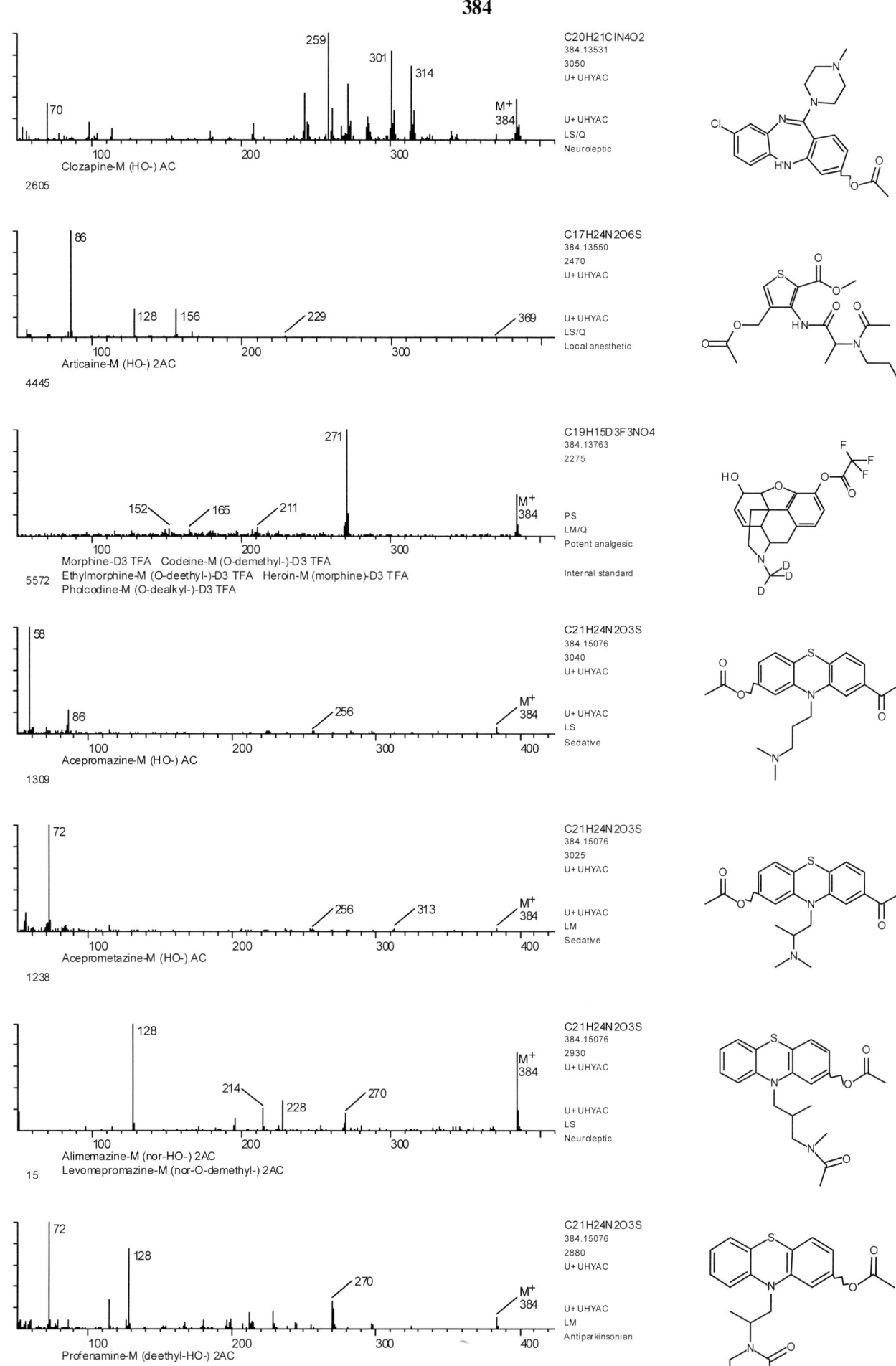

C20H21ClN4O2
384.13531
3050
U+ UHYAC

U+ UHYAC
LS/Q
Neuroleptic

Clozapine-M (HO-) AC
2605

C17H24N2O6S
384.13550
2470
U+ UHYAC

U+ UHYAC
LS/Q
Local anesthetic

Articaine-M (HO-) 2AC
4445

C19H15D3F3NO4
384.13763
2275

PS
LM/Q
Potent analgesic

Morphine-D3 TFA   Codeine-M (O-demethyl-)-D3 TFA
Ethylmorphine-M (O-deethyl-)-D3 TFA   Heroin-M (morphine)-D3 TFA
Pholcodine-M (O-dealkyl-)-D3 TFA

Internal standard

5572

C21H24N2O3S
384.15076
3040
U+ UHYAC

U+ UHYAC
LS
Sedative

Acepromazine-M (HO-) AC
1309

C21H24N2O3S
384.15076
3025
U+ UHYAC

U+ UHYAC
LM
Sedative

Aceprometazine-M (HO-) AC
1238

C21H24N2O3S
384.15076
2930
U+ UHYAC

U+ UHYAC
LS
Neuroleptic

Alimemazine-M (nor-HO-) 2AC
Levomepromazine-M (nor-O-demethyl-) 2AC
15

C21H24N2O3S
384.15076
2880
U+ UHYAC

U+ UHYAC
LM
Antiparkinsonian

Profenamine-M (deethyl-HO-) 2AC
1320

967

384

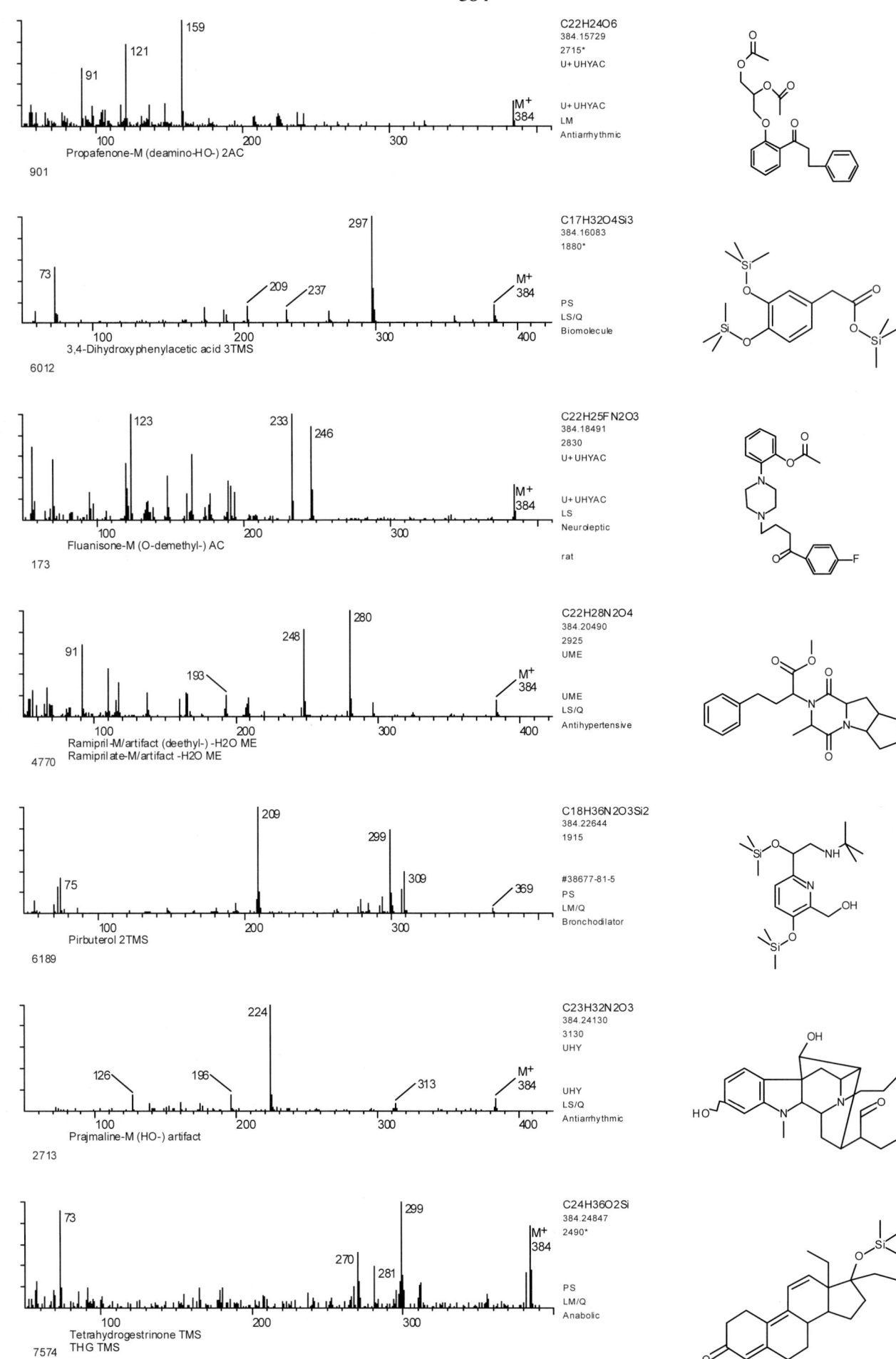

Propafenone-M (deamino-HO-) 2AC
901

C22H24O6
384.15729
2715*
U+ UHYAC

U+ UHYAC
LM
Antiarrhythmic

3,4-Dihydroxyphenylacetic acid 3TMS
6012

C17H32O4Si3
384.16083
1880*

PS
LS/Q
Biomolecule

Fluanisone-M (O-demethyl-) AC
173

C22H25FN2O3
384.18491
2830
U+ UHYAC

U+ UHYAC
LS
Neuroleptic
rat

Ramipril-M/artifact (deethyl-) -H2O ME
Ramiprilate-M/artifact -H2O ME
4770

C22H28N2O4
384.20490
2925
UME

UME
LS/Q
Antihypertensive

Pirbuterol 2TMS
6189

C18H36N2O3Si2
384.22644
1915

#38677-81-5
PS
LM/Q
Bronchodilator

Prajmaline-M (HO-) artifact
2713

C23H32N2O3
384.24130
3130
UHY

UHY
LS/Q
Antiarrhythmic

Tetrahydrogestrinone TMS
THG TMS
7574

C24H36O2Si
384.24847
2490*

PS
LM/Q
Anabolic

968

384

124, 229, 261, 342, M+ 384	C27H44O 384.33923 3150* U UME 601-57-0 UME LS/Q Biomolecule

Cholestenone
6353

57, 143, 325, 351, M+ 384	C27H44O 384.33923 3150* 67-97-0 PS LM/Q Vitamin

Colecalciferol
2794

88, 127, 243, 370, M+ 385	C8H5I2NO 384.84607 1885 #1689-83-4 PS LM/Q Herbicide

Ioxynil ME
4145

58, 100, 228, 270, M+ 385	C16H20BrNO5 385.05249 2330 U+ UHYAC U+ UHYAC LS/Q Psychedelic Designer drug

N-Methyl-Brolamfetamine-M (O,O-bisdemethyl-) 3AC
N-Methyl-DOB-M (O,O-bisdemethyl-) 3AC
7058

175, 203, 259, 272, M+ 385	C15H13NO4F6 385.07489 1810 UGlucSPETF LS/Q Designer drug

2C-E-M (O-demethyl-HO-) -H2O 2TFA
4-Ethyl-2,5-dimethoxyphenethylamine-M (O-demethyl-HO-) -H2O 2TFA
7114

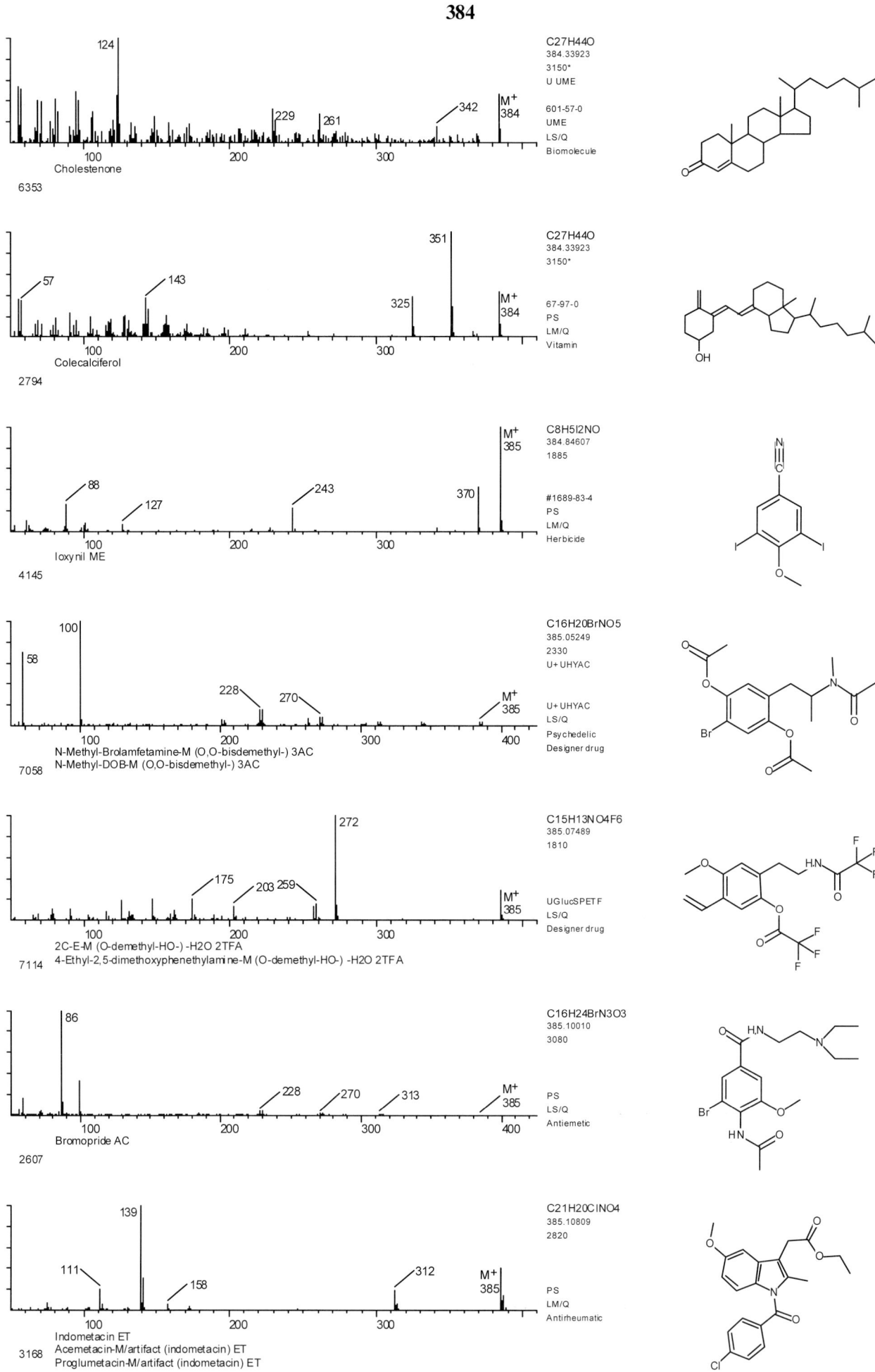

86, 228, 270, 313, M+ 385	C16H24BrN3O3 385.10010 3080 PS LS/Q Antiemetic

Bromopride AC
2607

111, 139, 158, 312, M+ 385	C21H20ClNO4 385.10809 2820 PS LM/Q Antirheumatic

Indometacin ET
Acemetacin-M/artifact (indometacin) ET
Proglumetacin-M/artifact (indometacin) ET
3168

385

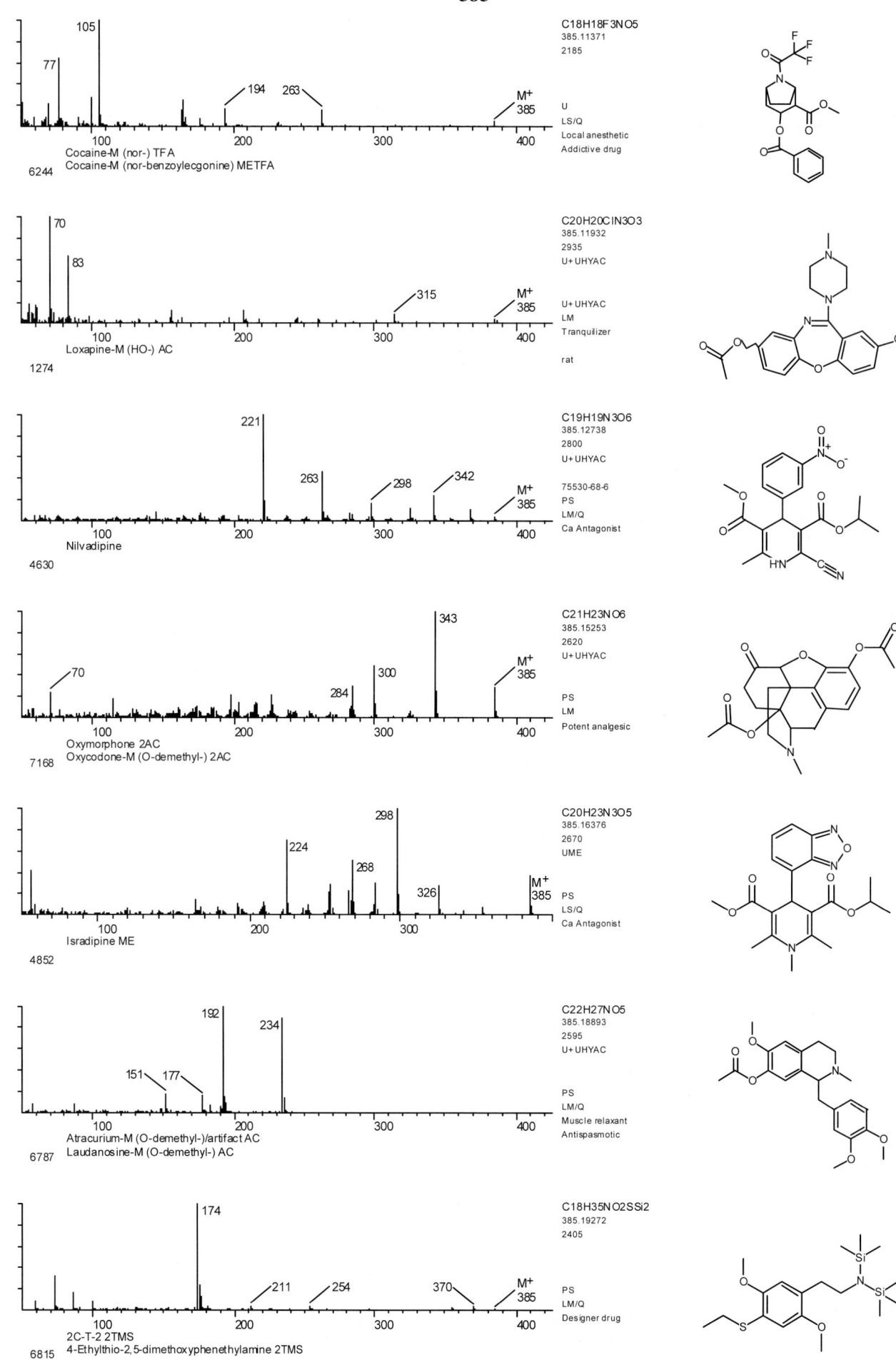

Cocaine-M (nor-) TFA Cocaine-M (nor-benzoylecgonine) METFA 6244	C18H18F3NO5 385.11371 2185 U LS/Q Local anesthetic Addictive drug
Loxapine-M (HO-) AC 1274	C20H20ClN3O3 385.11932 2935 U+ UHYAC U+ UHYAC LM Tranquilizer rat
Nilvadipine 4630	C19H19N3O6 385.12738 2800 U+ UHYAC 75530-68-6 PS LM/Q Ca Antagonist
Oxymorphone 2AC Oxycodone-M (O-demethyl-) 2AC 7168	C21H23NO6 385.15253 2620 U+ UHYAC PS LM Potent analgesic
Isradipine ME 4852	C20H23N3O5 385.16376 2670 UME PS LS/Q Ca Antagonist
Atracurium-M (O-demethyl-)/artifact AC Laudanosine-M (O-demethyl-) AC 6787	C22H27NO5 385.18893 2595 U+ UHYAC PS LM/Q Muscle relaxant Antispasmotic
2C-T-2 2TMS 4-Ethylthio-2,5-dimethoxyphenethylamine 2TMS 6815	C18H35NO2SSi2 385.19272 2405 PS LM/Q Designer drug

385

Ethylmorphine TMS
C22H31NO3Si
385.20731
2540

PS
LM/Q
Potent antitussive

Peaks: 73, 146, 192, 234, M+ 385
2467

Reboxetine TMS
C22H31NO3Si
385.20731
2525

PS
LM/Q
Antidepressant

Peaks: 56, 73, 158, 248, M+ 385
6374

Buspirone
C21H31N5O2
385.24777
3300
G U+UHYAC

36505-84-7
PS
LM/Q
Tranquilizer

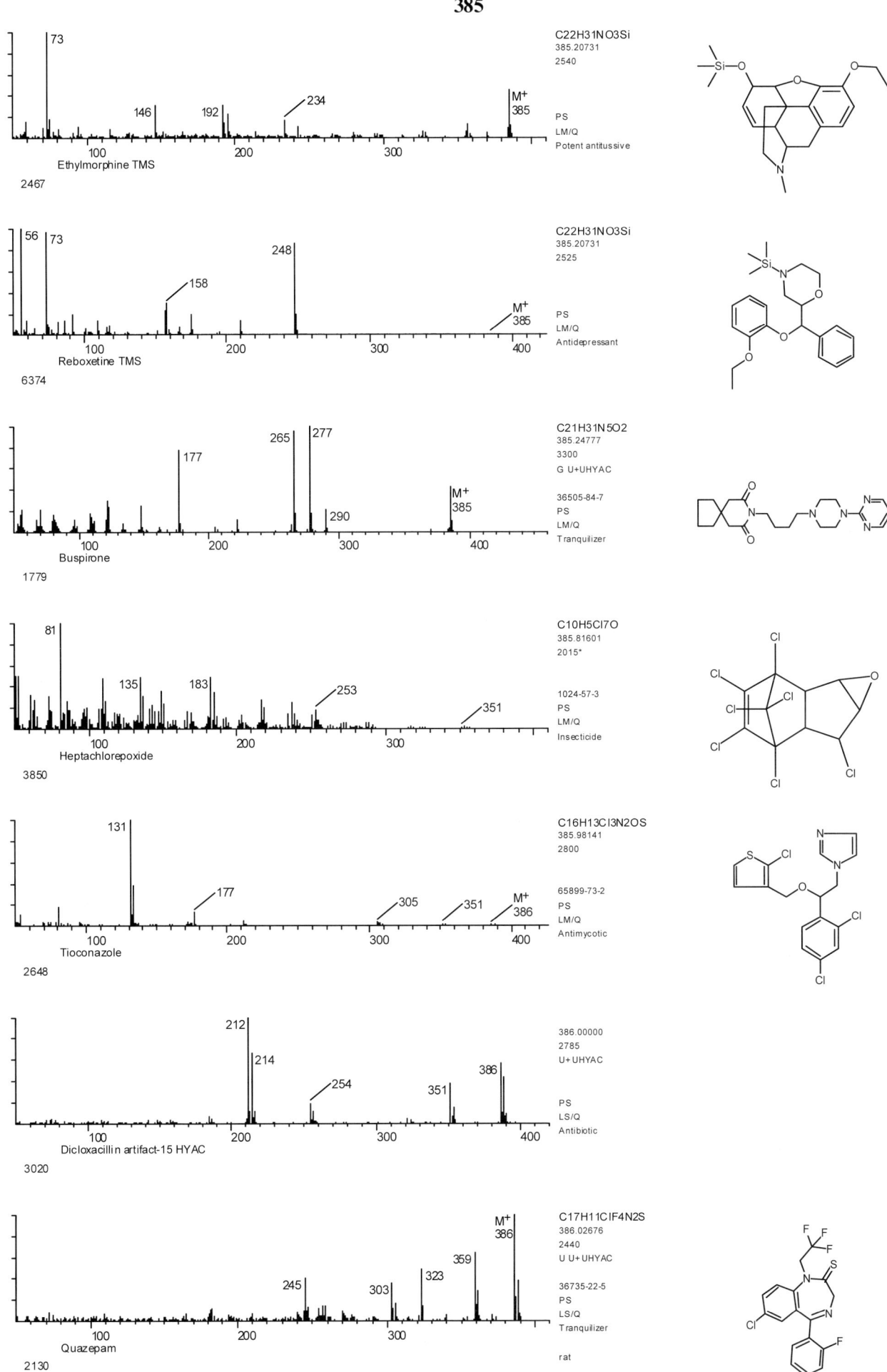

Peaks: 177, 265, 277, 290, M+ 385
1779

Heptachlorepoxide
C10H5Cl7O
385.81601
2015*

1024-57-3
PS
LM/Q
Insecticide

Peaks: 81, 135, 183, 253, 351
3850

Tioconazole
C16H13Cl3N2OS
385.98141
2800

65899-73-2
PS
LM/Q
Antimycotic

Peaks: 131, 177, 305, 351, M+ 386
2648

Dicloxacillin artifact-15 HYAC
386.00000
2785
U+ UHYAC

PS
LS/Q
Antibiotic

Peaks: 212, 214, 254, 351, 386
3020

Quazepam
C17H11ClF4N2S
386.02676
2440
U U+ UHYAC

36735-22-5
PS
LS/Q
Tranquilizer

rat

Peaks: 245, 303, 323, 359, M+ 386
2130

386

C14H12F6N2O4
386.07013
2230
U+ UHYTFA

U+ UHYTFA
LS/Q
Designer drug

MDBP-M (deethylene-) 2TFA
Methylenedioxybenzylpiperazine-M (deethylene-) 2TFA
Fipexide-M (deethylene-MDBP) 2TFA   Piperonylpiperazine-M (deethylene-) 2TFA
6629

C15H13N2O2F7
386.08652
2255

PS
LM/Q
Ingredient of
labumum anagyr.

Cytisine HFB
7445

C21H19ClO5
386.09210
2990*
UME UHYME

UME
LS/Q
Anticoagulant
Rodenticide

Coumachlor-M (HO-) isomer-1 2ME
4422

C21H19ClO5
386.09210
3035*
UME UHYME

UME
LS/Q
Anticoagulant
Rodenticide

Coumachlor-M (HO-) isomer-2 2ME
4423

C18H18N2O6Si
386.09341
2615
UTMS

UTMS
LS/Q
Ca Antagonist

Nicardipine-M -H2O TMS
Nimodipine-M -H2O TMS
Nitrendipine-M (dehydro-demethyl-deethyl-HO-) -H2O TMS
5004

C19H18N2O7
386.11139
2785
U+ UHYAC UME

UME
LM/Q
Ca Antagonist

Nisoldipine-M (dehydro-demethyl- di-HO-) -H2O
4898

C21H23ClN2O3
386.13971
3120
U+ UHYAC

U+ UHYAC
LS/Q
Antidepressant

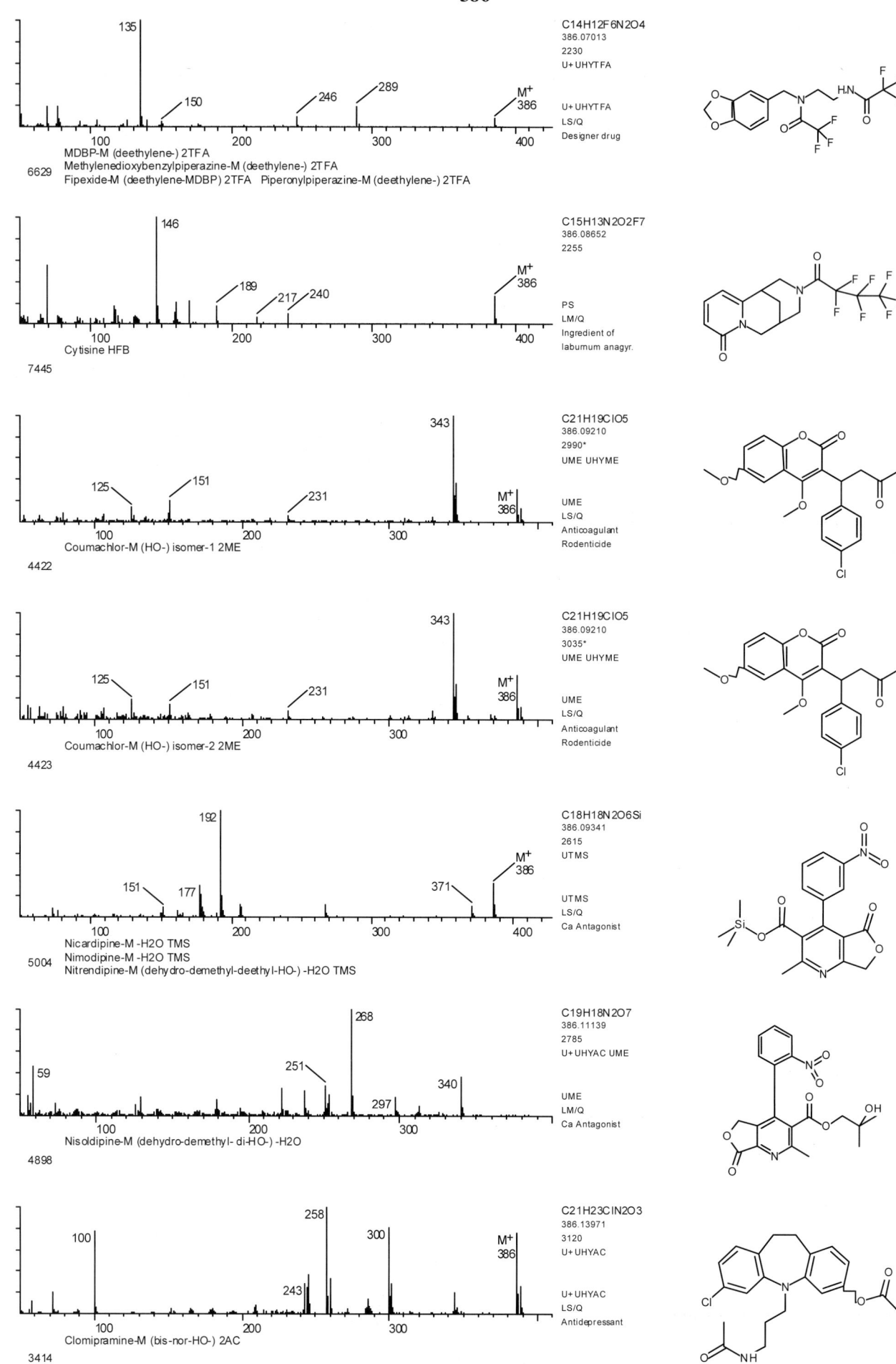

Clomipramine-M (bis-nor-HO-) 2AC
3414

386

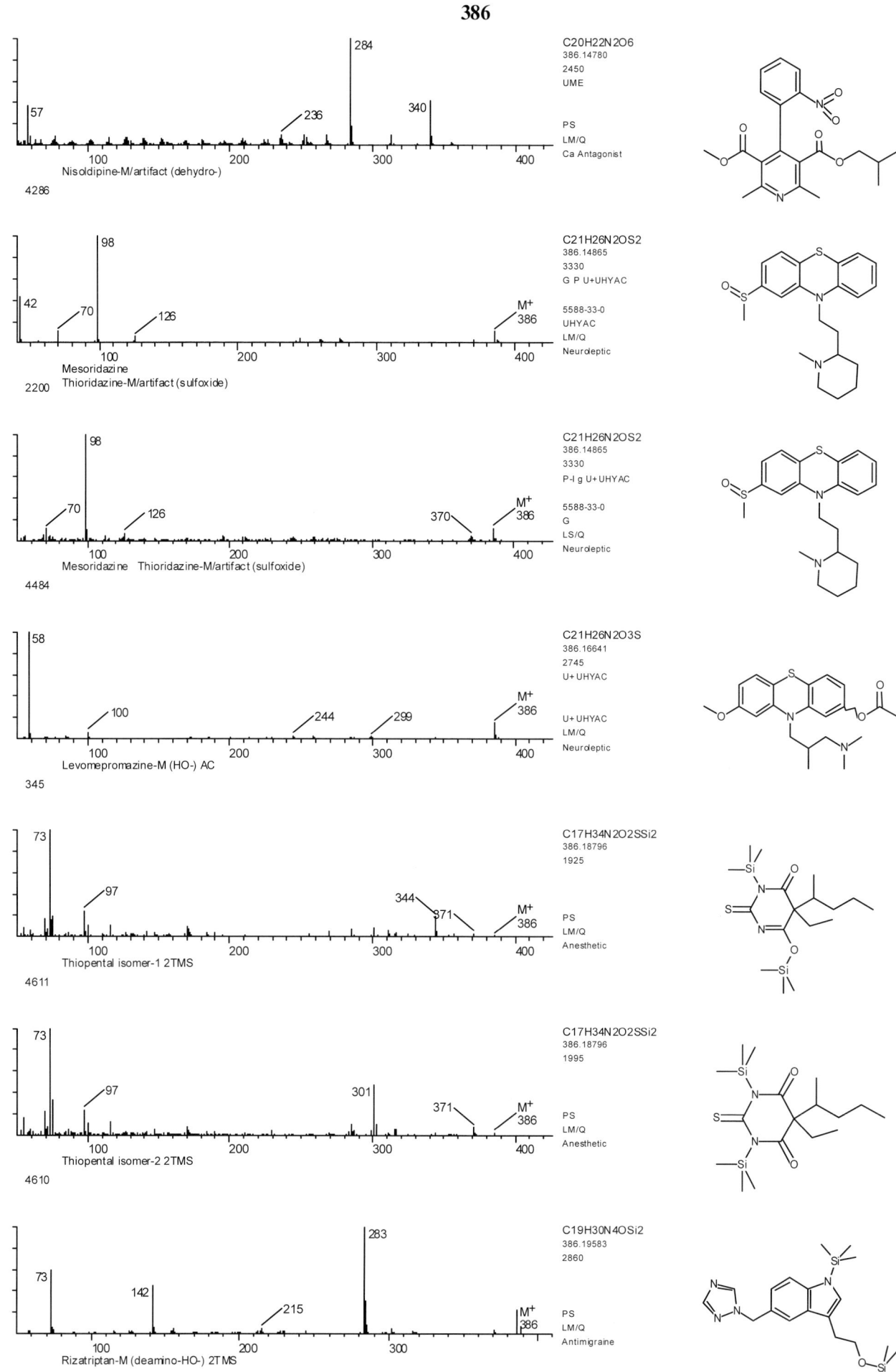

Nisoldipine-M/artifact (dehydro-)
C20H22N2O6
386.14780
2450
UME
PS
LM/Q
Ca Antagonist
4286

Mesoridazine   Thioridazine-M/artifact (sulfoxide)
C21H26N2OS2
386.14865
3330
G P U+UHYAC
5588-33-0
UHYAC
LM/Q
Neuroleptic
2200

Mesoridazine   Thioridazine-M/artifact (sulfoxide)
C21H26N2OS2
386.14865
3330
P-l g U+UHYAC
5588-33-0
G
LS/Q
Neuroleptic
4484

Levomepromazine-M (HO-) AC
C21H26N2O3S
386.16641
2745
U+UHYAC
U+UHYAC
LM/Q
Neuroleptic
345

Thiopental isomer-1 2TMS
C17H34N2O2SSi2
386.18796
1925
PS
LM/Q
Anesthetic
4611

Thiopental isomer-2 2TMS
C17H34N2O2SSi2
386.18796
1995
PS
LM/Q
Anesthetic
4610

Rizatriptan-M (deamino-HO-) 2TMS
C19H30N4OSi2
386.19583
2860
PS
LM/Q
Antimigraine
5846

386

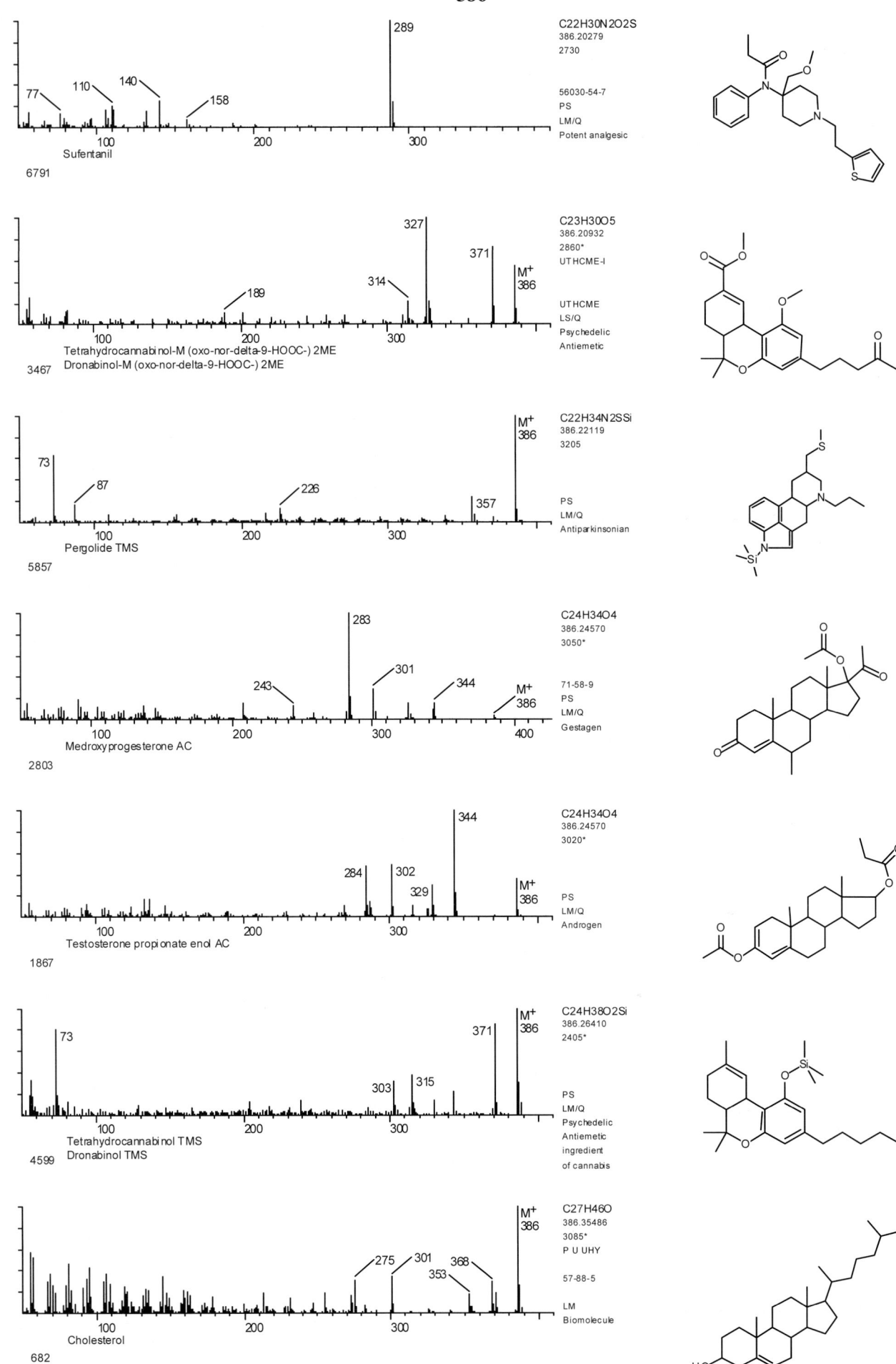

Sufentanil	C22H30N2O2S 386.20279 2730 56030-54-7 PS LM/Q Potent analgesic
Peaks: 77, 110, 140, 158, 289	

Tetrahydrocannabinol-M (oxo-nor-delta-9-HOOC-) 2ME
Dronabinol-M (oxo-nor-delta-9-HOOC-) 2ME

C23H30O5
386.20932
2860*
UTHCME-I
UTHCME
LS/Q
Psychedelic
Antiemetic

Peaks: 189, 314, 327, 371, M+ 386

Pergolide TMS

C22H34N2SSi
386.22119
3205
PS
LM/Q
Antiparkinsonian

Peaks: 73, 87, 226, 357, M+ 386

Medroxyprogesterone AC

C24H34O4
386.24570
3050*
71-58-9
PS
LM/Q
Gestagen

Peaks: 243, 283, 301, 344, M+ 386

Testosterone propionate enol AC

C24H34O4
386.24570
3020*
PS
LM/Q
Androgen

Peaks: 284, 302, 329, 344, M+ 386

Tetrahydrocannabinol TMS
Dronabinol TMS

C24H38O2Si
386.26410
2405*
PS
LM/Q
Psychedelic
Antiemetic
ingredient
of cannabis

Peaks: 73, 303, 315, 371, M+ 386

Cholesterol

C27H46O
386.35486
3085*
P U UHY
57-88-5
LM
Biomolecule

Peaks: 275, 301, 353, 368, M+ 386

387

Bromazepam TMS	C17H18BrN3OSi 387.04025 2450 PS LS/Q Tranquilizer altered during HY
Peaks: 73, 179, 272, 372, M+ 387	

Sertraline-M (nor-) TFA	C18H14Cl2NOF3 387.04044 2300 UHYTFA PS LS/Q Antidepressant
Peaks: 128, 159, 202, 274, M+ 387	

N-Methyl-Brolamfetamine-M (HO-) 2AC N-Methyl-DOB-M (HO-) 2AC	C16H22BrNO5 387.06815 2350 U+ UHYAC U+ UHYAC LS/Q Psychedelic Designer drug
Peaks: 58, 100, 242, 314, M+ 387	

Chlorprothixene-M (bis-nor-HO-) isomer-1 2AC	C20H18ClNO3S 387.06958 3150 U+ UHYAC UGLUCAC LS/Q Neuroleptic
Peaks: 238, 269, 286, 328, M+ 387	

Chlorprothixene-M (bis-nor-HO-) isomer-2 2AC	C20H18ClNO3S 387.06958 3190 U+ UHYAC UGLUCAC LS/Q Neuroleptic
Peaks: 72, 238, 269, 328, M+ 387	

Clonazepam TMS	C18H18ClN3O3Si 387.08060 2795 PS LM/Q Anticonvulsant altered during HY
Peaks: 73, 306, 352, 372, M+ 387	

2C-E-M (O-demethyl-) isomer-1 2TFA 4-Ethyl-2,5-dimethoxyphenethylamine-M (O-demethyl-) isomer-1 2TFA	C15H15NO4F6 387.09052 1740 UGlucSPETF LS/Q Designer drug
Peaks: 177, 205, 259, 274, M+ 387	

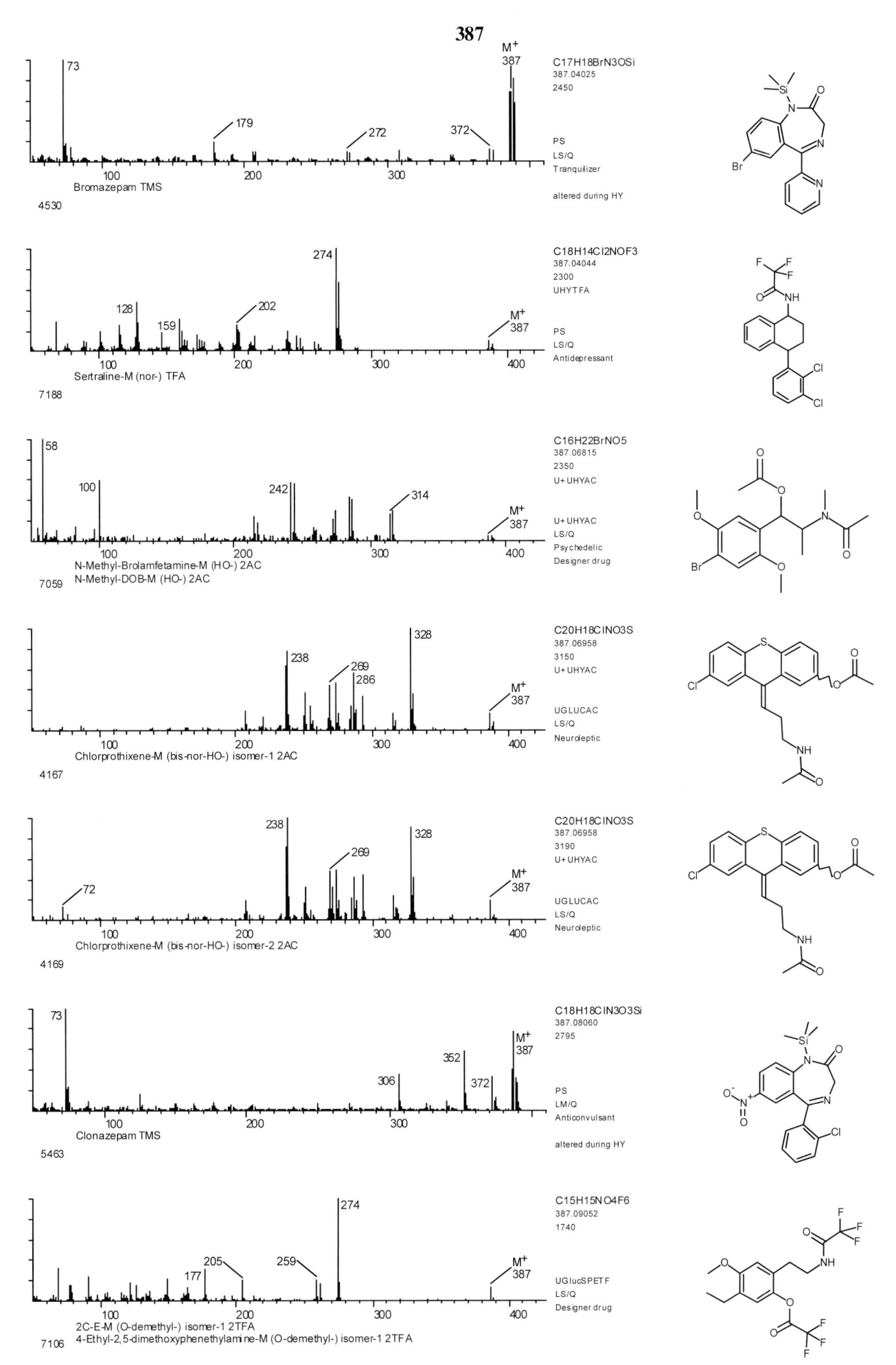

387

	C15H15NO4F6 387.09052 1805 UGlucSPETF LS/Q Designer drug

2C-E-M (O-demethyl-) isomer-2 2TFA
4-Ethyl-2,5-dimethoxyphenethylamine-M (O-demethyl-) isomer-2 2TFA
7107

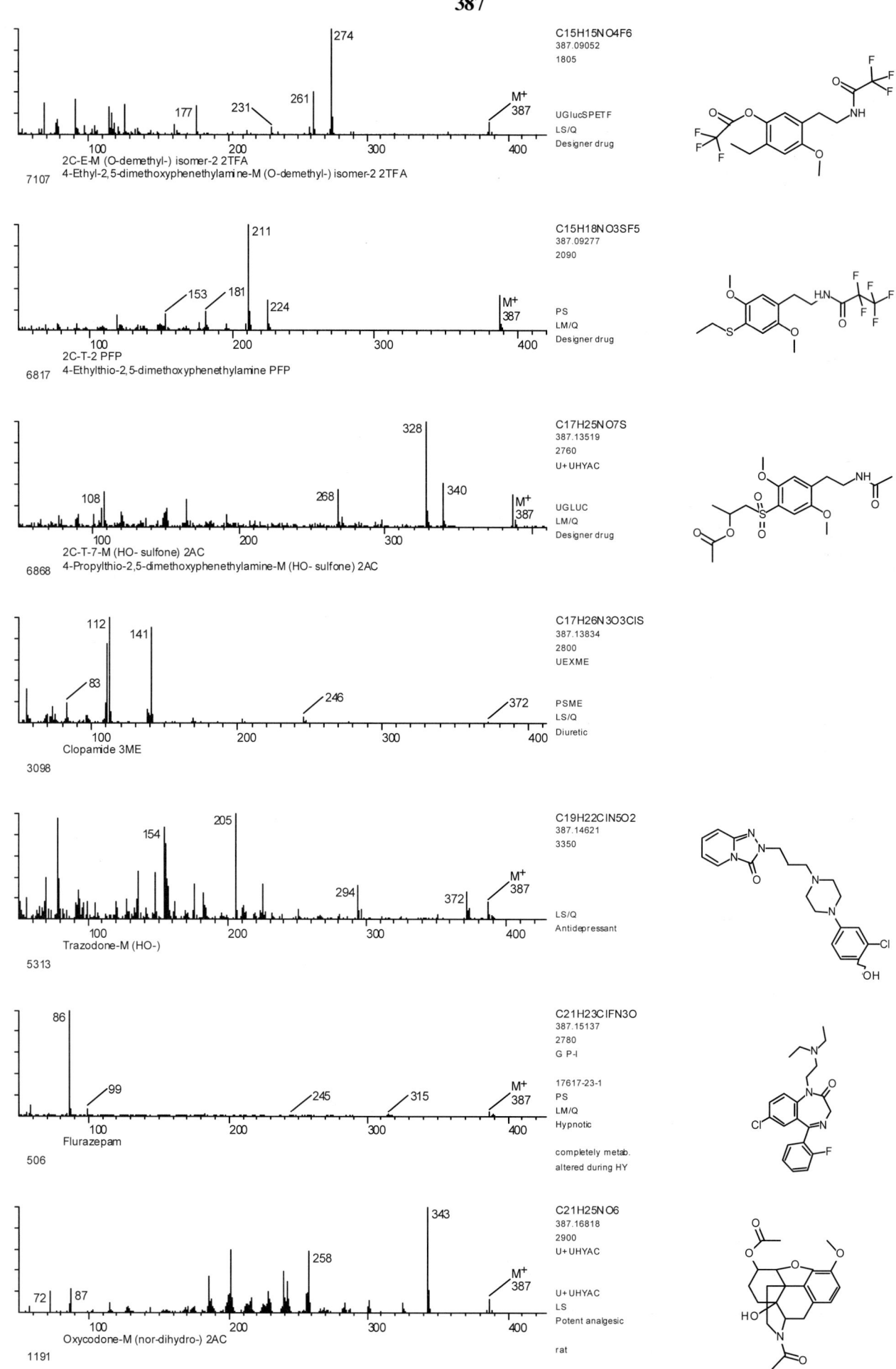

	C15H18NO3SF5 387.09277 2090 PS LM/Q Designer drug

2C-T-2 PFP
4-Ethylthio-2,5-dimethoxyphenethylamine PFP
6817

	C17H25NO7S 387.13519 2760 U+ UHYAC UGLUC LM/Q Designer drug

2C-T-7-M (HO- sulfone) 2AC
4-Propylthio-2,5-dimethoxyphenethylamine-M (HO- sulfone) 2AC
6868

	C17H26N3O3ClS 387.13834 2800 UEXME PSME LS/Q Diuretic

Clopamide 3ME
3098

	C19H22ClN5O2 387.14621 3350 LS/Q Antidepressant

Trazodone-M (HO-)
5313

	C21H23ClFN3O 387.15137 2780 G P-I 17617-23-1 PS LM/Q Hypnotic completely metab. altered during HY

Flurazepam
506

	C21H25NO6 387.16818 2900 U+ UHYAC U+ UHYAC LS Potent analgesic rat

Oxycodone-M (nor-dihydro-) 2AC
1191

387

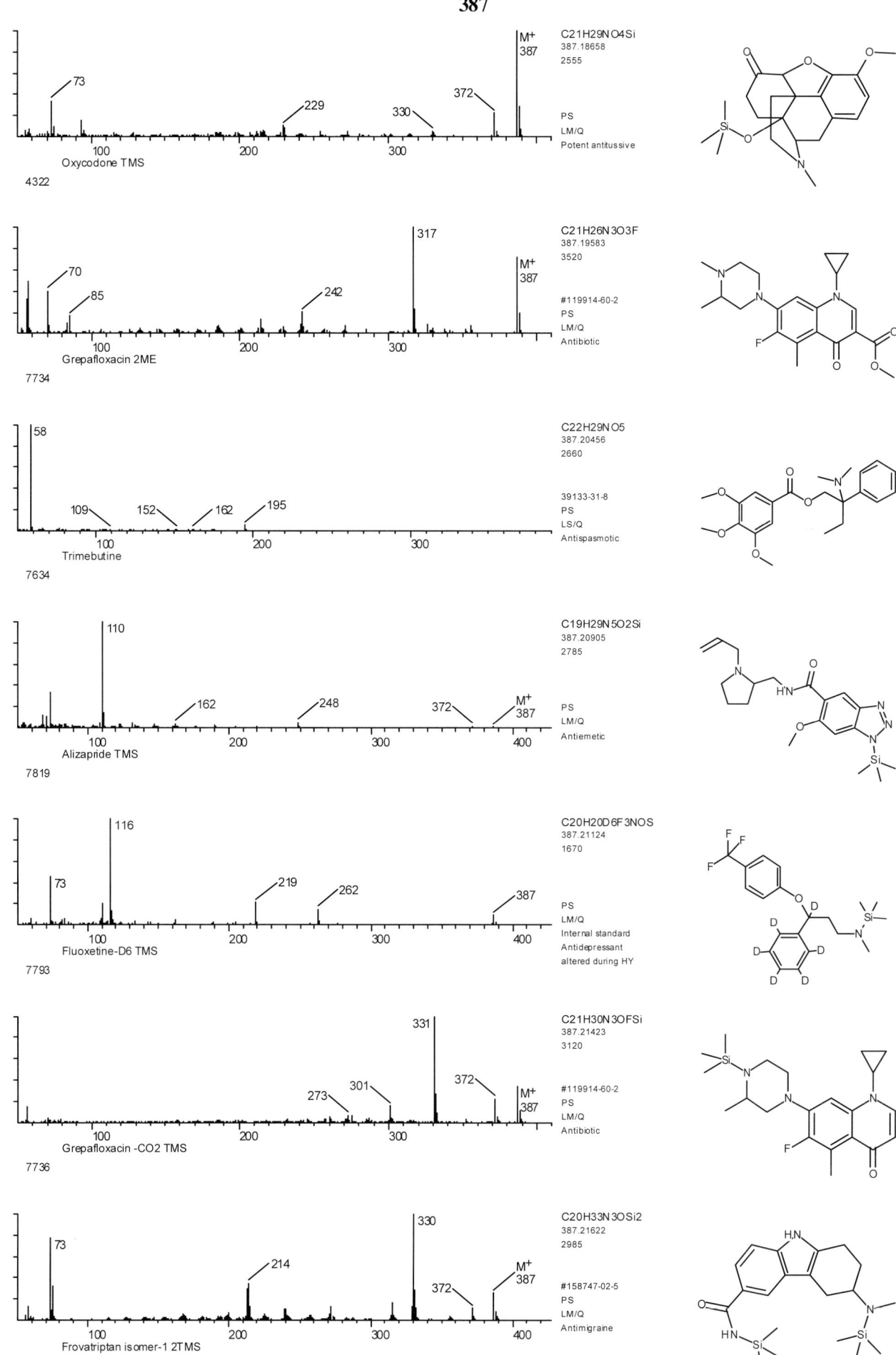

Oxycodone TMS
C21H29NO4Si
387.18658
2555
PS
LM/Q
Potent antitussive
4322

Grepafloxacin 2ME
C21H26N3O3F
387.19583
3520
#119914-60-2
PS
LM/Q
Antibiotic
7734

Trimebutine
C22H29NO5
387.20456
2660
39133-31-8
PS
LS/Q
Antispasmotic
7634

Alizapride TMS
C19H29N5O2Si
387.20905
2785
PS
LM/Q
Antiemetic
7819

Fluoxetine-D6 TMS
C20H20D6F3NOS
387.21124
1670
PS
LM/Q
Internal standard
Antidepressant
altered during HY
7793

Grepafloxacin -CO2 TMS
C21H30N3OFSi
387.21423
3120
#119914-60-2
PS
LM/Q
Antibiotic
7736

Frovatriptan isomer-1 2TMS
C20H33N3OSi2
387.21622
2985
#158747-02-5
PS
LM/Q
Antimigraine
7643

387

Frovatriptan isomer-2 2TMS
7646

C20H33N3OSi2
387.21622
3000
#158747-02-5
PS
LM/Q
Antimigraine

Bornaprine-M (HO-) isomer-1 AC
1251

C23H33NO4
387.24097
2385
U+ UHYAC

U+ UHYAC
LS/Q
Antiparkinsonian

Bornaprine-M (HO-) isomer-2 AC
632

C23H33NO4
387.24097
2465
U+ UHYAC

U+ UHYAC
LS/Q
Antiparkinsonian

Bornaprine-M (HO-) isomer-3 AC
683

C23H33NO4
387.24097
2565
U+ UHYAC

U+ UHYAC
LS/Q
Antiparkinsonian

Ambroxol formyl artifact
Bromhexine-M (nor-HO-) formyl artifact
6315

C14H18Br2N2O
387.97858
2780
P G U UHY

PS
LS/Q
Expectorant

GC artifact in methanol

2C-B-M (O-demethyl-deamino-di-HO-) 3AC
BDMPEA-M (O-demethyl-deamino-di-HO-) 3AC
4-Bromo-2,5-dimethoxyphenylethylamine-M (O-demethyl-deamino-di-HO-) 3AC
7201

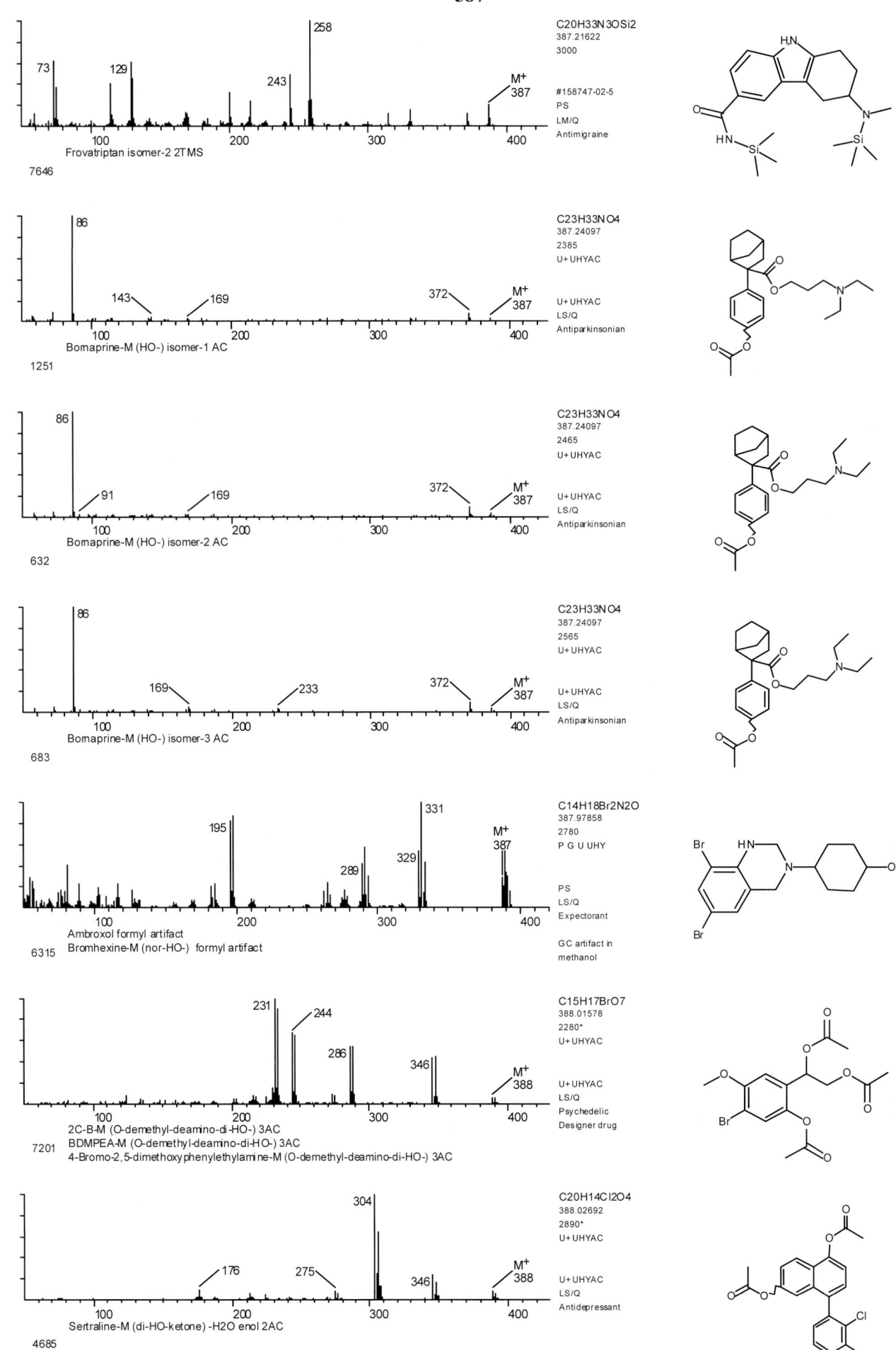

C15H17BrO7
388.01578
2280*
U+ UHYAC

U+ UHYAC
LS/Q
Psychedelic
Designer drug

Sertraline-M (di-HO-ketone) -H2O enol 2AC
4685

C20H14Cl2O4
388.02692
2890*
U+ UHYAC

U+ UHYAC
LS/Q
Antidepressant

388

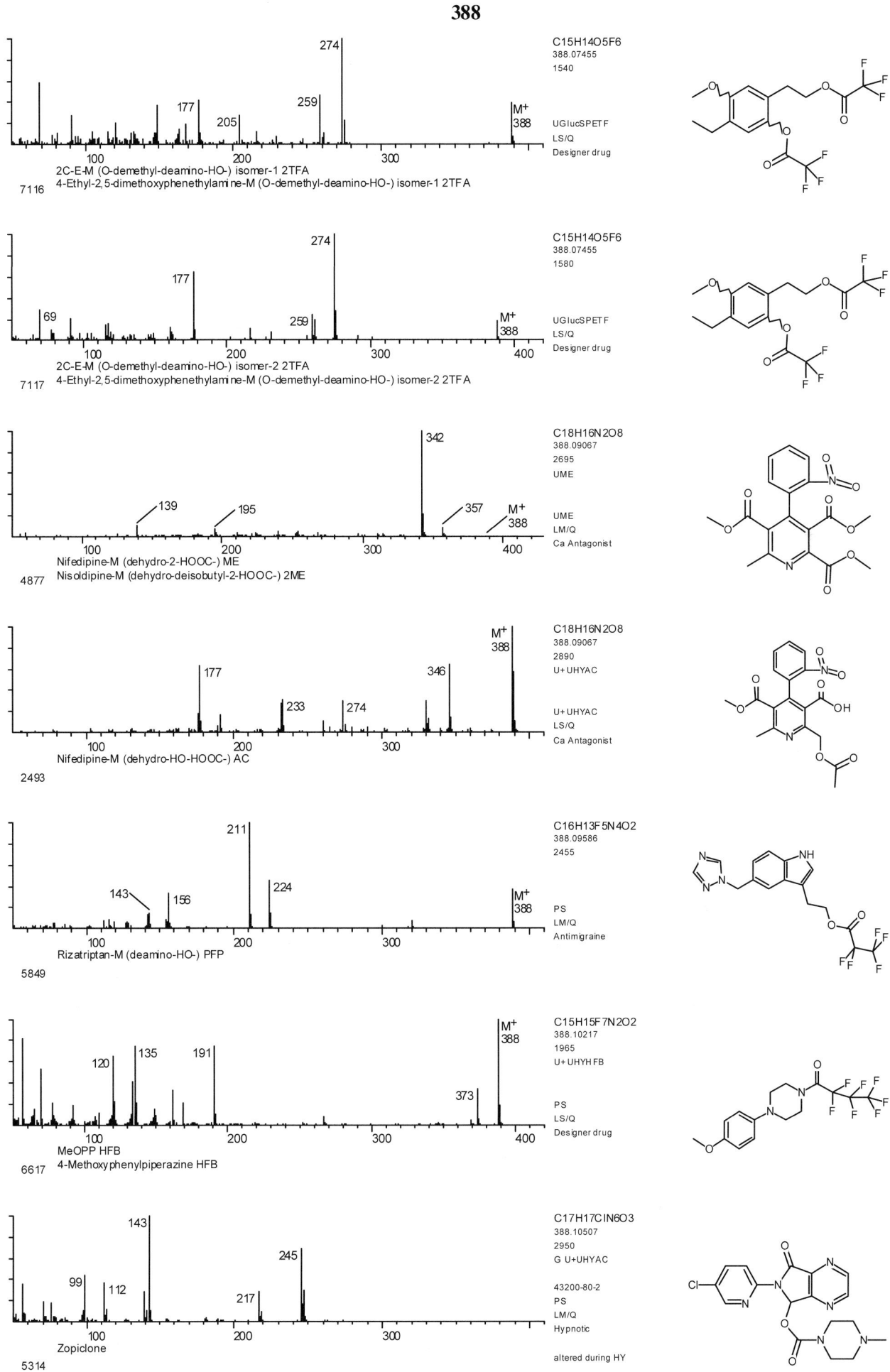

C15H14O5F6
388.07455
1540
UGlucSPET F
LS/Q
Designer drug

2C-E-M (O-demethyl-deamino-HO-) isomer-1 2TFA
4-Ethyl-2,5-dimethoxyphenethylamine-M (O-demethyl-deamino-HO-) isomer-1 2TFA
7116

C15H14O5F6
388.07455
1580
UGlucSPET F
LS/Q
Designer drug

2C-E-M (O-demethyl-deamino-HO-) isomer-2 2TFA
4-Ethyl-2,5-dimethoxyphenethylamine-M (O-demethyl-deamino-HO-) isomer-2 2TFA
7117

C18H16N2O8
388.09067
2695
UME

UME
LM/Q
Ca Antagonist

Nifedipine-M (dehydro-2-HOOC-) ME
Nisoldipine-M (dehydro-deisobutyl-2-HOOC-) 2ME
4877

C18H16N2O8
388.09067
2890
U+UHYAC

U+UHYAC
LS/Q
Ca Antagonist

Nifedipine-M (dehydro-HO-HOOC-) AC
2493

C16H13F5N4O2
388.09586
2455

PS
LM/Q
Antimigraine

Rizatriptan-M (deamino-HO-) PFP
5849

C15H15F7N2O2
388.10217
1965
U+UHYH FB

PS
LS/Q
Designer drug

MeOPP HFB
4-Methoxyphenylpiperazine HFB
6617

C17H17ClN6O3
388.10507
2950
G U+UHYAC

43200-80-2
PS
LM/Q
Hypnotic

altered during HY

Zopiclone
5314

979

388

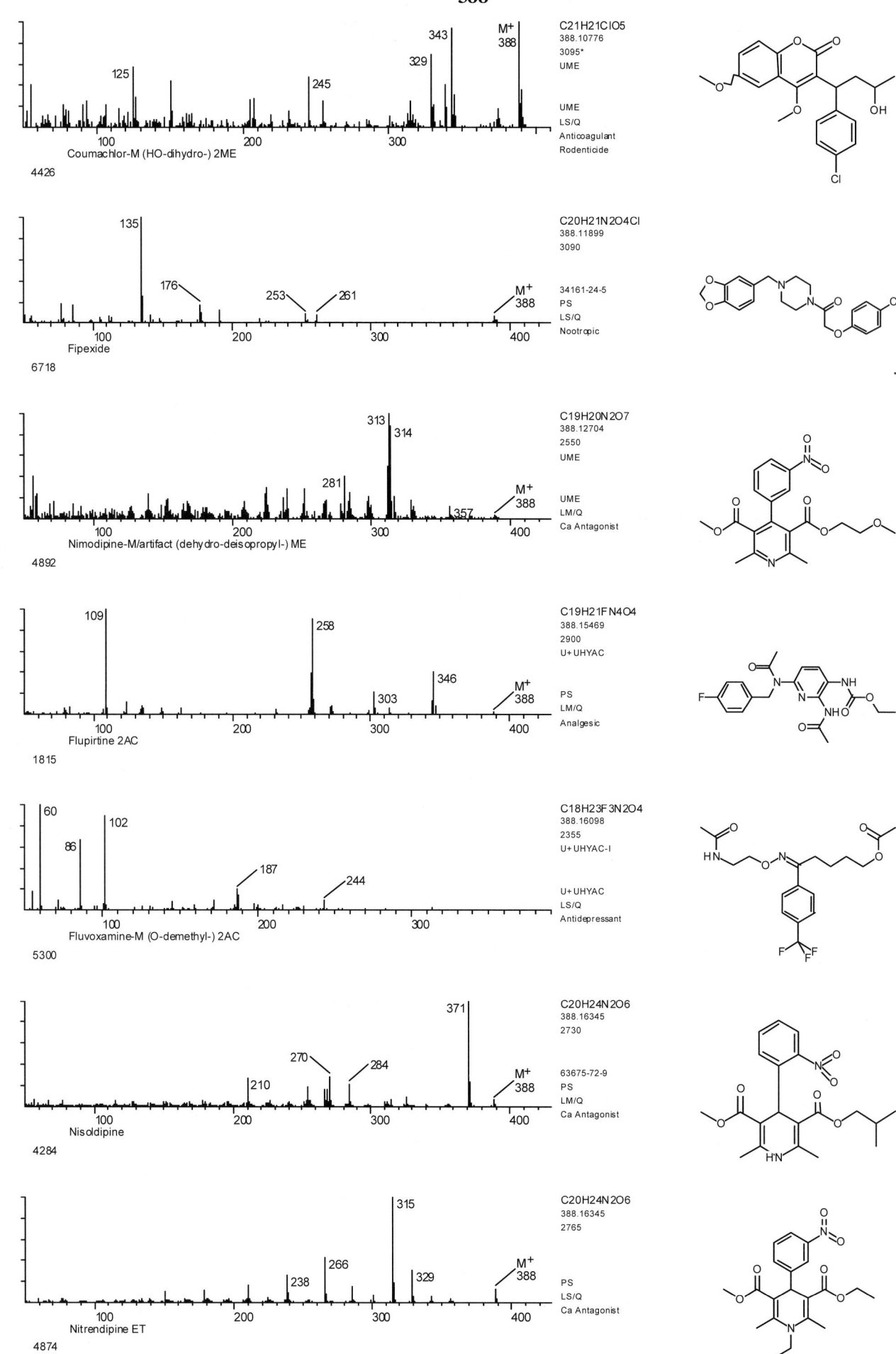

Coumachlor-M (HO-dihydro-) 2ME — C21H21ClO5, 388.10776, 3095*, UME / UME, LS/Q, Anticoagulant Rodenticide
4426

Fipexide — C20H21N2O4Cl, 388.11899, 3090, 34161-24-5, PS, LS/Q, Nootropic
6718

Nimodipine-M/artifact (dehydro-deisopropyl-) ME — C19H20N2O7, 388.12704, 2550, UME / UME, LM/Q, Ca Antagonist
4892

Flupirtine 2AC — C19H21FN4O4, 388.15469, 2900, U+ UHYAC / PS, LM/Q, Analgesic
1815

Fluvoxamine-M (O-demethyl-) 2AC — C18H23F3N2O4, 388.16098, 2355, U+ UHYAC-I / U+ UHYAC, LS/Q, Antidepressant
5300

Nisoldipine — C20H24N2O6, 388.16345, 2730, 63675-72-9, PS, LM/Q, Ca Antagonist
4284

Nitrendipine ET — C20H24N2O6, 388.16345, 2765, PS, LS/Q, Ca Antagonist
4874

980

388

C23H24N4O2 388.18994 3390 p 1251-85-0 LM/Q Analgesic	Phenazone artifact 4713
C16H32N4O3SSi 388.19644 2290 PS LM/Q Beta-Blocker	Timolol TMS 6162
C23H32O5 388.22498 2840* UTHCME-I UTHCME LS/Q Psychedelic Antiemetic	Tetrahydrocannabinol-M (HO-nor-delta-9-HOOC-) 2ME Dronabinol-M (HO-nor-delta-9-HOOC-) 2ME 3466
C25H40O3 388.29776 3630* #83-44-3 PS LS/Q Choleretic	Deoxycholic acid -H2O ME 3126
C11H11NO3F3I 388.97357 2100 UGLUCTFA UGLUCTFA LS/Q Designer drug	2C-I-M (O-demethyl-) isomer-1 TFA 2,5-Dimethoxy-4-iodophenethylamine-M (O-demethyl-) isomer-1 TFA 6976
C11H11NO3F3I 388.97357 2275 UGLUCTFA UGLUCTFA LS/Q Designer drug	2C-I-M (O-demethyl-) isomer-2 TFA 2,5-Dimethoxy-4-iodophenethylamine-M (O-demethyl-) isomer-2 TFA 6977
C17H12ClF4NO3 389.04419 2250 U+ UHYAC U+ UHYAC LS/Q Tranquilizer rat	Quazepam-M (HO-) HYAC 2133

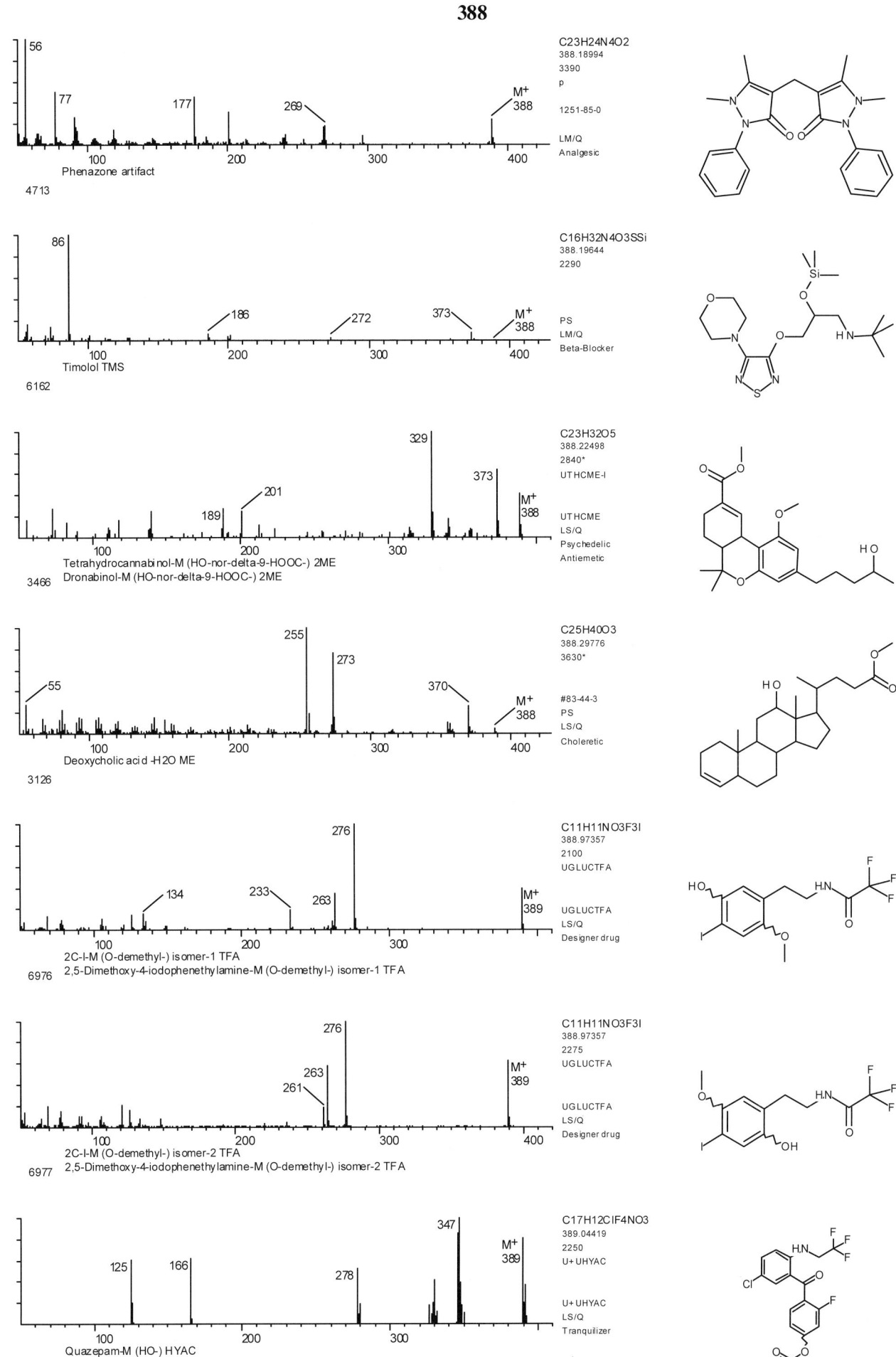

389

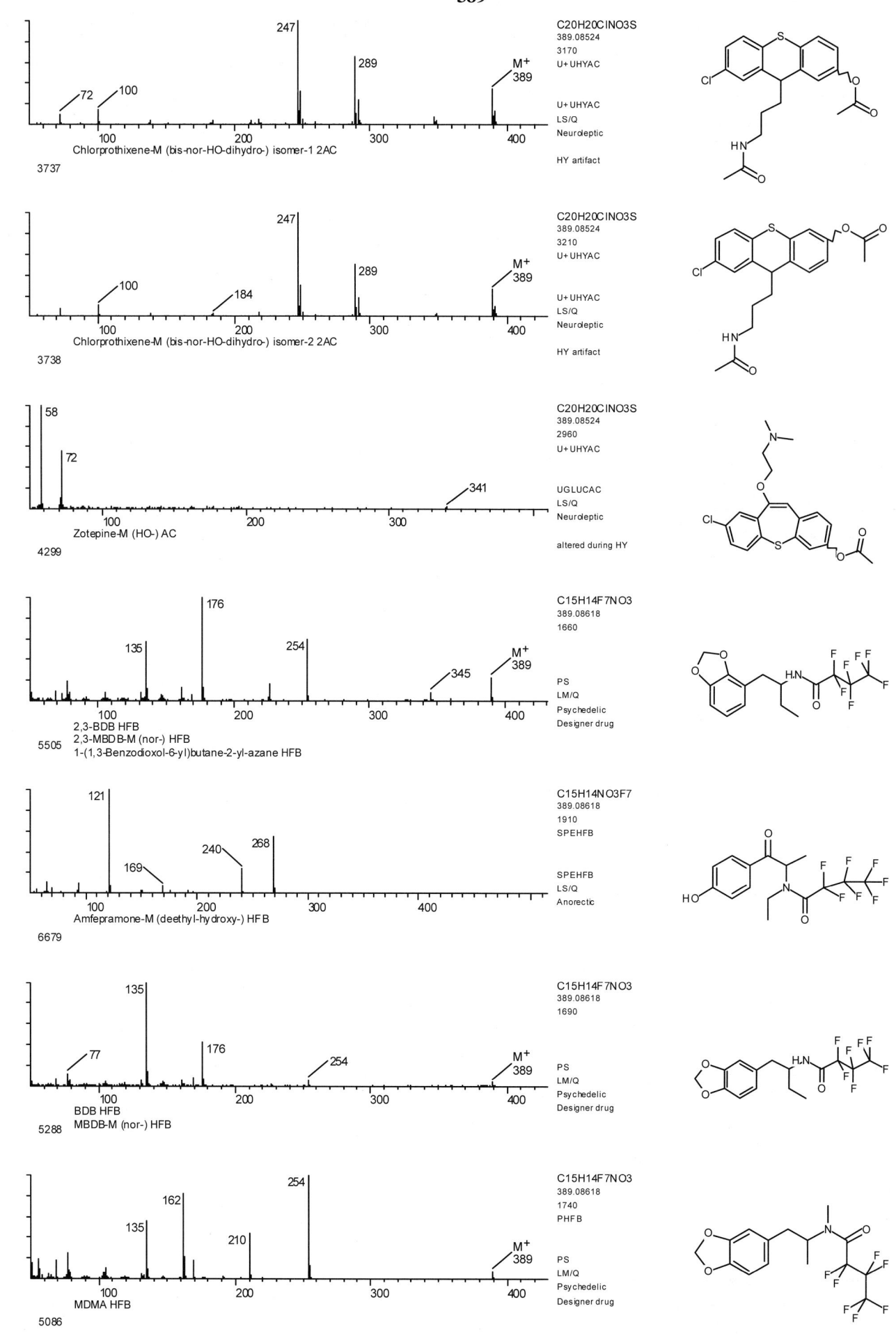

Chlorprothixene-M (bis-nor-HO-dihydro-) isomer-1 2AC 3737	C20H20ClNO3S 389.08524 3170 U+ UHYAC U+ UHYAC LS/Q Neuroleptic HY artifact
Chlorprothixene-M (bis-nor-HO-dihydro-) isomer-2 2AC 3738	C20H20ClNO3S 389.08524 3210 U+ UHYAC U+ UHYAC LS/Q Neuroleptic HY artifact
Zotepine-M (HO-) AC 4299	C20H20ClNO3S 389.08524 2960 U+ UHYAC UGLUCAC LS/Q Neuroleptic altered during HY
2,3-BDB HFB 2,3-MBDB-M (nor-) HFB 1-(1,3-Benzodioxol-6-yl)butane-2-yl-azane HFB 5505	C15H14F7NO3 389.08618 1660 PS LM/Q Psychedelic Designer drug
Amfepramone-M (deethyl-hydroxy-) HFB 6679	C15H14NO3F7 389.08618 1910 SPEHFB SPEHFB LS/Q Anorectic
BDB HFB MBDB-M (nor-) HFB 5288	C15H14F7NO3 389.08618 1690 PS LM/Q Psychedelic Designer drug
MDMA HFB 5086	C15H14F7NO3 389.08618 1740 PHFB PS LM/Q Psychedelic Designer drug

389

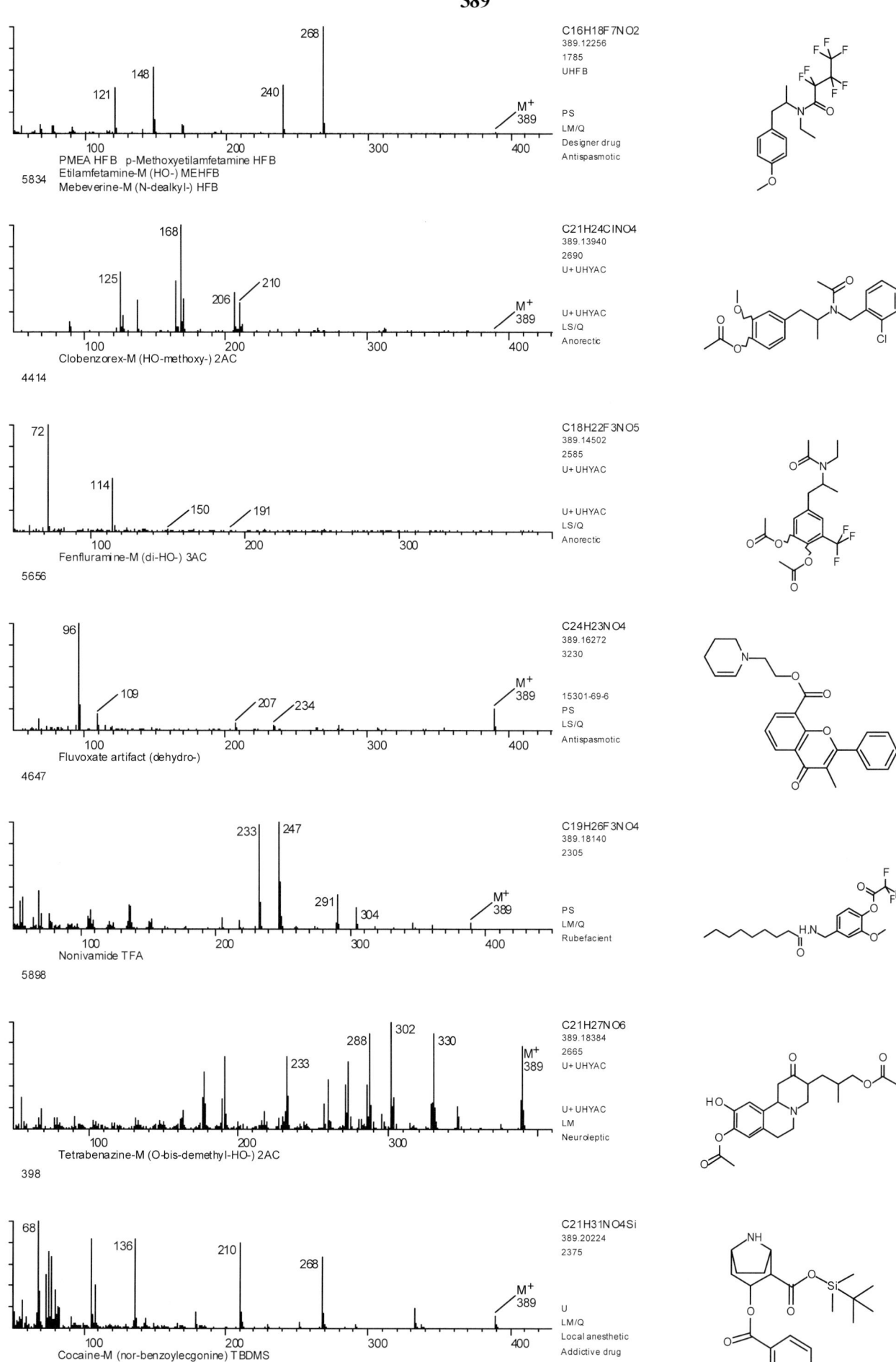

PMEA HFB p-Methoxyetilamfetamine HFB Etilamfetamine-M (HO-) MEHFB Mebeverine-M (N-dealkyl-) HFB 5834	C16H18F7NO2 389.12256 1785 UHFB PS LM/Q Designer drug Antispasmotic
Clobenzorex-M (HO-methoxy-) 2AC 4414	C21H24ClNO4 389.13940 2690 U+ UHYAC U+ UHYAC LS/Q Anorectic
Fenfluramine-M (di-HO-) 3AC 5656	C18H22F3NO5 389.14502 2585 U+ UHYAC U+ UHYAC LS/Q Anorectic
Fluvoxate artifact (dehydro-) 4647	C24H23NO4 389.16272 3230 15301-69-6 PS LS/Q Antispasmotic
Nonivamide TFA 5898	C19H26F3NO4 389.18140 2305 PS LM/Q Rubefacient
Tetrabenazine-M (O-bis-demethyl-HO-) 2AC 398	C21H27NO6 389.18384 2665 U+ UHYAC U+ UHYAC LM Neuroleptic
Cocaine-M (nor-benzoylecgonine) TBDMS 6254	C21H31NO4Si 389.20224 2375 U LM/Q Local anesthetic Addictive drug

389

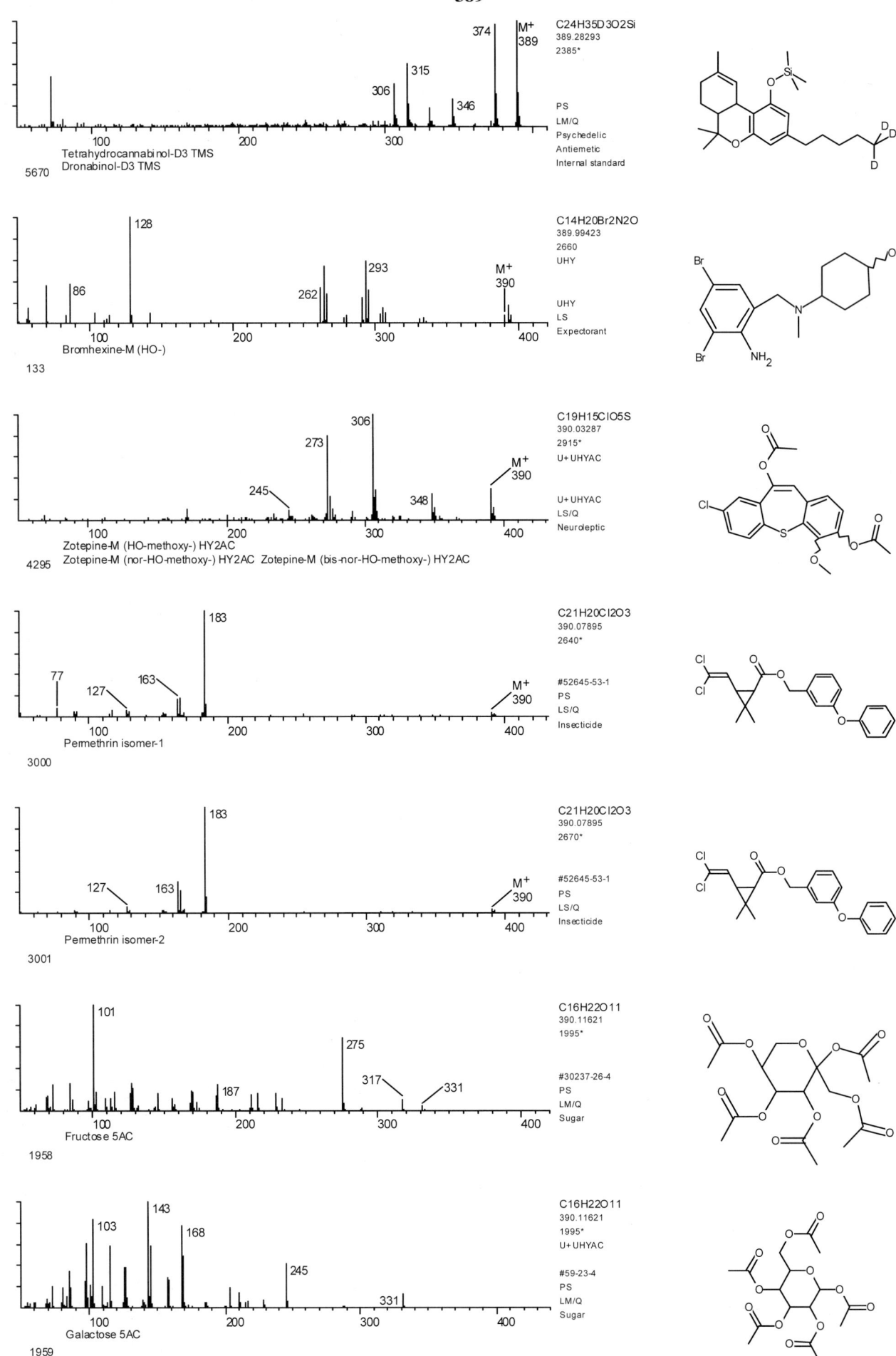

5670 Tetrahydrocannabinol-D3 TMS / Dronabinol-D3 TMS
C24H35D3O2Si
389.28293
2385*

PS
LM/Q
Psychedelic
Antiemetic
Internal standard

Peaks: 306, 315, 346, 374, M+ 389

133 Bromhexine-M (HO-)
C14H20Br2N2O
389.99423
2660
UHY

UHY
LS
Expectorant

Peaks: 86, 128, 262, 293, M+ 390

4295 Zotepine-M (HO-methoxy-) HY2AC / Zotepine-M (nor-HO-methoxy-) HY2AC / Zotepine-M (bis-nor-HO-methoxy-) HY2AC
C19H15ClO5S
390.03287
2915*
U+ UHYAC

U+ UHYAC
LS/Q
Neuroleptic

Peaks: 245, 273, 306, 348, M+ 390

3000 Permethrin isomer-1
C21H20Cl2O3
390.07895
2640*

#52645-53-1
PS
LS/Q
Insecticide

Peaks: 77, 127, 163, 183, M+ 390

3001 Permethrin isomer-2
C21H20Cl2O3
390.07895
2670*

#52645-53-1
PS
LS/Q
Insecticide

Peaks: 127, 163, 183, M+ 390

1958 Fructose 5AC
C16H22O11
390.11621
1995*

#30237-26-4
PS
LM/Q
Sugar

Peaks: 101, 187, 275, 317, 331

1959 Galactose 5AC
C16H22O11
390.11621
1995*
U+ UHYAC

#59-23-4
PS
LM/Q
Sugar

Peaks: 103, 143, 168, 245, 331

390

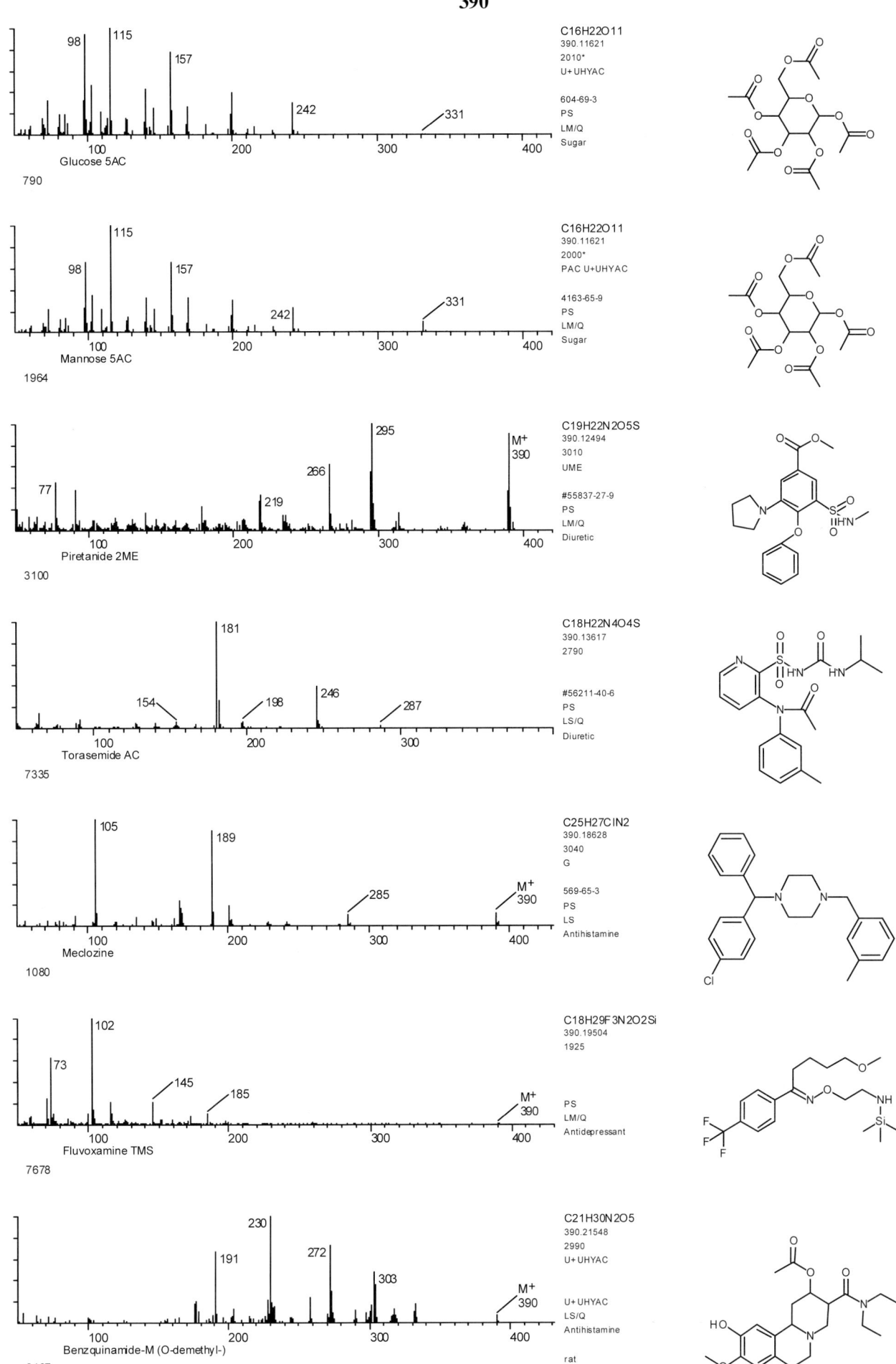

Spectrum	Formula / Data
Glucose 5AC (98, 115, 157, 242, 331) — 790	C16H22O11 / 390.11621 / 2010* / U+UHYAC / 604-69-3 / PS / LM/Q / Sugar
Mannose 5AC (98, 115, 157, 242, 331) — 1964	C16H22O11 / 390.11621 / 2000* / PAC U+UHYAC / 4163-65-9 / PS / LM/Q / Sugar
Piretanide 2ME (77, 219, 266, 295, M+ 390) — 3100	C19H22N2O5S / 390.12494 / 3010 / UME / #55837-27-9 / PS / LM/Q / Diuretic
Torasemide AC (154, 181, 198, 246, 287) — 7335	C18H22N4O4S / 390.13617 / 2790 / #56211-40-6 / PS / LS/Q / Diuretic
Meclozine (105, 189, 285, M+ 390) — 1080	C25H27ClN2 / 390.18628 / 3040 / G / 569-65-3 / PS / LS / Antihistamine
Fluvoxamine TMS (73, 102, 145, 185, M+ 390) — 7678	C18H29F3N2O2Si / 390.19504 / 1925 / PS / LM/Q / Antidepressant
Benzquinamide-M (O-demethyl-) (191, 230, 272, 303, M+ 390) — 2137	C21H30N2O5 / 390.21548 / 2990 / U+UHYAC / U+UHYAC / LS/Q / Antihistamine / rat

390

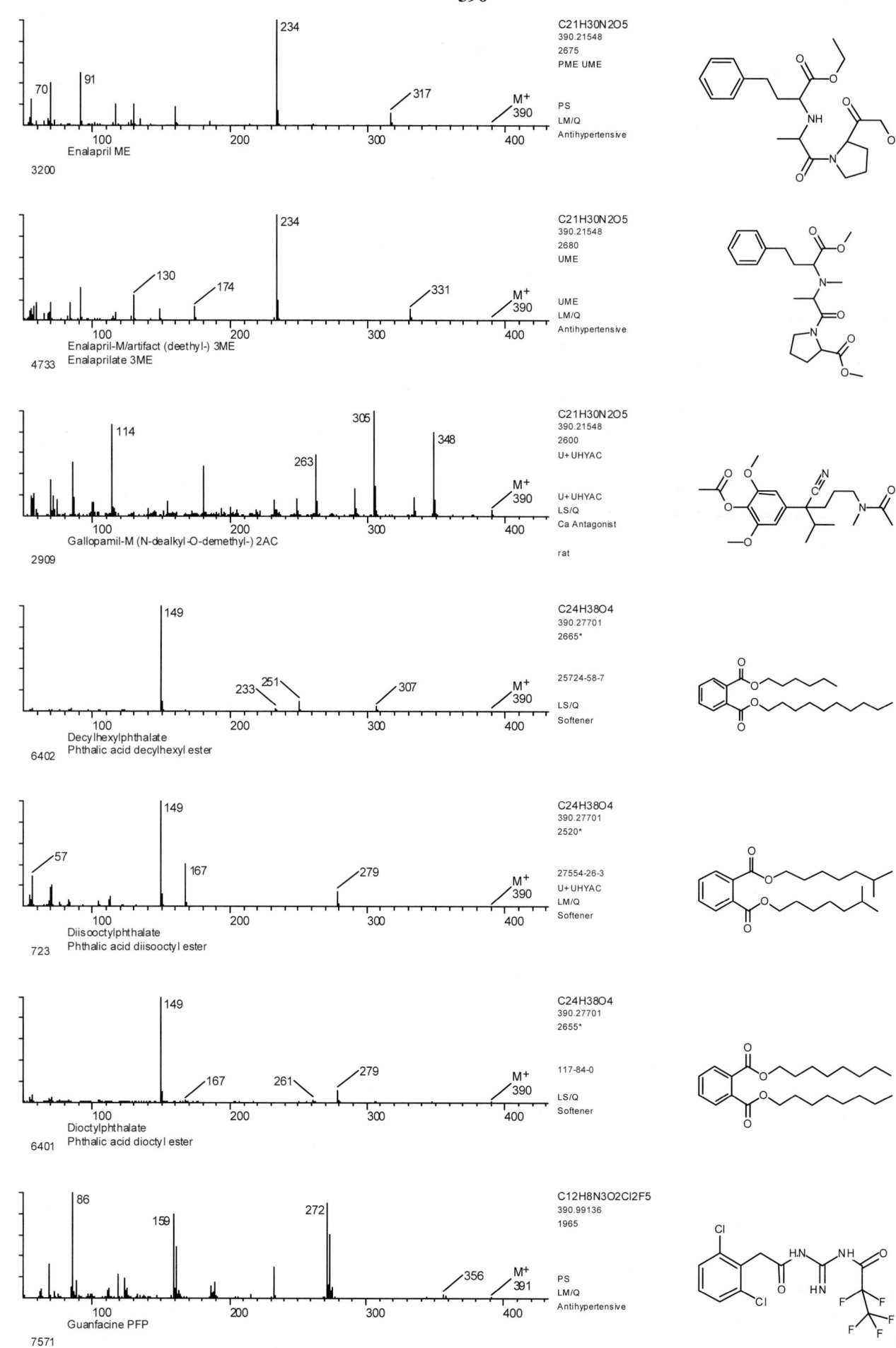

Enalapril ME
C21H30N2O5
390.21548
2675
PME UME
PS
LM/Q
Antihypertensive

Peaks: 70, 91, 234, 317, M+ 390

Enalapril-M/artifact (deethyl-) 3ME
Enalaprilate 3ME
C21H30N2O5
390.21548
2680
UME
UME
LM/Q
Antihypertensive

Peaks: 130, 174, 234, 331, M+ 390

Gallopamil-M (N-dealkyl-O-demethyl-) 2AC
C21H30N2O5
390.21548
2600
U+ UHYAC
U+ UHYAC
LS/Q
Ca Antagonist
rat

Peaks: 114, 263, 305, 348, M+ 390

Decylhexylphthalate
Phthalic acid decylhexyl ester
C24H38O4
390.27701
2665*
25724-58-7
LS/Q
Softener

Peaks: 149, 233, 251, 307, M+ 390

Diisooctylphthalate
Phthalic acid diisooctyl ester
C24H38O4
390.27701
2520*
27554-26-3
U+ UHYAC
LM/Q
Softener

Peaks: 57, 149, 167, 279, M+ 390

Dioctylphthalate
Phthalic acid dioctyl ester
C24H38O4
390.27701
2655*
117-84-0
LS/Q
Softener

Peaks: 149, 167, 261, 279, M+ 390

Guanfacine PFP
C12H8N3O2Cl2F5
390.99136
1965
PS
LM/Q
Antihypertensive

Peaks: 86, 159, 272, 356, M+ 391

391

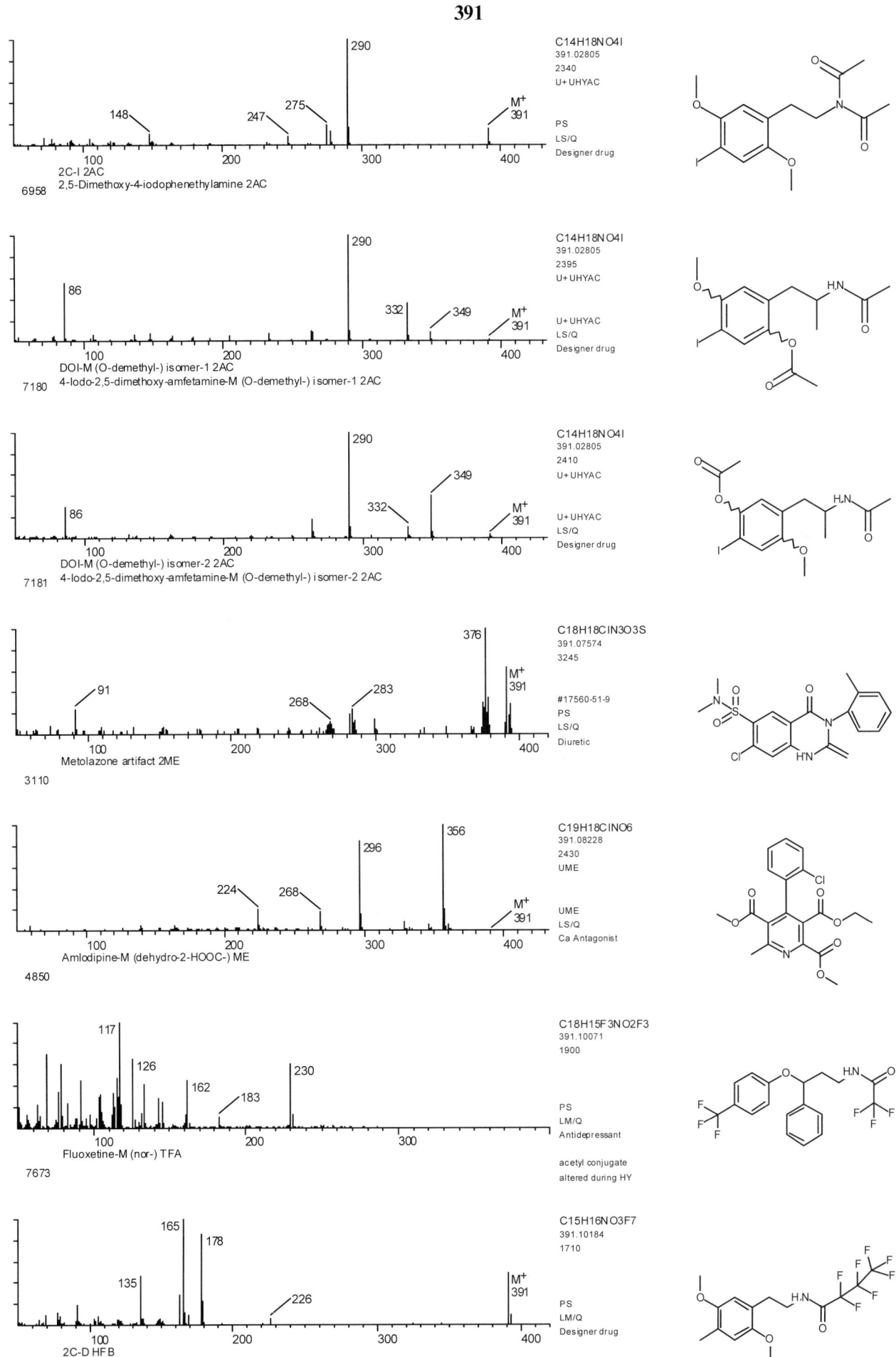

6958 — 2C-I 2AC
2,5-Dimethoxy-4-iodophenethylamine 2AC
C14H18NO4I
391.02805
2340
U+ UHYAC
PS
LS/Q
Designer drug
Peaks: 148, 247, 275, 290, M+ 391

7180 — DOI-M (O-demethyl-) isomer-1 2AC
4-Iodo-2,5-dimethoxy-amfetamine-M (O-demethyl-) isomer-1 2AC
C14H18NO4I
391.02805
2395
U+ UHYAC
U+ UHYAC
LS/Q
Designer drug
Peaks: 86, 290, 332, 349, M+ 391

7181 — DOI-M (O-demethyl-) isomer-2 2AC
4-Iodo-2,5-dimethoxy-amfetamine-M (O-demethyl-) isomer-2 2AC
C14H18NO4I
391.02805
2410
U+ UHYAC
U+ UHYAC
LS/Q
Designer drug
Peaks: 86, 290, 332, 349, M+ 391

3110 — Metolazone artifact 2ME
C18H18ClN3O3S
391.07574
3245
#17560-51-9
PS
LS/Q
Diuretic
Peaks: 91, 268, 283, 376, M+ 391

4850 — Amlodipine-M (dehydro-2-HOOC-) ME
C19H18ClNO6
391.08228
2430
UME
UME
LS/Q
Ca Antagonist
Peaks: 224, 268, 296, 356, M+ 391

7673 — Fluoxetine-M (nor-) TFA
C18H15F3NO2F3
391.10071
1900
PS
LM/Q
Antidepressant
acetyl conjugate altered during HY
Peaks: 117, 126, 162, 183, 230

6937 — 2C-D HFB
4-Methyl-2,5-dimethoxyphenethylamine HFB
C15H16NO3F7
391.10184
1710
PS
LM/Q
Designer drug
Peaks: 135, 165, 178, 226, M+ 391

391

C16H17N3O4F4
391.11551
2575

PS
LS/Q
Antibiotic

Linezolide artifact (deacetyl-) TFA
7327

C16H20N3O3SF3
391.11774
2575

PS
LM/Q
Antimigraine

Sumatriptan TFA
7698

C14H26N3O3FSSi
391.12177
2455

#143491-57-0
PS
LM/Q
Virustatic

Emtricitabine 2TMS
7484

C19H25N3O2S2
391.13882
3060
G U UHY U+UHYAC

7456-24-8
PS
LM/Q
Antihistamine

rat

Dimetotiazine
1937

C23H21NO5
391.14197
2870
U+ UHYAC

U+ UHYAC
LS/Q
Laxative

Bisacodyl-M (methoxy-bis-deacetyl-) 2AC
Picosulfate-M (methoxy-bis-phenol) 2AC
1750

C19H22NO2F5
391.15707
2205

PS
LS/Q
Antidepressant

Venlafaxine-M (nor-) -H2O PFP
7694

C20H25NO7
391.16309
2695
UGLUCAC

UGLUCAC
LS/Q
Local anesthetic
Addictive drug

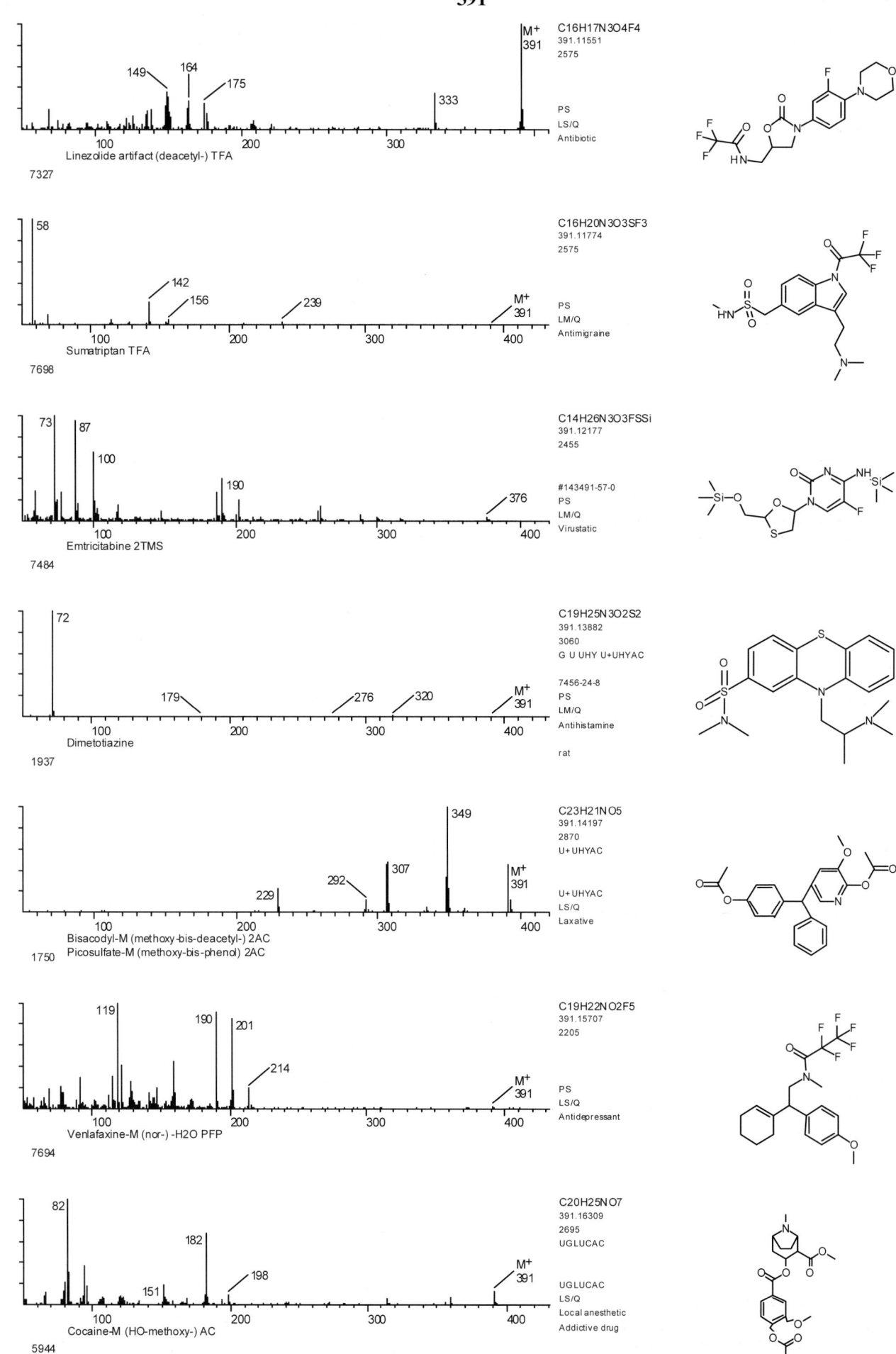

Cocaine-M (HO-methoxy-) AC
5944

391

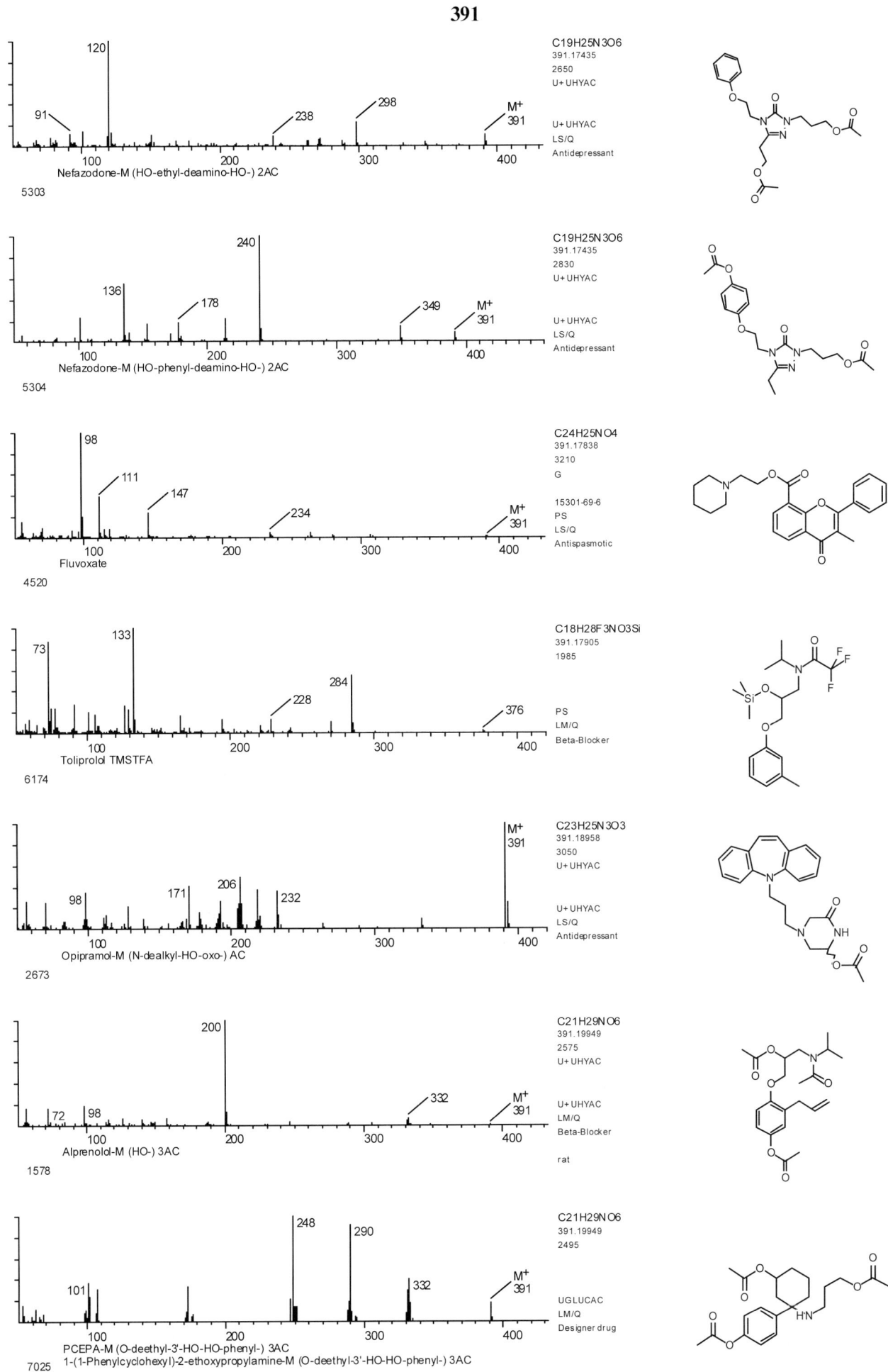

Nefazodone-M (HO-ethyl-deamino-HO-) 2AC
5303
C19H25N3O6
391.17435
2650
U+ UHYAC

U+ UHYAC
LS/Q
Antidepressant

Nefazodone-M (HO-phenyl-deamino-HO-) 2AC
5304
C19H25N3O6
391.17435
2830
U+ UHYAC

U+ UHYAC
LS/Q
Antidepressant

Fluvoxate
4520
C24H25NO4
391.17838
3210
G

15301-69-6
PS
LS/Q
Antispasmotic

Toliprolol TMSTFA
6174
C18H28F3NO3Si
391.17905
1985

PS
LM/Q
Beta-Blocker

Opipramol-M (N-dealkyl-HO-oxo-) AC
2673
C23H25N3O3
391.18958
3050
U+ UHYAC

U+ UHYAC
LS/Q
Antidepressant

Alprenolol-M (HO-) 3AC
1578
C21H29NO6
391.19949
2575
U+ UHYAC

U+ UHYAC
LM/Q
Beta-Blocker
rat

PCEPA-M (O-deethyl-3'-HO-HO-phenyl-) 3AC
1-(1-Phenylcyclohexyl)-2-ethoxypropylamine-M (O-deethyl-3'-HO-HO-phenyl-) 3AC
7025
C21H29NO6
391.19949
2495

UGLUCAC
LM/Q
Designer drug

391

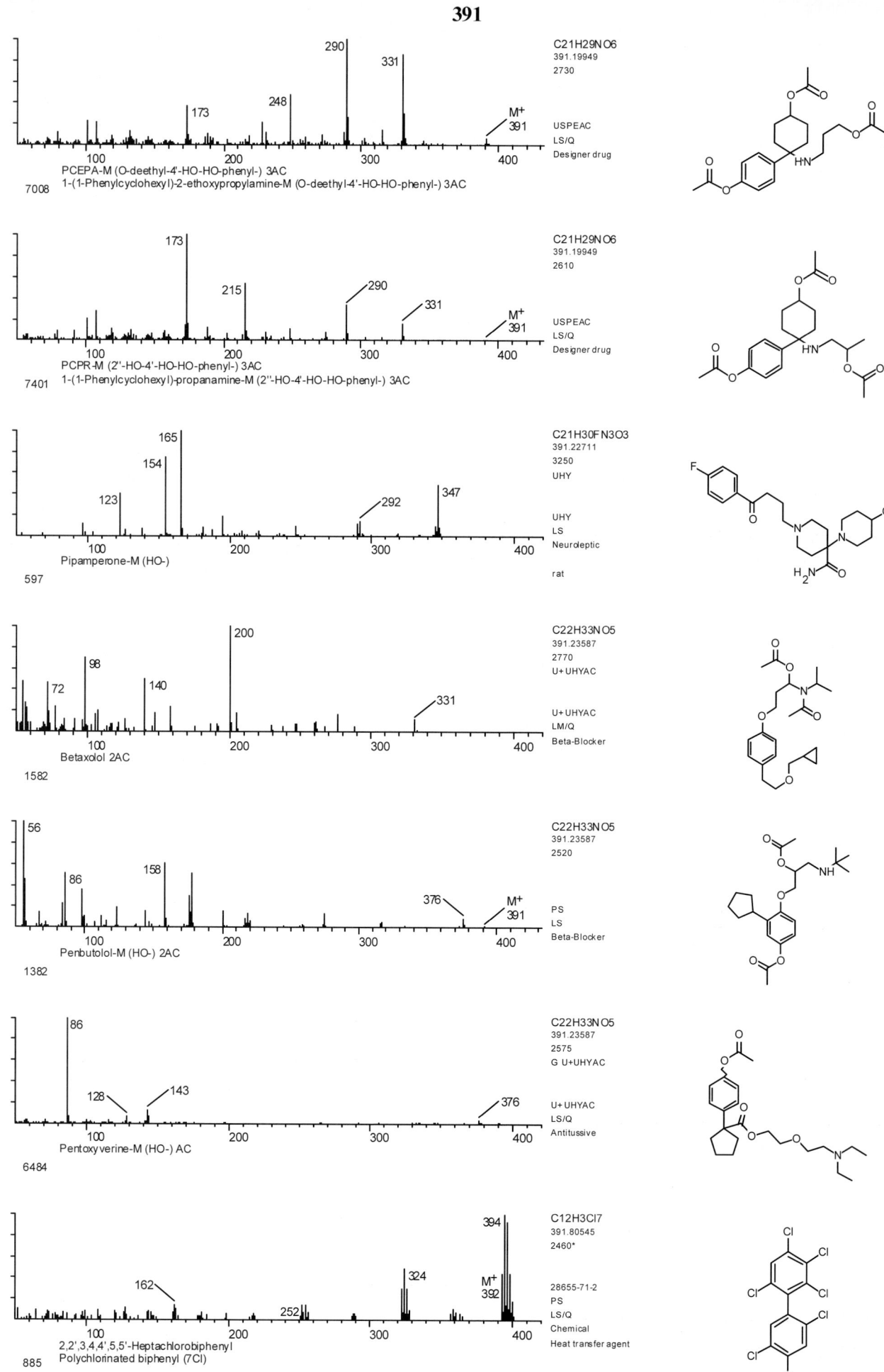

PCEPA-M (O-deethyl-4'-HO-HO-phenyl-) 3AC
7008 1-(1-Phenylcyclohexyl)-2-ethoxypropylamine-M (O-deethyl-4'-HO-HO-phenyl-) 3AC

C21H29NO6
391.19949
2730

USPEAC
LS/Q
Designer drug

PCPR-M (2'-HO-4'-HO-HO-phenyl-) 3AC
7401 1-(1-Phenylcyclohexyl)-propanamine-M (2''-HO-4'-HO-HO-phenyl-) 3AC

C21H29NO6
391.19949
2610

USPEAC
LS/Q
Designer drug

Pipamperone-M (HO-)
597

C21H30FN3O3
391.22711
3250
UHY

UHY
LS
Neuroleptic
rat

Betaxolol 2AC
1582

C22H33NO5
391.23587
2770
U+UHYAC

U+UHYAC
LM/Q
Beta-Blocker

Penbutolol-M (HO-) 2AC
1382

C22H33NO5
391.23587
2520

PS
LS
Beta-Blocker

Pentoxyverine-M (HO-) AC
6484

C22H33NO5
391.23587
2575
G U+UHYAC

U+UHYAC
LS/Q
Antitussive

2,2',3,4,4',5,5'-Heptachlorobiphenyl
885 Polychlorinated biphenyl (7Cl)

C12H3Cl7
391.80545
2460*

28655-71-2
PS
LS/Q
Chemical
Heat transfer agent

990

392

Bromophos-ethyl — 3508
Peaks: 97, 240, 301, M+ 357, 359
C10H12BrCl2O3P
391.88052
2060*
4824-78-6
PS
LM/Q
Insecticide

Brotizolam — 1408
Peaks: 245, 316, 363, M+ 392, 394
C15H10BrClN4S
391.94980
3090
G U+UHYAC-I
57801-81-7
PS
LM
Tranquilizer

2C-I-M (O-demethyl-deamino-HO-oxo-) 2AC
2,5-Dimethoxy-4-iodophenethylamine 2C-I-M (O-demethyl-deamino-HO-oxo-) 2AC — 7129
Peaks: 262, 290, 308, 350, M+ 392
C13H13O6I
391.97568
2200*
UGLUCAC
UGLUCAC
LS/Q
Designer drug

Metaclazepam — 2144
Peaks: 163, 319, 347, 349, M+ 392
C18H18BrClN2O
392.02911
2640
U+UHYAC
84031-17-4
PS
LM/Q
Tranquilizer

Homovanillic acid MEHFB
Levodopa-M (homovanillic acid) MEHFB
Phenylethanol-M (homovanillic acid) MEHFB — 5974
Peaks: 69, 107, 169, 333, M+ 392
C14H11F7O5
392.04947
1570*
PS
LM/Q
Biomolecule
Antiparkinsonian

Nefazodone-M (N-dealkyl-) HFB
Trazodone-M (N-dealkyl-) HFB
m-Chlorophenylpiperazine HFB
mCPP HFB — 6604
Peaks: 111, 139, 166, 195, M+ 392
C14H12F7ClN2O
392.05264
1960
U+UHYHFB
U+UHYHFB
LS/Q
Antidepressant

Glipizide artifact-2 TMS — 4926
Peaks: 121, 150, 240, 377, M+ 392
C17H24N4O3SSi
392.13385
3195
UTMS
PS
LM/Q
Antidiabetic

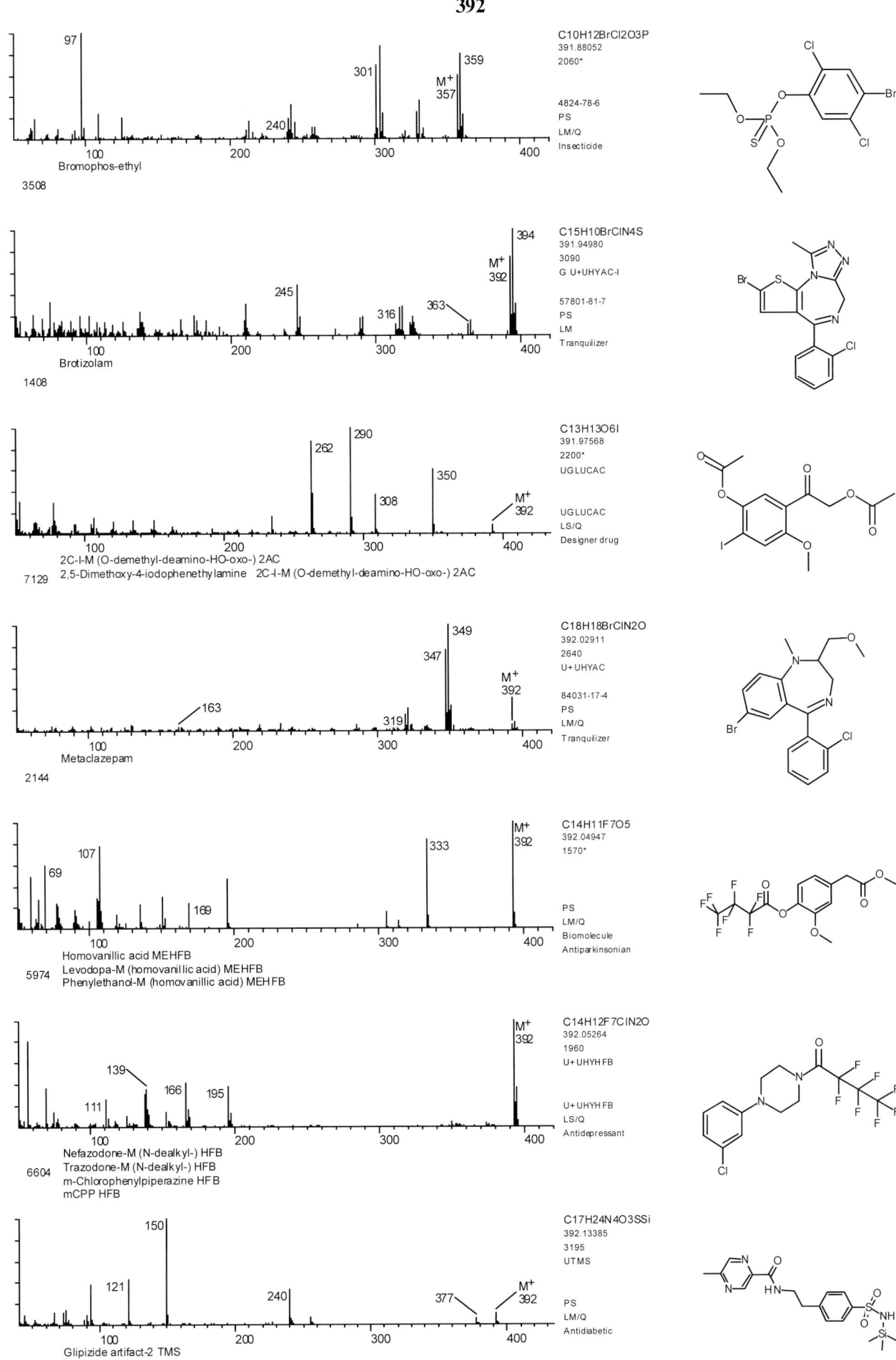

392

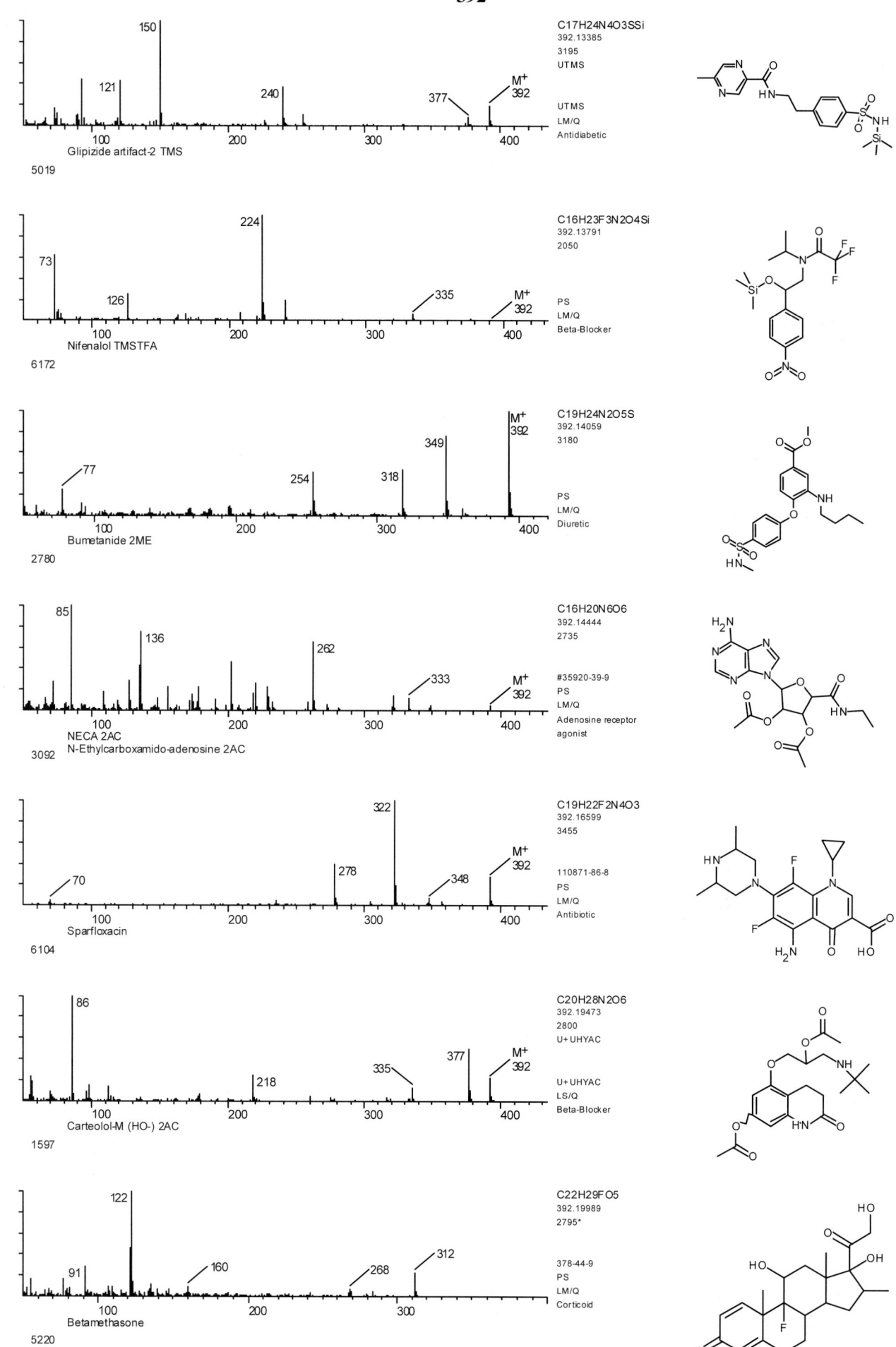

Glipizide artifact-2 TMS — 5019
Peaks: 150, 121, 240, 377, M+ 392
C17H24N4O3SSi
392.13385
3195
UTMS
UTMS
LM/Q
Antidiabetic

Nifenalol TMSTFA — 6172
Peaks: 73, 224, 126, 335, M+ 392
C16H23F3N2O4Si
392.13791
2050
PS
LM/Q
Beta-Blocker

Bumetanide 2ME — 2780
Peaks: 77, 254, 318, 349, M+ 392
C19H24N2O5S
392.14059
3180
PS
LM/Q
Diuretic

NECA 2AC / N-Ethylcarboxamido-adenosine 2AC — 3092
Peaks: 85, 136, 262, 333, M+ 392
C16H20N6O6
392.14444
2735
#35920-39-9
PS
LM/Q
Adenosine receptor agonist

Sparfloxacin — 6104
Peaks: 70, 278, 322, 348, M+ 392
C19H22F2N4O3
392.16599
3455
110871-86-8
PS
LM/Q
Antibiotic

Carteolol-M (HO-) 2AC — 1597
Peaks: 86, 218, 335, 377, M+ 392
C20H28N2O6
392.19473
2800
U+ UHYAC
U+ UHYAC
LS/Q
Beta-Blocker

Betamethasone — 5220
Peaks: 122, 91, 160, 268, 312
C22H29FO5
392.19989
2795*
378-44-9
PS
LM/Q
Corticoid

392

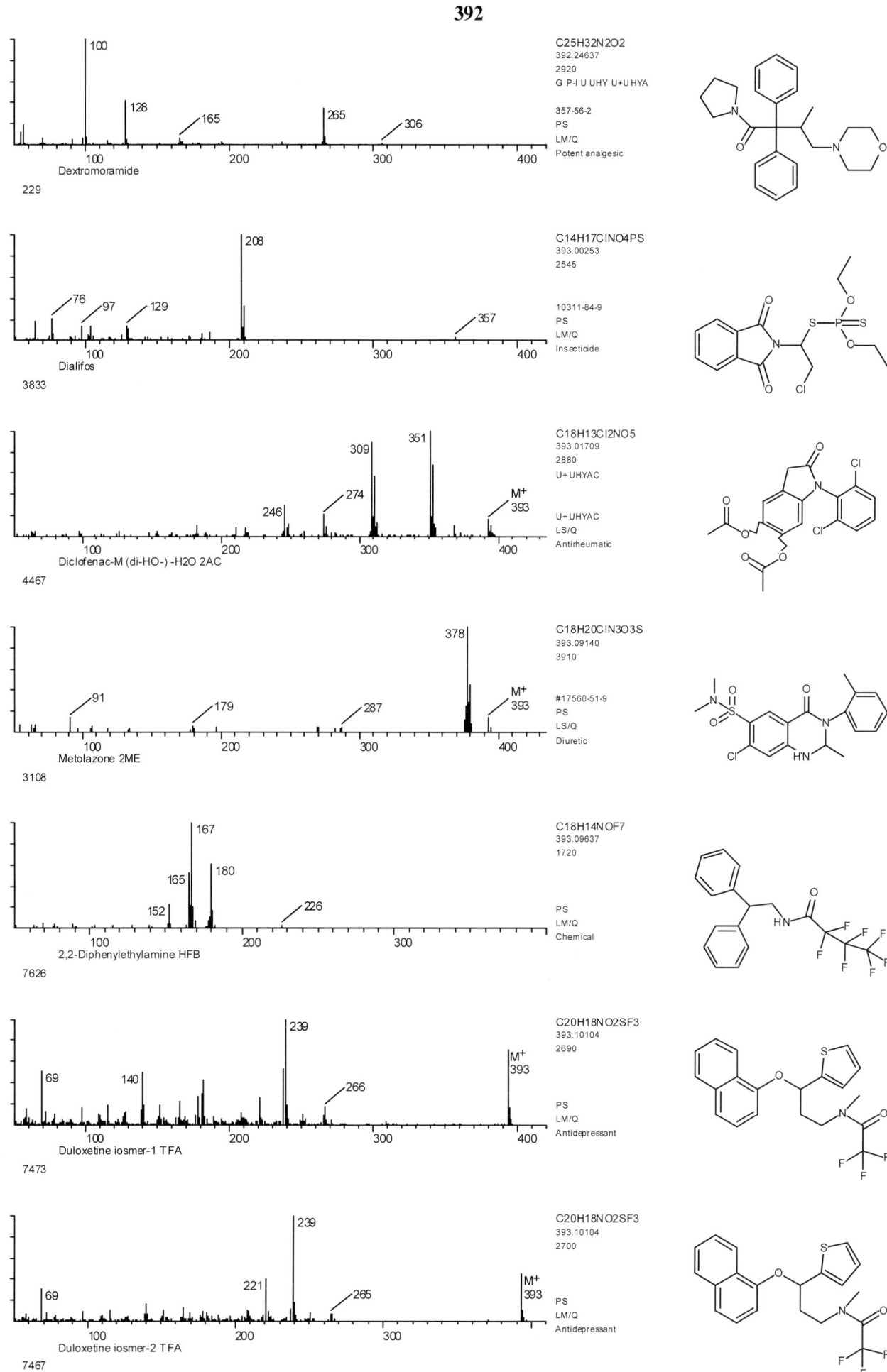

Dextromoramide
C25H32N2O2
392.24637
2920
G P-I U UHY U+U HYA
357-56-2
PS
LM/Q
Potent analgesic

Peaks: 100, 128, 165, 265, 306

Dialifos
C14H17ClNO4PS
393.00253
2545
10311-84-9
PS
LM/Q
Insecticide

Peaks: 76, 97, 129, 208, 357

Diclofenac-M (di-HO-) -H2O 2AC
C18H13Cl2NO5
393.01709
2880
U+ UHYAC
U+ UHYAC
LS/Q
Antirheumatic

Peaks: 246, 274, 309, 351, M+ 393

Metolazone 2ME
C18H20ClN3O3S
393.09140
3910
#17560-51-9
PS
LS/Q
Diuretic

Peaks: 91, 179, 287, 378, M+ 393

2,2-Diphenylethylamine HFB
C18H14NOF7
393.09637
1720
PS
LM/Q
Chemical

Peaks: 152, 165, 167, 180, 226

Duloxetine iosmer-1 TFA
C20H18NO2SF3
393.10104
2690
PS
LM/Q
Antidepressant

Peaks: 69, 140, 239, 266, M+ 393

Duloxetine iosmer-2 TFA
C20H18NO2SF3
393.10104
2700
PS
LM/Q
Antidepressant

Peaks: 69, 221, 239, 265, M+ 393

393

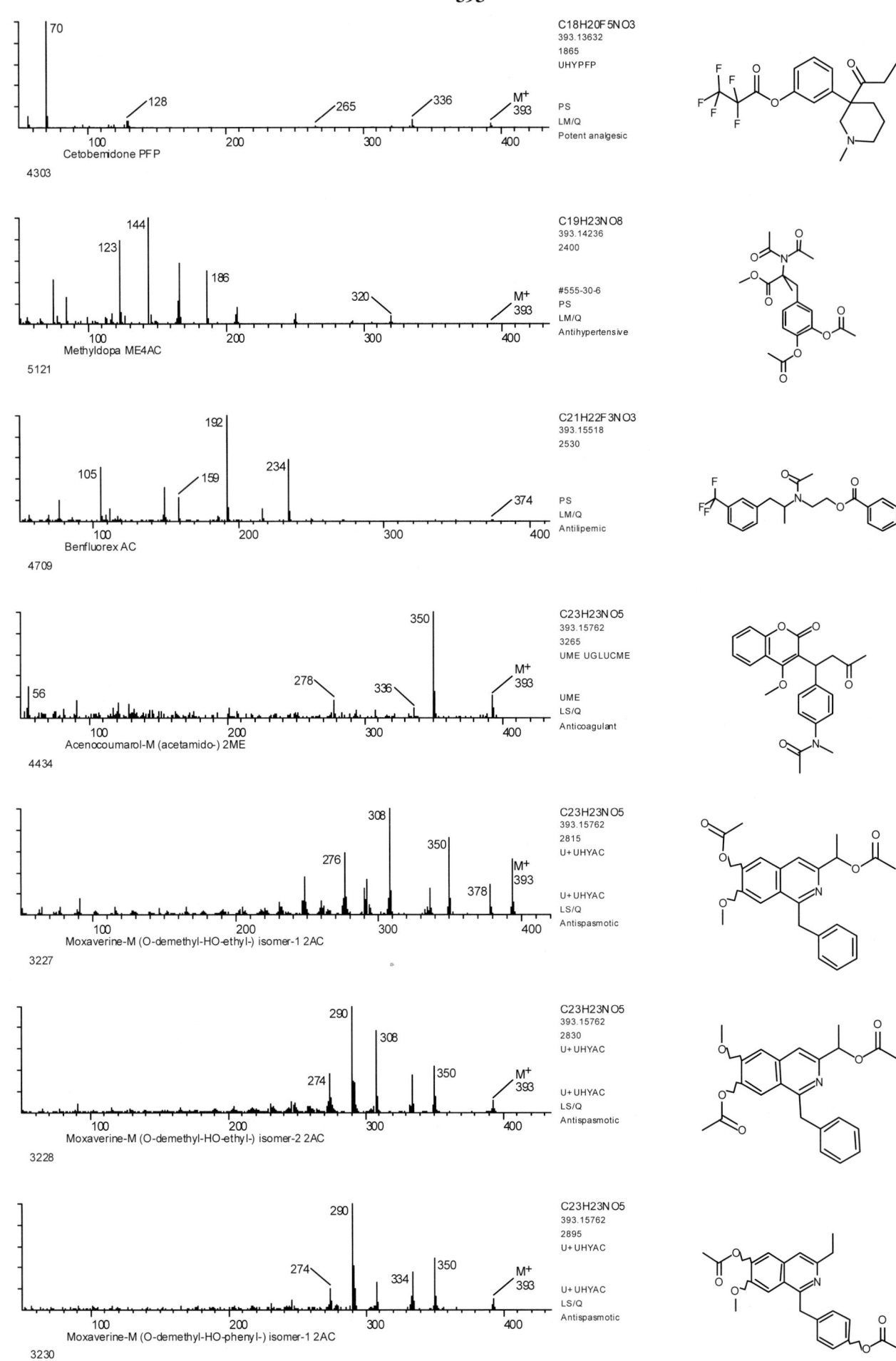

Cetobemidone PFP
4303
C18H20F5NO3
393.13632
1865
UHYPFP
PS
LM/Q
Potent analgesic
Peaks: 70, 128, 265, 336, M+ 393

Methyldopa ME4AC
5121
C19H23NO8
393.14236
2400
#555-30-6
PS
LM/Q
Antihypertensive
Peaks: 123, 144, 186, 320, M+ 393

Benfluorex AC
4709
C21H22F3NO3
393.15518
2530
PS
LM/Q
Antilipemic
Peaks: 105, 159, 192, 234, 374

Acenocoumarol-M (acetamido-) 2ME
4434
C23H23NO5
393.15762
3265
UME UGLUCME
UME
LS/Q
Anticoagulant
Peaks: 56, 278, 336, 350, M+ 393

Moxaverine-M (O-demethyl-HO-ethyl-) isomer-1 2AC
3227
C23H23NO5
393.15762
2815
U+ UHYAC
U+ UHYAC
LS/Q
Antispasmotic
Peaks: 276, 308, 350, 378, M+ 393

Moxaverine-M (O-demethyl-HO-ethyl-) isomer-2 2AC
3228
C23H23NO5
393.15762
2830
U+ UHYAC
U+ UHYAC
LS/Q
Antispasmotic
Peaks: 274, 290, 308, 350, M+ 393

Moxaverine-M (O-demethyl-HO-phenyl-) isomer-1 2AC
3230
C23H23NO5
393.15762
2895
U+ UHYAC
U+ UHYAC
LS/Q
Antispasmotic
Peaks: 274, 290, 334, 350, M+ 393

393

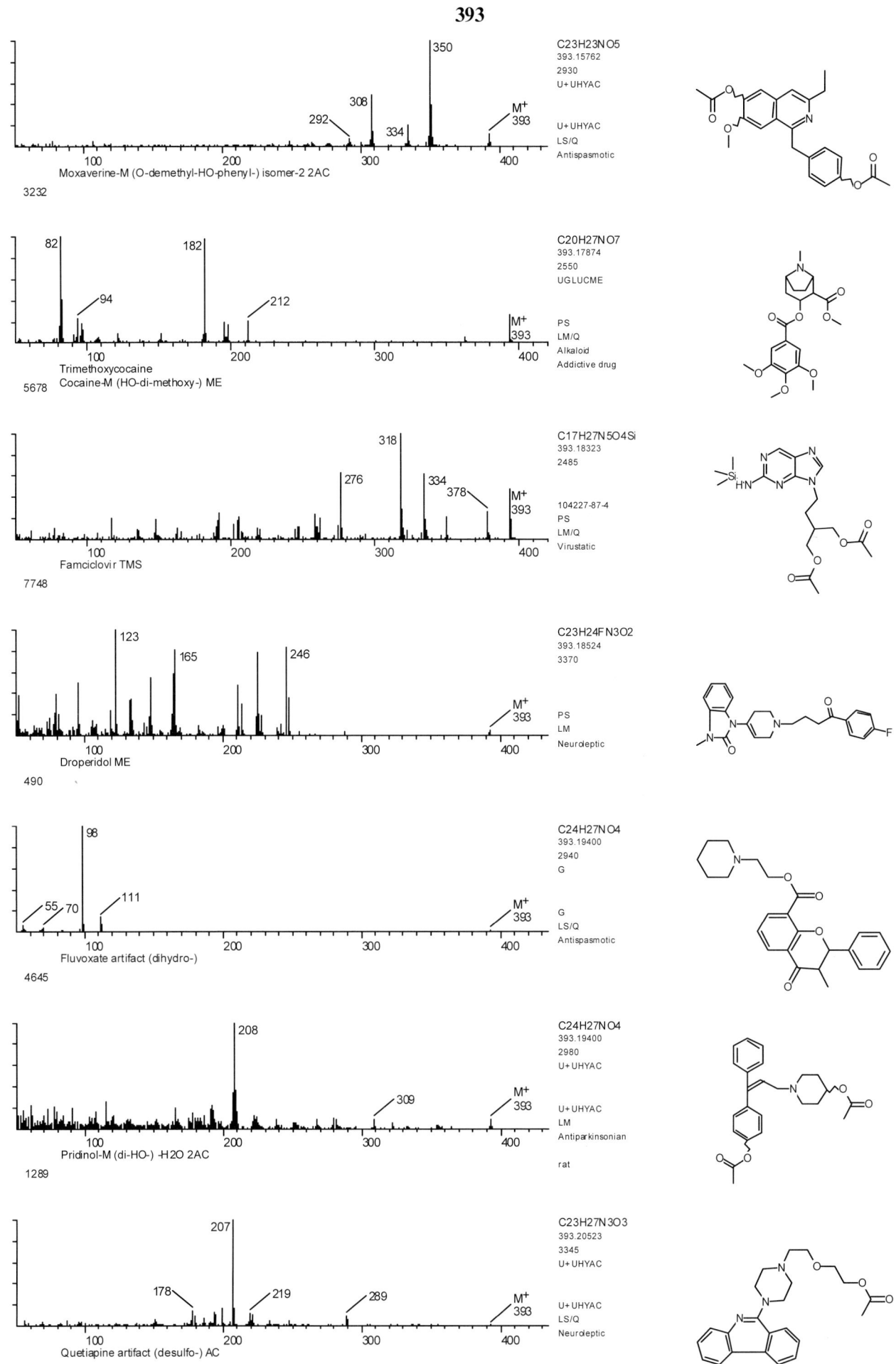

Spectrum	Formula / Info
Moxaverine-M (O-demethyl-HO-phenyl-) isomer-2 2AC — peaks: 292, 308, 334, 350, M+ 393	C23H23NO5 / 393.15762 / 2930 / U+ UHYAC / U+ UHYAC / LS/Q / Antispasmotic
Trimethoxycocaine / Cocaine-M (HO-di-methoxy-) ME — peaks: 82, 94, 182, 212, M+ 393	C20H27NO7 / 393.17874 / 2550 / UGLUCME / PS / LM/Q / Alkaloid / Addictive drug
Famciclovir TMS — peaks: 276, 318, 334, 378, M+ 393	C17H27N5O4Si / 393.18323 / 2485 / 104227-87-4 / PS / LM/Q / Virustatic
Droperidol ME — peaks: 123, 165, 246, M+ 393	C23H24FN3O2 / 393.18524 / 3370 / PS / LM / Neuroleptic
Fluvoxate artifact (dihydro-) — peaks: 55, 70, 98, 111, M+ 393	C24H27NO4 / 393.19400 / 2940 / G / G / LS/Q / Antispasmotic
Pridinol-M (di-HO-) -H2O 2AC — peaks: 208, 309, M+ 393	C24H27NO4 / 393.19400 / 2980 / U+ UHYAC / U+ UHYAC / LM / Antiparkinsonian / rat
Quetiapine artifact (desulfo-) AC — peaks: 178, 207, 219, 289, M+ 393	C23H27N3O3 / 393.20523 / 3345 / U+ UHYAC / U+ UHYAC / LS/Q / Neuroleptic

393

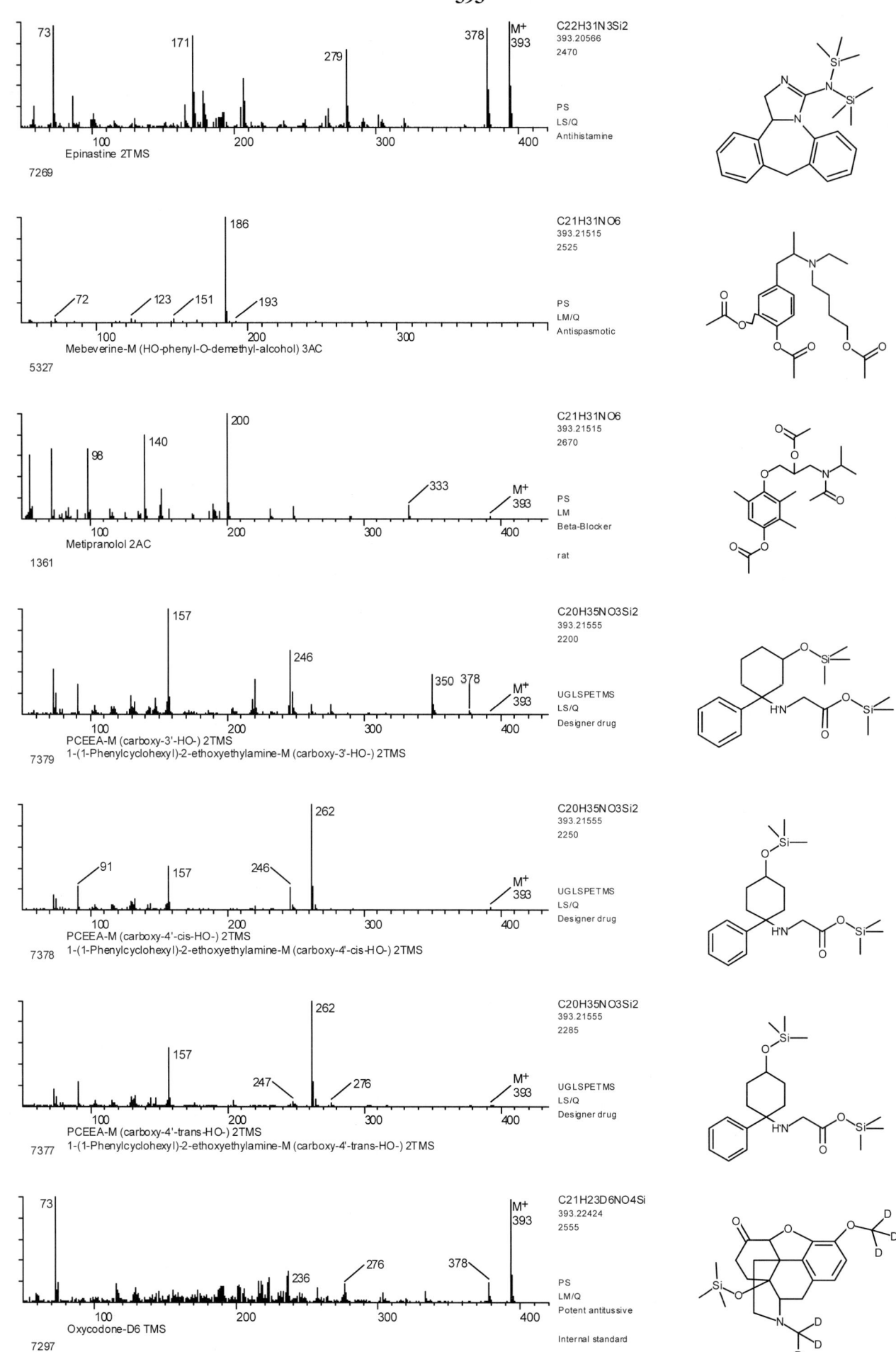

Epinastine 2TMS	C22H31N3Si2 393.20566 2470 PS LS/Q Antihistamine
Mebeverine-M (HO-phenyl-O-demethyl-alcohol) 3AC	C21H31NO6 393.21515 2525 PS LM/Q Antispasmotic
Metipranolol 2AC	C21H31NO6 393.21515 2670 PS LM Beta-Blocker rat
PCEEA-M (carboxy-3'-HO-) 2TMS 1-(1-Phenylcyclohexyl)-2-ethoxyethylamine-M (carboxy-3'-HO-) 2TMS	C20H35NO3Si2 393.21555 2200 UGLSPETMS LS/Q Designer drug
PCEEA-M (carboxy-4'-cis-HO-) 2TMS 1-(1-Phenylcyclohexyl)-2-ethoxyethylamine-M (carboxy-4'-cis-HO-) 2TMS	C20H35NO3Si2 393.21555 2250 UGLSPETMS LS/Q Designer drug
PCEEA-M (carboxy-4'-trans-HO-) 2TMS 1-(1-Phenylcyclohexyl)-2-ethoxyethylamine-M (carboxy-4'-trans-HO-) 2TMS	C20H35NO3Si2 393.21555 2285 UGLSPETMS LS/Q Designer drug
Oxycodone-D6 TMS	C21H23D6NO4Si 393.22424 2555 PS LM/Q Potent antitussive Internal standard

393

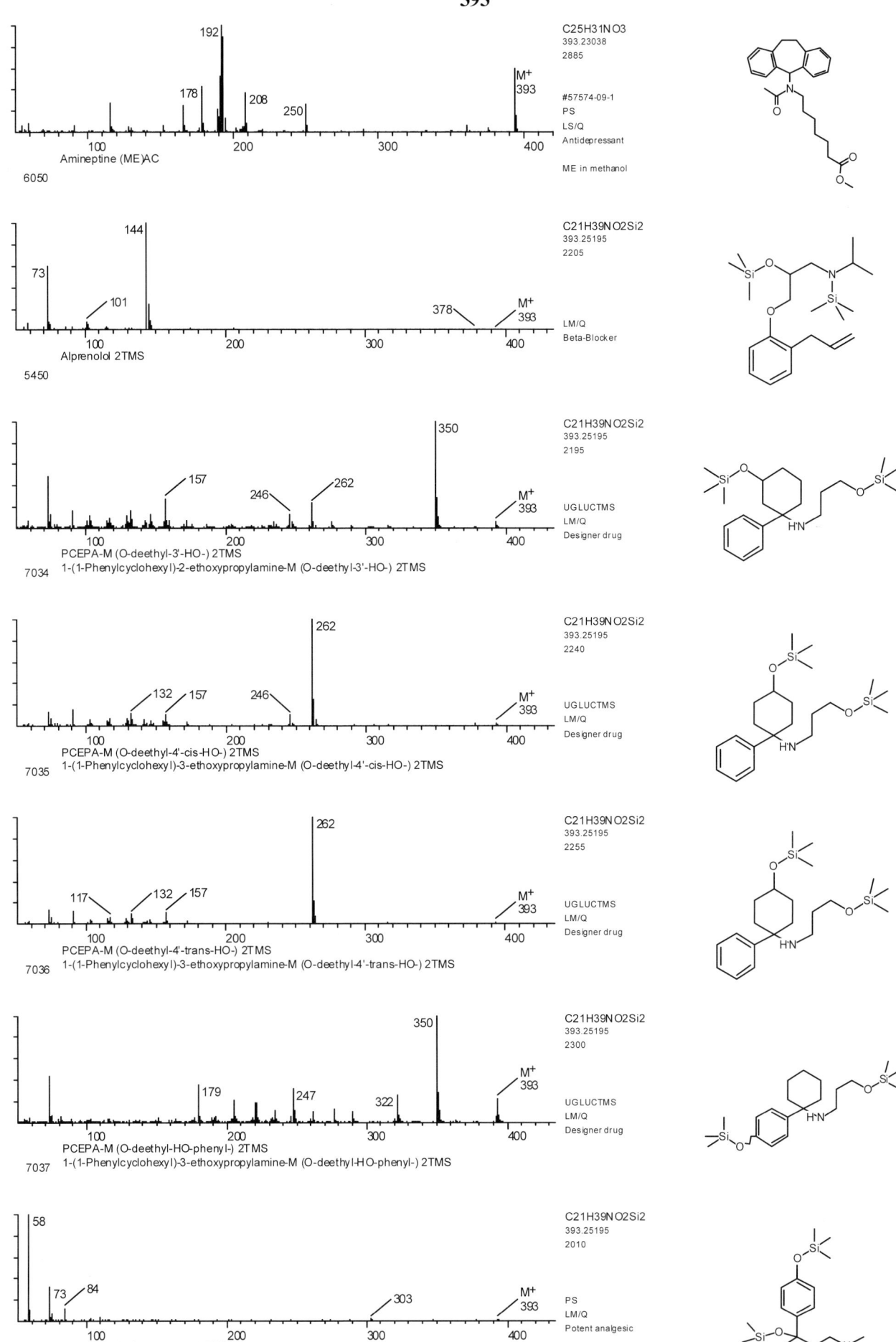

Amineptine (ME)AC — 6050
C25H31NO3
393.23038
2885
#57574-09-1
PS
LS/Q
Antidepressant
ME in methanol

Alprenolol 2TMS — 5450
C21H39NO2Si2
393.25195
2205
LM/Q
Beta-Blocker

PCEPA-M (O-deethyl-3'-HO-) 2TMS — 7034
1-(1-Phenylcyclohexyl)-2-ethoxypropylamine-M (O-deethyl-3'-HO-) 2TMS
C21H39NO2Si2
393.25195
2195
UGLUCTMS
LM/Q
Designer drug

PCEPA-M (O-deethyl-4'-cis-HO-) 2TMS — 7035
1-(1-Phenylcyclohexyl)-3-ethoxypropylamine-M (O-deethyl-4'-cis-HO-) 2TMS
C21H39NO2Si2
393.25195
2240
UGLUCTMS
LM/Q
Designer drug

PCEPA-M (O-deethyl-4'-trans-HO-) 2TMS — 7036
1-(1-Phenylcyclohexyl)-3-ethoxypropylamine-M (O-deethyl-4'-trans-HO-) 2TMS
C21H39NO2Si2
393.25195
2255
UGLUCTMS
LM/Q
Designer drug

PCEPA-M (O-deethyl-HO-phenyl-) 2TMS — 7037
1-(1-Phenylcyclohexyl)-3-ethoxypropylamine-M (O-deethyl-HO-phenyl-) 2TMS
C21H39NO2Si2
393.25195
2300
UGLUCTMS
LM/Q
Designer drug

Tramadol-M (O-demethyl-) 2TMS — 7195
C21H39NO2Si2
393.25195
2010
PS
LM/Q
Potent analgesic

393

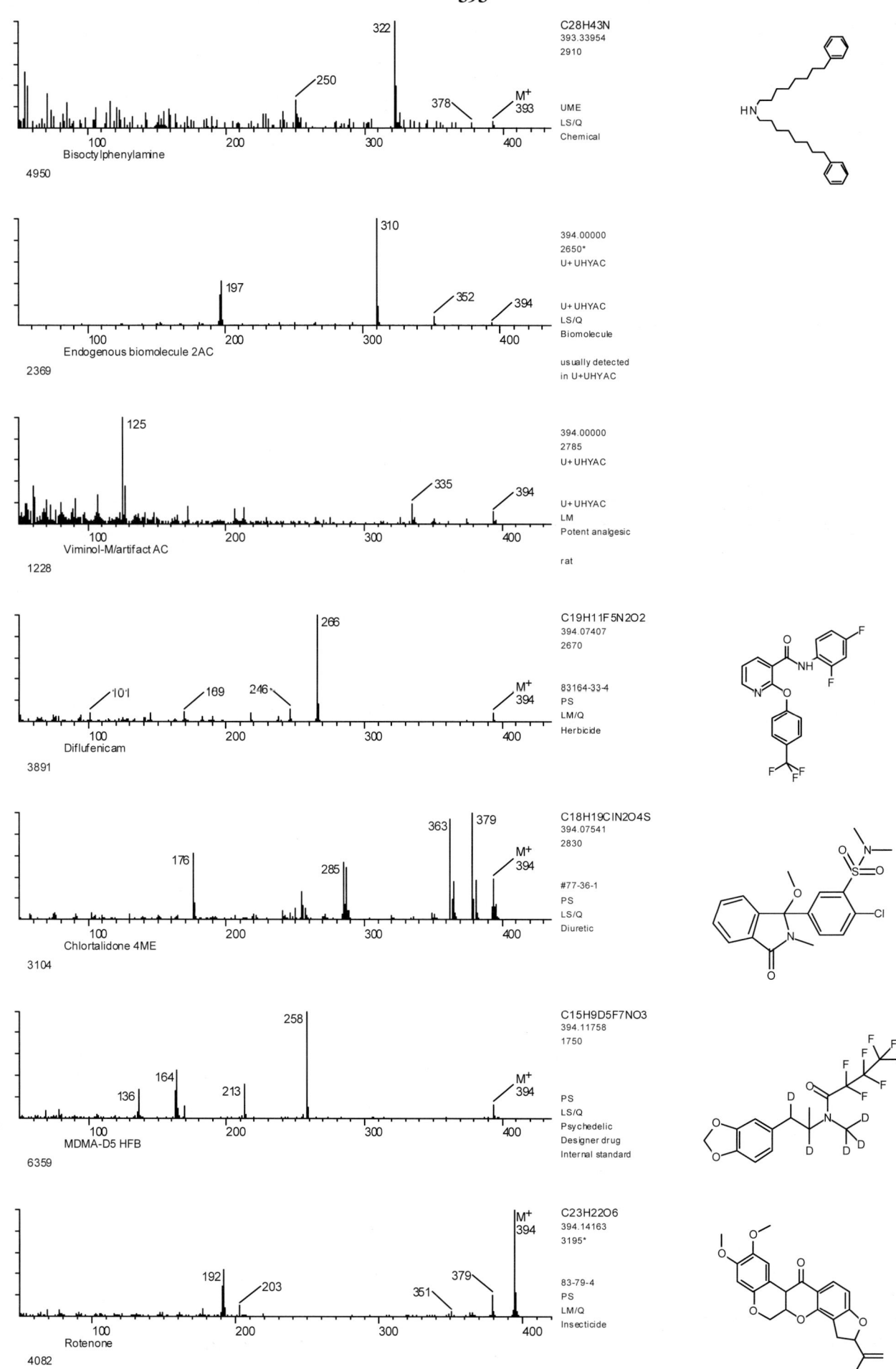

Bisoctylphenylamine — C28H43N, 393.33954, 2910, UME, LS/Q, Chemical
Peaks: 322, 250, 378, M+ 393
4950

Endogenous biomolecule 2AC — 394.00000, 2650*, U+UHYAC; U+UHYAC, LS/Q, Biomolecule, usually detected in U+UHYAC
Peaks: 310, 197, 352, 394
2369

Viminol-M/artifact AC — 394.00000, 2785, U+UHYAC; U+UHYAC, LM, Potent analgesic, rat
Peaks: 125, 335, 394
1228

Diflufenicam — C19H11F5N2O2, 394.07407, 2670, 83164-33-4, PS, LM/Q, Herbicide
Peaks: 101, 169, 246, 266, M+ 394
3891

Chlortalidone 4ME — C18H19ClN2O4S, 394.07541, 2830, #77-36-1, PS, LS/Q, Diuretic
Peaks: 176, 285, 363, 379, M+ 394
3104

MDMA-D5 HFB — C15H9D5F7NO3, 394.11758, 1750, PS, LS/Q, Psychedelic Designer drug, Internal standard
Peaks: 136, 164, 213, 258, M+ 394
6359

Rotenone — C23H22O6, 394.14163, 3195*, 83-79-4, PS, LM/Q, Insecticide
Peaks: 192, 203, 351, 379, M+ 394
4082

394

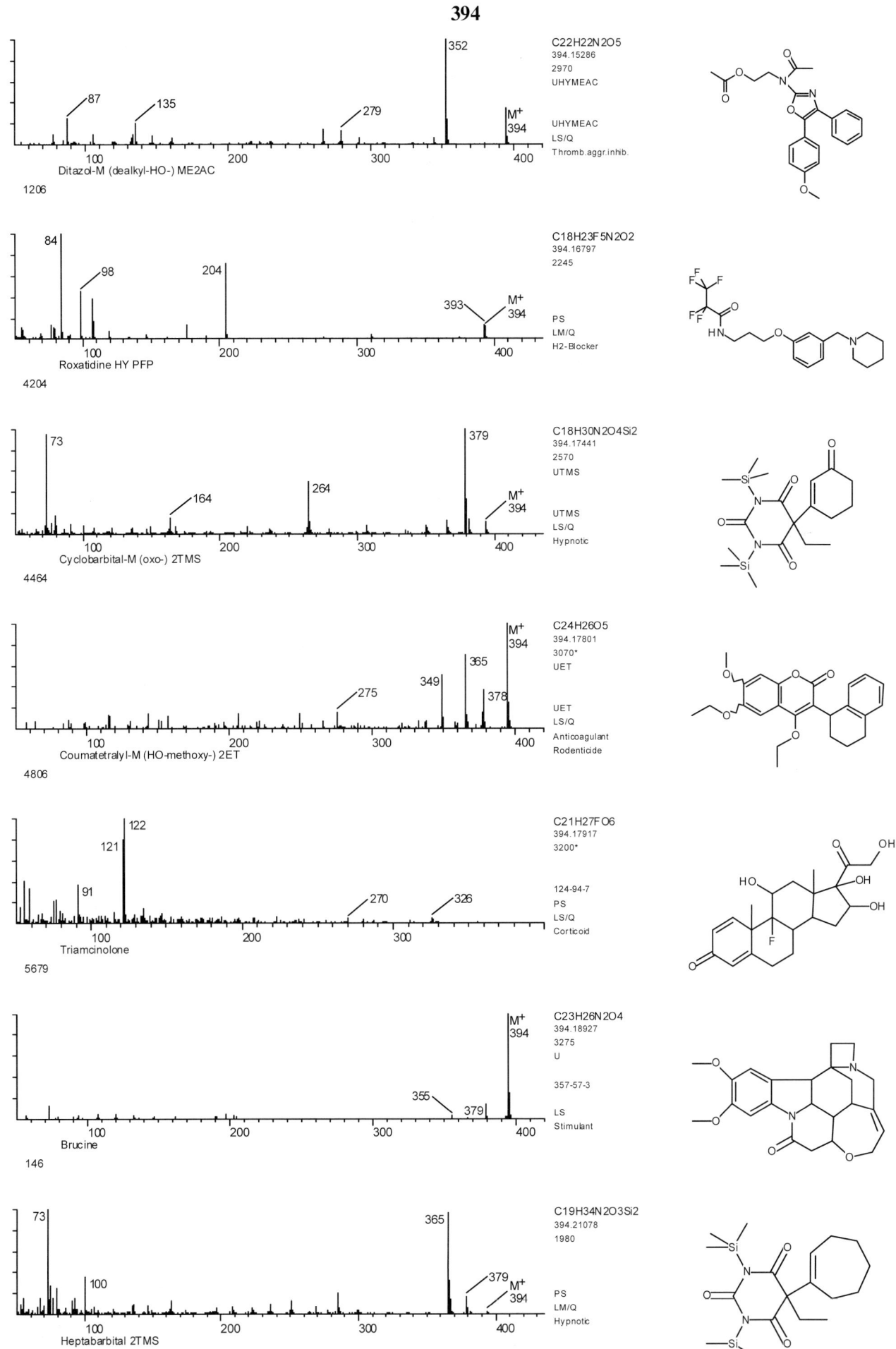

Ditazol-M (dealkyl-HO-) ME2AC — 1206	C22H22N2O5, 394.15286, 2970, UHYMEAC, M+ 394, UHYMEAC, LS/Q, Thromb.aggr.inhib. Peaks: 87, 135, 279, 352, 394
Roxatidine HY PFP — 4204	C18H23F5N2O2, 394.16797, 2245, PS, LM/Q, H2-Blocker. Peaks: 84, 98, 204, 393, 394 M+
Cyclobarbital-M (oxo-) 2TMS — 4464	C18H30N2O4Si2, 394.17441, 2570, UTMS, UTMS, LS/Q, Hypnotic. Peaks: 73, 164, 264, 379, 394 M+
Coumatetralyl-M (HO-methoxy-) 2ET — 4806	C24H26O5, 394.17801, 3070*, UET, UET, LS/Q, Anticoagulant Rodenticide. Peaks: 275, 349, 365, 378, 394 M+
Triamcinolone — 5679	C21H27FO6, 394.17917, 3200*, 124-94-7, PS, LS/Q, Corticoid. Peaks: 91, 121, 122, 270, 326
Brucine — 146	C23H26N2O4, 394.18927, 3275, U, 357-57-3, LS, Stimulant. Peaks: 355, 379, 394 M+
Heptabarbital 2TMS — 5492	C19H34N2O3Si2, 394.21078, 1980, PS, LM/Q, Hypnotic. Peaks: 73, 100, 365, 379, 394 M+

999

394

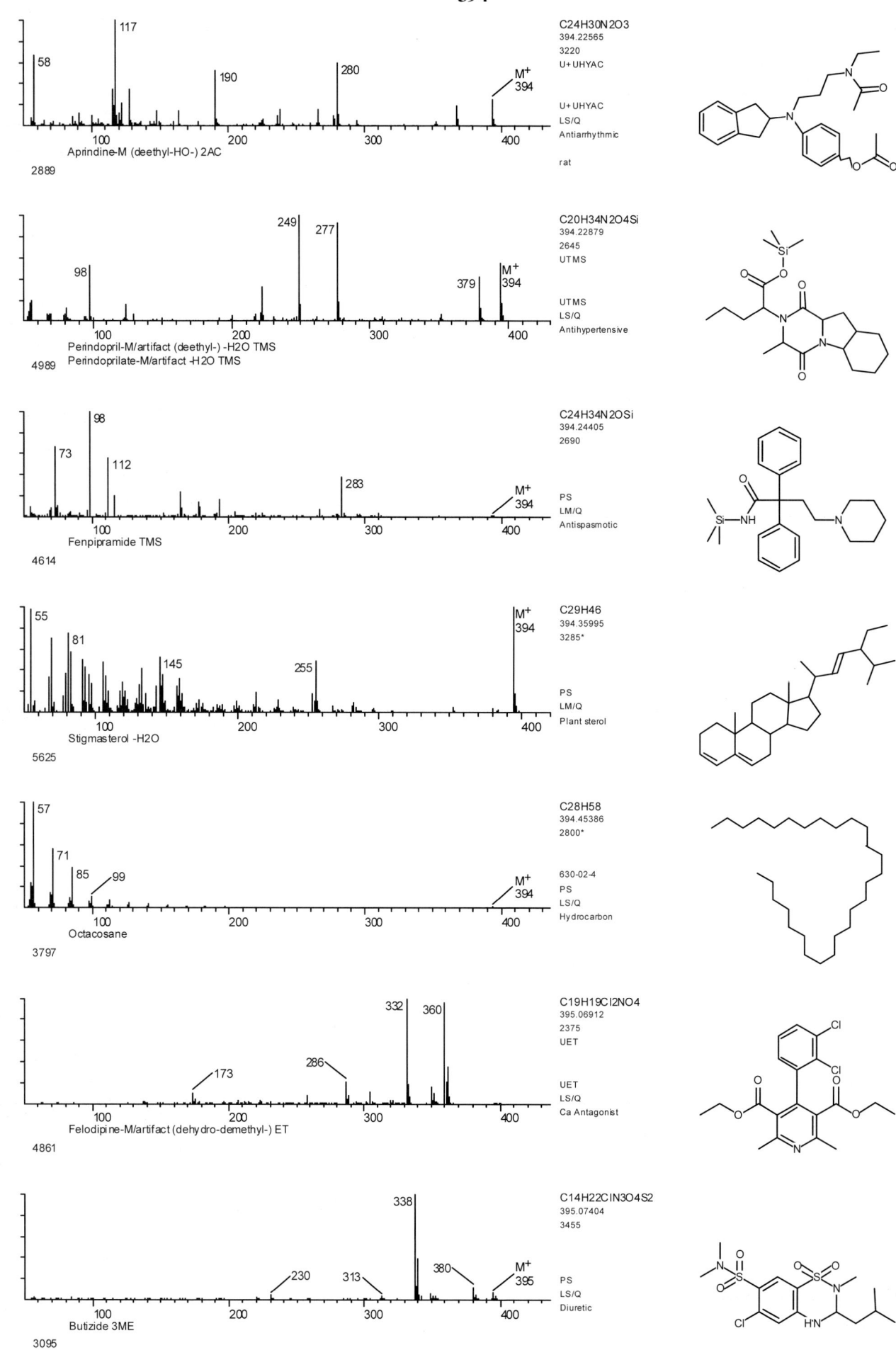

Aprindine-M (deethyl-HO-) 2AC
C24H30N2O3
394.22565
3220
U+UHYAC
U+UHYAC
LS/Q
Antiarrhythmic
rat

Perindopril-M/artifact (deethyl-) -H2O TMS
Perindoprilate-M/artifact -H2O TMS
C20H34N2O4Si
394.22879
2645
UTMS
UTMS
LS/Q
Antihypertensive

Fenpipramide TMS
C24H34N2OSi
394.24405
2690
PS
LM/Q
Antispasmotic

Stigmasterol -H2O
C29H46
394.35995
3285*
PS
LM/Q
Plant sterol

Octacosane
C28H58
394.45386
2800*
630-02-4
PS
LS/Q
Hydrocarbon

Felodipine-M/artifact (dehydro-demethyl-) ET
C19H19Cl2NO4
395.06912
2375
UET
UET
LS/Q
Ca Antagonist

Butizide 3ME
C14H22ClN3O4S2
395.07404
3455
PS
LS/Q
Diuretic

1000

395

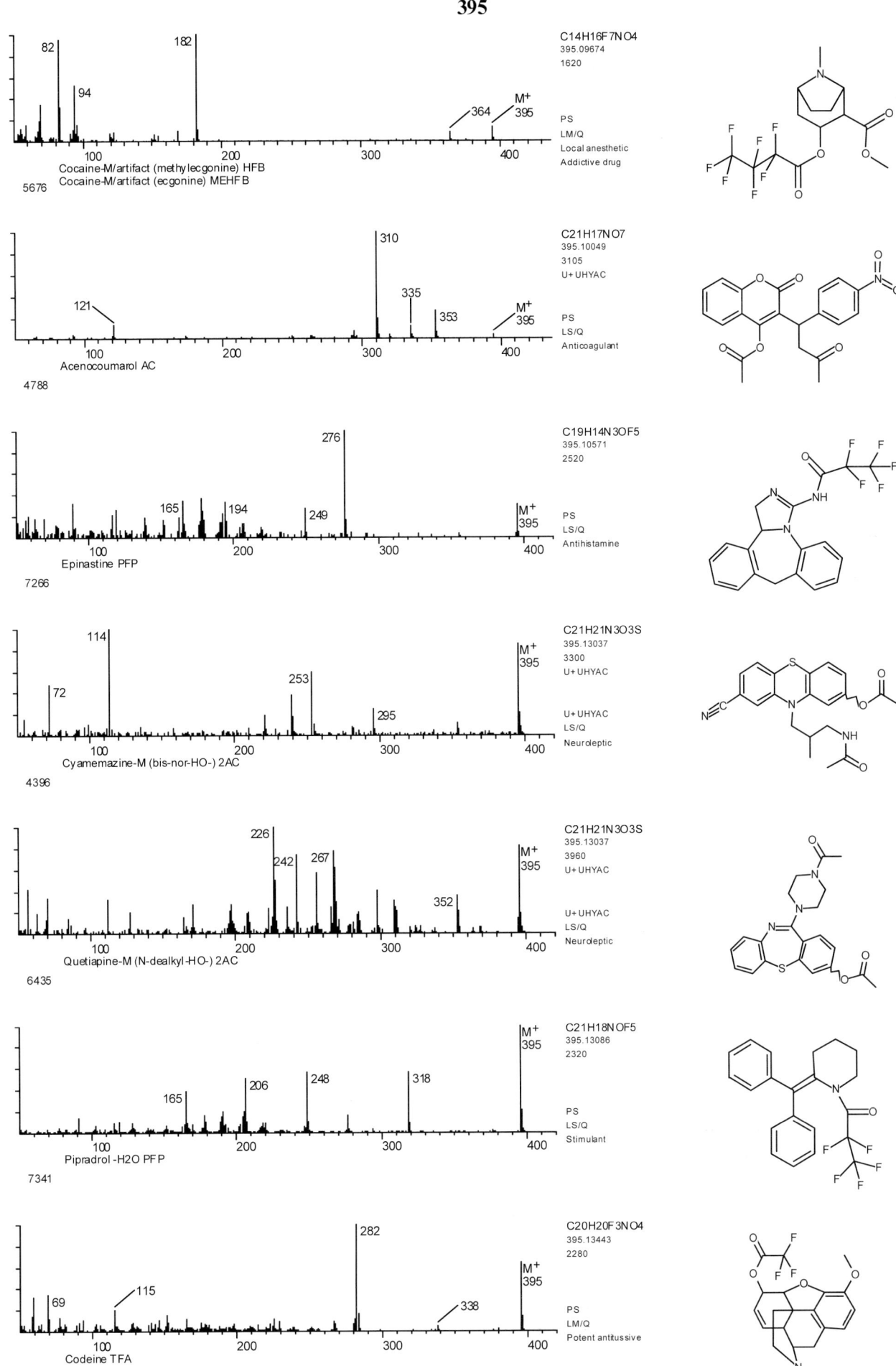

Cocaine-M/artifact (methylecgonine) HFB
Cocaine-M/artifact (ecgonine) MEHFB
5676
Peaks: 82, 94, 182, 364, M+ 395
C14H16F7NO4
395.09674
1620
PS
LM/Q
Local anesthetic
Addictive drug

Acenocoumarol AC
4788
Peaks: 121, 310, 335, 353, M+ 395
C21H17NO7
395.10049
3105
U+ UHYAC
PS
LS/Q
Anticoagulant

Epinastine PFP
7266
Peaks: 165, 194, 249, 276, M+ 395
C19H14N3OF5
395.10571
2520
PS
LS/Q
Antihistamine

Cyamemazine-M (bis-nor-HO-) 2AC
4396
Peaks: 72, 114, 253, 295, M+ 395
C21H21N3O3S
395.13037
3300
U+ UHYAC
U+ UHYAC
LS/Q
Neuroleptic

Quetiapine-M (N-dealkyl-HO-) 2AC
6435
Peaks: 226, 242, 267, 352, M+ 395
C21H21N3O3S
395.13037
3960
U+ UHYAC
U+ UHYAC
LS/Q
Neuroleptic

Pipradrol -H2O PFP
7341
Peaks: 165, 206, 248, 318, M+ 395
C21H18NOF5
395.13086
2320
PS
LS/Q
Stimulant

Codeine TFA
4011
Peaks: 69, 115, 282, 338, M+ 395
C20H20F3NO4
395.13443
2280
PS
LM/Q
Potent antitussive

395

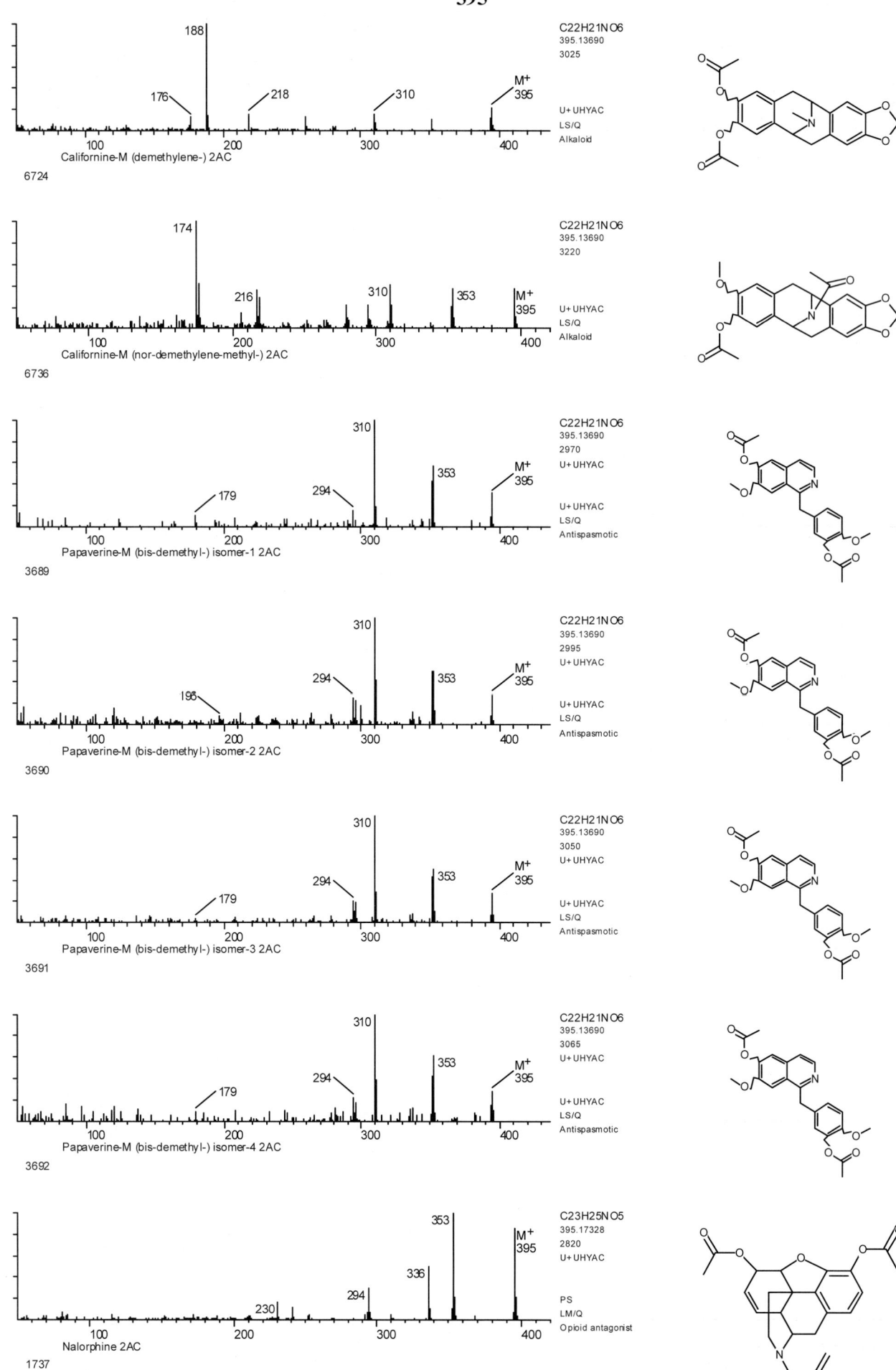

Californine-M (demethylene-) 2AC
6724
C22H21NO6
395.13690
3025
U+ UHYAC
LS/Q
Alkaloid
Peaks: 176, 188, 218, 310, M+ 395

Californine-M (nor-demethylene-methyl-) 2AC
6736
C22H21NO6
395.13690
3220
U+ UHYAC
LS/Q
Alkaloid
Peaks: 174, 216, 310, 353, M+ 395

Papaverine-M (bis-demethyl-) isomer-1 2AC
3689
C22H21NO6
395.13690
2970
U+ UHYAC
U+ UHYAC
LS/Q
Antispasmotic
Peaks: 179, 294, 310, 353, M+ 395

Papaverine-M (bis-demethyl-) isomer-2 2AC
3690
C22H21NO6
395.13690
2995
U+ UHYAC
U+ UHYAC
LS/Q
Antispasmotic
Peaks: 195, 294, 310, 353, M+ 395

Papaverine-M (bis-demethyl-) isomer-3 2AC
3691
C22H21NO6
395.13690
3050
U+ UHYAC
U+ UHYAC
LS/Q
Antispasmotic
Peaks: 179, 294, 310, 353, M+ 395

Papaverine-M (bis-demethyl-) isomer-4 2AC
3692
C22H21NO6
395.13690
3065
U+ UHYAC
U+ UHYAC
LS/Q
Antispasmotic
Peaks: 179, 294, 310, 353, M+ 395

Nalorphine 2AC
1737
C23H25NO5
395.17328
2820
U+ UHYAC
PS
LM/Q
Opioid antagonist
Peaks: 230, 294, 336, 353, M+ 395

395

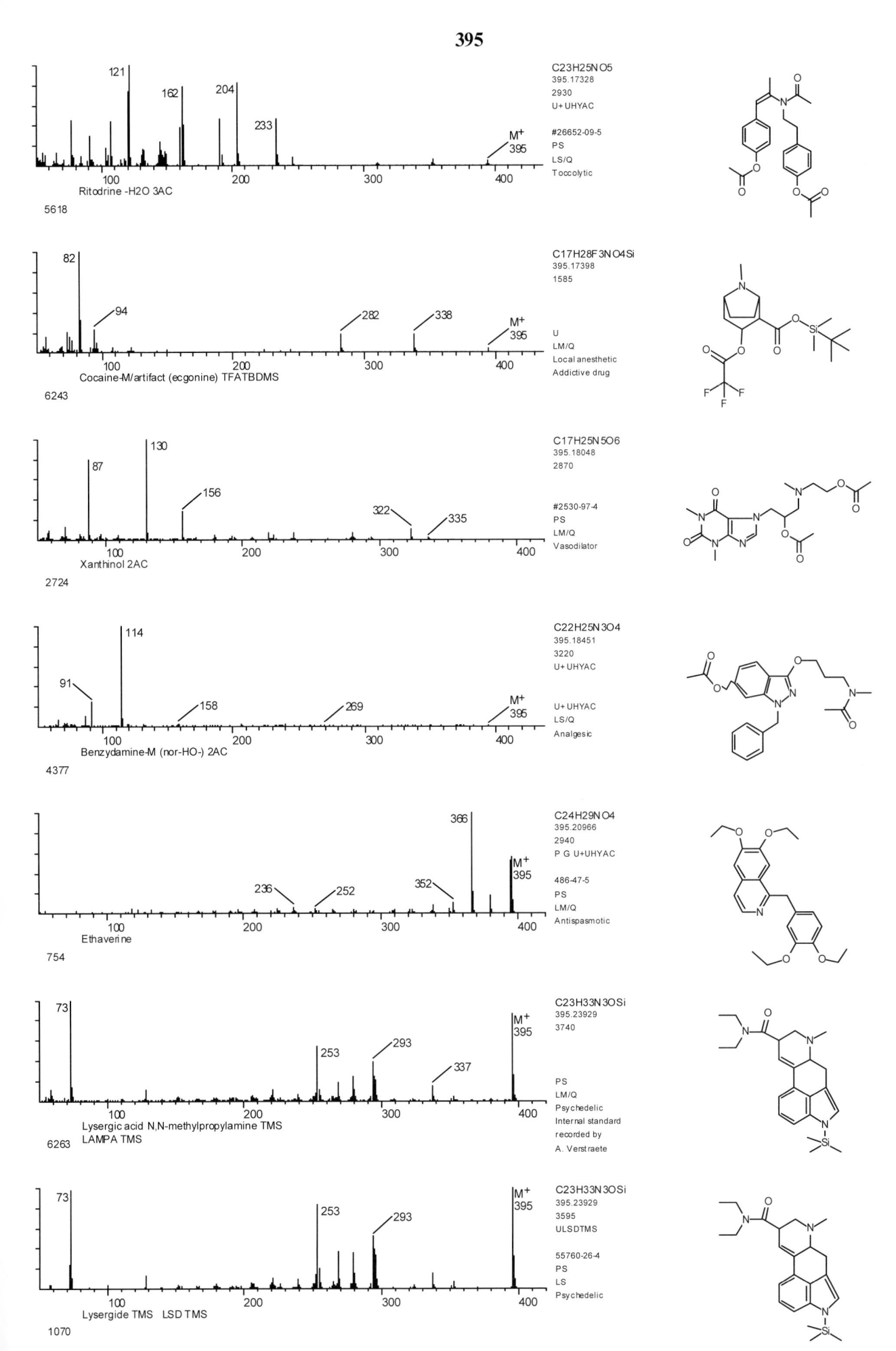

Ritodrine -H2O 3AC
C23H25NO5
395.17328
2930
U+ UHYAC
#26652-09-5
PS
LS/Q
Tocolytic

Cocaine-M/artifact (ecgonine) TFATBDMS
C17H28F3NO4Si
395.17398
1585
U
LM/Q
Local anesthetic
Addictive drug

Xanthinol 2AC
C17H25N5O6
395.18048
2870
#2530-97-4
PS
LM/Q
Vasodilator

Benzydamine-M (nor-HO-) 2AC
C22H25N3O4
395.18451
3220
U+ UHYAC
U+ UHYAC
LS/Q
Analgesic

Ethaverine
C24H29NO4
395.20966
2940
P G U+UHYAC
486-47-5
PS
LM/Q
Antispasmotic

Lysergic acid N,N-methylpropylamine TMS LAMPA TMS
C23H33N3OSi
395.23929
3740
PS
LM/Q
Psychedelic
Internal standard
recorded by
A. Verstraete

Lysergide TMS   LSD TMS
C23H33N3OSi
395.23929
3595
ULSDTMS
55760-26-4
PS
LS
Psychedelic

396

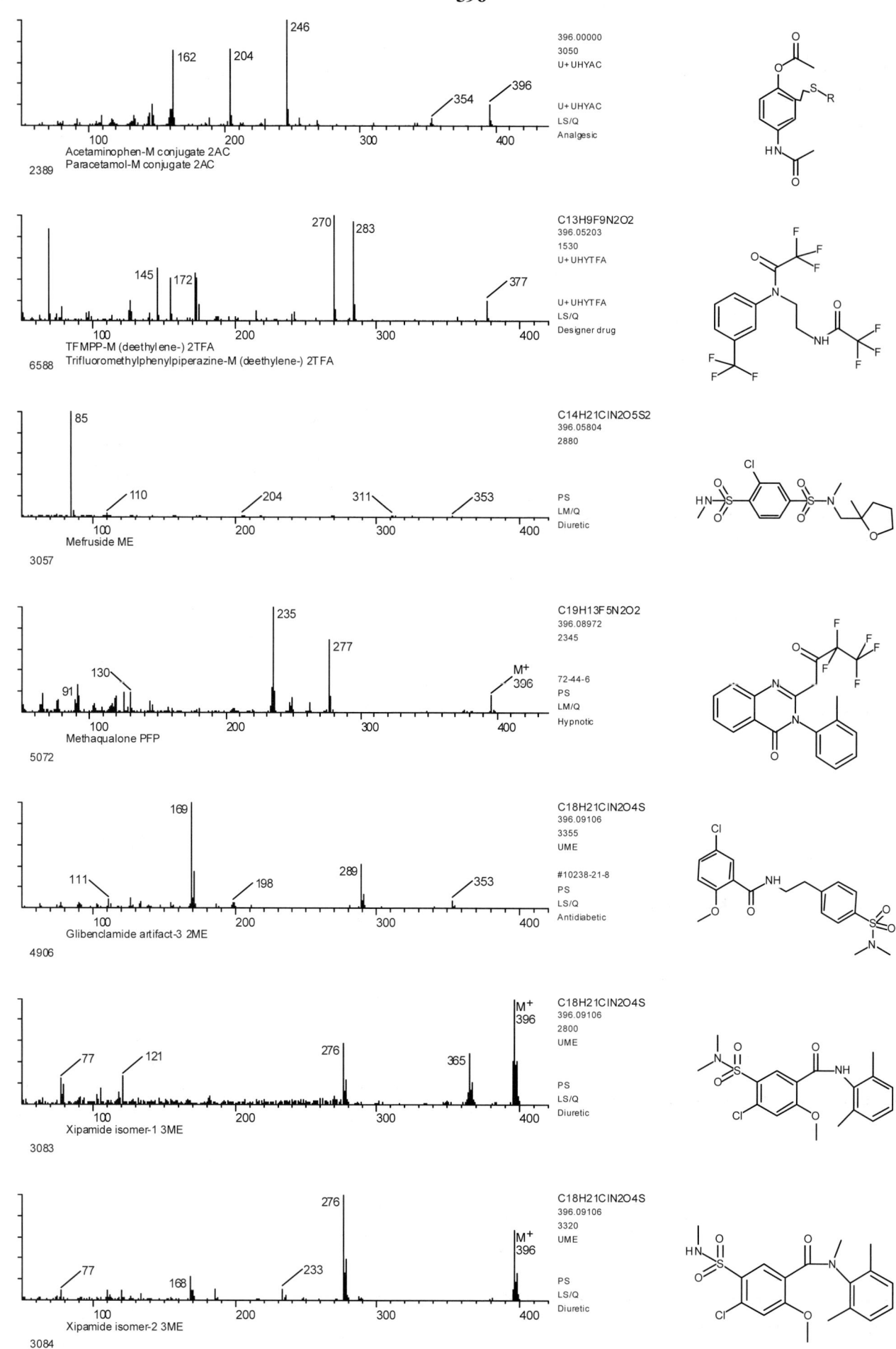

396.00000
3050
U+ UHYAC

U+ UHYAC
LS/Q
Analgesic

Acetaminophen-M conjugate 2AC
Paracetamol-M conjugate 2AC
2389

C13H9F9N2O2
396.05203
1530
U+ UHYTFA

U+ UHYTFA
LS/Q
Designer drug

TFMPP-M (deethylene-) 2TFA
Trifluoromethylphenylpiperazine-M (deethylene-) 2TFA
6588

C14H21ClN2O5S2
396.05804
2880

PS
LM/Q
Diuretic

Mefruside ME
3057

C19H13F5N2O2
396.08972
2345

72-44-6
PS
LM/Q
Hypnotic

Methaqualone PFP
5072

C18H21ClN2O4S
396.09106
3355
UME

#10238-21-8
PS
LS/Q
Antidiabetic

Glibenclamide artifact-3 2ME
4906

C18H21ClN2O4S
396.09106
2800
UME

PS
LS/Q
Diuretic

Xipamide isomer-1 3ME
3083

C18H21ClN2O4S
396.09106
3320
UME

PS
LS/Q
Diuretic

Xipamide isomer-2 3ME
3084

1004

396

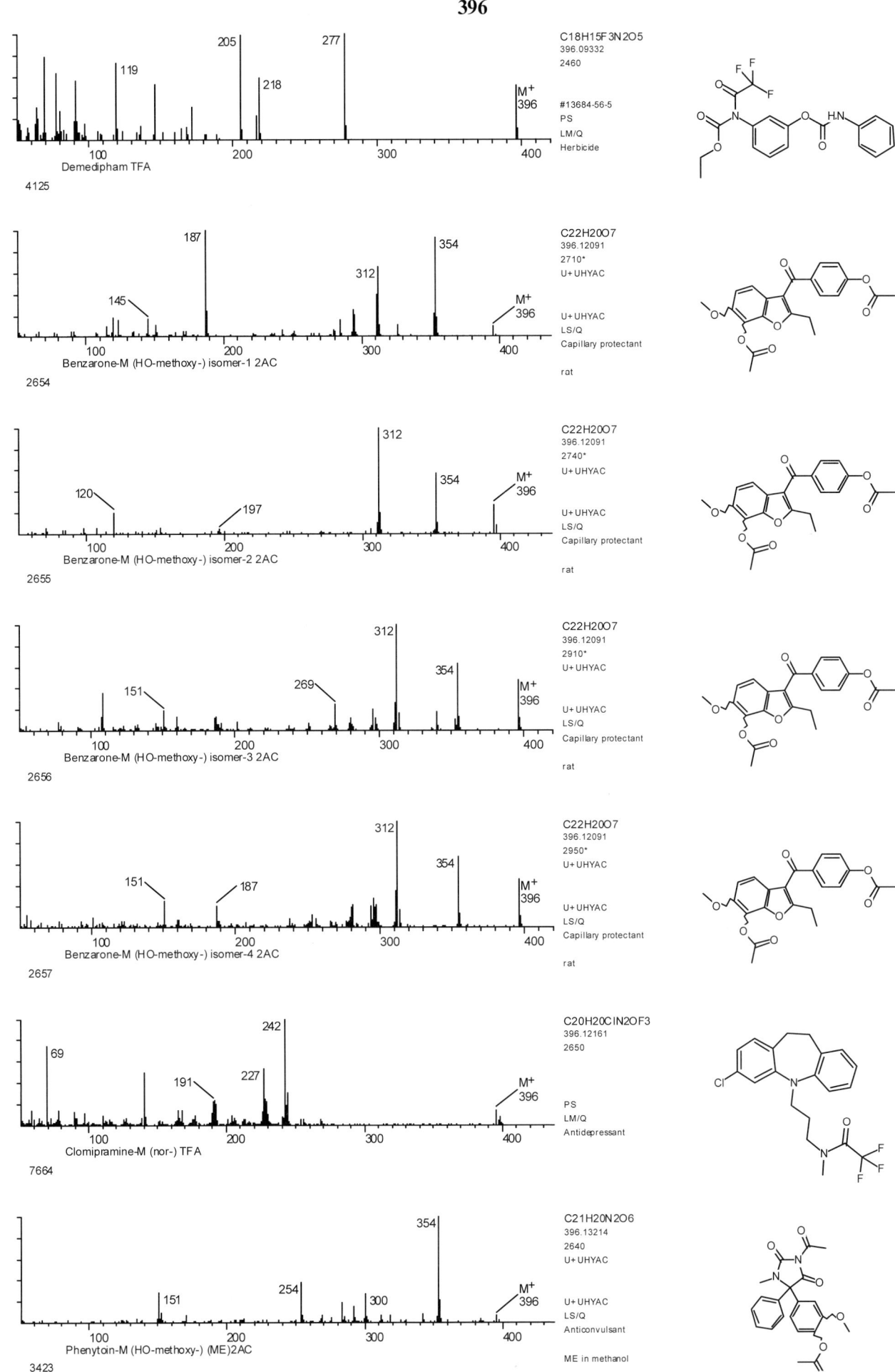

4125 — Demedipham TFA
C18H15F3N2O5
396.09332
2460
#13684-56-5
PS
LM/Q
Herbicide
Peaks: 119, 205, 218, 277, M+ 396

2654 — Benzarone-M (HO-methoxy-) isomer-1 2AC
C22H20O7
396.12091
2710*
U+ UHYAC
U+ UHYAC
LS/Q
Capillary protectant
rat
Peaks: 145, 187, 312, 354, M+ 396

2655 — Benzarone-M (HO-methoxy-) isomer-2 2AC
C22H20O7
396.12091
2740*
U+ UHYAC
U+ UHYAC
LS/Q
Capillary protectant
rat
Peaks: 120, 197, 312, 354, M+ 396

2656 — Benzarone-M (HO-methoxy-) isomer-3 2AC
C22H20O7
396.12091
2910*
U+ UHYAC
U+ UHYAC
LS/Q
Capillary protectant
rat
Peaks: 151, 269, 312, 354, M+ 396

2657 — Benzarone-M (HO-methoxy-) isomer-4 2AC
C22H20O7
396.12091
2950*
U+ UHYAC
U+ UHYAC
LS/Q
Capillary protectant
rat
Peaks: 151, 187, 312, 354, M+ 396

7664 — Clomipramine-M (nor-) TFA
C20H20ClN2OF3
396.12161
2650
PS
LM/Q
Antidepressant
Peaks: 69, 191, 227, 242, M+ 396

3423 — Phenytoin-M (HO-methoxy-) (ME)2AC
C21H20N2O6
396.13214
2640
U+ UHYAC
U+ UHYAC
LS/Q
Anticonvulsant
ME in methanol
Peaks: 151, 254, 300, 354, M+ 396

396

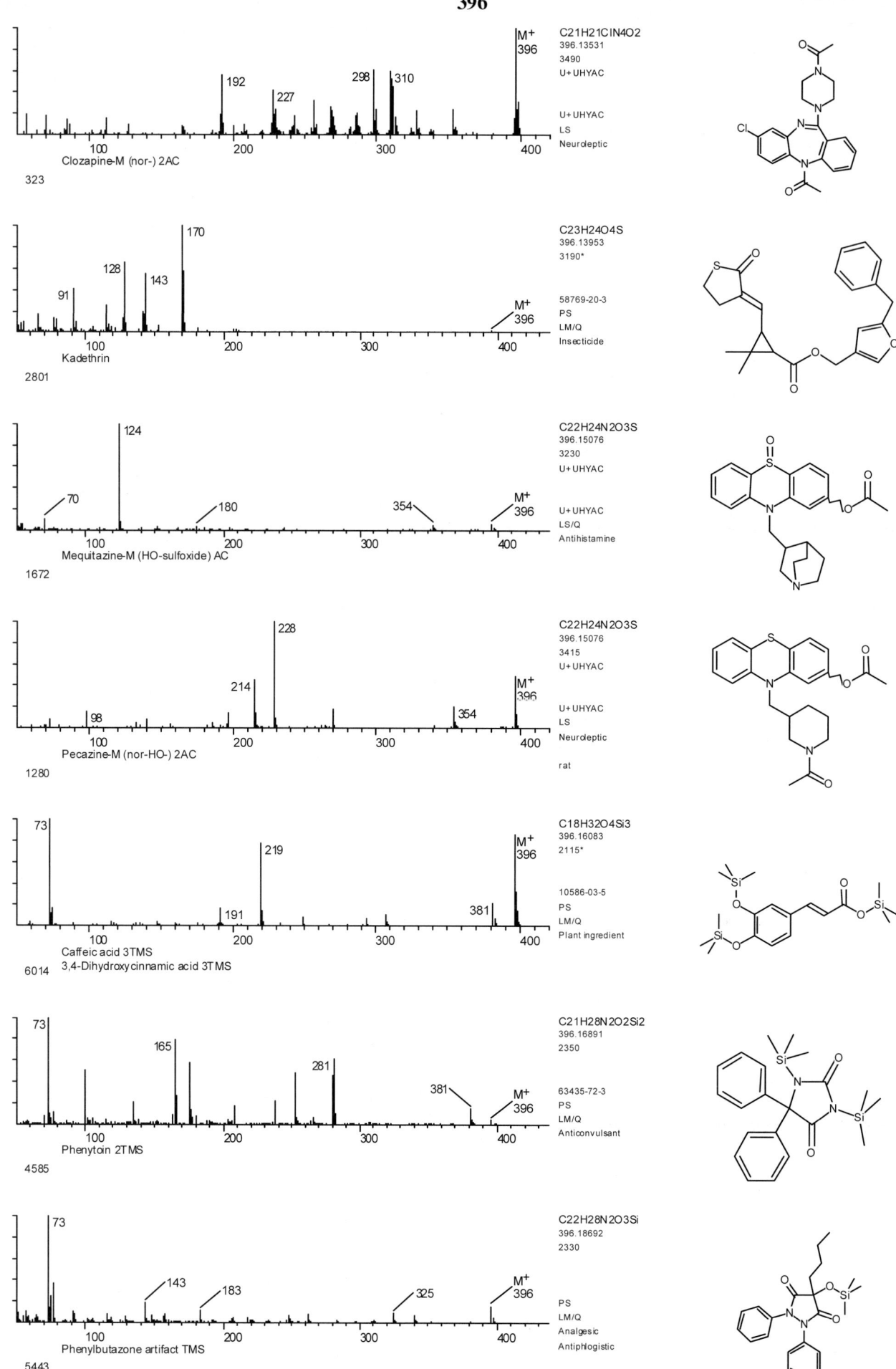

C21H21ClN4O2
396.13531
3490
U+ UHYAC

U+ UHYAC
LS
Neuroleptic

Clozapine-M (nor-) 2AC
323

C23H24O4S
396.13953
3190*

58769-20-3
PS
LM/Q
Insecticide

Kadethrin
2801

C22H24N2O3S
396.15076
3230
U+ UHYAC

U+ UHYAC
LS/Q
Antihistamine

Mequitazine-M (HO-sulfoxide) AC
1672

C22H24N2O3S
396.15076
3415
U+ UHYAC

U+ UHYAC
LS
Neuroleptic
rat

Pecazine-M (nor-HO-) 2AC
1280

C18H32O4Si3
396.16083
2115*

10586-03-5
PS
LM/Q
Plant ingredient

Caffeic acid 3TMS
3,4-Dihydroxycinnamic acid 3TMS
6014

C21H28N2O2Si2
396.16891
2350

63435-72-3
PS
LM/Q
Anticonvulsant

Phenytoin 2TMS
4585

C22H28N2O3Si
396.18692
2330

PS
LM/Q
Analgesic
Antiphlogistic

Phenylbutazone artifact TMS
5443

396

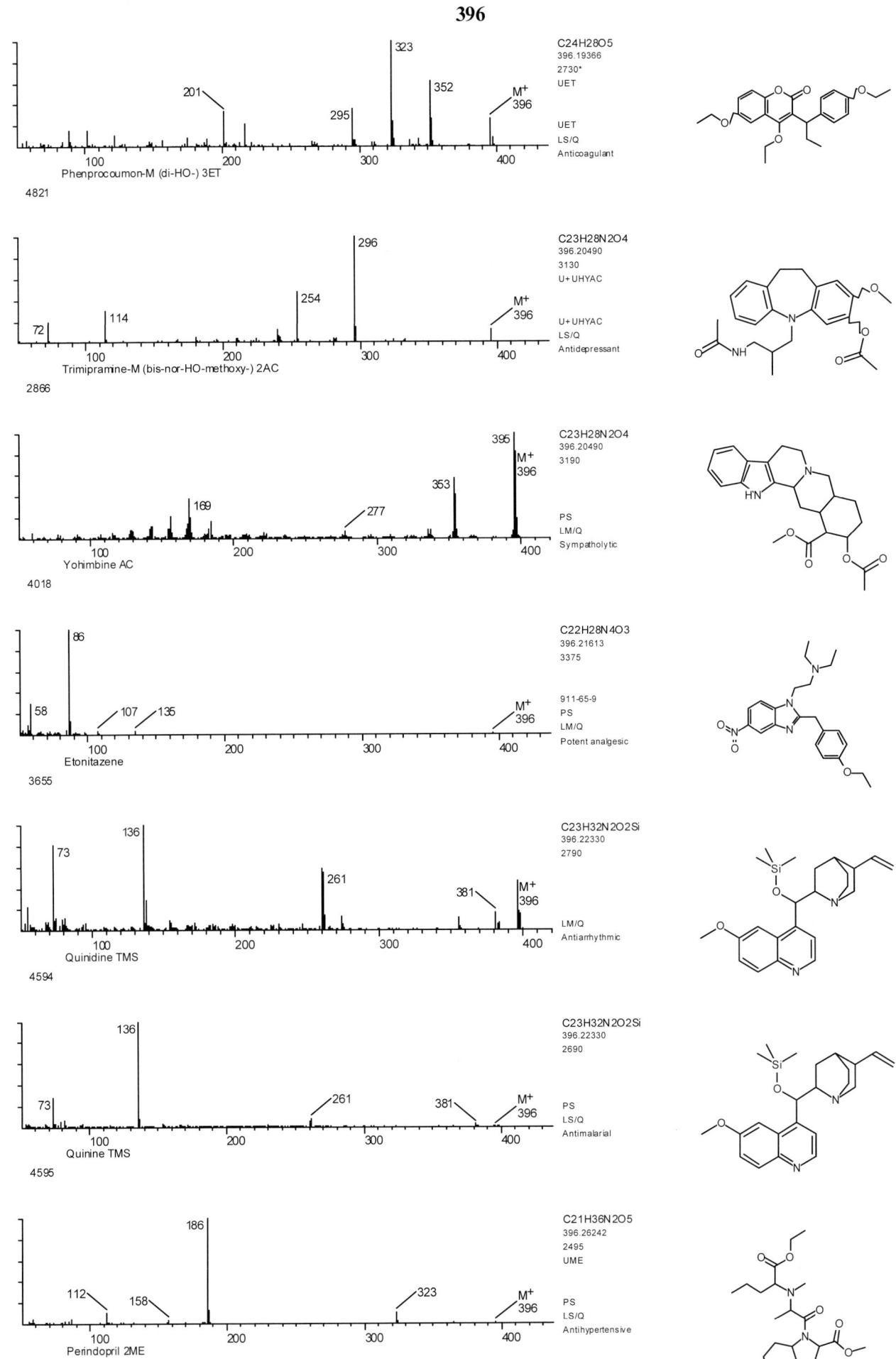

Phenprocoumon-M (di-HO-) 3ET — 4821	Peaks: 201, 295, 323, 352, M+ 396	C24H28O5 / 396.19366 / 2730* / UET / UET / LS/Q / Anticoagulant
Trimipramine-M (bis-nor-HO-methoxy-) 2AC — 2866	Peaks: 72, 114, 254, 296, M+ 396	C23H28N2O4 / 396.20490 / 3130 / U+ UHYAC / U+ UHYAC / LS/Q / Antidepressant
Yohimbine AC — 4018	Peaks: 169, 277, 353, 395, M+ 396	C23H28N2O4 / 396.20490 / 3190 / PS / LM/Q / Sympatholytic
Etonitazene — 3655	Peaks: 58, 86, 107, 135, M+ 396	C22H28N4O3 / 396.21613 / 3375 / 911-65-9 / PS / LM/Q / Potent analgesic
Quinidine TMS — 4594	Peaks: 73, 136, 261, 381, M+ 396	C23H32N2O2Si / 396.22330 / 2790 / LM/Q / Antiarrhythmic
Quinine TMS — 4595	Peaks: 73, 136, 261, 381, M+ 396	C23H32N2O2Si / 396.22330 / 2690 / PS / LS/Q / Antimalarial
Perindopril 2ME — 4749	Peaks: 112, 158, 186, 323, M+ 396	C21H36N2O5 / 396.26242 / 2495 / UME / PS / LS/Q / Antihypertensive

396

4754	Perindopril ET / Perindopril-M/artifact (deethyl-) 2ET / Perindoprilate 2ET — C21H36N2O7, 396.26242, 2415, UET, PS, LS/Q, Antihypertensive. Peaks: 98, 124, 172, 323, M+ 396
5137	Ergosterol — C28H44O, 396.33923, 3130*, G, 57-87-4, G, LS/Q, Provitamin D2. Peaks: 143, 253, 337, 363, M+ 396
5626	Clionasterol -H2O / Stigmast-5-en-3-ol -H2O / Stigmast-3,5-ene — C29H48, 396.37561, 3300*, PS, LM/Q, Plant sterol. Peaks: 81, 105, 147, 381, M+ 396
3032	Dicloxacillin-M/artifact-8 HYAC — 397.00000, 2520, U+UHYAC, U+UHYAC, LS/Q, Antibiotic. Peaks: 59, 212, 254, 369, 397
4863	Felodipine-M (dehydro-HO-) — C18H17Cl2NO5, 397.04837, 2430, UET, UET, LS/Q, Ca Antagonist. Peaks: 260, 295, 334, 362, M+ 397
6820	2C-T-2-M (O-demethyl-sulfone N-acetyl-) TFA / 4-Ethylthio-2,5-dimethoxyphenethylamine-M (O-demethyl-sulfone N-acetyl-) TFA — C15H18NO6SF3, 397.08069, 2450, UGLUCTFA, UGLUCTFA, LS/Q, Designer drug. Peaks: 153, 242, 355, M+ 397
4853	Felodipine ME — C19H21Cl2NO4, 397.08478, 2725, PS, LS/Q, Ca Antagonist. Peaks: 224, 252, 324, 338, M+ 397

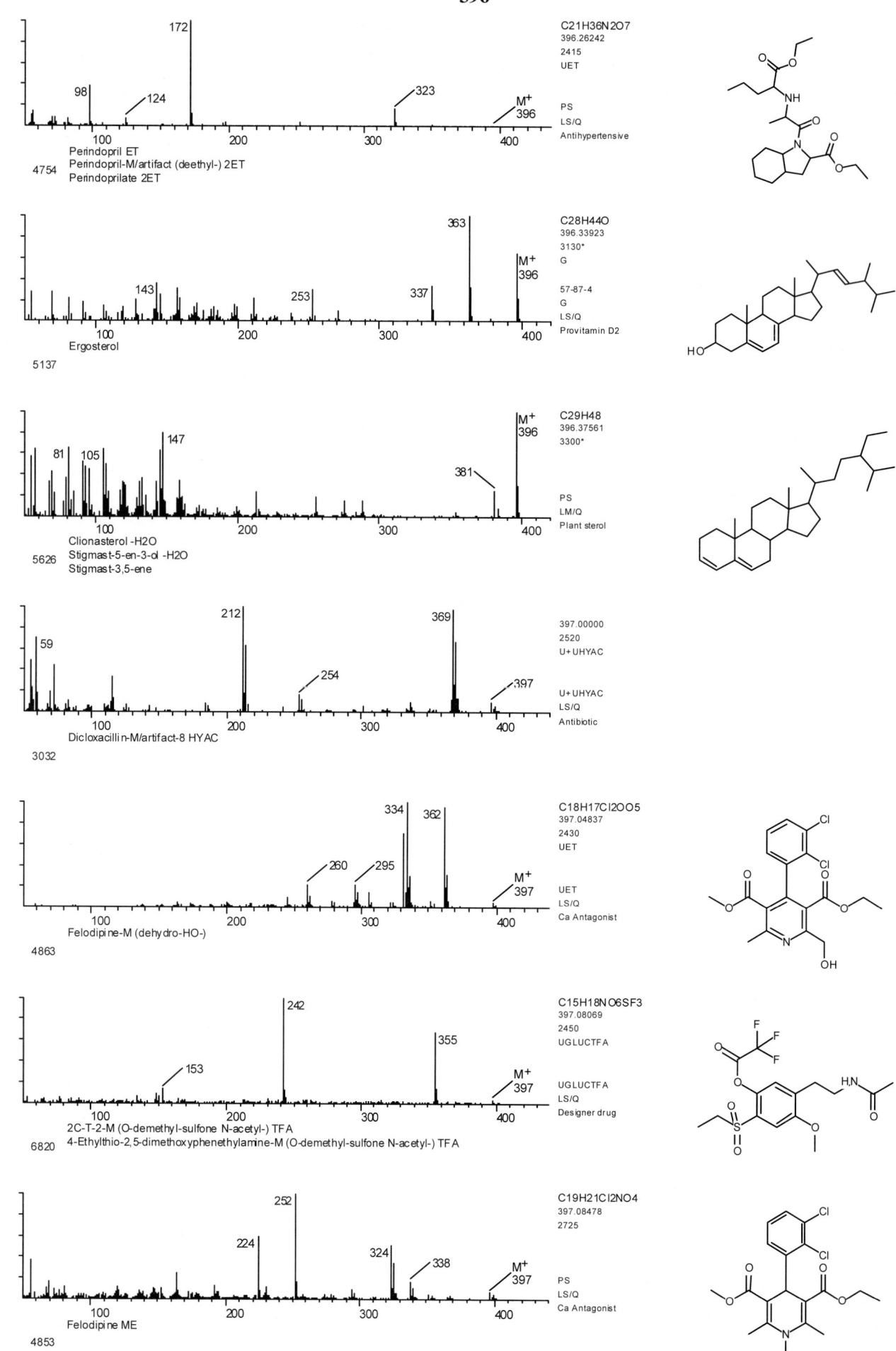

1008

397

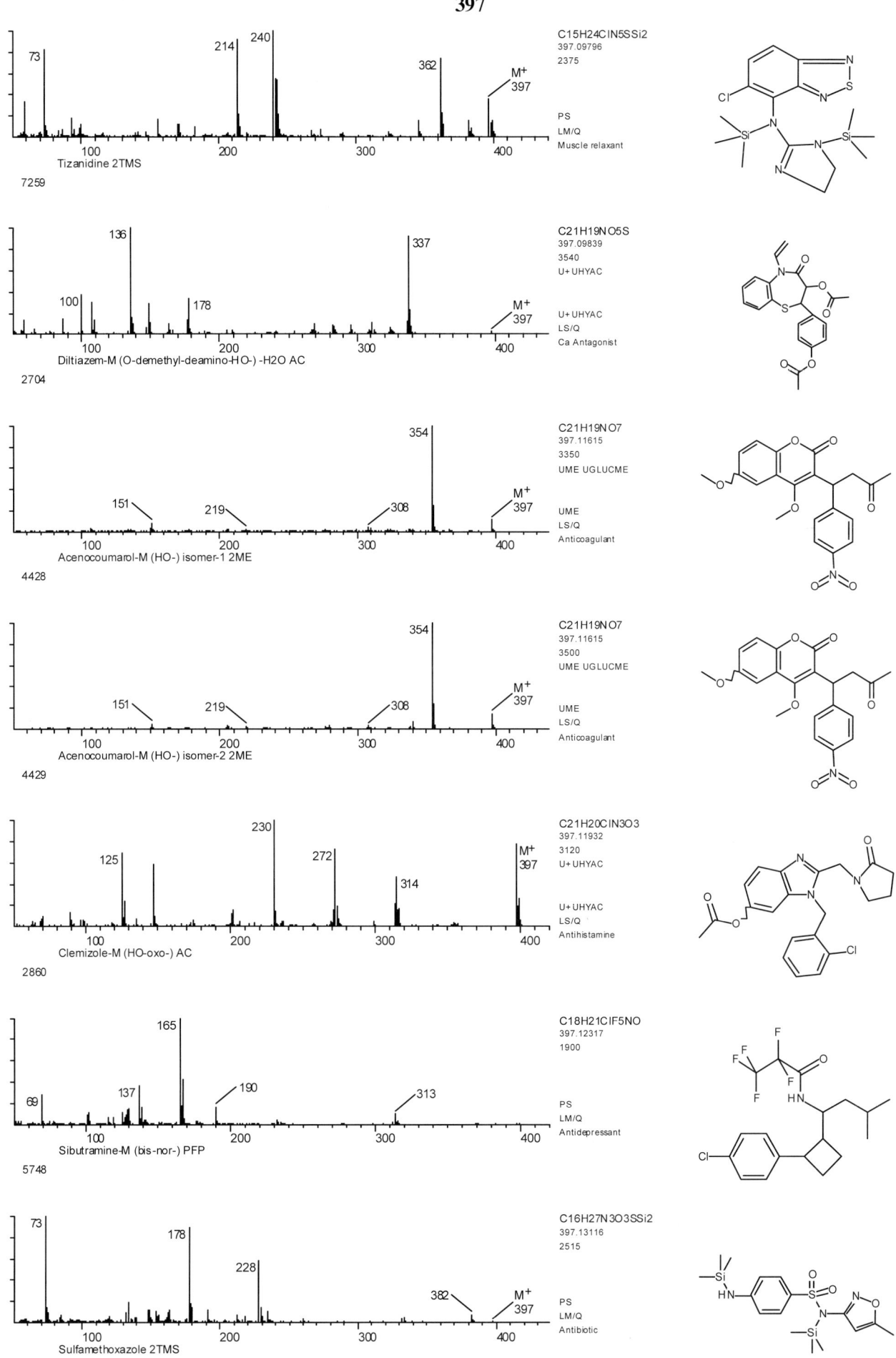

C15H24ClN5SSi2
397.09796
2375

PS
LM/Q
Muscle relaxant

Tizanidine 2TMS
7259

C21H19NO5S
397.09839
3540
U+ UHYAC

U+ UHYAC
LS/Q
Ca Antagonist

Diltiazem-M (O-demethyl-deamino-HO-) -H2O AC
2704

C21H19NO7
397.11615
3350
UME UGLUCME

UME
LS/Q
Anticoagulant

Acenocoumarol-M (HO-) isomer-1 2ME
4428

C21H19NO7
397.11615
3500
UME UGLUCME

UME
LS/Q
Anticoagulant

Acenocoumarol-M (HO-) isomer-2 2ME
4429

C21H20ClN3O3
397.11932
3120
U+ UHYAC

U+ UHYAC
LS/Q
Antihistamine

Clemizole-M (HO-oxo-) AC
2860

C18H21ClF5NO
397.12317
1900

PS
LM/Q
Antidepressant

Sibutramine-M (bis-nor-) PFP
5748

C16H27N3O3SSi2
397.13116
2515

PS
LM/Q
Antibiotic

Sulfamethoxazole 2TMS
4597

1009

397

C20H22F3NO4
397.15009
2265

PS
LM/Q
Potent antitussive

Dihydrocodeine TFA
4001

C22H23NO6
397.15253
2955
U+ UHYAC

U+ UHYAC
LS
Potent antitussive

Morphine-M (nor-) 3AC   Codeine-M 3AC   Ethylmorphine-M 3AC
Heroin-M 3AC   Norcodeine-M (O-demethyl-) 3AC
Pholcodine-M/artifact 3AC
1194

C22H23NO6
397.15253
3050

PS
LS/Q
Alkaloid

Protopine-M (demethylene-methyl-) isomer-1 AC
6740

C22H23NO6
397.15253
3070

PS
LS/Q
Alkaloid

Protopine-M (demethylene-methyl-) isomer-2 AC
6741

C22H24N3O2Cl
397.15570
2875

PS
LS/Q
Antimalarial

Amodiaquine AC
6889

C19H27NO6S
397.15591
2630
U+ UHYAC

UGLUC
LM/Q
Designer drug

2C-T-7-M (HO-) 3AC
4-Propylthio-2,5-dimethoxyphenethylamine-M (HO-) 3AC
6875

C22H27N3O2S
397.18240
3190
U+ UHYAC

U+ UHYAC
LS/Q
Neuroleptic

Perazine-M (HO-) AC
371

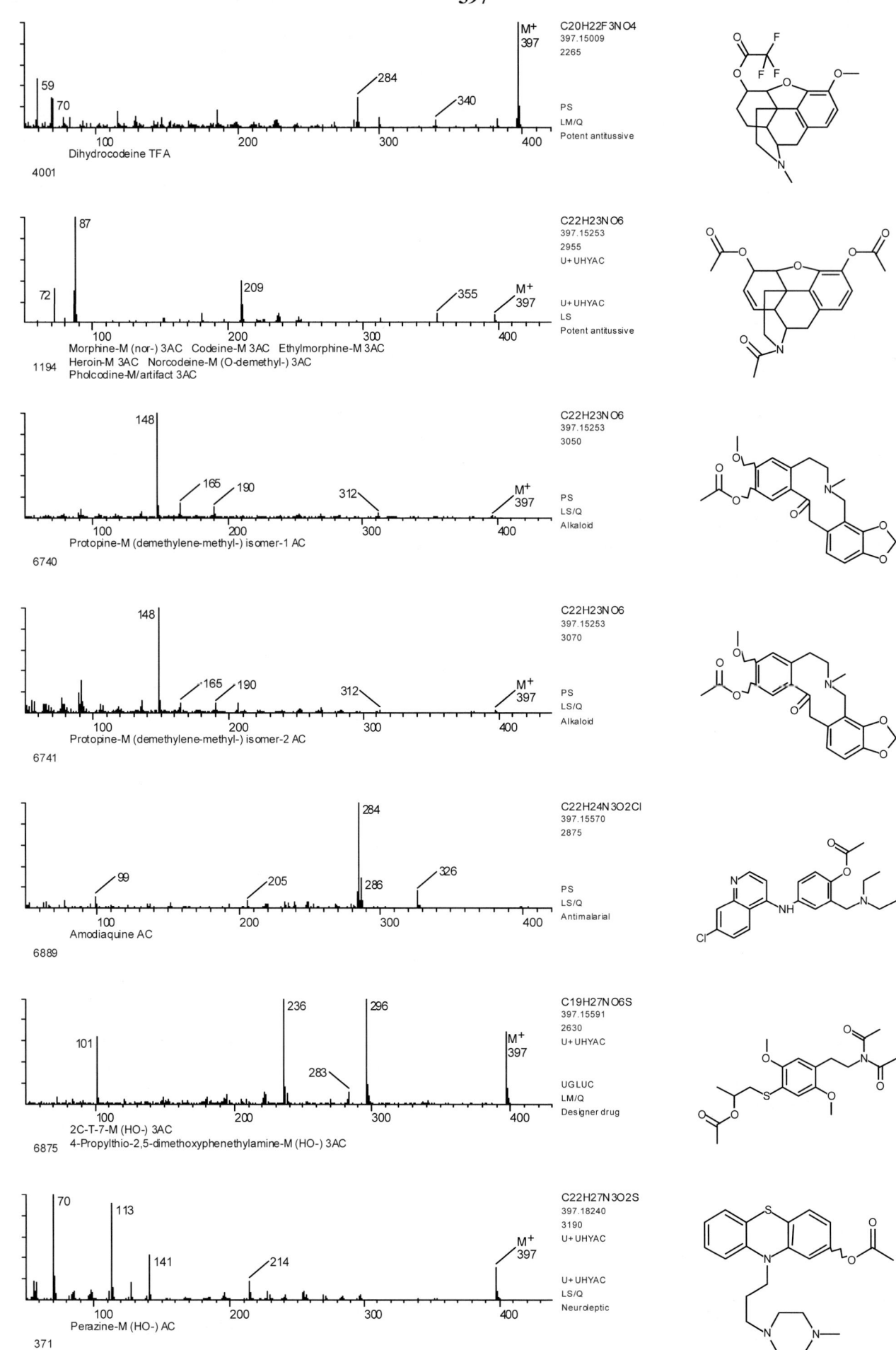

1010

397

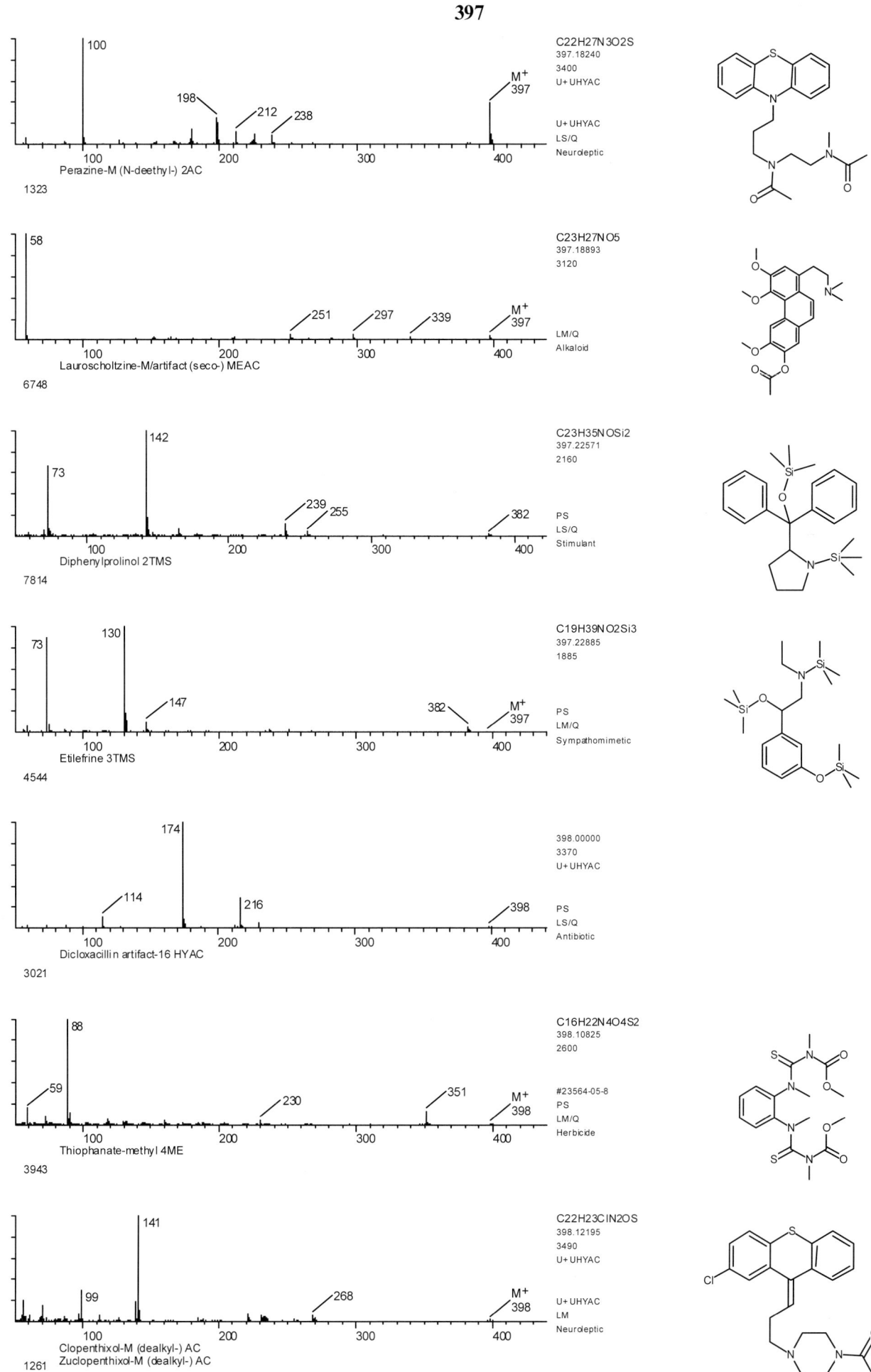

C22H27N3O2S
397.18240
3400
U+ UHYAC

U+ UHYAC
LS/Q
Neuroleptic

Perazine-M (N-deethyl-) 2AC
1323

C23H27NO5
397.18893
3120

LM/Q
Alkaloid

Lauroscholtzine-M/artifact (seco-) MEAC
6748

C23H35NOSi2
397.22571
2160

PS
LS/Q
Stimulant

Diphenylprolinol 2TMS
7814

C19H39NO2Si3
397.22885
1885

PS
LM/Q
Sympathomimetic

Etilefrine 3TMS
4544

398.00000
3370
U+ UHYAC

PS
LS/Q
Antibiotic

Dicloxacillin artifact-16 HYAC
3021

C16H22N4O4S2
398.10825
2600

#23564-05-8
PS
LM/Q
Herbicide

Thiophanate-methyl 4ME
3943

C22H23ClN2OS
398.12195
3490
U+ UHYAC

U+ UHYAC
LM
Neuroleptic

Clopenthixol-M (dealkyl-) AC
Zuclopenthixol-M (dealkyl-) AC
1261

1011

398

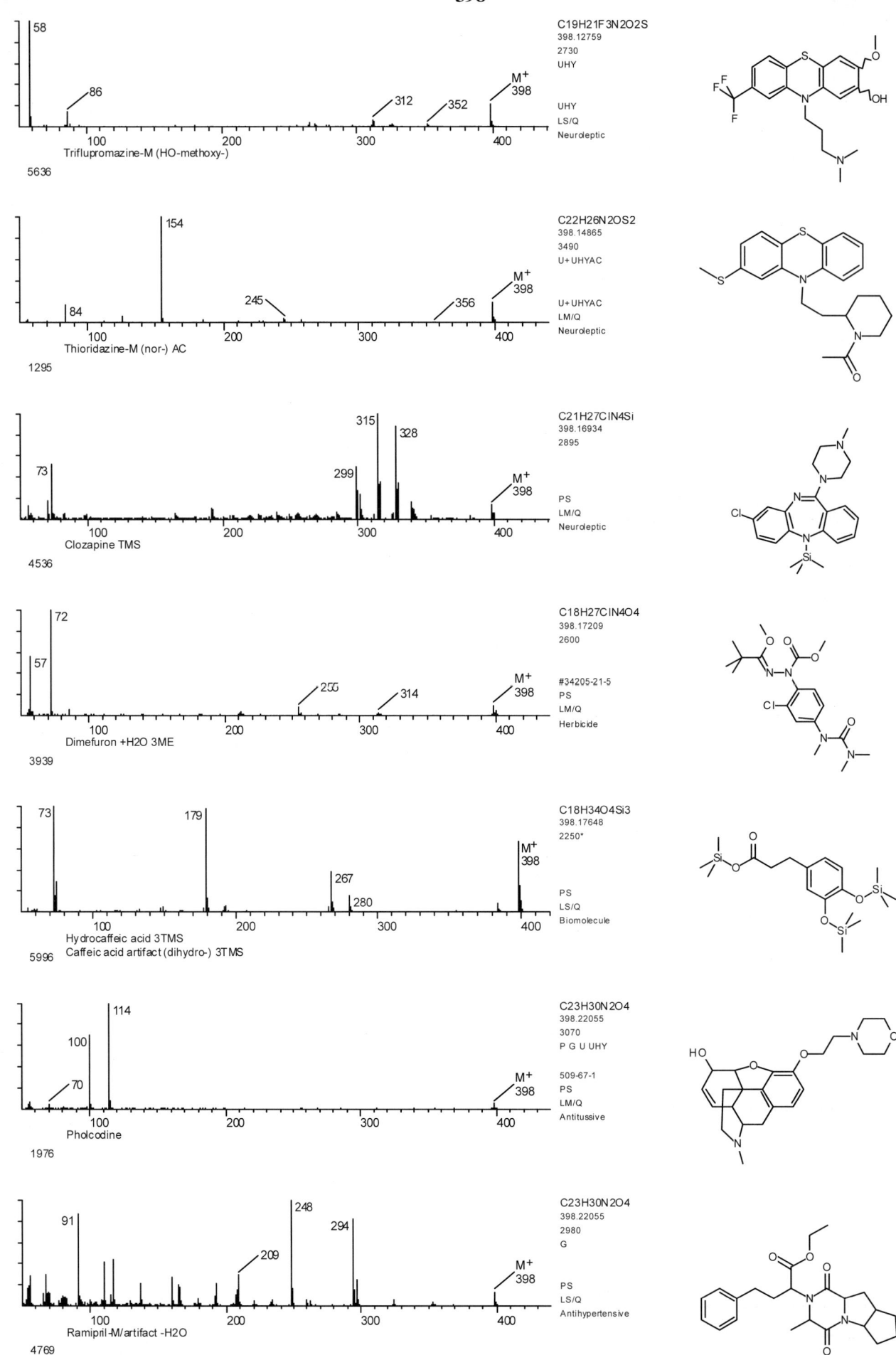

Triflupromazine-M (HO-methoxy-)
5636
58, 86, 312, 352, M+ 398
C19H21F3N2O2S
398.12759
2730
UHY
UHY
LS/Q
Neuroleptic

Thioridazine-M (nor-) AC
1295
84, 154, 245, 356, M+ 398
C22H26N2OS2
398.14865
3490
U+UHYAC
U+UHYAC
LM/Q
Neuroleptic

Clozapine TMS
4536
73, 299, 315, 328, M+ 398
C21H27ClN4Si
398.16934
2895
PS
LM/Q
Neuroleptic

Dimefuron +H2O 3ME
3939
57, 72, 255, 314, M+ 398
C18H27ClN4O4
398.17209
2600
#34205-21-5
PS
LM/Q
Herbicide

Hydrocaffeic acid 3TMS
Caffeic acid artifact (dihydro-) 3TMS
5996
73, 179, 267, 280, M+ 398
C18H34O4Si3
398.17648
2250*
PS
LS/Q
Biomolecule

Pholcodine
1976
70, 100, 114, M+ 398
C23H30N2O4
398.22055
3070
P G U UHY
509-67-1
PS
LM/Q
Antitussive

Ramipril-M/artifact -H2O
4769
91, 209, 248, 294, M+ 398
C23H30N2O4
398.22055
2980
G
PS
LS/Q
Antihypertensive

1012

398

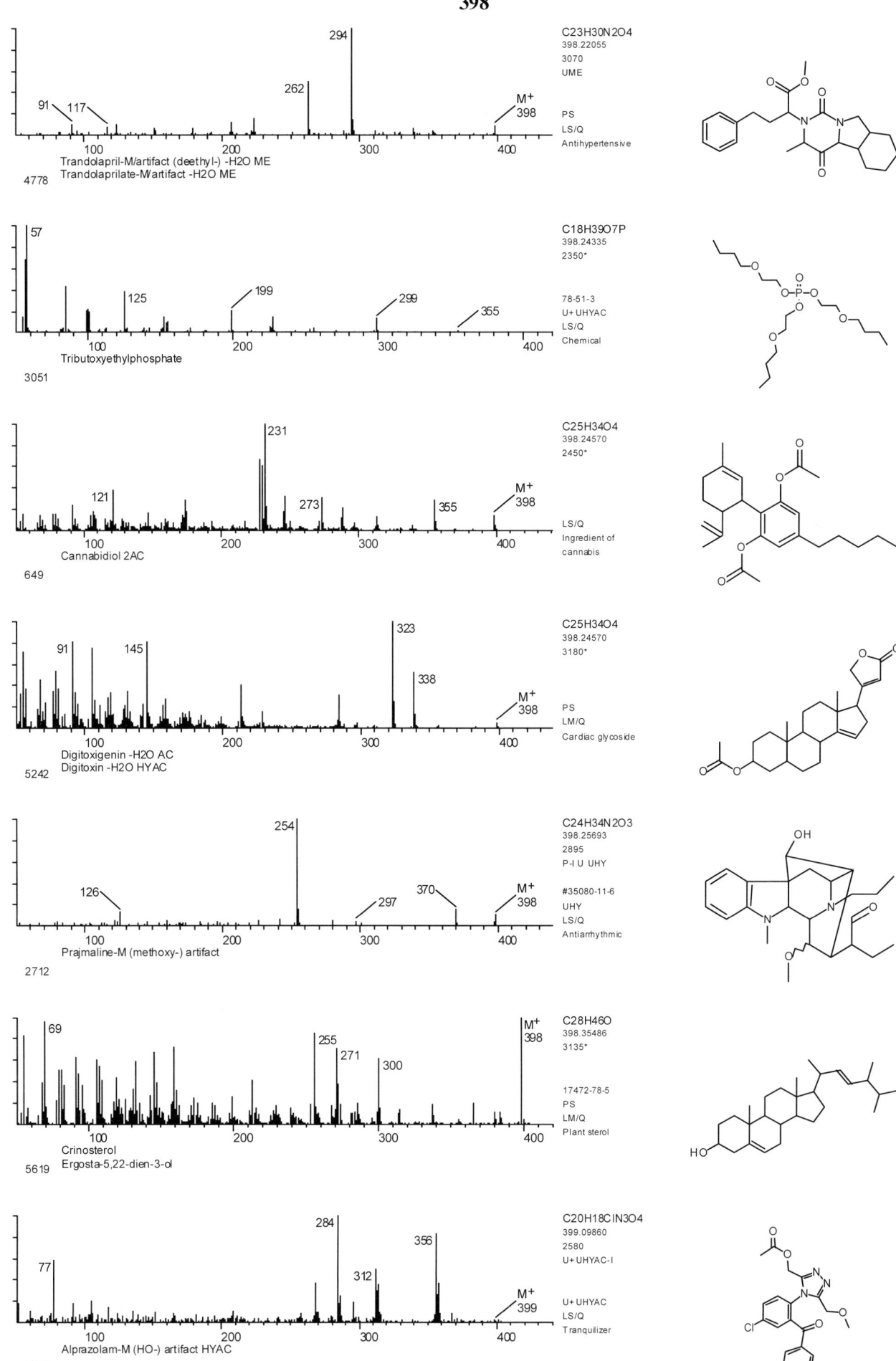

Trandolapril-M/artifact (deethyl-) -H2O ME
Trandolaprilate-M/artifact -H2O ME
4778

C23H30N2O4
398.22055
3070
UME

PS
LS/Q
Antihypertensive

Tributoxyethylphosphate
3051

C18H39O7P
398.24335
2350*

78-51-3
U+ UHYAC
LS/Q
Chemical

Cannabidiol 2AC
649

C25H34O4
398.24570
2450*

LS/Q
Ingredient of cannabis

Digitoxigenin -H2O AC
Digitoxin -H2O HYAC
5242

C25H34O4
398.24570
3180*

PS
LM/Q
Cardiac glycoside

Prajmaline-M (methoxy-) artifact
2712

C24H34N2O3
398.25693
2895
P-I U UHY

#35080-11-6
UHY
LS/Q
Antiarrhythmic

Crinosterol
Ergosta-5,22-dien-3-ol
5619

C28H46O
398.35486
3135*

17472-78-5
PS
LM/Q
Plant sterol

Alprazolam-M (HO-) artifact HYAC
2046

C20H18ClN3O4
399.09860
2580
U+ UHYAC-I

U+ UHYAC
LS/Q
Tranquilizer

1013

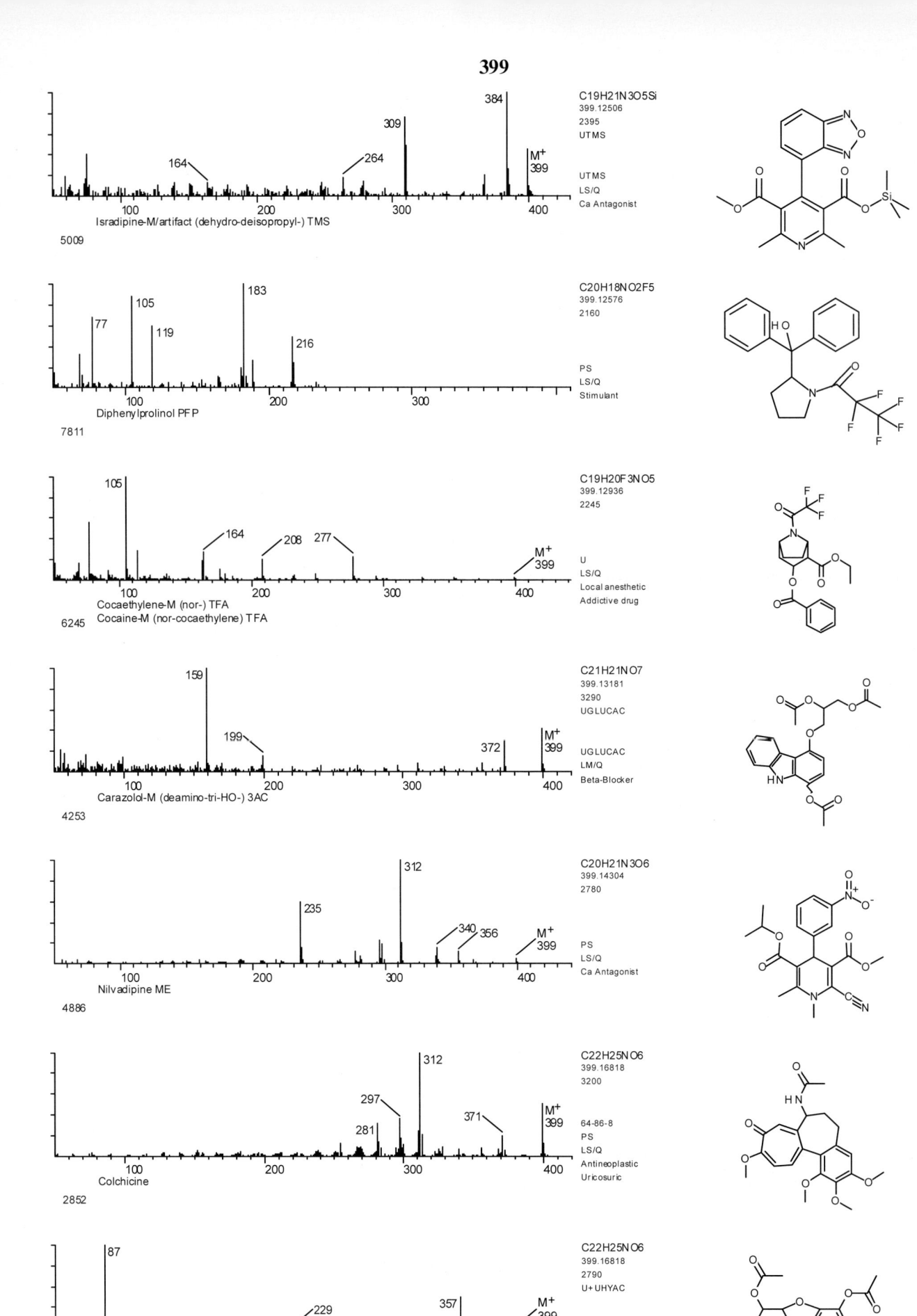

399

C19H21N3O5Si
399.12506
2395
UTMS

UTMS
LS/Q
Ca Antagonist

Isradipine-M/artifact (dehydro-deisopropyl-) TMS
5009

C20H18NO2F5
399.12576
2160

PS
LS/Q
Stimulant

Diphenylprolinol PFP
7811

C19H20F3NO5
399.12936
2245

U
LS/Q
Local anesthetic
Addictive drug

Cocaethylene-M (nor-) TFA
Cocaine-M (nor-cocaethylene) TFA
6245

C21H21NO7
399.13181
3290
UGLUCAC

UGLUCAC
LM/Q
Beta-Blocker

Carazolol-M (deamino-tri-HO-) 3AC
4253

C20H21N3O6
399.14304
2780

PS
LS/Q
Ca Antagonist

Nilvadipine ME
4886

C22H25NO6
399.16818
3200

64-86-8
PS
LS/Q
Antineoplastic
Uricosuric

Colchicine
2852

C22H25NO6
399.16818
2790
U+ UHYAC

U+ UHYAC
LS/Q
Potent antitussive
Potent analgesic

Dihydrocodeine-M (N,O-bis-demethyl-) 3AC
Dihydromorphine-M (nor-) 3AC
Hydrocodone-M (N,O-bis-demethyl-dihydro-) 3AC
3050

1014

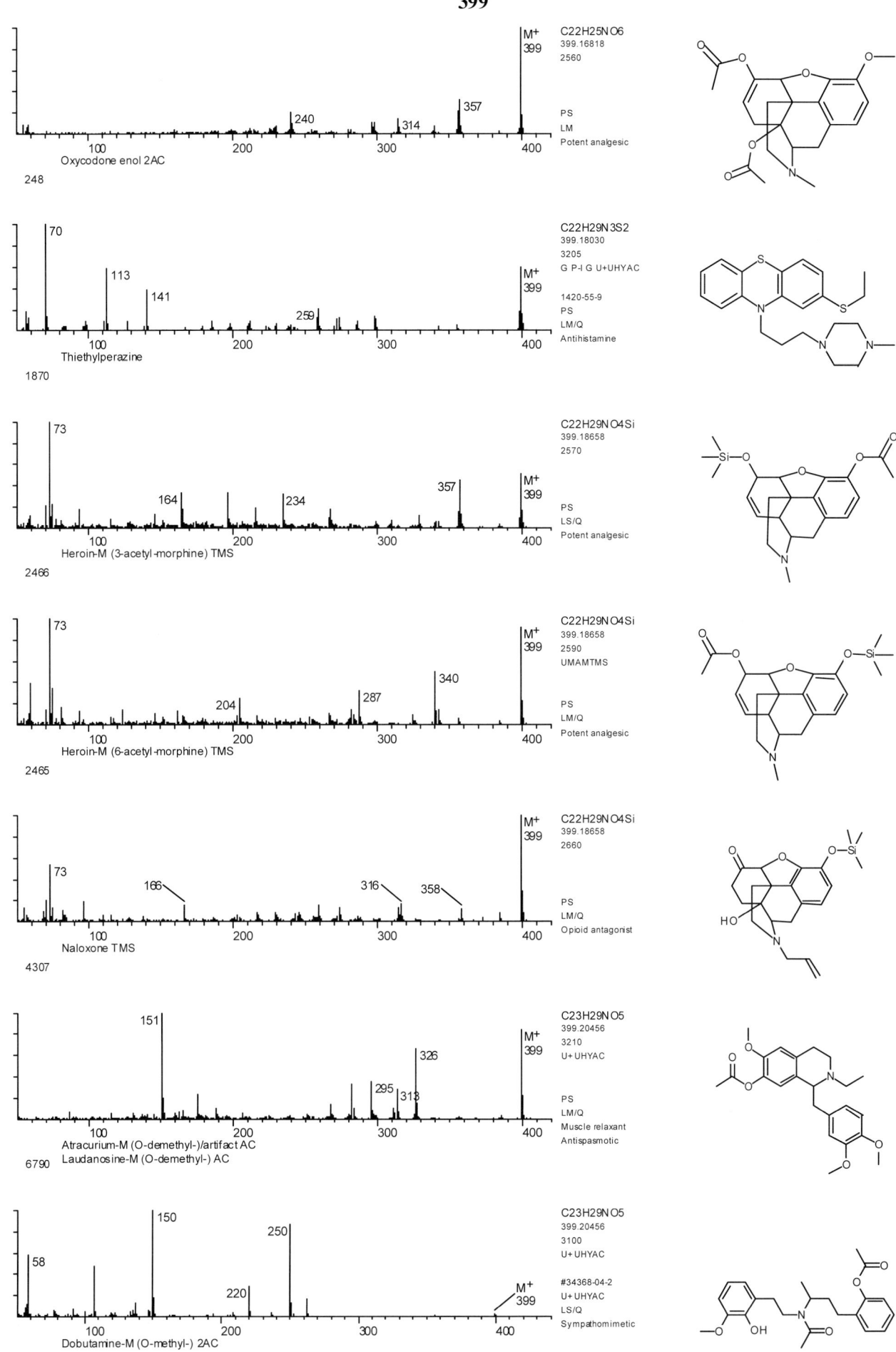

399

Oxycodone enol 2AC — 248	C22H25NO6, 399.16818, 2560, PS, LM, Potent analgesic. Peaks: 240, 314, 357, M+ 399
Thiethylperazine — 1870	C22H29N3S2, 399.18030, 3205, G P-I G U+UHYAC, 1420-55-9, PS, LM/Q, Antihistamine. Peaks: 70, 113, 141, 259, M+ 399
Heroin-M (3-acetyl-morphine) TMS — 2466	C22H29NO4Si, 399.18658, 2570, PS, LS/Q, Potent analgesic. Peaks: 73, 164, 234, 357, M+ 399
Heroin-M (6-acetyl-morphine) TMS — 2465	C22H29NO4Si, 399.18658, 2590, UMAMTMS, PS, LM/Q, Potent analgesic. Peaks: 73, 204, 287, 340, M+ 399
Naloxone TMS — 4307	C22H29NO4Si, 399.18658, 2660, PS, LM/Q, Opioid antagonist. Peaks: 73, 166, 316, 358, M+ 399
Atracurium-M (O-demethyl-)/artifact AC — 6790 Laudanosine-M (O-demethyl-) AC	C23H29NO5, 399.20456, 3210, U+UHYAC, PS, LM/Q, Muscle relaxant, Antispasmotic. Peaks: 151, 295, 313, 326, M+ 399
Dobutamine-M (O-methyl-) 2AC — 2981	C23H29NO5, 399.20456, 3100, U+UHYAC, #34368-04-2, U+UHYAC, LS/Q, Sympathomimetic. Peaks: 58, 150, 220, 250, M+ 399

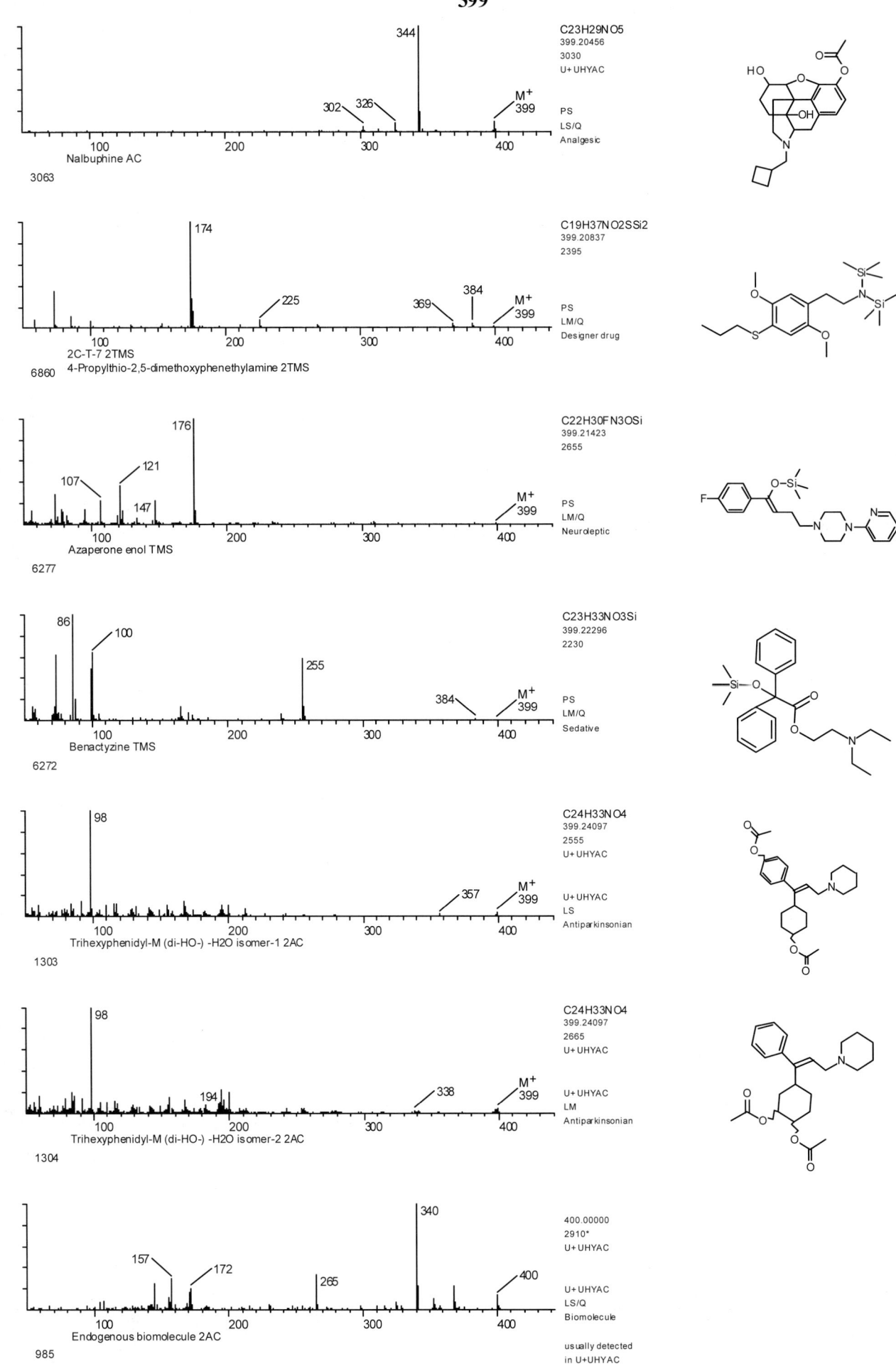

399

Spectrum	Formula	Details
Nalbuphine AC (3063)	C23H29NO5	399.20456; 3030; U+ UHYAC; peaks 344, 326, 302, M+ 399; PS; LS/Q; Analgesic
2C-T-7 2TMS / 4-Propylthio-2,5-dimethoxyphenethylamine 2TMS (6860)	C19H37NO2SSi2	399.20837; 2395; peaks 174, 225, 369, 384, M+ 399; PS; LM/Q; Designer drug
Azaperone enol TMS (6277)	C22H30FN3OSi	399.21423; 2655; peaks 107, 121, 147, 176, M+ 399; PS; LM/Q; Neuroleptic
Benactyzine TMS (6272)	C23H33NO3Si	399.22296; 2230; peaks 86, 100, 255, 384, M+ 399; PS; LM/Q; Sedative
Trihexyphenidyl-M (di-HO-) -H2O isomer-1 2AC (1303)	C24H33NO4	399.24097; 2555; U+ UHYAC; peaks 98, 357, M+ 399; U+ UHYAC; LS; Antiparkinsonian
Trihexyphenidyl-M (di-HO-) -H2O isomer-2 2AC (1304)	C24H33NO4	399.24097; 2665; U+ UHYAC; peaks 98, 194, 338, M+ 399; U+ UHYAC; LM; Antiparkinsonian
Endogenous biomolecule 2AC (985)		400.00000; 2910*; U+ UHYAC; peaks 157, 172, 265, 340, 400; U+ UHYAC; LS/Q; Biomolecule; usually detected in U+UHYAC

1016

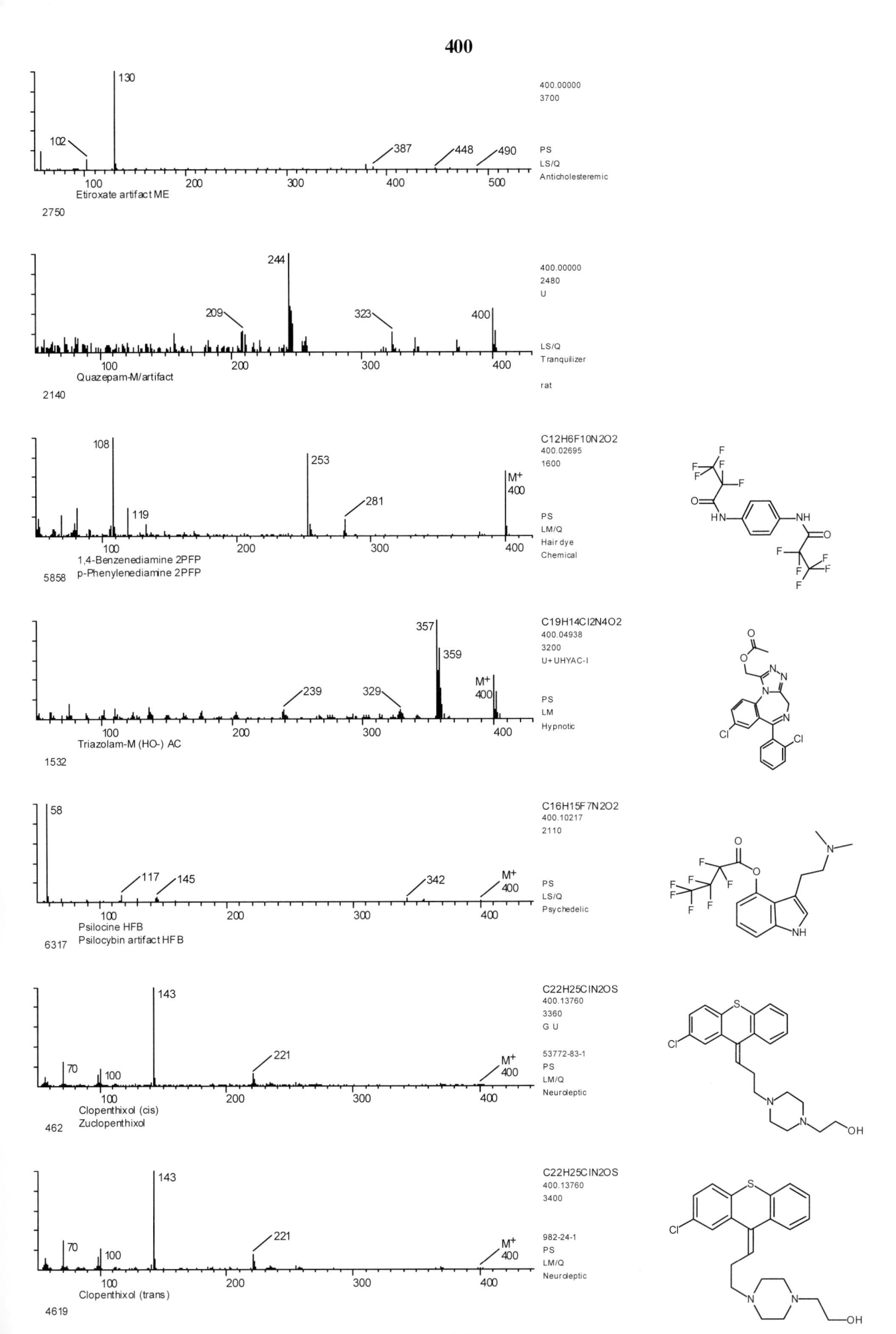

400

Etiroxate artifact ME	400.00000 / 3700 / PS / LS/Q / Anticholesteremic
2750	peaks: 102, 130, 387, 448, 490
Quazepam-M/artifact	400.00000 / 2480 / U / LS/Q / Tranquilizer / rat
2140	peaks: 209, 244, 323, 400
1,4-Benzenediamine 2PFP / p-Phenylenediamine 2PFP	C12H6F10N2O2 / 400.02695 / 1600 / PS / LM/Q / Hair dye / Chemical
5858	peaks: 108, 119, 253, 281, M+ 400
Triazolam-M (HO-) AC	C19H14Cl2N4O2 / 400.04938 / 3200 / U+ UHYAC-I / PS / LM / Hypnotic
1532	peaks: 239, 329, 357, 359, M+ 400
Psilocine HFB / Psilocybin artifact HFB	C16H15F7N2O2 / 400.10217 / 2110 / PS / LS/Q / Psychedelic
6317	peaks: 58, 117, 145, 342, M+ 400
Clopenthixol (cis) / Zuclopenthixol	C22H25ClN2OS / 400.13760 / 3360 / G U / 53772-83-1 / PS / LM/Q / Neuroleptic
462	peaks: 70, 100, 143, 221, M+ 400
Clopenthixol (trans)	C22H25ClN2OS / 400.13760 / 3400 / 982-24-1 / PS / LM/Q / Neuroleptic
4619	peaks: 70, 100, 143, 221, M+ 400

1017

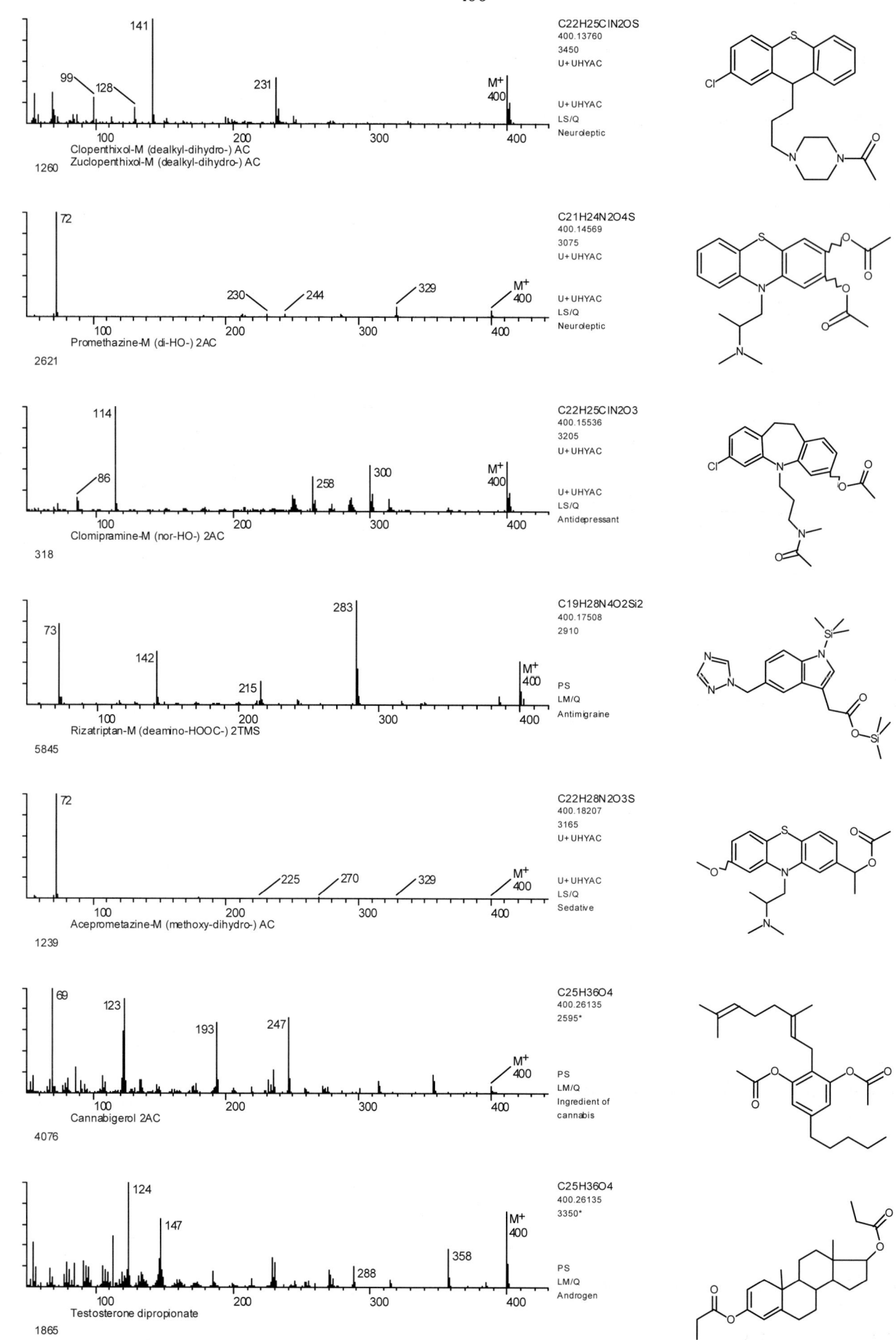

400

141 99 128 231 M+ 400 100 200 300 400 Clopenthixol-M (dealkyl-dihydro-) AC Zuclopenthixol-M (dealkyl-dihydro-) AC 1260	C22H25ClN2OS 400.13760 3450 U+ UHYAC U+ UHYAC LS/Q Neuroleptic
72 230 244 329 M+ 400 100 200 300 400 Promethazine-M (di-HO-) 2AC 2621	C21H24N2O4S 400.14569 3075 U+ UHYAC U+ UHYAC LS/Q Neuroleptic
114 86 258 300 M+ 400 100 200 300 400 Clomipramine-M (nor-HO-) 2AC 318	C22H25ClN2O3 400.15536 3205 U+ UHYAC U+ UHYAC LS/Q Antidepressant
283 73 142 215 M+ 400 100 200 300 400 Rizatriptan-M (deamino-HOOC-) 2TMS 5845	C19H28N4O2Si2 400.17508 2910 PS LM/Q Antimigraine
72 225 270 329 M+ 400 100 200 300 400 Aceprometazine-M (methoxy-dihydro-) AC 1239	C22H28N2O3S 400.18207 3165 U+ UHYAC U+ UHYAC LS/Q Sedative
69 123 193 247 M+ 400 100 200 300 400 Cannabigerol 2AC 4076	C25H36O4 400.26135 2595* PS LM/Q Ingredient of cannabis
124 147 288 358 M+ 400 100 200 300 400 Testosterone dipropionate 1865	C25H36O4 400.26135 3350* PS LM/Q Androgen

1018

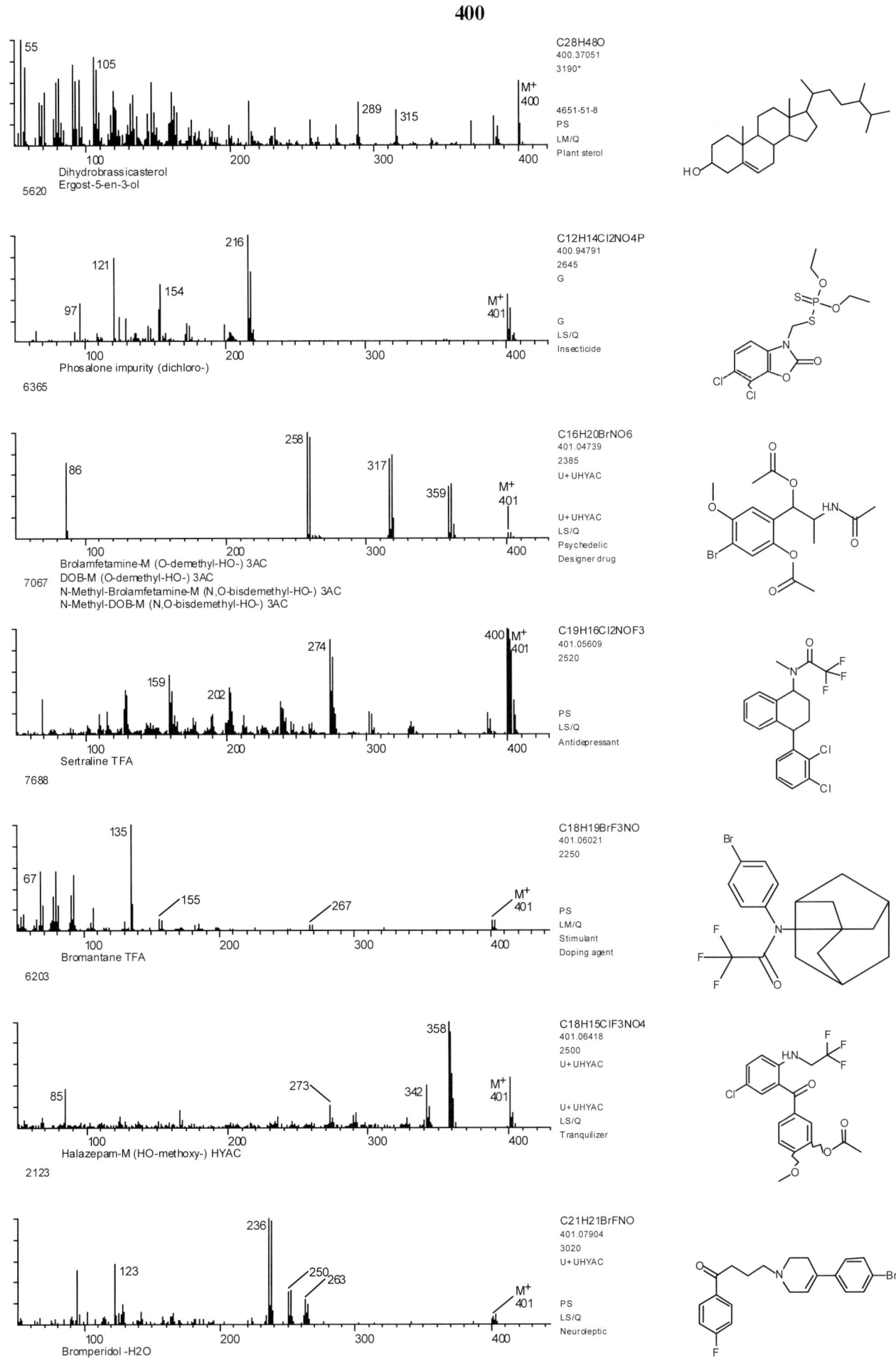

400

Dihydrobrassicasterol
Ergost-5-en-3-ol
5620

C28H48O
400.37051
3190*
4651-51-8
PS
LM/Q
Plant sterol

Phosalone impurity (dichloro-)
6365

C12H14Cl2NO4P
400.94791
2645
G
G
LS/Q
Insecticide

Brolamfetamine-M (O-demethyl-HO-) 3AC
DOB-M (O-demethyl-HO-) 3AC
N-Methyl-Brolamfetamine-M (N,O-bisdemethyl-HO-) 3AC
N-Methyl-DOB-M (N,O-bisdemethyl-HO-) 3AC
7067

C16H20BrNO6
401.04739
2385
U+ UHYAC
U+ UHYAC
LS/Q
Psychedelic
Designer drug

Sertraline TFA
7688

C19H16Cl2NOF3
401.05609
2520
PS
LS/Q
Antidepressant

Bromantane TFA
6203

C18H19BrF3NO
401.06021
2250
PS
LM/Q
Stimulant
Doping agent

Halazepam-M (HO-methoxy-) HYAC
2123

C18H15ClF3NO4
401.06418
2500
U+ UHYAC
U+ UHYAC
LS/Q
Tranquilizer

Bromperidol -H2O
2115

C21H21BrFNO
401.07904
3020
U+ UHYAC
PS
LS/Q
Neuroleptic

1019

401

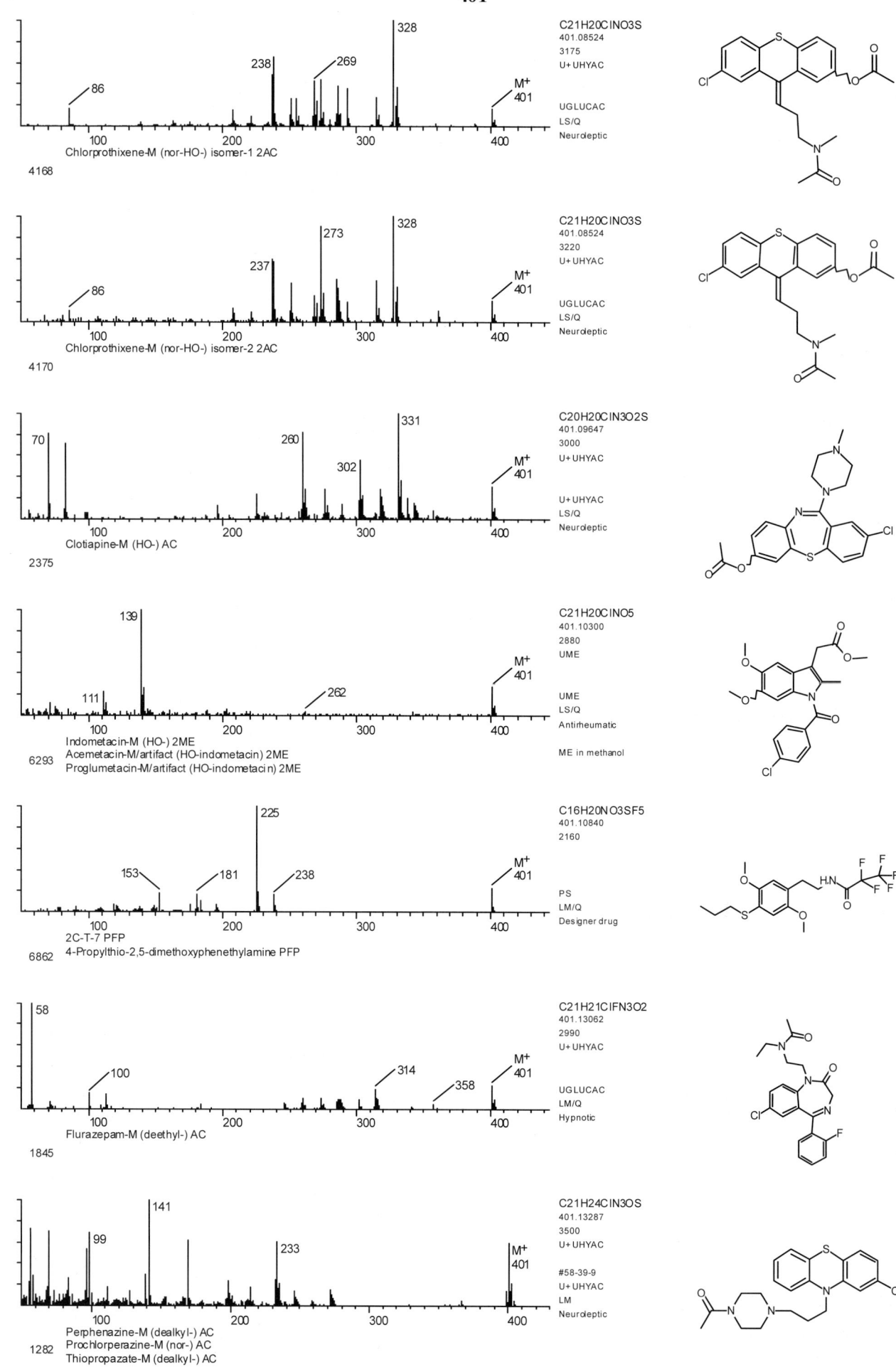

Chlorprothixene-M (nor-HO-) isomer-1 2AC
4168

C21H20ClNO3S
401.08524
3175
U+ UHYAC

UGLUCAC
LS/Q
Neuroleptic

Chlorprothixene-M (nor-HO-) isomer-2 2AC
4170

C21H20ClNO3S
401.08524
3220
U+ UHYAC

UGLUCAC
LS/Q
Neuroleptic

Clotiapine-M (HO-) AC
2375

C20H20ClN3O2S
401.09647
3000
U+ UHYAC

U+ UHYAC
LS/Q
Neuroleptic

Indometacin-M (HO-) 2ME
Acemetacin-M/artifact (HO-indometacin) 2ME
Proglumetacin-M/artifact (HO-indometacin) 2ME
6293

C21H20ClNO5
401.10300
2880
UME

UME
LS/Q
Antirheumatic
ME in methanol

2C-T-7 PFP
4-Propylthio-2,5-dimethoxyphenethylamine PFP
6862

C16H20NO3SF5
401.10840
2160

PS
LM/Q
Designer drug

Flurazepam-M (deethyl-) AC
1845

C21H21ClFN3O2
401.13062
2990
U+ UHYAC

UGLUCAC
LM/Q
Hypnotic

Perphenazine-M (dealkyl-) AC
Prochlorperazine-M (nor-) AC
Thiopropazate-M (dealkyl-) AC
1282

C21H24ClN3OS
401.13287
3500
U+ UHYAC

#58-39-9
U+ UHYAC
LM
Neuroleptic

1020

401

Atomoxetine PFP
7238
C20H20F5NO2
401.14142
2250
PS
LM/Q
Antidepressant

Bupranolol-M (HO-methoxy-) 2AC
1592
C19H28ClNO6
401.16052
2500
U+ UHYAC
U+ UHYAC
LM/Q
Beta-Blocker
rat

Paroxetine TMS
4579
C22H28FNO3Si
401.18225
2710
PS
LS/Q
Antidepressant

Oxycodone-M (dihydro-) 2AC
1189
C22H27NO6
401.18384
2570
U+ UHYAC
U+ UHYAC
LS
Potent analgesic
rat

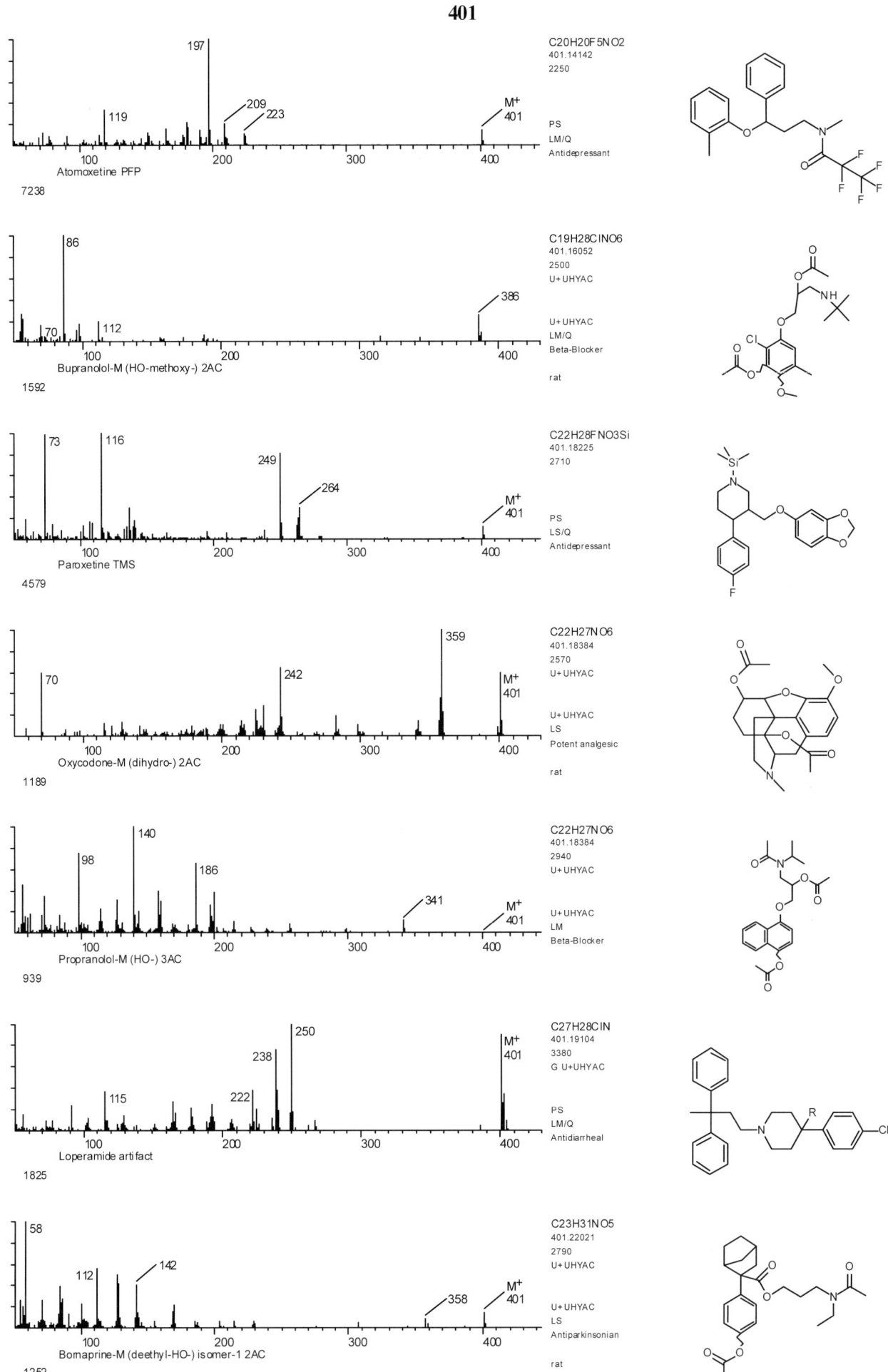

Propranolol-M (HO-) 3AC
939
C22H27NO6
401.18384
2940
U+ UHYAC
U+ UHYAC
LM
Beta-Blocker

Loperamide artifact
1825
C27H28ClN
401.19104
3380
G U+ UHYAC
PS
LM/Q
Antidiarrheal

Bornaprine-M (deethyl-HO-) isomer-1 2AC
1252
C23H31NO5
401.22021
2790
U+ UHYAC
U+ UHYAC
LS
Antiparkinsonian
rat

401

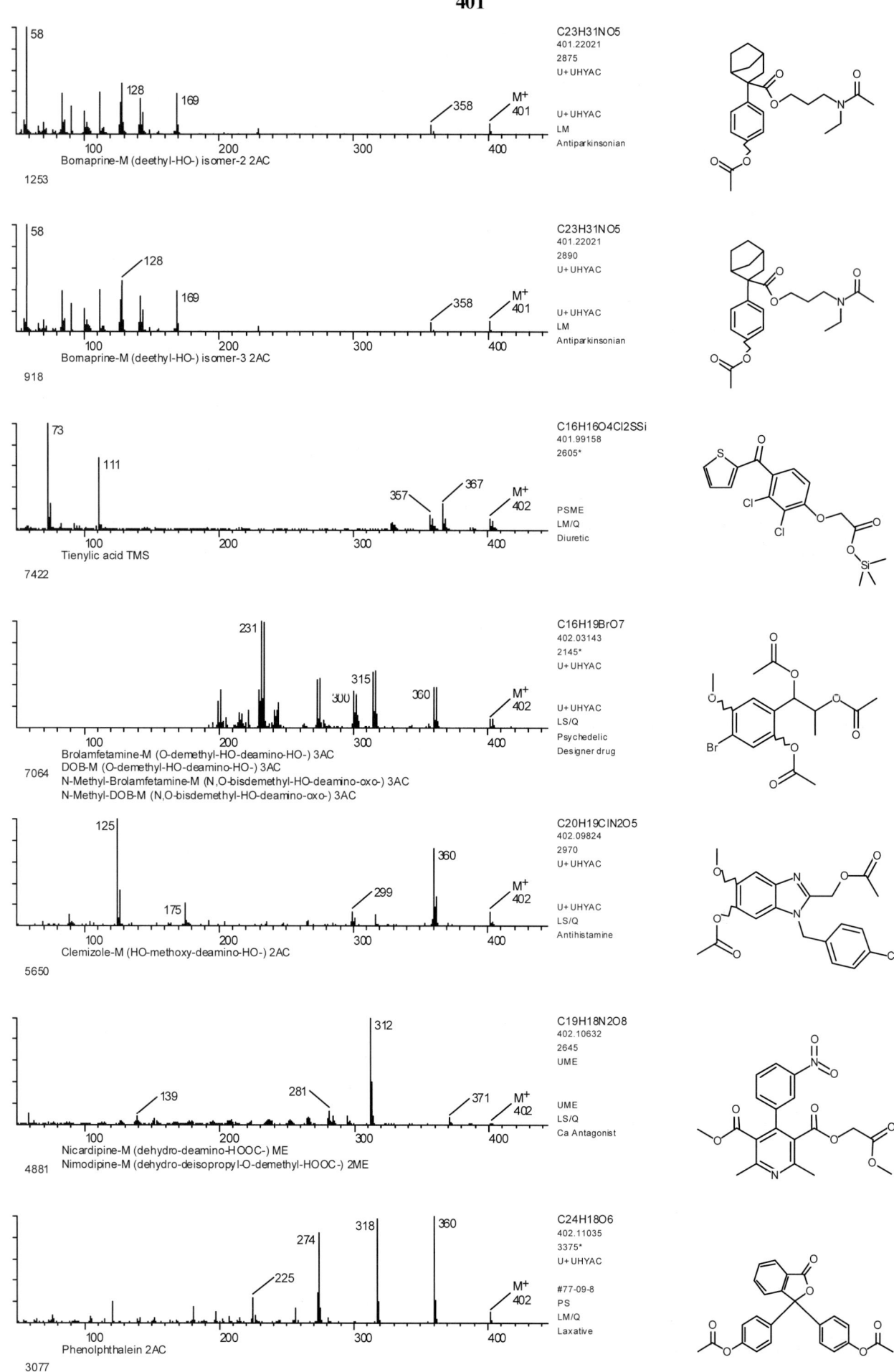

58, 128, 169, 358, M+ 401	C23H31NO5 401.22021 2875 U+ UHYAC U+ UHYAC LM Antiparkinsonian	
Bornaprine-M (deethyl-HO-) isomer-2 2AC
1253		
58, 128, 169, 358, M+ 401	C23H31NO5 401.22021 2890 U+ UHYAC U+ UHYAC LM Antiparkinsonian	
Bornaprine-M (deethyl-HO-) isomer-3 2AC
918		
73, 111, 357, 367, M+ 402	C16H16O4Cl2SSi 401.99158 2605* PSME LM/Q Diuretic	
Tienylic acid TMS
7422		
231, 300, 315, 360, M+ 402	C16H19BrO7 402.03143 2145* U+ UHYAC U+ UHYAC LS/Q Psychedelic Designer drug	
Brolamfetamine-M (O-demethyl-HO-deamino-HO-) 3AC
DOB-M (O-demethyl-HO-deamino-HO-) 3AC
N-Methyl-Brolamfetamine-M (N,O-bisdemethyl-HO-deamino-oxo-) 3AC
N-Methyl-DOB-M (N,O-bisdemethyl-HO-deamino-oxo-) 3AC
7064		
125, 175, 299, 360, M+ 402	C20H19ClN2O5 402.09824 2970 U+ UHYAC U+ UHYAC LS/Q Antihistamine	
Clemizole-M (HO-methoxy-deamino-HO-) 2AC
5650		
139, 281, 312, 371, M+ 402	C19H18N2O8 402.10632 2645 UME UME LS/Q Ca Antagonist	
Nicardipine-M (dehydro-deamino-HOOC-) ME
Nimodipine-M (dehydro-deisopropyl-O-demethyl-HOOC-) 2ME
4881		
225, 274, 318, 360, M+ 402	C24H18O6 402.11035 3375* U+ UHYAC #77-09-8 PS LM/Q Laxative	
Phenolphthalein 2AC
3077		

1022

402

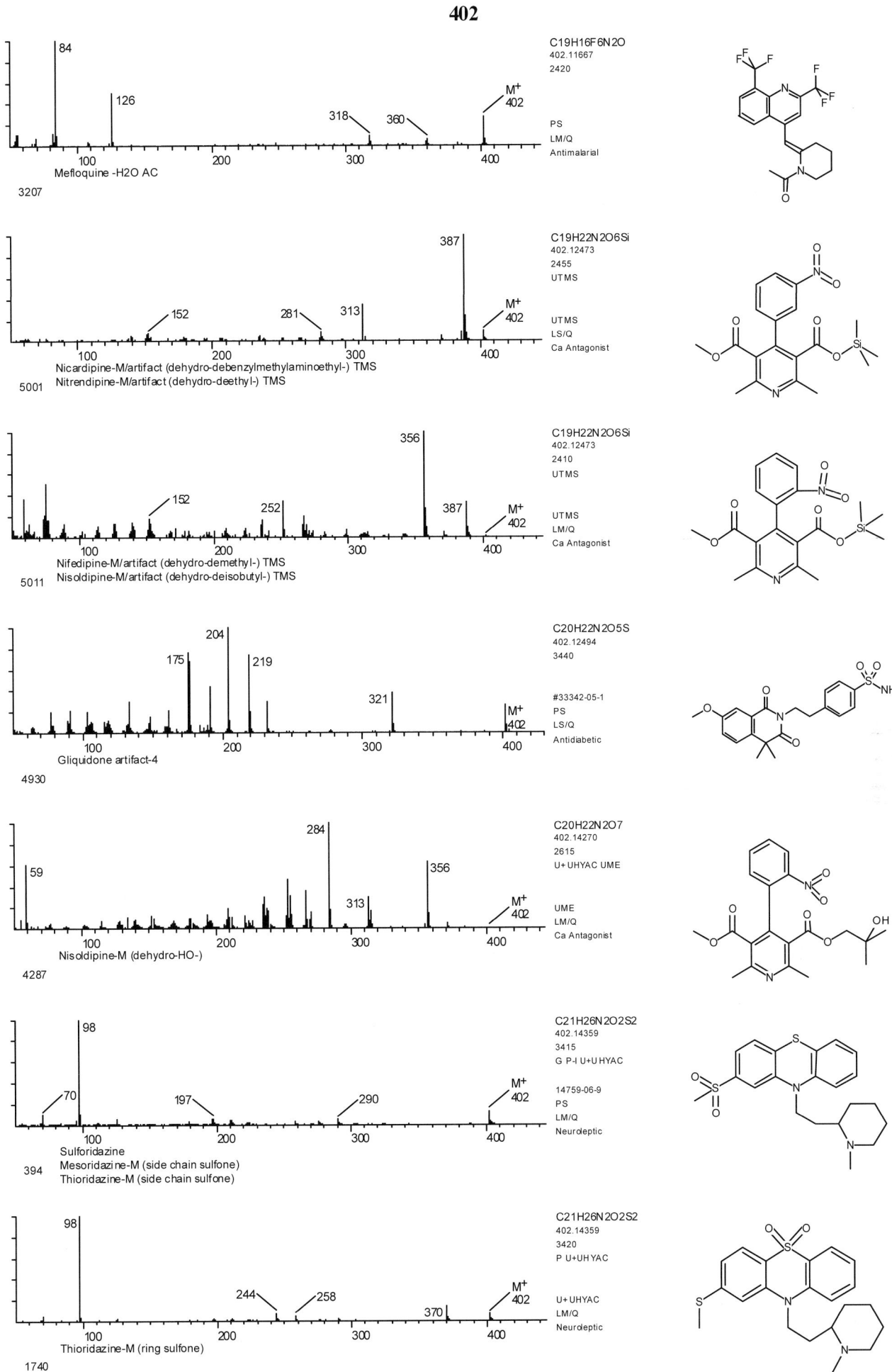

C19H16F6N2O
402.11667
2420

PS
LM/Q
Antimalarial

Mefloquine -H2O AC
3207

C19H22N2O6Si
402.12473
2455
UTMS

UTMS
LS/Q
Ca Antagonist

Nicardipine-M/artifact (dehydro-debenzylmethylaminoethyl-) TMS
Nitrendipine-M/artifact (dehydro-deethyl-) TMS
5001

C19H22N2O6Si
402.12473
2410
UTMS

UTMS
LM/Q
Ca Antagonist

Nifedipine-M/artifact (dehydro-demethyl-) TMS
Nisoldipine-M/artifact (dehydro-deisobutyl-) TMS
5011

C20H22N2O5S
402.12494
3440

#33342-05-1
PS
LS/Q
Antidiabetic

Gliquidone artifact-4
4930

C20H22N2O7
402.14270
2615
U+UHYAC UME

UME
LM/Q
Ca Antagonist

Nisoldipine-M (dehydro-HO-)
4287

C21H26N2O2S2
402.14359
3415
G P-I U+UHYAC

14759-06-9
PS
LM/Q
Neuroleptic

Sulforidazine
Mesoridazine-M (side chain sulfone)
Thioridazine-M (side chain sulfone)
394

C21H26N2O2S2
402.14359
3420
P U+UHYAC

U+UHYAC
LM/Q
Neuroleptic

Thioridazine-M (ring sulfone)
1740

1023

402

Flupirtine -C2H5OH 2TMS
C19H27FN4OSi2
402.17075
2640
PS
LM/Q
Analgesic
4548

Cetirizine ME
Hydroxyzine-M (HOOC-) ME
C22H27ClN2O3
402.17102
2910
G PME UME U+U HYA
PS
LM/Q
Antihistamine
4323

Roxatidine TFA
C19H25F3N2O4
402.17664
2485
PS
LS/Q
H2-Blocker
4200

Nisoldipine ME
C21H26N2O6
402.17908
2770
PS
LM/Q
Ca Antagonist
4896

Prednisolone acetate
C23H30O6
402.20425
3560*
PS
LS/Q
Corticoid
3296

Heroin-M (6-acetyl-morphine)-D3 TMS
C22H26D3NO4Si
402.20541
2580
PS
LM/Q
Potent analgesic
Internal standard
5577

2C-I TFA
2,5-Dimethoxy-4-iodophenethylamine TFA
C12H13NO3F3I
402.98923
2100
UGLUCTFA
UGLUCTFA
LS/Q
Designer drug
6959

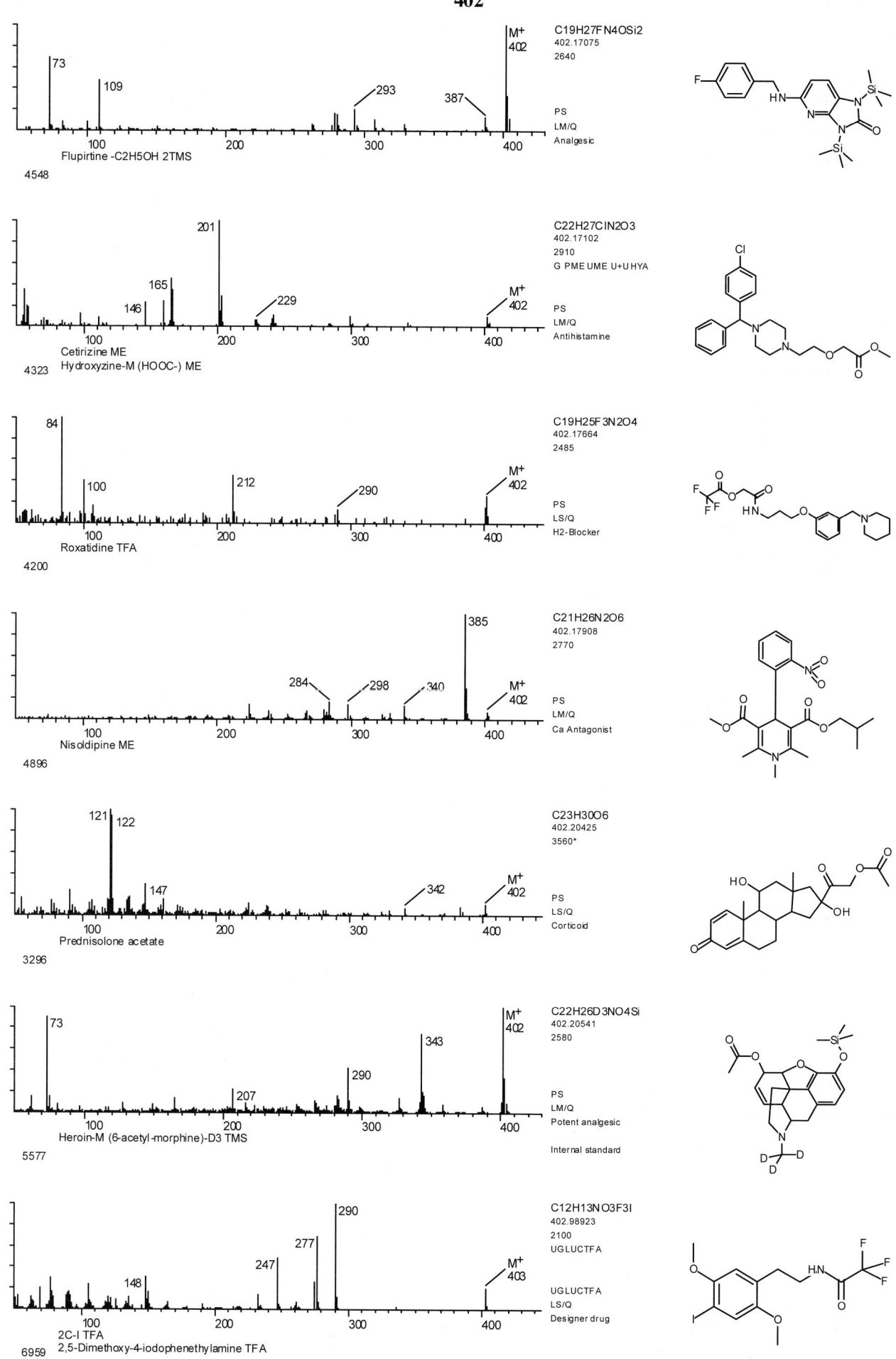

403

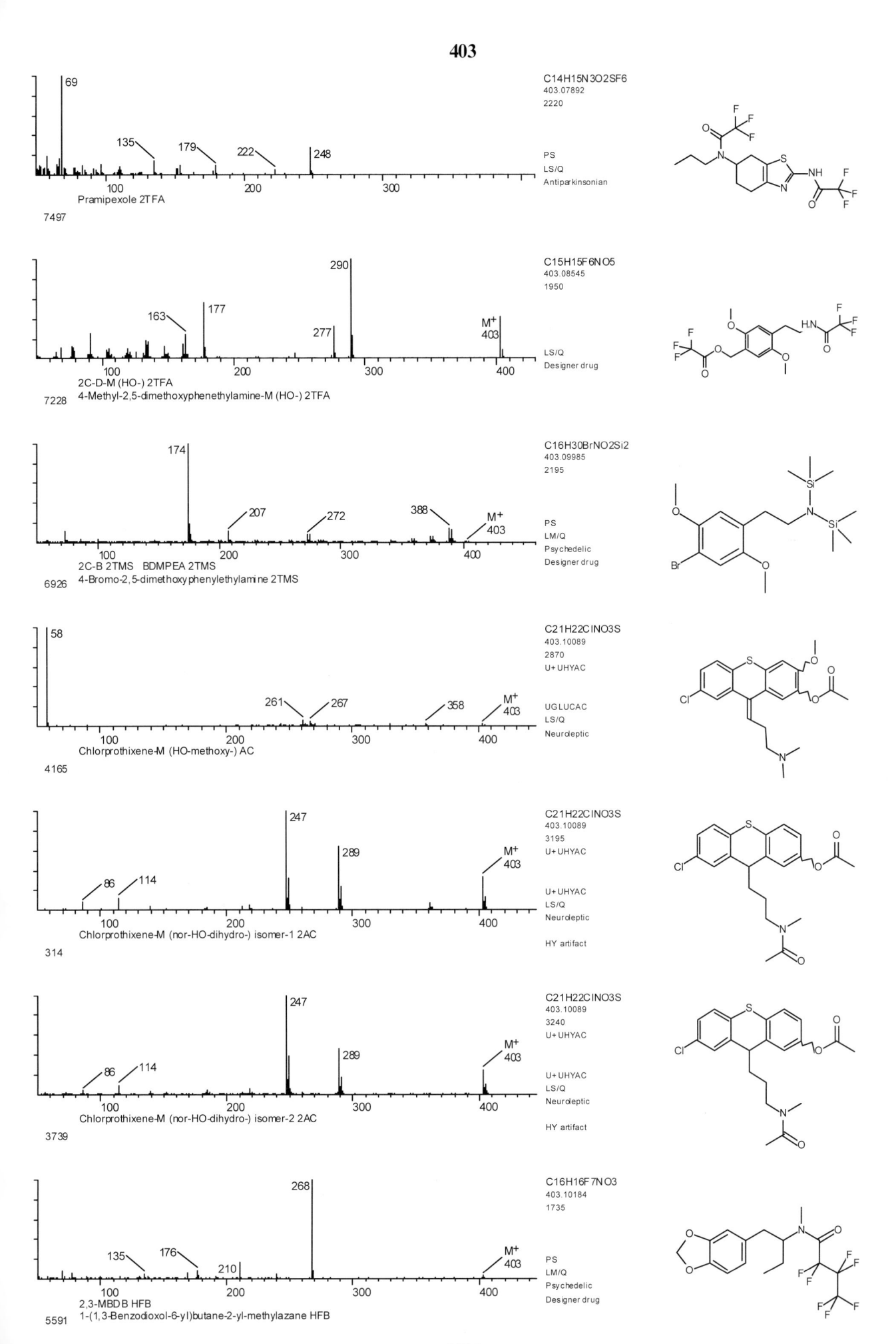

Pramipexole 2TFA
7497
C14H15N3O2SF6
403.07892
2220
PS
LS/Q
Antiparkinsonian
Peaks: 69, 135, 179, 222, 248

2C-D-M (HO-) 2TFA
4-Methyl-2,5-dimethoxyphenethylamine-M (HO-) 2TFA
7228
C15H15F6NO5
403.08545
1950
LS/Q
Designer drug
Peaks: 163, 177, 277, 290, M+ 403

2C-B 2TMS   BDMPEA 2TMS
4-Bromo-2,5-dimethoxyphenylethylamine 2TMS
6926
C16H30BrNO2Si2
403.09985
2195
PS
LM/Q
Psychedelic
Designer drug
Peaks: 174, 207, 272, 388, M+ 403

Chlorprothixene-M (HO-methoxy-) AC
4165
C21H22ClNO3S
403.10089
2870
U+ UHYAC
UGLUCAC
LS/Q
Neuroleptic
Peaks: 58, 261, 267, 358, M+ 403

Chlorprothixene-M (nor-HO-dihydro-) isomer-1 2AC
314
C21H22ClNO3S
403.10089
3195
U+ UHYAC
U+ UHYAC
LS/Q
Neuroleptic
HY artifact
Peaks: 86, 114, 247, 289, M+ 403

Chlorprothixene-M (nor-HO-dihydro-) isomer-2 2AC
3739
C21H22ClNO3S
403.10089
3240
U+ UHYAC
U+ UHYAC
LS/Q
Neuroleptic
HY artifact
Peaks: 86, 114, 247, 289, M+ 403

2,3-MBDB HFB
1-(1,3-Benzodioxol-6-yl)butane-2-yl-methylazane HFB
5591
C16H16F7NO3
403.10184
1735
PS
LM/Q
Psychedelic
Designer drug
Peaks: 135, 176, 210, 268, M+ 403

1025

403

MBDB HFB — C16H16F7NO3, 403.10184, 1815, PS, LM/Q, Psychedelic, Designer drug
Peaks: 135, 176, 210, 268, M+ 403
5088

MDE HFB — C16H16F7NO3, 403.10184, 1790, PS, LM/Q, Psychedelic, Designer drug
Peaks: 135, 162, 240, 268, M+ 403
5087

Morphine Cl-artifact 2AC   Codeine-M (O-demethyl-) Cl-artifact 2AC
Ethylmorphine-M (O-deethyl-) Cl-artifact 2AC   Heroin Cl-artifact
Pholcodine-M/artifact (O-dealkyl-) Cl-artifact 2AC
C21H22ClNO5, 403.11865, 2680, U+ UHYAC, U+ UHYAC, LS/Q, Potent analgesic
Peaks: 204, 302, 344, 361, M+ 403
2992

Amfepramone-M (dihydro-) HFB — C17H20NO2F7, 403.13824, 1525, SPEHFB, SPEHFB, LS/Q, Anorectic
Peaks: 100, 169, 190, 303, M+ 403
6687

Perphenazine
Metofenazate-M/artifact (desacyl-)
Thiopropazate-M (desacetyl-)
C21H26ClN3OS, 403.14850, 3360, UHY-I, 58-39-9, PS, LS, Neuroleptic
Peaks: 42, 70, 246, 372, M+ 403
592

Perphenazine   Metofenazate-M/artifact (deacyl-)
Thiopropazate-M (desacetyl-)
C21H26ClN3OS, 403.14850, 3360, #388-51-2, PS, LM/Q, Neuroleptic
Peaks: 70, 143, 171, 246, M+ 403
4252

Glibornuride-M (HO-) artifact 3TMS
Gliclazide-M (HO-) artifact 3TMS
Tolazamide-M (HO-) artifact 3TMS
Tolbutamide-M (HO-) artifact 3TMS
C16H33NO3SSi3, 403.14890, 2000, UTMS, UTMS, LM/Q, Antidiabetic
Peaks: 73, 258, 272, 388, M+ 403
5018

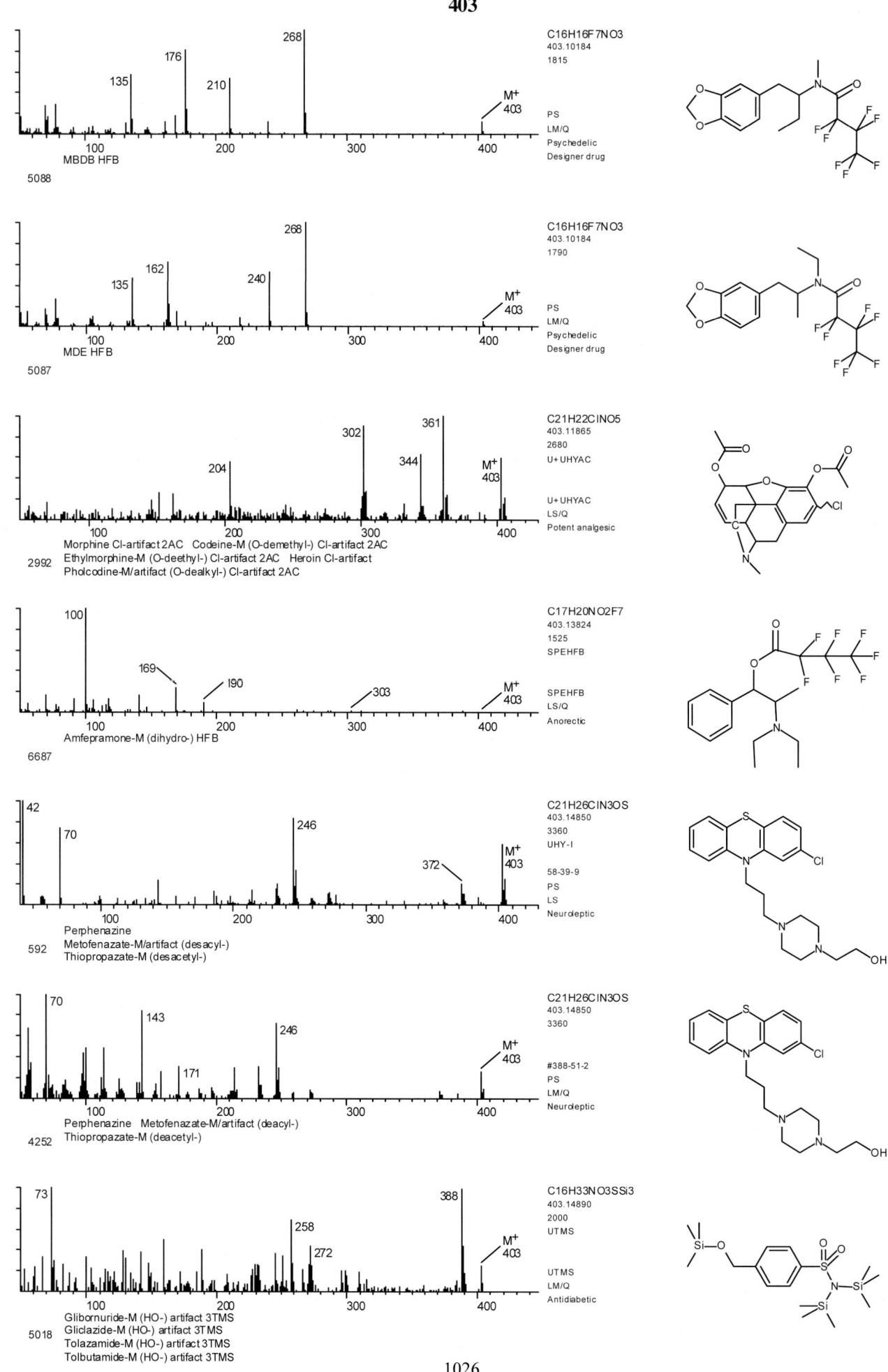

1026

403

C20H22F5NO2
403.15707
2060
UHYPFP

#125-71-3
PS
LM/Q
Potent analgesic
Potent antitussive

Dextrorphan PFP   Levorphanol PFP
Dextro-Methorphan-M (O-demethyl-) PFP
Methorphan-M (O-demethyl-) PFP
4305

C20H25N3O6
403.17435
3140
UAAC

UAAC
LM/Q
Anesthetic

rat

Hexamid-M (deethyl-HO-) 2AC
1911

C20H28F3NO4
403.19705
2410

PS
LM/Q
Biomolecule
in pepper spray

Dihydrocapsaicine TFA
5929

C22H33NO4Si
403.21790
2465

U
LM/Q
Local anesthetic
Addictive drug

Cocaine-M (benzoylecgonine) TBDMS
6236

C9H6Cl6O3S
403.81689
2080*

959-98-8
PS
LM/Q
Insecticide

Endosulfan
3834

C13H6Cl6O2
403.84991
2790*

70-30-4
PS
LM/Q
Pesticide

Hexachlorophene
3644

C12H12O4F3I
403.97324
1980
UGLUCTFA

UGLUCTFA
LS/Q
Designer drug

2C-I-M (deamino-HO-) TFA
2,5-Dimethoxy-4-iodophenethylamine-M (deamino-HO-) TFA
6978

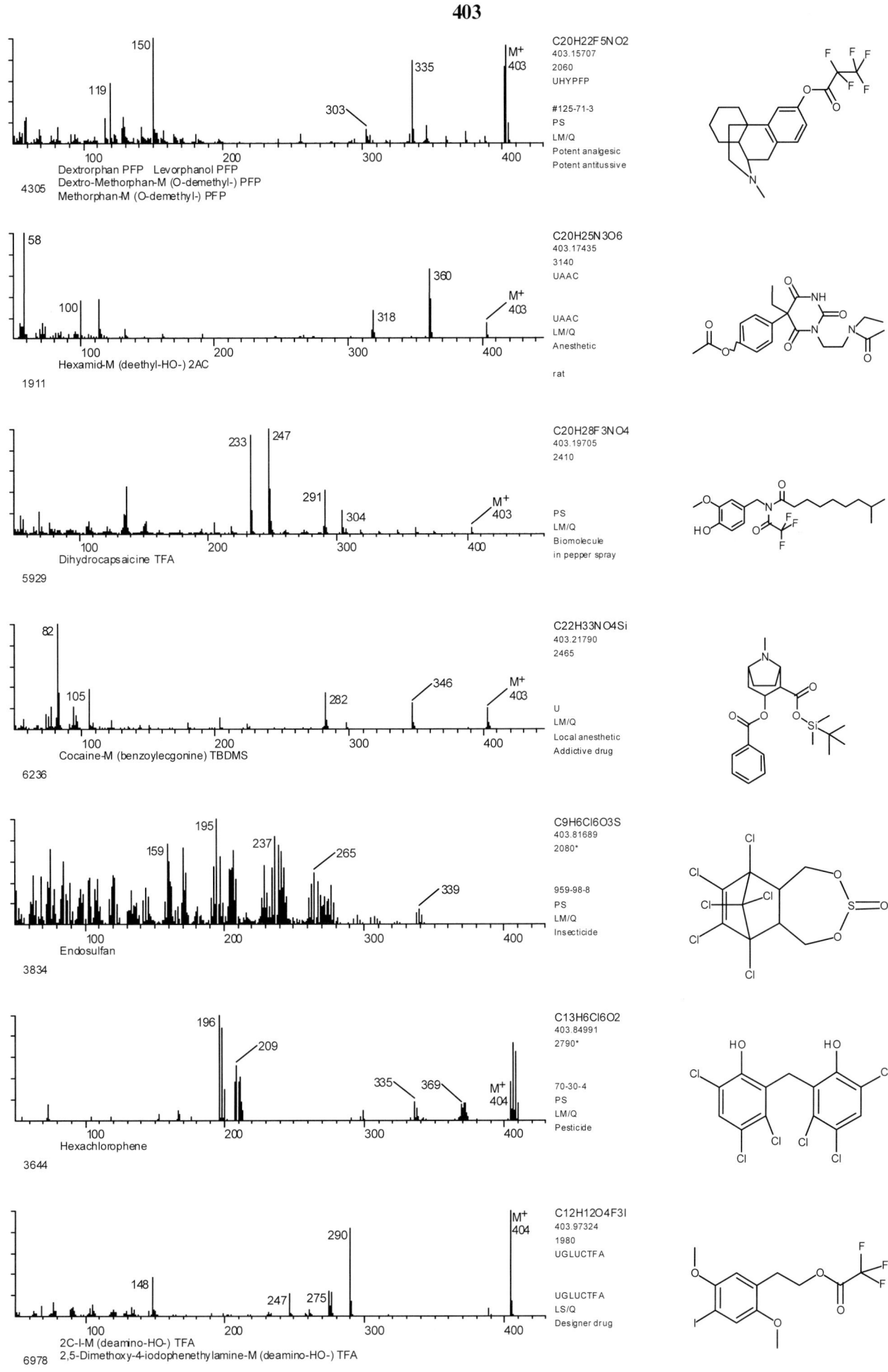

1027

404

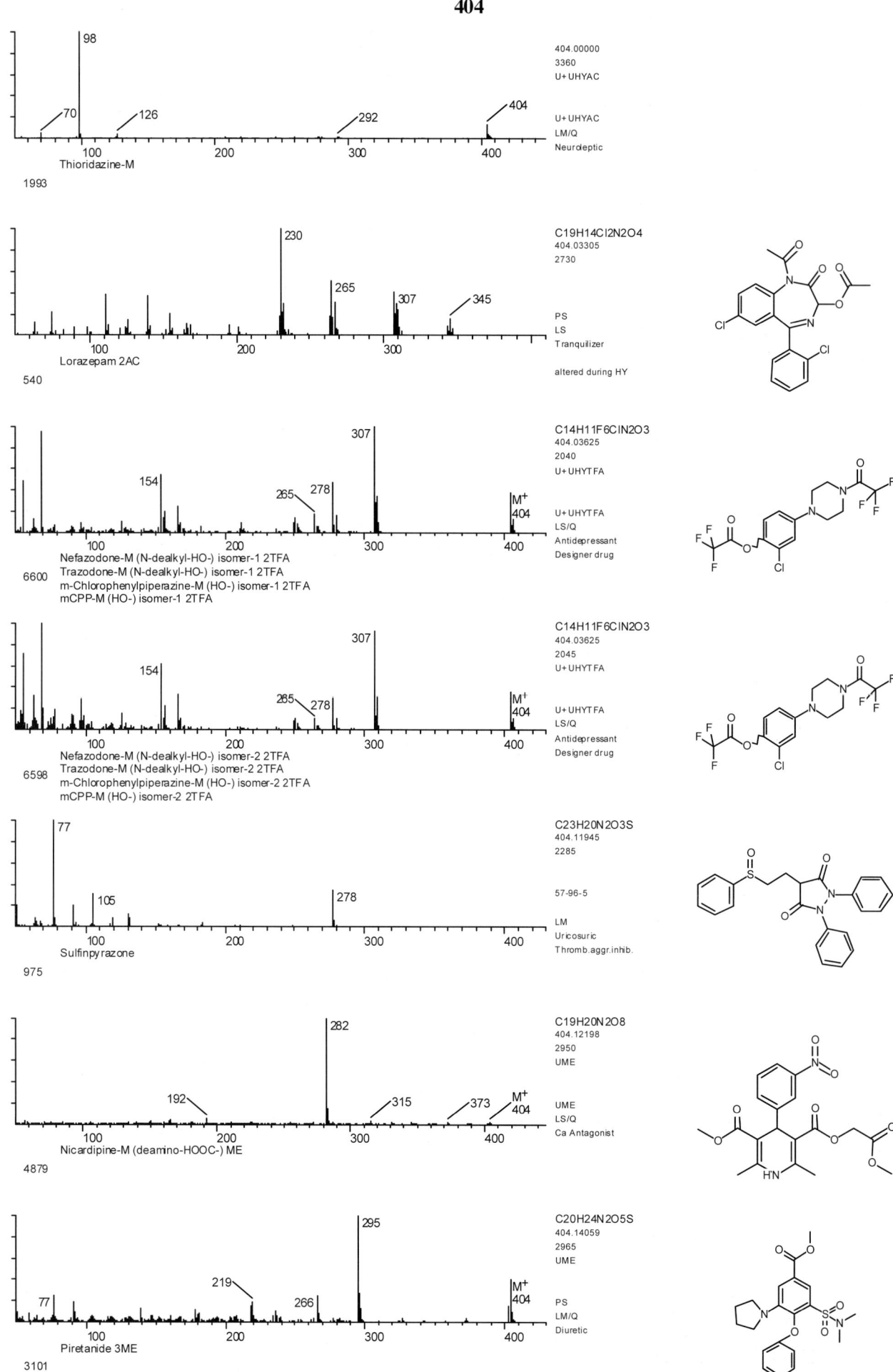

98, 70, 126, 292, 404	404.00000 / 3360 / U+ UHYAC / U+ UHYAC / LM/Q / Neuroleptic
Thioridazine-M 1993	

230, 265, 307, 345	C19H14Cl2N2O4 / 404.03305 / 2730 / PS / LS / Tranquilizer / altered during HY
Lorazepam 2AC 540	

154, 265, 278, 307, M+ 404	C14H11F6ClN2O3 / 404.03625 / 2040 / U+ UHYTFA / U+ UHYTFA / LS/Q / Antidepressant / Designer drug
Nefazodone-M (N-dealkyl-HO-) isomer-1 2TFA	
Trazodone-M (N-dealkyl-HO-) isomer-1 2TFA	
m-Chlorophenylpiperazine-M (HO-) isomer-1 2TFA	
mCPP-M (HO-) isomer-1 2TFA	
6600	

154, 265, 278, 307, M+ 404	C14H11F6ClN2O3 / 404.03625 / 2045 / U+ UHYTFA / U+ UHYTFA / LS/Q / Antidepressant / Designer drug
Nefazodone-M (N-dealkyl-HO-) isomer-2 2TFA	
Trazodone-M (N-dealkyl-HO-) isomer-2 2TFA	
m-Chlorophenylpiperazine-M (HO-) isomer-2 2TFA	
mCPP-M (HO-) isomer-2 2TFA	
6598	

77, 105, 278	C23H20N2O3S / 404.11945 / 2285 / 57-96-5 / LM / Uricosuric / Thromb.aggr.inhib.
Sulfinpyrazone 975	

192, 282, 315, 373, M+ 404	C19H20N2O8 / 404.12198 / 2950 / UME / UME / LS/Q / Ca Antagonist
Nicardipine-M (deamino-HOOC-) ME 4879	

77, 219, 266, 295, M+ 404	C20H24N2O5S / 404.14059 / 2965 / UME / PS / LM/Q / Diuretic
Piretanide 3ME 3101	

1028

404

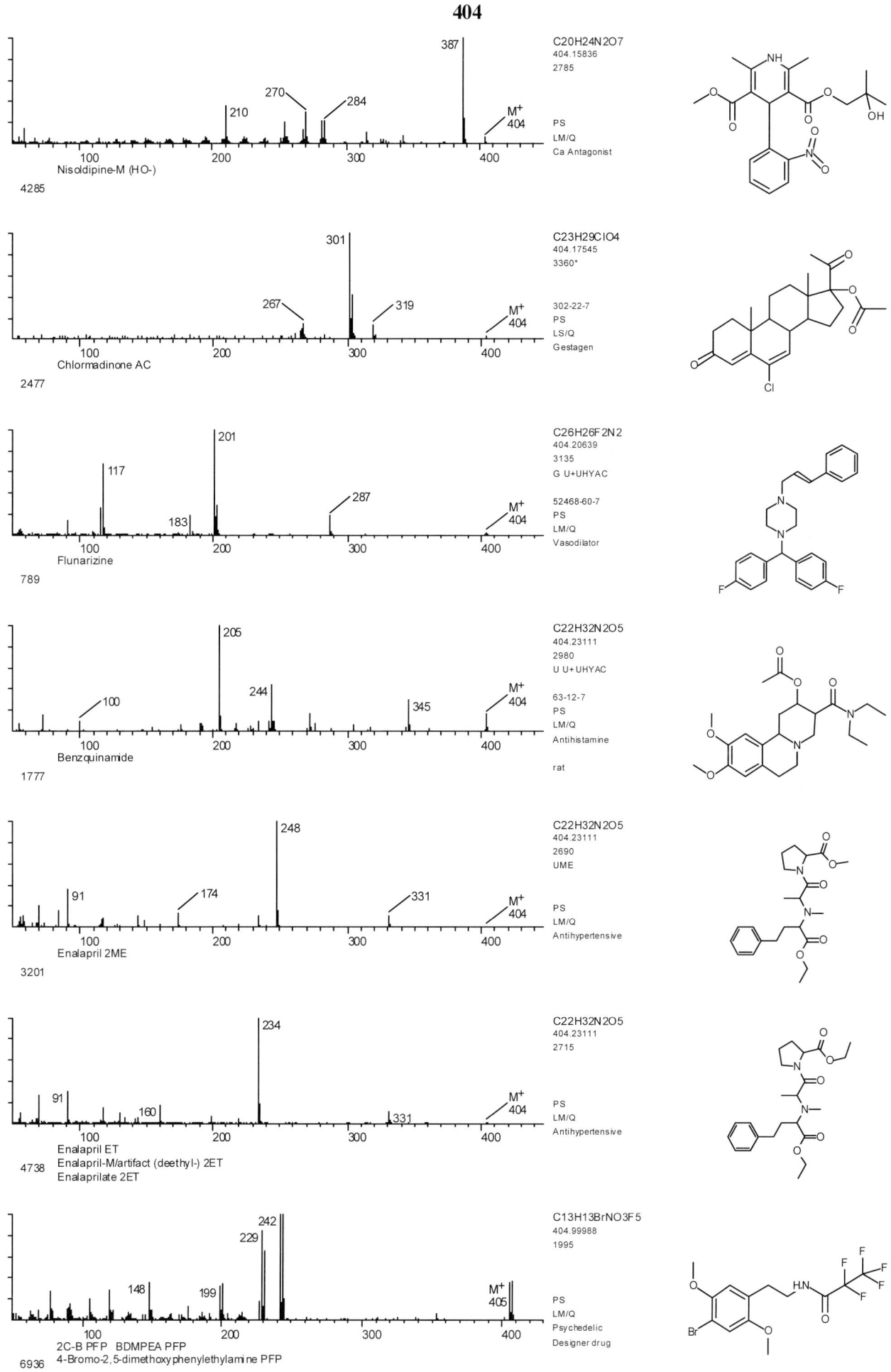

C20H24N2O7
404.15836
2785

PS
LM/Q
Ca Antagonist

Nisoldipine-M (HO-)
4285

C23H29ClO4
404.17545
3360*

302-22-7
PS
LS/Q
Gestagen

Chlormadinone AC
2477

C26H26F2N2
404.20639
3135
G U+UHYAC

52468-60-7
PS
LM/Q
Vasodilator

Flunarizine
789

C22H32N2O5
404.23111
2980
U U+UHYAC

63-12-7
PS
LM/Q
Antihistamine
rat

Benzquinamide
1777

C22H32N2O5
404.23111
2690
UME

PS
LM/Q
Antihypertensive

Enalapril 2ME
3201

C22H32N2O5
404.23111
2715

PS
LM/Q
Antihypertensive

Enalapril ET
Enalapril-M/artifact (deethyl-) 2ET
Enalaprilate 2ET
4738

C13H13BrNO3F5
404.99988
1995

PS
LM/Q
Psychedelic
Designer drug

2C-B PFP BDMPEA PFP
4-Bromo-2,5-dimethoxyphenylethylamine PFP
6936

1029

405

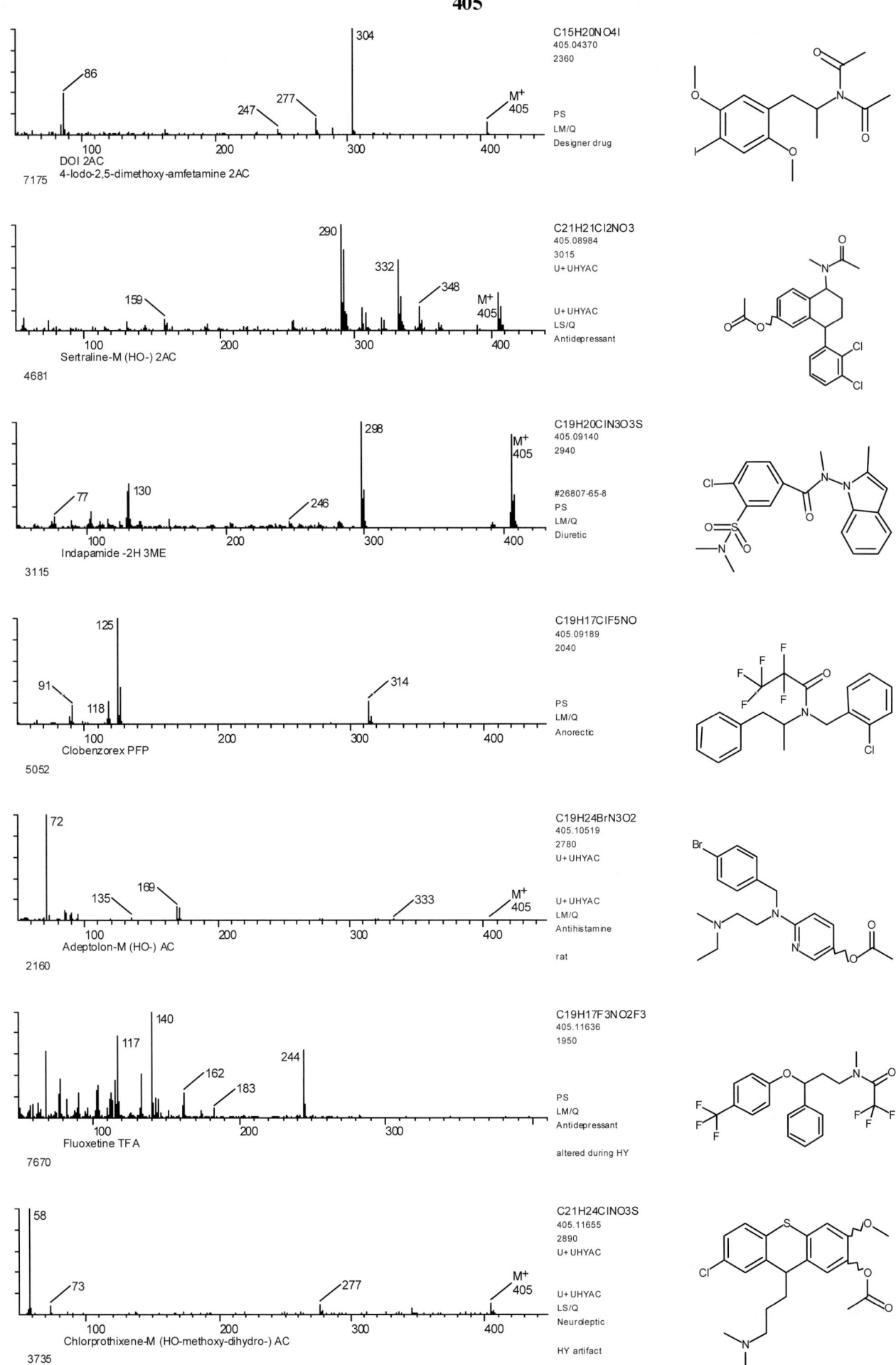

86, 247, 277, 304, M+ 405	C15H20NO4I 405.04370 2360 PS LM/Q Designer drug
DOI 2AC 4-Iodo-2,5-dimethoxy-amfetamine 2AC 7175	

159, 290, 332, 348, M+ 405	C21H21Cl2NO3 405.08984 3015 U+ UHYAC U+ UHYAC LS/Q Antidepressant
Sertraline-M (HO-) 2AC 4681	

77, 130, 246, 298, M+ 405	C19H20ClN3O3S 405.09140 2940 #26807-65-8 PS LM/Q Diuretic
Indapamide -2H 3ME 3115	

91, 118, 125, 314	C19H17ClF5NO 405.09189 2040 PS LM/Q Anorectic
Clobenzorex PFP 5052	

72, 135, 169, 333, M+ 405	C19H24BrN3O2 405.10519 2780 U+ UHYAC U+ UHYAC LM/Q Antihistamine rat
Adeptolon-M (HO-) AC 2160	

117, 140, 162, 183, 244	C19H17F3NO2F3 405.11636 1950 PS LM/Q Antidepressant altered during HY
Fluoxetine TFA 7670	

58, 73, 277, M+ 405	C21H24ClNO3S 405.11655 2890 U+ UHYAC U+ UHYAC LS/Q Neuroleptic HY artifact
Chlorprothixene-M (HO-methoxy-dihydro-) AC 3735	

405

C16H18NO3F7
405.11749
1790

PS
LM/Q
Designer drug

2C-E HFB
4-Ethyl-2,5-dimethoxyphenethylamine HFB
6938

C19H23N3O3S2
405.11810
3380
U+ UHYAC

U+ UHYAC
LS/Q
Antihistamine
rat

Dimetotiazine-M (bis-nor-) AC
1644

C21H24ClNO5
405.13431
2820
U+ UHYAC

U+ UHYAC
LS/Q
Potent antitussive

Dihydrocodeine-M (nor-) Cl-artifact 2AC
2990

C21H27NO7
405.17874
2630
U+ UHYAC

U+ UHYAC
LS/Q
Stimulant
rat

Prolintane-M (oxo-tri-HO-) 3AC
4117

C26H28NOCl
405.18594
2885

50-41-9
PS
LM/Q
Ovulation stimulant

Clomiphene
7533

C20H27N3O6
405.19000
2695

PS
LM/Q
Antihypertensive

Imidapril-M (deethyl-) 2ME
Imidaprilate 2ME
6282

C22H31NO6
405.21515
2860
G U+UHYAC

U+ UHYAC
LS/Q
Antitussive

Pentoxyverine-M (deethyl-HO-) 2AC
6486

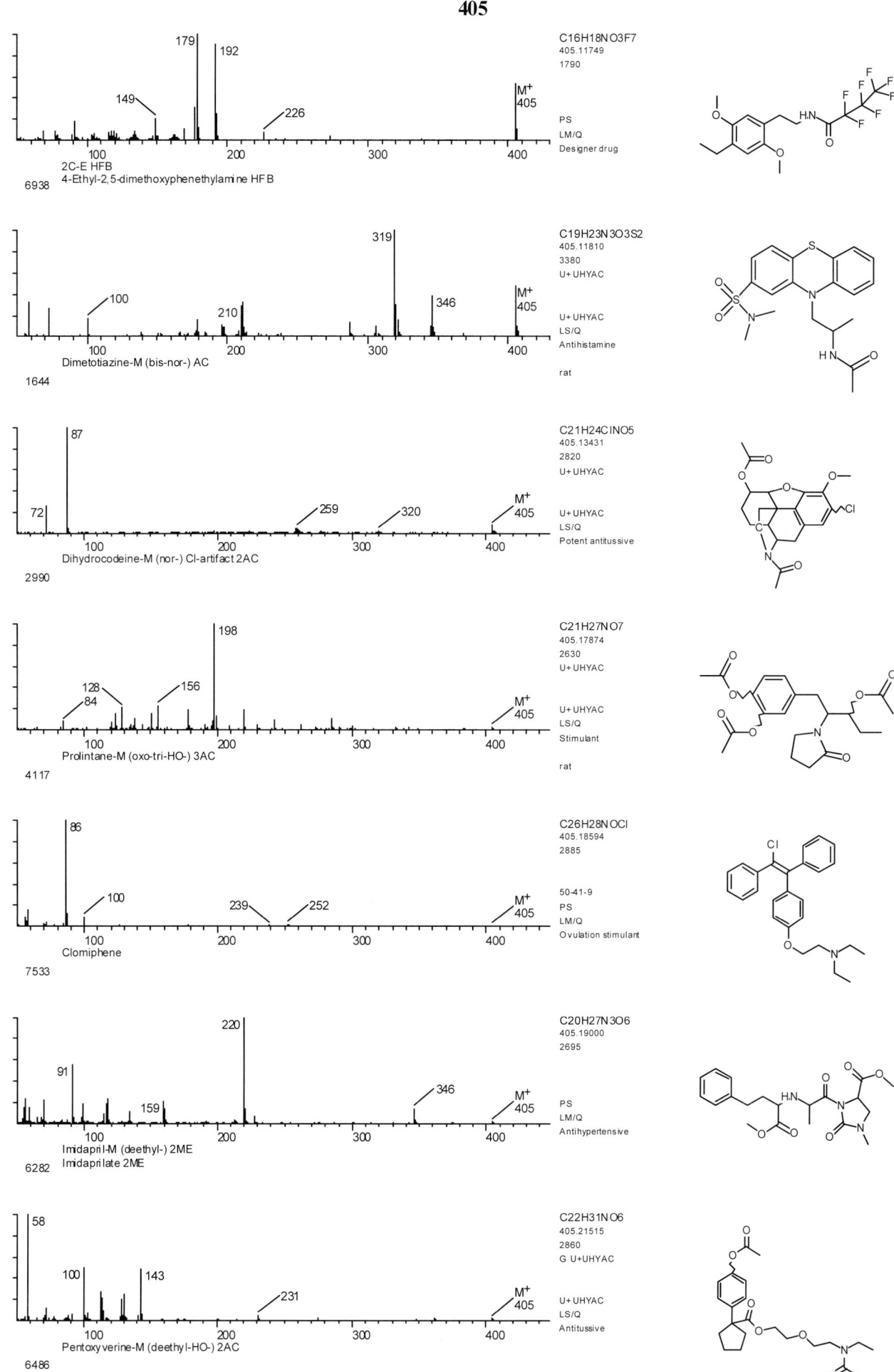

1031

405

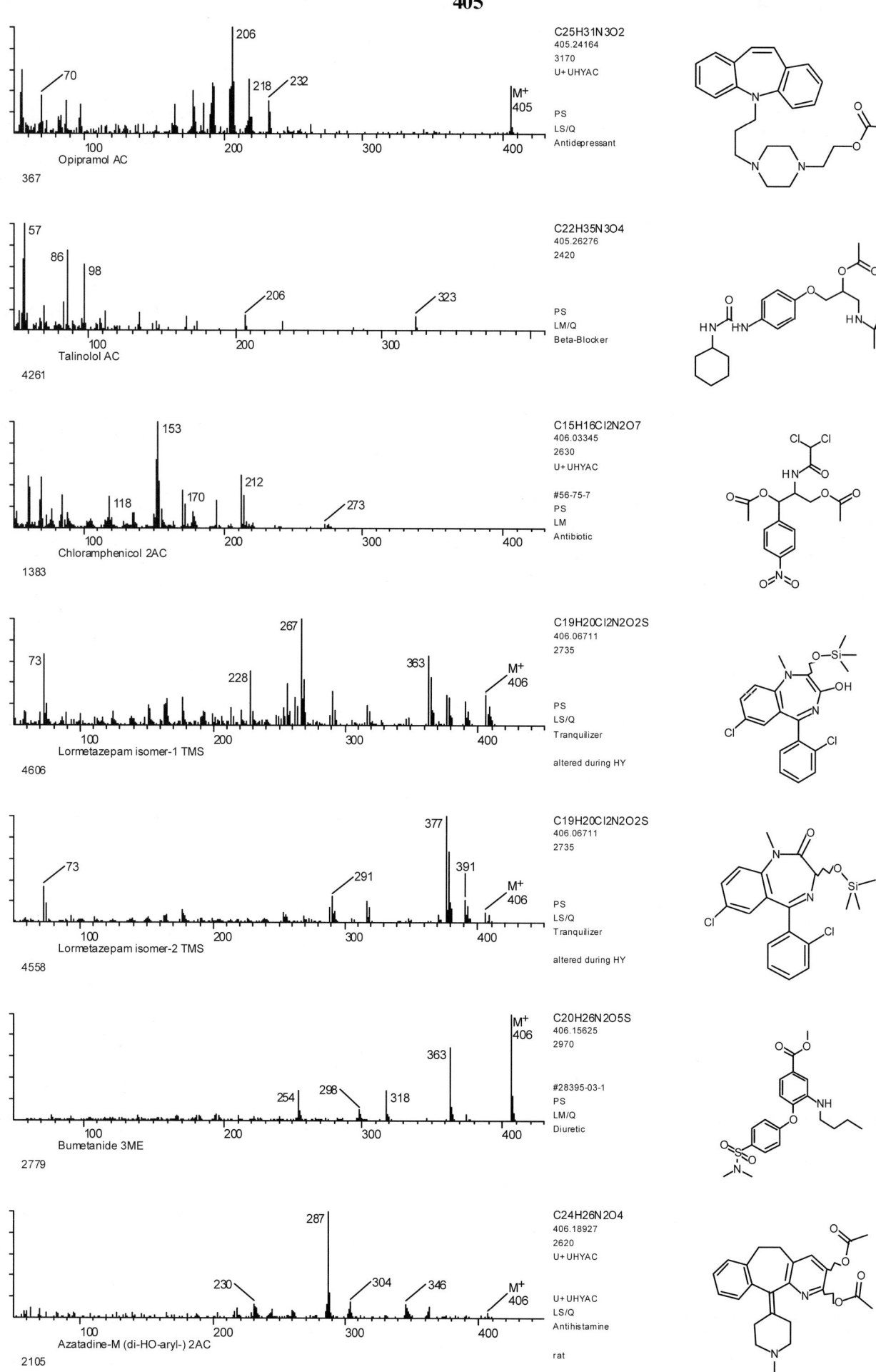

Opipramol AC (peaks: 70, 206, 218, 232, M+ 405)	C25H31N3O2 405.24164 3170 U+ UHYAC PS LS/Q Antidepressant
367	

Talinolol AC (peaks: 57, 86, 98, 206, 323)	C22H35N3O4 405.26276 2420 PS LM/Q Beta-Blocker
4261	

Chloramphenicol 2AC (peaks: 118, 153, 170, 212, 273)	C15H16Cl2N2O7 406.03345 2630 U+ UHYAC #56-75-7 PS LM Antibiotic
1383	

Lormetazepam isomer-1 TMS (peaks: 73, 228, 267, 363, M+ 406)	C19H20Cl2N2O2S 406.06711 2735 PS LS/Q Tranquilizer altered during HY
4606	

Lormetazepam isomer-2 TMS (peaks: 73, 291, 377, 391, M+ 406)	C19H20Cl2N2O2S 406.06711 2735 PS LS/Q Tranquilizer altered during HY
4558	

Bumetanide 3ME (peaks: 254, 298, 318, 363, M+ 406)	C20H26N2O5S 406.15625 2970 #28395-03-1 PS LM/Q Diuretic
2779	

Azatadine-M (di-HO-aryl-) 2AC (peaks: 230, 287, 304, 346, M+ 406)	C24H26N2O4 406.18927 2620 U+ UHYAC U+ UHYAC LS/Q Antihistamine rat
2105	

1032

406

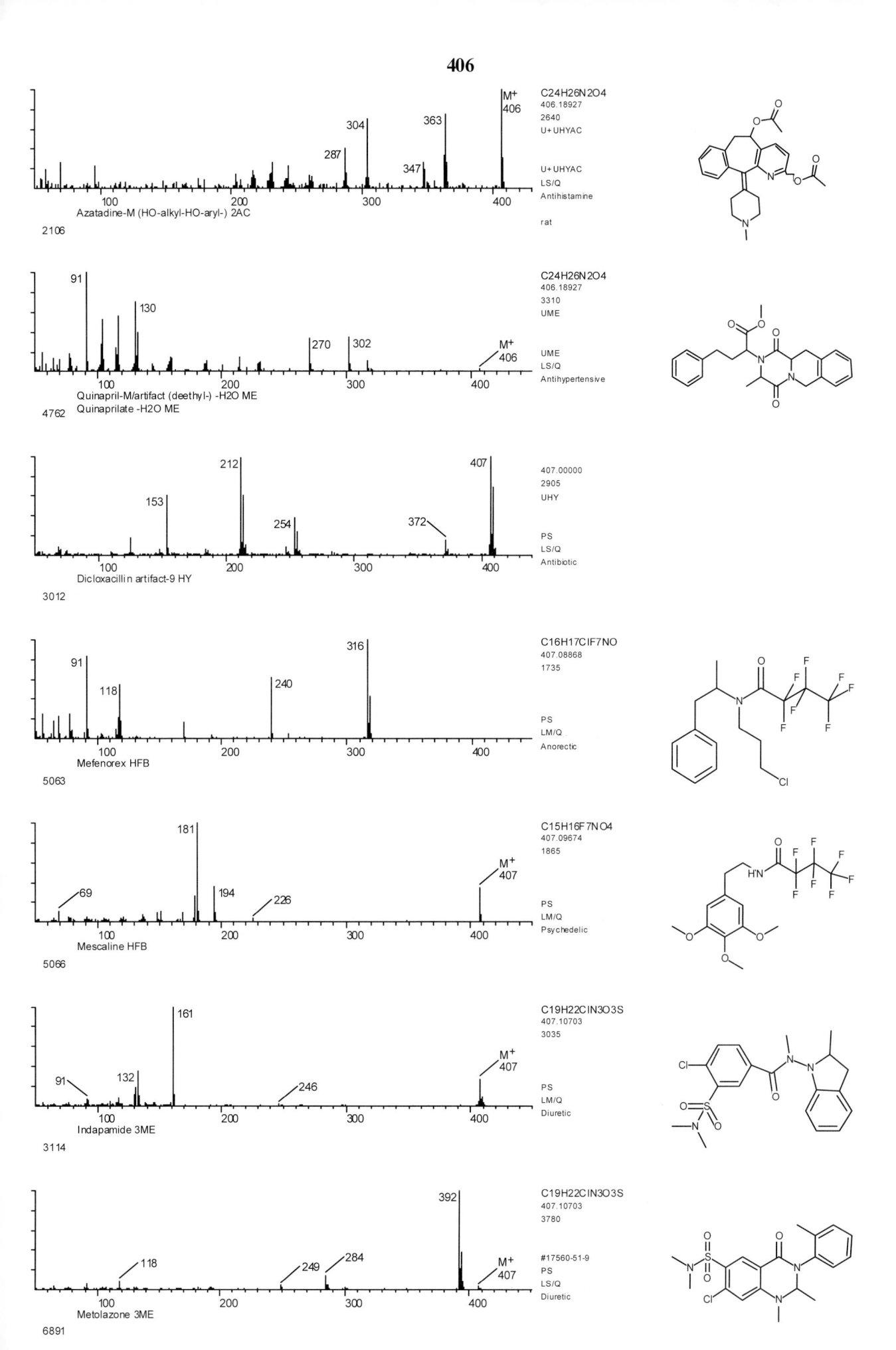

2106 Azatadine-M (HO-alkyl-HO-aryl-) 2AC
C24H26N2O4
406.18927
2640
U+ UHYAC
U+ UHYAC
LS/Q
Antihistamine
rat

4762 Quinapril-M/artifact (deethyl-) -H2O ME / Quinaprilate -H2O ME
C24H26N2O4
406.18927
3310
UME
UME
LS/Q
Antihypertensive

3012 Dicloxacillin artifact-9 HY
407.00000
2905
UHY
PS
LS/Q
Antibiotic

5063 Mefenorex HFB
C16H17ClF7NO
407.08868
1735
PS
LM/Q
Anorectic

5066 Mescaline HFB
C15H16F7NO4
407.09674
1865
PS
LM/Q
Psychedelic

3114 Indapamide 3ME
C19H22ClN3O3S
407.10703
3035
PS
LM/Q
Diuretic

6891 Metolazone 3ME
C19H22ClN3O3S
407.10703
3780
#17560-51-9
PS
LS/Q
Diuretic

1033

407

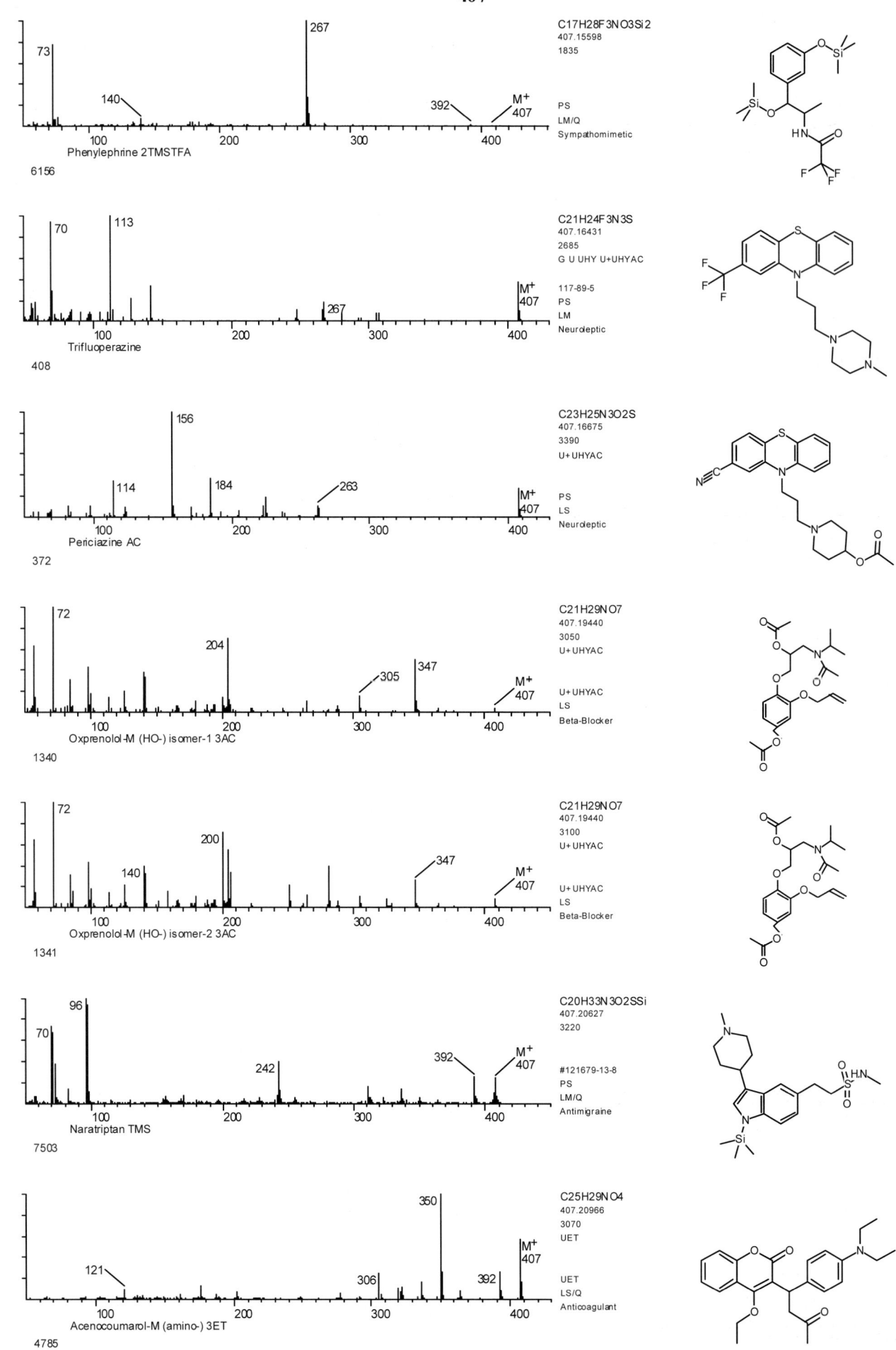

Phenylephrine 2TMSTFA
6156
C17H28F3NO3Si2
407.15598
1835
PS
LM/Q
Sympathomimetic

Trifluoperazine
408
C21H24F3N3S
407.16431
2685
G U UHY U+UHYAC
117-89-5
PS
LM
Neuroleptic

Periciazine AC
372
C23H25N3O2S
407.16675
3390
U+UHYAC
PS
LS
Neuroleptic

Oxprenolol-M (HO-) isomer-1 3AC
1340
C21H29NO7
407.19440
3050
U+UHYAC
U+UHYAC
LS
Beta-Blocker

Oxprenolol-M (HO-) isomer-2 3AC
1341
C21H29NO7
407.19440
3100
U+UHYAC
U+UHYAC
LS
Beta-Blocker

Naratriptan TMS
7503
C20H33N3O2SSi
407.20627
3220
#121679-13-8
PS
LM/Q
Antimigraine

Acenocoumarol-M (amino-) 3ET
4785
C25H29NO4
407.20966
3070
UET
UET
LS/Q
Anticoagulant

407

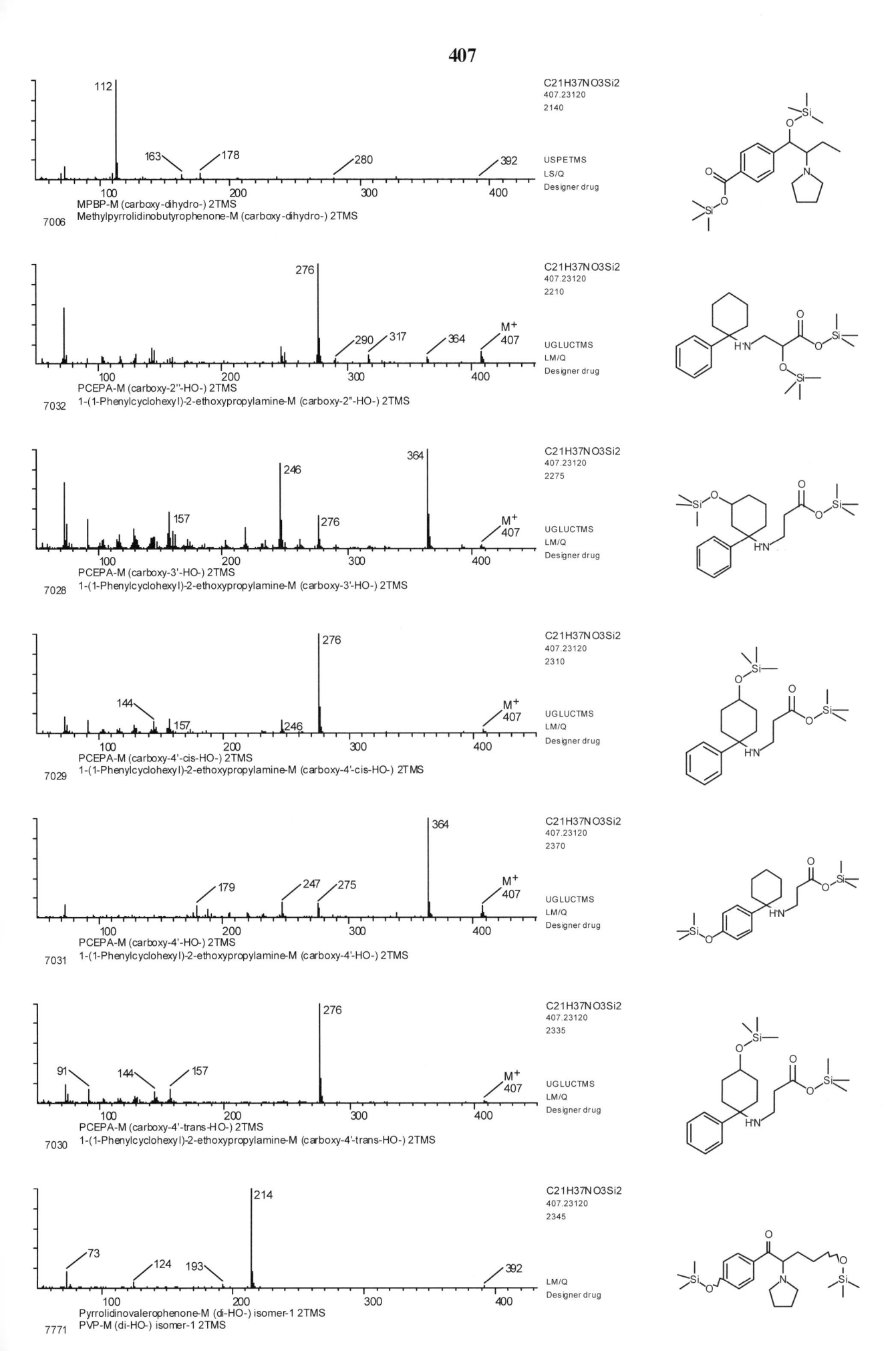

Spectrum peaks	Formula / Info
112, 163, 178, 280, 392	C21H37NO3Si2 407.23120 2140 USPETMS LS/Q Designer drug

7006 MPBP-M (carboxy-dihydro-) 2TMS
Methylpyrrolidinobutyrophenone-M (carboxy-dihydro-) 2TMS

Spectrum peaks	Formula / Info
276, 290, 317, 364, M+ 407	C21H37NO3Si2 407.23120 2210 UGLUCTMS LM/Q Designer drug

7032 PCEPA-M (carboxy-2''-HO-) 2TMS
1-(1-Phenylcyclohexyl)-2-ethoxypropylamine-M (carboxy-2''-HO-) 2TMS

Spectrum peaks	Formula / Info
157, 246, 276, 364, M+ 407	C21H37NO3Si2 407.23120 2275 UGLUCTMS LM/Q Designer drug

7028 PCEPA-M (carboxy-3'-HO-) 2TMS
1-(1-Phenylcyclohexyl)-2-ethoxypropylamine-M (carboxy-3'-HO-) 2TMS

Spectrum peaks	Formula / Info
144, 157, 246, 276, M+ 407	C21H37NO3Si2 407.23120 2310 UGLUCTMS LM/Q Designer drug

7029 PCEPA-M (carboxy-4'-cis-HO-) 2TMS
1-(1-Phenylcyclohexyl)-2-ethoxypropylamine-M (carboxy-4'-cis-HO-) 2TMS

Spectrum peaks	Formula / Info
179, 247, 275, 364, M+ 407	C21H37NO3Si2 407.23120 2370 UGLUCTMS LM/Q Designer drug

7031 PCEPA-M (carboxy-4'-HO-) 2TMS
1-(1-Phenylcyclohexyl)-2-ethoxypropylamine-M (carboxy-4'-HO-) 2TMS

Spectrum peaks	Formula / Info
91, 144, 157, 276, M+ 407	C21H37NO3Si2 407.23120 2335 UGLUCTMS LM/Q Designer drug

7030 PCEPA-M (carboxy-4'-trans-HO-) 2TMS
1-(1-Phenylcyclohexyl)-2-ethoxypropylamine-M (carboxy-4'-trans-HO-) 2TMS

Spectrum peaks	Formula / Info
73, 124, 193, 214, 392	C21H37NO3Si2 407.23120 2345 LM/Q Designer drug

7771 Pyrrolidinovalerophenone-M (di-HO-) isomer-1 2TMS
PVP-M (di-HO-) isomer-1 2TMS

407

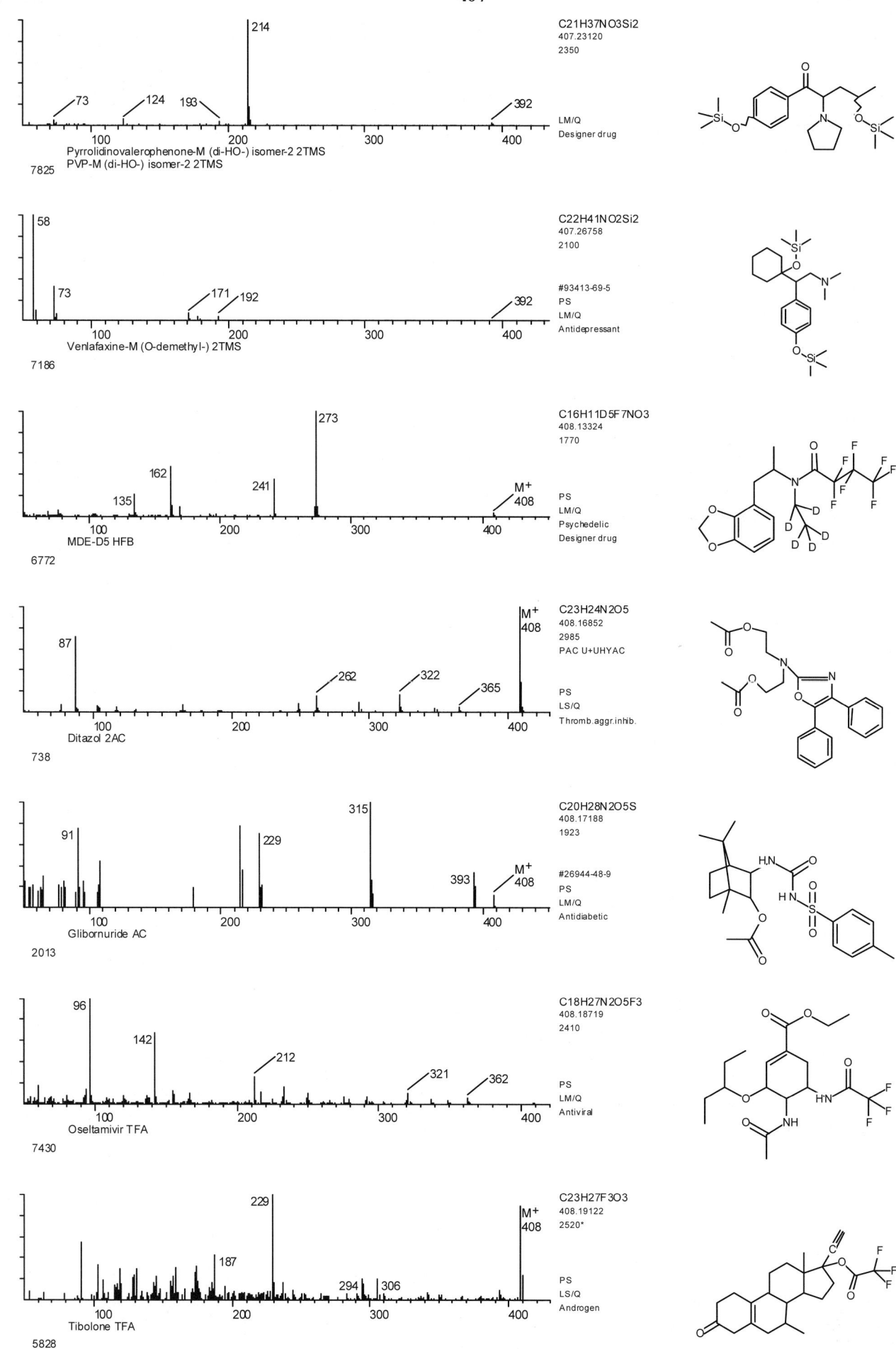

Pyrrolidinovalerophenone-M (di-HO-) isomer-2 2TMS
PVP-M (di-HO-) isomer-2 2TMS
7825
Peaks: 73, 124, 193, 214, 392
C21H37NO3Si2
407.23120
2350
LM/Q
Designer drug

Venlafaxine-M (O-demethyl-) 2TMS
7186
Peaks: 58, 73, 171, 192, 392
C22H41NO2Si2
407.26758
2100
#93413-69-5
PS
LM/Q
Antidepressant

MDE-D5 HFB
6772
Peaks: 135, 162, 241, 273, M+ 408
C16H11D5F7NO3
408.13324
1770
PS
LM/Q
Psychedelic
Designer drug

Ditazol 2AC
738
Peaks: 87, 262, 322, 365, M+ 408
C23H24N2O5
408.16852
2985
PAC U+UHYAC
PS
LS/Q
Thromb.aggr.inhib.

Glibornuride AC
2013
Peaks: 91, 229, 315, 393, M+ 408
C20H28N2O5S
408.17188
1923
#26944-48-9
PS
LM/Q
Antidiabetic

Oseltamivir TFA
7430
Peaks: 96, 142, 212, 321, 362
C18H27N2O5F3
408.18719
2410
PS
LM/Q
Antiviral

Tibolone TFA
5828
Peaks: 187, 229, 294, 306, M+ 408
C23H27F3O3
408.19122
2520*
PS
LS/Q
Androgen

408

C25H28O5
408.19366
3290*
UET

UET
LS/Q
Anticoagulant
Rodenticide

Coumatetralyl-M (di-HO-) 3ET
4807

C23H25FN4O2
408.19614
3170
U+ UHYAC

U+ UHYAC
LS/Q
Antihistamine

Astemizole-M (N-dealkyl-) 2AC
4505

C25H32N2O3
408.24130
3095
UHY

UHY
LM/Q
Potent analgesic

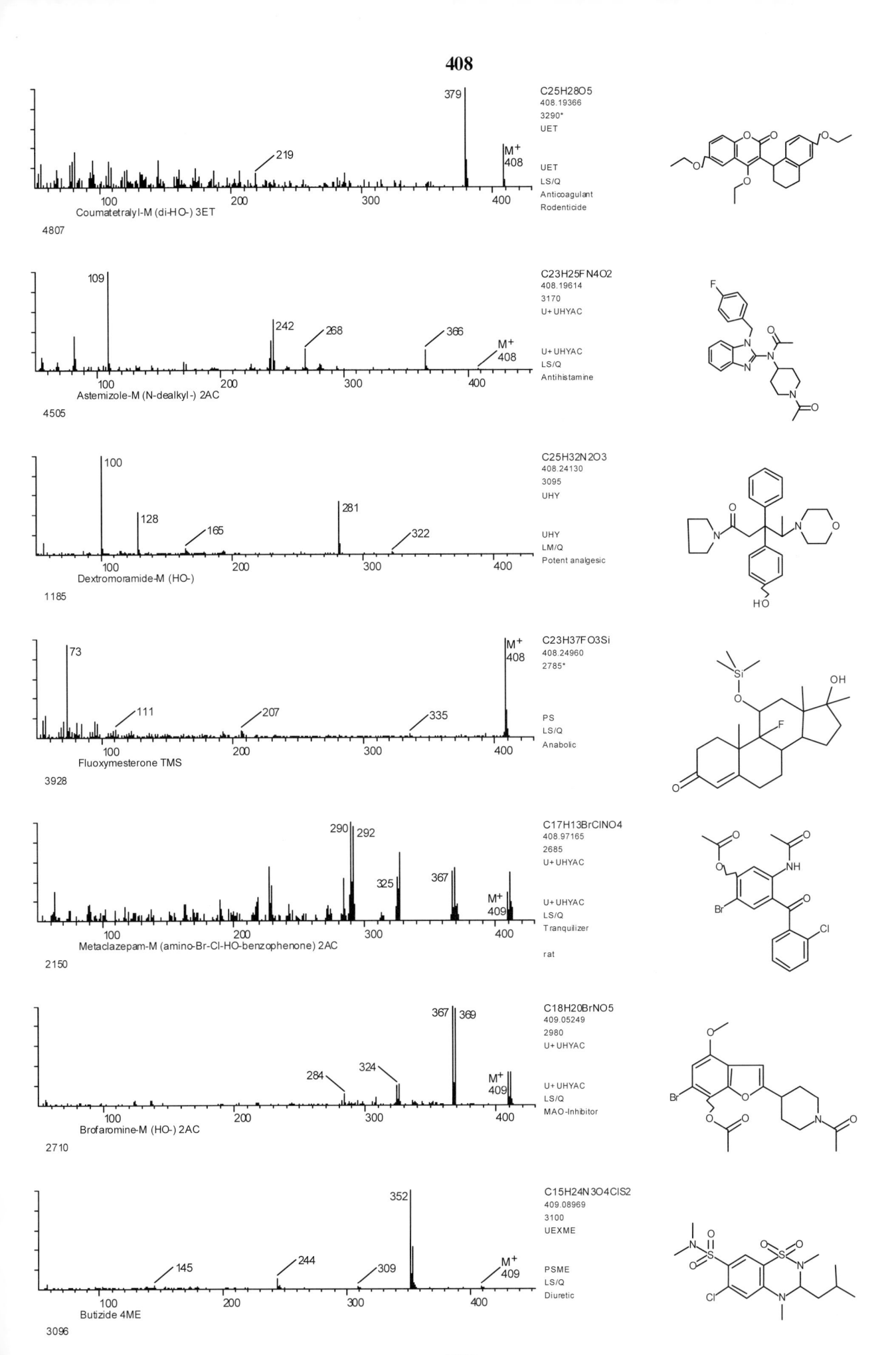

Dextromoramide-M (HO-)
1185

C23H37FO3Si
408.24960
2785*

PS
LS/Q
Anabolic

Fluoxymesterone TMS
3928

C17H13BrClNO4
408.97165
2685
U+ UHYAC

U+ UHYAC
LS/Q
Tranquilizer
rat

Metaclazepam-M (amino-Br-Cl-HO-benzophenone) 2AC
2150

C18H20BrNO5
409.05249
2980
U+ UHYAC

U+ UHYAC
LS/Q
MAO-Inhibitor

Brofaromine-M (HO-) 2AC
2710

C15H24N3O4ClS2
409.08969
3100
UEXME

PSME
LS/Q
Diuretic

Butizide 4ME
3096

1037

409

C17H22NO5SF3
409.11707
2345

UGLUCTFA
LM/Q
Designer drug

2C-T-7-M (HO- N-acetyl-) TFA
4-Propylthio-2,5-dimethoxyphenethylamine-M (HO- N-acetyl-) TFA
6871

C22H23N3O3S
409.14600
3320
U+ UHYAC

U+ UHYAC
LS/Q
Neuroleptic

Cyamemazine-M (nor-HO-) 2AC
4395

C22H20NOF5
409.14651
2405

PS
LM/Q
Antidepressant

Amitriptyline-M (nor-) PFP
Nortriptyline PFP
7684

C21H22F3NO4
409.15009
2320

PS
LM/Q
Potent antitussive

Ethylmorphine TFA
4014

C21H22F3NO4
409.15009
2465

PS
LM/Q
Antidepressant

Reboxetine TFA
6371

C22H23F4NO2
409.16650
2700
G

749-13-3
PS
LS
Neuroleptic

Trifluperidol
637

C19H24NO3F5
409.16763
1845

PS
LM/Q
Antidepressant

Venlafaxine-M (O-demethyl-) -H2O PFP
7715

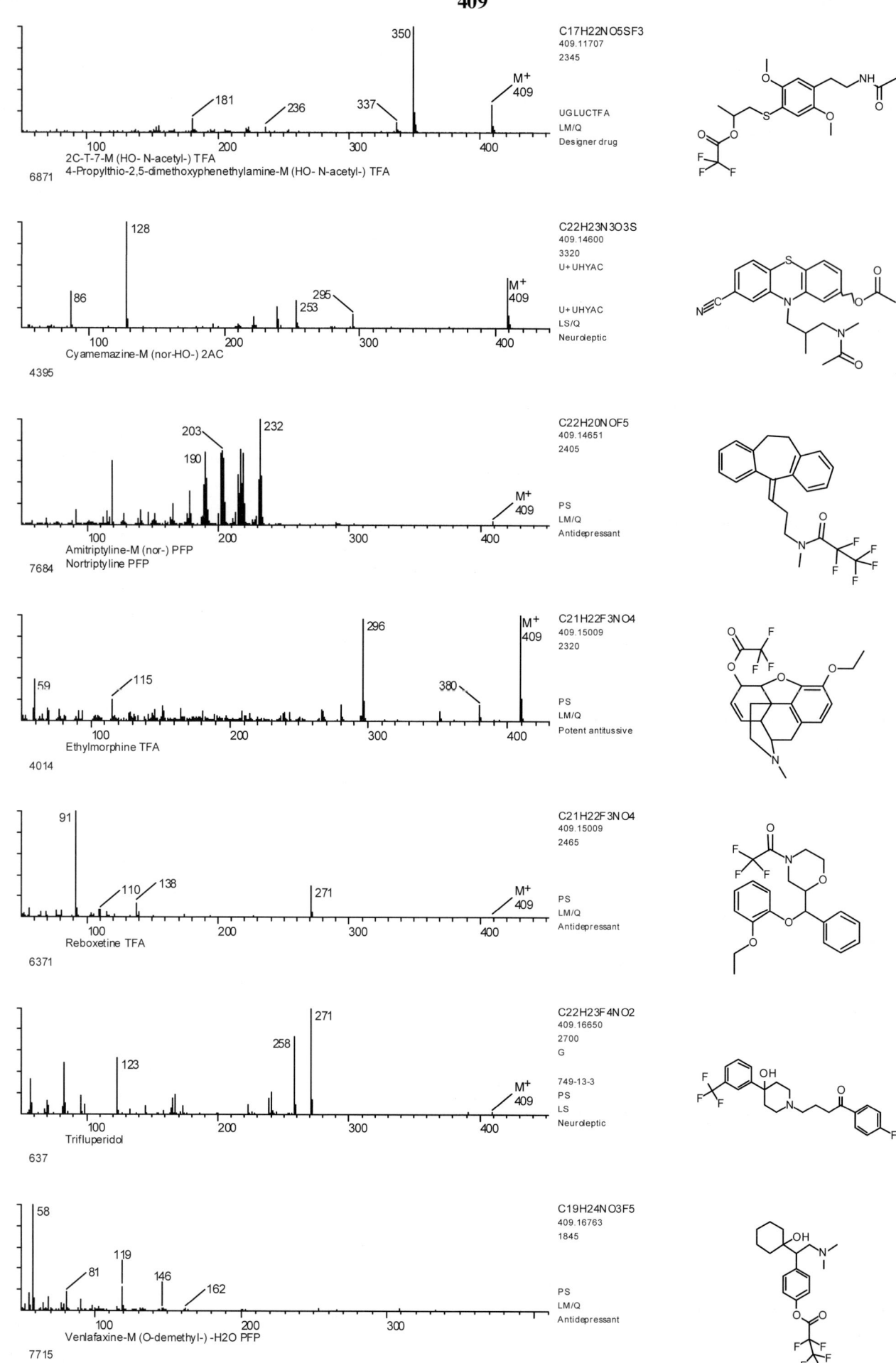

1038

409

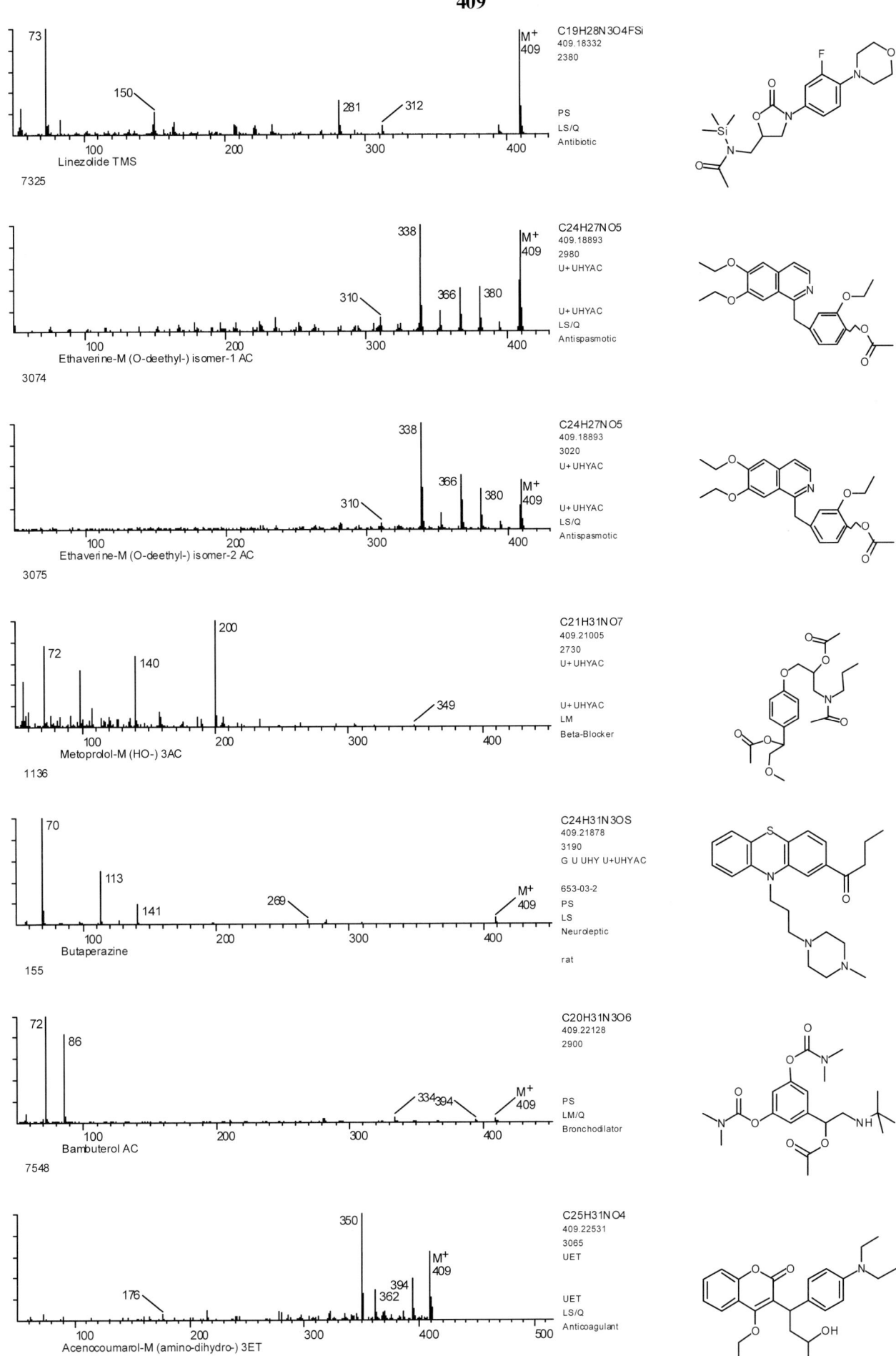

Linezolide TMS — 7325
C19H28N3O4FSi
409.18332
2380
PS
LS/Q
Antibiotic
Peaks: 73, 150, 281, 312, M+ 409

Ethaverine-M (O-deethyl-) isomer-1 AC — 3074
C24H27NO5
409.18893
2980
U+ UHYAC
U+ UHYAC
LS/Q
Antispasmotic
Peaks: 310, 338, 366, 380, M+ 409

Ethaverine-M (O-deethyl-) isomer-2 AC — 3075
C24H27NO5
409.18893
3020
U+ UHYAC
U+ UHYAC
LS/Q
Antispasmotic
Peaks: 310, 338, 366, 380, M+ 409

Metoprolol-M (HO-) 3AC — 1136
C21H31NO7
409.21005
2730
U+ UHYAC
U+ UHYAC
LM
Beta-Blocker
Peaks: 72, 140, 200, 349

Butaperazine — 155
C24H31N3OS
409.21878
3190
G U UHY U+UHYAC
653-03-2
PS
LS
Neuroleptic
rat
Peaks: 70, 113, 141, 269, M+ 409

Bambuterol AC — 7548
C20H31N3O6
409.22128
2900
PS
LM/Q
Bronchodilator
Peaks: 72, 86, 334, 394, M+ 409

Acenocoumarol-M (amino-dihydro-) 3ET — 4786
C25H31NO4
409.22531
3065
UET
UET
LS/Q
Anticoagulant
Peaks: 176, 350, 362, 394, M+ 409

409

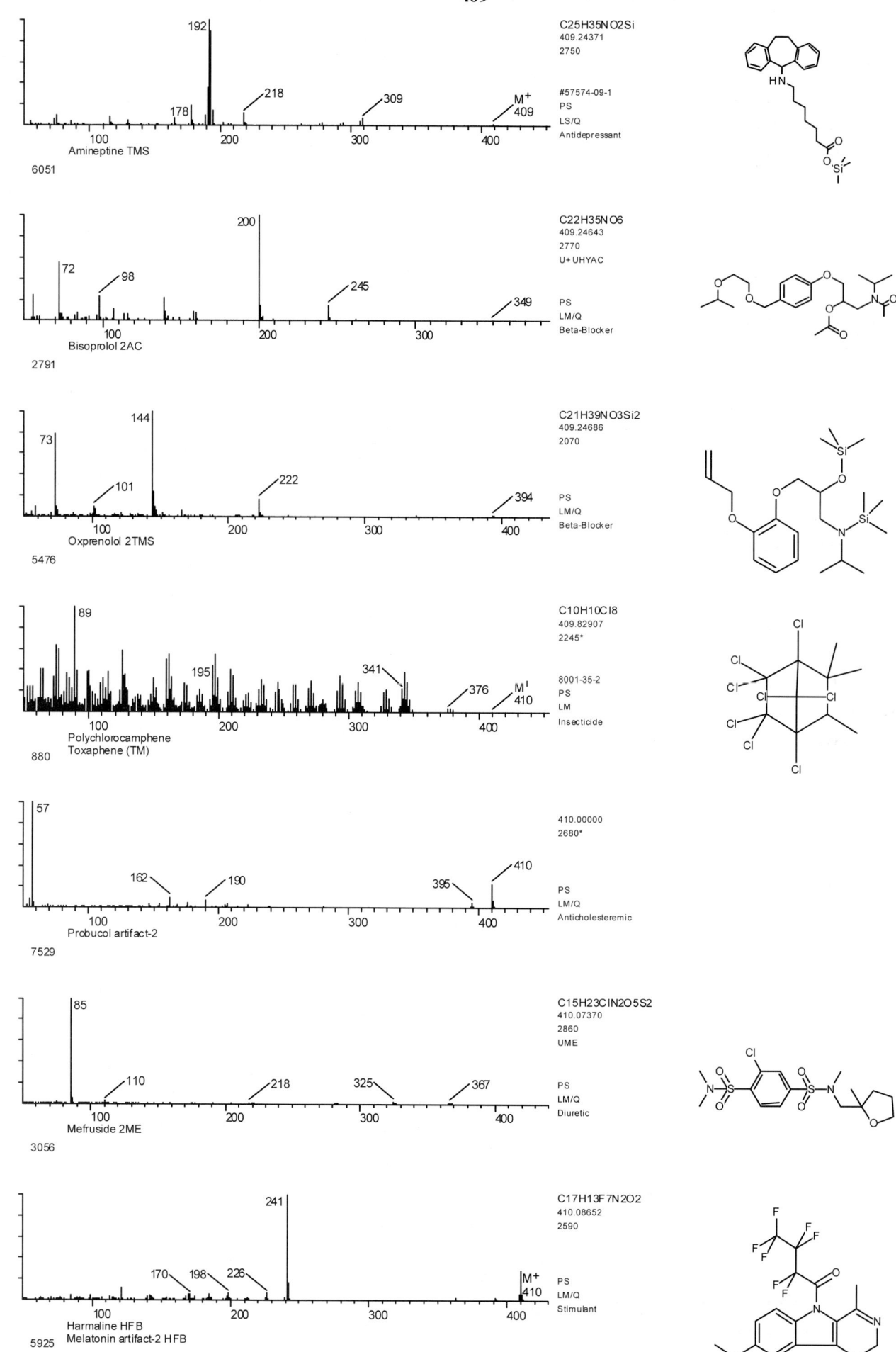

Amineptine TMS
C25H35NO2Si
409.24371
2750
#57574-09-1
PS
LS/Q
Antidepressant

Bisoprolol 2AC
C22H35NO6
409.24643
2770
U+ UHYAC
PS
LM/Q
Beta-Blocker

Oxprenolol 2TMS
C21H39NO3Si2
409.24686
2070
PS
LM/Q
Beta-Blocker

Polychlorocamphene Toxaphene (TM)
C10H10Cl8
409.82907
2245*
8001-35-2
PS
LM
Insecticide

Probucol artifact-2
410.00000
2680*
PS
LM/Q
Anticholesteremic

Mefruside 2ME
C15H23ClN2O5S2
410.07370
2860
UME
PS
LM/Q
Diuretic

Harmaline HFB
Melatonin artifact-2 HFB
C17H13F7N2O2
410.08652
2590
PS
LM/Q
Stimulant

1040

410

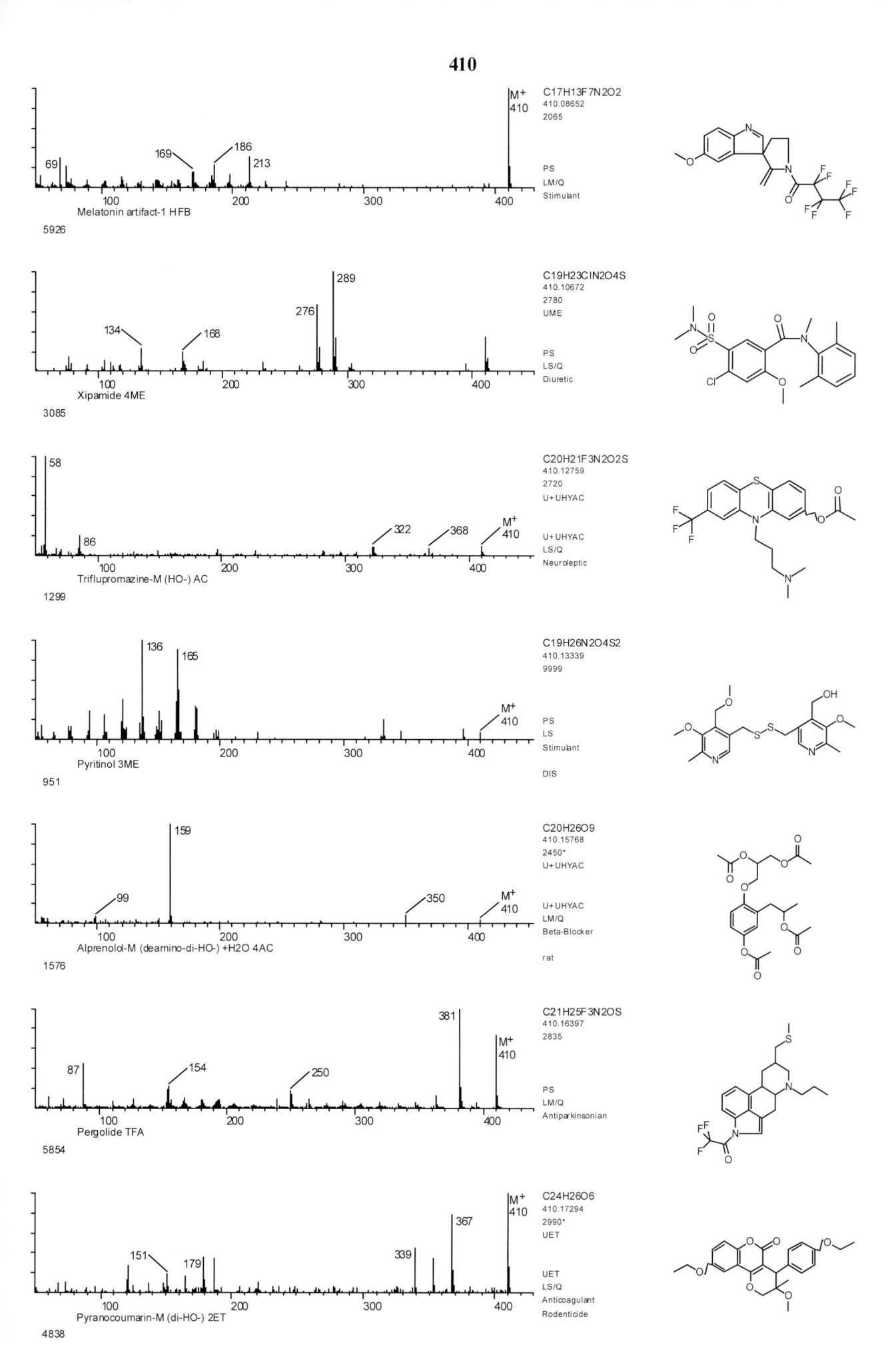

Melatonin artifact-1 HFB
5926
Peaks: 69, 169, 186, 213, M+ 410
C17H13F7N2O2
410.08652
2065
PS
LM/Q
Stimulant

Xipamide 4ME
3085
Peaks: 134, 168, 276, 289
C19H23ClN2O4S
410.10672
2780
UME
PS
LS/Q
Diuretic

Triflupromazine-M (HO-) AC
1299
Peaks: 58, 86, 322, 368, M+ 410
C20H21F3N2O2S
410.12759
2720
U+UHYAC
U+UHYAC
LS/Q
Neuroleptic

Pyritinol 3ME
951
Peaks: 136, 165, M+ 410
C19H26N2O4S2
410.13339
9999
PS
LS
Stimulant

Alprenolol-M (deamino-di-HO-) +H2O 4AC
1576
Peaks: 99, 159, 350, M+ 410
C20H26O9
410.15768
2450*
U+UHYAC
U+UHYAC
LM/Q
Beta-Blocker
rat

Pergolide TFA
5854
Peaks: 87, 154, 250, 381, M+ 410
C21H25F3N2OS
410.16397
2835
PS
LM/Q
Antiparkinsonian

Pyranocoumarin-M (di-HO-) 2ET
4838
Peaks: 151, 179, 339, 367, M+ 410
C24H26O6
410.17294
2990*
UET
UET
LS/Q
Anticoagulant
Rodenticide

1041

410

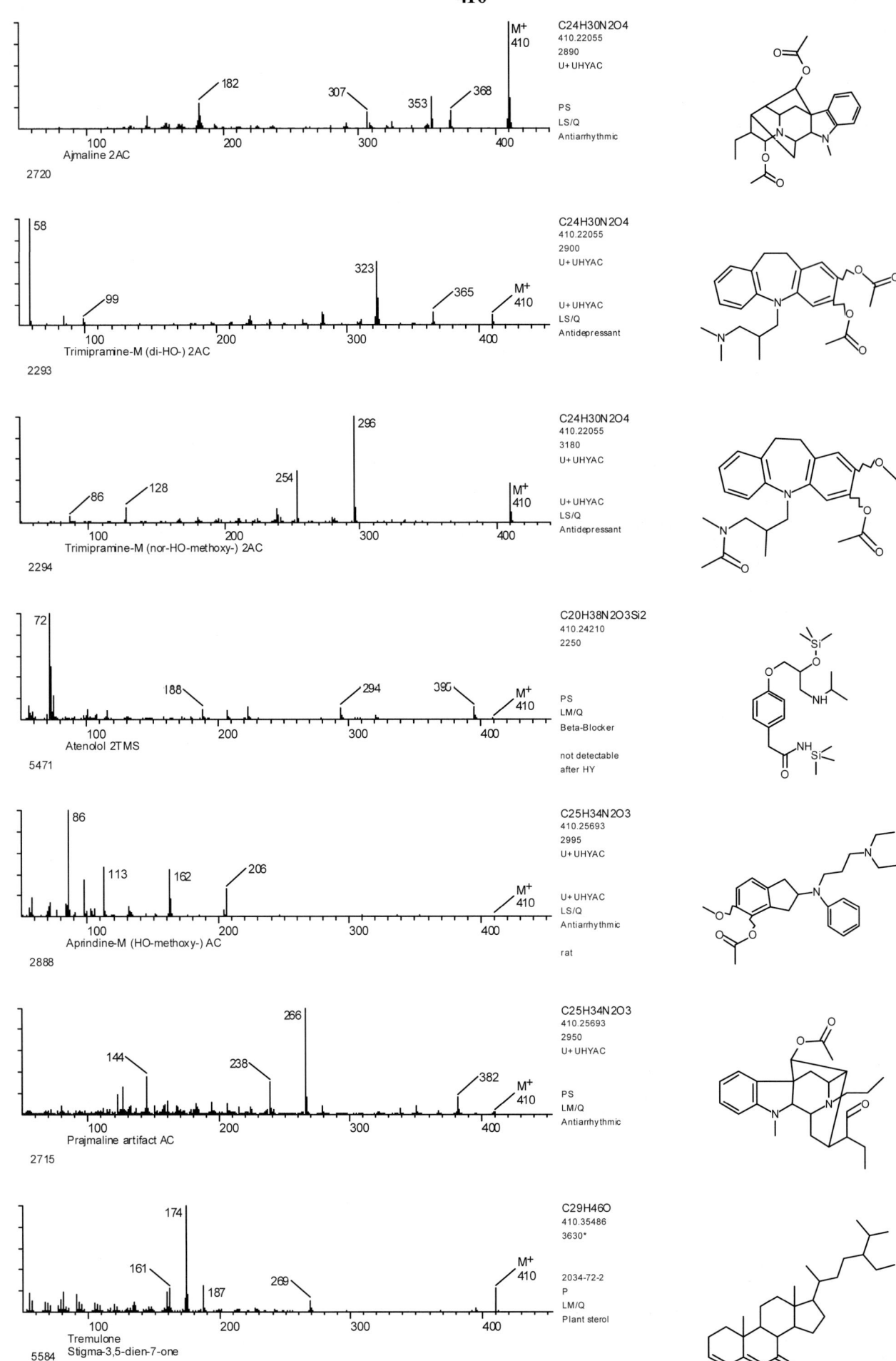

Ajmaline 2AC	C24H30N2O4 410.22055 2890 U+ UHYAC PS LS/Q Antiarrhythmic	
Trimipramine-M (di-HO-) 2AC	C24H30N2O4 410.22055 2900 U+ UHYAC U+ UHYAC LS/Q Antidepressant	
Trimipramine-M (nor-HO-methoxy-) 2AC	C24H30N2O4 410.22055 3180 U+ UHYAC U+ UHYAC LS/Q Antidepressant	
Atenolol 2TMS	C20H38N2O3Si2 410.24210 2250 PS LM/Q Beta-Blocker not detectable after HY	
Aprindine-M (HO-methoxy-) AC	C25H34N2O3 410.25693 2995 U+ UHYAC U+ UHYAC LS/Q Antiarrhythmic rat	
Prajmaline artifact AC	C25H34N2O3 410.25693 2950 U+ UHYAC PS LM/Q Antiarrhythmic	
Tremulone Stigma-3,5-dien-7-one	C29H46O 410.35486 3630* 2034-72-2 P LM/Q Plant sterol	

410

C30H50
410.39124
2800*
G P U UHY U+UHYA

7683-64-9
UHY
LM/Q
Rubber additive
Impurity

Squalene
968

C18H15Cl2NO6
411.02765
2520
UME

UME
LS/Q
Ca Antagonist

Felodipine-M (dehydro-deethyl-COOH) 2ME
4857

C16H20NO6SF3
411.09634
2400
UGLUCTFA

UGLUCTFA
LS/Q
Designer drug

2C-T-2-M (sulfone N-acetyl-) TFA
4-Ethylthio-2,5-dimethoxyphenethylamine-M (sulfone N-acetyl-) TFA
6822

C21H18NO2F5
411.12576
2580

PS
LM/Q
Antidepressant

Doxepin-M (nor-) PFP
7669

C20H20F3NO5
411.12936
2590

PS
LM/Q
Antirheumatic

Etofenamate AC
6094

C20H20F3NO5
411.12936
2290

PS
LM/Q
Potent antitussive

Oxycodone TFA
4013

C22H22ClN3O3
411.13498
3750
U+ UHYAC

U+ UHYAC
LS/Q
Antihistamine

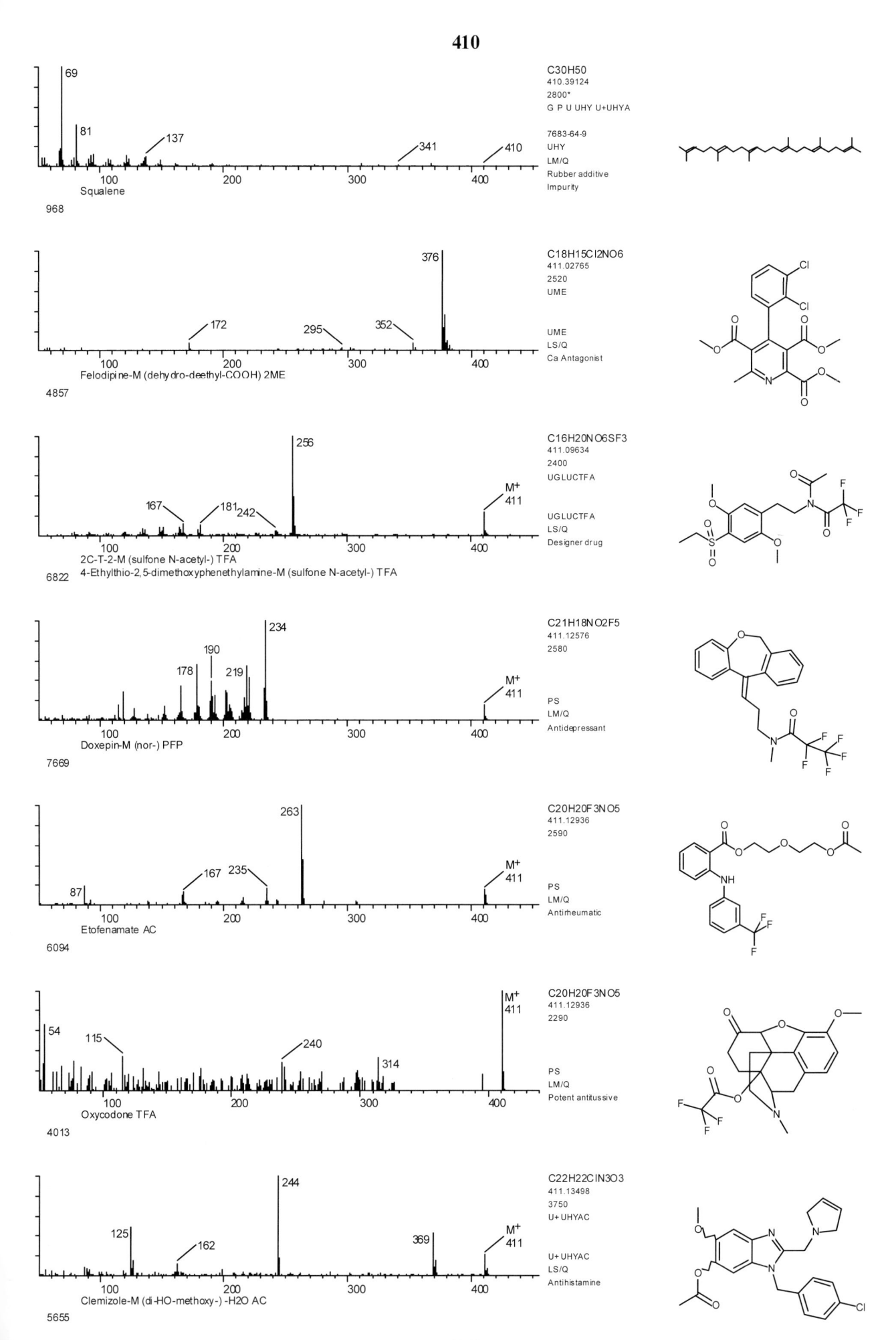

Clemizole-M (di-HO-methoxy-) -H2O AC
5655

411

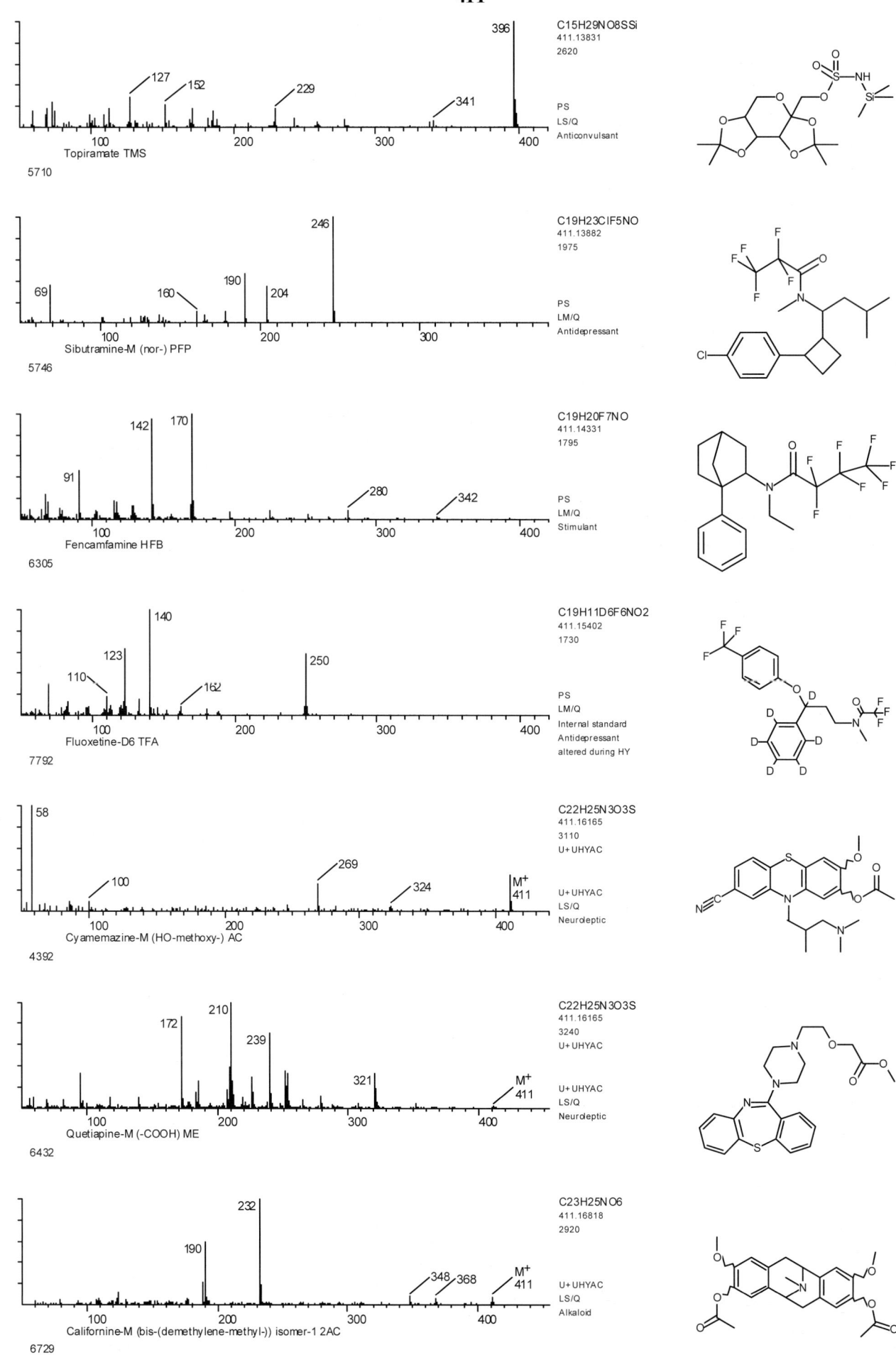

Topiramate TMS — C15H29NO8SSi, 411.13831, 2620, PS, LS/Q, Anticonvulsant
Peaks: 127, 152, 229, 341, 396
5710

Sibutramine-M (nor-) PFP — C19H23ClF5NO, 411.13882, 1975, PS, LM/Q, Antidepressant
Peaks: 69, 160, 190, 204, 246
5746

Fencamfamine HFB — C19H20F7NO, 411.14331, 1795, PS, LM/Q, Stimulant
Peaks: 91, 142, 170, 280, 342
6305

Fluoxetine-D6 TFA — C19H11D6F6NO2, 411.15402, 1730, PS, LM/Q, Internal standard, Antidepressant, altered during HY
Peaks: 110, 123, 140, 162, 250
7792

Cyamemazine-M (HO-methoxy-) AC — C22H25N3O3S, 411.16165, 3110, U+ UHYAC, U+ UHYAC, LS/Q, Neuroleptic
Peaks: 58, 100, 269, 324, M+ 411
4392

Quetiapine-M (-COOH) ME — C22H25N3O3S, 411.16165, 3240, U+ UHYAC, U+ UHYAC, LS/Q, Neuroleptic
Peaks: 172, 210, 239, 321, M+ 411
6432

Californine-M (bis-(demethylene-methyl-)) isomer-1 2AC — C23H25NO6, 411.16818, 2920, U+ UHYAC, LS/Q, Alkaloid
Peaks: 190, 232, 348, 368, M+ 411
6729

1044

411

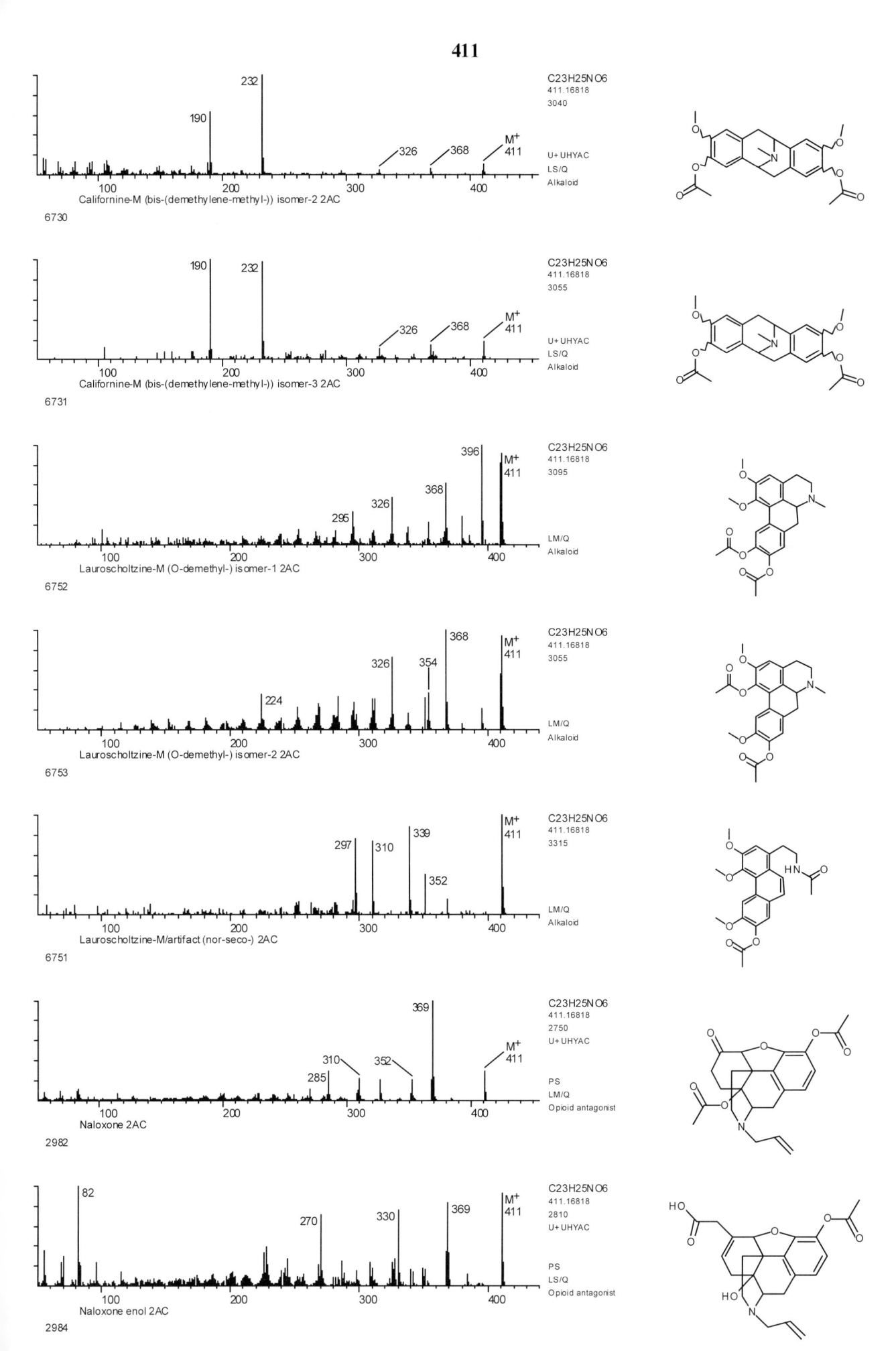

Californine-M (bis-(demethylene-methyl-)) isomer-2 2AC — peaks 190, 232, 326, 368, M+ 411	C23H25NO6 411.16818 3040 U+ UHYAC LS/Q Alkaloid
6730	

Californine-M (bis-(demethylene-methyl-)) isomer-3 2AC — peaks 190, 232, 326, 368, M+ 411	C23H25NO6 411.16818 3055 U+ UHYAC LS/Q Alkaloid
6731	

Lauroscholtzine-M (O-demethyl-) isomer-1 2AC — peaks 295, 326, 368, 396, M+ 411	C23H25NO6 411.16818 3095 LM/Q Alkaloid
6752	

Lauroscholtzine-M (O-demethyl-) isomer-2 2AC — peaks 224, 326, 354, 368, M+ 411	C23H25NO6 411.16818 3055 LM/Q Alkaloid
6753	

Lauroscholtzine-M/artifact (nor-seco-) 2AC — peaks 297, 310, 339, 352, M+ 411	C23H25NO6 411.16818 3315 LM/Q Alkaloid
6751	

Naloxone 2AC — peaks 285, 310, 352, 369, M+ 411	C23H25NO6 411.16818 2750 U+ UHYAC PS LM/Q Opioid antagonist
2982	

Naloxone enol 2AC — peaks 82, 270, 330, 369, M+ 411	C23H25NO6 411.16818 2810 U+ UHYAC PS LS/Q Opioid antagonist
2984	

411

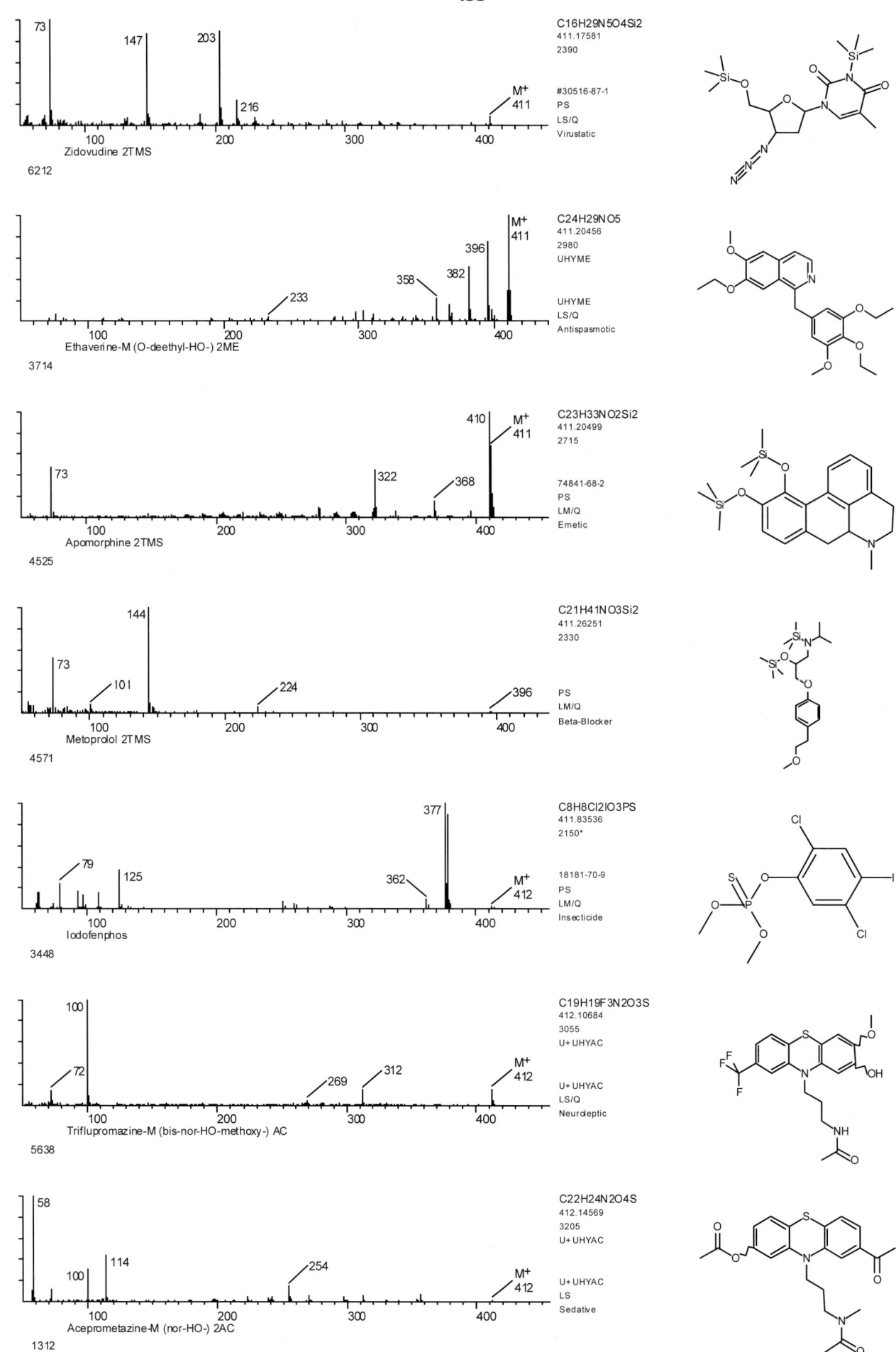

Zidovudine 2TMS
C16H29N5O4Si2
411.17581
2390
#30516-87-1
PS
LS/Q
Virustatic

Ethaverine-M (O-deethyl-HO-) 2ME
C24H29NO5
411.20456
2980
UHYME
UHYME
LS/Q
Antispasmotic

Apomorphine 2TMS
C23H33NO2Si2
411.20499
2715
74841-68-2
PS
LM/Q
Emetic

Metoprolol 2TMS
C21H41NO3Si2
411.26251
2330
PS
LM/Q
Beta-Blocker

Iodofenphos
C8H8Cl2IO3PS
411.83536
2150*
18181-70-9
PS
LM/Q
Insecticide

Triflupromazine-M (bis-nor-HO-methoxy-) AC
C19H19F3N2O3S
412.10684
3055
U+ UHYAC
U+ UHYAC
LS/Q
Neuroleptic

Aceprometazine-M (nor-HO-) 2AC
C22H24N2O4S
412.14569
3205
U+ UHYAC
U+ UHYAC
LS
Sedative

412

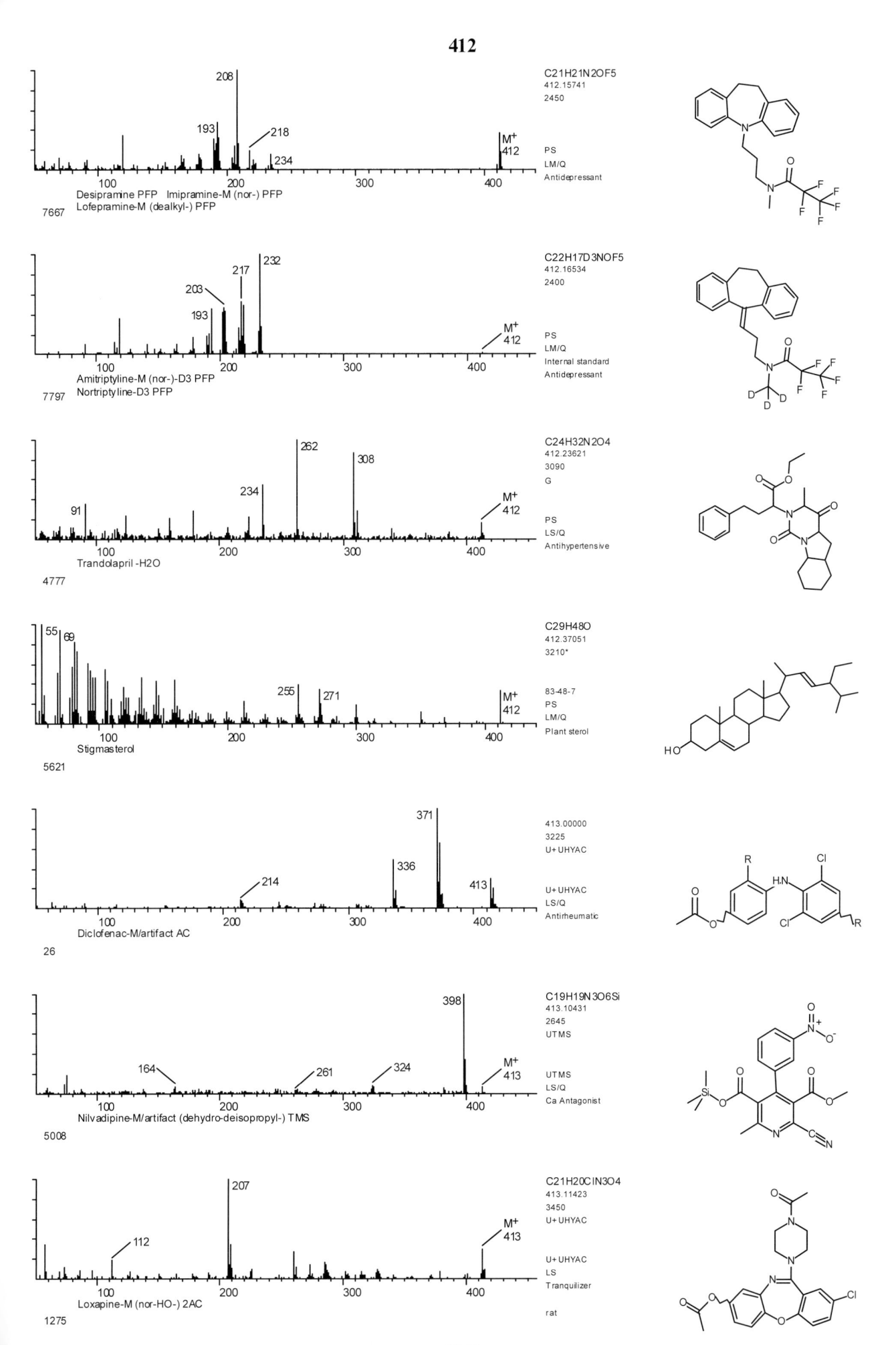

Spectrum 7667: Desipramine PFP / Imipramine-M (nor-) PFP / Lofepramine-M (dealkyl-) PFP
Peaks: 193, 208, 218, 234, M+ 412
C21H21N2OF5
412.15741
2450
PS
LM/Q
Antidepressant

Spectrum 7797: Amitriptyline-M (nor-)-D3 PFP / Nortriptyline-D3 PFP
Peaks: 193, 203, 217, 232, M+ 412
C22H17D3NOF5
412.16534
2400
PS
LM/Q
Internal standard
Antidepressant

Spectrum 4777: Trandolapril -H2O
Peaks: 91, 234, 262, 308, M+ 412
C24H32N2O4
412.23621
3090
G
PS
LS/Q
Antihypertensive

Spectrum 5621: Stigmasterol
Peaks: 55, 69, 255, 271, M+ 412
C29H48O
412.37051
3210*
83-48-7
PS
LM/Q
Plant sterol

Spectrum 26: Diclofenac-M/artifact AC
Peaks: 214, 336, 371, 413
413.00000
3225
U+ UHYAC
U+ UHYAC
LS/Q
Antirheumatic

Spectrum 5008: Nilvadipine-M/artifact (dehydro-deisopropyl-) TMS
Peaks: 164, 261, 324, 398, M+ 413
C19H19N3O6Si
413.10431
2645
UTMS
UTMS
LS/Q
Ca Antagonist

Spectrum 1275: Loxapine-M (nor-HO-) 2AC
Peaks: 112, 207, M+ 413
C21H20ClN3O4
413.11423
3450
U+ UHYAC
U+ UHYAC
LS
Tranquilizer
rat

413

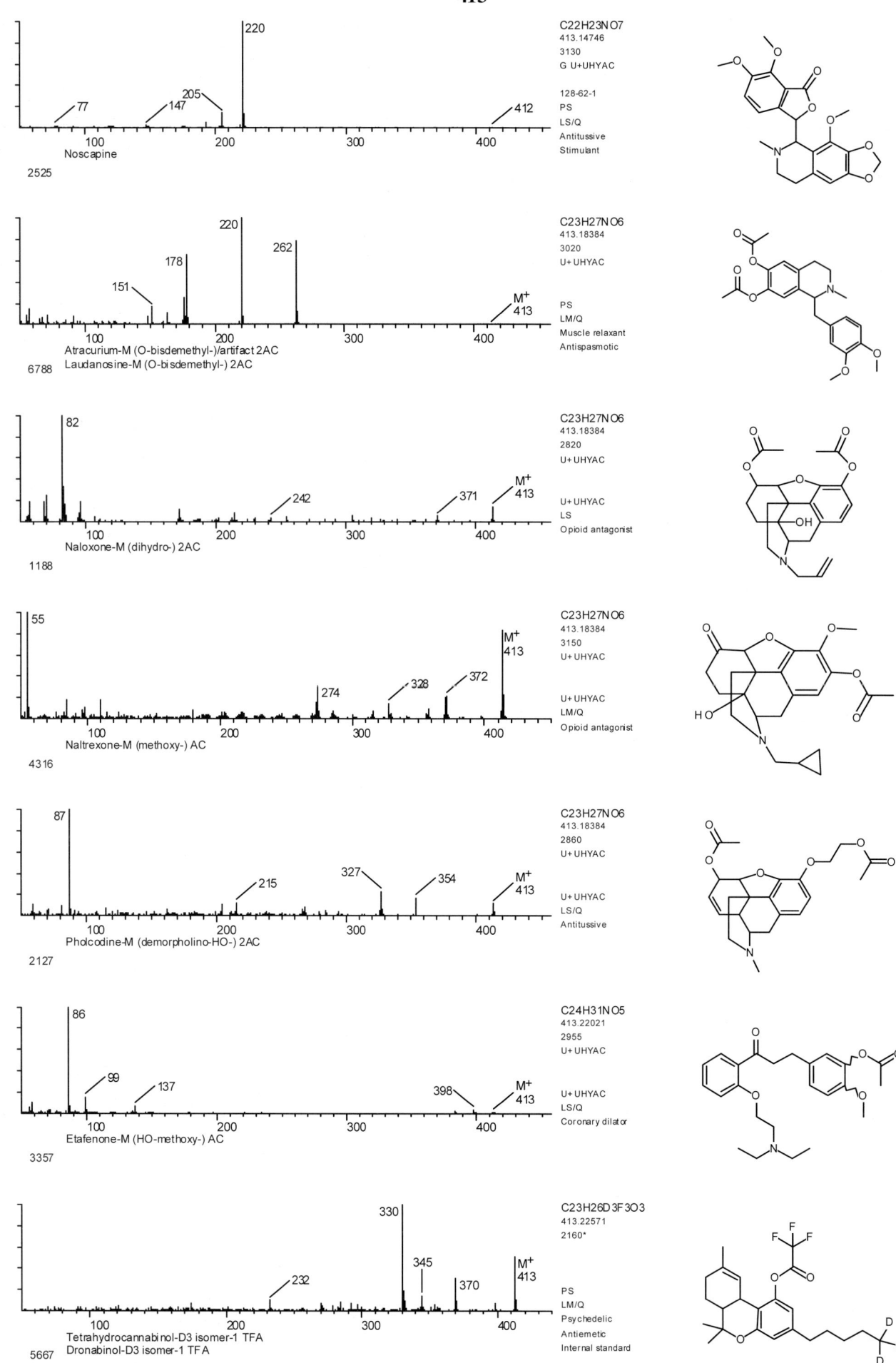

Noscapine — C22H23NO7, 413.14746, 3130, G U+UHYAC, 128-62-1, PS, LS/Q, Antitussive, Stimulant
Peaks: 77, 147, 205, 220, 412

Atracurium-M (O-bisdemethyl-)/artifact 2AC
Laudanosine-M (O-bisdemethyl-) 2AC — C23H27NO6, 413.18384, 3020, U+UHYAC, PS, LM/Q, Muscle relaxant, Antispasmotic
Peaks: 151, 178, 220, 262, M+ 413

Naloxone-M (dihydro-) 2AC — C23H27NO6, 413.18384, 2820, U+UHYAC, U+UHYAC, LS, Opioid antagonist
Peaks: 82, 242, 371, M+ 413

Naltrexone-M (methoxy-) AC — C23H27NO6, 413.18384, 3150, U+UHYAC, U+UHYAC, LM/Q, Opioid antagonist
Peaks: 55, 274, 328, 372, M+ 413

Pholcodine-M (demorpholino-HO-) 2AC — C23H27NO6, 413.18384, 2860, U+UHYAC, U+UHYAC, LS/Q, Antitussive
Peaks: 87, 215, 327, 354, M+ 413

Etafenone-M (HO-methoxy-) AC — C24H31NO5, 413.22021, 2955, U+UHYAC, U+UHYAC, LS/Q, Coronary dilator
Peaks: 86, 99, 137, 398, M+ 413

Tetrahydrocannabinol-D3 isomer-1 TFA
Dronabinol-D3 isomer-1 TFA — C23H26D3F3O3, 413.22571, 2160*, PS, LM/Q, Psychedelic, Antiemetic, Internal standard
Peaks: 232, 330, 345, 370, M+ 413

413

Tetrahydrocannabinol-D3 isomer-2 TFA
Dronabinol-D3 isomer-2 TFA
5666

C23H26D3F3O3
413.22571
2180*
PS
LM/Q
Psychedelic
Antiemetic
Internal standard

Buprenorphine-M (nor-)
7774

C25H35NO4
413.25662
3420
PS
LS/Q
Potent analgesic

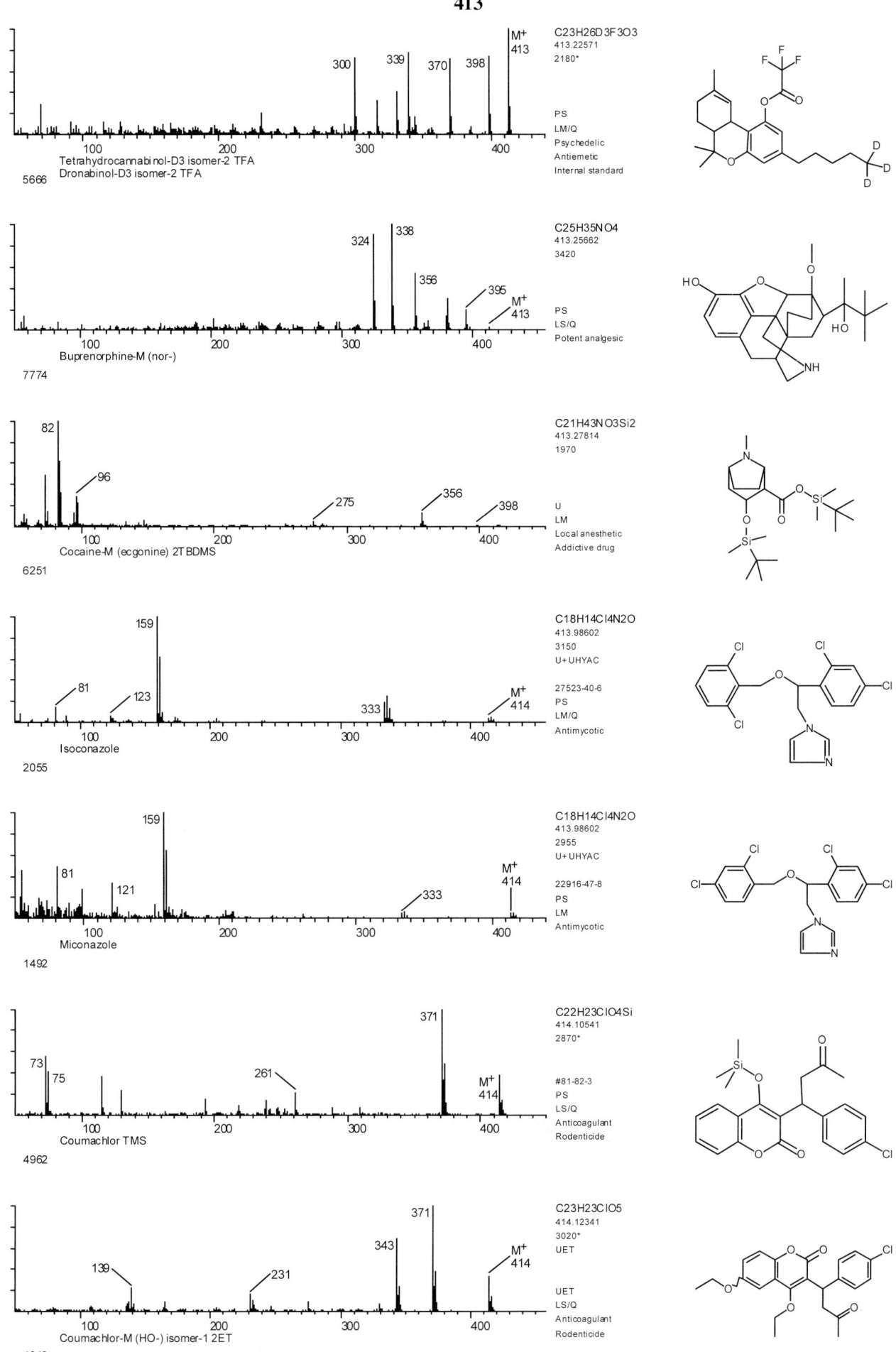

Cocaine-M (ecgonine) 2TBDMS
6251

C21H43NO3Si2
413.27814
1970
U
LM
Local anesthetic
Addictive drug

Isoconazole
2055

C18H14Cl4N2O
413.98602
3150
U+ UHYAC
27523-40-6
PS
LM/Q
Antimycotic

Miconazole
1492

C18H14Cl4N2O
413.98602
2955
U+ UHYAC
22916-47-8
PS
LM
Antimycotic

Coumachlor TMS
4962

C22H23ClO4Si
414.10541
2870*
#81-82-3
PS
LS/Q
Anticoagulant
Rodenticide

Coumachlor-M (HO-) isomer-1 2ET
4813

C23H23ClO5
414.12341
3020*
UET
UET
LS/Q
Anticoagulant
Rodenticide

414

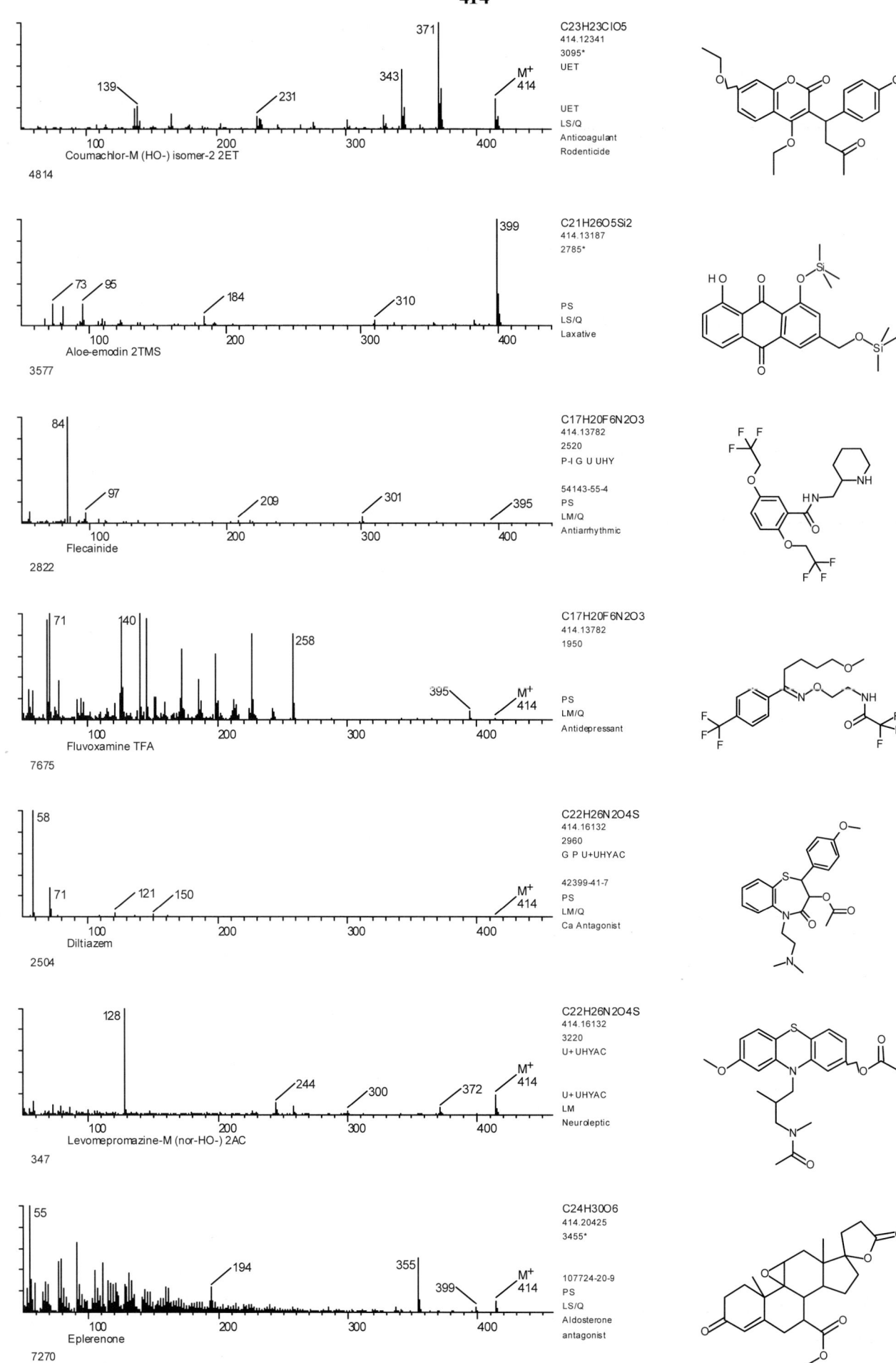

C23H23ClO5
414.12341
3095*
UET

UET
LS/Q
Anticoagulant
Rodenticide

Coumachlor-M (HO-) isomer-2 2ET
4814

C21H26O5Si2
414.13187
2785*

PS
LS/Q
Laxative

Aloe-emodin 2TMS
3577

C17H20F6N2O3
414.13782
2520
P-I G U UHY

54143-55-4
PS
LM/Q
Antiarrhythmic

Flecainide
2822

C17H20F6N2O3
414.13782
1950

PS
LM/Q
Antidepressant

Fluvoxamine TFA
7675

C22H26N2O4S
414.16132
2960
G P U+UHYAC

42399-41-7
PS
LM/Q
Ca Antagonist

Diltiazem
2504

C22H26N2O4S
414.16132
3220
U+UHYAC

U+UHYAC
LM
Neuroleptic

Levomepromazine-M (nor-HO-) 2AC
347

C24H30O6
414.20425
3455*

107724-20-9
PS
LS/Q
Aldosterone antagonist

Eplerenone
7270

1050

414

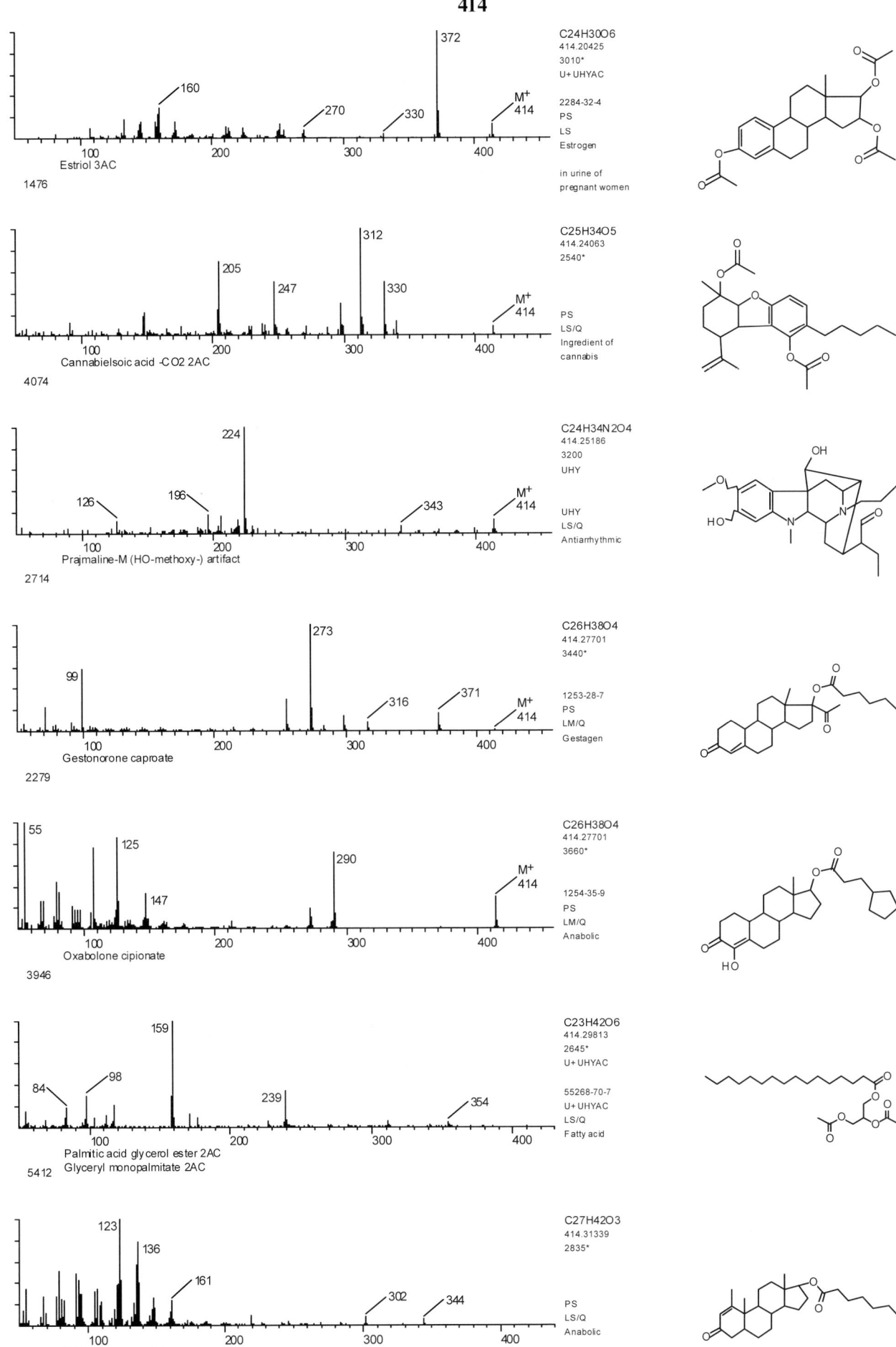

Estriol 3AC — 1476
C24H30O6
414.20425
3010*
U+ UHYAC
2284-32-4
PS
LS
Estrogen
in urine of pregnant women

Cannabielsoic acid -CO2 2AC — 4074
C25H34O5
414.24063
2540*
PS
LS/Q
Ingredient of cannabis

Prajmaline-M (HO-methoxy-) artifact — 2714
C24H34N2O4
414.25186
3200
UHY
UHY
LS/Q
Antiarrhythmic

Gestonorone caproate — 2279
C26H38O4
414.27701
3440*
1253-28-7
PS
LM/Q
Gestagen

Oxabolone cipionate — 3946
C26H38O4
414.27701
3660*
1254-35-9
PS
LM/Q
Anabolic

Palmitic acid glycerol ester 2AC / Glyceryl monopalmitate 2AC — 5412
C23H42O6
414.29813
2645*
U+ UHYAC
55268-70-7
U+ UHYAC
LS/Q
Fatty acid

Metenolone enantate — 2814
C27H42O3
414.31339
2835*
PS
LS/Q
Anabolic

414

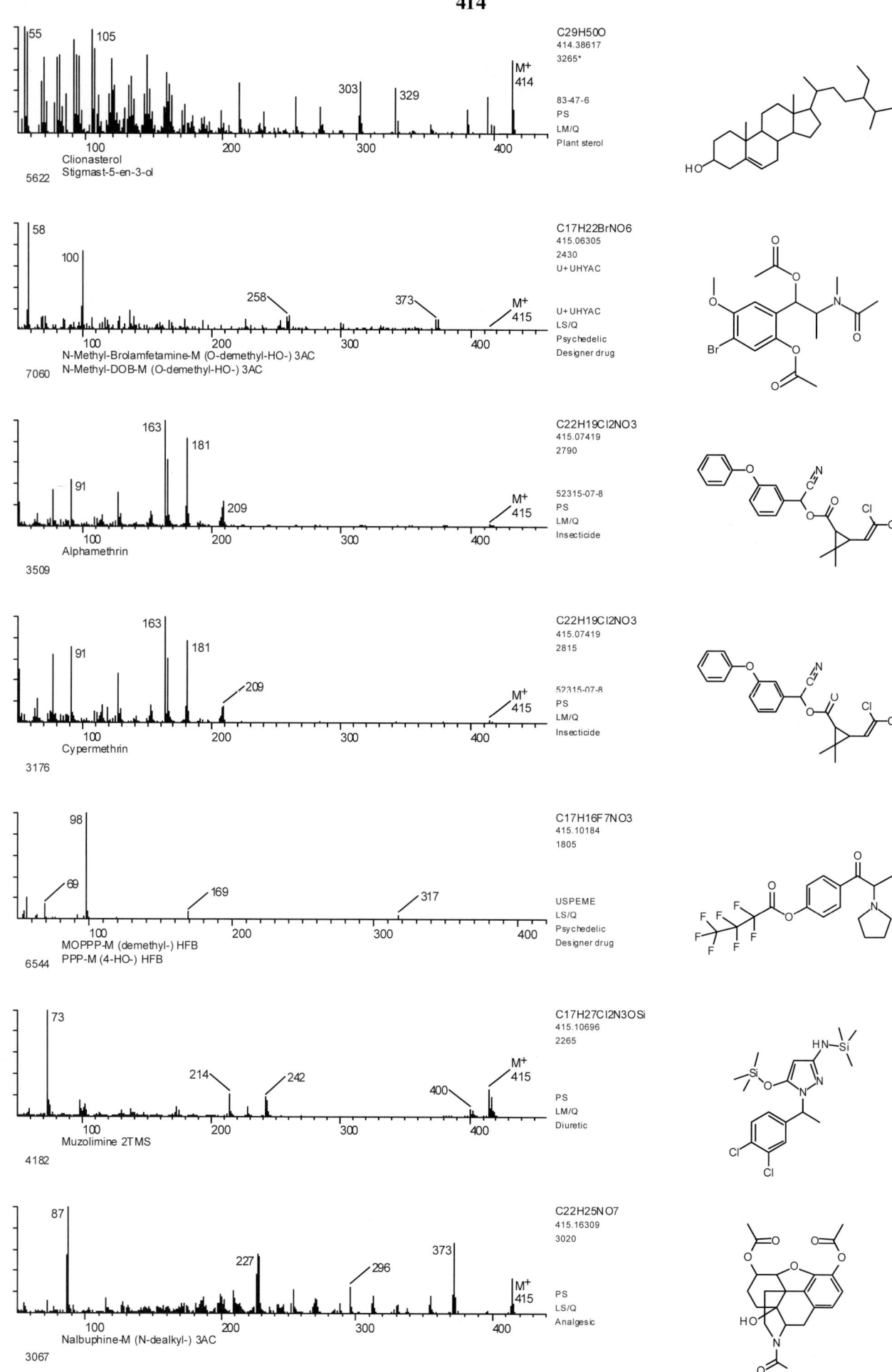

Clionasterol / Stigmast-5-en-3-ol	C29H50O / 414.38617 / 3265* / 83-47-6 / PS / LM/Q / Plant sterol
5622	

N-Methyl-Brolamfetamine-M (O-demethyl-HO-) 3AC / N-Methyl-DOB-M (O-demethyl-HO-) 3AC	C17H22BrNO6 / 415.06305 / 2430 / U+UHYAC / U+UHYAC / LS/Q / Psychedelic / Designer drug
7060	

Alphamethrin	C22H19Cl2NO3 / 415.07419 / 2790 / 52315-07-8 / PS / LM/Q / Insecticide
3509	

Cypermethrin	C22H19Cl2NO3 / 415.07419 / 2815 / 52315-07-8 / PS / LM/Q / Insecticide
3176	

MOPPP-M (demethyl-) HFB / PPP-M (4-HO-) HFB	C17H16F7NO3 / 415.10184 / 1805 / USPEME / LS/Q / Psychedelic / Designer drug
6544	

Muzolimine 2TMS	C17H27Cl2N3OSi / 415.10696 / 2265 / PS / LM/Q / Diuretic
4182	

Nalbuphine-M (N-dealkyl-) 3AC	C22H25NO7 / 415.16309 / 3020 / PS / LS/Q / Analgesic
3067	

415

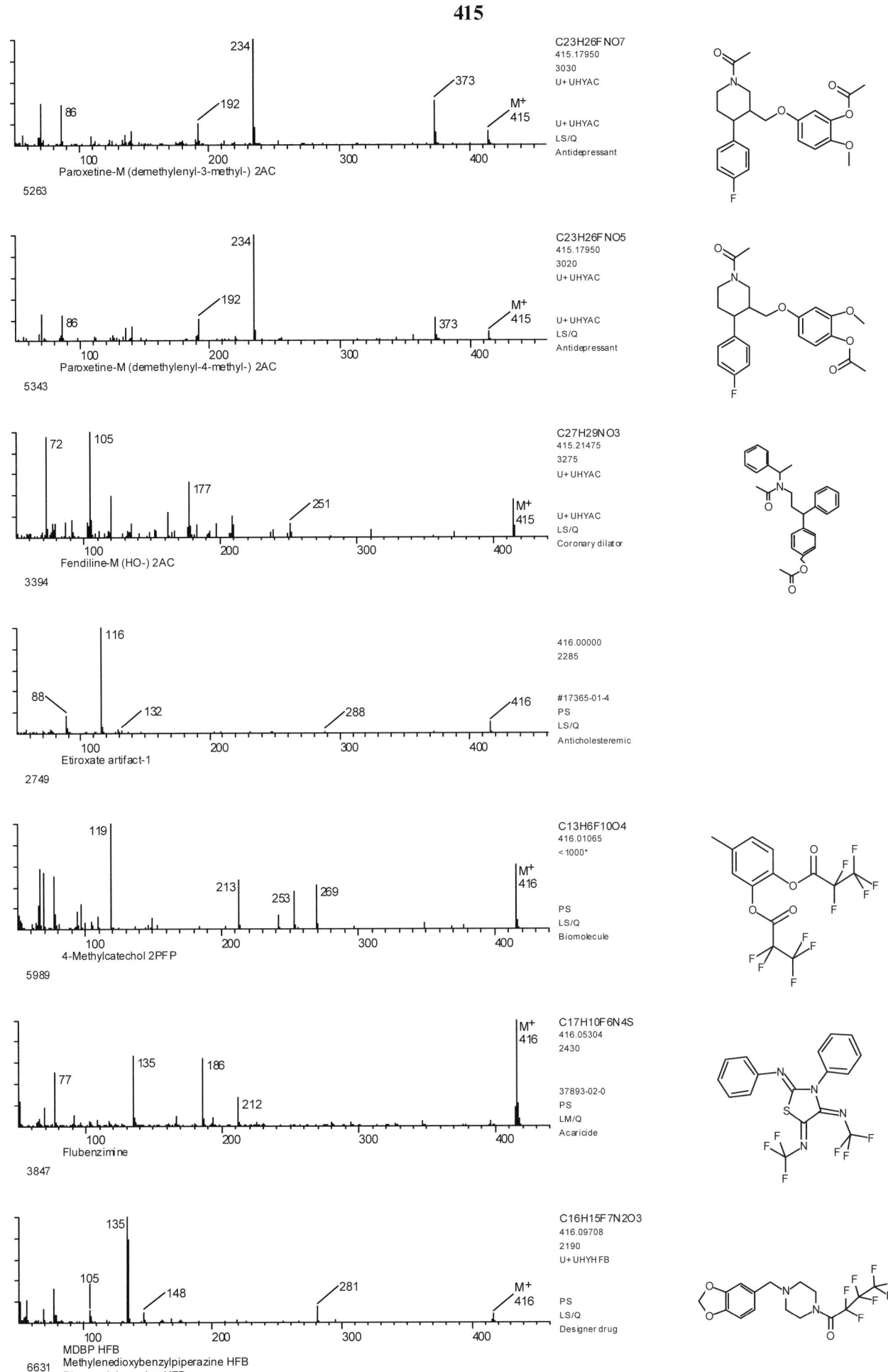

C23H26FNO7
415.17950
3030
U+ UHYAC

U+ UHYAC
LS/Q
Antidepressant

Paroxetine-M (demethylenyl-3-methyl-) 2AC
5263

C23H26FNO5
415.17950
3020
U+ UHYAC

U+ UHYAC
LS/Q
Antidepressant

Paroxetine-M (demethylenyl-4-methyl-) 2AC
5343

C27H29NO3
415.21475
3275
U+ UHYAC

U+ UHYAC
LS/Q
Coronary dilator

Fendiline-M (HO-) 2AC
3394

416.00000
2285

#17365-01-4
PS
LS/Q
Anticholesteremic

Etiroxate artifact-1
2749

C13H6F10O4
416.01065
< 1000*

PS
LS/Q
Biomolecule

4-Methylcatechol 2PFP
5989

C17H10F6N4S
416.05304
2430

37893-02-0
PS
LM/Q
Acaricide

Flubenzimine
3847

C16H15F7N2O3
416.09708
2190
U+ UHYH FB

PS
LS/Q
Designer drug

MDBP HFB
Methylenedioxybenzylpiperazine HFB
Piperonylpiperazine HFB
6631

1053

416

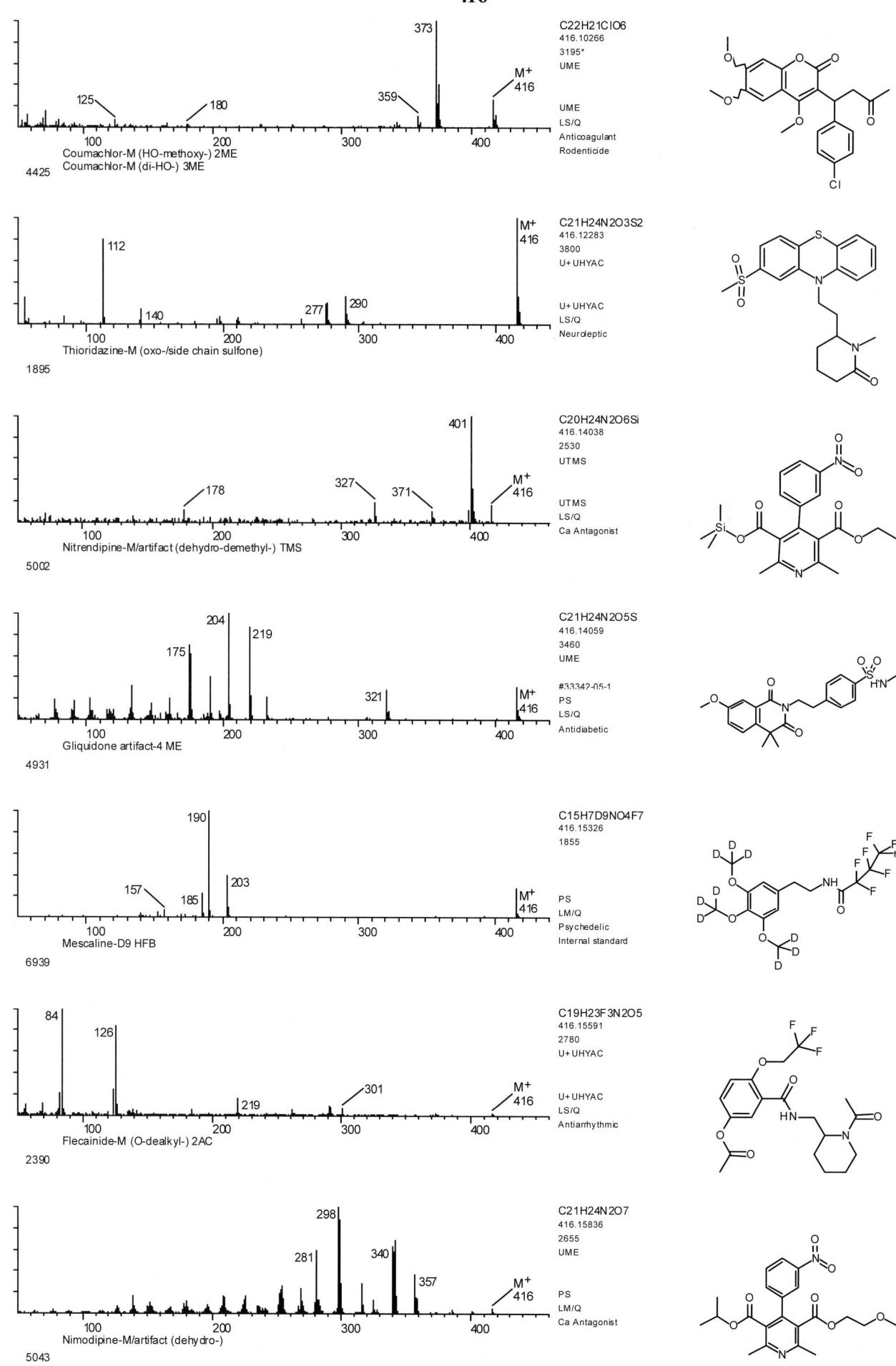

C22H21ClO6
416.10266
3195*
UME

UME
LS/Q
Anticoagulant
Rodenticide

Coumachlor-M (HO-methoxy-) 2ME
Coumachlor-M (di-HO-) 3ME
4425

C21H24N2O3S2
416.12283
3800
U+ UHYAC

U+ UHYAC
LS/Q
Neuroleptic

Thioridazine-M (oxo-/side chain sulfone)
1895

C20H24N2O6Si
416.14038
2530
UTMS

UTMS
LS/Q
Ca Antagonist

Nitrendipine-M/artifact (dehydro-demethyl-) TMS
5002

C21H24N2O5S
416.14059
3460
UME

#33342-05-1
PS
LS/Q
Antidiabetic

Gliquidone artifact-4 ME
4931

C15H7D9NO4F7
416.15326
1855

PS
LM/Q
Psychedelic
Internal standard

Mescaline-D9 HFB
6939

C19H23F3N2O5
416.15591
2780
U+ UHYAC

U+ UHYAC
LS/Q
Antiarrhythmic

Flecainide-M (O-dealkyl-) 2AC
2390

C21H24N2O7
416.15836
2655
UME

PS
LM/Q
Ca Antagonist

Nimodipine-M/artifact (dehydro-)
5043

1054

416

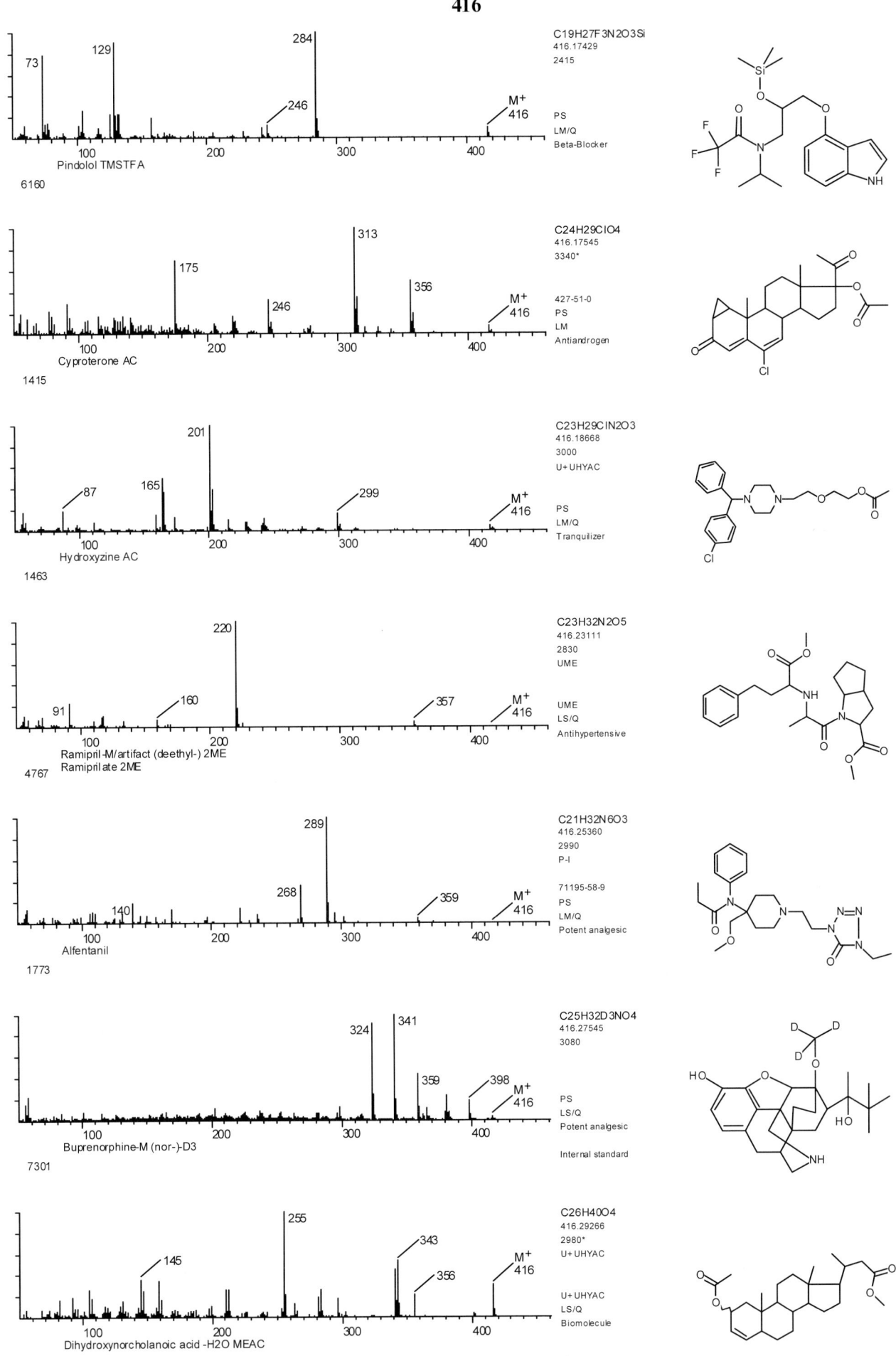

Pindolol TMSTFA — 6160
C19H27F3N2O3Si
416.17429
2415
PS
LM/Q
Beta-Blocker
Peaks: 73, 129, 246, 284, M+ 416

Cyproterone AC — 1415
C24H29ClO4
416.17545
3340*
427-51-0
PS
LM
Antiandrogen
Peaks: 175, 246, 313, 356, M+ 416

Hydroxyzine AC — 1463
C23H29ClN2O3
416.18668
3000
U+ UHYAC
PS
LM/Q
Tranquilizer
Peaks: 87, 165, 201, 299, M+ 416

Ramipril-M/artifact (deethyl-) 2ME / Ramiprilate 2ME — 4767
C23H32N2O5
416.23111
2830
UME
UME
LS/Q
Antihypertensive
Peaks: 91, 160, 220, 357, M+ 416

Alfentanil — 1773
C21H32N6O3
416.25360
2990
P-I
71195-58-9
PS
LM/Q
Potent analgesic
Peaks: 140, 268, 289, 359, M+ 416

Buprenorphine-M (nor-)-D3 — 7301
C25H32D3NO4
416.27545
3080
PS
LS/Q
Potent analgesic
Internal standard
Peaks: 324, 341, 359, 398, M+ 416

Dihydroxynorcholanoic acid -H2O MEAC — 2455
C26H40O4
416.29266
2980*
U+ UHYAC
U+ UHYAC
LS/Q
Biomolecule
Peaks: 145, 255, 343, 356, M+ 416

1055

416

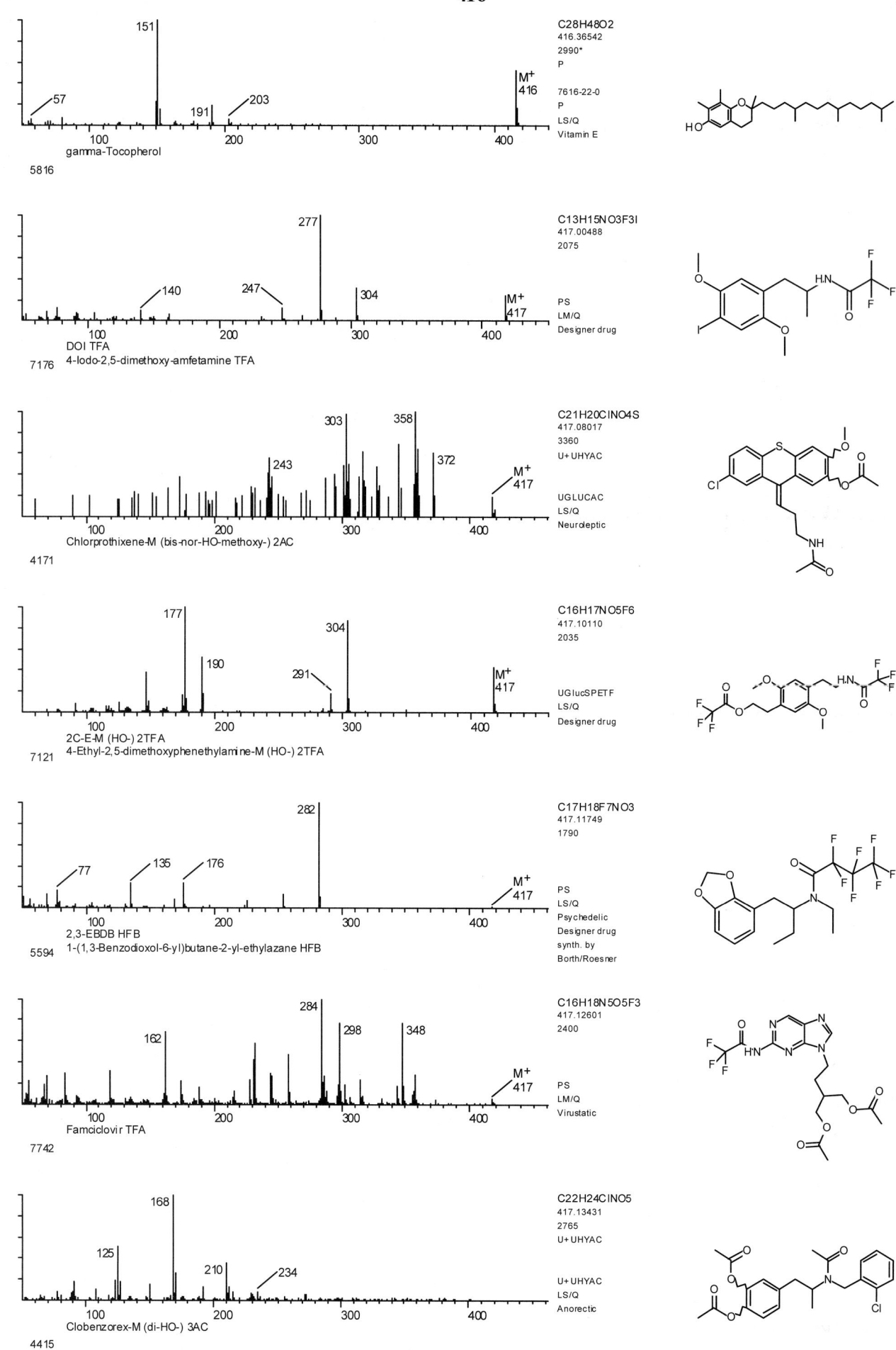

151, 57, 191, 203, M+ 416 — gamma-Tocopherol — 5816	C28H48O2 416.36542 2990* P 7616-22-0 P LS/Q Vitamin E
277, 140, 247, 304, M+ 417 — DOI TFA — 4-Iodo-2,5-dimethoxy-amfetamine TFA — 7176	C13H15NO3F3I 417.00488 2075 PS LM/Q Designer drug
303, 358, 243, 372, M+ 417 — Chlorprothixene-M (bis-nor-HO-methoxy-) 2AC — 4171	C21H20ClNO4S 417.08017 3360 U+ UHYAC UGLUCAC LS/Q Neuroleptic
177, 190, 304, 291, M+ 417 — 2C-E-M (HO-) 2TFA — 4-Ethyl-2,5-dimethoxyphenethylamine-M (HO-) 2TFA — 7121	C16H17NO5F6 417.10110 2035 UGlucSPETF LS/Q Designer drug
282, 77, 135, 176, M+ 417 — 2,3-EBDB HFB — 1-(1,3-Benzodioxol-6-yl)butane-2-yl-ethylazane HFB — 5594	C17H18F7NO3 417.11749 1790 PS LS/Q Psychedelic Designer drug synth. by Borth/Roesner
284, 162, 298, 348, M+ 417 — Famciclovir TFA — 7742	C16H18N5O5F3 417.12601 2400 PS LM/Q Virustatic
168, 125, 210, 234 — Clobenzorex-M (di-HO-) 3AC — 4415	C22H24ClNO5 417.13431 2765 U+ UHYAC U+ UHYAC LS/Q Anorectic

417

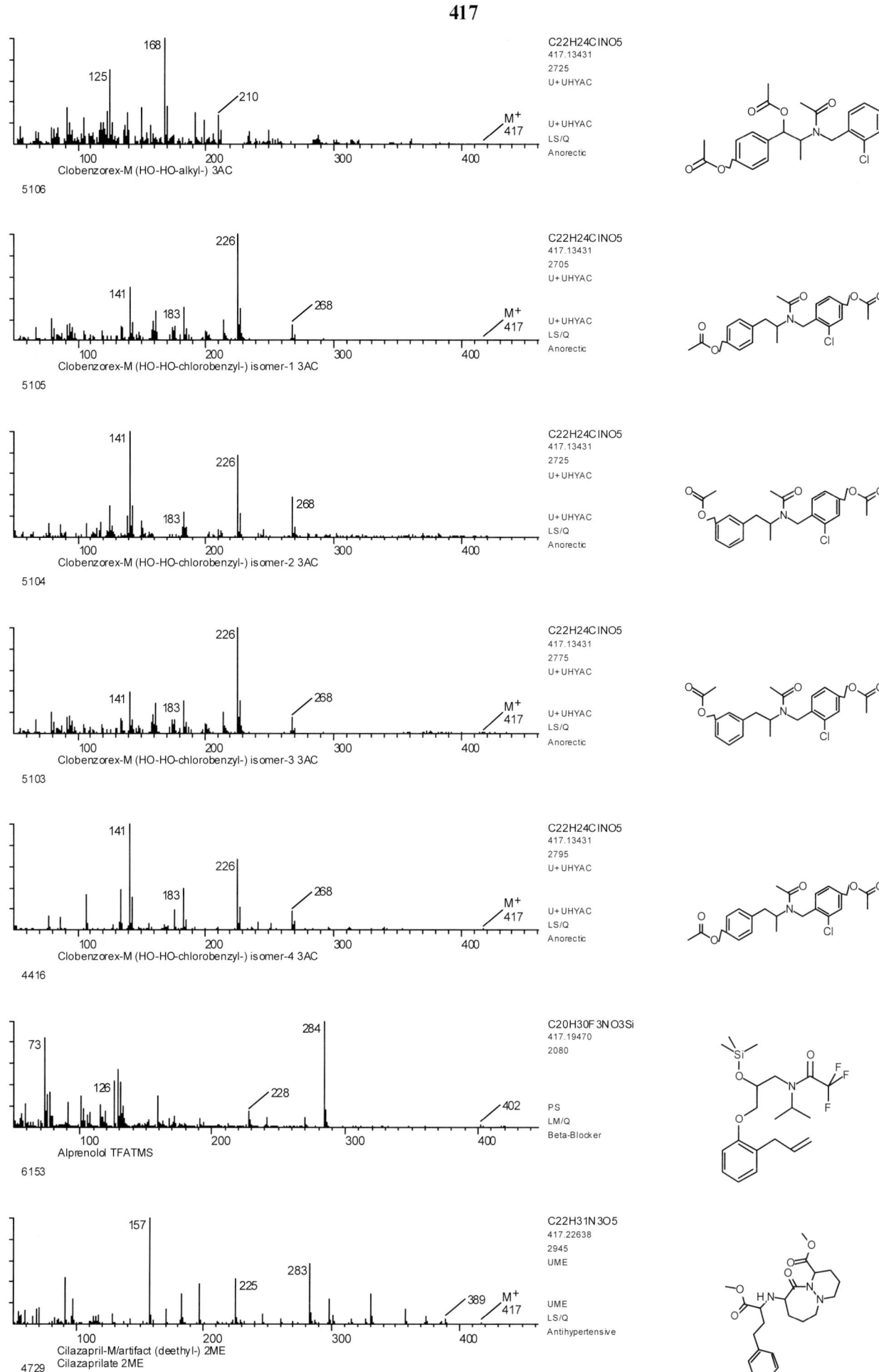

C22H24ClNO5
417.13431
2725
U+UHYAC

U+UHYAC
LS/Q
Anorectic

Clobenzorex-M (HO-HO-alkyl-) 3AC
5106

C22H24ClNO5
417.13431
2705
U+UHYAC

U+UHYAC
LS/Q
Anorectic

Clobenzorex-M (HO-HO-chlorobenzyl-) isomer-1 3AC
5105

C22H24ClNO5
417.13431
2725
U+UHYAC

U+UHYAC
LS/Q
Anorectic

Clobenzorex-M (HO-HO-chlorobenzyl-) isomer-2 3AC
5104

C22H24ClNO5
417.13431
2775
U+UHYAC

U+UHYAC
LS/Q
Anorectic

Clobenzorex-M (HO-HO-chlorobenzyl-) isomer-3 3AC
5103

C22H24ClNO5
417.13431
2795
U+UHYAC

U+UHYAC
LS/Q
Anorectic

Clobenzorex-M (HO-HO-chlorobenzyl-) isomer-4 3AC
4416

C20H30F3NO3Si
417.19470
2080

PS
LM/Q
Beta-Blocker

Alprenolol TFATMS
6153

C22H31N3O5
417.22638
2945
UME

UME
LS/Q
Antihypertensive

Cilazapril-M/artifact (deethyl-) 2ME
Cilazaprilate 2ME
4729

418

C12H10O5F3I
417.95251
1980
UGLUCMETFA

UGLUCMETFA
LS/Q
Designer drug

2C-I-M (deamino-HOOC-O-demethyl-) METFA
2,5-Dimethoxy-4-iodophenethylamine-M (deamino-HOOC-O-demethyl-) METFA
6983

C15H20Br2N2O2
417.98914
2850

PS
LM/Q
Expectorant

Ambroxol AC
2226

C21H20ClFN2O4
418.10956
2475

PS
LM/Q
Tranquilizer

Flutazolam AC
4027

C16H17F7N2O3
418.11273
2135
U+UHYH FB

U+UHYH FB
LS/Q
Designer drug

Benzylpiperazine-M (HO-methoxy-) HFB
MDBP-M (demethylenyl-methyl-) HFB
Fipexide-M (HO-methoxy-BZP) HFB
6575

C20H22N2O6S
418.11987
3110
U+UHYAC

#55837-27-9
U+UHYAC
LSM/Q
Diuretic

ME in methanol

Piretanide (ME)AC
6412

C24H22N2O3S
418.13510
2235

PS
LM/Q
Uricosuric
Thromb.aggr.inhib.

Sulfinpyrazone ME
3145

C20H22N2O8
418.13763
2970
UME

UME
LS/Q
Ca Antagonist

Nicardipine-M (deamino-HOOC-) 2ME
4880

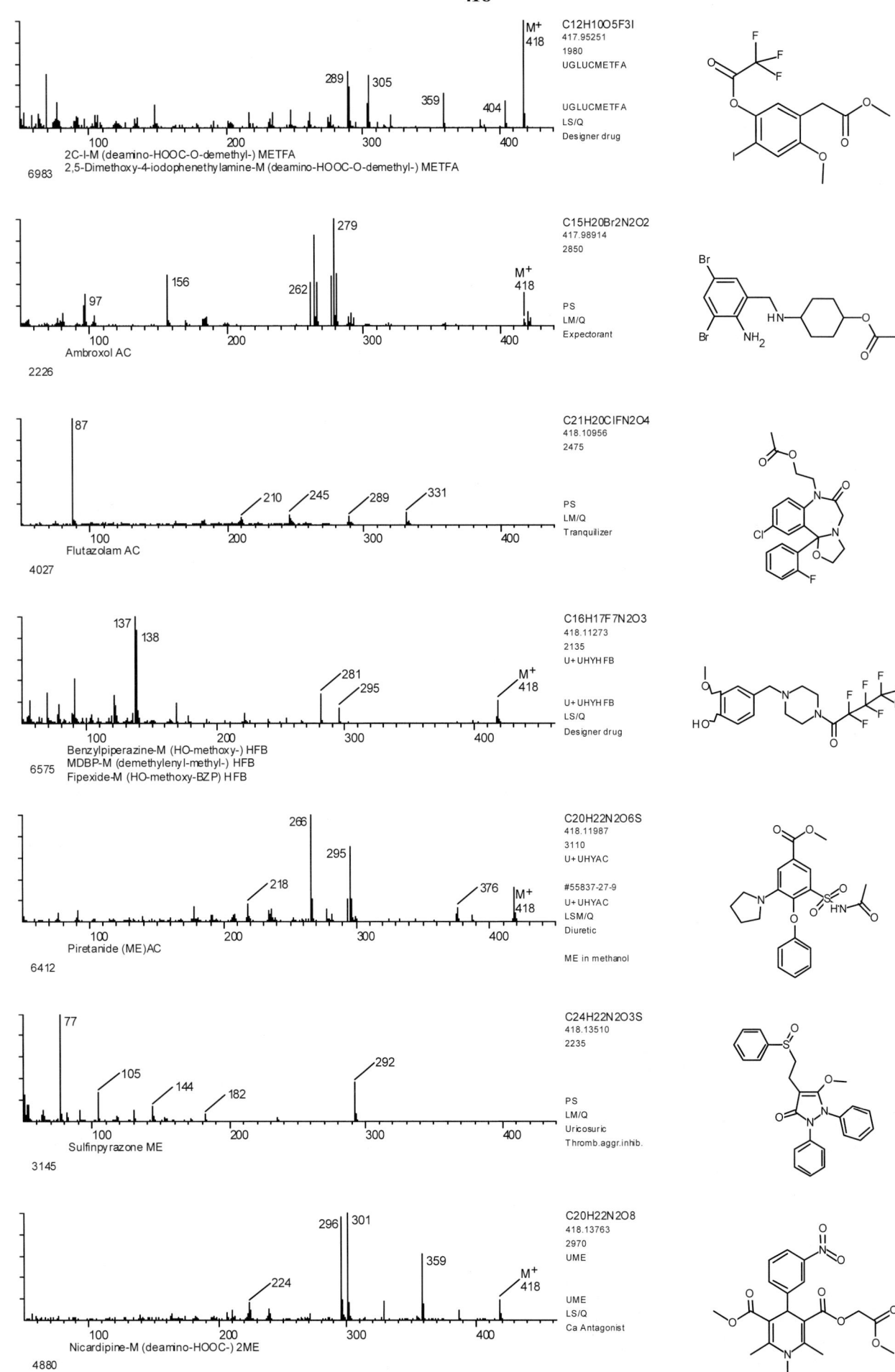

1058

418

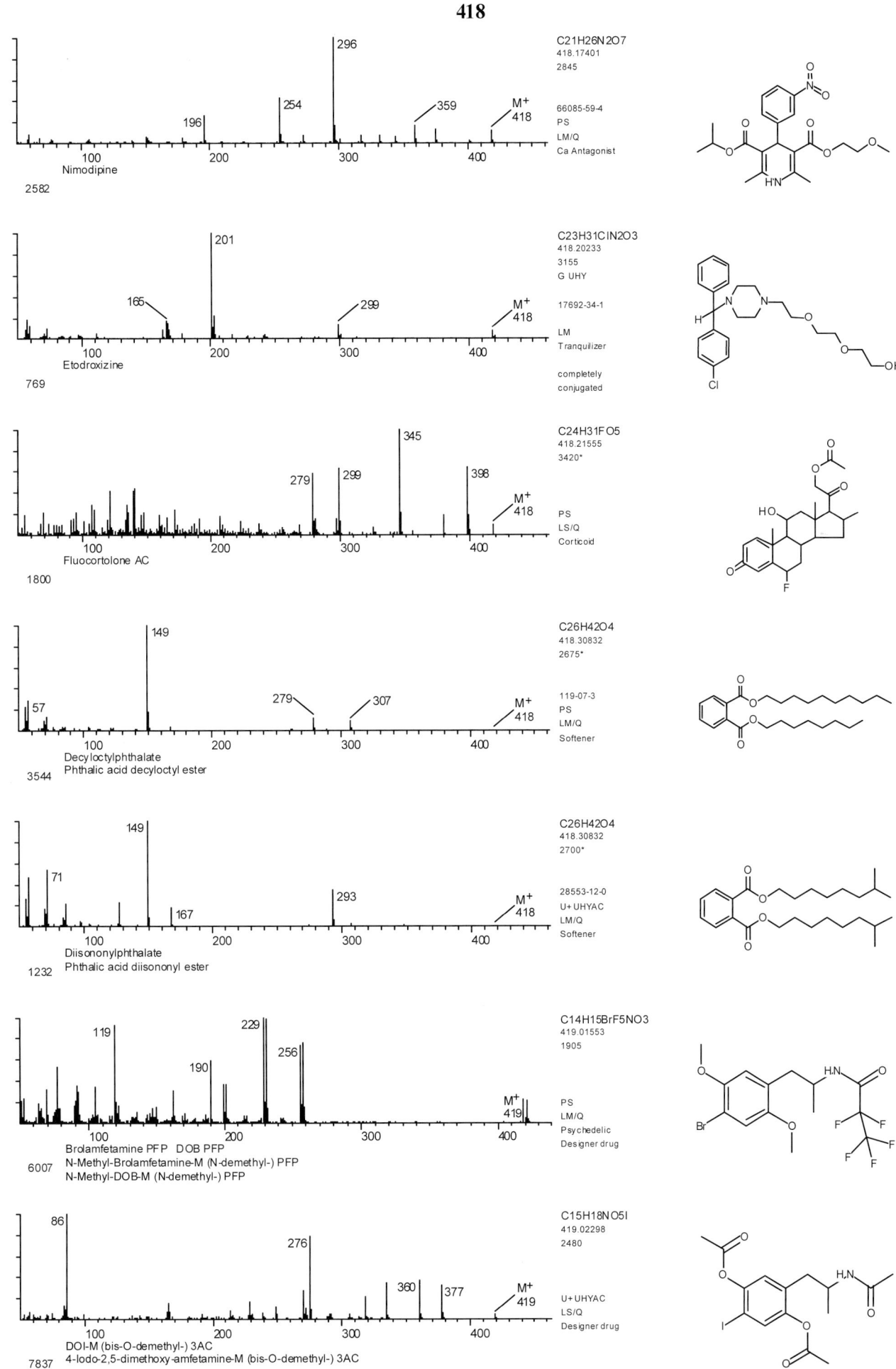

Nimodipine — 2582
C21H26N2O7
418.17401
2845
66085-59-4
PS
LM/Q
Ca Antagonist
Peaks: 196, 254, 296, 359, M+ 418

Etodroxizine — 769
C23H31ClN2O3
418.20233
3155
G UHY
17692-34-1
LM
Tranquilizer
completely conjugated
Peaks: 165, 201, 299, M+ 418

Fluocortolone AC — 1800
C24H31FO5
418.21555
3420*
PS
LS/Q
Corticoid
Peaks: 279, 299, 345, 398, M+ 418

Decyloctylphthalate / Phthalic acid decyloctyl ester — 3544
C26H42O4
418.30832
2675*
119-07-3
PS
LM/Q
Softener
Peaks: 57, 149, 279, 307, M+ 418

Diisononylphthalate / Phthalic acid diisononyl ester — 1232
C26H42O4
418.30832
2700*
28553-12-0
U+ UHYAC
LM/Q
Softener
Peaks: 71, 149, 167, 293, M+ 418

Brolamfetamine PFP   DOB PFP
N-Methyl-Brolamfetamine-M (N-demethyl-) PFP
N-Methyl-DOB-M (N-demethyl-) PFP — 6007
C14H15BrF5NO3
419.01553
1905
PS
LM/Q
Psychedelic
Designer drug
Peaks: 119, 190, 229, 256, M+ 419

DOI-M (bis-O-demethyl-) 3AC
4-Iodo-2,5-dimethoxy-amfetamine-M (bis-O-demethyl-) 3AC — 7837
C15H18NO5I
419.02298
2480
U+ UHYAC
LS/Q
Designer drug
Peaks: 86, 276, 360, 377, M+ 419

1059

419

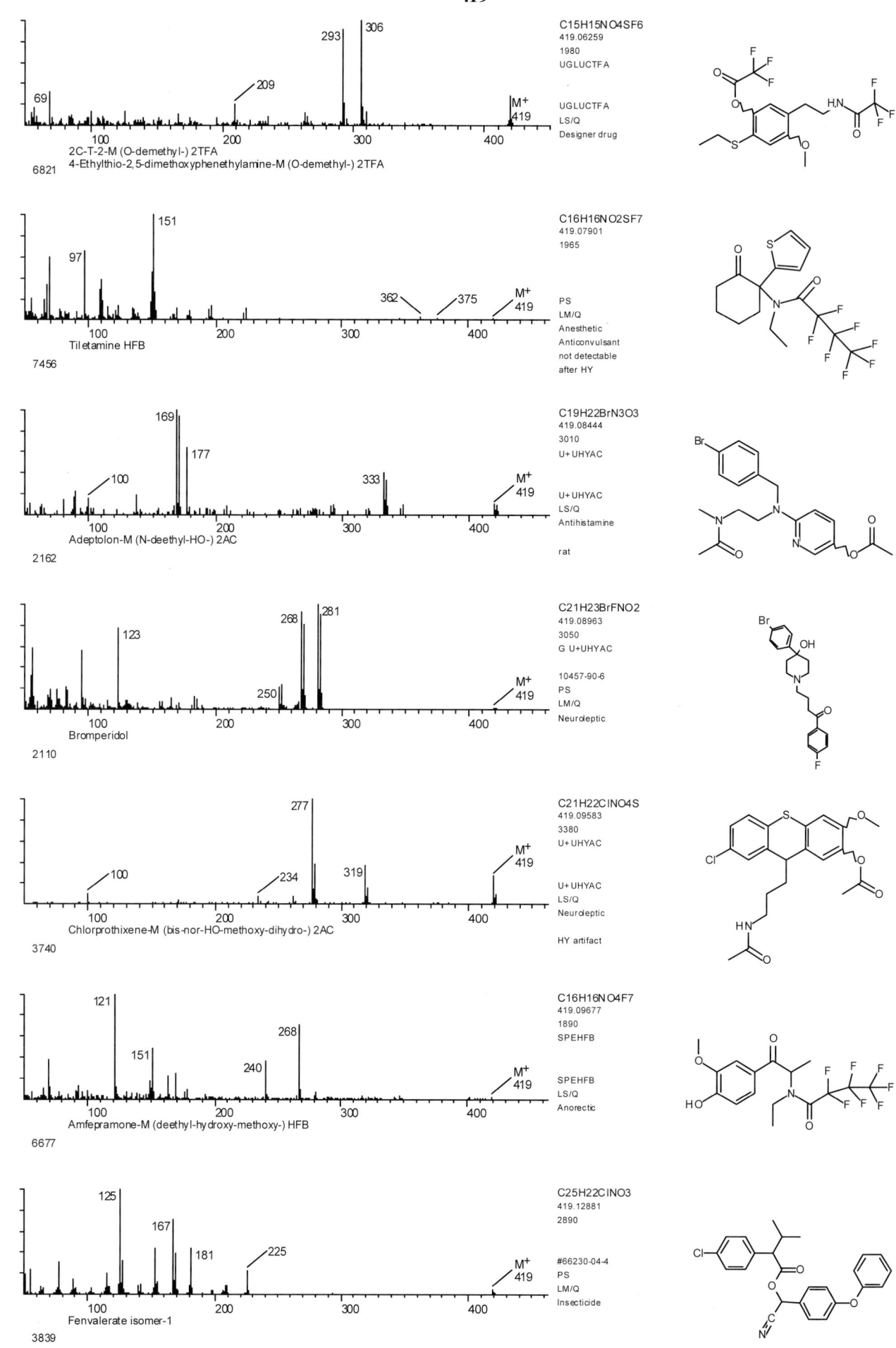

2C-T-2-M (O-demethyl-) 2TFA 4-Ethylthio-2,5-dimethoxyphenethylamine-M (O-demethyl-) 2TFA 6821	C15H15NO4SF6 419.06259 1980 UGLUCTFA UGLUCTFA LS/Q Designer drug	Peaks: 69, 209, 293, 306, M+ 419
Tiletamine HFB 7456	C16H16NO2SF7 419.07901 1965 PS LM/Q Anesthetic Anticonvulsant not detectable after HY	Peaks: 97, 151, 362, 375, M+ 419
Adeptolon-M (N-deethyl-HO-) 2AC 2162	C19H22BrN3O3 419.08444 3010 U+ UHYAC U+ UHYAC LS/Q Antihistamine rat	Peaks: 100, 169, 177, 333, M+ 419
Bromperidol 2110	C21H23BrFNO2 419.08963 3050 G U+UHYAC 10457-90-6 PS LM/Q Neuroleptic	Peaks: 123, 250, 268, 281, M+ 419
Chlorprothixene-M (bis-nor-HO-methoxy-dihydro-) 2AC 3740	C21H22ClNO4S 419.09583 3380 U+ UHYAC U+ UHYAC LS/Q Neuroleptic HY artifact	Peaks: 100, 234, 277, 319, M+ 419
Amfepramone-M (deethyl-hydroxy-methoxy-) HFB 6677	C16H16NO4F7 419.09677 1890 SPEHFB SPEHFB LS/Q Anorectic	Peaks: 121, 151, 240, 268, M+ 419
Fenvalerate isomer-1 3839	C25H22ClNO3 419.12881 2890 #66230-04-4 PS LM/Q Insecticide	Peaks: 125, 167, 181, 225, M+ 419

1060

419

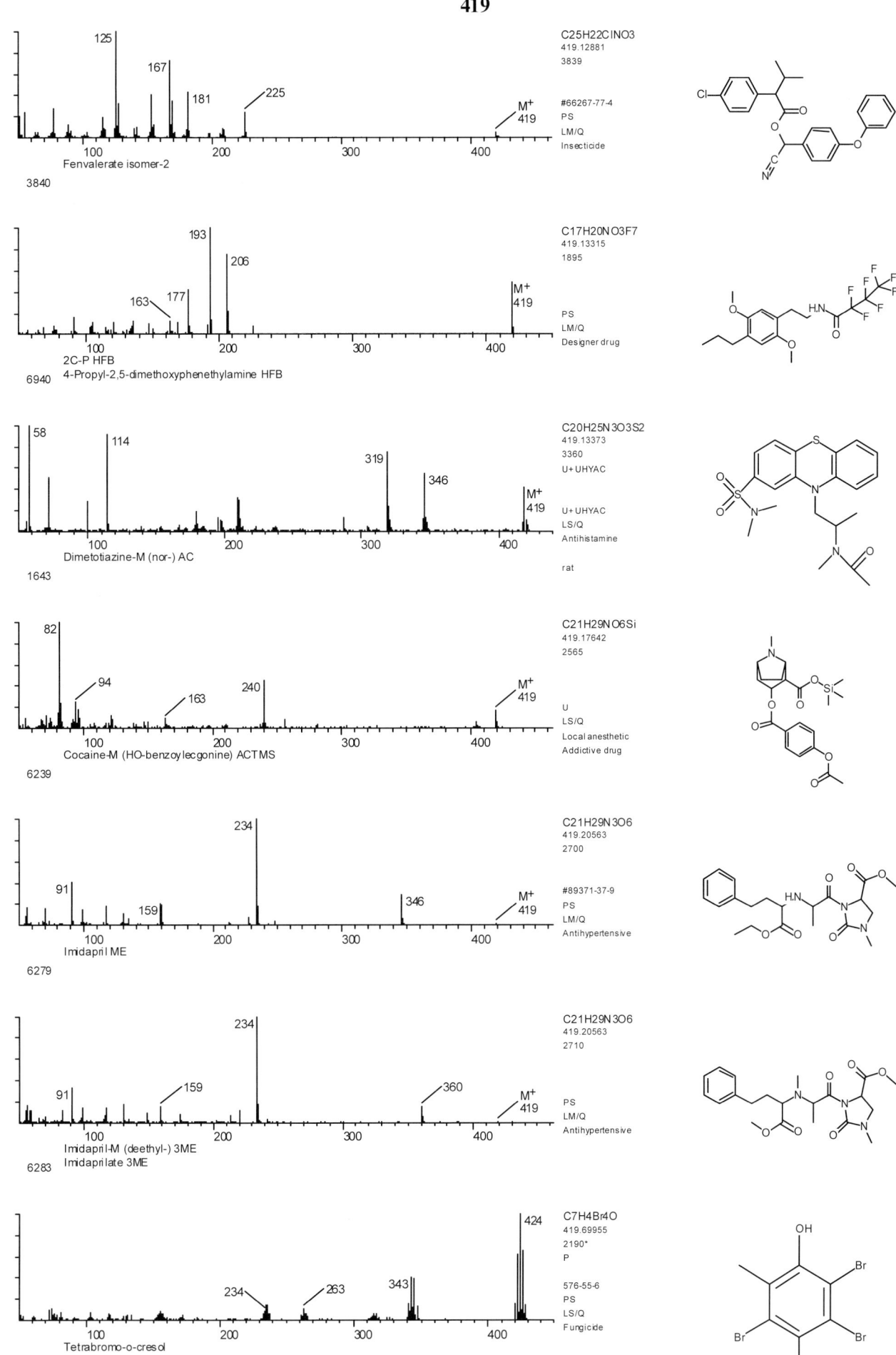

Fenvalerate isomer-2
3840
C25H22ClNO3
419.12881
3839
#66267-77-4
PS
LM/Q
Insecticide

2C-P HFB
4-Propyl-2,5-dimethoxyphenethylamine HFB
6940
C17H20NO3F7
419.13315
1895
PS
LM/Q
Designer drug

Dimetotiazine-M (nor-) AC
1643
C20H25N3O3S2
419.13373
3360
U+ UHYAC
U+ UHYAC
LS/Q
Antihistamine
rat

Cocaine-M (HO-benzoylecgonine) AC TMS
6239
C21H29NO6Si
419.17642
2565
U
LS/Q
Local anesthetic
Addictive drug

Imidapril ME
6279
C21H29N3O6
419.20563
2700
#89371-37-9
PS
LM/Q
Antihypertensive

Imidapril-M (deethyl-) 3ME
Imidaprilate 3ME
6283
C21H29N3O6
419.20563
2710
PS
LM/Q
Antihypertensive

Tetrabromo-o-cresol
2738
C7H4Br4O
419.69955
2190*
P
576-55-6
PS
LS/Q
Fungicide

420

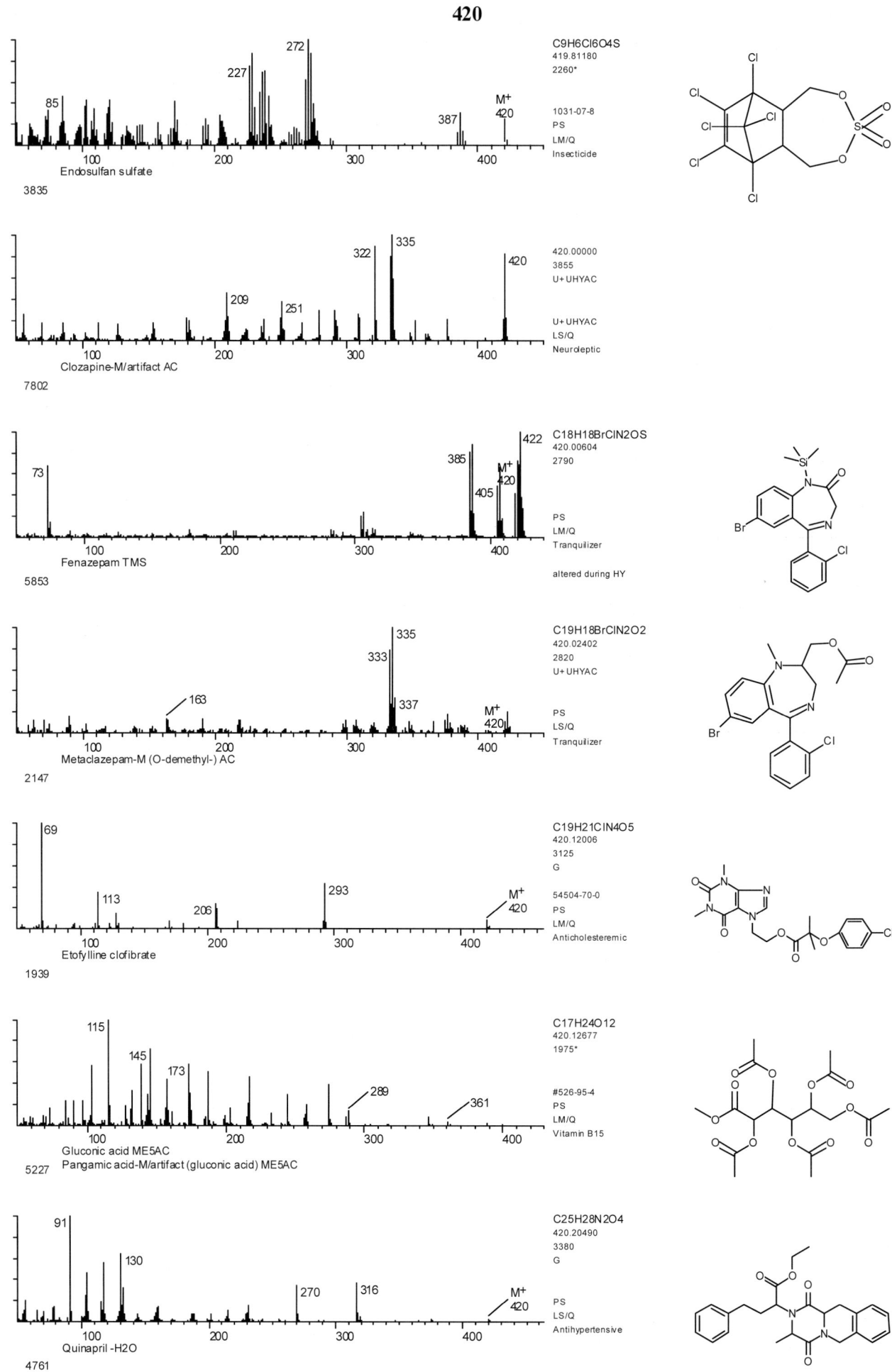

C9H6Cl6O4S
419.81180
2260*

1031-07-8
PS
LM/Q
Insecticide

Endosulfan sulfate

420.00000
3855
U+ UHYAC

U+ UHYAC
LS/Q
Neuroleptic

Clozapine-M/artifact AC

C18H18BrClN2OS
420.00604
2790

PS
LM/Q
Tranquilizer

altered during HY

Fenazepam TMS

C19H18BrClN2O2
420.02402
2820
U+ UHYAC

PS
LS/Q
Tranquilizer

Metaclazepam-M (O-demethyl-) AC

C19H21ClN4O5
420.12006
3125
G

54504-70-0
PS
LM/Q
Anticholesteremic

Etofylline clofibrate

C17H24O12
420.12677
1975*

#526-95-4
PS
LM/Q
Vitamin B15

Gluconic acid ME5AC
Pangamic acid-M/artifact (gluconic acid) ME5AC

C25H28N2O4
420.20490
3380
G

PS
LS/Q
Antihypertensive

Quinapril -H2O

421

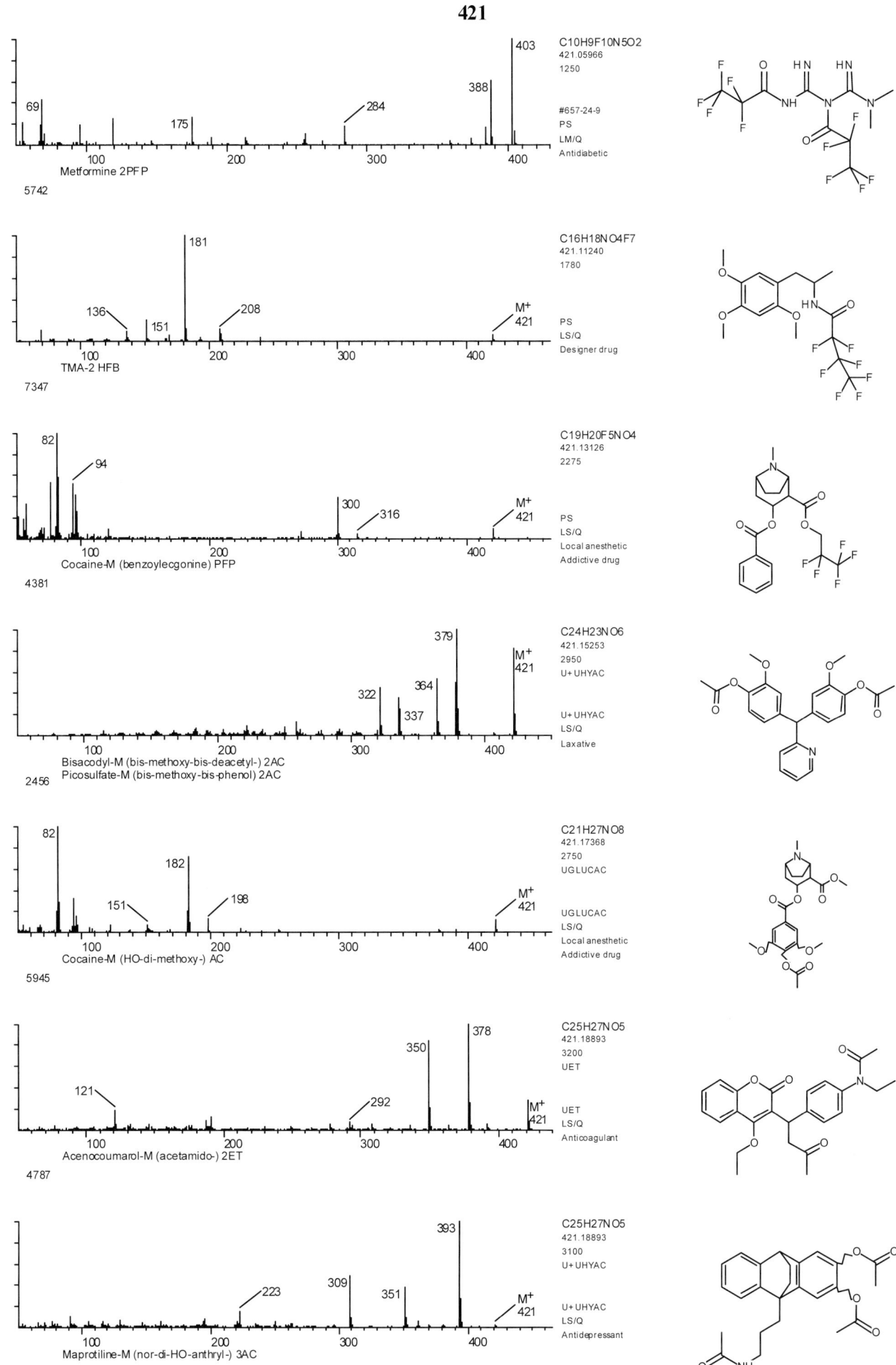

Metformine 2PFP
5742
C10H9F10N5O2
421.05966
1250
#657-24-9
PS
LM/Q
Antidiabetic

TMA-2 HFB
7347
C16H18NO4F7
421.11240
1780
PS
LS/Q
Designer drug

Cocaine-M (benzoylecgonine) PFP
4381
C19H20F5NO4
421.13126
2275
PS
LS/Q
Local anesthetic
Addictive drug

Bisacodyl-M (bis-methoxy-bis-deacetyl-) 2AC
Picosulfate-M (bis-methoxy-bis-phenol) 2AC
2456
C24H23NO6
421.15253
2950
U+ UHYAC
U+ UHYAC
LS/Q
Laxative

Cocaine-M (HO-di-methoxy-) AC
5945
C21H27NO8
421.17368
2750
UGLUCAC
UGLUCAC
LS/Q
Local anesthetic
Addictive drug

Acenocoumarol-M (acetamido-) 2ET
4787
C25H27NO5
421.18893
3200
UET
UET
LS/Q
Anticoagulant

Maprotiline-M (nor-di-HO-anthryl-) 3AC
3359
C25H27NO5
421.18893
3100
U+ UHYAC
U+ UHYAC
LS/Q
Antidepressant

421

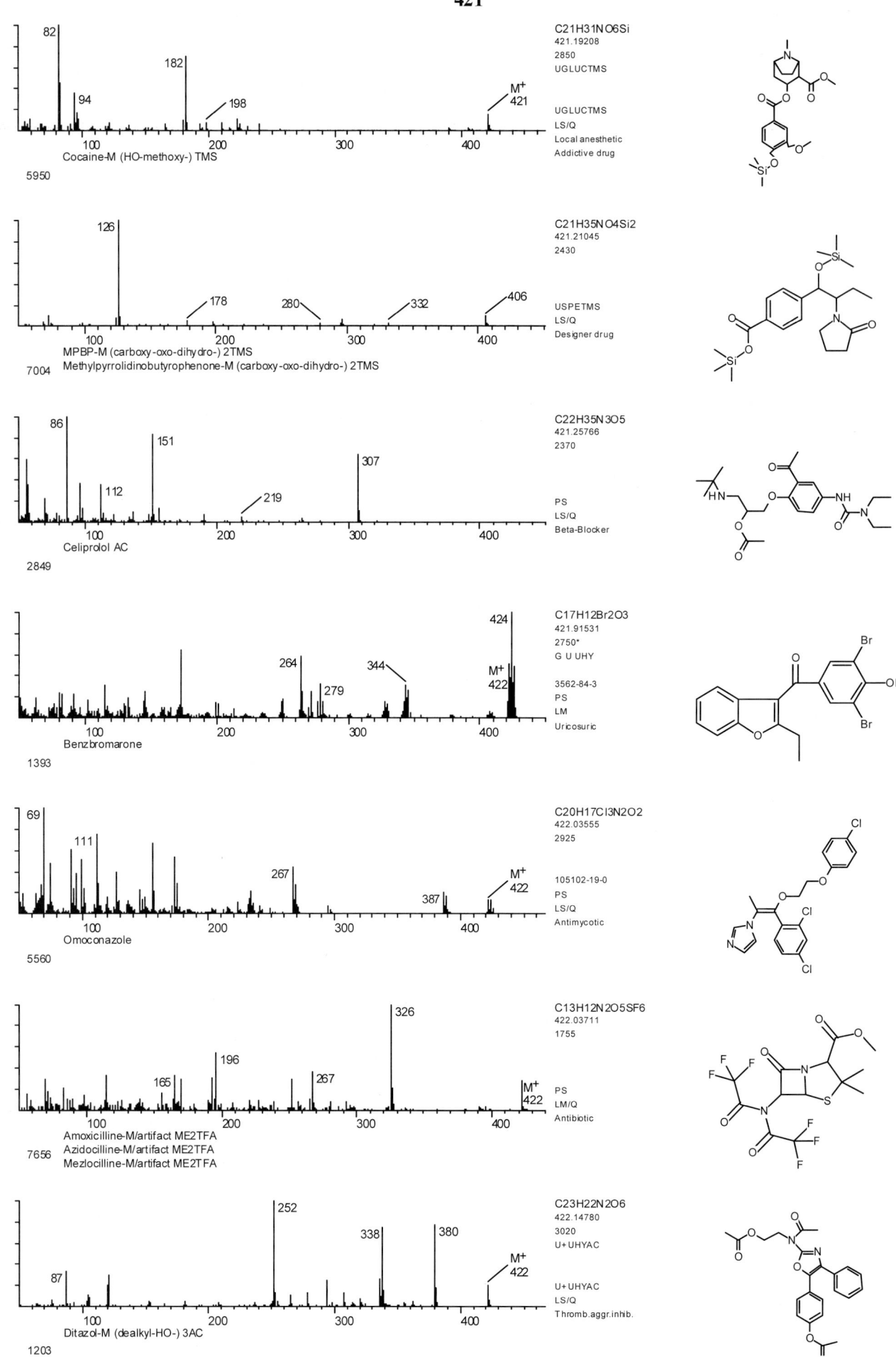

C21H31NO6Si
421.19208
2850
UGLUCTMS

UGLUCTMS
LS/Q
Local anesthetic
Addictive drug

Cocaine-M (HO-methoxy-) TMS

C21H35NO4Si2
421.21045
2430

USPETMS
LS/Q
Designer drug

MPBP-M (carboxy-oxo-dihydro-) 2TMS
Methylpyrrolidinobutyrophenone-M (carboxy-oxo-dihydro-) 2TMS

C22H35N3O5
421.25766
2370

PS
LS/Q
Beta-Blocker

Celiprolol AC

C17H12Br2O3
421.91531
2750*
G U UHY

3562-84-3
PS
LM
Uricosuric

Benzbromarone

C20H17Cl3N2O2
422.03555
2925

105102-19-0
PS
LS/Q
Antimycotic

Omoconazole

C13H12N2O5SF6
422.03711
1755

PS
LM/Q
Antibiotic

Amoxicilline-M/artifact ME2TFA
Azidocilline-M/artifact ME2TFA
Mezlocilline-M/artifact ME2TFA

C23H22N2O6
422.14780
3020
U+ UHYAC

U+ UHYAC
LS/Q
Thromb.aggr.inhib.

Ditazol-M (dealkyl-HO-) 3AC

422

C17H25F3N2O5Si
422.14847
2220

#42794-76-3
PS
LM/Q
Sympathomimetic

Midodrine TMSTFA
6193

C21H27ClN2O5
422.16086
2820

#88150-42-9
PS
LS/Q
Ca Antagonist

Amlodipine ME
4843

C25H26O6
422.17294
3200*
U+ UHYAC

U+ UHYAC
LS/Q
Antidepressant

Maprotiline-M (deamino-tri-HO-) 3AC
355

C30H62
422.48514
3000*

638-68-6
PS
LM/Q
Hydrocarbon

Triacontane
2366

423.00000
2830
U+ UHYAC

U+ UHYAC
LS/Q
Antibiotic

Dicloxacillin-M/artifact-10 HYAC
3034

C20H22ClNO7
423.10849
2800
UME

UME
LS/Q
Ca Antagonist

Amlodipine-M (deethyl-deamino-COOH) 2ME
4847

C21H20F3NO5
423.12936
2630

PS
LS/Q
Potent analgesic

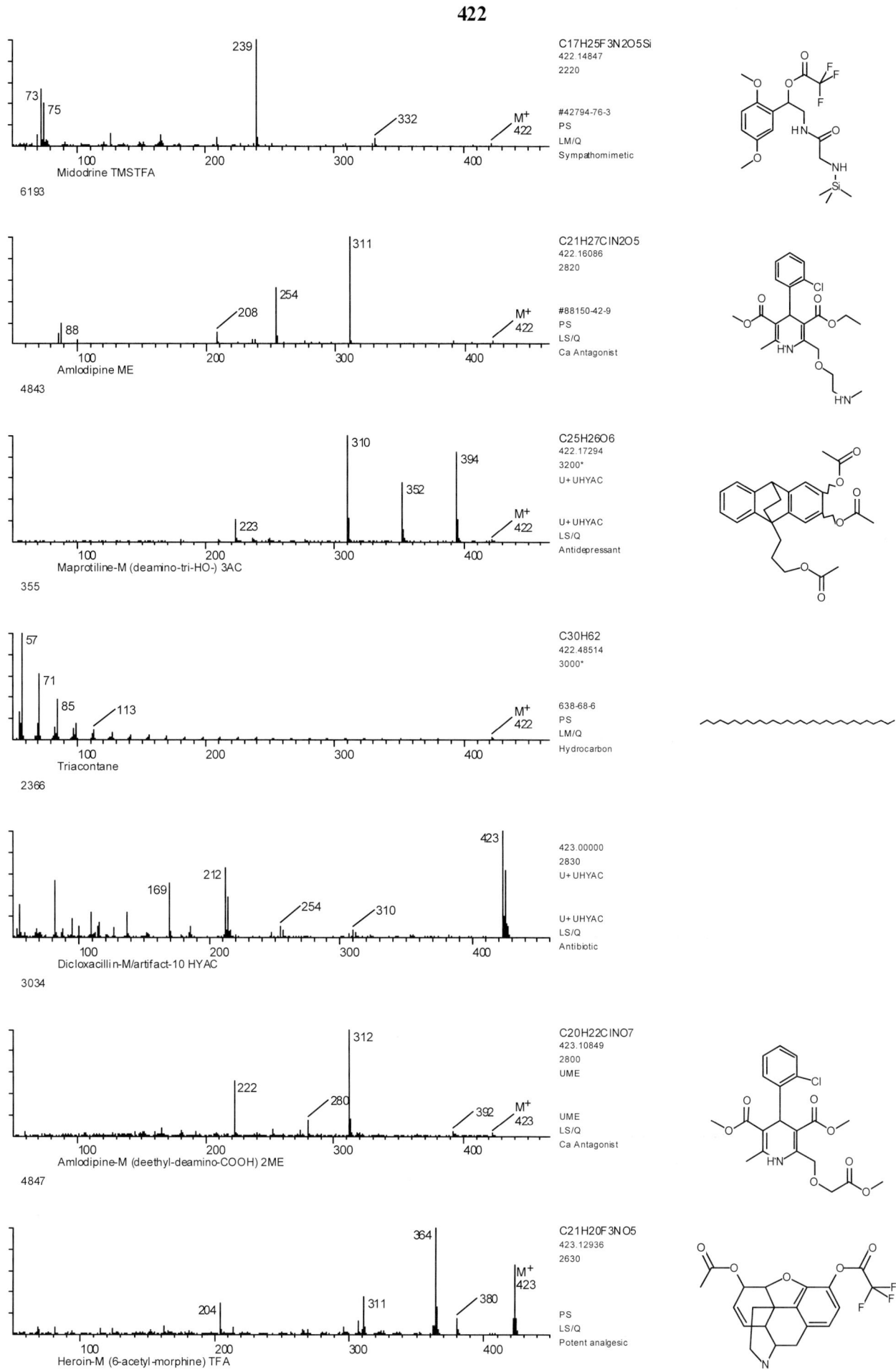

Heroin-M (6-acetyl-morphine) TFA
5575

423

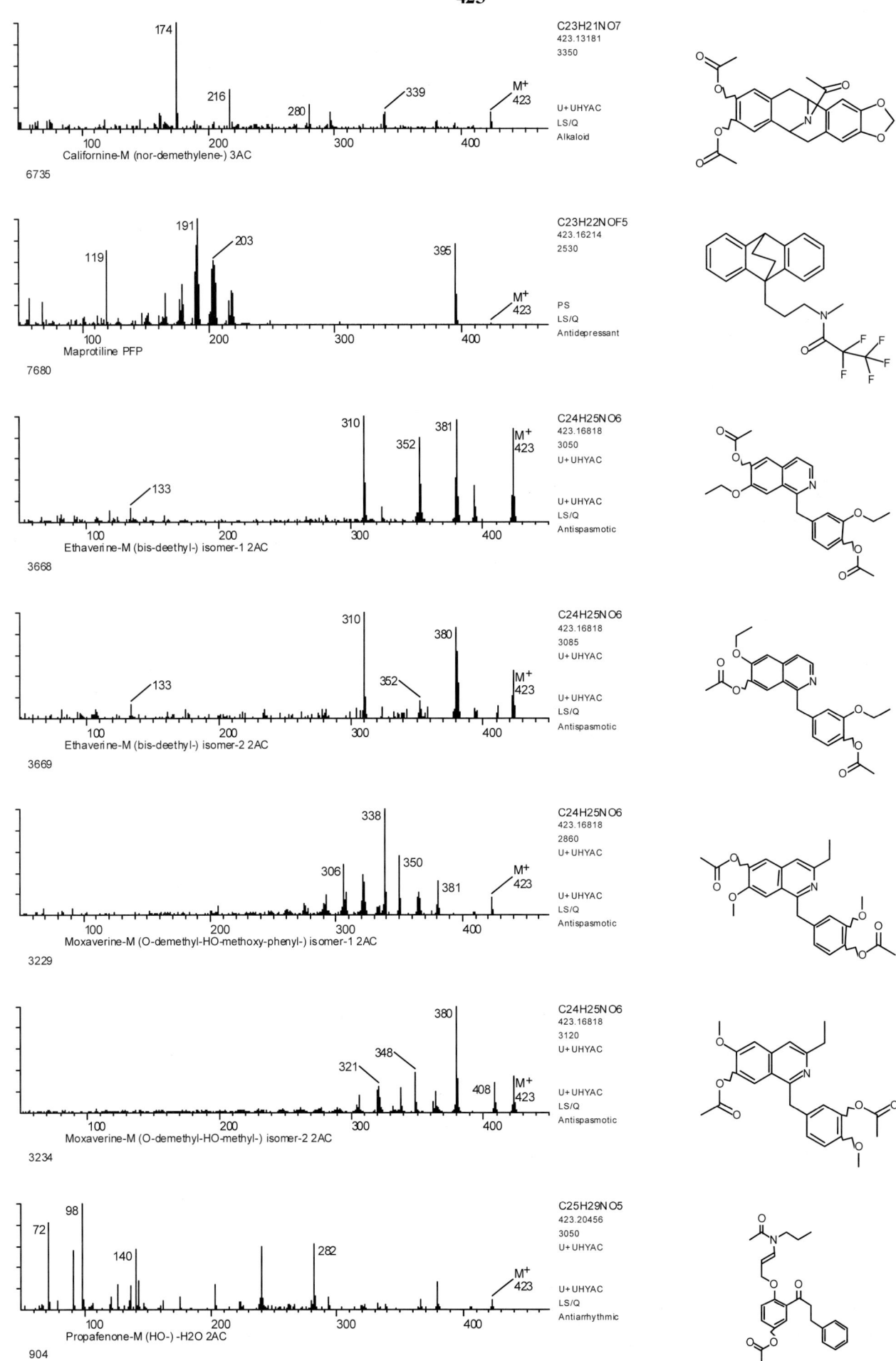

Californine-M (nor-demethylene-) 3AC
174, 216, 280, 339, M+ 423
C23H21NO7
423.13181
3350
U+ UHYAC
LS/Q
Alkaloid
6735

Maprotiline PFP
119, 191, 203, 395, M+ 423
C23H22NOF5
423.16214
2530
PS
LS/Q
Antidepressant
7680

Ethaverine-M (bis-deethyl-) isomer-1 2AC
133, 310, 352, 381, M+ 423
C24H25NO6
423.16818
3050
U+ UHYAC
U+ UHYAC
LS/Q
Antispasmotic
3668

Ethaverine-M (bis-deethyl-) isomer-2 2AC
133, 310, 352, 380, M+ 423
C24H25NO6
423.16818
3085
U+ UHYAC
U+ UHYAC
LS/Q
Antispasmotic
3669

Moxaverine-M (O-demethyl-HO-methoxy-phenyl-) isomer-1 2AC
306, 338, 350, 381, M+ 423
C24H25NO6
423.16818
2860
U+ UHYAC
U+ UHYAC
LS/Q
Antispasmotic
3229

Moxaverine-M (O-demethyl-HO-methyl-) isomer-2 2AC
321, 348, 380, 408, M+ 423
C24H25NO6
423.16818
3120
U+ UHYAC
U+ UHYAC
LS/Q
Antispasmotic
3234

Propafenone-M (HO-) -H2O 2AC
72, 98, 140, 282, M+ 423
C25H29NO5
423.20456
3050
U+ UHYAC
U+ UHYAC
LS/Q
Antiarrhythmic
904

423

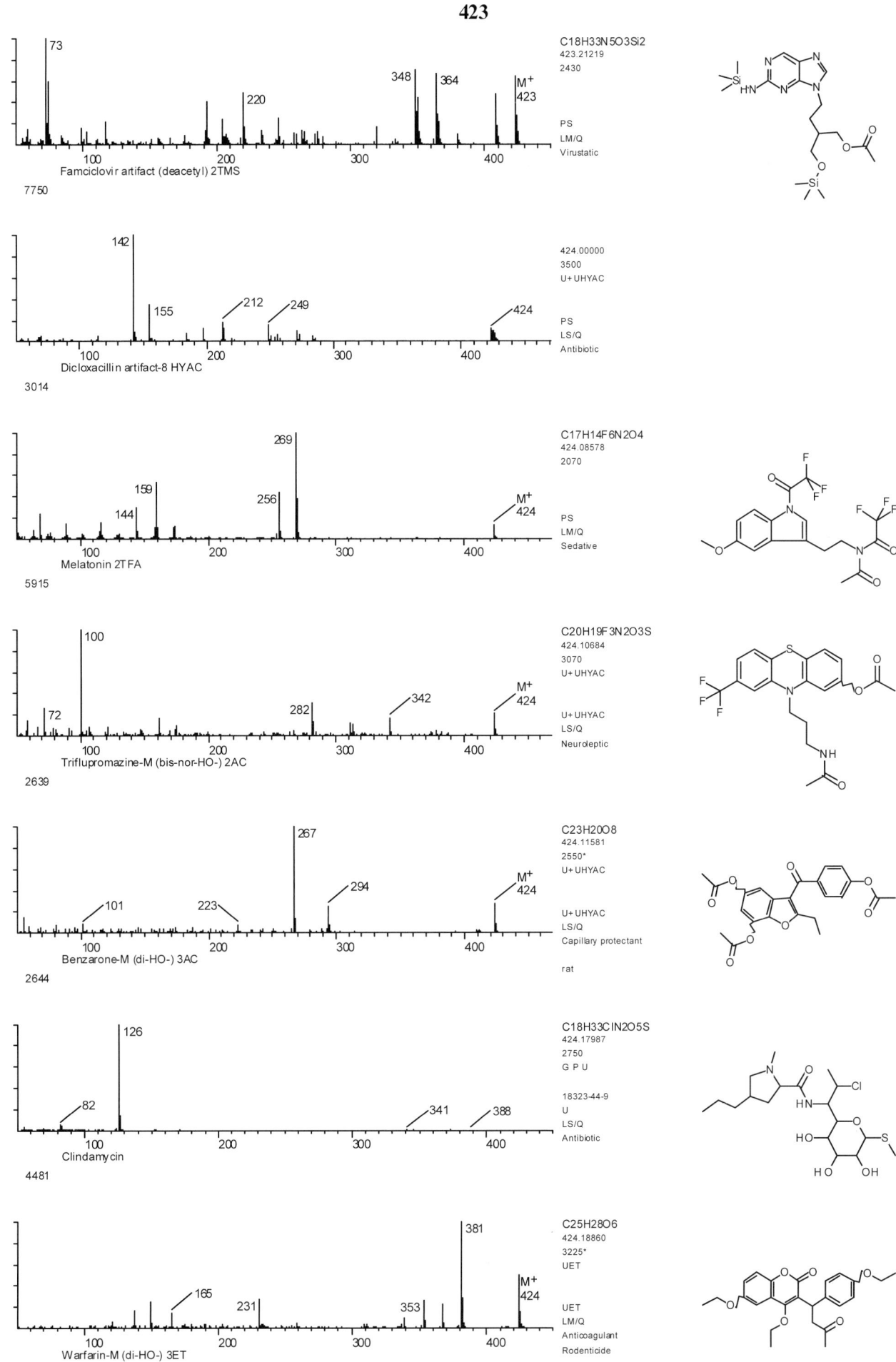

Famciclovir artifact (deacetyl) 2TMS
7750
Peaks: 73, 220, 348, 364, M+ 423
C18H33N5O3Si2
423.21219
2430
PS
LM/Q
Virustatic

Dicloxacillin artifact-8 HYAC
3014
Peaks: 142, 155, 212, 249, 424
424.00000
3500
U+ UHYAC
PS
LS/Q
Antibiotic

Melatonin 2TFA
5915
Peaks: 144, 159, 256, 269, M+ 424
C17H14F6N2O4
424.08578
2070
PS
LM/Q
Sedative

Triflupromazine-M (bis-nor-HO-) 2AC
2639
Peaks: 72, 100, 282, 342, M+ 424
C20H19F3N2O3S
424.10684
3070
U+ UHYAC
U+ UHYAC
LS/Q
Neuroleptic

Benzarone-M (di-HO-) 3AC
2644
Peaks: 101, 223, 267, 294, M+ 424
C23H20O8
424.11581
2550*
U+ UHYAC
U+ UHYAC
LS/Q
Capillary protectant
rat

Clindamycin
4481
Peaks: 82, 126, 341, 388
C18H33ClN2O5S
424.17987
2750
G P U
18323-44-9
U
LS/Q
Antibiotic

Warfarin-M (di-HO-) 3ET
4835
Peaks: 165, 231, 353, 381, M+ 424
C25H28O6
424.18860
3225*
UET
UET
LM/Q
Anticoagulant
Rodenticide

1067

424

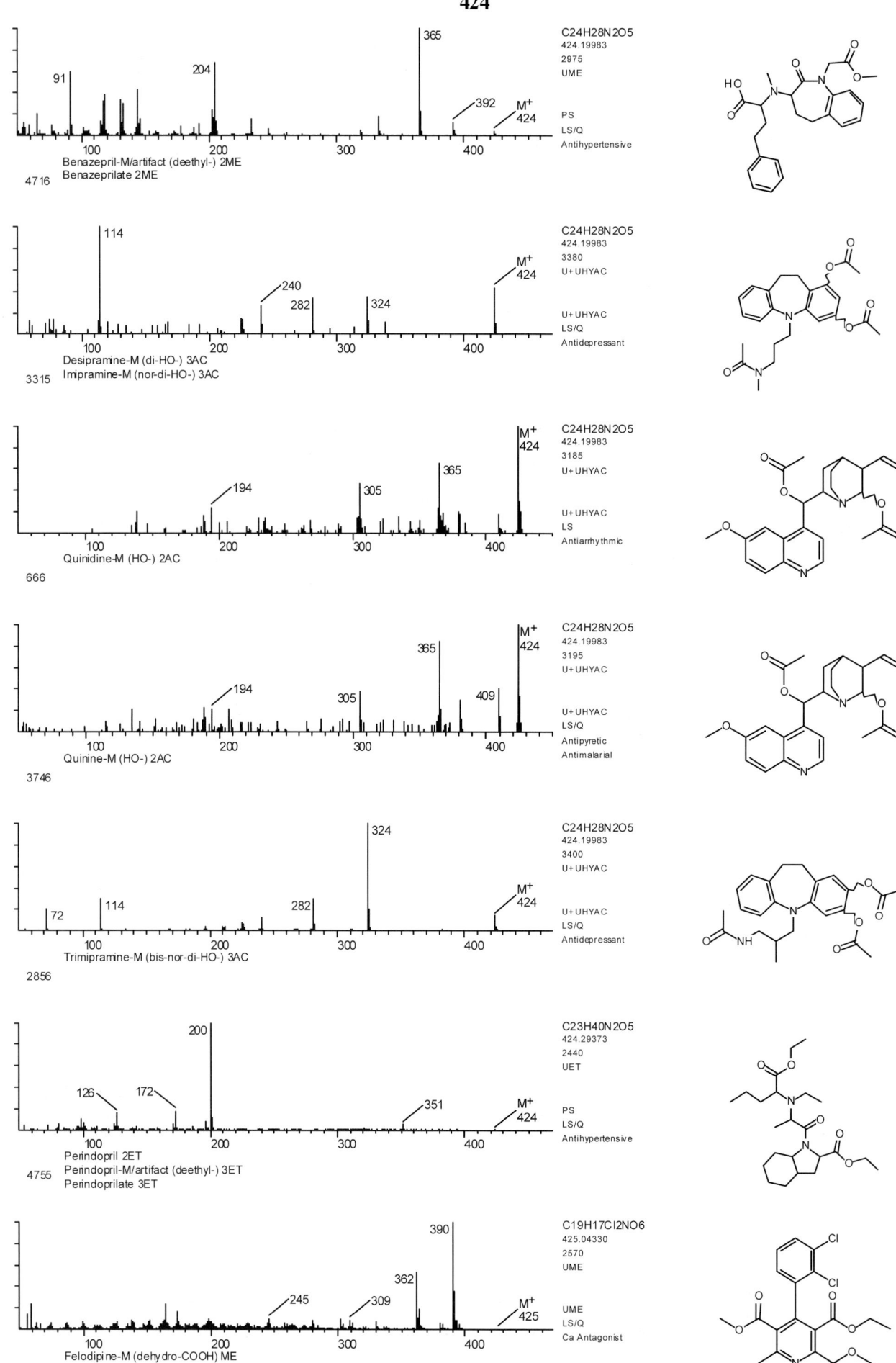

4716	Benazepril-M/artifact (deethyl-) 2ME Benazeprilate 2ME C24H28N2O5 424.19983 2975 UME PS LS/Q Antihypertensive
3315	Desipramine-M (di-HO-) 3AC Imipramine-M (nor-di-HO-) 3AC C24H28N2O5 424.19983 3380 U+UHYAC U+UHYAC LS/Q Antidepressant
666	Quinidine-M (HO-) 2AC C24H28N2O5 424.19983 3185 U+UHYAC U+UHYAC LS Antiarrhythmic
3746	Quinine-M (HO-) 2AC C24H28N2O5 424.19983 3195 U+UHYAC U+UHYAC LS/Q Antipyretic Antimalarial
2856	Trimipramine-M (bis-nor-di-HO-) 3AC C24H28N2O5 424.19983 3400 U+UHYAC U+UHYAC LS/Q Antidepressant
4755	Perindopril 2ET Perindopril-M/artifact (deethyl-) 3ET Perindoprilate 3ET C23H40N2O5 424.29373 2440 UET PS LS/Q Antihypertensive
4854	Felodipine-M (dehydro-COOH) ME C19H17Cl2NO6 425.04330 2570 UME UME LS/Q Ca Antagonist

1068

425

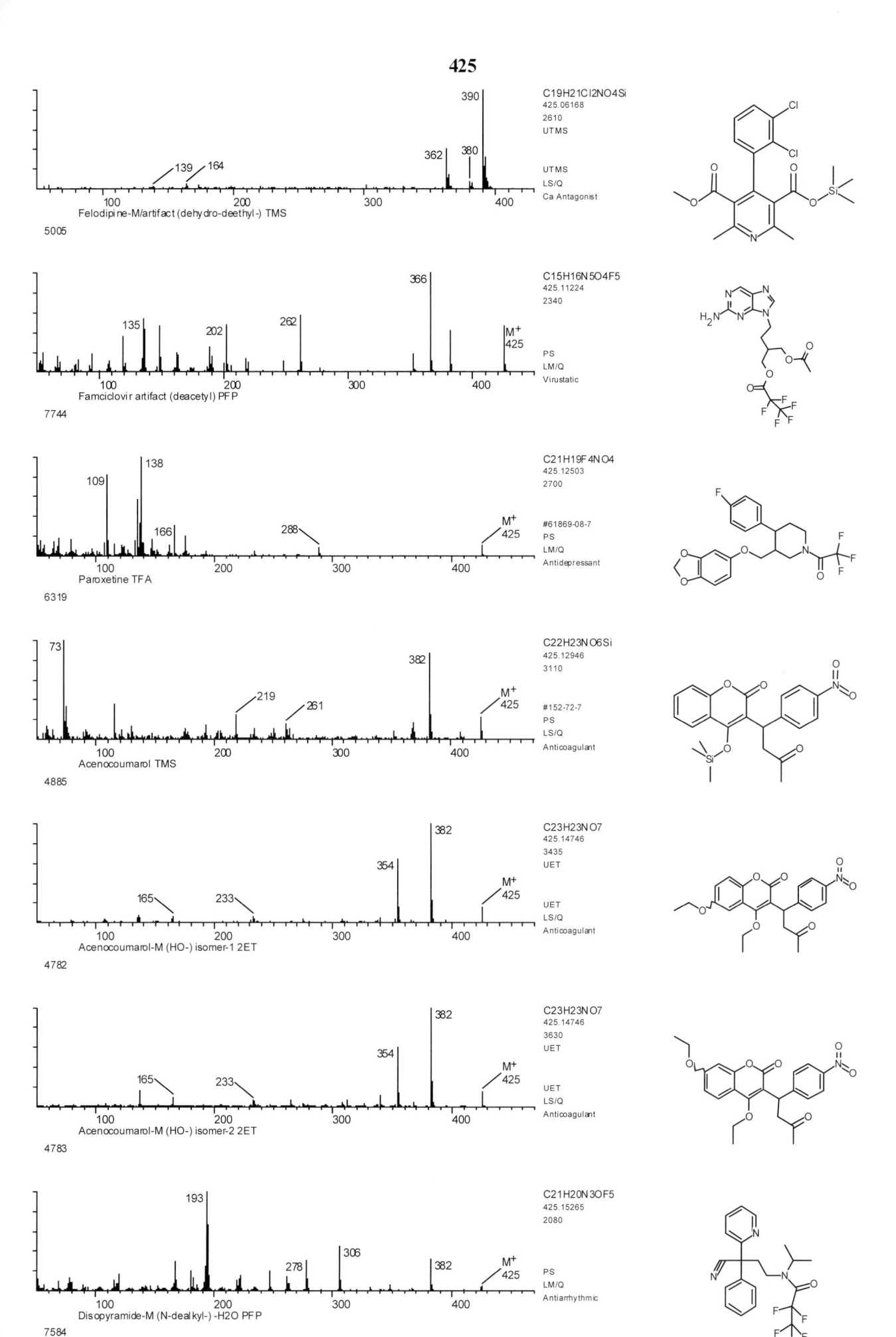

Felodipine-M/artifact (dehydro-deethyl-) TMS 5005	C19H21Cl2NO4Si 425.06168 2610 UTMS UTMS LS/Q Ca Antagonist
Peaks: 139, 164, 362, 380, 390	
Famciclovir artifact (deacetyl) PFP 7744	C15H16N5O4F5 425.11224 2340 PS LM/Q Virustatic
Peaks: 135, 202, 262, 366, M+ 425	
Paroxetine TFA 6319	C21H19F4NO4 425.12503 2700 #61869-08-7 PS LM/Q Antidepressant
Peaks: 109, 138, 166, 288, M+ 425	
Acenocoumarol TMS 4885	C22H23NO6Si 425.12946 3110 #152-72-7 PS LS/Q Anticoagulant
Peaks: 73, 219, 261, 382, M+ 425	
Acenocoumarol-M (HO-) isomer-1 2ET 4782	C23H23NO7 425.14746 3435 UET UET LS/Q Anticoagulant
Peaks: 165, 233, 354, 382, M+ 425	
Acenocoumarol-M (HO-) isomer-2 2ET 4783	C23H23NO7 425.14746 3630 UET UET LS/Q Anticoagulant
Peaks: 165, 233, 354, 382, M+ 425	
Disopyramide-M (N-dealkyl-) -H2O PFP 7584	C21H20N3OF5 425.15265 2080 PS LM/Q Antiarrhythmic
Peaks: 193, 278, 306, 382, M+ 425	

1069

425

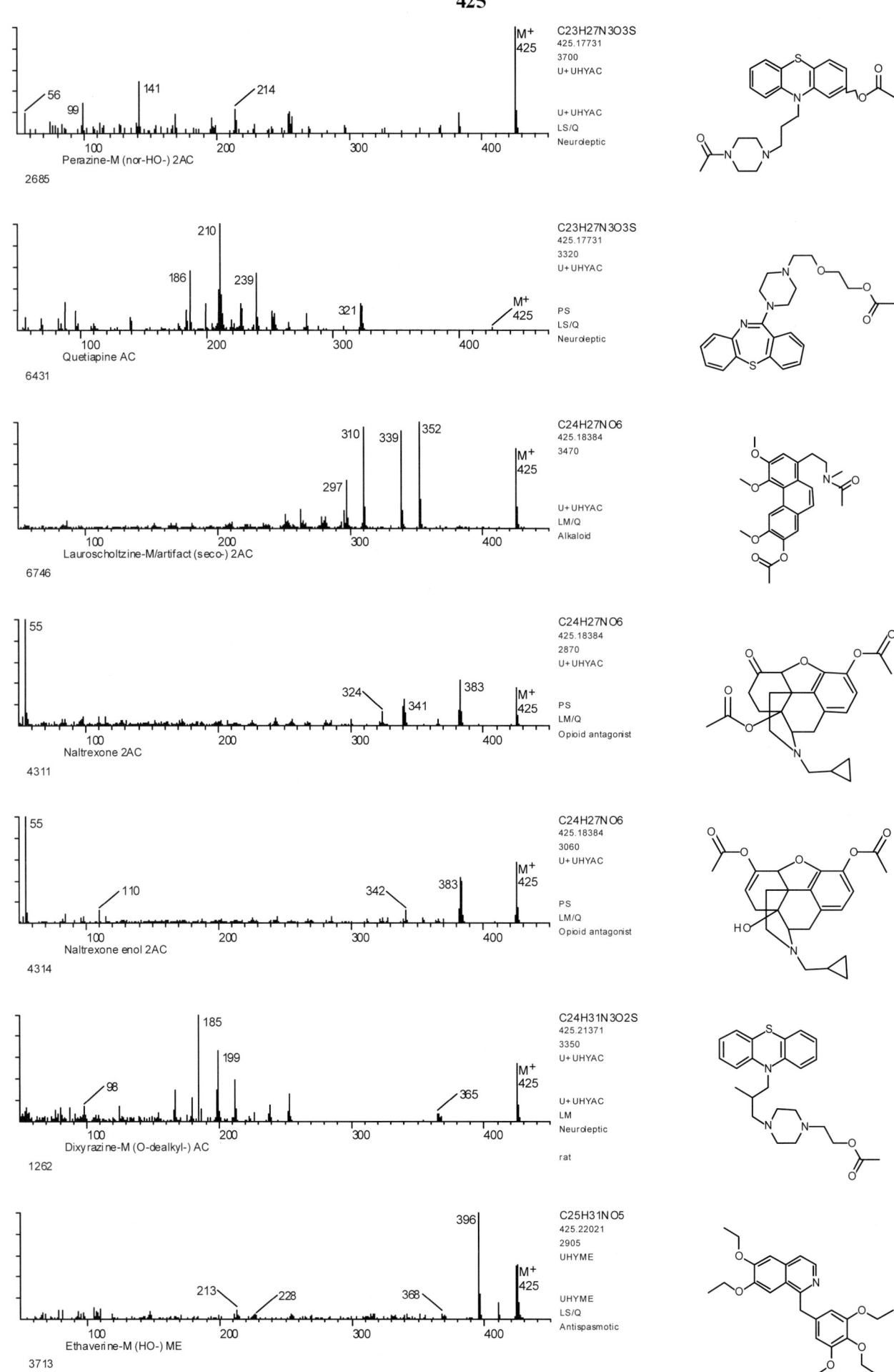

C23H27N3O3S
425.17731
3700
U+ UHYAC

U+ UHYAC
LS/Q
Neuroleptic

Perazine-M (nor-HO-) 2AC
2685

C23H27N3O3S
425.17731
3320
U+ UHYAC

PS
LS/Q
Neuroleptic

Quetiapine AC
6431

C24H27NO6
425.18384
3470

U+ UHYAC
LM/Q
Alkaloid

Lauroscholtzine-M/artifact (seco-) 2AC
6746

C24H27NO6
425.18384
2870
U+ UHYAC

PS
LM/Q
Opioid antagonist

Naltrexone 2AC
4311

C24H27NO6
425.18384
3060
U+ UHYAC

PS
LM/Q
Opioid antagonist

Naltrexone enol 2AC
4314

C24H31N3O2S
425.21371
3350
U+ UHYAC

U+ UHYAC
LM
Neuroleptic

rat

Dixyrazine-M (O-dealkyl-) AC
1262

C25H31NO5
425.22021
2905
UHYME

UHYME
LS/Q
Antispasmotic

Ethaverine-M (HO-) ME
3713

1070

425

72, 140, 200, 322, M+ 425	C25H31NO5	
Propafenone 2AC	425.22021	
2259	2980	
	U+ UHYAC	
	PS	
	LS/Q	
	Antiarrhythmic	

73, 158, 116, 267, 410	C21H43NO2Si3	
Bamethan 3TMS	425.26016	
5483	1865	
	PS	
	LM/Q	
	Vasodilator	

76, 183, 341, 339, M+ 426	C17H16Br2O3	
Bromopropylate	425.94662	
4142	2425*	
	18181-80-1	
	PS	
	LM/Q	
	Acaricide	

56, 145, 200, 229, M+ 426	C15H12F10N2O	
TFMPP HFB	426.07898	
Trifluoromethylphenylpiperazine HFB	1750	
6768	PS	
	LM/Q	
	Designer drug	

134, 151, 275, 395, M+ 426	C19H23ClN2O5S	
Xipamide-M (HO-) 4ME	426.10162	
3087	3000	
	UME	
	UME	
	LS/Q	
	Diuretic	

86, 114, 312, M+ 426	C20H21F3N2O3S	
Triflupromazine-M (nor-HO-methoxy-) AC	426.12250	
5639	3170	
	U+ UHYAC	
	U+ UHYAC	
	LS/Q	
	Neuroleptic	

97, 125, 218, 301, M+ 426	C18H20F6N2O3	
Flecainide formyl artifact	426.13782	
1448	2500	
	P G U UHY	
	PS	
	LM/Q	
	Antiarrhythmic	
	GC artifact in methanol	

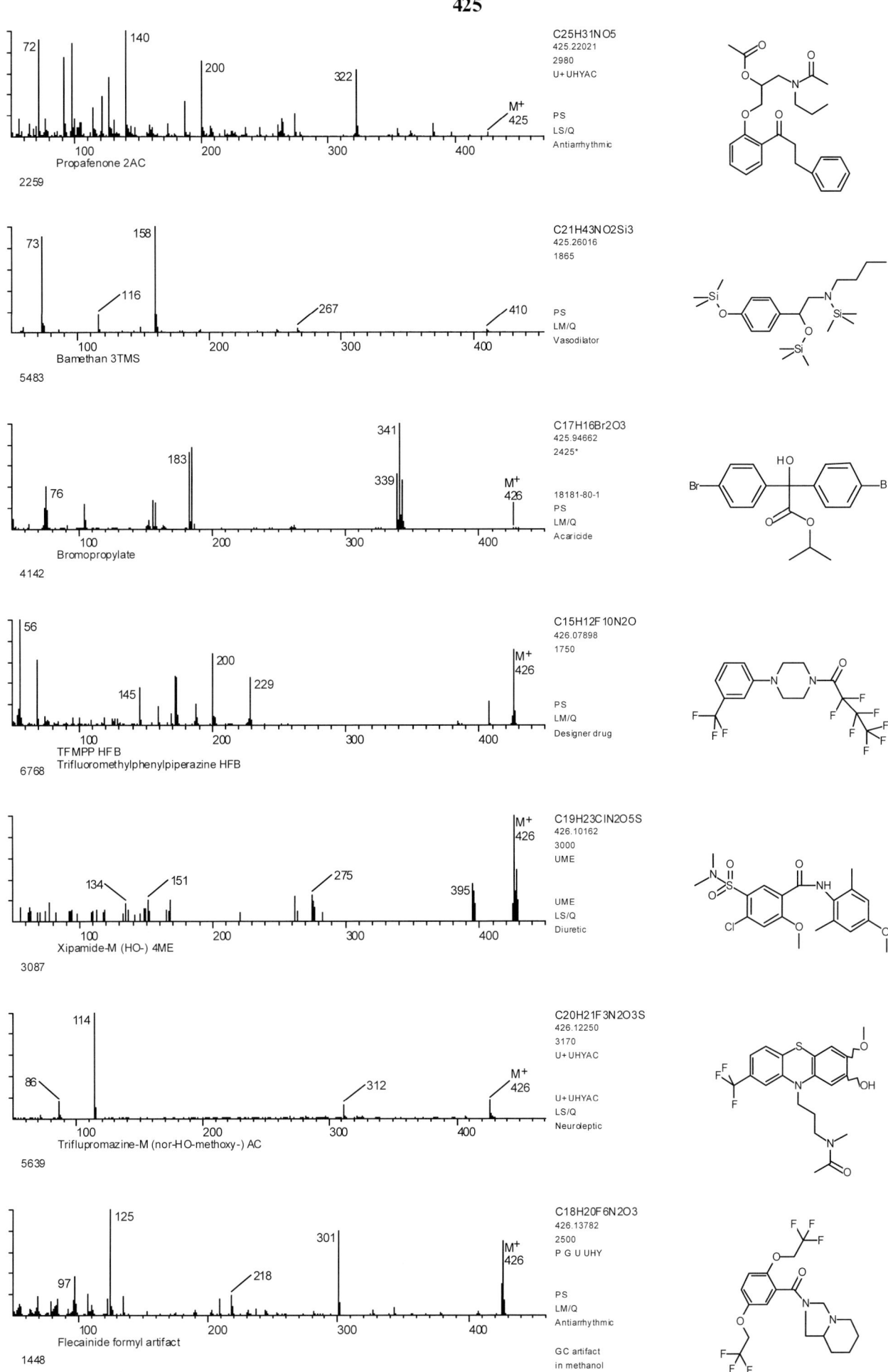

1071

426

C18H26N4O4S2
426.13956
2575

#23564-06-9
PS
LM/Q
Fungicide

Thiophanate 4ME

C22H23ClN4O3
426.14587
2980
U+ UHYAC

U+ UHYAC
LS/Q
Neuroleptic

Clozapine-M (HO-) 2AC

C21H17D3F3NO5
426.14819
2630

PS
LS/Q
Potent analgesic

Internal standard

Heroin-M (6-acetyl-morphine)-D3 TFA

C24H30N2O5
426.21548
3620

U+ UHYAC
LS/Q
Antitussive

Pholcodine-M (nor-) AC

C27H30N4O
426.24197
3200

60607-34-3
PS
LS/Q
Antihistamine

Oxatomide

C29H46O2
426.34979
3300*

PS
LS/Q
Vitamin

Colecalciferol AC

C26H50O4
426.37091
2705*
U UHY U+ UHYAC

122-62-3
U+ UHYAC
LS/Q
Plasticizer

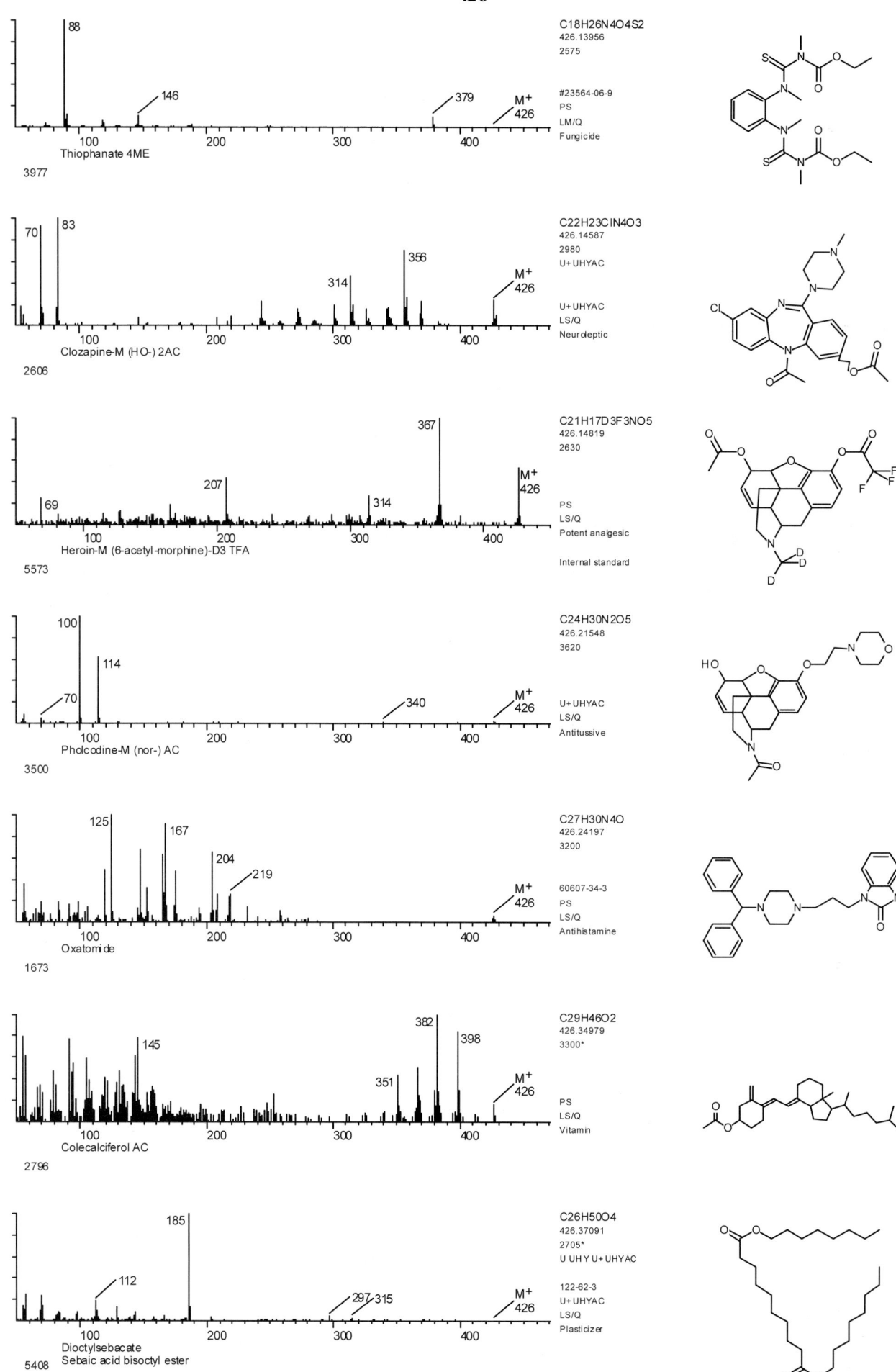

Dioctylsebacate
Sebaic acid bisoctyl ester

427

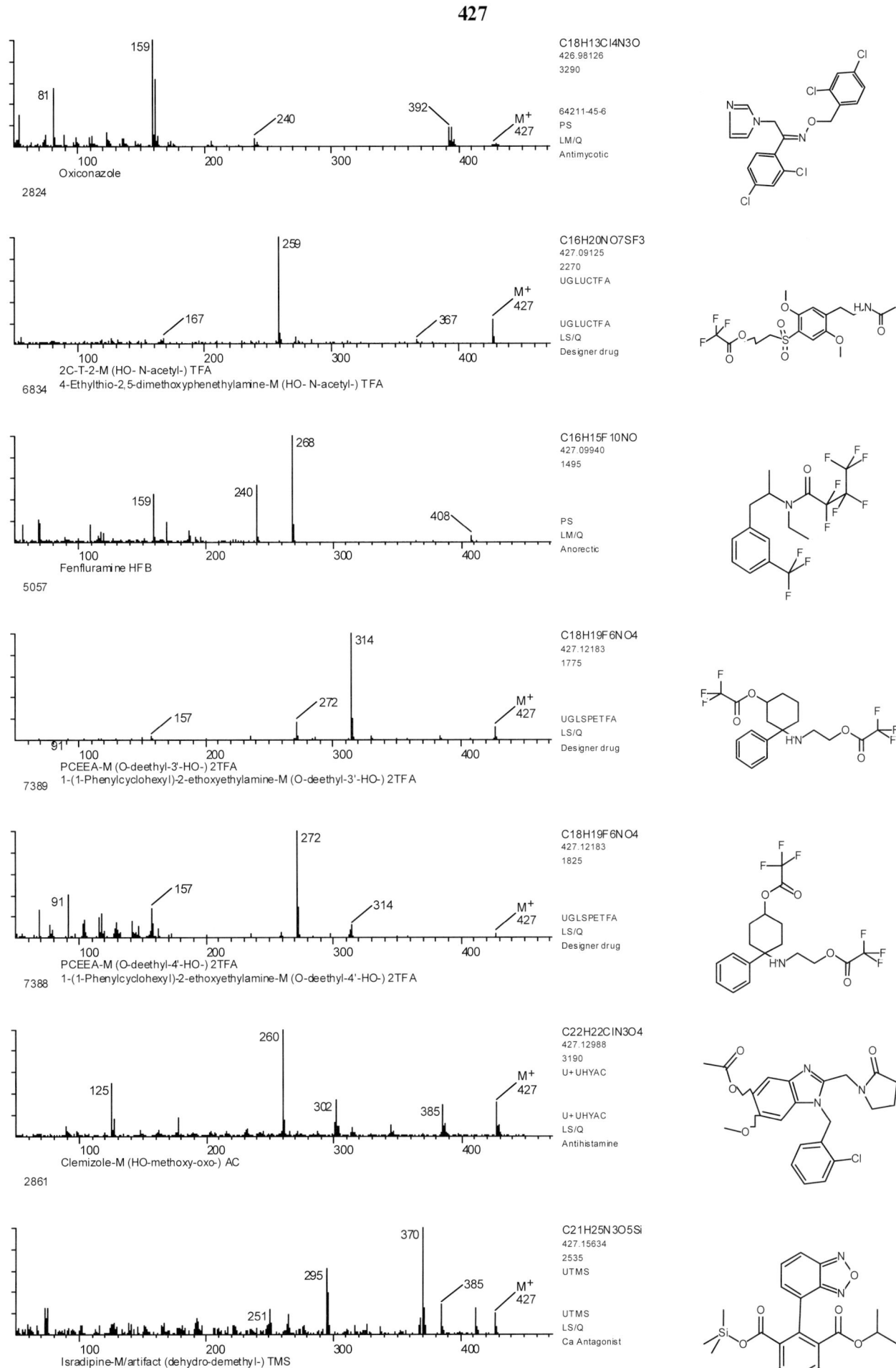

C18H13Cl4N3O
426.98126
3290

64211-45-6
PS
LM/Q
Antimycotic

Oxiconazole
2824

C16H20NO7SF3
427.09125
2270
UGLUCTFA

UGLUCTFA
LS/Q
Designer drug

2C-T-2-M (HO- N-acetyl-) TFA
4-Ethylthio-2,5-dimethoxyphenethylamine-M (HO- N-acetyl-) TFA
6834

C16H15F10NO
427.09940
1495

PS
LM/Q
Anorectic

Fenfluramine HFB
5057

C18H19F6NO4
427.12183
1775

UGLSPETFA
LS/Q
Designer drug

PCEEA-M (O-deethyl-3'-HO-) 2TFA
1-(1-Phenylcyclohexyl)-2-ethoxyethylamine-M (O-deethyl-3'-HO-) 2TFA
7389

C18H19F6NO4
427.12183
1825

UGLSPETFA
LS/Q
Designer drug

PCEEA-M (O-deethyl-4'-HO-) 2TFA
1-(1-Phenylcyclohexyl)-2-ethoxyethylamine-M (O-deethyl-4'-HO-) 2TFA
7388

C22H22ClN3O4
427.12988
3190
U+UHYAC

U+UHYAC
LS/Q
Antihistamine

Clemizole-M (HO-methoxy-oxo-) AC
2861

C21H25N3O5Si
427.15634
2535
UTMS

UTMS
LS/Q
Ca Antagonist

Isradipine-M/artifact (dehydro-demethyl-) TMS
5010

427

Narceine -H2O (5153)	C23H25NO7, 427.16309, 3260, #131-28-2, PS, LM/Q, Antitussive — peaks: 58, 234, M+ 427
Oxycodone-M (nor-) enol 3AC (1190)	C23H25NO7, 427.16309, 2680, U+ UHYAC, U+ UHYAC, LS, Potent analgesic, rat — peaks: 87, 343, 385, M+ 427
Thiethylperazine-M (nor-) AC (2231)	C23H29N3OS2, 427.17520, 3650, U+ UHYAC, U+ UHYAC, LS/Q, Antihistamine — peaks: 99, 141, 259, 291, M+ 427
Propranolol TMSTFA (6154)	C21H28F3NO3Si, 427.17905, 2320, PS, LM, Beta-Blocker — peaks: 73, 129, 242, 284, M+ 427
Amodiaquine TMS (7836)	C23H30N3OClSi, 427.18466, 3090, PS, LS/Q, Antimalarial — peaks: 73, 86, 355, 412, M+ 427
Perazine-M (HO-methoxy-) AC (2684)	C23H29N3O3S, 427.19296, 3230, U+ UHYAC, U+ UHYAC, LS/Q, Neuroleptic — peaks: 70, 113, 244, 258, M+ 427
Atracurium-M (O-bisdemethyl-)/artifact 2AC / Laudanosine-M (O-bisdemethyl-) 2AC (6789)	C24H29NO6, 427.19949, 3370, U+ UHYAC, PS, LM/Q, Muscle relaxant, Antispasmotic — peaks: 137, 312, 354, 385, M+ 427

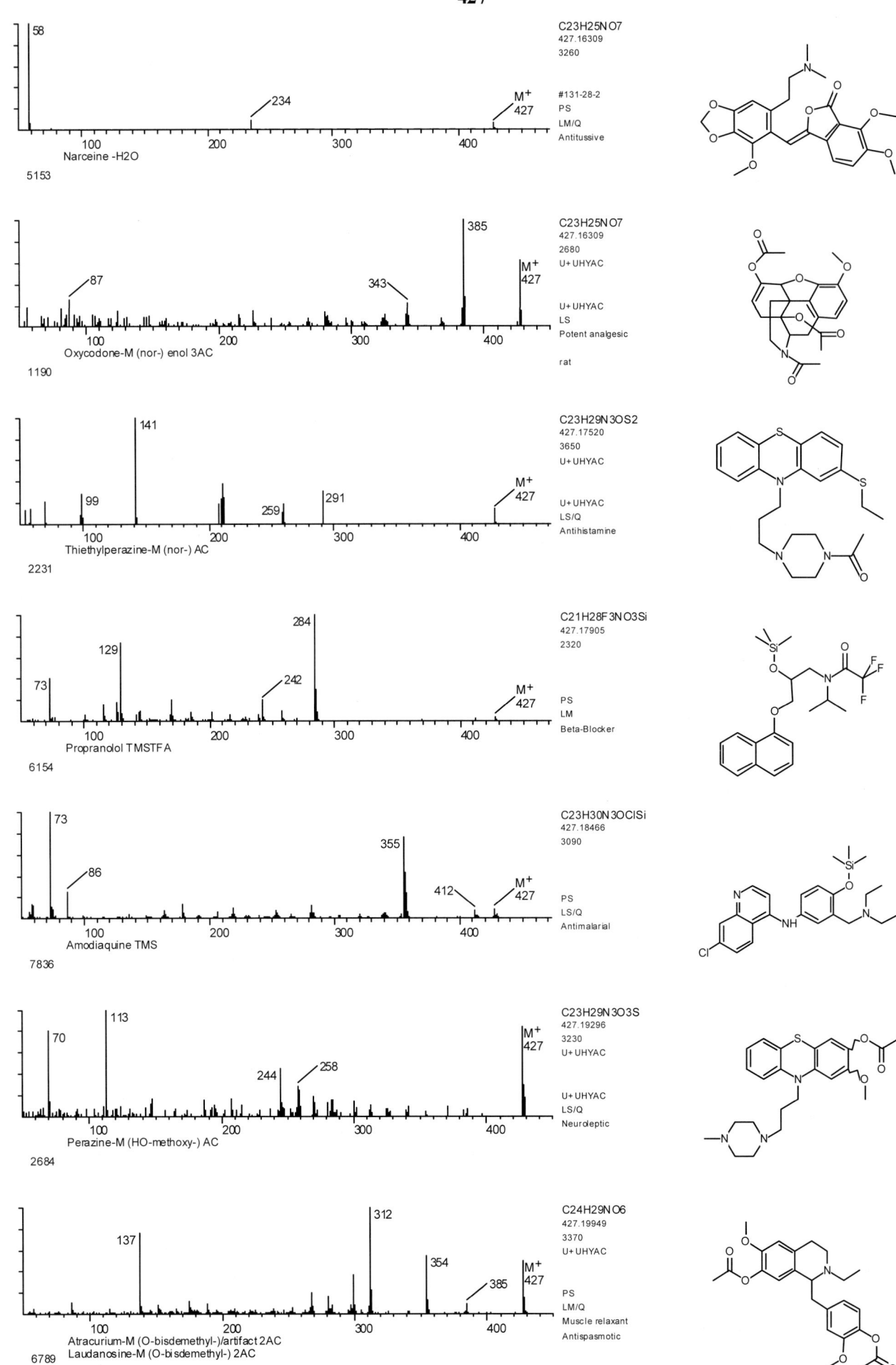

427

Iso-Lysergide (iso-LSD) TMS
Iso-LSD TMS
Lysergide alpha isomer (iso-LSD) TMS
6222

C23H33N3O3Si
427.22913
3515

PS
LM/Q
Psychedelic

recorded by
A. Verstraete

Dixyrazine
485

C24H33N3O2S
427.22934
3220
UHY
2470-73-7
PS
LS
Neuroleptic
rat

Orciprenaline 3TMS
5484

C20H41NO3Si3
427.23944
1740

PS
LM/Q
Sympathomimetic

Buprenorphine-M (nor-) ME
7775

C26H37NO4
427.27225
3330

PS
LS/Q
Potent analgesic

Tioclomarole -H2O
6090

C22H14Cl2O3S
428.00406
3405*

22619-35-8
PS
LM/Q
Anticoagulant

Melatonin HFB
5921

C17H15F7N2O3
428.09708
2295

PS
LM/Q
Sedative

Amfetamine R-(-)-enantiomer HFBP
6514

C18H19N2O2F7
428.13348
1160

PS
LM/Q
Stimulant
Antiparkinsonian

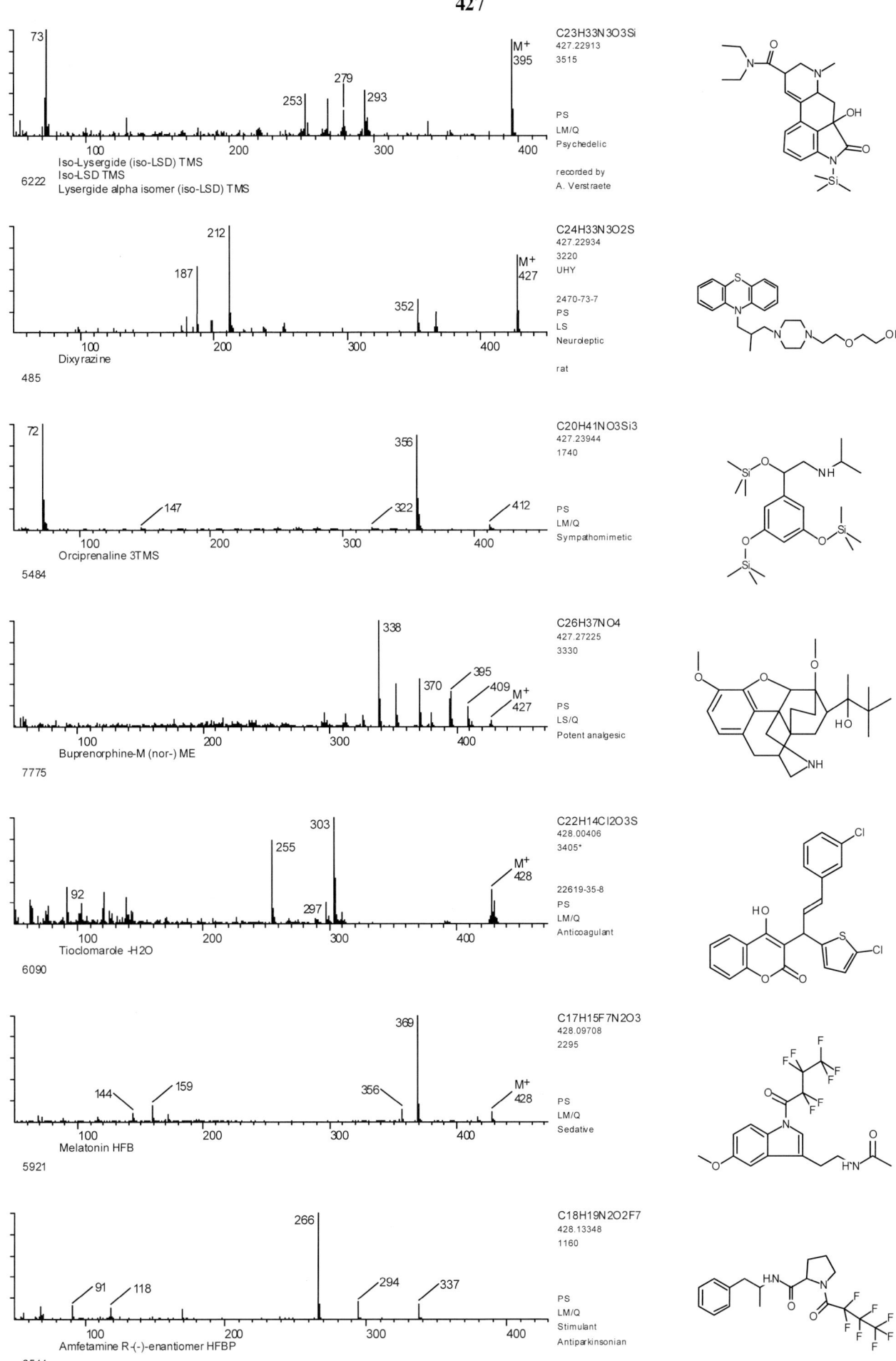

1075

428

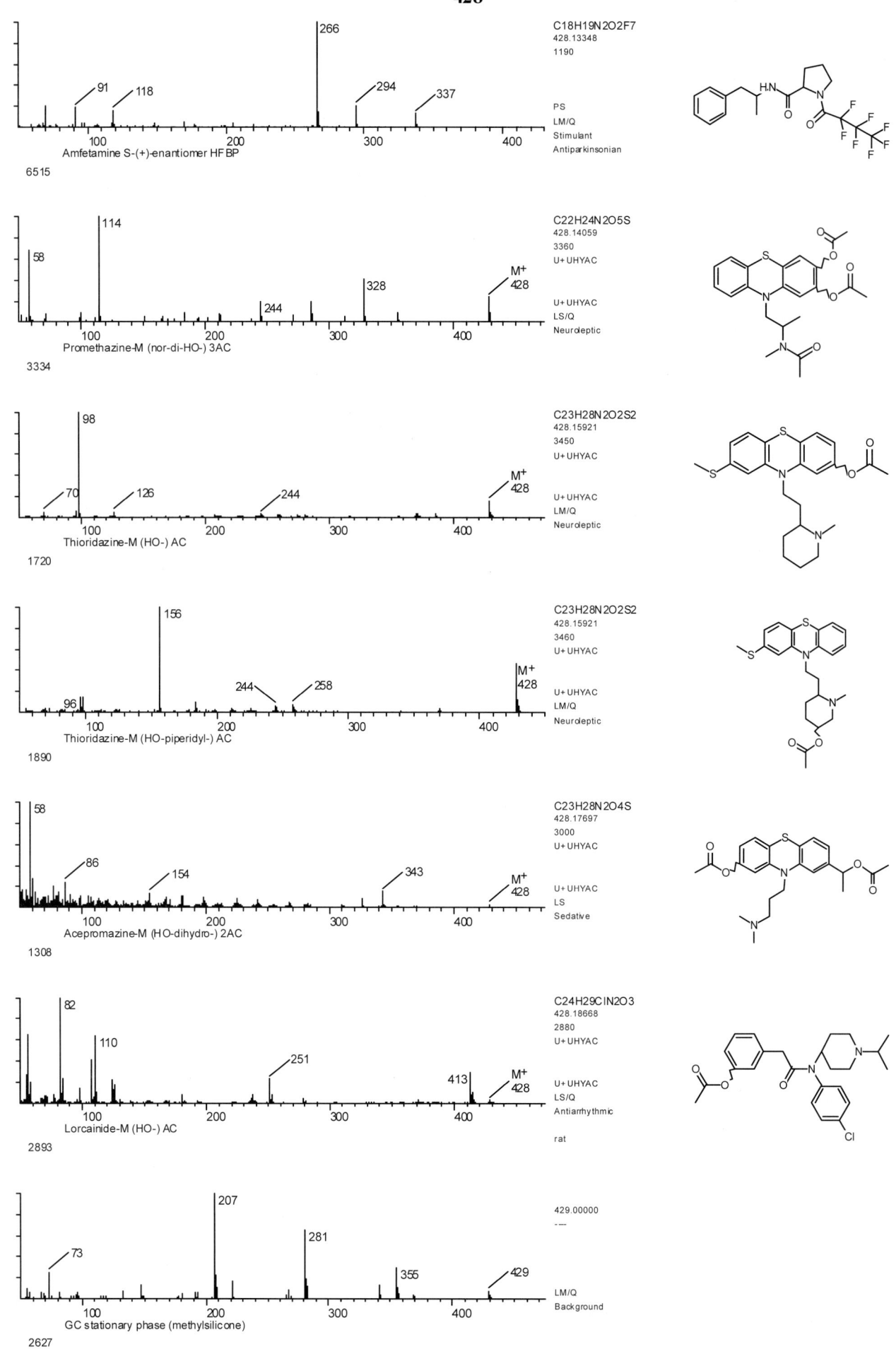

Amfetamine S-(+)-enantiomer HFBP — peaks at 91, 118, 266, 294, 337	C18H19N2O2F7 428.13348 1190 PS LM/Q Stimulant Antiparkinsonian	
Promethazine-M (nor-di-HO-) 3AC — peaks at 58, 114, 244, 328, M+ 428	C22H24N2O5S 428.14059 3360 U+ UHYAC U+ UHYAC LS/Q Neuroleptic	
Thioridazine-M (HO-) AC — peaks at 70, 98, 126, 244, M+ 428	C23H28N2O2S2 428.15921 3450 U+ UHYAC U+ UHYAC LM/Q Neuroleptic	
Thioridazine-M (HO-piperidyl-) AC — peaks at 96, 156, 244, 258, M+ 428	C23H28N2O2S2 428.15921 3460 U+ UHYAC U+ UHYAC LM/Q Neuroleptic	
Acepromazine-M (HO-dihydro-) 2AC — peaks at 58, 86, 154, 343, M+ 428	C23H28N2O4S 428.17697 3000 U+ UHYAC U+ UHYAC LS Sedative	
Lorcainide-M (HO-) AC — peaks at 82, 110, 251, 413, M+ 428	C24H29ClN2O3 428.18668 2880 U+ UHYAC U+ UHYAC LS/Q Antiarrhythmic rat	
GC stationary phase (methylsilicone) — peaks at 73, 207, 281, 355, 429	429.00000 --- LM/Q Background	

429

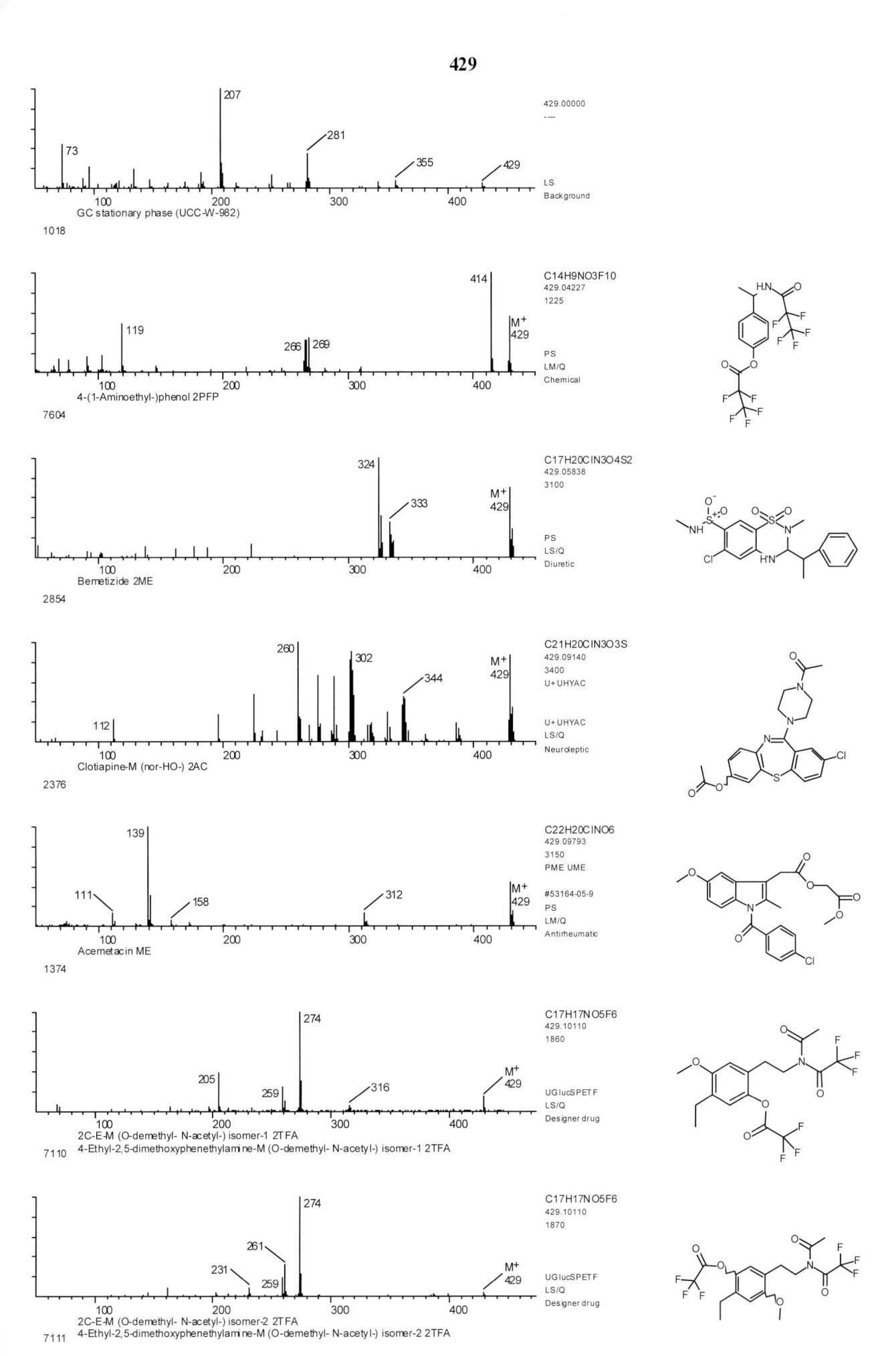

GC stationary phase (UCC-W-982) — LS Background — 429.00000

4-(1-Aminoethyl-)phenol 2PFP — C14H9NO3F10, 429.04227, 1225, PS, LM/Q, Chemical

Bemetizide 2ME — C17H20ClN3O4S2, 429.05838, 3100, PS, LS/Q, Diuretic

Clotiapine-M (nor-HO-) 2AC — C21H20ClN3O3S, 429.09140, 3400, U+ UHYAC, U+ UHYAC, LS/Q, Neuroleptic

Acemetacin ME — C22H20ClNO6, 429.09793, 3150, PME UME, #53164-05-9, PS, LM/Q, Antirheumatic

2C-E-M (O-demethyl- N-acetyl-) isomer-1 2TFA
4-Ethyl-2,5-dimethoxyphenethylamine-M (O-demethyl- N-acetyl-) isomer-1 2TFA — C17H17NO5F6, 429.10110, 1860, UGlucSPETF, LS/Q, Designer drug

2C-E-M (O-demethyl- N-acetyl-) isomer-2 2TFA
4-Ethyl-2,5-dimethoxyphenethylamine-M (O-demethyl- N-acetyl-) isomer-2 2TFA — C17H17NO5F6, 429.10110, 1870, UGlucSPETF, LS/Q, Designer drug

429

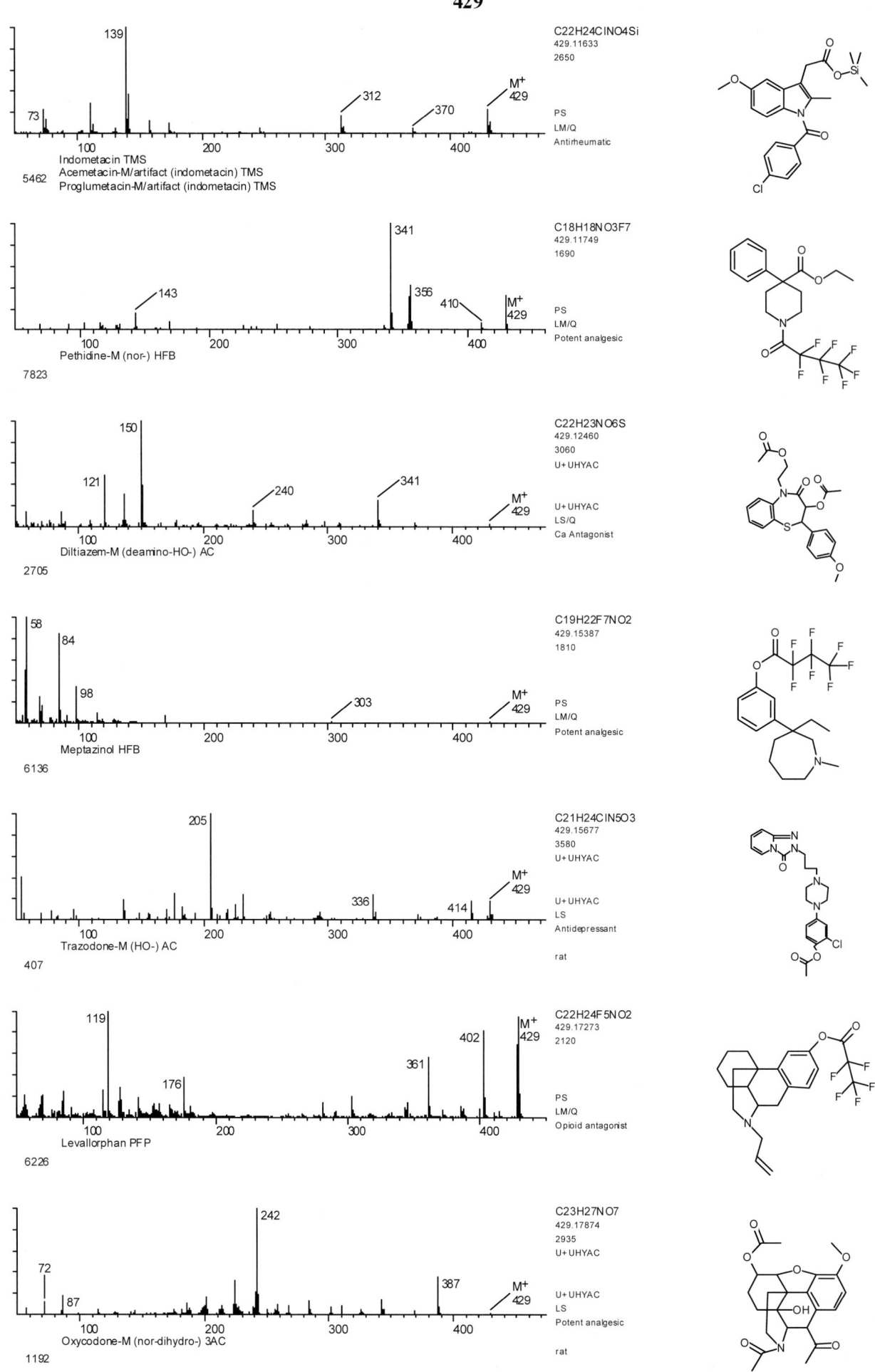

C22H24ClNO4Si
429.11633
2650

PS
LM/Q
Antirheumatic

Indometacin TMS
Acemetacin-M/artifact (indometacin) TMS
Proglumetacin-M/artifact (indometacin) TMS
5462

C18H18NO3F7
429.11749
1690

PS
LM/Q
Potent analgesic

Pethidine-M (nor-) HFB
7823

C22H23NO6S
429.12460
3060
U+ UHYAC

U+ UHYAC
LS/Q
Ca Antagonist

Diltiazem-M (deamino-HO-) AC
2705

C19H22F7NO2
429.15387
1810

PS
LM/Q
Potent analgesic

Meptazinol HFB
6136

C21H24ClN5O3
429.15677
3580
U+ UHYAC

U+ UHYAC
LS
Antidepressant
rat

Trazodone-M (HO-) AC
407

C22H24F5NO2
429.17273
2120

PS
LM/Q
Opioid antagonist

Levallorphan PFP
6226

C23H27NO7
429.17874
2935
U+ UHYAC

U+ UHYAC
LS
Potent analgesic
rat

Oxycodone-M (nor-dihydro-) 3AC
1192

1078

429

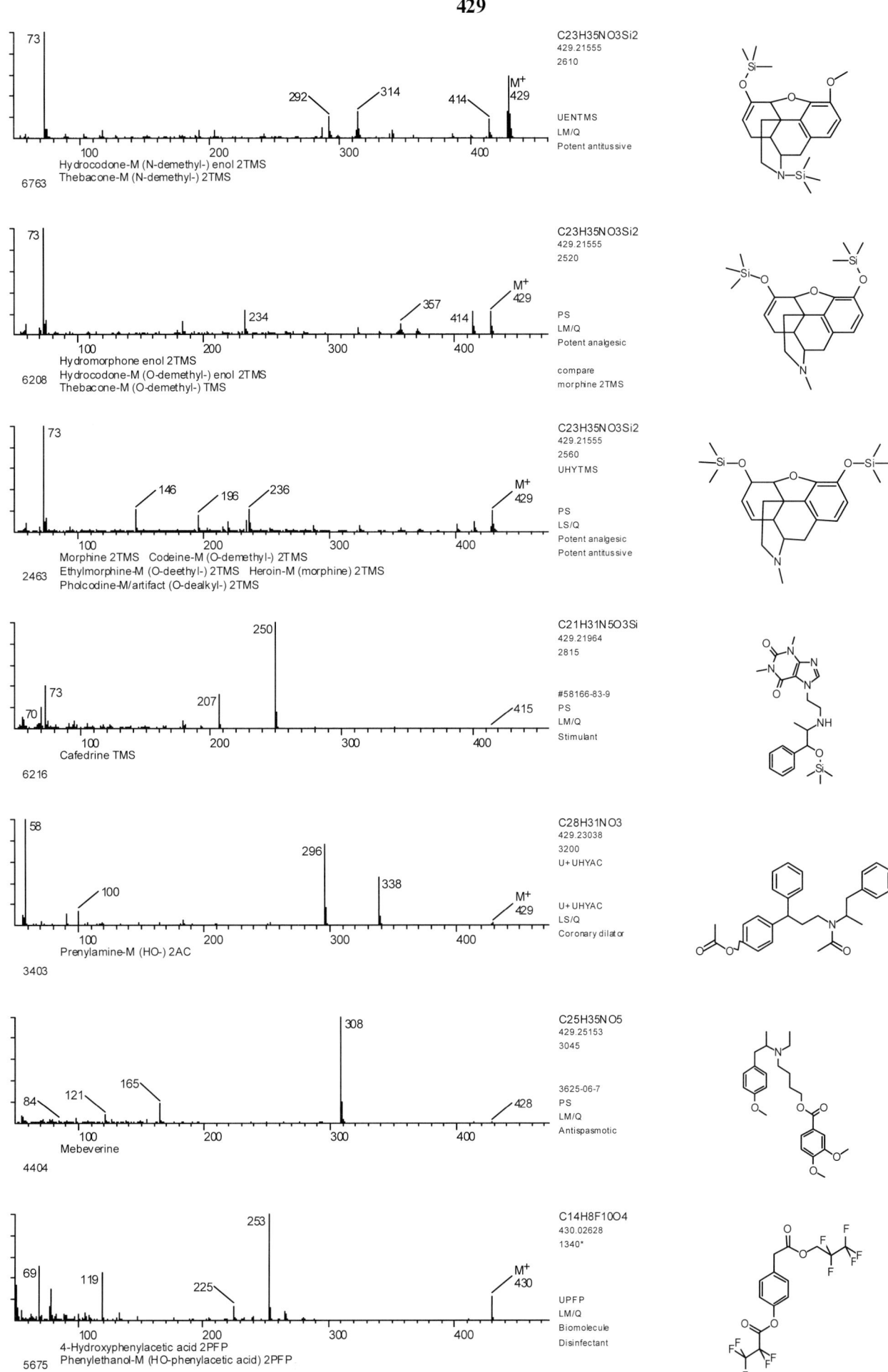

73, 292, 314, 414, M+ 429	C23H35NO3Si2 429.21555 2610 UENTMS LM/Q Potent antitussive

Hydrocodone-M (N-demethyl-) enol 2TMS
Thebacone-M (N-demethyl-) 2TMS
6763

73, 234, 357, 414, M+ 429	C23H35NO3Si2 429.21555 2520 PS LM/Q Potent analgesic compare morphine 2TMS

Hydromorphone enol 2TMS
6208 Hydrocodone-M (O-demethyl-) enol 2TMS
Thebacone-M (O-demethyl-) TMS

73, 146, 196, 236, M+ 429	C23H35NO3Si2 429.21555 2560 UHYTMS PS LS/Q Potent analgesic Potent antitussive

Morphine 2TMS Codeine-M (O-demethyl-) 2TMS
2463 Ethylmorphine-M (O-deethyl-) 2TMS Heroin-M (morphine) 2TMS
Pholcodine-M/artifact (O-dealkyl-) 2TMS

70, 73, 207, 250, 415	C21H31N5O3Si 429.21964 2815 #58166-83-9 PS LM/Q Stimulant

Cafedrine TMS
6216

58, 100, 296, 338, M+ 429	C28H31NO3 429.23038 3200 U+UHYAC U+UHYAC LS/Q Coronary dilator

Prenylamine-M (HO-) 2AC
3403

84, 121, 165, 308, 428	C25H35NO5 429.25153 3045 3625-06-7 PS LM/Q Antispasmotic

Mebeverine
4404

69, 119, 225, 253, M+ 430	C14H8F10O4 430.02628 1340* UPFP LM/Q Biomolecule Disinfectant

4-Hydroxyphenylacetic acid 2PFP
5675 Phenylethanol-M (HO-phenylacetic acid) 2PFP

430

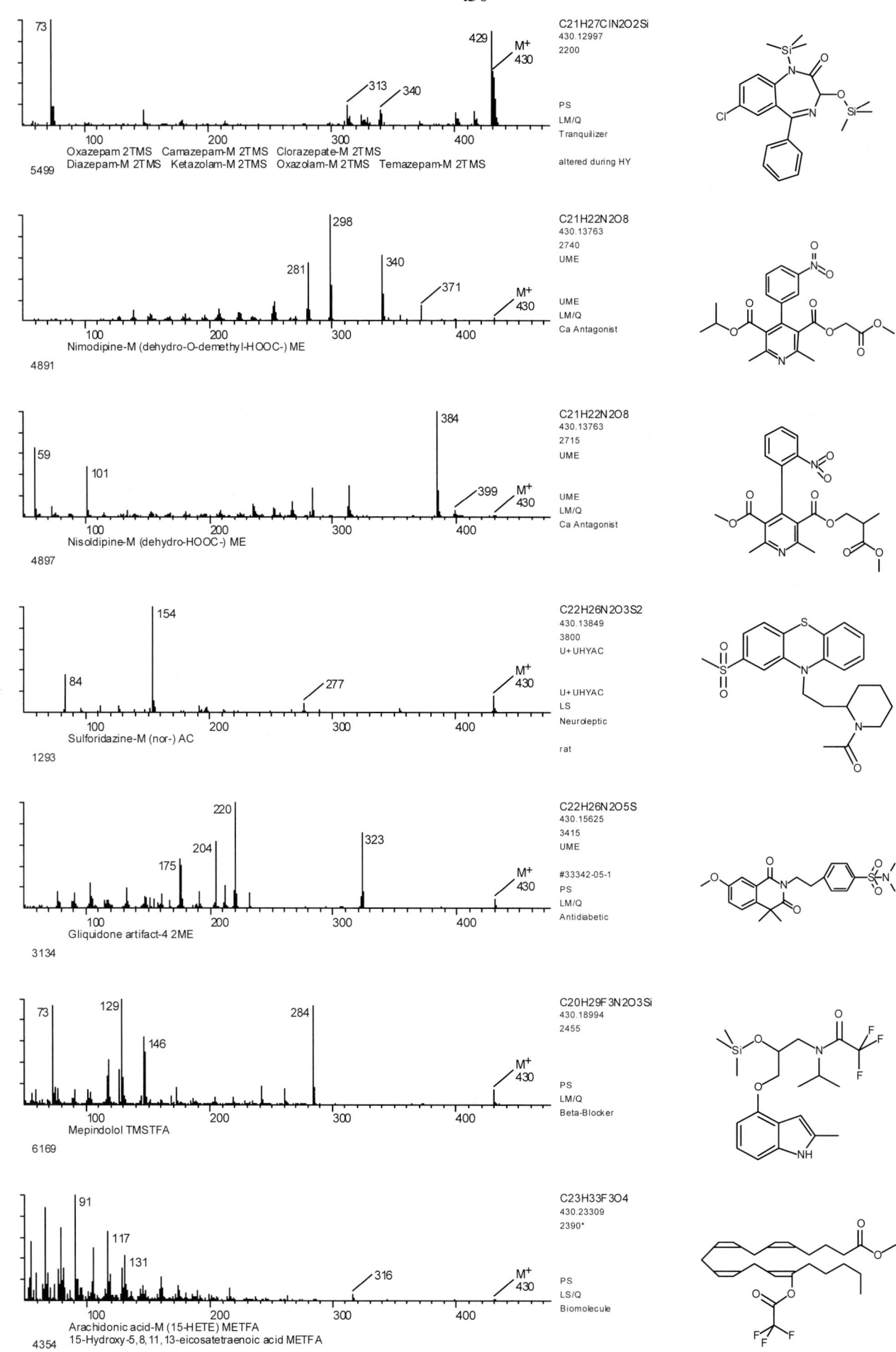

C21H27ClN2O2Si
430.12997
2200

PS
LM/Q
Tranquilizer

altered during HY

Oxazepam 2TMS   Camazepam-M 2TMS   Clorazepate-M 2TMS
Diazepam-M 2TMS   Ketazolam-M 2TMS   Oxazolam-M 2TMS   Temazepam-M 2TMS
5499

C21H22N2O8
430.13763
2740
UME

UME
LM/Q
Ca Antagonist

Nimodipine-M (dehydro-O-demethyl-HOOC-) ME
4891

C21H22N2O8
430.13763
2715
UME

UME
LM/Q
Ca Antagonist

Nisoldipine-M (dehydro-HOOC-) ME
4897

C22H26N2O3S2
430.13849
3800
U+ UHYAC

U+ UHYAC
LS
Neuroleptic

rat

Sulforidazine-M (nor-) AC
1293

C22H26N2O5S
430.15625
3415
UME

#33342-05-1
PS
LM/Q
Antidiabetic

Gliquidone artifact-4 2ME
3134

C20H29F3N2O3Si
430.18994
2455

PS
LM/Q
Beta-Blocker

Mepindolol TMSTFA
6169

C23H33F3O4
430.23309
2390*

PS
LS/Q
Biomolecule

Arachidonic acid-M (15-HETE) METFA
15-Hydroxy-5,8,11,13-eicosatetraenoic acid METFA
4354

430

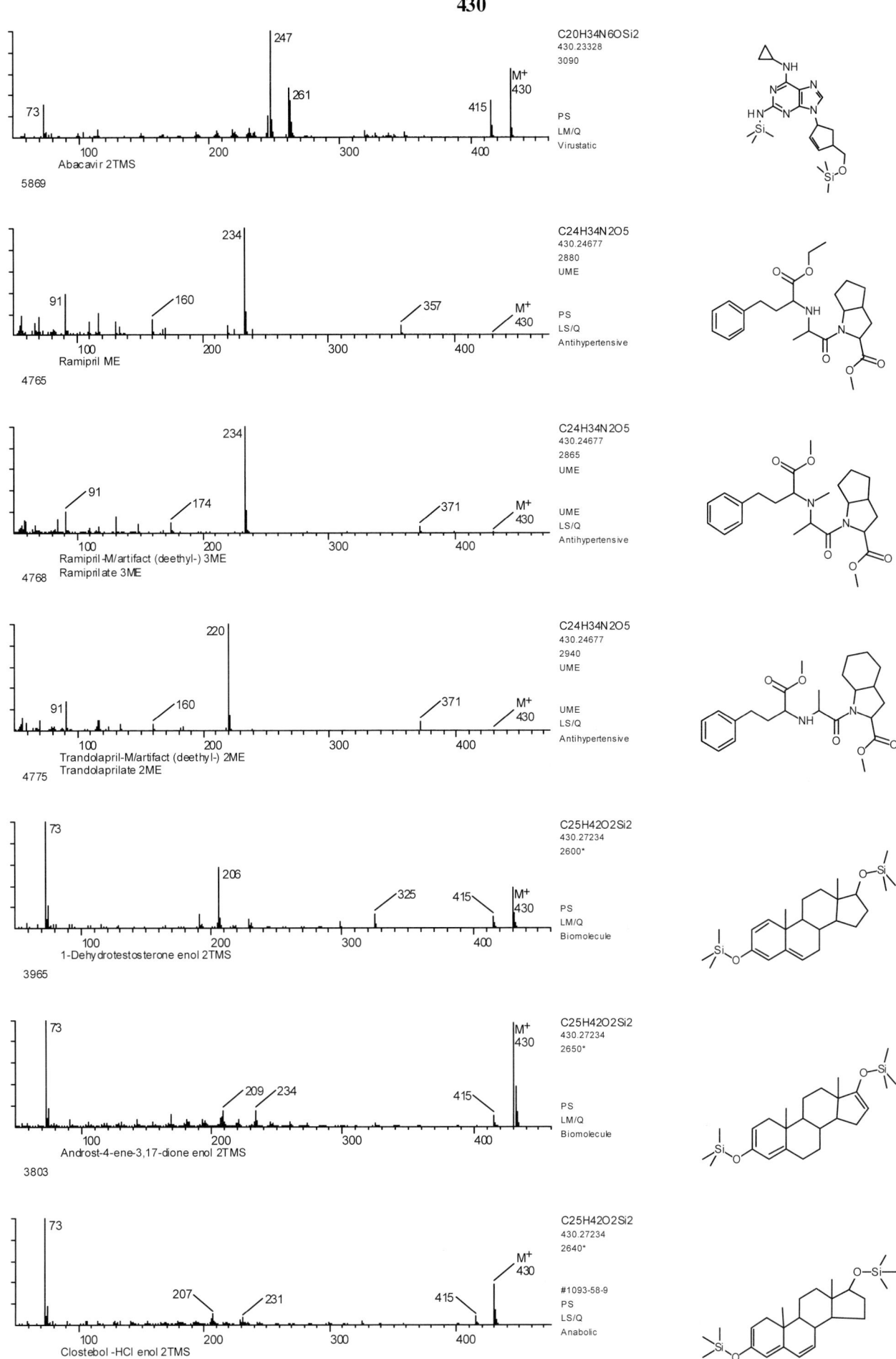

C20H34N6OSi2
430.23328
3090
PS
LM/Q
Virustatic

Abacavir 2TMS
5869

C24H34N2O5
430.24677
2880
UME

PS
LS/Q
Antihypertensive

Ramipril ME
4765

C24H34N2O5
430.24677
2865
UME

UME
LS/Q
Antihypertensive

Ramipril -M/artifact (deethyl-) 3ME
4768 Ramiprilate 3ME

C24H34N2O5
430.24677
2940
UME

UME
LS/Q
Antihypertensive

Trandolapril-M/artifact (deethyl-) 2ME
4775 Trandolaprilate 2ME

C25H42O2Si2
430.27234
2600*

PS
LM/Q
Biomolecule

1-Dehydrotestosterone enol 2TMS
3965

C25H42O2Si2
430.27234
2650*

PS
LM/Q
Biomolecule

Androst-4-ene-3,17-dione enol 2TMS
3803

C25H42O2Si2
430.27234
2640*

#1093-58-9
PS
LS/Q
Anabolic

Clostebol -HCl enol 2TMS
3955

1081

430

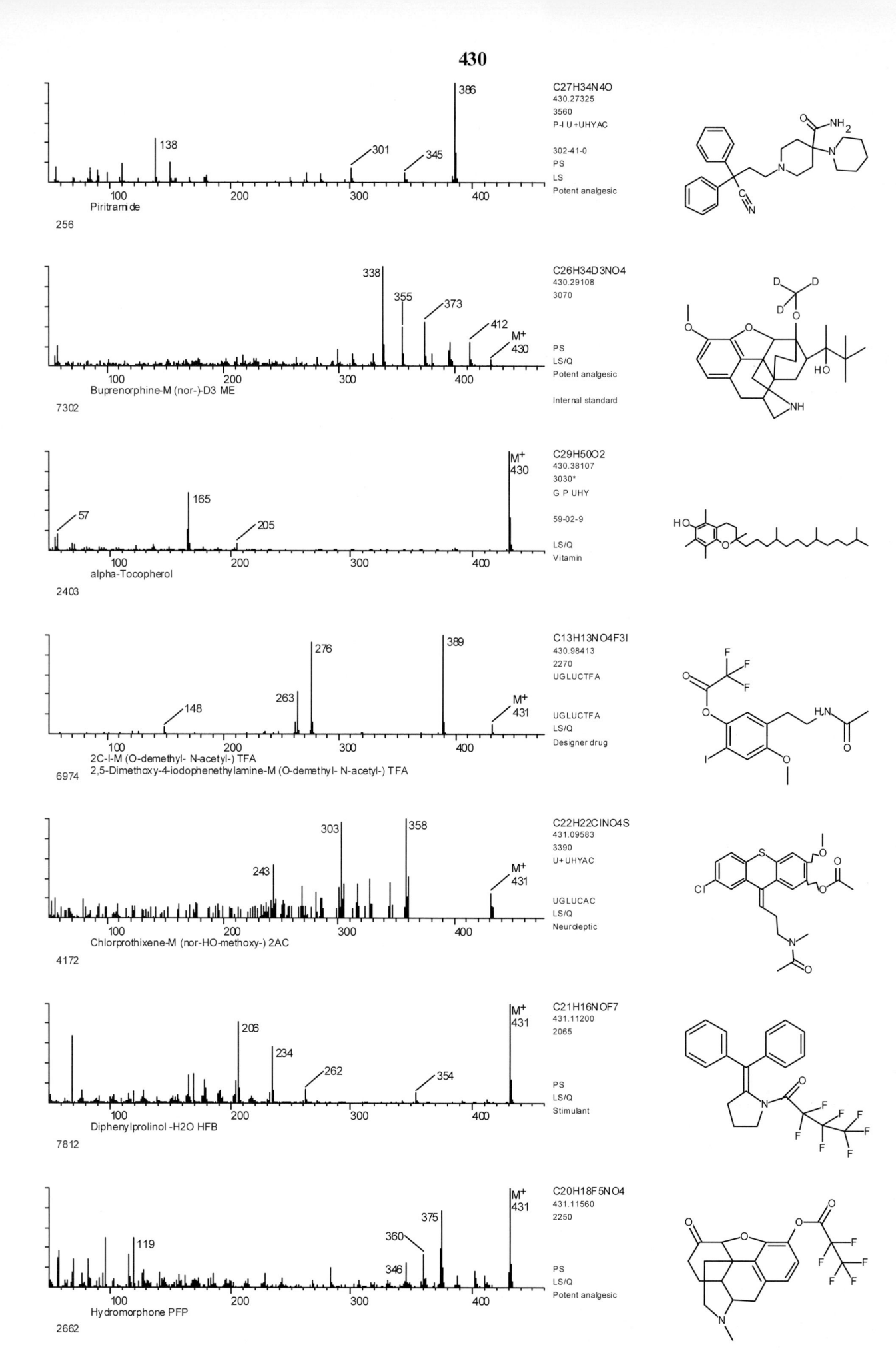

Piritramide
138, 301, 345, 386
C27H34N4O
430.27325
3560
P-I U+UHYAC
302-41-0
PS
LS
Potent analgesic
256

Buprenorphine-M (nor-)-D3 ME
338, 355, 373, 412, M+ 430
C26H34D3NO4
430.29108
3070
PS
LS/Q
Potent analgesic
Internal standard
7302

alpha-Tocopherol
57, 165, 205, M+ 430
C29H50O2
430.38107
3030*
G P UHY
59-02-9
LS/Q
Vitamin
2403

2C-I-M (O-demethyl- N-acetyl-) TFA
2,5-Dimethoxy-4-iodophenethylamine-M (O-demethyl- N-acetyl-) TFA
148, 263, 276, 389, M+ 431
C13H13NO4F3I
430.98413
2270
UGLUCTFA
UGLUCTFA
LS/Q
Designer drug
6974

Chlorprothixene-M (nor-HO-methoxy-) 2AC
243, 303, 358, M+ 431
C22H22ClNO4S
431.09583
3390
U+UHYAC
UGLUCAC
LS/Q
Neuroleptic
4172

Diphenylprolinol -H2O HFB
206, 234, 262, 354, M+ 431
C21H16NOF7
431.11200
2065
PS
LS/Q
Stimulant
7812

Hydromorphone PFP
119, 346, 360, 375, M+ 431
C20H18F5NO4
431.11560
2250
PS
LS/Q
Potent analgesic
2662

1082

431

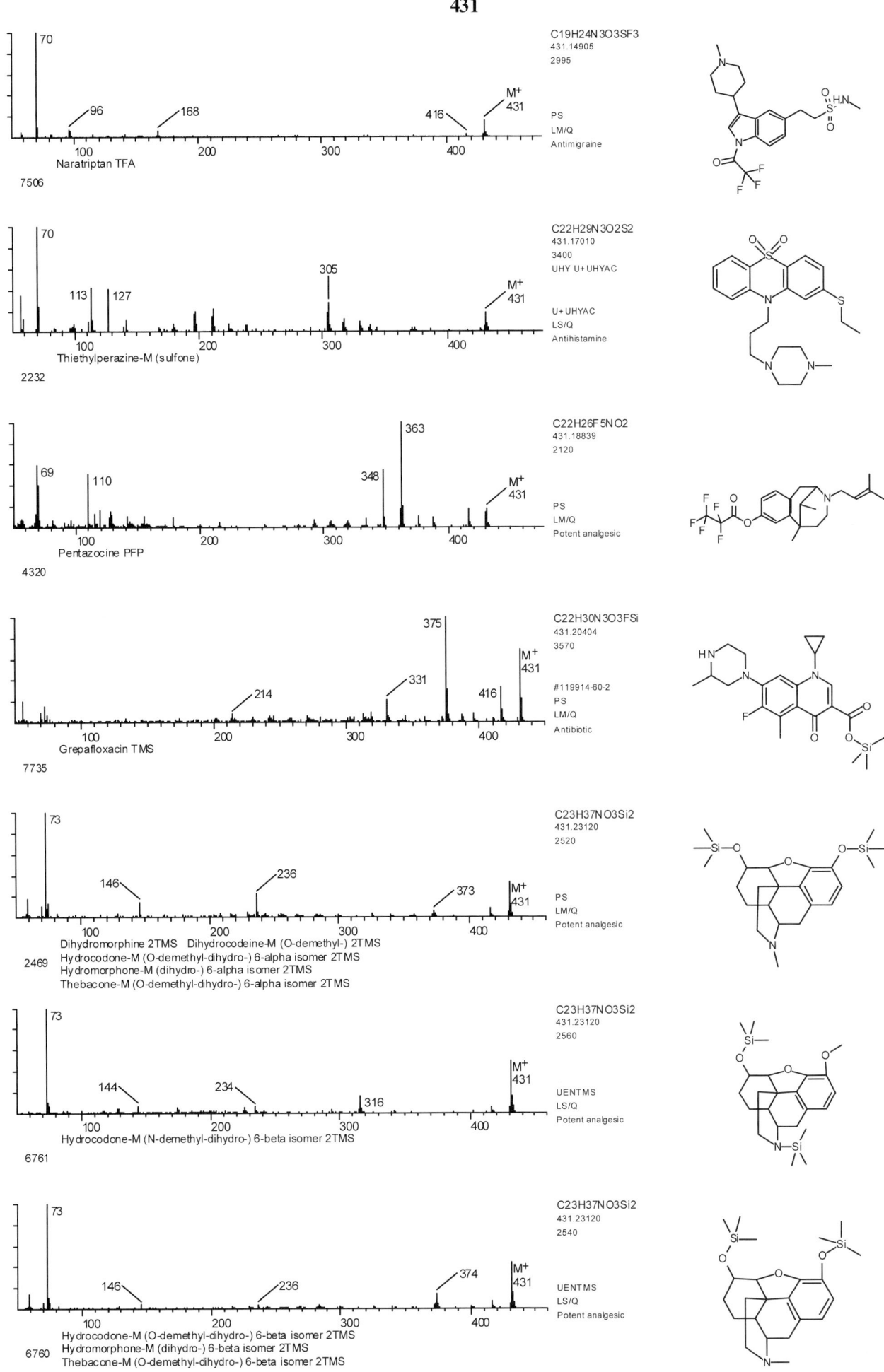

C19H24N3O3SF3
431.14905
2995

PS
LM/Q
Antimigraine

Naratriptan TFA
7506

C22H29N3O2S2
431.17010
3400
UHY U+ UHYAC

U+ UHYAC
LS/Q
Antihistamine

Thiethylperazine-M (sulfone)
2232

C22H26F5NO2
431.18839
2120

PS
LM/Q
Potent analgesic

Pentazocine PFP
4320

C22H30N3O3FSi
431.20404
3570

#119914-60-2
PS
LM/Q
Antibiotic

Grepafloxacin TMS
7735

C23H37NO3Si2
431.23120
2520

PS
LM/Q
Potent analgesic

Dihydromorphine 2TMS   Dihydrocodeine-M (O-demethyl-) 2TMS
Hydrocodone-M (O-demethyl-dihydro-) 6-alpha isomer 2TMS
Hydromorphone-M (dihydro-) 6-alpha isomer 2TMS
Thebacone-M (O-demethyl-dihydro-) 6-alpha isomer 2TMS
2469

C23H37NO3Si2
431.23120
2560

UENTMS
LS/Q
Potent analgesic

Hydrocodone-M (N-demethyl-dihydro-) 6-beta isomer 2TMS
6761

C23H37NO3Si2
431.23120
2540

UENTMS
LS/Q
Potent analgesic

Hydrocodone-M (O-demethyl-dihydro-) 6-beta isomer 2TMS
Hydromorphone-M (dihydro-) 6-beta isomer 2TMS
Thebacone-M (O-demethyl-dihydro-) 6-beta isomer 2TMS
6760

431

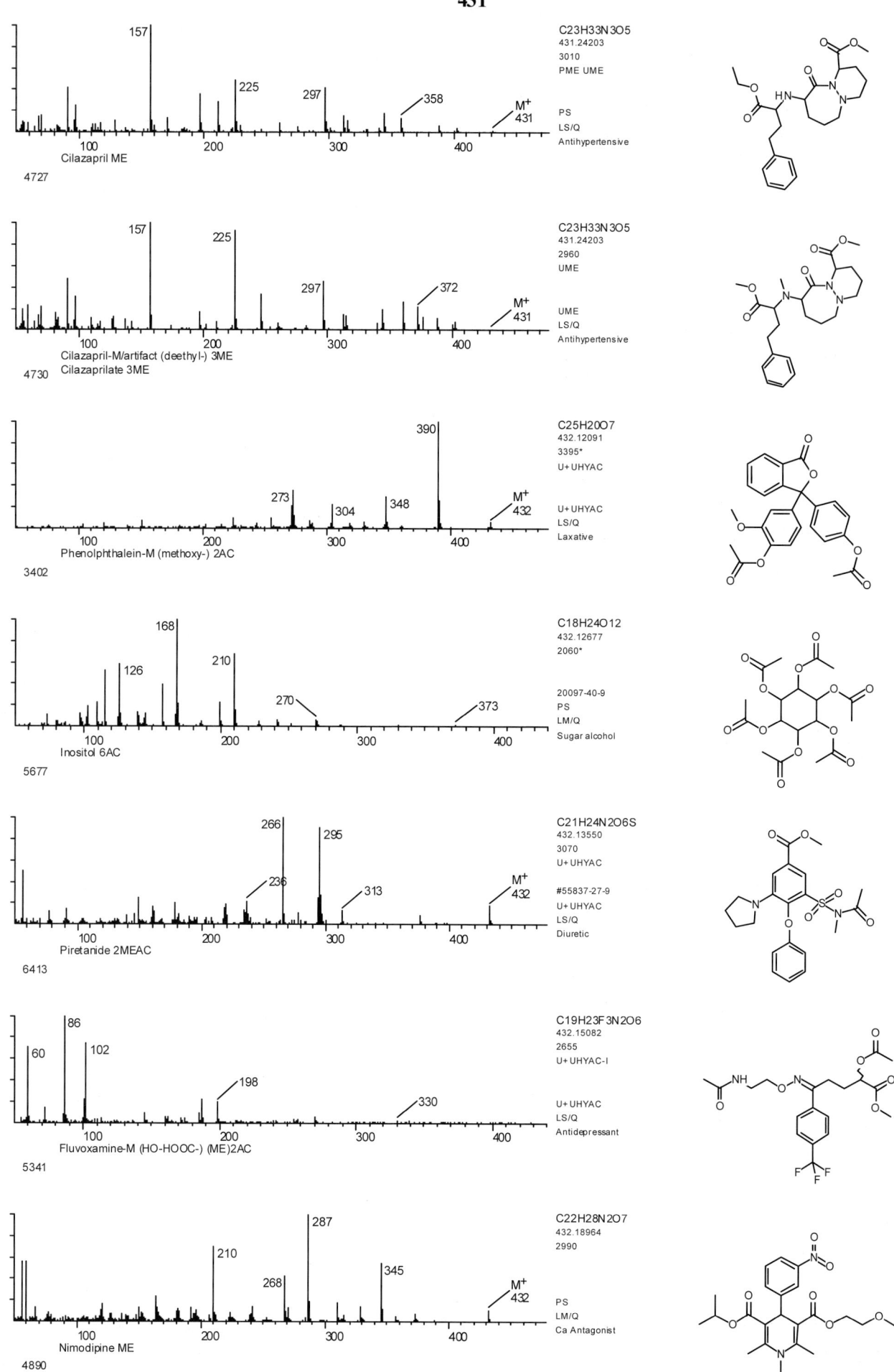

Cilazapril ME — 157, 225, 297, 358, M+ 431
C23H33N3O5
431.24203
3010
PME UME
PS
LS/Q
Antihypertensive
4727

Cilazapril-M/artifact (deethyl-) 3ME / Cilazaprilate 3ME — 157, 225, 297, 372, M+ 431
C23H33N3O5
431.24203
2960
UME
UME
LS/Q
Antihypertensive
4730

Phenolphthalein-M (methoxy-) 2AC — 273, 304, 348, 390, M+ 432
C25H20O7
432.12091
3395*
U+ UHYAC
U+ UHYAC
LS/Q
Laxative
3402

Inositol 6AC — 126, 168, 210, 270, 373
C18H24O12
432.12677
2060*
20097-40-9
PS
LM/Q
Sugar alcohol
5677

Piretanide 2MEAC — 236, 266, 295, 313, M+ 432
C21H24N2O6S
432.13550
3070
U+ UHYAC
#55837-27-9
U+ UHYAC
LS/Q
Diuretic
6413

Fluvoxamine-M (HO-HOOC-) (ME)2AC — 60, 86, 102, 198, 330
C19H23F3N2O6
432.15082
2655
U+ UHYAC-I
U+ UHYAC
LS/Q
Antidepressant
5341

Nimodipine ME — 210, 268, 287, 345, M+ 432
C22H28N2O7
432.18964
2990
PS
LM/Q
Ca Antagonist
4890

432

Spectrum 2414 — Buclizine
Peaks: 147, 165, 231, 285, M+ 432
C28H33ClN2
432.23322
3360
G U UHY U+UHYAC
82-95-1
PS
LS/Q
Antihistamine

Spectrum 5578 — Morphine-D3 2TMS / Codeine-M (O-demethyl-)-D3 2TMS / Ethylmorphine-M (O-deethyl-)-D3 2TMS / Heroin-M (morphine)-D3 2TMS / Pholcodine-M/artifact (O-dealkyl-)-D3 2TMS
Peaks: 73, 199, 239, 290, M+ 432
C23H32D3NO3Si2
432.23438
2550
PS
LS/Q
Potent analgesic
Potent antitussive
Internal standard

Spectrum 4739 — Enalapril 2ET / Enalapril-M/artifact (deethyl-) 3ET / Enalaprilate 3ET
Peaks: 91, 188, 262, 359, M+ 432
C24H36N2O5
432.26242
2745
PS
LM/Q
Antihypertensive

Spectrum 3801 — Androstane-3,17-dione enol 2TMS
Peaks: 73, 275, 290, 417, M+ 432
C25H44O2Si2
432.28799
2600*
PS
LM/Q
Biomolecule

Spectrum 3800 — Dehydroepiandrosterone enol 2TMS
Peaks: 73, 169, 327, 417, M+ 432
C25H44O2Si2
432.28799
2580*
PS
LM/Q
Biomolecule

Spectrum 3802 — Epitestosterone enol 2TMS
Peaks: 73, 209, 327, 417, M+ 432
C25H44O2Si2
432.28799
2620*
#481-30-1
PS
LM/Q
Biomolecule

Spectrum 3804 — Testosterone enol 2TMS
Peaks: 73, 195, 209, 417, M+ 432
C25H44O2Si2
432.28799
2690*
PS
LM/Q
Androgen

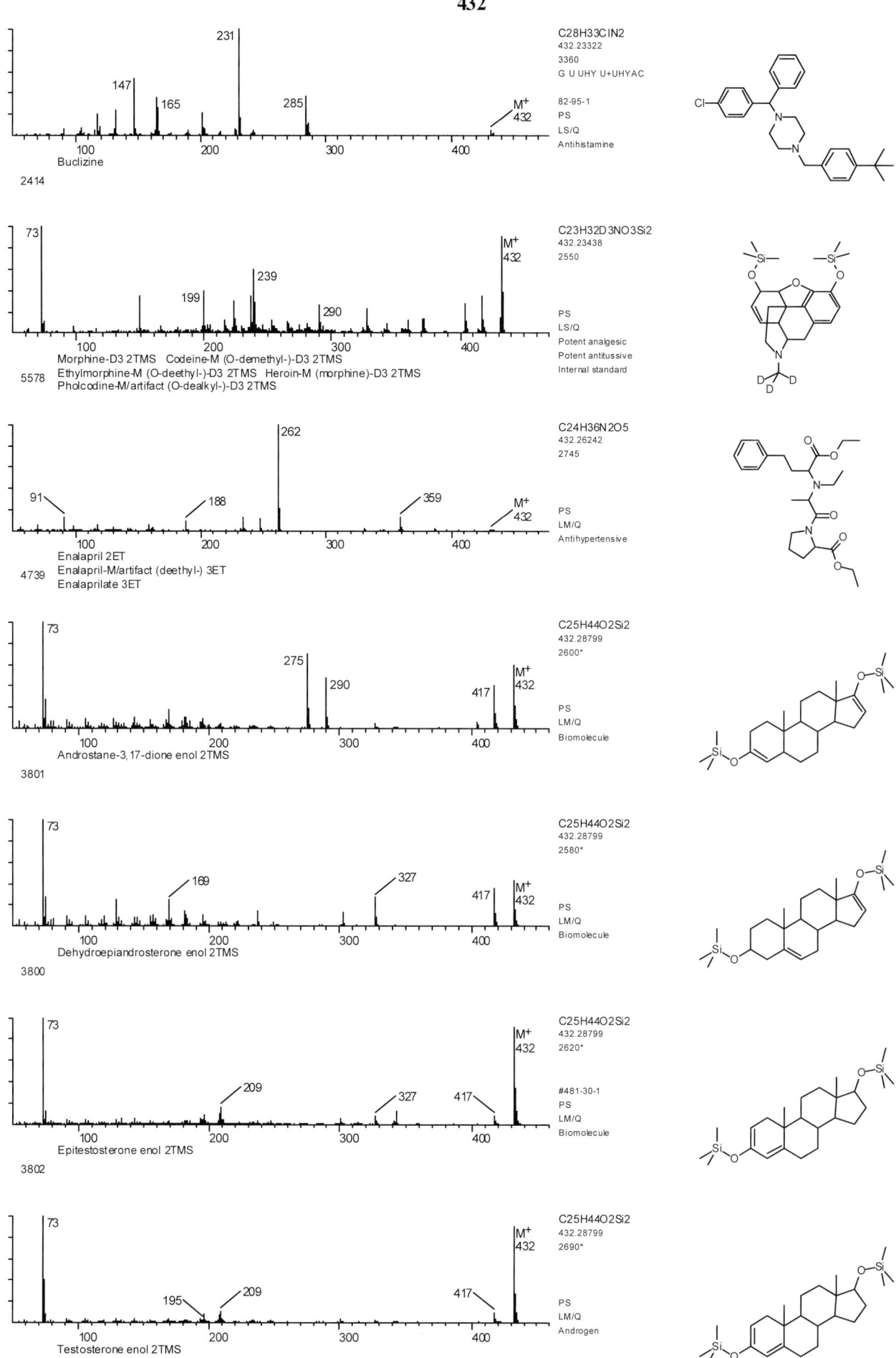

433

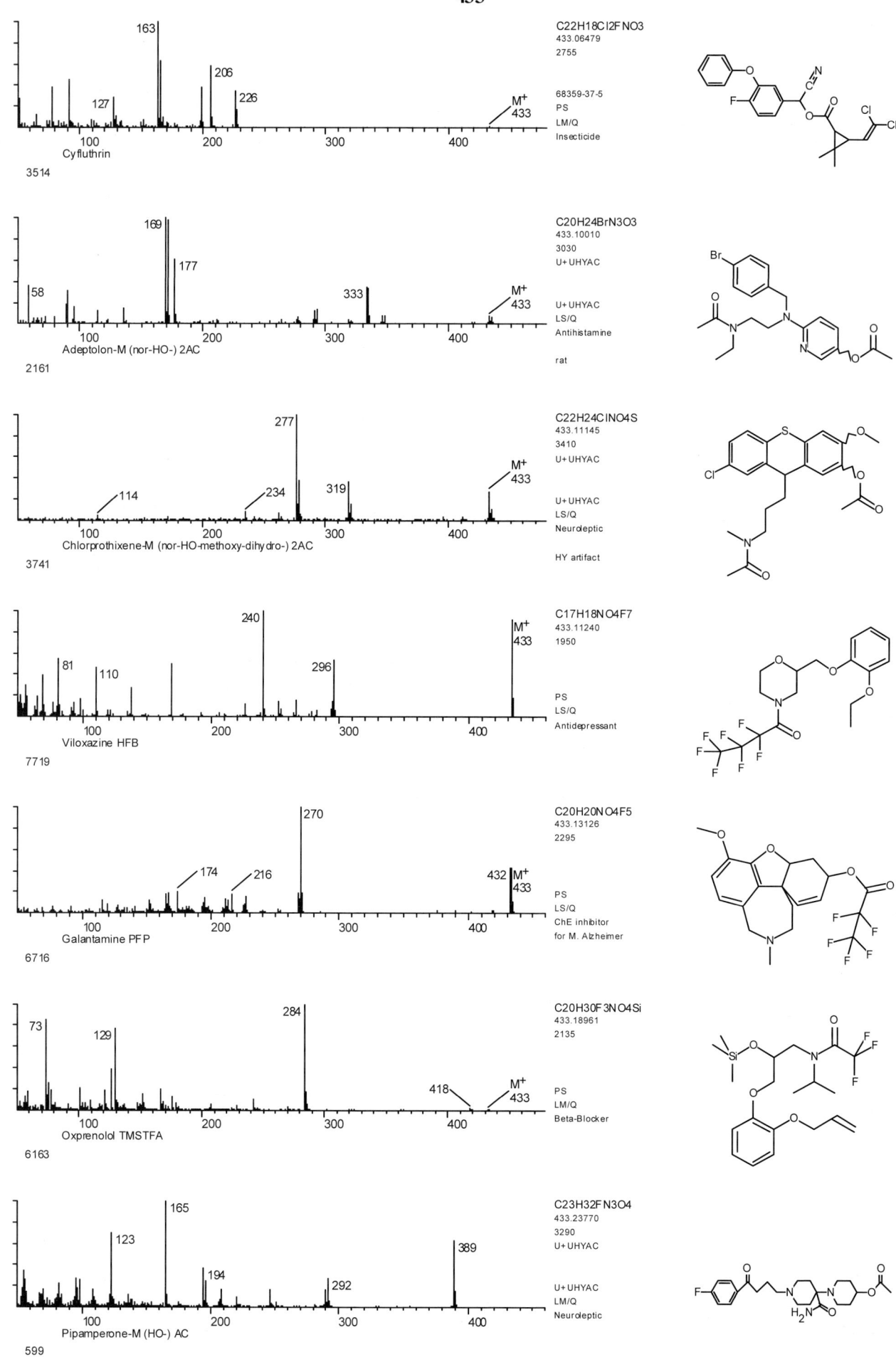

C22H18Cl2FNO3
433.06479
2755

68359-37-5
PS
LM/Q
Insecticide

Cyfluthrin
3514

C20H24BrN3O3
433.10010
3030
U+ UHYAC

U+ UHYAC
LS/Q
Antihistamine
rat

Adeptolon-M (nor-HO-) 2AC
2161

C22H24ClNO4S
433.11145
3410
U+ UHYAC

U+ UHYAC
LS/Q
Neuroleptic
HY artifact

Chlorprothixene-M (nor-HO-methoxy-dihydro-) 2AC
3741

C17H18NO4F7
433.11240
1950

PS
LS/Q
Antidepressant

Viloxazine HFB
7719

C20H20NO4F5
433.13126
2295

PS
LS/Q
ChE inhibitor
for M. Alzheimer

Galantamine PFP
6716

C20H30F3NO4Si
433.18961
2135

PS
LM/Q
Beta-Blocker

Oxprenolol TMSTFA
6163

C23H32FN3O4
433.23770
3290
U+ UHYAC

U+ UHYAC
LM/Q
Neuroleptic

Pipamperone-M (HO-) AC
599

434

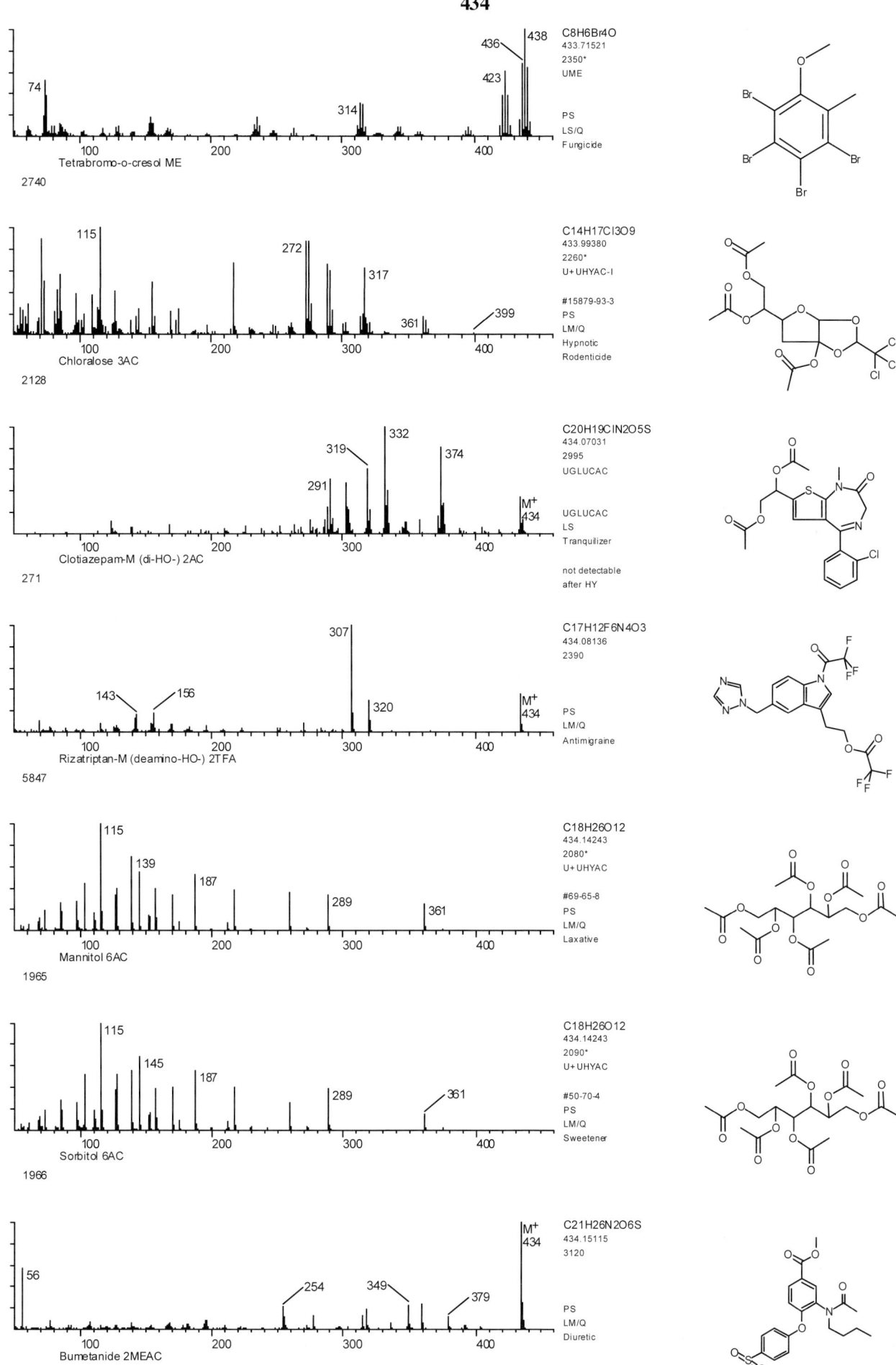

Spectrum	Formula / Data
Tetrabromo-o-cresol ME (2740) peaks: 74, 314, 423, 436, 438	C8H6Br4O / 433.71521 / 2350* / UME / PS / LS/Q / Fungicide
Chloralose 3AC (2128) peaks: 115, 272, 317, 361, 399	C14H17Cl3O9 / 433.99380 / 2260* / U+UHYAC-I / #15879-93-3 / PS / LM/Q / Hypnotic Rodenticide
Clotiazepam-M (di-HO-) 2AC (271) peaks: 291, 319, 332, 374, M+ 434	C20H19ClN2O5S / 434.07031 / 2995 / UGLUCAC / UGLUCAC / LS / Tranquilizer / not detectable after HY
Rizatriptan-M (deamino-HO-) 2TFA (5847) peaks: 143, 156, 307, 320, M+ 434	C17H12F6N4O3 / 434.08136 / 2390 / PS / LM/Q / Antimigraine
Mannitol 6AC (1965) peaks: 115, 139, 187, 289, 361	C18H26O12 / 434.14243 / 2080* / U+UHYAC / #69-65-8 / PS / LM/Q / Laxative
Sorbitol 6AC (1966) peaks: 115, 145, 187, 289, 361	C18H26O12 / 434.14243 / 2090* / U+UHYAC / #50-70-4 / PS / LM/Q / Sweetener
Bumetanide 2MEAC (2781) peaks: 56, 254, 349, 379, M+ 434	C21H26N2O6S / 434.15115 / 3120 / PS / LM/Q / Diuretic

434

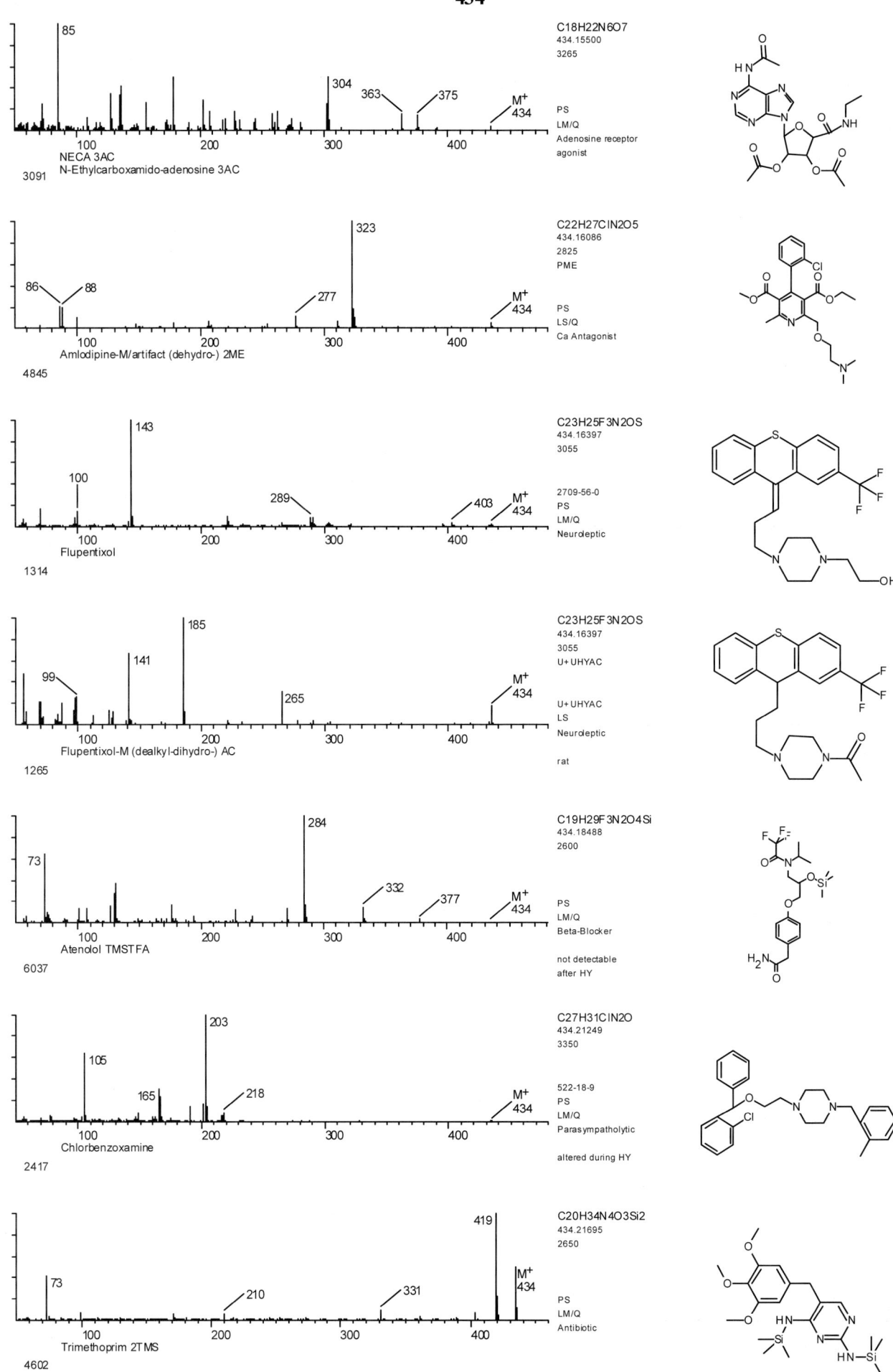

C18H22N6O7
434.15500
3265

PS
LM/Q
Adenosine receptor agonist

NECA 3AC
N-Ethylcarboxamido-adenosine 3AC
3091

C22H27ClN2O5
434.16086
2825
PME

PS
LS/Q
Ca Antagonist

Amlodipine-M/artifact (dehydro-) 2ME
4845

C23H25F3N2OS
434.16397
3055

2709-56-0
PS
LM/Q
Neuroleptic

Flupentixol
1314

C23H25F3N2OS
434.16397
3055
U+ UHYAC

U+ UHYAC
LS
Neuroleptic

rat

Flupentixol-M (dealkyl-dihydro-) AC
1265

C19H29F3N2O4Si
434.18488
2600

PS
LM/Q
Beta-Blocker

not detectable after HY

Atenolol TMSTFA
6037

C27H31ClN2O
434.21249
3350

522-18-9
PS
LM/Q
Parasympatholytic

altered during HY

Chlorbenzoxamine
2417

C20H34N4O3Si2
434.21695
2650

PS
LM/Q
Antibiotic

Trimethoprim 2TMS
4602

434

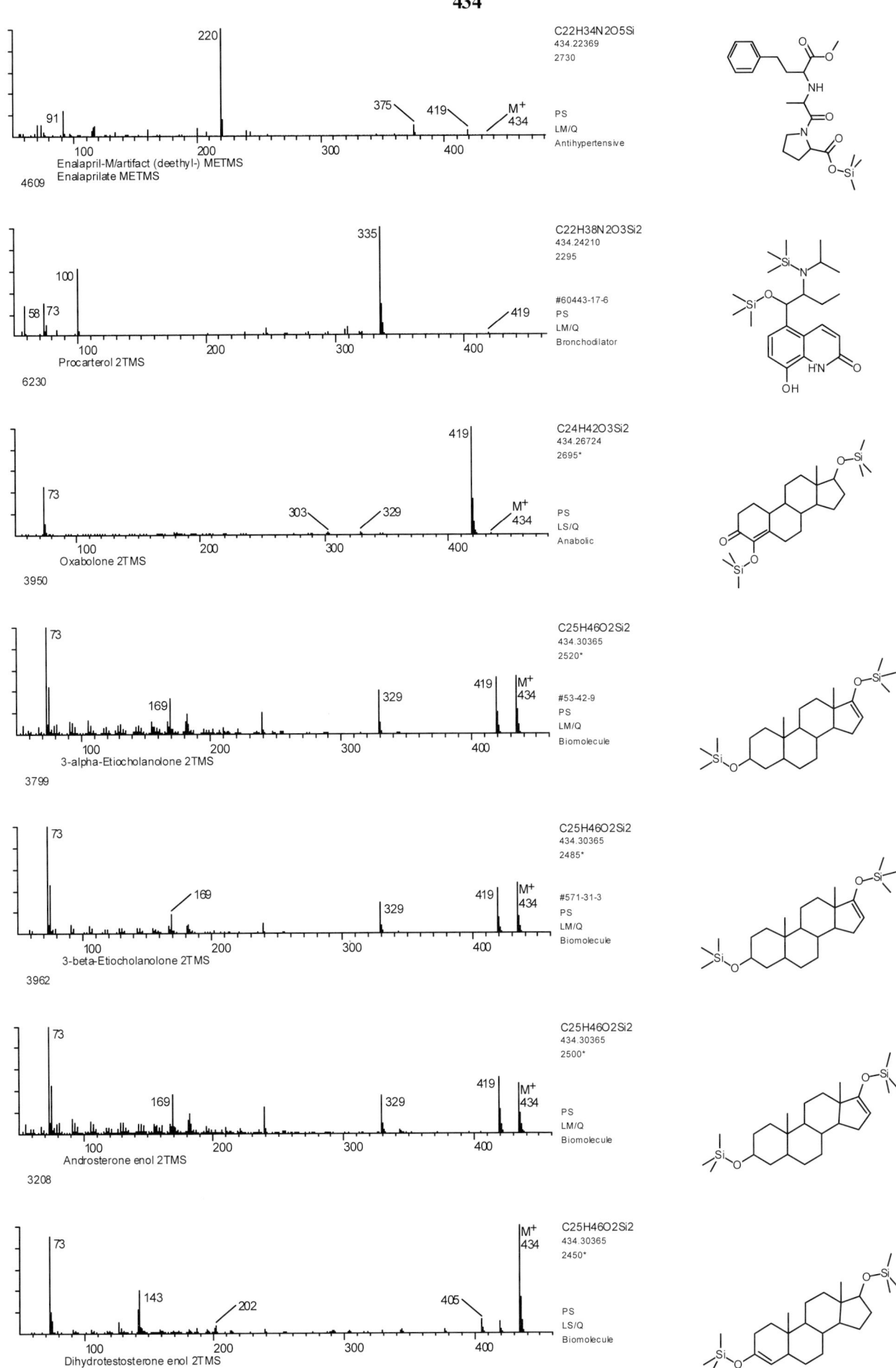

4609 — Enalapril-M/artifact (deethyl-) METMS / Enalaprilate METMS
Peaks: 91, 220, 375, 419, M+ 434
C22H34N2O5Si
434.22369
2730
PS
LM/Q
Antihypertensive

6230 — Procarterol 2TMS
Peaks: 58, 73, 100, 335, 419
C22H38N2O3Si2
434.24210
2295
#60443-17-6
PS
LM/Q
Bronchodilator

3950 — Oxabolone 2TMS
Peaks: 73, 303, 329, 419, M+ 434
C24H42O3Si2
434.26724
2695*
PS
LS/Q
Anabolic

3799 — 3-alpha-Etiocholanolone 2TMS
Peaks: 73, 169, 329, 419, M+ 434
C25H46O2Si2
434.30365
2520*
#53-42-9
PS
LM/Q
Biomolecule

3962 — 3-beta-Etiocholanolone 2TMS
Peaks: 73, 169, 329, 419, M+ 434
C25H46O2Si2
434.30365
2485*
#571-31-3
PS
LM/Q
Biomolecule

3208 — Androsterone enol 2TMS
Peaks: 73, 169, 329, 419, M+ 434
C25H46O2Si2
434.30365
2500*
PS
LM/Q
Biomolecule

3964 — Dihydrotestosterone enol 2TMS
Peaks: 73, 143, 202, 405, M+ 434
C25H46O2Si2
434.30365
2450*
PS
LS/Q
Biomolecule

434

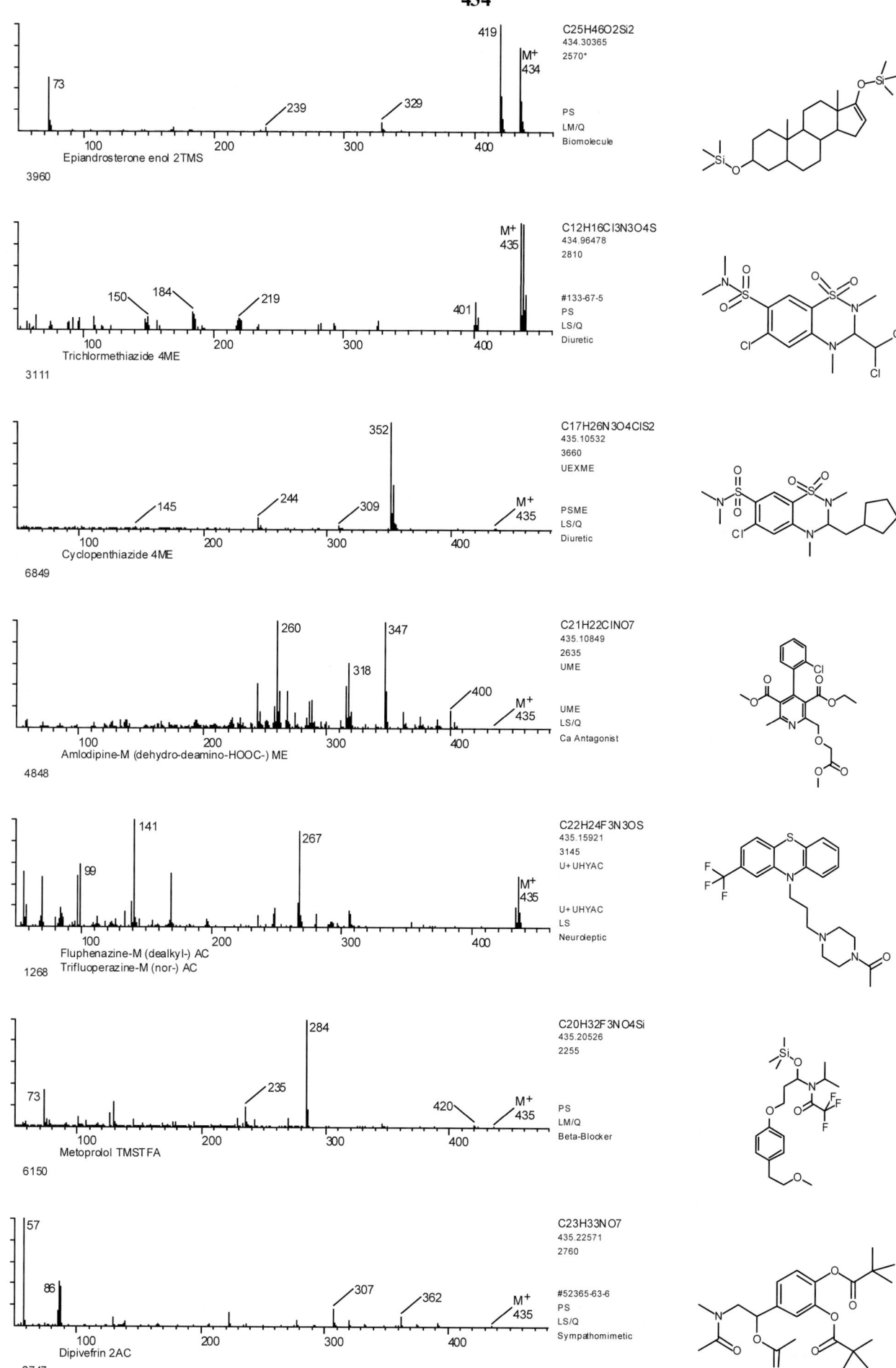

419, M+ 434, 73, 239, 329	C25H46O2Si2 434.30365 2570* PS LM/Q Biomolecule
Epiandrosterone enol 2TMS 3960	

M+ 435, 150, 184, 219, 401	C12H16Cl3N3O4S 434.96478 2810 #133-67-5 PS LS/Q Diuretic
Trichlormethiazide 4ME 3111	

352, 145, 244, 309, M+ 435	C17H26N3O4ClS2 435.10532 3660 UEXME PSME LS/Q Diuretic
Cyclopenthiazide 4ME 6849	

260, 347, 318, 400, M+ 435	C21H22ClNO7 435.10849 2635 UME UME LS/Q Ca Antagonist
Amlodipine-M (dehydro-deamino-HOOC-) ME 4848	

141, 99, 267, M+ 435	C22H24F3N3OS 435.15921 3145 U+ UHYAC U+ UHYAC LS Neuroleptic
Fluphenazine-M (dealkyl-) AC Trifluoperazine-M (nor-) AC 1268	

284, 73, 235, 420, M+ 435	C20H32F3NO4Si 435.20526 2255 PS LM/Q Beta-Blocker
Metoprolol TMS TFA 6150	

57, 86, 307, 362, M+ 435	C23H33NO7 435.22571 2760 #52365-63-6 PS LS/Q Sympathomimetic
Dipivefrin 2AC 2747	

1090

435

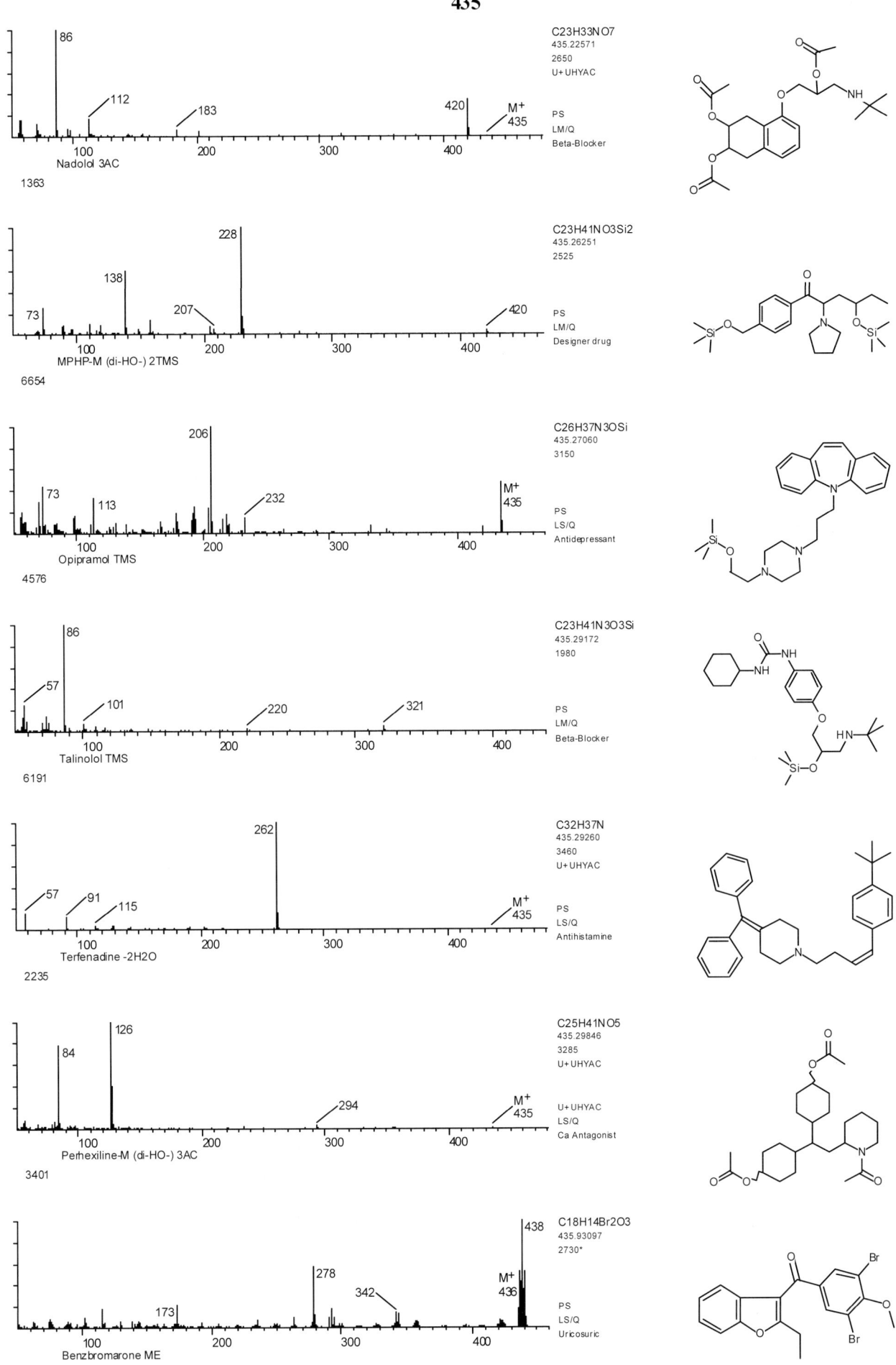

Nadolol 3AC (1363)	C23H33NO7 435.22571 2650 U+UHYAC PS LM/Q Beta-Blocker	peaks: 86, 112, 183, 420, M+ 435
MPHP-M (di-HO-) 2TMS (6654)	C23H41NO3Si2 435.26251 2525 PS LM/Q Designer drug	peaks: 73, 138, 207, 228, 420
Opipramol TMS (4576)	C26H37N3OSi 435.27060 3150 PS LS/Q Antidepressant	peaks: 73, 113, 206, 232, M+ 435
Talinolol TMS (6191)	C23H41N3O3Si 435.29172 1980 PS LM/Q Beta-Blocker	peaks: 57, 86, 101, 220, 321
Terfenadine -2H2O (2235)	C32H37N 435.29260 3460 U+UHYAC PS LS/Q Antihistamine	peaks: 57, 91, 115, 262, M+ 435
Perhexiline-M (di-HO-) 3AC (3401)	C25H41NO5 435.29846 3285 U+UHYAC U+UHYAC LS/Q Ca Antagonist	peaks: 84, 126, 294, M+ 435
Benzbromarone ME (2258)	C18H14Br2O3 435.93097 2730* PS LS/Q Uricosuric	peaks: 173, 278, 342, M+ 436, 438

1091

436

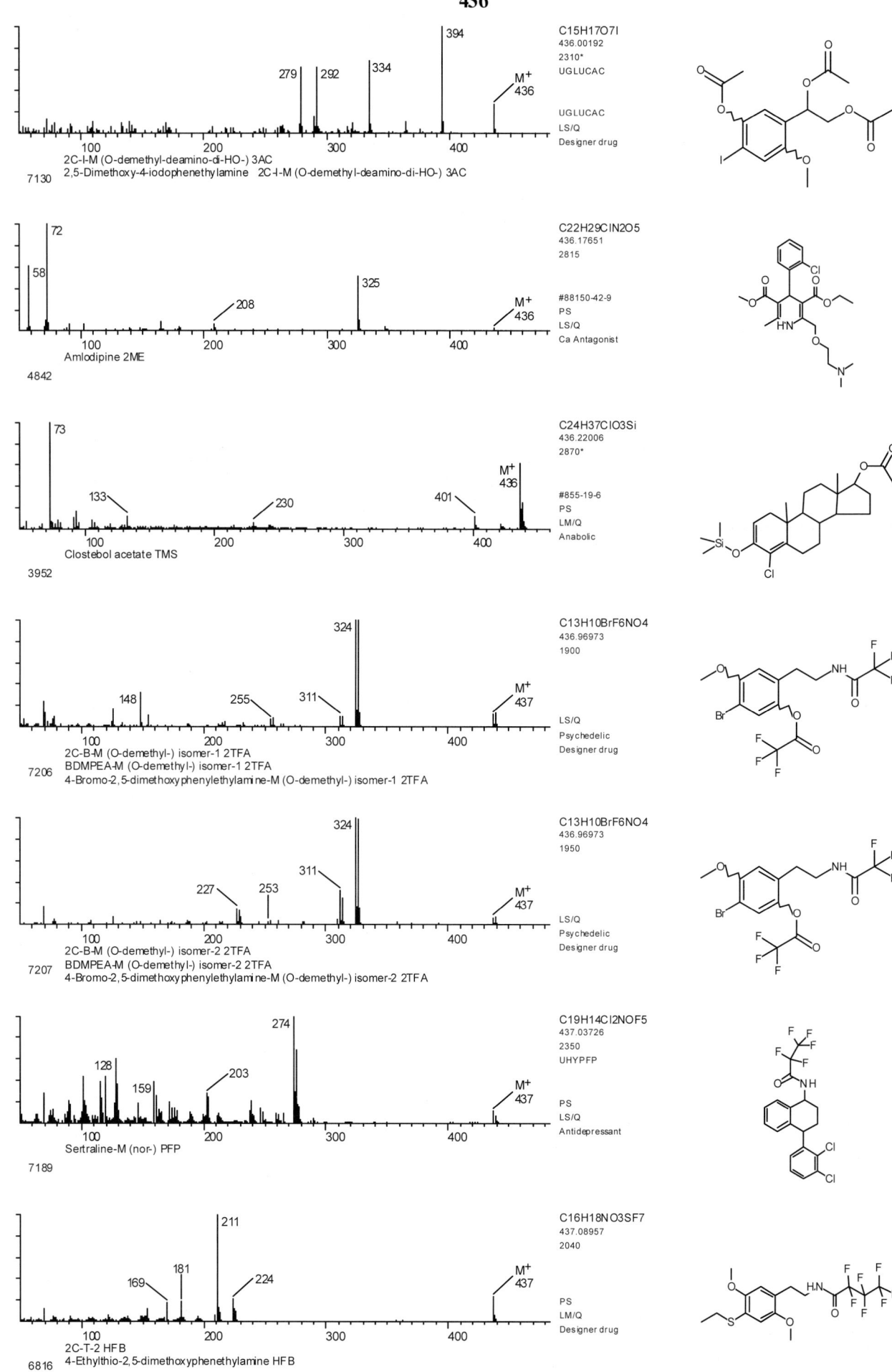

2C-I-M (O-demethyl-deamino-di-HO-) 3AC
2,5-Dimethoxy-4-iodophenethylamine 2C-I-M (O-demethyl-deamino-di-HO-) 3AC

C15H17O7I
436.00192
2310*
UGLUCAC

UGLUCAC
LS/Q
Designer drug

Amlodipine 2ME

C22H29ClN2O5
436.17651
2815

#88150-42-9
PS
LS/Q
Ca Antagonist

Closebol acetate TMS

C24H37ClO3Si
436.22006
2870*

#855-19-6
PS
LM/Q
Anabolic

2C-B-M (O-demethyl-) isomer-1 2TFA
BDMPEA-M (O-demethyl-) isomer-1 2TFA
4-Bromo-2,5-dimethoxyphenylethylamine-M (O-demethyl-) isomer-1 2TFA

C13H10BrF6NO4
436.96973
1900

LS/Q
Psychedelic
Designer drug

2C-B-M (O-demethyl-) isomer-2 2TFA
BDMPEA-M (O-demethyl-) isomer-2 2TFA
4-Bromo-2,5-dimethoxyphenylethylamine-M (O-demethyl-) isomer-2 2TFA

C13H10BrF6NO4
436.96973
1950

LS/Q
Psychedelic
Designer drug

Sertraline-M (nor-) PFP

C19H14Cl2NOF5
437.03726
2350
UHYPFP

PS
LS/Q
Antidepressant

2C-T-2 HFB
4-Ethylthio-2,5-dimethoxyphenethylamine HFB

C16H18NO3SF7
437.08957
2040

PS
LM/Q
Designer drug

437

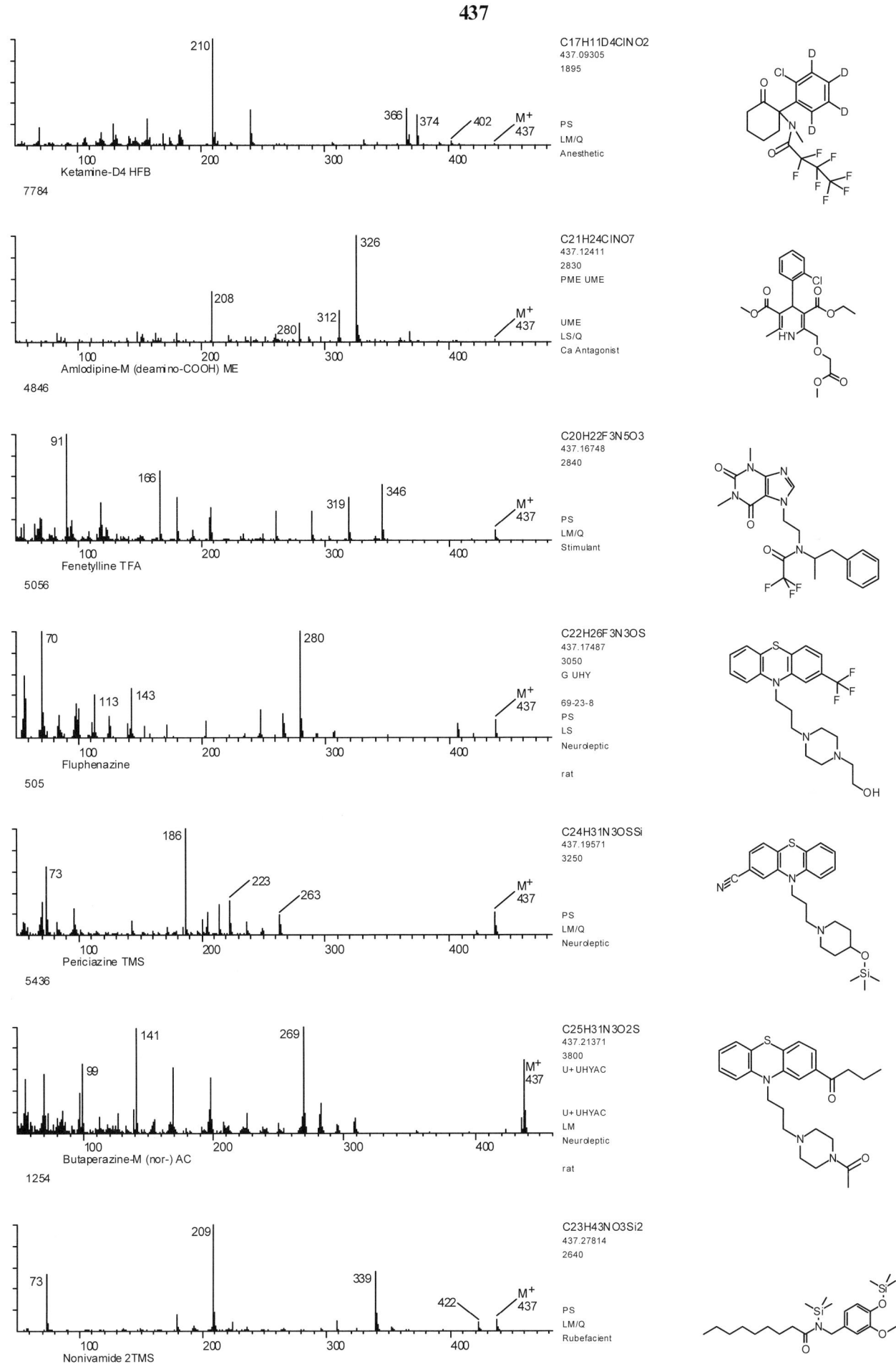

Ketamine-D4 HFB — 210, 366, 374, 402, M+ 437
C17H11D4ClNO2
437.09305
1895
PS
LM/Q
Anesthetic
7784

Amlodipine-M (deamino-COOH) ME — 208, 280, 312, 326, M+ 437
C21H24ClNO7
437.12411
2830
PME UME
UME
LS/Q
Ca Antagonist
4846

Fenetylline TFA — 91, 166, 319, 346, M+ 437
C20H22F3N5O3
437.16748
2840
PS
LM/Q
Stimulant
5056

Fluphenazine — 70, 113, 143, 280, M+ 437
C22H26F3N3OS
437.17487
3050
G UHY
69-23-8
PS
LS
Neuroleptic
rat
505

Periciazine TMS — 73, 186, 223, 263, M+ 437
C24H31N3OSSi
437.19571
3250
PS
LM/Q
Neuroleptic
5436

Butaperazine-M (nor-) AC — 99, 141, 269, M+ 437
C25H31N3O2S
437.21371
3800
U+ UHYAC
U+ UHYAC
LM
Neuroleptic
rat
1254

Nonivamide 2TMS — 73, 209, 339, 422, M+ 437
C23H43NO3Si2
437.27814
2640
PS
LM/Q
Rubefacient
6027

437

Detajmium bitartrate artifact -H2O
4263
C27H39N3O2
437.30423
3700
#53862-81-0
PS
LM/Q
Antiarrhythmic

2C-B-M (O-demethyl-deamino-HO-) 2TFA
BDMPEA-M (O-demethyl-deamino-HO-) 2TFA
4-Bromo-2,5-dimethoxyphenylethylamine-M (O-demethyl-deamino-HO-) 2TFA
7210
C13H9BrF6O5
437.95374
1800*
LS/Q
Psychedelic
Designer drug

Acetaminophen-M conjugate 3AC
Paracetamol-M conjugate 3AC
1387
438.00000
3030
U+ UHYAC
U+ UHYAC
LS/Q
Analgesic

TFMPP-M (HO-) 2TFA
Trifluoromethylphenylpiperazine-M (HO-) 2TFA
6585
C15H11F9N2O3
438.06259
2005
U+ UHYTFA
U+ UHYTFA
LS/Q
Designer drug

Triflupromazine-M (nor-HO-) 2AC
1301
C21H21F3N2O3S
438.12250
3120
U+ UHYAC
U+ UHYAC
LS/Q
Neuroleptic

Tartaric acid 4TMS
4301
C16H38O6Si4
438.17456
1615*
38165-94-5
PS
LM/Q
Pharmaceutical aid

Ditazol-M (HO-) ME2AC
1207
C24H26N2O6
438.17908
3200
UHYMEAC
UHYMEAC
LS/Q
Thromb.aggr.inhib.

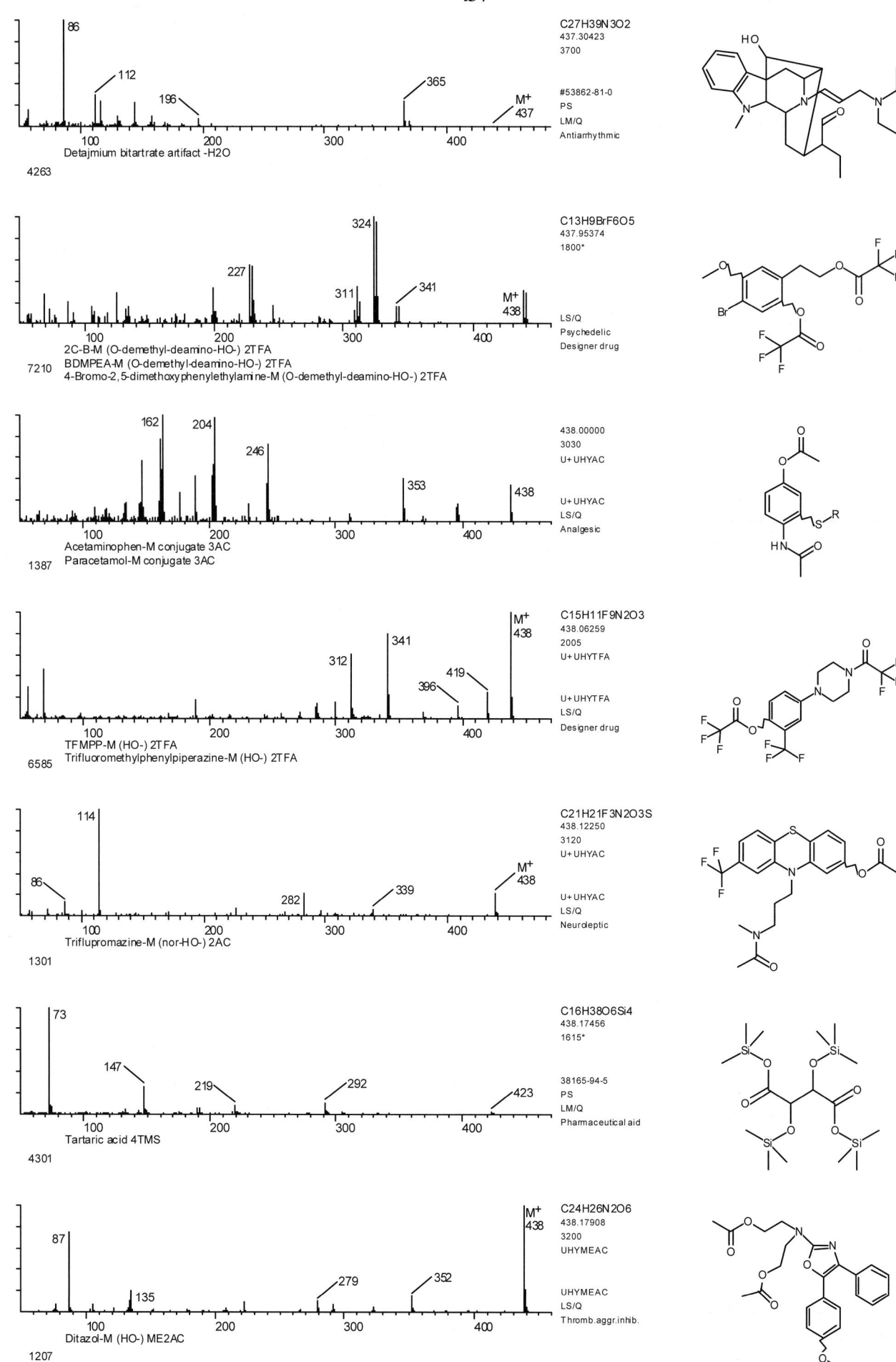

438

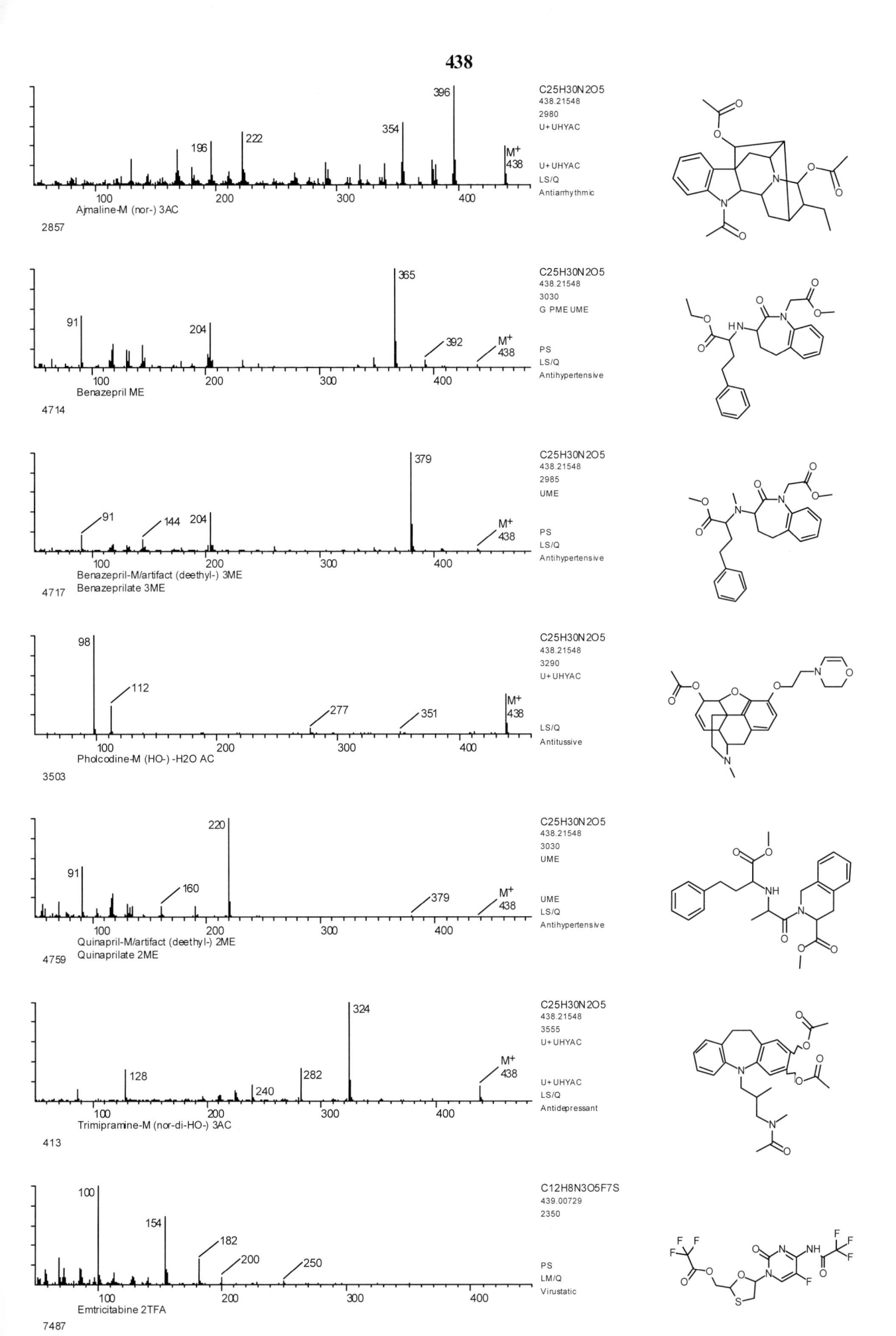

C25H30N2O5
438.21548
2980
U+ UHYAC
U+ UHYAC
LS/Q
Antiarrhythmic

Ajmaline-M (nor-) 3AC
2857

C25H30N2O5
438.21548
3030
G PME UME
PS
LS/Q
Antihypertensive

Benazepril ME
4714

C25H30N2O5
438.21548
2985
UME
PS
LS/Q
Antihypertensive

Benazepril-M/artifact (deethyl-) 3ME
4717 Benazeprilate 3ME

C25H30N2O5
438.21548
3290
U+ UHYAC
LS/Q
Antitussive

Pholcodine-M (HO-) -H2O AC
3503

C25H30N2O5
438.21548
3030
UME
UME
LS/Q
Antihypertensive

Quinapril-M/artifact (deethyl-) 2ME
4759 Quinaprilate 2ME

C25H30N2O5
438.21548
3555
U+ UHYAC
U+ UHYAC
LS/Q
Antidepressant

Trimipramine-M (nor-di-HO-) 3AC
413

C12H8N3O5F7S
439.00729
2350
PS
LM/Q
Virustatic

Emtricitabine 2TFA
7487

439

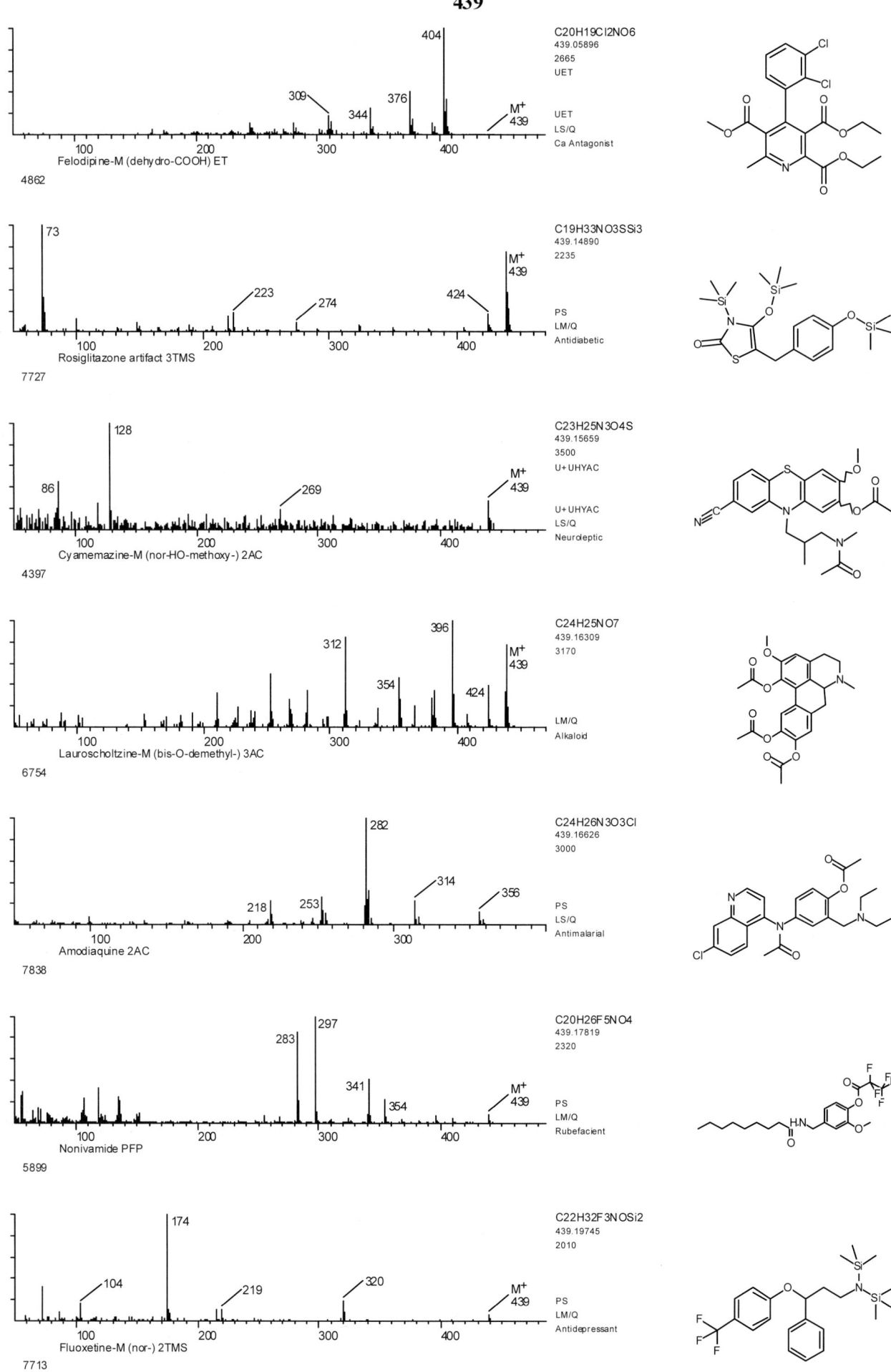

Felodipine-M (dehydro-COOH) ET
4862
Peaks: 309, 344, 376, 404, M+ 439
C20H19Cl2NO6
439.05896
2665
UET
UET
LS/Q
Ca Antagonist

Rosiglitazone artifact 3TMS
7727
Peaks: 73, 223, 274, 424, M+ 439
C19H33NO3SSi3
439.14890
2235
PS
LM/Q
Antidiabetic

Cyamemazine-M (nor-HO-methoxy-) 2AC
4397
Peaks: 86, 128, 269, M+ 439
C23H25N3O4S
439.15659
3500
U+ UHYAC
U+ UHYAC
LS/Q
Neuroleptic

Lauroscholtzine-M (bis-O-demethyl-) 3AC
6754
Peaks: 312, 354, 396, 424, M+ 439
C24H25NO7
439.16309
3170
LM/Q
Alkaloid

Amodiaquine 2AC
7838
Peaks: 218, 253, 282, 314, 356
C24H26N3O3Cl
439.16626
3000
PS
LS/Q
Antimalarial

Nonivamide PFP
5899
Peaks: 283, 297, 341, 354, M+ 439
C20H26F5NO4
439.17819
2320
PS
LM/Q
Rubefacient

Fluoxetine-M (nor-) 2TMS
7713
Peaks: 104, 174, 219, 320, M+ 439
C22H32F3NOSi2
439.19745
2010
PS
LM/Q
Antidepressant

439

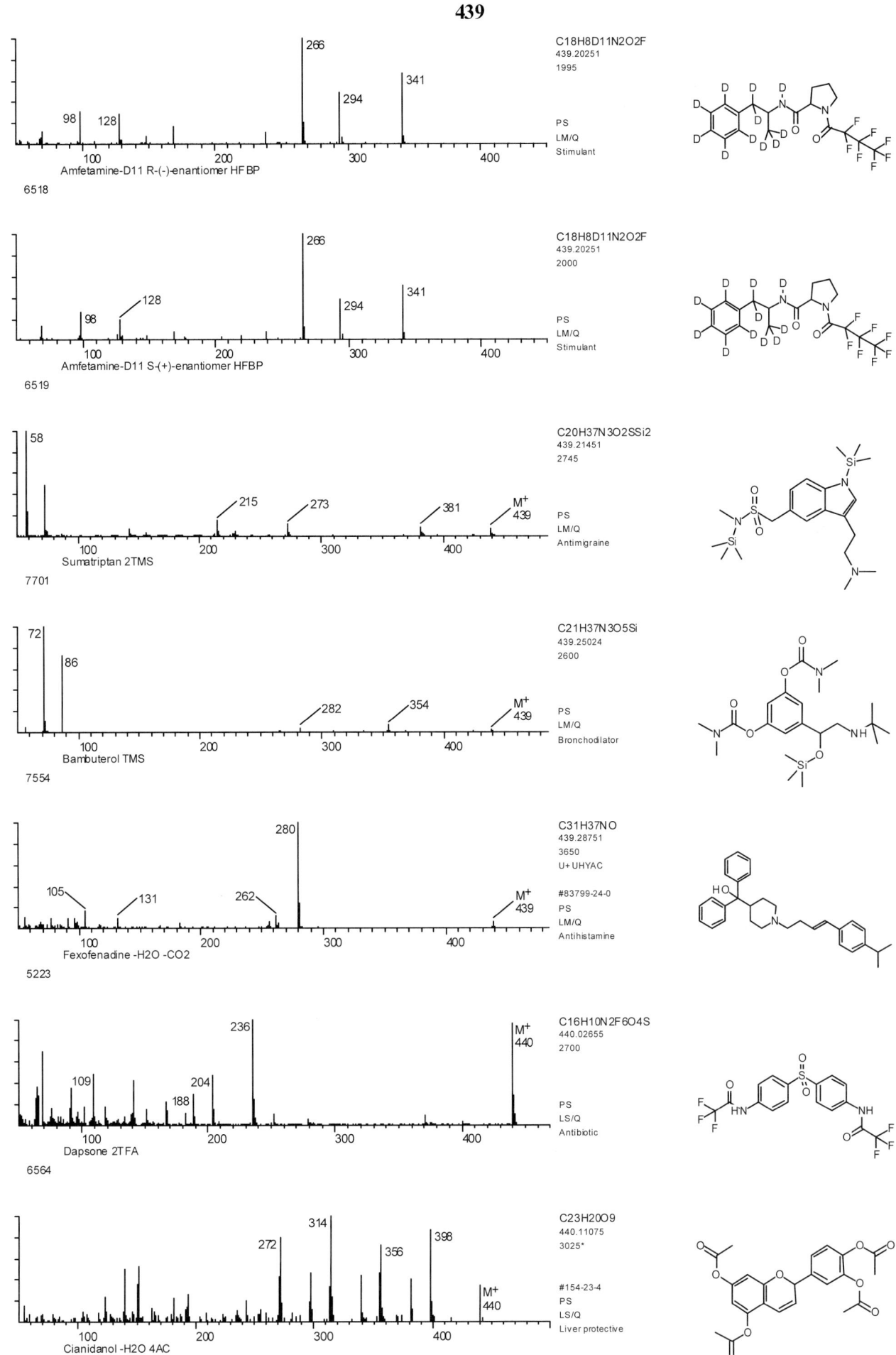

Amfetamine-D11 R-(-)-enantiomer HFBP — peaks: 98, 128, 266, 294, 341	C18H8D11N2O2F 439.20251 1995 PS LM/Q Stimulant
6518	

Amfetamine-D11 S-(+)-enantiomer HFBP — peaks: 98, 128, 266, 294, 341	C18H8D11N2O2F 439.20251 2000 PS LM/Q Stimulant
6519	

Sumatriptan 2TMS — peaks: 58, 215, 273, 381, M+ 439	C20H37N3O2SSi2 439.21451 2745 PS LM/Q Antimigraine
7701	

Bambuterol TMS — peaks: 72, 86, 282, 354, M+ 439	C21H37N3O5Si 439.25024 2600 PS LM/Q Bronchodilator
7554	

Fexofenadine -H2O -CO2 — peaks: 105, 131, 262, 280, M+ 439	C31H37NO 439.28751 3650 U+ UHYAC #83799-24-0 PS LM/Q Antihistamine
5223	

Dapsone 2TFA — peaks: 109, 188, 204, 236, M+ 440	C16H10N2F6O4S 440.02655 2700 PS LS/Q Antibiotic
6564	

Cianidanol -H2O 4AC — peaks: 272, 314, 356, 398, M+ 440	C23H20O9 440.11075 3025* #154-23-4 PS LS/Q Liver protective
5818	

440

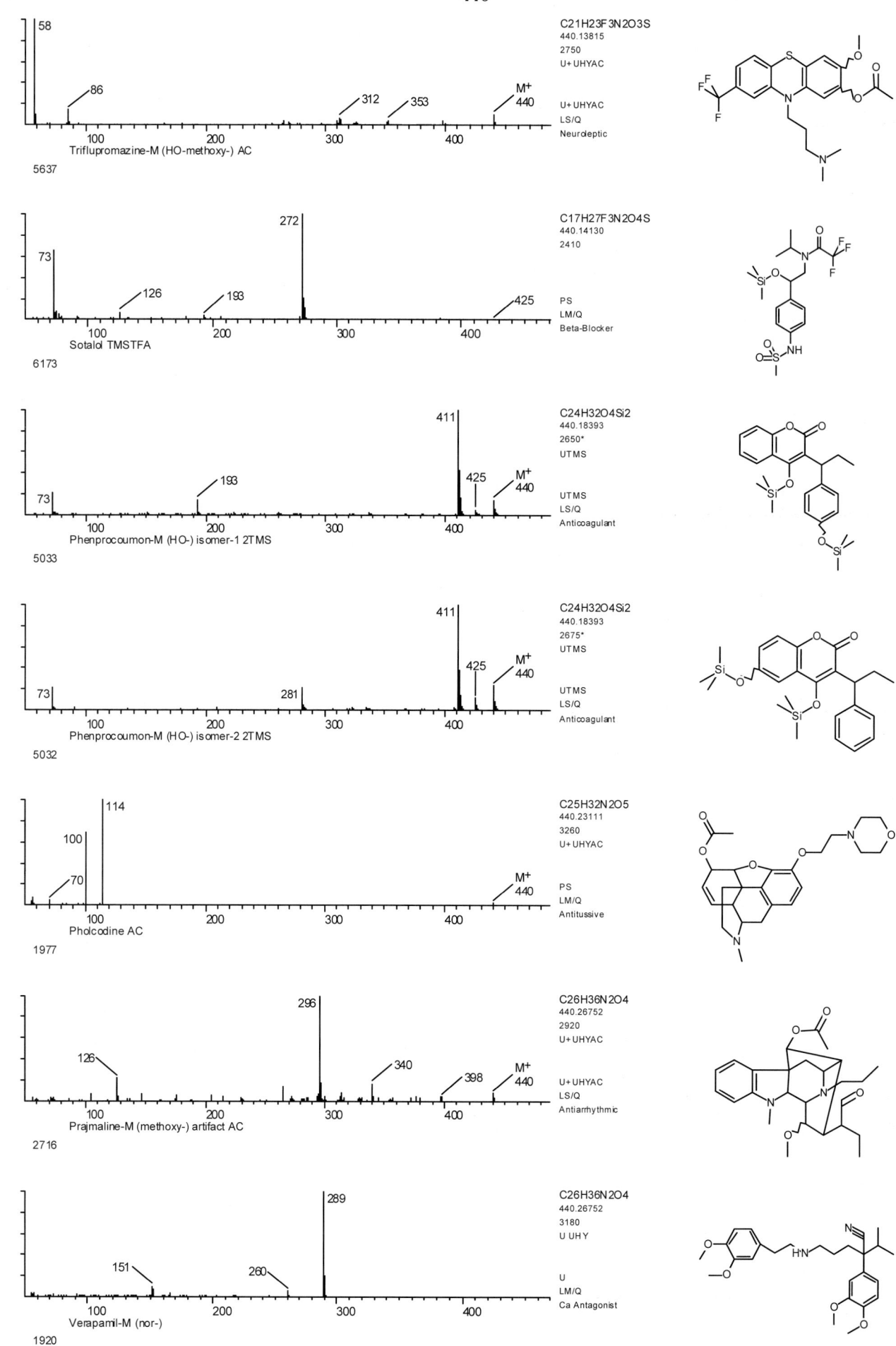

58, 86, 312, 353, M+ 440	C21H23F3N2O3S 440.13815 2750 U+ UHYAC U+ UHYAC LS/Q Neuroleptic	
Triflupromazine-M (HO-methoxy-) AC 5637		
73, 126, 193, 272, 425	C17H27F3N2O4S 440.14130 2410 PS LM/Q Beta-Blocker	
Sotalol TMSTFA 6173		
73, 193, 411, 425, M+ 440	C24H32O4Si2 440.18393 2650* UTMS UTMS LS/Q Anticoagulant	
Phenprocoumon-M (HO-) isomer-1 2TMS 5033		
73, 281, 411, 425, M+ 440	C24H32O4Si2 440.18393 2675* UTMS UTMS LS/Q Anticoagulant	
Phenprocoumon-M (HO-) isomer-2 2TMS 5032		
70, 100, 114, M+ 440	C25H32N2O5 440.23111 3260 U+ UHYAC PS LM/Q Antitussive	
Pholcodine AC 1977		
126, 296, 340, 398, M+ 440	C26H36N2O4 440.26752 2920 U+ UHYAC U+ UHYAC LS/Q Antiarrhythmic	
Prajmaline-M (methoxy-) artifact AC 2716		
151, 260, 289	C26H36N2O4 440.26752 3180 U UHY U LM/Q Ca Antagonist	
Verapamil-M (nor-) 1920		

1098

440

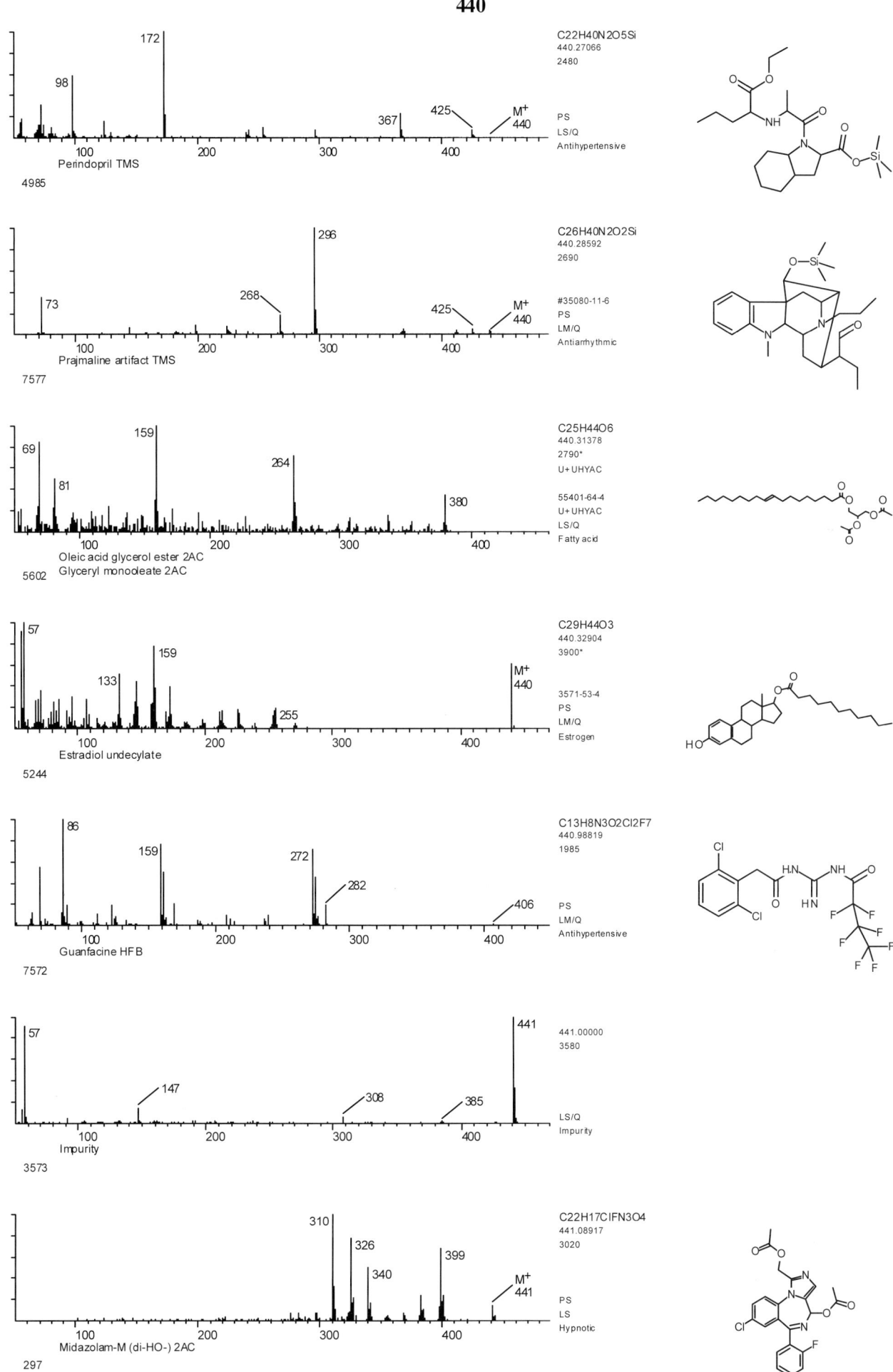

Perindopril TMS — C22H40N2O5Si, 440.27066, 2480; PS, LS/Q, Antihypertensive
Peaks: 98, 172, 367, 425, M+ 440
4985

Prajmaline artifact TMS — C26H40N2O2Si, 440.28592, 2690; #35080-11-6, PS, LM/Q, Antiarrhythmic
Peaks: 73, 268, 296, 425, M+ 440
7577

Oleic acid glycerol ester 2AC / Glyceryl monooleate 2AC — C25H44O6, 440.31378, 2790*, U+ UHYAC; 55401-64-4, U+ UHYAC, LS/Q, Fatty acid
Peaks: 69, 81, 159, 264, 380
5602

Estradiol undecylate — C29H44O3, 440.32904, 3900*; 3571-53-4, PS, LM/Q, Estrogen
Peaks: 57, 133, 159, 255, M+ 440
5244

Guanfacine HFB — C13H8N3O2Cl2F7, 440.98819, 1985; PS, LM/Q, Antihypertensive
Peaks: 86, 159, 272, 282, 406
7572

Impurity — 441.00000, 3580; LS/Q, Impurity
Peaks: 57, 147, 308, 385, 441
3573

Midazolam-M (di-HO-) 2AC — C22H17ClFN3O4, 441.08917, 3020; PS, LS, Hypnotic
Peaks: 310, 326, 340, 399, M+ 441
297

1099

441

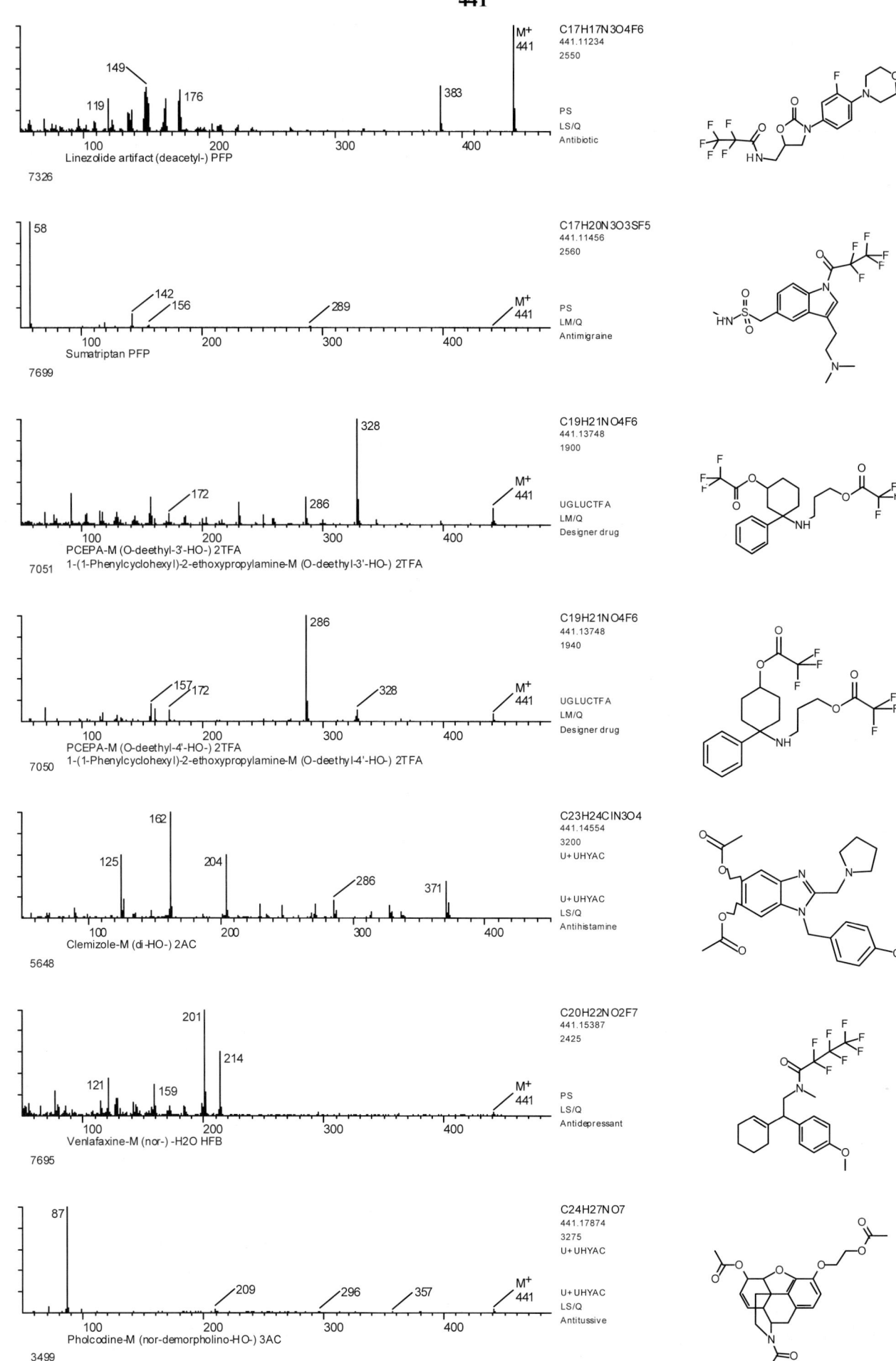

C17H17N3O4F6
441.11234
2550

PS
LS/Q
Antibiotic

Linezolide artifact (deacetyl-) PFP
7326

C17H20N3O3SF5
441.11456
2560

PS
LM/Q
Antimigraine

Sumatriptan PFP
7699

C19H21NO4F6
441.13748
1900

UGLUCTFA
LM/Q
Designer drug

PCEPA-M (O-deethyl-3'-HO-) 2TFA
1-(1-Phenylcyclohexyl)-2-ethoxypropylamine-M (O-deethyl-3'-HO-) 2TFA
7051

C19H21NO4F6
441.13748
1940

UGLUCTFA
LM/Q
Designer drug

PCEPA-M (O-deethyl-4'-HO-) 2TFA
1-(1-Phenylcyclohexyl)-2-ethoxypropylamine-M (O-deethyl-4'-HO-) 2TFA
7050

C23H24ClN3O4
441.14554
3200
U+ UHYAC

U+ UHYAC
LS/Q
Antihistamine

Clemizole-M (di-HO-) 2AC
5648

C20H22NO2F7
441.15387
2425

PS
LS/Q
Antidepressant

Venlafaxine-M (nor-) -H2O HFB
7695

C24H27NO7
441.17874
3275
U+ UHYAC

U+ UHYAC
LS/Q
Antitussive

Pholcodine-M (nor-demorpholino-HO-) 3AC
3499

1100

441

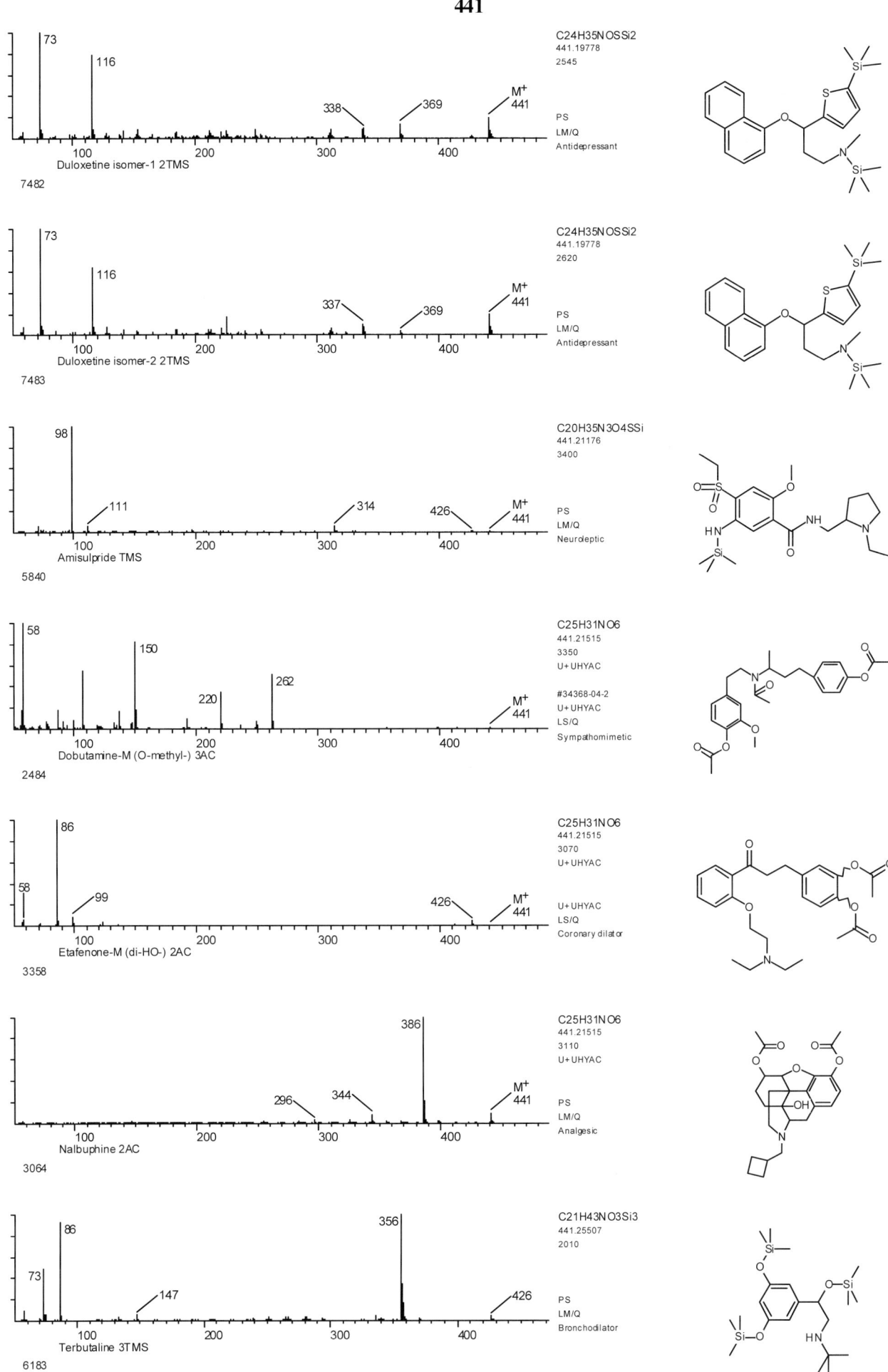

Duloxetine isomer-1 2TMS
C24H35NOSSi2
441.19778
2545
PS
LM/Q
Antidepressant
Peaks: 73, 116, 338, 369, M+ 441

Duloxetine isomer-2 2TMS
C24H35NOSSi2
441.19778
2620
PS
LM/Q
Antidepressant
Peaks: 73, 116, 337, 369, M+ 441

Amisulpride TMS
C20H35N3O4SSi
441.21176
3400
PS
LM/Q
Neuroleptic
Peaks: 98, 111, 314, 426, M+ 441

Dobutamine-M (O-methyl-) 3AC
C25H31NO6
441.21515
3350
U+ UHYAC
#34368-04-2
U+ UHYAC
LS/Q
Sympathomimetic
Peaks: 58, 150, 220, 262, M+ 441

Etafenone-M (di-HO-) 2AC
C25H31NO6
441.21515
3070
U+ UHYAC
U+ UHYAC
LS/Q
Coronary dilator
Peaks: 58, 86, 99, 426, M+ 441

Nalbuphine 2AC
C25H31NO6
441.21515
3110
U+ UHYAC
PS
LM/Q
Analgesic
Peaks: 296, 344, 386, M+ 441

Terbutaline 3TMS
C21H43NO3Si3
441.25507
2010
PS
LM/Q
Bronchodilator
Peaks: 73, 86, 147, 356, 426

441

C24H39N3OSi2
441.26318
2200

PS
LM/Q
Antiarrhythmic

Disopyramide-M (N-dealkyl-) 2TMS
7582

C27H39NO4
441.28790
3100
UGLUCME

UGLUCME
LS/Q
Potent analgesic

Buprenorphine-M (nor-) 2ME
6328

C17H20Br2N2O2
441.98914
3030
U+ UHYAC

PS
LM/Q
Expectorant

Ambroxol -H2O 2AC
2227

442.00000
2680*

PS
LM/Q
Anticholesteremic

Probucol artifact AC
7532

442.00000
2800*

PS
LM/Q
Anticholesteremic

Probucol artifact-3
7528

C15H12F10N2O2
442.07391
1875
U+ UHYTFA

PS
LS/Q
Designer drug

Benzylpiperazine-M (deethylene-) 2PFP
7636

C24H27ClN2O2S
442.14819
3460
U+ UHYAC

PS
LM/Q
Neuroleptic

Clopenthixol (cis) AC
Zuclopenthixol AC
319

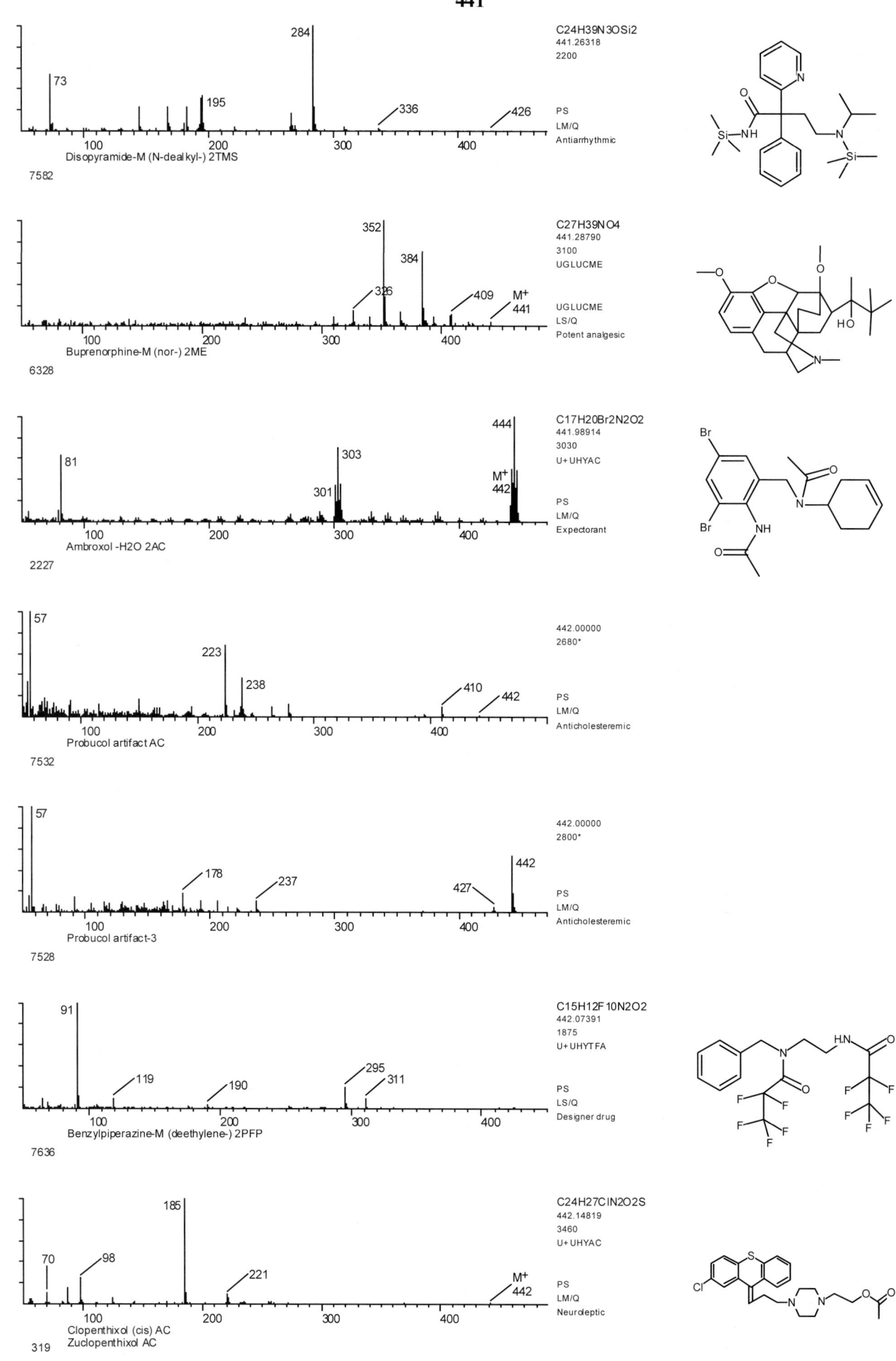

1102

442

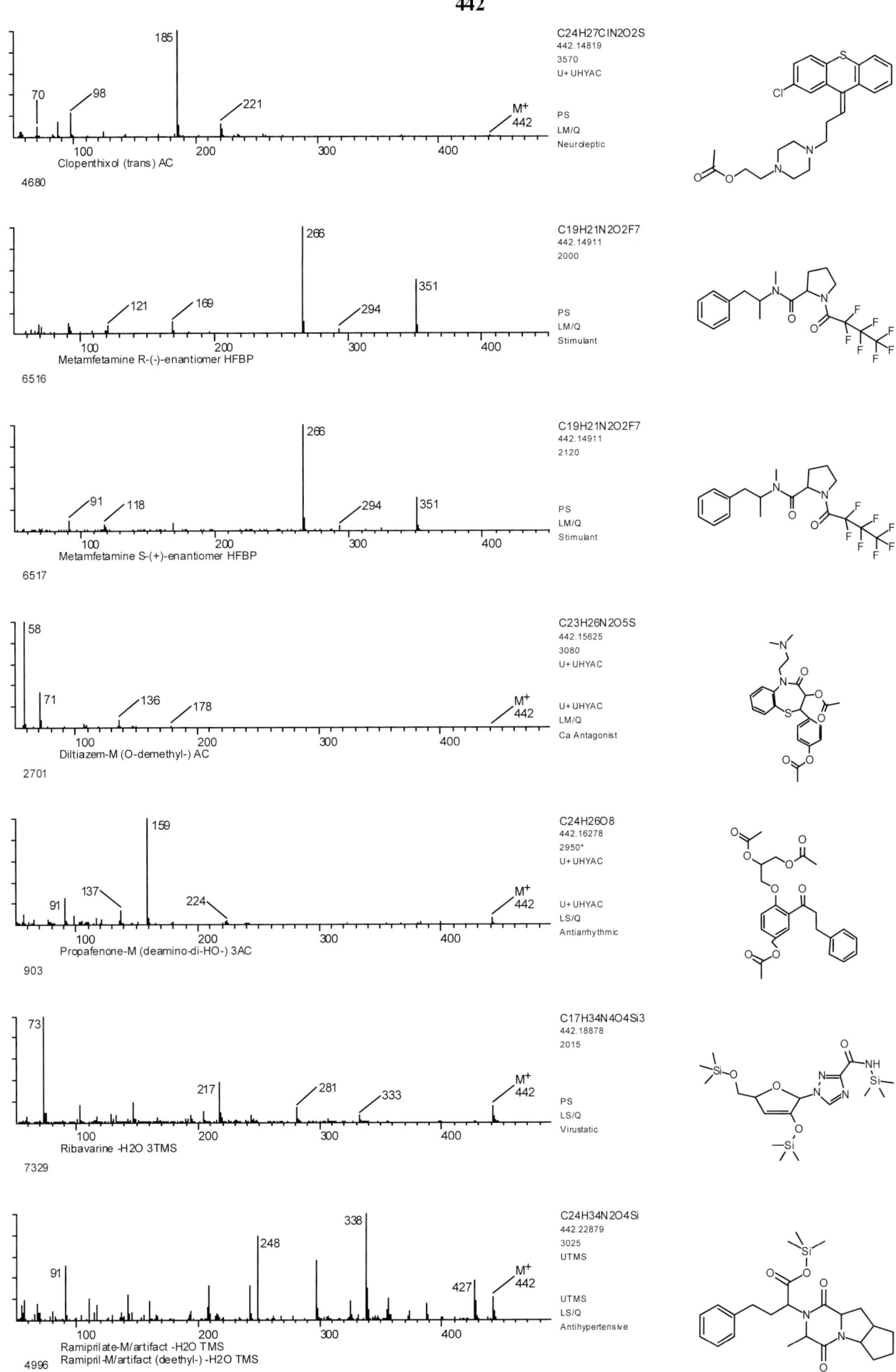

185, 70, 98, 221, M+ 442	C24H27ClN2O2S 442.14819 3570 U+ UHYAC PS LM/Q Neuroleptic

Clopenthixol (trans) AC
4680

266, 121, 169, 294, 351	C19H21N2O2F7 442.14911 2000 PS LM/Q Stimulant

Metamfetamine R-(-)-enantiomer HFBP
6516

266, 91, 118, 294, 351	C19H21N2O2F7 442.14911 2120 PS LM/Q Stimulant

Metamfetamine S-(+)-enantiomer HFBP
6517

58, 71, 136, 178, M+ 442	C23H26N2O5S 442.15625 3080 U+ UHYAC U+ UHYAC LM/Q Ca Antagonist

Diltiazem-M (O-demethyl-) AC
2701

159, 91, 137, 224, M+ 442	C24H26O8 442.16278 2950* U+ UHYAC U+ UHYAC LS/Q Antiarrhythmic

Propafenone-M (deamino-di-HO-) 3AC
903

73, 217, 281, 333, M+ 442	C17H34N4O4Si3 442.18878 2015 PS LS/Q Virustatic

Ribavarine -H2O 3TMS
7329

338, 248, 91, 427, M+ 442	C24H34N2O4Si 442.22879 3025 UTMS UTMS LS/Q Antihypertensive

Ramiprilate-M/artifact -H2O TMS
Ramipril-M/artifact (deethyl-) -H2O TMS
4996

442

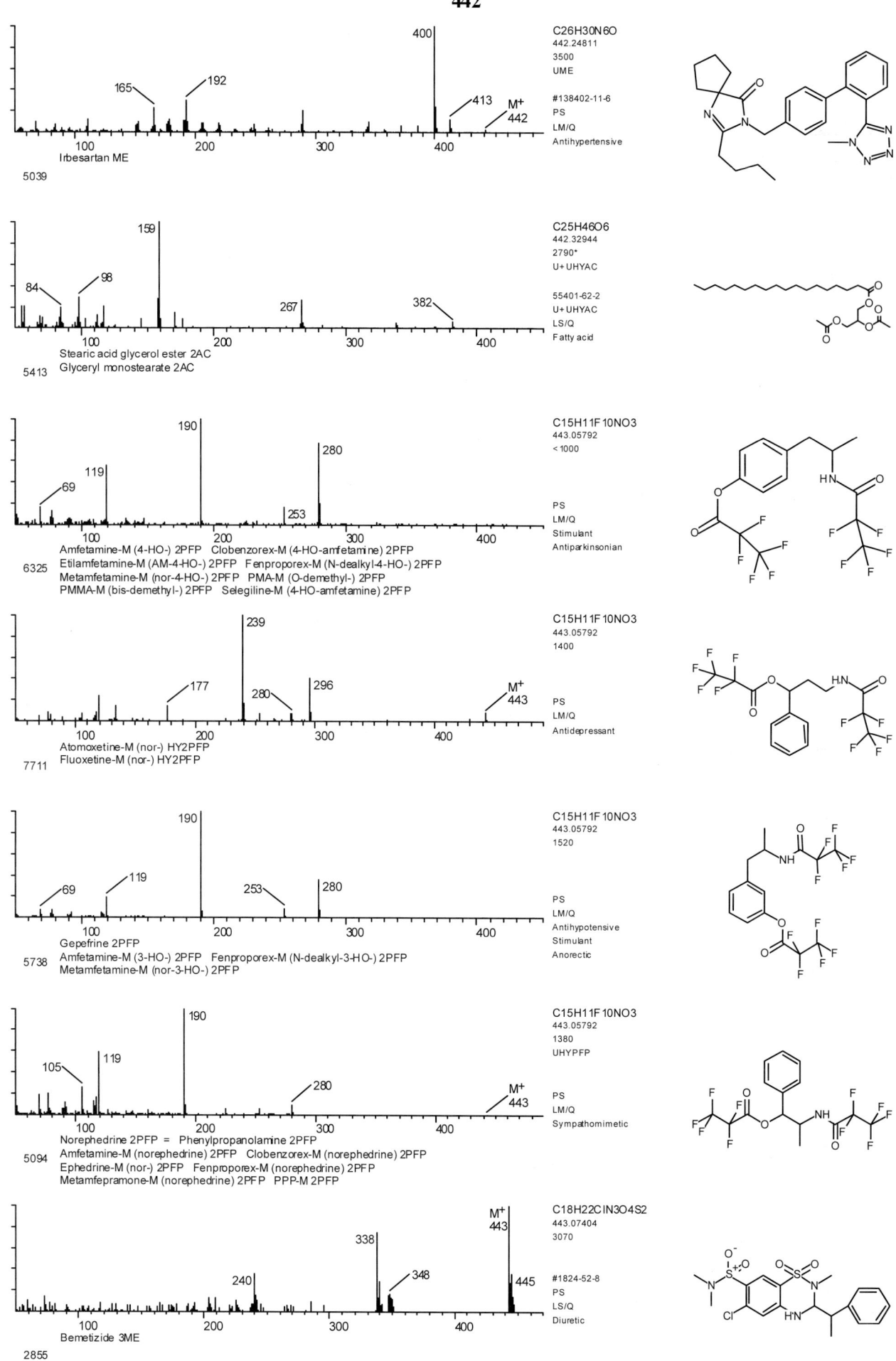

Irbesartan ME — 5039
C26H30N6O
442.24811
3500
UME
#138402-11-6
PS
LM/Q
Antihypertensive
Peaks: 165, 192, 400, 413, M+ 442

Stearic acid glycerol ester 2AC
Glyceryl monostearate 2AC — 5413
C25H46O6
442.32944
2790*
U+UHYAC
55401-62-2
U+UHYAC
LS/Q
Fatty acid
Peaks: 84, 98, 159, 267, 382

Amfetamine-M (4-HO-) 2PFP   Clobenzorex-M (4-HO-amfetamine) 2PFP
Etilamfetamine-M (AM-4-HO-) 2PFP   Fenproporex-M (N-dealkyl-4-HO-) 2PFP
Metamfetamine-M (nor-4-HO-) 2PFP   PMA-M (O-demethyl-) 2PFP
PMMA-M (bis-demethyl-) 2PFP   Selegiline-M (4-HO-amfetamine) 2PFP — 6325
C15H11F10NO3
443.05792
< 1000
PS
LM/Q
Stimulant
Antiparkinsonian
Peaks: 69, 119, 190, 253, 280

Atomoxetine-M (nor-) HY2PFP
Fluoxetine-M (nor-) HY2PFP — 7711
C15H11F10NO3
443.05792
1400
PS
LM/Q
Antidepressant
Peaks: 177, 239, 280, 296, M+ 443

Gepefrine 2PFP
Amfetamine-M (3-HO-) 2PFP   Fenproporex-M (N-dealkyl-3-HO-) 2PFP
Metamfetamine-M (nor-3-HO-) 2PFP — 5738
C15H11F10NO3
443.05792
1520
PS
LM/Q
Antihypotensive
Stimulant
Anorectic
Peaks: 69, 119, 190, 253, 280

Norephedrine 2PFP = Phenylpropanolamine 2PFP
Amfetamine-M (norephedrine) 2PFP   Clobenzorex-M (norephedrine) 2PFP
Ephedrine-M (nor-) 2PFP   Fenproporex-M (norephedrine) 2PFP
Metamfepramone-M (norephedrine) 2PFP   PPP-M 2PFP — 5094
C15H11F10NO3
443.05792
1380
UHYPFP
PS
LM/Q
Sympathomimetic
Peaks: 105, 119, 190, 280, M+ 443

Bemetizide 3ME — 2855
C18H22ClN3O4S2
443.07404
3070
#1824-52-8
PS
LS/Q
Diuretic
Peaks: 240, 338, 348, M+ 443, 445

443

Duloxetine isomer-1 PFP — 7471
Peaks: 119, 182, 190, 239, M⁺ 443
C21H18NO2SF5
443.09784
2300
PS
LM/Q
Antidepressant

Duloxetine isomer-2 PFP — 7472
Peaks: 119, 182, 190, 239, M⁺ 443
C21H18NO2SF5
443.09784
2700
PS
LM/Q
Antidepressant

Acemetacin ET — 3167
Peaks: 111, 139, 158, 312, M⁺ 443
C23H22ClNO6
443.11356
3220
PS
LM/Q
Antirheumatic

Cetobemidone HFB — 6144
Peaks: 70, 96, 128, 386, M⁺ 443
C19H20F7NO3
443.13315
1915
PS
LM/Q
Potent analgesic

Tiotixene — 401
Peaks: 70, 113, 221, 343, M⁺ 443
C23H29N3O2S2
443.17010
3555
5591-45-7
PS
LM/Q
Neuroleptic

Metoclopramide 2TMS — 4569
Peaks: 86, 256, 414, 428, M⁺ 443
C20H38ClN3O2Si
443.21912
2400
PS
LM/Q
Antiemetic

Coumachlor-M (HO-methoxy-) 2ET — 4815
Peaks: 139, 263, 373, 401, M⁺ 444
C24H25ClO6
444.13397
3320*
UET
UET
LS/Q
Anticoagulant
Rodenticide

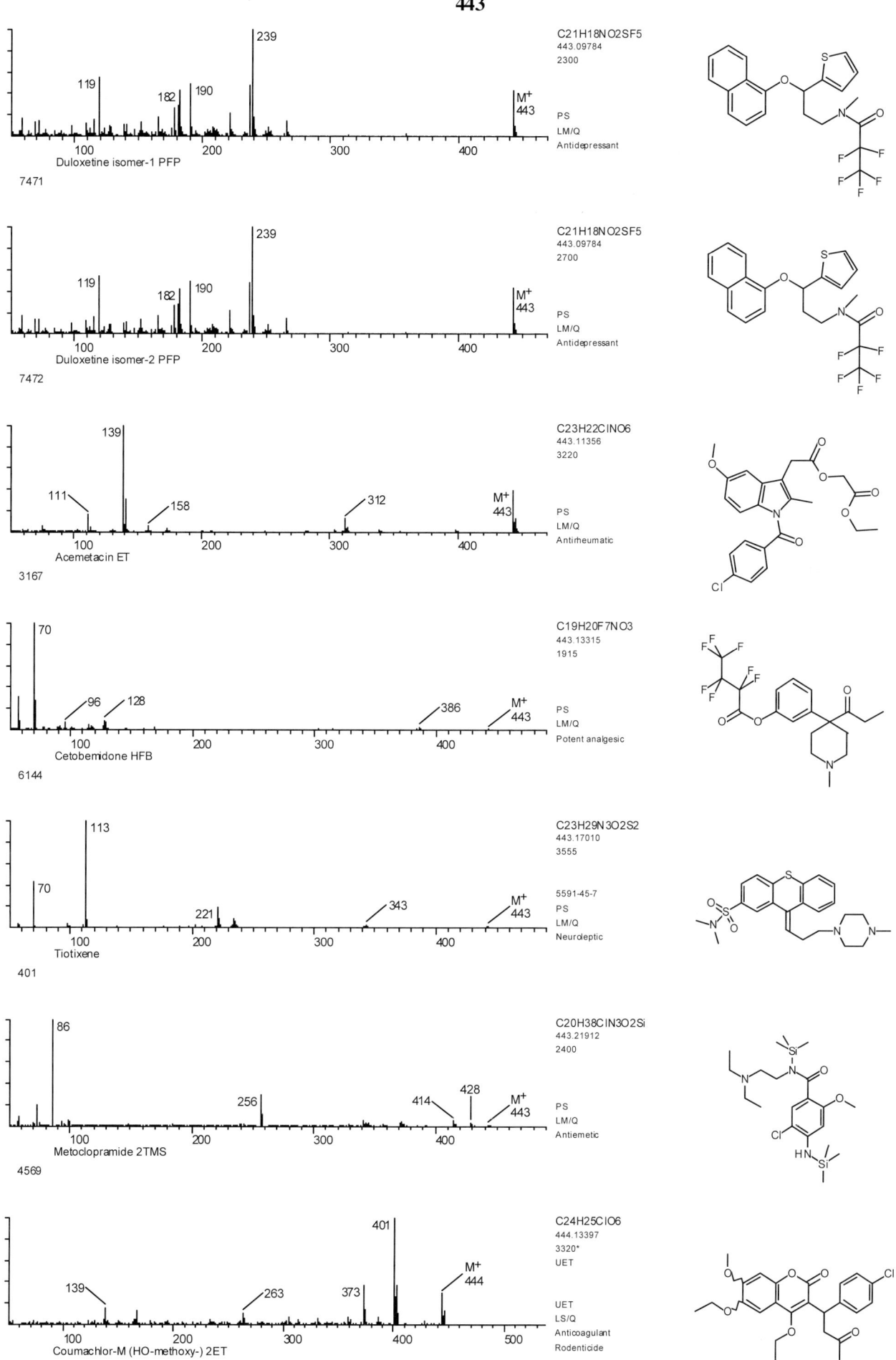

444

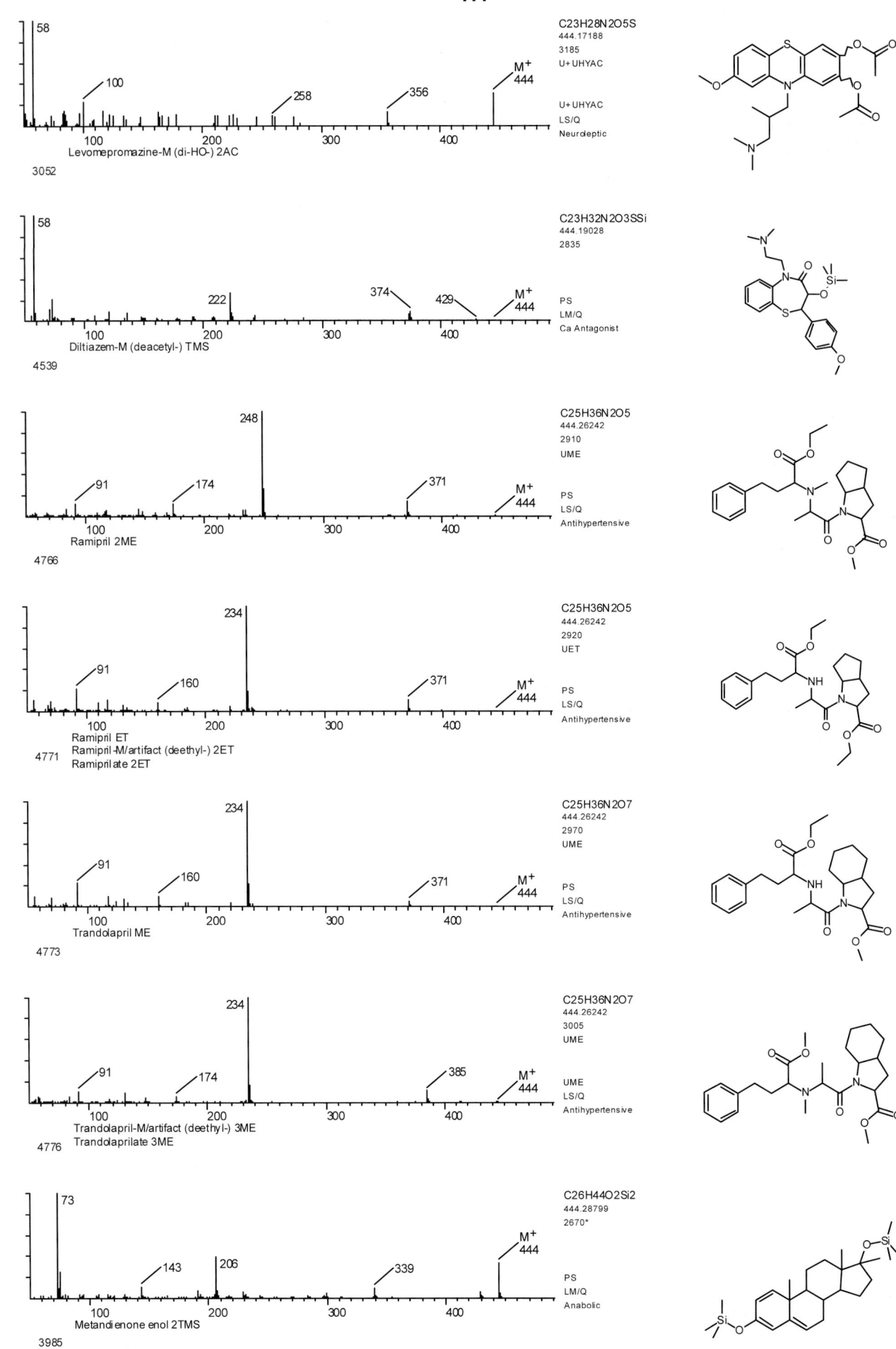

Levomepromazine-M (di-HO-) 2AC
3052
C23H28N2O5S
444.17188
3185
U+ UHYAC
U+ UHYAC
LS/Q
Neuroleptic
Peaks: 58, 100, 258, 356, M+ 444

Diltiazem-M (deacetyl-) TMS
4539
C23H32N2O3SSi
444.19028
2835
PS
LM/Q
Ca Antagonist
Peaks: 58, 222, 374, 429, M+ 444

Ramipril 2ME
4766
C25H36N2O5
444.26242
2910
UME
PS
LS/Q
Antihypertensive
Peaks: 91, 174, 248, 371, M+ 444

Ramipril ET
Ramipril-M/artifact (deethyl-) 2ET
Ramiprilate 2ET
4771
C25H36N2O5
444.26242
2920
UET
PS
LS/Q
Antihypertensive
Peaks: 91, 160, 234, 371, M+ 444

Trandolapril ME
4773
C25H36N2O7
444.26242
2970
UME
PS
LS/Q
Antihypertensive
Peaks: 91, 160, 234, 371, M+ 444

Trandolapril-M/artifact (deethyl-) 3ME
Trandolaprilate 3ME
4776
C25H36N2O7
444.26242
3005
UME
UME
LS/Q
Antihypertensive
Peaks: 91, 174, 234, 385, M+ 444

Metandienone enol 2TMS
3985
C26H44O2Si2
444.28799
2670*
PS
LM/Q
Anabolic
Peaks: 73, 143, 206, 339, M+ 444

1106

444

Buprenorphine-M (nor-)-D3 2ME
7303
352, 387, 408, 426, M+ 444
C27H36D3NO4
444.30673
3050
PS
LS/Q
Potent analgesic
Internal standard

Cyclothiazide 4ME
6850
145, 244, 352, M+ 445
C18H24N3O4ClS2
445.08969
3730
UEXME
PSME
LS/Q
Diuretic

Epinastine HFB
7267
165, 178, 248, 276, M+ 445
C20H14N3OF7
445.10251
2530
PS
LS/Q
Antihistamine

MDPPP-M (demethylene-methyl-) HFB
MOPPP-M (demethyl-3-methoxy-) HFB
6532
69, 98, 347, M+ 445
C18H18F7NO4
445.11240
1960
USPEET
LS/Q
Psychedelic
Designer drug

Pipradrol -H2O HFB
7342
206, 248, 276, 368, M+ 445
C22H18NOF7
445.12766
2330
PS
LS/Q
Stimulant

Codeine PFP
2252
119, 266, 282, 388, M+ 445
C21H20F5NO4
445.13126
2430
PS
LS/Q
Potent antitussive

Cocaine-M (HO-methoxy-) TFA
5952
82, 94, 182, 247, M+ 445
C20H22F3NO7
445.13483
2470
UGLUCTFA
UTFA
LS/Q
Local anesthetic
Addictive drug

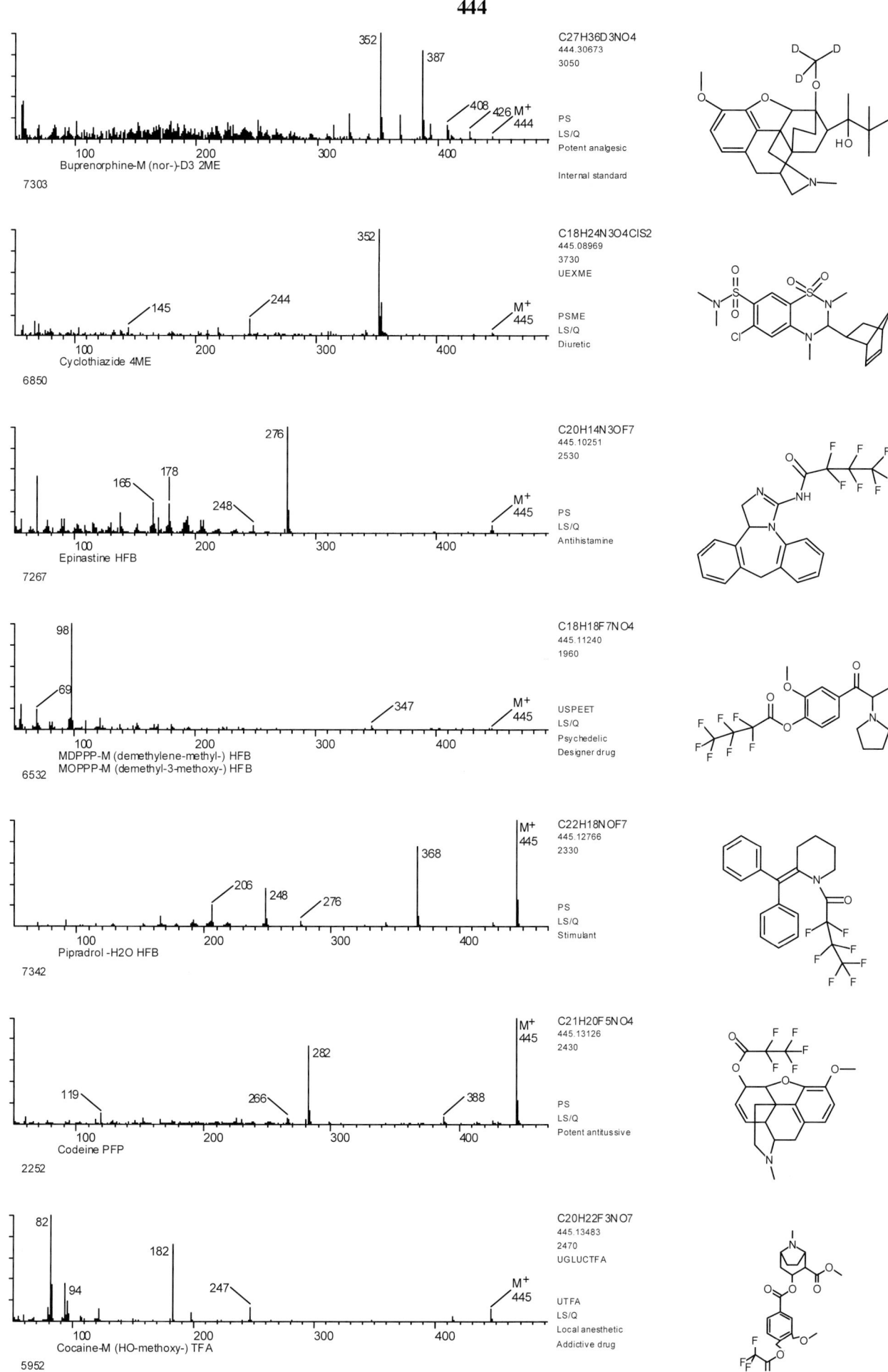

1107

445

C23H28ClN3O2S
445.15909
3470
U+UHYAC-I

84-06-0
PS
LS/Q
Neuroleptic

Thiopropazate
Metofenazate-M/artifact (deacyl-) AC
Perphenazine AC
373

C23H35NO4Si2
445.21045
2570

PS
LM
Potent analgesic

Oxymorphone 2TMS
Oxycodone-M (O-demethyl-) 2TMS
7170

C28H31NO4
445.22531
3410
U+UHYAC

U+UHYAC
LS/Q
Coronary dilator

Fendiline-M (HO-methoxy-) 2AC
3395

C24H35N3O5
445.25766
2945
UME

PS
LS/Q
Antihypertensive

Cilazapril 2ME
4728

C24H35N3O5
445.25766
3055
UET

PS
LS/Q
Antihypertensive

Cilazapril ET
Cilazapril-M/artifact (deethyl-) 2ET
Cilazaprilate 2ET
4731

C20H13F7N2O2
446.08652
2360

72-44-6
PS
LM/Q
Hypnotic

Methaqualone HFB
5071

C20H22N2O8Si
446.11456
2630
UTMS

UTMS
LM/Q
Ca Antagonist

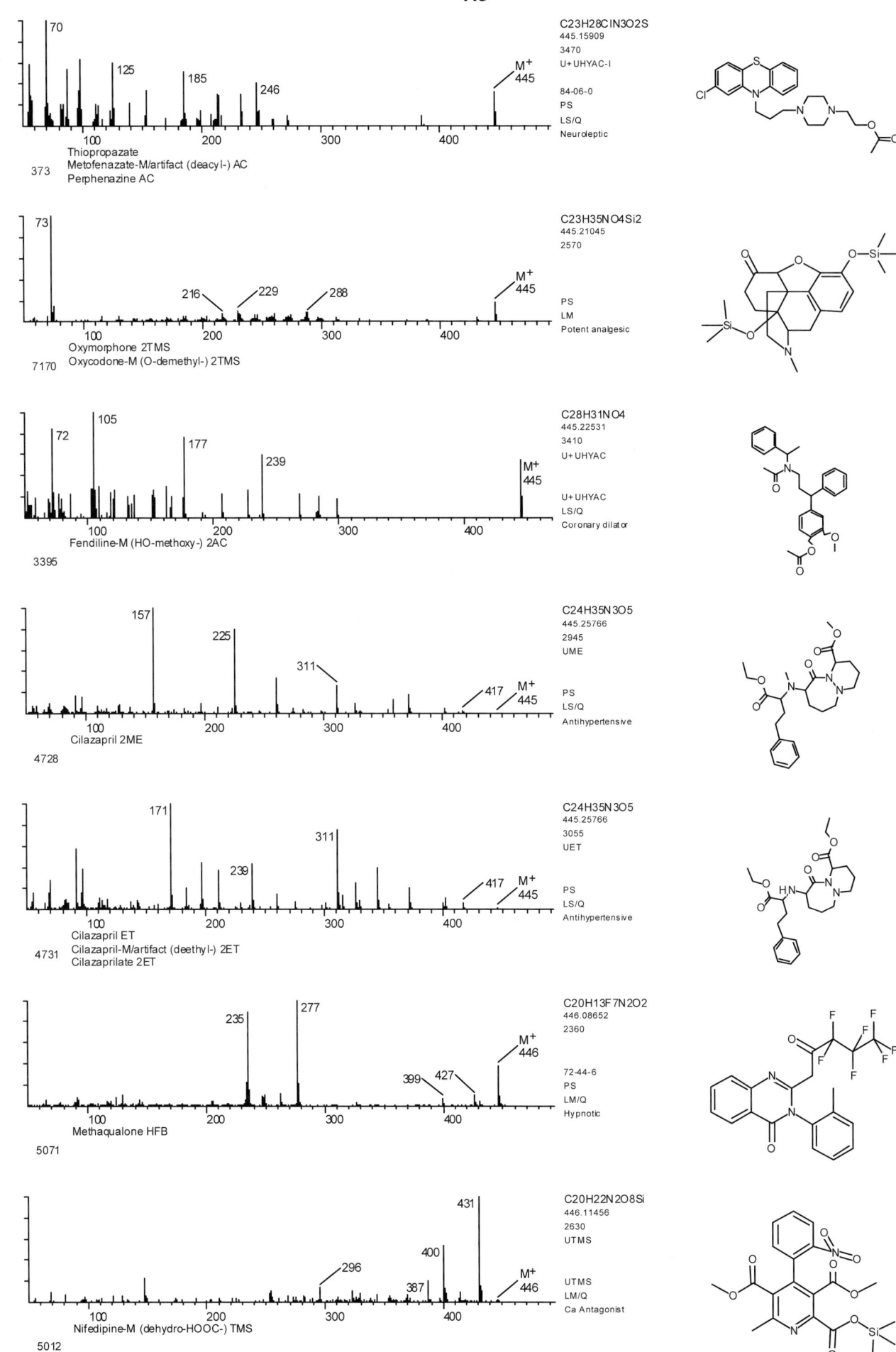

Nifedipine-M (dehydro-HOOC-) TMS
5012

446

C21H20ClN2OF5
446.11844
2690

PS
LM/Q
Antidepressant

Clomipramine-M (nor-) PFP
7665

C22H30N4O2S2
446.18103
3575

316-81-4
PS
LS
Neuroleptic

Thioproperazine
399

C25H27N6OF
446.22305
3600

#108612-45-9
PS
LM/Q
Antihistamine

Mizolastine ME
7752

C26H46O2Si2
446.30365
2665*

PS
LM/Q
Anabolic

17-Methyltestosterone enol 2TMS
3979

C26H46O2Si2
446.30365
2530*

PS
LM/Q
Anabolic

Metenolone enol 2TMS
3986

C28H46O4
446.33960
2800*

26761-40-0
PS
LM/Q
Softener

Diisodecylphthalate
Phthalic acid diisodecyl ester
3541

C21H22F5NO4
447.14691
2360

PS
LS/Q
Potent antitussive

Dihydrocodeine PFP
2248

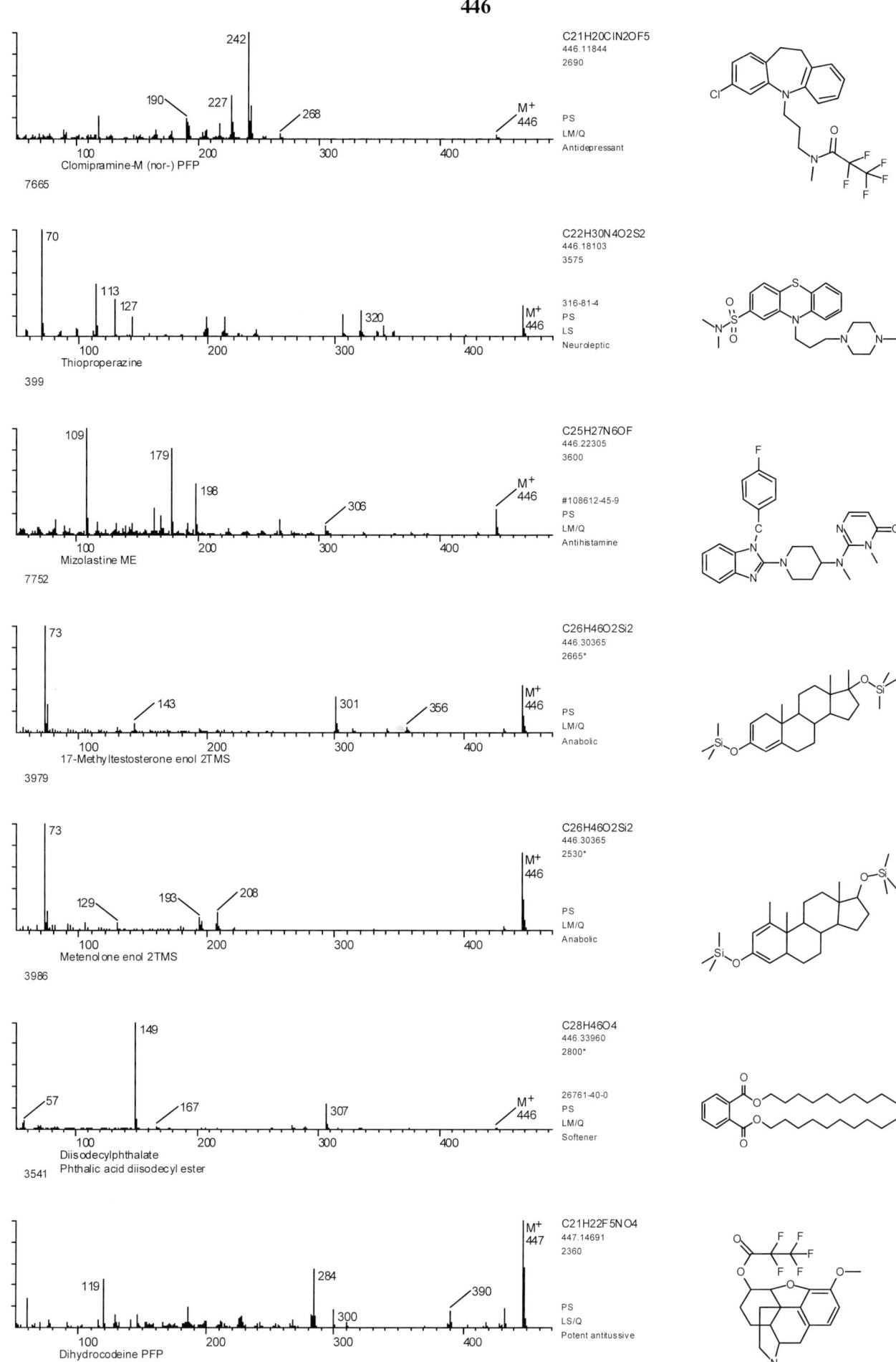

447

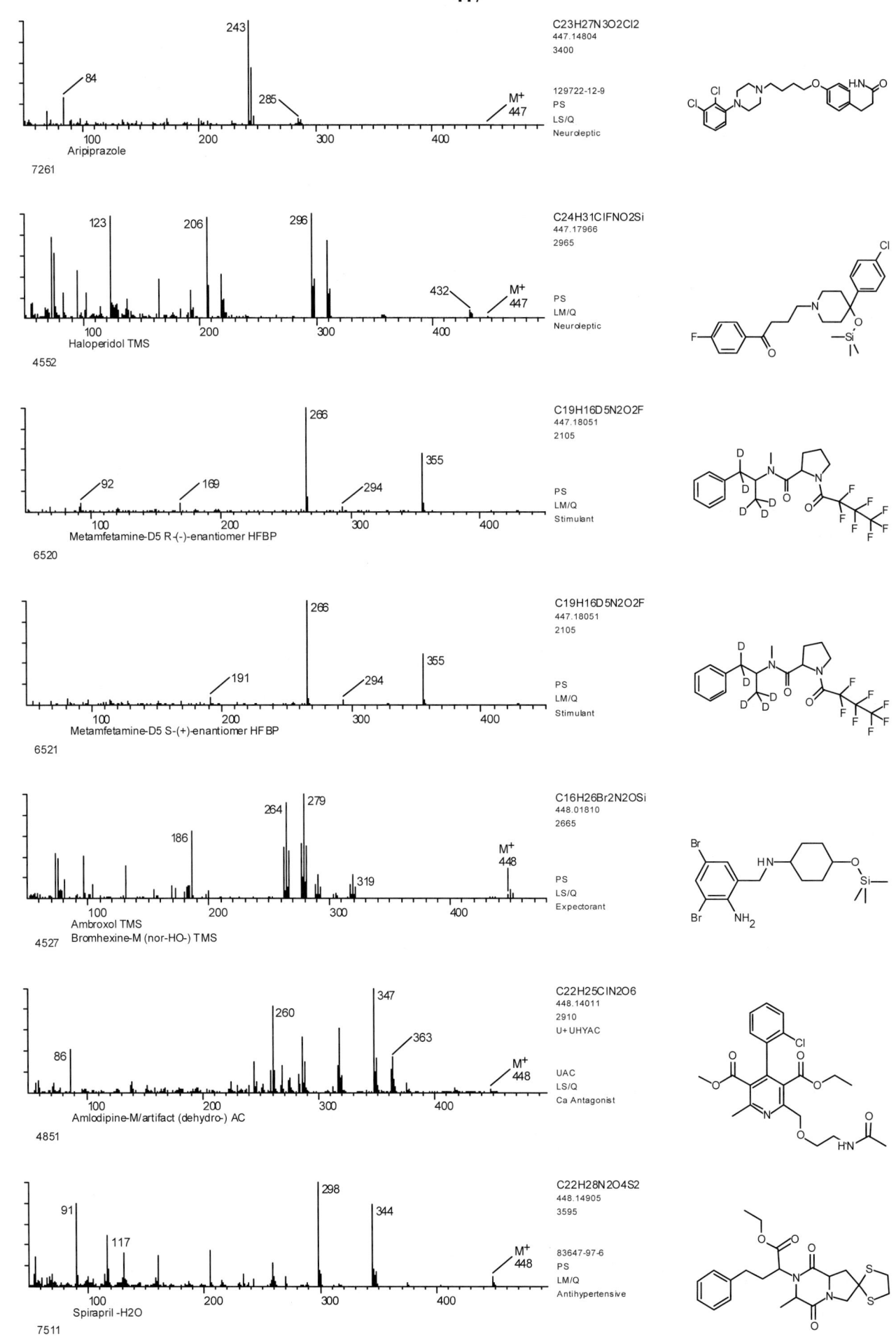

Spectrum peaks	Compound info
84, 243, 285, M+ 447	C23H27N3O2Cl2 447.14804 3400 129722-12-9 PS LS/Q Neuroleptic Aripiprazole 7261
123, 206, 296, 432, M+ 447	C24H31ClFNO2Si 447.17966 2965 PS LM/Q Neuroleptic Haloperidol TMS 4552
92, 169, 266, 294, 355	C19H16D5N2O2F 447.18051 2105 PS LM/Q Stimulant Metamfetamine-D5 R-(-)-enantiomer HFBP 6520
191, 266, 294, 355	C19H16D5N2O2F 447.18051 2105 PS LM/Q Stimulant Metamfetamine-D5 S-(+)-enantiomer HFBP 6521
186, 264, 279, 319, M+ 448	C16H26Br2N2OSi 448.01810 2665 PS LS/Q Expectorant Ambroxol TMS Bromhexine-M (nor-HO-) TMS 4527
86, 260, 347, 363, M+ 448	C22H25ClN2O6 448.14011 2910 U+ UHYAC UAC LS/Q Ca Antagonist Amlodipine-M/artifact (dehydro-) AC 4851
91, 117, 298, 344, M+ 448	C22H28N2O4S2 448.14905 3595 83647-97-6 PS LM/Q Antihypertensive Spirapril -H2O 7511

448

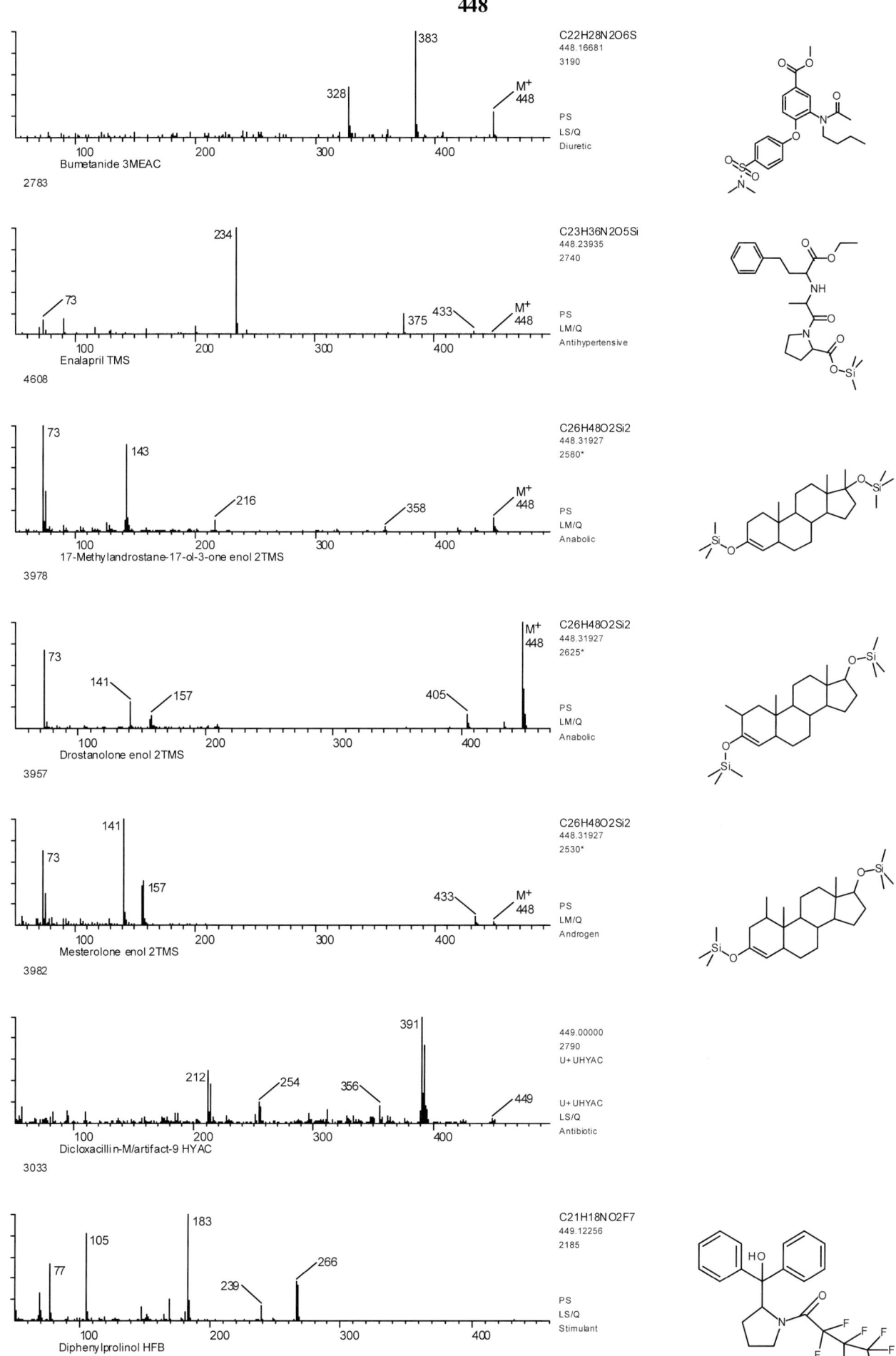

Bumetanide 3MEAC — C22H28N2O6S, 448.16681, 3190, PS, LS/Q, Diuretic
Peaks: 328, 383, M+ 448
2783

Enalapril TMS — C23H36N2O5Si, 448.23935, 2740, PS, LM/Q, Antihypertensive
Peaks: 73, 234, 375, 433, M+ 448
4608

17-Methylandrostane-17-ol-3-one enol 2TMS — C26H48O2Si2, 448.31927, 2580*, PS, LM/Q, Anabolic
Peaks: 73, 143, 216, 358, M+ 448
3978

Drostanolone enol 2TMS — C26H48O2Si2, 448.31927, 2625*, PS, LM/Q, Anabolic
Peaks: 73, 141, 157, 405, M+ 448
3957

Mesterolone enol 2TMS — C26H48O2Si2, 448.31927, 2530*, PS, LM/Q, Androgen
Peaks: 73, 141, 157, 433, M+ 448
3982

Dicloxacillin-M/artifact-9 HYAC — 449.00000, 2790, U+ UHYAC, LS/Q, Antibiotic
Peaks: 212, 254, 356, 391, 449
3033

Diphenylprolinol HFB — C21H18NO2F7, 449.12256, 2185, PS, LS/Q, Stimulant
Peaks: 77, 105, 183, 239, 266
7813

1111

449

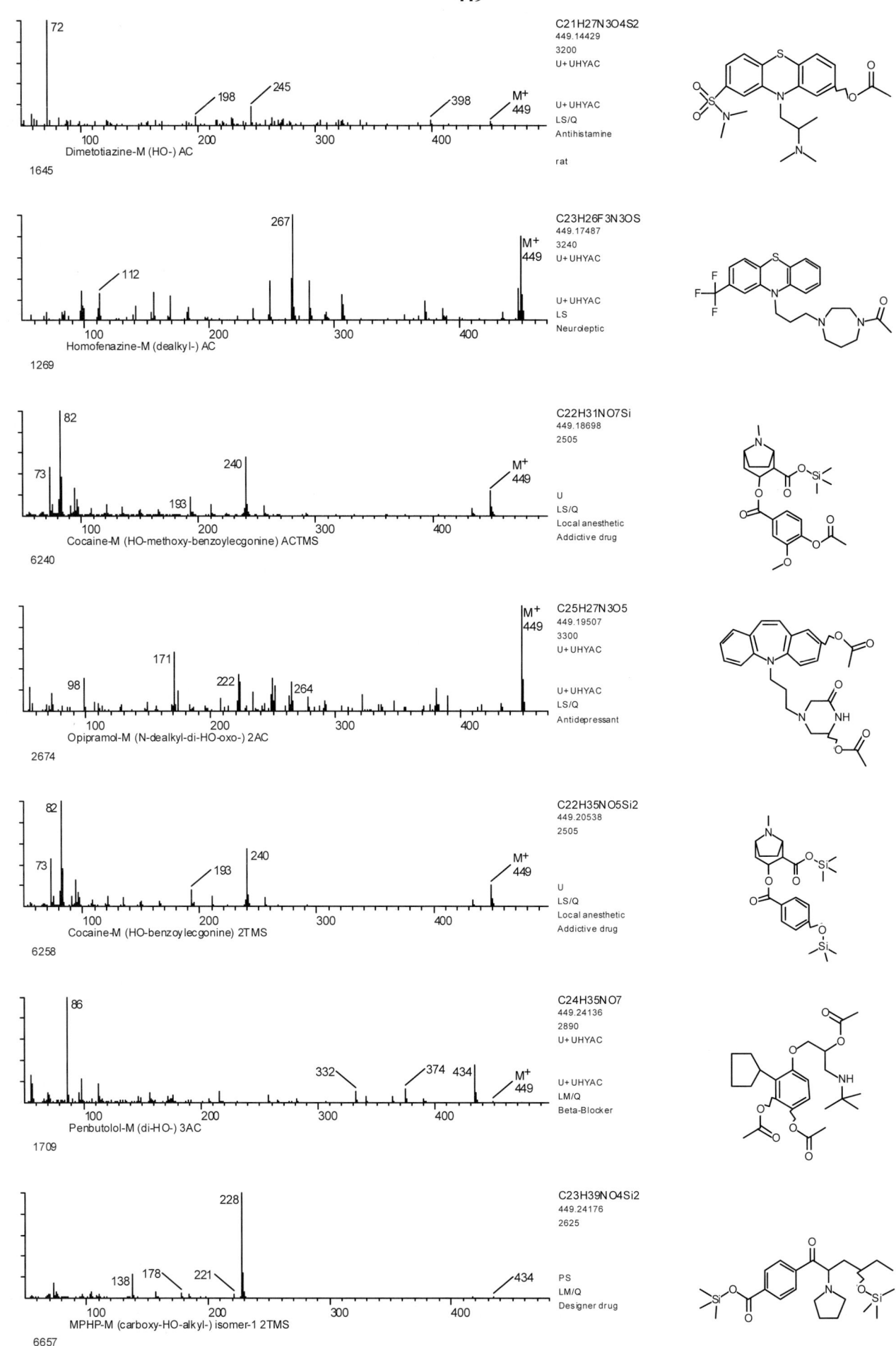

Dimetotiazine-M (HO-) AC
1645

C21H27N3O4S2
449.14429
3200
U+ UHYAC

U+ UHYAC
LS/Q
Antihistamine
rat

Homofenazine-M (dealkyl-) AC
1269

C23H26F3N3OS
449.17487
3240
U+ UHYAC

U+ UHYAC
LS
Neuroleptic

Cocaine-M (HO-methoxy-benzoylecgonine) ACTMS
6240

C22H31NO7Si
449.18698
2505

U
LS/Q
Local anesthetic
Addictive drug

Opipramol-M (N-dealkyl-di-HO-oxo-) 2AC
2674

C25H27N3O5
449.19507
3300
U+ UHYAC

U+ UHYAC
LS/Q
Antidepressant

Cocaine-M (HO-benzoylecgonine) 2TMS
6258

C22H35NO5Si2
449.20538
2505

U
LS/Q
Local anesthetic
Addictive drug

Penbutolol-M (di-HO-) 3AC
1709

C24H35NO7
449.24136
2890
U+ UHYAC

U+ UHYAC
LM/Q
Beta-Blocker

MPHP-M (carboxy-HO-alkyl-) isomer-1 2TMS
6657

C23H39NO4Si2
449.24176
2625

PS
LM/Q
Designer drug

449

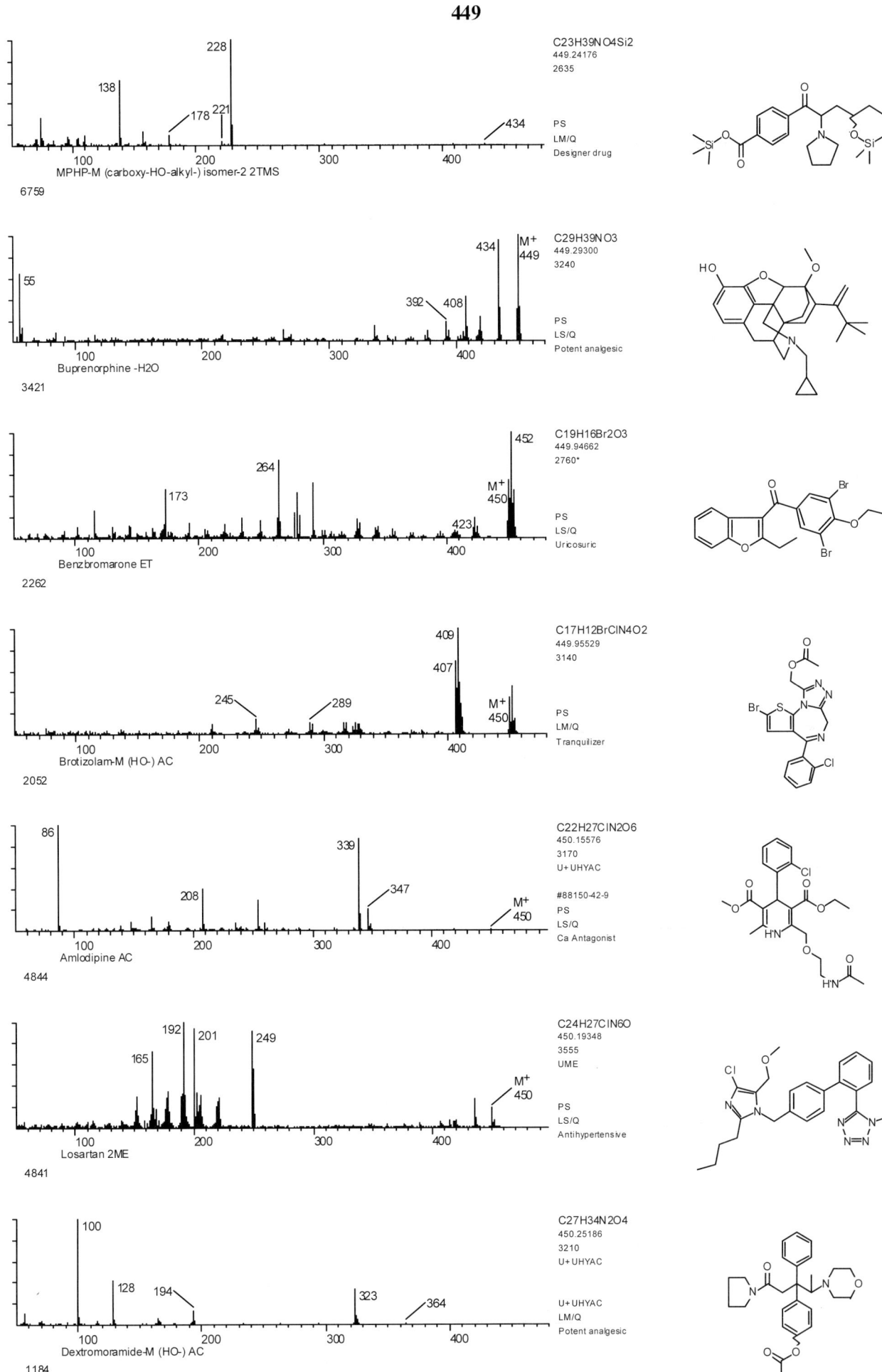

MPHP-M (carboxy-HO-alkyl-) isomer-2 2TMS
C23H39NO4Si2
449.24176
2635
PS
LM/Q
Designer drug
6759

Buprenorphine -H2O
C29H39NO3
449.29300
3240
PS
LS/Q
Potent analgesic
3421

Benzbromarone ET
C19H16Br2O3
449.94662
2760*
PS
LS/Q
Uricosuric
2262

Brotizolam-M (HO-) AC
C17H12BrClN4O2
449.95529
3140
PS
LM/Q
Tranquilizer
2052

Amlodipine AC
C22H27ClN2O6
450.15576
3170
U+ UHYAC
#88150-42-9
PS
LS/Q
Ca Antagonist
4844

Losartan 2ME
C24H27ClN6O
450.19348
3555
UME
PS
LS/Q
Antihypertensive
4841

Dextromoramide-M (HO-) AC
C27H34N2O4
450.25186
3210
U+ UHYAC
U+ UHYAC
LM/Q
Potent analgesic
1184

1113

451

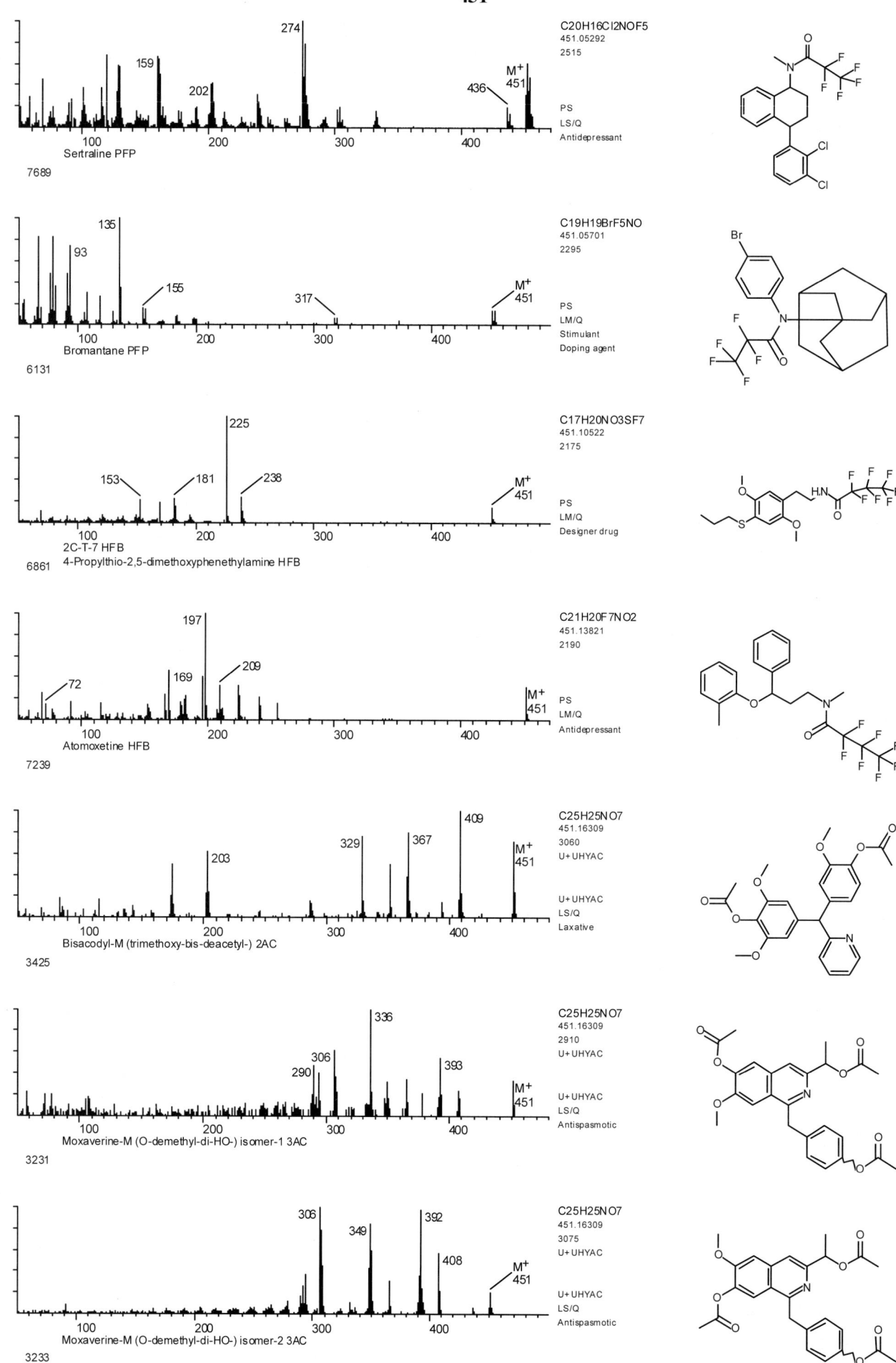

Sertraline PFP
7689
159, 202, 274, 436, M+ 451
C20H16Cl2NOF5
451.05292
2515
PS
LS/Q
Antidepressant

Bromantane PFP
6131
93, 135, 155, 317, M+ 451
C19H19BrF5NO
451.05701
2295
PS
LM/Q
Stimulant
Doping agent

2C-T-7 HFB
4-Propylthio-2,5-dimethoxyphenethylamine HFB
6861
153, 181, 225, 238, M+ 451
C17H20NO3SF7
451.10522
2175
PS
LM/Q
Designer drug

Atomoxetine HFB
7239
72, 169, 197, 209, M+ 451
C21H20F7NO2
451.13821
2190
PS
LM/Q
Antidepressant

Bisacodyl-M (trimethoxy-bis-deacetyl-) 2AC
3425
203, 329, 367, 409, M+ 451
C25H25NO7
451.16309
3060
U+ UHYAC
U+ UHYAC
LS/Q
Laxative

Moxaverine-M (O-demethyl-di-HO-) isomer-1 3AC
3231
290, 306, 336, 393, M+ 451
C25H25NO7
451.16309
2910
U+ UHYAC
U+ UHYAC
LS/Q
Antispasmotic

Moxaverine-M (O-demethyl-di-HO-) isomer-2 3AC
3233
306, 349, 392, 408, M+ 451
C25H25NO7
451.16309
3075
U+ UHYAC
U+ UHYAC
LS/Q
Antispasmotic

451

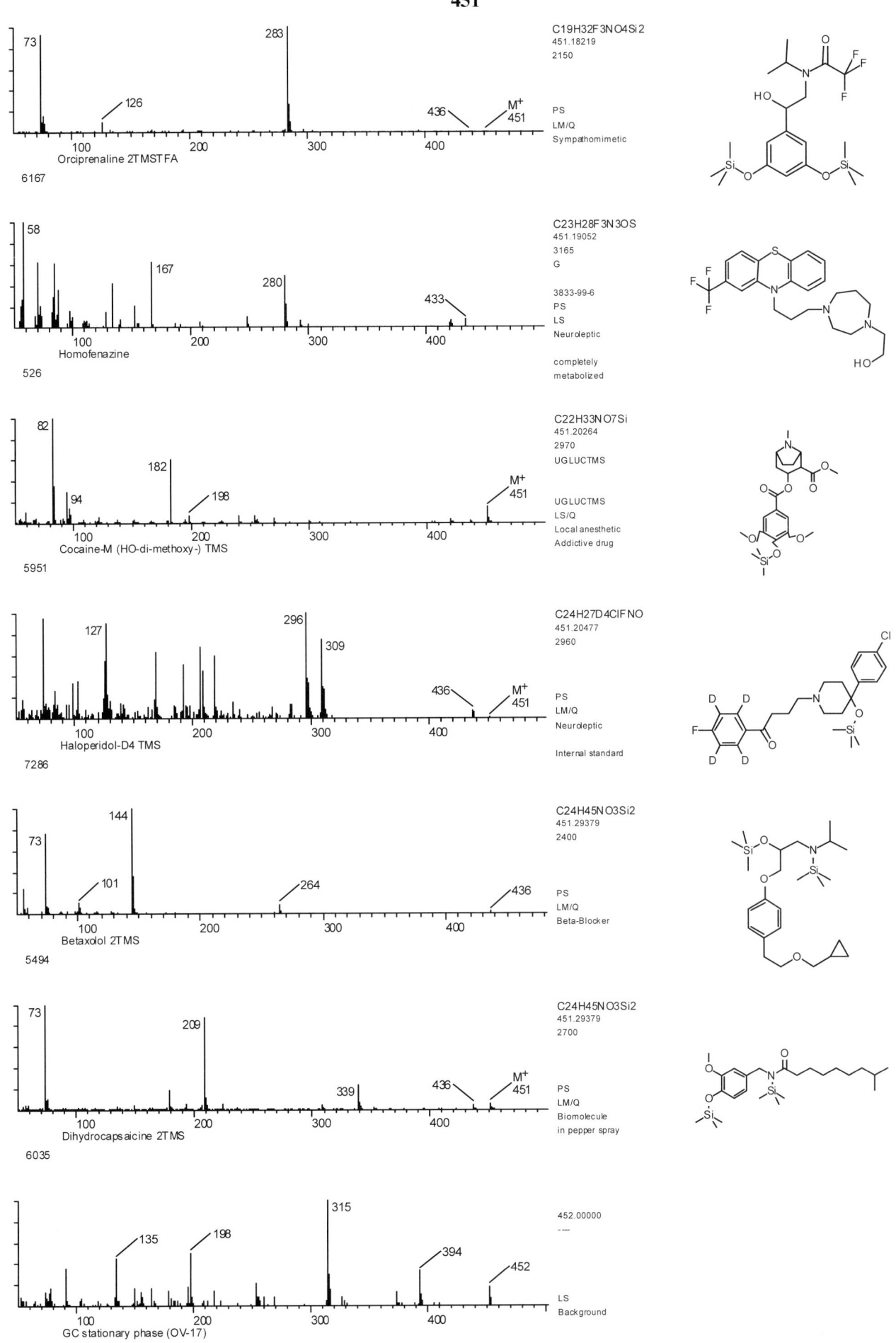

Orciprenaline 2TMSTFA — 6167
Peaks: 73, 126, 283, 436, M+ 451
C19H32F3NO4Si2
451.18219
2150
PS
LM/Q
Sympathomimetic

Homofenazine — 526
Peaks: 58, 167, 280, 433
C23H28F3N3OS
451.19052
3165
G
3833-99-6
PS
LS
Neuroleptic
completely metabolized

Cocaine-M (HO-di-methoxy-) TMS — 5951
Peaks: 82, 94, 182, 198, M+ 451
C22H33NO7Si
451.20264
2970
UGLUCTMS
UGLUCTMS
LS/Q
Local anesthetic
Addictive drug

Haloperidol-D4 TMS — 7286
Peaks: 127, 296, 309, 436, M+ 451
C24H27D4ClFNO
451.20477
2960
PS
LM/Q
Neuroleptic
Internal standard

Betaxolol 2TMS — 5494
Peaks: 73, 101, 144, 264, 436
C24H45NO3Si2
451.29379
2400
PS
LM/Q
Beta-Blocker

Dihydrocapsaicine 2TMS — 6035
Peaks: 73, 209, 339, 436, M+ 451
C24H45NO3Si2
451.29379
2700
PS
LM/Q
Biomolecule
in pepper spray

GC stationary phase (OV-17) — 1017
Peaks: 135, 198, 315, 394, 452
452.00000
LS
Background

452

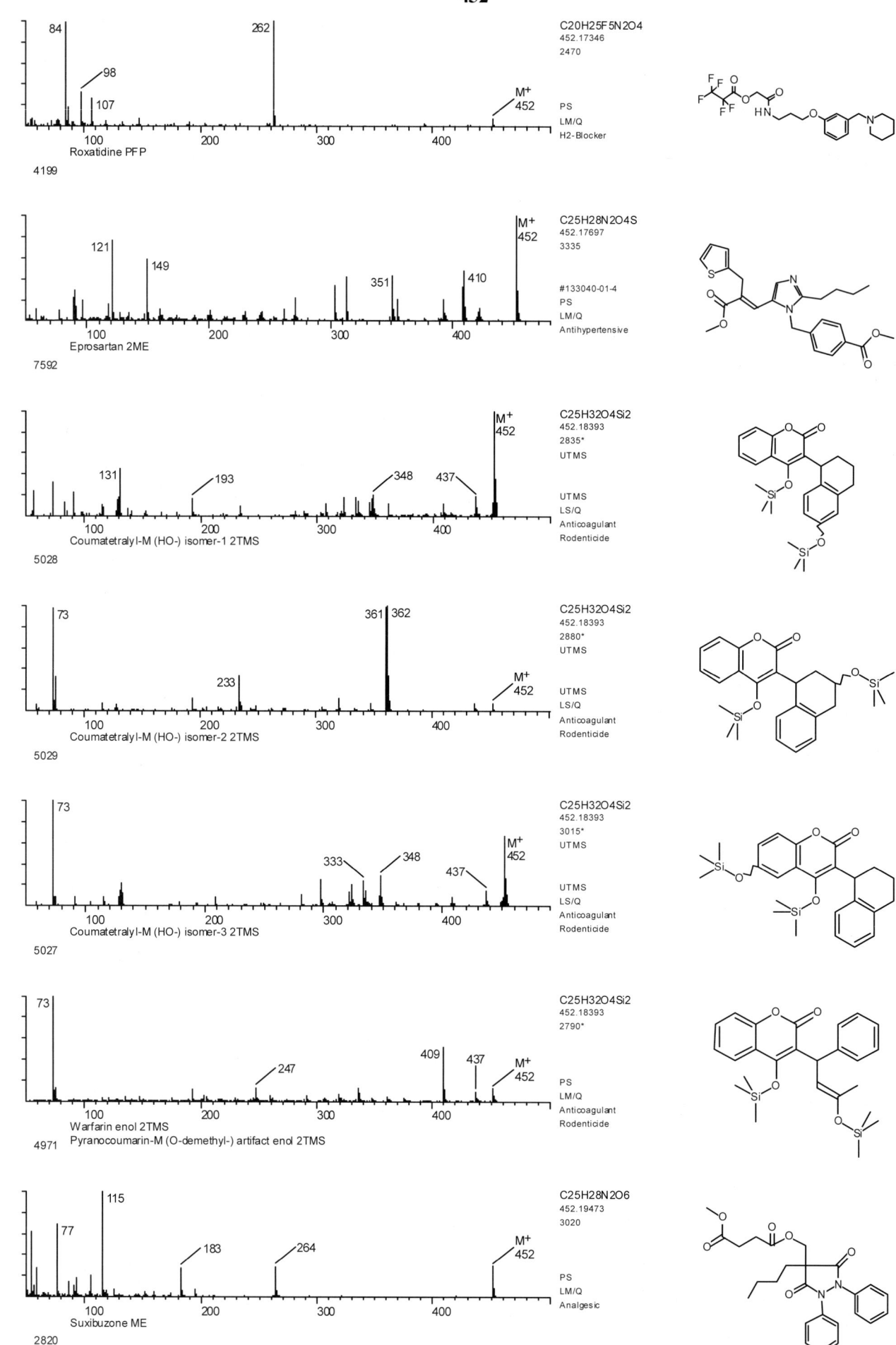

Roxatidine PFP
4199

C20H25F5N2O4
452.17346
2470

PS
LM/Q
H2-Blocker

Eprosartan 2ME
7592

C25H28N2O4S
452.17697
3335

#133040-01-4
PS
LM/Q
Antihypertensive

Coumatetralyl-M (HO-) isomer-1 2TMS
5028

C25H32O4Si2
452.18393
2835*
UTMS

UTMS
LS/Q
Anticoagulant
Rodenticide

Coumatetralyl-M (HO-) isomer-2 2TMS
5029

C25H32O4Si2
452.18393
2880*
UTMS

UTMS
LS/Q
Anticoagulant
Rodenticide

Coumatetralyl-M (HO-) isomer-3 2TMS
5027

C25H32O4Si2
452.18393
3015*
UTMS

UTMS
LS/Q
Anticoagulant
Rodenticide

Warfarin enol 2TMS
Pyranocoumarin-M (O-demethyl-) artifact enol 2TMS
4971

C25H32O4Si2
452.18393
2790*

PS
LM/Q
Anticoagulant
Rodenticide

Suxibuzone ME
2820

C25H28N2O6
452.19473
3020

PS
LM/Q
Analgesic

1116

452

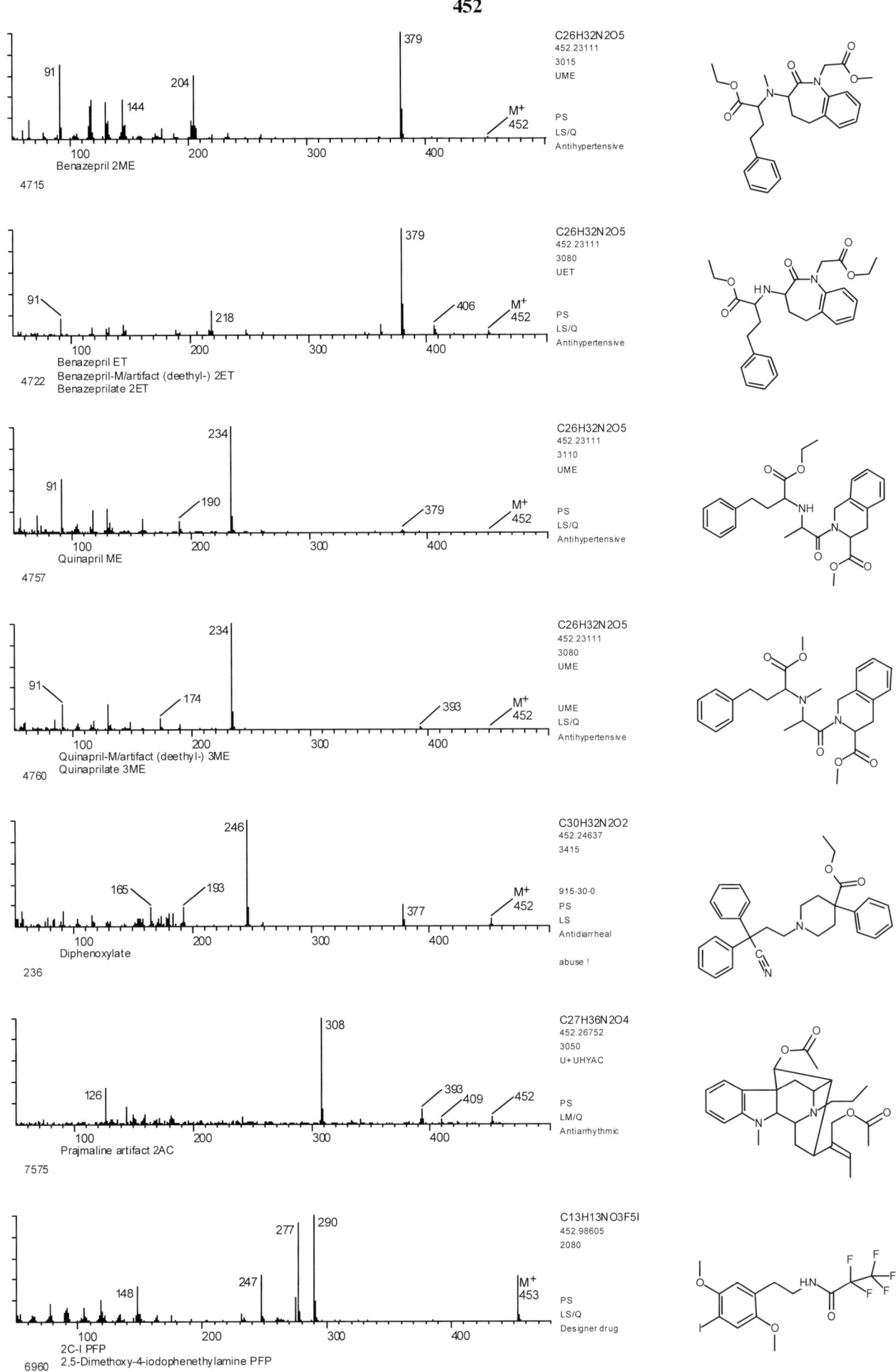

C26H32N2O5
452.23111
3015
UME

M+ 452
PS
LS/Q
Antihypertensive

Benazepril 2ME
4715

peaks: 91, 144, 204, 379

C26H32N2O5
452.23111
3080
UET

M+ 452
PS
LS/Q
Antihypertensive

Benazepril ET
Benazepril-M/artifact (deethyl-) 2ET
Benazeprilate 2ET
4722

peaks: 91, 218, 379, 406

C26H32N2O5
452.23111
3110
UME

M+ 452
PS
LS/Q
Antihypertensive

Quinapril ME
4757

peaks: 91, 190, 234, 379

C26H32N2O5
452.23111
3080
UME

UME
LS/Q
Antihypertensive

Quinapril-M/artifact (deethyl-) 3ME
Quinaprilate 3ME
4760

peaks: 91, 174, 234, 393, M+ 452

C30H32N2O2
452.24637
3415

915-30-0
PS
LS
Antidiarrheal

abuse !

Diphenoxylate
236

peaks: 165, 193, 246, 377, M+ 452

C27H36N2O4
452.26752
3050
U+ UHYAC

PS
LM/Q
Antiarrhythmic

Prajmaline artifact 2AC
7575

peaks: 126, 308, 393, 409, 452

C13H13NO3F5I
452.98605
2080

PS
LS/Q
Designer drug

2C-I PFP
2,5-Dimethoxy-4-iodophenethylamine PFP
6960

peaks: 148, 247, 277, 290, M+ 453

453

C21H21Cl2NO6
453.07458
2600
UET

UET
LS/Q
Ca Antagonist

Felodipine-M (dehydro-demethyl-COOH) 2ET

C21H22F7NO2
453.15387
2100

#125-71-3
PS
LM/Q
Potent analgesic
Potent antitussive

Dextrorphan HFB   Levorphanol HFB
Dextro-Methorphan-M (O-demethyl-) HFB
Methorphan-M (O-demethyl-) HFB

C25H27NO7
453.17874
3440
U+ UHYAC

#13392-18-2
PS
LM/Q
Sympathomimetic

Fenoterol -H2O 4AC

C25H27NO7
453.17874
3650

LM/Q
Alkaloid

Lauroscholtzine-M (seco-O-demethyl-) 3AC

C25H27NO7
453.17874
2770
U+ UHYAC

PS
LM/Q
Opioid antagonist

Naloxone enol 3AC

C21H28F5NO4
453.19385
2410

PS
LM/Q
Biomolecule
in pepper spray

Dihydrocapsaicine PFP

C26H31NO6
453.21515
3160
U+ UHYAC

U+ UHYAC
LS/Q
Antispasmotic

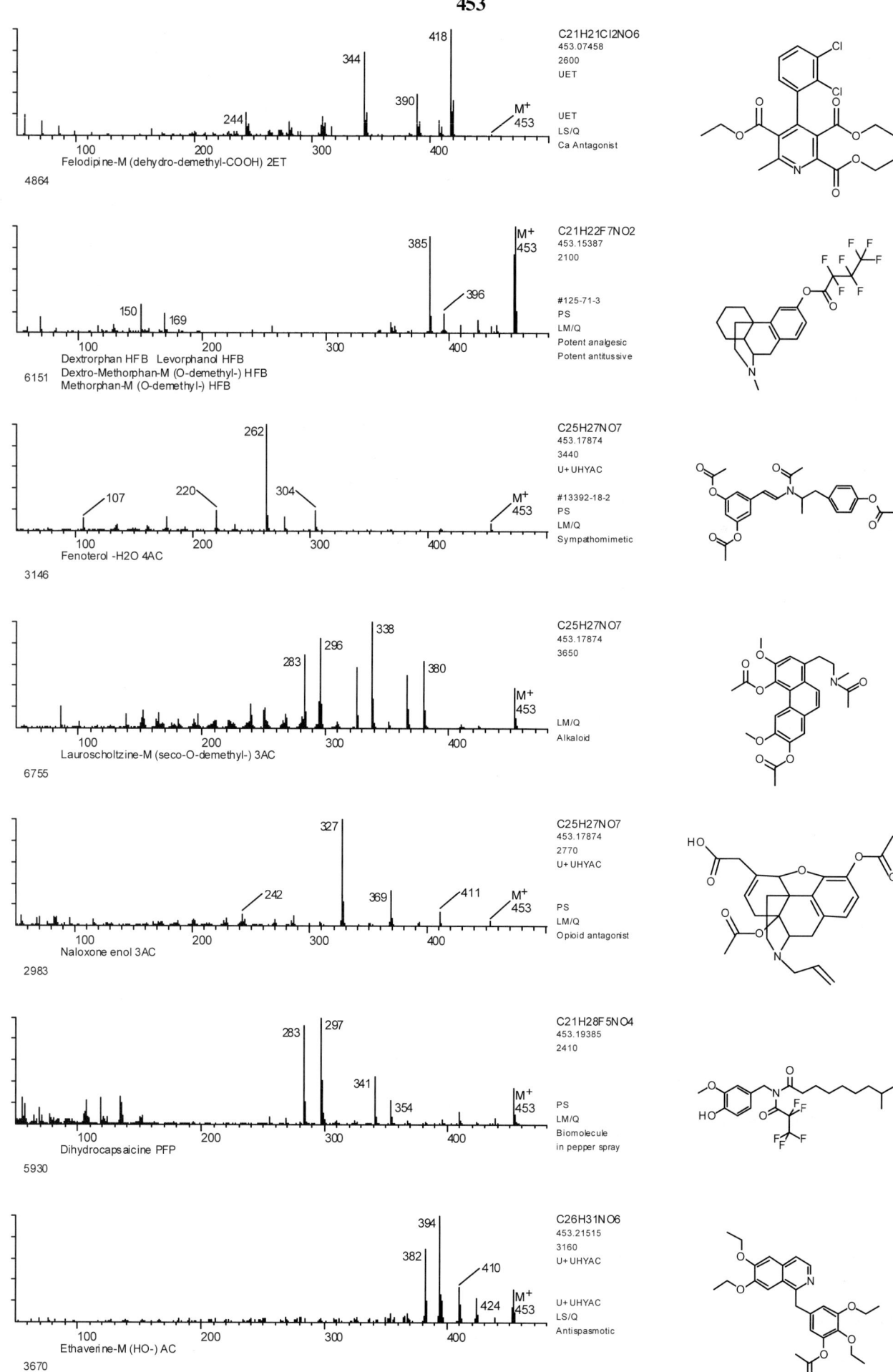

Ethaverine-M (HO-) AC

453

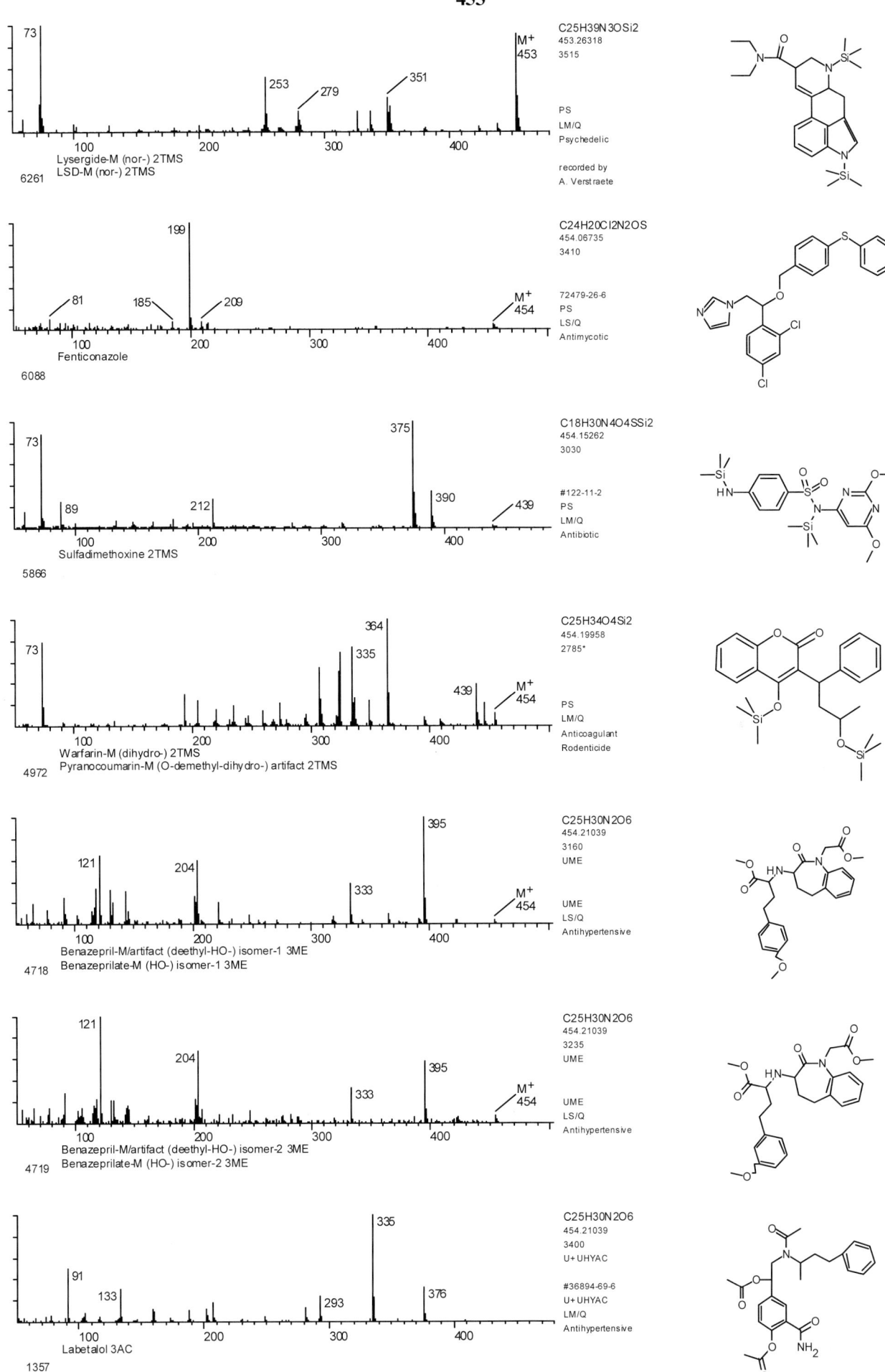

73, 253, 279, 351, M+ 453	C25H39N3OSi2 453.26318 3515 PS LM/Q Psychedelic recorded by A. Verstraete
Lysergide-M (nor-) 2TMS LSD-M (nor-) 2TMS 6261	

81, 185, 199, 209, M+ 454	C24H20Cl2N2OS 454.06735 3410 72479-26-6 PS LS/Q Antimycotic
Fenticonazole 6088	

73, 89, 212, 375, 390, 439	C18H30N4O4SSi2 454.15262 3030 #122-11-2 PS LM/Q Antibiotic
Sulfadimethoxine 2TMS 5866	

73, 335, 364, 439, M+ 454	C25H34O4Si2 454.19958 2785* PS LM/Q Anticoagulant Rodenticide
Warfarin-M (dihydro-) 2TMS Pyranocoumarin-M (O-demethyl-dihydro-) artifact 2TMS 4972	

121, 204, 333, 395, M+ 454	C25H30N2O6 454.21039 3160 UME UME LS/Q Antihypertensive
Benazepril-M/artifact (deethyl-HO-) isomer-1 3ME Benazeprilate-M (HO-) isomer-1 3ME 4718	

121, 204, 333, 395, M+ 454	C25H30N2O6 454.21039 3235 UME UME LS/Q Antihypertensive
Benazepril-M/artifact (deethyl-HO-) isomer-2 3ME Benazeprilate-M (HO-) isomer-2 3ME 4719	

91, 133, 293, 335, 376	C25H30N2O6 454.21039 3400 U+ UHYAC #36894-69-6 U+ UHYAC LM/Q Antihypertensive
Labetalol 3AC 1357	

1119

454

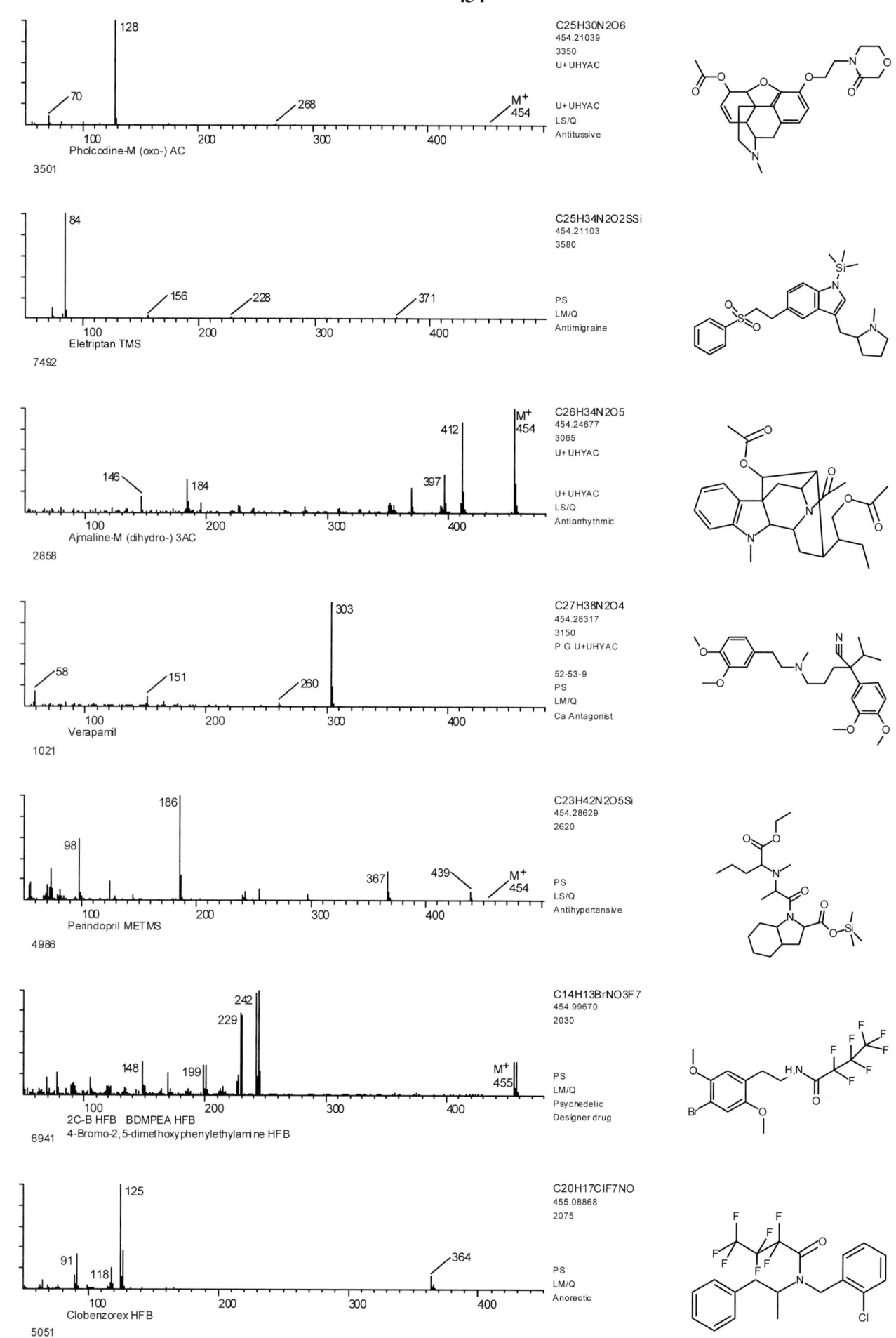

C25H30N2O6
454.21039
3350
U+ UHYAC
U+ UHYAC
LS/Q
Antitussive

Pholcodine-M (oxo-) AC
3501

C25H34N2O2SSi
454.21103
3580
PS
LM/Q
Antimigraine

Eletriptan TMS
7492

C26H34N2O5
454.24677
3065
U+ UHYAC
U+ UHYAC
LS/Q
Antiarrhythmic

Ajmaline-M (dihydro-) 3AC
2858

C27H38N2O4
454.28317
3150
P G U+ UHYAC
52-53-9
PS
LM/Q
Ca Antagonist

Verapamil
1021

C23H42N2O5Si
454.28629
2620
PS
LS/Q
Antihypertensive

Perindopril ME TMS
4986

C14H13BrNO3F7
454.99670
2030
PS
LM/Q
Psychedelic
Designer drug

2C-B HFB   BDMPEA HFB
4-Bromo-2,5-dimethoxyphenylethylamine HFB
6941

C20H17ClF7NO
455.08868
2075
PS
LM/Q
Anorectic

Clobenzorex HFB
5051

1120

455

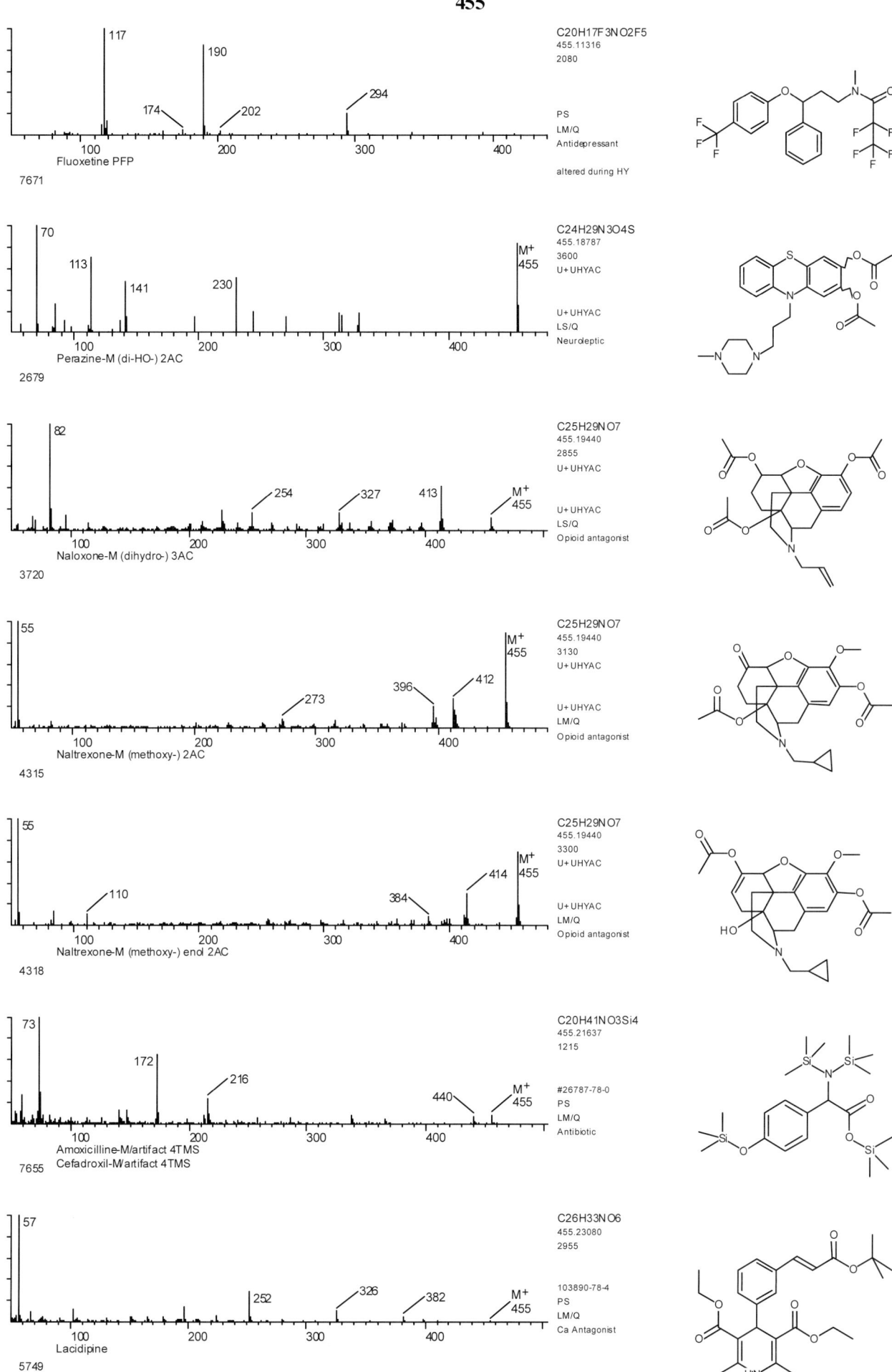

Fluoxetine PFP
7671
117, 174, 190, 202, 294
C20H17F3NO2F5
455.11316
2080
PS
LM/Q
Antidepressant
altered during HY

Perazine-M (di-HO-) 2AC
2679
70, 113, 141, 230, M+ 455
C24H29N3O4S
455.18787
3600
U+ UHYAC
U+ UHYAC
LS/Q
Neuroleptic

Naloxone-M (dihydro-) 3AC
3720
82, 254, 327, 413, M+ 455
C25H29NO7
455.19440
2855
U+ UHYAC
U+ UHYAC
LS/Q
Opioid antagonist

Naltrexone-M (methoxy-) 2AC
4315
55, 273, 396, 412, M+ 455
C25H29NO7
455.19440
3130
U+ UHYAC
U+ UHYAC
LM/Q
Opioid antagonist

Naltrexone-M (methoxy-) enol 2AC
4318
55, 110, 384, 414, M+ 455
C25H29NO7
455.19440
3300
U+ UHYAC
U+ UHYAC
LM/Q
Opioid antagonist

Amoxicilline-M/artifact 4TMS
Cefadroxil-M/artifact 4TMS
7655
73, 172, 216, 440, M+ 455
C20H41NO3Si4
455.21637
1215
#26787-78-0
PS
LM/Q
Antibiotic

Lacidipine
5749
57, 252, 326, 382, M+ 455
C26H33NO6
455.23080
2955
103890-78-4
PS
LM/Q
Ca Antagonist

455

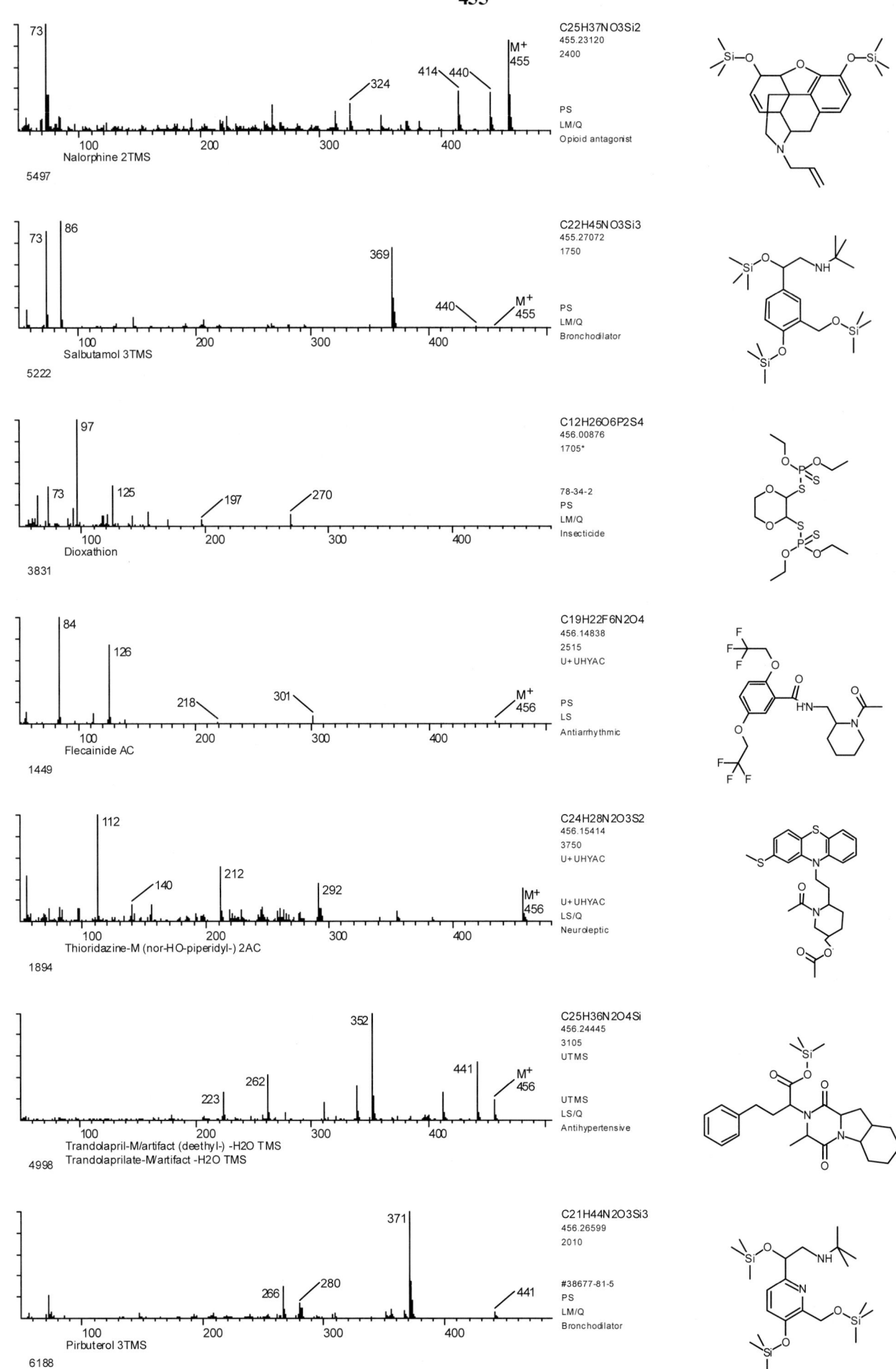

Nalorphine 2TMS
C25H37NO3Si2
455.23120
2400
PS
LM/Q
Opioid antagonist
5497

Salbutamol 3TMS
C22H45NO3Si3
455.27072
1750
PS
LM/Q
Bronchodilator
5222

Dioxathion
C12H26O6P2S4
456.00876
1705*
78-34-2
PS
LM/Q
Insecticide
3831

Flecainide AC
C19H22F6N2O4
456.14838
2515
U+ UHYAC
PS
LS
Antiarrhythmic
1449

Thioridazine-M (nor-HO-piperidyl-) 2AC
C24H28N2O3S2
456.15414
3750
U+ UHYAC
U+ UHYAC
LS/Q
Neuroleptic
1894

Trandolapril-M/artifact (deethyl-) -H2O TMS
Trandolaprilate-M/artifact -H2O TMS
C25H36N2O4Si
456.24445
3105
UTMS
UTMS
LS/Q
Antihypertensive
4998

Pirbuterol 3TMS
C21H44N2O3Si3
456.26599
2010
#38677-81-5
PS
LM/Q
Bronchodilator
6188

1122

456

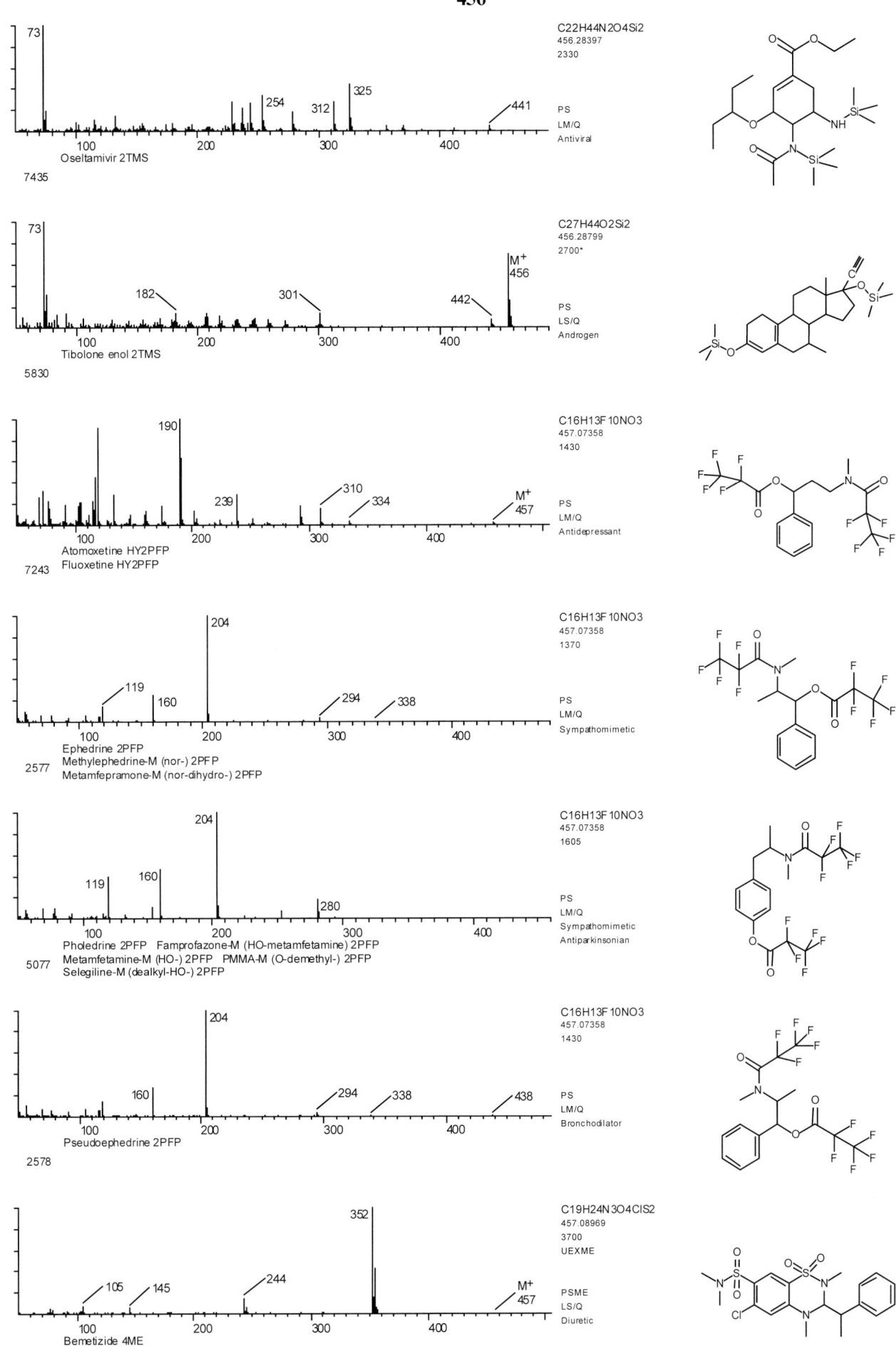

Oseltamivir 2TMS — 7435
C22H44N2O4Si2
456.28397
2330
PS
LM/Q
Antiviral

Peaks: 73, 254, 312, 325, 441

Tibolone enol 2TMS — 5830
C27H44O2Si2
456.28799
2700*
PS
LS/Q
Androgen

Peaks: 73, 182, 301, 442, M+ 456

Atomoxetine HY 2PFP
Fluoxetine HY 2PFP — 7243
C16H13F10NO3
457.07358
1430
PS
LM/Q
Antidepressant

Peaks: 190, 239, 310, 334, M+ 457

Ephedrine 2PFP
Methylephedrine-M (nor-) 2PFP
Metamfepramone-M (nor-dihydro-) 2PFP — 2577
C16H13F10NO3
457.07358
1370
PS
LM/Q
Sympathomimetic

Peaks: 119, 160, 204, 294, 338

Pholedrine 2PFP Famprofazone-M (HO-metamfetamine) 2PFP
Metamfetamine-M (HO-) 2PFP PMMA-M (O-demethyl-) 2PFP
Selegiline-M (dealkyl-HO-) 2PFP — 5077
C16H13F10NO3
457.07358
1605
PS
LM/Q
Sympathomimetic
Antiparkinsonian

Peaks: 119, 160, 204, 280

Pseudoephedrine 2PFP — 2578
C16H13F10NO3
457.07358
1430
PS
LM/Q
Bronchodilator

Peaks: 160, 204, 294, 338, 438

Bemetizide 4ME — 6845
C19H24N3O4ClS2
457.08969
3700
UEXME
PSME
LS/Q
Diuretic

Peaks: 105, 145, 244, 352, M+ 457

1123

457

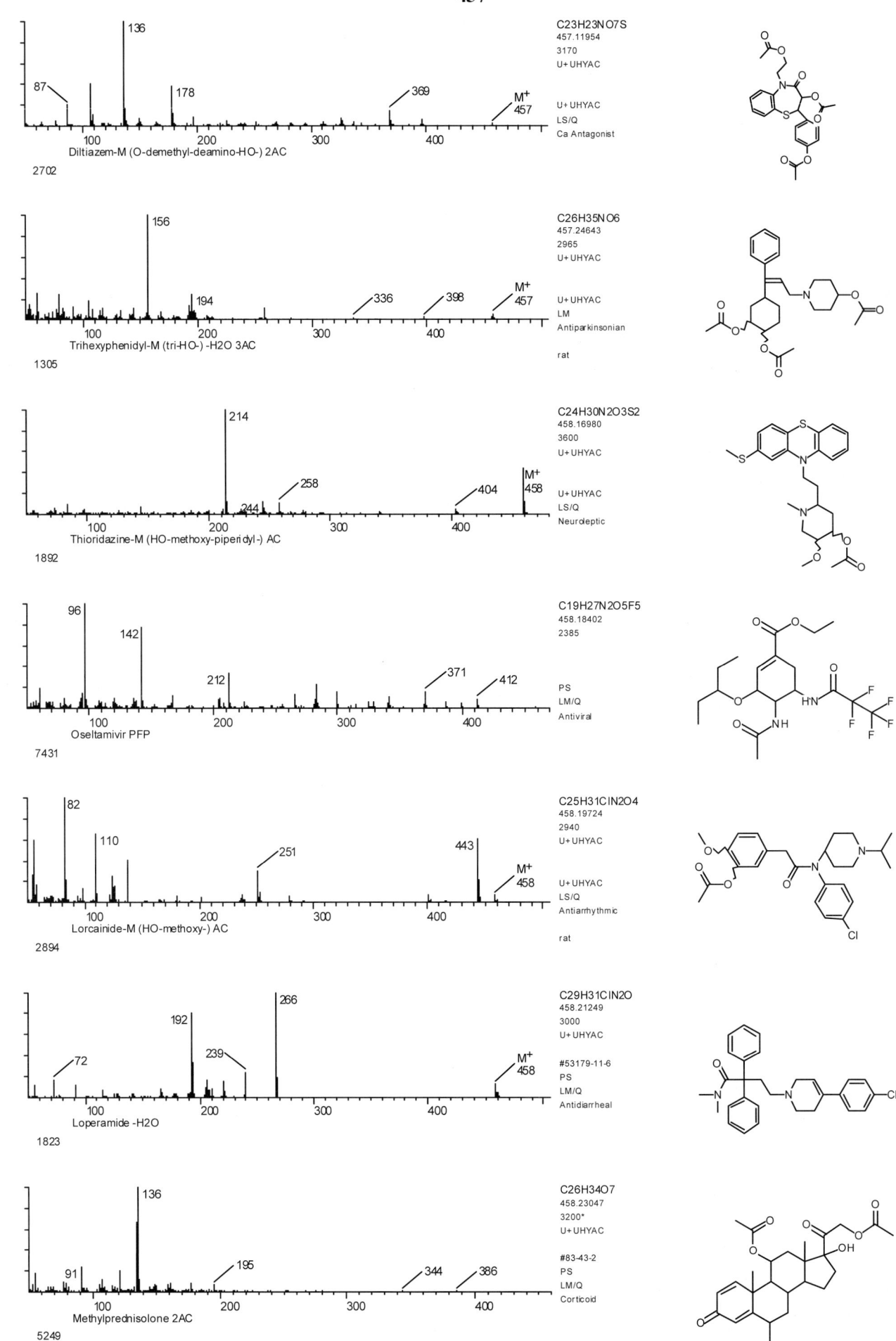

Diltiazem-M (O-demethyl-deamino-HO-) 2AC
2702
C23H23NO7S
457.11954
3170
U+ UHYAC
U+ UHYAC
LS/Q
Ca Antagonist

Trihexyphenidyl-M (tri-HO-) -H2O 3AC
1305
C26H35NO6
457.24643
2965
U+ UHYAC
U+ UHYAC
LM
Antiparkinsonian
rat

Thioridazine-M (HO-methoxy-piperidyl-) AC
1892
C24H30N2O3S2
458.16980
3600
U+ UHYAC
U+ UHYAC
LS/Q
Neuroleptic

Oseltamivir PFP
7431
C19H27N2O5F5
458.18402
2385
PS
LM/Q
Antiviral

Lorcainide-M (HO-methoxy-) AC
2894
C25H31ClN2O4
458.19724
2940
U+ UHYAC
U+ UHYAC
LS/Q
Antiarrhythmic
rat

Loperamide -H2O
1823
C29H31ClN2O
458.21249
3000
U+ UHYAC
#53179-11-6
PS
LM/Q
Antidiarrheal

Methylprednisolone 2AC
5249
C26H34O7
458.23047
3200*
U+ UHYAC
#83-43-2
PS
LM/Q
Corticoid

458

1774 — Astemizole — C28H31FN4O, 458.24820, 3900, G, 68844-77-9, PS, LM/Q, Antihistamine
Peaks: 96, 109, 294, 337, M+ 458

4774 — Trandolapril 2ME — C26H38N2O5, 458.27808, 2995, PS, LS/Q, Antihypertensive
Peaks: 91, 174, 248, 385, M+ 458

4779 — Trandolapril ET / Trandolapril-M/artifact (deethyl-) 2ET / Trandolaprilate 2ET — C26H38N2O5, 458.27808, 2975, UET, PS, LS/Q, Antihypertensive
Peaks: 91, 160, 234, 385, M+ 458

7305 — Buprenorphine-M (nor-)-D3 AC — C27H34D3NO5, 458.28601, 3670, PS, LS/Q, Potent analgesic, Internal standard
Peaks: 366, 383, 401, 443, M+ 458

4679 — Cannabidiol 2TMS — C27H46O2Si2, 458.30365, 2330*, PS, LM/Q, Ingredient of cannabis
Peaks: 73, 301, 337, 390, M+ 458

3209 — Cholesterol TMS — C30H54OSi, 458.39438, 3110*, 1856-05-9, UTMS, LM/Q, Biomolecule
Peaks: 73, 129, 329, 368, M+ 458

7105 — 2C-E-M (HO- N-acetyl-) 2TFA / 4-Ethyl-2,5-dimethoxyphenethylamine-M (HO- N-acetyl-) 2TFA — C18H19NO6F6, 459.11166, 2080, UGlucSPEME, LS/Q, Designer drug
Peaks: 69, 276, 304, 345, M+ 459

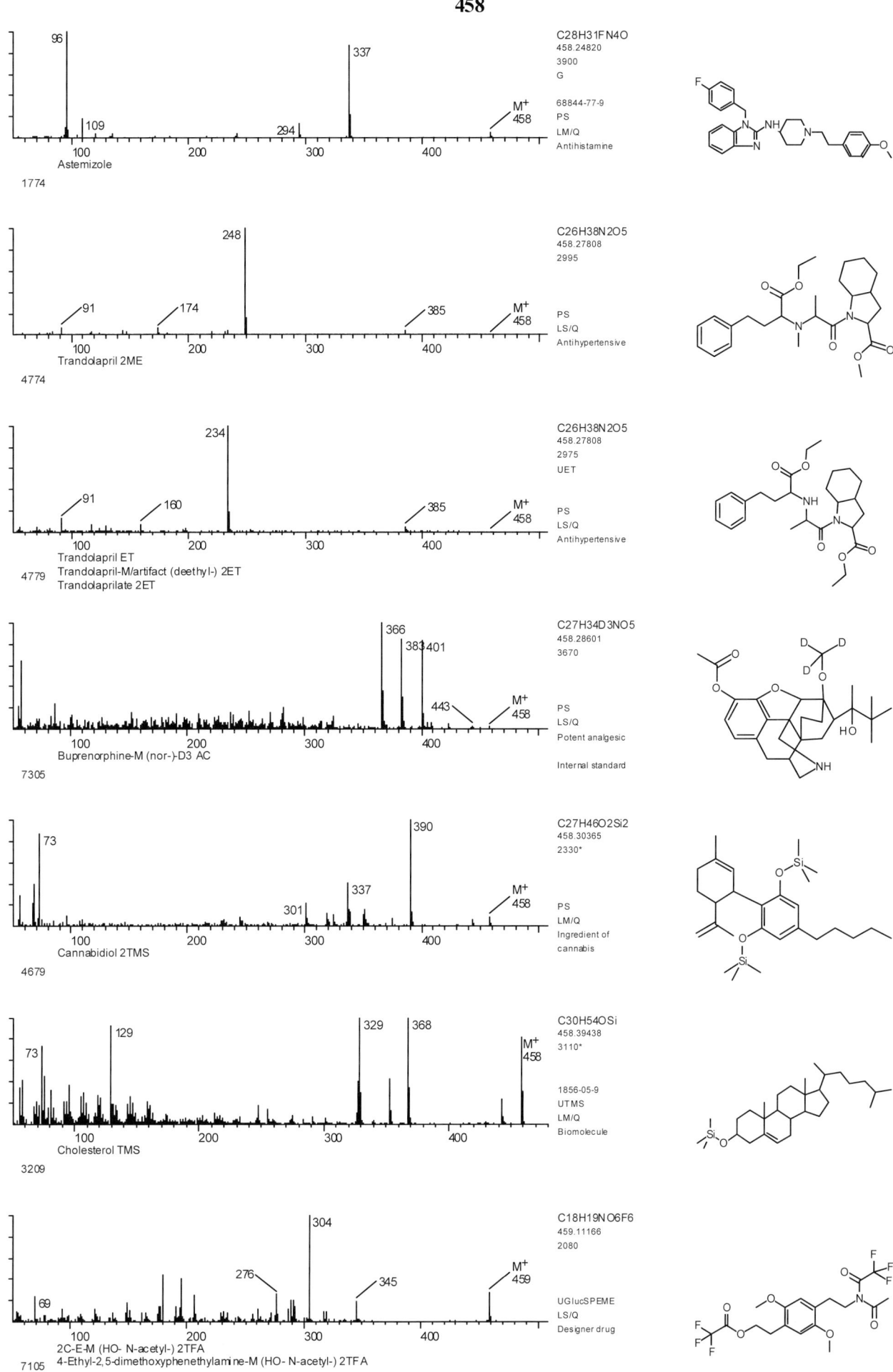

1125

459

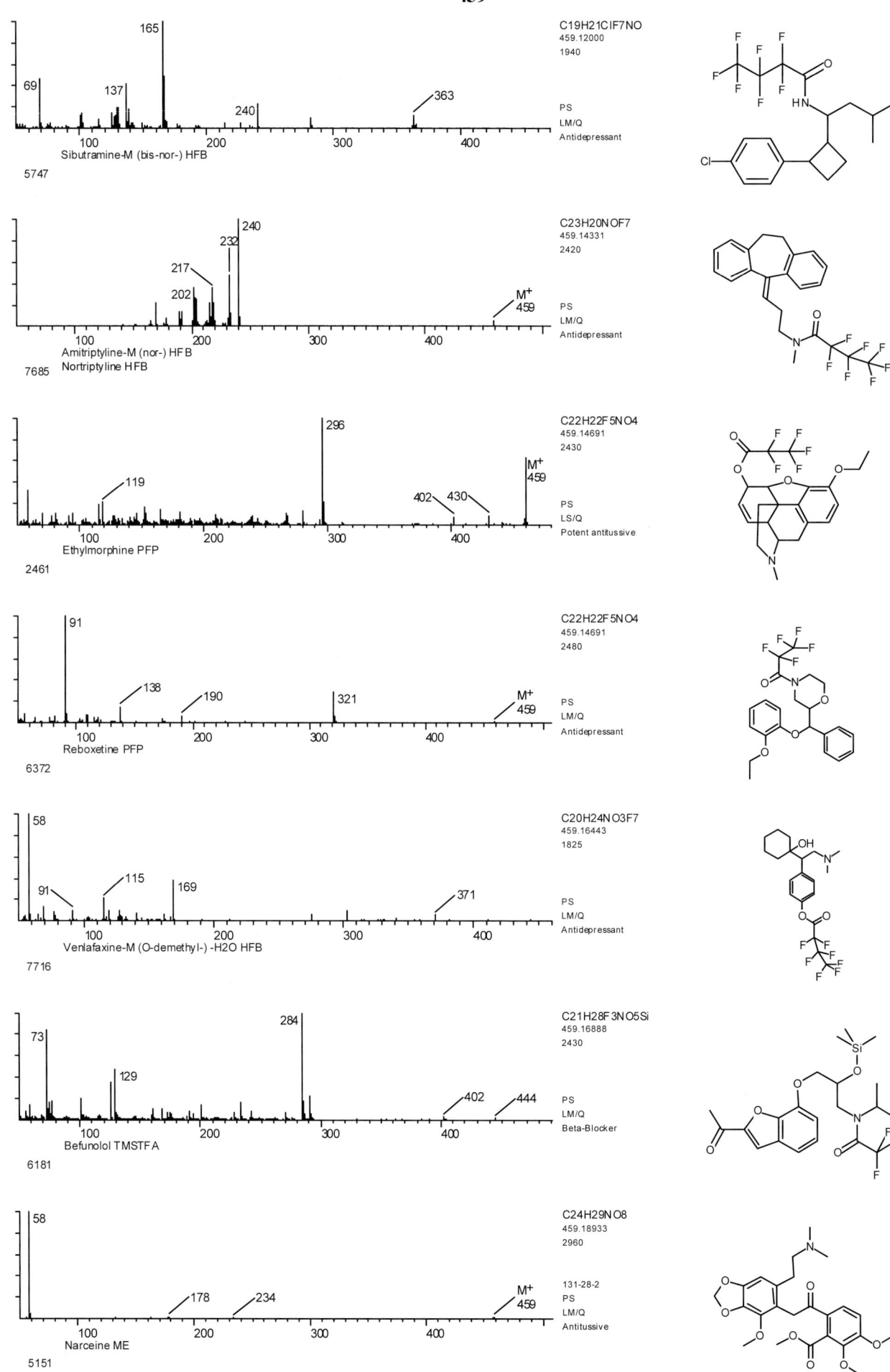

Sibutramine-M (bis-nor-) HFB
5747
C19H21ClF7NO
459.12000
1940
PS
LM/Q
Antidepressant

Amitriptyline-M (nor-) HFB
Nortriptyline HFB
7685
C23H20NOF7
459.14331
2420
PS
LM/Q
Antidepressant

Ethylmorphine PFP
2461
C22H22F5NO4
459.14691
2430
PS
LS/Q
Potent antitussive

Reboxetine PFP
6372
C22H22F5NO4
459.14691
2480
PS
LM/Q
Antidepressant

Venlafaxine-M (O-demethyl-) -H2O HFB
7716
C20H24NO3F7
459.16443
1825
PS
LM/Q
Antidepressant

Befunolol TMSTFA
6181
C21H28F3NO5Si
459.16888
2430
PS
LM/Q
Beta-Blocker

Narceine ME
5151
C24H29NO8
459.18933
2960
131-28-2
PS
LM/Q
Antitussive

1126

459

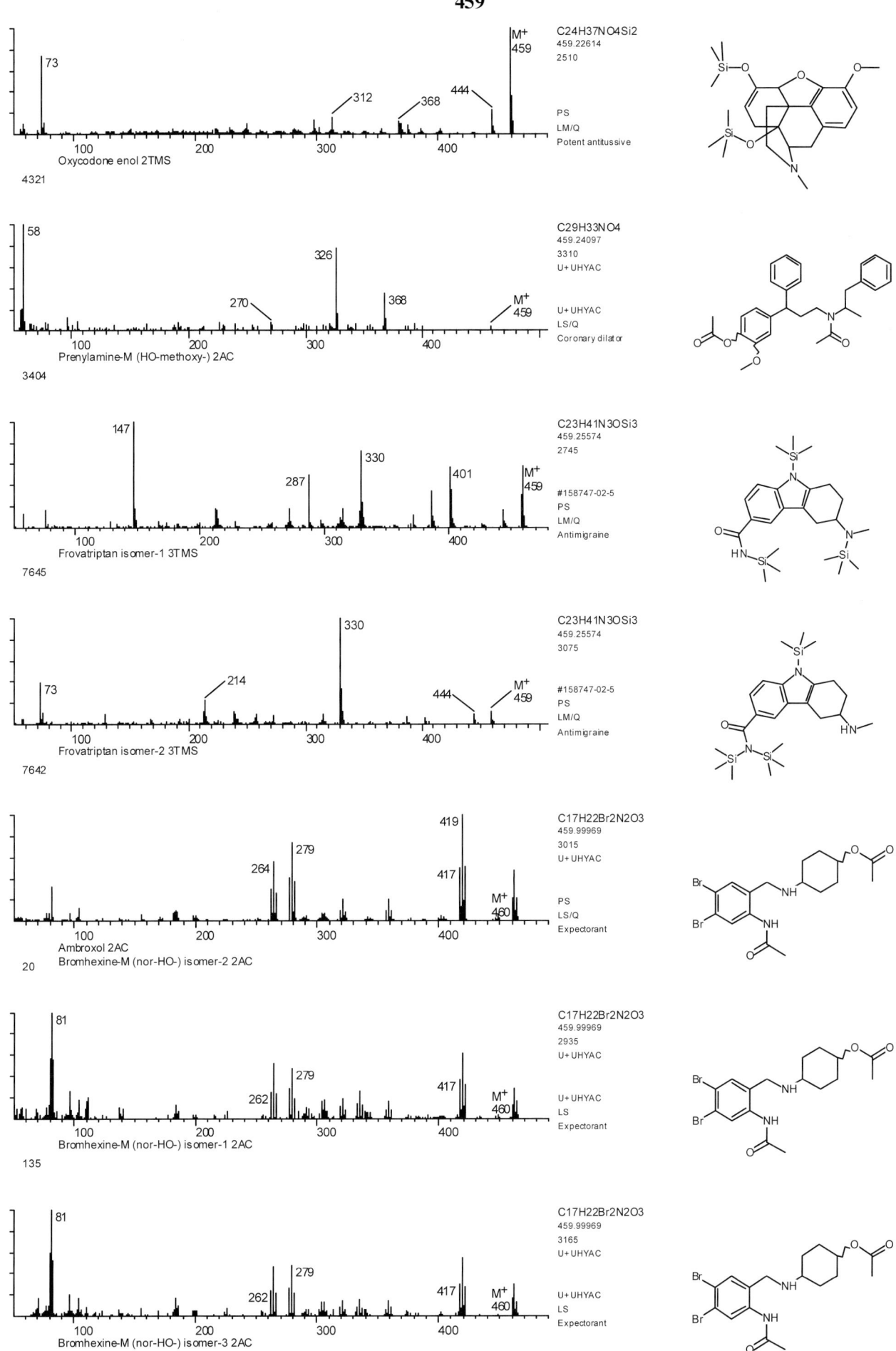

Oxycodone enol 2TMS — C24H37NO4Si2, 459.22614, 2510, PS, LM/Q, Potent antitussive
Peaks: 73, 312, 368, 444, M+ 459

Prenylamine-M (HO-methoxy-) 2AC — C29H33NO4, 459.24097, 3310, U+ UHYAC, LS/Q, Coronary dilator
Peaks: 58, 270, 326, 368, M+ 459

Frovatriptan isomer-1 3TMS — C23H41N3OSi3, 459.25574, 2745, #158747-02-5, PS, LM/Q, Antimigraine
Peaks: 147, 287, 330, 401, M+ 459

Frovatriptan isomer-2 3TMS — C23H41N3OSi3, 459.25574, 3075, #158747-02-5, PS, LM/Q, Antimigraine
Peaks: 73, 214, 330, 444, M+ 459

Ambroxol 2AC / Bromhexine-M (nor-HO-) isomer-2 2AC — C17H22Br2N2O3, 459.99969, 3015, U+ UHYAC, PS, LS/Q, Expectorant
Peaks: 264, 279, 417, 419, M+ 460

Bromhexine-M (nor-HO-) isomer-1 2AC — C17H22Br2N2O3, 459.99969, 2935, U+ UHYAC, U+ UHYAC, LS, Expectorant
Peaks: 81, 262, 279, 417, M+ 460

Bromhexine-M (nor-HO-) isomer-3 2AC — C17H22Br2N2O3, 459.99969, 3165, U+ UHYAC, U+ UHYAC, LS, Expectorant
Peaks: 81, 262, 279, 417, M+ 460

460

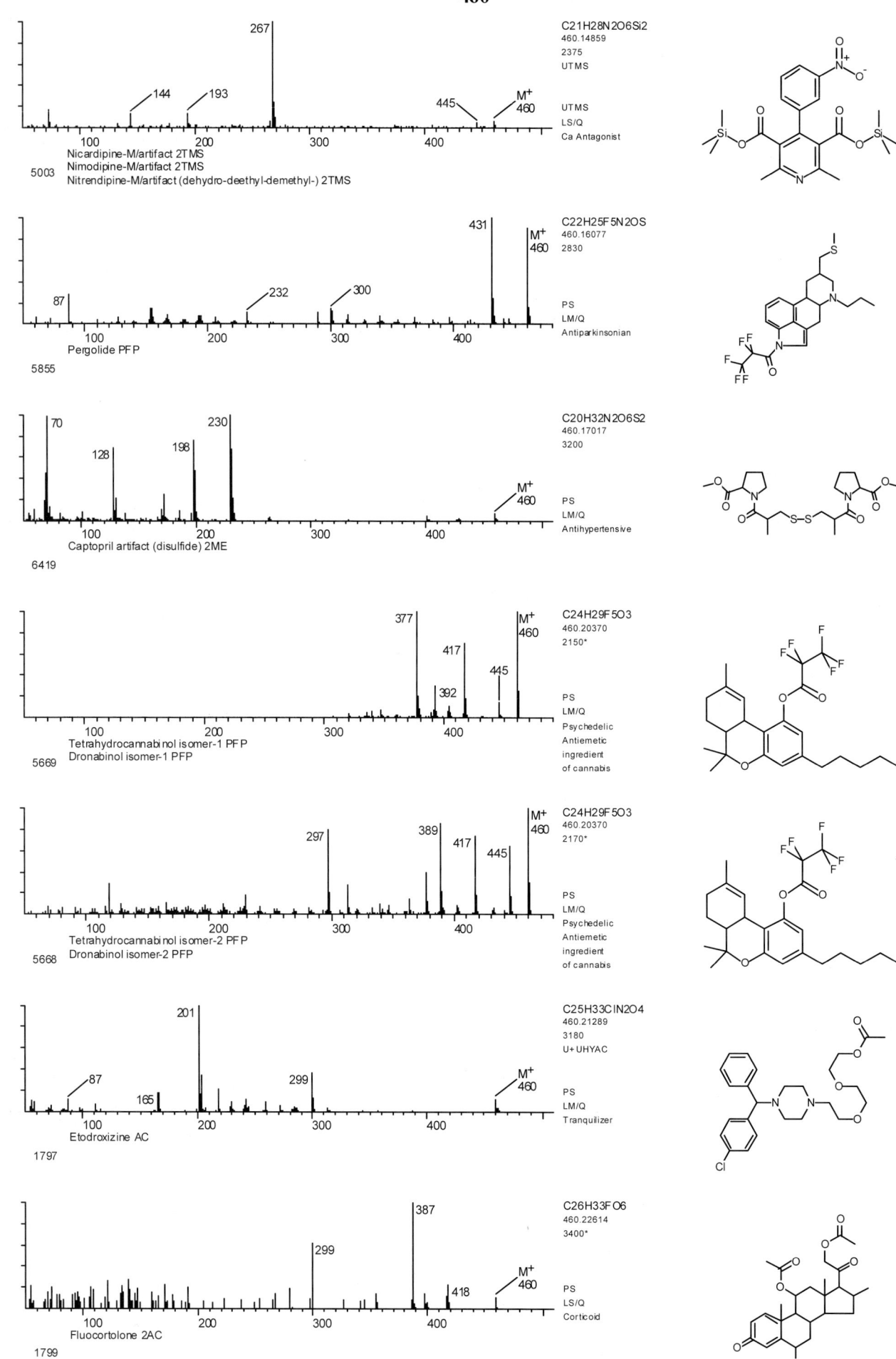

5003 Nicardipine-M/artifact 2TMS
Nimodipine-M/artifact 2TMS
Nitrendipine-M/artifact (dehydro-deethyl-demethyl-) 2TMS

C21H28N2O6Si2
460.14859
2375
UTMS
UTMS
LS/Q
Ca Antagonist

5855 Pergolide PFP

C22H25F5N2OS
460.16077
2830
PS
LM/Q
Antiparkinsonian

6419 Captopril artifact (disulfide) 2ME

C20H32N2O6S2
460.17017
3200
PS
LM/Q
Antihypertensive

5669 Tetrahydrocannabinol isomer-1 PFP
Dronabinol isomer-1 PFP

C24H29F5O3
460.20370
2150*
PS
LM/Q
Psychedelic
Antiemetic
ingredient
of cannabis

5668 Tetrahydrocannabinol isomer-2 PFP
Dronabinol isomer-2 PFP

C24H29F5O3
460.20370
2170*
PS
LM/Q
Psychedelic
Antiemetic
ingredient
of cannabis

1797 Etodroxizine AC

C25H33ClN2O4
460.21289
3180
U+UHYAC
PS
LM/Q
Tranquilizer

1799 Fluocortolone 2AC

C26H33FO6
460.22614
3400*
PS
LS/Q
Corticoid

461

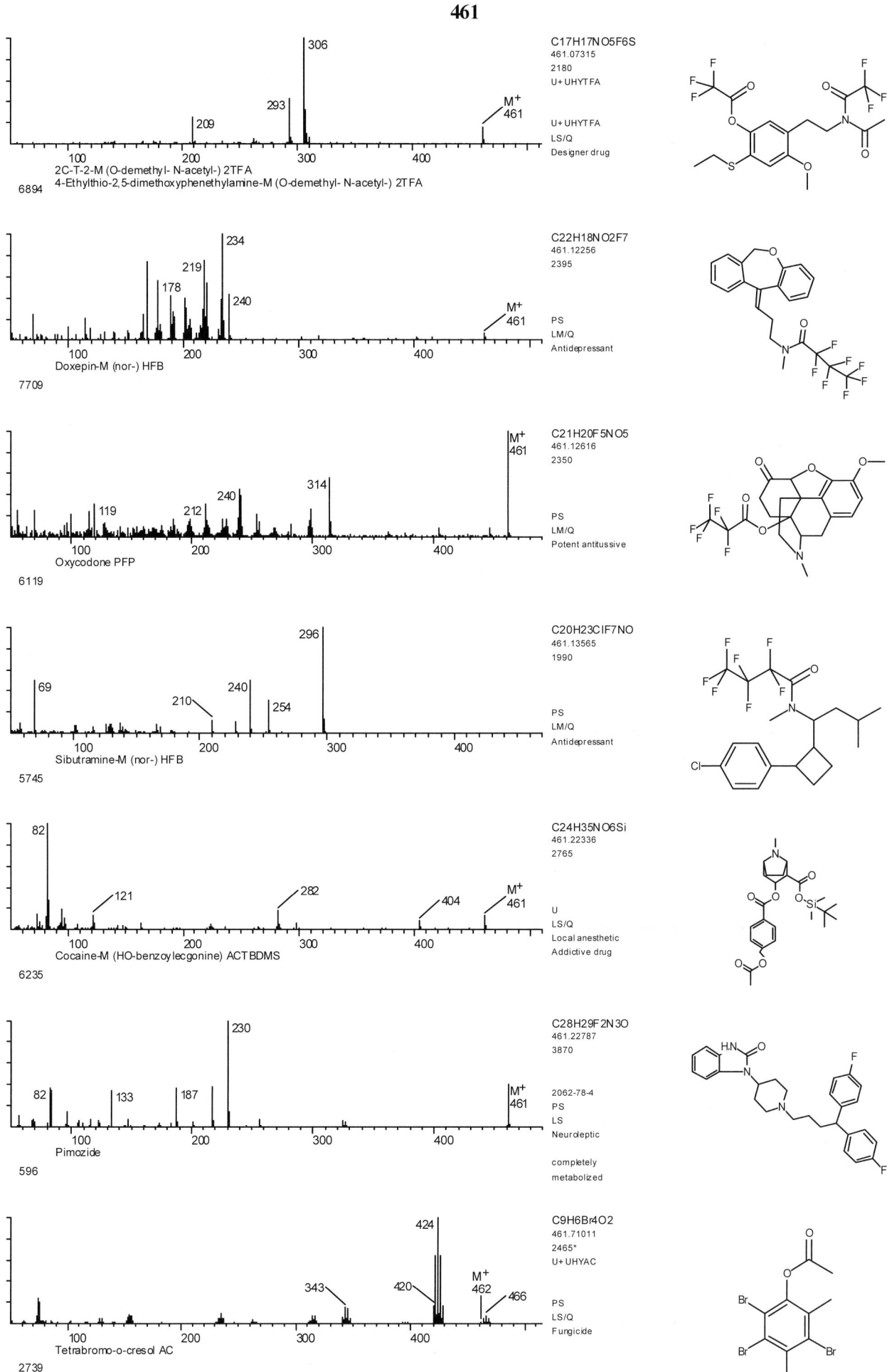

C17H17NO5F6S
461.07315
2180
U+ UHYTFA

U+ UHYTFA
LS/Q
Designer drug

2C-T-2-M (O-demethyl- N-acetyl-) 2TFA
4-Ethylthio-2,5-dimethoxyphenethylamine-M (O-demethyl- N-acetyl-) 2TFA
6894

C22H18NO2F7
461.12256
2395

PS
LM/Q
Antidepressant

Doxepin-M (nor-) HFB
7709

C21H20F5NO5
461.12616
2350

PS
LM/Q
Potent antitussive

Oxycodone PFP
6119

C20H23ClF7NO
461.13565
1990

PS
LM/Q
Antidepressant

Sibutramine-M (nor-) HFB
5745

C24H35NO6Si
461.22336
2765

U
LS/Q
Local anesthetic
Addictive drug

Cocaine-M (HO-benzoylecgonine) ACT BDMS
6235

C28H29F2N3O
461.22787
3870

2062-78-4
PS
LS
Neuroleptic

Pimozide
596

completely
metabolized

C9H6Br4O2
461.71011
2465*
U+ UHYAC

PS
LS/Q
Fungicide

Tetrabromo-o-cresol AC
2739

1129

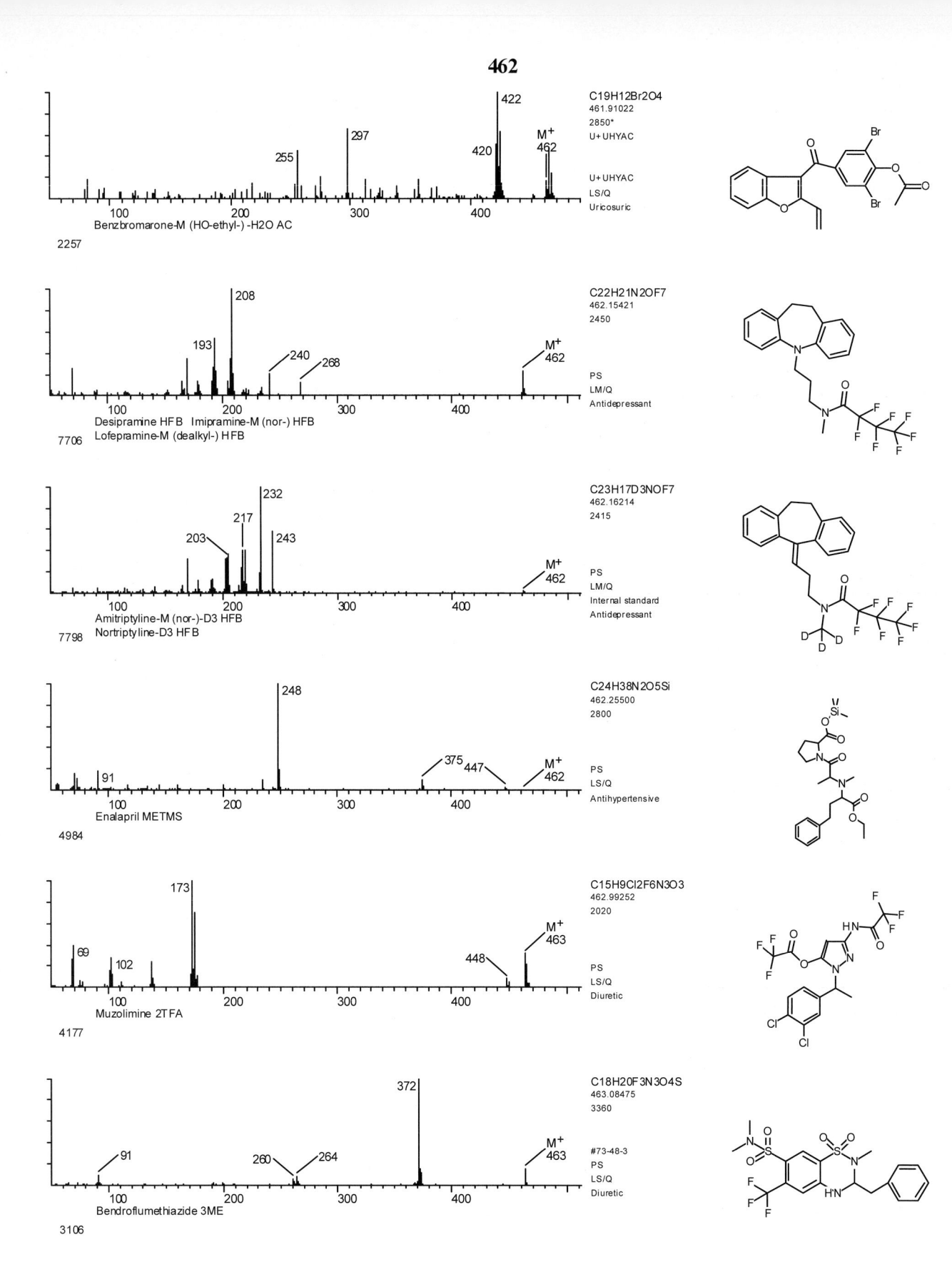

462

C19H12Br2O4
461.91022
2850*
U+ UHYAC

U+ UHYAC
LS/Q
Uricosuric

Benzbromarone-M (HO-ethyl-) -H2O AC
2257

C22H21N2OF7
462.15421
2450

PS
LM/Q
Antidepressant

Desipramine HFB   Imipramine-M (nor-) HFB
Lofepramine-M (dealkyl-) HFB
7706

C23H17D3NOF7
462.16214
2415

PS
LM/Q
Internal standard
Antidepressant

Amitriptyline-M (nor-)-D3 HFB
Nortriptyline-D3 HFB
7798

C24H38N2O5Si
462.25500
2800

PS
LS/Q
Antihypertensive

Enalapril METMS
4984

C15H9Cl2F6N3O3
462.99252
2020

PS
LS/Q
Diuretic

Muzolimine 2TFA
4177

C18H20F3N3O4S
463.08475
3360

#73-48-3
PS
LS/Q
Diuretic

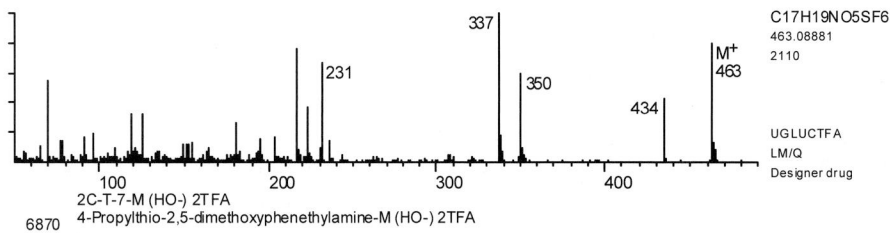

Bendroflumethiazide 3ME
3106

C17H19NO5SF6
463.08881
2110

UGLUCTFA
LM/Q
Designer drug

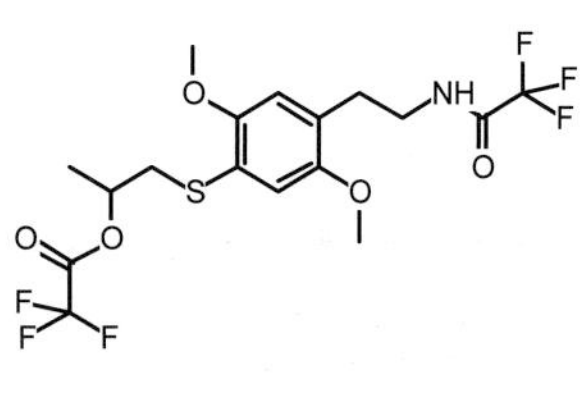

2C-T-7-M (HO-) 2TFA
4-Propylthio-2,5-dimethoxyphenethylamine-M (HO-) 2TFA
6870

1130

463

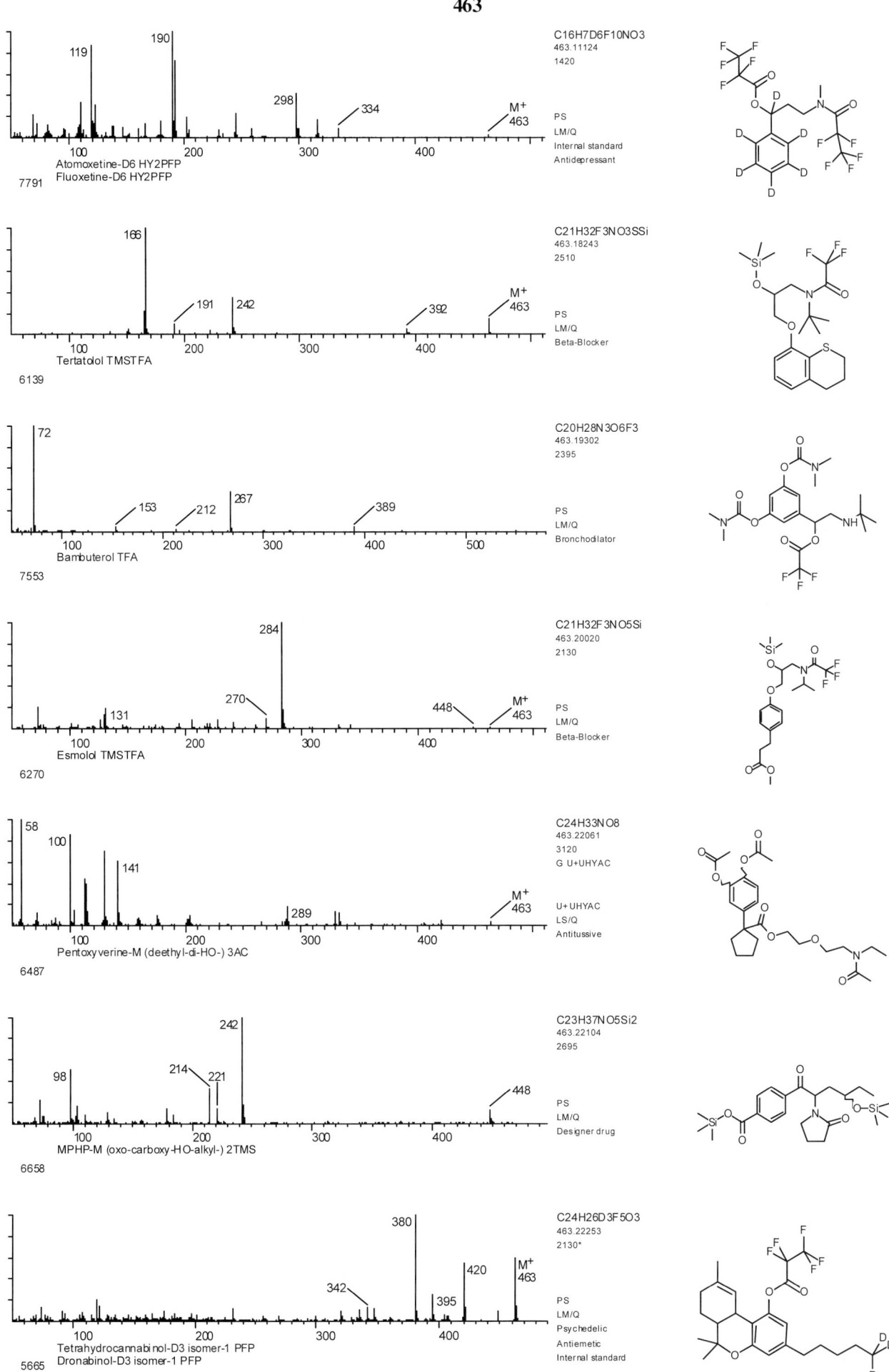

Atomoxetine-D6 HY2PFP
Fluoxetine-D6 HY2PFP
7791

C16H7D6F10NO3
463.11124
1420

PS
LM/Q
Internal standard
Antidepressant

Tertatolol TMSTFA
6139

C21H32F3NO3SSi
463.18243
2510

PS
LM/Q
Beta-Blocker

Bambuterol TFA
7553

C20H28N3O6F3
463.19302
2395

PS
LM/Q
Bronchodilator

Esmolol TMSTFA
6270

C21H32F3NO5Si
463.20020
2130

PS
LM/Q
Beta-Blocker

Pentoxyverine-M (deethyl-di-HO-) 3AC
6487

C24H33NO8
463.22061
3120
G U+UHYAC

U+UHYAC
LS/Q
Antitussive

MPHP-M (oxo-carboxy-HO-alkyl-) 2TMS
6658

C23H37NO5Si2
463.22104
2695

PS
LM/Q
Designer drug

Tetrahydrocannabinol-D3 isomer-1 PFP
Dronabinol-D3 isomer-1 PFP
5665

C24H26D3F5O3
463.22253
2130*

PS
LM/Q
Psychedelic
Antiemetic
Internal standard

463

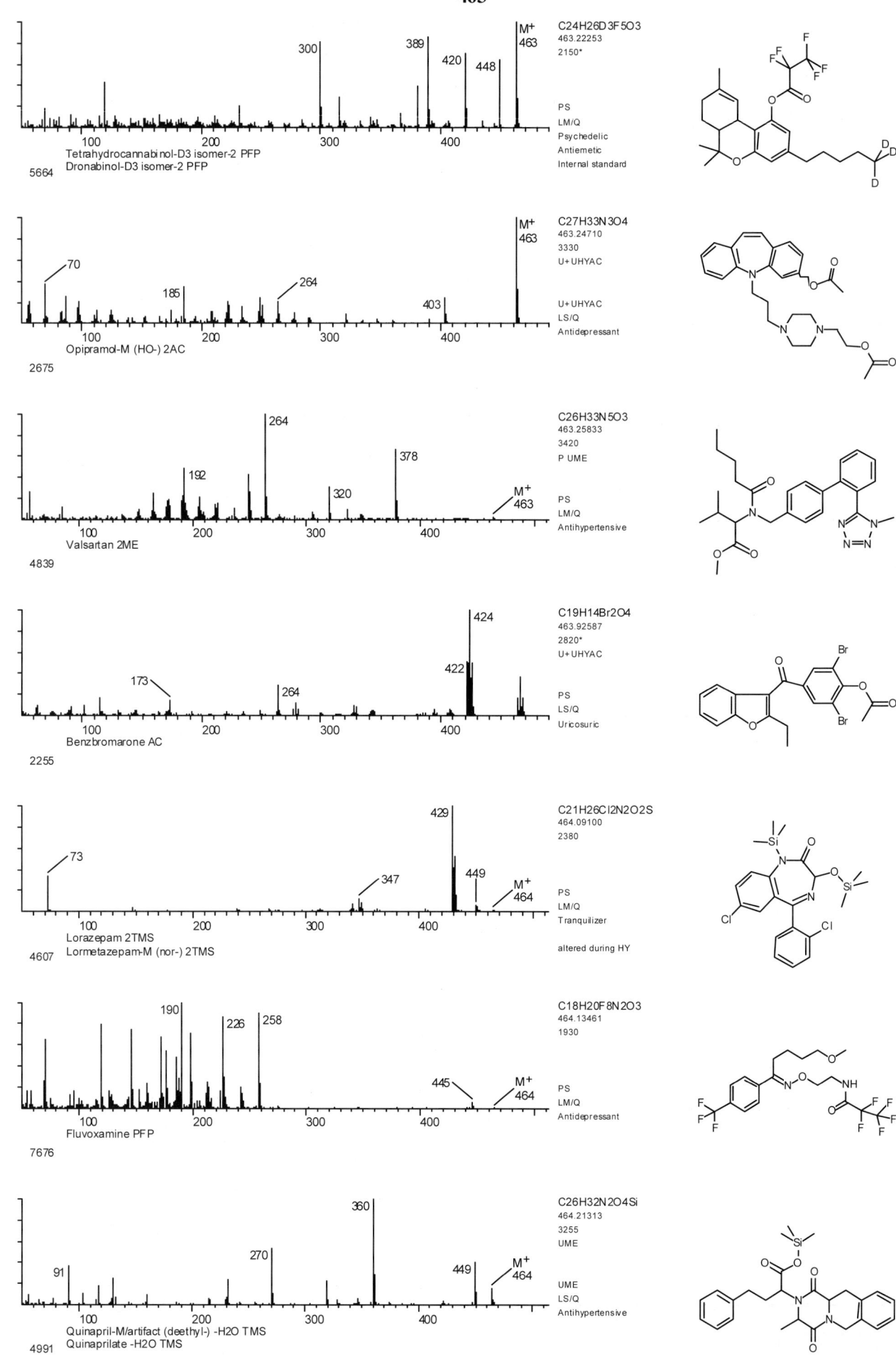

Tetrahydrocannabinol-D3 isomer-2 PFP
Dronabinol-D3 isomer-2 PFP
5664

C24H26D3F5O3
463.22253
2150*

PS
LM/Q
Psychedelic
Antiemetic
Internal standard

Opipramol-M (HO-) 2AC
2675

C27H33N3O4
463.24710
3330
U+ UHYAC

U+ UHYAC
LS/Q
Antidepressant

Valsartan 2ME
4839

C26H33N5O3
463.25833
3420
P UME

PS
LM/Q
Antihypertensive

Benzbromarone AC
2255

C19H14Br2O4
463.92587
2820*
U+ UHYAC

PS
LS/Q
Uricosuric

Lorazepam 2TMS
Lormetazepam-M (nor-) 2TMS
4607

C21H26Cl2N2O2S
464.09100
2380

PS
LM/Q
Tranquilizer
altered during HY

Fluvoxamine PFP
7676

C18H20F8N2O3
464.13461
1930

PS
LM/Q
Antidepressant

Quinapril-M/artifact (deethyl-) -H2O TMS
Quinaprilate -H2O TMS
4991

C26H32N2O4Si
464.21313
3255
UME

UME
LS/Q
Antihypertensive

1132

464

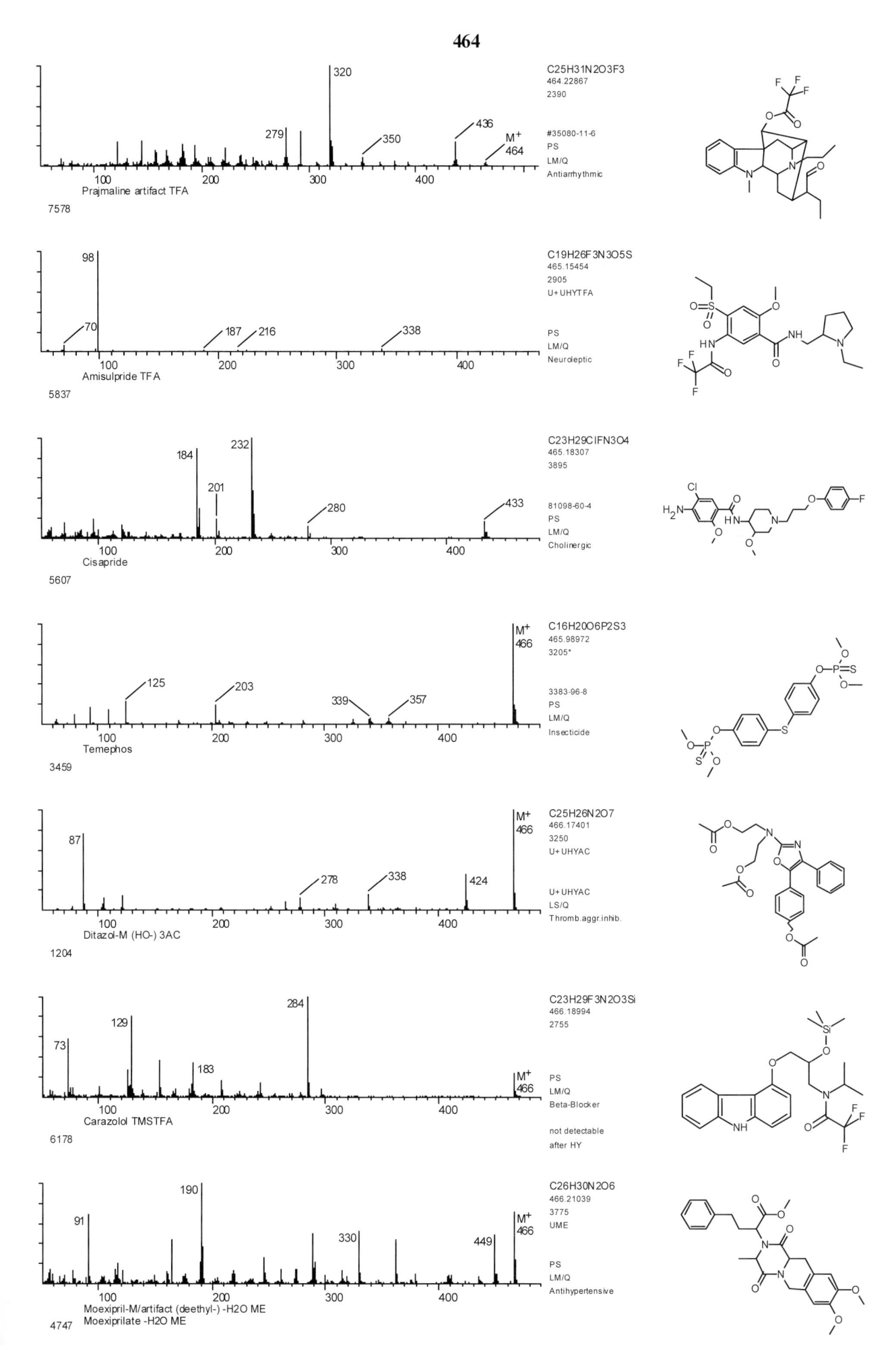

C25H31N2O3F3
464.22867
2390

#35080-11-6
PS
LM/Q
Antiarrhythmic

Prajmaline artifact TFA
7578

Peaks: 279, 320, 350, 436, M+ 464

C19H26F3N3O5S
465.15454
2905
U+ UHYTFA

PS
LM/Q
Neuroleptic

Amisulpride TFA
5837

Peaks: 70, 98, 187, 216, 338

C23H29ClFN3O4
465.18307
3895

81098-60-4
PS
LM/Q
Cholinergic

Cisapride
5607

Peaks: 184, 201, 232, 280, 433

C16H20O6P2S3
465.98972
3205*

3383-96-8
PS
LM/Q
Insecticide

Temephos
3459

Peaks: 125, 203, 339, 357, M+ 466

C25H26N2O7
466.17401
3250
U+ UHYAC

U+ UHYAC
LS/Q
Thromb.aggr.inhib.

Ditazol-M (HO-) 3AC
1204

Peaks: 87, 278, 338, 424, M+ 466

C23H29F3N2O3Si
466.18994
2755

PS
LM/Q
Beta-Blocker

not detectable after HY

Carazolol TMSTFA
6178

Peaks: 73, 129, 183, 284, M+ 466

C26H30N2O6
466.21039
3775
UME

PS
LM/Q
Antihypertensive

Moexipril-M/artifact (deethyl-) -H2O ME
Moexiprilate -H2O ME
4747

Peaks: 91, 190, 330, 449, M+ 466

466

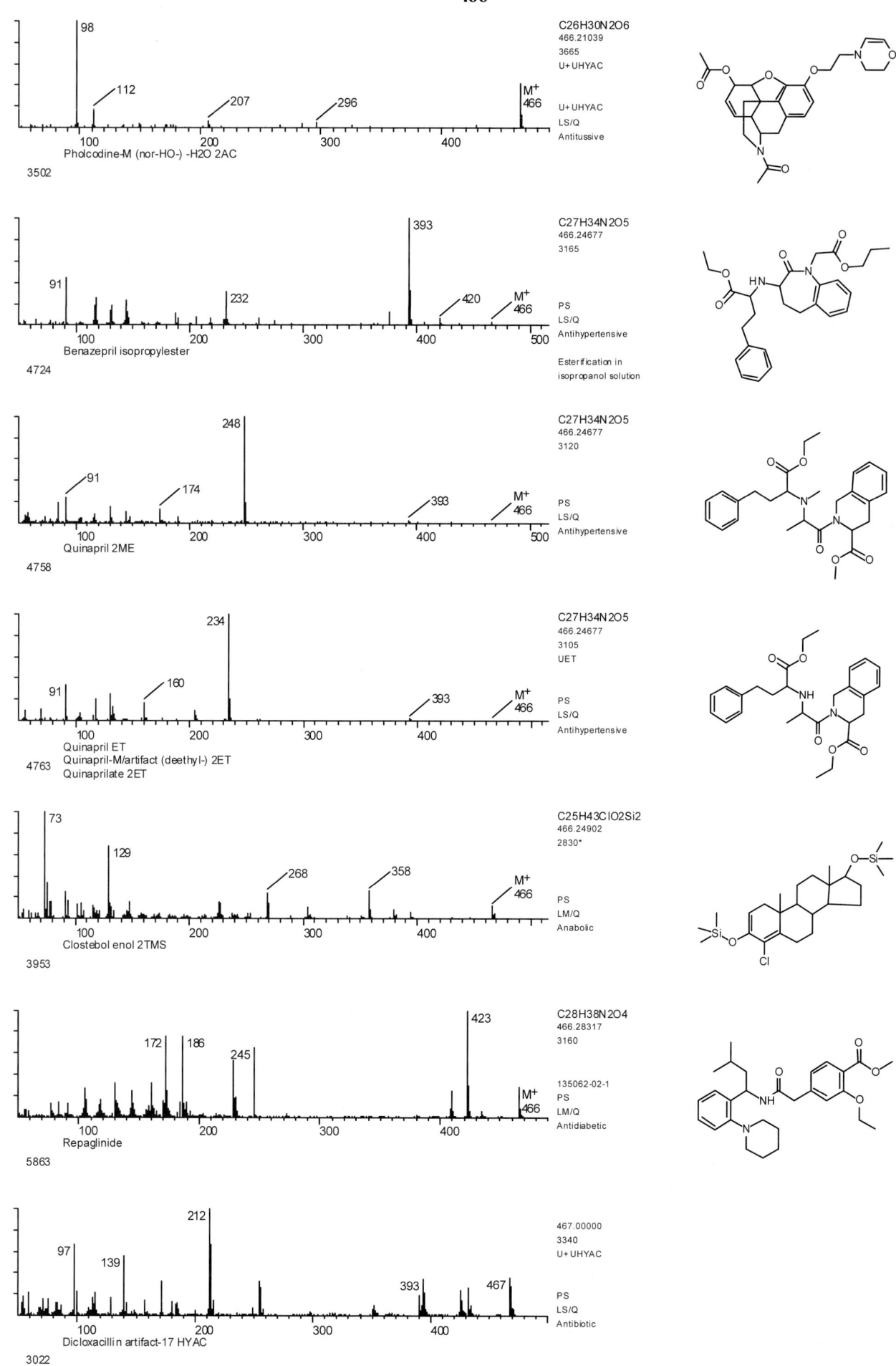

C26H30N2O6
466.21039
3665
U+ UHYAC

U+ UHYAC
LS/Q
Antitussive

Pholcodine-M (nor-HO-) -H2O 2AC
3502

C27H34N2O5
466.24677
3165

PS
LS/Q
Antihypertensive

Esterification in
isopropanol solution

Benazepril isopropylester
4724

C27H34N2O5
466.24677
3120

PS
LS/Q
Antihypertensive

Quinapril 2ME
4758

C27H34N2O5
466.24677
3105
UET

PS
LS/Q
Antihypertensive

Quinapril ET
Quinapril-M/artifact (deethyl-) 2ET
Quinaprilate 2ET
4763

C25H43ClO2Si2
466.24902
2830*

PS
LM/Q
Anabolic

Clostebol enol 2TMS
3953

C28H38N2O4
466.28317
3160

135062-02-1
PS
LM/Q
Antidiabetic

Repaglinide
5863

467.00000
3340
U+ UHYAC

PS
LS/Q
Antibiotic

Dicloxacillin artifact-17 HYAC
3022

1134

467

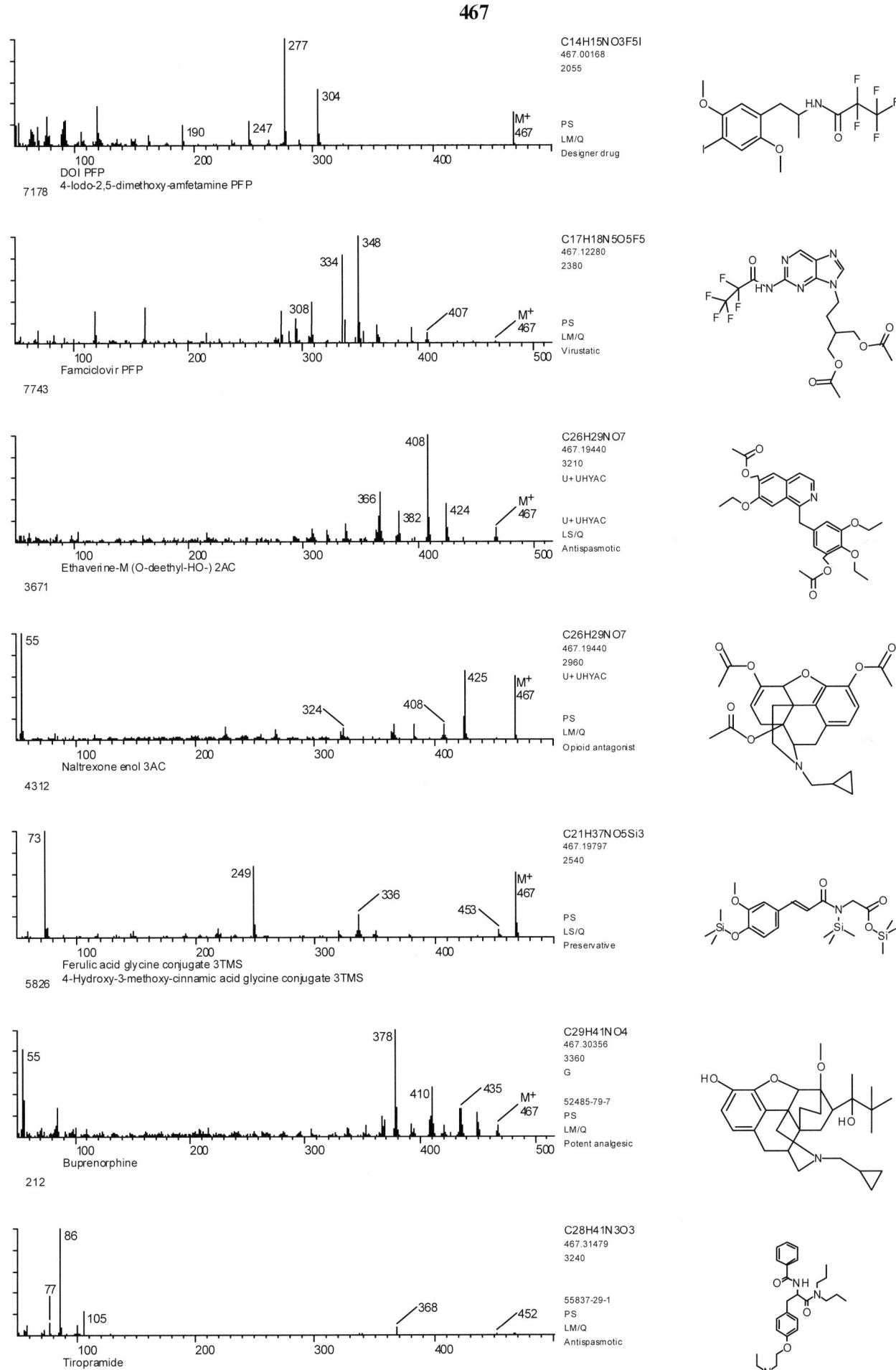

C14H15NO3F5I
467.00168
2055

PS
LM/Q
Designer drug

DOI PFP
4-Iodo-2,5-dimethoxy-amfetamine PFP
7178

C17H18N5O5F5
467.12280
2380

PS
LM/Q
Virustatic

Famciclovir PFP
7743

C26H29NO7
467.19440
3210
U+ UHYAC

U+ UHYAC
LS/Q
Antispasmotic

Ethaverine-M (O-deethyl-HO-) 2AC
3671

C26H29NO7
467.19440
2960
U+ UHYAC

PS
LM/Q
Opioid antagonist

Naltrexone enol 3AC
4312

C21H37NO5Si3
467.19797
2540

PS
LS/Q
Preservative

Ferulic acid glycine conjugate 3TMS
4-Hydroxy-3-methoxy-cinnamic acid glycine conjugate 3TMS
5826

C29H41NO4
467.30356
3360
G

52485-79-7
PS
LM/Q
Potent analgesic

Buprenorphine
212

C28H41N3O3
467.31479
3240

55837-29-1
PS
LM/Q
Antispasmotic

Tiropramide
5687

1135

468

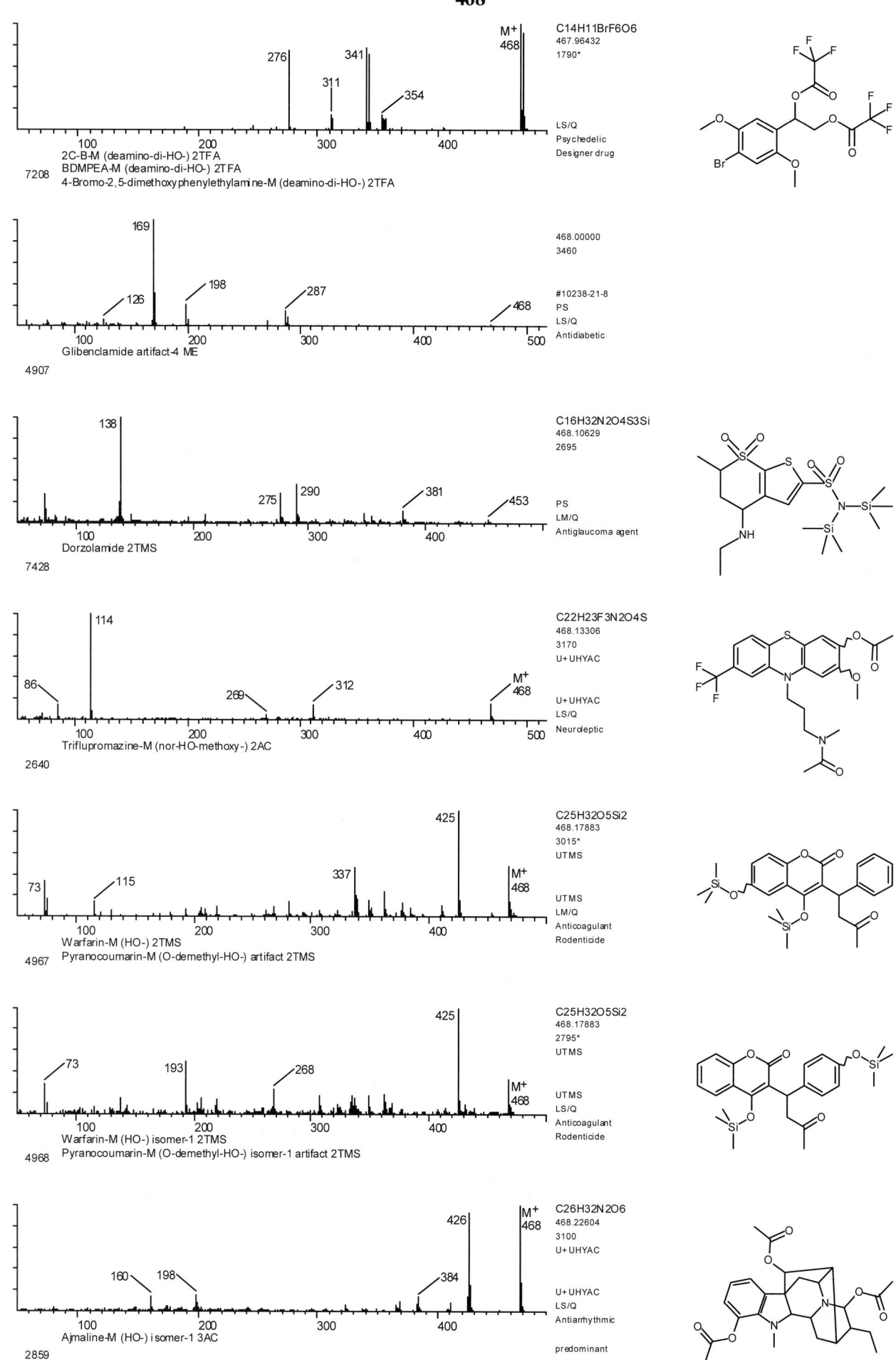

7208 — 2C-B-M (deamino-di-HO-) 2TFA / BDMPEA-M (deamino-di-HO-) 2TFA / 4-Bromo-2,5-dimethoxyphenylethylamine-M (deamino-di-HO-) 2TFA
Peaks: 276, 311, 341, 354, M+ 468
C14H11BrF6O6; 467.96432; 1790*; LS/Q; Psychedelic Designer drug

4907 — Glibenclamide artifact-4 ME
Peaks: 126, 169, 198, 287, 468
468.00000; 3460; #10238-21-8; PS; LS/Q; Antidiabetic

7428 — Dorzolamide 2TMS
Peaks: 138, 275, 290, 381, 453
C16H32N2O4S3Si; 468.10629; 2695; PS; LM/Q; Antiglaucoma agent

2640 — Triflupromazine-M (nor-HO-methoxy-) 2AC
Peaks: 86, 114, 269, 312, M+ 468
C22H23F3N2O4S; 468.13306; 3170; U+ UHYAC; U+ UHYAC; LS/Q; Neuroleptic

4967 — Warfarin-M (HO-) 2TMS / Pyranocoumarin-M (O-demethyl-HO-) artifact 2TMS
Peaks: 73, 115, 337, 425, M+ 468
C25H32O5Si2; 468.17883; 3015*; UTMS; UTMS; LM/Q; Anticoagulant Rodenticide

4968 — Warfarin-M (HO-) isomer-1 2TMS / Pyranocoumarin-M (O-demethyl-HO-) isomer-1 artifact 2TMS
Peaks: 73, 193, 268, 425, M+ 468
C25H32O5Si2; 468.17883; 2795*; UTMS; UTMS; LS/Q; Anticoagulant Rodenticide

2859 — Ajmaline-M (HO-) isomer-1 3AC
Peaks: 160, 198, 384, 426, M+ 468
C26H32N2O6; 468.22604; 3100; U+ UHYAC; U+ UHYAC; LS/Q; Antiarrhythmic; predominant

468

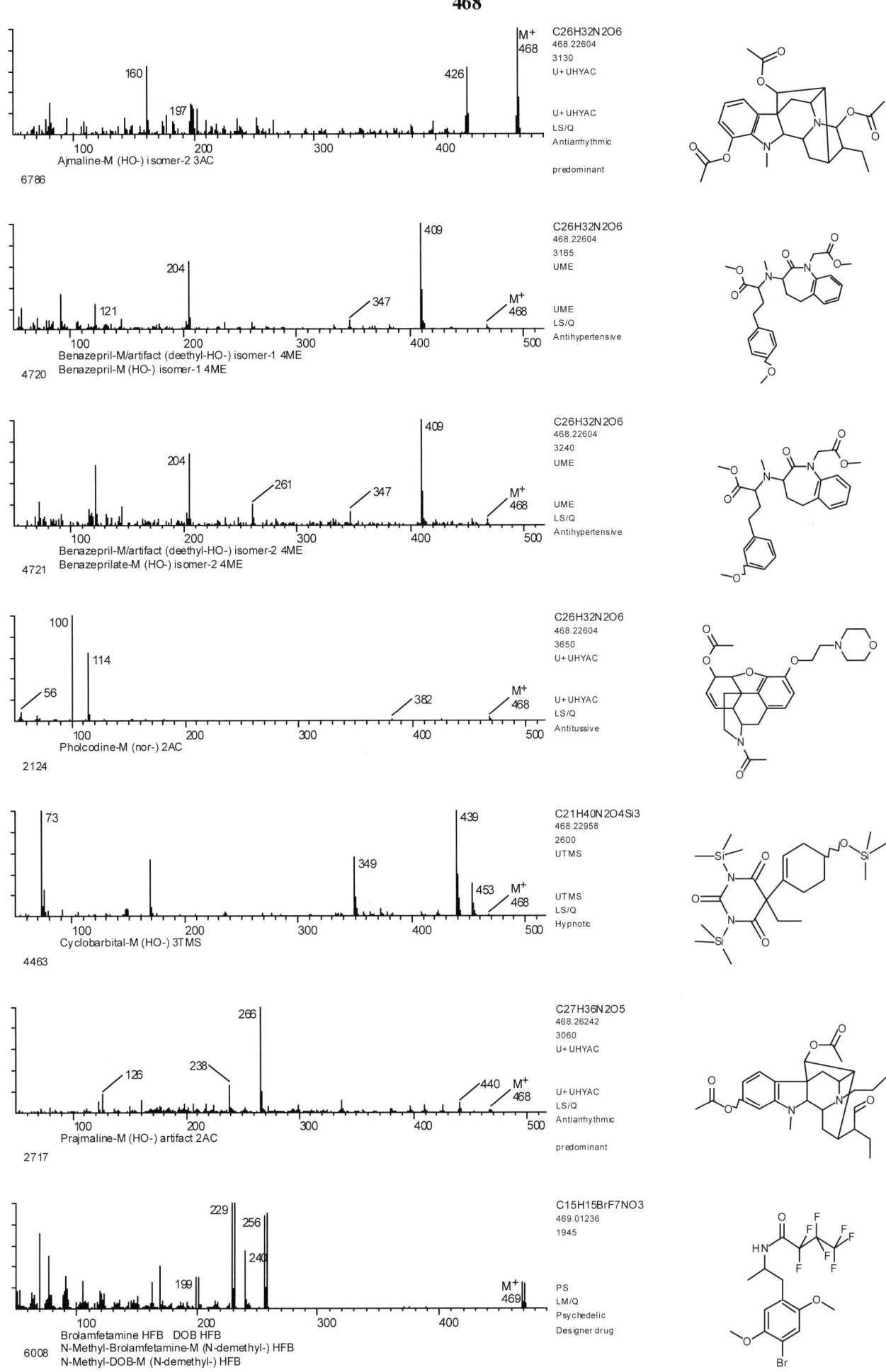

M+ 468, 426, 197, 160	C26H32N2O6 468.22604 3130 U+ UHYAC / U+ UHYAC / LS/Q / Antiarrhythmic / predominant	
Ajmaline-M (HO-) isomer-2 3AC
6786		

409, 347, 204, 121, M+ 468	C26H32N2O6 468.22604 3165 UME / UME / LS/Q / Antihypertensive	
Benazepril-M/artifact (deethyl-HO-) isomer-1 4ME
Benazepril-M (HO-) isomer-1 4ME
4720		

409, 347, 261, 204, M+ 468	C26H32N2O6 468.22604 3240 UME / UME / LS/Q / Antihypertensive	
Benazepril-M/artifact (deethyl-HO-) isomer-2 4ME
Benazeprilate-M (HO-) isomer-2 4ME
4721		

100, 114, 56, 382, M+ 468	C26H32N2O6 468.22604 3650 U+ UHYAC / U+ UHYAC / LS/Q / Antitussive	
Pholcodine-M (nor-) 2AC
2124		

439, 349, 73, 453, M+ 468	C21H40N2O4Si3 468.22958 2600 UTMS / UTMS / LS/Q / Hypnotic	
Cyclobarbital-M (HO-) 3TMS
4463		

266, 238, 126, 440, M+ 468	C27H36N2O5 468.26242 3060 U+ UHYAC / U+ UHYAC / LS/Q / Antiarrhythmic / predominant	
Prajmaline-M (HO-) artifact 2AC
2717		

229, 256, 240, 199, M+ 469	C15H15BrF7NO3 469.01236 1945 PS / LM/Q / Psychedelic / Designer drug	
Brolamfetamine HFB   DOB HFB
N-Methyl-Brolamfetamine-M (N-demethyl-) HFB
N-Methyl-DOB-M (N-demethyl-) HFB
6008		

469

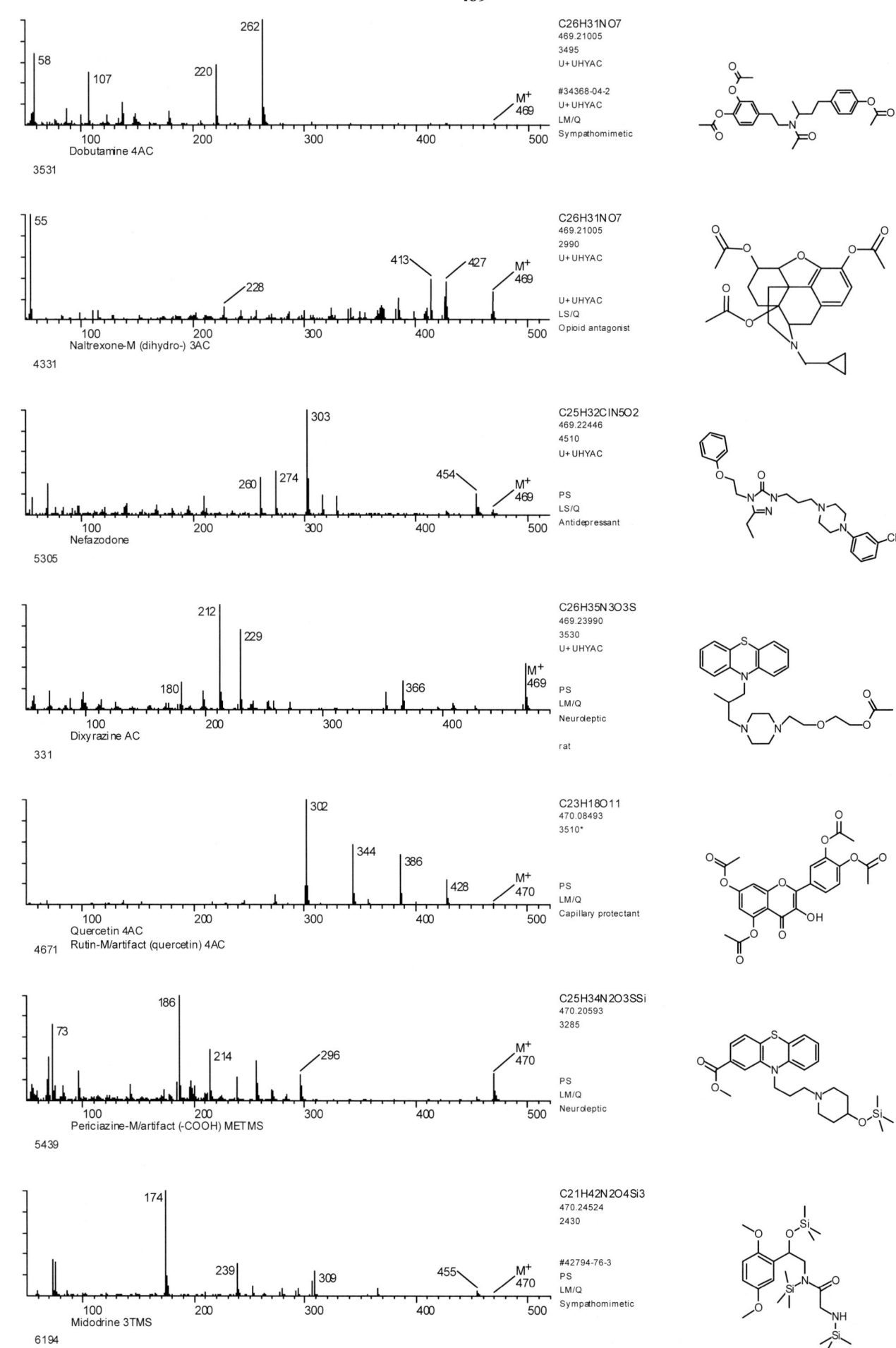

Dobutamine 4AC (peaks: 58, 107, 220, 262, M+ 469)	C26H31NO7 469.21005 3495 U+ UHYAC #34368-04-2 U+ UHYAC LM/Q Sympathomimetic	

3531

Naltrexone-M (dihydro-) 3AC (peaks: 55, 228, 413, 427, M+ 469)

C26H31NO7
469.21005
2990
U+ UHYAC

U+ UHYAC
LS/Q
Opioid antagonist

4331

Nefazodone (peaks: 260, 274, 303, 454, M+ 469)

C25H32ClN5O2
469.22446
4510
U+ UHYAC

PS
LS/Q
Antidepressant

5305

Dixyrazine AC (peaks: 180, 212, 229, 366, M+ 469)

C26H35N3O3S
469.23990
3530
U+ UHYAC

PS
LM/Q
Neuroleptic
rat

331

Quercetin 4AC
Rutin-M/artifact (quercetin) 4AC (peaks: 302, 344, 386, 428, M+ 470)

C23H18O11
470.08493
3510*

PS
LM/Q
Capillary protectant

4671

Periciazine-M/artifact (-COOH) MET MS (peaks: 73, 186, 214, 296, M+ 470)

C25H34N2O3SSi
470.20593
3285

PS
LM/Q
Neuroleptic

5439

Midodrine 3TMS (peaks: 174, 239, 309, 455, M+ 470)

C21H42N2O4Si3
470.24524
2430
#42794-76-3
PS
LM/Q
Sympathomimetic

6194

470

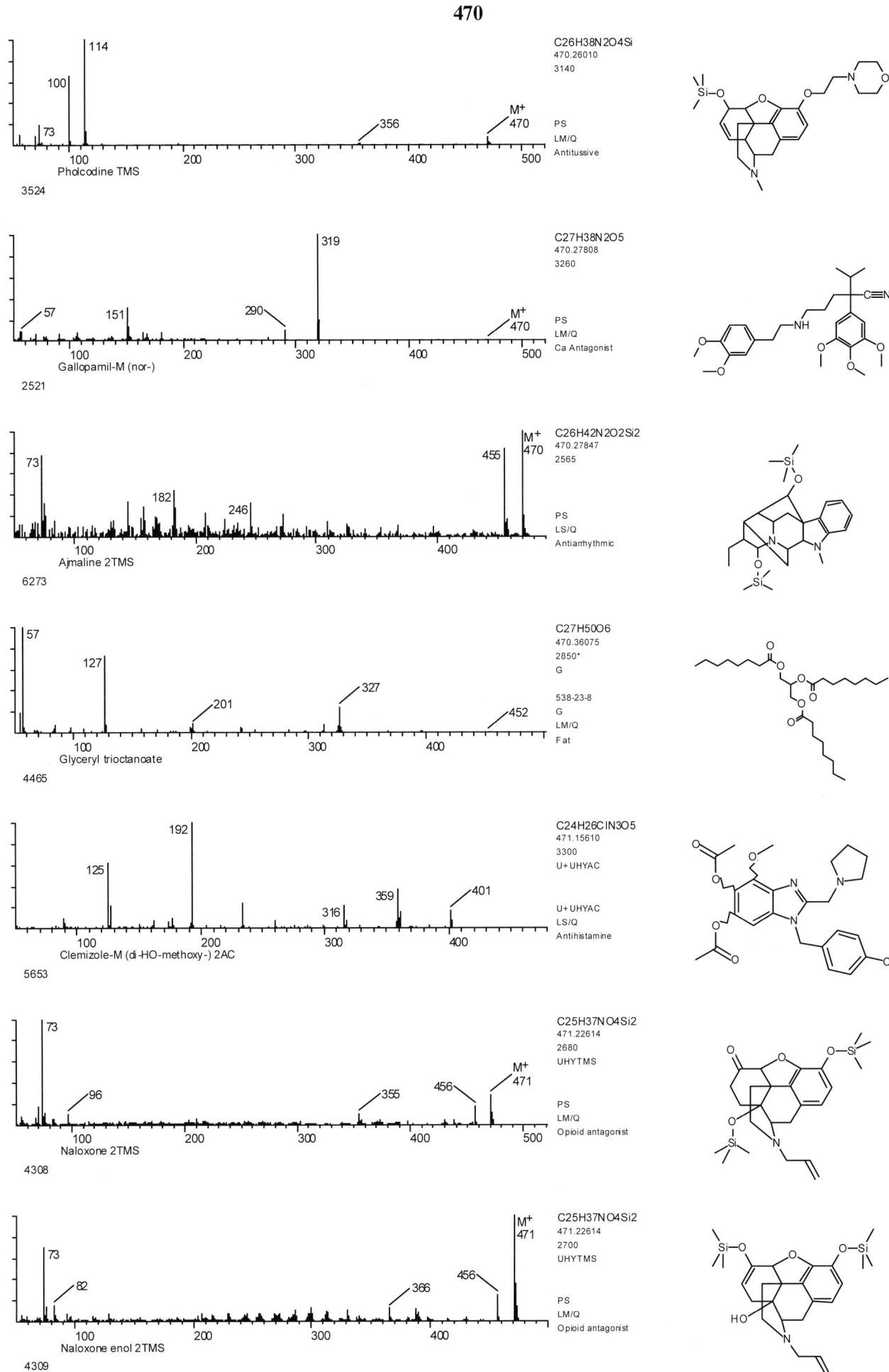

C26H38N2O4Si
470.26010
3140

PS
LM/Q
Antitussive

Pholcodine TMS
3524

C27H38N2O5
470.27808
3260

PS
LM/Q
Ca Antagonist

Gallopamil-M (nor-)
2521

C26H42N2O2Si2
470.27847
2565

PS
LS/Q
Antiarrhythmic

Ajmaline 2TMS
6273

C27H50O6
470.36075
2850*
G

538-23-8
G
LM/Q
Fat

Glyceryl trioctanoate
4465

C24H26ClN3O5
471.15610
3300
U+UHYAC

U+UHYAC
LS/Q
Antihistamine

Clemizole-M (di-HO-methoxy-) 2AC
5653

C25H37NO4Si2
471.22614
2680
UHYTMS

PS
LM/Q
Opioid antagonist

Naloxone 2TMS
4308

C25H37NO4Si2
471.22614
2700
UHYTMS

PS
LM/Q
Opioid antagonist

Naloxone enol 2TMS
4309

471

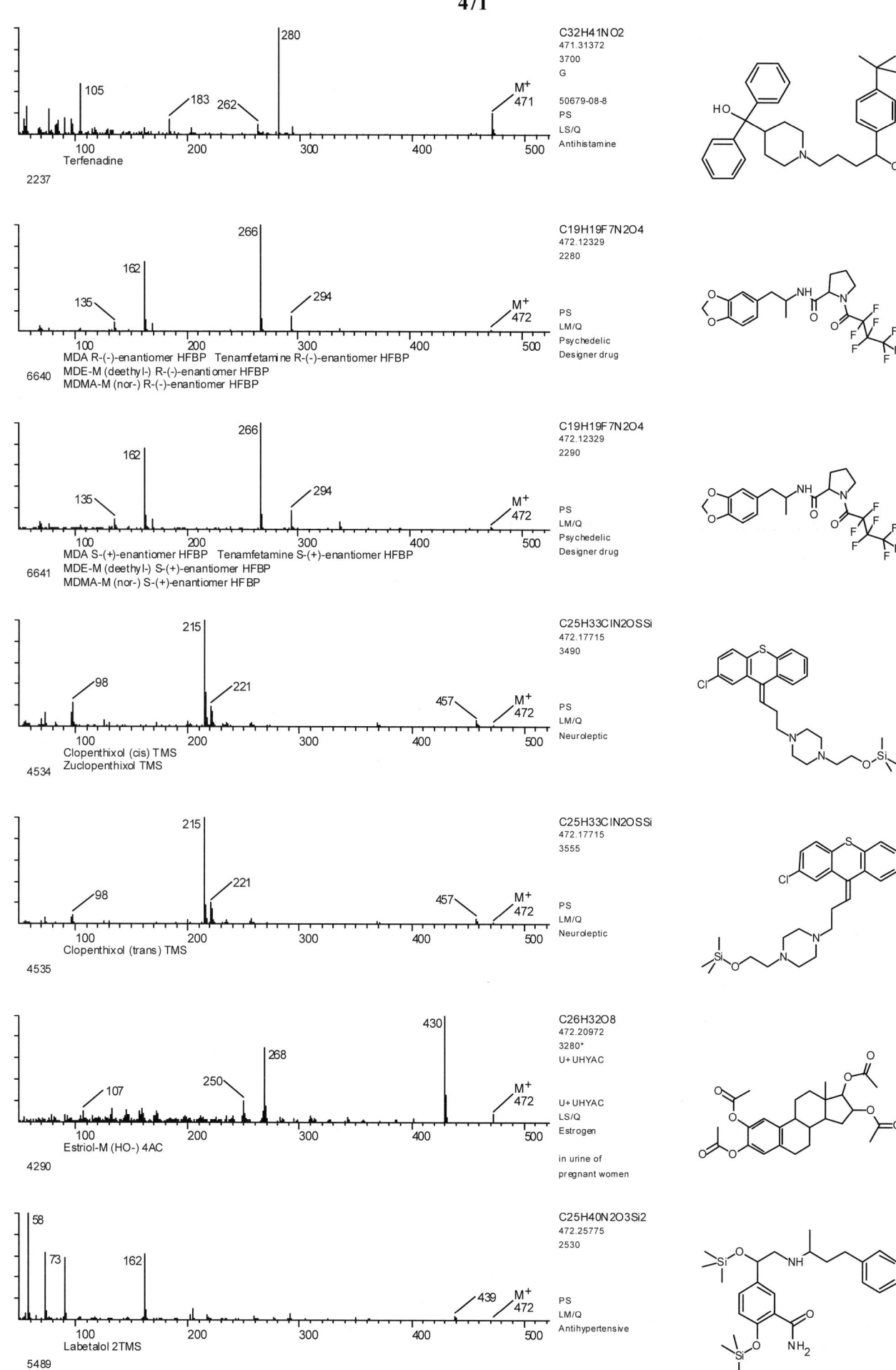

Terfenadine	C32H41NO2 471.31372 3700 G 50679-08-8 PS LS/Q Antihistamine
2237	

Peaks: 105, 183, 262, 280, M+ 471

MDA R-(-)-enantiomer HFBP   Tenamfetamine R-(-)-enantiomer HFBP
MDE-M (deethyl-) R-(-)-enantiomer HFBP
MDMA-M (nor-) R-(-)-enantiomer HFBP
6640

C19H19F7N2O4
472.12329
2280
PS
LM/Q
Psychedelic
Designer drug

Peaks: 135, 162, 266, 294, M+ 472

MDA S-(+)-enantiomer HFBP   Tenamfetamine S-(+)-enantiomer HFBP
MDE-M (deethyl-) S-(+)-enantiomer HFBP
MDMA-M (nor-) S-(+)-enantiomer HFBP
6641

C19H19F7N2O4
472.12329
2290
PS
LM/Q
Psychedelic
Designer drug

Peaks: 135, 162, 266, 294, M+ 472

Clopenthixol (cis) TMS
Zuclopenthixol TMS
4534

C25H33ClN2OSSi
472.17715
3490
PS
LM/Q
Neuroleptic

Peaks: 98, 215, 221, 457, M+ 472

Clopenthixol (trans) TMS
4535

C25H33ClN2OSSi
472.17715
3555
PS
LM/Q
Neuroleptic

Peaks: 98, 215, 221, 457, M+ 472

Estriol-M (HO-) 4AC
4290

C26H32O8
472.20972
3280*
U+ UHYAC
U+ UHYAC
LS/Q
Estrogen
in urine of
pregnant women

Peaks: 107, 250, 268, 430, M+ 472

Labetalol 2TMS
5489

C25H40N2O3Si2
472.25775
2530
PS
LM/Q
Antihypertensive

Peaks: 58, 73, 162, 439, M+ 472

1140

472

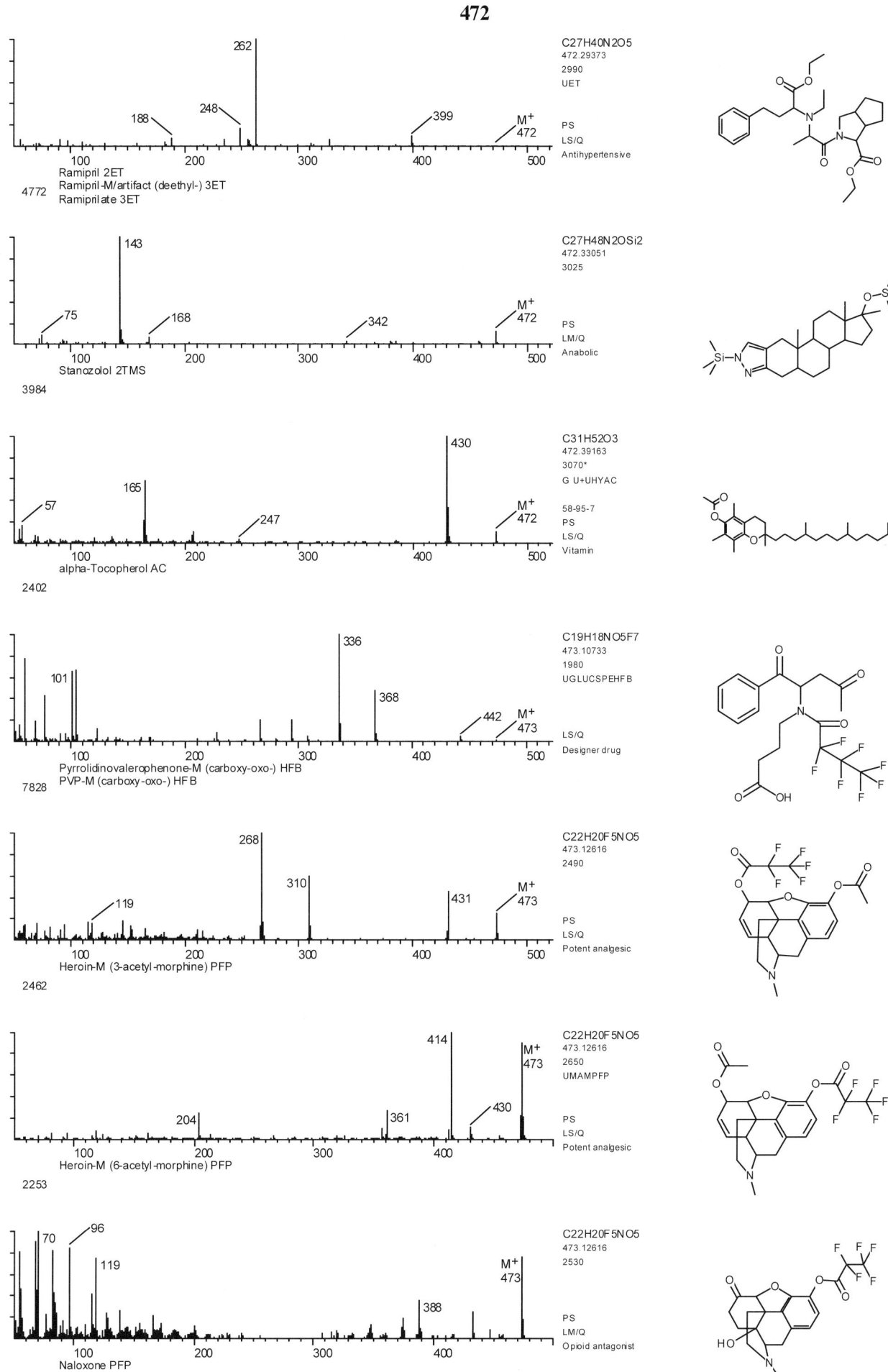

C27H40N2O5
472.29373
2990
UET
PS
LS/Q
Antihypertensive

Ramipril 2ET
Ramipril-M/artifact (deethyl-) 3ET
Ramiprilate 3ET
4772

C27H48N2OSi2
472.33051
3025
PS
LM/Q
Anabolic

Stanozolol 2TMS
3984

C31H52O3
472.39163
3070*
G U+UHYAC
58-95-7
PS
LS/Q
Vitamin

alpha-Tocopherol AC
2402

C19H18NO5F7
473.10733
1980
UGLUCSPEHFB
LS/Q
Designer drug

Pyrrolidinovalerophenone-M (carboxy-oxo-) HFB
PVP-M (carboxy-oxo-) HFB
7828

C22H20F5NO5
473.12616
2490
PS
LS/Q
Potent analgesic

Heroin-M (3-acetyl-morphine) PFP
2462

C22H20F5NO5
473.12616
2650
UMAMPFP
PS
LS/Q
Potent analgesic

Heroin-M (6-acetyl-morphine) PFP
2253

C22H20F5NO5
473.12616
2530
PS
LM/Q
Opioid antagonist

Naloxone PFP
4329

1141

473

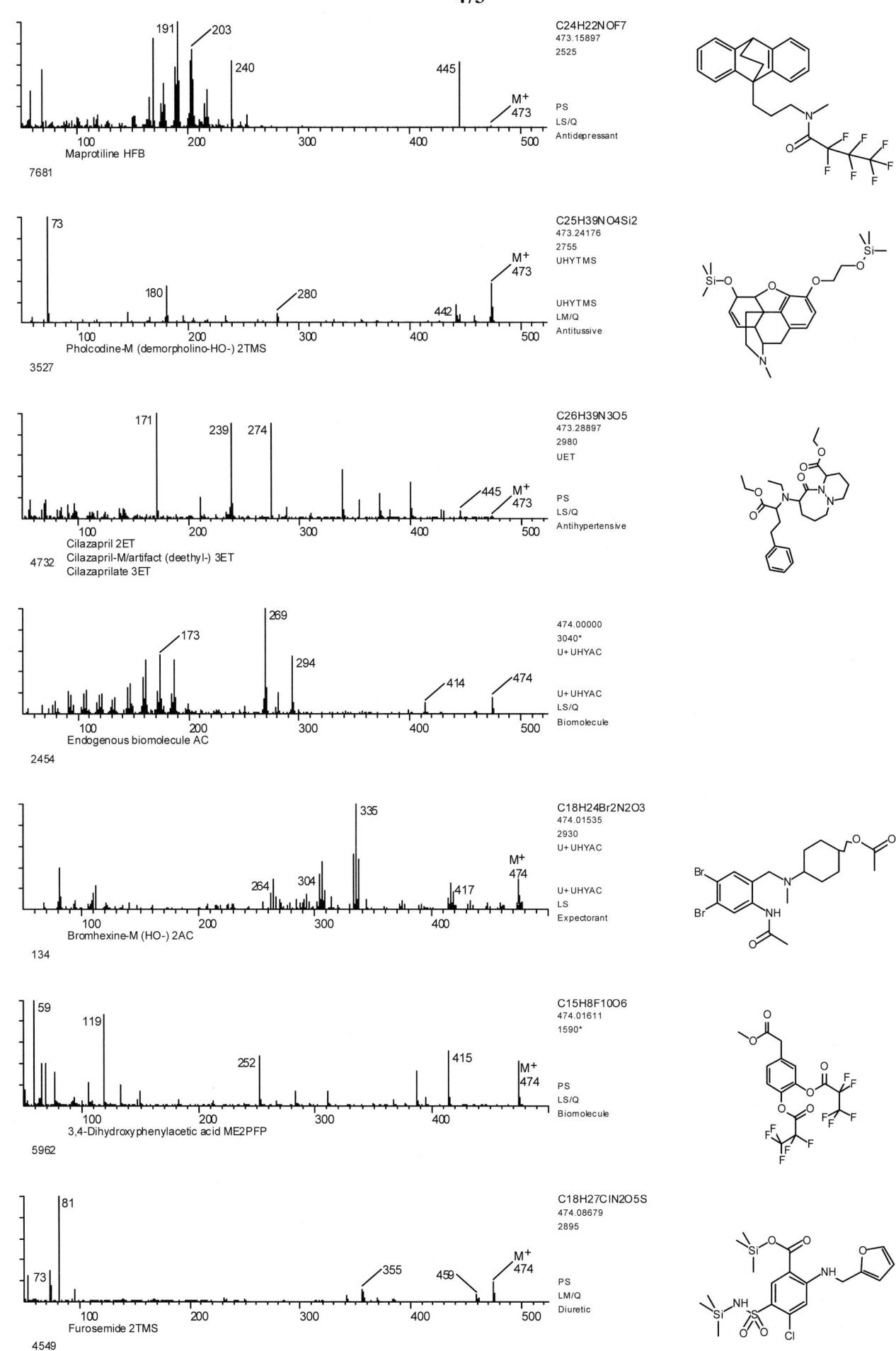

C24H22NOF7
473.15897
2525

PS
M+ 473
LS/Q
Antidepressant

Maprotiline HFB
7681

C25H39NO4Si2
473.24176
2755
UHYTMS

M+ 473
UHYTMS
LM/Q
Antitussive

Pholcodine-M (demorpholino-HO-) 2TMS
3527

C26H39N3O5
473.28897
2980
UET

M+ 473
PS
LS/Q
Antihypertensive

Cilazapril 2ET
Cilazapril-M/artifact (deethyl-) 3ET
Cilazaprilate 3ET
4732

474.00000
3040*
U+ UHYAC

U+ UHYAC
LS/Q
Biomolecule

Endogenous biomolecule AC
2454

C18H24Br2N2O3
474.01535
2930
U+ UHYAC

M+ 474
U+ UHYAC
LS
Expectorant

Bromhexine-M (HO-) 2AC
134

C15H8F10O6
474.01611
1590*

M+ 474
PS
LS/Q
Biomolecule

3,4-Dihydroxyphenylacetic acid ME2PFP
5962

C18H27ClN2O5S
474.08679
2895

M+ 474
PS
LM/Q
Diuretic

Furosemide 2TMS
4549

474

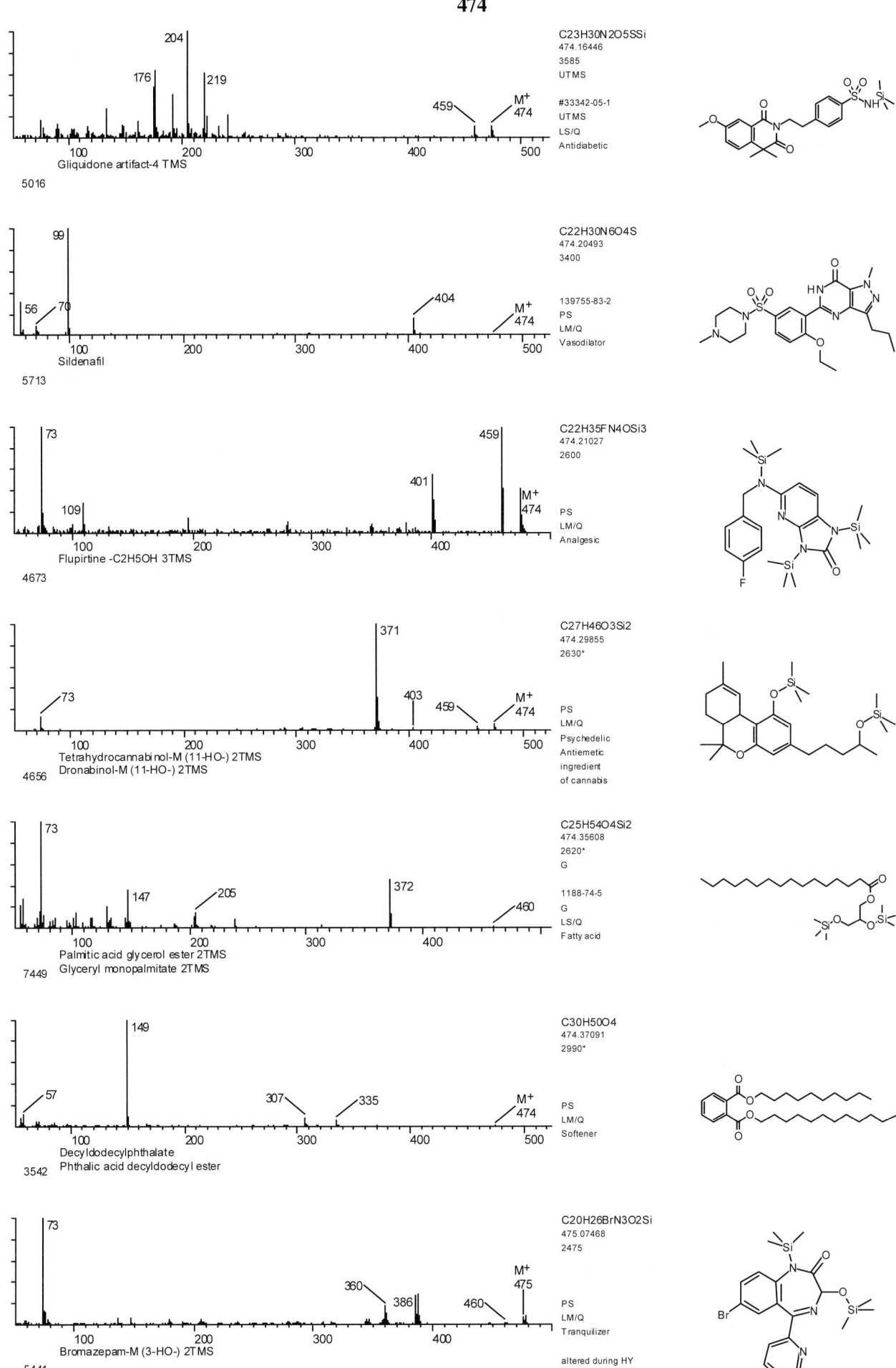

Gliquidone artifact-4 TMS
5016
C23H30N2O5SSi
474.16446
3585
UTMS
#33342-05-1
UTMS
LS/Q
Antidiabetic
Peaks: 176, 204, 219, 459, M+ 474

Sildenafil
5713
C22H30N6O4S
474.20493
3400
139755-83-2
PS
LM/Q
Vasodilator
Peaks: 56, 70, 99, 404, M+ 474

Flupirtine -C2H5OH 3TMS
4673
C22H35FN4OSi3
474.21027
2600
PS
LM/Q
Analgesic
Peaks: 73, 109, 401, 459, M+ 474

Tetrahydrocannabinol-M (11-HO-) 2TMS
Dronabinol-M (11-HO-) 2TMS
4656
C27H46O3Si2
474.29855
2630*
PS
LM/Q
Psychedelic
Antiemetic
ingredient
of cannabis
Peaks: 73, 371, 403, 459, M+ 474

Palmitic acid glycerol ester 2TMS
Glyceryl monopalmitate 2TMS
7449
C25H54O4Si2
474.35608
2620*
G
1188-74-5
G
LS/Q
Fatty acid
Peaks: 73, 147, 205, 372, 460

Decyldodecylphthalate
Phthalic acid decyldodecyl ester
3542
C30H50O4
474.37091
2990*
PS
LM/Q
Softener
Peaks: 57, 149, 307, 335, M+ 474

Bromazepam-M (3-HO-) 2TMS
5441
C20H26BrN3O2Si
475.07468
2475
PS
LM/Q
Tranquilizer
altered during HY
Peaks: 73, 360, 386, 460, M+ 475

475

C16H16N5O4F7
475.10904
2299

PS
LM/Q
Virustatic

Famciclovir artifact (deacetyl) HFB
7747

C22H19F6NO4
475.12183
2680

#61869-08-7
PS
LM/Q
Antidepressant

Paroxetine PFP
6320

C21H24F3NO8
475.14539
2530
UGLUCTFA

UTFA
LS/Q
Local anesthetic
Addictive drug

Cocaine-M (HO-di-methoxy-) TFA
5953

C22H20N3OF7
475.14948
2075

PS
LM/Q
Antiarrhythmic

Disopyramide-M (N-dealkyl-) -H2O HFB
7586

C24H34ClN3OSSi
475.18805
3340

PS
LM/Q
Neuroleptic

rat

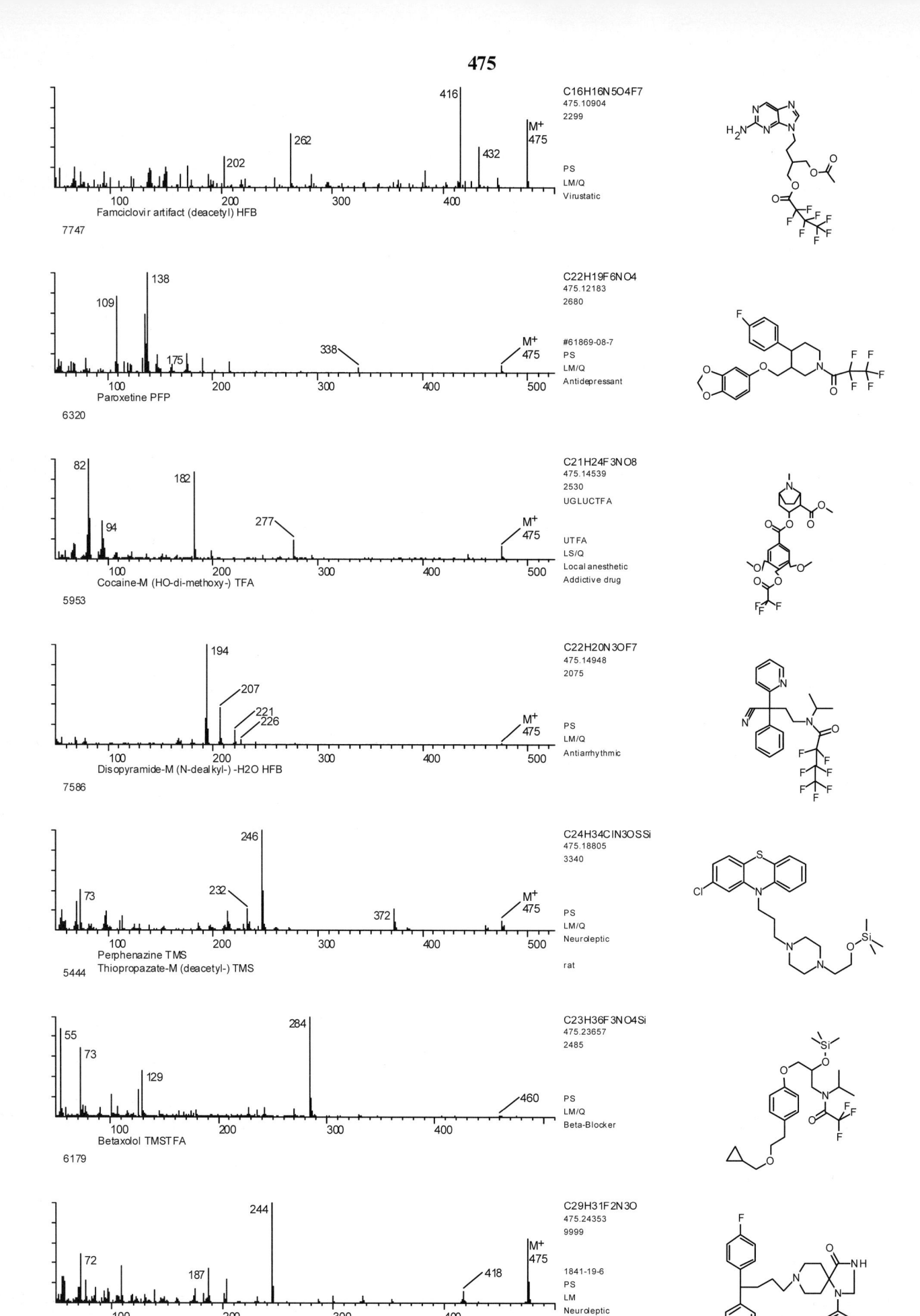

Perphenazine TMS
Thiopropazate-M (deacetyl-) TMS
5444

C23H36F3NO4Si
475.23657
2485

PS
LM/Q
Beta-Blocker

Betaxolol TMSTFA
6179

C29H31F2N3O
475.24353
9999

1841-19-6
PS
LM
Neuroleptic

DIS

Fluspirilene
1499

1144

476

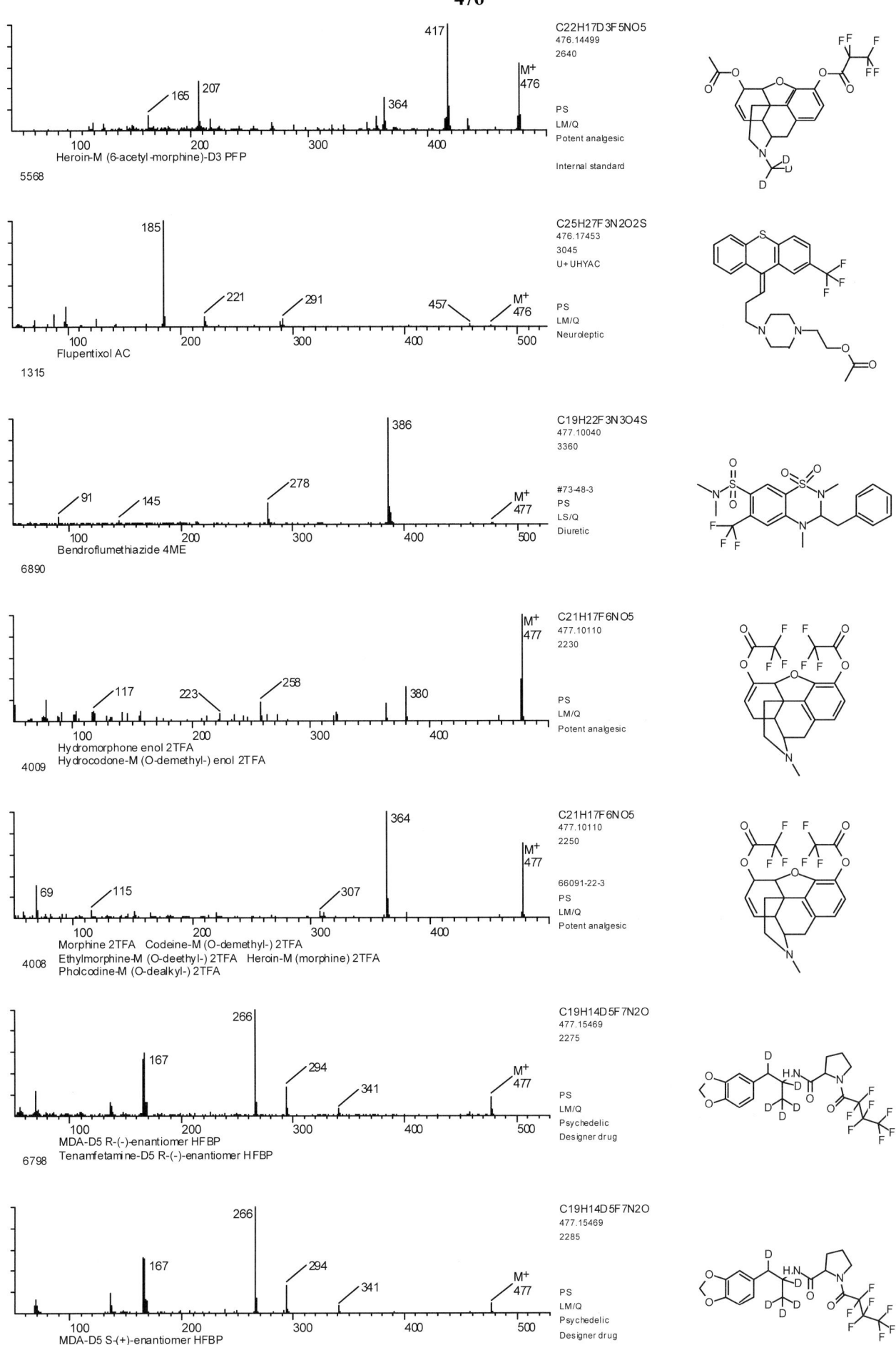

C22H17D3F5NO5
476.14499
2640

PS
LM/Q
Potent analgesic
Internal standard

Heroin-M (6-acetyl-morphine)-D3 PFP
5568

C25H27F3N2O2S
476.17453
3045
U+ UHYAC

PS
LM/Q
Neuroleptic

Flupentixol AC
1315

C19H22F3N3O4S
477.10040
3360
#73-48-3
PS
LS/Q
Diuretic

Bendroflumethiazide 4ME
6890

C21H17F6NO5
477.10110
2230

PS
LM/Q
Potent analgesic

Hydromorphone enol 2TFA
Hydrocodone-M (O-demethyl-) enol 2TFA
4009

C21H17F6NO5
477.10110
2250

66091-22-3
PS
LM/Q
Potent analgesic

Morphine 2TFA   Codeine-M (O-demethyl-) 2TFA
Ethylmorphine-M (O-deethyl-) 2TFA   Heroin-M (morphine) 2TFA
Pholcodine-M (O-dealkyl-) 2TFA
4008

C19H14D5F7N2O
477.15469
2275

PS
LM/Q
Psychedelic
Designer drug

MDA-D5 R-(-)-enantiomer HFBP
Tenamfetamine-D5 R-(-)-enantiomer HFBP
6798

C19H14D5F7N2O
477.15469
2285

PS
LM/Q
Psychedelic
Designer drug

MDA-D5 S-(+)-enantiomer HFBP
Tenamfetamine-D5 S-(+)-enantiomer HFBP
6799

477

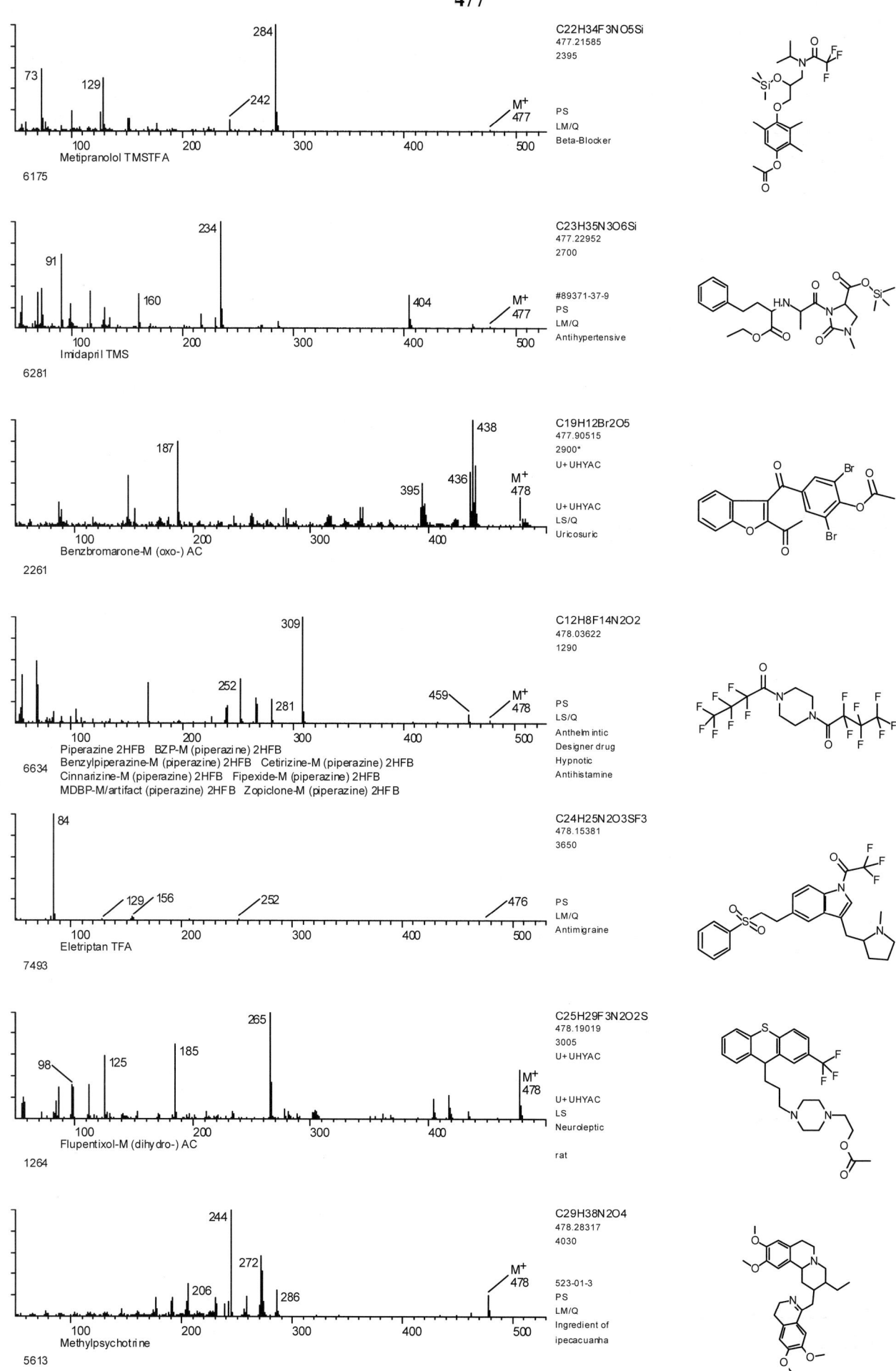

C22H34F3NO5Si
477.21585
2395

M+ 477
PS
LM/Q
Beta-Blocker

Metipranolol TMSTFA
6175

C23H35N3O6Si
477.22952
2700

#89371-37-9
PS
LM/Q
Antihypertensive

Imidapril TMS
6281

C19H12Br2O5
477.90515
2900*
U+ UHYAC

M+ 478
U+ UHYAC
LS/Q
Uricosuric

Benzbromarone-M (oxo-) AC
2261

C12H8F14N2O2
478.03622
1290

M+ 478
PS
LS/Q
Anthelmintic
Designer drug
Hypnotic
Antihistamine

Piperazine 2HFB   BZP-M (piperazine) 2HFB
Benzylpiperazine-M (piperazine) 2HFB   Cetirizine-M (piperazine) 2HFB
Cinnarizine-M (piperazine) 2HFB   Fipexide-M (piperazine) 2HFB
MDBP-M/artifact (piperazine) 2HFB   Zopiclone-M (piperazine) 2HFB
6634

C24H25N2O3SF3
478.15381
3650

PS
LM/Q
Antimigraine

Eletriptan TFA
7493

C25H29F3N2O2S
478.19019
3005
U+ UHYAC

M+ 478
U+ UHYAC
LS
Neuroleptic
rat

Flupentixol-M (dihydro-) AC
1264

C29H38N2O4
478.28317
4030

M+ 478
523-01-3
PS
LM/Q
Ingredient of
ipecacuanha

Methylpsychotrine
5613

1146

479

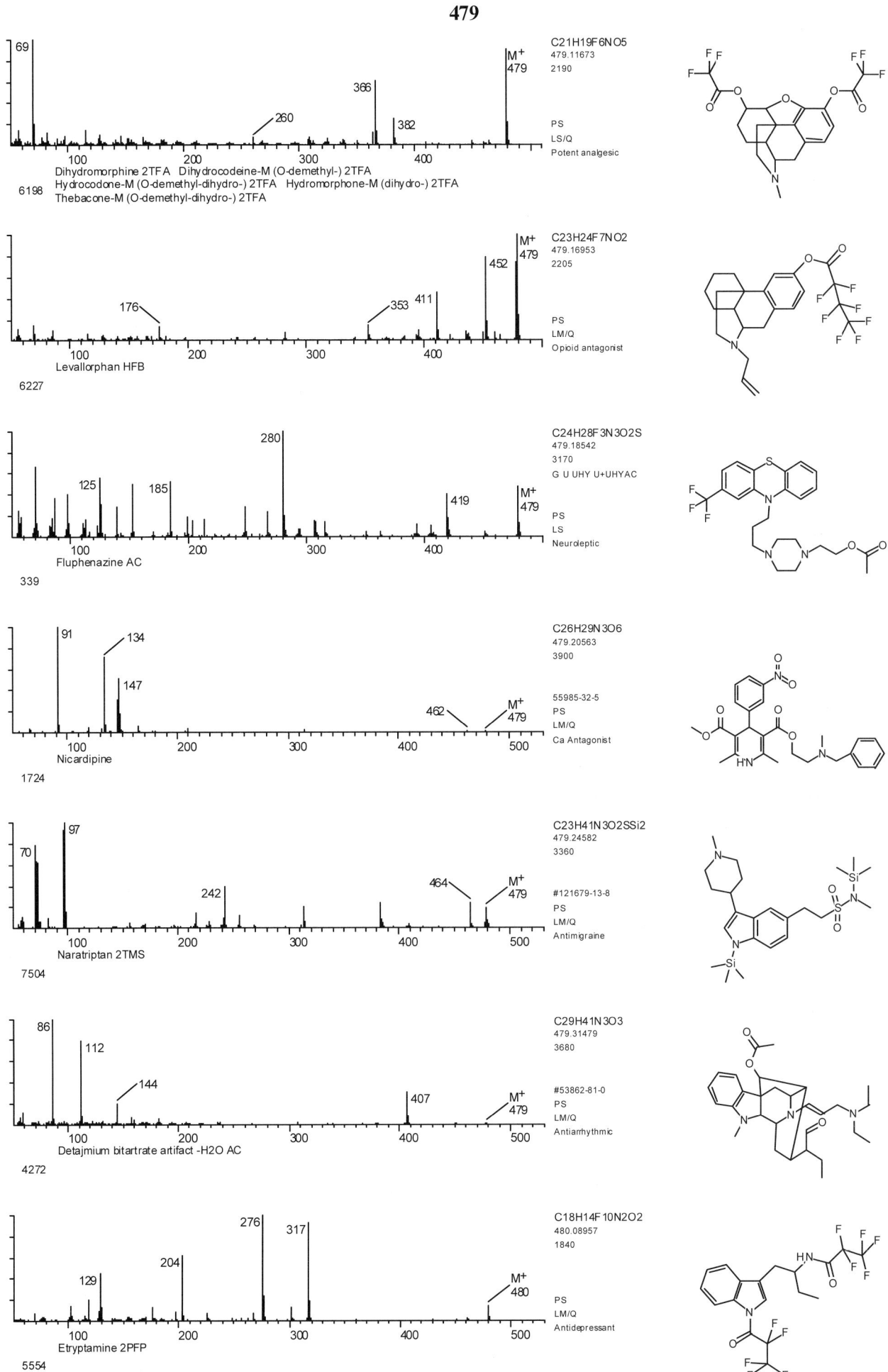

Spectrum	Formula	Details
6198 Dihydromorphine 2TFA, Dihydrocodeine-M (O-demethyl-) 2TFA, Hydrocodone-M (O-demethyl-dihydro-) 2TFA, Hydromorphone-M (dihydro-) 2TFA, Thebacone-M (O-demethyl-dihydro-) 2TFA	C21H19F6NO5	479.11673; 2190; PS; LS/Q; Potent analgesic
6227 Levallorphan HFB	C23H24F7NO2	479.16953; 2205; PS; LM/Q; Opioid antagonist
339 Fluphenazine AC	C24H28F3N3O2S	479.18542; 3170; G U UHY U+UHYAC; PS; LS; Neuroleptic
1724 Nicardipine	C26H29N3O6	479.20563; 3900; 55985-32-5; PS; LM/Q; Ca Antagonist
7504 Naratriptan 2TMS	C23H41N3O2SSi2	479.24582; 3360; #121679-13-8; PS; LM/Q; Antimigraine
4272 Detajmium bitartrate artifact -H2O AC	C29H41N3O3	479.31479; 3680; #53862-81-0; PS; LM/Q; Antiarrhythmic
5554 Etryptamine 2PFP	C18H14F10N2O2	480.08957; 1840; PS; LM/Q; Antidepressant

480

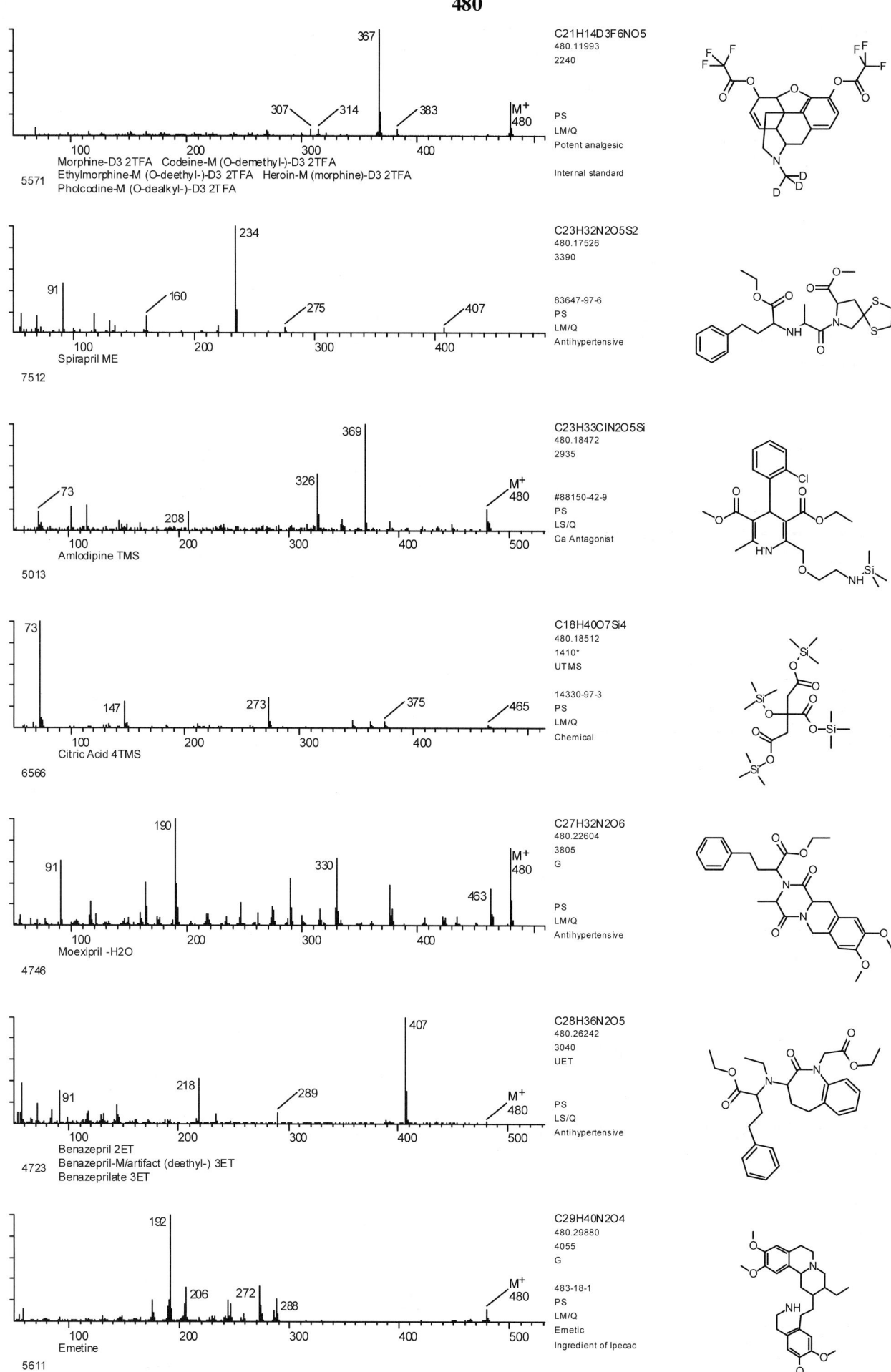

C21H14D3F6NO5
480.11993
2240

PS
LM/Q
Potent analgesic

Internal standard

Morphine-D3 2TFA   Codeine-M (O-demethyl-) 2TFA
Ethylmorphine-M (O-deethyl-)-D3 2TFA   Heroin-M (morphine)-D3 2TFA
Pholcodine-M (O-dealkyl-)-D3 2TFA
5571

C23H32N2O5S2
480.17526
3390

83647-97-6
PS
LM/Q
Antihypertensive

Spirapril ME
7512

C23H33ClN2O5Si
480.18472
2935

#88150-42-9
PS
LS/Q
Ca Antagonist

Amlodipine TMS
5013

C18H40O7Si4
480.18512
1410*
UTMS

14330-97-3
PS
LM/Q
Chemical

Citric Acid 4TMS
6566

C27H32N2O6
480.22604
3805
G

PS
LM/Q
Antihypertensive

Moexipril -H2O
4746

C28H36N2O5
480.26242
3040
UET

PS
LS/Q
Antihypertensive

Benazepril 2ET
Benazepril-M/artifact (deethyl-) 3ET
Benazeprilate 3ET
4723

C29H40N2O4
480.29880
4055
G

483-18-1
PS
LM/Q
Emetic
Ingredient of Ipecac

Emetine
5611

481

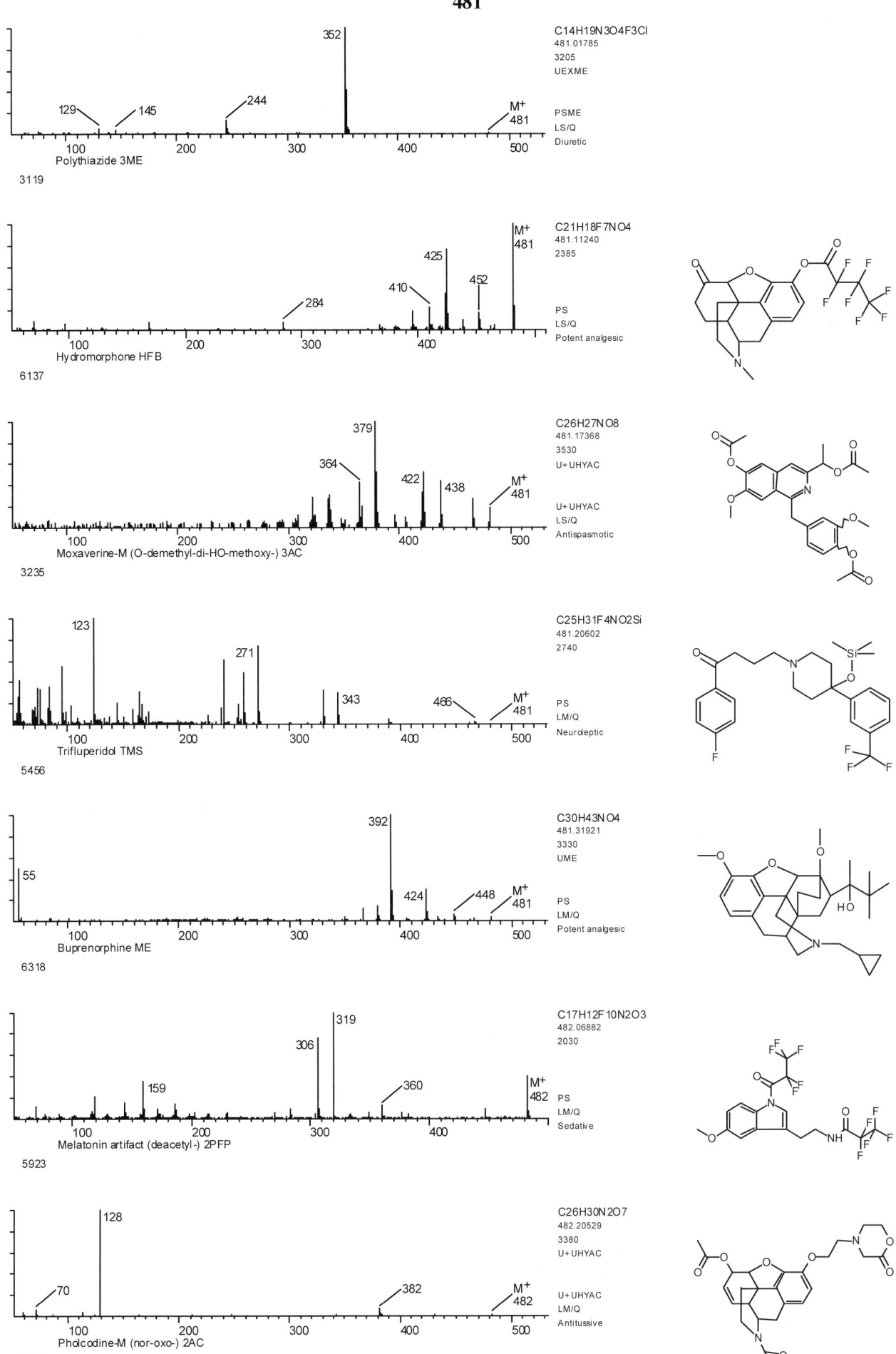

C14H19N3O4F3Cl
481.01785
3205
UEXME

PSME
LS/Q
Diuretic

Polythiazide 3ME
3119

C21H18F7NO4
481.11240
2385

PS
LS/Q
Potent analgesic

Hydromorphone HFB
6137

C26H27NO8
481.17368
3530
U+ UHYAC

U+ UHYAC
LS/Q
Antispasmotic

Moxaverine-M (O-demethyl-di-HO-methoxy-) 3AC
3235

C25H31F4NO2Si
481.20602
2740

PS
LM/Q
Neuroleptic

Trifluperidol TMS
5456

C30H43NO4
481.31921
3330
UME

PS
LM/Q
Potent analgesic

Buprenorphine ME
6318

C17H12F10N2O3
482.06882
2030

PS
LM/Q
Sedative

Melatonin artifact (deacetyl-) 2PFP
5923

C26H30N2O7
482.20529
3380
U+ UHYAC

U+ UHYAC
LM/Q
Antitussive

Pholcodine-M (nor-oxo-) 2AC
3522

1149

482

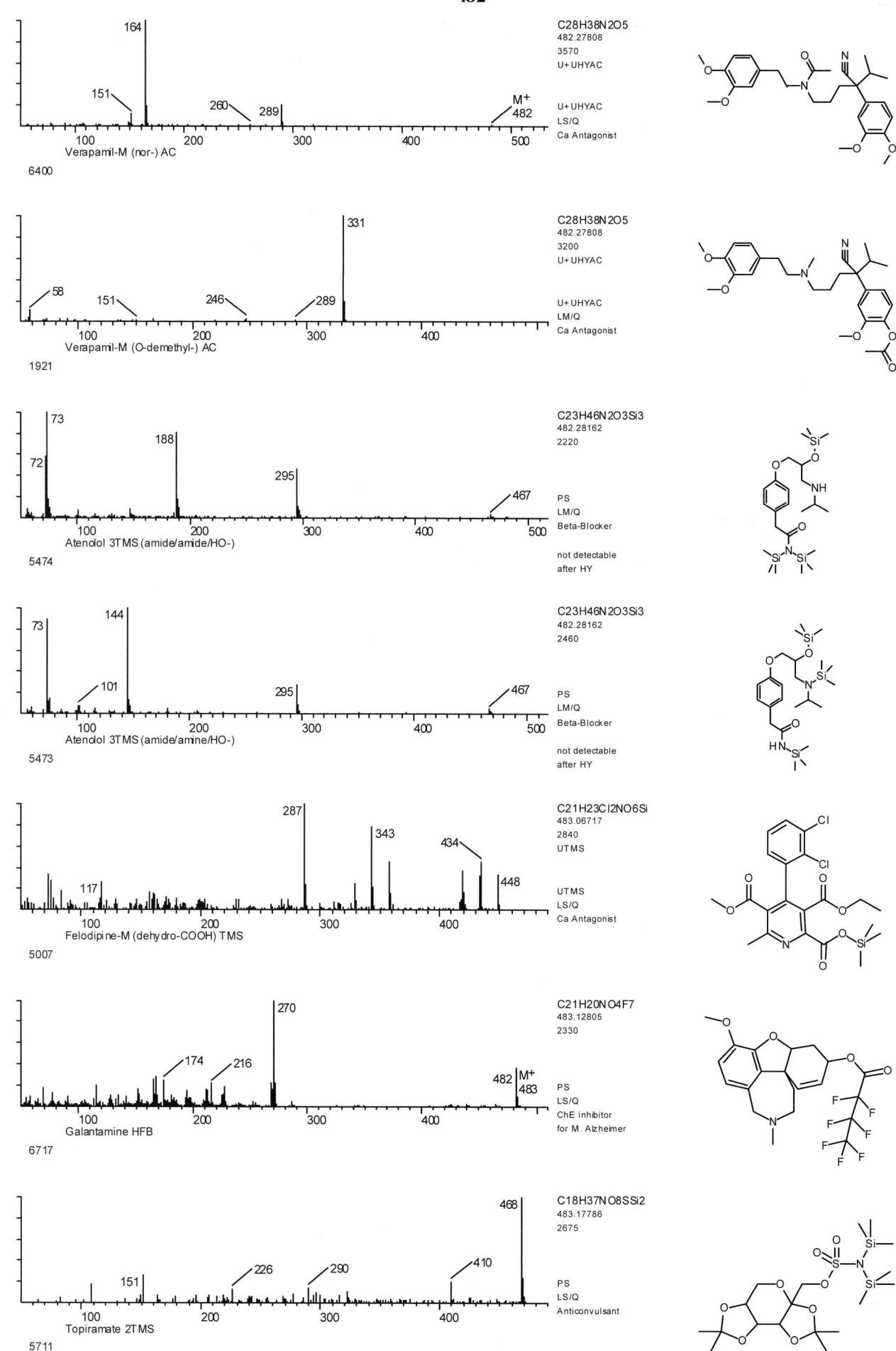

Verapamil-M (nor-) AC
6400
Peaks: 151, 164, 260, 289, M+ 482
C28H38N2O5
482.27808
3570
U+ UHYAC
U+ UHYAC
LS/Q
Ca Antagonist

Verapamil-M (O-demethyl-) AC
1921
Peaks: 58, 151, 246, 289, 331
C28H38N2O5
482.27808
3200
U+ UHYAC
U+ UHYAC
LM/Q
Ca Antagonist

Atenolol 3TMS (amide/amide/HO-)
5474
Peaks: 72, 73, 188, 295, 467
C23H46N2O3Si3
482.28162
2220
PS
LM/Q
Beta-Blocker
not detectable after HY

Atenolol 3TMS (amide/amine/HO-)
5473
Peaks: 73, 101, 144, 295, 467
C23H46N2O3Si3
482.28162
2460
PS
LM/Q
Beta-Blocker
not detectable after HY

Felodipine-M (dehydro-COOH) TMS
5007
Peaks: 117, 287, 343, 434, 448
C21H23Cl2NO6Si
483.06717
2840
UTMS
UTMS
LS/Q
Ca Antagonist

Galantamine HFB
6717
Peaks: 174, 216, 270, 482, M+ 483
C21H20NO4F7
483.12805
2330
PS
LS/Q
ChE inhibitor
for M. Alzheimer

Topiramate 2TMS
5711
Peaks: 151, 226, 290, 410, 468
C18H37NO8SSi2
483.17786
2675
PS
LS/Q
Anticonvulsant

483

C27H33NO7
483.22571
3080
U+ UHYAC

PS
LM/Q
Analgesic

Nalbuphine 3AC

484.00000
2555

LM/Q
Impurity

Impurity TMS

C26H32N2O7
484.22095
3350
U+ UHYAC

U+ UHYAC
LS
Antiarrhythmic

Quinidine-M (di-HO-dihydro-) 3AC

C26H32N2O7
484.22095
3360
U+ UHYAC

U+ UHYAC
LS/Q
Antipyretic
Antimalarial

Quinine-M (di-HO-dihydro-) 3AC

C26H36N2O5Si
484.23935
3615
UHYTMS

UHYTMS
LS/Q
Antitussive

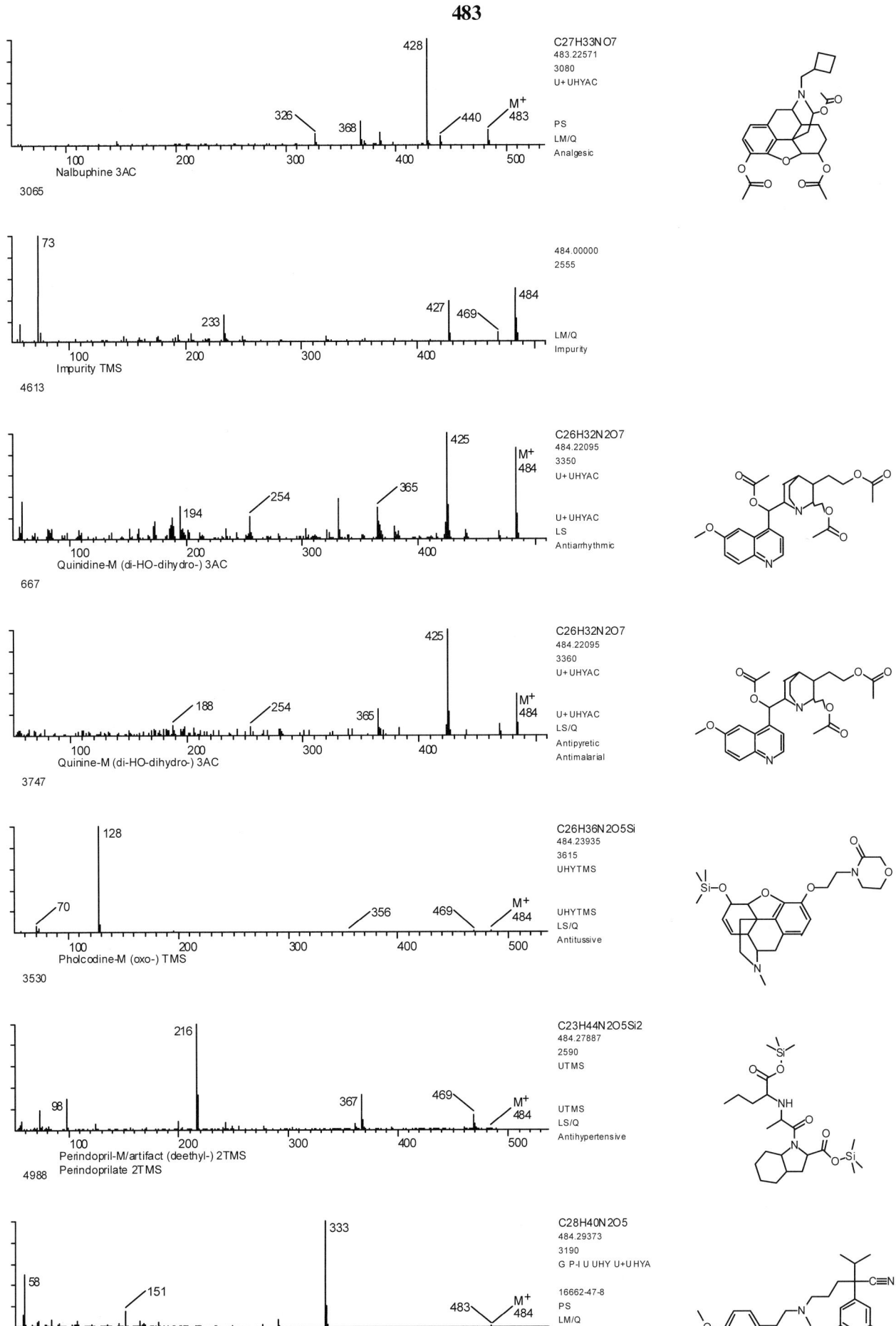

Pholcodine-M (oxo-) TMS

C23H44N2O5Si2
484.27887
2590
UTMS

UTMS
LS/Q
Antihypertensive

Perindopril-M/artifact (deethyl-) 2TMS
Perindoprilate 2TMS

C28H40N2O5
484.29373
3190
G P-I U UHY U+UHYA

16662-47-8
PS
LM/Q
Ca Antagonist

Gallopamil

1151

485

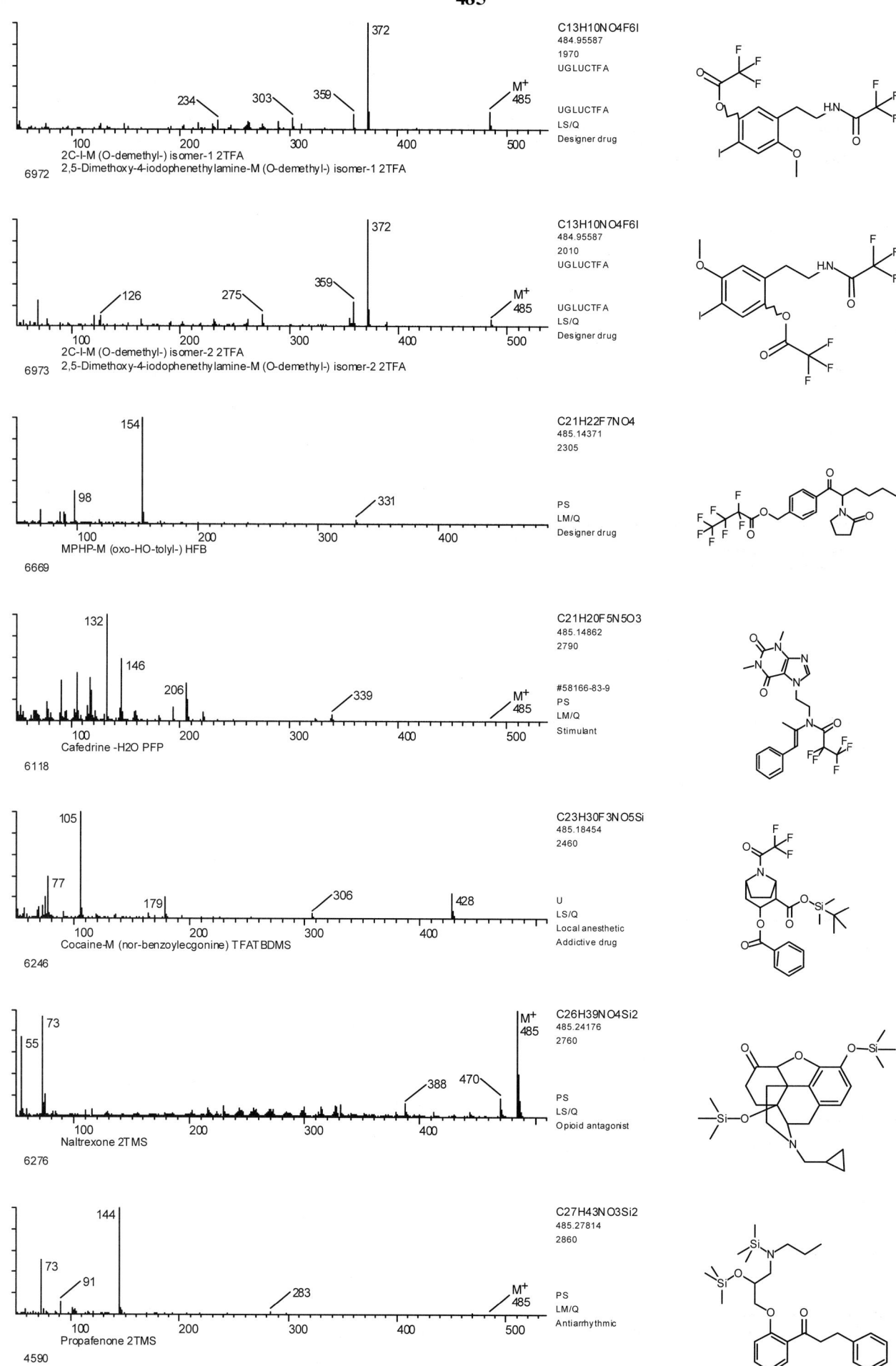

6972 2C-I-M (O-demethyl-) isomer-1 2TFA
2,5-Dimethoxy-4-iodophenethylamine-M (O-demethyl-) isomer-1 2TFA
Peaks: 234, 303, 359, 372, 485 (M+)
C13H10NO4F6I
484.95587
1970
UGLUCTFA
UGLUCTFA
LS/Q
Designer drug

6973 2C-I-M (O-demethyl-) isomer-2 2TFA
2,5-Dimethoxy-4-iodophenethylamine-M (O-demethyl-) isomer-2 2TFA
Peaks: 126, 275, 359, 372, 485 (M+)
C13H10NO4F6I
484.95587
2010
UGLUCTFA
UGLUCTFA
LS/Q
Designer drug

6669 MPHP-M (oxo-HO-tolyl-) HFB
Peaks: 98, 154, 331
C21H22F7NO4
485.14371
2305
PS
LM/Q
Designer drug

6118 Cafedrine -H2O PFP
Peaks: 132, 146, 206, 339, 485 (M+)
C21H20F5N5O3
485.14862
2790
#58166-83-9
PS
LM/Q
Stimulant

6246 Cocaine-M (nor-benzoylecgonine) TFAT BDMS
Peaks: 77, 105, 179, 306, 428
C23H30F3NO5Si
485.18454
2460
U
LS/Q
Local anesthetic
Addictive drug

6276 Naltrexone 2TMS
Peaks: 55, 73, 388, 470, 485 (M+)
C26H39NO4Si2
485.24176
2760
PS
LS/Q
Opioid antagonist

4590 Propafenone 2TMS
Peaks: 73, 91, 144, 283, 485 (M+)
C27H43NO3Si2
485.27814
2860
PS
LM/Q
Antiarrhythmic

485

Spectrum	Compound	Formula / Data
6354	Buprenorphine-D4 ME	C30H39D4NO4, 485.34433, 3315, UME, PS, LS/Q, Potent analgesic, Internal standard. Peaks: 59, 370, 396, 428, M+ 485
3324	Chlordecone / Kelevan artifact	C10Cl10O, 485.68344, 2320*, 143-50-0, PS, LM/Q, Insecticide. Peaks: 237, 272, 355, 455, M+ 486
6979	2C-I-M (deamino-HO-O-demethyl-) isomer-1 2TFA / 2,5-Dimethoxy-4-iodophenethylamine-M (deamino-HO-O-demethyl-) isomer-1 2TFA	C13H9O5F6I, 485.93988, 1865, UGLUCTFA, UGLUCTFA, LS/Q, Designer drug. Peaks: 261, 303, 372, M+ 486
6980	2C-I-M (deamino-HO-O-demethyl-) isomer-2 2TFA / 2,5-Dimethoxy-4-iodophenethylamine-M (deamino-HO-O-demethyl-) isomer-2 2TFA	C13H9O5F6I, 485.93988, 1890, UGLUCTFA, UGLUCTFA, LS/Q, Designer drug. Peaks: 245, 261, 275, 372, M+ 486
5970	Caffeic acid ME2PFP / 3,4-Dihydroxycinnamic acid ME2PFP	C16H8F10O6, 486.01611, 1985*, PS, LM/Q, Plant ingredient. Peaks: 77, 119, 323, 455, M+ 486
6642	MDMA R-(-)-enantiomer HFBP	C20H21F7N2O4, 486.13895, 2450, PS, LM/Q, Psychedelic, Designer drug. Peaks: 135, 162, 266, 351, M+ 486
6643	MDMA S-(+)-enantiomer HFBP	C20H21F7N2O4, 486.13895, 2460, PS, LM/Q, Psychedelic, Designer drug. Peaks: 135, 162, 266, 351, M+ 486

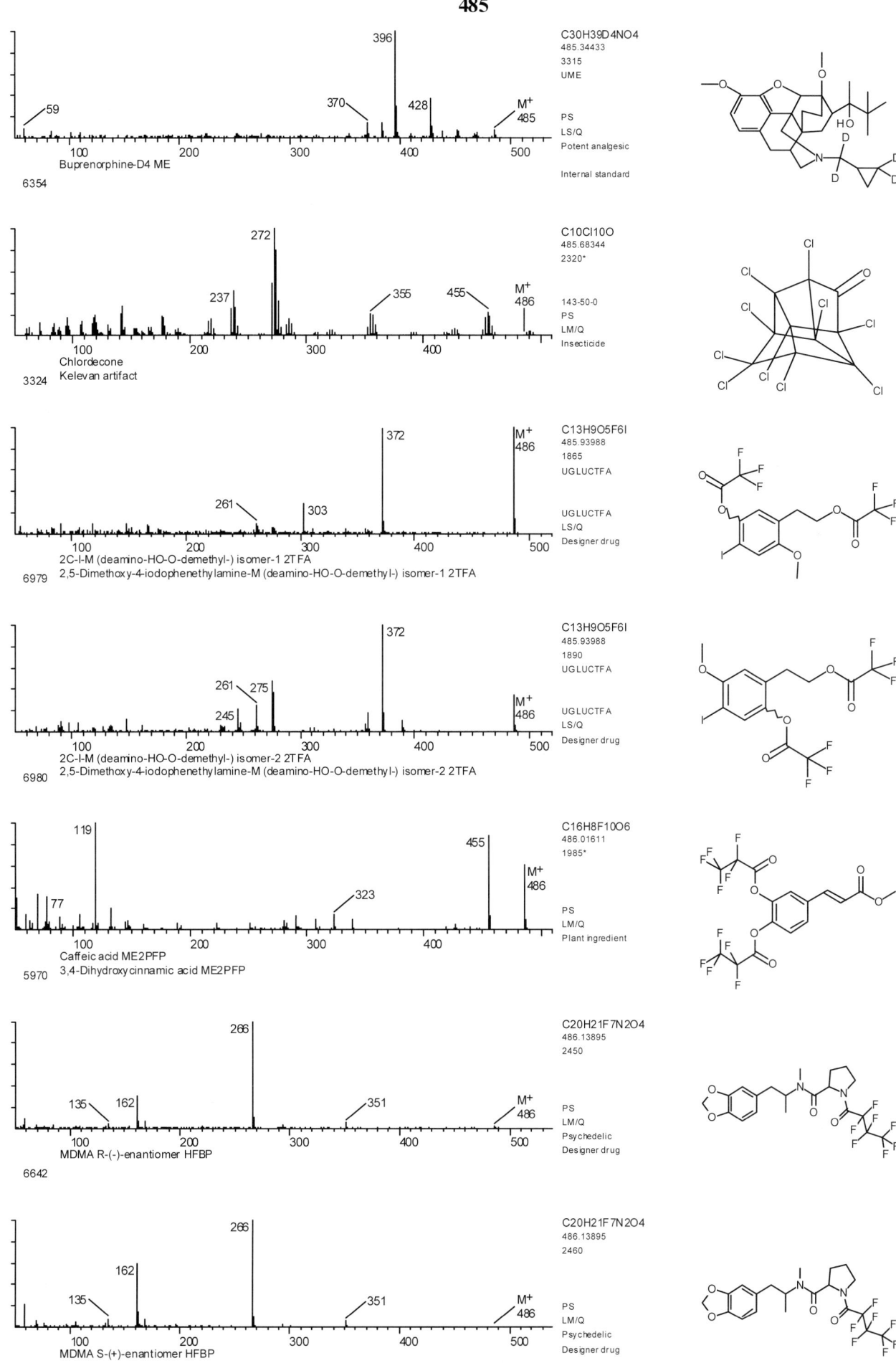

486

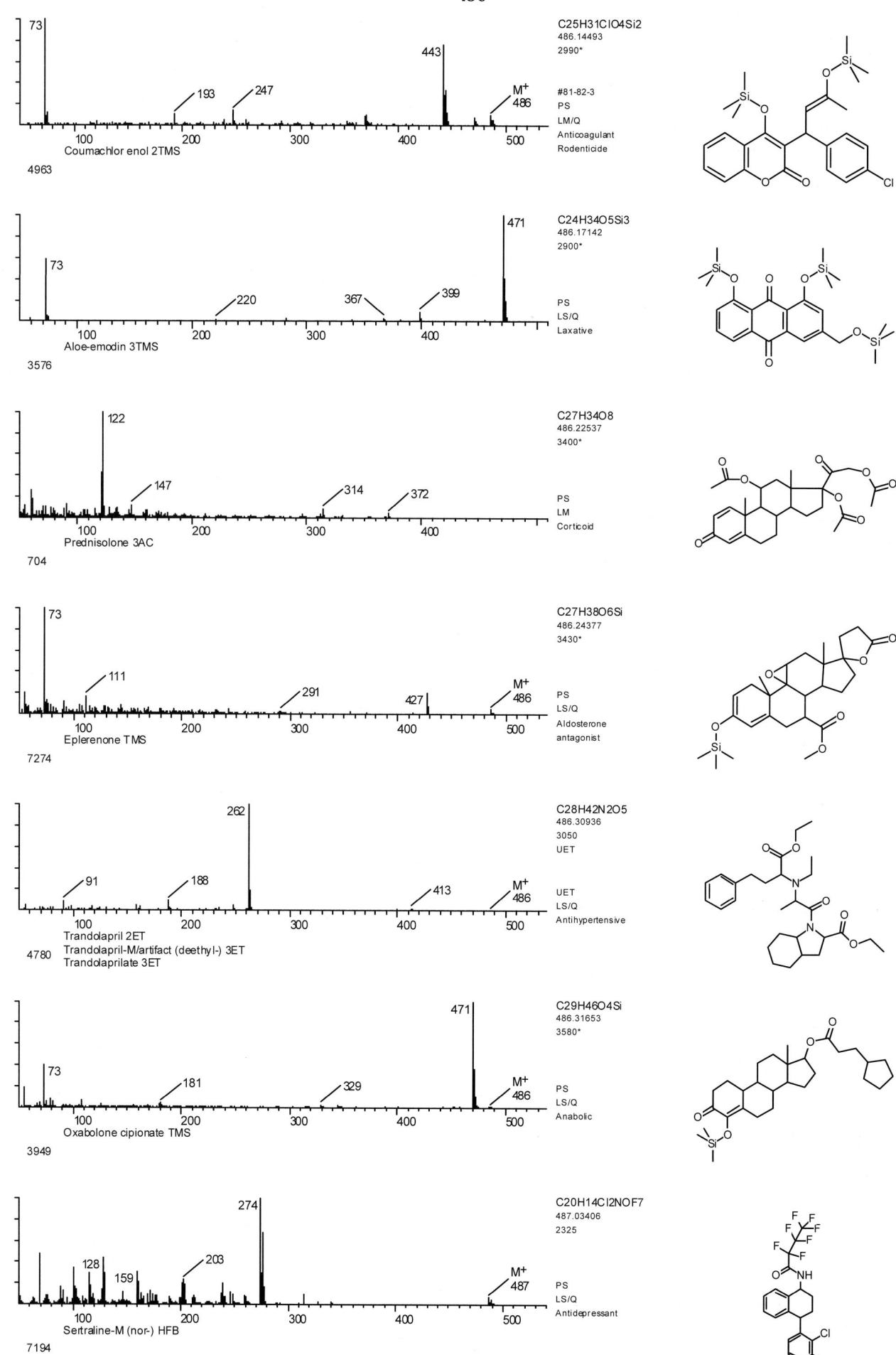

Coumachlor enol 2TMS — 73, 193, 247, 443, M+ 486
C25H31ClO4Si2
486.14493
2990*
#81-82-3
PS
LM/Q
Anticoagulant
Rodenticide
4963

Aloe-emodin 3TMS — 73, 220, 367, 399, 471
C24H34O5Si3
486.17142
2900*
PS
LS/Q
Laxative
3576

Prednisolone 3AC — 122, 147, 314, 372
C27H34O8
486.22537
3400*
PS
LM
Corticoid
704

Eplerenone TMS — 73, 111, 291, 427, M+ 486
C27H38O6Si
486.24377
3430*
PS
LS/Q
Aldosterone antagonist
7274

Trandolapril 2ET
Trandolapril-M/artifact (deethyl-) 3ET
Trandolaprilate 3ET — 91, 188, 262, 413, M+ 486
C28H42N2O5
486.30936
3050
UET
UET
LS/Q
Antihypertensive
4780

Oxabolone cipionate TMS — 73, 181, 329, 471, M+ 486
C29H46O4Si
486.31653
3580*
PS
LS/Q
Anabolic
3949

Sertraline-M (nor-) HFB — 128, 159, 203, 274, M+ 487
C20H14Cl2NOF7
487.03406
2325
PS
LS/Q
Antidepressant
7194

1154

487

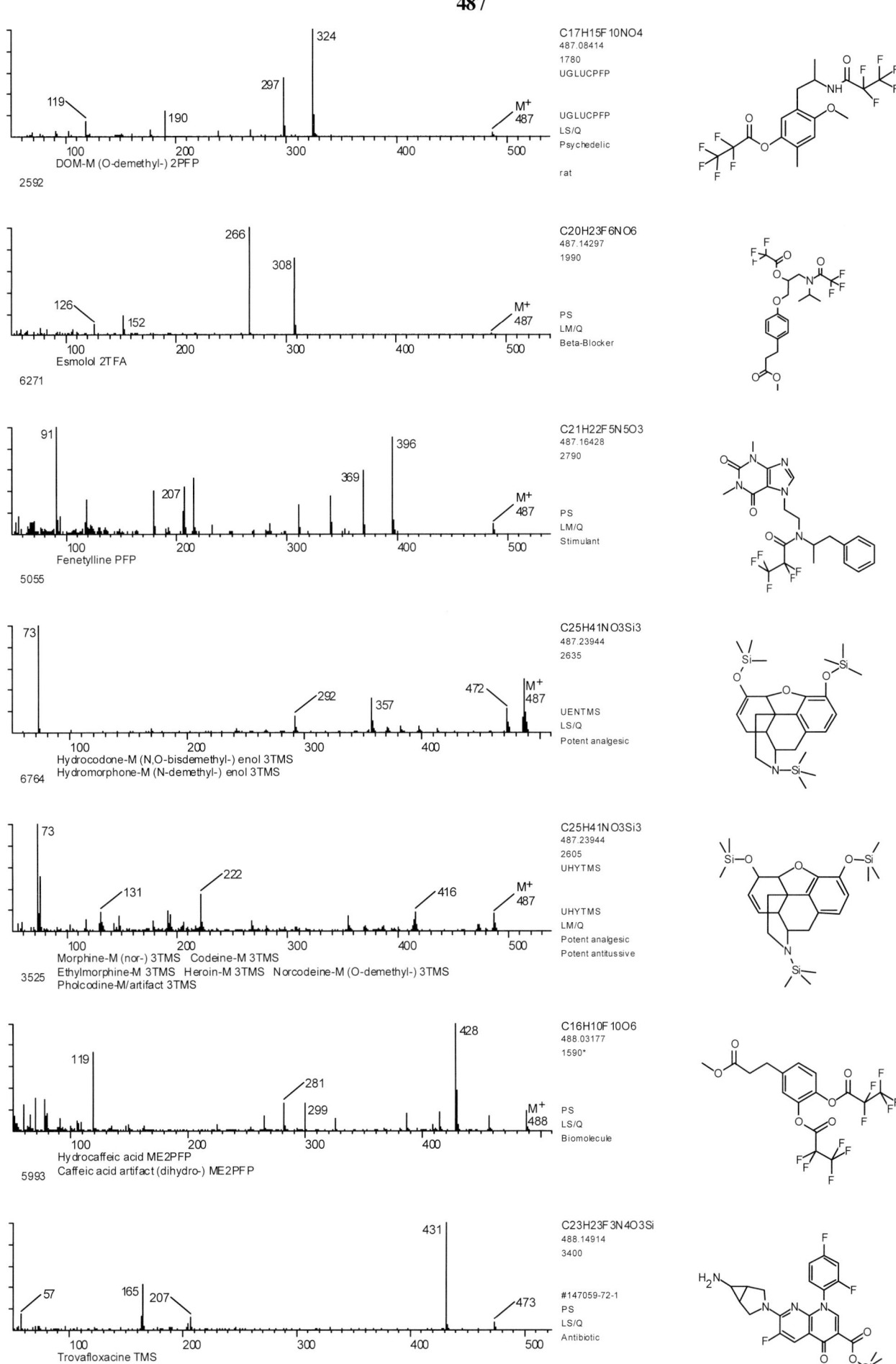

C17H15F10NO4
487.08414
1780
UGLUCPFP

UGLUCPFP
LS/Q
Psychedelic
rat

DOM-M (O-demethyl-) 2PFP
2592

C20H23F6NO6
487.14297
1990

PS
LM/Q
Beta-Blocker

Esmolol 2TFA
6271

C21H22F5N5O3
487.16428
2790

PS
LM/Q
Stimulant

Fenetylline PFP
5055

C25H41NO3Si3
487.23944
2635

UENTMS
LS/Q
Potent analgesic

Hydrocodone-M (N,O-bisdemethyl-) enol 3TMS
Hydromorphone-M (N-demethyl-) enol 3TMS
6764

C25H41NO3Si3
487.23944
2605
UHYTMS

UHYTMS
LM/Q
Potent analgesic
Potent antitussive

Morphine-M (nor-) 3TMS   Codeine-M 3TMS
Ethylmorphine-M 3TMS Heroin-M 3TMS Norcodeine-M (O-demethyl-) 3TMS
Pholcodine-M/artifact 3TMS
3525

C16H10F10O6
488.03177
1590*

PS
LS/Q
Biomolecule

Hydrocaffeic acid ME2PFP
Caffeic acid artifact (dihydro-) ME2PFP
5993

C23H23F3N4O3Si
488.14914
3400

#147059-72-1
PS
LS/Q
Antibiotic

Trovafloxacine TMS
5712

1155

488

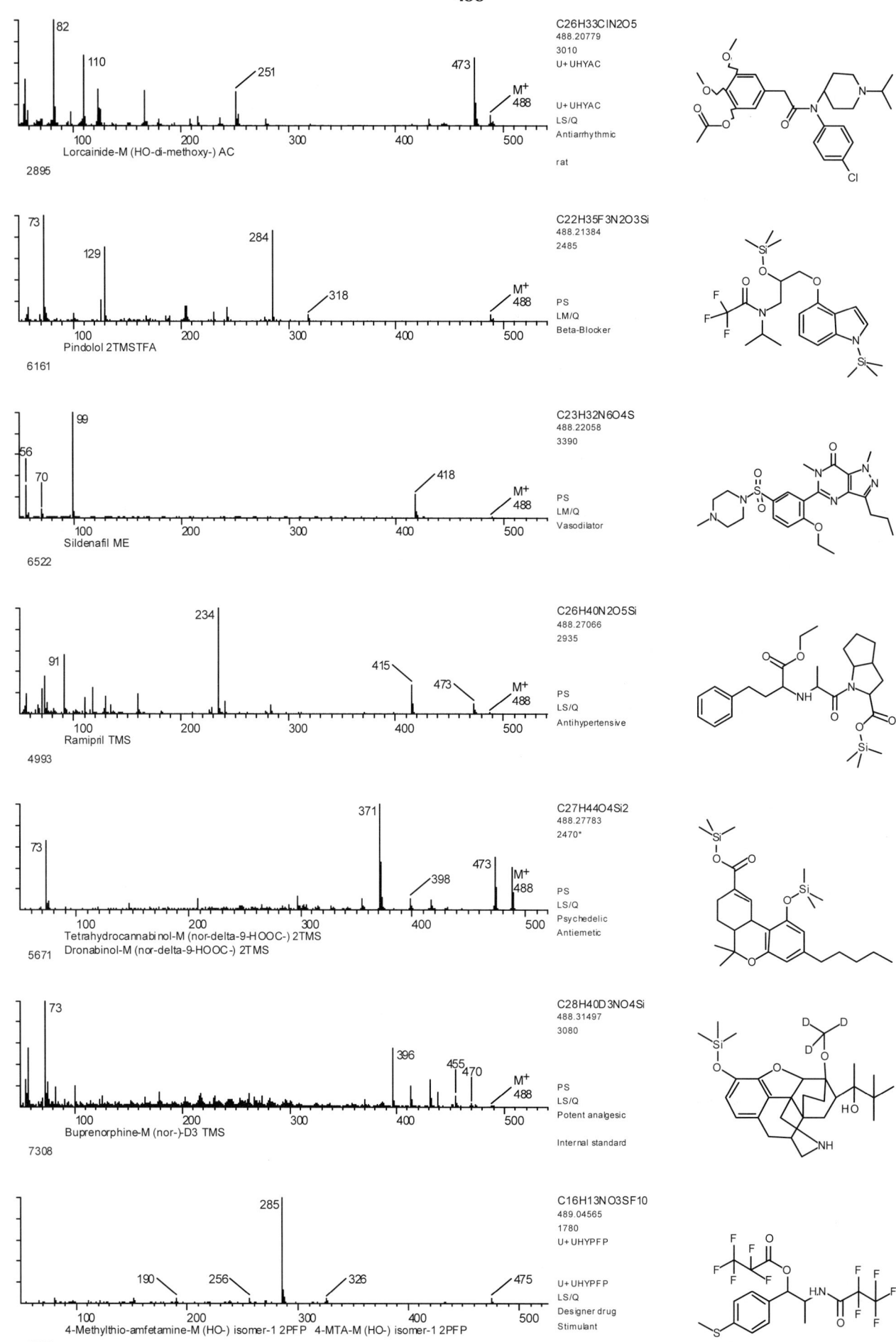

Lorcainide-M (HO-di-methoxy-) AC
2895

C26H33ClN2O5
488.20779
3010
U+ UHYAC

U+ UHYAC
LS/Q
Antiarrhythmic
rat

Pindolol 2TMSTFA
6161

C22H35F3N2O3Si
488.21384
2485

PS
LM/Q
Beta-Blocker

Sildenafil ME
6522

C23H32N6O4S
488.22058
3390

PS
LM/Q
Vasodilator

Ramipril TMS
4993

C26H40N2O5Si
488.27066
2935

PS
LS/Q
Antihypertensive

Tetrahydrocannabinol-M (nor-delta-9-HOOC-) 2TMS
Dronabinol-M (nor-delta-9-HOOC-) 2TMS
5671

C27H44O4Si2
488.27783
2470*

PS
LS/Q
Psychedelic
Antiemetic

Buprenorphine-M (nor-)-D3 TMS
7308

C28H40D3NO4Si
488.31497
3080

PS
LS/Q
Potent analgesic

Internal standard

4-Methylthio-amfetamine-M (HO-) isomer-1 2PFP 4-MTA-M (HO-) isomer-1 2PFP
6949

C16H13NO3SF10
489.04565
1780
U+ UHYPFP

U+ UHYPFP
LS/Q
Designer drug
Stimulant

489

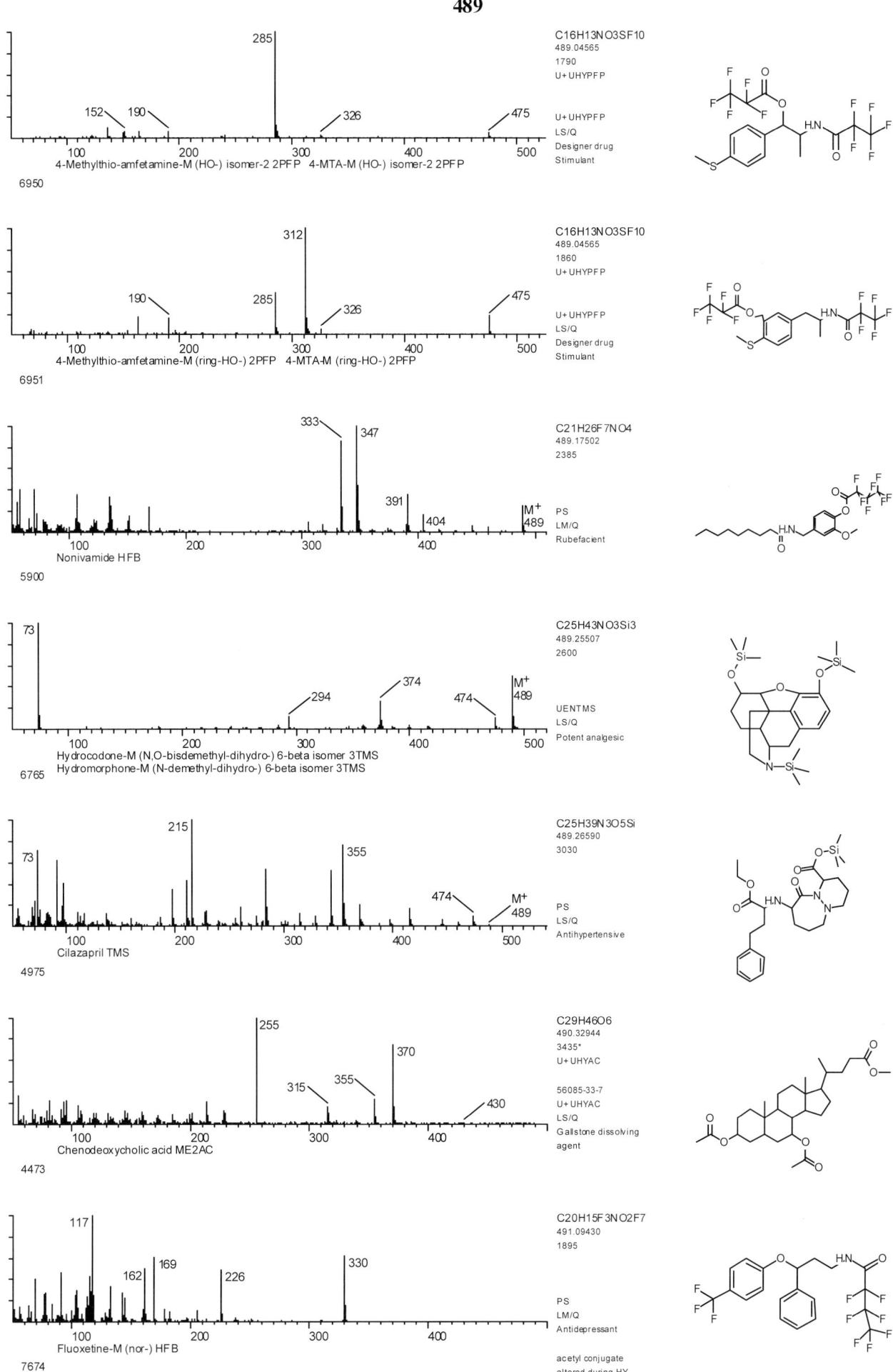

C16H13NO3SF10
489.04565
1790
U+ UHYPFP

U+ UHYPFP
LS/Q
Designer drug
Stimulant

4-Methylthio-amfetamine-M (HO-) isomer-2 2PFP   4-MTA-M (HO-) isomer-2 2PFP
6950

C16H13NO3SF10
489.04565
1860
U+ UHYPFP

U+ UHYPFP
LS/Q
Designer drug
Stimulant

4-Methylthio-amfetamine-M (ring-HO-) 2PFP   4-MTA-M (ring-HO-) 2PFP
6951

C21H26F7NO4
489.17502
2385

PS
LM/Q
Rubefacient

Nonivamide HFB
5900

C25H43NO3Si3
489.25507
2600

UENTMS
LS/Q
Potent analgesic

Hydrocodone-M (N,O-bisdemethyl-dihydro-) 6-beta isomer 3TMS
Hydromorphone-M (N-demethyl-dihydro-) 6-beta isomer 3TMS
6765

C25H39N3O5Si
489.26590
3030

PS
LS/Q
Antihypertensive

Cilazapril TMS
4975

C29H46O6
490.32944
3435*
U+ UHYAC

56085-33-7
U+ UHYAC
LS/Q
Gallstone dissolving agent

Chenodeoxycholic acid ME2AC
4473

C20H15F3NO2F7
491.09430
1895

PS
LM/Q
Antidepressant

acetyl conjugate
altered during HY

Fluoxetine-M (nor-) HFB
7674

491

C18H17N3O4F8
491.10913
2580

PS
LS/Q
Antibiotic

Linezolide artifact (deacetyl-) HFB
7328

C18H20N3O3SF7
491.11136
2575

PS
LM/Q
Antimigraine

Sumatriptan HFB
7700

C24H31BrFNO2Si
491.12915
2730

PS
LM/Q
Neuroleptic

Bromperidol TMS
5479

C20H16D5F7N2O
491.17035
2445

PS
LM/Q
Psychedelic
Designer drug

MDMA-D5 R-(-)-enantiomer HFBP
6800

C20H16D5F7N2O
491.17035
2455

PS
LM/Q
Psychedelic
Designer drug

MDMA-D5 S-(+)-enantiomer HFBP
6801

C27H29N3O6
491.20563
4140
G

104713-75-9
PS
LM/Q
Ca Antagonist

Barnidipine
4507

C30H35F2N3O
491.27481
3870

3416-26-0
PS
LM/Q
Vasodilator

Lidoflazine
2725

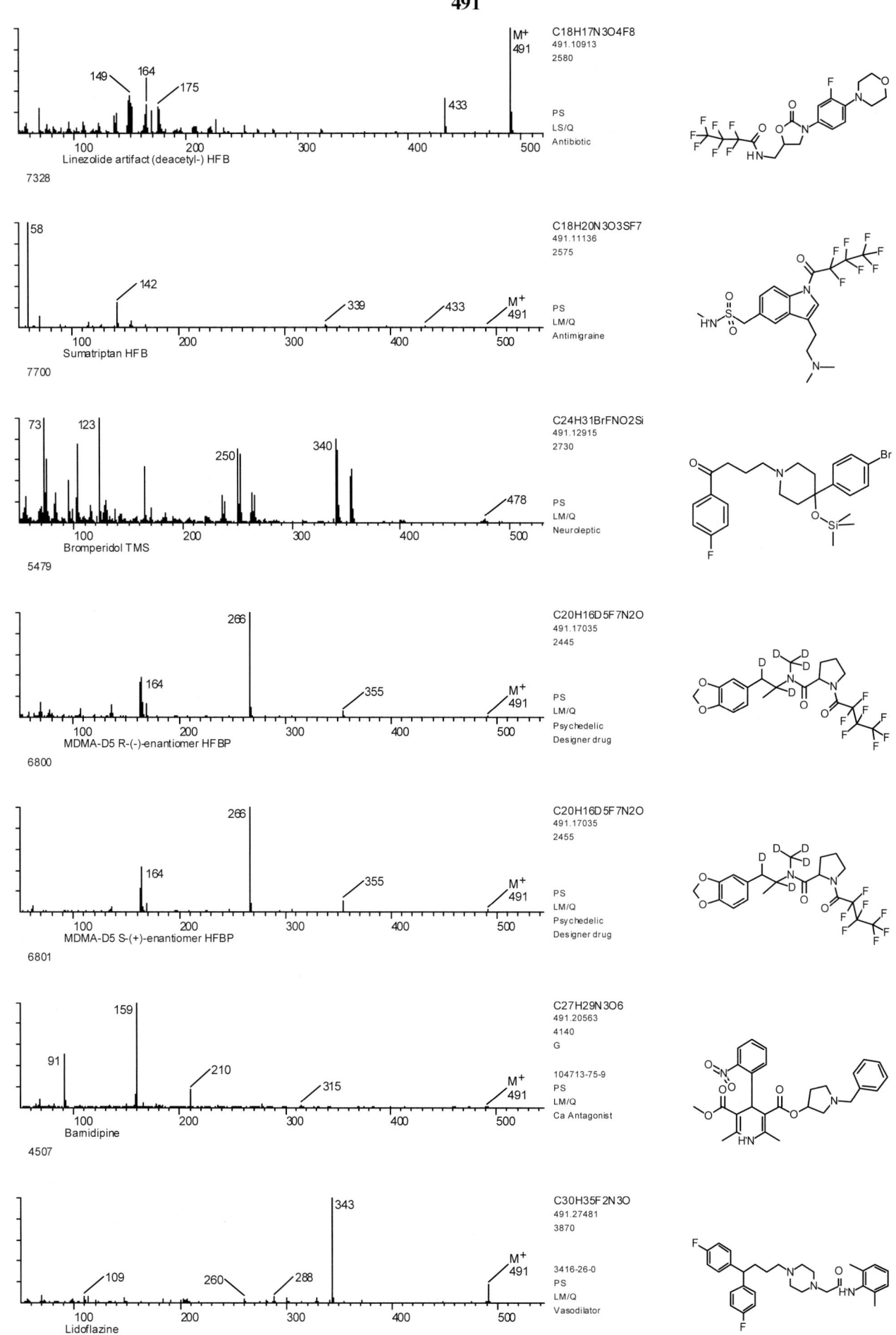

1158

491

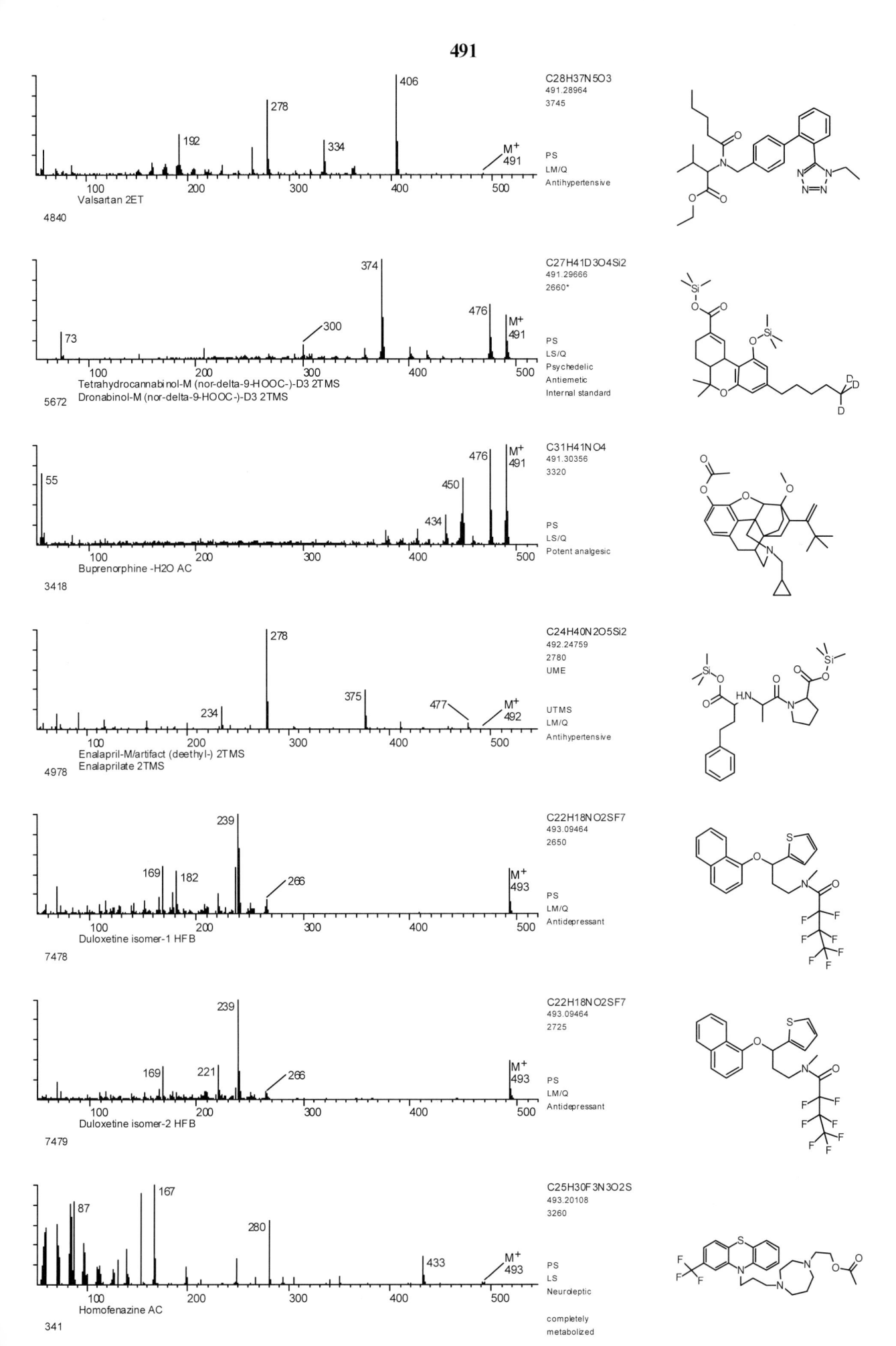

Valsartan 2ET — 4840
Peaks: 192, 278, 334, 406, M+ 491
C28H37N5O3
491.28964
3745
PS
LM/Q
Antihypertensive

Tetrahydrocannabinol-M (nor-delta-9-HOOC-)-D3 2TMS
Dronabinol-M (nor-delta-9-HOOC-)-D3 2TMS — 5672
Peaks: 73, 300, 374, 476, M+ 491
C27H41D3O4Si2
491.29666
2660*
PS
LS/Q
Psychedelic
Antiemetic
Internal standard

Buprenorphine -H2O AC — 3418
Peaks: 55, 434, 450, 476, M+ 491
C31H41NO4
491.30356
3320
PS
LS/Q
Potent analgesic

Enalapril-M/artifact (deethyl-) 2TMS
Enalaprilate 2TMS — 4978
Peaks: 234, 278, 375, 477, M+ 492
C24H40N2O5Si2
492.24759
2780
UME
UTMS
LM/Q
Antihypertensive

Duloxetine isomer-1 HFB — 7478
Peaks: 169, 182, 239, 266, M+ 493
C22H18NO2SF7
493.09464
2650
PS
LM/Q
Antidepressant

Duloxetine isomer-2 HFB — 7479
Peaks: 169, 221, 239, 266, M+ 493
C22H18NO2SF7
493.09464
2725
PS
LM/Q
Antidepressant

Homofenazine AC — 341
Peaks: 87, 167, 280, 433, M+ 493
C25H30F3N3O2S
493.20108
3260
PS
LS
Neuroleptic
completely metabolized

493

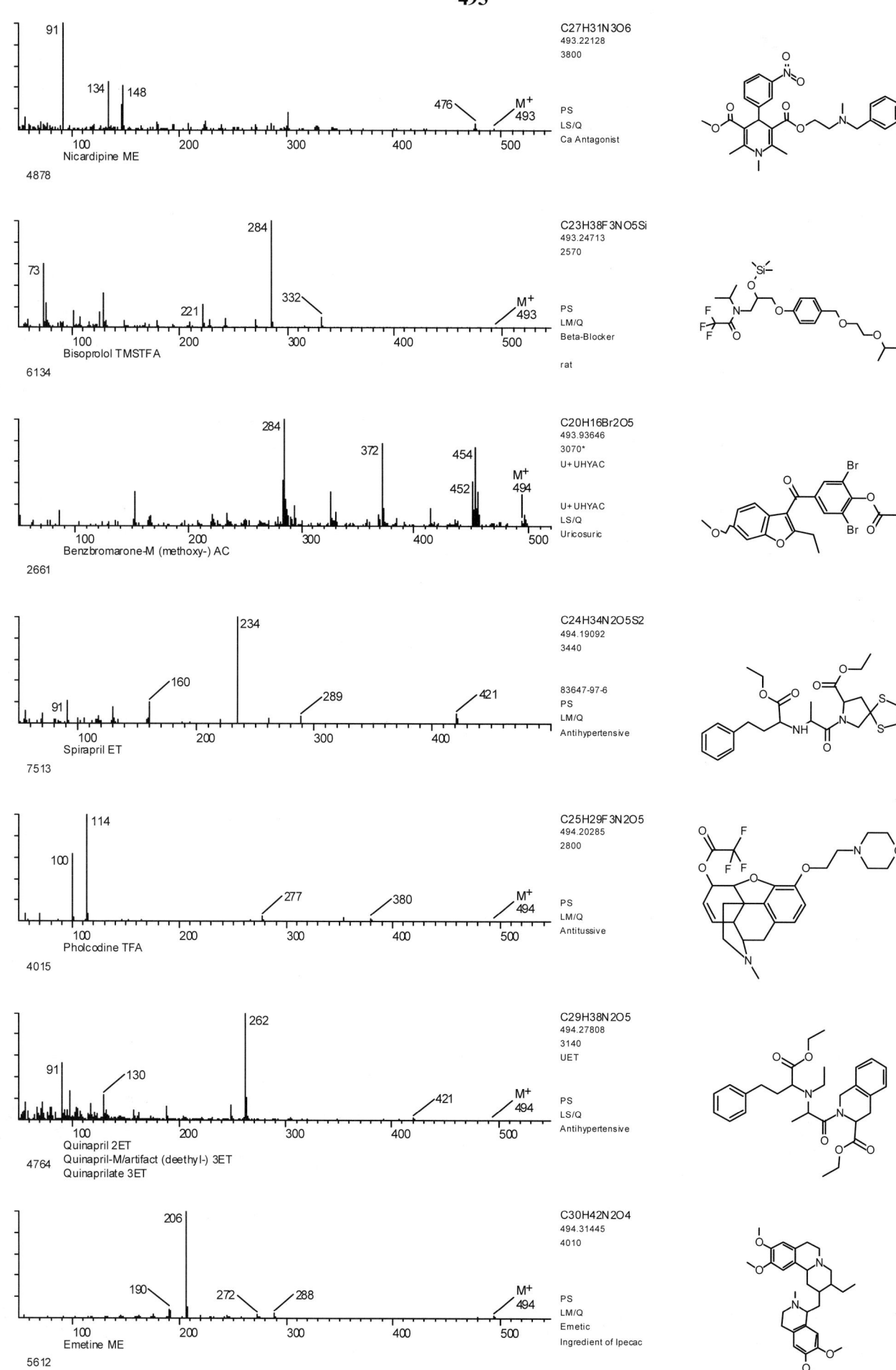

Nicardipine ME — peaks at 91, 134, 148, 476, M⁺ 493	C27H31N3O6 493.22128 3800 PS LS/Q Ca Antagonist
Bisoprolol TMSTFA — peaks at 73, 221, 284, 332, M⁺ 493	C23H38F3NO5Si 493.24713 2570 PS LM/Q Beta-Blocker rat
Benzbromarone-M (methoxy-) AC — peaks at 284, 372, 452, 454, M⁺ 494	C20H16Br2O5 493.93646 3070* U+ UHYAC U+ UHYAC LS/Q Uricosuric
Spirapril ET — peaks at 91, 160, 234, 289, 421	C24H34N2O5S2 494.19092 3440 83647-97-6 PS LM/Q Antihypertensive
Pholcodine TFA — peaks at 100, 114, 277, 380, M⁺ 494	C25H29F3N2O5 494.20285 2800 PS LM/Q Antitussive
Quinapril 2ET Quinapril-M/artifact (deethyl-) 3ET Quinaprilate 3ET — peaks at 91, 130, 262, 421, M⁺ 494	C29H38N2O5 494.27808 3140 UET PS LS/Q Antihypertensive
Emetine ME — peaks at 190, 206, 272, 288, M⁺ 494	C30H42N2O4 494.31445 4010 PS LM/Q Emetic Ingredient of Ipecac

494

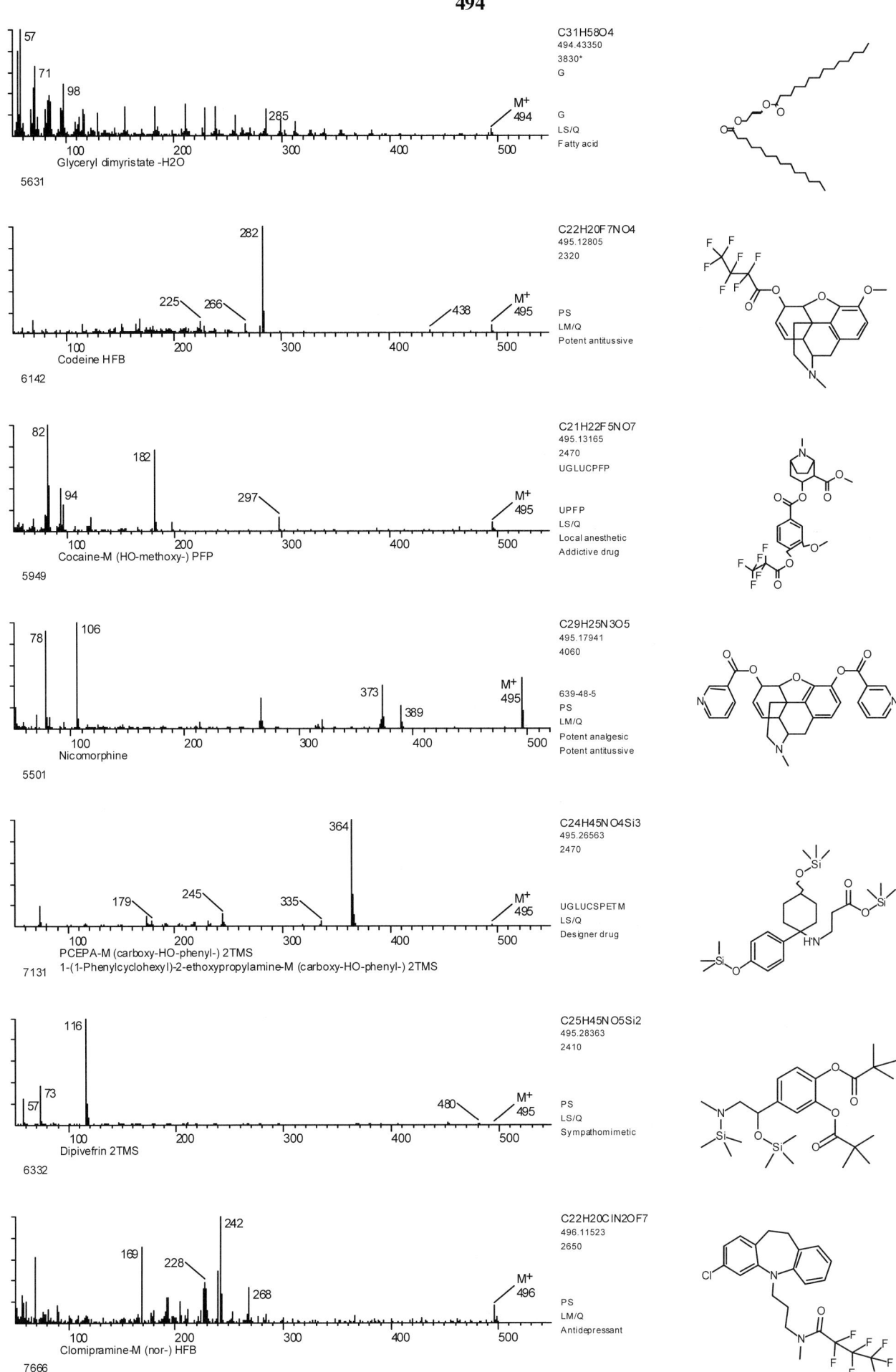

5631 — Glyceryl dimyristate -H2O
Peaks: 57, 71, 98, 285, M+ 494
C31H58O4
494.43350
3830*
G
G
LS/Q
Fatty acid

6142 — Codeine HFB
Peaks: 225, 266, 282, 438, M+ 495
C22H20F7NO4
495.12805
2320
PS
LM/Q
Potent antitussive

5949 — Cocaine-M (HO-methoxy-) PFP
Peaks: 82, 94, 182, 297, M+ 495
C21H22F5NO7
495.13165
2470
UGLUCPFP
UPFP
LS/Q
Local anesthetic
Addictive drug

5501 — Nicomorphine
Peaks: 78, 106, 373, 389, M+ 495
C29H25N3O5
495.17941
4060
639-48-5
PS
LM/Q
Potent analgesic
Potent antitussive

7131 — PCEPA-M (carboxy-HO-phenyl) 2TMS
1-(1-Phenylcyclohexyl)-2-ethoxypropylamine-M (carboxy-HO-phenyl-) 2TMS
Peaks: 179, 245, 335, 364, M+ 495
C24H45NO4Si3
495.26563
2470
UGLUCSPETM
LS/Q
Designer drug

6332 — Dipivefrin 2TMS
Peaks: 57, 73, 116, 480, M+ 495
C25H45NO5Si2
495.28363
2410
PS
LS/Q
Sympathomimetic

7666 — Clomipramine-M (nor-) HFB
Peaks: 169, 228, 242, 268, M+ 496
C22H20ClN2OF7
496.11523
2650
PS
LM/Q
Antidepressant

1161

496

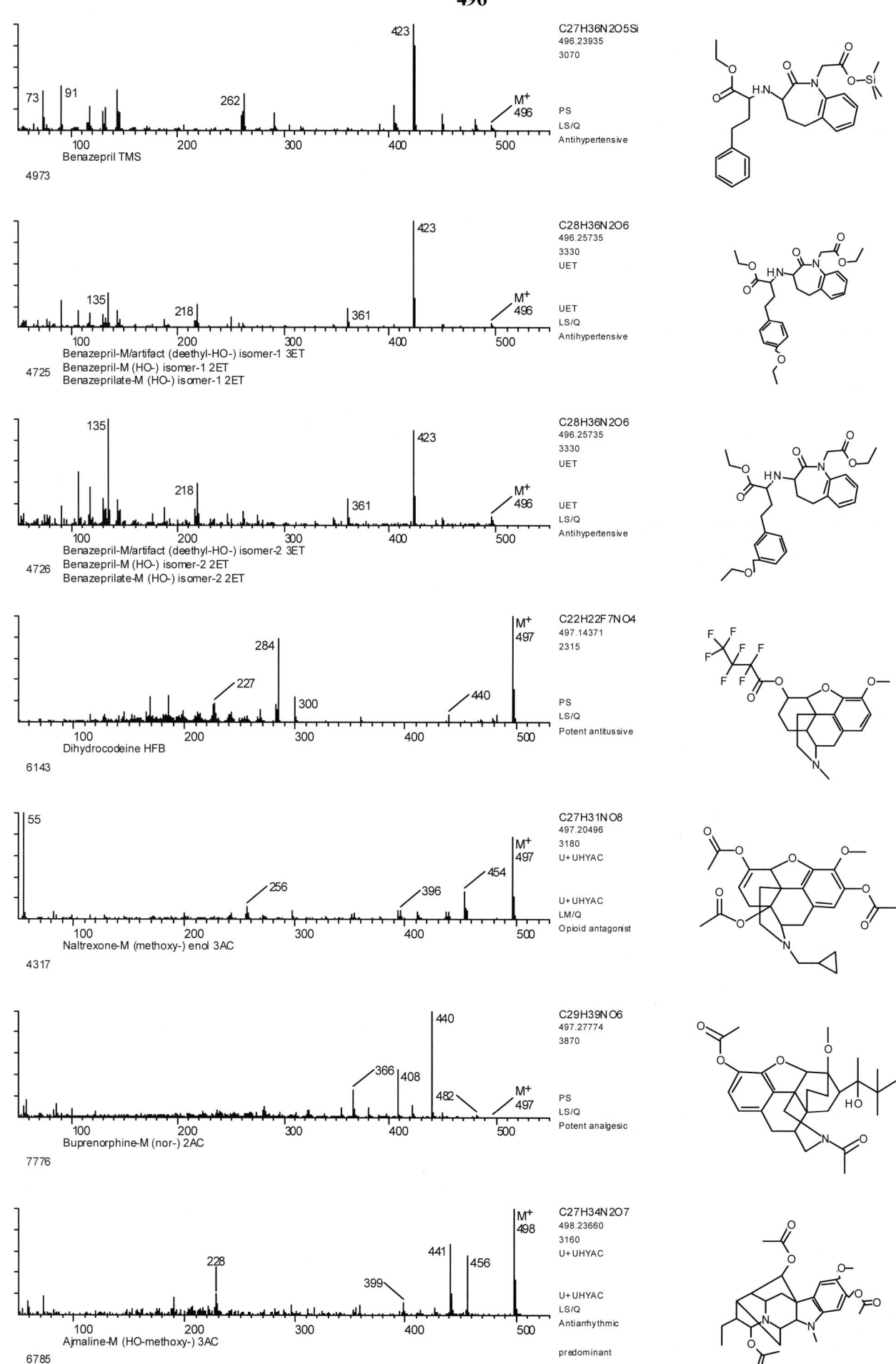

Benazepril TMS
C27H36N2O5Si
496.23935
3070
PS
LS/Q
Antihypertensive
4973

Benazepril-M/artifact (deethyl-HO-) isomer-1 3ET
Benazepril-M (HO-) isomer-1 2ET
Benazeprilate-M (HO-) isomer-1 2ET
C28H36N2O6
496.25735
3330
UET
UET
LS/Q
Antihypertensive
4725

Benazepril-M/artifact (deethyl-HO-) isomer-2 3ET
Benazepril-M (HO-) isomer-2 2ET
Benazeprilate-M (HO-) isomer-2 2ET
C28H36N2O6
496.25735
3330
UET
UET
LS/Q
Antihypertensive
4726

Dihydrocodeine HFB
C22H22F7NO4
497.14371
2315
PS
LS/Q
Potent antitussive
6143

Naltrexone-M (methoxy-) enol 3AC
C27H31NO8
497.20496
3180
U+UHYAC
U+UHYAC
LM/Q
Opioid antagonist
4317

Buprenorphine-M (nor-) 2AC
C29H39NO6
497.27774
3870
PS
LS/Q
Potent analgesic
7776

Ajmaline-M (HO-methoxy-) 3AC
C27H34N2O7
498.23660
3160
U+UHYAC
U+UHYAC
LS/Q
Antiarrhythmic
predominant
6785

1162

498

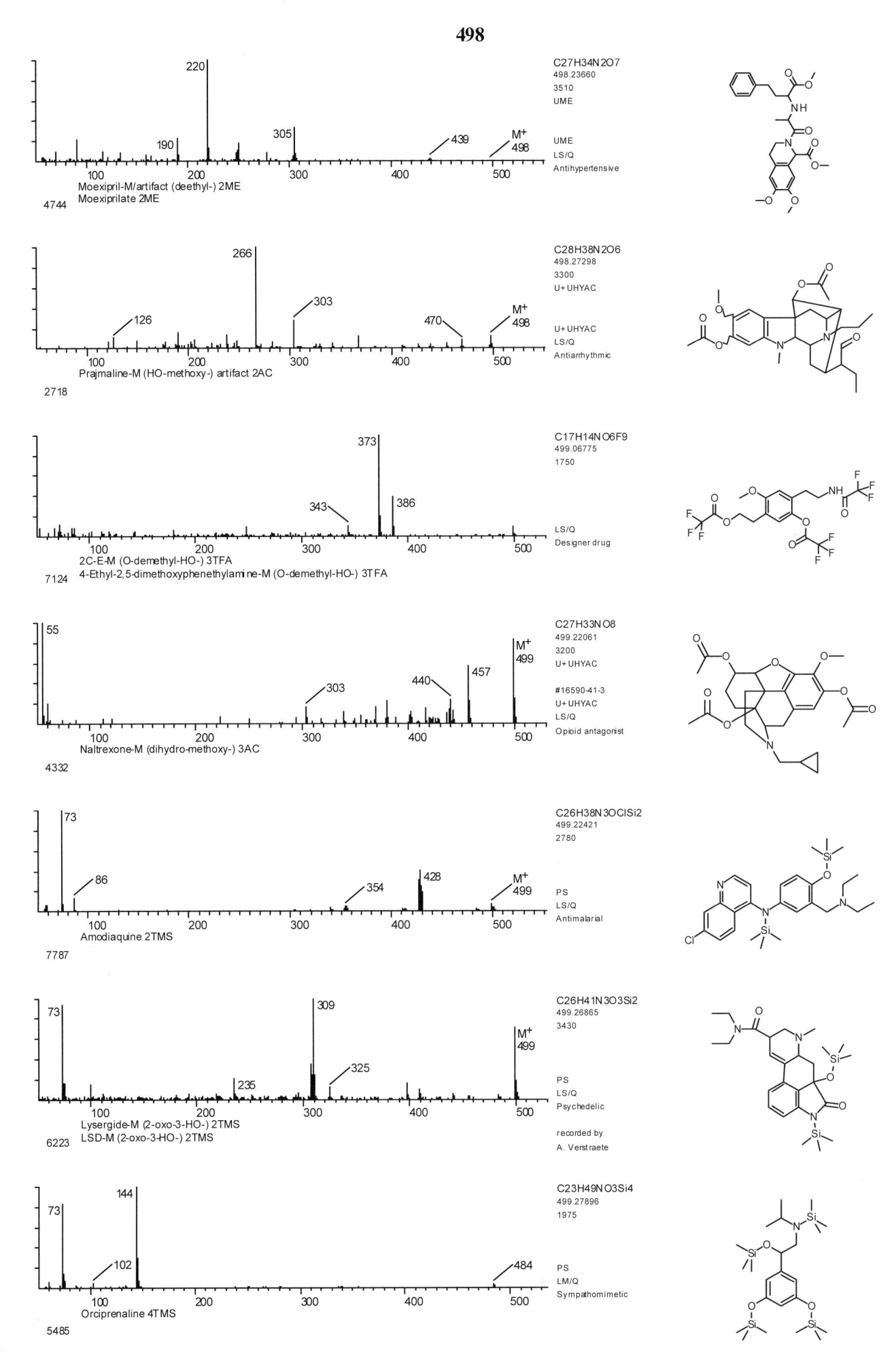

4744 Moexipril-M/artifact (deethyl-) 2ME / Moexiprilate 2ME
- 220, 190, 305, 439, M+ 498
- C27H34N2O7
- 498.23660
- 3510
- UME
- UME
- LS/Q
- Antihypertensive

2718 Prajmaline-M (HO-methoxy-) artifact 2AC
- 266, 126, 303, 470, M+ 498
- C28H38N2O6
- 498.27298
- 3300
- U+ UHYAC
- U+ UHYAC
- LS/Q
- Antiarrhythmic

7124 2C-E-M (O-demethyl-HO-) 3TFA / 4-Ethyl-2,5-dimethoxyphenethylamine-M (O-demethyl-HO-) 3TFA
- 373, 343, 386
- C17H14NO6F9
- 499.06775
- 1750
- LS/Q
- Designer drug

4332 Naltrexone-M (dihydro-methoxy-) 3AC
- 55, 303, 440, 457, M+ 499
- C27H33NO8
- 499.22061
- 3200
- U+ UHYAC
- #16590-41-3
- U+ UHYAC
- LS/Q
- Opioid antagonist

7787 Amodiaquine 2TMS
- 73, 86, 354, 428, M+ 499
- C26H38N3OClSi2
- 499.22421
- 2780
- PS
- LS/Q
- Antimalarial

6223 Lysergide-M (2-oxo-3-HO-) 2TMS / LSD-M (2-oxo-3-HO-) 2TMS
- 73, 235, 309, 325, M+ 499
- C26H41N3O3Si2
- 499.26865
- 3430
- PS
- LS/Q
- Psychedelic
- recorded by A. Verstraete

5485 Orciprenaline 4TMS
- 73, 102, 144, 484
- C23H49NO3Si4
- 499.27896
- 1975
- PS
- LM/Q
- Sympathomimetic

1163

500

1,4-Benzenediamine 2HFB
p-Phenylenediamine 2HFB
5332
C14H6F14N2O2
500.02057
1775
PS
LM/Q
Hair dye
Chemical

MDE R-(-)-enantiomer HFBP
6644
C21H23F7N2O4
500.15460
2460
PS
LM/Q
Psychedelic
Designer drug

MDE S-(+)-enantiomer HFBP
6645
C21H23F7N2O4
500.15460
2470
PS
LM/Q
Psychedelic
Designer drug

Buprenorphine-M (nor-)-D3 2AC
7304
C29H36D3NO6
500.29657
3690
PS
LS/Q
Potent analgesic
Internal standard

MeOPP-M (aminophenol) 2HFB
4-Methoxyphenylpiperazine-M (aminophenol) 2HFB
6621
C14H5F14NO3
501.00458
1405
U+ UHYH FB
PS
LS/Q
Designer drug

Sertraline HFB
7690
C21H16Cl2NOF7
501.04971
2525
PS
LS/Q
Antidepressant

Bromantane HFB
6145
C20H19BrF7NO
501.05383
2305
PS
LM/Q
Stimulant
Doping agent

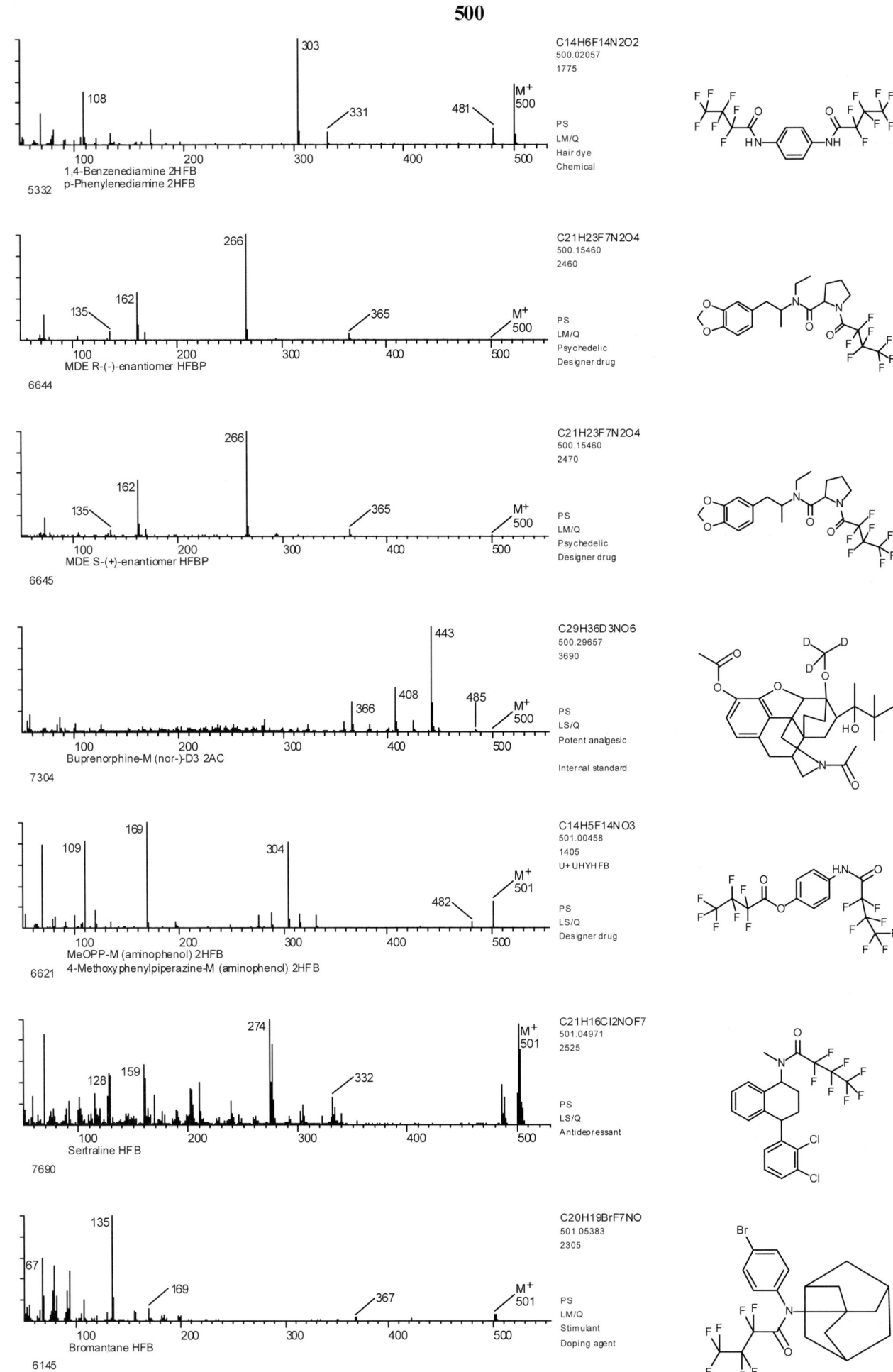

501

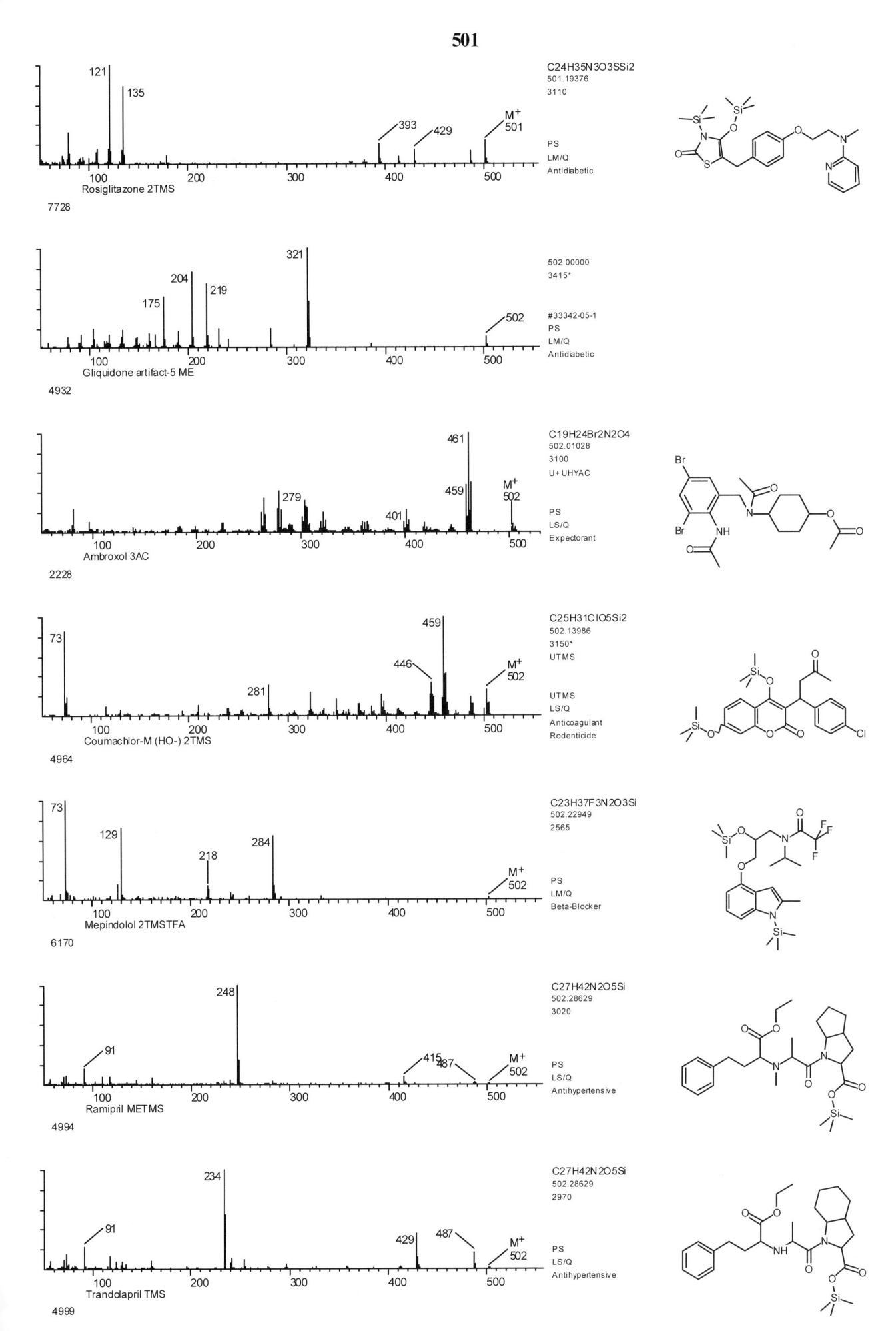

Rosiglitazone 2TMS — C24H35N3O3SSi2, 501.19376, 3110, PS, LM/Q, Antidiabetic
Peaks: 121, 135, 393, 429, M+ 501
7728

Gliquidone artifact-5 ME — 502.00000, 3415*, #33342-05-1, PS, LM/Q, Antidiabetic
Peaks: 175, 204, 219, 321, 502
4932

Ambroxol 3AC — C19H24Br2N2O4, 502.01028, 3100, U+ UHYAC, PS, LS/Q, Expectorant
Peaks: 279, 401, 459, 461, M+ 502
2228

Coumachlor-M (HO-) 2TMS — C25H31ClO5Si2, 502.13986, 3150*, UTMS, UTMS, LS/Q, Anticoagulant, Rodenticide
Peaks: 73, 281, 446, 459, M+ 502
4964

Mepindolol 2TMSTFA — C23H37F3N2O3Si, 502.22949, 2565, PS, LM/Q, Beta-Blocker
Peaks: 73, 129, 218, 284, M+ 502
6170

Ramipril METMS — C27H42N2O5Si, 502.28629, 3020, PS, LS/Q, Antihypertensive
Peaks: 91, 248, 415, 487, M+ 502
4994

Trandolapril TMS — C27H42N2O5Si, 502.28629, 2970, PS, LS/Q, Antihypertensive
Peaks: 91, 234, 429, 487, M+ 502
4999

502

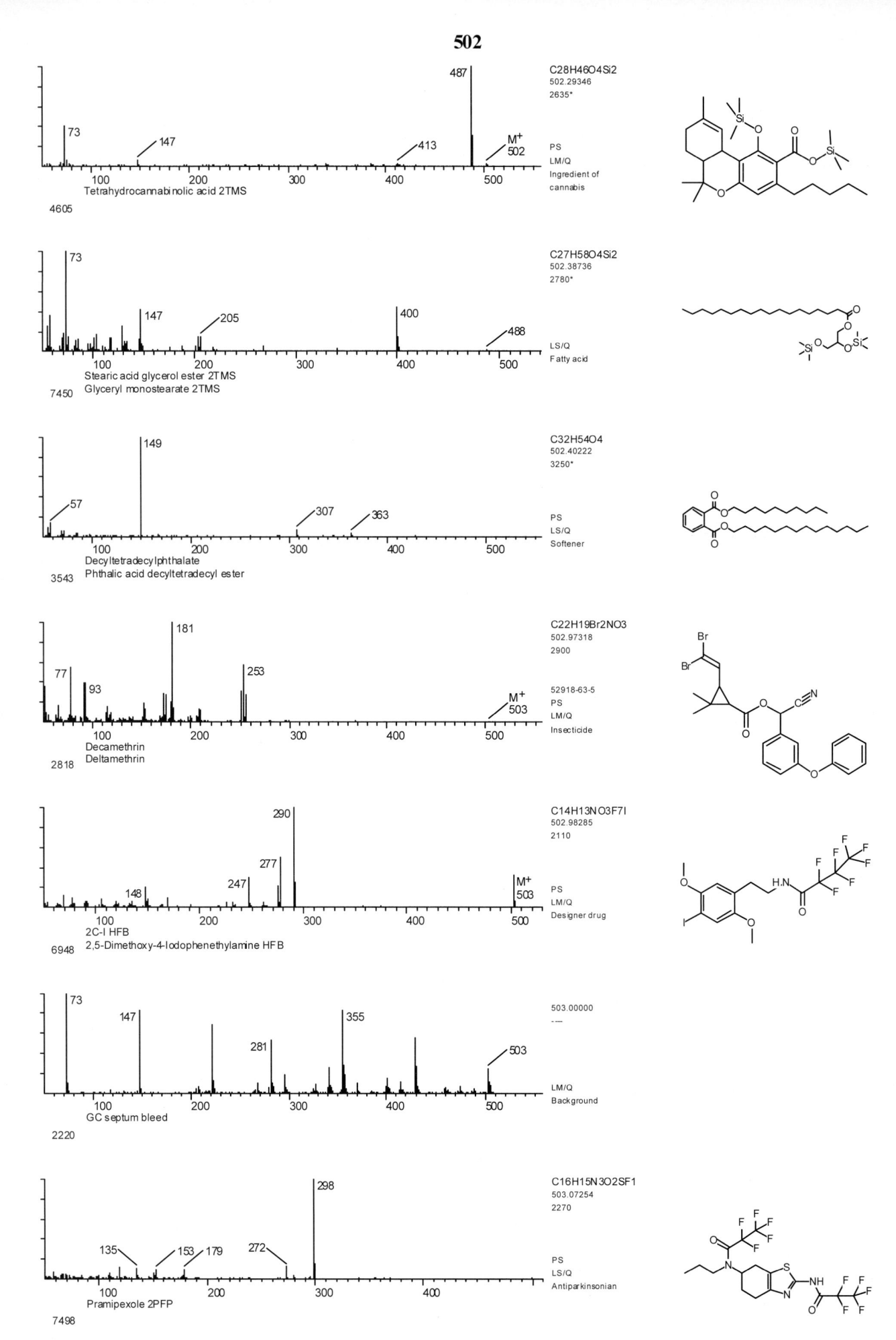

C28H46O4Si2
502.29346
2635*

PS
LM/Q
Ingredient of cannabis

Tetrahydrocannabinolic acid 2TMS
4605

C27H58O4Si2
502.38736
2780*

LS/Q
Fatty acid

Stearic acid glycerol ester 2TMS
Glyceryl monostearate 2TMS
7450

C32H54O4
502.40222
3250*

PS
LS/Q
Softener

Decyltetradecylphthalate
Phthalic acid decyltetradecyl ester
3543

C22H19Br2NO3
502.97318
2900

52918-63-5
PS
LM/Q
Insecticide

Decamethrin
Deltamethrin
2818

C14H13NO3F7I
502.98285
2110

PS
LM/Q
Designer drug

2C-I HFB
2,5-Dimethoxy-4-Iodophenethylamine HFB
6948

503.00000

LM/Q
Background

GC septum bleed
2220

C16H15N3O2SF1
503.07254
2270

PS
LS/Q
Antiparkinsonian

Pramipexole 2PFP
7498

1166

503

Dihydrocapsaicine HFB
C22H28F7NO4
503.19067
2490
PS
LM/Q
Biomolecule
in pepper spray
Peaks: 333, 347, 391, 404, M+ 503

Ritodrine 3TMS
C26H45NO3Si3
503.27072
2620
#26652-09-5
PS
LM/Q
Toccolytic
Peaks: 73, 193, 236, 267, 488

Cilazapril METMS
C26H41N3O5Si
503.28156
3125
PS
LS/Q
Antihypertensive
Peaks: 73, 215, 369, 488, M+ 503

Acebutolol 2TMSTFA
C23H35F3N2O5Si
504.22672
2780
PS
LM/Q
Beta-Blocker
altered during HY
Peaks: 73, 129, 218, 284, M+ 504

Mizolastine TMS
C27H33N6OFSi
504.24692
3720
#108612-45-9
PS
LM/Q
Antihistamine
Peaks: 109, 237, 489, M+ 504

Fluoxetine HFB
C21H17F3NO2F7
505.10995
1980
PS
LM/Q
Antidepressant
altered during HY
Peaks: 117, 169, 240, 252, 344

MDE-D5 R-(-)-enantiomer HFBP
C21H18D5F7N2O
505.18600
2455
PS
LM/Q
Psychedelic
Designer drug
Peaks: 162, 266, 370, M+ 505

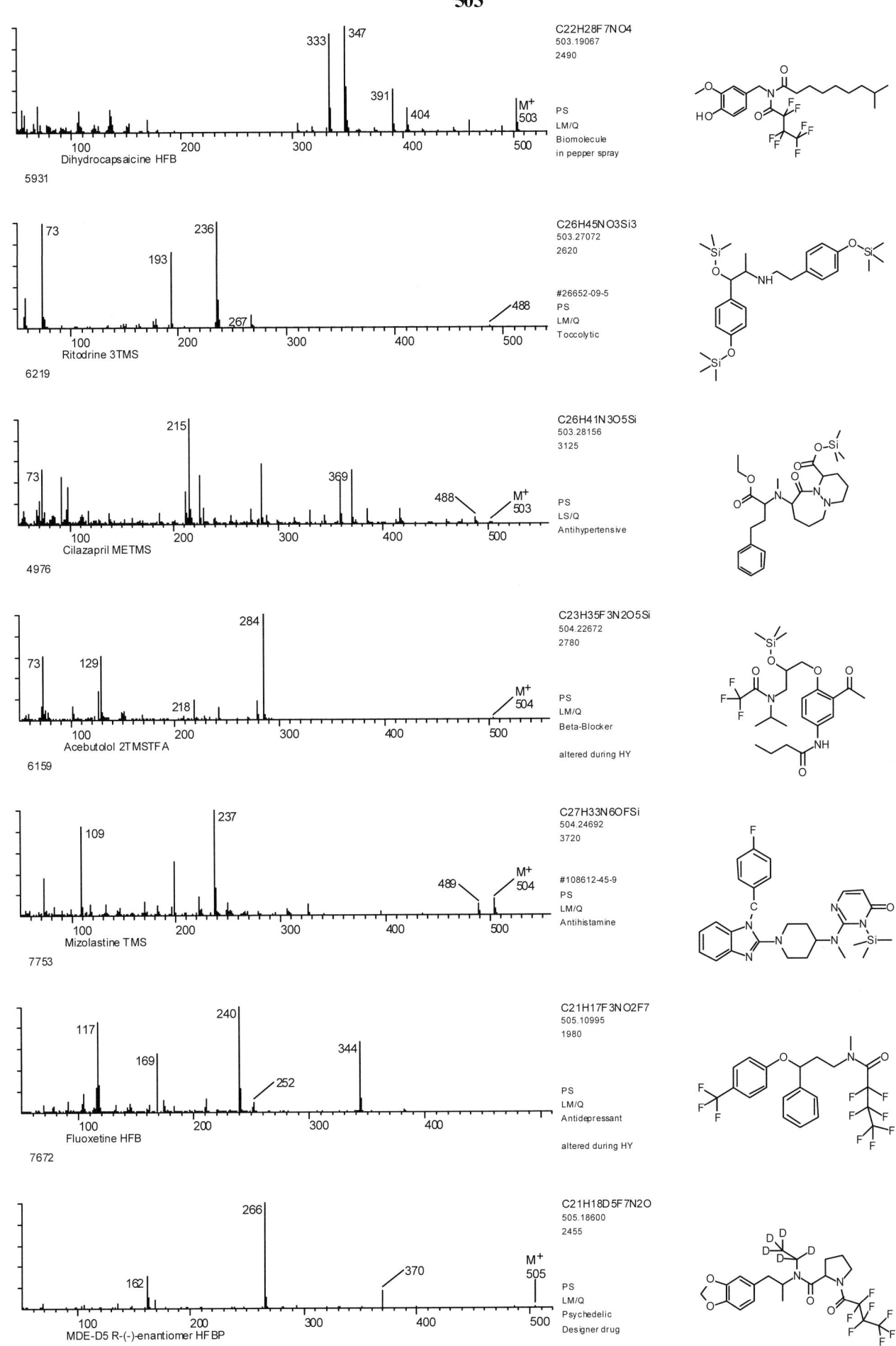

505

MDE-D5 S-(+)-enantiomer HFBP
C21H18D5F7N2O
505.18600
2465
PS
LM/Q
Psychedelic
Designer drug
6803

Amineptine TMSTFA
C27H34F3NO3Si
505.22601
2770
#57574-09-1
PS
LS/Q
Antidepressant
6052

Etiroxate artifact-3
506.00000
3360
PS
LM/Q
Anticholesteremic
2748

Flupentixol TMS
C26H33F3N2OSSi
506.20349
3360
PS
LM/Q
Neuroleptic
5697

Trimethoprim 3TMS
C23H42N4O3Si3
506.25647
2805
PS
LM/Q
Antibiotic
4603

Procarterol 3TMS
C25H46N2O3Si3
506.28162
2390
#60443-17-6
PS
LM/Q
Bronchodilator
6217

Cisapride AC
C25H31ClFN3O5
507.19363
3970
PS
LM/Q
Cholinergic
5608

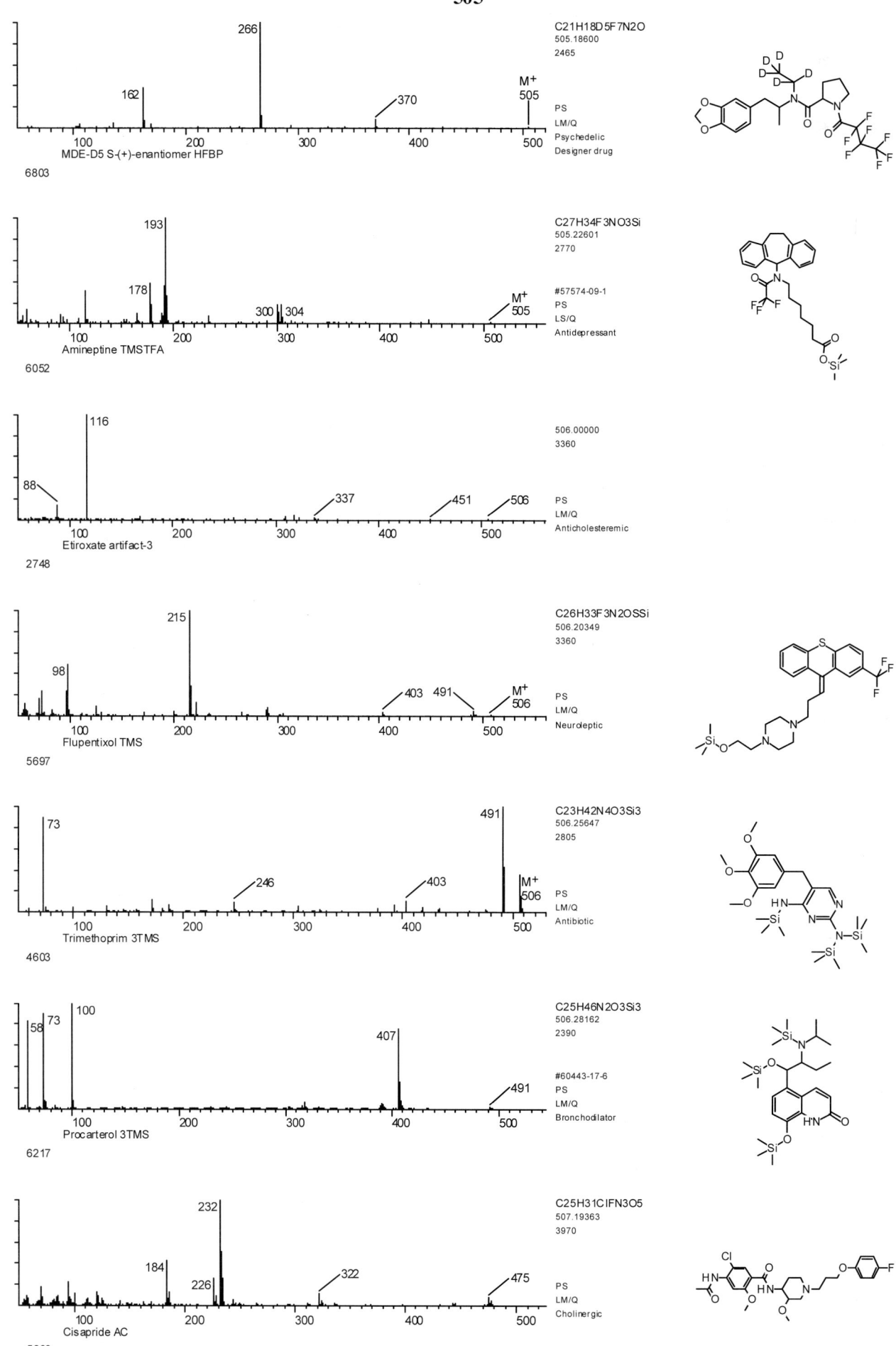

508

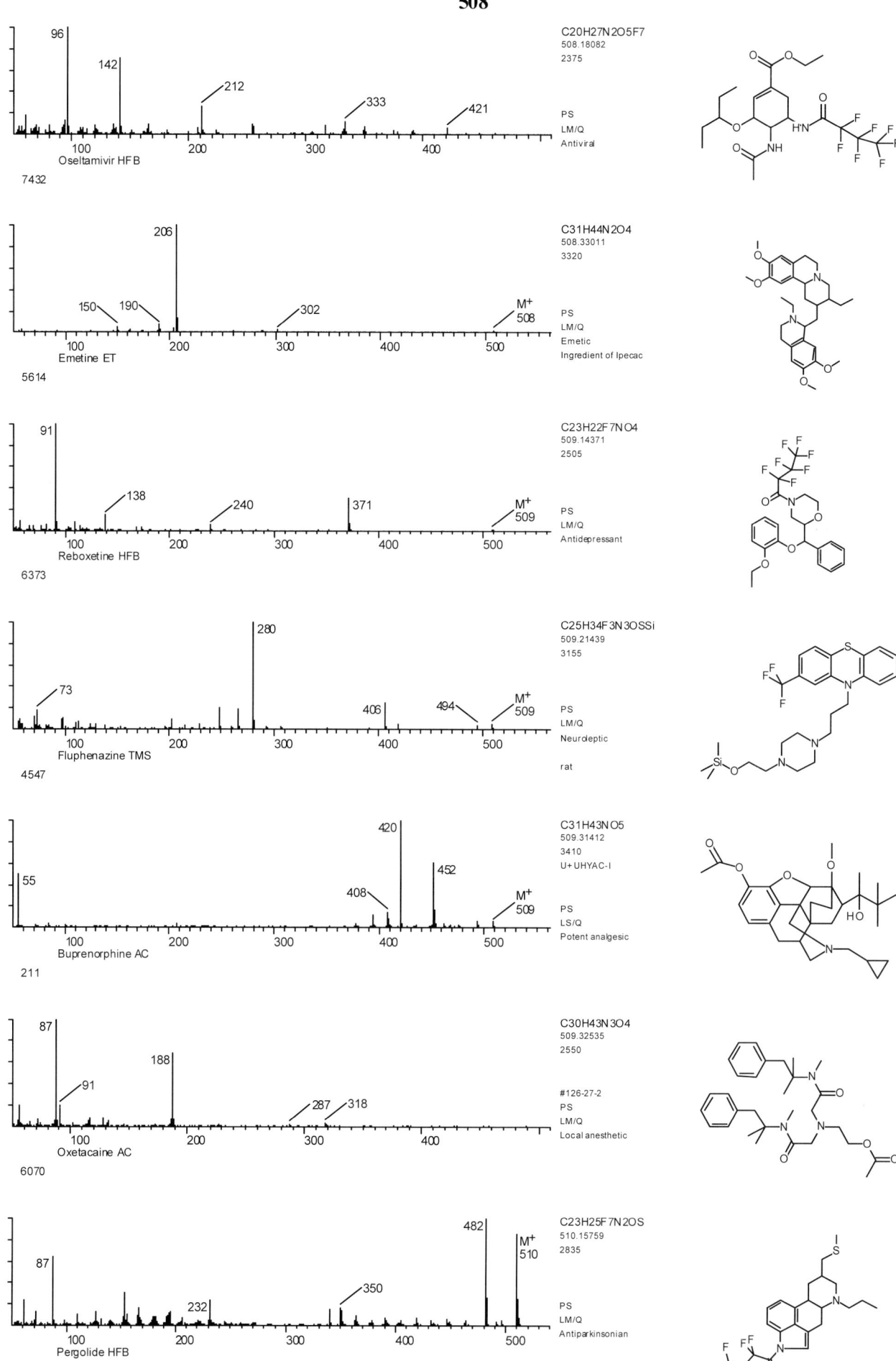

Spectrum	Formula / Info
Oseltamivir HFB — peaks 96, 142, 212, 333, 421 — 7432	C20H27N2O5F7; 508.18082; 2375; PS; LM/Q; Antiviral
Emetine ET — peaks 150, 190, 206, 302, M+ 508 — 5614	C31H44N2O4; 508.33011; 3320; PS; LM/Q; Emetic; Ingredient of Ipecac
Reboxetine HFB — peaks 91, 138, 240, 371, M+ 509 — 6373	C23H22F7NO4; 509.14371; 2505; PS; LM/Q; Antidepressant
Fluphenazine TMS — peaks 73, 280, 406, 494, M+ 509 — 4547	C25H34F3N3OSSi; 509.21439; 3155; PS; LM/Q; Neuroleptic; rat
Buprenorphine AC — peaks 55, 408, 420, 452, M+ 509 — 211	C31H43NO5; 509.31412; 3410; U+UHYAC-I; PS; LS/Q; Potent analgesic
Oxetacaine AC — peaks 87, 91, 188, 287, 318 — 6070	C30H43N3O4; 509.32535; 2550; #126-27-2; PS; LM/Q; Local anesthetic
Pergolide HFB — peaks 87, 232, 350, 482, M+ 510 — 5856	C23H25F7N2OS; 510.15759; 2835; PS; LM/Q; Antiparkinsonian

1169

510

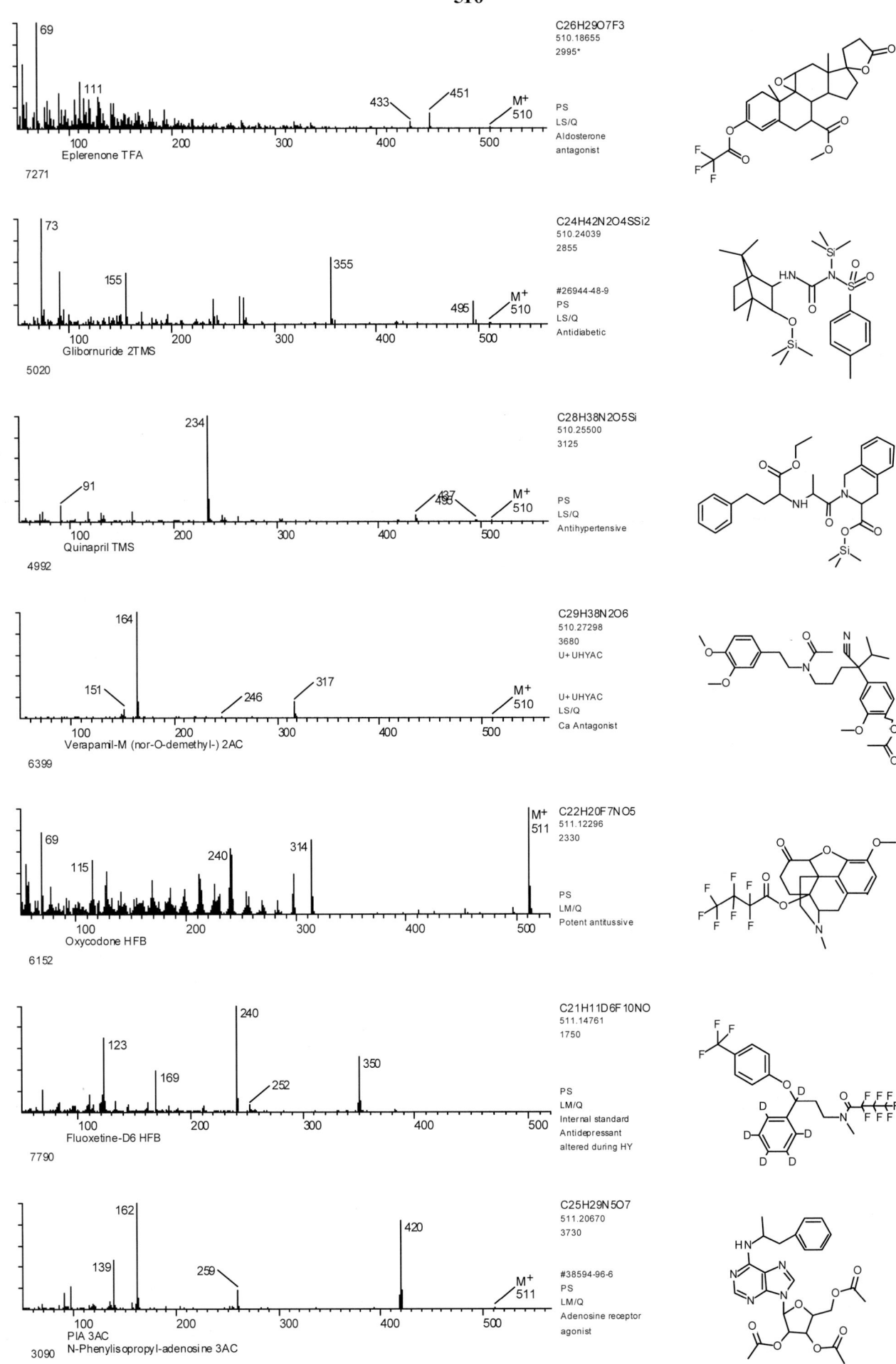

Eplerenone TFA — 7271
C26H29O7F3
510.18655
2995*
PS
LS/Q
Aldosterone antagonist
Peaks: 69, 111, 433, 451, M+ 510

Glibornuride 2TMS — 5020
C24H42N2O4SSi2
510.24039
2855
#26944-48-9
PS
LS/Q
Antidiabetic
Peaks: 73, 155, 355, 495, M+ 510

Quinapril TMS — 4992
C28H38N2O5Si
510.25500
3125
PS
LS/Q
Antihypertensive
Peaks: 91, 234, 437, 495, M+ 510

Verapamil-M (nor-O-demethyl-) 2AC — 6399
C29H38N2O6
510.27298
3680
U+ UHYAC
U+ UHYAC
LS/Q
Ca Antagonist
Peaks: 151, 164, 246, 317, M+ 510

Oxycodone HFB — 6152
C22H20F7NO5
511.12296
2330
PS
LM/Q
Potent antitussive
Peaks: 69, 115, 240, 314, M+ 511

Fluoxetine-D6 HFB — 7790
C21H11D6F10NO
511.14761
1750
PS
LM/Q
Internal standard
Antidepressant altered during HY
Peaks: 123, 169, 240, 252, 350

PIA 3AC
N-Phenylisopropyl-adenosine 3AC — 3090
C25H29N5O7
511.20670
3730
#38594-96-6
PS
LM/Q
Adenosine receptor agonist
Peaks: 139, 162, 259, 420, M+ 511

1170

512

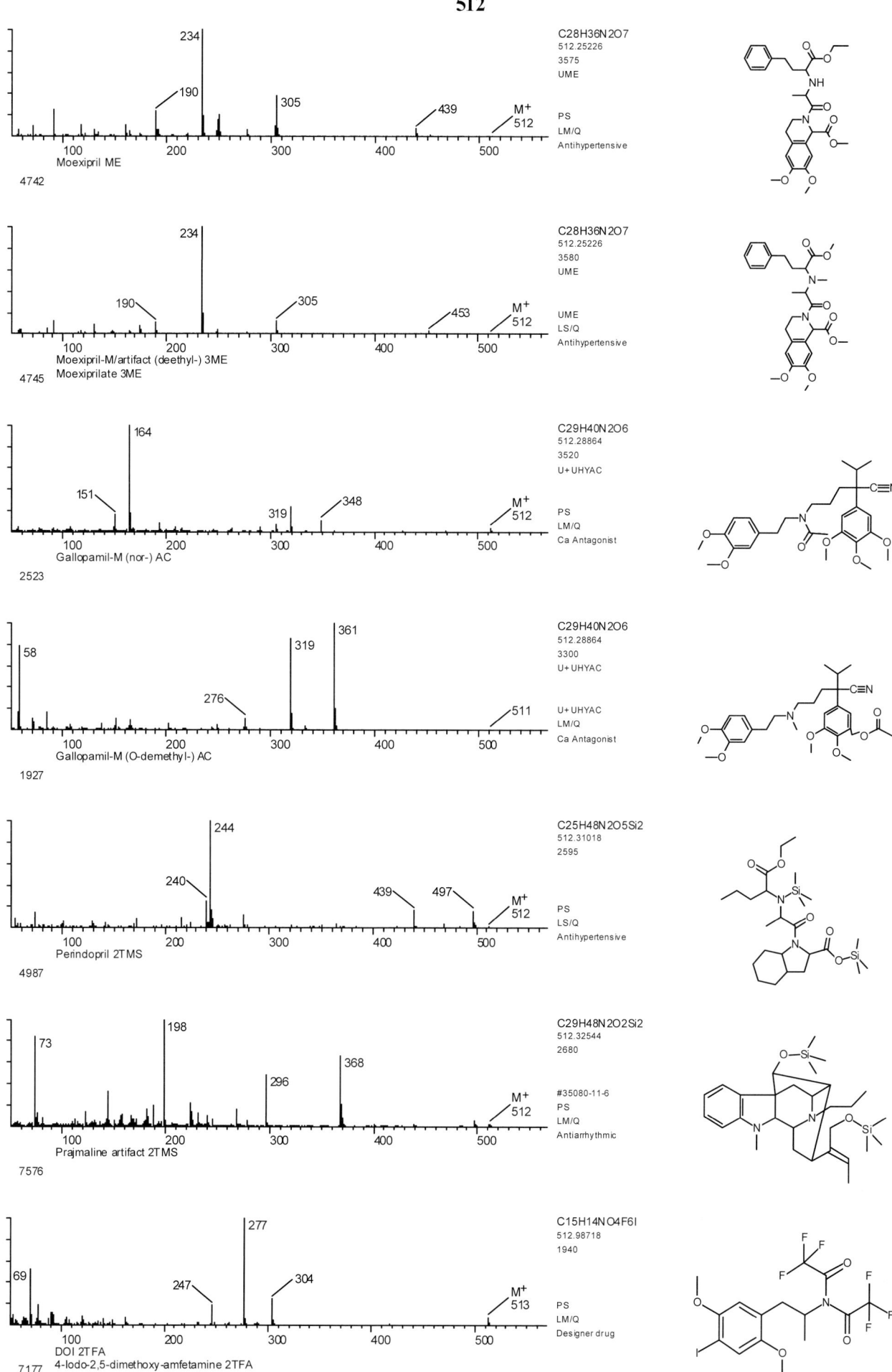

Spectrum	Formula / Info	
234, 190, 305, 439, M+ 512 — Moexipril ME (4742)	C28H36N2O7; 512.25226; 3575; UME; PS; LM/Q; Antihypertensive	
234, 190, 305, 453, M+ 512 — Moexipril-M/artifact (deethyl-) 3ME / Moexiprilate 3ME (4745)	C28H36N2O7; 512.25226; 3580; UME; UME; LS/Q; Antihypertensive	
164, 151, 319, 348, M+ 512 — Gallopamil-M (nor-) AC (2523)	C29H40N2O6; 512.28864; 3520; U+UHYAC; PS; LM/Q; Ca Antagonist	
58, 276, 319, 361, 511 — Gallopamil-M (O-demethyl-) AC (1927)	C29H40N2O6; 512.28864; 3300; U+UHYAC; U+UHYAC; LM/Q; Ca Antagonist	
244, 240, 439, 497, M+ 512 — Perindopril 2TMS (4987)	C25H48N2O5Si2; 512.31018; 2595; PS; LS/Q; Antihypertensive	
73, 198, 296, 368, M+ 512 — Prajmaline artifact 2TMS (7576)	C29H48N2O2Si2; 512.32544; 2680; #35080-11-6; PS; LM/Q; Antiarrhythmic	
69, 247, 277, 304, M+ 513 — DOI 2TFA / 4-Iodo-2,5-dimethoxy-amfetamine 2TFA (7177)	C15H14NO4F6I; 512.98718; 1940; PS; LM/Q; Designer drug	

1171

513

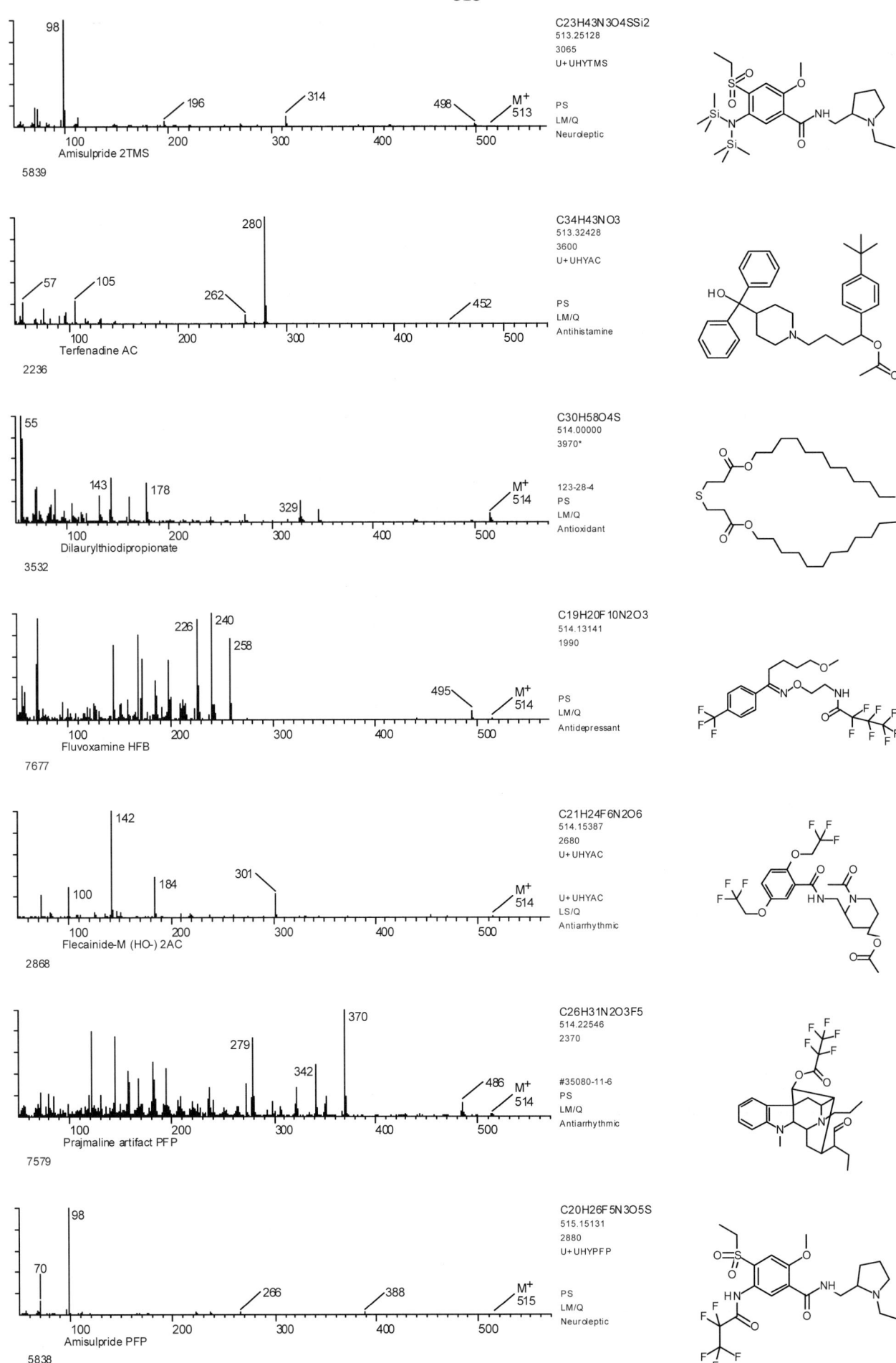

Amisulpride 2TMS — 5839
Peaks: 98, 196, 314, 498, M+ 513
C23H43N3O4SSi2
513.25128
3065
U+ UHYTMS
PS
LM/Q
Neuroleptic

Terfenadine AC — 2236
Peaks: 57, 105, 262, 280, 452
C34H43NO3
513.32428
3600
U+ UHYAC
PS
LM/Q
Antihistamine

Dilaurylthiodipropionate — 3532
Peaks: 55, 143, 178, 329, M+ 514
C30H58O4S
514.00000
3970*
123-28-4
PS
LM/Q
Antioxidant

Fluvoxamine HFB — 7677
Peaks: 226, 240, 258, 495, M+ 514
C19H20F10N2O3
514.13141
1990
PS
LM/Q
Antidepressant

Flecainide-M (HO-) 2AC — 2868
Peaks: 100, 142, 184, 301, M+ 514
C21H24F6N2O6
514.15387
2680
U+ UHYAC
U+ UHYAC
LS/Q
Antiarrhythmic

Prajmaline artifact PFP — 7579
Peaks: 279, 342, 370, 486, M+ 514
C26H31N2O3F5
514.22546
2370
#35080-11-6
PS
LM/Q
Antiarrhythmic

Amisulpride PFP — 5838
Peaks: 70, 98, 266, 388, M+ 515
C20H26F5N3O5S
515.15131
2880
U+ UHYPFP
PS
LM/Q
Neuroleptic

516

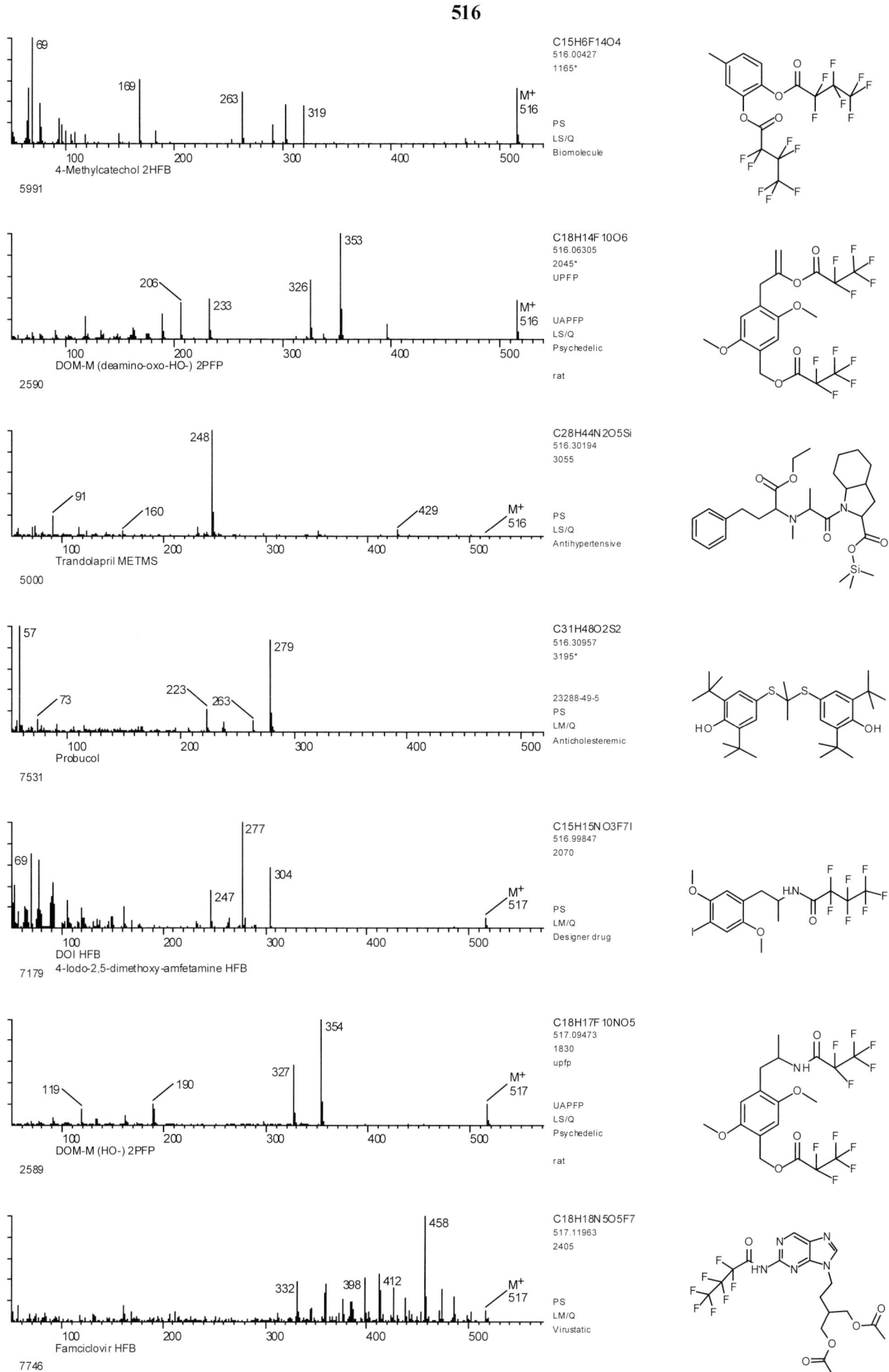

C15H6F14O4
516.00427
1165*

PS
LS/Q
Biomolecule

4-Methylcatechol 2HFB
5991

C18H14F10O6
516.06305
2045*
UPFP

UAPFP
LS/Q
Psychedelic

rat

DOM-M (deamino-oxo-HO-) 2PFP
2590

C28H44N2O5Si
516.30194
3055

PS
LS/Q
Antihypertensive

Trandolapril METMS
5000

C31H48O2S2
516.30957
3195*

23288-49-5
PS
LM/Q
Anticholesteremic

Probucol
7531

C15H15NO3F7I
516.99847
2070

PS
LM/Q
Designer drug

DOI HFB
4-Iodo-2,5-dimethoxy-amfetamine HFB
7179

C18H17F10NO5
517.09473
1830
upfp

UAPFP
LS/Q
Psychedelic

rat

DOM-M (HO-) 2PFP
2589

C18H18N5O5F7
517.11963
2405

PS
LM/Q
Virustatic

Famciclovir HFB
7746

1173

517

Oxymorphone 3TMS
Oxycodone-M (O-demethyl-) 3TMS
7171
C26H43NO4Si3
517.25000
2525
PS
LM
Potent analgesic

Fluspirilene AC
519
C31H33F2N3O2
517.25409
3340
PS
LS
Neuroleptic

Dobutamine 3TMS
4540
C27H47NO3Si3
517.28638
2875
PS
LM/Q
Sympathomimetic

Loperamide AC
1824
C31H35ClN2O3
518.23364
3370
PS
LM/Q
Antidiarrheal

Haloperidol 2TMS
4553
C27H39ClFNO2Si
519.21918
3055
PS
LM/Q
Neuroleptic

Dipivefrin TFATMS
6333
C24H36F3NO6Si
519.22638
2400
PS
LS/Q
Sympathomimetic

Pipamperone 2TMS
4587
C27H46FN3O2Si2
519.31128
3100
PS
LM/Q
Neuroleptic

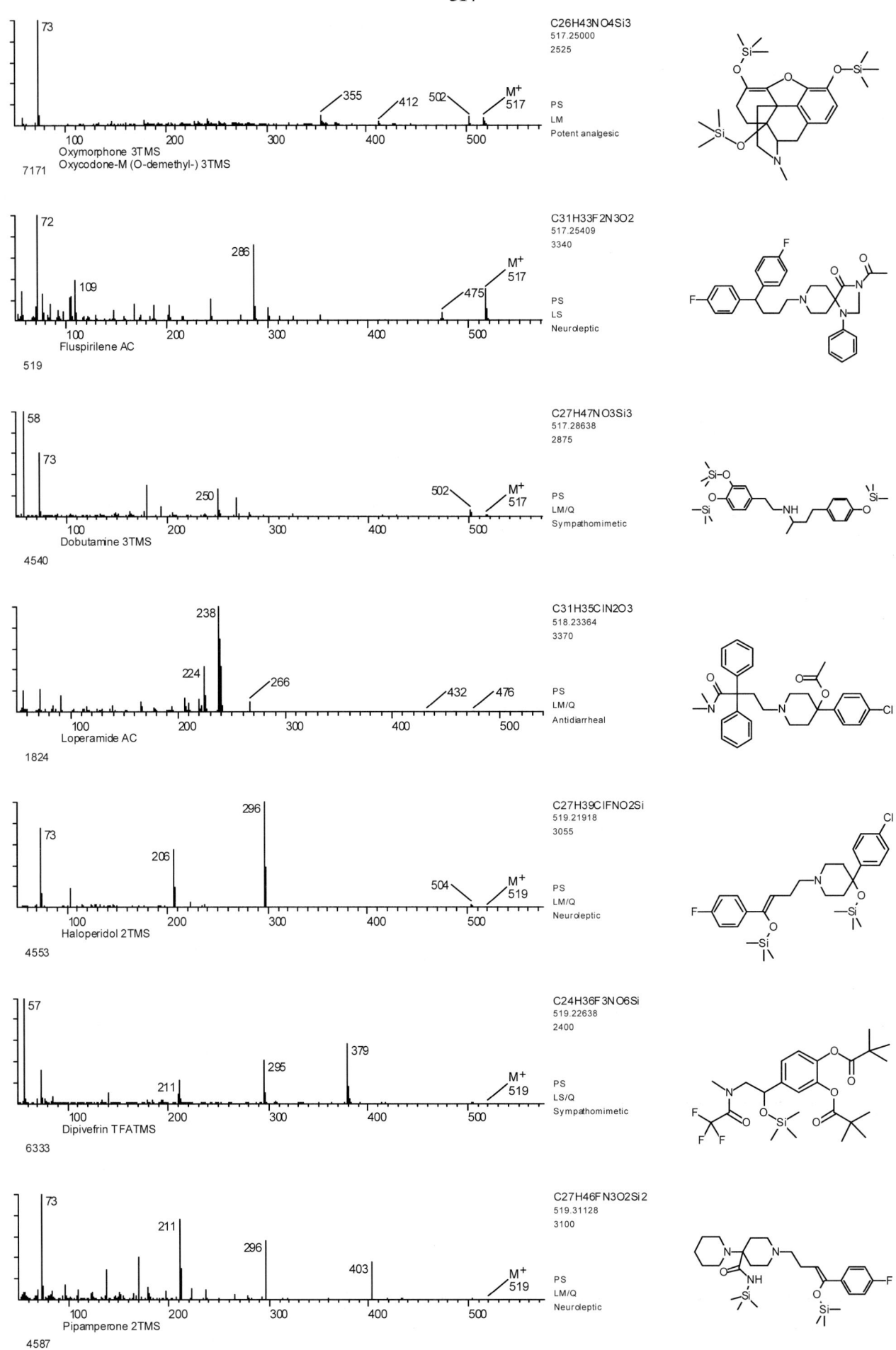

520

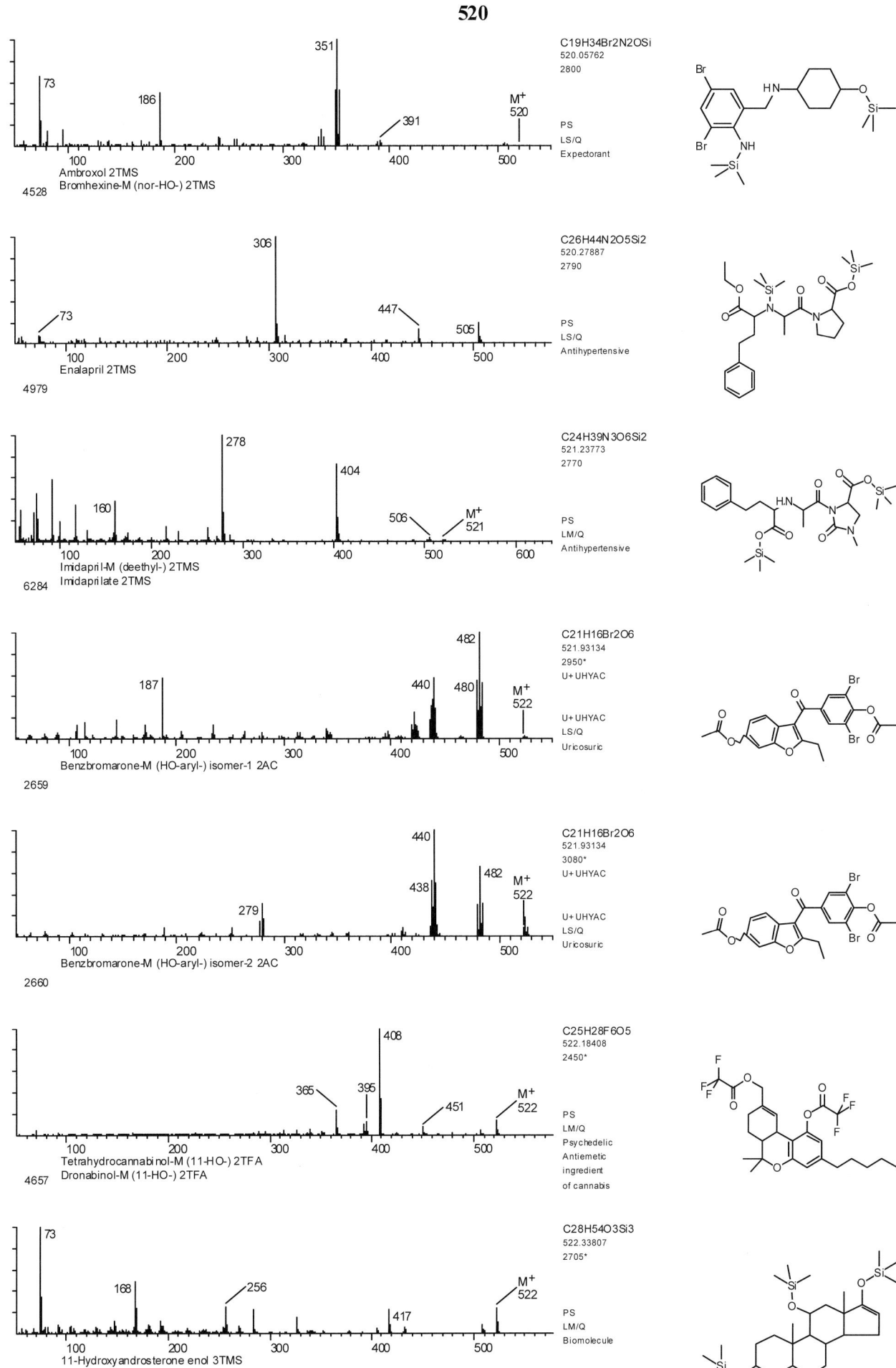

73, 186, 351, 391, M+ 520	C19H34Br2N2OSi 520.05762 2800 PS LS/Q Expectorant	Ambroxol 2TMS / Bromhexine-M (nor-HO-) 2TMS — 4528
73, 306, 447, 505	C26H44N2O5Si2 520.27887 2790 PS LS/Q Antihypertensive	Enalapril 2TMS — 4979
160, 278, 404, 506, M+ 521	C24H39N3O6Si2 521.23773 2770 PS LM/Q Antihypertensive	Imidapril-M (deethyl-) 2TMS / Imidaprilate 2TMS — 6284
187, 440, 480, 482, M+ 522	C21H16Br2O6 521.93134 2950* U+ UHYAC U+ UHYAC LS/Q Uricosuric	Benzbromarone-M (HO-aryl-) isomer-1 2AC — 2659
279, 438, 440, 482, M+ 522	C21H16Br2O6 521.93134 3080* U+ UHYAC U+ UHYAC LS/Q Uricosuric	Benzbromarone-M (HO-aryl-) isomer-2 2AC — 2660
365, 395, 408, 451, M+ 522	C25H28F6O5 522.18408 2450* PS LM/Q Psychedelic Antiemetic ingredient of cannabis	Tetrahydrocannabinol-M (11-HO-) 2TFA / Dronabinol-M (11-HO-) 2TFA — 4657
73, 168, 256, 417, M+ 522	C28H54O3Si3 522.33807 2705* PS LM/Q Biomolecule	11-Hydroxyandrosterone enol 3TMS — 3805

522

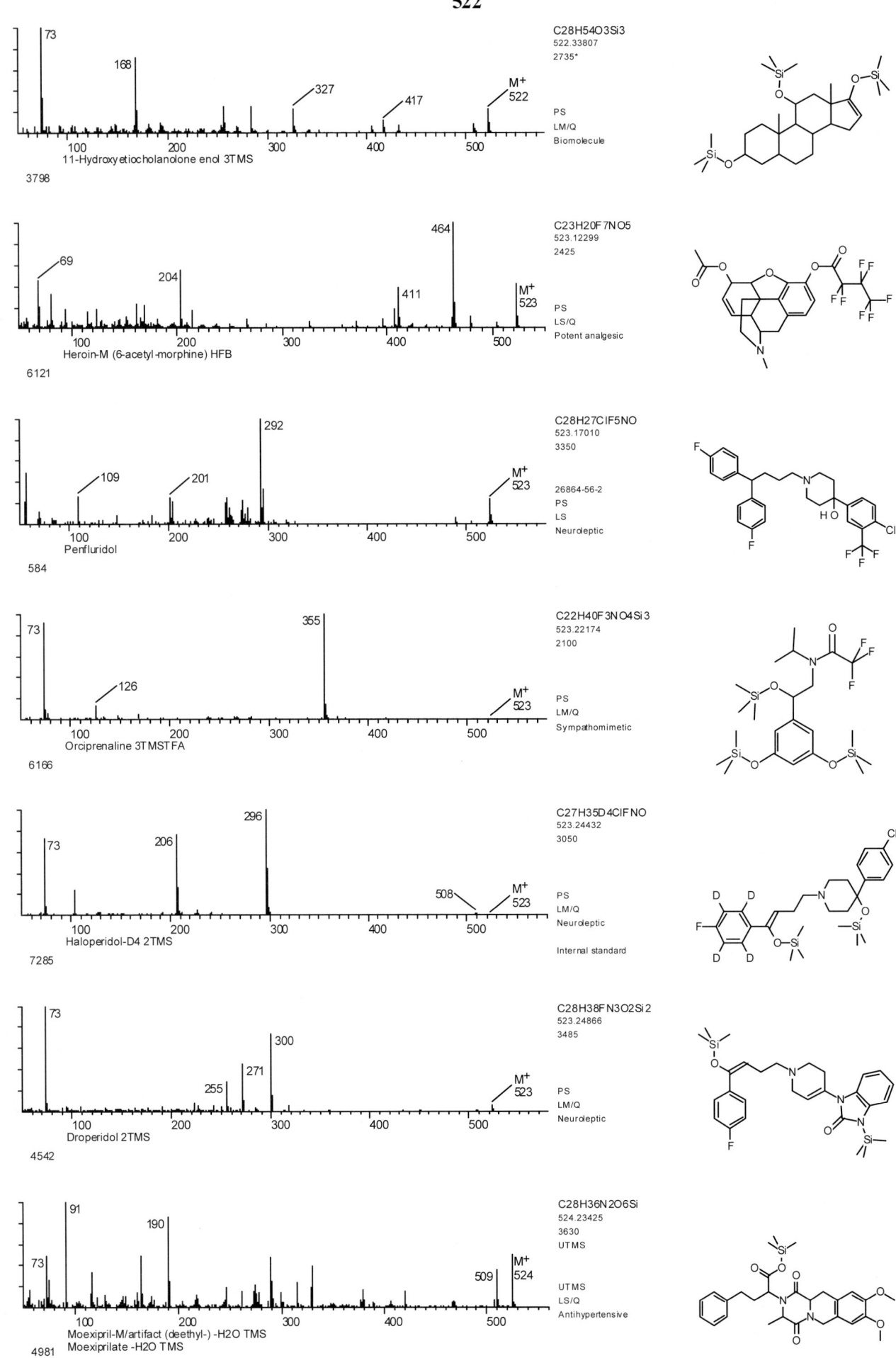

Spectrum	Formula / Data
73, 168, 327, 417, M+ 522 — 11-Hydroxyetiocholanolone enol 3TMS — 3798	C28H54O3Si3 / 522.33807 / 2735* / PS / LM/Q / Biomolecule
69, 204, 411, 464, M+ 523 — Heroin-M (6-acetyl-morphine) HFB — 6121	C23H20F7NO5 / 523.12299 / 2425 / PS / LS/Q / Potent analgesic
109, 201, 292, M+ 523 — Penfluridol — 584	C28H27ClF5NO / 523.17010 / 3350 / 26864-56-2 / PS / LS / Neuroleptic
73, 126, 355, M+ 523 — Orciprenaline 3TMSTFA — 6166	C22H40F3NO4Si3 / 523.22174 / 2100 / PS / LM/Q / Sympathomimetic
73, 206, 296, 508, M+ 523 — Haloperidol-D4 2TMS — 7285	C27H35D4ClFNO / 523.24432 / 3050 / PS / LM/Q / Neuroleptic / Internal standard
73, 255, 271, 300, M+ 523 — Droperidol 2TMS — 4542	C28H38FN3O2Si2 / 523.24866 / 3485 / PS / LM/Q / Neuroleptic
73, 91, 190, 509, M+ 524 — Moexipril-M/artifact (deethyl-) -H2O TMS / Moexiprilate -H2O TMS — 4981	C28H36N2O6Si / 524.23425 / 3630 / UTMS / UTMS / LS/Q / Antihypertensive

524

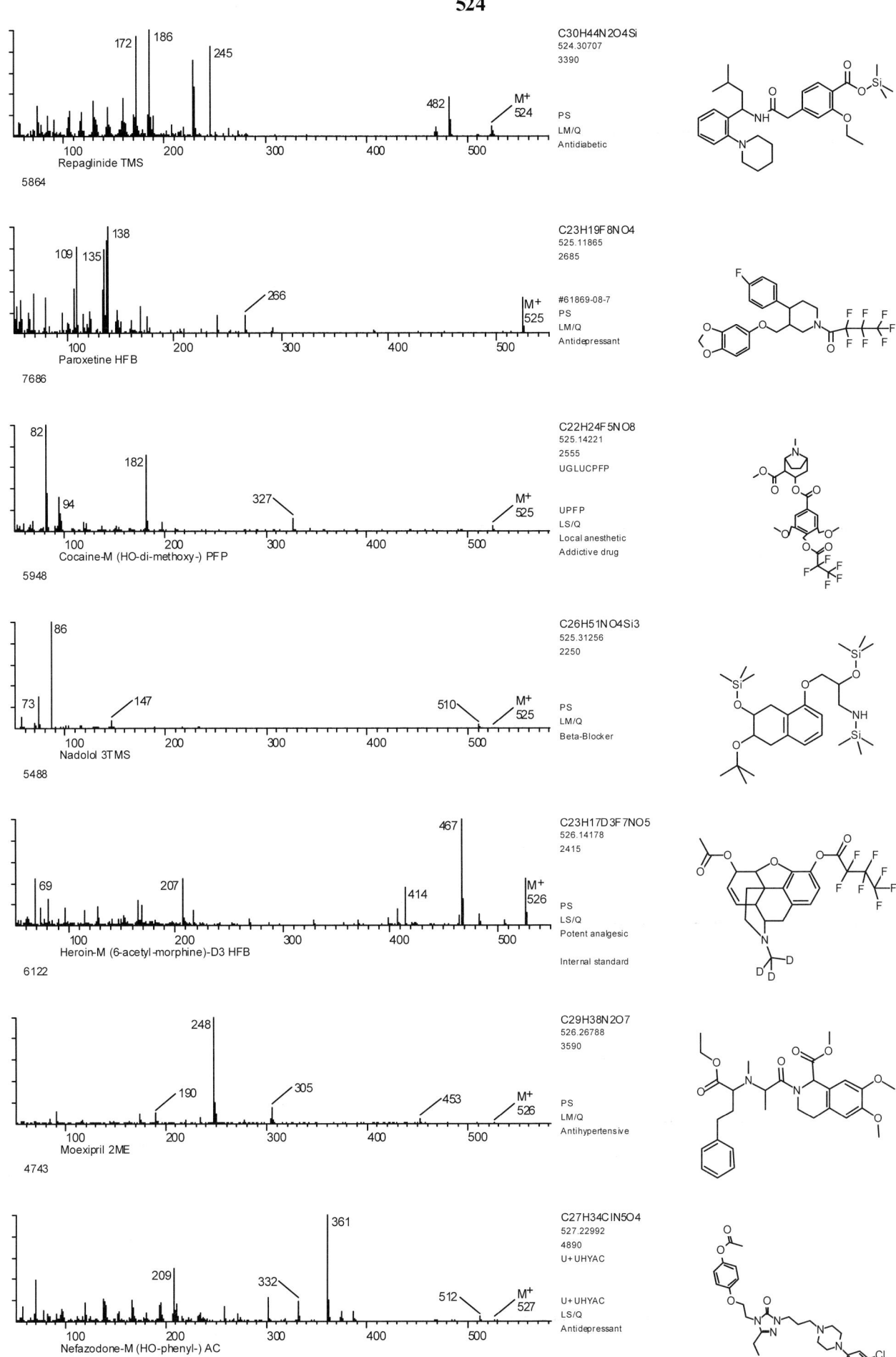

Repaglinide TMS
C30H44N2O4Si
524.30707
3390
PS
LM/Q
Antidiabetic
5864

Paroxetine HFB
C23H19F8NO4
525.11865
2685
#61869-08-7
PS
LM/Q
Antidepressant
7686

Cocaine-M (HO-di-methoxy-) PFP
C22H24F5NO8
525.14221
2555
UGLUCPFP
UPFP
LS/Q
Local anesthetic
Addictive drug
5948

Nadolol 3TMS
C26H51NO4Si3
525.31256
2250
PS
LM/Q
Beta-Blocker
5488

Heroin-M (6-acetyl-morphine)-D3 HFB
C23H17D3F7NO5
526.14178
2415
PS
LS/Q
Potent analgesic
Internal standard
6122

Moexipril 2ME
C29H38N2O7
526.26788
3590
PS
LM/Q
Antihypertensive
4743

Nefazodone-M (HO-phenyl-) AC
C27H34ClN5O4
527.22992
4890
U+ UHYAC
U+ UHYAC
LS/Q
Antidepressant
5306

528

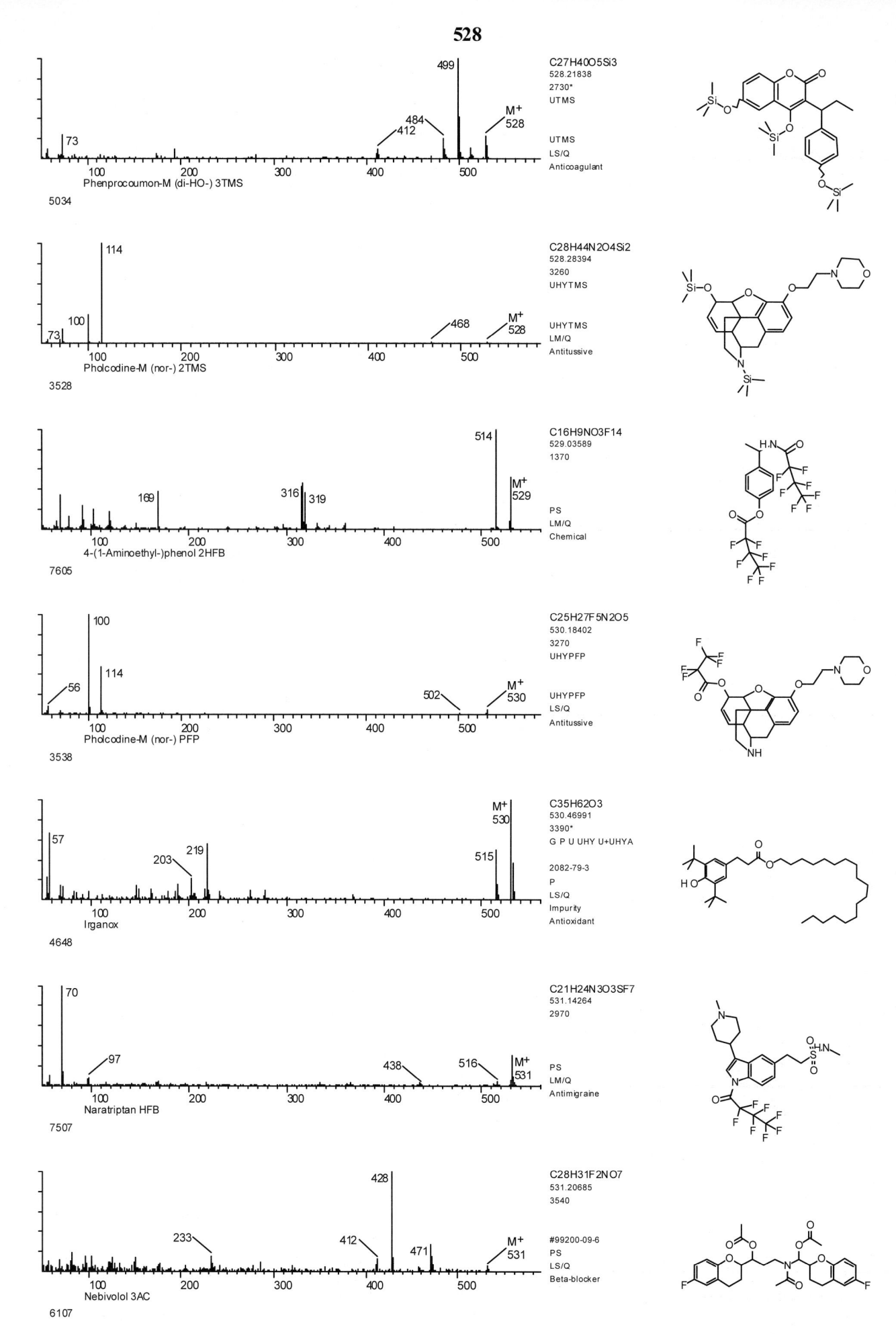

Phenprocoumon-M (di-HO-) 3TMS
5034
Peaks: 73, 412, 484, 499, M+ 528
C27H40O5Si3
528.21838
2730*
UTMS
UTMS
LS/Q
Anticoagulant

Pholcodine-M (nor-) 2TMS
3528
Peaks: 73, 100, 114, 468, M+ 528
C28H44N2O4Si2
528.28394
3260
UHYTMS
UHYTMS
LM/Q
Antitussive

4-(1-Aminoethyl-)phenol 2HFB
7605
Peaks: 169, 316, 319, 514, M+ 529
C16H9NO3F14
529.03589
1370
PS
LM/Q
Chemical

Pholcodine-M (nor-) PFP
3538
Peaks: 56, 100, 114, 502, M+ 530
C25H27F5N2O5
530.18402
3270
UHYPFP
UHYPFP
LS/Q
Antitussive

Irganox
4648
Peaks: 57, 203, 219, 515, M+ 530
C35H62O3
530.46991
3390*
G P U UHY U+UHYA
2082-79-3
P
LS/Q
Impurity
Antioxidant

Naratriptan HFB
7507
Peaks: 70, 97, 438, 516, M+ 531
C21H24N3O3SF7
531.14264
2970
PS
LM/Q
Antimigraine

Nebivolol 3AC
6107
Peaks: 233, 412, 428, 471, M+ 531
C28H31F2NO7
531.20685
3540
#99200-09-6
PS
LS/Q
Beta-blocker

1178

531

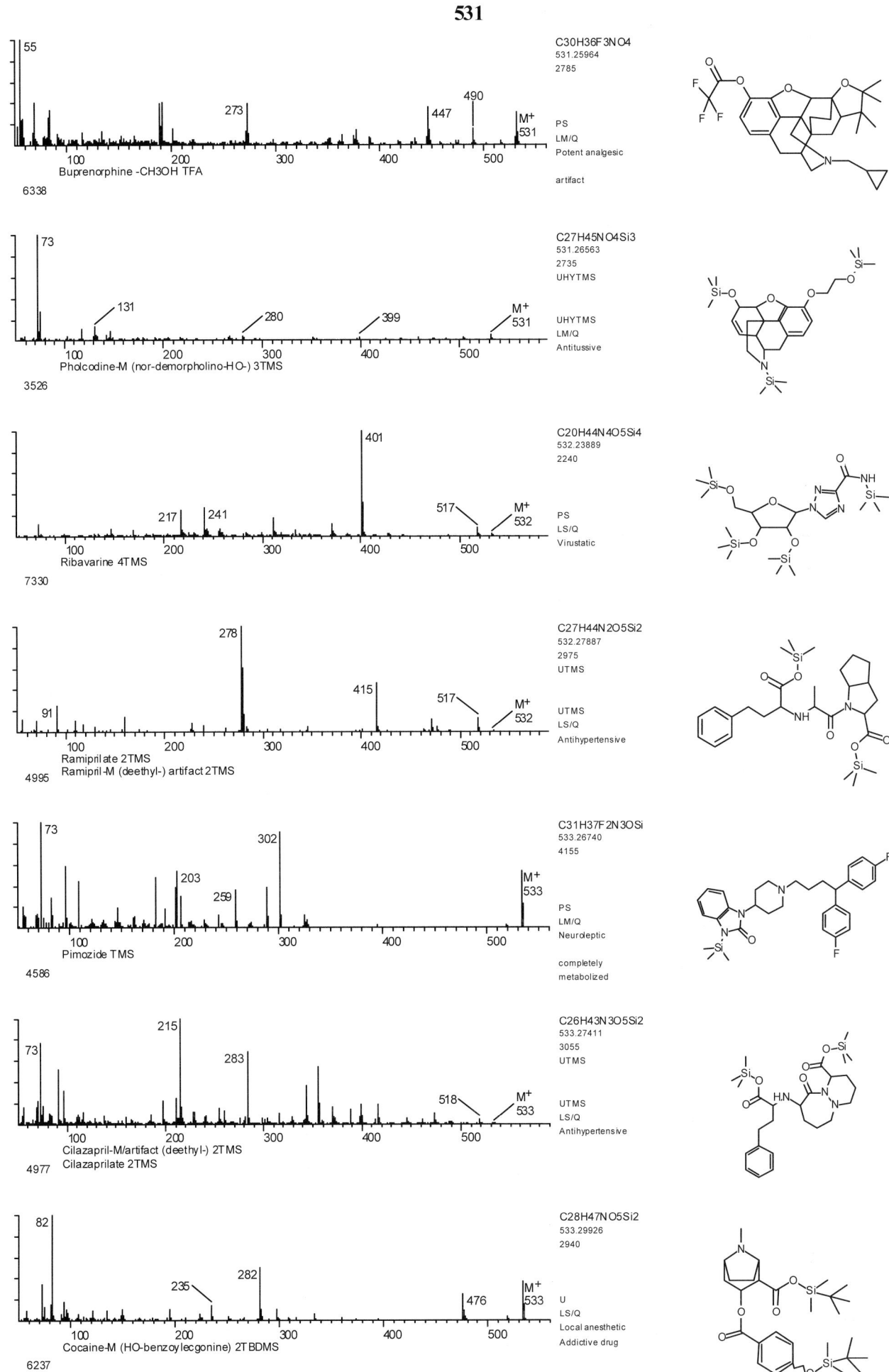

Buprenorphine -CH3OH TFA

C30H36F3NO4
531.25964
2785

PS
LM/Q
Potent analgesic
artifact

Pholcodine-M (nor-demorpholino-HO-) 3TMS

C27H45NO4Si3
531.26563
2735
UHYTMS

UHYTMS
LM/Q
Antitussive

Ribavarine 4TMS

C20H44N4O5Si4
532.23889
2240

PS
LS/Q
Virustatic

Ramiprilate 2TMS
Ramipril-M (deethyl-) artifact 2TMS

C27H44N2O5Si2
532.27887
2975
UTMS

UTMS
LS/Q
Antihypertensive

Pimozide TMS

C31H37F2N3OSi
533.26740
4155

PS
LM/Q
Neuroleptic

completely metabolized

Cilazapril-M/artifact (deethyl-) 2TMS
Cilazaprilate 2TMS

C26H43N3O5Si2
533.27411
3055
UTMS

UTMS
LS/Q
Antihypertensive

Cocaine-M (HO-benzoylecgonine) 2TBDMS

C28H47NO5Si2
533.29926
2940

U
LS/Q
Local anesthetic
Addictive drug

534

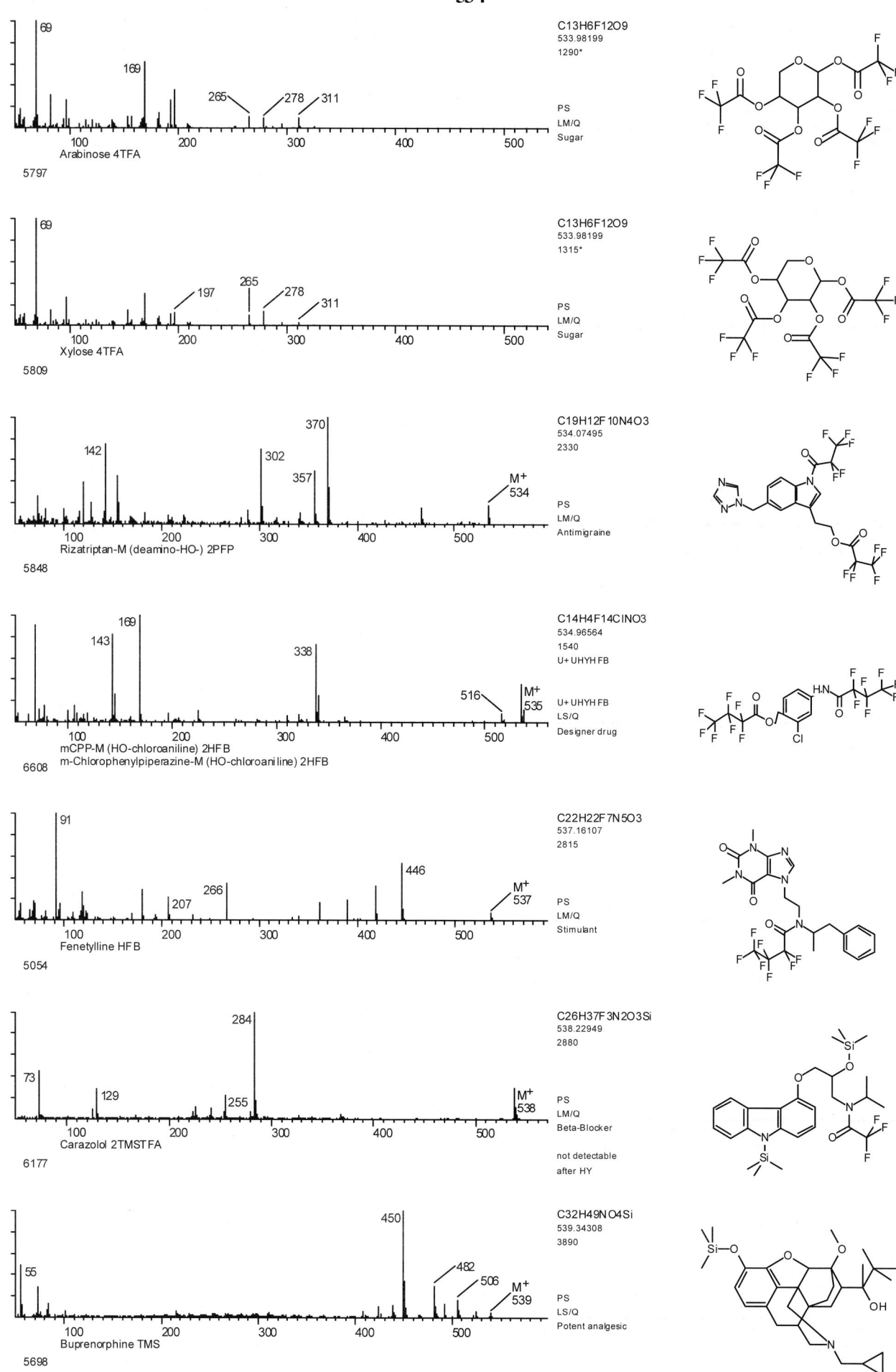

C13H6F12O9
533.98199
1290*

PS
LM/Q
Sugar

Arabinose 4TFA
5797

C13H6F12O9
533.98199
1315*

PS
LM/Q
Sugar

Xylose 4TFA
5809

C19H12F10N4O3
534.07495
2330

PS
LM/Q
Antimigraine

Rizatriptan-M (deamino-HO-) 2PFP
5848

C14H4F14ClNO3
534.96564
1540
U+ UHYH FB

U+ UHYH FB
LS/Q
Designer drug

mCPP-M (HO-chloroaniline) 2HFB
m-Chlorophenylpiperazine-M (HO-chloroaniline) 2HFB
6608

C22H22F7N5O3
537.16107
2815

PS
LM/Q
Stimulant

Fenetylline HFB
5054

C26H37F3N2O3Si
538.22949
2880

PS
LM/Q
Beta-Blocker

not detectable
after HY

Carazolol 2TMSTFA
6177

C32H49NO4Si
539.34308
3890

PS
LS/Q
Potent analgesic

Buprenorphine TMS
5698

1180

540

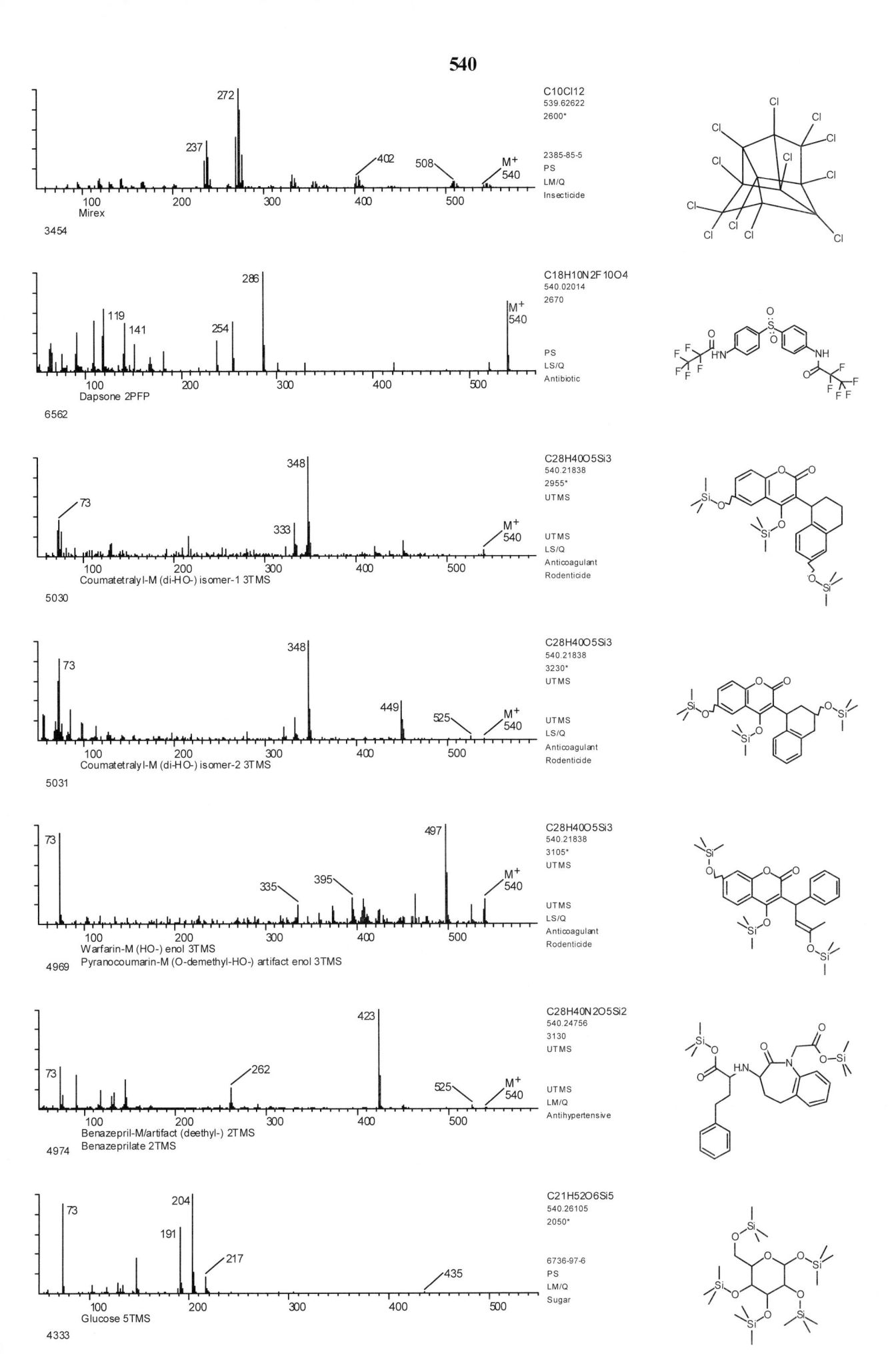

3454 Mirex	C10Cl12 539.62622 2600* 2385-85-5 PS LM/Q Insecticide Peaks: 100, 237, 272, 402, 508, M+ 540
6562 Dapsone 2PFP	C18H10N2F10O4 540.02014 2670 PS LS/Q Antibiotic Peaks: 119, 141, 254, 286, M+ 540
5030 Coumatetralyl-M (di-HO-) isomer-1 3TMS	C28H40O5Si3 540.21838 2955* UTMS LS/Q Anticoagulant Rodenticide Peaks: 73, 333, 348, M+ 540
5031 Coumatetralyl-M (di-HO-) isomer-2 3TMS	C28H40O5Si3 540.21838 3230* UTMS LS/Q Anticoagulant Rodenticide Peaks: 73, 348, 449, 525, M+ 540
4969 Warfarin-M (HO-) enol 3TMS Pyranocoumarin-M (O-demethyl-HO-) artifact enol 3TMS	C28H40O5Si3 540.21838 3105* UTMS LS/Q Anticoagulant Rodenticide Peaks: 73, 335, 395, 497, M+ 540
4974 Benazepril-M/artifact (deethyl-) 2TMS Benazeprilate 2TMS	C28H40N2O5Si2 540.24756 3130 UTMS LM/Q Antihypertensive Peaks: 73, 262, 423, 525, M+ 540
4333 Glucose 5TMS	C21H52O6Si5 540.26105 2050* 6736-97-6 PS LM/Q Sugar Peaks: 73, 191, 204, 217, 435

1181

540

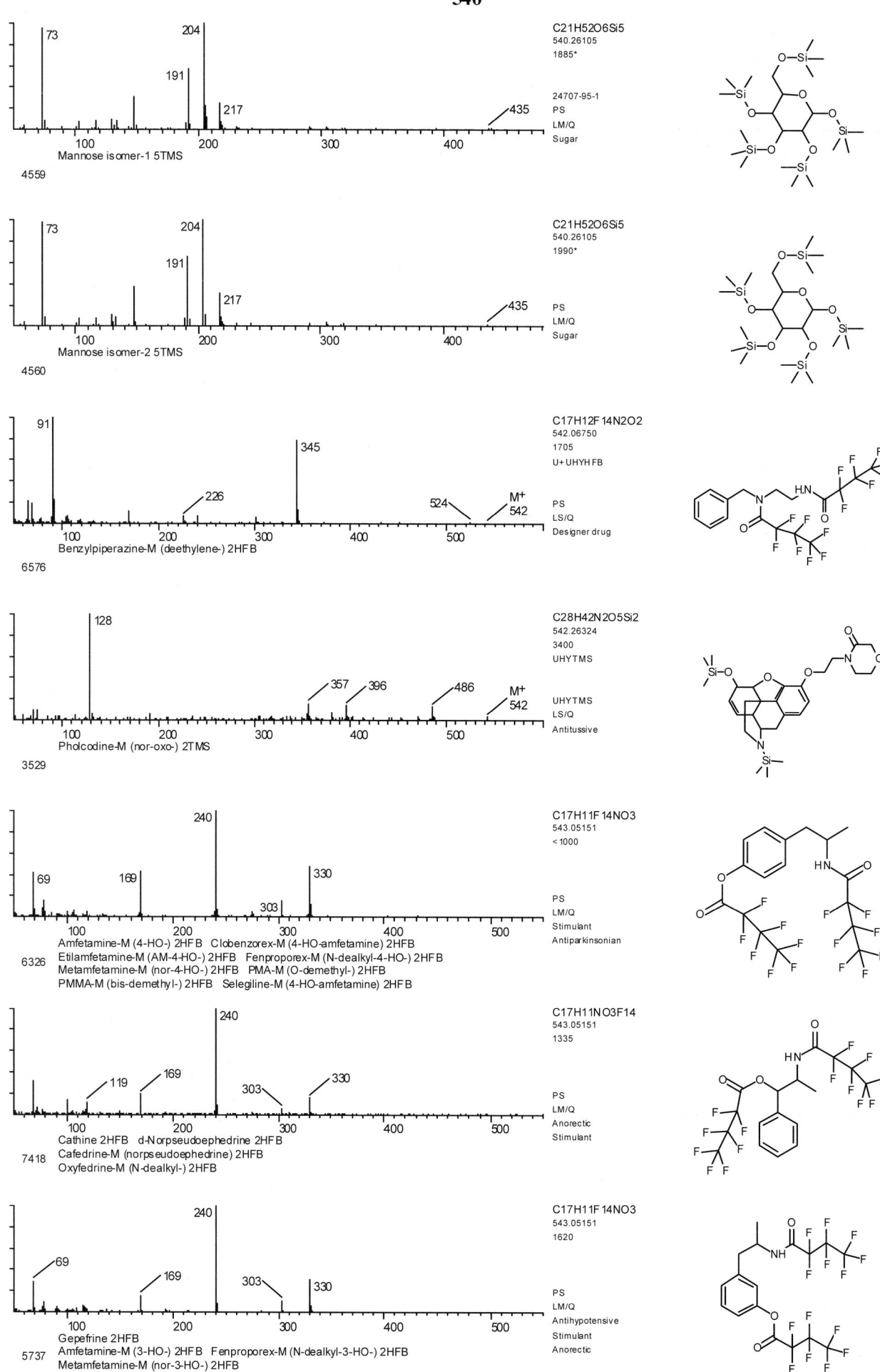

	C21H52O6Si5 540.26105 1885* 24707-95-1 PS LM/Q Sugar

Mannose isomer-1 5TMS
4559

	C21H52O6Si5 540.26105 1990* PS LM/Q Sugar

Mannose isomer-2 5TMS
4560

	C17H12F14N2O2 542.06750 1705 U+UHYH FB PS LS/Q Designer drug

Benzylpiperazine-M (deethylene-) 2HFB
6576

	C28H42N2O5Si2 542.26324 3400 UHYTMS UHYTMS LS/Q Antitussive

Pholcodine-M (nor-oxo-) 2TMS
3529

	C17H11F14NO3 543.05151 < 1000 PS LM/Q Stimulant Antiparkinsonian

Amfetamine-M (4-HO-) 2HFB   Clobenzorex-M (4-HO-amfetamine) 2HFB
Etilamfetamine-M (AM-4-HO-) 2HFB   Fenproporex-M (N-dealkyl-4-HO-) 2HFB
Metamfetamine-M (nor-4-HO-) 2HFB   PMA-M (O-demethyl-) 2HFB
PMMA-M (bis-demethyl-) 2HFB   Selegiline-M (4-HO-amfetamine) 2HFB
6326

	C17H11NO3F14 543.05151 1335 PS LM/Q Anorectic Stimulant

Cathine 2HFB   d-Norpseudoephedrine 2HFB
Cafedrine-M (norpseudoephedrine) 2HFB
Oxyfedrine-M (N-dealkyl-) 2HFB
7418

	C17H11F14NO3 543.05151 1620 PS LM/Q Antihypotensive Stimulant Anorectic

Gepefrine 2HFB
Amfetamine-M (3-HO-) 2HFB   Fenproporex-M (N-dealkyl-3-HO-) 2HFB
Metamfetamine-M (nor-3-HO-) 2HFB
5737

543

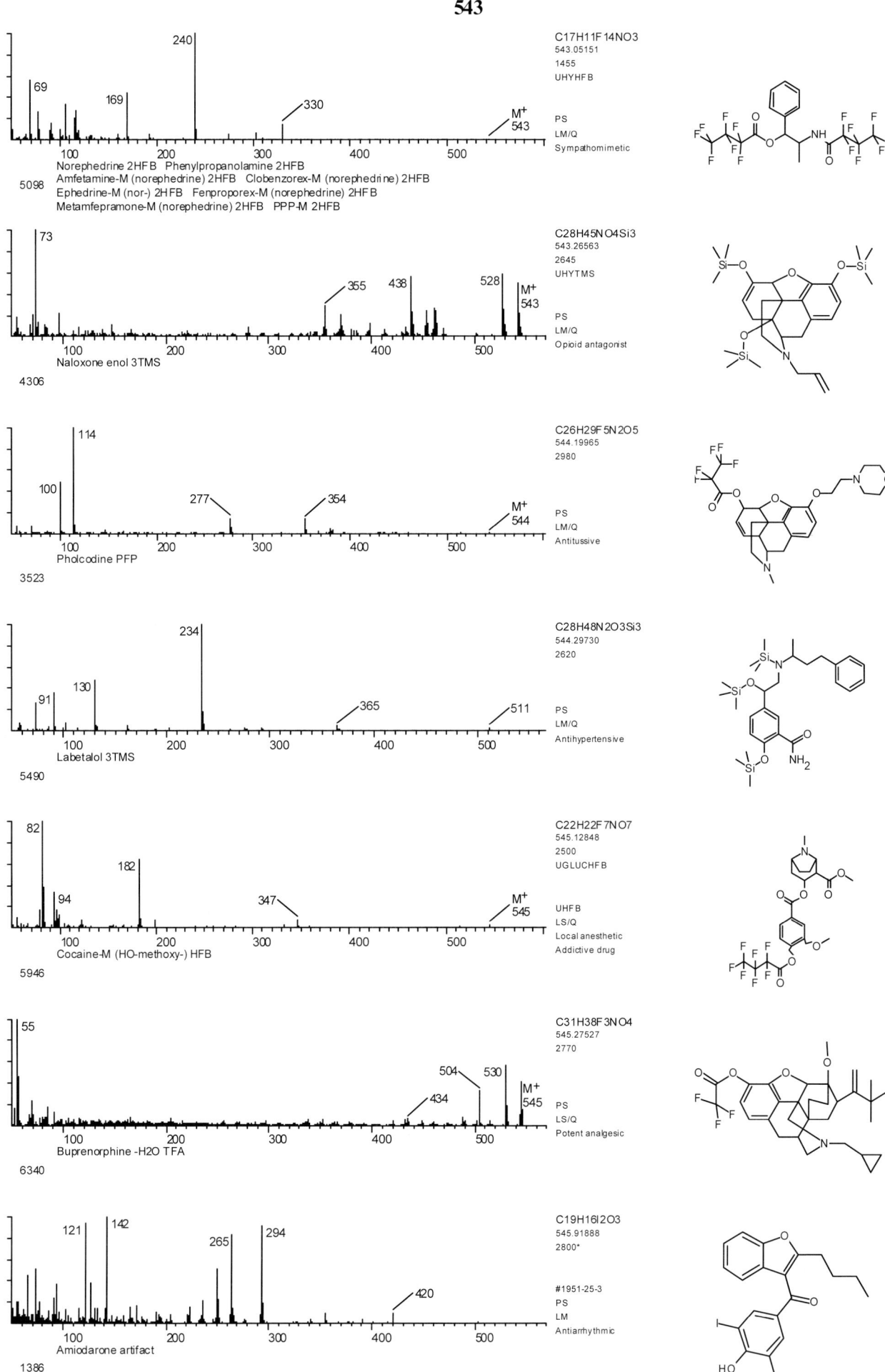

Norephedrine 2HFB   Phenylpropanolamine 2HFB
Amfetamine-M (norephedrine) 2HFB   Clobenzorex-M (norephedrine) 2HFB
Ephedrine-M (nor-) 2HFB   Fenproporex-M (norephedrine) 2HFB
Metamfepramone-M (norephedrine) 2HFB   PPP-M 2HFB

C17H11F14NO3
543.05151
1455
UHYHFB

PS
LM/Q
Sympathomimetic

5098

Naloxone enol 3TMS

C28H45NO4Si3
543.26563
2645
UHYTMS

PS
LM/Q
Opioid antagonist

4306

Pholcodine PFP

C26H29F5N2O5
544.19965
2980

PS
LM/Q
Antitussive

3523

Labetalol 3TMS

C28H48N2O3Si3
544.29730
2620

PS
LM/Q
Antihypertensive

5490

Cocaine-M (HO-methoxy-) HFB

C22H22F7NO7
545.12848
2500
UGLUCHFB

UHFB
LS/Q
Local anesthetic
Addictive drug

5946

Buprenorphine -H2O TFA

C31H38F3NO4
545.27527
2770

PS
LS/Q
Potent analgesic

6340

Amiodarone artifact

C19H16I2O3
545.91888
2800*

#1951-25-3
PS
LM
Antiarrhythmic

1386

1183

546

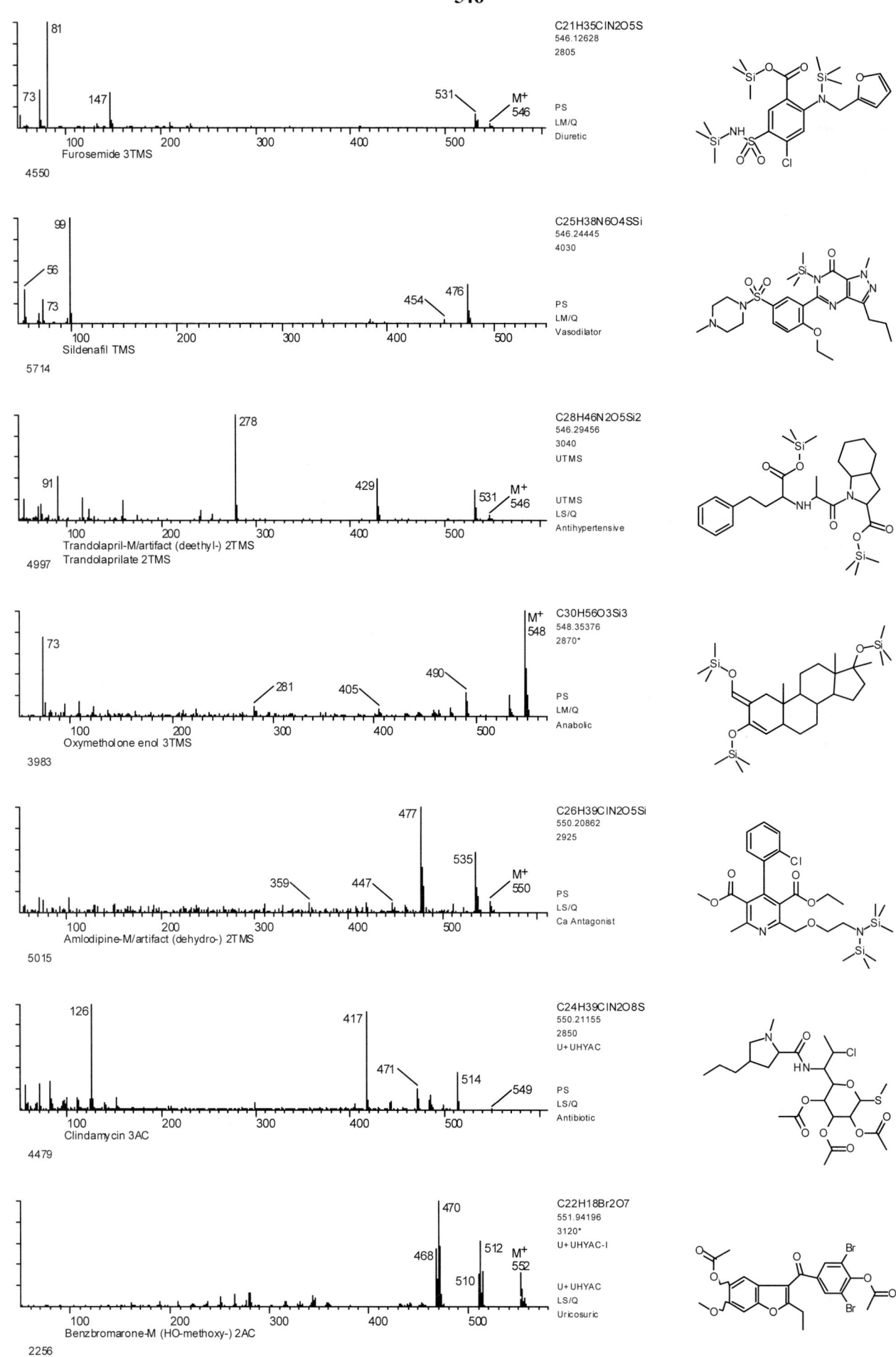

C21H35ClN2O5S
546.12628
2805

PS
LM/Q
Diuretic

Furosemide 3TMS

C25H38N6O4SSi
546.24445
4030

PS
LM/Q
Vasodilator

Sildenafil TMS

C28H46N2O5Si2
546.29456
3040
UTMS

UTMS
LS/Q
Antihypertensive

Trandolapril-M/artifact (deethyl-) 2TMS
Trandolaprilate 2TMS

C30H56O3Si3
548.35376
2870*

PS
LM/Q
Anabolic

Oxymetholone enol 3TMS

C26H39ClN2O5Si
550.20862
2925

PS
LS/Q
Ca Antagonist

Amlodipine-M/artifact (dehydro-) 2TMS

C24H39ClN2O8S
550.21155
2850
U+UHYAC

PS
LS/Q
Antibiotic

Clindamycin 3AC

C22H18Br2O7
551.94196
3120*
U+UHYAC-l

U+UHYAC
LS/Q
Uricosuric

Benzbromarone-M (HO-methoxy-) 2AC

1184

552

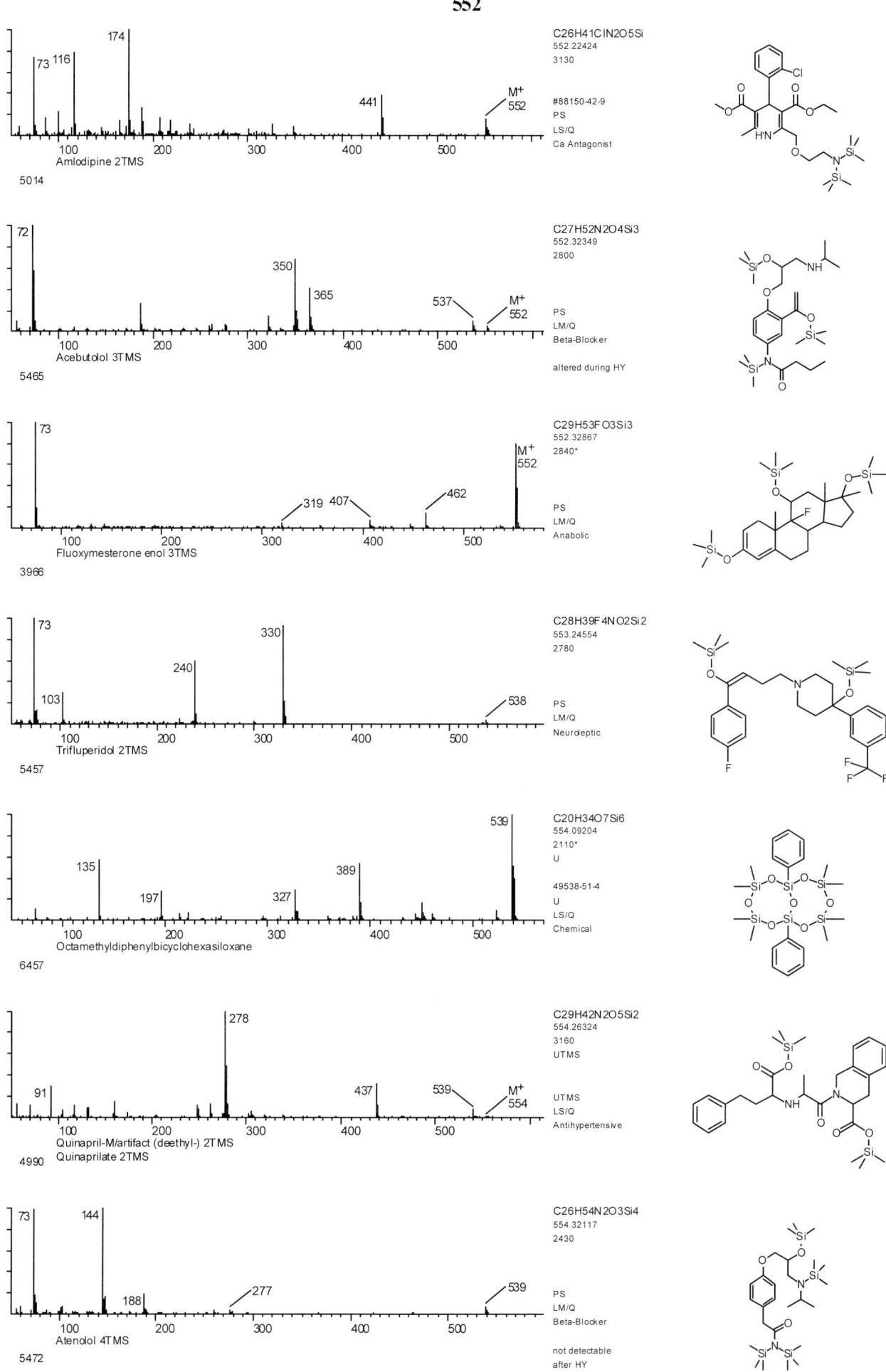

Amlodipine 2TMS — 5014
Peaks: 73, 116, 174, 441, M+ 552
C26H41ClN2O5Si
552.22424
3130
#88150-42-9
PS
LS/Q
Ca Antagonist

Acebutolol 3TMS — 5465
Peaks: 72, 350, 365, 537, M+ 552
C27H52N2O4Si3
552.32349
2800
PS
LM/Q
Beta-Blocker
altered during HY

Fluoxymesterone enol 3TMS — 3966
Peaks: 73, 319, 407, 462, M+ 552
C29H53FO3Si3
552.32867
2840*
PS
LM/Q
Anabolic

Trifluperidol 2TMS — 5457
Peaks: 73, 103, 240, 330, 538
C28H39F4NO2Si2
553.24554
2780
PS
LM/Q
Neuroleptic

Octamethyldiphenylbicyclohexasiloxane — 6457
Peaks: 135, 197, 327, 389, 539
C20H34O7Si6
554.09204
2110*
U
49538-51-4
U
LS/Q
Chemical

Quinapril-M/artifact (deethyl-) 2TMS / Quinaprilate 2TMS — 4990
Peaks: 91, 278, 437, 539, M+ 554
C29H42N2O5Si2
554.26324
3160
UTMS
UTMS
LS/Q
Antihypertensive

Atenolol 4TMS — 5472
Peaks: 73, 144, 188, 277, 539
C26H54N2O3Si4
554.32117
2430
PS
LM/Q
Beta-Blocker
not detectable after HY

554

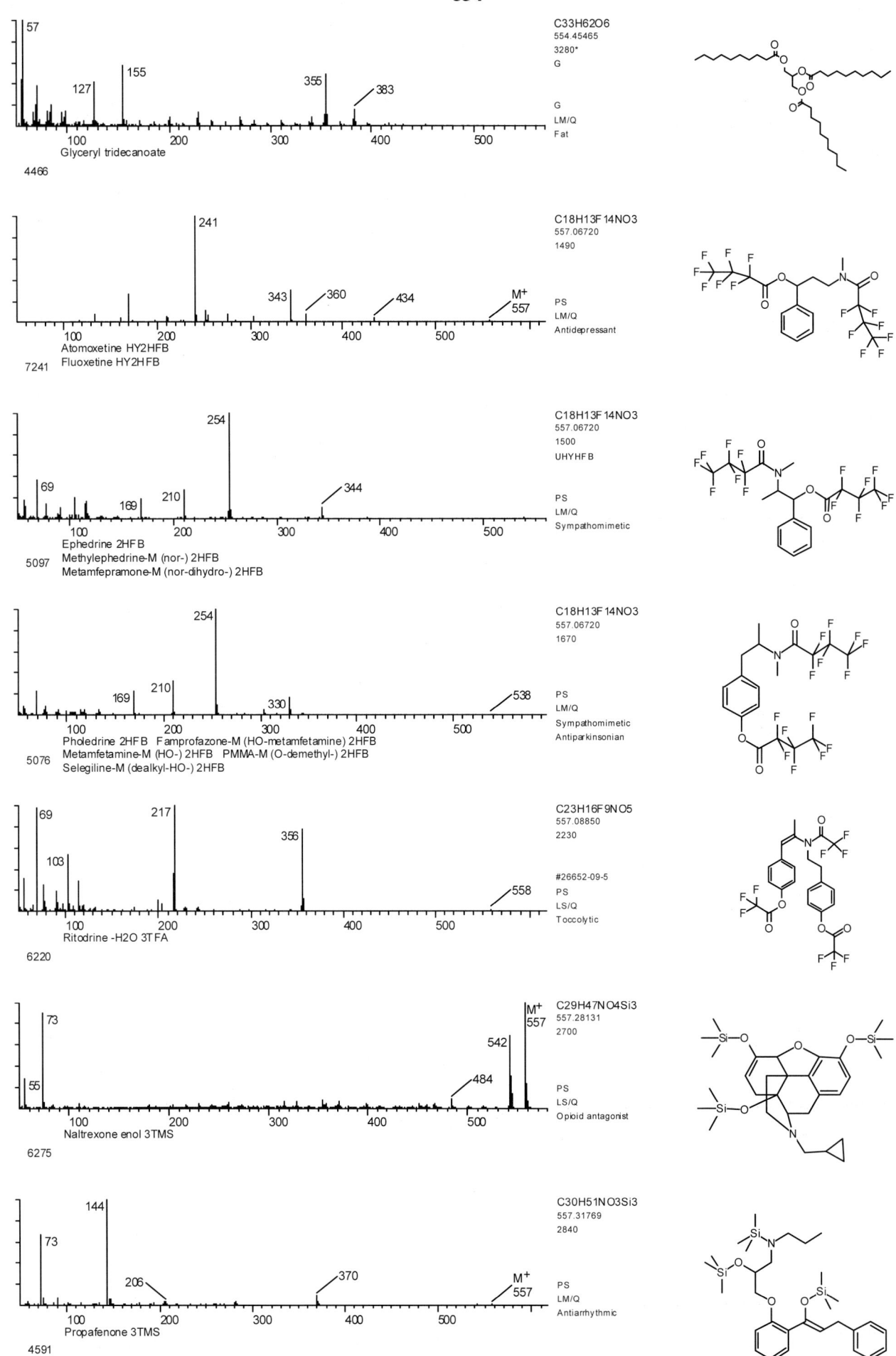

C33H62O6
554.45465
3280*
G

G
LM/Q
Fat

Glyceryl tridecanoate
4466

C18H13F14NO3
557.06720
1490

PS
LM/Q
Antidepressant

Atomoxetine HY2HFB
Fluoxetine HY2HFB
7241

C18H13F14NO3
557.06720
1500
UHYHFB

PS
LM/Q
Sympathomimetic

Ephedrine 2HFB
Methylephedrine-M (nor-) 2HFB
Metamfepramone-M (nor-dihydro-) 2HFB
5097

C18H13F14NO3
557.06720
1670

PS
LM/Q
Sympathomimetic
Antiparkinsonian

Pholedrine 2HFB   Famprofazone-M (HO-metamfetamine) 2HFB
Metamfetamine-M (HO-) 2HFB   PMMA-M (O-demethyl-) 2HFB
Selegiline-M (dealkyl-HO-) 2HFB
5076

C23H16F9NO5
557.08850
2230

#26652-09-5
PS
LS/Q
Toccolytic

Ritodrine -H2O 3TFA
6220

C29H47NO4Si3
557.28131
2700

PS
LS/Q
Opioid antagonist

Naltrexone enol 3TMS
6275

C30H51NO3Si3
557.31769
2840

PS
LM/Q
Antiarrhythmic

Propafenone 3TMS
4591

1186

558

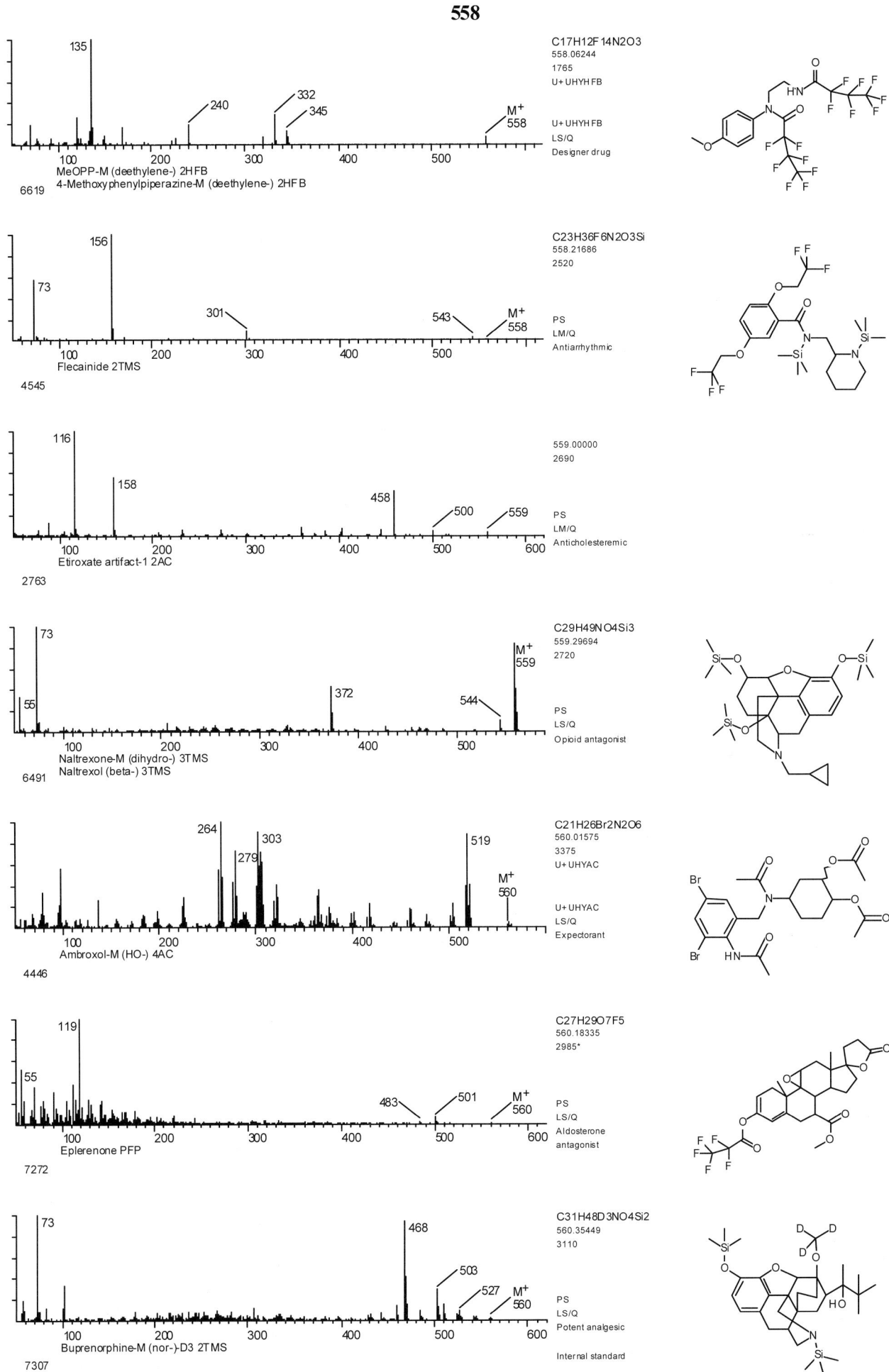

C17H12F14N2O3
558.06244
1765
U+ UHYH FB

U+ UHYH FB
LS/Q
Designer drug

MeOPP-M (deethylene-) 2HFB
4-Methoxyphenylpiperazine-M (deethylene-) 2HFB
6619

C23H36F6N2O3Si
558.21686
2520

PS
LM/Q
Antiarrhythmic

Flecainide 2TMS
4545

559.00000
2690

PS
LM/Q
Anticholesteremic

Etiroxate artifact-1 2AC
2763

C29H49NO4Si3
559.29694
2720

PS
LS/Q
Opioid antagonist

Naltrexone-M (dihydro-) 3TMS
Naltrexol (beta-) 3TMS
6491

C21H26Br2N2O6
560.01575
3375
U+ UHYAC

U+ UHYAC
LS/Q
Expectorant

Ambroxol-M (HO-) 4AC
4446

C27H29O7F5
560.18335
2985*

PS
LS/Q
Aldosterone antagonist

Eplerenone PFP
7272

C31H48D3NO4Si2
560.35449
3110

PS
LS/Q
Potent analgesic

Internal standard

Buprenorphine-M (nor-)-D3 2TMS
7307

1187

561

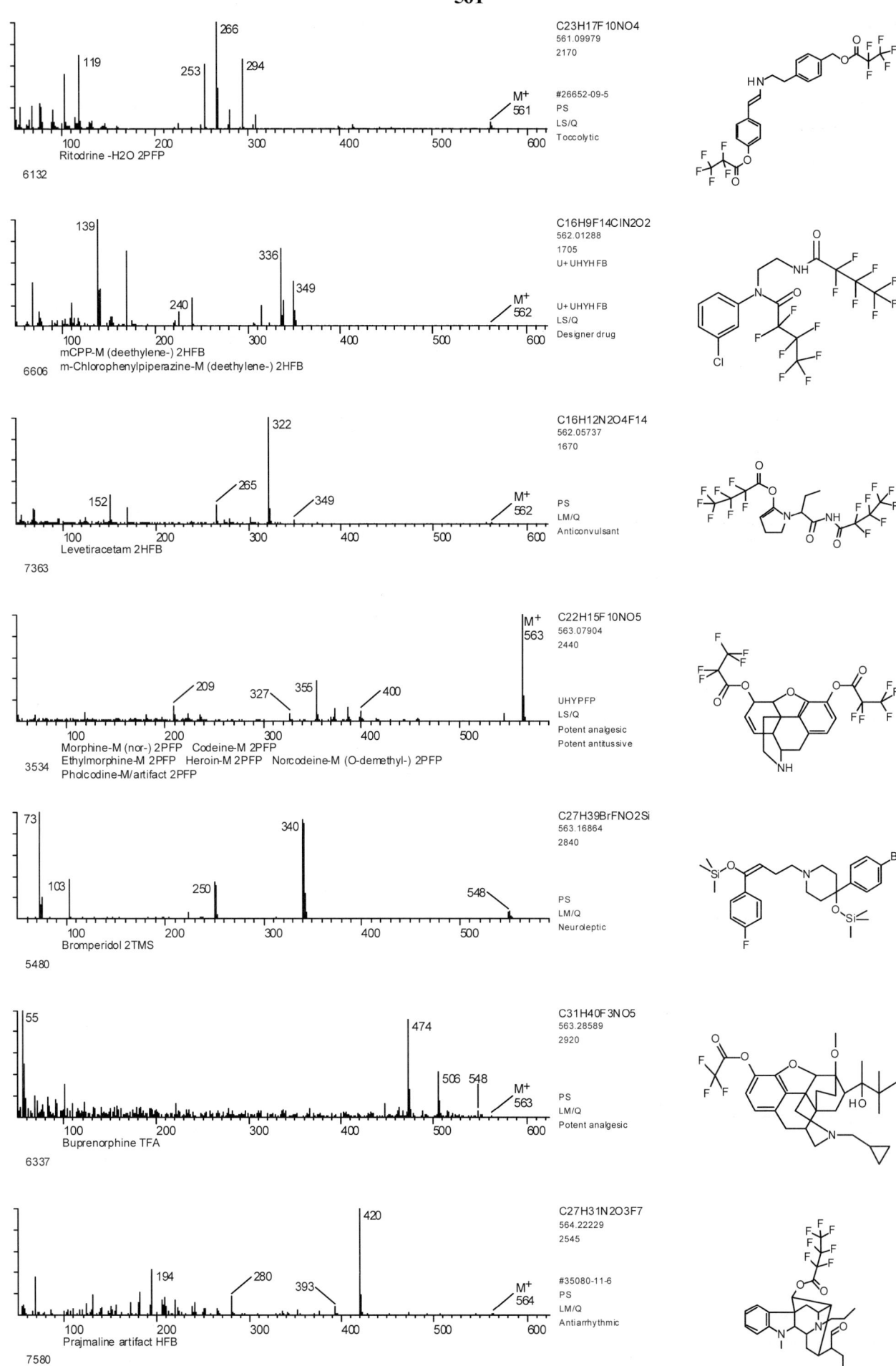

C23H17F10NO4
561.09979
2170
#26652-09-5
PS
LS/Q
Tocolytic

Ritodrine -H2O 2PFP
6132

C16H9F14ClN2O2
562.01288
1705
U+ UHYH FB
U+ UHYH FB
LS/Q
Designer drug

mCPP-M (deethylene-) 2HFB
m-Chlorophenylpiperazine-M (deethylene-) 2HFB
6606

C16H12N2O4F14
562.05737
1670
PS
LM/Q
Anticonvulsant

Levetiracetam 2HFB
7363

C22H15F10NO5
563.07904
2440
UHYPFP
LS/Q
Potent analgesic
Potent antitussive

Morphine-M (nor-) 2PFP   Codeine-M 2PFP
Ethylmorphine-M 2PFP   Heroin-M 2PFP   Norcodeine-M (O-demethyl-) 2PFP
Pholcodine-M/artifact 2PFP
3534

C27H39BrFNO2Si
563.16864
2840
PS
LM/Q
Neuroleptic

Bromperidol 2TMS
5480

C31H40F3NO5
563.28589
2920
PS
LM/Q
Potent analgesic

Buprenorphine TFA
6337

C27H31N2O3F7
564.22229
2545
#35080-11-6
PS
LM/Q
Antiarrhythmic

Prajmaline artifact HFB
7580

568

Eprosartan 2TMS
C29H40N2O4SSi2
568.22473
3480
#133040-01-4
PS
LM/Q
Antihypertensive
7593

MeOPP-M (O-demethyl-) 2HFB
4-Methoxyphenylpiperazine-M (O-demethyl-) 2HFB
C18H12F14N2O3
570.06244
1990
U+ UHYH FB
U+ UHYH FB
LS/Q
Designer drug
6618

Moexipril TMS
C30H42N2O7Si
570.27612
3345
PS
LM/Q
Antihypertensive
4980

Amfepramone-M (deethyl-dihydro-) 2HFB
C19H15NO3F14
571.08282
1540
SPEHFB
SPEHFB
LS/Q
Anorectic
6688

Methyldopa-M 2HFB Amfetamine-M 2HFB Clobenzorex-M 2HFB Etilamfetamine-M 2HFB
Fenproporex-M (N-dealkyl-HO-methoxy-) 2HFB Metamfetamine-M 2HFB
MDA-M (demethylenyl-methyl-) 2HFB MDMA-M (nor-demethylenyl-methyl-) 2HFB
MDE-M 2HFB Tenamfetamine-M 2 HFB PMA-M 2HFB PMMA-M 2HFB
C18H13F14NO4
573.06207
1690
UHFB
UHFB
LS/Q
Psychedelic
Designer drug
6512

Nalbuphine 3TMS
C30H51NO4Si3
573.31256
2860
PS
LM/Q
Analgesic
6205

3,4-Dihydroxyphenylacetic acid ME2HFB
C17H8F14O6
574.00970
1680*
PS
LS/Q
Biomolecule
5964

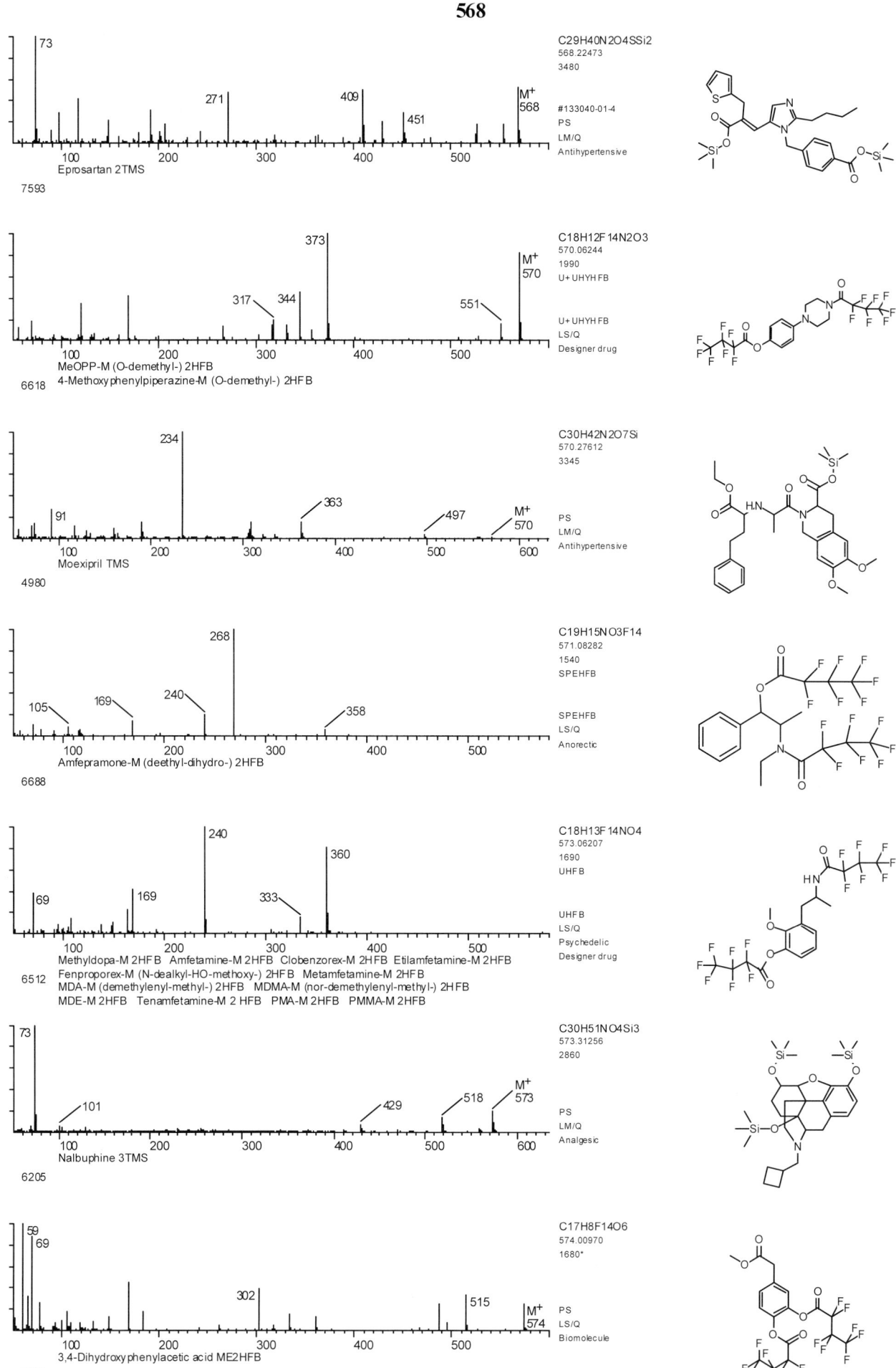

1189

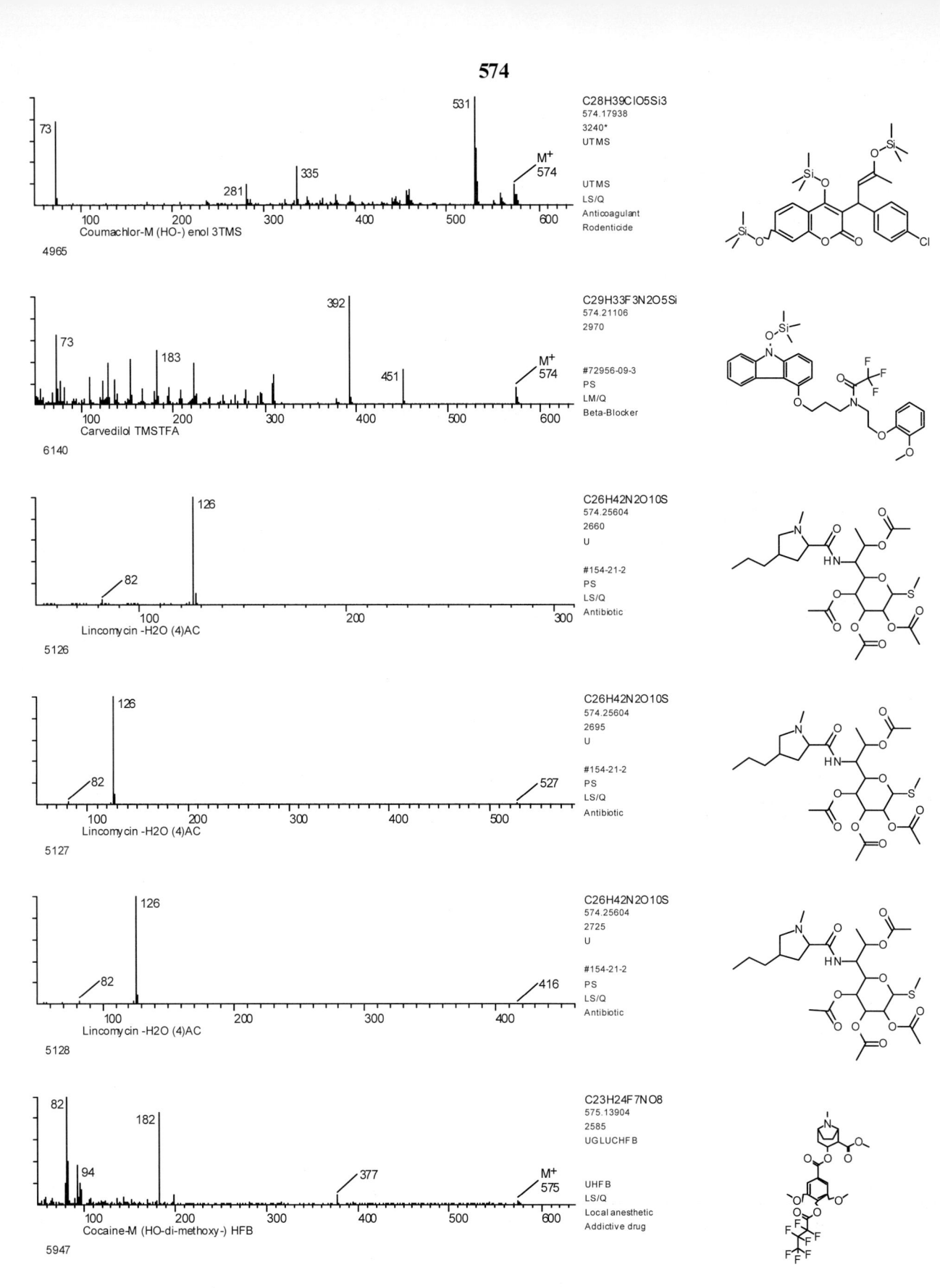

574

C28H39ClO5Si3
574.17938
3240*
UTMS

UTMS
LS/Q
Anticoagulant
Rodenticide

Coumachlor-M (HO-) enol 3TMS
4965

C29H33F3N2O5Si
574.21106
2970

#72956-09-3
PS
LM/Q
Beta-Blocker

Carvedilol TMSTFA
6140

C26H42N2O10S
574.25604
2660
U

#154-21-2
PS
LS/Q
Antibiotic

Lincomycin -H2O (4)AC
5126

C26H42N2O10S
574.25604
2695
U

#154-21-2
PS
LS/Q
Antibiotic

Lincomycin -H2O (4)AC
5127

C26H42N2O10S
574.25604
2725
U

#154-21-2
PS
LS/Q
Antibiotic

Lincomycin -H2O (4)AC
5128

C23H24F7NO8
575.13904
2585
UGLUCHFB

UHFB
LS/Q
Local anesthetic
Addictive drug

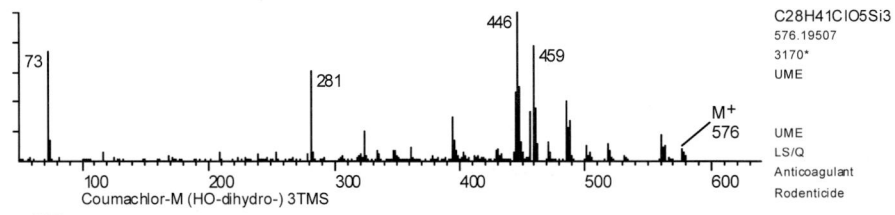

Cocaine-M (HO-di-methoxy-) HFB
5947

C28H41ClO5Si3
576.19507
3170*
UME

UME
LS/Q
Anticoagulant
Rodenticide

Coumachlor-M (HO-dihydro-) 3TMS
4966

1190

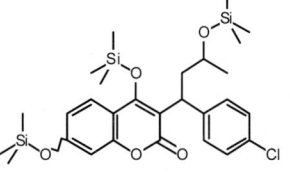

577

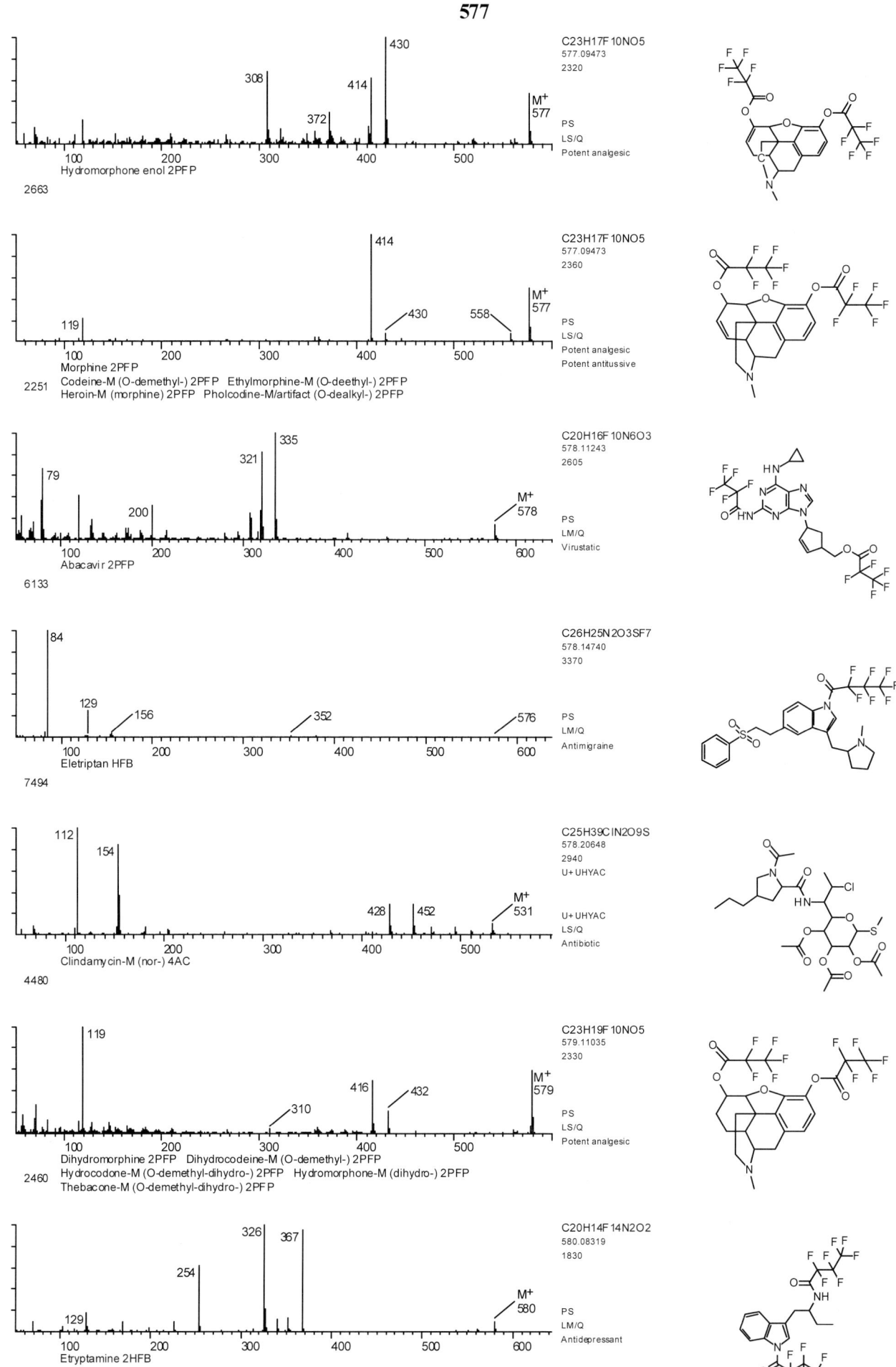

Hydromorphone enol 2PFP
Peaks: 308, 372, 414, 430, M+ 577
C23H17F10NO5
577.09473
2320
PS
LS/Q
Potent analgesic
2663

Morphine 2PFP
Codeine-M (O-demethyl-) 2PFP   Ethylmorphine-M (O-deethyl-) 2PFP
Heroin-M (morphine) 2PFP   Pholcodine-M/artifact (O-dealkyl-) 2PFP
Peaks: 119, 414, 430, 558, M+ 577
C23H17F10NO5
577.09473
2360
PS
LS/Q
Potent analgesic
Potent antitussive
2251

Abacavir 2PFP
Peaks: 79, 200, 321, 335, M+ 578
C20H16F10N6O3
578.11243
2605
PS
LM/Q
Virustatic
6133

Eletriptan HFB
Peaks: 84, 129, 156, 352, 576
C26H25N2O3SF7
578.14740
3370
PS
LM/Q
Antimigraine
7494

Clindamycin-M (nor-) 4AC
Peaks: 112, 154, 428, 452, M+ 531
C25H39ClN2O9S
578.20648
2940
U+ UHYAC
U+ UHYAC
LS/Q
Antibiotic
4480

Dihydromorphine 2PFP   Dihydrocodeine-M (O-demethyl-) 2PFP
Hydrocodone-M (O-demethyl-dihydro-) 2PFP   Hydromorphone-M (dihydro-) 2PFP
Thebacone-M (O-demethyl-dihydro-) 2PFP
Peaks: 119, 310, 416, 432, M+ 579
C23H19F10NO5
579.11035
2330
PS
LS/Q
Potent analgesic
2460

Etryptamine 2HFB
Peaks: 129, 254, 326, 367, M+ 580
C20H14F14N2O2
580.08319
1830
PS
LM/Q
Antidepressant
6195

1191

580

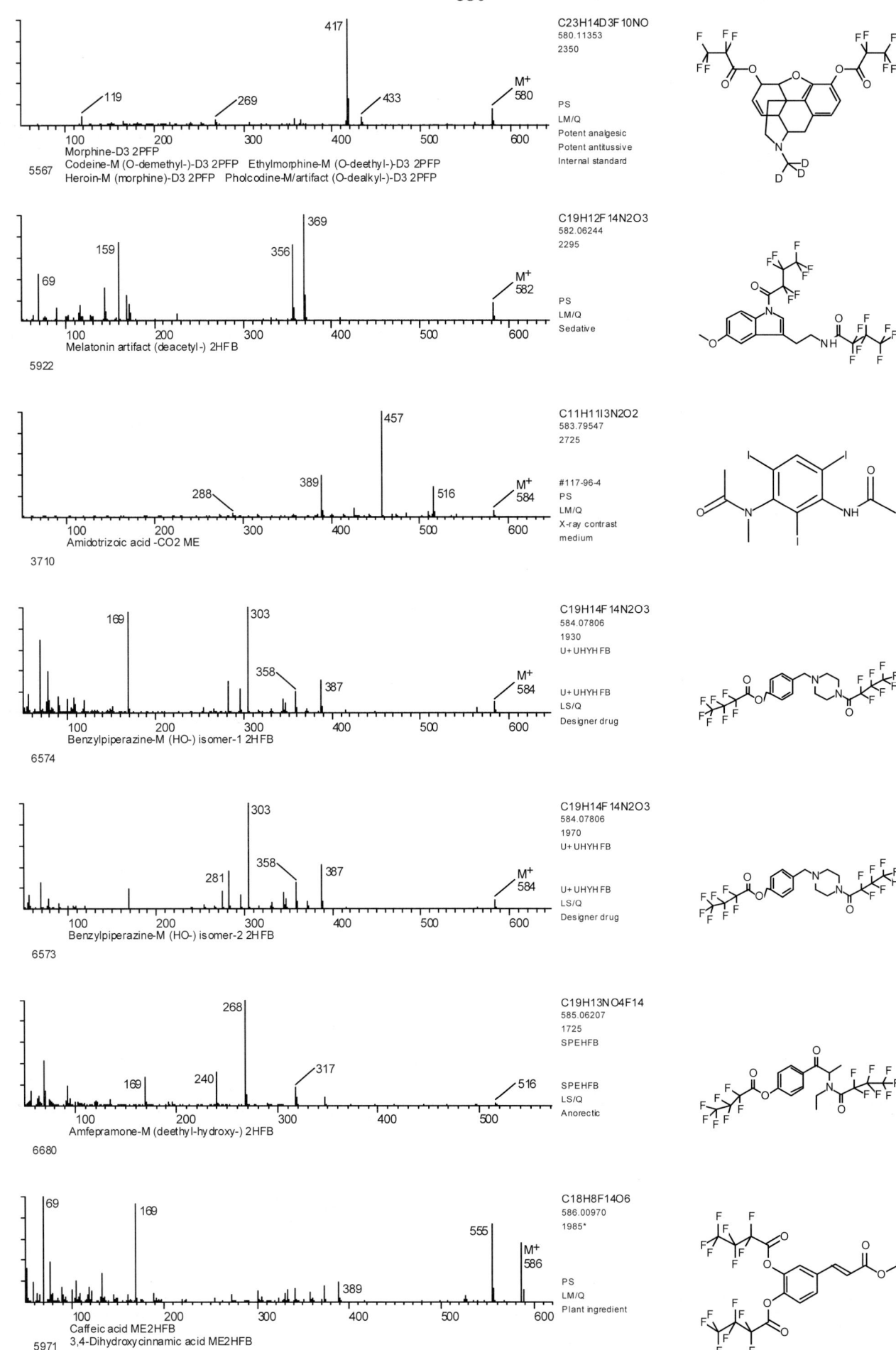

C23H14D3F10NO
580.11353
2350

M+ 580
417
119, 269, 433

PS
LM/Q
Potent analgesic
Potent antitussive
Internal standard

Morphine-D3 2PFP
Codeine-M (O-demethyl-)-D3 2PFP   Ethylmorphine-M (O-deethyl-)-D3 2PFP
Heroin-M (morphine)-D3 2PFP   Pholcodine-M/artifact (O-dealkyl-)-D3 2PFP
5567

C19H12F14N2O3
582.06244
2295

369
69, 159, 356
M+ 582

PS
LM/Q
Sedative

Melatonin artifact (deacetyl-) 2HFB
5922

C11H11I3N2O2
583.79547
2725

457
288, 389, 516
M+ 584

#117-96-4
PS
LM/Q
X-ray contrast medium

Amidotrizoic acid -CO2 ME
3710

C19H14F14N2O3
584.07806
1930
U+ UHYH FB

303
169, 358, 387
M+ 584

U+ UHYH FB
LS/Q
Designer drug

Benzylpiperazine-M (HO-) isomer-1 2HFB
6574

C19H14F14N2O3
584.07806
1970
U+ UHYH FB

303
281, 358, 387
M+ 584

U+ UHYH FB
LS/Q
Designer drug

Benzylpiperazine-M (HO-) isomer-2 2HFB
6573

C19H13NO4F14
585.06207
1725
SPEHFB

268
169, 240, 317, 516

SPEHFB
LS/Q
Anorectic

Amfepramone-M (deethyl-hydroxy-) 2HFB
6680

C18H8F14O6
586.00970
1985*

69, 169, 389, 555
M+ 586

PS
LM/Q
Plant ingredient

Caffeic acid ME2HFB
3,4-Dihydroxycinnamic acid ME2HFB
5971

586

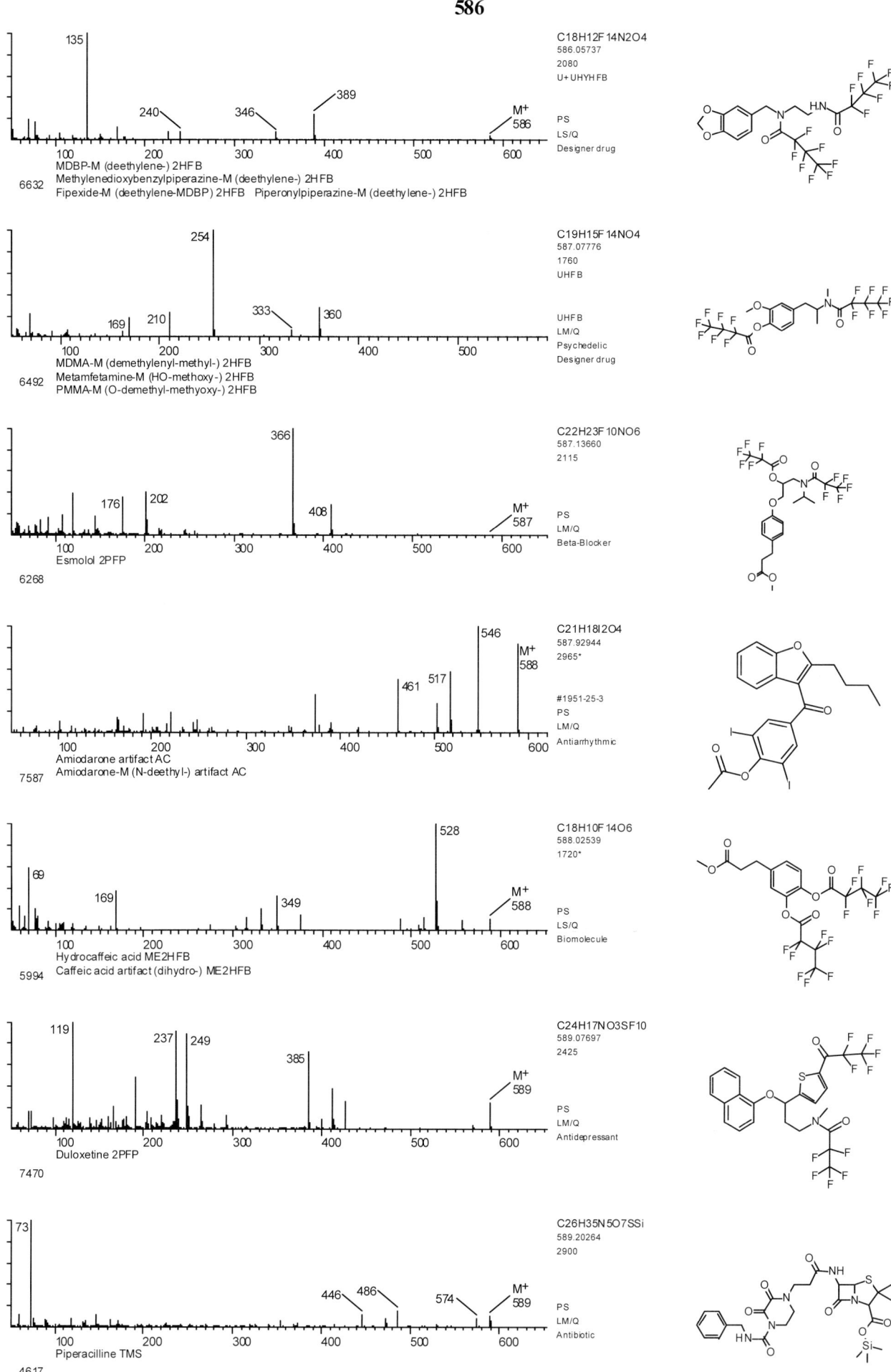

C18H12F14N2O4
586.05737
2080
U+ UHYH FB

PS
LS/Q
Designer drug

MDBP-M (deethylene-) 2HFB
Methylenedioxybenzylpiperazine-M (deethylene-) 2HFB
Fipexide-M (deethylene-MDBP) 2HFB   Piperonylpiperazine-M (deethylene-) 2HFB

6632

C19H15F14NO4
587.07776
1760
UHFB

UHFB
LM/Q
Psychedelic
Designer drug

MDMA-M (demethylenyl-methyl-) 2HFB
Metamfetamine-M (HO-methoxy-) 2HFB
PMMA-M (O-demethyl-methyoxy-) 2HFB

6492

C22H23F10NO6
587.13660
2115

PS
LM/Q
Beta-Blocker

Esmolol 2PFP

6268

C21H18I2O4
587.92944
2965*

#1951-25-3
PS
LM/Q
Antiarrhythmic

Amiodarone artifact AC
Amiodarone-M (N-deethyl-) artifact AC

7587

C18H10F14O6
588.02539
1720*

PS
LS/Q
Biomolecule

Hydrocaffeic acid ME2HFB
Caffeic acid artifact (dihydro-) ME2HFB

5994

C24H17NO3SF10
589.07697
2425

PS
LM/Q
Antidepressant

Duloxetine 2PFP

7470

C26H35N5O7SSi
589.20264
2900

PS
LM/Q
Antibiotic

Piperacilline TMS

4617

1193

589

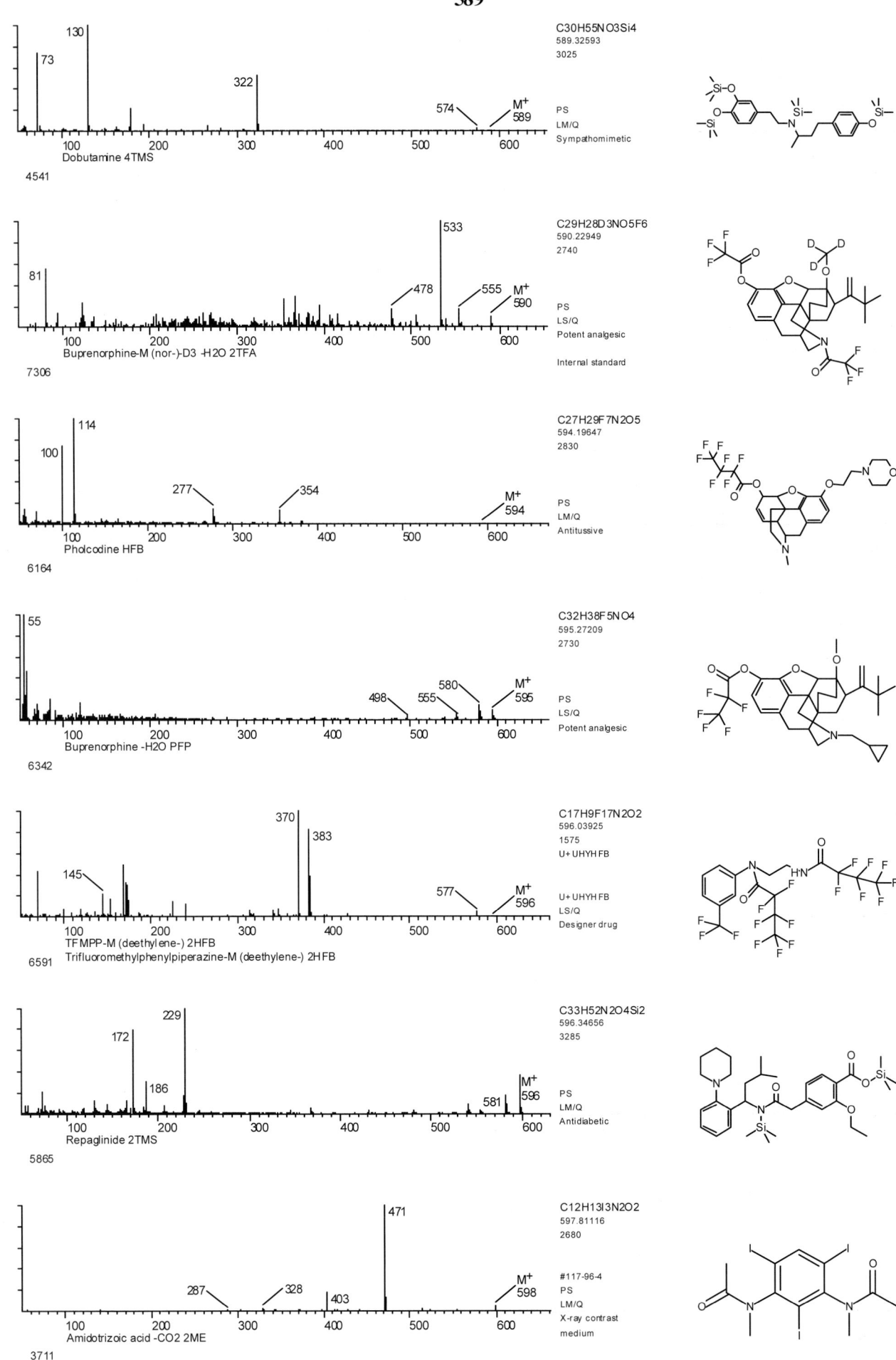

Dobutamine 4TMS
C30H55NO3Si4
589.32593
3025
PS
LM/Q
Sympathomimetic
4541

Buprenorphine-M (nor-)-D3 -H2O 2TFA
C29H28D3NO5F6
590.22949
2740
PS
LS/Q
Potent analgesic
Internal standard
7306

Pholcodine HFB
C27H29F7N2O5
594.19647
2830
PS
LM/Q
Antitussive
6164

Buprenorphine -H2O PFP
C32H38F5NO4
595.27209
2730
PS
LS/Q
Potent analgesic
6342

TFMPP-M (deethylene-) 2HFB
Trifluoromethylphenylpiperazine-M (deethylene-) 2HFB
C17H9F17N2O2
596.03925
1575
U+UHYHFB
U+UHYHFB
LS/Q
Designer drug
6591

Repaglinide 2TMS
C33H52N2O4Si2
596.34656
3285
PS
LM/Q
Antidiabetic
5865

Amidotrizoic acid -CO2 2ME
C12H13I3N2O2
597.81116
2680
#117-96-4
PS
LM/Q
X-ray contrast medium
3711

1194

599

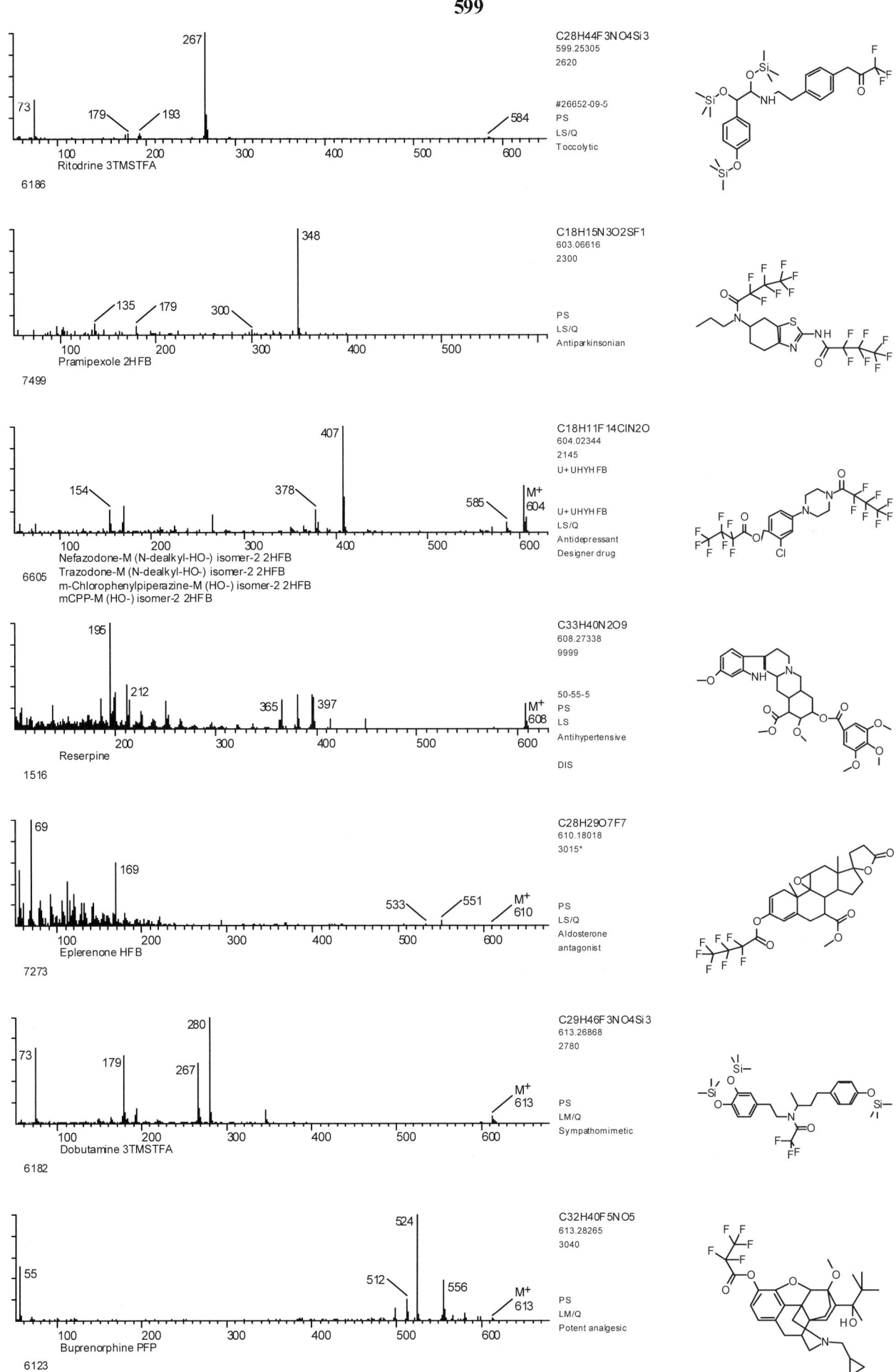

C28H44F3NO4Si3
599.25305
2620

#26652-09-5
PS
LS/Q
Tocolytic

Ritodrine 3TMSTFA
6186

C18H15N3O2SF1
603.06616
2300

PS
LS/Q
Antiparkinsonian

Pramipexole 2HFB
7499

C18H11F14ClN2O
604.02344
2145
U+ UHYH FB

U+ UHYH FB
LS/Q
Antidepressant
Designer drug

Nefazodone-M (N-dealkyl-HO-) isomer-2 2HFB
Trazodone-M (N-dealkyl-HO-) isomer-2 2HFB
m-Chlorophenylpiperazine-M (HO-) isomer-2 2HFB
mCPP-M (HO-) isomer-2 2HFB
6605

C33H40N2O9
608.27338
9999

50-55-5
PS
LS
Antihypertensive

DIS

Reserpine
1516

C28H29O7F7
610.18018
3015*

PS
LS/Q
Aldosterone antagonist

Eplerenone HFB
7273

C29H46F3NO4Si3
613.26868
2780

PS
LM/Q
Sympathomimetic

Dobutamine 3TMSTFA
6182

C32H40F5NO5
613.28265
3040

PS
LM/Q
Potent analgesic

Buprenorphine PFP
6123

1195

613

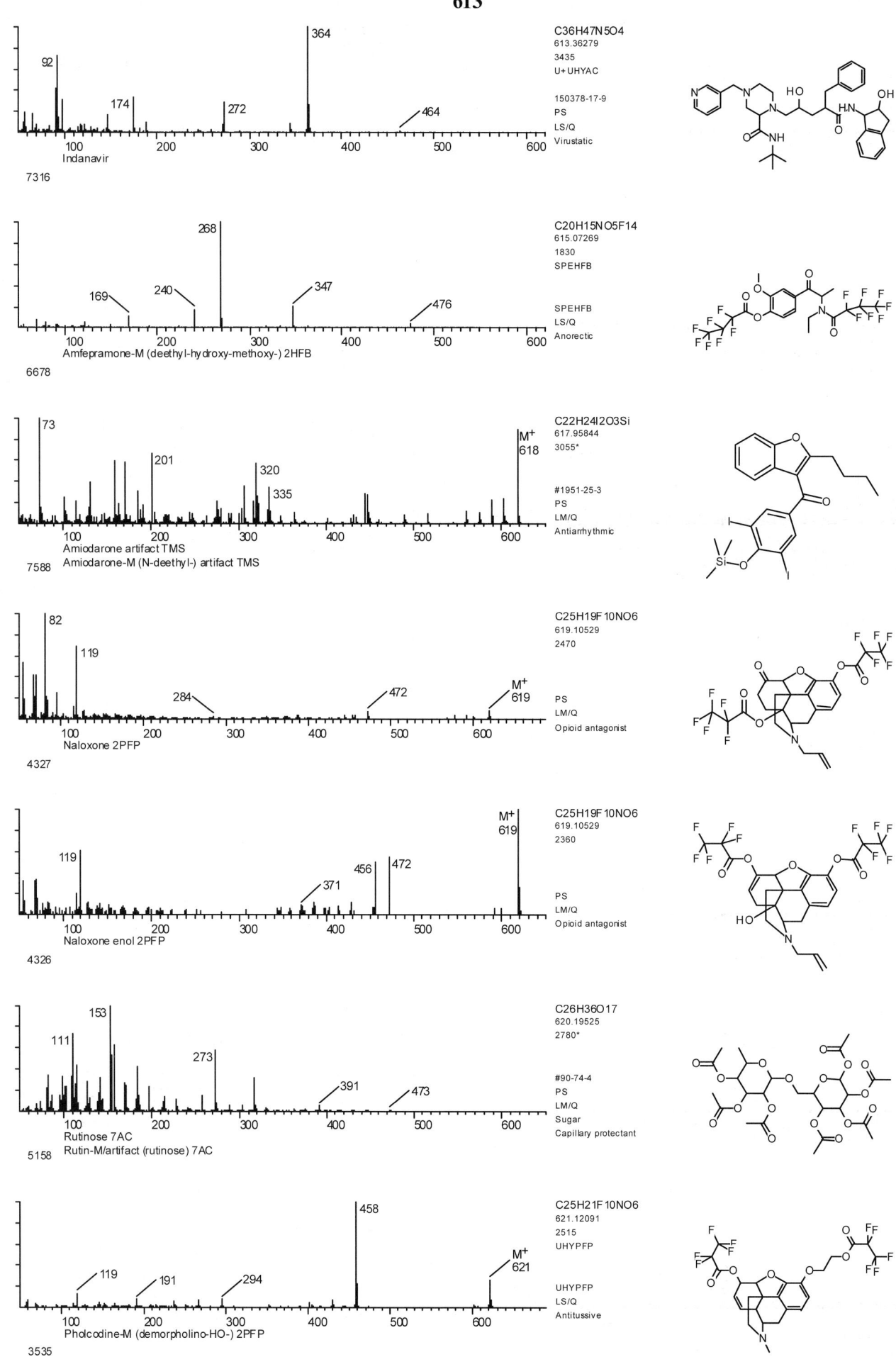

C36H47N5O4
613.36279
3435
U+ UHYAC

150378-17-9
PS
LS/Q
Virustatic

Indanavir
7316

C20H15NO5F14
615.07269
1830
SPEHFB

SPEHFB
LS/Q
Anorectic

Amfepramone-M (deethyl-hydroxy-methoxy-) 2HFB
6678

C22H24I2O3Si
617.95844
3055*

#1951-25-3
PS
LM/Q
Antiarrhythmic

Amiodarone artifact TMS
Amiodarone-M (N-deethyl-) artifact TMS
7588

C25H19F10NO6
619.10529
2470

PS
LM/Q
Opioid antagonist

Naloxone 2PFP
4327

C25H19F10NO6
619.10529
2360

PS
LM/Q
Opioid antagonist

Naloxone enol 2PFP
4326

C26H36O17
620.19525
2780*

#90-74-4
PS
LM/Q
Sugar
Capillary protectant

Rutinose 7AC
Rutin-M/artifact (rutinose) 7AC
5158

C25H21F10NO6
621.12091
2515
UHYPFP

UHYPFP
LS/Q
Antitussive

Pholcodine-M (demorpholino-HO-) 2PFP
3535

621

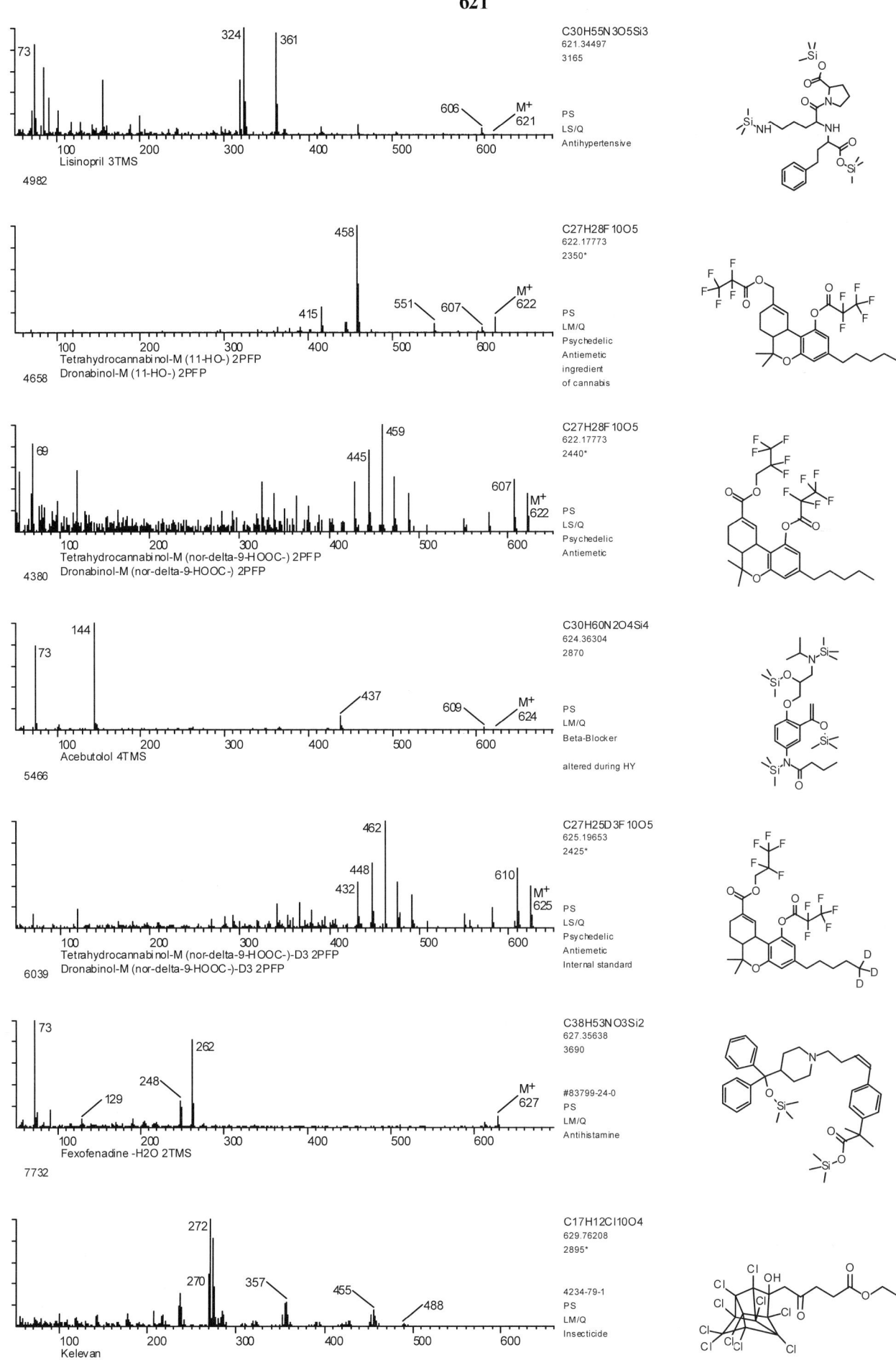

Lisinopril 3TMS	C30H55N3O5Si3 621.34497 3165 PS LS/Q Antihypertensive
Tetrahydrocannabinol-M (11-HO-) 2PFP Dronabinol-M (11-HO-) 2PFP	C27H28F10O5 622.17773 2350* PS LM/Q Psychedelic Antiemetic ingredient of cannabis
Tetrahydrocannabinol-M (nor-delta-9-HOOC-) 2PFP Dronabinol-M (nor-delta-9-HOOC-) 2PFP	C27H28F10O5 622.17773 2440* PS LS/Q Psychedelic Antiemetic
Acebutolol 4TMS	C30H60N2O4Si4 624.36304 2870 PS LM/Q Beta-Blocker altered during HY
Tetrahydrocannabinol-M (nor-delta-9-HOOC-)-D3 2PFP Dronabinol-M (nor-delta-9-HOOC-)-D3 2PFP	C27H25D3F10O5 625.19653 2425* PS LS/Q Psychedelic Antiemetic Internal standard
Fexofenadine -H2O 2TMS	C38H53NO3Si2 627.35638 3690 #83799-24-0 PS LM/Q Antihistamine
Kelevan	C17H12Cl10O4 629.76208 2895* 4234-79-1 PS LM/Q Insecticide

631

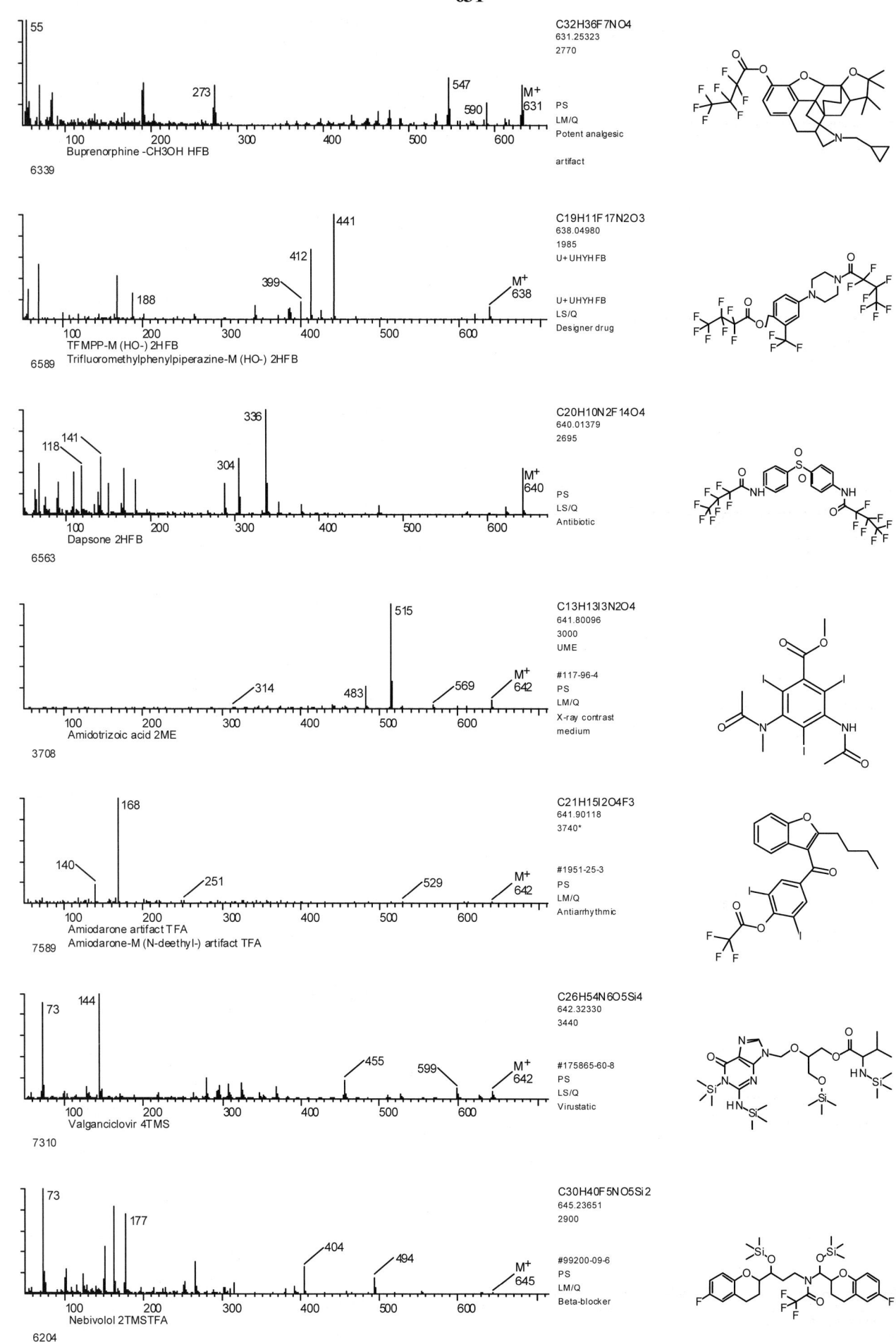

Buprenorphine -CH3OH HFB
6339
C32H36F7NO4
631.25323
2770
PS
LM/Q
Potent analgesic
artifact

TFMPP-M (HO-) 2HFB
Trifluoromethylphenylpiperazine-M (HO-) 2HFB
6589
C19H11F17N2O3
638.04980
1985
U+ UHYH FB
U+ UHYH FB
LS/Q
Designer drug

Dapsone 2HFB
6563
C20H10N2F14O4
640.01379
2695
PS
LS/Q
Antibiotic

Amidotrizoic acid 2ME
3708
C13H13I3N2O4
641.80096
3000
UME
#117-96-4
PS
LM/Q
X-ray contrast medium

Amiodarone artifact TFA
Amiodarone-M (N-deethyl-) artifact TFA
7589
C21H15I2O4F3
641.90118
3740*
#1951-25-3
PS
LM/Q
Antiarrhythmic

Valganciclovir 4TMS
7310
C26H54N6O5Si4
642.32330
3440
#175865-60-8
PS
LS/Q
Virustatic

Nebivolol 2TMSTFA
6204
C30H40F5NO5Si2
645.23651
2900
#99200-09-6
PS
LM/Q
Beta-blocker

645

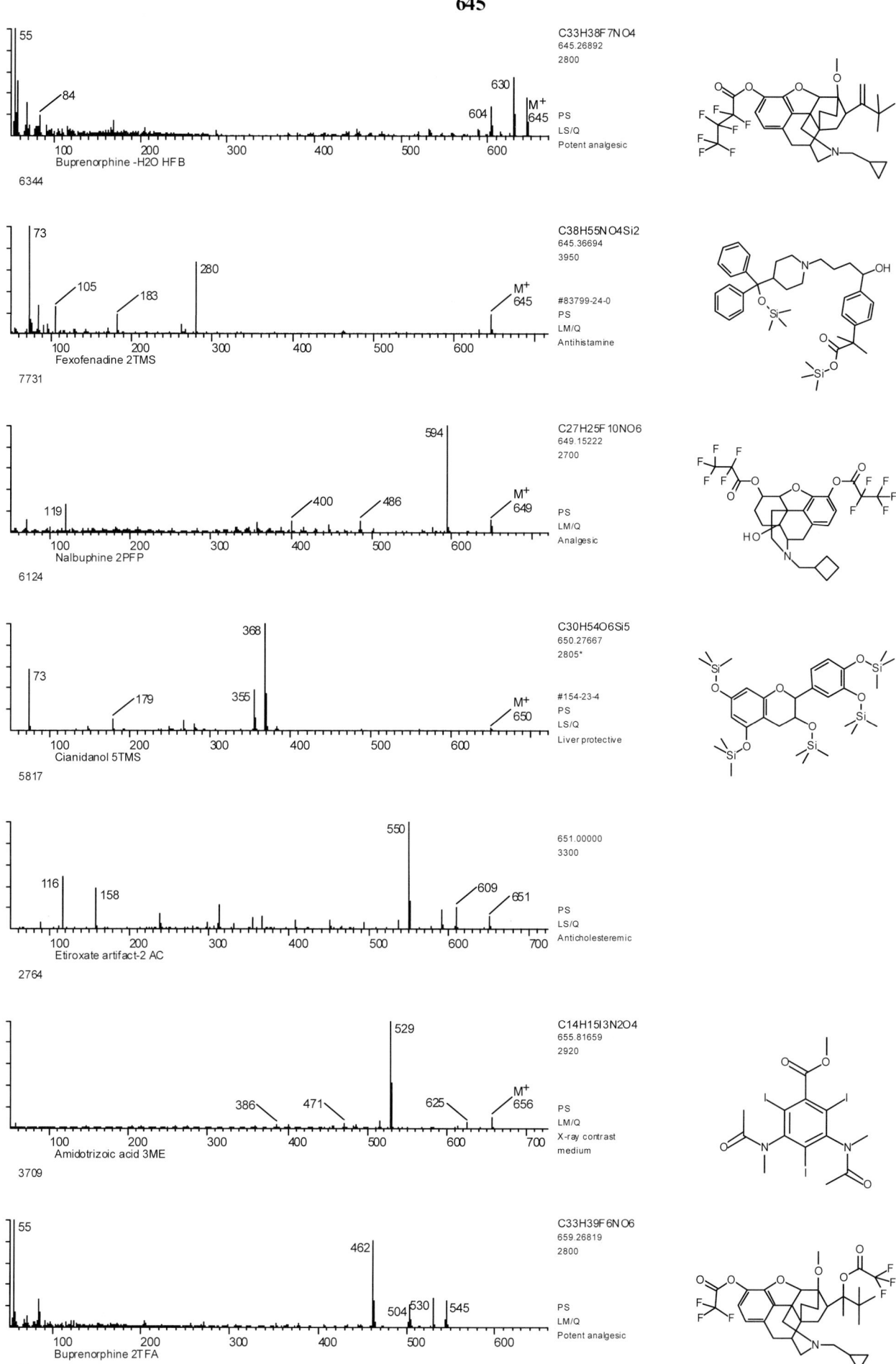

Buprenorphine -H2O HFB
6344
C33H38F7NO4
645.26892
2800
PS
LS/Q
Potent analgesic

Fexofenadine 2TMS
7731
C38H55NO4Si2
645.36694
3950
#83799-24-0
PS
LM/Q
Antihistamine

Nalbuphine 2PFP
6124
C27H25F10NO6
649.15222
2700
PS
LM/Q
Analgesic

Cianidanol 5TMS
5817
C30H54O6Si5
650.27667
2805*
#154-23-4
PS
LS/Q
Liver protective

Etiroxate artifact-2 AC
2764
651.00000
3300
PS
LS/Q
Anticholesteremic

Amidotrizoic acid 3ME
3709
C14H15I3N2O4
655.81659
2920
PS
LM/Q
X-ray contrast medium

Buprenorphine 2TFA
6341
C33H39F6NO6
659.26819
2800
PS
LM/Q
Potent analgesic

660

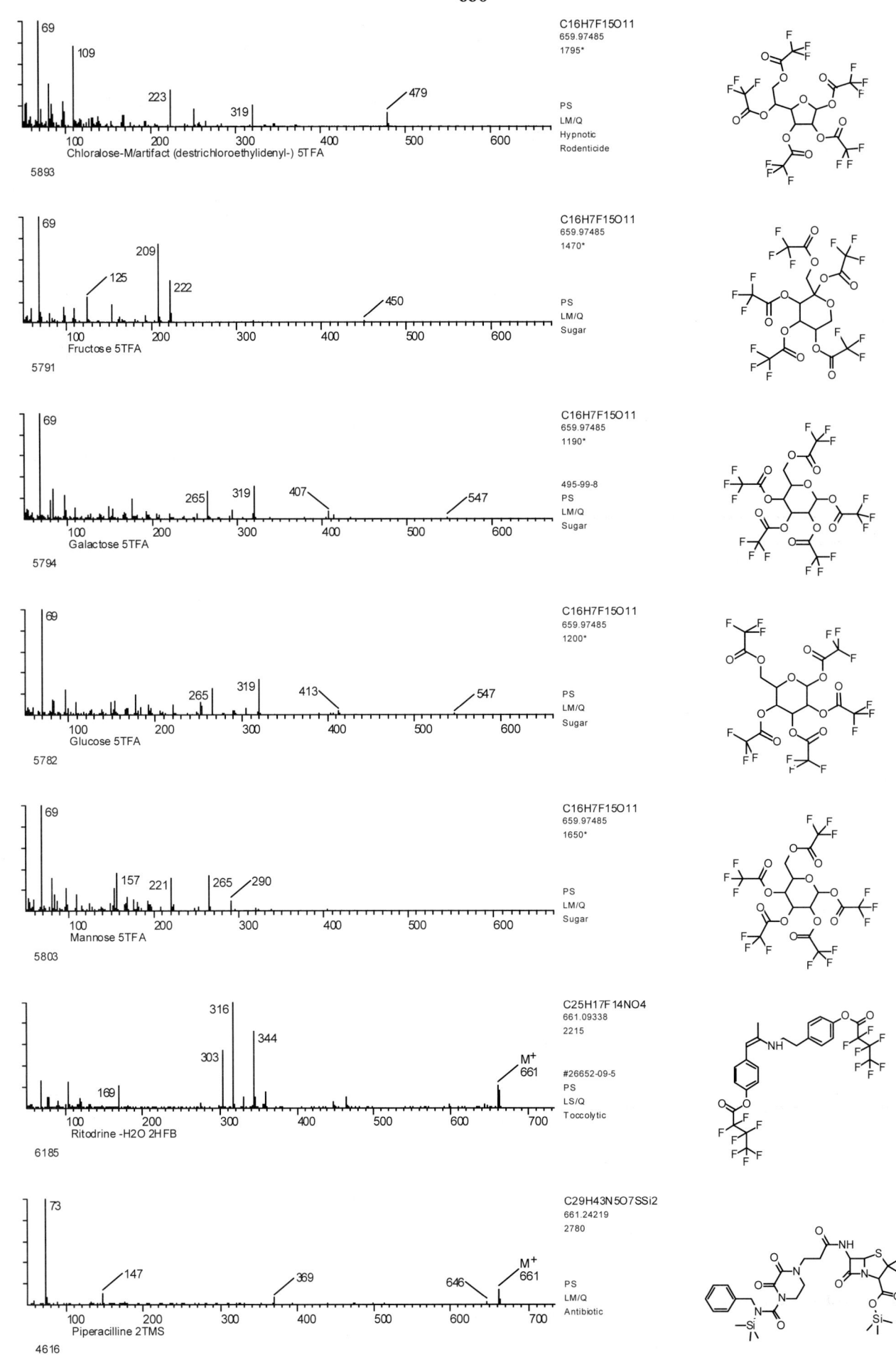

	C16H7F15O11 659.97485 1795*
	PS LM/Q Hypnotic Rodenticide

Chloralose-M/artifact (destrichloroethylidenyl-) 5TFA
5893

Peaks: 69, 109, 223, 319, 479

	C16H7F15O11 659.97485 1470*
	PS LM/Q Sugar

Fructose 5TFA
5791

Peaks: 69, 125, 209, 222, 450

	C16H7F15O11 659.97485 1190*
	495-99-8 PS LM/Q Sugar

Galactose 5TFA
5794

Peaks: 69, 265, 319, 407, 547

	C16H7F15O11 659.97485 1200*
	PS LM/Q Sugar

Glucose 5TFA
5782

Peaks: 69, 265, 319, 413, 547

	C16H7F15O11 659.97485 1650*
	PS LM/Q Sugar

Mannose 5TFA
5803

Peaks: 69, 157, 221, 265, 290

	C25H17F14NO4 661.09338 2215
	#26652-09-5 PS LS/Q Toccolytic

Ritodrine -H2O 2HFB
6185

Peaks: 169, 303, 316, 344, M+ 661

	C29H43N5O7SSi2 661.24219 2780
	PS LM/Q Antibiotic

Piperacilline 2TMS
4616

Peaks: 73, 147, 369, 646, M+ 661

1200

662

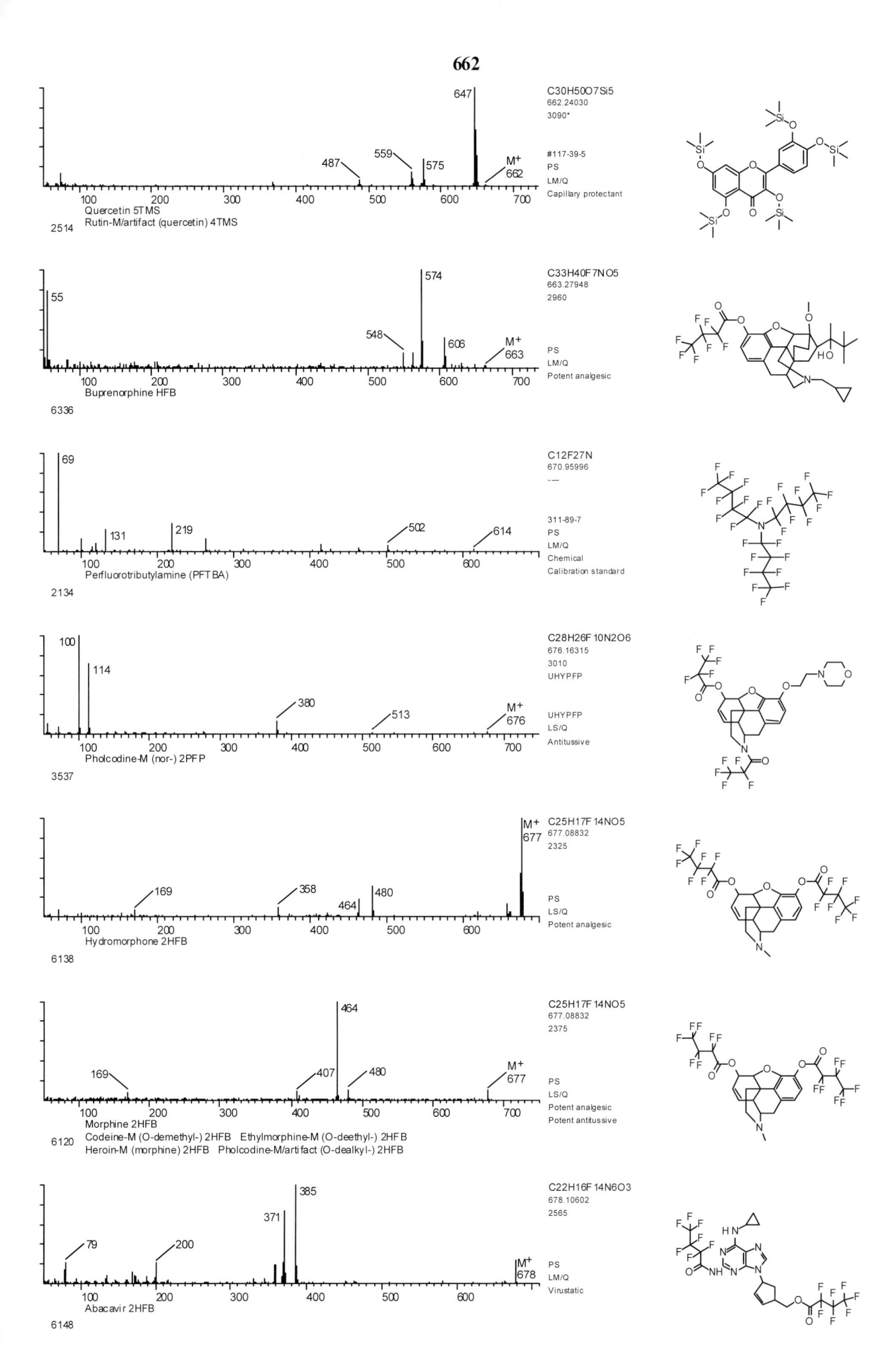

C30H50O7Si5
662.24030
3090*

#117-39-5
PS
LM/Q
Capillary protectant

Quercetin 5TMS
Rutin-M/artifact (quercetin) 4TMS

C33H40F7NO5
663.27948
2960

PS
LM/Q
Potent analgesic

Buprenorphine HFB

C12F27N
670.95996

311-89-7
PS
LM/Q
Chemical
Calibration standard

Perfluorotributylamine (PFTBA)

C28H26F10N2O6
676.16315
3010
UHYPFP

UHYPFP
LS/Q
Antitussive

Pholcodine-M (nor-) 2PFP

C25H17F14NO5
677.08832
2325

PS
LS/Q
Potent analgesic

Hydromorphone 2HFB

C25H17F14NO5
677.08832
2375

PS
LS/Q
Potent analgesic
Potent antitussive

Morphine 2HFB
Codeine-M (O-demethyl-) 2HFB   Ethylmorphine-M (O-deethyl-) 2HFB
Heroin-M (morphine) 2HFB   Pholcodine-M/artifact (O-dealkyl-) 2HFB

C22H16F14N6O3
678.10602
2565

PS
LM/Q
Virustatic

Abacavir 2HFB

678

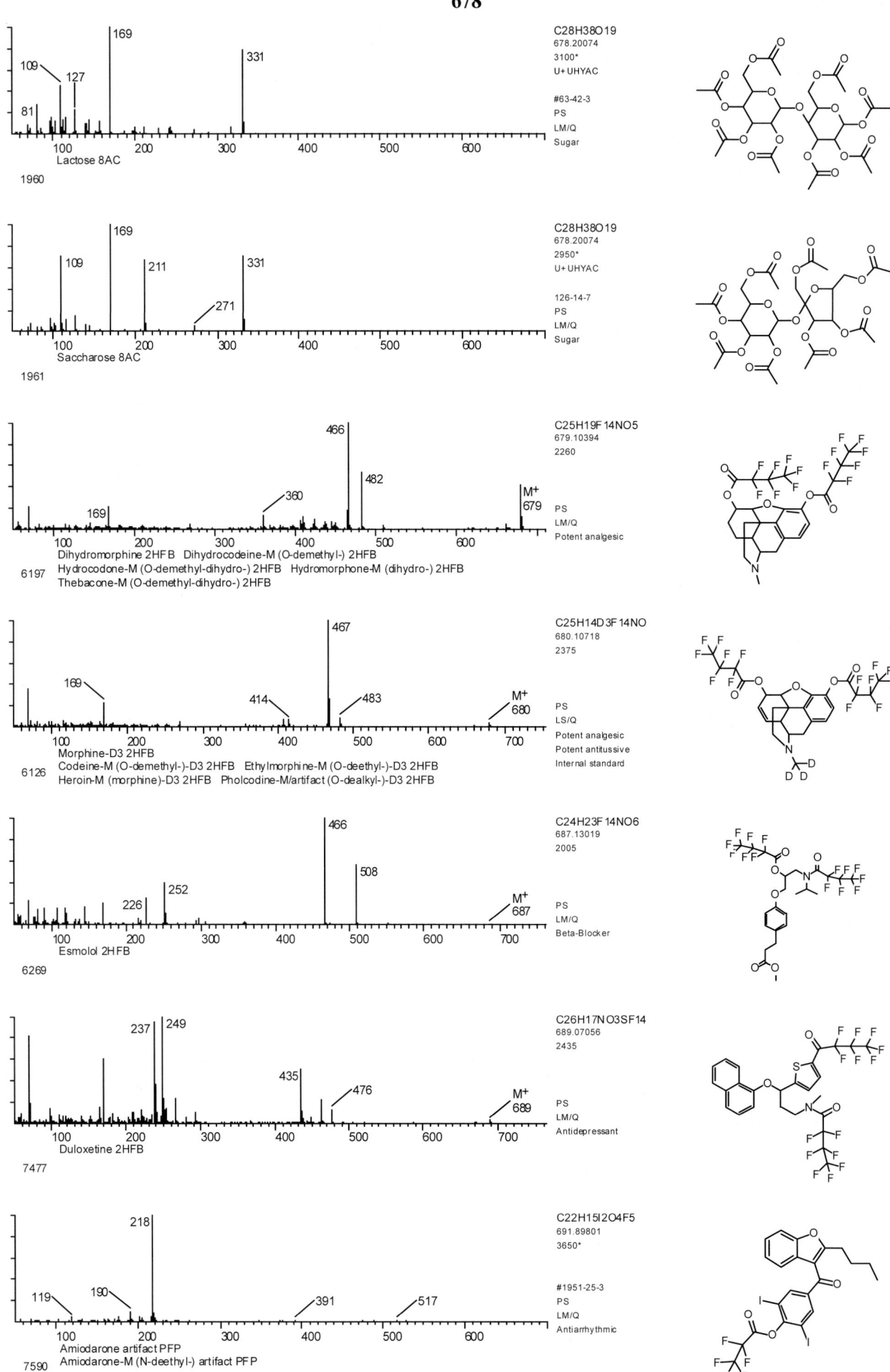

C28H38O19
678.20074
3100*
U+ UHYAC

#63-42-3
PS
LM/Q
Sugar

Lactose 8AC
1960

C28H38O19
678.20074
2950*
U+ UHYAC

126-14-7
PS
LM/Q
Sugar

Saccharose 8AC
1961

C25H19F14NO5
679.10394
2260

PS
LM/Q
Potent analgesic

Dihydromorphine 2HFB Dihydrocodeine-M (O-demethyl-) 2HFB
Hydrocodone-M (O-demethyl-dihydro-) 2HFB Hydromorphone-M (dihydro-) 2HFB
Thebacone-M (O-demethyl-dihydro-) 2HFB
6197

C25H14D3F14NO
680.10718
2375

PS
LS/Q
Potent analgesic
Potent antitussive
Internal standard

Morphine-D3 2HFB
Codeine-M (O-demethyl-)-D3 2HFB Ethylmorphine-M (O-deethyl-)-D3 2HFB
Heroin-M (morphine)-D3 2HFB Pholcodine-M/artifact (O-dealkyl-)-D3 2HFB
6126

C24H23F14NO6
687.13019
2005

PS
LM/Q
Beta-Blocker

Esmolol 2HFB
6269

C26H17NO3SF14
689.07056
2435

PS
LM/Q
Antidepressant

Duloxetine 2HFB
7477

C22H15I2O4F5
691.89801
3650*

#1951-25-3
PS
LM/Q
Antiarrhythmic

Amiodarone artifact PFP
Amiodarone-M (N-deethyl-) artifact PFP
7590

693

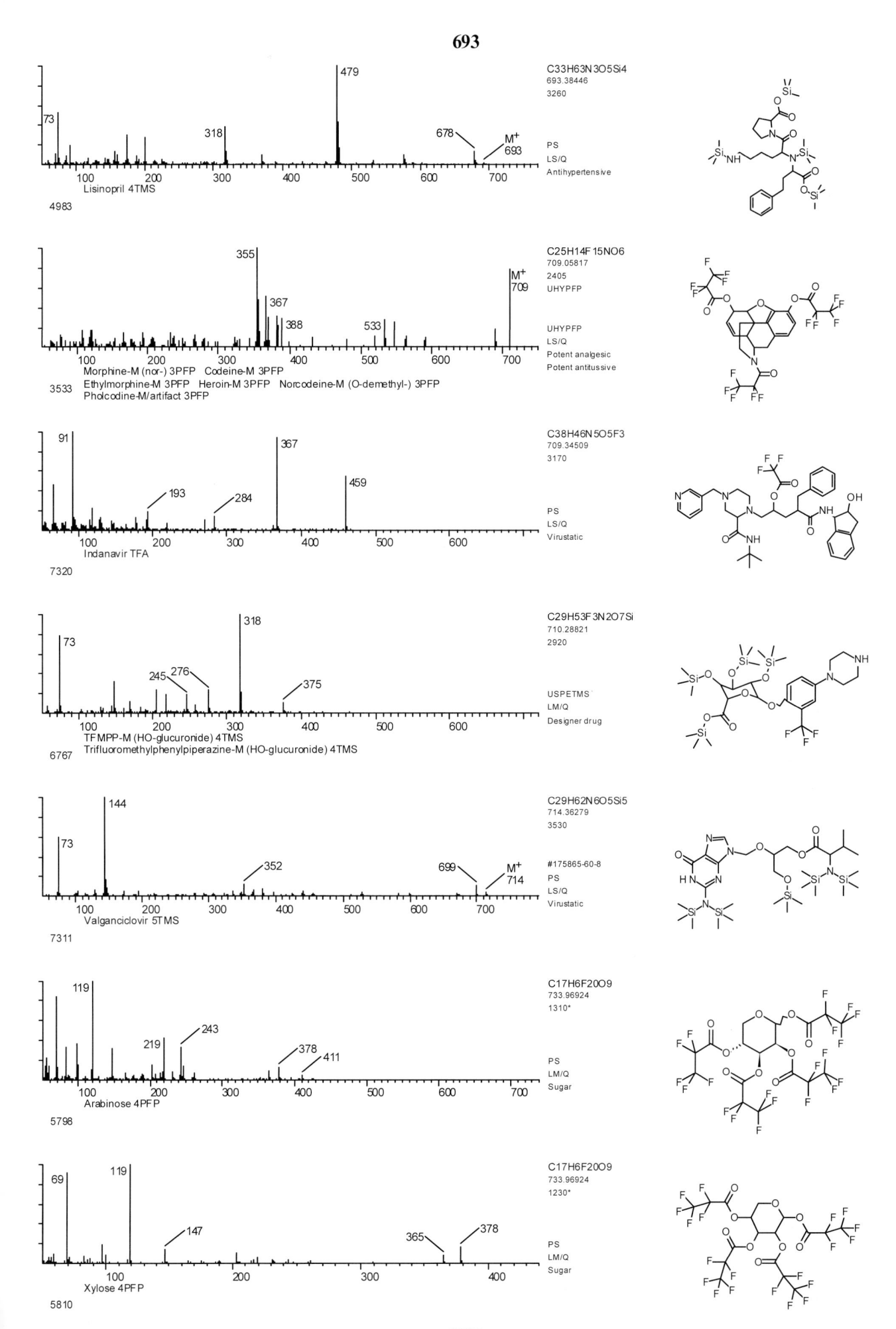

C33H63N3O5Si4
693.38446
3260

PS
LS/Q
Antihypertensive

Lisinopril 4TMS
4983

C25H14F15NO6
709.05817
2405

UHYPFP

UHYPFP
LS/Q
Potent analgesic
Potent antitussive

Morphine-M (nor-) 3PFP   Codeine-M 3PFP
Ethylmorphine-M 3PFP   Heroin-M 3PFP   Norcodeine-M (O-demethyl-) 3PFP
Pholcodine-M/artifact 3PFP
3533

C38H46N5O5F3
709.34509
3170

PS
LS/Q
Virustatic

Indanavir TFA
7320

C29H53F3N2O7Si
710.28821
2920

USPETMS
LM/Q
Designer drug

TFMPP-M (HO-glucuronide) 4TMS
Trifluoromethylphenylpiperazine-M (HO-glucuronide) 4TMS
6767

C29H62N6O5Si5
714.36279
3530

#175865-60-8
PS
LS/Q
Virustatic

Valganciclovir 5TMS
7311

C17H6F20O9
733.96924
1310*

PS
LM/Q
Sugar

Arabinose 4PFP
5798

C17H6F20O9
733.96924
1230*

PS
LM/Q
Sugar

Xylose 4PFP
5810

1203

742

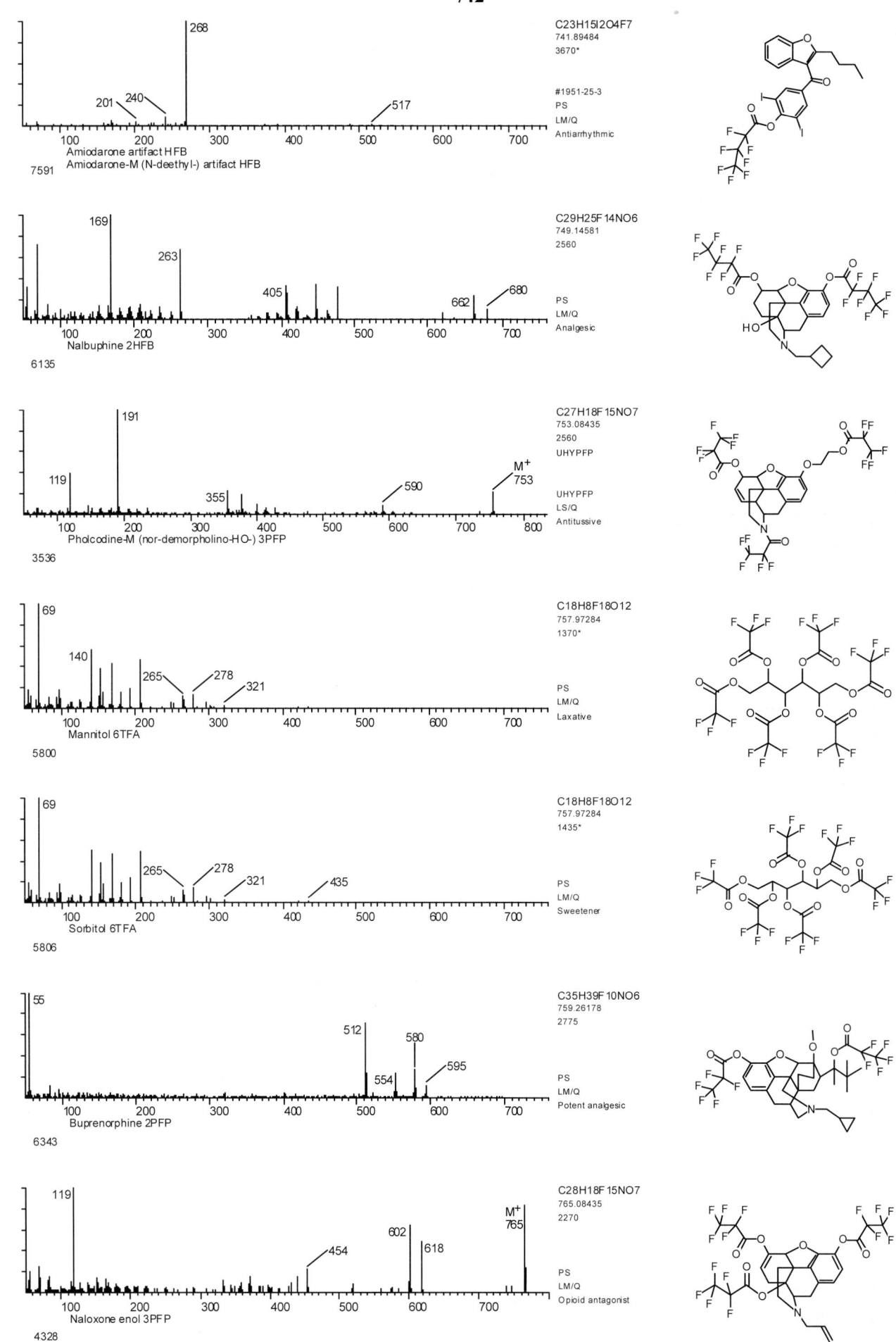

Amiodarone artifact HFB
Amiodarone-M (N-deethyl-) artifact HFB
7591
C23H15I2O4F7
741.89484
3670*

#1951-25-3
PS
LM/Q
Antiarrhythmic

Nalbuphine 2HFB
6135
C29H25F14NO6
749.14581
2560

PS
LM/Q
Analgesic

Pholcodine-M (nor-demorpholino-HO-) 3PFP
3536
C27H18F15NO7
753.08435
2560
UHYPFP

UHYPFP
LS/Q
Antitussive

Mannitol 6TFA
5800
C18H8F18O12
757.97284
1370*

PS
LM/Q
Laxative

Sorbitol 6TFA
5806
C18H8F18O12
757.97284
1435*

PS
LM/Q
Sweetener

Buprenorphine 2PFP
6343
C35H39F10NO6
759.26178
2775

PS
LM/Q
Potent analgesic

Naloxone enol 3PFP
4328
C28H18F15NO7
765.08435
2270

PS
LM/Q
Opioid antagonist

1204

777

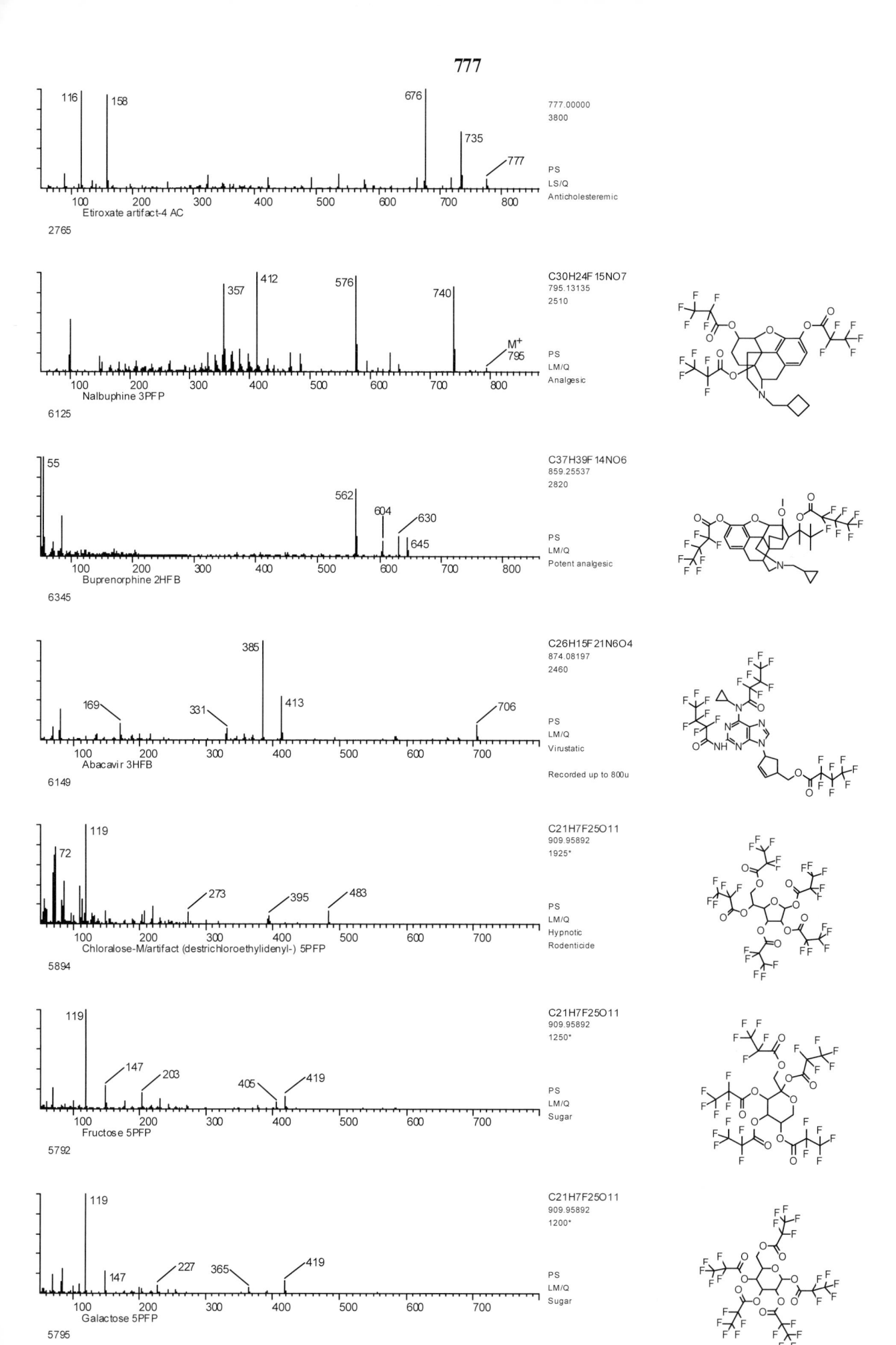

Etiroxate artifact-4 AC
777.00000
3800
PS
LS/Q
Anticholesteremic
2765

Nalbuphine 3PFP
C30H24F15NO7
795.13135
2510
M+ 795
PS
LM/Q
Analgesic
6125

Buprenorphine 2HFB
C37H39F14NO6
859.25537
2820
PS
LM/Q
Potent analgesic
6345

Abacavir 3HFB
C26H15F21N6O4
874.08197
2460
PS
LM/Q
Virustatic
Recorded up to 800u
6149

Chloralose-M/artifact (destrichloroethylidenyl-) 5PFP
C21H7F25O11
909.95892
1925*
PS
LM/Q
Hypnotic
Rodenticide
5894

Fructose 5PFP
C21H7F25O11
909.95892
1250*
PS
LM/Q
Sugar
5792

Galactose 5PFP
C21H7F25O11
909.95892
1200*
PS
LM/Q
Sugar
5795

1205

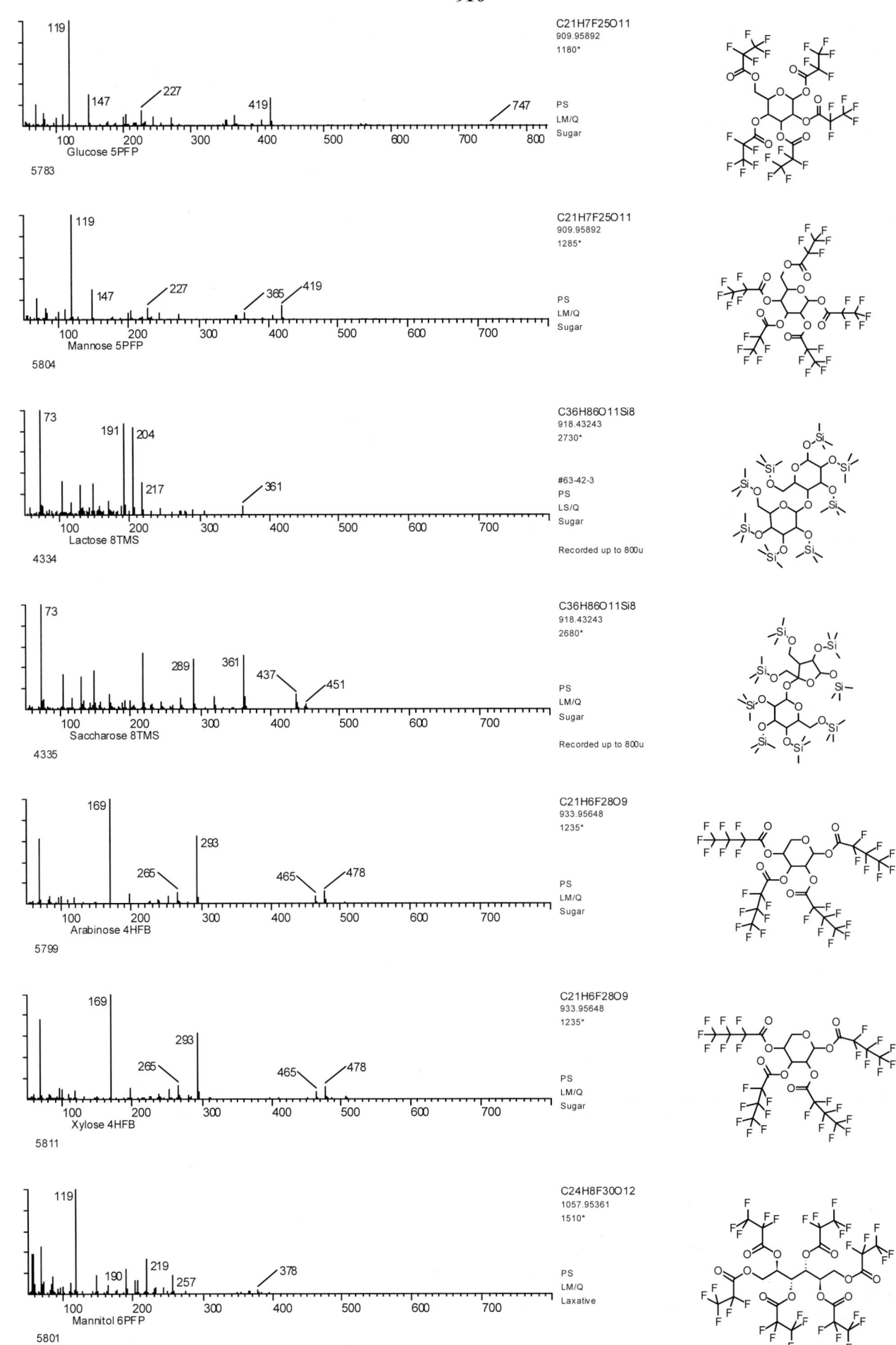

Glucose 5PFP — 5783
C21H7F25O11
909.95892
1180*
PS
LM/Q
Sugar
Peaks: 119, 147, 227, 419, 747

Mannose 5PFP — 5804
C21H7F25O11
909.95892
1285*
PS
LM/Q
Sugar
Peaks: 119, 147, 227, 365, 419

Lactose 8TMS — 4334
C36H86O11Si8
918.43243
2730*
#63-42-3
PS
LS/Q
Sugar
Recorded up to 800u
Peaks: 73, 191, 204, 217, 361

Saccharose 8TMS — 4335
C36H86O11Si8
918.43243
2680*
PS
LM/Q
Sugar
Recorded up to 800u
Peaks: 73, 289, 361, 437, 451

Arabinose 4HFB — 5799
C21H6F28O9
933.95648
1235*
PS
LM/Q
Sugar
Peaks: 169, 265, 293, 465, 478

Xylose 4HFB — 5811
C21H6F28O9
933.95648
1235*
PS
LM/Q
Sugar
Peaks: 169, 265, 293, 465, 478

Mannitol 6PFP — 5801
C24H8F30O12
1057.95361
1510*
PS
LM/Q
Laxative
Peaks: 119, 190, 219, 257, 378

1058

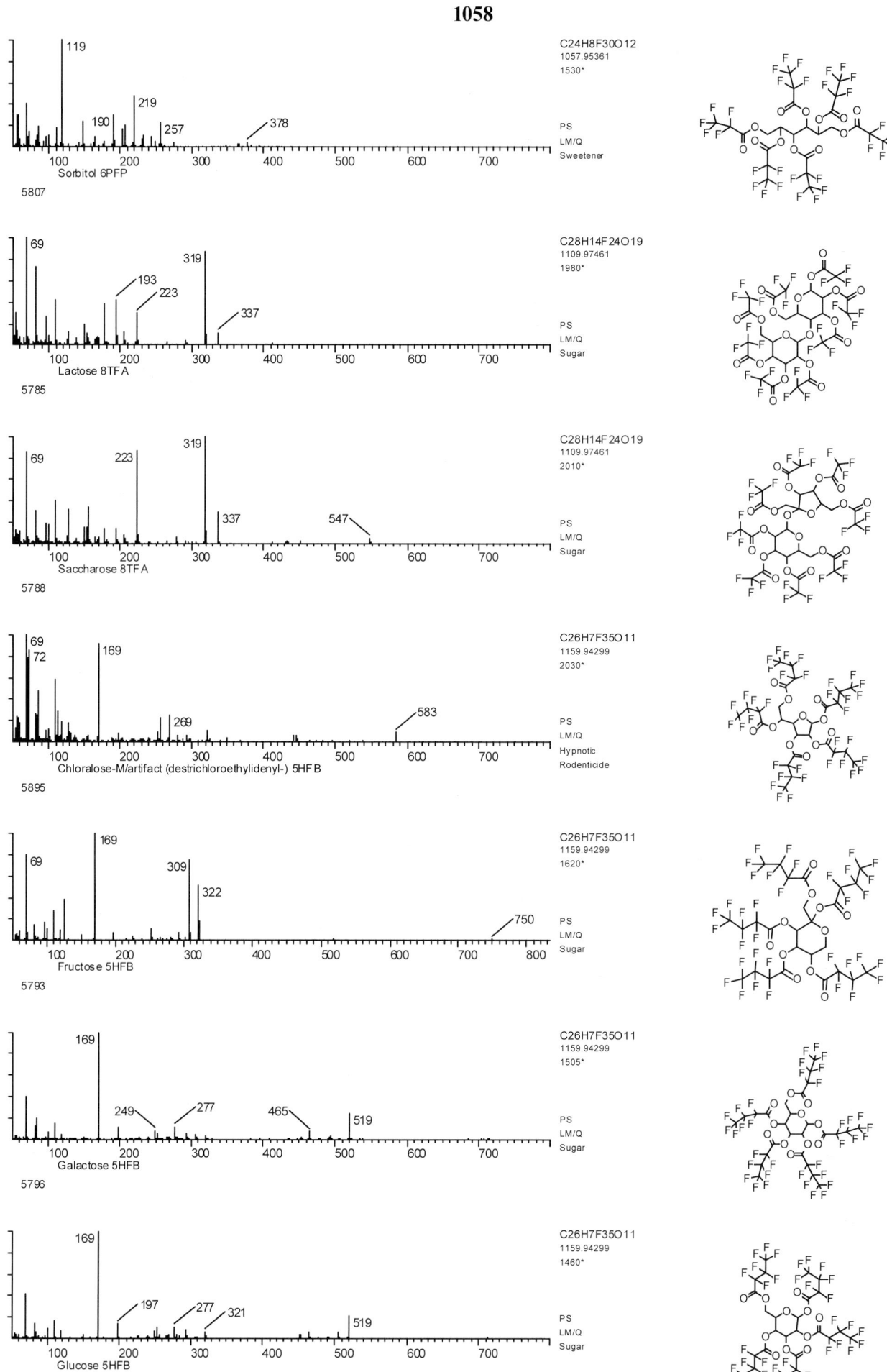

Spectrum	Formula / Mass	Category
Sorbitol 6PFP (5807) — 119, 190, 219, 257, 378	C24H8F30O12; 1057.95361; 1530*	PS LM/Q Sweetener
Lactose 8TFA (5785) — 69, 193, 223, 319, 337	C28H14F24O19; 1109.97461; 1980*	PS LM/Q Sugar
Saccharose 8TFA (5788) — 69, 223, 319, 337, 547	C28H14F24O19; 1109.97461; 2010*	PS LM/Q Sugar
Chloralose-M/artifact (destrichloroethylidenyl-) 5HFB (5895) — 69, 72, 169, 269, 583	C26H7F35O11; 1159.94299; 2030*	PS LM/Q Hypnotic Rodenticide
Fructose 5HFB (5793) — 69, 169, 309, 322, 750	C26H7F35O11; 1159.94299; 1620*	PS LM/Q Sugar
Galactose 5HFB (5796) — 169, 249, 277, 465, 519	C26H7F35O11; 1159.94299; 1505*	PS LM/Q Sugar
Glucose 5HFB (5784) — 169, 197, 277, 321, 519	C26H7F35O11; 1159.94299; 1460*	PS LM/Q Sugar

1160

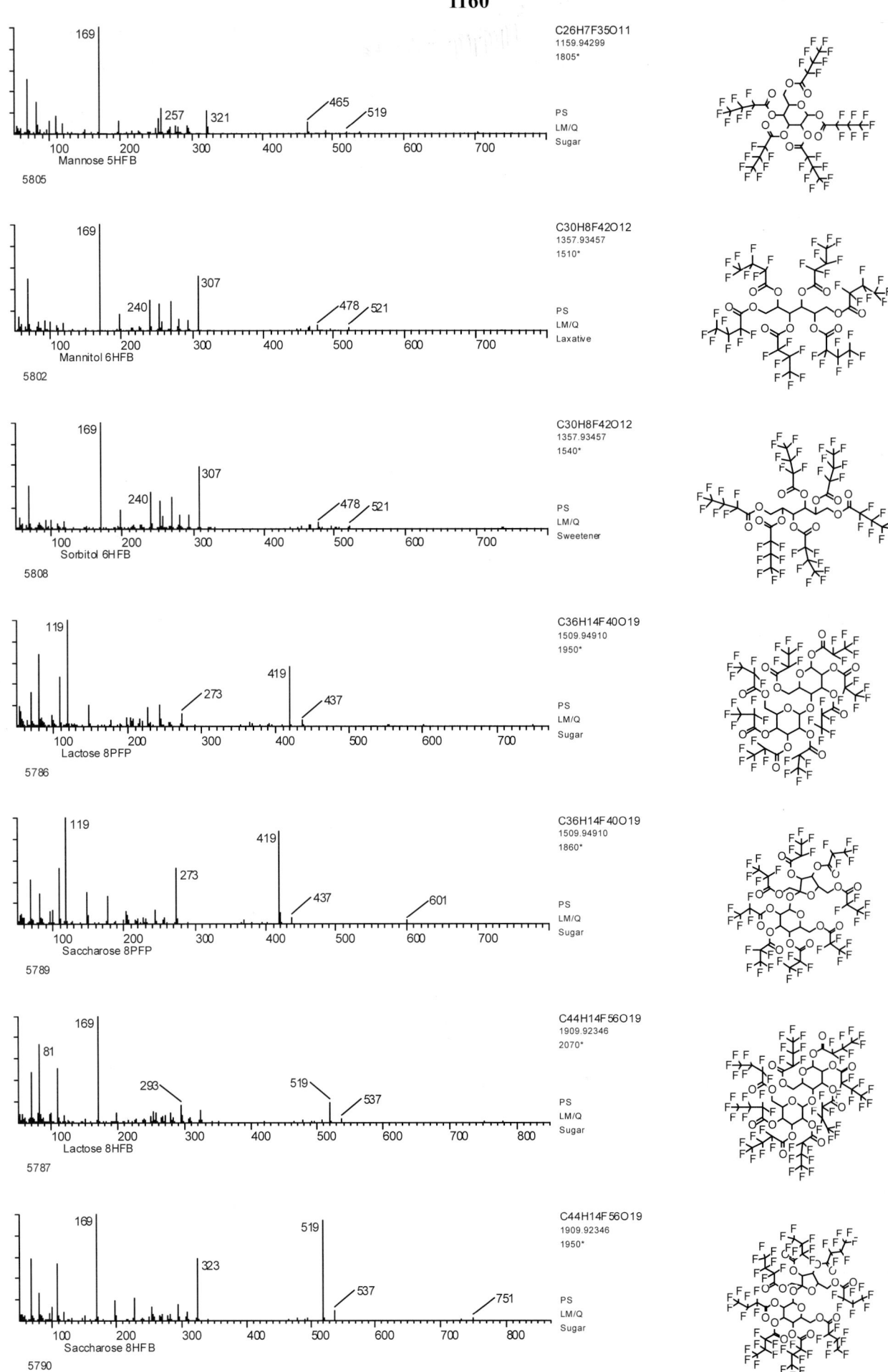

Spectrum	Formula / Mass
5805 Mannose 5HFB — peaks 169, 257, 321, 465, 519	C26H7F35O11 — 1159.94299 — 1805* — PS LM/Q Sugar
5802 Mannitol 6HFB — peaks 169, 240, 307, 478, 521	C30H8F42O12 — 1357.93457 — 1510* — PS LM/Q Laxative
5808 Sorbitol 6HFB — peaks 169, 240, 307, 478, 521	C30H8F42O12 — 1357.93457 — 1540* — PS LM/Q Sweetener
5786 Lactose 8PFP — peaks 119, 273, 419, 437	C36H14F40O19 — 1509.94910 — 1950* — PS LM/Q Sugar
5789 Saccharose 8PFP — peaks 119, 273, 419, 437, 601	C36H14F40O19 — 1509.94910 — 1860* — PS LM/Q Sugar
5787 Lactose 8HFB — peaks 81, 169, 293, 519, 537	C44H14F56O19 — 1909.92346 — 2070* — PS LM/Q Sugar
5790 Saccharose 8HFB — peaks 169, 323, 519, 537, 751	C44H14F56O19 — 1909.92346 — 1950* — PS LM/Q Sugar

1208